UTB 8104

Eine Arbeitsgemeinschaft der Verlage

Böhlau Verlag · Köln · Weimar · Wien
Verlag Barbara Budrich · Opladen · Farmington Hills
facultas.wuv · Wien
Wilhelm Fink · München
A. Francke Verlag · Tübingen und Basel
Haupt Verlag · Bern · Stuttgart · Wien
Julius Klinkhardt Verlagsbuchhandlung · Bad Heilbrunn
Lucius & Lucius Verlagsgesellschaft · Stuttgart
Mohr Siebeck · Tübingen
Orell Füssli Verlag · Zürich
Ernst Reinhardt Verlag · München · Basel
Ferdinand Schöningh · Paderborn · München · Wien · Zürich
Eugen Ulmer Verlag · Stuttgart
UVK Verlagsgesellschaft · Konstanz
Vandenhoeck & Ruprecht · Göttingen
vdf Hochschulverlag AG an der ETH Zürich

Heinz Ellenberg · Christoph Leuschner

Vegetation Mitteleuropas mit den Alpen

in ökologischer, dynamischer und historischer Sicht

6., vollständig neu bearbeitete und stark erweiterte Auflage
von Christoph Leuschner

Mit einem Beitrag
von Hartmut Dierschke (synsystematische Gliederung)

716 Abbildungen und 203 Tabellen

Verlag Eugen Ulmer Stuttgart

Heinz Ellenberg (1913–1997) war Professor für Geobotanik in Hamburg, Zürich und Göttingen (emeritiert 1981) und Autor des vorliegenden Buches in seinen ersten 5 Auflagen. Studium der Botanik, Zoologie, Chemie und Geologie in Montpellier, Heidelberg, Hannover und Göttingen. Arbeitsgebiete: Vegetationsökologie Mittel- und Südosteuropas sowie des südamerikanischen Andenhochlandes; experimentelle Ökologie, insbesondere Konkurrenzforschung; Ökosystemforschung und Landschaftsökologie; Bauernhausforschung. Ehrendoktor der Universitäten München, Zagreb, Münster und Lüneburg; Mitglied mehrerer Akademien des In- und Auslandes.

Christoph Leuschner (geb. 1956) ist seit 2000 Professor für Pflanzenökologie und Ökosystemforschung am Albrecht-von-Haller-Institut für Pflanzenwissenschaften der Universität Göttingen. Studium der Biologie und Geographie in Freiburg/Br. und Göttingen. 1996–2000 Professor für Ökologie an der Universität Kassel. Arbeitsgebiete: Ökologie temperater und tropischer Bäume und Wälder; Sukzessionsforschung; funktionale Biodiversitätsforschung; Ökologie der Waldgrenzen; Vegetationsökologie Mitteleuropas; Naturschutzforschung; rund 200 wissenschaftliche Veröffentlichungen. Mitglied der Göttinger Akademie der Wissenschaften.

Umschlagabbildung: in Anlehnung an Pruša (1985).

Bibliografische Information der Deutschen Nationalbibliothek
Die Deutsche Nationalbibliothek verzeichnet diese Publikationen in der Deutschen Nationalbibliografie; detaillierte bibliografische Daten sind im Internet über http://dnb.d-nb.de abrufbar.

ISBN 978-3-8252-8104-5 (UTB)
ISBN 978-3-8001-2824-2 (Ulmer)

Wollgrasweg 41, 70599 Stuttgart (Hohenheim)
E-Mail: info@ulmer.de
Internet: www.ulmer.de
Lektorat: Alessandra Kreibaum
Herstellung: Jürgen Sprenzel
Entwurf Umschlag: Atelier Reichert, Stuttgart
Satz und Repro: Primustype Hurler, Notzingen
Druck und Bindung: Neografia, Martin, Slowakei
Printed in Slovakia

ISBN 978-3-8252-8104-5 (UTB-Bestellnummer)

Kurzübersicht

Kapitel 27 „Zeigerwerte der Pflanzen Mitteleuropas“ ist im Internet unter www.utb-mehr-wissen.de abrufbar.

Inhaltsverzeichnis

Naturnahe Wälder und Gebüsche

Naturnahe gehölzarme bis gehölzfreie Formationen

Großenteils vom Menschen mitgeschaffene und erhaltene Formationen

Übersichten und Register

Vorwort zur 1. Auflage (gekürzt)

Die Aufgabe, einen Band über die Vegetation Mitteleuropas zu schreiben, habe ich nur zögernd übernommen und wiederholt daran gezweifelt, ob ich sie würde durchführen können. Denn das darzustellende Gebiet, vom Salzstrand der Nordsee bis zu den Firngipfeln der Alpen reichend, ist so vielgestaltig und die Zahl der darüber vorliegenden Arbeiten so groß, dass kein Einzelner mehr die Fülle gleichmäßig zu übersehen vermag.

Wenn ich mich trotzdem an diese Aufgabe gewagt habe, so leitete mich dabei die Hoffnung, eine Lücke in der Reihe unserer Lehrbücher ausfüllen zu können. Denn von vornherein war klar, dass kausale Fragen und Ergebnisse von ökologischen Arbeiten im Vordergrund stehen sollten, die in der Literatur weit zerstreut sind und nur erst teilweise zusammenfassend ausgewertet wurden. Über die Systematik und Charakteristik der Pflanzengesellschaften hingegen kann man sich heute schon anhand vieler guter Übersichten unterrichten. Diese enthalten zwar knapp gefasste Angaben über die Standorte der durch ihre kennzeichnende Artenkombination umrissenen Vegetationseinheiten. Sie können aber nicht auf die ökologischen, räumlichen, genetischen und historischen Zusammenhänge näher eingehen, die hier betont werden sollen.

Freilich ist eine derartige Betrachtung nicht möglich, ohne von der floristisch-systematischen Gliederung der Pflanzengesellschaften auszugehen. Denn jede ökologische Aussage verliert an Wert für die Vegetationskunde, wenn sie sich nicht auf bestimmte Vegetationstypen bezieht. Leider weichen aber die bisher veröffentlichten systematischen Übersichten in vielen Einzelheiten und z. T. auch in den übergeordneten Begriffen voneinander ab, weil die Einteilung bzw. Ordnung der Pflanzengesellschaften noch im Fluss ist oder doch immer wieder in Bewegung gerät, und weil die Gesichtspunkte der Autoren teilweise verschiedene waren. So musste ich mich damit begnügen, genauere systematische Überblicke nur als Beispiele anzuführen und im Übrigen bei den Verbänden haltzumachen, obwohl die niedrigeren und großenteils nur lokal gültigen Vegetationseinheiten viel stärker standortsbezogen sind als die umfassenden.

Großen Wert habe ich auf anschauliche Abbildungen gelegt und mich bemüht, auch dem Nichtfachmann Probleme und Ergebnisse der vegetationskundlichen Forschung nahezubringen. Doch muss eine ausreichende Pflanzenkenntnis vorausgesetzt werden, denn die erwähnten Arten auch nur kurz zu beschreiben, hätte den Rahmen dieses Bandes gesprengt. Raummangel verbietet es außerdem, stets die deutschen Namen beizugeben, wenn Pflanzen im Text genannt oder in Listen zusammengestellt werden.

Um Platz zu sparen, konnten Fragen, die für mehrere Vegetationseinheiten oder Landschaften gelten, nicht wiederholt erörtert werden. Ein umfangreiches Register der ökologischen und vegetationskundlichen Begriffe möge das Nachschlagen erleichtern und auf Zusammenhänge aufmerksam machen, auf die der Text nicht ausdrücklich hinweist.

Absichtlich erhielten manche Abschnitte ein größeres Gewicht als andere, deren Bedeutung an und für sich ebenso groß gewesen wäre. Wälder, Flussauen, Moore, Marschen und Dünen sowie Heiden und einige Grünlandgesellschaften wird man ausführlicher behandelt finden als die übrigen Formationen, weil über sie zwar viele Einzelarbeiten, aber keine Mitteleuropa betreffenden und ökologisch orientierten Übersichten vorliegen. Außerdem hielt ich es für besser, wenigstens stellenweise in die Tiefe zu gehen, als überall gleichmäßig nahe der Oberfläche zu bleiben.

Möge dieser Band trotz seiner Mängel ein Bild von der Vielfalt des mitteleuropäischen Pflanzenkleides und eine Vorstellung von ihren Ursachen und ihrem Werden geben! Möge er darüber hinaus der Geobotanik neue Freunde gewinnen! Denn es bedarf noch vieler Bearbeiter, um die Kenntnislücken zu schließen, auf die wir bei fast jeder der angeschnittenen Fragen stoßen. Für ergänzende und berichtigende Hinweise werde ich immer dankbar sein.

Zürich, Ostern 1962 und 1963
Heinz Ellenberg

Vorwort zur 6. Auflage

Als Heinz Ellenberg 1997 starb, hinterließ er mit der 5. Auflage seiner „Vegetation Mitteleuropas mit den Alpen" eine mustergültige Gesamtschau der Vegetationsökologie von Zentraleuropa, die viele Jahre als Grundlage für die Forschung, die Umweltplanung und den Naturschutz in diesem Raum und darüber hinaus diente. Tatsächlich gibt es wahrscheinlich keine Region der Erde, in der die Vegetation und ihre Ökologie ähnlich gut erforscht sind wie in Mitteleuropa. Allerdings war dieses umfassende Werk durch die fast explosionsartige Entwicklung der Veröffentlichungen in allen relevanten Bereichen schon bald wieder veraltet.

Die vorliegende sechste, vollständig überarbeitete und stark erweiterte Auflage ist der Versuch, diesen Klassiker der Vegetations- und Pflanzenökologie durch Berücksichtigung von mehr als 2500 neuen Literaturstellen auf einen aktuellen Stand zu bringen und gleichzeitig thematisch neu zu gliedern, um die Übersichtlichkeit des Werkes zu erhöhen. Lediglich ein kleiner Teil des Textes, insbesondere einige Vegetationskapitel, konnten mit nur wenigen Veränderungen aus der 5. Auflage übernommen werden – die meisten Kapitel wurden neu verfasst; ebenso kamen mehr als 280 Abbildungen und 100 Tabellen neu hinzu.

Auch die ökologische Wissenschaft geht heute vorzugsweise reduktionistisch vor, also durch Konzentrierung auf zunehmend kleinere Details. Die meisten Ökologen sind entsprechend zu Spezialisten geworden, beispielsweise in Teilbereichen der Populations- oder Synökologie, mit nur noch begrenztem Überblick über andere ökologische Disziplinen; das gilt gleichermaßen für die Experten in der Ökophysiologie, Ökosystembiologie oder Makroökologie. Mir scheint, dass die Fähigkeit und auch Bereitschaft zur fächerübergreifenden Zusammenarbeit heute eher schwindet, denn wächst. Man prüft einzelne ökologische Prozesse oder Zusammenhänge auf ihre Signifikanz im jeweils betrachteten Modellsystem, lässt jedoch meist deren Relevanz, also die Bedeutung im Konzert der zahlreichen anderen Phänomene auf Gesellschafts- und Ökosystemebene, außer Acht. Die komplexen Zusammenhänge, die ja eigentlich das Kernthema ökologischer Forschung sein müssten, geraten mehr und mehr in den Hintergrund. Verstärkt wird die zunehmende „Einnischung" der modernen Ökologen durch die Impact-Faktoren-Kultur und die Tendenz der Hochschulen, bevorzugt ökologische Spezialisten zu berufen.

Fast alle bedeutenden Umweltprobleme unserer Zeit betreffen aber komplexe, in der Regel multikausale Phänomene, die aus einer sektoralen Sichtweise heraus kaum zu verstehen sind. Die wenig überzeugenden Versuche, die „neuartigen Waldschäden" in Mitteleuropa zunächst aus bodenchemischer, phytopathologischer oder immissionsökologischer Sicht überwiegend monokausal zu erklären, zeigen die Grenzen eines ausschließlich reduktionistischen Forschungsansatzes auf. Die bisher streng reduktionistisch vorgehende Molekularbiologie hat die Limitierungen dieser Forschungsstrategie erkannt und wendet sich der „Systembiologie" zu, in der Interaktionen und Multikausalität im Vordergrund stehen.

Die Ökologie, in der systemwissenschaftliche Ansätze bereits in den 1970er- und 1980er-Jahren weiterentwickelt wurden, scheint sich dagegen von ihrem Ziel, komplexe ökologische Systeme in ihrer Gesamtheit verstehen zu wollen, eher zu entfernen. Meiner Einschätzung nach fehlt dieser Wissenschaft heute vor allem die integrierende Gesamtschau der expandierenden Teildisziplinen und der Wille zu einer Synthese, und zwar sowohl in der terrestrischen Pflanzenökologie wie auch in der Tierökologie. In dieser Hinsicht sind die Limnologie und die marine Ökologie zweifellos weiter vorangeschritten. Die Neubearbeitung von Ellenberg's Vegetation Mitteleuropas stellt den Versuch dar, die Grundlagen für eine Synthese im Bereich der mitteleuropäischen Pflanzen- und Vegetationsökologie zu schaffen.

Dieses Werk ist kein Lehrbuch, in dem Grundbegriffe und Konzepte der Ökologie an ausgewählten Beispielen erläutert werden, sondern eine Ökologie der Lebensgemeinschaften und Ökosysteme Mitteleuropas aus botanischer Sicht. Fast alle Daten stammen aus Mitteleuropa oder direkt angrenzenden Gebieten wie des südlichen Nordeuropa, während Informationen aus Westeuropa, Nordamerika und anderen temperaten Regionen nur in wenigen Fällen zur Ergänzung herangezogen werden.

Wie in den vorangegangenen Auflagen des Buches werden die 20 wichtigsten Ökosystemtypen von den Buchenwäldern (Kapitel 5) bis zu den städtischen Ökosystemen (Kapitel 24) behandelt, also in einer Folge abnehmender Naturnähe. Anders als in den älteren Auflagen habe ich jedoch in der Darstellung der Ökosysteme eine strikte thematische Gliederung des Stoffes vorgenommen und diese – soweit möglich – konsequent in allen 20 Kapiteln durchgehalten, um die Übersichtlichkeit des Werkes zu erhöhen.

Die Hauptkapitel wurden jeweils in die folgenden Unterkapitel gegliedert:

1. Flora und Entstehungsgeschichte
2. Lebensbedingungen und standörtliche Gliederung
3. Vegetation
4. Anpassung an den Standort
5. Populationsbiologie und Synökologie
6. Produktivität und Stoffumsätze
7. Vegetationsdynamik
8. Menschlicher Einfluss

Die Hauptkapitel 1 und 2 behandeln die allgemeinen naturräumlichen und pflanzengeografischen Grundlagen von Mitteleuropa, Kapitel 3 stellt die Entstehung der mitteleuropäischen Vegetation unter dem menschlichen Einfluss in den letzten 7000 Jahren in geschlossener Form dar. Dieses Kapitel geht auch auf die wichtigsten Umweltbelastungen der Neuzeit ein. Kapitel 4 enthält eine vergleichende und integrierende Darstellung der Ökologie der mitteleuropäischen Wälder, Baumarten und Waldkrautschicht-Pflanzen. Spezielle Darstellungen der Vegetation und Dynamik der Laub- und Nadelwälder folgen in den Kapiteln 5 bis 8. Kapitel 26 gibt einen kompakten Überblick über die Synsystematik der mitteleuropäischen Vegetation mit den zugehörigen Vegetationsklassen, -ordnungen und -verbänden (erstellt von Hartmut Dierschke). Den Abschluss bildet Kapitel 27 mit einer knappen Übersicht über die Zeigerwerte der mitteleuropäischen Gefäßpflanzen, Moose und Flechten nach Ellenberg und Mitarbeitern (2. Auflage 1992, mit Korrekturen von 2001 und 2009).

Angesichts der Breite des Faches und der ungeheuren Fülle an Literatur ist eine Gesamtschau, wie sie hier versucht wird, zwangsläufig unvollständig und die Auswahl an Literaturstellen subjektiv. Ich habe versucht, in den jeweiligen Themenbereichen die wichtigsten Publikationen, und unter diesen nach Möglichkeit die Quellen mit Originaldaten, zu berücksichtigen. Dabei hielt ich mich an J.W. Goethe, der 1787 anlässlich seiner „Italienischen Reise" schrieb: *„So eine Arbeit wird eigentlich nie fertig, man muß sie für fertig erklären, wenn man nach Zeit und Umständen das möglichste getan hat."* Bei der Bearbeitung wurde die große Bedeutung der meist deutschsprachigen „grauen Literatur" deutlich, auf die eine solide Synthese der Pflanzen- und Vegetationsökologie Mitteleuropas nicht verzichten kann. Bei der Berichtigung von Fehlern und dem Beseitigen von empfindlichen Informationslücken hoffe ich auf die Unterstützung der jeweiligen Fachkollegen, ohne die ein derartiges Werk nicht auf dem neuesten Stand gehalten werden kann.

Aus der Ökosystem-Perspektive gesehen liegt die größte Schwäche des Werkes zweifellos in seiner Beschränkung auf die Pflanzen- und Vegetationsökologie, während Aspekte der Mykologie weitgehend, und solche der Tierökologie vollständig vernachlässigt werden mussten. Ein Gesamtverständnis der behandelten Ökosysteme muss diese Organismengruppen aber zweifellos mit einschließen. Es bleibt zu hoffen, dass auch Mykologen und Tierökologen in der Zukunft eine Gesamtschau des relevanten Wissens wagen werden.

Zahlreiche Fachkolleginnen und Kollegen unterstützten mich durch Kommentare zu einzelnen Kapiteln, Literaturhinweise oder Bereitstellung von teilweise unveröffentlichten Rohdaten: Thomas Becker (Marburg), Irmgard Blindow (Hiddensee), Heike Culmsee (Göttingen), Dietmar Brandes (Braunschweig), Christoph Führer (Leipzig), Albrecht Gerlach (Oldenburg), Georg Grabherr (Wien), Markus Hauck (Göttingen), Dietrich Hertel (Göttingen), Egbert Matzner (Bayreuth), Eva Remke (Hiddensee), Michael Runge (Göttingen), Angelika Schwabe-Kratochwil (Darmstadt), Michael Succow (Greifswald), Wolfgang Schmidt (Göttingen), Werner Wahmhoff (Osnabrück), Thomas van Elsen (Witzenhausen). Hartmut Dierschke (Göttingen) las alle Kapitel Korrektur, überprüfte die synsystematische Gliederung des Buches und passte diese, soweit dies möglich und sinnvoll erschien, an das in Rennwald (2000) vertretene System an.

Mehrere Mitarbeiter des Lehrstuhls haben mich über die Jahre tatkräftig bei der Literaturbeschaffung, bei Schreibarbeiten und dem Anfertigen der Abbildungen unterstützt. Insbesondere danke ich Bernd Raufeisen, der alle Zeichnungen mit großer Sorgfalt erstellte, Astrid Rodriguez, Mechthild Stange, Uta Nüsse-Hahne und Ute Schlonsog sowie den Mitarbeiterinnen und Mitarbeitern der Forstwissenschaftlichen Bibliothek in Göttingen für die vielfältige Unterstützung. Ulrich Rees unterstützte mit großer Sorgfalt bei der Erstellung des Registers. Frau A. Kreibaum und Herr J. Sprenzel sorgten in zuverlässiger Weise für die technische Realisierung dieses Buchprojektes im Eugen Ulmer-Verlag; sie ließen meine Sonderwünsche in großzügiger Weise gewähren.

Möge dieses Buch helfen, das vorhandene ökologische Wissen zu synthetisieren, die Experten zu ermuntern, nicht den Blick auf größere Zusammenhänge zu verlieren, und dem Schutz des mitteleuropäischen Naturerbes eine verlässliche Grundlage schaffen!

Göttingen und Hiddensee, im Herbst 2009
Christoph Leuschner

Hinweise zur Benutzung des Buches

Zur Gliederung des Buches

Die Kapitel 1 und 2 behandeln die allgemeinen naturräumlichen und pflanzengeografischen Grundlagen von Mitteleuropa, Kapitel 3 stellt die Entstehung der mitteleuropäischen Vegetation unter dem Einfluss des Menschen in den letzten 7000 Jahren dar. Dieses Kapitel geht auch auf die wichtigsten Umweltbelastungen der Neuzeit ein. Die Hauptgliederung des Buches folgt nicht der üblichen pflanzensoziologischen Klassifikation, sondern spiegelt die Natürlichkeit der Ökosysteme wider, die sich im Laufe der Geschichte unter der Einwirkung des Menschen herausgebildet hat. Daher wird mit den Wäldern begonnen: Kapitel 4 enthält eine vergleichende und integrierende Darstellung der Ökologie der mitteleuropäischen Wälder, Baumarten und Waldkrautschicht-Pflanzen. Spezielle Darstellungen der Vegetation und Dynamik der Laub- und Nadelwälder folgen in den Kapiteln 5 bis 8. Die Kapitel 9 bis 24 behandeln gehölzarme bis gehölzfreie Formationen mit zunehmender Naturferne. Das räumliche Gefüge der Vegetationseinheiten ist Gegenstand von Kapitel 25. Das anschließende Kapitel 26 gibt einen Überblick über die höherrangigen Vegetationseinheiten Mitteleuropas und deren Beziehungen zueinander. Das ökologische Verhalten der einzelnen Arten drückt sich in den Zeigerwerten nach Ellenberg et al. (1992, 2001 und 2009 ergänzt) aus, die tabellarisch in Kapitel 27 zusammengestellt wurden (im Internet unter www.utb-mehr-wissen.de abrufbar). Den Abschluss bilden das Literaturverzeichnis und das Sachregister.

Im Text wurden Artnamen *kursiv*, höhere Syntaxa in KAPITÄLCHEN und Gesellschaften (Assoziationen) bei ihrer erstmaligen Nennung in den jeweiligen Vegetations-Kapiteln <u>unterstrichen</u> gedruckt. Wichtige, in den jeweiligen Kapiteln thematisierte Stichworte erscheinen in **fett**.

Zur Nomenklatur der Arten und Gesellschaften

Die **Nomenklatur der Gefäßpflanzen-Sippen** folgt weitgehend der „Standardliste der Farn- und Blütenpflanzen Deutschlands“ von Wisskirchen & Haeupler (1998) bzw. im Alpenraum Aeschimann et al. (2004), bei den **Moosen** wird weitgehend Frahm & Frey (2004), bei den **Flechten** Wirth (1994) gefolgt. Die Namen der Pilze wurden möglichst auf den „Verbreitungsatlas der Großpilze Deutschlands (West)“ von Krieglsteiner (1991) abgestimmt. Es war jedoch nicht möglich, alle Artnamen in der großen Zahl der Vegetationstabellen, die meist aus älteren Auflagen stammen, auf den neusten taxonomischen Stand zu bringen. Der Leser sieht sich daher an manchen Stellen mit veralteten Artnamen konfrontiert; einige wichtige Synonyme werden in der Artenliste des Kapitels 27 erläutert.

Die **pflanzensoziologische Gliederung** der Vegetation Mitteleuropas geschieht auf der Grundlage sich regelmäßig wiederholender Artenverbindungen, die, wie dieses Buch zeigt, die jeweiligen Standortbedingungen recht gut widerspiegeln. In Mitteleuropa hat sich die auf Josias Braun-Blanquet zurückgehende Vegetationsklassifikation als ein System erwiesen, das Praktikabilität im Freiland mit hinreichender Reproduzierbarkeit der Ergebnisse verbindet und zu einer überschaubaren Gliederung der Vegetation nach floristischer Ähnlichkeit gelangt (vgl. z. B. Dierschke 1994). Sie beruht vor allem auf dem Vorkommen bzw. Fehlen bestimmter (diagnostischer) Artengruppen, die als Charakter- und Differenzialarten bezeichnet werden. Das System floristisch definierter Vegetationstypen (Syntaxa) bildet die Grundlage dieses Werkes, auf der die Ökologie der Lebensgemeinschaften behandelt wird. Das Buch versteht sich dabei nicht als streng syntaxonomische Übersicht. Es richtet sich vielmehr nach bereits vorliegenden Werken, vor allem jenen von Oberdorfer et al. 1987–1992, Pott 1995, Dierschke 1996 ff., Rennwald 2000 u. a., in einer (im positiven Sinne) konservativen Gliederung als Grundlage für eine möglichst umfassende vegetationsökologische Darstellung. Insbesondere bei den Grundeinheiten des Systems, den **Assoziationen** (Gesellschaften = Ges.) und ihren Untereinheiten, wird jeweils den zitierten Autoren gefolgt, wobei sich manche Widersprüche nicht vermeiden lassen. Diese Einheiten können nämlich gebietsweise verschieden ausfallen und unterliegen am stärksten subjektiven Einschätzungen. Im Text des Buches wird nur eine ausgewählte Anzahl an Assoziationen genannt, in der Regel solche mit überregionaler Verbreitung. Neuere umfassende Überblicke der Assoziationen für Deutschland geben z. B. Pott (1995) und Rennwald (2000), für Österreich Mucina et al. (1993) und Willner & Grabherr (2007), für die Tschechei Chytrý (2007 und folgende Bände) und für die Niederlande Schaminée et al. (1995 ff). Kapitel 26 enthält eine Übersicht der wichtigsten höheren Gefäßpflanzen-Syntaxa (Verbände, Ordnungen, Klassen) Mitteleuropas, soweit sie im Buch behandelt werden.

In den Vegetationstabellen wird die **Artmächtigkeit** mit den Ziffern 1 bis 5 und + angegeben (+ = selten, 1 = <5%, 2 = 5–25%, 3 = 25–50%, 4 = 50–75% und 5 = >75% Deckung). Bei der Mehrzahl der Tabellen handelt es sich um **Stetigkeitstabellen**, d. h. es wird der Prozentsatz der Aufnahmen angegeben, in denen eine betreffende Art auftritt. Stetigkeitsangaben werden kursiv gedruckt, wobei 1 = <20% Stetigkeit, 2 = 20–40%, 3 = 40–60%, 4 = 60–80% und 5 = >80% bedeuten. **Fett** gedruckte Stetigkeitsziffern (**1** bis **5**) heben Arten hervor, die öfter mit größeren Artmächtigkeiten auftreten.
In vielen Tabellen werden außerdem die ökologischen Zeigerwerte der Arten nach Ellenberg et al. (1992, 2001) angegeben. Sie sind in Kapitel 27 ausführlich erläutert, diese sind unter www.utb-mehr-wissen.de einsehbar. In der Regel werden 7 Zeigerwerte angegeben, und zwar:

L = Lichtzahl, d.h. das Verhalten gegenüber dem Strahlungsgenuss;
T = Temperaturzahl, d.h. das wärmeklimatische Verhalten;
K = Kontinentalitätszahl, d.h. die Stellung im Ozeanitäts-Kontinentalitäts-Gefälle Europas;
F = Feuchtezahl, d.h. das Verhalten gegenüber der Bodenfeuchte;
R = Reaktionszahl, das Verhalten zur Säurestärke im Boden;
N = Stickstoff- oder Nährstoffzahl, d. h. das Verhalten hinsichtlich der Nährstoff-, insbesondere der Stickstoffversorgung;
S = Salzzahl, d. h. das Verhalten gegenüber dem Salz- bzw. Chloridgehalt des Bodens.

Die Ziffern 1 bis 9 (bzw. bei F bis 12) bedeuten jeweils:
1 = sehr niedrig (z.B. N1 = sehr nährstoffarm)
2 = niedrig (z.B. F2 = meist trocken)
5 = mittelmäßig
9 = sehr hoch (z.B. F9 = sehr nass)
F10 = meist unter flachem Wasser
F11 = in Gewässern mäßiger Tiefe
F12 = in tiefen Gewässern

Mittel zur standortgerechten Feingliederung der Vegetation

Ellenberg (1996) unterschied drei Ansätze, um die Beziehung zwischen der Variabilität der Pflanzenbestände und den Standorteigenschaften näher herauszuarbeiten:
– **soziologische Artengruppen** (Charakterarten, Differenzialarten), die durch tabellarischen Vergleich von Vegetationsaufnahmen gewonnen werden;
– **soziologisch-ökologische Artengruppen**, also ökologisch interpretierte Differenzialarten als Zeiger für bestimmte Umweltbedingungen;
– **ökologische Artengruppen**, also Arten mit einer ähnlichen „realisierten Nische" im Hinblick auf zentrale Umweltfaktoren wie Strahlung, Temperatur, Feuchte und Nährstoffversorgung. Diese lassen sich beispielsweise mithilfe ähnlicher Faktorenzahlen der Zeigerwerte nach Ellenberg et al. (1992, 2001; s. Kap. 27) ermitteln.
Mittels dieser Ansätze (oder einer Kombination aus ihnen) ist es möglich, die edaphisch, oreografisch oder klimatisch bedingte Variabilität der Vegetation zu untersuchen, also ihren Wandel mit der Bodenbeschaffenheit, der Meereshöhe und dem Klimacharakter auszudrücken.

Abkürzungen

a	Jahr
agg.	Aggregat
Ass.	Assoziation
atm	Atmosphären
B	Baum
C	krautiger Chamaephyt
cal	Kalorien (1 cal = 4. 187 J)
Cd	Cadmium
Cu	Kupfer
d	Tag
dgl.	dergleichen
E	Epiphyt
ep	Epiphyt
F	Feuchtezahl
F	Flechte
F	Fluor
fm	Festmeter
fo.	forma, Form
G	Geophyt
Ges.	Gesellschaft
Gr.	Gruppe
H	Hemikryptophyt
h	Stunde
ha	Hektar
Hg	Quecksilber
hp	Halbparasit
hPa	100 Pa
Hw	Hochwasser
i.e.S.	im engeren Sinne
i.w.S.	im weiteren Sinne
K	Kontinentalitätszahl
Kl.	Klasse
L	Lichtzahl
L	Liter (früher: l)
LAI	Blattflächenindex
li	Liane
M	Moos; Mega (10^6)
max.	maximal, Maximum
mF	mittlere Feuchtezahl
min.	Minimal, Minimum
mittl.	mittlere(s, r)
mN	mittlere Stickstoffzahl
Mn	Mangan
MPa	10^6 Pa
mR	mittlere Reaktionszahl
MThw	Mittel-Tidehochwasser
MTnw	Mittel-Tideniedrigwasser
Mw	Mittelwasser
N	Stickstoff- oder Nährstoffzahl
N	Nanophanerophyt
n	Anzahl der Messwerte, Proben, Aufnahmen usw.
n.Chr.	nach Christus
nom. invers. bzw. nom. inv.	= syntaxonom. Namensumkehrung
Nw	Niedrigwasser
O.	Ordnung
Pa	Druckeinheit
Pb	Blei
ppm	parts per million
prov.	vorläufig
RF	relative Luftfeuchtigkeit
S	Salzzahl
S	Strauch
s.a.	siehe auch
SAss.	Subassoziation
s.l.	sensu lato
s.str.	sensu stricto
sp.	species, Spezies
spec.	ohne Artbestimmung
spp.	species, Spezies (Mehrzahl)
SpThw	Spring-Tidehochwasser
subsp.	subspecies, Subspezies
syn.	Synonym
T	Therophyt
T	Temperaturzahl
t	Tonne(n) (= Mg)
TG	Trockengewicht
TM	Trockenmasse
u.a.	und andere, unter anderem
u.Ä.	und Ähnliches
ü.NN.	über Normalnull
u.v.a.	und verschiedene andere
unveröff.	unveröffentlicht
V.	Verband
v.Chr.	vor Christus
v.h.	vor heute
var.	varietas, Varietät
vgl.	vergleiche
vp	Vollparasit
Z	holziger Chamaephyt
Z	Zwergstrauch
z.T.	zum Teil
zit.	zitiert
Zn	Zink
µeq	Mikroäquivalent
μmol_c	Mikromol Ladungseinheiten

Der Naturraum und seine Geschichte

1 Naturräumliche und historische Einflüsse auf die Vegetation Mitteleuropas

1.1 Klimatische und vegetationsgeografische Lage Mitteleuropas

Unter Mitteleuropa verstehen wir hier einen Bereich, wie er großenteils auf der Vegetationsübersicht in Abbildung 1–1 umrissen ist. Er umfasst Deutschland, die Niederlande, Belgien und Luxemburg, die Schweiz, Österreich, Tschechien, die Slowakei und Polen sowie Teile der angrenzenden Länder Dänemark, Südschweden, Ostfrankreich und des italienischen Alpengebietes. Dieser zentrale Bereich Europas mit fast genau 1 Mio. km^2 Fläche gehört der nördlichen gemäßigten Zone an und wird vom 50. Breitengrad annähernd halbiert. Sein Klima zeichnet sich dementsprechend durch den Wechsel von einem mäßig warmen, frostfreien Sommer zu einem mehr oder minder kalten Winter aus, der für die meisten Gewächse monatelange Ruhe bedeutet. Die Gegensätze beider Jahreszeiten werden durch die Lage Mitteleuropas zwischen dem ozeanischen Westen und dem zunehmend kontinentalen Osten Europas (s. Abb. 1–2) so weit ausgeglichen, dass die Lufttemperaturen im Sommer selten 30 °C übersteigen und im Winter nur ausnahmsweise unter –20 °C sinken (s. die Karten 1 und 2, Seite 13). Darüber hinaus bewirkt diese Lage, dass die Übergangszeiten im Frühling und Herbst verhältnismäßig ausgedehnt sind, was die Wachstumsperiode für viele Pflanzen entscheidend verlängert. Günstig für die Vegetation Mitteleuropas ist außerdem der Umstand, dass zyklonale Regen zu allen Jahreszeiten fallen können (Walter 1979; s. Karte 3, Seite 14). Längeren sommerlichen Dürreperioden ist sie daher nur in unregelmäßigen Abständen ausgesetzt, z. B. 1904, 1911, 1921, 1947, 1949, 1959, 1964, 1973, 1976, 1982/83, 1990, 2003 und 2005 (Rocznik 1981 u. Kowalski 1991), besonders in relativ kontinentalen Lagen. Kältekatastrophen sind ebenfalls selten, z. B. 1928/29, 1939/40, 1955/56, 1962/63 (Rocznik 1985).

Ein solches Klima fördert das Gedeihen von sommergrünen Laubwäldern, die nach Jäger (1970) an mindestens 120 frostfreie Tage, mehr als 250 mm Niederschlag in der Vegetationsperiode und eine mittlere Julitemperatur über 15 °C gebunden sind. Mitteleuropa wäre in der Tat fast überall ein Waldland, wenn nicht der Mensch das bunte Mosaik der Äcker und Heiden, Wiesen oder Weiden geschaffen und den Wald im Laufe von Jahrtausenden immer mehr zurückgedrängt hätte. Nur die salzigen Marschen und die windbewegten Dünen an der Küste, manche übernassen und nährstoffarmen Moore, einige Felsschroffen, Steinschutthalden und Lawinenbahnen in den Gebirgen sowie die Höhen oberhalb der klimatischen Baumgrenze würden heute auch dann waldfrei bleiben, wenn sich die Bäume ungehemmt entwickeln dürften (s. Abb. 1–1). Überall sonst würden sich diese mithilfe ihres hohen Wuchses schließlich gegen ihre Konkurrenten durchsetzen. Selbst auf den mageren Sandheiden Nordwestdeutschlands, die man noch um 1900 für waldfeindlich hielt, sind inzwischen Aufforstungen gelungen und haben die letzten Zweifel am Waldcharakter der Naturlandschaft beseitigt. Dasselbe gilt für die „Steppenheiden" der südmitteleuropäischen Kalkgebirge, die fast alle mehr oder minder rasch verbuscht sind, wo man sie nicht mehr beweidete oder abbrannte (s. Kap. 18.7.3).

Unter den in Europa vorkommenden Baumarten begünstigt das mitteleuropäische Klima

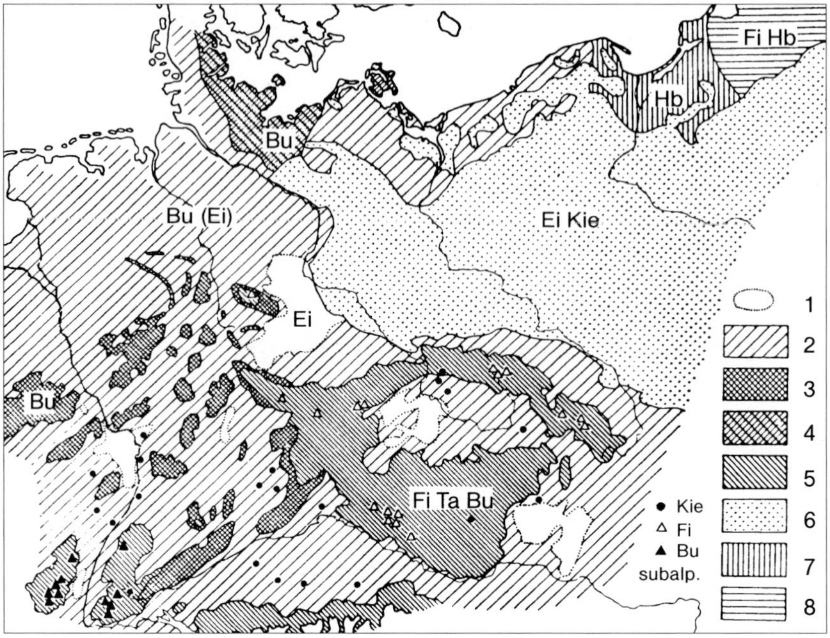

Abb. 1–1 Von Walter & Straka (1970) nach pollenanalytischen Untersuchungen angenommene Großgliederung der Waldvegetation in Mitteleuropa (ohne die Alpen) in der Zeit um Christi Geburt, also vor den großflächigen mittelalterlichen Rodungen. Heute wird das natürliche Buchenwaldareal in Teilen Ostdeutschlands und des nördlichen Polen als noch ausgedehnter eingeschätzt (vgl. z. B. Tarasiuk 1999 in Bolte et al. 2007).
1 = Trockengebiete unter 500 mm Niederschlag, mit Eichenmischwäldern und wenig Rotbuche; 2 = Tieflagen mit Rotbuchen-Mischwäldern, z. T. mit starker Beteiligung der Eichen; an der Nordseeküste viel Schwarzerle; dicke Punkte = Kiefer lokal vorherrschend; 3 = niedrige Mittelgebirge mit Rotbuche, meist ohne Nadelhölzer; 4 = Moränengebiete mit Rotbuche, kiefernarm; 5 = Buchenwald-Berglagen mit Tanne und (oder) Fichte (weiße Dreiecke); schwarze Dreiecke = subalpiner Buchenwald; 6 = Sandbodengebiete, in denen Kiefern vorherrschen, z. T. mit Eichen und anderen Laubhölzern; 7 = außerdem mit Fichte.
Flussauen, Moore und andere Sonderstandorte sind nicht ausgeschieden.

sommergrüne Laubhölzer mit mesomorphen Blättern und mäßig geschützten Winterknospen, z. B. Rotbuche (*Fagus sylvatica*) und Stieleiche (*Quercus robur*). Von Köppen (1931) wurde es geradezu als „Buchenklima" bezeichnet, das allerdings auch ganz Westeuropa einschließlich Südengland umfasst.

Während der Westen und die Mitte Europas in ihrem Klima- und Vegetationscharakter durch allmähliche Übergänge eng miteinander verbunden sind, ist der kontinentale Nordosten schärfer und augenfälliger abgesetzt. Kältere Winter schaden hier den Knospen der meisten Laubbäume, und Spätfröste vernichten nicht selten ihre frisch ausgetriebenen Blätter oder ihre Blüten. Auch der größeren Lufttrockenheit im Sommer sind ihre zarteren Blätter weniger gewachsen als die skleromorph gebauten Nadeln von Fichte (*Picea abies*) oder Kiefer (*Pinus sylvestris*). So werden die immergrünen **Nadelbäume** hier den winterkahlen Laubhölzern im natürlichen Konkurrenzkampf überlegen, während sie in Mitteleuropa ihre heutige Vorherrschaft nur der Pflanzung und Pflege durch die Forstwirtschaft verdanken.

Der wirksamste Faktor des kontinentalen Klimas, der die immergrünen Nadelhölzer gegenüber den alljährlich ihr Laub erneuernden Bäumen begünstigt, ist aber die **Kürze der Vegetationsperiode**. Sie bestimmt auch im Norden die natürliche Grenze des mitteleuropäischen Laubwaldgebietes, insbesondere in Südschweden und Südnorwegen, wo die letzten Vorposten der Buchenwälder auf nährstoffreichen Böden in die boreale Nadelwaldregion vordringen. Ein ähnlicher Wechsel von Klima und Ve-

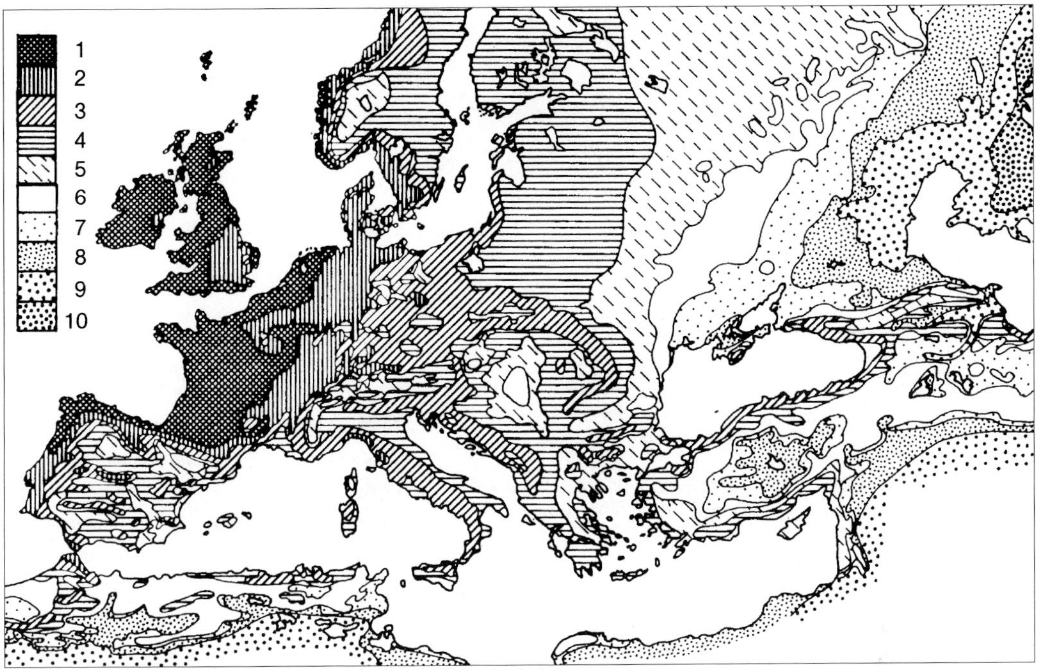

Abb. 1–2 Ozeanitätsgefälle in Europa, am Artengefüge der Gefäßpflanzenflora gemessen. Nach einer farbigen Karte von Jäger (1968), aus Horvat, Glavac und Ellenberg (1974). 1 = Ozeanische und subozeanische Arten sehr zahlreich; 2 = weniger zahlreich; 3 = bis zur Ostgrenze vieler subozeanischer Arten, subkontinentale Arten ± stark beteiligt; 4 = zahlreiche subkont. und einzelne kontinentale, aber noch suboz. Arten; 5 = letztes Ausklingen suboz. Arten, noch viele Arten der Breitlaubgehölze; 6 = viele weit verbreitete kontinentale Arten; Steppenwald-Arten vorherrschend; 7–9 = kont. Arten zunehmend zahlreich, mehr und mehr Wüstenpflanzen; 10 = vorherrschend kont. Wüstenpflanzen.

getation wie an der Nordgrenze Mitteleuropas ist beim Aufstieg in die Gebirge zu beobachten, soweit diese hoch genug aus der Laubwaldstufe emporragen (s. Abb. 1–3 u. 1–4).

Die breiten und hohen Mauern der **Alpen** erheben sich ungefähr dort, wo der Übergang des mitteleuropäischen Klimas in das sommertrockene submediterrane Klima Südeuropas beginnen würde. Nur westlich der Alpen, also bereits im atlantisch-submediterranen Bereich, und östlich derselben, d. h. in recht kontinentaler Lage, vollzieht sich dieser Übergang allmählich. Er leitet zu Gebieten mit milderen Wintern und wärmeren Sommern über, in denen Dürreperioden nicht selten mehrere Wochen andauern. Dort ziehen sich deshalb die Rotbuche und deren Begleiter in kühlere und feuchtere Berglagen zurück und werden durch trockenheitstolerantere Laubbäume ersetzt, z. B. Flaumeiche (*Quercus pubescens*), Zerreiche (*Q. cerris*), Mannaesche (*Fraxinus ornus*) und Orient-Hainbuche (*Carpinus orientalis*). Nahe der Mittelmeerküste, wo die Nachbarschaft des warmen Wassers scharfe Winterfröste verhindert, wird die laubwerfende Waldvegetation schließlich durch eine immergrüne abgelöst. Die hier von Natur aus herrschenden, wenn auch heute seltenen mediterranen Hartlaubbäume, namentlich die Steineiche (*Quercus ilex*), sind zwar frostempfindlicher als viele sommergrüne Laubhölzer, können aber die Dürre der wärmsten Monate besser überstehen, welche für das Klima des Mittelmeergebietes so charakteristisch ist (s. hierzu Horvat et al. 1974).

Fast überall grenzt also das Waldland Mitteleuropas an Gebiete, deren Klima ebenfalls Waldwuchs ermöglicht. Lediglich im Südosten, in den Randbereichen der Ungarischen Tiefebene, nehmen die Niederschläge so sehr ab, dass sich eine **Waldsteppenzone** anschließt, die in die südrussischen Steppen überleitet. Manche Arten aus der Vegetation dieser von Natur aus waldfreien Gebiete lassen sich bis

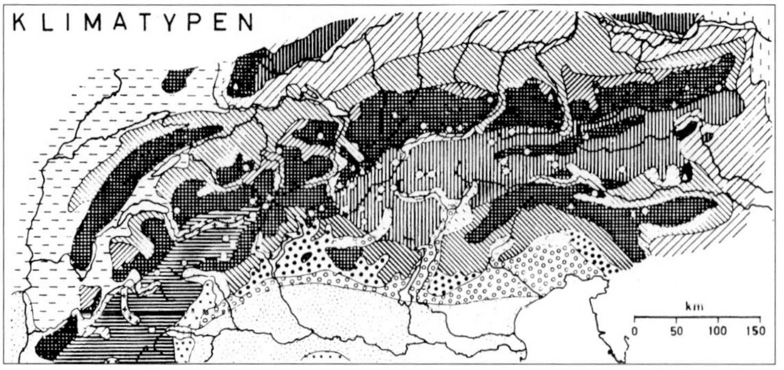

Abb. 1–3 Karte der Klimatypen im Alpenbereich als Beispiel für Mitteleuropa. Nach Rehder (1965), etwas verändert. Die römischen Ziffern bedeuten Klimatypen entsprechend dem Klimadiagramm-Weltatlas von Walter & Lieth (1967). Weitere Erläuterungen in Abb. 1–4. Die mediterranen Klimatypen (IV) liegen außerhalb Mitteleuropas.

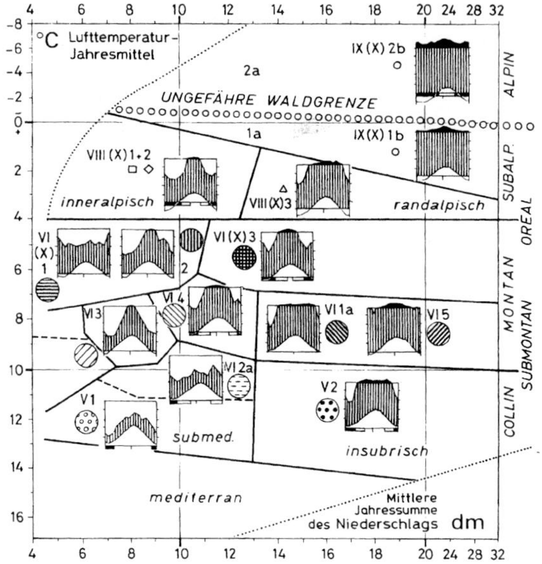

○ IX (X)	subalpin/alpin
△ VIII (X) 3	oreal/subalp.–randalpisch
◇ □ VIII (X) 1 u. 2	oreal/subalp.–inneralpisch
VI (X) 3	montan–randalpisch u.ä.
VI (X) 2	ähnlich 1, mehr kontinental
VI (X) 1	mont./oreal–inneralpisch
VI 5	montan–mitteleuropäisch
VI 4	submont./mont.–mitteleur.
VI 3	submont.–mitteleuropäisch
VI 2b	wie a, mehr kontinental
VI 2a	collin/submont.–mitteleur.
VI (IV)	submont.–inneralpisch
VI 1b	Übergang V 1a u. VI (IV)
VI 1a	mont.–insubrisch
V 2	submontan–insubrisch
V 1	collin–submediterran
IV (X)	montan–mediterran
IV (VI)	medit./submediterran

Abb. 1–4 Ungefähre Niederschlags- und Temperaturbereiche der wichtigsten Klimatypen, die in Abb. 1–3 dargestellt sind. In Anlehnung an eine Stationsübersicht von Rehder (1965) sowie an Diagramme von Walter & Lieth (1967) mit einigen Ergänzungen im montanen bis alpinen Bereich.

In jedem Klimadiagramm folgt die untere Grenze der schraffierten Fläche dem Gang der Monatsmittel der Lufttemperatur von Januar bis Dezember (ein Teilstrich der Ordinate = 10 °C), die obere Grenze dem Gang der Monatssummen der Niederschläge (ein Teilstrich = 20 mm, oberhalb 100 mm auf $^1/_{10}$ reduziert und schwarz dargestellt). Je größer die schraffierte und besonders die schwarze Fläche, desto humider ist das Klima. Die vereinfachten Klimadiagramme beziehen sich auf folgende Stationen (vgl. Abb. 1–5):

IX(X) 1 *subalpin-waldgrenznah*, inneralpisch mit Lärche-Arve (1a), zwischen- und randalpisch mit Fichte (1b, Rigi, 1775 m); IX (X) 2 *alpin-inneralpisch* (2a) bzw. -randalpisch (2b, Säntis, 2500 m).

VIII(X) 3 *oreal bis subalpin-randalpisch*, mit vorwiegend Fichten (Splügen, 1500 m).

VIII(X) 1 + 2 *oreal bis subalpin-inneralpisch* (kontinental), mit Lärchen, Arven und Fichten (Davos, 1561 m).

VI(X) 1 *montan bis oreal-inneralpisch (subkontinental)*, submediterran getönt, mit Waldkiefer, Lärche und vorwiegend Fichte (Montana, 1453 m); VI(X) 2 *montan-inneralpisch (kontinental)* mit vorwiegend Fichte (Heiligenblut, 1378 m); VI(X) 3 *montan-zwischenalpisch bis randalpisch*, mit Fichten-Tannen-Buchenmischwäldern (Mittenwald, 910 m).

VI 2a *collin bis submontan-mitteleuropäisch*, leicht submediterran getönt, mit Rotbuche und Eichen-Hainbuchenwäldern (Dijon, 315 m); VI 3 *submontan-mitteleuropäisch*, mehr oder minder subkontinental getönt, mit Rotbuche und Eichenmischwäldern (Leoben, 540 m); VI 4 *submontan bis montan-mitteleuropäisch*, mit artenreichen Rotbuchenwäldern (Zürich, 569 m); VI 1a *montan-mitteleuropäisch, insubrisch* getönt vorwiegend Rotbuche (Faido, 759 m); VI 5 *montan-mitteleuropäisch*, mit Rotbuche und wenig Nadelhölzern (Schwyz, 567 m).

V 1 *collin-submediterran*, mit Flaumeiche und anderen trockenheitsertragenden „Sommergrünen" und viel Edelkastanie (Bolzano, 292 m).

V 2 *collin bis submontan-insubrisch*, niederschlagsreich, mit wärmeliebenden Birken-Eichenwäldern und Edelkastanien (Lugano, 276 m).

weit nach Mitteleuropa hinein verfolgen und sind namentlich in den trockenen Beckenlandschaften am Neusiedler See bei Wien, in Böhmen und Mähren sowie im Regenschatten des Harzes stark vertreten. Wie Passarge (1953), Wendelberger (1954) und andere nachwiesen, könnten hier jedoch unter den heutigen Klimabedingungen überall Bäume gedeihen. Das darf man auch aus der Karte von Jäger (1967; s. Abb. 1–2) schließen, die das Kontinentalitätsgefälle in Europa mit florengeografischen Mitteln kennzeichnet.

Kein Landschaftsraum ist vom Relief und Klima her so reich gegliedert wie der **Alpenraum**. Die Abbildungen 1–3 und 1–4 gestatten einen Überblick über diese Hochgebirgslandschaft, in der Klimatypen ozeanischen und kontinentalen, borealen und submediterranen Charakters einander begegnen und in mannigfacher Weise durchdringen. Außerdem werden sie mit steigender Höhe über dem Meeresspiegel abgewandelt, von den relativ warmen Vorhügeln bis hinauf zu den ewig verschneiten Gipfeln. Einige Klimadiagramme veranschaulichen den Gang der Monatsmitteltemperaturen sowie der durchschnittlichen Monatssumme der Niederschläge an kennzeichnenden Stationen. Die Beziehungen zwischen den in Abbildung 1–3 dargestellten Klimatypen und der von Natur aus herrschenden Waldvegetation werden in Abbildung 1-5 angedeutet, deren Koordinaten den Jahresmittelwerten der Temperatur und der Niederschläge entsprechen. Wie die Höhenstufung der natürlichen Vegetation in Mitteleuropa von West nach Ost und von Nord nach Süd variiert, zeigen die Querschnitte in Abbildung 1–6.

Dieser klimatologische und vegetationskundliche Rundblick lässt erkennen, dass Mitteleuropa kein scharf umrissenes Gebiet ist, sondern nach allen Seiten, besonders nach Westen und Osten, gleitend in Nachbarräume übergeht, eine Tatsache, die ja auch in kultureller und wirtschaftlicher Hinsicht für Mitteleuropa charakteristisch ist. Trotzdem besitzt es eine unverwechselbare Eigenart, die man aus der Kenntnis der Grenzgebiete allein nicht erschließen könnte.

1.2 Überblick über die Geologie und Böden Mitteleuropas

Der Untergrund Mitteleuropas besteht aus einem vielgestaltigen Mosaik verschiedenster **Gesteine** aus Erdaltertum, Erdmittelalter und

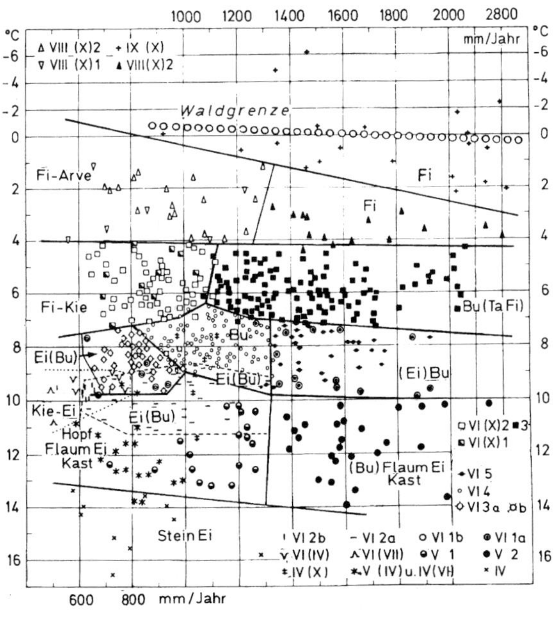

Arve	*Pinus cembra*
Bu	*Fagus sylvatica*
Ei	*Quercus petraea* u. *robur*
Fi	*Picea abies*
FlaumEi	*Quercus pubescens*
Hopf	*Ostrya carpinifolia*
Kast	*Castanea sativa*
Kie	*Pinus sylvestris*
SteinEi	*Quercus ilex*
Ta	*Abies alba*

Abb. 1–5 Herrschende Baumarten in der natürlichen Vegetation des Alpenbereichs sowie Lage der für Abb. 1–4 herangezogenen meteorologischen Stationen im Koordinatensystem von Jahresniederschlag (Abszisse) und Jahresmittel der Lufttemperatur (Ordinate). Nach Rehder (1965), verändert. Die Bezifferung entspricht den Klimatypen in Abb. 1–4.

sel, in Italien und im südlichen Spanien so hart, dass die heute in Mitteleuropa herrschenden Baumarten auch dort nur an Sonderstandorten überdauern konnten (Beug 1977, Sercelj 1970, Frenzel 1964, 1968, 1991, 1992, Lang 1992). Von den mitteleuropäischen Eichen beispielsweise nimmt man an, dass Glazialrefugien im Süden der Iberischen Halbinsel, in Süditalien und auf dem südlichen Balkan bestanden haben (z.B. Petit et al. 2002; s.a. Kap. 5.7.1b).

Zahlreiche Baumarten, sogar Schatthölzer wie die Weißtanne, haben zwar nach Fritz (1970), Menke (1980) und anderen Autoren (s.a. Kap. 5.7.1 u. Tab. 5–8) in den Interglazialzeiten wieder nach Mitteleuropa vorstoßen können; während der Glazialzeiten starben aber in Mitteleuropa fast alle Bäume aus. Das Klima war wesentlich kontinentaler als heute und begünstigte Kältesteppen. Krautige Pflanzen und niedrige Holzgewächse litten darunter offenbar weniger stark als Bäume, oder sie vermochten leichter wieder aus ihren Refugien zurückzuwandern. Nur endemische und auf sehr kleine Gebiete beschränkte, d.h. wenig wanderungsfähige Arten fehlen nördlich der Grenze maximaler Vereisung Europas in auffälligem Maße (s. Abb. 1–7). Die Gesamtzahl der Gefäßpflanzen vergleichbarer Gebiete im öst-

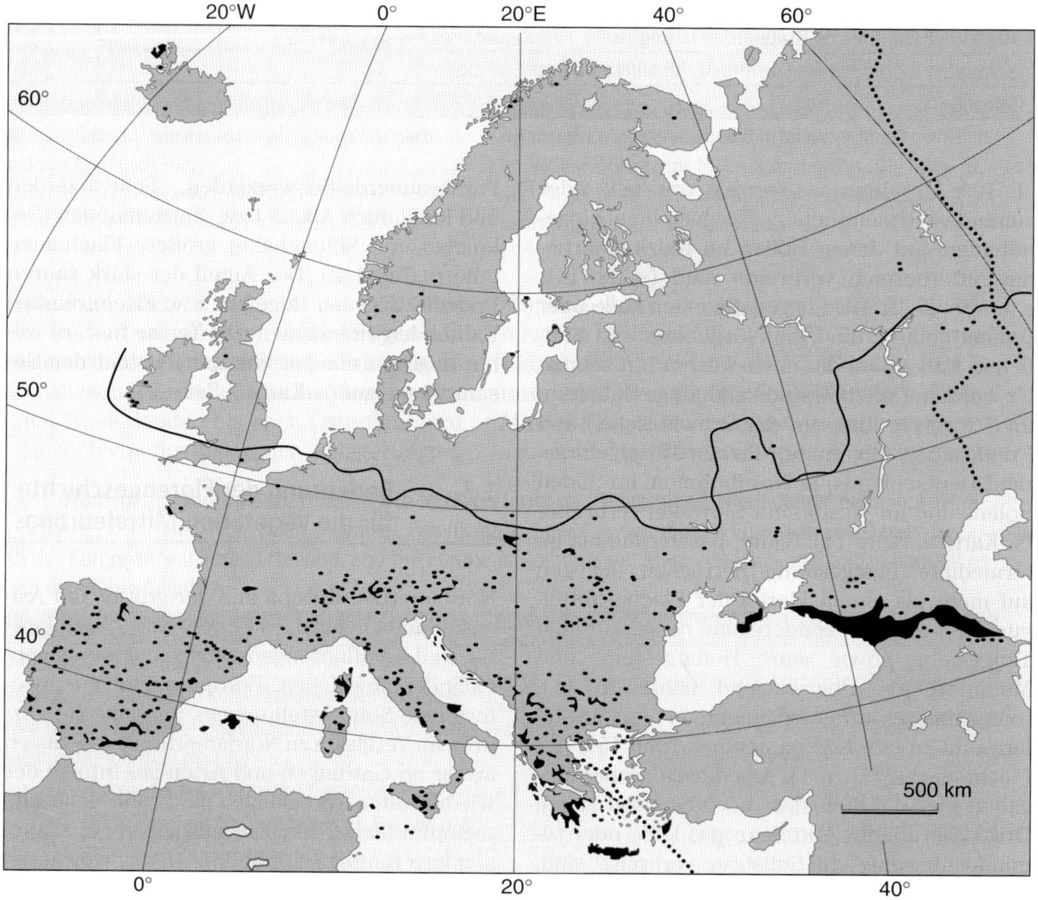

Abb. 1–7 Endemische und andere auf sehr kleine Gebiete beschränkte Arten kommen in Europa nördlich der (durch eine Linie bezeichneten) Grenze der maximalen Vereisung wesentlich seltener vor als südlich derselben. Die meisten sind auf Gebirge oder Inseln beschränkt, vor allem in den wärmeren, niemals oder nur lokal vergletscherten Bereichen. Nach Hendrych (1982), etwas verändert.
Im nördlichen und östlichen Mitteleuropa fehlen sie so gut wie ganz. Sie starben während der Eiszeiten aus, weil sie nicht rasch genug in standörtlich geeignete Refugien ausweichen konnten und neue Endemiten sich seit dem Rückzug des Inlandeises nur in geringer Zahl herauszubilden vermochten. Die kleinsten Flecken beziehen sich oft nur auf eine Art.

Tab. 1–3 Zahl der Arten in den Baumgattungen des sommergrünen Laubmischwald-Gebiets im östlichen Nordamerika (linke Ziffer) und in Mitteleuropa (rechte Ziffer). Nach Karten von Schmucker (1942) und anderen Quellen.

Laubbäume

7 : 5	*Acer*	2 : 0	*Amelanchier* (St)
3 : 2	*Alnus*	1 : 0	*Aralia*
5 : 2	*Betula*	1 : 0	*Asinima*
1 : 1	*Carpinus*	6 : 0	*Carya*
2 : 2	*Crataegus*	2 : 0	*Castanea* (SEur)
1 : 1	*Fagus*	1 : 0	*Catalpa*
4 : 2	*Fraxinus*	2 : 0	*Celtis* (SEur)
2 : 1	*Ilex*	1 : 0	*Cercis* (SEur)
1 : 1	*Malus*	1 : 0	*Diospyros*
5 : 3	*Populus*	1 : 0	*Gleditschia*
5 : 3	*Prunus*	1 : 0	*Gymnocladus*
0 : 1	*Pyrus**	2 : 0	*Illicium*
20 : 4	*Quercus*	2 : 0	*Juglans* (SEur)
4 : 8	*Salix**	1 : 0	*Liquidambar*
1 : 4	*Sorbus**	1 : 0	*Liriodendron*
2 : 2	*Tilia*	2 : 0	*Magnolia*
3 : 3	*Ulmus*	1 : 0	*Morus*
66 : 45		2 : 0	*Nyssa*
		1 : 0	*Ostrya* (SEur)
		1 : 0	*Platanus* (SEur)
		1 : 0	*Ptelea*
		1 : 0	*Robinia* (subspont.)
		4 : 0	*Rhus*
		1 : 0	*Sassafras*
		1 : 0	*Zanthoxylon*
		40 : 0	

106 : 45
östl. Nordam. : Mitteleuropa

Nadelbäume

1 : 1	*Abies*	1 : 0	*Chamaecyparis*
1 : 1	*Larix*	1 : 0	*Juniperus* (St, SEur)
3 : 1	*Picea*	1 : 0	*Taxodium*
7 : 4	*Pinus*	1 : 0	*Thuja*
1 : 1	*Taxus*	1 : 0	*Tsuga*
13 :8		5 : 0	

18 : 8
östl. Nordam. : Mitteleuropa

(St) = als Strauch auch in Mitteleuropa
(SEur) = in Südeuropa als Baum vertreten
(subspont) = sich subspontan ausbreitend (vor allem im südöstlichen Mitteleuropa)
* = Gattungen, die in Mitteleuropa artenreicher sind als im östlichen Nordamerika

lichen Nordamerika ist nicht größer als in Mitteleuropa einschließlich der Alpen und deren Vorlandes (d. h. ebenfalls an die 4000), während das Verhältnis der Baumarten etwa 120 : 50 beträgt (s. Tab. 1–3).

Dieses Missverhältnis darf man nach Schroeder (1998) jedoch nicht nur historisch deuten. Auch das gegenwärtige Klima spielt dabei eine Rolle, und zwar insofern, als die Sommer in vergleichbaren Vegetationsgebieten Nordamerikas wärmer sind als in Mitteleuropa, das durchschnittlich 10 Breitengrade nördlicher liegt. Dementsprechend fehlen bei uns gerade die subtropischen Gattungen und Arten (s. Tab. 1–3), die nur bei ausreichender Sommerwärme raschwüchsig genug sind, um sich gegen Baumarten des gemäßigten Klimas behaupten zu können. In Botanischen Gärten gegen deren Konkurrenz geschützt, gedeihen fast alle diese Exoten auch in Mitteleuropa, denn die Winter sind hier infolge des mildernden Einflusses des Golfstroms nicht kälter als in ihrer nordamerikanischen Heimat.

Abgesehen von den Bäumen ist die Flora Mitteleuropas nicht nur relativ artenreich, sondern auch recht eigenständig. Zahlreiche Sippen sind auf Mitteleuropa beschränkt und haben dort ihren Verbreitungsschwerpunkt (s. Tab. 1–4). Dies sind aber fast ausschließlich Waldpflanzen oder doch solche, die im Waldschatten zu gedeihen vermögen. Daneben spielen Arten der Waldlichtungen und Kahlschläge eine so große Rolle, dass man sich vorstellen darf, in den einstigen Urwäldern Mitteleuropas habe es immer wieder kleine oder auch größere Lichtungen gegeben, seien diese nun durch Überalterung der Bäume, Windbruch, Blitzzündung oder auf eine andere Weise entstanden.

Ob **Megaherbivoren** ehemals die Wälder deutlich gelichtet haben, ist noch immer Ge-

Tab. 1–4 Gefäßpflanzen mit mitteleuropäischem Areal-Schwergewicht. Nach Angaben von Walter & Straka (1970), der „Flora Europaea" und anderen Quellen.

eigentlich mitteleuropäische Arten	mit etwas **weiterer** Verbreitung
a Laubwald	
1. Bäume	
Acer pseudoplatanus [AC.]	*Acer campestre* [AC.]
Carpinus betulus [BET.]	*A. platanoides* [AC.]
Fagus sylvatica [FAG.]	*Alnus glutinosa* [BET.] (Bruchwald)
Prunus avium [ROS.]	*Fraxinus excelsior* [OL.]
Quercus petraea [FAG.]	*Quercus robur* [FAG.]
Taxus baccata [TAX.]	*Salix fragilis* [SAL.] (Aue)
Tilia platyphyllos [TIL.]	*Tilia cordata* [TIL.]
	Ulmus glabra [ULM.]
2. Sträucher und Lianen	
Hedera helix [ARALIAC.]	* *Clematis vitalba* [RAN.]
* *Rosa coriifolia* [ROS.]	* *Cornus sanguinea* [CORN.]
* *R. obtusifolia* [ROS.]	*Corylus avellana* [BET.]
* *R. rubiginosa* [ROS.]	*Crataegus laevigata* [ROS.]
* *R. villosa* [ROS.]	*Euonymus europaea* [CELASTRAC.]
Rubus hirtus [ROS.]	* *Rosa canina* [ROS.]
	R. corymbifera [ROS.]
3. Krautige und Zwergsträucher	
Allium ursinum [LILIAC.]	*Actaea spicata* [RAN.]
Arum maculatum [ARAC.]	*Ajuga reptans* [LAM.]
Cephalanthera damasonium [ORCHIDAC.]	*Alliaria petiolata* [BRASS.]
Circaea intermedia [ONAGRAC.]	*Anemone nemorosa* subsp. *nemorosa* [RAN.]
Corydalis cava [PAPAV.]	*A. ranunculoides* [RAN.]
C. intermedia [PAPAV.]	* *Aquilegia vulgaris* [RAN.]
Dentaria bulbifera [BRASSICAC.]	*Asarum europaeum* [ARISTOLOCHIAC.]
Festuca heterophylla [POAC.]	* *Betonica officinalis* [LAM.]
Galium sylvaticum [RUBIAC.]	*Campanula latifolia* [CAMP.]
Hordelymus europaeus [POAC.]	* *C. patula* [CAMP.]
Hypericum montanum [HYP.]	*Carex digitata subsp. digitata* [CYPERAC.]
Lathyrus linifolius [FABAC.]	*C. montana* s. str. [CYPERAC.]
Luzula luzuloides [JUNCAC.]	*C. remota* subsp. *remota* [CYPERAC.]
L. sylvatica [JUNCAC.]	*Cephalanthera longifolia* [ORCH.]
Lysimachia nemorum [PRIMULAC.]	*C. rubra* [ORCH.]
Melica uniflora [POAC.]	* *Genista germanica* [FAB.]
* *Melittis melissophyllum* [LAMIAC.]	* *G. tinctoria* [FAB.]
Mycelis muralis [ASTERAC.]	*Hepatica nobilis* [RAN.]
Petasites albus [ASTERAC.]	*Lamiastrum galeobdolon* [LAM.]
Phyteuma spicatum [CAMPANULAC.]	*Lathraea squamaria* [SCROPH.]
Veronica montana [SCROPHULARIAC.]	*Lathyrus vernus* [FAB.]
Vinca minor [APOCYNAC.]	*Lunaria rediviva* [BRASS.]
Viola reichenbachiana [VIOL.]	*Mercurialis perennis* [EUPH.]

eigentlich mitteleuropäische Arten	mit etwas **weiterer** Verbreitung
	Neottia nidus avis [ORCH.]
	* *Orchis mascula* [ORCH.]
	Plantanthera chlorantha [ORCH.]
	Pulmonaria officinalis [BORAGINAC.]
	Ranunculus ficaria [RAN.]
	R. lanuginosus [RAN.]
	* *Serratula tinctoria* [AST.]
	Stachys sylvatica [LAM.]
	Stellaria holostea [CARYOPHYLLAC.]
	S. nemorum [CARYOPHYLLAC.]
	Thalictrum aquilegifolium [RAN.] (Aue)
* = stärker lichtbedürftig	*Viola riviniana* [VIOL.]
b Waldlichtungen	
1. Sträucher	
Rubus sulcatus [ROS.]	*Sambucus nigra* [CAPRIFOLIAC.]
und wohl auch andere *Rubus*-Arten	
2. Krautige	
Atropa belladonna [SOL.]	*Arctium minus* [AST.]
Dipsacus pilosus [DIPSACAC.]	*A. nemorosum* [AST.]
Epilobium tetragonum subsp. *lamyi* [ONAGRAC.]	*Cardamine amara* [BRASS.]
Hydrocotyle vulgaris [APIAC.] (Bruchwald)	*Carex divulsa* [CYP.]
	C. hirta [CYP.]
	Centaurium erythraea [GENTIANAC.]
	Cirsium oleraceum [AST.] (Bruchw., Aue)
	Dipsacus fullonum [DIPS.]
	Eupatorium cannabinum [AST.] (Bruchwald)
	Lysimachia nummularia [PRIM.] (Bruchwald)
	Petasites hybridus [AST.] (Aue)
	Rorippa sylvestris [BRASS.]
	Rumex obtusifolius [POLYGONAC.]
	R. sanguineus [POLYGONAC.]
	Sedum telephium [CRASSULAC.]
	Senecio sylvaticus [AST.]
	Silene dioica [CARY.]
	Symphytum officinale [BOR.]
c Waldsäume	
Agrimonia procera [ROS.]	*Aethusa cynapium* [APIAC.]
Allium scorodoprasum [LIL.]	*Allium oleraceum* [LIL.]
A. vineale [LIL.]	*Anthericum ramosum* [LIL.]
Saxifraga granulata [SAX.]	*Chaerophyllum temulum* [APIA.]
Trifolium ochroleucon [FAB.]	*Galium mollugo* [RUB.]
	Knautia arvensis [DIPS.]

Tab. 1–4 Fortsetzung

eigentlich mitteleuropäische Arten	mit etwas **weiterer** Verbreitung
d Felsen und Dünen	
Corynephorus canescens [POAC.] (Dü)	*Cardaminopsis arenosa* [BRASS.]
Sedum sexangulare [CRASS.]	*Hieracium piloselloides* [AST.] (Schotter)
e Magerrasen	
Carlina vulgaris [AST.] (c)	*Anthyllis vulneraria* s. str. [FAB.] (c) (f)
Dianthus armeria [CARY.] (c)	*Briza media* [AST.] (f)
Hypochoeris radicata [AST.] (f)	*Centaurea jacea* [AST.] (f)
Ononis repens [FAB.] (f)	*Cerastium semidecandrum* [CARY.]
Orchis morio [ORCH.] (f)	*Euphorbia cyparissias* [EUPH.]
	Helianthemum nummularium [CISTAC.]
	Hieracium pilosella [AST.]
	Orchis ustulata [ORCH.]
	Orobanche caryophyllacea [OROB.] (Paras.)
	Plantago lanceolata [PLANT.] (f)
	Prunella grandiflora [LAM.]
	Ranunculus bulbosus [RAN.] (f)
	Salvia pratensis [LAM.] (f)
	Selinum carvifolia [APIA.] (c)
	Thymus pulegioides [LAM.]
	Veronica teucrium [SCROPH.]
f Düngerasen	
	Arrhenatherum elatius[1] [POAC.]
	Cynosurus cristatus (e) [POAC.]
	Pimpinella major [APIA.] (c)

[1] von submediterran-montanen Steinschutthalden stammend; (c), (e), (f) = zu den betreffenden Gruppen überleitend

genstand der Diskussion (s. Kap. 5.7.1 a). Elefanten und einige andere, während früherer Interglaziale noch vorhandene Großtierarten gab es jedoch am Ende der letzten Vereisung in Mitteleuropa nirgends mehr. Eine weitgehend geschlossene Wiederbewaldung konnten sie also nicht verhindern. Erst der Mensch, insbesondere der jungsteinzeitliche Bauer mit seinem Vieh und seinen Feldbaumethoden, hat die nacheiszeitliche Waldlandschaft mehr und mehr aufgelichtet (s. Kap. 3.1. u. 3.2.1), wie Pott (1992d) dies am Beispiel Nordwestdeutschlands zusammenfassend darstellte.

Da Mitteleuropa während der letzten Eiszeit völlig waldfrei war und das Klima sich nur allmählich dem heutigen annäherte, sind alle Waldgemeinschaften hier verhältnismäßig jung (s. a. Lang 1967, 1994, Walter & Straka 1970, Sukopp 1972, Overbeck 1975, Pott 1992c). Selbst dort, wo sich ähnliche Vegetationstypen bis ins Pliozän zurückverfolgen lassen, mussten sie sich nach den Kaltzeiten jeweils neu konstituieren (Jäger 1967, Beug 1977). Die Rotbuche wanderte aus ihren südlichen Refugien erst als einer der letzten Waldbäume wieder ein. Sie spielt jene beherrschende Rolle, wie wir sie heute kennen, im Norden Mitteleuropas noch nicht länger als rund 3000 bis 4000 Jahre, d. h. nicht mehr als etwa 30 bis 60 Baumgenerationen hindurch. Immerhin hat diese Zeitspanne ausgereicht, um sie überall in Mitteleuropa an die ihr zusagenden Standorte gelangen und mehr oder minder ausgeglichene Gesellschaften bilden zu lassen. Viele der von ihr besiedelten Böden sind zudem wesentlich älter, und auch zahlreiche Arten des Unterwuchses waren sehr wahrscheinlich bereits vor ihr da. Die Organismen, die heute in einer Gemeinschaft zusammenleben, können also ganz verschiedene Schicksale gehabt haben und sind auch in Zukunft nicht untrennbar miteinander verbunden.

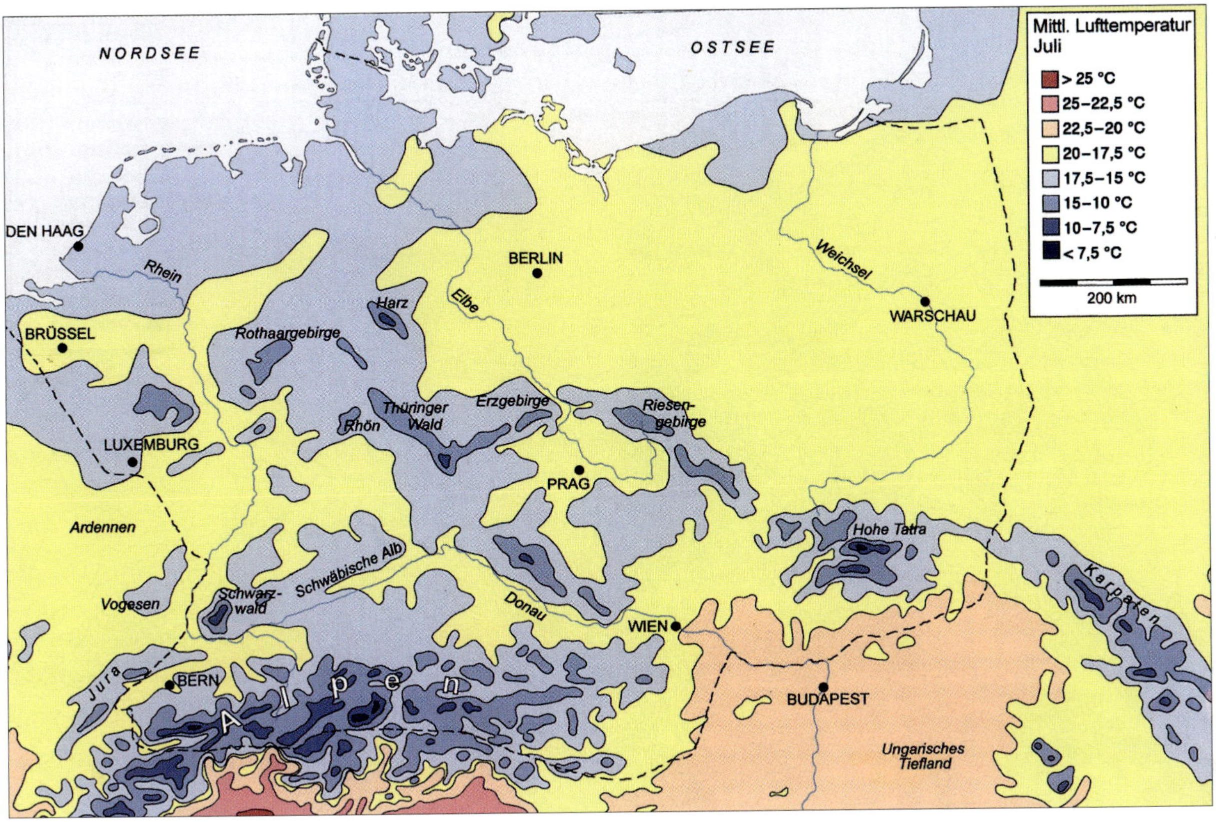

Karte 1 Mittlere Lufttemperatur im Juli in Mitteleuropa. Gestrichelte Linie: Grenze des hier betrachteten Raumes (verschiedene Quellen).

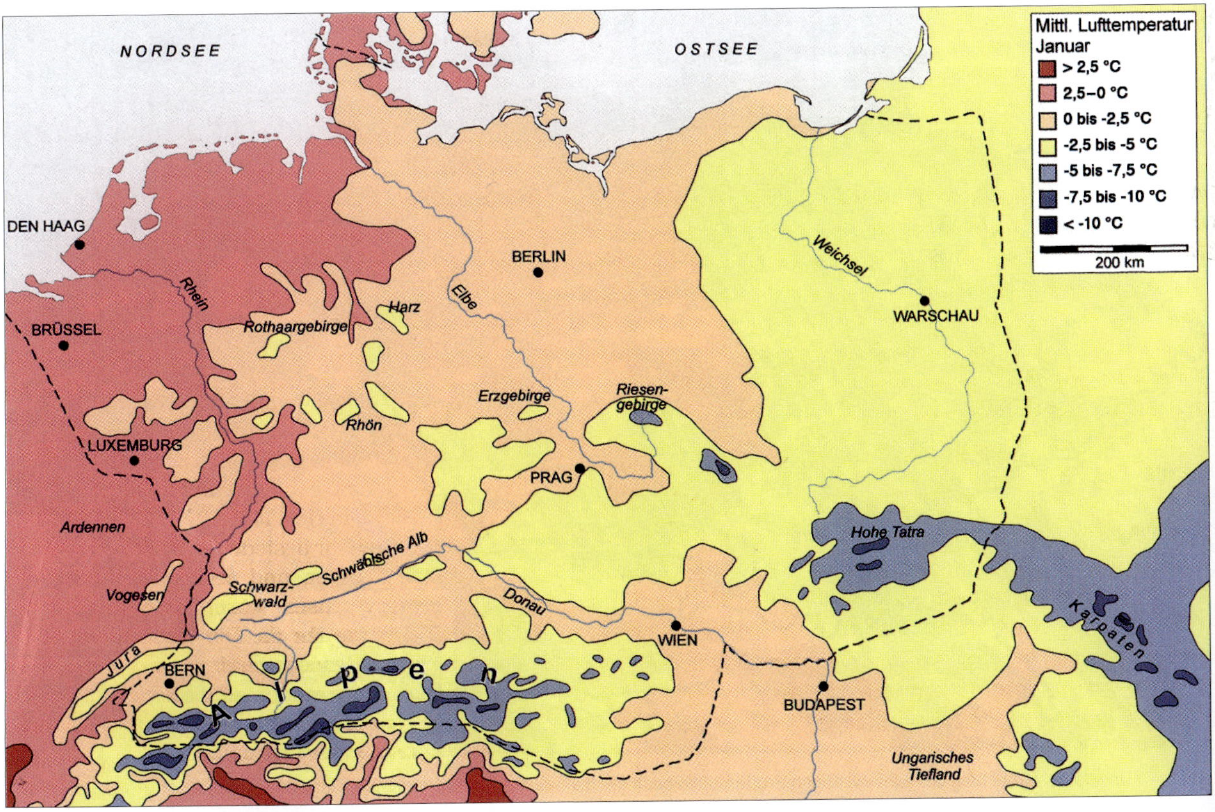

Karte 2 Mittlere Lufttemperatur im Januar in Mitteleuropa.

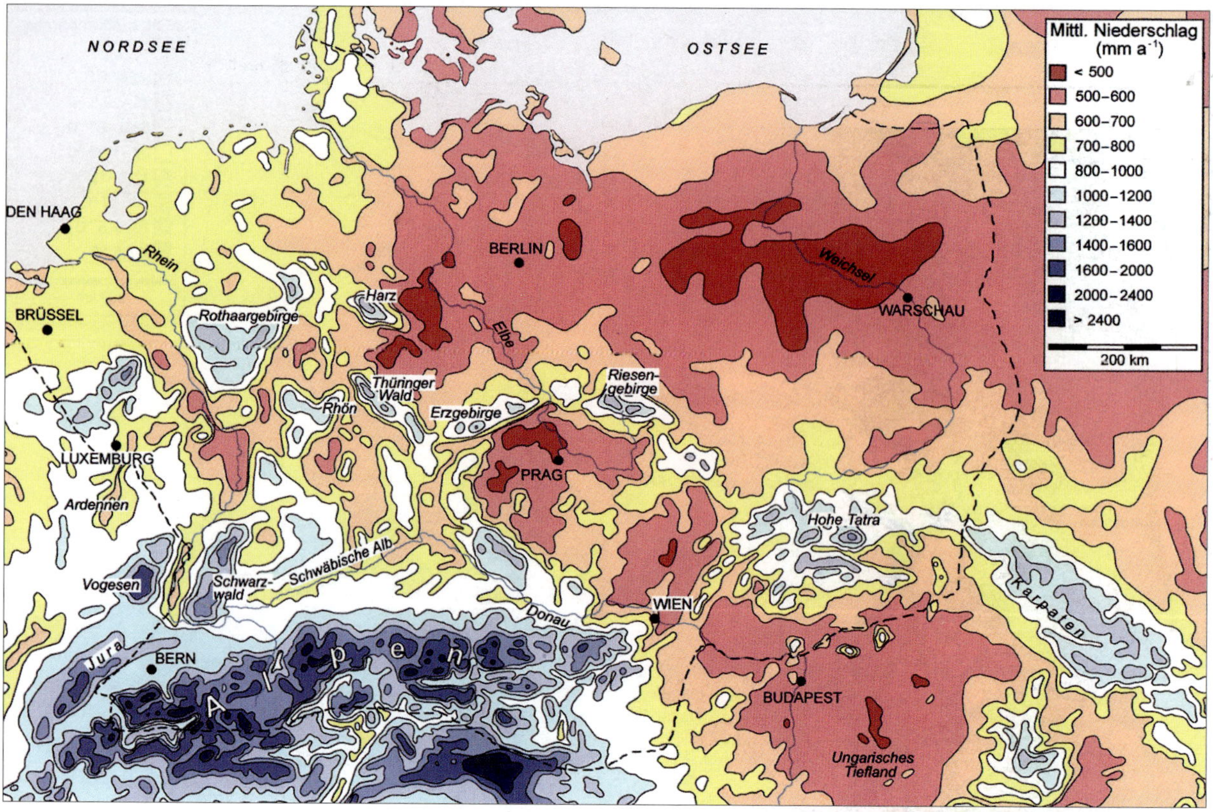

Karte 3 Mittlere Jahressumme der Niederschläge in Mitteleuropa (verschiedene Quellen)

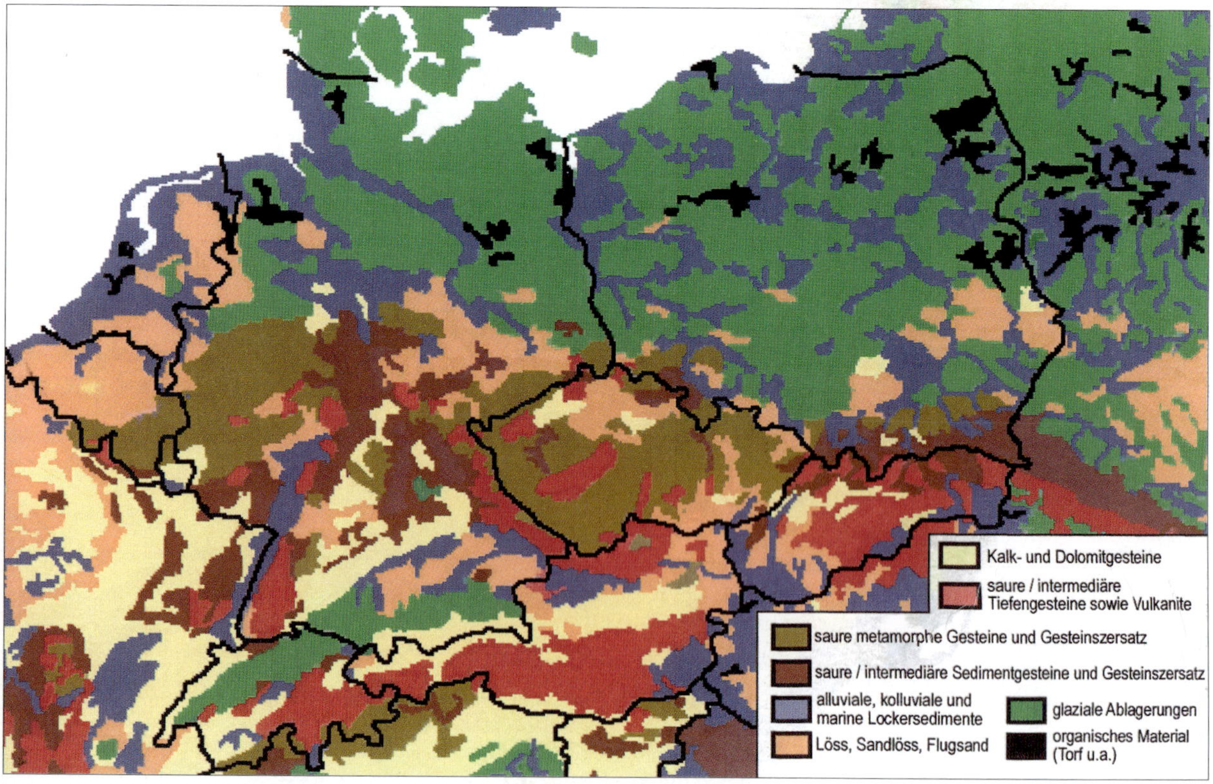

Karte 4 Ungefähre Verbreitung von acht wichtigen Großgruppen geologischer Substrate in Mitteleuropa. Gezeichnet nach Angaben in der European Soil Database (v. 2.0) des European Soil Bureau Network and the European Commission, EUR 19945 EN, März 2004.

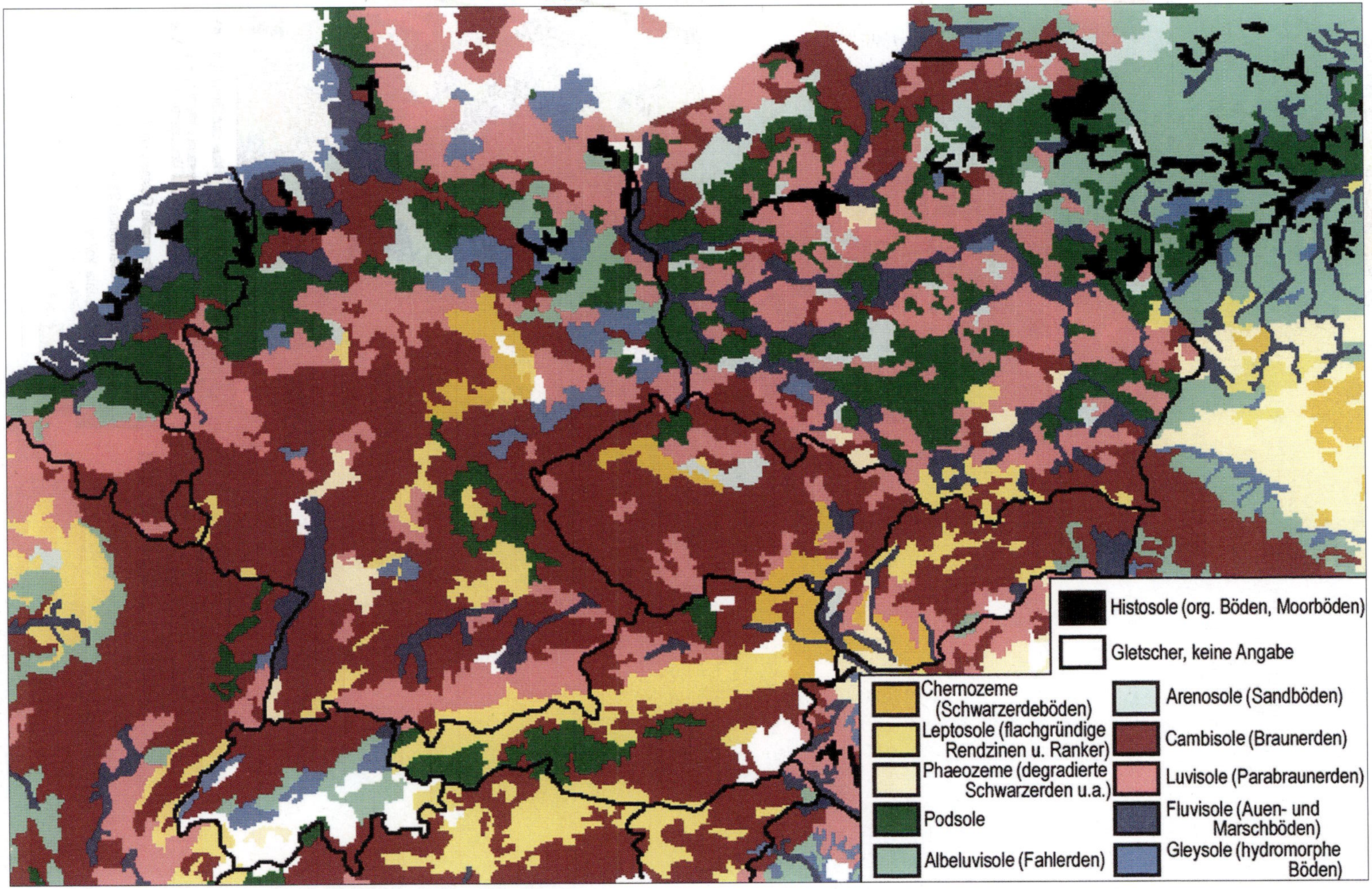

Karte 5 Ungefähre Verbreitung wichtiger Bodentypen-Gruppen in Mitteleuropa. Gezeichnet nach Angaben in der European Soil Database (v. 2.0) des European Soil Bureau Network and the European Commission, EUR 19945 EN, März 2004.

Nivale, alpine und subalpine Vegetation

A Nival-subnivale Vegetation der Alpen

B Alpine Vegetation: Rasen, Zwergstrauchvegetation, Fels- und Schuttfluren der Alpen und Hohen Tatra

C Subalpine Vegetation: Lärchen-Zirbenwälder, Alpenrosen-Latschen-, Grünerlen- und Weidengebüsche, Hochstaudenfluren

Nadel(misch)wälder

D1 Bodensaure, zwergstrauch- und flechtenreiche Kiefernwälder auf Sand und Silikatgestein (vorwiegend ostmitteleuropäisches Tiefland)

D2 Montane bis hochmontane, meist bodensaure Fichten-Tannenmischwälder des Schwarzwaldes, der Alpen, des polnischen Mittelgebirges und der Karpaten

D3 Hochmontane bis subalpine Fichtenwälder auf Silikat- und Karbonatgesteinen der hercynischen Mittelgebirge, Alpen und Karpaten

D4 Baltische krautreiche Laub-Fichtenmischwälder mit Winterlinde und Stieleiche

Bodensaure Eichenmischwälder

F1 Atlantisch-subatlantische bodensaure, vorwiegend hygrophile Birken-Stieleichenwälder des Tief- und Hügellandes

F2 Bodensaurer Traubeneichen-Trockenwald im Komplex mit Felsgebüschen und Felsrasen sowie thermophilen Eichen-Hainbuchenwäldern auf Silikat-Steilhängen

F3 Bodensaure, zwergstrauch- und moosreiche Eichen- und Kiefern-Eichenwälder im ostmitteleuropäischen Tief- und Hügelland auf Sand

F4 Bodensaure Hainsimsen-Eichenmischwälder, teils mit Kiefer, teils mit Tanne, teils im Wechsel mit Hainsimsen-Buchenwäldern, im südostmitteleuropäischen Hügelland und unteren Bergland auf Silikatgestein

Eichen-Hainbuchenwälder und Winterlinden-Stieleichenwälder

F5 Vorwiegend hygrophile Stieleichen-Hainbuchenwälder des Tieflandes und in Flußniederungen

F6 Subkontinentale Winterlinden-Stieleichen-Hainbuchenwälder vorwiegend ohne Buche

F7 Traubeneichen-Hainbuchenwälder ohne oder mit wenig Buche in trockenwarmen Gebieten

F8 Traubeneichen- und Stieleichen-Hainbuchenwälder im Wechsel mit Buchenwäldern des Hügellandes

Buchen- und Buchenmischwälder

F9 Bodensaure, artenarme Drahtschmielen-Buchenwälder und Eichen-Buchenwälder des Tieflandes

F10 Hainsimsen-Buchenwälder des Hügel- und unteren Berglandes

F11 Hainsimsen-Buchenwälder des höheren Berglandes, teils mit Tanne und/oder Fichte

F12 Waldmeister- und Bingelkraut-Buchenwälder des Tieflandes

F13 Waldmeister-, Waldgersten- und Orchideen-Buchenwälder des Hügel- und unteren Berglandes, teils mit Tanne

F14 Waldmeister-, Zahnwurz-, Heckenkirschen- und Blaugras-Buchenwälder des höheren Berglandes und der Randalpen, meist mit Tanne, z.T. mit Fichte

Buchenwälder mit natürlicher Beimischung von Nadelbäumen, namentlich Tanne, z.T. auch Fichte

Thermophile Eichenmischwälder

G1 Subkontinentale thermophile Stieleichen- und Traubeneichen-Mischwälder

G2 Submediterran-subkontinentale thermophile Zerreichen-Mischwälder

G3 Submediterrane thermophile Flaumeichen-Mischwälder

Kiefern-Trockenwälder

K1 Schneeheide-Kiefern-Trockenwälder der Alpen und des Alpenvorlandes

K2 Kiefern-Trockenauen der Randalpen und des Alpenvorlandes

Waldsteppen

L Pannonische Waldsteppen-Stieleichen(misch)-wälder

Azonale Vegetation

P1 Strand- und Dünenvegetationskomplexe an der Nord- und Ostseeküste

P2 Salzvegetationskomplexe an der Nord- und Ostseeküste sowie im Binnenland

R Röhrichte und Riedsümpfe

S1 Hoch- und Übergangsmoore

S2 Niedermoore

T1 Birkenbruchwaldkomplexe, vielfach auf degradierten Hochmoorstandorten

T2 Erlenbruchwaldkomplexe

U1 Auen- und feuchte Niederungswälder unterschiedlicher Zusammensetzung mit Stieleiche, Esche, Ulmen, Weiden, Schwarzpappel, Schwarz- und Grauerle

U2 Vegetationskomplexe der eingedeichten Marschen mit Stieleichen-Eschen- und Eschen-Ulmen-Feuchtwäldern

Karte 6 Potenzielle natürliche Vegetation Mitteleuropas. Ausschnitt der Karte der natürlichen Vegetation Europas, Maßstab 1 : 2,5 Mio., von Bohn & Neuhäusl et al. (2006).

2 Lebensformen und Bautypen der mitteleuropäischen Flora

2.1 Lebensformen

Sommergrüne Laubbäume sind zwar die konkurrenzfähigsten Lebensformen der mitteleuropäischen Flora und würden deshalb in der natürlichen Pflanzendecke vorherrschen; an der mehr als 4500 Phanerogamen umfassenden Florenliste Mitteleuropas jedoch haben Bäume, d.h. Phanerophyten im Sinne von Raunkiaer (s. Ellenberg & Mueller-Dombois 1967a), nur einen bescheidenen Anteil (s. Tab. 2–1, Phanerophyten, P). Auch die Sträucher (Nanophanerophyten, N) machen nicht einmal 5% dieser Florenliste aus, obwohl sie in lichten Wäldern reichlich vertreten sind.

Weitaus die meisten Arten, die sich am Aufbau mitteleuropäischer Pflanzengemeinschaften beteiligen, haben einen niedrigen Wuchs und gehören entweder zu den Hemikryptophyten (H), Geophyten (G), Chamaephyten (C bzw. Z) und Therophyten (T) oder aber zu den adnaten (wurzellosen) Formen. Hieraus darf man folgern, dass viele von diesen bescheideneren Gewächsen seit Langem günstige Lebensbedingungen in Mitteleuropa gefunden haben und dass sie die Unbilden der Eiszeiten besser überdauerten als die hochwüchsigen Holzpflanzen. Die meisten der einjährigen Kräuter (T) und wahrscheinlich auch manche Rasenpflanzen (H, G, C) sind allerdings erst durch den Menschen eingeschleppt worden und könnten sich unter natürlichen Verhältnissen in Mitteleuropa nicht behaupten.

Die Lebensformen der in diesem Buch erwähnten Gefäßpflanzenarten (sowie der Flechten und Moose) sind in Kapitel 27 angegeben. Besonders gut sind die **Hemikryptophyten** an den Klimarhythmus Mitteleuropas angepasst, indem ihre Erneuerungsknospen in unmittelbarer Nähe des Erdbodens, also zumindest zeitweise vom Schnee geschützt, überwintern. Bei manchen Arten, z.B. bei den Horstgräsern (Hemikryptophyta cespitosa), werden die Knospen von vorjährigen Blättern so dick eingehüllt, dass sie einen Schneeschutz kaum brauchen. In milden Wintern bleiben ihre Blätter sogar ganz oder teilweise grün. Wie schon Raunkiaer nachwies, machen Hemikryptophyten fast die Hälfte der mitteleuropäischen Gefäßpflanzenflora aus (s. Tab. 2–1). Er spricht deshalb von dem „Hemikryptophyten-Klima" Mitteleuropas, obwohl dieser florenstatistisch gewonnene Begriff zu falschen Vorstellungen über die natürliche Vegetation führen kann. Denn ökologisch betrachtet haben nur manche Steppen und Hochgebirgslagen ein Hemikryptophyten-Klima. Trotzdem darf man diese Lebensformengruppe als bezeichnend für die

Tab. 2–1 Lebensformen-Spektrum von rund 2880 Gefäßpflanzenarten Mitteleuropas. Berechnet nach Angaben von Ellenberg et al. (1992); in % der Gesamtzahl[1].

1,8	**P**	Phanerophyten (Bäume)	15,0	mehr oder minder Holzige
8,4	**N**	Nanophanerophyten (Sträucher)		
4,8	**Z**	holzige Chamaephyten (Zwergsträucher)		
6,0	**C**	krautige Chamaephyten (Knospen über der Erde)	51,0	sichtbar ausdauernde Krautige
45,0	**H**	Hemikryptophyten (Knospen an der Erdoberfläche)		
10,4	**G**	Geophyten (unterirdisch Überdauernde)	29,3	verschwindende Krautige
18,9	**T**	Therophyten (Kurzlebige)		
4,6	**A**	Hydrophyten (unter Wasser Überdauernde)	4,6	Wasserpflanzen

[1] mit den 225 *Rubus*-Arten, die nach Weber fast sämtlich zweijährig sind und zu etwa $^2/_3$ als Z, zu $^1/_3$ als N gelten dürfen

Vegetation Mitteleuropas ansehen, zumal sie heute in allen Grasländern großflächig vorherrscht.

Am besten von allen Lebensformen schützen sich die in der Erde überdauernden **Geophyten** gegen Winterkälte und Sommertrockenheit. Sie sind deshalb in den kontinentalen Steppen und im Mediterrangebiet häufig. In Mitteleuropa können sie sich nur dort ausbreiten, wo ihnen Hemikryptophyten mit ihrer in der Regel viel längeren Blattandauer nicht überlegen sind. Das ist vor allem in Laubwäldern auf fruchtbaren Böden der Fall, wo ein dichtes Blätterdach im Sommer allen Unterwuchs durch seinen Schatten behindert. Im Frühjahr dagegen kann das Licht lange und stark genug auf den Boden dringen, um raschwüchsigen Geophyten mit niedrigem Temperaturoptimum ihre volle Entwicklung zu ermöglichen (s. Abb. 6–22). Unter natürlichen Verhältnissen würden solche Waldgeophyten in Mitteleuropa häufig vorkommen. Heute treten sie zurück, weil die fruchtbaren Böden großenteils entwaldet wurden, und weil die Wälder auf ärmeren Böden lichter und deshalb meistens reicher an Hemikryptophyten sind.

Eine verhältnismäßig geringere Rolle in der mitteleuropäischen Flora spielen die **Chamaephyten**, d. h. Zwergsträucher (Z in Tab. 2–1, 4,8%) oder Kräuter (C, 6,6%), deren Knospen zwar selten höher als 25 cm über dem Erdboden liegen, aber doch frei der Winterkälte und -trockenheit ausgesetzt sind, falls sie keinen Schneeschutz genießen. Daher sind sie einerseits in schneereichen Berglagen und andererseits in wintermilden atlantischen Gebieten stärker entwickelt als im eigentlichen Mitteleuropa. Besonders gilt dies für einige Ericaceae wie *Calluna vulgaris* oder *Erica tetralix*, die ihre Knospen kaum verhüllen und obendrein immergrüne Blätter haben, also gegen Frosttrocknis empfindlich sind.

In der Kulturlandschaft Mitteleuropas bedecken heute kurzlebige Pflanzen (**Therophyten**, 18,9% der Flora) die größten Flächen, obgleich sie unter natürlichen Verhältnissen kaum irgendwo hervortreten und in manchen Formationen gänzlich fehlen würden. Sowohl unsere meisten Feldfrüchte als auch viele ihrer lästigen Begleiter stammen aus Steppen oder Halbwüsten mit waldfeindlichen Klimaten.

In jeder der genannten Lebensform-Gruppen gibt es in Mitteleuropa einige **Lianen**, d. h. Gewächse, die haftend, windend oder als „Spreizklimmer" an geeigneten Stützen emporklettern. Sie sind in Kapitel 27 mit dem Zusatz „li" bezeichnet (z. B. P li *Clematis vitalba*, N li *Lonicera periclymenum*, H li *Lathyrus pratensis*, G li *Calystegia sepium*, T li *Galium aparine*). Insgesamt machen sie hier freilich weniger als 1% der Flora aus und spielen in der Vegetation nirgends eine auffallende Rolle, mit Ausnahme stark ozeanisch getönter Klimabereiche im Westen, wo z. B. der immergrüne Efeu (*Hedera helix*, P li) oft bis in die Kronen lichter Bäume steigt.

In einem Klima mit winterlicher Ruheperiode der Vegetation bedeuten kurze und milde Winter einen Konkurrenzvorteil für Lianen, besonders in relativ warmen Tieflagen. Die meisten in Europa vorkommenden Lianen haben tatsächlich einen ozeanischen Verbreitungsschwerpunkt, d. h. eine niedrige Kontinentalitätszahl (K) nach Ellenberg et al. (1992). Bei fast allen ist die Temperaturzahl (T) dagegen relativ hoch. Als Beispiele seien genannt:

T	K	
6	3	*Bryonia dioica*
6	3	*Clematis vitalba*
6	1	*Corydalis claviculata*
6	3	*Galium aparine*
5	2	*Hedera helix*
6	3	*Humulus lupulus*
7	3	*Lathyrus aphaca*
6	4	*Lathyrus sylvestris*
5	2	*Lonicera periclymenum*
7	4	*Vicia pisiformis*
8	4	*Vitis vinifera*
		u. a.

Doch gibt es auch einige Ausnahmen; als extreme seien *Lathyrus tuberosus* (T6, K6) und *Clematis alpina* (T3, K7) genannt, die im Hochgebirgswinter unter dem Schnee verborgen bleibt. Für das Verhalten der einzigen immergrünen hochkletternden Liane Mitteleuropas, des Efeus, spielen sehr wahrscheinlich die Winterfröste eine ausschlaggebende Rolle. In Gebieten mit hin und wieder auftretenden harten Frösten breitet er sich nur am Boden, d. h. ebenfalls unter Schneeschutz aus. Zunehmend milde Winter, wie sie durch die Klimaerwärmung heute im westlichen Mitteleuropa auftreten, könnten nach Dierschke (2005) deshalb eine Ursache für die beobachtete Zunahme des Efeus in Mullbuchenwäldern sein, z. B. in Südniedersachsen.

Auf die übrigen Lebensformen, insbesondere auf diejenigen der Kryptogamen, wollen wir erst bei der Besprechung bestimmter Pflanzengesellschaften in den Kapiteln 5 bis 24 eingehen. Eine für die mitteleuropäischen Wälder allgemein charakteristische Tatsache soll jedoch schon hier hervorgehoben werden: An den auf Baumästen und Stämmen haftenden **Epiphyten**-Gemeinschaften beteiligen sich fast niemals Gefäßpflanzen, sondern stets nur Niedere Pflanzen, namentlich Krusten- und Blattflechten sowie einige Moose und Protococcalen (Luftalgen). Höhere Pflanzen ertragen die epiphytische Lebensweise nur in den frostfreien und mindestens während eines halben Jahres sehr luftfeuchten Klimaten der subtropischen und tropischen Montanstufe sowie mancher tropischer Niederungen. Lediglich im meernahen Westeuropa treten einige Farne als Epiphyten auf, nämlich *Hymenophyllum tunbrigense* (T6 K1) und *Polypodium vulgare* (T5 K3), der in Mitteleuropa Bodenbewohner bleibt.

Zusammenfassend sei festgehalten, dass das Klima Mitteleuropas Wälder aus sommergrünen Laubbäumen (sowie im Gebirge und an Sonderstandorten auch aus Nadelbäumen) begünstigt, die keine Gefäßepiphyten tragen und deren Unterwuchs vorwiegend aus frühlingsgrünen Geophyten und/oder sommergrünen bis teilimmergrünen Hemikryptophyten gebildet wird, während Chamaephyten zurücktreten.

2.2 Endogene Rhythmen

Der zeitliche Ablauf der pflanzlichen Aktivität ist eng an den jahreszeitlichen Periodismus von Tageslänge, Temperatur, Niederschlägen und Strahlungsintensität gebunden. Diese Umweltfaktoren steuern den Übergang zwischen verschiedenen Entwicklungsphasen. Viele Pflanzen des kühl-gemäßigten mitteleuropäischen Klimas durchlaufen jedoch auch **Ruheperioden unter endogener Kontrolle**, in der die Teilungsaktivität der Meristeme genetisch gesteuert eingestellt wird.

Bei den krautigen ausdauernden Laubwaldpflanzen unterschied bereits Diels (1918) drei Typen mit deutlich unterschiedlicher Vegetationsrhythmik (Larcher 2001):

1. periodische Arten mit endogen gesteuertem Ruhezustand (*Polygonatum*-Typ);
2. periodische Arten mit teilweise erzwungenem Ruhezustand (*Leucojum*-Typ);
3. aperiodische Arten mit gänzlich erzwungenem Ruhezustand (*Galium odoratum*-Typ).

Zur letzten Gruppe gehören Arten mit tropischer oder subtropischer Verwandtschaft, die keine speichernden Organe ausbilden und im Gewächshaus jahrelang ununterbrochen grün bleiben, etwa die Euphorbiaceae, sowie *Galium*-Arten und andere Rubiaceae.

Ein Vertreter der zweiten Gruppe ist z. B. *Mercurialis perennis*. Die Vertreter dieses *Leucojum*-Typs sind großenteils Zwiebel- oder Knollengeophyten, die aus dem wintermilden Mediterrangebiet stammen, wie *Gagea*, *Scilla* und *Arum*, und viele andere Liliaceae, Amaryllidaceae und Orchidaceae. Sie machen im Gewächshaus nur eine Dormanz von wenigen Wochen durch, um dann erneut auszutreiben.

Manche Laubwaldpflanzen mit speichernden Rhizomen oder anderen Organen gehören dagegen zum *Polygonatum*-Typ, dessen Ruheperiode im Gewächshaus nur unwesentlich verkürzt werden kann. Es handelt sich vor allem um Arten mit mitteleuropäischer oder eurasischer Verbreitung und holarktischer Verwandtschaft, wie *Anemone nemorosa*, *Convallaria*, *Corydalis* und *Dentaria*. Auch wenn sie nicht durch Kälte (oder Trockenheit) dazu gezwungen werden, verlieren diese Arten ihre Blätter alljährlich und lassen sich einige Wochen oder Monate lang nur schwer bewegen, wieder auszutreiben. Besonders schwierig ist es, die Winterruhe der Buche vorzeitig zu brechen; sie ist also ein echter Vertreter des mitteleuropäischen Klimabereichs. Aber auch die meisten anderen laubwerfenden Holzarten haben eine autonome Ruheperiode, die durch den Klimarhythmus nur reguliert, aber nicht verursacht wird (Karpati & Karpati 1961). Auf fruchtbaren Böden kommen in unseren Laubwäldern Angehörige aller drei Gruppen gemeinsam vor, ohne dass man sagen könnte, eine von ihnen sei besonders konkurrenzfähig.

Meist leitet die Tageslängenveränderung als Schrittmacher die Umstellung vom aktiven Zustand zur Dormanz ein; dieser Übergang wird durch den Temperaturwechsel verstärkt

(Larcher 2001). Das gilt in ähnlicher Weise für den sehr ausgeprägten Jahresgang der Frostresistenz, auf den in Kapitel 4.4.4.2 eingegangen wird.

2.3 Morphologisch-anatomischer Bau

Neben dem Entwicklungsrhythmus der Pflanzenarten gibt auch ihr morphologisch-anatomischer Bau allgemeine Aufschlüsse über die Lebensbedingungen in Mitteleuropa (Ellenberg 1979; s. Abb. 2–1). Wie aus Tabelle 2–2 hervorgeht, herrschen **mesomorphe** Arten bei Weitem vor, d. h. Pflanzen, deren Bau keine besonderen Anpassungsmerkmale aufweist.

Zartblättrige, **hygromorphe** Arten (z. B. *Impatiens noli-tangere* oder manche Farne), die bei geringer Luftfeuchte rasch vertrocknen und deshalb auf Halbschatten oder Schatten angewiesen sind, machen nur 8,5% der Gesamtflora aus.

Noch seltener sind mehr oder minder **sukkulente** Arten, die in den Zellen ihrer Blätter Wasser speichern und damit Trockenzeiten überdauern. Da sie nur langsam wachsen, werden sie von den meisten Arten der mitteleuropäischen Flora rasch überschattet und vermögen sich nur an seltenen Extremstandorten zu halten, beispielsweise die *Sedum*- und *Sempervivum*-Arten.

Zeitweilig trockene Standorte werden in Mitteleuropa in erster Linie von **skleromorphen** Arten besiedelt, deren Sklerenchym-Reichtum rasches Welken verhindert und die ihre Transpiration bei Wassermangel stärker als andere einschränken können, weil sie häufig eingesenkte, kleine Stomata, eine dicke Kutikula und eine kräftige Epidermis besitzen. In Zeiten ausreichender Wasserversorgung erlauben ihre zahlreichen Spaltöffnungen einen intensiven Gaswechsel, wobei der unvermeidliche Wasserverlust durch ein relativ ausgedehntes Wurzelwerk ermöglicht wird. Skleromorph gebaute Gefäßpflanzen (wie *Bromus erectus*, *Carlina*-Arten und die meisten Immergrünen) beteiligen sich mit fast 20% an der Gesamtflora. Bei manchen Pflanzen der Hochmoore und anderer nährstoffarmer Standorte ist die Ursache der Skleromorphie wahrscheinlich Stickstoffmangel („Peinomorphie"), der zu ähnlichen anatomischen Anpassungen wie Wasserman-

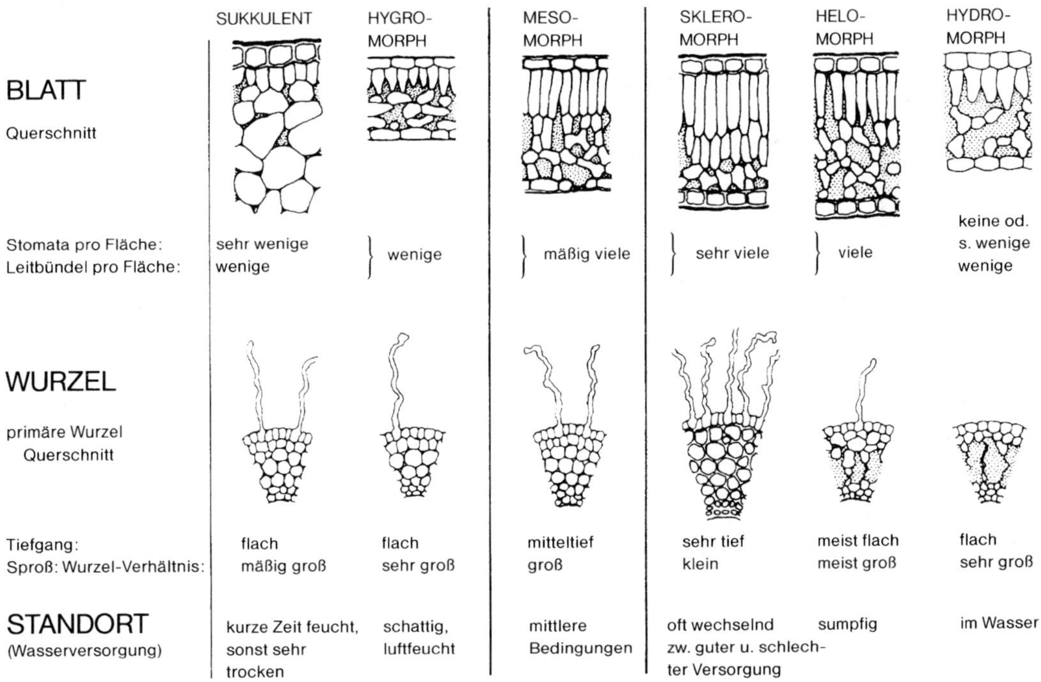

Abb. 2–1 Typen der anatomischen Struktur von Blättern und primären Wurzeln (halbschematisch; nähere Erläuterungen im Text). Punktiert = lufterfüllte Hohlräume. Die Zentralzylinder der Wurzeln sind nicht dargestellt. Nach Ellenberg (1979).

Tab. 2–2 Spektrum des anatomisch-morphologischen Baus von 1760 Gefäßpflanzenarten Mitteleuropas. Berechnet nach Angaben von Ellenberg (unveröff.); in % der Gesamtzahl (s. a. Abb. 2–1).

1,6	**su**	blattsukkulente	21,2	an zeitweilige **Trockenheit** angepasste
19,5	**sk**	skleromorphe		
53,5	**m**	mesomorphe	53,5	**„normal"** gebaute (zwischen sk und hg stehende)
8,5	**hg**	hygromorphe	8,5	**zart** gebaute, leicht vertrocknende
13,1	**he**	helomorphe	16,9	an **Nässe** bzw. Leben im Wasser angepasste
3,8	**hd**	hydromorphe		

gel führen kann. Zahlreiche Arten stehen hinsichtlich ihres Baues zwischen Mesomorphen und Skleromorphen, wie überhaupt die Grenzen der hier besprochenen Gruppen fließend und schon durch kleinräumige Standortunterschiede verschiebbar sind.

Auch zwischen Skleromorphen und **Helomorphen**, d. h. an das Leben an sumpfigen Standorten angepassten Arten, bestehen alle Übergänge. Gemeinsam sind den Letzteren mehr oder minder große, lufterfüllte Hohlräume (Lakunen, Aerenchym) im Achsen- und Wurzelsystem, die den Sauerstofftransport in Richtung Wurzeln gewährleisten und darüber hinaus in der Respiration freigesetztes CO_2 aus dem Wurzelraum in die Blätter leiten, wo es assimiliert werden kann (s. Kap. 9.4.3). Nach Ellenberg (1979) zeigen über 13% der Gefäßpflanzen Mitteleuropas, insbesondere viele Cyperaceae und Gräser, diese Anpassungen ständig, andere nur in sauerstoffarmem Substrat oder niemals. Sogar manche skleromorphe Arten sind in der Lage, in Nassböden ein Aerenchym auszubilden, z. B. *Bromus erectus* (s. Abb. 18–26).

Am stärksten ist das Aerenchym bei **Hydromorphen** (Wasserpflanzen) ausgebildet, deren Organe lange Zeit oder dauernd unter Wasser leben, beispielsweise bei See- oder Teichrosen (*Nymphaea*, *Nuphar*), Laichkräutern (*Potamogeton*) oder Tausendblatt (*Myriophyllum*).

3 Entstehung der heutigen Pflanzendecke unter Einfluss des Menschen

3.1 Die Vegetation Mitteleuropas als Ergebnis jahrtausendelanger Geschichte

Mitteleuropa ist eine **alte Kulturlandschaft**, in der buchstäblich kein Fleckchen unverändert seinen Naturzustand bewahren konnte. Menschenwerk sind nicht nur die scharfen Grenzen zwischen Wäldern, Kunstforsten, Weiden, Wiesen und Äckern, die heute für Mitteleuropa so charakteristisch sind (s. Abb. 3–1). Auch dort, wo man an das Walten reiner Naturkräfte glauben möchte, hatte der Mensch seine Hand oft im Spiel. Viele sogenannte „Urwälder", z. B. der Neuenburger Urwald bei Bremen wie auch der Urwald von Białowieża in Ostpolen, zeigen Spuren ehemaliger Nutzung (s. Falinski 1980, Pott & Hüppe 1991, Pott 1999). Gerade knorrige, weit ausladende Baumgestalten, die uns so urwüchsig anmuten, erwiesen sich als Folgen früherer Beweidung mit Rindern, Pferden, Ziegen und Schweinen, die das Unterholz vernichteten und den Wald lockerten (s. Abb. 3–2 u. 3–3). Heute existieren in Mitteleuropa nur noch kleine Restbestände dieser einst weit verbreiteten Hudewälder (Glaser & Hauke 2004). Seit man diese Bestände schont, schießen dicht an dicht Schatthölzer in die Höhe und übergipfeln bald die breitkronigen Eichen und Hainbuchen. Hinsichtlich der Baumformen geben die schlankstämmigen, durch Konkurrenz emporgetriebenen Hochwälder der modernen

Abb. 3–1 Heutige Kulturlandschaft Mitteleuropas. Blick vom Hohen Meißner (Nordhessen) nach Osten auf das Werrabergland. Im Vordergrund submontaner Buchenwald, die dunklen Waldflecken sind gepflanzte Kiefern- und Fichtenforsten. Rechts kleine Dörfer mit Obstwiesen, Äckern und Intensivgründland. Einzelne Hecken und Flurgehölze haben die Flurbereinigung überlebt.

Abb. 3–2 Urtümlich anmutender Eichen-Weidewald nahe der Sababurg nördlich Kassel vor etwa 90 Jahren. Auf den offenen Flächen sind inzwischen Büsche und Bäume hochgekommen, soweit sie nicht mehr gemäht wurden. Nirgends mehr hat man heute noch einen so freien Blick. Statt des Rasens hat sich Adlerfarn (*Pteridium aquilinum*) ausgebreitet, der auch vom Wild nicht gefressen wird. Foto: Hueck.

Forstwirtschaft wahrscheinlich eine besser zutreffende Vorstellung von der Natur mitteleuropäischer Wälder als solche vermeintlichen Urwälder und andere unter Naturschutz stehende ehemalige Weidewälder.

Mit der **Vegetation** änderten sich unter dem Einfluss des Menschen auch die von ihr besiedelten **Böden** und das von ihr abhängige **Mikroklima**, sodass wir heute gar nicht mehr die ursprünglichen Standorte vor uns haben. Schon allein aus diesem Grund ist eine einwandfreie Rekonstruktion der „Urlandschaft", in die einst die ersten Siedler einzogen, heute kaum noch möglich.

Bereits unmittelbar nach dem Rückzug des Inlandeises sind Jäger erschienen, die aber wohl noch nirgends nachhaltig in das Kräftespiel der wieder einwandernden Waldpflanzen eingegriffen haben (s. Abb. 3–4). Mit **stärkeren Einflüssen** müssen wir erst seit dem Ende der mittleren Steinzeit rechnen, als die Besiedlung dichter und die Wirtschaftsweise bäuerlich wurde (Jankuhn 1969, Körber-Grohne 1967, Ellenberg 1990, Küster 1992, Probst 1991, Jäger 1994). Während der jüngeren Steinzeit (etwa 5500 bis 1800 v. Chr., s. Abb. 3–5) waren z. B. in Nordwestdeutschland und in einigen Lössgebieten Mittel- und Süddeutschlands schon zahlreiche Bauern ansässig. Sie trieben Ackerbau und züchteten Rinder, Schweine, Schafe, Ziegen und ab etwa 2000 v. Chr. auch Pferde. Sehr wahrscheinlich ließen sie ihr Vieh frei in den Wäldern der Umgebung weiden, wie dies noch heute in extensiv bewirtschafteten Gegenden der Erde, z. B. auf der Balkanhalbinsel, vorkommt und im Mittelalter nahezu allgemein

Abb. 3–3 Gemischte Viehherde beim Weiden in einem Fichten-Kiefernwald westlich von Narva (Estland). Nahezu alle Wälder Mitteleuropas, auch Laubwälder, wurden früher in gleicher Weise genutzt und teilweise noch rascher gelichtet.

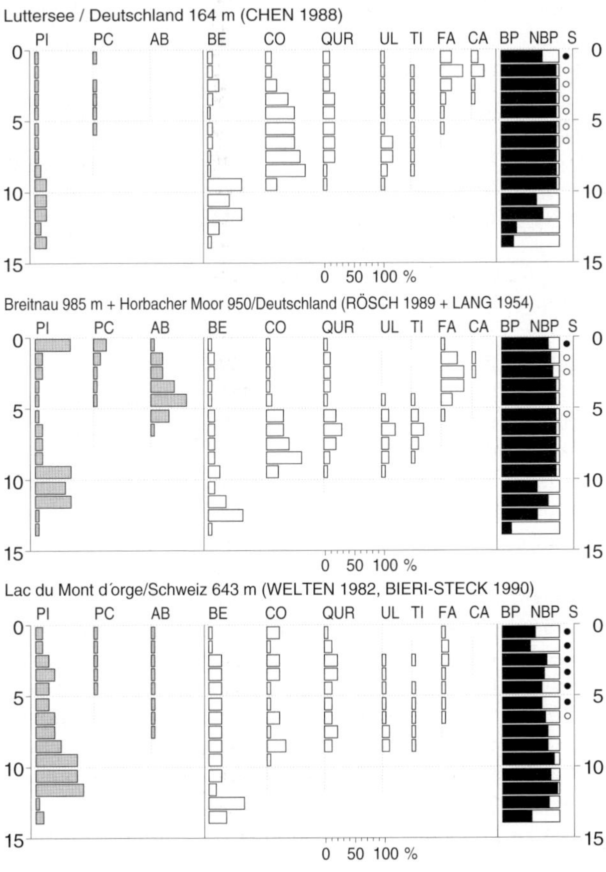

Abb. 3–4 Vegetationsentwicklung seit dem Ausklingen der letzten Eiszeit, dargestellt durch vereinfachte Gehölzpollen-Profile (Histogramme) aus Nordwestdeutschland, dem Schwarzwald und den Alpen. Nach Lang (1994), etwas veränderte Auswahl.
Jeder waagerechte Balken umfasst ein Jahrtausend (als Durchschnitts-Prozentwert). Die Abkürzungen bedeuten: PI *Pinus*, PC *Picea*, AB *Abies*, BE *Betula*, CO *Corylus*,
QUR *Quercus*, UL *Ulmus*, TI *Tilia*, FA *Fagus*, CA *Carpinus*, BP Baumpollen (schwarz), NBP Nichtbaumpollen (weiß), S Siedlungszeiger (schwarzer Punkt = durchgehend Getreidepollen, weißer Kreis = vereinzelt Getreide oder Wildgras-Pollen). Gestrichelte Linie nur vereinzelte Pollenkörner, kürzester Balken = bis 5 % der insgesamt gezählten Pollen, doppelt so lang = 5–10 %, dreimal = 10–20 %, viermal = 20–30 %; usw. in Stufen von 10 %.
Oben: Im Nordwesten Mitteleuropas spielen Laubhölzer durchgehend die Hauptrolle, im Spätglazial zunächst Birke neben Kiefer, die im Holozan nur untergeordnet vorkommt. Seit Beginn des Holozäns breitet sich zunächst die Hasel aus. Im „Atlantikum" (etwa 7500–5000 vor heute) folgen Arten des „Eichenmischwaldes". Später tritt die Rotbuche ihre Herrschaft an, die jedoch durch menschliche Wirtschaft zurückgedrängt wird, so dass die Hainbuche hervortreten kann.
Mitte: Im Schwarzwald sind Nadelhölzer stets stark vertreten, anfangs sowie in letzter Zeit Kiefern, schon früh Weißtannen und bis heute zunehmend Fichten. Bald nach der Tanne gesellt sich v. a. die Rotbuche hinzu.
Unten: Im Wallis, einem warmen Längstal der Alpen, ist die Kiefer durchgehend tonangebend, zeitweilig auch die Flaumeiche. Durch Besiedler wurde hier der Wald besonders früh und stark zurückgedrängt.

in Europa üblich war (s. Abb. 3–3). Auch das absichtlich oder ungewollt auf Baumbestände übergreifende Abbrennen von Weideflächen und das Roden mithilfe von Feuer dürfte schon früh zur Vernichtung von Wäldern beigetragen haben, besonders in den zeitweilig sehr trockenen und windigen Föhntälern der Alpen (Grabherr 1934 u. 1936, Winkler 1943) und in den niederschlagsarmen Nadelholzgebieten des Nordostens (Kujala 1926). Natürliche Waldbrände sind in Mitteleuropa nach Baumgartner et al. (1967, s. a. Grossmann 1934) im Gegensatz zu Fennoskandien und Nordamerika äußerst selten. Durch Blitz ausgelöste Waldbrände machen z. B. in Bayern und Brandenburg heute nur 1% aus, in Finnland dagegen 69% und in den USA 12% (Müller 2001).

Die ersten **Auflichtungen** entstanden in Mitteleuropa ab 5500 v. Chr. durch Rodungen für die Felder der frühneolithischen Bandkeramik-Kultur (Behre 2000). Im späten Neolithikum wurden durch Waldweide erstmals offene Hudewälder im Umkreis der Siedlungen geschaffen, in diese Zeit fallen auch bereits kleine lokale Verheidungen. Wie vielfältig schon in der Jungsteinzeit der verbleibende Wald genutzt wurde, veranschaulicht Abbildung 3–5. Im Laufe der Bronze- und Eisenzeit dehnten sich die Zwergstrauchheiden im ozeanischen Nordwesten weiter aus. Insgesamt vergrößerte sich aber der waldfrei gehaltene Siedlungsraum nicht sehr beträchtlich, griff aber hier und dort auf schwerere Böden über. Die mit Eisen verstärkte Pflugschar erschloss immer mehr **Ackerland**, wenn auch nach Herz (1962) der Holzpflug in manchen Gegenden noch bis vor 200 Jahren in Gebrauch war. Zu nasse Flächen verstand man bereits durch Netze von Gräben zu entwässern. Mit Sicheln konnte man nicht nur das Getreide besser ernten, sondern auch Grasland schneiden, und die ersten, noch einschürigen **Wiesen** sind wohl in der Eisenzeit entstanden, als mit dem neuen Werkstoff leistungsfähigere Mahdgeräte geschaffen wurden.

In den dicht besetzten Altsiedel-Landschaften Mitteleuropas mag bereits in der Zeit um Christi Geburt kein Waldstück mehr bestanden haben, das nicht gelegentlich vom Menschen und seinem Vieh durchstreift wurde. Zwischen den mehr oder minder offenen Gebieten dehnten sich aber immer noch riesige geschlossene Waldungen. Besonders intensiv waren damals die von den Römern besetzten Landstriche durchsiedelt. Spuren ihrer Gutshöfe findet man heute z. B. im Wiener Raum oder westlich von Stuttgart, nicht selten inmitten ganz „natürlich" aussehender Bauernwälder. Aber auch in den außerrömischen Teilen Mitteleuropas, besonders in Gegenden mit sandigen Böden, war der Ackerbau stellenweise weiter verbreitet als heute. Davon zeugen die schmalen, stark gewölbten Beete eisenzeitlicher und germanischer Hochäcker, auf die man überraschend oft in abgelegenen Wäldern oder Heiden stößt, z. B. im Knyphauser Wald (nördliches Oldenburg), auf der ostfriesischen Geest, im Heide-Schutzgebiet „Heiliger Hain" nördlich von Gifhorn, in den Buchenwäldern der Umgebung von Göttingen und auf der Münchener Schotterebene.

Manche alten Kulturflächen dürfte der Wald bereits während der Völkerwanderung zurückerobert haben. Im 7. nachchristlichen Jahrhundert erreichte die Bevölkerungsdichte einen Tiefstwert. Bork (2001) schätzt, dass Wälder zu diesem Zeitpunkt wieder mindestens 90% der Fläche Deutschlands bedeckten. Doch bedeuteten diese bewegten Jahrhunderte im Allgemeinen nur eine kurze **Erholungspause** für die naturnahe Vegetation. Denn nun begannen die planmäßigen Erschließungen des Mittelalters. Entschieden stießen Neusiedler in die großen Waldungen vor, die bis dahin höchstens randlich durch Weidebetrieb beeinflusst waren, und begannen mit deren **Zerstörung**. Bald erschienen Rinderherden auf den höchsten Gipfeln der Mittelgebirge, z. B. auf dem Feldberg im Schwarzwald, und lichteten den Wald besonders rasch dort, wo er ohnehin mit Wind und Kälte zu kämpfen hatte. Nur die große Pestepidemie in der Mitte des 14. Jahrhunderts und der Dreißigjährige Krieg im frühen 17. Jahrhundert gaben den Wäldern eine Regenerationschance, die sich z. B. in der Wiederbestockung von baumarm gewordenen Viehweiden auswirkte.

Ihr größtes Ausmaß erreichte die Waldverwüstung in der Neuzeit, als Industrien das Kohlenbrennen förderten und dafür Buchenholz bevorzugten, und als Bergwerke, Salinen und Glashütten heute kaum mehr vorstellbare Massen von Holz verfeuerten (s. z. B. Winkler 1933, Grossmann 1934, Aust 1937, Hammel 1982, Ludemann 2007). Sogar der Pottaschebedarf der Glashütten wurde durch das „Aschenbrennen" aus dem Wald gedeckt. Vom 14. bis ins 19. Jahrhundert blühte zudem der Fernholzhandel

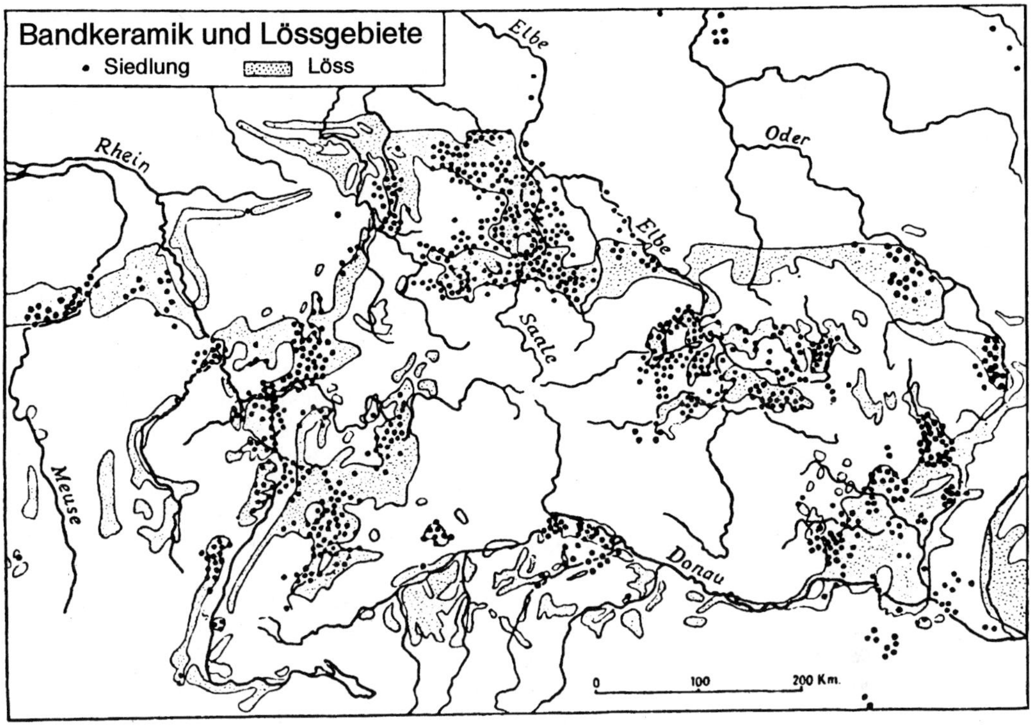

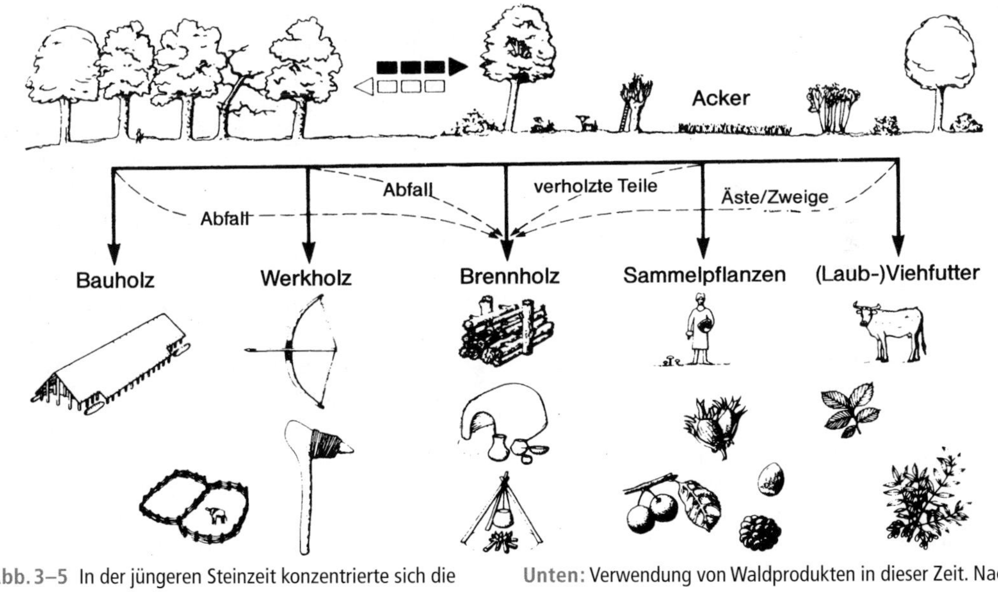

Abb. 3–5 In der jüngeren Steinzeit konzentrierte sich die bäuerliche Besiedlung und Waldzerstörung auf Tieflagen mit Löss- oder Sandböden (im Norden).
Oben: Flächen mit mächtigem Löss und Siedlungen der jungsteinzeitlichen Bandkeramik in Mitteleuropa. Nach Clark aus Jankuhn (1969), etwas verändert.
Unten: Verwendung von Waldprodukten in dieser Zeit. Nach Kreuz (1988) aus Behre & Jacomet (1991), etwas verändert. Die Wälder waren durch Beweidung gelichtet und teilweise durch Gebüsche ersetzt. Viele Laubbäume wurden regelmäßig geschneitelt (s. Abb. 3–10). Wallhecken schützten Äcker vor Weidevieh.

über die Flößerei auf. Beispielsweise bezog Holland bis 1840 einen großen Teil seines für den Schiffsbau benötigten Holzes aus Südwestdeutschland (Scheifele 1997).

Etwa zur gleichen Zeit entwickelte sich jedoch eine geordnete Forstwirtschaft, die viele früher verödete Flächen wieder mit Bäumen bepflanzte und die bäuerlichen Waldnutzungsformen nach und nach verdrängte. Da sie oft Nadelhölzer bevorzugte, wo von Natur aus Laubholz wachsen würde, schuf sie **künstliche Bestände**, die eine eigene Vegetationsentwicklung auslösten (s. Kap. 15).

Schon dieser kurze Rückblick lehrt, dass es unmöglich ist, aus den heute vorgefundenen Pflanzengemeinschaften ohne weiteres auf den Naturzustand der Vegetation zu schließen. Vor allem aber zeigt er, dass es nicht genügt, die gegenwärtigen Wirtschaftsmethoden in Forst und Flur zu kennen, wenn man die heutige Vegetation kausal verstehen möchte. Zumindest im Hinblick auf die Wälder und Heiden, aber auch auf viele Grünlandflächen und Moore, ist es nötig, sich frühere Wirtschaftsweisen und ihre Auswirkungen stets vor Augen zu halten. Da sie im Allgemeinen viel zu wenig bekannt sind, seien sie hier ausführlich behandelt (s. a. Jäger 1994). Erst danach werden wir wieder auf die natürliche Vegetation zurückkommen und versuchen, ein genaueres Bild von ihr zu entwerfen.

3.2 Wirkungen der extensiven Weide- und Holznutzung auf die Pflanzendecke

3.2.1 Auflichtung und Zerstörung des Waldes

In Breitenwirkung und Andauer ist keine Maßnahme des Menschen mit der **extensiven** und **den Wald einbeziehenden Weidewirtschaft** zu vergleichen, und zwar weltweit. Obwohl sie bis vor etwa 200 Jahren nahezu allgemein auch in Mitteleuropa herrschte und einst die Hauptnutzung des Waldes war, kann man sie heute nur noch an wenigen Stellen studieren (Mathey 1900, Grossmann 1927, Steen 1957, Mager 1961, Hesmer & Schroeder 1963, ten Cate 1972).

Gute, wenn auch etwas einseitige Gelegenheiten dazu bieten vor allem die Naturschutzparks in der Lüneburger Heide in Niedersachsen und in der Hoge Veluwe in den Niederlanden sowie einige Naturschutzgebiete in Mittel- und Süddeutschland, in denen man Schafherden für die Erhaltung des alten Landschaftszustandes sorgen lässt. Großviehhaltung auf mehr oder minder bewaldeten Gemeinweiden oder privaten Almen kann man noch an vielen Orten der Alpen kennenlernen (s. Abb. 3–6). Leider liegen diese aber fast alle in der Nadelwaldstufe und lassen sich nicht mit den typischen Laubwaldgebieten Mitteleuropas vergleichen. Wir müssen schon ins Baltikum (s. Abb. 3–3), in die östlichen Teile Polens, nach Südosteuropa oder in die Südalpen gehen, also Grenzbereiche der mitteleuropäischen Region aufsuchen, um eine richtige Vorstellung von der extensiven Weidewirtschaft in Laubmischwäldern zu gewinnen. Ergänzend können wir manche kleinen

Abb. 3–6 Waldreste in einer von Natur aus waldbeherrschten Gebirgslandschaft. Fichtengruppen blieben nur an den steilsten und steinigsten Stellen der beweideten Abhänge erhalten, z. B. am Widderstein bei Schröcken im Kleinen Walsertal.
An den weniger geneigten Hängen siedelten sich Bauern in Einzelhöfen an. Dort fehlen Bäume noch heute fast ganz, zumal bis ins 20. Jahrhundert hinein noch Ackerbau zur Selbstversorgung betrieben wurde. Die älteren Häuser sind im Blockgefüge aus Fichtenholz errichtet (s. Ellenberg 1990). Im Hinblick auf den winterlichen Skibetrieb werden Hänge und neu geschlagene Schneisen weiterhin baumfrei gehalten.

Abb. 3–7 Weidewald im Banngebiet des Sachsenwaldes bei Hamburg. Links vom Zaun weiden Kühe; rechts davon konnten sich Jungbäume und Sträucher entwickeln, seit das Vieh ausgeschlossen wurde. Die älteren Bäume sind z.T. aus Stockausschlägen hervorgegangen. Früher wurden die Laubbäume etwa alle 20 Jahre geschlagen, um Brennholz zu gewinnen.

Waldabschnitte betrachten, die im Norddeutschen Tiefland gelegentlich in umzäunte Grasweiden einbezogen wurden, z. B. im zentralen Banngebiet des Sachsenwaldes (s. Abb. 3–7) und im „Borkener Paradies" bei Meppen (s. a. Pott 1983b, Pott & Burrichter 1983).

Die vom Bauern und seinem Vieh ausgelöste **Sukzession** führte in allen Gebieten vom dicht geschlossenen Wald über parkartige Stadien zu freier Trift, wobei der Boden in zunehmendem Maße mitverändert wurde (s. Abb. 3–8 u. 3–9). Dringen **Rinder, Pferde** oder gar **Ziegen und Schafe** in einen bis dahin nicht beweideten

Abb. 3–8 Parkartige Weidelandschaft nördlich des Vierwaldstätter Sees bei Küssnacht vor etwa 200 Jahren. Kolorierte Umrissradierung von Peter Birmann im Kupferstichkabinett Basel. Bäume und Büsche hielten sich in ebenen Lagen nur im Schutz von Steinblöcken oder an nassen Stellen.

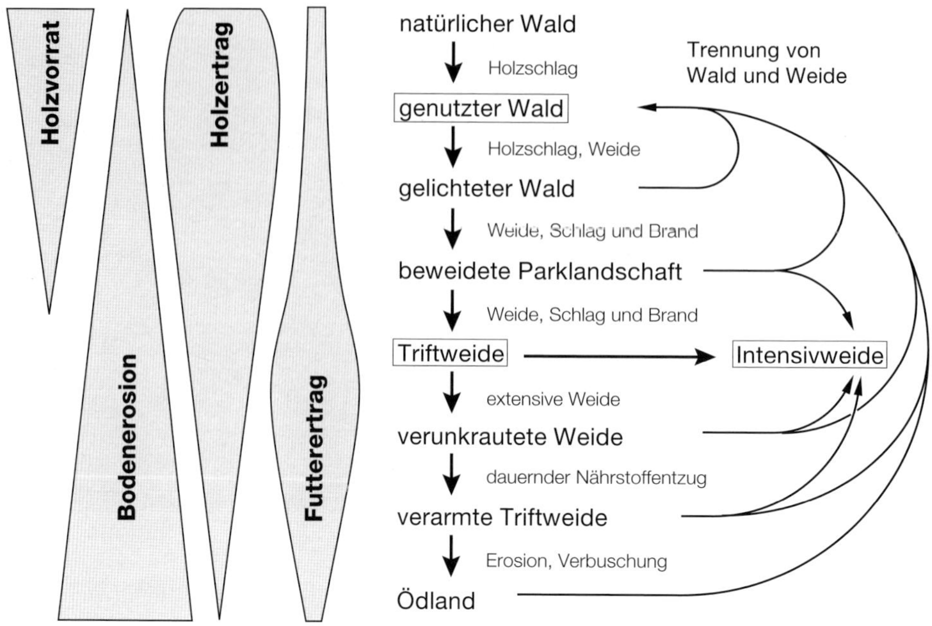

Abb. 3–9 Extensive Holz- und Weidewirtschaft schaden nicht nur dem Wald, sondern auch seinem Boden, der durch Nährstoffentzug und gesteigerte Erosion zunehmend verarmt. Die im 19. Jahrhundert einsetzende Trennung von Wald und Weide, die heute in Mitteleuropa fast überall vollzogen ist, führte wieder zu höherem Holzertrag und ermöglichte zugleich intensivere, ertragreichere Bewirtschaftung des Grünlandes.

Hochwald ein, der vorwiegend aus Schatthölzern besteht, so finden sie dort nur wenig Nahrung. Sie können die Kronen der Bäume nicht erreichen; Unterholz ist meistens nur spärlich vorhanden, und der Boden bietet kaum Futter, zumal die Frühlingsgeophyten, die meisten Farne und viele andere typische Waldkräuter für Haustiere giftig oder ungenießbar sind (Gradmann 1950, eigene Beobachtungen). Sie irren suchend umher, bis sie an lichtere Stellen kommen, die ja auch im Naturwald durch das Umstürzen überalterter Baumriesen oder durch Sturmwurf entstehen können. Hier setzen sie den Jungbäumen und Sträuchern zu und vernichten fast alle Baumkeimlinge. Wälder, deren Baumschichten aus Eichen oder anderen Lichthölzern bestehen, sind in der Regel unterholzreicher und bieten dem Vieh daher von vornherein mehr Futter. Zunächst sind es auch hier Holzgewächse, die das weidende Vieh im Wald befrisst.

Wer nur die moderne Grünlandwirtschaft kennt, wird dies kaum für möglich halten. In manchen Gebieten Europas, im westlichen Russland oder in den Birkenwäldern des Nordens sowie in weiten Bereichen Asiens, Afrikas und Südamerikas ist jedoch die Vorliebe des Viehs für junge Baumtriebe und knospenreiche Zweige durchaus bekannt. Brockmann-Jerosch (1936) hat den „Futter- und Speiselaubbäumen“ der Schweiz eine eigene Schrift gewidmet und schildert, wie man einst durch **Schneiteln**, d. h. durch wiederholtes Abschneiden beblätterter Schösslinge, einen wesentlichen Teil des Winterfutters für das Großvieh gewann (s. Abb. 3–10). Nach Haas & Rasmussen (1993) war die Laubfutterwirtschaft in der Schweiz vom Neolithikum bis in die erste Hälfte des 20. Jahrhunderts verbreitet. Im norddeutschen Elbe-Weser-Dreieck wurde Laubfutterwirtschaft betrieben, bevor die ersten großen Rodungen ab etwa 3000 v. Chr. stattfanden (Behre 2001). An diese Sitte erinnert die Bezeichnung „Laube“ für regengeschützte, aber luftoffene Vorbauten des Hauses, in denen das geschnittene Laub zum Trocknen aufgehängt wurde (Brockmann-Jerosch 1936, Guyan 1955). Nach Troels-Smith (1955) wurden wegen des geringen Nährwertes etwa 1000 Bündel Laubheu pro Kuh und Halbjahr benötigt. Zum Schneiteln eignet sich am besten die Esche, die nach Lüdi (1955) schon in der Bronzezeit das meiste Laubheu lieferte. Ihr wissenschaftlicher Name *Fraxinus* ist vom lateinischen Wort *frangere* = brechen abgeleitet (Glässer 1969). In vielen Alpentälern wird sie noch heute in alter Weise genutzt, weil man ihrem Laub eine diätetische Wirkung zuspricht. Die Ulmenarten waren ebenfalls sehr beliebt; außerdem wurden Birken, Linden, Ahorne, Haseln und viele andere Laubhölzer verwendet. Auch der Name der Hainbuche erinnert an frühere Zeiten; *Carpinus* konnte man rupfen (= *carpere*). Um Stallstreu zu gewinnen, also nicht zur Futterversorgung, schneitelte man in den Alpen auch Nadelhölzer, z. B. Fichten und Lärchen.

Buchen dienten zwar selten als Laubheu, wurden aber zu allen Jahreszeiten vom weidenden Vieh gefressen. Denn einstmals ließ man das Vieh möglichst auch den ganzen **Winter** über im Freien weiden, und dann war es vorwiegend auf die Knospen und jungen Zweige der Laubbäume und -sträucher angewiesen. Dadurch entstanden Verbissformen vieler Bäume, namentlich der Rotbuchen, wie wir sie auch heute noch in unseren Mittelgebirgen sehen können.

Ohne es zu wollen, traf der Mensch mit seinen Viehherden nach und nach eine **Auswahl unter den Bäumen** zugunsten derjenigen Arten, die ungern oder gar nicht gefressen werden und deshalb als „Weideunkräuter“ galten. Auch Fichte und Kiefer, die nur in den wenigen Wochen unter Verbiss zu leiden haben, in denen ihre Triebe noch jung und harzfrei sind, waren lange bei Bauern unbeliebt. Von den Nadelhölzern wird die Weißtanne am raschesten durch Vieh ausgemerzt, weil sie nur an der Spitze neue Triebe bildet. Ihres giftigen und wohl auch unangenehm riechenden Laubes wegen meistens gemieden werden die in montanen und boreal-kontinentalen Lagen vorkommenden Grauerlen (*Alnus incana*). Diese bilden noch heute in Weißrussland, Litauen, Lettland und Estland, aber stellenweise auch in den Alpen Reinbestände, die das Vieh selten berührt und die nachweislich aus ehemaligen Fichtenwäldern entstanden oder spontan auf Grasland emporgekommen sind. Unter den Gymnospermen wird vor allem der Wacholder (*Juniperus communis*) von allen Vieharten verschont, weil sie seine spitzen Nadeln scheuen. Als Weideunkraut hat er sich sowohl auf armen Sandböden als auch auf Kalkböden weithin ausbreiten können, weil er zwar sehr lichtbedürftig, aber bodenvag ist (s. Abb. 3–13 u. 3–22).

Abb. 3–10 Zum Gewinnen von „Laubheu“ häufig geschneitelte Eschen (*Fraxinus excelsior*) bei Winklern in Kärnten vor etwa 90 Jahren. Die verkrüppelten Stämme sind von Moosen überwuchert. Um die jungen Triebe im Spätsommer abzuschneiden, klettern meist Kinder an den Bäumen empor. Foto: Hueck.

Während die Futterlaubbäume mehr und mehr verschwanden und in Siedlungsnähe schließlich als „Schneitelhölzer“ gehegt und gepflanzt werden mussten, wurden Nichtfutterbäume relativ häufiger. Eine Zwischenstellung nahmen in Mitteleuropa die Eichen ein. Ihre Blätter und Zweige wurden zwar wegen ihres Gerbstoffgehaltes weniger gern gefressen als die der Buchen und anderer Großlaubbäume, doch stellten ihren Früchten und Keimlingen die **Schweine** mit Vorliebe nach, die früher ebenfalls auf Waldweide getrieben wurden. In der Nähe der Dörfer musste man deshalb im späteren Mittelalter Eichen anpflanzen, wenn man sich genügend Mastfutter für die Schweine sichern wollte. Kartoffeln, Rüben oder andere Futterfrüchte wurden ja damals noch nicht angebaut.

Schon zur Römerzeit unterschied man nach Grossmann (1927) „silvae glandiferae“, d. h. Wälder, in denen Schweine mit Eicheln und Bucheckern gemästet werden können, und „silvae vulgaris pascuae“, also gewöhnliche

Weidewälder. Dicht geschlossene Buchenhochwälder oder Eichenmischwälder eignen sich recht gut als Mastwälder. Doch sind lockere Bestände ergiebiger, weil sie fast jedes Jahr reichlich Samen ansetzen. Lichte Eichenhaine galten früher als Wälder von höchstem Wert, zumal sie auch das beste Bauholz lieferten, besonders für Fachwerk und Grundschwellen des Blockwerks (s. Ellenberg 1990). Eichenholz ist nicht nur sehr fest, sondern wird dank seines Gerbstoffgehalts auch weniger von Pilzen und Insekten befallen.

In ihrer extensivsten Form schädigt die Waldweide lediglich den Jungwuchs der Bäume. Allein dadurch bewirkt sie jedoch mit der Zeit eine Auflichtung des Waldes, weil Lücken der Baumschicht nicht mehr geschlossen werden. Alle offenen Plätze aber bedeuten bessere Futteraussichten für das blattfressende Vieh. Denn hier können sich lichtbedürftige Kräuter und Gräser ansiedeln, von denen viele Arten einen größeren Nährwert besitzen als die eigentlichen Waldbegleiter. So ist den Hirten die Vergrasung sehr willkommen, und sie beschleunigen sie, wo sie nur können. In der Nähe der Siedlungen geschieht das ohnehin durch Schlagen von Bau- und Brennholz (s. Abb. 3–5), zu dem jeder an der „Gemeinen Mark" Beteiligte uneingeschränkt berechtigt ist. Solange der Wald noch vorherrscht und keine Holzknappheit droht, hilft man in entfernteren Bezirken wohl auch durch Ringeln der Bäume (d. h. Unterbrechen des Assimilatstromes zu den Wurzeln, was nach wenigen Jahren zum Absterben führt) sowie durch Brennen nach, sodass sich die Landschaft bald an vielen Orten **parkartig lichtet**. Die verbleibenden Bäume nehmen breite Kronenformen an und beasten sich oft bis herab zum Erdboden (s. Abb. 3–8). Alle vom Vieh gern befressenen Bäume freilich erscheinen in einer durch die Reichweite der Tiere bestimmten Höhe parallel zur Bodenoberfläche wie von unten her abgeschoren (s. Abb. 3–22). Die ursprünglichen Waldpflanzen müssen in den Schatten solcher Restbäume zurückweichen und alle stärker belichteten Flächen den Hemikryptophyten und Chamaephyten der Weiden und Heiden überlassen. Nach und nach breiten sich die Pflanzengemeinschaften des Freilandes immer mehr aus, bis sie auf großen Flächen zu Alleinherrschern werden.

Die **Geschwindigkeit**, mit der die Waldzerstörung voranschreitet, ist in erster Linie von der Intensität abhängig, mit der Weide, Brand und Holzschlag betrieben werden. In der Regel sinkt sie mit zunehmender Entfernung von der Siedlung, doch spielt es auch eine Rolle, ob der betreffende Waldteil bequem zugänglich ist oder nicht. Steile oder sehr steinige Hänge bleiben oft beträchtlich länger bewaldet als ebene Lagen (s. Abb. 3–6), und man findet dort stellenweise noch heute urwaldartige Reste, z. B. den Rotwald bei Lunz oder die Derborance im Wallis. Außerdem ist auch die Widerstandskraft der Baumarten mit beteiligt, die spezifisch verschieden ist und die bei gleicher Art von den jeweiligen Standortbedingungen abhängt. Auf trockenen und mageren Böden stockende Wälder vergrasen oder verheiden meistens rascher als solche auf fruchtbaren Böden mit günstigem Wasserhaushalt (Ellenberg 1954, Behre 2001).

Je nach dem Grad und der Dauer des menschlichen Einflusses und je nach den Standortverhältnissen wechseln also in extensiv beweideten Gegenden offene Triften mit bebuschten oder parkartigen Strichen, gelockerten Baumbeständen und eigentlichen Wäldern ab (s. Abb. 3–1 u. 3–8; s. a. Nowak 1990). Stellen wir uns nun noch hier und dort ein Dorf oder eine Gehöftgruppe sowie Äcker und Gärten vor, die durch Hecken, Mauern oder Zäune gegen das frei umherschweifende Vieh geschützt sind, so haben wir ein **allgemeines Bild** Mitteleuropas vor uns, wie es mehr als **zwei Jahrtausende** hindurch gültig war.

Besser als die wenigen, im Gelände noch erhaltenen Reste erinnern an diesen alten Landschaftszustand zahlreiche Gemälde und Grafiken aus früheren Jahrhunderten. Auf den Bildern der Romantiker kehren die einsamen Heiden und die gedrungenen Baumgestalten der Allmendweiden, einzeln oder zu Gruppen vereinigt, häufig wieder, weil sie als Ausdruck ungekünstelter Natur galten. In Gestalt des „Englischen Parks" bestimmte dieses Naturideal auch den europäischen Gartengeschmack vieler Jahrzehnte. Auf Bildern der Zeichner und Maler jener Epoche fehlen als Staffage selten die Viehherden und Hirten, die unbewussten Schöpfer solcher landschaftlichen Reize (s. Abb. 3–8). Viele Jagdbilder mit bunt daherstürmenden Reitern und Hunden geben uns zugleich einen Begriff von der Offenheit damaliger „Wälder" und von der Weiträumigkeit dieser extensiv genutzten einstigen Kulturlandschaft (s. a. Abb. 3–9).

3.2.2 Ausbreitung von Weideunkräutern

Die durch die frühere Vieh- und Holzwirtschaft ausgelöste Vegetations- und Landschaftsentwicklung hört keineswegs bei der Vergrasung oder Verheidung ehemals vom Wald bestandener Flächen auf. Schon in den parkartigen Stadien begünstigt das Vieh die Ausbreitung oder Neuansiedlung von Weideunkräutern, von denen bisher nur einige Bäume und der Wacholder genannt wurden. Auf ausreichend basenhaltigen Böden ist die Schlehe (*Prunus spinosa*, Abb. 3–11) ein noch lästigeres Weideunkraut als *Juniperus*. Denn sie vermag sich durch Wurzelschösslinge nach allen Seiten auszubreiten und ist durch ihre kräftigen **Sprossdornen** selbst gegen die sehr zudringlichen Schafe und Ziegen genügend geschützt, um sich allmählich durchsetzen zu können. Rosen, Weißdorn und andere **bestachelte** oder **bedornte** Sträucher werden von den Hirten weniger gefürchtet. Unter den bewehrten Zwergsträuchern der mitteleuropäischen Flora sind *Ononis spinosa* und *O. repens* sowie *Genista germanica* und *G. anglica* als Beispiele zu nennen, unter den Kräutern die meisten Distelarten (*Cirsium*, *Carduus*, *Carlina*) und die Doldenblütler-Gattung *Eryngium*.

Doch können auch viele unbestachelte Kräuter als Weideunkräuter auftreten, weil sie ätherische Öle oder andere dem Vieh **unangenehme** und oft zugleich **giftige Stoffe** enthalten. Zu Ersteren gehören beispielsweise Lippenblütler wie die *Thymus*-, *Teucrium*- und *Mentha*-Arten, zu den Letzteren die meisten Ranunculaceae, Euphorbiaceae, Gentianaceae und Liliaceae. Manche Gräser und grasartige Pflanzen werden nur deshalb vom Vieh verschmäht, weil sie zeitweilig oder dauernd zu **hart** oder aber zu **wenig schmackhaft** sind. Diese zahlenmäßig stärkste Gruppe umfasst viele Binsen- und Seggenarten (*Juncus*, *Carex* u. a.) sowie das Borstgras (*Nardus stricta*), ein besonders auf den Alpenweiden gefürchtetes Unkraut. Farne und Moose haben sämtlich als Weideunkräuter zu gelten; doch sind nur die hochwüchsigen Farne lästig, vor allem der Adlerfarn (*Pteridium aquilinum*).

Wie zuerst Klapp (1971) klar erkannt hat, wird die Selektion zugunsten der Weideunkräuter durch **„Unterbeweidung"** gefördert, d. h. dadurch, dass zumindest bei Beginn des Weideganges mehr Futter vorhanden ist, als die Herden benötigen. Wenn das Vieh dagegen – wie in der modernen Umtriebsweide – durch Futtermangel von vornherein gezwungen wird,

Abb. 3–11 Infolge extensiver Schafweide mit Schlehen verbuschter Halbtrockenrasen auf flachgründigem Kalkboden bei Mönsheim, Krs. Leonberg. Die Eichen am Hang im Hintergrund wurden als Bauholz geschont.

alles nur irgendwie Genießbare abzufressen, verbeißt oder zertritt es auch die weniger beliebten Arten (s. Abb. 3–23).

Bei extensivem Weidebetrieb herrscht stets Unterbeweidung, besonders in Zeiten geringerer Siedlungsdichte. Am raschesten breiten sich die Weideunkräuter aus, wenn die Zahl der Weidetiere vorübergehend abnimmt, wie das als Folge von Kriegen, Seuchen, Wirtschaftskrisen oder Wanderungen früher nicht selten der Fall war. Denn nun kann ja das verbleibende Vieh noch freier wählen, und die Hirten sind weniger als sonst darauf bedacht, die Unkräuter durch Schlagen und Brennen kurz zu halten.

3.2.3 Bodenverschlechterung infolge extensiver Wirtschaft

Durch fortschreitende Verunkrautung wurden die Allmendweiden im Laufe der Jahrhunderte immer futterärmer. Ihre Ergiebigkeit verringerte sich aber außerdem durch die auf den waldfreien Flächen eintretende Verschlechterung des Bodens. Da auch dieser Vorgang von großem Einfluss auf die heutigen Vegetationsverhältnisse in Mitteleuropa war, wollen wir ihn ebenfalls ausführlich behandeln. Wir müssen dabei geneigte und ebene Böden getrennt betrachten.

In **hängigem Gelände** wird durch Auflichtung der Wälder und durch den Tritt des Viehs die Bodenerosion verstärkt und stellenweise verhängnisvoll beschleunigt. Vom Vieh öfters begangene Hänge kann man schon von Weitem an einer charakteristischen Form der Bodenzerstörung erkennen. Herdentiere pflegen an Hängen etwa in Höhenlinie hintereinander auf Pfaden zu laufen, die sie selber austreten. Da sie sich dabei entweder etwas aufwärts oder abwärts bewegen, entsteht schon nach wenigen Jahrzehnten ein spitzwinkliges Netzwerk von solchen Viehsteigen (oder „Viehgangerln“, wie

Abb. 3–12 Das Netz der treppenartigen Weidepfade an den Trockenrasen-Hängen des Kyffhäusers war vor etwa 90 Jahren noch deutlich erkennbar. Infolge von Verletzungen der Grasnarbe wurde der Zechsteingips bei Regengüssen stellenweise erodiert. Trotz zeitweiliger Trockenheit gedeihen Bäume und Büsche sowohl am Sonnhang als auch am Schatthang (vorn). Sie könnten hier fast überall einen – wenn auch stellenweise sehr lichten – Wald bilden. Foto: Hueck. Heute ist der Rasen dichter geschlossen, aber noch reich an Federgras.

Abb. 3–13 Schnuckenherden weiden wieder auf der trockenen Sandheide im Naturschutzgebiet bei Wilsede. Im Hintergrund Wacholderbüsche, die im Gegensatz zu anderen Holzarten von den Schafen kaum verbissen werden.

sie in Bayern genannt werden). In Falllinie betrachtet, ergeben die Pfade ein treppenartiges Profil und werden deshalb auch als „Viehtreppen“ bezeichnet (s. Abb. 3–12).

In den Alpen und manchen Mittelgebirgen sind noch heute ausgedehnte Hänge in der beschriebenen Weise gemustert. Doch fehlen Viehtreppen auch auf hängigen Weiden im übrigen Europa und in anderen Erdteilen nicht. Die Steige selbst sind oft pflanzenfrei und ihr Boden ist durch Tritt stark verdichtet. Bei Regengüssen läuft deshalb das meiste Wasser oberflächlich ab, nimmt überall Feinerde mit und vertieft die Pfade stellenweise zu Rinnen. Zwischen den Pfaden findet man in regelmäßigem Wechsel drei Kleinstandorte, auf denen sich mehr oder minder verschiedene Pflanzengemeinschaften bilden: Die Ränder der Steige sind relativ feucht, aber stark betreten; ihre Außenkanten trocknen am stärksten aus, werden aber seltener befressen als die ebenfalls kaum betretenen „normalen“ Hangstücke.

In **ebener Lage** sieht man den meisten Böden ihre durch den Weidebetrieb erlittenen Veränderungen oberflächlich kaum an, obwohl diese nicht weniger nachhaltig zu sein brauchen. Sobald Waldböden vergrasen oder verheiden und die Versickerung damit größer wird als unter Wald, beschleunigt sich die Auswaschung von leicht löslichen Salzen und von Kalk. Auf Böden, die von vornherein kalkarm waren oder stark ausgelaugt wurden, siedeln sich Pflanzengemeinschaften wie die *Calluna*-Heiden an (s. Abb. 3–13), aus deren Streu sich ein saurer Rohhumus bildet. Dieser bewirkt eine Podsolierung, d. h. eine fortschreitende Tonzerstörung und Basenverarmung im Oberboden (s. Kap. 17.2.3). Stark entwickelte Podsole entstanden vor allem unter ozeanischem Klima auf den verheideten Sandflächen des Altpleistozäns, die von Dänemark über Nordwestdeutschland bis nach Belgien hinein verbreitet sind und schon sehr früh besiedelt wurden. Wie schon Tüxen (1933, 1957) nachwies, findet man unter den Bleichsand- und Orterde-Horizonten solcher Heidepodsole aber noch Reste der einstigen, kaum podsolierten Waldböden, kann also ihre Geschichte unmittelbar am Bodenprofil ablesen (s. Abb. 17–5).

Die außerordentlich starke **Verarmung** der Heidepodsole und vieler Rasenböden in Mitteleuropa ist aber nicht allein die Folge der nur mittelbar vom Menschen veranlassten Weiterentwicklung der Böden. Sie ist vor allem das

Ergebnis seiner **unmittelbaren Eingriffe in ihren Stoffhaushalt**. Nachweislich seit der Eisenzeit, wahrscheinlich aber auch schon vorher, entfernten die Bauern aus Wäldern und Heiden einen Teil der Bestandesabfälle, um damit ihre Äcker zu düngen. Durch dieses **„Streurechen"** oder „Plaggenhauen" entzogen sie dem natürlichen Kreislauf viel mehr Mineralstoffe als durch bloße Holzentnahme (s. Abb. 3–14) und trugen dadurch mehr zur Basenverarmung des Bodens bei als die Niederschläge. In Nordwestdeutschland war diese Praxis seit dem 10. Jahrhundert weit verbreitet (Behre 1980, Delfs 1999). In der Regel brachten sie die auf der Allmende gewonnenen Pflanzen- und Humusmassen nicht sogleich auf den Acker, sondern benutzten sie zunächst als Streu für das Vieh, das sie einzupferchen und seit der Eisenzeit während des Winters in Gebäuden oder doch unter Dächern aufzustallen pflegten (s. a. Ellenberg 1990). Einen erneuten Auftrieb erhielt die Streunutzung im Wald im späteren 19. Jahrhundert, als der Bedarf an Streumaterial für die Ställe mit der Einführung der Kartoffel und dem Rückgang des Getreidebaus stark anstieg (Stuber & Bürgi 2002).

Tab. 3–1 Nährelemententzüge bei Streunutzung von 50- bis 100-jährigen Kiefernbeständen (in kg ha^{-1}). Nach Kreutzer (1972) & Rehfuess (1990, in Elling et al. 2007).

	Jährliche Entnahme	Entnahme alle 6 Jahre
N	1100–1700	850–1200
P	ca. 200	ca. 100–150
Ca	800–1100	500–700
Mg	ca. 200	100–150

Mit der Streu wurden dem Wald Stickstoff, Phosphor und basische Kationen in beträchtlicher Höhe entzogen, wie Onno (1969), Kreutzer (1972) und Rehfuess (1990) durch Streunutzungs-Versuche zeigten (s. Tab. 3–1). Ehwald (1957) berechnete, dass der Stickstoffentzug durch Streunutzung dem einer

Abb. 3–14 So wurden bis vor etwa 80 Jahren in der Lüneburger Heide „Plaggen" (Placken, Heidesoden) gehauen. Foto: Backhaus.
Mit einer besonderen Hacke (und einer kleinen Harke) löste man den Zwergstrauchbestand samt Streu- und Rohhumusdecke und einem Teil des Bleichsandes ab. Die Plaggen stapelte man auf dem Hof und verwendete sie in erster Linie als Stallstreu während des Winters. Da der Plaggenhieb etwa alle 15–20 Jahre wiederholt wurde, verhinderte er das Aufkommen von Büschen und Bäumen und bewahrte die Heidesträucher vor Überalterung. Aus ihren Wurzeln schießen rasch neue Triebe, die schon zwei Jahre später voll blühen.

halben bis vollen Roggenernte gleichkommt. Rehfuess (1990) schätzt, dass durch die weit verbreitete Streunutzung einem Waldbestand während einer Umtriebszeit etwa 1000–1300 kg N ha^{-1} entzogen wurden, also ähnlich viel, wie in den letzten 30 Jahren infolge Deposition in der organischen Auflage des Buchenwaldes im Solling akkumulierten (s. Abb. 4–107; vgl. auch Rehfuess 2000). Der Basenentzug kann die Bodenversauerung verstärken und dadurch die biologische Aktivität im Boden und damit die Nährstoffnachlieferung verringern (Fiedler et al. 1962, Rehfuess 1990). An vielen Standorten sank infolgedessen die Wuchsleistung des Waldes beträchtlich (s. Abb. 3–15). Das Streurechen schädigte nicht zuletzt die Mykorrhiza der Bäume, und damit diese selbst (Göbl 1967). Manche der heute beobachteten „neuartigen Waldschäden“ sind Folge dieser über Jahrhunderte betriebenen Devastierung unserer Wälder (s. Kap. 4.9.2.2 c).

Extensiv beweidete Wälder, Rasen und Heiden litten jedoch auch ohne Mitwirkung des Ackerbaus unter unablässigem Entzug von Stoffen, nur dass dieser nicht so offensichtlich und weniger rasch erfolgte. Die hochgelegenen Weideflächen in den Alpen bilden heute hierfür die besten Beispiele. Das Vieh pflegt zum Wiederkäuen bestimmte ebene Stellen oder flache Kuppen aufzusuchen, oder es wird an Melkplätzen zusammengetrieben und lagert sich dort. Durch seinen Kot entstehen an solchen Orten zunächst üppig-dunkelgrüne Grasbestände und schließlich sogenannte „Lägerfluren“, die durch ihre großblättrigen, mastigen Nitrat-Pflanzen schon von Weitem auffallen. Wenn eine derartige Flur nicht gemäht und ihre Biomasse nicht entfernt wird, bleiben die Nährstoffe im Umlauf, sodass sie noch nach vielen Jahrzehnten als besondere Pflanzengemeinschaft zu erkennen ist. Was hier an Nährstoffen eingebracht wird, stammt von den hängigen Weideflächen, auf denen das Vieh selten oder nie verweilt. Ähnliche Lägerfluren gab es früher auch in tieferen Lagen, z. B. im „Irrendorfer Hardt“ auf der Schwäbischen Alb oder im Wietzenbruch bei Celle. Man kann sich vorstellen, dass der üppige Pflanzenwuchs an solchen „natürlichen“ Dungstellen einst Anlass zur Erfindung der Düngerwirtschaft gab.

Sicher ist aber, dass der weitaus überwiegende Teil der mitteleuropäischen Böden mehr oder minder stark durch Stoffentzug und Bo-

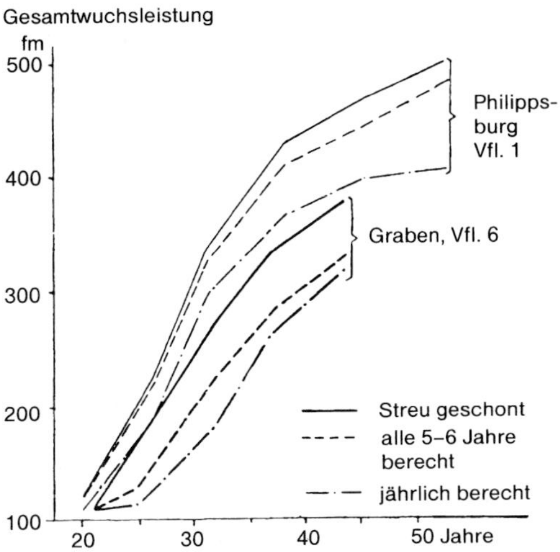

Abb. 3–15 Streunutzung verringert die Wuchsleistung der Waldbäume, z.B. der Kiefern auf zwei Versuchsflächen in der Oberrheinebene, weil ihnen Nährstoffe entzogen werden. Das gilt sowohl für relativ gute Böden (Versuchsfläche 1) als auch für schlechte (Fläche 6) und bei jedem Bestandesalter. Die Wuchsleistung wird hier in „Festmetern“ (fm), also nur an der Holzmenge gemessen. Nach Mitscherlich (1955), verändert.

denauswaschung verarmt war, als sich im ausgehenden Mittelalter die moderne Forst- und Landwirtschaft zu entwickeln begann. Während der arbeits- und düngerintensivere Ackerbau auf den von ihm neu übernommenen Flächen längst wieder bessere Voraussetzungen zur Pflanzenproduktion geschaffen hatte, war unsere Grünlandwirtschaft und besonders unser Waldbau noch mit diesem Erbe vergangener Jahrtausende belastet.

Von wenigen Ausnahmen abgesehen, müssen wir auch heute noch fast überall in Mitteleuropa damit rechnen, dass die **Waldböden** ärmer sind, als sie es von Natur aus wären. Wo sie nicht durch Bodenerosion „geköpft“ wurden, sind sie durch Stoffentzug weniger fruchtbar und meist auch basenärmer, also saurer geworden. Vor allem wären die leichten Böden des sandigen Tieflandes und der Sandsteingebirge beträchtlich weniger podsoliert, als wir sie heute vorfinden. Auf diese Umstände kann nicht nachdrücklich genug hingewiesen werden, weil sie die Pflanzendecke Mitteleuropas wesentlich stärker mitgestaltet haben, als wir uns heute vergegenwärtigen. Unbeabsichtigt leiteten die zunehmenden Immissionen stickstoffhaltiger

Verbindungen eine gegenläufige Entwicklung ein, jedenfalls, was diesen (wichtigsten) Pflanzennährstoff anbetrifft (s. Kap. 3.7.2).

Mit der vom Menschen unbewusst bewirkten Verarmung der Böden ging sicher auch eine **Versauerung** parallel. Doch dürfen wir das Vorherrschen saurer Böden besonders im nordwestdeutschen Tiefland keineswegs nur auf den Einfluss des Menschen zurückführen. Versauerung von Waldböden ist zweifellos auch ein natürlicher Vorgang, der durch Niederschläge bewirkt wird und in sandigen, von vornherein nicht sehr basenreichen Sedimenten relativ rasch vor sich gehen kann. Durch den Menschen wurde er lediglich beschleunigt, in der Vergangenheit infolge extensiver Wirtschaft und am Ende des 20. Jahrhunderts auch durch saure Deposition aus der Atmosphäre (s. Kap. 3.7.3 u. 3.7.4). Wie Menke (1980) eindringlich vor Augen führte, verläuft die natürliche Bodenbildung sogar rascher, als man bisher oft annahm. Er belegt dies durch vegetations- und bodengeschichtliche Befunde in Schleswig-Holstein aus der Eem-Warmzeit, der letzten Zwischeneiszeit (127 000 bis 115 000 vor heute), als hier nur wenige Jäger und Sammler lebten, die zwar das Feuer zu handhaben verstanden, aber weder Weide- noch Ackerwirtschaft betrieben.

Das Eem-Interglazial dauerte nur etwa 10 000 bis 12 000 Jahre, also nicht viel länger als das Holozän, und hatte, pollenanalytisch belegt, eine ähnliche Klima- und Waldentwicklung wie nach dem letzten Rückzug des Inlandeises. Allerdings fehlte in der Abfolge Birke – Kiefer – Esche – Eiche – Hasel – Schwarzerle – Eibe – Linde – Fichte – Tanne die Rotbuche als Schattholzart und wurde durch die Hainbuche ersetzt (s. a. Kap. 5.7.1 a). Pollenanalysen von Waldhumusdecken (z. B. von einer 16 cm mächtigen auf Sand) lassen am Wandel der lokalen Flora erkennen, dass sich der anfängliche Mullstandort über einen Moder- zu „einem klaren Rohhumusstandort" entwickelte, und zwar in einer Zeitspanne von 6000 Jahren. Einschließlich des Rohboden-Stadiums zu Beginn der Warmzeit dauerte die basenreiche Mullphase nur 2,5 Jahrtausende. Die Periode der Versauerung und Silikatverwitterung mit pH-Werten von 6,2 bis 5,0 dauerte ebenfalls nur wenige Jahrtausende, war also durchaus nicht so stabil, wie früher von Bodenkundlern vermutet wurde. Die Prozesse der Tonmineral-Umwandlung, die mit zunehmender Versauerung in Böden einhergehen, haben Veerhoff & Brümmer (1992) im Hinblick auf die ökologischen Konsequenzen anschaulich geschildert. Egal ob natürlich oder anthropogen beschleunigt – sie enden mit der Zerstörung von Tonmineralen und anderen Silikaten und einem Übergang in den unterhalb von pH 4,5 vorherrschenden Aluminium-Pufferbereich. Zwar bleibt der Boden dann immer noch waldfähig. Aber das Artengefüge der Baum- und Krautschicht wandelt sich ebenso wie die Bodengüte (s. Kap. 5.6).

3.3 Vom Niederwald zur modernen Forstwirtschaft

3.3.1 Nieder- und Mittelwald

Zu Beginn der im vorigen Abschnitt geschilderten Entwicklung war der Wald ein Feind der Menschen, der ihr Kulturland beengte und ihrem Vieh wenig Futter bot. Am Ende derselben war auf großen Flächen nicht nur die Macht des Waldes gebrochen, sondern auch sein Segen vergeudet. „Regellose Nutzung und uneingeschränkte Weide verdarben den Wald. Was blieb, verdiente vielfach nicht mehr diesen Namen" (Backmund 1941; s. Abb. 3–16). Man litt unter Bau- und Brennholzmangel, und die Bodenverwüstung führte zu beängstigender Futterknappheit. **Bewirtschaftung des Holz- und Grünlandes** war das einzige Mittel, die Lebensgrundlage zu erhalten und wieder zu vergrößern (vgl. Schenk 1996).

Solange das Vieh in der ganzen Feldmark frei umherlaufen konnte und nur von Äckern und Gärten ausgeschlossen blieb, hinderte es überall den Nachwuchs der Holzpflanzen. Es verbiss auch die jungen Schösslinge, die sich an den Stümpfen abgeschlagener Laubbäume bildeten. Eine wiederholte Nutzung dieser Stockausschläge war also nur dort möglich, wo das Vieh seltener hinkam, d. h. in abgelegenen, zu nassen oder durch ihre Steilheit weniger zugänglichen Geländeteilen. Hier entstanden vermutlich die ersten **„Niederwälder"** (in Norddeutschland auch „Stühbüsche" und auf Jütland „Kratts" genannt), die man in etwa 15- bis 25-jährigem Turnus abschlug, um Brennholz zu gewinnen (s. Abb. 3–17). Die Holzausbeute ließ sich sichern, wenn Hirten das Vieh während der ersten Jahre nach dem Schlag fernhielten oder

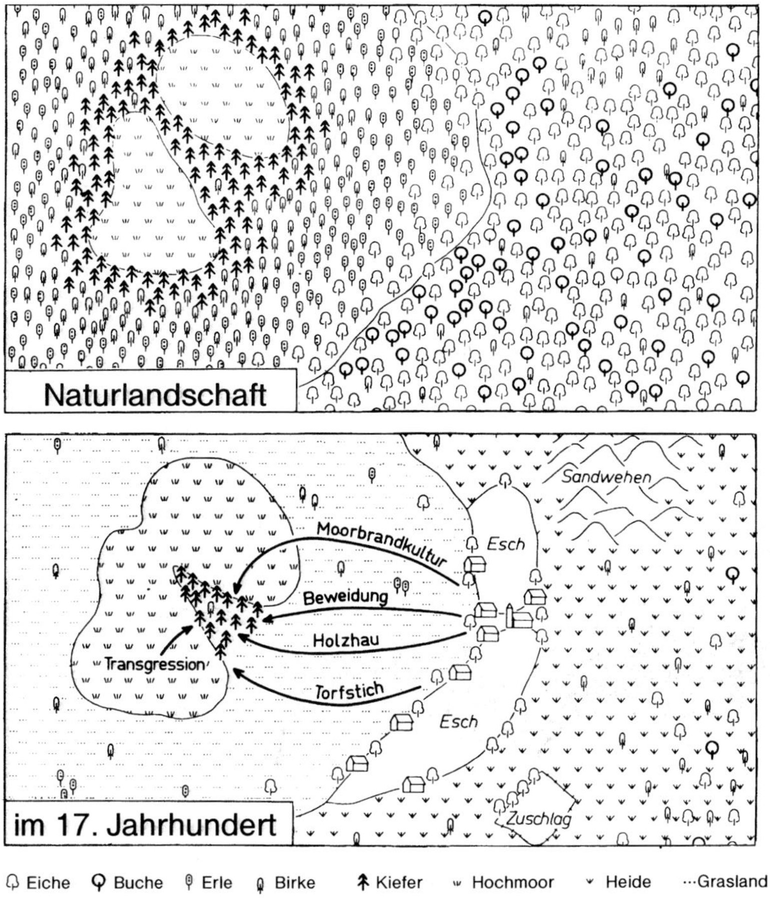

Abb. 3–16 Im nordwestdeutschen sandigen Tiefland vernichtete die bäuerliche Wirtschaft des Mittelalters und der frühen Neuzeit die natürlichen Wälder nahezu restlos. Nach einer halbschematischen Darstellung von Hesmer & Schroeder (1963), verändert.
Oben: Naturlandschaft mit zwei kleinen Hochmooren (links), die von Kiefern-, Birken- und Erlenbruchwald umgeben sind. Letzterer geht (in der Mitte des Kartenbildes) in feuchten Eichen-Hainbuchenwald über, der für Dorfanlagen bevorzugt wurde. Auf Moränenboden weiter rechts Buchen-Eichenwald und auf Sand Birken-Eichenwald.
Unten: Weitgehend entwaldete Landschaft mit Wiesen, Heiden und Dünen („Sandwehen"), die durch Übernutzung der Heide entstanden. Die alten Äcker (Esch) liegen auf dem besten Boden. Das Hochmoor blieb ungenutzt und dehnte sich aus. Dadurch und vor allem durch menschliche Einflüsse (Pfeile!) schwanden die Relikt-Kiefernwälder.
Als „Zuschläge" bezeichnete man Äcker in der beweideten Allmende, die gegen das Vieh abgezäunt oder durch Wallhecken geschützt werden mussten. In letzterem Falle sprach man auch von „Kämpen" (Einzahl Kamp). In der verheideten Weidelandschaft blieben einzelne Bäume erhalten.

wenn man Erdwälle und Gräben, Dornverhaue oder Zäune zu ständigem Schutz errichtete.

Stockausschläge wurden zwar schon seit der Steinzeit hier und dort von Menschen genutzt (s. Abb. 3–5), nach Billambor (1985, zit. nach Willerding 1986b) z. B. von Pfahlbauern am Bodensee. Regelrechte Niederwälder sind aber erst aus der frühen Eisenzeit nachweisbar, z. B. im westfälischen Siegerland (Pott 1990a, 1992a). Hier und in anderen Mittelgebirgen bildeten sich auch Sonderformen heraus, beispielsweise ein Waldbrand-Feldbau sowie die sogenannte Lohschälerei, d. h. die Entrindung von Eichen-Stockausschlägen, um Gerbstoff zu gewinnen (s. Abb. 3–18; nach Pott ab etwa 1300). Noch heute kann man solche Niederwälder, die primitivste Form planmäßiger Holznutzung, an den Steilhängen des Mosel- und Rhein-

Abb. 3–17 Niederwald bei Duderstadt im Eichsfeld bei Göttingen im Jahre 1933 (Stellario-Carpinetum typicum auf tiefgründiger Braunerde anstelle eines Melico-Fagetum). Der Teppich im Frühling weiß blühender Anemonen konnte sich ausbreiten, weil der Boden im Sommer stark beschattet wird. Hochwüchsige Konkurrenten werden dadurch behindert. (Seit nicht mehr regelmäßig Brennholz geschlagen wird, entwickelte sich dieser Bestand in Richtung auf einen Buchen-Hochwald.)

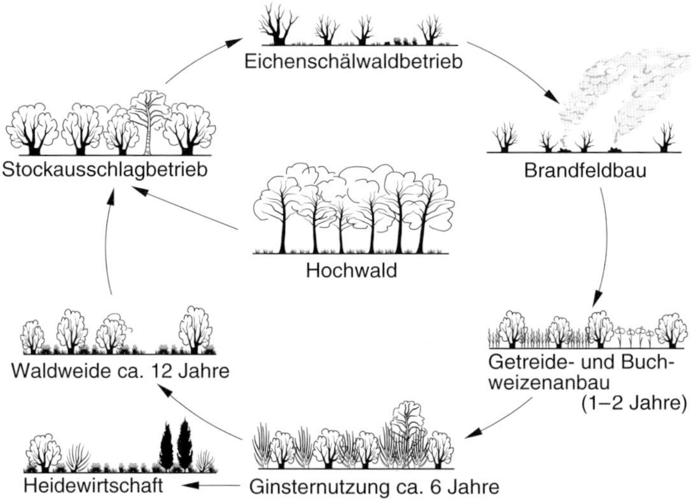

Abb. 3–18 Zyklische Wald-Feld-Weide-Nutzung in einem sogenannten „Hauberg" des Siegerlandes. Nach Pott (1992 e), etwas verändert.
Niederwälder („Stockausschlagbetrieb") wurden dort streifenweise auch für andere Zwecke genutzt als zur Holzgewinnung. Eichen wurden entrindet, um Gerbstoffe zu gewinnen. Beim Verbrennen des großenteils abgestorbenen Bestandes reicherten sich Nährstoffe an, die eine ein- bis zweijährige Ackernutzung begünstigten. Zwischen den Stockausschlägen aufkommender Besenginster reicherte den Boden mit Stickstoff an. Bei starker Beweidung konnten vor allem aus diesem Stadium *Calluna*-Heiden entstehen.
Auf jeden Fall weidete mehr als 10 Jahre lang Vieh zwischen dem immer dichter und höher werdenden Niederwald. Nach etwa 2 Jahrzehnten konnte dann der Zyklus erneut beginnen. Er hatte sich im 18. Jahrhundert besonders an Hängen aus Birken-Eichen-Hochwald entwickelt, als die Besiedlungsdichte immer mehr anstieg.

tales, im Siegerland und Schwarzwald und in anderen bergigen Landschaften Mittel- und Westeuropas studieren, in denen der Wald von den Bauern allein bewirtschaftet wird (s. besonders Manz 1993, Speier 1994, Landesanstalt NUV NRW 2007). Im 18. und 19. Jahrhundert trug nach Schmithüsen (1934) besonders die Gewinnung von Gerberlohe zur Erhaltung der Niederwälder bei. In der Umgebung von Hirschhorn im Odenwald, dem einstigen Zentrum des deutschen Eichenrindenhandels, waren noch im 20. Jahrhundert Lohschäler am Werk.

Die einzelnen **Baumarten** sind dem Niederwaldbetrieb in sehr verschiedener Weise gewachsen. Nahezu unbegrenzt vermögen ihn Hainbuche, Linde, Ahorn und Esche sowie unter den Sträuchern die Hasel zu ertragen (s. Tab. 16–3). An nassen Standorten tun es ihnen die Erlen und einige Weidenarten gleich. Weniger ausschlagfreudig sind bereits die Eichen-, Ulmen- und Pappelarten, die Vogelkirsche und andere Wildobstbäume sowie viele Sträucher. Die Hängebirke tut sich noch schwerer und verjüngt sich eher aus Samen als aus dem Stock. Bei den Laubbäumen am wenigsten zu Ausschlägen fähig ist die Rotbuche, die deshalb in dem „Haubergsbetrieb" der früheren Jahrhunderte gegenüber der Hainbuche, der Eiche und anderen vorher genannten

Abb. 3–19 Eichen-Hainbuchen-Mittelwald bei Duderstadt im Jahr 1933. Die „Hauschicht" ist frisch geschlagen worden. Die meisten Überhälter sind Traubeneichen, im Unterholz sind Haseln häufig. Birken entwickeln sich selten aus dem Stock, man ließ einzelne als Überhälter stehen (Stellario-Carpinetum, wie Abb. 3–17).

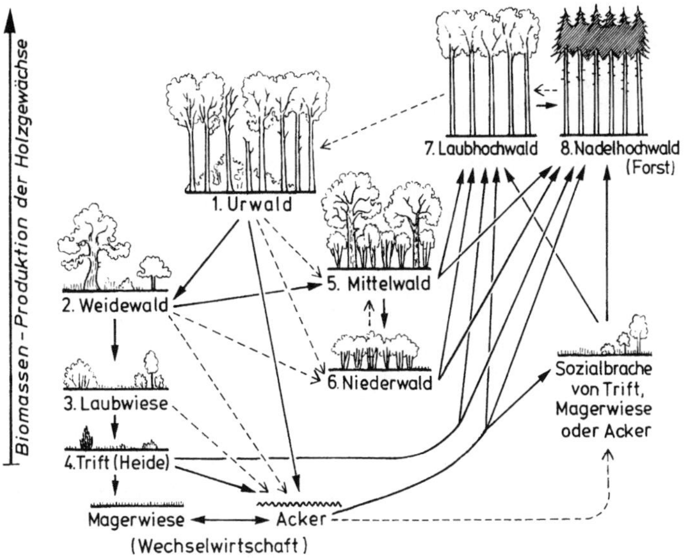

Abb. 3–20 Umwandlung des Urwaldes durch Weide-, Acker- und Waldwirtschaft auf lehmüberdecktem Kalkboden (brauner Rendzina) in der submontanen Stufe Mitteleuropas (Kalkbuchenwald).
Die Pflanzenbestände bei den Bewirtschaftungsformen 1 bis 8 sind in Tab. 3–2 näher beschrieben. Die modernen Hochwälder sind produktionskräftiger als der Urwald, weil die Bäume geschlagen werden, bevor sie überaltern.

Arten immer mehr zurücktrat (Meisel-Jahn 1955, Pott 1985). Sie hält sich in Niederwäldern nur bei Umtriebszeiten von mehr als 30 Jahren, zumal sie sich dann teilweise aus Samen verjüngen kann (s. a. Manz 1993).

Verglichen mit den Nadelhölzern, z. B. der Kiefer und der Tanne, ist die Buche aber noch sehr ausschlagfreudig. Denn bei den Ersteren genügt in der Regel einmaliges Abhauen, um sie zu töten. Nur wenn man bei Fichten und Tannen einen Teil des Stammes mit einigen Zweigen stehen lässt, richten sich diese auf und bilden kandelaberartige Formen. In Grenzgebieten der Nadelwaldregion, z. B. in Polen und Westrussland, besonders aber in den Alpen und anderen Gebirgen Mitteleuropas, hat der Niederwaldbetrieb in unnatürlichem Maße das Laubholz begünstigt (Winkler 1933 u. a.).

Niederwälder waren ehemals in Mitteleuropa **bis in die Neuzeit hinein** weit häufiger, als man sich dies heute vorzustellen vermag. Dazu trug auch die Holzkohlenwirtschaft wesentlich bei, namentlich für die Versorgung von Glas- und Erzhütten (Hillebrecht 1982, Hammel 1982). Nur alte Stümpfe oder am Grunde gekrümmte Stämme sowie mehrstämmige Formen erinnern heute noch daran, dass man viele einstige Niederwälder einfach dadurch in Hochwälder überführte, dass man sie „durchwachsen" ließ.

Um sich neben dem Brennholz auch ausreichendes Bauholz zu sichern, entschlossen sich vom 5. Jahrhundert ab (s. Manz 1993), besonders aber im Mittelalter viele Gemeinden dazu, einzelne Bäume als **Überhälter** vom kurzfristigen Umtrieb auszunehmen. Dabei bevorzugten sie allgemein die Eiche, die ja nicht nur der Schweinemast diente, sondern auch das Hauptmaterial der früher üblichen Fachwerk- oder Riegelbauten lieferte (s. Abb. 3–19 u. 3–20; s. a. Ellenberg 1990). In derartigen **„Mittelwäldern"** wurde die Rotbuche also bewusst benachteiligt, zumal sie auch als Möbel- und Stellmacherholz wenig Wert besitzt. Hainbuche und Hasel dagegen gediehen relativ noch besser als in Niederwäldern, weil sie nicht nur den wiederholten Brennholzschlag, sondern auch den Halbschatten der Eichenkronen gut ertragen können (s. Abb. 3–19).

Zur Schonung der Stockausschläge musste im Mittelwald ebenso wie im Niederwald für einige Jahre jegliche Beweidung unterbleiben. Wie Hausrath (1907) betonte, war es aber möglich, durch Aneinanderreihen der Jahresschläge stets einen verhältnismäßig großen und zusammenhängenden Teil des Waldes dem Vieh zu überlassen und die gegen Verbiss empfindlichen Teile einzuzäunen oder durch Hirten abzuschirmen.

Niederwaldwirtschaft führt zu weit höheren **Nährstoffentzügen** aus dem Ökosystem als der Hochwaldbetrieb. Leuschner et al. (2007) errechneten für die noch bestehende Haubergwirtschaft im Siegerland (Nordrhein-Westfalen) Entzüge von etwa 108 mol N (1500 kg), 6 mol Mg (145 kg) und 13 mol Ca (520 kg) pro Hektar in einer 140-jährigen Periode. Das sind rund zwei- bis dreimal größere Nährstoffmengen als sie in benachbarten Buchen-Hochwäldern durch die Ernte entzogen werden. Folglich waren die Vorräte an Ca, K und Mg in Biomasse und Boden im Niederwald nur etwa halb so groß wie im Hochwald. Geringer waren die ökosystemaren Verluste an Stickstoff, die im Niederwald um rund 15% erniedrigt waren. Dieser Verlust an Nährstoffkapital reduziert zweifellos die Resilienz des Ökosystems, führt aber erstaunlicherweise zu einer besseren Nährstoffverfügbarkeit für die aktuelle Waldvegetation im Hauberg: Die pH-Werte in den Niederwäldern waren höher und die C/N-Verhältnisse, die Basensättigung und die austauschbaren Basenvorräte im Oberboden erheblich günstiger als in benachbarten bodensauren Buchenwäldern, die die potenzielle natürliche Waldvegetation darstellen (Hölscher et al. 2001, Leuschner et al. 2007). Ursachen der **nutzungsbedingt erhöhten Nährstoffverfügbarkeit in den Haubergen** sind die Aschedeposition in der Brandphase des Nutzungszyklus, das Einwandern von Gehölzen mit relativ nährstoffreichen Blättern und der Stickstoffeintrag durch den N-fixierenden Besenginster, der den frischen Kahlschlag besiedelt. Die Niederwaldvegetation ist daher reicher an Nährstoffzeigern als der ursprüngliche Buchenhochwald.

Der streng geregelte **Mittelwaldbetrieb** entstand vor allem in den dicht besiedelten, fruchtbaren Lössgebieten Mitteleuropas, in denen das Holz schon früh knapp wurde. In diesen Gegenden trifft das oben gezeichnete allgemeine Bild der mittelalterlichen Landschaft nur für Flurteile zu, die wegen ihrer siedlungsfernen Lage oder ihrer wenig fruchtbaren Böden weiterhin extensiv bewirtschaftet wurden. In Landschaften mit großen Haufendörfern blieben die Mittelwälder als altbewährte Form genos-

Tab. 3–2 Einfluss der Bewirtschaftungsweise auf die Artenkombinationen im Kalkbuchenwald-Bereich. Halbschematisch und vereinfacht. Der forstlich bewirtschaftete Buchen-Hochwald (Nr. 7) entspricht weitgehend dem naturnahen Wald (Nr. 1). Die bäuerlichen Wirtschaftsweisen bewirken eine Auflichtung durch Beweidung (Nr. 2 bis 4) oder öfteren Holzschlag (Nr. 5 und 6).

Holzgewächse Nr.	1	2	3	4	5	6	7	8
Laubbäume:								
Fagus sylvatica	●	⊙			○		●	
Fraxinus excelsior	⊙	⦿	⊙		⦿	⦿	○	
Acer pseudoplatanus	⊙	⊙			⊙	⊙	○	
Quercus robur	○	**O**	○		**O**	⊙		
Carpinus betulus		⦿	⦿	○	**O**	●		
Tilia cordata		⊙	○		⊙	⦿		
Ulmus glabra	○	○			⊙	⊙		
Betula pendula	○	○		○	⊙	⊙		
Prunus avium					○			
Nadelbäume:								
Picea abies								●
Pinus sylvestris								○
Sträucher:								
Lonicera xylosteum	⊙	○			○		○	
Sambucus racemosa *L*	⊙				⊙		⊙	⦿
Salix caprea *L*	⊙	○			⦿	⊙	⊙	⊙
Corylus avellana	○	⊙	⦿		**O**	**O**		○
Cornus sanguinea		○	⊙	○	○	⊙		
Crataegus sp.		**O**	⦿	⦿	⊙	⊙	○	○
Prunus spinosa		⦿	⦿	**O**	○	⊙		
andere Laubsträucher		⦿	⦿	⊙	⊙	⊙		⊙
Nadelstrauch:								
Juniperus communis			○	⦿				

Krautige Nr.	1	2	3	4	5	6	7	8
Waldpflanzen:								
Anemone nemorosa	⦿	⦿	⊙		⦿	⦿	**O**	
Galium odoratum	**O**	⊙	○		⊙	⊙	**O**	○
Lamiastrum galeobdolon	⦿	⊙	○		⦿	⊙	⊙	⊙
Mercurialis perennis	**O**	○			⊙	○	⦿	○
Carex sylvatica	⊙	○			⊙	⊙	⊙	⊙
Hordelymus europaeus	⊙	⊙			⊙	○	⊙	⊙
Dryopteris filix-mas	○						○	⊙
Säurezeiger								⊙
Schattenmoose								⦿
Halbschattenpflanzen:								
Vinca minor		○	⊙	○	⊙	○	○	
Stellaria holostea		⊙	⦿	○	⦿	⦿		
Aegopodium podagraria		⊙	⦿	○	⊙	⊙		
Dactylis glomerata	○	⊙	⦿	**O**	⊙	⦿	○	○
Brachypodium pinnatum		○	⦿	**O**	○	⊙		○
Freilandpflanzen:								
Festuca ovina u. a. Gräser			⦿	**O**	○	⊙		
Cirsium acaule			⊙	**O**		○		
Euphorbia cyparissias			⊙	**O**		⊙		
Hieracium pilosella u. a.			⊙	⦿		○		
Lichtungspflanzen:								
Atropa belladonna L	⊙				⊙		⊙	○
Sonstige L	⦿	○			⊙	⊙	⦿	⦿

1 Urwald bzw. naturnaher Wald
2 beweideter Wald
3 Viehweide mit Büschen und Baumgruppen
4 offene Viehweide (Halbtrockenrasen)
5 Mittelwald (mit Eichen-Überhältern)
6 Niederwald (Anemone ist meist häufig)
7 Buchen-Hochwald } Forstwirtschaft
9 Fichten-Pflanzwald } Forstwirtschaft

● sehr häufig, **O** häufig, ⦿ mäßig häufig, ⊙ hier und dort, ○ selten; L auf Lichtungen

senschaftlicher Nutzung am längsten erhalten und waren dort oft noch bis ins 20. Jahrhundert hinein in vollem Betrieb.

Wer solche lichtkronigen Bauernwälder mit eng geschlossenen Hochwäldern an ähnlichen Standorten vergleicht, wird außer den augenfälligen Gegensätzen in der Baumschicht auch Unterschiede im **Artengefüge der Krautschicht** feststellen. Sie ist in den Mittelwäldern artenreicher und enthält viele lichtliebende Pflanzen, die ihr Dasein den regelmäßig erfolgenden Brennholzschlägen verdanken. In bodensauren Niederwäldern, die meist von Eichen und Birken beherrscht werden, erfahren acidophytische Bodenpflanzen der Borstgrasrasen und sauren Heiden Massenentfaltungen. Niederwälder auf Kalk oder Löss werden dagegen häufig von der Hainbuche dominiert; in ihnen treten eher submediterran oder subkontinental verbreitete Arten wie *Sorbus torminalis* und *Galium sylvaticum* auf (Speier 1994). Diese Lichtungszeiger verschwinden allmählich, wenn man den Mittelwald zum Hochwald durchwachsen lässt. Doch erinnern manche von ihnen, namentlich einige Gräser, noch lange an den früheren Zustand (s. Abb. 3–20 u. Tab. 3–2). Die wechselvolle Struktur der Gehölzbestände im Mittelwald begünstigte übrigens auch die Tierwelt. In keiner Waldstruktur sind z. B. die Vogelarten so zahlreich wie in dieser (Nipkow 1995).

3.3.2 Hochwaldwirtschaft

Die **moderne Forstwirtschaft** bevorzugt Hochwälder, weil sie ergiebiger sind und mehr Wertholz liefern als die alten Bauernwälder. Seit ihren Anfängen im 16. Jahrhundert, vor allem aber seit dem großen Aufschwung, den sie im 19. Jahrhundert durch die „Trennung von Wald und Weide" sowie durch allgemeine Rationalisierung der Wirtschaft erhielt, neigte sie dazu, **Monokulturen** zu schaffen und die naturgegebene Vielfalt der Baumarten und Pflanzengemeinschaften zu vereinheitlichen. Trotzdem darf man den Einfluss der Forstwirtschaft nicht schlechthin als naturwidrig ansehen. Nur wo sie Nadelhölzer einführte, schuf sie in den ehemaligen Laubholzgebieten Mitteleuropas ganz neue und noch unausgeglichene Pflanzenkombinationen. Wo Laubhölzer belassen blieben, entstanden beim Übergang zur Hochwaldwirtschaft dagegen nicht selten recht **naturnahe Waldbilder** (s. Abb. 3–20).

Im Verhältnis zu den tief greifenden Veränderungen, die durch Umstellung vom Nieder- oder Mittelwald auf den Hochwald, vom Laubwald auf den Nadelforst oder gar von der bäuerlichen Allmendwirtschaft auf reine Forstnutzung bewirkt werden, modifizieren die verschiedenen **technischen Verfahren** des modernen Forstbetriebes das **Artengefüge** der Pflanzenbestände nur wenig.

Der „Plenterbetrieb" (von plündern = ungeregelt nutzen), der durch Herausnehmen einzelner Stämme eine unterbrechungsfreie Andauer des Hochwaldzustandes anstrebt, und vor allem die verschiedenen Formen des weniger arbeitsaufwendigen „Femelschlages", bei dem kleine Gruppen von Bäumen gleichzeitig entfernt werden, kommen den Verhältnissen in Naturwäldern am nächsten.

Als anderes Extrem steht ihnen der „Kahlschlagbetrieb" gegenüber, in dem auf relativ größerer Fläche eine Folge ökologisch sehr verschiedener Zustände rhythmisch wiederholt wird: Unmittelbar nach dem Kahlhieb breiten sich lichtbedürftige einjährige Kräuter aus, die durch Verletzungen des Bodens und besonders durch verstärkte Stickstoffmineralisation in seiner Humusdecke gefördert werden (s. Kap. 15). Gräser, mehrjährige Kräuter oder Halbsträucher, wie z. B. Himbeeren und Brombeeren, übernehmen in den folgenden Jahren die Herrschaft. Sie werden aber ihrerseits bald durch die inzwischen gekeimten oder gepflanzten Baumarten ersetzt. Spontan treten in der Regel zunächst raschwüchsige, aber meist nur kurzlebige Pioniere hervor, z. B. Holunder, Birken, Pappeln, Weiden oder Erlen. Doch werden diese schließlich von langlebigen Bäumen verdrängt, d. h. in den meisten Fällen heute von der angepflanzten Fichte. Im Hochgebirge, insbesondere in der Schweiz, ist der Kahlschlagbetrieb heute verboten, weil er die Lawinengefahr erhöht und andere schädliche Folgen hat. In anderen Teilen Mitteleuropas ist er aber weiterhin üblich, wenn auch in vielfach abgewandelten Formen (Saumschlag, Lochhieb u. a.). Auf weitere Einzelheiten sei erst bei der Besprechung bestimmter Forst- und Kahlschlag-Gesellschaften eingegangen (s. Kap. 15).

3.4 Entwicklung des Ackerbaues und der Unkrautvegetation

3.4.1 Vorindustrielle Landwirtschaft

Der Ackerbau in Mitteleuropa ist mehr als 7000 Jahre alt (Willerding 1986a, Küster 1992, Pott 1992b) und hat sich, wie wir bereits sahen, in enger Verbindung mit der Viehwirtschaft entwickelt. Beide Wirtschaftsformen kamen von Kleinasien über die Balkanhalbinsel nach Mitteleuropa, das zu einem sekundären Zentrum wurde (Jankuhn 1969). Aus klimatischen Gründen konnte hier der Ackerbau frühestens gegen Ende des Boreals beginnen, d. h. erst zu einer Zeit, als der Wald längst wieder in Mitteleuropa eingewandert und das Klima dem heutigen ähnlich geworden war. Nach neueren dendrochronologischen Untersuchungen begann die postglaziale Wärmezeit rund 11 000 Jahre vor heute. Es ist zwar nicht ausgeschlossen, dass einzelne Gegenden vom Menschen und seinem Vieh bis zum Beginn eines primitiven Feldbaus waldfrei erhalten wurden; doch mussten die meisten Äcker zweifellos auf **ehemaligem Waldboden** angelegt werden (Krzymowski 1939, Nietsch 1939, Firbas 1949 u.v.a.).

Diesen Vorgang darf man sich für die Stein- und Bronzezeit aber wohl kaum als eine planmäßige Rodung von dichten Hochwäldern vorstellen, wie sie seit dem Mittelalter bei Waldsiedlern in der Alten und Neuen Welt üblich ist. Vielmehr wird man **bereits vergraste oder verheidete Plätze** vorgezogen haben. Die isolierte und in der Feldmark verstreute Lage vieler der bereits erwähnten Hochäcker bzw. Wölbäcker spricht durchaus dafür (Käubler 1961). Eine große Rolle spielte anfangs auch die **Brandfeld-Wirtschaft**, die dem Wanderfeldbau in den Tropenwäldern ähnelte (shifting cultivation). Sie hatte den Vorteil, dass durch den Brand Nährstoffe freigesetzt wurden und die Kulturen in den ersten Jahren nach diesem relativ gut gediehen (Romell 1967). Doch gab es schon in der Bronzezeit auch dauernd bewirtschaftete Äcker (Willerding 1978).

Obwohl es sicher ist, dass die meisten in prähistorischer Zeit beackerten Flächen auch heute noch unter dem Pflug liegen, werden diese doch erst seit höchstens zwei Jahrhunderten Jahr für Jahr mit Feldfrüchten bestellt. Bis in die Neuzeit hinein herrschte die **Dreifelderwirtschaft**, die sich während des Mittelalters über fast alle Teile Mitteleuropas ausbreitete und nur für höhere Berglagen sowie für manche sandigen und mit Plaggen gedüngten Böden des nordwestlichen Tieflandes nicht geeignet war. Auf den Letzteren entwickelte sich ein „ewiger Roggenbau“ im Wechsel mit Brache. Obwohl der Roggen schon seit der Römerzeit in Mitteleuropa angebaut wurde (Behre 1992), erreichte er die weite Verbreitung erst im Mittelalter. In der Dreifelderwirtschaft lösten sich bekanntlich Wintergetreide, Sommergetreide und Brachland in dreijährigem Turnus ab (s. Abb. 3–21; Jäger 1994).

Wesentlich für diese Anbauform war der „Flurzwang“, der rechtlich sicherte, dass alle Äcker einer „Zelge“ gleichmäßig behandelt wurden, obwohl sie verschiedenen Besitzern gehörten. Der Grund für diesen Zwang bestand nicht so sehr darin, dass noch kein genügend fein verästeltes Feldwegesystem vorhanden war; er beruhte vielmehr auf der Gepflogenheit, das Ackerland so oft und so lange wie möglich in die allgemeine Weide mit einzubeziehen. Nur in der Zeit von der Feldbestellung bis zur ersten Bestockung des Getreides sowie vom Beginn des Schossens bis zur Ernte wurde die Umzäunung der betreffenden Zelge geschlossen. Dieser Zaun bestand häufig aus den Dornhölzern, die in der Allmende als Weideunkräuter geschlagen worden waren, und war stellenweise auch durch Mauern, Erdwälle oder lebende Hecken ersetzt. Letztere bevorzugte man besonders im nördlichen und westlichen Mitteleuropa (vgl. Jessen 1937). Sie werden in Norddeutschland als „Knicks“ bezeichnet, weil man sie durch Knicken junger Laubholzstämme undurchdringlich machte (s. a. Kap. 16.1). Oft pflanzte man die Knicks auf Wälle aus Rasensoden und bewirtschaftete sie wie Nieder- oder Mittelwälder. Mithilfe solcher Umhegungen mussten auch die von einzelnen Bauern in der gemeinen Mark angelegten Äcker, die sogenannten „Kämpe“, gegen das Vieh geschützt werden, sowie alle Waldstücke und sonstigen Flurteile, die man von der allgemeinen Weide ausschließen wollte (s. Abb. 3–16). Diesem Zweck dienten Knicks schon in vorgermanischer Zeit, z. B. in Westfalen (Pott 1989b).

Das junge Winter- und Sommergetreide war ein beliebtes Viehfutter und wurde relativ wenig geschädigt, wenn der Weidegang vor dem Schossen aufhörte. Er vermehrte sogar die Bestockung und half Unkräuter bekämpfen. Die **Unkrautgemeinschaften** der Äcker müssen damals viel reicher an **ausdauernden Arten**, besonders an Gräsern, gewesen sein als heute. Denn sie wurden nur zweimal im Verlauf von 2 Jahren durch das Pflügen und niemals durch Hacken gestört, und die Ackerkrume wurde mit den primitiven Geräten nur flach und lückenhaft umgebrochen. Das Getreide war nicht so hoch und dicht und beschattete die Unkräuter weniger als heute, wie Willerding (1986a) anhand der Zeigerwerte von nachgewiesenen Arten wahrscheinlich machte. Zudem konnten sich ausdauernde und regenerationsfähige Pflanzen während der Brache immer wieder erholen. Die Brachweide dürfte infolgedessen trotz ihrer kurzen Dauer das Artengefüge der Unkraut-Gemeinschaften wesentlich mitbestimmt und es rasenähnlich gemacht haben.

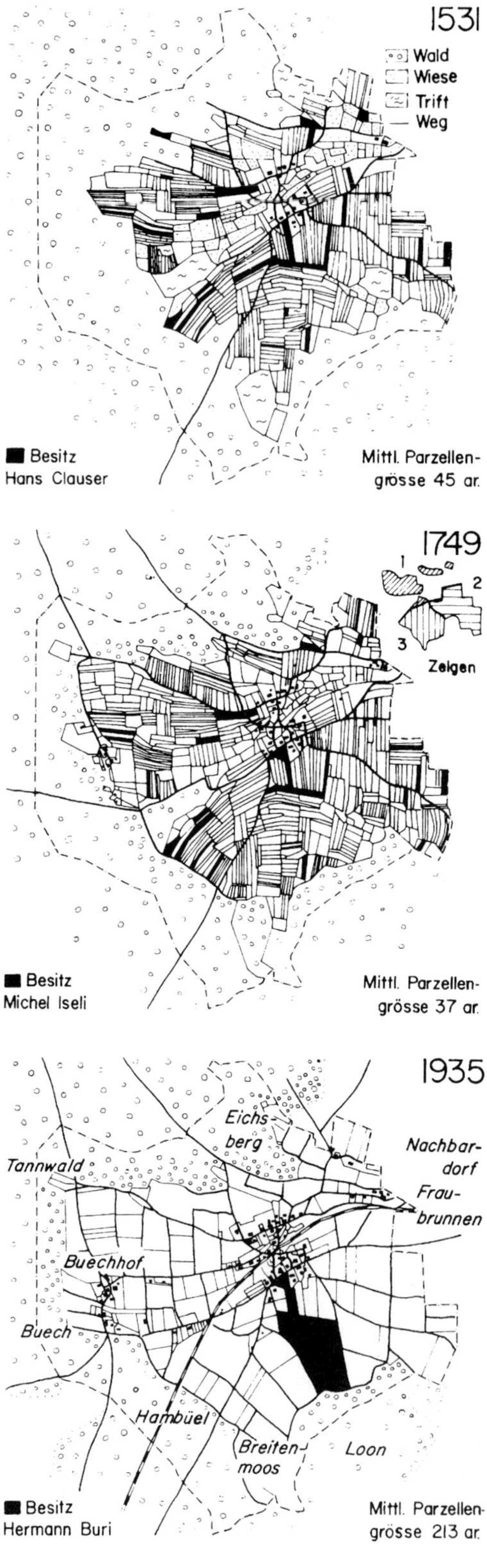

Seit der „Verbesserung" des Dreifeldersystems im 18. und 19. Jahrhundert durch Anbau von Kartoffeln, Rüben und anderen Hackfrüchten auf der ehemaligen Brachzelge und seit der Einführung komplizierterer **Fruchtfolgen** herrschen dagegen **annuelle Unkräuter** vor. Wenn man ein Ackerstück heute brachliegen lässt, muss man daher länger als 1 Jahr warten, bis es sich von selbst berast, es sei denn, man hatte vorher Klee oder eine Mischung mit Gräsern untergesät. Durch die moderne Herbizidanwendung ist die Verunkrautung der Äcker quantitativ stark zurückgegangen und hat sich auch qualitativ erneut geändert (s. Kap. 23.8.1).

In weit stärkerem Maße, als das heute der Fall ist, entsprachen die früheren Standortbedingungen auf dem Ackerland denjenigen der **Grassteppen** im kontinentalen Südosteuropa, wo viele unserer Ackerwildkräuter beheimatet sind. Arten wie *Falcaria vulgaris*, *Conringia orientalis*, *Caucalis platycarpos* und *Adonis aestivalis*, die einst als echte Steppenvertreter nach Mitteleuropa eingewandert sein müssen, sind gegenwärtig nur noch auf den wenigen, ohne Herbizide und extensiv bewirtschafteten Äckern zu finden. Die meisten Unkräuter unserer heutigen Gärten, Weinberge und häufig bearbeiteten, gut gedüngten Hackfruchtäcker, z.B. *Stellaria media*, *Poa annua* oder *Chenopodium album*, entstammen dagegen den nitratreichen Spülsäumen der **Meeresküste** oder der **Flussufer** sowie anderen Standorten der Flussauen und nährstoffreichen **Sumpflandschaften**.

Die mittelalterliche Dreifelderwirtschaft hat sich nicht zuletzt deshalb so sehr verbreitet und so lange gehalten, weil sie die übliche extensive

Abb. 3–21 Entwicklung eines mitteleuropäischen Haufendorfes mit früherer Dreifelderwirtschaft (Grafenried im Kanton Bern). Nach farbigen Karten, die freundlicherweise von Zryd zur Verfügung gestellt wurden, vereinfacht. Die zu ein und demselben Hof gehörenden Parzellen vor und nach der Feldumlegung sind schwarz gezeichnet. Auf der Karte von 1749 oben rechts ist die Einteilung des Ackerlandes in 3 Zelgen verkleinert wiedergegeben, die vom frühen Mittelalter bis zum Jahre 1935 galt. Der Wald wurde mehr und mehr zurückgedrängt, blieb aber als Brenn- und Bauholzlieferant am Rand der Dorfflur erhalten. Ein dichtes Netz von Straßen und Wegen entstand erst nach der Flurbereinigung (bzw. Feldumlegung, wie sie in der Schweiz genannt wird).

Allmendweide mit dem Ackerbau zum Vorteil beider Wirtschaftszweige zu verbinden wusste. Die Brache bedeutete ja nicht nur ein „Ausruhen" des Bodens, sondern auch eine Düngung durch das weidende und nachts auf der Brachzelge eingepferchte Vieh, das seinerseits hier besonders eiweißreiches Futter fand.

Eine solche **Verknüpfung von Vieh- und Ackerwirtschaft** dürfte im Prinzip viel älter sein als die Dreifelderwirtschaft, ja vielleicht schon zu Beginn des Ackerbaues in Mitteleuropa bestanden haben. Sie würde auch die Erklärung dafür bieten, dass die Ackerwildkräuter in die sehr zerstreut liegenden Äcker der isolierten Siedlungen relativ rasch einwanderten und dass so viele der Unkrautarten in fast allen Teilen Mitteleuropas vertreten sind.

Weidendes Vieh **transportiert bekanntlich zahlreiche Samen**, und zwar auch von solchen Pflanzen, die keine besonderen Hafteinrichtungen besitzen und deren Samen den Magen-Darm-Trakt der Tiere nicht in keimfähigem Zustand passieren. Wie schon Darwin feststellte, sind viele Samen und Früchte in den Erd- und Kotkrusten enthalten, die an den Hufen oder am Fell festkleben (s. a. Kap. 19.5). In diesem Zusammenhang ist besonders hervorzuheben, dass bis etwa 1950 im südlichen Mitteleuropa alljährlich ausgedehnte Wanderungen von Schafherden stattfanden. Wanderschäfer von der Schwäbischen Alb oder gar von den Schotterheiden Oberbayerns überwinterten mit ihren Herden in der warmen Oberrheinebene. Sie hatten jedoch zunehmend unter der Schwierigkeit zu leiden, dass sie nicht mehr frei über die Stoppeln und Wintersaaten ziehen durften.

Die heute immer mehr übliche Trennung von Viehhaltung und Ackerwirtschaft, besonders in den Großbetrieben des Ostens, wirkt sich sowohl auf das Artengefüge des Grünlandes als auch auf die Ackerbegleitflora aus, und zwar in beiden Richtungen im Sinne zunehmender Artenverarmung (vgl. Poschlod & Bonn 1998). Das wäre sogar der Fall, wenn man auf Herbizide ganz verzichtete.

3.4.2 Auswirkungen der Technisierung auf Äcker und Extensivweiden

Zu einem selbstständigen und für den Ackerbau nicht mehr notwendigen Betriebszweig geworden, brach die Schafhaltung zusammen, als sie durch billige Wolleinfuhren aus Übersee ihre Rentabilität verlor. Sogar die dänischen, norddeutschen und niederländischen Heiden, die einst Tausende von Schafherden ernährt und die Fruchtbarkeit der Äcker durch ihre Plaggen gewährleistet hatten, waren nun plötzlich zu wertlosem Ödland geworden. Bald ahnte kaum einer der Bauern mehr, dass seine Vorfahren einst um das Besitz- und Nutzrecht auf solchen Heiden gekämpft hatten. Das Gleiche gilt für die Hutungen der Schwäbischen Alb, die Grinden des Schwarzwaldes oder ähnliche ehemals beweidete „Ödflächen" Mitteleuropas. Sie blieben liegen, bebuschten sich hier und dort spontan oder wurden aufgeforstet und entwickelten sich schließlich wieder zu baumreichen Landschaften. Freilich ist deren Charakter heute meistens anders, als er von Natur aus gewesen sein mag. Wo Bodengüte und Lage es zuließen, wurden Teile der einstigen Heiden und Magerrasen in die Ackerflur einbezogen, die sich nun in manchen Gegenden Mitteleuropas rasch ausdehnte. Denn die mineralischen Dünger machten auch stark verarmte Böden wieder ertragreich. Dadurch veränderte sich die Unkrautvegetation wesentlich (Hilbig 1987) und die Flora insgesamt (Ellenberg jr. 1985).

In vielen Mittelgebirgsgegenden, beispielsweise auf der Schwäbischen Alb und auf den Randhöhen des Schweizerischen Mittellandes, war allerdings im Gegenteil eine Einschränkung der früheren Ackerfläche zu beobachten, und zwar dort, wo einst die durch Erbteilung wachsende Bevölkerungsdichte dazu gezwungen hatte, auch stark hängige, steinige und trockene Böden der Allmende umzubrechen. Die durch reichlichere Düngung und bessere Pflege rasch ansteigenden Erträge der Äcker an fruchtbaren Standorten machten es seit etwa 1910 möglich, solche wenig ergiebigen Böden wieder aufzugeben. Sie vergrasten, wenn man weiterhin Schafweide betrieb, oder sie wurden aufgeforstet (s. Abb. 3–20 u. 15–1). Doch erinnern vielerorts die Grenzfurchen oder die durch Erosion und Pflügen entstandenen Hangstufen an die ehemalige Beackerung, die im Übrigen oft auch heute noch an der Artenkombination der darauf entstandenen Grünland- und Forstgesellschaften zu erkennen ist. Im Alpenvorland und besonders in der nordwestlichen Randzone der Alpen ging die rückläufige Entwicklung schließlich so weit, dass der Ackerbau ganz zugunsten der Grünlandwirtschaft aufgegeben wurde. Dies hängt einerseits mit dem Niederschlagsreichtum zusammen, der den Graswuchs und die Milchviehhaltung fördert, und andererseits mit der modernen Verkehrsentwicklung, die den Betrieben erlaubte, die Selbstversorgung mit Ackerfrüchten aufzugeben.

An ungünstigen Standorten erlebten wir während der letzten Jahrzehnte einen raschen Rückgang des Ackerbaues wie auch der Grünlandwirtschaft, weil Kleinbetriebe unrentabel wurden und weil sich die Landwirtschaft unter erschwerten Bedingungen, z. B. im montanen Klima oder auf entwässerten Mooren, überhaupt nicht mehr lohnte. Die Offenhaltung solcher Flächen wurde zu einem Problem für die Landschaftspflege. Es bleibt abzuwarten, ob durch den zunehmenden Anbau von Energiepflanzen marginales Agrarland wieder verstärkt in Kultur genommen wird.

Zugleich wird die Bewirtschaftung großer Teile der verbleibenden Ackerflächen und Sonderkulturen immer **intensiver** und naturferner. Herbizide vertreiben die Unkräuter, Schadstoffe reichern sich im Boden an und die Erosion nimmt zu (Häberli et al. 1991, Nentwig 2005). Durch die Verwendung von gentechnisch veränderten Kulturpflanzen mit noch höherem Ertragspotential wird der Biodiversitätsschwund im Ackerland in Zukunft noch weiter zunehmen. Schon heute haben die Wildkraut-Gesellschaften weitgehend ihren ehemaligen Charakter verloren.

Noch schwieriger wird es sein, die Fülle der Pflanzenkombinationen ehemaliger Extensivweiden zu erhalten, selbst wenn man sie unter strengen Schutz stellt und wieder so bewirtschaftet wie früher. Denn diese durch langdauernden Nährstoffentzug geprägten Heiden und Rasen werden heute über die Luft zunehmend mit Mineralstickstoff gedüngt (s. Kap. 3.7.2). Deshalb haben sie ihre kennzeichnenden Arten, die ja ausgesprochene Magerkeitszeiger sind, mehr und mehr verloren.

3.5 Entstehung von Wiesen, Intensivweiden und anderem Grasland

3.5.1 Streuewiesen und Futterwiesen

Während Viehweiden in Mitteleuropa schon sehr alt sind, entstanden Wiesen mit den zum Mähen nötigen **Werkzeugen** erst **verhältnismäßig spät**. Zur Bronzezeit kannte man wohl Sicheln, verwendete sie aber nur für die Getreideernte und noch nicht zum Mähen von Wiesen. In der Nordschweiz beispielsweise fanden sich nach Lüdi (1955) in ausgegrabenen Siedlungen überraschend wenige Reste von Gramineen, dagegen sehr viele von Eschen-Laubheu. Schimper, Graebner und andere ältere Forscher haben zwar angenommen, dass sich wiesenähnliche Gesellschaften auch von Natur aus bilden könnten, und zwar in den Flussauen durch baumzerstörenden Eisgang. Aber schon Gradmann (1932) hat ihre Begründungen überzeugend widerlegt und nachgewiesen, dass auch in der Nähe großer Ströme von Natur aus Wälder wachsen würden. Unter den viel ungünstigeren Klimabedingungen der russischen Taiga sind sie sogar heute noch anzutreffen. „Ohne Sense und Heuernte keine Wiesenflora", dieser schon über 100 Jahre alte Satz Schlatters gilt für ganz Mitteleuropa, wenn man von den Salzwiesen der Seemarschen und den alpinen Matten absieht. In dem von Natur aus grasreichen Nordsee-Küstenbereich gab es Grünlandvegetation auch ohne Sense bereits seit dem Neolithikum (Körber-Grohne 1990).

Bereits im **Römischen Reich** waren „Wiesen und Weiden eine wesentliche Grundlage der Tierernährung" (Benecke 1994). Im 1. Jahrhundert n. Chr. schilderte Columella (zit. nach Benecke), wie man in Italien Wiesen und Weiden neu anlegt und pflegt, wie man sie be- und entwässert und wann man sie am besten mäht. Solches Wissen nahmen die Römer sicher auch in den germanischen Norden mit. In ihrem Ostkastell bei Welzheim an der Rems z. B. fand man über 60 Grünlandpflanzen, die auf gepflegte Futterwiesen trockener bis frischer Standorte sowie auf das Mähen von Seggenrieden schließen lassen.

In großen Teilen Mitteleuropas entwickelte sich die Grünlandwirtschaft jedoch an den verschiedensten Standorten **aus dem extensiven Weidebetrieb heraus**. Noch um 1800 gab es nach Backmund (1941) solche „Forstwiesen" im Alpenvorland, und bis heute blieben sie in manchen Naturschutzgebieten, z. B. im Irrendorfer Hardt auf der Schwäbischen Alb, erhalten (s. Abb. 3–22). In Schweden nennt man sie „Laubwiesen", und Sjörs (1954) widmete ihnen eine gründliche ökologische Studie. In der Schweiz unterschied man „Studmatten", d. h. zwischen Bäumen gemähte Flächen, von den eigentlichen Waldweiden oder „Wytweiden".

Abb. 3–22 Beweidete „Laubwiese" (MESOBROMION) mit Hainbuchen und einzelnen Rotbuchen auf der Schwäbischen Alb nördlich Zwiefalten. Wacholder und Schlehen machen sich als Weideunkräuter breit.

Vielleicht hat man sich schon lange, bevor man Sicheln kannte, durch Rupfen einen Teil des Winterfutters für das Vieh gesichert (Stamm 1938). Aber diese Form der Heuwerbung unterscheidet sich in ihrem Einfluss auf den Pflanzenbestand nicht sehr von dem Verbiss durch weidendes Vieh. Wahrscheinlich waren solche „kleinflächigen Einsprengsel" im Wald reich an dikotylen krautigen Pflanzen (Körber-Grohne 1993). Erst die **Mahd**, d. h. der für sämtliche Arten gleichzeitig erfolgende und fast alle assimilierenden Organe plötzlich vernichtende Schnitt, wirkt wesentlich anders als die allmähliche Auslese durch Tiere. Sie bedeutet gewissermaßen gleiche Startbedingungen für alle Partner und begünstigt rasch- und hochwüchsige Arten, sofern sie regenerationsfähig sind, d. h. auch viele Gräser.

Sicher waren die ersten Wiesen einschürig, entsprachen also etwa den im Alpenvorland hier und dort noch vorhandenen „Streuewiesen", die man erst spät im Jahr schneidet, wenn sie bereits strohig geworden sind (s. Kap. 19.2.1). Sie lagen meist in nassen Niederungen, die vom Weidevieh gemieden werden und keiner Einzäunung bedürfen.

Mehrschürige Wiesen auf trockeneren Böden sind in Mitteleuropa trotz der römischen Vorbilder wahrscheinlich großenteils verhältnismäßig jung. Insbesondere gilt dies für die im frisch-grünen Zustand gemähten „Futterwiesen", die als Ersatz für den häufigen Stoffentzug gedüngt werden müssen. Ohne Düngung konnten diese nur im Überschwemmungsbereich der Flüsse entstehen, wo ihnen nährstoffreiche Sedimente zugeführt werden. Allerdings muss die natürliche Vegetation solcher Auelehmböden, ein sehr wüchsiger Laubwald, zuvor durch den Menschen und sein Weidevieh vernichtet worden sein. Als weitere Vorbedingung muss sodann das Vieh wieder ferngehalten werden, denn nur bei reiner Mähwirtschaft entstehen eigentliche Wiesengemeinschaften. Es ist deshalb kaum verwunderlich, dass der bis um die Mitte des 20. Jahrhunderts so verbreitete und beliebte Typus der **ein- bis mehrschürigen Futterwiesen**, die zumindest durch Nachweide eine Nährstoffzufuhr erhielten, nicht älter ist als etwa 1000 Jahre (Sukopp 1969). Öfter mit Dünger versehene **„Fettwiesen"** sind sehr wahrscheinlich noch jünger. Diese Zeitspanne genügte freilich, um Pflanzenkombinationen neu entstehen zu lassen, die sich heute durch besonders viele Charakterarten auszeichnen und darin den naturnäheren Gesellschaften keineswegs nachstehen. Infolge moderner Wirtschaftsmethoden, namentlich der Rotationsweide, wird dieser Wiesentypus neuerdings immer rascher zurückgedrängt und droht ganz zu verschwinden (Kap. 19.8.3).

3.5.2 Stand- und Mähumtriebsweiden

Die allgemeine Intensivierung der Landwirtschaft in den letzten 100 bis 200 Jahren brachte endlich auch im Weidebereich eine tief greifende Umstellung. Die altüberkommenen Hutungsrechte wurden abgelöst und die Allmende oder die „Gemeine Mark" in private Besitzstücke aufgeteilt oder als Gemeindeforst bewirtschaftet. In den relativ niederschlagsarmen Teilen Mitteleuropas, z. B. im östlichen und südlichen Harzvorland, in der Oberrheinebene und im württembergischen Unterland, ging man dazu über, Rinder sowie Pferde und Schweine vorwiegend im Stall zu füttern (s. a. Ellenberg 1990). Außer den Resten früherer Schafweiden gab es hier bis vor wenigen Jahrzehnten kaum noch Weiden, d. h. Pflanzengesellschaften, die vorwiegend als Weideland genutzt werden und deren Artenkombination sich in charakteristischer Weise von derjenigen der Wiesen unterscheidet. Umgekehrt bestand in den küstennahen Gegenden und am Alpenrand die Tendenz, alles Kulturgrasland mit Ausnahme des sumpfigen in ständige Weidenutzung zu nehmen und die Weidefläche durch Bodenentwässerung immer mehr zu vergrößern. Hier verbreiteten sich infolgedessen die Pflanzengesellschaften der „Fettweiden", die sich auf den Marschböden an der Nordsee schon seit dem Mittelalter hatten entwickeln können.

Allgemein kannte man zunächst nur die Betriebsform der **„Standweide"**, die bis etwa 1960 vorherrschte. Man belässt das Rindvieh vom Beginn bis zum Ende der Vegetationsperiode, d. h. etwa von April bis Oktober, auf derselben Futterfläche und stallt es nur während der ungünstigen Jahreszeit ein. Im Gegensatz zur früheren Allmendweide wird das Vieh auf der Standweide durch Zäune oder Gräben eingeschlossen, sodass die Gärten, Äcker, Forsten und anderen Teile der übrigen Feldmark nun nicht länger mehr gegen unerwünschten Viehverbiss geschützt zu werden brauchen. Da der Kot der weidenden Tiere dem Grünland während der günstigen Jahreszeit restlos wieder zugute kommt, müssen lediglich die durch die Milch und den Körper der Tiere sowie durch Denitrifikation und Bodenauswaschung entstehenden Stoffverluste ersetzt werden. Der allgemeine Düngungszustand solcher Standweiden ist deshalb recht gut, jedenfalls wesentlich besser als derjenige der oben geschilderten Extensivweiden oder Triftweiden.

Neben der besseren Ernährung prägen sich in der **Artenkombination** der Rinder-Standweiden aber noch zwei weitere für sie kennzeichnende Eigenschaften aus (s. Abb. 3–23): Sie sind zwar ärmer an Unkräutern als die früheren Allmenden, enthalten aber doch Disteln und andere typische Weideunkräuter, weil das Vieh im Frühsommer mehr Futter vorfindet, als es braucht, und dementsprechend auslesen kann. Besonders auffallend sind die sogenannten Geilstellen, d. h. durch Rinderexkremente verunreinigte Rasenflecken, die von den Rindern gemieden werden, und die deshalb ungestört zu dunkelgrünen Grasbuckeln emporwachsen, während der Rasen zwischen ihnen bis gegen Ende der Vegetationsperiode ganz kurz abgefressen und teilweise sogar durch Tritt zerstört wird. Da Pferde die durch Rinder verursachten Geilstellen befressen und umgekehrt, kann man diese ungünstige Entwicklung bis zu einem gewissen Grad durch Mischungen der Vieharten verhindern. Pferde erzeugen allerdings keine Geilstellen wie die Kühe, sondern koten in einen Winkel der umzäunten Fläche.

Seit etwa 50 Jahren und verstärkt in den letzten Jahrzehnten strebt die Grünlandwirtschaft an, die Nachteile der Standweide durch wiederholtes Abmähen, also durch Mähweidebetrieb, zu vermeiden. Das Ideal stellt die sogenannte **Umtriebsweide** oder Rotations-Mähweide dar, die eine Unterteilung der gesamten Weidefläche in acht bis zwölf Teile vorsieht. Jede Koppel wird nur wenige Tage lang, aber mit sämtlichem Vieh zur selben Zeit, beweidet, bis sie gleichmäßig kurzgefressen ist. Während nacheinander die übrigen Koppeln mit Vieh beschickt werden, kann sich das zuerst beweidete Teilstück wochenlang erholen und gleicht darin einer Wiese. Um die Verunkrautung gänzlich zu vermeiden, wird es obendrein hin und wieder gemäht, was zugleich eine Futterversorgung für den Winter ermöglicht. Bei einer solchen Behandlung setzen sich **nur wenige Gräser und**

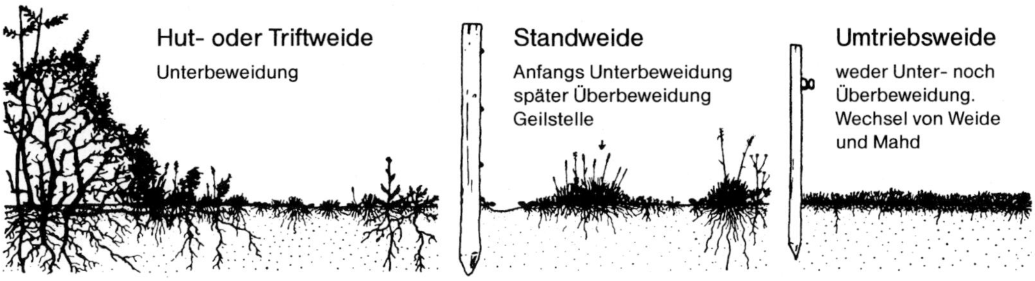

Abb. 3–23 Extensive Triftweide begünstigt die Weideunkräuter viel stärker als die intensivere Standweide oder gar als die moderne Umtriebs-Mähweide. Nach Ellenberg (1952).

Leguminosen durch und bilden die „langweiligste" Gemeinschaft, die ein Vegetationskundler sich denken kann.

Nicht wenige Pflanzenarten des einstigen Grünlandes finden ihre letzte Zuflucht im sogenannten Straßen-Begleitgrün, d. h. in den selten gemähten Rasen an den Böschungen der Autobahnen und sonstigen Verkehrswege. In unmittelbarer Fahrbahnnähe sind dies Vertreter der Weiden, vorwiegend jedoch solche der Wiesen (s. Kap. 19.3.5).

3.5.3 Biozideinsatz, Energieaufwand und -ertrag in der Landwirtschaft

a) Die moderne Landwirtschaft setzt große Mengen von **Bioziden** ein. In Deutschland werden nach Nentwig (2005) 5–10 kg Biozide pro Hektar Nutzfläche eingesetzt, in Sonderkulturen wie den holländischen Blumenkulturen weit mehr (bis zu 130 kg ha^{-1}). Der größte Teil entfällt auf Herbizide und Fungizide. Heute behandelt man in Deutschland bei Mais, Raps, Rüben und Wintergetreide fast 100% der Anbaufläche mit Herbiziden (s. Abb. 3–24); Fungizide werden überwiegend im Obst-, Wein- und Hopfenanbau eingesetzt. Bei modernen Pestiziden legt man großen Wert auf schnelle Abbaubarkeit, um die Nebenwirkungen auf andere Organismengruppen und Ökosysteme gering zu halten.

Ein wesentlicher und zunehmender Nachteil von Bioziden ist die Entstehung von Resistenzen bei den Zielorganismen. Nach Nentwig (2005) waren schon 1991 weltweit über 100 herbizidresistente Unkrautarten bekannt, einige zeigten Resistenz gegen zwei oder drei Herbizide. Auch bei Insektizid- und Fungizidanwendung werden immer mehr resistente Populationen gefunden (s. Abb. 3–25).

b) Durch die zunehmende Intensivierung wurde die Landwirtschaft immer mehr zu einem technischen Erwerbszweig, dessen Wirksamkeit man an seiner **„Energie-Rentabilität"** messen kann, namentlich an dem Verhältnis von Aufwand und Ertrag von Energie bei der Erzeugung von Nahrungsmitteln (s. Tab. 3–3). Dieses Verhältnis wurde im Laufe der Geschichte immer ungünstiger, mit besonderer Beschleunigung im letzten Jahrhundert.

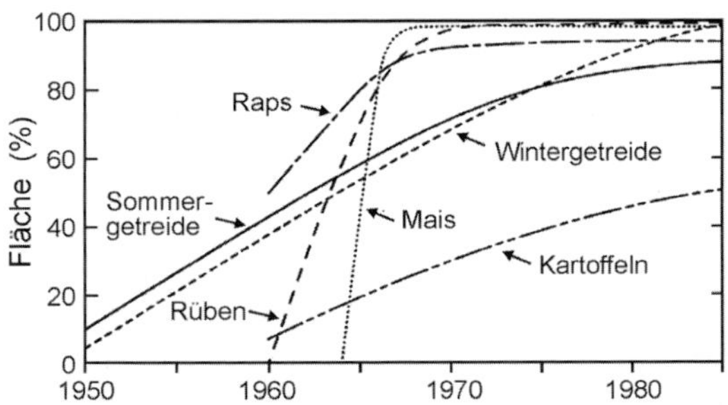

Abb. 3–24 Zunahme des Herbizideinsatzes in Deutschland in % der Anbaufläche der jeweiligen Kultur. Nach Friege & Claus (1988) in Nentwig (2005).

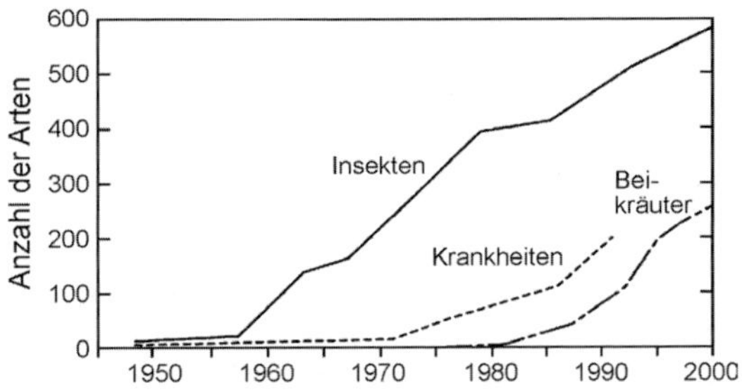

Abb. 3–25 Artenzahl von Insektenschädlingen, Krankheitserregern (meist Pilzen) und Ackerwildkräutern, die gegen Biozide, mit denen sie behandelt wurden, resistent sind. Nach Weber (1992), ergänzt in Nentwig (2005).

Tab. 3–3 Energieaufwand für verschiedene Formen der Nahrungsproduktion ohne Berücksichtigung von Verpackung, Lagerhaltung und Vermarktung. Nach Angaben von Staub (1978) u.a.[1]

Verhältnis Energieaufwand : -ertrag	**Pflanzliche Produkte**	**Tierische Produkte**	Ernährungssystem USA (Durchschn.)
1 : 50	Wander-Feldbau (Shifting cultivation)		
1 : 20	Nassreis, in alter Weise		
1 : 10	Kartoffeln, extensiv		
	Reis, intensiv	Sammeln und Jagen	
1 : 5	Mais, Weizen, extensiv	Viehweide, extensiv	
	Kartoffeln, Weizen, intensiv	Schweine, extensiv	
1 : 2	Mais, intensiv; Sojabohnen	Mastvieh auf Dauerweide	
		Hühnereier, extensiv	
		Küstenfischerei (zum Vergleich)	1910
1 : 1		Schweine, intensiv	
	Feldgemüse	Milchvieh auf Umtriebsweide	
2 : 1		Hühnereier, intensiv	1925
	Gartengemüse		
5 : 1		Mastvieh mit Futterbau	1954
	Gewächshaus-Kulturen	Fischeiweiß-Konzentrate	
		Hühnerfleisch, intensiv	
10 : 1		Mastvieh mit Kraftfutter	
20 : 1 und mehr		Hochsee-Fischerei (zum Vergleich)	1975

2. Energieaufwand und -ertrag im Maisanbau der USA (nach Staub 1978) in 1000 kcal

	1945	1954	1970		1945	1954	1970
Treibstoff	543	688	797	Saatgut	34	19	63
Stickstoff	59	227	941	Bewässerung	19	27	34
Maschinen	180	300	420	Herbizide	0	1	11
Elektrizität	32	100	310	Insektizide	0	3	11
Trocknung	10	60	120	Arbeit (40-Std.-Wo.)	13	9	5
Transport	20	45	70	Gesamt-En.-Aufw.	926	1548	2897
Kalium	5	50	68	Maisertrag	3427	4133	8165
Phosphor	11	18	47	Aufwand : Ertrag	1 : 3,7	1 : 2,7	1 : 2,9

3. Vergleich von „biologischem" und „üblichem" Ackerbau in Mittelwest-USA hinsichtlich des Einsatzes von Zusatzenergie (umgerechnet nach Staub 1978)

	1974	1975	1976	Durchschnitt
biologisch : üblich	*1 : 2,4*	*1 : 2,3*	*1 : 2,7*	*1 : 2,5*

[1] In Rechnung gesetzt ist nur die vom Menschen aufgewendete Energie (Arbeit + fossile Energielieferanten) im Verhältnis zu dem Energiegehalt des vom Menschen verzehrten pflanzlichen oder tierischen Produkts.

Die Ziffern von Staub (1978) wurden zwar für die USA ermittelt, dürften aber im Prinzip auch für Mitteleuropa gelten: Für den Wander-Feldbau in der Jungsteinzeit genügte wie für die „Shifting cultivation" eine menschliche Arbeitskraft, um etwa das 50-Fache an Energie mithilfe der angebauten Pflanzen zu erzeugen. Beim primitiven Dauer-Ackerbau war die energetische Rentabilität höchstens halb so groß, und beim Sammeln und Jagen betrug sie „nur" rund das 5- bis 10-Fache. Doch war sie immer noch erheblich größer als der Aufwand an menschlicher Arbeitsenergie. Extensiver Ackerbau, wie er in Europa viele Jahrhunderte hindurch herrschte, sowie extensive Viehhaltung lohnten den Energieeinsatz der Bauern ungefähr in ähnlichem Maße.

Mit dem intensiveren Ackerbau, wie er gegen Ende des 19. Jahrhunderts einsetzte, und mit intensiveren Formen der Viehhaltung wuchs der Aufwand an zusätzlicher Energie erheblich und trug schon von 1910 bis 1920 dazu bei, dass das Verhältnis Aufwand zu Ertrag auf 1 : 1 stieg. Die vom Acker und Grünland unabhängigen Produktionsformen sind freilich noch viel aufwendiger, vor allem was Heizung und Maschineneinsatz bei Arbeiten und Transporten anbetrifft. Aus dem Beispiel im zweiten Teil der Tabelle geht dies deutlich hervor. Wegen des geringen Aufwandes für Mineraldünger ist die energetische Rentabilität des „biologischen" Ackerbaus mehr als doppelt so groß wie die des „konventionellen". Die gesamte US-amerikanische Landwirtschaft verbraucht seit 1975 mehr Energie als sie im Zuge der Pflanzen- und Tierproduktion erzeugt (Costanza 1991).

Insgesamt gesehen trägt die heute übliche Pflanzen- und Tierproduktion wesentlich zur Umweltbelastung bei, deren Folgen für die Vegetation wir in den Kapiteln 3.7 und 4.9 diskutieren werden. Der Gewinn des erhöhten Energieaufwandes – dessen müssen wir uns bewusst bleiben – war und ist zweifellos ein wesentlich steigender Flächenertrag der im Zeitenlauf einander ablösenden Formen der Landnutzung, d. h. eine der Voraussetzungen für die Ernährung einer wachsenden Bevölkerungszahl.

3.6 Eingriffe in den Wasserhaushalt der Landschaften

3.6.1 Veränderungen der Flusstal-Landschaften

In den letzten Jahrhunderten hat der Mensch den Wasserhaushalt der natürlichen Moore, Marschen, Nassböden und Flussauen in immer stärkerem Maße verändert. Von allgemeiner Bedeutung für fast alle Teile Mitteleuropas waren die Eingriffe des Menschen in den Wasserhaushalt der großen Flusssysteme. Sie begannen schon sehr früh, wirkten aber zunächst ganz indirekt, und zwar durch die allmähliche Auflichtung und Beweidung des Waldes. Diese beschleunigte den **Abfluss der Niederschläge** und verstärkte die **Bodenerosion**. Bork (2001) schätzt, dass die großen Rodungen im Mittelalter den Landschaftsabfluss in Deutschland um 60% erhöht hatten. Gleichzeitig stiegen im 12., 13. und frühen 14. Jahrhundert die **Grundwasserstände** oft deutlich an, weil die Verdunstung der Wälder wegfiel. Witterungsextreme führten in dieser Zeit zu dramatischen Überschwemmungen und Boden- und Reliefveränderungen in der ausgeräumten Landschaft Mitteleuropas (Bork 2001).

Wie in Kapitel 8.2.2.1 belegt werden wird, nahm die **Sedimentation von Auelehm** im Wesertal erst um die Römerzeit einen beträchtlichen Umfang an, als durch Ausweitung des Ackerbaus große Teile der lössbedeckten Hügel im Einzugsgebiet dieses Flusses waldfrei geworden waren. Vorher herrschten in der Weseraue Kiesböden vor und gaben ihr einen völlig anderen Charakter als heute (s. Abb. 3–26). Eine ähnliche Entwicklung machten fast alle größeren Stromtäler Mitteleuropas durch, z. B. das der Donau (Konold 1994). Außerdem wurde die Wasserführung der Flüsse ungleichmäßiger, weil die Schneeschmelze in offenem Gelände schneller erfolgt und Starkregen auf dem durch Beweidung verdichteten Boden rascher abfließen als unter Wald. Hierdurch sowie durch Begradigung der Flüsse stieg die Transportkraft des Wassers, sodass es sein Bett vertiefte und den Grundwasserspiegel im Tal immer tiefer absenkte. Die Auelehme wurden schließlich zu Standorten, die zwar noch gelegentlich überschwemmt, aber überhaupt nicht mehr vom Grundwasser beeinflusst werden (s. Abb. 3–26). Eine solche Wandlung hat Hügin (1962) am Beispiel des südlichen Oberrheins dargestellt, der aus tektonischen Gründen in einer Schotterlandschaft fließt (s. Abb. 3–27). Fehlende Überschwemmungen verhindern auch den Eintrag von Diasporen; dies begünstigt wahrscheinlich die Artenverarmung im flussbegleitenden Grünland (Poschlod & Bonn 1998). Was am Ende aus einem Flusstal und einer Agrarlandschaft wird, wenn sie in den Bereich industrieller Ballungen geraten, haben Sukopp et al. (1973) eindringlich vorgeführt.

Die Anlage von Entwässerungsgräben und die Begradigung mäandrierender Wasserläufe im Einzugsgebiet von Bächen und Flüssen beschleunigte den Ablauf großer und plötzlich fallender Niederschlagsmengen oft so sehr, dass im Unterlauf größere **Überschwemmungen** eintraten als vorher. Im Nordsee-Küstenland

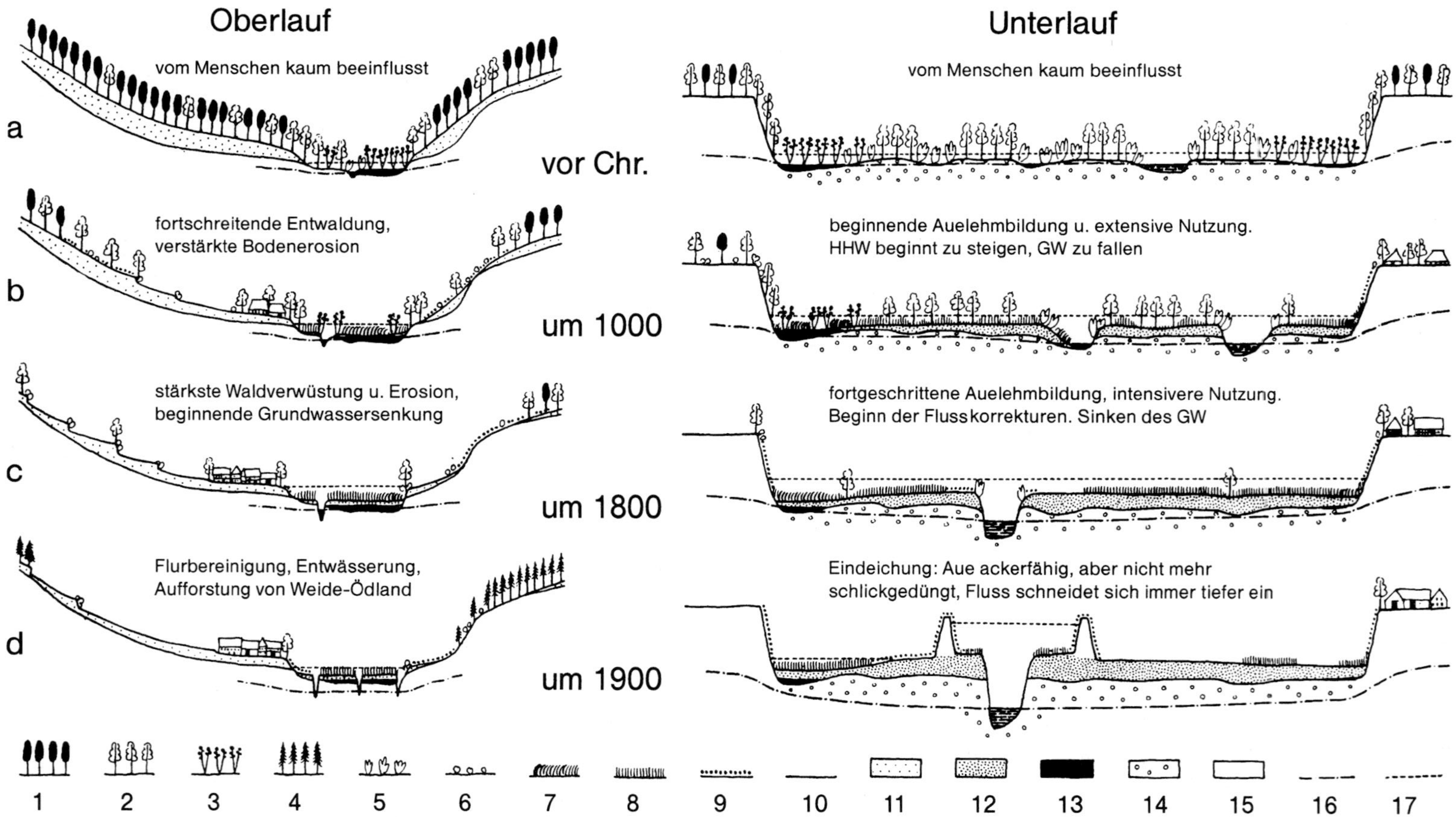

Abb. 3–26 Entwicklung einer mitteleuropäischen Flusstal-Landschaft im Ober- (bzw. Mittel-) und Unterlauf bei zunehmender Entwaldung, Entwässerung, Erosion und Auelehmbildung. Schematisch, nach Ellenberg (1954), etwas verändert.

1 = Buchenwald, 2 = Eichen- u. a. Laubmischwälder, 3 = Erlenbruch, 4 = Nadelholz-Aufforstungen, 5 = Weidengebüsch, 6 = sonstige Gebüsche, 7 = Nasswiesen, 8 = Frischwiesen, 9 = Trockenwiesen, 10 = Äcker, 11 = Lösslehm, 12 = Auelehm, 13 = Moor, 14 = Kies, 15 = andere Bodenarten, 16 = mittlerer Grundwasserstand (GW), 17 = höchste Hochwasserhöhe (HHW). Die Signaturen 1 bis 9 sind nicht maßstabsgerecht, die Bodenprofile 11 bis 14 stark überhöht.

wurden diese noch dadurch verstärkt, dass der eingedeichte und entwässerte Boden sackte. Infolge schlechter Vorflut entstanden am Rande der ostfriesischen Seemarsch gegen die sandige Geest mehrere solcher Vernässungsgebiete. Diese zu entwässern wurde umso schwieriger, je mehr sich die Eindeichung der Marsch gegen die Nordsee auf die Wasserhaltung auswirkte.

3.6.2 Eindeichungen der Nordsee und deren Folgen

Die Deichbauten zum Schutz wertvoller Marschböden und der sie nutzenden Bauern in den großen Flussmündungen und an der Nordseeküste gingen vor allem von Holland und Westfriesland aus. Sie begannen bereits im 11. Jahrhundert und hatten bald tief greifende Folgen für den Vegetationscharakter.

Vor Beginn der Bedeichung konnten Sturmfluten weit ins Landesinnere vordringen. Sie stauten sich nirgends an einengenden Hindernissen, wie sie die heutigen See- und Flussdeiche darstellen. Der maximale Tidehub, d. h. die Spanne zwischen Niedrig- und Hochwasser (s. Abb. 11–2), war deshalb ehemals zweifellos geringer. Um die Wohnplätze gegen Überflutungen zu sichern, genügte es oft schon, den Baugrund mit Marschklei und Viehexkrementen zu kleinen Hügeln aufzuwerfen, den „Wurten“ oder „Warften“ (Haarnagel 1976, Körber-Grohne 1967, Behre 1991a u. b; s. a. Abb. 3–29). Solche im Übrigen ungeschützten Marschsiedlungen sind heute nur noch auf manchen Halligen der nordfriesischen Küste zu finden (s. Abb. 11–1).

Mehr oder minder sandige bis rein tonige Fluss- und Seesedimente setzen sich vor allem in Ufernähe bzw. im Bereich des Mittelwassers ab. Weiter landeinwärts wurden die Böden we-

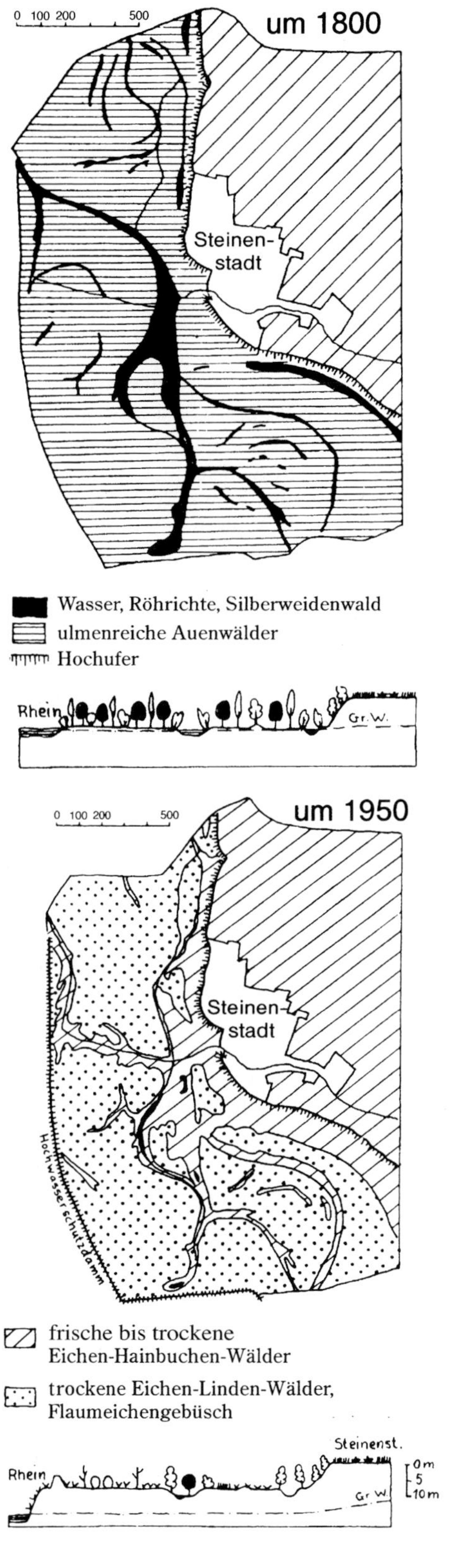

Abb. 3–27 Auswirkungen von Flusskorrektionen des 19. Jahrhunderts: Oberrheinebene mit starkem Gefälle und Schotter-Untergrund in der Aue vor und nach starker Absenkung des Grundwassers. Nach Reichelt (1966).
Die vereinfachten Kärtchen stellen die potenzielle natürliche Vegetation (in Anlehnung an Hügin) dar. Nach der Grundwassersenkung wurde die schottrige Aue trockener als die lehmbedeckte Hochterrasse, sodass die Auenwälder abstarben und nur noch trockenheitsertragende Eichen-Linden-Mischwälder und Flaumeichengebüsche gedeihen können. Das Ausmaß der Wassersenkung und die reale Vegetation ist in den schematischen Querschnitten angedeutet.

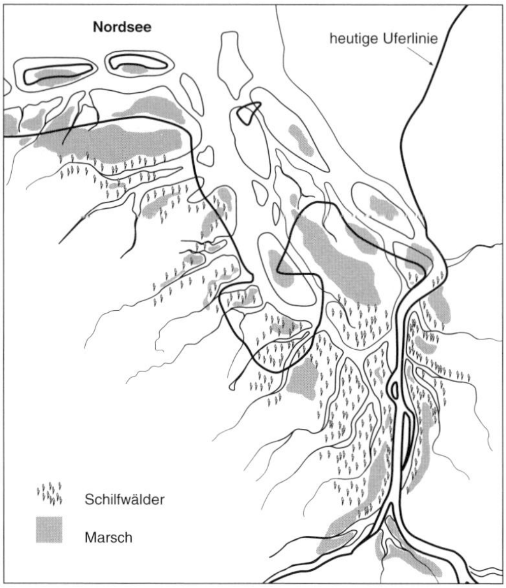

Abb. 3–28 Das Weser-Ästuar vor etwa 3000 Jahren im Vergleich zur heutigen Uferlinie. Riesige „Schilfwälder" (Tideröhrichte, s. Kap. 9.3.3.1) umsäumten das häufig wechselnde Netz von Flussarmen. Nach Haarnagel (1976, umgezeichnet, nach Wellershaus 1993).

niger aufgehöht, blieben also nasser. Im Hinterland der Marschen erstreckten sich daher Schilfröhrichte (s. Abb. 3–28) oder Bruchwälder und Moore (s. Kap. 9.3.3.1, 8.3.2.2 u. 10.3), besonders weitläufig in den Vernässungszonen, auf die am Ende des vorigen Abschnitts hingewiesen wurde.

Gegen 1200 n. Chr. wurde der „goldene Ring" der Nordseedeiche geschlossen. Das gesicherte, fruchtbare Acker- und Weideland konnte durch Siele entwässert werden, die sich bei Ebbe öffneten und bei beginnendem Hochwasser von selber wieder schlossen. Doch der entwässerte Boden sackte zusammen, sodass seine Oberfläche großenteils unter Mittelhochwasser (MHW) zu liegen kam. Um ihn wirksamer entwässern zu können, musste man Pumpen einsetzen. Vor der Erfindung stärkerer Maschinen bediente man sich zu diesem Zweck der für Holland und Friesland einst so charakteristischen Windmühlen (s. Abb. 3–29).

Vom 14. Jahrhundert an ereigneten sich wiederholt katastrophale Deichbrüche, deren Ursachen immer noch nicht restlos geklärt sind. Seit den faszinierenden Darlegungen von Schütte (1939 und dort zitierte frühere Arbeiten) machte man vor allem eine tektonische Senkung der Küste dafür verantwortlich. Diese ist jedoch an der deutschen Nordseeküste „feinmesstechnisch nicht nachweisbar" (Gronwald 1953). Vielmehr wirkten die Erhöhung des Tidenhubs durch die einengenden Deiche, der Meeresspiegelanstieg und die Sackung des bedeichten Landes in verhängnisvoller Weise zusammen. Deichbrüche gab es in früheren Zeiten oft, schon weil die Dämme viel schwächer und steiler waren als heute. Sie führten aber nur dort zu dauernden Landverlusten, wo inzwischen gesackte Flächen unter Wasser gerieten. Siedlungsreste, Pflugfurchen, Viehspuren und Wurzelhorizonte von salzempfindlichen Pflanzen, die man heute unter MHW im Watt findet, sind also nicht unbedingt als Beweise für eine allgemeine Küstensenkung oder eine tektonische Schollenkippung zu werten. Ältere Küstensenkungen sind dagegen mit Sicherheit nachgewiesen, z. B. eine steinzeitliche, die dazu führte, dass heute auf dem Boden der Nordsee weit außerhalb des Watts Reste von Torfmooren zu finden sind.

Starke Entwässerung von Marschland, das schon vor Jahrhunderten eingedeicht wurde und heute von der Küste weit entfernt liegt, kann ungewollt zur Versalzung des Grundwassers führen, weil das Süßwasser-Gegengewicht wegfällt und Meerwasser durch den sandigen Untergrund nachdrückt. Im größten Eindeichungsabschnitt Nordfrieslands, dem Gotteskoog, der 1562 noch Watt mit Halligen war, hat Eggers (1969) einen solchen Fall mithilfe von Vegetationskarten und Bodenanalysen genau studiert. Salzpflanzen reagierten sehr rasch auf die veränderten Bedingungen. Im Küstenbereich erlebte die Pflanzendecke also mancherlei Wandlungen, die in Kapitel 11.8 näher behandelt werden.

3.6.3 Zerstörung von Mooren und Versuche, sie zu regenerieren

Keines der für das küstennahe Mitteleuropa und das Alpenvorland so charakteristischen großflächigen Moore hat heute noch seinen ursprünglichen Wasserspiegel. Um die Moortypen des mitteleuropäischen Tieflandes zu studieren, sind wir daher auf wenige kleine Restbeispiele oder auf Regenerationskomplexe nur teilweise abgetorfter Moore angewiesen (s. Kap. 8.3.2.2 u. 10.3).

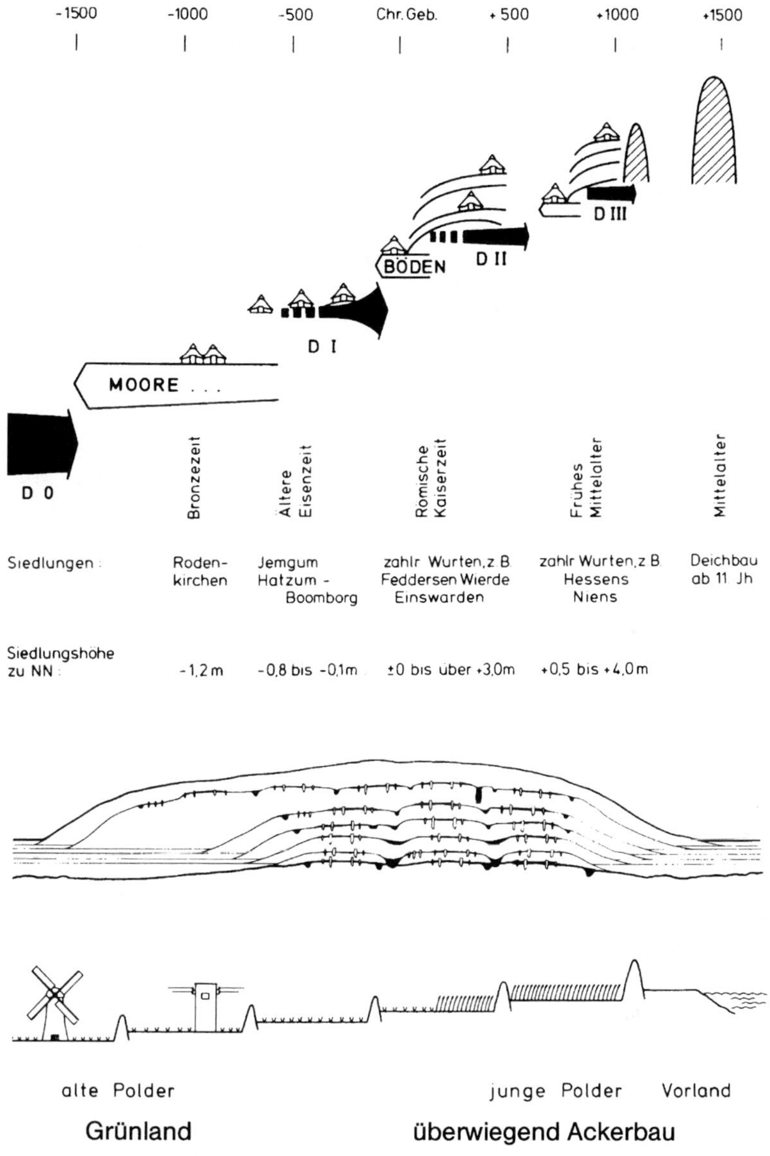

Abb. 3–29 Oben: Ablauf der Marschbesiedlung unter Einfluss der Meeresspiegelschwankungen. Die schwarzen Pfeile kennzeichnen die Transgressionsphasen der „Dünkirchen-Folge" (DI–DIII). Zwischen diesen Zeiten des Meeresspiegelanstiegs liegen relative Ruhepausen oder Zeiten des Meeresrückzugs.
Mitte: Schematischer Schnitt durch eine Wurt der Römischen Kaiserzeit. Zuunterst ein Uferwall mit Flachsiedlung; darüber Auftragsschichten aus Kleisoden als Unterlagen für Siedlungshorizonte mit Pfostenresten und Mistlagen.
Unten: Schema einer „Poldertreppe". Bei steigendem Meeresspiegel wird vor dem Deich in höherem Niveau Schlick abgelagert. Die älteren Marschböden liegen niedriger und sacken außerdem durch Wasserentzug. Die notwendige ständige Entwässerung leisteten früher Windmühlen, heute elektrische Schöpfwerke. Alles nach Behre (1985), etwas verändert, aus Ellenberg (1990).

Hier sei hervorgehoben, dass Moore zwar Bestandteile der Allmende waren, als Weideland aber in ihrem Naturzustand nicht oder nur teilweise infrage kamen. Denn sie waren wegen ihrer Nässe kaum zugänglich, und wo sie betretbar waren, boten sie schlechtes Futter. Als Erste wurden die nährstoffreichen Erlenbrüche in die Nutzung einbezogen, und zwar dort, wo sie in dorfnahen Flusstälern vorkamen. Hier lieferten die ausschlagskräftigen Bäume willkommenes Brennholz, und nach Vernichtung des Waldes entstanden Seggen-Gesellschaften, deren Bedeutung für die Entwicklung der Mähwiesen bereits geschildert wurde.

Mit zunehmender Holzknappheit begann man stellenweise den Torf auszubeuten, in der Regel jedoch mit geringem Erfolg. Denn der leicht zugängliche Niedermoortorf ist meistens zu mineralstoffreich und brennt schlecht. Der jüngere Moostorf der Hochmoore ist locker und verhältnismäßig energiearm. Der wertvolle ältere Moostorf dagegen sitzt tief und kann erst nach beträchtlicher Entwässerung abgebaut werden. Die Zerstörung der Moore ist daher ein

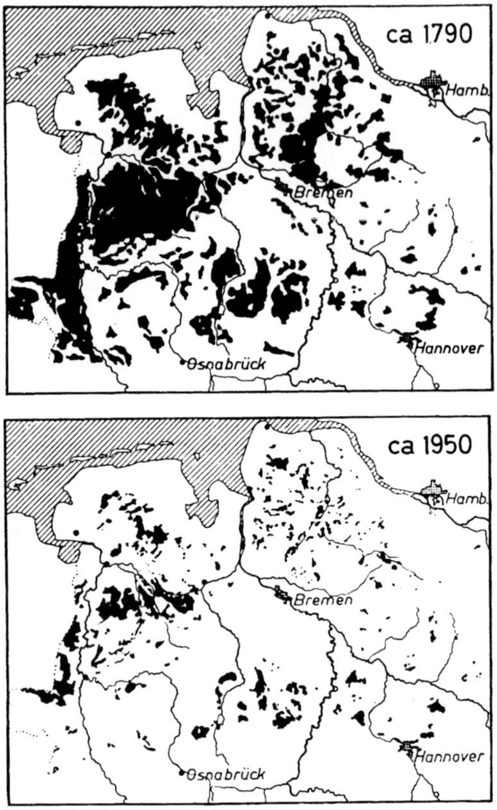

Abb. 3–30 Schwinden des „Moorödlands" vom Ende des 18. bis in die Mitte des 20. Jahrhunderts, vor allem durch Kultivierung der Hochmoore, im nördlichen Niedersachsen. Nach Baden (1961), aus F. Overbeck (1975), verändert. Heute hat kein einziges der Moore noch seinen natürlichen Wasserhaushalt.

Werk der Neuzeit und besonders der letzten 250 Jahre, in denen die Moorkultivierung technisch entwickelt wurde. Pioniere der Moorentwässerung und der Brennstoffnutzung waren die Niederländer. Im niedersächsischen Tiefland, einem der moorreichsten Gebiete Mittel- und Westeuropas, sind bis vor wenigen Jahrzehnten nahezu alle Moore entwässert und mit den Techniken der niederländischen Feen-Kultur, später vor allem der deutschen Hochmoorkultur, in landwirtschaftliche Nutzfläche überführt worden (s. Abb. 3–30).

Inzwischen fielen manche Moorkulturen wieder brach, weil sich die landwirtschaftliche Nutzung kaum mehr lohnte. Stellenweise versuchte man, nicht mehr zum Torfabbau genutzte oder bewirtschaftete Moore zu „renaturieren", d. h. zunächst einmal durch Aufstauen ihren Grundwasserspiegel wieder anzuheben. Bloßes Vernässen genügt jedoch nicht, um eine naturnahe Vegetation wieder herzustellen, insbesondere, wenn es sich um ehemals nährstoffarme Hochmoore handelt (s. Kap. 10.7.4). Infolge früherer Düngung des Bodens und der überall zunehmenden Eutrophierung durch luftgetragene Stickstoffverbindungen können sich die typischen Torfmoosarten nicht wieder durchsetzen, selbst wenn Reste von ihnen überlebten. Rascher pflegen Höhere Pflanzen, namentlich Wollgras (*Eriophorum vaginatum*) und Pfeifengras (*Molinia caerulea*) das angestaute Grundwasser zu nutzen, d. h. Arten, die sich auf den zunehmend entwässerten Moorflächen an vielen Stellen zu halten vermochten. Am leichtesten ist es zweifellos, nährstoffreiche Niedermoore zu regenerieren, wenn man dafür sorgt, dass die Bewegungen des Grundwasserspiegels und sein Abstand von der Bodenoberfläche wieder weitgehend den natürlichen Bedingungen entsprechen.

3.6.4 Steigende Trockenheitsempfindlichkeit der Pflanzendecke

Entwässerungen und Flussregulierungen, Eindeichungen und Moorkultivierungen, Waldverminderung und zunehmender Ackerbau führten im Großen und Ganzen dazu, dass die mitteleuropäische Kulturlandschaft immer trockenheitsempfindlicher wurde. Wie schon Schmithüsen (1950) betonte, kamen außergewöhnlich trockene Sommer, ähnlich denen der Jahre 1947, 1949, 1964, 1976, 1983 oder 2003, auch in früheren Jahrhunderten vor. Sie schadeten aber weniger, weil damals der Grundwasserstand im Allgemeinen höher war und der Abfluss langsamer erfolgte als heute. Der Wasserverbrauch durch die extensiv bewirtschafteten Weiden sowie die schlecht gedüngten Äcker war zudem geringer als heute. Auch die modernen Forsten leiden in Dürrezeiten mehr als die einstigen Natur- oder Weidewälder, zumindest dort, wo flach wurzelnde Fichten an die Stelle tief wurzelnder Eichen und anderer Laubhölzer traten. Die Ackerwirtschaft ist außerdem dadurch dürreanfälliger geworden, dass sie immer leistungsfähigere, aber zugleich empfindlichere Zuchtsorten von Halm- und Hackfrüchten bevorzugte. Seit den 1950er-Jahren wurde infolge veränderter Technik immer tiefer gepflügt, sodass die intensiv durchwurzelte Ackerkrume heute 35–40 cm, d.h. fast doppelt so mächtig ist wie früher. Infolgedessen erhöhte sich der Wasserentzug aus den Böden, den zusätzlich Dränierungen und Grundwasser-Absenkungen noch verstärkten. Erst in jüngster Zeit wurde die Pflugtiefe wieder reduziert.

In den letzten Jahrzehnten stieg die Dürreempfindlichkeit der mitteleuropäischen Vegetation außerdem ganz allgemein dadurch, dass luftgetragene Stickstoffverbindungen sogar in naturnah verbliebenen Bereichen eutrophierend wirkten (s. Kap. 3.7.2). Gut mit Stickstoff versorgte Pflanzen bilden größere und dünnere Blätter mit zelluloseärmeren Zellwänden besonders in der Blattepidermis aus; die Blätter sind hygromorpher und die kutikuläre Transpiration ist erleichtert (s. Kap. 2.3 und Abb. 2–1). Sie welken infolgedessen in trockener Luft rascher als weniger hygromorph gebaute. Bei geringem Trockenstress sind stickstoffreiche dagegen photosynthetisch leistungsfähiger als meso- oder gar xeromorphe Blätter. Unter günstigen Witterungsbedingungen steigert die Eutrophierung somit die Produktivität und die Konkurrenzkraft der Pflanzen auf Kosten ihrer Dürreresistenz in Trockenzeiten. Infolge des Zusammenwirkens aller menschlichen Eingriffe ist die Pflanzendecke Mitteleuropas heute **viel größeren Risiken** ausgesetzt als in früheren Zeiten. Das gilt insbesondere vor dem Hintergrund des Klimawandels und der prognostizierten Zunahme von sommerlichen Trockenperioden in manchen Regionen Mitteleuropas.

3.7 Umweltbelastungen durch Chemikalien und deren Auswirkungen auf die Vegetation

3.7.1 Nah- und Fernwirkungen von Umweltchemikalien

Die Verschmutzung der Umwelt mit Chemikalien hat seit Beginn der industriellen Revolution im 19. Jahrhundert stetig zugenommen, doch wurde die hieraus resultierende Problematik erst seit ungefähr 1970 vollends erkannt. Heute sind weltweit etwa 100 000 Chemikalien im Gebrauch, davon rund 600 Pestizide. 10 000 Substanzen werden in Mengen über 10 t produziert (Fent 2003). Nur für wenige Chemikalien sind ihr Schicksal in den Stoffkreisläufen der Biosphäre und ihre biologischen Risiken bekannt. In der „Chemisierung" unserer Umwelt zeichnen sich drei Tendenzen ab, die die Ökotoxikologie vor schwierige Aufgaben stellen:

1. Faktoren, die früher mit geringer Intensität wirkten und vernachlässigt werden konnten, erreichen jetzt so große Ausmaße, dass sie zahlreiche Lebewesen, oft auch Menschen gefährden (z. B. der Säure- und Ammoniumgehalt der Gewässer, der Ammoniak-, Ozon- und Schwefeldioxidgehalt der Luft oder die radioaktive Strahlung).

2. Neue, erst vom Menschen geschaffene Substanzen treten hinzu (beispielsweise DDT und andere Biozide, Fluorchlorkohlenwasserstoffe oder schwer zersetzbare Kunststoffe).

3. Die Auswirkungen einiger Faktoren, die sich bisher in räumlich engen Grenzen hielten, nehmen kontinentale bis weltweite Dimensionen an. Die SO_2-Emissionen von west- und mitteleuropäischen Heizungsanlagen führten z. B. im Süden Schwedens und Norwegens durch Immission von Schwefelsäure in kalkarmen Bächen zum Sterben von Forellen und in Wäldern zu Bodenversauerung (s. Kap. 3.7.3 u. 4.9.2.2) und folgend zu Ertragsminderung, die – wenn man sie kapitalisiert – auf Milliardenbeträge geschätzt wurden. Auch Schwermetall-Emissionen werden heute weltweit verfrachtet und konnten beispielsweise im Grönlandeis nachgewiesen werden.

Manche dieser Faktoren richten zwar im Augenblick keinen feststellbaren Schaden an, machen sich aber nach jahre- bis jahrzehntelanger Akkumulation bemerkbar, z. B. die Erhöhung des Bleigehaltes von Grünlandbeständen in der Nähe von Straßen oder die Anreicherung von Bioziden in Nahrungsketten. Die Folgen solcher Belastungen richtig einzuschätzen, wird dadurch erschwert, dass nicht jede isoliert wirkt, sondern dass sie sich kombinieren und dabei gegenseitig verstärken können. Umweltchemikalien können die Artenzusammensetzung in Ökosystemen verändern, die Produktivität und Stoffkreisläufe beeinträchtigen und die Erholungsfähigkeit (Resilienz) der Systeme schwächen.

3.7.2 Nährstoffeinträge in Böden und Gewässer

a) **Eutrophierung**, d. h. der Eintrag von reduzierten oder oxidierten Stickstoffverbindungen in die Ökosysteme, ist wahrscheinlich die schwerwiegendste vom Menschen verursachte Umweltveränderung in Mitteleuropa. Stickstoff ist limitierender Faktor für die Produktivität in vielen Ökosystemen und bestimmt damit wesentlich die Artenzusammensetzung der Biozönosen.

Heute bringt die Menschheit alljährlich mehr **Stickstoff** in Form von synthetisch hergestellten Düngern in die Ökosysteme ein als Mikroorganismen durch N_2-Fixierung zu gewinnen vermögen. Stickstoff wird in großen Mengen als Dünger direkt in landwirtschaftliche Ökosysteme eingebracht, in Deutschland z. B. sind es im Durchschnitt mehr als 150 kg N pro Hektar Ackerfläche und Jahr (s. Abb. 23–17). Weil die Pflanzen nur einen Teil davon nutzen können, werden erhebliche N-Überschüsse in Form von Nitrat in das Grundwasser und die Gewässer ausgetragen. Sowohl die Stickstoff- als auch die Phosphorüberschüsse stiegen bis etwa 1985 in Mitteleuropa fortlaufend an; seitdem gehen sie zurück (s. Abb. 3–31). Auch heute noch betragen die N-Überschüsse in Gebieten mit intensiver Viehzucht in Nordwestdeutschland, Südbayern und den Niederlanden mehr als 120 kg N ha^{-1} a^{-1} (s. Abb. 3–32).

Seit Beginn der Industrialisierung und der Einführung der technischen Ammoniaksynthese in der Mitte des 19. Jahrhunderts haben die Emissionen von NH_3 und NO_x stetig zugenommen. Zwar erreichten die **Ammoniakemissionen** bereits im 19. Jahrhundert lokal schon recht hohe Werte, so in manchen Städten Westeuropas (Kandler 1994). Besonders stark stiegen die N-Emissionen aber seit etwa 1950 mit dem raschen Anstieg des Verkehrs und der industriemäßigen Viehproduktion an (s. Abb. 3–33 u. 3–34). Gasförmiges Ammoniak (NH_3) wird vor allem in den Zentren der Tierhaltung in Nordwestdeutschland, den Niederlanden und Nordostbelgien in die Atmosphäre freigesetzt. In diesen Regionen kann die NH_3-Freisetzung diejenige von NO_x übertreffen. Die Hälfte der NH_3-Emissionen geschieht bei der Gülleausbringung auf die Felder. 90 % des Ammoniaks werden in der Atmosphäre innerhalb von einer Stunde in NH_4^+ überführt und mit der atmosphärischen Deposition in nah und fern gelegene Ökosysteme eingetragen.

Stickoxide (NO_x) entstehen vor allem bei Verbrennungsprozessen aller Art. Besonders hohe **NO_x-Emissionen** werden in den Ballungsgebieten mit hohem Verkehrsaufkommen und starker Industrialisierung registriert, in Mitteleuropa vor allem im Bereich südliche Niederlande – Ruhrgebiet – Nordostbelgien sowie im Raum nordwestliche Tschechei – südliches Ostdeutschland (s. Abb. 3–35: Mitte). Rund zwei Drittel der NO_x-Emissionen entfallen dabei auf den Verkehr.

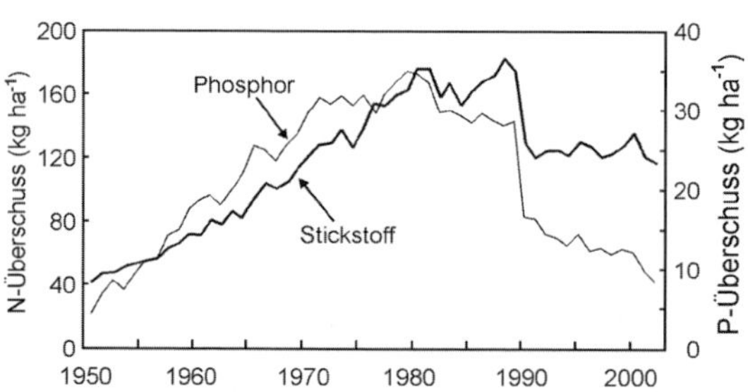

Abb. 3–31 Entwicklung des Stickstoff- und Phosphorüberschusses auf der landwirtschaftlichen Nutzfläche Deutschlands (Hoftorbilanz). Nach M. Bach & H.-G. Frede in Umweltbundesamt (Hrsg., 2005).

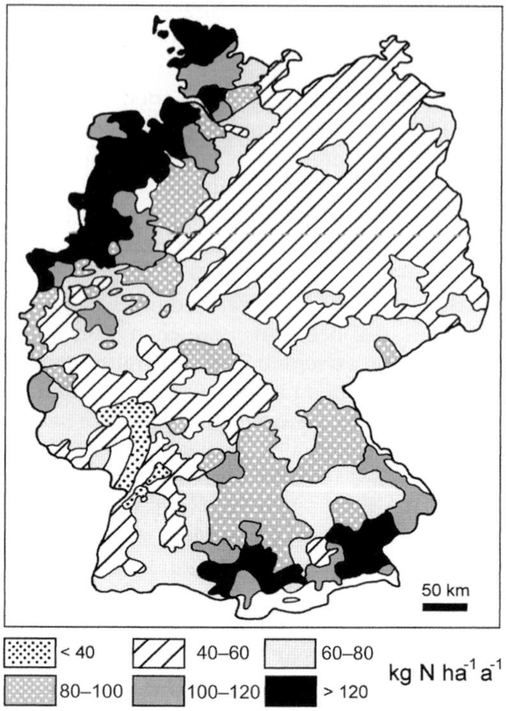

Abb. 3–32 Räumliche Verteilung der Stickstoffüberschüsse auf der landwirtschaftlichen Nutzfläche Deutschlands 1999. Nach M. Bach in Umweltbundesamt (Hrsg., 2005), verändert.

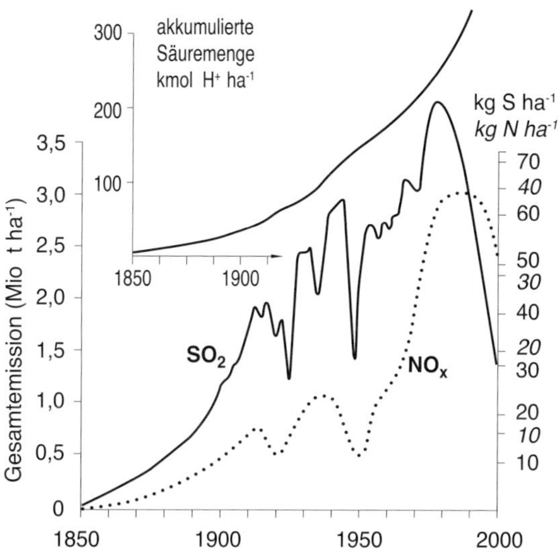

Abb. 3–33 Emissionen von SO_2 und NO_x in Millionen t pro Jahr und in kg S und N pro ha und Jahr sowie kumulative Säureemission auf dem Gebiet der Bundesrepublik Deutschland (West) seit 1850. Ab 1986 Schätzung vom Umweltbundesamt Nach Ulrich (1993), etwas verändert.

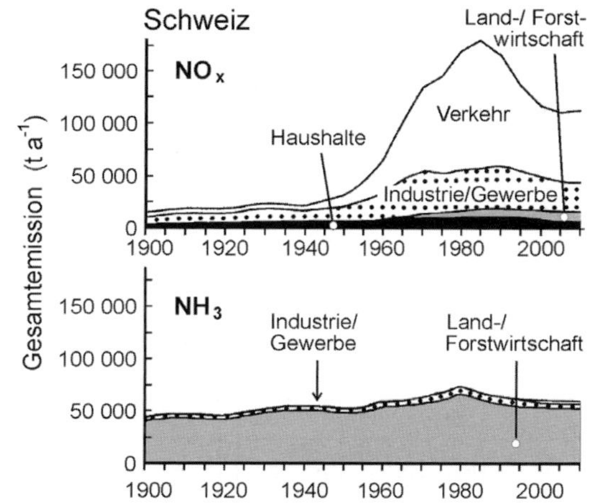

Abb. 3–34 Gesamtemission an Stickoxiden bzw. Ammoniak durch verschiedene Emittenten in der Schweiz seit 1900. Nach BUWAL (1995) in Orthloff & Schlaepfer (1996).

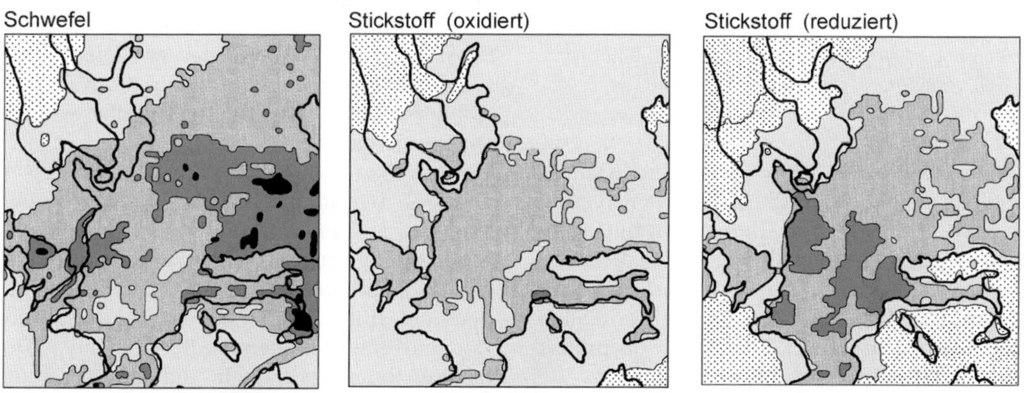

Abb. 3–35 Modellierte Deposition von Schwefel und oxidiertem bzw. reduziertem Stickstoff in Mitteleuropa und Umgebung im Jahr 2002. Nach Umweltbundesamt (Hrsg., 2005), verändert.

b) Die Gesamt-**Stickstoffdeposition** liegt in Mitteleuropa im Bereich von 10–100 kg N ha^{-1} a^{-1} mit Höchstwerten in den Niederlanden, Belgien und Nordwestdeutschland sowie in Bayern, Böhmen und Teilen Niederösterreichs (s. Abb. 3–35: Mitte und rechts). Wie viel Stickstoff deponiert wird, hängt nicht nur von der Emissionsdichte ab, sondern in starkem Maße auch von der Struktur der Vegetation, deren Belaubung, der Niederschlagshöhe und den Windverhältnissen. Wie Meesenburg et al. (2002) in Kiefernwäldern feststellten, ist der N-Eintrag in den Boden umso größer, je höher der Bestand und umso größer die Blattfläche ist. Für Nadelwälder kann man daher von einer mindestens 20 % höheren Stickstoffdeposition als in Laubwäldern ausgehen.

Verschiedene Teilprozesse tragen zum atmosphärischen Stickstoffeintrag in die Ökosysteme bei; diese wechseln in ihrer Bedeutung. In Wäldern nahe bei Industrieanlagen kommt der „tro-

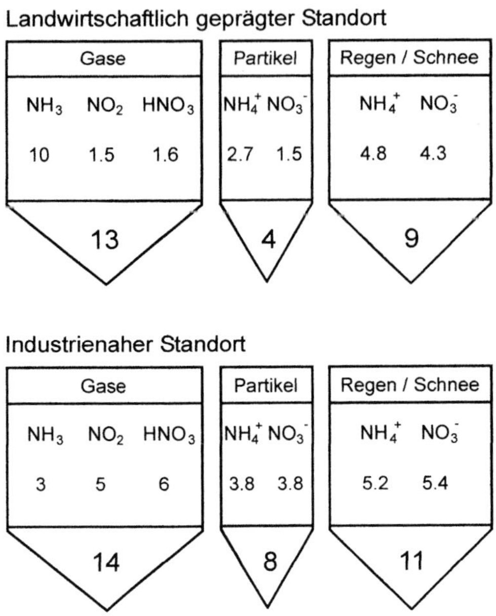

Abb. 3–36 Trockene (Gase u. Partikel) und nasse (Regen u. Schnee) Deposition von reduzierten und oxidierten Stickstoffverbindungen an einem beispielhaften landwirtschaftlich geprägten und einem industrienahen Waldstandort Mitteleuropas (in kg N ha^{-1} a^{-1}). Nach Andersen & Hovmand (1999), verändert.

ckenen Deposition“ von HNO_3- und NO_2-Gas und NH_4^+- und NO_3^--Partikeln eine ebenso große Bedeutung zu wie dem Eintrag von im Regenwasser gelösten NH_4^+- und NO_3^--Ionen („nasse Deposition“). Wälder in Nachbarschaft von Agrarlandschaften werden dagegen vor allem von gasförmigen NH_3-Einträgen beeinflusst (s. Abb. 3–36; Andersen & Hovmand 1999).

Für deutsche und niederländische Wälder wird eine mittlere N-Deposition von 30–40 kg N ha^{-1} a^{-1} angenommen, wobei Spitzenwerte in der Nähe von Großstallanlagen bis 200 kg N ha^{-1} a^{-1} erreichen (Roelofs et al. 1989, Heinsdorf & Krauss 1991, Anonymus 1997). Bei niedrigen Eintragsraten überwiegt meist der NO_x-Anteil, bei hohen dagegen NH_4^+. Für schweizerische Wälder werden 20–80 kg angegeben (Ortloff & Schlaepfer 1996). Niedrigere Depositionen herrschen in den meisten Gebieten Österreichs (8–21 kg N ha^{-1} a^{-1}), Süddeutschlands (z. B. Ostschwarzwald: 8 kg N ha^{-1} a^{-1}) und Südschwedens (7–17 kg N ha^{-1} a^{-1}) vor.

Alle diese Werte sind jedoch weit höher als die angenommene natürliche Deposition von 1–5 kg N ha^{-1} a^{-1}. Außerdem werden insbesondere die gasförmige Deposition und die NH_4^+-Aufnahme über die Blätter noch immer unzureichend erfasst (Ibrom et al. 1995). Ebenso fehlen verlässliche Angaben über die Einträge von organischen N-Verbindungen. Die Stickstoff-Kronenraumbilanzen für Wälder nach Ulrich (1994) und Draaijers et al. (1998) ergeben daher wesentlich höhere Gesamtdepositionen als mit den konventionellen Sammlern ermittelt; sie würden die tatsächlichen N-Einträge zweifellos besser widerspiegeln.

c) Auffällige **Folgen der atmosphärischen Stickstoffeinträge** sind eine fortschreitende Veränderung in der Artenzusammensetzung und Verringerung der Artenvielfalt in fast allen Ökosystemen Mitteleuropas. N-Deposition beeinflusst aber auch den Bodenzustand, die Produktivität und die Stoffkreisläufe nachhaltig. Verbesserte Stickstoffverfügbarkeit wirkt dabei in fünffacher Weise auf die Vegetation:

1. Ammoniak und Ammonium können niedere und höhere Pflanzen sowohl direkt wie auch indirekt schädigen, wenn artspezifische Schwellenwerte überschritten werden. Das gilt z. B. für Kiefern, deren Nadeln in der Nähe von Hühnerställen durch NH_3 geschädigt wurden (Kaupenjohann et al. 1989, vgl. auch Heinsdorf 1993). Ammonium wirkt auf manche Gewässer-Makrophyten toxisch. Nach Hadwiger-Fangmeier et al. (1992) veränderte Ammoniakbegasung auch das Konkurrenz-Gleichgewicht der Bodenpflanzen in einem Mullbuchenwald deutlich. Hohe NH_4^+-Konzentrationen in der Bodenlösung behindern außerdem die Kationenaufnahme der Wurzeln und schwächen die Mykorrhiza. Dies könnte z. B. die beobachtete Empfindlichkeit von jungen Tannen und Fichten sowie von einigen krautigen Pflanzen (z. B. *Cirsium dissectum*, *Antennaria dioica* und *Succisa pratensis*) gegenüber NH_4^+ erklären (z. B. van den Berg et al. 2005, s. Kap. 4.9.3.6 u. 17.4.2). Eine generelle Empfindlichkeit gegenüber Stickstoff weisen Blaualgen-Flechten auf (Bobbink et al. 1998). Ähnliches scheint auch für *Vaccinium vitis-idaea* zu gelten, die offenbar durch höhere Stickstoffgaben in ihrem Wachstum gehemmt wird (Kap. 17.8.2).

2. Erhöhte Stickstoffeinträge verbessern die N-Verfügbarkeit und begünstigen auf diesem Wege stickstoffbedürftige, produktive Pflanzen. Diese verdrängen an nährstoffarme Böden

angepasste Pflanzen mit der Folge, dass die Artenvielfalt abnimmt. Schon 1961 beklagte Jensen den ungünstigen Einfluss von N-Deposition auf ein Hochmoor im Harz. Auch auf Dauerprobeflächen in Heiden, Magerrasen und in vielen Wäldern nahm der Anteil von Stickstoffzeigern im Laufe der letzten Jahrzehnte deutlich zu; das gilt auch für die epiphytische Flechtenflora. Oligotraphente Arten nehmen dagegen ab, sogar in Nadelwäldern des nordöstlichen Mitteleuropa, z. B. bei Augustow (Sokolowski 1991). Von Natur aus nährstoffreiche Lebensräume wie Auenwälder und eutrophe Seen zeigen dagegen wenig Veränderung, ebenso krautschichtreiche Waldgesellschaften auf kalkhaltigen Böden (z. B. Zukrigl et al. 1993).

3. N-Deposition erhöht die Produktivität der Vegetation. Am deutlichsten wird dies am größeren Dickenwachstum der Bäume (s. Kap. 4.9.3.2 a).

4. Eintrag von Stickstoff kann zur Versauerung von Böden und Gewässern führen (s. Kap. 3.7.3 u. 4.9.2.2 a).

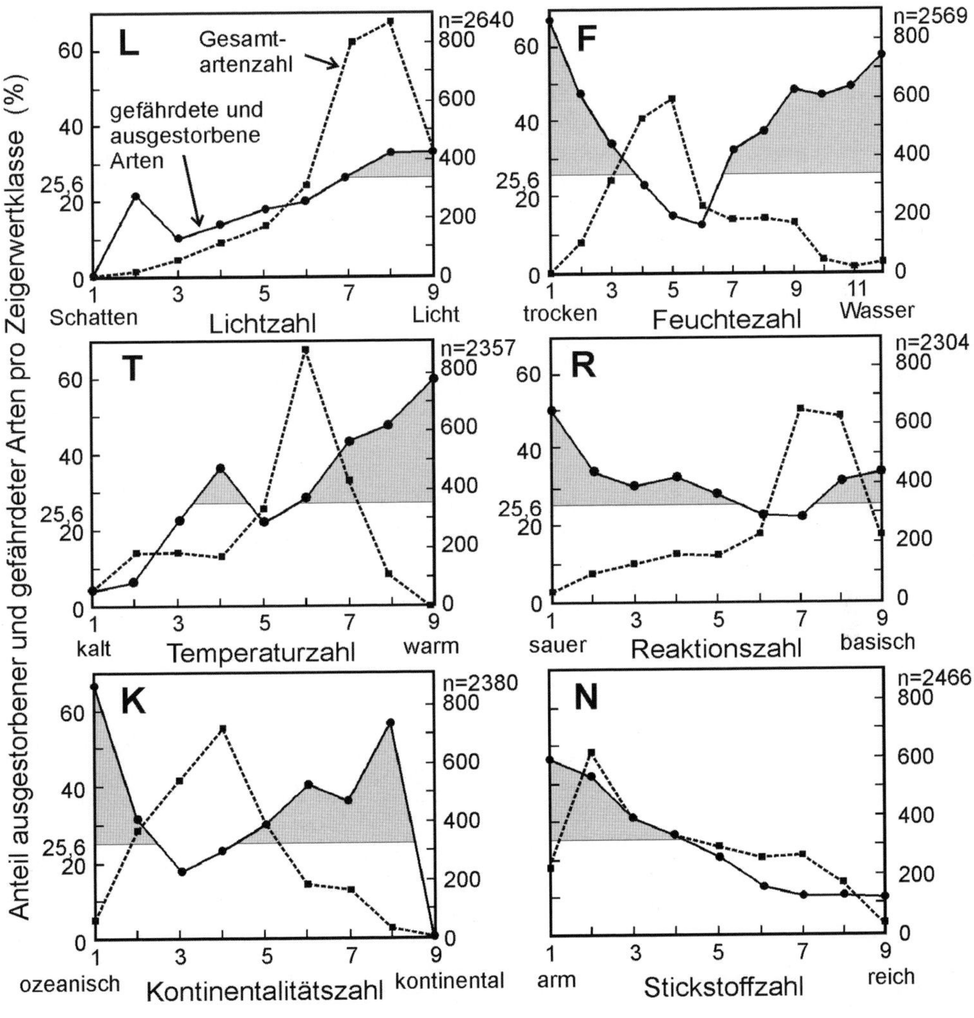

Abb. 3–37 Zeigerwertspektren der Farn- und Blütenpflanzen Deutschlands für Licht (L), Temperatur (T), Kontinentalität (K), Bodenfeuchte (F), Bodenreaktion (R) und Stickstoffversorgung (N) mit getrennter Darstellung aller Arten und der ausgestorbenen oder gefährdeten Arten. Die Linie bei 25,6 % markiert die durchschnittliche Gefährdung aller Arten. Die grauen Felder zeigen die Zeigerwertklassen an, in denen der Anteil der gefährdeten Arten über dem Mittel aller Arten liegt. Nach Korneck et al. (1998) in Anlehnung an Ellenberg jr. (1983), verändert.

5. Gesteigerte N-Verfügbarkeit erhöht bei vielen Pflanzen die Empfindlichkeit gegenüber Pathogenen, Trockenheit und Frost (s. z. B. Kap. 4.9.3.2 b).

Die Tabelle 3–4 gibt einen Überblick über die bekannten Effekte von atmosphärischen N-Einträgen auf verschiedene Vegetationstypen Mitteleuropas. Als besonders empfindlich müssen zum einen Lebensgemeinschaften an mäßig bis schwach nährstoffversorgten Standorten gelten, namentlich Heiden und Borstgrasrasen, Hochmoore und manche bodensauren Wälder. Das entspricht der Hypothese von Huston (1979), nach der eutrophierungsbedingte Abnahmen der Artenvielfalt am stärksten in Ökosystemen mit mittlerer Nährstoffversorgung sein müssten, die ja besonders artenreich sind. Wie Ellenberg jr. (1985) als Erster hervorhob, sind die heute vom Aussterben bedrohten oder doch rasch schwindenden Gefäßpflanzenarten Mitteleuropas großenteils Zeiger von N-Mangel (s. Abb. 3–37). Sie sind oder waren charakteristische Elemente in den vorab genannten Vegetationstypen. Auf N-Einträge, insbesondere von Ammonium, besonders sensibel reagieren aber auch Ökosysteme auf schlecht gepufferten Böden oder Gesteinen, die rasch versauern. Hierzu zählen Gewässer auf basenarmen Gesteinen und Wälder auf Böden im Austauscher- und Silikat-Pufferbereich.

Auf eutrophierungsbedingte Veränderungen in den Ökosystemen Mitteleuropas wird ausführlich in den jeweiligen Unterkapiteln („Menschlicher Einfluss") in den Kapiteln 4 bis 24 eingegangen.

d) **Wasserläufe, Stillgewässer und Meere** waren schon seit prähistorischen Zeiten nicht nur

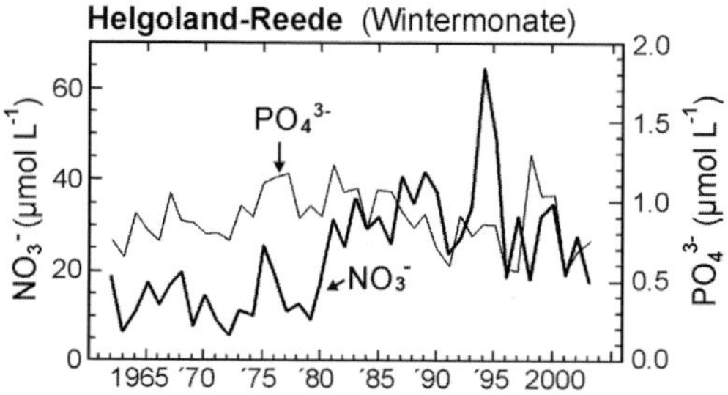

Abb. 3–38 Nitrat- und Phosphatkonzentrationen in den Wintermonaten seit 1961 im Oberflächenwasser der Nordsee vor Helgoland. In den Sommermonaten sinken die Nährstoffkonzentrationen infolge der Aufnahme durch das Phytoplankton ab. Nach Umweltbundesamt (Hrsg., 2005).

Wasser- und Nahrungsquellen, sondern leider auch die einfachsten Wege zur Entsorgung von Abfällen aller Art.

Seit Mitte des 20. Jahrhunderts haben sich die N- und P-Konzentrationen in den meisten Still- und Fließgewässern Mitteleuropas vervielfacht (s. Kap. 9.8.1). Auch in den küstennahen Bereichen von Nord- und Ostsee haben die Nährstoffkonzentrationen stark zugenommen, die Nitratkonzentration bei Helgoland von 1962 bis 1985 um etwa das Dreifache, die Phosphatkonzentration um rund 30 % (s. Abb. 3–38). Seitdem sinkt die Phosphorbelastung der Gewässer, vor allem weil der Phosphateinsatz in Textilwaschmitteln stark reduziert wurde (s. Abb. 9–29). Der Nitratgehalt der Gewässer konnte dagegen bis heute nur geringfügig reduziert werden.

Gewässer-Eutrophierung verändert nicht nur die Zusammensetzung der Primärproduzenten-Gemeinschaften, sondern führt auch zu Sauerstoffzehrung und häufig sogar Anoxie im Sediment, wenn die tote organische Substanz abgebaut wird. In Deutschland galten im Jahr 2000 3,5 % der Gewässer als stark bis übermäßig verschmutzt (Gewässergüte-Stufen III–IV), 89 % wurden als mäßig bis kritisch belastet (II und II–III) eingestuft und 7,5 % als gering oder unbelastet (I und I–II, Umweltbundesamt 2005).

e) Auch an der Entstehung der sogenannten **„neuartigen Waldschäden"** sind atmosphärische N-Einträge wahrscheinlich wesentlich beteiligt (Nihlgard 1985). Bislang war in den meisten Wäldern Mitteleuropas Stickstoff der limitierende Faktor des Baumwachstums. Durch das gesteigerte Angebot an N reagieren die Bäume mit erhöhtem Zuwachs, aber auch zunehmendem Bedarf an anderen Nährelementen, namentlich P, Ca, Mg und K. Der zusätzliche Nährstoffbedarf kann jedoch an vielen bodenarmen Standorten nicht mehr gedeckt werden, sodass Nährstoffungleichgewichte entstehen. Nehmen die Bäume außerdem bevorzugt NH_4^+ auf, kann zusätzlich Ionenkonkurrenz die Mg-, K- und Ca-Aufnahme behindern und ungünstige N/Kationen-Verhältnisse in den Assimilationsorganen hervorrufen. Nitrifikation und anschließende NO_3^--Auswaschung resultieren schließlich in der Produktion von H^+-Ionen sowie dem Verlust von basischen Kationen, die als Gegenionen mit dem Sickerwasser ausgetragen werden. Beide Prozesse versauern den

Boden (s. Kap. 4.9.2.2 a). Auch indirekt können N-Einträge die Vitalität der Bäume auf mehrfache Weise schwächen, so z. B. durch eine Schädigung der Mykorrhiza, erhöhten Pathogenbefall sowie verminderte Stresstoleranz.

f) Die nahezu flächendeckende Eutrophierung ist im Begriff, die **Ökosysteme** Mitteleuropas und deren Artenzusammensetzung und Stoffumsätze **tief greifend zu verändern**. Dennoch sollte nicht vergessen werden, dass diese Entwicklung zu einem Teil lediglich das Wettmachen früherer Nährstoffverluste ist, die der Mensch in den Böden durch jahrhunderte- bis jahrtausendelange Eingriffe verursacht hat (s. Kap. 3.2.3).

3.7.3 Säureeinträge

Einträge von säurebildenden Substanzen aus der Atmosphäre stellen vor allem für Wälder und Gewässer auf Gesteinen mit geringer Säure-Neutralisationskapazität eine erhebliche Belastung dar. In den 1980er-Jahren erhielten nordwestdeutsche Laubwälder 1–3 kmol H^+ ha^{-1} a^{-1} aus der Atmosphäre, Nadelwälder sogar 2–6 kmol oder noch mehr (Ulrich 1989). Extrem hohe Säureeinträge, die vor allem durch NH_4^+-Deposition bedingt sind, wurden in niederländischen Wäldern gemessen (bis 13 kmol H^+ ha^{-1} a^{-1}, van Breemen et al. 1986). Seit den 1980er-Jahren führten Emissionsreduktions-Maßnahmen zu einer deutlichen Abnahme der atmosphärischen H^+- und Sulfat-Einträge; gleichzeitig sank auch die Deposition basischer Substanzen wie Mg^{2+} (s. Abb. 3–39).

In vielen Waldgebieten Mitteleuropas nahm in den letzten Dekaden der pH-Wert des Oberbodens um 0,5 bis 1 Einheit ab, begleitet von erheblichen Verlusten an basischen Kationen (s. Kap. 4.9.2.2 a). Die Versauerung hatte vor allem Konsequenzen für die Nährstoffversorgung der Bäume und deren Vitalitätszustand (s. Kap. 4.9.3.3 a), weniger für die krautige Vegetation am Waldboden oder die anderer Pflanzengesellschaften (Kap. 4.9.4.1 d). Besonders rasch wirken sich luftgetragene Säuren (und Basen!) auf die pH-Werte von Baumrinden und damit auf deren Epiphytenbewuchs aus, namentlich die Einträge von SO_2 und NH_4^+ (Van Dobben & Wamelink 1992; s. Abb. 3–41).

Noch schneller versauerten kalkarme Gewässer in manchen Mittelgebirgen und im Süden Skandinaviens, die ja weniger gepuffert sind als Böden oder Baumrinden. Hier kam es zu einschneidenden Veränderungen der Biozönosen (s. Tab. 3–4 sowie Kap. 9.8.2).

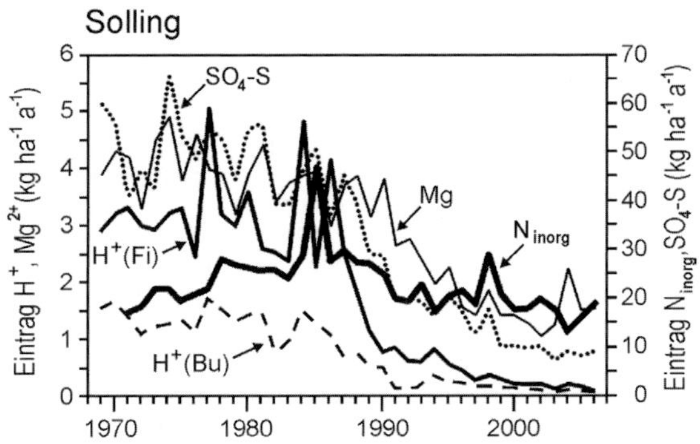

Abb. 3–39 Einträge an H^+, anorganischem Stickstoff (NO_3-N und NH_4-N), SO_4-S und Mg^{2+} mit dem Bestandesniederschlag (Kronentraufe und Stammablauf) in einem Sauerhumus-Buchenwald im Solling im Zeitraum von 1969 bis 2006. Beim Säureeintrag ist außerdem der Eintrag in einen benachbarten Fichtenbestand dargestellt. Nach Meesenburg (Nordwestdeutsche Forstl. Versuchsanst., Göttingen, unveröff. Daten).

Ob die Versauerung von Waldböden und Gewässern überwiegend eine Folge der Säureimmissionen ist, oder ob andere, mit der Waldbewirtschaftung verbundene Ursachen ebenso bedeutend sind, wird allerdings nicht einheitlich beurteilt und dürfte von Region zu Region unterschiedlich sein (s. z. B. Malmer 1974, Bredemeier & Ulrich 1989, Bredemeier et al. 1990, Katzensteiner & Glatzel 1997, Rehfuess 1991, van Ranst et al. 2002). Nach der Trennung von Wald und Weide (s. Kap. 3.3.1) schlossen sich nämlich die Kronen der Wälder dichter. Gesteigerte Kationenaufnahme der heute produktiveren Wälder dürfte zur Versauerung der Waldböden in verschiedenen Regionen Mitteleuropas beigetragen haben. Die standortgemäßen Buchenwälder wurden außerdem weithin durch Fichten und Kiefern ersetzt. Deren Streu fördert die Anreicherung von saurem Rohhumus, die ohnehin nicht mehr durch das Zusammenrechen für Stallstreu gestört wurde, seit man die Äcker vorwiegend mineralisch düngte.

Tab. 3–4 Übersicht über die bekannten Konsequenzen atmosphärischer Stickstoffeinträge in natürlichen und naturnahen Ökosystemen Mitteleuropas. Nach Bobbink et al. (1998), verändert und ergänzt.

	Direkte Toxizität	Versauerung von Böden und Gewässern	Veränderungen i. d. Konkurrenzverhältnissen	Sekund. Stresseffekte (Pathogene, Frostempf.)
Binnengewässer				
Seen und Flüsse	+	+	+	–
Kalkarme Flachwasserseen	–	+	+	?
Feuchtgebiete				
Regenmoore	±	–	+	?
Niedermoore	–	±	+	?
Sümpfe	–	–	–?	-
Grasland				
Kalk-Magerrasen	–	–	+	?
Borstgrasrasen	+	±	+	?
Montane/alpine Rasen	–	?	+	?
Heiden				
Calluna-Heiden (Tiefland)	+	±	+	+
Feuchtheiden	–	–	+	?
Calluna-Heiden (Bergland)	±?	±	+	±?
Alpine Heiden	±?	?	+	±?
Wälder[a]				
Flechten	+	+	±	–
Bodensaure Nadelwälder	–	+	+	?
Bodensaure Laubwälder	–	+	+	?
Wälder auf Kalkgestein	–	–	±	?
Auenwälder	–	–	±	?

[a] Effekte auf die Krautschichtpflanzen und Kryptogamen

3.7.4 Immissionen von Schwefeldioxid und Ozon

a) Unter den luftgetragenen Schadstoffen gehört die Belastung durch **Schwefeldioxid** zu den schwerwiegendsten, die man schon vor über 100 Jahren erkannte und anfangs kurz als „Rauchschäden" (Baltz 1900, Tiegs 1934, Schmidt-Vogt 1989) bezeichnete. Dieser Name ist insofern treffend, als das Gas SO_2 beim Verbrennen von schwefelhaltigen organischen Substanzen wie Holz, Kohle, Torf oder Erdöl freigesetzt wird (s. Abb. 3–40). Emittiertes SO_2 reagiert mit Wasser zu Schwefliger Säure (H_2SO_3), die langsam zu Schwefelsäure (H_2SO_4) oxidiert wird und wesentlich zur Versauerung des Regens beiträgt. Die SO_2-Emission erreichte in Mitteleuropa in den 1970er- und 1980er-Jahren ihren Höhepunkt und nahm seither durch strikte Abgasvorschriften stark ab (s. Abb. 3–33). Zentren der Schwefelsäure-Deposition waren die deutsch-niederländisch-belgische Grenzregion und das „Schwarze Dreieck" im Dreiländereck Tschechien-Deutschland-Polen. Besonders hoch sind die Einträge mit dem Nebelwasser, das bis zu zehnmal höhere Schadstoffkonzentrationen enthalten kann als Regenwasser (Eiden et al. 1989).

Das Sulfit-Anion (SO_3^{2-} bzw. Bisulfit HSO_3^-) wirkt als Zellgift, denn es reagiert mit oxidierbaren SH- und Disulfid-Gruppen der Enzyme, wodurch diese inaktiviert werden. Zudem werden durch Sulfit Radikal-Kettenreaktionen in Gang gesetzt, die u. a. zu Membranschäden und zu einer Hemmung der Photosynthese führen können. Pflanzen verfügen jedoch über wirksame Entgiftungsmechanismen, entweder auf

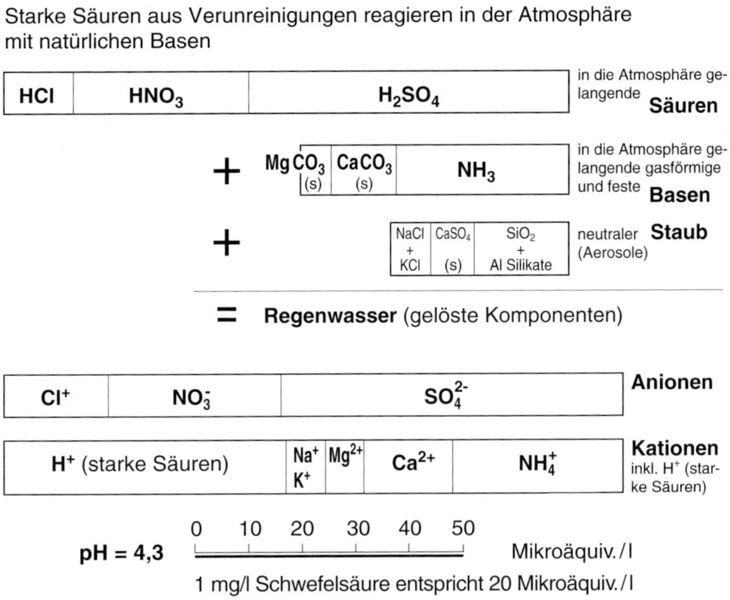

Abb. 3–40 Schematische Darstellung der Reaktionen, die sich in der chemischen Zusammensetzung des Regenwassers auswirken (in einem für den Sommer 1978 in der Schweiz typischen Beispiel mit pH 4,3). Nach Zobrist & Stumm (1979). In die Atmosphäre gelangen sowohl Säuren als auch Basen sowie neutrale Stäube.

reduktivem Weg durch Umwandlung in schwefelhaltige Aminosäuren, oder auf oxidativem Weg zum Sulfat-Anion, das in der Vakuole abgelagert wird, wo es unschädlich ist (Kaiser et al. 1993). Die Protonen der Schwefelsäure werden dann unter Energieaufwand entfernt. Zu Schädigungen der Pflanze kommt es vor allem, wenn die als Gegenionen zu Sulfat erforderlichen Kationen nicht bereitgestellt werden können. Dies ist auf sauren, basenarmen Böden häufig der Fall, wo sich SO_2-Belastung dann als Kationenmangel, vornehmlich Mg-Mangel, äußert. Nach Lange et al. (1989) sind deshalb direkte Effekte von SO_2 auf die Photosynthese weniger bedeutsam als indirekte über z. B. Magnesiummangel.

Wie gut Basen die Schädigung von Pflanzen durch SO_2 und schwefelhaltige Säuren abschwächen können, zeigt sich z. B. daran, dass Ende der 1970er-Jahre im Stadtgebiet von Würzburg Flechten auf Kalksteinen noch in großer Zahl vorkamen, während epiphytische Flechten stark zurückgegangen waren (Hopp & Kappen 1981).

Ob Pflanzen gegenüber SO_2 empfindlich sind, hängt offenbar wesentlich von ihrem Vermögen ab, ausreichend Entgiftungsreaktionen durchzuführen. Beispielsweise ist die Tanne empfindlicher gegenüber niedrigen SO_2-Konzentrationen als die Fichte (Elling et al. 2007). Nadelbäume werden generell stärker geschädigt als Laubbäume, weil die winterlichen SO_2-Konzentrationen höher sind und zudem die energieabhängigen Entgiftungsreaktionen bei Kälte weniger leistungsfähig sind als im Sommer. Besonders empfindlich gegen SO_2 sind die flechtenbildenden Algen der Gattung *Trebouxia* (Ewald & Schlee 1983).

b) Zu den direkten und indirekten **Wirkungen von SO_2** gehören Schäden an Bäumen, Flechten und krautigen Pflanzen sowie die Versauerung von Böden und Gewässern (s. Kap. 3.7.3). Vor allem in der Nähe von Industrieanlagen mit Kohleheizungen führten die Rauchschäden zu Nekrosen an Nadeln und Blättern und zum Kümmern und Absterben von Einzelbäumen oder ganzen Wäldern (s. z. B. Schubert 1991). SO_2 führte aber auch zu weniger auffälligen Reaktionen der Pflanzenwelt, z. B. zur Versauerung der Borken von Bäumen (s. Abb. 3–41) und zum allmählichen Verschwinden epiphytischer Flechten in Belastungsgebieten (Barkman 1958, van Dobben 1991; Abb. 3–42). Solange in Städten ohne Industrie, jedoch mit dichter Wohnbebauung, vorwiegend mit Kohle oder Torf geheizt wurde, starben auch in ihnen sowie leeseits von ihnen ungezählte Bäume. Immergrüne Koniferen waren vor allem betroffen, weil deren Nadeln den SO_2-Immissionen ja ge-

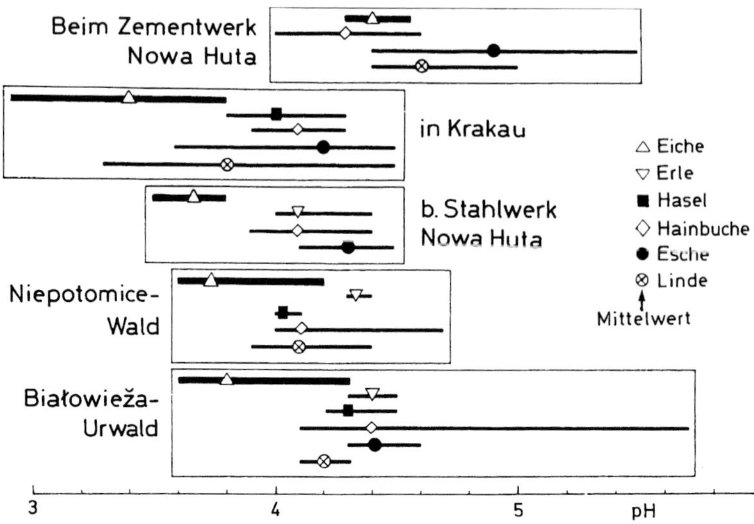

Abb. 3–41 Verschiebungen des natürlichen Säuregrades von Borken derselben Baumarten durch saure Immissionen in besiedelter Landschaft, durch Kalkstaub (in der Nähe eines Zementwerkes) bzw. durch „Rauch" (in der Stadt Krakau sowie bei einem Stahlwerk), im Vergleich zu großen Wäldern in Polen, besonders dem sehr naturnahen „Urwald" nahe der Grenze zu Weißrussland. Nach Grodzinska (1971), etwas verändert.

rade im Winterhalbjahr ausgesetzt sind, wenn diese ihr Maximum erreichen. Namentlich im Ruhrgebiet, aber auch in vielen anderen großen Städten, blieben bis um die Mitte des 20. Jahrhunderts höchstens laubwerfende Bäume lebensfähig. Flechten gab es im Inneren solcher Städte nirgends mehr; diese wurden zu „Flechtenwüsten" (s. Abb. 3–42; s. Hawksworth 1990 u.v.a.).

Über den Einfluss von SO_2-Immissionen auf Wiesen und andere krautige Pflanzenbestände ist wenig bekannt. Nach Bradshaw (1976) verschwinden empfindliche Gräser und begünstigen dadurch weniger empfindliche Arten und Ökotypen. Preston (1979) fand nach Langzeitbegasungen von Grasland, dass unter nicht akut schädigenden Belastungen Adaptationsvorgänge und floristische Umstellungen möglich sind, sodass Schädigungen dadurch ausgeglichen und kaum sichtbar werden. Durch Konkurrenz bewirkte Änderungen des Artengefüges von SO_2-belasteten Wiesen stellte auch Overdiek (1989) fest (s. a. Kowarik & Sukopp 1984). Bei SO_2-Begasungen von Gräsern, die von Nobel & Arndt (1984) durchgeführt wurden, erwiesen sich allerdings alle Arten als mehr oder minder geschädigt.

Folgen der SO_2-Emission sind auch Korrosionsschäden an Kalkstein- und Kalksandstein-Gebäuden, die durch die in den Niederschlägen enthaltenen Säuren verursacht werden, zu denen neben Schwefelsäure und Schwefliger Säure auch Salpetersäure gehört.

Der einzige Zusammenhang, in dem sich SO_2-Emissionen zweifellos positiv auswirkten und weiterhin auswirken, ist die Nährstoffversorgung von Kulturland. Mit jeder Ernte verliert dieses viele Elemente, die man durch Düngung ersetzen muss. In Mitteleuropa ist eine Zufuhr von Schwefel seit Jahrzehnten nicht mehr nötig, während sie z. B. in den Anden Südamerikas und in vielen Regionen der Erde bei intensivem Ackerbau nicht vergessen werden darf.

c) Emissionsschutzgesetze haben im westlichen Mitteleuropa seit 1973, im östlichen seit etwa 1990 zu einem starken **Rückgang des Schwefeldioxid-Ausstoßes** geführt (s. Abb. 3–33, 3–39 u. 3–43). Gleichzeitig stieg der pH-Wert des Regenwassers langsam wieder an (s. Abb. 3–44). SO_2-Schäden an der Vegetation sind deshalb heute weniger gravierend als noch in den 1970er- bis 1990er-Jahren. In München, in dessen Zentrum schon früh eine „Flechtenwüste" und deren Ursachen erkannt wurden, gibt es seit den 1970er-Jahren wieder hier und dort manche Flechten an Baumrinden, die jahrzehntelang von ihnen frei waren (Kandler & Poelt 1984, Poelt 1992). In den Raum Leoben-

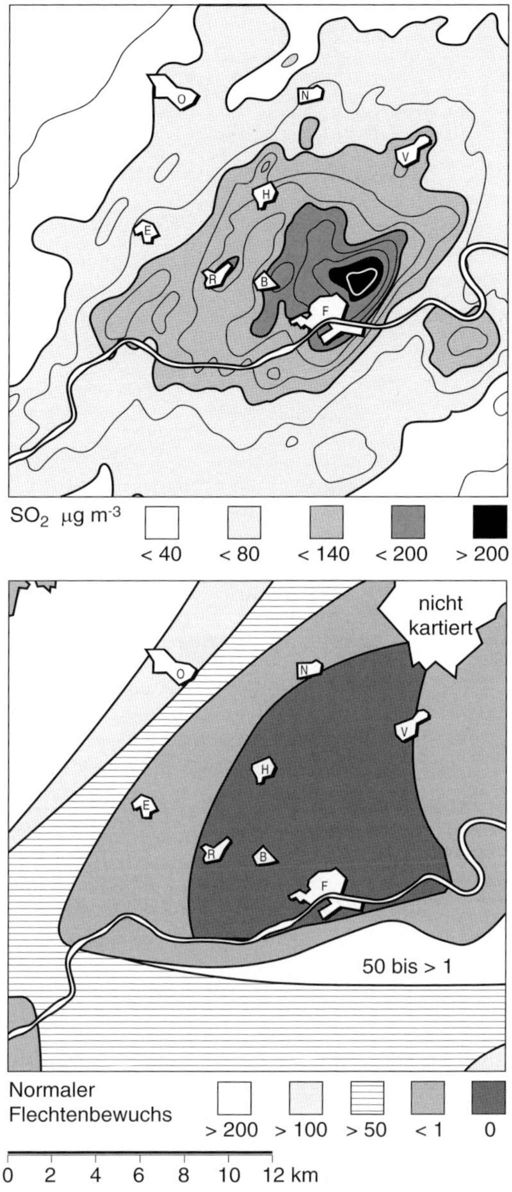

Abb. 3–42 Oben: SO_2-Konzentrationen während der Heizperiode (Durchschnitt 1970/1971 in Mikrogramm pro m^3) im Raum von Frankfurt a.M.
Unten: Flechtenindizes (Bewuchsdichte epiphytischer Flechten im Durchschnitt der Jahre 1968–1973, Relativzahlen für den Deckungsgrad der Flechten auf Baumborken). Nach farbigen Karten des Stadtplanungsamtes. Die Stufe 0 bedeutet „Flechtenwüste" zur Zeit ihrer größten Ausdehnung.
Zur Orientierung sind einige Orte angedeutet: F Zentrum von Frankfurt, B Bockenheim, H Heddern, N Nieder-Eschbach, O Oberursel, R Rödelheim, V Bad Vilbel, E Eschborn.

Hinterberg (österreichische Alpen) wanderten die epiphytischen Flechten wieder ein, als der Hauptemittent von SO_2 stillgelegt war (Hafellner & Grill 1980). In Teilen des Ruhrgebiets gedeihen wieder Kiefern und Fichten, und das Gleiche gilt für andere Städte, in denen man noch in den 1950er-Jahren keine immergrünen Koniferen mehr anzupflanzen wagte.

d) **Ozon**, dessen troposphärische Entstehung durch Autoabgase (vor allem NO_2), hohe Temperaturen sowie Licht gefördert wird, ist ein starkes Oxidationsmittel, das auf Pflanzen und Tiere toxisch wirkt. In Mitteleuropa sind die O_3-Konzentrationen im Sommer am höchsten und im Gebirge höher als in tieferen Lagen. Die höchsten Ozonkonzentrationen treten am frühen Nachmittag auf. In Deutschland stieg das Ozon-Jahresmittel in den letzten 50 Jahren um rund 50% auf heute etwa 45 µg m^{-3} an (s. Abb. 3–45), obwohl die Emission der Ozonvorläuferstoffe wie NO_2 rückläufig ist. In Städten, aber auch in Reinluftgebieten, werden Halbstundenmittel von 100 µg m^{-3} nicht selten überschritten; Spitzenwerte erreichen 300 µg m^{-3} wie im trockenen Sommer 2003 (s. Abb. 3–46).

Ozon führt in der Zelle zu Schäden an Membranen und Enzymen. Wichtigste Ursachen sind die Oxidation der SH-Gruppen von Proteinen und die Spaltung von Phospholipiden, in deren Folge es zu Störungen der Membranfunktionen kommt. Ozon senkt die Carboxylierungseffizienz der Rubisco (Ribulose-1,5-bisphosphatcarboxylase/-oxygenase) und damit die Photosyntheseleistung; gleichzeitig wird vermehrt Chlorophyll abgebaut. Wie bei SO_2 wird das phytotoxische Potenzial von O_3 durch die Leitfähigkeit der Stomata bestimmt. Pflanzen mit großer Blattleitfähigkeit wie krautige Sonnenpflanzen oder gut wasserversorgte Laubbäume weisen deshalb eine höhere Aufnahmerate des Schadgases auf als Nadelbäume. Trockenstress führt zu Stomaschluss und reduziert die Aufnahme (Fuhrer 1996).

Makroskopisch sichtbare Symptome von Ozonschäden sind häufig punktförmige Blattnekrosen. O_3 schädigt auch die Kutikula von Blättern, vor allem die Wachsabdeckung der Stomahöhlen von Koniferennadeln. Dadurch können Schadstoffe, Pilze sowie Schadinsekten leichteren Zugang zum Mesophyll erlangen (Elstner & Osswald 1984). Nach Brown et al. (1987) kann O_3 auch die Kälteresistenz von

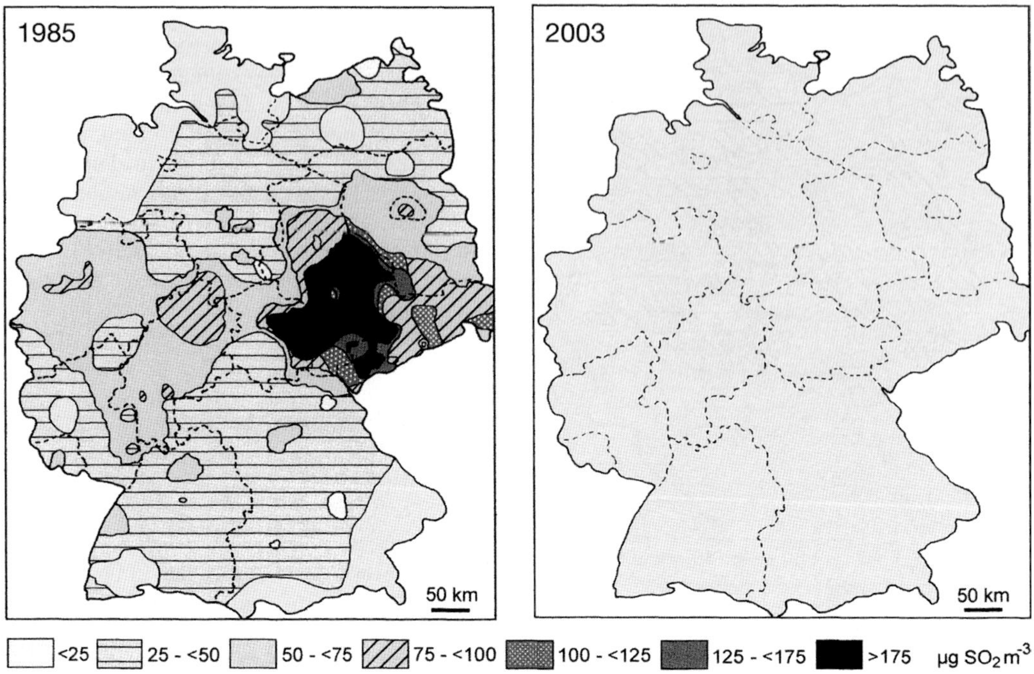

Abb. 3–43 Jahresmittelwerte der SO_2-Konzentration in verschiedenen Regionen Deutschlands im Jahr 1985 und 2003 (interpolierte Werte). Nach Umweltbundesamt (Hrsg., 2005).

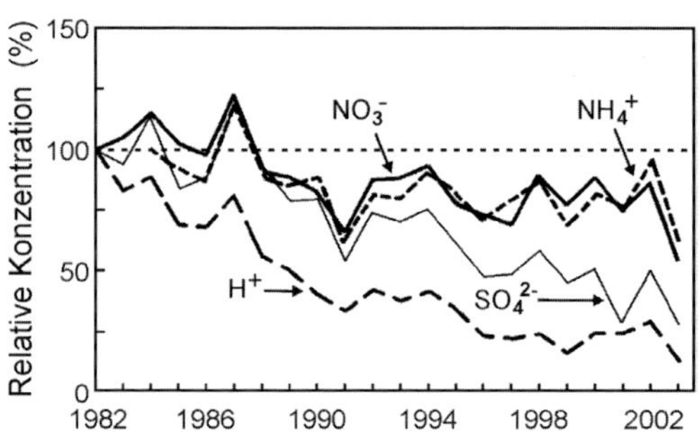

Abb. 3–44 Relative Veränderung (Basis: 1982) der nassen Deposition von Nitrat, Ammonium, Sulfat und H^+ an fünf Dauermessstationen in Deutschland (Westerland, Waldhof, Deuselbach, Brotjacklriegel, Schauinsland; mit der Niederschlagsmenge gewichtete Jahresmittelwerte). Nach Umweltbundesamt (Hrsg., 2005).

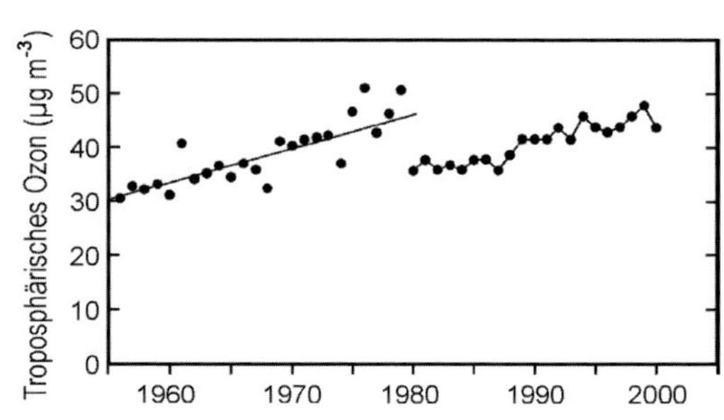

Abb. 3–45 Veränderung der troposphärischen Ozonkonzentration in Deutschland seit 1956. Bis 1979 Daten von Arkona (Rügen), seit 1980 Mittelwert aller deutschen Messstationen. Nach Fabian (1989) und Umweltbundesamt (Hrsg., 2003).

Fichten ungünstig beeinflussen. Ob Ozon jedoch zu Schäden im Gewebe führt, hängt vor allem von den Entgiftungsreaktionen in und außerhalb der Zelle ab. Besonders bedeutsam ist die extrazelluläre Detoxifikation von O_3 durch Antioxidanzien wie Ascorbat, das in der Zellwand in geringen Konzentrationen auftritt.

e) Experimentelle Untersuchungen zur **Wirkung von Ozon** auf Pflanzen zeigten schon bei niedrigen Konzentrationen dosisabhängige Reaktionen; die Jahres- und Tageszeit beeinflussten die Aufnahme des Ozons. Empfindliche krautige Pflanzen bilden schon bei Langzeit-Exposition gegenüber 30–40 ppb (60–80 µg m^{-3}) signifikant kleinere Blätter aus und reduzieren den Ertrag (Fuhrer 1996). Schädigungen beginnen im Blatt-Mesophyll, reduzieren aber häufig auch die Biomasse von Stamm und Wurzeln.

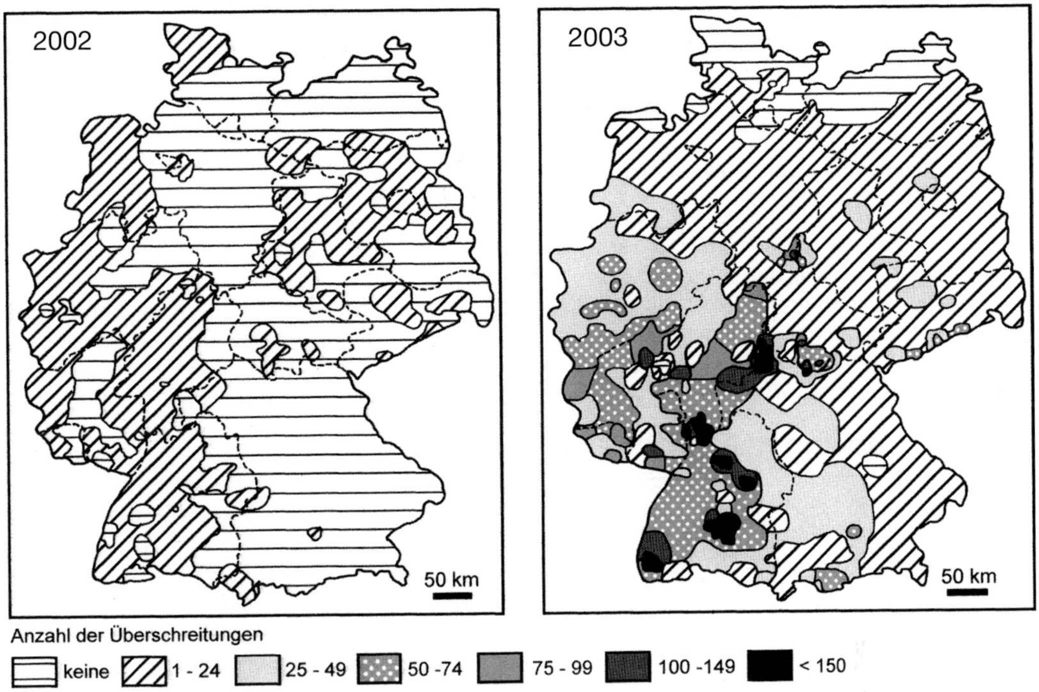

Abb. 3–46 Anzahl der Überschreitungen von 180 µg O_3 m^{-3} in verschiedenen Regionen Deutschlands im Jahre 2002 (normalfeucht) und 2003 (extrem trocken, interpolierte Werte). Nach Umweltbundesamt (Hrsg., 2005).

In fast jedem Fall wird die Photosynthese vermindert und meistens das Blattwerk vorzeitig abgeworfen, so bei empfindlichen Baumarten wie *Pinus ponderosa*, *Larix decidua*, *Sorbus aucuparia* und auch *Fagus sylvatica* (Smith 1990, Guderian & Wienhaus 1997, Matyssek & Sandermann 2003).

Wälder sind vor allem in den Hochlagen gefährdet, weil hier die O_3-Konzentrationen höher sind und aufgrund guter Wasserversorgung die Stomata meist geöffnet sind; zudem können Fröste synergistisch wirken. Langzeit-Begasungsexperimente lassen erkennen, dass Buchen wie auch Fichten bei den momentan herrschenden Freiland-Konzentrationen Reduktionen im Chlorophyllgehalt und in der Photosyntheseleistung, vorzeitigen Blattabwurf und auch Zuwachseinbußen erleiden können (z. B. Klumpp et al. 1988, Karlsson et al. 2000). Das gilt wahrscheinlich nicht nur für Jungpflanzen, die experimentell untersucht wurden, sondern auch für Altbäume. Ozonschäden sind bei der Fichte dabei vor allem an Standorten zu erwarten, die Magnesiummangel aufweisen (Siefermann-Harms et al. 2005 und Elling et al. 2007; s. a. Kap. 4.9.3.7 b). Die Feststellung von Rehder & Still (1991), in der ozonreichen Waldgrenzlage am Wank (bei Garmisch) seien Fichtenbestände an basenreichen und mageren Standorten relativ am wenigsten geschädigt, scheint dies und ebenso die geringere Empfindlichkeit stickstoffarm ernährter Bäume zu bestätigen.

Wahrscheinlich wird an manchen Standorten auch die Vitalität von Buche, Esche und Birke durch die heute in Mitteleuropa herrschenden Ozonkonzentrationen beeinträchtigt, insbesondere, wenn O_3 in Kombination mit SO_2 und anderen Schadgasen auftritt (Skelly et al. 1999, Elling et al. 2007; s. Kap. 4.9.3.4). Ozon kann auch den Befall mit dem Buchenspringrüssler (*Rhynchaenus fagi*) erhöhen (Flückiger & Braun 1994 in Elling et al. 2007). Schwer zu beurteilen ist bisher aber noch, welche Rolle Ozon im Vergleich zu anderen Stressoren (z. B. Magnesiummangel und Witterungsfaktoren) bei den beobachteten Zuwachsrückgängen geschädigter Bäume spielt.

Viele krautige Pflanzen sind gegenüber Ozon empfindlicher als Bäume. Beispielsweise lassen sich an *Trifolium repens* periodisch helle Flecken auf der Blattoberseite beobachten, die nach Becker et al. (1989) auf Ozoneinwirkung beruhen.

3.7.5 Immissionen von Schwermetallen und anderen Stoffen

a) **Schwermetalle** kommen in manchen Gesteinen von Natur aus vor und wurden zudem im Zuge der Metallverhüttung lokal in Schlacken und fluviatil ausgebreiteten Pochsanden angereichert. An diesen Lokalitäten hat sich eine spezifisch angepasste Vegetation entwickelt, die in Kapitel 20 dargestellt wird. Weiterhin werden Schwermetalle aus Abgasen mit luftgetragenen Stäuben weithin transportiert. Diese diffus verbreiteten Schwermetalle stellen ein Umweltproblem dar, da sie nicht abbaubar und meist schon in geringen Konzentrationen toxisch sind. Für Pflanzen am bedeutsamsten sind Blei, Kupfer, Cadmium, Zink, Nickel, Chrom und Kobalt.

In der organischen Substanz des Bodens erreichen sie besonders hohe Konzentrationen, wo sie die Biomasse und Abbauleistungen der Mikroorganismen und Bodentiere negativ beeinflussen können (Tyler 1976, Baath 1989).

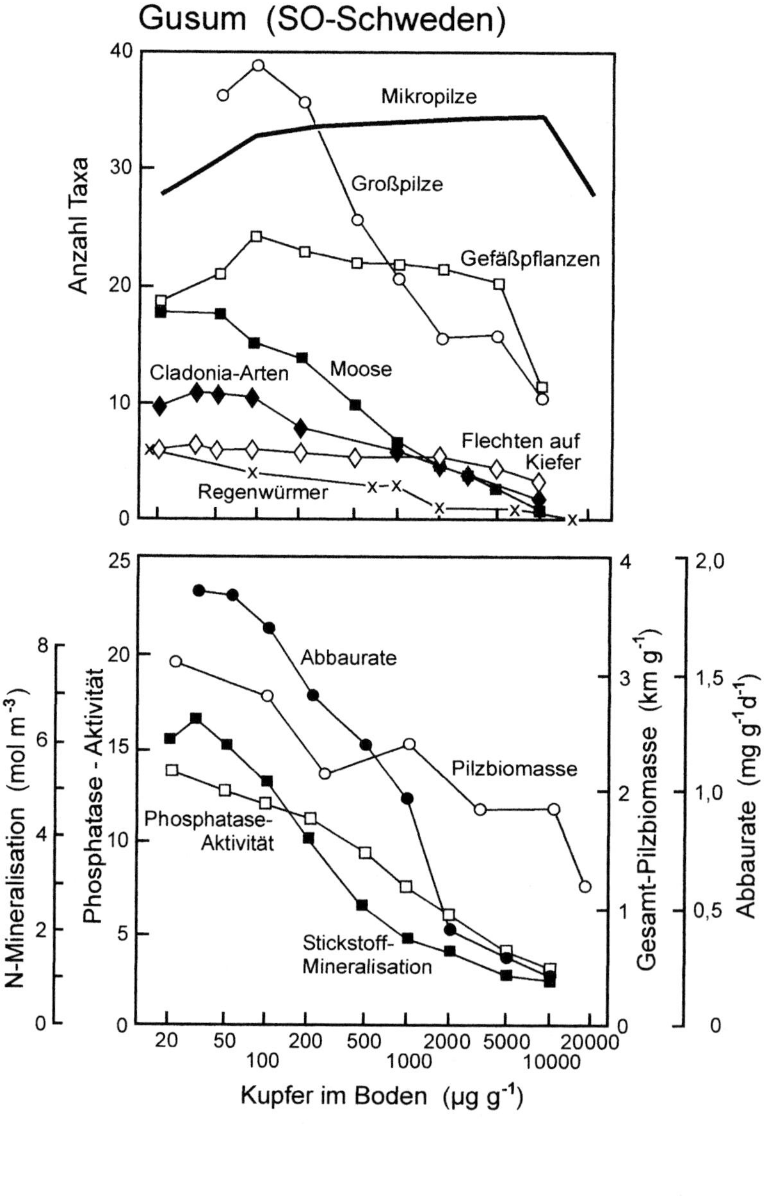

Abb. 3–47 Veränderung in der Diversität verschiedener Organismengruppen sowie Beeinträchtigung von Prozessen des Streuabbaus mit zunehmender Kupferkonzentration im Boden in der Umgebung der südschwedischen Kupferhütte Gusum. Nach Tyler (1984), verändert.

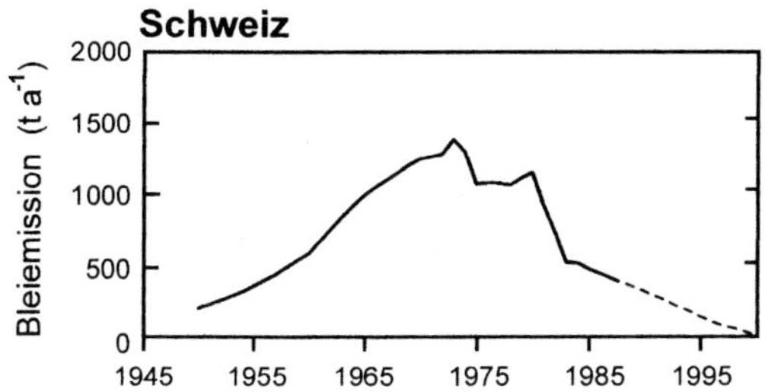

Abb. 3–48 Bleiemission aus verbleitem Benzin in der Schweiz. Nach BUWAL (1986) in Nentwig (2005).

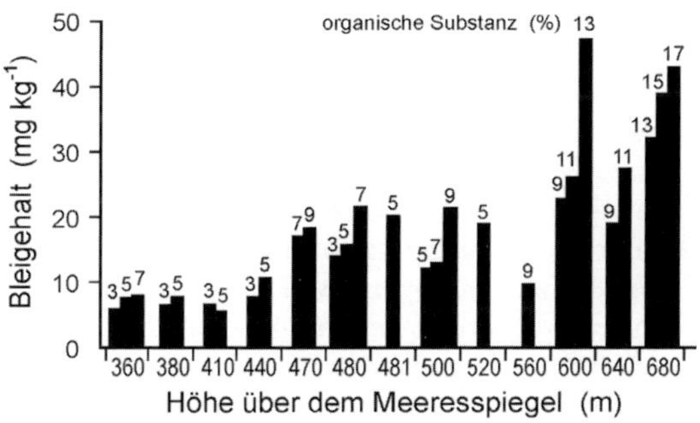

Abb. 3–50 Mit zunehmender Höhe über dem Meeresspiegel sowie mit höherem Gehalt an organischer Substanz steigt der Bleigehalt der Böden (in 20–30 cm Tiefe) unter Buchenwäldern des Langenbergs und des Meißners in Nordhessen deutlich an. Nach Heimerich (1993), etwas verändert. Gleiches gilt auch für Gehalte an Kupfer, Zink und Cadmium. Umgekehrt nehmen die Gehalte an austauschbaren Kationen sowie die pH-Werte mehr oder minder deutlich ab. Mit der Höhe über dem Meeresspiegel wachsen also nicht nur die Niederschläge, sondern auch die Belastungen der Ökosysteme.

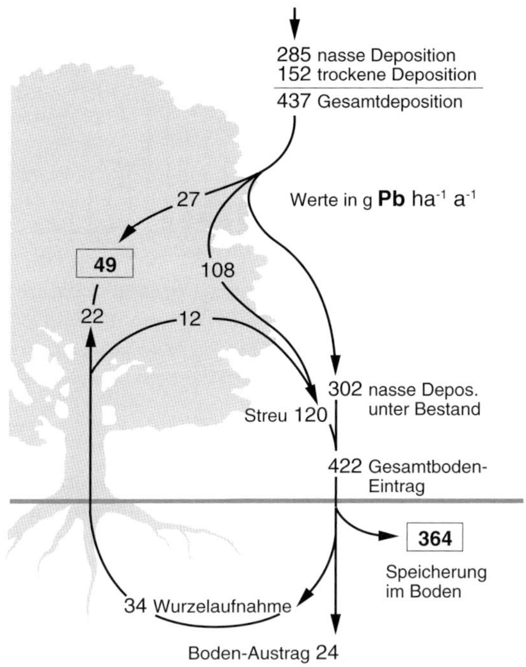

Abb. 3–49 Mittlere jährliche Flussraten von luftgetragenem Blei im Hainsimsen-Buchenwald-Ökosystem des Sollings (1974–1979). Nach Mayer (1992), etwas verändert. Der größte Teil wird im Boden gespeichert und kann im Laufe der Zeit schädliche Konzentrationen erreichen.

Schwermetalle werden über die Nahrungsketten der Ökosysteme angereichert. Besonders empfindlich sind meist Großpilze, aber auch Moose und manche Flechten (s. Abb. 3–47). In der Pflanze reagieren Schwermetalle mit Enzymen, insbesondere solchen, die SH-Gruppen enthalten, und können auf diesem Wege physiologische Fehlsteuerungen sowie Wachstumshemmungen (z. B. in Wurzeln) hervorrufen.

Viele mitteleuropäische Ökosysteme weisen heute erhöhte Bleikonzentrationen auf, vor allem, weil **Blei** seit 1923 bis in die 1980er-Jahre als Bleitetraethyl dem Benzin zugesetzt wurde (s. Abb. 3–48). Mit dem seit 1950 stark angewachsenen Verkehr gelangte Pb nicht nur in Straßennähe, sondern auch in verkehrsferne Wälder, z. B. in den Solling (Schultz 1987). Hier wird es vor allem im Auflagehumus angereichert und kann im Laufe der Zeit schädliche Konzentrationen erreichen (s. Abb. 3–49). Typische Bodengehalte liegen bei 10–50 µg g^{-1}, in Ballungsgebieten auch bis 200 µg g^{-1} (Asami 1988). Mit zunehmender Meereshöhe sowie höherem Gehalt an organischer Substanz steigt der Bleigehalt der Böden an, wie Heimerich (1993) in Nordhessen feststellte (s. Abb. 3–50). Saure Humusformen mit geringer biologischer Aktivität reichern Blei und andere Schwermetalle stärker an als etwa Mull. Nach den Ergebnissen der Bodenzustandserhebung in deutschen Waldböden überschreitet ein Viertel der untersuchten Profile kritische Bleikonzentrationen (150 µg g^{-1}), bei denen mit einer zunehmenden Beeinträchtigung von Mikroorganismen und Bodentieren zu rechnen ist (Wolff & Riek 1997). Allerdings liegen Blei und andere Schwermetalle im Auflagehumus überwiegend in komplexierter und damit weniger toxischer Form vor (s. Kap. 4.9.3.3 a).

Potenziell phytotoxische Bedeutung besitzen weiterhin die Einträge von **Kupfer**, die

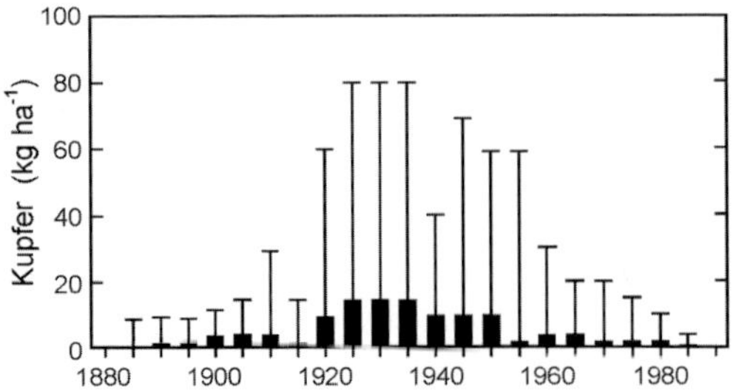

Abb. 3–51 Kupfereintrag in weinbaulich genutzte Böden der Ostschweiz durch den Pflanzenschutz von 1885 bis 1985. Schraffierte Balken stellen die Bandbreite der aufgrund von Literaturangaben erhobenen Werte dar. Nach Räz et al. 1987.

zum einen aus Emissionen der metallverarbeitenden Industrie stammen, zum anderen insbesondere in Weinbergen und Obstplantagen mit dem Einsatz von Kupfersulfat als Fungizid freigesetzt wurden. Vor allem Weinbergsböden enthalten deshalb relativ hohe Cu-Konzentrationen (s. Abb. 3–51). Nach Wolff & Riek (1997) überschreiten auch 38% der in Deutschland untersuchten Waldböden den bodenbiologisch relevanten Grenzwert für Kupfer.

b) Pflanzen verfügen über eine Reihe von Anpassungsmechanismen an Schwermetallbelastungen, die z. T. offenbar kurzfristig induzierbar sind (s. Kap. 20.4.1). **Waldbäume** erwiesen sich als vergleichsweise wenig empfindlich gegenüber Schwermetallen, insbesondere, wenn sie über eine Ektomykorrhiza verfügen. In britischen Nadelholzforsten ließen sich dementsprechend keinerlei Vergiftungserscheinungen infolge von Blei- oder anderen Schwermetallimmissionen feststellen (Innes 1995).

Durch Bodenversauerung zunehmend mobilisiert, könnten jedoch manche Schwermetalle schließlich toxisch wirken. Nach Versuchen von Godbold & Hüttermann (1986), Breckle & Kahle (1992), Hagemeyer (1992) und anderen können unter bestimmten Bedingungen Pb, Cd, Zn und Hg das Wurzelwachstum von Fichtensämlingen beeinträchtigen, selbst wenn Mykorrhizen vorhanden sind, die in vielen Fällen schützend wirken. Insbesondere Pb ist in sauren Waldböden mancher Gegenden Mitteleuropas hoch genug angereichert, um möglicherweise die Keimung und das Wachstum von Baumjungwuchs zu beeinflussen. Nach den Experimenten der genannten Autoren könnte Pb nicht nur *Picea abies*, sondern auch *Fagus sylvatica* schädigen, während diese Schwelle bei Cd noch nicht erreicht zu sein scheint (Röder & Breckle 1989). Indirekte Effekte auf Bäume könnten zudem von einer gestörten Mykorrhizierung sowie behindertem Streuabbau und verlangsamter Nährstoffnachlieferung ausgehen (von Zezschwitz 1995, Meiwes et al. 2002).

Eine durch Pb-Immissionen eindeutig verursachte Änderung des Artengefüges von Pflanzengemeinschaften ist allerdings bisher nur in der direkten Nachbarschaft von Bleihütten und an stark befahrenen Straßen nachgewiesen worden (s. Kap. 20.6), obwohl die Immissionen in einigen Gegenden Mitteleuropas schon seit Jahrhunderten wirksam gewesen sein müssen. Wandtner (1981) stellte in den **Hochmooren** des Harzes hohe Schwermetallkonzentrationen bei einigen Testpflanzen fest, besonders bei einer der charakteristischen Torfmoosarten (*Sphagnum magellanicum*), deren jährlicher Zuwachs deutlich bestimmbar ist. Diese Harzmoore liegen zwischen den Orten Clausthal-Zellerfeld und Goslar, in deren Nähe vom frühen Mittelalter bis ins 20. Jahrhundert Erze abgebaut und verhüttet wurden. Die meisten der übrigen untersuchten Hochmoore erwiesen sich dagegen als mehr oder minder arm an Pb, Cu, Zn, Cd und Mn, gerade auch in der Gegenwart. Die schwermetallreichen Moore unterschieden sich aber im Artengefüge ihrer heutigen Pflanzendecke nicht wesentlich von den schwermetallarmen.

c) **Natriumchlorid** wird im Winterhalbjahr zeitweilig auf Straßen ausgestreut, um Schnee- oder Eisglätte zu verhindern. Mit Schnee- und Eismatsch wird es durch schnell fahrende Kraftwagen von der Fahrbahn in das Begleitgrün versprüht (s. Kap. 19.3.5.1). Hier schädigt NaCl zusehends Sträucher und tief herab beastete Bäume, aber auch manche krautigen Pflanzen. Vielerorts haben sich in den Bankettrasen fakultative Halophyten angesiedelt, darunter *Puccinellia distans*, *Spergularia salina*, *Cochlearia danica* u. a. (s. Kap. 11.5.2 a).

Im Windschatten von Ziegeleien, Aluminiumhütten und Erzsinteranlagen waren früher **Fluorimmissionen** an Baumschäden beteiligt, die den durch Schwefeldioxid verursachten ähneln. Sie scheinen heute keine Rolle mehr zu spielen.

Kaum weiter als bis zu etwa 20 km Entfernung von der Emissionsquelle wirken sich **Zementstaub-Ablagerungen** aus, in diesem Bereich je-

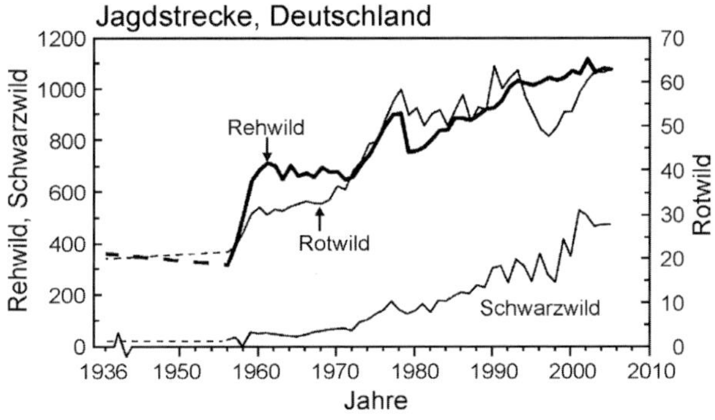

Abb. 3–52 Jahresjagdstrecken (× 1000) für Rotwild, Rehwild und Schwarzwild (einschließlich Fallwild) in Deutschland 1936/1939 (Mittel) und von 1956/1957 bis 2005/2006 (alte und neue Bundesländer). Quelle: DJV Handbuch Jagd 1965/55–2007.

doch schon in wenigen Jahren und erstaunlich stark. Sogar auf ehemals extrem sauren Heideböden mit Ortsteinprofilen (s. Abb. 17–5) fand Montag (1975) in Kiefernforsten nahe Misburg bei Hannover Pflanzen anspruchsvoller Mullbuchenwälder, z. B. *Brachypodium sylvaticum*, *Circaea lutetiana*, *Galium odoratum* und junge Buchen, während Säurezeiger wie *Vaccinium myrtillus* bis auf wenige Reste verschwunden waren. In der modrig gewordenen ehemaligen Rohhumusauflage wurden pH-Werte von 6,5 bis 7,1 gemessen, ab 30 cm Tiefe dagegen immer geringere und dem früheren Bodenzustand mehr und mehr entsprechende. Ein Vergleich von Vegetationskartierungen im Raum Misburg-Höver ergab, dass von den Waldgesellschaften stark saurer Böden (Quercion roboris, s. Kap. 6.5.1), die 1937 noch 44 % der Fläche ausmachten, 1972 nur noch 1 % verblieben waren. In derselben Zeit stiegen die Anteile anspruchsvoller Gesellschaften (Carpinion und Alnion) von 15 % auf 79 %. Seit 1945 waren in diesem Bereich jährlich etwa 40 000–50 000 t Zementstaub niedergegangen, die rund 45 % CaO enthielten, also wie eine kräftige Kalkdüngung wirkten (s. Kap. 4.9.5.2).

Ähnliche Veränderungen in der Waldvegetation wurden auch durch basische Flugaschen hervorgerufen, die in den 1970er- und 80er-Jahren in der ehemaligen DDR und in Polen von Kraftwerken und Industriebetrieben emittiert wurden und lokal zu einem Anstieg der Basensättigung der Waldböden führten (Lux & Stein 1977). Kopp (1986) berichtet dementsprechend über das Auftreten von basenzeigenden Pflanzenarten z. B. in der Dübener Heide östlich von Halle, die neben die sonst weit verbreiteten Säurezeiger traten.

3.8 Veränderung der Wilddichten und Einbringung von gebietsfremden Pflanzenarten

a) In den vergangenen 100 bis 200 Jahren hat in Mitteleuropa eine eindrucksvolle Zunahme der **Rehbestände** sowie der **Rot- und Schwarzwildbestände** stattgefunden, in den Alpen auch des Gamswildes. Wesentliche Ursachen sind das Fehlen von großen Raubsäugern, die Hegebemühungen der Jäger und zu geringer Jagddruck sowie die Eutrophierung der Landschaft, die das Nahrungsangebot verbesserte. Von 18 europäischen Großsäugern haben 11 Arten im Laufe der letzten 100 Jahre bedeutend zugenommen (Eiberle 1974). Legt man die Jagdstatistiken zugrunde, dann dürften sich in Deutschland die Reh- und Rotwildpopulationen seit den 1930er-Jahren ungefähr verdreifacht haben, jene des Schwarzwilds dürften sogar um fast das Vierzigfache zugenommen haben (s. Abb. 3–52). Auch wenn die wirklichen Populationstrends nicht genau bekannt sind, kann mit Sicherheit angenommen werden, dass der Fraßdruck durch das Schalenwild deutlich zugenommen hat.

Einige aktuelle Probleme mit der Baumverjüngung können direkt auf diese Ursache zurückgeführt werden (Gill 2006). Unnatürlich hohe Wilddichten haben sicherlich bei vielen Baumarten die Dichte der Jungpflanzen verringert und zu Artenverschiebungen geführt (s. Kap. 4.4.4.3). Große Herbivoren beeinträchtigen die befressenen Pflanzen durch Verzehr von Samen, Sämlingen und Jungbäumen und sie verursachen in der Regel eine Reduktion der Baumartendiversität. Andererseits tragen sie zur Samenausbreitung bei und verringern die Konkurrenz durch andere Pflanzen. Diese Prozesse beschleunigen die Walddynamik.

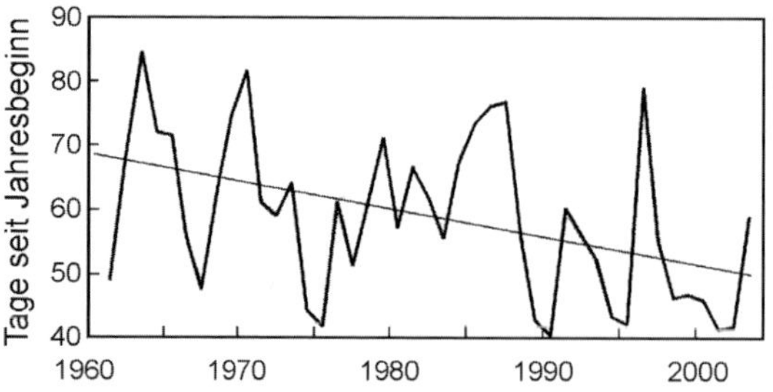

Abb. 3–57 Beginn der Schneeglöckchenblüte im Zeitraum von 1961 bis 2005 (Gebietsmittel von Deutschland). Nach Umweltbundesamt (Hrsg., 2005).

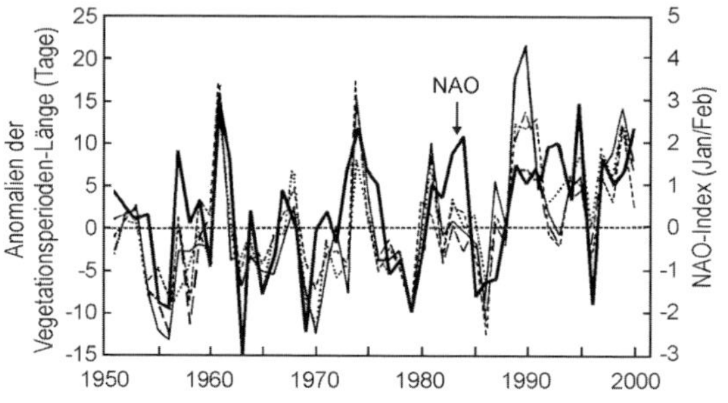

Abb. 3–58 Anomalien der Länge der Vegetationsperiode von vier Baumarten (Buche, Hängebirke, Stieleiche, Rosskastanie) und Schwankungen des North-Atlantic-Oscillation(NAO)-Index für Januar/Februar in Deutschland im Zeitraum von 1950 bis 2000 (r^2 = 0,41–0,44). Nach Menzel (2003).

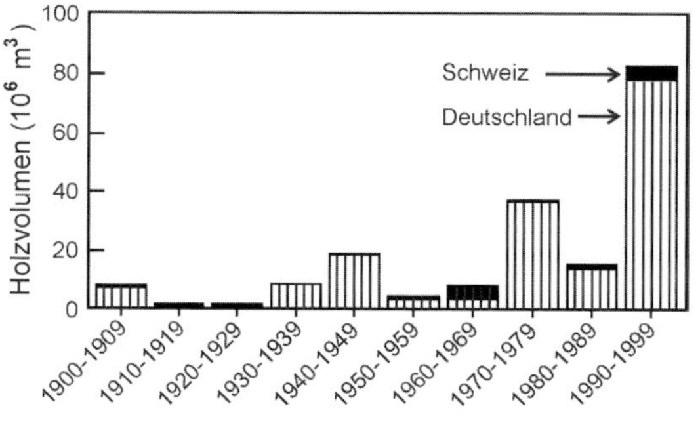

Abb. 3–59 Sturmgeworfenes Holzvolumen in Deutschland und der Schweiz seit 1900. Nach Steinmeyer (1991) u. Wandeler & Günther (1991) in Puhe & Ulrich (2001).

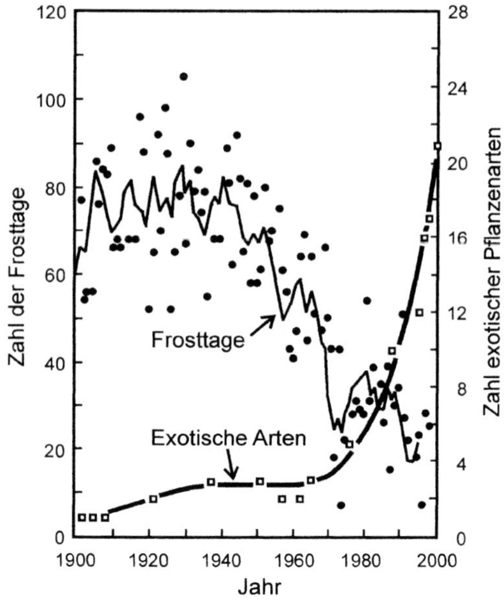

Abb. 3–60 Abnahme der Anzahl der Frosttage pro Jahr (Punkte; sowie 5-Jahres-Mittel: Linie) und Zunahme der Anzahl sich ausbreitender immergrüner exotischer Arten in der Südschweiz seit 1900. Nach Walther et al. (2002).

Neubürger vom Menschen eingeschleppt; sie etablierten sich am erfolgreichsten in sommerwarmen Gegenden wie z. B. der Oberrheinebene, dem Burgenland oder in den warmen Zentren der großen Städte (s. Kap. 24.2). Zu den thermophilen Neophyten gehören zahlreiche Poaceae mit C_4-Photosynthese, die heute fester Bestandteil von wärmebedürftigen Ruderalgesellschaften sind, aber auch Schwimmpflanzen mit subtropischer Herkunft wie *Wolffia arrhiza* und *Salvinia natans*. Letztere haben sich vor allem in der warmen Oberrheinebene, aber z. B. auch im Bremer Raum, ausgebreitet (Kesel & Gödeke 1996).

Im Tessin registrierten Gianoni et al. (1988) und Walther (2000) das Einwandern von immergrünen laurophyllen (lorbeerblättrigen) Sträuchern und sogar der Chinesischen Hanfpalme (*Trachycarpus fortunei*) in die dortigen temperaten sommergrünen Wälder. Bei den meisten lorbeerblättrigen Neubürgern handelt es sich um Gartenflüchtlinge, die offenbar von den milden Wintern und der zurückgehenden Frostdauer in der Südschweiz profitieren (s. Abb. 3–60). Gut dokumentiert ist auch das **Höhersteigen von alpinen Pflanzen auf den Alpengipfeln** (s. Kap. 13.7.2) und in einigen Regionen der Alpen der rezente Anstieg der alpinen Waldgrenze (z. B. Nola 1994); beide Prozesse werden vorwiegend auf die Erwärmung zurückgeführt (s. Kap. 13.4.5.2 u. 4.4.5). Allerdings ist das Höherwandern der alpinen Waldgrenze an vielen Orten geringer, als man erwarten könnte, oder es trat bisher gar nicht ein (z. B. Hättenschwiler & Körner 1995, Paulsen et al. 2000). Eine Ursache hierfür ist wahrscheinlich, dass sich Latsche und Fichte oberhalb der Waldgrenze nur sehr langsam etablieren können (Dullinger et al. 2004). In den Gebirgen Skandinaviens ist der Anstieg der Baumgrenze dagegen deutlich sichtbar, vor allem in den warmen Jahren 1996 bis 2006 (Kullman 2002, 2007).

f) Sicher ist, dass der Klimawandel auch viele **Ökosystemfunktionen** beeinflussen wird. Erwärmung beschleunigt den Abbau der organischen Substanz, reduziert die Kohlenstoffvorräte im Boden und kann dadurch die Freisetzung von CO_2 noch verstärken, wenn nicht mehr Kohlendioxid durch gesteigerte Photosynthese festgelegt wird. Betroffen vom beschleunigten Abbau sind vor allem die leicht zersetzbaren Verbindungen (z. B. Rustad & Fernandez 1998). Auch Methan und Lachgas könnten bei fortschreitender Erwärmung verstärkt freigesetzt werden. Diese Emissionen sind aber vor allem von der Bodenfeuchte und der Landnutzung abhängig und die in den kommenden Jahrzehnten zu erwartenden Trends daher weniger sicher vorhersagbar (Hassan et al. 2005)

Naturnahe Wälder und Gebüsche

4 Die Wälder Mitteleuropas – Standörtliche und ökologische Grundlagen sowie räumliche Großgliederung

4.1 Die Flora der mitteleuropäischen Wälder

Mitteleuropa beherbergt kaum mehr als 75 einheimische Baumarten; in Deutschland gelten 66 Gehölzarten als indigen (Schmidt et al. 2003). Die wichtigsten Gehölzgattungen wurden bereits in Tabelle 1–1 aufgelistet. Als **„echte" Waldarten** müssen weiterhin 208 krautige oder grasartige Pflanzen gelten, die weitgehend an den geschlossenen Wald und dessen charakteristische Standortbedingungen gebunden sind. Ebenfalls in diese Kategorie gehören in Deutschland 17 Straucharten. Weit größer ist dagegen die Zahl der Krautschichtarten (814), die an Waldrändern und Lichtungen gedeihen, also sowohl im Wald wie auch im Offenland vorkommen; hierzu zählen auch 94 Straucharten. Mehr als 900 Gefäßpflanzen treten also zu den eigentlichen Waldarten hinzu, wenn die Lichtverhältnisse dies zulassen. Zu den mitteleuropäischen Waldarten zählen darüber hinaus mehrere hundert Laub- und Lebermoose, Flechten und Algen, die auf Baumrinden, Totholz oder auf dem Boden leben.

4.2 Räumliche Großgliederung der Waldvegetation

4.2.1 Zonale, extrazonale und azonale Waldvegetation

a) Von Natur aus wäre Mitteleuropa, wie wir eingangs sahen, ein fast lückenloses Waldland. Die heutigen Pflanzenbestände sind mehr oder minder stark vom Menschen mitgestaltete „Ersatzgesellschaften". Obwohl diese den größten Teil der Fläche einnehmen, wollen wir bei der Betrachtung einzelner Vegetationseinheiten mit den Wäldern beginnen, und zwar mit möglichst naturnahen Gesellschaften, weil sie als klarste Ausprägungen der naturgegebenen Standortbedingungen gelten dürfen. Wir werden jeweils versuchen, uns ein Bild von dem heutigen „potenziellen natürlichen" Zustand der Vegetation zu machen. Mit Tüxen (1956) verstehen wir darunter „das Artengefüge, das sich unter den gegenwärtigen Umweltbedingungen ausbilden würde, wenn der Mensch überhaupt nicht mehr eingriffe und die Vegetation Zeit fände, sich bis zu ihrem Endzustand zu entwickeln". Eine konzeptionelle Diskussion der **potenziellen natürlichen Vegetation** (PNV) findet sich in Kowarik (1987), Härdtle (1995) und Leuschner (1999b). Dieses konstruierte Bild hilft uns am ehesten, einen Überblick über die Fülle der verschiedenen „realen" Pflanzenkombinationen zu gewinnen.

Inzwischen sind zahlreiche Übersichts- und Detailkarten der PNV entstanden und manche veröffentlicht worden, sowohl von Deutschland (z. B. Bohn 1981 und weitere Blätter 1:200 000, s. a. Scamoni (Hrsg.) 1964, Trautmann 1966, Schmidt et al. 2002, Hofmann & Pommer 2005, Kiphuth & Weinauge 2005 u. a.), der Schweiz (Hegg et al. 1993), Österreich (Wagner 1971), Polen (Matuszkiewicz 1984) und anderen Ländern als auch von einzelnen Gebieten (z. B. Kuhn 1967: Umgebung von Zürich, Burrichter 1973: Westfälische Bucht, Härdtle 1989: Schleswig). Beispielhaft sei in Abb. 4–1 die potenzielle natürliche Vegetation von Niederösterreich nach der Kartierung von Wagner (1972) dargestellt, die eindrucksvoll das von Relief, Klima und Geologie geprägte Mosaik der natürlichen Vegetationstypen am Alpen-Ostrand zeigt. Eine Karte der „natürlichen Vegetation Europas" wurde von Bohn & Neuhäusl (2000/2003) im Maßstab 1:2 500 000 vorgelegt (s. Karte 6, Seite 17).

b) Je nach den Klima- und Bodenbedingungen ist das Endstadium der natürlichen Vegetationsentwicklung verschieden. Auf Böden, die weder vom Grundwasser durchnässt noch überschwemmt werden und auch sonst keine extremen Eigenschaften (z. B. primäre Nährstoffarmut) zeigen, wird die Pflanzendecke zu einem Ausdruck des Allgemeinklimas, das in der betreffenden Gegend oder Zone herrscht. Man spricht daher von **zonaler Vegetation** oder „klimatischen Klimaxgesellschaften" (das griechische Wort Klimax ist weiblich und heißt eigentlich Leiter oder Endstufe einer Leiter).

Durch lokale Gegebenheiten wird das Allgemeinklima abgewandelt, insbesondere durch das Relief. Auf Süd- bis Westhängen stellen sich Pflanzengesellschaften ein, die mehr Wärme benötigen und mehr Trockenheit ertragen als die zonalen (s. Abb. 4–2). In der Regel handelt es sich um Artenkombinationen, die in einem südlich oder südöstlich anschließenden Vegetationsgebiet zonal sind. Ihr Auftreten in Mitteleuropa wird dann als **extrazonal** bezeichnet. Entsprechendes gilt für lokalklimatisch kühlere Standorte mit mehr oder minder stark boreal (nördlich) getönten Artenkombinationen. Solche kleinflächigen Vegetationseinheiten kann man auf Übersichtskarten (wie Abb. 1–1 und 4–1) nicht darstellen, und noch weniger ist es möglich, in diesen Karten vom Boden abhängige Besonderheiten auszudrücken.

c) In Flussauen und auf nassen Böden kann sich die zonale Vegetation nicht einstellen, weil ihre Partner dort großenteils nicht zu gedeihen vermögen. Hier bilden sich besondere Endstadien aus, die man als **azonale Vegetation** bezeichnet, d. h. Pflanzenkombinationen, die in mehreren Zonen mit verschiedenem Allgemeinklima in ungefähr gleicher Form auftreten, weil sie von den gleichen extremen Bodenfaktoren geprägt werden. Allerdings sind sie keineswegs vom Allgemeinklima unabhängig und wandeln sich mit diesem, wenn auch weniger stark und offensichtlich als die zonalen Einheiten. Die Naturvegetation der Gewässer, Dünen, Felsen und anderer Sonderstandorte ist ebenfalls zum großen Teil als azonal anzusehen.

Zonale, extrazonale und azonale Pflanzengesellschaften bilden in jeder Landschaft ein Mosaik, das man am besten durch die – in der Regel flächenmäßig bei Weitem vorherrschende – zonale Vegetation charakterisieren kann. Früher glaubte man sogar annehmen zu dürfen, dass die azonalen und extrazonalen Gesellschaften letzten Endes ebenfalls der zonalen Klimax zustrebten. Diese auf den Amerikaner Clements (1916) zurückgehende „Monoklimaxtheorie" gilt heute als widerlegt. Entgegen der früher auch bei Bodenkundlern herrschenden Ansicht strebt z. B. die Verlandung eines Sees (s. Kap. 9.7.2 u. 8.3.2) nicht einem Eichen- oder Buchenwald zu, wie er auf Mineralböden in der Umgebung des Sees herrscht, sondern bleibt beim Erlenbruchwald stehen (s. Abb. 4–3). Dieser ist nicht in der Lage, den Boden weiter über den Grundwasserspiegel aufzuhöhen und weicht nur dann der nässeempfindlichen zonalen Vegetation, wenn der Wasserspiegel gesenkt wird, also eine nicht durch die Vegetationsentwicklung selbst bewirkte Standortsänderung eintritt.

d) In den letzten Jahrzehnten hat sich sogar die Auffassung durchgesetzt, dass auch die zonale Vegetation nicht ein einziges, homogenes Endstadium darstellt, sondern eine Gruppe von mehreren floristisch und physiognomisch recht verschiedenen Gesellschaften. Von vornherein verläuft deren Entwicklung auf tiefgründigen und tonhaltigen Lockerböden (z. B. auf Moränenlehm oder Löss) anders als auf Karbonatgesteinen (z. B. auf fast reinem Kalk oder Dolomit) und auch anders als auf quarzreichem Ausgangsmaterial (z. B. auf Sandstein oder diluvialem Sand). Silikathaltige Gesteine (z. B. Granite, Gneise, Basalte und kristalline Schiefer) zerfallen und entwickeln dann ähnliche Standorteigenschaften wie z. B. eiszeitliche Geschiebe. Aus Silikatgesteinen oder tiefgründigen Lehmen entstehen schließlich lehmreiche Braunerden oder Parabraunerden, aus Karbonatgesteinen humus- und später tonreiche Rendzinen und Terrae fuscae und aus quarzreichen, aber silikatarmen Sanden und Sandsteinen saure Braunerden oder podsolige Braunerden mit grobkörnigem Gefüge. Tonreiche Gesteine und Mergel entwickeln sich eben-

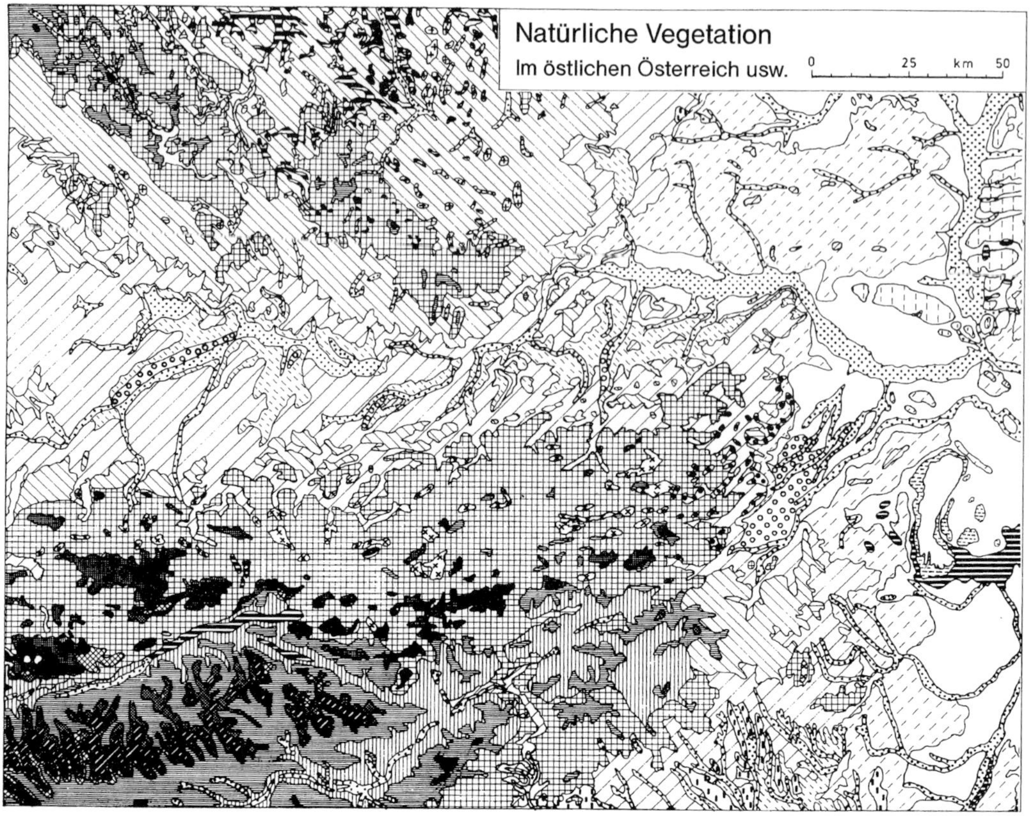

ZONALE VEGETATION[1]

Alpine Stufe
Alpine Rasen u.a., auf Karbonatgestein

wie vor., auf saurem Gestein

Subalpine Stufe
Grünerlengebüsch, meist auf saurem Gestein, viel Weideland

Latschengebüsch, meist auf Karbonatgestein, wenig Weideland

Lärchen-Arven(Zirben)-Wald, heute z.T. Weideland

Montane Stufe
Fichtenwälder der Innenalpen auf saurem Gestein

Tannen-Fichtenwälder der Innenalpen, auf reicherem Boden als vor., z.T. in Kulturland verwandelt

Fichten-Tannen-Rotbuchen-Bergmischwälder auf Karbonatgestein; großenteils als solche erhalten

Rotbuchenwälder, z.T. in Nadelforsten verwandelt, viel Grünland

Submontane Stufe
Eichen-Hainbuchenwälder mit viel Rotbuche, großenteils Kulturland

Eichen-Hainbuchenwälder, heute großenteils Kulturland

Colline Stufe
Wärmeliebende Eichenmischwälder; heute fast waldlos; viel Weinbau

wie vor., außerdem Eichen-Hainbuchenwälder

AZONALE VEGETATION[1]

Trockenstandorte
Sanddünen mit Eichen-Mischwäldern u.a.

Schwarzkiefernwälder auf Karbonatgestein

Schneeheide-Waldkiefernwälder auf Dolomit, Serpentin u.ä.

Montane Kiefernwälder auf saurem Gestein

Sanddorn-Kiefernwälder und Eichen-Kiefernwälder auf trockenen Schotterflächen, heute meist Kiefernforsten

Colline bodensaure Eichen-Kiefernwälder

Feuchtstandorte
Flussauen mit Weich- und Hartholzwäldern, z.T. kultiviert

Schilfgürtel des Neusiedler Sees und benachbarter Lacken sowie Salzvegetation in deren Umgebung

Niedermoore, großenteils in Kulturwiesen überführt

Hochmoore, heute z.T. entwässert

[1] Diese Begriffe werden in Kap. 4.2.1 erklärt.

Abb. 4–1 Heutige potenzielle natürliche Vegetation Mitteleuropas mit den Alpen, am Beispiel Niederösterreichs. Nach einer farbigen Karte von Wagner (1971) etwa im Maßstab 1 : 2 Mio., etwas verändert. Je höher über dem Meeresspiegel, umso dunkler die Signaturen. Von Natur aus würden fast überall Wälder herrschen.

STANDORTS-CHARAKTER																	
ALLGEMEIN	ZONAL			EXTRA-ZONAL				AZONAL									
KURZ-BEZEICHNUNG	SAND S	LEHM L	KALK K	SCHATT-HANG		SONN-HANG		FLUSSAUE		DÜNE	BRUCH		MOOR		SEE		
Ausgangs-gesteine	Sand / Sandstein u.ä.	Löss Moräne Silikat-gesteine	Kalkstein Dolomit					Auelehm bis Feinsand	Auesand, Kies	Flugsand	(Torf) Trophiegrad		(Torf)		(Wasser)		
				S	L K	S	L K				ol	mes eu	ol	mes eu	ol	mes	eu
Reife Bodentypen	stark saure Braunerde	Parabr.-u. Braunerde	Rendzina					Vega	Paternia	Ranker Podsol	Carr	Fen	Hochmoor	Niedermoor			
Humusform unter Laubwald	Moder	Mull	Mull	Mod	Mull	Mod	Mull	Mull	(Mull)	Mör	Mör	Br.-torf					
± SUBOZEANISCH																	
HÖHENSTUFE subalpin	Fi	Ah Fi Bu	Ah Bu	Fi		(Fi) Ah Bu		—	Grünerle	—	Fi	Ta Fi	—				
montan	Ta Fi Bu	Ta Bu	(Ta) Bu	Fi Ta	Bu (Fi) Ta	(Kie)	(Ta) Bu	— (Esche)	Grauerle	—	(Bi) Fi	Ta Fi	(Fi) Berg-Kie	gehölzfrei	oligotroph	mesotroph	eutroph
submontan	Ei Bu	Bu	Bu	Bu Ta	Ta Bu	(Kie)	Ei Bu	(Esche) Ei	Wei	Ei	Fi (Kie) Bi	(Fi) Schwarzerle	Kie (Bi)				
collin-planar	Ei Bu	(Ei) Bu	Bu	Bu	Li u.a. (Bu)	(Kie) Submedit. Ei-Mischw.		(Ulm) Ei	Wei	(Kie) Ei	(Kie) Bi	(Bi) Schwarzerle	(Kie) (Bi)				
± KONTINENTAL																	
HÖHENSTUFE montan	(Bu)(Ta) Fi	(Bu) Ta Fi	(Fi) Ta Bu	Fi		(Kie) Ta Fi		Fi (Esche)	Grauerle	—	(Kie) Fi	Fi	Fi Berg-Kie				
submontan	Ei Bu Kie	Kie Fi Ei Bu	Ei Bu	Fi Kie Bu	Fi Ta Bu	Kie Ei	Kie Ei	(Esche) Ei	Wei	(Ei) Kie	(Bi) (Fi) (Kie)	(Bi) Schwarzerle	Kie				
collin-planar	(Ei) Kie	Li Ei Hb	Ei Hb	(Bu) Ei Kie	(Bu) Fi Hb	Kie	kontin. Ei-Mischw.	(Ulm) Ei	Wei	Kie	(Bi) Kie	(Bi) Schwarzerle	Kie				

Ah = Bergahorn, Bi = Moorbirke, Bu = Rotbuche, Ei = Eichen, Fi = Fichte, Kie = Waldkiefer, Hb = Hainbuche, Li = Linden, Ta = Weißtanne, Wei = Weiden

Abb. 4–2 Herrschende Baumarten in der zonalen, extrazonalen und azonalen Vegetation von der Ebene bis ins Gebirge im westlichen (subozeanischen) und östlichen (mehr oder minder kontinentalen) Bereich Mitteleuropas. (Nähere Erläuterung im Text) Br.-torf = Bruchwaldtorf, Mör = Rohhumus.

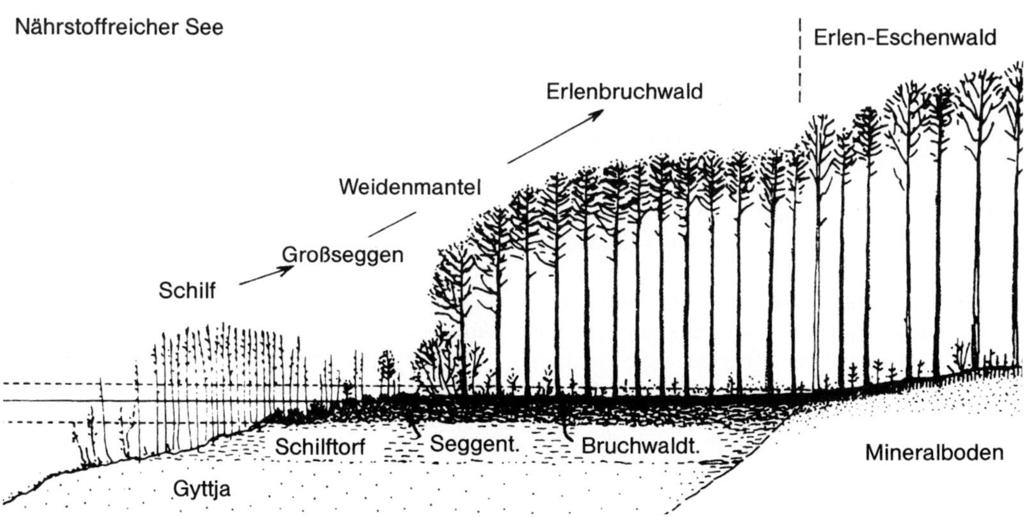

Abb. 4–3 Nässegrenze des Waldes an einem nährstoffreichen See. Nach Ellenberg (1966), verändert.
Durch Bildung von Schlamm (Gyttja) oder Torfen tragen die Uferpflanzen zur Verlandung des Sees bei, so dass die von der Schwarzerle gehaltene Nässefront allmählich seewärts vorrückt. Über den Schwankungsbereich des Wassers hinaus wird kein Torf gebildet; der Erlenbruchwald stellt daher das Endstadium der Verlandung dar. Auf dem anschließenden Mineralboden staffeln sich die Waldgesellschaften nach der Dauer des Grundwassereinflusses. Der Erlen-Eschenwald leitet zum Eichen-Hainbuchenwald und zum Buchenmischwald über. (Die im Wasserbereich liegenden Teile des Bodenquerschnitts sind überhöht dargestellt.)

falls in besonderer Weise, nämlich zu Pelosolen; sie sind allerdings vergleichsweise selten (Rehfuess 1990).

Den Unterschieden in der natürlichen Bodenentwicklung entsprechen solche in der Vegetation. Wo verschiedene Ausgangsgesteine vorhanden sind, kann man mithin in einem gegebenen Allgemeinklima nebeneinander zumindest drei zonale Pflanzengesellschaften bzw. Klimaxgesellschaften erwarten: Die **zonale Karbonatvegetation**, die **zonale Lehmvegetation** und die **zonale Sandvegetation**. Sie sind verschieden und bilden erst gemeinsam die zonale Vegetation. In Anlehnung an den von Tüxen & Diemont (1937) geprägten Begriff „Klimaxgruppe" kann man von der „zonalen Vegetationsgruppe" sprechen. Sie erkannten als Erste klar, dass es beispielsweise in Nordwestdeutschland keine Monoklimax gibt, sondern mehrere verschiedene Klimaxgesellschaften auf den Hauptsubstraten der Bodenbildung. In Nordwestdeutschland sind dies drei, nämlich krautschichtreiche Mullbuchenwälder auf Kalk, sogenannte Braunmull-Buchenwälder auf Lehm und Moderbuchenwälder auf sandigen Substraten (s. Kap. 5.3, 5.4 u. 5.5). Entsprechende zonale Vegetationsgruppen gibt es in anderen Teilen Mitteleuropas, und zwar nicht nur im Tiefland, sondern auch in jeder klimatischen Vegetationsstufe der Gebirge (s. Kap. 4.4.8).

4.2.2 Die potenzielle natürliche Vegetation Mitteleuropas

Abbildung 4–2 gibt einen ersten Überblick über die potenzielle natürliche Vegetation in Mitteleuropa unter Berücksichtigung der zonalen, extrazonalen und azonalen Vegetation. Der allgemeine Teil dieser Abbildung enthält eine knappe, ohne nähere Erläuterung verständliche Kennzeichnung der wichtigsten Standorteigenschaften. Besonders hingewiesen sei lediglich auf die Humusformen, weil diese die ernährungsökologischen Besonderheiten der Böden auf die kürzestmögliche Formel bringen (vgl. hierzu Arbeitskreis Standortskartierung 1980 und die Abb. 4–102 u. 4–103):

- **Mull** besteht aus Ton-Humus-Komplexen in Krümelform und kennzeichnet fruchtbare Böden mit ausreichender Basensättigung, guter Durchlüftung, hoher biologischer Aktivität und einer arten- und individuenreichen Makrofauna, dessen organische Substanz intensiv in den Mineralboden eingearbeitet ist.
- **Moder** ist ein stark zersetzter Auflagehumus mit mäßiger biologischer Aktivität und Dominanz der Mesofauna, der nur wenig in den Boden eingearbeitet ist. In der Regel reagiert er stark sauer, ist aber noch nährstoff-, insbesondere stickstoffreich.
- **Rohhumus** ist ein kaum zersetzter Auflagehumus mit nur geringer biologischer Aktivität, der von nur recht wenigen Höheren Pflanzen, jedoch zahlreichen Moosen besiedelt werden kann.
- **Bruchwaldtorf** besteht wie alle Torfe aus fast rein organischem Material; er ist zeitweilig durchnässt und luftarm, ernährungsbiologisch aber in vielerlei Hinsicht mit Mull vergleichbar.
- **Niedermoortorf** ist noch nasser, aber ebenfalls mehr oder minder nährstoffreich.
- **Hochmoortorf** ist extrem sauer, nährstoffarm und fast sauerstofffrei, also die ungünstigste aller Humusformen.

4.2.3 Höhenstufen der Waldvegetation

Aus Abbildung 4–2 geht hervor, wie sich das Mosaik der zonalen, extrazonalen und azonalen Vegetation mit der Höhe über dem Meeresspiegel ändert. Für den Überblick genügt es zunächst, die (wahrscheinlich) von Natur aus vorherrschenden Baumarten zu nennen. Da sich die zonale Vegetation aller Höhenstufen mit dem Kontinentalitätsgrad des Klimas ändert, wurde die Darstellung für den Südwesten (oberer Teil von Abb. 4–2) und für den Osten Mitteleuropas (unterer Teil) getrennt ausgeführt. In beiden Bereichen können wir zumindest vier Höhenstufen der Waldvegetation unterscheiden (s. a. Abb. 1–1, 1–6 u. 4–46):

1. **Tieflagen** mit relativ hohen Durchschnittstemperaturen, aber geringen Niederschlägen begünstigen neben der Rotbuche die Eichen und in kontinentalem Klima auf Sandböden und saurem Bruchwaldtorf allgemein die Kiefer. Das gilt namentlich für die planaren, d. h. weithin ebenen Lagen, in denen sich extrazonale Vegetation kaum ansiedeln kann. Tief gelegene Hügelländer – die man als collin bezeichnet – bieten dagegen mannigfache Möglichkeiten zur Ausbildung von extrazonalen Pflanzengesellschaften. Hier findet man entweder submediterran getönte artenreiche Eichenmischwälder

oder relativ stark kontinental geprägte Gesellschaften, die meist auch eichenreich sind.

2. Die **submontane**, zur montanen überleitende Stufe beginnt im nördlichen Mitteleuropa schon bei etwa 200–300 m ü.NN., im südlichen erst bei 500–600 m. Ihre Waldvegetation ist meistens buchenreich, selbst im Osten Mitteleuropas, soweit dieser noch zum Areal von *Fagus sylvatica* gehört.

3. **Montan** werden Klima und Vegetation dort, wo die Durchschnittstemperatur um mindestens 3 °C geringer ist als in den Tieflagen, aber das nächtliche Abfließen von Kaltluft zu deutlicher Temperaturumkehr, d. h. zu relativ geringerer Frostgefahr führt. Die Untergrenze dieser Stufe liegt bei etwa 500 m ü.NN. (im Norden) bis 900 m (im Süden). Auch hier herrscht in der zonalen und extrazonalen Vegetation fast überall die Rotbuche, mischt sich jedoch stärker mit Nadelhölzern als in der submontanen Stufe. An azonalen Standorten ist der Gegensatz zu den beiden tieferen Stufen ebenfalls augenfällig. In den Flussauen werden die Eichen und Silberweiden des Tieflandes meistens von der Grauerle abgelöst. In Wäldern aus meso- bis eutrophen Torfböden treten Nadelhölzer an die Stelle von Schwarzerlen. Der obere Teil der Bergstufe, der häufig wolkenreicher ist als die Lagen darunter und darüber, kann als oreal (hochmontan) abgesondert werden.

4. Die **subalpine Stufe** ist gekennzeichnet durch zunehmende Ungunst des Klimas für die meisten Baumarten und für den Wald überhaupt. Nach oben findet sie mit der klimatischen Waldgrenze einen deutlich sichtbaren Abschluss, auf den wir in Kapitel 13.4.5 eingehen werden. Laubhölzer, namentlich Buchen, setzen sich in der subalpinen Stufe nur noch auf den besten Böden und bei relativ ozeanischem Allgemeinklima durch (s. Abb. 4–45).

In der montanen und subalpinen Stufe findet man horizontale oder wenig geneigte Flächen, auf deren Böden sich zonale Vegetation einstellen könnte, verhältnismäßig selten. Extrazonale Gesellschaften oder doch lokalklimatisch bedingte Abwandlungen der zonalen Vegetation sind weitaus häufiger. Dies veranlasste Tüxen & Diemont (1937), von einem „Schwarm" zonaler Gesellschaften (bzw. einem „Klimaxschwarm") zu sprechen. Beispiele für solche lokalklimatischen Mosaike der potenziellen natürlichen Vegetation sind in Abbildung 5–24 wiedergegeben, und zwar für je eine idealisierte Bergkuppe mit kalkreichem und kalkarmem Gestein.

Trotz dieser lokalen Mannigfaltigkeit hat jede Vegetationsstufe unverkennbare, durchgehende Charakterzüge, die sich vor allem im Artengefüge der Baumschicht äußern. Da dieses überhaupt ein Schlüssel zum Verständnis der Waldvegetation Mitteleuropas ist, wollen wir auf sein Zustandekommen näher eingehen. Dabei konzentrieren wir uns anfangs auf die Laubwälder der submontanen Stufe im westlichen Mitteleuropa, nicht zuletzt deshalb, weil von hier zahlreiche ökologische Untersuchungen vorliegen.

4.2.4 Nässe-, Trocken- und Kältegrenze des Waldes

Wälder würden zwar in der potenziellen natürlichen Vegetation unterhalb der klimatischen Waldgrenze weit größere Flächen bedecken als in der heutigen Kulturlandschaft. Doch gibt es selbst in der Naturlandschaft Grenzen, die der Wald nicht zu überschreiten vermag (s. a. Knapp 1979/1980).

Die auffälligste ökologische Schranke, die man auch heute noch an vielen Beispielen studieren kann, ist die **Nässegrenze** des Waldes (s. Abb. 4–3). Sie wird vor allem durch den Sauerstoffmangel verursacht, der in dauernd wasserdurchtränktem humusreichem Boden herrscht (s. Kap. 8.2.4).

Trotz des humiden Klimas, das für das westliche Mitteleuropa charakteristisch ist, kommt jedoch der Wald stellenweise auch hier an eine natürliche **Trockengrenze**. Das ist dort der Fall, wo über festem Gestein die wasserhaltende Feinerdedecke zu dünn wird (s. Abb. 4–4). Während der gelegentlich auftretenden Trockenperioden dörrt diese völlig aus und hat auch in feuchteren Zeiten einen so stark wechselnden Wasserhaushalt, dass keine Bäume hochkommen. Die Trockenheitsgrenze ist hier also wie die Nässegrenze edaphisch, nicht klimatisch bedingt. Durch Flachgründigkeit waldfeindliche Standorte sind in Mitteleuropa stets eng begrenzt und von niedrigem Gebüsch sowie von kümmerlichem Buschwald umgeben, der infolge Wassermangels im Herbst oft schon mehrere Wochen früher vergilbt als die Wälder auf tiefgründigen Böden. Im östlichen und im südlichen Mitteleuropa wird die Trockenfront des Waldes in der Regel nicht von Laub-

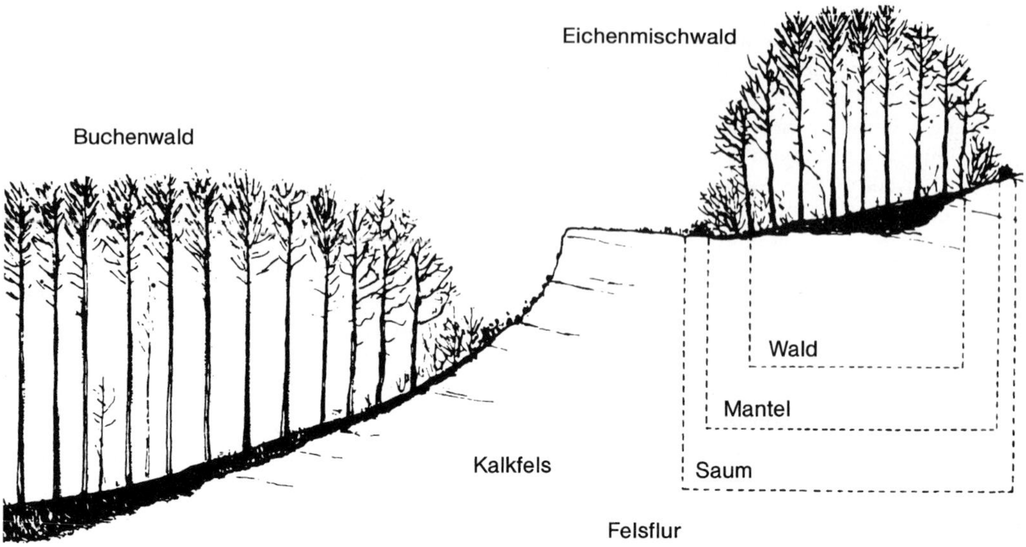

Abb. 4–4 Trockengrenzen des Waldes kommen selbst in dem dauernd humiden Klima Mitteleuropas zustande, und zwar dadurch, dass die Feinerde über Felsgrund zu wenig Wasservorräte zu halten vermag, mit denen die Bäume während gelegentlich vorkommender Trockenperioden überleben könnten. Nach Ellenberg (1966), etwas verändert. Rotbuchenwälder erfordern mehr als etwa 20 cm Feinerde, Eichenmischwälder sind etwas genügsamer. Im Übergang zwischen Wald und nahezu pflanzenfreiem Fels bilden Sträucher einen „Waldmantel" und krautige Pflanzen dessen „Saum". (Die Feinerde-Mächtigkeit ist zehnfach überhöht dargestellt) Geschlossene Rasen gibt es auf Fels ohne Feinerdedecke nicht.

hölzern, sondern von Kiefern gehalten, sei es von der Waldkiefer (*Pinus sylvestris*) oder der nach Künstle & Mitscherlich (1975) noch dürrefesteren Schwarzkiefer (*Pinus nigra*), oder aber von der nur in den westlichen Alpen vor allem auf Kalkgestein vorkommenden Aufrechten Bergkiefer (*Pinus uncinata*).

An allen natürlichen Waldgrenzen herrscht in Mitteleuropa in der Regel nur eine einzige Baumart, ob diese Grenze durch Kälte, Trockenheit oder Nässe gesetzt wird. Die bereits genannten Beispiele lassen aber erkennen, dass je nach den sonstigen Lebensbedingungen verschiedene Arten zur Dominanz gelangen. An den Existenzgrenzen zeigt sich deutlicher als an günstigen Standorten, wie ungleich diese Arten auf den Komplex der Umweltfaktoren reagieren.

4.3 Lebensbedingungen und standörtliche Gliederung

4.3.1 Das Klima des Waldesinneren

a) Mehr als die Hälfte der einfallenden **Strahlung** wird bereits in den obersten 3–5 m der Sonnenkrone eines Waldes absorbiert; hier befindet sich die höchste Blattflächendichte (Elias et al. 1989; s. Abb. 4–10). Geschlossene temperate Wälder lassen im Sommer nur etwa 4–9 % der Globalstrahlung und etwa 1–5 % der photosynthetisch aktiven Strahlung (PAR) zum Waldboden durch. Besonders dunkel sind Buchen-, Linden- und Hainbuchenwälder, für die eine PAR-**Transmissivität** von nur 1–3 % typisch ist (s. Abb. 4–5; vgl. Walter 1960). Das entspricht einer mittleren PAR-Flussdichte von 2–10 µmol Photonen m^{-2} s^{-1} (s. Abb. 4–6; vgl. Ehrhardt 1988 u. Mayer et al. 2002). In geschlossenen Fichten- und Tannenwäldern erreichen ungefähr 1,5–4 % den Boden (Walter 1960). Heller sind eichenreiche Hainbuchenwälder und vor allem Ei-

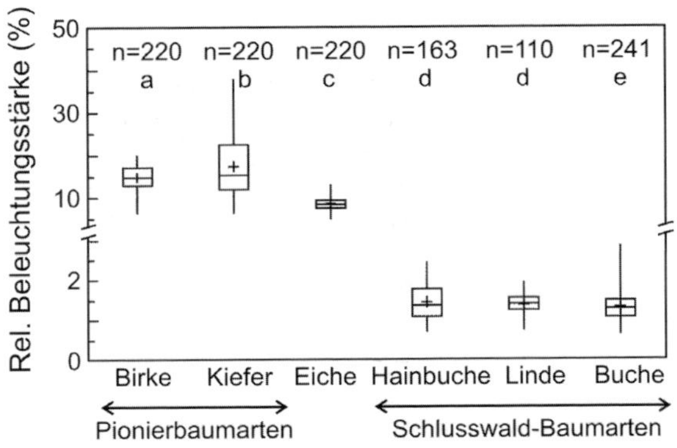

Abb. 4–5 Relative Beleuchtungsstärke im PAR-Bereich am Waldboden unter Reinbeständen von sechs Baumarten, dargestellt in Box-Whisker-Plots (Mittelwert, Median, 25%- u. 75%-Quartilsgrenzen, Extremwerte; n = Zahl der Messwerte in jeweils zwei Beständen pro Art; Messungen mittags bei bedecktem Himmel). Nach Hagemeier (2002).

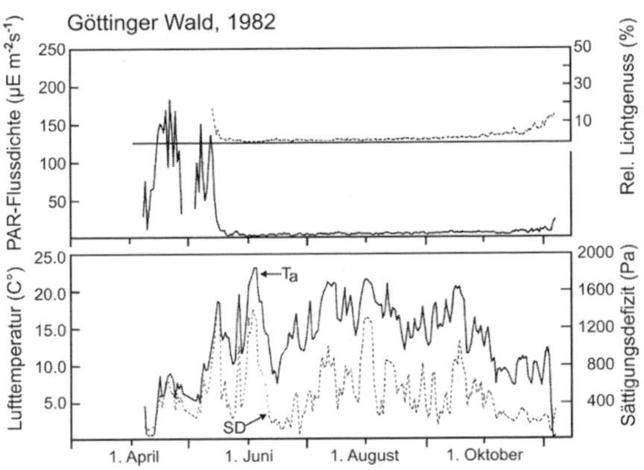

Abb. 4–6 Tagesmittel der photosynthetisch aktiven Strahlung, des relativen Lichtgenusses, der Lufttemperatur (T_a) und des Sättigungsdefizites (SD) am Waldboden eines Kalkbuchenwaldes bei Göttingen in der Vegetationsperiode 1982. Nach Kriebitzsch (1989, und unveröff. Daten).

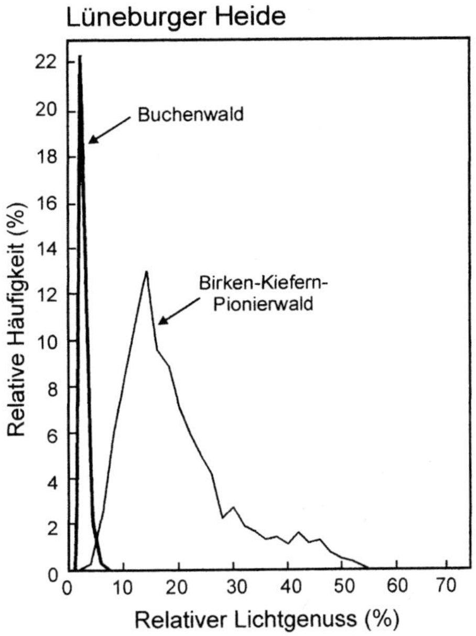

Abb. 4–7 Relative Häufigkeit von Messwerten des relativen Lichtgenusses (PAR-Bereich) am Waldboden unter einem spätsukzessionalen Buchenaltbestand (121 Messpunkte) und einem benachbarten, noch z. T. lückigen Birken-Kiefern-Pionierwald (473 Messpunkte) der Lüneburger Heide (Klassenbreite der Transmissionswerte: 0,5 %). Die Medianwerte liegen bei 4,3 % (Buchenwald) und 14,0 % (Birken-Kiefernwald). Nach Leuschner (1994).

chen-, Birken-, Pappel- und Kiefernwälder mit Transmissionswerten von 5–20% (s. Abb. 4–5). Dichte Jungbestände sind unabhängig von der Baumart besonders dunkel (Mitscherlich 1940, Eber 1972; s. Abb. 5–33).

Die meisten dieser Zahlen sind Mittelwerte aus Zeiten bedeckten Himmels und sie betreffen mehr oder weniger geschlossene Altersklassenwälder ohne Bestandeslücken. Weit mehr Licht erreicht kurzfristig den Waldboden, wenn an sonnigen Tagen kleine und größere Lichtflecken durch Kronenlücken fallen und über den Waldboden wandern (s. Kap. 4.5.2.3 f). Dann kann der Lichtgenuss kurzfristig bis auf 80% der Freilandhelligkeit anwachsen. Ein höherer Lichtgenuss herrscht auch, wenn das Laubdach nicht vollständig geschlossen ist, wie in der Seneszenz- und Verjüngungsphase von Urwäldern oder nach forstlichen Eingriffen. In solchen Beständen entspricht der Lichtgenuss am Waldboden einer linksschiefen Häufigkeitsverteilung, wie sie in Abbildung 4–7 für einen noch nicht geschlossenen Kiefernanflugwald in der Lüneburger Heide dargestellt ist.

Sommergrüne Laubbäume treiben erst einige Wochen später aus als ihr Unterwuchs ergrünt. Im Frühling genießt dieser also eine Weile viel mehr Licht und Wärme als in der Zeit der vollen Belaubung, und auch im Herbst und Winter können manche Pflanzen die auf etwa 50% reduzierte Einstrahlung nutzen (s. Abb. 4–6). In den immergrünen Nadelwäldern dagegen ändert sich die Beschattung durch das Kronendach nur mit dem Sonnenstand, ist also in den kühleren Jahreszeiten eher geringer als im Sommer. Infolgedessen sind Laubwälder in der Regel reich an Frühlingsblühern, Nadelwälder dagegen an Sommerpflanzen.

Laub- und Nadelwälder unterscheiden sich auch in der **Strahlungsreflexion** ihrer Kronen: Laubwälder weisen im Allgemeinen höhere Werte als Koniferen auf, die entsprechend dunkel erscheinen. Für belaubte Buchenwälder ist eine Reflexion der Globalstrahlung von rund 12% typisch, für Fichten- und Kiefernbestände von 8%. Im Wellenlängenbereich der PAR-Strahlung ist die Reflektivität besonders gering (Kiese 1972, Ehrhardt 1988, Leuschner 1994, Dolman et al. 2003). Ein alter Buchenwald absorbiert im belaubten Zustand 93–95% der einfallenden PAR-Strahlung, ein Fichtenwald rund 90%.

Das Blätterdach des Waldes verändert auch die **spektrale Zusammensetzung** der Strahlung. Am Waldboden ist die PAR-Strahlung reicher an dunkelroter und infraroter Strahlung (DR, 700–800 nm) sowie an grünem Licht, aber ärmer an hellrotem (HR, 600–700 nm). Während Tageslicht einen HR/DR-Quotienten von 1,15 hat, werden am Waldboden Quotienten zwischen 0,15 und 0,97 gemessen (Morgan & Smith 1981). Laub- und Nadelwälder unterscheiden sich in ihrem Transmissionsspektrum: Der HR/DR-Quotient ist unter Laubwäldern meist besonders niedrig. Nadelwälder zeigen eine gleichmäßigere spektrale Verteilung der durchgelassenen Strahlung mit höheren Rot- und Blauanteilen (s. Abb. 4–8).

b) Das Kronendach behindert nicht nur den Strahlungstransfer in das Waldesinnere, sondern auch den Luftaustausch mit der freien Atmosphäre. Die **Temperatur** in Bodennähe schwankt daher im Tages- wie im Jahresverlauf weniger stark als unter freiem Himmel (s. Abb. 4–9, oben). Auch im Hochsommer bleibt die Bodentemperatur im Wald relativ niedrig, was für die Kohlenstoffbilanz der Waldbodenpflanzen von großer Bedeutung ist. In zwei Buchenwäldern im Solling und in der Lüneburger Heide beispielsweise erreichten die Monatsmittel der Bodentemperatur nur maximal 12 und 15 °C (Schulte 1993, Leuschner 1994). Nadelwälder zeigen einen noch ausgeglicheneren Temperaturverlauf als Laubwälder, deren Böden sich ja zumindest vor dem Laubaustrieb relativ stark erwärmen (van Eimern & Ehrhardt 1985).

Auch im kühlen Mitteleuropa erhitzen sich die obersten Kronenschichten an windarmen Strahlungstagen bis auf 30–33 °C (Aussenac & Ducrey 1977, Elias et al. 1989); dann sind die Blätter bis zu 3 °C wärmer als die Luft (Schulze 1970). Die Erwärmung der Krone ist in dichten Jungbeständen besonders stark. Trotzdem sind die vertikalen Temperaturunterschiede zwischen der Sonnen- und Schattenkrone gering, sie betragen meist nur wenige °C (s. Abb. 4–10; Baumgartner 1957, Heckert 1959, Wilmers & Ellenberg 1986).

Das Kronendach schützt den Waldboden vor **Frost**. Stoutjesdijk & Barkman (1992) maßen in einer klaren Winternacht unter einer dichten Douglasienkrone –4 °C, unter Kiefern –9 °C, unter winterkahlen Lärchen –13 °C und unter Eichen sogar –14 °C. Ein noch wirksamerer Frostschutz ist allerdings die Schneedecke, die auch in montaner Höhenlage die Bodentemperatur kaum unter den Gefrierpunkt sinken lässt. Die Höhe der Schneedecke ist im dicht geschlossenen Nadelwald vermindert, und zwar auf etwa 70% derjenigen des Freilandes. Von den Ästen herabfallender Neuschnee steigert jedoch seine Dichte, sodass er an Hängen weniger leicht ins Rutschen gerät. Wegen starker Beschattung bleibt er im Frühjahr länger lie-

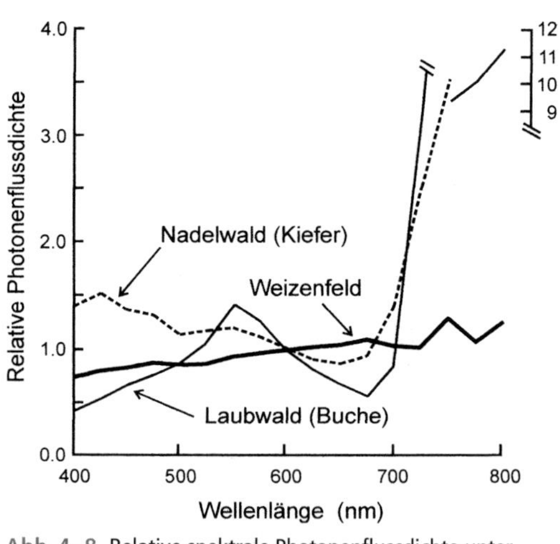

Abb. 4–8 Relative spektrale Photonenflussdichte unter Buchenwald, Kiefernwald und einem Weizenfeld (die Kurven wurden auf 600 nm = 1,0 normalisiert). Nach Tasker & Smith (1977), Federer & Tanner (1966) und Homes & Smith (1977) in Morgan & Smith (1983).

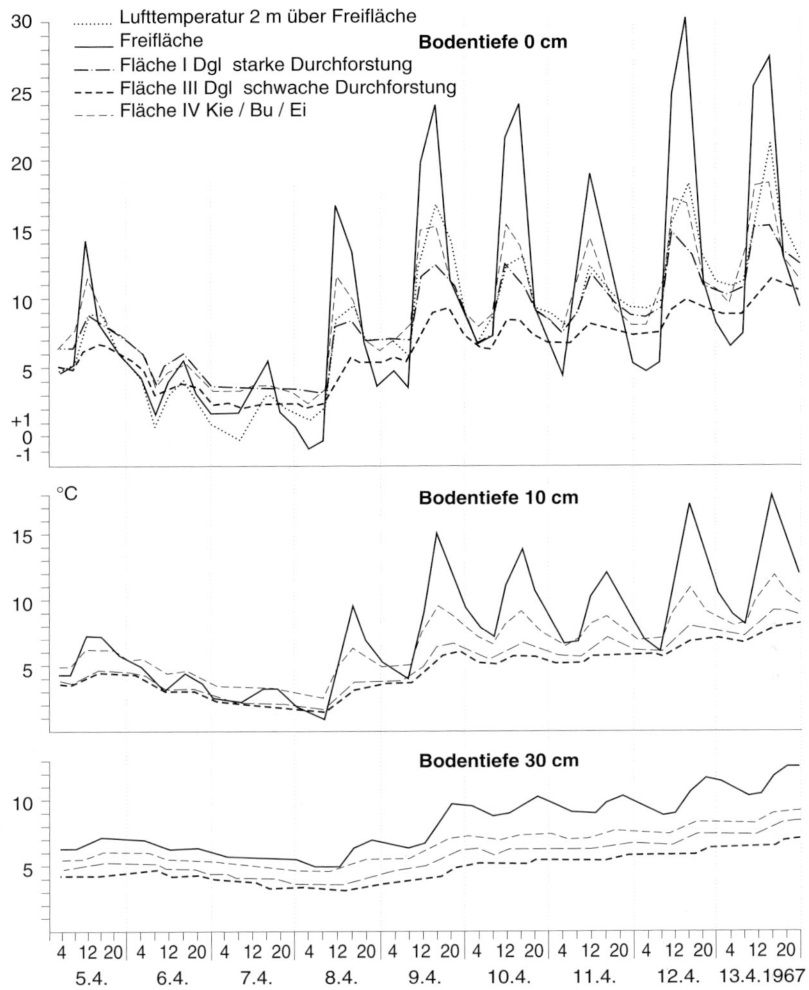

Abb. 4–9 Tagesgänge der Bodentemperaturen im Freiland und unter verschiedenen Waldbeständen zur Zeit der raschen Erwärmung im Frühjahr (5.–13. April 1967). Nach Mitscherlich & Künstle (1970).
Auf einem Kahlschlag (Freifläche) sind die täglichen Schwankungen am größten, besonders an der Bodenoberfläche, aber auch in 10 und 30 cm Tiefe. Unter Laubmischwald (Fläche IV, Kiefer-Rotbuche-Eiche) vor dem Laubaustrieb schwanken die Temperaturen stärker und erwärmt sich der Boden rascher als unter immergrünem Nadelwald, besonders wo dieser sehr dicht ist (Fläche III, Douglasie, schwache Durchforstung). Ergänzend sei bemerkt, dass sich die Reihenfolge der Probeflächen im Laufe des Sommers ändern kann. Von Ende Oktober bis Anfang Februar bleibt aber der Boden im Laubmischwald wärmer als in allen übrigen Flächen, auch im Kahlschlag. Nach Mitscherlich und Künstle liegt dies in erster Linie an der isolierenden Laubstreudecke, die ja durch den herbstlichen Blattfall verstärkt wird.

gen. In Bestandeslücken häuft sich dagegen der Schnee durch Windwirkung auf etwa 120% des Freilandwertes an. In laubwerfenden Wäldern sind diese Effekte weniger stark ausgeprägt.

c) Das ausgeglichene Temperaturregime des Waldesinneren lässt nur geringe Schwankungen der **Luftfeuchtigkeit** zu (s. Abb. 16–2). Das Bestandesklima ist also sowohl im Wärme- wie im Wasserhaushalt „ozeanischer“ getönt als dasjenige der Umgebung. Die Unterwuchsgemeinschaften sprechen infolgedessen nicht so deutlich auf den Grad der Kontinentalität des Allgemeinklimas an, wie dies bei der Baumschicht der Fall ist.

Die Luftfeuchte am Waldboden ist gegenüber dem Freiland deutlich erhöht. In Buchenwäldern überschreitet das Sättigungsdefizit auch im Hochsommer nur kurzfristig 1 kPa (Kriebitzsch 1992, Aschan & Lösch 2000; s. Abb. 4–10). Weit niedrigere Luftfeuchten (Sättigungsdefizite bis >3 kPa bzw. <40% relative Luftfeuchte) wurden in lückigen, strahlungsreichen Wäldern gemessen, so in einem thermophilen Eichen-Hainbuchenwald in der Südslowakei (Elias et al. 1989).

Die **CO_2-Konzentration** im Bestandesinneren wird vor allem von der Senkenfunktion der assimilierenden Krone und der Bodenatmung bestimmt. Im bereits erwähnten Eichen-Hainbuchenwald sank der CO_2-Gehalt mittags in der Krone auf Werte unter 300 ppm ab; am Ende der Nacht traten dagegen am Waldboden Höchstwerte von 430 ppm auf (Elias et al. 1989; s. Abb. 4–11). In anderen temperaten Laubwäldern wurden noch höhere Maxima bis 500 ppm gemessen (z. B. Woodwell & Bodkin 1970).

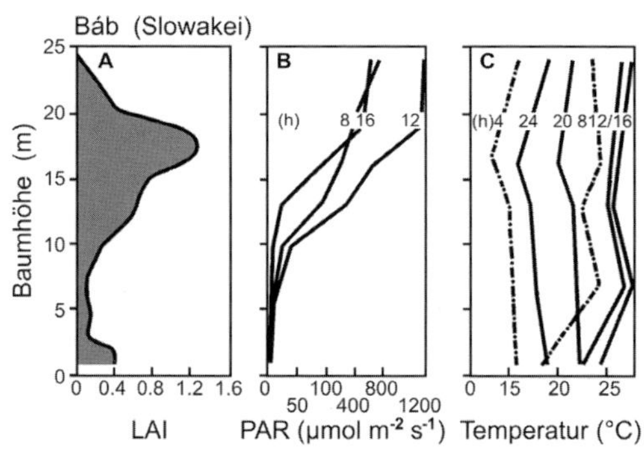

Abb. 4–10 Vertikale Profile der Blattflächendichte ($m^2\ m^{-2}\ m^{-1}$, A), der PAR-Flussdichte (B) und der Lufttemperatur an einem Strahlungstag im Juli im Bestand eines 25 m hohen Eichen-Hainbuchenwaldes in der Slowakei (Báb-Wald). Nach Elias et al. (1989).

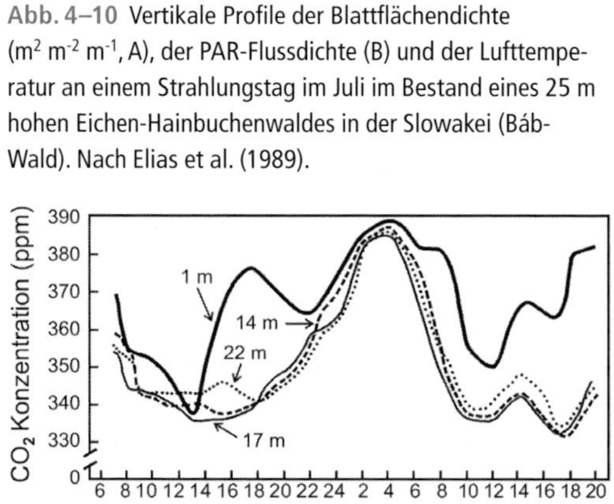

Abb. 4–11 Verlauf der CO_2-Konzentration in vier Höhen im Bestand eines slowakischen Eichen-Hainbuchenwaldes an zwei Tagen im Juli. Nach Elias et al. (1989).

d) Das Kronendach bremst den **Wind**, sodass im Bestandesinneren eines Laubwaldes im Sommer nur 10–20%, im Winter 30–50% der Windgeschwindigkeit über dem Wald gemessen werden (Kiese 1972, Wilmers & Ellenberg 1986). In lichten, strahlungsreichen Wäldern kommt es daher zu einer beträchtlichen Temperaturerhöhung im Bestand, weil Strahlung einfällt, aber erwärmte Luft nicht frei austreten kann (Smolen & Matejka 1982).

4.3.2 Bodenwasserregime

Das Wasserangebot von Waldstandorten wird vor allem von drei Faktoren bestimmt, der Niederschlagshöhe, der durchwurzelten Profiltiefe des Bodens und der Korngröße. Von den letzteren Eigenschaften hängt die Nutzwasserkapazität des Bodens ab.

a) Auch die trockensten Regionen Mitteleuropas erhalten genügend **Niederschlag**, um Baumwuchs zu ermöglichen. In Halle an der Saale im mitteldeutschen Trockengebiet beispielsweise fallen im langjährigen Mittel 420 mm pro Jahr, davon etwa 230 mm von April bis Oktober. Diese Menge genügt, um den minimalen Wasserbedarf transpirierender Eichen-, Kiefern- und Buchenwälder (rund 180–200 mm a^{-1}, s. Tab. 4–21) in den sommerwarmen Tieflagen zu decken, selbst wenn rund 20% des Niederschlages durch Interzeption verloren gehen.

Dennoch sind auch im humiden Klima Mitteleuropas viele Waldstandorte in trockenen Sommern von Wassermangel betroffen, insbesondere im Tiefland und in der unteren Bergstufe. Das gilt selbst, wenn der mittlere Jahresniederschlag mehr als 800 mm beträgt. In der Lüneburger Heide beispielsweise hatte ein Eichen-Buchen-Altbestand auf Sandboden Anfang Juli den gesamten Nutzwasservorrat des durchwurzelten Profils aufgezehrt, obwohl in diesem Jahr 882 mm Niederschlag fielen (s. Abb. 4–12).

Je geringer die **durchwurzelbare Profiltiefe**, umso stärker hängen Wasserverbrauch, Produktivität und auch die Zusammensetzung der Waldgesellschaft von den periodischen Wasserdefiziten ab. Einige Waldgesellschaften können sich auf flachgründigen Rendzinen und Rankern etablieren, deren A-Horizont nicht einmal 20 cm mächtig ist. Selbst nach ausgiebigen Niederschlägen speichern diese Böden kaum 70–100 mm pflanzenverfügbaren Wassers, das

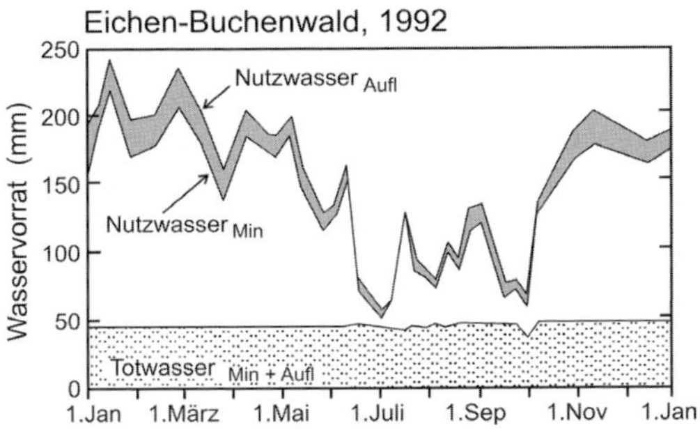

Abb. 4–12 Vorräte an Bodenwasser in 0–70 cm Mineralbodentiefe und in der organischen Auflage im Jahr 1992 unter einem Eichen-Buchenwald auf Sandboden in der Lüneburger Heide. Angegeben sind der Anteil des Wassers bei einem Matrixpotenzial unter –1,5 MPa („Totwasser") und über –1,5 MPa („Nutzwasser"). Nach Leuschner (2002 b).

Abb. 4–13 Mullrendzina auf Muschelkalk, unter Kalkbuchenwald entstanden (Ohmgebirge bei Duderstadt). Der nur etwa 25 cm mächtige, krümelige und stark humose Oberboden ist dicht durchwurzelt; einzelne Baumwurzeln dringen bis über 2 m tief in Spalten vor.

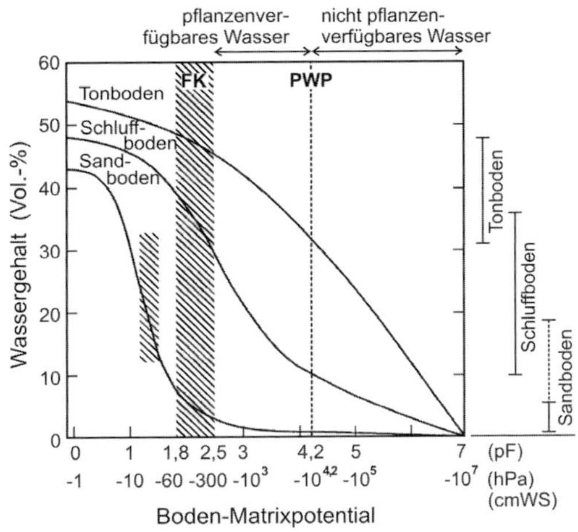

Abb. 4–14 Schematische Darstellung der Beziehung zwischen Boden-Matrixpotenzial und volumetrischem Wassergehalt in Sand-, Schluff- und Tonböden. Eingezeichnet sind die konventionellen Werte für den permanenten Welkepunkt (–1,5 MPa = pF 4,2) und die Feldkapazität (–100 oder –300 hPa = pF 1,8 oder 2,5) sowie die hier angenommene höhere Feldkapazität in Fein- und Mittelsandböden von etwa –20 bis -60 hPa (nach links versetzte Schraffur). Schluffböden haben danach die höchste Nutzwasserkapazität (NWK), Ton- und Sandböden eine geringere (Balken am rechten Abbildungsrand in Vol.%). Wird die Feldkapazität bei Sandböden höher angesetzt, steigt die NWK deutlich an. Nach Scheffer & Schachtschabel (2002), verändert.

den Wald nur für 1 bis 2 Monate versorgen kann (s. Abb. 4–13). Gerke (1987) konnte zeigen, dass die Wurzeln eines Kalkbuchenwaldes Wasser aus dem Kalkgestein bis in mindestens 3 m Tiefe entziehen. Wenn den Baumwurzeln das Erschließen von zusätzlichen Wasserreserven in Gesteinsklüften jedoch nicht möglich ist, erreicht der Wald seine edaphische Trockengrenze (s. Abb. 4–4). Das andere hydrologische Extrem stellen Böden auf tiefgründigen und nährstoffreichen Lockersedimenten dar, z. B. Löss-Parabraunerden und -Braunerden, die ebenfalls bis in Tiefen von 2 m und mehr durchwurzelt sein können (Köstler et al. 1968, Polomski & Kuhn 1998). Sie sind diejenigen Standorte, an denen der Wald am weitesten in Richtung auf die klimatische Trockengrenze vorrückt.

b) Den **Einfluss der Korngröße** auf den nutzbaren Bodenwasservorrat beschreibt die Wassergehalts-Wasserpotenzial-Beziehung (pF-Kurve). Konventionell wird die Totwassergrenze bei –1,5 MPa und die Feldkapazität bei –100 bis –300 hPa angenommen und das pflanzenverfügbare Wasser als Differenz dieser beiden Kennwerte definiert (s. Abb. 4–14). Legt man die Kurvenverläufe dieser Grafik zugrunde, ergeben sich die höchsten Nutzwasserkapazitäten in Schluffböden, die geringsten in Sandböden. Für diluviale Ablagerungen gilt, je größer der Anteil

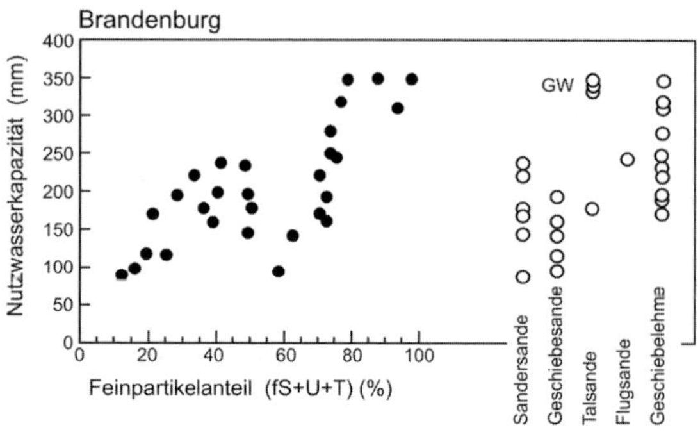

Abb. 4–15 Abhängigkeit der Nutzwasserkapazität von pleistozänen Sanden und Lehmen vom Feinpartikelgehalt (Prozentanteil von Feinsand, Schluff und Ton an der Festphase) im Unterboden (etwa 1 m Tiefe). Nach Zahlen in Riek & Stähr (2004) von 29 Bodenprofilen aus Nordostdeutschland (vor allem Brandenburg). Die Nutzwasserkapazität (in mm Wasser für das Profil bis 1 m Tiefe) wurde durch Labor-Desorption von Stechzylinderproben ermittelt (–300 hPa bis –1,5 MPa). Talsande sind häufig durch Grundwasseraufstieg geprägt (GW). Die Werte bei 350 mm sind Mindestwerte. Sande mit hohem Feinpartikelanteil haben eine recht hohe Nutzwasserkapazität.

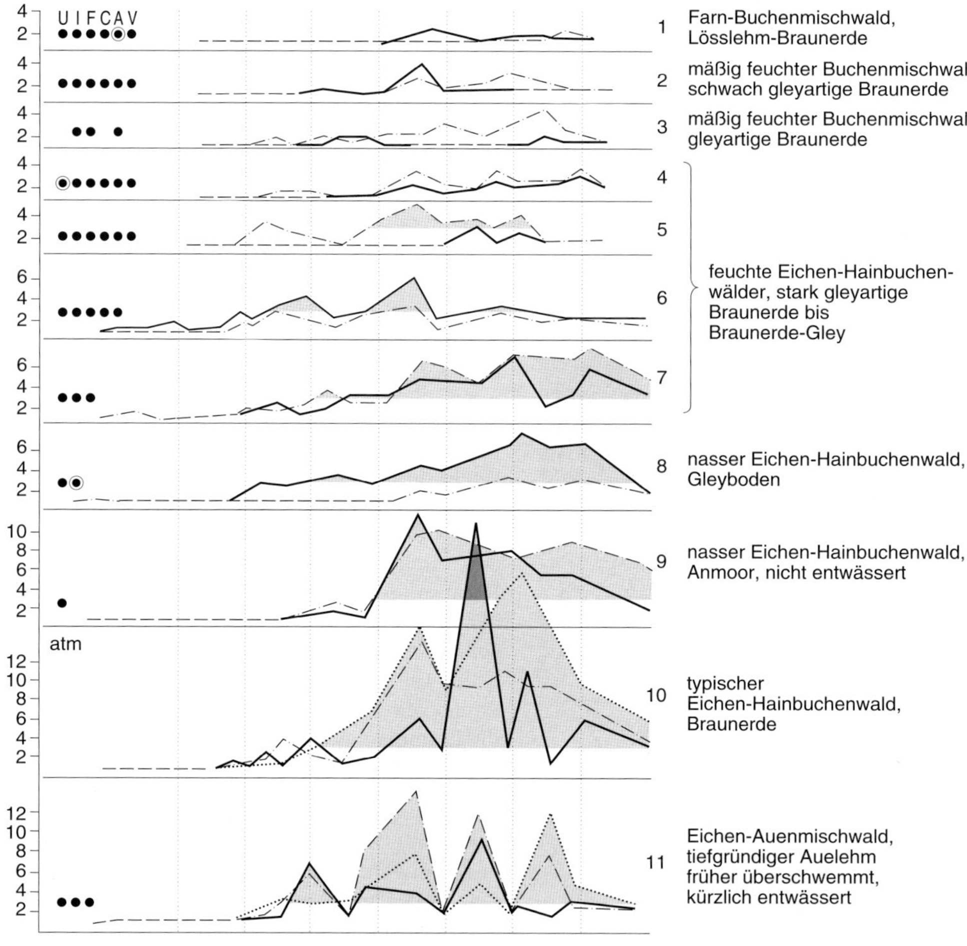

Abb. 4–16 Jahresgang der Saugspannung in Atmosphären im Wurzelboden und Auftreten von Feuchtigkeitszeigern in elf Laubmischwäldern Nordwestdeutschlands. Nach Ellenberg (1939).

Dick ausgezogene Kurve: oberer A-Horizont, dünn ausgezogen mit Punkten: unterer A-Horizont, punktiert: Gleyhorizont oder B-Horizont. Langgestrichelt: Werte unter 1 atm., getönte Fläche: über 3 atm.

U = *Urtica dioica*, I = *Impatiens noli-tangere*, F = *Festuca gigantea*, C = *Carex remota*, A = *Athyrium filix-femina*, V = *Veronica montana*. Dicke Punkte: vorhanden, mit Kreis: üppig gedeihend.

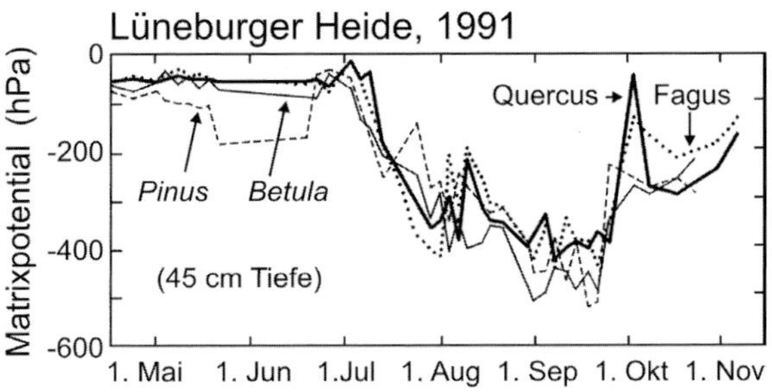

Abb. 4–17 Verlauf des Bodenwasser-Matrixpotenzials in 45 cm Tiefe unter Beständen von Birke, Kiefer, Traubeneiche und Buche auf Sandböden der Lüneburger Heide in der Vegetationsperiode 1991. Bis zum Beginn der Trockenperiode Mitte Juli befand sich das Potenzial auch in regenfreien Perioden bei –20 bis –60 hPa und damit deutlich über der konventionellen Feldkapazität (–100 hPa). Nach Leuschner (1994).

feiner Bodenpartikel, umso höher ist im Allgemeinen die Nutzwasserkapazität (s. Abb. 4–15). Glaziale Geschiebelehme besitzen deshalb eine günstigere Wasserversorgung als Sande. Großen Einfluss auf die Wasserspeicherfähigkeit der Sandböden hat auch der Gehalt an organischer Substanz (Anders 2002).

Bodenhydrologische Untersuchungen an Waldstandorten haben gezeigt, dass manche Vorstellungen hinsichtlich der Einschätzung der Wasserversorgung von Waldbeständen berichtigt werden müssen. Zum einen weichen die Bäume und Kräuter mitteleuropäischer Wälder mehr oder weniger stark von der für Kulturpflanzen definierten Totwassergrenze (dem sog. **permanenten Welkepunkt**) von –1,5 MPa ab. Obwohl in bodenfrischen bis -feuchten Laubwäldern Boden-Matrixpotenziale von –0,5 MPa auch im Hochsommer selten unterschritten werden (s. Abb. 4–16), konnte Ellenberg (1939) bei typischen hygromorphen Waldbodenkräutern Welkeerscheinungen feststellen (s. Kap. 4.5.2.5 c). Andererseits können Jungpflanzen von Buche, Eiche und Esche auch Wasser unterhalb eines Matrixpotenzials von –1,5 MP aufnehmen (Schumann 2006); bei diesen Arten liegt also die Totwassergrenze bei niedrigeren Potenzialwerten. Die dürreempfindliche Fichte nimmt dagegen unterhalb von –1,5 MPa nur noch sehr geringe Wassermengen auf (Rothe et al. 2002).

Im Falle der Sandböden bedarf außerdem die Höhe der **Feldkapazität** einer Berichtigung: Messungen von Flüggen (1991), Leuschner (2002b) und anderen zeigten, dass insbesondere Fein- und Mittelsandböden eine erheblich größere Nutzwasserkapazität besitzen als man bisher annahm. Auch in regenfreien Perioden verblieb nämlich das Boden-Matrixpotenzial für lange Zeiträume im Bereich von –20 bis –60 hPa; dieses Wasser muss danach dem pflanzenverfügbaren Wasser zugerechnet werden und nicht dem Sickerwasser, wie es bisher getan wurde (s. Abb. 4–17). Viele Fein- und Mittelsandböden zumindest des nordwestdeutschen Altdiluviums haben danach eine deutlich bessere Wasserversorgung als bisher angenommen wurde; diese Waldstandorte sind eher frisch denn (mäßig) trocken. Auch in einem Buchenwald auf Kalk-Rendzina ermittelte Gerke (1987) Feldkapazitäten im Bereich von –30 hPa, also höher als konventionell angenommen.

c) An sauren Waldstandorten kann eine mächtige **organische Auflage** die Wasserverfügbarkeit erheblich verbessern (Schaap 1996). Eine 9 cm dicke, intensiv durchwurzelte Moderauflage eines Eichen-Buchen-Altholzes enthielt bis zu 40 mm Wasser und speicherte damit etwa 20% des Nutzwassers des Bodenprofils (Leuschner 1998; s. Abb. 4–12). Aus diesem Vorrat wurden rund 35% der Bestandestranspiration bestritten. Auflagen aus Kiefernstreu speicherten demgegenüber weniger pflanzenaufnehmbares Wasser und trockneten im Sommer schneller aus. In den meisten Laub- und Nadelwäldern ist die Auflage ohnehin geringmächtiger und enthält nur wenige mm Wasser (Hölzer 1982, Fleck 1986).

d) Wie viel Wasser im Boden verfügbar ist, hängt auch von der **Baumart** und dem **Deckungsgrad der Krautschicht** ab. Laubbäume wurzeln in der Regel tiefer als Nadelbäume und entziehen daher dem Unterboden mehr Wasser; infolge der geringeren Interzeption in der unbelaubten Winterzeit ist aber die Infiltration unter Laubwald meist höher (s. Kap. 4.7.4.2). Unter sonst gleichen Bedingungen sind deshalb die Böden unter geschlossenen Nadelwäldern meist im Oberboden trockener als unter Laubwäldern (Nihlgard 1970, Benecke 1984, Leuschner 2002b; s. Abb. 4–18). Über eine stärkere Austrocknung unter Buchen gegenüber Fichten berichtet dagegen z. B. Stahl (1933). In lichten Kiefern- und Lärchenwäldern wird die Bodenfeuchte nicht nur von der Baumschicht, son-

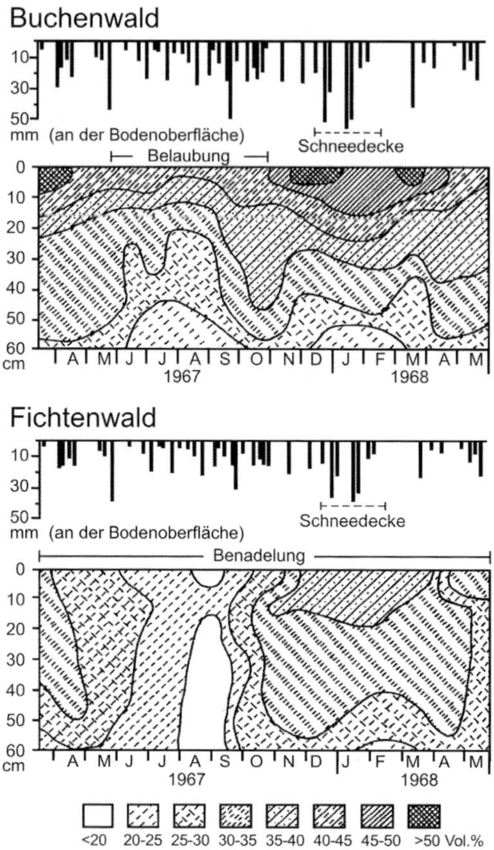

Abb. 4–18 Saisonaler Verlauf des Bestandesniederschlages und des volumetrischen Boden-Wassergehaltes bis in 60 cm Tiefe unter einem Buchen- und einem Fichtenbestand in Südschweden. Nach Nihlgard (1970), etwas verändert.

dern maßgeblich auch vom Wasserverbrauch der meist üppig entwickelten Krautschicht bestimmt (s. Kap. 4.7.4.1 e).

Kronenlücken, Stammablauf, variable Bodeneigenschaften und ungleicher Wurzelwasserentzug bedingen häufig eine große **räumliche Heterogenität der Bodenwasservorräte** im Bestand (Gerke 1987). Auch Krautschichtteppiche können kleinräumig zu einer verstärkten Oberbodenaustrocknung führen. In einem Eichen-Buchen-Mischwald beobachtete Leuschner (1993) eine stärkere Bodenaustrocknung unter Eichen als unter direkt benachbarten Buchen, die offenbar durch eine stärkere Wurzelwasseraufnahme von *Quercus* in trockenen Perioden verursacht wurde. In feuchten Zeiten trug dagegen der weit höhere Stammablauf zur Befeuchtung der Buchenfüße bei.

4.3.3 Chemische Bodeneigenschaften

4.3.3.1 Nährstoffverfügbarkeit

a) Wälder besiedeln fast das gesamte, in Mitteleuropa vorhandene bodenchemische Spektrum; sie fehlen lediglich auf manchen Moor- und Salzböden und einigen schwermetallhaltigen Substraten. Um einen Überblick über die Nährstoffversorgung der verschiedenen Waldstandorte zu erhalten, ist es sinnvoll, die Vielfalt der Bodentypen in etwa sieben bis zehn, durch das Gestein bestimmte Standortklassen zu gliedern (vgl. auch Karte 4, Seite 14). Diese unterscheiden sich in ihren bodenchemischen Eigenschaften recht deutlich voneinander (s. Tab. 4–1).

Zur Charakterisierung des Nährstoffangebotes von Waldstandorten ist vor allem die Verfügbarkeit der fünf Makroelemente N, P, Mg, K und Ca bedeutsam. Diese lässt sich am sinnvollsten über die folgenden Parameter kennzeichnen:

1) Die **Stickstoff-Nettomineralisationsrate**, also die von den Zersetzern freigesetzte Menge an NH_4^+ und NO_3^- (abzüglich der Konsumption [Immobilisierung] durch Bakterien und Pilze), spiegelt das N-Angebot für die Pflanze in allen nicht zu sauren und kalten Lebensräumen recht gut wider. Heute muss in vielen Regionen Mitteleuropas außerdem die allgegenwärtige Stickstoffdeposition aus der Atmosphäre berücksichtigt werden. Auf beide Prozesse wird in den Kapiteln 4.7.5.1 und 4.9.2.1 eingegangen.

2) Die **Phosphor-Nettomineralisationsrate**, oder alternativ eine Messgröße für den Pool an **pflanzenverfügbarem P** (z. B. das laktatlösliche oder das an Anionen-Austauschern bindende Phosphat).

3) Die **C/N-, C/P- und N/P-Verhältnisse** des Oberbodens, die die Zersetzbarkeit des organischen Materials charakterisieren und eine mögliche N- oder P-Unterversorgung anzeigen.

4) Die **Vorräte an austauschbar gebundenen Mg-, K- und Ca-Ionen** an den Kationenaustauschern sowie deren Gesamtvorräte in der organischen Auflage.

Die Pflanzenverfügbarkeit von **Phosphor** ist schwieriger zu messen als die von Stickstoff oder den basischen Kationen, weil sie wesentlich von der Aktivität der Mykorrhizen und den von ihnen gebildeten externen Phosphatasen abhängt, die organisch gebundenes P in aufnehmbares Phosphat überführen. Manche

Tab. 4–1 Chemische Eigenschaften von niedersächsischen Waldböden, die sieben verschiedenen geologisch definierten Standortklassen zugeordnet wurden. Nach Büttner (1997). Kationen-Austauschkapazität (AK_e), austauschbare Kationen (Ca_{ex}, Mg_{ex}, K_{ex}, Mn_{ex}, Al_{ex}) und Gesamtvorräte von C, N und P im Mineralboden bis in 60 cm Tiefe in n Beständen.

Standortklasse	n	AK_e ($kmol_c\ ha^{-1}$)	Ca_{ex} (kg ha^{-1})	Mg_{ex}	K_{ex}	Mn_{ex}	Al_{ex}	C_{org} (t ha^{-1})	N_t (kg ha^{-1})	P_t
Karbonatgesteine	10	1890	35.790	1018	446	101	13	183	9723	1949
Basische Magmatite u. Metamorphite	1	596	6106	1303	183	236	1496	95	7668	4411
Oberflächl. entkalkte Karbonatgesteine	26	1005	12.564	1575	647	302	1825	91	6336	2110
Ton- u. Schluffsteine, Grauwacken	13	482	787	147	269	189	3551	171	10.778	2835
Karbonatfreie Lockersedimente	40	389	1318	210	263	133	2304	107	5745	1235
Quarzreiche Gesteine	24	405	928	148	331	274	2790	79	5194	1801
Arme pleistozäne Sande	70	202	376	37	95	17	1289	91	3861	802

Hyphen scheiden zudem größere Mengen an Oxalsäure aus, durch die an kalkreichen Standorten Kalziumphosphat in Lösung gebracht wird (Marschner 1995). Die Phosphatnachlieferung an die Wurzeln ist darüber hinaus weit stärker an die Diffusionsbedingungen in der Rhizosphäre gebunden als die von Nitrat oder anderen Nährelementen. Daher hängt die P-Aufnahme vor allem von der Mykorrhizierung, der Durchwurzelungsintensität und der Bodenfeuchte ab.

Als ein grobes Maß der Phosphorverfügbarkeit kann das C/P-Verhältnis des Auflagehumus dienen, unterscheidet es sich doch sehr stark zwischen sauren und basischen Böden. Während die medianen C/P-Verhältnisse für L- und F-Mull zwischen 100 und 300 liegen, sind für Moderauflagen Verhältnisse zwischen 400 und 600 und für Rohhumusprofile sogar von 600 bis 800 oder darüber kennzeichnend (von Zezschwitz 1980, Büttner 1997, Leuschner et al. 2006b). Nach diesen Untersuchungen in mittel- und nordwestdeutschen Wäldern sinkt der P-Gehalt des organischen Materials mit zunehmender Versauerung der Auflage rasch ab und differenziert zwischen den verschiedenen Humusformen weit stärker als der N-Gehalt, der sich heute mehr und mehr angeglichen hat (s. Abb. 4–19). Sinkende pH-Werte sind deshalb mit einem starken Anstieg des N/P-Verhältnisses von etwa 60 bei pH 6 auf über 120 bei pH 3 verbunden, wie Leuschner et al. (2006b) in südniedersächsischen Buchenwäldern feststellten. Das lässt vermuten, dass eine Phosphorlimitierung insbesondere an sauren (und möglicherweise auch an basischen) Waldstandorten eine Rolle spielt.

b) Soweit es sich nicht um kalkhaltige Böden handelt, weist die große Mehrheit der mitteleuropäischen Waldböden nur geringe pflanzenverfügbare Vorräte an den basischen Kationen **Kalzium, Kalium** und **Magnesium** auf. Nach der deutschen Waldbodenzustands-Erhebung besaßen Anfang der 1990er-Jahre mehr als 80% der Profile im Oberboden (0–10 cm Tiefe) eine Basensättigung, d. h. einen Anteil von Ca^{2+}, Mg^{2+}, K^{+} und Na^{+} an der Kationen-Austauschkapazität, unter 20% (Wolff & Riek 1997). Das ist Ausdruck des hohen Versauerungsgrades der meisten Böden; denn die Basensättigung sinkt unterhalb eines pH (KCl)-Wertes von 4,5 stark ab (s. Abb. 4–20). Betrachtet man nur die kalkfreien Böden, so verfügten mindestens 60% der Waldbestände im Profil bis 60 cm Tiefe über weniger als 400 kg ha^{-1} an Kalium, weniger als 800 kg ha^{-1} an Kalzium und weniger als 200 kg ha^{-1} an Magnesium (s. Tab. 4–2). Je

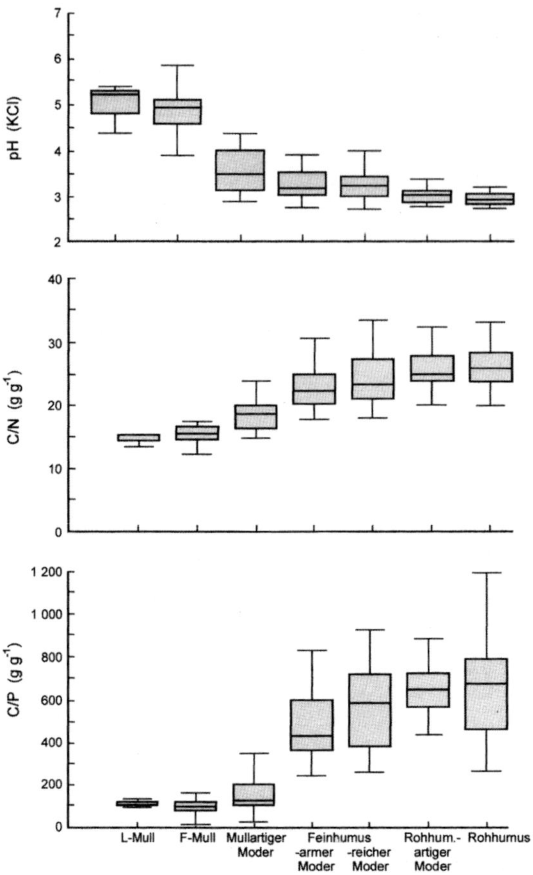

Abb. 4–19 pH (KCl)-Werte und C/N- und C/P-Verhältnisse der organischen Auflage von niedersächsischen Laub- und Nadelwäldern in Abhängigkeit von der Humusform (Median, 25 %- und 75 %-Quartile, Extremwerte). Beim pH-Wert wurde die L/O_F-Lage von etwa 120 Wäldern untersucht, beim C/N- und C/P-Verhältnis die O_H-Lage (bzw. der A_h-Horizont) von etwa 180 Beständen. Nach Büttner (1997), etwas verändert.

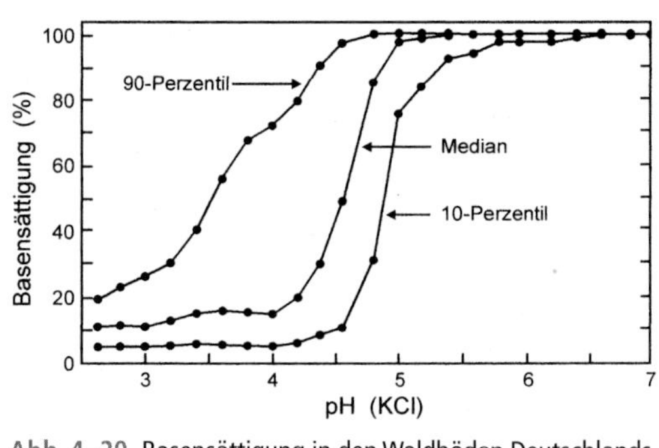

Abb. 4–20 Basensättigung in den Waldböden Deutschlands in Abhängigkeit vom pH-Wert. Unterhalb eines pH (KCl)-Wertes von etwa 4,8 fällt die Basensättigung rasch ab. Nach BMELF (1997).

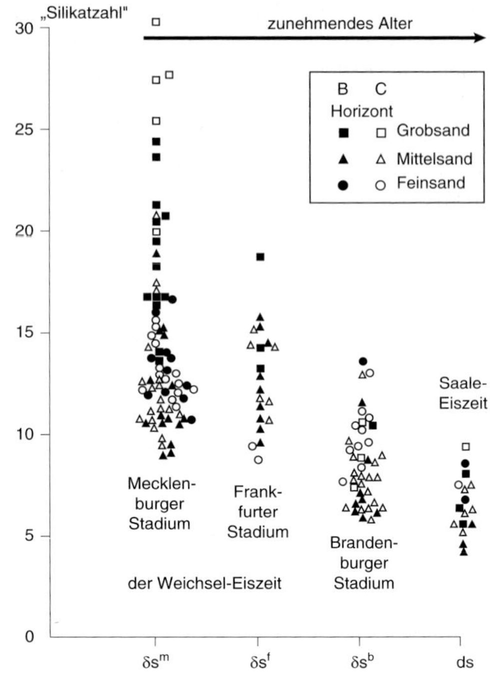

Abb. 4–21 Silikatgehalt von Hochflächensanden verschiedener Vereisungsstadien im nordostdeutschen Tiefland. Nach Kundler (1956), verändert.
Je älter der pleistozäne Sand, desto ärmer ist er an Silikaten. Die Silikatzahl (Sz), ein Relativwert, wurde mikroskopisch bestimmt.

saurer der Boden, umso größer ist der Anteil der Nährstoffe, der in der organischen Auflage gebunden ist und auf dem Wege der Mineralisation verfügbar wird. Nach Ulrich (1994) ist anzunehmen, dass diese geringen und nur zum Teil pflanzenverfügbaren Vorräte in Zukunft Mg- und Ca-Mangel verursachen werden, weil über Verwitterung und Deposition nicht genügend Kationen nachgeliefert werden.

Tabelle 4–1 verdeutlicht anhand der wichtigsten geologisch definierten Standortklassen das steile Gefälle von den kalkhaltigen zu den kalkfreien Böden in den Vorräten an basischen Kationen. Arm an pflanzenverfügbarem Ca und Mg sind viele quarzreiche, nur mäßig silikathaltige Gesteine wie Granite, Gneise, Sandsteine und Phyllite. Die bei Weitem ärmsten Standorte im Hinblick auf die Kalzium-, Magnesium- und Kaliumversorgung finden sich jedoch unter den **pleistozänen Sanden**, die vor allem in der

Tab. 4–2 Prozentuale Häufigkeit von Bodenprofilen in sieben Klassen unterschiedlicher K-, Ca- und Mg-Vorräte nach der deutschen Waldbodenzustands-Erhebung. Nach Wolff & Riek (1997). Berücksichtigt wurden 818 Bestände nicht-kalkhaltiger Böden aus dem Tiefland und unteren Bergland (Gesamtvorräte der organischen Auflage und austauschbare Vorräte des Mineralbodens bis in 60 cm Tiefe).

K			Ca			Mg		
Klasse ($kg\ ha^{-1}$)	Bergland	Tiefland	Klasse ($kg\ ha^{-1}$)	Bergland	Tiefland	Klasse ($kg\ ha^{-1}$)	Bergland	Tiefland
< 200	14,6	30,9	< 200	6,5	4,2	< 50	6,6	20,6
200–400	47,5	36,4	200–400	27,2	27,9	50–100	25,2	37,8
400–600	20,3	12,6	400–800	29,2	42,2	100–200	27,5	28,6
600–800	8,9	12,4	800–2000	21,5	18,9	200–500	24,4	11,1
800–1200	5,5	3,7	2000–4000	9,6	1,6	500–1000	9,7	1,8
1200–1600	1,4	1,4	4000–8000	4,2	3,9	1000–2000	3,9	0
> 1600	1,8	2,6	> 8000	3,1	1,4	> 2000	2,7	0

norddeutschen und polnischen Tiefebene weit verbreitet sind.

Viele kalkfreien Böden haben nicht nur deshalb geringe Kationenvorräte, weil ihre Basensättigung niedrig ist, sondern auch wegen ihrer geringen Austauschkapazität. Letztere ist in den armen Sandböden in starkem Maße vom Humusgehalt und dem Humifizierungsgrad der organischen Substanz abhängig (Riek 1998b). Zunehmende Zersetzung mehrt die Zahl der geladenen funktionellen Gruppen an den organischen Molekülen und damit die Kationen-Bindungsplätze.

Besonders großen Einfluss auf den Nährstoffgehalt der pleistozänen Sande hat das geologische Alter der Ablagerungen (Kundler 1956). Je weiter man im Osten des mitteleuropäischen Tieflands nach Norden kommt, desto jünger werden die eiszeitlichen Ablagerungen und umso größer die „Silikatzahl", ein Maß für den Gehalt an Silikaten. Noch vergleichsweise reich an Silikaten und damit an austauschbaren Kationen sind die weichselzeitlichen Sande des Mecklenburger (Pommerschen) Stadiums; gering sind dagegen die Gehalte des Brandenburger Stadiums und insbesondere der noch älteren saaleeiszeitlichen Sande (s. Abb. 4–21). Nach Kundler (1956) sind zudem mittelkörnige Sande gewöhnlich silikatärmer als grobkörnige wie auch feinkörnige. Talsande, die einen längeren Transport mit dem Wasser hinter sich haben, sind häufig ärmer als Moränen-, Geschiebedeck- oder Schmelzwassersande.

4.3.3.2 Zusammensetzung der Bodenlösung

Die Zusammensetzung der Bodenlösung bestimmt das chemische Milieu in der direkten Wurzelumgebung einschließlich der Konzentrationen an potenziell toxischen Elementen. Trotz der Vielfalt an geologischen Substraten weisen mitteleuropäische Waldböden in heutiger Zeit relativ geringe Unterschiede in der **Azidität** auf. Nach der deutschen Waldbodenzustands-Erhebung besitzen rund 75% der untersuchten Profile einen pH (KCl)-Wert im Oberboden (10–30 cm Tiefe) von weniger als 4,2; sie befinden sich also im Aluminium-, Eisen-/Aluminium- oder Eisen-Pufferbereich (s. Abb. 4–22; Wolff & Riek 1998). Kaum 10% der Böden sind

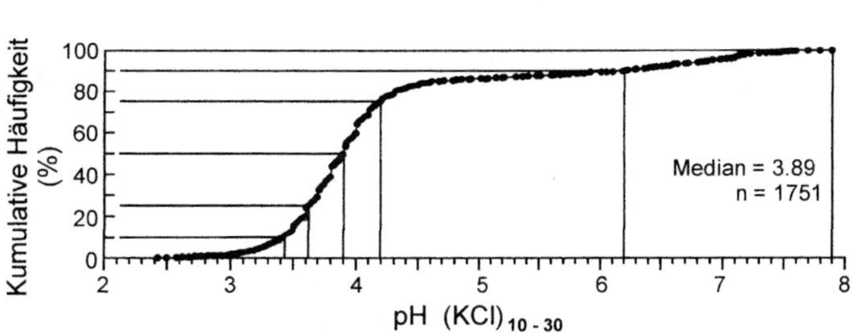

Abb. 4–22 Häufigkeit von pH (KCl)-Werten in 1751 Waldböden Deutschlands, die im Rahmen der Bodenzustandserhebung Anfang der 1990er-Jahre untersucht wurden (Oberboden in 10–30 cm Tiefe). Nach Wolff & Riek (1998), etwas verändert.

dem Karbonat-Pufferbereich (pH [KCl] >6,3) zuzurechnen, 4% dem Silikat-Pufferbereich (pH 5,1–6,3). Der mittlere (mediane) pH-Wert liegt bei 3,89, in der organischen Auflage sogar bei 3,0. pH-Werte über 5,1 im Oberboden erreichen heute nur noch kalkreiche Böden und solche auf Diabas und Basalt. In der Schweiz mit einem größeren Anteil von Kalkgestein wiesen um das Jahr 2000 55% der untersuchten Waldböden einen pH-Wert unter 4,6 auf (BUWAL 2005).

Die Chemie der Bodenlösung ist starken **zeitlichen Schwankungen** unterworfen. Ursache sind die wechselnden Aktivitäten von Mikroorganismen und Wurzeln und die Schwankungen von Temperatur und Feuchtigkeit. Wie Abbildung 4–23 am Beispiel des pH-Wertes zeigt, kann die H^+-Ionenkonzentration der Bodenlösung im Laufe eines Jahres um mehr als das Zehnfache schwanken. Die Kurven der verschiedenen Waldbestände in der Abbildung verlaufen nicht parallel, zeigen aber ähnliche saisonale Tendenzen. Entsprechendes gilt auch für die Lösungsgehalte an Nitrat und Ammonium, die vor allem von dem Wechselspiel von Mineralisation, Nitrifikation und Aufnahme bestimmt werden. In der Folge starker Nitrifikationsereignisse gehen häufig Nitrat, Aluminium und Sulfat vermehrt in Lösung und werden ausgewaschen (z. B. Ulrich 1994, Kölling et al. 1996).

Tabelle 4–3 vergleicht die **mittlere Ionen-Zusammensetzung der Bodenlösung** in sauren und kalkhaltigen Böden. Nicht nur die H^+- und Al^{3+}-Konzentrationen sind in sauren Böden höher, sondern auch jene von Fe^{2+}, Mn^{2+} und meist auch von $H_2PO_4^-$.

Tab. 4–3 Unterschiede in der Zusammensetzung der Bodenlösung von nicht-bewaldeten Kalk- und Silikatböden in Südschweden (in µmol l^{-1}; die Proben wurden durch Hochgeschwindigkeits-Zentrifugation von Frischboden gewonnen). Nach Tyler & Falkengren-Grerup (1998).

	Kalkboden	Saurer Silikatboden
pH	7,5–8,5	3,5–4,5
Ca^{2+}	2000–3000	200–1000
Fe^{2+}/Fe^{3+}	< 1	2–20
Mn^{2+}	< 0,5	2–20
Al^{3+}	< 0,5	10–200
$Al(OH)_4^-$	2–10	< 0,5
HCO_3^-	1000–3000	< 1
HPO_4^{2-}	< 1–5	< 0,5
$H_2PO_4^-$	< 0,5	5–50

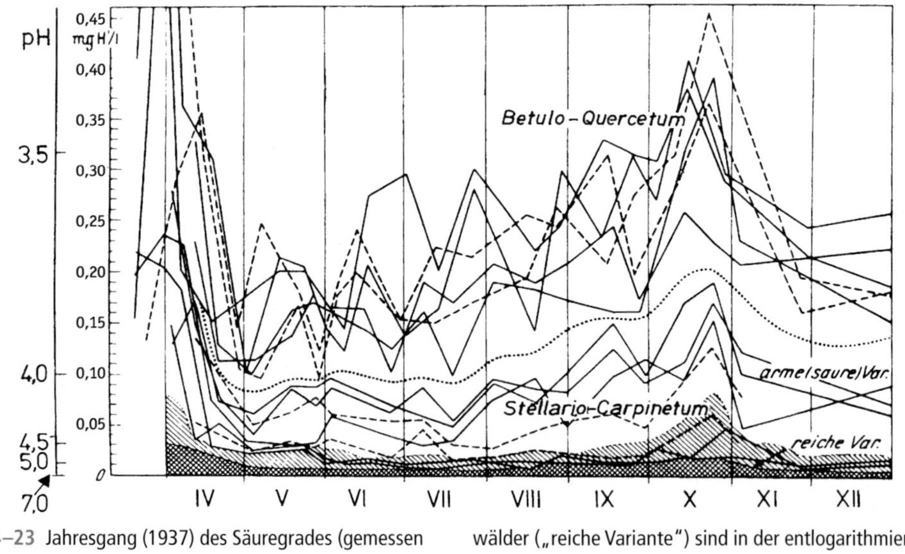

Abb. 4–23 Jahresgang (1937) des Säuregrades (gemessen in mg Wasserstoffionen pro Liter sowie in pH) im Oberboden mehrerer Birken-Eichenwälder (oberhalb der punktierten Linie) sowie staudenarmer Eichen-Hainbuchenwälder („arme Variante"). Die Kurven für staudenreiche Eichen-Hainbuchenwälder („reiche Variante") sind in der entlogarithmierten Skala des Bodensäuregrades (d. h. der Menge Wasserstoffionen pro Liter Bodenwasser) nicht darstellbar. Sie bewegen sich im gekreuzt schraffierten Bereich und gelegentlich im schräg schraffierten. Nach Ellenberg (1939), verändert.

4.3.3.3 Gehalte und Vorräte an Kohlenstoff und Stickstoff

a) Nach Berechnungen von Burschel et al. (1993) und Ulrich & Puhe (1994) speichern die Wälder Deutschlands im Mittel etwa 227 t C ha^{-1}, von denen rund 60% im Boden enthalten sind (etwa 135 t C ha^{-1}). Etwas geringere Medianwerte des **Bodenkohlenstoffs** ermittelten Wolff & Riek (1997) im Rahmen der deutschen Waldbodenzustands-Erhebung (99 t C im Mineralboden von 0 bis 90 cm Tiefe sowie 18 t C in der Auflage). Wichtigster Einflussfaktor auf regionaler Ebene war die **Meereshöhe**, die sowohl über die Temperatur wie auch die Bodenfeuchte die Kohlenstoffspeicherung im Boden beeinflusst. Nach Büttner (1997) nimmt der Boden-Kohlenstoffvorrat in Niedersachsen um mehr als das doppelte zu, wenn man von Meereshöhe bis auf 700 m ansteigt (s. Abb. 4–24). Zweifellos trägt aber auch die in der Montanstufe stärkere Bodenversauerung zum Anwachsen der C-Vorräte bei: Büttner (1997) errechnete eine Verdreifachung der austauschbaren H-, Fe-, Mn- und Al-Vorräte zwischen 0 und 700 m Höhe. Die Rolle der Temperatur für die C-Speicherung wird auch kleinräumig sichtbar: Wälder auf Südhängen besitzen meist dünnere Auflagen als solche auf Nordhängen (Tüxen 1954). Heute übt auch die N-Deposition einen wesentlichen Einfluss auf die Boden-Kohlenstoffvorräte aus, indem sie die Zersetzung hemmt (s. Kap. 4.9.2.1).

Weiterhin beeinflussen **Baumart**, **Bodenchemismus**, **Tongehalt** und **Waldnutzungsform** die Kohlenstoff-Festlegung im Boden. Nach Wöhler & Eberl (1997), Büttner (1997), Puhe & Ulrich (2001), Mund & Schulze (2005) und Vesterdal et al. (2008) unterscheiden sich die Mineralbodenvorräte unter Buche, Eiche, Fichte und Kiefer nur geringfügig. Allerdings speichern Kiefernwälder zwei- bis dreimal mehr (im Mittel 22–39 t ha^{-1}) und Fichten etwa doppelt so viel Kohlenstoff (19–21 t ha^{-1}) in der organischen Auflage wie Buchenwälder (etwa 10–12 t ha^{-1}). Eichenwälder besitzen die geringsten Auflagevorräte (5–10 t ha^{-1}) (s. a. Vesterdal et al. 2008). Unklar bleibt, inwieweit in diesen Zahlen Einflüsse der Baumart von Effekten der Meereshöhe und der Bodenazidität überlagert werden, weil die Baumarten unterschiedliche Standortpräferenzen haben.

Je saurer der Boden, umso größer ist die Auflagemächtigkeit; Mullböden speichern

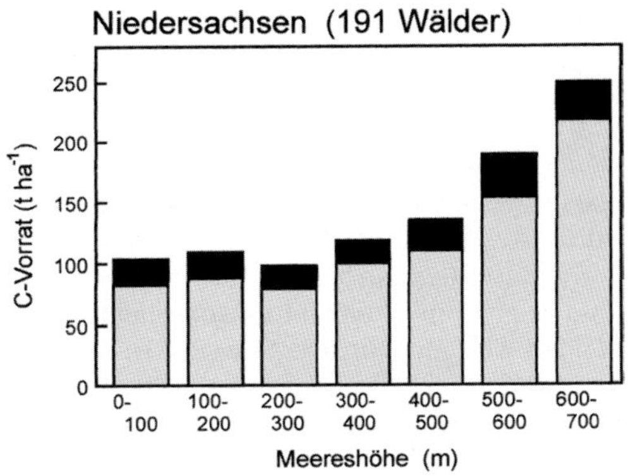

Abb. 4–24 Kohlenstoffvorräte im Boden von 191 Waldstandorten (Laub- und Nadelwälder) unterschiedlicher Höhe über dem Meeresspiegel in Niedersachsen; schwarz: organische Auflage; schraffiert: Mineralboden bis 60 cm Tiefe. Nach Daten in Büttner (1997).

im Mittel etwa 7 t, Moderböden etwa 20 t und Rohhumusböden etwa 30 t C ha^{-1} in der Auflage (Wolff & Riek 1997). Mit einer pH-Absenkung von 7 auf 4 nimmt andererseits der Kohlenstoffgehalt des oberen Mineralbodens um die Hälfte ab, weil mit zunehmender Säurestärke die Einarbeitung der organischen Substanz durch die Bodenmakrofauna immer geringer wird (Schmidt 1970, Wolters & Schaefer 1994). Insgesamt speichern saure Waldböden jedoch in der Regel mehr Kohlenstoff in Auflage und Mineralboden als basenreiche (Berger et al. 2002). Auch die Korngröße spielt eine wichtige Rolle: Tonreiche Böden speichern deutlich mehr Kohlenstoff als sandig-schluffige (Schimel et al. 1994, Mund 2004).

b) N-Düngung und N-Deposition können zu einer deutlichen Erhöhung der C- und N-Vorräte in Waldböden führen (Johnson & Curtis 2001), weil sie die Streuproduktion erhöhen. Die von Liski et al. (2002) zwischen 1950 und 1990 beobachtete 10%ige Erhöhung der Bodenkohlenstoff-Vorräte in den mitteleuropäischen Wäldern dürfte vor allem auf die Produktionszunahme zurückzuführen sein.

Einflussreich sind schließlich auch Waldbewirtschaftung und Waldgeschichte (Grigal & Ohmann 1992, Owens et al. 1999, Mund 2004). Streunutzung, Waldweide und Niederwaldwirtschaft haben in der Vergangenheit die C-Vorräte der Auflage und zum Teil auch des Mineralbodens stark reduziert (Hölscher et al. 2001, Guo & Gifford 2002, Mund & Schulze 2005). Waldverwüstung, Verheidung und auch Kahlschlag können zu einer Reduktion der Boden-Kohlenstoffvorräte um bis zu 40% führen (Heinsdorf et al. 1986, vgl. aber Mund & Schulze 2006). Niederwälder in Nordrhein-Westfalen besaßen gegenüber Buchen-Hochwäldern um rund 40% reduzierte C-Pools im Boden (Leuschner et al. 2007). Besonders groß sind die Verluste, wenn Wald oder Dauergrünland in Ackerland umgewandelt werden (Guo & Gifford 2002). Wird dagegen Wald durch Dauergrünland ersetzt, geht die C-Speicherung im Boden nur geringfügig oder überhaupt nicht zurück (Guo & Gifford 2002, Murty et al. 2002). Wenn nach Kahlschlag eine neue Waldgeneration aufwächst oder eine sekundäre Waldsukzession auf waldfreiem Brachland abläuft, reichert sich erneut Kohlenstoff im Boden an und zwar mit Raten von etwa 0,23–0,35 t C ha^{-1} a^{-1}, wie Chronosequenz-Untersuchungen zeigen (Heinsdorf et al. 1986, Heinsdorf 1987, Harrison et al. 1995, Leuschner & Gerlach 2000, vgl. auch Schlesinger 1997).

c) Deutsche Waldböden speichern im Mittel ungefähr 6,8 t **Stickstoff** pro Hektar im Mineralboden (0–90 cm Tiefe) sowie 0,8 t N ha^{-1} in der organischen Auflage (mediane Werte, Wolff & Riek 1997). In ihrem N-Gesamtvorrat unterscheiden sich saure Rohhumusböden und basenreiche Mullböden nur relativ wenig: Für Erstere werden etwa 6 t ha^{-1} angegeben, für Letztere 7 t ha^{-1} (s. Abb. 4–25). In ihrem mineralischen Oberboden legen saure Profile jedoch deutlich weniger Stickstoff als basenreiche fest (Schmidt 1970), weil in sauren Böden wie beim Kohlenstoff die geringeren Mineralbodenvorräte weitgehend durch höhere Auflagevorräte wettgemacht werden.

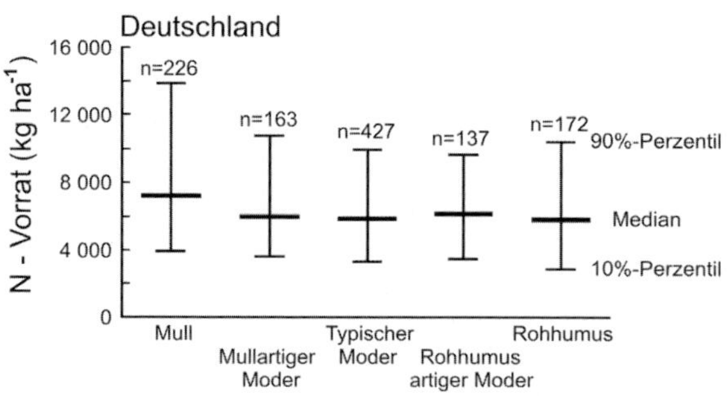

Abb. 4–25 Stickstoffvorräte in der organischen Auflage und im Mineralboden (Hauptwurzelhorizont) in den Waldböden Deutschlands in Abhängigkeit von der Humusform. Nach Wolff & Riek (1997), etwas verändert. Mullböden speichern nur wenig mehr N als saurere Humusformen.

4.4 Vergleichende Ökologie der mitteleuropäischen Baumarten

Unter den zahlreichen physiologischen und morphologischen Eigenschaften, die die Biologie unserer heimischen Baumarten bestimmen, sollen hier nur einige wenige vergleichend für die wichtigsten Arten dargestellt werden. Dies sind die photosynthetische Leistungsfähigkeit und Produktivität, der Lichtbedarf und die Schattenerzeugung, die Saisonalität des Wachstums, die Toleranz gegenüber Kälte- und Trockenstress, die Ansprüche an die Stickstoffversorgung, die Schädigung durch Verbiss und die Abbaubarkeit der Streu. Von diesen Faktoren kann man annehmen, dass sie eine Schlüsselrolle im Hinblick auf die Vitalität der Baumarten am natürlichen Standort spielen und den Erfolg in der Konkurrenz mit den anderen Arten bestimmen.

4.4.1 Wichtige morphologische Eigenschaften

Typische Schlusswaldarten unter den Laubbäumen wie die Rotbuche und die Winterlinde besitzen eine Reihe von morphologischen Eigenschaften, die ihre Blätter und Kronen zu starkem Schattenwurf befähigen: Ihre **Schattenblätter** haben einen sehr geringen minimalen Lichtbedarf, sind bei großer spezifischer Blattfläche sehr dünn und haben eine nahezu horizontale Ausrichtung im Raum (s. Tab. 4–4). Berechnet man den Aufwand an Blattmasse (oder an Nährstoffen in der Blattmasse), den ein Baum treiben muss, um den Waldboden auf beispielsweise 20% relativen Lichtgenusses zu verdunkeln, dann sind die Schlusswaldarten aufgrund dieser morphologischen Anpassungen erheblich ökonomischer als die lichtliebenden Pionierbäume, denen eine ausgeprägte Schattenkrone fehlt (vgl. Leuschner 1998).

Auf der anderen Seite weisen die Schlusswaldarten in ihren Sonnenkronen weit höhere **Blattflächendichten** pro Kronenvolumen auf als die Pionierbaumarten. Auf diese Weise erreichen die Sonnenkronen von Buche, Linde und Hainbuche hohe Strahlungsabsorptivitäten bereits im obersten Kronendrittel. Gering ist dagegen die Strahlungstransmission in die untere Krone und an den Waldboden, sodass nur an Schwachlicht adaptierte Schattenblätter und Jungpflanzen ein Auskommen haben.

Tab. 4–4 Strukturelle und funktionale Eigenschaften von neun wichtigen mitteleuropäischen Baumarten. Die kronenbezogenen Daten betreffen stets Reinbestände der jeweiligen Art auf mittleren bis armen Böden in Mittel- oder Nordwestdeutschland. Pionierbaumarten links, Schlusswaldarten rechts. Weitere Eigenschaften s. andere Tabellen in Kapitel 4. Nach verschiedenen Autoren in Leuschner (1994), Hagemeier (2002), Leuschner (unveröff.) und weiteren Quellen.

	Betula pendula	*Pinus sylvestris*	*Quercus robur*	*Quercus petraea*	*Carpinus betulus*	*Picea abies*	*Abies alba*	*Tilia cordata*	*Fagus sylvatica*
Ausbreitung, Keimung, Jugendentwicklung									
Häufigkeit der Samenproduktion	alle 1–2 J.	alle 3–4 J.	alle 3–8 J.	alle 5–8 J.	alle 2–3 J.	alle 3–5 J.	alle 3–4 J.	alle 1–2 J.	alle 5–8 J.
Geringstes Reproduktionsalter (Jahre)	(10–) 20–30	(6–) 30–40	(30–) 60–80	(30–) 60–80	(10–) 30–50	(20–) 50–60	(40–) 60–80	20–30	(40–) 50–80
Ausbreitungsgeschwindigkeit der Samen	●	◑–●	⊖	⊖	⊙	◑	◑	◑	○
Ausbreitungsgeschwindigkeit von Adulten ($m\ a^{-1}$)	250– < 2000	1500	5–500	5–500	50–1000	60–500	40–300	50–500	175–300
Max. Samendichte pro Fläche	●	⊖	○	○	k. A.	⊙	k. A.	k. A.	⊖
Lagerdauer bis zur Samenkeimung (Jahre)	0–1	0–0,3	0,5–0,8	0,5–0,8	1–1,5	0–0,3	0,5–0,8	1–1,5	0,5–0,8
Minimaler Lichtbedarf d. Keimlinge (%)	14	14	11	11	3	3,5	4,5	3,5	2
Optimaler rel. Lichtgenuss d. Keiml. (%)	(70–) 100	(70–) 100	(30–) 60–100	40–60 (20–100)	20–40 ?	30–50 (–100)	15–50	k. A.	20–40 (10–60)
Dürreempfindlichkeit der Keimlinge	●	⊙	⊖	⊖	⊖	⊙	⊙	○	◑
Rohhumus-Keimung	○	⊖	◑	◑	k. A.	●	k. A.	k. A.	⊖–⊙
Günstiger pH-Bereich für Keimung	4,5–5,5	4,0–5,5	4,5–5,5	4,5–5,5	k. A.	4,5–5,5	4,5–5,5	5,5–6,5	5,0–6,0
Schattentoleranz in der Jugend	○	○	○	⊖	◑	⊙	◑–	⊙	●
Verbissgefährdung	○	⊙	◑	◑	◑	⊙	●	⊖–⊙	◑
Befähigung zu Stockausschlag	●	○	●	◑	◑	○	○	⊖	⊙
Max. Höhenwachstum i. d. Jugend ($cm\ a^{-1}$)	60–100	50–90	50–85	50–75	k. A.	60–90	k. A.	k. A.	40–70
Struktur und Leistungsfähigkeit der Krone									
Bestandes-Blattmasse ($g\ m^{-2}$)	275	260	350	350	330	k. A.	k. A.	360	337
LAI ($m^2\ m^{-2}$)	4,5	2,3	5,5	5,7	8,3	7,1	6,8	7,1	7,2

Tab. 4–4 Fortsetzung

Blattstellungswinkel Sonnenkrone (°)	53	–	45	39	33	–	–	30	36
Blattstellungswinkel Schattenkrone (°)	43	–	18	18	17	–	–	16	21
Minimaler rel. Lichtbedarf Schattenbl. (%)	11	10	4	7	2	3	1,5	2	1
N pro Blattfläche ($g\ m^{-2}$)	2,5	2,2	2,9	2,9	3,0	1,9	3,0	3,7	4,0
Maximale Blattflächendichte ($m^2\ m^{-3}$)[a]	3,2	3,0	k. A.	2,7	18,6	k. A.	k. A.	12,2	12,2
Spezif. Blattmasse ($g\ m^{-2}$)[a]	65	210	115	105	50	255	270	35	65
Kosten der Schattenerzeugung ($g\ m^{-2}$)[b]	51	93	k. A.	30	18	k. A.	k. A.	19	18
Photosynthesevermögen A_{max} ($\mu mol\ m^{-2}\ s^{-1}$)[a,c]	14,5	6,3	13,5	16,1	10,3	9,7	10,3	11,6	10,4
Lichtkompensation ($\mu mol\ m^{-2}\ s^{-1}$)[a]	13	27	k. A.	17	18	20	k. A.	10	13
Lichtsättigung ($\mu mol\ m^{-2}\ s^{-1}$)[a]	600	660	k. A.	680	620	750	k. A.	520	460
Blatt-Dunkelatmung ($\mu mol\ m^{-2}\ s^{-1}$)[a]	0,6	0,4	0,7	0,7	0,7	0,8	0,6	0,6	0,4
Eigenschaften der Reife- und Altersphase									
Alter d. max. Höhenwachstums (Jahre)	20–25	ca. 120	ca. 120	ca. 120	80–90	20–30 (–80)	140–150	ca. 65	ca. 150
Lebensdauer (Jahre) (Extremwerte)	100–150 (80–300)	150–450 (–900)	300–900 (–1000)	300–600 (–1000)	250	200–400 (–600)	300–450 (600)	400 (–1000)	350–500
Lebensdauer Blätter (Jahre)	0,3	3,7	0,5	0,6	0,6	7,1	8,2	0,4	0,5
Lebensdauer Feinwurzeln (Jahre)	k. A.	0,7	1,0	k. A.	k. A.	0,7	1,1	0,6	0,6
Maximale beobachtete Höhe (m)	35	48	50	50	30	63	68	45	50
Max. beobachteter BHD (cm)	150	190	250	250	120	190	380	300	260
Max. Durchwurzelungstiefe (cm)	620	600	200	200	150	150	160	130	180
Wurzelsystem	Herz	Pfahl (plast.)	Herz-Senker	Senker	Herz	Senker	Pfahl	Herz	Herz

Spätfrost-Empfindlichkeit	○	○	⊙–◑	⊙(–◑)	⊙	⊙	●	⊙	●
Winterfrost-Empfindlichkeit	⊖	⊖	⊙–◑	◑	⊙	⊖	⊙	⊙	◑
Dürre-Empfindlichkeit im Alter	○–⊖	○	⊖(–⊙)	⊖	⊙	●	⊙	⊖	◑
Staunässe-Toleranz	⊖	⊙	◑	⊙	◑	⊙	◑	⊖	○–⊖
Gefährdung durch Windwurf bzw. -bruch	⊖	⊖	○	○	⊖	●	⊙	⊖	⊙
Schneebruch-Gefährdung	⊙	◑	⊙	⊙	k. A.	◑	⊙	⊖–⊙	⊖
Rindenbrand-Gefährdung	○	○	○	○	◑	⊙	◑	○ ?	●
Begünstigung durch Wärme	○	○–⊖	◑–●	◑	◑	○	⊙	⊙	⊖–⊙
Förderung durch Nährstoffreichtum	⊖	⊖	◑(–●)	⊖(–⊙)	◑	⊖–⊙	⊖	◑	⊙(–◑)
Schädlings-Empfindlichkeit	⊖	⊙–◑	◑	◑	○	◑	◑	○	⊖
Abbaugeschwindigkeit der Streu	◑	○	⊙	⊙	◑	○–⊖	◑	⊙	⊖

● = sehr groß, ◑ = groß, ⊙ = mittelmäßig, ⊖ = gering, ○ = sehr gering

[a] Sonnenblätter im Hochsommer, bei A_{max} Höchstwerte;

[b] Aufwand an Trockenmasse für eine Blattproduktion, die ausreicht, um den rel. Lichtgenuss am Waldboden auf 20 % zu reduzieren;

[c] Photosynthesevermögen bei Koniferen pro gesamter Nadeloberfläche

4.4.2 Kenngrößen von Ökophysiologie und Wachstum

4.4.2.1 Photosyntheseleistung

a) Zwischen Pionier- und Schlusswaldbäumen bestehen deutliche Unterschiede im **Photosynthesevermögen**, also der lichtgesättigten Netto-Photosyntheserate unter normaler CO_2-Konzentration (A_{max}): Erstere erreichen mit ihren Sonnenblättern Jahreshöchstwerte des Photosynthesevermögens (A_{opt}) von 12 bis maximal 30 µmol CO_2 m^{-2} s^{-1}, bei Letzteren liegt A_{opt} meist zwischen 6 und 12 (s. Tab. 4–5 und 4–4). Die Blatt-Stickstoffgehalte haben nur mäßigen Einfluss auf diesen Unterschied: So erreicht die sommergrüne Lärche (*Larix decidua*) eine viermal größere Photosyntheseleistung pro Nadelmasse als die immergrüne Fichte (Matyssek 1986); dies ist mit etwa 40 % höheren Nadel-N-Gehalten verbunden. Kiefernnadeln sind dagegen leistungsfähiger als Fichtennadeln, ohne dass deren N-Gehalte generell höher sind.

Mehrjährige Messungen an ein und demselben Baum zeigten, dass A_{opt} um bis zu 50 % zwischen den Jahren variieren kann. Schulte (1992) ermittelte im strahlungsreichen Sommer 1986 Jahreshöchstwerte des Photosynthesevermögens von 9,4 µmol m^{-2} s^{-1} in der Sonnenkrone einer Buche, im strahlungsärmeren Jahr 1988 hingegen Werte von nur 5,5. Die geringere Leistungsfähigkeit wurde allerdings 1988 durch eine 30 % größere Bestandesblattfläche teilweise ausgeglichen; möglicherweise besteht bei der Buche zwischen Blattfläche und A_{max} eine negative Beziehung (Küppers 1991). Mögliche Ursachen der interannuellen Schwankungen sind jährlich wechselnde Witterungen und Nährstoffangebote sowie eine vom Bedarf gesteuerte (sink-regulierte) Photosyntheseleistung (Schulte 1992).

Tab. 4–5 Höchstwerte der lichtgesättigten Netto-Photosyntheserate (A_{opt}) und „optimale" Blatt-N-Gehalte von wichtigen mitteleuropäischen Baumarten (Laubbäume: µmol CO_2 m^{-2} s^{-1}, Nadelbäume: nmol CO_2 g^{-1} s^{-1}). Soweit verfügbar, werden Jahreshöchstwerte von Sonnenblättern der Altbäume angegeben. A_{opt} nach Larcher (1969), Larcher (2001), Schulte (1992), Eschenbach (1995), Terborg (1998), Gries (2004), Hölscher (2004), Greve & Leuschner (unveröff.), N-Gehalte (in mg g^{-1}) nach van den Burg (1990): „Normalbereich" von Altbäumen.

	A_{opt}	N
Laubbäume		
Fagus sylvatica	5,5–13,2	15–26
Tilia cordata	10,7	20–24
Tilia platyphyllos	11,5	21–31
Carpinus betulus	10,5	19–27
Quercus pubescens	8,2	–
Quercus petraea	> 15	15–27
Acer pseudoplatanus	12,5	22–27
Fraxinus excelsior	16,3	20–28
Betula pendula	17,2	22–30
Alnus glutinosa	16	20–25
Populus-Arten	20–30	16–32
Salix-Arten	20–35	21–38
Nadelbäume		
Pinus sylvestris	32–44	11–18
Pinus cembra	19–25	–
Picea abies[1]	19–32	13–16
Abies alba	32–51	13–17
Larix decidua	57–95	18–30
Pseudotsuga menziesii	114	11–19

[1] Schattennadeln bis max. 41 nmol CO_2 g^{-1} s^{-1}

Bei den Schlusswaldarten Buche, Tanne, Fichte und Linde unterscheiden sich die **Sonnen- und Schattenblätter** deutlich in ihrer Morphologie und Physiologie voneinander (Hagemeier 2002). Die dünneren Schattenblätter (bzw. -nadeln) besitzen im Vergleich zu den Sonnenblättern eine höhere Konzentration an Chlorophyll b, jedoch eine geringere Menge des fixierenden Enzyms Rubisco und eine weniger leistungsfähige Elektronentransportkette in den Thylakoidmembranen (Evans 1989, Larcher 2001). Ihre mitochondriale Atmung ist ebenfalls reduziert. Diese Anpassungen erlauben es, auch noch unter Schwachlicht eine positive Kohlenstoffbilanz zu erreichen.

b) Bei der **Rotbuche** ist die photosynthetische Leistungsfähigkeit pro Blattmasse der Schattenblätter bei optimalen Licht-, Temperatur- und Luftfeuchte-Bedingungen meist größer als die der Sonnenblätter (s. Tab. 4–6). Bei Flächenbezug sind allerdings die dickeren Sonnenblätter wesentlich leistungsfähiger. Vergleicht man den Jahres-CO_2-Gewinn, so sind bei der Buche beide Blatttypen ähnlich leistungsfähig (204 und 192 mmol C g^{-1} a^{-1}, Schulze 1970). Im Hinblick auf die Effizienz des Kohlenstoffeinsatzes ist die Ausbildung von Sonnen- und Schattenblättern also gleichermaßen ökonomisch. Bei den Pionierbaumarten Birke, Kiefer und Pappel wie auch bei den mittsukzessionalen Eichen ist die Differenzierung in Sonnen- und Schattenblätter dagegen weniger deutlich ausgeprägt.

Die Sonnen- und Schattenblätter der Buche zeigen einen unterschiedlichen Jahresverlauf von A_{max}, der mit der früheren Seneszenz der Sonnenblätter zusammenhängt (s. Abb. 4–26).

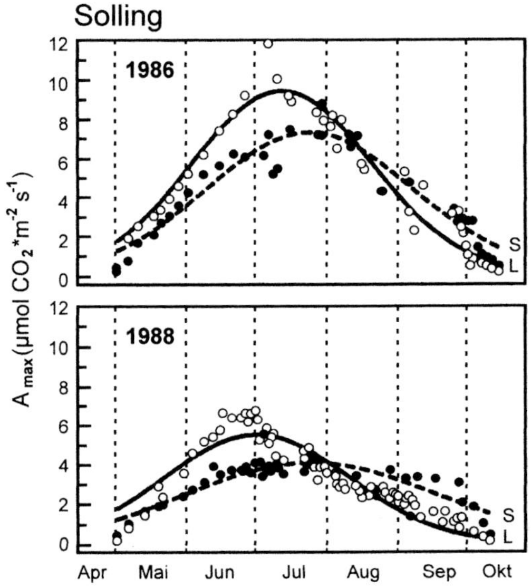

Abb. 4–26 Jahreszeitlicher Verlauf des Photosynthesevermögens (A_{max}) von Lichtblättern (L) und Schattenblättern (S) alter Buchen im Solling im strahlungsreichen Sommer 1986 und im strahlungsärmeren Sommer 1988. Schattenblätter erreichen ihr Leistungsoptimum später als Sonnenblätter und übertreffen diese in der lichtgesättigten Photosyntheseleistung im Spätsommer und Herbst. Das hohe A_{max} im Jahr 1986 war mit einem geringen Blattflächenindex verbunden und deutet eine kompensatorische Regulation von Photosyntheseleistung und Gesamtblattfläche an. Nach Schulte (1992).

Tab. 4–6 Vergleich der Assimilationsleistung und Kohlenstoffbilanz eines Buchen- und eines benachbarten Fichtenbestandes im Solling. Nach Gaswechselmessungen von Schulze (1970) und Zuwachsdaten von Heller in Ellenberg et al. (1986). Die Daten für den Blattansatz beziehen sich auf 1977, die Zuwachsdaten auf das Mittel der Jahre 1967 bis 1977.

	Buche		Fichte		
	Sonne	Schatten	Sonne		Schatten
Blatt-/Nadelmasse der Krone ($g\ m^{-2}$)	304		1786		
Höchstwert von A_{max}	72	82	0-jährig	28	38
($nmol\ CO_2\ g^{-1}\ s^{-1}$)			1-jährig	21	23
			2-jährig	17	19
			3-jährig	15	15
Jährl. CO_2-Gewinn der Blätter	204	192	0-jährig	94	58
($mmol\ g^{-1}\ a^{-1}$)			1-jährig	108	67
			2-jährig	67	42
			3-jährig	58	56
Tage mit positiver CO_2-Bilanz ($d\ a^{-1}$)	176		260		
Jährl. C-Gewinn der Krone ($mol\ m^{-2}\ a^{-1}$)	16,4		28,8		
C-Senken (in $mol\ m^{-2}\ a^{-1}$ bzw. % d. Gewinns): die Zahlen in Klammern geben die relative C-Allokation (in %) nach Schulze (1970) u. Schulze et al. (1977 a, b) an.					
Blatt-/Nadelwachstum	3,2 bzw 19 % (22)		3,0 bzw 11 % (12)		
Blatt- u. Knospenatmung	2,5 bzw 15 % (20)		5,8 bzw 20 % (20)		
Stamm- u. Astwuchs	7,0 bzw 42 % (24)		5,5 bzw 19 % (21)		
Wachstum d. Hauptwurzeln	0,6 bzw 4 % (zus.		2,1 bzw 7 % (zus.		
Holzatmung u. Feinwurzelumsatz	3,1 bzw 20 % 34)		12,4 bzw 43 % 47)		

In Sonnenblättern steigt das Photosynthesevermögen schnell an und erreicht bereits im Juli sein Maximum, wenn in den Blättern die höchsten Stickstoff- und Chlorophyllgehalte auftreten. Bereits Anfang August kommt es zur Rückverlagerung von N aus den Sonnenblättern, deren Leistungsfähigkeit zum Herbst hin rasch absinkt. Die Schattenblätter bleiben länger physiologisch aktiv und erreichen ihr Leistungsmaximum erst Ende August oder im September; sie profitieren im Herbst offenbar von dem früheren Abwurf der kurzlebigen obersten Sonnenblätter, indem mehr Stickstoff und Licht für die unteren Blattschichten verfügbar wird.

Die Schattenblätter der Buche wie auch die Buchen-Jungpflanzen können Lichtflecken effizient für die Photosynthese nutzen. Nach nur 7 min im Starklicht ist ihr Photosynthese-Apparat bereits zu 90% induziert, nach 20 min ist die Induktion vollständig (Küppers & Schneider 1993, Rees 1999). In der folgenden Schwachlichtphase geht der Induktionszustand voll induzierter Blätter andererseits nur langsam zurück: Nach 20 min beträgt der Induktionszustand noch 50%, sodass auf folgende Flecken rascher reagiert werden kann.

c) Die einjährigen Nadeln der **Fichte** beginnen mit ihrer vollen Assimilationsleistung bereits nach den letzten Nachtfrösten und sie behalten dieses Niveau bis zu den ersten Frösten im Herbst konstant bei (Fuchs et al. 1977). Der Austrieb der neuen Nadeln erfolgt im Juni und sie erreichen bereits nach 6 Wochen ihre maximale Leistungsfähigkeit (s. Abb. 4–27). Schattennadeln assimilieren – anders als im Falle der Buchenblätter – während ihres ganzen Lebens weniger als Sonnennadeln und erreichen in der Jahressumme nur etwa zwei Drittel des C-Gewinns der Sonnennadeln (s. Tab. 4–6). Die lichtgesättigten Photosyntheseraten der Fichte erreichen in den diesjährigen Sonnentrieben bei Massenbezug nur etwa 40% der Raten der Buche (28 gegenüber 72 $nmol\ CO_2\ g^{-1}\ s^{-1}$).

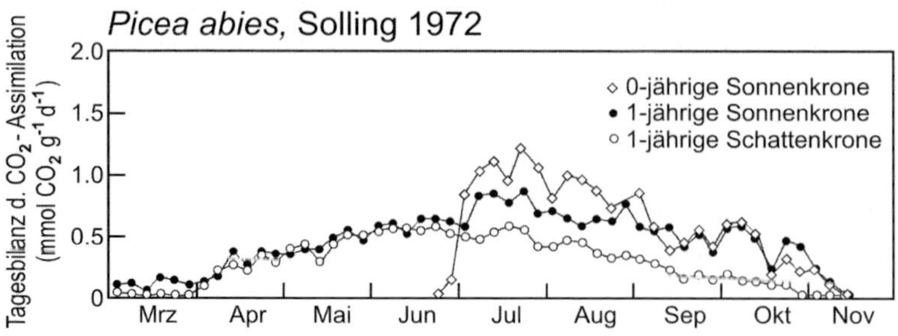

Abb. 4–27 Jahresverlauf der Tagesbilanzen des CO_2-Gaswechsels von 0-jährigen (diesjährigen) und 1-jährigen Fichtennadeln aus der Sonnen- bzw. Schattenkrone in einem montanen Fichtenforst des Solling im Jahre 1972. Nach Schulze et al. (1977).

Mit zunehmendem Nadelalter sinkt das Photosynthesevermögen der Fichte fortschreitend ab; einjährige Sonnennadeln erreichen weniger als 30 % der Leistung eines Buchenblattes. Dennoch hängt die Fichte in ihrem C-Gewinn stark von der Masse der alten Nadeln ab, denn nur 20 % des jährlichen Stoffgewinns werden von den diesjährigen Nadeln assimiliert (Schulze et al. 1977b). Diese Autoren schätzen, dass etwa 4 Nadel-Altersklassen notwendig sind, um den C-Bedarf für die Nadel- und Wurzelerneuerung und die Atmung der Fichte zu decken. Treten erhebliche Nadelverluste (z. B. durch Magnesiummangel) auf, sind Wachstumseinbußen unvermeidlich.

d) Die immergrünen Nadelbäume Fichte und Kiefer assimilieren auch im Winter bei Temperaturen geringfügig über dem Gefrierpunkt (0–2 °C), allerdings bei einem stark reduzierten Photosynthesevermögen (Mokross 1973, Matyssek 1985, Wieser 2007; s. Abb. 4–28). Nach Gross (1989) ist winterliche Eisbildung im Leitgewebe des Stammes eine wesentliche Ursache des geringen winterlichen Assimilationsvermögens der Koniferen; an der alpinen Waldgrenze waren Fichtenstämme auch im Mai noch zu 33 % der Zeit gefroren. Die **Winterdepression der Photosynthese** wird aber nicht nur durch niedrige Temperaturen oder geringen Strahlungsgenuss bedingt, sondern auch durch einen Rückgang der Effizienz des Photosystems II und der Carboxylierungseffizienz, also einer verringerten Leistungsfähigkeit von Licht- und Dunkelreaktion (Stecher et al. 1999, Wieser 2007), die mit einem Rückgang des Nadel-Chlorophyllgehaltes im Winter verbunden sein kann (Pisek & Winkler 1958). Im Solling genügten schon einige aufeinanderfolgende Frostnächte, um die Photosynthese der Fichte vollständig zu inaktivieren, auch wenn mittags ausreichende Strahlungs- und Temperaturbedingungen herrschten. Die Reaktivierung benötigte mindestens drei Tage; wärmere Perioden im Winter können deshalb nur zum Teil für den C-Gewinn genutzt werden. Daraus ergibt sich, dass der immergrüne Habitus für die Kohlenstoffversorgung des Baumes vor allem im Frühjahr (März/April) und Herbst (Oktober/November) von Vorteil ist, wenn die Temperaturen günstiger sind, während die Assimilation der Wintermonate nur eine relativ geringe Bedeutung hat. Ein wärmeres Winterhalbjahr, wie es mit dem Klimawandel zu erwarten ist, dürfte daher den Kohlenstoffgewinn insbesondere der immergrünen Bäume verbessern.

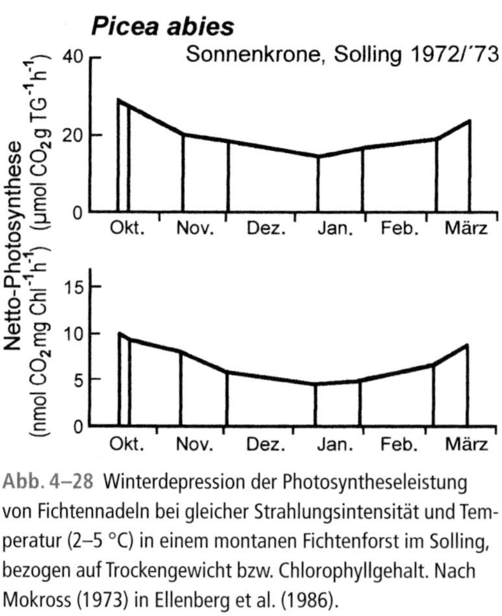

Abb. 4–28 Winterdepression der Photosyntheseleistung von Fichtennadeln bei gleicher Strahlungsintensität und Temperatur (2–5 °C) in einem montanen Fichtenforst im Solling, bezogen auf Trockengewicht bzw. Chlorophyllgehalt. Nach Mokross (1973) in Ellenberg et al. (1986).

e) Unter optimaler Temperatur erreichen lichtbedürftige Pionierbaumarten die **Lichtkompensation** in der Sonnenkrone erst bei Photonenflussdichten von 20–50 μmol m^{-2} s^{-1}

(Matyssek 1985, Larcher 2001). Sehr niedrige Licht-Kompensationspunkte besitzen dagegen manche Schlusswaldarten, beispielsweise *Taxus* und *Abies* unter den Nadelhölzern und *Fagus sylvatica* unter den Laubhölzern; für die Buche gibt Terborg (1998) Hochsommerwerte der Lichtkompensation von 7–10 und 3–7 µmol m^{-2} s^{-1} für die Sonnen- bzw. Schattenkrone an. Hinsichtlich der **Lichtsättigung** unterscheiden sich Sonnen- und Schattenblätter von ein und derselben Pflanze oft stärker als diejenigen verschiedener Arten. Sonnenblätter der Pionierbaumarten erreichen eine Sättigung ungefähr bei 600–800 µmol m^{-2} s^{-1}, jene der Schlusswaldarten bei etwa 450–700 µmol m^{-2} s^{-1} (s. Tab. 4–4).

f) Die **Temperaturen**, bei denen die Kardinalwerte des Lichtes für die Photosynthese erreicht werden, sind bei den meisten mitteleuropäischen Baumarten recht ähnlich (vgl. Dreyer et al. 2001). Überraschenderweise haben sogar Arten, die in warmen Klimaten zu Hause sind, kaum höhere Temperatur-Minima und -Optima als die Arve (*Pinus cembra*), die in die rauen Hochlagen der Alpen emporsteigt. Für eine noch größere Zahl von Arten sei dies mit Abbildung 4–29 veranschaulicht, deren Temperaturbereiche alle bei einer Strahlungsintensität von etwa 200–300 µmol Photonen m^{-2} s^{-1}, d. h. bei einer in der Natur häufig vorkommenden Beleuchtungsstärke, gewonnen wurden. Immergrüne wie sommergrüne Baumarten, ja selbst alpine Kräuter sind einander so ähnlich, dass z. B. die Eibe weitgehend dem Ölbaum oder die Rotbuche dem Gletscher-Hahnenfuß (*Ranunculus glacialis*) entspricht und auch Fichte und Arve ihnen kaum nachstehen.

g) Trotz ihrer **immergrünen** Nadeln hat die Arve in der oberen subalpinen Stufe eine fast ebenso kurze Vegetationsperiode wie die **sommergrüne** Lärche. Das geht aus den Messreihen von Turner (1958) hervor, der ihren Gaswechsel in der Nähe der Baumgrenze bei Innsbruck über ein ganzes Jahr verfolgte (vgl. auch Tranquillini & Machl-Ebner 1971). Im Winter bleiben die Stomata ihrer durch die dicke Kutikula

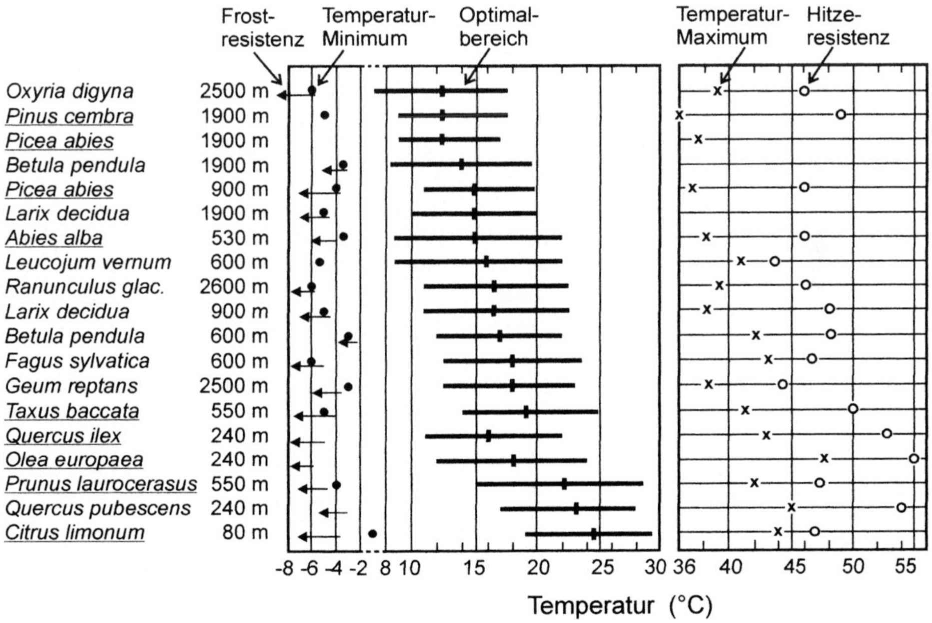

Abb. 4–29 Optimaler und gesamter Temperaturbereich der Nettophotosynthese bei Bäumen und Kräutern verschieden warmer Standorte, unter vergleichbaren Bedingungen (Strahlung etwa 200 µmol Photonen m^{-2} s^{-1}) gemessen. Nach Pisek et al. (1969), etwas verändert. Angegeben sind außerdem das sommerliche Temperaturminimum bzw. -maximum der Photosynthese und die sommerliche Frost- bzw. Hitzeresistenz (die Temperatur, bei der 50 % der Assimilationsorgane irreversibel geschädigt werden). Herkunft der Arten von verschiedenen Höhen über dem Meeresspiegel bei Innsbruck bzw. vom Gardasee (submediterrane Arten).

geschützten Nadeln geschlossen und vor zu großer Wasserabgabe bewahrt. Die trotzdem eintretenden geringen Transpirationsverluste können durch die Wasseraufnahme tiefstreichender Wurzeln ersetzt werden, denn unter dem Schnee friert höchstens der Oberboden durch. Selbst an schönen Tagen bleiben die Spaltöffnungen geschlossen, sodass nur das durch Atmung entstandene Kohlendioxid assimiliert werden kann. Während dieser Zeit ist die Chlorophyllmenge oft so gering, dass die Nadeln gelblich grün erscheinen. Erst wenn die Temperaturen auch nachts nicht mehr tief sinken, erwachen die Nadeln aus ihrer Winterruhe. Sobald dann auch die oberen Wurzeln wieder tätig sein können, steigt der Gasaustausch rasch. Sein Maximum erreicht er aber erst im Juli, und schon im Oktober führen Nachtfröste zu baldiger Umstellung auf den winterlichen Sparbetrieb (s. Abb. 4–30). Junge Zirben an der Waldgrenze verbrauchten 9 % des jährlichen Kohlenstoffgewinns der Photosynthese für die nächtliche Atmung der Nadeln im Sommer und weitere 6 % für die Atmung in der mehr als 7-monatigen Winterperiode, wenn die C-Bilanz meist negativ ist (Tranquillini 1959, Wieser et al. 2005; s. Abb. 4–30). Die winterlichen C-Verluste von Jungzirben sind erstaunlich gering, weil die Atmungsverluste in der Kälte niedrig sind. Eine ausgewachsene Lärche verlor sogar nur 1,8 % ihres C-Gewinns in der unbenadelten Zeit (Havranek & Matyssek 2005).

Wenn die Vegetationsperiode auch nur wenige Wochen länger und die Temperatur nur um ein geringes höher ist, steigt die Produktionsrate und damit die Jahrringbreite subalpiner Bäume merklich an (s. Abb. 4–40). Bei ausreichender Wärme (s. Abb. 5–11) ist aber auch für sie der Lichtgenuss der begrenzende Faktor für die Photosynthese, ähnlich wie für die Bäume tieferer Lagen (s. Kap. 4.7.1.3 b).

Matyssek (1985, 1986) verglich den Kohlenstoffgewinn der sommergrünen Lärche mit der immergrünen Fichte an einem Mittelgebirgsstandort, d. h. außerhalb des natürlichen Vorkommens von *Larix*. Obwohl die Lärchennadeln kaum länger als 6 Monate aktiv waren, erzielte die Lärchenkrone rund 80 % der Jahresleistung der Fichtenkrone. Bei der Fichte war der Aufwand zur Nadelerneuerung nur halb so hoch wie bei der Lärche; *Picea* investierte dagegen mehr in Wurzelwachstum und Wurzelatmung.

h) Die maximale Photosynthese-Leistungsfähigkeit der Bäume wird im Tages- und Jahresverlauf nur selten erreicht, weil Strahlung, Temperatur, Bodenfeuchte oder Luftfeuchte von den optimalen Bedingungen abweichen. In der Bergstufe sind es vor allem unteroptimale Lichtbedingungen, die die Assimilationsleistung verringern. Nach Schulze (1970) reduziert **Strahlungsmangel** den CO_2-Gewinn der Buchen-Sonnenblätter im Solling im Jahresmittel um 38 %, während nicht-optimale Temperatur- und Luftfeuchtebedingungen nur zu einer Verringerung um weitere 5 % führen. Bodentrockenheit behindert an diesem montanen Standort die Assimilation so gut wie nie. Die Sonnen- und Schattenblätter von *Fagus* operieren hier im Jahresdurchschnitt bei 57 bzw. 45 % ihrer maximalen Leistung. Die Fichte erreicht an demselben Standort im Jahresmittel sogar nur etwa 40 % ihrer maximal möglichen Assimilationsleis-

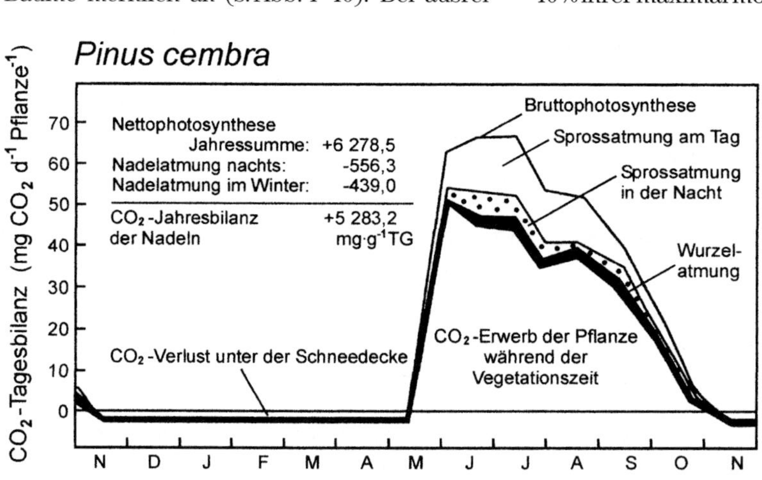

Abb. 4–30 Jahresgang der CO_2-Tagesbilanzen von jungen Zirben (*Pinus cembra*) an der Waldgrenze der Alpen. Ein Teil der Bruttophotosynthese geht noch am selben Tag durch Atmung der Nadeln und Sprosse und der Wurzeln verloren. Der Netto-CO_2-Gewinn während der knapp fünfmonatigen Vegetationsperiode wird zu einem Teil verbraucht, um die negative CO_2-Bilanz im Winter auszugleichen. Nach Tranquillini (1959).

tung. Auch an der alpinen Baumgrenze assimilierte die Arve mit einer um 40% reduzierten Leistungsfähigkeit, weil die Strahlung nicht ausreichend war (Wieser 2004). An einem wärmeren und wolkenärmeren Tieflandsstandort in der Lüneburger Heide reduzierte Strahlungsmangel die Jahres-Photosyntheseleistung der Buche in vier Sommern dagegen nur um 19–29%, während suboptimale Temperaturen zu einer weiteren Verringerung um 4,5–8% führten (Terborg 1998). Alte Traubeneichen zeigten hier strahlungsbedingte Einschränkungen der Assimilation von 21–30%, temperaturbedingte von 6–12,5%.

4.4.2.2 Saisonalität des Wachstums

Lyr et al. (1992) unterscheiden nach dem jahreszeitlichen Ablauf des **Höhenwachstums** zwei Typen von Bäumen.

(a) Der *Quercus*-Typ (z.B. *Quercus*, *Fagus*, *Pinus*, *Picea* und *Abies*) stellt sein Höhenwachstum trotz günstiger Bedingungen bereits frühzeitig im Jahr ein und wird wesentlich von endogenen Entwicklungsprozessen gesteuert. Das Triebwachstum dieser Arten durchläuft eine „Sommerruhe", während Wurzel- und Dickenwachstum auch nach Abschluss des Höhenwachstums noch anhalten.

(b) Vertreter des *Populus*-Typs (z.B. *Populus*, *Betula*, *Larix* und *Robinia*) werden dagegen in ihrem Höhenwachstum vorwiegend photo- und thermoperiodisch gesteuert, sind also stärker von der aktuellen Witterung abhängig und erreichen noch bis in den September hinein Höhenzuwächse (s. Häkkinen et al. 1998). Bereits Klebs (1914) wies auf den großen Einfluss von erhöhten Temperaturen, guter Nährstoffversorgung und Feuchtigkeit für das Austreiben von Birke, Ulme, Hainbuche und Hasel hin.

Abbildung 4–31 stellt die im Wurzelkeller Eberswalde experimentell ermittelte saisonale Dynamik des Spross- und Wurzelwachstums schematisch dar.

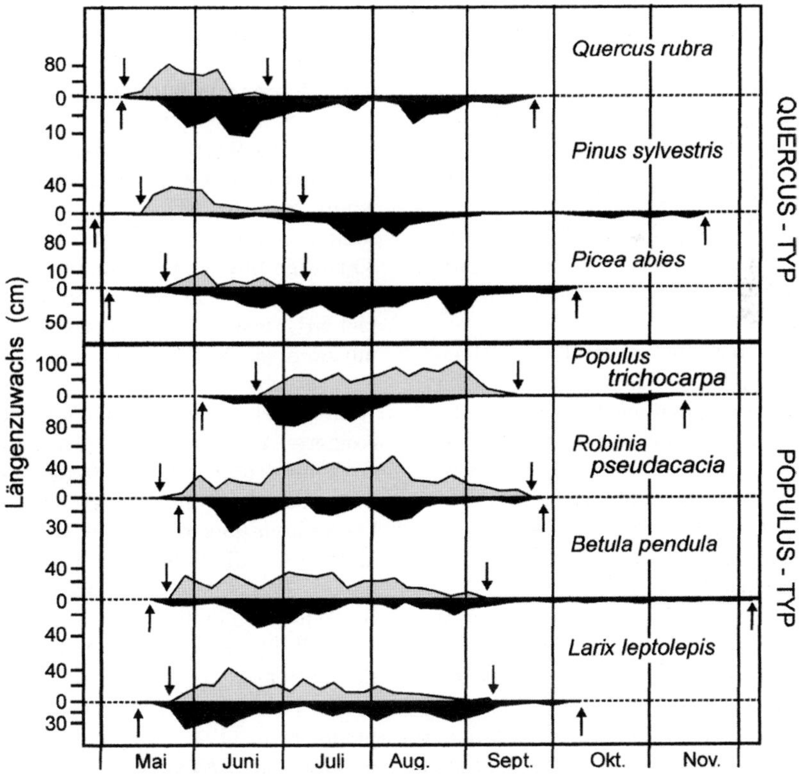

Abb. 4–31 Jahreszeitlicher Verlauf des Spross- und Wurzelwachstums von sieben Baumarten im Wurzelkeller Eberswalde 1963 (leicht schematisiert). Die Pfeile geben Beginn und Abschluss des Wachstums an. Nach Lyr et al. (1992).

Mit dem **Dickenwachstum** beginnen Esche und Kiefer zuerst im Jahr, in submontaner Höhenlage bereits Anfang April. Ihr Zuwachs kulminiert schon sehr früh Ende Mai (s. Tab. 4–7). Relativ spät erst beginnen Lärche, Hainbuche, Rotbuche, Pappel, Schwarzerle und insbesondere die Winterlinde mit dem Wachstum. Pappel, Linde, Hainbuche, Erle und Lärche weisen eine relativ kurze Wachstumsperiode auf; die von Kiefer, Tanne und Eiche ist wesentlich länger (Henhappl 1965, Mitscherlich 1975).

Tab. 4–7 Saisonalität und Dauer des Dickenwachstums verschiedener Baumarten bei Freiburg/Br. in 350 m ü.NN. Zeitpunkt des Erreichens von 5 %, 50 % und 95 % des Jahreszuwachses in den Jahren 1960 bis 1962. Nach Henhappl (1965).

	5 % (Datum)	50 % (Datum)	95 % (Datum)	Dauer (Tage)
Fichte	23.4.	22.6.	23.8.	122
Kiefer	7.4.	28.5.	27.8.	142
Lärche	29.4.	13.6.	11.8.	104
Tanne	12.4.	13.6.	27.8.	137
Bergahorn	4.5.	18.6.	6.8.	94
Hängebirke	22.4.	9.6.	7.8.	107
Eiche	10.4.	17.6.	21.8.	133
Schwarzerle	10.5.	4.7.	18.8.	100
Esche	6.4.	31.5.	7.8.	123
Rotbuche	4.5.	26.6.	26.8.	114
Hainbuche	29.4.	14.6.	5.8.	98
Winterlinde	15.5.	14.6.	5.8.	82
Pappel	5.5.	19.6.	5.8.	92

Das **Wurzelwachstum** beginnt bei Buche, Kiefer und Fichte bereits bei Temperaturen um den Gefrierpunkt (Ladefoged 1939, Sutton 1969, Hansen et al. 1996, Gaul et al. 2008), erreicht aber höhere Raten erst oberhalb von 5–6 °C (Alvarez-Uria & Körner 2007). Die Wurzeln von Lärchen und Arven wachsen an der Waldgrenze nur bei Temperaturen über 3–5 °C (Turner & Streule 1983, Häsler et al. 1999).

Während die Blätter und Nadeln der sommergrünen Laub- und Nadelbäume in der temperaten Zone ungefähr 6 Monate aktiv bleiben, beträgt die **Lebensdauer** gesunder Nadeln der Kiefern bis zu 4 Jahre, die von Fichten und Tannen bis zu 9 Jahre. Bäume mit langlebigen Nadeln besitzen allerdings keine langlebigeren Feinwurzeln: Withington et al. (2006) fanden bei elf mitteleuropäischen Waldbäumen keine Beziehung zwischen der Lebensdauer ober- und unterirdischer Organe. Nach ihren Untersuchungen reicht die mediane Feinwurzel-Lebensdauer von 0,57 Jahren bei der Rotbuche bis zu 2,47 Jahren beim Bergahorn (s. Tab. 4–4).

4.4.3 Stickstoffernährung

Untersuchungen an Sämlingen deuten an, dass **Laubbäume** wie Buche, Esche und die Eichen Nitrat und Ammonium gleichermaßen aufnehmen (Stadler et al. 1993). Nitrat wird bei Laubbäumen wie bei krautigen Pflanzen vor allem in den Blättern und im Stamm reduziert, wobei die Nitratreduktase-Aktivität durch erhöhte Boden-Nitratgehalte induziert wird (Gebauer & Schulze 1997). Allerdings ist die Nitrat-Assimilationskapazität der Bäume, insbesondere jene der Nadelbäume, geringer als die krautiger Pflanzen. Wallenda et al. (2000) erhielten zudem Hinweise, dass Birken, Kiefern, Buchen und Fichten auch organische Stickstoffquellen über ihre Mykorrhiza nutzen, und zwar vor allem an kälteren Wuchsorten (vgl. auch Öhlund & Näsholm 2001, 2004).

Hinsichtlich der Nitrat- bzw. Ammoniumpräferenz von **Buchen** liegen je nach Untersuchungsmethode und Altersstadium widersprüchliche Befunde vor. Nach den Versuchen von Paar (1994) wachsen Buchensämlinge bei gemischter NH_4/NO_3-Ernährung besser als bei reinem Angebot von Ammonium oder Nitrat. 30-jährige Buchen und Traubeneichen auf saurer Braunerde nahmen allerdings nur halb so viel NH_4^+ wie NO_3^- auf, wenn man die Aufnahme am Angebot misst (May 1999); *Fagus* zeigte also offenbar eine gewisse Präferenz für NO_3^-. Wallenda et al. (2000) fanden dagegen eine gesteigerte Aufnahme von ^{15}N-markierten Stickstoffdüngern sowohl bei Fichten wie Buchen, wenn das Ammoniumangebot das von Nitrat bei Weitem überwog; danach sollte die Buche ähnlich wie die Fichte eine Präferenz für NH_4^+ haben. Wahrscheinlich nutzt die Buche die Stickstoffformen je nach deren Angebot in der Umwelt (s. a. Kap. 4.7.5.2 zur N-Aufnahme über die Blätter).

Die **Fichte** bevorzugt dagegen nach Buchmann et al. (1995) im Freiland deutlich Ammonium gegenüber Nitrat (s. a. Kronzucker et al. 1997, vgl. allerdings George et al. 1999). Fichtenbestände fördern daher die Bodenversauerung und leisten erhöhten Nitrat-Auswaschungsverlusten Vorschub (Marschner et al. 1991, Gessler et al. 1998, Wallenda et al. 2000). Nitrat reduziert *Picea* vor allem in den Wurzeln (Gebauer & Schulze 1997).

Pionierbaumarten wie *Betula* und *Populus* sowie der Holunder (*Sambucus nigra*) nehmen nach Stewart et al. (1989) überwiegend oder ausschließlich Nitrat auf.

4.4.4 Stresstoleranz

Überall in Mitteleuropa sind Bäume mannigfachen Belastungen ausgesetzt, die ihre Vitalität zeitweise oder dauerhaft einschränken und im Extremfall zu ihrer Verdrängung durch andere pflanzliche Lebensformen führen können. Zu den wichtigsten Stressoren gehören Temperaturextreme, Wassermangel, Wasserüberschuss in Verbindung mit Anoxie im Wurzelraum, Belastung durch hohe Konzentrationen an Salz (NaCl) oder andere toxischen Ionen (z. B. H^+ und Aluminium), Befall durch Herbivore und Pathogene sowie Schäden durch atmosphärische Schadstoffe wie SO_2 oder Ozon. Auf diese Belastungen werden wir in den folgenden speziellen Lebensraumkapiteln immer wieder eingehen.

An dieser Stelle erscheint es sinnvoll, drei Stressoren in ihrer Wirkung auf die mitteleuropäischen Bäume gesondert zu behandeln, denen besondere Bedeutung für die Vitalität und Verbreitung der Gehölze zukommt: Trockenstress, Frostschädigung und Verbiss durch Schalenwild. Lichtmangel ist ein weiterer wichtiger Standortfaktor, der vor allem die Vitalität des Baumjungwuchses in unterschiedlicher Weise beeinflusst; auf ihn wird in den folgenden Kapiteln immer wieder eingegangen. Eine Übersicht über die Stresstoleranz der neun wichtigsten mitteleuropäischen Baumarten wird, teils ausgedrückt in exakten Zahlen, teils in Relativwerten, in Tabelle 4–4 gegeben. Trägt man die Empfindlichkeit dieser Baumarten gegenüber verschiedenen Stressoren gegeneinander auf, lassen sich einige positive oder negative Beziehungen erkennen: So sind trockenheitsempfindliche Arten in der Regel auch empfindlicher gegenüber Spätfrösten und schattentolerante Arten empfindlicher gegenüber Trockenheit (s. Abb. 4–32). Letztere Beziehung ist eine Folge des größeren Blattflächenindex der schattentoleranten Arten, der die Sensitivität gegenüber Trockenheit erhöht.

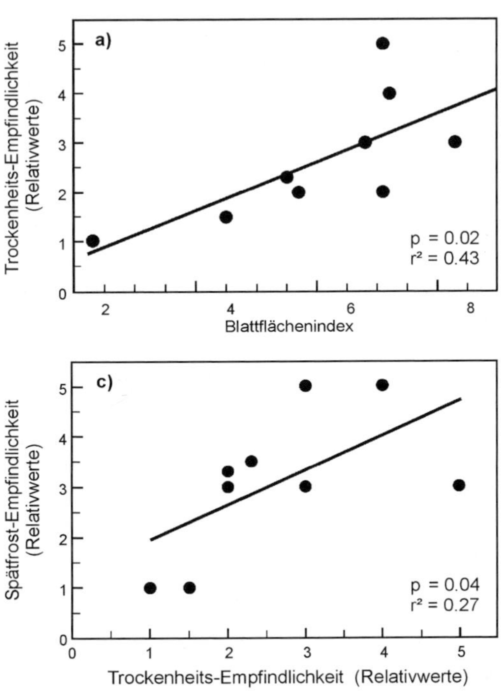

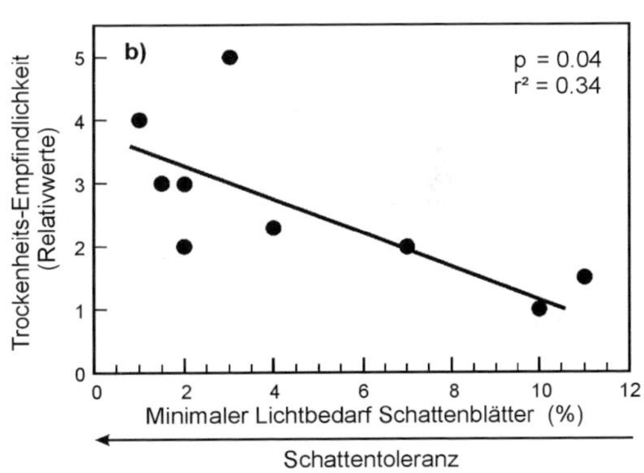

Abb. 4–32 Abhängigkeit der Trockenheits-Empfindlichkeit vom Blattflächenindex (a) bzw. vom minimalen Lichtbedarf der Schattenblätter (b) sowie Beziehung zwischen der Spätfrost-Empfindlichkeit und der Trockenheits-Empfindlichkeit (c) bei neun wichtigen Baumarten Mitteleuropas (Hängebirke, Waldkiefer, Stieleiche, Traubeneiche, Hainbuche, Fichte, Tanne, Winterlinde, Rotbuche). Im Falle der Trockenheits- und Spätfrost-Empfindlichkeit handelt es sich um Relativwerte (Skala 1 bis 5; s. die Angaben in Tab. 4–4).

4.4.4.1 Trockenstress-Empfindlichkeit

a) Wassermangel ist ein wichtiger, ja entscheidender Faktor für die Vitalität der Bäume und die Zusammensetzung der Waldgesellschaften in Mitteleuropa. Nach Bréda et al. (2006) lassen sich bis zu 80% der Jahrringdicken-Schwankungen durch dic Variabilität des Wasserangebotes erklären. Wie groß die **ökologische Bedeutung von Trockenheit** für die Wälder auch im humiden Klima Mitteleuropas tatsächlich ist, zeigte eindrucksvoll die extreme Trockenheit des Jahres 2003, in deren Folge sich die Primärproduktion der europäischen Wälder um ungefähr 30% verringerte (Ciais et al. 2005, Granier et al. 2007). Neben der autotrophen Atmung sank auch die heterotrophe Respiration der Waldbestände, also die abbauende Aktivität der Bodenorganismen. Heute besteht außerdem weitgehende Einigkeit darüber, dass die Waldschadenssymptome, die vor allem in den 1980er-Jahren in weiten Teilen Mitteleuropas besonders deutlich auftraten, zu einem erheblichen Teil durch außergewöhnliche Trockenheit in mehreren Jahren verursacht oder doch zumindest verstärkt wurden (Webster et al. 1996; s. Kap. 4.9.3.5 u. 4.9.3.7).

b) Wassermangel induziert bei Bäumen eine Kaskade von Antworten, die von Veränderungen in der Genexpression über physiologische Umsteuerungen bei Photosynthese, Atmung, Proteinsynthese, Allokation und Hormonstoffwechsel bis zu reduziertem Wachstum auf Bestandesebene reichen. Alle pflanzlichen Anpassungsvorgänge dienen im Wesentlichen zwei Zielen: die Entwässerung des Gewebes zu verzögern oder das Protoplasma austrocknungstoleranter zu machen.

Auf die Trockenstress-Empfindlichkeit einer Baumart haben vor allem folgende Faktoren Einfluss:

1. die Dürreempfindlichkeit der Sämlinge und Jungpflanzen;
2. die Empfindlichkeit der ressourcen-aufnehmenden Organe, also des Blatt- und Wurzelwerkes;
3. die Sensitivität der Kohlenstoffassimilation und des daran gebundenen Höhen- und Dickenwachstums;
4. die Anfälligkeit gegenüber Sekundärerkrankungen (vor allem Pathogenen) nach einer Dürreperiode;
5. die Regenerationsfähigkeit nach Trockenperioden.

Für die Erhaltung einer ausgeglichenen Wasserbilanz sind die folgenden Eigenschaften von zentraler Bedeutung:

6. die Empfindlichkeit des hydraulischen Systems gegenüber Kavitation (Emboliebildung);
7. die Luftfeuchte-Sensitivität der stomatären Regulation;
8. die Fähigkeit zu osmotic adjustment (Anreicherung von Osmotika);
9. die Ausbildung von tiefreichenden Wurzeln.

Die umfangreiche Literatur zur **Physiologie trockengestresster Baumsämlinge** wurde von Hinckley et al. (1981), Whitehead & Jarvis (1981), Kramer & Boyer (1995), Dreyer (1997), Lösch (2001) u. a. zusammengefasst. Als Beispiel sei in Abbildung 4–33 die empfindliche Reaktion junger Buchen auf Bodentrockenheit wie auch auf Lufttrockenheit dargestellt.

An dieser Stelle soll vor allem auf die **Trockenstresstoleranz der Altbäume** eingegangen werden, über die weit weniger bekannt ist als über diejenige der Sämlinge. Dabei wollen wir einen Vergleich der wichtigsten mitteleuropäischen Baumarten im Hinblick auf ihre Trockenstress-Empfindlichkeit anstreben.

c) Die Wasserpotenzial-Schwelle, bei der der Wassertransport im Xylem zunehmend durch **Emboliebildung** (Kavitation) behindert wird, unterscheidet sich bei den verschiedenen Baumarten deutlich (Maherali et al. 2004). Bäume, die an besser wasserversorgten Standorten wachsen wie Pappel, Rotbuche und die mitteleuropäischen Eichen, kavitieren früher als Baumarten des sommertrockenen Mediterranraumes wie z. B. *Quercus ilex* oder *Pinus halepensis* (s. Abb. 4–34). Innerhalb der mitteleuropäischen Ahornarten erwiesen sich die submediterranen Arten *A. opalus* und *A. monspessulanum* als weniger kavitationsanfällig als die temperaten Arten *A. pseudoplatanus*, *A. platanoides* und *A. campestre* (Tissier et al. 2004); Vergleichbares gilt für die Eichenarten (Tyree & Cochard 1996). Viele Baumarten senken die Kavitationsgefahr durch sensible Stomaregulation (Bréda et al. 2006).

d) Nach Untersuchungen an Altbäumen unterscheiden sich mitteleuropäische Baumarten auch in der **Luftfeuchte-Sensitivität der Stomaregulation** (s. z. B. Bréda et al. 2006). In einem mitteldeutschen Laubmischwald reagierten Esche und Winterlinde sensitiver auf trockene Luft als Buche und Bergahorn (Köcher et al. 2008).

e) Nicht alle mitteleuropäischen Baumarten sind bei Trockenheit zu **osmotic adjustment** in den Blättern und Wurzeln fähig, also zu aktiver Anreicherung von Osmotika in der Zelle zum Zwecke der Wasserpotenzial-Absenkung. Positive Befunde liegen aus den Gattungen *Acer*, *Carpinus*, *Cornus*, *Ilex*, *Quercus*, *Populus*, *Prunus*, *Pinus* und *Picea* vor (Hinckley et al. 1981, Kozlowski & Pallardy 1997). Nur geringes oder fehlendes osmotic adjustment wurde dagegen in den Blättern alter Rotbuchen und den Wurzeln von Hängebirken-Sämlingen beobachtet (Osonubi & Davies 1978, Backes & Leuschner 2000, Schipka 2003).

f) Dendrochronologische Studien zeigen, dass das Wasserangebot in den Sommermonaten ein entscheidender Faktor ist, der die **Jahrringbreite** von Buchen, Eichen, Fichten und Tannen kontrolliert (Mitscherlich 1975, Becker et al. 1995). Das gilt vor allem für die Tieflagen und die Regionen mit subkontinental bis kontinental getöntem Klima in Mitteleuropa (z.B. Eckstein et al. 1984, Z'Graggen 1992, Dittmar & Elling 1999, Bonn 1998, Elling et al. 2007); in der Montanstufe und in Küstennähe ist der Trockenheitseinfluss dagegen schwächer oder nicht sichtbar (Schober 1951, Krause 1992). In den Dürrejahren 1947 und 1949 beispielsweise erzielten Fichten im südniedersächsischen Bergland nur 65%, Kiefern 70%, Eichen 68% und Buchen 81% der Zuwächse von normal-feuchten Jahren (Schober 1951; s. Kap. 4.9.3.7 c). Oft wird die Trockenstressantwort erst nach 2 Jahren oder noch später sichtbar (Becker 1989). In mitteldeutschen Laubmischwäldern zeigten Rotbuchen in trockenen und warmen Jahren stärkere Zuwachseinbrüche als Eichen (Bonn 1998). Die Eichen werden durch ein trocken-kontinental getöntes Klima in ihrem Höhenwachstum offenbar sogar gefördert (Mitscherlich 1950). Frech (2006) stellte in einem subkontinentalen Eichen-Hainbuchen-Buchenmischwald in Westthüringen einen großen Einfluss des Niederschlages auf die Jahrringbreite der Buche fest (r = 0,52); dieser nahm über die Esche (r = 0,43) und die Hainbuche (r = 0,32) hin zur Winterlinde (kein signifikanter Einfluss) ab.

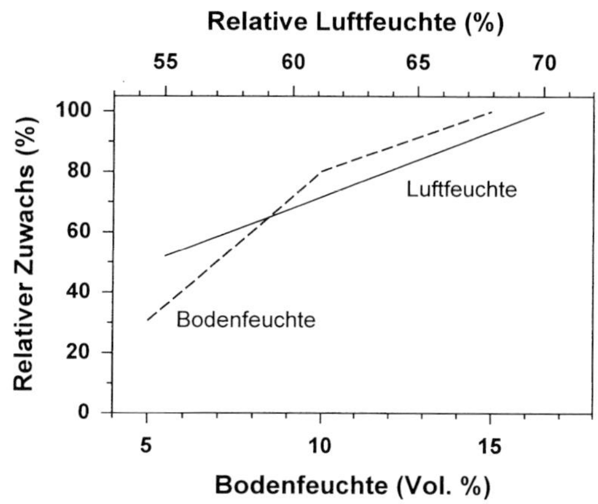

Abb. 4–33 Trockenmassenzuwachs von Buchensämlingen nach 13 Wochen Kultur bei drei unterschiedlichen Bodenfeuchten (5, 10 und 15 Vol.%) bzw. Kultur unter zwei verschiedenen Luftfeuchteregimen (55 und 70 % rel. Luftfeuchte, obere x-Achse). Die Pflanzen des Luftfeuchteversuchs wuchsen in Nährlösungskultur bei optimaler Wasserversorgung. Nach Werneyer & Leuschner (unveröff.).

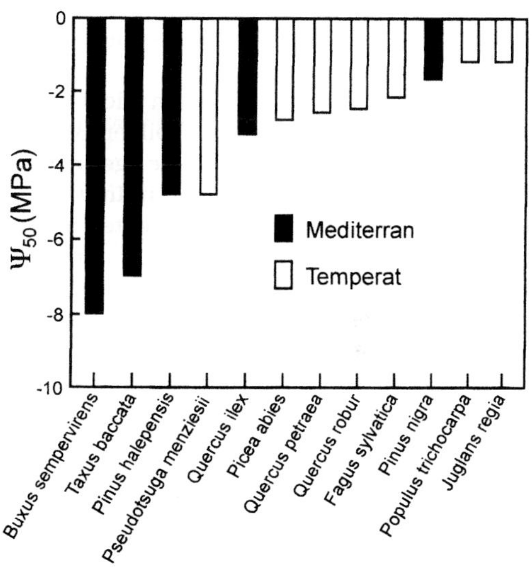

Abb. 4–34 Empfindlichkeit verschiedener temperater und mediterraner Gehölze gegenüber Kavitation in den Zweigen; angegeben ist das Wasserpotenzial ψ_{50}, bei dem ein 50 %iger Verlust an hydraulischer Leitfähigkeit auftritt. Mediterrane Arten in schwarz. Nach verschiedenen Autoren in Bréda et al. (2006).

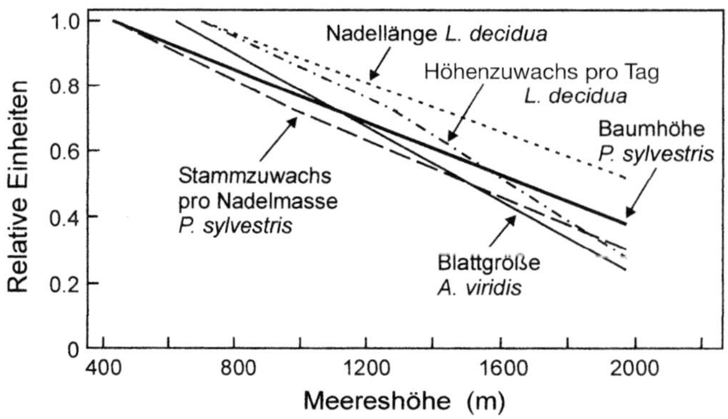

Abb. 4–39 Veränderung einiger produktionsrelevanter Größen von Bäumen mit der Höhe über dem Meeresspiegel in den Alpen (relative Einheiten: niedrigste untersuchte Meereshöhe = 1,0). Nach Burger (1941) und Tranquillini & Unterholzner (1968), Tranquillini (1965) und Benecke (1972) in Tranquillini (1979).

Eichenverjüngung wesentlich durch den Rückgang extensiver Weidewirtschaft bedingt. Starker Wildverbiss behindert andererseits das Aufkommen eines dichten Unterholzes, sodass lichtliebende Gräser wie das Pfeifengras begünstigt werden und die Artenzahl ansteigen kann (z. B. Kriebitzsch et al. 2000, Nessing & Zerbe 2002). Gill (2006) wägt schädigende und fördernde Einflüsse des Verbisses ab und folgert, dass Verbiss die Diversität der Baumverjüngung in Waldlichtungen und im Offenland grundsätzlich eher steigert, im Waldesschatten jedoch verringert.

Nur am Rande sei erwähnt, dass sich die mitteleuropäischen Baumarten stark in der Zahl der sie befallenden **Schadinsekten** und der Herbivorierate unterscheiden; die artenreichste Schadfauna weisen die Kiefern und Eichen auf (Klimetzek 1992).

4.4.5 Meereshöheneffekte auf das Baumwachstum

Mit der Höhe über dem Meeresspiegel nimmt der Zuwachs der Bäume in der Regel ab, und zwar nicht erst nahe der Waldgrenze, sondern bereits ab etwa 500–700 m ü.NN. (Burger 1941, Röhe 1985, Dobbertin & Giuggiola 2006; s. Abb. 4–82). Burger (1941) fand in der Schweiz eine fast lineare **Abnahme der Baumhöhe** von Fichten und Kiefern zwischen etwa 450 und 1900 m ü.NN. und führte diese auf eine abnehmende Länge der Vegetationsperiode zurück (s. Abb. 4–39; vgl. auch Rohmeder 1964, Tranquillini 1979, Paulsen et al. 2000 und Abb. 4–40). Fichten desselben Genotyps wuchsen in 1250 m Höhe fünfmal schneller als in 1900 m Höhe (Tranquillini et al. 1980). In Tirol erreichen Fichten-Lärchen-Zirbenwälder auf 1600–2020 m Höhe Jahreszuwächse von 2,0–2,5 m^3 ha^{-1} gegenüber 4–6 m^3 ha^{-1} in den Tallagen (Mair 1967).

Bei Zirben, Waldkiefern und Lärchen nimmt mit der Höhe über dem Meeresspiegel zudem die Nadellänge ab, bei Erlen die Blattgröße (z. B. Tranquillini 1979, James et al. 1994; s. Abb. 4–39). Auch der Blattflächenindex reduziert sich mit der Höhe (Vareschi 1951) und entsprechend sinkt die Bestandesproduktivität. Wieser & Stöhr (2005) beispielsweise ermittelten in einem *Pinus-cembra*-Bestand auf dem Patscherkofel in 1950 m Höhe einen projizierten Nadelflächenindex von nur 3,9, also eine erheblich geringere assimilierende Oberfläche als etwa in den montanen Fichtenwäldern der Tabelle 4–15.

Die **photosynthetische Leistungsfähigkeit**, gemessen pro Nadeloberfläche, verändert sich bei Fichten, Lärchen und Arven mit zunehmender Höhe über dem Meeresspiegel nur wenig (Körner 2003, Wieser 2007). Auch die Atmungsverluste der Bäume, bei Umgebungstemperaturen gemessen, bleiben mit der Meereshöhe weitgehend konstant oder nehmen ab (Pisek & Winkler 1958, Wieser 2007). Hauptursache der meereshöhenabhängigen Produktionsabnahme muss also die abnehmende Länge der Vegetationsperiode und ein sinkender Blattflächenindex sein, nicht die photosynthetische Leistungsfähigkeit. Allerdings treten mit zunehmender Meereshöhe größere Biomasseverluste durch Raureif und Schneebruch auf, die die C-Bilanz der Bäume verschlechtern (s. Abb. 7–14).

Sinkende Tendenz hat außerdem die Verjüngungskraft. Nach Fischer et al. (1959) und Sory (1980) nimmt die Zahl der Fichtensamen wie auch der Jungfichten pro Flächeneinheit mit der Höhe über dem Meeresspiegel deutlich ab. Allerdings hängt diese außerdem mit dem Säuregrad der obersten Humusschicht zusammen: Sie steigt mit deren pH-Wert, ist also nicht allein von der Höhe über dem Meeresspiegel beeinflusst (vgl. Kap. 7.8.1 b).

Die meereshöhenabhängige Produktionsabnahme der Bergwälder muss auch bei der **Erklärung der alpinen Waldgrenze** Berücksichtigung finden. Die auffällige Grenze des Gehölzwuchses sollte eher als Teil eines Gradienten abnehmender Waldproduktivität verstanden werden, der sich über mehr als 1000 Höhenmeter erstreckt, denn als die linienhafte Grenze am Übergang zur gehölzfreien alpinen Stufe, die so markant ins Auge fällt. Für diesen Produktivitätsgradienten sind in erster Linie abnehmende Temperaturen verantwortlich, wie aus dem starken Temperatureffekt auf den Zuwachs von Lärche und Zirbe in Abbildung 4–40 deutlich wird (s. a. James et al. 1994), und nicht nur eine bestimmte Minimaltemperatur an der Waldgrenze, unterhalb derer Gehölzwachstum nicht mehr möglich ist. Das Baumwachstum geht ja bereits in der montanen und hochmontanen Bergstufe bei Temperaturen weit oberhalb der Waldgrenztemperatur deutlich zurück. Allerdings ist der Zuwachsrückgang dabei nicht zwingend an eine kürzer werdende Vegetationsperiode wie in den Alpen gebunden: Auch in tropischen Bergwäldern verringern sich nämlich Bestandesblattfläche und Produktivität bereits weit unterhalb der alpinen Waldgrenze, ohne dass die Vegetationsperiode mit der Höhe kürzer würde (Moser et al. 2008).

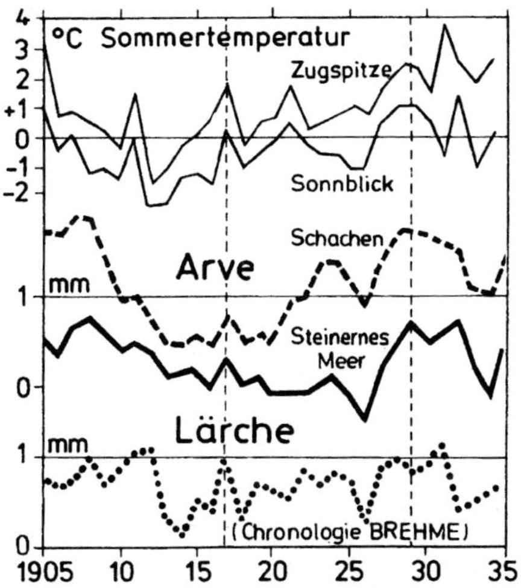

Abb. 4–40 Der Zuwachs subalpiner Bäume hängt stark von der Wärme der Vegetationsperiode ab. Daher folgt die Jahrringbreite von Arven und Lärchen annähernd dem Gang der mittleren Sommertemperatur. Nach Köstler & Mayer (1970), verändert.
Die Temperaturmessungen beziehen sich auf wesentlich größere Höhen ü.NN. Unten: durchschnittliche Jahrringbreitenfolgen im gleichen Zeitraum für *Pinus cembra* in etwa 1800 m (Schachen) und 2500 m Höhe (Steinernes Meer) sowie für *Larix decidua*.

4.4.6 Streuqualität und Einfluss der Baumarten auf den Boden

Über die chemische Zusammensetzung ihrer Streu üben die Baumarten einen erheblichen Einfluss auf die Humusauflage und den Mineralboden und deren biologische Aktivität aus (Berendse 1994). Neben der Blattstreu wird eine ähnlich große oder gar größere Menge an organischer Substanz über tote Feinwurzeln in den Boden eingetragen (Berg & McClaugherty 2003); eine bedeutende Streuquelle sind außerdem absterbende Pilzhyphen (Godbold et al. 2006). Die Zersetzungsrate der Streu hängt vor allem von deren Gehalt an leicht abbaubaren organischen Verbindungen sowie von der N-Konzentration ab (Hobbie 2000, Berg & McClaugherty 2003); ein gut geeignetes Maß der Abbaubarkeit ist daher das Lignin/N-Verhältnis der Streu. In chemischer Hinsicht ist die Nadelstreu der immergrünen Koniferen, namentlich der Fichte und der Kiefernarten, ungünstiger als die Streu der Laubbäume. Sie enthält mehr Lignin und Cutin und zersetzt sich langsamer, sodass sie leichter Anlass zur Bildung von Moder oder Rohhumus gibt (s. Abb. 4–41). Lärche und Tanne stehen in dieser Hinsicht den Laubhölzern nahe, und unter den Letzteren verhält sich die Rotbuche am „nadelholzähnlichsten“, zumal deren Blattstreu ausgesprochen ligninreich ist. Bemerkenswerterweise konnten Berg et al. (2000) nachweisen, dass der Abbau von Fichtenstreu vor allem von dessen Mangangehalt abhängt; je höher der Mn-Gehalt, umso schneller die Zersetzung.

Auf vergleichbarem Boden zersetzt sich besonders schnell das Laub von Ulme, Esche, Erle und Robinie; für die Linden, Eichen und Birken sind mittlere Raten kennzeichnend (s. Abb. 4–42). Wie rasch die Streu von Mischbeständen abgebaut wird, lässt sich allerdings nicht einfach

Tab. 4–10 Einfluss der Streu verschiedener Laubbäume auf den Säuregrad der Humusschicht unter einem Eichen-Hainbuchenwald („Querco-Carpinetum aretosum") und einem Fichtenforst bei Zürich. Nach Angaben von Leibundgut (1953). U = unbehandelt, L = 6 Jahre hintereinander mit Laubstreu überschichtet (350 g Trockensubstanz pro m^2, d. h. etwas mehr als der mittlere natürliche Laubstreu-Anfall). Die Untersuchungen fanden vor der starken Versauerung der Niederschläge statt. Die Ziffern bedeuten pH (KCl), Mittelwerte vieler Proben.

Streu liefernde Baumart	**Eichen-Hainbuchenwald** pH-Verschiebung			Differenz	**Fichtenforst** nach Ei-Hb pH-Verschiebung			Differenz	Bemerkungen
	U		L		U		L		
Winterlinde	6,5	→	7,0	0,5	5,2	→	6,5	1,3	stärkste Verbesserung,
Bergahorn	6,1	→	6,7	0,6	5,2	→	6,2	1,0	bes. unter Fichte
Bergulme	7,0	→	7,5	0,5	5,3	→	6,1	0,8	ebenfalls gesicherte
Esche	6,0	→	6,5	0,5	5,3	→	6,1	0,8	Verbesserung
Rotbuche	5,8	→	6,6	0,7	5,5	→	6,2	0,7	
Schwarzerle	6,3	→	6,8	0,5	5,4	→	5,7	0,3	geringer, nicht gesicher-
Hainbuche	6,1	→	6,3	0,2	5,6	→	5,8	0,2	ter Einfluss
Stieleiche	6,5	→	6,6	0,1	5,1	→	5,3	0,2	

aus den beteiligten Streukomponenten ableiten. Finzi & Canham (1998) stellten einen stark hemmenden Effekt auf den Streuabbau fest, wenn nur 30% der Streumenge von Bäumen mit ungünstigen chemischen Eigenschaften stammten. Streuaustausch-Versuche zeigen darüber hinaus, dass nicht nur die chemische Zusammensetzung des Streumaterials, sondern auch das von dieser geschaffene chemische Milieu die Abbaurate beeinflusst (Vesterdal 1999). Beispielsweise werden Fichtennadeln nicht wegen ihrer ungünstigeren Lignin/N-Verhältnisse schlechter als Buchenblätter abgebaut, sondern weil der Fichten-Rohhumus mit seinen hohen Polyphenol-Gehalten die Zersetzeraktivität hemmt, und zwar auch, wenn Buchenblätter eingetragen werden (Albers et al. 2004).

Zahlreiche vergleichende Studien belegen den Einfluss der Baumart auf verschiedene Bodeneigenschaften einschließlich der Stickstoffmineralisation, insbesondere in der organischen Auflage (Ovington 1954, Binkley & Valentine 1991, Evans et al. 1998, van Breemen & Finzi 1998, Augusto et al. 2003, Hagen-Thorn et al. 2004, Vesterdal et al. 2008). Wenn man beispielsweise das Laub von Hainbuchen und Eichen auf die Nadelstreu eines angepflanzten Fichtenbestandes aufbringt, erhöht es den pH-Wert der über dem Mineralboden liegenden Humusschicht schon in 6 Jahren beträchtlich, weil vermehrt basische Kationen freigesetzt werden (s. Tab. 4–10). Linden- und Ahorn-Laubstreu ist in dieser Hinsicht besonders günstig und hebt sogar den pH-Wert eines Eichen-Hainbuchenwald-Bodens, während die Eiche ganz am Schluss der von Leibundgut (1953) durchgeführten Versuchsreihe steht (Neirynck et al. 2000, s. a. Szamojlova 1965 in Kovacs 1968). Dies liegt in erster Linie an dem hohen Polyphenol-Gehalt der Eichenstreu, der mineralisierende Pilze und offenbar auch Regenwürmer daran hindert, sie rasch zu besiedeln.

Bereits 20 oder 30 Jahre der Sukzession von Laubgehölzen mit recht nährstoffreicher Streu genügen, um die Humus- und Mineralboden-Eigenschaften von Rohhumusböden unter Fichte, Kiefer oder *Calluna*-Heide deutlich in Richtung auf bessere Humusformen und intensiveren Nährstoffumsatz zu verändern (z. B. Miles 1985, Emmer et al. 1998, Zerbe & Meiwes 2000; vgl. Kap. 15.3.2). Nach Vesterdal & Raulund-Rasmussen (1998) unterscheiden sich dänische Kiefern-, Fichten-, Eichen- und Buchenbestände auf vergleichbaren Böden deutlich in ihren Humusvorräten, C/N-Verhältnissen und pH-Werten, was auf chemische Unterschiede in der Streu zurückgeführt wird (s. a. Muys et al. 1992, Nordén 1992, Hagen-Thorn et al. 2004). Ebenso fanden Augusto et al. (1998) signifikante Unterschiede in den C/N-Verhältnissen der Streuauflage, wenn verschiedene Nadel- und Laubgehölze auf ähnlichem Boden stockten

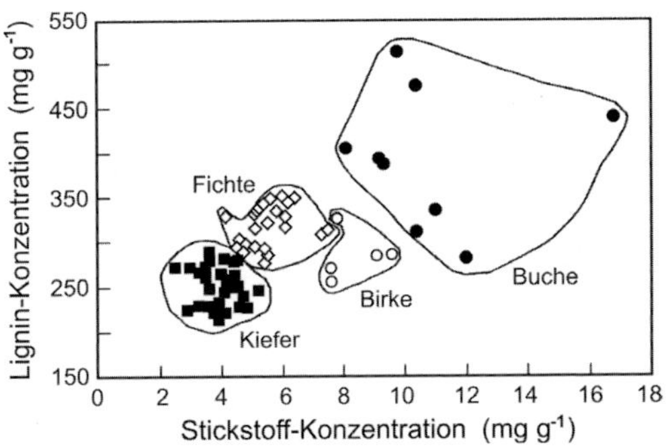

Abb. 4–41 Stickstoff- und Ligninkonzentrationen in der Blatt- bzw. Nadelstreu von Waldkiefer, Fichte, Hängebirke und Buche an verschiedenen Standorten in Skandinavien. Nach Berg & McClaugherty (2003).

(vgl. Abb. 4–42). Eine Ursache ist die Aufnahme von Kalzium und anderen Kationen in tieferen Horizonten von oberflächlich versauerten Böden und deren Freisetzung bei der Zersetzung der basenreichen Streu (Vejre & Hoppe 1998, Dijkstra & Smits 2002). Baumarten wie die Linde, die über eine derartige „Basenpumpe" Nährstoffvorräte des Unterbodens mobilisieren können, haben einen besonders deutlichen Effekt auf die Eigenschaften des Oberbodens. Unstrittig ist auf der anderen Seite, dass Fichten eine messbare Bodenversauerung herbeiführen können (Binkley & Valentine 1991, Dambrine et al. 1994; s. Kap. 15.3.2). Das gilt auch für Buchen auf basenreichen Böden, wenn auch in geringerem Maße als bei der Fichte (z. B. Guckland et al. 2009).

4.4.7 Verhalten gegenüber Konkurrenten

a) Von den wenigen Baumarten, die sich in Mitteleuropa am Waldaufbau beteiligen, sind die physiologischen Eigenschaften und das Verhalten im Konkurrenzkampf durch forstliche und ökophysiologische Untersuchungen (z. B. von Teissier du Cros 1981, Lamprecht 1983, Schmidt-Vogt 1977–1989, Leibundgut 1991, Lyr et al. 1992, Schütt et al. 1996, Tjoelker et al. 2007 u. a.) so gut bekannt, dass wir sie hier in einer Reihe von Ökogrammen übersichtlich darstellen können (s. Abb. 4–43; vgl. auch Diekmann 1996 zum ökologischen Verhalten der Baumarten in Südskandinavien). Diese beziehen sich jeweils auf die gesamte Art, berücksichtigen also die einzelnen – ökologisch noch zu wenig erforschten – Lokalrassen nicht. Soweit dies möglich ist, wurde das Verhalten von Altbäumen mit natürlicher Mykorrhizierung bewertet.

In einem begrenzten, klimatisch einheitlichen Gebiet sind es vor allem Bodeneigenschaften, die über Wuchsmöglichkeit und Leistung der

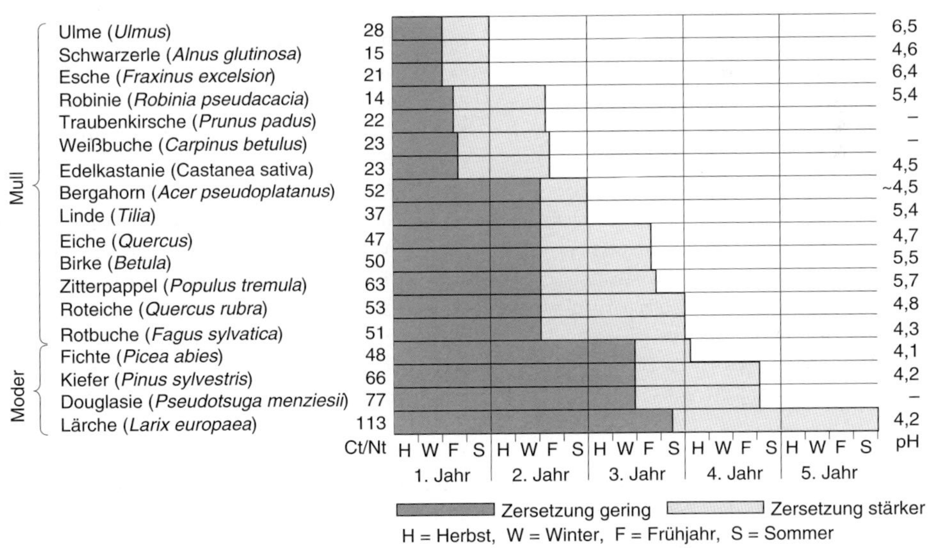

Abb. 4–42 Durchschnittliche Dauer des natürlichen Abbaus der Blattstreu verschiedener Laub- und Nadelhölzer unter vergleichbaren Bedingungen, d. h. auf einer mittleren Braunerde. Die Ziffern links bedeuten das C/N-Verhältnis in der frischen Streu, die Ziffern rechts deren pH-Wert. Nach Scheffer & Schachtschabel (1982), etwas verändert. Roteiche und Buche stehen den Nadelhölzern am nächsten.

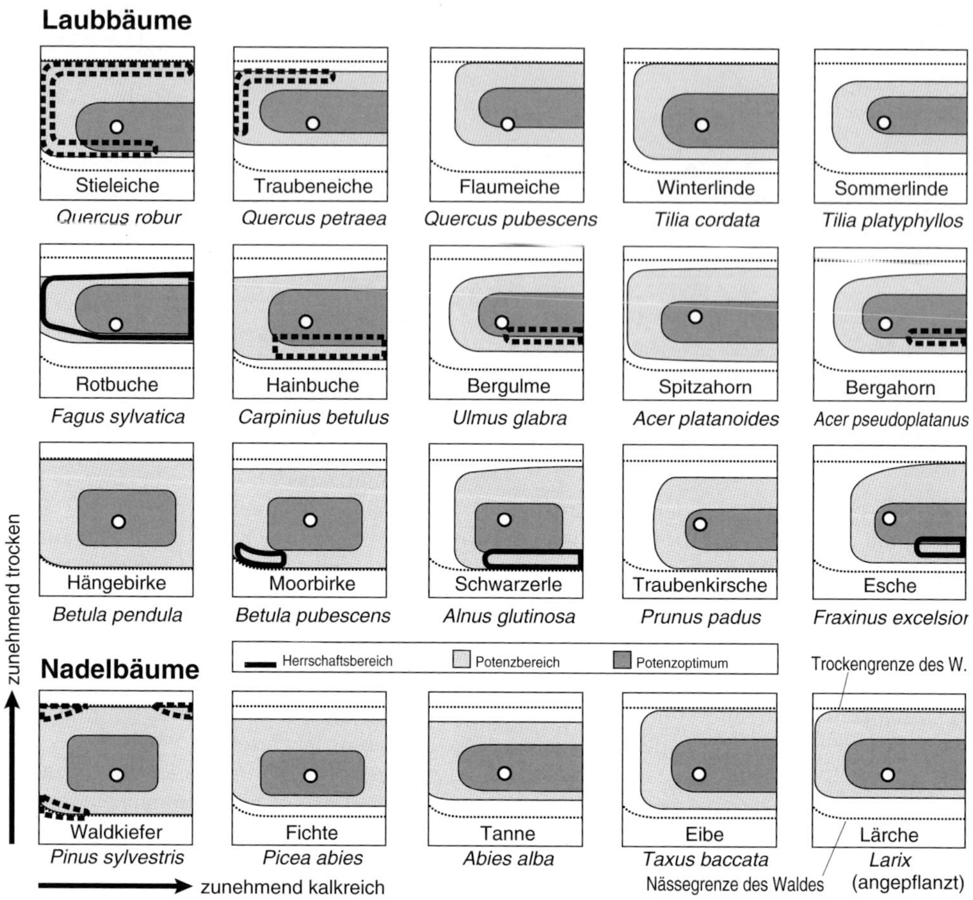

Abb. 4–43 Natürlicher Feuchtigkeits- und Säurebereich wichtiger Baumarten Mitteleuropas in der submontanen Stufe bei gemäßigt-subozeanischem Klima bei freiem Konkurrenzdruck, d. h. ohne forstliche Eingriffe.
Heller Raster = physiologische Amplitude (oder „Potenzbereich"), dunkler Raster = physiologischer Optimalbereich („Potenzoptimum"); dick umrandet = Bereich, in dem die betreffende Baumart bei natürlichem Konkurrenzkampf mehr oder minder stark zur Herrschaft gelangt („Existenzoptimum"); gestrichelt umrandet = Existenzoptimum wird mit anderen Baumarten geteilt bzw. (bei *Pinus*) gilt nur für das südliche und östliche Mitteleuropa. Für die Eibe brachte Leuthold (1980) aufschlussreiche Ergänzungen.
Für jedes der Ökogramme gibt die Ordinate die Feuchtigkeit des Standortes an (vom offenen Wasser über mittelfeuchten Boden bis zum sonnexponierten und flachgründigen, sehr trockenen Fels). Die Abszisse reicht von sehr sauren bis zu kalkreichen Böden. Oberhalb der oberen punktierten Linie ist es für Wald zu trocken, unterhalb der unteren zu nass. Bei mittleren (durch den kleinen Kreis bezeichneten) Verhältnissen gedeihen alle Baumarten gut, aber nur die Rotbuche kann sich hier in freiem Konkurrenzkampf durchsetzen.
Die Europäische Lärche (*Larix decidua*) wurde hinzugefügt, weil sie von der Forstwirtschaft in der submontanen Stufe angepflanzt und begünstigt wird. Von Natur aus kommt sie nur in höheren Stufen und in stärker kontinentalem Klima vor.

Baumarten entscheiden, insbesondere die Wasserversorgung und das Nährstoffangebot des Bodens, das im Großen und Ganzen mit seinem Basengehalt parallel geht. Diese beiden wichtigen Faktoren sind bei den Ökogrammen in Abbildung 4–43 und bei ähnlichen Darstellungen in den folgenden Abschnitten als Koordinaten benutzt worden. Von unten nach oben gelesen, umfasst jedes Diagramm den Bereich von offenem Wasser über sehr nasse, nasse, feuchte, mäßig feuchte und frische Standorte bis zu den flachgründigen und deshalb sogar in dem humiden Klima Mitteleuropas zeitweilig sehr trockenen. Von links nach rechts staffeln sich die Standorte entsprechend dem zunehmenden Basenreichtum von sehr sauren und meist stickstoffarmen bis zu kalkreichen.

Die Ökogramme in Abbildung 4–43 gelten für ein gemäßigt-subozeanisches Klima, wie es für große Teile Mitteleuropas kennzeichnend ist, und innerhalb desselben für die submontane Höhenstufe. (Die hier von Natur aus nicht konkurrenzfähige Lärche wurde vergleichsweise hinzugefügt, weil sie in Mitteleuropa zu den forstlich wichtigen Baumarten gehört.) Nur an den nassesten Standorten einerseits und auf extrem flachgründigen, leicht austrocknenden Felsböden andererseits findet der Baumwuchs unter diesen Bedingungen eine absolute Grenze; sie ist in den Ökogrammen durch Punktlinien angedeutet. Die Potenzgrenzen jeder der in Abbildung 4–43 berücksichtigen Baumarten sind durch dünne Linien dargestellt. Ihr physiologischer **Optimalbereich**, in dem sie bei forstlicher Pflege, also nötigenfalls unter Ausschluss von Konkurrenten, ihre höchste Wuchsleistung erzielen, ist dichter schraffiert als ihre gesamte **physiologische Amplitude**, ihr Potenzbereich. Der **Existenzbereich**, in dem die betreffende Baumart sich gegen Konkurrenten durchzusetzen oder gar zur Herrschaft zu gelangen vermag, ist dick umrandet. Diese **realisierte Nische** oder ökologische Amplitude ist bei allen Arten enger als ihre **fundamentale Nische** (physiologische Potenz).

b) Schon ein flüchtiger Blick auf die Diagramme lässt erkennen, dass bei „mittleren" Verhältnissen, d. h. bei mäßiger Feuchtigkeit und mäßigem Basenreichtum des Bodens, sämtliche Baumarten gut gedeihen, und dass sich ihre **physiologischen Optimalbereiche mehr oder minder weit überschneiden**. Im natürlichen Konkurrenzkampf können sich aber nur diejenigen durchsetzen, die an dem betreffenden Standort rasch große Wuchshöhe und ein relativ hohes Alter erreichen (s. Tab. 4–11; s. a. Büsgen & Münch 1927). Von diesen wiederum sind die stärker schattenertragenden und schattenspendenden „Schattholzarten" wettbewerbsfähiger als die „Lichtholzarten" (s. Tab. 4–11).

Konkurrenz um Licht oder Kronenraum ist aber nicht der einzige Mechanismus, mit dem benachbarte Bäume einander Ressourcen streitig machen. Auch im Wurzelraum von Wäldern herrscht vielfach intensive Konkurrenz um Wasser und Nährstoffe, und zwar zwischen den Wurzeln verschiedener Bäume sowie zwischen Baum- und Krautschichtwurzeln (Coomes & Grubb 2000). Hertel & Leuschner (2006) und Rewald & Leuschner (2009) konnten experimentell nachweisen, dass in Mischbeständen auch im Wurzelraum überlegene und unterlegene Baumpartner vorhanden sind; **Wurzelkonkurrenz** kann danach ebenso asymmetrisch sein wie Konkurrenz um Licht. Auch **mechanische Interaktion** spielt in der Konkurrenzauseinandersetzung von Altbäumen eine Rolle: Alte Hainbuchen und Eschen wiesen in den seitlichen Kronenbereichen deutlich mehr Astabbrüche als benachbarte Buchen und Linden in einem artenreichen Mischbestand in Mitteldeutschland auf (Frech 2006). Das lässt erkennen, dass die seitliche Kronenraumeroberung in diesem Bestand stärker von der Empfindlichkeit einer Baumart gegenüber Beschädigung durch den Nachbarbaum bei Stürmen bestimmt wird, als durch das Ausmaß der Beschattung.

Die Artenzusammensetzung von Waldgesellschaften wird aber nicht nur durch Konkurrenz beeinflusst, sondern wesentlich auch durch positive Interaktionen zwischen verschiedenen Pflanzenarten sowie zwischen Pflanzen und Pilzen, Tieren und Mikroorganismen. So erfahren Epiphyten eine Begünstigung (**facilitation**) durch die Bäume, die geeignete Wuchsstellen bereitstellen, und die Krautschichtpflanzen profitieren entscheidend vom Schattenwurf der Bäume, der lichtbedürftige Konkurrenten fernhält und gleichzeitig durch hohe Luftfeuchte vor Trockenschäden schützt.

Von nicht zu überschätzender Bedeutung für die Struktur und Leistungsfähigkeit der mitteleuropäischen Wälder sind die Symbiosen zwischen Baumwurzeln und Pilzen, die zur Ausbildung von **Mykorrhizen** führen. Auf diese wird in Kapitel 4.9.4.2 näher eingegangen.

Die in Abbildung 4–44 gegebene Übersicht der wichtigsten natürlichen Baumartenkombinationen in der submontanen Stufe Mitteleuropas umfasst nur Standorte, die außerhalb von Flussauen liegen. Im Überschwemmungsbereich der größeren Wasserläufe herrschen so sehr abweichende Feuchtigkeits- und Ernährungsbedingungen, dass diese gesondert behandelt werden (s. Kap. 8.3).

c) Unter den Schattholzarten bleiben Rotbuche und Tanne allen anderen Bäumen überlegen, vorausgesetzt, dass ihnen die Boden- und Klimabedingungen zusagen. Zwischen beiden

Tab. 4–11 Einige für die Konkurrenzfähigkeit wichtige Eigenschaften mitteleuropäischer Baumarten. Maximale Höhe und maximale Lebensdauer an günstigen Standorten; Fähigkeit, als Bestand Schatten zu erzeugen (B) und als Jungwuchs Schatten zu ertragen (J), sowie Empfindlichkeit gegen Dürrezeiten im Sommer, Spätfrost im Frühjahr (Sp.) und Winterfrost (W.). Nach verschiedenen Quellen und eigenen Beobachtungen[2].

m	Artname und Lebensdauer[1]		Schatt. B	J	Empfindlichk. Dürre	Sp.	W.	m	Artname und Lebensdauer[1]		Schatt. B	J	Empfindlichk. Dürre	Sp.	W.
> 60	Abies alba	N	●	●	⦿	●	⦿	< 30	**Pinus cembra**	N	**O**	⦿	○	○	○
	Picea abies	N	**O**	⦿	●	⦿	⊙		**Tilia cordata**		**O**	⦿	⊙	⦿	⦿
> 40	Pinus nigra	N	⦿	○	○	○	**O**		Acer platanoides		**O**	**O**	⦿	⦿	**O**
	P. sylvestris	N	○	○	○	○	⊙		Ulmus glabra		**O**	**O**	⦿	⊙	**O**
	Larix decidua	N	○	( )	**O**	⦿	○		U. laevis		**O**	**O**	**O**	⊙	**O**
	Quercus petraea		⦿	⊙	⦿	⦿	**O**		Quercus pubescens		⊙	○	⊙	**O**	**O**
	Q.robur		⊙	○	○	⦿	⦿		Sorbus torminalis		⦿	**O**	⊙	**O**	**O**
	Fagus sylvatica		●	●	**O**	●	**O**		Pinus rotundata	N	○	( )	○	○	⊙
< 40	**Tilia platyphyllos**		**O**	**O**	⦿	⦿	**O**		*Prunus avium*		⦿	**O**	⦿	**O**	**O**
	Ulmus minor		⦿	⦿	⊙	⊙	**O**		*Carpinus betulus*		●	**O**	⦿	⦿	**O**
	Castanea sativa		⦿	⦿	⊙	●	●		*Salix alba*		⊙	⦿	●	⊙	**O**
	Acer pseudoplatanus		**O**	**O**	⦿	⦿	**O**		*Alnus glutinosa*		⦿	⦿	●	⦿	⦿
	Sorbus domestica		**O**	**O**	⦿	**O**	**O**	< 20	**Taxus baccata**	N	●	**O**	⊙	⊙	●
	Fraxinus excelsior		⦿	**O**	**O**	●	**O**		*Sorbus aria*		⦿	⊙	⊙	⦿	⦿
	Quercus cerris		⊙	⊙	⊙	**O**	**O**		*Malus sylvestris*		⊙	○	⦿	**O**	**O**
	Populus nigra		⊙	⦿	●	⊙	⦿		*Ostrya carpinifolia*		**O**	**O**	⦿	●	⦿
	P. alba		⊙	⦿	**O**	⦿	**O**		*Acer campestre*		⦿	⦿	⊙	⦿	**O**
	P. tremula (im Osten)		⊙	⊙	⦿	○	⊙		*Prunus padus*		⦿	⦿	**O**	**O**	⦿
	Betula pendula		○	○	**O**	○	⊙		*Pyrus communis*		⦿	⦿	⦿	**O**	**O**
	B. pubescens		○	○	●	○	⊙		*Sorbus aucuparia*		⊙	⊙	⊙	○	⊙
									Salix fragilis		⊙	⦿	●	⊙	**O**
									Alnus incana (< 65 J.)		⦿	⊙	●	⊙	⊙

[1] im Bestand **langlebige** (> 200 J.), mittellebige (120 bis 200 J.) und *kurzlebige* (< 120 J.) Arten. Freistehende Bäume werden z.T. wesentlich älter. N = Nadelhölzer

[2] ● sehr groß, **O** groß, ⦿ mittelmäßig, ⊙ gering, ○ sehr gering, ( ) äußerst gering

entscheidet vor allem ihre Wachstumsgeschwindigkeit in der Jugend, und in dieser Hinsicht ist die Rotbuche unter den relativ milden Klimaverhältnissen der submontanen Stufe gegenüber der Tanne entschieden im Vorteil (s. Abb. 7–39).

Aus ihrem eigenen Optimalbereich kann die **Rotbuche** alle übrigen Baumarten ganz oder fast ganz verdrängen, zumal sie nicht nur starken Schatten erzeugt, sondern sich auch durch sehr flexibles Höhenwachstum auszeichnet. Das gilt nach Peters (1992) übrigens für alle 13 Arten der Gattung *Fagus*. Nur die **Esche** sowie **Spitz- und Bergahorn** haben wegen ihres noch rascheren Jugendwachstums Aussicht, neben der Rotbuche hochzukommen. Deshalb findet man diese Arten den naturnahen Buchenbeständen vereinzelt beigemischt. Zur Herrschaft kommen sie aber nur dort, wo die Buche durch zeitweilige Bodennässe gehemmt wird und der Boden zugleich so fruchtbar ist, dass diese anspruchsvolleren Baumarten gut gedeihen. Ihrerseits drängen sie die **Schwarzerle**, die hier ihr Wachstumsoptimum hätte, auf die nassesten, anmoorigen oder moorigen Standorte ab. Dort, also nahe ihrer eigenen physiologischen Näs-

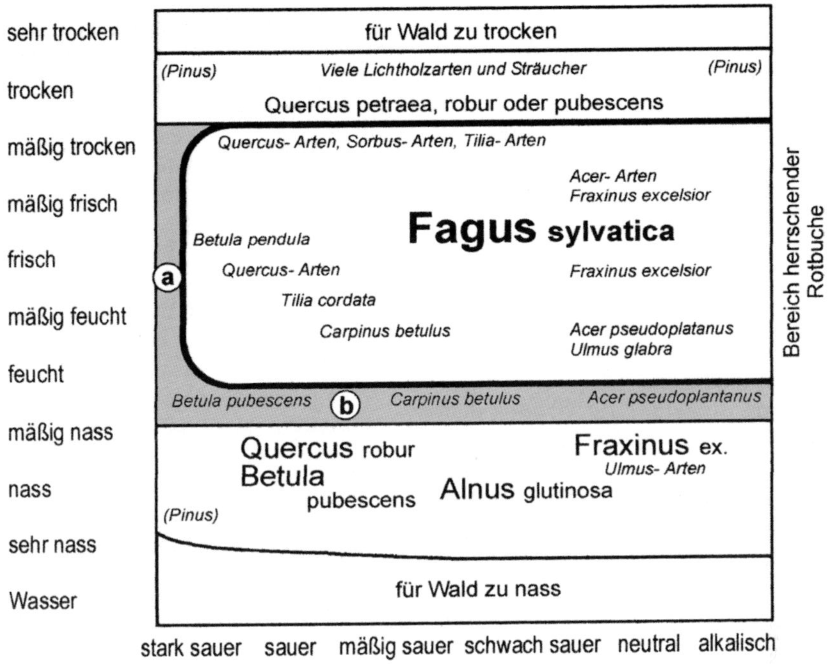

Abb. 4–44 Ökogramm der in der submontanen Stufe Mitteleuropas bei gemäßigt-subozeanischem Klima auf ungleich feuchten und basenhaltigen Böden waldbildenden Baumarten. Die Größe der Schrift drückt ungefähr den Grad der Beteiligung an der Baumschicht aus, wie er als Ergebnis des natürlichen Konkurrenzkampfes zu erwarten wäre (vgl. Abb. 4–43). Fett umrandeter Bereich: Herrschaftsbereich der Rotbuche; a: auf sehr armen und sauren Böden kann sich die Buche nur durchsetzen, wenn sie eine mächtige Humusauflage ausbilden kann; b: in den staunassen Bereich dringt die Buche umso weiter vor, je sandiger der Boden ist. Eingeklammert: nur in manchen Gebieten vorkommend. Nach Ellenberg (1996), von Leuschner (1998, 1999) verändert.

segrenze, gelangt diese raschwüchsige, aber kurzlebige Erlenart zu unbestrittener Alleinherrschaft (s. Abb. 4–44).

d) **Birken**, insbesondere Moorbirken, können nur auf basenarmen Nassböden hervortreten, weil hier alle anderen Bäume noch schlechter gedeihen. Als Pionierhölzern, deren Samen leicht vom Winde verweht werden und sogar auf magersten Böden zu keimen vermögen, bietet sich aber beiden Birkenarten immer wieder die Chance, hier und dort auch an trockeneren Standorten Fuß zu fassen (s. Kinnaird 1974).

Andere Lichtholzarten sind langlebiger als die Birken (s. Tab. 4–11). Namentlich die **Eichen** bleiben durch diese Eigenschaft an vielen Standorten vertreten, die der Buche nicht zusagen. In nassem Boden dringen ihre Wurzeln tiefer ein. Deshalb wird der Anteil der Eichen am natürlichen Wald der submontanen Stufe um so größer, je trockener oder je nasser der Standort ist, vorausgesetzt, dass die Eichen dort überhaupt noch zu gedeihen vermögen. Dementsprechend gibt es Trockenheit ertragende, an die Basenversorgung aber hohe Ansprüche stellende Eichenmischwälder (die sog. wärmeliebenden Eichenmischwälder) und bodenfeuchte Eichenmischwälder. Auch die Letzteren kommen sowohl an basenarmen Standorten (feuchte Birken-Eichenwälder) als auch an basenreicheren (feuchte Eichen-Hainbuchenwälder) vor. Die früher herrschende Ansicht, dass die Rotbuche den Eichen auf armen, quarzreichen Böden infolge Nährstoffmangels und/oder starker Bodenazidität unterlegen ist, also eine Nährstoffmangelgrenze der Buche existiert, erwies sich als nicht haltbar (Leuschner et al. 1993, vgl. auch Gönnert 1989; s. Kap. 6.5.1 b).

Ist das Klima feucht und zugleich warm genug – wie das in der submontanen Stufe durchaus der Fall ist –, so gedeihen auf fast allen Böden Laubbäume, die den Nadelbäumen überlegen bleiben. Nur nahe der Existenzgrenze des Waldes kommt die große Genügsamkeit der **Kiefer** zur Auswirkung, und dies einerseits an sehr trockenen und kalkreichen bis basenarmen Standorten, und andererseits am Rande der nährstoffarmen Hochmoore (s. Abb. 4–44).

e) Neben Wasserversorgung, Ernährung und Wärme spielen andere Faktoren beim Konkurrenzkampf der Bäume unter natürlichen Verhältnissen in der Regel nur untergeordnete Rollen. Häufiger Windbruch begünstigt in sturmgefährdeten Regionen die sonst der Buche unterlegenen Konkurrenten (Pott 1989a). Aus dem Foret de Fontainebleau schildert Lemée (1985) überzeugende Beispiele (s. Kap. 5.7.2.2 c). Zuweilen fällt die Entscheidung nicht zwischen den miteinander aufwachsenden Individuen und Arten, sondern erst bei deren Fortpflanzung. An ihrer Ostgrenze ist die Buche wahrscheinlich der Winterlinde vor allem deshalb unterlegen, weil Spätfröste und Sommerdürren in dem kontinentalen Klima die Blüten und jungen Früchte immer wieder vernichten (Steffen 1931, Vilmos 1965).

In der submontanen Stufe Zentraleuropas steht aber weder die Buche noch eine andere einheimische Baumart unter so extremen Bedingungen. Hier wird daher der Wettbewerb fast immer in der vegetativen Phase, besonders in der Jugend, ausgetragen. Allen Baumarten kommt in ihrem Lebenskampf zugute, dass sie sogar innerhalb eines kleinen Bestandes phänologisch, genetisch und ökologisch variieren. Besonders in den Grenzbereichen ihrer Areale und in größerer Höhe über dem Meeresspiegel gibt es **lokale Ökotypen** oder Standortrassen. Schon in Belgien lassen sich z. B. bei der Buche Subpopulationen unterscheiden (Galoux 1966). Solche Variabilität vergrößert die Amplitude der Gesamtpopulation, verwischt aber nicht die Unterschiede zwischen den Arten (vgl. Kalela 1937).

Das Ergebnis des Konkurrenzkampfes der Bäume stellt Abbildung 4–44 für die submontane Stufe in großen Zügen dar. In diesem **Ökogramm** wurden nur die in der jeweils obersten Baumschicht herrschenden sowie einige wichtige beigemischte Arten genannt. Vergleicht man es mit den Ökogrammen der einzelnen Baumarten in Abbildung 4–43, so veranschaulicht es recht gut, dass sich nur die Rotbuche und allenfalls auch noch Bergahorn und Esche in ihrem physiologischen Optimalbereich zu behaupten vermögen, während alle anderen Baumarten mit außeroptimalen Bodenverhältnissen vorliebnehmen müssen. Die Zusammensetzung unserer Wälder im Naturzustand ist also keineswegs eine einfache Funktion der physiologischen Konstitution der Baumarten und ihrer anorganischen Umwelt, sondern in viel stärkerem Maße noch das Ergebnis des Wettbewerbs der klimatisch möglichen Baumarten um Licht, Wasser, Nährstoffe und andere raumgebundene Ressourcen. In manchen Fällen ist möglicherweise auch **Allelopathie** im Spiel, also die negative Beeinflussung eines Nachbarn durch Giftstoffe (z. B. Becker & Drapier 1984, Williamson 1990).

Greift der Forstmann in den Konkurrenzkampf ein, indem er die wirtschaftlich unerwünschten Arten bei der Verjüngung oder bei Durchforstungen ausmerzt, so kann er Kiefern, Lärchen, Eichen und andere sonst unterdrückte Baumarten an physiologisch optimalen Standorten fördern und hier mit ihnen wesentlich höhere Leistungen erzielen als an Standorten, an denen die betreffenden Bäume von Natur aus herrschen.

4.4.8 Klimabedingte Abwandlungen der Baumarten-Zusammensetzung

Steigt man von der submontanen Stufe in die montane empor, so sieht man die Kampfkraft der Buche eher noch zunehmen, während diejenige der Eiche und anderer wärmebedürftiger Bäume mehr und mehr nachlässt. Die auffälligste Veränderung ist aber in vielen Gebirgen Mitteleuropas das Hervortreten der Tanne, die in der Montanstufe gewissermaßen die Rolle der Eiche übernimmt, indem sie sich an allen für die Buche nicht optimalen Standorten durchsetzt (s. Abb. 4–45); in noch höherer Lage treten weitere Nadelbäume hinzu. „Nadelbaumfördernde" Gesteinsunterlagen, um einen Ausdruck Kuochs (1954) zu gebrauchen, sind in erster Linie kalkarme und zum Wasserstau neigende Gesteine. Auch in der montanen Stufe bleiben die trockensten Standorte der Waldkiefer vorbehalten, kommen allerdings nur noch sehr kleinflächig vor. Im nassen Bereich verlieren Schwarzerlen und Birken in der Bergstufe an Bedeutung, während sich Fichten, Tannen und auf den basenärmsten Nassböden auch Kiefern breitmachen (s. Abb. 4–2).

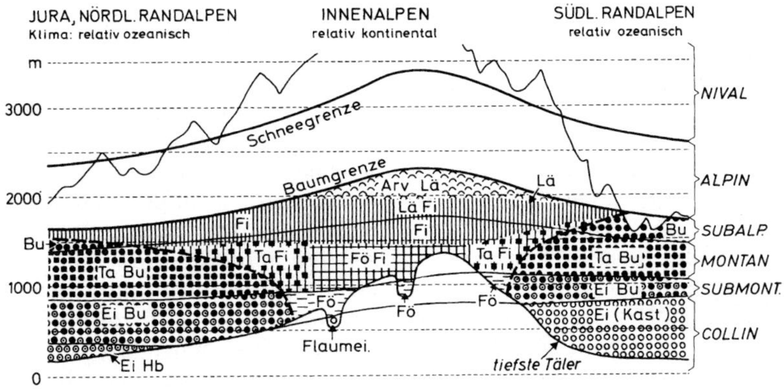

Abb. 4–45a Schematischer und vereinfachter Querschnitt durch die mittleren Alpen (etwa vom westlichen Schweizer Jura bis ins Tessin), mit Angabe der Höhenstufen und der auf mittleren Standorten von Natur aus herrschenden Baumarten. Teilweise in Anlehnung an Kuoch (1954) und Ellenberg (1966).
Schneegrenze, Baum- bzw. Waldgrenze und die Grenzen zwischen submontaner, montaner und alpiner Stufe steigen zum Alpeninneren hin an, vor allem infolge der Massenerhebung und des strahlungsreicheren, kontinental getönten Klimas.

Scharfe Winter- und Spätfröste sowie Trockenheit schließen hier die Tanne und noch mehr die Rotbuche und viele Laubhölzer aus. Die Waldgrenze wird in den Innenalpen von der Lärche und Arve oder im Süden von der Lärche allein gebildet
Im Gegensatz zu den von Nadelwäldern beherrschten Innenalpen sind sowohl die südlichen als auch die nördlichen Randalpen laubholzreich. In den nördlichen bildet meist die Fichte die Waldgrenze, in den südlichen dagegen die Buche, die in allen ozeanischen Gebirgen Europas eine große Rolle spielt (vgl. Abb. 1–6).

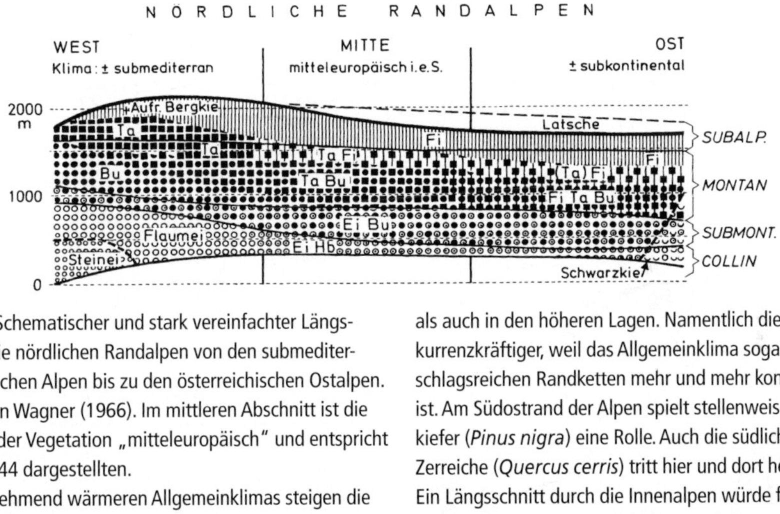

Abb. 4–45b Schematischer und stark vereinfachter Längsschnitt durch die nördlichen Randalpen von den submediterranen französischen Alpen bis zu den österreichischen Ostalpen. In Anlehnung an Wagner (1966). Im mittleren Abschnitt ist die Höhenstufung der Vegetation „mitteleuropäisch" und entspricht der auf Abb. 4–44 dargestellten.

Infolge des zunehmend wärmeren Allgemeinklimas steigen die Stufengrenzen nach Südwesten hin etwas an. Die stärkste Veränderung vollzieht sich jedoch in den collinen Tieflagen, wo an die Stelle der mesophilen Buchen-Eichen-Hainbuchen-Mischwälder submediterrane, stärker trockenheitsertragende Flaumeichen-Mischwälder und schließlich mediterrane immergrüne Hartlaubwälder mit Steineiche *(Quercus ilex)* treten, die der zunehmenden Sommertrockenheit besser gewachsen sind. Nur in der Wolkenstufe herrschen hier Rotbuchen, in den höheren Lagen dagegen Tannen, Fichten und aufrechte Bergkiefern (*Pinus uncinata*), weil das Klima im Sommer oft zu trocken für die Buche ist. Auch nach Osten hin nimmt die Bedeutung der Nadelhölzer im Bereich der Randalpen zu, hier jedoch sowohl in den tieferen als auch in den höheren Lagen. Namentlich die Fichte wird konkurrenzkräftiger, weil das Allgemeinklima sogar in den niederschlagsreichen Randketten mehr und mehr kontinental getönt ist. Am Südostrand der Alpen spielt stellenweise die Schwarzkiefer (*Pinus nigra*) eine Rolle. Auch die südlich-kontinentale Zerreiche (*Quercus cerris*) tritt hier und dort hervor.
Ein Längsschnitt durch die Innenalpen würde fast überall Nadelwälder zeigen, mit Ausnahme der Westalpen, wo Flaumeichen- und Hartlaubwälder auch in die inneren Täler vordringen. (Die Vorposten der Flaumeichen sind im Querschnitt durch die schweizerischen Alpen angedeutet, s. Abb. 4–45a).
Über der submediterran-collinen Stufe folgt in den westlichen Zentralalpen eine montane Waldkiefern (*Pinus sylvestris*)-Stufe, darüber schließt sich dann ein subalpiner Lärchen- oder Lärchen-Arvenwald an. In den mittleren Innenalpen schiebt sich die Fichte (*Picea abies*) zwischen die Kiefern- und die Lärchen-Arvenstufe ein und herrscht in den Ostalpen auch an den zentralen Massiven bis zur Waldgrenze.

In der oberen montanen und in der subalpinen Stufe der meisten mitteleuropäischen Gebirge (mit Ausnahme einiger im Südwesten gelegener) muss die Buche ihre herrschende Rolle an die **Fichte** oder andere Nadelbäume abtreten, die den langen und kalten Wintern besser gewachsen sind als dieser in den Tieflagen so allmächtige Baum (s. Tab. 4–4 und 4–11).

Auch nach unten hin nimmt die Konkurrenztüchtigkeit der Buche ab und ist in der collinen Stufe, die im südlichen Mitteleuropa auch als „Weinbaustufe“ bezeichnet wird, merklich geringer als in der montanen und submontanen. Das liegt vor allem an den in warmen ostmitteleuropäischen Tieflagen häufiger auftretenden Trockenperioden, die der Buche mehr zusetzen als den Eichen und den meistens mit diesen vergesellschafteten Baumarten (s. Tab. 4–4; s. a. Kap. 4.4.4.1 d).

In manchen Beckenlandschaften, in denen während klarer Strahlungsnächte Kaltluft zusammenläuft, kommen noch Spätfröste hinzu, die der früher austreibenden Buche gewöhnlich mehr schaden als den Eichen (s. Tab. 4–4). Reine Rotbuchenwälder gibt es deshalb in der Naturlandschaft der collinen Stufe seltener als in der submontanen.

Die geschilderte Höhenstufung kann man am besten durch die auf „mittleren“ Böden von Natur aus vorherrschenden Baumarten kennzeichnen (s. Abb. 1–6). Die vollständige Serie findet man z. B. in den nördlichen Kalkalpen. Sie gilt allerdings nicht für ganz Mitteleuropa, sondern wird durch das Allgemeinklima und die Florengeschichte in verschiedener Weise abgewandelt. Im stark ozeanischen Südwesten, beispielsweise in den Vogesen, tritt die Fichte zurück oder fehlt sogar ganz. Im nördlichen Mitteleuropa fällt die Tanne als Konkurrentin der Buche aus und wird teilweise durch die Fichte ersetzt, z. B. im Harz und im östlichen Thüringer Wald. Noch ärmer ist die Baumartengarnitur im Nordwesten, unter dessen stärker ozeanischen Klimabedingungen sich die Kiefer von Natur aus nur noch an Moorrändern hält. Im kontinentalen Osten, z. B. im südlichen Polen, sind zwar noch alle Baumarten vorhanden, doch wird die Rotbuche sowohl in Tief- als auch in Hochlagen unterdrückt, weil sie den häufigen Trockenperioden und den scharfen Winterfrösten nicht

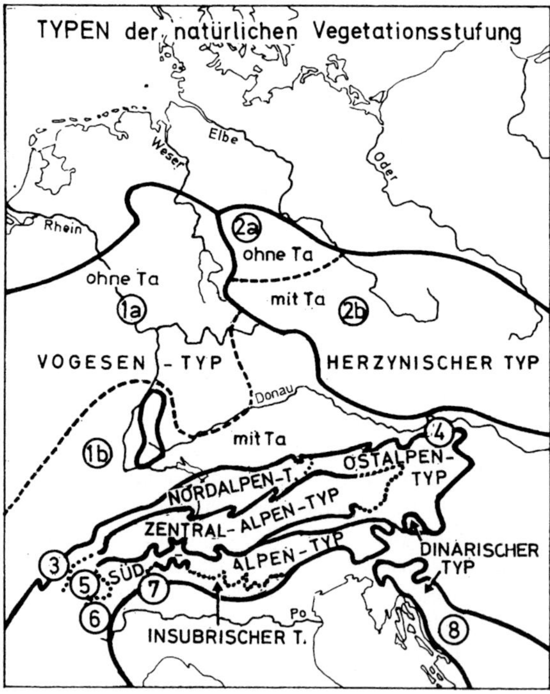

Stufe / TYP	①	②	③	④
nival			(+)	(+)
subnival	–	–	+	+
alpin			+	+
subalpin	Bu (Ah)	Fi	Fi	Fi (Lä)
oreal	Bu Ta	Fi	Fi (Lä)	Fi Ta Lä
montan	Bu Ta	Bu (Ta)	Bu Ta (Fi)	Bu Ta (Fi Lä)
submontan	Bu (Ei)	Bu Ei	Bu	Bu (Ei)
planar, collin	Ei Bu	Ei (Bu)	Ei Bu	Ei (Bu)
Stufe / TYP	**⑤**	**⑥**	**⑦**	**⑧**
nival	+	(+)	–	–
subnival	+	+		
alpin	+	+	(+)	(+)
subalpin	Arve Lä	Lä (Bu)	Bu Ah	Bu (Ah)
oreal	Fi Lä	Bu (Lä)	Bu (Ta)	Ta Bu
montan	Fi Kie	Bu Ta	Bu (Ei)	Bu
submontan	Kie	Bu Ei	Ei	Ei Bu
planar, collin	Q. pub.	Ei	Q. pub.	Q. pub Q. ilex

Abb. 4–46 Die natürliche Höhenstufung der Vegetation ist fast in jedem Gebirge anders, lässt sich aber typisieren. In Mitteleuropa kann man sieben Typen und einige Untertypen unterscheiden. Nach Haeupler, verändert. Der Schwarzwald vermittelt zwischen den Typen 1b und 3, ist also von Natur aus nadelholzreicher als 1a.

standhält. Nur in der submontanen und besonders in der montanen Stufe, also in dem relativ „ozeanischen" Bereich der Wolkennebel, ist sie hier kampfkräftig genug, um sich auf guten Böden durchzusetzen. In den Längstälern der inneren Alpen, deren Klima noch trockener und „kontinentaler" ist, gewinnen die Nadelhölzer vollends die Oberhand und herrschen von der untersten Stufe bis an die Baumgrenze (s. Abb. 4–45). Hinsichtlich der natürlichen Höhenstufung der herrschenden Baumarten kann man Mitteleuropa also in mehrere Zonen einteilen (s. Abb. 4–46). Diese verzahnen sich in den Alpen auf so kleinem Raum, dass man sie am besten in einem schematischen Querschnitt überschauen kann (s. Abb. 4–45).

Wie aus der Abbildung 1–6 hervorgeht, ist nicht nur die Abfolge der herrschenden Baumarten, sondern auch die Höhenlage der Stufengrenzen in Mitteleuropa von Gebirge zu Gebirge verschieden. Mit abnehmender geografischer Breite steigen die Höhengrenzen in der Regel an, weil die Wärme im Durchschnitt zunimmt und die Vegetationsperiode in gleicher Höhenlage länger dauert. Aber auch mit zunehmender Kontinentalität des Klimas steigen manche Stufengrenzen an, besonders die oberen, ohne dass die Jahresmittel der Temperatur höher und die Vegetationszeiten länger zu werden brauchen. Dies hängt in erster Linie mit der geringeren Bewölkung, also mit der stärkeren Einstrahlung und größeren Sommerwärme zusammen, durch die sich das strahlungsreichere, wenn auch in Temperatur und Feuchtigkeit wechselvollere Binnenlandklima sowie das zentralalpine Klima gegenüber dem wolkenreicheren Klima der Gebirgsrandlagen und der Küstengebiete auszeichnet. Auf die übrigen Ursachen und Komplexe ihrer Wirkungen werden wir erst bei der Besprechung der sub-

Tab. 4–12 Waldfläche und Waldwachstum in Mitteleuropa in den Jahren 1990 (normale Schrift) und 1950 (kursiv). Nach Kuusela (1994) in Puhe & Ulrich (2001). Um die Jahrtausendwende war das Holzvolumen insbesondere in Deutschland mit 3380 · 10^6 m^3 (Vorratsfestmetern), aber auch in der Schweiz (395), Österreich (1095), Polen (1908) und Tschechien und der Slowakei (1195) nochmals um 10–25 % angewachsen (BMELV 2005).

Land	Gesamte Waldfläche (km^2)	Nutzbare Waldfläche (km^2)	Holzvolumen inkl. Rinde[1] (10^6 m^3)	Netto-Holzzuwachs pro Jahr[2] (10^3 m^3)	Netto-Holzzuwachs pro Jahr[1] (m^3 ha^{-1})	Holzernte (Teil des Zuwachses) (%)
Belgien	6200	6200 *6010*	90 *46*	4457 *2260*	7,19 *3,76*	74,6
Deutschland	107 350	98 520 *94 810*	2674 *1337*	67 440 *41 550*	6,85 *4,38*	63,2
Luxemburg	870	820 *810*	20 *10*	664 *170*	8,10 *2,10*	54,2
Niederlande	3340	3310 *2500*	52 *14*	2394 *1060*	7,23 *4,24*	49,3
Österreich	38 770	33 300 *31 390*	953 *578*	21 980 *11 210*	6,60 *3,57*	78,6
Polen	86 720	84 600 *71 030*	1380 *782*	30 464 *20 100*	3,60 *2,83*	89,7
Schweiz	11 860	10 930 *9820*	360 *273*	5820 *4780*	5,32 *4,87*	91,1
Tschechien u. Slowakei	44 910	44 910 *39 830*	991 *668*	31 023 *15 500*	6,01 *3,89*	65,0
Mitteleuropa Gesamt	**300 120**	**282 259** *256 200*	**6520** *3708*	**164 242** *96 630*	**5,81** *3,77*	**71,7**

[1] nur Stammholz, d. s. rund 70 % der Gesamtholzmasse;
[2] Brutto-Holzzuwachs minus durch Tod ausscheidende Bäume

alpinen Arven-Lärchenwälder und der alpinen Baum- und Schneegrenze eingehen (s. Kap. 7.5 u. 13.4.5).

4.4.9 Die Waldfläche in Mitteleuropa und aktuelle Flächenanteile wichtiger Baumarten

Trotz jahrtausendelanger Einwirkungen des Menschen ist Mitteleuropa auch heute noch waldreich. Nur Nordeuropa und das nördliche Osteuropa sind stärker bewaldet, alle übrigen Teile des Kontinents dagegen weniger. Insgesamt bedecken Wälder und Forsten zwar nur etwa ein Viertel der Fläche Mitteleuropas, doch können sie in manchen gebirgigen Gegenden mehr als die Hälfte ausmachen. Seit 1950 hat die Waldfläche um rund 10% zugenommen. Heute besitzt Mitteleuropa mehr als 280 000 km^2 forstliche Nutzfläche (s. Tab. 4–12), von der weniger als 2% als Niederwälder und unter 1% als Mittelwälder bewirtschaftet werden. Der größte Teil ist Altersklassenwald, der im Hochwaldbetrieb bewirtschaftet wird.

Kaum ein Drittel der mitteleuropäischen Baumbestände darf heute noch als naturnah gelten; echte Urwälder fehlen so gut wie ganz. Naturferne Forsten herrschen vor allem im nördlichen Tiefland, im Harz, in Teilen der Sudeten und im Alpenvorland vor, wo sich noch im vorigen Jahrhundert ausgedehnte Zwergstrauch- oder Grasheiden befanden.

Der Flächenanteil der Rotbuche an der potenziellen natürlichen Vegetation wird im Herzen des Buchenareals in Deutschland auf etwa 67% geschätzt. Damit ist *Fagus sylvatica* nicht nur die von Natur aus häufigste Baumart Mitteleuropas, sondern auch die bei Weitem erfolgreichste Pflanzenart, wenn man den Deckungsgrad als Maßstab verwendet (Leuschner 1998). Neben der Rotbuche erreichen nur wenige Laubholzarten nennenswerte Flächenanteile (s. Tab. 4–13). Durch die moderne Forstwirtschaft wurde seit mehr als 150 Jahren an Stelle der Laubhölzer die Fichte gefördert, die ursprünglich nur in den Gebirgen eine bedeutende Rolle spielte. Bei Heide- und Ödlandaufforstungen wurde die Waldkiefer bevorzugt. In Deutschland ist die Fichte heute die häufigste Baumart (28% der Fläche), gefolgt von der Kiefer (23%); bei beiden ist in jüngster Zeit durch den Waldumbau ein leichter Rückgang zu ver-

Tab. 4–13 Anteile wichtiger Baumarten an der aktuellen Waldvegetation einiger mitteleuropäischer Länder (in %); in Deutschland für 2001/2002 (nach BMVEL 2005), für die anderen Länder Anfang der 1990er-Jahre oder früher. Nach verschiedenen Quellen, aus Ellenberg (1996).

	Niederlande	Deutschland[3]	Polen	Tschechei u. Slowakei	Österreich	Schweiz
Waldfläche in %	7	31	24	34	36	27
Waldfläche pro Einwohner (in ha)	0,02	0,14	0,3	0,4	0,5	0,19
Nadelbäume	**86**	**58**	**88**	**69**	**85**	**70**
Fichte	< 1	28	9	49	58	40
Kiefern[1]	60	23	76	15	20	10
Lärche		3				
Tanne	< 1	1,5	3	5	7	20
Exoten[2] und Rest	26	< 1	< 1	< 1	< 1	< 1
Laubbäume	**14**	**40**	**12**	**31**	**15**	**30**
Buche	2	15	3	16	10	25
Eichen	9	9,5	4	6	2	< 1
Weichhölzer	2	10	3	2	2	< 1
Rest	1	6	2	7	1	5

[1] Die Kiefernarten werden nur für Österreich getrennt angegeben: Waldkiefer 10 %, Berg- und Schwarzkiefer und Zirbe je 1 %; die Lärche erreicht hier 7 %.

[2] In den Niederlanden besonders Japanlärche und Douglasie (meist Heideaufforstungen).

[3] Summen ergeben nicht 100 %, da Blößen getrennt gerechnet wurden.

zeichnen. Die Buche erreicht in Deutschland nur noch 15% der Waldfläche (BMVEL 2005). Trotz der Bedrohung durch Luftverschmutzungen und trotz des Strebens nach mehr naturnaher Waldwirtschaft bleibt der Anteil der Nadelhölzer weiterhin unnatürlich hoch.

4.5 Ökologisches Verhalten und ökologische Gruppierung der Waldbodenpflanzen und Sträucher des Waldesinneren

4.5.1 Verhalten der Sträucher in mitteleuropäischen Laubwäldern

In gleicher Weise, wie dies für die Bäume getan wurde, fasst das Ökogramm in Abbildung 4–47 die Standortsbereiche von ungefähr 50 Straucharten zusammen, die in den mitteleuropäischen Wäldern außerhalb der Flussauen eine Rolle spielen. Die Namen sind durchweg an die linke und obere Kante der durch Rechtecke umrissenen Amplituden gerückt, um die niedrigste Basenversorgung und Feuchtigkeit des Bodens anzudeuten, bei der die betreffenden Arten noch öfter in Laubwäldern zu finden sind. Fast alle Arten kommen also auch auf basenreicheren und feuchteren Böden vor.

Man erkennt auf den ersten Blick, dass die stark sauren Standorte besonders arm an Straucharten sind. Die meisten Straucharten haben hinsichtlich des Säuregrades eine weite Amplitude vom mäßig sauren bis in den alkalischen Bereich. Der Wacholder (*Juniperus communis*) verhält sich ähnlich wie die Waldkiefer, ist also eine bodenvage, aber lichtbedürftige Pflanze vor allem auf trockenen Kalkböden sowie auf trockenen und feuchten Sauerhumusböden. Auch die in manchen bodensauren Wäldern an der Kronenschicht beteiligte Eberesche (*Sorbus aucuparia*) besiedelt einen großen, in Abbildung 4–47 kaum darstellbaren Bereich.

Fast alle der in Mitteleuropa vorkommenden mehr als 120 Straucharten haben nicht nur ihr Wachstum-, sondern auch ihr Verbreitungsoptimum außerhalb des Waldschattens, d.h. am sonnigen Waldrand oder in Hecken und Gebüschen. Sie werden deshalb eigenen Ordnungen und Klassen von Gebüschgesellschaften zugeteilt (s. Kap. 16.3.1). Wenn sie trotzdem in eigentlichen Wäldern anzutreffen sind, so darf dies teilweise auf die Waldweide und Nieder- und Mittelwaldwirtschaft früherer Jahrhunderte zurückgeführt werden, durch die ja die Wälder mehr oder minder stark und lange aufgelichtet wurden. „Echte Waldsträucher", d.h. Arten, die im Waldschatten besser gedeihen als in Lichtungen und im Freiland, gibt es überhaupt nicht. Einige Arten ertragen ihn allerdings recht gut und sind in Wäldern häufiger zu finden als bei voller Besonnung; Schmidt et al. (2003) nennen für Deutschland 17 weitgehend an Wald gebundene Sträucher. Dies gilt namentlich für die in Abbildung 4–47 mit einem Sternchen versehenen niedrigen Sträucher *Lonicera xylosteum*, *Daphne mezereum*, *Ribes uva crispa*, *Ribes alpinum*, *Rubus caesius* sowie andere *Rubus*-Arten.

4.5.2 Ökologische Konstitution der Waldbodenpflanzen

Die Pflanzen des Waldbodens einschließlich der Baumverjüngung gedeihen in einem in vielerlei Hinsicht außergewöhnlichen Lebensraum, der durch folgende Eigenschaften gekennzeichnet ist:

1) eine niedrige Strahlungsflussdichte, die 1% der Freilandhelligkeit unterschreiten kann und die zu einem erheblichen Teil in Form von Lichtflecken auftritt;

2) ein in seiner spektralen Zusammensetzung verändertes Licht am Waldboden;

3) eine hohe bis sehr hohe Luftfeuchtigkeit, zumindest in dicht geschlossenen Wäldern;

4) reduzierte Temperaturschwankungen;

5) erhöhte CO_2-Konzentrationen in Bodennähe;

6) die teilweise oder vollständige Zudeckung mit der Streu der Bäume;

7) eine oft intensive Konkurrenz mit den Wurzeln der Bäume.

In den folgenden Kapiteln wird ein knapper Überblick über die Anpassungen der Waldbodenpflanzen an wichtige Standortfaktoren gegeben.

4.5.2.1 Diversität der Krautschichtvegetation

a) Mit mehr als 100 stet auftretenden höheren Pflanzenarten ist die Krautschicht mancher mitteleuropäischer Wälder (z.B. der wärmeliebenden Eichenwälder) ausgesprochen artenreich. Andere Wälder, wie die bodensauren

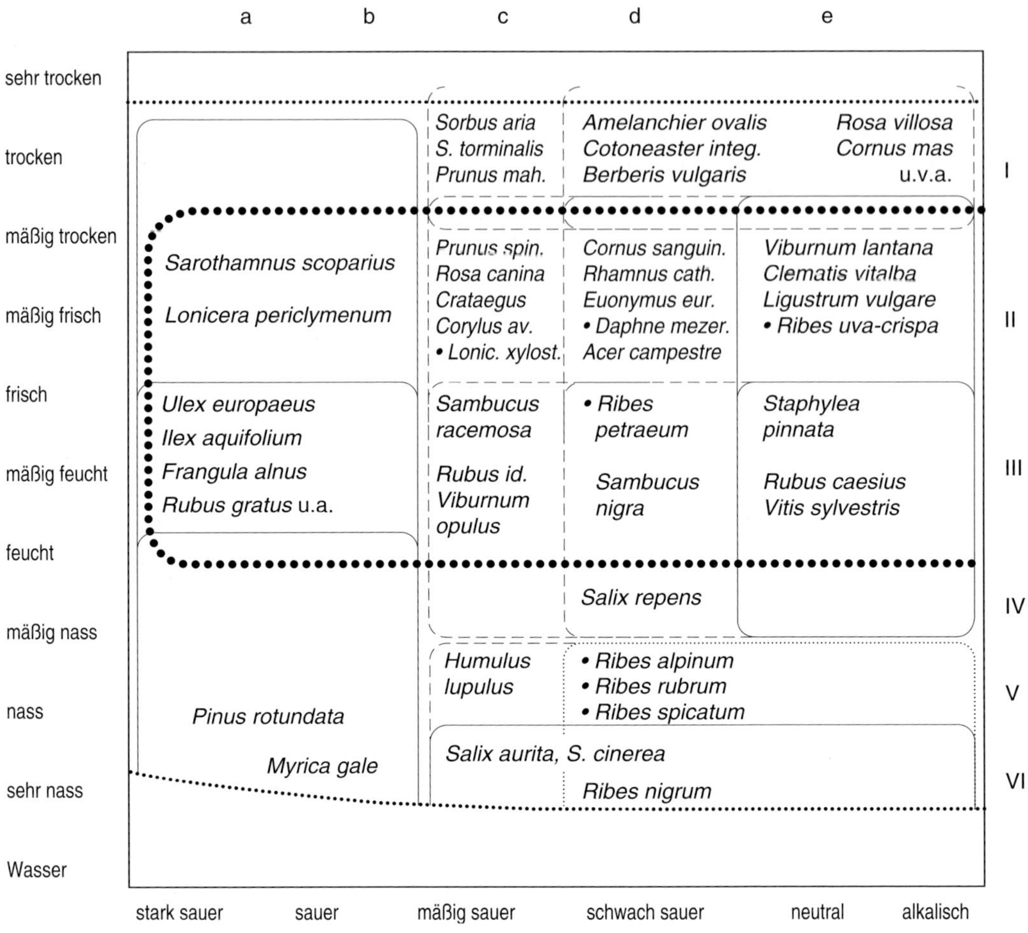

Abb. 4–47 Ungefährer Feuchtigkeits- und Säurebereich wichtiger Straucharten, einiger niedriger Bäume sowie der Lianen in submontanen Laubwäldern und Gebüschen Mitteleuropas (vgl. Abb. 4–44 u. 4–73). Die mit dicken Punkten bezeichneten bevorzugen den Halbschatten, dürfen mithin als Waldpflanzen gelten (s. auch Tab. 4–14).
Nicht berücksichtigt sind die vorwiegend in Flussauen vorkommenden Arten (z.B. *Salix purpurea, S. viminalis* und *S. eleagnos, Myricaria germanica* oder *Hippophaë rhamnoides*) sowie Arten mit sehr weiter Amplitude (z.B. *Juniperus communis* und *Sorbus aucuparia*). Auch fast alle *Rubus*- und *Rosa*-Arten blieben außer Betracht. Für Trockenheitszeiger reichte der Platz nicht aus; hier wären außerdem zu nennen: *Coronilla emerus, Colutea arborescens, Clematis recta, Daphne laureola, Prunus fruticosus, Rosa rubiginosa, R. villosa* u.a. *Rosa*-Arten, u.a.; als Kiefern-Begleiter: *Chamaecytisus ratisbonensis* und *C. supinus, Lembotropis nigricans, Rhamnus saxatalis, Sorbus chamaemespilus*; im Südwesten: *Buxus sempervirens*. *Rubus*-Arten siehe H. E. Weber in Ellenberg et al. (1992).

Kiefernwälder, beherbergen dagegen kaum 15 Gefäßpflanzenarten, einigen Wäldern fehlen Waldbodenpflanzen sogar gänzlich, wie dem „Fagetum nudum“ (vgl. Kap. 5.5.1 c; s. Slavikova 1958). Der **Artenreichtum der Krautschicht** ist in Laub- und Nadelwäldern auf basenreichen Böden fast immer deutlich größer als in Wäldern auf stärker sauren Böden (Brunet et al. 1993, 1997, Dumortier et al. 2002, Lawesson 2003, s. aber Dupré et al. 2002). Das liegt in erster Linie an dem Unvermögen der calcicolen Krautschichtpflanzen, in einem bodenchemischen Milieu mit erhöhten H^+-, Al^{3+}- und NH_4^+-Konzentrationen in der Bodenlösung zu existieren (s. Kap. 4.5.2.6). Calcicole Kräuter und Grasartige fehlen deshalb weitgehend an Standorten mit einem pH-Wert von weniger als 4,5. Grubb (1987) und Ewald (2003) erklären den größeren Artenreichtum calcicoler Pflanzen in Europa historisch, und zwar mit der größeren Ausdehnung basenreicher Gesteine im Pleistozän („appearance hypothesis"), ohne auf die gegensätzliche Physiologie calcicoler und calcifuger Arten einzugehen (vgl. auch Pärtel 2002). Das wird von anderen Autoren infrage gestellt (z. B. Palmer et al. 2003, Wohlgemuth & Gigon 2003; vgl. Kap. 4.5.2.6 c). Die zahlenmäßige Überlegenheit der Calcicolen lässt sich zudem nicht auf die Waldbodenmoose übertragen: Bei diesen sind die Säureertragenden artenreicher (s. Tab. 4–14), und Laubwälder mit Moderauflagen sind meist moosartenreicher als solche mit Mullböden (Lalanne et al. 2008).

b) Eine höhere **Diversität der Baumschicht** scheint in vielen Fällen eine artenreiche Krautschicht zu begünstigen: In einer Auswertung des von Oberdorfer et al. (1992) für süddeutsche Wälder zusammengestellten Aufnahmematerials fand Leuschner (1999a) eine enge positive Beziehung zwischen der Artenzahl der Baumschicht und jener der Krautschicht (berücksichtigt wurden nur Gefäßpflanzenarten der Krautschicht mit mehr als 10%, Baumarten mit mehr als 20% Stetigkeit im Aufnahmematerial, s. Abb. 4–48). Ähnliche positive Beziehungen zwischen Baum- und Krautschicht-Diversität beobachteten Hermy (1988) und Ingerpuu et al. (2003), keine Abhängigkeit fanden dagegen Ewald (2002) und Aubert et al. (2004). Wahrscheinlich hat ein „diversitätsfördernder Effekt" einer artenreichen Baumschicht vor allem zwei Ursachen: Die Anwesenheit mehrerer Baumarten erhöht die kleinräumige Heterogenität von Strahlungsklima, Bodenchemismus und Hydrologie im Wald im Vergleich zum Reinbestand und schafft auf diese Weise zusätzliche Nischen für die Waldbodenflora (z. B. Beatty 1984, Crozier & Boerner 1984, Bobiec 1998). Außerdem lassen Mischbaumarten in vielen Fällen einen höheren Lichtgenuss am Waldboden zu als reine Buchenwälder, sodass in Mischbeständen zusätzliche lichtbedürftigere Arten auftreten. Welche Rolle eine möglicherweise in Mischwäldern artenreichere Mykorrhiza für die Diversität der Krautschicht spielt, ist noch nicht untersucht worden (vgl. Arnolds et al. 1994 u. van der Hejden et al. 1998).

c) Unter den zahlreichen, lokal wirkenden **Faktoren, die die Diversität der Krautschicht beeinflussen**, sind vor allem der Lichtgenuss, die chemischen Eigenschaften des Bodens, die Boden- und Luftfeuchte, das Störungsregime, das Wirken von Konkurrenz und die Menge und Qualität der Baumstreu zu nennen. Mit zunehmendem Lichtgenuss nehmen in den meisten Fällen Artenzahl, Biomasse und Deckungsgrad der Krautschicht zu, und zwar vor allem durch die Förderung der lichtbedürftigeren Offenlandarten (Atkins & Stanbury 1930, Daxer 1934, Knapp 1960, Eber 1972, Tyler 1989b, von Oheimb 2002, Barbier et al. 2008). Dies erklärt die von vielen Autoren gefundene Bedeutung von Kronenlücken für die Zusammensetzung der Krautschicht (Reader & Bricker 1992, Goldblum 1997, Elemans 2004). Licht steigert die Artenvielfalt und Deckung insbesondere an nährstoffarmen Waldstandorten (Härdtle et al. 2003), während in nährstoffreichen Wäldern bodenchemische und topografische Gradienten sowie Waldrandeffekte wichtigere Einflussfaktoren für die Krautschicht-Zusammensetzung sind als das Licht (Matlack 1994, Svenning & Skov 2002, von Oheimb 2002, Gilbert & Lechowicz 2004, Thomsen et al. 2005). Besonders arm an Gefäßpflanzen sind bodensaure Wälder mit hohem Kronenschluss der Bäume (s. Abb. 4–49). Ein diversitätsbestimmender Faktor ist aber auch die Mächtigkeit der organischen Auflage und die Wurzeldichte der Bäume: Beide sind an sauren Waldstandorten in der Regel größer; sie könnten bestimmte Arten ausschließen. Bodensaure Wälder mit dichtem Kronenschluss mögen aber auch deshalb artenärmer sein, weil der Lichtbedarf der Krautschichtpflanzen bei Nährstoffarmut ansteigt (Ellenberg 1939; s. Abb. 4–53).

Auch mit zunehmender Bodenfeuchte nehmen meist Artenzahl und Deckungsgrad der Krautschicht zu, weil immer mehr hygrophile Arten hinzutreten (Graae & Heskjaer 1997, Härdtle et al. 2003, vgl. auch Pausas & Austin 2001). Feuchtwälder basenreicher Standorte gehören daher nicht nur hinsichtlich der Baumartenvielfalt, sondern auch aufgrund ihrer Krautschicht zu den artenreichsten Wäldern Mitteleuropas.

Abschließend sei betont, dass man im Unterwuchs der mitteleuropäischen Wälder keine einzige höhere Pflanzenart gefunden hat, die ausnahmslos an eine bestimmte Baumart gebunden wäre. Es gibt also keine obligaten „Buchenbegleiter", „Kiefernbegleiter" oder dergleichen. Knapp (1958) hat diese Tatsache an einem breiten Datensatz bestätigt (vgl. auch

Tab. 4–14 Ökologische Gruppen von Bodenpflanzen in mitteleuropäischen Laubwäldern. Zusammenstellung nach Ellenberg (1963) sowie Ellenberg, Weber, Düll et al. (1992), vorwiegend nach Bodenfeuchte und Bodenreaktion. Die Zeigerwerte hinter den Namen bedeuten F, R und N, bei Moosen nur F und R.

Das Schwergewicht der Artengruppen liegt jeweils an folgenden Standorten: (siehe auch Anmerkung[1] am Ende der Tabelle)

I Zeitweilig austrocknende Böden

a **sehr sauer** und verhagert
- Hieracium umbellatum-Gruppe
- *Hieracium lachenalii* 422
- *H. umbellatum* 422
- *Polypodium vulgare* 422
- *Vaccinium vitis-idaea* 421
- M *Dicranella heteromalla* 42–
- M *Dicranum fulvum* 42–
- M *D. scoparium* 44–
- M *Diplophyllum albicans* 42–
- M *Pleurozium schreberi* 42–

b **sauer**
- Veronica officinalis-Gr.
- *Hieracium glaucinum* 433
- *Teucrium scorodonia* 423
- *Veronica officinalis* 434
- M *Lophocolea heterophylla* 43–
- F *Cladonia furcata* ×43

c **mäßig sauer**
- Carex montana-Gr.
- *Carex montana* 463
- *Chimaphila umbellata* 463
- *Luzula luzulina* 452
- *L. forsteri* 452
- *Melampyrum nemorosum* 464
- *Potentilla alba* 455
- *Pyrola media* 452
- M *Hypnum cupressiforme* 44–
- M *Metaneckera menziesii* 46–
- M *Orthotrichum pallens* 45–
- M *Plagiothecium denticulatum* 45–

d **basenreicher**
- Buglossoides-Gr.
- *Brachypodium pinnatum* 474
- *Buglossoides purpureocaer.* 474
- *Cephalanthera damasonium* 474
- *Cypripedium calceolus* 484
- *Hepatica nobilis* 475
- *Polygonatum odoratum* 373
- *Vincetoxicum hirundinaria* 373

e **kalkreich**
- Coronilla emerus-Gr.
- *Bupleurum longifolium* 495
- *Campanula persicifolia* 483
- *Carex alba* 482
- *Cephalanthera rubra* 384
- *Coronilla emerus* 392
- *Primula veris* 483
- *Sesleria albicans* 493
- *Viola hirta* 382
- M *Tortella inflexa* 39–
- M *T. tortuosa* 48

II Mäßig trockene bis mäßig feuchte („frische") Böden

a **sehr sauer**
- Vaccinium myrtillus-Gr.
- *Avenella flexuosa* ×23
- *Galium harcynicum* 523
- *Holcus mollis* 523
- *Linnaea borealis* 522
- *Melampyrum sylvaticum* 522
- *Vaccinium myrtillus* ×23
- M *Aulacomnium androgynum* 52
- M *Bazzania flaccida* 52–
- M *Hypnum pallescens* 52–
- M *Lepidozia reptans* 52–
- M *Racomitrium obtusum* 52–
- M *Scapania nemorea* 52–
- F *Cladonia deformis* 522
- F *C. squamosa* 522

b **sauer**
- Luzula luzuloides-Gr.
- *Calamagrostis arundinacea* 545
- *Carex pilulifera* 533
- *Corydalis claviculata* 536
- *Festuca altissima* 546
- *Hypericum pulchrum* 532
- *Lathyrus linifolius* 532
- *Luzula luzuloides* 534
- *L. nivea* 533
- *Maianthemum bifolium* 533
- *Moneses uniflora* 542
- *Monotropa hypopitys* 532
- *Pteridium aquilinum* 533
- *Pyrola minor* 532
- *Solidago virgaurea* ×32
- *Trientalis europaea* ×32
- M *Calypogeia fissa* 53–
- F *Cetraria islandica* 5×1
- F *Cladonia gracilis* 531
- F *C. rangiferina* 5×1

c **mäßig sauer**
- Galium odoratum-Gr.
- *Actaea spicata* 567
- *Brachypodium sylvaticum* 566
- *Carex digitata* 5×4
- *C. pilosa* 555
- *C. sylvatica* 565
- *C. umbrosa* 564
- *Dactylis polygama* 656
- *Dryopteris filix-mas* 556
- *Epilobium montanum* 566
- *Galium odoratum* 565
- *G. rotundifolium* 554
- *G. sylvaticum* 565
- *Geum urbanum* 5×7
- *Hieracium sylvaticum* 554
- *Luzula pilosa* 554
- *Melica uniflora* 566
- *Milium effusum* 555
- *Moehringia trinervia* 567
- *Oxalis acetosella* 546
- *Phyteuma spicatum* 565
- *Poa nemoralis* 554
- *Polygonatum multiflorum* 565
- *Potentilla sterilis* 566
- *Prenanthes purpurea* 555

Stellaria holostea 565
Streptopus amplexifolius 566
Vicia sepium 565
M *Eurhynchium striatum* 56–
M *Fissidens bryoides* 56–
M *Hylocomium brevirostre* 56–
M *Metzgeria fruticulosa* 55–
M *Mnium spinulosum* 56–
M *Neckera pennata* 56–
M *N. pumila* 55–
M *Plagiomnium affine* 55–

d **basenreicher**
Lamiastrum galeobdolon-Gr.
Alliaria petiolata 574
Asarum europaeum 576
Bromus ramosus 576
Corydalis intermedia 577
C. solida 577
Epipactis helleborine 575
Hordelymus europaeus 576
Lamiastrum galeobdolon 575
Lilium martagon 575
Neottia nidus-avis 575
Omphalodes verna 576
Ornithogalum umbellatum 577
Veronica hederifolia 577
V. urticifolia 577
Vinca minor 576
Viola reichenbachiana 576
M *Anomodon attenuatus* 57–
M *Plagiomnium cuspidatum* 57–

e **kalkreich**
Sanicula-Gr.
Calamagrostis varia 583
Cypripedium calceolus 484
Euphorbia amygdaloides 585
Helleborus foetidus 483
Lathyrus vernus 584
Mercurialis perennis ×87
Orchis pallens 584
Phyllitis scolopendrium 584
Pulmonaria collina 584
P. officinalis 586
Sanicula europaea 586
M *Brachythecium glareosum* 58–
M *Cirriphyllum crassinervium* 58–
M *C. germanicum* 58–
Ctenidium molluscum 48–
M *Encalypta streptocarpa* 58–
M *Entodon schleicheri* 58
M *Mnium marginatum* 58–

III Mäßig feuchte bis feuchte Böden

a **sehr sauer**
Blechnum-Gr.
Blechnum spicant 623
Rhododendron ferrugineum 622
M *Bazzania trilobata* 62–
M *Cephalozia catenulata* 62–
M *Hypnum fertile* 62–
M *Jungermannia paroica* 62–
M *J. subulata* 61–
M *Kurzia sylvatica* 62–
M *Lepidozia cupressina* 62–
M *Plagiochila punctata* 62–
M *Polytrichum formosum* 62–
M *Riccardia palmata* 61–
M *Sphagnum palustre* 62–
F *Cladonia incrassata* 611

b **sauer**
Huperzia selago-Gr.
Carex brizoides 643
Dryopteris carthusiana ×43
Gymnocarpium dryopteris 645
Huperzia selago 635
Lycopodium annotinum 633
Saxifraga cuneifolia 632
Thelypteris limbosperma 635
M *Amblystegium humile* 64–
M *Atrichum angustatum* 64–
M *A. undulatum* 64–
M *Brachythecium curtum* 63–
M *Heterophyllium affine* 63–
M *Hylocomium umbratum* 63–
M *Isothecium myosuroides* 64–
M *Mnium hornum* 63–
M *Sphagnum quinquefarium* 64–
M *Thuidium tamariscinum* 64–

c **mäßig sauer**
Scrophularia-Gr.
Ajuga reptans 666
Aruncus dioicus 6×8
Athyrium distentifolium 667
Cicerbita alpina 668
Dryopteris remota 645
Glechoma hederacea 6×7
Petasites albus 6×5
Polystichum aculeatum 667
P. braunii 667
P. setiferum 655
Scrophularia nodosa 667
Thelypteris phegopteris 646
M *Buxbaumia viridis* 65–
M *Calypogeia arguta* 65–
M *Cephaloziella massalongi* 65–
M *Eurhynchium praelongum* 65–
M *Fissidens exilis* 65–
M *Metzgeria simplex* 66–
M *Plagiochila asplenioides* 66–
M *Thamnobryum alopecurum* 67–

d **basenreicher**
Ranunculus ficaria-Gr.
Adoxa moschatellina 678
Aegopodium podagraria 678
Agropyrum caninum 678
Allium ursinum 678
Circaea lutetiana 677
Equisetum pratense 672
Gagea spathacea 677
Lamium maculatum 678
Leucojum vernum 678
Listera ovata 677
Lunaria rediviva 678
Paris quadrifolia 677
Primula elatior 677
Ranunculus ficaria 677
R. lanuginosus 677
Salvia glutinosa 677
Urtica dioica 678
M *Fissidens taxifolius* 67–
M *Ulota phyllantha* 67–

e **kalkreich**
Corydalis-Gr.
Anemone ranunculoides 688
Astrantia major 685
Campanula trachelium 688
Corydalis cava 688

Tab. 4–14 Fortsetzung

	Gagea lutea 687	M	*Eurhynchium hians* var. *rigidum* 68–	M	*Fissidens incurvus* 68–
	Pulmonaria obscura 687				
IV	**Feuchte bis mäßig nasse Böden**				
a	**sehr sauer**		Thelypteris palustris-Gr.		*Lysimachia nemorum* 777
	Erica tetralix-Gr.		*Bromus racemosus* 855		*Matteucia struthiopteris* 877
	Carex pseudobrizoides 722		*Carex pendula* 866		*Platanthera chlorantha* 77×
	Erica tetralix 812		*C. remota* 8××		*Rumex sanguineus* 877
	Listera cordata 722		*Equisetum sylvaticum* 754		*Scilla bifolia* 776
	Stellaria longifolia 722		*Circaea alpina* 755		*Stachys sylvatica* 777
M	*Grimmia atrata* 81–		*Festuca gigantea* 766		*Thalictrum aquilegifolium* 877
M	*Hygrohypnum eugyrium* 8?–		*Lythrum salicaria* 86×		
M	*Hyocomium amoricum* 7?–		*Malaxis monophyllos* 866		*Valeriana officinalis* 875
M	*Lejeunea lamacerina* 72–		*Stellaria nemorum* 757	M	*Dichodontium pellucidum* 77–
M	*Leucobryum glaucum* 71–		*Thelypteris palustris* 866		
M	*Lophozia longiflora* 72–		*Valeriana dioica* 852	M	*Rhynchostegiella teesdalei* 77–
M	*Rhabdoweisia crenulata* 72–		*Veronica montana* 756		
M	*Sphagnum fimbriatum* 72–	M	*Eurhynchium speciosum* 76–		
		M	*Fissidens curnovii* 84–	e	**kalkreich**
b	**sauer**	M	*Metzgeria conjugata* 75–		Equisetum telmateja-Gr.
	Osmunda-Gr.	M	*Tortula lingulata* 75–		*Cirsium oleraceum* 785
	Cardamine flexuosa 845				*Crepis paludosa* 886
	Cirsium palustre 843	d	**basenreicher**		*Equisetum telmateja* 885
	Juncus effusus 734		Stachys sylvatica-Gr.		*Poa remota* 787
	Osmunda regalis 845		*Aconitum napellus* 778	M	*Cololejeunea calcarea* 79–
	Scirpus sylvaticus 844		*Carex strigosa* 776	M	*Seligera calcarea* 79–
M	*Nardia insecta* 73–		*Chrysosplenium alternifolium* 875	M	*Trochobryum carniolicum* 78–
M	*Pellia epiphylla* 85–				
M	*Sphagnum lescurii* 74–		*Circaea intermedia* 776		
M	*S. squarrosum* 73–		*Equisetum hyemale* 776		
			Impatiens glandulifera 876		
c	**mäßig sauer**		*I. noli-tangere* 776		
V	**Nasse Böden**				
a–b	**± sauer**	M	*S. tenellum* 82–		*Isolepis setacea* 953
	Eriophorum vaginatum-Gr.				*Stellaria palustris* 942
	Eriophorum vaginatum 921				*Vaccinium oxycoccus* 9×1
	Ledum palustre 922	c	**mäßig sauer**		*Wahlenbergia hederacea* 943
	Viola palustris 923		Calla palustris-Gr.	M	*Sphagnum denticulatum* 84–
M	*Dichelyma falcatum* 92–		*Calamagrostis canescens* 965	M	*S. platyphyllum* 84–
M	*Marsupella emarginata* 9?–		*Calla palustris* 964		
			Caltha palustris 9××	d–e	**± basenreich**
	Hochmoor-Sphagnen		*Carex cespitosa* 964		Carex acutiformis-Gr.
M	*Sphagnum balticum* 81–		*C. laevigata* 955		*Cardamine palustris* 974
M	*S. cuspidatum* 81–		*Chrysosplenium oppositifol.* 955		*Carex acutiformis* 975
M	*S. fallax* 72–				*C. elongata* 976
M	*S. fuscum* 61–		*Dryopteris cristata* 956		*Cucubalus baccifer* 987
M	*S. magellanicum* 61–		*Galium palustre elongatum* 956		*Leucojum aestivum* 978
M	*S. pulchrum* 82–				*Lycopus exaltatus* 988
M	*S. rubellum* 71–		*Hierochloë odorata* 942		*Lysimachia thyrsiflora* 9×3

[1] In dieser Übersicht der Waldbodenpflanzen fehlen einige Arten, die sowohl hinsichtlich der Bodenfeuchte (Fx) als auch der Bodenreaktion (Rx) eine weite Amplitude haben, namentlich *Anemone nemorosa, Athyrium filix-femina, Calamagrostis epigejos, Convallaria majalis, Festuca ovina, Geum rivale, Geranium robertianum, Hedera helix, Lysimachia nummularia, Melica nutans, Molinia arundinacea, M. caerulea, Ranunculus auricomus, R. repens, Veronica chamaedrys* u.a.

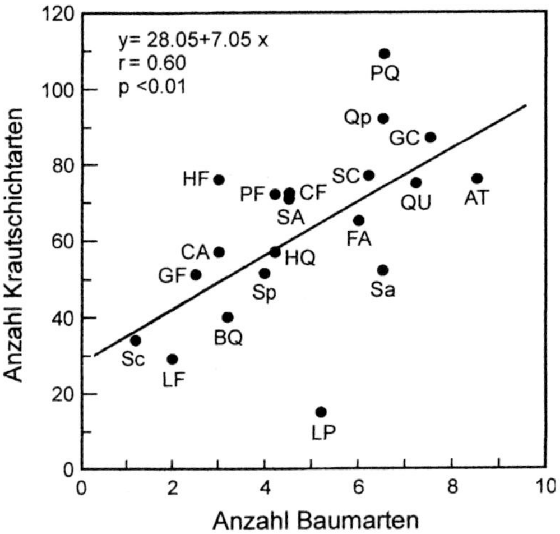

Abb. 4–48 Beziehung zwischen der Artenzahl der Baumschicht und der Artenzahl der Krautschicht in 20 südwestdeutschen Waldgesellschaften. Nach Leuschner (1999 a), basierend auf einer Auswertung von Stetigkeitstabellen in Oberdorfer (1992); berücksichtigt wurden nur Baumarten mit Stetigkeit über 20 %, Gefäßpflanzenarten der Krautschicht mit Stetigkeit über 10 %. AT (Aceri-Tilietum), BQ (Betulo-Quercetum), CA (Carici elongatae-Alnetum), CF = Carici-Fagetum, FA = Fraxino-Alnetum, GC = Galio-Carpinetum, GF = Galio-Fagetum, HF = Hordelymo-Fagetum, HQ = Holco-Quercetum, LF = Luzulo-Fagetum, LP = Leucobryo-Pinetum, PF = Pruno-Fraxinetum, PQ = Potentillo-Quercetum, Qp = Quercetum pubescenti-petraeae, QU = Querco-Ulmetum, Sa = Salicetum albae, SA = Stellario-Alnetum, Sc = Salicetum cinereae, SC = Stellario-Carpinetum, Sp = Salicetum pentandro-cinereae.

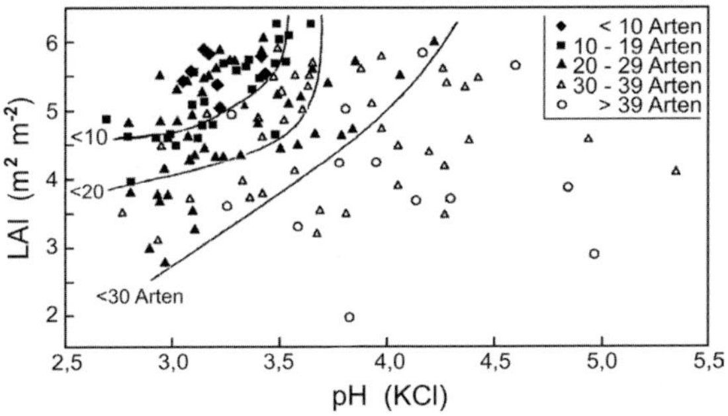

Abb. 4–49 Artenreichtum der Krautschicht in 124 Laubwäldern des Forstamtes Lübeck in Abhängigkeit vom pH (KCl)-Wert des Oberbodens und dem Blattflächenindex. Nach von Oheimb (2002), etwas verändert.

Thomsen et al. 2005). Wo solche Bindungen vorzuliegen scheinen (wie z. B. bei *Chimaphila umbellata* und der Kiefer), handelt es sich wohl stets um indirekte Zusammenhänge von lokaler Gültigkeit, insbesondere um Bindungen an ein bestimmtes Bestandesklima oder spezifische Bedingungen in der Rhizosphäre, die in dem betreffenden Gebiet nur eine bestimmte Baumart zu schaffen vermag, oder um Bindungen an besondere Bodenverhältnisse, die hier nur in einem einzigen Waldtyp vorkommen. Eine direkte, chemisch begründete Abhängigkeit hat sich offenbar lediglich zwischen einigen Baumgattungen und ihren Ektomykorrhiza-Pilzen herausgebildet, z. B. zwischen *Larix*-Arten und *Boletus elegans*, zwischen *Betula*-Arten und *Boletus scaber* und im Falle von anscheinend spezifischen Pilzen in Buchen-, Eichen-, Hainbuchen- oder Fichtenwäldern (s. z. B. Jahn et al. 1967, Tyler 1989a, 1991, Brand 1991, Rudawska 2007) und besteht offenbar zwischen einigen Flechten und bestimmten Baumarten (s. Kap. 14.2).

4.5.2.2 Einflüsse des Lichtgenusses auf das Artenmosaik

a) Im Hinblick auf die Anpassung an das standörtliche Strahlungsregime lassen sich drei pflanzliche Strategietypen unterscheiden:

- schattenmeidende **obligate Sonnenpflanzen**,
- mehr oder minder schattentolerierende Arten, also **fakultative Sonnen- oder Schattenpflanzen**,
- **obligate Schattenpflanzen**, die im Schatten besser wachsen als bei voller Strahlung (Collins et al. 1985).

Zu den obligaten Schattenpflanzen mitteleuropäischer Wälder gehören wahrscheinlich einige Moose, aber so gut wie keine Blütenpflanzen oder Farne (vgl. Thomsen et al. 2005). Tatsächlich wachsen die meisten, wenn nicht alle der im tiefen Waldschatten vorkommenden Gefäßpflanzen bei höherem Lichtgenuss besser, wenn man sie ohne Konkurrenten anzieht (s. Abb. 4–50). Nach Daxer (1934), Eber (1972) und Packham (1978) müssen selbst typische Waldbodenpflanzen wie *Oxalis acetosella* und *Viola reichenbachiana* als fakultative und nicht als obligate Schattenpflanzen gelten, die vor allem aufgrund der Konkurrenz wuchskräftigerer Kräuter in den Vollschatten zurückgedrängt werden (s. Kap. 4.5.2.9 und Abb. 4–54).

Bei der typischen Schattenpflanze *Mercurialis perennis* können zwar bereits Lichtflecken am Waldboden zu Hitzeschäden und folgenden Blattnekrosen führen (Rackham 1975); dennoch war dessen Kohlenstoffassimilation (wie die anderer Schattenpflanzen) in einem Kalkbuchenwald um das Zwei- bis Dreifache erhöht, als die Buchenkronen in einem trockenen Sommer mehr Licht als gewöhnlich durchließen (Kriebitzsch 1992). Auch *Mercurialis* wird also eindeutig vom Licht gefördert. Nach Schulze (1972) war Strahlungsmangel bei Weitem der wichtigste Faktor, der die Photosyntheseleistung der Waldbodenkräuter in einem montanen Buchenwald des Sollings einschränkte. Das gilt auch für Waldmoose wie *Hylocomium splendens*, dessen Produktivität im Fichtenwald bei einem Anstieg des Lichtgenusses (von 10 auf 80%) linear zunahm (Tamm 1953; s. Abb. 4–51).

Ebenso wachsen Buchen-Jungpflanzen und das in den tiefen Waldschatten vordringende Große Springkraut (*Impatiens noli-tangere*) bei mäßig erhöhter Strahlung eindeutig besser (Burschel & Huss 1964, Hughes 1966, Eber 1972). Zumindest *Impatiens* wird jedoch wie auch *Oxalis* durch volle Strahlungsintensität im Freiland geschädigt, sei es durch Chlorophyllabbau (Bleichung) in den Blättern oder zunehmenden Trockenstress. Solche Schäden durch

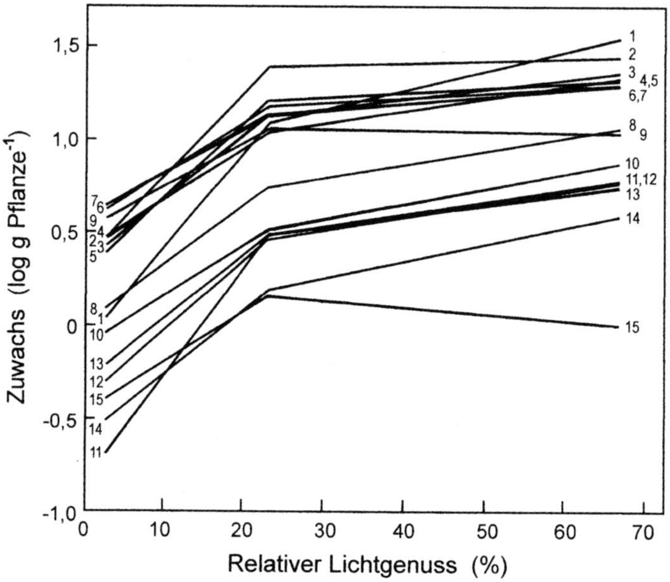

Abb. 4–50 Erträge konkurrenzfrei angezogener Krautschichtpflanzen in Abhängigkeit vom relativen Lichtgenusses (in % der Freilandhelligkeit; logarithmische Darstellung). Nach Zahlen in Eber (1972). 1: *Hordelymus europaeus*, 2: *Milium effusum*, 3: *Stellaria holostea*, 4: *Melica uniflora*, 5: *Clinopodium vulgare*, 6: *Geum urbanum*, 7: *Poa nemoralis*, 8: *Galium odoratum*, 9: *Lamium galeobdolon*, 10: *Luzula luzuloides*, 11: *Fragaria vesca*, 12: *Hieracium sylvaticum*, 13: *Viola reichenbachiana*, 14: *Lithospermum purpureo-coeruleum*, 15: *Oxalis acetosella*.

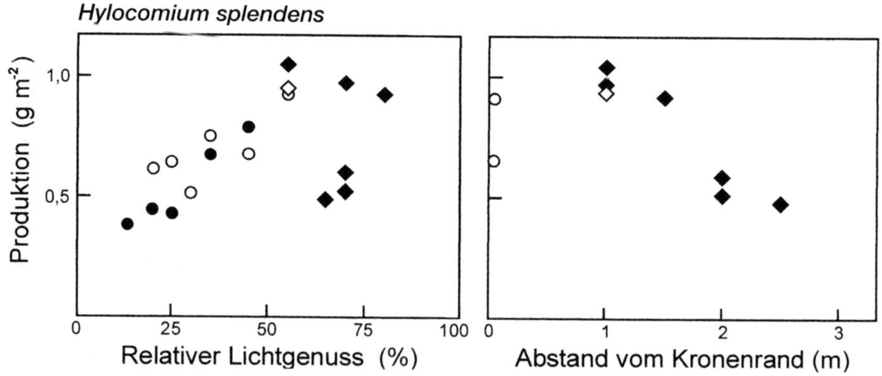

Abb. 4–51 Die Produktivität der Moosdecke in einem Fichtenforst wächst mit dem Strahlungsgenuss (links), nimmt aber bei mehr als 50 % relativem Lichtgenuss mit steigender Entfernung vom Rand der Baumkronen ab. Ursache der Abnahme ist die geringere Nährstoff- und Wasserversorgung durch das vom Kronendach herabtropfende Wasser im Waldesinneren. Verschiedene Symbole stehen für verschiedene Messtermine. Nach Tamm (1953), etwas verändert.

zu hohe Strahlung treten selbst dann auf, wenn die Pflanzen ausreichend Zeit zur Akklimatisation hatten (s. *Oxalis* in Abb. 4–50); diese Arten werden als photolabil bezeichnet (Montfort 1953). Auch Jungbuchen und Jungfichten erleiden bei Volllicht häufig Chlorophyllabbau und zeigen geringeres Höhenwachstum (Burschel & Huss 1964). Man kann solche Pflanzen deshalb als **obligate Halbschattenpflanzen** bezeichnen. Leuschner, Wittich & Lendzion (unveröff.) und Leuschner & Lendzion (2009) konnten durch Begasungsexperimente mit künstlich befeuchteter Luft zeigen, dass Waldbodenpflanzen wie *Mercurialis perennis* und *Stachys sylvatica* den Schatten vor allem wegen der hohen Luftfeuchte aufsuchen, die deren Produktion deutlich steigert und die Wachstumseinbußen aufgrund von Lichtmangel mehr als wettmacht. Genau genommen handelt es sich bei diesen Pflanzen also um schattenertragende, obligate „Luftfeuchte-Hygrophyten".

b) Nach ihrem überwiegend vom Lichtgenuss (und der Temperatur) gesteuerten Entwicklungsrhythmus der grünen Pflanzenteile lassen sich die Gefäßpflanzen am Boden sommergrüner Laubwälder in folgende ökologische Gruppen einteilen (s. a. Dierschke 1983, Ellenberg et al. 1992):

1. **Frühlingsgrüne** (vor allem Geophyten), die vor der Belaubung der Bäume austreiben und blühen und danach bald wieder einziehen.

1.1 **Frühlingsgrüne i. e. S.** (Ephemeroide), die schon bald nach der Belaubung der Bäume oberirdisch verschwinden: *Adoxa moschatellina, Allium ursinum, Anemone nemorosa, A. ranunculoides, Corydalis*-Arten, *Gagea lutea, Leucojum vernum, Ranunculus ficaria, Scilla bifolia, Veronica hederifolia* u. a.

1.2 **Halbsommergrüne** (Hemi-Ephemeroide), die erst später im Frühsommer oberirdisch verschwinden: *Alliaria petiolata, Arum maculatum, Dentaria*-Arten, *Lilium martagon, Orchis mascula, Paris quadrifolia, Ranunculus auricomus, Trientalis europaea* u. a.

2. **Sommergrüne**, die im (Halb-)Schatten der Bäume austreiben und erst im Spätherbst (z. T. erst nach Frosteinwirkung) einziehen.

2.1 **Frühsommerpflanzen**, deren Austrieb mit der Belaubung der Bäume einhergeht und die bald darauf blühen: *Aconitum vulparia, Actaea spicata, Aegopodium podagraria, Carex montana, Convallaria majalis, Lamium maculatum, Lathyrus vernus, Lunaria rediviva, Maianthemum bifolium, Melica uniflora, Milium effusum, Oxalis acetosella, Poa nemoralis, Polygonatum multiflorum, Vaccinium myrtillus* u. a.

2.2 **Spätsommerpflanzen**, die sich erst nach der Belaubung entwickeln und meist erst im Hochsommer blühen: *Aruncus dioicus, Bromus benekenii, Campanula trachelium, Circaea lutetiana, Galium sylvaticum, Impatiens*-Arten, *Mycelis muralis, Prenanthes purpurea, Scrophularia nodosa, Stachys sylvatica, Urtica dioica* u. a.

3. **Überwinterndgrüne**, deren vegetative (zumindest bodennahe) Teile bis zum nächsten Frühjahr ausdauern und erst während des Neuaustriebs verschwinden: *Asarum europaeum, Brachypodium sylvaticum, Carex digitata, C. sylvatica, Euphorbia amygdaloides, Festuca altissima, Fragaria vesca, Galium odoratum, Geum urbanum, Hepatica nobilis, Hieracium sylvaticum, Hordelymus europaeus, Luzula pilosa, Pyrola rotundifolia, Sanicula europaea, Veronica montana, Viola reichenbachiana* u. a.

4. **Immergrüne**, deren Triebe und Blätter länger als 1 Jahr ausdauern: *Calluna vulgaris, Chimaphila umbellata, Hedera helix, Lamium galeobdolon, Stellaria holostea, Vaccinium vitis-idaea, Vinca minor* u. a.

Nicht alle Waldbodenpflanzen lassen sich problemlos diesen Gruppen zuordnen, z. B. der sommergrüne Frühlingsblüher *Mercurialis perennis*. Gruppenspektren für verschiedene Laubwaldgesellschaften finden sich bei Dierschke (1983). Die bisher oft wenig beachteten Überwinterndgrünen spielen neben den Sommergrünen in vielen Wäldern die Hauptrolle und werden bei zunehmend milden Wintern weiter gefördert werden. Frühlingsgrüne finden sich vorwiegend in Laubwäldern basenreicher Standorte; Immergrüne stellen eher Ausnahmen dar. Die blühphänologische Rhythmik wird in Kapitel 4.6.1 behandelt.

c) Noch nicht einmal 20 Waldbodenpflanzen kann man zu den **Tiefschattenpflanzen** (Lichtzahl 1 oder 2 nach Ellenberg et al. 1992) zählen. Die große Mehrheit der 208 „echten" Waldpflanzenarten Deutschlands weist höhere Lichtzahlen zwischen 3 und 8 auf (s. Abb. 4–52). Zu den schattentolerantesten Gefäßpflanzen der mitteleuropäischen Flora gehören *Oxalis*

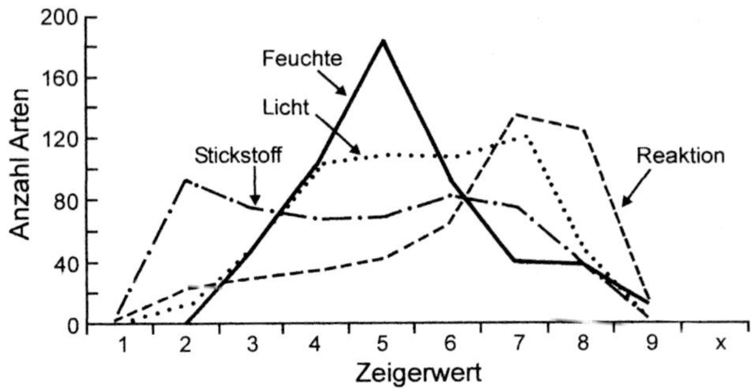

Abb. 4–52 Häufigkeit von Licht-, Feuchte-, Reaktions- und Stickstoff-Zeigerwertklassen unter den typischen Waldarten Deutschlands (Zeigerwerte nach Ellenberg et al. 2003). Nach von Oheimb (2002), verändert.

acetosella (L1), *Mercurialis perennis*, *Galium odoratum* und *Thelypteris phegopteris* (L2), die stellenweise noch bei einem relativen Lichtgenuss unter 1% der Freilandhelligkeit vorkommen, auch wenn sie keine obligaten Schattenpflanzen sind. Dieser Lichtgenuss entspricht im Hochsommer Tagesmitteln der PAR-Strahlung unter 10 µmol Photonen m^{-2} s^{-1}.

d) Absolute **Minima des Lichtbedarfs**, wie dies noch Wiesner (1907) und andere ältere Autoren anstrebten, lassen sich jedoch für keine Art angeben, weil der noch tolerierte Schwellenwert einer Art standörtlich und regional erheblich variiert. Nach Messungen von Ellenberg (1939) in bodenfeuchten Eichenmischwald-Gesellschaften Nordwestdeutschlands steigt der Lichtanspruch von ein und derselben Pflanzenart mit der Säurekonzentration im Boden an (s. Abb. 4–53), vermutlich, weil die Stickstoff- und Kationenversorgung an sauren Standorten in der Regel ungünstiger ist. So fand Ellenberg (1939) *Stellaria holostea* bei einem pH-Wert von 6,2 noch bei 2% relativem Lichtgenuss, an sauren Standorten (pH 3,5) dagegen nur bei mindestens 20% Beleuchtungsstärke. Auch *Impatiens parviflora* erträgt tieferen Schatten, wenn die Nährstoffversorgung günstiger ist (Peace & Grubb 1982). Andere Autoren fanden allerdings keinen Einfluss der Nährstoffversorgung auf die Schattentoleranz (z. B. Elemans 2004).

Je kühler und luftfeuchter das Klima ist, umso höher ist scheinbar der minimale Lichtbedarf einer Art. *Anemone nemorosa* und *Phyteuma spicatum* zum Beispiel treten in den mitteleuropäischen Tieflagen fast ausschließlich im Waldschatten auf, erscheinen in der Montanstufe aber auch im Volllicht des Graslandes. Ähnliches gilt für *Calluna vulgaris*, deren Schattentoleranz im subkontinentalen Mitteldeutschland höher ist als im kühl-ozeanischen Nordwesten (s. Kap. 17.2.1), sowie für zahlreiche andere Pflanzenarten, deren Licht-

Abb. 4–53 Je saurer der Boden, desto schlechter ist in der Regel die Stickstoffversorgung und desto größer der Lichtanspruch von ein und derselben Pflanzenart. Nach Ellenberg (1939), verändert.
Dargestellt ist der durchschnittliche relative Lichtgenuss nach jeweils zahlreichen Messungen in bodenfeuchten Eichenmischwald-Gesellschaften von Nordwestdeutschland. An der Abszisse Jahresdurchschnitte der pH-Werte ihrer Oberböden (in wässeriger Emulsion gemessen).

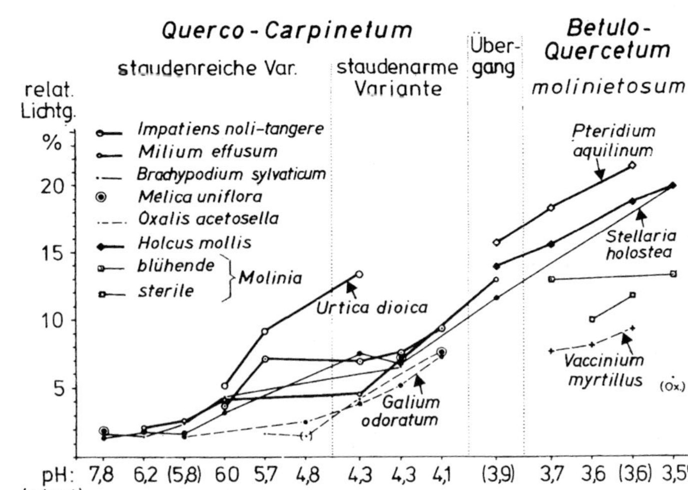

zeigerwert z. B. in Skandinavien von dem in Mitteleuropa abweicht (Diekmann & Lawesson 1999).

Dieses Verhalten gegenüber dem Strahlungsangebot muss als pflanzliche Antwort auf das gleichzeitige Wirken mehrerer Stressfaktoren (Lichtmangel zusammen mit Wassermangel oder Säure- und Aluminiumbelastung) gewertet werden. Schattentoleranz bedeutet wahrscheinlich bei vielen Pflanzen zugleich **erhöhte Sensitivität gegenüber Luft- und Bodentrockenheit.** Artspezifische Unterschiede im Verhalten von Waldbodenpflanzen gegenüber dem Strahlungsangebot, wie sie etwa Eber (1972) und Brünn (1992) in einem Kalkbuchenwald fanden, sind daher nicht nur Ausdruck der Schattentoleranz der jeweiligen Arten, sondern auch von deren Empfindlichkeit gegenüber Luft- und/oder Bodentrockenheit. Für die Bäume hat das schon Hesselman (1917) erkannt und betont, dass man nur an gleichen Standorten feststellen kann, ob eine Art mehr oder weniger Schatten erträgt als eine andere.

Die Strahlungsabhängigkeit der Bodenvegetation wird in starkem Maße auch von den Konkurrenten beeinflusst. Eber (1972) fand bei konkurrenzstarken Waldkräutern wie *Stellaria holostea* eine Produktionszunahme mit dem Lichtgenuss, bei konkurrenzschwachen wie *Viola reichenbachiana* dagegen eine Abnahme (s. Abb. 4–54). *Anemone nemorosa* nahm auf den Untersuchungsflächen von Brünn (1992) wahrscheinlich nur deshalb mit abnehmendem Lichtgenuss zu, weil andere Konkurrenten wie *Allium ursinum* im tiefen Schatten ausfielen (s. Abb. 4–55). Eber (1972) vermutet, dass die Frühjahrsgeophyten bevorzugt an Standorten wachsen, die nach der Belaubung besonders dunkel sind, weil sie die Konkurrenz des Baumjungwuchses und der Sommerpflanzen meiden.

e) Wie sich die kleinräumig variierende Strahlungsintensität am Waldboden auf die Krautschicht auswirkt, kann man am besten an **Lichtkarten** ablesen, die im Sommer aufgenommen wurden. Alle in Abbildung 4–56 zusammengestellten Beispiele geben die relative Beleuchtungsstärke bei gleichmäßig bedecktem Himmel wieder, um nicht ein Augenblicksbild in der Verteilung der Sonnenflecken am Waldboden, sondern annähernd den durchschnittlichen Strahlungsgenuss festzuhalten. Wie bereits Turner (1958) und Eber (1972) feststellten, schwankt die relative Beleuchtungsstärke bei bedecktem Himmel im Laufe eines Tages wenig. Die Strahlungsverteilung ist bei direktem Sonnenlicht „härter" als bei vorwiegend diffuser Einstrahlung. Da aber die Schatten wandern, ist die Lichtmenge, die der Bodenbewuchs im Laufe längerer Zeiträume genießt, doch nicht so krass verschieden. Wie Eber (1972) nachwies,

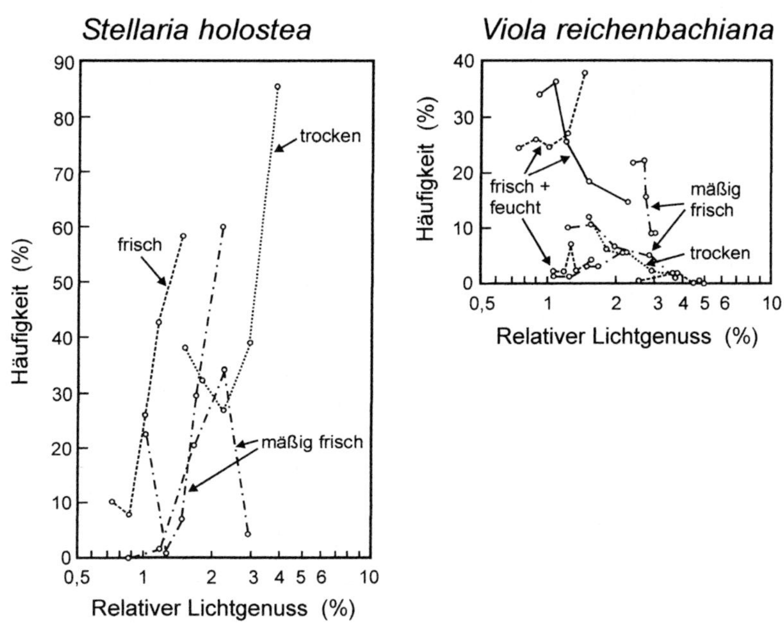

Abb. 4–54 Relative Häufigkeit von *Stellaria holostea* und *Viola reichenbachiana* auf trockenen bis feuchten Probeflächen in Laubwäldern der Umgebung von Göttingen in Abhängigkeit vom relativen Lichtgenuss. Als relative Häufigkeit wird das Vorkommen einer Art in der Gesamtzahl von Aufnahmequadraten von 625 cm^2 Fläche gewertet. *Stellaria* nahm im Allgemeinen mit dem Lichtgenuss zu, *Viola* dagegen ab. Nach Eber (1972), verändert.

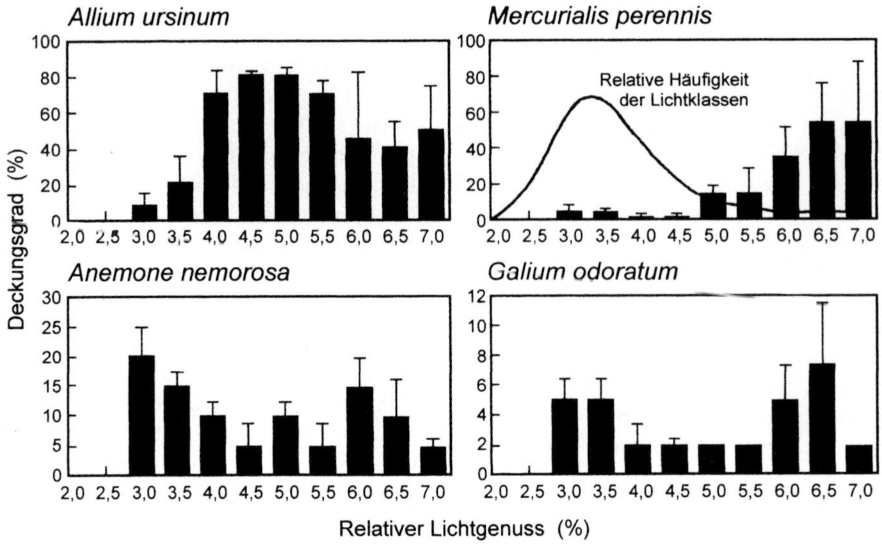

Abb. 4–55 Mittlerer Deckungsgrad von vier Krautschichtpflanzen in Beziehung zum relativen Lichtgenuss im Göttinger Kalkbuchenwald (Median und Standardfehler aus 6–81 Stichproben). Ebenfalls angegeben ist die relative Häufigkeit der Lichtklassen am Waldboden im Juli 1991. Nach Brünn (1992), verändert.

gibt die bei bedecktem Himmel aufgenommene Karte den durchschnittlichen Lichtgenuss der Bodenpflanzen am besten wieder.

Vergleicht man die Karten der relativen Helligkeit bei überwiegend diffuser Einstrahlung mit dem jeweils rechts daneben abgebildeten Mosaik der Waldbodenpflanzen, so sieht man, dass die Beleuchtungsstärke für viele der Krautschichtarten ein daseinsbegrenzender Faktor sein muss. Lichtanspruchsvolle, meist hochwüchsige Arten, zu denen auch die Farne gehören, findet man nur an den hellsten Stellen, bescheidenere wie den Waldmeister auch an dunkleren. Der Sauerklee fehlt nur im tiefen Schatten höherer Kräuter und dichtlaubiger Sträucher und Jungbäume. Selbst diese Arten haben an den relativ dunklen Stellen bei geschlossenem Kronendach oft keine positive Stoffbilanz. Ohne den „Lichtkomfort", den sie vor der Belaubung im Frühjahr genießen, könnten sie nach Goryshina (1972) nicht durchhalten (s. a. Abb. 4–74).

Wie verschieden sich ein mehrschichtiger Eichen-Mittelwald, ein eichendurchsetzter Buchenhochwald und ein reiner Buchenbestand auf den Strahlungsgenuss ihres Unterwuchses auswirken, erkennt man, wenn man die drei untereinander stehenden Kartenpaare in Abbildung 4–56 miteinander vergleicht. Am Boden des geschlossenen Buchenbestandes wechselt die mittlere Strahlungsintensität nur um wenige Prozent. Die Lichtverteilung wäre noch eintöniger, wenn nicht einzelne Altbäume herausgeschlagen worden wären, um die Buchenverjüngung einzuleiten. Perlgras und Waldgerste machen sich bereits den stellenweise erhöhten Lichteinfall zunutze. Etwas unruhiger ist das Mosaik der Krautschicht im Eichen-Buchenwald, dessen Kronendach weniger gleichförmig ist und mehr Licht auf den Boden gelangen lässt. Infolgedessen herrschen Gräser und Maiglöckchen vor, solange sie nicht von aufkeimendem Buchenjungwuchs verdrängt werden. In dem

Abb. 4–56 Verteilung der relativen Beleuchtungsstärke ▷ und der Pflanzenarten in der Krautschicht (rechts) auf 10 × 10 m großen Probeflächen in einem Kalkbuchenwald (oben), einem mäßig feuchten Buchenmischwald (Mitte) und einem feuchten Eichen-Hainbuchenwald (unten) bei Hannover. Nach Ellenberg (1939).
Die großen dunklen Punkte sind die Standflächen von Holzgewächsen, und zwar von *Fagus* (F., im obersten Quadrat alle), *Quercus robur* (Qu.), *Carpinus betulus* (Ca.) und *Corylus* (Cr.). Die Beleuchtungsstärke ist in % des Freilandlichtes angegeben, z. T. auch am Rande der Kärtchen. Sie wurde an den Kreuzungspunkten eines 1 m-Netzes gemessen und interpoliert.

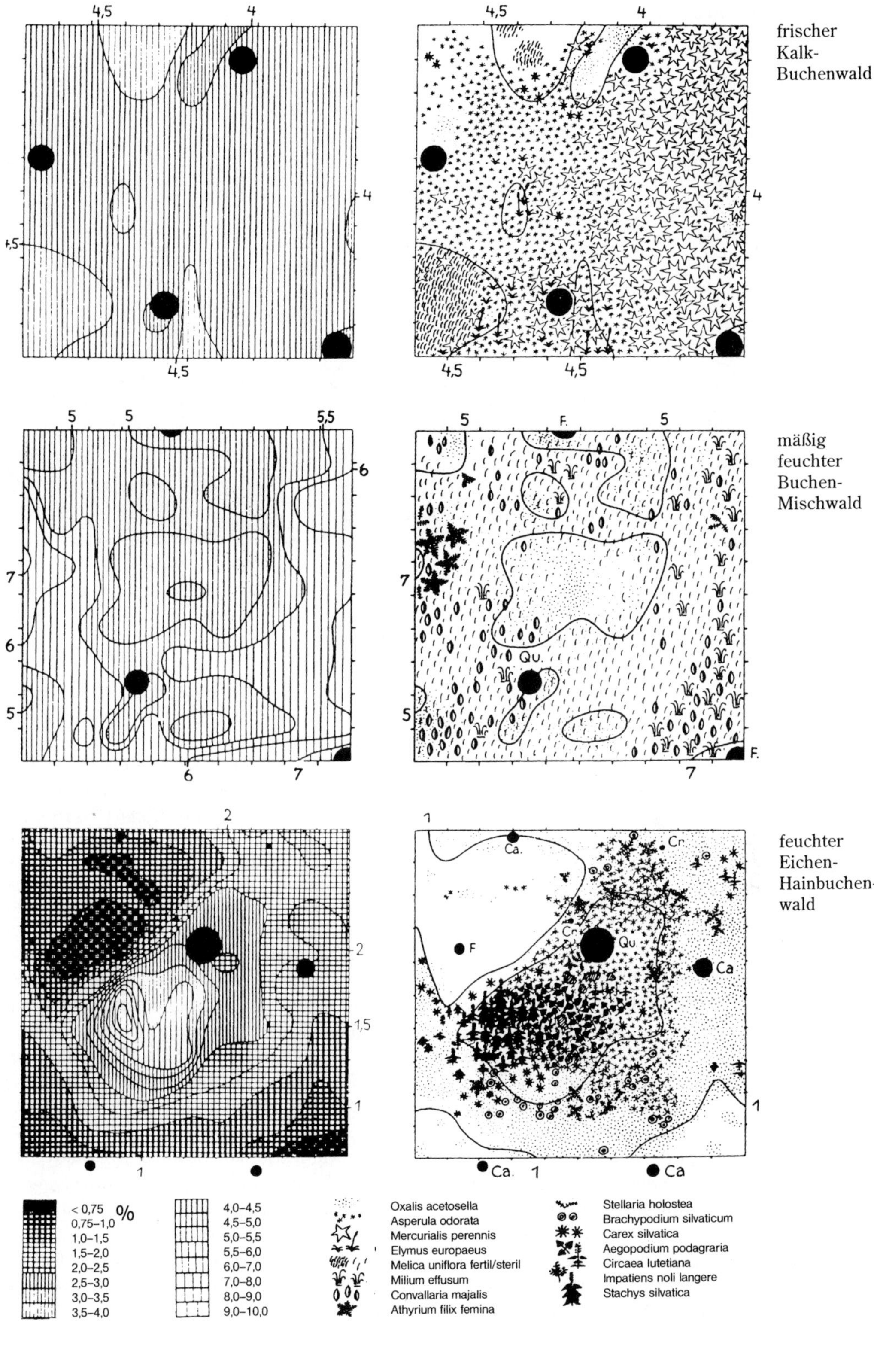
frischer Kalk-Buchenwald
mäßig feuchter Buchen-Mischwald
feuchter Eichen-Hainbuchenwald
4,5
4
5
5,5
6
7
2
1,5
1
Qu.
F.
Ca.
Cr.
%
< 0,75
0,75–1,0
1,0–1,5
1,5–2,0
2,0–2,5
2,5–3,0
3,0–3,5
3,5–4,0
4,0–4,5
4,5–5,0
5,0–5,5
5,5–6,0
6,0–7,0
7,0–8,0
8,0–9,0
9,0–10,0
Oxalis acetosella
Asperula odorata
Mercurialis perennis
Elymus europaeus
Melica uniflora fertil/steril
Milium effusum
Convallaria majalis
Athyrium filix femina
Stellaria holostea
Brachypodium silvaticum
Carex silvatica
Aegopodium podagraria
Circaea lutetiana
Impatiens noli langere
Stachys silvatica

Abb. 4–57 Harter Wechsel von dunklen und hellen Stellen am Boden eines Eichen-Hainbuchenwaldes (Stellario-Carpinetum corydaletosum) mit viel *Corylus* in der Leineaue bei Garbsen (nordwestl. von Hannover). Unter den hohen Stauden links herrschen Brennnesseln vor (Sommeraspekt), da der Boden sehr stickstoffreich ist.

haselreichen Eichen-Hainbuchen-Mittelwald kommen die Kräuter nur dort in den Genuss der von den Eichenkronen durchgelassenen Strahlungsmenge, wo diese nicht von niedrigeren Bäumen und Sträuchern abgefangen wird (s. Abb. 4–57). Je nach der Verteilung des Unterholzes wechselt die Beleuchtungsstärke hier kleinräumig und um große Beträge, sodass unweit voneinander lichtanspruchsvolle und genügsame Arten gedeihen.

4.5.2.3 Schattentoleranz und Schattenvermeidung

a) Schattentoleranz erreichen die Waldbodenpflanzen durch eine Reihe von **physiologischen und morphologischen Anpassungen**, die es ihnen erlauben, auch bei wenigen Prozent der Freilandstrahlung noch eine positive Kohlenstoffbilanz zu erreichen. Hierzu gehören die Ausbildung vergleichsweise großer und zarter Blätter, erhöhte Gehalte an Chlorophyll b und damit verbunden eine hohe Strahlungsabsorptivität, eine geringe Dunkelatmungsrate und ein niedriger Lichtkompensationspunkt der Photosynthese, die effiziente Nutzung von Lichtflecken und eine hohe physiologische Aktivität in den Zeiträumen vor und nach der Belaubung der Bäume. Schattentolerante Pflanzen sind generell langsamwüchsig, speichern größere Mengen an Kohlenhydraten und besitzen niedrige Respirationsraten, um hohe C-Verluste in der Schattenphase zu vermeiden (Grime 1966, Packham et al. 1992).

b) Geringe Strahlungsintensitäten in Verbindung mit hoher Luftfeuchte führen zur Ausbildung von besonders **großen und dünnen Blättern**, während das Wurzelwachstum in der Regel reduziert wird. Das gilt nicht nur für die Bäume und deren Schattenblätter (Lichtenthaler et al. 1981), sondern auch für die Waldboden- und Schlagflurkräuter (Evans & Hughes 1961, Myerscough & Whitehead 1966, Hoflacher & Bauer 1982). Nach Kriebitzsch (1992) waren im Juli im Waldesdunkel produzierte Blätter von *Mercurialis perennis* und *Asarum europaeum* mit 424 und 307 $cm^2\ g^{-1}$ deutlich dünner und zartlaubiger als im April vor der Belaubung gebildete (303 und 218 $cm^2\ g^{-1}$). Vergleichsweise große Blattspreiten sind auch für manche schattentolerante Waldgräser wie *Bromus ramosus*

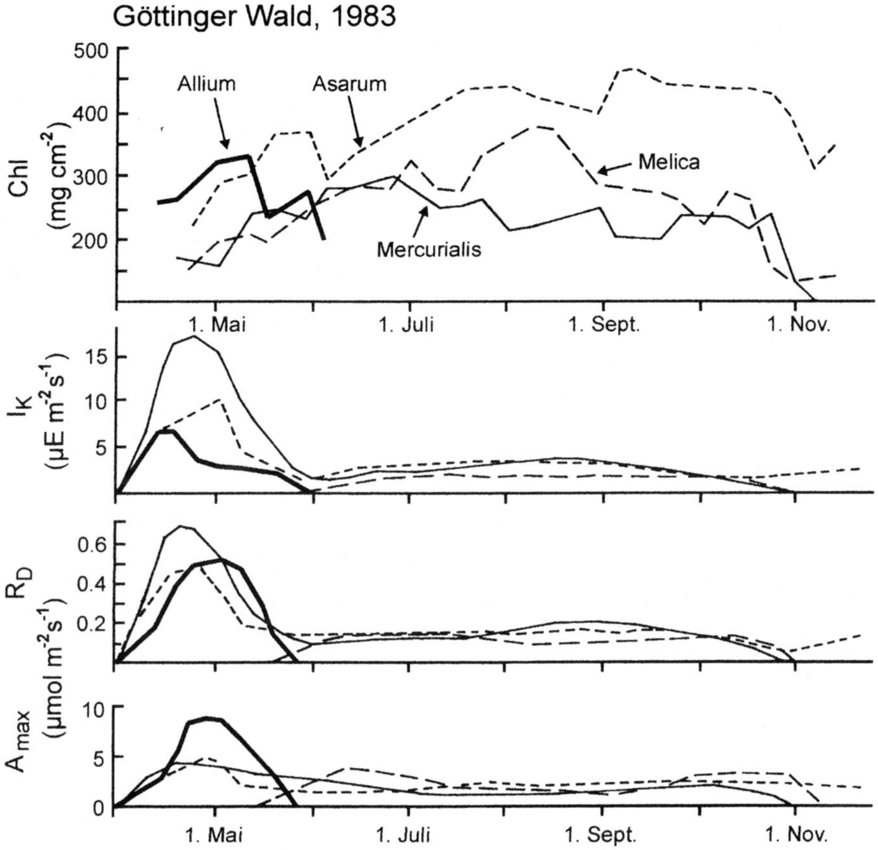

Abb. 4–58 Lichtgesättigte Netto-Photosyntheserate (A_{max}), Dunkelatmungsrate (R_D), Lichtkompensationspunkt (I_K) und flächenbezogener Chlorophyllgehalt der Blätter von *Allium ursinum* (Frühlingsgeophyt), *Mercurialis perennis* (sommergrüner Frühlingsblüher), *Asarum europaeum* (Überwinterndgrüne) und *Melica uniflora* (Frühsommerpflanze) im Göttinger Kalkbuchenwald 1983. Nach Daten von Kriebitzsch (1987).

und *Milium effusum* kennzeichnend. Wenn der Strahlungsgenuss von 2,0 auf 0,5 MJ m^{-2} d^{-1} reduziert wurde, erhöhte sich die spezifische Blattfläche von *Impatiens parviflora* von 500 auf 1300 cm^2 g^{-1} (Hughes 1959). Entscheidend gefördert wird die Ausbildung zarter Blätter durch einen hohen Anteil an dunkelrotem Licht (700–800 nm, Young 1975).

c) Im tiefen Waldschatten eines Kalkbuchenwaldes wachsende Kräuter und Gräser erreichen **lichtgesättigte Netto-Photosyntheseraten** von 2–4 µmol CO_2 m^{-2} s^{-1} und damit nur 15–20% der Leistungsfähigkeit von Mesophyten sonniger Standorte (Kriebitzsch 1992; s. Abb. 4–58). Larcher (2001) gibt etwas höhere Maximalwerte der Photosynthese (5–10 µmol CO_2 m^{-2} s^{-1}) für Schattenkräuter an. Berücksichtigt man jedoch die äußerst geringen Strahlungsintensitäten von 1–3% der Freilandhelligkeit am Waldboden von Buchen-, Tannen- und Fichtenwäldern, dann ist die photosynthetische Leistungsfähigkeit dieser Schattenpflanzen beachtlich. Dies gilt vor allem für die Gruppe der Spätsommerarten einschließlich der Waldgräser *Melica uniflora* und *Hordelymus europaeus*, die sich besonders gut an das Schwachlicht anpassen konnten (s. Abb. 4–58). Sie übertreffen in der Regel Frühsommerarten wie *Mercurialis perennis* und auch Überwinterndgrüne (z. B. *Asarum europaeum*) in ihrem Photosynthesevermögen während der dunklen Hochsommerphase (s. Abb. 4–59). Besonders leistungsschwach sind dagegen die überwinternden Blätter der immergrünen Kräuter. Hohe lichtgesättigte Netto-Photosyntheseraten erreichen die zeitig austreibenden Ephemeroiden, Hemi-Ephemeroiden und Frühsommerarten vor der Belaubung der Bäume, obwohl die Temperaturen noch niedrig sind. Kriebitzsch (1992) maß an *Arum maculatum* und *Allium ursinum* im April typische Werte des Photosynthesevermögens von 8–11 µmol CO_2 m^{-2} s^{-1}; Goryshina (1972) gibt für Frühjahrsblätter von *Pulmonaria obscura* Maxima bis zu 10 µmol m^{-2} s^{-1} an, während die Sommer- und Herbstblätter deutlich leistungsschwächer, aber langlebiger sind (s. Abb. 4–60).

d) Die gut an den tiefen Waldschatten angepassten Pflanzen eines Kalkbuchenwaldes erreichen besonders **hohe Chlorophyllkonzentrationen** in ihren Blättern (bis > 15 mg g^{-1} im Hochsommer). Zu diesem Zeitpunkt senken sie das Chlorophyll a/b-Verhältnis auf Werte zwischen 1,5 und 2,0 ab. Oft ist auch die Chlorophyllmenge pro Blattfläche relativ hoch; bei sechs Arten eines Kalkbuchenwaldes ermittelte Kriebitzsch (1992) Werte von 350 bis mehr als 500 mg cm^{-2}. Damit erhöht sich die Photosynthetische Effizienz, also die pro mol einfallender Photonen assimilierten mol CO_2, zumal Chlorophyll b vor allem als lichtsammelndes Pigment fungiert, das die Absorptivität der Thylakoid-Grana in den Chloroplasten steigert (Butler 1977, Evans 1988). Kriebitzsch (1992) und Graves (1990) fanden dementsprechend einen Anstieg der Quanteneffizienz der Photosynthese von der hellen Frühlings- zur dunklen Sommerphase, so bei *Asarum europaeum* und *Mercurialis perennis* von 0,03–0,04 mol mol^{-1} im April auf 0,05–0,06 mol mol^{-1} im Hochsommer. *Hordelymus europaeus* erreichte im Waldschatten sogar Effizienzen von mehr als 0,08 mol mol^{-1}. Positiv auf den Kohlenstoffgewinn wirken sich die zeitweise recht hohen CO_2-Konzentrationen der bodennahen Luft aus (bis 500 ppm CO_2, Woodwell & Bodkin 1970). Die Rubisco-Aktivität der Schattenpflanzen ist dagegen vergleichsweise niedrig (Björkman 1968).

e) Die **Dunkelatmungsrate** und der **Lichtkompensationspunkt** der früh austreibenden Ephemeroiden und Frühsommerpflanzen sind vor der Belaubung mit 0,1–0,7 µmol CO_2 m^{-2} s^{-1} bzw. 3–20 µE m^{-2} s^{-1} noch relativ hoch. Beide Größen sinken aber mit abnehmender Strahlung und deutlich reduzierten Blatt-Stickstoffgehalten zum Hochsommer hin auf niedrige Werte ab (0,05–0,08 µmol CO_2 m^{-2} s^{-1} bzw. 1–4 µE m^{-2} s^{-1}) (s. Abb. 4–58). Die Früh- und Spätsommerpflanzen sind daher bei der Ausnutzung geringer Strahlungsintensitäten sehr effizient und erreichen auch in der sehr dunklen Hochsommerphase noch positive C-Bilanzen (Schulze 1972, Kriebitzsch 1992). So kann *Bromus ramosus*

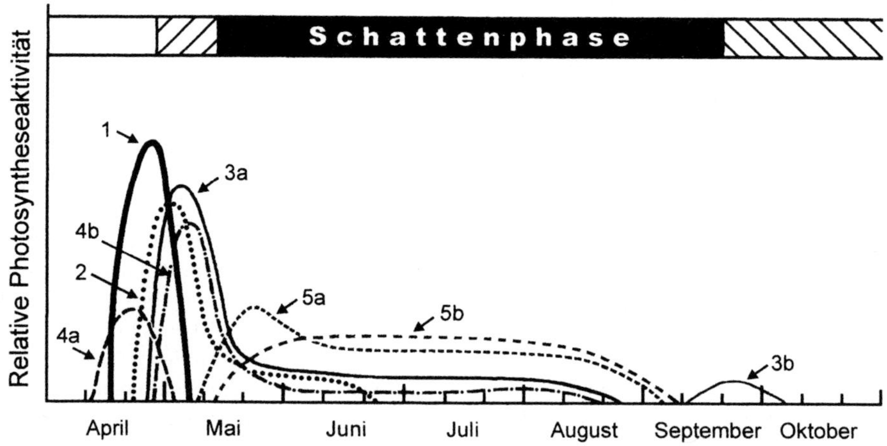

Abb. 4–59 Schema des Verlaufs der relativen Photosyntheseaktivität von verschiedenen ökologischen Gruppen der Krautschicht eines Eichenmischwaldes in der Vegetationsperiode. 1: Frühlingsgeophyten (Frühlingsgrüne i. e. S., Ephemeroide), 2: Halbsommergrüne (Hemi-Ephemeroide), 3: Frühsommerpflanzen (a Frühlingsblätter, b Herbstblätter), 4: Immergrüne (a vorjährige, b junge Blätter), 5: Spätsommerpflanzen (a und b etwas verschiedene Typen). Oben die Licht-, Übergangs- und Schattenphase am Waldboden. Nach Walter & Breckle (1983).

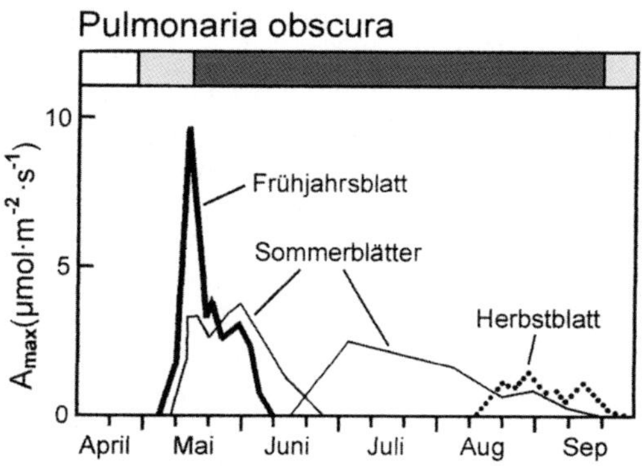

Abb. 4–60 Lichtgesättigte Netto-Photosyntheserate verschiedener Blätter der Frühsommerart *Pulmonaria obscura* am Waldboden mit ausgeprägtem Saisondimorphismus der Blätter. Nach Daten von Goryshina in Walter & Breckle (1983).

auch bei völliger Dunkelheit immerhin 45 Tage überleben (Coombe 1966).

Bei dem überwinterndgrünen *Geum urbanum* waren dagegen die sommerlichen Dunkelatmungsraten deutlich höher (Graves 1990). Hoher Lichtgenuss vor und nach der Belaubung der Bäume ist daher bei diesem Strategietyp zum Erreichen einer positiven Kohlenstoffbilanz von großer Bedeutung. Das gilt in noch stärkerem Maße für die Frühlingsgrünen, die nach Messungen von Kriebitzsch (1992) 50–75% (*Mercurialis perennis*) oder sogar nahezu 100% ihres Jahres-C-Gewinns (*Allium ursinum*, *Arum maculatum*) in den 6 bis 8 Wochen vor dem Laubaustrieb der Buche erzielen.

Die von Schulze (1972) und Kriebitzsch (1992) in Buchenwäldern um Göttingen untersuchten Arten hatten ein breites, aber niedriges **Temperaturoptimum der Photosynthese** zwischen 8 und 18 °C, das bei *Oxalis acetosella* und anderen Arten bei niedrigem Strahlungsgenuss bis auf 9–12 °C absank. Der sommergrüne Frühlingsblüher *Mercurialis perennis* konnte aus diesem Grund das Starklicht vor dem Laubaustrieb der Buche auch bei Temperaturen nahe 0 °C nutzen, ohne dass die Photosynthese gravierende Einbußen erlitt. Hochsommerliche Temperaturen von mehr als 20 °C reduzierten dagegen die Quanteneffizienz und die Netto-Photosynthese deutlich. Bei der Mehrzahl der Waldbodenpflanzen verlagerte sich das Temperaturoptimum in der Schattenphase zum Wärmeren hin (Kriebitzsch 1992, Graves 1990).

f) In temperaten und tropischen Wäldern mit dicht geschlossener Krone gelangen nach Chazdon & Pearcy (1991) 40–60% der Strahlung mit **Lichtflecken** an den Waldboden; in Buchenwäldern sind es nach Rees (1999) um 50%. Den größten Betrag zur Einstrahlungssumme erbringen Flecken von 5 bis 10 Minuten Dauer, während die viel häufigeren kurzen Lichtflecken (< 10 s) unbedeutend sind. Wandernde Lichtflecken von Minutendauer setzen die Waldbodenpflanzen einer oft zehnfach, manchmal auch fünfzigfach höheren Strahlungsintensität aus als gewöhnlich (Anderson 1964); gleichzeitig sinkt die Luftfeuchtigkeit ab und die Luft und die Blätter erhitzen sich (s. Abb. 4–61). *Impatiens noli-tangere* erreichte während eines Lichtfleckes Blatt-Übertemperaturen von 9 °C

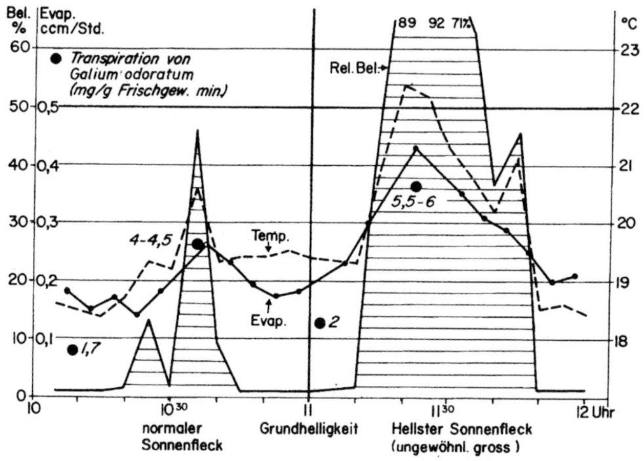

Abb. 4–61 Beim Vorüberwandern von Sonnenflecken am Waldboden steigen mit der relativen Beleuchtungsstärke (schraffiert) auch Temperatur und Evaporation im Bereich der Krautschicht plötzlich an. Die Transpiration von *Galium odoratum* (dicke Punkte), die bei der „Grundhelligkeit" von 1–2 % nur etwa 2 mg g^{-1} Frischgewicht/min beträgt, wird dadurch vervielfacht. Nach Messungen am 22. September 1959 in einem mäßig feuchten Buchenmischwald bei Zürich. In einem sehr großen Sonnenfleck steigt die Helligkeit am Waldboden vorübergehend fast bis auf die im Freiland (92 %), während die „Grundhelligkeit" im Schatten selten mehr als 2–3 % erreicht. Bei diffuser Beleuchtung ist die Grundhelligkeit (in % der Freiland-Helligkeit) wesentlich größer.

(Rackham 1975). Woodward (1981) beobachtete in einem 7-minütigen Lichtfleck an *Circaea lutetiana* eine rasche Erhöhung der Blatttemperatur um 3 °C und ein Sinken des Blatt-Wasserpotenzials um rund 100 kPa (etwa 1 bar), was ausreichte, um die Blattstreckung stark zu reduzieren. *Oxalis acetosella* schützt sich vor zu hoher Strahlungsbelastung in Lichtflecken, indem er die Blätter, durch Blaulicht induziert, in weniger als 3 Minuten zusammenfaltet (Hart 1988).

Andererseits nutzen Schattenpflanzen Lichtflecken effektiver als Sonnenpflanzen, indem sie im Zuge einer bis zu 80 Sekunden dauernden **post-illuminativen CO_2-Fixierung** auch in der folgenden Dunkelphase Kohlenstoff assimilieren und dabei während des Lichtflecks erzeugtes ATP und $NADPH_2$ verbrauchen (Pearcy et al. 1996, Sharkey et al. 1986). Offenbar sind Schattenpflanzen wie *Paris quadrifolia* in der Lage, das fixierende Enzym Rubisco nach Verschwinden des Lichtfleckes länger in einem aktivierten Zustand zu halten als Lichtpflanzen, die rasch die Assimilation einstellen (Ögren & Sundin 1996). Möglicherweise akkumulieren die Waldbodenpflanzen außerdem größere Mengen an Metaboliten des Calvin-Zyklus und können so aufeinanderfolgende Starklichtphasen besser verwerten (Lambers et al. 1998). Nach Schulze (1972) trugen Sonnenflecken mit 6–27 % zum täglichen C-Gewinn der Waldbodenpflanzen *Athyrium filix-femina*, *Oxalis acetosella*, *Luzula luzuloides* und *Deschampsia flexuosa* in einem Sauerhumus-Buchenwald bei. In lichtreichen, trockenheitsbeeinflussten Wäldern führen Sonnenflecken dagegen zu einer Reduktion des Kohlenstoffgewinns, weil sie den Trockenstress erhöhen (Young & Smith 1983).

4.5.2.4 Frostresistenz

Nicht nur die Strahlung, sondern auch das Temperaturregime wird durch das Laubdach der Bäume und Sträucher gedämpft. Infolgedessen herrschen am und im Waldboden ausgeglichenere Temperaturen. Selbst im schneearmen mitteldeutschen Hügelland kühlt sich der Boden in einem Kalkbuchenwald unterhalb von 7,5 cm Tiefe selten unter 0 °C ab, und in der Streuschicht treten nur ausnahmsweise Temperaturen unter -5 °C auf (Eggert 1985). Erst im östlichen Mitteleuropa gefriert der Waldboden regelmäßig bis in 5–10 cm oder noch größere Tiefe (Falinski 1986). Daher überrascht es kaum, dass die Frosthärte der Zwiebeln, Knollen und Rhizome der Krautschichtpflanzen, die den Winter überdauern, nur wenige Grad unter Null beträgt (s. Abb. 4–62). Die zarten oberirdischen Organe der Frühlingspflanzen sind dagegen wesentlich resistenter und können noch Temperaturen unter -5 bis -10 °C überleben, eine bei Kälteeinbrüchen wesentliche Eigenschaft (Till 1956). Besonders empfindlich sind die Blätter der Geophyten sowie die frisch ausgetriebenen Spreiten der Wintergrünen. Nach Matuszkiewicz (1977) ist dementsprechend die Artenzahl der Geophyten und generell der Krautschichtarten in Wäldern umso höher, je geringer die Anzahl der Frühlingsfröste ist.

Krautschichtarten mit mehr kontinentaler Verbreitung sind in der Regel frosthärter als solche mit stärker ozeanischem Areal. Arten, die normalerweise im Winter unter mächtiger Schneedecke geschützt bleiben, z. B. das auf montane Lagen beschränkte Quirlblättrige Salomonssiegel (*Polygonatum verticillatum*), sind empfindlicher als Arten schneeärmerer Standorte, wie z. B. der Duftende Salomonssiegel (*P. odoratum*) und das Maiglöckchen (*Convallaria majalis*), die auch an sommerwarmen Südhängen und im schneearmen Tiefland vorkommen. *Galium odoratum* als Buchenbegleiter ist empfindlicher als *Stellaria holostea*, die häufig in Eichen-Hainbuchenwäldern vorkommt. Farne des Waldbodens zeigen nach Kappen (1964) eine mittlere winterliche Frostresistenz im Bereich von –10 bis –20 °C, und zwar unabhängig davon, ob sie mehr dem poikilohydren (wie *Polypodium vulgare*) oder dem homoiohydren Wasserhaushaltstyp (wie *Dryopteris filix-mas*) zugehören.

Die krautigen Begleiter unserer Waldbäume sind wesentlich weniger frosthart als die Bäume selbst (s. Abb. 4–62). Offenbar leben sie mit dem Risiko, dass ihre unterirdischen Organe in schneefreien Kälteperioden erfrieren; denn sie können sich schneller vegetativ regenerieren als die Holzgewächse. Die Heidelbeere beispielsweise ist wesentlich frostempfindlicher als die Fichte und bedarf des Schneeschutzes (s. Abb. 7–17). In schneearmen Wintern ging sie nach Havas (1965) oberirdisch großenteils zugrunde, teilweise wohl infolge von Frosttrocknis. Beim Siebenstern (*Trientalis europaea*), der in Europa eine ausgesprochen boreale Ver-

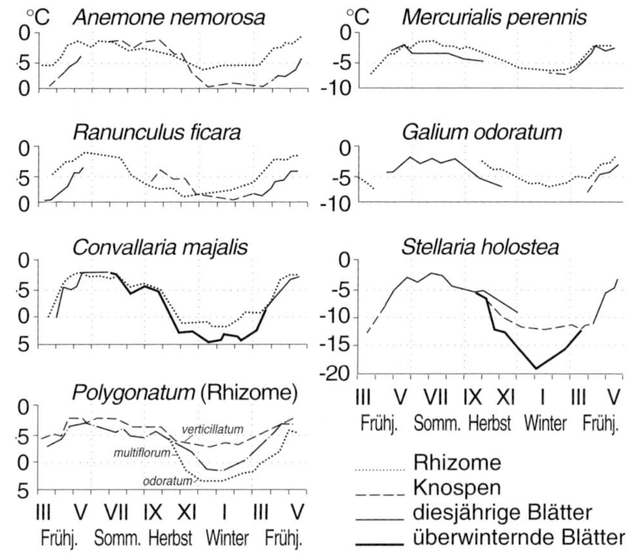

Abb. 4–62 Jahresgang der Frostresistenz bei verschiedenen Waldkräutern. Nach Till (1956), verändert. Die unterirdischen Organe sind viel empfindlicher als die oberirdischen, zeigen aber ebenfalls einen jahreszeitlichen Resistenzrhythmus. Bei Schneebedeckung sinken die Temperaturen im Boden kaum unter 0 °C, vor allem in der montanen Stufe, wo die Schneedecke mächtig und dauerhaft ist. Die Rhizome des montanen *Polygonatum verticillatum* sind dementsprechend am wenigsten frostresistent (s. auch Abb. 4–38).

breitungstendenz hat und in den Fichtenwäldern der Alpen nur wenige Vorposten besitzt, sind niedrige Nachttemperaturen dagegen geradezu eine Voraussetzung für ausreichende Biomassenproduktion (Anderson & Loucks 1973).

4.5.2.5 Luft- und Bodenfeuchte als Standortfaktoren

a) Wie bedeutsam die Wasserverfügbarkeit für die Waldbodenvegetation ist, zeigt die Beobachtung, dass der Deckungsgrad der Krautschicht in der Regel mit zunehmender Bodenfeuchte ansteigt (z. B. Lendzion & Leuschner 2008b). Sommerliche **Bodentrockenheit** ist nicht nur ein Kennzeichen der flachgründigen Trockenhang-Buchenwälder und der thermophilen Eichenwälder des südlichen Mitteleuropa, sondern auch der Wälder in stärker ozeanischem Klima (vgl. Packham 1983, Cummings & Cook 1992). Die Wahrscheinlichkeit, dass Waldbodenpflanzen in Mitteleuropa unter Wassermangel leiden, ist dabei im Frühjahr weit geringer als im späten Sommer. Es dürfte also kein Zufall sein, dass die Arten, die sich am besten als Feuchtigkeitszeiger eignen, ausgesprochene Sommerpflanzen sind. Sie entwickeln sich erst nach der Belaubung der Bäume (s. Abb. 4–74) und bleiben mit Ausnahme von *Impatiens noli-tangere* noch nach dem herbstlichen Blattfall bis zu den ersten Frösten grün. Die Frühjahrspflanzen sieht man in Eichen-Hainbuchenwäldern nicht einmal bei voller Besonnung welken, weil sie offenbar stets ausreichend mit Wasser versorgt sind (s. Abb. 4–16) und weil die Verdunstungsbedingungen um diese Jahreszeit allenfalls an steileren Sonnhängen extrem werden. Tatsächlich sind die schnelllebigen Geophyten an Süd- und Südwesthängen unter sonst gleichen Bedingungen seltener als an sonnabgewandten Hängen. Die Frühlingsgeophyten unserer sommergrünen Laubwälder, namentlich *Allium ursinum* und *Ranunculus ficaria* (s. Kap. 5.3.2), werden daher mit Recht als Zeiger für „Frühjahrsfrische“ des Bodens und für mehr oder minder schattige Lagen gewertet.

Eine besondere Bedeutung für die Hydrologie besitzen **Bestandeslücken**, weil sie nicht nur mehr Licht durchlassen, sondern auch mehr Niederschlag (Mitscherlich 1971). Erhöhte Bodenfeuchte ist deshalb neben dem Licht eine wesentliche Ursache für die höhere Krautschichtdeckung in Kronenlücken (Anderson et al. 1969). Die erhöhte Verdunstung in den Lücken wird zum Teil dadurch wettgemacht, dass der Boden in Lichtungen weniger dicht von Baumwurzeln durchsetzt ist und ihm deshalb in Trockenzeiten weniger Wasser entzogen wird (s. Bauhus 1994, Bartsch et al. 2002). Kleine Lichtungen sind für empfindliche Arten oft der günstigste Standort, und es dürfte kein Zufall sein, dass man dort am ehesten die „Feuchtigkeitszeiger“ antrifft.

b) Die eigentlichen **Feuchtigkeitszeiger** unter den Waldbodenpflanzen sind in Feuchtwäldern umso zahlreicher vertreten, je seltener deren Böden austrocknen. In den Bodenfeuchtekurven der Abbildung 4–16 (s. Kap. 4.3.2 b) fiel das Boden-Matrixpotenzial in den fünf oberen Beispielen im Laufe des Jahres 1937 niemals unter -0,5 MPa. In den Beständen Nr. 9 und 10, deren Oberböden monatelang unter die -0,3-Pa-Grenze austrockneten, fehlen Feuchtezeiger dagegen ganz oder fast ganz. Nur *Urtica dioica* hielt sich im Bestand Nr. 9, vermutlich, weil sie regenerationsfähiger ist als die anderen Feuchtigkeitszeiger.

Es mag überraschen, dass der zuletzt erwähnte Bestand auf dem relativ „nassesten" Boden, einem Anmoor, stockt. Hier steigt das Grundwasser zeitweilig bis an die Oberfläche und zwingt die meisten Pflanzen, flach zu wurzeln, weil der Boden nur in den oberen 20 cm gut durchlüftet und reichlich belebt ist. In normalen Jahren erwächst ihnen daraus kein Nachteil. In Jahren mit tiefem Grundwasserstand aber wird der Wasservorrat ihres Wurzelraumes umso rascher erschöpft. Es ist also ein Irrtum, anzunehmen, dass zeitweilig nasse Böden stets „feuchter" seien als weniger stark vom Grundwasser beeinflusste. Im Gegenteil erwiesen sich die von einem Farn-Buchenmischwald besiedelte, völlig grund- und stauwasserfreie Lösslehm-Braunerde (Nr. 1 in Abb. 4–16) und die tiefgründige, schwach gleyartige Braunerde des mäßig feuchten Buchenmischwaldes (Nr. 2) als die in Trockenjahren für empfindliche Pflanzen sichersten Standorte.

c) Auch im bodenfrischen Kalkbuchenwald Mitteldeutschlands treten in trockenen Sommern Bodenwasserdefizite auf, die zu starken Absenkungen des **Blatt-Wasserpotenzials** vor allem bei den Spätsommerpflanzen am Waldboden führen. Kriebitzsch (1988) maß im trockenen Juli 1983 Potenzialminima von -1,5 MPa an Blättern von *Asarum europaeum* und sogar von -3,0 MPa an *Mercurialis perennis*. Die Frühlingspflanzen unterschritten im Mai und Juni dagegen niemals -0,5 MPa.

In bodenfeuchten Eichen-Hainbuchenwäldern werden so niedrige Werte selten oder nie erreicht. Die Blatt-Wasserpotenziale vollturgeszenter *Stachys*-Pflanzen lagen im trockenen Spätsommer 1959 in einem buchenreichen Eichen-Hainbuchenwald bei Zürich immer über -1,0 MPa und schwankten meist zwischen -0,5 und -0,6 MPa (Rehder 1960). Welke trat bei -1,1 bis -1,2 MPa ein; Potenzialminima von -1,5 bis -2,0 MPa wurden erreicht, wenn die Blätter völlig erschlafft waren. In ähnlicher Größenordnung liegen die osmotischen Potenziale von krautigen Pflanzen der Eichen-Hainbuchen- und Mullbuchenwälder bei Göttingen (Jagnow 1951 in Ellenberg 1996).

Schon wenn das Boden-Matrixpotenzial auf -0,5 bis -0,7 MPa fällt, erschlaffen die Blätter von *Athyrium filix-femina*, *Carex remota*, *Festuca gigantea* und auch *Urtica dioica*, während *Aegopodium podagraria*, *Pulmonaria obscura* und sonstige weit verbreitete Waldpflanzen noch turgeszent bleiben (Ellenberg 1939; s. Abb. 4–63). *Stachys sylvatica*, *Lamium maculatum*, *Geum urbanum* und andere weniger ausgeprägte Feuchtigkeitszeiger stehen in der Mitte zwischen beiden Gruppen. Viele Waldbodenpflanzen beginnen also in Trockenperioden bereits zu welken, bevor der konventionelle **permanente Welkepunkt** des Bodens erreicht ist. Dieser, für landwirtschaftliche Kulturpflanzen definierte Grenzwert liegt bei einem Boden-Matrixpotenzial von -1,5 MPa und ist für die Schatten- und Halbschattenpflanzen unserer Wälder zweifellos zu tief angesetzt. Das osmotische Potenzial ihres Zellsaftes sinkt unter normalen Verhältnissen nur selten unter -1,5 MPa, sodass ein Turgorverlust schon bei weit geringeren Boden-Wasserpotenzialen eintreten sollte.

d) Frühjahrspflanzen wie *Allium ursinum* und *Arum maculatum* haben in der Lichtphase vor der Belaubung besonders große **Blattleitfähigkeiten**; aufgrund der niedrigen Temperaturen und Sättigungsdefizite sind die Transpirationsverluste jedoch nicht übermäßig hoch (Kojic 1964; s. Kap. 4.7.4.1 e). Alle sechs untersuchten Pflanzenarten der Krautschicht des Göttinger Kalkbuchenwaldes zeigten einen mehr oder weniger deutlichen Einfluss des atmosphärischen Sättigungsdefizites auf die Blattleitfähigkeit. Aber nur beim Bärlauch war dieser Effekt sehr ausgeprägt und führte in Trockenperioden zu einer deutlichen Einschränkung auch der Photosynthese. Besonders niedrig sind dagegen die Leitfähigkeiten von Überwinterndgrünen wie *Asarum europaeum* (Kriebitzsch 1992). Ellenberg (1996) nimmt an, dass die hygromorphen Sommerpflanzen auf-

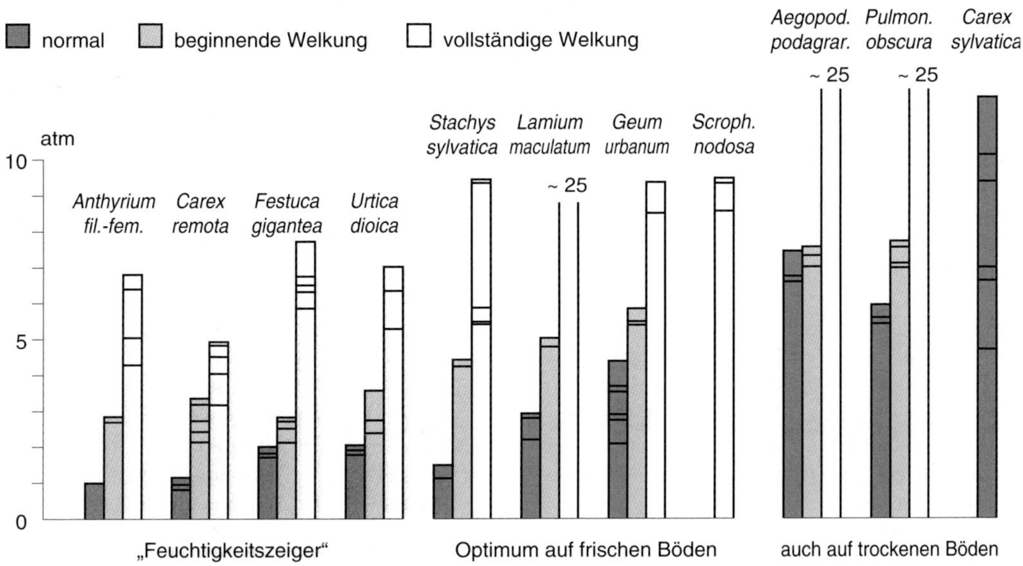

Abb. 4–63 „Saugspannungen" der Wurzelböden von krautigen Pflanzen eines feuchten Eichen-Hainbuchenwaldes während des ungewöhnlich trockenen Septembers 1937. Die „Feuchtigkeitszeiger" welken bereits bei Saugspannungen, bei denen Arten wie *Pulmonaria obscura* noch normal aussehen. Nach Ellenberg (1939).
10 Atmosphären (atm) entsprechen etwa –1 MPa. Die Striche in den Blöcken und das obere Ende bedeuten Einzelwerte.

Abb. 4–64 Kutikuläre Transpiration abgeschnittener Sprosse von Schattenpflanzen (oben) und Lichtpflanzen (unten) unter gleichen Bedingungen. Die Mittelwerte der durch einen waagerechten Strich verbundenen Einzelmessungen sind dick markiert. Nach Pisek & Berger (1938), etwas verändert. *Impatiens noli-tangere* und *Stellaria nemorum* sind Feuchtigkeit anzeigende Waldpflanzen. *Caltha palustris* und *Veronica beccabunga* sind sogar Nässezeiger, gedeihen aber im Freiland besser als im Wald. Ausgesprochene Waldkräuter sind außer den Erstgenannten nur *Asarum europaeum, Pulmonaria officinalis* und *Oxalis acetosella. Prenanthes purpurea* ist stärker lichtbedürftig. *Hedera* wächst zwar auch am Waldboden, vermag aber als Liane sehr exponierte Standorte einzunehmen.
Eine in Europa nicht heimische Sukkulente (*Opuntia*) wurde zum Vergleich in die Messungen einbezogen. Ihre kutikuläre Transpiration. ist verschwindend gering.

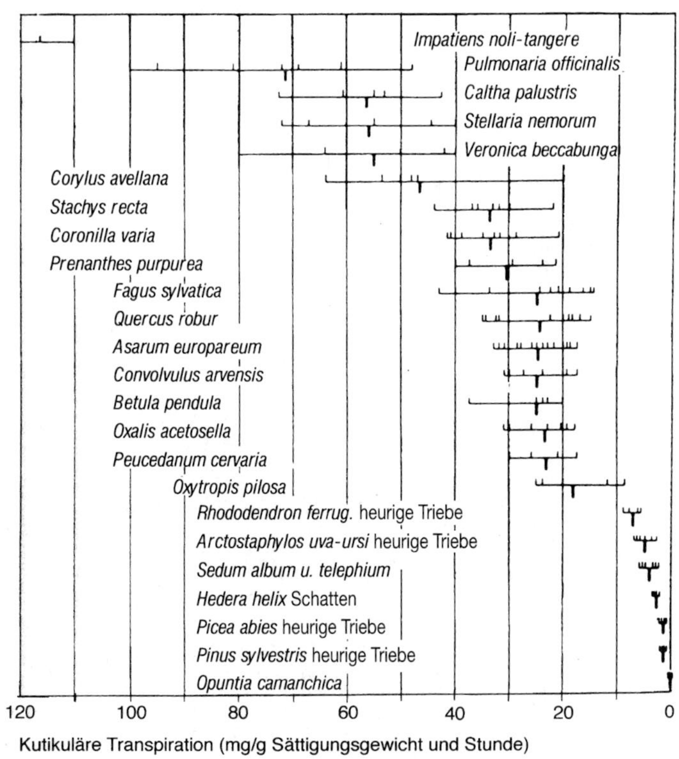

grund einer kleinen Feinwurzeloberfläche und eines geringen Leitbündelquerschnittes nicht in der Lage sind, hohe Transpirationsraten zu erreichen. Die von Ellenberg (1939) und Rehder (1960) beobachteten Welkeerscheinungen beruhten also vermutlich nicht nur auf einer hohen kutikulären Transpiration, sondern auch auf mangelndem Nachleitungsvermögen über Wurzeln und Stängel.

Hygromorphe Waldbodenkräuter besitzen nur eine dünne Kutikula und welken rasch, wenn Luft- oder Bodenfeuchte absinken. Nach den Messungen von Pisek & Berger (1938; s. Abb. 4–64) ist die **kutikuläre Transpiration** abgeschnittener Sprosse von Waldbodenpflanzen in den meisten Fällen größer als diejenige der Lichtpflanzen. Höchstwerte erreicht sie bezeichnenderweise bei *Impatiens noli-tangere*, dem empfindlichsten und am stärksten hygromorphen Feuchtigkeitszeiger unter den von beiden Autoren untersuchten Arten (s. Abb. 5–17).

e) Sowohl in Klimakammer-Experimenten wie im Freiland ließ sich mit manipulierten Luftfeuchten zeigen, dass Waldbodenpflanzen nicht nur gegenüber Bodentrockenheit empfindlich sind, sondern auch durch **Lufttrockenheit** in ihrem Wachstum beeinträchtigt werden (Leuschner 2002a). In Hydrokultur gezogene *Mercurialis-perennis-* und *Stachys-sylvatica-*Pflanzen erzielten eine um rund 40% geringere Stoffproduktion, wenn die Luftfeuchte von 85 auf 40% abgesenkt wurde (s. Abb. 4–65). Ebenso reduzierte experimentell um 15% abgetrocknete Luft das Wachstum der beiden Arten am natürlichen Standort am Waldboden um etwa ein Viertel (Leuschner & Lendzion 2009). Korrelationsanalysen zeigten, dass der Krautschicht-Deckungsgrad in einem Kalkbuchenwald in gleicher Weise von der Luftfeuchte wie von der Bodenfeuchte positiv beeinflusst wird (Lendzion & Leuschner 2009). Diese Befunde belegen, dass mitteleuropäische Waldbodenpflanzen durch hohe Luftfeuchte in ihrem Wachstum gefördert werden, und zwar unabhängig von der Bodenfeuchte. Größere Auflichtung des Kronendaches und flächiger Sturmwurf schädigen diese an hohe Luftfeuchte gebundenen Arten nicht nur durch Photoinhibition, Chlorophyllabbau oder Hitzeschäden, sondern auch durch die hemmende Wirkung von trockener Luft auf Wachstum und Morphogenese.

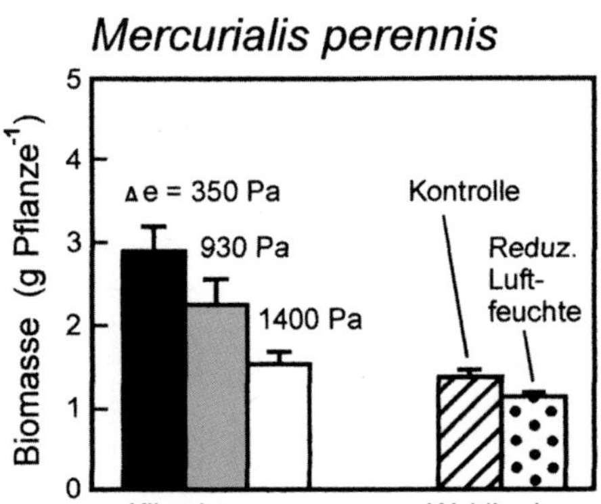

Abb. 4–65 Wachstum von *Mercurialis perennis* in Klimakammern (Nährlösungskultur) bzw. in Open-top-Kammern am Waldboden bei drei (Sättigungsdefizite von 350, 930 oder 1400 Pa) bzw. zwei verschiedenen Luftfeuchteregimen (normale Außenfeuchte sowie um 15 Prozentpunkte reduzierte Luftfeuchte). Nach Leuschner & Lendzion (2009).

4.5.2.6 Calcicole und calcifuge Waldbodenpflanzen und die Rolle von Nährstoffmangel

a) Während unsere häufigsten Baumarten Rotbuche, Kiefer, Fichte und die Eichen ausgesprochen tolerant gegenüber dem pH-Wert und dem wechselnden Basenreichtum des Bodens sind, unterliegt die Kraut- und Moosschicht einem charakteristischen Wandel zwischen bodensauren Waldstandorten mit Dominanz **calcifuger Pflanzen** und basischen Waldstandorten, an denen **calcicole Pflanzen** herrschen. Erstere sind durch das Unvermögen gekennzeichnet, auf basischen, meist kalkhaltigen Böden zu wachsen, während Letztere bodensaure Standorte meiden. Wie in vielen anderen Lebensräumen Mitteleuropas, z. B. den Rasengesellschaften der collinen bis alpinen Stufe und den Moorgesellschaften, ist die calcicole Waldbodenflora erheblich reicher an Gefäßpflanzenarten als die calcifuge (s. Abb. 4–52; Tyler 1989b, Lawesson 2003). Das gilt dagegen nicht für die Waldbodenmoose, unter denen die calcifugen überwiegen (s. Tab. 4–14).

Düngungsexperimente haben gezeigt, dass das calcifuge Verhalten vor allem durch mangelndes Aufnahmevermögen von Eisen und/oder Phosphat, die in alkalischen bzw. kalkreichen Böden eine geringe Löslichkeit aufweisen, verursacht wird und dass deren Aufnahme durch erhöhte Hydrogenkarbonat-Gehalte zusätzlich erschwert wird (Marschner & Römheld 1994, Mengel 1994). Gleiches gilt möglicherweise auch für Mangan, Zink oder andere Elemente (Tyler 1992, 1994, 1996, Tyler & Olsson 1993, Führer 2005; vgl. auch Kap. 18.4.4). Die Fähigkeit der Calcicolen zur **Eisen- und/oder Phosphat-Mobilisierung** spielt offenbar eine entscheidende Rolle, scheiden sie doch bei Nährstoffmangel drei- bis zehnfach größere Mengen an Di- und Tricarboxylsäuren zur Mobilisierung von Fe und P aus als Calcifuge (Tyler & Ström 1995, Ström 1997). Letztere leiden daher auf Kalkboden unter Fe-Mangel und entwickeln häufig „Kalk-Chlorosen" (Grime & Hutchinson 1967, Kinzel 1982). Unter gleichzeitiger Ansäuerung chelatisiert Zitronensäure vor allem Eisen, während Oxalsäure Phosphor durch Komplexierung von Kalzium mobilisiert (Tyler & Falkengren-Grerup 1998). Poaceaen scheiden auf kalkreichen Böden Phytometallophore aus, die Eisen und andere Kationen chelatisieren (Römheld & Marschner 1990, Gries & Runge 1995).

In basen- und kalkreichen Böden steht die Mobilisierung und Aufnahme schlecht verfügbarer Nährelemente im Vordergrund der Anpassung; die Vegetationsdifferenzierung wird daher stärker von Konkurrenzprozessen bestimmt als auf sauren Böden (Jeffrey & Pigott 1973). Hier spielen offenbar Intoxikationen eine größere Rolle für die Artenzusammensetzung als Konkurrenzprozesse, und zwar Effekte von reaktiven Aluminium-Ionen (vor allem von Al^{3+}) sowie von H^+, eventuell auch von Mn^{2+}. In den für saure Böden kennzeichnenden Konzentrationen werden diese Ionen von den meisten calcicolen Arten nicht toleriert. Calcicole Pflanzen können an sauren Standorten zusätzlich durch die Dominanz von Ammonium und durch einen Mangel an Ca, Mg und K behindert werden (Falkengren-Grerup et al. 1995a, Tyler & Falkengren-Grerup 1998).

b) **Aluminiumtoxizität** drückt sich oft gleichermaßen durch Hemmung der Zellteilung im Wurzelapex und reduziertes Wurzelwachstum aus wie auch durch induzierten Mangel an Magnesium, Kalzium, Phosphor und anderen Nährelementen (Kochian 1995, Marschner 1995). Auf zellulärer Ebene kann Al^{3+} Schäden an Enzymen, am Calmodulin-System und am Zytoskelett verursachen. Hohe H^+-Konzentrationen schädigen Membranen, schwächen membrangebundene Protonenpumpen und erschweren die Aufnahme z.B. von Ca^{2+}, Mg^{2+}, K^+ und Mo^{3+}.

In zahlreichen Nährlösungsexperimenten konnten bei calcicolen Waldbodenpflanzen wie *Bromus benekenii* und *Allium ursinum* bereits bei Al^{3+}-Konzentrationen zwischen 10 und 20 µM toxische Effekte beobachtet werden (z.B. Runge & Rode 1991, Andersson 1993, Andersson & Brunet 1993), während viele calcifuge Arten erst bei hohen Konzentrationen (> etwa 2 mM Al; Rode 1988) Schäden erlitten. In der Bodenlösung saurer Waldböden treten Spitzenwerte von mehr als 100 µM Al^{3+} auf (Tyler & Falkengren-Grerup 1998). Die Anwesenheit von Ca-, Phosphat- und Si-Ionen sowie von Huminsäuren kann allerdings die Toxizität von Al^{3+} deutlich verringern (Kinraide & Parker 1987), sodass diese Ergebnisse nicht ohne Weiteres auf das Freiland übertragbar sind. Ob Al^{3+} schädigend wirkt, hängt darüber hinaus wesentlich von der Anwesenheit von Mykorrhizapilzen und artspezifischen Vermeidungs- und Toleranzstrategien gegenüber Aluminium ab, insbesondere dem Regenerationsvermögen der Feinwurzeln nach Al-Schädigung (Quist 1995; s. Kap. 4.9.3.3 a). Bei calcifugen Kräutern steigt die Al-Toleranz mit der Fähigkeit zur Ausscheidung von Zitronen- und Oxalsäure bzw. Apfelsäure, wie Schöttelndreier et al. (2001) an *Galium harcynicum*, *Veronica officinalis*, *Rumex acetosella* und *Viscaria vulgaris* zeigen konnten. Je größer die Säureausscheidung, umso höher die Toleranz.

Im Freiland lassen sich die Effekte erhöhter H^+- und Al-Ionen-Konzentrationen meist nur schwer voneinander trennen, weil in sauren Böden beide Größen eng miteinander verbunden sind. Wahrscheinlich ist H^+-Toxizität nur in stark sauren Rohhumusböden entscheidend, die wenig Aluminium und viel organische Substanz enthalten, während Al^{3+} oder andere Al-Spezies in vielen Mineralböden mit einem pH-Wert unter 4,5 pflanzenwirksam sein dürften (Kinraide 1991, Falkengren-Grerup et al. 1995b, Kochian 1995).

Tatsächlich konnten Andersson (1992) und Falkengren-Grerup & Tyler (1993) experimentell zeigen, dass die Waldbodenpflanzen *Galium odoratum*, *Carex sylvatica*, *Sanicula europaea*, *Lamium galeobdolon* und *Brachypodium sylvaticum* nicht durch Aluminiumtoxizität oder Mangel an basischen Kationen von sauren Standorten ausgeschlossen werden, son-

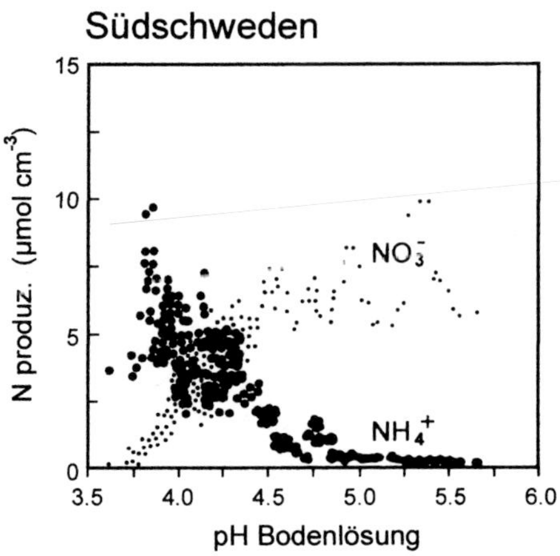

Abb. 4–66 Nachlieferung von Nitrat in inkubierten Bodenproben aus dem Oberboden (0–5 cm) südschwedischer Laubwälder in Abhängigkeit vom pH-Wert der Bodenlösung. Zwischen pH 4,5 und 4,0 nimmt die Nitrifikation rasch ab, während die nachgelieferte Ammoniummenge ansteigt. Nach Falkengren-Grerup et al. (1995 b).

dern durch **H^+-Toxizität**. Das Wachstum dieser Arten stieg linear mit einer pH-Zunahme von 3,3 auf 5,2 an. Al^{3+}-Toxizität wirkt bei diesen Arten offenbar nur verstärkend. Selbst bei der ausgesprochen calcifugen Art *Deschampsia flexuosa* ließ sich eine Wachstumsreduktion feststellen, wenn der pH-Wert von 3,7 auf 3,3 gesenkt wurde. Das calcicole Waldbodengras *Bromus benekenii* wird nach Falkengren-Grerup et al. (1995a) auf sauren Böden gleichermaßen durch Al^{3+}, H^+ und das Fehlen von Nitrat behindert.

Mangantoxizität dürfte für Waldbodenpflanzen nur sehr lokal von Bedeutung sein (Tyler & Falkengren-Grerup 1998). Edwards & Asher (1982) berichten allerdings über Mn-Schäden an Gräsern bei Konzentrationen von 100–400 µM. Gräser saurer Böden waren im Allgemeinen toleranter gegenüber Mangan als Gräser basenreicher Böden (Mahmoud 1973). Nach Nährlösungsversuchen von Martin (1968) sind calcicole Waldbodenpflanzen wie *Mercurialis perennis* und *Brachypodium sylvaticum* außerdem empfindlicher gegenüber **Eisentoxizität** als calcifuge (z. B. *Deschampsia cespitosa*).

c) Unterhalb von pH 4,5 werden nicht nur reaktive Aluminiumionen verstärkt freigesetzt, sondern Mineralstickstoff liegt vornehmlich als NH_4^+ vor und nicht als NO_3^-, wie es bei geringerer Bodenazidität der Fall ist (s. Abb. 4–66). Bereits Bogner (1968) zog calcicole, indifferente und calcifuge Waldbodenpflanzen in Topfkulturen an und untersuchte deren **Präferenz für Ammonium, Nitrat oder N-Mischernährung** bei unterschiedlichem pH-Wert. Er fand, dass alle von ihm geprüften zwölf Arten in Reinkultur bei Mischernährung am besten gediehen (s. Abb. 4–67). *Mercurialis perennis*, *Campanula trachelium* und *Carex alba* können NH_4^+ nur bei neutraler bis alkalischer Bodenreaktion verwerten, während sie mit NO_3^--unabhängig vom pH-Wert gleich gut gedeihen. Sie meiden in der Natur stark saure Böden, in denen vorwiegend NH_4^+ angeboten wird. *Galium odoratum*, *Festuca gigantea* und *Milium effusum* verhalten sich bei reinem NO_3^--Angebot sowie bei gemischter Ernährung ähnlich, können NH_4^+ aber auch bei saurer Reaktion verwerten. Sie haben ihr natürliches Schwergewicht auf mittleren Böden, zumal sie von stark sauren wie alkalischen durch Konkurrenten verdrängt werden (s. Abb. 4–67, rechte Spalte). *Calluna vulgaris* und *Vaccinium myrtillus* wachsen ähnlich gut bei Mischernährung und reiner NH_4^+-Ernährung: Sie können NO_3^- kaum oder gar nicht verwerten, zumindest nicht bei alkalischer Reaktion. *Calamagrostis villosa* nimmt allerdings bei gemischtem Angebot bevorzugt NH_4^+ auf (Koppisch 1994). *Luzula luzuloides*, *Holcus mollis*, *Nardus stricta* und auch *Deschampsia flexuosa* wachsen am besten bei Mischernährung, aber auch noch gut bei alleinigem NH_4^+- oder NO_3^--Angebot. So lässt sich auch der gute Säurezeiger *Deschampsia* problemlos mit Nitrat kultivieren (Högbom & Högberg 1991).

Experimente von Falkengren-Grerup & Lakkenborg-Kristensen (1994) und Falkengren-Grerup (1995a) in Nährlösungs-Fließkulturen mit naturnahen N-Konzentrationen von 1–400 µM N bestätigten diese Befunde im Prinzip: Säuretolerante Arten wuchsen mit reiner NH_4^+-Ernährung nicht besser als mit Mischernährung. Einige Arten der weniger sauren Standorte, so z. B. *Aegopodium podagraria*, *Brachypodium sylvaticum*, *Geum urbanum* und *Mycelis muralis* zeigen dagegen eine Präferenz für Nitrat gegenüber N-Mischernährung (Rode 1988, Falkengren-Grerup & Lakkenborg-Kristensen 1994). Dieses Ergebnis wird auch durch Messungen zur potenziellen Nitrifikation in der Rhizosphäre verschiedener Waldbodenpflanzen gestützt, die bei säuretoleranten Arten vergleichsweise gering ist (Olsson &

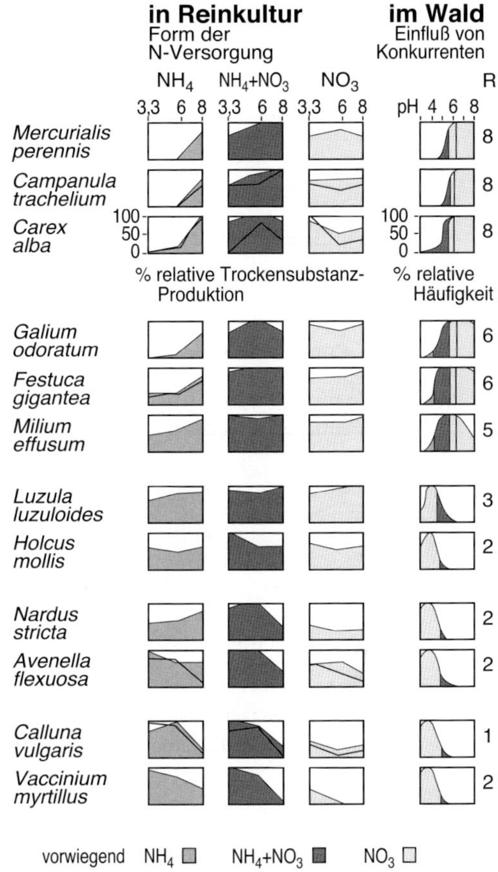

Abb. 4–67 Verhalten einiger Pflanzenarten in Topfkultur bei Versorgung mit gleichen Stickstoffmengen in Form von Ammonium (NH_4), Nitrat (NO_3) oder NH_4 und NO_3 (gemischt) jeweils bei verschiedenem Säuregrad des Bodens, verglichen mit dem Verhalten dieser Arten im natürlichen Wettbewerb am Waldboden. Teilweise nach Angaben von Bogner (1968) aus Ellenberg (1968), verändert. Rechte Kolonne R-Zahl nach Ellenberg et al. (1992).
Bei den Reinkulturen dient die Trockensubstanz-Produktion als Maß für das Gedeihen, und zwar jeweils in % der maximalen Produktion der betr. Spezies. (Die Doppellinie bezieht sich auf eine zweite Versuchsreihe.) Im Wald ist die Stetigkeit (in %) als Relativmaß benutzt. Alle Arten gedeihen in Reinkultur bei gemischter N-Ernährung am besten. Bingelkraut, Nesselblättrige Glockenblume und Weiße Segge können NH_4 nur bei neutraler bis alkalischer Bodenreaktion verwerten, während sie mit NO_3 unabhängig vom pH-Wert gleich gut gedeihen. Sie meiden in der Natur stark saure Böden, in denen vorwiegend NH_4 angeboten wird. Waldmeister, Riesenschwingel und Flatterhirse verhalten sich bei reinem NO_3-Angebot sowie bei gemischter Ernährung ähnlich, können NH_4 aber auch bei saurer Reaktion verwerten. Sie haben ihr natürliches Schwergewicht auf mittleren Böden, zumal sie von stark sauren wie alkalischen durch Konkurrenten verdrängt werden. Besenheide und Heidelbeere verhalten sich umgekehrt wie die erste Gruppe. Sie können nach diesen Sandkulturversuchen NO_3 kaum oder gar nicht verwerten, zumindest nicht bei alkalischer Reaktion. Hainsimse und Weiches Honiggras sowie Borstgras und Drahtschmiele vermitteln schrittweise zwischen der Waldmeister- und der Besenheide-Gruppe.

Falkengren-Grerup 2000). Es gibt also **nur wenige Belege für echte „Ammonium-Pflanzen"** unter den Waldbodenpflanzen, darunter wahrscheinlich *Calamagrostis villosa*. Dies könnte eine physiologische Erklärung für die relative Artenarmut der calcifugen Pflanzen in unserer Flora sein.

Unter den häufigen Bodenpflanzen insbesondere der Fichtenwälder können mehrere Arten wie die Heidelbeere (*Vaccinium myrtillus*) nicht nur Ammonium und Nitrat als Stickstoffquelle nutzen, sondern auch organische N-Verbindungen wie Aminosäuren oder Peptide (Näsholm et al. 1998). Generell ist die Fähigkeit, organischen Stickstoff aufnehmen zu können, bei Pflanzen borealer und arktischer Ökosysteme weiter verbreitet als in stärker wärmegebundenen.

d) Das kausale Verständnis der Zusammensetzung der Waldbodengemeinschaften wird dadurch erschwert, dass sich die Ergebnisse physiologischer Experimente in der Regel nicht einfach auf den natürlichen Standort übertragen lassen, weil Konkurrenz und andere biotische Interaktionen die Pflanze-Umwelt-Beziehung verändern. Das gilt auch für die **Beziehung der Krautschichtpflanzen zur Bodenazidität**. *Carex alba* ist ein guter „Kalkzeiger" und erweist sich auch in Reinkultur bei abgestuften pH-Werten und sonst günstigen Bedingungen als basiphil (Sebald 1956; s. Abb. 4–68). *Mercurialis perennis* könnte bei niedrigeren pH-Werten leben, als diejenigen, die tatsächlich an ihren natürlichen Standorten vorherrschen. Ihr Optimalbereich wird ihr aber von keinem Konkurrenten streitig gemacht. Das ist dagegen bei *Carex pilosa* bereits der Fall, und mehr noch bei manchen ausgesprochenen „Säurezeigern", z. B. bei *Deschampsia flexuosa* (s. Abb. 4–68 u. 4–67). Auch beim Weichen Honiggras (*Holcus mollis*) ist das Verhalten gegenüber der Boden-

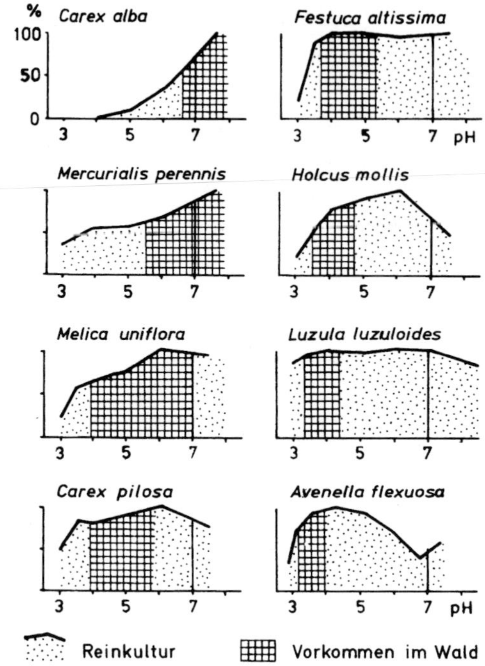

Abb. 4–68 Verhalten einiger Pflanzenarten gegenüber dem Bodensäuregrad in Reinkultur und unter dem natürlichen Konkurrenzdurck in der Krautschicht südwestmitteleuropäischer Buchenwälder.
Physiologische Amplitude (dicke Kurven und punktierter Bereich) nach Sebald (1956), ökologische Amplitude in südwestdeutschen und schweizerischen Buchenwäldern (kreuzschraffierter Bereich) nach eigenen Messungen.

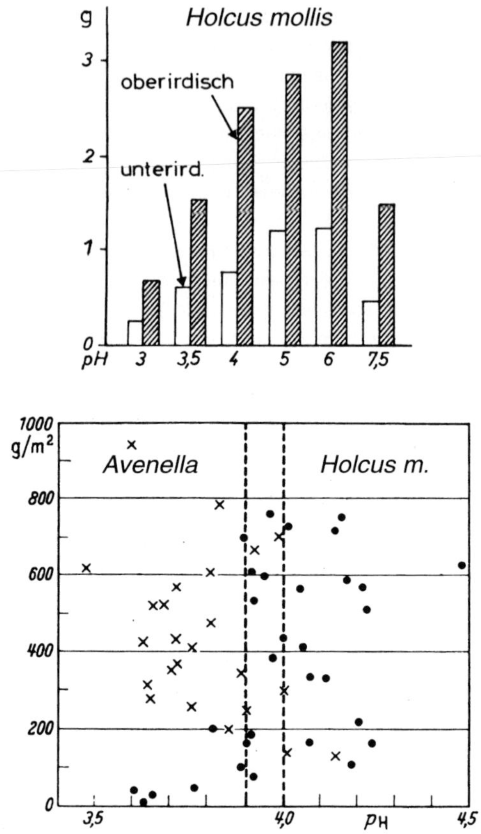

Abb. 4–69 Oben: Das physiologische pH-Optimum von *Holcus mollis* liegt bei etwa 6, gemessen am Trockengewicht der oberirdischen wie der unterirdischen Organe je Gefäß. Nach Versuchen von Sebald (1956). In der Natur wird das Honiggras von Böden mit pH-Werten über 4,5 durch zahlreiche Arten verdrängt (siehe unten).
Unten: Konkurrenzbedingte pH-Grenze zwischen Drahtschmiele und Weichem Honiggras in einem bodensauren Eichenwald in England. Nach Angaben von Jowett & Scurfield (1952) aus Ellenberg (1958).
Die Ertragsleistung (in Frischgewicht pro m^2 Bodenfläche) von *Holcus mollis* ist unterhalb von pH 3,9 so gering, dass *Avenella (Deschampsia) flexuosa* nicht behindert wird. Oberhalb von pH 4,0 wird dieses schmalblättrige Gras von dem breitblättrigen Honiggras unterdrückt, obwohl sein physiologisches Optimum ebenfalls noch höher liegt.

azidität im Freiland vor allem durch Konkurrenz bestimmt (s. Abb. 4–69); dessen physiologische Amplitude ist wesentlich breiter.

Luzula luzuloides hat in Bezug auf den pH-Wert des Bodens in Reinkultur eine außerordentlich weite Amplitude, ist also potenziell bodenvag. In Wäldern findet man sie jedoch fast immer auf recht sauren Böden, und nur ganz ausnahmsweise einmal auf Kalkunterlage. Man darf sie also zwar als Säurezeiger gebrauchen, nicht jedoch als säureliebend bezeichnen; sie ist acidotolerant, nicht acidophil. Außer dem Säuregrad des Bodens spielt, wie wir sahen, bei vielen Gefäßpflanzen auch die Form des Stickstoffangebotes eine Rolle (s. a. Runge 1983).

Ähnlich wie die Gefäßpflanzen verhalten sich auch Moose (s. Abb. 4–70). Nach Angaben von Philippi (1966) wachsen z. B. folgende, als starke Säure- oder Rohhumuszeiger bekannten Moose ohne Konkurrenten in weiten pH-Wert-Spannen:

Calypogeia neesiana	pH 3,4–6,9
Nowellia curvifolia	pH 4,0–6,6
Scapania umbrosa	pH 4,2–7,3

Moosarten, die man in der Natur auf mehr oder minder kalkreiche Böden beschränkt fin-

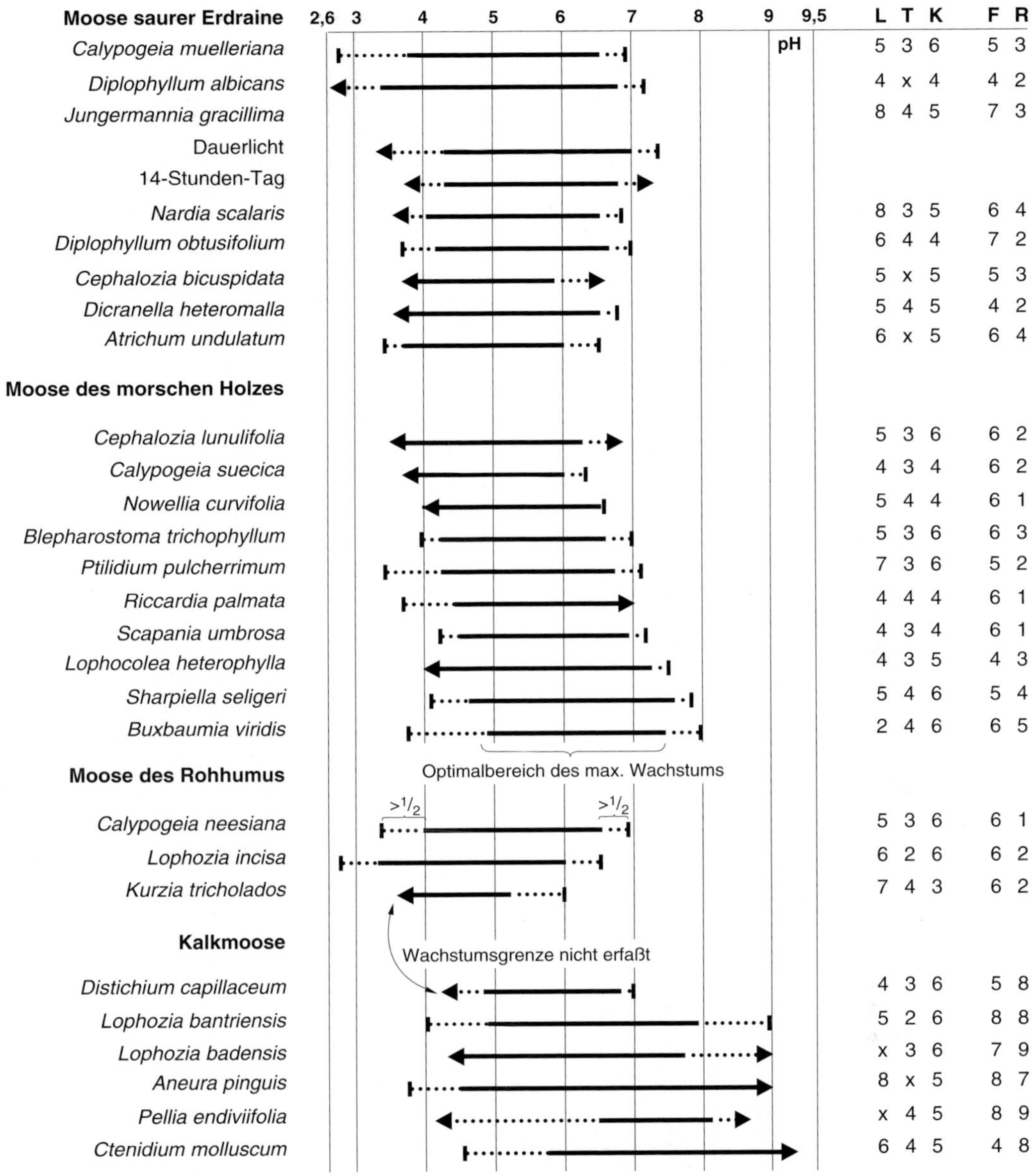

Abb. 4–70 Ähnlich wie die meisten Blütenpflanzenarten vermögen auch viele Moosarten innerhalb einer sehr weiten pH-Spanne zu gedeihen. Nach Philippi (1966), etwas verändert; ökologische Zeigerwerte nach Düll (in Ellenberg et al. 1992).
Sowohl bei den in der Natur auf sauren Substraten vorkommenden Moosen als auch bei den Kalkmoosen umfasst der physiologische Optimalbereich mehrere pH-Einheiten und – von wenigen Ausnahmen abgesehen – zumindest die Spanne von pH 4,5 bis 6,5. Der Bereich, in dem die Wachstumsrate immerhin noch mehr als die Hälfte der maximalen beträgt, überschreitet oft vier pH-Einheiten. Dies gilt aber nur für das physiologische Verhalten (in Einzel- oder Reinkultur). Die ökologische pH-Spanne (unter Einfluss zahlreicher Konkurrenten in der Natur) ist bedeutend enger.
Die im Hainsimsen-Buchenwald vorkommenden Moose auf morschem Holz, Auflagehumus oder saurer, von Laubstreu entblößter Erde verhalten sich ohne und mit Konkurrenten ähnlich wie die Hainsimse selbst (*Luzula luzuloides*, s. Abb. 4–68).

det, haben ähnlich weite physiologische Toleranzen, deren Untergrenze um nur Weniges zu höheren pH-Werten hin verschoben erscheint, während ihre Obergrenze oberhalb von pH 8 liegt, beispielsweise:

Lophozia bantriensis	pH 4,0–8,9
Lophozia badensis	pH 4,4–9,0
Ctenidium molluscum	pH 4,5–9,2
Pellia endiviifolia	pH 4,2–8,4

e) **Nährstoffmangel**, insbesondere N-Mangel, limitiert wahrscheinlich in vielen mitteleuropäischen Wäldern das Wachstum der Krautschichtpflanzen. Auf armen Böden sind dementsprechend die Nährstoff- und Aschegehalte in Waldbodenkräutern niedrig, wie Bennert (1980) in bodensauren Buchenwäldern feststellte. Alle daraufhin von Falkengren-Grerup (1995a) untersuchten Waldbodenpflanzen wurden durch erhöhte Stickstoffkonzentrationen in der Lösung im Bereich von 1–200 µM N im Wachstum gefördert, besonders stark die Gräser. Die Bedeutung der Nährstoffversorgung für das Wachstum von Waldbodenpflanzen wird auch durch die geringen Wachstumsraten auf Sandboden im Vergleich zu Lehmboden in den Experimenten von Eber (1972) deutlich (s. Abb. 4–71). Je ärmer der Boden, umso stärker wirkt naturgemäß eine Düngung am Waldboden (Blackman & Rutter 1947, Packham 1983). Die Düngungswirkung ist außerdem umso stärker, je lichtbedürftiger die Pflanzen sind. Bei starker Beschattung (etwa 5 % Lichtgenuss oder weniger) erzielt der Dünger dagegen keine Wirkung mehr (Coomes & Grubb 2000, Elemans 2004).

Bei hohem Strahlungsgenuss im Frühjahr erreichen die jungen Blätter der Waldbodenpflanzen sehr hohe N-Gehalte, beispielsweise

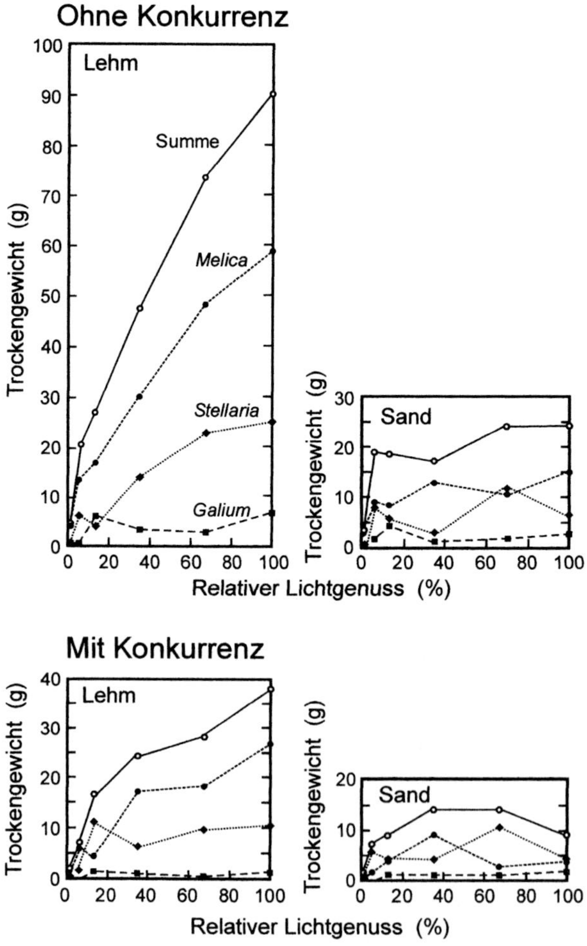

Abb. 4–71 Trockensubstanz-Produktion von *Melica uniflora, Stellaria holostea* und *Galium odoratum* in Einzelkultur (ohne Konkurrenz) und in dichter Pflanzung (mit Konkurrenz) auf nährstoffreichem Lehm (linke Spalte) und relativ armem Sand (rechte Spalte) in Abhängigkeit vom relativen Lichtgenuss. Die Summe der Trockensubstanz aller drei Arten ist ebenfalls angegeben (ausgezogene Linie). Alle drei Arten werden durch Licht gefördert, am stärksten *Melica uniflora*. Die Nährstoffversorgung hat oberhalb von etwa 10 % Lichtgenuss starken Einfluss auf den Ertrag schattenfester Arten, fördert die Arten jedoch unterschiedlich stark. Alle Arten werden durch intra- und interspezifische Konkurrenz stark in ihrer Produktivität eingeschränkt, allerdings erst, wenn sie mehr als etwa 10 % Lichtgenuss erhalten. Nach Eber (1972), verändert.

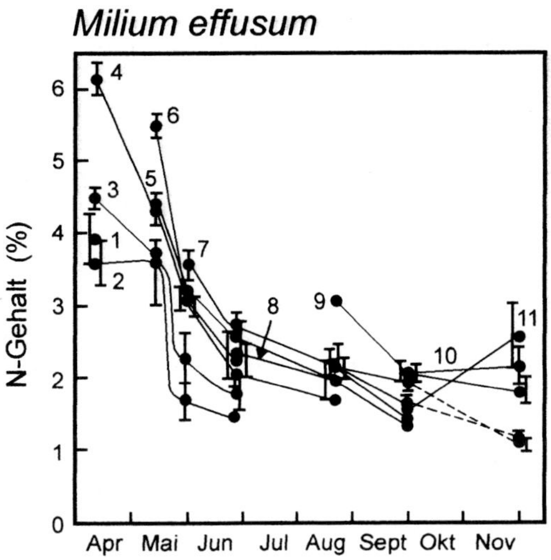

Abb. 4–72 Saisonales Fortschreiten der Stickstoff-Rückverlagerung aus elf Blattkohorten von *Milium effusum* im Verlauf der Vegetationsperiode in einem südschwedischen Laubwald. Nach Jonasson & Widerberg (1988), etwas verändert.

bis mehr als 6% der Trockenmasse bei *Milium effusum*. Diese Werte gehören zu den höchsten im Pflanzenreich auftretenden Nährstoffgehalten (Jonasson & Widerberg 1988). Viele Krautschichtpflanzen des Waldbodens gehen andererseits sehr ökonomisch mit dem Stickstoff um: Nach dem Kronenschluss der Bäume, wenn Lichtmangel die Photosynthese stark limitiert, wird der Stickstoff dann rasch aus den Blättern in die unterirdischen Speicherorgane verlagert (Eggert 1985, Jonasson & Widerberg 1988; s. Abb. 4–72).

4.5.2.7 Bedeutung des Streufalls und anderer Störungen

a) Der herbstliche **Streufall** der Laubbäume deckt die Pflanzen der Kraut- und Moosschicht alljährlich mit einer Decke von Blattstreu zu, die unterschiedlich rasch zersetzt wird. Insbesondere in den bodensauren Wäldern dauert der Abbau mehrere Jahre. Tatsächlich sind Menge und Qualität der Streu wichtige Faktoren, die die Zusammensetzung der Kraut- und Moosschicht beeinflussen (Ahlgren & Ahlgren 1981, Beatty & Sholes 1988, Facelli & Pickett 1991, Xiong & Nilsson 1999). Manche höheren Pflanzen wie z. B. *Ranunculus ficaria* und *Poa trivialis* können diesem Lichtentzug nicht standhalten; sie sind auf Standorte mit schnellem Streuabbau oder gestörte Plätze angewiesen. Im Allgemeinen nehmen deshalb Biomasse und auch Artenzahl der Krautschicht mit der Dicke der Streuschicht ab (Sydes & Grime 1981a, Okland 1988, Graae & Heskjaer 1997, Xiong & Nilsson 1999). Schmid & Leuschner (1998) erklären das vollständige Fehlen einer Krautschicht in manchen Gipsbuchenwäldern des Kyffhäuser in Thüringen mit dem Vorhandensein einer mehr als 20 cm mächtigen Auflage, die nur sehr langsam zersetzt wird. Betroffen ist auch die Baumverjüngung.

Obwohl viele Waldbodenmoose sehr schattentolerant sind (Sulyma & Coxson 2001), werden auch sie durch Laubfall stark behindert. Zusätzlich können phenolische Substanzen aus der Streu die Moose schädigen, so *Ptilium crista-castrensis* durch Pappelblatt-Extrakte (Startsev et al. 2008). Gestörte Wälder sind daher nach Jonsson & Esseen (1998) im Allgemeinen reicher an Moosarten als ungestörte. In bodensauren Wäldern mit mächtiger Humusauflage können viele Moosarten nur an Sonderstandorten gedeihen, so auf Totholz, Baumstümpfen, Felsen und auf durch Störung freigelegtem Mineralboden.

Viele Baumsämlinge und manche Kräuter sind jedoch in der Lage, mit widerstandsfähigen Trieben durch die Streuschicht zu stoßen, wenn sie nicht zu mächtig ist. Dazu gehören *Lamium galeobdolon*, *Oxalis acetosella* und *Anemone nemorosa*. Diese Arten erlangen sogar einen Konkurrenzvorteil, wenn gutwüchsige Gräser durch eine dauerhafte Streuschicht unterdrückt werden (Sydes & Grime 1981a, b, Packham et al. 1992, Eriksson 1995). Einige Waldbodenpflanzen sind vermutlich sogar an die Existenz einer Streuauflage gebunden, weil diese Wasser speichert und deren oberflächennahes Wurzelsystem vor Austrocknung schützt (s. Kap. 4.3.2 c). Hierzu gehören *Festuca altissima* und besonders die meisten Farne, deren Prothallien im relativ feuchten Moder gut gedeihen (s. Kap. 5.4.3 u. 5.4.4). Ebenso erzeugt *Lamium galeobdolon* eine größere Biomasse, wenn eine Laubstreuauflage vorhanden ist (Al-Mufti 1978, zit. in Packham 1983, und Sydes & Grime 1981a). Sämlinge von *Quercus petraea* gedeihen im Schutz einer Streuauflage besser, weil sie vor dem Fraß von Nagern geschützt sind (Jarvis 1964). *Maianthemum bifolium* war in Südschweden häufiger, wenn der Oberboden mehr organische Substanz enthielt (Falkengren-Grerup 1990). Ähnliches gilt für *Mercurialis perennis* (Packham et al. 1992). Einige Moosarten profitieren von der Streuschicht, weil aus dieser lösliche Kohlenhydrate freigesetzt werden und als zusätzliche C-Quelle dienen (Gupta 1977).

Rohhumuszeiger sind Pflanzen, die an die sauren und nährstoffarmen Bedingungen mächtiger Humusdecken angepasst sind (vgl. Kopp 1986). Oft besitzen sie eine ericoide Mykorrhiza (wie die *Vaccinium*-Arten), die auch organische N-Verbindungen aufnehmen kann. Durch ihre nährstoffarme und schwer zersetzbare Streu fördern diese Pflanzen gleichzeitig die Rohhumusbildung.

b) Die Waldbodenkrautschicht wird immer wieder durch zahlreiche klein- oder großräumige **mechanische Störungen** beeinflusst. Hierzu gehören die Aktivitäten von Wildschweinen, wühlenden Nagern und auch Regenwürmern, sowie Windwurf und die Auswirkungen von waldbaulichen Eingriffen. Im Tilio-Carpinetum des Białowieża-Urwaldes sind in manchen Jahren 12–15% der Bodenoberfläche infolge von Windwurf vegetationsfrei, und bis zu 30% werden durch Wildschweine beeinflusst (Falinski 1976, 1986; s. Abb. 5–35). Die Folge ist ein Mosaik von bodenchemischen und topografischen Kleinststandorten mit unterschiedlichen Keimungs- und Wuchsbedingungen für die Waldbodenflora. Von Störstellen mit fehlender Streuauflage profitieren vor allem Lichtkeimer und Arten, die auf feuchten Mineralboden angewiesen sind (z. B. *Carex remota* und *Moehringia trinervia*). Begünstigt werden auch Waldbodenpflanzen mit schnellwüchsigen Sämlingen wie *Impatiens noli-tangere*, die ohne Konkurrenz weit besser gedeihen (Jensch 2004). Gerade auf Wurfböden fand Falinski (1986) deshalb hohe Dichten des Springkrautes. In einem anderen polnischen Tilio-Carpinetum waren dagegen 80–90% der Krautschichtindividuen vegetativen Ursprungs, weil weniger Störungen auftraten und deshalb geeignete Keimungsstellen fehlten (Piroznikow 1998). Auch manche Frühlingsgeophyten tolerieren Störungen erstaunlich gut, indem sie durch Rhizomfragmentierung oder Bildung von Tochterzwiebeln in gestörte Plätze einwandern. Manche luftfeuchtesensible Art keimt dagegen in einer intakten Krautschicht besser als in einer gestörten, weil diese Schutz vor Austrocknung bietet.

Störungen können zu einer Erhöhung der Artenvielfalt am Waldboden führen, wenn zusätzliche Regenerationsnischen für Lichtungs- und Offenlandpflanzen geschaffen werden und Samen aus tieferen Bodenschichten an die Oberfläche geraten. Dies würde der „intermediate disturbance hypothesis" entsprechen. Im Tilio-Carpinetum des Białowieża-Waldes stellte Falinski (1986) jedoch fest, dass intensives und wiederholtes Wühlen durch Wildschweine die Krautschichtflora verarmen lässt, weil die Sämlinge das adulte Stadium nicht erreichen und die Wiederbesiedlung der Störstellen nur sehr langsam erfolgt. Die negativen Folgen der Störungen überwogen also in diesem Fall. Das gilt auch für die Verjüngung von Eichen und Buchen, beispielsweise in niederländischen Wäldern (Groot Bruinderink & Hazebroek 1996).

Zäunungsversuche belegen den erheblichen Einfluss, den **Verbiss** durch Waldtiere, vor allem durch Reh- und Rotwild, auf die Krautschichtvegetation ausübt. Bestimmte Arten werden bevorzugt geschädigt und andere niemals oder selten angerührt (s. Klötzli 1965, Wolf 1988).

Die in den vergangenen Jahrhunderten weit verbreitete **Waldweide** hat nicht nur die Baumverjüngung beeinträchtigt, sondern zweifellos auch die Krautschicht-Zusammensetzung beeinflusst. Brunet (1992) fand in von Rindern beweideten Eichenwäldern eine deutliche Verringerung der Krautschichtdeckung und eine Abnahme typischer Waldarten wie *Mercurialis perennis*, *Lathyrus vernus* und *Bromus benekenii*, während Arten mit ruderalem Verhalten und dauerhafter Diasporenbank wie *Geranium robertianum* und *Moehringia trinervia* zunahmen. Störungen der Krautschichtvegetation durch **Tritt** entlang von Waldwegen untersuchten z. B. Falinski (1986), Godefroid & Koedam (2004) und Amrein (2005).

4.5.2.8 Bedeutung der Waldgeschichte

Ein erheblicher Teil der heutigen Wälder Mitteleuropas wurde im Mittelalter als Acker genutzt und ist deshalb recht jungen Entstehungsdatums, in Deutschland beispielsweise etwa 23% der Waldfläche (Glaser & Hauke 2004). Auch bei den übrigen älteren Waldbeständen muss man zudem annehmen, dass viele infolge Waldweide und Holznutzung im Mittelalter lichter waren als heute.

Vergleichende Untersuchungen an Waldstandorten mit unterschiedlich langer Kontinuität lassen erkennen, dass die Artenzusammensetzung und Diversität der Krautschichtvegetation auch von der Waldgeschichte beeinflusst wird, und zwar unabhängig von edaphischen und klimatischen Faktoren. **Historisch alte Wälder**, also Waldstandorte mit mehr als 250 oder 300 Jahren Kontinuität, beherbergen häufig Krautschichtpflanzen, die „rezenten Wäldern", d.h. Acker- oder Wiesenaufforstungen aus jüngerer Zeit, fehlen (z.B. Peterken & Game 1984, Hermy et al. 1993, Brunet 1994, Hermy 1994, Koerner et al. 1997, Lawesson et al. 1998, Graae 2000, Wulf 2003a, Wulf 2004, vgl. aber Schneider & Poschlod 1999 u. Kühn 2000). In Südschweden sind deshalb Wälder mit langer Kontinuität artenreicher als jüngere (Brunet et al. 1993). Manche Arten können sogar als Zeiger historisch alter Wälder gelten, weil sie ihnen weitgehend treu sind (Rackham 1980, Wulf 1997, Honnay et al. 1998, Rose 1999, Wulf 2003b). Nach Wulf (2003a) sind beispielsweise in Nordwest-Brandenburg 36 Krautschichtarten signifikant mit alten Waldstandorten assoziiert, darunter *Anemone nemorosa*, *Brachypodium sylvaticum*, *Carex sylvatica*, *Galium odoratum*, *Lamium galeobdolon*, *Luzula pilosa*, *Maianthemum bifolium*, *Melica uniflora*, *Mercurialis perennis*, *Milium effusum*, *Oxalis acetosella*, *Paris quadrifolia*, *Ranunculus auricomus*, *Stachys sylvatica* und *Viola reichenbachiana*. Für Südschweden nennen Brunet et al. (1993) *Actaea spicata*, *Bromus benekenii* und *B. ramosus*, *Festuca altissima*, *Hedera helix*, *Hordelymus europaeus* und *Veronica montana*. Der Bindungsgrad dieser Arten an alte Waldstandorte ist also regional unterschiedlich (Schneider & Poschlod 1999).

Unter den Faktoren, die anscheinend zur Bindung bestimmter Krautschichtpflanzen an historisch alte Wälder führen, spielt wahrscheinlich die **begrenzte Fernausbreitung** vieler Arten eine wichtige Rolle. Tatsächlich sind am Waldboden Arten mit ausschließlichen Nahausbreitungs-Mechanismen in der Überzahl (Müller-Schneider 1977, Matlack 1994, Bonn & Poschlod 1998). So breiten sich viele „echte" Waldarten mit ihren Samen oder auf klonalem Wege nur wenige cm oder dm pro Jahr aus (s. Kap. 4.6.2 b). Für jüngere Waldstandorte sind dagegen Arten mit effizienterer Fernausbreitung besonders kennzeichnend; diese stammen vom Waldrand oder aus dem Offenland (Wulf 2003b). Diversitätsvergleiche von verschieden alten Waldstandorten müssen daher auch den Isolationsgrad der Waldstücke berücksichtigen.

Die floristischen Unterschiede zwischen historisch alten und rezenten Wäldern sind sicher zum Teil auch auf standörtliche Gegensätze zurückzuführen. Das deuten die Ergebnisse von Koerner et al. (1997), Honnay et al. (1998) und Dzwonko (2001) an, nach denen in historisch alten Wäldern schatten- und säuretolerante Arten sowie Magerkeitszeiger häufiger auftreten als in rezenten. Alte Waldstandorte besitzen in der Regel höhere Kohlenstoff- und Humusvorräte und abweichende bodenchemische Eigenschaften im Vergleich zu Wäldern auf ehemaligen Ackerböden (vgl. Kühn 2000). Manche Altwälder dürften zudem ein geschlosseneres Kronendach besitzen als die Neuwälder. Schließlich spielt zweifelsohne die Nutzungsgeschichte und damit das Störungsregime eine entscheidende Rolle für die Artenzusammensetzung der Krautschicht.

4.5.2.9 Konkurrenz

Trenching-Experimente, also das Ausschließen von Wurzeln der Nachbarschaft durch das Ziehen von Gräben, haben gezeigt, dass am Waldboden häufig intensive **Wurzelkonkurrenz** zwischen den Bäumen, dem Baumjungwuchs und den Krautschichtpflanzen herrscht (Karpov und Dylis & Utkin in Walter & Breckle 1983, Coomes & Grubb 2000). Insbesondere an nährstoffarmen sowie trockenen Standorten wird die Zusammensetzung der Waldboden-Krautschicht und deren Produktivität in starkem Maße von der Konkurrenz beeinflusst. Trenching führte in einem krautschichtfreien Buchenwald in Tschechien zur spontanen Einwanderung von *Galium odoratum*, das bereits nach 2 Jahren eine Deckung von 80% erreichte (Slavikova 1958). Walter & Breckle (1983) nehmen an, dass die Wurzeln der Altbäume den Wurzeln der Kräuter und Gräser in der Konkurrenz überlegen sind. In Übereinstimmung hiermit zeigten Wurzelmassen-Erhebungen von Meinen et al. (2009) in Wäldern mit vorhandener oder fehlender Krautschicht, dass ein dichtes Krautwurzelgeflecht die Baumwurzelmasse nicht reduziert.

Ein dichter Wurzelfilz von Krautschichtpflanzen kann dagegen die Verjüngung der

Bäume stark beeinträchtigen. Das belegen zahlreiche Untersuchungen in Buchen- und Kiefernwäldern, Auenwäldern und anderen Waldgesellschaften (z. B. Burschel & Schmaltz 1965, Dohrenbusch 1997, Schulze & Eichhorn 2000, Kühne 2004). Eine Ursache ist Konkurrenz um Wasser; Buchen beispielsweise können in Gegenden mit kontinentalerem Klima den Oberboden regelrecht austrocknen, sodass Krautschichtpflanzen vertrocknen (Slavikova 1958).

Ob die Wurzelkonkurrenz am Waldboden bei guter oder bei schlechter Wasserverfügbarkeit intensiver ist, hängt wahrscheinlich vom Lichtregime und anderen Standortfaktoren ab. Burschel & Schmaltz (1965), Slavikova (1958) und Davis et al. (1998) fanden Hinweise dafür, dass die Konkurrenz bei Wassermangel besonders intensiv ist. In den Experimenten von Eber (1972) reduzierte dagegen Wassermangel die Pflanzendichte so stark, dass bei Trockenheit offenbar überhaupt keine Konkurrenz mehr stattfand. Coomes & Grubb (2000) vermuten, dass Wurzelkonkurrenz vor allem in stark schattenden Wäldern bedeutsam ist. In Nadelwäldern konkurrieren die Krautschichtarten mit den Bäumen auch um Stickstoff, wie Blattnährstoffanalysen im Zuge von Trenching-Experimenten zeigten (Walter & Breckle 1983).

Lichtkonkurrenz dürfte am Waldboden ebenfalls eine wichtige Rolle spielen. Das gilt vor allem für Krautschicht-Sämlinge, die am Boden oft jahrelang auf eine Lücke in den Krautschichtherden warten. Bärlauch-Sämlinge durchleben eine mehr als 6-jährige Juvenilphase, bevor sie zur Blüte kommen (Eggert 1985). Das könnte eine Anpassung an intensive Konkurrenz um Licht sein. Nachdem die Krautschicht entfernt wurde, maß Czarnecka (1998) eine dreimal höhere Dichte an Baumsämlingen und ausdauernden Kräutern als in intakten Herden; zudem kamen die Kräuter und Gräser schneller zur Blüte und Fruchtreife. *Carex digitata* beispielsweise blüht und fruchtet in der ungestörten Krautschicht in der Regel erst im 4. Lebensjahr, an gestörten Plätzen dagegen bereits nach 1 bis 2 Jahren (Laska 1998).

Wie Lindquist (1931) vermutete, stören üppige Herden von *Allium ursinum* die Entwicklung anderer Pflanzenarten teils durch ihren dichten Blattschluss, teils aber auch dadurch, dass ihre Stängel und Blätter mitten in der Vegetationsperiode plötzlich zusammensinken. Dabei spielt nach den Versuchen von Ernst (1979) Allelopathie nicht die Rolle, die ihr durch Lange & Kanzow (1965) zugeschrieben wurde.

4.5.3 Ökologische Gruppierung der Bodenpflanzen in mitteleuropäischen Laubwäldern

Das unter dem Druck zahlreicher Wettbewerber in der Pflanzendecke zustande gekommene Verbreitungsmuster, das ökologische Verhalten bzw. die realisierte Nische der Pflanzen, ist heute für die Waldbodenpflanzen, aber auch für die meisten übrigen Arten der mitteleuropäischen Flora recht gut bekannt. Kapitel 27 enthält die Zeigerwerte der Gefäßpflanzenarten, Moos- und Flechtenarten Mitteleuropas. Überfliegt man dieses Verzeichnis, so erkennt man, dass kaum eine Art einer anderen in ihrem ökologischen Verhalten vollkommen gleicht. Immerhin entdeckt man aber Pflanzen mit ähnlichem Verhalten. Diese kann man zu ökologischen Gruppen zusammenfassen, d. h. zu Gruppen von Arten mit ähnlichen Kurzformeln, oder doch ähnlichen Zeigerwerten für als wichtig erachtete Standortfaktoren.

In Kapitel 4.5.2.2 wurden bereits Waldbodenpflanzen nach ihrem lichtgesteuerten Entwicklungsrhythmus zu ökologischen Gruppen zusammengefasst. In Tabelle 4–14 sind die Bodenpflanzen mitteleuropäischer Laubwälder vorwiegend nach der Bodenfeuchte und der Bodenreaktion in ökologische Gruppen eingeteilt worden. Enthalten sind nicht nur Gefäßpflanzen, sondern auch zahlreiche Moose und einige Flechten, die auf dem Boden, auf Holzresten oder Steinen, z. T. aber auch epiphytisch auf Wurzelhälsen und Ästen wachsen. Aus dieser Tabelle könnte man schließen, dass die meisten krautigen Pflanzen präzisere und stärker eingeengte Ansprüche an die Qualität ihrer Standorte stellen als die holzigen. Das ist jedoch keineswegs der Fall. Ohne Wettbewerber würden viele der in der Tabelle genannten Arten an fast allen Waldstandorten (und sogar an zahlreichen Standorten außerhalb der Wälder) leben können, wenn auch mit unterschiedlicher Vitalität. Nicht nur die Trockenheitszeiger, sondern auch fast alle übrigen Gruppen haben ihre physiologischen Optima bei mittleren Feuchtigkeits-, Säure- und Nährstoff-Bedingungen, ähnlich wie dies für die Waldbäume in Abbildung 4–44 dargestellt wurde. Das Ökogramm in Ab-

Abb. 4–73 Ungefährer Feuchtigkeits- und Säurebereich der ökologischen Gruppen von krautigen Pflanzen, Moosen und Flechten in submontanen Laubwäldern Mitteleuropas (vgl. die Zusammenstellung der Artengruppen in Tab. 4–14).

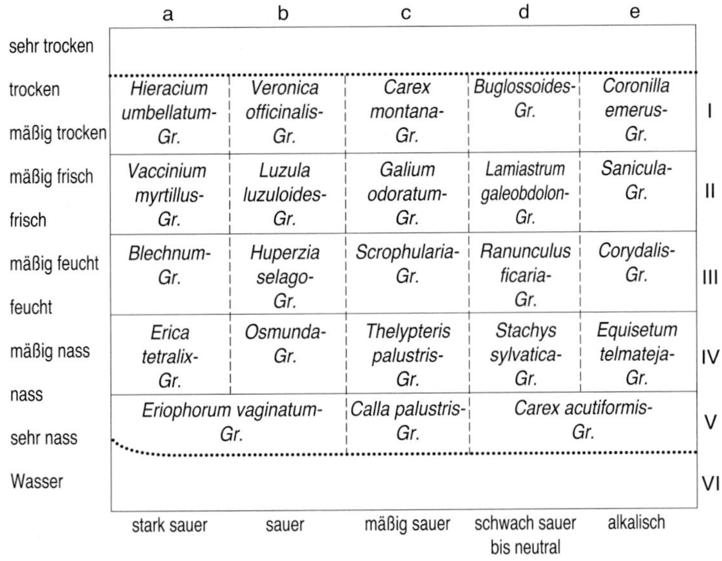

bildung 4–73 gibt die ungefähren Feuchtigkeits- und Bodensäurebereiche der ökologischen Gruppen von krautigen Pflanzen, Moosen und Flechten in submontanen Laubwäldern Mitteleuropas wieder.

Ihre konkurrenzbedingten Verbreitungsschwergewichte in den Waldbeständen Mitteleuropas, d.h. ihre ökologischen Optima, weichen oft beträchtlich von diesen potenziellen Wachstumsoptima ab. Sogar Arten wie der Sauerklee (*Oxalis acetosella*), der in unseren Wäldern mit den dunkelsten Plätzen (L1) und mehr oder minder sauren (R4) Böden vorlieb nimmt, wächst in kühleren Regionen im Freien, d.h. bei voller Sonnenstrahlung, so z.B. in Mittelengland (Grime & Lloyd 1973). Allerdings bleibt dort die Luftfeuchtigkeit immer relativ hoch, während unser Sommerklima für diese hygromorphe Pflanze oft zu lufttrocken wird (s. Kap. 4.5.2.5 e). Viele andere Waldpflanzen kann man ebenfalls im Freiland kultivieren, wenn man ihnen Konkurrenten fernhält, und viele gedeihen bei allen pH-Werten zwischen etwa 3,5 und 7,5.

Der Wettbewerb unter den Arten am Waldboden wird noch dadurch verstärkt, dass sich die Bäume und Sträucher sowie deren Jungwuchs an ihm beteiligen. Die Konkurrenz der Arten und Individuen führt zu einem labilen Gleichgewicht, das schon durch geringfügige Änderungen einiger Faktoren verschoben werden kann. Daher spiegelt das Artengefüge der Krautschicht die Standortsbedingungen in den feinsten Abwandlungen wider. Es bietet die besten Anhaltspunkte für die Gliederung und Abgrenzung von Waldgesellschaften. Diesen Umstand haben sich die Pflanzensoziologen in Mitteleuropa umso mehr zunutze gemacht, als hier die Baumschicht ohnehin artenarm ist.

4.6 Populationsökologie der Waldbodenpflanzen

4.6.1 Phänologie

a) Das Erwachen der Pflanzenwelt im winterkahlen Laubwald gehört zu den eindrucksvollsten Naturschauspielen in der temperaten Laubwaldzone. Dem Jahreslauf im Buchenwald folgte Tüxen (1986) in seiner letzten meisterhaften Schilderung. Nach vieljährigen Beobachtungen hat Dierschke (1982) diesen phänologischen Jahresrhythmus allgemeingültig dargestellt und gegliedert (vgl. auch Dierschke 1974b, 1991, 1994). Vom Erstfrühling bis zum Frühherbst unterschied er neun ungleich lange **Blühphasen**, die er jeweils nach einem Baum oder Strauch und einem ausdauernden Kraut oder Gras benannte. Als zehnte und elfte Phase schließen sich die des Herbstes und der Winterruhe an, in der nur noch wenige Arten grüne Blätter behalten (s. Abb. 4–74). Die durchschnittlichen Blühzeiten der namengebenden

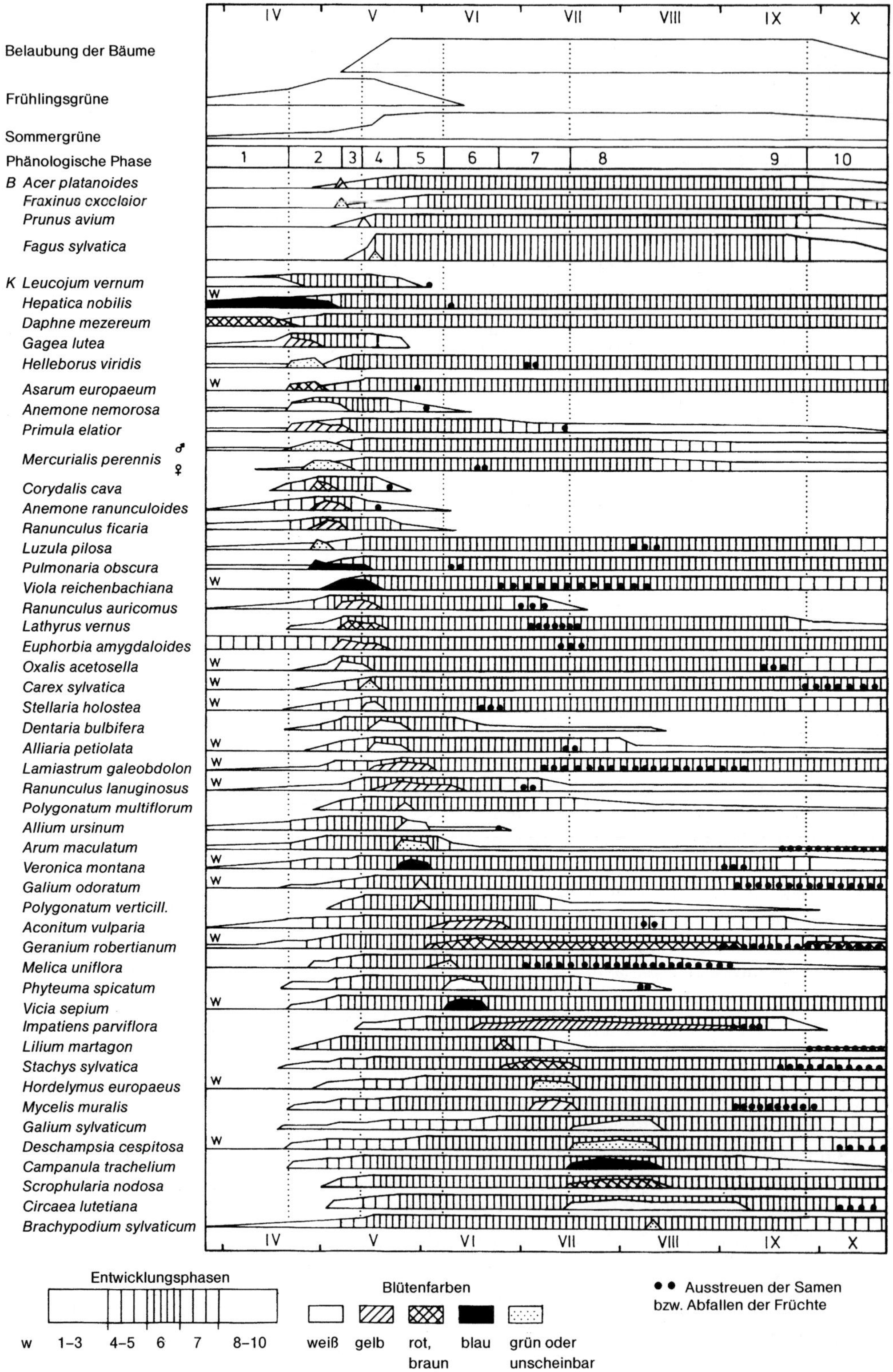
IV V VI VII VIII IX X
Belaubung der Bäume
Frühlingsgrüne
Sommergrüne
Phänologische Phase
1 2 3 4 5 6 7 8 9 10
B Acer platanoides
Fraxinus excelsior
Prunus avium
Fagus sylvatica
K Leucojum vernum
Hepatica nobilis
Daphne mezereum
Gagea lutea
Helleborus viridis
Asarum europaeum
Anemone nemorosa
Primula elatior
Mercurialis perennis ♂ ♀
Corydalis cava
Anemone ranunculoides
Ranunculus ficaria
Luzula pilosa
Pulmonaria obscura
Viola reichenbachiana
Ranunculus auricomus
Lathyrus vernus
Euphorbia amygdaloides
Oxalis acetosella
Carex sylvatica
Stellaria holostea
Dentaria bulbifera
Alliaria petiolata
Lamiastrum galeobdolon
Ranunculus lanuginosus
Polygonatum multiflorum
Allium ursinum
Arum maculatum
Veronica montana
Galium odoratum
Polygonatum verticill.
Aconitum vulparia
Geranium robertianum
Melica uniflora
Phyteuma spicatum
Vicia sepium
Impatiens parviflora
Lilium martagon
Stachys sylvatica
Hordelymus europaeus
Mycelis muralis
Galium sylvaticum
Deschampsia cespitosa
Campanula trachelium
Scrophularia nodosa
Circaea lutetiana
Brachypodium sylvaticum
W
Entwicklungsphasen
w 1–3 4–5 6 7 8–10
Blütenfarben
weiß gelb rot, braun blau grün oder unscheinbar
• • Ausstreuen der Samen bzw. Abfallen der Früchte

sowie weiterer Waldbodenpflanzen sind in Abbildung 4–74 durch Schraffuren dargestellt. Wie man an den Artenlisten rasch erkennt, gelten die neun Phasen vor allem für Laubwälder auf mehr oder minder basenreichen Böden unterhalb der montanen Höhenstufe. Auf basenarmen Böden belebt sich die Krautschicht aller Wälder im Frühjahr nur zögernd und blüht niemals so farbenfroh und formenprächtig wie in den anspruchsvollen Buchen-, Eschen- und Eichenmischwäldern. Falinska (1973, in Falinski 1986) hat die phänologische Entwicklung der Krautschicht in den verschiedenen Waldgesellschaften des Białowieża-Waldes in Ostpolen gründlich studiert. In jüngster Zeit wurde die Phänologie der Kraut- und Baumschicht vor allem im Hinblick auf Veränderungen studiert, die durch den Klimawandel bedingt sein könnten (z. B. Menzel & Fabian 1999, Dierschke 2000, Chmielewski & Rötzer 2001; vgl. Kap. 3.9 d).

Auch in der freien Landschaft, vor allem an Straßenrändern und in Wiesen sowie in den Gärten und Obstanlagen der Siedlungen, folgen Blattaustrieb und Blüte auffälliger Wild- und Kulturpflanzen in einem bestimmten, alljährlich wiederholten Rhythmus aufeinander. Je nach dem Witterungsverlauf verschieben sich zwar die absoluten Daten von Jahr zu Jahr; doch bleibt die relative Aufblühfolge der Arten in Wald und Feld über weite Bereiche hinweg und über alle Höhenstufen hinauf erstaunlich konstant. So hat Dierschke (1995) 1577 Pflanzensippen Mitteleuropas nach ihrer Blütezeit in symphänologische Gruppen eingestuft. Diese Regelhaftigkeit ist so groß, dass sie seit fast 100 Jahren vom Wetterdienst zu phänologischen Datierungen genutzt und in Kartenserien dargestellt wird (s. z. B. Schnelle (1953). Ellenberg (1954), H. & Ch. Ellenberg (1955 u. 1974), Schreiber (1969) und andere Autoren definierten an bestimmten Stichtagen **phänologische Artenspektren**, deren Verbreitung sie bei Fahrten durch die Landschaft kartierten, um Gliederungen des thermisch definierten Wuchsklimas für Planungen im Obstbau und in der Landwirtschaft daraus abzuleiten.

Abb. 4–74 (vorherige Seite) Phänologische Entwicklung der Baum- und Krautschicht in einem Kalkbuchenwald bei Göttingen im Jahr 1986. Nach Dierschke (1991), etwas verändert.
Die „Entwicklungsphasen" des Blattwerks bedeuten: w überwinternd grün, 1–3 beginnende Entfaltung, 4–5 bis fast ganz entfaltet, 6 voll entwickelt. 7 beginnende Vergilbung, 8–10 vergilbt bis abgestorben. Blühzeiten und -farben und Ausstreuen der Diasporen sind durch besondere Signaturen deutlich erkennbar. Zu den phänologischen Phasen 1–10 s. S. 168.

b) Zweifellos hängen die relative Blühfolge und überhaupt die phänologische Entwicklung der Pflanzendecke mit der allmählichen Erwärmung während der ersten Jahreshälfte gesetzmäßig zusammen. Dabei kommt es offenbar nicht so sehr auf den Temperaturgang im Tageslauf und von Tag zu Tag, als vielmehr auf eine langsame, aber stetige Aufheizung über längere Zeiträume an. Die phänologischen Daten der Meteorologen lassen sich z. B. mit **Summen der Lufttemperatur-Tagesmittel** recht gut korrelieren (Schnelle 1953). Menzel (2003) errechnete eine Vorverlegung der Schneeglöckchenblüte um rund 15 Tage mit einer Temperaturerhöhung im Frühjahr um 1 °C (s. Abb. 3–55).

Welcher Umweltparameter das Signal für den Blüten- oder Blattaustrieb gibt, ist noch nicht befriedigend geklärt. Neben einem direkten Effekt der Lufttemperatur auf die Knospen ist auch ein Einfluss der Bodentemperatur und der Tageslänge wahrscheinlich. Beim Blattaustrieb der Buche beispielsweise spielt die zunehmende Tageslänge im Frühjahr eine Rolle (Packham et al. 1992); entsprechend lassen sich Buchen und Birken unter künstlichen Langtagbedingungen auch im Herbst zum Austrieb bewegen. Der Tageslängen-Einfluss erklärt jedoch nicht die erwärmungsbedingte Vorverlegung des Blattaustriebs, die bei vielen Arten in den vergangenen Dekaden beobachtet wurde (s. Kap. 3.9 d). Auch der Genotyp beeinflusst den Termin des Blattaustriebs, wie das frühere Austreiben südlicher Stieleichen-Provenienzen in Botanischen Gärten zeigt (Deans & Harvey 1995).

Ellenberg (1996) vermutet, dass die **Bodentemperatur** für den Austrieb von Bäumen und Kräutern im Frühjahr ebenso wichtig oder sogar bedeutsamer ist als die Lufttemperatur. Jungpflanzen und niedrige Bäume, die flach wurzeln, öffnen nämlich ihre Knospen in der Regel früher als alte, deren meiste Wurzeln in tieferen Schichten liegen und später warm werden (s. Abb. 4–10). Am frühesten erwärmen sich dunkle Oberflächen, im Wald z. B. basenreiche Mullböden, deren Falllaubdecke bereits während der kühlen Jahreszeit von Regenwürmern fast restlos in die Tiefe gezogen wurde. Auf solchen Böden sprießt nach der Schneeschmelze auch das erste frische Grün, etwa von *Leucojum vernum* oder *Allium ursinum*. Eine mächtige und verhältnismäßig helle Laubschicht, wie sie über weniger tätigen Böden bis in den Sommer liegen bleibt, reflektiert dagegen einen beträchtlichen Teil der Strahlung und isoliert außerdem den unter ihr liegenden Boden, verzögert also dessen Erwärmung und z. B. das Aufblühen des Buschwindröschens unter sonst gleichen Bedingungen um mehrere Tage.

c) Möglicherweise spielen der **Beginn der Wurzel-Wasseraufnahme** im Frühjahr und der einsetzende Wassertransport im Xylem eine Rolle. Deren Funktion könnte unter anderem die Bereitstellung von dormanzbrechenden Hormonen sowie der Abtransport von wachstumsinhibierenden Substanzen aus den Knospen sein. Niedrige Bodentemperaturen unter etwa 7–5 °C reduzieren die Wasseraufnahme von Kräutern und Bäumen stark, weil die Viskosität des Wassers zunimmt und die Permeabilität der Wurzelzell-Membranen sinkt. Nach experimenteller Kühlung des Wurzelraumes von etwa 5,5 auf 2–4,5 °C sank die Transpirationsrate einer Buche auf rund 25% ab (Hurst 1988). Schon Döring (1935) konnte durch Potometer-Messungen zeigen, dass niedrige Temperaturen nahe dem Gefrierpunkt die heimischen Baumarten unterschiedlich stark in ihrer Wurzel-Wasseraufnahme behindern; zu den empfindlichen Arten gehören die Esche, Buche und die Ulmen, zu den wenig empfindlichen die Weiden, Pappeln und Birken (vgl. Whitehead & Jarvis 1981 und Mayr 2007). Lyr (1996) fand große Unterschiede unter den mitteleuropäischen Baumarten im Hinblick auf die wachstumshemmende Wirkung niedriger Bodentemperaturen. Dies könnte artspezifische Unterschiede in der Phänologie erklären. Aus vergleichenden Freilandmessungen schloss Ellenberg (unveröff.), dass die Buche zu ergrünen beginnt, wenn ihr Wurzelraum durchschnittlich etwa 7 °C erreicht hat. Möglicherweise spielen die Bodenwasser-Temperaturen auch für die krautigen Pflanzen eine ähnliche Rolle bei der phänologischen Entwicklung, zumindest in den Blühphasen 1 bis 5.

Heine-Koch (1993) maß nicht nur die stark schwankenden Lufttemperaturen, sondern auch die Bodentemperaturen und setzte sie in Beziehung zur phänologischen Entwicklung der Krautschicht im Göttinger Kalkbuchenwald. Die Blühphasen 1 und 2 (Vor- und Erstfrühling) begannen 1992 erst, als die Bodentemperaturen mehrere Wochen lang über +2 °C geschwankt hatten. Bis zum Beginn der Phase 3 (Vogelkirschen-Goldhahnenfußblüte) gegen Ende April stiegen sie bereits länger als 1 Woche über 5 °C. Während dieser Zeit wurden auch die früh treibenden Bäume aktiv. Phase 4 (Rotbuchen-Goldnessel-Blüte) trat ein, nachdem die Temperatur im Wurzelraum länger als 2 bis 4 Wochen über 7 °C geschwankt hatte und auch die Rotbuche ihre Blätter entfaltete. Der steile Anstieg auf Temperaturen über 10 °C Mitte Mai ließ die Phasen 5 und 6 (Vogelbeer-Waldmeister- sowie Hartriegel-Perlgras-Blüte) rasch aufeinanderfolgen. Bis zum Beginn der Phase 7 (Ende des Frühsommers) schwankten sie zwischen 11 und 12 °C und erreichten bis Ende Juni, d. h. bis zum Beginn des Hochsommers (Phase 8), Werte um 13 °C.

Nach diesen Messungen löst nicht allein das Erreichen einer bestimmten Temperatur den Beginn einer symphänologischen Phase aus, sondern die Ausdauer dieser Temperatur ist zusätzlich bedeutend. Die Autorin errechnete deshalb Temperatursummen aus den Tagesmitteln der Bodentemperatur in 5 cm Tiefe bis zum Beginn jeder Phase. In den Jahren 1991 und 1992 wurde ungefähr die gleiche Summe beim Eintritt jeweils einer bestimmten Phase erreicht, zumindest bei den Phasen 1 bis 7. Die Termine, zu denen diese eintraten, waren jedoch von Jahr zu Jahr verschieden. In etwa 230 m ü.NN. lagen die Termine jedoch stets früher als in 410 m Höhe, auch in den Jahren 1983 bis 1990 (s. Abb. 4–75).

Auch beim Absterben der Blätter im Herbst, das die Bäume ja durch Ausbilden einer Korkschicht am Blattstielgrund aktiv bewirken, scheint die Bodentemperatur einen Anstoß zu geben. Esche und Robinie, die ihre Blätter im Frühjahr als Letzte entfalten, verlieren sie im Herbst als Erste und stehen schon kahl da, wenn viele Eichen noch grün sind und die Rotbuchen ihre oberen Blätter abwerfen. Zu dieser Zeit sinken die Bodentemperaturen oft schon unter 10 °C und schließlich unter 5 °C. Hängebirken und manche Weiden bleiben aber noch

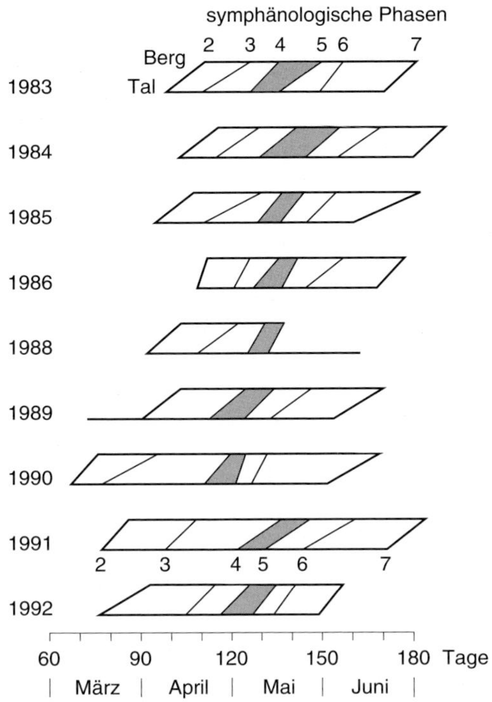

Abb. 4–75 Die symphänologischen Phasen 2 bis 7 (s. Abb. 4–74) treten in jedem Jahr zu anderen Terminen ein, in Tieflagen jedoch stets früher als in Berglagen. Daten aus Göttinger Kalkbuchenwäldern nach Heine-Koch (1993), verändert. Grau getönt (4–5) ist die Rotbuchen-Goldnesselphase (Beginn des Vollfrühlings).

großenteils belaubt, während die Rotbuchen schon fast kahl werden und die Hainbuchen ihre vergilbten Blätter fallen lassen.

d) Die Phänologie der Krautschicht wird auch durch den **Rhythmus des Blattfalls** der Bäume beeinflusst. Im Laubwald fallen die abgestorbenen Blätter am Ende der Vegetationsperiode innerhalb weniger Wochen (s. Abb. 4–76). Auch ein immergrüner Nadelwald zeigt eine natürliche Rhythmik im Abwerfen seiner Nadeln; allerdings sind die saisonalen Unterschiede geringer und Streufall findet während des gesamten Jahres statt. Dies begünstigt vor allem die bodenbewohnenden Moose.

4.6.2 Lebenszyklus der Waldbodenpflanzen

a) Die meisten Waldbodenpflanzen besitzen relativ **große Samen**, die bei Lichtmangel und unter einer Streuschicht eine bessere Keimlingsetablierung gewährleisten als kleinere. Pflanzen mit großen Samen sind deshalb häufig schattentoleranter (Wilson 1983, s. aber Augspurger 1984). Gleichzeitig leiden sie jedoch auch stärker unter Fraßverlusten (Crawford 1989, Eriksson 1995). Viele Schattenpflanzen besitzen Samen, die im Waldschatten dormant sind, wenn ein niedriges Hellrot/Dunkelrot-Verhältnis (660/730 nm) der Strahlung herrscht (s. Kap. 4.3.1 a). Wird der langwelligere Anteil

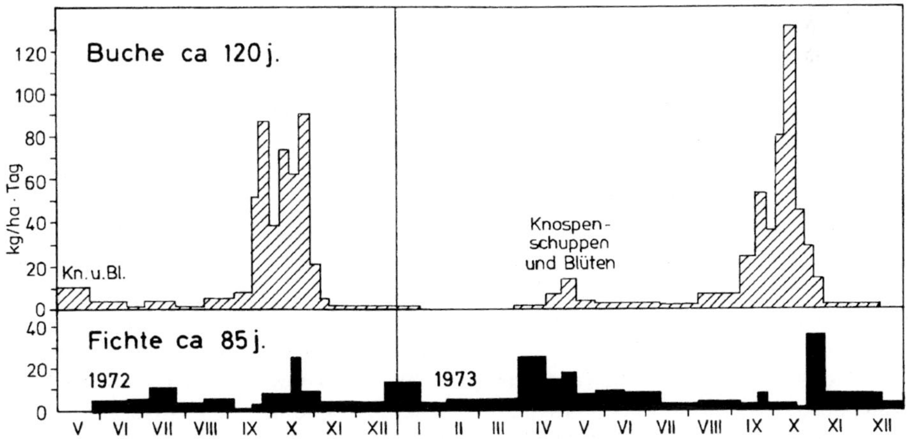

Abb. 4–76 Im Laubwald (z. B. in einem 120-jährigen Hainsimsen-Buchenwald des Sollings) fallen die abgestorbenen Blätter am Ende der Vegetationsperiode innerhalb weniger Wochen. Aber auch immergrüner Nadelwald (z. B. ein Fichtenaltbestand des Sollings) zeigt eine natürliche Rhythmik im Abwerfen seiner Nadeln, die nach etwa 6- bis 12-jähriger Funktionsdauer absterben. Nach Angaben von Heller (z. T. unveröff.).

(730 nm) reduziert, wie dies in Kronenlücken der Fall ist, so keimen sie (Silvertown 1980).

In den meisten mitteleuropäischen Wäldern stimmen die **Diasporenbank**, die überwiegend aus lichtliebenden Arten besteht, und die aktuelle Krautschicht in ihrer Zusammensetzung nur wenig überein (z. B. Fischer 1987, Staaf et al. 1987, Warr et al. 1994, Eriksson 1995, Schmidt et al. 2009). Zwar nennen Bossuyt & Hermy (2001) 19 Arten aus historisch alten Wäldern, die eine ausdauernde Samenbank besitzen, darunter z. B. *Lathyrus vernus*, *Viola riviniana* und *Poa nemoralis*. In der Regel bilden eine solche aber nur die stärker lichtliebenden Arten des Waldbodens aus (Falinska 1998, Jankowska-Blaszczuk et al. 1998). Störungen der Streuschicht begünstigen daher vor allem die Keimung lichtliebender Pflanzen mit Pioniereigenschaften, nach Falinska (1998) aber auch manche Geophyten, deren Zwiebeln etwa durch wühlende Wildschweine ausgestreut werden. Störungsreiche Wirtschaftswälder besitzen dementsprechend eine weit größere Diasporenbank als Naturwälder, in denen waldfremde Arten selten sind (Abs et al. 1999).

Die typischen Waldarten erzeugen nur wenige und überwiegend kurzlebige Diasporen. Samendichten von mehr als 100 pro m^2 werden nur von wenigen Arten erreicht, so von *Allium ursinum* (700–800, Eggert 1985), *Milium effusum*, *Carex sylvatica* und *C. remota*. Schmucker & Drude (1934) zählten bei *Allium* auf 1 m^2 sogar mehr als 9000 Samen, die von 63 Pflanzen in 156 Dolden produziert wurden. Unter günstigen Umweltbedingungen laufen in mitteleuropäischen Laubwäldern 1000 bis 2500 Sämlinge pro m^2 auf, die zu 40 bis 50 Kraut- und Grasarten gehören können (Staaf et al. 1987, Jankowska-Blaszczuk et al. 1998). Nach 50 Jahren ohne Störungen reduziert sich die Samenbank am Waldboden deutlich (Hill & Stevens 1981, Fischer 1987).

b) Die typischen Waldarten, von denen viele ja keine ausdauernde Diasporenbank besitzen, breiten sich vor allem durch **vegetative Vermehrung** aus, sei es durch Rhizomfragmentierung oder die Bildung von Tochterzwiebeln (Füllekrug 1990). Eggert (1985) zählte in einem dichten *Allium ursinum*-Bestand 20 Vermehrungszwiebeln pro m^2. Die Vermehrung durch Tochterzwiebeln ist daher bei diesem Geophyten viel effektiver als die generative Ausbreitung und führt rasch zu dichten Beständen. Günstige Lebensbedingungen findet der Bärlauch nur auf sehr nährstoffreichen und mäßig feuchten Böden, die außerdem, wie Ellenberg (1939) betont, so locker sein müssen, dass sich seine Zwiebeln mithilfe ihrer kontraktilen Adventivwurzeln alljährlich tiefer verlagern können. In genügend weichem Boden vermögen sie die Zwiebel bis zu 27 cm hinabzuziehen.

Nach Verburg & During (1998) bilden eine Reihe von Waldbodenkräutern Rhizom- oder Stolonen-Segmente, die abbrechen und quasi als Hibernakeln überwintern, um im Frühjahr erneut auszutreiben, während die Mutterrhizome absterben. Sie besitzen damit einen **„pseudo-annuellen" Lebenszyklus**. Bei *Anemone nemorosa* und *Allium ursinum* ist neben der vegetativen Ausbreitung aber auch die Regeneration aus Samen bedeutsam, und zwar vor allem bei der Besiedlung von Lücken im Inneren von Krautschichtherden (Eggert 1985, Eriksson 1995, Holderegger 1996). Die Ausbreitungsgeschwindigkeiten über Samen sind jedoch meist gering, nach Brunet & von Oheimb (1998), Petersen & Philipp (2001) und Ziegenhagen et al. (2003) werden nur ausnahmsweise mehr als 50–80 cm a^{-1} erreicht; typisch sind 10–30 cm pro Jahr. Viele Waldbodenpflanzen sind deshalb nur recht fleckenhaft verbreitet (Winterhoff 1963, 1977).

Wie schon Gradmann (1898, 1950) feststellte, sind die meisten Geophyten des Kalkbuchenwaldes myrmekochor. Aber auch zahlreiche Vertreter anderer Lebensformen werden vor allem in Eichen- und Buchenwäldern durch Ameisen verbreitet (Nierhaus-Wunderwald 1995). Obwohl *Allium ursinum* wie andere Liliaceae ein Elaiosom besitzt, wird er aber nach Schmucker & Drude (1934) und Ernst (1979) nicht durch Ameisen verbreitet. Seltenen Ereignissen der **Fernausbreitung**, z. B. durch wandernde Säugetiere, kommt eine besondere Bedeutung vor allem bei der Besiedlung isolierter Waldstandorte zu (Bonn & Poschlod 1998, Brunet & von Oheimb 1998). Klötzli (1965) beobachtete in der Schweiz, dass Waldgesellschaften auf frischen, fruchtbaren Mullböden, wie z. B. der Bärlauch-Buchenwald, ausgesprochene Äsungszentren des Rehwildes darstellen. Es besucht diese regelmäßig und häufig, um dort unter anderem junge Eschen, manche eiweißreichen Kräuter sowie die Knospen und Blüten von *Lilium mar-*

tagon zu befressen, die auf die Böcke aphrodisierend wirken. Durch weniger reiche Waldgesellschaften hingegen wechselt das Rehwild fast ohne Aufenthalt hindurch zum nächsten Zentrum, eine Gewohnheit, die der Ausbreitung von Krautschichtpflanzen zweifellos dient (vgl. Schmidt et al. 2004 u. von Oheimb et al. 2005). Die Bedeutung des Schalenwildes und von Wildschweinen für die Ausbreitung der Samen von Wald-Krautschichtarten haben weiterhin Heinken et al. (2002), Heinken & Raudnitschka (2002) u. a. untersucht.

Die Bedeutung der Fernausbreitung wird auch daraus ersichtlich, dass selbst geschlossene Reinbestände etwa von *Galium odoratum* eine gewisse genetische Variabilität aufweisen, sie also nicht allein durch klonales Wachstum entstanden sind (Ziegenhagen et al. 2003). Fließendes Wasser kommt als Verbreitungsmittel von beispielsweise Bärlauchsamen infrage, und zwar vor allem in Hartholz-Auenwäldern (s. Kap. 8.5.2). Waldwege fungieren als Einwanderungspfade für Offenlandarten und auch für manche Neophyten, deren Diasporen an Autoreifen und Schuhen in das Waldesinnere transportiert werden (Falinski 1986, Skov 1997, Mrotzek et al. 2000, Ebrecht 2005).

c) Beim Bärlauch keimen die meisten Samen erst 1 bis 2 Jahre nach ihrer Reife, und es dauert durchschnittlich mehr als 6 Jahre, bis aus einem Keimling eine blühende Pflanze wird. Weil die meisten **Regenerationsnischen** im Winter entstehen, laufen die Sämlinge der Krautschichtpflanzen insbesondere in den ersten 2 bis 3 Wochen der Vegetationsperiode auf. Vor allem aufgrund intensiver Konkurrenz erreichen nur wenige von ihnen die generative Phase, bei *Anemone nemorosa* nach Piroznikow (1994) im Białowieża-Wald nur 2–3%. Deshalb spielt **klonales Wachstum** bei vielen Arten eine so wichtige Rolle. Ein 4- bis 5-jähriges Individuum von *Mercurialis perennis* kann 80 bis 200 Ramets, also Tochterindividuen, auf einer Fläche von 0,5–2 m^2 produzieren, von denen 50 bis 70 blühen und fruchten. Nach 5 bis 6 Jahren stirbt das Zentrum dieses Genets ab, während es aber an der Peripherie weiter wächst (Piroznikow 1994). Das Bingelkraut ist zwar ein Geophyt, lagert aber in seinen Rhizomen nur wenige Reservestoffe ein, verhält sich also eher wie ein Hemikryptophyt (Kothe-Heinrich 1989). Ungewöhnlich warme Winter könnte es sogar mit grünen Blättern, d. h. als krautiger Chamaephyt, überdauern, ähnlich wie das *Galium odoratum*, als Rubiaceae mit tropischer Verwandtschaft, jeden Winter tut. Als Euphorbiaceae vertritt auch das Bingelkraut einen tropisch-subtropischen Verwandtschaftskreis.

Manche Waldbodenkräuter können ein **hohes Alter** erreichen; Inghe & Tamm (1985) geben für Genets von *Hepatica nobilis* und *Sanicula europaea* Höchstalter von 360 bzw. 185 Jahren an. Solche alten Pflanzen überdauern manche Umweltveränderungen am Waldboden und stellen dann Relikte einer früher weiteren Verbreitung dar (Brunet 1993).

Waldbodenarten mit überwiegend vegetativen Ausbreitungsstrategien wie die Rhizomgeophyten *Maianthemum bifolium* und *Oxalis acetosella* und der Zwiebelgeophyt *Allium ursinum* besitzen meist eine **geklumpte Verbreitung**, während Arten, die überwiegend oder ausschließlich aus Diasporen hervorgehen (wie *Impatiens parviflora*), gleichmäßiger über den Waldboden verteilt sind (Seidling 1991). Diese Verbreitungsmuster werden durch kleinräumige standörtliche Gradienten und lokale Störungen überformt. Intensive Forstwirtschaft reduziert nach Bobiec (1998) die natürliche Heterogenität der Kleinststandorte am Waldboden und fördert eine gleichmäßigere Verteilung der Krautschichtpflanzen. Die Diversität der Krautschicht ist dennoch in vielen (naturnah) bewirtschafteten Wäldern höher als in aus der Nutzung genommenen Wäldern, weil aufgrund der Störungen Offenlandarten zu den „echten Waldarten" hinzutreten (z. B. Schmidt 2005, von Oheimb et al. 2007).

4.7 Produktivität und Stoffumsätze

4.7.1 Biomasse und Produktivität der Baumschicht

4.7.1.1 Biomasse

a) Der Biomassevorrat von Wäldern hängt in starkem Maße vom Alter und der Baumart, aber auch dem Nutzungsregime ab (Burschel et al. 1993; s. Abb. 4–77). Bis in die Reifephase haben **Buchenbestände** in den meisten Fällen mehr Biomasse erzeugt als gleichalte Fichtenforsten. In einem 120-jährigen Buchenaltbestand des Solling ermittelten Ellenberg et al. (1986) einen Biomassevorrat (ober- und unterirdisch)

Tab. 4–18 Assimilatorischer Kohlenstoffgewinn und Kohlenstoff-Allokation in einem Kalkbuchenwald (Hordelymo-Fagetum) und zwei Sauerhumus-Buchenwäldern (Luzulo-Fagetum) in montaner bzw. planarer Höhenlage in Mittel- und Nordwestdeutschland (Göttinger Wald: Mittel der Jahre 1996 bis 1998, Solling: 1996 bis 1998, Lüneburger Heide: 1990 bis 1993). Nach Messungen von Gries (2004), Terborg (1998), Wu (2000), Hertel (1999). Rode (schriftl. Mitt.) und Leuschner (unveröff.)

	Hordelymo-Fagetum (submontan)	**Luzulo-Fagetum (montan)**	**Luzulo-Fagetum (planar)**
Lokalität	Göttinger Wald	Solling B 1	Lüneburger Heide OB 5
Höhenlage (m ü.NN.)	400	500	115
Temperatur (°C)	8,6	6,9	8,1
Niederschlag (mm a^{-1})	613	1032	801
Geologie	Muschelkalk	Buntsandstein	Pleistozäner Sand
pH (KCl, 0–5 cm)	6,7	2,9	2,9
Mg_{ex} 0–5 cm ($\mu mol_c\ g^{-1}$)	18,7	2,4	0,2
Alter (Jahre)	132	152	110
Holzmasse (kg m^{-2})	35,7	31,0	24,3
LAI ($m^2\ m^{-2}$)	6,3	6,5	7,2
C-Gewinn d. Krone (mol C $m^{-2}\ a^{-1}$)[a]	**121,3**	**99,0**	**109**
Derbholzzuwachs (mol C $m^{-2}\ a^{-1}$)	20,5	11,8	24,7
Blattprod. (mol C $m^{-2}\ a^{-1}$)	13,4	13,9	11,0
Zweigstreu (mol C $m^{-2}\ a^{-1}$)	1,0	0,5	4,5
Fruchtprod. (mol C $m^{-2}\ a^{-1}$)	5,9	5,1	6,8
Feinwurzelprod. (mol C $m^{-2}\ a^{-1}$)	8,1	12,2	ca. 15
Grobwurzelprod. (mol C $m^{-2}\ a^{-1}$)	2,4	1,6	2,5
Nettoprimärprod. (mol C $m^{-2}\ a^{-1}$)[b]	**51,3**	**45,1**	**64,5**
Blattatmung (mol C $m^{-2}\ a^{-1}$)[c]	24,7	31,2	–
$Holzatmung_{oberird}$ (mol C $m^{-2}\ a^{-1}$)	25,5	16,2	–
Grobwurzelatmung (mol C $m^{-2}\ a^{-1}$)	11,8	10,7	–
Feinwurzelatmung (mol C $m^{-2}\ a^{-1}$)	19,1	16,1	–
Autotrophe Atmung (mol C $m^{-2}\ a^{-1}$)	**81,1**	**74,2**	–
NPP/BPP (%)[d]	**48**	**51**	
C-Bilanzsumme (mol C $m^{-2}\ a^{-1}$)[e]	+ 13,8	+ 10,9	–

[a] C-Gewinn der Blattmasse nach Abzug der nächtlichen Blattatmung; die Bruttophotosynthese der Krone (GPP) umfasst den C-Gewinn und die Tages- und Nachtatmung der Blätter.
[b] Summe von Zuwachs und Streufall; Verluste durch Herbivorie wurden vernachlässigt.
[c] Nicht im C-Gewinn der Krone enthalten.
[d] BPP = NPP + Autotrophe Atmung.
[e] C-Gewinn minus gemessene NPP u. Holz- u. Wurzelatmung; der Bilanzüberschuss sollte theoretisch den C-Transfer in das extraradicale Myzel der Mykorrhiza sowie die C-Exudation der Wurzeln umfassen.

4.7.2 Biomasse und Produktivität der Krautschicht

a) Besonders produktive mitteleuropäische Laubwälder besitzen eine **Krautschichtbiomasse** von bis zu 300 g m^{-2} an ober- und unterirdischer Trockensubstanz. So ermittelte Eggert (1985) einen saisonalen Höchstwert von 125 und 193 g m^{-2} für die ober- und unterirdische Masse eines dichten *Allium*-Bestandes in einem Kalkbuchenwald, Hartmann (1982) maß 93 und 229 g m^{-2} in einer benachbarten *Anemone nemorosa*-Herde. Besonders hohe Wurzelbiomassen der Gräser und Kräuter fand

Kazmierczakowa (1971) in einem polnischen Eichenmischwald (417 g m^{-2}). In den meisten Laubwäldern variiert die oberirdische Krautschichtbiomasse zwischen 25 und 100 g m^{-2}, während die unterirdische zwischen etwa 50 und 250 g m^{-2} schwankt (z. B. Duvigneaud et al. 1969, Simonovic 1973, Kubicek & Jurko 1975, Nihlgard & Lindgren 1977). In bodensauren Wäldern mit spärlicher Krautschicht werden andererseits oft nur wenige Gramm erreicht (z. B. Eber 1971). Trotz geringen Lichtgenusses können dichte Krautschichtbestände einen hohen **Blattflächenindex** erreichen: Eggert (1985) maß Höchstwerte von 2,7 m^2 m^{-2} in *Allium*-Beständen, Kranczoch (1997) von 2,0 m^2 m^{-2} in *Paris quadrifolia*-Herden.

b) Entsprechend der sehr variablen Biomasse schwankt die **Produktion der Krautschichtvegetation** mitteleuropäischer Laubwälder in weiten Bereichen zwischen etwa 20 und 230 g m^{-2} a^{-1} (Kazmierczakowa 1971, Tumidajowicz 1973, Jakucs 1985). Weil fast stets nur der oberirdische Zuwachs betrachtet wurde, dürfte die Gesamtproduktivität höher liegen: Eggert (1985) ermittelte in einem Kalkbuchenwald einen Gesamt-Trockenmassenzuwachs von 193 g m^{-2} a^{-1} (88 g C m^{-2} a^{-1}), wobei 171 g m^{-2} a^{-1} auf *Allium* entfielen. Das ist rund 10–13% der gesamten Nettoprimärproduktion dieses Buchenwaldes (Baum- und Krautschicht: ca. 1400–2000 g m^{-2} a^{-1}). Viele andere Laubwälder, insbesondere die an bodensauren oder trockenen Standorten, besitzen jedoch eine weniger produktive Krautschicht. Im Sauerhumus-Buchenwald des Solling wurden nur 2–3 g m^{-2} a^{-1} gemessen (Ellenberg et al. 1986).

c) An die lange Phase des sommerlichen Lichtmangels haben sich die Krautschichtpflanzen in charakteristischer Weise in ihrem **Assimilathaushalt** angepasst. Wir wollen beispielhaft auf den Frühlingsgeophyten *Allium ursinum*, die Frühsommerart *Aegopodium podagraria* und die schattentolerante immergrüne Art *Lamium galeobdolon* eingehen, die unterschiedliche Kohlenstoff-Allokationsstrategien verkörpern (s. Abb. 4–86). Ein Bärlauchbestand erzeugte in einem Kalkbuchenwald 90% der jährlichen Trockensubstanzproduktion in den 6 Wochen direkt vor dem Laubaustrieb der Buche, wobei sich der Trockensubstanzvorrat verdreifachte. In diesem Zeitraum wurden 30–50% der Jahressumme an PAR-Strahlung eingestrahlt. Trotz der recht hohen Photosyntheseraten der frisch entfalteten *Allium*-Blätter reichte deren C-Gewinn aber nicht aus, um die gesamte Blattmasse und den Blütenstand des betreffenden Jahres aufzubauen. Bis Ende Mai fand ein Nettoexport von C und N aus den vorjährigen Zwiebeln und auch aus den Grobwurzeln in diese Organe statt (Eggert 1985, 1992). Bereits ab Mitte Mai wurde der Assimilatgewinn aber überwiegend in die diesjährigen Zwiebeln und Grobwurzeln investiert; rund 40% flossen zudem in die Reproduktionsorgane. Dieser Anteil ist so hoch, dass 80% der blühenden Pflanzen im folgenden Jahr nicht blühen (s. Abb. 4–87). Auch bei *Lamium galeobdolon* mit ihren überwinterndgrünen Blättern

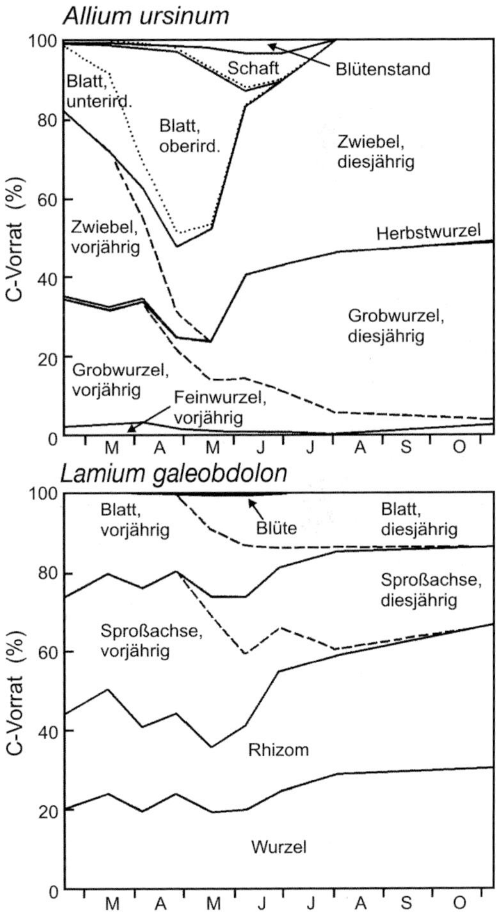

Abb. 4–86 Relative Kohlenstoffverteilung im Frühlingsgeophyten *Allium ursinum* und der schattentoleranten immergrünen Art *Lamium galeobdolon* im Göttinger Kalkbuchenwald im Jahresverlauf 1982. Nach Eggert (1985).

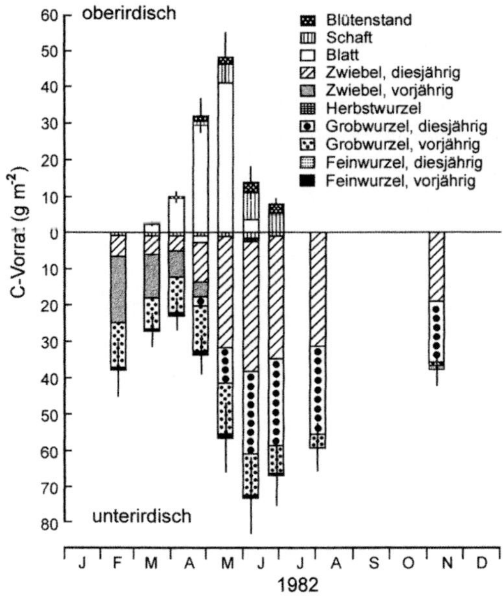

Abb. 4–87 Kohlenstoffvorräte in dichten Herden von *Allium ursinum* im Göttinger Kalkbuchenwald im Jahresverlauf 1982. Die Keimlingspflanzen sind nicht berücksichtigt. Die intensive C-Verlagerung aus den Blättern in die neuen Zwiebeln und die Grobwurzeln beginnt schon im April vor dem Kronenschluss der Buche. Nach Eggert (1985).

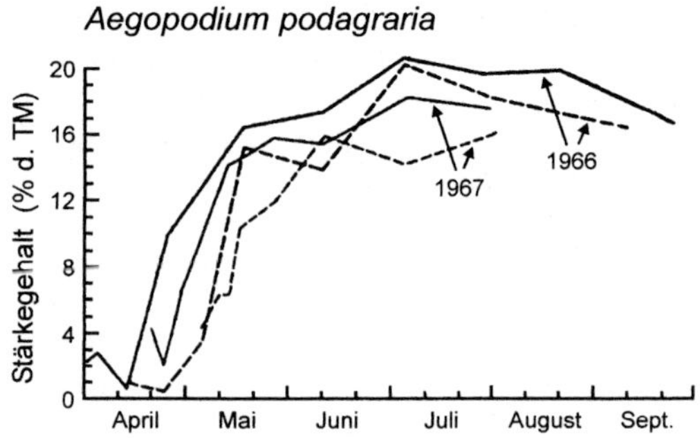

Abb. 4–88 Stärkegehalt in % des Trockengewichtes der Rhizome von *Aegopodium podagraria* 1966 und 1967 (ausgezogen: in den alten Rhizomen, gestrichelt: in den jungen Rhizomen). Nach Goryshina in Walter & Breckle (1983), etwas verändert.

genügt die Photosyntheseleistung im Frühling nicht, um die Blattmasse des Sommers aufzubauen. Von März bis Mai fließen Assimilatreserven aus dem Rhizom in den Aufbau von Achsen und Blättern, allerdings in weit geringerem Maße als bei *Allium*. Ab Mitte Mai werden die Assimilatüberschüsse der jungen Blätter zu einem Teil für das Rhizom- und Wurzelwachstum verwendet; die generativen Organe verbrauchen weit geringere C-Ressourcen als bei *Allium* (s. Abb. 4–86).

Bei *Aegopodium podagraria* werden die Stärkereserven im Rhizom im Laufe des Winters weitgehend aufgebraucht und sind im April sehr niedrig; sie reichen gerade noch für den Austrieb (Walter & Breckle 1983). Der Aufbau der Assimilationsorgane erfolgt nicht auf Kosten der im Jahr vorher gespeicherten Reserven, sondern aus den während des Photosynthesemaximums gebildeten Assimilaten. Die Überschüsse sind so groß, dass zunehmend Stärke in die Rhizome verlagert werden kann (s. Abb. 4–88; s. a. Koppisch 1994). Typische Waldbodenpflanzen sind dabei in ihrem C-Allokationsmuster nur wenig plastisch. Sie stehen den stärker lichtbedürftigen Waldrandpflanzen gegenüber, die ihr Wurzel-Spross-Verhältnis und ihre Blattanatomie flexibler an veränderte Strahlungsbedingungen anpassen können als Erstere (Elemans 2004).

4.7.3 Ökosystemarer Kohlenstoffumsatz

Fast alle bisher auf ihre Kohlenstoffbilanz untersuchten Wälder Mitteleuropas fungierten aktuell als C-Senken, d. h. ihre Bilanz aus Kohlenstoff-Assimilation (BPP) und allen Atmungsprozessen, also die Netto-Ökosystemproduktion (NEP), war positiv. Für elf Nadel- und Laubwälder vor allem aus Mitteleuropa ermittelten Valentini et al. (2000) und Schulze et al. (2000) mittlere NEP-Raten von 300–480 g C m^{-2} a^{-1}, von denen etwa 70% in die anwachsenden Holzvorräte fließen und rund 30% langfristig im Boden festgelegt werden (s. Tab. 4–19). Vergleichbare Festlegungsraten weisen auch die zwei Buchenwälder und der Fichtenbestand der Tabelle 4–18 auf, deren C-Bilanz intensiv untersucht wurde. Über die gesamte Lebensspanne von Bäumen betrachtet, haben die mitteleuropäischen Wälder allerdings eine weit geringere Kohlenstoff-Senkenfunktion (etwa 140 g C m^{-2} a^{-1}), weil die Holzernte viel C entzieht. Die C-Bilanz europäischer Wälder wird nach Valentini et al. (2000) dabei stärker von der Variabilität der Respirationsprozesse in Boden und Pflanzen bestimmt als von der unterschiedlich hohen Kohlenstoff-Assimilation verschiedener Waldtypen: In sechs europäischen Laubwäldern variierte die Gesamt-Atmung des

Tab. 4–19 Kohlenstoffflüsse in Buchen- und Fichtenwäldern in der collinen bzw. submontanen Stufe. Nach Zahlen in Granier et al. (2003), Bernhofer et al. (2003), Herbst et al. (1995) und Kutsch et al. (2001). Negative C-Flüsse bedeuten Aufnahme (Festlegung), positive C-Flüsse bedeuten Freisetzung.

Baumart	Buchenwald (100 J. alt)	Buchenwald (30 J. alt)			Fichtenwald (113 J. alt)	
Lokalität	Bornhöved (Ostholstein)	Hesse (Ostfrankreich)			Tharandt (Sachsen)	
Messjahr	1992 bis 1993	1996	1997	1998	1997	1998
Jahresniederschlag (mm)	756/838	672	853	974	820	
Bruttoprimärproduktion (mol C m^{-2} a^{-1})	–87	–84	–104	–110	–152	–149
Nettoprimärproduktion (mol C m^{-2} a^{-1})[a]	–55	–34	–46	–30	–	–
NPP/BPP (%)	63	40	45	28	–	–
Biomassezuwachs (mol C m^{-2} a^{-1})	–19	–32	–39	–30	–	–
Bodenatmung (mol C m^{-2} a^{-1})[b]	45	48	55	59	–	–
Ökosystem-Atmung (mol C m^{-2} a^{-1})[c]	58	66	82	103	101	100
Boden-/Ökosystematmung	0,77	0,73	0,67	0,58	–	–
Netto-Ökosystemaustausch (mol C m^{-2} a^{-1})[d]	–29	–18	–21	–7	–51	–49

[a] nur oberirdisch;
[b] Wurzelatmung plus Atmung der Bodenorganismen;
[c] Bodenatmung plus Atmung der Pflanzen (d. h. heterotrophe und autotrophe Atmung), extrapoliert aus nächtlichen CO_2-Flüssen;
[d] entspricht Bruttoprimärproduktion minus Ökosystem-Atmung

Ökosystems zwischen 544 und 1249 g C m^{-2} a^{-1}. 50–80% der CO_2-Abgabe entfielen auf die Bodenatmung; deren Veränderlichkeit ist daher für die Kohlenstoffbilanz der Wälder maßgeblich und nicht die Brutto-Primärproduktion (Epron et al. 1999, Janssens et al. 2001), die relativ konstante Werte im Bereich von 1011–1386 g C m^{-2} a^{-1} erreichte (Granier et al. 2003).

Gründliche Untersuchungen zur **trophischen Struktur** des Sauerhumus-Buchenwaldes im Solling haben gezeigt, dass nur ein verschwindend geringer Teil der oberirdischen Nettoprimärproduktion (< 1%) dieses wichtigsten Waldökosystems Mitteleuropas von Herbivoren konsumiert wird und in die Lebendfresser-Kette gelangt (Ellenberg et al. 1986). Die restlichen

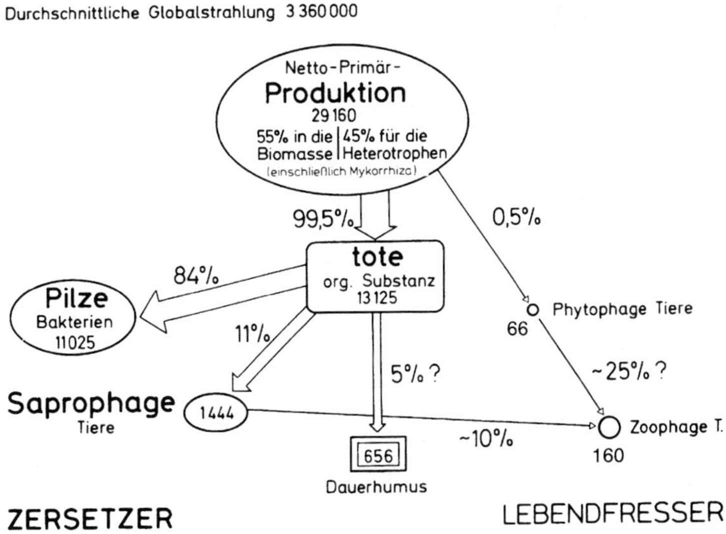

Abb. 4–89 Energiefluss im Solling-Buchenwald, teilweise aufgrund der Atmung berechnet, in kJ m^{-2} a^{-1}. In Anlehnung an Grimm, aus Ellenberg (1987). Hinsichtlich des Energieumsatzes sind die Zersetzer den Lebendfressern weit überlegen. Pflanzenfresser spielen im Buchenwald eine überraschend geringe Rolle, obwohl deren Artenzahl groß ist, z. B. unter den Käfern. Die Flächen der Kompartimente entsprechen der Größenordnung der in ihnen gebundenen Energie (kJ · m^{-2} · a^{-1}).

über 99% fließen als tote organische Substanz in die Zersetzer-Nahrungskette, in der wiederum mehr als 80% von Bakterien und Pilzen veratmet werden (s. Abb. 4–89). Nicht genau bekannt sind allerdings der Fraßverlust durch rhizophage Bodentiere und der C-Transfer in die Mykorrhiza.

4.7.4 Wasserumsatz

Wälder unterscheiden sich von niedrigen krautigen oder grasartigen Vegetationstypen in vier Eigenschaften, die den ökosystemaren Wasserumsatz beeinflussen:

- Sie sind viel größer und haben deshalb eine aerodynamisch rauere Krone, die den Gasaustausch fördert;
- ihr Wurzelsystem reicht tiefer und erschließt größere Wasserreserven;
- im Stammholz können erhebliche Wassermengen gespeichert werden mit der Folge, dass Wasseraufnahme und -abgabe teilweise entkoppelt sind;
- die Stomata der meisten Baumarten reagieren besonders sensitiv auf Änderungen der Luftfeuchte.

In ihren Wasserflüssen weichen Wälder deshalb in mehrfacher Hinsicht von gehölzfreien Vegetationstypen ab.

4.7.4.1 Transpiration

a) Im luftfeuchten ozeanischen Klima Westeuropas unterscheidet sich die **Bestandestranspiration von Wäldern, Heiden und Grünland** nur relativ wenig, weil ein kleines Sättigungsdefizit der Luft die Verdunstung aller Vegetationstypen begrenzt (McNaughton & Jarvis 1983, Miranda et al. 1984, Calder 1990). Das ist zumindest in den stärker kontinental getönten Regionen Mitteleuropas anders: Wälder transpirieren hier in der Regel mehr als Heiden oder Grasländer. So maß Lützke (1966) in Brandenburg an niederschlagsfreien Tagen eine um 30% höhere Transpiration über Wald als über einer bodenfeuchten Wiese (vgl. auch Baumgartner 1957, Douglass 1967, Benecke 1989). Brechtel (1975) ermittelte für Eichen-, Kiefern- und Buchenbestände bei Frankfurt in vier Jahren eine höhere Transpiration und auch Gesamtverdunstung als für ein Grasland (s. Abb. 4–90). In der Lüneburger Heide erreichte ein *Calluna*-Heide-Bestand nur 55–65% der Jahres-Transpirationssumme von benachbarten Birken-Kiefern- und Buchen-Eichenwäldern (s. Tab. 4–20). Der Heidekrautbestand verdunstete typischerweise 0,5–1,5 mm d^{-1}, wobei Höchstwerte von 2 mm nur ausnahmsweise überschritten wurden (s. Abb. 4–91). In den beiden Waldbeständen lagen die Tageswerte dagegen meist zwischen 1 und 4 mm mit Höchstwerten bis zu 6 mm (vgl.

Tab. 4–20 Jahresmittelwerte von Niederschlag (N), Transpiration und Bodenverdunstung (ET), Kroneninterzeption (I), Gesamtverdunstung (IET) und Tiefensickerung (Grundwasserspende, S) in verschiedenen Messperioden in benachbarten Buchen- und Fichtenaltbeständen des Solling (500 m ü.NN.) und in einem Eichen-Buchenaltbestand, Birken-Kiefern-Pionierwald und einer *Calluna*-Heide der Lüneburger Heide (110 m ü.NN.). IET (%) und S (%) geben den prozentualen Anteil der Gesamtverdunstung bzw. der Tiefensickerung am Freiflächenniederschlag an. Nennenswerter Oberflächenabfluss trat nicht auf. Nach Benecke & Ellenberg in Ellenberg et al. (1986) und Leuschner (2002 b).

Zeitraum	Bestandestyp	N (mm)	ET (mm)	I (mm)	IET (%)	S (mm)	S (%)
	Solling						
1969 bis 1975	Buchenaltholz	1060	287	187	45	589	55
	Fichtenaltholz	1060	335	305	60	423	40
1976 bis 1981	Buchenaltholz	1025	276	176	44	572	56
	Fichtenaltholz	1025	328	279	59	419	41
	Lüneburger Heide						
1991 bis 1992	Eichen-Buchenaltholz	776	368	207	74	201	26
	Birken-Kiefernwald	727	442	222	91	63	9
	Calluna-Heide	727	186	160	48	381	52

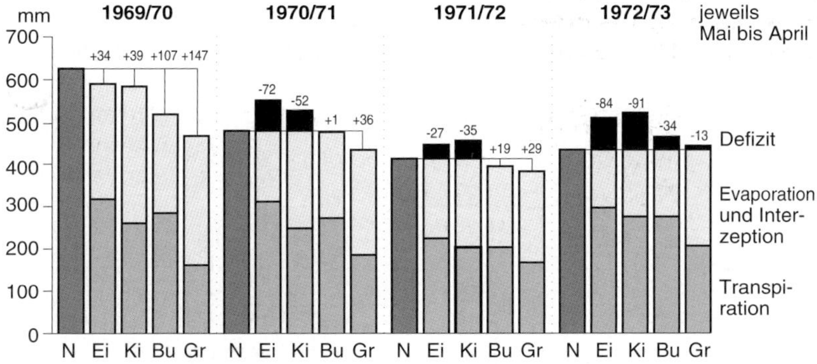

Abb. 4–90 Wasserbilanzen von Eichen-, Kiefern- und Buchenwäldern sowie einer Graslandfläche (Gr) für vier Jahre mit unterschiedlicher Niederschlagsmenge (N). Mittelwerte aus jungen, mittelalten und alten Beständen in der Umgebung von Frankfurt a. M. Nach Brechtel (1975), etwas verändert.

In dem feuchten Wasserwirtschaftsjahr (1. Mai 1969 bis 30. April 1970) war die Gesamtverdunstung von allen Pflanzenbeständen geringer als die Gesamtniederschläge. Der Boden konnte also Wasser speichern bzw. ans Grundwasser abgeben (34–147 mm). In den folgenden drei Jahren, die zufällig alle viel trockener waren, wurde mehr Wasser verbraucht, als durch Niederschläge geliefert wurde; es ergaben sich teilweise beträchtliche Defizite (schwarz).

Stets verdunsteten die Waldbestände mehr als das öfter gemähte Grasland, und die Lichtholzbestände (Ei, Ki) mehr als Buchenbestände (Bu). Die Transpiration (oder „produktive Verdunstung") betrug beim Grasland stets weniger als die „unproduktive Verdunstung" (d. h. der Wasserverlust durch direkte Verdunstung aus dem Boden und durch Interzeption im Pflanzenbestand). Bei Eiche und Kiefer hielten sich beide etwa die Waage; bei der Buche waren Interzeption und Evaporation relativ gering.

auch Polster 1950, Ladefoged 1963, Mitscherlich 1971 und Lyr et al. 1992).

In kontinentalen Klimaten verdunsten Wälder mehr als niedrige Vegetation, weil – anders als im ozeanischen Klima – höhere Sättigungsdefizite die Wasserabgabe begünstigen und die größere Turbulenz über Wäldern voll zum Tragen kommt. Heiden und Grasländer sind dagegen durch eine windberuhigte Grenzschicht vor höheren Wasserverlusten geschützt. Wälder übertreffen niedrige Vegetation in ihrer Transpiration jedoch nur, wenn kein gravierender Wassermangel herrscht. Wiesen mit sehr hohem Grundwasserstand sowie Röhrichte können dagegen eine höhere Evapotranspiration als Wälder erreichen (Baumgartner in Mitscherlich 1971, vgl. Kap. 9.6.2.).

b) Bedingt durch unterschiedlich hohe stomatäre Leitfähigkeiten, unterscheiden sich die **Transpirationsraten mitteleuropäischer Baumarten** pro Blattfläche recht erheblich. Birken und Eichen beispielsweise transpirieren unter vergleichbaren Bedingungen mehr als Eschen, Buchen, Lärchen, Kiefern oder Fichten (z. B. Polster 1950, Ladefoged 1963, Mitscherlich & Künstle 1975, Backes & Leuschner 2000, Hölscher et al. 2005, Köcher et al. 2008). Bedingt durch artspezifisch unterschiedliche Blattflächenindizes und Kronenstrukturen, gleichen sich die Bestandes-Transpirationsraten der Arten jedoch einander an (s. Tab. 4–21). Niedrige Transpirationsraten auf Blattebene, wie sie für Fichte, Douglasie und Tanne kennzeichnend sind, werden durch eine hohe Nadelmasse auf Bestandesebene weitgehend ausgeglichen.

c) Nadelwälder unterscheiden sich von Laubwäldern zwar meist durch eine höhere Interzeptions-Verdunstung; sie sind ihnen aber in der Transpirationsrate der trockenen Krone recht ähnlich (z. B. Rutter 1968, Käppeli & Schulin 1988). McNaughton & Jarvis (1983) nennen für **Laub- und Nadelwälder** typische Transpirationsraten von jeweils 0,2–0,4 mm h^{-1}. Auch nach den Angaben in Tabelle 4–21 bestehen zwischen Laub- und Nadelholzbeständen keine systematischen Unterschiede (vgl. Brechtel 1975). Ein Fichtenaltbestand im Solling transpirierte allerdings in 12 von 13 Jahren etwas mehr (rund 50 mm a^{-1}) als ein benachbarter Buchenbestand (Benecke 1984, Benecke in

Tab. 4–21 Jährliche Bestandestranspiration, Interzeption und Stammablauf von Waldbeständen verschiedener Baumgattungen in Mitteleuropa (n = Anzahl der Bestände). Nach Peck & Mayer (1996), Benecke (1984), Leuschner (2002 b), Eidmann (1959), Schipka et al. (2005), Lützke & Simon (1972) und hierin zitierten Autoren.

	Transpiration			Interzeption		Stammablauf	
	n	Mittelwert (Spanne) (mm a⁻¹)	Relativwerte (% von Fichte)	n	Mittelwert (Spanne) (% des Niederschlags)	n	Mittelwert (Spanne) (% des Niederschlags)
Fichte	20	287 (119–516)	100	31	32 (14–49)	34	0,8 (0,7–2,4)
Kiefer	20	342 (173–765)	119	26	28 (14–37)	4	4 (0,2–9)
Douglasie	2	481 (472–490)	168	2	42 (30–54)	1	0,1
Lärche	4	459 (379–564)	160	3	32 (26–36)		–
Buche	9	289 (213–421)	101	19	20 (5–48)	32	16 (4–18)
Eiche	7	285 (171–327)	99	13	21 (10–34)	1	3
Birke	6	360 (88–564)	125	2	21 (20–22)	1	5

Ellenberg et al. 1986), obwohl Fichtennadeln nach Polster (1950) eine um rund 20% geringere flächenbezogene Transpirationsrate aufweisen als Buchenblätter. Auch im Schönbuch bei Tübingen hatten zwei Fichtenbestände mit 270 und 340 mm eine etwas höhere Jahrestranspiration als ein Buchenwald (263 mm; Fleck 1986). Im Höglwald bei München transpirierte ein Buchenwald dagegen 50 mm mehr als ein benachbarter Fichtenforst (Rothe 1997, vgl. auch Mitscherlich 1971). In der Lüneburger Heide verbrauchte ein 40-jähriger Birken-Kiefernbestand rund 10–20% mehr Wasser als ein 100- bis 200-jähriger Eichen-Buchenwald (Leuschner 2002b). Im niederschlagsarmen Klima Brandenburgs erreichten Kiefernforsten ähnlich hohe Bestandestranspirationsraten wie Buchenwälder (Anders 2002). Nach Brechtel (1975) transpirierten Eichenbestände bei Frankfurt/M. mehr als benachbarte Kiefern- und Buchenbestände.

d) Bedingt durch die turbulente Natur der Grenzschicht über der Waldkrone übt das Sättigungsdefizit einen dominierenden Einfluss auf die Transpiration von Wäldern aus (Köstner et al. 2001). In sehr regen- und wolkenreichen Regionen wie im Solling oder Fichtelgebirge wird die Verdunstung von Buchen- und Fichtenwäldern vor allem durch ein **niedriges Sättigungsdefizit** und **Strahlungsmangel** begrenzt (s. Abb. 4–92). Fallen weniger als etwa 700 mm Jahresniederschlag, so steigt der Einfluss der Bodenwasserverfügbarkeit, und **Wassermangel** schränkt den Wasserverbrauch der Wälder ein, wie Schipka et al. (2005) für mitteleuropäische Buchenwälder zeigen konnten (vgl. auch Bréda et al. 2006). In der kühlen Jahreszeit scheinen auch niedrige Bodentemperaturen die Transpiration der Wälder zu begrenzen. Hurst (1988) konnte durch experimentelle Kühlung des Bodens nachweisen, dass der Wasserverbrauch von Rotbuchen unter Freilandbedingungen in erheblichem Maße von der Bodentemperatur beeinflusst wird. Bei starker Kühlung (beispielsweise auf unter 4,5 °C in 35 cm Tiefe, auf unter 2,5 °C ab 55 cm Tiefe, statt durchweg etwa 5,5 °C ohne Kühlung) sank die Transpirationsrate auf etwa ein Viertel der Kontrolle.

Bei der Wasseraufnahme im Wurzelraum spielt wahrscheinlich „Hydraulic lift“, die nächtliche Anfeuchtung des Oberbodens durch Abgabe von Wasser aus den dortigen Wurzeln, eine Rolle. In Kiefern- und Buchenwäldern der Lüneburger Heide waren die obersten Bodenschichten stets feuchter als das tiefere Profil in 20–70 cm Tiefe, obwohl die Wurzeldichte an der Oberfläche weit höher war (s. Abb. 4–93). Durch höhere Bodenfeuchte im nährstoffreichen Oberboden könnten die Bäume ihre Nährstoffaufnahme verbessert haben.

e) Nordostdeutsche Kiefernforsten erreichen ihre **höchste Bestandestranspiration im Stangenholzalter** (etwa 20 Jahre; Anders 2002). Für Fichtenbestände konnten Alsheimer et al. (1998) zeigen, dass ältere Bestände eine nied-

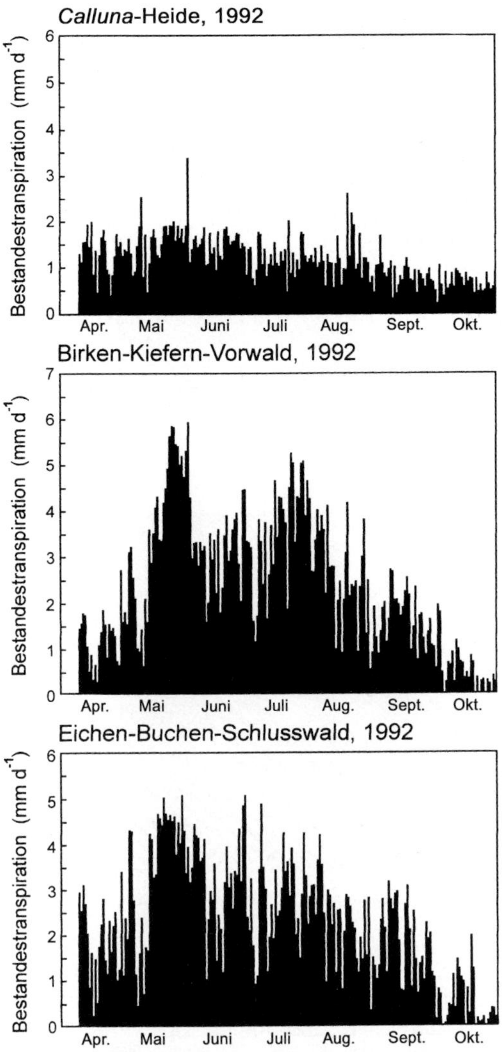

Abb. 4–91 Tagessummen der Evapotranspiration (Transpiration, Bodenevaporation und Interzeptionsverdunstung) über einer *Calluna*-Heide, einem Birken-Kiefernwald und einem benachbarten Eichen-Buchenwald auf Sandboden in der Lüneburger Heide, basierend auf Energiebilanz-Messungen bzw. Berechnungen mit der Penman-Monteith-Gleichung. Die geringe Turbulenz über dem Heidebestand begrenzt die Verdunstung hier auf Werte unter 2 mm d^{-1}, während die Wälder in bodenfeuchten, strahlungsreichen Perioden bis zu 5 mm d^{-1} verlieren. Nach Leuschner (2002b).

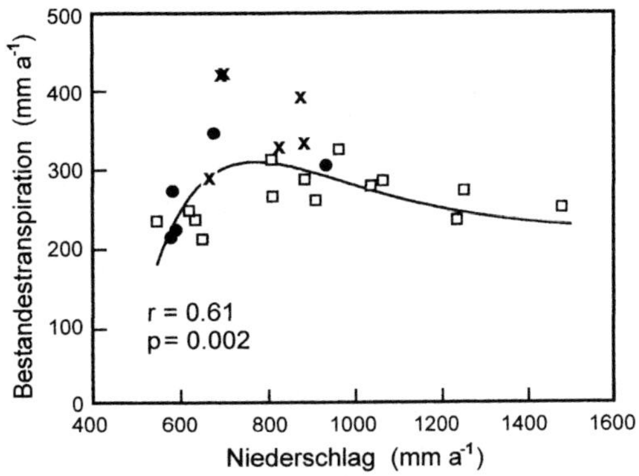

Abb. 4–92 Abhängigkeit der Bestandestranspiration in mitteleuropäischen Buchenaltbeständen von der Niederschlagshöhe, basierend auf mikrometeorologischen (Kreuze) und bodenhydrologischen (offene Quadrate) Methoden oder Saftflussmessungen (Punkte). Wahrscheinlich begrenzt Bodentrockenheit die Transpiration unterhalb von 700 mm Niederschlag, während Bewölkung und Strahlungsmangel oberhalb von 1000 mm limitierend wirken. Nach Schipka et al. (2005).

rigere nadelflächenbezogene Transpiration aufwiesen als jüngere, weil ältere Bäume weniger Nadeln pro leitender Splintfläche besitzen als jüngere (s. Abb. 4–94). Noch wichtiger ist jedoch die **Stammdichte** des Bestandes; dichter stehende Fichten erreichen eine deutlich höhere Transpiration pro Nadelfläche, offenbar weil sich die räumliche Anordnung der Nadeln verändert (Köstner et al. 2001). Anders (2002) fand eine lineare Zunahme der Bestandestranspiration von Kiefernbeständen mit dem Blattflächenindex. Für die von Peck & Mayer (1996) festgestellte Abnahme der Bestandestranspiration in alten Fichten-, Kiefern- und Eichenbeständen sind wahrscheinlich sowohl geringere Stammdichten und Blattflächen als auch niedrigere spezifische Transpirationsraten verantwortlich (s. Abb. 4–95).

In lichten Kiefernwäldern wird die Bestandesverdunstung wesentlich von der **Transpiration der Krautschicht** bestimmt. Nach Anders (2002) verbrauchte die Krautschicht in grundwasserfernen Kiefernbeständen des nordostdeutschen Pleistozäns 30–50 % des Jahresniederschlages von 620 mm und begrenzte dadurch das Wasserangebot für die Bäume, die trockenheitsbedingte Zuwachseinbußen erlitten. Besonders hoch war die Verdunstung von *Calamagrostis epigejos*-Herden (bis > 7 mm d^{-1}), niedriger dagegen in *Vaccinium myrtillus*-Beständen (< 1 mm d^{-1}). Unter vergleichbaren klimatischen Bedingungen ändert sich die kumulative Verdunstung der Kraut-

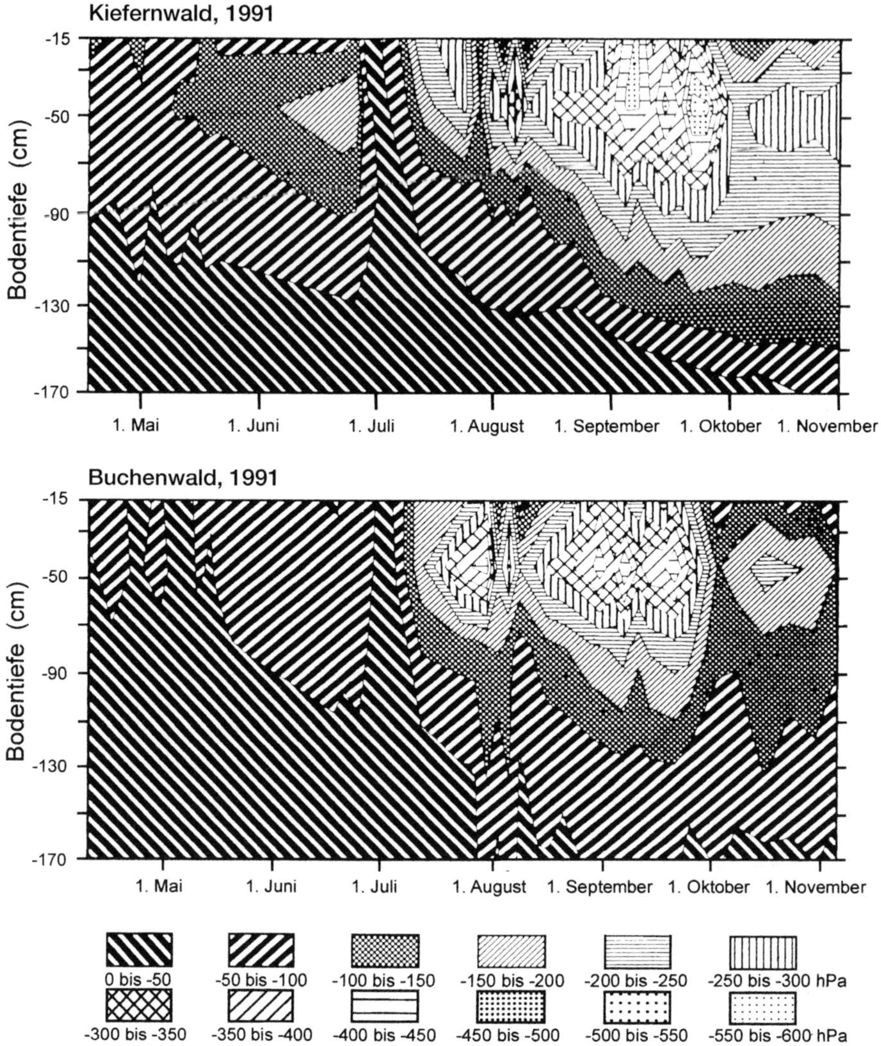

Abb. 4–93 Veränderungen im Matrixpotenzial des Bodenwassers in 15–170 cm Tiefe in einem Eichen-Buchenwald und einem Birken-Kiefernwald auf Sandboden in der Lüneburger Heide im Jahresverlauf 1991 (Mittelwerte von bis zu 22 Tensiometern pro Tiefe und Fläche). Die maximale Austrocknung erfolgte im Sommer nicht in den obersten Bodenschichten mit höchster Feinwurzeldichte, sondern in etwa 40 cm Tiefe; möglicherweise verhinderte Hydraulic lift das Austrocknen der obersten Horizonte. Im immergrünen Kiefernwald setzte die Bodenaustrocknung früher ein als im Buchenwald; in diesem wiesen bis in den Juli große Teile des Profils Potenziale > –50 hPa auf, also oberhalb der konventionellen Feldkapazität. Nach Leuschner (2002 b), verändert.

und Baumschicht, also die Bestandesverdunstung, nur wenig, wenn die Bestandesdichte der Bäume variiert (Müller 1996, Lüttschwager et al. 1999). In Buchenwäldern mit dichtem Kronenschluss transpiriert die Krautschicht auch im Hochsommer selten mehr als 1 mm d^{-1}, weil die Waldbodenverdunstung strahlungslimitiert ist (s. Hädrich & Heuveldop 1978). In einem Kalkbuchenwald ermittelte Leuschner (1986) sogar einen Wert von nur 0,6 mm d^{-1}.

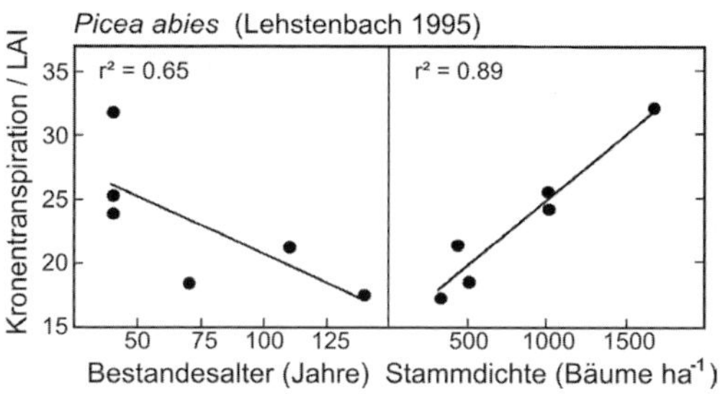

Abb. 4–94 Abhängigkeit der nadelflächenbezogenen Kronentranspiration (mm pro Vegetationsperiode, standardisiert auf projizierten LAI) von Fichtenbeständen im Fichtelgebirge vom Bestandesalter (links) und der Stammdichte (rechts). Nach Alsheimer et al. (1998).

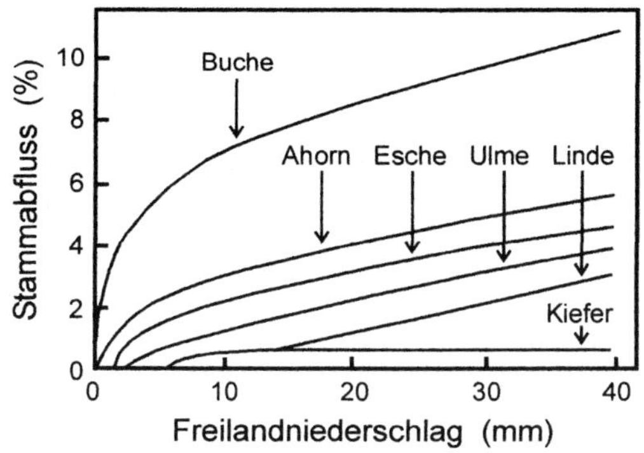

Abb. 4–96 Schematische Darstellung der Beziehung zwischen Niederschlagshöhe und Stammablauf bei sechs einheimischen Baumarten. Hohe Stammabläufe treten nur bei der Buche und der Hainbuche auf. Nach P. Benecke (Manuskript).

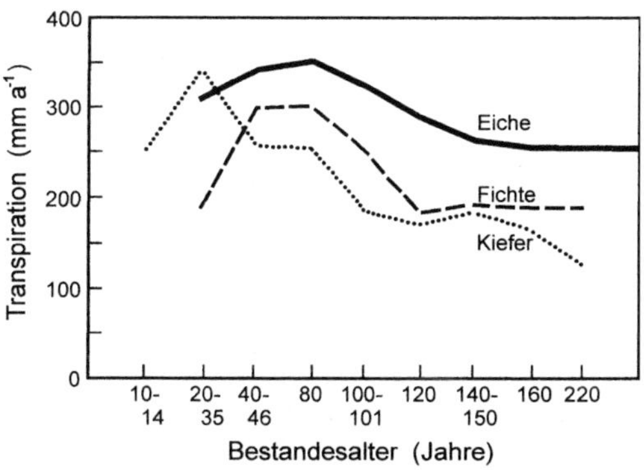

Abb. 4–95 Mittlere jährliche Transpiration von Fichten-, Kiefern- und Eichenbeständen in Abhängigkeit vom Bestandesalter. Nach Zahlen bei Peck & Mayer (1996).

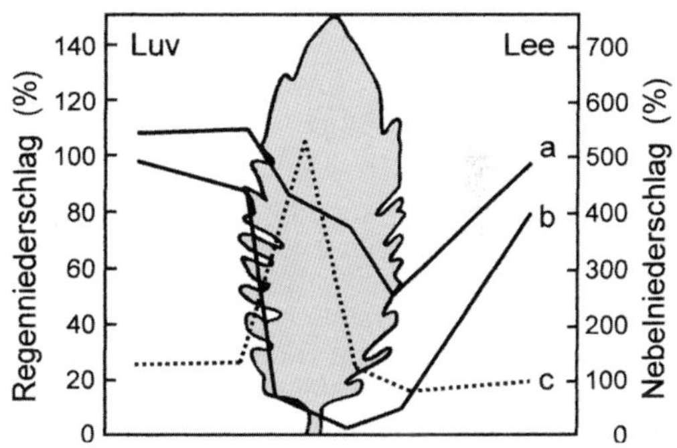

Abb. 4–97 Niederschlagsverteilung vor, unter und hinter einer einzeln stehenden Zirbe (*Pinus cembra*) an der Waldgrenze bei (a) Starkregen (100 % = 35,5 mm in 6 Stunden), (b) schwachem Dauerregen (100 % = 14 mm in 20 Stunden) und (c) Nebelniederschlag bei schwachem Wind (100 % = 1,8 mm Niederschlag). Nach Aulitzky et al. (1982) in Larcher (2001).

4.7.4.2 Interzeption und Stammablauf

Nach der Zusammenstellung in Tabelle 4–21 schwankt die Niederschlags-**Interzeption** in den Kronen mitteleuropäischer Baumarten im Jahresmittel zwischen 20% (Buche, Birke und Eiche) und 42% (Douglasie). In Nadelwäldern ist sie vor allem deshalb höher, weil diese auch im Winter interzipieren. Im Solling maß Benecke (1984) in einem Fichtenforst eine mehr als doppelt so hohe Interzeption wie in einem Buchenwald (s. Tab. 4–20). Nur die Buche und die Hainbuche weisen einen hohen **Stammablauf** auf, der bis zu 18% des Freilandniederschlages erreichen kann (s. Abb. 4–96). Aufgrund ihrer Kronenstruktur und Rindenbeschaffenheit besitzen Fichten, Kiefern, Douglasien und Eichen nur geringe Stammabläufe (s. Tab. 4–21; vgl. Mitscherlich 1971).

Interzeption und Stammablauf hängen nicht nur von der Baumart ab, sondern werden wesentlich auch vom Regionalklima bestimmt: In sommerwarmen kontinentalen Regionen interzipieren Wälder weniger als in ozeanischen. In nebelreichen Regionen kann andererseits der Bestandesniederschlag infolge **Auskämmung von Wolken** und ziehenden Nebelschwaden sogar größer als der Freilandniederschlag sein; die Nettointerzeption ist dann negativ (s. Abb. 4–97). Der Blattflächenindex hat zumindest bei der Buche keinen Einfluss auf die

Interzeptionshöhe (Granier et al. 2003); in Kiefernwäldern ist allerdings der Kronenschlussgrad eine wichtige bestimmende Größe (Anders 2002). Der prozentuale Stammablauf steigt mit dem Niederschlag auf einen Sättigungswert an (s. Abb. 4–97); er ist in regenreichen, kühlen Regionen besonders hoch.

4.7.4.3 Tiefensickerung und Wasserbilanz

Wie viel Wasser den Boden in Richtung Grundwasser verlässt, hängt vom Bestandestyp, der Niederschlagshöhe und der Korngröße des Bodens ab. In Nordostdeutschland und in der Lüneburger Heide war die jährliche **Tiefensickerung** unter Kiefernbeständen aufgrund der höheren Verdunstungsverluste geringer als unter Buchen- oder Eichenwäldern (Müller 2001, Anders 2002, Leuschner 2002b; s. Tab. 4–20). In trockenen Jahren versickerten unter Kiefern weniger als 50 mm. Dabei ist die Sickerung in Sandböden besonders gering bei einem hohen Feinsandanteil, weil mehr Wasser im Boden gespeichert und von den Wurzeln aufgenommen wird als in gröberem Substrat. Im regenreichen Klima des Solling versickerten im Jahresmittel rund 150 mm mehr unter Buchenwald als unter Fichtenforst, und zwar 55 bzw. 40 % der Niederschlagsmenge (s. Abb. 4–98 u. Tab. 4–20). Ursache ist vor allem die höhere Interzeption der Fichtenbestände im Winter (Benecke 1984).

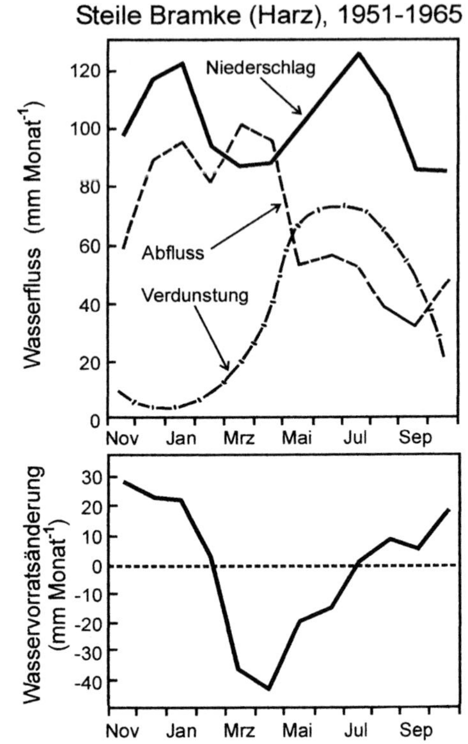

Abb. 4–99 Mittlerer Jahresgang von Niederschlag, Verdunstung und Abfluss sowie der aus der Wasserbilanz resultierenden ökosystemaren Wasservorratsänderung in einem bewaldeten, montanen Einzugsgebiet des Oberharzes. Nach Daten von Liebscher (1975) in Benecke (Manuskript).

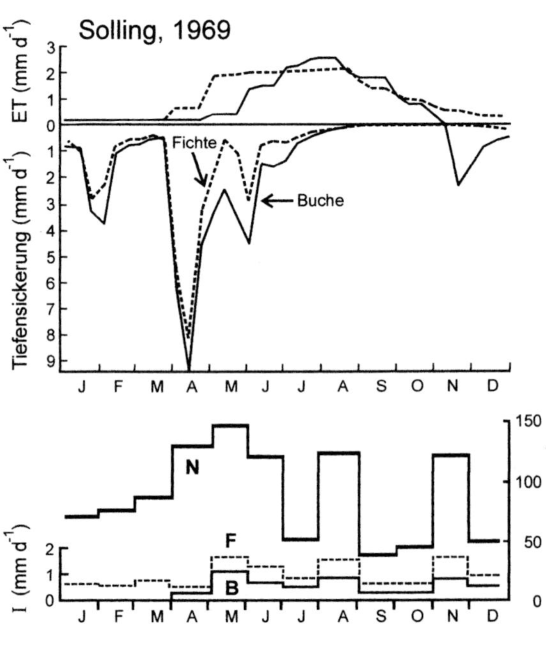

Abb. 4–98 Saisonale Veränderung von Niederschlag und Interzeption (unten), Tiefensickerung (Mitte) sowie Transpiration und Bodenevaporation (ET, oben) in einem Buchen- und benachbarten Fichten-Altbestand in montaner Höhenlange im Solling 1969. Nach Benecke & van der Ploeg 1976).

Tiefensickerung und Verdunstung beschreiben im Jahresverlauf in etwa gegenläufige Kurven. Im vollständig bewaldeten, regen- und schneereichen Einzugsgebiet der Steilen Bramke im Oberharz (1232 mm Niederschlag) war der Abfluss zur Zeit der Schneeschmelze im März/April am höchsten; sein Minimum erreichte er trotz hoher Regenmengen am Ende des Sommers (s. Abb. 4–99).

4.7.5 Nährstoffumsätze

4.7.5.1 Stickstoffmineralisation

a) Blattstreu, absterbende Wurzeln und tote Pilzhyphen und Bakterien führen dem Boden kontinuierlich mehr oder weniger stickstoffreiches organisches Material zu, das zunächst von der Makro- und Mesofauna und schließlich von Bakterien und Pilzen zersetzt wird (Berg & McClaugherty 2003, Godbold et al. 2006). Eine zentrale Rolle im Stickstoffkreislauf spielt die mikrobielle Biomasse, die das bei der Mineralisierung freigesetzte Ammonium inkorporiert und damit für die Pflanzen „immobilisiert". Generell darf man annehmen, dass die Boden-Mikroorganismen den Pflanzen in der Stickstoffaufnahme überlegen sind (Hodge et al. 2000, Zak et al. 1990). Vor allem in Substraten mit weitem C/N-Verhältnis ist die Immobilisierung bedeutend und die Nettofreisetzung entsprechend erniedrigt. Mineralstickstoff gelangt vor allem dann in die Bodenlösung und steht den Wurzeln zur Verfügung, wenn phasenweise verstärkt Bakterien und Pilze absterben. Pflanzen können jedoch mithilfe der Mykorrhiza die Stickstoffverfügbarkeit erheblich verbessern, wenn Spezialisten unter den Pilzen organisches N nutzen und die Hyphen stickstoffreiche Kleinstandorte im Boden erschließen. Manche Mykorrhizapilze sind auch selbst am Streuabbau beteiligt (z. B. Kerley & Read 1995).

Freiland-Inkubationsmessungen können das standörtliche Mineralstickstoff-Angebot in der Vegetationsperiode zumindest abschätzen, wenn sie auch über die Leistungen der Mykorrhiza bei der N-Aufnahme keine Aussagen erlauben (s. Gerlach 1973, Raison et al. 1987, Schaffers 2000). In den drei nachfolgenden Tabellen wurden durch diesen Ansatz bestimmte N-Nachlieferungsraten für mitteleuropäische Buchenwälder (s. Tab. 4–22), buchenfreie Laubmischwälder (s. Tab. 4–23) und Nadelwälder (s. Tab. 4–24) zusammengestellt. Die erkenn-

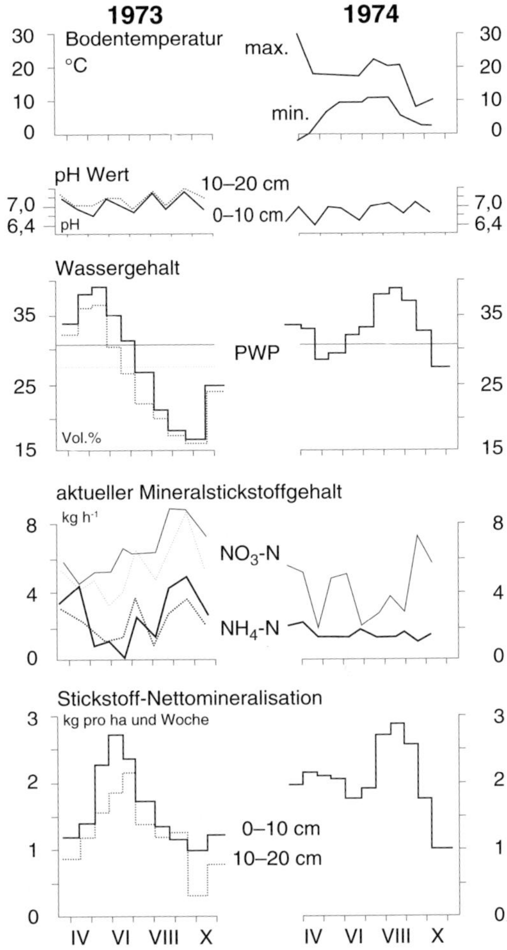

Abb. 4–100 Stickstoffgehalt und -Nettomineralisation in Beziehung zu Wassergehalt, pH-Wert und Temperatur einer Rendzina unter relativ trockenem Perlgras-Buchenwald (Hordelymo-Fagetum) bei Göttingen. Im Carici-Fagetum sind die jahreszeitlichen Schwankungen gleich, die absoluten Beträge der Stickstoff-Nettomineralisation jedoch geringer. Nach Grimme (1975), etwas verändert.
In der flachgründigen Hangrendzina ist der Wasserzustand ein entscheidender Faktor, besonders für die N-Nettomineralisation. Diese folgt daher weitgehend dem Wassergehalt des jeweiligen Horizonts und war im trockenen Spätsommer 1973 extrem niedrig. Da aber auch die Wurzeltätigkeit durch Trockenheit gehemmt wird, sammelt sich in Trockenperioden viel Mineralstickstoff an. Im Trockenjahr 1973 geschah dies sogar in Form von Ammonium (NH_4), weil auch die Nitrifikanten gehemmt waren. Bei besserer Wasserversorgung verringert sich der NH_4-Gehalt und ist oftmals gleich null.

Tab. 4–22 Stickstoff-Nettomineralisation pro Jahr (bzw. Vegeationsperiode) in Kalk-, Braunmull- und Moderbuchenwäldern; wo nicht anders vermerkt, in der Umgebung von Göttingen. Nach Angaben von Grimme (1975), v. Gadow (1975), Runge (1974) und van Praag et al. (1973), aus Ellenberg (1977). Die Maxima für jede Gesellschaft sind fett gesetzt. Die Spannen beziehen sich auf mehrere Probeflächen. Nach 1975 machte sich die Immission luftgetragener Stickstoffverbindungen immer stärker bemerkbar. Die hier mitgeteilten Daten entsprechen noch ungefähr den „natürlicheren" Verhältnissen vorher.

Waldgesellschaften und Bodentypen	**Netto-Mineralisation** (kg N $ha^{-1}a^{-1}$)			**Nitrifikationsgrad**[1]
Jahr: Feuchte:	1972 normal	1973 trocken	1974 feucht	
1. Seggen-Trockenhang-Buchenwälder				
a an Sonnhängen:				
Carici-Fagetum primuletosum, Rendzina	–	10–45	8–**67**	V
Carici-Fagetum typicum, flachgründige Rendzina	28	–	32	V
Carici-Fagetum typicum, normale Rendzina	–	–	**89**	V
b an Schatthang:				
Carici-Fagetum actaeetosum, Rendzina	–	–	**94**	V
2. Frische Kalkbuchenwälder				
a Waldgersten-Buchenwald:				
Lathyro-Fagetum[2] hordelymetosum, Rendzina	80–145	–	148	V
Lathyro-Fagetum hordelymetosum, mittelgründige Rendz.	–	115–128	113–**187**	V
Lathyro-Fagetum hordelymetosum, Braunerde über Kalk	–	82	142	V
b Bärlauch-Buchenwald:				
Lathyro-Fagetum allietosum, braune Rendzina	–	124	**195**	IV
3. Braunmull-Buchenwälder				
a Perlgras-Buchenwälder am Meißner:				
Melico-Fagetum typicum, mächtige Braunerde	144–157	–	188–**238**	V
Melico-Fagetum typicum, flachgründige Braunerde	59–78	–	66–70	V
b desgl. im Harz (obere Montanstufe):				
Melico-Fagetum typicum, flachgründige Braunerde	19–77	–	24–?	V
4. Moderbuchenwälder				
Hainsimsen-Buchenwald, sehr saure Braunerde		(1968)	(1967)	
Luzulo-Fagetum im Solling[3]	–	ca. 80	ca. **130**	III
Luzulo-Fagetum in den belgischen Ardennen[4]	107			?

[1] V = mehr als 90% des Mineralstickstoffs wird als NO_3 angeboten, IV = 75–90 %, III = 50–75 %, II = 25–50 %, I = 5–25 %, 0 = < 5 %.
[2] Von Winterhoff (1963), auf dessen Darstellung die übrigen Namen zurückgehen, als Melico-Fagetum hordelymetosum bezeichnet. Heutige Namen: 2 = Hordelymo-Fagetum, 3 = Galio odorati-Fagetum.
[3] Errechnet aus den von Runge (1974) publizierten Abbildungen. Er gibt nur den Durchschnittswert beider Jahre an (112,5), und bezeichnet diesen als „überhöht" durch den Mischeffekt.
[4] April 1972 bis April 1973.

baren Unterschiede in der N-Mineralisation lassen sich auf Einflüsse von Bodenazidität, Streuqualität, N-Eintrag, Bodenfeuchte, Baumart und Temperatur zurückführen.

b) Nach Bilanzierungen von Mayer (in Ellenberg et al. 1986), Matzner (1988) und Sah (1990) benötigen Buchen-Altbestände jährlich rund 60–70 kg N ha^{-1}, um den **Stickstoffbedarf** für Holzzuwachs und Blattproduktion zu befriedigen. Cole (1981) gibt einen mittleren Bedarf von 75 kg N ha^{-1} a^{-1} für mitteleuropäische Laubwälder an, jedoch von nur 47 kg N ha^{-1} a^{-1} für Nadelwälder. Zusätzlicher Stickstoffbedarf entsteht durch den Wurzelumsatz, der nur selten quantifiziert wurde (vgl. Melillo 1981).

Die Obergrenze der Bestandesaufnahme von temperaten Wäldern dürfte nach Schulze et al. (2000) bei 100 kg N ha^{-1} a^{-1} liegen. Das entspricht recht gut der gemessenen mittleren N-Nettomineralisation in mitteleuropäischen Laubwäldern, die Khanna & Ulrich (1991) mit ungefähr 110 kg N ha^{-1} a^{-1} angeben.

Die Zahlen zur jährlichen **N-Nettomineralisation in verschiedenen Buchenwald-Gesellschaften** in Tabelle 4–22 zeigen, dass der Bedarf in den sauren Braunerden der Moderbuchenwälder mit etwa 80 bis mehr als 100 kg N ha^{-1} a^{-1} eher knapp gedeckt wird, in den Mullbuchenwäldern (Lathyro- und Melico-Fagetum) dagegen mit fast stets mehr als 100 kg ha^{-1} a^{-1} deutlich übertroffen wird. Das gilt zumindest für die wärmeren Tieflagen. Eine noch höhere N-Nachlieferung besitzen edelholzreiche **Schlucht- und Auenwälder**, in denen eine ligninarme und nährstoffreiche Streu sowie günstige Bodenfeuchtigkeit den Abbau beschleunigen. Von Gadow (1975) fand in Ahorn-Eschenwäldern Netto-Mineralisationsraten bis zu 350 kg N ha^{-1} a^{-1} (s. Tab. 4–23).

Recht geringe Nachlieferungen wurden in den Seggen-Trockenhang-Buchenwäldern gemessen, in denen Wassermangel die Mineralisierung in trockenen Sommern hemmt (Grimme 1977; s. Abb. 4–100). Die geringere Produktivität der Buche an diesen Standorten ist daher wahrscheinlich nicht nur auf Trockenheit zurückzuführen, sondern könnte zusätzlich durch Stickstoffmangel bedingt sein.

In heutiger Zeit werden in manchen **Kiefern- und Fichtenwäldern** ähnlich hohe Mengen an Mineralstickstoff nachgeliefert wie in Laubwäldern (Ibrom 1987, Brünn 1999, Persson et al. 2000; s. Tab. 4–24). Das ist wahrscheinlich eine Folge der erhöhten N-Einträge, die zu einer Verengung des C/N-Verhältnisses geführt haben. Man kann annehmen, dass Kiefern- und Fichtenbestände unter natürlichen, niedrigen Immissionsraten aufgrund der ungünstigeren Humusformen eine schlechtere Stickstoffversorgung besessen haben als Laubwälder. Das deuten vergleichende Freilandmessungen z. B. von Kriebitzsch & Bühmann (1989) und Templin & Leuschner (unveröff.) in der relativ immissionsarmen Lüneburger Heide an.

Die Bodenflora von Fichtenwäldern spricht rasch auf eine bessere Stickstoffversorgung an (Karpov 1975). Auch die Bodenfauna und damit die Streuzersetzung und Humusbildung wird von ihr mitgeprägt (Wittich 1963). Bei guter N-Versorgung auf genügend basenreichem Boden kann sich auch unter Fichtenwald sogar mull-

Tab. 4–23 Stickstoff-Nettomineralisation pro Jahr (bzw. Vegetationsperiode) und Nitrifikationsgrad nach Freiland-Inkubationsmessungen in buchenfreien Laubwäldern Mitteleuropas. Nach Angaben von Antonietti (1968) in Ellenberg (1977), von Gadow (1975) und Reichardt (1981).

Waldgesellschaft und Bodentyp	Mineralisationsrate (kg N ha^{-1} a^{-1})	Nitrifikationsgrad (%)
1. Wärmeliebende Laubmischwälder auf Kalk im Tessin[1]		
Submediterr. Mannaeschen-Mischwälder, Rendzina	62–108	80–100
2. Mäßig wärmelieb. Laubmischwälder auf saurem Gestein im Tessin[2]		
Eschen-Ulmen-Mischwald, reiche Braunerde	29–106	60–100
Eschen-Eichen-Mischwald, ärmere Braunerde[3]	26–115	40–60
3. Mäßig wärmelieb. Birken-Eichenwälder im Tessin[4]		
Insubrische Birken-Eichenwälder	40–81	1–60
4. Bodenfeuchte, kühle Schluchtwälder		
Ahorn-Eschenwälder in Mittel- und SW-Deutschland, eutr. Braunerde	150–380	80–100
5. Bodensaurer Eichenwald		
Montaner Eichenforst im Solling, saure Braunerde	143	40

[1] zum Verband Orno-Ostryon gehörend, aber den mitteleuropäischen nahestehend;
[2] zum Verband Carpinion gestellt;
[3] z. T. reich an Besenginster, deshalb hohe Nachlieferung;
[4] den mitteleuropäischen Birken-Eichenwäldern ähnlich, aber längere Vegetationsperiode

Monokulturen, beispielsweise Buchen-Fichten-Mischbestände mit Buchen- und Fichten-Reinbeständen. Pretzsch (2005) hat die Ergebnisse dieser Untersuchungen ausgewertet und kommt zu dem Schluss, dass artenreichere Wälder nur dann produktiver als Reinbestände sind, wenn sich die Baumarten in ihren funktionalen Eigenschaften deutlich unterscheiden. Das ist der Fall, wenn Pionier- und Schlusswaldarten bzw. lichtliebende und schattentolerierende Baumarten kombiniert werden (s. a. Caspersen & Pacala 2001). Wachsen dagegen funktional ähnliche Arten zusammen, können asymmetrische Konkurrenzeffekte sogar zu einer geringeren Bestandesproduktivität im Mischbestand führen. Nach Vila et al. (2005) sind artenreiche Wälder nur dann produktiver, wenn es sich um Bestände von Pionierbaumarten handelt bzw. die Bestände Wasser- oder Nährstoffmangel ausgesetzt sind. In jedem Fall scheint die Höhe der Produktivität stärker von der Identität der anwesenden Baumarten und ihren Eigenschaften abzuhängen als von der Baumartenzahl selbst (Szwagrzyk & Gazda 2007, Jacob et al. 2009).

Das gilt auch für andere Ökosystemfunktionen wie Streuabbau, Mineralisierung und Wasserumsatz, bei denen komplementäre Ressourcennutzung in Mischwäldern denkbar ist (Rothe & Binkley 2001). Die wenigen bisher vorliegenden Daten aus Altbeständen deuten an, dass auch in diesen Fällen Einflüsse der reinen Baumartenzahl meist gering sind und diese von Effekten des Standorts und der spezifischen Baumeigenschaften überdeckt werden (z. B. Hättenschwiler 2005, Scherer-Lorenzen et al. 2005, Gebauer 2008). Das gilt sogar für die Sturmgefährdung, bei der Mischbestände keineswegs immer stabiler sind (Dhote 2005). Deutliche Effekte der Baumartenvielfalt ließen sich dagegen im Hinblick auf den Befall durch herbivore Insekten und pathogene Pilze feststellen. In Bestätigung der „Versicherungs-Hypothese“ (insurance hypothesis) der Diversität wurden Bäume in Mischbeständen weniger von Schadorganismen befallen als in Reinkultur (Jactel et al. 2005, Pautasso et al. 2005).

4.7.5.5 Rolle der Krautschicht

Das reiche Stickstoffangebot an basenreichen Waldstandorten nutzt eine üppige Krautschicht, die beispielsweise im Kalkbuchenwald des Göttinger Waldes 30 kg N ha^{-1} a^{-1} zusätzlich aufnimmt (s. Tab. 4–25). Damit kann sie ökosystemare Nitratverluste reduzieren, aber gleichzeitig in Konkurrenz zu den Bäumen treten (Olsson & Falkengren-Grerup 2003, Gebauer et al. 2000). Nach Messungen von Eggert (1985) im Göttinger Kalkbuchenwald speicherte eine bärlauchreiche Krautschicht 5 % des Stickstoffvorrates, der in der Biomasse des Ökosystems gebunden war; sie trug aber zu 20–30 % zum jährlichen N-Umsatz im Bestand bei (s. Tab. 4–25). Die Krautschicht spielte also eine wichtige Rolle im Nährstoffumsatz des Waldes. Das ist umso erstaunlicher, als die *Allium*-Pflanzen 74 % ihres jährlichen N-Bedarfs aus den vorjährigen Zwiebeln decken, also einen intensiven pflanzeninternen N-Umsatz durchführen (s. Kap. 4.5.2.6 e). Die Kräuter des Kalkbuchenwaldes haben typischerweise stickstoffreichere Blätter als die Bäume; ihre Streu beschleunigt daher den Abbau der Bestandesabfälle und den Nährstoffumsatz.

4.8 Vegetationsdynamik

4.8.1 Dynamik der Baumschicht

Intensive Forschung in den verbliebenen Urwäldern Mittel- und Südosteuropas hat in den letzten 40 Jahren zu zahlreichen neuen Erkenntnissen über die Dynamik von temperaten Wäldern geführt. Diese Ergebnisse werden in den Kapiteln 5.7.2.2 (Buchenwälder) und 7.8.2 (Nadelwälder) behandelt.

4.8.2 Fluktuation und Sukzession in der Krautschicht

Zahlreiche Dauerflächen-Untersuchungen in mitteleuropäischen Wäldern zeigen eindrucksvoll, wie rasch sich die Krautschichtvegetation von Jahr zu Jahr verändern kann (s. Abb. 4–106). In einem Kalkbuchenwald bei Göttingen dehnte sich die *Allium*-Fazies innerhalb von 20 Jahren von 26 auf 62 % der Fläche und der *Anemone nemorosa*-Dominanztyp von 4 auf 20 % aus, während *Mercurialis perennis* fast ganz verschwand (Rückgang von 25 auf 3 %, Dierschke 2004). Die zunehmende Dominanz des Bärlauchs führte zu einer Abnahme der Diversität auf der Untersuchungsfläche (von 59 auf 47 Gefäßpflanzenarten auf der 2,8 ha großen Fläche).

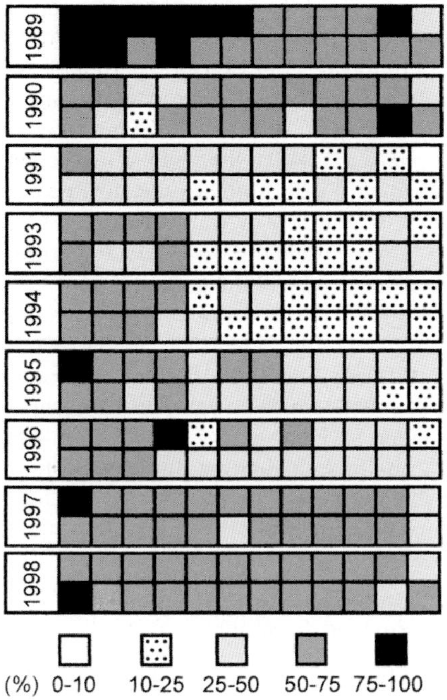

Abb. 4–106 Interannuelle Fluktuation des Deckungsgrades von *Allium ursinum* in 24 Probeflächen mit 50 × 50 cm im Göttinger Kalkbuchenwald von 1989 bis 1998. Nach Dierschke (2003).

Sowohl ungerichtete **interannuelle Fluktuation** als auch gerichtete Sukzession spielen bei diesen dynamischen Veränderungen eine Rolle. Treibende Kräfte der Dynamik sind zum einen kleinräumige Aussterbe- und Neubesiedlungsprozesse, die durch Unterschiede im Lebenszyklus der konkurrierenden Arten befördert werden. Dies gilt insbesondere, wenn langlebige Waldbodenpflanzen wie *Lamium galeobdolon* neben Annuellen (z. B. *Impatiens noli-tangere*) wachsen. Lokale Störungen und Krankheiten können ebenfalls eine Rolle spielen. Befall mit dem parasitischen Pilz *Synchytrium mercurialis* kann zum periodischen Rückgang von *Mercurialis perennis* führen (Dierschke & Brünn 1993). Dierschke (2004) vermutet auch selektiven Verbiss, der eher *Anemone nemorosa, Dentaria bulbifera* und *Hedera helix* schadet als *Allium ursinum* und *Mercurialis perennis*. Unter den abiotischen Faktoren spielen offenbar Trockenperioden eine wichtige Rolle. Nach Runge (1981), Wolf (1988) und Brunet & Tyler (2000) sind die interannuellen Fluktuationen in der Krautschicht westdeutscher Eichen-Hainbuchenwälder vor allem auf Witterungsschwankungen, insbesondere trockene Sommer, zurückzuführen. Beispielsweise erleidet *Mercurialis perennis* in trockenen Sommern deutliche Vitalitätseinbußen (Schmidt 1988).

Einen großen und oft unterschätzten Einfluss auf die Krautschichtdynamik haben schließlich **Änderungen in der Waldbewirtschaftung und Waldstruktur**, wie sie in den meisten mitteleuropäischen Wäldern in den letzten Jahrzehnten und Jahrhunderten stattgefunden haben. Der Übergang von der Mittel- zur Hochwaldwirtschaft hat die Wälder dunkler werden lassen und die Luftfeuchtigkeit erhöht. Dies begünstigt die Frühlingsgeophyten. Die an manchen Orten (z. B. in Süddeutschland, im thüringischen Hainich und bei Göttingen) beobachtete Zunahme des Bärlauchs mag hierauf zurückzuführen sein (Bücking 1989, Ahrns & Hofmann 1998, Böhling 2003, Dierschke 2004). Die Einwanderung der stark schattenden Hainbuche in thermophile Fingerkraut-Eichenwälder in Ostpolen führte zum Verschwinden lichtliebender Waldbodenpflanzen und zu einem Diversitätsrückgang (Kwiatkowska et al. 1997). Eine Zunahme der Artenvielfalt tritt dagegen meist nach Auflichtung durch Schirmschlag ein. Weitere treibende Kräfte von Veränderungen sind atmosphärische Stickstoff- und Säureneinträge (s. Kap. 4.9.3.2) und die Klimaerwärmung. Letztere beschert den Geophyten eine längere günstige Periode vor dem Austreiben der Bäume, dehnt auf der anderen Seite aber die schattende Laubphase der Bäume aus und reduziert den winterlichen Schneeschutz (s. Kap. 3.9 a).

4.9 Menschlicher Einfluss

4.9.1 Waldschäden in Vergangenheit und Gegenwart

Bäume sind auch ohne Zutun des Menschen verschiedenen Gefahren ausgesetzt, sei es durch

- ungewöhnliche Witterungsereignisse wie Sturm, starken Frost oder Dürre (s. Cramer 1984, Cramer & Cramer-Middendorf 1984, Kramer & Kätsch 1994, Granier et al. 2007; s. Kap. 4.4.4.1 h);
- Überflutungen, Brände oder andere Katastrophen;

– pflanzenfressende Großtiere, die zumindest den Jungwuchs vernichten (s. Kap. 4.4.4.3);
– Schadorganismen verschiedenster Art, z. B. Pilze, Bakterien und Insekten (s. Schmidt-Vogt 1989, Hartmann & Blank 1992, Groth 1994, Kandler 1994, Thomas & Blank 1996).

Schwächend können zudem ungewöhnliche Leistungen der Bäume selbst wirken, z. B. mehrere aufeinanderfolgende Mastjahre (s. Nassauer 1992).

Solche töten freilich in der Regel nur Einzelbäume und Baumgruppen in bestimmten Altersstadien oder zu bestimmten Jahreszeiten, aber nur selten ganze Waldbestände, und sie lösen Sukzessionen aus, die den Wald regenerieren. Selbst extreme Trockenjahre, wie sie 1947, 1949, 1959, 1976, 1982/1983 und 2003 vorkamen (s. a. M. Schmidt 1985), konnten zwar ein ausgedehntes Sterben empfindlicher Baumarten auslösen, jedoch kein allgemeines Waldsterben. Das vermochten bisher nur tief greifende Änderungen des Allgemeinklimas, insbesondere in den Glazialzeiten, die vor rund 10 000 Jahren einstweilen ausliefen.

Bereits seit Mitte des 19. Jahrhunderts sind daneben auch vom Menschen verursachte Baum- und Waldschäden bekannt. Kauschinger-Fürst beschrieb schon 1889 die Rauchschäden in Nachbarschaft der Hüttenbetriebe: „Die betroffenen Bestände zeigen zunächst ein Nachlassen des Zuwachses, ein sich steigerndes Absterben einzelner Individuen, dadurch eine fortschreitende Verlichtung, der endlich bei empfindlichen Holzarten das Absterben des ganzen Bestandes folgt – es entsteht eine Rauchblöße." In ihrem 1883 erschienen Buch über „die Beschädigung der Vegetation durch Rauch" stellen Schröder & Reuss unter anderem fest: „Im Harz finden sich 358 ha Rauchblößen, 317 ha stark geschädigte Waldbestände und 3700 ha schwach geschädigte Waldbestände als Folge des Röstens der Erze." Beide Verfasser erkannten bereits damals eine der Ursachen für die Ausdehnung solcher Schäden über größere Gebiete, nämlich „hohe Essen", durch welche man den Rauch „in höhere Regionen ableiten wollte", aber nicht bedachte, dass seine Schadstoffe in einiger Entfernung wieder zur Erde gelangen (Zitate aus „Unser Wald" (Frankfurt/M.) 36. Jg: S. 175). Fast alle dieser Schäden waren aber von lokaler Ausdehnung.

Seit Mitte der 1970er-Jahre wurden in Mitteleuropa sogenannte „Neuartige Waldschäden" beobachtet. Dem „Tannensterben" im Bayerisch-Böhmischen Wald sowie im Schwarzwald folgten bald Schäden an Fichten und Kiefern. Seit 1983 traten vermehrt Schäden an Buchenbeständen auf. Ab Anfang der 1990er-Jahre wird verstärkt auch von einem Eichensterben berichtet.

4.9.2 Anthropogene Veränderungen im Zustand der Waldböden

4.9.2.1 Stickstoffeinträge und -akkumulation

a) Bereits seit mehr als 100 Jahren sind die mitteleuropäischen Wälder erhöhten Stickstoff-Immissionen ausgesetzt (Ulrich & Meyer 1987; s. Kap. 3.7.2 b). In sauren Waldböden wird ein Großteil des aus der Atmosphäre eingetragenen Stickstoffs zunächst im Auflagehumus festgelegt. Dabei spielt die Immobilisierung durch Bakterien und Mykorrhizapilze offenbar eine wichtige Rolle (Aber et al. 1998). In einem Buchenwald des Solling registrierten Meiwes et al. (1999) im Zeitraum von 1968 bis 1995 eine **Zunahme des N-Vorrates** der organischen Auflage um rund 1000 kg N ha^{-1}, das entspricht einer Anreicherungsrate von etwa 37 kg N ha^{-1} a^{-1} und damit ungefähr dem jährlichen Eintrag (s. Abb. 4–107; vgl. auch Berg & Matzner 1997, Prietzel et al. 1997 u. Persson et al. 2000).

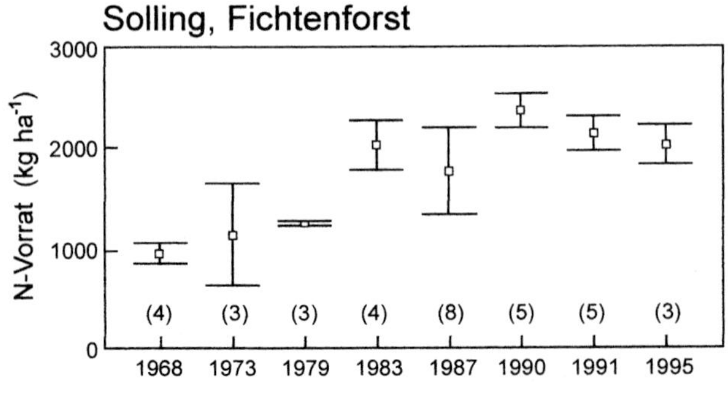

Abb. 4–107 Veränderung des Stickstoffvorrates im Auflagehumus in einem Fichtenbestand im Solling im Zeitraum 1968 bis 1995 (Mittelwert u. 90 %-Vertrauensbereich des Mittelwertes). In Klammern die Anzahl der untersuchten Profile. Nach Meiwes et al. (1999).

Stickstoffeinträge können zu einer **Behinderung der Streuzersetzung** führen, insbesondere von ligninreicher Streu, weil die Aktivität ligninabbauender Pilze durch N gehemmt wird (Keyser et al. 1978, Berg et al. 1998, Magill & Aber 1998, Harrison et al. 2000a, Waldrop et al. 2004). Folge ist eine starke Zunahme der Humusvorräte (Agren et al. 2001, Franklin et al. 2003, Hyvönen et al. 2007, Pregitzer et al. 2007), die durch Säureeinträge noch verstärkt wird (Wolters & Schaefer 1994). Andererseits verändern offenbar sehr hohe N-Einträge die ligninabbauende Gemeinschaft in Richtung auf Pilze und Bakterien, die durch N gefördert werden (Hyvönen et al. 2007). Das Ergebnis ist in diesem Fall **verstärkter Humusabbau** und nicht Anreicherung („Humus-Disintegration", Ulrich 1981, 1987, Fog 1988, Eichhorn & Hüttermann 1994, Guggenberger 1994).

b) Als Folge der Einträge hat sich die **Qualität des Auflagehumus** verändert, und zwar vor allem die der ärmsten Böden, deren C/N-Verhältnis sich verengte (Persson et al. 2000). Rohhumus- und Moderprofile unterscheiden sich heute in ihrem N-Gehalt nur noch wenig voneinander. In deutschen und dänischen Buchenwäldern beispielsweise liegen die C/N-Werte der organischen Auflage recht einheitlich zwischen etwa 23 und 30, in südschwedischen Wäldern bei 18–22 (Raulund-Rasmussen & Vejre 1995, BMELF 1997, Büttner 1997, Falkengren-Gerup et al. 1998, Wolff & Riek 1998, Leuschner et al. 2006b). Auch ursprünglich sehr arme Rohhumusböden zeigen heute eine erhöhte Stickstoffmineralisation, die mit einer recht hohen mikrobiellen Aktivität verbunden ist (Mansson & Falkengren-Grerup 2003, Corre et al. 2007). Offenbar nutzen säuretolerante Bakterien und Pilze das gestiegene N-Angebot in den Rohhumusdecken zur Ammonifikation, sodass Versauerung die N-Nachlieferung eher stimuliert (Wolters & Schaefer 1994). Ein erheblicher Teil des Ammoniums wird auch bei pH-Werten zwischen 3 und 4,5 nitrifiziert, wahrscheinlich vor allem durch Pilze (Persson et al. 2000). Übersteigt der pH-Wert einen Wert von 4,5, dann erreicht die Nitrifikationsrate nahezu 100 %.

c) Obwohl manche Laubwaldböden sehr hohe Stickstoffmengen speichern (in Extremfällen bis >2 kg N m^{-2}), können hohe Einträge nach einigen Jahrzehnten zum Zustand der ökosystemaren Stickstoffsättigung führen, d. h. die Austräge übertreffen die Einträge. In der Folge wird vermehrt Nitrat ins Grundwasser ausgewaschen und/oder die gasförmigen N-Emissionen nehmen deutlich zu (Agren & Bosatta 1988, Aber et al. 1989). Dise & Wright (1995) vermuten, dass in europäischen Wäldern ab einem N-Eintrag von 20–25 kg ha^{-1} a^{-1} mit nennenswerten **Nitratausträgen über das Sickerwasser** zu rechnen ist. Kurzfristig erhöhte Nitratausträge treten aber häufig auch in nicht N-gesättigten Wäldern auf, z. B. nach Kahlschlag, Sturmwurf oder als Folge von Trockenperioden (Mellert et al. 1996; vgl. Tab. 4–25).

In Wäldern mit geringen Einträgen sind auch heute noch die Nitratausträge sehr niedrig, wie im Buchenwald des Schönbuch bei Tübingen, der nach Bücking (1993) eine N-Deposition von nur 8 kg ha^{-1} a^{-1} erhielt und NO_3^--Austräge unter 0,3 kg ha^{-1} a^{-1} aufwies. Auch dänische Wälder zeigen im Allgemeinen Sickerungsraten unter 2–6 kg N ha^{-1} a^{-1} (Callesen et al. 1999). Tatsächlich akkumulieren die meisten mitteleuropäischen Laubwälder immer noch den eingetragenen Stickstoff, wie es auch im Buchenwald des Solling der Fall ist (s. Abb. 4–108).

Unter Fichten sind die Nitratausträge regelmäßig höher; im Solling maß Matzner (1988) 15 kg ha^{-1} a^{-1} und auch im Schönbuch waren es 4 kg N ha^{-1} a^{-1} (Bücking 1993). Dabei besaßen Böden mit engem C/N-Verhältnis die höchsten Austräge (Matzner & Grosholz 1997). Unter 117 bayerischen Laub- und Nadelwäldern wiesen bereits die Hälfte der Bestände NO_3-Austräge von mehr als 5 kg N ha^{-1} a^{-1} auf (Spangenberg & Kölling 2001). Auch in diesem Kollektiv waren die Verluste unter Fichten deutlich höher als unter Laubwäldern. In manchen anderen mitteleuropäischen Wäldern werden heute bis zu 30 kg N ha^{-1} a^{-1} ausgewaschen; einige Wälder haben den Zustand der **Stickstoffsättigung** bereits erreicht (z. B. Büttner 1992, Bredemeyer 1987, Elling et al. 2007; s. Abb. 4–109). In geschädigten Fichtenbeständen des Fichtelgebirges sickerte der eingetragene oxidierte Stickstoff sogar fast vollständig in das Grundwasser durch (Durka et al. 1994). Die Nitratausträge aus den Waldböden belasten nicht nur die Oberflächen- und Grundwässer, sondern erzeugen auch eine erhebliche Säurebelastung des Bodens, die aus der Nitrifizierung des eingetragenen Ammoniums und der Auswaschung in Form von Nitrat resultiert (s. Kap. 4.9.2.2 c). Als maximal tolerierbarer N-Eintrag (Critical load)

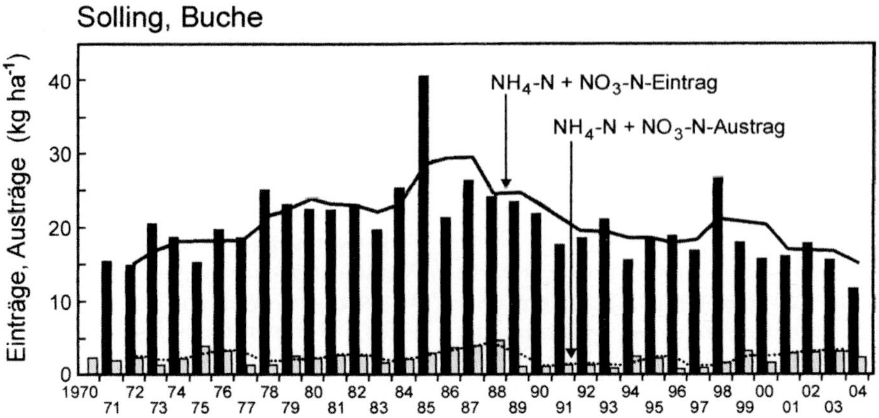

Abb. 4–108 Zeitliche Veränderung der Ein- und Austräge von NH_4-N und NO_3-N in einem Buchenbestand im Solling seit 1970. Seit Mitte der 1980er-Jahre sind die Einträge leicht zurückgegangen; bei Austrägen unter 5 kg N ha^{-1} a^{-1} akkumuliert der Bestand nach wie vor die Hauptmenge des eingetragenen Stickstoffs. Nach Daten der Nordwestdeutschen Forstlichen Versuchsanstalt in Elling et al. (2007).

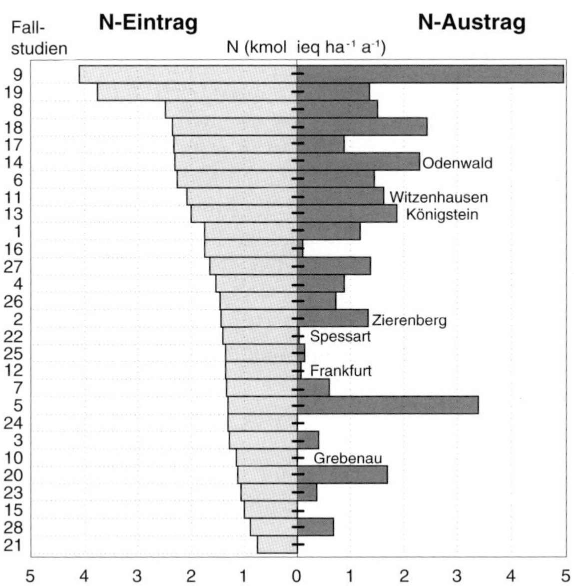

Abb. 4–109 Eintrag und Austrag von Stickstoff in Form von NH_4 und NO_3 in verschiedenen Waldgebieten Westdeutschlands. 28 Fallstudien, zusammengestellt von U. Paar und J. Eichhorn (1992), Hessische Forstl. Versuchsanstalt Hann. Münden. Eintrag als Schätzung der Gesamtdeposition nach Werten des Bestandesniederschlags, Austrag gemessen im Sickerwasser. Mit Stickstoff übersättigt sind erst wenige Waldstandorte, und zwar sowohl solche mit hohem Eintrag (Nr. 9) als auch andere mit geringem (Nr. 5 u. 20). Diese liegen im Hils bzw. in Schleswig-Holstein.

1: Göttinger Wald; 2: Zierenberg; 3, 5: Siggen; 4: Harste 6, 20: Segeberger Forst; 7: Spanbeck; 8, 9, 18, 23: Hils; 10: Grebenau; 11: Witzenhausen; 12: Frankenberg; 13: Königstein; 14: Odenwald; 15, 24: Lüneburger Heide; 16, 17: Solling; 19: Wingst; 21: Villingen; 22: Spessart; 25: Harz; 26: Wülfersreuth; 27: Oberwarmensteinach; 28: Schluchsee.

werden für bodensaure Laub- und Nadelwälder 15–20 kg N ha^{-1} a^{-1} angesehen (Umweltbundesamt 1996).

4.9.2.2 Bodenversauerung und daraus resultierende Kationenverluste

a) Durch Wiederholungsmessungen konnten Hallbäcken & Tamm (1986) für den Zeitraum 1927 bis 1982/1984 in südschwedischen Waldböden eine **pH-Absenkung** um 0,3 bis 0,9 Einheiten nachweisen, die bis in 50 oder gar 100 cm Tiefe reichte. Falkengren-Gerup (1987) berichtet ebenfalls aus Südschweden über eine pH-Reduktion um 0,5 Einheiten in von jeher sauren Laub- und Nadelwaldböden, und sogar um 1,0 Einheiten oder darüber in weniger sauren Profilen (Zeitraum 1949 bis 1979/1984); s. Abb. 4–110). Ähnliche Veränderungen wurden auch in deutschen, österreichischen und niederländischen Waldböden gefunden (Butzke 1981, von Zezschwitz 1982, 1985, Hildebrand

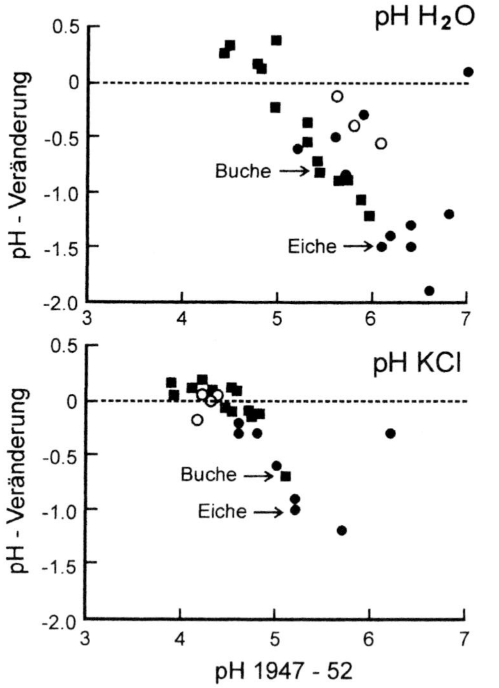

Abb. 4–110 pH-Werte von südschwedischen Waldböden in den Jahren 1947 bis 1952 und Veränderung im pH (H_2O)- und pH (KCl)-Wert bis 1988, differenziert nach Buchenbeständen (Quadrate) und Eichenbeständen (Kreise und Punkte). Nach Falkengren-Grerup & Eriksson (1990), etwas verändert.

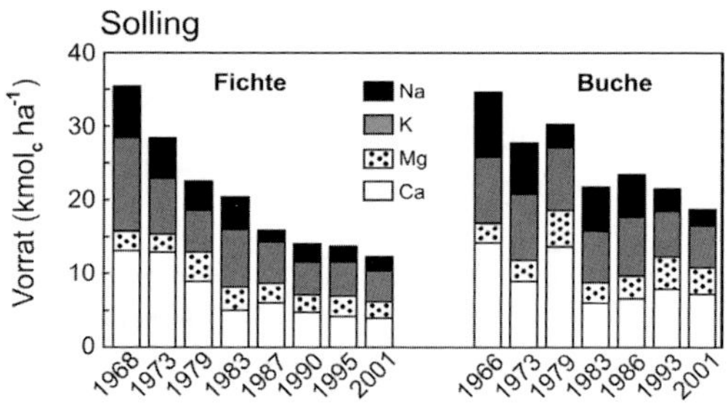

Abb. 4–111 Abnahme der austauschbaren Basenvorräte im Mineralboden (0–50 cm Tiefe) eines Buchen- und eines Fichtenbestandes im Solling seit 1968. Nach Meesenburg et al. (2002).

1986, Gehrmann et al. 1987, Ulrich & Meyer 1987, Rost-Siebert 1988, Katzensteiner & Glatzel 1997, Prietzel et al. 1997). Meist betrifft die Versauerung die organische Auflage und den Oberboden bis in 30 oder 50 cm Tiefe. Die stärksten pH-Absenkungen traten in Böden im Austauscher- und Silikat-Pufferbereich auf, geringere in solchen im Aluminium-Pufferbereich. In den gut gepufferten Böden im Kalziumkarbonat-Pufferbereich fanden Veränderungen höchstens im Stammfußbereich statt (s. Kap. 4.9.4.3 a).

b) Beträchtliche **Auswaschungsverluste an austauschbar gebundenen basischen Kationen** (Ca, Mg, K, Na sowie Zn) begleiten die Versauerung. An ihre Stelle treten Al-, H- und Fe-Ionen. In vielen Böden im Silikat- und Austauscher-Pufferbereich nahmen gleichzeitig die austauschbaren Manganvorräte zu (Falkengren-Grerup & Tyler 1991). Von Zezschwitz (1985) und Meiwes et al. (1996) berichten über eine Halbierung der austauschbaren Basenvorräte im Solling und in nordrhein-westfälischen Waldböden in nur 20 bis 25 Jahren (s. Abb. 4–111), Falkengren-Grerup (1987) über eine entsprechende Reduktion in südschwedischen Laubwäldern in 35 Jahren. In den Letzteren nimmt die Basensättigung gegenwärtig um etwa 1% pro Jahr ab (Warfvinge et al. 1993). Ulrich et al. (1989) vermuten, dass die sauren Braunerden südniedersächsischer Buchenwälder in den 1950er-Jahren noch Basensättigungen von 10–15% aufwiesen, gegenüber 3–8% in 1986. Die jährlichen Verluste an Kalzium, Magnesium und Kalium betrugen danach in den 30 Jahren 0,6–5,8 $kmol_c\ ha^{-1}$. Die Basenverluste sind heute in der Regel an ähnlich hohe Nitratausträge gekoppelt. Gleichzeitig verringerte sich auch das Verhältnis von Kalzium zu Aluminium (oder von Ca + Mg + K zu Al) in der Bodenlösung, wie dies z. B. im Solling seit Anfang der 1970er-Jahre festgestellt wurde (s. Abb. 4–112). Auch in nordamerikanischen Wäldern hat anthropogene Bodenversauerung zu hohen Verlusten an Ca und Mg geführt (z. B. Likens et al. 1996).

Besonders deutlich wird der rasch ablaufende Versauerungsprozess in den Flattergras-Buchenwäldern auf Löss in der Westfälischen Bucht: Während der Unterboden noch basenreich ist, sind die obersten 50–70 cm bereits in den Aluminium-Pufferbereich übergetreten; nun dominieren Al, H und Fe an den Austauschern (s. Abb. 4–113). Das gilt insbesondere für die Wälder des Ruhrgebietes, wo auch die Schwermetall-Konzentrationen an den Austauschern hoch sind. Entsprechend nahmen die Säurezeiger in der Krautschicht innerhalb von nur 7 Jahren deutlich zu (Wittig & Werner

4.9.3 Baumschäden und ihre möglichen Ursachen

4.9.3.1 Schadansprache

a) **Kriterien der Schadansprache** an mitteleuropäischen Waldbäumen waren anfangs Blatt- und Nadelverluste (z. B. Schmid-Haas 1994), Blattvergilbung und Veränderungen in den Blattnährstoffgehalten, später auch Trieblängenzuwächse, Veränderungen im Verzweigungsgrad (z. B. Roloff 1987/1988), im Dickenzuwachs (z. B. Worbes 1989) sowie in der Masse und Vitalität des Feinwurzelsystems (Liss et al. 1984, Schneider et al. 1989). Nur an wenigen Standorten wurden auch der Zustand der Mykorrhiza (z. B. Meyer 1988, Kottke et al. 1993, Wallenda & Kottke 1998) und baumphysiologische Größen wie die Photosyntheseleistung oder Veränderungen im Stickstoffhaushalt der Bäume untersucht (z. B. Lange et al. 1989, Schulze et al. 1989).

Trotz intensiver Diskussion ist es bis heute nicht gelungen, vollkommen befriedigende freilandtaugliche Verfahren zur Bestimmung von **Blatt- und Nadelverlusten** in Wäldern zu etablieren. Obwohl die seit mehr als 20 Jahren durchgeführten Waldschadenserhebungen methodisch verbessert wurden, kann von geschätzten Belaubungs- oder Benadelungsprozenten nicht immer verlässlich auf Vitalitätseinbußen des Baumes geschlossen werden. Zwar können in ein und demselben Bestand grobe Trends der Kronenentwicklung über die Jahre verfolgt werden. Diese hängen aber meist stark von Witterungsschwankungen, Insektenfraß und Fruktifikation ab (s. z. B. Innes 1994, Powers 1994, Elling & Dittmar 2004, Gruber 2004, Thomsen & Hansen 2007). Der begründete Schluss auf Baumschäden ist jedoch nur in höheren Schadklassen (3 und 4, d. h. mehr als 60 % Blattverlust) möglich. Bei der Fichte etwa besteht zwischen Kronentransparenz und Dickenwachstum nur ein lockerer Zusammenhang, solange die Verlichtung kein hohes Ausmaß erreicht (Elling et al. 2007). Erst bei stärkerer Kronenverlichtung treten bei Fichte, Tanne und Buche reduzierte Stammzuwächse und erhöhte Sterberaten auf (Schmid-Haas 1990, 1991, 1993). Ebenso bleiben Schadvergleiche zwischen verschiedenen Standorten problematisch, weil der jeweilige „Optimalzustand“ der Belaubung variieren kann und nicht näher bekannt ist (Ellenberg 1995). Bei Laubbäumen bleibt zudem fraglich, wie genau der optische Eindruck der Belaubungsdichte die tatsächliche Blattfläche in der Krone widerspiegelt. So stellten Voss, Foetzki & Leuschner (unveröff.) in 20 mitteldeutschen Buchenbeständen keinen signifikanten Zusammenhang zwischen dem nach der Waldzustandserhebung ermittelten Blattverlust und dem in Streufängern gemessenen Blattflächenindex fest (s. Abb. 4–115). Deshalb können die in Abbildung 4–116 für Deutschland dargestellten 20-jährigen Zeitreihen des Belaubungs- und Benadelungszustandes der fünf wichtigsten Baumarten die Vitalitätsentwicklung nur ungenau widerspiegeln. Eine verlässlichere Beurteilung der Vitalitätsentwicklung ist von systematischen Erhebungen der Blatt- und Nadelverfärbung, Blattnährstoffanalysen und dendrochronologischen Messungen in möglichst vielen Wäldern zu erwarten, wie sie z. B. von Elling et al. (2007) zusammengestellt wurden.

b) Alle oben genannten Schadsymptome entwickeln Bäume nicht nur als Antwort auf Immissionen oder Bodenversauerung, sondern sie werden auch durch **natürliche Stressoren** wie Trockenheit, Frost, Schädlingsbefall oder standortspezifischen Nährstoffmangel hervorgerufen. Eine Kausalbeziehung zwischen Symptomen und anthropogenen Umweltveränderungen ist deshalb nicht einfach zu belegen. Viele mehr lokal auftretende Schädigungen lassen sich mit außergewöhnlichen Witterungsereignissen, Schädlingsbefall sowie nicht standortgemäßem Waldbau erklären. Bei dem seit den 1970er-Jahren beobachteten „neuartigen Eichensterben“ beispielsweise geht man heute davon aus, dass das Zusammenwirken von starkem Schadfraß durch Insekten, Mehltaubefall, *Phytophthora*-Infektion und außergewöhnlichen Frösten oder Dürren die wesentlichen auslösenden Faktoren sind und nicht Immissionen (Thomas et al. 2002, Elling et al. 2007; s. Kap. 4.9.3.5). Übernutzung der Wälder in historischer und heutiger Zeit ist zweifellos ein Hauptgrund für die fortschreitende Bodenversauerung und Basenverarmung und damit ebenfalls eine Ursache für „neuartige Waldschäden“, falsche Baumartenwahl wie im Falle der Fichte ist eine weitere.

Immissionen spielen dagegen eine wichtige Rolle bei der Erklärung des „Tannensterbens“ in den 1970er- und 1980er-Jahren und des flächenhaften Fichtensterbens in den Hochlagen

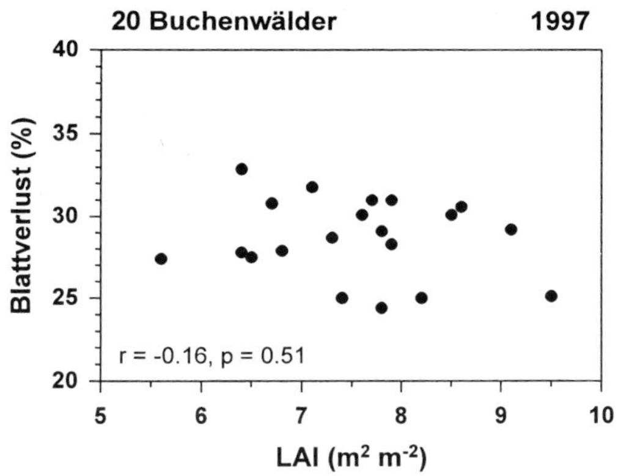

Abb. 4–115 Beziehung zwischen dem nach der Waldschadenserhebung geschätzten „Blattverlust" (10 Bäume pro Bestand) und dem mit Streukübeln gemessenen Blattflächenindex desselben Bestandes (je 10 Kübel) in 20 Buchenalthölzern Nordhessens und Sachsen-Anhalts. In dieser Stichprobe ergab sich keine signifikante Beziehung zwischen beiden Größen. Wie unrealistisch die geschätzten „Blattverluste" bei der Buche sind, zeigt auch die Tatsache, dass selbst für Bestände mit gemessenen Blattflächen > 8 m^2 m^{-2} „Verluste" von etwa 30 % geschätzt wurden. Gesunde Bestände müssten danach LAI-Werte > 10,5 erreichen; derart hohe Blattflächen wurden bisher noch nie in temperaten Laubwäldern beobachtet. Nach Voss, Foetzki & Leuschner (unveröff.).

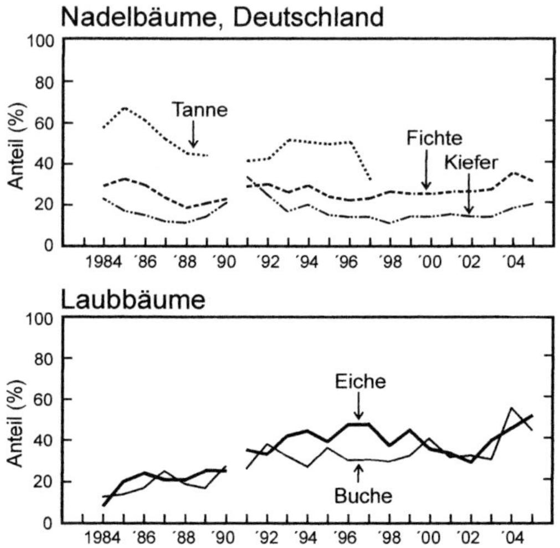

Abb. 4–116 Zeitliche Veränderung des Anteils von Bäumen mit einem geschätzten Laub- bzw. Nadelverlust über 25 % (Schadstufen 2–4) in Deutschland (bis 1990 nur Westdeutschland). Nach Bundesministerium für Ernährung, Landwirtschaft und Verbraucherschutz (BMVEL, 2006), etwas verändert.

des Erzgebirges. Immissionen sind wahrscheinlich auch indirekt über Basenverluste und erhöhte Stickstoffverfügbarkeit an den in weiten Teilen Mitteleuropas beobachteten neuartigen Schadsymptomen an Fichte, Buche und Kiefer beteiligt (Elling et al. 2007; s. Kap. 4.9.3.2 und 4.9.3.3).

4.9.3.2 Folgen von Stickstoffeinträgen für Morphologie, Wachstum und Stresstoleranz der Bäume

a) In vielen Wäldern Mitteleuropas wurde seit etwa 1960 bis 1970 eine beträchtliche **Zunahme des Dicken- und Höhenwachstums** festgestellt; es liegt seitdem deutlich über den erwarteten Werten der Ertragstafeln (Kreutzer 1992, Foerster et al. 1993, Klädtke 1995, Spiecker et al. 1996, Röhle 1997, Spiecker 1998; s. Abb. 4–81). Wahrscheinlich sind erhöhte N-Einträge eine wesentliche Ursache der höheren Produktivität. Bei besserem N-Angebot werden mehr Schattenblätter gebildet und die Nadeln bleiben länger aktiv, sodass die Bestandesblattfläche zunimmt (z. B. Thomas & Büttner 1998; vgl. Kap. 4.7.1.1b). Wie Pineau (1968) nachwies, sind die Nadeln gut ernährter Fichten im Winter zudem aktiver als unter N-Mangel leidende. Zahlreiche, meist kurzzeitige Düngungsexperimente in deutschen Wäldern führten fast immer zu Zuwachssteigerungen; sie deuten auf noch immer verbreitete N-Limitierung trotz erhöhter N-Deposition hin (Kenk & Fischer 1988). Dementsprechend zeigten Waldbestände auf mittleren bis armen Böden auch die größten Zuwachssteigerungen in jüngster Zeit (Kenk et al. 1991, Spiecker et al. 1996). Möglicherweise sind aber auch andere Einflussfaktoren beteiligt (Hasenauer et al. 1999). Dies sind eine verlängerte Vegetationsperiode infolge höherer Temperaturen (s. Kap. 3.9 d), die zunehmende CO_2-Konzentration in der Atmosphäre, die die Kohlenstoff-Assimilation steigert (vgl. Körner et al. 2005, Hyvönen et al. 2007), sowie zweifellos die veränderte Waldwirtschaft, die z. B. durch Aufgabe der Streunutzung die Nährstoffversorgung verbesserte. Im Gegensatz zum Stickstoff bewirkte Phosphor bei Düngungsversuchen in Fichtenwäldern kaum eine Ertragssteigerung (Holstener-Jorgensen 1970, 1971, Tamm 1975 u. a.).

b) Stickstoffeinträge haben in vielen Fällen zu einer signifikanten **Erhöhung der N-Gehalte**

in Blättern und Nadeln geführt (z. B. Büttner 1997, Flückiger & Braun 1999, Duquesnay et al. 2000). Im niederländischen Peelgebiet haben sich die mittleren N-Gehalte von Kiefernnadeln zwischen etwa 1960 und 1985 von 1,4 auf 2,3% erhöht (van den Burg 1990). Die Kiefernwälder der pleistozänen Sandböden sind heute verbreitet durch eine N-Überversorgung gekennzeichnet (Riek & Wolff 1998a). Das gilt auch für nordwestdeutsche Eichenwälder (Thomas & Kiehne 1995) sowie für Buchenbestände in Nordostdeutschland (Krauß 1992, Büttner 1997, Heinsdorf 1998). Neben langfristigen Zunahmen wurden allerdings lokal auch Abnahmen oder keine Veränderungen im Blatt-Stickstoffgehalt festgestellt (z. B. Hildebrand et al. 1993). Tatsächlich gelten relativ viele Fichtenbestände in Deutschland immer noch als N-mangelernährt (Riek & Wolff 1998a).

Zunehmende Stickstoffgehalte im Blatt führen zu dünneren Blättern mit größerer spezifischer Blattfläche (van Arendonk et al. 1997), sie steigern meist die photosynthetische Leistungsfähigkeit (Field & Mooney 1986) und können die Struktur der Kutikula beeinflussen (z. B. Yilmartimo et al. 1994). Auch die Frosthärte kann sich verringern, wie dies z. B. Tamm (1975) bei der Fichte und Aronsson (1980) bei der Kiefer beobachteten. Für die Eichen trifft dies allerdings nach Thomas et al. (1996, 2002) und Thomas & Ahlers (1999) nicht zu. Früherer Knospenaufbruch erhöht aber bei den Eichen und anderen Laubbäumen die Gefahr von Spätfrostschäden. Erhöhte Stickstoffverfügbarkeit kann auch die Anfälligkeit von Bäumen gegenüber Pilzinfektionen steigern (z. B. Alcubilla et al. 1990, Schmieden 1997). Ob erhöhte Blatt-N-Gehalte auch die Anfälligkeit von Bäumen gegenüber Insektenfraß vergrößern, oder diese eher die pflanzliche Abwehr stärken helfen, ist noch nicht vollständig geklärt (Ortloff & Schlaepfer 1996).

c) Das **Wachstum der Baumfeinwurzeln** wird durch ein kurzfristig erhöhtes Stickstoffangebot zunächst angeregt, und zwar vor allem an N-limitierten Standorten (z. B. Stober et al. 2000). In vielen Fällen nimmt auch der Wurzelumsatz zu (z. B. Nadelhoffer 2000, Majdi 2001). Dauerhafte N-Einträge begünstigen andererseits flachgründiges Wurzeln und führen in der Regel zu einer Verminderung der Bestandes-Feinwurzelmasse (Schulze et al. 1989, Leuschner & Hertel 2003) und zu einer Beeinträchtigung der Mykorrhiza (s. Kap. 4.9.4.2). Wird der N-Eintrag reduziert, bilden depositionsbelastete Kiefern- und Fichtenwälder erneut höhere Feinwurzelbiomassen aus (Boxman & Roelofs 1998, Lamersdorf & Borken 2004).

4.9.3.3 Intoxikationen, Kationenmangel, Nährstoff-Ungleichgewichte und Ionen-Antagonismen

a) Ob **Aluminiumtoxizität** eine entscheidende Rolle bei den beobachteten Vitalitätseinbußen von Altbäumen auf manchen sauren Böden spielt, wird immer noch kontrovers beurteilt (vgl. z. B. Ulrich et al. 1979, Zöttl & Hüttl 1986, Rehfuess 1989, Godbold 1994, Raspe et al. 1998). Unterhalb von pH 4,2 werden vermehrt reaktive Al-Spezies (Al^{3+}, $AlOH^{2+}$, $Al(OH)_2^{+}$) freigesetzt, die in Nährlösungskulturen Wurzelschäden hervorrufen können. Diese Ionen können die Neubildungsrate von Feinwurzeln beeinträchtigen und wahrscheinlich in stark versauerten Mineralboden-Horizonten das vorhandene Wurzelsystem schädigen (z. B. Schneider et al. 1989). Niedrige Ca/Al-, Ca/H- oder Kationen-Aluminium-Ionenverhältnisse in der Bodenlösung wurden deshalb von manchen Autoren als Indikatoren für die Gefährdung der Pflanzen durch Al-Toxizität verwendet. Beispielsweise werden Ca/Al-Quotienten von 0,1 bzw. 0,3 als Grenzwerte für mögliche Wurzelschädigungen an Buchen und Fichten angesehen (z. B. Rost-Siebert 1985 und Büttner 1999, vgl. auch Godbold 1994 und Cronan & Grigal 1995). Freilanduntersuchungen deuten jedoch an, dass solche Quotienten nur bedingt geeignet sind, die chemische Belastung von Bäumen oder Krautschichtpflanzen anzuzeigen (z. B. Miller et al. 1992, Falkengren-Grerup et al. 1995b, Rehfuess 1999, Schöll et al. 2004).

Die Toxizität der reaktiven Al-Ionen wird durch Komplexierung in organischen Horizonten und die Anwesenheit von Ca-, Mg- und Phosphat-Ionen vermindert (van Praag et al. 1985, Neitzke & Runge 1987, Taylor 1988) und tatsächlich nimmt die Bestandes-Feinwurzelmasse von Altbuchen-Beständen mit steigender Azidität sogar leicht zu (Leuschner & Hertel 2003). Empfindlich sind jedoch weitgehend an basenreiche Böden gebundene Baumarten wie Esche und Bergahorn (Weber-Blaschke et al. 2002). Nährlösungsversuche an Sämlingen und

Freilandstudien an Altbäumen deuten außerdem an, dass das Feinwurzelsystem der Fichte gegenüber Bodenversauerung empfindlicher reagiert als das der Buche oder der Kiefer. Die Bestandes-Feinwurzelmasse von Fichtenbeständen geht mit sinkendem pH deutlich zurück (Jentschke et al. 2001, Leuschner & Hertel 2003, vgl. auch Braun et al. 2005). Zumindest einige Fichtenrassen scheinen allerdings relativ unempfindlich gegenüber Al-Toxizität zu sein (Zöttl 1983, Makkonen-Spiecker 1984).

b) **Magnesiummangel** ist nach Hüttl & Schaaf (1997) die heute am weitesten verbreitete Ernährungsstörung von mitteleuropäischen Waldbäumen und eine der Ursachen der „Neuartigen Waldschäden". Nach Riek & Wolff (1998a) weisen 57% der in Deutschland untersuchten Fichtenbestände Anzeichen einer Mg-Unterversorgung auf, ebenso 43% der Kiefern- und 15% der Buchenbestände. Besonders verbreitet sind diese Symptome in Böden mit sauren Humusformen, wie sie auf Sandsteinen, Graniten, Gneisen und Grauwacken der Mittelgebirge ausgebildet werden (Landmann et al. 1997, Riek & Wolff 1998b). Viele dieser von Natur aus basenarmen Standorte verloren in den Jahrhunderten intensiver Streunutzung einen erheblichen Teil ihrer Mg-Vorräte (Feger 1997). Zusätzlich verstärkt wurde der Mangel durch die Säureeinträge der letzten Jahrzehnte, die die Auswaschung begünstigten und zur Mg-Akkumulation in der organischen Auflage führten (Riek & Wolff 1998b). Gleichzeitig sank die Mg-Deposition infolge der Verminderung basischer Emissionen (s. Abb. 3–39).

In vielen Mittelgebirgen Deutschlands, Österreichs und Tschechiens, aber auch im norddeutschen Tiefland, wurden ab den 1960er-Jahren deutliche Abnahmen in den Mg-Gehalten der Fichtennadeln festgestellt, die zeitlich mit dem flächigen Auftreten von Gelbspitzigkeit zusammenfielen (z. B. Hüttl 1985, Reemtsma 1986, Grünhage & Jäger 1988, Glatzel et al. 1992, Jandl 1996). Magnesiummangel spielt daher sehr wahrscheinlich eine wichtige, in vielen Fällen sogar eine entscheidende Rolle bei der Erklärung von Nadelverlusten der Fichte in den Mittelgebirgen. Auch bei Kiefern, Buchen und Tannen wurde regional eine Unterversorgung mit Magnesium beobachtet. Mg-Mangel kann nach den Versuchen von Hüttl (1987), Liu (1988), Evers (1988) und anderen rasch durch Ausbringung von wasserlöslichen Mg-Düngern behoben werden (s. Kap. 4.9.5.2 c); häufig wird durch Mg-Düngung auch das Wachstum gesteigert (z. B. Küppers et al. 1985).

c) In Gebieten mit vorherrschenden Ammoniumeinträgen können diese die Kationenernährung der Bäume zusätzlich stören. Tritt Ammonium in erhöhten Konzentrationen in der Bodenlösung auf, wird K^+ vermehrt von den Austauschern verdrängt und ausgewaschen (Paar 1994), sodass eine Kalium-Unterversorgung möglich ist. Ammonium kann weiterhin im Zuge eines **Ionen-Antagonismus** die Kaliumaufnahme der Wurzeln behindern (Boxman et al. 1991). Ebenso können hohe Al-Konzentrationen in der Bodenlösung die Kationenaufnahme von Bäumen, insbesondere von Mg^{2+} und Ca^{2+}, erschweren (z. B. Bentsson et al. 1988, Paulus & Bresinsky 1989, Godbold et al. 1988, Keltjens & Tan 1993).

4.9.3.4 Schäden an Buchen

Weniger klar als bei Tanne, Fichte und den Eichen lässt sich die **Vitalitätsentwicklung der Buche** in den letzten Jahrzehnten beurteilen. Nach der Waldzustandserhebung nahm zwar in Deutschland der Anteil der „Schadstufen" 2 bis 4 (< 75% Kronenbelaubung) bei der Buche im Zeitraum von 1984 bis 2005 von etwa 12 auf 44% zu (s. Abb. 4–116); sogar noch größer war der Anstieg in Hessen (von 14 auf 67% im Zeitraum von 1984 bis 1998). Gleichzeitig jedoch zeigt die Buche in vielen Regionen Mitteleuropas seit etwa 1970 eine mehr oder weniger starke Zunahme des Dickenzuwachses (z. B. Pretzsch 1996). Dies dürfte überwiegend eine Folge der gestiegenen Stickstoffeinträge sein, kann aber auch – zumindest teilweise – durch Änderungen in der Waldbewirtschaftung sowie erhöhte CO_2-Gehalte und Temperaturen bedingt sein.

Darüber hinaus muss die Ansprache von scheinbaren „Blattverlusten" in der Sonnenkrone als ein weniger verlässlicher Vitalitätsparameter eingestuft werden als z. B. das Auszählen von Nadeljahrgängen bei Koniferen oder das Erfassen von Mortalitätsraten bei den Eichen (Ellenberg 1995; s. Kap. 4.9.3.1 a). Geringe Blattflächen erreichen Buchen regelmäßig nach natürlichen Ereignissen wie Mastjahren, Insektenfraß, Befall mit Wurzelparasiten und vor allem in oder nach trockenen Sommern wie z. B. 2003 (Power 1994, Heinsdorf & Chrzon 1997, Elling & Dittmar 2004, Graf Pannatier et al. 2007, Meier & Leuschner 2008b). Als Folge von Trockenperioden bilden Buchen vermehrt Kurztriebe aus und reduzieren die Blattzahl (Bréda et al. 2006). Durchforstung verringert die Belaubung ebenfalls (Keller & Imhof 1987), möglicherweise, weil die Blattentfaltung dieser Schattholzart von trockener Luft behindert wird. Freistellung im Zuge des Schirmschlages senkt die Vitalität alter Buchen auch aufgrund der „Sonnenbrand-Gefährdung" von *Fagus*. Unter direkter Sonneneinstrahlung leidet nämlich die glattborkige Buche auch bei guter Wasserversorgung stärker als Eichen und andere rauborkige Arten (Nicolai 1986). Erst bei Blattverlusten von mehr als 40% steigt jedoch das Absterberisiko von Buchen stark an (Eichhorn et al. 1995). Die Trennung von kurzfristigen Stressereignissen und langfristigen Vitalitätstrends erscheint bei der Buche besonders schwierig.

Erkrankte Buchen leiden häufig unter Rindennekrosen, Schleimfluss und damit verbundenem Parasitenbefall, Rotkernbildung, verringerter Feinwurzelmasse sowie reduzierten Mykorrhizierungs-Prozenten. Andere als Schadsymptome angesehene Merkmale sind gelbe bis bronzefarbene Blattverfärbung vor allem in der Sonnenkrone und die vermehrte Ausbildung von Kurztrieben anstelle von Langtrieben aus den Seitenknospen der Sonnenkrone (Roloff 1987/1988).

Ein verlässlicher Vitalitätsparameter ist der Dickenzuwachs. In montanen Buchenwäldern vor allem der Nordalpen fanden Dittmar (1999) und Elling & Dittmar (2003) ab 1976–1978 in Höhenlagen über 700 m heftige Zuwachseinbrüche in einzelnen Jahren, die nach den Autoren mit Trockenperioden nicht zu erklären sind. Möglicherweise lassen sie sich teilweise auf **Ozonschäden** zurückführen (vgl. Braun et al. 1999). Die Hochlagen der Mittelgebirge und Randalpen sind vor allem in warm-trockenen Sommern von erhöhten O_3-Konzentrationen betroffen. Warm-trockene Perioden fördern andererseits den Zuwachs der Buche in montaner Höhenlage, weil meist genügend Wasser vorhanden ist und hohe Blattleitfähigkeiten möglich sind (Dittmar et al. 2004). Geöffnete Stomata begünstigen jedoch Ozonschäden, insbesondere, wenn weitere Schadgase wie SO_2 auftreten. Nach Guderian & Wienhaus (1997) muss die Buche ohnehin als relativ ozonempfindlich gelten. Klumpp et al. (1988) stellten bereits bei einer 25-tägigen Begasung mit 100 µg O_3 m^{-3} bei der Buche Nekrosen und vorzeitigen Blattfall fest. Dementsprechend hat man in den Bergwäldern der Nord- und Südalpen in strahlungsreichen Sommern auch an Altbuchen verbreitet Blattverfärbung und vorzeitigen Laubfall beobachtet, und zwar besonders an jungen Blättern. In diesen Beständen zeigen Bergahorn und Esche ähnliche Symptome. Braun et al. (1999) wiesen bei der Buche zudem eine Abnahme des Dickenwachstum mit steigender Ozonbelastung nach.

Buchen tieferer Lagen sind von Ozon weniger betroffen, weil die Belastung im Allgemeinen geringer ist und warm-trockene Perioden mit zeitweisem Stomataschluss einhergehen dürften, der das Schädigungspotenzial senkt. Tatsächlich sinkt der Dickenzuwachs der Buche unterhalb von 700 m ü.NN. vor allem in warm-trockenen Sommern (Dittmar 1999, Bonn 1998), vermutlich, weil die C-Assimilation limitiert ist.

Noch nicht abschließend geklärt ist die Rolle von Säure- und Stickstoffeinträgen bei den „Neuartigen Buchenschäden". Wahrscheinlich können **Nährstoffimbalanzen als prädisponierende Faktoren** zu einer Vitalitätsschwächung von Buchen beitragen. Standorte mit erhöhten N/P-, N/K- und N/Mg-Verhältnissen wiesen nach Dittmar (1999) nämlich einen schlechteren Kronenzustand der Buche auf. Die lokal sehr hohen Blatt-Stickstoffgehalte in Buchenblättern sind vermutlich auf die Stickstoffeinträge zurückzuführen, so in Nordostdeutschland, wo Buchenblätter bis 3,5% N enthielten (Heinsdorf 1997). Nach Riek & Wolff (1998a) sind die Stickstoffspiegel allerdings regional sehr unterschiedlich. Als Folge der Bodenversauerung stiegen auch die Mangangehalte in den Buchenblättern vielerorts deutlich an, so z. B. in der Schweiz (Flückiger & Braun 1998); die Phosphorgehalte deuten dagegen auf heute verbreiteten P-Mangel hin, und zwar sowohl auf sauren wie auch auf basischen Böden. In den bayerischen Alpen könnte die geringe Vitalität der Buchen nach Ewald (2000) in der Tat auf Phosphormangel beruhen. Auf sauren Böden kann zudem Mg-Mangel bei Buchen auftreten (Büttner et al. 1993, Riek & Wolff 1998a).

Dass **Bodenversauerung** und deren Folgen eine direkte Ursache von Vitalitätsverlusten bei der Buche sind, ist eher unwahrscheinlich. Kulturversuche an Buchensämlingen zeigten zwar eine Reduktion des Wurzelwachstums bei niedrigen Ca/Al-Verhältnissen sowie hohen Säuregraden, die die Verjüngung behindern könnten (Neitzke & Runge 1985, Rost-Siebert 1985). Buchen-Altbestände bilden aber an bodensauren Standorten gleich hohe oder sogar höhere Feinwurzelmassen aus als an basischen, sind also in der Lage, auch stark versauerte Böden erfolgreich zu erschließen (Leuschner & Hertel 2003). Die Feinwurzeln der Buche erwiesen sich damit als toleranter gegenüber aluminiumreichen Böden als die der Fichte.

Folgenreicher könnte ein hemmender Effekt erhöhter Stickstoffgehalte auf die Mykorrhizierungs-Frequenz und die Feinwurzellänge sein (Meyer 1991b, Rapp 1991; s.a. Kap. 4.9.4.2 c). Erkrankte Buchen zeigten geringere Mykorrhiza-Infektionsraten an ihren Wurzeln als gesunde (Meyer 1984, Power & Ashmore 1996), was die P-Aufnahme verschlechtern könnte. Stickstoffzufuhr erhöhte außerdem die Pathogenanfälligkeit der Feinwurzeln, weil diese weniger fungistatische Phenole bildeten (Tomava et al. 2005). Insbesondere auf feuchten, basenreichen Böden werden Buchen häufig von Wurzelfäule-Erregern befallen, darunter *Phytophthora cambivora* und *P. citricola*, die zur Erkrankung von Beständen führen können.

Eine Ursache der hohen Konkurrenzkraft der Buche ist sicher ihre Regenerationsfähigkeit nach Stressereignissen. Zuwachseinbußen und Blattverlust nach Trocken- oder Mastjahren werden in der Regel rasch ausgeglichen (Elling et al. 2007). Ähnliches gilt auch für Feinwurzelverluste nach Trockenperioden (Leuschner et al. 2001).

4.9.3.5 Schäden an Eichen

Bei Stiel- und Traubeneichen wurde im 20. Jahrhundert wiederholt ein regionales Absterben größerer Bestände beobachtet; in den meisten Fällen hat man dafür Frostereignisse und Mehltau- oder Insektenbefall verantwortlich gemacht (z.B. Hartmann & Blank 1992, Hartmann et al. 1989, Schlag 1994, Heinsdorf 1999). Wahrscheinlich hat auch der Mensch die Schadanfälligkeit der Eichen erhöht. Es wird nämlich vermutet, dass großflächige Eichenpflanzungen, wie sie im Zuge der Mittelwaldwirtschaft in den vergangenen Jahrhunderten an vielen Orten angelegt wurden, die Lebensbedingungen der blattfressenden Larven der Eichenwickler-Gesellschaft verbessert haben (Wesolowski & Rowinski 2006, Elling et al. 2007). Erst seit 1908 befällt der Eichenmehltau (*Microsphaera alphitoides*) vornehmlich die Johannistriebe und schwächt die Eichen zusätzlich.

Symptome geschädigter Eichen sind reduzierte Blattgrößen und Vergilbung, abnormale Zweigabsprünge, das Absterben von Kronenteilen, Rindennekrosen und Schleimfluss sowie Zuwachsrückgänge. Zweigabsprünge häufen sich besonders nach Trockenperioden und Staunässe-Ereignissen. Übersteigt der Blattverlust 60%, so nimmt die Mortalität der Eichen deutlich zu. Nach Svolba & Kleinschmit (2000) unterscheiden sich verschiedene Genotypen in ihrer Empfindlichkeit aber erheblich.

Seit etwa 1970 werden in fast ganz Europa Eichenerkrankungen festgestellt, die über das bisherige Maß hinausgehen und **zyklische Episoden eines schnellen Absterbens** in mehr oder weniger großen Gebieten umfassen. Thomas et al. (2002) vermuten, dass an sauren Standorten die kombinierte Wirkung von Insektenfraß in zwei aufeinanderfolgenden Jahren in Verbindung mit Sommertrockenheit und/oder Frost das Absterben auslöst (s. Abb. 4–117). Zusätzlicher Stress wird durch hohe Grundwasserstände ausgeübt, durch die insbesondere Stieleichen empfindlicher gegenüber Dürre werden. Erhöhte Stickstoffverfügbarkeit kann zudem die Tanninproduktion in den Blättern verringern, die dann stärker von Insekten befallen werden. Dies zeigen Untersuchungen von Lavola & Julkunen-Tiitto (1994), Balsberg Pahlsson (1992) und Thomas & Schafellner (1999) an Birken, Buchen und Eichen.

Eichen auf basenreicheren Böden mit Grund- oder Stauwassereinfluss sind – anders als auf sauren Böden – dem Befall von *Phytophthora* ausgesetzt. Die Pilze schädigen die Feinwurzeln und können Nährstoffmangel induzieren; dies wiederum könnte den Befall mit Parasiten begünstigen (Elling et al. 2007). Diskutiert wird über weitere Wurzelfäule-Erreger, die auch Eichen saurer Standorte befallen.

4.9.3.6 Schäden an Tannen

Obwohl schon seit 1860 in Sachsen beobachtet, fielen verstärkt ab 1960 an süddeutschen, polnischen und slowakischen Tannen ausgeprägte Zuwachsdepressionen auf, die von Kro-

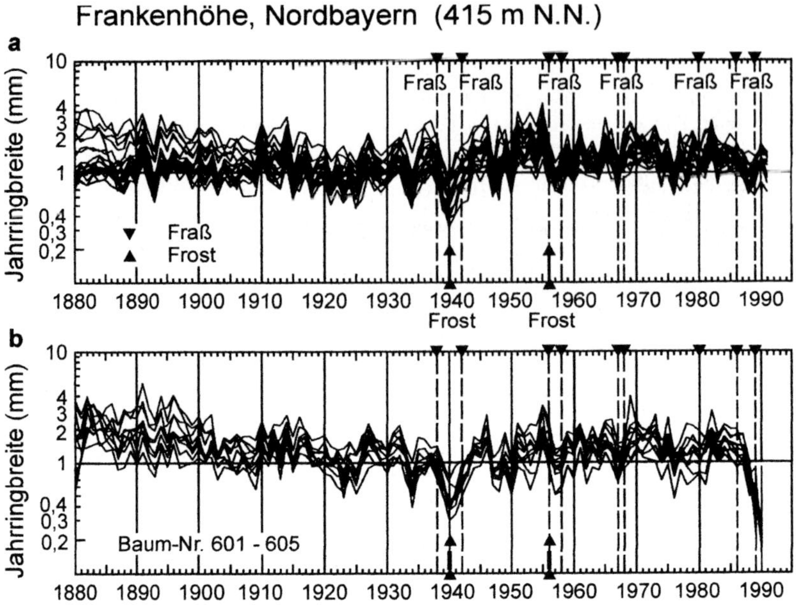

Abb. 4–117 Einfluss von Fraßperioden der Eichenwickler-Gesellschaft und scharfen Winterfrösten auf die Jahrringbreite von 20 lebenden (a) und 5 abgestorbenen Traubeneichen in Nordbayern. Nach Finnberg & Grimm (1992) in Elling et al. (2007).

nenverlichtung und der Bildung von „Storchennestern" in der oberen Krone begleitet waren. Im Zuge dieses **Tannensterbens** ging die Zahl der Nadeljahrgänge vielerorts von 8–10 auf 5–6 oder gar 2–3 zurück.

Elling (1993) untersuchte das Zuwachsverhalten von 27 bayerischen Tannenbeständen, die sehr unterschiedliche Standorte und Immissionsregime repräsentieren. Anhand der Zuwachskurven lassen sich vier Phasen erkennen:

1. „Altschädigungen" 1929, 1940 und 1956, vorwiegend infolge besonders starker Fröste bzw. Temperaturstürze nach Wärmeperioden in den Wintern 1928/1929 usw., mit extremen Ausmaßen im nördlichsten Bayern. Erholung trat erst nach einigen Jahren ein.

2. „Neuschädigungen" ab 1965, in ballungsnahen Gebieten bereits ab 1955, ohne deutlichen Bezug zu Naturkatastrophen.

3. Zuwachsrückgang ab 1965 in ganz Bayern; Zuwachszusammenbruch 1974 (in der Oberpfalz 1972). Das Trockenjahr 1976 wirkte synchronisierend, aber nicht auslösend. Tiefstwerte der Jahrringbreiten in den Jahren 1976 bis 1981.

4. Plötzlicher und starker Zuwachsanstieg in der trocken-heißen Vegetationsperiode 1983 bei allen erholungsfähigen und genügend mit Wasser versorgten Tannen. Seither weiterer Anstieg und kein Jahrringausfall mehr.

Klimatische Stressoren wirkten mithin in mehreren Fällen auslösend, insbesondere bei den Altschäden, aber niemals als alleinige Ursache. Die Ausbreitung des Tannensterbens folgte ab 1965 der Immissionsbelastung mit SO_2 (s. Abb. 4–118). In depositionsarmen Lagen wie den inneren bayerischen Alpen blieben die Tannen entsprechend fast symptomfrei (Elling et al. 2007). Aus Begasungsexperimenten ist bekannt, dass *Abies alba* gegenüber geringen Konzentrationen von SO_2 (10–50 µg m^{-3}) weit empfindlicher ist als z. B. die Fichte. SO_2 ruft strukturelle Veränderungen an den Chloroplasten und Siebzellen hervor, reduziert die Photosyntheseleistung und vermindert zudem die Frostresistenz (Arndt 1990). Diese Symptome werden bei gleichzeitiger Ozonbegasung noch verstärkt, wenngleich die Tanne als wenig ozonempfindlich gelten kann (Schweizer & Arndt 1990). Für bayerische Tannen konnten Elling et al. (2005, in Elling et al. 2007) nachweisen, dass der Schwefelgehalt in den Nadeln im Bereich von 1,1–1,7 mg g^{-1} linear mit dem Ausfall von Jahrringen korreliert ist (s. Abb. 4–119). Als zusätzliche Stressoren spielen offenbar

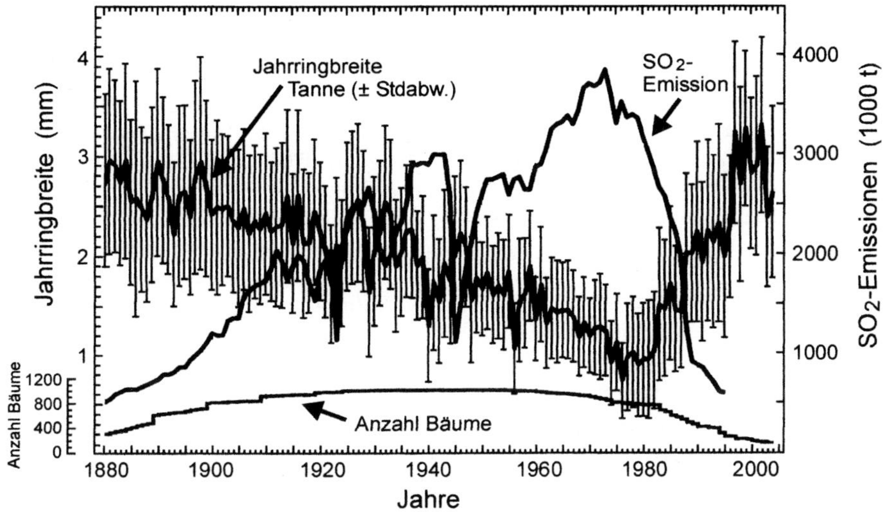

Abb. 4–118 Gegenläufige Entwicklung der SO_2-Emissionen in der Bundesrepublik Deutschland (alte Bundesländer, nach Häberle & Herrmann 1984 und Umweltbundesamt Berlin) und der mittleren Jahrringbreite von 1010 Tannen aus Süddeutschland. Nach Elling et al. (2007).

Mg-, Ca- und Mn-Mangel (sowie bei Jungtannen Ammoniumtoxizität) eine Rolle (Zech 1983, Hiltbrunner & Flückiger 1996, Setzer & Mohr 1998). Frost und Dürre (wie 1976) sowie parasitische Wurzelpilze können zum schubweisen Absterben bereits vorerkrankter Tannen führen

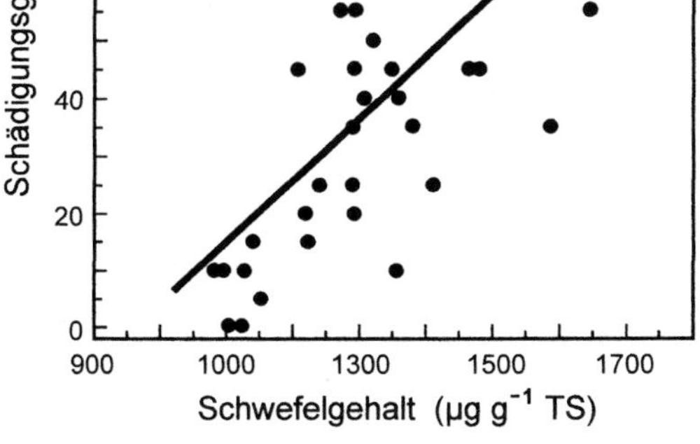

Abb. 4–119 Beziehung zwischen dem Schwefelgehalt der Nadeln (Zeitraum von 1977 bis 1982, Daten des Bayer. Landesamtes f. Umweltschutz) und dem Schädigungsgrad der Tanne (prozentualer Anteil der Bäume mit Ringausfall) in Bayern. Nach Elling et al. (2007).

(Schmid-Haas 1991). Die Immissionsbelastung hat möglicherweise schon vor 1928 die Frostresistenz der gegen SO_2 besonders empfindlichen Tanne vermindert und auch ihre Dürreresistenz beeinträchtigt.

Mit der Reduzierung der SO_2-Emissionen zeigen viele Tannenbestände seit den späten 1980er-Jahren wieder einen starken Zuwachsanstieg. Infolge der neuerlich erhöhten Vitalität erlitten diese Bäume auch im sehr trockenen Sommer 2003 kaum Jahrringausfälle (Zawada 2003, Elling et al. 2007). Das liegt sicher daran, dass die Tanne mit ihrer Pfahlwurzel in gesundem Zustand weit weniger dürreempfindlich ist als die eher flach wurzelnde Fichte.

4.9.3.7 Schäden an Fichten

a) In den meisten Mittelgebirgen auf sauren Gesteinen setzten ab 1965 bis 1971 deutliche **Zuwachsrückgänge** ein; im Ruhrgebiet und Eggegebirge geschah dies schon ab Mitte der 1950er-Jahre. Meist waren die Westhänge stärker betroffen als die Osthänge; das deutet auf Mitwirkung von Schadstoffeinträgen hin (Worbes 1989). Dem Zuwachsrückgang folgten nach rund 10 Jahren verbreitet **Nadelvergilbung und Nadelverlust**; die Zahl der Nadeljahrgänge (im gesunden Zustand 6 bis 9) sank entsprechend (Schmid-Haas 1994, Elling et al.

2007). Ähnliche Symptome wurden auch in den Kalkalpen und im pleistozänen Tiefland bis an die Küste beobachtet. Anders als bei der Tanne oder Buche handelt es sich bei den betroffenen Fichtenbeständen vorherrschend, wenn auch nicht ausschließlich, um Standorte, an denen von Natur aus keine Fichten vorkommen. In der Ursachenerklärung müssen daher, anders als bei Tanne, Buche und den Eichen, verstärkt auch die Auswirkungen einer nicht standortgemäßen Anbauplanung in Betracht gezogen werden, so z. B. im Oberharz, Südschwarzwald oder Altpleistozän Niedersachsens (z. B. Gürth & Köhler 1992). Das gilt insbesondere für von Natur aus basen-, vor allem magnesiumarme, Buchenwaldstandorte, deren Böden offenbar den Nährstoffbedarf von intensiv genutzten Fichtenbeständen mittelfristig nicht decken können (vgl. Raspe et al. 1998). Mit Zöttl (1998) kann man deshalb annehmen, dass die „neuartigen Waldschäden" an Fichten vielerorts durch eine schonendere, naturgemäßere Waldbewirtschaftung hätten vermieden werden können.

b) Das großflächige **Absterben der Fichtenwälder in den Hochlagen des Erzgebirges** wurde unstrittig durch hohe SO_2-Konzentrationen verursacht. Auch in anderen Mittelgebirgen traten bis in die 1980er-Jahre SO_2-Konzentrationen in der Luft auf, die im Begasungsexperiment mit 11–34 µg g^{-1} zu signifikanten Zuwachsreduktionen bei Jungfichten führten (McLeod & Skeffington 1995). In Kombination mit O_3 und NO_x erhöht sich das Schädigungspotenzial von SO_2, obwohl die Fichte gegenüber Schwefeldioxid wie auch Ozon als recht widerstandsfähig gilt. Es ist daher gut möglich, dass die kombinierte Wirkung von Schadgasen zur Schwächung der Fichten in den vergangenen Jahrzehnten beigetragen hat, zumal Kaliummangel, wie er in manchen Böden auftritt, die oxidative Entgiftung von SO_2 behindern könnte (Elling et al. 2007). Auch Mg-Mangel kann die Ozonempfindlichkeit der Fichte erhöhen (Siefermann-Harms et al. 1996).

c) Bei der Verursachung der in den Mittelgebirgen weit verbreiteten **„montanen Vergilbung"** der Fichte spielt wahrscheinlich **Magnesiummangel** eine zentrale Rolle (Zech & Popp 1983, Zöttl & Mies 1983, Hüttl 1998). Nach Liu & Trüby (1989) bilden Fichten Mangelsymptome aus, wenn im Boden weniger als 2 μmol_c Mg g^{-1} austauschbar vorhanden sind. Säureeinträge, aber auch intensive Waldnutzung in Vergangenheit und Gegenwart, haben die Mg-Vorräte an den meisten basenarmen Standorten deutlich reduziert (z. B. Kaupenjohann et al. 1989; s. Kap. 4.9.2.2 b) und seit den 1960er-Jahren zu einem Rückgang der Nadel-Mg-Gehalte in verschiedenen Waldregionen Mitteleuropas geführt (Hüttl 1998).

Akute Mg-Mangelsymptome und Nadelabwurf treten besonders dann auf, wenn erhöhte N-Einträge zu hohen N/Mg-Quotienten in der Nadelmasse führen. Geschädigte Fichtennadeln haben meist N/Mg-Verhältnisse über 30 (Hüttl 1998). Stickstoff fördert die Nadelproduktion; ist Magnesium im Mangel, kann der dann erhöhte Magnesiumbedarf jedoch nicht gedeckt werden. Zudem behindert Mg-Knappheit das Wachstum von Feinwurzeln und Mykorrhizen, wodurch die Mg-Aufnahme weiter reduziert wird (Schneider et al. 1989, Schulze et al. 1989).

Fichten reagieren auf **Sommertrockenheit** wesentlich empfindlicher als etwa Tannen oder Kiefern (s. Abb. 4–120). In der Schweiz, in Bayern und anderswo machten sich Trockenjahre wie 1942, 1947, 1949 und 1952 in den Tieflagen durch deutliche Zuwachseinbußen bemerkbar (z. B. Schmidt-Vogt 1989, Elling 1990). Trockenperioden können zum Absterben der Feinwurzeln führen und die Mg-Aufnahme ebenfalls erschweren (Bartsch 1985, Schulze et al. 1989, Raspe et al. 1998); flaches Wurzeln an sauren Standorten kann diese Sensitivität noch erhöhen (Eckstein et al. 1989). Trockenheit senkt daher den Mg-Gehalt der Nadeln, wie Hippeli & Branse (1992) an ostdeutschen Kiefernbeständen zeigen konnten. Hüttl (1998) führt deshalb das flächige Auftreten akuten Magnesiummangels Mitte der 1970er- bis Anfang der 1980er-Jahre vor allem auf die vermehrten Trockenperioden in diesem Zeitraum zurück, die die Mg-Aufnahme behindert haben dürften (vgl. Raspe et al. 1998). Nach einer Reihe feuchterer Sommer setzte Mitte der 1980er-Jahre ein Wiederergrünen vieler Fichtenbestände ein (Münch et al. 1990). Im sehr trockenen Sommer 2003 wurden bei der Fichte dagegen wieder hohe Nadelverluste beobachtet. Nach Ewald (2005) waren die Kronenschäden an Fichten in den bayerischen Alpen besonders groß auf flachgründigen Kalkböden, weil der Auflagehumus hier infolge kahlschlagartiger Nutzung in der Vergangenheit seine wasserhaltende Kraft

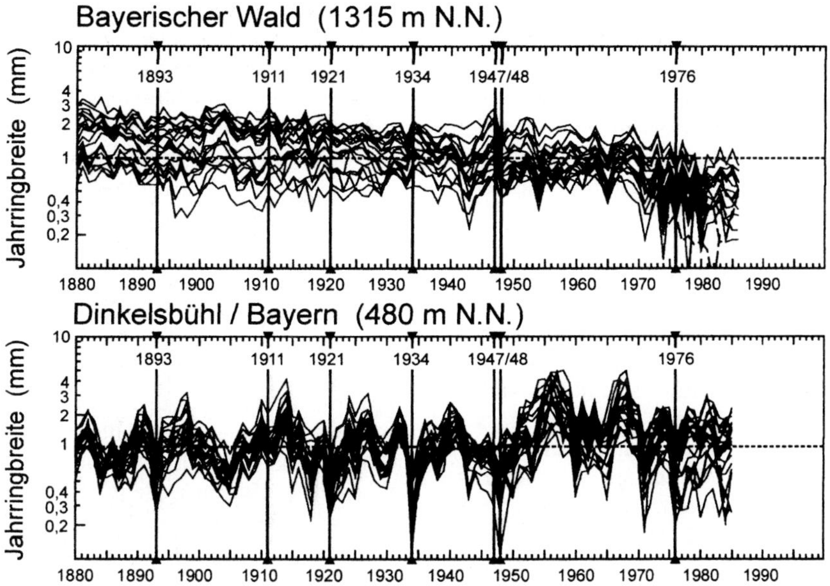

Abb. 4–120 Einfluss von Trockenjahren auf die Jahrringbreite der Fichte an einem kühl-feuchten montanen Standort (a: Bayerischer Wald) und einem warm-trockenen collinen Standort (b: Dinkelsbühl) in Bayern (jeweils 20 Bäume). Scharfe Zuwachseinbrüche traten nur am warm-trockenen Standort auf; im Bayerischen Wald werden nach 1970 Zuwachsrückgänge im Zusammenhang mit der montanen Vergilbung sichtbar. Nach Bart (1987) und Steen & Großmann (1986) in Elling et al. (2007).

eingebüßt hatte. Dies muss als weiteres Indiz dafür gewertet werden, dass Trockenstress die Kronenschäden verstärken kann. Die Fichte ist allerdings in der Lage, Nadelverluste relativ schnell wieder auszugleichen, indem Proventivtriebe aus schlafenden Knospen an den Haupt- und Seitenästen auswachsen (Gruber 1994).

d) Die Kationen Al^{3+}, Mn^{2+} und NH_4^+, die in depositionsbelasteten Waldböden vorherrschen, können im Zuge eines **Ionen-Antagonismus** die Mg-Aufnahme ebenfalls behindern (Marschner 1995). Weiterhin wird eine Schädigung der Mykorrhiza durch erhöhte H^+- und NH_4^+-Konzentrationen sowie K- bzw. Mg-Mangel diskutiert (Schulze et al. 1989, Kottke et al. 1993, Ericsson et al. 1996), die zu Mg-Unterversorgung führen könnte.

Für die Richtigkeit der Hypothese einer **kombinierten Wirkung von Magnesiummangel und Stickstoffeinträgen** spricht, dass nach Mg-Düngung die Symptome meist rasch verschwinden (s. Kap. 4.9.5.2 c), während NH_4NO_3-Düngung Mg-Mangel erzeugen kann (Kreutzer et al. 1998).

4.9.3.8 Schäden an Kiefern

Vor allem auf armen Sandböden in West- und Süddeutschland, den Niederlanden und Belgien wird die Waldkiefer seit mehr als 300 Jahren außerhalb ihres natürlichen Vorkommens im östlichen Mitteleuropa angepflanzt, und zwar mit wechselndem Erfolg. Auf den ärmsten podsolierten Böden litten ältere Bestände vielerorts unter Nährstoffmangel, Insektenkalamitäten und Waldbränden (Wiedemann 1942, 1948, Müller 2001). Heute haben die hohen atmosphärischen Stickstoffeinträge den N-Mangel im pleistozänen Tiefland fast überall beseitigt (Hippeli & Branse 1992).

An armen Sandstandorten schwächen nunmehr verbreitet Magnesium-, Kalium- und Kalziummangel das Kiefernwachstum, und die übermäßigen N-Einträge haben zu Nährstoff-Ungleichgewichten geführt (Riek & Stähr 2004). Sommerliche Trockenperioden, die das subkontinentale Klima Ostdeutschlands und Polens kennzeichnen, verstärken diesen Mangel noch (Hippeli & Branse 1992). Vor allem in Nordostdeutschland erlitten zahlreiche Kiefernbestände in den 1980er-Jahren Nadelverluste und Schäden an Feinwurzeln und

Mykorrhiza; viele Bestände zeigten außerdem Zuwachsstörungen oder lösten sich sogar auf (Hofmann 1995, Hofmann et al. 1990). Nach Hofmann et al. (1990) geht bei Nadel-N-Gehalten über 1,8–2,3% der Holzzuwachs der Kiefer zurück. Zur Erklärung der Nadelverluste wird eine ähnliche Kausalkette vermutet wie bei der Fichte (Mellert et al. 2004).

Dichte Teppiche des nitrophytischen Sandrohrs (*Calamagrostis epigejos*), an ärmeren Standorten auch der Drahtschmiele (*Deschampsia flexuosa*), behindern heute vielerorts die Kiefernverjüngung und schädigen gleichzeitig die Altkiefern, indem sie dem Oberboden so viel Wasser entziehen, dass die Kiefernfeinwurzeln vertrocknen und Zuwachseinbußen auftreten (Hofmann et al. 1990, Anders 2002). In den lichten Altbeständen breiten sich zudem stickstoffliebende Sträucher wie *Prunus serotina*, *P. padus*, *Frangula alnus* und *Sambucus nigra* sowie *Rubus*-Arten im Unterwuchs aus; diese beschleunigen den ökosystemaren Stickstoffumsatz (Brünn 1999).

4.9.4 Vom Menschen verursachte Veränderungen in der Krautschicht und in der Kryptogamen- und Pilzflora der Wälder

4.9.4.1 Krautschicht-Sukzession als Folge von Säure- und Nährstoffeinträgen

a) Schon 1970 stellten Trautmann und Mitarbeiter **Veränderungen in der Bodenvegetation in Kiefernforsten** als Folge industrieller Luftverunreinigungen im Raum Mannheim-Ludwigshafen fest, d.h. auf den Sandböden der oberrheinischen Tiefebene, die ursprünglich mit Eichenmischwäldern bestockt waren. Nördlich des Komplexes der Emittenten ergaben sich in einem 8000 ha großen Waldgebiet durch Kartieren des Vorkommens von Zeigerpflanzen drei Zonen: Die industrienahe Zone I zeichnete sich durch „nitrophile" Arten wie *Solanum dulcamara* (N8), *Moehringia trinervia* (N7) und *Galeopsis tetrahit* (N6) aus. Der industriefernen Zone III fehlten diese Stickstoffzeiger ganz, während die Mangelzeiger *Calluna vulgaris* (N1) und *Vaccinium myrtillus* (N3) noch reichlich vorhanden waren. In der mittleren Zone II fanden sich beide Zeigergruppen gemischt.

Vergleichbare Veränderungen in der Krautschicht stellte man in den folgenden Jahren in vielen Wäldern Mitteleuropas fest, und zwar nicht nur in Kiefern- oder Eichenmischwäldern, sondern vor allem auch in Moderbuchenwäldern, ja sogar in Braunmull- und Kalkbuchenwäldern (Übersicht bei Wittig 1992). Sie werden meist auf die stark gestiegene atmosphärische Stickstoff- und Säuredeposition zurückgeführt.

b) Kuhn et al. (1987) verglichen Aufnahmen von zehn Dauerprobeflächen in nordschweizerischen **Birken-Eichenwäldern** aus den Jahren 1935 bis 1939 mit erneuten Aufnahmen in 1984 (s. Abb. 4–121). Es ergab sich eine mehr oder minder starke Steigerung der mittleren N-Zahlen, weil mehrere Pflanzen mit Zeigerwerten von N5–8 neu hinzugekommen waren. Dies waren keineswegs nur Kahlschlagpflanzen, die durch Auflichtung der Baumkronen begünstigt worden wären. Im Gegenteil, auch die mittleren Lichtzahlen waren gesunken, weil die meisten Neuankömmlinge echte Waldpflanzen sind und weil einige Arten mit hohen Lichtzahlen verschwanden. Das liegt zweifellos daran, dass sich das Kronendach der Bäume dichter schloss, indem die Eichen kräftiger wuchsen und die vorhandenen Buchen begünstigt wurden. Bei diesen Veränderungen haben also Eutrophierungseffekte und die Auswirkungen einer veränderten Waldwirtschaft zusammengewirkt. Die Fruchtbarkeit der einst durch Waldweide, Brennholzschlag und Streunutzung verarmten Böden hatte wieder zugenommen. Ähnliche Verschiebungen zeigten sich auch bei wiederholten Aufnahmen in Eichen-Hainbuchenwäldern der Schweiz.

Als Beispiel für einen **Braunmull-Buchenwald** seien die Veränderungen in der Zeit von 1946 bis 1980 in einem waldschwingelreichen Waldmeister-Buchenwald (Galio odorati-Fagetum festucetosum) in der Eilenriede bei Hannover genannt (Trepl 1982; s. Tab. 4–27). Alle Arten, deren Stetigkeit stark zunahm, haben Stickstoffzahlen von 6 bis 9, die deutlich weniger stet gewordenen dagegen solche von 3 bis 5. Die nur mit Vorbehalt auswertbaren mittleren Zeigerwerte der in Tabelle 4–27 unterschiedenen Gruppen sprechen dafür, dass die Stickstoffversorgung schon in der Zeit von 1946 bis 1980 merklich besser geworden sein muss.

Deutliche Veränderungen traten selbst in solchen Wäldern auf, in denen die Stickstoffzufuhren wie im Schwarzwald nicht besonders hoch waren (s. Bürger 1988). Die Einträge an Gesamtstickstoff in südwestdeutsche Wald-

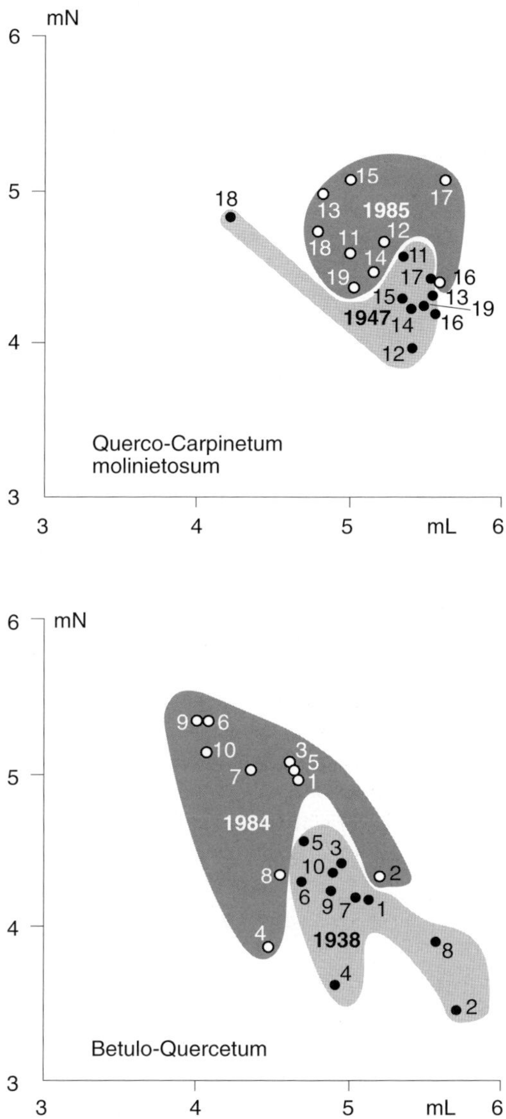

Abb. 4–121 Veränderungen der mittleren Stickstoff- und Lichtzahlen (mN und mL) in schweizerischen Laubwäldern im Laufe von rund 38 bzw. 46 Jahren. Nach Kuhn (1993), etwas verändert. Die Ziffern in den verschieden grau getönten Flächen bedeuten Aufnahmenummern.
Oben: Neun ehemalige Niederwaldbestände des Pfeifengras-Eichen-Hainbuchenwaldes im Genfer Becken 1942/47 und 1985.
Unten: Zehn ehemalige Mittelwaldbestände des Birken-Eichenwaldes in der Nordschweiz 1936/38 und 1984. Nach den Aufnahmen ihres Unterwuchses zu urteilen, waren alle Bestände früher heller und weniger gut ernährt.

ökosysteme betrugen während der Jahre 1981 bis 1986 nur etwa 7,1–19,1 kg ha^{-1} a^{-1} (Adam et al. 1987). Weit höher waren freilich die Einträge im Bestandesniederschlag (8,7–52,5 kg ha^{-1} a^{-1}) mit Höchstwerte in den Nadelholzbeständen.

Zerbe (1992) verglich zahlreiche Vegetationsaufnahmen aus mittel- und westdeutschen **Labkraut-Fichtenforsten** und **Hainsimsen-Buchenwäldern** in einem 20- bis 30-jährigen Zeitraum. Sämtliche, aus der Krautschicht der Bestände errechneten „Mittelwerte" der Stickstoffzahlen stiegen an, belegen also das Vordringen der stickstoffbegünstigten Arten (s. Abb. 4–122). Auch die „mittleren" Licht-, Feuchte- und Reaktionszahlen erhöhten sich. Bei Ersterem wirkte wahrscheinlich mit, dass manche Stickstoffzeiger zugleich Kahlschlagpflanzen sind, deren Samen leicht von helleren Wuchsplätzen in nahe

Tab. 4–27 Zu- und Abnahme der Stetigkeit von Arten im Galio odorati-Fagetum festucetosum[1] der Eilenriede 1946 bis 1975/80. Nach Trepl (1982).

	Zeigerwerte				Lebensform
Starke Zunahme:	L	F	R	N	
Sambucus nigra	7	5	×	9	N
Sambucus racemosa	6	5	5	8	N
Urtica dioica	×	6	7	9	H
Geranium robertianum	5	×	×	7	T, H
Impatiens parviflora	4	5	×	6	T
Zunahme:					
Rubus idaeus	7	×	×	6	N
Circaea lutetiana	4	6	7	7	G
Poa nemoralis	5	5	5	4	H
Moehringia trinervia	4	5	6	7	T, H
Galium aparine	7	×	6	8	Tli
Galeopsis tetrahit	7	5	×	6	T
Abnahme:					
Acer platanoides	4	×	×	×	P
Starke Abnahme:					
Stellaria holostea	5	5	6	5	C
Polygonatum multiflorum	2	5	6	5	G
Maianthemum bifolium	3	5	3	3	G

[1] Lohmeyer bezeichnete die 1946 von ihm aufgenommenen 7 Probeflächen noch als Querco-Carpinetum festucetosum. Die meisten Arten behielten ihre Stetigkeit bis 1980 bei und sind hier nicht aufgeführt.

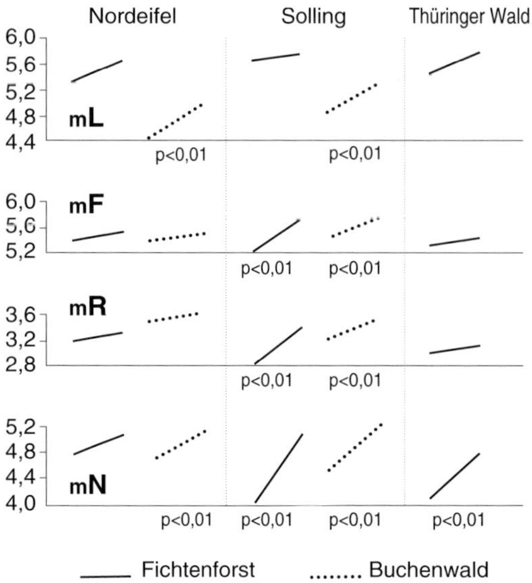

Abb. 4–122 Veränderungen der mittleren Zeigerwerte der Krautschicht in Fichtenforsten (ausgezogen) sowie in Hainsimsen-Buchenwäldern (punktiert) von den Erstaufnahmen (linkes Strichende) bis zu den Wiederholungsaufnahmen 20 bis 30 Jahre später (rechtes Strichende). Nach Zerbe (1992), etwas verändert.
Sowohl in der nördlichen Eifel und im Solling als auch im mittleren Thüringer Wald stiegen die durchschnittlichen Zeigerwerte für Licht (mL), Bodenfeuchte (mF), Bodenreaktion (mR) und Stickstoffversorgung (mN) mehr oder minder stark an (Erläuterung im Text).

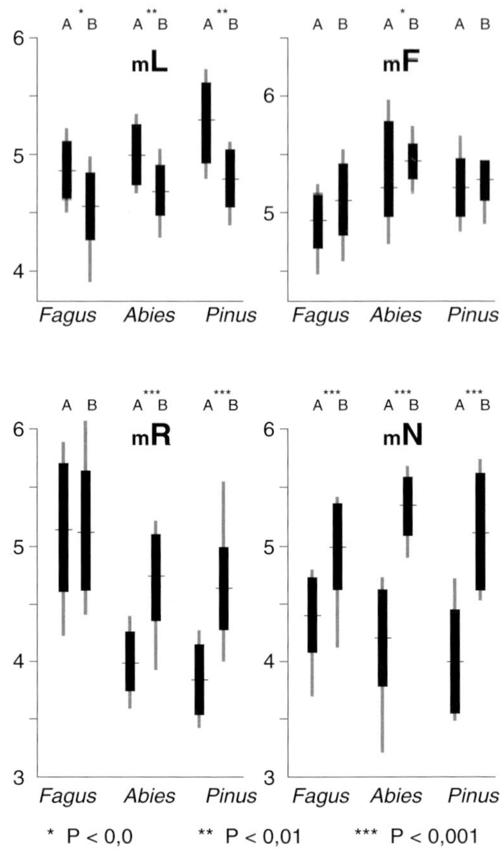

Abb. 4–123 Veränderungen der mittleren Zeigerwerte von Gefäßpflanzen-Beständen am Boden von drei Varianten des Kiefern-Eichenwaldes (Pino-Quercetum) im Ojków-Nationalpark (Polen) in 30 Jahren. Nach Medwecka-Kornaś und Gawrroński (1991).
A = nach Erstaufnahme 1958/59, B = nach wiederholten Aufnahmen in einigen Beständen. Jede Strichgruppe zeigt Maximum, Durchschnitt und Minimum der vertretenen Zeigerzahlen sowie (dicker) die Standardabweichung der Mittelwerte je Vegetationsaufnahme. Die mittleren Licht-, Feuchte-, Reaktions- und Stickstoffzahlen sind nach Ellenberg (1974) berechnet. Offenbar wurden die Bestände dunkler und etwas feuchter, mit Ausnahme der *Fagus*-Variante aber entgegen der Erwartung weniger sauer. Am stärksten änderten sich auch hier die Ernährungsbedingungen; die mittleren N-Zahlen sind in den 30 Jahren erheblich gestiegen.

Waldbestände gelangen können. Höhere Reaktions- und Feuchtezahlen könnten auf die heute verbreiteten Kompensationskalkungen und die gestiegene Durchforstungsintensität zurückgehen, die die Bodenfeuchte nach der Ernte erhöht (vgl. auch Weckesser & Schmidt 2004).

Veränderungen der Krautschicht von Waldgesellschaften infolge von Immissionen wurden auch im Osten Mitteleuropas dokumentiert, besonders in Polen (s. Abb. 4–123; s. a. Medwecka-Kornas & Gawronski 1991). Selbst hier nahmen Stickstoffzeiger auffallend stark zu, während sich bei den Säurezeigern keine oder eher unerwartete Tendenzen zeigten. In einigen stark durch Immissionen geschädigten Wäldern (z. B. im Riesengebirge) nahm der Deckungsgrad der Krautschicht zu, weil die Baumkronen lichter geworden waren (Vacek et al. 1999).

c) In vielen Fällen überlagern sich die Folgen von Stickstoffdeposition und einer **veränderten Waldnutzung**. Dies verdeutlicht die Untersuchung von Wilmanns & Bogenrieder (1987) in einem artenreichen Eichen-Hainbuchen-Niederwald im Kaiserstuhl, der bereits 1971 durch von Rochow aufgenommen worden war. In dieser von zahlreichen Baum- und Straucharten gebildeten Gesellschaft war und ist auch die

Krautschicht artenreich. In nur 15 Jahren sind aus dieser 14 Arten völlig verschwunden, und 7 haben an Deckungsgrad verloren. Dafür gewannen 4 Arten z. T. beträchtlich an Deckungsgrad und traten 10 Arten neu hinzu. Nur 7 Arten wurden an beiden Aufnahmeterminen mit gleichem Deckungsgrad angetroffen.

Diese Verschiebungen müssen teilweise auf den heute dichteren Kronenschluss der bis 9 m hohen Baumschicht zurückgeführt werden. Zugenommen haben vor allem schattenverträgliche Waldarten wie Bingelkraut und Efeu. Hinsichtlich der Säurezeiger hat sich trotz der Säuredeposition nichts Wesentliches geändert. Im Gegenteil, die einzige vorwiegend auf saurem Boden verbreitete Art (*Hieracium sabaudum*, R4) ist verschwunden, und unter den neu aufgetretenen Arten gibt es keine Art unter R6.

Sehr auffällige Verlagerungen ergaben sich dagegen im Hinblick auf die Stickstoffversorgung. Im Jahre 1971 überwogen noch mehr oder minder ausgeprägte Mangelzeiger (N1–5) oder Indifferente. Bis auf *Ligustrum vulgare* handelt es sich bei den neu aufgetretenen Arten großenteils um ausgesprochene Stickstoffzeiger (N8 u. 9). Auch das Bingelkraut unter den typischen Waldpflanzen ist eine besonders anspruchsvolle Art. Die N-Deposition hat wahrscheinlich gleichzeitig ertragssteigernd auf die Baumschicht gewirkt und damit den Kronenschluss beschleunigt, ebenso wie das in den schweizerischen Birken-Eichenwäldern sichtbar wurde.

Der auffällige, in fast allen Regionen Mitteleuropas in ähnlicher Weise registrierte Vegetationswandel in den Wäldern wurde also wahrscheinlich durch das Zusammenwirken mehrerer Faktoren verursacht, nämlich die Zunahme der Stickstoffverfügbarkeit, Änderungen in der Waldbewirtschaftung und ein Absinken des pH-Wertes und deutliche Basenverluste im Oberboden (s. Kap. 4.9.2.2). Ausgangsgestein, Waldgesellschaft und Depositionsklima modifizierten diese Veränderungsprozesse. In den meisten Fällen lassen sich allerdings depositionsbedingte Sukzessionsprozesse nur schwer von den Auswirkungen einer veränderten Waldnutzung trennen. Stickstoffzeiger wie *Rubus idaeus*, *Galeopsis tetrahit* und *Urtica dioica* werden nicht nur durch Immissionen, sondern auch von Durchforstungen und Rückearbeiten im Wald gefördert. Die meisten mitteleuropäischen Wälder befinden sich zudem nach jahrhundertelanger Streunutzung in einer Erholungsphase mit wieder anwachsenden Humus- und Nährstoffvorräten. Mancher Stickstoffzeiger wandert nun wieder ein, der in den Zeiten der Übernutzung verschwand.

d) In fast allen mitteleuropäischen Untersuchungen registrierte man eine **Zunahme von Stickstoffzeigern** oder zumindest von Pflanzen, die durch N besonders gefördert werden, am häufigsten von *Athyrium filix-femina*, *Deschampsia flexuosa*, *Dryopteris carthusiana*, *D. filix-mas* und *D. dilatata*, *Epilobium angustifolium*, *Galeopsis tetrahit*, *Moehringia trinervia*, *Rubus idaeus* und *Urtica dioica* (z. B. Trepl 1982, Kuhn et al. 1987, Rost-Siebert & Jahn 1988, Bürger 1991, Medwecka-Kornas & Gawronski 1991, Böhling 1992, Rodenkirchen 1991, 1992, Paar & Eichhorn 1992, Thimonier et al. 1994, Falkengren-Grerup 1995b, Brunet et al. 1998, Lameire et al. 2000). Besonders stark nahmen Gräser, einige produktive Kräuter und Farne zu. In manchen Wäldern traten die Veränderungen mit Verzögerung ein, weil die Samen fehlten oder Lichtmangel die Einwanderung von Stickstoffzeigern verhinderte (Bücking 1993). Nur in wenigen Wäldern kam es auch zu einer **Zunahme von Säurezeigern** (z. B. Wittig et al. 1985, Kuhn et al. 1987, Rost-Siebert & Jahn 1988, van Breemen & van Dijk 1988, Diekmann et al. 1999; s. Kap. 4.9.4.3 b), und zwar vor allem auf Böden im Austauscher- und Karbonat-Pufferbereich. In der Mehrzahl der Wälder nahmen die Säurezeiger dagegen nicht zu (Falkengren-Grerup & Eriksson 1990, Zukrigl et al. 1993) oder gar ab (z. B. Wilmanns & Bogenrieder 1987, Röder et al. 1996). An einigen basenreichen Waldstandorten (z. B. in Südschweden) kam es in den letzten Jahrzehnten außerdem zu einer **Abnahme von calcicolen Krautschichtpflanzen**, so von *Hepatica nobilis*, *Bromus benekenii* und anderen Arten (Falkengren-Grerup 1986, Tyler et al. 2002). Im Ruhrgebiet fehlt heute *Anemone nemorosa* fast gänzlich, wohl infolge langjähriger Säureeinträge (Wittig 1999). Trotz Bodenversauerung erhöhte sich aber in den meisten Fällen die Gesamtzahl der höheren Pflanzen. Auf südschwedischen Dauerflächen wiesen 17 Krautschichtpflanzen im Zeitraum 1979/1981 bis 1989/1990 eine zunehmende Tendenz auf, sechs calcicole Arten (*Galium odoratum*, *Viola reichenbachiana*, *V. riviniana*, *Polygonatum multiflorum*,

Mercurialis perennis und *Pulmonaria officinalis*) wurden dagegen seltener (Falkengren-Grerup & Tyler 1991).

4.9.4.2 Rückgang der Großpilze und Mykorrhizabildner

a) Pilze spielen in allen Landökosystemen eine wichtige Rolle, besonders aber in Wäldern. Sie sind nicht nur als Mykorrhiza-Partner von großer Bedeutung für die pflanzliche Nährstoffversorgung, sondern beteiligen sich wesentlich an den ökosystemaren Kohlenstoff- und Nährstoffumsätzen, indem sie wesentliches Element der Zersetzer-Lebensgemeinschaft sind. Am Beispiel niederländischer Wälder hat Jansen (1984) sechs **ökologische Gruppen von Großpilzen** (Makromyzeten) unterschieden.

Eigentlich handelt es sich um funktionelle Gruppen, wie sie in allen Wäldern vertreten sind. Aus seinen umfangreichen Tabellen und Listen seien hier vor allem die Gattungen genannt, von denen mehrere Arten beteiligt sind. Insgesamt fand er 330 Arten.

Mit **M** abgekürzt werden **Mykorrhizabildner** (102 Taxa = 33%), die größte Gruppe dieser Untersuchung. Sie umfasst *Cortinarius*- und *Lactarius*-Arten, außerdem Arten von:

Amanita	*Phallus*
Boletus	*Phellodon*
Cantharellus	*Phylloporus*
Dermocybe	*Russula*
Hebeloma	*Sarcodon*
Hydnellum	*Scleroderma*
Inocybe	*Tricholoma*
Leccinum	*Tylopilus*
Paxillus (außer *P. parasiticus*, siehe unter P)	*Xerocomus*

Unter **L** finden sich **Streu-Saprophyten** (52 Taxa = 17%), die auf Falllaub, toten Früchten, Kräutern und Moosen leben und deren Zersetzung einleiten. Es sind Vertreter der Gattungen:

Cibora	*Psilocybe*
Clavariadelphus	*Rickeniella*
Collybia (außer *C. fusipes*, siehe unter W)	*Typhula*
Crepidotus (außer *C. haustellaris*, siehe unter W)	und einige Arten von *Galerina* *Mycena*
Marasmius	

Die Abkürzung **H** steht für **Humus-Saprophyten** (64 Taxa = 20%), die auch von kleineren, schon großenteils zersetzten organischen Resten leben. Es sind u. a. Arten von

Claviculina	*Lepidota*
Clitocybe	*Psatyrella* (außer *P. hydrophila*, siehe unter W)
Cystoderma	*Tephrocybe*
Entoloma (außer *E. enchrous*, siehe unter W)	*Tubaria*
Helvella	und einige Arten von *Collybia* *Mycena* *Stropharia*
Laccaria	

Unter **W** werden **Saprophyten auf totem Holz und Zweigwerk** (81 Taxa = 26%) genannt, sie sind als Xylobionten großenteils auf ligninreiches Material spezialisiert und sehr artenreich. Sie gehören vorwiegend zu den Gattungen:

Bulgaria	*Mycena*
Calocera	*Nectria*
Chondrostereum	*Oudemansiella*
Coprinus	*Panellus*
Exidia	*Pluteus*
Galerina	*Rutstroemia*
Gymnopilus	*Sphaerobolus*
Hohenbuehelia	*Steccherinum*
Hypholoma	*Tremella*
Kuehneromyces	*Tricholomopsis*
Lentinellus	*Xylaria*

D steht für die wenigen Spezialisten, die **Dung und Vogelkot** abbauen (7 Taxa = 2%), z. B.

Coprinus Arten	*Paneolus fimicola*
Onygena corvina	*Stropharia semiglobata*

P bezeichnet **Parasiten** (7 Taxa = 2%), von denen es unter den höheren Pilzen der bodensauren Eichenmischwälder ebenfalls nur wenige gibt, z. B. *Cordiceps*-Arten (auf Insekten und anderen Pilzen) sowie Arten, die zeitweilig als Saprophyten leben, namentlich *Armillaria mellea* und *Heterobasidion annosum*.

Viele der hier aufgezählten Gattungen kommen in gleicher Funktion auch in anderen Waldgesellschaften vor, namentlich im Moderbuchenwald (vgl. die Zusammenstellung von Meyer in Ellenberg et al. 1986: S. 305 ff.). Domsch & Anderson haben in demselben Band (S. 308 ff.) auch die Mikromyzeten behandelt, die keine auffälligen Fruchtkörper bilden. Der bodensaure Moderbuchenwald ist hinsichtlich der Kleinpilze im Boden relativ artenarm. Das liegt vor allem an den Eigenschaften der Rotbuchenstreu, die ein vergleichsweise weites C/N-Verhältnis hat und lignin- und zellulosereich ist (s. a. Abb. 4–40). Letztere wird vor allem von *Penicillium janthinellum* abgebaut, das in Böden weit verbreitet und im Solling besonders häufig ist. Auch *Trichoderma* und *Chaetomium*-Arten beteiligen sich an dieser Leistung. Vertreter der Gattung *Mortierella* sind bemerkenswert durch ihre Fähigkeit zum Chitinabbau. Dörfelt (2007) rechnet in mitteleuropäischen Buchenwäldern mit rund 200 lignicolen (holzzersetzenden) Pilzen und etwa 200 sonstigen Saprophyten.

Barkman (1987) u. a. haben versucht, die **Pilzgemeinschaften** als Assoziationen anzusprechen und in ein eigenes System zu bringen. Diese sind oft relativ eng mit den Phanerogamen verbunden (Schlechte 1982, Winterhoff 1984, 1992).

b) Wie artenreich an **Mykorrhizapilzen** manche Wälder sind, zeigen Untersuchungen von Peter et al. (2001) in drei schweizerischen Fichtenwäldern, in denen Fruchtkörper von 128 Pilzarten gefunden wurden. Dörfelt (2007) rechnet mit mindestens 100 Pilzarten, die in Mitteleuropa mit der Buche Mykorrhizen bilden. Vergleiche von Wäldern verschiedener Baumarten und Bodentypen zeigen große Unterschiede in der Sippenzusammensetzung (z. B. Teissier du Cros 1981, Taylor et al. 2000, Rudawska 2007), die offenbar vor allem von der Basensättigung und dem Gehalt an organischer Substanz des Oberbodens abhängt (Tyler 1989c). Beispielhaft seien hier die Artenlisten aus drei ostfranzösischen Buchenwäldern auf Böden unterschiedlicher Basensättigung angefügt (s. Tab. 4–28). Deutlich wird, dass die Pilzgesellschaften basenarmer Böden nicht generell artenärmer sind als die basenreicher Standorte. Nach Dörfelt (2007) wird die höchste Diversität ektotropher Mykorrhizapilze auf mesotrophen Böden erreicht, die größte Fruchtkörperbiomasse dagegen auf oligotrophen. Stickstoffreiche wie auch versauerte oder gestörte Böden werden in der Regel von nur wenigen Mykorrhizapilz-Arten mit geringerer Spezialisierung im Hinblick auf die Nutzung der verschiedenen Stickstoffformen dominiert (Baar 1996, Taylor et al. 2000, Dörfelt 2007). Pilze, die organischen Stickstoff nutzen, kommen vor allem an kalten, sauren Standorten vor. Zwischen der Diversität der Pflanzen und jener der Makromyzeten besteht nach Untersuchungen von Arnolds et al. (1994) in niederländischen Buchenwäldern allerdings keine Beziehung. Seit der Einführung molekular-systematischer Methoden befindet sich die Erforschung der Diversität der Mykorrhizapilz-Gemeinschaften in Wäldern in rascher Entwicklung.

c) Viele Großpilze der Wälder reagierten offenbar besonders empfindlich auf die Erhöhung der Stickstoffverfügbarkeit. Arnolds & Jansen (1992) fanden in den Niederlanden vor allem bei den Ektomykorrhizen bildenden Pilzen einen **auffälligen Rückgang** seit 1960 oder 1970; bei einigen Arten setzte dieser sogar noch früher ein (s. a. Barkman 1987). Nur wenige Pilzarten blieben gleichermaßen häufig (vgl. auch Arnolds 1981/1982 u. Arnolds et al. 1985). Arnolds (1991) und Termorshuizen (1993) erklären den Rückgang vor allem mit den N-Einträgen. Sie halten die Bodenversauerung für weniger wirksam, weil viele Mykorrhizapilze recht säuretolerant sind (Rapp & Jentschke 1994). Möglicherweise können jedoch niedrige Ca- und Mg-Gehalte der Bodenlösung zu einer Verringerung der Mykorrhizadichte führen (Schneider et al. 1989).

Durch Eutrophierung wird offenbar in erster Linie die Fruchtkörperbildung behindert (Jansen & Dighton 1990), aber auch die Produktion und Ausbreitung der Hyphen selbst (Boxman et al. 1986, Rapp & Jentschke 1994). In einem südschwedischen Buchenwald führte bereits eine einzige Düngung mit 12 kg N ha^{-1} in Form von NH_4NO_3 zu einem fast vollständigen Verschwinden der Mykorrhizapilz-Fruchtkörper, während die Fruchtkörper einiger saprophytischer Pilze sogar zunahmen (Rühling & Tyler 1991). Nach Meyer (1962, 1991a u. b) reduziert Stickstoffdüngung die Mykorrhizafrequenz von Alt- wie auch Jungbuchen. Negative Effekte einer N-Düngung auf die Infektionsrate oder Fruchtkörperbildung von Ektomykorrhiza-Pilzen beobachteten auch Ritter & Tölle (1978), Menge & Grand (1978), Wallander & Nylund (1991) und andere. Bei Kiefernsämlingen war

Tab. 4–28 Liste von wahrscheinlich Mykorrhiza-bildenden Pilzen in bodensauren und basischen Buchenwäldern Lothringens. Nach Garbaye et al. in Teissier du Cros (1981).

	Sauerhumus-Buchenwald	**Braunmull-Buchenwald**	**Trockener Kalkbuchenwald**
Lokalität	Darney (Vogesen)	Haye (Meurthe-et-Moselle)	Liffolle-Grand (Vogesen)
Laccaria amethystina Bolt.	+	+	+
Lactarius blennius Fr.	+	+	+
Russula cyanoxantha Sch.	+	+	+
Ammanita citrina Sch. ex Fr.	+		
Ammanita rubescens Pers. ex Fr.	+		
Boletus subtomentosus L. ex Fr.	+		
Inocybe friesii Heim	+		
Inocybe lanuginosa Bull.	+		
Lactarius subdulcis Fr.	+		
Russula fellea Fr.	+		
Russula grisea Gil.	+		
Russula mairei Singer	+		
Russula nigricans Bul.	+		
Russula ochroleuca Pers. ex Fr.	+		
Russula vesca Fr.	+		
Tricholoma columbetta Fr.	+		
Tricholoma portentosum Fr.	+		
Tricholoma rutilans Sch.	+		
Tricholoma saponaceum Fr.	+		
Tricholoma virgatum Fr.	+		
Boletus chrysenteron Bull. ex Fr.	+	+	
Lactarius vellereus Fr.	+	+	
Craterellus cornucopioides Fr. ex L.		+	
Laccaria laccata Scop.		+	
Russula olivacea Fr.		+	
Russula delica Fr.		+	
Hygrophorus eburneus Bull.		+	+
Lactarius fuliginosus Fr.		+	+
Ammanita vaginata liv. pallesc. Gill.			+
Clitopilus prunulus Fr.			+
Cortinarius nemoreus Hy.			+
Hygrophorus odophilus Fr.			+
Inocybe feudisca Fr.			+
Inocybe jurana Pat.			+
Russula emetica Fr.			+
Ammanita phalloides Fr.			+
Hebeloma crustuliniforme Fr. ex Bull.			+

der Mykorrhizabesatz umso geringer, je höher die Nitratkonzentration im Boden war (Holopainen & Heinonen-Tanski 1993). Nach Meyer (1988) und Wallenda & Kottke (1998) ist es wahrscheinlich, dass die N-Deposition zu einer Schwächung des Pilzpartners in den Ektomykorrhizen führt und auf diesem Wege auch die Vitalität der Bäume mindert (vgl. auch Alten & Robbach 1990).

Diese wenigen Hinweise mögen unterstreichen, wie wichtig es wäre, Pilze stärker in die Untersuchung von Ökosystemen einzubeziehen und sie auch bei vegetationskundlichen Monitoringvorhaben auf Dauerprobeflächen mehr als bisher zu berücksichtigen.

4.9.4.3 Stammfußversauerung in Buchenwäldern

a) Bereits in der Mitte des 19. Jahrhunderts beobachtete man in England in der Nähe von Rauchquellen vegetationslose Flecken oder Scheiben rings um den Fuß von Baumstämmen, die ursächlich dem mit Säuren angereicherten Stammablaufwasser zugeschrieben wurden (nach Glatzel et al. 1986). Versauerte Stammfußbereiche wurden in den vergangenen 30 Jahren in vielen mitteleuropäischen Buchenwäldern festgestellt, besonders im Nahbereich städtischer Ballungsgebiete wie im Wienerwald und im Ruhrgebiet sowie in anderen stark depositionsbeeinflussten Wäldern (z.B. Glatzel et al. 1983, Koenies 1985). In Reinluftgebieten wie im Apennin fehlen sie dagegen (W. Werner mdl.). Auch an Stämmen von Linde, Stieleiche, Feldahorn und Fichte ist die Versauerung nur gering oder fehlt gänzlich (Nordén 1992, Koch & Matzner 1993).

In der Westfälischen Bucht kann man den Versauerungsgradienten von den relativ schwach belasteten Baumbergen bei Münster bis an den schon lange belasteten Südrand der Bucht deutlich erkennen (Wittig & Werner 1986). Alle Oberböden des Milio-Fagetum befanden sich Anfang der 1980er-Jahre bereits im Aluminium-Pufferbereich; die Stammfüße erreichten bei starker Säurebelastung sogar den Eisen-Pufferbereich. Im Stammfußbereich war die Austauscherbelegung mit Al-, Fe- und H-Ionen sowie Schwermetallen deutlich erhöht, während die Basensättigung noch niedriger war als im Zwischenstammbereich (vgl. auch Koch & Matzner 1993). Auch die Kationen-Austauschkapazität hatte infolge der Versauerung eine Reduktion erfahren (s. Abb. 4–124).

b) Das **Stammablaufwasser** der Buche enthält außer vermehrten H^+-Ionen auch K^+, Mg^{2+}, Al^{3+}, Mn^{2+} und NO_3^- sowie Schwermetalle und führt alles Gelöste in eine Art „Sammeltrichter", der auch Verbindung zum Grundwasser hat. Nach Glavac & Koenies (1986) findet im Stammfußbereich ein besonders großer **Ionenaustrag** aus dem Ökosystem statt, weil die Pufferung des Bodens stark reduziert ist. Diese Wirkungen verstärken sich mit steigender Niederschlagshöhe, d.h. auch mit der Höhe über dem Meeresspiegel. Nur in relativ trockenen Tieflagen wirkt sich der Stammablauf überwiegend vorteilhaft aus, weil er die Wasserversorgung der Buche verbessert und zudem im Wasser gelöste Basen heranführt.

Buchen sind von der Stammfußversauerung besonders betroffen, weil deren Stammablauf deutlich größer ist als bei anderen Baumarten (s. Kap. 4.7.4.2). Das infolge Luftverschmutzung zunehmend versauerte Niederschlagswasser schaltet anspruchsvolle Krautschichtarten rasch aus (Falkengren-Gerup 1989). Auch Buchensämlinge wachsen im versauerten Stammfußbereich schlechter und leiden unter erhöhter Wurzelmortalität (Glatzel & Kazda 1985). Andererseits werden Säurezeiger mit weiter pH-Amplitude wie die Hainsimse (*Luzula luzuloides*; s. Abb. 4–124 u. 4–68) dann sogar im Braunmull-Buchenwald konkurrenzfähig. Säurezeiger (R1–4) nahmen besonders auffällig im Stammfußbereich von noch mäßig basenreichen Buchenwäldern zu, wie dem Perlgras- und Flattergras-Buchenwald (Jochheim 1986, Neite & Wittig 1985, Wittig et al. 1985).

c) Auch der **Wind** kann zur Basenverarmung und Versauerung der Stammfüße beitragen. Schon leichte Winde werden durch Ablenkung an Baumstämmen schneller und fegen an exponierten Stellen die Laubstreu weg. Windgeschwindigkeiten von 8 m s^{-1} (Windstärke 5) genügen, um die Streu zu verwirbeln. Wilke et al. (1993) fanden an stark windgefegten Stellen in Eichen-Hainbuchen- und Sauerhumus-Buchenwäldern deutlich abgesenkte pH-Werte, die sie vor allem auf den Verlust der basenreichen Laubstreu zurückführen. Die Bedeutung des Streufalls für die Basenzufuhr zum Waldboden und dessen pH-Wert wird eindrucksvoll in den Streu-Manipulationsexperimenten von

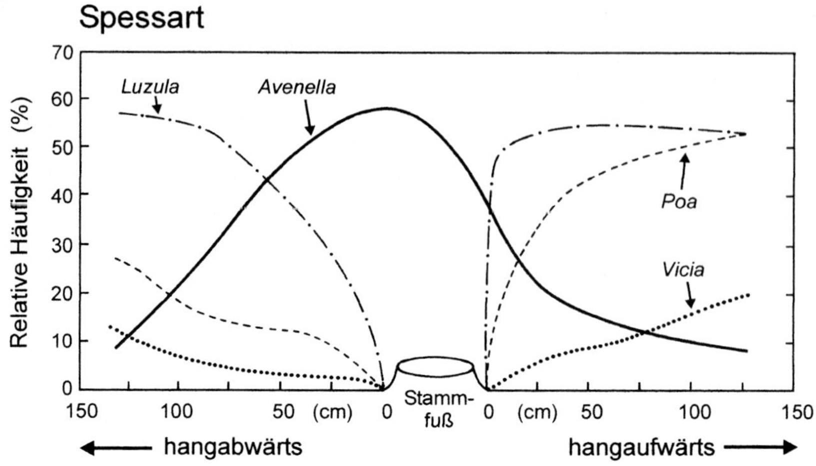

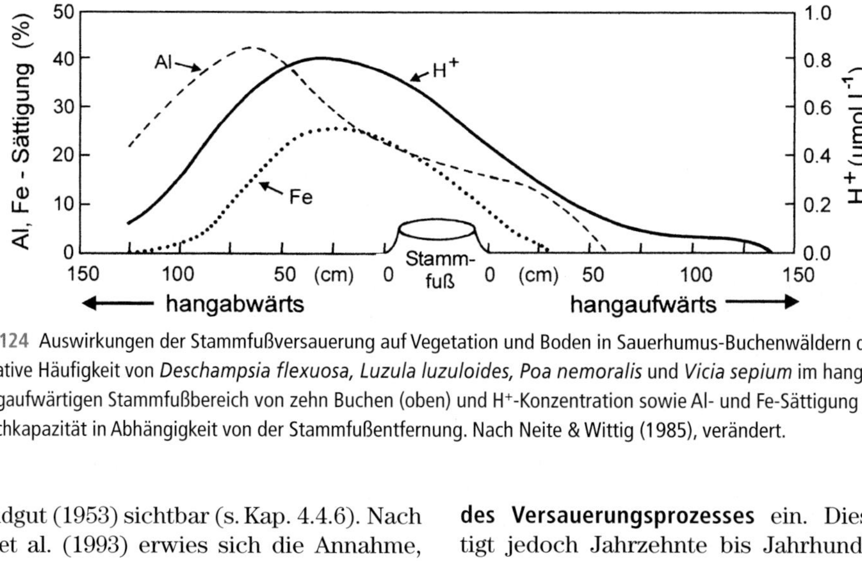

Abb. 4–124 Auswirkungen der Stammfußversauerung auf Vegetation und Boden in Sauerhumus-Buchenwäldern des Spessart. Relative Häufigkeit von *Deschampsia flexuosa, Luzula luzuloides, Poa nemoralis* und *Vicia sepium* im hangabwärtigen und hangaufwärtigen Stammfußbereich von zehn Buchen (oben) und H^+-Konzentration sowie Al- und Fe-Sättigung in % der Austauschkapazität in Abhängigkeit von der Stammfußentfernung. Nach Neite & Wittig (1985), verändert.

Leibundgut (1953) sichtbar (s. Kap. 4.4.6). Nach Wilke et al. (1993) erwies sich die Annahme, dass das am Stamm herablaufende Wasser den Fußbereich laubfrei gemacht habe, in den von ihnen untersuchten Wäldern meistens als falsch. An stark windgefegten Stellen, z.B. an Südwesthängen, siedeln sich oft niedrige Moose an. Deren Oberfläche ist so glatt, dass alles Falllaub leicht weggeblasen werden kann. Erhöhte Bodenversauerung an Stammfüßen reduziert außerdem die Aktivität der Bodenmakrofauna, sodass dieser Bereich infolge fehlender Bioturbation eine höhere Bodendichte aufweist als der Zwischenstammbereich.

d) Hört der Stammablauf nach dem Fällen der Bäume auf, so tritt eine teilweise **Umkehr des Versauerungsprozesses** ein. Diese benötigt jedoch Jahrzehnte bis Jahrhunderte und erreicht den früheren Säure-Base-Zustand des Bodens nicht vollständig (Falkengren-Grerup & Björk 1991).

4.9.5 Schutz und Restitution von Wäldern

4.9.5.1 Artenverluste und abnehmende Strukturdiversität in den Wäldern

Seit mindestens 7000 Jahren greift der Mensch maßgeblich in das Waldbild Mitteleuropas ein, anfangs durch Laubfutterwirtschaft, Waldweide und zunehmende Rodungen, zuletzt durch Baumartenwahl und planmäßige Waldwirtschaft. Wir können annehmen, dass diese Aktivitäten in den ersten Jahrtausenden zunächst die Lebensraumvielfalt in den Waldlandschaften erhöht haben, indem der Wald aufgelichtet wurde und Offenlandarten zu den typischen Waldarten hinzutreten konnten. Diese kamen zwar in den Lücken der Urwälder sicher z. T. bereits vor, aber erhielten nun weiteren Raum. Die strukturelle Vielfalt und die Artendiversität der Wälder reduzierten sich wahrscheinlich erst im Mittelalter entscheidend, als der Bedarf an Holz und Streu stark anstieg. Der Mensch verringerte außerhalb der höheren Gebirge die Waldfläche bis auf kleine Reste und dehnte seinen Einfluss auch bis in die abgelegensten Waldregionen aus. Bereits am Ende des Mittelalters dürften nur noch Fragmente von tatsächlich unbeeinflussten „Ur"wäldern existiert haben. In Dänemark war die Waldfläche im 18. Jahrhundert bis auf 2–4% der Landesfläche geschrumpft (Graae & Heskjaer 1997).

Tatsächlich besteht die Waldfläche Mitteleuropas außerhalb der Hochgebirge heute aus einem Teppich kleiner und kleinster Waldinseln (s. z. B. die Karte in Härdtle 1995: S. 41), deren Fläche in den meisten Fällen unter 10 km^2 beträgt (Heiss 1992) und die zu einer starken Isolation der waldtypischen Flora und Fauna führen.

Mit den naturnahen Wäldern verschwand die Seneszenzphase der Walddynamik aus den mitteleuropäischen Waldlandschaften und mit ihr ein Teil der einst reichen Kryptogamenflora sowie zahlreiche charakteristische Pilze, Invertebraten und Vögel, die an Totholz gebunden sind (Hunter 1990, Hansen et al. 1991). Nilsson & Baranowski (1997) nehmen an, dass in temperaten Laubwäldern bis zu 1000 Jahre kontinuierlicher Waldentwicklung erforderlich sind, um die gesamte Vielfalt der Kleinhabitate auszubilden und die volle Artengarnitur zu etablieren (vgl. auch Nordén & Appelqvist 2001). Durch Aufnahmen der Moosvegetation in unterschiedlich alten genutzten und naturnahen Buchenwäldern konnte Schumacher (2000) zeigen, dass die Diversität der rinden- und totholzbesiedelnden Moose in 200-jährigen Beständen um rund 50% höher ist als in 70-jährigen und dass das Diversitätsmaximum in der Seneszenzphase erreicht wird (s. Abb. 4–125). Vergleichbares gilt auch für epiphytische Flechten (s. Kap. 14.3.5). Ebenso sind zahlreiche xylobionte Insekten auf Wälder mit langer Kontinuität beschränkt (z. B. Aßmann 1994). Allein im Buchenwald-Naturreservat Niddahänge bei Frankfurt a.M. konnten bisher über 6000 Tierarten nachgewiesen werden, weit mehr als die 1500 bis 1800 Arten, die in genutzten Buchenbeständen zu erwarten sind (Hessen-Forst 2005).

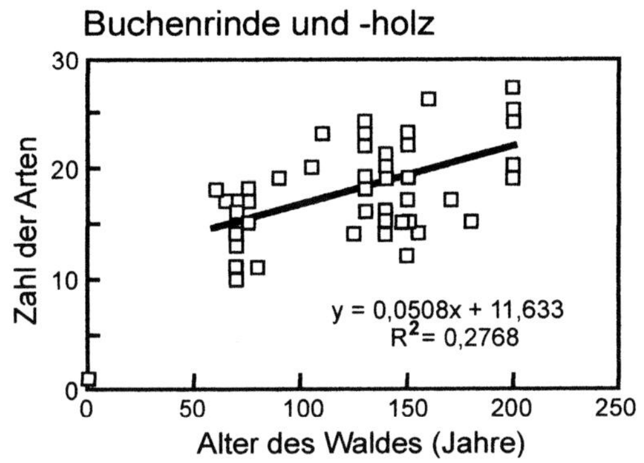

Abb. 4–125 Beziehung zwischen der Artenzahl rinden- und totholzbewohnender Moosarten und dem Bestandesalter in mitteleuropäischen Buchenwäldern. Nach Schumacher (2000), etwas verändert.

Bereits im Mittelalter hat wahrscheinlich die Artenvielfalt der Krautschichtflora abgenommen, zumindest auf armen Substraten, weil viele Waldböden mittlerer bis geringer Basenausstattung infolge der Übernutzung versauerten. Diese Diversitätsverluste konnte die einst verbreitete Mittelwaldwirtschaft teilweise kompensieren, die ja durchaus strukturreiche Wälder schuf. Die moderne Waldwirtschaft mit ihren intensiv genutzten Altersklassenwäldern, der großflächigen Pflanzung von standortfremden Nadelbäumen und der Ausdehnung der intensiven Forstwirtschaft auf ertragsschwache, nun gedüngte Grenzstandorte hat erneut zu Veränderungen in der Artenzusammensetzung der Wälder geführt, die den Naturschutz im Wald vor erhebliche Probleme stellen.

Die meist kleinparzellige Waldwirtschaft der Vergangenheit hatte viele, heute seltene Arten der Waldgrenzstandorte, Waldränder und der halboffenen Wälder begünstigt, die nun zurückgehen. Wie im Offenland wurden vor allem Indikatoren für bodenfeuchte und trockene Standorte sowie Licht- und Magerkeitszeiger aus den Wäldern zurückgedrängt, also Arten, die früher die Waldgrenzstandorte besiedelt hatten (Jeschke 1998). Ein Beispiel für nutzungsbedingt artenreiche Wälder sind die nord-alpinen Schneeheide-Kiefernwälder (Hölzel 1996). Wie in anderen Ökosystemen

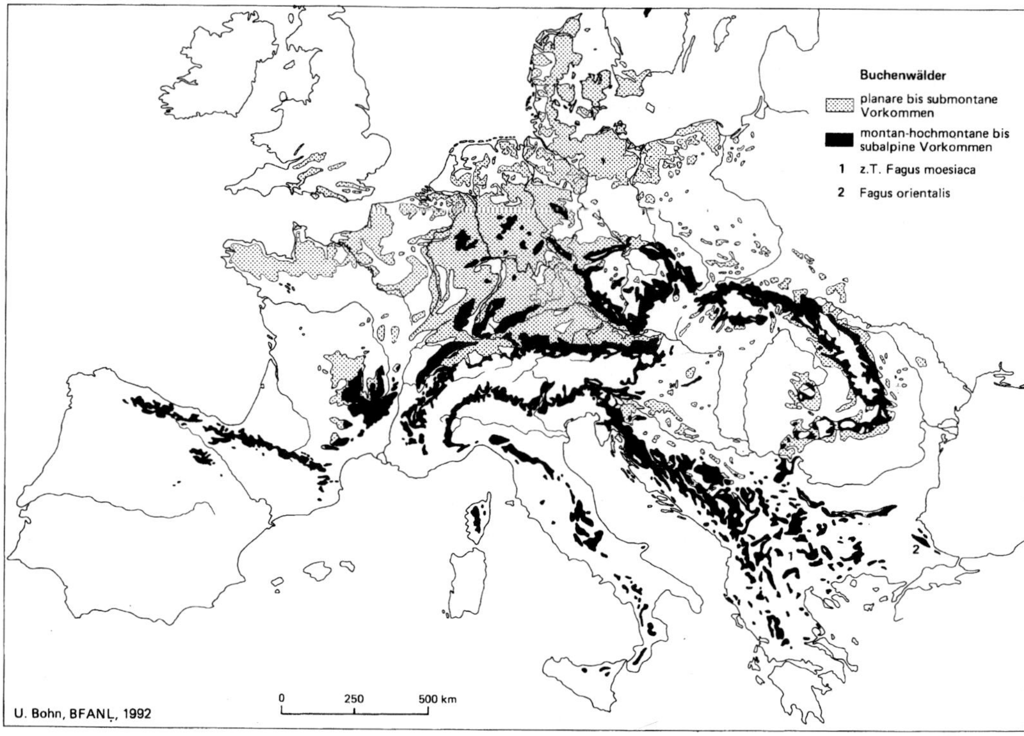

Abb. 5–2 Natürliche Gesamtverbreitung der Buchenwälder in Europa heute, differenziert nach planaren bis submontanen und montanen bis subalpinen Vorkommen (Auszug aus der Karte der natürlichen Vegetation Europas, Maßstab 1: 2,5 Millionen). Nach Bohn (1992, mit freundlicher Genehmigung).

diejenigen in den Vordergrund gestellt werden, die weit verbreitet oder im Hinblick auf ihre Standortsbeziehungen bemerkenswert sind. Besonderer Wert wird stets auf ökologische Untersuchungsergebnisse gelegt, vornehmlich auf solche, die über die betrachtete Pflanzengesellschaft hinaus aufschlussreich sind.

b) Wegen seines großen Umfangs wird der Buchenwald-Verband heute in **Unterverbände** gegliedert, die sich weitgehend mit standortbedingten und/oder arealgeografischen Gesellschaftsgruppen decken (s. Dierschke 1985, Oberdorfer et al. 1992, Dierschke & Bohn 2004, Willner & Grabherr 2007; dort auch die ältere Literatur!). Im ersten Teil der Tabelle 5–1 sind die in den wärmeren Lagen Mitteleuropas verbreiteten Buchenwald-Gesellschaften grob nach dem abnehmenden Kalkgehalt ihrer Böden geordnet. Im zweiten Teil folgen die vorwiegend montan bis subalpin geprägten Einheiten, von denen die meisten mehr oder minder reich an Tannen sind. Diese werden wir im Zusammenhang mit reinen Nadelwäldern näher kennenlernen (s. Kap. 7.3).

Kalkreiche und zugleich relativ trockene Steilhänge nimmt der Unterverband der **Orchideen-Buchenwälder** (CEPHALANTHERO-FAGENION; s. Tab. 5–1, 1) ein, in dem die Rotbuche relativ am schlechtesten gedeiht. Diese Trockenhang-Kalkbuchenwälder zeichnen sich neben den seltenen *Cephalanthera*-Arten und anderen Orchideen durch Differenzialarten aus, die auch in wärmeliebenden Eichenmischwäldern (s. Kap. 6.4) vorkommen, d. h. durch licht- und wärmebedürftige Kräuter wie Maiglöckchen (*Convallaria majalis*) und Schwalbenwurz (*Vincetoxicum hirundinaria*). In den wärmsten Tieflagen sind sie reich an Gräsern und Seggen; doch hat der Seggen-Hangbuchenwald (Carici-Fagetum, Assoziation 1a in Tab. 5–1) keine auf ihn beschränkte Arten. An kühleren Kalksteilhängen kommen Blaugras (*Sesleria albicans*) und andere in den Alpen häufige Arten zum Zuge (Blaugras-Hangbuchenwald, Seslerio-Fagetum, 1b). Wegen ihrer Sonderstellung werden wir auf die Assoziationen 1a und b erst eingehen, nachdem wir den folgenden Unterverband besprochen haben.

Ausgesprochen produktiv sind die Waldmeister-Buchenwälder (GALIO ODORATI-FAGENION, 2; s. Abb. 5–3), deren weniger hängige Böden einen gut gekrümelten und selten austrocknenden Mullhorizont aufweisen. Man kann sie deshalb kurz als **Mullbuchenwälder** zusammenfassen. Dieser Unterverband steht gewissermaßen im Zentrum des FAGION und hat keine eigenen Charakter- und Differenzialarten. Das Gleiche gilt in besonderem Maße für seine „Grundassoziation", den Waldmeister-Buchenwald (Galio odorati-Fagetum, 2b). Er besiedelt vorwiegend Braunerden und kann dementsprechend auch als Braunmull-Buchenwald bezeichnet werden. Sein Boden ist zwar nur mäßig kalkhaltig, aber reich an sonstigen Nährstoffen, und hat eine große wasserhaltende Kraft. Deshalb eignet er sich hervorragend als Ackerland und wurde schon früh in Kultur genommen. Gute Beispiele vom Galio odorati-Fagetum findet man daher nur noch selten, und meistens im Randbereich anderer Gesellschaften. Auf verhältnismäßig kalkreichen, meist mehr oder minder humosen Mullböden häufen sich Basenzeiger wie das Bingelkraut (*Mercurialis perennis*) und andere Arten der *Sanicula*-Gruppe (s. Tab. 4–14). Diesen „frischen Kalkbuchenwald" (s. Tab. 5–1, 2a) nennt man neuerdings wieder nach einer seiner wenigen Charakterarten Hordelymo-Fagetum (s. Kap. 5.3.1).

Von den Mullbuchenwäldern, insbesondere den Braunmull-Buchenwäldern, gibt es zwar viele gleitende Übergänge zu den wesentlich artenärmeren *Fagus*-Gesellschaften. Trotzdem sind die sogenannten Moderbuchenwälder stark saurer Böden von den übrigen Buchenwäldern floristisch scharf gesondert, weil ihnen fast alle FAGION-Verbands-Charakterarten fehlen. Der Unterverband der **Hainsimsen-Buchenwälder**, das LUZULO-FAGENION (s. Tab. 5–1, 3), hat nur die im Namen gebrauchte *Luzula luzuloides* als kennzeichnende Spezies, und auch diese steigt nur ausnahmsweise ins Tiefland hinab, wo ebenfalls Moderbuchenwälder verbreitet sind. Wie die im Nordwesten und Westen Europas vorherrschenden artenarmen Eichenmischwälder (QUERCION ROBORIS; s. Kap. 6.5) stocken die Gesellschaften des LUZULO-FAGENION niemals auf Mullböden, sondern senden ihre Feinwurzeln vorwiegend in einen ba-

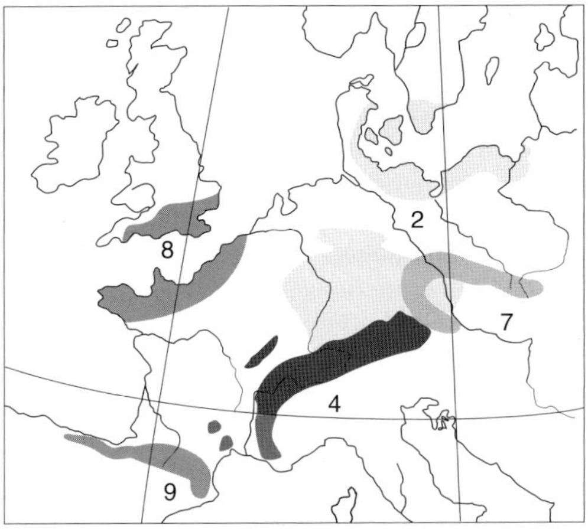

Abb. 5–3 Verbreitung der Mullbuchenwald-Unterverbände in Mittel- und Westeuropa (vgl. Tab. 5–1). Nach Dierschke (1990), etwas verändert.
2 GALIO ODORATI-FAGENION, 4 LONICERO ALPIGENAE-FAGENION, 7 DENTARIO GLANDULOSAE-FAGENION, 8 ENDYMIO-FAGENION, 9 SCILLO-FAGENION. In Südostfrankreich gibt es Übergänge zwischen 4 und 9. Die Einheiten 1, 3, 5 und 6 sind an stark abweichenden Standorten verbreitet.

senarmen, wenn auch lockeren Auflagehumus vom Typ des Moder. Wegen Kalkmangels fehlen große Regenwürmer, die das organische Material mit den mineralischen Schichten darunter zu Mull vermischen könnten. Moderbuchenwälder würden Mitteleuropa von Natur aus beherrschen und sind auch heute noch flächenmäßig bedeutend, weil ihr Boden sich weniger für den Ackerbau eignet als derjenige vieler anderer Waldgesellschaften. Der in submontan-montaner Lage ausgebildete Hainsimsen-Buchenwald (Luzulo-Fagetum, 3a) ist die einzige gut definierte Assoziation. Sie gehört heute zu den bestuntersuchten Waldgesellschaften Mitteleuropas (s. vor allem Ellenberg et al. 1986).

Als Differenzialarten sind im Luzulo-Fagetum stets einige Säurezeiger vertreten. In manchen Buchenbeständen des nordwestdeutschen sandigen Tieflandes überwiegen diese völlig.

Solche „artenärmsten Moderbuchenwälder" (3b in Tab. 5–1) beherbergen keine einzige Charakterart des Verbandes FAGION, ja nicht einmal eine solche der Ordnung FAGETALIA, zu der ja auch andere Laubwald-Gesellschaften gehören (s. Kap. 5.1). Die daraus entstehende pflanzensoziologische Problematik werden wir im Zusammenhang mit den Hainsimsen-Buchenwäldern erörtern (s. Kap. 5.5.1 a und Heinken 1995).

Pflanzensoziologisch viel näher mit den Mullbuchenwäldern verwandt als die Moderbuchenwälder sind die im zweiten Teil der Tabelle zusammengestellten **Buchen- und Buchen-Tannenwald-Gesellschaften in den mittleren und hohen Berglagen**, vor allem der Randalpen. Wegen ihrer Beziehungen zu den Nadelwäldern und zu Gesellschaften der subalpinen Gebirgsstufe werden wir auf diese erst in Kapitel 7.3.3 näher eingehen. Hier sei nur kurz auf ihre systematische Gliederung hingewiesen. Für die Unterverbände 4 bis 6 in Tabelle 5–1 gilt insgesamt, dass sie zweifellos dem FAGION angehören und stets einige der für dieses im Kopf der Tabelle genannten Charakter- und Differenzialarten enthalten. Die Buchen- und Buchen-Tannenwälder der Unterverbände 4 und 5 stehen außerdem den Mullbuchenwäldern (2) der tieferen Lagen, namentlich dem Galio odorati-Fagetum so nahe, dass allen drei Unterverbänden viele Arten gemeinsam sind. Nicht zuletzt aus diesem Grund bereitete es Oberdorfer u. Mitarbeitern (1992) Schwierigkeiten, für jeden derselben und für seine einzelnen Assoziationen eigene gute Charakterarten herauszustellen. Die in Tabelle 5–1 wiedergegebene Gliederung beruht daher im wesentlichen auf der Verwendung von Differenzialarten-Gruppen und deren wechselnder Kombination. Das gilt namentlich für die drei Assoziationen des Unterverbandes der **Alpenheckenkirschen-Buchen- und Buchen-Tannenwälder** (LONICERO ALPIGENAE-FAGENION, 4a–c), die am bayerischen und schweizerischen Alpenrand die größte Rolle spielen (s. Kap. 5.3.6).

Der Unterverband der **Labkraut-Tannenwälder** (GALIO ROTUNDIFOLII-ABIETENION, 5) nimmt insofern innerhalb des Verbandes FAGION eine Sonderstellung ein, als die Rotbuche sehr zurücktritt und außer der Tanne (*Abies alba*) auch die Fichte (*Picea abies*) eine bedeutende Rolle spielt. Durch forstliche Bewirtschaftung wurden die Nadelhölzer oft sogar vollends zur Dominanz gebracht. Diese tannenreichen oder auch mehr oder minder fichtenreichen montanen Hangwälder sind sämtlich relativ artenreich und unterscheiden sich vor allem durch den Kalkgehalt ihres Bodens. Der Kalk- oder Wintergrün-Tannenwald (Pyrolo-Abietetum, 5a) enthält stets einige (schwache) Basenzeiger, der Labkraut- oder Silikat-Tannenwald (Galio rotundifolii-Abietetum, 5b) zeichnet sich weniger durch Säurezeiger als durch (schwache) Feuchtigkeitszeiger aus, weil die Niederschläge in der Montanstufe hoch sind und der Unterboden im Gegensatz zu Kalkgesteinen wenig Wasser absickern lässt. Weitere Unterverbände im Bergland sowie in den Tieflagen Mittel- und Westeuropas sind in Tabelle 5–1 aufgeführt und in Abbildung 5–3 berücksichtigt. Nach Kielland-Lund (1994) kommen viele von diesen auch im südlichen Skandinavien vor, namentlich in Norwegen.

Oberhalb der tannenreichen Wälder gelangt die Buche nicht selten wieder zur Herrschaft, weil sie das Winterklima in Waldgrenznähe besser erträgt als die Tanne (s. Kap. 7.3.2). Hier gesellt sich an deren Stelle der Bergahorn (*Acer pseudoplatanus*) hinzu, der wie die Buche unter dem Druck der rutschenden Schneedecke Säbelstämme auszubilden vermag. Nicht einmal für die an Nadelhölzern armen **Bergahorn-Buchenwälder** (Unterverband ACERI-FAGENION, 6) in der subalpinen Stufe fanden sich allgemeingültige eigene Charakterarten. Diese höchststeigenden Laubwälder Mitteleuropas werden jedoch durch zahlreiche nitrophile Hochstauden von den übrigen Buchenwald-Gesellschaften differenziert, z. B. durch den Alpen-Milchlattich (*Cicerbita alpina*), die Akeleiblatt-Wiesenraute (*Thalictrum aquilegifolium*) und den Grauen Alpendost (*Adenostyles alliariae*).

Nach diesem historischen, ökologischen und pflanzensoziologischen Überblick über ganz Mitteleuropa wollen wir im Folgenden einzelne Waldgesellschaften näher betrachten. Jede Gesellschaft wird zunächst in demjenigen Gebiet Mitteleuropas betrachtet, in welchem sie am besten entwickelt ist oder ihre größte Mannigfaltigkeit zeigt. Von diesem „Kerngebiet" ausgehend, werden wir zum Schluss jedes Abschnittes das gesamte Verbreitungsgebiet der betreffenden Gesellschaft zu überschauen versuchen und dabei kurz auf – wirkliche oder scheinbare – Änderungen in ihren Standortsbeziehungen und auf arealgeografische Abwandlungen in ihrem Artengefüge zu sprechen kommen.

Einen allgemeinen Überblick über die Ökologie der mitteleuropäischen Baumarten und Wälder gibt das Kapitel 4. Wir beginnen mit den Buchenwald-Gesellschaften auf kalkhaltigen oder doch basenreichen Böden und wenden uns schrittweise solchen auf immer basenärmeren Substraten zu.

5.3 Buchenwälder auf Rendzinen und Pararendzinen

5.3.1 Frische Kalkbuchenwälder

Schön entwickelte naturnahe Buchenwälder findet man heute in Mitteleuropa vor allem an den Hängen der Kalkgebirge (s. Abb. 5–4). Im Schweizerischen, Schwäbischen und Fränkischen Jura, auf den Kalkbergen Mitteldeutschlands, Südpolens, Nordtschechiens und der Slowakei sowie in der montanen Stufe der nördlichen und südlichen Kalkalpen und der Karpaten blieben sie in großer Ausdehnung erhalten, weil ihre Standorte landwirtschaftlich schwer zu nutzen sind, die Buche aber gut gedeiht und sich auch ohne Zutun des Menschen gut verjüngt. Mit den Kalkbuchenwäldern wollen wir deshalb die Besprechung aller hinreichend bekannten Buchenwald-Gesellschaften Mitteleuropas beginnen.

Wie ihr Name andeutet, sind Kalkbuchenwälder reich an Arten, die im Buchenschatten auf basenreichem Boden konkurrenzfähig bleiben und ausgesprochen saure Böden gänzlich meiden. Oft handelt es sich um Arten der Gruppe II e in Tabelle 4–14, d. h. zugleich um Arten, die sowohl auf zu trockenen als auch auf zu feuchten Böden fehlen. Nicht wenige davon gelten als Charakterarten der Ordnung FAGETALIA, kommen also auch in anderen Waldgesellschaften auf relativ kalkreichen Böden vor. Als Beispiele seien *Euphorbia amygdaloides*, *Lathyrus vernus*, *Mercurialis perennis*, *Pulmonaria officinalis* und *Sanicula europaea* genannt. Sie können als Differenzialarten des in submontaner Höhenstufe besonders im nördlichen Mitteleuropa häufigen „frischen Kalkbuchenwaldes" (Hordelymo-Fagetum lathyretosum) gelten (s. Abb. 5–5).

Da Kalkgesteine in ebener bis schwach geneigter Lage häufig mit Lösslehm überdeckt sind, der den Basenreichtum des Wurzelraumes mindert, finden wir den frischen Kalkbuchenwald bei stärkerer Hangneigung besonders gut ausgebildet, soweit es dort nicht zu trocken ist, d. h. nur ausnahmsweise an West- bis Südosthängen und mit Vorliebe in leichter bis

Abb. 5–4 Strauchschichtarmer Buchen-Hallenwald auf Kalkboden im Schweizer Jura (Lebern) im Jahre 1961. An einer lichteren Stelle ist Buchenverjüngung zu sehen.

Abb. 5–5 Krautschicht eines Kalkbuchenwaldes im Schweizer Jura, Ende Mai aufgenommen (vgl. Abb. 5–4). *Mercurialis perennis* (vorn rechts) ist bereits verblüht, *Galium odoratum* (deckend) hat Knospen. *Dentaria pentaphyllos* blüht voll und deutet wie die vereinzelten Blätter von *Allium ursinum* (links) auf reichliche Feuchtigkeit hin, zumindest im Frühjahr.

stärkerer Schattenlage. Hier sind buchenbeherrschte Wälder noch heute die Regel (s. Kap. 5.1).

Kalkbuchenwälder besiedeln Böden vom Typus der **Rendzina** und **Terra fusca** (Meiwes & Beese 1988). Häufig ist die Rendzina verbraunt, d. h. in der Feinerde kalkarm und braunerdeähnlich, doch gibt es auch typische Kalkbuchenwälder, die auf nichtverbraunter Mullrendzina stocken. Das Kalkgestein kann bereits in wenigen dm Tiefe anstehen, aber auch durch mehr oder minder mächtigen, skelettreichen, seit langer Zeit ruhenden Hangschutt oder durch eine dünne Schicht von Lösslehm überdeckt sein. In jedem Fall ist der Wurzelraum der Buchen und ihrer Begleiter durchschnittlich nur 20–30 cm mächtig, während einzelne Wurzeln bis 3 m tief in den Unterboden oder in Gesteinsspalten eindringen (s. Abb. 5–6).

Derartige Rendzinen reagieren bis in Oberflächennähe neutral oder höchstens schwach sauer und können als mäßig nährstoffreich gelten. Ihre Ammonifikation ist stetig, aber nicht sehr hoch, die Nitrifikationsrate liegt bei 100 % (Ellenberg 1964, Grimme 1975). Ein Wasserstau im Bodenprofil wurde niemals, auch nicht bei Schneeschmelze oder bei starken Gewittergüssen, beobachtet, weil das feinporige Schwammgefüge des basenreichen Mulls stabil bleibt und sehr aufnahmefähig ist. In Trockenjahren kann kurzfristig Wassermangel eintreten, wie er z. B. im Spätsommer 1973, 1983 und 2003 auf dem Göttinger Muschelkalkplateau beobachtet wurde (s. Abb. 4–100). Auf großen Flächen im frischen Kalkbuchenwald welkten *Mercurialis perennis*, *Galium odoratum*, *Asarum europaeum* und andere Kräuter, obwohl sie das osmotische Potenzial ihres Zellsaftes im Zuge von Osmotic adjustment beträchtlich abgesenkt hatten. Für die Buche selbst dürfte die Wasserversorgung wohl meistens gewährleistet bleiben, weil ihre Wurzeln die Reserven in tieferen Schichten nutzen können (s. Kap. 4.3.2 a).

Das floristische und ökologische Bild des frischen Kalkbuchenwaldes, wie es bisher dargestellt wurde, gilt in den Grundzügen für große Teile Mitteleuropas und Westeuropas, ja auch für manche Randbereiche im Norden und Süden. Nicht nur im Schweizer Jura, sondern auch in den nördlichen Alpenketten ist der frische Kalkbuchenwald nach Kuoch (1954) eine der häufigsten Waldgesellschaften der unteren Montanstufe (600–900 m). Er kommt dort auf Kalkgesteinen aller Art, aber auch auf Molasse und kalkreichen Moränen in den verschiedensten Hanglagen mit ähnlichem Artengefüge vor. In den südlich daran anschließenden Schweizer Alpentälern ist er zwar an schattigen

Abb. 5–6 Mullrendzina auf Muschelkalk, unter Kalkbuchenwald entstanden (Ohmgebirge bei Duderstadt). Der nur etwa 25 cm mächtige, krümelige und stark humose Oberboden ist dicht durchwurzelt; einzelne Baumwurzeln dringen bis über 2 m tief in Spalten vor.

Hängen hier und dort noch zu finden, wird aber rasch seltener, und zwar in dem Maße, wie das Klima den trockenen und kontinentalen inneralpinen Charakter annimmt (s. Abb. 1–4a u. b). Auch in den nördlichen Randketten der Alpen entsprechen die Wälder auf vergleichbaren Kalkböden umso weniger dem Typus des Kalkbuchenwaldes, je weniger ozeanisch das Allgemeinklima wird. In der Gegend der Chiemgauer und Kitzbüheler Alpen beispielsweise klingt er zum Gebirgsinneren hin schneller aus als in der Schweiz (Mayer 1974) und wird durch nadelholzreichere Gesellschaften ersetzt. Eine **subatlantische Verbreitungstendenz** des frischen Kalkbuchenwaldes ist also auch in den Alpen unverkennbar (s. Abb. 4–45).

Die südostalpinen Buchenwälder leiten zu den illyrischen (nordwest-balkanischen) über, die von ihrer Artenfülle her gleichwie als „Urbilder" der Buchenwälder Mitteleuropas gelten können. Neben den auch in Mitteleuropa in Kalkbuchenwäldern vorkommenden Arten findet man in der Strauchschicht Immergrüne wie *Rhamnus fallax* und *Ruscus hypoglossum* und in der Krautschicht illyrische Stauden, z. B. *Omphalodes verna* und *Lamium orvala* (s. Horvat et al. 1974).

Reist man vom Schweizerischen Jura oder vom Westteil der Schwäbischen Alb aus in nördlicher Richtung, so sieht man die Kalkbuchenwälder floristisch mehr und mehr verarmen. Vor allem fällt die Tanne als zwar untergeordneter, aber doch kennzeichnender Partner aus. Die subatlantisch-mediterrane *Daphne laureola* fehlt schon auf dem Schwäbischen Jura, und manche im Alpenbereich häufigen montanen Arten, z. B. *Lonicera alpigena*, *L. nigra* und *Veronica urticifolia*, werden ebenfalls rasch selten. Als einziger neuer, allerdings kräftiger Konkurrent tritt das Einblütige Perlgras (*Melica uniflora*) hinzu, das die alpennahen Buchenwälder meidet.

Wie die frischen Kalkbuchenwälder in den Alpen und den südwestdeutschen Bergen stocken auch die nordwestdeutschen auf ziemlich flachgründigen Rendzinen, die meist verbraunt und nicht übermäßig tonhaltig sind (s. Abb. 6–2). In einigen Profilen konnte Diemont (1938) dünne Decken von Lösslehm nachweisen, die einen Übergang zu braunerdeartiger Bodenbildung verursachten und sich auch in niedrigeren pH-Werten und geringerem Porenvolumen zu erkennen gaben. Sie tragen in der Regel Bestände, die ärmer an „anspruchsvollen" Arten sind. Aber selbst die flachgründigsten und von Fremddecken freien Verwitterungsböden zeigen in Nordwestdeutschland nahe der Bodenoberfläche eine saurere Reaktion als im Schweizer Jura (pH 5,7–7,4, im Mittel 6,3). Diese Tatsache darf man wohl mit dem stärker ozeanischen Charakter des Klimas in Verbindung bringen.

Der frische Kalkbuchenwald, der in mäßig subozeanischem Klima als natürliches Endstadium der Vegetationsentwicklung auf submontanen bis montanen Kalkböden in ebener Lage sowie in allen Hangexpositionen großflächig verbreitet ist, wird in Grenzlagen zu einem mehr oder minder ausgeprägten Standortspezialisten. In feuchterem Klima kann er sich nur an relativ trockenen, in regenärmeren, kontinental getönten dagegen lediglich an besonders feuchten Orten halten. Er bietet damit ein schönes Beispiel für das von H. u. E. Walter (1953) ausgesprochene „Gesetz der relativen Standortskonstanz".

Als letzte Ausläufer des frischen Kalkbuchenwaldes gegen den kälteren Norden hin sind einige von Lindquist (1931) und Passarge (1965) aus Südschweden und von Kielland-Lund (1981) aus Südost-Norwegen beschriebene Bestände aufzufassen. Auch auf den Kreidekalken von Rügen und Moen gibt es entsprechende Buchenwald-Gesellschaften (s. Jeschke 1964). Auf noch kalkreichen, weichselzeitlichen Geschiebemergeln sowie auf basenreichem Basalt oder anderen Gesteinen, die zu Braunerden hoher Basensättigung verwittern und zu Mull führen, können sich in entsprechendem Klima Buchenwälder entwickeln, die dem hier beschriebenen Kalkbuchenwald ähneln. Selbst in den Voralpen ist das Fagetum typicum im Sinne Moors (1952) nach Kuoch (1954) nicht nur auf Kalkgesteine im engeren Sinne beschränkt. Die Bezeichnung „Kalkbuchenwald" darf man also nicht auf die geologische Unterlage beziehen, sondern auf den Basenreichtum des Hauptwurzelraumes der Krautschicht. Wir werden noch sehen, dass über Kalkgesteinen auch ausgesprochen bodensaure, artenarme Buchenwald-Gesellschaften vorkommen, und zwar dort, wo eine völlig entkalkte Lehmdecke sie vom Kalkuntergrund isoliert (s. Kap. 5.5.3).

In Westeuropa, vor allem in Südengland, Mittelfrankreich und den Pyrenäen, bedecken Kalkbuchenwälder oder nahe verwandte Gesellschaften große Flächen, z. B. in den südlichen Cevennen, in der südlichen Dauphine und in der Auvergne. Je weiter im Westen und Süden, desto mehr gesellen sich atlantische und submediterrane Florenelemente hinzu, besonders in den Pyrenäen und in Spanien (Rivas-Martinez 1964). Wie in Südfrankreich und auf der Balkanhalbinsel, so treten auch in Italien die Buchenwälder mit submediterranen Flaumeichen-Mischwäldern in Kontakt und sind hier sehr artenreich. Ihre syntaxonomische Einordnung ist erst teilweise geklärt (Dierschke 1997).

Als Ökosystem wurde der frische Kalkbuchenwald insbesondere im Göttinger Wald, d.h. in submontaner Plateaulage, viele Jahre hindurch gründlich im Hinblick auf die Vegetationsdynamik, Populationsbiologie, Produktivität und Ökophysiologie der Krautschicht, den Zuwachs der Buche sowie den Wasser- und Nährstoffhaushalt des Bodens und das Mikroklima untersucht. Die Ergebnisse werden in den Kapiteln 4.3 bis 4.8 dargestellt und mit Ergebnissen aus bodensauren Buchenwäldern verglichen.

Abb. 5–7 Bärlauch-Buchenwald an einem Schatthang im Schweizer Jura (Lebern). *Allium ursinum* entwickelt sich im Frühjahr auf dem tiefgründigen Kalkboden zu dichten Beständen. Während der übrigen Jahreszeiten kann sich *Galium odoratum* ausdehnen, das unter den Bärlauchblättern stellenweise sichtbar ist.

5.3.2 Bärlauchreiche Mullbuchenwälder

Aus verschiedenen Gegenden Mitteleuropas sind Kalkbuchenwälder beschrieben worden, die sich durch ungewöhnlichen Reichtum an Frühlingsgeophyten, namentlich an Bärlauch (*Allium ursinum*) und anderen Arten der *Corydalis*- und *Ranunculus ficaria*-Gruppe (III d–e in Tab. 4–14), auszeichnen. Diese raschlebigen, außerordentlich nährstoffbedürftigen und gegen Austrocknung empfindlichen Kräuter kommen nicht nur in Buchenwäldern vor, sondern bilden auch in manchen Ahorn-, Eschen-, Eichen- oder Ulmen-Mischwäldern dichte Bestände, vorausgesetzt, dass deren Böden ihren hohen Ansprüchen genügen. Man darf sie also nirgends als Charakterarten von Assoziationen, wohl aber als sehr auffällige Differenzialarten besonderer Untereinheiten werten. Wir beschränken uns hier auf die bärlauchreiche Untergesellschaft des frischen Kalkbuchenwaldes (s. Abb. 5–7) sowie auf eine entsprechende Ausbildung des reichen Braunmull-Buchenwaldes (s. Tab. 5–4, Nr. 1 u. 2).

Ihr Verbreitungszentrum haben die **geophytenreichen Buchenwälder** zweifellos in den niederschlagsreichen Teilen des nordwestdeutschen Berglandes, wo sie schon Diemont (1938) eingehend studierte, und überhaupt im westlichen Mitteleuropa. Die Bärlauch-Untergesellschaft zeigt also eine noch ausgeprägtere ozeanische Tendenz als der reine Kalkbuchenwald.

Im Gegensatz zu der typischen Ausprägung deckt die Krautschicht im Bärlauch-Buchenwald den Boden bereits im zeitigen Frühjahr mit üppigem Blattwerk fast lückenlos zu. In den von Diemont (1938) aufgenommenen Beständen herrscht entweder der Hohle Lerchensporn mit seinen hellkarminroten oder weißen Blütentrauben und seinen fein zerschlitzten, zarten Blättern, oder der Bärlauch mit breit lanzettlichen, glänzenden Blättern und später mit weißen Sterndolden. Durch seine effektive vegetative Vermehrung mit Hilfe von Nebenzwiebeln vermag sich der Bärlauch überall dort in dichten Herden zu halten und langsam konzentrisch auszubreiten, wo er einmal Fuß gefasst hat und wo ihm die Standortbedingungen zusagen (s. Kap. 4.6.2 b). Erst bei genauerem Hinsehen entdeckt man die Gelbe Anemone (*Anemone ranunculoides*), die in Nordwestdeutschland nur wenigen Bärlauch-Buchenwäldern fehlt, den vielerorts seltenen

Märzenbecher (*Leucojum vernum*) oder den ebenfalls seltenen Gelbstern (*Gagea lutea*). Das Scharbockskraut und der Aronstab, die auch im typischen Kalkbuchenwald zuweilen auftreten, sowie die indifferente Weiße Anemone vervollständigen das Mosaik der Frühblüher. Zwischen diesen zerstreut können zwar fast alle krautigen Pflanzen des frischen Kalkbuchenwaldes ebenfalls auftreten, doch gehen sie besonders zu Anfang der Vegetationsperiode in der Fülle der Geophyten nahezu unter. Sträucher findet man eher noch seltener als in anderen Buchenwald-Gesellschaften, weil die Buchen offensichtlich ein noch schattigeres Blätterdach bilden.

Bald nachdem sich dieses vollständig geschlossen hat, vergilben und verschwinden *Allium*, *Corydalis*, *Leucojum*, *Gagea* und *Ranunculus ficaria* fast ebenso rasch, wie sie nach der Schneeschmelze aufgetaucht sind, und die sterbenden Blätter des Bärlauches verströmen weithin ihren Zwiebelduft. Es wäre aber falsch anzunehmen, dass dieser rasche Verfall nur eine Folge des Lichtmangels sei. Denn an wenig beschatteten Standorten, z. B. in ungepflegten Wiesen, in denen sich namentlich Scharbockskraut und Lerchensporn jahrzehntelang zu halten vermögen, sieht man ihre Blätter gleichzeitig oder sogar noch früher vergilben als im Wald. Das Absterben der Blätter wird wahrscheinlich durch die zunehmende Erwärmung der bodennahen Schichten und eine daraus folgende negative Kohlenstoffbilanz ausgelöst. Nur *Arum* behält seine Blätter länger als die übrigen Geophyten und gibt sich damit als Vertreter einer vorwiegend tropischen Familie zu erkennen.

In den 2 bis 3 Monaten aktiven Lebens müssen die extremen Frühlingsgeophyten nicht nur Blätter, Blüten und Früchte oder Brutknospen ausbilden, sondern außerdem in ihren Zwiebeln, Knollen oder Rhizomen genügende Mengen an Reserve- und Nährstoffen ansammeln, die ihnen einen erfolgreichen Start im nächsten Vorfrühling gewährleisten (s. Kap. 4.7.2 c). Diese intensive Stoffproduktion ist nur auf sehr fruchtbaren Böden möglich. Überall, wo Vertreter der *Ranunculus ficaria*-Gruppe (s. Tab. 4–14: III d) gedeihen, findet man jedenfalls lockere und biologisch sehr aktive Mullböden, die zumindest im Frühjahr niemals austrocknen, aber auch nicht übermäßig nass werden. Beide Extreme des Wasserzustandes würden nicht nur die Aktivität der Wurzeln, sondern auch die Nitrifikation hemmen.

Nachdem sich die Frühlingsgeophyten zurückgezogen haben, ist zwar die Krautschicht mehr oder minder lückenhaft, doch in ihrer Artenzusammensetzung dem frischen Kalkbuchenwald so ähnlich, dass man den Bärlauch-Buchenwald im Spätsommer kaum von diesem zu unterscheiden vermag. Im Gegensatz zum frischen Kalkbuchenwald treten allerdings Trockenheitszeiger nicht einmal vereinzelt auf. Statt ihrer sind hier und dort Arten zu finden, deren Optimum an relativ feuchten Standorten liegt und die außerdem als Nitratzeiger gelten dürfen, z. B. *Stachys sylvatica*, *Impatiens noli-tangere*, *Circaea lutetiana* oder *Urtica dioica*. Ausgesprochene Nässezeiger trifft man aber niemals. Trotz Fehlens eingehender Untersuchungen über den Wasserhaushalt der Bärlauch-Buchenwälder können wir mithin folgende Standortsmerkmale als gegenüber den geophytenärmeren Kalkbuchenwäldern entscheidende Faktoren herausstellen: **Größere Feuchtigkeit**, jedoch keine Stau- oder Grundnässe, **größerer Nährstoffreichtum** des Oberbodens, ausgesprochene **Lockerheit des Mullbodens**, zumindest in den oberen 10–20 cm.

So sehr sich die Krautschichten verschiedener Bestände des Bärlauch-Buchenwaldes ähneln, so ungleich können die Leistung und der Wuchs der Buche sein. Diese zunächst überraschende Tatsache hängt damit zusammen, dass sich die anspruchsvollen Frühlingsgeophyten bei geeignetem Lokalklima sowohl auf Rendzinen als auch auf tiefgründigen Braunerden oder auf jungen kolluvialen Lehmen halten können. Diemont (1938) unterschied deshalb flachgründige und tiefgründige Ausbildungsformen der Bärlauch-Buchenwälder.

Selbst unter dem relativ feuchten Klima Nordwestdeutschlands sind *Allium*-Buchenwälder meistens nur an Schatthängen oder in seichten Mulden ebener Flächen sowie höheren, niederschlagsreicheren Plateaulagen gut ausgebildet. Lediglich vom Teutoburger Wald, einem weit nach Nordwesten vorgeschobenen Ausläufer des mitteleuropäischen Berglandes, beschrieb Diemont (1938) einige Bestände, die an west- oder südgerichteten Hängen gedeihen. Ähnliche Beobachtungen kann man in Belgien machen. Nur in Randzonen Mitteleuropas zu Westeuropa darf man also den Bärlauch-Buchenwald allenfalls als Klimax auf Kalkverwitterungsböden ansprechen. In der Regel tritt er als Dauergesellschaft an lokalklimatisch feuchteren Standorten auf und hat als solche auch in den Kalkgebirgen mit relativ ozeanischem Klima immer nur eine beschränkte Verbreitung. Im Osten und Süden Mitteleuropas zieht er sich immer mehr auf luftfeuchte Sonderstandorte zurück oder fehlt ganz, wo nicht das Allgemeinklima an das mehr ozeanische im westlichen Mitteleuropa erinnert. Schon in den Oberrhein-Auen erfror *Allium* im kalten Winter 1985/1986 (Schnitzler et al. 1991).

Hinsichtlich der Bodenazidität hat *Allium ursinum* eine weitere Amplitude als *Corydalis*, *Leucojum* und *Gagea*. Gut entwickelte Bestände fanden Lindquist (1931), Diemont (1938), Ellenberg (1939), Moor (1952) und Eggert (1985) noch bei pH-Werten zwischen 5 und 5,5, während z. B. *Corydalis cava* fast ausschließlich bei neutraler bis alkalischer Reaktion gedeiht (pH >6,5). Nur an die Wasserversorgung scheint *Allium* größere Ansprüche zu stellen als die *Corydalis*-Arten, tritt der Bärlauch doch an zunehmend trockenen Standorten nicht selten rascher zurück als *Corydalis cava* oder gar als *Corydalis solida*.

Abb. 5–8 Strauchreicher Seggen-Trockenhang-Buchenwald auf kalkhaltigem Molasse-Sandstein in Südexposition (Sihlwald bei Zürich).
Vorherrschend sind *Carex montana* und *Brachypodium sylvaticum* (breitere Blätter!); vorn links ist *Mercurialis perennis* zu sehen.

5.3.3 Seggen-Trockenhang-Buchenwälder

Während der frische Kalkbuchenwald und besonders die Bärlauch-Buchenwälder trockene Hanglagen und niederschlagsarme Gebiete meiden, gibt es andere an Kalkunterlage gebundene Buchenwald-Gesellschaften in Mitteleuropa, die gerade hier ihr Optimum haben. Mit Moor (1952, 1972) kann man sie „Seggen-Buchenwälder" oder auch „Seggen-Trockenhang-Buchenwälder" (Carici-Fagetum) nennen (s. Abb. 5–8), da sie immer nur an Hängen charakteristisch entwickelt sind. Für nördliche Bereiche, in denen *Carex alba* fehlt, wird auch der Name „Cephalanthero-Fagetum" verwendet (vgl. Oberdorfer 1957, Willner & Grabherr 2007; s. Tab. 5–1, 1). Beide Bezeichnungen sind gleich treffend, wie wir noch sehen werden, beide können aber auch falsche Vorstellungen erwecken, wenn sie allzu wörtlich genommen werden.

In dem für das westliche Mitteleuropa außerordentlich warmen und trockenen Klima des von kalkreichem Löss bedeckten Kaiserstuhls inmitten der Oberrheinischen Tiefebene konnte sich der Seggen-Hangbuchenwald besonders gut ausbilden. Er nimmt hier nach von Rochow (1951) nicht weniger als ein Drittel der Waldfläche ein und ist in allen Hanglagen, auch in relativ schattiger Nord- und Ostexposition, zu finden. Sogar an Südhängen, auf denen heute wärmeliebende Eichengebüsche stocken, würden sich nach Ansicht dieser Autorin bei ungestörter Entwicklung Seggen-Buchenwälder einstellen, vorausgesetzt, dass noch Löss die Hänge überkleidet. Von Rochow (1951) gab ihrem „Fagetum caricetosum digitatae" den bezeichnenden deutschen Namen „Strauch-Buchenwald". Denn was diesen Buchenwaldtyp von allen anderen auf den ersten Blick unterscheidet, ist sein **Reichtum an Sträuchern** und an Baumjungwuchs, der unter den verhältnismäßig lockeren Buchenkronen noch ausreichend Licht findet (s. Abb. 5–8). Gegen vorübergehende Trockenheit unempfindliche calcicole Arten sind bemerkenswert reichlich vertreten, namentlich *Sorbus aria*, *Ligustrum vulgare* und *Viburnum lantana*, deren Blätter teilweise den Winter über grün bleiben. Auch *Rosa arvensis* eignet sich als Differenzialart gegenüber den anderen Buchenwäldern (Schlüter 1963). Der

Seggen-Hangbuchenwald ist also kein Hallenwald und steht physiognomisch wie floristisch den „wärmeliebenden" Eichenmischwäldern nahe (s. Kap. 6.4). Von Natur aus herrscht aber in ihm die Rotbuche, die zwar nur mittelmäßige bis schlechte Stammformen und Leistungen zeigt, aber allen anderen Baumarten überlegen bleibt. Einzeln sind Traubeneiche, Bergahorn, Linde und andere Licht- oder Halbschatthölzer eingestreut. Stellenweise kann die Esche kleine Gruppen bilden, doch bleibt auch sie der Buche untergeordnet (s. Tab. 5–2). Da die Luftfeuchtigkeit an den Standorten der Seggen-Hangbuchenwälder häufig sehr gering ist, fehlen epiphytische Moose an den Stämmen der Bäume so gut wie ganz. Auch Rindenflechten-Gesellschaften, namentlich Graphidetum und Candelarietum, waren nach Wilmanns (1958) nur kümmerlich ausgebildet, als noch die meisten mitteleuropäischen Wälder reich an epiphytischen Flechten waren (s. z. B. Abb. 5–4, 5–5, 5–7 u. 4–4).

Neben der Strauchschicht fallen im Unterwuchs einige Seggen und Gräser auf, von denen die meisten ebenfalls recht widerstandsfähig gegen zeitweilige Austrocknung ihres Boden- und Luftraumes sind (s. Abb. 5–8). Das häufige Vorkommen von *Carex digitata*, *C. flacca* und *C. montana* lässt die in der Schweiz übliche Bezeichnung Seggen-Buchenwald, die sich eigentlich auf *Carex alba* bezieht, auch für den Kaiserstuhl berechtigt erscheinen. Dieser deutsche Name führt nur insofern irre, als im nördlichen Alpenvorland ein Tieflagen-Buchenwald mit vorherrschender *Carex pilosa* vorkommt, der mehr oder minder ebene und weniger trockenheitsgefährdete Böden einnimmt als der Seggen-Buchenwald in dem hier dargestellten Sinne.

Bemerkenswert ist es übrigens, dass die Stetigkeit der Seggenarten und die der Orchideen in den Hangbuchenwäldern annähernd miteinander parallel gehen, oder mit anderen Worten ausgedrückt, dass beide Pflanzengruppen in gleicher Weise durch die besonderen Standortbedingungen begünstigt werden. Wahrscheinlich spielt der für Buchenwälder **relativ große Lichtgenuss** eine entscheidende Rolle. Sicher gilt das für das im Unterwuchs mancher Seggen-Buchenwälder gesellige Maiglöckchen (*Convallaria majalis*), das kaum irgendwo sonst so früh und so reichlich blüht wie hier. Es herrscht in der Regel an windexponierten, etwas verhagerten Stellen. Die Gesellschaften des CEPHALANTHERO-FAGENION lassen sich aber auch negativ kennzeichnen, und zwar durch das Fehlen breitblättriger, meso- bis hygrophiler Kräuter. Sie bilden also in verschiedener Hinsicht eine einheitliche Gruppe, die ökologisch gerechtfertigt erscheint.

Moor (1972) betrachtete den Seggen-Trockenhang-Buchenwald, den er in nicht weniger als 15 Subassoziationen gliederte, im Schweizer Jura als „Klimaxassoziation der Submontanstufe". Tatsächlich kommt er dort in allen Hanglagen vor (s. a. Ellenberg & Klötzli 1972), aber ausschließlich an Hängen. Deshalb sehen ihn die meisten Autoren als azonal an, bzw. als „Dauergesellschaft" im Sinne Braun-Blanquets (s. Kap. 4.2.1 c). Er bildet nirgends das Endstadium der Vegetationsentwicklung auf ausgereiften und nicht durch Erosion gestörten, mehr oder minder ebenen Böden. In horizontaler bis schwach geneigter Lage würden Löss-, Kalkschutt- und Mergelböden, die hauptsächlichen Substrate der Seggen-Buchenwälder, ziemlich rasch entkalkt werden. Außerdem ginge ihnen kein Niederschlagswasser durch oberflächlichen Abfluss verloren, sodass ihr Wurzelraum besser mit Wasser versorgt wäre als in Hanglagen. Bei größerer Feuchtigkeit des Bodens aber würde das Kronendach der Buchen dichter und die Konkurrenzfähigkeit vieler Kräuter des frischen Kalkbuchenwaldes größer werden, sodass sich die lichtliebenden Sträucher und die langsamwüchsigen Seggen und Orchideen nicht mehr zu behaupten vermöchten. Deshalb bleibt der Seggen-Trockenhang-Buchenwald tatsächlich auf hängige und oft zugleich lokalklimatisch trockene Lagen beschränkt.

Entscheidender Standortfaktor ist nach Richard (1961) die in der Vegetationszeit verfügbare Wassermenge, die in dem hängigen und lockeren, kalkreichen Boden (Bach 1950) oft begrenzt ist. Auch die Luftfeuchte ist geringer als im frischen Kalkbuchenwald. Beträchtliche Mengen von Kalkflaum, die sich im gesamten Profil aus dem Sickerwasser abgesetzt haben, deuten darauf hin, dass der Boden öfter austrocknet. Der Standort des Carici-Fagetum ist also ziemlich **wechseltrocken**. Deshalb kann die Streu trotz ihres Basenreichtums und ihrer bunt gemischten Herkunft von zahlreichen Baum-, Strauch- und Krautarten nicht innerhalb eines Jahres restlos abgebaut werden und bleibt als geschlossene, die Erosion hemmende Decke

Tab. 5–2 Seggen-Trockenhang-Buchenwald und ökologische Bewertung seines Unterwuchses. Nach 17 Aufnahmen aus dem Kaiserstuhl von M. von Rochow (1951) an 5–20° geneigten Hängen aller Expositionen in der submontanen Stufe (330–460 m ü.NN.); ökologische Bewertung nach Ellenberg et al. (1992)[1].

	S	F	R	N	L
Baumschicht:					
Fagus sylvatica	*5*				P
Acer campestre	*5*				P
Quercus petraea	*3*				P
Sorbus aria	*2*				P
Fraxinus excelsior	*2*				P
Acer pseudoplatanus	*1*				P
Prunus avium	*1*				P
Tilia cordata	*1*				P
Hedera helix	*3*				P
Strauchschicht:					
Ligustrum vulgare	*5*	4	8	3	N
Viburnum lantana	*5*	4	8	4	N
Fagus sylvatica	*5*	5	×	×	P
Cornus sanguinea	*5*	5	7	×	N
Lonicera xylosteum	*5*	5	7	6	N
Rosa arvensis	*5*	5	7	5	N
Daphne mezereum	*5*	5	7	5	N
Sorbus aria	*4*	4	7	3	P
Corylus avellana	*4*	×	×	5	N
Crataegus monogyna	*4*	4	8	4	N
Acer pseudoplatanus	*3*	6	×	7	P
Prunus avium	*3*	5	7	5	P
Berberis vulgaris	*3*	4	8	3	N
Viburnum opulus	*3*	×	7	6	N
Quercus petraea	*2*	5	×	×	P
Fraxinus excelsior	*2*	×	7	7	P
Tilia cordata	*2*	5	×	5	P
Sorbus torminalis	*2*	4	7	4	P
Coronilla emerus	*2*	3	9	2	N
Rubus sp.	*2*	–	–	–	N
Acer campestre	*1*	5	7	6	P
Hedera helix	*5*	5	×	×	Pli
Clematis vitalba	*4*	5	7	7	Pli
Krautschicht:					
Orchideen					
Neottia nidus-avis	*5*	5	7	5	G
Cephalanthera rubra	*4*	3	8	4	G
Epipactis helleborine	*3*	5	7	5	G
Cephalanthera damason.	*2*	4	7	4	G
Seggen und Gräser					
Carex digitata	*5*	5	×	4	H
Melica nutans	*4*	4	7	3	G
Carex flacca	*4*	6	8	4	G
C. montana	*3*	4	6	3	H
Brachypodium sylvatic.	*3*	5	6	6	H
Bromus benekenii	*2*	5	7	5	H
Carex alba	*1*	4	8	2	G
übrige Kräuter					
Convallaria majalis	*5*	4	×	4	G
Euphorbia amygdaloides	*5*	4	8	5	C
Viola reichenbachiana	*5*	5	7	6	H
Galium sylvaticum	*3*	5	6	5	G
Vicia sepium	*3*	5	6	5	Hli
Solidago virgaurea	*3*	5	×	4	H
Vincetoxicum hirundin.	*2*	3	7	3	H
Anemone nemorosa	*2*	×	×	×	G
Pulmonaria obscura	*2*	6	8	7	H
Sanicula europaea	*2*	5	8	6	H
Fragaria vesca	*2*	5	×	6	H
Angelica sylvestris	*2*	8	×	4	H
Tamus communis	*2*	5	8	5	Gli
mittl. **Feuchte**zahl (mF)	–	**4,7**			
mittl. **Reaktions**zahl (mR)			**7,4**		
mittl. **Stickstoff**zahl (mN)	–			**4,5**	

[1] Die Ziffern in der Spalte *S* bedeuten die Stetigkeit in 5 Klassen: *5* = in mehr als 80 % der aufgenommenen Bestände, *4* = in 60–80 %, *3* = in 40–60 %, *2* = in 20–40 %, *1* = in weniger als 20 % (sind hier meistens weggelassen, wurden aber bei der Berechnung mittlerer Faktorenzahlen berücksichtigt). F = Feuchtezahl, R = Reaktionszahl, N = Stickstoffzahl (s. Kap. 27). L = Lebensformen (s. Kap. 27).

Nach den aus seinem Artengefüge berechneten **mittleren Faktorenzahlen** zu urteilen, besiedelt der Seggen-Hangbuchenwald Böden, die etwas trockener sind als der Durchschnitt (5,0) der mitteleuropäischen Böden (mF = 4,7). Ihr Kalkgehalt ist in der Regel hoch (mR = 7,4), ihr Stickstoffangebot dagegen relativ gering (1950 mN = 4,5). Für Bestände an Sonnhängen war mN oft sogar kleiner als 4,0. Unter den Lebensformen spielen Phanerophyten, Nanophanerophyten und Lianen eine ungewöhnlich große Rolle.

liegen. Stellenweise bilden sich sogar Nester von sogenanntem **Xeromoder**, die wahrscheinlich die Ansiedlung der Ochideen begünstigen. Mückenhausen (1970) sprach daher von „Kalkmoder-Rendzina" als häufigem Bodentyp unter Seggen-Trockenhang-Buchenwäldern. An exponierten Hängen wird das Laub frühzeitig weggeweht. Doch kommen auch normale Mull-Rendzina, verbraunte Rendzina (Terra fusca-Rendzina) und lehmige Kalkstein-Braunerde vor. Auf Löss, kalkreichen Molasse-Sandsteinen und Mergeln bestockt der Seggen-Buchenwald Pararendzinen verschiedenen Entwicklungsgrades, auf Gips auch Gips-Rendzinen (Schönfelder 1978, Ellwanger 1998).

Entscheidend ist also nicht der Bodentyp und sein Entwicklungszustand, sondern sein Wasserhaushalt (s. Abb. 4–100), der für die Buche gerade noch ausreicht, aber ihren Blattflächenindex begrenzt und lichtbedürftige Arten im Unterwuchs indirekt begünstigt.

Selbst bei mäßigem bis fehlendem Kalkgehalt reagiert die Feinerde nach übereinstimmenden Angaben von zahlreichen älteren Autoren sowie von Winterhoff (1965), von Gadow (1975) und Grimme (1975) stets neutral, d. h. der pH-Wert liegt über 6 oder sogar über 7. Genauere Untersuchungen über die pH-Werte und die Wurzelschichtung im Boden eines Cephalanthero-Fagetum führte Lötschert (1952) am Westfuß des Odenwaldes in einer Höhe von nur 185 m ü.NN. durch. Auf kleinstem Raum ($4\,m^2$) waren in der artenreichen Krautschicht nicht weniger als fünf Orchideen (*Cephalanthera damasonium*, *C. longifolia* und *C. rubra* sowie *Epipactis helleborine* und *Neottia nidus-avis*) neben dem dominierenden Maiglöckchen vertreten. Die pH-Werte lagen hier sämtlich über 7 (7,09–7,39). Interessante Kleinstandorte bilden übrigens auch die modernden Baumstubben und Modernester, die in den meisten Fällen viel feuchter sind als ihre Umgebung und daher z. B. Asseln und Mollusken einen Unterschlupf gewähren. In dem öfter austrocknenden Mineralboden ist die Fauna dagegen ärmer als in anderen Buchenwald-Gesellschaften; beispielsweise fehlt der Rote Regenwurm (*Lumbricus rubellus*; s. Rabeler 1962).

Das C/N-Verhältnis der bisher untersuchten Profile spricht für gute Stickstoffernährung, wenigstens in den Zeiten, in denen die Stoffaufnahme der Pflanzen nicht durch Trockenheit gehemmt wird. Dies ist nach Grimme (1975; s. Abb. 4–100) von Jahr zu Jahr verschieden. Während die höheren Pflanzen, insbesondere die relativ flach wurzelnden Arten der Krautschicht, in der Nähe des permanenten Welkepunktes kein Wasser mehr aufnehmen, bleiben die Mikroorganismen aktiv (Wetschaar 1968), sodass sich ungenutztes Nitrat im Boden anreichert. Steinige Rendzinen besitzen nach Rehfuess (1990) aber oft nur geringe Phosphor- und Kaliumvorräte, die zu Mangel führen können.

Trockenjahre können für die Phanerogamen zu Katastrophen werden, wie sich z. B. während der Jahre 1945 bis 1950 im Schweizer Jura (Richard 1961) und in den Spätsommern 1971, 1973 und 1983 an der Lengder Burg bei Göttingen beobachten ließ. Sämtliche krautigen Pflanzen des Unterwuchses welkten in diesem (nicht einmal extrem ausgebildeten) Seggen-Hangbuchenwald, Trockenheitszeiger wie *Vincetoxicum hirundinaria* nicht ausgenommen. Bäume und Sträucher vergilbten vorzeitig, während sie im benachbarten frischen Kalkbuchenwald sowie im Bärlauch-Buchenwald bis zur Herbstzeit grün blieben. Auch die Bäume werden in extremen Trockenjahren geschädigt, so im Sommer 2003, als die Buche an zahlreichen Orten Mitteleuropas ihre Blätter bereits im August abwarf (Bréda et al. 2006); dies geschah z. B. auch auf großer Fläche in den Sieben Bergen westlich des Harzes. Dass die gegen Trockenheit empfindliche Buche an solchen Standorten aushält, dürfte vor allem an ihrer bemerkenswerten Regenerationsfähigkeit liegen (s. Kap. 4.4.4.1 i).

Seggen-Hangbuchenwälder haben ihr Verbreitungsschwergewicht im südwestlichen Mitteleuropa, vor allem im Schweizer Jura und im Kaiserstuhl. Nach Norden werden sie artenärmer und seltener. *Cephalanthera damasonium*, die dem Unterverband den Namen gab, kommt bis zum Rand der norddeutschen Tiefebene vor. Dort allerdings gibt es kein großflächiges Carici-Fagetum mehr, sondern eher ein verarmtes Hordelymo-Fagetum an den meist lössüberdeckten Südhängen der Kalkberge (Golisch 1996, Pollmann 2001).

5.3.4 Krautschichtfreie Buchenwälder vor allem auf Kalkböden

Kurz erwähnt seien noch die von manchen Autoren beschriebenen „nackten" Buchenwälder („**Fagetum nudum**", Literaturübersicht bei

Slavikova 1958). Meist handelt es sich um gutwüchsige Buchenreinbestände auf kalk- oder gipsreichem Boden in Gegenden mit verhältnismäßig trockenem Klima, z. B. am Rande des mitteldeutschen und des innerböhmischen Trockengebietes, oder an verkarsteten und dadurch **bodentrockenen Standorten**. Man kann diese krautschichtfreien Kalkbuchenwälder am ehesten an die Seggen-oder Blaugras-Buchenwälder anschließen. Aber auch Buchenbestände auf extrem kalkarmen Boden können unterwuchsfrei sein (s. Kap. 5.5.1 d).

Übereinstimmend beobachteten alle Autoren, dass die Wurzeln der Buche die oberen Bodenschichten außerordentlich dicht durchflechten (Schmid & Leuschner 1998). Wie Slavikova (1958) nachwies, entziehen sie damit dem Boden so viel Wasser, dass keine Jungbäume oder krautigen Pflanzen mehr zu gedeihen vermögen. Flächen von 1 m^2 Größe, die am Boden solcher Wälder durch tiefes Trenching isoliert worden waren, blieben dagegen wesentlich feuchter, weil die Buchenwurzeln aus ihnen kein Wasser mehr entnehmen konnten. Sie wurden bald von Kräutern (auf nicht zu saurem Boden z. B. *Galeopsis pubescens*, *Galium odoratum*, *Mycelis muralis*) besiedelt, die im Laufe von 3 Jahren einen Deckungsgrad von 80 % erreichten. Offensichtlich litten diese Kräuter nicht unter Lichtmangel. Vor dem Durchschneiden der Baumwurzeln wurden sie also höchstwahrscheinlich durch **Wassermangel** ferngehalten (s. Kap. 4.5.2.9).

Schon Watt & Fraser (1933) haben jedoch gegen einen solchen durchaus naheliegenden Schluss Bedenken angemeldet. Sie weisen darauf hin, dass durch Zersetzung getöteter Baumwurzeln die Stickstoffversorgung der Kräuter wesentlich gesteigert wird und dass besser ernährte Pflanzen ein niedrigeres Lichtgenuss-Minimum haben (s. Abb. 4–53). In den von Slavikova (1958) und Schmid & Leuschner (1998) untersuchten Fällen spielt die bessere Wasserversorgung aber wohl doch eine Rolle, weil es sich um recht trockene Standorte handelt. Infolge der zeitweilig starken Austrocknung des Oberbodens wird die Laubstreu im „Fagetum nudum" nicht mehr vollständig von Tieren verarbeitet, sodass sich mächtige Schichten von sogenanntem **Buchen-Tangelmoder** (im Sinne von Kubiena 1953) ansammeln können. Diese tragen sicher nur wenig zur Ernährung der Bodenkräuter bei und sind von Keimlingen kaum zu durchdringen. Die unterwuchsfreien Kalkbuchenwälder zeugen eindringlich von der Kampfkraft der Buche auf basenreichen Böden. Man darf sie nicht mit den auf sauren Böden gelegentlich anzutreffenden krautschicht- und verjüngungsfreien Beständen verwechseln.

Dunkle Dickungen und Stangenhölzer können in allen Buchenwald-Gesellschaften vorübergehend „nackt" sein, sogar auf Böden, die sich bei wachsendem Bestandesalter dicht begrünen (s. Kap. 5.7.2.2. b). Im richtigen „Fagetum nudum" dagegen bleiben auch Altbestände unterwuchsfrei, wenn man sie bis zu einem gewissen Grade auslichtet oder die Buchenwurzeln stellenweise durch Bodenbearbeitung unterbricht.

5.3.5 Eiben- und Blaugras-Steilhang-Buchenwälder

a) „Als ausgesprochener Spezialist kühler Mergelsteilhänge" wurde ein **Eiben-Steilhang-Buchenwald** aus dem Schweizer Jura und Alpenvorland (s. Abb. 5–9) von Etter (1947), Bach (1950) und Moor (1952) beschrieben. Dieser steht zwar den bisher besprochenen Seggen-Trockenhang-Buchenwäldern und den Blaugras-Buchenwäldern (Seslerio-Fagetum) floristisch und ökologisch nahe, macht aber physiognomisch einen völlig anderen Eindruck. Unter dem mehr oder minder geschlossenen Schirm der Buchen bildet die Eibe eine zweite, stark schattende Baumschicht. In der Schweiz, dem heute eibenreichsten Gebiet Mitteleuropas, erreicht selbst die größte von diesen knorrigen Gestalten nach Vogler (1904) nur 15 m Höhe, aber einen Brusthöhen-Umfang von 3,6 m. Solche Veteranen sind nicht viel älter als 300 Jahre, d. h. jünger, als man nach der Dicke der Stämme meinen möchte; denn sie sind in der Regel aus mehreren Stämmen zusammengewachsen. Das ist oft eine Folge des früher wiederholten Abschlagens und erneuten Austreibens (Griesche 1993). Die Eibe ist ja der einzige stark ausschlagfähige Nadelbaum.

Werden die Eiben im Unterholz zahlreich, so lassen sie keinerlei Sträucher aufkommen, und auch für krautige Pflanzen und Moose ist es in ihrem **tiefen Schatten** fast überall zu dunkel. Eine Krautschicht kann sich nur dort entwickeln, wo die Baumschicht gestört und künstlich gelichtet wurde (s. Abb. 5–9). Artenlisten von solchen Beständen sind dementsprechend hetero-

Abb. 5–9 Eiben-Steilhang-Buchenwald auf Molassemergel im Sihlwald bei Zürich. Eine Krautschicht kann sich nur außerhalb des Schattens von *Taxus* entwickeln.

gen, während diejenigen von unbeeinflussten Waldstücken meistens nur sehr wenige Arten enthalten. Es ist deshalb schwer, ein klares Bild von der floristischen Zusammensetzung der Eiben-Steilhang-Buchenwälder zu gewinnen. Fast alle darin auftretenden Arten können auch im Seslerio-Fagetum vorkommen. Sehr wahrscheinlich handelt es sich gar nicht um eine besondere, in sich einheitliche Assoziation, sondern um *Taxus*-Fazies (Ausbildungsformen) verschiedener Gesellschaften.

Eine wesentliche Vorbedingung für gutes Gedeihen der Eibe ist es, dass die obere Baumschicht genügend Licht durchlässt; denn *Taxus baccata* erträgt gar nicht so viel Schatten, wie gewöhnlich angenommen wird (Korpel & Saniga 1994, Leuthold 1998). Sie ist keineswegs lichtscheu und gedeiht außerhalb des Buchenwaldes an steilen, sonnenexponierten Felsen recht gut. Wegen ihres langsamen Wuchses und ihrer **geringen Konkurrenzkraft** vermochte sie sich in den stärker vom Menschen beeinflussten Berglandschaften, z. B. am Hohenstein im Süntel, überhaupt nur noch an unzugänglichen Felswänden zu halten. Sie macht dort den Eindruck einer „xerophilen" Art.

Buchenwälder oder Nadelholz-Mischwälder mit Eiben gibt es an kalkreichen Standorten hier und dort in ganz Mitteleuropa mit Ausnahme der Gebiete mit stark kontinental getöntem Klima. Aus der gründlichen Untersuchung von Hofmann (1958) über die eibenreichen Waldgesellschaften Mitteldeutschlands geht hervor, dass *Taxus baccata* auch in Seggen-Hangbuchenwäldern reichlich gedeihen kann. In bodensauren Buchenwäldern sowie in anderen Waldgesellschaften tritt sie dagegen nur sporadisch auf (Leuthold 1998). Doch gibt es nach Mayer (1974) auch Silikat-Steilhang-Eiben-Buchenwälder.

Eibenholz war früher für Bogen und Armbrüste sowie für Schnitzarbeiten sehr begehrt und wurde z. B. von der Schweiz und aus anderen gebirgigen Teilen Süd-Mitteleuropas nach England exportiert. Mit dieser Wertschätzung könnte es zusammenhängen, dass *Taxus* besonders häufig in der Nähe alter Städte und Burgen zu finden ist, wo sie schon früh geschützt wurde. Wahrscheinlich wäre die Eibe in Europa viel häufiger, als sie es heute ist, und käme in den verschiedensten Waldgesellschaften vor, wenn sie im Mittelalter nicht „vogelfrei" geblieben wäre. Nach Scharfetter (1938) gingen alljährlich Zehntausende von Stämmen nach Nürnberg, dem Hauptmarkt. Dort stellte nach Brondegaard (1987) eine Werkstatt im 16. Jahrhundert pro Jahr mehr als 36 000 Eibenbögen her. „Das entspricht etwa 10 000 Bäumen." 1689 gab es in den Ostalpen keine schlagbaren Eiben mehr. Sie tauchten hier erst wieder als Zierbäume in den Barockgärten auf. Ein weiterer Anlass für die Vernichtung der Eibe in vielen Waldgebieten ist wohl in der **Giftigkeit ihres Laubes** für Pferde zu suchen. Überall, wohin man früher mit diesen Zugtieren zur Holzbringung kam, wurde die Eibe seit jeher von den Fuhrleuten weggeschnitten. Auch ihre Beschränkung auf steile Hänge könnte hiermit zusammenhängen. Doch macht Klötzli (1965) einen weiteren Grund hierfür wahrscheinlich. Für Rehe ist die Eibe nämlich keineswegs giftig, sondern im Gegenteil die als Futter beliebteste Baumart. Ihr Jungwuchs wird daher an den für Rehe zugänglichen Stellen immer wieder verbissen und kann sich nur an Steilhängen normal entwickeln.

Der Hauptgrund für den Rückgang der Eibe muss aber wohl mit Averdiek (1971) in der

Tab. 5–3 Montane bis subalpine Urwälder aus Rotbuchen, Tannen und Fichten im Rothwald bei Lunz, niederösterreichische Kalkalpen. Nach Tabellen von Zukrigl, Eckhart und Nather (1963); ökologische Bewertung nach Ellenberg et al. (1992).

	Laufende Nr.:	1	2	3	4	5	Ökologische Bewertung		
	Höhenlage der Aufnahmen (m. ü.NN.)	960–1080	1100–1290	1120–1250	1320–1430	1270–1500	L	T	R
Baumschicht:									
E	*Fagus sylvatica*	**5**	**5**	**5**	**5**	5			
P	*Abies alba*	5	5	5	5	1			
	Picea abies	5	5	5	5	**5**			
	Acer pseudoplatanus	4	4	5	5	4			
	Ulmus glabra	1	1	2	1				
Strauchschicht:									
h	*Rosa pendulina*	3	3	3	3	2	6	4	7
E	*Daphne mezereum*	3	3	2	5	5	4	×	7
E	*Lonicera alpigena*	2	1	1	2	4	3	4	8
E	*Rubus hirtus*	1	1	1			7	4	×
	Sorbus aucuparia	1		1	4	5	6	×	4
	Lonicera nigra	1	1			4	3	4	5
Krautschicht:									
F	*Gymnocarpium dry.**	4	1	1			3	4	4
P	*Blechnum spicant**	2	2	1			3	×	2
F	*Cardamine trifolia*	5	3	1	1		3	4	8
E	*Sanicula europaea*	4	3	2	2		4	5	8
E	*Viola reichenbachiana*	4	4	3	2		4	×	7
	*Athyrium filix-femina**	5	2	4	3		3	×	×
E	*Carex sylvatica*	4	3	4	3		2	5	6
F	*Galium odoratum*	4	2	5	5		2	5	6
E	*Dryopteris filix-mas**	3	2	2	2		3	×	5
F	*Polystichum aculeatum**	1	2	3	2		3	6	6
E	*Epilobium montanum*	2		4	1		4	×	6
	Lysimachia nemorum	2		2	3		2	5	7
	Veronica officinalis	1	1	2	2		6	×	3
	*Polypodium vulgare**	2		1	2		5	5	2
	*Dryopteris carthusiana**	4		1	1		5	×	4
P	*Lycopodium annotin.**	4		1	1		3	4	3
	Oxalis acetosella	**5**	4	5	5	4	1	×	4
	Vaccinium myrtillus	5	4	4	4	5	5	×	2
E	*Lamiastrum galeobdol.*	5	2	5	5	3	3	5	7
F	*Prenanthes purpurea*	4	2	4	5	2	4	4	5
F	*Dentaria enneaphyllos*	4	4	3	5	5	4	4	7
	Polygonatum verticill.	4	4	2	4	5	4	4	4

	Laufende Nr.:	1	2	3	4	5	L	T	R
E	*Paris quadrifolia*	4	2	4	5	2	3	×	7
	Solidago virgaurea	3	5	4	4	4	5	×	×
E	*Mercurialis perennis*	3	3	3	4	4	2	×	8
I	*Senecio fuchsii*	3	2	4	4	3	7	×	×
I	*Fragaria vesca*	1	4	2	2	3	7	×	×
P	*Huperzia selago**	3	1	1	1	2	4	3	3
a	*Asplenium viride**	2	1	1	2	3	4	4	8
	Carex digitata	1	3	2	2	1	3	×	×
a	*Gymnocarpium robert.**	1	1	1	2	1	7	4	8
	Adenostyles glabra	5	5	**5**	**5**	3	6	3	8
F	*Helleborus niger*	2	3	4	**5**	5	3	5	8
	Deschampsia cespitosa	2	3	5	5	5	6	×	×
	Calamagrostis varia	1	5	1	5	5	7	3	8
a	*Valeriana tripteris*	1	4	2	5	5	7	3	×
	Mycelis muralis	1	5	2	4	4	4	6	×
	Luzula sylvatica	1	3	2	5	5	4	4	4
E	*Euphorbia amygdaloid.*	2	1	2	4	1	4	5	8
h	*Adenostyles alliariae*	2		2	5	4	6	3	×
	Melica nutans	1		3	4	5	4	×	×
E	*Phyteuma spicatum*	1	2	2	5	2	×	×	6
	Veratrum album	2	3		4	3	7	×	7
	Ranunculus nemorosus	1	3	1	3	4	6	×	6
a	*Moehringia muscosa*	1	2	2	1	4	5	3	9
h	*Saxifraga rotundifolia*	1		1	3	3	5	3	8
	*Polystichum lonchitis**	1	1	1	2	4	6	4	8
a	*Aster bellidiastrum*	1	1	1	1	3	7	3	8
	Knautia dipsacifolia		3	1	4	5	5	4	6
	Hieracium sylvaticum		2		4	4	4	×	5
F	*Galium sylvaticum*		2	1	1	2	5	5	6
	Poa nemoralis		1	1	1	5	5	×	5
	Galium austriacum		1	1	1	4	–	–	–
	Veronica chamaedrys		1	1	2	2	6	×	×
ep	*Erica herbacea*		2		2	1	7	×	×
	Geranium robertianum			3	1	1	5	×	×
P	*Homogyne alpina*			1	2	2	6	4	4
a	*Valeriana montana*		1		2	2	8	2	9
	Carex ornithopoda		1		2	2	6	×	9
h	*Cicerbita alpina*	1			3		6	3	8
E	*Lilium martagon*		2		4		4	×	7
E	*Euphorbia dulcis*		1		3		4	5	8
P	*Luzula luzulina*				3		3	3	5

	Laufende Nr.:	1	2	3	4	5			
a	*Carex ferruginea*		*1*		*4*	*2*	8	2	8
	Aconitum neomontan.				*4*	*1*	7	×	7
h	*Viola biflora*				*4*	*2*	4	3	7
	Ranunculus montanus				*3*	*1*	6	3	8
a	*Carduus defloratus*		*1*		*3*	*4*	7	×	8
	Primula elatior			*1*	*4*	*4*	6	×	7
a	*Arabis ciliata*				*3*	*2*	9	2	9
	Astrantia major				*3*	*2*	6	4	8
ep	*Cirsium erisithales*				*2*	*3*	6	5	8
	Senecio abrotanifolius				*2*	*5*	7	3	7
	Campanula scheuchzeri				*3*	*4*	8	2	×
a	*Leucanthemum max.*					*5*	9	4	7
P	*Melampyrum sylvatic.*		*1*		*1*	*3*	4	4	2
	Rubus saxatilis		*1*			*3*	7	×	7
P	*Vaccinium vitis-idaea*		*1*			*3*	5	×	2
a	*Phleum hirsutum*					*3*	8	3	7
a	*Poa alpina*					*3*	7	3	×

Erläuterungen zu Tab. 5–3

F = Charakterarten der Buchenwälder (FAGION), E = der Edellaubwälder (FAGETALIA), P = der bodensauren Nadelwälder (VACCINIO-PICEION usw.), ep = der Kalk-Föhrenwälder (ERICO-PINION), 1 = Lichtungspflanzen, h = Arten der Hochstaudenfluren, a = der Steinfluren und alpinen Rasen, * hinter dem Namen = Farne und Bärlappe.
Bemerkenswert erscheint die Armut des Urwaldes an Sträuchern und sein Reichtum an Farngewächsen. Moose und Flechten siedeln nur auf Steinen, totem Holz oder Bäumen; sie wurden nicht mit aufgenommen.

Gesellschaften und Böden	Ökologische Bewertung: mL	mT	mR
Nr. 1–3: **Montane Kalk-Tannen-Buchenwälder**, in denen *Abies* große Höhen und Massen erreicht, die niedrigere *Fagus* aber meist dominiert. *Picea* und *Acer* sind stets, doch nur in geringer Menge beigemischt			
1: in Muldenlage auf tonigem Kalkstein-Braunlehm („*Cardamine trifolia-Galium odoratum-Oxalis-Myrtillus*-Mosaikkomplex"),	3,9	4,0	5,7
2: an 25–40° geneigten Hängen mit ± tiefgründiger Rendzina („*Calamagrostis varia-Helleborus-Adenostyles glabra*-Typ")	4,6	4,1	6,3
3: desgl. an meist weniger als 30° steilen Hängen („*Adenostyles glabra-Galium odoratum*-Typ"), besonders buchenreich.	4,2	4,2	6,1
Nr. 4: **Hochmontaner Kalk-Tannen-Buchenwald** an 15–40° geneigten Hängen auf ± tiefgründiger Rendzina („*Helleborus-Adenostyles-Luzula sylvatica*-Typ"), oft noch mit viel Buche.	4,7	3,9	6,9
Nr. 5: **Subalpiner Kalk-Fichtenwald** an 20–35° steilen Hängen auf Rendzina („Fichtentyp der Waldgrenze").	5,1	3,6	6,7

Der im „Rothwald" erhaltene Urwaldrest stockt an mehr oder minder steilen blockreichen Kalksteinhängen. Kalkbedürftige Arten mischen sich daher mit mehr oder minder säuretoleranten, die hier und dort durch schwer zersetzbare Nadelstreu, modernden Holz oder Nester von entkalkter toniger Feinerde begünstigt werden. In Muldenlage und an seichten Hängen überdeckt solche Feinerde größere Flächen („Terra fusca") und begünstigt Säurezeiger. Die Gesellschaften Nr. 1 und 3 haben daher die niedrigsten mittleren Reaktionszahlen. Die größere wasserhaltende Kraft solcher Lehmdecken fördert jedoch den Baumwuchs, und der dichtere Kronenschluss erhöht den Anteil schattenertragender Arten (mittlere Lichtzahlen nur 3,9 bzw. 4,2). Doch fehlen lichtbedürftige Arten, insbesondere Hochstauden (h) und Waldlichtungsbewohner (1), auch in Nr. 1 und 3 nicht, weil durch das Zusammenbrechen alter Bäume Lücken entstehen. An Steilhängen genießen sogar Freilandpflanzen genügend Licht (a), vor allem nahe der Waldgrenze (Nr. 5), wo der Fichtenbestand von Natur aus lückig ist.
Mit der Höhe über dem Meer nehmen wärmebedürftige Arten (T 6 und 5) zugunsten solcher Arten ab, die mit einer kürzeren Vegetationsperiode auskommen (T 4, 3 und 2). Doch fällt die mittlere Temperaturzahl nicht kontinuierlich, sondern ist in Einheit Nr. 3 (1120–1250 m ü.NN.) höher als in der tiefer (960–1080 m) gelegenen Nr. 1. Hier macht sich die „warme Hangzone" bemerkbar, die durch nächtliches Abfließen kalter Luft entsteht. Nach den Messungen von Zukrigl u. Mitarb. (mit Hilfe der Rohrzucker-Inversions-Methode) liegt diese gerade zwischen 1100 und 1250 m. Selbstverständlich ist mT in hochmontaner und subalpiner Lage (Nr. 4 und 5) niedriger.
Systematisch gesehen, gehören alle Gesellschaften des Rothwaldes zur Ordnung der Edellaubwälder (FAGETALIA), und die Tannen Buchenwälder eindeutig zum FAGION-Verband. Trotz der starken Beteiligung von Nadelhölzern spielen VACCINIO-PICEETALIA- bzw. VACCINIO-PICEION-Arten kaum eine Rolle. Um der endgültigen Zuordnung der beschriebenen Einheiten zu bestimmten Ta-Bu- bzw. Fi-Assoziationen nicht vorzugreifen, haben sich die Autoren damit begnügt, sie nach Unterwuchs-Typen provisorisch zu benennen.

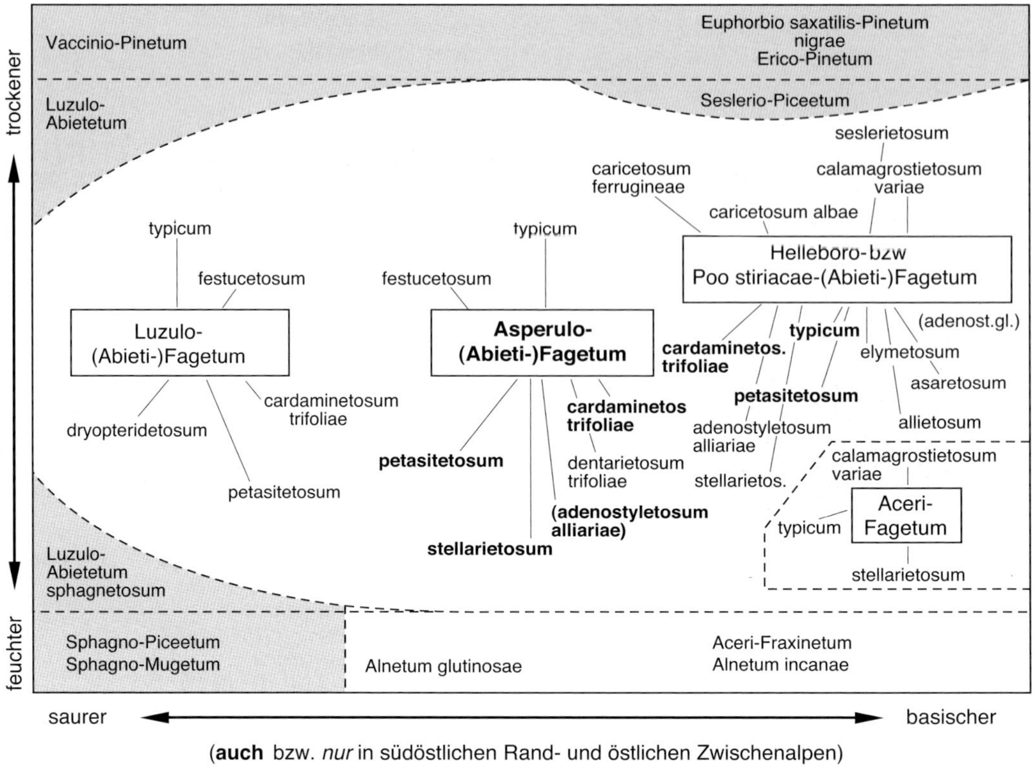

Abb. 5–13 Ökogramm der montanen Fichten-Tannen-Buchenwälder und ihrer Kontaktgesellschaften am östlichen bis südöstlichen Alpenrand. Nach Zukrigl (1973), etwas verändert (vgl. Abb. 4–45). Saure Gesteine fehlen in den östlichen Randalpen fast ganz, kommen aber weiter im Inneren (in den östlichen Zwischenalpen) sowie in den südöstlichen Randalpen vor. Reine Nadelholz-Gesellschaften herrschen an extremen Standorten. Das „Asperulo-(Abieti-)Fagetum" müsste heute Galio odorati-(A.-)F. heißen.
Dieser Braunmull-Tannen-Buchenwald ist die zentrale Waldgesellschaft in der montanen Stufe, ähnlich wie der Braunmull-Buchenwald in den tieferen Lagen.

fergründigen Böden) oder Fichten (auf Blockhalden). Im Neuwald, dessen Boden großenteils einen Parabraunerde-Gley aus mächtigem Lehm darstellt, herrschen gewaltige Tannen vor. Die Verteilung der Hauptbaumarten in der montanen Stufe folgt also auch im Kleinen und unter Urwald-Bedingungen der Kuochschen Regel. Im Lebensrhythmus ähneln diese Urwälder teils dem reinen Buchenwald (s. Kap. 5.7.2.2), teils den Nadelholz-Urwäldern (s. Kap. 7.8.2.1). Bei den Fichten und Tannen ist die häufigste Todesursache der Windwurf. Die Buchen sind vorwiegend unterständig und weniger dem Wind ausgesetzt, werden aber hier und dort mitgerissen. Die meisten sterben stehend und brechen, vom Schwamm zermürbt, zusammen.

Tannen-Kalkbuchenwälder gibt es in allen Gebirgen mit gemäßigt-subozeanischem Montanklima, die innerhalb des Areals von *Abies alba* liegen, so in den Gebirgen der Slowakei (Korpel' 1995), und auch in Kroatien und Slowenien, wobei die Letzteren hier außer Betracht bleiben müssen (s. Horvat et al. 1974). In diesen illyrischen Kalkgebirgen, in den Südalpen, im Jura und in den Vogesen werden sie nach obenhin nicht etwa von reinen Tannenbeständen oder Tannen-Fichtenwäldern abgelöst, wie man wohl erwarten möchte. Überraschenderweise sieht man beim Höherwandern vielmehr die Buche mit anderen Laubhölzern erneut die Herrschaft übernehmen. Diesen subalpinen Kalk-Buchenmischwäldern sei wegen ihrer ökologischen Eigenart ein besonderer Abschnitt eingeräumt, obwohl sie in Mitteleuropa nur in wenigen, südwestlich gelegenen Gebirgen gut entwickelt sind und in den Kalkgebir-

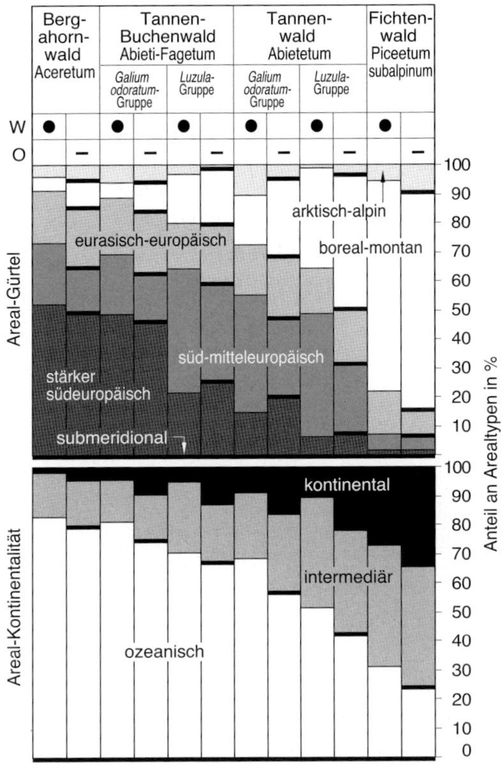

Abb. 5–14 Vergleichbare Waldgesellschaften in den westlichen (w) und östlichen (o) Alpen haben verschiedene Arealtypen-Spektren. Im Osten ist sowohl bei Laubwäldern als auch bei Mischwäldern und reinen Nadelwäldern der Anteil borealer und kontinentaler Arten größer als im Westen. Nach Mayer (1974), verändert.

gen des mediterranen und submediterranen Raumes eine viel größere Bedeutung erlangen.

5.3.7 Subalpine Bergahorn-Buchenwälder

a) In **wintermilden, aber schneereichen Gebirgen Europas** bilden nicht Nadel-, sondern Laubhölzer die obere Baumgrenze (s. Mayer 1984). Auf den vom Golfstrom erwärmten Randhöhen Skandinaviens sind es Birken (*Betula tortuosa*), im submediterranen und mediterran-atlantischen Bereich dagegen Rotbuchen (s. Abb. 4–45) und in den Vogesen, im westlichen Jura sowie stellenweise in den Westalpen und einigen anderen mitteleuropäischen Gebirgen Bergahorn und Rotbuche zusammen.

Die Gründe, weshalb hier laubwerfende Bäume von der Konkurrenz der Nadelhölzer befreit bleiben, die ihnen in stärker kontinental getöntem, also winterkälterem Klima so eindrucksvoll überlegen sind, lassen sich nur schwer fassen und sind sicher sehr komplex, aber noch nicht abschließend geklärt. Eine wesentliche Rolle spielt wahrscheinlich die **Empfindlichkeit aller immergrünen Nadelhölzer gegen Pilze**, die auf oder in den Nadeln parasitieren (s. a. Mayer 1976). Schneeschimmel (z. B. *Herpotrichia nigra*), die ein niedriges Temperaturoptimum haben, befallen die Nadelbaum-Jungpflanzen unter der Schneedecke besonders stark in milden Wintern, d. h. bei ozeanischem Klima in fast jedem Winter (vgl. Bauer & Schwaninger 2007). Nach Keller (1970) ist die Schädigung umso stärker, je stickstoffreicher, also besser ernährt, die Nadeln sind. Schimmel töten Nadeln und oft ganze Zweige ab, schwächen also die immergrünen Koniferen im Wettbewerb mit winterkahlen Baumarten. In warmem Klima sind viele Laubhölzer den Nadelhölzern in der Jugend außerdem durch rascheres Wachstum überlegen. In Hochlagen mit ozeanischem Klima ist häufig die **Belastung durch Schnee und Raureif** so groß, dass die weniger biegungs- und bruchfesten Nadelhölzer, namentlich die Tanne, zugunsten der regenerationskräftigeren Buchen und anderer Laubhölzer zurücktreten müssen (s. Pfadenhauer 1973).

Die subalpinen Laubwälder geben sich schon physiognomisch als besondere Formation zu erkennen. Ob die Buche allein herrscht oder sich mit Bergahorn und anderen Laubhölzern in der Baumschicht mischt – stets zeigen die Stämme im Aceri-Fagetum eine Säbelform, die an ihr Jugendschicksal erinnert. Die meist mehr als 1 m, ja bis 3 m mächtige Schneedecke rutscht langsam talab und drückt die Stämmchen zu Boden, solange sie sich noch biegen lassen (Lenz 1967). Erst wenn sie stark genug geworden sind, um dem Schneedruck zu widerstehen, beginnen sie, gerade emporzuwachsen, behalten aber eine **gekrümmte Stammbasis**. Ähnliche Waldbilder können zwar durch Niederwaldwirtschaft entstehen; doch weist die Krümmung der Stämme im subalpinen Wald einheitlich hangabwärts und ist auch viel ausgeprägter als bei Stockausschlägen. Die Bäume bleiben bis ins hohe Alter meist weniger als 15–20 m hoch und gedeihen hier trotz günstiger Bodenverhältnisse keineswegs optimal. Natürliche Vorherrschaft und gute Wuchsleistung im forstwirtschaftlichen Sinne sind also selbst bei einer so kampfkräftigen Baumart wie der Buche nicht immer miteinander gekoppelt. Im unteren Teil der subalpinen Buchenstufe hat Moor (1952) Baumhöhen bis zu 28 m und bessere Stammformen festgestellt. In der Nähe der natürlichen Waldgrenze oder bei Beweidung nehmen die Bäume gedrungene und krüppelige Formen an und werden auf exponierten Kuppen auch vom Wind geschoren, z. B. auf dem Feldberg im Schwarzwald und auf dem Belchen in den Vogesen.

b) Hohe Luftfeuchtigkeit und häufiger Nebel zusammen mit dem langsamen Wuchs der Bäume begünstigen epiphytische Moose und manche Flechten (Wirth 1995), die die Äste und Stämme oft dicht überkleiden und nur im Bereich der winterlichen Schneedecke, also nach unten hin, seltener werden. Im Übrigen ist aber die Bedeutung des Nebelniederschlags für das Artengefüge der Bergwälder geringer, als man annehmen möchte (vgl. Kerfoot 1968 u. Kämmer 1974).

Durch Beweidung wurde früher die Fichte gegenüber der Buche begünstigt, besonders auf windigen und schneearmen Kuppen, auf denen sie vielleicht auch von Natur aus stärker vertreten wäre. Die gegen Schneebruch empfindliche Tanne kommt im subalpinen Buchenwald nur vereinzelt vor und wird erst im Übergang zum montanen Tannen-Kalkbuchenwald häufiger.

Die mächtige Schneedecke schützt den Boden in der Regel so lange vor Frost, bis die Lufttemperaturen auch nachts nicht mehr unter 0 °C sinken. Infolgedessen ist sein Tier- und Bakterienleben für Meereshöhen über 1200–1300 m ungewöhnlich reich entwickelt und nach dem Schwinden des Schnees sofort sehr aktiv. Noch lange sorgen außerdem abschmelzende Schneereste auch bei trockenem Wetter für gleichbleibende Durchfeuchtung und ungehemmte Nitrifikation in den oberen Bodenschichten, sodass sich großblättrige, mehr oder minder hygromorphe Nitratpflanzen kräftig entwickeln können (s. Abb. 5–15).

Diese subalpinen, erst spät zur Blüte gelangenden **Hochstauden** haben ihr Optimum in leicht wasserzügigen Mulden unmittelbar oberhalb der Waldgrenze, wo sie nicht mehr von Bäumen beschattet werden und das Klima

Abb. 5–15 Hochstauden in einem subalpinen Bergahorn-Buchenwald am Weißenstein (Schweizer Jura) im Frühjahr. Außer dem Jungwuchs von *Acer pseudoplatanus* und *Fagus sylvatica* sind in der Strauchschicht *Lonicera nigra* und *L. alpigena* sowie *Rosa pendulina* sichtbar, in der Krautschicht *Adenostyles alliariae, Athyrium filix-femina, Cicerbita alpina* u. a. Infolge der hohen Luftfeuchtigkeit herrschen unter den Rinden-Epiphyten Moose vor.

noch nicht so rau ist wie in der eigentlichen alpinen Stufe. In den Bergahorn-Buchenwald dringen sie ein, weil dieser ein viel weniger dichtes Blätterwerk ausbildet als die montanen und collinen Buchen- und Buchenmischwälder. Beträgt doch der relative Lichtgenuss für die Hochstauden des subalpinen Laubwaldes meistens mehr als 15%, während die „eigentlichen" Buchenwaldpflanzen im Sommer mit weniger als 5% vorliebnehmen müssen.

Die folgenden Hochstauden treten nach Moor (1952) in dem subalpinen Bergahorn-Buchenwald (Aceri-Fagetum) des Schweizer Jura regelmäßig auf und können als lokale Charakterarten (C) oder als Differenzialarten gegenüber den anderen Buchenwald-Gesellschaften gelten:

C *Rumex alpestris*	*Veratrum album*
C *Cicerbita alpina*	*Thalictrum aquilegiifolium*
C *Anthriscus sylvestris* var. *alpestris*	*Campanula rhomboidalis* (selten)

Üppig entwickelt sind außerdem Arten wie:

Ranunculus aconitifolius	*Petasites albus*
Ranunculus lanuginosus	*Adenostyles alliariae*

Doch fehlt auch kaum eine der Arten des frischen Kalkbuchenwaldes. So sehr die Baumschicht an Wuchskraft eingebüßt hat, so üppig und artenreich ist die Krautschicht in den subalpinen Buchenwäldern entwickelt. Aufgrund der floristischen Ähnlichkeit mit anderen Buchenwald-Gesellschaften schlagen Müller (1995) und Ewald (1997) vor, die hochmontanen Buchenwälder den Braunerde-Mullbuchenwäldern (s. Kap. 5.4.1) als Höhenform anzuschließen.

c) Das Aceri-Fagetum ist nicht nur im Schweizer Jura (1150–1600 m) und in den schweizerischen Voralpen (1200–1750 m), sondern auch in den bayerischen Alpen (1200–1450 m), im Böhmerwald (960–1190 m) und im westlichen Hochschwarzwald (1050–1300 m) verbreitet und außerdem auf den Basaltkuppen der Rhön und den höchsten Erhebungen des Sauerlandes (Haber 1966) vorhanden. Schon in dem weniger milden Klima des Ostschwarzwaldes wird es nach Oberdorfer (1957) durch einen subalpinen Fichtenwald (Galio-Piceetum) abgelöst. Es ist keineswegs auf Kalkgesteine beschränkt und ziemlich unabhängig von der Bodenunterlage, wenn diese nur nicht allzu basenarm ist. Auch scheint es an keine besondere Hangneigung oder -richtung gebunden zu sein. Entscheidend für seine Ausbildung sind vielmehr die Wirkungen eines ozeanisch getönten und schneereichen subalpinen Klimas. Während es in den mehr östlich gelegenen Gebirgen nur an lokal schneereichen Stellen und in frischen Mulden vorkommt, ist es in den westlichen Kalkalpen und im westlichen Hochschwarzwald, besonders aber in den Vogesen und im westlichen Jura, die beherrschende Klimaxgesellschaft der subalpinen Stufe.

Je nach den lokalen Standortverhältnissen ändert sich das Artengefüge des Aceri-Fagetum ziemlich stark. So kann man nach Oberdorfer (1957) in den Vogesen, im Schwarzwald und in den nördlichen Voralpen eine relativ trockene, eine mittlere und eine feuchtere Subassoziation und in jeder derselben mehrere Varianten unterscheiden. Hervorgehoben sei, dass es außerdem einen subalpinen Bärlauch-Buchenwald gibt, der nach Moor (1970) stets nur wenige Hochstauden enthält.

In mancher Hinsicht ist der subalpine Buchenwald mit den ahornreichen Schluchtwäldern und anderen Laubwald-Gesellschaften an luftfeuchten Sonderstandorten verwandt. Wir werden auf diese Einheiten im Kapitel 6.1.2 zurückkommen, uns aber zunächst noch mit anderen Buchenwald-Gesellschaften befassen.

5.4 Buchen- und Buchenmischwälder auf reichen bis mittleren Braunerden

5.4.1 Braunmull-Buchenwälder und verwandte Gesellschaften

a) Nicht alle Buchenwald-Gesellschaften in Kalkgebirgen darf man als Kalkbuchenwälder bezeichnen. Oft lagert eine mehr oder minder mächtige Decke von Lösslehm, entkalktem Verwitterungsschutt oder anderem verhältnismäßig karbonatarmem Material über dem klüftigen Kalkgestein und bewirkt einen auffallenden Wechsel im Artenmosaik am Waldboden sowie meistens auch eine bessere Wüchsigkeit der Baumschicht.

Der Wurzelraum in solchen Braunerden oder verbraunten Rendzinen über Kalk ist nicht nur saurer, sondern besitzt auch eine größere wasserhaltende Kraft als der geringmächtige, steinige Oberboden typischer Mullrendzinen. Infolgedessen verschwinden Kalk- und Trockenheitszeiger, während **säuretolerante Arten mit höheren Wasseransprüchen** an ihre Stelle treten (s. Tab. 5–4). Doch gehören auch diese Artenkombinationen noch zu den Mullbuchenwäldern, d. h. zum Unterverband GALIO ODORATI-FAGENION.

Die produktivsten Buchenwälder Mitteleuropas stocken auf **tiefgründigen Braunerden oder Parabraunerden**, die weder kalkreich noch podsolig sind (s. Abb. 5–16). Da sich solche Böden hervorragend für den Ackerbau eignen, haben wir nur selten Gelegenheit, naturnahe Wälder auf ihnen zu studieren. Das war auch der Grund, weshalb wir die Schilderung der Buchenwälder mit den Gesellschaften auf Kalkböden begannen, die noch heute viel Wald tragen.

Aus karbonatfreien, silikathaltigen, aber nicht ausgesprochen quarzreichen Gesteinen verschiedener geologischer Herkunft, die zu mehr oder minder lehmigem Substrat verwittern, entstehen im Laufe der Jahrtausende Braunerden verschiedener Ausprägung. Sie sind in der Regel reich an Silikaten, die bei Verwitterung erhebliche Mengen an basischen Kationen nachliefern. Tüxen, Oberdorfer und andere nannten die auf ihnen stockenden Fageten deshalb kurz „Silikat-Buchenwälder“. Da aber auch die von bodensauren Hainsimsen-Buchenwäldern (s. Kap. 5.5.1) besiedelten Sandsteine, quarzreichen Schiefer und Sande nicht frei von Silikaten (d. h. von kristallinen Bestandteilen außer Quarz) sind, führt dieser Name häufig zu Missverständnissen. Die hier zu behandelnden Buchenwälder stehen bodenchemisch zwischen den auf Rendzinen und Pararendzinen entwickelten Kalkbuchenwäldern auf der einen und den extrem bodensauren, „silikatarmen“ Moderbuchenwäldern auf der anderen Seite. Doch stocken Letztere oft ebenfalls auf Braunerden oder Parabraunerden, wenn auch auf sehr basenarmen oder podsolig veränderten. Unmissverständlich ist

Abb. 5–16 Braunmull-Buchenwald auf Moränenlehm im Sihlwald bei Zürich. *Athyrium filix-femina, Milium effusum, Galium odoratum, Lamiastrum galeobdolon* und junge Buchen sind zu erkennen. Man beachte den geringen Flächenanteil heller Lichtflecken am Boden (vgl. Abb. 5–4 u. 5–33)!

Tab. 5–4 Braunmull-Buchenwälder in NW-, SW- und NO-Mitteleuropa auf basenreichen bis -armen Böden. Nach Tabellen von Winterhoff (1963), Frehner (1963) und Sokolowski (1966a).

Laufende Nr.:	1	2	3	4	5	6	7	8	9
Gebiet[1]	**W**	**S**	**W**	**S**	**W**	**S**	**W**	**S**	**O**
Baumschicht:									
Fagus sylvatica	5	5	5	5	5	5	5	5	5
Acer campestre	1	1		3					
Quercus robur	1	4				2			
Acer platanoides	3	2	3	2		1			
Ulmus glabra	2	4	1	5		1			
Fraxinus excelsior	4	5	4	5	3	1			
Acer pseudoplatanus	2	5	4	4	1	2			
Prunus avium	1	4	1	4		2		1	
Carpinus betulus	1	5		4	1	4		4	3
Tilia cordata		2		2		2		1	1
Betula pendula		1			3	1		1	
Quercus petraea		2		5		4	4	4	
Larix decidua **N**		1		3		2		1	
Pinus sylvestris **N**		2		3		3		5	
Abies alba **N**		4		3		5		3	
Picea abies **N**		4		4		5		5	1
Strauchschicht:									
Prunus spinosa		2		3					
Tamus communis		2		3					
Clematis vitalba		2		4					
Viburnum lantana		4		5					
Cornus sanguinea		4		5	1				
Ligustrum vulgare		5		5		1			
Rosa arvensis		5		5		1			
Euonymus europaeus		3		4		2			
Daphne mezereum	2	5	2	4	2				3
Viburnum opulus		5	1	5	1	3		1	
Sambucus racemosa		1				3		1	
Rubus idaeus		2		2		5		2	
R. tereticaulis		4		4		5		5	
Ilex aquifolium		3		3		3		3	
Crataegus spec.	4	5	2	5	1	1	2		
Lonicera xylosteum	1	5		5		3		1	
Corylus avellana		3		4	1	3		3	1
Sorbus aucuparia	1		1		1	4	1	2	4
Lonicera periclymenum			2		2	1		2	
Sambucus nigra				1		4		1	
Krautschicht:									
Anspruchsvolle									
Allium ursinum	**5**	**5**				1			
Ranunculus auricomus	5								

Laufende Nr.:	1	2	3	4	5	6	7	8	9
Glechoma hederacea		4							
Carex pendula		4							
Hepatica nobilis	4		1						
Arum maculatum	5	5	5	3					
Mercurialis perennis	4	5	5	5	1				
Euphorb. amygdaloides	2	4	3	3	1				
Bromus racemos. + benekenii	1	2	1	4					
Anemone ranunculoides	5		5						
Euphorbia dulcis		5		4					
Melittis melissophyllum		1		5					
Primula elatior	3	5	1	3	2	1			
Stachys sylvatica		5	2	1	2	4			
Geranium robertianum		5	1	2		5			
Circaea lutetiana		5		1	1	5			
Sanicula europaea	1	2		3	1	1			
Ranunculus ficaria	1	3		1	1	1			
Lilium martagon	1	2	2	2	1				
Asarum europaeum	5		2		4				
Hordelymus europaeus	5		2		3				
Polygonat. verticillatum	3		2		2				
Dentaria bulbifera	1		1		1				
Lysimachia nemorum		1				5			
Paris quadrifolia	1	5		5		4			3
Pulmon. off. + obscura	1	5		5	3				2
Aegopodium podagraria	1	3		2		1			2
Geum urbanum		2		2		3			1
Stellaria holostea	2				4				5
Artengrundstock mit weiter Amplitude									
Anemone nemorosa	5	4	3	5	5	4	5	5	5
Galium odoratum	3	5	4	5	4	5	2	4	5
Viola reich. + riviana	4	5	2	5	4	5	1	5	5
Lamiastrum galeobdolon	5	5	3	5	5	3	2		5
Phyteuma spicatum	3	5		5	3	3	4	3	2
Oxalis acetosella	2	3	2	2	5	5	2	4	5
Dryopteris filix-mas	3	4	2	3	3	5	2	4	5
Polygonat. multiflorum	4	5	1	5		5		3	3
Ajuga reptans		5		4	1	5		1	2
Vicia sepium	4	2	1	5	2	1		2	2

Tab. 5–4 Fortsetzung

Laufende Nr.:	1	2	3	4	5	6	7	8	9
Carex digitata		3		4	1	3	1	2	5
Epilobium montanum		2		2	2	4		2	1
Poa nemoralis	1			2	3	1	3	2	3
Festuca gigantea		2		1		5		1	1
Melica nutans		1		4			1		3
Hedera helix	3	5	3	5	3	5	5	5	
Carex sylvatica	3	5	1	5	5	5	2	3	
Deschampsia cespitosa	3	5		1	5	2	5	1	
Fragaria vesca	1	4		4	1	5	1	2	
Brachypodium sylvaticum	2	4	1	5	1	2	1		
Lathyrus vernus	4	4		3	2		1		
Campanula trachelium	2		1	3		1		1	
Galium sylvaticum	2			2	1	1	2	2	
Epipactis helleborine	1		1	1	1	2		2	
Neottia nidus-avis		2		3		1	1		
Melica uniflora	3		1		**4**		3		
Dactylis aschersoniana	3		1		2		5		
Prenanthes purpurea		2		2		3		3	
Potentilla sterilis		3		2		2		1	
Carex flacca		2		4				1	
± Säuretragende									
Hieracium sylvaticum		1		5	1	5	5	5	
Solidago virgaurea	1	2		3	1	5	4	5	
Athyrium filix-femina		3	1		5	5	2	5	4
Milium effusum	1	2	1	2	5	5	2	4	5
Mycelis muralis	1	1	1	1	1	5	3	3	4
Luzula pilosa	1	2		1	5	5	4	5	4
Scrophularia nodosa			1		2	4	1	5	2
Galeopsis tetrahit			1	1	1	4		2	2
Majanthemum bifolia				2		2		3	
Luzula sylvatica				2		2		3	
Cephalanthera damas.				3				1	
Luzula luzuloides				1	1	5	5	5	
Vaccinium myrtillus						3	1	5	

Laufende Nr.:	1	2	3	4	5	6	7	8	9
Veronica officinalis						3	4	3	
Carex pilulifera						2	2	2	
Pteridium aquilinum				1		3		5	
Carex brizoides						4		3	
Galium rotundifolium						3		2	
Moehringia trinervia						4	1	2	1
Dryopteris carthusiana						5		2	4
Carex pilosa						2		2	2
Moosschicht:									
Ctenidium molluscum		2		2					
Eurhynchium hians		1	1		3	1			
Plagiomnium undul.				1	1	3			
Fissidens taxifolius		5	1	5	2	1		1	
Eurhynchium striatum	1	5		5	1	5	1	5	
Brachythecium velutin.	1	1		1	1	1	3	2	
Atrichum undulatum		3		1	5	5	5	5	2
Polytrichum formosum		1			3	5	5	5	2
Thuidium tamariscinum		2		1		5	3	4	
Plagiochila asplenioidis		1				1	3	2	
Hylocomium splendens				1		3		2	
Hypnum cupressiforme				2		2	5	5	
Dicranella heteromalla					4		5	4	
Rhizomnium punctatum					2		3		
Dicranum scoparium						1	3	2	
Isopterygium elegans							5		
Cephalozia bicuspidata							5		
Mnium hornum							4		
Pohlia nutans							4		
Calypogeia fissa							4		
Diphyscium foliosum							3	1	
Lepidozia reptans							3		

[1] W = im nordwestlichen Mitteleuropa (Göttinger Wald); nach Tabellen von Winterhoff (1963), S = im südwestlichen M. (westlicher Teil des Kantons Aargau); nach Tabellen von Frehner (1963), 0 = im nordöstlichen M. (Reservat Debowo nahe der *Fagus*-Ostgrenze); nach Sokolowski (1966a). Einige wenig stete Arten wurden weggelassen. Die Moosliste ist in Spalte 9 lückenhaft.
Über das gesamte Verbreitungsgebiet der submontanen bis montanen Lehm-Buchenwälder hinweg wird ihr Artengefüge in erster Linie von Bodeneigenschaften bestimmt, insbesondere vom Basenreichtum und der mit diesem verbundenen Stickstoffversorgung. Zwischen typischen Kalkbuchenwäldern und typischen Moderbuchenwäldem gibt es demgemäß zahlreiche Abstufungen. Der Typus der Braunmull-Buchenwälder wird am besten durch die Spalten Nr. 5, 6 und 9 veranschaulicht.
Regionale Unterschiede prägen sich ebenfalls deutlich aus, z. B. in der Beteiligung der Nadelhölzer (N). Im Nordwesten spielen *Asarum*, *Hordelymus* und *Melica uniflora* eine bedeutende Rolle.

Nr. 1 u. 2: **Bärlauch-Buchenwälder** auf braunem Lehm über Kalk, relativ basenreich (zum Bärlauch-Kalkbuchenwald überleitend):

1 W: Bärlauch-Perlgras-Buchenwald („Melico-Fagetum hordelymetosum, Mercurialis-Variante, Allium ursinum-Fazies", Tab. I2 a bei Winterhoff),

2 S: Bärlauch-Lungenkraut-Buchenwald („Pulmonario-Fagetum allietosum", Tab. 5 b von Frehner).
Nr. 3 u. 4: **Reiche Braunmull-Buchenwälder**; wie 1 u. 2, aber weniger frühjahrsfeucht (zum Frischen Kalkbuchenwald überleitend):
3 W. Bingelkraut-Perlgras-Buchenwald („Melico-Fagetum typicum, Mercurialis-Variante, typische Subvariante", Tab. II 3 b bei Winterhoff),
4 S: Typischer Lungenkraut-Buchenwald („Pulmonario-Fagetum typicum", Tab. 5 a bei Frehner).
Nr. 5 u. 6: **Mittlere Braunmull-Buchenwälder** auf tiefgründigem, mäßig saurem Lehm (häufigste Form der eigentlichen Braunmull-Buchenwälder):
5 W. Waldhirsen-Perlgras-Buchenwald („Melico-Fagetum typicum, Milium-Variante, Dicranella-Subvariante", Tab. II 1 a bei Winterhoff),
6 S: Typischer Seegras-Buchenwald („Melico-Fagetum bzw. Carici brizoidi-Fagetum asperuletosum, typische Variante", Tab. 1 a bei Frehner).
Nr. 7 u. 8: **Arme Braunmull-Buchenwälder** auf tiefgründigem, stark saurem Lehm (zum Moder-Buchenwald überleitend):
7 W: Hainsimsen-Perlgras-Buchenwald (bei Winterhoff abweichend von der heutigen Ansicht als „Hainsimsen-Buchenwald" gefasst: „Luzulo-Fagetum typicum, moosreiche Variante", Tab. VIII, I 1),
8 S: Hainsimsen-Seegras-Buchenwald („Melico-Fagetum bzw. Carici brizoidi-Fagetum luzuletosum", Tab. 1 d bei Frehner).
Nr. 9 O: **Mittlerer Braunmull-Buchenwald** nahe der Rotbuchen-Ostgrenze auf Jungmoränen-Lehm (nach einer Tabelle mit 21 Aufnahmen von Sokolowski).

nur die etwas längere deutsche Bezeichnung **„Braunerde-Mullbuchenwälder"**. Als Kurzform verwenden wir im Folgenden meist den Namen „Braunmull-Buchenwälder". In ökologischer wie in pflanzensoziologischer Hinsicht stehen diese Gesellschaften zwischen den Extremen (s. Abb. 4–4 u. Kap. 5.6). Man könnte sie daher auch „mittlere Buchenwälder" nennen; doch ist dann nicht klar, in welcher Hinsicht sie eine Mittelstellung einnehmen.

Leider bereitet die pflanzensoziologische Bezeichnung dieser zentralen Gruppe von Buchenwäldern ebenfalls Schwierigkeiten. Sie gehören zum Unterverband der Waldmeister-Buchenwälder (Galio odorati-Fagenion), ebenso wie die frischen Kalkbuchenwälder. Von diesen unterscheiden sie sich, wie schon eingangs gesagt, durch eine geringere Zahl von Kalkzeigern und durch stärkeres Hervortreten von säureertragenden und trockenheitsempfindlichen Arten. Sie lassen sich also durch ihre Artenkombination unverwechselbar kennzeichnen (s. Tab. 5–4). Doch gibt es keine einzige Art, die nicht entweder auch in Kalkbuchenwäldern oder aber auch in Moderbuchenwäldern vorkäme und einen eindeutigen Namen abgeben könnte. In einem solchen nomenklatorischen Dilemma befindet sich der Pflanzensoziologe bei fast allen „zentralen", soziologisch und ökologisch in der Mitte stehenden Gesellschaften. Nicht zuletzt deshalb geben wir hier standörtlichen Bezeichnungen oft den Vorzug vor pflanzensoziologischen.

b) Oberdorfer (1957) beschrieb die Braunmull-Buchenwälder Süddeutschlands im Anschluss an Knapp (1942) als **Perlgras-Buchenwälder** (Melico-Fagetum). Dieser Name ist insofern gut gewählt, als das Einblütige Perlgras in Buchenwäldern auf Braunerden mittlerer Qualität häufig ist und oft große Flächen übergrünt. In neuerer Zeit werden die Braunerde-Mullbuchenwälder meist als **Waldmeister-Buchenwald** (Galio odorati-Fagetum) bezeichnet, da *Melica uniflora* in manchen Regionen fehlt (s. Dierschke 1989, Oberdorfer 1992, Pott 1995, Rennwald 2000). Artenreichere Ausbildungen gehören zum Hordelymo-Fagetum typicum. So in den standörtlich sehr ähnlichen Silikat-Buchenwäldern des Alpenvorlandes, namentlich im Schweizerischen Mittelland, wo Braunmull-Buchenwälder von Etter (1943, 1947) unter verschiedenen Namen beschrieben und später von Frehner (1963) als Seegras-Buchenwälder (Carici brizoidis-Fagetum) bezeichnet wurden. Es gibt klimabedingte Rassen des Braunmull-Buchenwaldes, zumindest eine nordwestliche (mit viel *Melica*), die von den Ardennen (Dethioux 1969) bis nach Dänemark (Sissingh 1970) auf geeigneten Böden häufig ist und bei Eberswalde in Brandenburg ausklingt (Scamoni 1967), eine südwestliche (mit *Carex brizoides*) und eine „typische" im zentralen bis östlichen Mitteleuropa. *Galium odoratum* kommt in allen dreien, aber auch in Kalkbuchenwäldern und anderen Gesellschaften vor. Zweifellos kann man noch weitere klimatische Rassen des Braunmull-Buchenwaldes unterscheiden. Doch sollten die erwähnten als Beispiele genügen. Als montanen Braunmull-Buchenwald beschrieb Frehner (1963, s. a. Ellenberg & Klötzli 1972) im Schweizerischen Mittelland einen

kommen, und zwar dadurch, dass *Carex brizoides* bis um die Mitte des 20. Jahrhunderts von Zeit zu Zeit gemäht wurde, um es als Ersatz für echtes Seegras (*Zostera marina*) zu Matratzenfüllungen zu verarbeiten. Ähnlich den in Kapitel 5.4.1d erwähnten *Carex pilosa*-reichen Buchenwäldern haben die Seegras-Buchenwälder eine mehr südliche Verbreitung und fehlen im Nordwesten Mitteleuropas, besonders im Küstengebiet. Diese Tendenz ist bei den Wimperseggen-Buchenwäldern stärker ausgeprägt als bei den Seegras-Buchenwäldern.

5.4.3 Farnreiche Buchen- und Buchenmischwälder

In Braunmull-Buchenwäldern und standörtlich verwandten Gesellschaften trifft man an steilen Schatthängen mit luftfeuchtem Klima zuweilen auf erstaunlich üppige und **dichte Herden von Farnen**. Großwedelige Horste des Schild-, Wurm- und Frauenfarns (*Dryopteris dilatata, D. filix-mas, Athyrium filix-femina*; s. Abb. 5–20), aber auch seltenere Farnarten wie *Polystichum aculeatum* und *Thelypteris limbosperma*, können darin vorherrschen. An anderen Stellen breiten sich niedrigere und zartere Verwandte aus, z. B. der herdenbildende geophytische Eichenfarn (*Gymnocarpium dryopteris*). Wie kommen derartige Farnherden am Boden von Hochwäldern zustande, und warum fehlen sie an anderen, auf den ersten Blick ähnlich erscheinenden Hangstandorten? Offenbar müssen mehrere Faktoren zusammenwirken.

Unerlässliche Voraussetzung scheint eine gewisse Basenarmut und die damit verbundene Neigung zur **Ansammlung von moderigem Auflagehumus** zu sein, der die Entwicklung der Farnprothallien begünstigt. Jedenfalls bilden sich Farnherden auf tätigen Mullböden, auf denen die Vorkeime öfter austrocknen oder von Tieren gefressen werden sowie von laubsammelnden Regenwürmern gestört werden können, viel seltener als auf saurem, aber lockerem Moder. Unter keiner der zahlreichen bisher untersuchten farnreichen Waldgesellschaften beträgt die Reaktion des Oberbodens mehr als pH 5,5–6 (s. Tab. 5–5). Im Gegenteil: Der Säuregrad nähert sich oft dem der Podsole, obwohl die Bodenprofile durchweg Merkmale von Braun-

Abb. 5–20 Krautschicht eines Farn-Buchenmischwaldes im Schweizerischen Mittelland: *Athyrium filix-femina* (rechts von der Mitte), *Dryopteris dilatata* (links von der Mitte, im Licht und rechts, im Schatten), *Gymnocarpium dryopteris* (links und Mitte) mit *Prenanthes purpurea* (links unten) und als Säurezeiger *Maianthemum bifolium* (Mitte unten). Die Farne meiden nicht das Licht, sondern länger anhaltende Lufttrockenheit.

erden geringer Sättigung oder von Rankern (Humus-Silikatböden) zeigen. Ellenberg (1939) stellte fest, dass der pH-Wert des Oberbodens unter einem Farn-Buchenmischwald im südlichen Niedersachsen monatelang niedriger als pH 4 blieb (vgl. Tab. 5–5). Im Jahreslauf hielt er sich aber stets höher als derjenige von Rohhumusböden (vgl. Abb. 4–23).

Eine modrige, mehr oder minder saure Humusdecke darf also wohl als notwendige Bedingung für das Entstehen von Farnherden gelten. Sie ist aber keine hinreichende. Denn es gibt ja viele Waldbestände mit Moderböden, auf denen keine oder nur wenige Farne gedeihen. Wichtiger noch ist ein für die hygromorphen oder hygro- bis mesomorphen Farne günstiges Bestandesklima. Sie bevorzugen absonnige Nordost-, Nord- und Nordwest-Hänge. Doch bevorzugen sie, wie Lundegardh (1954) betonte, keineswegs den Schatten. Vielmehr entwickeln sie sich nur in relativ lichten Althölzern, wo sie etwa 5–25% der Freilandhelligkeit genießen. Stets meiden sie aber direkte Besonnung, weil diese die **Luftfeuchtigkeit** verringert und die Wasserabgabe der mehr oder minder zarten und nicht genügend gegen kutikuläre Transpiration geschützten Blattspreiten leicht über das erträgliche Maß erhöhen kann (s. Kap. 4.5.2.5 d). Schon größere Sonnenflecken bringen *Gymnocarpium dryopteris*, aber auch *Athyrium* und andere Farne rasch zum Welken. Je häufiger solche „Trockenheitswellen" über den Bodenbewuchs hinwandern und je mehr sie die relative Luftfeuchtigkeit erniedrigen, desto geringer wird die Konkurrenzkraft der zarten Farne gegenüber Kräutern oder Gräsern mit derberen Blättern. Wie ausgeglichen der **Wasserhaushalt der Farne** in einem Farn-Buchenmischwald ist, geht aus den Messungen von Ellenberg (1939) hervor. Er fand, dass der Boden zwar zu keiner Jahreszeit übermäßig nass wurde, aber immer so feucht blieb, dass das Boden-Matrixpotenzial –0,2 MPa (–2 bar) niemals unterschritt (s. Abb. 4–16).

Das Kleinklima im Farn-Buchenwald und in einigen diesem nahestehenden Buchenwald-Gesellschaften wurde von Hartmann et al. (1959) sehr gründlich in der montanen Stufe des Harzes untersucht. Üppige Farnherden gedeihen nur dort, wo der Boden selten oder gar nicht von direkter Sonnenstrahlung getroffen werden kann. Typische Tagesgänge der Lufttemperatur, des Dampfdrucks und der relativen Feuchtigkeit gibt Abbildung 5–21 wieder, und zwar für drei Messpunkte. Im Waldmeister-Buchenwald am Südosthang steigt die Lufttemperatur höher und sinken Dampfdruck und relative Feuchte tiefer als in einem schattig engen Tal und im Farn-Buchenwald am Nordhang. Dementsprechend ist auch die (in Höhe der Krautschicht gemessene) potenzielle Evaporation hier geringer.

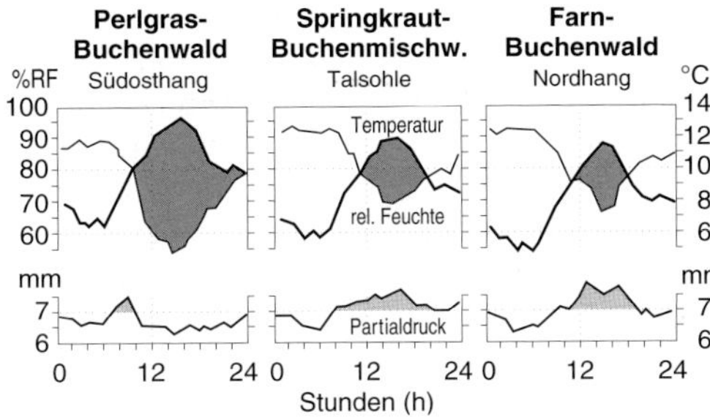

Abb. 5–21 Mittlere Schönwetter-Tagesgänge der Lufttemperatur (dick) und der relativen Luftfeuchtigkeit (dünn) sowie des Wasserdampf-Partialdrucks der Luft in 40 cm Höhe über dem Boden von drei Buchenwald-Gesellschaften bei Wieda im Südharz (14.–16. 9. 1953). Nach Angaben von Hartmann, van Eimern und Jahn (1959).
Im Farn-Buchenwald an einem Schatthang bleibt die Luft am kühlsten und feuchtesten. Der bodenfeuchte Springkraut-Buchenmischwald auf der Talsohle ähnelt ihm im Mikroklima. Der absolute Wassergehalt der Luft ist hier jedoch größer. In der zonalen Waldgesellschaft, dem Waldmeister-Buchenwald („Perlgras-Buchenwald") an einem schwach geneigten Südosthang, leiden hygromorph gebaute Kräuter dagegen zeitweilig unter Lufttrockenheit.

Als Sommerpflanzen, deren Spreiten sich im Frühjahr erst entrollen, wenn die Buchen schon fast vollständig belaubt sind, ist es den Farnen anscheinend ziemlich gleichgültig, ob Laub- oder Nadelhölzer den Baumbestand bilden, und ob Buche und Tanne wesentlich daran beteiligt sind oder nicht. Die Baumschicht muss nur einerseits so viel Licht auf den Boden gelangen lassen, dass die Farne gut gedeihen können, andererseits aber doch so wenig, dass raschwüchsige Lichtkräuter oder Sträucher und Jungbäume in ihrer Entwicklung gehemmt werden.

Farn-Buchenwälder und Farn-Buchemischwälder kommen hier und dort in allen Gegenden und Höhenstufen vor, in denen Buchenwälder verbreitet sind, besonders aber im relativ ozeanischen Nordwesten Mitteleuropas. In der subalpinen Stufe trifft man auf farnreiche

Buchenwälder, die als Untereinheiten des Ahorn-Buchenwaldes aufzufassen sind. Neben den von tieferen Lagen her bekannten Farnen gedeihen im subalpinen Farn-Ahorn-Buchenwald vor allem *Athyrium distentifolium* und *Thelypteris limbosperma*. Pflanzensoziologisch sind solche farnreichen Bestände am besten als Subassoziationen, Varianten oder Subvarianten zu fassen, d. h. als lokalklimatisch bedingte Abwandlungen von Gesellschaften, deren Artenbestand außer den Farnen gut vertreten ist.

In den Übersichten von Oberdorfer et al. (1992) und Pott (1995) werden die farnreichen Ausbildungen jeweils nur kurz erwähnt, und zwar sowohl bei den Buchenwäldern als auch bei den von anderen Laubbäumen oder von Nadelbäumen beherrschten Gesellschaften. Unsere ökologischen Beobachtungen gelten im Wesentlichen auch für diese.

5.4.4 Waldschwingelreiche Buchenwälder

Was den Humuszustand und den Basenreichtum des Bodens anbetrifft, gibt es zwischen den Braunmull-Buchenwäldern und den anschließend zu besprechenden bodensauren Moderbuchenwäldern alle Übergänge. Einige der intermediären Typen fallen dadurch auf, dass in ihnen der Waldschwingel vorherrscht, der in jedem Fall eine modrige Decke von Falllaub durchwurzelt. Um Verwechslungen mit Kalkbuchenwäldern und Tannen-Kalkbuchenwäldern zu vermeiden, in denen ebenfalls *Festuca altissima* stellenweise hervortritt, könnte man die bodensauren Typen gut als **Waldschwingel-Braunerde-Buchenwälder** bezeichnen. Sie sind sowohl in den mitteleuropäischen Gebirgen, z. B. im Harz und im Fichtelgebirge, als auch im baltischen Jungmoränengebiet zu finden, scheinen aber in jedem Fall ozeanisch getöntes und windiges Klima zu bevorzugen (s. a. Abb. 6–1). Grüneberg & Schlüter (1957) und Samek & Javurek (1964) beschrieben einen artenreichen Waldschwingel-Buchenwald als Festuco-Fagetum aus der Montanstufe des Thüringischen Schiefergebirges bzw. aus tschechischen und slowakischen Gebirgen, deren Klima noch deutlich ozeanische Züge aufweist. Sie können aber auch als *Festuca altissima*-Variante dem Galio odorati- bzw. Hordelymo-Fagetum zugerechnet werden (Dierschke 1989).

Da Waldschwingel-Buchenwälder meist nur kleine Flächen einnehmen, wollen wir hier nicht näher auf sie eingehen. Auf den Moränenhügeln im östlichen Schleswig-Holstein sowie im Elm, im Harz und in anderen Mittelgebirgen gewinnt man den Eindruck, dass sich *Festuca altissima* (s. Abb. 6–1) besonders dort wohlfühlt, wo der Wind das von exponierten West- und Südhängen fortgewirbelte Buchenfalllaub ablagert. Die dadurch entstandenen **mächtigen Moderpakete** durchspinnt der Waldschwingel mit seinem feinen Wurzelwerk, ohne tiefer in den Mineralboden einzudringen. Seine kräftigen Horste mit ihren kniehohen Blättern und hüfthohen Blütenhalmen lassen sich daher überraschend leicht vom Boden abheben. Er wächst gewissermaßen in einem natürlichen Blattkompost und gedeiht darauf so üppig, dass er in mäßig gelichteten Althölzern mehrere hundert m^2 große Flächen wie in einer gärtnerischen Reinkultur Horst an Horst besetzt hält und der Buchen-Naturverjüngung ernstliche Schwierigkeiten bereitet. Die biologische Aktivität und die Bodenatmung sind nach Lötschert (1963) in der Waldschwingel-Fazies besonders groß. In der Rhizosphäre von *Festuca altissima* leben Stickstoff fixierende Bakterien, die das N-Angebot in den Herden verbessern (Remacle 1975); gleichzeitig wirken Extrakte des Waldschwingels phytotoxisch auf andere Pflanzen (Becker & Bennett 1980).

Auf Braunerden der montanen Stufe im Verbreitungsgebiet von *Abies alba* finden sich Waldschwingel-Tannen-Braunerde-Buchenwälder, die den eben besprochenen nahestehen. Sie müssen von den Waldschwingel-Tannen-Kalkbuchenwäldern (s. Kap. 5.3.6) unterschieden werden, mit denen sie außer der hier und dort auftretenden *Festuca altissima* und der Beteiligung der Tanne an der Baumschicht kaum etwas verbindet (s. Abb. 5–10).

Trotz der erstaunlich großen Aktivität im Oberboden stehen die Waldschwingel-Braunerde-Buchenwälder in chemischer und in floristischer Hinsicht den Hainsimsen-Buchenwäldern nahe, die wir im nächsten Abschnitt behandeln wollen.

Das geht z. B. aus den Analysen von Noirefalise (1956) hervor; er unterschied mehrere Varianten und bestimmte in deren Oberboden den pH-Wert und das C/N-Verhältnis. Die reiche Variante des Waldschwingel-Buchenwaldes stockte in den Ardennen auf Böden, deren pH-Wert über 4 liegt und deren C/N-Verhältnis noch demjenigen der Mullböden entspricht. Die typische Variante zeigte mit etwas niedrigeren pH-Werten im Oberboden und einem weiteren C/N-Verhältnis weniger günstige Ernährungsbedingungen an. Diese Messergebnisse überschnitten sich mit denen für die „bessere“ Variante des Hainsimsen-Buchenwaldes, dessen typische Variante bereits einen sehr sauren Auflagehumus mit ungünstigem C/N-Verhältnis besiedelt. Heidelbeer- und drahtschmielenreiche Buchenwälder waren hinsichtlich des Stickstofffaktors noch schlechter gestellt, während sie sich in den pH-Werten ihrer Böden kaum von den anderen bodensauren Buchenwäldern unterschieden. Durch die langjährige Stickstoffdeposition sind diese Unterschiede heute teilweise verloren gegangen (s. Kap. 4.9.2.1 b).

Abb. 5–22 Drahtschmielen-Buchenwald auf Grundmoräne mit Decksand bei Schwerin (Mecklenburg). Vorn links *Milium effusum. Deschampsia flexuosa* herrscht vor, bleibt aber meist steril.
Auf dem rohhumusähnlichen Moder findet man wenig Buchenverjüngung und keine Sträucher. Trotzdem setzt sich die Buche während der Zerfalls- und Verjüngungsphase immer wieder durch.

5.5 Buchen- und Eichen-Buchenwälder auf stark sauren Böden

5.5.1 Moderbuchenwälder

a) Gesellschaften des Unterverbandes Luzulo-Fagenion, d. h. artenarme bodensaure Rotbuchenwälder, gedeihen auf basenarmen Silikatgesteinen, z. B. auf Graniten und Gneisen, Sandsteinen oder Tonschiefern, sowie auf lehmigen und sandigen Ablagerungen der Glazialzeiten, vorausgesetzt, dass das Klima für die Buche günstig ist (s. Abb. 5–22). Im Solling, im Reinhardswald, aber auch im Harz, im Thüringer Wald und in ähnlichen Mittelgebirgslandschaften, herrschen solche bodensauren Buchenwaldtypen bei Weitem vor. Oberdorfer (1957) bezeichnet den von einzelnen Eichen durchsetzten bodensauren Rotbuchenwald (Luzulo-Fagetum) mit Recht als **„die wichtigste klimabedingte und oft landschaftsbeherrschende Waldform der mitteleuropäischen Tieflagen“** (s. a. Oberdorfer et al. 1992 und Pott 1995). Dieses Waldökosystem wurde daher auch im Rahmen der Ökosystemforschung besonders intensiv untersucht, so im Solling bei Göttingen, im Schönbuch bei Tübingen, in der Lüneburger Heide, in den Vogesen und in Schonen (Südschweden) (vgl. die Kapitel 4.3 bis 4.8 und Teissier du Cros 1981, Matzner 1985, Einsele 1986, Ellenberg et al. 1986, Leuschner & Rode 1999, Puhe & Ulrich 2001 u. a.).

Die meisten Flächen, auf denen das Luzulo-Fagetum das natürliche Endstadium der Vegetationsentwicklung bilden würde, sind jedoch längst in landwirtschaftliche Kultur genommen oder während der letzten 150 Jahre mit Fichten und anderen Nadelhölzern aufgeforstet worden. Vor allem in den mehr östlich gelegenen Mittelgebirgen, z. B. im Erz- und Fichtelgebirge und in den Sudeten, griff diese „Verfichtung“ immer mehr um sich, weil die Buche, einstmals der wichtigste Brennholzlieferant für Hausbedarf und Industrie, an Wert verlor, und weil die zur Zelluloseherstellung begehrten Nadelhölzer bei forstlicher Pflege rascher Erträge lieferten als die bodenständige Buche.

Von dieser Umstellung auf Nadelhölzer blieben unsere Kalkgebirge, namentlich die Jurahöhen von Franken bis in die Schweiz hinein, großenteils verschont; denn die flach wurzelnde Fichte gedeiht hier zumindest an den Hängen schlecht. Der Oberboden über dem durchlässigen Kalkgestein wird für sie zeitweilig zu trocken, während sich die Rotbuche mit ihrem tiefer hinabdringenden Wurzelwerk aus den Gesteinsspalten mit Wasser versorgt. Hinzu kommt, dass die früher übliche extensive Waldnutzung, insbesondere das Streurechen, den kalkreichen Böden sowie den Mull-Braunerden weniger schadete als den mit einer Moderschicht bedeckten Silikatböden. Für die Aufforstung und intensivere Bewirtschaftung ausgehagerter und oberflächlich versauerter Böden erschienen – unter dem damaligen Kenntnisstand – Fichte und Kiefer besser geeignet als die Buche. An solchen Standorten wurden die Nadelbäume daher bereits vor 150 Jahren begünstigt. Angesichts der „neuartigen Waldschäden" (s. Kap. 4.9.3), die teilweise auf diesen Waldumbau zurückgehen, erweist sich diese Einschätzung heute als gravierender Fehler.

Die Entwicklung der Forstwirtschaft gab also der oft geäußerten Meinung, die Rotbuche sei ein „Kalkbaum", scheinbar immer mehr recht. Begünstigt wurde diese Ansicht aber vor allem durch einige in den 1930er-Jahren erschienene Arbeiten von Pflanzensoziologen, die bei der Fassung ihrer Vegetationseinheiten in erster Linie nach Charakterarten fragten. In den artenreichen Kalkbuchenwäldern lassen sich zahlreiche Arten finden, die hier ihren Verbreitungsschwerpunkt haben und als Charakterarten des FAGION-Verbandes gelten dürfen. In den viel artenärmeren bodensauren Buchenwäldern aber sucht man solche Kennarten und überhaupt irgendwelche Charakterarten oft vergeblich. Alle „Säurezeiger", die sich unter herrschender Rotbuche zu halten vermögen, kommen vielmehr auch in Eichenmischwäldern, Kiefernbeständen und anderen bodensauren Pflanzengesellschaften vor, ja sind dort großenteils besser entwickelt, weil sie mehr Licht genießen. Dieser **Mangel an Charakterarten** veranlasste viele Autoren bis etwa 1945, die bodensauren Buchenbestände zumindest in den tieferen Lagen als Kunstprodukte anzusehen, also anzunehmen, dass die Buche in natürlichen Birken-Eichenwäldern oder Eichen-Hainbuchenwäldern erst durch den Forstmann zur Dominanz gebracht worden sei. Nur Buchenwälder, die noch einige FAGION- oder FAGETALIA-Kennarten enthielten, galten als „echte" Fageten. Demgegenüber betonte schon Hesmer (1932, 1936) mit guten historischen, vegetationsgeschichtlichen und ökologischen Gründen, dass es auch auf stark sauren Böden natürliche Rotbuchen-Gesellschaften gebe. Heute zweifelt niemand mehr an dieser Auffassung; auch die pflanzensoziologische Nomenklatur hat ihr seit den 1960er-Jahren immer mehr Rechnung getragen.

b) Was die bodensauren Buchenwälder mit Kalkbuchenwäldern und anderen Fageten gemeinsam haben, ist ihre durch das Vorherrschen von *Fagus* bedingte Physiognomie und Lichtökologie (s. Abb. 5–4, 5–7, 5–16 u. 5–22). Wenn genutzt, bilden sie straucharme Hallenwälder, in denen nur an gelichteten Stellen Buchenjungwuchs hochkommt. Auch eine Moosschicht fehlt in der Regel oder tritt nur an kleinräumigen Standorten hervor, z. B. an windexponierten west- bis südgerichteten Hängen oder Waldrändern. Abgesehen von solchen ungünstigen ausgehagerten Stellen sind die Wuchsformen und Leistungen der Buche nicht geringer als in vergleichbaren Einheiten der Kalkbuchenwälder. Für das Gedeihen von *Fagus* scheint also der Wasserhaushalt des Bodens, der unter gleichem Klima in erster Linie von seiner Tiefgründigkeit und seiner Textur abhängt, wichtiger zu sein als seine chemischen Eigenschaften (s. Kap. 4.7.1.3 b).

Schon ein flüchtiger Blick auf die Bodenflora genügt aber, um zu erkennen, dass diese Eigenschaften für den Unterwuchs eine umso größere Rolle spielen. Denn kaum eine der in den Kalkbuchenwäldern vorkommenden Arten gedeiht auch in den bodensauren Buchenwäldern. Nur in den „besseren" Varianten trifft man hier und dort einmal **etwas anspruchsvollere Arten**, z. B.:

Anemone nemorosa	*Milium effusum*
Galium odoratum	*Luzula pilosa*
Moehringia trinervia	M *Atrichum undulatum*

Etwas weiter greifen schon einige gegen den Bodensäuregrad nahezu **indifferente Arten** über, namentlich:

Oxalis acetosella	*Dryopteris carthusiana*
Solidago virgaurea	*Hieracium sylvaticum*

Die Vorherrschaft haben jedoch überall **ausgesprochene Säurezeiger**, die freilich – ebenso wie die Rotbuche selbst – nicht unbedingt als säureliebend gelten dürfen. Fast keinem alten Rotbuchenbestand auf stark saurem Boden fehlen Arten wie:

Tab. 5–5 Beispiele bodensaurer Buchen-Eichenwälder und Buchenwälder an Hängen im nordwestlichen Thüringer Wald. Nach Aufnahmen von Schlüter (1959).

Laufende Nr.	1	2	3	4	5	6	7	8	Ökologisches Verhalten der Arten F	R	N
Höhe (× 10 m ü.NN.)	54	52	58	59	65	53	60	55			
Hangneigung in Grad	40	25	10	30	15	10	5	15			
Deckung (%) der	50	70	80	80	60	80	80	70			
Baumschicht											
Strauchschicht	15	+	2	+	+	15	+	+			
Krautschicht	70	80	80	70	40	90	40	60			
Moosschicht	40	5	2	2	2	2	–	–	F	R	N
B *Quercus petraea*	**4**	**3**									
Fagus sylvatica	2	**5**	**5**	**4**	**5**	**5**	**4**		–	–	–
S *Quercus petraea*	**2**	+							5	×	×
Picea abies	1			+		+			×	×	×
Sorbus aucuparia	+	+	+		+	+	+		×	4	×
Fagus sylvatica		+	+	+	2	1	2		5	×	×
Rubus idaeus			+			2		+	×	×	6
Acer pseudoplatanus							+	+	6	×	7
Z *Calluna vulgaris*	1								×	1	1
M *Polytrichum juniperinum*	1								4	3	1
M *Pleurozium schreberi*	1								4	2	1
F *Cladonia* sp.	+								×	×	×
Melampyrum pratense	2	+							×	3	2
M *Leucobryum glaucum*	3	+							×	1	2
Z *Vaccinium myrtillus*	**3**	**4**	+	2		+			×	2	3
Deschampsia flexuosa	**3**	1	**4**	**3**	2	1		+	×	2	3
M *Polytrichum formosum*	2		+	+		+			6	2	3
M *Dicranum scoparium*	1			+					4	4	2
M *Dicranella heteromalla*		+		+	+				4	2	2
M *Pohlia nutans*		+		+	+				4	2	3
Luzula luzuloides		+	+	+	**3**	1	+	1	5	3	4
Calamagrostis arundinacea		+	+		+	**4**		+	5	4	5
Oxalis acetosella			1	+	+	2	2	2	5	4	6
Dryopteris carthusiana			+			+	+		×	4	3
Epilobium angustifolium			+	+°		+°			5	5	8
Carex pilulifera				+	+				5	3	3
Veronica officinalis					+				4	3	4
Polygonatum verticillatum					+				5	4	5
Anemone nemorosa						+	1		×	×	×
Athyrium filix-femina						+	+		7	×	6
Gymnocarpium dryopteris						1			6	4	5
Milium effusum							+	+	5	5	5
Carex sylvatica							+	(+)	5	6	5
Lamiastrum galeobdolon							2		5	7	5
Moehringia trinervia							+		5	6	7
Luzula sylvatica								3	5	4	4
Poa chaixii								1	5	3	4
Mycelis muralis								+	5	×	6

Namen der Gesellschaften

1 Melampyro-Fagetum, typische Var., *Calluna*-Subvariante
2 desgl., typische Subvariante
3 Luzulo-Fagetum myrtilletosum, *Avenella*-Variante
4 desgl., typische Variante
5 Luzulo-Fagetum typicum, typische Variante
6 desgl., Calamagrostis-Var.
7 Luzulo-Fagetum milietosum, typische Variante
8 desgl., *Poa chaixii*-Var., *Luzula sylvatica*-Subvariante

Ökologische Bewertung (nach Ellenberg et al. 1992)

Hanglage, Grundgestein		mF	mR	mN
1 S	P	4,6	2,4	2,0
2 SW	G	4,7	2,6	3,0
3 NO	G	5,2	3,3	4,4
4 OSO	G	4,8	2,9	3,8
5 S	G	4,7	3,1	3,9
6 O	G	5,5	3,4	5,3
7 NO	G	5,3	4,9	5,3
8 NW	R	5,1	3,9	5,2

P = Porphyr
R = Rotliegendes
G = Glimmerschiefer
B = Baum, S = Strauch
Z = Zwergstrauch, M = Moos,
F = Flechte

Der steile Porphyr-Hang in Südlage (Nr. 1) ist am stärksten verhagert; dementsprechend sind die mittlere Feuchtezahl (mF), die mittlere Reaktionszahl (mR) und die mittlere Stickstoffzahl (mN) hier am geringsten. Günstige Bedingungen bietet der Nordosthang nahe der Glimmerschiefer-Kuppe (Nr. 7). Die übrigen Standorte ordnen sich in verschiedener Weise dazwischen ein. In Südlage (Nr. 1, 2, 4 u. 5) sind stets einige Trockenheitszeiger, in Nord- und Ostlage einige Feuchtigkeitszeiger vertreten.

Deschampsia flexuosa	*Pteridium aquilinum*
Vaccinium myrtillus	*M Dicranella heteromalla*
Carex pilulifera	*M Mnium hornum*
M Polytrichum formosum	*Veronica officinalis*

Allerdings gedeihen die Gefäßpflanzen aus Lichtmangel oft nur kümmerlich und kommen selten zum Fruchten. Im mittleren und südlichen Mitteleuropa treten fast regelmäßig einige säureertragende Arten hinzu, die zwar wie die vorige Gruppe auch in montane Nadelwälder übergreifen, aber in collinen Lagen und besonders im nördlichen Tiefland selten sind, insbesondere *Luzula luzuloides* und *Calamagrostis arundinacea*.

c) Auch auf höherer syntaxonomischer Ebene macht die **Einordnung artenarmer bodensaurer Buchenwälder in das pflanzensoziologische System** erhebliche Schwierigkeiten, weil viele Bestände wie die der nordwestdeutschen Sandstandorte oft keine einzige für den Verband FAGION und die Ordnung FAGETALIA charakteristische Art enthalten. Sogar die relativ gut gedeihende herrschende Rotbuche kann nur als Klassen-Kennart (QUERCO-FAGETEA) gelten. Unter ihrem schattenden Kronendach findet man in den ärmsten Moderbuchenwäldern ohnehin nur wenig Unterwuchs, und die hier lebenden spärlichen Kräuter, Gräser oder Zwergsträucher sind ausgesprochene Säurezeiger (s. z.B. die oben genannten sieben Arten) und sicher keine Charakterarten von Laubwäldern, sondern allenfalls von Nadelwäldern. Diese sind in den lichten bodensauren Eichen-Mischwäldern oder Kiefernbeständen ebenso regelmäßig zu finden und wirken in den dunklen Rotbuchenbeständen eher wie Fremdlinge. Der bodensaure mitteleuropäische Buchenwald-Unterverband LUZULO-FAGENION steht deshalb (ähnlich wie der entsprechende westeuropäische Unterverband ILICI-FAGENION, der Stechpalmen-Buchenwälder) den bodensauren Eichenwäldern (Verband QUERCION ROBORIS) floristisch außerordentlich nahe (vgl. hierzu Härdtle et al. 1997). T. Müller (in Oberdorfer et al. 1992: S. 197–201) schlägt daher (wie schon ältere Autoren vor ihm) vor, die bodensauren Buchen- und Eichenwälder in einer gemeinsamen Ordnung der artenarmen Eichen- und Buchenwälder (QUERCETALIA ROBORIS) zusammenzufassen. Dafür spräche auch, dass die Großpilz-Gemeinschaften in bodensauren Buchen- und Eichenwäldern einander viel ähnlicher sind als die von Buchenwäldern basenreicher und basenarmer Böden (Arnolds et al. 1994). Eine solche Zuordnung brächte nach Müller zugleich den Vorteil, dass der Verband FAGION dann nur noch die artenreichen Buchenwälder umfasste. Sie würde allerdings die Hainsimsen-Buchenwälder unserer Mittelgebirge von den Waldmeister-Buchenwäldern und anderen Mullbuchenwäldern völlig trennen, obwohl diese im Waldinnenklima, in der Wuchsleistung, im Stoffumsatz und in anderen Beziehungen einander sehr ähnlich sind. Aus den Darstellungen in Kapitel 5.6 geht deutlich hervor, dass die Mull- und Moderbuchenwälder eine ökologische Reihe bilden, innerhalb derer viele Untersuchungsbefunde übertragbar sind. Mit den mehr oder minder lichten, auch physiognomisch völlig anderen Eichen-Mischwäldern der Moderböden haben die von der Rotbuche beherrschten Wälder in dieser Hinsicht viel weniger gemein.

d) Die Vielfalt der geologischen Substrate, die von Moderbuchenwäldern besiedelt wird, verdeutlicht die große physiologische und auch ökologische Amplitude der Rotbuche. *Fagus* bildet auch auf den **ärmsten geologischen Substraten** noch geschlossene Bestände, so auf saaleeiszeitlichen Schmelzwassersanden mit extrem geringen Kationenvorräten und sogar auf Sanddünen (z.B. den Ehrhorner Dünen in der Lüneburger Heide), die pH (KCl)-Werte im Oberboden um 3,0 aufweisen und fast nur aus Quarz bestehen (Leuschner et al. 1993, Schwaar 1988, 1993; s. Tab. 6–5). Voraussetzung ist, dass das Klima für die Buche humid genug ist und die Bestände ungestört mächtige Moderauflagen aufbauen konnten. Vergleichbares gilt auch für die armen Flyschstandorte im bayerischen Alpenvorland (Langshausen et al. 2001). In der Nährstoffversorgung haben sich diese Bestände durch einen **eng geschlossenen Kreislauf** fast vollständig vom darunterliegenden Mineralboden abgekoppelt, ähnlich wie dies von manchen Tropenwäldern auf extrem armen Terra-firme-Substraten in Amazonien bekannt ist (Jordan 1985). Sicher ist, dass diese extrem armen Böden nicht erst durch die rezenten Stickstoffeinträge buchenfähig geworden sind, wie man vermuten könnte, denn die Bäume sind bereits weit über 100 Jahre alt.

In allen Moderprofilen des Luzulo-Fagetum ist der Mineralboden unter dem Auflagehumus und dem humusreichen obersten Mineralbodenhorizont, also in 10–20 cm Tiefe, am sauersten, während die pH-Werte sowohl nach oben als auch nach unten hin ansteigen. Denn durch das alljährlich abfallende Blattwerk werden dem Boden erhebliche Mengen der basisch reagierenden Kationen Ca, Mg und K zugeführt (s. Kap. 4.4.6). Vergleichsweise geringere Stickstoff- und Basengehalte in der Streu und hohe Aluminium- und H^+-Konzentrationen in der Bodenlösung verzögern aber den mikrobiellen Abbau des organischen Materials, sodass sich Auflagehumus anreichert. Da sich die großen, für die Bildung von Ton-Humuskomplexen so wichtigen Regenwurmarten auf kalkfreien, sauren Böden nur schlecht entwickeln, ist außerdem die Einarbeitung der Huminstoffe in den Mineralboden gering (Wolters & Schaefer 1994).

An und für sich sind diese Bedingungen für den Baumwuchs noch kein Nachteil. Denn viele unserer wichtigsten Baumarten, auch die Buchen, müssen als ausgesprochen **tolerant gegenüber sauren Böden** gelten (s. Kap. 4.9.3.3 a). Wie in den Tropenwäldern, wo es viele tausend Baumarten auf sauren, aluminiumreichen Böden gibt, konzentrieren sie einen großen Teil ihrer Feinwurzelmasse in der organischen Auflage, in der die Nährstoffnachlieferung stattfindet. Die Buche bildet in sauren, basenarmen Böden sogar eine größere Feinwurzelmasse und besonders viele Feinwurzelspitzen aus, die intensiv mykorrhiziert sind (Leuschner & Hertel 2003, Meyer 1962). Offenbar kompensiert sie damit teilweise die Nachteile, die für die Nährstoffaufnahme durch einen verzögerten Streuabbau entstehen. Dementsprechend sind Buchen an stark sauren Standorten nur unwesentlich weniger produktiv als an basen- und kalkreichen. Das gilt insbesondere, wenn man nicht nur die Stammholzproduktion betrachtet, sondern die gesamte Nettoprimärproduktion einschließlich des Feinwurzelumsatzes misst (s. Tab. 4–18). **Für die Leistungsfähigkeit der Buche sind also der Wasserhaushalt und das Temperaturregime (bzw. die Länge der Vegetationsperiode) wichtiger als das Nährstoffangebot und die Bodenazidität.**

Aufgrund der hohen Dichte in der organischen Auflage werden die Buchenwurzeln zu scharfen Konkurrenten für die ebenfalls flach wurzelnde Krautschicht und ebenso für ihren eigenen Nachwuchs. Das zeigen Trenching-Experimente (vgl. Kap. 4.5.2.9). Leuschner (1999a) hält es deshalb für möglich, dass intensive **Wurzelkonkurrenz** eine der Ursachen des geringen Deckungsgrades und der Artenarmut der Krautschichtvegetation in bodensauren Buchenwäldern ist.

Eine so flach wurzelnde Baumschicht wird aber auch empfindlicher gegen zeitweilige Austrocknung des Oberbodens, sodass ihre Leistung an lokalklimatisch trockenen Standorten unter sonst vergleichbaren Bedingungen rascher nachlässt als auf basenreichen, tiefgründig humosen Böden. Da auch der Nährstoffumsatz, insbesondere die Stickstoffmineralisation, auf die Moderdecke und die oberste, stark humose Mineralbodenschicht konzentriert ist (s. Abb. 4–101), verarmte der Boden durch die früher übliche Streugewinnung rascher als in Mullbuchenwäldern (s. a. Abb. 3–15).

e) Wo der Stoffkreislauf des bodensauren Buchenwaldes geschlossen bleibt, also nicht durch Streuentnahme oder starke Beweidung beraubt wird, genügen die geringen Basenvorräte von Sandsteinen, sauren Schiefern oder glazialen Sanden, um die Bildung von echtem Rohhumus zu verhindern. Es bleibt bei einer moderigen Humusform, kommt also nicht oder nur geringfügig zur **Podsolierung**, die ja nur durch Rohhumus ausgelöst wird. Naturnahe bodensaure Buchenwälder stocken deshalb in der Regel auf zwar basenarmen, aber nicht oder nur schwach podsolierten Braunerden oder Parabraunerden. Unter vielen Buchenbeständen auf stark sauren Böden findet man die Auswaschung von Humussubstanzen und Eisen- und Aluminium-Oxiden aus dem Oberboden jedoch weiter fortgeschritten, weil sie früher beweidet wurden und teilweise verheidet waren. Nur mithilfe des Menschen konnten sich Drahtschmiele, Heidelbeere oder gar Heidekraut, d. h. an Rohhumusböden gut angepasste Lichtpflanzen, unter Buchen so sehr breitmachen, wie dies in siedlungsnahen Wäldern häufig auch schon vor den erhöhten Stickstoffeinträgen der Fall war (s. Abb. 5–22).

Am stärksten versauert und daher fast gänzlich vegetationsfrei sind am Waldboden der Stammfußbereich der Buchen sowie manche anderen Stellen am Waldboden, an denen der Wind die Laubstreu weggefegt und damit die basenhaltige Streu entfernt hat (Wilke et al.

1993; Kap. 4.9.4.3 c). An vielen laubfreien Standorten des Luzulo-Fagetum bilden sich dichte Moosrasen, vor allem aus *Mnium hornum* und *Leucobryum glaucum*. Durch Kalkungen und wahrscheinlich auch Stickstoffeinträge geht allerdings das Weißmoos stark zurück.

Auf kalkarmen altdiluvialen Deckenschottern des Irchel, des Stadler Berges und ähnlicher Plateauberge der nordöstlichen Schweiz sind die bodensauren Buchenwälder durch **Niederwaldwirtschaft** (s. Kap. 3.3.1) in vergangenen Jahrhunderten teilweise so sehr aufgelichtet und verhagert worden, dass sie heute den Eindruck von Birken-Eichenwäldern machen (vgl. Kap. 6.5.1 a). Braun-Blanquet (1932) hat sie dementsprechend als „Quercetum medioeuropaeum" zum QUERCION ROBORI-PETRAEAE gestellt. Im Rahmen Mitteleuropas gesehen, muss man die meisten von diesen heidelbeerreichen Eichen-Buchen-Mischwaldbeständen der Schweiz und überhaupt des südlichen Mitteleuropas aber dem Luzulo-Fagetum Oberdorfers zurechnen. Überall setzt sich in ihnen seit ihrer Überführung in Hochwälder die Buche durch. Ähnliches gilt für die bodensauren Birken-Eichenwälder auf den armen saaleeiszeitlichen Sanden Nordwestdeutschlands, die überwiegend, wenn nicht ausschließlich Produkte der **Waldverwüstung** und Verheidung in historischer Zeit sind (s. Kap. 6.5.1 e). Die Wiedereinwanderung der Buche in Naturwaldreservate auf armen Sanden, ja selbst auf Dünen, lässt sich hier seit einigen Jahrzehnten verfolgen (Meyer et al. 2000)

Je trockener das Klima, desto schlechter sind die Aussichten der Buche, sich in bodensauren Moderbuchenwäldern zu verjüngen, und desto größer wird die Chance für genügsamere Baumarten, namentlich für Eichen und Kiefern, sich neben dieser sonst so unduldsamen Schattholzart auf die Dauer zu behaupten. Häufig verdorren die Wurzeln der Keimlinge im oberflächlich austrocknenden Auflagehumus; intensive Wurzelkonkurrenz mit den Altbäumen und Toxizität durch Al^{3+} und H^{+} könnten weitere Stressoren darstellen (s. Kap. 5.7.2.1).

5.5.2 Klimabedingte Ausbildungen von Moderbuchenwäldern und Eichen-Buchenwäldern

a) Bodensaure Buchenwälder treten im ganzen Areal der Rotbuche in Mittel- und Nordeuropa auf, ohne dass sich ihr Artengefüge wesentlich wandelt. Der Faktor „Sauerhumus" ist von so durchschlagender Wirkung, dass sich großklimatische Einflüsse weniger bemerkbar machen. Immerhin zeigen sich aber gewisse Unterschiede, die z. T. florengeografischer, z. T. ökologischer Natur sind. Entsprechend den **Klimabedingungen** kann man die Moderbuchenwälder Mitteleuropas in fünf große Gruppen einteilen, nämlich:

1. eine **montane Gruppe** von „reinen" Buchenwäldern, die als typisch für das LUZULO-FAGENION gelten kann (Hainsimsen-Buchenwälder, Luzulo-Fagetum, die auch im Westen Mitteleuropas vorkommt, dort aber häufiger zu Eichenmischwäldern degradiert wurde, Sougnez 1990). Dieser Assoziationsgruppe fehlen die Arten der bodensauren Eichenwälder;
2. eine **submontan-colline** Gruppe von Eichen-Buchenmischwäldern, in denen namentlich *Quercus petraea* gut gedeiht und eine hohe Qualität erreicht, ohne allerdings von Natur aus die Herrschaft antreten zu können (Traubeneichen-Buchenwälder, früher von Oberdorfer als Melampyro-Fagetum bezeichnet, aber meist ebenfalls zum Luzulo-Fagetum gestellt; s. Abb. 6–14; vgl. jedoch die Synsystematik bei Willner 2002);
3. eine **nordmitteleuropäisch-planare**, im diluvialen Tiefland verbreitete Gruppe, die der zweiten Gruppe ähnlich, jedoch floristisch ärmer ist und teilweise noch stärker zu den bodensauren Birken-Eichenwäldern hinneigt (von Passarge (1957) als Periclymeno-Fagetum und von Lohmeyer & Tüxen 1954 (in Tüxen 1954) als Fago-Quercetum zum Verband QUERCION ROBORIS gestellt; s. Abb. 5–22); wo *Fagus* dominiert, sollte man jedoch auch die Bestände im Tiefland als Luzulo-Fagetum bezeichnen, weil sie nach Heinken (1995) denen der Gruppen 1 und 2 sehr ähnlich sind; nur *Luzula luzuloides* fehlt ihnen gänzlich; sie stellen also eine artenärmere Tieflandsrasse des vorwiegend montanen Hainsimsen-Buchenwaldes dar;
4. eine **insubrisch-montane bis submontane** Gruppe, die in den niederschlagsreichen und warmen Südalpen, z. B. im Tessin, an die Stelle der unter 1 genannten Gruppe tritt (von Ellenberg & Klötzli 1972 als Luzulo niveae-Fagetum abgesondert; s. Abb. 5–23);
5. eine **südmitteleuropäisch-montane bis hochmontane** Gruppe mit natürlichem Anteil von Tanne oder Fichte, die zu den Nadelwäl-

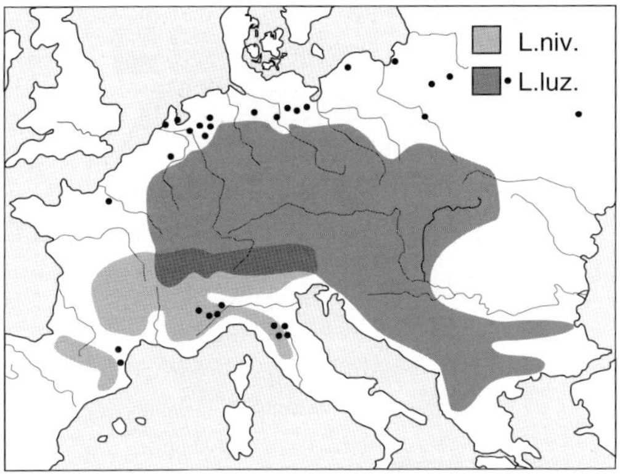

Abb. 5–23 Verbreitung der mitteleuropäischen Hainsimse (*Luzula luzuloides*) und der ähnlichen, aber mehr auf südwestliche Gebirge beschränkten Schneesimse (*L. nivea*). Nach Gensac (1970).
Der Schwerpunkt des Vorkommens beider Arten liegt in der submontanen bis hochmontanen Stufe und auf sauren Böden.

dern der Gebirge überleitet (bodensaure Tannen-Buchenwälder, die noch wenig untersucht sind und teilweise zum Luzulo sylvaticae-Fagetum im Sinne von Ellenberg & Klötzli 1972 gehören).

Als floristische Besonderheiten der 5. Gruppe können eine Reihe von Arten gelten, die ihr Schwergewicht in Nadelwäldern haben, z. B.:

M *Sphagnum quinquefarium* u. a. *Sphagnum*-Arten	M *Plagiothecium undulatum*
M *Bazzania trilobata*	M *Plagiothecium denticulatum* var. *obtusifolium*

Auffallend sind auch andere Moose, die unter Nadelbäumen gut zu gedeihen vermögen. Die künstliche Förderung der Nadelhölzer in tieferen Lagen verwischt leider die Grenzen zwischen den Gruppen, weil sich die meisten Moose auch in künstlichen Nadelholzbeständen ansiedeln.

Die 1., 2. und 5. Gruppe zeichnen sich gegenüber der 3. und 4. durch mehr oder minder reichliches Vorkommen von *Luzula luzuloides* aus. In Wäldern der 1. und 5. Gruppe haben auch *Calamagrostis arundinacea*, *Poa chaixii* und andere montane Arten ihr Schwergewicht, während sie der 2. und 3. Gruppe fast ganz fehlen. In letzteren beiden treten Arten hervor, die wohl in die bodensauren Eichenwälder, nicht aber in die montanen Nadelwälder übergreifen, beispielsweise:

Melampyrum pratense	mehr atlantisch verbreitet:
Lathyrus linifolius	*Lonicera periclymenum*
Frangula alnus	*Hypericum pulchrum*

Im nordwestlichen und westlichen Mitteleuropa ist die 3. Gruppe durch alle Übergänge mit buchenarmen Eichenwäldern verbunden und seit Jahrhunderten so stark vom Menschen beeinflusst worden, dass die natürliche Grenze zwischen QUERCION ROBORIS und LUZULO-FAGENION hier kaum noch zu ziehen ist (s. a. Jahn 1979).

Bodensaure Buchenwälder ohne *Luzula luzuloides*, *L. sylvatica* und andere montane Arten kommen nach Klix & Krausch (1958) auch in der Niederlausitz vor, die früher als nahezu buchenfrei galt. Die Autoren konnten durch Orts- und Flurnamen und andere historische Hilfsmittel nachweisen, dass die Buche in dieser Heidelandschaft früher sogar sehr verbreitet gewesen sein muss.

Neben der geografischen Breite und Höhenstufung prägt sich die Ozeanität des Klimas nur undeutlich im Artengefüge der bodensauren Buchenwälder aus. Ozeanische Elemente, z. B. *Galium harcynicum* und *Sarothamnus scoparius*, fehlen zwar im Osten ganz. Sie sind aber auch im Westen nicht regelmäßig in Buchenwäldern anzutreffen, weil sie in deren Schatten schlecht zu gedeihen vermögen. Bemerkenswert ist das Verhalten von *Luzula sylvatica*, die offensichtlich sehr luftfeuchte Standorte bevorzugt und *Luzula luzuloides* von solchen ganz verdrängen kann. In Gebirgen mit ozeanisch getöntem Klima, z. B. in den Vogesen, im Schwarzwald und in den niederschlagsreichen Randketten der Alpen, ist sie daher häufiger als in weiter östlich gelegenen Mittelgebirgen und in den Innenalpen. Auch in Schleswig-Holstein, Dänemark und im westlichen Norwegen gibt es noch Buchenwälder mit *Luzula sylvatica*, während diese in dem kontinentaleren Klima Südschwedens nirgends mehr zu finden sind.

b) Von der Schweiz bis nach Südost-Norwegen (Kielland-Lund 1981) und von den Ardennen bis zu den Karpaten kann man Moderbuchenwälder mit fast gleicher Artenzusammen-

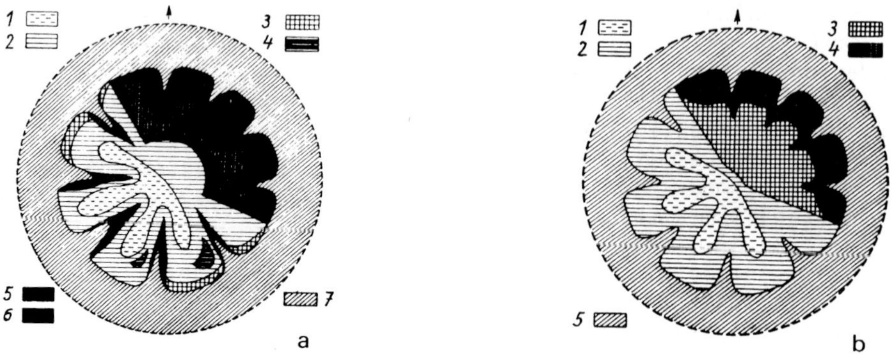

a auf **Silikat**gestein
1. Weißmoos-Buchenwald
2. Hainsimsen-Buchenwald – relativ trocken
3. Armer Kraut-Buchenwald – Hangfuß[1]
4. Waldreitgras-Buchenwald – Laubzufuhr[1]
5. Farn-Buchenwald – relativ luftfeucht
6. Waldschwingel-Buchenwald – starke Zufuhr
7. Eichen-Hainbuchenwald – feuchter Talboden

b auf **Kalk**gestein
1. Maiglöckchen-Buchenwald – verhagert
2. Gras-Buchenwald – relativ trocken
3. Reicher Kraut-Buchenwald – relativ luftfeucht
4. desgl. mit Waldziest – starke Stoffzufuhr
5. Mäßigfeuchter Buchenmischw. – feuchter Talboden

Abb. 5–24 An einem idealisierten Kegelberg aus Silikatgestein (a) oder Kalkgestein (b) bilden sich je nach Hanglage verschiedene Buchenwald-Gesellschaften aus. Schematische Darstellung der sog. „Gesellschafts-Schwärme" im Hilsbergland, nach S. Jahn (1952), etwas verändert.

setzung antreffen. Wenige hundert Schritte an einer einzigen Bergkuppe genügen aber, um die erstaunliche Vielfalt ihrer **lokalklimatischen Abwandlungen** vor Augen zu führen. Obwohl die Hainsimsen-Buchenwälder sehr artenarm sind, kann man je nach Exposition und Neigung der Hänge einen ganzen „Schwarm" von Subassoziationen und Varianten unterscheiden (s. Abb. 5–24). Fast an jedem buchenbestandenen Sandstein- oder Schieferberg sind einige der folgenden Ausbildungsformen zu finden:

- Der **typische** Hainsimsen-Buchenwald siedelt gewöhnlich auf flachen Kuppen oder an seichten Schatthängen.
- Eine **reichere** Untergesellschaft (meist Luzulo-Fagetum milietosum genannt), bevorzugt Schatthänge und leitet zu den dort herrschenden Braunerde-Mullbuchenwäldern über (vgl. z. B. Burrichter & Wittig 1977, Krause & Möseler 1995).
- Eine **ärmere** Untergesellschaft mit Heidelbeere tritt an Süd- und Westhängen umso mehr hervor, je trockener das Klima ist und je stärker der Baumbestand durch Niederwaldwirtschaft degradiert wurde.
- An Südwesthängen und auf windexponierten Kuppen mischen sich Eichen zwischen die unter Trockenheit und Nährstoffarmut leidenden Buchen. In diesem Traubeneichen-Buchenwald beherrschen die Säurezeiger, darunter auch viele Moose, vollends das Feld, namentlich das Weißmoos (*Leucobryum glaucum*).
- Strauchflechten und Besenheide (*Calluna vulgaris*) weisen auf stark verhagerte Stellen hin, an denen die Buche nur noch wenig konkurrenzfähig ist. In der collinen Stufe kann das Luzulo-Fagetum sogar durch einen Birken-Eichenwald (Betulo-Quercetum; s. Kap. 6.5.1) abgelöst werden, wenn edaphische Trockenheit wirksam wird.

Mehr oder minder vollständig trifft man diese Serie in den meisten kalkarmen Gebirgen Mitteleuropas, z. B. in den Ardennen (Noirfalise 1956, Tanghe 1970), im Sauerland (Runge 1950), im Schweizerischen Mittelland (Frehner 1963, Ellenberg & Klötzli 1972), im Harz und seinem Vorland (Tüxen 1954) und im Thüringer Wald (Schlüter 1959). Für das Hilsbergland hat Jahn (1952) die Verteilung der Buchenwald-Gesellschaften an einem kegelförmig gedachten Silikatberg schematisch dargestellt (s. Abb. 5–24a). In ähnlicher Weise hängen auch die Kalkbuchenwälder vom Lokalklima der Hänge ab (s. Abb. 5–24b). Die windexponierten Rücken und Grate in Südwestlage sind auf Kalkbergen ebenfalls am trockensten und tragen in dem niederschlagsreichen Klima des Hilsgebietes einen an die Seggen-Hangbuchenwälder erinnernden „Maiglöckchen-Buchenwald".

Die in den Abbildungen 5–24a und b dargestellte reliefbedingte Verteilung der Waldgesellschaften auf Silikat- und Kalkgesteinen ist keine reine Klimafunktion. Stets spielt auch der Nährstoffhaushalt dabei eine Rolle. Alle Rücken und Oberhänge sind nämlich **Aushagerungsstandorte** oder „Verlustlagen", denen das oberflächlich abfließende Niederschlagswasser sowie der die Laubstreu wegtragende Wind Nährstoffe entführt (s. Krause 1957, Frehner 1963). Was ihnen verloren geht, kommt den Hangfüßen, Mulden und anderen **Anreicherungsstandorten** oder „Zufuhrlagen" zugute.

Tabelle 5–5 mag eine Vorstellung vom Artengefüge der Gesellschaften auf kalkarmem Substrat geben, die Schlüter (1959) in Höhen zwischen 520 und 650 m am Nordwest-Abfall des Thüringer Waldes aufnahm. Im Großen und Ganzen bilden die Bestände 1 bis 8 eine ökologische Reihe nach ihrer Wasserversorgung und damit zugleich nach dem Basengehalt und Humuszustand ihrer Böden: Nr. 1 stammt vom trockensten Standort, einem 40° nach Süden geneigten Porphyrhang, Nr. 8 hat den günstigsten Wasserhaushalt, denn es handelt sich um einen etwas lehmigeren Verwitterungsboden des Rotliegenden in Nordwest-Exposition. Die übrigen Bestände kann man dazwischen einordnen, jedenfalls nach ihrer Artenkombination. Sie stocken sämtlich auf Glimmerschiefer, der kolloidarme Böden liefert.

Einen ähnlichen Schwarm von Buchen- und Eichenwald-Gesellschaften studierte Tüxen (1954) am Großen und Kleinen Burgberg bei Bad Harzburg. Er konnte durch Messungen der Evaporation in der Höhe der Krautschicht sowie der Maximal- und Minimaltemperaturen unter der Laubdecke zeigen, dass die von ihm unterschiedenen Einheiten tatsächlich eine ökologische Reihe bilden (s. Tab. 5–6; vgl. Pflume 1999). Die Verdunstung ist unter dem hohen und dichten Schirm der Buchen in seinem Perlgras-Buchenwald nur etwa halb so groß wie im lichten und niedrigen Eichen-Birkenwald, wo sich die voll besonnte Bodenoberfläche bis auf 50 °C erwärmen kann. Wegen der geringen Stoffproduktion, vor allem aber infolge der Verwehung durch den Wind, ist die Laubstreudecke in den ärmeren Waldtypen wesentlich dünner als in den reicheren und fehlt in manchen von ihnen ganz (letzte Spalte von Tab. 5–6).

c) **Streuentzug**, also Verarmung des Stoffkreislaufes, darf als entscheidende Ursache dafür gelten, dass die Südwesthänge kalkarmer Gebirge oft so kümmerliche Wälder tragen. Wo der Wind freien Zugang hat, wirkt er auf den Waldboden wie ein Streurechen. Schon während des Laubfalles wirbelt er einen Teil der toten Blätter fort und entfernt die übrigen

Tab. 5–6 Waldgesellschaften und Standortverhältnisse am Burgberg bei Bad Harzburg.
Nach Angaben von Tüxen (1954).

Waldgesellschaften Nr. [1]	Messungen vom 11.–23.5.1953:	Piche-Evoporation (cm³)	Temperatur Max. (°C)	Baumhöhe (m)	Laubstreudecke[2]
Birken-Eichenwald (ehemaliger Niederwald)					
1 Betulo-Quercetum petraeae, *Cladonia*-Variante		51	50	9–10	1
Moder-Buchenwälder					
2 Luzulo-Fagetum cladonietosum, *Vaccinium*-Fazies		40,6	–	–	–
3 Luzulo-Fagetum cladonietosum typische Variante		35	–	19–20	1,8
4 Luzulo-Fagetum typicum, *Luzula sylvatica*-Variante		31,7	32	23–25	3,3
Braunmull-Buchenwälder					
5 Melico-Fagetum, *Luzula luzuloides*-Subassoziation		32,3	21	28–29	4,5
6 Melico-Fagetum, typische Subassoziation		25,4	21	26–28	4,2

[1] Nr. 1 entspricht der Nr. 1 in Tab. 5–5, Nr. 3 der Nr. 2, Nr. 4 der Nr. 5, Nr. 5 etwa der Nr. 7 in Tab. 5–5. Nr. 1–4 sind mehr oder weniger stark windexponiert und verhagert.
[2] Durchschnittswerte von Schätzungen: 1 = alles Laub weggeweht, 2 = nur noch wenig vorhanden, 3 = mäßig viel, 4 = viel, 5 = sehr viel vorhanden.

im Herbst oder im Frühjahr, solange kein Schnee den Boden schützt. An steilen Hängen schwemmen auch heftige Regenfälle einen Teil des Laubes fort. In jedem Fall verarmt der Oberboden an Basen. Außerdem kann er von Moosen besiedelt werden, die in den nicht durchwehten Buchenbeständen von toten Blättern am Aufkommen gehindert werden. Viele der hier gedeihenden Moose sind Rohhumusbildner, namentlich dichtpolstrige Arten, wie *Leucobryum glaucum*, *Mnium hornum* und *Dicranum scoparium*, oder zu lockeren Decken verbundene, wie *Pleurozium schreberi* und *Hylocomium splendens*. Basenmangel sowie die häufige Austrocknung durch den Wind hemmen aber die Humuszersetzung. Mit dieser Ursachenkette ist die auf den ersten Blick paradox erscheinende Tatsache zu erklären, dass in Buchenwäldern (und überhaupt in winterkahlen Laubwäldern) gerade dort am meisten Auflagehumus entsteht, wo ein großer Teil der Baumstreu alljährlich verloren geht. Man darf dem Buchenlaub an kalkarmen Standorten also nicht schlechthin ungünstigen Einfluss auf den Boden zuschreiben.

Wo auch der Auflagehumus durch mechanische Faktoren immer wieder entfernt wird, z. B. in Bachanrissen und an Waldwegen, siedeln auf dem sauren lehmigen Erdboden anspruchsvollere Moosrasen, die Philippi (1963) einem eigenen Verband zuordnet (DICRANELLION HETEROMALLAE). Artenreiche **Moos-Gesellschaften** bilden sich in Moderbuchenwäldern außerdem auf morschem Holz (Philippi 1965, s. a. Abb. 4–70).

Starke Einstrahlung und rascher Wasserabfluss machen die Südwest-, West- und Südhänge zu verhältnismäßig trockenen und warmen Standorten. Der Wärme- und Wasserhaushalt des oben beschriebenen Schwarms von Sauerhumus-Buchen- und Eichenwäldern entspricht ungefähr dem des Seggen-Trockenhang-Buchenwaldes, des Blaugras-Buchenwaldes oder gar des „wärmeliebenden Eichenmischwaldes" (s. a. Kap. 6.4), die auf kalkreichen Gesteinen ähnliche Hanglagen einnehmen.

Trotzdem würde es niemandem einfallen, auch die bodensauren Sonnhangwälder als „wärmeliebend" und als „xerotolerant" zu bezeichnen. Denn es ist bekannt, dass fast alle ihre Arten zum borealen Florenelement gehören und sowohl in Nordeuropa als auch in den Hochgebirgen die Kältegrenze des Waldes überschreiten. Den parallelen Gesellschaften auf Kalkböden und ihren Partnern, z. B. *Sesleria albicans*, die mehr Kälte erträgt als *Vaccinium myrtillus*, wird dagegen immer wieder nachgesagt, sie liebten Wärme und ertrügen Trockenheit. Richtig ist es, die Waldgesellschaften kalkarmer wie kalkreicher **Sonnhänge als Asyle von Lichtpflanzen** anzusehen, die unter stark schattenden Baumkronen nicht zu leben vermögen. Für alle Sonnhang-Buchenwälder gilt außerdem, dass sie relativ viele Trockenheitszeiger beherbergen (s. Tab. 5–2 u. 5–5). Die an den ausgehagerten Hängen vorkommenden Moose sind an Wechseltrockenheit angepasst, nach Chalon et al. (1977) z. B. *Leucobryum glaucum*.

In dicht geschlossenen Buchenhochwäldern, wie sie Hartmann et al. (1959) an anderen Stellen des Harzes klimatologisch erforschten, blieben die Gegensätze des Bestandesklimas in verschiedenen Hanglagen wesentlich geringer als in den von Tüxen (1954) untersuchten, teilweise recht lichten Beständen. Gutwüchsige, nicht durch extensive Nutzung degradierte Hainsimsen-Buchenwälder und andere Buchenwald-Gesellschaften bilden auch an steilen Sonnhängen ein viel dichteres und gleichmäßigeres Kronendach aus, unter dem die Krautschicht das Kleinklima nur „gedämpft" zu spüren bekommt. Trotzdem ergaben sich auch hier deutliche Beziehungen der Vegetationstypen zu den in Krautschichthöhe gemessenen meteorologischen Elementen, z. B. zur Gesamtstrahlung, zum täglichen Temperaturgang, zur relativen Luftfeuchtigkeit und zur potenziellen Verdunstung (s. Abb. 5–21).

Standortbedingungen, unter denen sich das lichthungrige *Vaccinium myrtillus* im Buchenwald ansiedeln und behaupten kann, sind in der Naturlandschaft sicher nur auf sehr kleinen Flächen verwirklicht. Aber selbst ganz abgelegene „Inseln" inmitten reicherer Standorte besiedelt die Heidelbeere rasch, weil sie von Vögeln verbreitet wird. Nach Schmidt (1957) keimen ihre Samen nur, wenn sie den Vogeldarm passiert haben. Auch Hasen und Rehe beteiligen sich an ihrer Ausbreitung, zumal die Letzteren neben mineralstoffreichem Futter stets auch holziges benötigen. Waldgesellschaften mit viel *Vaccinium* bilden deshalb nach Klötzli (1965) ein weiteres „Äsungszentrum" für das Rehwild, auf dessen Vorliebe für Gesellschaften an stickstoffreichen Standorten bereits hingewiesen wurde.

5.5.3 Bodensaure Buchenwälder über Kalkgesteinen

Überraschend mag es sein, dass auch auf einigen Kalkgebirgen Mitteleuropas ausgedehnte Bestände von bodensauren Buchenwäldern vorkommen. Sie finden sich aber nur dort, wo **entkalkte Lehme** das Kalkgestein als mindestens 40–80 cm dicke Schicht überlagern. Auf den Hochflächen des Fränkischen und Schwäbischen Juras, die seit der Kreidezeit niemals vom Meer überspült wurden, handelt es sich um Verwitterungsrückstände der in diesem langen Zeitraum von kohlensäurehaltigem Sickerwasser aufgelösten mächtigen Weißjura-Schichten. Nach Hauff (1937) enthalten diese bis zu 8% tonige oder sandige Bestandteile und stellenweise auch Feuersteinknollen, die aus Kieselskeletten von Tieren entstanden sind. Auf sandig verwitternden Dolomitkuppen, z. B. auf der Fränkischen Alb, tritt sogar die Heidelbeere auf (Suck 1991, Walentowski 1998). Andere Kalkberge, z. B. im Weser- und Leinebergland, sind hier und dort von mächtigem Lösslehm überdeckt, dessen ursprünglicher Kalkgehalt längst vom Sickerwasser ausgewaschen wurde. Im alpennahen Schweizer Jura, besonders in seinem westlichen Teil, hinterließen risseiszeitliche Gletscher lehmig-sandige Moränendecken, auf denen Moor (1952), Richard (1961) und andere Autoren bodensaure Buchenwälder feststellten. Auch in Südost-England gibt es derartige auf sauren Lehmen über Kalkgesteinen stockende Wälder (Tansley 1939).

Als erster hat Hauff (1937) die bodensauren Buchenwälder der Kalkgebirge klar in ihrer Sonderstellung erkannt und ökologisch sowie historisch untersucht. Er wies vor allem nach, dass es sich um echte Buchenwälder handelt, die den bekannten Kalkbuchenwäldern der Schwäbischen Alb ebenbürtig gegenüberstehen und nicht als Kunstprodukte abgetan werden dürfen. Auch auf anderen basenreichen Substraten, wie z. B. Basalt, treten bodensaure Buchenwälder auf; aus dem Habichtswald in Nordhessen wurden sie beispielsweise von Hakes (1991) beschrieben.

5.6 Standörtlicher Vergleich der Buchenwald-Gesellschaften

Aus den vorstehenden Kapiteln 5.3 bis 5.5 geht deutlich hervor, dass frische Kalkbuchenwälder, Braunmull-Buchenwälder und Moderbuchenwälder im Hinblick auf die chemischen und manche physikalischen Bodeneigenschaften eine **ökologische Reihe** bilden. Das belegten auch schon die Messungen von Hauff (1937) in den Buchenwäldern auf mehr oder minder sauren Böden der Schwäbischen Alb. Rückblickend wollen wir diese Reihe noch einmal zusammenfassend betrachten. Wir lassen dabei alle Gesellschaften fort, die Sonderstandorte besiedeln und nirgends großflächig als Klimax auftreten. Für submontane (und montane) Lagen in den Mittelgebirgen nördlich der Alpen besteht diese Reihe im Wesentlichen aus sieben Gliedern:

Waldgesellschaften	Bodentypen
1. Frischer Kalkbuchenwald Hordelymo-Fagetum lathyretosum	Rendzina und verbraunte Rendzina
2. Reicher Braunmull-Buchenwald Hordelymo-Fagetum typicum	Braunerde hoher Basensättigung
3. Typischer Braunmull-Buchenwald Galio-Fagetum (typicum)	Parabraunerde (oder Braunerde) mittlerer Sättigung
4. Armer Braunmull-Buchenwald Galio odorati-Fagetum luzuletosum	Parabraunerde (oder Braunerde) geringer Sättigung
5. Reicher Moderbuchenwald Luzulo-Fagetum milietosum	wie 4, stärker versauert
6. Typischer Moderbuchenwald Luzulo-Fagetum (typicum)	schwach podsolige Braunerde oder stark versauerte Parabraunerde
7. Armer Moderbuchenwald Luzulo-Fagetum vaccinietosum (oder leucobryetosum)	podsolige Braunerde oder Parabraunerde, ausnahmsweise auch Podsol

Weil die Buche in vielen Regionen Mitteleuropas erst auftauchte, nachdem der Mensch sesshaft geworden war und Rodungen und Äcker angelegt hatte, nimmt Küster (1996, 1997) an, dass die menschliche Landnahme die Ausbreitung der Buche teilweise gefördert hat, ähnlich wie das für die Fichte und die Hainbuche angenommen wird (Markgraf 1972, Ralska-Jasiewiczowa 1983; vgl. Abb. 6–29). Er vermutet, dass *Fagus* Schwierigkeiten hatte, in die damals eichenreichen Wälder einzudringen, aber in den Pionierwäldern Fuß fassen konnte, die an ehemaligen Siedlungsplätzen und Ackerfluren aufkamen. Diese Annahme wird weder durch Erkenntnisse zur Ausbreitungsbiologie der Buche und deren Konkurrenzstärke in rezenten Eichen-Buchen-Mischbeständen, noch durch paläoökologische Daten gestützt (vgl. Gardner & Willis 1999). Als typische Schlusswaldart meidet *Fagus* teilweise offene Waldlandschaften. In Pionierwälder aus Birke und anderen schnellwüchsigen Gehölzen dringt sie nur langsam ein, denn ihre Samenausbreitung geschieht überwiegend durch Waldmäuse, die im Waldesinneren bleiben, es sei denn, der Mensch würde ihre Eckern aktiv verbreiten oder Buchen pflanzen, wie das am östlichen und nördlichen Arealrand geschehen ist (Bradshaw & Lindbladh 2005). Dass das großflächig in Mitteleuropa der Fall war, ist jedoch bisher nicht bekannt.

5.7.2 Bestandesdynamik von Buchenwäldern

5.7.2.1 Verjüngung

Ebenso wie viele andere Baumarten, fruchtet die Buche nicht in jedem Jahr (s. Abb. 5–28), denn sie verbraucht zu einem vollen Samenertrag nach Gäumann (1935, s. a. Burschel 1966a) etwa zwei Drittel aller im Jahr mobilisierten Kohlenhydrate. An ungünstigen Standorten vermag sie diesen Stoffaufwand nur in großen Zeitabständen zu leisten. Allein eine **Vollmast**, die nach Övergaard et al. (2007) besonders auf Jahre mit hoher Einstrahlung (und damit meist verbundene Sommertrockenheit) folgt, führt aber zu reichlichem Buchenaufschlag (vgl. auch Gruber 2003 u. Piovesan & Adams 2001). Bei Halb-, Viertel- oder gar „Sprengmast", d. h. beim Fruchten vereinzelter Bäume, werden nach Watt (1923) fast alle Bucheckern bis zur Keimungszeit im Frühjahr von Mäusen und anderen Nagern, Wildschweinen und Vögeln aufgefressen. Auch nach erfolgreicher Keimung sind die jungen Buchen von vielen Gefahren bedroht. Durch die Keimlingskrankheit sowie durch Wildverbiss, Mäuse- und Käferfraß und Hagel fielen nach Burschel et al. (1964) z. B. im Jahre 1961 ein Drittel bis zwei Drittel der Jungpflänzchen aus. Werden nun obendrein die Blüten und jungen Früchte zwar reichlich gebildet, aber durch Spätfröste oder Sommerdürren vernichtet, wie sie in kontinentalem Klima öfters eintreten, so können Jahrzehnte vergehen, bis eine **Naturverjüngung** eintritt. In diesen Zusammenhängen muss man die Hauptursache dafür sehen, dass die Buche an ihrer Ostgrenze in Nordostpolen trotz guten Wachstums so plötzlich haltmacht (Steffen 1931, s. a. Wachter 1964 u. Vilmos 1965). Winterfröste von –17 bis –21 °C beispielsweise töteten die Hälfte der Buchen-Jungpflanzen, Spätfröste unter –4 °C führten zu erheblichen Triebschäden (Bolte et al. 2007).

Erfolgreiche Buchenverjüngung ist in der Regel ab einem relativen Lichtgenuss von etwa 3 % möglich (Emborg 1998, Szwagrzyk et al. 2001); Sämlinge können sogar bei weniger als 1 % für 1 Jahr ausharren. Dauerhafte **„Sämlingsbanken"** bilden sich allerdings nur bei Lichtintensitäten über etwa 9 %, wenn Kronenlücken auftreten. Bei gleicher Feuchtigkeit und Wärme hängt die Buchenverjüngung vor allem vom **Humuszustand** und von den Ernährungsbedingungen ab, wie sie annähernd im pH-Wert zum Ausdruck kommen (s. Abb. 5–29). Nach Schmitt (1936) verjüngt sich die Buche in Heidelbeer- und Drahtschmielen-Beständen des Hochspessarts sehr schlecht. Durchschnittlich fand er in solchen nur 14 Jungbuchen auf 100 m^2, im Luzulo-Fagetum milietosum, der besten Ausbildungsform des Hainsimsen-Buchenwaldes, dagegen 382. Dieser Unterschied kann nicht durch die H^+-Konzentration der Bodenlösung und auch nicht durch die Bodentextur erklärt werden; denn beide Waldtypen gleichen einander hierin weitgehend. Die Hauptursache ist wahrscheinlich in der Rohhumusdecke zu suchen, die unter *Vaccinium* bis zu 10 cm mächtig sein kann (s. Abb. 5–29). Schmitt (1936) beobachtete, dass die Wurzeln der Baumkeimlinge häufig verdorren, bevor sie den Mineralboden erreichen. Dichte Gras- und Krautdecken machen den Buchenjungpflanzen intensive **Konkurrenz** um Licht und schmälern deren Zuwachs beträchtlich (Burschel & Schmaltz 1965a, b; s. Tab. 5–9 u. Kap. 8.5.3). Hinzu kommt, dass die Wurzeln der

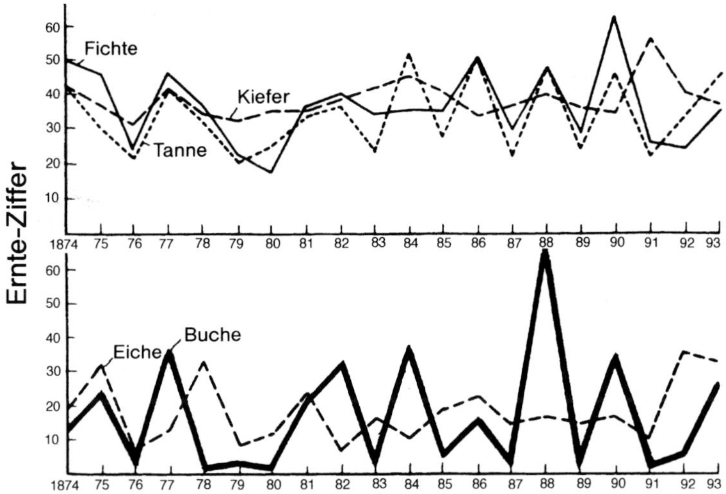

Abb. 5–28 Der Samenertrag der Rotbuche (*Fagus sylvatica*) schwankt von Jahr zu Jahr stärker als derjenige anderer Baumarten und ist in manchen Jahren gleich null. Nach Daten aus dem 19. Jahrhundert von Schwappach, aus Dengler (1930). Die „Ernte-Ziffer" (y-Achse) bedeutet Prozente des maximal möglichen Samenertrages. Ausnahmsweise gab es nach Nassauer (1992) bei *Fagus* einmal vier aufeinander folgende Mastjahre, und zwar in trockenwarmen Sommern. Eutrophierung erhöht die Zahl der Mastjahre und zwar in trockenwarmen Sommern.

Tab. 5–9 Einflüsse von Konkurrenten auf die Leistung von Jungbuchen unter gelichtetem Buchen-Altholz. Nach Burschel & Schmaltz (1965).

Buchen-Jungpflanzen[1]	Blattfläche[1] cm^2 m^{-2}	Blätter[1] TG g cm^{-2}	Phytomasse[1] TG g m^{-2}	Zuwachs[2] TG g m^{-2}
Ohne Konkurrenten	17405	150	363	208
Altholz-Konkurrenz	15447	168	362	211
Altholz- u. Unkraut-Konkurrenz[3]	11750	171	281	169
Unkraut-Konkurrenz[3]	10464	159	232	139

[1] nach 2 Jahren;
[2] im Jahre 1963, ober- und unterirdisch;
[3] gemeint sind *Lichtungs-Kräuter/Gräser*. Unter dem Schirm von Altbuchen oder auf kleinen Lichtungen wachsen diese nicht so kräftig, dass sie die Verjüngung der Buche unmöglich machen; doch beeinträchtigen sie den Baumjungwuchs bis zu einem gewissen Grad.

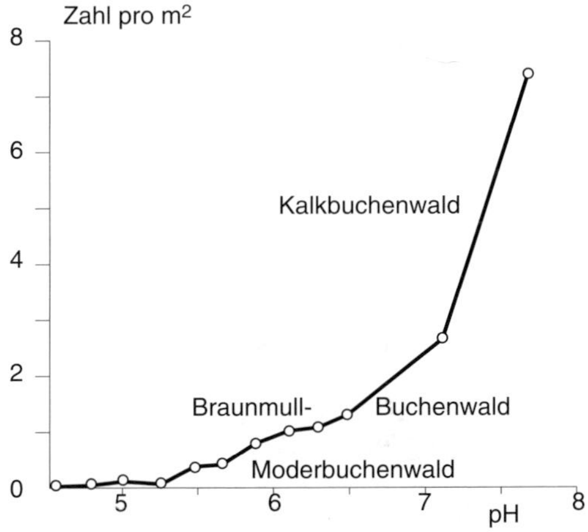

Abb. 5–29 Buchenverjüngung bei unterschiedlichem pH-Wert des Bodens in südschwedischen Buchenwäldern. Ordinate: durchschnittliche Zahl der 2- bis 15-jährigen Jungpflanzen pro m^2. Nach Lindquist (1931), etwas verändert. Entscheidend für den Verjüngungserfolg der Rotbuche ist der Humuszustand, nicht der pH-Wert. In Sand keimen Bucheckern nach Dubbel (1992) bei pH 2,1 ebenso gut wie bei pH 3,0–6,8.

Bäume, Zwergsträucher und krautigen Pflanzen in der relativ nährstoffreichen Humusauflage ein derart dichtes Geflecht bilden, dass sie ihr in Mangelzeiten sehr rasch das Wasser entziehen und für Baumkeimlinge zu gefährlichen Konkurrenten werden (vgl. Löf 2000, Ammer et al. 2002). Das fast vollständige Fehlen von Buchenverjüngung in den Buchenwäldern am Rande des mitteldeutschen Trockengebietes bei weniger als 550 mm Niederschlag dürfte vor allem mit der Austrocknung des Oberbodens zusammenhängen (s. a. Löf 2000, Czajkowski et al. 2005; s. a. Kap. 6.6.3). Mitwirkende Ursache für das schlechte Keimen und Gedeihen junger Rotbuchen auf sauren Böden könnte aber auch **Aluminiumtoxizität** sein (Ebben 1989, Godbold 1996).

5.7.2.2 Waldentwicklungsphasen

a) Genutzte Rotbuchenwälder treten uns vor allem als sogenannte **Hallenwälder** in Erscheinung, also etwa 50- bis über 150-jährige, einschichtige Bestände mit mehr oder minder dichtem Kronenschluss, die ihrem eigenen Jungwuchs nicht genügend Licht gewähren (s. Abb. 5–4, 5–5 u. 5–30). Dieses uns so vertraute Bild ist im Wesentlichen eine Folge der Bewirtschaftung als Altersklassenwald; es hat für naturnahe Buchenwälder nur bedingte Gültigkeit, wie Untersuchungen in Buchen„ur"wäldern vor allem in der Slowakei, aber auch in Mähren, in Niederösterreich, auf dem Balkan und in der Ukraine zeigen (Müller 1929, Zlatnik 1935, Markgraf 1931, Wraber 1952, Leibundgut 1959, 1982, Mayer 1971, Prusa 1985, Korpel' 1995, Tabaku 1999, Chernyavskyy 2005, Drößler 2006 u. a.). Slowakische Bestände sind nach Korpel' (1995) in den meisten Fällen auch im Reifestadium **zwei- bis dreischichtig** aufgebaut (s. Abb. 5–31). Zumindest in der Ostslowakei ist der einschichtige hallenartige Bestandesaufbau sogar sehr selten.

Ähnlich wie in anderen Urwaldresten der gemäßigten Zone kann man im mitteleuropäischen Buchenwald folgende natürlichen **Entwicklungsphasen** unterscheiden, die einander zeitlich ablösen und ein kleinräumiges Mosaik bilden:

1. Die **Optimalphase** kräftigsten Baumwachstums zeichnet sich durch ein mehr oder weniger geschlossenes Kronendach aus. Intensive Konkurrenz führt zur Reduktion der Baumdichte von rund 1000 auf etwa 200 Stämme pro Hektar (Jenssen & Hofmann 1996). Häufig ist der Bestand zwei- bis dreischichtig aufgebaut, insbesondere, wenn die Buchenhorste klein sind. In einem späten Stadium erinnert der Bestand dann an einen Plenterwald.

2. Die **Terminalphase** erinnert am ehesten an einen Hallenwald mit vorherrschenden Starkhölzern (Leibundgut 1993), aber es findet bereits ein Vitalitätsrückgang und altersbedingter Ausfall einzelner Bäume statt. Diese Phase nimmt meist die größte Fläche ein, weil sie bis zu 120 Jahre währen kann.

3. In der **Zerfallsphase** sterben die meisten Altbäume ab und brechen zusammen, und zwar in drei Schritten:

a) Zu Beginn der Zerfallsphase stehen einzelne Bäume als Leichen und gestatten bereits stärkeren Krautwuchs und beginnende Verjüngung am stärker beleuchteten Boden.

b) Verjüngung setzt in der fortgeschrittenen Zerfallsphase richtig ein, weil viele Bäume gleichzeitig ausfallen.

c) Die abschließende Zerfallsphase besteht im Zusammenbruch einzelner oder mehre-

Abb. 5–30 Buchenwald im Winter, Ende Februar aufgenommen. Neuschnee lässt die Schattenzweige einzelner jüngerer Buchen und den Jungwuchs hervortreten. Die Krautschicht ist völlig zugedeckt und hat kaum noch Temperaturen unter 0 °C auszuhalten.

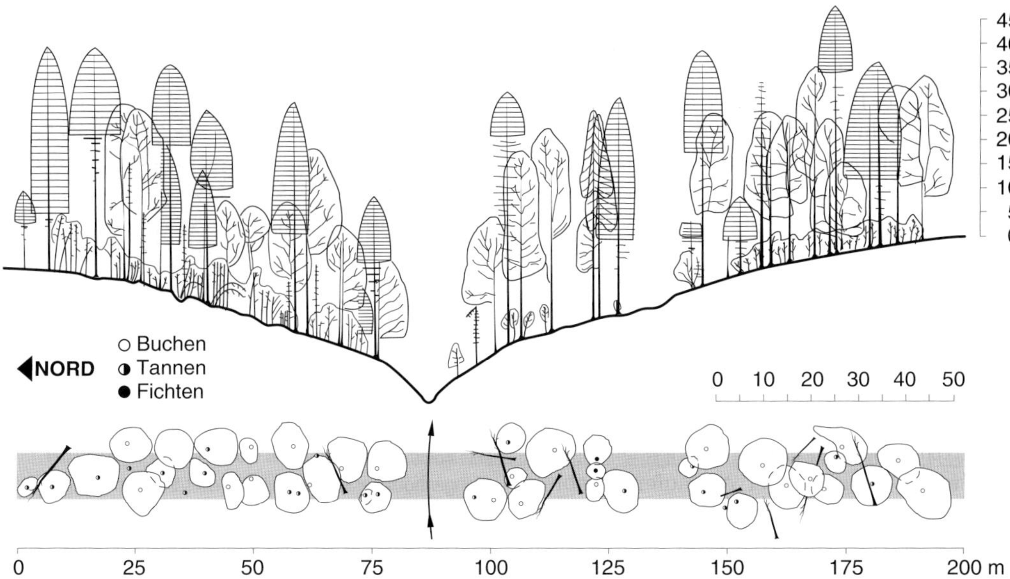

Abb. 5–31 Bestandesaufriss eines Tannen-Buchenwaldes in den Beskiden, des Urwaldes Salajka an einem steilen Nordost- und Südosthang 715–820 m ü.NN. an der mährisch-slowakischen Grenze. Nach Prusă (1985), etwas verändert. Der vom Menschen kaum beeinflusste Wald hat eine an Plenterwälder erinnernde Struktur. Durch Tannensterben wird er schon seit längerer Zeit immer buchenreicher. Im Gegensatz zur Buche fehlt es der Tanne vor allem an Keimlingen und Gruppen junger Bäume.

rer Buchen, sodass sich Kronenlücken bilden (s. Abb. 5–34). Stürme können zum Zusammenbruch größerer Trupps führen. Nitrophile Lichtungskräuter gedeihen üppig (s. Kap. 15), aber auch Gruppen von Jungbäumen.

4. Die eigentliche **Verjüngungsphase** beginnt in Phase 3c, teilweise aber schon in 3a.

a) Anfangs spielen in manchen Beständen Ahorne, Ulmen, Eschen, Birken oder Kiefern eine gewisse Rolle, wenn die Lücken groß genug sind. In fast jedem Fall ist jedoch auch die Buche schon beteiligt oder gar herrschend.

b) In der fortgeschrittenen Verjüngungsphase setzt sich die Buche immer mehr durch, bildet dichte Stangenhölzer und strebt der Optimalphase (1.) zu. Infolge intensiver Konkurrenz verringert sich die Baumdichte von etwa 5000 auf 1000 Individuen pro Hektar.

Durch Störungen kann die Sequenz an jeder Stelle abgebrochen werden und auf eine neue Startposition zurückfallen (s. das Entwicklungsschema z. B. in Zukrigl et al. 1963).

Buchennaturwälder bestehen aus einem **kleinflächigen Mosaik** dieser Waldentwicklungsphasen, wobei in der Ostslowaki alle Phasen meist bereits auf einer Fläche von 30 ha vorhanden sind (s. Abb. 5–32). Häufig stehen deshalb nur recht wenige Bäume ähnlicher Größe beieinander. So fand Drößler (2006) in einem slowakischen Naturwald maximal 36 Buchen ähnlicher Größe einander benachbart, am häufigsten waren Horste von weniger als 5 Bäumen (vgl. auch von Lochow 1987). Daraus resultiert ein sehr kleinflächiger Wechsel unterschiedlich großer und dicker Bäume im Bestand, der daher an einen Plenterwald erinnert. Viele Gruppen sind kleiner als 0,1 ha. In ostslowakischen Buchennaturwäldern entfielen rund 30 % der Waldfläche auf die Terminalphase und 15 % auf die Zerfallsphase, ein Viertel auf die plenterartige späte Optimalphase und 7–8 % auf Bestandeslücken. Nicht mehr als 10–15 % nahmen jeweils die dichte Verjüngungsphase und die produktive frühe und mittlere Optimalphase ein (Drößler 2006).

b) Das dicht geschlossene Stangenholz stellt eine charakteristische, besonders dunkle Entwicklungsphase der Buchenwälder dar (Samek & Savurek 1964), durch die viele Arten der lichteren Laubmischwälder, z. B. der in Kapitel 6.6 behandelten Eichen-Hainbuchenwälder, ausge-

Pflanzen, indem sie Offenlandarten Wuchsorte bieten, die im Altersklassenwald selten sind.

6) Die Zahl der **Buchenjungpflanzen** ist in der Regel in Naturwäldern geringer als im schirmgeschlagenen Wirtschaftswald (von Oheimb et al. 2004).

Aufgrund des **Fehlens der Alters-, Zerfalls- und Lückenphase im Wirtschaftswald** sind die artenreichen, auf Totholz spezialisierten Lebensgemeinschaften nur noch fragmentarisch in der Waldlandschaft Mitteleuropas vertreten. Insbesondere Epiphyten und Totholzbewohner sind vielfach an diese Waldentwicklungsphase gebunden (s. Kap. 14.3.5). Beispielsweise sind heute weniger als 5% der Buchenwälder des niedersächsischen Tieflandes älter als 140 Jahre (Hanstein 2000), Buchenaltbestände mit über 160 Jahren stocken in Deutschland gar nur auf 0,16% der Fläche (Sperber 2002, Knapp 2007). In Dänemark blieb nach Graae & Heskjaer (1997) weniger als 1% der Waldfläche erhalten, auf der heute noch die genetisch ursprünglichen Baumpopulationen vorhanden sind. Tabelle 5–10 unterstreicht die große Bedeutung, die urwaldartige Bestände für den Erhalt dieser für die temperaten Laubwälder so charakteristischen Lebensgemeinschaften besitzen (s. a. Prusa 1985, Falinski 1986, Flade et al. 2007; vgl. Kap. 4.9.5.1).

6 Übrige Laubmischwälder außerhalb der Flussauen und Moore

6.1 Ahorn- und eschenreiche Mischwälder

6.1.1 Standörtliche Gliederung der Ahorn- und Eschenwälder

Räumlich, ökologisch und floristisch in engster Beziehung zu den Buchenwäldern stehen manche Mischwälder, die von Ahornarten (*Acer pseudoplatanus, A. platanoides*) und anderen breitlaubigen Edelhölzern (*Tilia platyphyllos, Ulmus glabra*) oder von der Esche (*Fraxinus excelsior*) beherrscht werden (Schlüter 1967, Moor 1975 a, b, c, von Gadow 1975, Oberdorfer et al. 1992, Pott 1995 u. a). Vor allem die eschenreichen Waldgesellschaften gehören zu den produktivsten in Mitteleuropa, aber auch die übrigen sind in der Regel raschwüchsig, weil sich ihre Standorte durch hohe Nährstoffangebote und gute Wasserversorgung ohne übermäßige Nässe auszeichnen. Obwohl hier die Rotbuche an und für sich gut gedeiht, wird sie von Esche und Bergahorn und z. T. auch von Bergulme, Spitzahorn und Sommerlinde schon in der Jugendphase übergipfelt (s. Abb. 6–4).

Trotz des Zurücktretens der Buche und selbstverständlich auch der Eichen und anderer Lichthölzer weist aber der Unterwuchs der Ahorn- und Eschenmischwälder viele Gemeinsamkeiten mit dem der Rotbuchenwälder sowie der Eichen-Hainbuchenwälder auf, die in Kapitel 6.6 besprochen werden. Manche floristische Verwandtschaft besteht außerdem zu den Hartholz-Auenwäldern (s. Kapitel 8.3.1.5). Die systematische Abgrenzung dieser drei Gruppen von Laubwald-Gesellschaften bereitet Schwierigkeiten, die dazu führten, dass die buchenarmen Edellaubmischwälder im Laufe der Zeit wechselnden Verbänden zugeteilt wurden. An ihrer Zugehörigkeit zur Ordnung FAGETALIA und damit zur Klasse QUERCO-FAGETEA wurde jedoch niemals gezweifelt.

Außerhalb des Überschwemmungsbereiches von Flüssen, den wir wegen seiner ökologischen Sonderstellung in Kapitel 8 als Ganzes behandeln und zunächst nicht in Betracht ziehen wollen, können sich ahorn- und eschenreiche Edellaubmischwälder an recht verschiedenen Standorten entwickeln:

- Nordwest- bis ostgerichtete **Steilhänge oder Schluchten** mit feinerdearmen, aber stark humosen, mehr oder minder basenreichen Fels- oder Steinschuttböden begünstigen in der submontanen bis montanen Stufe den Eschen-Ahorn-Schatthangwald (s. Tab. 6–1, II u. III, Kap. 6.1.2). Der häufig für diese Waldgesellschaft verwendete Name „Schluchtwald“ führt insofern irre, als sie nicht nur in Schluchten, sondern auch an freien Hängen typisch ausgebildet sein kann (s. Mayer 1969 u. 1984, von Gadow 1975; s. Abb. 6–1). Auch die schon von Gradmann (1898, 1950) eingeführten Namen „Bergwald“ und „Klebwald“ (für Nr. I) treffen nicht immer das Wesentliche.
- Auf kolluvialen, tiefgründigen **Hangfußböden**, die sehr nährstoffreich und zumindest im Frühjahr frisch bis feucht sind, findet in der collinen bis submontanen Stufe ein Ahorn-Eichen-Hangfußwald (s. Abb. 6–1; s. Nr. I in Tab. 6–1; s. Kap. 6.1.3) üppige Lebensbedingungen, besonders in den niederschlagsreichen Randalpen und alpennahen Gebirgen (s. a. Pfadenhauer 1969).
- Entlang schmaler, in Lehm eingekerbter **Bachrinnen**, deren Hänge nicht überflutet, aber zuweilen unterspült werden, sowie auf entsprechenden Böden in quelligen Hangnischen gedeiht in submontanen oder planaren Buchengebieten der Eschen-Bachrinnenwald (Bach-Eschenwald, Carici remotae-Fraxinetum verschiedener Autoren; s. Abb. 6–3 u. Kap. 6.1.4).

In dem letztgenannten herrscht gewöhnlich *Fraxinus excelsior*, freilich oft nur auf einem wenige Meter breiten Streifen. Auch im Ahorn-Eschen-Hangfußwald gibt meist die Esche den Ton an, mischt sich aber mit anderen Baumarten. An steilen Schatthängen gewinnt nicht selten *Acer pseudoplatanus* die Oberhand, ohne jedoch die Esche und andere Bäume, vor allem *Ulmus glabra*, auszuschließen. Die Artenlisten der Schatthang- und Hangfußwälder haben auch im Unterwuchs viel miteinander

Tab. 6–1 Vergleich von Assoziationen des Unterverbandes Bergahorn-Mischwälder, LUNARIO-ACERENION PSEUDOPLATANI (Moor 73) Th. Müller 92, im Verband der Edellaubholz-Mischwälder, TILIO PLATYPHYLLO-ACERION PSEUDOPLATANI Klika 55. Gliederung in Anlehnung an Theo Müller (in Oberdorfer et al. 1977–1992)[1].

I.	**Eschen-Hangfuß-Mischwald,** Aceri-Fraxinetum sensu Seibert 1969, von Müller als Adoxo-Aceretum bezeichnet.[2] Dieser höchstproduktive Eschen-Mischwald besiedelt ausgesprochen nährstoffreiche, frische bis feuchte kolluviale Böden an Hangfüßen, wasserzügige Hänge oder alte Bach- und Flusssedimente der submontanen bis hochmontanen Stufe.	
	Kennzeichnende Baumarten-Kombination	**Differenzialarten**
	Fraxinus excelsior	*Aegopodium podagraria*
	Acer pseudoplatanus	*Brachypodium sylvaticum*
		Carex sylvatica
	Fagus sylvatica fehlt	*Paris quadrifolia*
		Stachys sylvatica
II.	**Eschen-Ahorn-Steinschutt-Hangwald,** Fraxino-Aceretum, nom. nov. Th. Müller. Dieser ebenfalls buchenarme Edellaubholz-Mischwald besiedelt kalkschuttreiche Steilhänge in absonniger Lage mit luftfeuchtem, frostarmem Innenklima.[3]	
	Acer pseudoplatanus	keine
	Fraxinus excelsior	
	Ulmus glabra	
	Tilia platyphyllos	
	Acer platanoides	
	Fagus selten	
	Subassoziationen:	
	a typische Subassoziation, skelettreicher Schutt	keine
	b Silberling-Subass., bewegter Feinschutt mit etwas Feinerde, betont schattig und kühl	*Lunaria rediviva*
	c Lerchensporn-Subass., Feinerde- u. humusreicher, z. T. rieselnder Feinschutt, locker u. nährstoffreich	*Corydalis cava, C. solida* u. *C. intermedia*
		Leucojum vernum
		Adoxa moschatellina
	d Bärlauch-Subass., wenig Skelett, toniger, z. T. fließender Schutt, relativ feucht	*Allium ursinum* *Ranunculus lanuginosus*
	e Geißbart-Subass., zusammengerutschter Humus, Lehm und Schutt tiefgründig, oft durchsickert	*Aruncus dioicus* *Petasites albus* *Cicerbita alpina*
III.	**Hochstauden-Bergahorn-Steinschutt-Hangwald,** Ulmo glabrae-Aceretum pseudoplatani Issler 26 Diese Assoziation ersetzt die II. in höheren bzw. kälteren Lagen.	
	Acer pseudoplatanus	*Saxifraga rotundifolia*
	Ulmus glabra	*Chaerophyllum hirsutum*
	Fagus sylvatica	*Adenostyles alliariae*
	Picea abies	*Viola biflora*
		Polystichum lonchitis
	Subassoziationen wie II, aber ohne c.	u. a. subalpine Stauden

[1] Keine der drei Assoziationen hat eigene Charakterarten. Alle drei stehen in ihrem Artengefüge den Mullbuchenwäldern, besonders den frischen Kalkbuchenwäldern nahe, werden aber nie von der Rotbuche beherrscht, die in allen Altersphasen von Ahorn, Esche und Ulme übergipfelt wird.

[2] Der Name Adoxo-Aceretum ist irreführend, weil *Adoxa* in dieser Assoziation seltener ist als in II c und *Acer* meist hinter Fraxinus zurücktritt.

[3] Diese Assoziation kommt am häufigsten vor, und zwar vorwiegend über Kalkgestein. Eine „Ausbildung" über Silikatgestein zeichnet sich durch Moose als Differenzialarten aus, z. B. *Rhytidiadelphus loreus* und *R. triquetrus, Thuidium tamariscinum, Plagiomnium affine* und *P. undulatum.*

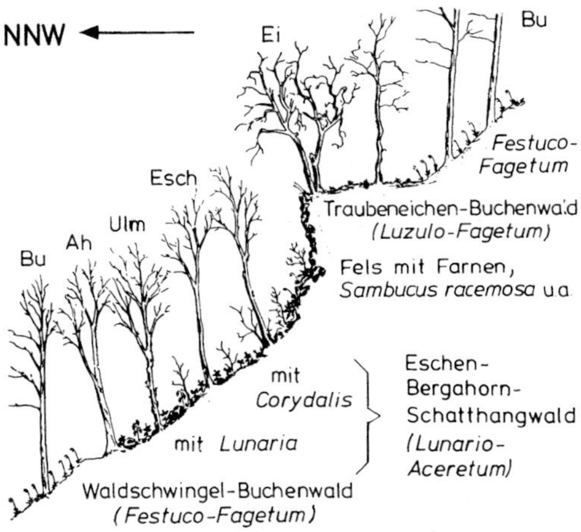

Abb. 6–1 Zonierung der Waldgesellschaften am Nordwestabfall des Thüringer Waldes in 470–520 m Höhe, d. h. in der unteren Buchenstufe, am Gömingenstein auf Glimmerschiefer. Nach Schlüter (1959), verändert.
Der Eschen-Ahorn-Schatthangwald bevorzugt hier Hangmulden, die lokal Zufuhren von Wasser und Nährstoffen erhalten. Obwohl das Grundgestein kalkarm ist, gedeiht infolgedessen der anspruchsvolle Lerchensporn (*Corydalis cava*) in einer besonderen Fazies des fragmentarisch ausgebildeten Mondviolen-Eschen-Ahornwaldes.
Der Felssporn ist eine ausgesprochene „Verlustlage“, sodass sich hier nur ein stark bodensaurer Eichen-Buchenwald ansiedeln konnte. Der übrige Hang erhält gelegentliche Stoffzufuhren durch Falllaub, das von stärker windexponierten Stellen hierher verweht wird (vgl. Abb. 5–24). Deshalb konnte sich der Waldschwingel (*Festuca altissima*) ausbreiten.

gemeinsam. Im älteren Schrifttum (z. B. in der gründlichen Literaturübersicht von J. und M. Bartsch 1952) trennte man sie daher noch nicht voneinander. Heute vereinigt man die drei in Tabelle 6–1 floristisch näher gekennzeichneten Assoziationen im selben Unterverband (LUNARIO-ACERENION PSEUDOPLATANI). Den Eschen-Bachrinnenwald dagegen stellt man lieber zu den Auenwäldern (s. Kap. 8.3.1.4), obwohl ihn vieles mit den beiden anderen Edellaubwald-Gesellschaften verbindet und er so gut wie niemals überflutet wird.

Allen genannten Standorten von Edellaubmischwäldern ist hohe Luftfeuchtigkeit, dauernd gute Wasserversorgung und eine gewissse Instabilität des Bodens gemeinsam. Die Böden werden zeitweilig und stellenweise von Niederschlags-, Bach-, Quell- oder Hangdruckwasser durchsickert oder von Grundwasser durchfeuchtet, jedoch ohne dass der gesamte Wurzelraum sauerstoffarm würde. In chemischer Hinsicht zeichnen sich die Standorte durch Reichtum an Basen (aber nicht unbedingt Kalk, s. Tanghe 1970) sowie an Nitrat aus. Diese werden teils mit dem Wasser, teils mit hangabwärts rieselnder Feinerde herangeführt oder durch Bodenrutschungen erschlossen, vor allem aber durch die günstigen Lebensbedingungen für Bodentiere und Bakterien, also durch hohe biologische Aktivität, zumindest in den oberen Bodenschichten, gewährleistet.

Dementsprechend findet man in fast allen Ahorn- und Eschen-Mischwäldern zahlreiche großblättrige und raschwachsende, mehr oder minder hygromorphe und nitrophile Kräuter, die mit ähnlicher Üppigkeit nur in schlickgedüngten Auenwäldern oder in subalpinen Hochstaudenfluren gedeihen. Da die Laubstreu innerhalb weniger Monate abgebaut wird, können sich Bodenmoose reichlich entwickeln, und zwar ausgesprochene Mullbodenbewohner wie *Plagiomnium undulatum* und manche *Eurhynchium*- und *Fissidens*-Arten. Die hohe Luftfeuchtigkeit begünstigt außerdem rinden- und steinbewohnende Moose, deren schwellende Polster zu den physiognomischen Merkmalen aller „Schluchtwälder“ und vieler Eschenmischwälder gehören.

6.1.2 Eschen-Ahorn-Schatthangwälder

Die Eschen-Ahorn-Schatthangwälder (Fraxino-Aceretum pseudoplatani; s. Tab. 6–1, II) sind floristisch und ökologisch am besten untersucht worden und seien deshalb zuerst besprochen. Sie stehen in engem Kontakt mit Kalk- oder Braunerde-Mullbuchenwäldern und sind ihnen floristisch ähnlich. Physiognomisch heben sie sich jedoch durch ihr buntes Baumartengemisch und ihren wechselvoll gruppierten Unterwuchs auf den ersten Blick von den eintönigen Hallenwäldern ab. Meistens herrscht der Bergahorn vor, dessen Verbreitungsgebiet allerdings größer ist als das der Schatthangwälder. In warmen Lagen kann auch die Sommerlinde dominieren, die wie der Bergahorn nach Schmithüsen (1948) besonders trockenheitsempfindlich ist. Andere Laubhölzer mischen sich in verschiedenen Mengen bei, während Nadelhölzer auf dem rutschenden Boden nur selten Fuß fassen oder aber im Kampf mit den schnellwüchsigen Edellaubbäumen verkümmern. Meist ist die Stammdichte recht gering (Bodziarczyk & Szwagrzyk 1995). In der Krautschicht fallen Hochstauden oder üppige Farne zuerst ins Auge (s. Abb. 6–1), darunter auch das Silberblatt (*Lunaria rediviva*), die einzige krautige Pflanze, die man als Charakterart ansehen könnte. Sie tritt freilich nur in einer der fünf Subassoziationen hervor, die in Tabelle 6–1, IIa–e ökologisch und floristisch kurz gekennzeichnet sind.

Als Charakterarten galten früher auch die Hirschzunge (*Phyllitis scolopendrium*) und der Ruprechtsfarn (*Gymnocarpium dryopteris*). Beide sind jedoch eigentlich Besiedler offener, aber nicht besonnter Felsen oder Steinhalden und können als Relikte von Pioniergesellschaften gelten (s. hierzu Moor 1975 a, der aus dem Schweizer Jura zahlreiche Schluchtwald-Gesellschaften beschrieb).

Von Gadow (1975) hat das Bestandesklima in verschiedenen Eschen-Ahorn-Schatthangwäldern gemessen und mit dem in Buchenwald-Gesellschaften verglichen. Die Tagesgänge lassen erkennen, dass die Extreme der Luft- und Bodentemperatur sowie der Luftfeuchte in den Ersteren weniger extrem sind. Auffallend niedrig bleibt in den Schatthangwäldern die potenzielle Evaporation, also die Verdunstungsbeanspruchung der Pflanzen. Das liegt sowohl an niedrigeren Temperaturen als auch an geringeren Windgeschwindigkeiten, die beide an den nördlich bis östlich gerichteten Hängen während der Vegetationsperiode reduziert sind. In engen Tälern, in der Nähe von großen Gewässern sowie an der Küste ist außerdem der Wasserdampfgehalt erhöht. Hier finden die hygromorphen, auf hohe Luftfeuchte angewiesenen Sommerkräuter der „Schluchtwälder“, namentlich das Silberblatt und die Farne, optimale Lebensbedingungen. Auch der Bergahorn scheint durch hohe Luftfeuchte besonders gefördert zu werden, wie seine starke Verjüngung z. B. in meeresnahen Buchenwäldern der deutschen Ostseeküste (Schmaltz & Lange 1999) andeutet.

Entscheidende Standortfaktoren sind nach von Gadow (1975) aber die Bodenverhältnisse. In keiner Waldgesellschaft Mitteleuropas außerhalb der Flussauen ist die Nitratnachlieferung so hoch und während der gesamten Vegetationsperiode so gleichmäßig wie im Eschen-Ahorn-Schatthangwald. Dies liegt nicht zuletzt an der gleichbleibend großen, aber niemals übermäßigen Feuchtigkeit des Bodens, dessen Wurzelraum keine niedrigen Matrixpotenziale erreicht, selbst nicht in ausgesprochenen Trockenjahren, die in den meisten Waldböden den permanenten Welkepunkt unterschreiten lassen. Je nach Standort und Witterung lag die N-Nettomineralisation in Probeflächen am Hohen Meißner in Nordhessen zwischen 147 und 204, im Harz zwischen 168 und 377 kg ha^{-1} a^{-1}. Mehr als 300 kg N ha^{-1} a^{-1} bedeuten für den Landwirt selbst heute noch eine mehr als reichliche Versorgung. Sehr hohe N-Mineralisationsleistungen fand Kovacs (1968) auch im Phyllitido-Aceretum des Matra-Gebirges in Ungarn. Der Nährstoffkreislauf ist also in manchen Schatthangwäldern außerordentlich intensiv. Das gilt wahrscheinlich auch für Phosphor und andere Nährstoffe, die von Gadow (1975) nicht näher untersucht hat. Wie schon Bach (1950) fand er in den Böden dieser Waldgesellschaft niemals extreme pH-Werte, wenn auch großenteils niedrigere als in den Schluchtwäldern des Schweizer Jura (vgl. Moor 1975 a). Der günstige Basenzustand der Schatthangböden dürfte mit dazu beitragen, dass sie trotz ihres geringen Feinerdereichtums eine hohe Pflanzenproduktion ermöglichen.

In der montanen bis subalpinen Stufe wird der Eschen-Ahorn-Schatthangwald, besonders dessen von Eschen geprägte Subassoziation (s. Tab. 6–1, IIa), durch eine an Bergulme (*Ulmus glabra*) und Bergahorn (*Acer pseudoplatanus*) besonders reiche Assoziation ersetzt, den Bergulmen-Bergahorn-Steinschuttwald (Ulmo-Aceretum pseudoplatani, Tab. 6–1, III), den man nach seinen Differenzialarten auch Hochstauden-Bergahorn-Steinschuttwald nennt. Vor allem in den höchsten Lagen ist er relativ licht und mit üppigen subalpinen Stauden geschmückt.

Im Fraxino-Aceretum und im Ulmo-Aceretum spielen Ulmen vor allem deshalb eine bedeutende Rolle, weil sie hier gut ernährt werden, aber auch nie unter Wassermangel zu leiden haben. Wohl vorwiegend aus letzterem Grund haben sie unter der 1920 zuerst in Holland beobachteten Ulmenkrankheit bisher weniger gelitten als an Sonnhängen und in Tieflagen. Denn für das Gedeihen des Erregers, des Ascomyceten *Ceratocystis ulmi*, ist eine durch Trockenstress begünstigte Disposition des Wirtsbaums Voraussetzung (s. Kap. 8.5.3 b). Als Parallele zum Ulmo-Aceretum sei das Sorbo-Aceretum erwähnt, das im südlichen Schweizer Jura stellenweise bis an die Waldgrenze aufsteigt (Richard 1968 a, s. Ellenberg & Klötzli (1972). Ebenfalls hochmontan ist das Asperulo taurinae-Aceretum, das Winteler (1927, Ellenberg & Klötzli 1972) aus den nördlichen schweizerischen Randalpen beschrieben hat (s. a. Kap. 5.3.7).

Clot (1990) schlug etwa gleichzeitig und unabhängig von Müller (in Oberdorfer et al. 1992; s. Tab. 6–1) eine Gliederung der von *Acer platanoides* und/oder *Acer pseudoplatanus* beherrschten Waldgesellschaften Europas vor, die sich weitgehend mit der bereits von Moor (1975 a, b, c) für den Schweizer Jura und die Alpen veröffentlichten deckt. Wie Müller und Moor fasst er diese Gesellschaften zum Verband der Linden-Ahornwälder (Tilio platyphylli-Acerion pseudoplatani) zusammen, der allerdings außer *Lunaria rediviva* und der auf Felsen oder große Steine angewiesenen Hirschzunge keine wirklich gute Charakterart besitzt; und selbst diese beiden Arten kommen nicht in allen dazugehörigen Gesellschaften vor. Ökologisch ist der Verband jedoch sehr einheitlich, indem er nur Ahornmischwälder an steilen, instabilen Hängen mit kolluvialen, steindurchsetzten, ziemlich feuchten und biologisch sehr aktiven Böden umfasst. Clot (1990) unterscheidet sechs Assoziationen, die er wie Moor (1975 c) mit einfachen, ökologisch gut interpretierbaren Namen belegt. In der folgenden Liste wird versucht, diese Assoziationen mit den von Müller (in Oberdorfer et al. 1992; s. Tab. 6–1) beschriebenen Einheiten zu parallelisieren:

1. Das Phyllitido-Aceretum, der Hirschzungen-Ahornwald, ist in Europa auf skelettreichem Hangschutt unterhalb von Kalkfelsen recht weit verbreitet. Clot (1990) unterscheidet eine subatlantische, eine mitteleuropäische und eine südosteuropäische Gebietsassoziation sowie randliche Gesellschaften mit Hirschzunge in Irland, den Pyrenäen, den Gebirgen Italiens und der Balkanhalbinsel. Die mitteleuropäische Ausbildung deckt sich wohl großenteils mit der typischen Subassoziation des „Eschen-Ahorn-Steinschuttwaldes“ von Müller (s. Tab. 6–1, IIa).
2. Das Lunario-Aceretum, der Silberblatt-Ahornwald von Clot entspricht der auf Feinschutt vorkommenden Silberling-Subassoziation (s. Tab. 6–1, IIb).
3. Das Corydalo-Aceretum, der Lerchensporn-Ahornwald von Moor und Clot, gleicht weitgehend der Lerchensporn-Subassoziation (IIc) an besonders nährstoffreichen Standorten.
4. Dem Arunco-Aceretum, dem Geißblatt-Ahornwald von Moor und Clot, ähnelt die Geißbart-Subassoziation (IIe) auf tiefgründigem, humusreichem, oft durchsickertem und stärker lehmigem Boden.
5. Das Ulmo-Aceretum, den Ulmen-Ahornwald von Moor und Clot, fasste auch Müller als besondere Assoziation in montanen bis subalpinen, relativ kühlen Lagen auf (s. Tab. 6–1, III).
6. Ein Sorbo-Aceretum, einen Mehlbeer-Ahornwald, gibt es nur bei Moor und Clot, weil diese ebenfalls montane bis subalpine Gesellschaft in den Alpen und im hohen Schweizer Jura, nicht aber in Südwestdeutschland vorkommt. Sie bevorzugt offenbar mehr oder minder sonnige und trockene, mittel- bis feinkiesige Schutthalden.

Für das Aceri-Fraxinetum im Sinne von Seibert (1969), den „Eschen-Hangfuß-Mischwald“ Müllers (s. Tab. 6–1, I; s. Abb. 6–2) sowie für die Bärlauch-Subassoziation (IId) des Eschen-Ahorn-Steinschuttwaldes (IId) gibt es bei Moor (1975 c) und Clot (1990) keine rechte Entsprechung.

In wesentlichen Zügen decken sich mithin die Gliederungen der drei Autoren. Ihren Gesellschaftsdefinitionen ist außerdem gemeinsam, dass sie ohne Assoziations-Charakterarten auskommen und sich mit Differenzialarten- und Baumarten-Kombinationen begnügen müssen. Am wenigsten weicht die in Tabelle 6–1 zusammengefasste Systematik Müllers (d. h. auch Oberdorfers) vom „Charakterarten-Prinzip“ ab, indem sie mit 2 statt 5 bzw. 6 „Assoziationen“ auskommt. Da Müller keinen neuen Verband aufstellt, vermeidet er außerdem, zur „Inflation höherer Einheiten“ in der Pflanzensoziologie beizutragen. Wallnöfer et al. (1993) nennen dagegen für Österreich 10 Assoziationen aus dem Gesellschaftskomplex der ahornreichen Hang- und Schluchtwälder.

Zu den selteneren Gesellschaften, die sich an schuttreichen Steilhängen ausbilden und ebenfalls nicht von der Rotbuche beherrscht werden können, gehören Spitzahorn-Sommerlinden-Wälder auf sonnexponierten Kalkschutthängen und Winterlinden-Ahorn-Schutthangwälder auf Silikat-Blockhalden (Müller 1992, Härdtle et al. 2004), die kleinflächig vom Alpenvorland bis an den nördlichen Mittelgebirgsrand auftreten.

Abb. 6–2 Üppiger Eschen-Hangfuß-Mischwald (Aceri-Fraxinetum, s. Tab. 6–1, I) mit vorherrschendem Bingelkraut (*Mercurialis perennis*) im Frühsommer an der Nordabdachung des Blauen, nordnordöstl. von Zürich.

Müller (in Oberdorfer et al. 1992, Textband S. 173–192) stellt in den Verband der Edelbaummischwälder auch die an steinigen Hängen der Hochgebirge hier und dort vorkommenden natürlichen Haselgebüsche (Unterverband CLEMATIDO VITALBAE-CORYLENION AVELLANAE) sowie die auf Silikatschutt der submontanen Stufe entwickelten Drahtschmielen-Edellaubholzwälder (den Unterverband AVENELLO FLEXUOSAE-ACERENION PSEUDOPLATANI). Die Letzteren werden an Sonnhängen oft von der Sommerlinde (*Tilia platyphyllos*) und – seltener – von der Traubeneiche (*Quercus petraea*) geprägt. Durch zahlreiche Säurezeiger sind sie von den bisher besprochenen Steilhangwäldern auffällig unterschieden, namentlich durch:

Deschampsia flexuosa	*Teucrium scorodonia*
Luzula luzuloides	M *Polytrichum formosum*
Polypodium vulgare	M *Dicranum scoparium*
Agrostis tenuis	

Solche und andere von Natur aus buchenfreien Wald- oder Buschgesellschaften wurden und werden gern als Modelle oder gar als Relikte der Eichenmischwaldzeit, d. h. der als Atlantikum bezeichneten Periode der Nacheiszeit vor Einwanderung von *Fagus sylvatica*, bezeichnet. Angesichts der hängigen und meist auch steinigen Sonderstandorte, an denen sie sich entwickelt und trotz der mehr als 2000-jährigen Allgegenwart von *Fagus* bis heute gehalten haben, sollte man jedoch Vorbehalte machen, insbesondere, wenn man auch den Bodenbewuchs mit betrachtet. Dieser war auf den ebenen Lehm- oder Sandböden, die in Mitteleuropa bei Weitem vorherrschen, der heute anzutreffenden Waldbodenflora sicher ähnlicher als der an steilen und meist schattig-luftfeuchten Steinschutthängen standortgemäßen, besonders hygromorphen Krautschicht. Außerdem war das Baumartengefüge in der Eichenmischwaldzeit wohl kaum so reich an Schatthölzern, z. B. an Berg- und Spitzahorn, wie die heutigen Edellaubmischwälder.

6.1.3 Ahorn-Eschen-Hangfußwälder

Große Produktivität zeichnet auch die Ahorn-Eschen-Mischwälder aus, die auf den fruchtbaren Feinerde-Ansammlungen an Hangfüßen siedeln (s. Tab. 6–1, I). Nach Etter (1947) sind sie beispielsweise in der weiteren Umgebung von Zürich optimal entwickelt und nehmen in dem niemals als Mittel- oder Niederwald bewirtschafteten Sihlwald große Flächen ein. Insbesondere der feuchte Ahorn-Eschenwald (Aceri-Fraxinetum caricetosum pendulae), der den bodenfeuchten Eichen-Hainbuchenwäldern (s. Kap. 6.6.2) nahesteht und diese in niederschlagsreichen Lagen (1300–1600 mm) ablöst, ist hier sehr verbreitet. „Mit üppig wucherndem Krautteppich und ungestümem Baumwachstum" ist dieser Waldtyp „einer der produktivsten der Schweiz" (Etter 1947; s. Abb. 6–2). Seine Bäume brauchen nur etwa zwei Drittel der Zeit, um zu der gleichen Höhe emporzuwachsen wie im benachbarten Braunerde-Mullbuchenwald, und sie erreichen schon mit 100 Jahren Mittelhöhen von 35 m (s. Abb. 6–4; Etter 1949). Allerdings ist die Qualität des so rasch gewachsenen Holzes nur mäßig, und zwar sowohl bei heimischen Baumarten als auch bei der Fichte und anderen künstlich eingebrachten Koniferen.

Im Unterwuchs herrscht häufig der Bärlauch (*Allium ursinum*) oder ein Gemisch aus anderen Kräutern mit hohem Nährstoffbedarf. Nach Ellenberg (1964) war die Stickstoff-Nachlieferung schon vor den erhöhten Immissionen sehr gut, selbst in den tieferen, zeitweilig vernässten Bodenschichten. Bei nässebedingtem Sauerstoffmangel wird Ammonium nicht vollständig zu Nitrat oxidiert.

Die schon von Gradmann (1898, 1950) untersuchten „Klebwälder" der Schwäbischen Alb sind dem Aceri-Fraxinetum Etters teilweise recht ähnlich, entsprechen aber mehr der Subassoziation corydaletosum, die Moor (1975 c) aus dem Schweizer Jura beschrieben hat (s. Tab. 6–1, IIc) und die z. B. auch im westfälischen Bergland gut entwickelt ist (Neitzke 1989). Typische Ahorn-Eschenwälder sind offenbar an mild-ozeanisches und zugleich regenreiches Klima gebunden. Ein solches herrscht auch in der insubrischen Schweiz, und manche der von Zoller (1961) sowie von Ellenberg & Klötzli (1972) aus dem Tessin beschriebenen eschenreichen Hangwälder stehen dieser Gesellschaft nahe. Nach Seibert (1969) ersetzt der eschenreiche Hangfußwald in den kühlen und niederschlagsreichen Tallagen Bayerns den an wärmeres Klima gebundenen Eichen-Hainbuchen-Mischwald (Galio-Carpinetum), ganz ähnlich wie in der Schweiz.

Im mittleren und nördlichen Mitteleuropa findet man stellenweise ebenfalls Ahorn-Eschen-Hangfußwälder, wenn auch weniger gut ausgeprägte (Schlüter 1967). In manchen Trockentälern der Mittelgebirge, beispielsweise östlich von Göttingen, wurden sie früher nur noch nicht als etwas Besonderes erkannt und beschrieben. Meist stellte man sie zu den Eschen-Ahorn-Schatthangwäldern (Kap. 6.1.2) oder zu den feuchten Eichen-Hainbuchenwäldern, die gleichfalls eschenreich sein können (s. Kap. 6.6.2). Auch in Belgien kommen Aceri-Fraxineten vor, die mit Braunerde-Mullbuchenwäldern eng verbunden sind (Tanghe 1970).

Im jungdiluvialen baltischen Moränenhügelland, besonders in Mecklenburg, gibt es Mergelhänge mit sehr guter Nährstoffversorgung. Scamoni (1960) hat hier „Eschen-Hangwälder" (Adoxo-Aceretum) angetroffen, die er als eine artenärmere baltische Regionalgesellschaft der Ahorn-Eschenwälder auffasste. In dieser sind nitrophile Stauden mit anspruchsvollen Frühlingsgeophyten kombiniert, ähnlich wie dies in den bereits erwähnten Hangfußwäldern der Fall ist.

Auch in Südschweden gibt es entsprechende Ulmen-Eschenwälder. In Schonen unterscheidet Brunet (1991) sogar acht Einheiten, deren Standortbedingungen er mithilfe von mittleren Zeigerwerten beschreibt; diese stehen in guter Korrelation zu seinem Ordinations-Diagramm. Bemerkenswert erscheint außerdem, dass Bergahorn-Mischwälder (mit Esche, Grauerle und Lärche) in der montanen Stufe der Zentralalpen vorkommen. Beguin & Theurillat (1982 a) beschrieben z. B. ein „Hepatico trilobae-Aceretum pseudoplatani" aus dem Aletschgebiet.

6.1.4 Eschen-Bachrinnenwälder

Die bachbegleitenden Eschenwälder wurden von Koch (1926) klar als besondere Assoziation (Carici remotae-Fraxinetum) erkannt und seither aus vielen Gebieten des westlichen und nördlichen Mitteleuropa sowie aus Westeuropa beschrieben. Oft sind sie nur fragmentarisch ausgebildet und verzahnen sich mit den Bu-

Abb. 6–3 Eschen-Bachrinnenwald (Carici-Fraxinetum) im Sihlwald bei Zürich an einem Bach in Jungmoränen-Lehm. Viel *Carex pendula* (Sommeraspekt). Im Hintergrund Braunmull-Buchenwald.

chenwald-Gesellschaften, durch die sie sich als schmale und stellenweise unterbrochene Bänder hindurchziehen (s. Abb. 6–3). In breiteren Tälern herrschen Auenwälder mit anderem Artgefüge (s. Kap. 8.3.1.5).

Kästner (1941) zweifelte überhaupt an der Existenz feuchter Seggen-Eschenwälder und fasste die nassen Quellhorizonte und Bachufer als baumlose Quellfluren auf, die von den unmittelbar daneben auf trockenerem Mineralgrund stockenden Bäumen nur überschattet werden. Diese „Laubwaldsümpfe" (Caricetum remotae) Kästners sind jedoch an den Waldschatten gebunden und würden sich in voller Sonne anders entwickeln. Zudem trifft Kästners Kritik nur für die nassen Ausbildungsformen des Bach-Eschenwaldes zu, während die normalen auf Mullgleyböden stocken.

Die Esche ist in diesen Gesellschaften stets der häufigste Baum, und andere Baumarten, auch Sträucher, sind auffallend selten. In nassen Beständen gesellt sich die Schwarzerle (*Alnus glutinosa*) hinzu und deutet den Übergang zu Auen- und Sumpfwäldern an. *Carex remota* fehlt fast nie und gedeiht hier besonders üppig. Auf basenreichen Böden kann *Carex pendula* prächtige, weit ausladende Horste bilden (s. Abb. 6–3). In manchen Jahren keimt das Große Springkraut (*Impatiens noli-tangere*) zu dichten Herden empor. Auf Quellnässe lassen die vorzeitlich anmutenden Bestände unseres größten Schachtelhalmes (*Equisetum telmateia*) und das Milzkraut (*Chrysosplenium alternifolium*) schließen. *Carex strigosa*, die von den meisten Autoren als zwar seltene, aber treue Charakterart angesehen wurde, kann nur im westlichen Deutschland, nach Rühl (1959) z. B. im Siebengebirge bei Bonn, als natürlicher Bestandteil der Bach-Eschenwälder gelten. In den meisten anderen Gegenden bevorzugt sie

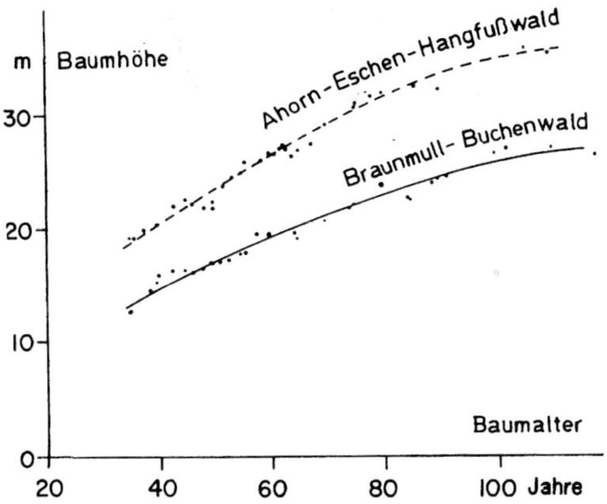

Abb. 6–4 Im Höhenwachstum der Bäume übertrifft der Ahorn-Eschen-Hangfußwald (Aceri-Fraxinetum) den zonalen Buchenwald bei Weitem, vor allem im höheren Alter. Jeder Punkt bedeutet die mittlere Höhe einer 20-Bäume-Gruppe des Oberstandes. Nach Etter (1949), etwas verändert.

Wagenspuren, Wegränder und andere erst vom Menschen geschaffene Kleinstandorte.

Noirfalise (1952) gliederte die Seggen-Eschenwälder in mehrere geografische Rassen. Optimal sind sie im nördlich-atlantischen Europa, also auch in Nordfrankreich und Südengland, entwickelt. Das Areal des ostbaltischen Eschen-Bachrinnenwaldes reicht bis an die Memel. Im Oberrheingebiet, im Schweizerischen Mittelland und in den Pyrenäen ist der atlantische Seggen-Eschenwald nur inselartig vertreten. Wie das Aceri-Fraxinetum scheint also das Carici-Fraxinetum an ozeanisches Klima gebunden, jedoch in seinen klimatischen und edaphischen Ansprüchen weniger wählerisch zu sein.

In Tschechien ist das Carici-remotae-Fraxinetum nach Neuhäuslova-Novotna (1977) eine „typische Gesellschaft quelliger Stellen“ in Höhen von etwa 250–600 m ü.NN. Die zentrale Subassoziation begleitet rasch fließende Bäche in schmalen Streifen, das chrysosplenietosum besiedelt Mulden mit langsam fließendem, oberflächlichem Grundwasser, das caricetosum pendulae versumpfte Mulden mit Nassgley und das quercetosum frische Gleyböden mit Hangquellen im Bereich von Eichen-Hainbuchenwäldern. Vergleichende bodenchemische Untersuchungen in Eschen-Bachrinnen- und Quellwäldern hat Döring-Mederake (1991) durchgeführt (s. Kap. 8.6.2; s. Tab. 8–6).

6.2 Lindenmischwälder

6.2.1 Winterlinden-Mischwälder im Alpenbereich

Zu den Eschen-Ahorn-Mischwäldern der dauernd luftfeuchten Steilhänge bilden lindenreiche Mischwälder an manchen ebenfalls steinigen, aber trockeneren Hängen ein reizvolles Gegenstück. Meist dominiert in ihnen die Winterlinde (*Tilia cordata*), doch können alle im vorigen Abschnitt genannten Edellaubhölzer ebenfalls eine Rolle spielen. Am besten ausgebildet sind solche Linden-Steilhangwälder im „nordalpinen Föhn- und Seenbezirk“, insbesondere an den Kalk- und Nagelfluhfelsen oberhalb des Walensees und des Vierwaldstätter Sees in der Schweiz. Auch hier nehmen sie stets nur kleine Flächen ein, sind aber floristisch, ökologisch und vegetationsgeschichtlich so bemerkenswert, dass wir sie nicht übergehen dürfen. Trepp (1947) widmete diesen variablen und mit benachbarten Wald- und Busch-Assoziationen durch Übergänge verbundenen Gesellschaften eine vorbildliche Monografie.

Die meisten Bestände seines Asperulo taurinae-Tilietum (er nennt es „Tilieto-Asperuletum taurinae“, weitgehend synonym ist das Aceri-Tilietum platyphylli) beherbergen Arten der wärmeliebenden Eichenmischwälder (QUERCETALIA PUBESCENTIS, s. Kap. 6.4), aber auch Vertreter der bereits besprochenen Ahornmischwälder und anderer FAGETALIA-Gesellschaften. Systematisch stehen sie also zwischen beiden Ordnungen. Trepp (1947) zögerte, sie einer derselben zuzuteilen; heute neigt man eher zu einem Zusammenschluss mit den ahornreichen Einheiten im Verband TILIO-ACERION der Ordnung FAGETALIA. Als für die Nordschweiz und angrenzende Alpenteile gültige Kennarten der Linden-Steilhangwälder gelten:

Tilia cordata (häufig)	*Staphylea pinnata*
Tilia platyphyllos (seltener)	*Asperula taurina*
Euonymus latifolia	

Neben Winterlinde, Sommerlinde und Spitzahorn beteiligen sich an der Baumschicht fast regelmäßig Eschen und Bergulmen, seltener auch andere Laubhölzer. Ein Asperulo-taurinae-Tilietum gibt es nach Antonietti (1983) auch in den italienischen Voralpen.

Ihre „südlich" anmutende Artenfülle verdanken die wärmeliebenden Lindenmischwälder dem Zusammentreffen folgender natürlicher Standortfaktoren: Große Niederschlagsmenge und Einstrahlungswärme im Sommer, infolge häufiger Föhnwinde warme Winter- und Frühjahrsmonate (s. Abb. 6–5 u. 6–6) und zeitweilig sehr hohe Lufttrockenheit, ausreichende Feuchtigkeit im Wurzelraum sowie Basenreichtum und hohe biologische Aktivität des instabilen Bodens. Hinzu kommt in manchen Fällen der durch Seespiegelung vermehrte Lichtgenuss. Daneben spielte aber wohl auch die jahrhundertelange Bewirtschaftung als Niederwald eine Rolle, die den lichtbedürftigen Lindenjungwuchs sogar an Stellen mit tiefgründigem Boden vor der Konkurrenz der Buche bewahrte. Da eine solche Faktorenkombination nur in wenigen nordalpinen und insubrischen Föhntälern verwirklicht ist (s. Abb. 6–5; s. a. Kuhn 1989), gibt es wärmeliebende Lindenmischwälder im übrigen Mitteleuropa gar nicht oder nur in artenärmerer Form.

Ökologisch sind die Lindenmischwälder in ihrem Hauptverbreitungsgebiet noch nicht näher untersucht worden. In der Größenordnung der Stickstoffernährung dürften sie den „mäßig wärmeliebenden Laubmischwäldern" im Tessin entsprechen (s. Tab. 4–23), an deren Baumschicht auf saurem Gestein auch Linden von Natur aus beteiligt wären. Im Vergleich zu den Buchenwäldern (s. Tab. 4–22) sind diese mittelgut bis gut versorgt, und zwar überwiegend mit Nitrat, obwohl die Böden nach Antonietti (1968) recht niedrige pH-Werte aufweisen. Das

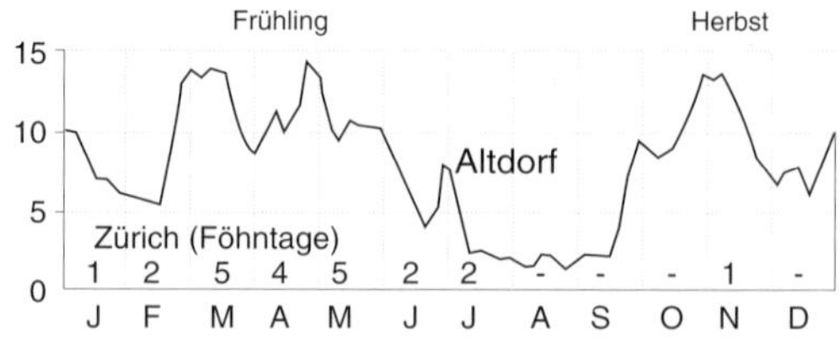

Abb. 6–6 Häufigkeit typischer Föhntage in einem ausgesprochenen Föhntal (Altdorf) und im Alpenvorland (Zürich). Nach Schüepp aus Furrer (1958), verändert.
Die Kurve für Altdorf drückt die Zahl der Föhntage in % der Gesamtzahl der Tage aus, und zwar in Pentadenmitteln für den Zeitraum von 30 Jahren. Während dieser Zeit gab es in Zürich nur 22 „typische" Föhntage, aber häufig Föhnstimmung.

Mikroklima in solchen Mischwäldern wechselt zwischen gleichmäßig hoher Luftfeuchte an trüben Tagen und trockener Mittagshitze, aber geringer Nachtkühle bei klarem Wetter.

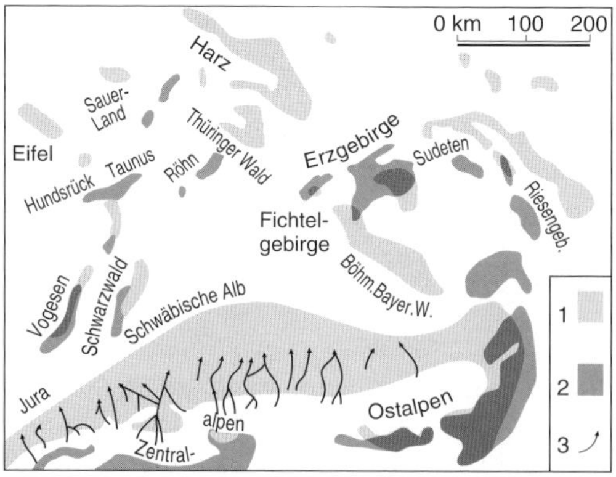

Abb. 6–5 Föhngebiete Mitteleuropas bei Südweströmung (1, am häufigsten auftretend) und bei Nordweströmung (2). 3 = wichtige Föhntäler der Alpen. Nach Flohn (1954), etwas verändert.

6.2.2 Winterlinden-Mischwälder außerhalb der Alpen

Lindenreiche Wälder kommen auch außerhalb der Alpen vor, nehmen aber erst am Ostrand Mitteleuropas größere Flächen ein (s. die Linden-Hainbuchenwälder in Kap. 6.6.4). Die Winterlinde gewinnt überall an Raum, wo die Rotbuche geschwächt ist, sei es durch natürliche Faktoren oder durch den Menschen. Sie verhält sich in dieser Hinsicht wie die Hainbuche (s. Kap. 6.6.3) und weicht der Buche sowohl auf trockene als auch auf feuchte Standorte aus. Doch ist *Tilia cordata* lichtbedürftiger als *Carpinus* und kann sich daher auf basen- und nährstoffärmeren Böden leichter durchsetzen als auf reicheren, auf denen alle beteiligten Baumarten zu dichterem Kronenschluss neigen. Die schönsten Beispiele hierfür gibt es wiederum unter lokalem Föhneinfluss, z. B. östlich des Harzes (s. Abb. 6–24 u. 6–5). In relativ kontinental getönten Bereichen des mitteleuropäischen Tieflandes spielt die Winterlinde im Fingerkraut-Eichenmischwald (Potentillo-Quercetum), aber auch im Linden-Hainbuchenwald (Tilio-Carpinetum, s. Kap. 6.4.3 u. 6.6.4) eine bedeutende Rolle, sowie in Gesellschaften, die zwischen den Edellaubwäldern (FAGETALIA) und den bodensauren Eichenwäldern (QUERCETALIA ROBORIS) stehen.

Es gibt in Nordwestdeutschland auch Lindenmischwälder auf Kalkgestein, die an das soeben besprochene Asperulo taurinae-Tilietum erinnern. Einen Bestand im Werrabergland bezog Grimme (1975) vergleichsweise in seine ökologischen Untersuchungen an Seggen-Trockenhang-Buchenwäldern ein (s. Kap. 5.3.3). Dieser Lindenmischwald siedelt in sehr steiler Ostexposition auf einem Kalksteinboden, der zwar feinerdearm, aber von einer mehr als 10 cm mächtigen Moderschicht bedeckt ist. Die Mineralstickstoff-Nachlieferung ist hier überraschend gut (137 kg N ha^{-1} a^{-1}) und auch die Wasserversorgung nicht so schlecht, wie man annehmen möchte. Das Fehlen der Rotbuche dürfte also kaum auf Nährstoff- oder Wassermangel zurückzuführen sein. Vielleicht spielen auch hier menschliche Einwirkungen mit, ähnlich wie bei manchen Lindenwäldern in der Schweiz.

Doch kommen sogar an der Nordgrenze Mitteleuropas noch Lindenmischwälder vor, die man als natürlich ansehen muss. Im Altmoränengebiet Südwest-Dänemarks hat Iversen (1958) *Tilia cordata*-Bestände studiert, die nach seinen pollenanalytischen Untersuchungen bis in die jüngere Steinzeit zurückreichen. Hier handelt es sich allerdings nicht um eine mehr oder minder basiphile Steilhangvegetation, sondern um Gesellschaften von wenigen säureertragenden Arten, die einen ziemlich grundwassernahen, ebenen Boden besiedeln. Die einzige Ähnlichkeit mit der von Grimme (1975) untersuchten Rendzina besteht in einer mächtigen organischen Auflage, die im Werrabergland ein Xeromoder, in Südwest-Dänemark ein saurer Moder war. Es ist nicht ausgeschlossen, dass diese in beiden Fällen die Ansiedlung von *Fagus* behinderte.

Nach Falinski & Pawlaczyk (1991) ist über die Ökologie der Winter- wie auch der Sommerlinde bisher erst recht wenig bekannt. Der Anteil beider Arten steigt in Europa von Südwesten nach Nordosten an. Beide bilden selten Reinbestände, sondern beteiligen sich an Mischwäldern. Wichtig für ihre Existenz in diesen ist nach Meinung der Autoren, dass sie eine „bank of saplings", d. h. ständig Jungbestände zu bilden vermögen, aber sich auch durch Schösslinge, also vegetativ vermehren.

6.2.3 Wärmeliebende Sommerlinden-Ahorn-Mischwälder

Im Gegensatz zur Winterlinde bevorzugt die Sommerlinde (*Tilia platyphyllos*) reiche Böden und meidet trockene Standorte, ja ist ausgesprochen dürreempfindlich. Insofern ähnelt sie dem Bergahorn sowie der Esche und Bergulme, mit denen sie ja oft vergesellschaftet ist (s. Kap. 6.1.2). Trotzdem spielt sie innerhalb des Verbandes der Edelbaum-Mischwälder (Tilio platyphyllis-Acerion pseudoplatani, s. Kap. 26: Nr. 8.4.3.4) eine Sonderrolle, indem sie mehr Wärme braucht als die übrigen Charakterbäume dieses uns bereits vertrauten Verbandes. Hierin gleicht sie eher der Winterlinde, die aber hinsichtlich der Wasser- wie auch Nährstoffversorgung weniger anspruchsvoll und deshalb viel weiter verbreitet ist. Das ging aus den Kapiteln 6.2.1 und 6.2.2 deutlich hervor, in denen nur Lindenmischwälder außerhalb des Tilio-Acerion-Verbandes betrachtet wurden. Außerdem ist die Sommerlinde erheblich weniger frosthart als die Winterlinde sowie Buche, Hainbuche, Trauben- und Stieleiche (s. Abb. 4–37).

Müller (in Oberdorfer et al. 1992) hat alle verfügbaren Aufnahmen (284) des südwestdeutschen Spitzahorn-Sommerlindenwaldes (Aceri platanoidis-Tilietum platyphylli) verarbeitet, von denen viele auch unter anderen Namen veröffentlicht wurden. Er gliedert diese bisher einzige Assoziation im Unterverband Tilienion platyphylli in sechs Subassoziationen (s. Tab. 6–2). Damit tritt deutlich vor Augen, dass die Sommerlinden-Mischwälder in Richtung auf drei Nachbarverbände des Tilio-Acerion hin vermitteln, nämlich zu den wärmeliebenden Eichenmischwäldern (Quercion pubescenti-petraeae, s. Kap. 6.4), zu den Rotbuchenwäldern (Fagion sylvaticae, s. Kap. 5.2) und zu den Eichen-Hainbuchenwäldern (Carpinion betuli), die wir im Kapitel 6.6 behandeln.

Schon an der Baumschicht beteiligen sich fast alle auf nährstoff- und kalkreiche Böden angewiesenen Laubbaumarten mit unterschiedlicher Stetigkeit, und in der Krautschicht weisen Differenzialarten auf die standörtlichen Besonderheiten hin. Die nach der Schwalbenwurz (*Vincetoxicum hirundinaria*, a, Tab. 6–2) benannte Subassoziation deutet auf laufende Grobschuttzufuhr unterhalb von Felsen oder Felsbändern, namentlich auch der Schuttampfer (*Rumex scutatus*) und der Ruprechtsfarn (*Gymnocarpium robertianum*). Die Blaugras-Subassoziation (b) mit ihren dealpinen und lichtbedürftigen Differenzialarten erinnert uns an den ebenfalls als Kalkfeinschutt-Festiger bewährten Blaugras-Hangbuchenwald (s. Kap. 5.3.5), besiedelt aber wärmere Hänge

Tab. 6–2 Sommerlinden-Ahorn-Mischwälder Süddeutschlands. Übersicht der Baumarten-Kombinationen und Differenzialarten der sechs Subassoziationen (Stetigkeiten in %).
Auszug aus einer Tabelle von Müller in Oberdorfer (1977–1992)[1].

	Subassoziation	a	b	c	d	e	f
Baumschicht							
	TILIO-ACERION						
	Tilia platyphyllos	95	94	97	77	81	100
	T. cordata	5	3	11	21	10	–
	Acer pseudoplatanus	90	81	68	83	87	100
	A. platanoides	50	44	49	51	49	29
	A. campestre	20	25	40	51	56	14
	Fraxinus excelsior	100	81	76	37	81	29
	Ulmus glabra	30	28	22	34	43	43
	FAGION, CARPINION						
	Fagus sylvatica	5	31	22	47	45	–
	Carpinus betulus	5	13	23	23	19	29
	Prunus avium	–	–	9	21	4	–
	QUERCION etc.						
	Quercus robur	35	19	18	13	23	–
	Q. petraea	10	25	19	13	9	–
	Quercus pubescens	–	6	2	–	–	–
	Sorbus aria	60	69	40	13	6	43
	S. torminalis	–	–	–	2	1	–
Differenzialarten							
a	*Vincetoxicum hirundin.*	85	16	3	–	–	–
	Rumex scutatus	65	–	–	–	–	–
	Galeopsis angustifolia	35	–	–	–	–	–
	Gymnocarpium robert.	25	–	–	–	–	–
b	*Sesleria albicans*	–	72	–	–	3	–
	Teucrium chamaedrys	–	50	4	–	–	–
	Carduus defloratus	–	47	1	–	–	–
	Laserpitium latifolium	–	34	–	–	–	–
	Chrysanthemum adustum	–	31	–	–	6	–
	Anthericum ramosum	–	31	–	–	–	–
d	*Stachys sylvatica*	–	–	–	60	16	–
	Impatiens noli-tangere	–	–	–	32	8	
de	*Arum maculatum*	–	–	5	40	68	–
	Ranunculus lanuginosus	–	–	–	19	18	–
	Carex sylvatica	–	–	1	17	23	–
e	*Aegopodium podagraria*	–	–	2	9	64	–
	Allium ursinum	–	–	–	–	40	–
	Ranunculus ficaria	–	–	–	–	22	–
	Leucojum vernum	–	–	–	–	21	–
f	M *Hylocomium splendens*	–	9	–	8	3	100
	M *Rhytidiadelphus triqu.*	5	19	5	12	9	100
	M *Plagiomnium undulatum*	–	–	–	–	4	43
	Aruncus dioicus	–	–	–	–	–	86

[1] Alle übrigen Arten wurden weggelassen, u. a. zahlreiche Charakterarten der Ordnung FAGETALIA und andere mehr oder minder anspruchsvolle. Die Ziffern geben an, in wie viel Prozent der zu der betreffenden Subassoziation gehörenden Aufnahmen die Art vertreten ist. Nähere Angaben über die Subassoziationen im Text! Strich unter der Ziffer = oft herrschend.

als dieser. Die typische Subassoziation (c, ohne Differenzialarten) findet man eher auf grobem, aber wenig bewegtem Steinschutt oder gar an spaltenreichen Felswänden; sie tendiert also zu keiner anderen Vegetationseinheit. Im Boden der Waldziest- und der Giersch-Untergesellschaft (d und e) gibt es stellenweise Nester oder Hangabschnitte mit lehmigem, zunehmend fruchtbarem Boden. Sie leiten also zu Eschen-Hangfußwäldern, zu frischen Kalk-Buchenwäldern oder zu Eichen-Hainbuchenwäldern über. Während die meisten Bestände sonnenexponiert sind, gedeihen die Moose der *Hylocomium splendens*-Subassoziation (f) sowie der Geißblatt-Subassoziation mit Vorliebe an schattigen, aber nicht zu kühlen Hängen.

6.3 Eichenmischwälder Mitteleuropas im Überblick

Nächst der Rotbuche sind die Eichen die wichtigsten waldbildenden Laubbäume Mitteleuropas, und zwar sowohl in der Natur- als auch in der Kulturlandschaft. Die moderne Forstwirtschaft drängt sie zwar immer mehr zurück, weil sie zu langsam Ertrag bringen. Aber die bäuerliche Wirtschaft vergangener Jahrhunderte hatte sie – wie bereits im Kapitel 3.3.1 ausgeführt – so sehr gefördert, dass sie in den dicht besiedelten Tiefländern noch immer eine große Rolle spielen (s. Tab. 4–13).

Von alters her war der Westen Mitteleuropas der eigentliche Eichenbereich und ist es noch heute, obwohl der Nieder- und Schälwaldbetrieb, der hier vorherrschte, der Vergangenheit angehört. Hier hat die Buche nach Firbas (1949) auch in der Nachwärmezeit nicht so hohe Deckungsgrade erreicht wie im Süden und Südosten (s. Abb. 1–1). Im übrigen Mitteleuropa halten sich die Eichen vorwiegend an die wärmeren Talbecken und Tiefländer und steigen nirgends so hoch ins Gebirge empor wie die Buche, weder waldbildend noch als Einzelbäume.

In den meisten Statistiken werden unsere beiden häufigsten Eichenarten nicht unterschieden, weil die Stieleiche (*Quercus robur*) und die Traubeneiche (*Q. petraea*) einander in mancher Hinsicht ähneln und sogar bastardieren (Aas 1998). Allerdings sind die Jungpflanzen aus Kreuzungen offenbar weniger vital (Gugerli et al. 2005). Beide Arten unterscheiden sich zudem genetisch, morphologisch-anatomisch und auch ökologisch recht deutlich voneinander (Feuillat et al. 1997, Gugerli et al. 2005). Die Traubeneiche bevorzugt eher mildes oder montan getöntes Klima und widersteht Winter- wie Spätfrösten unter gleichen Bedingungen schlechter als die Stieleiche. Auch nährstoffarme, nasse Standorte erträgt sie weniger gut, kommt aber mit etwas geringerer Beleuchtung aus. Sie ist also in ihrem ökologischen Verhalten „buchenähnlicher“ als die Stieleiche; doch kommt diese Tendenz nur in Grenzlagen klar zum Ausdruck, z. B. im kontinentalen Osten, in den *Quercus robur* viel weiter vorstößt als *Q. petraea*, und in den Flussauen, die von der Traubeneiche ebenso wie von der Buche fast ganz gemieden werden. In großen Teilen Mitteleuropas kann man aber beide Eichenarten nebeneinander antreffen.

Die der Traubeneiche systematisch nahestehende und mit ihr durch viele intermediäre Formen verbundene Flaumeiche (*Quercus pubescens*) setzt sich in ökologischer Hinsicht von den beiden anderen Eichen deutlich ab, indem sie – als Vorposten der submediterranen Vegetation – nur an außergewöhnlich trockenen und warmen Standorten zu finden ist. Im nördlichen Tiefland hat sie nur bei Bellinchen an der Oder einen weit vorgeschobenen Posten (auf den sie wahrscheinlich erst im vorigen Jahrhundert durch Einfuhr von Saatgut gelangte, s. Kap. 6.4.2). Die vierte Eichenart Mitteleuropas, die Zerreiche (*Q. cerris*), beteiligt sich in der collinen und submontanen Stufe des südöstlichen Österreich und der Südslowakei an der Waldbildung und vertritt in gewisser Weise die Flaumeiche an warmen, aber bodensauren Standorten.

Was alle vier Eichen gemeinsam auszeichnet, ist ihre soziologische Rolle im Wald. Sie brauchen in der Jugend relativ viel Licht und gönnen es im Alter ihrem Unterwuchs (vgl. Tab. 4–4); junge Eichen benötigen nach Ziegenhagen & Kausch (1993) und Hauskeller-Bullerjahn (1997) mindestens 10, besser 20–30 % relativen Lichtgenusses. Fast immer sind Eichenwälder deshalb reich an Mischholzarten, die sich unter den lockeren Kronen entwickeln können. Reine Eichenbestände sind daher meist Folge menschlicher Eingriffe. Da die mitwüchsigen Baumarten meist kurzlebiger sind als die mehrere Jahrhunderte hindurch standfeste Eiche (s. Tab. 4–4), lösen sie sich unter ihrem Schirm in rascherer Generationsfolge ab. Dieser „natürliche Umtrieb“ wurde in der Mittelwaldwirtschaft nachgeahmt (s. Kap. 3.3.1), allerdings in kürzeren Zeiträumen und mit plötzlicher Auflichtung größerer Flächen. Dadurch werden andere Lichtholzarten und vor allem Sträucher sehr begünstigt, die in urwaldartigen Eichenbeständen nur eine untergeordnete Rolle spielen (Korpel’ 1995).

Im natürlichen Konkurrenzkampf haben die Eichen gegenüber der ebenso hochwüchsigen Rotbuche und anderen hohen Schatt- und Halbschattbäumen zwar eine weit größere Langlebigkeit, vermögen sich aber nicht oder doch nur ausnahmsweise in deren Schatten zu verjüngen. Wie schon in Kapitel 4.4.7 c angedeutet, können sie sich deshalb nur dort wesentlich am Waldaufbau beteiligen, wo ihre Wettbewerber, namentlich die Buchen, behindert werden. Dies ist in Mitteleuropa vor allem an vier Standorten der Fall:

- An **warm-trockenen Standorten** im südwestlichen und südöstlichen Mitteleuropa ist die Macht der Eichen unbestritten; allenfalls mag die Winterlinde mithalten können (s. Kap. 6.2.1 u. 6.2.2). In kontinental getöntem oder föhnreichem Klima kann sich ihnen die Waldkiefer zugesellen. Mit den zahlreichen wärmeliebenden oder trockenheitsertragenden Halbschattpflanzen bilden diese Lichtbäume Gesellschaften, die zur Ordnung QUERCETALIA PUBESCENTIS gehören (s. Kap. 6.4).
- Auf **sehr nährstoffarmen und stark versauerten** Böden treten Stiel- und Traubeneichen zu vergleichsweise dauerhaften Ersatzgesellschaften zusammen, weil die ursprünglich herrschende Buche nach der mittelalterlichen Waldrodung nur langsam wieder einwandert (Ordnung QUERCETALIA ROBORIS, Kap. 6.5).
- Nährstoffreichere, aber **feuchte bis nasse** oder zeitweilig überschwemmte Böden begünstigen die Stieleiche. Doch trifft sie hier auf zahlreiche anspruchsvolle und ebenfalls Nässe ertragende Baumarten und baut mit ihnen Mischwälder auf, die floristisch den Buchenwäldern nahestehen. Sie werden mit diesen meistens in der Ordnung FAGETALIA vereinigt, aber den Verbänden der Hainbuchen-Mischwälder (CARPINION) oder Hartholz-Auenwälder (ALNO-ULMION) zugeteilt (s. Abb. 5–1 u. Kap. 26: Nr. 8.4.3.3).
- Wo **Fröste** und/oder Trockenheit die Rotbuche regional ausschließen oder stark behindern, haben Eichen Chancen, sich sogar auf Böden durchzusetzen, die nährstoffreich und nicht vernässt, also buchenfähig wären (s. Kap. 4.4.7 u. Abb. 6–27).

Auch hier spielen Hainbuchen (*Carpinus betulus*) eine große Rolle, sodass man diese Eichenmischwälder ebenfalls großenteils zum Verband CARPINION stellt. Man muss aber unterscheiden, ob es sich um Gesellschaften außerhalb des Rotbuchenareals handelt, das ja von der Hainbuche sowohl nach Osten als auch nach Süden überschritten wird, oder ob lokalklimatische Gründe innerhalb des Herrschaftsbereichs der Buche zur Entstehung von Eichen-Hainbuchen-Mischwäldern führten. Meistens hat jedoch der Mensch die Rotbuche zugunsten der Eichen und der Hainbuchen zurückgedrängt, vor allem durch seine Nieder- und Mittelwaldwirtschaft (s. Kap. 3.3.1). Auch auf der Münchner Schotterebene spielte *Fagus* von Natur aus eine größere Rolle, als man früher annahm (Rubner 1959).

6.4 Wärmeliebende Eichenmischwälder

6.4.1 „Relikte" submediterraner Flaumeichenwälder und kontinentaler Steppenwälder

Die Entwicklungszentren der sogenannten wärmeliebenden Eichenmischwälder (QUERCETALIA PUBESCENTIS) sowie ihre Refugien während der Eiszeiten liegen außerhalb Mitteleuropas, in der submediterranen Zone der Balkanländer (s. Horvat et al. 1974) und Südfrankreichs (s. Braun-Blanquet et al. 1951) oder noch weiter südlich (s. Abb. 6–10). Von dorther wanderten ihre Vertreter nach der Birken-Kiefern- und Kiefern-Haselzeit wieder in unser Gebiet ein. Sie dehnten sich in der postglazialen Wärmezeit auf fast allen Böden aus und stiegen bis in größere Höhen empor als heute (Walter & Straka 1970). Sobald jedoch Fichte, Hainbuche, Tanne, Rotbuche und andere Schatt- und Halbschatthölzer das Land eroberten, drängten sie den lichten Eichenmischwald auf die für sie ungünstigen Trockenstandorte zurück, an denen nicht einmal der Eichen-Hainbuchenwald Fuß fassen konnte.

Wärmeliebende Eichenmischwälder finden wir daher in Mitteleuropa heute nur noch inselartig an den trockensten Sonnhängen auf meist flachgründigen, aber kalkreichen oder doch basenhaltigen Böden (s. Abb. 6–7). Das besonders niederschlagsarme Oberelsass südlich von Colmar macht nach Issler (1937, 1942) insofern eine Ausnahme, als dort Flaumeichen auch in der Ebene gedeihen. Allerdings stocken diese auf ungewöhnlich durchlässigen, kalkreichen Schottern und machen auf tiefgründigeren Lehmböden Eichen-Hainbuchenwäldern Platz. Sie sind also auch hier eine extrazonale Dauergesellschaft und keine zonale Klimaxvegetation wie im submediterranen Bereich, beispielsweise in der nördlichen und mittleren Provence, in Teilen Norditaliens und in manchen Tieflagen der Balkanhalbinsel.

Abb. 6–7 Wärmeliebender Eichenmischwald und „Steppenheide" am Lopper südlich von Luzern. Je nach Mächtigkeit und Verteilung der Feinerde ist der südexponierte Kalkfels entweder nur von Krustenflechten, Moosen und vereinzelten Rasenpflanzen oder von Sträuchern und Bäumen (vorwiegend Eichen) besiedelt. Am Rand der Gehölze entwickelte sich stellenweise ein „Saum" aus Kräutern und Gräsern.

Die von *Quercus pubescens* beherrschten Eichenmischwälder gelten bei uns als Musterbeispiele für vegetationsgeschichtliche „Relikte". Unter ihrem lichten Schirm konnte sich eine bunte Fülle mediterraner, submediterraner und zum Teil auch aus dem Südosten Europas stammender Seltenheiten erhalten, zu denen seit Langem die Floristen pilgern. Das Wort Relikt darf aber nicht zu der Vorstellung verleiten, in der postglazialen Wärmezeit hätten alle Wälder ähnlich ausgesehen wie diese krummwüchsigen, lückigen Bestände, deren floristischer Reichtum in umgekehrtem Verhältnis zu ihrem wirtschaftlichen Wert steht. Sie besiedeln ja extreme Standorte, die auch in der postglazialen Wärmezeit nur eine verhältnismäßig kümmerliche Pflanzendecke trugen, während sich die Wälder auf den besseren Böden bald so dicht schlossen, dass sie der Massenausbreitung der Hasel ein Ende setzen konnten. Es wäre falsch, sich vorzustellen, dass die Flaumeiche einst überall bis an die Grenzen ihres heutigen Areals geherrscht habe. Denn schon in der Wärmezeit waren Trauben- und Stieleiche und außerdem Linden und Ulmen verbreitet, die an feuchteren und nährstoffreicheren Standorten besser gedeihen und rascher wachsen als die weniger dürreempfindliche, aber auch langsamere Flaumeiche.

An manchen Orten hat möglicherweise der Mensch zur Erhaltung und Weiterausbreitung der lichtliebenden und konkurrenzschwachen Arten beigetragen. Jedenfalls liegen die meisten „Steppenheidewälder", wie sie Gradmann (1898, 1950) einst nannte, in altbesiedelten Landschaften. Schon seit Jahrhunderten wurden sie in Südfrankreich, auf dem Balkan und in anderen Kerngebieten, aber auch in Mitteleuropa, als Niederwälder genutzt oder von Zeit zu Zeit abgebrannt, um Schafen, Ziegen und anderen Haustieren mehr Weideflächen zu öffnen (s. Kap. 3.2.1). Die verhältnismäßig artenarmen Vorposten der wärmeliebenden Eichengebüsche an nordwestdeutschen Kalksteinhängen hielt Rühl (1960) z. T. sogar für degradierte Buchenwälder. Doch hat es an Felsen, Steilhalden und anderen schwer zugänglichen Stellen auch hier einst von Natur aus lichte und sonnendurchwärmte Buschwälder gegeben, die als Ausbreitungszentren für die sekundäre xerotherme Vegetation gedient haben.

Während die Arten der submediterranen Eichenmischwälder, teils über Südfrankreich, teils von der Balkanhalbinsel kommend, die Alpen umwanderten und manche von ihnen auch über die niedrigen Pässe der Alpen nach Norden gelangt sein mögen, drangen aus dem Südosten und Osten Europas die Steppen und Steppenwälder in das wärmer werdende Mitteleuropa vor. Ihre Gesellschaften bestehen ebenfalls aus Partnern, die viel Licht zum Gedeihen benötigen und längere Trockenperioden zu ertragen vermögen. Sie stimmen also in wesentlichen ökologischen Eigenschaften mit den Arten submediterraner Herkunft überein, nur dass sie großenteils weniger kälteempfindlich sein dürften. Manche von diesen kontinentalen Elementen gelangten bis in die Rheinebene, ja bis ins Wallis und nach Südfrankreich, und mischten sich dort unter die submediterranen Pflanzenbestände. Am südlichen Harzrand, am Kyffhäuser (s. Abb. 3–12) und in vielen süd- bis ostwärts davon gelegenen Landschaften hat die Flora der Sonnhänge sogar vorwiegend „Waldsteppencharakter“, worauf Meusel (1935, 1939) nachdrücklich aufmerksam machte. Noch stärker ausgeprägt ist dieser in den inneren Alpentälern, deren Föhrenwälder nach Schmid (1936) großenteils aus Elementen des „*Pulsatilla*-Waldsteppengürtels“ bestehen (s. a. Braun-Blanquet 1961).

Statt von „Waldsteppe“ sollte man in solchen Fällen jedoch besser von „Steppenwald“ sprechen (Horvat et al. 1974). Dieser Begriff ist etwa gleichbedeutend mit „wärmeliebender Mischwald“. Als Waldsteppe bezeichnen die russischen Geobotaniker eine parkartige Übergangslandschaft zwischen geschlossenem Wald und offener Steppe (s. Walter 1974), die nach Funk (1927) und späteren Autoren auch in Osteuropa teilweise anthropo-zoogen ist. Als minimale Wassermenge, die von geschlossenen Waldbeständen in Trockengebieten der gemäßigten Zone durch Transpiration verbraucht wird, nennt Zelniker (1968) etwa 100 mm bei Niederschlägen von rund 400 mm. Nur wo diese Menge sichergestellt ist, können lückenlose Waldbestände existieren – oder anders ausgedrückt: Das heutige Allgemeinklima Mitteleuropas lässt auch in den warmen Tieflagen überall Waldwuchs zu, denn in allen Regionen Mitteleuropas fallen im langjährigen Mittel mindestens 450 mm (s. Karte 3, Seite 14).

Die „Waldsteppeninseln“, die Meusel (1939), Wendelberger (1954) und andere aus dem mittleren bis südöstlichen Mitteleuropa beschrieben, und die „Steppenheiden“ der Schwäbischen und Fränkischen Alb, die Gradmann (1898, 1950) so unübertrefflich geschildert hat, stellen kleinräumige Mosaike von offenen Trockenrasen, Gebüschen und lichten Wäldern dar (s. Abb. 6–7 u. 6–8). In allen drei Formationen kommen mehr oder minder zahlreiche „Waldsteppenelemente“ vor, d. h. Arten, die man auch in den osteuropäischen Übergangsbereichen zwischen Wald und Steppe findet. Sie beherbergen zwar viele Pflanzenarten, die in Mitteleuropa einst weiter verbreitet gewesen sein müssen, als hier noch ein Übergangsklima zwischen Kältesteppe und Wald herrschte. Diese Arten leben aber in unseren Steppenheiden heute in ganz anderen Pflanzenkombinationen und auch unter anderen Standortbedingungen, als sie sie in der postglazialen Wärmezeit auf den fruchtbaren Böden der großen Zwischengebiete antrafen.

Auch in bodentypologischer Hinsicht haben die Steppenheiden und „Waldsteppeninseln“ Mitteleuropas nichts mit den ukrainischen Steppen gemeinsam. In Osteuropa herrschen tiefgründig-humose Schwarzerden, die zu den von Natur aus nährstoffreichsten Bodentypen Europas gehören. Degradierte Reste von solchen kommen zwar auch in Mitteleuropa vor, z. B. im Trockengebiet östlich des Harzes, im Wiener Becken und – als letzte Ausklänge gegen Westen – im Strohgäu nordöstlich von Stuttgart, in der nordwestlichen Oberrheinebene und im Mittelgebirgsvorland östlich von Hildesheim. Aber auf diesen Schwarzerden würde heute dichter Wald wachsen, wenn die Landwirtschaft dies zuließe. Während der Nacheiszeit waren hier tatsächlich Wälder wieder eingewandert und vorhanden, als Menschen einzugreifen begannen. Das stellte Havinga (1972) sogar für den pannonischen Teil Niederösterreichs fest, d. h. für den klimatisch „steppennächsten“ Teil Mitteleuropas. Heute reicht das Bodenwasser in den Lockersedimenten des Wiener Raumes für den Baumwuchs ohne Frage aus (Gruber 1973 u. s. Abb. 6–9).

Die Steppenheiden unserer Kalkgebirge, die Gebüschfragmente und Rasen an den Gipshän-

Abb. 6–8 Winter in den Pollauer Bergen (Tschechien) mit lichtem, wärmeliebendem Eichenmischwald und Trockenrasen auf mehr oder minder felsigem Boden. Der Schnee bleibt hier gewöhnlich nicht lange liegen, schützt also auch nicht gegen Bodenfrost. Foto: Zlatník.

gen des Kyffhäusers und andere „Waldsteppen" Mitteleuropas dagegen stocken auf den flachgründigsten und magersten Böden, die es in den betreffenden Gegenden gibt. Meist handelt es sich um schwach entwickelte oder durch Erosion „geköpfte" Rendzinen (s. Abb. 6–7) und Pararendzinen, deren dünne Krume an steilen Sonnhängen zeitweilig stark austrocknet. Wo sich jedoch zwischen Felsblöcken Feinerde ansammelt oder wo Spalten tiefer ins Gestein dringen, finden Busch- oder Baumwurzeln ausreichend Wasser, um regenarme Zeiten zu überdauern. Kleinere Pflanzen mit oberflächlichem Wurzelsystem leiden bei Wassermangel zuerst und können sterben, während das Wachstum und die Transpiration der tiefer wurzelnden Holzgewächse fast unbehindert weiterlaufen.

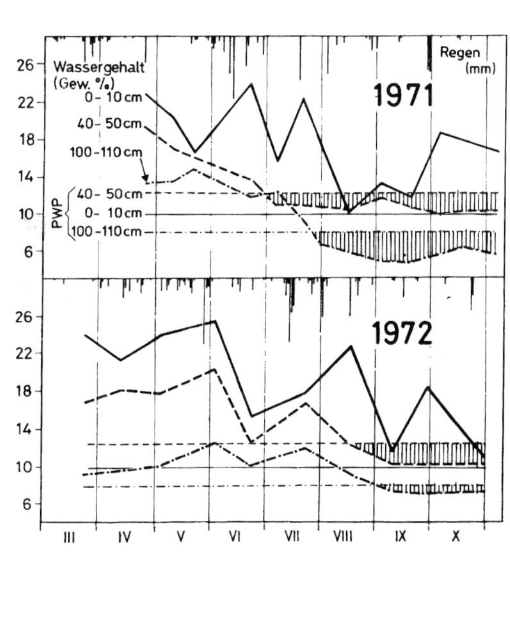

Abb. 6–9 Der Wassergehalt einer Lössbraunerde unter Eichen-Hainbuchenwald im buchenfreien Trockengebiet südlich von Wien sinkt in den tieferen Schichten von Juli oder August an unter das permanente Welkeprozent (PWP). Doch steht den Bäumen im Frühling und Frühsommer wieder genügend Wasser zur Verfügung, und der Oberboden wird sogar während des Sommers öfter von Niederschlägen durchfeuchtet. Nach Gruber (1973), verändert.

Tab. 6–4 West-Ost-Gefälle im Artengefüge bodensaurer Eichen- und Kiefernmischwälder auf altdiluvialen Sanden des nord-mitteleuropäischen Tieflandes. Nach verschiedenen Autoren.

Gesellschaft Nr.:	1	2	3	4	5	6	7	K	R
Baumarten-Kombination:			(B)				F		
(B = Buche, E = Eiche,	(B)		E		E		E		
F = Fichte, K = Kiefer)	E		K		K		K		
Baumschicht									
S *Fagus sylvatica*	•	3	1	2				2	×
Quercus robur	**5**	**5**	**5**	1	5	3	5	×	×
Betula pendula	5	5	5	3	3	1	5	×	×
Populus tremula	2	2		1		1	2	5	×
Quercus petraea			5	2		5		2	×
C *Pinus sylvestris*			**5**	**5**	**5**	**5**	**5**	7	×
C *Picea abies*							5	7	×
Strauchschicht									
S *Ilex aquifolium*	1	2						2	4
S *Lonicera periclymen.*	3	4						2	3
S *Rubus* sp. (2. Art)	5	3	1			(3)		×	×
S *Sarothamnus scopar.*	2	•		2				2	3
Juniperus communis	1	3		2	5	3	•	×	×
Sorbus aucuparia	5	4	3	3	2	4	4	×	4
Frangula alnus	5	4	2		1	5	3	5	4
S *Tilia cordata*						2	4	4	×
S *Acer platanoides*						1	4	4	×
Corylus avellana						3		3	×
Berberis vulgaris						3		4	8
Euonymus verrucosa						3		8	7
Carpinus betulus							5	4	×
Chamaecytisus ratisb.							4	6	×

Gesellschaft Nr.:	1	2	3	4	5	6	7	K	R
Krautschicht									
S *Teucrium scorodonia*	3	•						2	2
S *Hieracium umbellat.*	4	1						×	4
S *Galium harcynicum*	2	3						2	2
S *Corydalis claviculata*	•	1						1	3
S *Hypericum pulchrum*	•	1						2	3
S *Polypodium vulgare*	1	2	1					3	2
S *Holcus mollis*	•	4		2				2	2
S *Deschampsia flexuosa*	5	5	5	3				2	2
S *Genista pilosa*	1	1	4	1				4	2
S *Hieracium lachenalii*	3	•	1			3		×	4
Carex pilulifera	2	3	3		3			2	3
Authoxanthum odor.	3	•	2	5	5			×	×
Agrostis tenuis	5	3		3	2	3		3	4
Luzula multiflora	4			3	5	3		×	5
Rumex acetosella	1		2	2		2		3	2
Melampyrum pratense	4	3		2	5	4	5	3	3
Pteridium aquilinum	3	3	1			5	3	3	3
Calluna vulgaris	4	3	5	5	5	3	5	3	1
Vaccinium myrtillus	3	3	**5**	**5**	**5**	**5**	5	5	2
Solidago virgaurea	3				5	3	5	×	×
Maianthenum bifol.	2	1	1			4	4	6	3
Potentilla erecta	2			1	2	1	4	3	×
Festuca ovina		2	3	5	5	5	5	×	×

	Gesellschaft Nr.:	1	2	3	4	5	6	7	K	R
	Luzula pilosa			4	•	5	5	5	3	5
	Dryopteris carthusian.			4	1		1		3	4
	Scorzonera humilis			2	1	5	•	4	5	5
	Danthonia decumbens			2		5			2	3
C	*Viscum laxum*				3				3	–
	Lycopodium clavatum				3			2	3	2
	Hieracium pilosella				4	2	2		3	×
C	*Vaccinium vitis-idaea*				3	5	5		5	2
C	*Pyrola chlorantha*				2	2		1	5	5
C	*Chimaphila umbellata*				2	5	1	5	6	6
	Fragaria vesca				2	2	2	4	5	×
	Genista tinctoria					4			3	6
W	*Anthericum ramosum*					4			4	7
W	*Peudedanum oreosel.*					5	1	4	4	6
W	*Polygonatum odorat.*					4	2	2	5	7
C	*Calamagrostis arund.*					3	1	5	3	×
C	*Trientalis europaea*		1			1	4	5	7	3
	Melica nutans						3		3	×
	Carex ericetorum					1	3		7	×
	Veronica officinalis		1			1	3	2	3	3
C	*Rubus saxatilis*			1			4	4	7	7
	Carex digitata						5		4	×
	Oxalis acetosella				1		1	4	3	4

	Gesellschaft Nr.:	1	2	3	4	5	6	7	K	R
C	*Orthilia secunda*						1	4	3	×
C	*Monotropa hypopitys*						1	4	5	3
C	*Goodyera repens*							5	7	×
	Molinia caerulea							4	3	×
	Viola canina							3	3	3
	Moosschicht									
S	*Hypnum cupressiform.*	4	3						5	4
S	*Aulacomnium androg.*	1	1						5	2
	Leucobryum glaucum	2	2	1	1	1	1		4	1
	Polytrichum formosum	5	3		2		5	2	5	2
	Dicranum scoparium	5	4	3	4	1	1	3	5	4
	Pleurozium schreberi	5	3	5	5	5	5	5	6	2
C	*Dicranum bergeri*	1		**5**	**5**	**5**	**5**	**5**	6	1
C	*Hylocomium splendens*	1			4	5	4	5	6	5
	Scleropodium purum					3			5	5
C	*Plagiomnium rostr.*						4		5	8
C	*Ptilium crista-castr.*							5	6	3
	Stetigkeits-Summen L	35	34	13	8	–	6	8		
	Stetigkeits-Summen N	2	1	11	24	31	31	58		
	mittlere Kontinentalitätszahl	3,1	3,0	3,5	3,6	4,0	4,3	4,7		
	mittlere Reaktionszahl	2,8	3,1	3,0	3,0	4,2	3,7	4,0		

S = Säurezeiger, meist im Laubwald, C = desgl., meist im Nadelwald, W = Wärmezeiger

Nr. 1 u. 2: **Birken-Stieleichenwald** (Betulo-Quercetum typicum), **euozeanisch** bis subozeanisch,
1: in den mittleren und südlichen Niederlanden. Nach Meijer-Drees (1936, S. 105),
2: im nordwestlichen Niedersachsen. Nach Tüxen (1937, S. 128), auf extremen Standorten.
Nr. 3 u. 4: **Kiefern-Eichenwald mit Buche** (Pino-Quercetum), **subozeanisch,**
3: in Brandenburg (nördl. Havelland). Nach Passarge (1957 c, S. 93, „Myrtillo-Pinetum"),
4: im westlichen Polen. Nach Preising (1943, S. 26, „Dicrano-Pinetum eupteridetosum").
Nr. 5 u. 6: **Eichen-Kiefernwald** ohne Buche („Pino-Quercetum", besser Querco-Pinetum),
5: zwischen Warthe und Weichsel. Nach Preising (1943, S. 32, „D.-P. typicum"),
6: im mittelöstlichen Polen (Puławy). Nach W. u. A. Matuszkiewicz (1956, Tab. 4., „Pino-Quercetum berberidetosum")
Nr. 7: **Fichten-Eichen-Kiefernwald** im Urwald von Białowieża, **subkontinental**. Nach A. u. W. Matuszkiewicz (1954, S. 52, „Pino-Vaccinietum myrtilli").

verschwindend kleine Laubwaldreste zur Verfügung (s. Gönnert 1989, Leuschner & Immenroth 1993). Syntaxonomische Gliederungen, wie sie kürzlich z. B. Härdtle & Welss (1992), Härdtle et al. (1997) und Pallas (2000) vornahmen, bleiben daher immer problematisch, weil sich diese Waldgesellschaften durch Sukzession recht schnell verändern.

In Nordwestdeutschland beispielsweise, aus dem Tüxen (1930, 1937) erstmals das typische „Querco-Betuletum" beschrieben hat, ist es heute nur noch mit Mühe möglich, auf „trockenen", d. h. grundwasserfernen Sandböden einen Bestand zu finden, der den Anforderungen an eine gute Aufnahmefläche entspräche. Die meisten Flächen waren noch vor 150 bis 200 Jahren durch Übernutzung stark degradiert und zum größten Teil weit vom potenziellen natürlichen Waldzustand entfernt (Pallas 2000). Lediglich auf feuchten Böden gibt es hier noch einigermaßen naturnahe und stellenweise sogar recht ausgedehnte bodensaure Eichenmischwälder (s. Abb. 6–13). Unsere Vorstellung vom Birken-Eichenwald ist daher in erster Linie an dieser „feuchten" Subassoziation entwickelt worden und infolgedessen einseitig, vor allem hinsichtlich des Anteils der Rotbuche an der Baumschicht. Im feuchten Birken-Eichenwald (Betulo-Quercetum molinietosum) fehlt diese ebenso wie im feuchten Eichen-Hainbuchenwald (s. Kap. 6.6.2), weil ihr das Grundwasser zeitweilig zu hoch steht, nicht etwa, weil ihr der Boden zu sauer oder zu nährstoffarm wäre.

Einen Eindruck von ihrem Gefüge sollen die in Tabelle 6–4 zusammengestellten Aufnahmen geben. Bevor wir jedoch auf einzelne Gesellschaften eingehen, sei ein **Überblick über die bisher aus Mitteleuropa bekannten bodensauren Eichenmischwälder** versucht (vgl. hierzu Pallas 2000 und Härdtle 2004). In den Tieflagen kann man drei Gruppen von reinen Laubmischwäldern unterscheiden:

I. Die **subatlantischen** Birken-Eichenwälder (Betulo-Quercetum i. e. S.) Nordwestdeutschlands und der Niederlande schließen an das große westeuropäische Verbreitungsgebiet bodensaurer Eichenwälder an. Für sie gilt das bisher Gesagte uneingeschränkt.

II. Im **südlichen Mitteleuropa** sind stark bodensaure Eichenwälder (Luzulo-Quercetum petraeae bzw. „Quercetum medioeuropaeum") selten und wohl mehrheitlich anthropozoogen (s. Abb. 6–14). Von Natur aus wären auch sie reicher an *Fagus*. In warmen Hanglagen der Mittelgebirge finden sich Übergänge zur nächsten Gruppe.

III. **Insubrische** Birken-Flaumeichenwälder („Betulo-Quercetum insubricum" u. a.) kommen im regenreichen Tessin und ähnlichen Landschaften vor und enthalten submediterrane Arten. Größtenteils wurden sie durch Edelkastanien-Niederwälder ersetzt (s. Abb. 6–16).

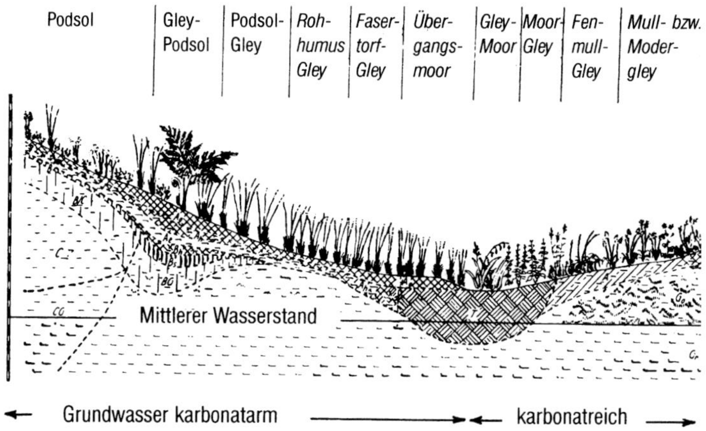

Abb. 6–15 Ideale Abfolge der Waldbodentypen auf Sand mit verschieden hoch anstehendem karbonatarmem bzw. -reichem Grundwasser in Nordwestdeutschland. Nach Dietrich (1958), etwas verändert.
Entsprechende Waldgesellschaften: Podsol = Eichen-Kiefernwald; Gleypodsol bis Rohhumusgley = Pfeifengras-Eichen-Kiefernwald bzw. Pfeifengras-Birken-Eichenwald; Fasertorfgley und Übergangsmoor = Kiefern-Birkenbruch; Gleymoor = Erlenbruch; Moorgley = Eschen-Erlenwald; Fenmullgley = feuchter Eichen-Hainbuchenwald; Mull- bzw. Modergley = mäßig feuchter Buchenmischwald mit Kiefer, der auch auf weniger stark vergleyten Böden vorkommt.

Abb. 6–16 Edelkastanien-Niederwald („palina") mit *Pteridium aquilinum, Vaccinium myrtillus* und *Molinia caerulea* am Standort des insubrischen Birken-Flaumeichenwaldes bei Losone im Tessin.

Bei jedem der drei Typen, vor allem bei dem zweiten und dritten, gibt es montane Ausbildungen, die durch Hainsimsen (*Luzula luzuloides* bzw. *L. nivea*, s. Abb. 5–23) und weitere vorwiegend im Bergland verbreitete Arten ausgezeichnet sind. Außerdem kann man bei jedem der drei Typen im Tiefland und z. T. auch in Berglagen Subassoziationen unterscheiden, die nach der Bodenfeuchtigkeit abgestuft sind:

i) eine **typische** (irreführenderweise auch „trockene" genannt), die bei Nr. I und III sehr selten zu finden, bei Nr. II dagegen die Regel und nur noch ausnahmsweise ohne Rotbuchen ist;

ii) eine **wechselfeuchte**, die insbesondere bei Nr. II und III auftritt;

iii) eine **feuchte** (z. B. Betulo-Quercetum molinietosum), die bei Nr. I absolut vorherrscht und bei Nr. II nicht selten vorkommt (s. Abb. 6–13);

iv) eine **nasse**, die bisher nur bei Nr. I als Einheit gefasst (Betulo-Quercetum alnetosum, Burrichter 1973), aber gelegentlich auch bei Nr. III beobachtet wurde. Die Untereinheiten iii und iv sind stets buchenfrei.

Außer diesen reinen Laubwäldern kann man in Mitteleuropa zunehmend kiefernreiche treffen, und zwar, wenn man von den Bereichen I und II nach Osten, d. h. in stärker kontinental getöntes Klima vorschreitet. In solchem Gefälle lassen sich zumindest vier Stufen erkennen:

- subatlantische **reine** Laubwälder wie die zuvor genannten;
- Eichenwälder mit **wenig Kiefern** im Übergangsbereich, der etwa östlich der Elbe beginnt (z. B. Betulo-Quercetum pinetosum, s. Mikyska 1963);
- subkontinentale **Eichen-Kiefernwälder** (Pino-Quercetum), in denen *Pinus sylvestris* eine große Rolle spielen kann, z. B. im nördlichen Ostdeutschland (Müller-Stoll & Krausch 1968) und in Nordpolen;
- reine **Kiefernwälder** (s. Kap. 7.7.3).

In jeder dieser vier zunehmend kiefernreichen Gruppen kann man Feuchtigkeitsstufen unterscheiden, zumindest die Stufen i und ii. Die Mannigfaltigkeit der bodensauren Waldgesellschaften ist also fast ebenso groß wie die der Wälder auf reicherem Boden. Wegen ihrer Artenarmut fällt es jedoch schwer, genügend allgemeingültige Charakter- und Differenzialarten für die vorwiegend vom Allgemeinklima geprägten Einheiten zu finden. In einem eng begrenzten und klimatisch einheitlichen Gebiet dagegen kann man die durch die Bodenfeuchte bedingten Untereinheiten deutlich erkennen und leicht kartieren.

Der größte mitteleuropäische Bereich, in dem Birken-Eichenwälder die potenzielle natürliche Vegetation bilden, und zwar auf grundwasserbeeinflussten Böden, ist zweifellos das nordwestdeutsche altpleistozäne Tiefland. Wie schon erwähnt, gibt es hier zwar keine typischen bodentrockenen Birken-Eichenwälder mehr. Dafür sind aber umso mehr gute Beispiele des „feuchten Birken-Eichenwaldes" (Betulo-Quercetum molinietosum) zu finden. Dieser enthält drei leicht erkennbare Feuchtezeiger:

Betula pubescens	*Molinia caerulea*
Erica tetralix	

Dieselben Differenzialarten trifft man auch in den Kiefern- oder Fichtenforsten, die an seine Stelle gesetzt wurden. Ausgedehnte Flächen, auf denen von Natur aus der Pfeifengras-Birken-Eichenwald stocken würde, werden als Viehweiden genutzt, weil sie sich gut zur Anlage von Grasland eignen. Heute geht man mehr und mehr dazu über, den Boden zu dränieren und ackerbaulich zu nutzen, weil der Oberboden humusreich ist.

Die Vielfalt der bodensauren Eichenmischwälder wird noch dadurch vergrößert, dass alle denkbaren Übergänge zu den besser ernährten, aber ebenfalls bodensauren Eichen-Hainbuchenwäldern und Moderbuchenwäldern sowie zu den Fingerkraut-Eichenmischwäldern (s. Kap. 6.4.3) vorkommen. Auf etwas silikatreicheren Sanden ist beispielsweise in Nordwestdeutschland die Traubeneiche häufiger als die Stieleiche, und mit ihr treten oft etwas „anspruchsvollere" Kräuter hervor, namentlich:

Oxalix acetosella	*Lathyrus linifolius*
Convallaria majalis	*Teucrium scorodonia*
Solidago virgaurea	

Mithilfe solcher Differenzialarten trennte Tüxen (1937) die Gruppe der „Traubeneichen-Birkenwälder" von der Gruppe der „Stieleichen-Birkenwälder" ab. Doch kann auch die Stieleiche in Beständen herrschen, in denen die oben genannten Arten reichlich vorkommen, und umgekehrt kann die Traubeneiche ohne sie hervortreten. An Birken-Eichenwäldern, in denen neben diesen Differenzialarten auch einige FAGETALIA-Arten vorkommen, hat die Buche wahrscheinlich einen größeren Anteil, ja dürfte von Natur aus in ihnen vorherrschen (s. Kap. 5.5.2).

d) Das **Kerngebiet der Birken-Eichenwälder** liegt auf der Iberischen Halbinsel, im nördlichen Frankreich und überhaupt im atlantischen bis subatlantischen Nordwesteuropa (Pallas 2000). Hier besiedeln sie nicht nur Quarzsande, sondern auch Sandsteine, Granite und andere kristalline Gesteine, Tonschiefer und sandige, oberflächlich podsolierte Lehmdecken (Tüxen & Diemont 1937). Ähnliche Gesellschaften des Verbandes QUERCION ROBORIS kommen im nordwestlichen Portugal (Tüxen & Oberdorfer 1958) und auf den Britischen Inseln bis ins mittlere Schottland vor (Tansley 1939, Mc Vean in Burnett 1964). In den küstennahen Bereichen Frankreichs enthalten sie zahlreiche atlantische und submediterran-atlantische Florenelemente, z. B.:

Erica cinerea	*Peucedanum parisiense*
Ruscus aculeatus	*Hyacinthoides non-scripta*
Luzula forsteri	

Die Birken-Eichenwälder Nordwest- und Westdeutschlands beherbergen nur noch wenige subatlantische Arten, insbesondere:

Ilex aquifolium	*Galium harcynicum*
Lonicera periclymenum	*Corydalis claviculata*
Sarothamnus scoparius	

Da diese Arten weit nach Mitteleuropa hineingreifen und die *Erica cinerea*-Gruppe den holländischen, nordwestdeutschen und jütländischen Eichen-Buchenwäldern fehlt, lässt sich aber rechtfertigen, die mitteleuropäischen Birken-Eichenwälder als besondere Gesellschaftsgruppe aufzufassen.

Wo in den südwestlichen Teilen Mitteleuropas bodensaure Eichenmischwälder vorkommen, fasste man sie nach Braun-Blanquet (1932) zu einer besonderen Assoziation zusammen, dem „Quercetum medioeuropaeum": Nach Oberdorfer et al. (1992) werden sie als Betulo-Quercetum petraeae bezeichnet, das als zentrale Assoziation des Verbandes QUERCION ROBORIS und des **Unterverbandes** QUERCENION ROBORI-PETRAEAE gilt. Die nordwestlichen, etwas stärker ozeanisch getönten Birken-Eichenwälder zeichnen sich durch *Holcus mollis* als Charakterart aus und werden jetzt Holco mollis-Quercetum genannt.

Diesem mehr westlich verbreiteten und wichtigsten Unterverband stellen Oberdorfer et al. einen subkontinentalen gegenüber. Diesem fehlen *Lonicera periclymenum* und *Teucrium scorodonia*, während Ginsterarten, namentlich *Genista germanica* und *G. tinctoria* (nur als Differenzialarten) hervortreten. Deshalb nennen sie diesen **Unterverband** GENISTO GERMANICAE-QUERCENION PETRAEAE. Auch dieser umfasst zwei Assoziationen, nämlich das auf saure lehmige Böden in Württemberg und Nordbayern beschränkte Genisto tinctoriae-Quercetum und das vorwiegend auf Sandböden von Ostbayern bis nach Brandenburg verbreitete Vaccinio vitis-idaeae-Quercetum. Von der Letzteren bezweifeln Oberdorfer et al. (1992) selbst, dass sie für eine Assoziation genügend einheitlich sei, obwohl z. B. der Reichswald bei Nürnberg und die brandenburgischen Forsten physiognomisch durch ihren Reichtum an Kiefern und niedrigen Zwergsträuchern einander sehr ähneln.

Ob sich diese synsystematische Neugliederung durchsetzen wird, bleibt abzuwarten. Wegen ihrer Artenarmut und ihrer anthropogenen Veränderungen ist es auf jeden Fall schwierig, der zuvor angedeuteten ökologischen und pflanzengeografischen Mannigfaltigkeit der acidophilen Mischwälder in den Tieflagen Mitteleuropas gerecht zu werden.

Im atlantischen Westen Europas sind bodensaure Buchen- und Eichenmischwälder auffallend reich an Stechpalmen (*Ilex aquifolium*), sei es als strauchartiger Unterwuchs oder auch als niedriger Baum. Dieses Holzgewächs wird durch frostarmes, luftfeuchtes Klima begünstigt und findet seine Ostgrenze nach Callauch (1983) durch Extremfröste (–22 °C) und seine Südgrenze durch Sommertrockenheit. Am meisten gefördert wurde es durch die früher übliche Waldweide, weil es weniger befressen wird als die meisten anderen Sträucher und Bäume und sich sogar unter stärkstem Weidedruck ausbreitete, und zwar durch Wurzelsprosse. Seine Samen werden durch Vögel und durch Vieh verbreitet, so dass *Ilex* sich auch in anderen Waldgesellschaften ansiedeln konnte, z. B. in Auen- und Bruchwäldern und fast allen Einheiten der Klasse QUERCO-FAGETEA, während es in immergrünen Nadelwäldern unter Lichtmangel leidet. Der in Westeuropa verbreitete **Unterverband** ILICI-FAGENION, dessen Krautschicht oft von *Deschampsia flexuosa* beherrscht wird, reicht mit Vorposten bis ins Oberrheingebiet (s. Oberdorfer et al. 1992).

e) Eichenreiche Mischwälder des Verbandes QUERCION ROBORIS sind in Mitteleuropa an ein relativ mildes und humides Klima gebunden. Sie bevorzugen subatlantische Tieflagen und steigen nur ausnahmsweise in die montane Stufe empor (s. Noirfalise & Sougnez 1956).

Die trockenen Birken-Eichenwälder der saale-eiszeitlichen Sandböden Nordwestdeutschlands stocken auf basenarmen, stark versauerten Braunerden und Parabraunerden, die unterschiedliche Grade der **Podsolierung** zeigen. Sind die Sande eisenarm (wie z. B. die quarzreichen Flug- und Talsande), werden in der Regel Humus-Podsole mit mächtigen Humusanreicherungen im Unterboden gebildet, die oft als Bänder oder Fleckung (Pantherung) auftreten. Sie entstehen durch die lokale Ausfällung hochpolymerer organischer Substanzen, die sich an Sedimentinhomogenitäten ablagern. In silikatreicheren Sanden wie in vielen Schmelzwassersanden tritt die Eisen- und Aluminiumverlagerung in den Vordergrund; die Entwicklung geht dann stärker in Richtung auf Eisen-Podsole.

Starke Podsolierung tritt unter Zwergstrauchheiden und oft auch unter Nadelbäumen auf, deren ungünstige Streu die Rohhumusbildung begünstigt. Buchenwälder auf armen Sanden in der Lüneburger Heide lassen dagegen nur geringe bis mäßige Podsolierungsmerkmale erkennen (podsolige Braunerde oder Podsol-Braunerde), wenn die Wälder keine Anzeichen einer früheren Rodung und Verheidung zeigen, also historisch alte Wälder sind (Leuschner, eigene Beobachtung). Die Birke erzeugt auch auf armen Sandböden eine Streu, die nicht podsoliert; sie kann nach Miles (1985) und Hester et al. (1991) daher sogar bei der Melioration von Heide-Podsolen helfen, indem sie die Eluvial- und Illuvialhorizonte durchwurzelt und mittels Wurzelstreu Stickstoff und Basen in tiefere Horizonte einbringt. Tatsächlich ist die saprophytische Pilzflora der bodensauren Birken-Eichenwälder nach Jansen (1984) recht arten- und individuenreich, was auf eine erhöhte bodenbiologische Aktivität trotz der starken Azidität deutet. Auch in der Lüneburger Heide ließ sich in Birken-Pionierwäldern auf ehemaligen *Calluna*-Heiden nach 30 bis 40 Jahren eine leichte Tendenz zur „Depodsolierung", also in Richtung auf eine Abschwächung der Podsolmorphologie erkennen, die von der Birkenstreu bewirkt sein muss (Leuschner, unveröff.). Die Streu der Eichen dürfte in ihrer Wirkung zwischen jener der Buche und der Birke liegen.

Haben sich unter Birken-Eichen- oder Buchenwälder auf armen altpleistozänen Sanden markante Podsole ausgebildet, so kann man annehmen, dass dies Folge einer längeren Rodungs- und Verheidungsphase ist und nicht von den Bäumen verursacht wurde. Stark ausgeprägte Eisen-Humus-Podsole entstanden in Nordwestdeutschland nach Lüders (1964) in Zeiträumen von 2500 bis 7000 Jahren. Nur wenig tief reichende sekundäre Podsolierung kann aber auch innerhalb weniger hundert Jahren ablaufen (Rehfuess 1990), ja wahrscheinlich schon innerhalb einer Kieferngeneration.

Die **Bodenprofile** der feuchten Birken-Eichenwälder zeigen einen völlig andersartigen Aufbau. Ihre oberen Horizonte sind humusreicher und meist auch weniger mächtig als diejenigen der eben besprochenen Böden, und in den wasserbeeinflussten Schichten fallen weißlich graue und rostig braune Flecken oder Streifen sowie kleine dunkel rostfarbene bis blauschwarze Konkretionen auf, die im Wechsel von Vernässung und mehr oder minder weitgehender Austrocknung entstanden sind. Solche Böden kann man als Modergleye oder, wenn sie infolge früherer Verheidung stärker podsoliert sind, als Gleypodsole bezeichnen (s. Abb. 6–15). Sie unterscheiden sich von den nährstoffreicheren Mullgleyen physiognomisch vor allem durch die Beschaffenheit ihres Oberbodens, insbesondere durch das Vorhandensein von Auflagehumus und durch fehlende Krümelung, und kaum durch Merkmale des Gleyhorizontes, obwohl die Ursache für die verschiedene Ausbildung der oberen Horizonte in dem unterschiedlich großen Basenreichtum des Grundwassers zu suchen ist (Dietrich 1958; s. Tab. 6–9 und Abb. 6–15).

Alle Eichenmischwälder des QUERCION ROBORIS stimmen darin überein, dass ihre Wurzelräume außerordentlich sauer reagieren (s. Abb. 4–23) und pH-Werte aufweisen, die an die unter *Calluna*-Heiden und auf Hochmooren gemessenen heranreichen. Wie Abbildung 4–23 am Beispiel dreier feuchter Eichen-Birkenwald-Bestände zeigt, sind die jahreszeitlichen Schwankungen der Bodenazidität auch beim Betulo-Quercetum sehr beträchtlich, weil die Pufferung der quarzreichen Böden außerordentlich gering ist.

Wie in den bodensauren Buchenwäldern (s. Kap. 5.5) gedeihen in den bodensauren Eichenwälder acidotolerante Pflanzen, deren physiologische Amplitude aber breiter sein kann. Wie Abbildung 4–69 zeigt, ist *Holcus mollis* durchaus in der Lage, auf reicheren Böden zu gedeihen, wird dort aber durch produktivere Arten verdrängt. An den sauersten Standorten unterliegt *Holcus* dagegen der weniger anspruchsvolleren *Deschampsia flexuosa* (s. Abb. 4–69: unten, vgl. auch Abb. 4–68).

6.5.2 Bodensaure Eichenwälder und Kastanien-Buschwälder im südlichen Mitteleuropa

Auf steilen, südexponierten Hängen der Mittelgebirge finden sich kleinräumig thermophile Traubeneichenwälder auf sauren Gesteinen, in denen *Quercus petraea* aufgrund von Sommertrockenheit nur schlecht gedeiht und die Buche bestenfalls eine geringe Rolle spielt. Solche Bestände im Rheinischen Schiefergebirge, in Mitteldeutschland sowie im südöstlichen Schwarzwald wurden als Hainsimsen-Traubeneichenwald (Luzulo-Quercetum petraeae bzw. Hieracio glaucini-Quercetum petraeae) beschrieben (Glavac & Krause 1969, Welss 1985, Schuhwerk 1988, Wittig & Schöller 1991, Denz 1994, Härdtle et al. 2004 u. a.) In ihnen treten eine Reihe von kennzeichnenden säure- und trockenheitsertragenden Arten wie *Teucrium scorodonia* und *Hieracium glaucinum* auf.

Auch ganz im Süden Mitteleuropas, in den Tieflagen der insubrischen Randalpen, gibt es ausgesprochen bodensaure Eichenmischwälder, die den nordwestdeutschen ähneln, aber einige stärker wärmeliebende Arten enthalten, beispielsweise

Castanea sativa	*Molinia arundinacea*
Quercus pubescens	

Diese „insubrischen Eichen-Birkenwälder" oder Birken-Flaumeichenwälder sind in der Römerzeit oder im Laufe des Mittelalters größtenteils in Edelkastanien-Niederwälder verwandelt worden, die als „Palinen" die Pfähle für den Weinbau lieferten (s. Abb. 6–16). Unter verschiedenen Namen wurden sie aus dem Tessin beschrieben, wo es sehr kalkarme Gesteine gibt und das Klima ausgesprochen ozeanisch getönt ist (Ellenberg & Rehder 1962, Antonietti 1968, Ellenberg & Klötzli 1972). Obwohl sie bzw. ihre von Kastanien beherrschten Ersatzgesellschaften an mehr oder minder steilen Berghängen stocken, entspricht ihr Artengefüge mehr dem des in Kapitel 6.5.1 beschriebenen feuchten Birken-Eichenwaldes Nordwestdeutschlands, in dem *Betula pubescens* und andere Feuchtigkeitszeiger eine Rolle spielen. Diese werden in den südlichen Randalpen durch die hohen Niederschläge begünstigt, die nach Blaser (1973) sogar in stark hängiger Lage Böden mit mehrere Dezimeter mächtigen, humusreichen Schichten (Krypto-Humuspodsole) entstehen lassen und an basenreicheren Hängen die nässeertragende Schwarzerle (*Alnus glutinosa*) konkurrenzfähig machen.

Das als insubrisch bezeichnete Vegetationsgebiet (s. Abb. 6–18) liegt am Südrand Mitteleuropas und hat nach Zoller & Kleiber (1971) seit der postglazialen Wärmezeit zunehmend submediterrane Züge angenommen. Das Mosaik seiner Pflanzengesellschaften ist ökologisch sehr reizvoll, wie die gründlichen Untersuchungen von Antonietti (1968) erwiesen haben (s. Abb. 6–19; s. a. die Übersicht von Ellenberg & Klötzli 1972). Im Hinblick auf die Gebiete nördlich der Alpen aufschlussreich sind die vielfältigen Übergänge zwischen extrem acidophytischen Laubmischwäldern, die eindeutig zum Quercion roboris gehören, und anspruchsvolleren Gesellschaften, die man zur Ordnung Fagetalia, und zwar zum Verband Carpinion, stellen muss, obwohl die Hainbuche hier keine große Rolle spielt. Zoller (1961), der als Erster auf die „besseren" Standorte im Tessin aufmerksam machte, hält Esche und Schwarzerle neben den Eichen für die hier von Natur aus herrschenden Baumarten. Wie die Birken-Eichenwälder wurden auch diese Edellaubmischwälder großenteils durch Edelkastanien-Anpflanzungen ersetzt (s. Abb. 6–17). Doch nutzte man diese als Hochstämme, nach-

Abb. 6–17 Edelkastanien-Fruchthain („selva") mit *Fraxinus*-Jungwuchs und anspruchsvollen Kräutern am Standort des insubrischen Edellaubmischwaldes bei Sigirino im Tessin vor dem Befall mit Kastanienkrebs (1969).
Diese Gesellschaft gehört zum Carpinion-Verband und hat außer der Edelkastanie kaum etwas mit dem auf Abb. 6–16 dargestellten Kastanien-Birken-Eichenwald gemeinsam. Die Selven wurden früher wegen ihrer nahrhaften Früchte sehr geschätzt und lieferten außerdem gutes Holz.

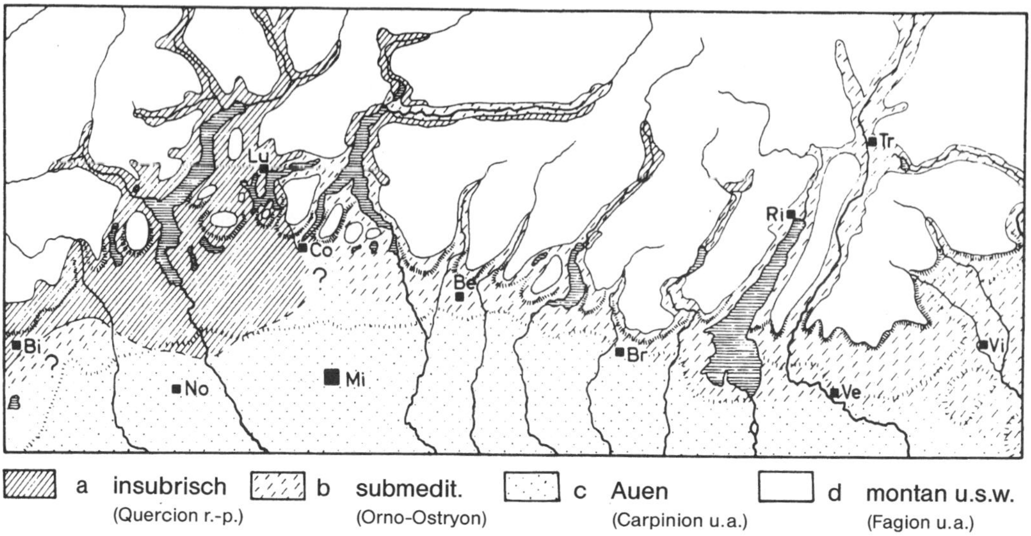

Abb. 6–18 Ungefähre Abgrenzung der submediterranen (relativ sommertrockenen und kalkreichen) von den insubrischen (sehr niederschlagsreichen und vorwiegend bodensauren) warmen Tieflagen am Südalpenrand in der Schweiz und in Oberitalien. Nach Oberdorfer (1964); vgl. Abb. 1–5. Im „insubrischen" Bereich herrschen von Natur aus Birken-Eichenwälder mit Flaumeichen und anderen wärmeliebenden Arten (Verband Quercion roboris, a), die größtenteils durch Edelkastanien ersetzt wurden. Der „submediterrane" Bereich (b) hat weniger saure Böden und ist dementsprechend mannigfaltiger und reicher an submediterranen Elementen, unter denen Mannaesche (*Fraxinus ornus*) und Hopfenbuche (*Ostrya carpinifolia*, Orno-Ostryon) eine Rolle spielen.
Die vorgelagerte, aus Flusssedimenten aufgebaute Ebene (c) hat ein ebenfalls submediterran getöntes Klima, aber tiefgründige Böden, die überall kultiviert wurden. In der potenziellen natürlichen Vegetation herrschen hier wahrscheinlich Laubmischwälder mitteleuropäischen Gepräges (Carpinion, Alno-Ulmion). In den unteren Stufen der Berglagen (d) dominiert in der Naturlandschaft überall die Rotbuche *(Fagion)*.
Bi = Biella, No = Novara, Mi = Milano, Be = Bergamo, Br = Brescia, Ve = Verona, Vi = Vicenza, Tr = Trento.

dem man sie mit Reisern von gut fruchttragenden Klonen gepfropft hatte. Die schönsten Fruchthaine („Selven") stocken gerade auf den relativ nährstoffreichen Böden, z. B. auf dem des Eschenmischwaldes und des Eschen-Eichen-Mischwaldes (s. Tab. 4–23, Nr. 2a u. b).

Während des Mittelalters und der frühen Neuzeit bildete die von den Etruskern und Römern eingeführte und von den Germanen zunächst vernachlässigte Edelkastanie (*Castanea sativa*) eine wichtige Grundlage der Landwirtschaft Insubriens. Nach Zoller (1967) erreichte sie ihr erstes Verbreitungsmaximum im 6. bis 4. Jahrhundert v.Chr., ihr zweites in der Neuzeit. Sie lieferte nicht nur Pfähle für den Weinbau und fast alles Brenn- und Bauholz, sondern auch Laubstreu, die in den Selven zusammengerecht wurde. Durch Schneiteln ihrer Schösslinge gewann man Winterfutter für die Ziegen und Rinder (s. Kap. 3.2.1). Ihre mehligen Früchte, die man durch Räuchern lagerfähig machte, dienten zur Brotbereitung und als Schweinefutter. Seit etwa 100 Jahren nahm die Bedeutung dieser Nutzungsformen in dem Maße ab, wie der Landbau und der Fremdenverkehr intensiviert wurden. Die Selven verwilderten, und die Palinen gingen in Hochwälder über. Seit 1930 trug der Kastanienkrebs, ein aus Japan stammender und über Nordamerika nach Italien eingeschleppter Pilz (*Endothia parasitica*), zum Niedergang der Kastanienwirtschaft entschieden bei. Er dringt durch Rindenverletzungen ins Kambium ein, wo er nicht bekämpft werden kann, und lässt zunächst den Ast und bald auch den Baum absterben. Die aufgepfropften Edelreiser fielen dem Schädling großenteils zum Opfer, während sich viele Wildlinge in den Niederwäldern aus dem Stock regenerierten. In Italien setzte man Nadelhölzer (*Pinus strobus*) oder Pappeln an die Stelle ausgeräumter Kastanienhaine. In der

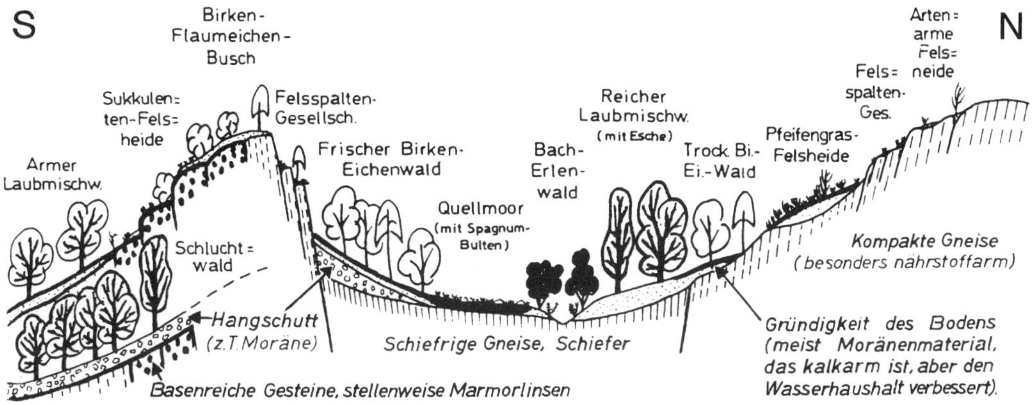

Abb. 6–19 Insubrisches Vegetationsmosaik am Beispiel der Rundhöcker-Landschaft nördlich von Ascona; geraffte Darstellung der Beziehungen zu Gesteinsbeschaffenheit, Bodengründigkeit, Relief und Exposition. Nach H. R. Hofer (1967), verändert. Nicht dargestellt sind Schatthänge mit mehr oder minder reichen Laubmischwäldern, die viel Schwarzerle enthalten. Alle Laubmischwälder gehören zum Carpinion-Verband, alle Birken-Eichenwälder zum Verband Quercion roboris. In den Schluchtwäldern herrschen Eschen und Ahorne.

Schweiz strebte man dagegen nach Leibundgut (1962) naturnahe Laubmischwälder an, die dem vertrauten Landschaftsbild entsprechen und weniger anfällig gegen Brände sind, die in Trockenperioden eine weitere Gefahr für die Wälder Insubriens bleiben.

6.6 Eichen-Hainbuchenwälder

6.6.1 Sommerwarme Waldlabkraut-Eichen-Hainbuchenwälder

a) Der Verband der Eichen-Hainbuchenwälder (Carpinion betuli) ist einer der wenigen Waldverbände in Mitteleuropa, der sich durch mehrere Charakterarten auszeichnet (V und A in Tab. 6–6). Überhaupt sind die zu ihm gehörenden Bestände reich an Arten, sowohl in der Baumschicht als auch in der Strauch- und Krautschicht. Viele davon stellen mittlere bis hohe Ansprüche an die Nährstoffversorgung und die Basensättigung sowie an die Wasserversorgung, gehören also zu den ökologischen Gruppen IIc–e und IIIc–e in Tabelle 4–14. Darin ähneln sie den Arten der Verbände Fagion und Tilio-Acerion, die ja ebenfalls zur Ordnung Fagetalia gehören. In Südwestdeutschland treffen sich drei regionalklimatische Gruppen der Eichen-Hainbuchenwälder, die hier von Oberdorfer et al. (1992) als drei jeweils durch eine Assoziation vertretene Unterverbände gefasst wurden:

1. **Sternmieren-Eichen-Hainbuchenwald** (Stellario-Carpinetum) als Vertreter des Unterverbandes Pulmonario-Carpinenion mit subatlantischer Verbreitung, d. h. durch mäßig warmes, aber frostarmes und nicht zu trockenes Klima begünstigt (z. B. im lössreichen Mittelgebirgs-Randbereich Nordwestdeutschlands, s. Adam & Dierschke 1990);

2. **Waldlabkraut-Eichen-Hainbuchenwald** (Galio-Carpinetum) als typischer Vertreter des Unterverbandes Galio sylvatici-Carpinenion mit zentraleuropäischem, d. h. gemäßigt-kontinentalem Schwergewicht (die in Süddeutschland vorherrschende, vor allem im sommerwarmen Hügelland verbreitete Assoziation);

3. **Weißseggen-Eichen-Lindenwald** (Carici albae-Tilietum cordatae), der zwar noch zum Unterverband Galio sylvatici-Carpinenion gestellt wird, aber zu dem stärker wärmebedürftigen und trockenheitsertragenden Verband Quercion pubescenti-petraeae überleitet und vorwiegend im Osten Mitteleuropas verbreitet ist.

Durch die in Tabelle 6–6 aufgeführten Differenzialarten kommen diese klimatischen Tendenzen klar zum Ausdruck: Die dritte Assoziation weist schon in der Baumschicht Vertreter der wärmeliebenden Eichenmischwälder (s. Kap. 6.4.2), wie *Quercus pubescens*, die *Sorbus*-Arten und den wilden Walnussbaum (*Juglans regia*) auf. Außerdem zeichnet sie sich durch trockenheitsertragende Arten in der

Tab. 6–6 Diagnostisch wichtige Arten des CARPINION in Südwestdeutschland. Auszug aus einer Tabelle von Theo Müller (1992)[1].

	Assoziation Nr.	1	2	3
	Baumschicht			
	Charakterarten			
V	*Carpinus betulus*	**87**	**82**	40
A3	*Tilia cordata*	18	29	**97**
V	*Prunus avium*	14	19	36
	Wichtige Begleiter			
K	*Quercus robur*	**87**	**54**	33
K	*Quercus petraea*	**24**	**55**	**61**
O	*Fraxinus excelsior*	**53**	**20**	27
K	*Fagus sylvatica*	67	54	36
K	*Acer campestre*	14	36	41
O	*Acer pseudoplatanus*	23	15	2
D3,K	*Quercus pubescens*	–	+	**50**
D2+3	*Sorbus torminalis*	–	28	29
D3,K	*Sorbus aria*	–	3	31
D3	*Juglans regia*	+	+	13
O	*Tilia platyphyllos*	2	6	10
	Pinus sylvestris (N)	4	5	30
D3	*Hedera helix* (Li)	11	11	**83**
	Bodenbewuchs			
	Charakterarten			
V	*Stellaria holostea*	**60**	**58**	4
V	*Dactylis polygama*	37	62	10
V	*Rosa arvensis* (Str)	25	44	13
V	*Potentilla sterilis*	42	27	10
V	*Carex umbrosa*	13	19	3
V	*Ranunculus auricomus*	34	27	–
V	*Festuca heterophylla*	+	41	10
A2	*Galium sylvaticum*	3	**69**	10
	Differenzialarten			
D2+3	*Crataegus* sp. (Str)	3	**54**	**70**
D2+3	*Convallaria majalis*	10	64	36
D2+3	*Cornus sanguinea* (Str)	3	31	69
D2+3	*Melica nutans*	3	38	59
D2+3	*Viburnum lantana* (Str)	+	15	56
D2+3	*Carex montana*	–	47	14
D2+3	*Euphorbia dulcis*	1	10	21
D3	*Carex alba*	–	1	**70**
D3	*Carex ornithopoda*	–	3	**40**
D3	*Viola hirta*	–	6	**47**
D3	*Staphylea pinnata*	–	+	**37**
D3	*Coronilla emerus*	–	2	33
D3	*Melittis melissophyllum*	–	6	31
D3	*Helleborus foetidus*	–	2	31
D3	*Buxus sempervirens* (Str)	–	+	27
O	*Milium effusum*	**71**	**53**	6
O	*Carex sylvatica*	61	28	9
O	*Asarum europaeum*	17	36	1
O	*Scrophularia nodosa*	39	22	–
O	*Primula elatior*	38	22	–
O	*Ranunculus ficaria*	44	15	–
O	*Dryopteris filix-mas*	41	16	–
O	*Stachys sylvatica*	40	13	–
O	*Paris quadrifolia*	33	13	–
	u. a.			

[1] Die Ziffern bedeuten Stetigkeit in % der Gesamtzahl von Vegetationsaufnahmen. Li = Liane, N = Nadelbaum, Str = Strauch
1. Stellario-Carpinetum (899 Aufn.)
2. Galio-Carpinetum (2558 Aufn.)
3. Carici-Tilietum (70 Aufn.)
A = Assoziations-Charakterart
D = Differenzialart
K = Klassen-Charakterart
O = Ordnungs-Charakterart
V = Verbands-Charakterart
Insgesamt enthält die Tabelle von Müller (in Oberdorfer et al. 1992, Tab.-Band, S. 312–318) mehr als 350 Arten.

Krautschicht aus, beispielsweise durch die namengebende Weißsegge und die Melisse. Nur mäßig xerotolerante und mäßig thermophile Differenzialarten wie das Maiglöckchen, das Nickende Perlgras und die drei Straucharten verbinden die dritte mit der zweiten Assoziation. *Galium sylvaticum*, das als Charakterart der Waldlabkraut-Eichen-Hainbuchenwälder gelten darf, greift eher in die dritte als in die erste Assoziation über.

Die Charakterarten des CARPINION-Verbandes (V) in der Baum- wie in der Bodenschicht konzentrieren sich jedoch in der ersten und zweiten Assoziation. Das Gleiche ist bei vielen anderen Arten der Fall, von denen in Tabelle 6–6 nur einige der zahlreichen Ordnungs-Charakterarten (O, FAGETALIA) als Beispiele genannt sind. Den ersten Unterverband und das Stellario-Carpinetum kann man zwar von den übrigen Eichen-Hainbuchenwäldern durch Differenzialarten deutlich unterscheiden; doch haben beide keine eigenen Charakterarten. Nicht einmal *Stellaria holostea* ist ihnen genügend treu. Die Pflanzensoziologen behelfen sich ebenso wie beim Galio odorati-Fagetum (s. Kap. 5.4) damit, dass sie die Einheit Nr. 1 zur „Zentral"- oder „Kernassoziation" erklären. Natürlich gibt es auch Gesellschaften, die zwischen den Einheiten 1 und 2 stehen, z. B. den Linden-Eichen-Hainbuchenwald im Kottenforst bei Bonn (Butzke 1979).

b) Jede der drei hier kurz durch einen Tabellenauszug veranschaulichten Assoziationen lässt sich mithilfe der großen Zahl vorliegender Aufnahmen in Untereinheiten gliedern, die entweder als geografische „Vikarianten", „Gebietsausbildungen" und „Lokalausbildungen" oder als durch Bodenunterschiede bedingte „Subassoziationen" gefasst werden können. In jeder dieser Untereinheiten sind außerdem „Varianten" und „Subvarianten" unterscheidbar. Am Beispiel des in Süddeutschland verbreiteten und gründlich studierten Waldlabkraut-Eichen-Hainbuchenwaldes sei dies ausführlich erläutert, um die standörtliche Feingliederung von Waldgesellschaften exemplarisch zu verdeutlichen. T. Müller (in Oberdorfer et al. 1992, Tabellenband S. 336–348, Textband S. 168–169) unterscheidet im Galio sylvatici-Carpinetum folgende Vikarianten:

a. Die oberrheinische Vikariante mit *Lonicera periclymenum* leitet zum Stellario-Carpinetum über (das in der Rheinebene vorherrscht).

b. In der Main-Neckar-Vikariante mit *Lathyrus vernus* treten subatlantisch verbreitete Arten zurück. Von dieser gibt es

b' eine Gebietsausbildung ohne *Hepatica nobilis*,

b" eine solche mit dem Leberblümchen, die sich auch durch weitere gemäßigt-kontinental verbreitete Arten auszeichnet. Innerhalb der Leberblümchen-Gebietsausbildung kann man folgende Lokalausbildungen erkennen:

- mit *Melica picta* im westlichen Steigerwald und Schweinfurter Becken,
- mit *Melampyrum nemorosum* im Grabfeld,
- mit *Melica uniflora* in der nördlichen Fränkischen Alb und deren Vorland,
- mit *Melittis melissophyllum* in der trockeneren südlichen Fränkischen Alb und der Riesalb,
- mit *Symphytum tuberosum* in der südöstlichen Alb und im unterbayerischen Hügelland.

c. Eine Vikariante ohne *Stellaria holostea* und vorherrschender *Quercus robur* lässt das Galio-Carpinetum gegen den feuchteren Alpenrand hin ausklingen.

d. Die Vikariante mit *Melittis* und *Coronilla emerus* im südlichen Oberrhein-, Hochrhein- und Bodenseegebiet leitet dagegen zum Carici-Tilietum über, weist also auf submediterrane Einflüsse hin.

Stellt man dieselben zahlreichen Vegetationsaufnahmen nach anderen Gesichtspunkten zusammen, so kann man mehrere Subassoziationen erkennen. Müller zeigte dies am Beispiel des Main-Neckar-Gebiets (in Oberdorfer et al. 1992, Tabellenband S. 349–358, Textband S. 169–171):

A. Die Subassoziation mit *Primula veris* subsp. *canescens* deutet auf relativ trockene, aber nährstoff- und kalkreiche Böden; sie enthält auch zahlreiche andere Trockenheitszeiger, z. B. *Lithospermum purpureo-caeruleum*.

B. Die Subassoziation mit *Tilia platyphyllos* vermittelt an Steinschutt-Hängen zum TILIO-ACERION hin (s. Kap. 6.1 u. 6.2).

C. Als „typische" Subassoziation gilt die mit *Asarum europaeum*. Sie zeigt ähnliche, aber etwas feuchtere Böden als A an und umfasst:

- eine typische Variante,
- eine Variante mit *Primula elatior* auf „betont frischen bzw. grundfrischen" Böden.

Beide Varianten gliedern sich in
- jeweils eine typische Subvariante und
- eine solche mit *Molinia arundinacea*, die möglicherweise auf „Wechselfrische", also zeitwelige Austrocknung deutet.

D. Die Subassoziation mit *Stachys sylvatica* kennzeichnet feuchte, sehr fruchtbare Standorte und wird von *Quercus robur* beherrscht. Dieser „feuchte Eichen-Hainbuchenwald" entstand in Mulden und Tälern, in denen sich während klarer Nächte oft Kaltluft sammelt. Das gilt vor allem für die
- Variante mit *Astrantia major*, weniger für die
- typische Variante.
- Die seltene Variante mit *Allium ursinum* entwickelte sich vor allem an besonders nährstoffreichen Unterhängen (vgl. Kap. 5.3.2).

E. Die Subassoziation mit *Carex brizoides* „stellt sich dort ein, wo Wasserstau zumindest im Frühjahr bis an die Oberfläche reicht", aber die Nährstoff- und Basenversorgung „nicht mehr so günstig" ist.

F. Die Subassoziation mit *Potentilla alba* und anderen Trockenheits- sowie Säurezeigern ist noch weniger wuchskräftig; neben einer
- typischen Variante gibt es hiervon eine
- Variante mit *Molinia arundinacea* auf „ziemlich staufeuchtem" Boden.

G. Die Subassoziation mit *Luzula luzuloides* weist ökologisch in die Richtung auf das Luzulo-Fagetum (s. Kap. 5.5) hin, d. h. auf relativ sauren Boden mittlerer Feuchtigkeit; jedenfalls gilt das für die
- typische Variante, während die
- Variante mit *Deschampsia cespitosa* auf feuchteren Boden deutet. Beide Varianten gibt es in einer
- typischen Subvariante und einer
- Subvariante mit *Molinia arundinacea*, von der wiederum angenommen wird, dass sie Wechselfeuchtigkeit anzeigt.

Solche standörtlichen Untereinheiten spiegeln sich möglicherweise auch in Unterschieden in der Produktivität der Bäume wider. Doch sind diese bisher nicht exakt belegt, zumal Ertragsmessungen jahrzehntelange Aufzeichnungen erfordern und schlecht auf unregelmäßig begrenzte Flächen bezogen werden können. Ohnehin stößt die praktische Auswertung einer so fein verästelten Hierarchie von Vegetationseinheiten auf Schwierigkeiten. Oft ist es nicht ohne Weiteres möglich, eine bestimmte Subvariante, Variante, Subassoziation (oder auch Assoziation) im Gelände anzusprechen. Denn keine der Differenzialarten (und der wenigen Charakterarten) ist absolut auf eine solche Einheit beschränkt, wie schon aus Tabelle 6–6 hervorging. Sowohl manche der standörtlichen als auch der geografischen Untereinheiten bezeichnen ja gerade Übergänge zu anderen Assoziationen oder deren Untereinheiten. Letzten Endes ist also jeder Bestand ein Sonderfall, den man durch seine spezifischen standörtlichen Eigenschaften charakterisieren muss. Das lässt sich am einfachsten mittels der Zeigerwerte der Arten durchführen.

Im Norden Deutschlands werden die Eichen-Hainbuchenwälder systematisch z. T. anders gegliedert als im Südwesten. Hier hat z. B. Dierschke (1986) eine Gliederung vorgeschlagen. Auf die an Linden reichen CARPINION-Wälder gehen wir in Kapitel 6.6.4 ein. Sehr artenreiche Eichen-Hainbuchenwälder gibt es auf der Balkanhalbinsel (Horvat et al. 1974). Vukelic (1991) fasste die in Kroatien vorherrschenden, „illyrischen" Gesellschaften in einem besonderen Verband zusammen, den er LONICERO CAPRIFOLIAE-CARPINION nennt. Als dessen Charakterarten gelten:

Lonicera caprifolium	*Helleborus dumetorum*
Knautia drymeia	*Helleborus odorus*
Primula vulgaris	

6.6.2 Bodenfeuchte Sternmieren-Eichen-Hainbuchenwälder

In den weniger trockenen Tieflagen Mitteleuropas, insbesondere im Bereich des Klimaquotienten zwischen 20 und 30 (s. Tab. 6–7), ist die Rotbuche überall als mögliche Konkurrentin mit im Spiel. Aber auch hier gibt es von Natur aus rotbuchenfreie Eichen-Hainbuchenwälder. Wie schon in Kapitel 5.1 ausgeführt, sagen der Rotbuche zeitweilig oder dauernd nasse Böden nicht zu, weil sie auf Anoxie nicht mit der Ausbildung von Wurzelaerenchym und Adventivwurzeln reagiert. Auch ihre Samen leiden, wie schon Watt (1923) betonte, unter dem mit Nässe verbundenen Sauerstoffmangel und faulen leicht auf vernässten Böden. In tonreicheren Böden wird *Fagus* schon beeinträchtigt, wenn der Grundwasserspiegel mehr als 3 Monate

Tab. 6–7 Auf die natürliche Rolle der Rotbuche bezogene Klimadaten mitteleuropäischer Stationen. Zusammengefasster Auszug aus Tabellen von Ellenberg (1963).

	I Höhe ü.NN. (m)	II Temperatur im Juli (°C)	III Niederschläge im Jahr (mm)	IV Quotient 1000 · II : III
Subalpiner Buchenwald				**<10**
1. Alpen nahe der Waldgrenze	1670–1780	9,9–13,6	1670–1780	6–7,5
2. Vogesen, Sudeten, Harz	1150–1395	10,0–13,3	1140–1930	6–10
Buchen-Tannenwald				**um 10**
3. Schweizerische Alpen und Jura	1090–1100	14,6–14,9	1340–1530	9,5–11
4. Bayerische Alpen, Schwarzwald	910–1025	14,0–15,5	1030–1660	8,5–14
Buchenwald (mit ± Nadelhölzern)				**10–20**
5. Schweizerische Randalpen	725–955	15,6–16,5	1165–1585	10–13,5
6. Höheres Schweizerisches Mittelland	450–570	17,4–18,4	920–1150	16–19,5
7. Schwarzwald, Schwäbische Alb u. a.	695–910	13,7–15,5	930–1510	10,5–15,5
8. Erzgebirge, Sudeten	635–754	14,4–14,6	1110–1220	12–13
Buchenwald mit Eichen u. a.				**20–30**
9. Tieferes Schweizerisches Mittelland	275–420	17,4–19,5	780–890	21,5–23
10. Südwest- und Westdeutschland	120–400	17,0–19,5	610–840	23–28
11. Nordwestdeutschland	10–60	13,3–16,8	720–790	21–22,5
12. Nördl. Ostdeutschland, Nordwestpolen	5–75	16,7–17,7	610–750	20–28
Eichenmischwald (± ohne Buche)				**>30**
13. Zentralalpen-Täler (mit Kiefer)	540–550	19,3–19,5	540–640	30,5–36
14. Oberrheinebene, Maintal	95–190	18,3–20,1	480–550	33–42
15. Mitteldeutsch-polnisches Trockengebiet	60–130	18,0–18,6	500–520	34,5–36,5

Berücksichtigte Stationen: 1: Mte. Generoso, Rigi; 2: Gr. Belchen, Glatzer Schneeberg, Brocken; 3: Göschenen, Wildhaus, Sainte-Croix; 4: Mittenwald, Höchenschwandt, Todtnauberg; 5: Heiden, Affoltern (Emm.), Marsens, Seewies; 6: Zürich, Bruus, Bern; 7: Freudenstadt, Böttingen, Klausthal, Schneifel; 8: Altenburg, Schreiberhau;
9: Diessenhofen, Kreuzlingen, Basel, Genf, Aigle; 10: Freiburg i.Br., Heidelberg, Stuttgart-Hohenheim, Göttingen; 11: Münster i.W., Elsfleth, Flensburg; 12: Görlitz, Köslin, Swinemünde, Neustrelitz; 13: Sitten, Siders; 14: Colmar, Mainz, Kitzingen; 15: Magdeburg, Posen, Liegnitz. (Die Namen der Orte entsprechen den verwendeten Literaturquellen.)

lang 50 cm oder weniger von der Bodenoberfläche entfernt bleibt (s. Abb. 6–21). Auf grundwasserbeeinflussten sandigen Böden toleriert die Buche höhere Wasserstände, offenbar weil in Trockenperioden eine bessere Sauerstoffversorgung möglich ist als in lehm- und tonreichen Substraten. Das zeigen z. B. Beobachtungen im Naturwaldreservat Hasbruch bei Bremen, wo die Buche auf Sandböden Grundwasserstände nahe der Oberfläche toleriert, indem sie kleine trockene „Inseln“ im Eichen-Hainbuchenwald besiedelt (Jahn 1984, Leuschner 1998, Meyer et al. 2000).

Der Stieleiche, der Hainbuche, der Esche und den Ahornarten dagegen macht Nässe weniger aus, wenn nur ihre Nährstoffversorgung gesichert ist, sodass auf mineralischen Nassböden, insbesondere auf Mullgley (s. Abb. 6–20), ganz ähnliche Baumartenkombinationen entstehen können wie auf den Braunerden der Trockengebiete. Solche „feuchten“ Eichen-Hainbuchenwälder (Stellario-Carpinetum) sind im nordwestdeutschen Tiefland besonders gut entwickelt und wurden hier von Tüxen und seinen Schülern und jüngeren Autoren (s. z. B. Ellenberg 1939 u. Gönnert 1989) gründlich studiert. Außerdem ist ihr Vorkommen von vielen anderen Autoren aus den verschiedensten Teilen Mitteleuropas belegt worden. Das von Oberdorfer (1957 und später) aus dem Oberrheingebiet beschriebene Galio-Carpinetum circaeetosum besiedelt weniger feuchte Bö-

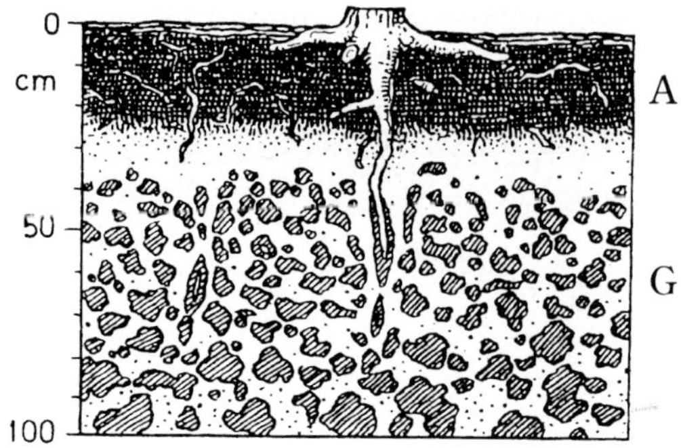

Abb. 6–20 Mullgley unter einem buchenfreien feuchten Eichen-Hainbuchenwald. Nach Ellenberg (1937), etwas verändert.
Gegen den humusreichen Mull des Oberbodens (A) setzt sich ziemlich scharf der Gleyhorizont (G) ab, der sich im Schwankungsbereich des Grundwassers ausbildete. Seine Grundfarbe ist hellgrau mit einem Stich ins Bläuliche oder Grünliche, der von zweiwertigen (reduzierten) Eisenoxidhydraten herrührt. Leuchtend rostige Flecken (schraffiert) entstanden durch Oxidation, bei der wahrscheinlich Bakterien mitwirkten.

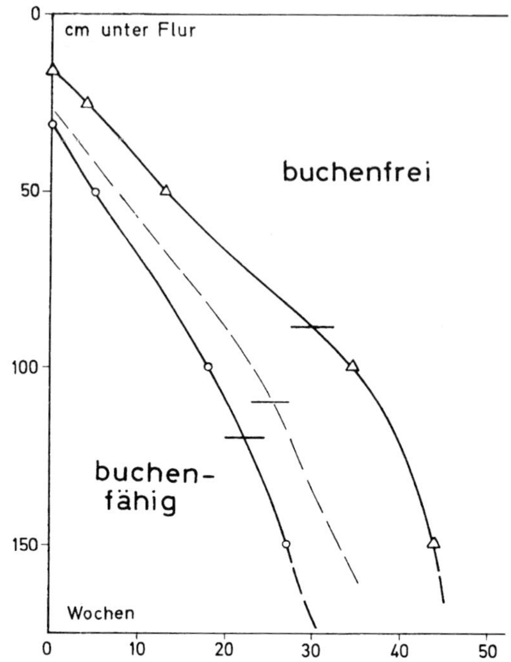

Abb. 6–21 „Grundwasserstands-Dauerlinien" (eigentlich Überschreitungsdauer-Linien) von buchenfähigen und buchenfreien Lehmböden des Schweizerischen Mittellandes. Nach Klötzli (1968), etwas verändert.
Jeder Punkt auf einer solchen Dauerlinie gibt für eine bestimmte Bodentiefe (Ordinate) die Zeitdauer in Wochen pro Jahr (Abszisse) an, während derer der Grundwasserspiegel mindestens bis hierhin reicht.
Unter mäßig feuchtem Buchenmischwald („buchenfähig") beispielsweise steht das Grundwasser nur etwa 5 Wochen lang in 50 cm Tiefe oder höher und weniger als etwa 5 Monate (20 Wochen) lang in 100 cm Tiefe. Wenn der Grundwasserspiegel 3 Monate (12 Wochen) oder länger bis 50 cm ansteigt, kann die Rotbuche nicht mehr gedeihen. Dies gilt nur für Lehmböden, in denen sich über dem Grundwasserspiegel ein „Kapillarsaum" (d. h. eine wasserdurchtränkte, luftarme Zone) von mehreren Dezimetern Mächtigkeit ausbildet. Sandböden mit etwa 20 cm höheren Wasserständen sind noch buchenfähig.

den, die noch buchenfähig sind. *Fagus* findet hier sogar bessere Lebensbedingungen vor als an trockeneren Standorten (s. Tab. 6–8, 4 b), zumal es sich um einen überwiegend sandigen Boden handelt.

Schwierig ist die Abgrenzung der bodenfeuchten Eichen-Hainbuchenwälder von den Ahorn-Eschen-Hangfußwäldern (s. Kap. 6.1.3) sowie von manchen Hartholz-Auenwäldern (s. Kap. 8.3.1.5). Das Artengefüge dieser drei Waldgesellschaften ist so ähnlich, dass manche Autoren sie zu einem Verband (Alno-Ulmion, vgl. Kap. 26: Nr. 8.4.3.3), den bodenfeuchten Edellaubmischwäldern, zusammenfassen. Andere vereinigen die Eichen-Hainbuchenwälder bodenfeuchter mit denen trockener Standorte im Verband Carpinion, so wie das hier geschieht. Hauptgründe dafür sind die häufige Vorherrschaft der Hainbuche und das Fehlen ständiger Nährstoffzufuhr, sei sie kolluvial oder alluvial, die sich in einem höheren Anteil von Stickstoffzeigern bemerkbar macht. Durch die in Kapitel 3.7.2 angesprochene Eutrophierung ist die Grenze allerdings fließend geworden. Gute Charakterarten für die Gesamtheit der Eichen-Hainbuchenwälder gibt es außer *Carpinus* ja ohnehin nicht, und auch diese ist nicht ganz treu.

Doch ist es erstaunlich, wie wenig die Liste des Sternmieren-Eichen-Hainbuchenwaldes in der Eilenriede bei Hannover (s. Tab. 6–8, 2 f) von der bereits besprochenen Liste aus dem „Ur"wald von Białowieża (1 f) abweicht, obwohl sich Nordwestdeutschland und Ostpolen im Allgemeinklima wesentlich unterscheiden. In beiden Gesellschaften bildet die Hainbuche mit anderen Halbschatthölzern dichte Bestän-

Tab. 6–8 Linden- und Eichen-Hainbuchenwälder auf schwach und stark vom Grundwasser beeinflussten Böden in verschiedenen Gegenden Mitteleuropas. Erläuterung siehe nächste Seite!

Gesellschaft Nr.:	1		2		3		4		5
Bodenfeuchte:	m	f	m	f	m	f	m	f	f
Bewirtschaftung:	naturnah				± stark gelichtet				
Baumschicht									
Carpinus betulus	5	5	5	5	5	5	5	5	4
Fraxinus excelsior	4	5	2	3	2	4	3	5	
Acer platanoides	5	5	2	3	2		1	2	1
Tilia cordata	5	5		1	4	1	4	4	5
Quercus robur	5	4	5	5	2	5		•	4
Ulmus glabra	3	3					1	1	1
Prunus padus		1	3	4		2		•	
ö *Picea abies*	5	5							1
Fagus sylvatica			5		3		3	5	
Acer pseudoplatanus			1	2	4	2		2	
Acer campestre				1	1	1	5	4	
Quercus petraea					4		5	3	2
L *Prunus avium*							4	4	1
Abies alba (gepflanzt)							4	3	
L *Robinia* (gepflanzt)							2	2	
Ls *Sorbus torminalis*							2		
Ls *Sorbus aria*							2		
Pinus sylvestris (gepflanzt)									4
Strauchschicht									
Corylus avellana	4	5		2	3	4	2	4	5
Euonymus europaea	1	2	2	2	2	2	3	3	3
Rubus idaeus	3	3	1	4	2	3	•	•	3
Sorbus aucuparia	2	3	1	2	1	1	•	•	3
Viburnum opulus		1	2	2	1			2	•
Daphne mezereum	2	2	•		1		1	1	1
Crataegus sp.			1	4	3	2	3	1	2
L *Cornus sanguinea*			1	2	1	2	4	4	2
L *Sambucus nigra*				2	4	2		2	
Lonicera xylosteum			•	•	2		4	3	
Lonicera periclymenum				3			2	1	
Ilex aquifolium			•				3	2	
L *Rosa* sp.					2	1	5	4	
Ls *Ligustrum vulgare*							4	4	
Ls *Viburnum lantana*							4	2	
L *Berberis vulgaris*							2		1
ö *Euonymus verrucosa*									4

Gesellschaft Nr.:	1		2		3		4		5
Bodenfeuchte:	m	f	m	f	m	f	m	f	f
Bewirtschaftung:	naturnah				± stark gelichtet				
Krautschicht									
Feuchtigkeitszeiger:									
a *Athyrium filix-femina*	3	4	1	1	1	2		1	
Stachys sylvatica	2	4	1	2		5		2	
Circaea lutetiana	1	3	1	1	1	2		2	1
Impatiens noli-tangere	2	4	1	•		2		•	1
Festuca gigantea	2	3	1	2	1	4		•	3
Glechoma hederacea	1	3		1		2		•	3
Urtica dioica	4	5	3	1	3	4		•	4
L *Deschampsia cespitosa*			2	3	2	4		3	2
Carex brizoides						3			
Stellaria nemorum	3	4							
Carex remota		2	1	2		1			
weit verbreitete Arten									
b *Viola reichenb.* u. *V. riviniana*	5	5	5	2	4	5	4	5	3
Polygonatum multiflorum	5	4	4	5	5	2	3	4	3
Anemone nemorosa	3	3	5	5	5	4	5	5	5
Milium effusum	4	3	5	4	3	4	3	1	2
Lamiastrum galeobdolon	5	5	5	4	5	2	1	3	5
Stellaria holostea	5	5	5	5	4	5		1	
Oxalis acetosella	5	4	3	3	2	2	1	2	4
Geum urbanum	2	4	2	3	2	2	1	2	5
Pulmonaria off. u. *P. obscura*	2	3	3	1	4	2	4	3	5
Carex sylvatica	1	2	3	1	2	1	3	4	1
Geranium robertianum	4	4	1	1	2	1		3	4
Ranunculus ficaria	1		5	1	3	1		4	3
Galium odoratum	5	5	5				3	3	1
Hepatica nobilis	5	5	2		2		•	1	4
Ajuga reptans	4	4		•	2	2	2	1	3
Maianthemum bifolium	4	5	1	1	3	2		3	
Adoxa moschatellina	1	1	2	4	3	3		•	4
Moehringia trinervia	1	1	1		3	5		•	5

Tab. 6–8 Fortsetzung

Gesellschaft Nr.:	1		2		3		4		5
Bodenfeuchte:	m	f	m	f	m	f	m	f	f
Bewirtschaftung:	naturnah				± stark gelichtet				
Paris quadrifolia	4	3		•	1			4	1
Sanicula europaea	3	2	•		1		1	3	1
Phyteuma spicatum	1		•		2		4	1	1
Mercurialis perennis		1	•		2		3	1	1
Scrophularia nodosa		1		•	4	4		•	4
Festuca altissima	1	1	2						
Aegopodium podagraria	5	5		•	3	2		•	5
Asarum europaeum	4	5			2		•	•	3
Lathyrus vernus	3	4			1		•	•	1
Dryopteris carthusiana	4	5	•		1		•		2
Dryopteris filix-mas	3	3	•						
Carex digitata	3	2			•		3	2	3
differenzierende Arten:									
c *Ranunculus lanuginosus*	4	5						•	
ö *Ranunculus cassubicus*	4	5							
ö *Equisetum pratense*	4	5							2
Dentaria bulbifera	4	2							
Gymnocarpium dryopteris	4	3							
(ö) *Carex pilosa*	4	3							1
d L *Brachypodium sylvaticum*	1			2	2	4	5	5	2
Hedera helix			5	4	1	1	5	5	
Melica uniflora			4		1		4	3	
L *Poa nemoralis*	•		2	4	5	5	2	2	3
L *Dactylis glomerata*	•	•	3	2	4	4		1	1
L *Rubus* sp.	•	•	5	2	2	2	2	2	2
e L *Fragaria vesca*	•		•		2	3	5	3	3
L *Vicia sepium*	•		•			3	4	1	

Gesellschaft Nr.:	1		2		3		4		5
Bodenfeuchte:	m	f	m	f	m	f	m	f	f
Bewirtschaftung:	naturnah				± stark gelichtet				
L *Melica nutans*	•				2	3	2	3	4
L *Convallaria majalis*	•		•		3		2	4	2
L *Galium sylvaticum* agg.					2	2	5	4	4
L *Veronica chamaedrys*	•		•		1		2	1	4
L *Vinca minor*					1		1	2	
L *Campanula trachelium*	•				1		3	2	
L *Lilium martagon*					3			2	
Luzula pilosa			•		2	1	3		2
Hieracium sylvaticum					1		3		
L *Galium aparine*					2	5			2
L *Galeopsis tetrahit*					2	3			2
f L *Potentilla sterilis*							4	3	
L *Euphorbia amygdaloides*							4	2	
L *Solidago virgaurea*	•						3	1	•
L *Carex montana*	•						3		•
L *Carex flacca*							3	1	
L *Valeriana officinalis* agg.							3	1	
L *Carex ornithopoda*							3		
Primula elatior				•			2	3	
Listera ovata								3	
g *Stellaria media*									4
Fallopia dumetorum									4
Lysimachia nummularium									3
Galeopsis pubescens									3
Chelidonium majus									3
Lapsana communis									3
Viola mirabilis									3

L = stärker lichtbedürftig
w = westlicher Verbreitungsschwerpunkt
ö = östlicher Verbreitungsschwerpunkt
s = südlicher Verbreitungsschwerpunkt
• = im Gebiet in ähnlichen Gesellschaften auftretend
m = mittelfeucht, f = feucht

Weitere Erläuterungen zu Tab. 6–8

Die Spalten 1 bis 4 enthalten jeweils eine Gesellschaft auf frischen bis **mäßig feuchten** (m) und eine auf sehr **feuchten** (f) Böden aus ein und derselben Gegend.

Naturnahe, dauernd hochwaldartige Bestände:

Nr. 1: **Linden-Hainbuchenwälder** im Urwald von Białowieża. Nach A. u W. Matuszkiewicz (1954, S. 42/43),
1 m: Typischer Linden-Hainbuchen-Mischwald (Tilio-Carpinetum typicum) mit nicht durchnässtem Oberboden,
1 f: Feuchter Li-Hb-Mischwald (T.-C. stachyetosum) mit häufig vom Grundwasser durchnässtem Boden.
Nr. 2: **Sternmieren-Eichen-Hainbuchenwälder** im Stadtwald von Hannover. Nach Lohmeyer (1951, S. 52 u. 58),

2 m: Buchenreicher Sternmieren-Ei-Hb-Wald (Stellario-Carpinetum asperuletosum) auf Böden wie 1 m,
2 f: Feuchter Sternmieren-Ei-Hb-Wald (St.-C. stachyetosum) auf Böden wie 1 f.

Vom Menschen häufig gelichtete, mittel- oder niederwaldartige Bestände:

Nr. 3: **Sternmieren-Eichen-Hainbuchenwälder** im Trockengebiet östlich des Harzes. Nach Passarge (1953, S. 11 u. 45),
3 m: Lungenkraut-Traubeneichen-Hainbuchenwald („Pulmonaria-Traubenei.-Hb-Wald") auf Böden ähnlich Nr. 1 m,
3 f: Waldziest-Stieleichen-Hainbuchenwald („Stachys-Stielei.-Hb-Wald") auf Böden ähnlich Nr. 1 f.

Nr. 4: **Labkraut-Eichen-Hainbuchenwälder der Oberrheinebene**. Nach Oberdorfer (1957, S. 424 a u. b),
4 m: Typischer Labkraut-Ei-Hb-Wald (Galio-Carpinetum, reine Ausbildungsform) auf Böden, die zuweilen austrocknen,
4 f: Feuchter Labkraut-Ei-Hb-Wald (G.-C. ciraeetosum) auf oft durchnässten Böden.
Nr. 5: **Linden-Hainbuchenwald** in Mittelpolen (Tilio-Carpinetum, „Galeobdolon-Variante"). Nach W. u. A. Matuszkiewicz (1956, Forstamt Ruda bei Puławy, Tab. 7) auf überwiegend feuchten Böden.

Einige wenig stete Arten wurden weggelassen. Alle Tabellen stammen aus den 1950er-Jahren, als die jahrhundertelangen Bewirtschaftungs-Unterschiede sich noch deutlich auswirkten und Immissionen das Artengefüge noch nicht verändert haben konnten (vgl. Tab. 4-27 mit Nr. 2m!).

a bis g = Arten mit verschiedenem Verhalten innerhalb der Linden- bzw. Eichen-Hainbuchenwälder:
a Differenzialarten bodenfeuchter Untergesellschaften.
b Arten, die mehr oder minder gleichmäßig über alle Gebiete verteilt sind und sowohl in den mittelfeuchten als auch in den feuchten Untergesellschaften vorkommen.
c Nur im „Urwald" von Białowieża stetig vorkommende Differenzialarten, die dort in beiden Untergesellschaften auftreten.
d In Hannover, im Harz, in der Oberrheinebene und in Mittelpolen, jedoch nicht in Białowieża regelmäßig vertretene Arten.
e Ähnlich wie d, aber im Stadtwald von Hannover auffallend selten.
f Nur in Mittelpolen bei Aufnahmen von Eichen-Linden-Hainbuchenwäldern erfasste Arten.

de, aus denen einzelne alte Stieleichen herausragen. Nur die Fichte fehlt im nordwestdeutschen Eichen-Hainbuchenwald und die Linde ist seltener, während Berg- und Feldahorn dafür eintreten und die Traubenkirsche üppiger gedeiht. Beide Gesellschaften stimmen darin überein, dass Sträucher und Jungbäume unter Lichtmangel leiden, Frühlingskräuter hohe Stetigkeiten und Deckungsgrade erreichen (s. Abb. 6–22) und Moose meistens erstickt werden. Großenteils sind auch dieselben Feuchtigkeitszeiger vertreten, z. B. *Carex remota*, *Festuca gigantea* und *Stachys sylvatica*. Sogar darin ähneln sich beide Artenlisten, dass ausgesprochene Lichtpflanzen keine große Rolle spielen, wenn auch einzelne von ihnen in der Eilenriede bei Hannover höhere Stetigkeit erlangten als in Białowieża.

Die auffallenden Gemeinsamkeiten beruhen sehr wahrscheinlich zum einen darauf, dass die Böden der Eilenriede denen von Białowieża ähnlich sind; handelt es sich doch in beiden Fällen um altpleistozäne Grundmoränen oder schwach lehmige Talsande, die teilweise von

Abb. 6–22 Anemonenteppich am Boden eines feuchten Eichen-Hainbuchenwaldes (Stellario-Carpinetum stachyetosum) in der Eilenriede bei Hannover.
Frühlingsgeophyten wie *Anemone nemorosa* können sich dort am besten entfalten, wo keine Hemikryptophyten den Boden mit ihrem Blattwerk überdecken, weil es diesen nach der Belaubung der Bäume zu schattig ist.
Die oberirdische Biomasse von *Anemone nemorosa* erreicht nach Schultz (1982) schon Ende April ihr Maximum, das aber weniger als ein Drittel der unterirdischen Biomasse beträgt. Der Jahreszuwachs der Energie speichernden Rhizome ist mit der Wasserversorgung während des Frühjahrs positiv korreliert.

Bächen umgelagert wurden und aus denen das Grundwasser echte Gleye entstehen ließ. Als wesentliche Ursache kommt aber zum anderen der Umstand hinzu, dass die Eilenriede ebenso wie der Wald von Białowieża während der letzten Jahrhunderte nur sehr wenig vom Menschen beeinflusst wurde – am wenigsten von allen Eichen-Hainbuchenwäldern im Tiefland westlich der Oder. Dieser etwa 650 ha große alte Stadtwald wurde nämlich im Zentrum seines Nordteils schon seit dem Mittelalter nicht mehr beweidet und nur zur Bauholzgewinnung, also plenterartig und sehr schonend, genutzt. Wie im Wald von Białowieża fanden daher stark lichtbedürftige Pflanzen nur selten einmal Entwicklungsmöglichkeiten, – mit Ausnahme der Eiche, die wie überall im Mittelalter und in der frühen Neuzeit, besonderen Schutz genoss.

Trotz zeitweiliger Begünstigung der Eiche haben sich aber allenthalben in der Eilenriede, wo der Oberboden mehr als 20–30 cm dauernd durchlüfteten Wurzelraum bietet, Rotbuchen ansiedeln und zu prächtigen Stämmen entwickeln können. Während man einen solchen Niveauunterschied im Wald von Białowieża kaum an einem Artenwechsel ablesen kann, drängt er sich in der Eilenriede geradezu auf und ist mühelos zu kartieren. Sobald die Buche die Oberhand gewinnt, baut sie ihr stark schattendes Kronendach auf, unter dem sich lichtgenügsame, herdenbildende Arten wie *Anemone nemorosa*, *Galium odoratum* und *Melica uniflora* ausbreiten können (s. Tab. 6–8, 2 m und Abb. 6–23). Stieleiche und Hainbuche sind zwar noch in fast jeder Aufnahme Lohmeyers (1951) enthalten, aber stets nur mit geringen Mengen.

Steigt die Bodenoberfläche in der Eilenriede noch höher über den Grundwasserspiegel an, so ändert sich zwar das Artengefüge der Krautschicht, doch erhält die Rotbuche ihre Herrschaft aufrecht. Lohmeyer (1951) unterschied mit abnehmendem Grundwassereinfluss krautreiche, waldschwingelreiche und maiglöckchenreiche Buchenmischwälder (s. Kap. 5.4.2).

Das Beispiel der Eilenriede bestätigt somit die bereits allgemein ausgesprochene Regel, dass die Baumarten des Eichen-Hainbuchen-Mischwaldes in einem den Typen 9 bis 12 in Tabelle 6–7 entsprechenden Klima an allen nicht zu nassen Standorten von der Rotbuche bedrängt werden. Wie groß die Rolle der Letzteren unter natürlichen Verhältnissen wäre, lässt sich schwer entscheiden. Die Einflüsse

Abb. 6–23 Harter Wechsel von dunklen und hellen Stellen am Boden eines Eichen-Hainbuchenwaldes (Stellario-Carpinetum corydaletosum) mit viel *Corylus* in der Leineaue bei Garbsen (nordwestlich von Hannover). Unter den hohen Stauden links herrschen Brennnesseln vor (Sommeraspekt), da der Boden sehr stickstoffreich ist.

des Menschen setzten in diesen Landschaften meistens schon sehr früh ein, und man muss selbst in heute völlig naturnah erscheinenden Beständen mit ihren Auswirkungen rechnen.

In nahezu allen CARPINION-Gesellschaften gibt es Untereinheiten, die auf hoch anstehendes Grundwasser oder auf gestautes Bodenwasser, also auf höhere Bodenfeuchtigkeit hinweisen. Als Differenzialarten und damit als Indikatoren relativ besserer Wasserversorgung dienen überwiegend zartblättrige Pflanzen wie Frauenfarn (*Athyrium filix-femina*), Großes Springkraut (*Impatiens noli-tangere*), Große Brennnessel (*Urtica dioica*), Hexenkraut (*Circaea lutetiana*) oder Waldziest (*Stachys sylvatica*). Bemerkenswerterweise erreichen die Feuchtigkeitszeiger im „nassen Eichen-Hainbuchenwald“ (Querco-Carpinetum filipenduletosum) nach Tüxen (1937) und Ellenberg (1939) eine geringere Stetigkeit als im weniger bodenfeuchten Querco-Carpinetum stachyetosum. Das liegt daran, dass die nassesten Böden nur flach durchwurzelt werden und daher in Trockenjahren unsichere Standorte für empfindliche Pflanzen darstellen (s. Kap. 4.5.2.5 b).

6.6.3 Mehr oder minder rotbuchenreiche Eichen-Hainbuchenwälder

Über die natürliche Rolle der Rotbuche in Eichen-Hainbuchenwäldern sagt die in Kapitel 6.6.1 vorgestellte systematische Gliederung höchstens indirekt etwas aus. Da sie ökologisch und forstwirtschaftlich von Belang ist, sei sie hier ausführlich erörtert. Schon Meusel (1955) wies auf die allmähliche Änderung hin, die unsere Laubmischwälder beim schrittweisen Übergang vom buchenfreundlichen Montanklima zum buchenfeindlichen Trockenklima erfahren, und zwar am Beispiel der bodensauren Waldgesellschaften des Harzes und seines östlichen Vorlandes.

Bei etwa 500 m ü.NN. im Unterharz ist der Hainsimsen-Buchenwald (Luzulo-Fagetum) gut ausgebildet. Auf vergleichbarem Boden im vorgelagerten niedrigeren Bergland gewinnt die Traubeneiche an Einfluss und die Hainbuche tritt mit Sträuchern und Kräutern hinzu. Nach dem natürlichen Mischungsverhältnis der Hauptbäume nennt Meusel (1955) diese Gesellschaft „Luzula-Querco-Fagetum“, betont also die Rotbuche als den immer noch herrschenden Baum. Im Zentrum des mitteldeutschen Trockengebietes, nördlich von Halle, dagegen ist die Rotbuche heute selten und überlässt es der Hainbuche und der Linde, die Baumschicht zu bilden (s. Abb. 6–24). Sogar die Hainbuche erscheint auf saurem Boden durch das warm-trockene Klima geschwächt und fehlt stellenweise. Das starke Hervortreten trockenheitsertragender Lichtpflanzen dürfte freilich nur teilweise auf die Niederschlagsarmut ihrer Wuchsorte zurückzuführen sein. Wirksamer war wahrscheinlich die häufige Nutzung der Baumschicht; gehört doch das östliche Harzvorland von alters her zu den dichtest besiedelten Landschaften Mitteleuropas.

Ähnlich wie in der von Meusel (1955) behandelten Reihe lässt sich auch auf basenreicheren Böden beobachten, dass die Rotbuche bis an den Rand der eigentlichen Trockengebiete vordringt, und dass ihr Anteil am natürlichen Waldaufbau dabei nicht kontinuierlich abnimmt, sondern erst in der Nähe ihrer absoluten Grenze plötzlich absinkt. Ob die Buche bei Jahresniederschlägen unterhalb von 500 mm vorkommt oder nicht, hängt wesentlich vom Boden und dessen **Wasserspeicherfähigkeit** ab. Am trockensten Ort Deutschlands, Halle an der Saale, stocken in der Dölauer Heide bei etwa 450 mm Niederschlag auf Lösslehmen durchaus vitale Buchenbestände, die sich auch verjüngen. Auf flachgründigen Rendzinen oder tonreichen Parabraunerden, die im Sommer physiologisch trocken wirken, erreicht die Buche in Mitteldeutschland dagegen schon bei etwa 550 mm ihre „Trockengrenze“, so am Ostrand des Hai-

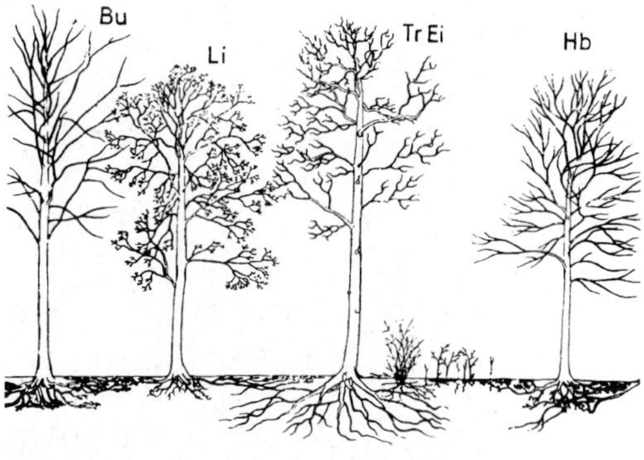

Abb. 6–24 Halbschematisches Profil durch einen mitteldeutschen Eichen-Linden-Mischwald bei Halle (Saale). Abgebildet sind *Fagus sylvatica*, *Tilia cordata*, *Quercus petraea*, *Corylus avellana* und Baumjungwuchs, *Carpinus betulus*. Das Wurzelwerk ist doppelt übertieft gezeichnet Nach Meusel (1952).

nich in Westthüringen (s. Hofmann 1965 u. Schlüter 1967). Im Bereich eines „Übergangsklimas" bei etwa 600–450 mm Niederschlag vermag die Buche also noch eine verhältnismäßig große Rolle zu spielen, wenn der **Boden schluffreich und tiefgründig** ist und der Mensch sie nicht daran hindert. Diese vielen Forstleuten geläufige Tatsache wurde früher von den meisten Pflanzensoziologen ebenso wenig beachtet wie die klimatisch bedingten Unterschiede zwischen reinen und mehr oder minder buchenreichen Eichen-Hainbuchenwäldern.

Die Labilität der Baumartenverhältnisse in der breiten klimatischen Übergangszone zwischen reinen Eichen-Hainbuchenwäldern und reinen Buchenwäldern machte es möglich, dass sich die **Wirtschaftsform des Mittelwaldes** (s. Kap. 3.3.1) mit seinen Eichen-Überhältern und seiner Hauschicht aus Hainbuchen, Haseln, Ahorn, Eschen, Linden und anderen ausschlagfähigen Laubhölzern über große Teile Mitteleuropas ausdehnte, auch in Gebiete hinein, die nach Aktenbelegen oder pollenanalytischen Befunden früher sicher buchenbeherrscht waren. Nach Etter (1943) sind die Begriffe „Eichen-Hagebuchenwald" und „Mittelwald" in der Schweiz geradezu identisch, wenn man von den wenigen Mittelwäldern absieht, die auf der Grundlage von wärmeliebenden oder bodensauren Eichenmischwäldern entstanden sind. Im Kanton Bern und im westlichen Teil des Kantons Aargau, deren Wälder immer hochwaldartig genutzt wurden, gab und gibt es nach Stamm (1938) kaum Beispiele von Eichen-Hagebuchenwäldern, während in den östlich und westlich davon gelegenen Teilen des schweizerischen Alpenvorlandes, z. B. im Kanton Zürich (Kuhn 1967, s. a. Keller 1975), durch die Mittelwaldwirtschaft überall Eichen-Hainbuchenwälder oder doch Eichenmischwälder entstanden sind. Nordwestlich von Zürich (Heitersberg bei Dietikon) stiegen solche sogar bis 780 m ü.NN. hinauf (s. a. Abb. 3–19 u. 6–25). Manche Eichen-Hainbuchenwälder im Schweizerischen Mittelland sind auch heute noch buchenfrei und deshalb nicht als potenzielle Buchenwälder ansprechbar, vor allem auf trockenen Kalkböden, wie Keller (1975) mit Recht hervorhob.

In Gebieten, deren Klima sowohl Rotbuchen als auch die meisten anderen Laubhölzer gedeihen lässt, hatte und hat es also der Mensch in der Hand, den einen oder den anderen das Übergewicht zu geben. Sogar die Umtriebszeit des Niederwaldes bzw. der Hauschicht im Mittelwald kann sich zugunsten oder zuungunsten bestimmter Baumarten auswirken. So gewin-

Abb. 6–25 Spätfrühlings-Aspekt eines alten Eichen-Hainbuchen-Mittelwaldes auf Mullgley südlich Kreuzlingen am Bodensee (1960). *Quercus robur* und *Fagus* (hinten rechts) sind Überhälter des ehemaligen Mittelwaldes. *Carpinus* ging dagegen aus Stockausschlägen der früheren Hauschicht hervor, in der sie zweifellos vorherrschte. Am Boden bildet *Carex pilosa* ausgedehnte Teppiche.

nen nach Brouillard (1911), der alte Erfahrungen zusammenfasste (s. a. Seibert 1966), bei 10- bis 12-jährigem Umtrieb echte Sträucher die Oberhand. Bei 18- bis 20-jährigem gelangen Eichen zur Herrschaft, deren junge Stämme und Äste nach dem Abhauen schnell wieder austreiben. Wird alle 20 bis 30 Jahre geschlagen – wie das in Mittelwäldern üblich war –, so hat die als Brennholz besonders geschätzte Hainbuche Zeit, Eichen und andere Lichthölzer durch ihren Schatten zurückzudrängen (s. Abb. 6–25). Bei mehr als 30-jährigem Umtrieb vermag sich bereits die Rotbuche zu behaupten, die zwar dann kaum noch aus dem Stock ausschlägt, aber vorher Früchte zu erzeugen vermochte und nun ihre schattenfesten Sämlinge ins Feld führt. Tannen und andere Nadelhölzer, die überhaupt keine Stockausschläge bilden, können im Nieder- und Mittelwald nur als geschonte Überhälter existieren. Gewollt oder unbewusst war hier also im Konkurrenzkampf der Bäume der Axtschlag des Menschen das „Zünglein an der Waage", jedenfalls solange in unseren Wäldern noch regelmäßig Brennholz geschlagen wurde.

Nur in der Nähe der Trockengrenze der Rotbuche und auf sehr armen Böden konnte es dazu kommen, dass sie in dicht besiedelten Gebieten ganz ausgerottet wurde. Sie verträgt hier den Mittel- und Niederwaldbetrieb noch schlechter als in feuchten und bodenreichen Landschaften. Ein wichtiger Faktor ist außerdem das Bestandesklima, das in den kleinen Waldresten, die noch inmitten der offenen Feldlandschaft erhalten blieben, trockener und „kontinentaler" geworden ist als im geschlossenen Naturwald. Tatsächlich ist das Trockengebiet im östlichen Harzvorland nach pollenanalytischen Befunden einst nicht so frei von *Fagus* gewesen, wie wir es heute kennen (Müller 1953, Passarge 1953, s. a. Litt 1990). Hier wurde die Buche im Holozän erst häufiger, nachdem die neolithischen Menschen bereits sesshaft geworden waren und größere Rodungen durchgeführt hatten. Es ist daher denkbar, dass bereits die frühe menschliche Rodungstätigkeit das dortige Klima buchenfeindlicher werden ließ. Unter den jetzigen Bedingungen gilt dieses Trockengebiet jedenfalls weitgehend als eine Eichen-Hainbuchenlandschaft, vor allem in dem zeitweilig sehr lufttrockenen Föhnbereich des Harzes (s. Abb. 6–5).

Was hier für das Harzvorland und für das Schweizerische Mittelland erörtert wurde, gilt in ähnlicher Weise auch für andere Gebiete Europas, die ein „Übergangsklima" und mehr oder minder buchenfähige Eichen-Hainbuchenwälder haben, z. B. die Würzburger Gegend, die Oberrheinische Tiefebene, sowie Beckenlandschaften in der Slowakei (Magic 1968) und in Kroatien (Horvat et al. 1974). Nur unter solchen Verhältnissen konnte die Frage: „Ist Eichen-Hainbuchenwald oder Buchenwald Klimax?" überhaupt zu einem Problem werden.

Die in der Vegetationskunde viel diskutierte „Eichen-Hainbuchenwald-Frage" kann in folgender Weise beantwortet werden: Auf grundwasserfreien Braunerden sind zwischen den reinen Buchenwäldern der montanen oder der oberen submontanen Stufe und den heute buchenarmen oder buchenfreien Laubmischwäldern der mitteleuropäischen Trockengebiete alle Übergänge möglich. Die Zwischenglieder bilden aber keine gleichmäßig gleitende Reihe. Vielmehr bewirkt die Rotbuche, sobald sie stark genug ist, sich in der oberen Baumschicht zu behaupten, so tief greifende Veränderungen im Bestandesklima und im natürlichen Artengefüge, dass dadurch besondere Gesellschaften entstehen. Es erscheint deshalb zweckmäßig, diese rotbuchenreichen Eichen-Hainbuchenwälder bzw. „eichenfähigen" Rotbuchenwälder als eigene Gruppe aufzufassen und von beiden Extremen abzutrennen. Das ist mit floristischen Mitteln allein nicht immer möglich, weil die Grenzen durch menschliche Einflüsse, insbesondere durch Mittelwaldwirtschaft, aber auch durch Waldweide, verschoben und verschärft wurden.

Eine großzügige experimentelle Prüfung dieser Ansicht hat die moderne Forstwirtschaft unbeabsichtigt dadurch eingeleitet, dass sie vom Mittel- und Niederwaldbetrieb fast überall in Mitteleuropa zum Hochwaldbetrieb überging. Leider ist aber zu befürchten, dass in nahezu sämtliche Wälder auf fruchtbaren Braunerden standortsfremde Nadelhölzer eingebracht und dadurch die natürlichen Konkurrenzverhältnisse in andere Richtungen verschoben werden. Nirgends wäre es deshalb dringender, Waldreservate für naturwissenschaftliche Studien einzurichten als in allen Eichen-Hainbuchenwäldern, die innerhalb des Rotbuchen-Areals liegen.

Ein Naturschutzgebiet, das bei seiner Begründung ein buchenarmer Eichenmischwald, nämlich ein ehemaliger Hudewald war, ist der seither sich völlig sich selbst überlassene Wald bei Fontainebleau südlich von Paris. In den letzten Jahrzehnten wurde dieser Wald immer reicher an Rotbuchen, obwohl häufige Stürme immer wieder Lücken schaffen, in denen Lichthölzer hochkommen können (Lemée et al. 1992). Trotzdem verjüngt sich die Buche so stark, dass Eichen, Eschen, Birken usw. immer mehr schwinden. Seit der Unterschutzstellung entwickelte er sich unaufhaltsam zum reinen Buchenwald. Zugleich verlor er an Artendiversität, wie viele unter strengem Schutz stehende Waldgebiete ebenfalls, z. B. der Hasbruch, der Neuenburger „Urwald" und der „Urwald" bei der Sababurg im Weserbergland (Koop 1981). Diese Erfahrungen dürfen durchaus als Experimente zur Lösung der „Eichen-Hainbuchenfrage" gewertet werden.

Um das **Klimagefälle** von rotbuchenreichen zu rotbuchenarmen bis -freien Landschaften mit Zahlen zu belegen, wurde Tabelle 6–7 zusammengestellt. Die kritische Grenze scheint bei jährlichen Niederschlägen von etwa 550–600 mm und Mitteltemperaturen des wärmsten Monats über 18–20 °C zu liegen. Beide Größen vereinigt der Quotient aus dem tausendfachen Julimittel und dem mittleren Jahresniederschlag zu einer leicht überschaubaren Ziffer (Spalte IV in Tab. 6–7). Nur wo dieser Quotient über 30 steigt, fehlt *Fagus* entweder ganz oder konnte doch leicht geschwächt werden, z. B. in zentralalpinen Tälern und im mitteldeutsch-polnischen Trockengebiet. Auch für Teile der Oberrheinischen Tiefebene und des Maintals ergaben sich solche Werte. Für Mainfranken veranschaulicht Abbildung 6–26 das Gefälle.

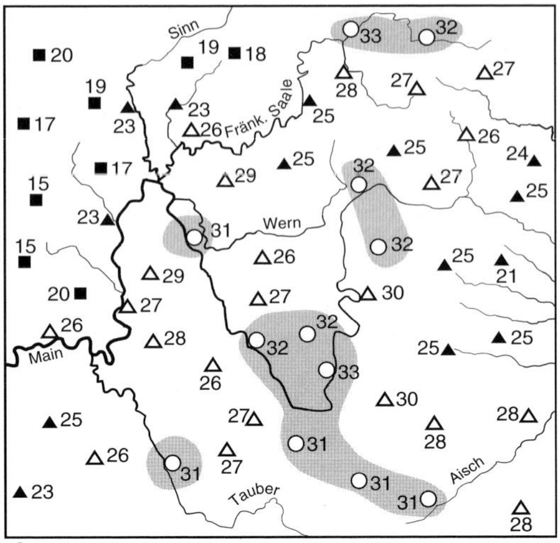

○ > 30 Ei Hb △ 26–30 Bu Hb ▲ 21–25 Ei Bu ■ < 20 Bu (Ei)

Abb. 6–26 Der Quotient aus dem tausendfachen Julimittel der Lufttemperatur und dem Jahresniederschlag (Q, siehe Tab. 6–7) entspricht in Mainfranken recht gut dem Baumartenverhältnis in naturnahen Wäldern. Nach Hofmann (1968). Nur in den trockensten und wärmsten Landschaften (Q > 30) kommen an mittleren Standorten vorwiegend rotbuchenarme Eichen-Hainbuchenwälder vor. Auch die Bereiche mit Q 21–30 sind heute „Eichen-Hainbuchen-Gebiete", weil es leicht war, die von Natur aus herrschende Rotbuche durch häufigeres Schlagen zurückzudrängen, z. B. auf der Fränkischen Platte, im östlichen Bauland und im südlichen Steigerwald. Im Spessart, in der Südrhön und den höchsten Lagen des Nordsteigerwaldes herrscht die Buche absolut vor, duldet aber noch Mischhölzer wie die Eichen (Q 15–20). Die Gebiete zwischen diesen Extremen (Q 21–25) vermitteln auch hinsichtlich der Rolle von Eiche und Hainbuche sowie der Rotbuche, die hier aber schon sehr vital ist.

Neben der Sommerwärme und den Niederschlägen wirkt für die Rotbuche sicher auch die **Winterkälte** begrenzend. Überraschend ist allerdings, dass die Stationen der echten Eichen-Hainbuchen-Gebiete (14 u. 15 in Tab. 6–7) im Winter gar nicht wesentlich kälter sind als die echten Rotbuchengebiete (1 bis 12). Das trifft auch dann zu, wenn man nicht die Mitteltemperaturen des kältesten Monats, sondern seine mittleren oder absoluten Minima vergleicht. Diese sind im Westen Mitteleuropas fast ebenso niedrig wie im Osten und lassen keine deutliche Abhängigkeit von der Entfernung zur Küste oder der Höhenlage im Gebirge erkennen, weil die lokalklimatische Lage der Messstationen nicht vergleichbar ist. Deshalb wurden sie der besseren Übersicht halber aus Tabelle 6–7 weggelassen. Tatsächlich unterscheiden sich Hainbuche und Rotbuche kaum in ihrer Empfindlichkeit gegenüber tiefen Wintertemperaturen (s. Tab. 4–8). Das zeigte sich auch bei einigen älteren Beobachtungen an der Nordost- und Nordgrenze des Buchenareals.

Timm (1930), Ziobrowski (1933) und Vaarama (1941) konnten z. B. beobachten, dass *Carpinus* unter ungewöhnlich scharfen Frösten stärker litt als *Fagus* und als viele andere Laubholzarten. Gross (1935) neigte sogar zu der Ansicht, dass die Hainbuche im Döhlauer Wald im ehemaligen Ostpreußen seit 200 Jahren deshalb von der Rotbuche verdrängt wurde, weil sie einer Kette von strengen Wintern weniger gewachsen war als diese. Durch Frostexperimente zeigte Till (1956), dass *Fagus*- und *Carpinus*-Zweige bei etwa gleich tiefen Temperaturen absterben und dass ihre Frosthärte annähernd dem gleichen Jahresrhythmus unterliegt (s. Kap. 4.4.4.2 u. Abb. 4–38). Nur **Spätfröste** erträgt die Hainbuche relativ besser als die Rotbuche, weil sie früher und rascher austreibt als diese und deshalb bereits derberes Laub besitzt, wenn nach einer längeren Warmwetterperiode die so gefürchteten Nachtfröste kommen. Wird die Hainbuche aber doch einmal geschädigt, so regeneriert sie sich leichter als die Rotbuche, die ja überhaupt ein geringeres Ausschlagsvermögen besitzt als andere Laubhölzer. Wenn man sie in den ost-mitteleuropäischen Eichen-Hainbuchen-Gebieten anpflanzt, wird sie deshalb nicht selten ein Opfer der hier recht häufigen Spätfröste, z. B. im Park des Jagdschlosses Białowieża, wo einige freistehende Bäumchen durch häufige Austriebsschäden völlig verkrüppelt sind. Spätfröste vernichteten nach Gross (1935) in Ostpreußen häufig die Blüten oder jungen Früchte von *Fagus*, sodass hier nur alle 10 bis 15 Jahre einmal eine Vollmast möglich war. Auch in Südskandinavien wird nach Lindquist (1931) die Existenz der Buche durch Frostschäden an ihren Früchten bedroht. Doch gibt es in Mitteleuropa auch Gebiete, die sich keineswegs durch erhöhte Spätfrostgefahr auszeichnen, und die trotzdem von Natur aus buchenfrei oder buchenarm sind. Die im Regenschatten der Vogesen liegende südwestliche Oberrheinische Tiefebene, insbesondere die Gegend von Colmar, ist ein gutes Beispiel hierfür. Sie ist nach Issler (1942) zu trocken für *Fagus*.

Die entscheidende Ursache für die Kampfuntüchtigkeit der Rotbuche in echten Eichen-Hainbuchen-Landschaften dürfte also meistens in der Frühjahrs- oder Sommertrockenheit liegen. Das gilt wohl auch für die buchenfreien Traubeneichen-Kiefern-Landschaften im Diluvium von Brandenburg und Westpolen. Tatsächlich stehen die letzten Vorposten der **Buchenwälder an ihrer östlichen Verbreitungsgrenze** in Brandenburg meist in der Nähe von Seen mit einem luftfeuchteren Regionalklima oder an kühl-feuchten Nordhängen (Klix & Krausch 1958, Heinken 2007). Es ist ja jedem Forstmann bekannt, dass Buchen-Naturverjüngung in niederschlagsreichem Klima leichter aufkommt als in regenarmem und lufttrockenem. Nach Watt (1923) keimen die verhältnismäßig großen Samen der Rotbuche nur, wenn sie längere Zeit von einem Wasserfilm umgeben sind. Die wesentlich kleineren Samen der Hainbuche dürften weniger wasserbedürftig sein. Auch die heranwachsenden Keimlinge von *Fagus* brauchen viel Wasser. Sie gehen deshalb an trockenen Standorten nach Slavikova (1958) vorwiegend durch Wurzelkonkurrenz der Altbäume zugrunde, und es ist wohl kein Zufall, dass sich die in Kapitel 5.3.4 kurz besprochenen krautschichtfreien Buchenwälder nur am Rande von Trockengebieten ausbilden, so z. B. bei Potsdam oder im Kyffhäuser in Thüringen. Sogar auf stark sauren Böden, auf deren Humusdecke die Naturverjüngung von *Fagus* in trockenen Gegenden selten gelingt, verjüngt sich die Rotbuche häufig zufriedenstellend, wenn nur das Klima feucht genug ist und der Wildverbiss das zulässt (vgl. Kap. 5.7.2.1).

6.6.4 Linden-Hainbuchenwälder außerhalb des Buchenareals

Eine einzigartige Möglichkeit, verhältnismäßig naturnahe Eichen-Hainbuchen-Mischwälder ohne Rotbuche kennenzulernen, bietet der im buchenfreien Teil des polnischen Tieflandes nordöstlich Bialystok gelegene, mehr als 4000 ha große sogenannte „Urwald von Białowieża" (vgl. Abb. 6–27). Wie Falinski (1980) nachwies, waren zwar gerade die Eichen-Linden-Hainbuchen-Standorte in diesem Wald im Frühmittelalter besiedelt, was man u. a. an Resten von zahlreichen Hügelgräber-Friedhöfen erkennen kann (s. Abb. 6–28). Die Bauerndörfer verschwanden jedoch schon vor mehr als fünf Jahrhunderten spurlos (s. Abb. 6–29). Heute gehört der Wald zu den besterforschten Waldreservaten Mitteleuropas. Etwa zur Hälfte besteht er aus Laubmischwäldern, die auf mehr oder minder grundwassernahen Lehmböden stocken. In wechselndem Mosaik werden diese von mächtigen Eichen, Ahornen, Linden und Hainbuchen beherrscht (s. Abb. 6–30). Höhere und meist sandige Flächen werden von Kiefern-, Kiefern-Eichen- oder Fichten-Mischwäldern eingenommen, nassere Standorte von Auenwäldern und Mooren.

Wir folgen hier der Darstellung von A. und W. Matuszkiewicz (1954), die das gesamte Reservat pflanzensoziologisch kartierten und das ältere Schrifttum zusammenfassten (s. a. Falinski 1977, 1986). Bei den Edellaubmischwäl-

Abb. 6–27 Von Natur aus rotbuchenfreier Linden-Hainbuchenwald (Tilio-Carpinetum) mit Fichte bei Białowieża im nordöstlichen Polen.

Man erkennt *Quercus robur, Carpinus betulus* und *Picea abies*. Im dichten, nicht mehr bewirtschafteten „Urwald" fehlt eine Strauchschicht. Sein Bodenbewuchs erinnert an den der Braunmull-Buchenwälder.

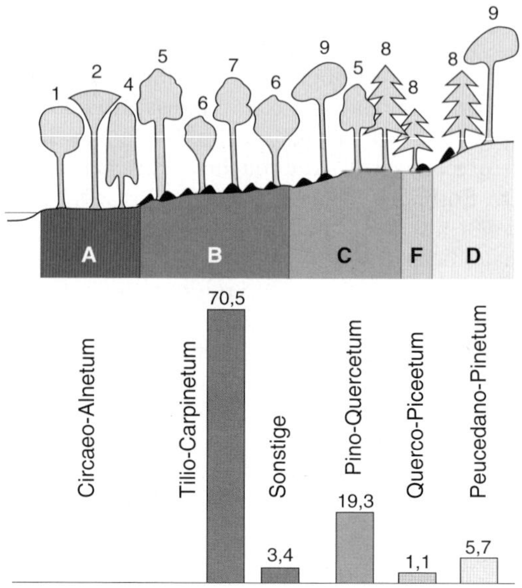

Abb. 6–28 Schematischer Schnitt durch die Waldgesellschaften im „Urwald" von Białowieża und prozentuale Häufigkeit frühmittelalterlicher Grabhügel in diesen. Nach Falinski (1980), Ausschnitt.

A Erlenbruch (ohne Grabhügel), B Linden-Hainbuchenwald, C frischer Kiefern-Eichenwald, D frischer Kiefernwald, F feuchter Eichen-Fichtenwald, G Thermophiler Eichenwald (Potentillo-Quercetum, nur am Rande des Waldgebiets vorkommend und hier nicht dargestellt).

1 *Alnus glutinosa*, 2 *Fraxinus excelsior*, 4 *Ulmus glabra*, *U. minor*, 5 *Quercus robur*, 6 *Carpinus betulus*, 7 *Tilia cordata*, 8 *Picea abies*, 9 *Pinus sylvestris*.

dern unterscheiden sie vor allem drei Subassoziationen des Linden-Eichen-Hainbuchenwaldes (Tilio-Carpinetum), eine auf relativ trockenen, sandigeren Böden (caricetosum pilosae), eine „typische" und eine auf grundwassernäheren Böden (stachyetosum sylvaticae). Zusammengefasste Tabellen von den beiden Letzteren sind in den Spalten 1 m und 1 f der Tabelle 6–8 wiedergegeben. Was in diesen Stetigkeitslisten nicht zum Ausdruck kommt, sind die Mengenverhältnisse der Arten. Die Stieleiche fehlt zwar fast nirgends, hat aber nur einen verschwindend geringen Anteil an dem dicht geschlossenen Kronendach. Am häufigsten sind darin Hainbuche und Spitzahorn sowie andere Schatt- und Halbschatthölzer. Einzelne Fichten erinnern daran, dass dieser Wald bereits im nördlichen *Picea*-Areal liegt (s. Abb. 6–31). Wer die seit mindestens 60 Jahren völlig ungestörten Hainbuchen-Mischwälder betritt, ist überrascht, wie dunkel sie sind. Außer an den Stellen, an denen zusammenbrechende alte Bäume mehr Licht auf den Boden dringen lassen, fehlen Sträucher so gut wie ganz (s. Abb. 6–27). Die Krautschicht erinnert so sehr an einen Mullbuchenwald, dass man sich kaum wundert, auch Charakterarten von FAGION-Assoziationen zu finden, z. B. *Dentaria bulbifera*. Nach Oberdorfer (1957) und Oberdorfer et al. (1992) kann man die östlichen Eichen-Hainbuchenwälder in einem eigenen Unterverband TILIO CORDATAE-CARPINENION zusammenfassen.

Vom Bestandesklima her könnte man den **Eichen-Linden-Ahorn-Hainbuchen-Mischwald** des Ostens also als einen „Buchenwald ohne Buche" bezeichnen. Die Beteiligung der Fichte, die hier und dort mehr als 10 m über das

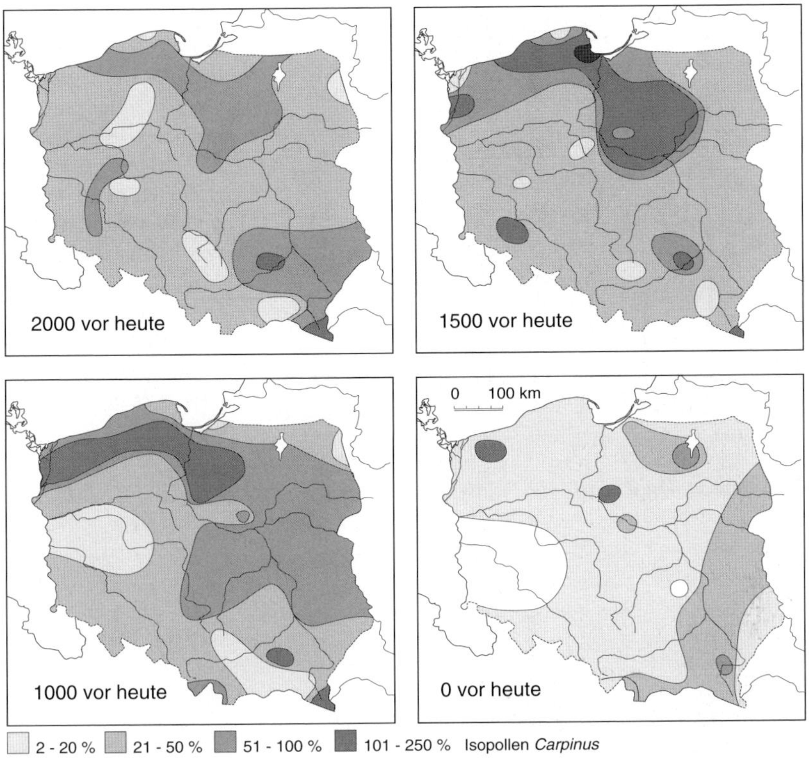

Abb. 6–29 Isopollen-Karten der Hainbuche in Polen von etwa Christi Geburt bis heute. Nach Ralska-Jasiewiczowa (1983), etwas verändert.
Carpinus wanderte kurz nach Beginn der Jungsteinzeit von Südosten her nach Polen ein, wahrscheinlich begünstigt durch die schnurkeramischen Siedler. Auch später wuchsen ihre Anteile an den Wäldern wohl unter dem Einfluss der Menschen. Im frühen Mittelalter (1100 vor heute) erreichte sie besonders auf den fruchtbaren Böden im Norden hohe Anteile. Nach Rückgang der Besiedlungsdichte sank ihre Pollendichte im Nordosten und Norden.
Das Maximum der Waldauflichtung und Zerstörung wurde im späten Mittelalter erreicht. Der Rückgang der relativen Pollendichte von *Carpinus* bis zur Gegenwart ist durch das Aufhören der Waldweide usw. sowie durch Kiefernaufforstungen mitbedingt.

Laubdach emporragt, ist für mitteleuropäische Laubmischwälder nichts Außergewöhnliches. Beispielsweise in den Sudeten, im östlichen Alpenvorland und in den Bergmischwäldern der östlichen Kalkalpen, aber auch im westlichen Ostpreußen, ist sie ebenfalls die Regel. Überall wirkt sie sich in ungefähr gleicher Weise auf die Bodenflora aus. Das relativ häufige Vorkommen von Moderzeigern (wie *Gymnocarpium dryopteris* und *Dryopteris carthusiana*) inmitten so vieler ausgesprochener Mullbodenpflanzen (s. Tab. 6–8) ist auf den Einfluss der Fichten-Nadelstreu zurückzuführen. Allerdings ist der heute recht hohe Fichtenanteil im Białowieża-Wald nach Falinski (1986) vor allem das Ergebnis der hohen Wilddichte im Zeitraum 1888 bis 1915, als zu Jagdzwecken Rothirsche und Wisente im Wald ausgesetzt wurden, die den Laubholz-Jungwuchs stark dezimierten und indirekt die Fichte förderten. Seit etwa 1950 geht die Fichte im Zuge von Selbstausdünnung wieder zurück und Hainbuche und Winterlinde gewinnen an Einfluss (s. a. Bernadzki et al. 1998).

Nach den Untersuchungen von Pigott (1975) über die natürliche Regeneration der Baumarten im Urwald von Białowieża trägt das Tilio-Carpinetum bzw. Carici-Tilietum (s. Kap. 6.6.1) seinen Namen mit Recht. *Tilia cordata* hat sich seit 1923 so stark gruppenweise verjüngt, dass sie in Zukunft eine größere Rolle spielen wird. Pigott (1975) fand Lindensämlinge bevorzugt unter den Kronen der Hainbuchen. Mögliche Ursachen sind der schnelle Abbau der Hainbuchenblätter oder allelopathische Effekte der

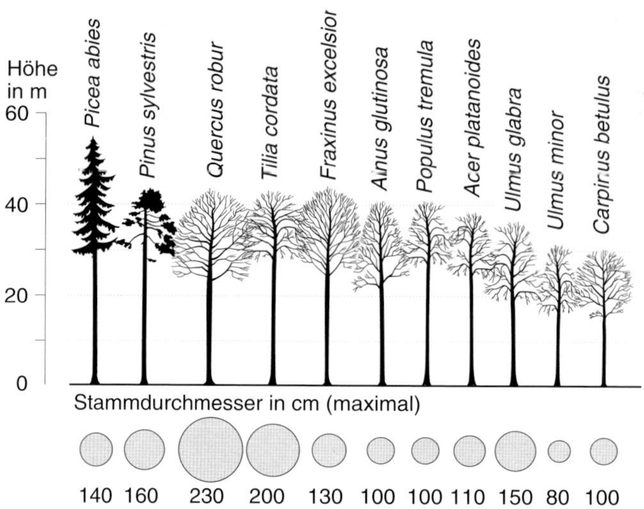

Abb. 6–30 Maximale Höhen und Stammdurchmesser der im Białowieżá-Urwald vorkommenden Baumarten. Nach Falinski (1986), verändert. Die Vorherrschaft im Wald hängt nicht in erster Linie vom Höhenwuchs ab. *Picea* setzte sich nur vereinzelt durch (s. Abb. 6–31). *Pinus* dominiert an relativ trockenen Standorten, *Carpinus* sowie *Tilia* auf lehmigen und feuchteren Böden, *Alnus* an nassen, aber nicht lange überschwemmten Standorten. Bemerkenswert ist die Maximalhöhe von *Populus tremula* im nordöstlichen Mitteleuropa; weiter im Westen wird sie selten mehr als halb so hoch.

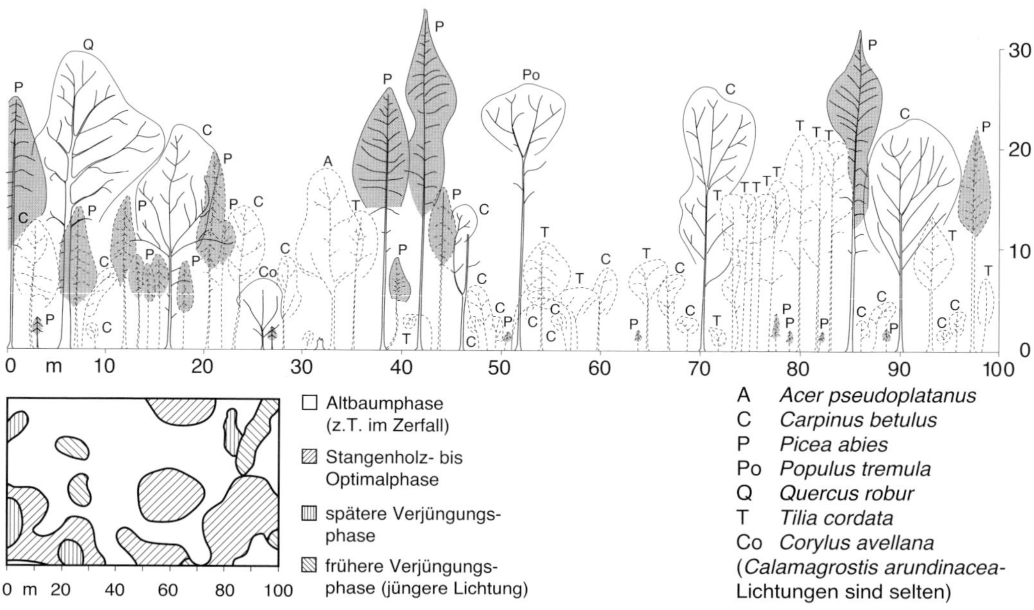

Abb. 6–31 Seitenansicht eines 2,5 m breiten Waldstreifens im Reservat von Białowieża (Tilio-Carpinetum) mit Entwicklungsphasen, von Verjüngungsphasen (rechts von der Mitte) bis zur Altbaumphase mit Eiche und Fichte (z. B. ganz links). Nach Koop (1981), zum Teil verändert.
Die Seitenansicht entspricht dem unteren Rand der Karte. Linde und Hainbuche verjüngen sich gut.

Streu der Altbäume, denen die Jungpflanzen ausweichen (Falinski 1986). *Carpinus* wird zwar zurückgehen, verjüngt sich aber doch in genügendem Maße. Auch Fichten und Kiefern findet man hier und dort in allen Altersklassen. Von der Eiche (*Quercus robur*) fehlt jedoch schon seit etwa 50 Jahren fast jeder Jungwuchs, sodass man in absehbarer Zeit nicht mehr von einem „Eichen-Hainbuchenwald" wird sprechen können. Die langlebige Eiche deutet offenbar auch hier auf frühere Nutzung als Hudewald hin.

Eichen-Linden-Ahorn-Mischwälder ähnlich den hier beschriebenen kommen auch in Masuren (Passarge 1964 b), Litauen und Lettland (Laivins 1991) sowie bis weit nach Mittelrussland und in die nördliche Ukraine hinein vor. Wie in Białowieża ist das Klima in diesen östlichen, von Natur aus völlig rotbuchenfreien Eichen-Hainbuchen-Gebieten ziemlich trocken und sommerwarm. Die durchschnittliche Jahressumme der Niederschläge übersteigt 550 mm kaum, sinkt aber auch nicht unter 400 mm, und die Mitteltemperaturen des Juli liegen meist über 18 °C. Die Trockenheit der warmen Jahreszeit wird durch Gewitterregen gemildert, die das für die kontinentalen Teile Europas charakteristische Sommermaximum der Niederschläge ergeben.

Weiter im Süden Polens, vor allem in den Vorbergen der Tatra, verschwinden *Picea abies*, *Rubus saxatilis*, *Trientalis europaea* und andere boreale Arten aus den Hainbuchen-Mischwäldern. Man kann sie als Unterscheidungsarten des nordöstlichen Fichten-Linden-Hainbuchenwaldes gegen den ost-mitteleuropäischen typischen Linden-Hainbuchenwald verwenden (s. Neuhäuslova-Novotna & Neuhäusl 1971, Szafer & Zarzycki 1972 u. a). Er lässt sich in zahlreiche Untereinheiten gliedern, die z. B. Kornas (1968) aus den polnischen Karpaten beschrieben hat. Ein Teil derselben enthält auch schon *Fagus sylvatica* und geht in die Buchenstufe über. Noch stärker ist der FAGION-Einfluss im Haarseggen-Eichen-Hainbuchenwald (Carici pilosae-Carpinetum, s. Neuhäuslova-Novotna & Neuhäusl 1971) südlich der Tatra, der schon ganz im Rotbuchenareal liegt.

Die ökologische Amplitude der Linden-Hainbuchenwälder Polens ist hinsichtlich der Bodenfruchtbarkeit besonders groß (Wierzchowska 1981). Sie reicht von den ärmsten, z. B. in Zentralpolen, bis zu den reichsten denkbaren Standorten, z. B. in Volhynien und Teilen Kleinpolens.

6.6.5 Standörtlicher Vergleich der Eichen-Hainbuchenwälder

Wie die Reihe der Rotbuchenwälder, so ist auch die Reihe der Eichen-Hainbuchen-Mischwälder gleitend. Es gibt viele Bestände, die nach ihrem Artengefüge zwischen den hier hervorgehobenen Haupttypen stehen, ebenso, wie auch zwischen Rendzinen, Braunerden (bzw. Parabraunerden) und podsoligen Braunerden intermediäre Bodentypen vorkommen. Da wir die Reihe der Rotbuchenwälder und der sie bedingenden Bodeneigenschaften vergleichend in Kapitel 5.6 behandelt haben, können wir uns hier mit dem Hinweis begnügen, dass die Verhältnisse in der parallelen Eichen-Hainbuchenwald-Reihe durchaus vergleichbar sind.

Erschwert wird die Übersicht über die zahlreichen in der Literatur behandelten Eichen-Hainbuchenwälder vor allem dadurch, dass ihr Artengefüge stärker als das der Rotbuchenwälder auf klimatische und florengeschichtliche Unterschiede anspricht. Dies mag nicht zuletzt damit zusammenhängen, dass die stark genutzten Eichen-Hainbuchenwälder verhältnismäßig licht, also gegen das Allgemeinklima nicht so stark abgeschirmt sind wie die schattigen Buchenhallen.

Von den echten Eichen-Hainbuchenwäldern der trocken-kontinentalen Tiefländer zu den echten Buchenwäldern der submontanen und montanen Berglagen gibt es ebenfalls gleitende Übergänge. Die in Mitteleuropa möglichen edaphischen und klimatischen Querverbindungen zwischen den Laubwald-Gesellschaften der nicht grundwasserbeeinflussten und nicht zu basenarmen Böden kann man in dem folgenden Schema ausdrücken:

Die **Moder-Eichen-Hainbuchenwälder** wurden früher meist unter dem Namen Querco-Carpinetum luzuletosum beschrieben, z. B. von Tüxen (1937) und Etter (1943). Heute müssten sie entweder als Stellario- oder als Galio-Carpinetum luzuletosum angesprochen werden (s. Kap. 6.6.1). **Braunmull-Eichen-Hainbuchenwälder** erhielten die verschiedensten Bezeichnungen, zumal sie in fast allen Teilen Europas vorkommen (s. Abb. 6–25). Da sie ihrer Artenzusammensetzung nach eine Mittelstellung einnehmen, also weder Säure- noch Kalkzeiger enthalten, sprachen Tüxen (1937) und viele andere Autoren vom Querco-Carpinetum typicum (s. Tab. 6–8, 2 m).

Kalk-Eichen-Hainbuchenwälder, die ebenfalls verschiedene Namen tragen, sind seltener als die übrigen Untergesellschaften, weil die Kalkgesteine in den mitteleuropäischen Tieflagen großenteils von Löss, Moränen oder anderen lehmigen Feinerden überdeckt sind (s. Hofmann 1963 sowie Passarge & Hofmann 1968). Meistens findet man Kalk-Eichen-Hainbuchenwälder in der unteren, mittelwaldartig bewirtschafteten Randzone ausgedehnter Buchenhänge. Wahrscheinlich handelt es sich bei fast allen Kalk-Eichen-Hainbuchenwäldern um wirtschaftsbedingte Abwandlungen von Kalkbuchenwäldern. Ihre Bodenflora entspricht weitgehend derjenigen des frischen Kalkbuchenwaldes, enthält aber mehr wärme- und lichtliebende Arten.

Mischwälder wie der Eichen-Hainbuchenwald können zwar im Bestandesmittel ähnlich dunkel sein wie Buchenwälder, da sie ebenfalls einen hohen Blattflächenindex erreichen (Kap. 4.7.1.1 b). Das Lichtregime variiert aber kleinräumig stärker (s. Abb. 4–56) und ermöglicht so die Koexistenz von schattenertragenden und stärker lichtbedürftigen Arten. Die Nutzung der Eichen-Hainbuchenwälder vergrößerte diese Heterogenität noch. Man kann sich leicht vorstellen, dass wiederholter Brennholzaushieb die Lichtpflanzen fördern, ein fortgesetztes Hochwachsen des Unterholzes sie dagegen hemmen und schließlich ganz aushungern würde.

Während das Schlagen der Hauschicht im Mittelwald einen etwa 20- bis 30-jährigen Rhythmus von Lichtfülle und Walddunkel zur Folge hatte, schuf die früher so verbreitete Waldweide außerdem stabile „Lichtoasen", die sich schließlich zu Rasenplätzen ausweiteten. Wie aufgelockert damals viele unserer Laubmischwälder gewesen sein müssen, können wir uns beim Anblick der von Sjörs (1954) aufgenommenen Lichtkarten von einer schwedischen Laubwiese vorstellen (s. Abb. 3–22). Nach der Überführung von Weide- und Mittelwäldern in Hochwälder verschwinden die Lichtzeiger, und die Rotbuche übernimmt meistens die Herrschaft in der Baumschicht.

In den staunassen sandigen Böden des niederländisch-norddeutschen Altpleistozäns hängen Bodenazidität und Basenangebot oft sehr eng mit der Beschaffenheit und dem Stand des Grundwassers zusammen. Bei gleichem mittleren Abstand des Wasserspiegels von der Bodenoberfläche ist der **Basengehalt des Grundwassers** entscheidend, insbesondere die Karbonathärte (s. Tab. 6–9). Wo diese hoch ist, herrschen anspruchsvolle Tiefwurzler in der Krautschicht der bodenfeuchten Eichen-Hainbuchenwälder. Ist die Härte des Wassers geringer als etwa 2, so gedeihen statt der Eichen-Hainbuchenwälder stark säureertragende bodenfeuchte Birken-Eichenwälder (s. Kap. 6.5.2). Kalkreiches Grundwasser „düngt" gewissermaßen den Sandboden von unten her mit Basen. Wird es abgesenkt, so versauern die oberen Bodenhorizonte. Hartmann (1941) konnte diese Tendenz schon wenige Jahre nach einer Entwässerung an der Zunahme der Säurezeiger ablesen.

Diese rasche Reaktion wird verständlich, wenn man bedenkt, dass die von den Baumwurzeln im grundwasserbeeinflussten Unterboden aufgenommenen basischen Kationen zum großen Teil mit der Laubstreu auf die Bodenoberfläche gelangen und von den Bodenorganismen in den Wurzelraum der Kräuter eingearbeitet werden. Wie aus Tabelle 4–10 hervorgeht, ist das Laub der meisten Baumarten des Eichen-Hainbuchenwaldes verhältnismäßig basenreich und leicht zersetzbar (s. Kap. 4.4.6).

Tab. 6–9 Kalkgehalt des Grundwassers unter Eichen-Hainbuchen- und Birken-Eichenwäldern im Vorland des niedersächsischen Berg- und Hügellandes. Nach Angaben von Ellenberg (1939). Durchschnittswerte mehrerer Bestimmungen zu verschiedenen Jahreszeiten in 1 bis 3 Probeflächen je Gesellschaft.

Gesellschaften	Karbonathärte (in 10 mg CaO pro Liter)							
Reiche Eichen-Hainbuchenwälder								
Stellario-Carpinetum corydaletosum	12,8							
Stellario-Carpinetum stachyetosum		10,9	6,7					
Armer-Eichen-Hainbuchenwald								
(artenarme Variante des St.-C. stachyetosum)				5,0	2,0			
Birken-Eichenwälder								
(Betulo-Quercetum molinietosum)						1,5	0,9	0,7

7 Nadelwälder und nadelbaumbeherrschte Mischwälder

7.1 Rolle der Nadelbäume in den Wäldern Mitteleuropas

Mitteleuropa ist von Natur aus ein Laubwaldland, in dem Nadelhölzer nur an Sonderstandorten sowie in höheren Gebirgslagen und den nordöstlichen Randgebieten eine Rolle spielen (s. Abb. 7–1). Zwar können Tanne, Fichte, Kiefer und Lärche fast überall gedeihen, wo Laubbäume wachsen (s. Abb. 4–43), und die Waldkiefer hat sogar die weiteste physiologische Amplitude von allen heimischen Baumarten. Doch sind die Nadelhölzer in großen Teilen Mitteleuropas nur zur Dominanz zu bringen, wenn man sie gegen die Konkurrenz der Rotbuche und anderer Edellaubhölzer, ja auch der Eiche schützt. In der Forstwirtschaft erbringen die Koniferen aber rascheren Ertrag und wachsen verhältnismäßig gut. Darüber hinaus gilt fast überall die Regel, dass die Nadelbaumarten an Laubwaldstandorten wesentlich mehr produzieren als in den natürlichen Nadelwald-Gesellschaften (s. Abb. 15–4).

Bevor wir die Gründe erörtern, warum die Koniferen im freien Wettbewerb so viel weniger erfolgreich sind, wollen wir uns über die natür-

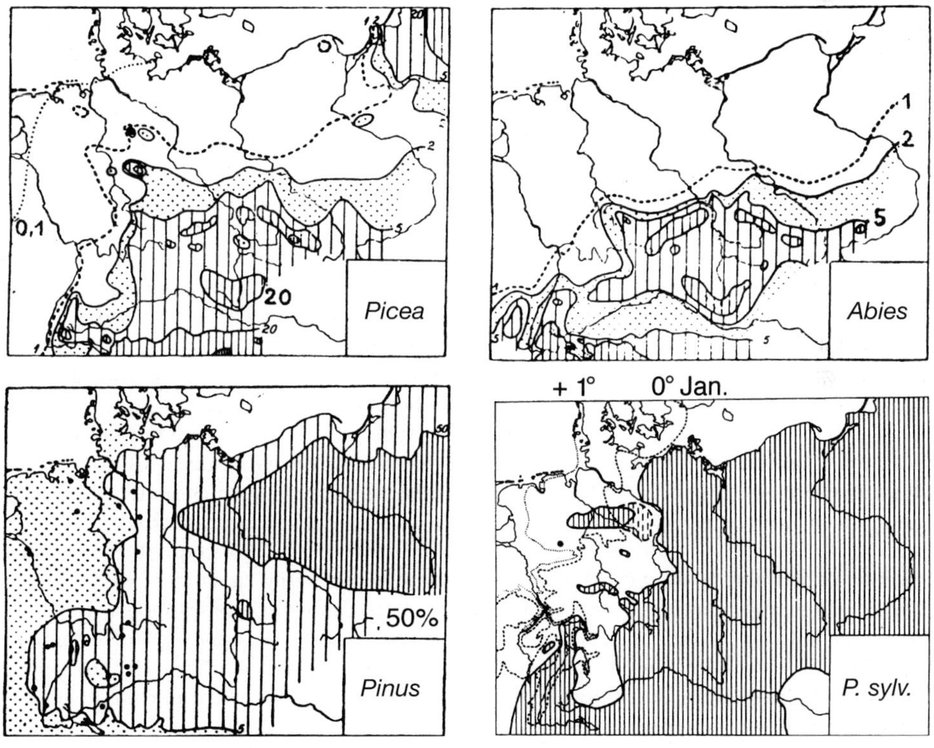

Abb. 7–1 Übersichten zur natürlichen Verteilung der Nadelhölzer in Mitteleuropa außerhalb der Alpen. Nach Firbas (1949), etwas verändert.
Fichte (*Picea abies*) und Tanne (*Abies alba*) erreichten in der Nachwärmezeit, d. h. noch vor Eingriffen des Menschen, höchste Pollenprozente in den Alpen und in den Mittelgebirgen, griffen aber im östlichen Mitteleuropa auch aufs Tiefland über. (Im Nordosten handelt es sich um eine boreale Fichtenrasse.) Die Kiefern (*Pinus* spp.) konzentrierten sich schon damals auf das nordöstliche Tiefland. Die natürliche Verbreitung von *Pinus sylvestris* (nach Dengler, unten rechts) findet ihre äußerste Grenze im westlichen und nördlichen Mitteleuropa ungefähr in dem Raum, in dem heute die Januar-Mitteltemperatur 0 bis + 1 °C beträgt.

liche Verteilung der Baumarten in Mitteleuropa einen genaueren Überblick verschaffen, als er uns im einleitenden Kapitel 4.4.8 möglich war. Hierbei können uns die Quer- und Längsprofile in den Abbildungen 1–5, 4–45 und 4–46, die ökologischen Diagramme in den Abbildungen 1–4, 1–6, 4–4, 4–44, 5–13, 5–14 und 7–31 sowie die Karten in Abbildung 1–3, 3–16 und 6–18 dienen. Mit verschiedenen Mitteln führen diese vor Augen, dass die ökologische Rolle der Rotbuche in der subozeanischen Submontanstufe am größten ist und sowohl mit zu- und abnehmender Höhe als auch mit zunehmender Kontinentalität geringer wird. Das Gefälle der Laubwald-Gesellschaften auf frischen bis feuchten Böden der planaren Stufe wurde bereits in Kapitel 6.6.3 behandelt. In fast allen anderen Fällen sind Koniferenarten die Nutznießer der verminderten Konkurrenzkraft der Rotbuche. An „mittleren" Standorten, d. h. bei guter Wasser-, Sauerstoff- und Nährstoffversorgung, mischt sich die Buche in den höheren Lagen der Randalpen mit der Weißtanne (*Abies alba*). In den Zwischenalpen kommt die Tanne zur Vorherrschaft, die ihr nur auf sehr basenarmen Böden sowie in der Nähe der klimatischen Waldgrenze von der Fichte (*Picea abies*) streitig gemacht wird. Die lichtbedürftigere Fichte ihrerseits kann auf mittleren Böden nur zur Dominanz kommen, wo auch die Tanne aus klimatischen Gründen zurücktritt, d. h. in den inneralpinen Tälern sowie in der subalpinen Stufe, soweit deren Klima nicht ebenfalls kontinental oder aber ausgesprochen ozeanisch ist.

Kiefern gelangen nur in Schwächebereichen aller übrigen Baumarten zu nennenswerten Anteilen am Waldbild (im südlichen Mitteleuropa nennt man die Kiefern gewöhnlich Föhren, Fohren oder Forchen, im niederdeutschen Sprachgebiet auch Fuhren; wir werden der Einheitlichkeit halber fast durchweg von Kiefern sprechen). Ein solcher Bereich liegt für die Arve oder Zirbe (*Pinus cembra*) in der hochmontanen und subalpinen Stufe der Zentralalpen, wo auch die Lärche (*Larix decidua*) als Pionier zum Zuge kommt. Die Waldkiefer (*Pinus sylvestris*) bevorzugt tiefere Lagen und herrscht in den tiefsten, relativ trocken-warmen inneralpinen Tälern sowie auf allen zeitweilig trockenen Böden außerhalb des stärker ozeanischen Allgemeinklimas. Größte Flächen bedecken natürliche Kiefernwälder in Mitteleuropa auf armen Sandböden der nordöstlichen Tiefebene. Im Bereich der alpinen Waldgrenze bilden oft Latschen (niederliegende Formen von *Pinus mugo*) ausgedehnte Gehölze, die freilich nur noch floristisch, nicht mehr physiognomisch zu den Wäldern zu rechnen sind.

Die aufrechte Bergkiefer (*Pinus uncinata*) spielt lediglich in der montanen bis subalpinen Stufe der westlichen Alpen eine gewisse Rolle, die in den zitierten Abbildungen nicht zum Ausdruck kommt. Überhaupt nicht erwähnt wird darin die Eibe (*Taxus baccata*), die als Laubwaldbegleiter bereits in Kapitel 5.3.5 a behandelt wurde (s. aber Abb. 4–43).

Das in Abbildung 4–44 dargestellte subozeanisch-submontane Diagramm gilt für das Berg- und Hügelland Deutschlands von der Nordabdachung der Alpen bis an die Nord- und Ostseeküste und von den Niederlanden bis nach Mecklenburg, d. h. für mehr als ein Drittel der Fläche Mitteleuropas. Es darf als besonders repräsentativ für Zentraleuropa gelten und wurde deshalb der Besprechung der Laubwald-Gesellschaften zugrunde gelegt. Nur im nordöstlichen Tiefland – und auch dort nur auf sehr armen Sand- oder Sumpfböden – spielten Nadelhölzer von der frühen Nacheiszeit bis heute eine landschaftsbeherrschende Rolle (s. Abb. 7–1). Aufs Ganze gesehen, ist mithin der Anteil der Koniferen an der Naturlandschaft Mitteleuropas wirklich recht gering, auch wenn man berücksichtigt, dass sie – einzeln oder in Gruppen beigemischt – in kaum einem Laubwald der montanen und orealen Stufe und des nordöstlichen Tieflands fehlen würden.

Schon in der einleitenden Charakteristik der Vegetation Mitteleuropas (s. Kap. 1.1) wurden Ursachenkomplexe angedeutet, die den Nadelholzarten Konkurrenzvorteile verschaffen. Sie sind sowohl im Klimacharakter als auch in Bodeneigenschaften zu suchen, wenn wir die biotischen Faktoren, insbesondere die Einflüsse des Menschen, zunächst außer Betracht lassen. Auch von den Besonderheiten der einzelnen Baumarten wollen wir zunächst absehen; allgemein dürfen wir festhalten:

1. Je **kontinentaler** der Klimacharakter, desto höher ist der Nadelholzanteil unter sonst vergleichbaren Bedingungen. Ob hierbei die schärferen Winterfröste, die – zumindest in den Alpentälern – größere Spätfrostgefahr, die geringere Bewölkung und die damit verbundene stärkere Einstrahlung, der rasche Übergang zwischen Winter und Sommer, die zeitweilig

größere Trockenheit oder andere Faktoren ausschlaggebend sind, lässt sich nicht ohne Weiteres entscheiden und soll später diskutiert werden. Wahrscheinlich wirken mehrere Faktoren zusammen, und möglicherweise sind sie nur indirekt von Bedeutung, indem sie z. B. Schädlinge daran hindern, den jungen Nadelbäumen zuzusetzen.

2. Je **kürzer die Vegetationsperiode**, desto mehr kommen bei vergleichbarem Klima- und Bodencharakter die Nadelhölzer zum Zuge, allerdings mit Ausnahme der subalpinen Stufe in den stark ozeanischen Teilen der Randalpen und ähnlicher Mittelgebirge, z. B. der Vogesen. In manchen mitteleuropäischen Bergländern kann man die montane und oreale Stufe geradezu als Nadelwaldstufe und die tieferen Lagen als Laubholzstufen ansprechen. Doch darf man diese Feststellung nicht verallgemeinern, wie das häufig getan wird. Die Abbildungen 4–45 und 4–46 zeigen deutlich, dass die montanen Stufen bei ozeanischer Klimatönung buchenreich sind, und dass unter kontinentalen Bedingungen auch die Tieflagen mehr oder minder ausschließlich von Nadelwald beherrscht werden.

3. Je **basenärmer** der Boden, desto größer ist bei gleichem Klima die Rolle der Koniferen, namentlich der Fichte und Waldkiefer, obwohl keine derselben als acidophil gelten darf.

4. Diese Tendenz ist um so stärker ausgeprägt, je **nasser der Boden** ist. Insbesondere Staunässe begünstigt bei Basenmangel auch die Tanne im Wettbewerb mit Laubhölzern. Am Rande von stark sauren Hochmooren gibt es sogar im ozeanischen nordwestlichen Tiefland Vorposten von Kiefern und Fichten, die hier zwar kümmerlich, aber fast ohne Konkurrenten gedeihen (s. Abb. 3–16).

5. Je **trockener der Boden**, desto stärker tritt unter sonst vergleichbaren Bedingungen die Waldkiefer (bzw. in höheren Lagen die Bergkiefer) hervor. Flachgründige Gesteinsböden, stark wechseltrockene Mergel und durchlässige, kolloidarme Sande und Kiese sind die Standorte, an denen in Laubwaldgebieten am ehesten natürliche Kiefernvorkommen zu erwarten sind.

Bei den unter 3 bis 5 genannten Bodenfaktoren sind die eigentlichen Ursachen für die Begünstigung der Nadelhölzer ebenso wenig offensichtlich wie bei den Klimaeigenschaften (1 und 2). Doch darf man hervorheben, dass die Begünstigung fast immer nur relativ ist, d. h. in Konkurrenzvorteilen besteht. Absolut genommen wirken die genannten Faktoren eher hemmend auf die Produktivität der Nadelhölzer, wenn auch in geringerem Maße als auf die der beteiligten Laubhölzer.

Wenn wir Nadel- und Laubbäume miteinander vergleichen, müssen wir uns bewusst sein, dass beide keine einheitlichen Gruppen sind, sondern dass jede einzelne Art ihre physiologischen und ökologischen Eigenheiten hat. Wie schon aus Tabelle 4–11 hervorging, gibt es sowohl unter den Koniferen als auch unter den immergrünen und den sommergrünen Laubbäumen Lichthölzer, Schatthölzer und Dazwischenstehende.

Vergleicht man das Photosynthesevermögen und die Kardinalwerte der Strahlung und Temperatur für die Photosynthese verschiedener Nadelbäume (s. Kap. 4.4.2.1), so wird deutlich, dass die physiologischen Amplituden der meisten Arten sehr weit sind (s. Abb. 4–43), und dass ihre Verbreitung in der Natur in starkem Maße von der Konkurrenz bestimmt wird.

Da die meisten Nadelholzarten immergrün sind, vermögen sie das Frühjahr und den Spätherbst besser zur Photosynthese auszunutzen als die laubwerfenden Bäume (s. Abb. 4–27). Im Hinblick auf den Wettbewerb mit den sommergrünen Laubbäumen ist jedoch wahrscheinlich die Nährstofföknomie der Koniferen noch einflussreicher. In ihrer langlebigen Nadelmasse legen Nadelbäume beträchtliche Nährstoffmengen fest, während die Laubbäume für ihren Laubaustrieb im Frühjahr auf eine günstige Nährstoffnachlieferung aus dem Boden und die Mobilisierung bauminterner Speicher angewiesen sind. Inbesondere die Kiefern erlangen daher an nährstoffarmen Standorten wegen ihres konservativen Nährstoffhaushaltes Konkurrenzvorteile. Diesem Vorzug steht jedoch der Nachteil gegenüber, dass Koniferennadeln dauernd (bzw. jede von diesen mehrere Jahre lang) den Unbilden der Witterung, dem Angriff von pflanzlichen und tierischen Schädlingen und den in den letzten Jahrzehnten erhöhten Schadgaskonzentrationen ausgesetzt sind. Gerade diese ungünstigen Einflüsse beeinträchtigen die Nadelbäume oft entscheidend in ihrem Wettbewerb mit Laubbäumen (s. Kap. 4.9.3.6, 4.9.3.7 u. 4.9.3.8). Wie wir noch sehen werden, sind sie in der Jugend besonders anfällig gegen Schädlinge, zumal ihre Nadeln dann eine dünnere Kutikula und eine weniger skleromorphe Struktur haben als die Blätter in den Sonnenkronen der Laubbäume.

7.2 Zur systematischen Gliederung der Nadelwald-Gesellschaften

Stärker noch als bei den Laubwäldern wurden für die mitteleuropäischen Nadelwälder mehrere konkurrierende synsystematische Gliederungen vorgeschlagen, und man ist trotz zahlreicher neuerer Arbeiten noch zu keiner Einigung gekommen (z. B. Oberdorfer 1957, 1994, Oberdorfer et al. 1992, Hartmann & Jahn 1967, Mayer 1974, Ellenberg & Klötzli 1972, Gensac 1967, Hofmann 1969, Passarge 1971, Ozenda 1988, Pott 1995, Walentowski 1998, Heinken 2007, Willner & Grabherr 2007).

Die Schwierigkeiten in der Klassifikation wiederum sind nicht zuletzt im Wesen der von Nadelhölzern beherrschten Waldgesellschaften begründet: Wie wir sahen, dominieren Nadelwälder in Mitteleuropa von Natur aus nur in ökologischen Rand- oder Ausschlussbereichen der Laubhölzer, d. h. meist unter relativ extremen und heterogenen Bedingungen. Das Kräfteverhältnis beider Gruppen von Baumarten verschiebt sich mit dem Allgemein- und Lokalklima sowie mit den Bodenverhältnissen in mannigfaltiger Weise und oft auf kleinem Raum. Ein edaphisch gleicher Standort kann z. B. in einem Tal der Zwischenalpen einen montanen Tannen-Buchenwald, im Nachbartal einen reinen Tannenwald oder Fichten-Tannenwald und in einem weiter alpeneinwärts gelegenen Tal schon einen montanen Fichtenwald tragen. Wo aber Koniferen zur Vorherrschaft gelangten, wirken sie durch ihre schwer zersetzbare Nadelstreu homogenisierend auf den Bodencharakter, und zwar in der Regel durch den Aufbau einer sauren Humusauflage. In dieser können sogar über anstehendem Kalkgestein Säurezeiger gedeihen. Doch sind diese Säurezeiger keineswegs für die Nadelwald-Gesellschaften charakteristisch, sondern kommen fast ausnahmslos auch in bodensauren Laubwäldern, Heiden oder Rasen vor. Besonders von den Gesellschaften der Hainsimsen-Buchenwälder (Luzulo-Fagenion) und der Birken-Eichenwälder (Quercetalia roboris) ist die Abgrenzung daher sehr schwierig.

Wenn der Mensch den Wettbewerb von Laub- und Nadelwäldern zugunsten der Letzteren entscheidet, können auch in natürlichen Laubwaldgebieten Artenkombinationen entstehen, die sich kaum oder gar nicht von denen natürlicher Nadelwälder unterscheiden. Das ist vor allem in den „intermediären" Klimabereichen der Fall, besonders wenn dort der menschliche Einfluss schon früh einsetzte. Eine befriedigende Abgrenzung ist hier nicht auf floristischer Basis, sondern nur durch Untersuchungen der Waldgeschichte möglich, und diese sind zeitraubend und oft nicht genügend genau zu lokalisieren. Wo rein floristisch-pflanzensoziologische Gliederungen von nadelholzreichen Waldbeständen unbefriedigend bleiben, nimmt man jedoch bewusst oder unbewusst ökologische und historische Kriterien zu Hilfe, selbst dann, wenn man diese nur nach Beobachtungen und allgemeinen Erfahrungen beurteilen kann. Verbindliche Lösungen sind bei solchem Vorgehen kaum zu erwarten, zumal sich die natürliche Rolle der einzelnen Nadelbaumarten in den verschiedenen Teilen Mitteleuropas verschiebt und die Erfahrungsbasis der Bearbeiter dementsprechend wechselt.

Wegen dieser erschwerenden Umstände werden wir die nadelholzreichen Gesellschaften möglichst aus ökologischer Sicht behandeln und Vollständigkeit in der Erwähnung aller bisher beschriebenen Assoziationen, Subassoziationen und Varianten noch weniger anstreben als bei den Laubwäldern. Nach dem Artengefüge wie nach den Standortbedingungen kann man die reinen Nadelwald-Gesellschaften Mitteleuropas unterhalb der subalpinen Stufe grob in drei große Gruppen einteilen:

1. auf **stark sauren** Böden mit mächtiger Rohhumusdecke verbreitete, meist von Fichte oder Waldkiefer beherrschte Heidelbeer-Nadelwälder (Klasse und Ordnung Vaccinio-Piceetea, Piceetalia);
2. auf **kalkreichem** Gestein in relativ trockener Klimalage ausgebildete Schneeheide-Kiefernwälder (Erico-Pinetea, Erico-Pinetalia);
3. relativ gut mit Nährstoffen wie mit Wasser versorgte, vor allem von Tanne oder Fichte beherrschte **„buchenwaldverwandte"** Nadelwälder (die nach dem Artengefüge ihres Unterwuchses zur Ordnung Fagetalia gestellt werden müssen, aber aus klimatischen Gründen weder *Fagus* noch andere Edellaubhölzer enthalten).

Die erstgenannte Klasse ist in allen Höhenstufen anzutreffen, bedeckt aber im nördlichen und östlichen Europa viel größere Flächen als in Mitteleuropa. Die zweite hat ihr Verbreitungszentrum in den Kalkalpen und ist auf Sonderstandorte beschränkt. Die dritte Gruppe ist für die Zentral- und Zwischenalpen charakteristisch, aber auch außerhalb derselben hier und dort zu finden. Sie bereitet synsystematisch die größten Schwierigkeiten; doch werden wir die Besprechung mit ihren wichtigsten Vertretern beginnen, den Weißtannenwäldern, die relativ wenig problematisch sind.

7.3 Weißtannenwälder

7.3.1 Sonderstellung der Tannenwälder

Die von der Weißtanne (*Abies alba*) beherrschten Gesellschaften nehmen eine Sonderstellung ein, die es nahelegt, sie vor den übrigen Nadelwäldern zu behandeln: Das Areal dieser Baumart ist nahezu ganz auf Mitteleuropa und einige klimatisch entsprechende Gebirge des submediterranen Europa beschränkt, während Kiefern, Fichten, Lärchen und Arven ihr Schwergewicht im Norden und Osten unseres Kontinentes oder gar im nördlichen Asien haben und nur mit verhältnismäßig kleinen Ausläufern ihres Areals nach Mitteleuropa hereingreifen. Außerdem hat die Weißtanne viele Beziehungen zur Rotbuche und bildet mit *Fagus* so häufig Mischbestände, dass sie von den meisten Autoren als Charakterbaum des FAGION-Verbandes oder der Ordnung FAGETALIA angesehen wird. Überhaupt verhält sie sich von allen Koniferen Mitteleuropas am „laubholzähnlichsten", obwohl sie – im Gegensatz zur Lärche – ihre dunklen Nadeln im Winter nicht verliert und im Wuchs eher der Fichte ähnelt (s. Abb. 7–2).

Trotz der floristischen Verwandtschaft mit dem FAGION haben wir aber die von *Abies alba* beherrschten Wälder nicht bereits im Anschluss an die Buchen- und Tannen-Buchenwälder betrachtet, sondern bis zur Besprechung aller Nadelwälder zurückgestellt. Abgesehen davon, dass sich das besondere Wesen der Tannenwälder am besten im Vergleich mit den Fichtenwäldern erkennen lässt, waren hierfür folgende Gründe maßgebend:

1. Tannenwälder haben ein wesentlich enger begrenztes Verbreitungsgebiet als Buchenwälder. Die Tanne begleitet zwar innerhalb ihres Areals mehr oder minder regelmäßig die Buche und steigt stellenweise sogar in die Eichenstufe hinab. Aufs Ganze gesehen sind Buche und Tanne aber doch nur lose miteinander verbunden. Die Areale der Fichte und der Tanne ähneln einander im mitteleuropäischen Bereich viel mehr als dem der Buche, indem beide eine ausgesprochen montane Verbreitungstendenz zeigen und besonders in den Ostalpen und in den östlichen Mittelgebirgen fast immer vereint auftreten.

2. In der Höhenstufung der Wälder vermittelt die Tanne oft zwischen Buche und Fichte (s. Abb. 1–6, 4–45 u. 4–46).

3. Auch im Hinblick auf den Kontinentalitätsgrad des Klimas nimmt die Tanne eine Mittelstellung zwischen Buche und Fichte ein. So besiedelt sie z. B. die relativ kontinentale Baar im Regenschatten des Südschwarzwaldes, die relativ trockene Ostabdachung der Vogesen und manche bereits von der Buche wegen zu großer Kontinentalität gemiedenen inneren Alpentäler.

4. Tannenwälder ähneln den Fichtenwäldern physiognomisch und lichtökologisch so sehr, dass ein unbefangener Betrachter sie zunächst vereinigen und beide als „schattige Nadelwälder" ansprechen würde.

5. Laubholzfreie Tannenwälder sind recht arm an Frühlingsblühern und anderen Buchenwaldpflanzen, dagegen reich an sommergrünen Arten und an Moosen, die von der Nadelstreu weniger behindert werden als von Laubstreu (s. Kap. 4.6.1 d).

6. Fichten sind in tannenreichen Wäldern meistens ebenfalls vertreten und begünstigen die „Nadelwaldpflanzen" noch mehr.

7. Das Artengefüge bodensaurer Tannenwälder ist dem der Fichtenwälder oft so ähnlich, dass sie von manchen Autoren mit diesen vereinigt und trotz herrschender *Abies* als Piceeten beschrieben wurden. Folgerichtig gehören sie dann zur Klasse VACCINIO-PICEETEA, nicht zu den QUERCO-FAGETEA.

8. Tannenwälder stehen auch in forstwirtschaftlicher Hinsicht anderen Nadelwäldern näher als den Laubwäldern.

Mit diesen Begründungen ist zugleich manches über die Natur und die Verbreitung der Tannenwälder ausgesagt, was über die Darstellungen in den Abbildungen 4–4, 4–45 und 4–46 hinausgeht. Reine oder doch nahezu

Abb. 7–2 Plenterbetrieb in einem Hang-Fichten-Tannenwald auf Eisen-Humuspodsol an der Nordabdachung des Pilatus bei Luzern (Schwarzenberg). Rechts eine alte Tanne mit Moosen (*Hypnum cupressiforme* u. a.) als Epiphyten. Im Unterwuchs vorwiegend Heidelbeere und Tannen-Jungwuchs; vorn rechts eine Fichte.

reine Tannenwälder kommen unter natürlichen Verhältnissen nur dort zustande, wo die Rotbuche durch übermäßige Bodennässe oder aber durch Trockenheit, Kürze der Vegetationsperiode, scharfe Winterfröste oder andere Faktoren im Wettbewerb behindert ist, wo aber die Weißtanne noch so kräftig gedeiht, dass sie den übrigen Baumarten gewachsen bleibt (vgl. Rolland et al. 1999). Beide Bedingungen treffen in drei Gruppen von Standorten zusammen:

A. in **subkontinental** getöntem Klima auf mehr oder minder basenreichen Böden, und zwar in planarer bis montaner Höhenlage;

B. in **montanem bis subalpinem**, niederschlagsreichem Klima auf tonigen oder kalkarmen, „nadelholzfördernden“ Böden;

C. auf **staunassen** sauren Böden in niederschlagsreichem Submontan- und Montanklima (vgl. Walentowski 1998).

Die unter A genannten subkontinentalen Tannenwälder stehen den Buchenwäldern floristisch am nächsten, obwohl ihnen die Buche selbst aus klimatischen Gründen fehlt. Sie gehören zweifellos zur Ordnung FAGETALIA und zum FAGION und werden von manchen Autoren in dem Unterverband GALIO ROTUNDIFOLII-ABIETENION vereinigt (s. Kap. 26: Nr. 8.4.3.1.5). Auch die montanen Tannenwälder (B) kann man systematisch großenteils hier einreihen. Bei manchen staunassen und zugleich recht bodensauren Tannenwäldern (C) muss man sich allerdings fragen, ob sie nicht besser zu der acidophytischen Ordnung PICEETALIA zu stellen wären, selbst wenn man *Abies alba* für eine gute FAGION-Charakterart hält. Doch sind auch diese Tannenwaldtypen durch zahlreiche Zwischenstufen mit FAGION-Gesellschaften verbunden, wie wir im nächsten Abschnitt sehen werden.

Oft genügen schon geringe Eingriffe des Menschen, z. B. planmäßige Plenter- oder Femelschlag-Wirtschaft, um die Tanne der Buche auch an Standorten überlegen zu machen, wo sie von Natur aus nicht dominieren würde. Es ist daher heute im Einzelfall oft schwer zu unterscheiden, ob man es mit natürlichen Tannenwäldern oder mit ursprünglich buchenreicheren Mischwäldern zu tun hat, in denen die Tanne begünstigt wurde.

7.3.2 Tannenwald-Gesellschaften der Alpen und des Alpenvorlandes

a) Die ausgedehntesten Tannenwälder findet man heute auf der Balkanhalbinsel (Fukarek 1964, Horvat et al. 1974) und in den Alpen, vor allem in der Schweiz. Hier wurden sie von Kuoch (1954) sowie von Bach et al. (1954), Frehner (1963) und anderen gründlich studiert. Später sind sie von Gensac (1967, 1970), Mayer (1974), Ellenberg & Klötzli (1972), Horvat et al. (1974), Oberdorfer et al. (1992), Mucina et al. (1993) und Willner & Grabherr (2007) in Übersichten dargestellt und teilweise weiter gegliedert worden. Wie auch in den übrigen Teilen Mitteleuropas, besiedeln die Weißtannenwälder in den Alpen sowie auf der Balkanhalbinsel recht verschiedene Standorte, von den niederschlagsreichen Außenketten der Alpen bis zu den trockenen Zentralalpen und von kalkreichen Rendzinen über Braunerden verschiedener Sättigungsstufen bis zu mehr oder minder stark podsolierten oder vergleyten Böden. Ebenso wie die Buchenwälder sind sie infolgedessen floristisch sehr mannigfaltig, obwohl die düsteren Kronen und hellen Stämme der Weißtanne und ihr schattenfester, breitkroniger Nachwuchs überall recht ähnliche Waldbilder entstehen lassen.

Die Tabelle 7–1 lässt diese Mannigfaltigkeit erahnen. Sie gestattet es, die sechs in der Schweiz am weitesten verbreiteten Tannenwald-Gesellschaften miteinander und mit einem dort ebenfalls häufigen Fichtenwaldtyp zu vergleichen. Die ersten drei Spalten enthalten zusammenfassende Listen von drei Varianten des sogenannten Plateau-Tannenwaldes („Querco-Abietetum“, s. Abb. 7–3), eines staunassen Typs (C), der auf mehr oder minder kalkarmen, ebenen oder schattseits geneigten Lehmböden in der montanen Stufe der „Voralpen“ (Außenketten), insbesondere auf Molasseunterlage in 930–1300 m Höhe, zu finden ist. Die Spalten 4 bis 6 beziehen sich auf den „echten Tannenwald“ (Abietetum albae, Gruppe B, s. Abb. 7–2), den man auch Hangtannenwald nennen könnte, weil er im Gegensatz zum Querco-Abietetum stets auf geneigten Böden stockt. Er gedeiht optimal in den „Zwischenalpen“, also in der niederschlagsärmeren Übergangszone zu den ausgesprochen kontinentalen Hochalpen, z. B. im Wallis. Hier ist die Rotbuche bereits konkurrenzschwach oder kommt gar nicht mehr vor, während die Fichte als Mischholzart der Tannenwälder an Bedeutung gewinnt.

Auch der Hangtannenwald ist montan und steigt an Schatthängen von etwa 1000 bis 1500 m und an Sonnhängen von 1200 bis 1700 m empor. Innerhalb der beiden Dreiergruppen in Tabelle 7–1 sind die Untergesellschaften bzw. Varianten so angeordnet, dass die „buchenwaldähnlichste“ links und die „fichtenwaldähnlichste“ rechts von dem Typus der betreffenden Assoziation steht. Vor Spalte 1 könnte man sich zum Vergleich einen reinen Buchenwald, etwa den Kalkbuchenwald oder einen reichen Braunerde-Buchenwald, gesetzt denken. Einen tannenarmen Fichtenwaldtyp, der in den Vor- und Zwischenalpen verbreitet ist, gibt Spalte 7 wieder. Er soll den Vergleich nach der anderen Richtung hin erleichtern.

In den Nordalpen und im deutschen Alpenvorland sind auf sauren Böden vor allem zwei

Abb. 7–3 Plateau-Tannenwald auf saurem, staunassem Rissmoränenlehm bei Roggwil im Schweizerischen Mittelland, etwa 500 m ü.NN. Auf der Lichtung vorherrschend „Seegras" (*Carex brizoides*), vorn *Dryopteris carthusiana, D. filix-mas* und *Oxalis acetosella* (Mitte vorn). Starker Moosbehang (vorwiegend *Hypnum cupressiforme*) an den alten Tannenstämmen. Die Fichte verjüngt sich schlechter als die Tanne.

Fichten-Tannen-Wälder verbreitet, der sehr artenarme, eher boreo-kontinental verbreitete Preiselbeer-Fichten-Tannenwald (Vaccinio-Abietetum) auf sehr nährstoffarmen Böden in submontan-montaner Höhenlage, und der stärker subozeanisch geprägte Hainsimsen-Fichten-Tannenwald (Luzulo-Abietetum) auf armen Böden in der montan-hochmontanen Stufe (Walentowski 1998); Letzterer hat im Thüringer Wald seine nordwestlichsten Vorposten (vgl. die Übersicht der Fichten- und Fichten-Tannenwald-Gesellschaften in Kap. 7.4.2). Beide Assoziationen gehören zum Unterverband VACCINIO-ABIETENION innerhalb der VACCINIO-PICEETEA (s. Kap. 7.4.2), während die übrigen zum GALIO ROTUNDIFOLII-ABIETENION innerhalb der QUERCO-FAGETEA gestellt werden (Oberdorfer et al. 1992; s. Kap. 26: Nr. 8.4.3.1.5).

Die einzelnen Arten sind in Tabelle 7–1 so weit wie möglich nach ihrem ökologischen Verhalten, und zwar nach Schichten getrennt, gruppiert worden. Als Differenzialarten geeignete Sippen wurden durch Umrandung der Stetigkeitsziffern hervorgehoben. In allen schs Abieteten dominiert die Weißtanne, während die Fichte in ihnen zwar sehr stetig, aber nur in geringer Menge auftritt. Der Plateau-Tannenwald enthält außerdem fast immer einzelne Rotbuchen, die ja im Voralpenbereich auf weniger staunassen Böden häufig vorkommen, und lokal auch Eichen. Auch der Bergahorn ist hier vertreten, besonders auf den relativ fruchtbaren und tonreichen Böden der *Lysimachia*-Variante (Nr. 1). An den trockenen Standorten der Hangtannenwälder konnten sich dagegen hier und dort Lärchen oder Waldkiefern behaupten, deren eigentliche Domäne in den inneralpinen Trockentälern liegt.

b) In allen Weißtannenwäldern ist die Moosschicht üppig und artenreich (s. Abb. 7–4), und auch andere Sauerhumus-Bewohner, z. B. *Vaccinium myrtillus, Luzula sylvatica* und *Maianthemum bifolium*, gedeihen gut

Tab. 7–1 Submontan-montane Plateau- und Hang-Tannenwälder auf basenarmen und -reichen Böden sowie ein subalpiner Fichtenwald in der Schweiz. Nach Tabellen von Kuoch (1954); Faktorenzahlen nach Ellenberg et al. (1992)[1].

	Gesellschaft Nr.:	1	2	3	4	5	6	7	T	F	R
	Gesellschafts-Gruppen (Erläuterung siehe nächste Seite)	mont. Plateau-Ta			mont. Hang-Ta			subalp. Fi	Faktorenzahlen		
	Baumschicht										
F	*Abies alba*	**5**	**5**	**5**	**5**	**5**	**5**	*1*			
P	*Picea abies*	*5*	*5*	*5*	*5*	*5*	*5*	**5**			
F	*Fagus sylvatica*	*5*	*5*	*5*	*3*	*1*	*1*				
F	*Acer pseudoplatanus*	*4*	*3*	*2*	*2*						
P	*Larix decidua*				*1*	*2*	*2*				
	Pinus sylvestris					*2*	*1*				
	Strauchschicht										
	Rubus fruticosus	*5*	*5*	*4*					×	×	×
	Ilex aquifolium	*1*	*2*	*1*					5	5	4
	Sambucus racemosa	*1*	*3*	*2*	*4*	*2*	*2*		4	5	5
	Lonicera nigra	*3*	*3*	*1*		*1*	*1*	*1*	4	5	5
	Sorbus aria	*2*	*2*	*1*	*2*	*2*	*2*	*1*	5	4	7
	Rubus idaeus	*4*	*5*	*3*	*5*	*3*	*3*	*2*	×	×	×
	Sorbus aucuparia	*5*	*5*	*5*	*5*	*3*	*4*	*5*	×	×	4
	Rosa pendulina	*2*			*2*	*2*	*2*	*3*	4	5	7
	Corylus avellana	*1*			*3*	*2*	*2*		5	×	×
F	*Lonicera alpigena*				*4*	*1*			4	6	8
	Lonicera xylosteum				*1*	*3*	*1*		6	5	7
	Salix appendiculata							*3*	3	6	8
	Krautschicht										
	Feuchtigkeitszeiger:										
F	*Lysimachia nemorum*	*5*							5	7	7
F	*Carex remota*	*3*		*1*					5	8	×
	Chaerophyllum hirsut.	*3*				*1*			3	8	×
	Equisetum sylvaticum	*4*						*3*	4	7	5
	Ranunculus aconitifolius	*3*						*1*	4	8	5
	Anspruchsvolle:										
F	*Primula elatior*	*3*							×	6	7
F	*Epipactis helleborine*	*3*							5	5	7
	Dactylorhiza maculata	*3*				*2*		*2*	×	8	×
	Ajuga reptans	*3*	*1*			*2*		*1*	×	6	6
P	*Homogyne alpina*	*4*	*1*			*1*	*1*	*5*	4	6	4
F	*Sanicula europaea*	*5*	*1*		*2*	*1*	*1*		5	5	8
F	*Carex sylvatica*	*5*	*2*		*2*	*1*			5	5	6
F	*Viola reichenbachiana*	*4*	*3*		*3*	*3*	*1*		×	5	7
F	*Phyteuma spicatum*	*4*	*3*		*5*	*3*	*4*	*1*	×	5	6
F	*Ranunculus lanuginos.*	*2*			*3*	*1*			6	6	7
F	*Epilobium montanum*	*3*			*3*	*1*	*2*		×	5	6
F	*Galium odoratum*	*3*			*5*	*1*	*2*		5	5	6
	Polygonatum verticillat.	*3*	*1*		*4*	*1*	*1*		4	5	4
F	*Petasites albus*	*3*			*5*	*3*	*2*	*2*	4	6	×
	Geranium robertianum	*2*	*1*		*3*	*1*	*1*		×	×	×
F	*Lamiastrum galeobdolon*	*2*	*1*		*4*	*1*	*1*		5	5	7
F	*Paris quadrifolia*	*1*	*1*		*3*	*2*	*2*		×	6	7
F	*Dryopteris filix-mas*	*2*	*2*		*5*	*3*	*3*	*1*	×	5	5
F	*Veronica urticifolia*	*4*	*2*		*5*	*5*	*5*	*2*	4	5	7
	Fragaria vesca	*4*	*3*		*5*	*4*	*4*	*1*	×	5	×
F	*Gymnocarpium dryopt.*	*2*			*3*	*2*	*2*	*2*	4	6	4
±	Indifferente:										
	Dryopteris dilatata	*5*	*5*	*5*	*4*	*1*	*2*	*5*	×	6	×
	Solidago virgaurea	*4*	*2*	*1*	*5*	*4*	*4*	*4*	×	5	×
F	*Prenanthes purpurea*	*5*	*4*	*1*	*5*	*4*	*4*	*4*	4	5	5
	Athyrium filix-femina	*5*	*5*	*2*	*5*	*3*	*1*	*3*	×	7	×
	Hieracium sylvaticum	*5*	*5*	*2*	*5*	*5*	*5*	*4*	×	5	5
	Oxalis acetosella	*5*	*5*	*4*	*5*	*4*	*4*	*4*	×	5	4

Tab. 7–1 Fortsetzung

Gesellschaft Nr.:	1	2	3	4	5	6	7			
Gesellschafts-Gruppen (Erläuterung siehe nächste Seite)	mont. **Plateu-** Ta			mont. **Hang-** Ta			subalp. Fi	**Fakto-ren-zahlen**		
								T	F	R
Maianthemum bifolium	5	5	4	2	4	2	2	×	5	3
in Tannenwäldern:										
Mycelis muralis	3	4		3	3	3		6	5	×
F *Galium rotundifolium*	4	4		2	2	4		5	5	5
P *Goodyera repens*	2	1	3		1	1		×	4	×
nicht in Hangwäldern:										
Carex pilulifera	2	5	4					4	5	3
Luzula pilosa	2	5	2					×	5	5
Dryopteris carthusiana	2	1	5					×	×	4
Thelypteris limbosperma	4	1	2				4	4	6	3
P *Blechnum spicant*	3	3	4				5	×	6	2
P *Lycopodium annotinum*	3	2	4				3	4	6	3
Säurezeiger:										
Vaccinium myrtillus	**5**	**5**	**5**	3	4	4	5	×	×	2
F *Luzula sylvatica*	5	3	1	4	4	4	4	4	5	4
Veronica officinalis	2	2		2	3	4		×	4	3
Deschampsia flexuosa	1	1	2		1	4	5	×	×	2
P *Listera cordata*	1	1					3	4	7	2
p *Vaccinium vitis-idaea*	1	2	2				5	×	4	2
Säurezeiger vorw. an Hängen										
P *Melampyrum sylvatic.*	1	1		4	5	5		4	5	2
P *Orthilia secunda*	1	1		2	5	3		×	5	×
F *Luzula nivea*				5	4	4		5	5	3
Saxifraga cuneifolia				2	1	4		5	6	3
Polypodium vulgare				1	1	4		5	4	2
P *Calamagrostis villosa*					1	1	5	4	7	2
Potentilla erecta							4	×	×	×

Gesellschaft Nr.:	1	2	3	4	5	6	7			
Gesellschafts-Gruppen (Erläuterung siehe nächste Seite)	mont. **Plateu-** Ta			mont. **Hang-** Ta			subalp. Fi	**Fakto-ren-zahlen**		
								T	F	R
montane Arten:										
Calamagrostis varia				2	3	1		3	5	8
Adenostyles glabra				3		1	2	2	6	8
Valeriana tripteris				5	4	3	2	3	5	×
Knautia dipsacifolia				3	3	3	2	4	6	6
Kalkzeiger:										
Carex digitata				3	5		1	×	5	×
Carex alba				2	4			5	4	8
F *Neottia nidus-avis*				3	4	1		5	5	7
Hepatica nobilis				2	3	1		6	4	7
Aster bellidiastrum				2	3	1		3	5	8
Melica nutans				2	3	1	1	×	4	×
Campanula cochleariifol.				1	3			3	7	×
E *Polygala chamaebuxus*					3			4	3	8
E *Epipactis atrorubens*					3	1		×	3	8
Ranunculus nemorosus					3	3		×	5	6
Moosschicht										
Plagiomnium affine	2	3	1					4	5	5
Thuidium tamarisc.	5	5	5	2			2	4	6	4
Rhytidiadelphus loreus	5	5	5		1	1	5	3	6	3
Polytrichum formosum	5	5	5	3	1	1	5	2	6	2
Eurynchium striatum	5	5	3	5	3	3		6	5	6
Plagiochila asplenoides	3	3	5	4	3	2	3	4	6	6
Rhytidiad. triquetrus	5	4	5	**5**	**5**	**5**	5	3	4	5
Hylocomium splendens	**5**	**5**	**5**	**5**	**5**	**5**	**5**	3	4	5

	Gesellschaft Nr.:	1	2	3	4	5	6	7			
	Gesellschafts-Gruppen Erläuterung siehe nächste Seite	mont. Plateu-Ta			mont. Hang-Ta			subalp. Fi	Faktorenzahlen T	F	R
	Hypnum cupressiforme	*1*	*3*	*3*	*1*	*2*	*2*	*1*	×	4	4
	Ptilium crista-castrensis	*2*	*4*	*5*	*2*	*1*	*2*	*5*	2	6	3
	Pleurozium schreberi	*2*	*2*	*3*	*2*	*2*	*2*	*5*	3	4	2
	Mnium spinosum				*3*	*4*	*4*	*1*	2	6	6
	Sphagn.-capillifol.-Gr.	*1*	*2*	*3*				*3*	–	–	–
P	*Bazzania trilobata*			*5*				*1*	4	6	2
P	*Plagiothec. undulatum*	*2*	*1*					*4*	3	6	1
P	*Hylocom. umbratum*							*2*	2	6	3
	Stetigkeitssummen:										
	Bu-Ta (FAGETALIA)	*82*	*35*	*15*	*76*	*48*	*44*	*11*	F		
	Fi (VACCINIO-PICEETALIA)	*17*	*13*	*15*	*12*	*20*	*18*	*34*	P		
	Kie (ERICO-PINETALIA)	–	–	–	*2*	*10*	*1*		E		

		mT
Nr. 1–3:	**Montane Plateau-Tannenwälder** („Myrtillo-Abietetum", Tab. 7, am nördlichen Alpenrand (von Frehner 1963 als „Querco-Abietetum" bezeichnet),	
1:	Reicher Braunerde-Plateau-Tannenwald („*Lysimachia*-Variante"),	4,1
2:	Armer Braunerde-Plateau-Tannenwald („typische Variante")	3,8
3:	Gleypodsol-Plateau-Tannenwald („*Bazzania*-Variante", früher Bazzanio-Piceetum"),	3,6
Nr. 4–6:	**Montane Hang-Tannenwälder** („Abietetum", Tab. 10b u. a.) in den nördlichen Randalpen	
4:	Waldschwingel-Hang-Tannenwald („A.-festucetosum"),	4,1
5:	Seggen-Hang-Tannenwald („A. melampyretosum, *Carex*-Variante") auf Kalk,	4,0
6:	Steinbrech-Hang-Tannenwald („A. melampyretosum, *Saxifraga*-Variante") auf kalkarmem Gestein.	4,1
Nr. 7:	**Subalpiner Fichtenwald** („Piceetum subalpinum sphagnetosum", Tab. 11) in den nördlichen Randalpen (zum Vergleich!)	3,3

[1] Einige Arten, die in keiner Einheit nennenswerte Stetigkeit erlangen, wurden weggelassen. Die **Stetigkeitssummen** wurden wie bei Tab. 6–3 berechnet. Sie zeigen, dass die Tannenwälder systematisch an die buchenreichen Laubwälder (Ordnung FAGETALIA, F) angeschlossen werden müssen. Nur im Peitschenmoos-Plateau-Tannenwald (Nr. 3), der auf sehr saurem Gleypodsol stockt, erreichen die Kennarten der bodensauren Nadelwälder (VACCINIO-PICEETALIA, P) gleiche Stetigkeit. Letztere überwiegen dagegen im subalpinen Fichtenwald (Nr. 7). Der an kalkreichen Hängen wachsende Seggen-Hang-Tannenwald (Nr. 5) steht dem Seggen-Trockenhang-Buchenwald nahe (s. Kap. 5.3.3). Er zeichnet sich durch einige Arten der Schneeheide-Föhrenwälder (ERICO-PINETALIA, E, (s. Kap. 5.3.3) aus.

Die *Faktorenzahlen* sind in Kap. 27 erläutert: T = Temperaturzahl, F = Feuchtezahl, R = Reaktionszahl. Die „ökologische Konstitution" der in der Tabelle unterschiedenen Artengruppen lässt sich durch die Faktorenzahlen überblicken. Als Durchschnittswerte wurden nur die mittleren Temperaturzahlen (mT) berechnet. In ihnen kommt die Höhenstufung zum Ausdruck. Der staufeuchte Plateau-Tannenwald (Nr. 3) hat ein relativ kühles Lokalklima.

Der **subalpine Fichtenwald** (Nr. 7) ist hier zum Vergleich hinzugefügt worden und wird in Kap. 7.4.3 im Zusammenhang mit anderen Fichtenwäldern besprochen. Er ähnelt den Tannenwäldern auf kalkarmen Böden sehr, ist aber noch reicher an ausgesprochenen Säurezeigern (R1–3). Arten wie *Vaccinium vitis-idaea, Calamagrostis villosa, Potentilla erecta* und *Plagiothecium undulatum* erreichen nur im subalpinen Fichtenwald hohe Stetigkeiten.

(s. Abb. 7–2 u. 7–5). In den „reicheren" Tannenwald-Gesellschaften (Nr. 1 und 2 sowie 4 und 5 in Tab. 7–1) wachsen sie unmittelbar neben anspruchsvollen Arten wie *Sanicula europaea*, *Carex sylvatica* und *Lamiastrum galeobdolon*. Eine solche Artenkombination wäre in Laubwäldern ganz unmöglich. Sie wird hier durch den Auflagehumus bewirkt, der sich aus der Nadelstreu und aus vermoderndem Holz bildet und besonders unter einzelnen Fichten nesterweise anreichert. In dieser sauren Auflage breiten die Humusspezialisten ihr Wurzelwerk flach aus, während sich die Mullbewohner tiefere Bodenschichten erschließen.

Wie nahe die „ärmeren" Abieteten (Nr. 3 und 6) mit Piceeten verwandt sind, mag daraus hervorgehen, dass beim Hinzufügen der Liste des Piceetum subalpinum in Tabelle 7–1 nicht mehr als vier Arten neu aufgeführt zu werden brauchten, nämlich *Salix appendiculata*, eine besondere Unterart von *Melampyrum sylvaticum*, *Potentilla erecta* und *Hylocomium umbra-*

Abb. 7–4 Moosschicht eines Plateau-Tannenwaldes mit *Bazzania trilobata* (links) und *Hylocomium splendens* (Mitte und rechts) sowie Keimlingen von *Picea* (vorn links) und *Abies* (Mitte).

Abb. 7–5 Rippenfarn (*Blechnum spicant*) und Heidelbeere in der Krautschicht eines Plateau-Tannenwaldes (vgl. Abb. 6–10 u. 6–13).

tum, von denen die Letztere als Charakterart des PICEION-Verbandes gilt. Alle übrigen Sauerhumuspflanzen waren bereits in den Listen der bodensauren Tannenwälder vertreten. Dagegen besitzen die Abieteten – und zwar auch die ärmsten – eine Reihe von Arten gegenüber den Piceeten, die auf bessere Ernährungsbedingungen schließen lassen, vor allem *Sambucus racemosa*, *Mycelis muralis*, *Veronica officinalis* und *Eurhynchium striatum*. Man kann diese als lokale Differenzialarten gegenüber den Piceeten verwenden.

Als **Charakterarten der Tannenwälder** kommen nur die Weißtanne selbst und allenfalls *Galium rotundifolium* infrage, das eine merkwürdige, in den Ursachen noch nicht geklärte Affinität zur Tanne zeigt und sich auch inmitten reiner Laubholzreviere unter gepflanzten Weißtannen sehr bald einfindet, jedoch auch in reinen Fichtenwäldern vorkommt. Alle übrigen „anspruchsvollen" Arten haben ihr Optimum in Laubwäldern und können nur die Zuordnung vieler Abieteten zu den FAGETALIA rechtfertigen, nicht aber als Assoziations-Charakterarten gelten.

c) Schon aus den wenigen Beispielen in Tabelle 7–1 geht hervor, dass sich Boden- und Klimaverhältnisse im Artengefüge der Nadelwälder ebenso deutlich widerspiegeln, wie wir dies bereits bei den Laubwäldern, insbesondere bei den Buchenwäldern, sahen. Weitere Artengruppen, durch die sich die in Tabelle 7–1 zusammengestellten Tannenwald-Gesellschaften unterscheiden, sind durch Umrandungen kenntlich gemacht worden. Wir können hier leider nicht auf alle Einzelheiten eingehen und müssen es uns auch versagen, die übrigen aus der Schweiz und anderen Bereichen Mitteleuropas beschriebenen Tannenwald-Gesellschaften ausführlich zu behandeln.

Erwähnt sei nur, dass es im Jura und in den Voralpen einen „Schachtelhalm-Tannenwald" (Equiseto-Abietetum) gibt, den schon Moor (1952) als etwas Besonderes erkannt hat. Dieser beherbergt teilweise die gleichen Feuchtigkeitszeiger wie Kuochs *Lysimachia*-Variante des Plateau-Tannenwaldes (Nr. 1), steht aber im Übrigen dem Aceri-Fraxinetum floristisch und ökologisch nahe. Er besiedelt ständig feuchten, fruchtbaren Hanglehm in der oberen montanen Stufe und enthält als einziger Tannenwald auch regelmäßig Eschen, jedenfalls auf kalkreicher Unterlage.

Dem subalpinen Ahorn-Buchenwald des Schweizer Juras und der übrigen Gebirge mit mild-ozeanischem Klima entspricht nach Kuoch (1954) in der subalpinen Stufe der Vor- und Zwischenalpen ein „Hochstauden-Tannenwald" (Adenostylo glabrae-Abietetum, Hegg et al. 1993: S. 30), der sich ebenfalls durch üppiges Gedeihen großblättriger nitrophiler Hochstauden auszeichnet (vgl. Kap. 7.4.3). Die Tanne erleidet in dieser waldgrenznahen Gesellschaft öfter Schnee- und Frostschäden, regeneriert sich aber gut. Neben den anspruchsvollen Hochstauden treten viele acidophytische Arten auf, z. B. *Vaccinium myrtillus, Luzula luzulina, Saxifraga cuneifolia, Melampyrum sylvaticum* und viele der uns bereits bekannten Moose.

In gleicher Höhenlage wie der Hochstauden-Tannenwald der nördlichen Randalpen, d. h. zwischen etwa 1400 und 1750 m, kommen in den Tessiner Bergen nördlich des Lago Maggiore bei ausgesprochen hohen Niederschlägen „Alpenrosen-Tannenwälder" vor, die vom Echten Tannenwald zu den Lärchenbeständen an der oberen Waldgrenze überleiten (vgl. Abb. 7–3). Hier dringen die subalpinen *Rhododendron*-Zwerggesträuche, die ihr Schwergewicht in den zentralalpinen Lärchen-Arvenwäldern und in einem schmalen Gürtel oberhalb derselben haben (vgl. Kap. 17.3.2.3), ausnahmsweise bis in Wälder der FAGETALIA hinab. Vermutlich wurde die Verzahnung von Wäldern und Bergheiden durch die in den südlichen Alpentälern noch allgemein verbreitete Waldweide besonders begünstigt.

An der Trockenheitsgrenze des Tannengedeihens stehen die inneralpinen „Reliktvorkommen" im Wallis, Vintschgau und Unterengadin, die z. T. urwüchsig sein dürften. Sie bereiten dem Naturschutz größere Probleme, als er ohnehin zu lösen hat, weil es für diese Restbestände kaum Parallelen gibt (vgl. Hussendörfer 2000).

Dieser keineswegs vollständige Überblick über die verschiedenen Tannenwald-Gesellschaften der Schweiz soll genügen, um eine Vorstellung von ihrer standörtlichen Variabilität zu geben. In den übrigen Teilen der Alpen und in anderen tannenreichen Gebirgen ist die Gliederung der Tannenwald-Gesellschaften in manchen Zügen ähnlich wie in der Schweiz, in anderen aber abweichend. Eine detaillierte synsystematische Übersicht über die Tannen- und tannenreichen Wälder Österreichs, in der zahlreiche standörtliche und geografische Untereinheiten aufgelistet werden, haben Willner & Grabherr (2007) vorgelegt.

Wie die sehr detaillierte Übersicht von Mayer (1974) zeigt, sind die Tannenwälder in den östlichen Alpen fast durchweg fichtenreicher. Mit Ausnahme des auf nährstoffreiche,

Tab. 7–2 Fichten-Tannenwälder der östlichen Zwischenalpen im Gefälle von Bodenfeuchte und -säure. Assoziationen ungefähr nach dem Säuregrad des Bodens (1–3), Subassoziationen nach der Bodenfeuchte (A, von mäßig trocken bis nass) und anderen Faktoren (B) geordnet. In Anlehnung an Mayer (1974).

	1 Silikat-Hainsimsen- Fi-Ta-Wald **Luzulo-Abietetum**	2 Mäßig bodensaurer Sauerklee- Fi-Ta-Wald **Oxali-Abietetum**	3 Karbonat-Alpendost- Fi-Ta-Wald **Adenostylo glabrae-Abietetum**
A	-myrtilletosum	–	-caricetosum albae
	-luzuletosum niveae	-festucetosum altissimae	–
	–	-hordelymetosum	-pyroletosum
	-typicum	-cardaminetosum trifoliae	-typicum
	-blechnetosum	-luzuletosum sylvaticae	-myrtilletosum
	–	-dryopteridetosum	–
	–	-aruncetosum	-caricetosum austroalpinae
	-sphagnetosum	-petasitetosum	–
	–	-myosotietosum	–
B	auf Blockschutt:	-polypodietosum	-asplenietosum
	in Schluchten:	–	-phyllitietosum
C	-rhododendretosum (Alpenrosen-Ta-W. der Südalpen-Tieflagen)	-myrtilletosum (Plateau-Ta-W.)	–
	–	-equisetetosum (Schachtelhalm-Ta-W.)	–
	–	-adenostyletosum (Hochstauden-Ta-W.)	–

C = Subassoziationen, die etwa den von Kuoch (1954) in der Schweiz unterschiedenen Assoziationen entsprechen.

frische Standorte beschränkten „Zahnwurz-Tannenwaldes" (Dentario-Abietetum) spricht Mayer deshalb von „Fichten-Tannenwäldern", wenn er sie auch systematisch als „Abietetum" einstuft. Seine drei Assoziationen spiegeln den Basenreichtum des Bodens wider, während zahlreiche Untergesellschaften Abstufungen nach zunehmender Bodenfeuchtigkeit ausdrücken oder auf klimatische Besonderheiten hinweisen (s. Abb. 5–27 u. 5–14).

Die in Tabelle 7–2 nebeneinandergestellten Untereinheiten der drei Assoziationen lassen sich nicht genau parallelisieren, zumal sie in ihrer vertikalen und horizontalen Verbreitung voneinander abweichen und auch sonst manche Eigenarten haben. Diese im Einzelnen zu beschreiben, würde hier zu viel Raum beanspruchen. Unsere Tabelle soll nur zeigen, dass sich die tannenreichen Wälder der Ostalpen offenbar in ähnlicher Weise ökologisch und floristisch gliedern lassen wie die Buchenwälder in den stärker ozeanisch getönten Teilen Mitteleuropas (s. Abb. 5–1) oder die Eichen-Hainbuchenwälder im nördlichen Tiefland (s. Kap. 6.6.5).

7.3.3 Tannenwälder der Mittelgebirge und des Tieflandes

a) **Bodensaure** Tannenwälder und „mittlere" Tannenwälder kommen außerhalb der Alpen und ihres Vorlandes im gesamten Areal der Weißtanne vor und wurden von zahlreichen Autoren beschrieben. An Zusammenfassungen seien nur Oberdorfer und Mitarbeiter (1957, 1992) für Süddeutschland, Walentowski (1998) für Bayern, Kuoch (1954) sowie Ellenberg & Klötzli (1972) für die Schweiz, Zukrigl (1973) und Willner & Grabherr (2007) für Österreich, Szafer & Zarzycki (1972) für Polen, Zlatnik (1958) für die Tschechoslowakei und Horvat et al. (1974) für die nördliche Balkanhalbinsel genannt. Besonders gründlich wurden die tief gelegenen Weißtannenwälder im Schweizerischen Mittelland studiert. Zoller (1962) konnte durch pollenanalytische Untersuchungen im Auflagehumus des Nassgley-Bodens nachweisen, dass das sogenannte Querco-Abietetum zwar „indigen", d. h. spontan entstanden und schon jahrhundertelang vorhanden war; doch enthalten die älteren Schichten viele Nichtbaumpollen, die auf bäuerliche Nutzung, ja auf zeitweiligen Ackerbau schließen lassen. Vor deren Kultureinflüssen war die Rotbuche wesentlich am Waldbestand beteiligt, der ursprünglich dem FAGION-Verband angehört haben muss, also ein Tannen-Buchenwald mit Waldmeister und anderen eher säureliebenden Bodenpflanzen war.

b) Auch **Kalktannenwälder** sind aus verschiedenen Mittelgebirgen bekannt geworden, namentlich aus dem Schweizer Jura (Moor 1952), der südwestlichen Schwäbischen Alb und dem Fränkischen Jura (Oberdorfer 1957), den tschechoslowakischen Mittelgebirgen (Zlatnik 1958, Korpel' 1995) und den Karpaten, besonders aus der Tatra (Zlatnik 1961). Am schönsten sind tannenreiche Mischwald-Gesellschaften in den slowenischen und kroatischen sowie in den übrigen balkanischen Kalkgebieten entwickelt, die außerhalb des von uns betrachteten Raumes liegen.

Während die meisten tannenreichen Wälder der zentral- und südosteuropäischen Mittelgebirge den im vorigen Abschnitt aus der Schweiz oder aus Österreich beschriebenen zumindest standörtlich ähneln, kommen im östlichen Schwarzwaldvorland, auf der Muschelkalk-Hochfläche der Baar, Gesellschaften von ganz eigenartigem Gepräge vor. Reinhold (1956) hat historisch nachgewiesen, dass in dieser verhältnismäßig trockenen und kühlen, von Spätfrösten heimgesuchten montanen Beckenlandschaft weder die Buche noch die Fichte, sondern die Weißtanne der von Natur aus herrschende Baum wäre. Im schwarzwaldnahen Teil der Baar fehlt die Buche sogar ganz, obwohl die Höhenlage (etwa 750–850 m) für sie optimal wäre. Je nachdem, ob es sich um relativ trockene oder um mehr feucht-kühle Böden handelt, mischen sich Waldkiefer oder Fichte mit der Tanne.

Diese von Oberdorfer (1957) als Piceo-Abietetum und (1992) als Pyrolo-Abietetum bezeichneten Seggen-Kalktannenwälder stehen dem Seggen-Hangbuchenwald und damit dem CEPHALANTHERO-FAGENION noch näher als die Kalktannenwälder der Zwischenalpen. Besonders ihre grasreiche Subassoziation (brachypodietosum, jetzt caricetosum montanae), deren Bestände früher teilweise beweidet und mit Halbtrockenrasen durchsetzt waren, enthalten viele der in Kapitel 5.3.3 beschriebenen Seggen-, Orchideen- und Straucharten. Der Seggen-Kalktannenwald der Baar ist mithin als eine montan-subkontinentale Parallele zum

Seggen-Buchenwald aufzufassen. Walentowski (1998) beschrieb entsprechende Tannenwälder auf kalkhaltigen Böden aus den bayerischen Kalkalpen und ihrem Vorland. Auf tonigen Böden zwischen Wutach und Eyach, also etwas weiter nördlich, kommen Tannen-Mischwälder vor, die stärker acidophilen Charakter haben (Pyrolo-Abietetum, s. Stoffler 1975). Unter dem Namen Carici (albae)-Abietetum wurden Seggen-Kalktannenwälder auch aus der Schweiz (Ellenberg & Klötzli 1972) und Österreich (Zukrigl 1973) beschrieben.

Mit der Fähigkeit der Weißtanne, kontinentale Klimabedingungen besser zu ertragen als die Rotbuche, dürfte es auch zusammenhängen, dass sie in den am weitesten nach Norden und Osten vorgeschobenen Teilen ihres Areales, südöstlich von Warschau, in die Ebene hinabzusteigen vermag (s. Abb. 7–1). Sie gedeiht hier noch ausgezeichnet, während *Fagus* schon weiter südlich Halt macht und erst in den Waldreservaten der Lysa Gora neben *Abies* eine Rolle spielt. In der polnischen Ebene trifft sich die Tanne mit der Eiche wie im Schweizerischen Mittelland, wenn auch aus ganz anderen Gründen, und wird zu einem mehr oder minder hervortretenden Bestandteil buchenfreier Eichen-Hainbuchenwälder. Doch kann sie sogar auf recht basenreichen Böden fast reine Bestände bilden. Diese müssen als natürliche Abieteten gelten, obwohl ihnen viele Arten der montanen Tannenwälder fehlen.

c) Ebenso wie in den Gebirgen des südlichen und östlichen Mitteleuropa geht die Weißtanne aber auch im **polnischen Tiefland** nur unwesentlich über die Grenze der Rotbuche hinaus. Wie schon Firbas (1949), Szafer & Zarzycki (1972) und andere betonten, trafen nach der Eiszeit beide Baumarten an der Nordgrenze der Weißtanne ungefähr gleichzeitig ein. Diese Grenze kann also nicht durch unvollendete oder in bereits buchenbeherrschten Wäldern stecken gebliebene Wanderung erklärt werden.

Bemerkenswert ist jedoch, dass *Abies alba* fast überall, wo sie innerhalb des nach Norden und Westen so viel weiter vorstoßenden Buchenareals angepflanzt wurde, recht gut gedeiht und z. T. bessere Leistungen vollbringt als in der oberen Tannenstufe der Gebirge. In Ostpreußen sowie in Lütetsburg bei Aurich in Ostfriesland erreichten angepflanzte Weißtannen mehr als 40 m Höhe. In dem letztgenannten Tannenforst trotzt sie sogar den Sturmwinden nahe der Nordseeküste. Zumindest im westlichen und nördlichen Mitteleuropa und in den wärmeren Lagen der Mittelgebirge müsste die Tanne aber im natürlichen Konkurrenzkampf der Rotbuche weichen. Diese wächst hier in der Jugend rascher und erreicht nach Mayer (1974) sogar in dichtem Bestand ein höheres Alter (200 bis 250 Jahre) als die Tanne und andere Nadelhölzer (100 bis 180 Jahre). In montanen, kühleren Lagen kehrt sich das Verhältnis um, indem die Koniferen 400 bis 500 Jahre alt werden und die Buche übergipfeln, die auch hier kaum älter als 300 Jahre wird. Für diese Unterschiede im Wuchsverhalten muss man wohl die Sommertemperaturen und die Länge der Vegetationsperiode verantwortlich machen.

d) Die **Höhengrenze und die Kontinentalitätsgrenze der Tannenwälder** dürften dagegen mit den Wintertemperaturen in Zusammenhang stehen. Abieteten finden sich nach Dengler (1912) selten in Gebieten, deren Januar-Temperaturmittel tiefer als –3,5 °C liegt. Doch gibt es in den Westkarpaten noch bei Werten von –6 °C gut entwickelte Tannenbestände, und auch in den schweizerischen Alpen verzeichnen manche Stationen der oberen Tannenstufe tiefere Januarmittel als –3,5 °C (s. Abb. 7–6). In kalten Wintern wie 1928/1929 ertrug *Abies alba* sogar –40 °C ohne Schaden. Im Wettbewerb mit der Fichte, die wesentlich tiefere Temperaturen aushält und weiter in den kontinentalen Osten und in den kalten Norden Europas vorstößt als die Tanne, dürften die Wintertemperaturen

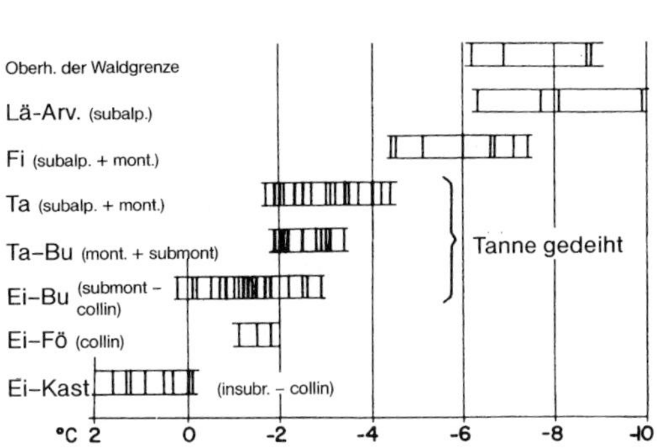

Abb. 7–6 Januar-Mitteltemperaturen von schweizerischen meteorologischen Stationen in verschiedenen Vegetationsstufen.
Jeder dünne senkrechte Strich entspricht einer Station, jeder dicke mehreren Stationen. *Abies alba* fehlt bei weniger als –5 °C und bei über 0 °C.

aber doch von Bedeutung sein. Jedenfalls zeigt Abbildung 7–6, dass in den inneralpinen Längstälern mit montanem Fichtenwald und in der subalpinen Fichtenstufe Januarmittel zwischen –4 und –8 °C gemessen wurden, während die Tanne in der Umgebung von Stationen vorherrscht, die nur –1,7 bis –4,9 °C verzeichnen. In Lagen mit höheren Januar-Temperaturmitteln als etwa –2,5 °C kommt *Abies* nur noch auf staunassen Böden gegen die Buche auf, deren Verhältnis zu den anderen Laubhölzern wir bereits erörtert haben.

Während *Abies alba* durch Anpflanzungen in ganz Mitteleuropa und bis nach Südschweden über ihre natürlichen Grenzen hinaus verbreitet wurde, ist sie in fast allen Teilen ihres eigentlichen Areales heute in mehr oder minder raschem Rückgang begriffen (s. Schmid & Zeidler 1953 und die von diesen zitierte Literatur sowie Elling 1993). Dessen Ursachen sind komplex und bis heute noch nicht vollständig verstanden; dies gilt ebenso für die Ursachen der natürlichen Nordgrenze von *Abies alba*. Das ausgeprägte Tannensterben in den 1970 er- und 1980 er-Jahren wurde sehr wahrscheinlich vor allem durch erhöhte SO_2-Gehalte der Luft ausgelöst, verstärkt durch trockene Sommer (s. Kap. 4.9.3.6). Der vom Menschen ausgelöste Rückgang der Tanne wurde aber wahrscheinlich durch biotische Faktoren beschleunigt, z. B. durch den angestiegenen Wildverbiss, unter dem die Tanne besonders leidet (Ammer 1996, Senn & Häsler 2005). Früher war die Fichte Nutznießer des Tannensterbens, sei es, weil sie durch Waldweide und durch den in den letzten Jahrzehnten auf ein Vielfaches gesteigerten Wildverbiss weniger geschädigt wurde als Buche und Tanne, oder sei es, weil sie durch Kahlschlagbetrieb begünstigt wird.

7.4 Fichtenwälder

7.4.1 Natürliche Verbreitung und Standorte der Fichtenwälder in Mitteleuropa

Obwohl die Fichte nach der Eiszeit in viele Teile Mitteleuropas einwanderte, bevor ihre stärksten Konkurrenten, Tanne und Buche, dort eintrafen (s. Walter & Straka 1970), drang sie nicht einmal zur Zeit ihrer größten Massenentfaltung, der mittleren Wärmezeit, über ihre heutige Arealgrenze beträchtlich nach Westen vor. Erst die moderne Forstwirtschaft hat sie auch in den stärker ozeanischen Gebirgen Mitteleuropas, im Schweizerischen Mittelland und sogar in manchen Tieflandsrevieren zu einer der häufigsten Nutzholzarten gemacht und damit zugleich bewiesen, dass ihre Westgrenze keine absolute ist. Nach Koch (1958) erreicht die Fichte ihre größte Produktionsleistung stets unterhalb der natürlichen Fichtenstufe, im Thüringer Wald z. B. in etwa 600 m Höhe über dem Meeresspiegel. Ihr Zuwachs geht allerdings in Küstennähe schon im Alter von 70 bis 80 Jahren stark zurück. Auch wird sie in Tieflagen leichter von Rotfäulepilzen und anderen Schädlingen befallen, weil weitringiges Holz anfälliger ist als das langsam gewachsene und viel festere in den höheren Gebirgslagen. Doch fruchtet sie reichlich, und ihre Samen sind gut keimfähig. Dass es trotzdem schlecht gelingt, sie in Kunstforsten „natürlich" zu verjüngen, liegt in erster Linie an der Konkurrenz der standortgemäßen Baumarten. Schon die Bäume des Eichenmischwaldes – Eichen, Linden und Ulmen – müssen seit der mittleren Wärmezeit in der Lage gewesen sein, die Fichte an ihrem weiteren Vordringen zu hindern. Wie das geschehen konnte, wird immer noch diskutiert.

Im Nordosten dürfte die Niederschlagsarmut des polnisch-ostdeutschen Binnenlandes entscheidend mitgewirkt haben, denn die Fichte meidet in ihrem gesamten Verbreitungsgebiet allzu trockene Standorte und leidet als Flachwurzler in Trockenjahren mehr als andere Baumarten. In den übrigen Teilen Mitteleuropas, mit Ausnahme einiger Trockeninseln, ist aber das Klima feucht genug für die Fichte. Hier muss die nach Westen zunehmende Ozeanität in Betracht gezogen werden, insbesondere die geringe Winterkälte und die lange Dauer des Frühlings. Beide Faktoren begünstigen die Laubhölzer, während die Fichte weder Vorteile aus ihrer Kältefestigkeit noch aus ihrer (z. B. von Michael 1966 nachgewiesenen) Widerstandsfähigkeit gegen Frosttrocknis oder aus dem Dauerbesitz ihrer Nadeln ziehen kann. Je kürzer dagegen die Vegetationsperiode ist und je plötzlicher diese beginnt, desto größer wird ihre Überlegenheit, weil sie nach Mokross (1973) und Havranek (1972) schon in wenigen warmen Tagen aus ihrer Winterruhe erwacht und CO_2 zu assimilieren vermag, während die winterkahlen Laubhölzer erst ihre Blattflächen entfalten müssen. Kontinentales Klima hemmt daher die meisten Laubhölzer, deren kräftigeres Jugendwachstum in ozeanischem Klima der Fichte unter natürlichen Konkurrenzbedingungen wahrscheinlich zum Verhängnis wird. Seit Buche und Tanne mit im Spiel sind, die bei günstigem Klima rascher in die Höhe wachsen (s. Abb. 7–39) und außerdem mehr Schatten vertragen, haben sie die Fichte vollends auf die relativ kältesten und kontinentalsten Lagen oder auf Böden zurückgedrängt, die ihnen weniger zusagen.

Natürliche Fichtenwälder finden wir deshalb in Mitteleuropa unter recht verschiedenen Bedingungen (vgl. hierzu Abb. 1–5, 1–6, 4–4, 4–45, 7–1 sowie 7–8 bis 7–12), und zwar sowohl an zonalen als auch an azonalen Standorten:

A. Als **zonale** Vegetation auf Gesteinen aller Art:

1. In der unteren **subalpinen** Stufe der Karpaten und Alpen (mit Ausnahme der relativ ozeanischen nordwestlichen und südlichen Randketten) sowie der hochmontanen Stufe der Mittelgebirge östlich der Linie Harz–Frankenwald (s. Abb. 7–8);

2. in der montanen Stufe der relativ **kontinentalen** inneren Alpentäler, deren Klima für Buche und Tanne zu kontinental ist (s. Abb. 7–7 u. 7–10).

B. an örtlich begrenzten **Sonderstandorten**:

1. auf ruhenden **Blockhalden** (s. Abb. 7–9), auf schmalen Felsbändern und ausnahmsweise auch auf Karrenfeldern, selbst in Gebirgen, die keine natürliche Fichtenstufe aufweisen (s. Abb. 7–11);

2. in **Kaltlufttälern** und Dolinen der montanen bis hochmontanen Stufe, soweit die darin häufig auftretenden Spätfröste nicht auch die Fichte ausschließen (s. Abb. 7–12);

3. auf **„Eiskellern"** der montanen Stufe, d. h. auf schattigen, feinerdefreien Blockhalden,

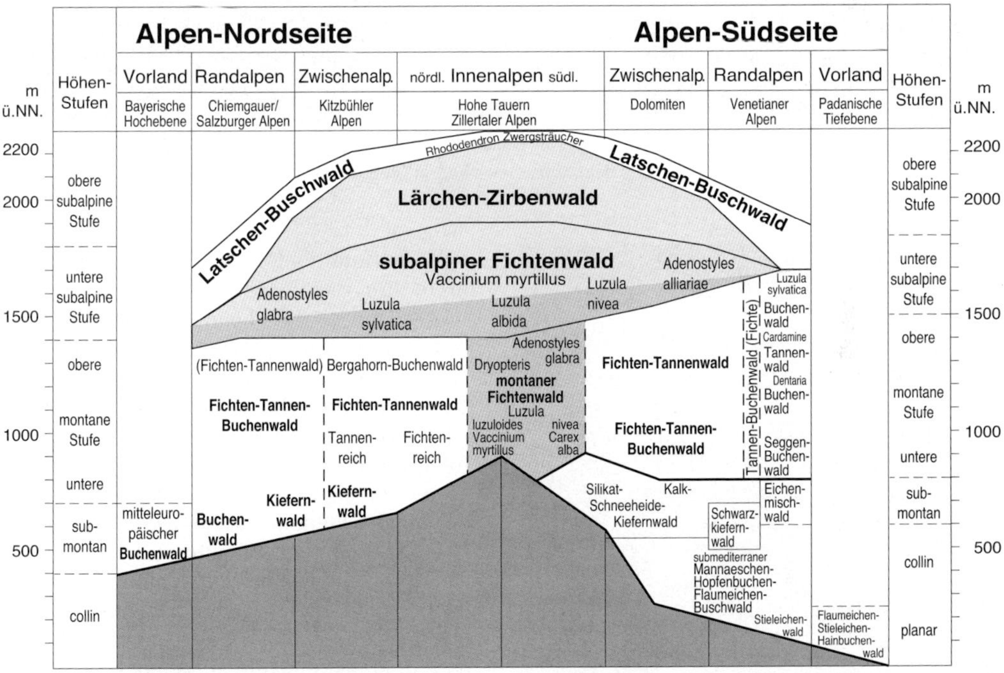

Abb. 7–7 Schematischer Schnitt durch die Waldstufen der Ostalpen, insbesondere die Nadelwald-Gesellschaften der montanen und subalpinen Stufe. Nach Mayer (1984), etwas verändert.
In der **submontanen** Stufe herrschen Kiefern- und Kiefernmischwälder, außer am Nordrand der Alpen, wo die Rotbuche den Ton angibt
In der **montanen** Stufe dominiert die Fichte, mehr oder minder stark gemischt mit Tanne und Buche. Zur Alleinherrschaft wird sie in den relativ kontinentalen Zentralalpen-Tälern, die der montanen Höhenlage entsprechen, sowie in großen Teilen der unteren **subalpinen** Stufe.
Ebenso wie sie spielen die Lärchen und Zirben der oberen subalpinen Stufe in den stärker ozeanisch getönten Randalpen nur eine geringe Rolle. In den südlichen Randalpen machen sich in allen Höhenstufen submediterrane Elemente bemerkbar. Oberhalb des Lärchen-Zirbenwaldes herrschen niederliegende Bergföhren (Latschen, s. Abb. 7–25).

Abb. 7–8 Subalpiner Fichtenwald nahe der Waldgrenze am Hohen Ifen im Kleinen Walsertal. Darüber ein Legföhren-Gürtel (Latschen-Buschwald, s. a. Abb. 7–7), der sich auf dem verkarsteten Kalk in Gruppen auflöst.

Abb. 7–9 Subalpiner Fichtenwald mit einzelnen Lärchen (Piceetum subalpinum vaccinietosum vitis-idaeae) im Unterengadin bei Ramosch am Fuße einer Blockhalde.

in deren Hohlräumen kalte Luft abfließt und durch ihre ungünstigen Wirkungen auf den Baumwuchs lichtliebende, kälteertragende nordische und alpine Arten begünstigt (Krüppelfichten-Gesellschaften, s. Abb. 7–16);

4. an **Hochmoor-Rändern** in der montanen Stufe kalkarmer Gebirge sowie im Alpenvorland und im altpleistozänen Tiefland (s. Abb. 8–41);

5. an manchen **feuchten Standorten** in mehr oder minder kühlem und kontinentalem Klima, z. B. in nicht mehr überschwemmten **Flussauen** und feuchten Mulden der montanen Stufe, besonders in den inneren Alpentälern, aber auch in weiter östlich gelegenen Mittelgebirgen und andeutungsweise bereits im Schwarzwald.

Je nach dem Basenreichtum des Substrats neigen die unter A 1 und 2 sowie B 1 und 2 genannten Fichtenwälder entweder zur Ordnung Fagetalia oder Piceetalia; doch herrschen die stark acidophytischen Gesellschaften der Letzteren flächenmäßig bei Weitem vor. Auch die unter B 3 und 4 angeführten seltenen Gesellschaften gehören hierher, während die fichtenreichen Au-

Abb. 7–10 Montaner Fichtenwald auf Kalkgestein am Ifen im Kleinen Walsertal, mit *Cyclamen purpurascens* (vorn links). Im Mittelgrund ist der Bestand aufgelichtet.

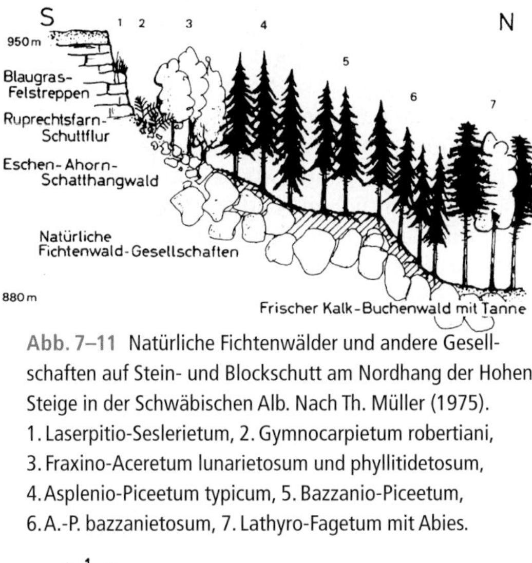

Abb. 7–11 Natürliche Fichtenwälder und andere Gesellschaften auf Stein- und Blockschutt am Nordhang der Hohen Steige in der Schwäbischen Alb. Nach Th. Müller (1975). 1. Laserpitio-Seslerietum, 2. Gymnocarpietum robertiani, 3. Fraxino-Aceretum lunarietosum und phyllitidetosum, 4. Asplenio-Piceetum typicum, 5. Bazzanio-Piceetum, 6. A.-P. bazzanietosum, 7. Lathyro-Fagetum mit Abies.

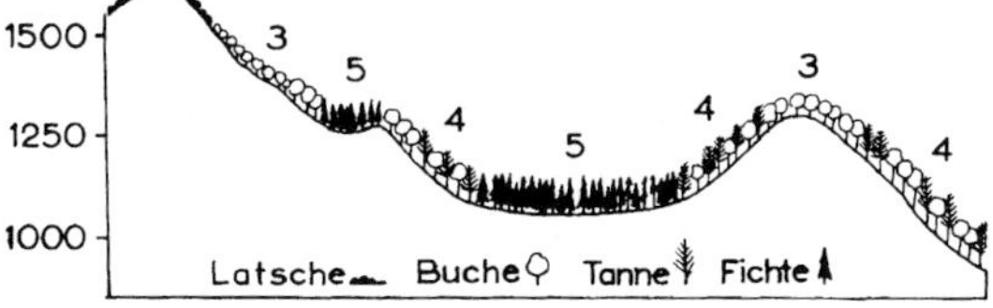

Abb. 7–12 Baumarten der montanen bis hochmontanen Stufe in Kroatien. Nach Horvath aus Ellenberg (1963). In dem frostreichen, relativ kontinentalen Klima einer Karst-Doline gedeiht nur Fichtenwald (5). An den weniger frostgefährdeten Hängen herrscht die Rotbuche bis zur Waldgrenze (3), über der sich ein mehr oder minder breiter Gürtel mit niederliegender Bergföhre anschließt (2). In extremen Kaltluftlöchern (die hier nicht dargestellt sind) löst diese die Fichte ab. Die Weißtanne mischt sich der Buche in der oberen montanen Stufe bei und kommt auf Schutthalden, aber auch im Übergang zum Dolinen-Fichtenwald stellenweise zur Dominanz (4).

enwälder (B 5) systematisch den benachbarten Laubwald-Gesellschaften nahestehen.

Einzeln oder gruppenweise ist die Fichte außerdem zahlreichen Gesellschaften der Ordnung FAGETALIA beigemischt, soweit diese in Gebieten mit relativ kontinentalem Klima liegen, namentlich:

a) Eichen-Hainbuchenwäldern östlich der Rotbuchengrenze (s. Kap. 6.6.4 u. Abb. 1–1),

b) montanen Tannen-Buchenwäldern und Tannenwäldern (s. Kap. 5.3.6 u. 7.3.2),

c) kontinental-planaren und montanen Kiefernwäldern (s. Kap. 7.7).

Wir wollen hier nur die unter A genannten, allgemeinklimatisch bedingten Fichtenwälder näher besprechen, weil die „Spezialisten" eine sehr beschränkte Verbreitung haben und trotz der vielseitigen Probleme, die sie bieten, bisher außer den Eiskeller-Besiedlern (B3) und subalpinen Beständen ökologisch wenig untersucht wurden.

Die Fichtenwälder in Skandinavien und im nordöstlichen Eurasien kamen nach Firbas (1949) und Walter & Straka (1970) aus letzteiszeitlichen Refugien, die weiter östlich lagen als diejenigen der herzynisch-karpatischen und der alpisch-südosteuropäischen Fichtenwälder. Da beide Fichtenwald-Großräume seit Langem keine Verbindung mehr miteinander hatten, enthalten sie morphologisch und ökologisch sehr verschiedene Fichtenrassen. Auch lassen sich die borealen Fichtenwälder standörtlich und floristisch nur bedingt mit den Fichtenwäldern der mitteleuropäischen Gebirge vergleichen, obwohl sie manche Ähnlichkeiten aufweisen (s. Jahn 1977). Aus diesen Gründen wollen wir bei deren Betrachtung nicht von dem riesigen borealen Verbreitungsgebiet, sondern von den Alpen ausgehen, die heute zweifellos das Mannigfaltigkeitszentrum der mitteleuropäischen Fichtenwald-Gesellschaften darstellen (s. a. Abb. 7–1).

7.4.2 Zur Systematik der fichtenreichen Nadelwälder

Die Klasse der bodensauren Nadelwälder und verwandten Gesellschaften (VACCINIO-PICEETEA) umfasst vor allem Fichten- und Kiefernwälder. Mit diesen beherrscht oder beherrschte sie doch in Europa ähnlich umfangreiche Landschaften wie die Klasse der Sommerlaubwälder (QUERCO-FAGETEA), besonders im Norden und

Osten sowie in den Alpen und anderen hohen Gebirgen. Sie hat als ganzes ähnlich viele Charakterarten wie die Klasse der Edellaubwälder. Durchweg handelt es sich um acidotolerante oder durch Konkurrenten auf mehr oder minder saure Standorte beschränkte Arten, darunter bemerkenswert viele moosähnliche Pteridophyten und Moose, d. h. Pflanzengruppen, die durch Nadelstreu weniger behindert werden als durch Laubstreu, und die auf Rohhumus gut zu leben vermögen, siehe Tab. unten.

Auffälligerweise sind fast alle diese Arten immergrün oder überwintern zumindest mit grünen Zweigen (z. B. *Vaccinium myrtillus*). Wie die meisten Nadelhölzer sind sie also unmittelbar nach dem Abschmelzen der Schneedecke photosynthesebereit, ja oft schon bevor sie ganz aper geworden sind. Die wenigen übrigen Klassen-Kennarten sind Spezialisten in ihrer Ernährungsweise, wie z. B. die Ericaceae, die über ihre Mykorrhiza organischen Stickstoff nutzen können, der einjährige Halbparasit *Melampyrum* und die saprophytisch lebenden Orchideen *Corallorhiza* und *Monotropa*, oder es sind Spezialisten in ihrer Anpassung an winterliche Unbilden, wie der Siebenstern (*Trientalis europaea*), der zu seiner normalen Entwicklung einer Kältephase bedarf. Entsprechendes gilt übrigens auch für einen Großteil der Charakterarten der zur Klasse VACCINIO-PICEETEA gehörenden Untereinheiten.

Die wichtigste Ordnung in dieser Klasse, die der bodensauren Fichtenwälder und verwandter Gesellschaften (PICEETALIA EXCELSAE), hat als „zentrale Einheit“ keine eigenen Charakterarten.

Zur Ordnung PICEETALIA stellt man außer Fichten- und Fichtenmischwäldern auch die bodensauren Kiefernwälder und floristisch verwandte Moorwälder (DICRANO-PINION), die wir in den Kapiteln 7.7.3 und 8.3.2.2 behandeln werden. Dieser Verband umfasst zahlreiche Gesellschaften mehr oder minder lichter Kiefern- und Moorbirkenwälder, die jedoch durch nur wenige Kennarten zusammengehalten werden.

Zum Verband der Fichtenwälder i. w. S. (PICEION) gehören auch floristisch verwandte Tannen-, Buchen- und Arven-Mischwälder, d. h. überwiegend schattige Nadelbaum-Gesellschaften, aber auch einige subalpin-alpine Heiden, die großenteils aus Lärchen-Arvenwäldern durch Holzschlag und Waldweide entstanden sind. Die eigentlichen Waldgesellschaften seien hier zunächst aufgeführt und stichwortartig gekennzeichnet. Die Tannen-Mischwälder haben wir bereits in den Kapiteln 7.3.2 und 7.3.3 behandelt; sie sind hier in synsystematischem Zusammenhang noch einmal genannt:

Baum:	*Picea abies*	Bärlappe:	*Diphasium complanatum*
			Huperzia selago
			Lycopodium annotinum
Strauch:	*Lonicera coerulea*		
Zwergsträucher:	*Linnaea borealis*	Moose:	*Barbilophozia floerkei*
	Vaccinium myrtillus		*Barbilophozia lycopodioides*
	Vaccinium uliginosum		*Hylocomium umbratum*
	Vaccinium vitis-idaea		*Ptilium crista-castrensis*
			Rhytidiadelphus loreus
Krautige:	*Corallorhiza trifida*		*Sphagnum girgensohnii*
	Melampyrum sylvaticum		
	Moneses uniflora	Flechten:	*Peltigera aphthosa*
	Monotropa hypopitys		
	Orthilia secunda		
	Pyrola minor		
	Pyrola rotundifolia		
	Stellaria longifolia		
	Trientalis europaea		

Piceion abietis. Boreal-alpine schattige Nadelwälder. Natürliche Fichten-, Fichten-Tannen- und Fichten-Buchen-Gesellschaften der europäischen Mittelgebirge, Karpaten und Alpen. Oberdorfer et al. (1992) unterscheiden drei Unterverbände:

1. Vaccinio-Abietenion, Zwergstrauchreiche montane Fichten-Tannenwälder u. a. bodensaure Fichten-Tannen- und Fichten-Buchen-Gesellschaften der höheren Mittelgebirge und Nordalpen.

1.1 Luzulo-Abietetum, Hainsimsen-Fichten-Tannenwald, subatlantisch getönt. Natürliche Tannen-Mischwälder im Schwarzwald, in der angrenzenden Schwäbischen Alb und im West-Allgäu.

1.2 Vaccinio-Abietetum, Preiselbeer-Fichten-Tannenwald, boreo-kontinental getönt. Weit verbreitet, besonders im östlichen und südöstlichen Mitteleuropa.

1.3 Calamagrostio villosae-Fagetum, Reitgras-Fichten-Buchenwald, herzynisch; im Bayerisch-Böhmischen Wald, Erz- und Fichtelgebirge.

2. Vaccinio-Piceenion, hochmontane und subalpine Fichtenwälder der europäischen Gebirge. Rohhumusreiche, meist reine Fichten-Gesellschaften in vorwiegend höheren Lagen als 1.

2.1 Calamagrostio villosae-Piceetum, Reitgras-Fichtenwald, herzynisch-sudetisch. Floristisch ärmer als die Folgenden.

2.2 Bazzanio-Piceetum, Peitschenmoos-Fichtenwald, subatlantisch, luftfeucht; lokal im Schwarzwald und benachbarten Gebirgen.

2.3 Asplenio-Piceetum, Strichfarn-Fichten-Blockwald, Schweizer Jura und Voralpen, verarmt in der Schwäbischen Alb.

2.4 Homogyno-Piceetum, Alpenlattich-Fichtenwald, subalpin, in den Alpen verbreitet, meist oberhalb von 1000 m ü.NN.

2.5 Vaccinio-Pinetum cembrae, Lärchen-Arvenwald, vorwiegend in den Zentralalpen, die Waldgrenze bildend. Lärche und Arve (Zirbe) von Natur aus herrschend, wenig Fichte, oft zu *Rhododendron*-Heiden degradiert (der Name Larici-Pinetum cembrae erscheint besser geeignet).

Unter der artenreichen Pilzflora der Fichtenwälder findet man manche Mykorrhiza-Bildner, die mehr oder minder streng auf *Picea abies* angewiesen erscheinen (vgl. Rudawska 2007). Andere zeigen enge oder lose Bindungen an Arve, Lärche, Bergföhre, Grünerle oder Birke, die Horak (1963) in subalpinen Wäldern Graubündens ebenfalls daraufhin untersuchte. Gründliche vergleichende Untersuchungen der Pilzgemeinschaften der mitteleuropäischen Nadel- und Laubwälder und der Bindung der Pilzarten an bestimmte Baumarten sind besonders lohnend.

7.4.3 Montane und subalpine Fichtenwälder

a) Die Variationsbreite der Fichtenwald-Gesellschaften wird besonders deutlich, wenn wir sie ebenso wie manche Laubwaldtypen in einer Übersichtstabelle miteinander vergleichen. Wie aus Tabelle 7–3 hervorgeht, unterscheiden sich die Piceeten der schweizerischen Alpen in ähnlicher Weise wie die in Tabelle 7–1 zusammengestellten Abieteten: Kalk-Fichtenwälder mit zahlreichen anspruchsvollen Arten stehen artenärmeren gegenüber, in denen sich Rohhumuszeiger häufen.

Die **montanen Fichtenwälder** (Nr. 1 und 2 in Tab. 7–3) der zentral- und zwischenalpinen Trockentäler besiedeln Höhenlagen und Böden, die in den äußeren Alpentälern von Abieteten oder gar von Abieti-Fageten und Fageten eingenommen werden. Das kontinentale Klima im Alpeninneren lässt aber nur die Fichte zu, die hier auf Kalk- wie auf Urgesteinsböden Fuß fasste.

Unter dem Schutz ihrer Kronen, der die Extreme des Allgemeinklimas dämpft, können sich auf basenreicher Unterlage viele krautige Pflanzen halten, die in Tannen- und Laubmischwäldern beheimatet sind, insbesondere die ganze in Tabelle 7–3 von *Galium rotundifolium* angeführte Gruppe. Diese Arten machen es leicht, einen frischen montanen Fichtenwald („Piceetum montanum galietosum", Abb. 7–10) von einem trockenen („P. m. melicetosum") zu unterscheiden. Ersterer findet sich in den weniger extrem kontinentalen, niederschlagsreicheren Gebirgsteilen, z. B. in den Rheintälern und im westlichen Wallis, und enthält hier stellenweise einzelne Tannen oder sogar Buchen. Deshalb nannten Ellenberg & Klötzli (1972) ihn „Labkraut-Fichten-Tannenwald" (Galio rotundifolii-Abietetum) und stellten diese tannenreichen Wälder nährstoffreicherer Standorte zur Ordnung Fagetalia, ähnlich wie dies auch für einige andere basiphytischen Fichten-Tannenwälder (z. B. den Wintergrün- und Alpendost-Tannenwald, Pyrolo- bzw. Ade-

Tab. 7–3 Montane und subalpine Fichtenwälder der schweizerischen Zentralalpen. Nach Braun-Blanquet, Pallmann und Bach (1954), Auswahl[1].

		Gesellschaft Nr.:	1	2	3	4
		Vegetationsstufe	mont.		subalp.	
		Klima f = relativ feucht, t = relativ trocken	f	t	f	t
Baumschicht						
	K	*Picea abies*	**5**	**5**	**5**	**5**
	d 2, V	*Larix decidua*		2	3	4
	d 2	*Pinus sylvestris*		2		
	V	*Pinus cembra*			2	2
E		*Pinus sylvestris engadinensis*				2
Strauchschicht						
	d 1	*Abies alba* (Keimlinge)	4			
Q		*Lonicera xylosteum*	2	2		
	d 2	*Berberis vulgaris*			2	
		Sorbus aucuparia	5	3	4	4
	c 3–4	*Lonicera nigra*	1		3	2
	K	*Lonicera caerulea*	1		1	1
	O	*Rosa pendulina*	2		1	3
Krautschicht						
F		*Galium rotundifolium*	5			
F		*Veronica urticifolia*	5	2	1	3
Q		*Carex digitata*	5	2		
		Veronica officinalis	5	2	1	1
		Athyrium filix-femina	4			
F		*Dryopteris filix-mas*	4		1	
F	d 1	*Prenanthes purpurea*	4	1	1	2
	d 1	*Ajuga reptans*	3			
	d 1	*Lysimachia nemorum*	3			
	d 1	*Dactylorhiza maculata*	3			
F	d 1	*Carex sylvatica*	3			
F	d 1	*Sanicula europaea*	3			
F	d 1	*Neottia nidus-avis*	3			
Q	d 1	*Brachypodium sylvaticum*	3			
		Deschampsia cespitosa	3			
		Geranium robertianum	3			
		Dryopteris dilatata	3			
	K	*Huperzia selago*	3			
F	c 1	*Circaea alpina*	1			
Q	d 2	*Melica nutans*	1	5		
Q	d 2	*Hepatica nobilis*	1	4		
	d 2	*Knautia dipsacifolia*		5		2
	d 2	*Goodyera repens*		4	2	2

		Gesellschaft Nr.:	1	2	3	4
		Vegetationsstufe	mont.		subalp.	
		Klima f = relativ feucht, t = relativ trocken	f	t	f	t
F		*Viola reichenbachiana*	5	4		
		Mycelis muralis	5	4		
E		*Carex alba*	4	5		
		Campanula rotundifolia	3	4		
E		*Polygala chamaebuxus*	2	3		
		Luzula nivea	2	3		
E		*Erica herbacea*	1	2		
		Ranunculus nemorosus	3	2		
		Melampyrum pratense	1	2	1	
		Carex ornithopoda	3	2		2
Q		*Hieracium lachenalii*	2	1		2
E		*Aquilegia atrata*	3	3	1	3
		Fragaria vesca	5	5	3	2
		Maianthemum bifolium	3	5	3	3
		Luzula pilosa	3	3	2	3
		Oxalis acetosella	5	5	5	5
		Hieracium sylvaticum	5	5	5	5
	R	*Orthilia secunda*	5	5	5	5
	K	*Melampyrum sylvaticum*	5	5	5	5
	V	*Luzula luzulina*	3	1	3	1
	V	*Luzula sylvatica* var. *sieberi*	1	1	1	2
		Solidago virgaurea	3	3	2	5
	d 2	*Rubus saxatilis*	2	3	3	5
	K	*Vaccinium vitis-idaea*	1	5	5	**5**
	K	*Vaccinium myrtillus*	3	3	**5**	5
	c 3–4	*Homogyne alpina*	1	2	5	4
F		*Luzula luzuloides*	2		3	4
c 3–4	K	*Lycopodium annotinum*	1	1	5	3
c 3–4	K	*Moneses uniflora*	2		5	3
		Gymnocarpium dryopteris	2		5	2
	K	*Linnaea borealis*		1	5	4
		Dryopteris carthusiana			3	
c 3–4	K	*Listera cordata*			4	1
	K	*Corallorhiza trifida*			2	1
	V	*Calamagrostis villosa*			5	5
		Deschampsia flexuosa			3	4
	d 2	*Clematis alpina*		2	2	5
		Geranium sylvaticum				4

	Gesellschaft Nr.:	1	2	3	4
Vegetationsstufe		mont.		subalp.	
Klima f = relativ feucht t = relativ trocken		f	t	f	t
Moosschicht					
d 1	*Eurhynchium striatum*	5			
	Plagiochila asplenioides	5	2	2	
	Polytrichum formosum	4		1	
	Atrichum undulatum var. gracilisetum	2			
	Hylocomium splendens	**5**	**5**	**5**	**5**
	Rhytidiadelphus triquetrus	5	5	5	5
	Cladonia pyxidata	2	2	2	2

	Gesellschaft Nr.:	1	2	3	4
Vegetationsstufe		mont.		subalp.	
Klima f = relativ feucht t = relativ trocken		f	t	f	t
	Dicranum scoparium	4	4	4	4
	Pleurozium schreberi	2	4	5	5
	Peltigera canina	2		2	3
c 3–4 K	*Ptilium crista-castrensis*	1	1	3	
K	*Peltigera aphthosa*		1	5	4
	Cladonia furcata		2	4	1
K	*Barbilophozia lycopodioides*		1	2	1
V	*Mnium spinosum*		1	2	2
	Cetraria islandica			2	3
	Hypnum cupressiforme	1			3

1 Die Jungpflanzen der in der Baumschicht genannten Bäume sowie einige wenig stete Arten in der Kraut- und Moosschicht wurden fortgelassen. Die ursprünglichen Namen der Vegetationseinheiten sind in Anführungsstriche gesetzt. Die Ziffern in der Tabelle bedeuten Stetigkeitsklassen. Alle vier Gesellschaften sind stärker kontinental getönt als in den Randalpen und den deutschen Mittelgebirgen.

Nr. 1 u. 2: **Montane** Fichtenwälder
1: Labkraut-Fichtenwald („Piceetum montanum galietosum, *Eurhynchium striatum-Picea*-Variante"), dem Luzulo-Abietetum nahestehend (s. Kap. 7.3.2).
2: Perlgras-Fichtenwald („P.-m. melicetosum, *Carex alba*-Variante"), zu den Kalk-Kiefernwäldern (Erico-Pinion) überleitend, aber auch dem Calamagrostio villosae-Fagetum nahestehend.
Nr. 3 u. 4: **Subalpine** Fichtenwälder (Homogyno-Piceetum).
3: Heidelbeer-Fichtenwald („Piceetum subalpinum myrtilletosum, *Linnaea*-Variante"),
4: Preißelbeer-Fichtenwald („P. s. vaccinietosum, *Peltigera-Hylocomium*-Variante").

Gruppen von Arten in der Kraut- und Moosschicht, die sich zu den vier Gesellschaften ähnlich verhalten, wurden durch waagerechte Striche abgetrennt und teilweise durch Umrandung der Stetigkeitsziffern hervorgehoben.

c 3–4 = Charakterart des Homogyno-Piceetum (Spalte 3 u. 4)
d 1 usw. Differentialarten der Subassoziationen
V = Verbandscharakterart Piceion abietis
K = Ordnungs- und Klassencharakterart Piceetalia abietis
E = Charakterart von Schneeheide-Kiefernwäldern (Erico-Pinetea usw.)
F = Charakterart von Edellaubwäldern (Fagetalia oder Fagion usw.)
Q = Klassencharakterart der Laubwälder (Querco-Fagetea)

Die Gesellschaften Nr. 1 u. 2 enthalten mehr Charakterarten von **Laubwäldern** (sowie von Schneeheide-Kiefernwäldern) als von Fichtenwäldern. Sie können trotzdem nicht zur Ordnung Fagetalia gestellt werden, weil *Fagus* und andere wichtige Laubbäume in den Zentralalpen fehlen (s. Ellenberg & Klötzli 1972).
Ein bodenfeuchter subalpiner Fichtenwald („Piceetum subalpinum sphagnetosum") ist in Tab. 7–1 unter Nr. 7 aufgeführt.

nostylo glabrae-Abietetum) vorgeschlagen wurde (s. Kap. 7.3.2; s. a. Pott 1995, Walentowski 1998 und Rennwald 2000, vgl. dagegen Willner & Grabherr 2007).

Die meisten hygro- bis mesophilen Laubmischwaldpflanzen meiden den trockenen montanen Fichtenwald des Engadins und anderer Trockentäler ganz, auch auf relativ basenreichen und lehmigen Böden; nur wenige trockenheitsertragende Arten treten an ihre Stelle, darunter *Melica nutans*. Der „Perlgras-Fichtenwald" (Piceetum montanum melicetosum oder Melico-Piceetum) ist daher zur Ordnung Piceetalia zu rechnen. Von der Niederschlagsarmut mancher inneralpiner Täler gibt Abbildung 1–4 b eine Vorstellung. Man versteht, dass die Fichte hier nicht mehr so gut gedeiht wie im Bereich des Labkraut-Fichten-Tannenwaldes. Die Perlgras-Fichtenwälder sind im Engadin so licht, dass Lärchen und Waldkiefern (namentlich *Pinus sylvestris* subsp. *engadinensis*) neben der Fichte hochkommen und dass geringe Nachhilfe genügt, um diese Lichtholzarten vollends zur Herrschaft zu bringen. In der Nähe der großen Engadiner und Walliser Dörfer, die noch in der montanen Fichtenstufe liegen, sieht man daher oft grasreiche Lärchenhaine, die von den Bauern mehr geschätzt werden als Fichtenwälder, weil sie dauerhafteres Holz liefern und die Viehweide nicht beeinträchtigen.

In den zentralalpinen Fichtentälern herrschen basenarme Gesteine vor, auf denen „anspruchsvolle" Arten überhaupt fehlen. Soweit es sich um trockene Hänge handelt, entwickelten sich auf ihnen ebenfalls Perlgras-Fichtenwälder. Bei besserer Wasserversorgung tritt ein „mittlerer" Fichtenwald an ihre Stelle, der früher noch nicht vom „Piceetum montanum melicetosum" unterschieden wurde. Ellenberg & Klötzli (1972) stellen diesen mesophil-acidophilen, in der montanen Stufe sehr häufigen Waldtyp als „Ehrenpreis-Fichtenwald" (Veronico urticifoliae-Piceetum), d. h. als besondere Assoziation, heraus. Man kann sie als Sauerboden-Parallele zum montanen Labkraut-Fichten-Tannenwald auffassen.

b) Im Gegensatz zu den montanen beherbergen die **subalpinen Fichtenwälder** (Homogyno-Piceetum, Spalten 3 und 4 in Tab. 7–3) in der Regel nur wenige Arten, die aber dafür mit größerer Stetigkeit und z. T. auch in großer Menge auftreten, z. B. *Oxalis acetosella*, *Vaccinium myrtillus*, *V. vitis-idaea*, *Calamagrostis villosa* und *Hylocomium splendens* (s. Abb. 7–13). Derartige monotone Fichtenwälder sind auch außerhalb der Alpen sehr verbreitet. In der Tatra und in manchen Mittelgebirgen gesellt sich die Karpaten-Birke (*Betula carpatica* = *B. pubescens* subsp. *carpatica*) als Pionier hinzu. In den Alpen macht sich die Zunahme der Kontinentalität von den Randketten zu den zentralen Massiven auch in der subalpinen Stufe bemerkbar. Ähnlich wie beim montanen Fichtenwald kann man dementsprechend eine klimatisch „feuchtere" und eine „trockenere" Subassoziation unterscheiden, die allerdings nur wenige Differenzialarten haben.

Auf staunassen Böden treten in allen bodensauren Fichtenwäldern Sphagnen und andere Feuchtigkeitszeiger auf, besonders im subalpinen Bereich. Den Torfmoos-Fichtenwald („Piceetum subalpinum sphagnetosum"; Sphagno-

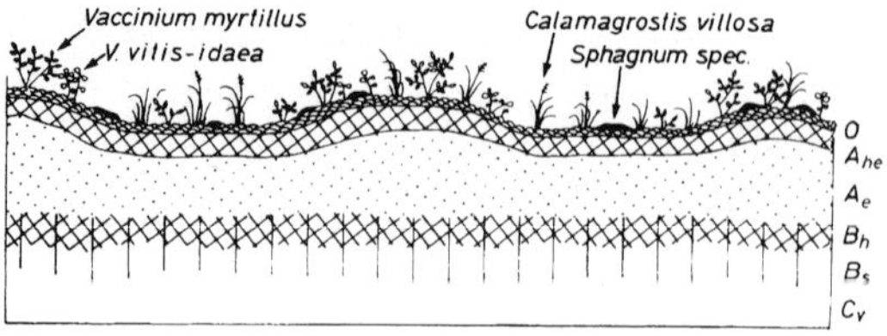

Abb. 7–13 Kleinmosaik am Podsolboden eines naturnahen Reitgras-Beerstrauch-Fichtenwaldes (Calamagrostio-Piceetum) im Hochharz. Nach Stöcker & Bergmann (1975), etwas verändert.
Das Mikrorelief ist durch kryoturbate Überformung des Untergrundes während der Späteiszeit entstanden. Von den Buckeln fließt Regenwasser ab und macht sie nährstoffärmer; sie sind vorwiegend von Vaccinien besiedelt. Den Mulden werden – wenn auch in kleinem Maße – Nährstoffe zugeführt, sodass sich hier anspruchsvollere Arten, namentlich das Reitgras, ausbreiten können. Wald-Torfmoose wachsen in dem niederschlagsreichen Klima des Harzes an allen Kleinstandorten. An pflanzenaufnehmbarem Stickstoff herrscht in solchen Böden kein Mangel. Im Gegenteil: Die Humusauflage enthält nach Stöcker (1979) zeitweilig mehr Ammonium, als die Wurzeln aufzunehmen vermögen. Bei Auflichtungen durch Kahlschlag oder Rauchschäden kommt deshalb *Calamagrostis* rasch zur Dominanz. 0 = Rohhumusdecke, A_{he} = humoser Bleichsand, A_e = aschgrauer Bleichhorizont, B_h = Humus-Orterde, B_s = Eisen-Orterde, C_v = verwitterndes basenarmes Grundgestein.

Piceetum) haben wir bereits in Tabelle 7–1, Spalte 7, kennengelernt. Er ist auf den niederschlagsreichen Randhöhen der Alpen häufig anzutreffen.

Der subalpine Fichtenwald wird von schweizerischen Forstleuten meist als „Gebirgsfichtenwald" bezeichnet und dem „Bergwald", dem Wald der montanen Stufe, gegenübergestellt. Nach Ott et al. (1991) hat er zahlreiche physiognomische und sonstige Merkmale, an denen man ihn leicht erkennen kann (s. a. Abb. 7–8 u. 13–14):
- lockeres bis lückiges Kronendach und tief herabreichende Kronen;
- Dominanz der „Bürsten- und Plattenfichten" gegenüber den „Kammfichten";
- artenärmere Bodenvegetation mit Dominanz einzelner Arten, z. B. Heidelbeere, Wolliges Reitgras, Alpendost, Farne oder Alpenrosen;
- verlangsamter Abbau der Nadelstreu, stärkere Podsolierung (d. h. podsolierte Braunerde bis typischer Podsol);
- Mikro-Standortsmosaik, entsprechend einem Kleinrelief;

– spärliche und unregelmäßige Naturverjüngung, selbst bei hohem Lichtgenuss, gehemmtes Höhenwachstum;
– unregelmäßige, klumpige Verteilung der Bäume aller Entwicklungsstufen.

Die Fähigkeit der Fichte, in der subalpinen Stufe oft als einziger Baum zu leben und bis an die klimatische Waldgrenze emporzusteigen, beruht zweifellos auf ihrer Fähigkeit, Frostperioden unbeschadet zu überstehen und schon nach wenigen Tagen wieder zur vollen CO_2-Assimilation überzugehen. Diese Fähigkeit zeigen sogar schon gepflanzte Fichten in der unteren montanen Stufe, wie Mokross (1973) im Solling nachwies. Selbst nach vieltägiger Frostzeit, in der keine CO_2-Aufnahme nachweisbar war, wurde sie stets in den folgenden wärmeren Tagen wieder zu positiver, wenn auch reduzierter Stoffproduktion fähig. Zu keiner Jahreszeit war eine langdauernde vollständige Inaktivierung des Photosynthese-Apparates erkennbar.

Fichten der subalpinen Stufe wirken stets schlanker als in tieferen Lagen, weil ihre Äste stark herabhängen. Diese Wuchsweise erleichtert im Winter das Abrutschen großer Schneemassen, verhindert also Schneebruch, den man oft beobachten kann, wo mit Saatgut aus dem Tiefland Ödflächen im Gebirge aufgeforstet wurden, z. B. im Harz und in den Sudeten (s. Abb. 7–14). Der Schlankwuchs subalpiner Fichten ist also erblich oder zumindest genetisch mitbedingt.

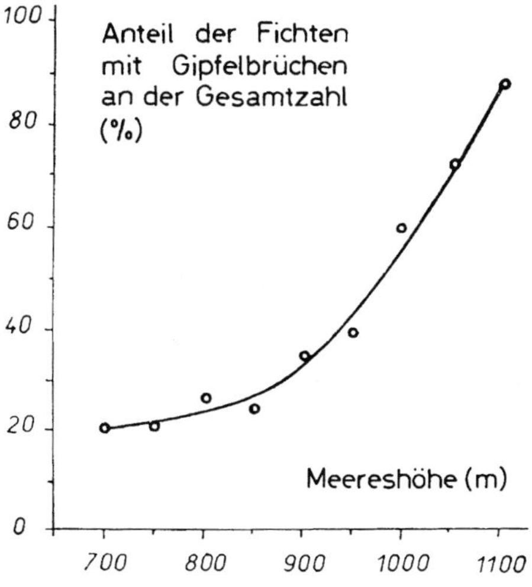

Abb. 7–14 In höheren Lagen wächst die Fichte (*Picea abies*) in den Sudeten zwar relativ besser als die Rotbuche. Sie wird jedoch ebenfalls durch das zunehmenend kalte Klima geschädigt. Raureif, Schneelast und Sturmwind verursachen Gipfelabbrüche. Nach Kadlus (1967).
Die hohen Prozentsätze der Schneebrüche sind wahrscheinlich eine Folge der Aufforstung mit Fichte aus Tieflagen-Herkünften, die zu breite Kronen bildet. Im Oberharz ist dies sicher der Fall.

c) Den subalpinen und montanen Fichtenwald-Gesellschaften der schweizerischen Alpen entsprechen recht ähnliche in den **Ostalpen**. Im Gegensatz zu den Buchen- und Tannenwäldern treten in den Fichtenwäldern nur wenige Arten von südöstlicher und südlicher Verbreitung neu hinzu, und auch diese nur auf basenreichen Böden, z. B. *Aposeris foetida*, *Helleborus niger*, *Cardamine trifolia* und *Aremonia agrimonoides*. Dagegen fehlen den ostalpinen Fichtenwäldern einige ozeanische Elemente (s. Pignatti-Wikus 1959 u. a.). Auf kalkarmen Gesteinen der slowenischen Ostalpen ist ein Waldsimsen-Fichtenwald (Luzulo sylvaticae-Piceetum) weit verbreitet, den Wraber (1963) gründlich beschrieben hat. Er ähnelt den weiter westlich vorkommenden Gesellschaften.

Wie bei den Tannenwäldern unterscheiden Mayer (1974) und Willner & Grabherr (2007) auch bei den Fichtenwäldern der Ostalpen zahlreiche Assoziationen und Subassoziationen, die sich nach der Nährstoffversorgung gliedern lassen. Diese bilden in der montanen Stufe weitgehend Parallelen zu den in Tabelle 7–2 aufgeführten Einheiten. Mayer's (1974) „Montaner Karbonat-Alpendost-Fichtenwald mit Labkraut“ (Adenostylo glabrae-Piceetum montanum galietosum) entspricht dem oben behandelten „Labkraut-Fichten-Tannenwald“ (Galio-Abietetum) der Schweiz und sein „Montaner Sauerklee-Fichtenwald mit Perlgras“ (Oxali-Piceetum montanum melicetosum) dem Melico-Piceetum. Die von Mayer (1974) erarbeitete Synopsis aller Waldgesellschaften der Ostalpen berücksichtigt auch die Fichtenwälder Norditaliens, die Pignatti (1970) zusammenfassend darstellte. Für den mitteleuropäischen Gebirgsraum nördlich der Alpen geben Hartmann & Jahn (1967) einen mit zahlreichen Aufnahmen belegten Überblick, auf den hier ebenfalls nur verwiesen sei. Hier spielen Reitgras-Fichtenwälder (Calamagrostio villosae-Piceetum) eine bedeutende Rolle. Das namengebende Reitgras, an sich eine Waldpflanze, kann auf Kahlflächen zur Dominanz gelangen und die Wiederbesiedlung mit Fichten behindern (Pysek 1993). Das zeigte sich z. B. im Erzgebirge in den Teilen, in denen SO_2-Immissionen den Wald vernichtet hatten (s. Kap. 4.9.3.7).

Ähnlich wie bei den Rotbuchenwäldern, den Eichen-Hainbuchen-Mischwäldern und den Tannenwäldern könnte man auch bei den Fichtenwäldern im Hinblick auf den Säuregrad und den Humuszustand des Bodens sowie auf das diesem entsprechende Artengefüge drei Gruppen von Gesellschaften unterscheiden: Rohhumus-, Moder- und Mullmoder-Fichtenwälder. Diese lassen sich aber schwerer gegeneinander abgrenzen. Auf keinen Fall sollte man ihnen den systematischen Rang von Verbänden zusprechen, wie dies Passarge (1971) vorschlug. Die Fichtenwälder auf kalkarmen und -reichen Böden sind einander vor allem deshalb so ähnlich, weil die Fichten-Nadelstreu nur langsam abgebaut wird (s. Abb. 4–39). Sogar auf Rendzinen bildet sich Moder, der Säurezeiger begünstigt. Je nach dem darunterliegenden Mineralboden unterscheidet sich aber der Stoffhaushalt des Auflagehumus stärker als ursprünglich angenommen wurde (Stöcker 1980).

7.4.4 Zur Rolle der Fichte in tieferen Lagen

Als beigemischte Baumart ist die Fichte von Natur aus bis weit ins Tiefland hinein verbreitet. Das gilt nicht nur für Nordosteuropa (s. Abb. 7–1 u. 7–15), sondern für ganz Mitteleuropa mit Ausnahme eines schmalen Küstensaumes im Nordwesten und einiger Trockengebiete im Zentrum und Südosten. An **konkurrenzarmen Sonderstandorten**, z. B. an Hochmoorrändern, in sauren Bruchwäldern und auf staunassen Plateauböden, kann sie in der submontanen und planaren Stufe sogar zur Herrschaft gelangen. Schon Dengler (1912) erkannte solche weit gegen das Meer vorgeschobenen Fichteninseln im nordwestdeutschen Tiefland, die später von Firbas (1949, 1952), Hesmer & Schroeder (1963), Speier (1994) und anderen bestätigt wurden. Grosser (1956) wies sie überzeugend in der Lausitz nach. Für das westliche Harzvorland südlich von Westerhof gelang Schroeder (1973) der Nachweis eines isolierten submontanen natürlichen Vorkommens. Im Schweizerischen Mittelland hat die Fichte vor allem in den sehr wüchsigen Tannenwäldern auf sauren, staunassen rißeiszeitlichen

Abb. 7–15 Von Natur aus fichtenreicher Mischwald auf lehmigem Jungmoränenboden im südlichen Estland, der durch Beweidung laubholzärmer geworden, gelichtet und vergrast ist. Im Vordergrund erkennt man *Dryopteris filix-mas*.

Hochflächen ein Heimatrecht (s. Kap. 7.3.2). Je mehr man im Alpenvorland nach Osten kommt, desto größer wird der natürliche Fichtenanteil an den verschiedensten Standorten. Selbst in Tschechien stieg *Picea* einst viel weiter in die warmen Becken hinab, als man früher annahm. Wie Malek (1961) nachwies, fehlte sie dort nur in einem kleinen Teil Innerböhmens sowie in der großen slowakischen Theiss-Donau-Niederung. Besonders häufig und regelmäßig tritt sie aber in den Laubwäldern und Laub-Nadelmischwäldern der unteren Hänge und der Täler in den Ostalpen auf, ähnlich wie die ebenfalls von Tschermak (1935 a und b) untersuchte Lärche und die Tanne (s. a. Mayer 1974).

Der Grund, weshalb diese Nadelhölzer aus den Waldungen der Tieflagen bis zum Beginn der neuzeitlichen Aufforstungen fast verschwunden waren, ist nach Stamm (1938) und anderen in der Nieder- und Mittelwaldwirtschaft des Mittelalters und der frühen Neuzeit sowie in dem mehr als zwei Jahrtausende lang üblichen Schneitelbetrieb zu suchen (s. Kap. 3.2.1 u. 3.3.1). Alle Nadelbäume sind diesen häufigen Beschädigungen weniger gewachsen als die meisten Laubhölzer. Sie wurden daher in den dicht besiedelten Tieflagen nahezu ausgerottet.

Die für das südwestliche Mitteleuropa so natürlich anmutende klare Absonderung der planaren bis submontanen reinen Laubwaldstufen von den montanen bis subalpinen Stufen mit ihrem mehr oder minder großen Koniferenanteil ist also erst durch Mithilfe des Menschen zustande gekommen und verhältnismäßig jung. Seit etwa zwei Jahrhunderten ist eine rückläufige Entwicklung im Gange, die nun in vielen Gegenden, insbesondere auf armen Böden, schon längst den natürlichen Prozentsatz der Fichten und anderer Nadelbäume überboten hat (s. Kap. 15).

7.4.5 Standortbedingungen in verschiedenen Fichtenwald-Gesellschaften

Nahezu überall, wo die Fichte in Reinbeständen wächst, schafft sie mit ihrem immergrünen Kronendach und mit ihrer schwer zersetzbaren Nadelstreu die Voraussetzungen dafür, dass sich säureertragende Moose und Zwergsträucher sowie Sauerklee ausbreiten, von denen der Letztere in keiner anderen Gesellschaft so häufig und regelmäßig auftritt wie hier. Ihre gleichförmige Physiognomie darf uns aber nicht darüber hinwegtäuschen, dass die Standortbedingungen der natürlichen Fichtenwald-Gesellschaften keineswegs einheitlich sind. Die einzelnen Assoziationen und Subassoziationen unterscheiden sich besonders in den klimatischen Lebensbereichen, die wir bereits bei der Besprechung der Tabelle 7–3 umrissen haben.

Während diese vier Gesellschaften als gute Klimaindikatoren gelten können, besiedelt eine jede von ihnen recht verschiedene Bodentypen. Braun-Blanquet et al. (1954) fanden z. B. das „Piceetum subalpinum myrtilletosum“ auf mehr oder minder weit entwickelten Eisenpodsolen, aber auch auf Rankern („Humussilikatböden“) und Rendzinen („Humuskarbonatböden“) ungleicher Ausprägung. Die oft wiederholte Gleichung „Piceetum = Podsolboden“ stimmt also keineswegs. Gemeinsam ist allen Bodenprofilen nur eine **Humusauflage**, die sie, um mit Pallmann zu sprechen, als Standorte analog macht. Die durchschnittliche Mächtigkeit dieser Humusdecke nimmt mit zunehmender Bodentrockenheit ab. Auf manchen Rendzinen handelt es sich hierbei nicht um echten Rohhumus, sondern um „Tangelhumus“ im Sinne von Kubiena (1953), der nach unten in Mull übergeht und keine Podsolierung auszulösen vermag. Er reagiert dementsprechend weniger sauer als der eigentliche Rohhumus, der sich unter Fichten vor allem auf silikat- und kalkarmen, quarzreichen Böden ausbildet. Nur die obersten, rein organogenen Horizonte sind also in allen Piceeten genetisch und ökologisch gleichwertig, während die tieferen Horizonte je nach geologischer Herkunft, Höhenlage, Exposition und Alter des Bodens mehr oder minder stark voneinander abweichen. Übrigens kommt es keineswegs auf die Fichte und ihre natürlichen Partner als Streulieferanten an; andere Koniferen sowie Ericaceen und Moose können unter gleichen klimatischen und geologischen Bedingungen biologisch gleichwertige Humusauflagen schaffen. Gemeinsam sind ihrer Streu vor allem ein sehr weites, also für den Stickstoffkreislauf ungünstiges C/N-Verhältnis (30 bis über 40, s. Abb. 4–39 u. 4–104) und vergleichsweise hohe Ligningehalte.

Tatsächlich ist die Stickstoffmineralisation in solchen Humusauflagen recht gering (s. Tab. 4–14 u. Kap. 4.7.5.1b). Nach Ehrhardt (1961) nimmt sie in Fichtenbeständen mit der Meereshöhe ab und ist im subalpinen Bereich am geringsten. Trotzdem fand Stöcker (1968, 1979) in dem sauren Rohhumus von subalpinen Karpatenbirken-Fichtenwäldern des Oberharzes überraschend große Mengen von Ammonium, die auf geringe Aufnahme der Vegetation hindeuten. Wahrscheinlich limitieren die geringen Temperaturen die Wurzelaufnahme und die Immobilisierung durch Bakterien.

Besonders extreme Standorte besiedeln die Krüppelfichtenwälder auf **„Eiskellern“** (B 3 in Kap. 7.4.1), die als ökologisches Kuriosum gelten dürfen. Im Creux du Van im Schweizer Jura hat Richard (1961; s. Abb. 7–16) an einem Beispiel das Mikroklima 2 Jahre hindurch verfolgt und mit dem eines Block-Fichtenwaldes und eines Tannen-Buchenwaldes in etwa derselben Höhenlage verglichen. Obwohl alle drei Gesellschaften an Nordhängen stocken und die Lufttemperatur in dem lichten Zwergfichtenbestand während der Vegetationsperiode höher war als im Block-Fichtenwald oder gar im schattigen Laubmischwald, blieben die Bodentemperaturen im kaltluftdurchströmten Grobschutt stets sehr niedrig (s. Tab. 7–4). In 160 cm Tiefe stiegen sie unter dem Bergkiefern-Krüppelfichtenbestand in der Fußzone der Blockhalde sogar während des Sommers niemals über + 2 °C. Geschützt durch die Schneedecke, glichen sich die Unterschiede der drei Standorte während des Winters dagegen aus (s. Abb. 7–17). Nicht die Tiefsttemperatur in Luft und Boden, sondern der dauernd gering bleibende Wärmege-

Tab. 7–4 Luft- und Bodentemperaturen im Tannen-Buchenwald, Block-Fichtenwald und Krüppelfichtenwald am Rande bzw. im kaltluftgefährdeten Inneren des Creux du Van während der Jahre 1958 und 1959. Nach Angaben von J.-L. Richard (1961). Wo nicht anders vermerkt bedeuten die Ziffern °C.

Gesellschaft	Meereshöhe (m ü.NN)	Messstelle und Höhe bzw. Tiefe (cm)	Jahresmittel (1958 + 1959)	Sommermittel (15. V.–15. X.)	Wintermittel (15. X–15. V.)	Extremwerte der Temperatur	
						Maximum	Miniumum
Tannen-Buchenwald („Abieti-Fagetum")	1220	Luft +100	7,8	14,8	2,7	–	–
		A_1 –5	4,7	9,7	1,1	13,5	**–4,0**
		C –130	4,1	7,2	1,9	9,5	**–2,2**
Block-Fichtenwald („Asplenio-Piceetum")	1190	Luft +100	7,9	15,7	2,3	–	–
		O_H –5	2,9	8,2	**–0,9**	12,0	**–2,5**
		C –140	0,4	2,1	**–0,8**	2,7	**–2,5**
Krüppelfichten-Bergföhrenwald („Lycopodio-Mugetum")	1190	Luft +100	6,8	16,8	2,8	–	–
		O_H –5	1,2	5,3	**–1,8**	8,2	**–3,0**
		C –160	**–1,5**	**–1,0**	**–1,9**	2,0	**–2,5**

Temperaturen **unter 0 °C** sind fett gesetzt. Höchstwerte der Lufttemperatur eingerahmt. A_1 = mineralischer Oberboden, O_H = Humusauflage, C = Unterboden.

Abb. 7–16 Felsabsturz und Grobschutthalde des Creux du Van im Schweizer Jura. Auf der Halde Bergföhren-Krüppelfichtenbestände, die durch Feinerdearmut und Kaltluftaustritt verursacht werden (vgl. Tab. 7–4). Auf dem Plateau und am oberen Hang wächst Buchen- und Buchen-Tannenwald.

nuss der Wurzeln, deren Wasser- und Nährstoffaufnahme dadurch behindert wird, ist hier also der entscheidende Faktor. Er schließt Buche und Tanne aus und lässt die Fichte verzwergen, sodass die Bergkiefer konkurrenzfähig wird.

Kaltluft führende Blockhalden sind auch in anderen Gegenden Mitteleuropas beobachtet worden, zumal sie durch das eng begrenzte Vorkommen borealer oder alpiner Pflanzen in tieferen Lagen schon früh die Aufmerksamkeit

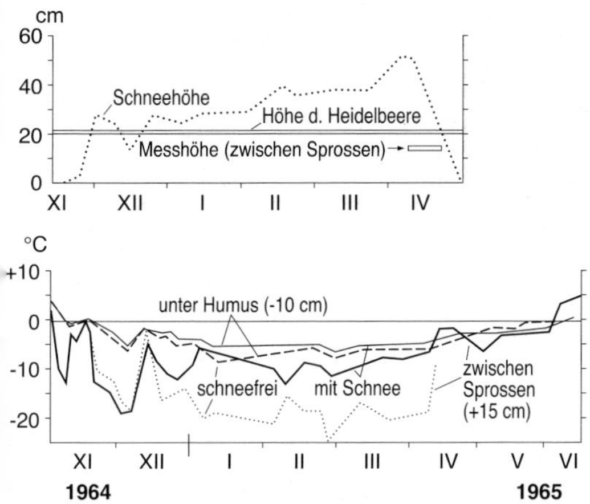

Abb. 7–17 Minimaltemperaturen mit Schneeschutz (ausgezogene Linien) sind weniger extrem als ohne diesen (gestrichelte Linien), und zwar sowohl zwischen Sprossen der Heidelbeere (*Vaccinium myrtillus,* dicke Linien bzw. dünn punktiert) als auch in der durchwurzelten Rohhumusdecke. Nach Havas (1965), verändert.

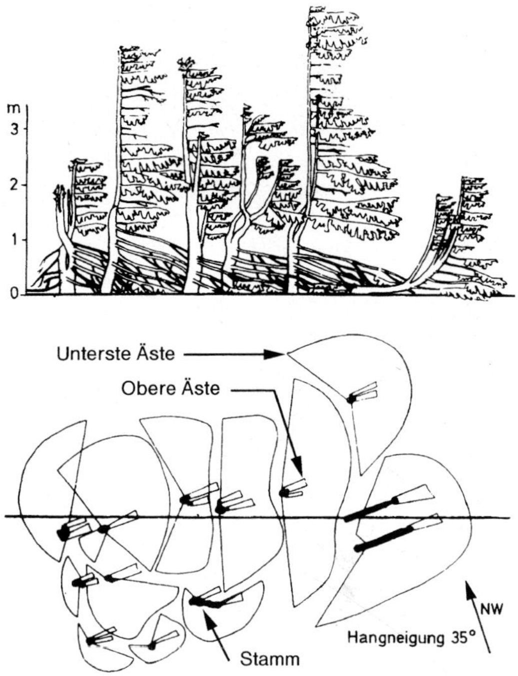

Abb. 7–18 Vom Eisgebläse zu Fahnen geschorene Fichten an einem steilen Nordwesthang in der Tatra. Solche Waldvorposten vermehren sich in dem sie umgebenden Latschengebüsch vegetativ, indem vom Schnee niedergedrückte Äste sich bewurzeln. Nach Myczkowski (1973), etwas verändert. Gründliche Untersuchungen über die Entstehung solcher und anderer Wuchsformen von Fichte und Bergföhre im Zusammenhang mit Lawinenzügen legte Schönenberger (1978) vor. Holtmeier (1993) schilderte ihr Vorherrschen an nordamerikanischen und manchen europäischen Waldgrenzen.

von Floristen erweckten (Literaturüberblick von Furrer 1966 sowie Hinweise von Wilmanns 1971 und Wunder & Möseler 1996). Stets tragen sie eine azonale Vegetation.

7.5 Subalpine Lärchen-Arvenwälder und Lärchenwälder

7.5.1 Lebensbedingungen der Lärche und Arve in den Zentralalpen

In den Voralpen und an den Hängen der inneren Alpentäler steigt der subalpine Fichtenwald bis zu Höhen zwischen etwa 1700 und 1900 m hinauf, in denen das Jahresmittel der Temperatur nur noch etwa 1,5 °C beträgt (s. Abb. 7–8, 5–11 u. 7–18). Einzelne Fichten fristen ihr Leben zwar in noch höheren Lagen, und Krüppel halten unter Schneeschutz sogar bei über 2400 m Höhe aus. Wo aber oberhalb der genannten Grenze, d. h. in der oberen subalpinen Stufe, überhaupt noch Wälder zu gedeihen vermögen, herrschen in ihnen gewöhnlich Lärchen (*Larix decidua*) oder Arven (*Pinus cembra*, s. Abb. 7–19 u. 7–20), die in Österreich Zirben genannt werden. In dem Kontinentalklima der inneralpinen Nadelholzzone haben diese beiden Abkömmlinge sibirischer Formenkreise die Baumgrenze bis auf über 2200, ja stellenweise bis auf 2450 m ü.NN. angehoben (s. Kap. 13.4.5, Abb. 4–45 u. 7–7).

Unempfindlichkeit gegen **scharfe Fröste** ist eine der Voraussetzungen für diese Leistung. Denn im langen Winter fällt die Temperatur nicht selten unter –20 °C, ja sogar unter –30 °C. Die Lärche entgeht den Gefahren der kalten Jahreszeit dadurch, dass sie – als einziger unserer Nadelbäume – ihre Assimilationsorgane vorher abwirft. Ein endogener Rhythmus veranlasst sie schon im Frühherbst, ihre Nadeln zu verfärben und ihre Knospen für den Winter zu rüsten. Verpflanzt man Höhenlärchen in die Ebene, so behalten sie (nach Kalela's (1937) zusammenfassender Darstellung derartiger Versuche) diesen Rhythmus bei und treiben auch viel später aus als Tieflandrassen. Werden dagegen die Letzteren in das raue subalpine Kli-

Abb. 7–19 Durchweidete Arvenbestände im Aletschwald oberhalb Brig. Auf den Lichtungen Alpenrosenheiden (*Rhododendron ferrugineum*). Der alte Arvenstamm vorn weist Brandschäden auf.

Abb. 7–20 Wuchsformen der Arve oder Zirbe (*Pinus cembra*) von der unteren Montanstufe bis zur Waldgrenze. Nach Jugowiz (1908), verändert.
1 = frei stehend auf gedüngter Weide (1080 m ü.NN.), 2 = frei stehend in sturmgeschützter Südostlage (1650 m), 3 = im Mischbestand mit Fichte (1350 m), 4 = mit Lärche in sturmgefährdeter Nordwestlage (1650 m), 5 = frei stehend in ähnlicher Lage wie 4, 6 = in der obersten Kampfzone (2050 m).

ma verpflanzt, so wird ihnen ihre Neigung, früh auszutreiben und die Vegetationsperiode spät abzuschließen, oftmals zum Verhängnis. Ihre Nadeln fallen Spätfrösten im Frühjahr oder Frühfrösten im Herbst zum Opfer, und auch ihre Knospen scheinen weniger winterhart zu sein als die der subalpinen Rassen.

Die Arve (s. Abb. 7–20) weicht nicht wie die Lärche den Unbilden des Winters aus, sondern trotzt ihnen mit immergrünen Nadeln. In abgehärtetem Zustand vermögen diese während des Hochwinters Kältegrade von mehr als –40 °C ohne Schaden zu ertragen (s. Tab. 4–8).

Unter Temperaturbedingungen, die für die Arve noch keine Gefahr bedeuten, würden viele Pflanzen ihres Unterwuchses zugrunde gehen. Selbst die Alpenrose erreicht nach Ulmer (1937) höchstens eine Frosthärte von

–28 °C, obwohl sie noch über die letzten Vorposten der Arve hinaus bis in den unteren Teil der alpinen Stufe emporzusteigen vermag. Dort wächst sie aber nur an Stellen, wo sie sicheren **Schneeschutz** genießt. Wird der Schnee vom Wind fortgeblasen oder wird von vornherein nicht genügend Schnee abgelagert, so erfrieren ihre Triebe oder gehen an Frosttrocknis zugrunde. Im Lärchen-Arvenwald des Engadins fanden Pallmann & Haffter (1933) *Rhododendron ferrugineum* stets nur außerhalb des Kronenbereiches von Altbäumen, die einen großen Teil des ohnehin geringen Schneeniederschlags zurückhielten, gut entwickelt, d. h. dort, wo die winterlichen Schneehöhen über 70 cm betrugen. Ähnlich empfindlich wie die Alpenrose sind auch die meisten anderen immergrünen Zwergsträucher im Lärchen-Arvenwald.

Da günstige Bedingungen selten länger als 3 Monate im Jahr herrschen, kann der Zuwachs nicht groß sein, und es vergehen mindestens 100 Jahre, bis eine Arve in der oberen subalpinen Stufe 10 m Höhe erreicht. Ihr Holz ist dementsprechend engringig und widerstandsfähig gegen Schädlinge. Deshalb kann sie sehr alt werden – Hess (1942) hat im Aletschreservat mehrfach über 1000 Jahresringe gezählt – und schließlich doch zu ehrfurchtgebietender Größe heranwachsen. Die Lärche wächst etwas rascher und wird selten älter als 300 bis 400 (maximal 700) Jahre, erreicht aber ebenfalls Höhen von etwa 25 m. Beide Bäume gedeihen in wärmerem Klima wesentlich besser und gleichmäßiger, auch wenn es sich um dieselbe Rasse handelt. Von der Lärche ist das jedem bekannt, weil sie sogar in collinen und planaren Lagen angebaut wurde und in den Innenalpen auch von Natur aus als vereinzeltes Mischholz bis in die Täler hinabsteigt. Aber auch die Arve bildet in tieferen Lagen prächtige, dichte Kronen aus und hat dort kaum noch Ähnlichkeit mit den romantischen Gestalten, die ihr von Wind, Kälte und Blitz an ihren hochgelegenen Wuchsorten aufgezwungen werden (s. Abb. 7–20). In der Jugend wächst die Lärche unter subalpinen Klimabedingungen ebenfalls langsam, so langsam, wie man es sich nach ihren Leistungen in tieferen Lagen kaum vorstellen kann.

Selbst für das Oberengadin, eines der lärchenreichsten Gebiete Mitteleuropas, kommt Auer (1947) zu dem Schluss, dass *Larix decidua* hier nirgends unter optimalen Wachstumsverhältnissen gedeiht. Ebenso wie die Arve vermag sie die dortigen rauen Klimabedingungen nur besser zu ertragen als alle anderen Baumarten, die ihr in wärmerem Klima überlegen wären. Der Lärchen-Arvenwald unserer Hochgebirge ist also ein eindrucksvolles Beispiel dafür, dass auch die beherrschenden Arten mancher Pflanzengesellschaften nur dort zum Zuge kommen, wo sie gerade noch zu existieren und sich fortzupflanzen vermögen. Der von vielen älteren Autoren unternommene Versuch, aus dem Verbreitungsgebiet einer Baumart auf ihre Umweltansprüche zu schließen, musste daher bei solchen „verdrängten" Holzarten zu sehr unbefriedigenden Ergebnissen führen.

Im Hinblick auf die Bodenansprüche der Lärche ergab sich durch Tschermak's (1935 a) gründliche Erhebungen mit Sicherheit, dass sie **weder Kalk noch Silikatgestein bevorzugt** und auf allen Unterlagen zu gedeihen vermag, wenn die sonstigen Bedingungen für sie erträglich sind. Auch die Arve ist, wie Tschermak (1935 b) und Furrer (1955) betonen, vollkommen bodenvag, obwohl man sie in den Schweizer Alpen vorwiegend auf kalkarmen Gesteinen findet. Ihre „Vorliebe" für dieses Substrat wird dadurch vorgetäuscht, dass ihr Hauptverbreitungsgebiet in den inneren Alpen liegt, und dass diese größtenteils aus Silikatgestein bestehen. In den Dolomiten, im Schweizer Nationalpark und in anderen Teilen der Innenalpen gibt es jedoch recht schöne Arvenbestände auch auf karbonatreicher Unterlage. Auf keinen Fall darf man Podsolböden als typisch für Arven- bzw. Lärchen-Arvenwälder ansehen, obwohl man gerade unter solchen auf Silikatgestein gut ausgebildete Podsolprofile findet (Richard 1983).

Der Grund, weshalb es der Arve und Lärche nur im Alpeninneren und nicht auch in den Voralpen gelang, eine besondere Waldstufe aufzubauen, ist in dem **Kontinentalitätsgrad des Klimas** zu suchen, und zwar besonders in den **sommerlichen Strahlungsverhältnissen**. Wie schon Tschermak (1935 a) feststellte, können die Niederschläge im Lebensbereich der Lärche außerordentlich stark variieren. Sie gedeiht z. B. an dem regenärmsten Ort der Schweiz, bei Grächen (513 mm Jahresdurchschnitt), aber auch im oberen Tessin, wo mehr als 2000 mm verzeichnet werden (s. Abb. 7–21). Beide Gebiete stimmen darin überein, dass sie wolkenarm sind und dass sie sich infolgedessen während der Sommermonate rasch und relativ stark erwärmen. Vor

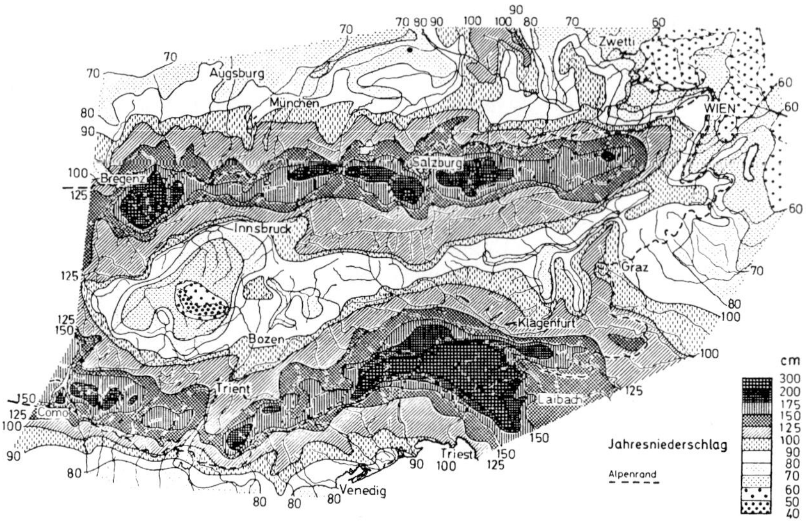

Abb. 7–21 Die Randalpen sind wesentlich niederschlagsreicher als die Innenalpen, besonders wenn man den Vergleich auf bestimmte Höhenlagen beschränkt: Abgebildet sind hier mittlere Jahressummen der Niederschläge **in der unteren montanen Stufe** (bis 1000 m ü.NN.) des Ostalpenraumes sowie im submontanen und planaren Vorland. Nach Mayer (1974), etwas verändert.
In Höhen über 1000 m fallen auch in den Innenalpen mehr Niederschläge, als auf der Karte (z. B. nordwestl. von Bozen) verzeichnet sind (vgl. Abb. 1–3, 4–82 u. 13–7).

allem der Juni ist auch im Tessin sonnig, weil die meisten Niederschläge im Herbst und im Vorfrühling fallen. Die nördlichen Voralpen dagegen werden im Sommer häufig und lange von Wolken beschattet, während ihre Gipfel im Winter über die Hochnebeldecke emporragen und ebenso starken Strahlungsfrösten ausgesetzt sind wie die Innenalpen. In den Randalpen haben also die Bäume ähnlich harte Winter zu erdulden wie in den kontinentalen Zentralalpen, genießen aber nicht den Ausgleich größerer Sommerwärme. Infolgedessen können sie die kurze Vegetationsperiode weniger intensiv zum Stoffgewinn nutzen. Oberhalb der Fichtengrenze vermögen daher auf den Voralpen auch Arven und Lärchen nur noch in einem schmalen Gürtel zu existieren. Tatsächlich befanden sich hier einst Arvenhaine. Sie sind aber nach Rikli (1909) längst bis auf wenige Reste zu Bauholz oder Möbeln verarbeitet worden. Auf die Bedeutung des Klimacharakters für die Lage der alpinen Baumgrenze werden wir später noch einmal zurückkommen (s. Kap. 13.4.5).

Gleichen sich Lärche und Arve in ihrer Fähigkeit, das kontinental getönte Subalpinklima auszunutzen und verschieden kalkreiche Böden zu besiedeln, so spielen sie für den Aufbau des Lärchen-Arvenwaldes doch eine geradezu entgegengesetzte Rolle. Man kann sie in dieser Hinsicht mit Birke und Eiche im Betulo-Quercetum vergleichen: Die lichtliebende Lärche ist ein ausgesprochener Pionier, die stärker schattenertragende und länger lebende Arve ein Baum der Optimal- und Altersphase (s. Kap. 7.8.2.3).

Reine Lärchenwälder sind in der Natur selten, weil sie im Verbreitungsgebiet der Arve über kurz oder lang von dieser unterwandert und schließlich verdrängt werden. Nur an ausgesprochen trockenen Standorten der Zentralalpen gibt es reine Lärchenwälder, die seit Langem fast ohne Arven blieben (s. Kap. 7.8.2.3). Wo Lärchen im Hochgebirge großflächig vorherrschen, stehen sie außerdem unter der Gefahr, vom Lärchenwickler befallen zu werden und vorzeitig ihre Nadeln zu verlieren (s. Abb. 7–22). Gründliche Untersuchungen dieser Kalamität in der Schweiz führten zu dem über den Spezialfall hinaus bedeutenden Ergebnis, dass das Massenauftreten der gefräßigen Raupen weder durch Raubinsekten oder Vögel noch durch Klimafaktoren gesteuert wird, sondern in erster Linie durch die Reaktion der Lärche, die schwächere Nadeln ausbildet und dadurch den Raupen weniger zusagende Nahrung bietet (s. Abb. 7–22).

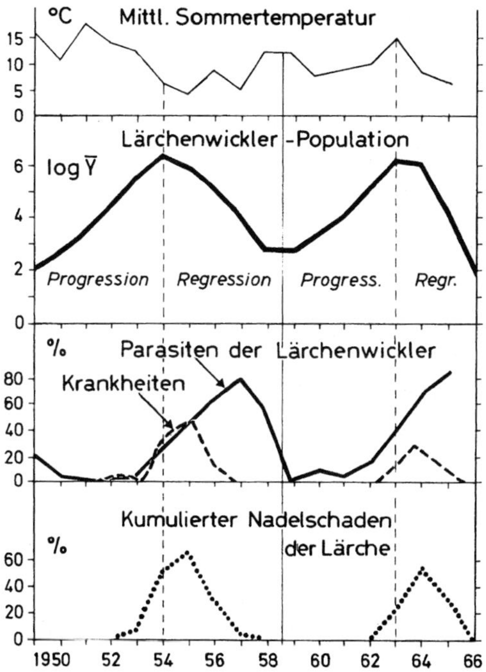

Abb. 7–22 Vorzeitiges Vergilben der Lärchen in der subalpinen Stufe der zentralen und südlichen Alpen wird meist durch den Lärchenwickler (*Zeiraphera diniana* Guen.) verursacht.
Dessen (in logarithmischem Maßstab dargestellte) Gradation erreicht etwa alle zehn Jahre ein verheerendes Ausmaß. Sie steht in keiner erkennbaren Beziehung zu klimatischen Faktoren, z. B. zur Temperatur, oder zu Sonnenflecken-Perioden. Auch Räuber-Populationen üben keine nachweisbare Kontrolle aus. Die Regressionen der Lärchenwickler-Population werden vielmehr durch Nahrungsmangel bewirkt, den sie selbst indirekt verursachen. In aufeinanderfolgenden Jahren stark befressene Lärchen bilden relativ kurze und harte, eiweißarme Nadeln aus, die sich als Nahrung für die Wicklerraupen schlecht eignen.
Krankheiten und Parasiten können dann die geschwächten Raupen stärker befallen, sind aber nicht der primäre Anlass für den Rückgang der Lärchenwickler, wie man früher glaubte. Bei Fortsetzung der Untersuchungen über eine weitere Dekade zeigte sich nämlich, dass die Regression der Lärchenwickler-Populationen auch dann in gleicher Weise verläuft, wenn Krankheiten und Parasiten keine große Rolle spielen (Fischlin & Baltensweiler 1979).

7.5.2 Lärchen-Arvenwälder in den Alpen und in der Tatra

Das **Areal der Lärchen-Arvenwälder** entspricht etwa dem der mitteleuropäischen Arvensippe, die von der nordasiatischen *Pinus sibirica* deutlich unterschieden ist. Sie kommen also hauptsächlich in den inneren Alpen vor und nehmen hier die obere subalpine Stufe ein, über deren Höhengrenzen die Abbildungen 1–5 und 4–45 Auskunft geben. In den Karpaten, besonders in der Hohen Tatra, sind die Lärchen-Arvenwälder nur noch fragmentarisch ausgebildet (Szafer & Zarzycki 1972 u. a.). Durch rücksichtslose Ausdehnung der Almwirtschaft wurden sie in den östlichen Karpaten sogar gänzlich vernichtet (Soo 1930). Alle isolierten Vorkommen in Mitteleuropa hingen einst mit ein und demselben glazialen Verbreitungsgebiet zusammen, das sich von den Südostalpen in die Niederungen der Balkanhalbinsel hinein erstreckte. In der ungarischen Tiefebene wurden nach Scharfetter (1938) und Zolyomi (1953) Großreste und hohe Pollenprozente von Lärchen, Arven und einigen Begleitpflanzen gefunden, was auf das einstige Vorkommen des Lärchen-Arvenwaldes an diesen heute so gänzlich anderen Standorten schließen lässt. Ob *Rhododendron ferrugineum* bzw. *hirsutum* bereits vor der menschlichen Einflussnahme in den Lärchen-Arven-Wäldern vorkamen, erscheint zweifelhaft. Die Alpenrosen wanderten in der Nacheiszeit erst verhältnismäßig spät in ihr heutiges Verbreitungsgebiet ein (Zoller 1960 u. a.), und es ist durchaus möglich, dass sie zunächst nur oberhalb des Waldes baumfreie Heidegürtel bildeten und in diesen erst eindrangen, als er im Lauf der letzten 2000 Jahre allmählich aufgelichtet wurde (s. Abb. 13–73).

Die ausgedehntesten und beststudierten Lärchen-Arvenwälder findet man im oberen Rhone- und Inntal, besonders im Oberengadin. Wir greifen einige Aufnahmen aus der klassischen Arbeit von Pallmann & Haffter (1933) heraus, um uns auch die Mengenverhältnisse der Arten vergegenwärtigen zu können.

In Anlehnung an Braun-Blanquet bezeichnen diese Autoren den Lärchen-Arvenwald als „Rhodoreto-Vaccinietum cembretosum“ (Nr. 1 in Tab. 7–5) und stellen diesem ein „Rhodoreto-Vaccinietum extrasylvaticum“ (Nr. 3) gegenüber. Sie halten also den Unterwuchs, eine schneeschutzbedürftige Ericaceen-Heide, für

Tab. 7–5 Einzelbestände von subalpinen Lärchen-Arvenwäldern und einer Rostalpenrosenheide im Oberengadin nahe der Waldgrenze. Ausgewählte Beispiele aus den Tabellen von Pallmann & Haffter (1933) mit Hinweisen auf die übrigen Bestände.

Bestand Nr.:	1	2	3	L
Bäume:				
Pinus cembra	3	1		(5)
Larix decidua	1	2		(8)
Sträucher:				
Lonicera caerulea	2	1	+	5
L. nigra	+			3
Rosa pendulina		+		6
Zwergsträucher:				
Vaccinium myrtillus	5	3	2	5
V. vitis-idaea	1	+	+	5
Linnaea borealis	(+)	1		5
Rhododendron ferrugineum	•		4	7
Vaccinium uliginosum			2	6
Loiseleuria procumbens			+	9
Empetrum hermaphroditum			+	8
Juniperus communis subsp. *alpina*			+	9
Krautige:[1]				
Calamagrostis villosa	2	5	+	6
Deschampsia flexuosa	+	2	1	6
Luzula sylvatica subsp. *sieberi*	+	1	•	3
Homogyne alpina	(+)	1	+	6
Luzula luzulina	+	•		3
Oxalis acetosella	1	1	+	1
Hieracium sylvaticum subsp.	(+)	+	•	4
Peucedanum ostruthium u. a.	(+)	•	+	6
Anthoxanthum odoratum	•	+	+	x
Melampyrum sylvaticum	•	+	+	4
Solidago virgaurea subsp. *minuta*	•	+	+	5
Dryopteris carthusiana	•	•	+	5
Huperzia selago	•		+	4
Lycopodium annotinum	•		+	3
Viola biflora	•		+	4
Polystichum lonchitis			+	6
Avenochloa versicolor	•	•	+	9
Veratrum album var. *viride*	•	•	+	8
Potentilla aurea	•	•	+	8
Hieracium alpinum subsp. *halleri*	•		+	8
Galium pumilum		•	+	7
Campanula scheuchzeri		•	+	8
Diphasium alpinum			+	8
Ligusticum mutellina			+	7
Phyteuma hemisphaericum			+	8
Arnica montana			+	9
Juncus trifidus			+	8
Cardamine resedifolia			+	8
Moose:				
Brachythecium starkei	+			6
Pleurozium schreberi	4	3	2	6
Hylocomium splendens	2	1	1	6
Rhytidiadelphus triquetrus	+	3	+	7
Dicranum scoparium	+	+	+	5
D. muehlenbeckii	+	+	+	8
Barbilophozia lycopodioides	+	1	1	7
Polytrichum formosum	+	+		8
P. alpinum			+	7
P. juniperinum			+	8
Flechten:				
Peltigera aphthosa	(+)		1	7
Cetraria islandica		1	+	8
Cladonia pyxidata		+	+	7
C. arbuscula	•		+	8
C. macroceras			+	7

Nr. 1: **Heidelbeer-Lärchen-Arvenwald** („Rhododendro-Vaccinietum cembretosum") am Südufer des Campfersees, 1820 m, NW 25°.
Nr. 2: **Reitgras-Lärchen-Arvenwald** („Rh.-Vacc. calamagrostietosum") oberhalb Lejmarsh, 1870 m, NNW 30°.
Nr. 3: **Rostalpenrosenheide** („Rh.-Vacc. extrasylvaticum") am Osthang des Piz Albana, 2225 m, NNO 30°.

Die Ziffern in den Spalten 1 bis 3 bedeuten Mengen (+ bis 5), die eingeklammerten Kreuze das Vorkommen in der Nähe der Aufnahmefläche, die Punkte das Vorkommen in anderen Aufnahmen derselben Subassoziation.
L = Lichtzahl nach Ellenberg et al. (1992). Die lichtbedürftigen Pflanzen nehmen von Nr. 1 bis 3 stark zu; doch gedeihen in ihrem Schutz auch schattentragende. Die Bäume wurden in die Berechnung der mittleren Lichtzahl nicht mit einbezogen.
Nr. 1 und 2 weichen floristisch und lichtökologisch so sehr von Nr. 3 ab, dass sie besser als besondere Assoziation (Larici-Cembretum oder Larici-Pinetum cembrae) zu betrachten sind (s. Ellenberg & Klötzli (1972).
[1] Einige Arten mit geringer Menge sind weggelassen.

das wesentliche Element dieser Gesellschaft und sehen in den Bäumen nur zusätzlich auftretende Partner. Da die Arve auch in einer grasreichen Untergesellschaft, dem „Rhodoreto-Vaccinietum calamagrostietosum" (Nr. 2), vorkommt, kann sie nicht einmal als Differenzialart des „cembretosum" gewertet werden. Diese schon auf Schröter (1926) zurückgehende Anschauung trägt dem Umstand Rechnung, dass die Lärchen-Arvengehölze meistens parkartig locker sind und die Entwicklung der lichtbedürftigen Alpenrosen kaum behindern. Von Natur aus sind die Lärchen-Arvenwälder aber nur unmittelbar an der oberen Waldgrenze so licht, wie wir sie heute meistens antreffen. Schon wenig unterhalb dieser Grenze vermögen sie sich dichter zu schließen, wenn Mensch und Vieh sie nicht daran hindern. Das sieht man beispielsweise im Aletschwald oberhalb von Brig, den der große Gletscher und die steilen Felswände in seiner Umgebung schwer zugänglich machten. Hier ist *Rhododendron ferrugineum* selten und kommt im Schatten der Bäume kaum zur Blüte, während sich das weniger lichthungrige *Vaccinium myrtillus* ausbreiten konnte. Die Heidelbeere herrscht im Aletschwald schon seit Menschengedenken und fruchtet so reichlich, dass sie den Bewohnern von Riederalp früher zu einer wertvolleren Einnahme- und Nahrungsquelle wurde als Holzschlag und Weide. Fast wäre die Errichtung des Aletschreservates gescheitert, weil die Gemeinde ihre Heidelbeernutzung nicht aufgeben wollte. Derartige an *Rhododendron* arme und an *Vaccinium* reiche Arven-Altholzbestände gibt es auch sonst hier und dort, z. B. an dem Ort der Aufnahme Nr. 1 in Tabelle 7–5. Sie stellen das Endstadium der natürlichen Entwicklung dar, in dem auch die Lärche kaum noch beteiligt ist. Der Lärchen-Arvenwald sollte also besser als „Larici-Cembretum" (nach Ellenberg 1963) oder als Vaccinio-Pinetum cembrae (nach Oberdorfer et al. 1992) bezeichnet werden (zur Systematik s. a. Kap. 26: Nr. 7.3.1).

In den Ostalpen hat Mayer (1974) die Lärchen-Arvenwälder stärker gegliedert. Er unterscheidet eine Assoziation auf karbonatarmen Gesteinen („Silikat-Lärchen-Zirbenwald", Larici-Cembretum, nach Oberdorfer Vaccinio-Pinetum cembrae typicum) und eine auf Karbonatgesteinen („Karbonat-Lärchen-Zirbenwald", Larici-Cembretum rhododendretosum hirsuti, von Oberdorfer Vaccinio-Pinetum rhododendretosum hirsuti genannt). Nur bei Ersterer kam es schon zur Ausbildung schattiger, dicht geschlossener Bestände, und zwar entweder

- mit Heidelbeere (myrtilletosum) oder
- mit Hainsimse (*Luzula luzuloides*; luzuletosum).

Die meisten Bestände sind mehr oder minder aufgelichtet; je nach dem Unterwuchs gibt es auf saurem Gestein verschiedene Subassoziationen

- mit Rostroter Alpenrose (rhododendretosum ferruginei) auf relativ schneereichen Flächen,
- mit Wolligem Reitgras (calamagrostietosum villosae) an steilen Hängen,
- mit Latsche („mugetosum"),
- mit Zwergwacholder (juniperetosum).

Die „typische Ausbildung" des Karbonat-Lärchen-Zirbenwaldes ist reich an Wimper-Alpenrose; auch seine „Latschen-Ausbildung" ist häufig. Auf karbonatreicher wie auf armer Unterlage kann man noch außerdem eine Untergesellschaft

- mit Hochstauden und Grünerle (*Alnus viridis*)

finden, die durch zusätzliche Feuchtigkeit bedingt wird und zu den Grünerlengebüschen überleitet (s. Kap. 13.3.11.2). Bei übermäßiger Bodennässe und Kalkarmut entsteht ein

- Torfmoos-Zirben-Moorrandwald (sphagnetosum).

Wo silikatische Blockhalden von Bäumen besiedelt werden konnten, gedeiht der

- Lärchen-Zirben-Blockwald (cladonietosum).

Seit man die Bedeutung der Lärchen-Arvenwälder als Schutzwälder gegen Lawinen erkannt hat und die Bestände schont, hat sich *Pinus cembra* rasch vermehrt und ist im Oberengadin und in einigen anderen Zentralalpentälern heute bereits so häufig geworden, dass man erwägen muss, wie man die forstwirtschaftlich eher erwünschte Lärche gegen sie schützen kann. Man empfiehlt zu diesem Zweck vor allem, nicht mehr einzelstammweise zu plentern, sondern im Femelschlagverfahren größere Lichtungen zu öffnen, auf denen sich die Lärche ansiedeln kann. Die Wirksamkeit dieser Maßnahme wird noch erhöht, wenn man in den selten eintretenden guten Samenjahren die Humusdecke und die pflanzlichen Konkurrenten beseitigt, also künstliche Rohböden als Keimbetten der Lärchensamen schafft. Gerade in den standörtlich wertvollsten Revieren spielen natürliche Katastrophen, die dasselbe bewirken würden, z. B. Windwurf von Altbäumen, Lawinen, Murgänge und Feuer aus Blitzzündung, nur eine geringe Rolle. An Sonnhängen rät Auer (1947) sogar, die Viehweide beizubehalten und das Großvieh nur so lange auszuschließen, bis die wachsenden Lärchenbestände nicht mehr von ihm geschädigt werden. Man ist hier also mit allen Mitteln bestrebt, die **natürliche Waldentwicklung** im Stadium eines überalterten Vorwaldes anzuhalten und nur die ausgesprochenen Schutzwälder so arvenreich werden zu lassen, wie es dem natürlichen Reife- und Altersstadium des Lärchen-Arvenwaldes entspricht.

7.5.3 Lärchenwälder in den südlichen Alpen sowie außeralpine Lärchenbestände

Auf den subalpinen Höhen einiger Kalk- und Silikatmassive der südlichen Ostalpen bis hin zu den Seealpen fehlt die Arve von Natur aus. Auch die Fichte tritt hier zurück, die in den nördlichen Randalpen eine so große Rolle spielt und meist die Waldgrenze hält. So wird die gegen zeitweilige Trockenheit weniger empfindliche Lärche in den Berglagen dort zum herrschenden Baum, wo auch in den tiefen Tälern die Vegetation bereits durch den Rhythmus des Mittelmeerklimas geprägt wird. Diese subalpinen Lärchenwälder wurden erst spät als besondere Gesellschaften beschrieben, zumal sie in Vielem an die Lärchen-Arvenwälder der Zentralalpen erinnern und als arvenfreie Ausbildungen derselben aufgefasst werden können. Da sie jedoch floristisch wie ökologisch manche „südlichen" Züge zeigen, stellte Mayer (1974) die „**Karbonat-Lärchenwälder**" (die man kürzer Kalk-Lärchenwälder nennen könnte) als eigene Assoziation heraus. Er unterschied in den südlichen Ostalpen folgende Subassoziationen:

- Kalk-Alpenrosen-Lärchenwald (<u>Laricetum rhododendretosum hirsuti</u>)
- Kalk-Lärchen-Blockwald (<u>Laricetum asplenietosum</u>)
- Kalk-Zwergalpenrosen-Lärchen-Steilhangbestockungen (<u>Laricetum rhodothamnetosum</u>)
- Natürlicher Kalk-Lärchen-Wiesenwald (<u>Laricetum luzuletosum sylvaticae</u>).

Nur die erstgenannte Gesellschaft darf als zonal gelten, während die übrigen Dauergesellschaften an Sonderstandorten darstellen. Sie bilden auf vielen Kalkplateaus in 1600–1800 m ü.NN. wirkliche Wälder von 20–25 m Höhe, die aber so viel Licht durchlassen, dass die Wimper-Alpenrose am Boden zur Herrschaft gelangen kann. Blockreiche Bergstürze werden zunächst von Latschen besiedelt, und der aufkommende Lärchenbestand bleibt locker. An felsigen, steilen Schutthängen steigt die Lärche bis auf 800 m hinab, d. h. bis in den Bereich der dunklen Tannen- oder Buchenwälder, weil sie hier auf so steinigem Boden keine überlegenen Konkurrenten findet.

Auf ruhenden Hartkalk-Schutthalden in steiler Schattlage bildeten sich unter herrschenden Lärchen stellenweise zusammenhängende Moderauflagen, die einen rasenartigen Unterwuchs ermöglichen. Neben *Luzula sylvatica* und *L. luzulina* herrschen hier z. B. *Calamagrostis villosa*, *Sesleria albicans*, *Festuca rubra*, *Carex ferruginea* und *C. firma*. Nur am Fuß der mehrhundertjährigen Lärchen finden Sauerhumusbewohner wie *Vaccinium vitis-idaea*, *V. myrtillus* und *Lycopodium annotinum* geeignete Kleinstandorte. Einen urwaldartigen Rest solcher Bestände hat Mayer bereits 1957 an der Hochkönig-Nordseite in den Salzburger Kalkalpen aufgenommen.

Diese natürlichen Lärchen-Wiesenwälder dürfen nicht mit den **dorfnahen Lärchenwiesen** verwechselt werden, die in der Nähe vieler inneralpiner Dörfer durch Mahd, Weide und Begünstigungen der Lärche aus fichtenreichen Wäldern entstanden sind, und zwar sowohl auf karbonatreichen als auch auf sauren Gesteinen (Putzer 1967). Meist handelt es sich um gepflanzte Bestände, die man als Lieferanten von Bauholz pflegt, d. h. um eine besondere Form von Forstgesellschaft (s. Kap. 15), die zugleich der Landwirtschaft dient – oder, modern ausgedrückt, um eine alte Form von Agroforst.

Alles bisher über die Lärche Gesagte bezog sich auf *Larix decidua* Mill. sensu stricto, d. h. subsp. *decidua* (s. Sindelar 1992), die Europäische Lärche. Sie ist von Natur aus nur in den Alpen verbreitet. In niedrigeren Gebirgen Mitteleuropas kommen die var. *sudetica* Ciesl. Svob. vor, die Sudeten-Lärche, und die var. *adenocarpa* Borbas (= var. *carpatica* Domin), die Karpaten-Lärche. Stärker genetisch verschieden ist die Polnische Lärche, subsp. *polonica* (Racib.) Domin. Alle diese Taxa bilden von Natur aus keine Reinbestände, sondern beteiligen sich an Mischwäldern von Fichten, Tannen, Buchen und anderen Arten des Berglandes.

7.6 Bergkiefernbestände außerhalb der Moore

7.6.1 Gesellschaften der aufrechten Bergkiefern

In der oberen subalpinen Stufe der Alpen wird der Lärchen-Arvenwald stellenweise durch Bergkiefern-Gesellschaften ersetzt. Westlich der Linie Bodensee–Comersee beteiligen sich daran vor allem aufrecht wachsende Formen von *Pinus mugo* agg. = *P. uncinata*, die in den Westalpen und Pyrenäen allein die Art vertreten (s. Abb. 7–23). In den Ostalpen, Karpaten, Dinariden und anderen östlichen Hochgebirgen dagegen bilden niederliegende Formen, sogenannte Legföhren (*Pinus mugo* s.str.), mehr oder minder ausgedehnte Gebüsche oberhalb der Waldgrenze, die hier meistens von *Picea* oder *Fagus* gehalten wird. Sowohl die geradstämmigen „Spirken" (s. Abb. 7–24) als auch die erblich krummwüchsigen Legföhren oder „Latschen" (s. Abb. 7–25) sind bodenvag. Als konkurrenzschwache Lichthölzer müssen sie überall mit nährstoffarmen Standorten vorlieb nehmen, die ihnen die anspruchsvolleren Baum- und Straucharten übrig lassen.

Die Bestände aufrechter Bergkiefern können 8–20 m hoch werden, genießen also im Gegensatz zu den Legföhrengebüschen während des größten Teiles ihres individuellen Lebens keinen Schneeschutz. Sie wurden vor allem im Schweizer Nationalpark, wo sie den größten Teil der heutigen Waldfläche ausmachen, von Braun-Blanquet et al. (1954) pflanzensoziologisch, bodenkundlich und mikroklimatologisch untersucht. Unter Hinweis auf diese ausführliche Arbeit und ihre Literaturzitate können wir uns hier auf einige allgemein interessante Zusammenhänge beschränken (s. a. Kurth et al. 1960 sowie Mayer 1976).

Die meisten Bergkiefernwälder des Schweizer Nationalparks sind sekundär und manche von ihnen entstanden wahrscheinlich erst nach der Zerstörung ursprünglicher Lärchen-

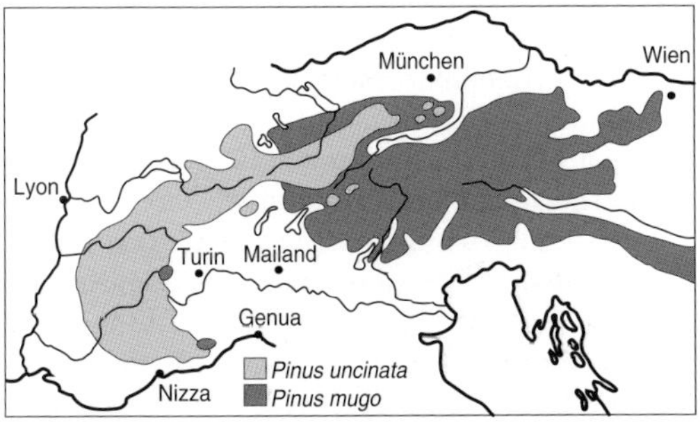

Abb. 7–23 Areale der aufrechten Bergföhre (*Pinus uncinata*) in den westlichen und mittleren Alpen sowie der Legföhre (*P. mugo*) in den mittleren und östlichen Alpen. Nach Ozenda (1988), abgeändert nach Sommerhalder (1992).

Abb. 7–24 Aufrechte Bergföhren (Bergspirken, *Pinus uncinata*) im Pfeifengras-Kiefernwald (Molinio-Pinetum) auf Molassemergel der „Fallätsche" am Albisrücken bei Zürich. Durch Rutschung entsteht immer wieder nackter Boden. Dichter Rasen und niedrige Baumgruppen wechseln damit ab. Foto: Furrer.

Abb. 7–25 Latschengebüsch (Legföhre, *Pinus mugo*) mit *Rhododendron hirsutum* auf Kalk oberhalb der Baumgrenze am Hohen Ifen, etwa 1850 m ü.NN.

Arvenwälder. Die bereits seit dem Mittelalter betriebene Eisenverhüttung in der Gegend des Ofenpasses sowie die Köhlerei erforderten große Holzmengen. Im 17. Jahrhundert wurde außerdem der gesamte Restbestand an die Saline Hall in Tirol verkauft und – soweit zugänglich – rücksichtslos kahlgeschlagen. Mit aufgestautem Wasser des Spöls und seiner ebenfalls wenig Wasser führenden Nebenbäche konnte das Holz dann im Frühjahr in den Inn hinabgeflößt werden. Ein Teil der Wälder im Schweizer Nationalpark ist früher auch Bränden zum Opfer gefallen, deren Spuren sich noch heute in den Bodenprofilen nachweisen lassen. Jedenfalls sind die meisten Bergkieferngehölze auffallend gleichaltrig und verhältnismäßig artenarm, haben also noch den Charakter von **Pionierwäldern**.

Doch darf man wohl nicht alle diese eintönigen *Pinus uncinata*-Wälder als Produkte menschlicher Eingriffe ansehen. Bei den für alpine Verhältnisse außergewöhnlich geringen Niederschlägen (900 mm in rund 2000 m Höhe bei Buffalora!) und der Unfruchtbarkeit der vorherrschenden Dolomitböden hat es hier sehr wahrscheinlich auch schon vor den menschlichen Eingriffen ausgedehnte Bergkiefernbestände gegeben. Dass sich ihre Weiterentwicklung zum Lärchen-Arvenwald seit der Gründung des Parkes im Jahre 1914 nicht rascher vollzog, wurde z. T. durch die übergroße Zahl von Gämsen, Hirschen und Rehen verursacht, deren Fraßspuren ein aufmerksamer Beobachter fast überall entdeckt. Diese Tiere fressen Arven lieber als Bergkiefern, halten also die Entwicklung zum Klimaxwald auf. Indirekt fördern sie außerdem im Unterwuchs Arten wie *Erica herbacea*, *Sesleria albicans*, *Polygala chamaebuxus* und *Carex humilis*, die sie verschmähen.

Entgegen den Erwartungen mancher Besucher bietet also der Schweizer Nationalpark in der subalpinen Stufe alles andere als unberührte Urnatur. Er gestattet aber wie kaum ein anderer Ort in den Alpen, die Entwicklungsstadien und standörtlichen Ausbildungsformen der Bergkiefernwälder zu studieren. Braun-Blanquet et al. (1964) unterschieden in der subalpinen Stufe (zwischen etwa 1600 und 2200 m ü.NN.) vor allem zwei Gesellschaften: den Schneeheide-Bergkiefernwald (Erico-Pinetum uncinatae) der lokalklimatisch wärmeren Hänge und den Steinrosen-Bergkiefernwald (Rhododendro hirsuti-Pinetum uncinatae) der ausgesprochen kalten und schneereichen Lagen (s. Tab. 7–6, Nr. 5 und 6). Jede derselben gliederten sie in mehrere Subassoziationen und Varianten, die auf feinere Unterschiede im Wasser- und Wärmehaushalt ansprechen.

Mit dem Schneeheide-Bergkiefernwald nahe verwandt ist der Erdseggen-Engadinerkiefernwald (Carici humili-Pinetum engadinensis), der von einer Subspezies der Waldkiefer beherrscht wird (Nr. 4 in Tab. 7–6). Er besiedelt im Schweizer Nationalpark und in dessen Umgebung die wärmsten, früh ausapernden Hänge und lässt diese durch seine glatten, gelbroten und schlank aufstrebenden Stämme aus dem düsteren Bergkieferngestrüpp hervorleuchten. Er leitet zu den Schneeheide-Kiefernwäldern der montanen Stufe über, die wir in Kapitel 7.7.2b behandeln wollen.

7.6.2 Latschengebüsche unter verschiedenen Standortbedingungen

Häufiger als Bestände von aufrechten Bergkiefern sind in den mitteleuropäischen Hochgebirgen Legföhrengebüsche, die nur selten über 3 m hoch werden (s. Abb. 7–25). Vor allem in den kalk- und dolomitreichen Teilen der Ostalpen, aber auch der Karpaten, überkleiden sie ausgedehnte Hänge, sodass sie oft für basiphil gehalten werden. Sie sind aber keineswegs an Kalk gebunden und können an den verschiedensten Standorten vorkommen, die nur darin übereinstimmen, dass sie zwar baumfeindlich sind, aber noch von Gebüschen besiedelt werden können.

Als **Gründe für das Fehlen von höherwüchsigen Bäumen** kommen infrage:

1. zu geringe Sommerwärme, wobei niedrigwüchsige Lebensformen wegen ihrer mächtigeren aerodynamischen Grenzschicht besser von der turbulenten Atmosphäre isoliert und damit thermisch begünstigt sind;

2. zu kalte Wintertemperaturen, vor denen die Latschen durch eine Schneedecke geschützt bleiben, und zwar:

a) oberhalb der alpinen Baumgrenze (s. Abb. 7–25 und 13–17),

b) unterhalb derselben in Karstdolinen und tiefen, abflusslosen Mulden, in denen sich kalte Luft ansammelt (Höhenstufenumkehr, ähnlich wie in Abb. 7–12);

Tab. 7–6 Kiefern- und Bergkiefernwälder in verschiedener Höhenlage über Karbonatgesteinen in den Alpen. Nach verschiedenen Autoren. Erläuterungen auf der nächsten Seite.

	Laufende Nr.:	1	2	3	4	5	6	T	R
	Herrschende Baumarten (S = Schwarz-, W = Wald-, E = Engadin-, B = Bergkiefer)	S	W	W	E	B	B		
	Höhenlage von (100 m)	7	6	6	18	15	18		
	bis (100 m)	12	17	9	21	23	21		
	Bäume (auch in Strauchschicht):								
E	*Pinus nigra*	**5**						7	9
	P. sylvestris	2	**5**	**5**				×	×
P	*P. sylv.* subsp. *engadinensis*				**4**	1		×	8
P	*P. uncinata*				4	**5**	**5**	3	8
P	*P. cembra*	3	5	2	1	2	1	2	4
	Larix decidua	1	1		2	2	2	×	×
	Strauchschicht:								
Q	*Cotoneaster tomentosus*	4						5	9
Q	*Amelanchier ovalis*	4	4			1		×	×
	Juniperus communis	4	5	5				×	×
Q	*Sorbus aria*	4	2	5				5	7
Q	*Acer pseudoplatanus*	3		5				×	×
Q	*Berberis vulgaris*	1	4	2	2			×	8
Q	*Corylus avellana*		3					5	×
Q	*Viburnum lantana*		4	5			5	8	
Q	*Ligustrum vulgare*		2	4				6	8
Q	*Fagus sylvatica*			3				5	×
	Populus tremula			3				5	×
Q	*Salix caprea*			3				×	7
	Sorbus chamaemespilus		1		1	1	4	3	8
	Juniperus intermedia				4	?		–	–
P	*J. communis* subsp. *alpina*					4	2	2	7
	Krautschicht:								
	Genista pilosa	5						5	×
	Carduus crassifolius subsp. *glaucus*	5						5	9
	Scabiosa lucida	4						3	8
	Galium austriacum	4						–	–
Q	*Cyclamen purpurascens*	4						6	9
	Valeriana tripteris	4						3	×
	Campanula cespitosa	4						2	8
	Globularia cordifolia	4			1			3	9
	Vicia cracca subsp. *gerardii*		2					–	–
E	*Thesium rostratum*		2					5	9
E	*Pyrola chlorantha*		1					5	5
	Brachypodium pinnatum		4	4	1			5	7
	Prunella grandiflora		3	5				×	8
	Anthericum ramosum		3	5				5	7
P	*Goodyera repens*		4	3				×	×
W	*Lathyrus pratensis*		3	4				5	7
W	*Molinia arundinacea*		1	5				6	×
W	*Succisa pratensis*			5				5	×
W	*Gymnadenia conopsea*			5				×	8
	Galium verum			5				6	7
	Scabiosa columbaria			5				5	8
	Potentilla erecta			4				×	×
	Trifolium montanum			4				×	8
	Carex flacca	1		5		1		×	8
	Knautia dipsacifolia			5	1	2		4	6
	Pteridium aquilinum		1	4				5	3
E	*Calamagrostis varia*	5	4	5				3	8
	Campanula rotundifolia	4	4	3				5	×
	Buphthalmum salicifolium	4	2	4				×	8
	Teucrium chamaedrys	3	3	3				6	8
	Carex humilis	1	4	1				6	8
E	*Saponaria ocymoides*				**5**			4	9
	Leontodon hispidus var. *crispatus*				4			?	8
	Hieracium bupleuroides				3			×	9
	Euphrasia salisburgensis				3			×	8
	Laserpitium siler subsp. *gaudinii*				5	2		–	–
	Biscutella laevigata				4	3		4	7
	Leucanthemum maximum				4	3		4	7
	Centaurea scabiosa var.				4	2		×	8
P	*Arctostaphylos uva-ursi*				3	2		×	×

Tab. 7–6 Fortsetzung

	Laufende Nr.:	1	2	3	4	5	6	T	R
E	*Crepis alpestris*				2	2		4	8
	Campanula cochleariifolia			1	5	2	3	3	×
E	*Daphne striata*				4	5	2	3	8
	Valeriana montana				2	3	3	2	9
	Dryas octopetala				2	2	4	2	8
P	*Homogyne alpina*					4	5	4	4
	Vaccinium myrtillus		1			3	4	×	2
P	*V. uliginosum* subsp. *pubescens*					2	5	3	3
P	*Pyrola rotundifolia*					3	4	×	5
P	*Luzula sylvatica* subsp. *sieberi*					2	4	3	2
P	*Calamagrostis villosa*					2	2	4	2
P	*Moneses uniflora*					2	1	×	4
E	*Rhododendron hirsutum*					1	**5**	3	7
P	*Rh. intermedium*						2	3	6
P	*Arcostaphylos alpinus*						5	2	×
	Campanula rapunculoides	3			3			6	7
	Thesium alpinum	3			2	1		3	8
E	*Coronilla vaginalis*	3			3	1		×	9
	Teucrium montanum	4	3		3			5	9
	Leontodon incanus	4	2		3	2		×	9
	Hippocrepis comosa	4	3	4	4			5	7
	Thymus serpyllum subsp.	4	2	3	4			–	–
	Euphorbia cyparissias	3	2	4	4			×	×
	Galium lucidum	3	4	1	2			6	8

	Laufende Nr.:	1	2	3	4	5	6	T	R
E	*Polygala chamaebuxus*	5	5	5	5	4		4	8
E	*Epipactis atrorubens*	2	5	5	5	2		×	8
	Lotus corniculatus	4	4	5	4	5		×	**7**
	Carduus defloratus	4	2	2	5	3		×	**8**
	Phyteuma orbiculare	4		2	1	2		**3**	**8**
	Carlina acaulis	3	2		4	3		×	×
	Carex ornithopoda	4	2	3	3	3	4	×	**9**
P	*Orthilia secunda*	1	2	1	1	4	5	×	×
E	*Erica herbacea*		**5**	5	4	**5**	5	×	×
	Hieracium bifidum		5	2	3	5	3	×	**8**
	H. sylvaticum subsp.							–	–
E	*Gymnadenia odoratissima*		2	3	4	3	1	×	**9**
E	*Carex alba*		3		2	5	3	**5**	**8**
	Melampyrum pratense subsp.		4		1	4	2	–	–
P	*M. sylvaticum*		3		1	2	2	**4**	**2**
P	*Vaccinium vitis-idaea*		3		1	5	4	×	**2**
	Moosschicht:								
	Rhytidium rugosum	4						×	**7**
	Ctenidium molluscum	1		4				**4**	**8**
	Scleropodium purum		2	3				**4**	**5**
	Tortella tortuosa	4	3		4	3	3	×	**8**
	Hylocomium splendens		4	4		3	5	**3**	**5**
	Rhytidiadelphus triquetrus		4	3		3	4	**3**	**5**
	Dicranum scoparium		3	2		3	4	×	**4**
	Pleurozium schreberi		4	2		4		**3**	**2**
	Cetraria islandica					5	5	×	×

E = Arten der Schneeheide-Föhrenwälder (ERICO-PINETALIA, ERICO-PINION)
P = Arten der Bodensauren Fichten- und Kiefernwälder (VACCINIO-PICEETALIA),
Q = Arten der Laubwälder (QUERCO-FAGETEA),
W = Wiesenpflanzen, insbesondere Arten der Pfeifengraswiesen (MOLINIO-ARRHENATHERETEA, MOLINION),
T = Temperaturzahl, R = Reaktionszahl, nach Ellenberg (1992). Einige Arten mit geringer Stetigkeit wurden weggelassen.

Gesellschaften und Autoren:

	Ökologische Bewertung:	mT	mR
Nr. 1:	**Schwarzföhrenwald** des Ostalpen-Randes (Chamaebuxo-Pinetum nigrae), nach Knapp 1944;	4,7	8,0
Nr. 2:	**Schneeheide-Föhrenwald** (Erico-Pinetum) in Graubünden, nach Braun-Blanquet, Pallmann und Bach (1954);	5,0	7,5
Nr. 3:	**Pfeifengras-Föhrenwald** (Molinio-Pinetum) des nordostschweizerischen Alpenrandes, nach Etter (1947);	4,7	7,4
Nr. 4:	**Erdseggen-Engadinerföhrenwald** (Carici-Pinetum engadinensis) im Schweizer Nationalpark, nach Braun-Blanquet et al. (1954);	3,8	8,0
Nr. 5:	Schneeheide-Bergföhrenwald (Erico-Mugetum) im Oberengadin, nach Braun-Blanquet et al. (1954);	3,4	6,4
Nr. 6:	**Wimperalpenrosen-Bergföhrenwald** (Rhododendro hirsuti-Mugetum), wie Nr. 5.	3,0	5,5

mT = mittlere Temperaturzahl, die mit steigender Höhe über dem Meer in der Regel abnimmt (s. auch Tab. 5–3). Bei gleicher Höhe ist es in den inneralpinen Tälern wärmer (vgl. Nr. 2 mit Nr. 1 und Nr. 3). An Trockenstandorten im Schweizer Nationalpark erreicht mT daher noch in mehr als 1800 m Höhe Werte bis nahe an 4.
mR = mittlere Reaktionszahl, ebenfalls nur unter Berücksichtigung der Gefäßpflanzen berechnet.

Die Arten der Schneeheide-Föhrenwälder (E) sind großenteils Kalkzeiger und überwiegen in den tieferen Lagen. Die säureertragenden Nadelwaldpflanzen spielen erst in größerer Höhe eine Rolle (niedrigere mR-Zahlen!).
Der Schwarzföhrenwald (Nr. 1) und der von einer Subspezies der Waldföhre beherrschte Engadinerföhrenwald (Nr.4) leben in einem besonders trockenen Klima, in dem sich über Kalk kaum ein Auflagehumus bildet. In kühlerem und feuchterem Klima wird der Oberboden rascher kalkarm und humusreich, sodass Säurezeiger, besonders in Nr. 6, Fuß fassen können. Auch säureholde Moose werden dadurch begünstigt.
Der Pfeifengras-Föhrenwald (Nr. 3), der auf rutschigem Mergelboden siedelt, ist reich an Laubwaldpflanzen (Q). Da seine Baumschicht instabil ist, haben in ihm einige Pflanzen der Magerwiesen (W) und Halbtrockenrasen (viele der übrigen Arten) ihre natürliche Heimat.

3. zu mächtige und zu spät abschmelzende Schneeansammlungen unterhalb der Waldgrenze, z. B. am Rande von Lawinenbahnen und an der Leeseite von Berggraten, wenn diese Standorte für die Latsche nicht zu nass sind (s. Abb. 13–41);

4. zu heftiger Wind, der Bäume nicht hochkommen lässt (nur sehr kleinräumig auf stark exponierten Kuppen wirksam);

Abb. 7–26 Durch eine Schneebrettkatastrophe wurden 1952 subalpine und montane Fichtenwälder oberhalb Zernez zerstört.
Links eine regelmäßig von Lawinen befahrene Rinne. Die Waldgrenze wird von Lärchen- und Arvenbeständen gebildet, die durch Beweidung zunehmend aufgelichtet worden waren und die Schneemassen nicht mehr zu halten vermochten. Foto: Lüdi.

5. zu wenig Feinerde über glattem Fels

a) auf eisgeschliffenen Rundhöckern und an Felskanten,

b) auf groben Blöcken, z. B. im Bergsturzgelände;

6. wiederholte Vernichtung von Bäumen, und zwar:

a) durch Lawinen oder Schneebretter (s. Abb. 7–26 u. 7–27),

b) durch Steinschläge und Murgänge (selten),

c) durch Abholzen, also durch menschlichen Einfluss;

7. zu nasser und zugleich nährstoffarmer Wurzelraum am Rande von Hochmooren und auf Bulten derselben (s. Kap. 13.3.2.4, besonders Abb. 10–29).

Oft wirken mehrere dieser Faktoren zusammen, z. B. der 2. und 3., der 4. und 6. oder der 3. und 5.

Die übrigen Lebensbedingungen können recht ungleich sein, vor allem die edaphischen und in den Fällen 4 bis 6 auch die klimatischen.

Abb. 7–27 Von einer Lawine im Frühjahr 1951 zu Tal gerissene Fichten unterhalb Stuben am Arlberg. Dahinter Legföhren auf der fast alljährlich von Lawinen überfahrenen Fläche.

Die auf den ersten Blick so einheitlich wirkenden Latschengebüsche beherbergen infolgedessen einen recht verschiedenartigen Unterwuchs, zumal sie teilweise auch vom Vieh durchstreift werden. In manchen Gegenden erinnern sie in ihrem Artengefüge an Schneeheide-Kiefernwälder oder an Steinrosen-Bergkiefern-Gesellschaften, in anderen an Lärchen-Arvenwälder, an subalpine Fichten- oder Buchenwälder, in wieder anderen an *Rhododendron*-Heiden oder Hochstaudenbestände, häufig aber auch an alpine oder montane Rasen oder an andere Kontaktgesellschaften. Die Mannigfaltigkeit wird noch dadurch erhöht, dass Latschen auch als Weideunkräuter auftreten, d. h. sich auf anthropogenen Rasen oder Heiden ausbreiten, weil sie vom Vieh nicht gefressen werden. Immerhin kann man die meisten der auf sauren Substraten angesiedelten Latschen-Gesellschaften in die Ordnung PICEETALIA einreihen, weil ihre Nadelstreu annähernd gleiche Bedingungen schafft, wie sie in Nadelwäldern herrschen. Deshalb wurden sie im Anschluss an die subalpinen Fichten- und Lärchen-Arvenwälder besprochen.

Mit diesen allgemeinen Hinweisen wollen wir uns hier begnügen und keine Beispiele im Einzelnen besprechen. Bei der Diskussion über die alpine Baumgrenze (s. Kap. 13.4.5.2) und bei der Behandlung der subalpinen Grünerlengebüsche (s. Kap. 13.3.11.2) werden wir auf die Legföhrenformation zurückkommen.

7.7 Kiefernwälder außerhalb der Moore und Flussauen

7.7.1 Standörtliche Gruppen von Kiefernwäldern in Mitteleuropa

Trotz oder gerade wegen ihrer bescheidenen Lebensansprüche ist unsere gewöhnliche Waldkiefer (Föhre, Forche, Fuhre, *Pinus sylvestris*) Herrscherin und Partnerin verschiedenartigster Pflanzengesellschaften geworden (s. Abb. 7–28 u. 7–1). In der Vielfalt der von ihr besiedelten Standorte übertrifft sie alle anderen Baumarten Mitteleuropas, auch ihre soeben besprochenen Verwandten im Hochgebirge. Vom Rande der Tundra im hohen Norden und von der alpinen Waldgrenze, an der krüppelige Vorposten noch bei 2250 m Höhe über dem Meeresspiegel ausharren, bis zu den wärmsten Tälern der Innenalpen, von den ausgelaugten Sanden Nordosteuropas bis zu den Kalkschottern des Alpenvorlandes, von föhngedörrten Felsgraten über frühjahrsfeuchte, aber sommertrockene Mer-

Abb. 7–28 Natürlicher Sandkiefernwald (Dicrano-Pinetum) in Masuren mit reichlicher Naturverjüngung und einzelnen Wacholdern als Zeugen früherer Beweidung.

Abb. 7–29 Schneeheide-Kiefernwald (Erico-Pinetum) auf Rendzina an einem Sonnhang des Inntals unterhalb Innsbruck.
Schon im Februar ist der Schnee bis auf wenige Reste verschwunden. *Pinus sylvestris, Sesleria albicans* und *Erica carnea* (syn. *E. herbacea*) bilden lockere Bestände.

gelhänge bis zu schwammnassen Hochmooren, überall finden Kiefern ein sonniges Plätzchen oder eine wenig umstrittene Lücke, um sich mit ihren weit fliegenden und rasch keimenden Samen anzusiedeln und trotz ihrer lichten Kronen auch zu behaupten.

Dieser standörtlichen Vielfalt entspricht eine Fülle von Wuchsformen – seien es nun erbliche Varietäten, Rassen und Ökotypen oder nur umweltbedingte Modifikationen –, vom fichtenschlanken Riesen mit über 30 m hohem, gleichmäßig astreinem Stamm bis zum pilzbreiten, runzligen Zwerg, dem man seine 150 oder gar 300 Jahre auf den ersten Blick kaum glauben möchte. In wintermildem Klima herrschen gedrungene Rassen, in winterkaltem, kontinentalerem sind aufstrebende häufiger. Nach Kalela (1937), der die vielen bereits durchgeführten experimentellen Herkunftsvergleiche überschaubar machte, stehen jedoch die Populationen wegen des weiten Pollenfluges über ganz Europa in vielseitigem Austausch, sodass man nur in Ausnahmefällen bestimmte Wuchsrassen mit bestimmten Standorten fest verbunden findet.

In stark ozeanisch getöntem Klima, z. B. in den Niederlanden und Norddeutschland oder in den insubrischen Randalpen, kann sich die Kiefer selbst auf den ärmsten Böden nicht gegen die Birken und Eichen behaupten, die hier den natürlichen Vorrang haben (s. Kap. 6.5.1b). Trotzdem ist sie in großen Teilen des niedersächsischen Tieflandes zur landschaftsbeherrschenden Baumart geworden, weil sie bei Heideaufforstungen bevorzugt wurde (s. Kap. 15). Wegen ihres raschen Wuchses und ihres industriell gut verwertbaren Holzes war sie auch in anderen Teilen Mitteleuropas neben der Fichte lange Zeit der Favorit der Forstwirtschaft. Dadurch erhielt sie die Möglichkeit, an für sie physiologisch optimalen Standorten zu beweisen, zu welch hohen Wuchsleistungen sie fähig ist (s. Abb. 4–43).

Die Vielfalt der von der Waldkiefer besiedelten Standorte, ihre Duldsamkeit gegen lichtliebende Freilandpflanzen und nicht zuletzt auch ihre Begünstigung durch den Menschen machen die Unterscheidung und systematische Ordnung von Kiefernwald-Gesellschaften zu einer besonders schwierigen Aufgabe, die in Mitteleuropa bis heute noch nicht befriedigend gelöst ist. Gerade die weit verbreiteten Gesellschaften besitzen kaum eigene Charakterarten, weil sich Partner der verschiedensten Wald-, Moor- und Rasen-Gesellschaften in ihnen treffen, ohne eine ausschließliche Bindung mit der Kiefer einzugehen. Manche unserer Trockenrasen- und Feuchtwiesenpflanzen (Festuco-Brometea und Molinietalia, s. Kap. 18.3.2 u. 19.3.3.2) haben allerdings ihre natürliche Heimstätte in lichten Kiefernwäldern (s. Abb. 7–24). Sie dürfen also zur floristischen Kennzeichnung dieser Wälder mit herangezogen werden, obwohl sie in unbeschatteten Trockenrasen und Wiesen besser gedeihen. In manchen Kiefern-Gesellschaften des Alpenraumes begegnen sich Vertreter der lichtreichen Höhen oberhalb der Waldgrenze mit solchen der warmen Niederungen, ja der submediterranen Florenregion. Beide Artengruppen vereinigen sich so regelmäßig miteinander, dass man diese Besonderheit geradezu als Kennzeichen bestimmter Gesellschaften ansehen darf (s. Tab. 7–6).

In Anlehnung an Braun-Blanquet (1961), Matuszkiewicz (1962), Passarge (1963), Poldini (1969), Sokolowski (1970), Ellenberg & Klötzli (1972), Matuszkiewicz & Matuszkiewicz (1973), Mayer (1974), Oberdorfer et al. (1992), Pott (1995), Heinken (2007), Willner & Grabherr (2007) u. a. kann man die von *Pinus sylvestris* beherrschten Gesellschaften Mitteleuropas standörtlich und floristisch in sieben Gruppen einteilen, die ebensovielen Verbänden entsprechen:

1. **Steppen-Kiefernwälder** der wärmsten Lagen in den inneralpinen Trockentälern (Pulsatillo-Pinetea, Cytiso-Pinion, in Mitteleuropa selten und nur fragmentarisch), d. h. in ausgesprochen kontinentalem, regenarmem Klima (s. Abb. 7–21, 4–45, 13–7);
2. **wärmeliebende Eichen-Kiefernmischwälder** der collinen Stufe und niederschlagsarmer Teile des nordöstlichen Tieflandes (Quercion pubescenti-petraeae, bereits in Kapitel 6.4.2 erwähnt);
3. **Pfeifengras-Mergelhang-Kiefernwälder** wechseltrockener Mergelhänge der submontanen bis montanen Stufe in Alpennähe (Molinio-Pinetum, teilweise zum Erico-Pinion, teilweise zum Molinion gehörig, s. Abb. 7–30);
4. **Schneeheide-Kiefernwälder** mehr oder minder kalkreicher Trockenhänge und Schotterflächen in submontaner bis hochmontaner Lage (Erico-Pinion, s. Abb. 7–29);
5. **bodensaure Sandkiefernwälder** der subkontinentalen nordöstlichen Pleistozän-Land-

Abb. 7–30 Lichter Pfeifengras-Kiefernwald (Molinio-Pinetum) auf Mergeln oberhalb des Einganges zur Aareschlucht bei Innertkirchen. An steilen und steinigen Stellen Übergang zur Blaugrashalde, an tiefgründigen zum wärmeliebenden Eichenmischwald oder Seggen-Hangbuchenwald.

schaften (Dicrano-Pinion, s. Abb. 7–28 u. Kap. 7.7.3), von denen es auch bodenfeuchte Einheiten gibt (molinietosum, s. Abb. 7–28);

6. **Dünen-Kiefernwälder** als Endstadien der natürlichen Dünenfixierung (überwiegend zum Dicrano-Pinion gehörig, s. Kap. 12.3.1.4);

7. **Kiefern-Moor- und Bruchwälder** der Hochmoorränder und Waldhochmoore sowie kalkarmer Sümpfe in subkontinentalem Klima (Sphagnion magellanici, teilweise Vaccinio uliginosi-Pinetea, s. Kap. 10.3.2.4 u. 8.3.2.2).

Die 1. Gruppe hat eine ausgeprägte Sonderstellung, ist aber durch Übergänge mit der 2. verbunden. Die Pfeifengras-Kiefernwälder (3) vermitteln zu den Feuchtwiesen (Molinion, Kap. 19.3.3.2), verzahnen sich aber auch mit bodentrockenen Buchenwäldern (Carici-Fagetum, s. Kap. 5.3.3). Floristisch sehr gut charakterisiert sind die Schneeheide-Kiefernwälder (4). Bodensaure Sandkiefernwälder (5) entsprechen standörtlich den Birken-Eichenwäldern und gehen von Osten nach Westen schrittweise in diese über (s. z. B. Hüppe et al. 1989). Die Dünen-Kiefernwälder (6) schließen sich an sie an, enthalten aber noch mehr oder minder zahlreiche Arten der offenen Dünenrasen und sollen erst als Endglieder der Dünenentwicklung besprochen werden (s. Kap. 12.3.1.4). Auch die mehr oder minder bodennassen Kiefernwälder (7) sind nur als Endstadien von Sukzessionen zu verstehen, die wir in ihrem natürlichen Zusammenhang behandeln wollen.

Vor allem die vier erstgenannten Gruppen von Gesellschaften hatten Gams (1930), Schmid (1936) und viele andere Autoren (bis etwa 1950) vor Augen, wenn sie von „Relikt-Kiefernwäldern“ sprachen. Ähnlich wie die wärmeliebenden Eichengebüsche sind auch diese lichten Waldbestände Erhaltungsstätten konkurrenzschwacher und schattenfliehender Pflanzenarten, die man als Zeugen von einstmals weiter verbreiteten Vegetationstypen ansehen kann. Korshinskij, der den Begriff zuerst benutzte (zit. nach Gams 1930), dachte ursprünglich an Wälder der Tertiärzeit, deren Arten in den nicht vergletscherten Gebieten die Eiszeiten überdauerten. Viele der in Mitteleuropa als Relikt-Kiefernwälder angesprochenen Bestände stocken aber auf einst vergletscherten Böden, und alle haben sich nach der letzten Eiszeit an zuvor waldfreien Extremstandorten neu bilden müssen, sind also keine Reliktwälder im wörtlichen Sinne. Manche Kiefernbestände sind aber insofern Relikte, als sie seit ihrer postglazialen Rückwanderung nicht der Konkurrenz anderer Baumarten unterlagen, weil ihr Standort für diese zu mager oder zu trocken ist. Viele *Pinus*-Gesellschaften konnten sich erst in jüngster Zeit unter dem Einfluss des Menschen weiter ausbreiten, z. B. die Kiefernwälder im Wallis und Engadin sowie die Bergkiefernbestände im Schweizer Nationalpark (Braun-Blanquet et al. 1954; s. Kap. 7.6.1). Von den Sandkiefernwäldern der Oberrheinischen Tiefebene betonte schon Oberdorfer (1957), dass ihr Areal durch Waldweide und Feldaufforstungen auf Kosten von Eichen-Hainbuchenwäldern und Orchideen-Buchenwäldern sehr erweitert wurde. Auch solche sekundären Bestände wurden im Laufe der Jahrhunderte zu Erhaltungsstätten lichtbedürftiger, aber sonst anspruchsloser Steppen- und Mediterranpflanzen.

Floristisch sind die vier Typen von „Relikt-Kiefernwäldern" zwar recht verschieden, doch stehen sie einander näher als den Sand- und Moorkiefernwäldern. Letztere könnte man als „Sauerhumus-Kiefernwälder" zusammenfassen, weil sie auf sehr sauren Substraten siedeln und nur acidotolerante und acidophile Arten beherbergen. Die bodensauren Sandkiefernwälder und besonders die Hochmoor-Kiefernwälder verdienten übrigens den Namen Relikt-Kiefernwälder in bestimmter Hinsicht ebenfalls, obwohl ihn niemand gebraucht. Denn auch sie wurden von Fichte und Buche an Spezialstandorte gedrängt, die zum Refugium von konkurrenzschwachen, einst im mitteleuropäischen Tiefland häufigen Arten wurden. Nur handelt es sich hier nicht um mediterran-submediterrane oder südöstliche Florenelemente, sondern um nordische und alpische (z. B. *Linnaea borealis* und manche Pyrolaceae).

Kaum ein Vegetationstyp wird von verschiedenen Autoren so unterschiedlich gefasst wie die Kiefernwälder. Wir lassen die systematischen Fragen zunächst offen und vergegenwärtigen uns einige Beispiele von Kiefernwäldern aus dem Alpenraum und aus dem nordostdeutsch-polnischen Tiefland, d. h. aus den beiden von Natur aus kiefernreichsten Landschaften Mitteleuropas.

7.7.2 Wald- und Schwarzkiefern-Gesellschaften im Alpenraum

a) **„Steppenheide-Kiefernwälder"** haben ihren Schwerpunkt zwar im kontinentalen Osten Europas, wurden aber aus Süddeutschland und vor allem aus den trockenen zentralalpinen Tälern beschrieben, z. B. von Schmid (1936) und Braun-Blanquet (1961). Manche Autoren fassen sie im Rang einer eigenen Klasse (PULSATILLO-PINETEA oder PYROLO-PINETA). Oberdorfer et al. (1992) schlagen vor, sich zunächst mit nur einer Ordnung zu begnügen, den „subkontinentalen Küchenschellen-Kiefernwäldern" (PULSATILLO-PINETALIA SYLVESTRIS), für die sie folgende Charakterarten nennen:

Carex ericetorum	*Diphasium complanatum*
Chimaphila umbellata	*Pulsatilla patens*
Lembotropis nigricans	*Pulsatilla vernalis* var. *bidgostiana*
Chamaecytisus ratisbonensis	

Diese sind zugleich Charakterarten des Verbandes CYTISO-PINION, der boreal-subkontinentalen Kiefern-Steppenwälder, sowie der zentralen Assoziation darin, des Wintergrün-Waldkiefern-Steppenwaldes (Pyrolo-Pinetum sylvestris). In Mittel- und Süddeutschland kommt dieser nach Pott (1995) von Natur aus auf basenreichen Sandböden der Oberrheinebene sowie auf Flugsand über Kalken im Maintal und in der Oberpfalz, aber auch an Kalkhängen in der Frankenalb vor. Er hat sich unter menschlichem Einfluss wahrscheinlich ausgedehnt. Steppenheide- und Schneeheide-Kiefernwälder bezeichnen zwar die trockensten Waldstandorte Mitteleuropas, haben aber mit eigentlichen Steppen sehr wenig gemein; das sei hier betont. Andere Autoren (z. B. Rennwald 2000) schließen den Wintergrün-Waldkiefernwald den Sand-Kiefernwäldern (DICRANO-PINION, s. Kap. 7.7.3) an. Nach Hölzel (1996 a) werden die inneralpinen „Steppen-Kiefernwälder" besser in das ONONIDO-PINION innerhalb der ERICO-PINETEA gestellt.

In den inneralpischen Trockentälern herrschen Waldkiefern an den verschiedensten

Standorten der collinen bis montanen Stufe. Dementsprechend wechselt das Artengefüge der von ihnen gebildeten Gesellschaften viel stärker, als man auf den ersten Blick annehmen möchte. Das gilt sogar für karbonatarme Gesteine, wie aus Tabelle 7–7 hervorgeht. Auch auf solchen gedeihen „Steppenheide-Kiefernwälder", d. h. lichte, lichtdurchflutete Bestände, in denen sich zahlreiche trockenheitsertragende Pflanzen ansiedeln konnten. Großartige Beispiele bieten die breiten und tiefen Längstäler der Westalpen: Brianconnais, Maurienne und Tarantaise, wo sie Gensac (1968) beschrieben hat. Doch ziehen sich „Föhrentäler" mit *Ononis rotundifolia-* und *Astragalus*-reichen Kiefernwäldern (Ononido rotundifoliae-Pinetum sylvestris) auch durch die zentralen und östlichen Alpen bis hin zum Vinschgau. Braun-Blanquet (1961) widmete ihnen eine Monografie, in der auch die übrige Vegetation und die artenreiche Flora solcher warm-kontinentalen Standorte behandelt werden. Berühmte Beispiele bietet der Pfynwald oberhalb Sion im mittleren Wallis, ein altes Bergsturzgebiet, an dessen trockensten Hängen sich *Euphrasia viscosa* und andere Arten mediterraner Herkunft mit *Carex humilis, Teucrium chamaedrys* und sonstigen weit verbreiteten Trockenheitszeigern mischen. Auch aus den ebenfalls niederschlagsarmen und relativ kontinentalen Innenalpen Österreichs wurde der Hauhechel-Kiefernwald beschrieben (Willner & Grabherr 2007; s. Abb. 7–21 u. Tab. 7–7).

b) Steigt man an Südhängen in den zentralalpinen Föhrentälern höher hinauf, so sieht man steinige Böden immer wieder mit Kiefern locker besetzt, während tiefgründigere und frischere Standorte schattige Fichten- oder gar Tannenwälder tragen. *Pinus sylvestris* nimmt hier zwar schlankere Formen an als in dem noch trockeneren Steppen-Kiefernwald, bleibt aber niedrig, wächst langsam und entzieht dem Unter- und Zwischenwuchs nur wenig Licht. Solche submontanen und montanen Trockenstandorte sind das Reich des **Schneeheide-Kiefernwaldes** (Erico-Pinetum, s. Abb. 7–29). Liste Nr. 2 in Tabelle 7–6 fasst Bestände aus Graubünden zusammen, wo diese Gesellschaft ebenfalls verbreitet ist. Die Schneeheide (*Erica carnea*, syn. *E. herbacea*) fällt jedem Besucher der Innenalpen auf, weil ihre im Herbst nahezu fertig ausgebildeten Blüten an den früh aperen Hängen oft schon im Januar oder Februar von der Sonne gerötet werden. Wie in der unteren alpinen Stufe (s. Kap. 13.3.5.2) vergesellschaftet sie sich stets mit anderen Frühblühern, namentlich mit *Sesleria albicans*, *Carex ornithopoda* und *Polygala chamaebuxus*. Trockenrasenpflanzen der tieferen Lagen sowie *Calamagrostis varia* sind aber ebenfalls zahlreich vertreten, während sie beim Aufstieg in die

Tab. 7–7 Waldkiefern-Assoziationen der Zentralalpen auf nicht vernässten Böden sowie Schneeheide-Kiefernwälder der Südostalpen. In Anlehnung an Mayer (1974)[1].

Bodenreaktion:	stark sauer	mäßig sauer	neutral bis alkalisch	
Höhenstufe:				
Montan	saurer Erdseggen-Föhrenwald	mäßig saurer Schneeheide-Föhrenwald	Karbonat-Schneeheide-Föhrenwald	Karbonat-Erdseggen-Föhrenwald
	Antherico (liliaginis-) Pinetum	Vaccinio-Pinetum	Erico-Pinetum	Carici humilis-Pinetum
Submontan	saurer Stieleichen-Föhrenwald Pino-Quercetum roboris		[Hopfenbuchen-Schwarzföhrenwald Ostryo-Pinetum nigrae]	
Collin	Tragant-Steppenheide-Föhrenwald	Hauhechel-Steppenheide-Föhrenwald	Flaumeichen-[Schwarzföhren-] Steppenheide-Föhrenwald	
	Astragalo-Pinetum	Ononido-Pinetum	Cotino-Quercetum [mit *Pinus nigra*]	

[1] Jede der Assoziationen ist in mehrere Untereinheiten gegliedert, das Vaccinio-Pinetum z. B. neben der typischen, weit verbreiteten Ausbildung in die auf Sonderstandorten vorkommenden Subassoziationen myrtilletosum, rhododendretosum ferruginei piceetosum, vaccinietosum (vitis-idaeae), callunetosum und cladonietosum.

subalpine Stufe mit der Waldkiefer mehr und mehr zurückbleiben (vgl. Nr. 2 mit Nr. 4 bis 6 in Tab. 7–6).

In den extrem regenarmen Vispertälern und an Sonnhängen mancher anderer Zentralalpentäler kann der montane und subalpine Fichtengürtel völlig ausfallen. Die Schneeheide-Kiefernwälder verzahnen sich an solchen Trockenhängen unmittelbar mit den subalpinen Lärchen-Arvenwäldern, die hier etwas tiefer herabsteigen. Besonders großflächig sind Erico-Pineten auf Dolomit, Serpentin und sonstigen schwer verwitternden Gesteinen ausgebildet. Auf Serpentin kommen sie nach Eggler (1955) auch in der Steiermark vor. Überhaupt sind Schneeheide-Kiefernwälder in der Montanstufe der östlichen Zentralalpen häufig, besonders auf karbonatreichen Böden (s. Tab. 7–7). Auf mäßig sauren Böden herrscht zwar noch *Erica carnea*, mischt sich aber mit Säurezeigern, wie wir sie aus Fichtenwäldern und anderen bodensauren Nadelwald-Gesellschaften kennen. Vielfältige Übergangsstufen zwischen den typischen Schneeheide-Kiefernwäldern und verschiedenen Sauerboden-Kiefernwäldern fand Schweingruber (1974) auch am Vierwaldstätter See und im Berner Oberland. Eine genaue Karte des Vorkommens von Schneeheide-Kiefernwäldern in der Schweiz legten Hegg et al. (1993) in einem Atlas schutzwürdiger Vegetationstypen vor.

Sommerhalder (1992) neigt in der Schweiz dazu, in Anlehnung an Braun-Blanquet (1969) das Erico-Pinion in zwei Verbände aufzuteilen. Das stärker xerophile „Saponario-Pinion" ist auf die Zentralalpen beschränkt, während das „Globulario-Pinion" in den Nordalpen und im Jura flachgründige Kalkhänge einnimmt.

Ausstrahlungen des submontanen Erico-Pinion gelangen nach Müller (1980) sowie Oberdorfer et al. (1992) bis an den Rand der Oberrheinischen Tiefebene und in das oberbayerische Alpenvorland, also ungefähr so weit, wie sich der Föhnwind noch bemerkbar macht (s. Abb. 6–5). Weiter nördlich verbindet sich die Gruppe der dealpinen Arten (*Sesleria*, *Carduus defloratus* usw., vgl. Kap. 5.3.5 b) meistens mit der Rotbuche. Nur *Erica carnea*, *Polygala chamaebuxus* und wenige andere Arten bleiben auch in größerer Entfernung von den Alpen ziemlich eng an die Kiefer gebunden, z. B. auf den mageren, oft sandigen Dolomit- und Serpentinböden Nordbayerns, deren Kiefernwälder mehrere dealpine Arten, darunter *Buphthalmum salicifolium*, beherbergen und nach Gauckler (1954) und Hemp (1995) zweifellos zum Erico-Pinion gehören (s. a. Hölzel 1996a). Deren heutige Verbreitung wurde allerdings durch die mittelalterliche Waldverwüstung gefördert. Wo Zöttl (1952b) im bayerischen Alpenvorland Schneeheide-Kiefernwälder fand, sind sie auf kalkreiche, extrem felsige Steilhänge beschränkt, und hier auf die trockensten Süd- bis Westlagen.

Die Schneeheide-Kiefernwälder beherbergen eine Mischung von Arten der Wälder einerseits und von lichtliebenden Elementen des trockenen Graslandes und der Säume andererseits. Sie sind floristisch so eigenständig, dass man ihnen eine besondere Klasse einräumt (Erico-Pinetea mit der einzigen Ordnung Erico-Pinetalia). Zwischen den Erico-Pinetea und den Vaccinio-Piceetea gibt es jedoch je nach dem pH-Wert des Bodens zahlreiche Übergänge, zumal *Erica carnea* sehr säuretolerant ist und bei trockenem Klima sogar in Gesellschaften des acidophytischen Verbandes Dicrano-Pinion auftreten kann (s. Kap. 7.3.3 sowie Kap. 26: Nr. 7.1 u. 7.3). Zumindest in den Nordalpen müssen viele Bestände der Erico-Pinetea als Sukzessionsstadien einer Entwicklung zu schattenwerfenden Schlusswald-Gesellschaften aufgefasst werden, in denen die lichtliebenden Arten der Krautschicht fortschreitend von wuchskräftigeren Gräsern wie *Calamagrostis varia*, *Molinia caerulea* oder *Brachypodium rupestre* verdrängt werden (Hölzel 1996 a, b). In den östlichen Zentralalpen spielen *Erica*-reiche Silikat-Kiefernwälder nach Zimmermann (1981, 1982) eine große Rolle.

c) Auf weichen Tonmergeln im regenreichen Alpenrandbereich, dem typischen Standort der **Pfeifengras-Kiefernwälder**, und auch auf Auenböden findet *Pinus sylvestris* jedoch noch schlechtere Wachstumsbedingungen als an steinigen Hängen. Solche Böden saugen sich immer wieder mit Wasser voll, sodass die Wurzeln nicht genügend Sauerstoff finden und nahe der Oberfläche bleiben. In sommerlichen Trockenperioden dörrt der Oberboden aber aus und setzt seinen schütteren Bewuchs unter Trockenstress. Wo Hangrutschungen oder Rinnenerosion eine tiefer greifende Verwitterung des Mergels verhindern, bilden sich daher sehr lichte und bunte Mosaike von Kiefern-Gruppen und staudenreichen Hochgrasrasen aus (s. Abb. 7–30). Je nach dem Grad der zeitweiligen Vernässung des Mergels herrschen darin entweder die gleichen Trockenrasenpflanzen wie im Schneeheide-Kiefernwald oder aber Wechselfeuchtigkeitszeiger wie *Molinia arundinacea*, *Succisa pratensis* und andere Arten der Wiesenordnung MOLINIETALIA, von denen Liste 3 in Tabelle 7–6 eine große Zahl nennt (s. a. Kap. 19.3.3.2). Im Karwendelgebirge wurde *Molinia* nach Grabherr (1936) auch durch Brände begünstigt, die früher an solchen Hängen oft ausbrachen.

Etter (1947) und Rehder (1962) haben den Pfeifengras-Kiefernwald (Molinio-Pinetum) im Südosten des Schweizerischen Mittellandes, also auf Molassemergeln in der submontanen Stufe, beschrieben und in Untereinheiten gegliedert. Eine ähnliche grasreiche Kiefern-Gesellschaft kommt an den Mergelsteilhängen des Schweizer Jura bis in die obere montane Stufe hinauf vor und enthält dort nach Zoller (1951) eine noch größere Zahl alpiner Arten, z. B. *Carex sempervirens*.

Aber selbst in der nur 660–750 m hoch gelegenen „Fallätsche" am Üetliberg westlich Zürich (s. a. Abb. 7–24) halten sich nach Fabijanowski (1950) und Dafis (1962) mehrere Arten, die ihre Hauptverbreitung in der subalpinen und alpinen Stufe haben. Da sie an dem wiederholt nachrutschenden Mergelsteilhang immer wieder offene Plätze fanden, konnten sie sich hier seit der letzten Eiszeit erhalten, obwohl die ganze Umgebung dicht bewaldet ist. In diesem Fall handelt es sich also unzweifelhaft um Relikte aus der letzten Eiszeit. Fabijanowski hat die zyklischen Sukzessionen, die beim nackten Mergel beginnen und stellenweise bis zum geschlossenen Pfeifengras-Kiefernwald hinführen, durch kleinräumige Aufnahmen erfasst. Die einzelnen Stadien, vor allem aber die verschiedenen Hanglagen, zeichnen sich durch sehr ungleiches Mikroklima aus, sodass das Nebeneinander der gegensätzlichsten ökologischen Artengruppen und die ungewöhnliche Länge der Artenlisten von Molinio-Pineten durchaus verständlich werden.

Wie Rehder (1962) am Beispiel des ebenfalls zum Üetliberg gehörenden Girstel darlegte, gibt es sowohl floristisch als auch standörtlich alle Übergänge zwischen dem Pfeifengras-Kiefernwald und dem in der Nähe vorkommenden Seggen-Trockenhang-Buchenwald (Carici-Fagetum, s. Kap. 5.3.5 u. Abb. 7–30), also einem reinen Laubwald. Die Kiefer kann sich nur dort durchsetzen, wo der Standort für die meisten Bäume Mitteleuropas ungünstig ist (s. Abb. 4–44).

Ellenberg & Klötzli (1972) wie auch Sommerhalder (1992) und Hölzel (1996a) stellen auch die Pfeifengras-Kiefernwälder auf Auenböden oder Kalkschottern zur Ordnung ERICO-PINETALIA. Freilich kann man diese Zuordnung anzweifeln (s. z. B. Willner & Grabherr 2007). Wie bereits aus dem Beispiel in Liste 3 der Tabelle 7–6 hervorgeht, mischen sich in den lichten Pfeifengras-Kiefernwäldern mindestens drei Pflanzengruppen, nämlich Arten der Schneeheide-Kiefernwälder (E), der Laubmischwälder (QUERCO-FAGETEA, Q) und der Kalk-Magerrasen (W).

d) Auf den Randbergen der Südostalpen hat die **Schwarzkiefer** (*Pinus nigra*) Heimatrecht; durch Aufforstungen wurde sie über ganz Mitteleuropa verbreitet. In der Kultur wie in der Natur bevorzugt sie kalkreiche Böden, die dem Schneeheide-Kiefernwald zusagen würden. In seinem südostalpinen Verbreitungsgebiet konzentriert sich der Alpenostrand-Schwarzkiefernwald (Seslerio-Pinetum nigrae) nach Wendelberger (1963) auf die submontane und colline Stufe zwischen etwa 300 und 700 m ü.NN.; hier vermag sich *Pinus nigra* jedoch im natürlichen Wettbewerb nur in luftfeuchten und zugleich mageren Luvlagen gegen die Laubbäume der wärmeliebenden Mischwälder durchzusetzen. Wo sie auch in geschützterer und schattigerer Lage dominiert, kann man nach Wendelberger (1977 mündl.) sicher sein, dass der Forstmann seine Hand im Spiel hatte. Vielleicht kommen reine Schwarzkiefernwälder in der Naturlandschaft Mitteleuropas gar nicht vor. Mayer (1974; s. Tab. 7–7) spricht jedenfalls in der collinen Stufe vom Flaumeichen-Steppenheide-Schwarzkiefernwald, weil zumindest in der Strauchschicht Elemente des QUERCION PUBESCENTI-PETRAEAE bzw. des ORNO-OSTRYON vertreten sind. In Südosteuropa, dem Hauptverbreitungsgebiet von *Pinus nigra*, gibt es nach Horvat et al. (1974) aber auch Schneeheide-Schwarzkiefernwälder, in denen Laubwaldpflanzen so gut wie ganz fehlen.

7.7.3 Sandkiefernwälder des Tieflandes im Vergleich zu Eichenmischwäldern

a) Im Gegensatz zu den meisten Gesellschaften des Erico-Pinion stocken sämtliche Einheiten des Dicrano-Pinion auf sauren bis stark sauren Böden (s. Tab. 6–4). Trotzdem erzeugen sie großenteils mehr Holzmasse als diese, weil ihre Böden tiefgründiger sind und den Bäumen größere Wasserreserven bieten. Meistens handelt es sich um **silikatarme Sande** verschiedener Herkunft, vor allem um altpleistozäne Schmelzwassersande, Talsande und Flugsanddecken mit tief liegendem Grundwasserspiegel.

Betrachten wir die natürliche Waldvegetation an solchen Standorten, indem wir von den Niederlanden über Nordwestdeutschland und Brandenburg bis ins östliche Polen vorschreiten, so sehen wir, dass der Anteil der Kiefer mit zunehmender Kontinentalität ansteigt (s. Abb. 7–1 u. 7–31). Wie Tabelle 6–4 zeigt, ändert sich in diesem **Klimagefälle** aber auch das Artengefüge der Strauch-, Kraut- und Moosschicht.

In den Niederlanden und in Westdeutschland (Listen 1 u. 2) tritt auf armen und zugleich trockenen Sanden lokal der Birken-Eichenwald auf (s. Kap. 6.5.1 a). Nur in ihm kommen subatlantische Florenelemente reichlich vor. Sie

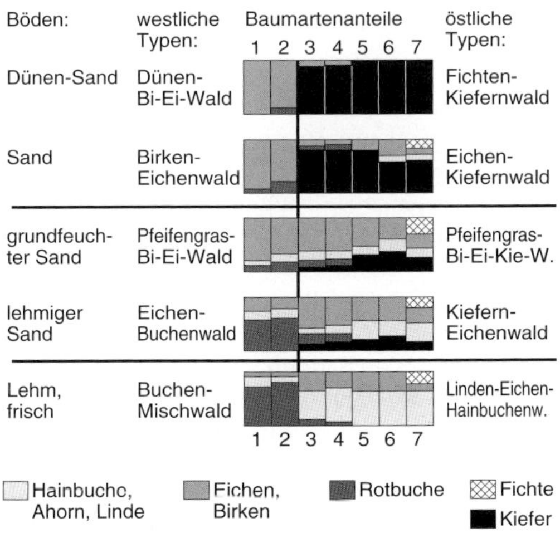

Abb. 7–31 Ungefährer Anteil der Kiefer und anderer Baumarten am Aufbau natürlicher Wälder auf Böden zunehmenden Lehmgehaltes im altdiluvialen Tiefland von Holland bis Ostpolen. Die Ziffern beziehen sich auf die Gebiete in Tab. 6–4.

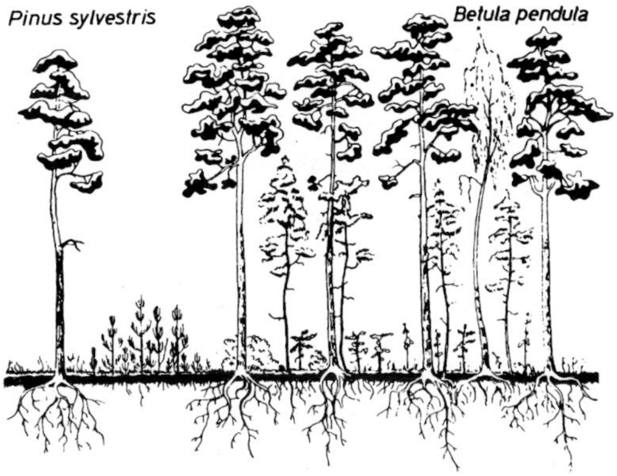

Abb. 7–32 Schichtenbau und Verjüngung eines natürlichen Kiefernwaldes in Polen. Nach Pawlowski (1959, s. auch Abb. 7–28).

können in der von uns verfolgten Reihe als Zeiger für „Laubwaldbedingungen" (L in Tab. 6–4) gelten.

Doch haben Kiefern schon in der Lüneburger Heide ein gewisses, wenn auch geringes Heimatrecht, beispielsweise an Moorrändern und auf Dünen, wo sie seit dem Boreal überdauerten (Jahn 1985, Schwaar 1988). Ebenso wie die Niederschläge östlich der Elbe rasch von über 650 mm auf unter 550 mm sinken, verschwinden auch die subatlantischen Arten ziemlich plötzlich. Zugleich müssen die zwar immer noch stet vertretenen Eichen der Kiefer mehr und mehr die Herrschaft überlassen (s. Abb. 7–31 u. 7–33).

In dem niederschlagsarmen Nordhavelland bildet sich auf nährstoffarmen, trockenen Sanden bereits ein natürlicher Eichen-Kiefernwald aus (Liste 3). Flächenmäßig spielt dieser Waldtyp keine Rolle, weil die meisten Standorte des Nordhavellandes etwas nährstoffreicher oder grundfeuchter sind und die Eiche stärker begünstigen. Bemerkenswert ist, dass sich weder acidotolerante Laubwaldelemente noch „Nadelwaldpflanzen" (N) mit kontinentalem Verbreitungsschwergewicht in nennenswertem Maße an dem Aufbau der havelländischen Kiefernmischwälder beteiligen. Wie Passarge (1957b) im Einzelnen ausführt, herrscht aber innerhalb seines Arbeitsgebietes ein starkes Florengefälle.

Rechts der Oder ist der Prozentsatz von „östlichen" Arten an vergleichbaren Standorten bereits erheblich größer (Liste 4). Wir befinden

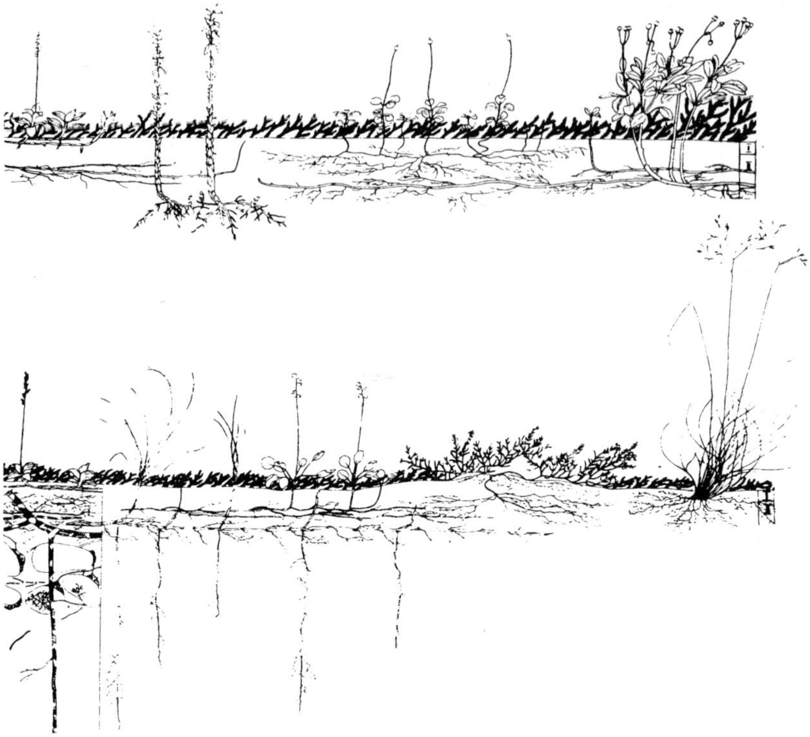

Abb. 7–33 Querschnitte durch die Kraut- und Moosschicht eines Eichen-Kiefernwaldes (Pino-Quercetum) auf schottrigem Sandboden der Schaabe (Rügen). Nach Meusel (1952).
Unten von links nach rechts: *Goodyera repens*, darunter Kiefernwurzeln, *Carex arenaria*, *Pyrola chlorantha*, *Calluna vulgaris* und *Deschampsia flexuosa*. Oben: *Goodyera*, *Monotropa hypopitys*, *Moneses uniflora* und *Chimaphila umbellata*.
Nur *Goodyera*, *Calluna* und *Deschampsia* wurzeln vorwiegend in der Rohhumusschicht (I), die übrigen Arten im mehr oder minder humosen Sand (II).

uns aber noch im Bereich des Buchen-Eichen-Kiefernwaldes, was aus dem gelegentlichen Auftreten von *Holcus mollis*, *Deschampsia flexuosa* und *Genista pilosa* sowie von *Sarothamnus scoparius* und *Fagus* geschlossen werden darf. Weiter ostwärts fehlt die Buche fast ganz, doch kommt es auch hier nicht zur Bildung völlig laubholzfreier Kiefernbestände.

Selbst im mittleren und östlichen Polen behauptet zumindest *Quercus robur* eine Begleiterrolle (Matuszkiewicz 1981). Die überwiegend reinen Kiefernforsten, die in den pleistozänen Sandbodenrevieren heute die Regel sind, müssen nach allem, was wir über die Waldgeschichte wissen (s. besonders Firbas 1949 und 1952 sowie Scamoni 1960), als Kunstprodukte gelten. Natürliche Schlusswald-Gesellschaften sind die Gesellschaften des Dicrano-Pinion auch in Polen nur auf sehr armen und/oder trockenen Sanden, während sie auf frischen, reicheren Böden nur Pionierstadien der Sukzession zu Laubwäldern bilden (Heinken 2007).

Der typische Eichen-Kiefernwald des Warthe-Weichsel-Raumes (Liste 5) kann in seinen Bodenverhältnissen noch mit den bisher besprochenen Gesellschaften verglichen werden. Er stockt also wie der Birken-Eichenwald auf quarzreichen Sanden mit mehr oder minder deutlich feingebändertem Profil (s. Kap. 6.5.1 e) ohne nennenswerten Grundwassereinfluss. Die Listen Nr. 6 und 7 sind leider in dieser Hinsicht nicht mehr ganz vergleichbar, weil der Boden unter dem bei Pukawy aufgenommenen mittelostpolnischen Eichen-Kiefernwald etwas reicher und unter dem Fichten-Eichen-Kiefernwald im „Urwald“ von Białowieża außerdem noch etwas feuchter ist. Das geht aus Profilbeschreibungen der in Tabelle 6–4 zitierten Autoren hervor, kann aber auch am Artengefüge abgelesen werden. In Liste Nr. 6 kommen z. B. *Tilia cordata*, *Corylus avellana*, *Carex digitata* und *Melica nutans* neu hinzu, und in Liste 7 ist *Molinia caerulea* mit hoher Stetigkeit verzeichnet. Diese Standorte tragen von Natur aus keine Kiefernwälder und gehen bei natürlicher Waldentwicklung in hainbuchen-, linden-, eichen- oder fichtenreiche Wälder über (vgl. Andrzejczyk & Brzeziecki 1995).

Wie schon in Kapitel 6.6.4 erwähnt, liegt das Reservat von Białowieża im Bereich des Fichtenareals, während die Listen 1 bis 6 keine Fichte aufweisen. *Picea* erreicht zwar – ähnlich wie *Fagus* im Westen – auf armen Sandböden nur geringe Anteile an den Beständen (s. Abb. 7–34), lässt aber den Prozentsatz der Nadelwaldelemente sprunghaft hinaufschnellen, weil sie eine wirksamere Humusdecke aufbaut als *Pinus sylvestris*. Trotz des Hinzutretens der Fichte kann sich die Stieleiche im Wald von Białowieża halten, was wir als weiteren Beweis dafür nehmen dürfen, dass es an den bisher besprochenen Tieflandstandorten Mitteleuropas von Natur aus reine Nadelwälder nirgends gibt.

b) Überblickt man Tabelle 6–4 einmal im Ganzen, so ist man erstaunt, wie gering die **floristische Ähnlichkeit zwischen den Birken-Eichenwäldern des Westens und den Eichen-Kiefernwäldern des Ostens** ist. Obwohl doch beide Gruppen von Gesellschaften auf sehr ähnlichen, nämlich sehr armen und/oder trockenen Böden siedeln, haben sie nur einige wenige gesellschaftsvage Säurezeiger miteinander gemeinsam. Diese genügen nicht, um das QUERCION ROBORIS und das DICRANO-PINION systematisch zusammenzufügen. Noch weniger wäre ein solcher Zusammenschluss physiognomisch und arealgeografisch zu rechtfertigen. Die bodensauren Eichenwälder stellt man vielmehr in die Klasse der Laubwälder (QUERCO-FAGETEA), deren Verbreitungsschwergewicht im atlantischen Westeuropa liegt. Die bodensauren Kiefernmischwälder dagegen gehören zur Klasse der eurosibirischen Nadelwälder (VACCINIO-PICEETEA) mit boreal-kontinentalem Hauptareal.

In den subkontinentalen Trockengebieten zwischen Elbe und Weichsel hängt der Anteil der Kiefer am Aufbau der natürlichen Wälder von Eigenschaften des Bodens ab, insbesondere von seinem Silikat- und Tongehalt und von

Abb. 7–34 Fichten-Kiefernwald im nordöstlichen Polen auf silikatreichem Sandboden.
Pinus sylvestris erreicht hohe Bonität, während *Picea abies* unterständig bleibt. Am Boden herrscht *Vaccinium myrtillus*.

seiner Wasserspeicherkapazität, während sein pH-Wert und Kalkgehalt von untergeordneter Bedeutung zu sein scheinen.

Je größer die Nutzwasserkapazität und umso höher der Silikatgehalt des Sandes, desto kräftiger gedeiht die Eiche. Nach Kundler (1956; s. a. Abb. 4–15 u. 4–21) sind mittelkörnige Sande gewöhnlich silikatärmer als grobe und feinkörnige und dementsprechend günstiger für den Wettbewerb der Kiefer. Vor allem aber hängt der Nährstoffgehalt der Sande von ihrem geologischen Alter ab (s. Kap. 4.3.3.1 b). Je weiter man im ost-mitteleuropäischen Tiefland nach Norden kommt, desto jünger werden die eiszeitlichen Ablagerungen und desto geringer wird mithin die Wahrscheinlichkeit, dass man auf Sanden noch von Natur aus kiefernbeherrschte Wälder findet. Die Konkurrenzkraft der Laubhölzer nimmt in Richtung auf die Ostsee umso mehr zu, als auch das Klima ozeanischer wird. In südnördlicher Richtung ist hier ein ähnliches Kontinentalitätsgefälle wirksam wie das vorher angesprochene ost-westliche (s. Abb. 7–1).

Liegt der Wurzelraum des Waldes im Schwankungsbereich des Grundwassers, so hat es die Kiefer sogar in den niederschlagsärmsten Teilen des pleistozänen Tieflandes und auf silikatarmen Sanden schwer, sich gegen die Eiche durchzusetzen. Pfeifengras-Birken-Eichenwälder reichen daher viel weiter nach Osten als typische Birken-Eichenwälder. Sie nehmen zwar die Kiefer als Partnerin auf, wenn sie in der Nähe vorkommt. Die reinen Kiefernbestände mit *Molinia*, die man häufig antrifft, sind aber

Abb. 7–35 Kiefernreicher Pfeifengras-Birken-Eichenwald (im westlichen Polen), in dem die Kiefer durch forstwirtschaftliche Tätigkeit zur Dominanz gebracht wurde. *Molinia caerulea* tritt besonders an lichten Stellen hervor, z. B. auf dem verheideten Kahlschlag im Vordergrund (hinter den Kästen mit Bodenproben)

Produkte der Forstwirtschaft (s. Abb. 7–35). In Abbildung 7–31 ist das natürliche Kräfteverhältnis der Baumarten auf verschieden reichen Böden im West-Ostgefälle des Allgemeinklimas wiedergegeben.

c) Mit dem **Tongehalt des Sandbodens** steigt die Wettbewerbsfähigkeit der Laubhölzer unter sonst vergleichbaren Bedingungen ebenfalls an. Je lehmiger der Wurzelbereich, desto mehr setzt sich im Westen und Norden die Rotbuche und im Osten die Hainbuche mit ihren Begleitern durch. Von fruchtbaren Braunerden verdrängen diese Schatt- und Halbschatthölzer die Kiefer ganz. Hier und an grundwassernahen nährstoffreichen Standorten ist *Pinus sylvestris* umso mehr im Nachteil, als sie nach Passarge (1953b) leichter vom Kiefernbaumschwamm (*Phellinus pini*) bzw. von Stockfäuleerregern befallen wird. Kalkdüngung fördert nach Seidling (1994) ebenfalls die Laubhölzer gegenüber der Kiefer, zumal sie die Stickstoffmineralisierung anregt, also eutrophierend wirkt.

Je nach Bodengüte und Kontinentalitätsgrad herrschen also im pleistozänen Tiefland des nördlichen Mitteleuropa entweder Buchen, Eichen und andere anspruchsvollere Laubhölzer oder Kiefern im natürlichen Waldbild vor. Es ist schwierig, diese gleitenden Verhältnisse klar im pflanzensoziologischen System auszudrücken, zumal der Mensch in oft nicht leicht erkennbarer Weise in sie eingegriffen und damit auch das Artengleichgewicht im Waldunterwuchs verschoben hat (s. hierzu auch Jahn 1985 u. Kap. 6.5).

d) Heinken (2007) unterscheidet in Anlehnung an Matuszkiewicz & Matuszkiewicz (1973) in Deutschland die folgenden **bodensauren Kiefernwald-Gesellschaften**: Nur an den ärmsten und relativ trockenen Standorten weisen die bodensauren Kiefernwälder von Natur aus keine Eichen auf, namentlich im Flechtenreichen Weißmoos-Kiefernwald (Cladonio-Pinetum). Dieser kommt in Polen und im nordöstlichen Deutschland auf Tal- und Dünensanden mit nur geringmächtiger Humusauflage vor und ist nach Heinken (2007) häufig ein Degradationsstadium nach Streunutzung. Seine südwestlichen Vorposten findet man in Bayern (Walentowski et al. 1993, 2004). Die folgende Artenliste von dort verdeutlicht den Reichtum an Strauchflechten am Boden, die nur bei guter Beleuchtung und nur in einem großenteils niedrigen, sie nicht überwachsenden Bodenbewuchs zu existieren vermögen (die Ziffern 1 bis 5 bedeuten Stetigkeitsklassen):

Baumschicht: *Pinus sylvestris* (herrschend) 5, *Betula pendula* (einzeln beigemischt) 5, *Picea abies* 2.

Strauchschicht (kaum vorhanden): *Frangula alnus* 4, *Sorbus aucuparia* 2.

Bodenbewuchs, Zwergsträucher: *Vaccinium myrtillus* 5, *V. vitis-idaea* 2, *Calluna vulgaris* 5 u. a.

Moose: *Leucobryum glaucum* 5, *Pleurozium schreberi* 5, *Dicranum polysetum* (syn. *D. undulatum*) 5, *Dicranella heteromalla* 3, *Hypnum jutlandicum* (syn. *H. ericetorum*) 2 u. a.

Flechten: *Cladonia fimbriata* 5, *C. gracilis* 5, *C. arbuscula* 3, *C. coniocraea* 2, *C. chlorophaea* 2, *C. squamosa* 2, *C. pyxidata* 2 u. a.

Die von den Autoren berechneten mittleren Zeigerwerte (nach Ellenberg et al. 1992) kennzeichnen den Standort folgendermaßen: mL 6,0 (sehr licht), mT3,5 (relativ kühl) und mK 4,4 (etwas kontinental getönt), mF 4,1 (mäßig trocken, trotz hoher Niederschläge), mR 2,0 (stark sauer), mN 1,3 (extrem nährstoffarm). Ob eine so anspruchslose Pflanzengemeinschaft bei den sich weiterhin akkumulierenden Stickstoffimmissionen erhalten bleiben wird, erscheint fraglich. Die Flechten-Kiefernwälder sind mindestens ebenso selten und schützenswert wie die mit submediterranen Arten ausgezeichneten wärmeliebenden Gesellschaften.

Auch bei ungestörter Sukzession gehen Flechten-Kiefernwälder wahrscheinlich in den meisten Fällen in andere Gesellschaften über, insbesondere in den Weißmoos-Kiefernwald (Leucobryo-Pinetum), der nach Heinken (2007) die Zentralassoziation des Verbandes Dicrano-Pinion darstellt und durch Beerensträucher (*Vaccinium myrtillus* und *V. vitis-idaea*) sowie die Drahtschmiele geprägt wird. Eine bessere Nährstoffversorgung zeigt der Drahtschmielen-Kiefernwald (*Deschampsia flexuosa-Pinus sylvestris*-Gesellschaft) mit einer artenreichen Gehölzverjüngung und einer recht üppigen Krautschicht an; er ist heute in Norddeutschland die häufigste Dicrano-Pinion-Gesellschaft. Diese Bestände entwickeln sich rasch in Richtung auf die standorttypischen Laubgehölze. In den Küstendünen der Ostsee siedelt der Krähenbeeren-Kiefernwald (Empetro-Pinetum), an basenreicheren Sandstandorten tritt der Haarstrang-Kiefernwald (Peucedano-Pinetum) auf.

Neben den bisher betrachteten reinen oder gemischten Kiefernwäldern gibt es im nördlichen Mitteleuropa zahlreiche andere, die wir hier aber nicht sämtlich erwähnen oder gar näher besprechen können. In Mecklenburg und Pommern (Scamoni 1960), aber auch in der Oberrheinebene, in Ostbayern und an anderen Orten, kommen z. B. Buchen-Kiefernwälder vor, eine Kombination, die wahrscheinlich in den meisten Fällen als Sukzessionsstadien in Richtung auf Buchenwald betrachtet werden muss (s. z. B. v. Gaisberg 1996). Zwischen der Lysa Gora und Warschau, wo die Tanne in die Ebene hinabsteigt, mischen sich Waldkiefer und Tanne, was schon Preising (1943) zur Ausscheidung einer besonderen Assoziation, des Tannen-Kiefernmischwaldes, veranlasst hat. Auch mit manchen anderen bereits behandelten Gesellschaften gibt es Verzahnungen, die man annähernd von diesen her verstehen kann.

e) **Waldkiefernwälder auf silikatischen Gesteinen** der Mittelgebirge und Alpen sind von Natur aus an flachgründige Rankerstandorte gebunden, die den Laubhölzern zu trocken sind. Die alpischen Bestände wurden früher als Vaccinio vitis-idaeae-Pinetum den Gesellschaften des Tieflandes auf Sand gegenübergestellt (z. B. Mayer 1974). Willner & Grabherr (2007) betonen jedoch die floristische Ähnlichkeit der Gebirgs- und Tieflandsausbildungen und ziehen die Eingliederung in die entsprechenden oben besprochenen Gesellschaften vor (s. unter Punkt d).

f) In verschiedenen Kiefernwald-Gesellschaften des nordost-mitteleuropäischen Tieflandes ist *Juniperus communis* so häufig, dass man geradezu von einem **„Wacholder-Kiefernwald"** sprechen möchte (s. Abb. 7–36). Einzeln oder truppweise besetzt dieser immergrüne Nadelstrauch unter dem lichten Kiefernschirm oft weite Flächen, die von einem harten Rasen nur dürftig überkleidet werden. Solche Waldbilder entstanden durch die früher übliche und stellenweise sogar heute noch ausgeübte Beweidung mit Schafen, Ziegen und anderen Haustieren. Deren Verbiss, Tritt und Dung zerstörten die Zwergsträucher und Moose und ließen Schafschwingel, Straußgras und andere

Abb. 7–36 „Wacholder-Kiefernwald" südwestlich von Bialystok im östlichen Polen. *Juniperus* verbreitete sich als Weideunkraut; auch der am Boden herrschende Schafschwingel (*Festuca ovina*) wurde durch Beweidung gefördert, die seit etwa 1950 aufhörte. Die Gesellschaft kommt von Natur aus nirgends vor.

Pflanzen der Magerrasen in den Wald eindringen. Im Lauf der Jahrhunderte merzten die Weidetiere auch Eichen und andere Laubhölzer aus, während sie die Jungpflanzen des Wacholders ungeschoren ließen. Nur im Schutz größerer Wacholdergruppen konnten sich die ursprünglichen Gesellschaftspartner halten oder wieder ansiedeln. Wacholder-Kiefernwälder bildeten sich vor allem in der Nähe größerer Siedlungen in Brandenburg, Polen und im ehemaligen Ostpreußen aus. Auf den Flugsanden der Oberrheinischen Tiefebene trifft man sie ebenfalls noch hier und dort. Sie sind das subkontinentale Gegenstück zur subatlantischen *Calluna*-Heide Nordwestdeutschlands und werden wie diese von der modernen Forstwirtschaft nach und nach verdrängt. Übrigens kommen auch in Schneeheide-Kiefernwäldern wacholderreiche Ausbildungsformen vor, z. B. im Inntal zwischen Landeck und Innsbruck. Bei diesen handelt es sich ebenfalls nicht um besondere Assoziationen, sondern nur um weidebedingte Varianten der jeweils standortgemäßen Einheit.

7.8 Dynamik der Nadelwälder

7.8.1 Verjüngung der Nadelbäume

a) Am erfolgreichsten verjüngt sich die **Tanne** bei Plenterwirtschaft, weil sie in der Jugend viel Schatten verträgt und jahrzehntelang unter Beleuchtungsverhältnissen auszuharren vermag, bei denen die Fichte verhungert (Mayer 1960). Vins (1964) gibt jedoch zu bedenken, dass auch die Tannenverjüngung in unseren Wäldern häufig unter Lichtmangel leidet. Seinen Beobachtungen zufolge entwickeln sich nur 2% der keimfähigen Samen im Plateau-Tannenwald zu Jungpflanzen. Nach Untersuchungen von Rousseau (1960) verjüngt sich die Tanne in den Vogesen am besten auf Böden mit üppiger Moosschicht und mit einer Humusauflage, während die Jungpflanzen auf Mullböden von schwach saurer Reaktion meistens früher oder später absterben. Wie Rousseau durch seine Experimente wahrscheinlich machte, werden sie hier offenbar durch erhöhte Mangankonzentrationen geschädigt.

b) Übereinstimmend wird von vielen Beobachtern berichtet, dass sich die **Fichte** im Gegensatz zur Tanne und Buche in großer Zahl auf den vermodernden Baumleichen ansiedelt und deshalb später in Reihen und „auf Stelzen" steht („Kadaverkeimung", vgl. Eichrodt 1969, Modrzynski 2007). Dadurch entgeht sie der Konkurrenz von Gräsern, Hochstauden und Zwergsträuchern, vor allem aber der Wurzelkonkurrenz von Altbäumen sowie von jungen Buchen und Tannen, die zwar mehr Schatten ertragen als sie, aber auf dem ligninreichen, mageren Substrat nur schlecht zu gedeihen vermögen. Ältere Fichtensämlinge benötigen rund 30 % der Freilandhelligkeit und ausreichende Bodenfeuchte; sie sind damit erheblich anspruchsvoller als Buchen oder Tannen (Modrzynski 2007). An Südhängen der Alpen behindern vor allem Trockenheit und Überhitzung die Keimung (Brang 1996). Nach Pellissier (1993) sind Fichtensämlinge außerdem empfindlich gegenüber phytotoxischen Substanzen, die aus den eigenen Nadeln sowie den Blättern von *Athyrium filix-femina* und *Vaccinium myrtillus* ausgewaschen werden.

c) Samen von **Lärchen** werden leicht vom Wind verweht und keimen am besten auf Rohböden. Nach Experimenten von Auer (1947) wird der Keimungserfolg schon von Humus- und Moosdecken behindert, die mehr als 2 cm dick sind, und zwar nicht aufgrund bodenchemischer Ursachen, sondern weil die schwachen Keimpflänzchen meistens vertrocknen, bevor ihre höchstens 0,5–2,7 cm langen Wurzeln bis zum Mineralgrund durchgedrungen sind. Die **Arve** dagegen erzeugt schwere Nüsse (mit einem Tausendkorn-Gewicht von 250–270 g, gegenüber 3–6 g bei der Lärche), die nur dann aus dem Kronenbereich des Mutterbaumes hinausgelangen, wenn sie von Tannenhähern, Spechten und sonstigen Vögeln des Lärchen-Arvenwaldes (Mattes 1988) sowie von Eichhörnchen oder anderen Lebewesen verschleppt werden oder an nackten Felshängen hinabgleiten (s. a. Holtmeier 1989, 1993). Die Tiere fressen aber einen großen Teil der Samen, sodass nur bei Vollmast, d. h. alle 5 bis 10 Jahre, eine Verjüngungschance besteht. Die Samen führen genügend Nährstoffe mit sich, um eine kräftige, 5–10 cm tief reichende Keimwurzel zu bilden. Aus „vergessenen" Verstecken des Tannenhähers (*Nucifraga caryocatactes*) laufen oft mehrere Samen aus einem Zapfen nahe beieinander auf (bis zu 10 auf 5 cm^2) und sind dadurch gegen andere junge Holzpflanzen noch konkurrenzfähiger. Nach Kratochwil & Schwabe (1993, 1994) entwickeln sie sich nicht selten zu „Mehrstammarven", besonders an der aktuellen Waldgrenze, wo sie Stürmen besser trotzen als Einzelstämme. Auch Kräutern und Gräsern, die ihnen Wasser entziehen, sind die jungen Arven besser gewachsen als die anfangs sehr schwächlichen Lärchensämlinge. Von Letzteren gehen daher die meisten wieder zugrunde, auch wenn sie zunächst keimen konnten (s. Tab. 7–8). Gleichmäßige Feuchtigkeit ist für die Keimung der Lärche um so notwendiger, als ihre Samen von einer wasserabweisenden Wachsschicht überzogen sind und nur langsam quellen. Dasselbe ist nach Auer (1947) übrigens auch bei *Picea abies* der Fall, während *Pinus sylvestris* schon bei vorübergehender Feuchtigkeit zur Quellung und Keimung gelangt, weil ihre Samen unbehindert Wasser aufnehmen können. Die Keimung von Lärchen- und Fichtensamen wird dadurch erleichtert, dass diese im Spätherbst und Frühwinter häufig vom Wind über die raue Schneedecke gedriftet und dabei angeritzt werden, sodass sie leichter quellen und sich an fern vom Mutterbaum gelegenen Orten rascher entwickeln können als

Tab. 7–8 Keimung und Keimlingstod bei der Lärche in verschiedenem Bodenbewuchs. Nach Auer (1947).

Bodenvegetation[1] (in Versuchsgefäßen, die gut beleuchtet und mit Wasser versorgt wurden)	**Keimungsrate** (%)	**Überlebende Pflänzchen** (in % der gekeimten) nach 105 Tagen	**Überlebende Pflänzchen** (in % der gekeimten) nach 170 Tagen	**Überlebende Pflänzchen** (in % der gesäten Samen)
ohne Bodenveg. (Rohboden)	64	77	73	47
Moosdecke	55	83	82	45
Moose und Kräuter	45	91	0	0
dichte Krautschicht	43	2	0	0

[1] Je dichter und je höher der vorhandene Bewuchs, desto weniger Samen keimen und desto rascher erliegen die gekeimten der Konkurrenz.

unbeschädigt zu Boden gesunkene Samen im Bestand selbst.

Ist die Lärche einerseits auf beständige Feuchtigkeit angewiesen, wenn unbeschädigte Samen auflaufen und Fuß fassen sollen, so wird derselbe Faktor andererseits den jungen Pflänzchen häufig zum Verhängnis. Bei hoher Luftfeuchtigkeit verholzen sie nämlich langsamer als in trockener Umgebung (s. Tab. 7–9) und fallen Pilzen leichter zum Opfer, während Arven, die im feuchten Medium einer Moosdecke keimten, viel rascher erstarken und deshalb nur selten verpilzen. Da Lufttrockenheit die Verholzung fördert, ist sie bei Lärchensämlingen an besonnten Standorten stärker als an beschatteten (Auer 1947). Dieser Umstand dürfte wesentlich dazu beitragen, dass sich Lärchen an Sonnhängen reichlicher entwickeln als an Schatthängen, wo man in ungestörten Beständen meistens die Arve vorherrschen sieht.

Einem immer noch wiederholten Irrtum muss in diesem Zusammenhang entgegengetreten werden. Aus der Tatsache, dass man junge Arven in bereits geschlossenen Vorholzbeständen und in alten Wäldern relativ häufiger antrifft als auf offenen Flächen, wurde von vielen Autoren geschlossen, dass *Pinus cembra* eine Humusdecke zum Keimen benötige. Auf Gletschervorfeldern, die in der Nähe von samentragenden Arvenbeständen liegen, z. B. unterhalb des Aletschwaldes oder im nordöstlichen Teil des Morteratsch-Vorfeldes, kann man jedoch Arven finden, die gleichzeitig mit Lärchen auf dem fast humusfreien Rohboden aufgekommen sind. Ihre schweren Samen haben nur viel seltener Gelegenheit, solche Plätze rasch zu erreichen. Braun-Blanquet (1964) wies darauf hin, dass auf jungen und noch recht humusarmen Moränen des Morteratschgletschers schon in 150 Jahren richtige Alpenrosen-Arvenwälder entstehen konnten. Lärchenbestände sind also durchaus keine unumgänglich notwendigen Vorstadien der Arvenwälder, wenn sie auch meistens deren Entwicklung einleiten.

Tab. 7–9 Geschwindigkeit der Verholzung von Lärchenkeimlingen bei verschiedenem Bestandesklima. Nach Angaben von Auer (1947).

Bodendecke[1] (unter natürlichen Bedingungen)	**Zahl der verholzten Keimlinge** in % der Zahl der vorhandenen *Zahl der Tage seit der Keimung*				
	62	68	75	83	105
1. Rohhumus ohne Bewuchs	50	92	96	100	100
2. Mineralischer Rohboden	20	88	92	97	100
3. Moosdecke (*Polytrichum*)	–	28	80	78	96
4. Zwergsträucher	–	15	42	54	90
5. Lockerer Rasen mit Moosen	–	–	10	25	96

[1] Wenn die Keimlinge das nötige Alter erreicht haben, tritt die Verholzung um so rascher ein, je trockener die Luft ist. Über (1) und (2) herrschen öfter hohe Temperaturen und Sättigungsdefizite als über (3) bis (5), zumal in (4) und (5) der Wind gebremst und die Luftfeuchtigkeit ständig größer wird.

d) Die Sämlinge der **Waldkiefer** sind anspruchsvoll sowohl im Hinblick auf den Licht- wie den Feuchtebedarf. Schon Wittich (1938) stellte fest, dass junge Kiefern am besten in dichten Moos- oder Flechtendecken gedeihen, unter denen die Humusauflage weniger stark austrocknet und sich geringer erhitzt. Eine mächtige Humusdecke ist an und für sich kein Nachteil. Dagegen sind die Sämlinge sehr empfindlich gegenüber Konkurrenz durch dichte Decken von *Deschampsia flexuosa* und anderen Gräsern und Beschattung durch geschlossene Kronen der Altbäume (Dohrenbusch 1997). In den Kiefernbeständen des niedersächsischen Pleistozäns findet ausreichende Verjüngung deshalb nur episodisch statt und zwar vor allem in Jahren mit Sturmwurf und Verwundung des Oberbodens.

7.8.2 Bestandesdynamik von Nadelwäldern

7.8.2.1 Tannenreiche Wälder

Die meisten tannenreichen Bestände sind wie die übrigen Wälder Mitteleuropas mehr oder minder stark durch bäuerliche Wirtschaftsformen oder durch die Nutzungs- und Verjüngungsmethoden der modernen Forstwirtschaft beeinflusst worden. Im Südosten Europas und vereinzelt auch in den Alpen, im Bayerisch-Böhmischen Wald (Seibert & Petermann 1978) und in den Bergen der Slowakei (Prusa 1985, Korpel' 1995; s. Abb. 5–31) gibt es aber urwaldähnliche Reservate. Sie wurden vor allem vom forstlichen Standpunkt aus studiert. Aufschlussreich sind die Studien im Rothwald, einem Fichten-Tannen-Buchen-Urwald in den österreichischen Alpen (Mayer & Neumann 1981). In Jugoslawien hat Leibundgut (1959) den be-

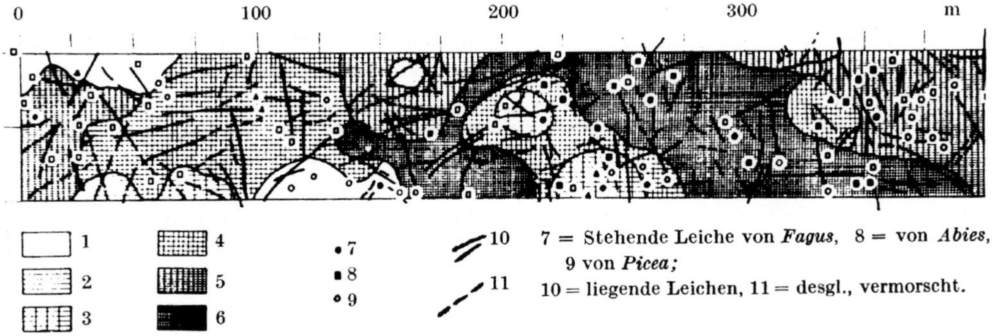

Abb. 7–37 Mosaik der Entwicklungsphasen eines urwaldartigen Tannenmischwaldes (Reservat Peručica) in Jugoslawien. Nach Leibundgut (1959), Ausschnitt (vgl. Abb. 7–38).

rühmten Urwald von Perucica (s. Abb. 7–37) sorgfältig aufgenommen.

Wie schon Rubner (1926) betonte, ist es falsch, sich solche nadelbaumreichen Urwälder gewissermaßen als natürliche Plenterwälder vorzustellen. Eher gleichen sie dem Femelwald, also einer Betriebsform des Dauerwaldes, bei der die Stämme gruppenweise gefällt werden. Leibundgut (1959) unterscheidet eine Reihe von „Phasen", die der Buchen-Fichten-Tannen-Mischwald nacheinander durchlebt, und die sich mosaikartig nebeneinander beobachten lassen (s. Abb. 7–37). In der **Optimalphase** bilden Altholzbestände ein gleichmäßig geschlossenes und sehr dunkles Kronendach, an dem sich Stämme recht verschiedenen, jedoch stets über 100 Jahre betragenden Alters beteiligen (s. Abb. 7–38). In der **Zerfallsphase** sterben zunächst einzelne und dann zahlreiche Stämme ab, wobei vorübergehend plenterwaldartige Bilder entstehen können (s. Abb. 7–38). Oft aber bricht der gelichtete, altersschwache Bestand bei Sturm, Schneedruck, Insektenkalamitäten oder Feuer plötzlich zusammen, sodass die Verjüngung auf größeren Flächen gleichmäßig in Gang kommt (**Verjüngungsphase**, s. Abb. 7–37). Entstehen dabei offene Flächen, ohne dass sich die Schatthölzer vorher ausreichend verjüngen konnten, so kommen zunächst Pionierwälder aus raschlebigen Lichthölzern wie Birken, Zitterpappeln oder Weiden auf, deren flugfähige Samen sozusagen allgegenwärtig sind. Diese Pioniere werden aber sehr bald wieder von Schatthölzern abgelöst, die unter ihnen keimten oder schon von vornherein vorhanden waren und schließlich zu einer neuen Optimalphase emporwachsen. Nur in der Optimalphase herrschen in der Regel Weißtannen vor, während sich Laubhölzer, namentlich die Rotbuche, stärker an den Verjüngungsphasen beteiligen (s. a. Kasprowicz 1996). Wo die Buche gedeiht,

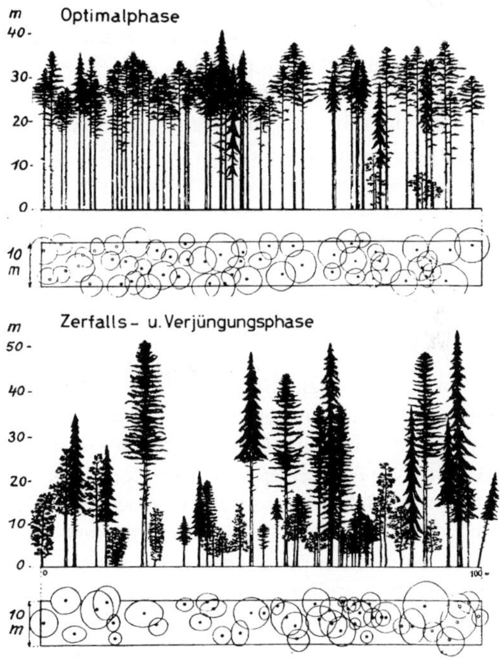

Abb. 7–38 **Oben:** Optimalphase eines Buchen-Fichten-Tannen-Urwaldes im Klekovača-Massiv (Dinarische Alpen). Die Bäume sind großenteils etwa gleichaltrig (160–180 Jahre, maximal 200 Jahre) und wahrscheinlich nach Windwurf aufgekommen.
Unten: Zerfallsphase des gleichen Urwaldes. Im Unterwuchs neben Tannen und Fichten viele Buchen. Nach Tregubov (1941), etwas verändert. Die Transekte sind 100 m lang und 10 m breit.

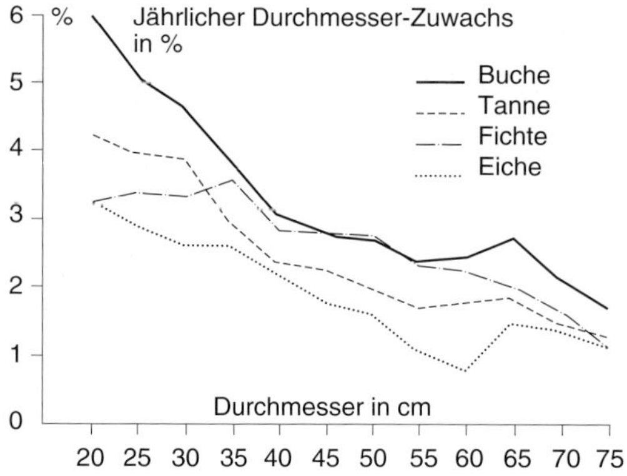

Abb. 7–39 Durchschnittlicher jährlicher Zuwachs (1950 bis 1957, in % des Brusthöhendurchmessers) von *Fagus, Abies, Picea* und *Quercus* in Mischwäldern der unteren Montanstufe im Schweizer Jura bei Neuenburg. Hier ist die Buche vorwüchsig, besonders in der Jugend. Nach Coulon (1959), etwas verändert.

wächst sie in der Jugend meist rascher als Tanne und Fichte und gewinnt dadurch zumindest vorübergehend die Oberhand (s. Abb. 7–39).

Der beschriebene **mosaikartige Zyklus** wird in Tannenurwäldern durch unregelmäßige Störungen überlagert, die durch Befall mit Schadinsekten ausgelöst werden und zu Lücken von etwa 0,1–0,5 ha Größe führen; Podlaski (2008) stellt daher dem Mosaik-Zyklus das **„Gap-Patch-Konzept" der Walddynamik** gegenüber (s. a. Splechtna et al. 2005).

Ein ähnlicher Phasenwechsel lässt sich nach Hartl (1967) in der Derborence beobachten, einem schwer zugänglichen Seitental des Wallis, wo auf Kalkunterlage ein urwaldartiger Alpendost-Tannenmischwald erhalten blieb (Adenostylo-Abietetum). In der Zerfallsphase ist dieser reich an Arten, auch an solchen der Ordnung Fagetalia. Die Optimalphase ist dagegen so dunkel, dass kaum Unterwuchs aufkommt und stellenweise nur Moosteppiche (*Mnium spinosum* u. a.) ausgebreitet sind. Die Derborence ist auch insofern bemerkenswert, als sie nahe der Trockengrenze von *Abies* gegen die Innenalpen hin und recht isoliert liegt. Marcet (1971) konnte nachweisen, dass die Walliser „Trockentannen" dürreresistenter sind als Herkünfte aus den niederschlagsreicheren Randalpen.

Im Unterwuchs naturnaher Tannenmischwälder spielen nicht selten Fichten eine auffallend große Rolle, besonders dort, wo viel **Totholz** liegt. Da sich das tote Holz in kühlem Klima nur langsam zersetzt, sind liegende Baumleichen ein charakteristisches Merkmal der montanen Urwälder, die dadurch der Fichte immer wieder Ansiedlungsmöglichkeiten bieten. Holeksa (2001) berichtet aus subalpinen Fichtenwäldern von abgestorbenen Stämmen, die noch nach etwa 150 Jahren sichtbar waren. Im wärmeren Tiefland dagegen verwesen Holzreste viel rascher, sodass man z. B. in dem schon seit langer Zeit nicht mehr genutzten sogenannten „Urwald" von Białowieża (s. Kap. 6.6.4) zwar hier und dort einzelne, erst vor kurzem abgestorbene Fichten, Kiefern oder auch Laubbäume noch stehend antrifft, während ihre Stämme am Boden innerhalb weniger Jahrzehnte abgebaut werden (s. Kap. 5. 7. 2. 2. c). Im tropischen Regenwald gehören umgefallene Baumleichen sogar zu den großen Ausnahmen, weil hier alle Pflanzenreste außerordentlich rasch zersetzt werden. Nur wo gesunde Bäume vom Sturmwind geworfen oder vom Menschen gefällt wurden, sind auch hier einmal liegende Baumleichen zu finden. Wir dürfen unsere an nadelholzreichen europäischen Gebirgsurwäldern entwickelten Vorstellungen also nicht auf die Urwälder anderer Standorte übertragen.

7.8.2.2 Fichtenwälder

In subalpinen Fichtenwäldern gibt es mehrere Urwaldreservate, die uns Eindrücke vom Naturzustand solcher relativ artenarmen Waldgesellschaften vermitteln. Eines der schönsten liegt in den Zentralalpen auf Verrucano-Grobgeröll, der Urwald Scatlé in der Graubündener Gemeinde Breil/Brigels. Nach Hartl (1967) handelt es sich um ein Piceetum subalpinum myrtilletosum mit Rohhumus. Auf dem relativ armen und trockenen Boden wird die Fichte 300 bis 650 Jahre alt, wie Hillgartner (1971) bei ertragskundlichen Untersuchungen feststellte. Stellenweise ergaben sich beachtliche Zuwächse und Vorräte. Je nach Höhenlage (1580–2015 m) dauert die Jugendphase dieses Heidelbeer-Fichtenwaldes 80 bis 130 Jahre. Die Optimalphase hält sich 200 bis 260 Jahre; sie ist meist einschichtig und recht dicht. Alters- und Zerfallsphase zusammen dauern noch einmal ebenso lange (100 bis 160 und 50 bis 100 Jahre), sodass **von Ansamung bis Ansamung rund 300 bis 500 Jahre vergehen** können. In den subalpinen Fichtenurwäldern der Westkarpaten waren die meisten Fichten stehend abgestorben, während Windwurf selten war (Holeksa 2001). Die natürlichen Bestandeslücken erreichten bis zu 100 m^2 und machten mehr als 30 % der Fläche aus (Holeksa & Cybulski 2001). Der von Mayer (1966, s. a. 1976) analysierte subalpine Lärchen-Fichten-Urwald (Piceetum subalpinum luzuletosum luzuloidis) am Lasaberg im österreichischen Lungau steht am Beginn seiner Optimalphase und tendiert ebenfalls zur Einschichtigkeit. Da er etwas tiefer liegt (1650 m), ist seine Vitalität größer als in den meisten subalpinen Wäldern. Manche Fichtenbestände im Bayerischen Wald sind nach Seibert & Petermann (1978) ebenfalls urwaldartig.

In den hochmontan-subalpinen Reitgras-Fichtenwäldern des Hochharzes nimmt Stöcker (1997) einen rund 325-jährigen Zyklus von der Aufwuchs- bis zum Ende der Zerfallsphase an. Laubholzreiche Vorwaldphasen mit Eberesche, Karpatenbirke und Zitterpappel müssen überwiegend als Folge forstlicher Eingriffe betrachtet werden; die Fichte verjüngt sich mit dem Zerfall der Bestände direkt, wie auch Jehl (1995) im Bayerischen Wald beobachtete.

Anschauliche Beispiele für die natürliche Entstehung und Zerstörung junger Fichtenwälder in Sukzessionsreihen auf Dolomitschutt bieten sich auf dem Wimbachgries in den Berchtesgadener Kalkalpen (Mayer et al. 1967). Offenbar vermag die Fichte relativ rasch auf Rohböden Fuß zu fassen.

Einige Autoren, z. B. Mayer (1960), beobachteten in naturnahen Fichten-Tannen-Mischbeständen einen **Baumartenwechsel:** Die Tanne verjüngt sich besonders reichlich unter älteren Fichten und umgekehrt (s. a. Ellenberg 1963). Die Ursachen dieser mancherorts sehr auffälligen, aber nicht überall auftretenden Erscheinung sind nicht restlos geklärt. Dabei könnten phytotoxische Substanzen, die aus den Tannennadeln ausgewaschen werden und den eigenen Jungwuchs schädigen, eine Rolle spielen (Becker & Drapier 1985).

7.8.2.3 Lärchen-Arvenwälder

Fossile Lärchenstämme, die Schär & Schweingruber (1987) östlich von Grächen in der Schweiz fanden und dendrochronologisch untersuchten, geben ein beredtes Zeugnis der Walddynamik an einem lärchendominierten Standort nahe der alpinen Waldgrenze. Sie stammen aus der Zeit zwischen 6500 und 1000 Jahren vor heute und beweisen, dass an dem seichten Uferhang, von dem die toten Stämme in den See hineinrutschten, schon damals fast durchweg Lärchen dominierten. Um spätestens 2350 vor heute begann hier der Mensch den Wald zu nutzen, wie Beilspuren an einer Fichte eindeutig zeigen. Die ebenfalls erkennbare spärliche Verjüngung der Lärchen ab etwa 2500 vor heute war vermutlich eine Folge der aufkommenden Beweidung mit Vieh, dem kaum ein Sämling entgangen sein dürfte. Am Baumartenverhältnis änderte sich jedoch nichts; nach- wie vorher herrschte an diesem etwa 500 m unterhalb der klimatischen Baumgrenze gelegenen Standort die Lärche und nicht die Arve. Offenbar war und ist das Klima für die Letztere zu trocken. Heute fallen dort nur etwa 800 mm Niederschlag jährlich, eine für die subalpine Stufe sehr geringe Menge. Die besondere Begünstigung der Lärche geht auch aus der Altersverteilung der aufgefundenen Stämme hervor. Während die Arve an für sie günstigen Standorten der obersten subalpinen Stufe ein Alter von 1000 Jahren erreichen kann, wurde sie bei Grächen kaum älter als 300 (und die Fichte nicht einmal 200 Jahre). Lärchen hatten dagegen durchschnittlich 430 und maximal 625 Jahresringe.

Die Walddichte und -struktur änderte sich in der Zeit vor Beginn des menschlichen Einflusses in ähnlichem Rhythmus wie er in den Kapiteln 7.8.2.1 und 5.7.2.2 für Tanne, Buche und andere Baumarten dargestellt ist. Ein jahrhundertelang ungleichaltriger Bestand entwickelte sich zur Optimalphase und schließlich zu einem gleichförmigen Altbestand. Dieser lockerte sich in den letzten 200 Lebensjahren durch kontinuierliches Absterben sehr alter Bäume auf, sodass eine natürliche Zerfallsphase entstand und die Verjüngungsphase einleitete. Schäden durch den Lärchenwickler blieben übrigens bis ungefähr 800 n. Chr. aus, sind aber in jüngerer Zeit immer wieder aufgetreten.

Relativ ungünstige, d. h. kühle Perioden beschleunigten und verstärkten die Absterbephasen des Waldes. Sie decken sich aber auch mit siedlungsarmen Zeiten, die archäologisch im Bereich der Alpenseen nachgewiesen wurden. Das gilt insbesondere für die 600-jährige Siedlungslücke zwischen dem Neolithikum und der

Bronzezeit, die zugleich eine nahezu baumlose Periode in Grächen war. Der Mensch wirkte hier also damals nicht als Verursacher von Entwaldungen, sondern litt wie die Bäume unter den Unbilden des Klimas und musste ihnen ausweichen.

7.8.2.4 Kiefernwälder

Die Rolle der Waldkiefer in der Walddynamik ist eng an ihre Konstitution als Pyrophyt gebunden. In ihrem Hauptareal, dem großräumigen nordeuropäisch-sibirischen Nadelwaldgebiet (Taiga), tritt die Kiefer insbesondere als **Pionier nach Waldbränden** auf, wie sie hier in manchen Dürrejahren durch Blitzzündung entstehen. In der Fichtenzone westlich des Urals beispielsweise stellte Kortschagin (zit. nach Walter 1974) fest, dass Kiefernbestände jeweils gleichaltrig sind und in den Jahren 1715, 1765, 1790, 1825 und 1895 wahrscheinlich nach Bränden gekeimt sein müssen. Ähnliche Beobachtungen wurden auch in Skandinavien (z. B. im Muddus-Nationalpark, Schweden) sowie in den naturnahen Nadelwaldbereichen Nordamerikas gemacht. Hier brachte die strikte Brandbekämpfung in den letzten Jahrzehnten den Naturschutz in eine prekäre Lage, weil sie den Weiterbestand lichter Kiefernwälder und ihrer vielfältigen Fauna gefährdet. Denn werden die Brände unterbunden, gibt es keine frischen Brandflächen mehr, auf denen die leichten Kiefernsamen rasch anfliegen und erfolgreich keimen können, ohne dass sie durch mächtige Humusauflagen oder durch schattige Konkurrenten behindert würden. Samenbäume bleiben auch nach Bränden in genügender Zahl übrig, weil *Pinus sylvestris* und ihre Verwandten eine dicke Borke bilden, die besonders im Alter einen wirksamen Schutz gegen Bodenlauffeuer bietet. Die lockere, harzreiche Nadelstreu und das sperrige Totholz am Boden von Kiefernbeständen begünstigen die Zündung und Ausbreitung von Feuern in Dürreperioden so sehr, dass sogar in dem relativ humiden Klima Nordwestdeutschlands Kiefernforsten oft großflächig abbrennen, z. B. im Jahre 1975, dessen Sommer im Norden sehr trocken war. Je mehr Laubhölzer den Nadelwäldern beigemengt werden, desto geringer wird die Brandgefahr, desto geringer aber auch die Chance der Kiefern, sich bevorzugt zu verjüngen.

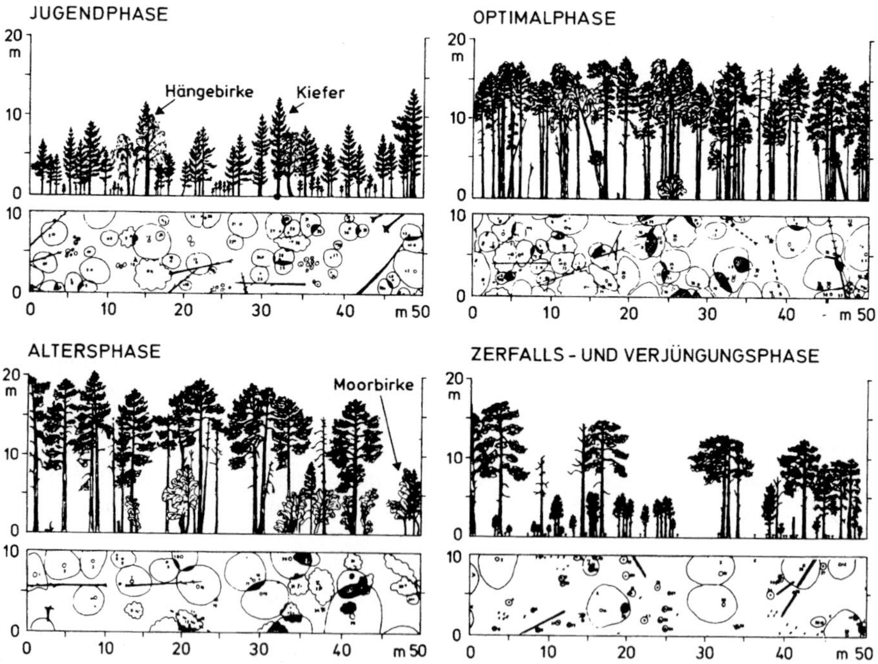

Abb. 7–40 Die Entwicklungsphasen eines Kiefern-Urwaldes auf armem Sandboden in Schweden entsprechen denen anderer Waldgesellschaften (vgl. Abb. 5–34, 7–37 u. 7–38). Die Kiefer ist zur Verjüngung also keinesfalls auf Brände angewiesen, doch sind sie verhältnismäßig häufig. Nach Huse (1965), verändert.

Auf sehr nährstoffarmen und zugleich trockenen (oder übermäßig nassen) Böden in weniger ozeanischem Klima, vor allem im nordöstlichen Mitteleuropa und an entsprechenden Standorten im borealen Nadelholzgebiet, gibt es jedoch überhaupt keine Baumarten, die für die Waldkiefer zu gefährlichen Konkurrenten werden könnten. Hier herrscht sie von Natur aus, wenn sie auch nur kümmerlich gedeiht, und hier bedarf es keiner Brände, um ihren Herrschaftsbereich zu erhalten. Das zeigt sich z. B. in einem von Huse (1965, in Ellenberg 1996) genau aufgenommenen Kiefern-Urwald, den die in Abbildung 7–40 wiedergegebenen Transekte veranschaulichen. Jugend-, Optimal-, Alters-, Zerfalls- und Verjüngungsphasen wechseln zeitlich und räumlich in ähnlicher Weise miteinander ab, wie wir dies bereits bei Buchen- und Tannen-Urwäldern kennenlernten (s. Abb. 5–34, 7–37 u. 7–38). Dieser Wechsel bedeutet zugleich ein Alternieren zwischen einer Phase intensiver Phytomassen-Produktion und einer solchen geringer Produktivität, aber gesteigerter Reproduktion. Auf reicheren Böden freilich stellt die Kiefer selbst im nordöstlichen Polen nur eine Pionierbaumart dar, in deren Bestände bald Fichte, Stieleiche und andere stärker schattenertragende Baum- und Straucharten eindringen (Andrzejczyk & Brzeziecki 1995).

8 Gehölzvegetation der Flussauen und Sümpfe

Wälder und Gebüsche, die im Verlauf des Jahres längere Zeit unter der Einwirkung von hoch stehendem Grund- oder Quellwasser bzw. Überflutung stehen, unterscheiden sich in ihrer Ökologie und Artenzusammensetzung deutlich von der zonalen Waldvegetation. Diese Feuchtwald-Gesellschaften der Moore, Sümpfe und Flussauen werden häufig als azonale Vegetation bezeichnet, weil der Einfluss der Hydrologie viel bedeutsamer ist als jener des Klimas. Im Folgenden werden wir durchgehend zwischen den Bruch- und Moorwäldern einerseits und den Auenwäldern und -gebüschen und Quellwäldern andererseits unterscheiden. Erstere stocken auf humusreichen, zur Torfbildung neigenden Moor- und Anmoorböden, in denen das Wasser nahezu steht, Letztere wachsen auf mineralischen Böden mit zumindest langsam fließendem Grund-, Quell- oder Stauwasser. Nicht betrachtet werden hier Waldgesellschaften mit nur geringem oder mäßigem Grundwassereinfluss wie z. B. jene aus dem CARPINION (Eichen-Hainbuchenwälder, s. Kap. 6.6).

Einst waren Feuchtwälder in der Naturlandschaft Mitteleuropas weit verbreitet; heute gehören sie zu den seltenen Waldtypen. Das gilt für die waldfähigen Moore und Brüche ebenso wie für die Flussauenwälder. Nennenswerte Auenwaldreste finden sich in Mitteleuropa noch entlang von Rhone, Garonne und Loire, in der elsässischen und badischen Oberrheinebene, an der Isarmündung und an Strecken der bayerischen Donau, in den Donau-March-Thaya-Auen der Slowakei und Österreichs, an der mittleren Elbe, der unteren Oder und Warthe sowie an Weichsel und Bug (Wenger et al. 1990, Klimo & Hager 2001, Sienkiewicz et al. 2001). Mit rund 3000 km^2 Fläche beherbergt Kroatien an Drau, Save und Donau heute noch die größten Auenwälder Europas.

8.1 Flora und Entstehungsgeschichte

In den mitteleuropäischen Feuchtwäldern sind rund 50 Holzgewächse vertreten, das ist die große Mehrzahl der in Mitteleuropa heimischen Bäume und Sträucher (rund 75). Gemeinsam mit den Schluchtwäldern und den wärmeliebenden Eichenwäldern zählen die Auenwälder zu den Waldtypen mit der höchsten **Baumartenvielfalt**: In artenreichen Beständen können 7 bis 8 Baumarten in der Kronenschicht vertreten sein; auch die Strauch- und die Krautschicht der Auenwälder sind oft divers. Zudem treten recht viele verholzte oder krautige Lianen auf. Carbiener (1970, 1974) nennt für die elsässischen Hartholz-Auenwälder 5 Lianenarten, davon 3 holzige, sowie 80 Kräuter. Weit artenärmer, zumindest im Hinblick auf die Gefäßpflanzen, sind dagegen die Bruch- und Moorwälder.

Wie kaum ein anderer Lebensraum unterliegt die Flussaue einer ständigen **Dynamik**, die die kleinräumige Lebensraumvielfalt ungemein

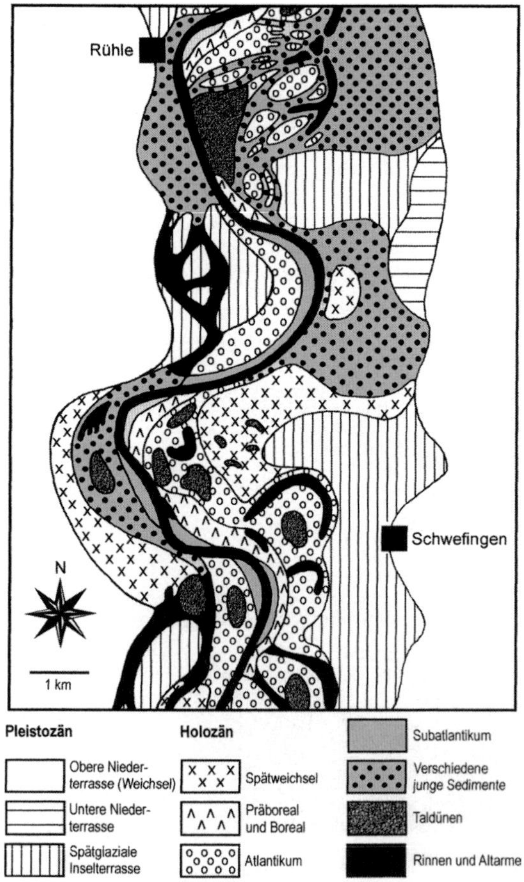

Abb. 8–1 Pleistozäne und holozäne Sedimente in der mittleren Ems-Aue. Nach Pott & Hüppe (2001), etwas verändert.

fördert (Carbiener & Schnitzler 1990). Im Laufe der Jahrtausende hat der Fluss Schotter, Sande und Lehme abgelagert und sich später in diese Sedimente wieder eingegraben, wenn die Wasserführung wechselte. Auen bestehen daher fast immer aus einem Mosaik unterschiedlich alter Terrassen grober bis feiner Körnung, die aus den letzten Jahrhunderten bis Jahrtausenden stammen können oder bis zu den letzten Vereisungen zurückdatieren. Die älteren, weichsel- oder saaleeiszeitlichen Hoch- bzw. Niederterrassen bilden die höchsten „Erhebungen" des zwar flachen, aber durchaus bewegten Auenreliefs, während spätglaziale Terrassen und holozäne Uferwälle, Dünen und andere Akkumulationsformen eher junge Bildungen sind (s. Abb. 8–1). Auch in der Naturlandschaft wechseln daher gewöhnlich in der Aue hochwassersichere Kuppen (z. B. die „Heißländen" in österreichischen Auen) mit Flächen ab, die regelmäßig oder zumindest gelegentlich überflutet werden. Vermoorungen am Rande der Auen sind oder waren Standorte von Bruchwäldern.

Die geomorphologische Karte des mittleren Emstales verdeutlicht sehr gut diese Vielfalt an Geländeformen in der Aue (s. Abb. 8–1). Es überrascht deshalb nicht, dass in vielen naturnahen Auen auch Vegetationstypen vorkommen, die empfindlich gegenüber Überschwemmungen sind oder gar Trockenheit anzeigen wie z. B. Buchen-, Eichen-Hainbuchen- und Kiefernwälder oder Trockenrasen (Küster & Pötsch 1998, Pott & Hüppe 2001, vgl. auch Volk 1999).

Das Landschaftsmosaik der Aue war in der Naturlandschaft niemals stabil. An Prallhängen unterspült der Fluss den von ihm selbst einst aufgeschichteten Auenwaldboden und reißt Hochwälder in die Tiefe (s. Abb. 8–2). Auf dem seicht abfallenden Innenufer der Flussschlingen dagegen kann sich der Übergang von den Annuellenfluren des Flussbettes über die Grassäume und Weichholzbestände bis zu den hohen Auenwäldern in breiten Streifen vollziehen. Der Fluss pendelt bald hier, bald dort in seiner weiten Aue, wirft nieder oder baut auf in immer wiederholtem Wechsel. Diese in dünn besiedelten Waldlandschaften der Erde noch gut zu beobachtende Dynamik steht in scharfem Gegensatz zu der relativen Stabilität der Naturlandschaft außerhalb der Flussauen. In Mitteleuropa sind die Flüsse schon längst wasserbaulich unter Kontrolle genommen, so-

Abb. 8–2 Wilde Isar bei Icking/Wolfratshausen. In der kiesigen Aue am Alpenrand teilt sich der rasch strömende Fluss in zahlreiche Arme und verändert seinen Lauf bei jedem Hochwasser. Dadurch schafft er Standorte für die verschiedensten Pflanzengesellschaften, von der Schotterflur bis zum Wald, die kleinräumig und oft auch kurzzeitig miteinander wechseln. Foto: Heering.

dass ihre Erosions- und Sedimentationsarbeit nur noch an wenigen Stellen der natürlichen entspricht. In den Alpen ist einzig der Tagliamento noch vom Ober- bis zum Unterlauf unverbaut. Insbesondere die Hartholzauen sind durch Begradigung und Eindämmung der Flüsse sehr in Mitleidenschaft gezogen worden (s. Abb. 3–26); auch von den einst verbreiteten Moor- und Bruchwäldern sind nur noch kleine Reste vorhanden.

8.2 Lebensbedingungen und standörtliche Gliederung

8.2.1 Morphologie der Flussauen und Lokalklima

Bei einem im Gebirge entspringenden Fluss kann man in Anlehnung an Moor (1958) mindestens fünf Abschnitte entlang des Laufes unterscheiden (s. Tab. 8–1: obere Hälfte).

I. Der **Quelllauf** ist schmal und kerbt sich je nach seiner Lage zur Erosionsbasis mehr oder minder rasch in das Gestein ein (s. Abb. 8–3). Er wird zwar streckenweise von hygrophilen Staudenfluren oder anderen nässeertragenden Gesellschaften begleitet (s. Kap. 9.3.3.2), bildet aber nur vor Felsschwellen oder anderen Hindernissen kleine Auen aus.

II. Auch am **Oberlauf** kann die Aue fehlen, doch begleitet sie ihn meistens als ein schmales Band. Das rasch strömende Wasser setzt vorwiegend Kies und höchstens Sand ab und überflutet die Aue nur flach. Selbst mitten im Flussbett können sich auf erhabenen Kiesbänken Sträucher ansiedeln, die allerdings sehr wurzelaktiv und regenerationsfähig sein müssen. Die etwas höher gelegenen Auen werden von flach wurzelnden Weichhölzern, insbesondere von Grauerlen, gehalten.

III. Am **Mittellauf**, der in den größeren Gebirgstälern oder am Gebirgsrand beginnt, kann man außer dem Flussbett bereits eine „Weichholzaue“ und eine „Hartholzaue“ unterscheiden. Der gestreckte Flusslauf zerteilt sein kiesiges Bett in zahlreiche Rinnen und schildförmige Buckel, die er im Sommer rauschend überströmt.

IV. Der **Unterlauf** hat ein Gefälle von meist weniger als 0,3 %, er mäandriert deshalb noch stärker und schafft sich eine Aue mit vorwiegend feinkörnigen Ablagerungen. Die Auestufen

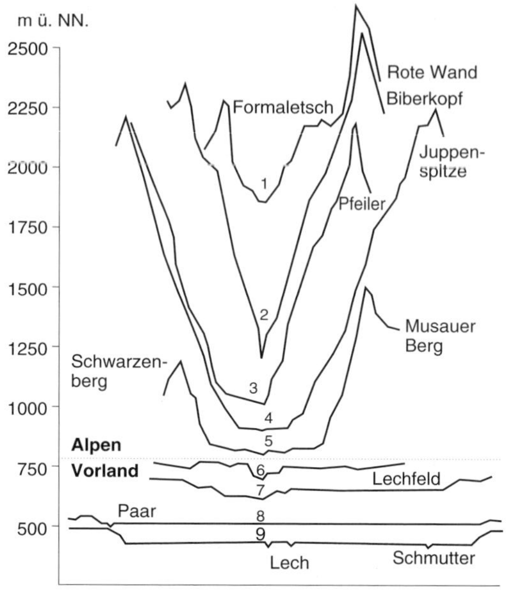

Abb. 8–3 Etwas vereinfachte Querprofile durch das Lechtal vom Quellfluss bis zum Strom im flachen Alpenvorland. Die neun Profile sind fünffach überhöht. Nach Bürger (1990) aus Müller & Schmidt (1991), etwas verändert.
1 = Quelllauf, 2–4 = Oberlauf, 5–7 = Mittellauf, 8 u. 9 = Unterlauf mit Nebenflüssen.

ähneln denen des Mittellaufes, sie unterscheiden sich aber durch das Fehlen der auf hohe Sommerwasserstände angewiesenen Grauerlen und durch das häufigere Vorkommen von ruhigen Altläufen, das sind durch Bettverlagerung abgetrennte Flussarme, die seenartig verlanden.

V. Besondere Lebensbedingungen herrschen im **Mündungslauf** der Flüsse. Wo sich ihr Wasser in Seen oder Meeresteile mit unbedeutender Tide ergießt, bilden sie unter natürlichen Verhältnissen ein breites Delta aus, in dem Röhrichte und Weidenauenwälder fruchtbare Schlickstandorte finden. Die in die Nordsee mündenden Flüsse dagegen werden im Rhythmus von Flut und Ebbe zweimal täglich aufgestaut. Hier kann kein Delta entstehen; Trichtermündungen (Ästuare) ziehen sich flussaufwärts weit in das Land hinein. Noch bei Hamburg über 100 km flussaufwärts z. B. beträgt der durchschnittliche tägliche Tidehub mehr als 3 m und der maximale 8 m, sodass hier die Röhrichte unter ganz besonderen Verhältnissen leben und sich annuelle Pflanzen im Flussbett überhaupt nicht zu entwickeln vermögen (s. Kap. 9.3.3.1).

Tab. 8–1 Übersicht der Morphologie und Vegetation mitteleuropäischer Flussauen von den Alpen bis zur Nordsee, schematisiert (vgl. Abb. 8–2 und 8–12).

Flussabschnitt	Alpentäler	Alpenvorland	Tiefland	Nordseemündung
Morphologie	meist Ober- oder Mittellauf	meist Mittellauf z. T. Unterlauf	Unterlauf	Mündungslauf (Ästuar)
allgemein	überwiegend Erosion	Erosion und Sedimentation	überwiegend Sedimentation	überwiegend Sedimentation
Strömung am Ufer	rasch	mittel	langsam	Richtung wechselnd, langsam
Hauptsediment	Kies	Sand	Lehm	Schlick u. Sand
Hochwasserzeiten im Jahresgang	Sommer	Frühsommer, auch Winter	Winter selten Sommer	Winter
im Tagesgang	kurz nach Mittag	–	–	2-mal täglich
Ursache von Sommerhochwassern	Schnee-und Gletscherschmelze	wie links, teilweise wie rechts	außergewöhnliche Starkregen	wie links, außerdem Sturmfluten
Gestalt des Laufes	viele kleine Rinnen	mehrere Arme, mäßig mäandrierend	wenige Arme, aber viele weite Mäander	breite Trichtermündung, auf Schwemmland Priele
Bezirke mit Stillwasser-Verlandung	fehlen	selten (große Altläufe)	zahlreich (Altläufe)	fehlen
Vegetation (hoch)	–	Hartholzwald	Hartholzwald	Hartholzwald
Stufung ↓	Grauerlen oder Grünerlen	Grauerlen oder Baumweiden	– Baumweiden	– Baumweiden
	Buschweiden	Flussröhricht	Flussröhricht	Tideröhricht
(tief)	Kräuter	Annuelle	Annuelle	–
Hartholzaue oben[1]	–	Ulmo-Quercetum		
unten[1]	–	Ulmetum u. a. Mischwälder		desgl. ohne Ulmen
Weichholzaue, Weiden	Salicetum elaeagno-daphnoides	Salicetum triandro-viminalis und Salicetum albo-fragilis, Populetum		desgl. aber ohne Pappeln
Grauerlen	Calamagrosti-Alnetum incanae	Equiseto-Alnetum incanae		
Übergangszone	Salici-Myricarietum	Phalaridetum	Phalaridetum, auch Phragmitetum	Tide-Phragmitetum, auch Phalaridetum
unterer Auenrand	Chondrilletum	Agropyro-Rumicion-Gesellschaften		Bolboschoenetum maritimi
im Flussbett	Chondrilletum	Polygono-Chenopodietum und (oder) Polygono-Bidentetum		
in Altläufen	–	stellenweise wie rechts	Verlandungsreihe zum Alnetum glutinosae	stellenweise wie links

[1] in etwa gleicher relativer Höhenlage zum mittleren Flusswasserspiegel

Im Längsprofil eines Flusses ändern sich also wichtige Standortfaktoren von der Quelle zur Mündung. Ökologisch am bedeutsamsten ist die Abnahme der Fließgeschwindigkeit in Ufernähe, die dazu führt, dass in Richtung auf die Flussmündung immer feinere Sedimente abgelagert werden. Gleichzeitig nimmt aber die Schwankungsamplitude des Wasserstandes zu (s. a. Kap. 8.2.3.1 b).

Auch das **Lokalklima** in Nachbarschaft des Flusses ändert sich. Die Temperatur der Gebirgsflüsse variiert im Tagesrhythmus um mehrere Grad, bleibt aber im Mittel unter derjenigen der Luft. Nur im Winter ist auch das Gebirgsflusswasser weniger kalt als der Luftraum, während die Ströme des Vorlandes und der Tiefebenen zu allen Jahreszeiten im Monatsdurchschnitt wärmer bleiben als ihre Umgebung. Nachts kann sich jedoch Kaltluft im Flusstal sammeln und zu Spätfrösten führen. Je breiter der Fluss, umso stärker ist die Luftfeuchte in der Aue erhöht (Heller 1969). Wendelberger-Zelinka (1952) maß an der österreichischen Donau um rund 20 % erhöhte Luftfeuchtewerte gegenüber dem Umland.

8.2.2 Chemische Bodeneigenschaften und Nährstoffversorgung

8.2.2.1 Auenböden

Auenböden sind geschichtete Ablagerungen, die je nach Strömungsgeschwindigkeit kiesig, sandig, lehmig oder tonig sind. Meist lagert ein schluffiger Oberboden über einem sandig-kiesigen, grundwasserleitenden Unterboden (Rehfuess 1990, Miehlich 2000). Für viele mitteleuropäische Auenböden ist eine **Auenlehmdecke** aus jüngeren feinkörnigen Flusssedimenten kennzeichnend, die aus der Abspülung von Bodenmaterial vor allem in den großen Rodungsphasen des Mittelalters entstanden ist, die die Flussaue nachhaltig verändert hat.

Als charakteristische Bodentypen bilden sich in Ufernähe auf dem oft umgelagerten grobkörnigeren, humusarmen Auensand Ramblen (Auen-Lockersyroseme) und Paternien (Auen-Regosole), auf den höheren flussferneren Terrassen mit flächenhafter Auenlehmdecke dagegen humusreiche Vegen (braune Auenböden, s. Abb. 8–4). Tief humose, karbonathaltige Auenböden (Tschernitzen) mit mehr als 40 cm mächtigem Humushorizont treten lokal z. B. im March-Thaya-Donaugebiet auf. In den Flutrinnen und Senken der Aue entstehen vergleyte, z. T. anmoorige Böden, in denen das Grundwasser langfristig höher als 40 cm unter Flur bleibt. Durch ihre Hydromorphie unterscheiden sich diese, auf tiefgründigen Auenlehmen und -tonen stockenden Böden deutlich von den oberflächlich oft austrocknenden, meist gut mit Sauerstoff versorgten Auenböden (Miehlich 2000).

Die Böden der artenreichen und produktiven Hartholz-Auenwälder sind in der Regel humusreicher und mehr oder minder lehmig, meist deutlich braun gefärbt, also vom Typus des **braunen Auenbodens**. Das braune Material ist nicht an Ort und Stelle verwittert, sondern wurde im Einzugsgebiet der Flüsse von Braunerden abgespült und in den breiten Auen des Unterlaufes wieder abgesetzt (allochthone Vega, s. Rehfuess 1990). Da sich die Bodenerosion mit zunehmender Rodung und Beackerung ehemaliger Waldböden verstärkte, ist ein großer Teil der braunen Auenlehme verhältnismäßig jung. Im Wesertal bei Hameln z. B. wurde der meiste Lehm über Siedlungsresten aus der Römerzeit abgelagert (s. Abb. 3–26). Strautz (1959) und Caspers (1993) wiesen nach, dass im unteren Wesertal stellenweise schon vorher reine lössartige Auenlehme zum Absatz kamen und den glazialen und frühpostglazialen Kies bereits vor mehr als 5000 Jahren zu überdecken begannen (s. Abb. 8–5). Mit zunehmender Siedlungsdichte während der Bronze- und Eisenzeit wurde jedoch die Auenlehmbildung mehr und mehr beschleunigt, besonders aber seit etwa 600 n. Chr. Auch im Leinetal bei Göttingen bildeten sich mächtige Auenlehmdecken erst seit der Eisenzeit (Firbas & Willerding 1965, s. a. Oelkers 1970). Im Flussgebiet der Elbe darf die Auenlehmbildung ebenso wie im Weser- und Leinetal als ein natürlicher Vorgang angesehen werden, der vom Menschen aber stark beschleunigt wurde (Strautz 1962).

Wenn auch die Auenböden aufgrund der Überflutungen zeitweise für die Pflanzen ungünstige Standorte sein dürften, so wird dies teilweise ausgeglichen durch die besondere Gunst der Ernährungsbedingungen, durch die sich die Flussaue auszeichnet (s. Abb. 8–4). Jede Überflutung stellt auch eine natürliche Düngung dar, die am stärksten dort ist, wo sich **„Spülsäume"** absetzen, d. h. bei höchstem Wasserstand Pflanzen- und Tierreste angeschwemmt werden. Solche Ablagerungen

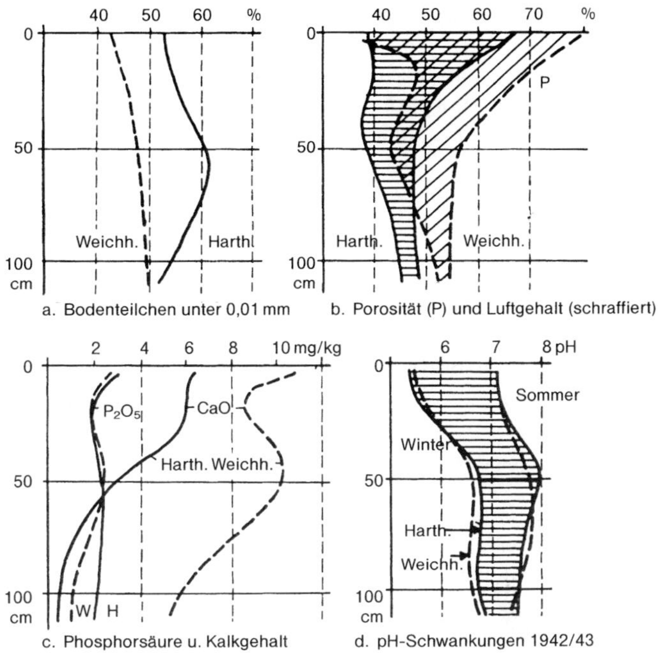

Abb. 8–4 Textur (a), Porenvolumen und Luftgehalt (b), Phosphor- und Kalkgehalt (c) sowie pH-Werte (d) von Böden der Weichholz- und Hartholzstufe in den Marchauen bei Strážnice. Nach Mezera (1956), verändert.
Gestrichelt = Populo-Salicetum, ausgezogen = Querco-Ulmetum. Der hohe Anteil feiner Partikel, die gute Durchlüftung und die neutrale Reaktion sowie die Zufuhr von Sedimenten begünstigen außerdem die Stickstoffversorgung der Pflanzen.

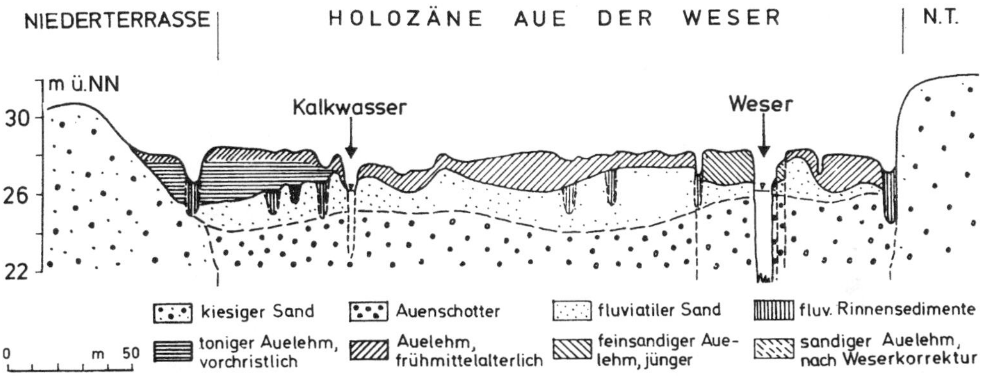

Abb. 8–5 Querschnitt durch das Wesertal bei Wellie (oberhalb Nienburg) mit verschieden alten Auelehmdecken. Nach Strautz (1959), etwas verändert. Der größte Teil des Auelehms stammt aus dem Frühmittelalter. Nur am Rande der Aue wurden auch schon in vorchristlicher Zeit tonige Auelehme abgelagert. Jüngere Auelehme finden sich in Flussnähe, insbesondere die seit der Flusskorrektur abgelagerten.

sind meistens stark stickstoffhaltig und so gut durchfeuchtet, dass sie rasch mineralisiert werden. Kaum ein anderer Standort der Naturlandschaft ist deshalb so reich an leicht mineralisierbaren N-Verbindungen wie ein derartiger Spülsaum in den ersten Jahren nach seiner Ablagerung. Da das Getreibsel die von ihm überdeckten Gräser und Kräuter nicht selten vorübergehend erstickt, finden auch lichtliebende und raschlebige annuelle Nitratpflanzen, deren Samen oft mitangespült werden, hier eine so gute Entwicklungsmöglichkeit wie sonst nirgends in der Naturlandschaft.

Die Auenböden der Mittel- und Unterläufe sind deshalb überwiegend **stickstoff- und basenreich** mit N-Gehalten im Oberboden um 0,5 % und pH-Werten zwischen 5,0 und 7,5 (Heller 1969, Jelem 1974, Wiegers 1990; s. Abb. 8–4). Die Basensättigung des Oberbodens liegt meist um 70–90 %, die Kationen-Austauschkapazität der schluffreichen Böden bei 125–500 µmol g^{-1} (Duvigneaud & Denayer-DeSmet 1970, Kasperidus et al. 2001, Klimo 2001, Kühne 2004; s. a. Kap. 8.6.2). Die kiesigen Sedimente der Flussoberläufe sind dagegen in der Regel durch Stickstoff- und Phosphorarmut gekennzeichnet (N. Müller 1995, Müller & Scharm 1998). Ebenso bilden Flüsse, die ausschließlich durch Silikatgebirge (wie der Quellrhein) oder arme pleistozäne Sande fließen (wie die Ems), nährstoffärmere Auenböden, deren pH-Wert jedoch stets über 5 liegt (Heller 1969). Entlang der Ems fehlen die Auenlehme, und sandige Sedimente herrschen vor; dies spiegelt sich deutlich im Artenbestand der dortigen Auenwälder wider (s. Kap. 8.3.1.5.2).

8.2.2.2 Böden der Bruch- und Moorwälder

Alle „echten" Bruch- und Moorwälder stocken auf organischen Nassböden, und zwar auf Torfen von mindestens 10–20 cm Mächtigkeit, die von ihnen selbst erzeugt wurden. Typische Auenwälder sind dagegen an mineralische Sedimente gebunden. Nach Mast (1999) lassen sich Auen-, Bruch- und Moorwälder in Mitteleuropa klar anhand ihrer bodenchemischen Eigenschaften voneinander abgrenzen: **Auenwälder** weisen einen vergleichsweise geringen Humusgehalt (meist weit unter 30 %) im Oberboden und ein enges C/N-Verhältnis (12–16) auf; überwiegend von der Erle dominierte **Bruchwälder** haben einen Humusgehalt von 30–80 % und ein ähnlich günstiges C/N-Verhältnis (12–16), während **Moorwälder** mehr als 90 % Humus mit einem deutlich weiteren C/N-Verhältnis (21–26) im Oberboden enthalten (s. Abb. 8–37 u. vgl. Brand 2000).

Über das mittlere Niveau des Grundwasserspiegels kann der Bruchwaldtorf normalerweise nicht emporwachsen, weil er bei Luftzutritt mehr oder minder rasch zersetzt wird. Nur wo das Grundwasser extrem sauer ist, bleibt die Tätigkeit der torfabbauenden Mikroorganismen so gehemmt, dass sich eine rohhumusartige Auflage und schließlich – unter Mithilfe bestimmter Sphagnen – ein Hochmoor mit mehreren Metern mächtigem Torf bilden kann. Ob die Bäume selbst das Torfwachstum („woodland peat") begünstigen, ist umstritten: Während Grosse-Brauckmann (1974, 1976) annimmt, dass in Kiefern- und Erlenbruchwäldern kein aktuelles Torfwachstum mehr stattfindet und sich die Bäume vielmehr auf abtrocknendem Torf ansiedelten und sogar dessen Abbau fördern (Miles 1981), deuten andere Befunde auf starkes Torfwachstum in Moorwäldern in Zeiten von Transgressionen hin (z. B. Lemée 1939, Wiegers 1990).

Gräbt oder bohrt man tiefer in den Boden hinein, so findet man häufig unter dem Bruchwaldtorf, der sich durch Holz- und Zapfenreste sowie durch hohen Zersetzungsgrad auszeichnet, „tote" Torfschichten, die von Seggen oder von Schilfbeständen gebildet wurden und teilweise noch deren Wurzeln, Scheiden oder zusammengedrückten Rhizome enthalten (s. Abb. 4–3). In solchen Fällen darf man den **Bruchwald als Endstadium einer „Verlandungsreihe"** betrachten. Die oft als Musterbeispiel einer Sukzession dargestellte vollständige Serie der Verlandung eines Sees beginnt mit einer Gyttja, d. h. einer Mudde aus anorganischem Schlamm mit Pflanzen- und Tierresten, der mehrere Dezimeter Schilftorf und Seggentorf folgen. Nur die obersten 2–3 dm Torf kann der Bruchwald selber bilden, wenn der durchschnittliche Wasserstand während des ganzen Verlandungsvorganges unverändert blieb (s. Kap. 8.2.3.2). Doch nicht alle Bruchwaldböden zeigen diese ideale Abfolge.

Oft ist der Bruchwaldtorf mächtiger, weil tektonische Senkungen oder andere natürliche Ursachen zu einem allmählichen Ansteigen des Wasserspiegels im Verhältnis zum mineralischen Untergrund führten. In den jungpleistozänen Urstromtälern Norddeutschlands und Polens, z. B. im unteren Elbtal, stieg der Grundwasserspiegel, weil der Fluss seine Ufer und sein Bett durch Sedimente allmählich aufhöhte, aber nicht das ganze, für ihn viel zu breite Tal damit ausfüllen konnte. Unsere größten Bruchwaldgebiete und mächtigsten Niedermoor-Torflager entstanden auf diese oder ähnliche Weise am Rande der Flussauen, also nicht durch Verlandung von Seen.

Nicht selten deuten die Profile solcher **Urstromtal-Moore** darauf hin, dass der sedimentierende Fluss zeitweilig in ihre Nähe rückte, und dass „Auenwaldbedingungen" und „Bruchwaldbedingungen" miteinander abwechselten. Während also viele Bruchwälder auf „verlängerten" Torfserien stocken, bildeten sich andere in flachen, versumpfenden Mulden oder an seicht auslaufenden Rändern von Seen auf unvollständigen Serien. Stellenweise ist die Torflage über dem mineralischen Untergrund nur knapp 20 cm mächtig, ohne dass die Artenzusammensetzung der Bruchwälder wesentlich anders zu sein braucht als auf Torfschichten, die viele Meter mächtig sind. Denn die meisten Wurzeln streichen außerordentlich flach und hängen in erster Linie von der Lage und dem Schwankungsbereich des Grundwassers ab, die in beiden Fällen annähernd gleich sein können.

Überschwemmungen bringen den echten Bruchwäldern nur wenig oder gar keinen Sand und Schluff, tragen also nicht durch anorganische Sedimente zur Aufhöhung und zur Nährstoffanreicherung ihres Bodens bei. Wo dies doch der Fall ist, nähert sich das Artengefüge mehr oder minder deutlich den Auenwald-Gesellschaften.

8.2.3 Abflussregime, Überflutungshäufigkeit und Bodenfeuchte

8.2.3.1 Flussauen

a) So verschieden die Pflanzengesellschaften der Flussauen in Struktur und Artengefüge auch sein mögen, sie hängen oder hingen sämtlich von der **Wasserführung des Flusses** ab. Je nach Lage des Flussabschnitts schwankt die Durchflussmenge in einem Zeitraum von 10 Jahren um etwa das 5- bis 100-Fache, obwohl es in Mitteleuropa keine regelmäßig eintretenden Trockenperioden gibt. So führt die Warthe an der Einmündung in die Oder minimal 63, bei Spitzenhochwasser dagegen 1500 $m^3 s^{-1}$ (Borysiak 1994). Bei minimalen Wasserständen ist nur ein kleiner Teil des Flussbetts ausgefüllt. Bei Spitzenhochwassern dagegen steht vorübergehend die ganze Aue unter Wasser (s. Abb. 8–6). Nur so weit, wie überhaupt einmal Überschwemmungen reichen, rechnen wir die Pflanzengesellschaften und Böden zur **rezenten Überflutungsaue**. Wo das nicht oder nicht mehr der Fall ist, macht sich das Fehlen dieses beherrschenden ökologischen Faktors früher oder später im Artengefüge bemerkbar. Heute nicht mehr überflutete Bereiche des Flusslaufes werden als Altaue oder **fossile Aue** bezeichnet.

b) Da die Schneeschmelze in der alpinen und nivalen Stufe viel später einsetzt als in niedrigeren Lagen, führen die **Hochgebirgsflüsse** in

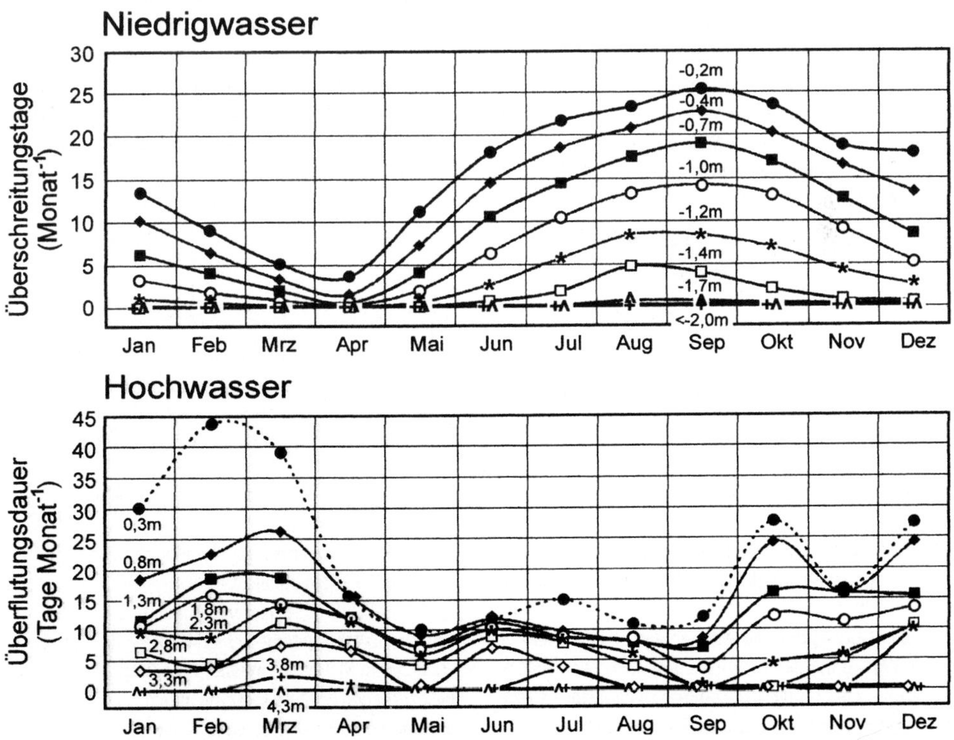

Abb. 8–6 Mittlere Niedrigwasserhäufigkeiten (oben: m unter dem Mittelwasserstand) und mittlere ereignisbezogene Hochwasserdauern (unten: m über dem Mittelwasserstand) im Jahresverlauf in der Aue der Mittleren Elbe bei Dessau. Nach Hartung et al. (2002), etwas verändert.

der Regel während der Monate Juni oder Juli am meisten Wasser (s. Abb. 8–7). Das gilt insbesondere für die von Gletschern gespeisten Flüsse. Deshalb gibt es in hochgebirgsnahen Flussauen meistens keine Wiesen, sondern nur Viehweiden oder Wälder, deren Nutzung durch das Sommerhochwasser weniger gestört wird. Bei **Mittelgebirgsflüssen** dagegen, besonders im westlichen Europa, ist die normale Hochwasserwelle um diese Zeit schon längst abgeklungen, weil sie von den Niederschlagsmaxima im Winter und der Schneeschmelze im Frühjahr gespeist werden. An der unteren Ems, Weser, Elbe, Oder und Weichsel beispielsweise konnte man deshalb ausgedehnten Wiesenbau betreiben und hat die Auenwälder schon seit Langem fast restlos in Grünland verwandelt. Je weiter man sich nach Osten begibt, desto längere Zeit frieren die Flüsse im Winter zu, und desto länger führen sie im Frühjahr Treibeis, das bei Hochwasser manche Zerstörungen am Ufer anrichtet. An der Havel bei Berlin z. B. herrscht im Mittel an mindestens 50 Tagen im Jahr Treibeis.

Je nach der Lage des Einzugsgebietes ist also der Rhythmus im Heben und Senken des Wasserspiegels verschieden, wenn auch überall einmal von ungewöhnlichen Starkregen katastrophale Überschwemmungen ausgelöst werden können. So stieg z. B. in der Pupplinger Au oberhalb München nach Seibert (1958) am 13. September 1956, also in einer Zeit, in der die Isar sonst wenig Wasser führt, der Wasserspiegel in 24 Stunden um 2,80 m und fiel in wenigen Tagen wieder auf das vorherige Niveau zurück. Ausgedehnte Auenwälder können diese Hochwasserspitzen reduzieren und die Abflusskurve abflachen (Puhlmann 2003).

In den Gebirgsflüssen beträgt die Differenz zwischen dem tiefsten Pegelstand im Januar und dem Hochstand im Juli selten mehr als 2 m, also wesentlich weniger als für die Tieflandflüsse, an denen **Schwankungsamplituden** von 10 m überschritten werden (z. B. in Köln am Rhein und in Budapest an der Donau). Bei Hochständen wälzen sich gewaltige Wassermassen über die ganze Aue rasch dahin, die bis zu 30 % des Volumens in Form von Schlamm und Steinen mit sich reißen und in wechselnden Höhenlagen und Formen ablagern können. Derartige Jahrhundert- oder gar Jahrtausend-Hochwässer entstehen beispielsweise, wenn mehrtägige großflächige Niederschläge und die Schneeschmelze zusammenfallen und der Boden noch gefroren ist (s. Abb. 8–8). Erosion, Akkumulation und Umlagerung des Flussbettes geschehen überwiegend oder fast ausschließlich während der Spitzenhochwässer. In Hochgebirgsflüssen, die von Gletschern oder großen abschmelzenden Schneefeldern gespeist werden, schwankt der Wasserstand in den warmen Monaten auch im Tagesverlauf um mehrere De-

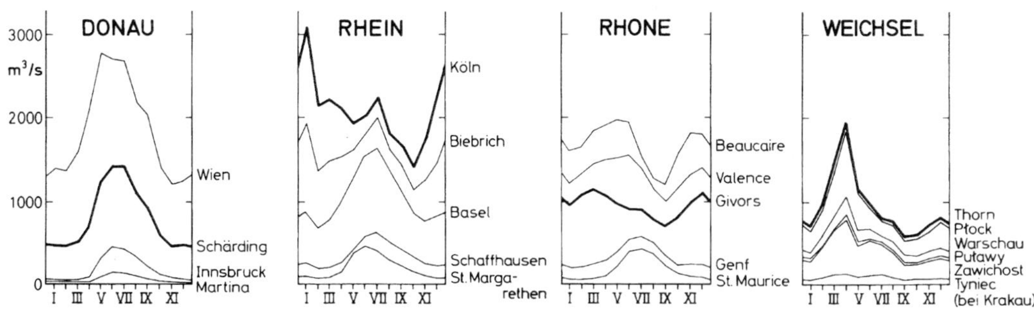

Abb. 8–7 Veränderung des Abflussregimes langer Flüsse von den Gebirgen bis ins Tiefland. Nach Heller (1969), verändert.
Die **Donau** entspringt zwar im Mittelgebirge, erhält aber das meiste Wasser aus den Alpen. Bis unterhalb Wien sind Hochwasser durchschnittlich im Sommer zu erwarten, d. h. zur Zeit der stärksten Gletscher- und Schneeschmelze im Hochgebirge („Gletscherregime").
Beim **Rhein** überwiegt das Gletscherregime bis Basel, wird weiter unterhalb aber mehr und mehr vom „ozeanischen Regenregime" des niedrigen Berglandes und der mitteleuropäischen Tieflagen abgelöst.
Bis zum Ausfluss des Genfersees macht sich auch in der **Rhone** das Hochgebirge bemerkbar; von dort ab aber in steigendem Maße das „mediterrane Regenregime" mit ausgesprochenen Minima im Spätsommer.
Die großen Ströme im Osten Mitteleuropas (z. B. die **Weichsel**) werden vom „Schneeregime der Ebene" geprägt, d. h. von starken Hochwassern im Frühling (April/Mai). Dieses Regime wirkt auch auf den Rhein von Biebrich abwärts.

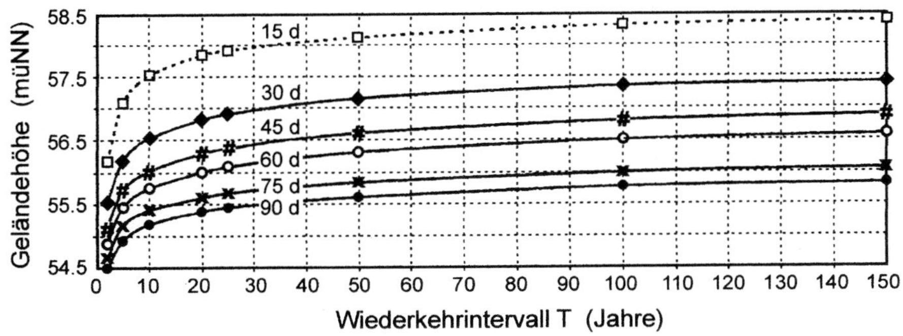

Abb. 8–8 Wiederkehrintervalle für Hochwasserdauern von 15 bis 90 Tagen in verschiedener Geländehöhe in der Aue der mittleren Elbe bei Dessau. Der Mittelwasserstand liegt bei 54,68 m ü.NN. Hochwasser von 2 m Höhe und 45 Tagen Dauer treten danach alle 100 Jahre auf. Nach Hartung et al. (2002).

zimeter, weil das Schmelzen der Gletscher von der Strahlung abhängt.

c) Das **Bodenfeuchte-Regime** der Auen ist eng an den Flusswasserstand und die Häufigkeit und Dauer der Überflutungen gekoppelt; das gilt insbesondere für sandige und kiesige Sedimente (s. Abb. 8–9). In größerer Entfernung vom Fluss spielt auch der Grundwasserzufluss aus dem Hinterland eine wichtige Rolle. Für die Vegetation ist der Zeitpunkt von Überflutungen und hohen Grundwasserständen von größter Bedeutung: Die **sommerlichen Hochwasserspitzen** der aus den Alpen gespeisten Flüsse wie Oberrhein oder Donau sind für die Pflanzen der Aue wesentlich belastender als gleichartige **Überflutungen im Winter oder Frühjahr**, wie sie an Elbe, Oder und Weichsel vorherrschen. In den Auen dieser Tieflandflüsse ist häufig **sommerlicher Wassermangel** einflussreicher als Wasserüberschuss, wenn der Niedrigwasserstand des Flusses und hohe Transpirationsraten zusammenfallen und die Auensedimente bis zum permanenten Welkepunkt austrocknen. An der mittleren Elbe z. B. blieb nach Hartung et al. (2002) der Grundwasserstand am Ende des Winters in der Aue beim Ausbleiben von winterlichen Überflutungen bei 2 m unter Flur und sank zum Oktober hin sogar auf 4 m ab. Sommerliche Niederschläge können diesen Mangel nur teilweise beheben, weil sie nur die obersten Bodenschichten befeuchten. Vollständige Aufsättigung erreichen die Auensedimente nur bei Überflutung, an der Elbe gewöhnlich im Zeitraum von Januar bis März (s. Abb. 8–9).

Die meisten Hartholz-Auenwälder stocken auf tiefgründigen, stickstoff- und basenreichen und meist feuchten Böden. Diesen entspricht nicht nur der üppige krautige Unterwuchs, der an staudenreiche Eichen-Hainbuchenwälder denken lässt (s. Abb. 8–31 u. Kap. 6.6.2). Sogar die Pilzflora deutet auf die genannten Standortfaktoren, wie Haldemann (1993) an Beispielen aus dem Kanton Aargau vorführte. Dabei hat die **Korngröße** der Sedimente einen entscheidenden Einfluss auf die Bodenfeuchte und damit die Vegetation der Auen (Wendelberger 1973, Carbiener & Schnitzler 1990). Schluffreiche Auenböden wie die Vegen haben die höchste Nutzwasserkapazität, tonreiche begünstigen den kapillaren Aufstieg des Grundwassers, sandig-kiesige Substrate schließlich dränieren am schnellsten nach Überflutung, sind aber zeitweise besonders trocken (Heller 1969, Miehlich 2000). Mit dem kleinräumigen Wechsel von Höhenlage und Korngröße stellt die Aue also ein Mosaik hydrologisch sehr verschiedenartiger Lebensräume dar, in dem ganzjährig überstaute Senken direkt neben sommers ausgesprochen trockenen Flussterrassen und Uferwällen zu finden sind (s. Abb. 8–9).

Solchen wechselnden und teilweise völlig unberechenbaren hydrologischen Bedingungen sind alle Pflanzen und Pflanzengesellschaften ausgeliefert, die in der Flussaue leben. Die meisten von ihnen sind fähig, eine zeitweilige Überflutung ohne Dauerschaden zu überstehen oder sich nach einer solchen rasch zu regenerieren. Viele vermögen außerdem längere Trockenperioden auszuhalten, indem sie entweder dem

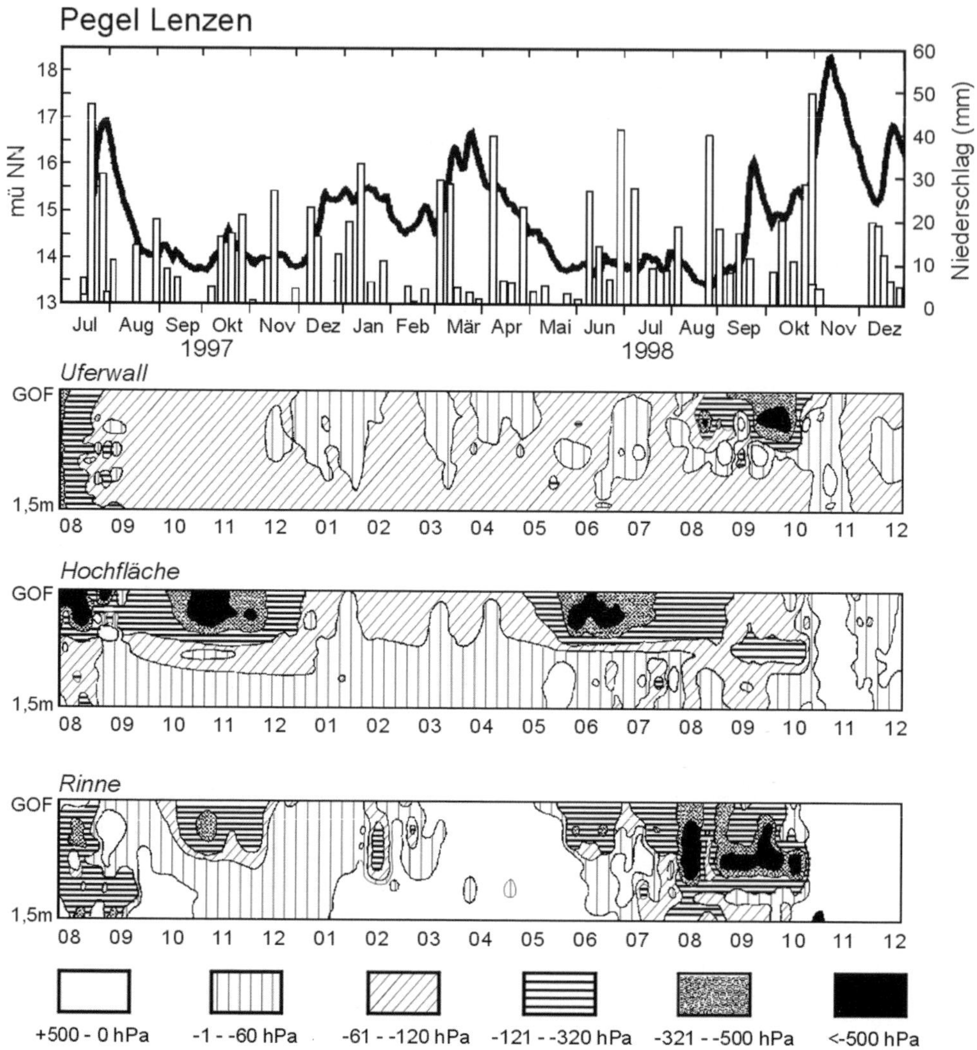

Abb. 8–9 Chronoisoplethen-Darstellung des Bodenwasserpotenzials unter Flutrasen (Rinne bzw. Hochfläche) und Eichen-Ulmen-Auenwald (Uferwall) in der Aue der Unteren Mittelelbe bei Lenzen (Brandenburg). Die langjährige Überflutungsdauer der drei Standorte betrug 134, 26 und 3 Tage im Jahr. Hohe winterliche Grundwasserstände (positive Wasserpotenzialwerte) herrschen in der Rinne viele Monate, auf der Hochfläche nur wenige Wochen und auf dem sandigen Uferwall nur an wenigen Tagen. Trotz der relativ hohen Sommerniederschläge ergeben sich an allen Standorten spätsommerliche Phasen von verminderter Wasserversorgung. Die Hochfläche trug ehemals Auenwald. Nach Schwartz et al. (2000), etwas verändert.

absinkenden Grundwasser mit ihren Wurzeln folgen oder ihre Wasserabgabe einschränken.

8.2.3.2 Bruch- und Moorwälder

Das Grundwasserregime der Bruch- und Moorwälder unterscheidet sich von dem der Auenwälder vor allem hinsichtlich der **fehlenden Wasserbewegung:** Bruchwälder stocken auf Böden, in denen das Grundwasser dauernd nahe der Oberfläche steht. Die Schwankungen des Wasserspiegels betragen nur ausnahmsweise mehr als 1 m und sind in der Regel geringer (s. Abb. 8–10 a u. b, Abb. 8–11), während

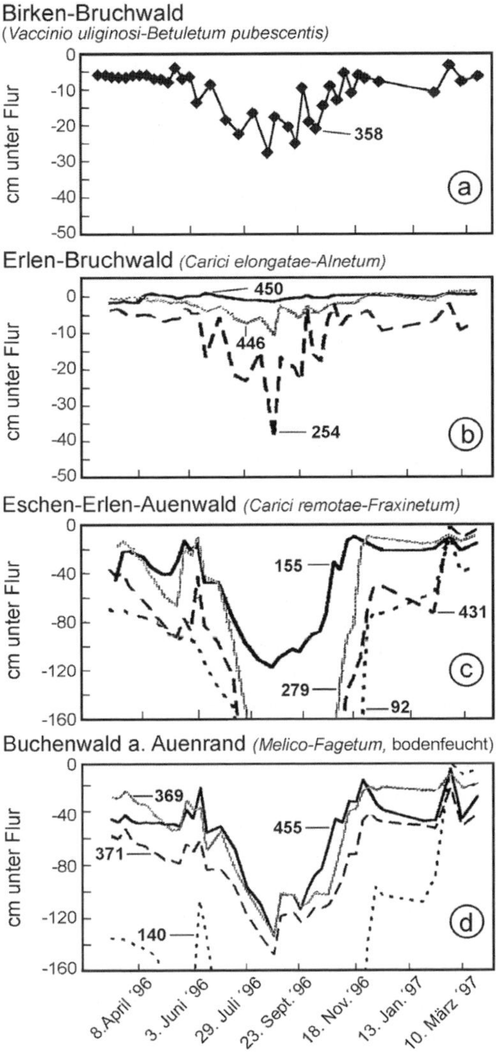

Abb. 8–10 Grundwasser-Ganglinien in vier Bruchwald- (a und b) und vier Auenwald-Beständen (c) sowie vier bodenfeuchten Buchenwäldern am Auenrand (d) des nordwestdeutschen Tieflandes. Die Zahlen kennzeichnen die Bestände. In den Bruchwäldern steht das Wasser ganzjährig zwischen etwa 30 cm unter Flur und der Oberfläche, im Eschen-Erlen-Auenwald und bodenfeuchten Buchenwald wechseln hohe Grundwasserstände im Winter mit deutlicher Austrocknung im Sommer ab. Nach Brand (2000), etwas verändert.

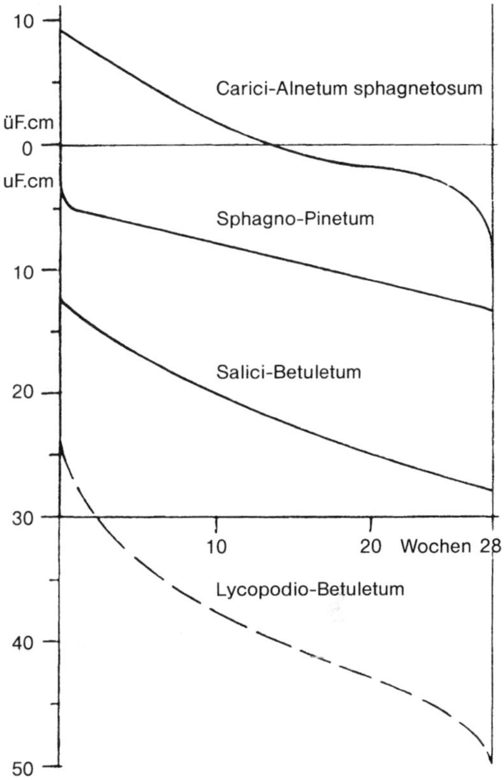

Abb. 8–11 „Grundwasser-Dauerlinien" einiger Bruchwald-Gesellschaften im Schweizerischen Mittelland (vgl. Abb. 6–21). Nach Klötzli (1975).
Im Torfmoos-Erlenbruch (Carici-Alnetum sphagnetosum) beispielsweise verweilte das Grundwasser insgesamt 13 Wochen nahe der Bodenoberfläche oder darüber, überflutete diese aber niemals höher als 8 cm. Am tiefsten stand es im Boden des Bärlapp-Birkenbruchs (Lycopodio-Betuletum) und schwankte hier relativ am stärksten, absolut aber ebenfalls nur wenig, nämlich zwischen 25 und 50 cm Tiefe. Der Weiden-Birkenbruchwald sowie der Torfmoos-Kiefernbruchwald, der bereits an einen Hochmoor-Randwald erinnert, ordnen sich zwischen diesen Extremen ein.

für Auenwälder mehrere Meter die Regel sind (s. Abb. 8–10 c).

Bruchwaldböden werden gewöhnlich nur im zeitigen Frühjahr überschwemmt, wenn der Schnee in ihrer näheren Umgebung schmilzt. Sie bleiben dann aber ziemlich lange nass, während Auenböden schon wenige Tage oder Wochen nach ihrer Überflutung trockenfallen. Einen Sonderfall stellen die Tideauenwälder der großen Nordseeflüsse dar, die zweimal täglich überflutet werden. Schlickreiche von der Tide beeinflusste Sedimente bleiben nach Messungen von Preisinger (1991) in Hamburg auch in der Ebbephase wassergesättigt, d. h. sauerstofffrei. In ihnen bildet sich deshalb ähnlich wie in den Bruchwäldern Torf, im Rheindelta

z. B. mit Mächtigkeiten von bis zu 2 m (Zonneveld 1960, van Wirdum-Daan & van Wirdum 1977).

8.2.4 Stehendes und fließendes Grundwasser

Je nachdem, ob Grundwasser fließt oder steht, stellt sich in Bruch- und Quellwäldern eine unterschiedliche Vegetation ein. Wo sich ein Bach durch arme Birken- und Kiefernbruchwälder hindurchschlängelt oder eine Quelle den nährstoffarmen Torf durchbricht, säumen Erlen das bewegte Wasser, und üppige Kräuter treten an die Stelle der genügsamen Sauerhumuspflanzen. „Ziehendes" Grundwasser und oberflächlich rasch abfließende Überschwemmungen scheinen Vorbedingungen für gutes Gedeihen der Schwarzerle zu sein, während Moorbirken und Kiefern mit stagnierendem Wasser vorlieb nehmen. Oft wird der Sauerstoffgehalt als entscheidend für die günstige Wirkung bewegten Bodenwassers angesehen.

Bereits 1910 aber hat Hesselman das Gegenteil bewiesen. Proben des im Torf befindlichen Wassers enthalten sämtlich so gut wie keinen Sauerstoff, unter reichem wie unter armem Bruchwald, weil die sauerstoffverbrauchenden Prozesse im Torf sehr schnell zu anaeroben Bedingungen führen (s. Tab. 8–2). Durch Sauerstoffmessungen in verschiedenen grundwasserbeeinflussten Böden kam auch Janiesch (1981) zu dem Schluss, dass die **Wasserbewegung im Boden keinen Einfluss auf den Sauerstoffgehalt hat**. Grundwasser, das einige Zeit mit Torf oder humusreichem Boden in Berührung kommt, verliert seinen Sauerstoff, teils durch mikrobielle Sauerstoffzehrung, teils durch Oxidationsprozesse in der organischen Substanz. Auch wenn es nicht stagniert, sondern mit mäßiger Geschwindigkeit strömt, wird durch den Torf strömendes Wasser den Wurzeln bald nach seinem Eintritt in ein solches absorbierendes Medium keinen Sauerstoff mehr bereitstellen können. Auch das Vorherrschen von NH_4^+ im Oberboden von Bruchwaldtorfen deutet auf Sauerstoffarmut hin (s. a. Tab. 8–6 u. Blume et al. 1975 sowie Döring-Mederake 1991).

Der Sauerstoffgehalt des Bodenwassers wird also offenbar stärker vom Torf- oder Humusgehalt des Bodens bestimmt als von der Fließgeschwindigkeit. Mast (1999) ermittelte in einem Erlen-Eschen-Bachauenwald mit nur mäßigem Humusgehalt im Boden (etwa 19%) mittlere O_2-Sättigungen von 20–25%, in einem Erlenbruch mit hohem Humusanteil (etwa 45%) dagegen von nur 5%.

Der **günstige Einfluss bewegten Grundwassers** auf die Moor- und Bruchwaldvegetation ist wahrscheinlich vor allem in seinem Gehalt an gelösten Mineralstoffen, besonders an Basen, sowie im Abtransport toxischer Stoffwechselprodukte einschließlich wurzelbürtiger Säuren zu suchen (van Wierdum 1991, Succow & Joosten 2001). Fließendes Wasser verhindert deshalb eine weitere Versauerung des Torfes. In stehendem Wasser reichern sich Wurzel-Exudate an und verstärken die mikrobielle Sauerstoffzehrung in der direkten Wurzelnachbarschaft.

Für die Annahme, dass der **Basengehalt des Bodenwassers** von entscheidender Bedeutung für die Bruch- und Moorvegetation ist, spricht

Tab. 8–2 Sauerstoffgehalt von Oberflächen- und Grundwasser in verschiedenen torfreichen Fichtenbruchwäldern. Nach Angaben von Hesselman (1910) aus Schweden.

Lokalität	O_2-Gehalt ($cm^3\ l^{-1}$)	Temperatur (°C)
Reicher Fichtenbruchwald (an einem Quellbach)		
Quellwasser	5,0	7
Grundwasser im Torf (oberflächennah)	2,0	7
Grundwasser im Torf (in 20 cm Tiefe)	0	7
Armer Fichtenbruchwald (mit stagnierendem Wasser)		
Tümpelwasser	6,1	8
Grundwasser im Torf (oberflächennah)	0,4–0,8	8
Grundwasser im Torf (in 20 cm Tiefe)	0	8
Lagg eines Hochmoores	7,2	10
Flusswasser	7,4	10

vor allem die Tatsache, dass Erlenbruchwälder und andere eutrophe Gesellschaften stellenweise auch bei völligem Stillstand des Grundwassers gedeihen. Das ist z. B. in kleinen abflusslosen Mulden junger Endmoränen der Fall, deren Boden noch viel Kalk enthält. Solange die Regen- und Schneeschmelzwässer dem in diesen Mulden entstehenden Torf noch genügend Basen zuführen, leben hier Erlenbruchwälder oder Verlandungsgesellschaften, die deren Entstehung vorbereiten. Weitere Beweise wurden durch Düngungsversuche auf mineralstoffarmen Übergangs- und *Sphagnum*-Torfen geliefert. McVean (1959) konnte auf hochmoorähnlichem Torf nach Bestreuen mit Rohphosphat erfolgreich Schwarzerlen aus Saaten anziehen. Raabe (1954) verfolgte in Holstein eine Sukzession auf Hochmoor- und Birkenbruchwaldtorf, die sogar ohne jede Anpflanzung zum Erlenwald führte. Sie wurde nach und nach durch Abwässer bewirkt, die dem Hochmoor aus der besiedelten Umgebung zuflossen. In beiden Fällen blieb das Grundwasser vor und nach den Eingriffen unbeweglich.

In **Quellmooren**, die rasch vom Wasser durchströmt werden, konnten Armstrong & Boatman (1967) Sauerstoff bis in 18 cm Tiefe nachweisen, im Niedermoor nur bis in 6 cm Tiefe. Das Pfeifengras (*Molinia caerulea*) wuchs dementsprechend verschieden üppig. Dichte Bestände von grasähnlichen oder krautigen Helophyten tragen durch das Aerenchym ihrer Wurzeln zur Durchlüftung des Oberbodens bei und bewirken z. B. die Oxidation von zweiwertigem Eisen (s. Kap. 8.4.1 e). Nur ganz nahe der Oberfläche oder in unmittelbarer Nähe von Quellen und rasch strömenden Bächen (sowie in humusfreien Kies- und Sandschichten) ist Sauerstoff im Grundwasser nachweisbar.

8.3 Vegetation

8.3.1 Auen- und bachbegleitende Gehölze

8.3.1.1 Längszonierung der Vegetation an Flussläufen

Je höher das Niveau des Bodens über dem mittleren Flusswasserstand liegt, desto seltener werden die Pflanzenbestände durch Überflutungen geschädigt und desto länger dauert ihre ungestörte Vegetationsperiode. Andererseits wird aber die durch das Hochwasser bewirkte Nährstoffzufuhr geringer und der durchschnittliche Abstand der Bodenoberfläche vom Grundwasser größer; damit wächst die Trockenheitsgefährdung. Dauer und Höhe der Überflutung bedingen eine mehr oder weniger gesetzmäßige Gliederung der Vegetation an den Fluss- und Bachufern, die in Abbildung 8–12 schematisch im Längsprofil von der Quelle zur Mündung und im Querprofil vom Gewässerufer bis zum Rand der Aue dargestellt ist.

Solche Reihen sind in Wirklichkeit nirgends so vollständig und regelmäßig ausgebildet, wie sie in diesem Schema erscheinen. Dieses erleichtert nur die Übersicht über die oft kleinräumig wechselvollen Standortverhältnisse, die der Fluss durch Erosion, Sedimentation und Bettverlagerung schafft.

8.3.1.2 Gesellschaften des Flussbettes und der Ufer

8.3.1.2.1 Alpenschwemmlingsfluren und Gebüsche im Bett der Gebirgsflüsse

Im eigentlichen Flussbett, d. h. in dem bei mittlerem Wasserstand vom Fluss erfüllten Teil des Gerinnes, können sich im Oberlauf bei hoher Strömungsgeschwindigkeit nirgends ausdauernde Landpflanzen, sondern nur Wassermoose halten. Erst im Mittel- und Unterlauf spielen submerse Höhere Pflanzen eine bedeutende Rolle (s. Kap. 9.3.3.2). Aufgrund der reißenden Strömung bleibt in den Gebirgsflüssen auch der größte Teil des trockenfallenden Bettes pflanzenleer, zumal die Vegetationsperiode nach dem Rückgang der Sommerhochwässer kurz und kühl ist. Trotzdem siedeln sich auf den Kiesrücken sowie in deren Strömungsschatten, wo sich feiner Sand und Schluff ablagern können, einzelne Pflanzen an (s. Abb. 8–13). Meist handelt es sich zunächst um **„Alpenschwemmlinge"**, also um alpine und subalpine Arten, die als Samen oder als ganze Pflanzen vom Wasser herbeigetragen wurden. Hinzu treten aber auch einige ausgesprochene **Wildfluss-Spezialisten** wie *Chondrilla chondrilloides*, *Calamagrostis pseudophragmites*, *Myricaria germanica* und *Typha minima*, die an Strömung, Nährstoffarmut und zeitweisen Wassermangel angepasst sind und außerhalb dieses extremen Lebensraumes keine Vorkommen haben (N. Müller 1995, Müller & Scharm 1998). Sie bilden in der montanen Stufe die lockere und oft unbeständige Alpenknorpel-

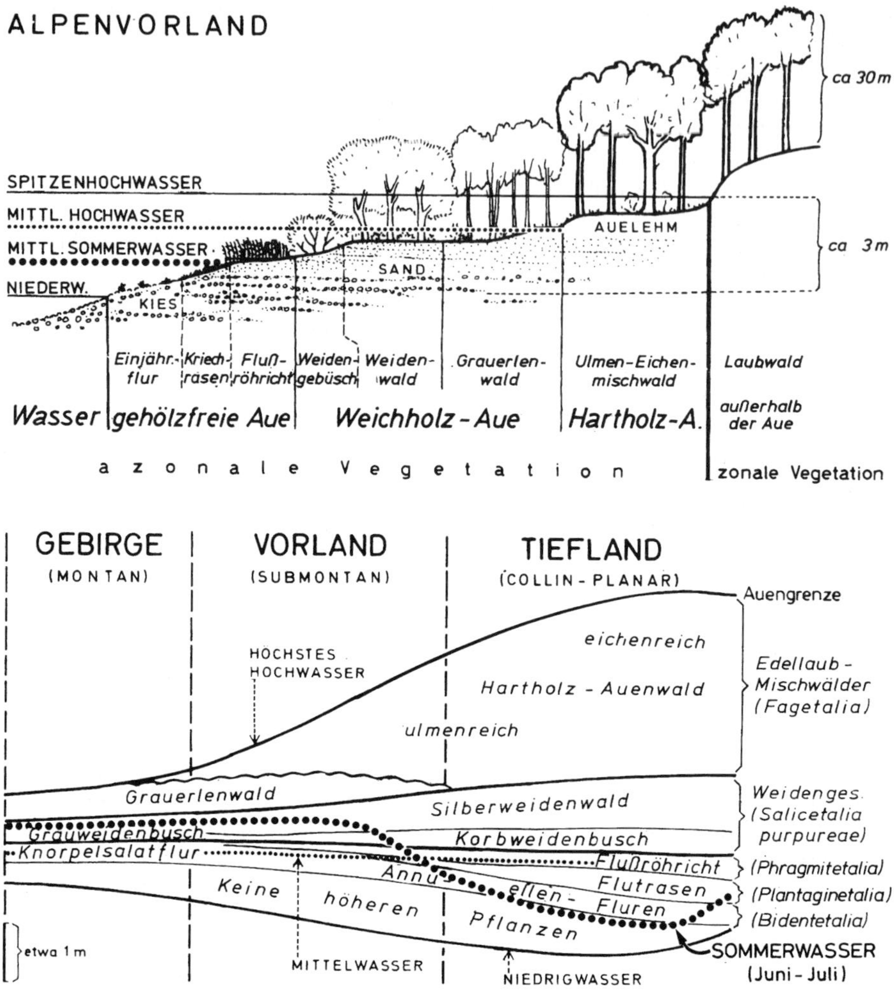

Abb. 8–12 Oben: Schematischer Querschnitt durch die vollständige Serie der Auenvegetation am Mittellauf eines Flusses im Alpenvorland. Der Grauerlenwald kann auf gleichem Niveau liegen wie der Weidenwald.
Unten: Schematischer Längsschnitt durch die Vegetationsabfolge in Flussauen von den Alpentälern bis ins küstennahe Tiefland in Beziehung zum Jahresmittel (dünn punktiert) und Sommermittel (dick punktiert) sowie zur Schwankungshöhe des Wasserstandes (zwischen Niedrigwasser und höchstem Hochwasser).

lattich-Kiesbettflur (Myricario-Chondrilletum chondrilloidis), die mit der subalpinen Bach-Weidenröschenflur (Epilobietum fleischeri) verwandt ist (s. Kap. 13.3.10.3).

Neben der namengebenden Charakterart, einer ostalpinen Komposite, und *Epilobium fleischeri* sind *Gypsophila repens* und *Saxifraga paniculata* häufig vertreten. Beide Gesellschaften gehören zur Klasse der Kalkschutt- und Geröllfluren (THLASPIETEA ROTUNDIFOLII, s. Kap. 26: Nr. 4.4), die durch basiphile Rohbodenbesiedler wie *Linaria alpina* und *Gypsophila repens* zusammengehalten wird. Die unbeständigen alpinen Schwemmlinge haben nur geringen Einfluss auf die weitere Entwicklung, weil sie den Auenrohboden nicht zu festigen vermögen (s. Kap. 13.3.12). Eine andere bezeichnende Gesellschaft der kiesigen Bachbetten ist die *Barbarea vulgaris*-Gesellschaft, die eine dauerhafte Samenbank ausbildet.

Häufig keimt die Tamariske (*Myricaria germanica*) im Chondrilletum (s. Abb. 8–14 u. 8–15), sodass sie deshalb oft zu dieser Gesellschaft gezählt wird. Doch kann sie sich hier nach Moor (1958) auf die Dauer noch nicht halten, während Weidenarten, Sanddorn und Grauerle oft schon Fuß fassen (vgl. Bill et al. 1997). Aber auch diese Holzgewächse gedeihen besser auf einem etwas höheren Niveau, auf dem ihre Keimlinge weniger oft überspült werden. So vermittelt das Weiden-Tamariskengebüsch (Myricarietum, V. SALICION ELEAGNO-DAPHNOIDIS, s. Abb. 8–42 u. Kap. 26: Nr. 8.1.1.1) zwischen Kräuterflur und höherem Weidengebüsch. Moor (1958) betont, dass sich diese Gesellschaft nur auf Schluff und nicht auf grobem Sand oder Kies ansiedle (vgl. Abb. 8–15). *Myricaria germanica*, *Salix purpurea* (in der zierlichen alpinen Varietät *gracilis*) und *Salix elaeagnos* vermögen sich im Kies mit tiefen und kräftigen Pfahlwurzeln zu verankern, die sich nach Jenik (1955) etwa in Höhe des Frühlings- und Herbstgrundwassers waagerecht verzweigen. Die Dotterweide *S. daphnoides* dürfte in dieser Gesellschaft eine ähnliche Wuchsform haben. *S. elaeagnos* tritt dabei mehr auf kiesigem, *S. purpurea* eher auf sandigem Sediment auf (Pautou & Décamps 1985). Alle drei Pioniere sind nicht nur strömungs- und überschüttungsfest, sondern ertragen – besonders in den südlichen Alpentälern – auch noch Brennholzschlag und Ziegenweide.

Wo die Kiesbänke etwas höher über Mittelwasser aufragen, folgt auf den Weiden-Tamariskenbusch in den Alpen gewöhnlich bald das Lavendelweidengebüsch (Salicetum eleagno-purpureae, Salicetum eleagno-daphnoidis, Abb. 8–15), eine der auffälligsten und deshalb schon früh beschriebenen Gesellschaften der Alpenflusstäler. In diesen tritt auch der Sanddorn (*Hippophaë rhamnoides* subsp. *fluviatile*) auf; deshalb ist auch der Name Grauweiden-Sanddorngebüsch gebräuchlich. Dieser sparrige, zähe, silberblättrige, zweihäusige Strauch mit seinen weithin kriechenden Wurzelausläufern und seinen orangeroten, vitaminreichen, schwimmfähigen Früchten ist ein ausgesprochener Pionier auf kalkreichen, grobsandigen Rohböden und lebt als solcher auch in ganz anderen Gesellschaften, z. B. im Salici arenariae-Hippophaetum rhamnoidis-Gebüsch auf den Dünen der Nordseeinseln (Unterart: *rhamnoides*, s. Kap. 12.3.1.4). Seine Symbiose mit stickstoffbindenden Wurzelknöllchen-Aktinomyzeten macht ihn vom Humus oder Schlick, den von Bakterien mineralisierten Stickstoffquellen anderer Pflanzen, unabhängig (s. Kap. 26: Nr. 6.6.1; O. SALICETALIA ARENARIAE, V. SALICION ARENARIAE).

Die von der Knorpellattichflur, vom Weiden-Tamariskenbusch und von der Sanddorn-Weiden-Gesellschaft besiedelten Schotterböden sind in der Regel sehr humusarm und müssen als Kalk-Auenrohböden (Rambla) bezeichnet werden. Selbst in Tälern mit vorherrschendem Urgestein ist das Bachwasser nämlich meistens teilweise kalkhaltig, sodass der Boden alkalisch oder doch neutral reagiert.

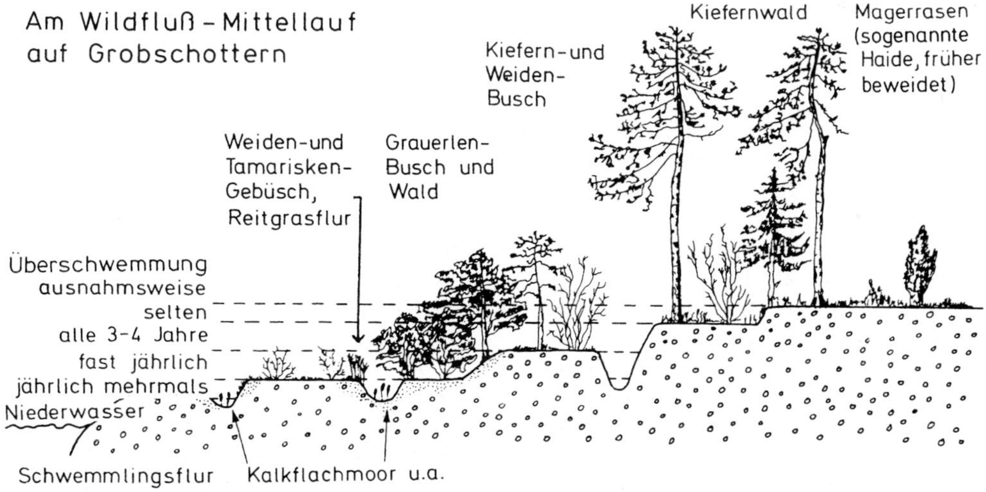

Abb. 8–13 Auenvegetation von alpinen Wildflusslandschaften vor technischen Veränderungen, mit Darstellung der Überflutungshäufigkeit; halbschematisch. In Anlehnung an Seibert (1958), nach Müller & Schmidt (1991), etwas verändert. Die Grobschotter sind mehr oder minder geschichtet.

Abb. 8–14 Kiesaue eines Hochgebirgsflusses in der montanen Stufe (Wimbachtal im Berchtesgadener Land mit Blick auf die Palvenhörner). Vorn rechts Chondrilletum, in der Mitte rechts Salicetum elaeagno-daphnoidis.

8.3.1.2.2 Schlammboden-Gesellschaften und Flussröhrichte an den Mittel- und Unterläufen

Die Stufenreihe der Formationen, die von der Flussmitte bis zum Rand der Aue aufeinanderfolgen, ist in der mittleren und unteren Laufstrecke, also in dem Bereich, in dem der Fluss mehr sedimentiert als erodiert, vollständiger als am Oberlauf. Im Mittel- und Unterlauf siedeln sich verschiedene Kräuter, Gräser und Grasartige in dem oft überfluteten, zeitweilig aber recht trockenen amphibischen Uferbereich an, von denen aber nur die raschlebigen Annuellen stets bis zur Samenreife gelangen (s. Abb. 8–16). Vor allem sind es *Chenopodium-* und *Polygonum*-Arten, die hier zwischen Schottern oder auf grobem, aber nährstoffreichem Sand voll besonnte und konkurrenzfreie Plätze finden. Auf dem schlickreicheren Uferstreifen der Unterläufe spielen auch *Bidens*-Arten eine Rolle, wie hier überhaupt die Annuellenfluren besser entwickelt sind als am Mittellauf, dessen Uferbänke ja oft erst im August trockenfallen. Im Übergang zur nächsthöheren Zone breiten sich hier und dort raschwüchsige Gräser oder grasähnliche Pflanzen in niedrigen Teppichen aus, die aber ebenso wie die vereinzelten Kräuter im tieferen Flussbett von Jahr zu Jahr ungleich häufig auftreten und bei anhaltend hohem Wasserstand gar nicht zur Entwicklung kommen. Diese charakteristischen **Ufer- und Schlammboden-Fluren** werden näher in Kapitel 21.2.2 behandelt.

Erst oberhalb einer gewissen Grenze der Überflutungsdauer, meist im unteren Mittelwasserbereich (Krause 1982), fassen hochwüchsige Gräser oder grasartige Pflanzen Fuß, die fähig sind, sich mit einem dichten Geflecht von Rhizomen im Boden zu verankern und vegetativ auszubreiten (s. Abb. 8–17 u. 8–18). Am Mittellauf und teilweise auch am Unterlauf

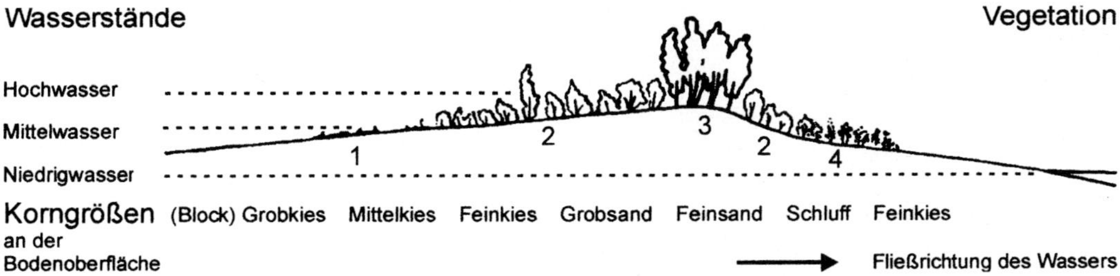

Abb. 8–15 Verteilung der Korngrößen und der Vegetationseinheiten auf einer Flussinsel in der montanen Stufe der Alpen. Nach Moor (1958), etwas verändert.
1 = Alpenknorpelsalat-Kiesbettflur (Chondrilletum),
2 = Grauweiden-Sanddornbusch (Salicetum elaeagno-daphnoidis),
3 = Grauerlenwald (Calamagrosti-Alnetum incanae),
4 = Weiden-Tamariskenbusch (Salici-Myricarietum). Der Erlenwald kann relativ größere Flächen einnehmen.

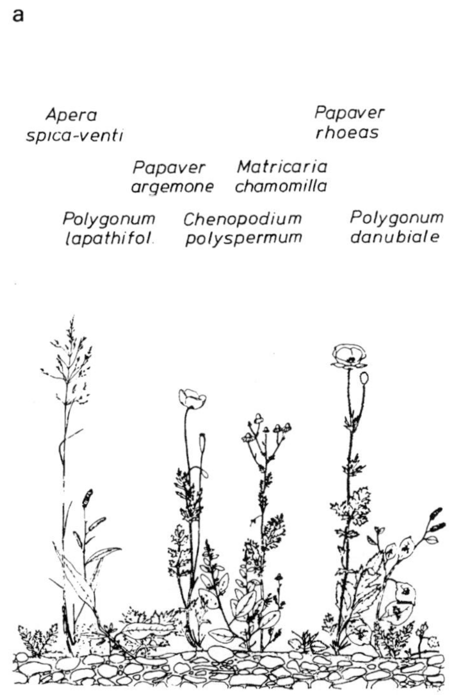

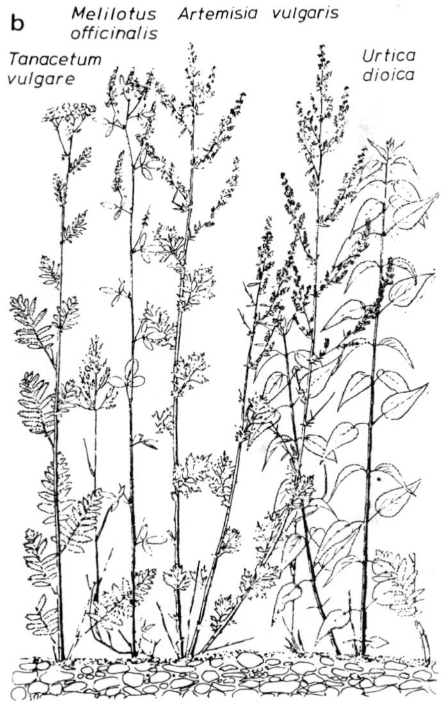

Abb. 8–16 Pioniervegetation auf einer jungen Kiesbank, die über das Mittelwasser der Ahr aufragt (halbschematisch). Nach Lohmeyer (1970), verändert.
a: Im ersten Jahr herrschen Therophyten, die großenteils auch als Ackerunkräuter auftreten. Mehrjährige Arten sind schon vorhanden, treten aber nicht hervor. (Statt *Polygonum danubiale* lies *P. brittingeri).*
b: Ein Jahr später bestimmen zwei- und mehrjährige Stauden den Aspekt: *Agrostis stolonifera* bleibt im Unterstand, kann aber in von Hochwasser gerissenen Lücken Rasen bilden.

der Flüsse herrscht in diesem **Flussröhricht** das Rohrglanzgras (*Phalaris arundinacea*), dessen schlaffere Halme es im Gegensatz zum starr aufrechten Schilf (*Phragmites australis*) vertragen, öfter von der Strömung geknickt zu werden. An stark beanspruchten Uferstrecken fehlt aber auch das Rohrglanzgras-Röhricht, und nur an ruhigen Stellen bildet es breite, lückenlose Gürtel. Die Entwicklung der einzelnen Siedlungen des Flussröhrichts geht oftmals von Rasenstücken aus, die das Hochwasser ans Ufer spülte, ist also mehr oder minder vom Zufall abhängig. Auf die Flussröhrichte wird näher in Kapitel 9.3.3.2 eingegangen.

Abb. 8–17 Flussröhricht (Phalaridetum) am kiesigen Ufer der Aare; davor Fragmente des Flechtstraußgras-Rasens (*Agrostis stolonifera*) und im trocken gefallenen Flussbett Annuelle (*Polygonum lapathifolium*).

8.3.1.3 Bachbegleitende Gebüsche und Weichholz-Auenwälder

Durch Anschwemmung von Rhizom- und Sprossteilen siedeln sich zuweilen auch die ersten Pioniere des Auenwaldes an, zu denen vor allem buschige und sehr raschwüchsige Weidenarten gehören, z. B. *Salix purpurea* und *S. triandra* (s. Abb. 8–19). Eine generative Vermehrung gelingt diesem Weidengebüsch nicht in jedem Jahr, obwohl es viele flug- und schwimmfähige Samen erzeugt (s. Kap. 8.4.3). Nur auf breiten und zugleich niedrigen Kies- oder Sandbänken kann das Weidengebüsch einmal größere Flächen einnehmen. Sonst bildet es einen schmalen Saum, der oberhalb der Mittelwasserlinie den Übergang vom Röhricht oder vom kaum bewachsenen Ufer zu dem auf etwas höherem Niveau stockenden Weichholz-Auenwald vermittelt (s. Abb. 8–20). Wie der Name sagt, besteht diese in keiner natürlichen Flussaue fehlende Formation aus Bäumen,

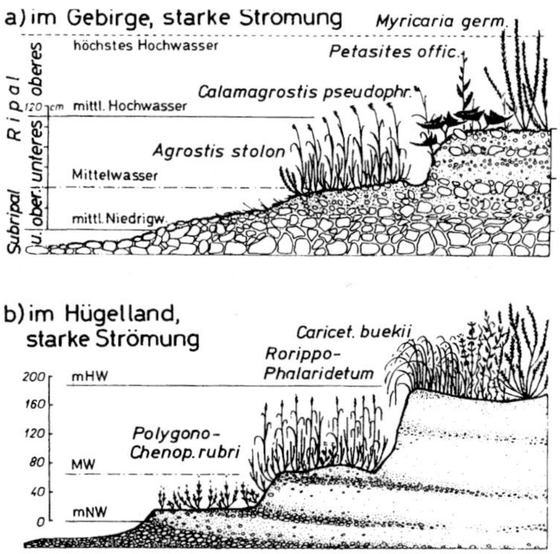

Abb. 8–18 Flussufer-Bewuchs bei verschieden starker Strömung und Wasserspiegelschwankung, an Beispielen des Studený (a) mit nivalem Abflussregime in der Hohen Tatra sowie des Adler-Unterlaufs (b, c) im niedrigen Bergland Nordostböhmens. Nach Kopecký (1969), verändert.
a Infolge der Schneeschmelze im hohen Gebirge führt der transportkräftige Gebirgsfluss im Frühsommer am meisten Wasser. Das „Subripal" (unterhalb des Mittelwasserspiegels) ist deshalb nahezu pflanzenleer. Nur im „unteren Ripal" siedeln sich Kriechrasen an (mit *Agrostis stolonifera, Barbarea vulgaris* und *Juncus articulatus*). Der Uferreitgras-Rasen (*Calamagrostietum pseudophragmitis*), eine vor allem im kontinentalen Südosten Mitteleuropas vorkommende Gesellschaft, überzieht kiesige Sandbänke im „oberen Ripal", wo auch schon Tamarisken (*Myricaria germanica*) Fuß fassen können. Als Saum der *Myricaria-Salix incana*-Gebüsche gibt es oft ausgedehnte Pestwurzfluren (vorwiegend mit *Petasites hybridus*).
b Der Prallhang des Flusses muss starker Strömung und Wasserspiegelschwankung standhalten. Der Bereich des Niedrigwassers und der darunter liegende bleiben infolgedessen vegetationslos. Auf zeitweilig wasserfreien Bänken siedeln Annuelle (*Polygonum lapathifolium* u. *P. brittingeri, Chenopodium rubrum* u. a.). Das Rohrglanzgras-Röhricht bietet einen gewissen Uferschutz. Die Banater Segge (*Carex buekii*) bildet am wenig überfluteten Uferrand eine eigene, nur im südöstlichen Mitteleuropa vorkommende Gesellschaft. Diese tritt zurück, wo Weidengebüsch das Ufer säumt, und von „Schleiergesellschaften" (mit *Convolvulus,* nicht *Calystegia sepium, Cuscuta*-Arten u. a.) überwuchert ist.
c Oberhalb einer Kraftwerk-Staustufe erinnert die Vegetationszonierung an einen flachen See: Wasserlinsen-Decke und fragmentarische Seerosen-Gesellschaft, Schilfröhricht mit Wasserfenchel und einer Randzone aus Blumenbinse (*Butomus umbellatus*), Schwadenröhricht (*Glycerietum maximae*) und Schlankseggenried (*Caricetum gracilis*) mit *Phalaris* folgen bei geringen Niveau-Erhöhungen aufeinander.

Abb. 8–19 Purpurweiden-Gebüsch (Salicetum purpureae) und Fragmente des Flussröhrichts (*Phalaridetum*) auf einer übersandeten Kiesbank in der Enns (im Gesäuse unterhalb Admont) bei Niedrigwasser im September.
Vorn rechts Weidenkeimlinge (vorwiegend *Salix alba)* aus Samen, die im Juni angespült wurden.

deren rasch gewachsenes Holz wenig haltbar und verhältnismäßig leicht ist (s. Abb. 8–21). Namentlich einige hochwüchsige Weidenarten, darunter *Salix alba*, *S. fragilis* und deren Bastard *S.* × *rubens* sowie *S. triandra*, sind im Weichholz-Auenwald über ganz Mitteleuropa mit Ausnahme der Gebirge verbreitet. In montanen Lagen und im weiteren Vorland der Alpen und Hohen Tatra, d. h. im Bereich der regelmäßig eintretenden Sommerhochwasser, werden die etwas höher gelegenen Teile der Weichholz-Aue von der Grauerle (*Alnus incana*) beherrscht (s. Abb. 8–22). Welche Rolle die Pappeln, insbesondere *Populus nigra* und *P. alba*, in den Weichholz-Auenwäldern Mitteleuropas von Natur aus spielen, kann man heute kaum noch entscheiden, weil einheimische und amerikanische *Populus*-Arten schon früh und oft gepflanzt wurden (s. Kap. 8.3.1.3.1).

8.3.1.3.1 Korbweidengebüsche, Silberweidenwälder und pappelreiche Auenwälder

Die Lavendelweidengebüsche der schotterreichen Alpentäler begleiten die Flüsse nicht bis in die submontane Stufe hinab. Zwar begegnet man einzelnen ihrer Arten auch im Tiefland, *Salix elaeagnos* sogar als bis zu 20 m hohem Baum (Müller & Görs 1958). Sobald aber die Strömung nicht mehr so reißend ist und vorwiegend Sand und Schluff an den Ufern abgelagert werden, haben die Auenböden genügend wasserhaltende Kraft, um anspruchsvollere, hochwüchsige und gegen Trockenheit empfindliche Weidenarten gedeihen zu lassen. Die Mandelweide (*Salix triandra*) tritt hinzu, die Purpurweide herrscht in ihrer normalen, weniger niedrigen Form und bildet mit den anderen schmalblättrigen Weidenarten und ihrem Bastard mit der Mandelweide zusammen dichte Gebüsche. Schließlich finden wir ein Mandelweiden-Korbweidengebüsch (Salicetum triandrae, s. Abb. 8–27), in dem kaum noch montane oder gar subalpine Arten vorkommen. Dieses bereits zum Verband der Weidenauen tieferer Lagen (SALICION ALBAE) gehörige, biegsame Gebüsch begleitet die Flüsse bis ins meernahe Tiefland (s. Kap. 26: Nr. 8.1.1.2).

In dem typischen Mandelweiden-Korbweidengebüsch sieht Moor (1958) nur eine „Mantelgesellschaft“ (s. Abb. 4–3), d. h. eine Gebüschformation, die zwischen dem eigentlichen Beherrscher der oft überschwemmten Tieflandsauen, dem Silberweidenwald (Salicetum albae, Abb. 8–21), und dem für Holzpflanzen unzugänglichen Flussbett vermittelt. Tatsächlich siedelt sich die Silberweide mit der Purpurweide und anderen Arten schon auf den niedrigsten Uferbänken an, auf denen überhaupt Weiden Fuß fassen können. Aber erst auf den etwas höher gelegenen, nicht mehr so oft und rasch überströmten und deshalb feinkörnigeren Auenböden wächst sie zu jenem prächtigen, über 30 m hohen und auch breit ausladenden Baum heran, der den mitteleuropäischen Flussauen ihren besonderen Reiz verleiht. Als die höchste und langlebigste aller Weidenarten herrscht *S. alba* allein oder allenfalls zusammen mit ihrem Bastard *Salix* × *rubens* (s. Abb. 8–21 u. 8–27). Die reine Form der Bruchweide (*S. fragilis*), die oft als Charakterart angeführt wird, tritt nur in den Auen kleiner Flüsse mit kalkarmen, meist nährstoffärmeren Schottern hervor (Salicetum fragilis). Das Wasser der größeren Ströme ist aber fast überall basenreich.

Eine heute kaum noch zu klärende Frage ist die nach dem natürlichen Anteil der Schwarzpappel (*Populus nigra*) an den Silberweiden-Auenwäldern. Nur im südlichen Mitteleuropa ist sie sicher einheimisch, doch wurde sie bis in die Nähe der Nord- und Ostseeküste überall angepflanzt. Oft handelt es sich allerdings um Hybriden, die unter dem Namen Kanada- oder Bastard-Pappel (*P.* × *canadensis* = *P. nigra* × *P. deltoides*) zusammengefasst werden und die reine Schwarzpappel fast überall verdrängt haben (z. B. Franke et al. 1997). Im höheren Bergland fehlen sie, weil ihr Wärmebedürfnis recht hoch ist (Weisgerber 1999). Während die Schwarzpappeln an und für sich windhart sind und in den Seemarschen sogar zum Windschutz um die Häuser angepflanzt werden, leiden sie in den überschwemmten Flussauen unter den Stürmen, die im meernahen Flachland recht heftig werden können. Wenn ihr Wurzelraum völlig wasserdurchtränkt ist, werden sie vom Wind leicht umgeworfen, sodass hier selten eine Pappel in der Weichholzaue ihre volle Höhe erreicht. Ob aus diesem oder aus einem anderen Grund, jedenfalls fehlt die Schwarzpappel wahrscheinlich in den Flussauen des nordwestlichen Tieflandes von Natur aus weitgehend. Tüxen (1955) nannte die nordwestdeutsche Weichholzaue deshalb nicht mehr Salici-Populetum, wie das in älteren Schriften geschah, sondern Salicetum albo-fragilis. Im Osten Mitteleuropas, z. B. an der Weichsel und an der unteren Donau und bereits an der mittleren Elbe, ist *Populus nigra* aber sicher ein natürlicher Partner der Silberweide (z. B. Szczepanski 1990, W. Schmidt 2002); an der Oder herrscht sie nach Passarge (1985) von Natur aus sogar vor. Matuszkiewicz & Borowik (1957) sowie Jurko (1958) u. a. sprechen also mit Recht vom Pappel-Weidenwald. Beispiele aus der ehemaligen Tschechoslowakei sind in Tabelle 8–3, Nr. 1 bis 5, zusammengestellt.

Stärker als die Weiden, die im Wasser zügig viele Adventivwurzeln bilden, werden die Pappeln durch Überflutungen beeinträchtigt (s. Abb. 8–49 u. Tab. 8–7); sie sind jedoch trockenheitstoleranter als diese. Die Schwarzpappel hat deshalb ihren Verbreitungsschwerpunkt im trockenen, höher gelegenen Flügel der Silberweiden-Weichholzaue im Übergang zur Eichen-Ulmen-Hartholzaue (Querco-Ulmetum; s. Abb. 8–20; vgl. Jurko 1958, Moravec et al. 1982, Schnitzler 1995). Häufig stellen die hochwüchsigen und recht langlebigen Pappeln Relikte der ehemaligen Pioniervegetation an diesem Standort dar. Wie trocken manche der von Schwarzpappeln besiedelten Uferwälle trotz der Nähe zum Fluss sein können, zeigt das Vorkommen von *Quercus pubescens* in diesen Pappel-Weidenwäldern, so z. B. an der Isère bei Grenoble (Pautou & Girel 1994).

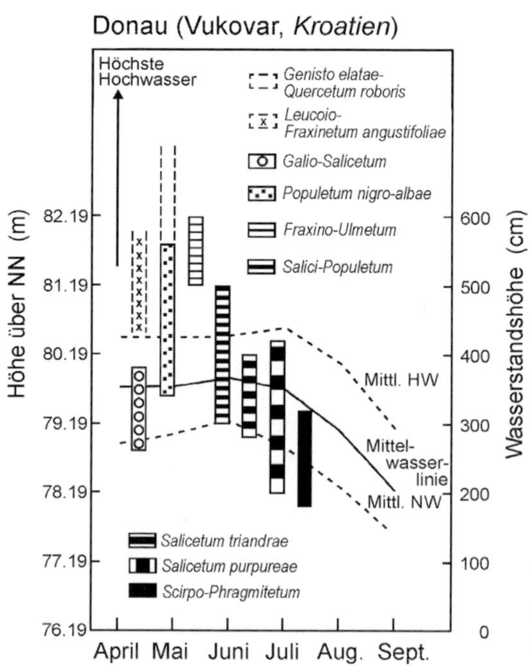

Abb. 8–20 Vegetationszonierung in Bezug zu den Wasserständen der Donau in der Region von Vukovar (Kroatien). Nach Raus (1979) in Vukelic & Raus (2001), verändert und ergänzt.

Tab. 8–3 Weiden-, Pappel-, Ulmen- und Eichen-Auenwälder der Tieflagen in der Tschechei u. Slowakei. Nach Tabellen von Mráz & Šika (1965), verändert. Feuchtezahl (F) nach Ellenberg et al. (1992).

Gesellschaft Nr.:	1	2	3	4	5	6	7	8	9	10	F
Baumschicht											
Salix alba	**4**	**4**	3	1	1	3					8=
Populus nigra + americana	**3**	**5**	4	**4**	4	3	3	3	1	1	8=
Alnus glutinosa	3	4	**5**	**4**	**3**	**5**	**3**	4	2	1	9=
E *Ulmus minor*	3	3		5	**4**	**5**	**5**	**5**	**3**	3	×~
E *Fraxinus excelsior* (kult.)				2	**2**	**5**	4	4	4	5	×
Q *Acer campestre*				2	1	3	5	5	4	5	5
Q *Quercus robur*				2	3	4	4	3	**5**	**5**	×
E *Tilia cordata*				2	1	3	3	5	5	5	5
E *Carpinus betulus*						2	1	2	**2**	4	×
Strauchschicht:											
Humulus lupulus (Liane)	3	1	2	2	3						8=
Sambucus nigra	1	1		5	4	3	3	2			×
E *Prunus padus* (z.T. Baum)	3	2	3	5	5	**5**	5	5	4	2	8=
Q *Euonymus europaea*		2	2	3	2	2	2	3	2	1	5
Q *Cornus sanguinea*				3	3		2	4	1	2	5
Q *Crataegus* sp.						1		4	3	1	×
Krautschicht:											
Bidens tripartita	3										9=
P *Lycopus europaeus*	3										9=
w *Galium uliginosum*	3										8~
P *Alisma plantago-aquatica*	3										10
Polygonum amphibium	3										11
P *Glyceria maxima*	4	2									10~
Polygonum hydropiper	4	4									8=

Gesellschaft Nr.:	1	2	3	4	5	6	7	8	9	10	F
Solanum dulcamara	3	3									8~
P *Carex gracilis*	4	2	2								9=
P *C. riparia*	4	2	2								9=
Caltha palustris	3	1	2								9=
P *Mentha aquatica*	3	2	2								9=
P *Scutellaria galericulata*	3	1	2								9=
w *Myosotis palustris*	4	2	4								8~
w *Stachys palustris*	4	3	2								7~
P *Iris pseudacorus*	5	5	3	1		1					9=
w *Lythrum salicaria*	4	3	5	1							8~
w *Lysimachia vulgaris*	5	4	5	1	1		1				8~
Ranunculus repens	5	5	4	1		1			2		7~
E *Stellaria nemorum*	2		2	4							7
Rumex obtusifolius	4	3	2	4							6
Galeopsis tetrahit	4	1	2	2	2						×
E *Impatiens noli-tangere*	3	3	3	3	3	1					7
Poa palustris	5	3	3	3	3	2					8?
P *Phalaris arundinacea*	**5**	5	4	5	3	2			2		8~
w *Alopecurus pratensis*	2	1		2		3					6
E *Impatiens parviflora*	3	3	3	**4**	5	3	1	3			×
Urtica dioica	5	**5**	5	**5**	**5**	5	5	4	1		6
w *Poa trivialis*	2	3	3	4	3	5	1	3			7
E *Rumex sanguineus*	2	1	3	2		3	2	3			7
Alliaria petiolata	4	3	3	5	**5**	**5**	**5**	3	4		5
w *Angelica sylvestris*	3	4	3	2	2	1	2	1	2		8

Tab. 8–3 Fortsetzung

Gesellschaft Nr.:	1	2	3	4	5	6	7	8	9	10	F
E *Agropyron caninum*	*2*		*2*	*3*	*2*	*2*	*3*	*3*	*5*		6
w *Taraxacum officinale*	*2*	*1*	*2*			*1*		*2*	*3*		5
Rubus caesius	5	5	5	5	5	4	5	2	3	2	×
Symphytum officinale	5	3	5	4	1	2	2	1	5	2	7
Glechoma hederacea	3	4	5	5	4	5	5	5	5	4	6
Galium aparine	4	3	4	5	5	5	5	4	5	3	×
w *Lysimachia nummularia*	3	3	5	1	2	2	2	2	3	2	6~
Deschampsia cespitosa	3	3	5	3	2	5	4	3	4	5	7~
w *Filipendula ulmaria*	3	3	5	4	3	4	2	3	3	5	8
E *Geum urbanum*	1	1	5	4	4	5	5	4	3	1	5
E *Festuca gigantea*	2	1	3	5	3	4	5	4	3	2	7
Q *Ranunculus ficaria*	1	1	2	2	2	4	2	3		2	6
Silene dioica	1		3	3	3	3	3	2	2	1	6
Veronica hederifolia	1		3	1	2	4	1	4	2	1	5
Q *Moehringia trinervia*		2	4		1	3	1	3	2		5
w *Heracleum sphondylium*			2	3	2	1		2	3	1	5
Q *Milium effusum*			2	2		1	2		2	3	5
Aegopodium podagraria			2	4	5	5	5	5	5	6	
Dactylis glomerata			2	4	3	4	5	5	5	4	5
Veronica chamaedrys			4		1	3	4	3	5	5	5
E *Scrophularia nodosa*			2		1	1	2	1	5	4	6
E *Campanula trachelium*			2		1	1	2	2	5	4	6
E *Circaea lutetiana*			2	1	3	2	2	1			6

Gesellschaft Nr.:	1	2	3	4	5	6	7	8	9	10	F
Lamium maculatum			2	2	1	4	4	3	2		6
w *Anthriscus sylvestris*				4	4	4	3	3	4		5
E *Omphalodes scorpioides*				1		5	3	5			6
Q *Adoxa moschatellina*				2		2		4			6
E *Allium scorodoprasum*					1	3	1	2	3		7
E *Paris quadrifolia*					1	3	2	2	2		6
E *Corydalis cava*				1	1	4	2	4	1	1	6
E *Stachys sylvatica*					1	3	3	3	3	1	7
Q *Anemone nemorosa*						3	1	3	4	2	5
E *A. ranunculoides*						3	1	3	4	2	6
Q *Brachypodium sylvaticum*						2	2	4	5	5	5
Q *Poa nemoralis*						2	1	1	5	5	5
E *Gagea lutea*						3	1	4	1	1	6~
E *Viola reichenbachiana*						1	3	3	3	4	5
Ajuga reptans						2	4	3	4	3	6
E *Stellaria holostea*					1	1		4	2	2	5
E *Pulmonaria officinalis*								3	1	1	5
Carex brizoides							1		3	1	6~
E *Lathyrus vernus*								1	3	3	5
Hypericum hirsutum								1	3	2	5
Q *Melampyrum nemorosum*									2	2	4~
Ornithogalum umbellatum						1			3		5
w *Lathyrus pratensis*									3		6

P = Röhricht- und Seggenried-Pflanzen (PHRAGMITETEA) und untergeordnete Einheiten
Q = Laubwaldpflanzen (QUERCO-FAGETEA)
E = Edellaubwald-Pflanzen (FAGETALIA) und untergeordnete Einheiten
w = in Wiesen verbreitete Arten

Feuchtespanne F4–11
= oft überschwemmt
~ wechselfeucht
× indifferent
(s. a. Kap. 27)

Erläuterungen zu Tab. 8–3.

		mittlere Feuchtezahl:
Nr. 1 bis 3:	**Pappel-Weidenauenwald** (Salici-Populetum); relativ häufig überflutet;	
1:	mit Großseggen („magnocaricetosum"); nasseste Ausbildung meist mit herrschender Silberweide;	7,7
2:	typisch (typicum); oft mit herrschender Schwarzpappel bzw. gepflanzten Hybriden (*Populus americana*),	7,4
3:	mit Nelkwurz („geosum"); oft mit herrschender Schwarzerle, zu Nr. 4 und 5 überleitend.	6,7
Nr. 4 u. 5:	**Schwarzpappel-Auenwald** („Sambuco-Populetum"); weniger oft überflutet als Nr. 1 bis 3;	
4:	mit Hain-Sternmiere („stellarietosum nemorae"); noch relativ nass, meist mit herrschenden Pappeln,	6,5
5:	typisch (typicum); meist mit herrschender Feldulme oder (gepflanzter) Esche.	6,6
Nr. 6 bis 8:	**Ulmenauenwald** („Omphalodo-Ulmetum", nach dem Gedenkemein genannt); reich an FAGETALIA-Arten;	
6:	mit Silberweide („salicetosum"); meist mit Schwarzerle; Ulme oder Esche (gepflanzt) herrschend,	6,3
7:	typisch (typicum); meist mit herrschender Ulme und viel Traubenkirsche.	6,2
8:	mit Lungenkraut („pulmonarietosum"); mit herrschender Ulme, zu Nr. 9 und 10 überleitend.	6,0
Nr. 9 u. 10:	**Ulmen-Eichenauenwald** (Ulmo-Quercetum); nur selten überflutet, vorwiegend FAGETALIA-Arten;	
9:	mit Wiesenkerbel („anthriscetosum"); relativ licht und mit Wiesenpflanzen,	5,9
10:	typisch (typicum); dichter Auenwald mit herrschender Eiche, den Eichen-Hainbuchenwäldern nahestehend.	5,8

Arten, die in keiner Gesellschaft mit größerer Stetigkeit als 2 (= bis 40 % der Aufnahmen) vorkommen, wurden großenteils weggelassen. Bei Arten, die oft einen hohen Deckungsgrad erreichen, wurde die Stetigkeitsziffer fett gedruckt.

Ein noch geringeres Heimatrecht in Mitteleuropa als die Schwarzpappel hat die Silberpappel (*Populus alba*). Sie ist in den Hartholzauen des submediterranen Europa (V POPULION ALBAE) und wohl auch in den wärmsten Tallagen der Oberrheinischen Tiefebene und der Donau zu Hause (Jurko 1958). In Mitteleuropa tritt sie wie die Schwarzpappel und die Graupappel (*P.* × *canescens* = *P. alba* × *P. tremula*) vor allem als Pionier auf grobkörnigen, kalkreichen Auensedimenten auf. Störungen sind für alle Pappeln wichtige Bedingung für ihren Erfolg

Abb. 8–21 Silberweiden-„Urwald", d. h. der erste Baumbestand, der sich auf einer nach 1940 neu entstandenen und bis zur Aufnahme im Jahre 1963 nicht gestörten Aareinsel ansiedelte.
Vorherrschend *Salix rubens* (*S. alba x fragilis*) und S. *alba;* im Unterwuchs vorn rechts *Festuca gigantea* mit *Urtica dioica*, hinten *Phalaris arundinacea* erkennbar. Die Bäume sind kaum älter als 20 Jahre.

in der Aue; die früher verbreitete Niederwaldwirtschaft dürfte sie sicher gefördert haben (Walentowski & Karrer 2006). Angepflanzt und subspontan verbreitet, bezeichnet die Silberpappel bei uns gewöhnlich ebenso sommertrockene Auenstandorte wie die Schwarzpappel (s. Abb. 8–27).

Über den Unterwuchs der Silberweidenauen ist wenig Bestimmtes zu sagen, zumal sie sich fast nirgends mehr im naturnahen Zustand befinden und durch niederwaldartige Nutzung oft stark ausgelichtet wurden. Arealgeografisch betrachtet, sind die Silberweiden- und Silberweiden-Pappelauen auffallend reich an Kosmopoliten und an adventiven Arten (vor allem *Aster-*, *Bidens-*, *Solidago-* und *Helianthus*-Arten), also an Pflanzen, die zu ruderaler Verbreitung neigen. Europäische und mitteleuropäische Arten, die in anderen Waldgesellschaften den Ton angeben, oder Elemente aus angrenzenden Klimagebieten (z. B. mediterrane oder kontinentale), treten dagegen sehr zurück.

Je nach ihrer Lage zum mittleren Wasserspiegel, nach ihrer Entfernung vom Flusslauf, nach Grundwasserstand und Bodenart lassen sich unter den Silberweiden- bzw. Pappel-Silberweiden-Mischbeständen ökologisch und floristisch mehr oder weniger deutlich differenzierte Untergesellschaften und Varianten unterscheiden (s. Tab. 8–3; s. a. Wendelberger-Zelinka 1952, Drescher 1977, Horvat et al. 1974, Hager & Buchleitner 2001). Die Tideauenwälder von Rhein und Elbe haben Zonneveld (1960), Kötter (1961), Möller (1977), van Wirdum-Daan & van Wirdum (1977), Mang (1984), Preisinger (1991) und andere vegetationskundlich untersucht, Brand & During (1972) deren artenreiche epiphytische Moosflora.

8.3.1.3.2 Grauerlenauen im Gebirge und im Vorland

Silberweidenauen sind an den Strömen Mitteleuropas sehr verbreitet und können als charakteristischer Bestandteil seiner Naturlandschaft in der planaren, collinen und submontanen Stufe (bis etwa 900 m ü.NN.) gelten. Im äußersten Nordosten Mitteleuropas, im Vorland seiner Hochgebirge und besonders in den Alpen haben die Baumweiden aber einen recht kräftigen Konkurrenten in Gestalt der Grauerle (*Alnus incana*), die in kalkreichen Auen hier fast überall aufkeimen kann und meistens die Herrschaft gewinnt. In den Auen der Gebirgsflüsse löst die Grauerle den Sanddorn und die buschförmigen Weidenarten ab, die ihr nicht selten durch allmähliche Anhäufung von Sand oder Kies den Boden bereiten. *Alnus incana* schattet so stark, dass alle diese lichtliebenden Pioniere zugrunde gehen. Außerdem erreicht sie mehr als 10–15 m Höhe, während *Hippophaë* und *Salix purpurea* in den Gebirgstälern meist nicht über 3 m hinauskommen (s. Abb. 8–23). Durch Tiefereinschneiden des Flusses wird der montane Grauerlen-Auenwald (Alnetum incanae) rasch zur Herrschaft gebracht, und zwar auch auf grobkörnigen Böden, auf denen sich noch nicht viel mehr Humus ansammeln konnte als unter dem Sanddorn-Weidenbusch (s. Abb. 8–22). Wie *Hippophaë* besitzt aber *Alnus* Wurzelknöllchen-Aktinomyzeten und kann sich den Stickstoff der Luft zunutze machen. Flussregulierung förderte die Grauweide zusätzlich, so am unteren Lech (Müller & Müller 1998; vgl. Abb. 8–48).

In Tälern des inneralpinen Nadelholzbereiches ist der Grauerlen-Auenwald die einzige natürliche Laubwald-Gesellschaft. Da er wegen der sommerlichen Überflutungen sowie we-

Abb. 8–22 Grauerlen-Auenwald am Inn bei Strada im Spätherbst. Hochwasser hat Sand und Kies zerfurcht sowie Teile des Erlenbestandes losgerissen und verschwemmt (Blick stromaufwärts bei ziemlich niedrigem Wasserstand).

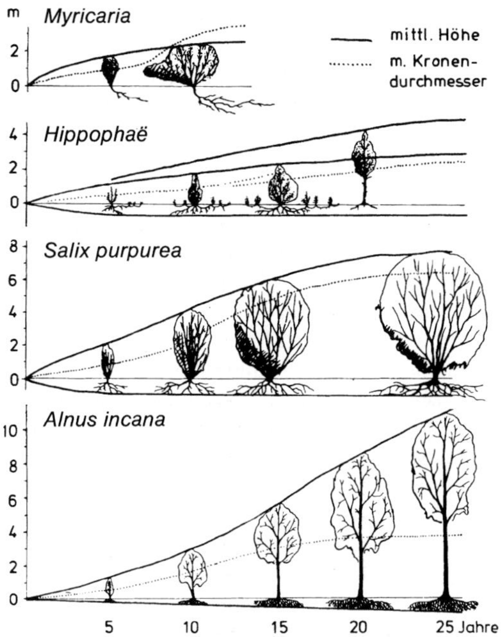

Abb. 8–23 Entwicklungsverlauf bei Tamariske, Sanddorn, Purpurweide und Grauerle im Inntal, etwa 700 m ü.NN. Nach Schiechtl (1958), verändert.
Myricaria germanica verankert sich tief im Schotter der reißenden Gebirgswasser und lebt als Individuum nicht viel länger als 10 Jahre.
Alnus incana als anderes Extrem entwickelt sich in der Jugend langsamer, lebt aber mehr als 50 Jahre; sie wurzelt außerordentlich flach und intensiv in dem feinkörnigen Oberboden auf höherem Niveau der Aue. *Hippophaë rhamnoides* vermehrt sich durch Wurzelbrut.

gen seiner Bedeutung als Uferschutz großenteils erhalten blieb, wurde er zum Versammlungsort fast aller hier noch vorkommenden Laubwaldpflanzen der FAGETALIA, insbesondere der feuchtigkeitsliebenden oder nässeertragenden unter ihnen. So findet man in den Grauerlenauen überraschend viele Bekannte aus den feuchten Eichen-Hainbuchenwäldern und Ahorn-Eschenwäldern, z. B. *Fraxinus excelsior*, *Sambucus nigra*, *Euonymus europaea*, *Viburnum opulus*, *Rubus caesius*, *Festuca gigantea*, *Stachys sylvatica*, *Circaea lutetiana*, *Scrophularia nodosa*, *Impatiens noli-tangere* und *Aegopodium podagraria*. Manche dieser Arten können als lokale Charakterarten des Alnetum incanae gelten, weil weit und breit keine verwandten FAGETALIA-Gesellschaften vorkommen. Allgemeingültige Charakterarten hat der montane Grauerlen-Auenwald kaum, wenn man nicht *Alnus incana* selbst als solche ansieht. Doch ist der Verband der Erlen- und Edellaub-Auenwälder (ALNO-ULMION MINORIS), zu dem man ihn stellen muss, reich an solchen:

Aconitum variegatum	*Poa remota*
Carex brizoides	*Rumex sanguineus*
Carex strigosa	*Stachys sylvatica (?)*
Chrysosplenium alternifolium	*Veronica montana*
Circaea alpina	*Vitis vinifera* subsp. *sylvestris*
Circaea lutetiana (?)	M *Plagiomnium undulatum*
Elymus caninus	
Equisetum hiemale (?)	Bäume:
Equisetum pratense	*Fraxinus angustifolia (?)*
Equisetum sylvaticum	*Prunus padus*
Gagea lutea	*Ulmus laevis*
Impatiens noli-tangere (?)	

Von diesen kommen allerdings die Bäume in den höher gelegenen Grauerlenwäldern nicht vor, und viele Arten, vor allem die mit (?) versehenen, treten unterhalb der montanen Stufe als Differenzialarten in bodenfeuchten Untergesellschaften von Eichen-Hainbuchen- und Buchenwäldern auf. Auch der Unterverband der Erlenauen- und Quellsumpfwälder (ALNENION GLUTINOSO-INCANAE), in dem manche Autoren das Alnetum incanae abgrenzen, steht ökologisch so isoliert, dass er durch viele Arten charakterisiert wird (s. Tab. nächste Seite).

Nach Griesser (1992) gedeihen in Grauerlenwäldern (und Sanddorngebüschen) zahlreiche kennzeichnende Pilzarten. Relativ artenarm sind nur die Ektomykorrhiza-Pilze, was als Folge der durchweg guten Stickstoffernährung gedeutet wird. Alle genannten Arten sowie die Pilze darf man als ausgesprochen nitrophil oder doch tolerant gegen oft hohe Mineralstickstoff-Angebote bezeichnen. Dies gilt übrigens für fast alle Pflanzengesellschaften in den Auen des Mittel- und Unterlaufs von Flüssen. Deshalb gehören sie zu den wenigen Vegetationseinheiten, die von der zunehmenden Eutrophierung in Mitteleuropa nur recht wenig verändert werden (s. Kap. 8.7.2).

Bäume und Sträucher:	*Chrysosplenium oppositifolium*
Alnus incana	*Circaea intermedia*
Salix fragilis (?)	*Equisetum telmateia*
Ribes rubrum var. *sylvestre*	*Lysimachia nemorum (?)*
	Matteucia struthiopteris
Krautige:	*Stellaria nemorum (?)*
Carex remota (?)	*Thalictrum aquilegifolium*
Carex pendula (?)	M *Cratoneuron filicinum*

Grauerlen-Auenwälder sind die einzigen Gesellschaften der montanen Auen, die mit dem Fluss in fast gleichbleibender Gestalt und ähnlicher Artenzusammensetzung bis weit ins Vorland hinausziehen, in Polen bis in 400 m Meereshöhe (Szczepanski 1990; s. Abb. 8–12). Ihre jeweilige Höhenlage kann man nach Schwabe (1985 b) aber recht gut an gewissen Differenzialarten ablesen, die zu dem Artengrundstock hinzutreten oder aber verschwinden (s. Tab. 8–4). Die Gesamtverbreitung der Grauerle in Europa hat nordisch-montan-kontinentalen Charakter. Gerade im Osten tritt sie oft auch an sekundären Standorten auf, z. B. anstelle natürlicher Fichtenwälder auf Viehweiden, wo sie sich als Weideunkraut ansiedeln und vermehren konnte.

Die Gründe, warum Grauerlenauen nicht auch an den Unterläufen der Flüsse auftreten, sind noch ungeklärt. Wahrscheinlich spielt der Zeitraum der Hochwasser eine entscheidende Rolle. Liegt dieser im Sommer, weil der Fluss von Schmelzwässern aus dem Hochgebirge gespeist wird, so wird die verhältnismäßig flach wurzelnde Grauerle ausreichend mit Wasser versorgt. Treten die Hochwasser schon im Vorfrühling und Frühling oder zu sehr unregelmäßigen Zeiten auf, werden die anpassungsfähigeren Weiden im Konkurrenzkampf begünstigt. Das Niveau, auf dem die Grauerle am Mittellauf zur Herrschaft gelangt, ist ungefähr dasselbe wie beim Weidenauenwald (s. Kap. 8.3.1.3.1). Jedenfalls ist es nach Heller (1963) durchaus nicht immer so viel höher, wie dies auf schematischen Darstellungen angenommen wird. Ja, in den Donauauen bei Wallsee kann es nach Wendelberger-Zelinka (1952) sogar tiefer liegen.

Manchmal entscheidet der Zufall der ersten Ansiedlung, welche Weichholzart zunächst zur

Tab. 8–4 Standörtliche und floristische Gliederung des Alnetum incanae in den Alpen und ihrem Vorland. In Anlehnung an Schwabe (1985)[1].

Höhenstufe und Gebietsausbildung	**Differenzialarten**	**Böden**	**Standörtliche Gliederung**[2]	
hochmontan	*Viola biflora*	kiesig-sandig	U	agrostietosum
Zentralalpen	*Senecio hercynicus*		M	fehlt
	Circaea alpina		R	caricetosum albae
	Adenostyles alliariae u. a.			
	Holzgewächse:			
montan	*Cornus sanguinea*	sandig (kiesig)	U	?
Zentralalpen und	*Ligustrum vulgare*		M	
nördliche schweizerische	*Clematis vitalba*		R	caricetosum albae
Alpen	*Viburnum lantana* u. a.			
	Ulmus minor			
	Kräuter:			
submontan	*Ranunculus ficaria*	Schluff	U	salicetosum albae
nördliches Alpenvorland	*Anemone ranunculoides*	(sandig)	M	typicum
	Aconitum variegatum u. a.	darunter Schotter	R	caricetosum albae

[1] Wie die Standortbedingungen in borealen und montanen Flussauen ist der Grauerlen-Auenwald (Alnetum incanae) erstaunlich einheitlich. Man kann nur Höhenformen und standortsbedingte Subassoziationen unterscheiden.
[2] U = „unreife" Böden, M = mittlere Standorte, R = reifere, trockenere Böden

Herrschaft kommt. Die gut schwimmenden Samen der Erle bleiben verhältnismäßig lange keimfähig und entwickeln sich auch noch, wenn sie mit Treibsel einige Zeit nach der Fruchtreife abgesetzt werden. Da ihre Reife aber gerade in die Zeit fällt, in der die Wasserführung der Alpenflüsse zurückzugehen beginnt, findet *Alnus* auf dem dann frei werdenden Neuland günstige Startbedingungen. Die Weiden dagegen, namentlich die als Konkurrenten von *Alnus* infrage kommenden *Salix alba*, *S. fragilis* und deren Hybriden, fruchten meist schon im Juni, wenn die Alpenflüsse noch keine Uferbänke und niedrigen Inseln freigeben. Zudem geht die Keimkraft ihrer Samen in wenigen Tagen verloren, sodass sie weder einen langen Wassertransport noch längeres Liegenbleiben überstehen. Am besten keimen sie auf den gerade wasserfrei gewordenen Schlick- und Sandbänken, wenn ihre Samen bei günstiger Witterung durch den Wind dorthin verfrachtet werden (s. Abb. 8–19). Es leuchtet ein, dass ihnen der Flussunterlauf diese Chance öfter einmal bietet als der Mittel- und Oberlauf. Für *Salix alba* und *S. fragilis* bleiben die montanen Flussauen wohl aber auch wegen Wärmemangels oder großer Winterkälte unbesiedelbar, denn sie steigen in den Alpen nur bis etwa 900 bzw. 800 m ü. NN. Vielleicht spielt auch die gute Regenerationsfähigkeit der Rinde von *Salix alba* und anderen Weiden nach winterlichen Eisschäden eine Rolle. An Tieflandsflüssen wie Elbe und Havel tritt Eisgang im Mittel an etwa 50 Tagen im Jahr auf; er wird zum Oberlauf hin seltener.

Weiden- wie Erlenbestände wirken strömungsbremsend und dadurch besonders in Ufernähe als Sedimentfänger (s. Abb. 8–22). Ihr Boden ist infolgedessen in den oberen Teilen oft recht jung und nicht selten noch deutlich geschichtet. Zuweilen findet man auch begrabene Humushorizonte. Typologisch ist der Boden dieser Weichholzauen als grauer Kalk-Auenboden (Auenrendzina, Kalkpaternia) anzusprechen, der meist alkalisch bis neutral reagiert und noch keine Verbraunung aufweist.

8.3.1.4 Bachbegleitende Erlen-Eschen- und Eschen-Erlen-Wälder

Der Unterwuchs der meisten Grauerlen-Auenwälder hat ausgesprochenen Laubmischwald-Charakter. Vereinzelt sind auch bereits Hart-

Abb. 8–24 Der bachbegleitende Eschen-Schwarzerlenwald (Stellario-Alnetum, mit *Fraxinus excelsior, Alnus glutinosa* und *Acer pseudoplatanus)* bleibt oft erhalten, z. B. im südlichen Schwarzwald. Die höher gelegenen Auenwälder wurden dagegen meist in Wiesen verwandelt (montanes Arrhenatheretum).

hölzer der Ordnung FAGETALIA vertreten, namentlich die Esche. Aber erst an der Grenze der submontanen Stufe wird *Fraxinus excelsior* so kräftig, dass sie zur Vorherrschaft gelangt. Wo der Boden tiefgründig und feinerdereich ist, treten auch Ulmen (*Ulmus minor* und *laevis*) hinzu. Müller & Görs (1958) haben den allmählichen Übergang zum Grauerlen-Eschenwald anschaulich geschildert, und zwar an den Beispielen des Iller- und des Argentales. Schon im mittleren Abschnitt dieser Flüsse verschwinden die hochmontanen Stauden. Aber erst im Mündungsbereich ist die Vegetationsperiode so lang, dass sich Frühjahrsgeophyten vor den sommerlichen Hochwässern voll entwickeln und den Aspekt der Auenwälder bestimmen können.

Außerhalb des Alpenbereichs mischt sich statt der Grauerle die Schwarzerle (*Alnus glutinosa*) mit der Esche. Als Bachufer-Festiger ist sie der Grauerle und der Esche überlegen, weil sie Sauerstoffmangel besser erträgt und ihre Wurzeln tief in den Grundwasserbereich hineinsendet (s. Kap. 8.4.1 a–c). Im Bach-Eschen-Erlenwald (s. Abb. 8–24 u. 8–26), der von Lohmeyer (1957) zuerst als besondere Gesellschaft erkannt wurde, gedeiht die Schwarzerle besser als im Erlenbruch, obwohl sie dort unbestritten herrscht (s. Kap. 8.3.2.1).

Die meisten Autoren unterscheiden im Bergland die bachbegleitenden Erlen-Eschenwälder

Abb. 8–25 Pestwurz-Uferflur im montanen Schwarzwassertal (Kleines Walsertal). *Petasites hybridus* und *Cirsium oleraceum* (vorn).

kalkreich-eutropher Standorte (Carici remotae-Fraxinetum, Winkelseggen-Erlen-Eschenwald) von jenen schwach saurer, mäßig nährstoffreicher bis armer Böden (Stellario nemorum-Alnetum glutinosae, Hainmieren-Schwarzerlen-Galeriewald). Tüxen & Ohba (1975) trennen vom Stellario-Alnetum ein Ribo sylvestris-Alnetum (auch Ribo sylvestris-Fraxinetum) ab, das sich durch *Ribes rubrum* kennzeichnen lässt. Dieser Quell-Erlenwald bevorzugt Wasseraustritte in kalkigen Hangmulden oder auch torfige Stellen, die ebenfalls kaum überflutet werden. Aus dem schleswig-holsteinischen kalkreichen Jungmoränengebiet hat Möller (1970) eine ähnliche Gesellschaft als Chrysosplenio oppositifolii-Alnetum glutinosae (auch „*Cardamine-amara*-Erlenwald") beschrieben; weitere erlenreiche Bachauen-Gesellschaften des nordöstlichen mitteleuropäischen Tieflandes, darunter das Circaeo-Alnetum, nennen z. B. Szczepanski (1990) und Hofmann (2003).

In den Bachauen des Tieflandes ist nach Dierschke et al. (1987) auf bodensauren, oft an moorigen oder torfigen Böden der Traubenkirschen-Eschenauenwald (Pruno-Fraxinetum) verbreitet. Das Pruno-Fraxinetum (früher auch als Alno-Fraxinetum bezeichnet) kann aber auch außerhalb der Bach- oder Flussauen große Flächen einnehmen. Er herrscht beispielsweise im Spreewald vor, dem bedeutendsten Erlenwaldgebiet Mitteleuropas, dessen Vegetation von Krausch (1960) sowie von Scamoni (1954) und Passarge (1956 b) ausführlich geschildert wurde. In Süddeutschland kommt das Pruno-Fraxinetum sowohl an den Ufern von Bächen und kleineren Flüssen vor, als auch in der Verlandungszone stehender Gewässer (Walentowski et al. 1990).

Seibert (1992) unterscheidet bei den an Eschen, Ulmen und Erlen reichen Hartholz-Auenwäldern sogar sieben Assoziationen, die jedoch teilweise nicht hinreichend durch Kennarten differenzierbar sind. In seiner mitteleuropaweiten Übersicht der erlen-eschen-reichen Wälder schlägt Mast (1999) lediglich drei Gesellschaften vor, ein weit gefasstes Carici remotae-Fraxinetum für alle gut gekennzeichneten, basenreich-kalkreichen Galeriewälder, ein ebenfalls umfassendes Stellario nemorum-Alnetum der basenarm bis mäßig basenreichen bachbegleitenden Wälder und eine Alno-Ulmion-Basalgesellschaft für die kennartenlosen Bestände. Auf eine Unterscheidung von

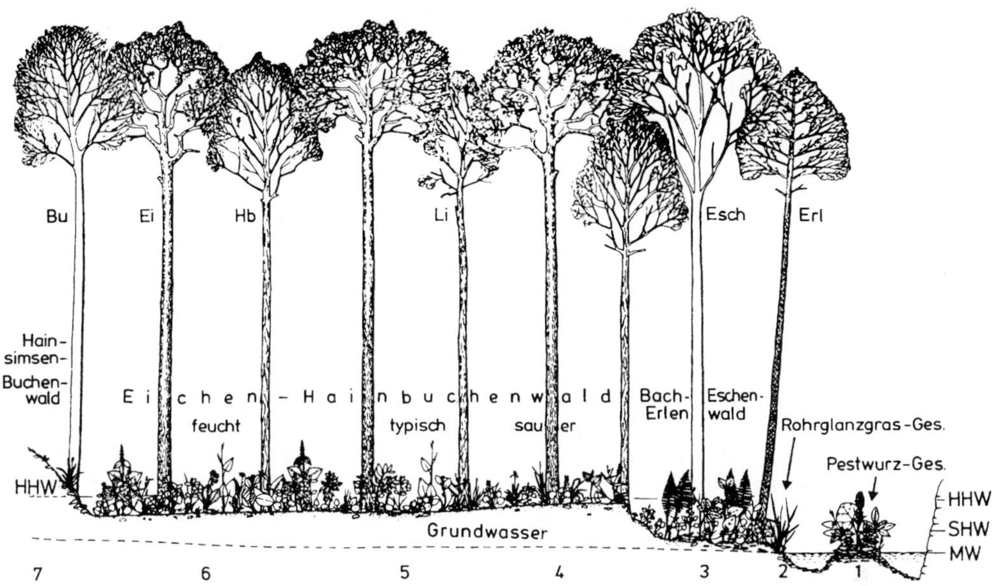

Abb. 8–26 Zonierung in der Aue eines Waldbachs bei submontanem Klima und kalkarmem Gestein (Mittellauf des Bröl-Baches in der Eifel). Nach Lohmeyer (1970), etwas verändert.
1. Aegopodio-Petasitetum, Pioniergesellschaft auf Schotterbänken oder -ufern; 2. *Phalaris arundinacea*-Flussröhricht; 3. Stellario-Alnetum glutinosae, oft überfluteter Auenwald mit *Stellaria nemorum* (ganz links), *Aegopodium podagraria, Athyrium filix-femina* u. a. 4.–6. Stellario-Carpinetum mit *Stellaria holostea* (ganz rechts).
4. St.-C. periclymenetosum (mit Wald-Heckenkirsche) an relativ trockenen und basenarmen Standorten, mit *Luzula pilosa, Maianthemum bifolium* u. a.; 5. Q.–C. typicum, an mittleren Standorten, mit *Polygonatum multiflorum, Vinca minor* u. a.; 6. Q.–C. stachyetosum, auf grundwassernahem und relativ basenreichem Boden, mit *Stachys sylvatica, Primula elatior* u. a.; 7. Luzulo-Fagetum außerhalb des Auen- und Grundwasserbereichs, mit *Luzula luzuloides.*

Beständen des Berg- und Tieflandes kann nach Mast (1999) verzichtet werden.

Die wissenschaftliche Bezeichnung Stellario-Alnetum glutinosae für den bachbegleitenden Eschen-Erlenwald auf schwach sauren Böden ist in jedem Fall ungünstig, weil sie die Esche nicht berücksichtigt und zu der Vorstellung verleitet, es handle sich um eine Gesellschaft des ALNION-Verbandes (Erlenbruchwälder, s. Kap. 8.3.2.1) und nicht der Hartholz-Auenwälder, die als Verband ALNO-ULMION (= ALNION INCANAE) zu den Edellaub-Mischwäldern der Ordnung FAGETALIA und nicht zu den Erlenbruchwäldern der Klasse ALNETEA GLUTINOSAE gestellt werden. Arten der Edellaub-Mischwälder herrschen nämlich hier ebenso wie in den Grauerlenauen, sodass kein Zweifel über die Zuordnung zum ALNO-ULMION (O. FAGETALIA) bestehen kann. Als Charakterart kommt nach Tüxen & Ohba (1975) nur *Stellaria nemorum* infrage, die kurzfristige Überflutungen gut verträgt, aber sehr nährstoffbedürftig ist.

Wo die Ufer der Bäche oder kleinen Flüsse so niedrig sind, dass sie öfter überschwemmt und mit Sinkstoffen gedüngt werden, breitet sich vor den Gehölzrändern die Pestwurz-Uferflur (Phalarido-Petasitetum hybridi) mit ihrem üppigen Blattwerk aus (s. Abb. 8–25 u. 8–26). Oft dringt *Petasites hybridus* auch in den Uferwald aus Grau- oder Schwarzerlen ein. Deshalb wird diese auffällige und als Uferschutz ebenfalls bedeutsame, aber ökologisch noch wenig untersuchte Gesellschaft hier erwähnt. Sie gehört zum Verband der ausdauernden nitrophytischen Waldrand- und Ruderalgesellschaften (AEGOPODION, s. Kap. 26: Nr. 3.6.2.1).

Wie aus Tabelle 8–5 (die Spalten 4 bis 6) hervorgeht, vermittelt der Erlen-Eschenwald mit verschiedenen Subassoziationen zwischen dem noch nasseren Erlenbruchwald (s. Kap. 8.3.2.1) und dem „feuchten“ Eichen-Hainbuchenwald (s. Kap. 6.6.2), der die nur wenige Dezimeter höheren Rücken und Ränder von breiten Flussniederungen einnehmen würde, aber großen-

Tab. 8–5 Erlen- und eschenreiche Bruchwälder und Sumpfauenwälder im oberen Spreewald auf Böden mit stufenweise abnehmendem Vernässungsgrad. Nach Tabellen von Passarge (1956).

Gesellschaft Nr.:	1	2	3	4	5	6	F	N
Baumschicht								
Alnus glutinosa	**5**	**5**	**5**	5	5	5	9=	×
Prunus padus		4	5	5	5	5	8=	6
Ulmus laevis		3	5	5	5	5	8=	7
Fraxinus excelsior			5	5	**5**	**5**	×	7
Quercus robur				2	5	5	×	×
Acer pseudo-platanus						4	6	7
Tilia cordata						2	5	5
Strauchschicht								
Salix cinerea	**5**						9~	4
Salix pentandra	5						8~	×
Frangula alnus	2	5	5				8~	×
Humulus lupulus	4	5	5	5	4	3	8=	8
Rubus idaeus		2	3	5	5	3	×	6
Ribes nigrum		1	1	3	3		9=	5
Viburnum opulus			2	2	1	2	×	6
Sambucus nigra				3	5	3	×	9
Euonymus europaea					2	4	5	5
Ribes rubrum						3	8	6
Krautschicht								
Phragmites australis	4						10~	×
Rumex hydrolapathum	5						10	7
Mentha aquatica	5						9=	5
Ranunculus lingua	3						10	7
Acorus calamus	3						10	7
Bidens tripartita	3						9=	8
Carex elata	5	4	5				10~	5
Solanum dulcamara	5	5	2		1		8~	8
Thelypteris palustris	**4**	5	**5**	2			8	6
Calamagrostis canescens	4	4	5	3	2		9=	6
Lysimachia thyrsiflora		5	5				9=	4
Carex vesicaria		2	3				9=	5
Dryopteris carthusiana		2	4				×	3
Peucedanum palustre	5	5	1	4			9=	4
Galium palustre	3	5	5	4			9=	4
Sutellaria galericulata	2	2	2	3			9=	6
Glyceria maxima	5			4			10~	8
Lysimachia vulgaris	3	4	4	4	2		8~	×
Lythrum salicaria	5	5	5	3	2		8~	×
Stachys palustris	4	3	5	4	2		7~	6
Carex riparia	3	4	3	3	2		9=	4
Lycopus europaeus	2	5	5	5	2		9=	7
Convolvulus sepium	5	5	5	5	3		6	9
Symphytum officinale	5	5	5	5	3		7	8
Iris pseudacorus	5	5	4	5	4		9=	7
Carex acutiformis	4	**5**	**5**	5	4		9~	5
Phalaris arundinacea	3	1	**5**	5	4	4	8~	7
Caltha palustris	1	1	3	5			9=	6
Juncus effusus		1	3	4			7	4
Carex elongata		2	5	5	2		9~	6
Cirsium palustre		3	4	5	5		8	3
Impatiens noli-tangere		5	5	**5**	5	4	7	6
Urtica dioica		2	4	5	5	5	6	9
Rubus fruticosus			4	3	4	4	–	–
Deschampsia cespitosa			3	5	5	5	7~	3
Filipendula ulmaria			4	5	4		8	5
Angelica sylvestris				4	3		8	4
Valeriana officinalis				4	1		8~	5
Myosoton aquaticum				5	4		8~	8
Cirsium oleraceum				4	3		7	5
Rumex sanguineus				3		2	8	7

Tab. 8–5 Fortsetzung

Gesellschaft Nr.:	1	2	3	4	5	6	F	N
Galium aparine				5	5	5	×	8
Festuca gigantea				5	5	5	7	6
Geum urbanum				5	5	5	5	7
Ranunculus ficaria				5	5	5	6	7
Poa trivialis				5	5	5	7	7
Lamium maculatum				5	3	4	6	8
Circaea lutetiana				4	3	3	6	7
Glechoma hederacea				5	5	5	6	7
Geranium robertianum				4	4	5	×	7
Moehringia trinervia				3	5	5	5	7
Galeopsis tetrahit				3	4	5	×	6
Anemone nemorosa					3	4	5	×
Brachypodium sylvaticum					2	5	5	6
Stachys sylvatica					1	3	7	7
Milium effusum						5	5	5
Anthriscus sylvestris						4	5	8
Fallopia dumetorum						4	5	7

Gesellschaft Nr.:	1	2	3	4	5	6	F	N
Moosschicht								
Calliergon sp.		2	4				–	–
Eurhynchium sp.				5	4	5	–	–
Plagiomnium undulatum					2	3	5	–
Atrichum undulatum						3	6	–
ungef. höchst Grundwst. (cm)	–	>0	–	>0	±0	50		
tiefster Grundwst. (cm)	–	90	–	–	150	150		
Torfmächtigkeit (cm)	–	50	–	–	100	0		
Schlickmächtigkeit (cm)	–	–	–	–	25	+		
Stetigkeitssummen (Krautsch.)								
Überflutungszeiger	37	49	45	47	24	3	=	
Wechselfeuchtezeiger	50	33	45	44	27	15	~	
mittlere Feuchtezahl	8,7	8,2	8,0	7,4	6,9	6,0	mF	
mittlere Stickstoffzahl	6,4	6,0	6,0	6,0	6,0	6,0	mN	

		mF	mN
Nr. 1:	**Erlen-Grauweidengebüsch** auf grobem, wenig mächtigem Torf („*Alnus-Salix cinerea-Ass.*, Subass. von *Rumex hydrolapathum*“)	8,7	6,4
Nr. 2 u. 3:	**Erlenbruchwald** (Carici elongatae-Alnetum),		
2:	„normaler“ E.-B. (Subass. von *Symphytum officinale*), auf normalem Feintorf,	8,2	6,0
3:	eschenreicher E.-B. (Variante von *Phalaris*) auf mächtiger u. stärker zersetzter Torfdecke.	8,0	6,0
Nr. 4 u. 5:	**Erlen-Eschenwald** (Pruno-Fraxinetum),		
4:	nasser E.-E. („Subass. von *Iris pseudacorus*“), auf etwas schlickigem Torf,	7,4	6,0
5:	Eichen-E.-E. („Variante von *Quercus robur*“), auf Torf mit Schlickdecke.	6,9	6,0
Nr. 6:	**Eichen-Eschenwald** („Pruno-Fraxinetum typicum“), auf lehmigem Sand mit Schlickdecke am Rande der Niederung	6,0	6,0

(Nr. 1–3 sind Bruchwälder, Nr. 5 u. 6 Auenwälder, Nr. 4 steht dazwischen). Einige wenig stete Arten wurden weggelassen.

F Feuchtezahl, =: Überflutungszeiger, ~: Wechselfeuchtezeiger, N: Stickstoffzahl.

Die **Stetigkeitssummen** für = und ~ wurden in gleicher Weise errechnet, wie dies in Tab. 5–2 erläutert ist (ohne Berücksichtigung der Baumschicht). F, N und mittlere Faktorenzahlen sind in Kap. 27 näher erläutert (mF und mN wurden ohne die Baumschicht und ohne die Moosschicht berechnet).

Die sechs Gesellschaften sind deutlich nach der Bodenfeuchte und dementsprechend auch in den mF-Zahlen abgestuft. In den mN-Zahlen unterscheiden sie sich dagegen fast gar nicht voneinander. Innerhalb jeder Gesellschaft streuen aber die N-Zahlen ungewöhnlich stark, nämlich von 3 (bzw. 4) bis 9. Das ist charakteristisch für erlenreiche Wälder, in deren Boden *Alnus glutinosa* stellenweise durch ihre Symbionten für Anreicherung von gebundenem N sorgt (s. Text).

teils landwirtschaftlicher Nutzung wich (vgl. auch Kisteneich 1993). Im Erlen-Eschenwald strebt *Alnus glutinosa* in 90 bis 100 Jahren bis über 30 m hoch empor, muss aber diesen Optimalstandort mit der Esche teilen. Ihre Stämme sind so tannenschlank und vollholzig, dass man sie in den Dörfern des Spreewaldes zum Bau von Blockhäusern verwendete, also wie Nadelhölzer behandelte (s. Ellenberg 1990).

In manchen Flussauen mischt sich die Schwarzerle auch unter die Gehölze des Pappel-Weidenwaldes (Salici-Populetum) oder des Hartholz-Auenwaldes, und zwar dort, wo das Überschwemmungswasser nur noch wenige Sedimente heranbringt. Als Beispiele mögen der Erlen-Eichenauenwald nach Trautmann & Lohmeyer (1960) sowie der „Nelkenwurz-Pappel-Weidenwald“ mit meist vorherrschender Schwarzerle (s. Spalte 3 in Tab. 8–3) dienen. Die Artenkombination des Letzteren erinnert sehr an die des Erlen-Eschenwaldes (insbes. an Nr. 5 in Tab. 8–5). Wie in allen bisher erwähnten Schwarzerlen-Mischwäldern findet man in ihm eine Krautschicht aus hohen Gräsern und Seggen sowie aus dünnblättrigen Dikotylen, die ebenfalls zugleich Feuchtigkeit und Stickstoff anzeigen. Nach den Analysen von Duvigneaud & Denayer-de Smet (1970) sind diese Arten fast durchweg sehr reich an Stickstoff, aber arm an Kalium, das in manchen Auensedimenten ins Minimum geraten kann (s. Kap. 8.6.2). Obwohl keine Charakterarten im strengen Sinne darunter sind, gestattet die Bodenflora eine klare Differenzierung von den Erlenbruchwäldern oder den eigentlichen Weidenauenwäldern einerseits und von Hartholz-Auenwäldern oder sonstigen selten vernässten Laubmischwäldern andererseits.

Die meisten Schwarzerlen-Bestände, die man heute in Mitteleuropa antrifft, entsprechen ökologisch dem Pruno-Fraxinetum, auch wenn sie ursprünglich fast reine Erlenbrüche darstellten und noch heute keine anderen Baumarten enthalten. Schon eine geringe Entwässerung genügt, um die Esche und andere Vertreter der Edellaub-Mischwälder konkurrenzfähig zu machen. Feuchtwiesen, die man nicht mehr nutzt und seit einigen Jahrzehnten gern mit Schwarzerlen aufforstet, entwickeln sich ebenfalls zum Pruno-Fraxinetum. Doch dauert es lange, bis eigentliche Waldpflanzen einwandern und die Artenkombination an die des natürlichen Erlen-Eschenwaldes angleichen (s. Gläser 2005).

8.3.1.5 Hartholz-Auenwälder

Die höchste Stufe innerhalb des Überschwemmungsbereiches am Mittel- und Unterlauf der Flüsse nimmt in der Naturlandschaft eine Waldformation ein, die man wegen ihres Reichtums an kräftigen, dauerhaften Baumarten treffend als Hartholzaue bezeichnet (s. Abb. 8–27). Sie wird an den meisten Flüssen nur bei außergewöhnlichen Hochwässern überflutet (s. Abb. 8–28) und ist deshalb auch in ihrem Unterwuchs „waldähnlicher“ als die Weichholzaue, in der sich an lichten Stellen noch viele Röhrichtpflanzen und andere wenig schattenertragende, also waldfremde Stauden und Gräser zu halten vermögen. Da die Hartholzauen nur selten überschwemmt werden und ihr Boden sehr fruchtbar ist, wurden sie sogar im Gebirgsvorland trotz der hier relativ häufigen Sommerhochwasser großenteils gerodet und in landwirtschaftliche Kultur genommen. Nach Borysiak (1994) und Küster & Pötsch (1998) ist es wahrscheinlich, dass Hartholzauen ohnehin in den Unterläufen mancher Tieflandsflüsse wie Elbe und Oder nur kleine Flächen einnahmen, weil das Gefälle an diesen Flussläufen sehr gering ist und langandauernde Überflutungen in der Naturlandschaft eher zur Ausbildung großflächiger Weichholzauen mit Weiden und Pappeln geführt haben. Entscheidend für das Verhältnis von Weichholz- zu Hartholzauen in einem Flusstal ist aber sicher die Korngröße der vorherrschenden Sedimente: Je feinkörniger, umso großflächiger dürften in der Naturlandschaft Hartholz-Auenwälder aufgetreten sein. Wendelberger (1973) erklärt es deshalb mit der Feinkörnigkeit der Sedimente, dass an der unteren March in Österreich und an der kroatischen Save Hartholz- und nicht Weichholz-Auenwälder einen Großteil der tief liegenden Aue einnehmen, die regelmäßig überflutet wird (vgl. Abb. 8–4).

Die meisten heute noch vorhandenen Hartholz-Auenwaldreste sind von der Esche beherrscht, die bereits im Übergangsbereich zwischen der Weich- und Hartholzstufe gut gedeiht. In den oberen Teilen der Hartholzaue, die in der Regel vom Eichen-Ulmenauenwald (Querco-Ulmetum) eingenommen wird, spielen Ulmenarten (*Ulmus glabra*, *U. laevis*) und die Stieleiche eine erhebliche Rolle (s. Abb. 8–29). Die Hainbuche und die sonst so kampfkräftige Buche kommen nur unter ganz

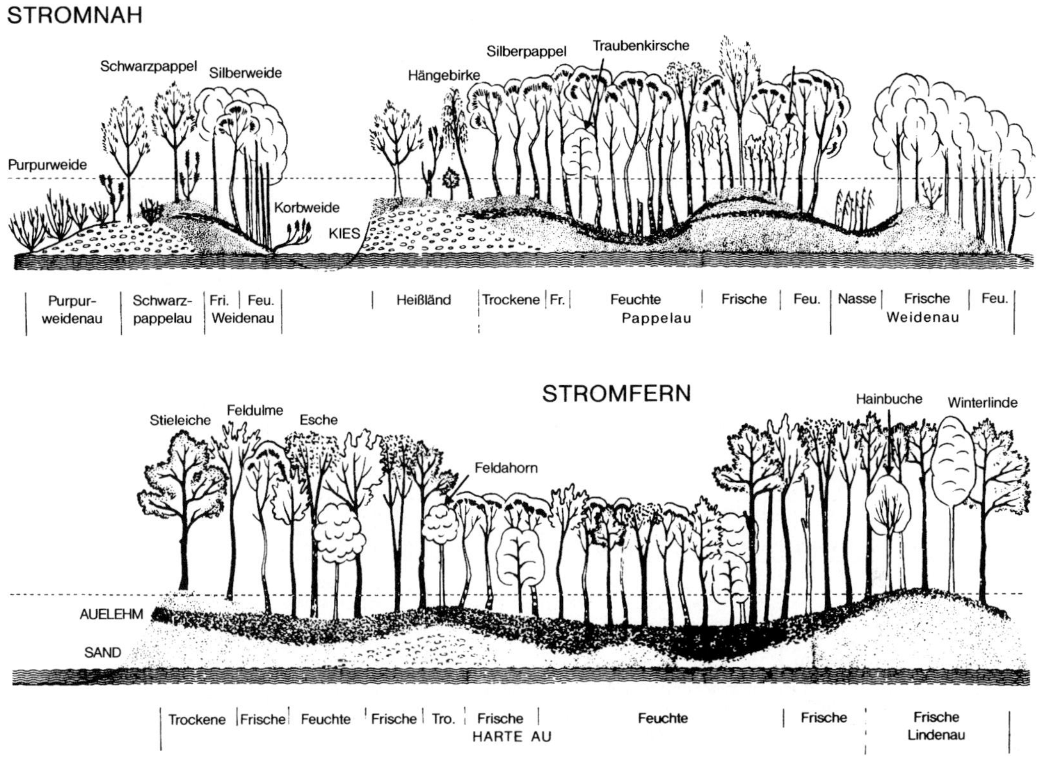

Abb. 8–27 Naturnahe Waldgesellschaften vom Donauufer bis zum landseitigen Teil der Aue bei Wien, halbschematisch; darunter die in Österreich üblichen Namen der Einheiten. Nach Margl (1971), etwas verändert.

Als „Heißländ" werden hoch aufgeworfene Kiesbänke mit dünner Feinerdedecke bezeichnet, auf denen die Bäume das Grundwasser meist nicht mehr erreichen. Hier siedeln sich zunächst Purpurweiden (*Salix purpurea*), aber auch gegen Trockenheit resistentere Filzweiden (*S. elaeagnos*) und Schwarzpappeln (*Populus nigra*) an. Später folgen Hängebirken (*Betula pendula*) und Eichen (*Quercus robur*) sowie an weniger trockenen Standorten Mischwälder mit Eiche und Winterlinde (*Tilia cordata*).

Auf mehr oder minder sandigen bis schluffigen Böden, die meist auch von vornherein **niedriger** lagen und von **Weichhölzern** besiedelt werden, folgen dem Purpurweiden- oder Korbweiden-Gebüsch (*S. viminalis*) ein „frischer" oder „feuchter" Weidenauenwald (mit Silberweide, *S. alba)* und ein „frischer" oder „feuchter" Pappelauenwald (mit vorwiegender Silberpappel, *P. alba*).

Die **Hartholz-Auenwälder** („Harte Aue"), die sich schließlich einstellen, sind ebenfalls je nach der Bodenfeuchte verschieden zusammengesetzt. Mit wechselnden Anteilen herrschen hier Feldulme (*Ulmus minor*), Esche (*Fraxinus excelsior*) oder auch Silberpappel und Eiche. Im Unterwuchs weist unter anderen die Traubenkirsche (*Prunus padus*) auf feuchte Standorte hin. Die im Gebirge so häufige Grauerle (*Alnus incana*) ist bei Wien schon selten. Sie lässt sich ebenso wenig einem bestimmten Auenniveau zuordnen wie die meisten übrigen Baumarten. Als Flachwurzlerin meidet sie im regenarmen Tiefland aber kiesige Auenböden (vgl. Abb. 8–23). Hainbuchen sind in Flussauen ebenso wie Rotbuchen selten.

besonderen Umständen einmal innerhalb des Überschwemmungsbereiches von Flüssen vor (s. Kap. 8.3.1.5.2).

8.3.1.5.1 Eschenreiche Bestände in Hartholzauen

Wo die Gewöhnliche Esche in Flussauen größere Bestände bildet, kann man sicher sein, dass man sich außerhalb des häufig überschwemmten Bereichs der Weichholzauen befindet (s. Abb. 8–12 u. 8–27). In der slowakischen Donauniederung, dem einzigen Gebiet Mitteleuropas, in dem Hartholz-Auenwälder noch unter einigermaßen natürlichen Verhältnissen leben, bezeichnen eschenreiche Wälder nach Jurko (1958) die mittlere von drei Stufen:

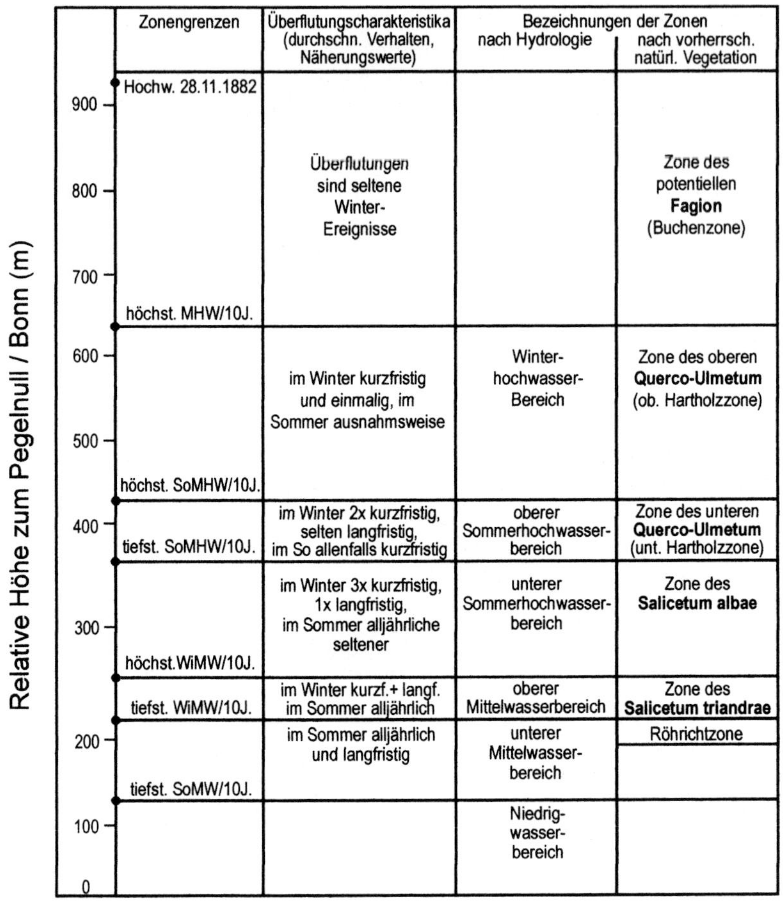

Abb. 8–28 Vegetationszonierung am unteren Mittelrhein in Beziehung zur hydrologischen Charakteristik. MW/10 J. = Mittelwasserstand innerhalb der 10-Jahres-Reihen zwischen 1931 und 1970, MHW/10 J. = Mittlerer höchster Wasserstand/10 Jahre in dieser Periode, So = Mai bis Okt., Wi = Nov. bis April. Nach Krause (1962), verändert in Wilmanns (1998).

– Die untere enthält noch Pappeln und andere Weichhölzer („Fraxino-Populetum“).
– In der mittleren dominieren Ulmen und Eschen („Ulmo-Fraxinetum“).
– Die obere wird von Stieleichen beherrscht („Ulmo-Quercetum convallarietosum“).

Die letzte vermittelt zu den wärmeliebenden Eichenmischwäldern außerhalb der Aue („Ulmo-Quercetum caricetosum albae“ und „buglossoidetosum“). Auch im March-Thaya-Gebiet und auf der Balkanhalbinsel gibt es eschenreiche Auenwälder, in denen allerdings die Schmalblatt-Esche (*Fraxinus angustifolia*) vorherrscht (Horvat et al. 1974, Drescher 1985, Hager & Buchleitner 2001). Diese ist nach Glavac (1969) und Wendelberger (1973) überflutungstoleranter als *F. excelsior*.

Auch in anderen mitteleuropäischen Auen dürfte die Esche von Natur aus eine Rolle im Hartholz-Auenwald gespielt haben, vor allem in den höher liegenden Bereichen (Dister 1980, 1983). Das deuten einzelne Pollen- und Großrestfunde in Auenschottern und -sedimenten an (z. B. Müller-Stoll & Süß 1966, Behre 1970, Becker 1982, Volk 2002). Bis in die Neuzeit vom Menschen zurückgedrängt, wurde sie in den letzten 150 Jahren jedoch weit über das natürliche Vorkommen hinaus durch Auenentwässerung und Anbau gefördert (Streitz 1967, Kühne 2004, Gläser 2005) und bildet heute Ersatzgesellschaften in den eingedeichten und teils entwässerten Teilen der Aue. Bracht (1999) z. B. charakterisierte eine an der Mittelelbe verbreitete „*Sambucus nigra-Fraxinus excelsior*-Gesellschaft“, die vom Querco-Ulmetum zu Eichen-Hainbuchen- oder Eichen-Buchenwäldern vermittelt. Regionale Unterschiede in der natürlichen Häufigkeit der Esche mögen mit dem jeweiligen Überflutungsregime oder der Nutzungsgeschichte zusammenhängen.

8.3.1.5.2 Eichen-, ulmen- und rotbuchenreiche Hartholzauen

Im gebirgsfernen nördlichen Mitteleuropa, wo die Ströme gewöhnlich nur im Winter und Vorfrühling Hochwasser führen und der Grundwasserspiegel unter der Hartholzaue während des Sommers recht tief liegt, ist die Stieleiche der von Natur aus herrschende Auenwaldbaum. Zwar gibt es hier nur noch wenige Reste von Hartholz-Auenwäldern, aber diese wenigen zeigen das eindeutig. *Quercus robur* überlebt nach Dister (1980) in der Rheinaue mehr als 3 Monate dauernde Überflutungen im Sommer und damit weit länger als andere Harthölzer (s. Tab. 8–7). **Ulmen-Eschen-Eichen-Auenwälder** oder reine **Eichenauenwälder** beschrieben z. B. Drescher (1977, 1985), Jurko (1958), Jelem (1974, 1975) und Dister & Drescher (1987) von der unteren March in Niederösterreich, Carbiener (1970, 1974) vom elsässischen und Dister (1980, 1983), Hügin (1984) und Hügin & Henrichfreise (1992) vom badischen Oberrhein, Noirfalise & Sougnez (1961) und Hermy (1984) aus Belgien, Schwickerath (1951) von der Erft im Bezirk Aachen, Wattendorf (1964) und Verbücheln (1990) aus Nordrhein-Westfalen, Trautmann & Lohmeyer (1960) von der mittleren Ems, Ellenberg (1939) von der Leine und Innerste bei Hannover, Dierschke (1979), Gönnert (1989), Döring-Mederake (1991) und Brand (2000) aus dem nordwestdeutschen Tiefland, Mast (1999) aus dem niedersächsischen Bergland, Passarge (1956 a), Härdtle et al. (1996) und Bracht (1999) von der Elbe, Meusel (1952) und Gläser (2005) von der Saale und Mulde, Moravec et al. (1982) und Neuhäuslova-Novotna (1972, 1977) aus Tschechien sowie Matuszkiewicz (1976) und Szczepanski (1990) aus Polen.

Abb. 8–29 Struktur eines relativ naturnahen Eichen-Ulmenauenwaldes (Querco-Ulmetum) im Aufriss eines 38 m langen und 10 m breiten Transektes auf der Rheininsel Karlswörth (Kühkopf-Knoblauchsaue, Südhessen), das im langjährigen Mittel an 6 Tagen pro Jahr überflutet wird, davon an 3 Tagen zwischen April und September. Die Dominanz der Stieleiche in der obersten Kronenschicht und die etwa 8 m hohe Strauchschicht (ehemalige Hauschicht) deuten noch die frühere Nutzung als Mittelwald an. Die Schwarzpappeln können als Relikte aus der Pionierphase der Waldentwicklung gewertet werden. Beide Ulmenarten sind in der Kronenschicht weitgehend abgestorben. Durch die Wasserstandsabsenkung begünstigt, dringt die Esche zunehmend in die Krone vor. Q. r. = *Quercus robur,* U. m. = *Ulmus minor,* U. l. = *Ulmus laevis,* P. n. = *Populus nigra,* F. e. = *Fraxinus excelsior,* C. m. = *Crataegus monogyna.* Nach Dister (1985).

Abb. 8–30 Altwasser des Rheins an der Reisinsel bei Mannheim mit Seerosen-Gesellschaft, Schilfröhricht und Hartholz-Auenwäldern mit Eichen, Ulmen und Eschen („Fraxino-Ulmetum") im Juni. Foto: Landesbildstelle Baden. Der Wald wird nur noch ausnahmsweise überschwemmt.

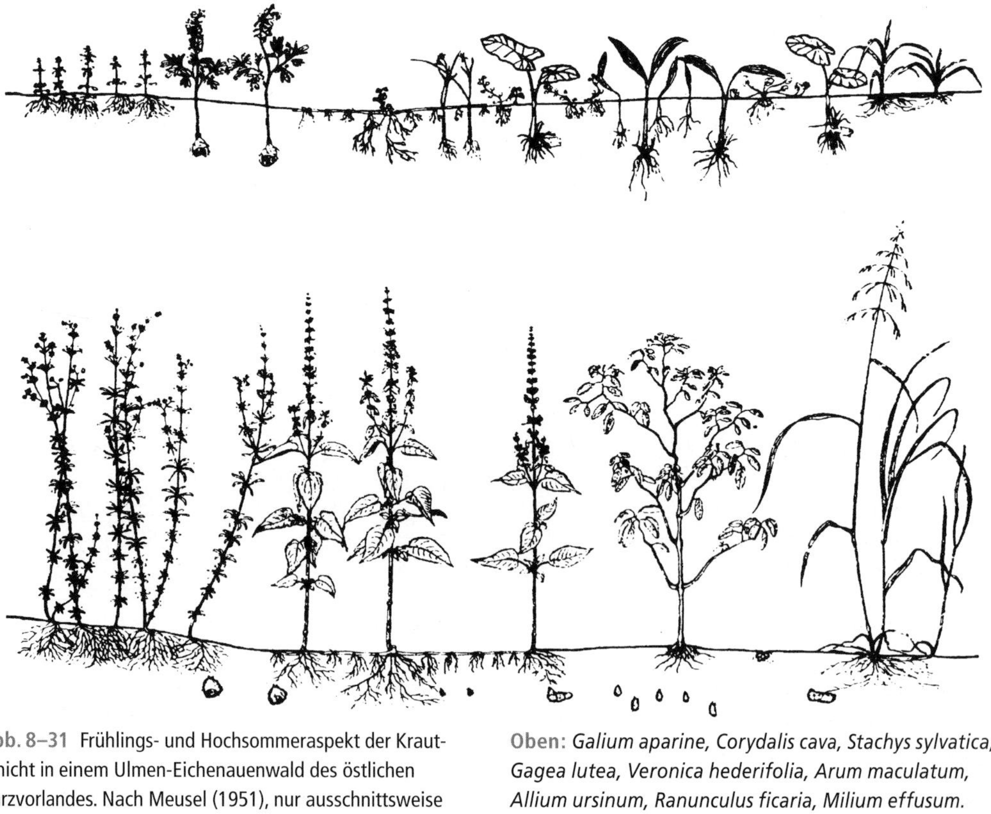

Abb. 8–31 Frühlings- und Hochsommeraspekt der Krautschicht in einem Ulmen-Eichenauenwald des östlichen Harzvorlandes. Nach Meusel (1951), nur ausschnittsweise gezeigt.

Oben: *Galium aparine, Corydalis cava, Stachys sylvatica, Gagea lutea, Veronica hederifolia, Arum maculatum, Allium ursinum, Ranunculus ficaria, Milium effusum.*
Unten: *Galium, Stachys, Impatiens noli-tangere, Milium.*

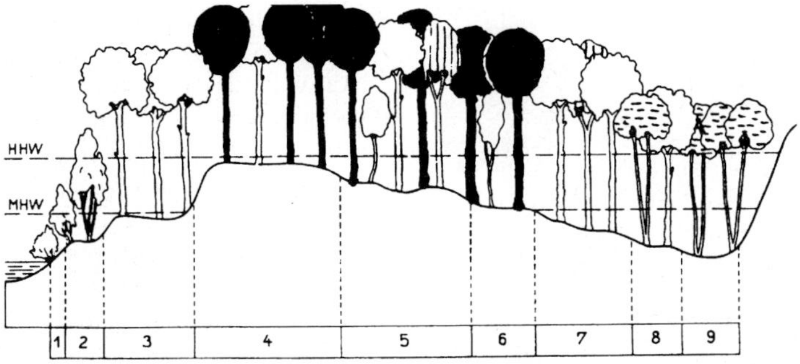

Abb. 8–32 Eichen- und Rotbuchenwälder in der sandigen Aue der mittleren Ems. Schematischer Querschnitt vom Flussufer bis zum Rand der pleistozänen Terrasse (rechts). Das ungewöhnliche Sommerhochwasser von 1956, das zum Buchensterben führte, erreichte nur etwa die Mitte zwischen Mittelhochwasser und höchstem Hochwasser. Nach Trautmann und Lohmeyer (1960), etwas verändert.
1 = Korbweidenbusch, 2 = Weidenwald, 3 = reiner Eichenauenwald, 4 = artenarmer Buchenmischwald und Braunull-Buchenwald mit *Lonicera periclymenum*, 5 = reiner *Circaea*-Buchenmischwald und reiner Braunmull-Buchenwald, 6 = *Glechoma*-Ausbildungen von 5, 7 = *Impatiens*-reicher Eichenauenwald, 8 = Erlen-Eichenauenwald, 9 = Erlenbruchwald. Schwarz = *Fagus*, schraffiert = *Fraxinus*, gestrichelt = *Alnus glutinosa*. Die Niveau-Unterschiede sind stark überhöht.

Obwohl das Querco-Ulmetum zur azonalen Vegetation gehört, lässt sich eine gewisse klimatisch bedingte Differenzierung erkennen (Sienkiewicz et al. 2001). Die Eichen-Ulmenauenwälder des südlichen Mitteleuropa sind generell artenreicher als im Norden und zeichnen sich durch größere Häufigkeit überwiegend wärmeliebender Sträucher und Kräuter (z. B. *Corylus avellana*, *Viburnus opulus* u. *V. lantana*, *Carex alba*, *Melica nutans*) aus (s. Abb. 8–31). Im äußersten Nordwesten, an der unteren Ems, fehlen die Ulmen – vor allem aus edaphischen Gründen – in den Auenwäldern ganz, während *Ulmus minor* und *U. laevis* sowie *Acer campestre* im mitteldeutschen Trockengebiet stark hervortreten (Bracht 1999). Wie Abbildung 8–32 zeigt, treten an der mittleren Ems sogar eine ganze Reihe von Buchenmischwald-Gesellschaften in der Aue auf, die mehr oder minder gut den Braunerde-Buchenmischwäldern der Altmoränenböden entsprechen. Aufs Ganze gesehen, herrscht aber auch dort die Stieleiche in den Hartholzauen vor, welche von der Struktur her an Eichen-Hainbuchenwälder erinnern (s. Abb. 8–29 u. 8–30).

8.3.1.6 Randvermoorungen und Trockenstandorte in den Flussauen

8.3.1.6.1 Randvermoorungen

Je weiter vom Strombett entfernt, desto kleiner sind die Schwankungen des Wasserstandes im Boden. Am Rande der Aue steht das Grundwasser meist ganz nahe an der Bodenoberfläche, weil es vom Hochufer und von dessen höher gelegener Umgebung her gespeist wird. Vor allem in den während des Spätglazials ausgeräumten, für die heutigen Flüsse viel zu breiten Tälern ist das der Fall. Hier bildeten sich stellenweise recht ausgedehnte **Randvermoorungen**, deren Pflanzendecke der Niedermoorvegetation außerhalb der Flussauen entspricht (s. Kap. 8.3.2 u. Abb. 3–26). An die Aue grenzen nicht überflutete **Gestade** an, deren natürliche Pflanzendecke von der zonalen Vegetation gebildet wird.

8.3.1.6.2 Kiefern und andere Nadelhölzer in Flussauen

a) Da der Fluss bei Hochwasser an seinen Ufern mehr Sediment ablagert als in größerer Entfernung davon, entstehen in seiner Nähe relativ trockene, oft sandig-kiesige Standorte, zumal sich der Grundwasserspiegel bei Niedrigwasser zum Fluss hin senkt. Diese **Bänke** können Trockenrasen oder Nadelholzbestände tragen (s. Abb. 8–13). Sämtliche großen Stromauen Mitteleuropas sind in ältere Schotterterrassen eingetieft, die während der Vereisungen, in den Zwischeneiszeiten oder in der frühen Nacheiszeit einmal Auen waren. Ihre heutige Vegetation unterscheidet sich zwar meistens deutlich von der zonalen, erinnert aber in der Regel auch nur

Abb. 8–33 Pfeifengras-Schneeheide-Kiefernwald (Dorycnio-Pinetum molinietosum) auf einer Kalkschotterterrasse im Isartal unterhalb Mittenwald. Durch Beweidung sind Lichtungen mit Pfeifengraswiesen und Halbtrockenrasen entstanden (s. Abb. 8–34).

wenig an diejenige der Flussauen, ja steht oft in krassem Gegensatz zu dieser. Ihre kiesigen oder grobsandigen, durchlässigen Böden trocknen nicht selten aus und dulden nur einen kümmerlichen und lichten Bewuchs. In Alpennähe herrschen auf solchen Schotterterrassen besondere Typen der Schneeheide-Föhrenwälder (s. Abb. 8–33 u. 8–34).

Ähnlich wie die Rotbuche können also auch die Nadelhölzer nur unter außergewöhnlichen Umständen einmal zu Auenwaldbäumen werden. Länger andauernde Überflutungen scheint keine unserer Koniferen vertragen zu können, selbst die **Kiefer** nicht, obwohl sie sehr nasse, aber nicht überschwemmte Hochmoorböden zu besiedeln vermag. In manchen gebirgsnahen Flussauen stellt die Kiefer im Gegenteil ihre Fähigkeit unter Beweis, an sehr trockenen und nährstoffarmen Standorten auszuharren. Kiefern-Trockenauenwälder (Dorycnio-Pinetum) finden wir nämlich nur auf den sehr durchlässigen Kalkschotterböden einiger Flusstäler in den Alpen oder im nördlichen Alpenrandgebiet, z. B. im Oberlauf des Tagliamento in den Südalpen (Lippert et al. 1995), im Rheintal oberhalb von Chur und an der Isar etwa 30 km südlich von München. In der Pupplinger Au, einem Naturschutzgebiet an der Isar oberhalb der Loisachmündung, hat sie Seibert (1958) eingehend untersucht.

Eigentlich verdienen es diese kümmerlichen Kiefernheiden auf den flussnahen Kalkschotterfeldern gar nicht, als Auenwälder bezeichnet

Abb. 8–34 Vegetationsprofil aus den Schotterauen der Isar bei Wolfratshausen. Nach Meusel (1940).
Auf mächtigen Kalksanden links und rechts Pfeifengras-Schneeheide-Kiefernwald mit Rasen von *Molinia* (1), *Calamagrostis varia* (2), *Brachypodium pinnatum* (5), *Gymnadenia conopsea* (3), *Laserpitium latifolium* (4), *Linum viscosum* (6), *Cypripedium calceolus* (15), *Pleurospermum austriacum* (16), *Epipactis palustris* (17) und *Astrantia major* (18).
In der Mitte auf Grobschottern eines alten Flussarmes schlechtwüchsiger Erdseggen-Schneeheide-Kiefernwald mit Wacholdern sowie Zwergstrauchfluren mit *Dryas octopetala* (10), *Thesium rostratum* (11), *Dorycnium germanicum* (12) und *Leontodon incanus* (9 und 13). In der Übergangszone: *Festuca amethystina* (7), *Erica herbacea* (8) und *Daphne striata* (14).
Die Grobschotter können auch großflächig vorherrschen, wie z. B. auf Abb. 8–13.

zu werden. Denn sie sind nur dort gut ausgebildet, wo sie entweder überhaupt nicht mehr oder nur in Ausnahmejahren einmal für 1 bis 2 Tage vom Hochwasser erreicht werden. Der Grundwasserspiegel liegt in den feinerdearmen Schottern des Unterbodens gewöhnlich tiefer als 1,5 m und wird nur selten mehr als 1 m unter die Oberfläche gehoben, ist also allenfalls für die Kiefern, nicht aber mehr für ihren Unterwuchs erreichbar. Sowohl die trockenheitsertragende Begleitflora als auch die gedrungenen Baumgestalten erinnern sehr an die in Kapitel 7.7.2 b behandelten Schneeheide-Kiefernwälder (s. Abb. 8–33). Wie diese Gesellschaften der trockenen Kalk-, Dolomit- oder Mergelhänge gehören die Kiefern-Trockenauenwälder zum Verband ERICO-PINION.

Seibert (1958) unterscheidet in der Pupplinger Au zwei Gesellschaften, die hier beide großflächig verbreitet sind (s. Abb. 8–34). Der Erdseggen-Schneeheide-Kiefernwald (Dorycnio-Pinetum caricetosum humilis) besiedelt die feinerdeärmsten Kiesböden und erinnert in seinem Artengefüge an den Erdseggen-Engadinerföhrenwald der Zentralalpen. Auf sandüberdeckten Schottern bildete sich in gleicher Lage zum Fluss- und Grundwasserspiegel der Pfeifengras-Kiefernauenwald (Dorycnio-Pinetum molinietosum) aus, der dem Pfeifengras-Kiefernwald auf den Mergelsteilhängen des Schweizer Alpenvorlandes ähnelt. *Molinia arundinacea* bewährt sich auch hier als Zeiger für extremen Wechsel zwischen Feuchtigkeit und Trockenheit in kalkreichen Mineralböden. Die Kiefer ist in diesen Flussterrassen-Kiefernwäldern sowie in den noch trockeneren Kiefernheiden der breiten Kalkschotterflächen im bayerischen Alpenvorland der von Natur aus herrschende Baum (Firbas 1952).

Wie aus den von Seibert (1958) mitgeteilten Pegeldaten hervorgeht, sank der Grundwasser- und Flusswasserspiegel im Bereich der Pupplinger Au seit 1900 um durchschnittlich etwa 1,10 m. Nur Spitzenhochwasser erreichen noch fast ihre alte Höhe, beeinflussen aber den Wasserhaushalt der Pflanzengesellschaften wegen ihres episodischen Auftretens kaum. Dem raschen Absinken des Grundwassers ist es zuzuschreiben, dass hier die Pioniergesellschaften unmittelbar von Kiefernwäldern abgelöst wurden und dass dabei sogar die bucklige Oberfläche des Flussbettes erhalten blieb (s. Abb. 8–34). Bei gleichbleibenden Mittelwasserständen wäre dieses Kleinrelief nach und nach durch Hochwassersedimente eingeebnet worden, und auch die Grauerle hätte hier wohl ihre gewöhnliche Rolle als Beherrscherin der oberen Stufe von Gebirgsflussauen übernommen. Technische Eingriffe in den Wasserhaushalt der Isar beschleunigten den natürlichen Erosionsprozess, der in vielen mitteleuropäischen Stromtälern als Folge allmählich abnehmender Wasserführung oder von Flussbegradigungen zu beobachten ist. In der Umgebung der Pupplinger Au führte er zur Ausbildung von drei bis vier je etwa 1–1,5 m hohen alluvialen Terrassenstufen, die heute nicht mehr überflutet werden. Diese älteren Schotterterrassen tragen ebenfalls Schneeheide-Kiefernwälder, soweit sie nicht landwirtschaftlich genutzt werden.

Die meisten Kiefern-Trockenauenwälder sind recht licht und hier und dort von größeren Grasflächen unterbrochen, auf denen *Molinia* sowie *Bromus erectus* oder andere trockenheitsertragende Arten herrschen. Dieses parkartige Landschaftsbild entstand durch Streunutzung, die stellenweise bis vor wenigen Jahrzehnten üblich war und nach Seibert (1958) früher mehr einbrachte als der Holzschlag. Außerdem wirkte die Schaf- und Ziegenweide mit, die auf den Schotterebenen und in den alten Schotterauen Oberbayerns ehemals sehr verbreitet war. Seit dem Aufhören der extensiven Bewirtschaftung schließen sich die Kiefernbestände mehr und mehr, sodass man befürchten muss, dass viele seltene Rasenpflanzen zugrunde gehen werden. Dabei könnte die zunehmende Eutrophierung schwer zu vermeidende Hilfe leisten.

b) Die **Fichte** ist nirgends ein Auenwaldbaum. Wenn manche Autoren bei der Beschreibung montaner Nadelwälder von „Fichtenauenwäldern“ sprechen, so meinen sie damit keine Wälder im Überflutungsbereich von Flüssen, sondern Gesellschaften, die sich in breiten Mulden oder auf Terrassenresten heute tief eingeschnittener Wasserläufe ausgebildet haben und Feuchtigkeitszeiger wie *Equisetum sylvaticum* enthalten. In oft überschwemmte Flussauen dringt *Picea abies* höchstens einmal von den benachbarten Talhängen aus ein, wenn sie dort vorherrscht. Wie Mondino (1963) mit Recht hervorhebt, darf man Fichtenwälder nicht als Endstadium der Entwicklung von Flussauen ansehen. Schon die „Sukzession“ von Grauerlen- zu Kiefernauenwäldern ist oft nur hypothetisch, weil beide von vornherein verschiedene Standorte besiedeln, und eine Weiterführung zum Fichtenwald ist nur nach Absenkung des Wasserspiegels möglich.

8.3.2 Bruch- und Moorwälder

Während Auenwälder stets auf verhältnismäßig basenreichem Substrat stocken, weil in Mitteleuropa sogar „Urgesteinsflüsse“ immer wieder kalkhaltige Sedimente und Hydroxylionen mitbringen, können Bruchwälder auf sehr sauren Substraten vorkommen. Der Erlenbruchwald (s. Abb. 8–35) verlangt zwar einen gewissen Kalkgehalt des Grundwassers und erhält auch aus seiner Umgebung Basenzufuhren durch das ihm oberflächlich zufließende Regen- und Schneeschmelzwasser (vgl. Mast 1999, Brand 2000). Wo solche Zuflüsse aber ausbleiben und auch das Grundwasser kalkarm ist, kann nur ein recht saurer und nährstoffarmer Torf entstehen, auf dem die Erle nicht gedeiht. Sie macht hier der Moorbirke oder der genügsamen Kiefer Platz (s. Abb. 8–36 u. 8–37), kann sich aber unter intermediären Bedingungen auch mit ihnen mischen, z. B. im *Alnus-Betula*-Bruchwald (Wiegers 1990).

In der Natur kann man alle denkbaren Übergänge zwischen Bruchwäldern und Auenwäldern finden; außerdem trifft man auf Zwischenstufen, die zu den Waldgesellschaften der nicht überfluteten mineralischen Nassböden überleiten, z. B. zu feuchten Eichen-Hainbuchenwäldern, feuchten Birken-Eichenwäldern (s. Abb. 6–13 u. 6–23) oder Bach-Eschenwäldern. Diese natürliche Mannigfaltigkeit steigerte der Mensch durch vielerlei Eingriffe, vor allem durch Wasserstandssenkungen, die aus echten Bruchwäldern Eschen-Erlen-Mischwälder, feuchte Eichen-Hainbuchenwälder und schließlich vom Grundwasser unabhängige Waldgesellschaften entstehen ließen. Die früher übliche niederwaldartige Nutzung der ausschlagfreudigen Schwarzerle begünstigte lichtliebende Pflanzen der Nasswiesen und Röhrichte, die sich sonst in ihnen nicht so gut oder gar nicht hätten halten können. Manche *Alnus glutinosa*-Bestände freilich sind vor

Abb. 8–35 Nasser Erlenbruchwald (Carici elongatae-Alnetum) im Frühjahr am Rand eines Teiches bei Chorin. Auf dem Wasser im Vordergrund schwimmen Knospenschuppen und anderer organischer Detritus, keine Wasserlinsen, die so früh im Jahr noch nicht entwickelt sind. Foto: Hueck.

allem deshalb reich an Grünlandpflanzen, weil sie auf wertlos gewordenen Feuchtwiesen aufgeforstet wurden oder sich dort nach dem Aufhören der Mahd von selber einstellten. Auch auf teilweise abgetorften Mooren findet man zuweilen solche bruchwaldähnlichen Forstgesellschaften.

Unter gleichbleibenden Bedingungen entwickeln sich die Bruchwälder nicht weiter zur zonalen Vegetation. Manche Erlenbruchwälder dürften nach Marek (1965) mehrere Tausend Jahre alt sein. Viele Bruchwälder muss man deshalb als relativ stabile Endstadien der Vegetationsentwicklung ansehen. Nur wenn der Wasserspiegel abgesenkt, also ihr Standort entscheidend verändert wird, ist eine solche Abfolge möglich.

Die folgende Übersicht der Bruch- und Moorwälder basiert auf einer großen Zahl von vegetationskundlichen Arbeiten mit meist regionalem Bezug; unter diesen sind als wichtigste zu nennen: Koch (1926), Meijer-Drees (1936), Scamoni (1954), Bodeux (1955), Passarge (1956 b), Matuszkiewicz & Traczyk (1958), Moor (1958), Müller & Görs (1958), Lohmeyer (1960), Trautmann & Lohmeyer (1960), Kop (1961), Noirfalise & Sougnez (1961), Matuszkiewicz (1963), Rühl (1964), Klötzli (1969), Möller (1970), Neuhäuslova-Novotna (1972, 1977, 1979), Moravec et al. (1982), T. Müller (1985), Dierschke et al. (1987), Solinska-Gornicka (1987), Grabherr (1988), Bushart (1989), Dinter (1990), Preising et al. (1990), Verbücheln et al. (1990), Brunet (1991), Döring-Mederake (1991), Schrautzer et al. (1991), Wiegleb et al. (1991), Hügin & Henrichfreise (1992), Oberdorfer et al. (1992), Kisteneich (1993), Neuhäuslova & Kolbek (1993), Schönert (1994), Stortelder et al. (1998), Mast (1999), Brand (2000) und Hofmann (2003). Je nachdem, ob die Zusammensetzung der Krautschicht oder Baumschicht bzw. ökologische Kriterien im Vordergrund standen, existieren mehrere, einander widersprechende Auffassungen zur synsystematischen Gliederung der Bruch- und Moorwälder, auf die hier nur zum Teil eingegangen wird (vgl. z. B. Mast 1999).

Abb. 8–36 Birkenbruch mit Fichten im Übergang zu einem armen Erlenbruch (dahinter) bei Riga im Vorfrühling. Der Torf ist bis nahe an die Oberfläche von stagnierendem Wasser durchtränkt.
Birkenbruchwälder sind synsystematisch schwer einzuordnen. Obwohl sie von einem Laubbaum beherrscht werden, erinnert ihr acidophiler Unterwuchs so sehr an die natürlichen Fichtenwälder (Piceetalia abietis), dass man sie dort anschließen muss.

Abb. 8–37 Sumpfporst-Kiefernbruch (Ledo-Pinetum) im Randsumpf eines Hochmoores bei Riga.
Vorn rechts erkennt man *Ledum palustre*, in der Mitte *Chamaedaphne calyculata*.
Synsystematisch gehören die Kiefernbruchwälder wie die meisten übrigen Nadelwälder zur Klasse Vaccinio-Piceetea.

8.3.2.1 Schwarzerlen-Bruchwälder und -Quellwälder

a) Die reinen **Schwarzerlen-Bruchwälder** leben auf so extrem nassen Böden, dass die meisten Laubwaldpflanzen nicht in ihnen gedeihen können. Dagegen sind sie außerordentlich reich an Großpilzarten (Grauwinkel 1987, Winterhoff 1993). Sie stehen systematisch sehr isoliert und bilden eine besondere Klasse und Ordnung (ALNETEA GLUTINOSAE, ALNETALIA GLUTINOSAE), obwohl diese nur wenige Assoziationen umfasst. Soweit es sich um Wälder und nicht um Gebüsche handelt, müssen sie alle einem einzigen Verband (ALNION GLUTINOSAE) zugerechnet werden. Wie *Alnus glutinosa* selbst ist dieser in Europa weit verbreitet. Als Verbands-Charakterarten sind nach Oberdorfer et al. (1992) zu nennen:

Alnus glutinosa (herrschend)	*Carex laevigata*
Ribes nigrum	*Osmunda regalis*
Carex elongata	M *Sphagnum denticulatum*

Als Klassen- und Ordnungs-Charakterarten kommen hinzu:

Thelypteris palustris	*Calamagrostis canescens*

Von den einst durch Bodeux (1955) herausgestellten Arten blieben mithin nach breiten tabellarischen Vergleichen nur wenige allgemein gültige Kennarten übrig, zumal die Schwarzerle, wie wir bereits in Kapitel 8.3.1.4 sahen, auch in Auenwäldern dominieren kann und dort sogar besser wächst als im Erlenbruchwald. Dem nahezu dauernd nassen Erlenbruch fehlen aber so gut wie alle Arten der Edellaubmischwälder (FAGETALIA). Getreu dem Charakterarten-Prinzip kann man nur zwei Assoziationen unterscheiden:

Der mitteleuropäische Schwarzerlen-Bruchwald (Carici elongatae-Alnetum glutinosae), nach der Walzensegge benannt, ist in ganz Mitteleuropa vor allem im Tiefland zu finden, dort aber durch Entwässerung und Umwandlung in Grünland selten geworden. Ein West-Ost-Gefälle prägt sich durch das zunehmende Auftreten subkontinentaler und nordischer Arten aus. In der submontanen Stufe findet man *Polygonum bistorta*, *Crepis paludosa* und andere Arten mit montan-borealer Verbreitungstendenz. Doch steigt der mitteleuropäische Erlenbruchwald selten über 600 m empor. Eine boreale Ausbildung des Carici elongatae-Alnetum gibt es sogar in Südost-Norwegen (Kielland-Lund 1981).

Der westeuropäische Schwarzerlenwald, der aus dem atlantischen Bereich bis an den Oberrhein vordringt, wird heute meist als Sphagno palustris-Alnetum gefasst (Oberdorfer et al. 1992, Rennwald 2000) und schließt das Carici laevigatae-Alnetum ein. Die Bezeichnung Torfmoos-Erlenbruch ist durchaus treffend, denn im subozeanischen und ozeanischen Klima fallen im Unterwuchs *Sphagnum squarrosum*, *S. capillifolium* und *S. denticulatum* auf. Als Differenzialarten, die zugleich auf größere Bodensäure deuten, können auch *Lonicera periclymenum* und *Blechnum spicant* gelten, ebenso *Osmunda regalis*, die außerdem als Charakterart betrachtet wird. In Westeuropa hat Bodeux (1955) diese Gesellschaft weiter untergliedert. Floristisch und ökologisch leitet sie zum acidophilen Birkenbruchwald über, auf den wir im nächsten Abschnitt eingehen.

b) Die mitteleuropäischen Schwarzerlen-Gesellschaften haben Döring-Mederake (1991) und Brand (2000) im nordwestdeutschen Tiefland sowohl soziologisch als auch ökologisch gründlich untersucht und mit anderen „Feuchtwäldern" verglichen. In Anlehnung an ältere Literatur unterscheidet Döring-Mederake (1991) drei **Untergesellschaften des Walzenseggen-Erlenbruchs** (Carici elongatae-Alnetum glutinosae, s. Tab. 8–6, 2 a–c).

Die typische (2 b) ist ein echter Bruchwald, der im Winter zeitweilig seicht überflutet wird. Während des Sommers sinkt das Grundwasser höchstens einige Dezimeter unter die Bodenoberfläche. Die Subassoziation cardaminetosum amarae (2 c) ist dagegen ein **Erlenquellwald**, der bisher meistens nicht klar als etwas standörtlich Besonderes erkannt wurde. Hier schwankt der Grundwasserspiegel kaum, weil Quellwasser dauernd nachsickert; der Boden ist zwar immer nass, aber niemals überschwemmt. Die Temperatur ist im Sommer relativ niedrig, im Winter dagegen hoch (Maas 1959). An solchen Standorten fehlen Bitteres Schaumkraut (*Cardamine amara*) und Sumpf-Pippau (*Crepis paludosa*) als Trennarten fast nie. Auch *Chrysosplenium alternifolium* und das Moos *Plagiomnium undulatum* sind stet vertreten, ebenso wie andere Arten, die zum ALNO-ULMION-Verband überleiten. Wie Döring-Mederake (1991) darlegt, kann man den Erlenbruchwald und den Erlenquellwald auch in anderen Teilen Mitteleuropas gut unterscheiden, z. B. in Polen

Tab. 8–6 Ökologischer Vergleich von Feuchtwäldern im nordwestdeutschen Tiefland. Nach Angaben von Döring-Mederake (1991).

	Wasserstand[1] Max.	Min.	Torf (cm)	Humus (%)	pH	C/N-Verh.	N_{min}[2]	NO_3^- (%)
1. Birkenbruchwald *Vaccinium uliginosum-Betula pubescens*-Ges.	steh.	30–70	20 bis > 95	81–90	3,4–3,7	21–27	55	20
2a. Birken-Erlenbuchwald Carici elongatae-Alnetum betuletosum	steh.	20–35	35 bis > 95	81–87	4,0–5,9	16–20	25–79	20
2b. Erlenbruchwald Carici elongatae-Alnetum typicum	steh.	20–50	Moor, Anmoor	49–81	5,3–6,5	13–15		
2c. Erlen-Quellwald Carici elongatae-Alnetum cardaminetosum amarae	0–10	5–50	Anmoor, Moor	24–77	4,5–6,5	13–15	11–46	< 10
3. Erlen-Eschen-Quellwald Carici remotae-Fraxinetum chrysosplenietosum	5–15	10–40	40 bis > 95	37–78	4,5–6,8	13–15		
4. Traubenkirschen-Erlen-Eschenwald Pruno padi-Fraxinetum geetosum rivale	10	50–70	Gley, entwäss. Torf	12–74	3,8–6,0	12–15	25	> 90
5. Eichen-Ulmen-Hartholz-Auenwald Querco-Ulmetum			0	7–8	4,8–5,6	12–15		
6. Entwässerter Erlenbruch *Rubus idaeus-Alnus-glutinosa*-Ges.	5–30	60–90	entwäss. Torf	18–99	3,3–4,8	12–17	40–88	90–100

[1] steh. = im Winter zeitweilig überstaut, Zahlenwerte sind cm unter Flur;
[2] N-Nettomineralisation in kg N ha^{-1} in einem Zeitraum vom 30 Wochen;
[3] Anteil Nitrat an der N-Mineralisation

und in Südschweden. Der Erlenquellwald steht dem Erlen-Eschenquellwald (Nr. 3 in Tab. 8–6) ökologisch und floristisch nahe; Letzterer zeichnet sich aber durch zahlreichere ALNO-ULMION-Arten aus.

Eine weitere Subassoziation des Carici elongatae-Alnetum (2 a) leitet zum Birkenbruchwald (1) über, der im folgenden Abschnitt im Zusammenhang mit weiteren stark acidophytischen Gesellschaften besprochen werden wird. Wie aus Tabelle 8–6 hervorgeht, unterscheiden sich die bisher erwähnten Gesellschaften teils in ihrem Wasserhaushalt, teils in ihrem Trophiegrad. Die erlenreichen haben relativ stickstoffreiche Böden (C/N-Verhältnisse unter 20) mit höheren pH-Werten (über 4) als die von Moorbirken beherrschten.

c) Eng verwandt mit den Erlenbruchwäldern sind die **Moorweidengebüsche** (Verband SALICION CINEREAE), die an ähnlichen Standorten wie die Wälder noch verhältnismäßig häufig vorkommen und als Vorläufer in der Vegetationsentwicklung oder als Ersatzgesellschaften gelten dürfen. Im Gegensatz zu den Weidengebüschen in Flussnähe haben sie keine lanzettlichen und glatten Blätter, sondern eiförmige und runzlige (s. Abb. 8–44). Die herrschenden Arten lassen sich auch nicht so leicht wie die in Auen verbreiteten durch Stecklinge vermehren; daraus kann man schließen dass sie nicht an mechanische Schäden und Überschlickung angepasst sind. Als charakteristisch für diesen zweiten Verband der Moorweidengebüsche gelten die folgenden Arten (s. a. Abb. 8–44):

Betula humilis (zugleich Charakterart des Betulo humilis-Salicetum repentis)
Salix aurita (auch Charakterart des Salicetum auritae)
S. cinerea (auch Charakterart des Salicetum pentandrae-cinereae)
S. pentandra (desgl.)
S. repens
M *Sphagnum fimbriatum*

In diesen Gebüschen spielen neben den Weiden auch der Faulbaum (*Frangula alnus*) und der stickstoffbindende Gagel (*Myrica gale*) eine Rolle (Hild 1960, Dierschke 1969, 1979). Auf diese Gesellschaften werden wir zurückkommen, wenn wir auf die ja großenteils unter Mitwirkung des Menschen entstandenen Gebüsche und Waldmäntel in Mitteleuropa eingehen (s. Kap. 16.3.1).

8.3.2.2 Birken-, Kiefern- und Fichtenbrüche

Erlenbrüche und andere von der Schwarzerle beherrschte Gesellschaften deuten stets auf einen gewissen **Basenreichtum des Grundwassers** hin. Wird ein Minimum desselben (etwa 0,1 mg CaO pro Liter) unterschritten, so kann *Alnus glutinosa* nicht mehr mit *Betula pubescens* oder *Pinus sylvestris* konkurrieren. Bei vergleichbarem Wasserhaushalt tritt also infolge Basenmangels ein Birken- oder Kiefernbruchwald an die Stelle des Erlenbruchwaldes (s. Abb. 8–11, 8–36 u. 8–37). Erlenbruchtorf ist stets basenreicher und weniger sauer als Birkenbruchtorf. Dementsprechend ist er reicher an Bakterien (s. Abb. 8–38 u. 8–39) und enthält sogar zahlreiche Regenwürmer, die hier leben können, sobald das Grundwasser den Oberboden freigibt (s. Abb. 8–40). Die Aktivität der Bodenorganismen ist so groß, dass Erlentorf kaum noch Pflanzenstrukturen erkennen lässt.

Ob *Betula pubescens* oder *Pinus sylvestris* die Herrschaft erlangt, hängt vom Klima ab. Im Nordwesten ist es die Moorbirke (*Betula pubescens* subsp. *pubescens*), im kontinentalen Osten die Waldkiefer und teilweise die Karpatenbirke (*Betula pubescens* subsp. *carpatica*). Im Gebirge und im Nordosten Mitteleuropas kann die Fichte als natürliche Mischholzart hinzutreten, im Alpenvorland zudem die Aufrechte Bergkiefer (*Pinus × rotundata*) (Schlüter 1969, Kaule 1974, Dierßen & Dierßen 1982,

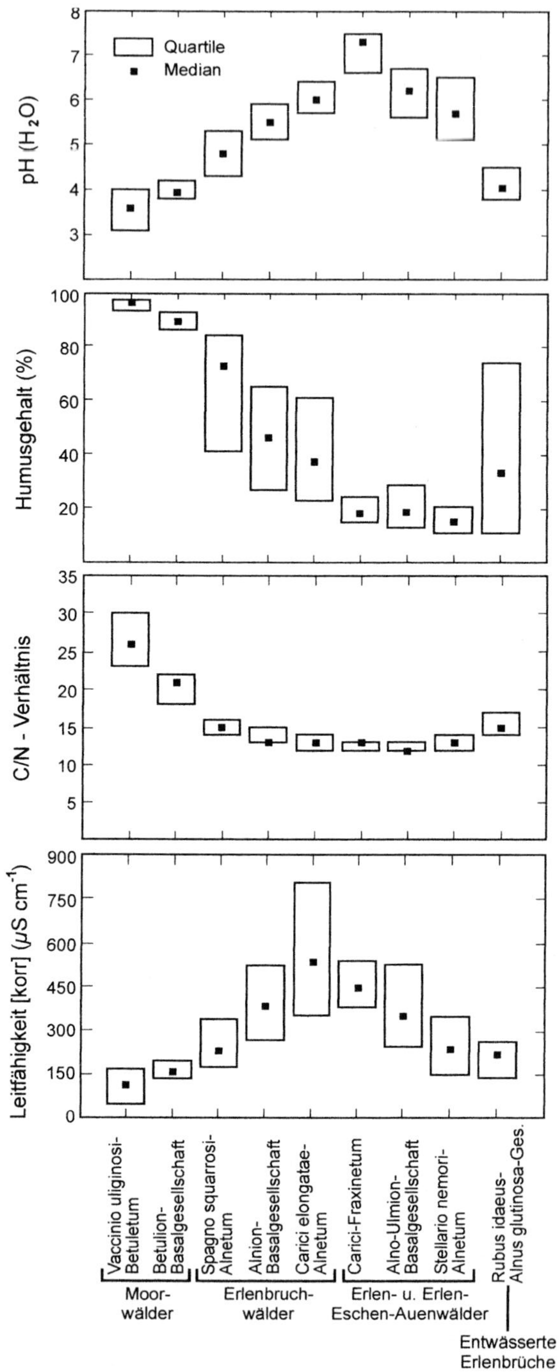

Abb. 8–38 pH-Wert, Humusgehalt, C/N-Verhältnis und korrigierte Leitfähigkeit der Bodenlösung des Oberbodens (0–10 cm) von neun Feuchtwald-Gesellschaften des niedersächsischen Berglandes (Median und 25/75-%-Quartilabstände; jeweils 5 bis 6 Einzelmessungen in 550 Beständen). Nach Mast (1999).

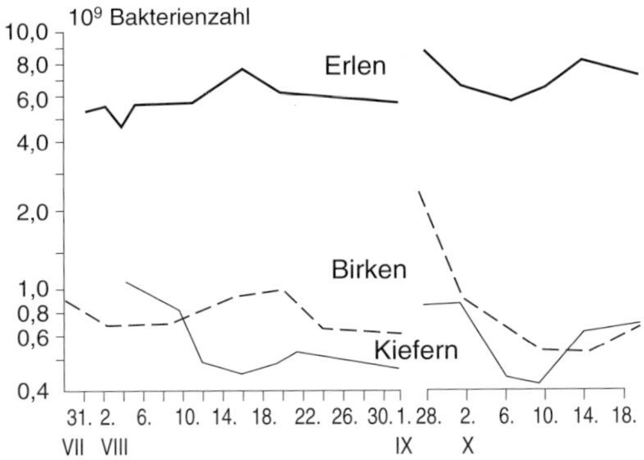

Abb. 8–39 Erlenbruchwaldtorf ist viel stärker von Bakterien belebt und wird rascher zersetzt als die organischen Ablagerungen in Birken- und Kiefernbruchwäldern. Nach Haber (1965), etwas verändert. Die Individuendichte dient nur als Relativmaß (s. a. Abb. 8–40).

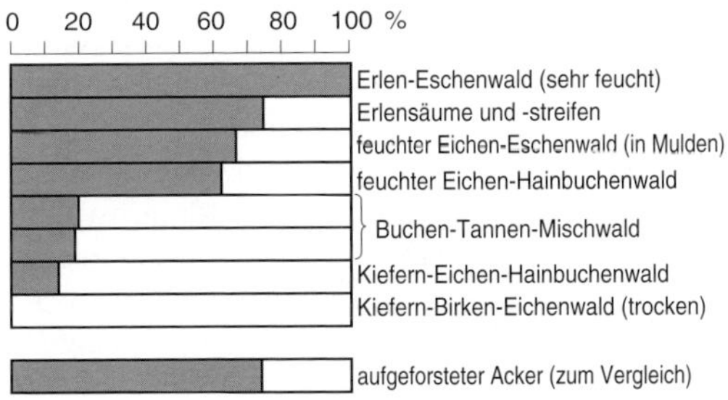

Abb. 8–40 Relative Häufigkeit der Regenwürmer in Bodenproben aus schwarzerlenreichen und anderen Waldgesellschaften Bayerns. Nach Ronde (1951, aus Ellenberg 1963), verändert.

Frelechoux et al. 2000a, b; von Sengbusch 2004). Alle basenarmen Bruchwaldtypen stimmen aber in so vielen ökologischen und floristischen Eigenschaften überein, dass wir sie hier zusammen behandeln wollen.

Die Baumschicht gedeiht in den bodensauren Bruchwäldern nur mäßig und ist locker. Trotz reichlichen Lichtes können sich in ihnen aber nur vereinzelte Sträucher entwickeln, und zwar nur säure- und nässeertragende Arten wie *Frangula alnus* und *Sorbus aucuparia*. Lediglich der Bodenbewuchs ist üppig und besteht aus wenig schattenertragenden Zwergsträuchern, wie *Vaccinium uliginosum*, *V. myrtillus* und *V. vitis-idaea* sowie aus hygrophilen Moosen.

Einen bemerkenswert großen Anteil am Aufbau basenarmer Bruchwälder haben **boreale Arten**. Die bereits genannten holzigen und krautigen Pflanzen gehören sämtlich zu diesem Florenelement. Auch *Trientalis europaea*, *Lycopodium annotinum* und andere Partner der Birken- und Kiefernbruchwälder haben ihr Verbreitungsschwergewicht im Norden und Osten Eurasiens. Es wäre aber voreilig, aus solcher Ansammlung borealer Elemente auf besondere Kälte des Standortes zu schließen. Bisher sind keine Messungen bekannt geworden, die den Beweis für diese Annahme erbringen. Der Hauptgrund für das Ausharren nordischer Gäste inmitten „südlicherer" Vegetation dürfte vielmehr in der geringen Konkurrenz an diesen nass-sauren Standorten zu suchen sein, die für die meisten Pflanzen unzugänglich bleiben. Das Grundwasser steht in Birken-, Kiefern- und Fichtenbrüchen ganzjährig zwischen 0 und 30 cm unter der Oberfläche (Schlüter 1969, Kaule 1974, Döring-Mederake 1991). Die mächtige Rohhumusdecke wird von den borealen Arten außerdem besser ertragen.

Auf der Pommerschen Seenplatte und in Nordostpolen kommen Birken- und Kiefernbrüche oft auf engem Raum nebeneinander vor. Nach Matuszkiewicz (1963) bevorzugt das Vaccinio uliginosi-Betuletum pubescentis flache, meist kleine Mulden, die nur 20–60 cm Torfauflage oder lediglich Anmoorboden haben. Der Birken-Kiefernbruchwald (Vaccinio uliginosi-Pinetum sylvestris) dagegen stockt oft auf über 1 m Torf, und zwar in großen Senken. Ähnliches gilt für den birkenfreien Kiefernbruchwald (Ledo-Pinetum), in dem der Sumpfporst gewöhnlich vorherrscht. Diese noch stärker kontinental getönte Gesellschaft findet sich oft als wahrscheinlich natürliche Schlussgesellschaft auf Hochmooren (s. Kap. 10.3.2.4 u. Abb. 8–37), ist also eigentlich ein Moorwald. In der Moosschicht solcher Waldhochmoore findet man viele *Sphagnum*-Arten der Hochmoorbulte (s. Kap. 10.3.2.1 u. 10.3.2.2). Zwischen den Kiefernbrüchen, den Randwäldern sonst baumloser Hochmoore oder den Kiefernbeständen auf Waldhochmooren gibt es alle Übergänge. Vermutlich sind diese von Matuszkiewicz (1963) bei dem soeben besprochenen Vergleich teilweise miterfasst worden; daher könnte sich die häufig größere Torfmächtigkeit im Vergleich zum Birkenbruch erklären.

Fichtenbruchwälder stehen häufig ebenfalls in Verbindung mit Hochmooren, indem sie zwischen diesen und den Wäldern auf mineralischem Untergrund (s. Abb. 8–41) oder einem im Randsumpf vorkommenden Erlenbruch vermitteln (s. Abb. 10–2). Solche Fichtenbrüche beschreibt z. B. Sokolowski (1966) aus dem „Urwald" von Białowieża als Sphagno girgensohnii-Piceetum typicum (Vaccinio-Piceetum). Man trifft sie in Nordost-Polen aber häufig auch im Kontakt mit Kiefernwäldern auf sehr sauren Sandböden mit hohem Grundwasserstand (Vaccinio myrtilli-Pinetum molinietosum). An nasseren und etwas nährstoffreicheren Stellen in diesen bodenfeuchten Kiefernwäldern gedeiht eine *Pinus*-reiche Subassoziation des Fichtenbruchwaldes (dryopteridetosum). Die Ursachen, warum in manchen Bruchwäldern *Picea abies* zur Dominanz kommt, sind wahrscheinlich vor allem klimatische. Fichtenbrüche sind in erster Linie eine Erscheinung der montanen bis subalpinen Stufe in den Gebirgen sowie in den hoch liegenden Teilen des Alpenvorlandes, z. B. in Oberbayern. Doch zeigt gerade das Beispiel des Białowieża-Waldes, dass sie auch in tieferen Lagen vorkommen, und zwar im Nordosten Mitteleuropas, d. h. im Randbereich zu den ausgedehnten Fichtenwaldgebieten der borealen Zone. Eingemischt in Birkenbrüche tritt die Fichte aber auch noch weit im subozeanischen Westen auf, z. B. in Nordwestdeutschland, wo sie nach Hesmer & Schroeder (1963) gerade hier spontane Tiefland-Wuchsorte im südöstlichen Niedersachsen besitzt.

Synsystematisch sind Birken-, Kiefern- und Fichtenbrüche schwer zu fassen und von feucht-sauren Laubmischwäldern einerseits sowie von Nadelwäldern der Gebirge und der borealen Zone andererseits nicht klar zu trennen. Auch standörtlich ist die Trennung nicht einfach, weil alle Bruchwälder sowohl auf nassem Anmoor oder geringmächtigem Torf (ähnlich dem des Erlenbruches, nur saurer) als auch auf mehr oder minder mächtigem Hochmoortorf vorkommen können, wo dieser mäßig entwässert wurde. Am leichtesten kann man die Bruchwälder physiognomisch von Nadelholz-Gesellschaften bzw. Birkenbeständen an trockeneren Standorten unterscheiden; denn sie sind auffallend licht und mehr oder minder schlechtwüchsig.

Dominieren die Moorarten bei kümmerlichem Baumwuchs, so sind solche Bestände eindeutig der Klasse Oxycocco-Sphagnetea zuzuordnen (s. Kap. 10.3.1). Die Birken-, Kiefern- und Fichten-Moorwälder mit besser entwickelter Baumschicht dagegen wurden von Ellenberg (1996) in die Ordnung der bodensauren Fichtenwälder (Piceetalia abietis) gestellt, und in dieser dem Verband der bodensauren Kiefernwälder (Dicrano-Pinion, s. Kap. 7.7.3) angeschlossen. Wagner & Wagner (2007) und Willner & Grabherr (2007) billigen ihnen dagegen eine eigene Klasse zu (Vaccinio uliginosi-Pinetea, s. a. Rennwald 2000). Von Oberdorfer et al. (1992) wiederum wurden sie in einem neuen Unterverband zusammengefasst, den sie „Piceo-Vaccinienion uliginosi" nennen. Dieser wissenschaftliche Na-

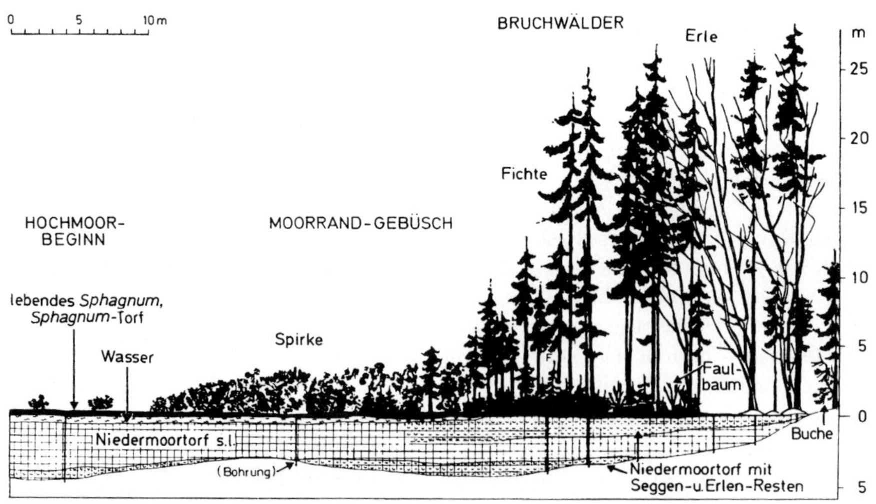

Abb. 8–41 Erlen- und Fichtenbruchwälder am Rand eines jungen Hochmoores im oberbayerischen Alpenvorland. Der *Sphagnum*-Torf schwimmt auf einem dünnen Wasserkissen. Nach Kaule & Pfadenhauer (1973), etwas verändert. Die Fichte erträgt feuchtes und winterkaltes Klima besser als die Waldkiefer.

me erscheint irreführend, weil die Fichte (auch nach Oberdorfers eigener Aussage) nur selten eigentliche Moor- oder Bruchwälder bildet. Außerdem besitzt der Unterverband nur eine einzige Charakterart, nämlich *Betula pubescens*, die man nur mit Vorbehalt als solche gebrauchen kann, weil sie ja in manchen anderen Artenkombinationen zu finden ist. Auf die durchaus einleuchtende Beschreibung der einzelnen von Oberdorfer et al. (1992, Textband: S. 59–63) unterschiedenen Gesellschaften sei jedoch ausdrücklich verwiesen.

Pott (1995) gibt den Birken- und Kiefern-Bruchwäldern den Rang eines Verbandes (BETULION PUBESCENTIS) und nennt als Charakterarten desselben *Vaccinium uliginosum* (das auch in andere Gesellschaften übergreift, aber im eigentlichen Birkenbruch oft fehlt) und die niederwüchsige *Pinus sylvestris* fo. *turfosa* (die nur an Hochmoorrändern, nicht aber in eigentlichen Bruchwäldern zu finden ist). Auch diese Lösung ist also nicht glücklich. Weitere Vorschläge machten z. B. Dierßen & Dierßen (1982), Döring-Mederake (1991) und Mast (1999).

Die im nördlichen Mitteleuropa vorkommenden drei Assoziationen unterscheidet man (in Anlehnung an Pott 1995) am besten durch Kombinationen von Differenzialarten (s. Tabelle unten).

Allen drei Assoziationen sind Säure- und Nässezeiger gemeinsam, die in vielen Gesellschaften vorkommen, z. B. *Eriophorum vaginatum* und *E. angustifolium*, *Molinia caerulea*, *Vaccinium myrtillus*, *V. vitis-idaea* und *V. oxycoccus*, M *Polytrichum commune*, M *Sphagnum fallax* und *S. palustre*.

Während alle mitteleuropäischen Bruchwälder einander im Wasserhaushalt ähneln, bewirken chemische Faktoren ein unterschiedliches Artengefüge, insbesondere die Dominanz der Schwarzerle auf mesotrophen Böden mit einem pH-Wert meist bei 5–6, der Moorbirke und/oder der Waldkiefer auf oligo- bzw. dystroph-sauren Böden. Nach Müller-Stoll et al. (1987) genügen schon pH-Werte und die Gesamt-N- und P-Gehalte des Bodens, um diesen Gegensatz vor Augen zu führen (vgl. Brand 2000, s. Tabelle am Ende der Seite).

8.4 Anpassung an den Standort

8.4.1 Überflutungstoleranz der Auenwaldpflanzen

a) In den Oberrhein-Auen haben Dister (1983) und andere Autoren die **Überflutungstoleranz der Gehölze** vergleichend untersucht. Im langjährigen Mittel ertragen Altbäume von *Salix alba* 190 Tage pro Jahr Überflutung des Bodens ohne sichtbare Schäden, *Quercus robur* 113, Hybridpappeln 110, die Ulmen mehr als 80, *Fraxinus excelsior* aber nur etwa 40 und *Acer pseudoplatanus* weniger als 30 Tage. *Fagus sylvatica* ertrug in der südhessischen Kühkopf-Aue im Mittel fast 20 Tage Überflutung im Jahr, wenn sie nicht im Sommer auftrat. Bei der Hainbuche und Winterlinde waren es nur kurze Perioden (3,5 Tage). *Ulmus minor* und *U. laevis* verhalten sich vermutlich ähnlich tolerant wie *Quercus robur*, doch war dies wegen des Ulmensterbens nicht genau feststellbar. Eine dichte Strauchschicht entwickelt sich

atlantisch	subatlantisch	subkontinental
Birkenbruch	Birken-Kiefernbruch	Kiefernbruch
Betuletum pubescentis	Vaccinio uliginosi-Pinetum sylvestris	Ledo-Pinetum
Differenzialarten		
Myrica gale	*Erica tetralix*	*Ledum palustre*
Betula pubescens	*Pinus sylvestris*	*Rubus chamaemorus*
	Vaccinium uliginosum	M *Sphagnum capillifolium* u. a.
	Andromeda polifolia	

	pH (KCl)	N_{total}	$P_2O_{5\ total}$
Erlenbruchwald	3,8–7,2	1,7–2,8	0,07–0,17
Birkenbruchwald	3,1–3,9	0,2–1,1	0,02–0,12
Kiefernbruchwald	2,6–3,2	0,8–1,3	0,04–0,10

Tab. 8–7 Maximale im Feld beobachtete Überflutungstoleranz adulter Bäume und Sämlinge (keine sichtbaren Schäden) in der überfluteten badischen Rheinaue (in Tagen). Nach Dister (1983), Biegelmaier (2002), Späth (1988, 2002), Dilger & Späth (1988), Walentowski & Karrer (2006). Wenn eine Spanne angegeben ist, wurden die tiefsten und höchsten Positionen der Art in der Aue untersucht; mehrere Zahlen stehen für verschiedene Standorte. In Staubereichen (Poldern) ist die Toleranz geringer.

	Langjähriges Mittel		**Extremereignis**		**Max. Überflutungs-höhe**
	Jahr	April bis Sept.	Jahr	April bis Sept.	(cm)
Salix alba	100–190	180	140–210 (300)		480
Populus nigra, Hybride	90–110		155		280
Alnus incana			129		220
Quercus robur	97, 113	62	217	151	220
Ulmus minor u. *U. laevis*	> 80		136		240
Fraxinus excelsior	35–40, 30 (77)	23–27 (54)	102, 129	72	170
Betula pubescens			117		190
Pinus sylvestris			69		160
Acer pseudoplatanus	8, < 30	4	35, 87	17	170
Carpinus betulus	3,5, 39		22, 87	7	180
Tilia cordata	3,5		22, 114	7	180
Fagus sylvatica	< 20		8, 21, 44		140

nur, wenn die mittlere Hochwasserdauer unter 40 Tagen liegt (Dister 1985).

Alle Arten überstehen jedoch wesentlich längere Überflutungen in einzelnen ungewöhnlich hochwasserreichen Jahren (s. Tab. 8–7). Fallen die Überflutungen jedoch ausschließlich in die physiologisch aktive Sommerperiode, so wurden bei der Stieleiche schon nach 62 Tagen, bei der Esche nach 23 bis 27 und beim Bergahorn nach 4 Tagen Schäden beobachtet. Aus diesem Grund sind die Auenwälder an alpinen Flüssen wie Oberrhein und Isar mit ihren **Sommerhochwässern** bei gleicher Dauer und Höhe der Überflutungen ungleich stärker belastet als an den Mittelgebirgsflüssen Elbe, Weser und Weichsel, an denen die Hochwasserspitzen meist vor Beginn des Blattaustriebs eintreten (s. Abb. 8–6). Grobkörnige Sedimente, wie sie regional z. B. an Oberrhein und Ems vorhanden sind, mildern die Belastung, weil sie die Hochwässer schneller abfließen lassen.

Alnus glutinosa ist unsere überflutungstoleranteste Baumart, die auch die Moorbirke in dieser Hinsicht übertrifft. Alte Erlen ertragen auch stehendes Wasser bis zu 1 m Höhe für Zeiträume bis zu fast einem Jahr (s. Abb. 8–10 b). Allerdings ist ihr Wachstum dann gering, unter anderem, weil die knöllchenbildenden Wurzeln von *Alnus* nur bei ausreichendem Sauerstoffangebot ausgebildet werden können (McVean 1956). Bei längerer Überstauung müssen die Erlen daher ohne ihre stickstoffbindenden Symbionten auskommen und leiden dann wahrscheinlich in dem sauerstoffarmen Milieu unter Stickstoffmangel (s. Kap. 8.6.2). Lang andauernde Überflutung kann auch *Betula pubescens* zum Absterben bringen; andererseits schädigt die Austrocknung des Torfes die trockenheitsempfindlichen Birkensämlinge (Wiegers 1985). Die Sämlinge der Erle sind resistenter gegenüber Überflutung als jene der Moorbirke, gedeihen aber am besten in relativ trockenem Boden, wenn der Grundwasserspiegel 10–30 cm tief steht (McVean 1959).

Für alle Baumarten gilt, dass Sämlinge und Jungbäume durch Überflutung stärker beeinträchtigt werden als Altbäume, und stehendes Wasser weit schädlicher ist als fließendes (Kozlowski 1984). Besonders anfällig sind die **Baumjungpflanzen** in ihrem ersten Sommer (Siebel & Blom 1998). Bereits wenige Tage andauernde Anoxie im Boden lässt die Feinwurzeln absterben, die 5–10 % Sauerstoff zum Wachstum benötigen (Boynton et al. 1938). In Hartholz-Auenwäldern der badischen Rheinebene starb nach einem starken Winterhochwasser mehr als 30 % der Feinwurzelmasse der Altbäume ab (Knüppel 2004). Längere Überflutung führt zum Blattabwurf und reduziert das Höhen- und Dickenwachstum, und zwar auch bei den Bäumen der Weichholzaue, z. B. den Weiden (Braun 1974; s. Abb. 8–42). Bei **Altbäumen** sind schwere Kambiumschäden, Risse am Stammfuß und Schleimfluss Vorboten des Todes. Nur sehr wenige Baumarten werden durch andauernde Überflutung im Dickenwachstum gefördert, so z. B. die nordamerikanische Sumpfzypresse (*Taxodium distichum*; Frye & Grosse 1992).

b) Nach Wendelberger (1973) ist die **Feinkörnigkeit des Bodens** der entscheidende Faktor für das Entstehen von Hartholzauen, nicht die Häufigkeit von Überschwemmungen (s. Abb. 8–4). Letztere kann in Hartholzauen sogar größer sein als bei Weichholzauen, die – entgegen der Lehrmeinung – nicht unbedingt tiefer liegen müssen. Hohe Lehmgehalte bedeuten nämlich eine hinreichende Wasserversorgung auch während der Niedrigwasserstände und gute Nährstoffversorgung.

Dies gilt freilich nur, wenn in dem Einzugsgebiet des Flusses Lösslehm oder andere feinkörnige Bodenarten anstehen. Bei der Ems ist das im Gegensatz zu Erft, Rhein, Weser, Leine, Oker und anderen nordwestdeutschen Flüssen nicht der Fall, und so sind ihre Auen vorwiegend sandig. Diesen, von der Stieleiche dominierten Wäldern fehlen die Ulmen weitgehend und auch die Krautschicht ist arm an eutraphenten Arten; sie erinnern an Eichen-Hainbuchenwälder, sind aber von der Hydrologie her klare Auenwälder. Solche sandigen, durchlässigen Böden fallen nach jedem Winterhochwasser relativ rasch wieder trocken und bleiben nicht noch lange bis ins Frühjahr hinein nass, wie das bei tonigen Auenböden der Fall ist. So konnte sich hier nach Trautmann & Lohmeyer (1960) noch innerhalb des Hochwasserbereiches die Rotbuche ansiedeln, die sonst nur selten in Flussauen anzutreffen ist und aufgrund ihrer geringen Überflutungstoleranz (s. Kap. 8.4.1 a) geradezu als auenmeidend gilt. Je häufiger die Buchenauenwälder überschwemmt werden, desto nährstoff- und kolloidreicher ist ihr Boden, und

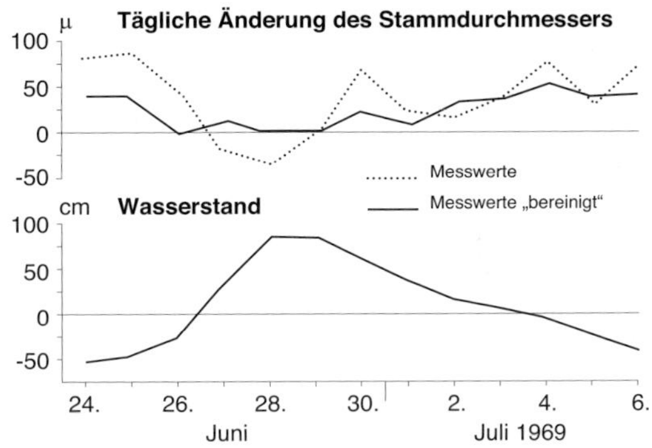

Abb. 8–42 Überflutungen während der Vegetationszeit bewirken bei den meisten Auenwald-Bäumen Wachstums-Stockungen, z. B. an Pappeln. Nach Kern (1970), etwas verändert.
Da die Messung des täglichen Dickenwachstums Fehlerquellen hat (z. B. Borkenquellung), wurden die Werte „bereinigt", d. h. gleitende Mittel gebildet (35-jährige Pappel-Hybriden im Überschwemmungsbereich des Rheins).

desto mehr anspruchsvolle und feuchtigkeitsbedürftige Arten gedeihen in ihnen. Außer diesen Buchenauenwäldern gibt es in der sandigen Emsaue auch Eichen- und Weidenauenwälder, und zwar auf entsprechend tieferem Niveau. In den vom Fluss abgetrennten Altarmen entstanden Schwarzerlen-Bruchwälder, auf die wir in Kapitel 8.3.2.1 eingegangen sind.

Wie gefährlich die Flussaue für Rotbuchen ist, selbst wenn sie dort, wie an der mittleren Ems, jahrzehntelang gut gedeihen, zeigte sich nach dem außergewöhnlichen anhaltenden Hochwasser, das im Juli 1956 eintrat. Bald nach dieser Katastrophe gingen zahlreiche Buchen im Überschwemmungsbereich ein, und zwar Individuen aller Altersstufen. Ihre Blätter verfärbten sich und ihre Rinde starb am Stammfuß ab. Später platzte sie und es traten Sekundärschädlinge auf, die wohl mit dazu beitrugen, dass viele Bäume zugrunde gingen. Andere Bäume erholten sich teilweise oder ganz wieder, sodass nicht sämtliche Buchen ausgerottet wurden und die Aussicht besteht, dass sich die stellenweise recht üppige Naturverjüngung weiter entwickeln wird. Die Ursache dieses Buchensterbens lag sehr wahrscheinlich darin, dass die Feinwurzeln der Buche den während der Überflutung längere Zeit herrschenden Luftmangel nicht ertragen haben und abstarben. Jedenfalls war es entscheidend, dass das verhängnisvolle Hochwasser mitten in der Vegetationsperiode eintrat und länger als eine Woche dauerte. Die bisherigen Sommerhochwässer dauerten nur wenige Tage und wurden, ebenso wie die normalen Winterhochwässer, jahrzehntelang ohne Schaden überstanden, auch wenn der Pegel noch höher anstieg als 1956. Dieses ungewöhnliche Naturexperiment erwies sich mithin als höchst aufschlussreich für die Ökologie der Rotbuche. Nur ein Fluss des schnee- und niederschlagsarmen nordwestlichen Tieflandes mit kleinem Einzugsgebiet wie die Ems, bei dem Sommerhochwässer eine große Ausnahme sind, macht der Buche nicht schon nach wenigen Jahren den Garaus, wenn sie sich in seiner sandigen Aue befindet. Auch in den Hartholzauen vieler kleinerer Flüsse und Bäche des westfälischen Münsterlandes mit ähnlichem Wasserregime wie die Ems ist *Fagus* nach Wattendorf (1964) ebenfalls zu finden, besonders in eschen- und eichenreichen Beständen (s. Abb. 8–10 d). Im Tal der mittleren Elbe kommen Buchen fast ausschließlich auf den weichselzeitlich-frühholozänen Terrassen vor, nicht aber in der alluvialen Talaue (Mathews 1997, Gläser 2005). Diese werden im Winter regelmäßig und im Sommer gelegentlich und stets nur kurzfristig überschwemmt. Beides schadet der Rotbuche offenbar nicht (Brecher 1897). Funde von Buchen in nacheiszeitlichen Kieslagern von Rhein und Donau (Becker 1982) dürften ebensolche Buchenbestände auf erhöhten Geländemarken in der Aue betreffen.

Unter den Baumarten, die in den höheren Teilen der mitteleuropäischen Flussauen vorkommen, stellt *Fagus sylvatica* hinsichtlich des Jahresganges der Wasserstände das eine Extrem dar, während *Alnus incana* das andere verkörpert. Die Buche vermag nur Winterhochwässer zu ertragen und wird durch ungewöhnliche Sommerhochwässer getötet. Die Grauerle dagegen wird gerade umgekehrt durch das Ausbleiben sommerlicher Hochwässer geschwächt und gedeiht nur in Gebieten, in denen diese normalerweise eintreten. Die übrigen Bäume stehen teils der Buche, teils der Grauerle näher oder verhalten sich wie die Esche mehr oder minder indifferent.

Ähnlich wie die Rotbuche und die Nadelhölzer ertragen auch manche Sträucher und krautigen Waldpflanzen Überflutungen normalerweise nicht. Von der Donau bei Wallsee seien als Beispiele die folgenden Arten genannt, die Wendelberger-Zelinka (1952) wohl an den Hängen oberhalb der Aue und teilweise auch auf Viehrettungshügeln, nicht aber auf dem Niveau der Aue antraf:

Berberis vulgaris	*Galium odoratum*
Viburnum lantana	*Lathyrus vernus*
Daphne mezereum	*Mercurialis perennis*
Euphorbia amygdaloides	*Galium sylvaticum*

Nach Trautmann & Lohmeyer (1960) fehlen diese Arten auch in den buchenreichen Auenwäldern an der Ems, obwohl zumindest die drei letztgenannten in der Umgebung vorkommen. Der Anschluss der Grauerlen- und Hartholz-Auenwälder an die Ordnung FAGETALIA darf also nicht zu der Vorstellung verleiten, dass deren Charakterarten sämtlich in Flussauen gedeihen könnten.

c) Ursachen der **Empfindlichkeit gegenüber Sauerstoffarmut** sind Mangel an Kohlenhydraten und ATP sowie zunehmende Zellversauerung als Folge der anaeroben Atmung (Ratcliffe 1995, Jackson & Ricard 2003). Der anaerobe Gärungsstoffwechel reduziert die Energieausbeute auf etwa 5 % (Crawford 1989). Freigesetzte toxische Substanzen wie Acetaldehyd aus der alkoholischen Gärung wirken ebenfalls schädigend. Die Folge können reduzierter Stomataschluss, Abnahme der hydraulischen Leitfähigkeit der Wurzel, reduzierte Effizienz des photosynthetischen Elektronentransportes sowie Störungen in N-Aufnahme und -haushalt sein (Colin-Belgrand et al. 1991, Dreyer 1994, Clarkson et al. 2000, Kreuzwieser et al. 2002). Geschwächte Wurzeln erleiden zudem häufig verstärkten *Phytophthora*-Befall (Kozlowski 1984). Baumarten, die nur am Rande der Aue auftreten wie Buche, Feldahorn und Linde, aber auch Esche, haben generell empfindlichere Sämlinge als die auentypischen Arten Stieleiche, Hybridpappel, Flatterulme und Feldulme (Dister 1983, Lyr 1993, Siebel et al. 1998, Schmull & Thomas 2000, Bonn & Roloff 2002). Ausgesprochen tolerant gegen Überflutung sind Jungpflanzen von *Populus nigra* und *Alnus glutinosa*; Letztere überlebten fast die gesamte Vegetationsperiode in wenige Zentimeter tiefem Wasser (Gill 1975).

d) **Überflutungstoleranz** erreichen Bäume vor allem durch die Fähigkeit zur Ausbildung von Adventivwurzeln, deren Bildung durch bei

Anoxie freigesetztes Ethylen stimuliert wird und die in Richtung auf sauerstoffreichere Bodenhorizonte wachsen (Gill 1975). Silberweide und Stieleiche sind weit besser zur Adventivwurzel-Bildung in der Lage als die Buche (Colin-Belgrand et al. 1991), die allerdings durch intensive Neubildung ihre Wurzelverluste z. T. kompensieren kann. Anders als bei krautigen Helophyten, sind bei Bäumen gasgefüllte Hohlräume in den sekundären Xylemelementen und nicht Interzellularräume für die Gasleitung verantwortlich (Coutts & Armstrong 1976, Möller-Lindenhop 1991; vgl. Kap. 9.4.3). Thermo-Osmose kann den Sauerstofftransport durch das Aerenchym in die Wurzeln verbessern (Grosse et al. 1992, vgl. aber Armstrong et al. 1994). Manche Baumarten bilden bei O_2-Mangel verstärkt hypertrophe Lentizellen an der Stammbasis aus (z. B. *Alnus glutinosa*, *Salix alba*, *Quercus robur* und *Pinus sylvestris*), die die Sauerstoffaufnahme verbessern und z. T. auch der Ausscheidung von Ethanol, Acetaldehyd und Ethylen dienen (Chirkova & Gutman 1972). Auf physiologischer Ebene tragen reversible Ruhephasen der Wurzeln und Entgiftungsenzyme zur Überflutungstoleranz bei (Jackson & Ricard 2003).

Das Wurzelsystem der Schwarzerle zeigt eine auffallende Zweiteilung in oberflächennahe feine Horizontalwurzeln, die vor allem der Nährstoffaufnahme im aeroben obersten Boden dienen und Knöllchen ausbilden, und dickere Senkerwurzeln zur Verankerung und Wasseraufnahme, die bis in 2,1 m Tiefe vordringen können (McVean 1956, Biebelriether 1964). Schwarzerlen und Weiden wurzeln nach Lohmeyer & Krause (1974) auch an Bachufern bis tief ins Grundwasser hinein und festigen dadurch die Ufer. Andere Auenbäume wie Eiche, Esche und Pappel machen mit ihren Wurzeln oberhalb des mittleren Sommerwasserstandes halt und sind am Ufer nicht standfest. Auch bei der Eiche hat also die Bodenbelüftung einen entscheidenden Einfluss auf die Durchwurzelung des Bodens (Gaertig et al. 1998). Die Schwarzerle vergrößert bei Überstauung die Hohlräume im Wurzelxylem und bildet ausgesprochen große Lentizellen an der Stammbasis aus. Sobald das Wasser im Sommer über die obersten Lentizellen emporsteigt, geht sie jedoch nach 1 bis 2 Wochen zugrunde. Nur die Senkerwurzeln sind nach Wötzel (1997) in ihrem Xylemgewebe porös und sauerstoffleitend; der O_2-Eintrag in das Sediment ist allerdings vernachlässigbar (vgl. hierzu Kap. 9.4.3).

e) **Seggen-Arten** mehr oder minder nasser Standorte (z. B. *Carex pseudocyperus*, *C. elata* und *C. acutiformis*) unterscheiden sich nach Janiesch (1981, 1991) in ihren Ansprüchen an die Stickstoff- und Eisenversorgung von denen mäßig feuchter bis trockener Standorte (z. B. *C. remota* und *sylvatica*). Die erstgenannte Gruppe kann im Gegensatz zur zweiten Nitrat nur in geringen Mengen verwerten, weil in ihren Wurzeln und Blättern wenig oder keine Nitratreduktase gebildet wird. Das Verhalten beider Gruppen entspricht der Tatsache, dass in Nassböden wegen Sauerstoffmangels keine Nitrifikation stattfindet und nur Ammonium angeboten wird. Beim Abbau der N-reichen Streu entsteht in Erlenbrüchen viel NH_4^+, das nach Janiesch (1979) nicht phytotoxisch wirkt, solange genügend Kalium im Boden vorhanden ist (s. Kap. 4.9.3.3 c).

f) **Toxizität von zweiwertigem Eisen** ist offenbar für viele Pflanzen anaerober Standorte wie der Bruchwälder ein wachstumslimitierender Faktor. Toxizität von Mn^{2+} und S^{2-} dürfte ebenfalls auftreten (Armstrong & Boatman 1967). Wahrscheinlich ist dies einer der Gründe für die Artenarmut von Erlenbrüchen im Vergleich zu anderen Waldgesellschaften (vgl. Wheeler et al. 1985). Charakteristische Arten wie *Carex elata* zeichnen sich durch eine hohe Resistenz gegen Eisentoxizität aus, wie Snowdon & Wheeler (1993) an 44 Arten von feuchten bis nassen Standorten belegen konnten. Je höher der Fe^{2+}-Gehalt des Bodens, umso höher ist im Allgemeinen die Resistenz der kennzeichnenden Arten. Eisentoleranz auf der physiologischen Ebene erreichen manche Pflanzen nasser Böden durch erhöhte Produktion von Enzymen wie Superoxiddismutase und Katalase, die reaktive Sauerstoffspezies reduzieren und damit durch Fe^{2+} bedingten oxidativen Stress verhindern (Monk et al. 1987). Eine Vermeidungsstrategie von eiseninduzierten Schäden stellt das Vermögen dar, die Rhizosphäre durch Sauerstoffausscheidung zu oxidieren und Eisen als Fe^{3+} auszufällen (s. a. Kap. 9.4.3). Im Allgemeinen steigt daher die Eisenresistenz mit der Größe des Wurzelaerenchyms (Laan et al. 1990), wobei Monokotyle wie *Carex pseudocyperus* eisenresistenter sind als Dikotyle (Snowdon & Wheeler 1993). *Rumex thyrsiflo-*

rus und *Epilobium hirsutum* sowie manche Seggen der nur kurzzeitig anoxischen Auenwaldböden oder gar grundwasserfernen Waldgesellschaften wie *Carex sylvatica* oxidierten die Wurzelumgebung dagegen nur geringfügig oder gar nicht (Wheeler et al. 1985, Laan et al. 1991). Diese Arten benötigen Boden-Sauerstoff zur normalen Funktion ihrer Wurzeln und fehlen dementsprechend in Bruchwäldern.

8.4.2 Sommerlicher Trockenstress in Flussauen

Sommerlicher Trockenstress beeinträchtigt die Auenwaldbäume oft mehr als Sauerstoffmangel bei Überflutung, wie mehrjährige Beobachtungen des Anwuchserfolges von jungen Gehölzpflanzen in der Elbaue und Zuwachsmessungen an Weiden in der Schweiz gezeigt haben (Heller 1963, Patz & Kätzel 1999). Das gilt insbesondere für die Mittelgebirgsflüsse mit sommerlichem Niedrigwasser und jene im kontinentaleren Osten Mitteleuropas (s. Abb. 8–9). Im Tiefland Polens und an der österreichischen Donau beispielsweise sinkt der Grundwasserstand in den Hartholzauen im Spätsommer oft bis auf 3 m unter Flur (Wendelberger 1973, Sienkiewicz et al. 2001). Starke Hochwasser oder Niederschläge im Winter und Frühjahr beeinträchtigen daher in der Regel das Wachstum der Auenwaldbäume wenig, sondern begünstigen es vielmehr (Bonn & Roloff 2002, Puhlmann 2003). In der badischen Rheinaue zeigten Eschen einen umso größeren Dickenzuwachs, je höher der sommerliche Grundwasserstand war (Knüppel 2004; s. Abb. 8–43). Messungen von Bonn & Roloff (2002) in der mittleren Elbaue belegen eine Zuwachsreduktion sowie eine Transpirations-Einschränkung in sommerlichen Niedrigwasser- und Trockenperioden bei Feldulmen und Eschen, während die tiefer wurzelnden Stieleichen nicht auf Trockenheit reagierten. Diese speichern zudem Wassermengen im Stamm, die nach Penka (1985) rund 15 % der Transpirations-Tagessumme entsprechen. Hoch stehendes Grundwasser und Überflutung schädigen zwar das Wurzelsystem und führen zur Reduktion des Dickenwachstums; dennoch überwiegt bei den Auenwaldbäumen der fördernde Einfluss des Wassers, solange artspezifische Schwellenwerte nicht überschritten werden. Allerdings treten bei alten Eichen Baumschäden bis zum Absterben auf, wenn

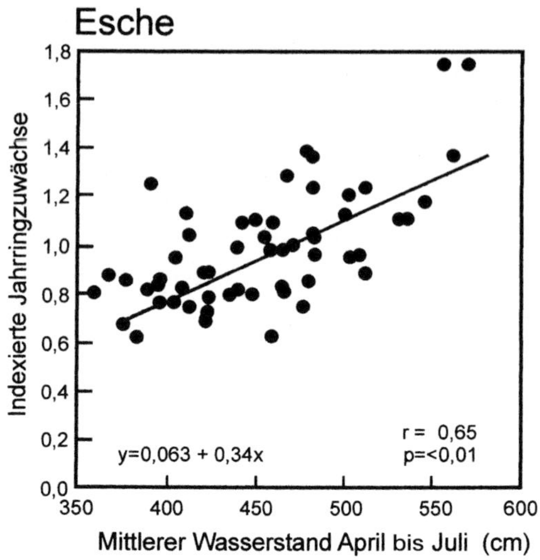

Abb. 8–43 Jahrringzuwächse der Esche in Abhängigkeit vom mittleren Sommerwasserstand im Hartholz-Auenwald des Oberrheins bei Rastatt. Nach Knüppel (2004), etwas verändert. Hohe Wasserstände (nicht jedoch Überstauung) fördern den Zuwachs.

das Grundwasser über lange Zeiträume sehr hoch steht. Dann wurzeln die Bäume nämlich äußerst flach und erleiden in trockenen Sommern Wassermangel (Oosterbaan & Nabuurs 1991).

8.4.3 Die Weiden als charakteristische Gehölze der Flussauen und Sümpfe

Von den weltweit rund 500 Arten der Gattung *Salix* kommen etwa 27 in Mitteleuropa vor, zuzüglich mehr als 40 Bastardsippen. Ein erheblicher Teil dieser Taxa besiedelt die Flussauen und Brüche. Die Sippen der Flussauen haben schmale Blätter, die dem strömenden Wasser wenig Widerstand entgegensetzen (s. Abb. 8–44). Ihre Stämme und Zweige sind zumindest in der Jugend sehr biegsam, weil die Holzverkernung erst spät erfolgt; sie regenerieren sich daher nach Beschädigungen durch Flussgeschiebe oder durch Eisschollen leicht (Jonasson & Callaghan 1992). *Salix viminalis*, *S. triandra*, *S. alba* und wohl auch andere Weidenarten haben außerdem die Fähigkeit, nach Aufschürfung der Rinde erneut zu blühen und zu fruchten, oft auch spät im Sommer. Die Ausbildung von Adventivwurzeln (z. B. bei *S. alba*), die die Sauerstoffversorgung des Wurzelsystems bei Überflutung übernehmen, ermöglicht das Überdauern von wochenlanger Anoxie im Boden (z. B. Krasny et al. 1988).

Nach den Überblicken über die Ökologie der Weiden von Neumann (1981), Falinski (1990), Schiechtl (1992) und Lautenschlager-Fleury & Lautenschlager (1994) haben alle *Salix*-Arten mehr oder minder gut entwickelte „Pionier-Eigenschaften": Schnelle Ausbreitung, und zwar überwiegend auf vegetativem Wege, über abbrechende und sich bewurzelnde Zweige sowie hohe Regenerationsfähigkeit. Sie besiedeln daher erfolgreich extreme Standorte und passen sich an diese mit hoher phänotypischer Plastizität an. Eine generative Vermehrung gelingt dem in Flussnähe siedelnden Weidengebüsch nicht in jedem Jahr, obwohl es viele flug- und schwimmfähige Samen erzeugt. Denn Weidensamen bleiben nur einige Tage bis Wochen keimfähig und laufen nur auf nassem, aber im Spätsommer nicht überflutetem Boden auf (Hügin & Henrichfreise 1992, van Splunder et al. 1995, Karrenberg et al. 2002). Weidensippen mit früher Fruktifikation wie *S. purpurea* und *S. viminalis* besiedeln dabei höhere und uferfernere Kiesbänke als solche mit später Samenreife wie *S. fragilis* und *S. triandra*. Die Keimlinge brauchen zu ihrer Entwicklung außerdem viel Licht, können sich also meistens nicht in einem schon vorhandenen dichten Röhricht ansiedeln. Starke Strömung in Flussnähe überleben nur die Sämlinge derjenigen Arten, die sich durch schnelles Tiefenwachstum gut im Sediment verankern können. Die oft an strömungsexponierten Stellen wachsende *Salix elaeagnos* ist in dieser Hinsicht den stromferner siedelnden Grauerlen und Schwarzpappeln überlegen (Karrenberg et al. 2003 a).

Da die mitteleuropäischen Weidenarten nach den üblichen Floren schwer bestimmbar sind, wurden hier vergleichende Abbildungen der Blattformen wiedergegeben (s. Abb. 8–44). Nahezu sämtliche *Salix*-Arten bilden miteinander Bastarde, die sich meist noch schlechter bestimmen lassen (Rechinger 1992). Da diese nicht selten mit denjenigen Elternarten verwechselt werden, zu denen sie am stärksten hinneigen, geben fast alle bisher veröffentlichten Vegetationstabellen kein richtiges Bild von der genetischen Vielfalt der Weidensippen. Wie Mang (mündl.) bei Uferpflanzungen beobachten konnte, sind die Bastarde oft wuchskräftiger und widerstandsfähiger gegen Beschädigungen oder sonstige Unbilden als ihre Stammformen. Auch bei Pappelpflanzungen zieht man ja Kreuzungsprodukte wegen ihrer größeren Leistungsfähigkeit den reinen Arten vor. Es ist auffallend, wie sehr sich die bastardierungsfreudigen *Salix*- und *Populus*-Arten gerade in der Weichholzaue häufen, d. h. an den am meisten gestörten und Zufällen ausgelieferten Waldstandorten Mitteleuropas.

8.5 Populationsbiologie und Synökologie

8.5.1 Phänologie

Kein anderer mitteleuropäischer Waldtyp zeigt eine so große Vielgestaltigkeit in der Abfolge phänologischer Phasen wie die artenreichen Hartholz-Auenwälder. Carbiener (1974) hat den Blattaustrieb und die Blüte der Gehölze in einem elsässischen Querco-Ulmetum anschaulich beschrieben: Im März erblühen die großen Kätzchen der baumartigen Reifweide (*Salix daphnoides*), gefolgt von Kornelkirsche und Rosmarinweide (*S. elaeagnos*) in hellem Gelb. Als erster Phanerophyt belaubt sich die Traubenkirsche ab Ende März; ihr folgen im Verlauf von 6 Wochen in kurzen Abständen die hellgrünen Laubaustriebe und gelben Kätzchen der Silberweide, das hellgrüne Birkenlaub, das dunklere Eichenlaub, die Kupfertöne von Schwarzpappel und Walnussbaum, die silberweißen Blätter der Silberpappel und die hell-graugrünen der Grauerle, die dunkel-graugrünen Blättchen des Sanddorngebüsches und schließlich die weißlich gelb blühenden, aber noch kahlen Kronen der Flatterulme im Unterschied zu den dunkel rotbraunen der Feldulme; den Abschluss bildet die Belaubung der Esche.

Die artenreiche Krautschicht erreicht ihre höchste Individuendichte in der zweiten Aprilhälfte zum Zeitpunkt des Laubaustriebes der oberen Baumschicht; ab Mai verringert sich die Zahl der Krautschichtpflanzen rasch, vor allem die der Geophyten, während Therophyten wie z. B. *Impatiens parviflora* und *Galium aparine* ihr Maximum später erreichen (Vasicek 1985; s. Abb. 8–45). Obwohl diese Lebensformen ein wesentlich größeres Spross-Wurzel-Verhältnis aufweisen als die später herrschenden Hemikryptophyten, erreichen oberirdische Biomasse und Blattfläche der Krautschicht erst

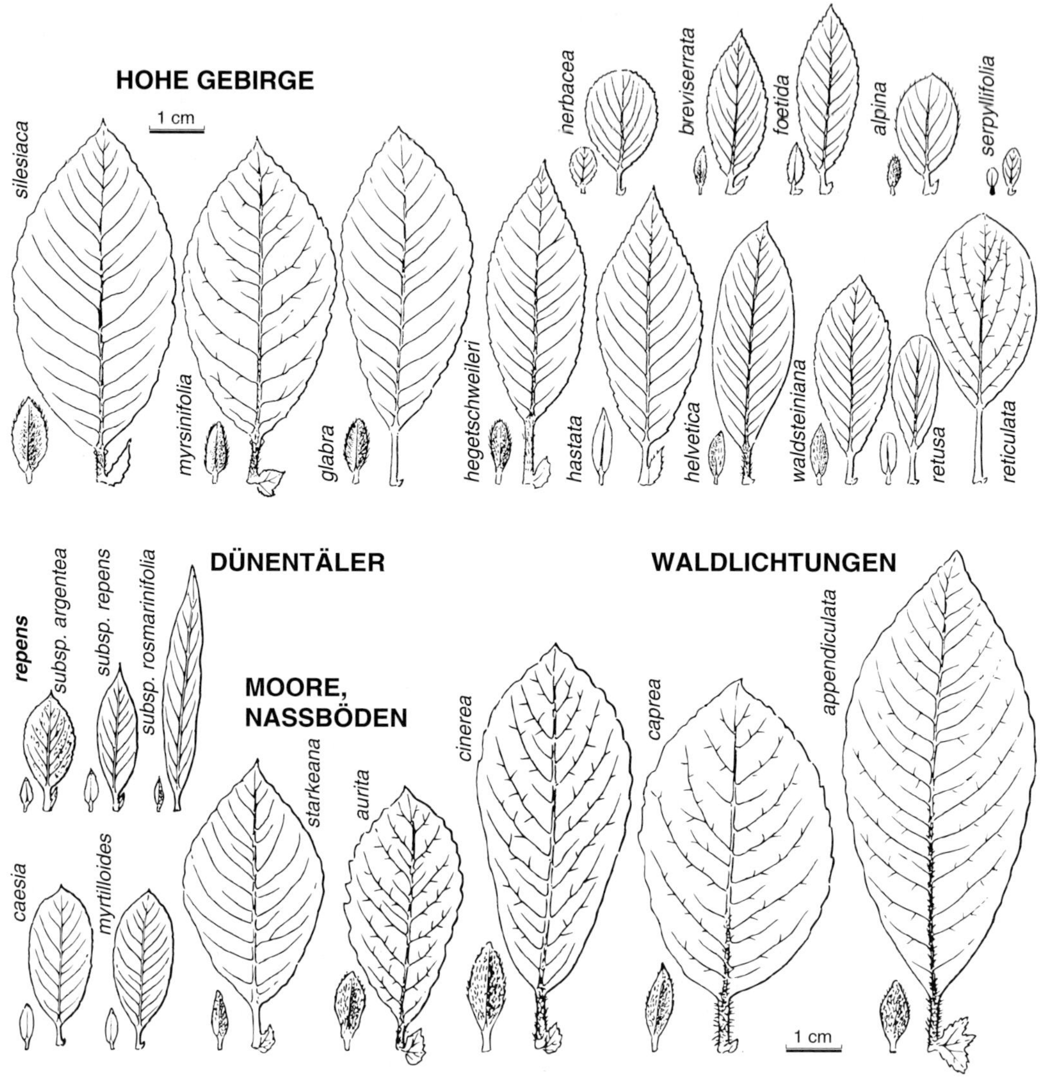

Abb. 8–44 Typische Blattformen (z. T. mit Nebenblättern) und Kätzchenschuppen von mitteleuropäischen *Salix*-Arten, die vorwiegend im Hochgebirge (oben), auf Waldlichtungen und in Sümpfen bzw. Dünentälern tieferer Lagen (unten) sowie in Flussauen des Tieflandes (zweite Seite oben) vorkommen. Nach Neumann (1981), verändert.

Die Gruppe der **Flussauen**-*Salices* ist besonders artenreich und einheitlich durch ihre mehr oder minder schlanken, der Strömung von Überschwemmungswasser wenig Widerstand bietenden Blätter. Alle zeichnen sich auch dadurch aus, dass ihre Zweige leicht Adventivwurzeln bilden, also anwachsen, wenn sie mit Sedimenten überdeckt werden. Ähnlich verhalten sich manche der strauchigen Weiden an Wasserläufen und Feuchtstandorten der Alpen, nämlich *Salix waldsteiniana, S. helvetica, S. hastata, S. foetida und S. breviserrata* (oben) sowie *S. caesia* (Mitte).

Die breitblättrigen Weiden der **Sümpfe und Waldlichtungen** kann man im Gegensatz zu denen der Flussauen nicht durch Stecklinge vermehren, weil sie keine Adventivwurzeln zu bilden vermögen.

Auf die Hochgebirgs-Weiden kommen wir erst in Kap. 13.3.11.2 zu sprechen. Sie sind kleinblättrig und niedrig bzw. spalierartig über Steinen ausgebreitet.

Die Kriechweiden (*Salix repens*) der Dünentäler werden in Kap. 12.3.1.4 behandelt.

Abb. 8–44 Fortsetzung

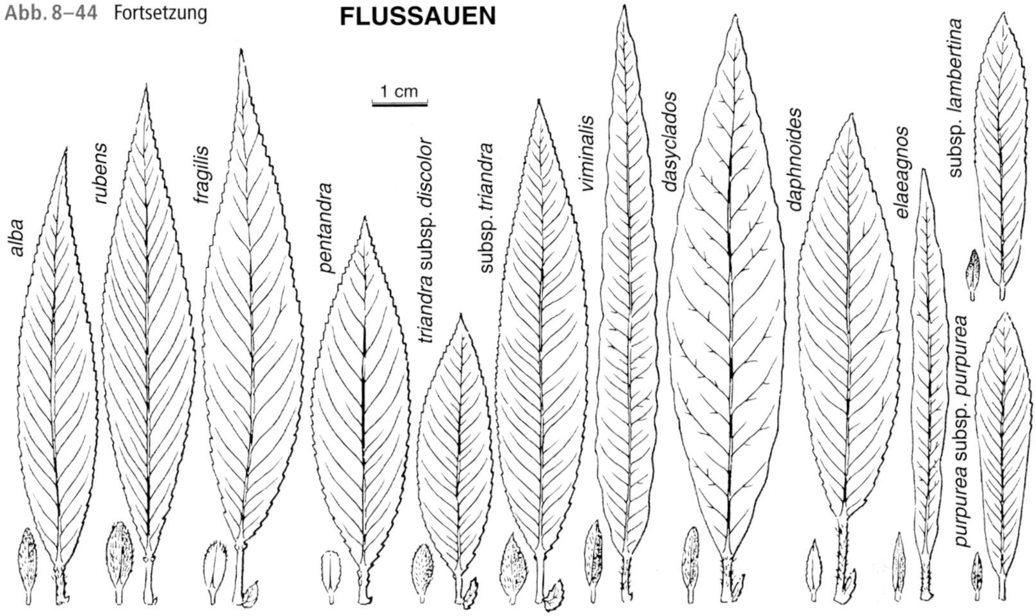

im Verlauf des Juli mit der Entwicklung der produktiven, bis 3 m hohen Nitrophyten (*Urtica dioica* u. a.) ihr saisonales Maximum. Die Wurzelbiomasse gipfelt sogar erst Ende August (s. Abb. 8–45). Die Krautschicht der Auenwälder wird also – anders als die grundwasserferner Wälder – von einem geophytenreichen Frühjahrs- und einem nitrophytenreichen Sommeraspekt geprägt. Lang andauernde Überflutung im Frühjahr verzögerte in den Marchauen die phänologische Entwicklung der Kräuter um 20 Tage, hatte aber keinen negativen Einfluss auf deren Produktivität (Vasicek 1985).

8.5.2 Flusstäler als Wanderungswege für Gebirgsschwemmlinge

In der waldbeherrschten Naturlandschaft Mitteleuropas, aber auch in der heutigen Kulturlandschaft, bilden die Flusstäler bevorzugte **Ausbreitungswege** für Pflanzen, die in anderen Vegetationsstufen oder in anderen Florengebieten beheimatet sind (z. B. Tüxen 1950). Mehrere Besonderheiten der flussnahen Standorte wirken hierbei zusammen:

1. die Transportleistung des fließenden Wassers, das Samen, Brutknospen oder andere Diasporen, aber auch ganze Pflanzen oder Rasenstücke verschwemmt (s. Brugbauer & Bernhardt 1990, Schwabe 1991);

2. die geringe Konkurrenz auf den zunächst nackten Uferstreifen oder sonstigen zeitweilig überfluteten Stellen;

3. die Neulandbildung durch Hochwässer, die in Gestalt von Uferabbrüchen, Sandbänken, Getreibselwällen und dgl. immer wieder nackte Bodenflächen schaffen;

4. gute Wasserversorgung und Ernährung, die es an solchen Plätzen auch anspruchsvollen Arten gestatten, sich rasch zu entfalten;

5. die Transportleistung der am Fluss lebenden Tiere, insbesondere der Ufervögel, die mit dem an Füßen, Schnäbeln und Gefieder haftenden Schlamm kleinere Samen auch flussaufwärts verfrachten können (anders ist eine „Aufwärtswanderung", von der öfters gesprochen wird, bei nicht flugfähigen Samen kaum denkbar);

6. das weitgehende Fehlen einer dauerhaften Diasporenbank in den bewegten Schottern (Müller & Scharm 1998).

Alle 6 Faktoren sind am wirksamsten nahe dem Ufer des hin- und herpendelnden Flusses. Denn die weiter entfernt und höher liegenden Teile der Aue, die von Natur aus mehr oder minder dicht bewaldet wären, verringern die Wucht und die Transportkraft des Hochwassers. Auch das Treibeis, das an Terrassenkanten den Rasen aufschürft und dadurch ziemlich trockene Standorte vorübergehend vegetationsfrei

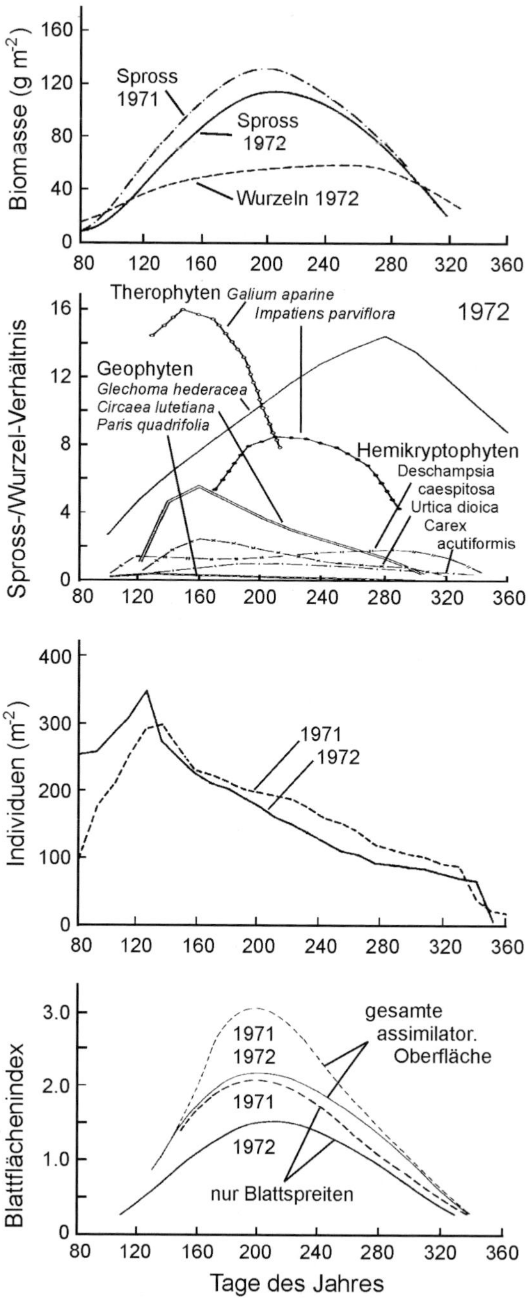

Abb. 8–45 Saisonale Veränderung der Spross- und Wurzelbiomasse (1), des Spross/Wurzel-Verhältnisses von acht Pflanzenarten (2), der Individuendichte (3) und des Blattflächenindex (4) der Krautschicht eines episodisch überfluteten Hartholz-Auenwaldes (Ulmeto-Fraxinetum carpineum) bei Lednice an der March (Südmähren, Slowakei; Jahre 1971 und 1972). Nach Vasicek (1985), verändert.

macht, könnte in einer waldbewachsenen natürlichen Aue keine zusammenhängenden Wanderstraßen fernab vom Flussufer offenhalten.

Als Transportmittel kommt für Stromtalpflanzen selbstverständlich auch dem Wind eine gewisse Rolle zu, z. B. im Falle der *Salix*-Arten und *Myricaria germanica*. Das belegten z. B. Brugbauer & Bernhardt (1990), indem sie die Samenspeicher im Boden von Pionierstandorten am Emsufer im Hinblick auf Verbreitungstypen analysierten.

Drei Gruppen von Pflanzen sind es in erster Linie, die sich mithilfe der Flüsse viel weiter und rascher ausbreiten, als ihnen dies auf andere Weise möglich wäre: Die schon in Kapitel 8.3.1.2.1 erwähnten **Gebirgsschwemmlinge**, manche kurzlebigen Nitratpflanzen und viele ausdauernden Gartenflüchtlinge, die sich mehr und mehr bei uns einbürgern (s. Kap. 21.2.3 b). Mit den Alpenflüssen gelangen einzelne alpine und subalpine Pflanzen immer wieder weit ins Vorland hinaus und gedeihen dort trotz des warmen Klimas und trotz der Überschwemmungen z. T. recht gut, ein Beweis dafür, dass sie nur durch den dichten und hohen Bewuchs der montanen und collinen Stufe daran gehindert werden, unterhalb ihrer natürlichen Region festen Fuß zu fassen. *Gypsophila repens* z. B. wanderte mit der Isar bis Landshut und Landau, mit der Iller bis Ulm, mit dem Rhein bis Speyer, mit dem Tessin bis Bellinzona und mit dem Isonzo bis südlich Görz, also bis in die Nähe der Adria. *Campanula cochleariifolia* fand man vor 1918 am Rhein vereinzelt hinunter bis nach Ottenheim (155 m ü.NN) und an der Sacra bis zum Gardasee.

Im Vorland der Hohen Tatra erreichen die Wanderungen der Hochgebirgspflanzen kein solches Ausmaß wie im Alpenvorland, weil das Einzugsgebiet der Flüsse in der subalpinen und alpinen Stufe kleiner ist. Sie wurden hier von Walas (1938) gründlich untersucht (vgl. Abb. 8–46). Vorwiegend sind es Pflanzen der alpinen Geröllfelder und der subalpinen Hochstauden- und Quellfluren, die im Spätfrühling und im Frühsommer mit den Hochwassern zu Tal wandern. Obwohl diese Arten großenteils anemochor sind und keine speziellen Einrichtungen für den Wassertransport besitzen, spielt der Wind für ihre Verfrachtung ins Tiefland kaum eine Rolle. Die kleinen Samen von *Saxifraga aizoides* beispielsweise schwimmen nach Hegi (1908 ff.) 17 Tage an der Oberfläche

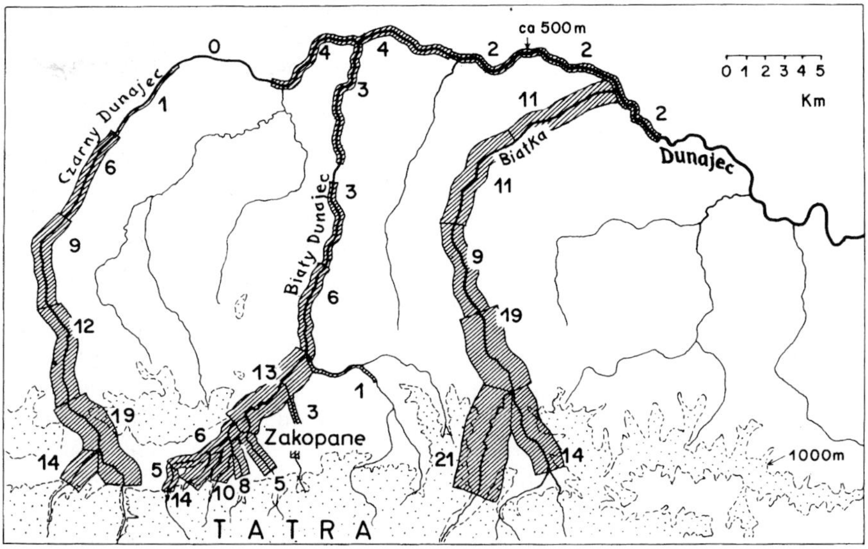

Abb. 8–46 Zahl der alpinen „Schwemmlinge" in den Flussauen am Nordabfall der Hohen Tatra vor wasserbaulichen Eingriffen. Die Artenzahl pro Talabschnitt ist durch die Breite der schraffierten Streifen auch optisch ausgedrückt. Am Hauptfluss erliegen sie rasch den Konkurrenten. Nach Walas (1938), etwas verändert.

und können sich 38 Tage ohne Schaden im Wasser aufhalten, zumal, wenn dessen Temperatur niedrig ist. Andere Arten gehen zwar rascher zugrunde, doch haben auch sie Chancen, weit zu wandern, weil die Gebirgsflüsse rasch fließen. Die durchschnittliche Geschwindigkeit der Alpenflüsse beträgt etwa 2,25 m s^{-1}, genügt also, um die Pflanzen in 24 Stunden 200 km weit zu tragen. Manche Arten keimen schon während des Transportes und lassen sich als fertige Keimlinge nieder. Andere wandern auch als erwachsene, vom Hochwasser losgerissene Pflanzen, doch dürfte dieser Fall selten sein.

Die Samen oder lebensfähigen Teile der Flussschwemmlinge werden vom sinkenden Hochwasser an sandigen Gleithängen oder auf Schotterbänken abgesetzt. Ein Jahr nach der großen Überschwemmung vom Sommer 1934 beispielsweise fand Walas (1938) auf neu gebildeten Schotterbänken *Arabis alpina*, *Poa alpina* und andere sonst nur im Hochgebirge anzutreffende Arten. Unter günstigen Bedingungen halten sich solche Schwemmlinge oft jahrzehntelang. Im Freien verschwinden sie jedoch bald wieder, weil sie von Tieflandspflanzen überwuchert werden oder weil der Fluss ihren Wuchsort durch Erosion zerstört (oder weil sie von Botanikern entdeckt und gesammelt werden!). Sie sind also auf ständigen „Nachschub" aus dem Gebirge oder von günstigen Zwischenstandorten aus angewiesen. Wird dieser durch Staustufen unterbunden, erlischt einer ihrer Fundorte nach dem andern.

Für die Mittel- und Unterläufe der Flüsse sind nährstoffbedürfige krautige Uferpflanzen kennzeichnend, unter ihnen viele Neophyten, die die Stromtäler ebenfalls als Wanderwege benutzen. Sie werden näher in Kapitel 21.2.2 behandelt.

8.5.3 Verjüngung und Populationsdynamik in Feuchtwäldern

a) Überflutung, Konkurrenz mit der Krautschicht, Lichtmangel, Sommertrockenheit und Herbivorie sind die wichtigsten Faktoren, die die **Verjüngung der Auenwaldbäume** behindern (Jones et al. 1994, Küßner 2003). Durch Freilandmessungen und in Experimenten konnten Siebel & Bouwma (1998) und Siebel & Blom (1998) zeigen, dass die Baumarten des oberen Hartholz-Auenwaldes die größten Sämlingsdichten bei mäßiger Überflutungshäufigkeit und im mittleren Schatten, d. h. bei weniger als 5% relativem Lichtgenuss, erreichen. Nur an diesen recht ungünstigen Standorten sind hochwüchsige Nitrophyten wie *Urtica dioica* oder *Impatiens glandulifera* so geschwächt, dass die Sämlinge in der Konkurrenz um Licht bestehen können. Zumindest in der elsässischen Rheinaue wiesen höher liegende Bestände mit geringerer Überflutungshäufigkeit stets eine dicht geschlossene Krautschicht auf, die die Verjüngung der Gehölzarten wirkungsvoll unterband. Das liegt auch darin begründet, dass heute in den meisten Hartholz-Auenwäldern die stark schattenden Ulmen fehlen und vielfach die lichten Eschen ihren Platz eingenommen haben (z. B. Döbbeler & Bartsch 1996). Lichtmangel reduziert andererseits die Überflutungstoleranz der jungen Eichen. Kühne (2004) führt dementsprechend den sehr geringen Verjüngungserfolg der Stieleiche in den überfluteten Auenwäldern des Oberrheins vor allem auf Beschattung durch hohe Kräuter sowie Schäden durch Überflutungen und hohes Grundwasser zurück. Verluste durch Mäusefraß, Pilzbefall oder Wildverbiss waren nur von zweitrangiger Bedeutung. An der mittleren Elbe behindert eher Sommertrockenheit die Verjüngung als Hochwasser (Küßner & Wagner 2002). Aus Beobachtungen in gezäunten tschechischen Auenwäldern schlossen Vrska et al. (2006), dass dort auch der heute hohe Wildverbiss einen entscheidenden Einfluss auf die Verjüngung hat.

Aus diesen Befunden zur **Krautschichtkonkurrenz** folgern Siebel & Bouwma (1998), dass heute die Verjüngung der Hartholz-Auenbäume stark behindert ist und dies in Zukunft zu einer Reduktion der Baumartenvielfalt führen dürfte. Wesentliche Ursachen sind der Ausschluss der Überflutungen sowie erhöhter Lichtgenuss am Waldboden durch die Waldbewirtschaftung und als Folge des Ulmensterbens.

b) Feld- und Flatterulme (*Ulmus minor* und *U. laevis*) gehören von Natur aus zu den kennzeichnenden, mancherorts sogar dominanten Baumarten der Hartholz-Auenwälder Mitteleuropas (vgl. Behre 1999). Im Zeitraum 1910 bis 1940 sowie seit etwa 1960 sind beide Arten (wie auch *U. glabra*) vom **Ulmensterben** betroffen, d. h. zwei Wellen einer epidemischen Erkrankung, die zum weitgehenden Zusammenbruch der Ulmenbestände in den europäischen Auenwäldern geführt haben (Brasier 1991, Röhrig 1996). In manchen Regionen ist die Flatterulme weniger stark befallen, z. B. an der mittleren Elbe (Gehle & Krabel 2002). Die recht stark schattenden Ulmen fehlen heute in den meisten Beständen, sodass die Auenwälder heute lichter sind, wenn nicht der Bergahorn ihren Platz einnahm. Dies hat starken Einfluss auf die Krautschicht und die Verjüngung der Baumarten (s. oben).

Erreger der Ulmenkrankheit sind die Askomyzeten *Ophiostoma* (syn. *Ceratocystis*) *ulmi* und *O. novo-ulmi*, die von vier an den Stämmen und Zweigen fressenden Ulmensplintkäfer-Arten (Fam. Scolytidae) übertragen werden und zur Ausbreitung des Pilzmyzels in den großlumigen Frühholzgefäßen dieser ringporigen Baumarten führen. Der Pilz scheidet das Toxin Cerato-Ulmin aus, das die Transpiration und Atmung steigert und zum Turgorverlust führt. Folge ist das Welken der Blätter, die Bildung von Wasserreisern und, nach mehreren Jahren, der Tod des Baumes. Nach Peglar & Birks (1993) ist es wahrscheinlich, dass die in Pollenkurven sichtbaren starken Ulmenrückgänge um 5500–5000 und 3200 v. Chr. („Ulmenfall") ebenfalls durch *Ophiostoma*-Epidemien verursacht wurden.

Eine gewisse Hoffnung auf ein natürliches Erlöschen der Krankheit gründet auf der Ausbreitung von Pilzvirosen, die *Ophiostoma* schwächen können (Sticklen & Sherald 1993). Möglicherweise spielen jedoch weitere Ursachen (bzw. andere pathogene Pilze) beim Ulmensterben zusätzlich eine Rolle; auch viele von *Ophiostoma* nicht befallene Flatterulmen zeigten nämlich an der Elbe Welkeerscheinungen (Gehle & Krabel 2002).

c) Seit 1995 breitet sich in den Erlenwäldern der Flussufer und Brüche eine epidemische Pilzerkrankung aus, die in Mitteleuropa vor allem *Alnus glutinosa*, aber auch *A. incana* und *A. viridis*, betrifft. Diese äußert sich in Kleinblättrigkeit und Laubverlust, Nekrosen an Stammfuß und Wurzeln und schwarzbraunen „Teerflecken" auf der Rinde, die von Exudaten herrühren; viele Bäume sterben in kurzer Zeit ab (Heydeck 2003, Jung & Blaschke 2006). Ursache dieser **neuartigen Erlenerkrankung** ist eine hochinfektiöse, bislang unbekannte *Phytophthora*-Art, die aus zwischenartlicher Hybridisierung entstand (Brasier et al. 1999), sich mit Zoosporen im Wasser ausbreitet und deshalb insbesondere die flussabwärts stehenden Bäume befällt. In Bayern waren 2002 bereits mehr als die Hälfte aller Flussläufe betroffen und 45% der Erlenbestände befallen; besonders gefährdet sind stark staunasse Bestände (Jung & Blaschke 2006). Im Spreewald waren 2002 rund 15% der Bäume erkrankt (Schumacher in Heydeck 2003), in der vorpommerschen Boddenlandschaft fehlte der Erreger dagegen noch (Schumacher 2002).

8.6 Produktivität und Stoffumsätze

8.6.1 Waldstruktur, Biomasse und Produktivität

Eine ungefähre Vorstellung von der plenterwaldartigen, oft mehr als vier Schichten aufweisenden Struktur alter Hartholz-Auenwälder gibt Abbildung 8–29, die Dister (1985) nach Aufnahmen auf der nur mäßig beeinflussten Rheininsel Karlswörth anfertigte. Vyskot (1985) führte gründliche Strukturanalysen in einem **Hartholz-Auenwald** (Fraxino-Ulmetum) an der March bei Lednice (Südmähren, Slowakei) durch. Der im Mittel 27 m hohe Bestand aus Stieleiche, Esche und Feldulme besaß eine oberirdische Phytomasse von 314 t TM ha^{-1}, darunter 3,48 t ha^{-1} (348 g m^{-2}) an Blattmasse. Das entspricht fast genau den Zahlen eines Sauerhumus-Buchenwaldes im Solling (312 t ha^{-1}, s. Kap. 4.7.1.1 a). Auf die gesamte Wurzelmasse entfielen 4,6 kg m^{-2}, wobei die tiefsten Wurzeln der Eiche bis 1,85 m, jene der Esche bis 1,90 m reichten. Aufgrund des relativ geringen Blattflächenindex der Bäume von 4,6 m^2 m^{-2} gelangten immerhin 4–6% der Freilandstrahlung zum Waldboden. Die mit bis zu 50 Arten sehr reiche Krautschicht erreicht in den Marchauen eine beträchtliche Biomasse (max. 137 g m^{-2}) und einen LAI (Blattflächenindex) von 2,28–3,04 m^2 m^{-2} (s. Abb. 8–45); die Krautschichtbiomasse nimmt mit der Bodenfeuchte zu (Duvigneaud & Denayer-deSmet 1970). Aufgrund der hohen Bodenfeuchte fand Vasicek (1985) 86% der Krautschicht-Feinwurzelmasse in den obersten 10 cm des Profils.

Hartholz-Auenwälder gehören zu den produktivsten Waldtypen Mitteleuropas. Nach Carbiener & Schnitzler (1990) erzeugen die artenreichen Hartholz-Auenwälder der elsässischen Rheinebene 15–20 m^3 Nutzholz pro Hektar und Jahr; an der mittleren Elbe sind die Zuwächse allerdings weit geringer (4,2 m^3 ha^{-1} a^{-1}, Schmidt 2002; zu Vergleichszahlen s. Kap. 4.7.1.2 c). Trotz oder wegen der sommerlichen Überflutung erreichen viele Baumarten große Höhen, so z. B. die Hybridpappel 56,7 m, Stieleiche 55 m, Esche 49 m, Feldulme 38 m und Silberweide immerhin 36 m (Carbiener 1974, Knüppel 2004). Carbiener (1970) führt die hohe Produktivität der Rheinauenwälder auf die kombinierte Wirkung von guter Wasser- und Nährstoffversorgung infolge der sommerlichen Überflutungen sowie ausreichendes Sauerstoffangebot im grobkörnigen Substrat der Schotterebene zurück; außerdem begünstigen hohe Sommerwärme und Luftfeuchte das Wachstum im Elsass.

Für polnische **Erlenbruchwälder** geben Szczepanski (1990) und Stachurski & Zimka (1975) recht hohe Blattmassen der Baumschicht von 337–427 g m^{-2} an, die auf eine hohe Produktivität schließen lassen. Tatsächlich maßen Eschenbach (1995) und Kutsch et al. (2001) in einem schleswig-holsteinischen Erlenbruchwald eine Nettoprimärproduktion von 843 g C m^{-2} a^{-1}, d. h. rund 1760 g TM m^{-2} a^{-1}. Das sind rund 30 % mehr, als ein benachbarter Buchenwald erzeugte. Die Krautschicht von polnischen Erlenbrüchen erreichte eine Nettoprimärproduktion von immerhin 133–166 g m^{-2} a^{-1} (Szczepanski 1990, vgl. Kap. 4.7.2 b).

Ein Moorbirken-Bruchwald erzeugte in den belgischen Ardennen 700–1000 g TM m^{-2} a^{-1} (de Sloover et al. 1974), also deutlich weniger als Erlenbruch- oder Buchenwälder.

8.6.2 Wasser- und Nährstoffumsätze

a) Schwarzerlen erreichen an sonnigen Tagen sehr hohe Blattleitfähigkeiten (oft > 350, maximal 1000 mmol m^{-2} s^{-1}), ohne dass es zu einer Mittagseinschränkung kommt (Eschenbach & Kappen 1999 a). Bei guter Wasserversorgung haben Erlenbestände daher **Transpirationsraten**, die alle anderen mitteleuropäischen Waldtypen übertreffen (Eschenbach & Kappen 1999 b). Trockenperioden führen jedoch zum Blattabwurf (Hennessey & Lorenzi 1988). Auch bei jungen Silberweiden wurden sehr hohe Transpirationsraten gemessen (Braun 1974).

b) Durch **symbiontische Stickstofffixierung** der *Frankia*-Aktinomyzeten können erhebliche Mengen an Stickstoff in Erlenwälder eingetragen werden, in ostholsteinischen Erlenbruchwäldern bis zu 84 kg N ha^{-1} a^{-1} (Dittert 1992). Klingensmith & Van Cleve (1993) geben für Erlenbestände in Alaska sogar 164 kg N an. Geringer ist die N_2-Fixierungsleistung von Gagelgebüschen auf dys- bis mesotrophen Torfen, in denen *Myrica gale* bis zu 30 kg N ha^{-1} a^{-1} über symbiontische Wurzelknöllchen-Aktinomyzeten binden kann (Sprent et al. 1978). Das Laub der Erlen wird mit weit höheren N-Gehalten (bis zu 3%, Lyr et al. 1992) abgeworfen als bei anderen Baumarten. Ist ausreichend Sauerstoff vorhanden, werden die Erlenblätter deshalb rasch mineralisiert. Dies steht in krassem Gegensatz zum Abbau der Wurzel- und Holzmasse, die unter Luftabschluss nur äußerst langsam erfolgt und entscheidend zur Torfbildung in Erlenbrüchen beiträgt.

Trotz der N_2-Fixierung ist die **Netto-N-Nachlieferung** in Erlen-Bruch- und Quellwäldern nicht wesentlich höher als in Birkenbruchwäldern (s. Tab. 8–8). In-situ-Inkubationsmessungen von Döring-Mederake (1991), Janiesch & Müller (1991), Janiesch (1997) u. a. ergaben 25–96 kg N ha^{-1} a^{-1} für Erlenbruchwälder, bis zu 55 kg N für Birkenbrüche und bis zu 46 kg N für Erlen-Quell- und Bachauenwälder, also weniger als in den meisten anderen Laubwäldern. Ein erheblicher Teil des freigesetzten Ammoniums wird nämlich von Mikroorganismen immobilisiert (Augustin 2003); zudem unterbindet der hohe Wasserstand in Bruchwäldern die Mineralisierung für lange Zeiträume (Wiegers 1990, Kisteneich 1993). Nur die Erle selbst ist also reichlich mit Stickstoff versorgt, nicht dagegen deren Begleiter. Die **Denitrifikation** ist in ungestörten Bruchwäldern trotz der erheblichen N-Einträge unbedeutend, weil Nitrat fehlt (Augustin 2003; s. Tab. 8–8).

Tab. 8–8 N-Nettomineralisationsrate und Dentrifikationsrate (in kg N ha^{-1} a^{-1}) nach In-situ-Inkubationsmessungen (in der Vegetationsperiode bzw. 30 Wochen im Sommerhalbjahr) bzw. Closed-chamber-Messungen in verschiedenen Feuchtwaldtypen Mitteleuropas.

Feuchtwaldtyp	N-Flussrate	Quelle
N-Nettomineralisationsrate		
Naturnahe Erlenbruchwälder (Carici elongatae-Alnetum)	25–90	Janiesch 1978, 1997, Janiesch & Müller 1991
	25–79	Döring-Mederake 1991
	96	Szczepanski 1990
Gestörte Erlenbruchwälder	120–324	Janiesch 1978, 1997, Janiesch & Müller 1991
	40–88	Döring-Mederake 1991
Stark gestörte Erlenbruchwälder	110–500	Janiesch 1978, 1997, Janiesch & Müller 1991
	272	Siemens 1996 in Augustin 2003
Birkenbruchwald (*Vaccinium uliginosum-Betula pubescens*-Ges.)	55	Döring-Mederake 1991
Erlen-Quellwald (Carici elongatae-Alnetum cardaminetosum)	11–46	Döring-Mederake 1991
Montane Grauerlenaue (Alnetum incanae)	bis 100	Heller 1969
Silberweiden-Auenwald (Salicetum albo-fragilis)	bis 200	Heller 1969
Erlen-Bachauenwald (Stellario-Alnetum)	0–30	Kisteneich 1993
Traubenkirschen-Erlen-Eschen-Auenwald (Pruno-Fraxinetum)	25	Döring-Mederake 1991
Eichen-Hainbuchenwald (Stellario-Carpinetum)	44–77	Kisteneich 1993
Denitrifikationsrate		
Naturnaher Erlenbruchwald (Carici elongatae-Alnetum)	2	Busse & Gunkel 2002
Gestörter Erlenbruchwald	7	Mogge et al. 1998 in Augustin 2003
Gestörter Erlenbruchwald	136	Augustin 2002 in Augustin 2003
Gestörter Erlenbruchwald (Ufer)	9–200	Hefting & deKlein 1998 in Augustin 2003
Stark gestörter Erlenbruchwald	28	Augustin 2002 in Augustin 2003

Höhere N-Nachlieferungen genießen offenbar Silberweiden-Auenwälder und Grauerlengebüsche (Heller 1969). In Ersteren findet intensive Mineralisation des stickstoffreichen Treibgutes statt, Letztere profitieren von den *Frankia*-Aktinomyzeten der Grauerle, ohne unter Anoxie wie im Schwarzerlen-Bruchwald zu leiden.

Standörtlich sind Erlenbruchwälder nach Janiesch (1978) durch einen sehr **kleinräumigen Wechsel der edaphischen Bedingungen** gekennzeichnet. Dauernd nasse Stellen mit entsprechend sauerstoffarmem Wurzelraum wechseln mit zumindest zeitweilig nicht wasserdurchtränkten Bereichen sowie mit selten überfluteten Buckeln, die um Erlenstämme oder -stubben herum oder als hoch wachsende Seggenbulten entstehen konnten. Diesem Kleinrelief entspricht ein Mosaik der chemischen Faktoren. Der Stickstoffumsatz reicht deshalb von Dellen mit ständiger Denitrifikation über größere Flächen mit vorwiegender Ammonium-Nachlieferung bis zu sauerstoffreichen Inseln, in denen auch Nitrifikation stattfindet. In ihrem meist geringen Sauerstoffgehalt im Boden unterscheiden sich die Bruchwälder von den Auenwäldern, in denen hohe Nitrifikationsgrade vorherrschen (Kisteneich 1993). Werden Bruchwälder entwässert, nimmt die Torfzersetzung und damit die N-Mineralisation stark zu; nach den Ausführungen von Janiesch (1997) können dann in Erlenbrüchen extrem hohe N-Nachlieferungen (bis 500 kg N ha^{-1} a^{-1}) auftreten. Bei Vorhandensein von Nitrat steigt auch die Denitrifikation stark an (s. Tab. 8–8).

Die **Magnesium- und Kalziumversorgung** sowie meist auch die Phosphorverfügbarkeit sind in Erlenbruch- und Auenwäldern recht gut, im Gegensatz zu den meisten Birken-, Kiefern- und Fichten-Bruchwäldern auf starksauren Torfen (Vyskot 1985, Succow & Joosten 2001, Kühne 2004). Alluvialböden besitzen viel höhere austauschbare Ca- und Mg-Gehalte (200 bzw. 53 μmol_c g^{-1}) als Torfböden (58 bzw. 14 μmol_c g^{-1}), während die austauschbaren K-Gehalte sowohl in Alluvial- wie Torfböden niedrig sind (1–2 μmol_c g^{-1}, Duvigneaud & Denayer-DeSmet 1970, Wiegers 1990). Tatsächlich kann es nach Hager & Buchleitner (2001) in schluffreichen Auenböden während sommerlicher Trockenperioden zu Kaliumfixierung und damit verbundenem Nährstoffmangel kommen.

8.7 Vegetationsdynamik

8.7.1 Dynamik der Auenvegetation

Eine Grundfrage der Sukzessionsforschung, die sich beim Betrachten der Vegetationsstufungen in Flussauen aufdrängt, ist, ob die offene Annuellenflur der Schotterfluren mit der Hartholzaue durch eine schrittweise erfolgende Entwicklung verbunden ist, oder ob die in Kapitel 8.3.1 besprochene Reihe der Vegetationsformationen nur Ausdruck eines räumlichen Nebeneinanders von Standorten ist, die der Fluss gleichzeitig geschaffen hat. Kürzer ausgedrückt: Handelt es sich um eine Sukzession oder um eine Zonierung entlang eines ökologischen Gradienten?

Siegrist (1913) und andere Pioniere der Flussauenforschung, aber auch Seibert (1958), Wendelberger (1973), Karpati & Karpati (1980), Pautou & Décamps (1985), Schnitzler (1995), Pisut & Uhercikova (2000), Pautou & Girel (2001) und andere Autoren vertreten die erstere Ansicht, obwohl sie einräumen, dass neben echten Sukzessionen langfristig stabile Zonenbildungen nicht selten sind. Moor (1958) sieht fast überall Zonierungen, und wie er sind manche Vegetationskundler gegenüber den auf den ersten Blick so klaren und überzeugenden Sukzessionsdiagrammen skeptisch geworden.

Fest steht jedenfalls, dass nackte Böden, die der Fluss neu aufschüttete oder in plötzlich abgeschnittenen Schlingen hinterließ, sehr rasch von Pflanzen besiedelt werden. Für die Pupplinger Au südlich von München konnte Seibert (1958) durch den Vergleich von Luftbildern sogar nachweisen, dass sich ein aus Grauerlen bestehender Weichholz-Auenwald in nur 34 Jahren auf vorher vegetationsfreiem Boden einstellte. Diese erstaunlich schnelle Entwicklung begann zweifellos mit einer ähnlichen Therophytenflur, wie sie sich in den alljährlich trockenfallenden Teilen des Flussbettes ansiedelt. Doch folgte ihr nicht schrittweise ein Röhricht, dann ein Weidengebüsch, dann ein Weidenwald und erst dann der Grauerlen-Bestand, sondern die Grauerle trat schon nach wenigen Jahren die Herrschaft an, weil die Oberfläche der Kiesbank so hoch über dem mittleren Flusswasserspiegel lag, dass dort ein Alnetum incanae von vornherein Fuß fassen konnte. Auf ähnliche Weise entstehen zuweilen Silberweidenwälder auf frischen Sandinseln in Tieflandsströmen. Schon nach 20 bis 25 Jahren können sie 12–15 m Höhe erreichen, wie Moor (1958) für das Schweizerische Mittelland angab und Heller (1969) nachwies. *Salix alba* (oder *rubens*) keimt in solchen Fällen gleichzeitig mit *Bidens*- und *Polygonum*-Arten, gehört also bereits zu den ersten Ansiedlern. Diese Beispiele sprechen also nur teilweise für die Sukzessionshypothese (s. Abb. 8–21). Nach Dierschke (2008) folgt nach starken Störungen im Uferbereich zwar eine rasche Sukzession von kurzlebigen Pionierstaudenfluren zu ausdauernden Staudenfluren, die aber dann als langlebige Zonierung bestehen bleiben können.

Wie Beobachtungen an Wildflüssen der Taiga und der Tropen lehren, erfolgen die Niveauänderungen in Flussauen meistens sehr plötzlich, nämlich durch die reißende Strömung bei starkem Hochwasser. Die dabei in wenigen Tagen oder Wochen geschaffenen Oberflächenformen bleiben erhalten, wenn das Wasser wieder fällt, und begrünen sich dann je nach ihrer Lage zum Grundwasser in verschiedener Weise. Bei der nächsten Überflutung können solche erst vor kurzem geschaffenen Böden mitsamt den Anfangsstadien ihrer Pflanzendecke wieder völlig vernichtet oder sprunghaft in andere Standorte umgewandelt werden. Deshalb erreichen die Gehölze der Flussoberläufe in der Regel nur ein geringes Alter, am südalpinen Tagliamento z. B. selten über 20 Jahre (Karrenberg et al. 2003 b).

Es ist aber auch durchaus möglich, dass sie längere Zeit erhalten bleiben und dann den Pflanzengemeinschaften, die auf ihnen günstige Lebensbedingungen finden, eine ungestörte Ausprägung gewährleisten. In jedem Fall ist es der Fluss, der die Verteilung und die Abfolge der Pflanzengesellschaften bestimmt. Die Vegetation selber trägt dazu in diesen niedrigen Stufen nur wenig bei und baut nicht etwa Schritt für Schritt den Boden auf, indem sie Jahr für Jahr eine neue Erdschicht festhält, sondern besiedelt die plötzlich neu geschaffenen Standorte ziemlich gleichzeitig, aber mit verschiedenen „Startbedingungen". Die dann einsetzenden Neulandbesiedlungen sind zwar natürliche Sukzessionen, finden aber in ähnlicher Formationsfolge auch auf nicht überflutetem Neuland statt. Sie sind mithin kein Beweis für den genetischen Zusammenhang der Auenformationen. **In den tief gelegenen Stufen der Aue sind wahrscheinlich Vegetationsmuster, die auf Zonierungen zurückgehen, wichtiger als autogene Sukzessionen,** solange der Fluss in seinem Bett pendeln kann.

Lediglich die beiden letzten Glieder in der Flussauen-Reihe, die Weichholz- und die Hartholz-Aue, dürften in manchen Fällen durch Sukzession miteinander verbunden sein, zumindest dort, wo sich die Wasserführung des Flusses über längere Zeit nicht grundlegend wandelt. Denn normalerweise ist der Fluss nicht imstande, Kies- oder Sandbänke so hoch aufzuschütten, dass sie von vornherein das Niveau der Hartholzaue haben. Erst nach und nach erhöht er den Boden, indem er bei Überflutungen Schichten von Sinkstoffen absetzt. Pautou & Décamps (1985) z. B. fanden eine **Sedimentaufhöhung** um 5 cm a^{-1} auf den Schotterflächen der oberen Rhone. Je höher die Bodenoberfläche bereits über den mittleren Flusswasserspiegel angestiegen ist, desto seltener und seichter wird sie überflutet und desto langsamer strömt dann das Wasser, besonders wenn es durch dichte Pflanzenbestände gebremst wird. Infolgedessen finden immer feinere Sinkstoffe Zeit, sich abzusetzen. Im Profilanschnitt zeigt der Boden der Hartholzaue, dass die tieferen, wenig über Mittelwasser liegenden Schichten meistens sehr grobsandig oder gar kiesig sind und in der Regel die für rasch strömendes Wasser typische Kreuzschichtung aufweisen (s. Abb. 8–18). Im oberen Teil des Profils dagegen wird die Bodenart feinkörniger, d. h. sandig, schluffig oder lehmig-tonig, und die Lagerung zugleich ziemlich regelmäßig horizontal. Unter typischen Hartholz-Auenwäldern ist der oberste Horizont aber stets ungeschichtet, weil die Bodenaufhöhung immer langsamer erfolgte und im Laufe der Jahrzehnte eine allenfalls vorhanden gewesene Schichtung längst von den Wurzeln der Bäume und Waldkräuter und besonders von den Regenwürmern wieder zerstört wurde. Regenwürmer vermögen im Boden der Auenwälder zu leben, weil während der nur wenige Wochen oder Tage andauernden Überflutungen niemals die gesamte Luft aus dem Boden verdrängt wird. Die Bodenprofile der Hartholz-Auenwälder beweisen mit ihrer Schichtenabfolge, dass eine allmähliche Sukzession stattfand, allerdings keine durch die Vegetation allein bewirkte (autogene), sondern eine durch die Sedimentation des Flusses geförderte (auto-allogene).

Beim Studium solcher Auenböden muss man jedoch bedenken, dass ein Wechsel von diskordant gelagertem Kies zu feinkörnigem „Auenlehm“, wie ihn Abbildung 8–18 zeigt, nicht selten durch geologische und siedlungsgeschichtliche Vorgänge mitverursacht wurde. Die Flusskiese des mitteleuropäischen Tieflandes sind meistens bereits im Pleistozän abgelagert worden, während der Auenlehm großenteils erst in historischer Zeit, und zwar nach Beginn der Waldrodung und der dadurch ausgelösten stärkeren Bodenerosion im Einzugsgebiet der Flüsse, entstand (s. Abb. 3–26 u. 8–5). Immerhin dürfte die Auenlehmbildung auch in diesem Fall mit einer Sukzession von der Weichholz- zur Hartholzaue einhergegangen sein.

Viele Hartholz-Auenwälder freilich stocken heute lediglich deshalb an der Stelle von Weiden- oder Erlenauen, weil der Spiegel des Flusses und des von diesem abhängigen Grundwassers abgesenkt wurde. Wenn der Fluss nach einer künstlichen Begradigung seines Laufes oder aus natürlichen Ursachen sein Bett vertieft, so gerät die Bodenoberfläche in das nur selten oder kaum noch überschwemmte Niveau der Hartholzaue. Ja, der Wasserstand kann so tief absinken, dass die ehemalige Weichholzaue schließlich überhaupt nicht mehr überschwemmt wird. Wegen der Durchlässigkeit und Trockenheit ihres in der Regel feinerdearmen Bodens wird sich dann eine trockenheitsertragende Gesellschaft, etwa ein Kiefernwald oder ein Auen-Birken-Eichenwald, ansiedeln (s. Abb. 8–27 u. 3–27).

Zusammenfassend kann man sagen, dass die Aufeinanderfolge verschiedener Formationen und Gesellschaften, die man in Flussauen feststellt, unterschiedliche Ursachen haben kann. Um die Auenvegetation richtig zu verstehen, sollte man folgende Vorgänge unterscheiden:

1. **Vegetationsabfolgen bei langfristig gleichbleibendem Wasserregime**, insbesondere bei unveränderter Höhenlage von Mittelhochwasser, Mittelwasser und Mittelniedrigwasser, und zwar:

a) Besiedlung von Neuland, das vom Fluss (oder vom Menschen) aufgeworfen oder durch Abtrag neu geschaffen wurde. Auf dieser zunächst vegetationslosen Fläche findet eine echte Entwicklung, eine für den betreffenden Standort primäre autogene Sukzession statt, die meistens rasch verläuft, weil Samen oder andere Ausbreitungseinheiten der die Schlussgesellschaft aufbauenden Arten von vornherein zugegen sind.

b) Plötzliche Standorts- und Vegetations-Überlagerung, indem eine Pflanzengesellschaft auf niedrigem Bodenniveau bei einem Katastrophenhochwasser so hoch von Bodenmassen zugedeckt wird, dass nur noch einzelne Arten als Relikte weiterexistieren können, im übrigen aber eine Neulandbesiedlung wie bei a einsetzt (besonders häufig im Flussbett des Oberlaufes).

c) Allmähliche Standorts- und Vegetations-Überlagerung, d. h. Sedimentierung von Sand oder Schlick bei normalen Überflutungen infolge der Strömungsruhe, die der vorhandene Pflanzenbestand erzeugt (auto-allogene Sukzession).

2. **Vegetationsabfolgen bei Änderung des Wasserregimes**, insbesondere durch Senkung der Mittel- und Niedrigwasserstände.

a) Allmähliche Standortsänderung infolge fortschreitender Erosion, klimatisch bedingter Veränderung der Wasserzuführung oder dergleichen. Bei dieser rein allogenen Sukzession wirkt die Vegetation nicht als treibende Kraft, sondern wird nur gezwungen, sich nach und nach auf die geänderten Lebensbedingungen umzustellen.

b) Plötzliche Standortsänderung, meist durch menschliche Eingriffe in den Wasserhaushalt, z. B. durch Bau von Hochwasserdämmen oder Staustufen (s. Kap. 8.7.2), aber zuweilen auch durch Naturereignisse ausgelöst. Bei solchen für die Vegetation in jedem Falle katastrophalen Änderungen werden manche Partner sofort ausgeschaltet, andere erst nach Ansiedlung von Konkurrenten verdrängt, die den neuen Standortbedingungen besser entsprechen.

Durch die unter 1. genannten Vorgänge kann sich mehr oder weniger rasch das Schlussstadium der eigentlichen Auensukzession einstellen, z. B. ein Grauerlenwald oder ein Hartholz-Auenwald. Durch sie allein wird das klimatische Endstadium der Vegetation in der betreffenden Gegend (die zonale Vegetation, s. Kap. 4.2.1) aber niemals erreicht, weil der Wurzelraum im Einflussbereich der Hochwässer bleibt, auch wenn die Bodenoberfläche schließlich von diesem kaum noch überschwemmt wird. Außerdem besteht bei unverändertem Wasserregime immer die Möglichkeit, dass der Fluss das schon erreichte Endstadium wieder durch Erosion zerstört. Im Prinzip ist also die Sukzession innerhalb der Flussauen zyklisch. Nur die zweite Gruppe von Vorgängen kann darüber hinaus die Entwicklung zur zonalen Vegetation auslösen. Doch hat diese dann nichts mehr mit den Sukzessionen innerhalb der Flussaue zu tun und sollte ganz getrennt davon betrachtet werden.

Obwohl **Bruchwälder** weniger oder gar nicht von der Flussdynamik beeinflusst werden, können auch in ihnen zyklische Sukzessionsvorgänge auftreten. Nach Pokorny et al. (2000) wechselten in den letzten 2600 Jahren in einem böhmischen Erlenbruchwald mehrfach offenes Großseggenried und Erlenwald miteinander ab (s. a. Kap. 8.2.2.2).

8.7.2 Sukzession nach Störungen

Wenn Auen vollständig oder teilweise eingedeicht und die Überflutung und Wasserstandsschwankungen stark oder vollständig unterbunden werden, beginnt eine Sukzession in Richtung auf **dauerfeuchte Ersatzgesellschaften** wie Erlenbruchwälder, Schilfröhrichte oder Sumpfseggenriede, oder zu **überflutungsunempfindlichen Vegetationstypen** (Schwickerath 1933, Kop 1961, Hügin 1981, Hügin & Henrichfreise 1992). In Letzteren erobern Esche, Bergahorn, Winterlinde, Hainbuche, Feldahorn oder auch die Buche größere Anteile, wenn der Mensch nicht schon durch Pflanzung das Waldbild verändert hat (z. B. Dister 1984, Carbiener & Schnitzler 1990, Bracht 1999, Kühne 2004). In der wasserbaulich stark beeinflussten Oberrheinebene stellen heute Feldulmen- und Linden-Eichen-Hainbuchenwälder und sogar wärmeliebende Stieleichenwälder mit Elsbeere und Flaumeichenbastarden auf großen Flächen die potenzielle Waldvegetation dar und nicht mehr Auenwälder (Hügin & Henrichfreise 1992). Künstliche Anhebung des Grundwasserspiegels (wie z. B. an der Donau bei Offingen um 60–80 cm) führt dagegen – genauso wie zunehmende Hochwasserextreme – zum vorzeitigen Absterben von Esche und Bergahorn (z. B. von Tubeuf 1912, Seibert 1975, Späth 1988).

Durch **Eutrophierung** können auch in Auen- und Bruchwäldern nitrophytische Kräuter zunehmen, wie dies Pott & Hüppe (2001) in den nährstoffarmen Auen der Ems beobachteten. Die Massenentwicklung konkurrenzstarker, nitrophiler Hochstauden wie *Urtica dioica*, *Aegopodium podagraria*, *Impatiens parviflora*, *I. glandulifera* u. a. in vielen anderen, von Natur aus nährstoffreichen Auenwäldern hat wahrscheinlich aber eher mit Grundwasserabsenkung, Eindeichung und vor allem mit der forstlich bedingten Auflichtung der Kronenschicht sowie dem Ausfall der Ulmen zu tun als mit erhöhtem Nährstoffeintrag.

Bruchwälder sind vielerorts von Eutrophierung durch die umgebende Landwirtschaft betroffen (z. B. Mast 1999). Nitrophyten werden außerdem durch Trockenlegung von Erlenbrüchen gefördert, so *Rubus idaeus*, *Urtica dioica*, *Poa trivialis*, *Impatiens noli-tangere*, *Circaea lutetiana* und *Glechoma hederacea*, die nun von der beschleunigten Mineralisierung und Nitratnachlieferung profitieren.

8.8 Menschlicher Einfluss

8.8.1 Erschließung, Melioration und Zerstörung der Auen

Neolithische Bauern haben ihre Spuren am Rande der mitteleuropäischen Flusstäler bereits seit dem 6. Jahrtausend vor der Zeitenwende hinterlassen. Erste Rodungen fanden in Nordwestdeutschland schon zu Zeiten statt, als noch die Eichen in den Wäldern herrschten und Buche und Hainbuche in diese Region noch nicht eingewandert waren (Pott & Hüppe 2001). Bereits zwischen 300 und 100 v.Chr. waren die Hartholz-Auenwälder der Unterweser und -ems weitgehend für die Anlage von Ackerland und Siedlungen gerodet (Behre 1979), an der Donau bauten die Römer Häfen und Piere. Im Hohen Mittelalter erschloss man, oft durch die Pionierarbeit von Klöstern, die meisten noch verbliebenen versumpften Niederungsgebiete und Bruchwälder (Kremser 1990). Mit dem Anstieg der Viehpreise zwischen 1860 und 1880 und der notwendigen Ausdehnung der Wiesennutzung wurden weitere Bruch- und Auenwälder gerodet, sodass zu Beginn des 20. Jahrhunderts an den meisten Flüssen Mitteleuropas nur noch kleinste Reste von naturnahen Hartholz-Auenwäldern vorhanden waren (Hügin 1981, Yon & Tendron 1981, Pautou & Girel 2001).

Tief greifende und weitgehend irreversible Veränderungen im Wasser- und Nährstoffhaushalt der Auen folgten aus den wasserbaulichen Maßnahmen, die ab dem 18. Jahrhundert an den meisten Flüssen durchgeführt wurden. Am holländischen Rhein begannen diese bereits

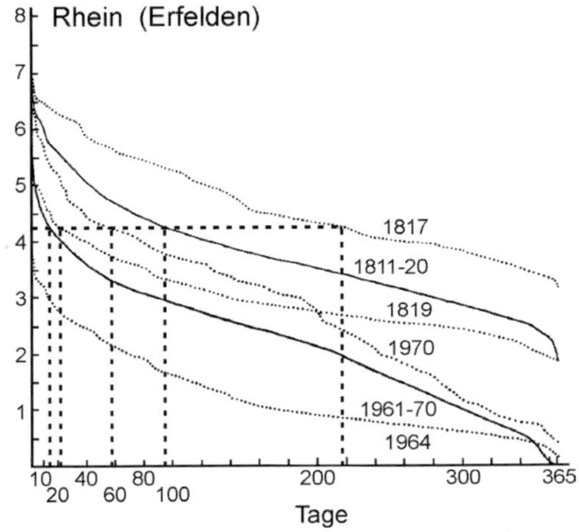

Abb. 8–47 Dauerlinien der Wasserstände des Rheins am Pegel Erfelden (Südhessen) für die Dekaden 1811 bis 1820 (vor der Tulla'schen Rheinkorrektur) und 1961 bis 1970 im Mittel (fette Linien) und für besonders nasse (1817, 1970) und trockene Jahre (1819, 1964) dieser Dekaden. Deutlich wird die Wasserstandsabsenkung um mehr als 1 m und die Zunahme der maximalen Schwankungsamplitude infolge der Eingriffe. Die horizontale Linie bei 4,25 m gibt den Standort der am tiefsten stehenden Stieleichen an, die in ihrer Jugendphase im langjährigen Mittel an 97 Tagen pro Jahr überflutet wurden, davon 61,5 Tage zwischen April und September. Nach Dister (1983).

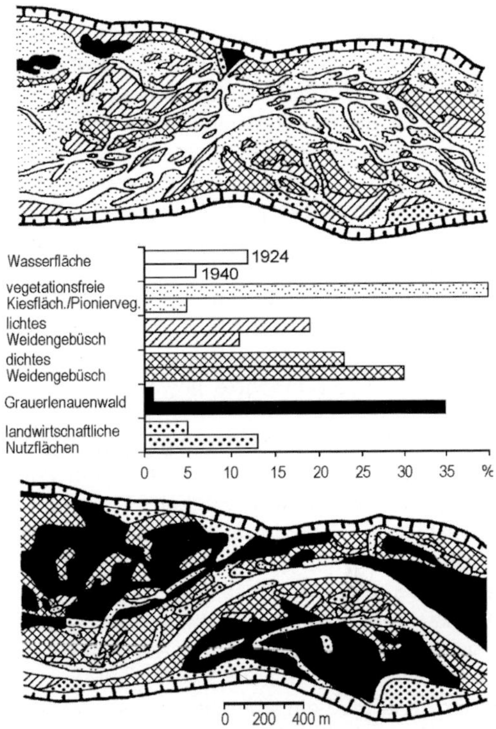

Abb. 8–48 Flächenmäßige Veränderung der Auenvegetation und Landnutzung zwischen 1924 und 1940 nach starken wasserbaulichen Eingriffen in der Lechaue bei Augsburg. Nach Schauer (1984) in Müller & Müller (1998).

ab 1000 n.Chr., an den Alpenflüssen seit dem Mittelalter, am Oberrhein ab 1700 und planmäßig nach 1817 im Rahmen der Tulla'schen Rheinkorrektur, an der österreichischen Donau ab 1750 (N. Müller 1995, Hager & Buchleitner 2001, Wolf et al. 2001, Kühne 2004). **Flussbegradigungen** erhöhten das Gefälle und damit die Geschwindigkeit und Erosionskraft des Flusses mit der Folge, dass in der Aue der Grundwasserspiegel um mehrere Dezimeter bis einige Meter sank, an der schweizerischen Aare z. B. von –1,0 auf –2,5 m (Heller 1963), an der österreichischen Donau bei Zwentendorf von –0,3 auf –1,4 m und am südhessischen Oberrhein um mehr als 1 m (s. Abb. 8–47). **Flutdämme** an den neuen Ufern des kanalisierten Flusses schränkten fortan die noch überflutete Aue stark ein und trennten die Altaue hinter den Deichen von der Überflutungsaue. In der Altaue reduzierten sich die Grundwasserschwankungen stark (z. B. an der Donau bei Wien von 5,8 m auf 2,6 m, in der elsässischen Rheinaue von 2,5 m auf 0,5–0,8 m) und die Standorte wurden insgesamt trockener. Am Unterlauf dagegen erreichen die Hochwasserwellen heute größere Scheitelhöhen als früher und laufen schneller (Dister 1985). Für die Produktivität der Wälder in der Altaue ist zudem das Ausbleiben der alljährlichen Düngung durch die abgelagerten Flusssedimente bedeutsam.

Die Errichtung von **Staustufen** verwandelte in weiten Flussabschnitten das oszillierende Wasserstandsregime in ein stehendes, sodass sich die Ufervegetation der Seen und Teiche ausbreiten konnte, z. B. das Schilfröhricht in der Weichholzaue, wo es die Verjüngung der Gehölze behindert (Philippi 1978, Dister 1984, Hügin & Henrichfreise 1992). Nicht zuletzt wurde die kleinräumige Vielfalt der Auenlebensräume – eine Ursache der hohen Baumartenvielfalt – durch die wasserbaulichen Eingriffe stark reduziert (Carbiener & Schnitzler 1990).

Die großräumige Dränage hatte vielfältige Konsequenzen für die Ökologie der Lebensgemeinschaften der Auen. Die Abnahme der

Flussdynamik sei an einem ehemaligen Wildfluss des Alpenvorlandes vor Augen geführt (s. Abb. 8–13). Vor allem verschwanden die häufig überschwemmten Kies- und Schotterflächen als das eine Extrem und die trockenen Magerweiden der hohen Terrassen als das andere. Die Pioniervegetation der Kiesbetten wie die Knorpellattichflur hat überall an regulierten Flüssen stark abgenommen und teilweise Ruderalgesellschaften wie der Barbarakraut-Gesellschaft Platz gemacht (Müller & Müller 1998; s. Abb. 8–48). *Alnus incana* und z. T. auch *Salix*-Arten erhielten dagegen neue Standorte, und Forst- wie Landwirte gewannen weitere Nutzräume.

Die im Deichvorland verbleibenden Wälder sind heute mit höheren Hochwasserwellen und größerer Hochwasserhäufigkeit konfontriert als früher (HSK 1978). Dies kann insbesondere die Verjüngung der Auenwaldbäume beeinträchtigen (Siebel et al. 1998). An hohe Grundwasserstände angepasste Baumarten wie die Pappeln und Weiden zeigen andererseits in der Regel eine Abnahme ihrer Produktivität, wenn ihre Standorte eingedeicht werden (Heller 1963, Hager & Buchleitner 2001; s. Abb. 8–49); ihre Regeneration über Wurzelsprösslinge wird ebenfalls beeinträchtigt. Ausbleibende Überflutung begünstigt konkurrenzkräftige Nitrophyten wie *Urtica dioica* und *Impatiens noli-tangere*, die die Verjüngung der Bäume behindern. In eingedeichten Auenwäldern fanden Klimo (2001) und Vrska et al. (2006) zudem eine Verlangsamung des Streuabbaus. Wenn in den Auenböden die charakteristischen Wasserstandsschwankungen abnehmen und zunehmend Staunässe auftritt, können diese vergleyen und vermehrt Humus anreichern (Hager & Buchleitner 2001).

Wesentlichen Einfluss auf die Struktur und Artenzusammensetzung der Auenwälder hatte auch die jahrhundertelange **Waldnutzung** durch den Menschen. Wahrscheinlich fand in vielen Auenwäldern bereits seit der Eisenzeit Waldweide statt, seit dem Mittelalter dann verstärkt Niederwaldwirtschaft sowie Streunutzung und Schneitelwirtschaft (Wolf et al. 2001, Gläser 2005). Für die tschechischen Marchauen und die badischen Rheinauen nehmen Klimo (2001) und Volk (1999) für das 18. Jahrhundert ausgedehnte Niederwälder an, während Altholzbestände selten waren. Danach dürften Pionierhölzer wie Weiden, Grauerlen und Pappeln damals größere Flächen eingenommen haben als heute nach der Eindeichung. Stieleichen wurden schon früh gepflanzt und vor allem im 19. Jahrhundert im Zuge der Mittelwaldwirtschaft begünstigt, während Eschen bis ins 18. Jahrhundert geringe Wertschätzung erfuhren und zurückgedrängt wurden (Volk 1999). In einer fossilen Auenwald-Gesellschaft an der unteren Weser waren nach Behre (1999)

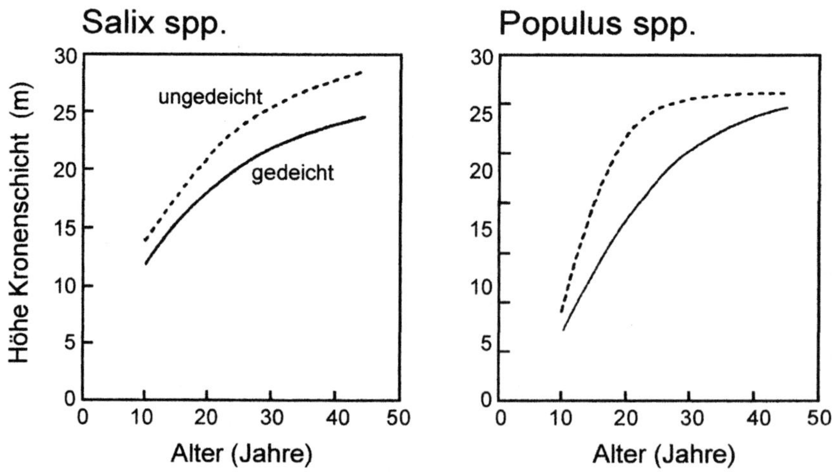

Abb. 8–49 Höhe der Kronenschicht dominanter Silberweiden und Schwarzpappeln und zugehöriger Hybride in Abhängigkeit vom Alter an ungedeichten und gedeichten Auenstandorten an der Donau zwischen Wien und Schönau. Ausbleibende Überflutungen und reduzierte Grundwasserschwankungen verringern die Produktivität der Weiden und verzögern das Höhenwachstum der Pappeln. Nach Hager et al. (1990), etwas verändert.

31% der Stämme Eschen, 10% Ulmen und 8,5% Eichen. Neophytische Gehölze traten in jüngster Zeit hinzu, vor allem *Populus × canadensis*, *P. balsamifera*, *Acer negundo*, *Quercus rubra*, *Robinia pseudacacia* und *Fraxinus pennsylvanica*.

Nach Grundwasserabsenkung und Ausschluss der Überschwemmungen konnten in großen Teilen der Aue überflutungsempfindlichere Baumarten angebaut werden. Mit Beginn des 20. Jahrhunderts setzte sich zudem die Hochwaldwirtschaft in den meisten mitteleuropäischen Flussauen durch. Vor allem Bergahorn und Esche sowie gebietsfremde Gehölze wurden auf Kosten der Eiche und der Ulmen gefördert. Das Ulmensterben verstärkte den Baumartenwandel (s. Kap. 8.5.3 b). In den March-Thaya-Auen beherrschen heute Eschen- und Pappelbestände mit 39 % und 36 % Flächenanteil das Waldbild; auf Eichen- und Weidenbestände entfallen nur noch 12 und 5% (Hager & Buchleitner 2001). Im Leipziger Auenwald ging der Anteil der Eiche von 60% (1870) auf 22% (1986) zurück, jener der Ulmen von 20% auf 0%, während der der Esche von 0,3 auf 35% und jener des Bergahorns von 0,4 auf 19 % anstieg (Kasperidus et al. 2001). Große Teile der nicht mehr überfluteten Altauen sind heute zu potenziellen Standorten von Eichen-Hainbuchen- oder Buchenwäldern geworden.

8.8.2 Schutz und Restitution der Auenwälder

Besonders groß waren die Verluste an Auen- und Bruchwäldern im mitteleuropäischen Tiefland: Sienkiewicz et al. (2001) schätzen, dass in Polen heute kaum noch 1 % der ehemals vorhandenen Auenwaldfläche existiert, immerhin noch 820 km² (Matuszkiewicz 1990). Für Bayern wird ein Verlust von 80 % der Auenwaldfläche angenommen (Wenger et al. 1990). In den österreichischen Donauauen nahm die Auenwaldfläche noch zwischen 1930 und 2000 von 330 auf 80 km² ab (Klimo & Hager 2001). Diese Zahlen erlauben keine Hinweise auf den Zustand der verbliebenen Auenwälder. An der Elbe beispielsweise unterliegen heute nur noch 15 % der Aue der Überflutung (Miehlich 2000), in der elsässischen Rheinaue sind es von einst mehreren hundert km² nur noch wenige Prozent (Carbiener 1974). Nur ein Bruchteil der ehemaligen Aue zählt also heute noch zur Überflutungsaue, der Großteil entfällt dagegen auf die Altaue (s. Abb. 3–27). Viele der verbliebenen und heute naturnah anmutenden Eichen-Ulmen-Hartholzwälder sind zudem aus Pflanzung hervorgegangen, also keineswegs naturnah, wie Volk (1999) für die badische Oberrheinaue nachwies.

Sowohl aus Gründen des Hochwasserschutzes, als auch, um die hohe Artenvielfalt in mitteleuropäischen **Auenwäldern** zumindest in wenigen Beständen zu erhalten, erscheint es dringend geboten, Flussauen von Baumaßnahmen freizuhalten, die natürliche Flussdynamik mit wechselnden Wasserständen, Erosion und Sedimentation zu erhalten oder wiederherzustellen und vor allem für ausreichend große natürliche Überschwemmungsgebiete zu sorgen (z. B. Kiener 1984, N. Müller 1991, Dister 1980, 1983, Dister & Drescher 1987, s. a. Schreiber 1994). Das Zulassen natürlicher Flussdynamik in Teilen der Aue ist die einzige Maßnahme, die den auf offene Schotterfluren angewiesenen Pflanzen wie Knorpellattich, Pappeln und Weiden genügend Entfaltungsspielraum lässt (Baumgärtel & Zehm 1999, Weiger & Margraf 2006). Taschenpolder und Retentionswehre als Hochwasserschutzmaßnahmen können zur lang andauernden Überstauung des Auenwaldes führen und gravierende Baumschäden hervorrufen; Deichrückverlegungen und die Wiederherstellung überfluteter Auen sind in den meisten Fällen ökologisch verträglicher (Dister 1986, Heitkamp 1998, Buijse et al. 2002, Rohde 2005). Das Mosaik der Pflanzengesellschaften in Flussauen lässt sich nach den Erfahrungen von Voser & Kobe (1994) und Neuschulz & Purps (1998) teilweise wieder herstellen, wenn man das Bodenrelief entsprechend gestaltet, Auengehölze anpflanzt und – falls gewünscht – Rasengesellschaften (oder doch einige wichtige Arten derselben) ansät.

Auch **Bruch- und Quellwälder**, deren Wasserhaushalt nicht durch Entwässerungen gestört oder gänzlich verändert wurde, sind in Mitteleuropa selten geworden. Deshalb treten Döring-Mederake (1991), Mast (1999) und Brand (2000) nachdrücklich dafür ein, wo irgend möglich alle noch vorhandenen Reste wirksam zu schützen. Die wichtigsten Maßnahmen sind vor allem die Herausnahme aus der forstlichen Bewirtschaftung und Schaffung von Naturwaldreservaten, falls nicht aus kulturhistorischen Gründen der Stockausschlagbetrieb beibehalten oder wiederbelebt werden sollte. In vielen Fällen werden zunächst auch wasserwirtschaftliche Pflege- und Entwicklungsmaßnahmen notwendig sein. All dies genügt aber kaum, wenn nicht für ausreichend große hydrologische Pufferzonen gesorgt wird, d. h. dafür, dass im Umkreis von mindestens 300–400 m weitere Eingriffe in den Wasserhaushalt der Landschaft unterbleiben. Bei Quellwäldern gilt dies für ihr Wassereinzugsgebiet, also für einen möglichst weiten Sektor hangaufwärts.

Bachbegleitende Erlenwälder werden heute im Wasserbau bei der Uferbefestigung und zur „biologischen Entwässerung" rutschgefährdeter Hangbereiche geschätzt, denen die Erle aufgrund ihrer hohen Transpiration viel Wasser entzieht (Jürging 2006).

Naturnahe gehölzarme bis gehölzfreie Formationen

9 Vegetation der Binnengewässer

Pflanzengesellschaften stehender und fließender Gewässer wurden bereits im Zusammenhang mit den Bruch- und Auenwäldern (s. Kap. 8.3) gestreift. Das folgende Kapitel gibt einen Überblick über die Vegetationsökologie der Seen, Weiher und Teiche sowie der Quellen, Bäche und Flüsse. Die Ökologie dieser Ökosysteme ist Forschungsgegenstand der Limnologie, des ältesten Zweiges der ökologischen Wissenschaften. Wir wollen uns hier auf die Makrophytenvegetation der Gewässer und in Ufernähe wachsende Pflanzen und deren Ökologie konzentrieren, also die Blüten- und Farnpflanzen, Moose und Armleuchteralgen (Characeae) als makroskopische Primärproduzenten in Still- und Fließgewässern (s. Abb. 9–1). Leser, die einen weiter reichenden Einblick in die Ökologie der Binnengewässer erhalten wollen, seien auf die einschlägigen Werke der Limnologie verwiesen (z. B. Allan 1995, Brehm & Meije-

Abb. 9–1 Verlandung eines eutrophen Altwassers der Reuß im Schweizerischen Mittelland. Die herrschende Schwimmblattpflanze ist *Nuphar lutea*, deren Blätter im Mittelgrund teilweise über das Wasser emporstehen. Von den Röhrichtpflanzen steigt *Schoenoplectus lacustris* am tiefsten hinab. Vorn Algenwatten, *Hydrocharis morsus-ranae* und *Glyceria maxima*, die Eutrophierung anzeigen; am hinteren Ufer Gürtel von *Phragmites* und *Alnus glutinosa;* d. h. Anfang und Ende der Sukzession zum Bruchwald.

ring 1996, Brönmark & Hansson 2005, Giller & Malmquist 1998, Lampert & Sommer 1999, Schwoerbel 1999 und Wetzel 2001).

9.1 Die Makrophytenflora der Binnengewässer und deren Herkunft

Die große Mehrzahl der aquatischen Primärproduzenten hat eine Größe von nur 0,01–1 mm. Zu dieser Größenklasse gehören in Mitteleuropa viele hundert ein- oder mehrzellige planktische oder periphytische, d. h. auf Substraten aufsitzende Süßwasseralgen der Familien Chrysophyceae, Bacillariophyceae (Diatomeen), Chlorophyceae, Euglenophyceae, Pyrrhophyceae (Dinoflagellaten), Xantophyceae u. a. sowie Vertreter der Cyanophyceae (Cyanobakterien). Im relativ gut untersuchten Neusiedler See beispielsweise wurden mehr als 600 Algenarten sowie 60 Cyanophyceen-Arten gezählt (Löffler 1979). Wichtige Primärproduzenten sind weiterhin die Vertreter des Picoplanktons mit nur 0,2–2 µm Größe, vor allem photoautotrophe Cyanophyceen, deren bedeutender Beitrag zur Primärproduktion von Seen erst kürzlich erkannt wurde (Stockner 1991).

Die Artenvielfalt der Gewässermakrophyten ist dagegen geringer. In Mitteleuropa zählen rund 200 bis 300 Farn- und Blütenpflanzen zu den Wasser- und Sumpfbewohnern, je nachdem wie weit dieser Begriff gefasst wird, weniger als 100 Moosarten und etwa 30 Characeen. Vergleicht man die Artenzahlen in sauren und neutralen bis basischen Seen, so wird deutlich, dass die meisten (aber nicht alle) Algengruppen in basenreichen Gewässern wesentlich artenreicher sind; das gilt insbesondere für die Diatomeen und Characeen. In Seen mit einem pH-Wert von 7–9 zählte Behre (1956) in der Bremer Gegend dreimal so viele Algenarten wie in Seen mit einem pH-Wert von 4–5 (s. Abb. 9–2). Im Hinblick auf die zahlenmäßige Dominanz der basiphytischen gegenüber den acidophytischen Pflanzenarten ähneln sich also terrestrische und aquatische Lebensräume in Mitteleuropa (vgl. Ewald 2003).

Die Besiedlung der Süßgewässer erfolgte zwar nur durch recht wenige Blüten- und Farnpflanzen, aber dafür von einer Vielzahl von Familien ausgehend. Zahlreiche Gewässermakrophyten lassen ihre terrestrische Herkunft noch

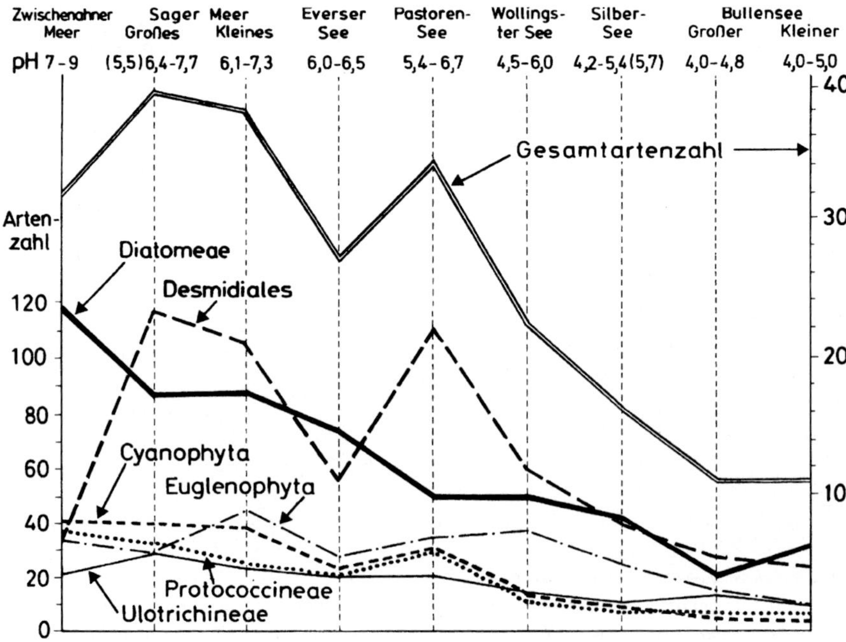

Abb. 9–2 In den Seen um Bremen sinkt die Zahl der Arten innerhalb der meisten Algengruppen mit dem pH-Wert des Wassers. Insbesondere die Zahl der Diatomeen nimmt vom alkalischen Zwischenahner Meer bis zu den stark sauren Bullenseen stetig ab. Nach Behre (1956), verändert.

durch reliktische Merkmale wie den Besitz von Stomata und einer Kutikula erkennen.

9.2 Lebensbedingungen und standörtliche Gliederung

Aufgrund der einzigartigen physikalischen und chemischen Eigenschaften von Wasser stellt der aquatische Lebensraum besondere Anforderungen an diejenigen Höheren Pflanzen, die die Binnengewässer besiedeln.

9.2.1 Physikalische Eigenschaften

Wasser besitzt seine größte Dichte bei 4 °C, also oberhalb des Gefrierpunktes. Diese **Dichteanomalie** hat für Pflanzen und Tiere die wichtige Konsequenz, dass Gewässer von der Oberfläche her zufrieren und tiefere Wasserschichten und der Gewässerboden vor dem Gefrieren geschützt sind. Höhere Pflanzen können daher im Frühjahr aus Überdauerungsknospen im Sediment wieder austreiben, auch wenn das Eis die Biomasse des Sommers weitgehend vernichtet hat.

Aufgrund des ausgeprägten Dipolcharakters der Wassermoleküle unterliegt Wasser beim Strömen einer inneren Reibung, der **Viskosität**. Dieser Widerstand muss beim Strömen des Wassers überwunden werden. Weil die Viskosität von 0 °C kaltem Wasser rund doppelt so groß ist wie die von 25 °C warmem Wasser (s. Tab. 9–1), sinken schwebende Organismen in warmem Wasser doppelt so schnell wie in kaltem. Um denselben Betrag ist auch bei höherer Temperatur die mechanische Schubkraft des bewegten Wassers auf in Fließgewässern festsitzende Pflanzen vergrößert. Die hohe Viskosität kalten Wassers erschwert andererseits die Wasseraufnahme und -leitung der Pflanzen, und zwar in kalten Gewässern ebenso wie in der kalten Jahreszeit in terrestrischen Lebensräumen (vgl. Kap. 4.6.1).

Fließendes Wasser sorgt für den **Abtrag** von Boden- und Gesteinspartikeln an der Stromsohle und verfrachtet diese flussabwärts, wo sie bei geringerer Fließgeschwindigkeit wieder sedimentieren. Ob Partikel abgetragen, verfrachtet oder wieder abgelagert werden, hängt von der Fließgeschwindigkeit und dem Partikeldurchmesser (s. Abb. 9–3), aber auch von deren Form ab.

Tab. 9–1 Einige biologisch bedeutsame Eigenschaften von Wasser.

Eigenschaft	Temperatur (°C)	Wert	Einheit
Dichte	0	0,999	$kg\,l^{-1}$
	4	1,000	$kg\,l^{-1}$
	25	0,997	$kg\,l^{-1}$
Spezifische Wärme	15	4186	$kJ\,kg^{-1}\,K^{-1}$
Viskosität	5	1,561	$Pa\,s \cdot 10^{-3}$
	25	0,890	$Pa\,s \cdot 10^{-3}$
Diffusivität von CO_2	25	$1{,}7 \cdot 10^{-9}$	$m^2\,s^{-1}$
Extinktion von Licht			
Rotes Licht		65	$\%\,m^{-1}$
Blaues Licht		0,5	$\%\,m^{-1}$

Der mit der Wassertiefe zunehmende **hydrostatische Druck** beeinflusst die Tiefenverteilung der Wasserpflanzen, indem er das Streckungswachstum von Blättern und Sprossen, den Photosynthese-Apparat und den Gastransport in den Gefäßen behindert (Gessner 1961, Golubic 1963, Wetzel 2001). Die meisten Süßwasser-Makrophyten unterschreiten die 10-m-Tiefenlinie, an der ein Druck von etwa 0,1 MPa herrscht, nicht. Weiter in die Tiefe (bis etwa 40 m) dringen Characeen und andere Großalgen sowie Moose vor, denen Gefäße fehlen.

Die in das Wasser eindringende **Strahlung** wird beim Durchgang durch die Wasserschichten selektiv gestreut und absorbiert.

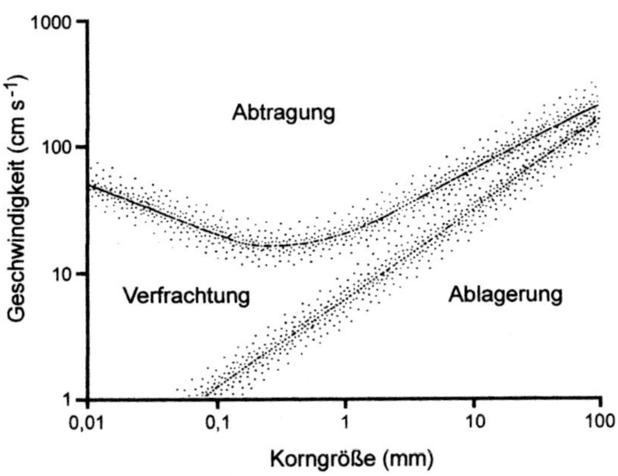

Abb. 9–3 Hjulström-Diagramm zum Transportvermögen des fließenden Wassers in Abhängigkeit von Korngröße und Strömungsgeschwindigkeit. Nach Hjulström, aus Schwoerbel (1999).

Nach dem Lambert-Beer-Gesetz nimmt die Strahlungsflussdichte mit der Tiefe exponentiell ab; sie erreicht in reinem Wasser bereits in 1 m Tiefe nur noch rund 75 % der Freilandhelligkeit. Rotes Licht wird am stärksten absorbiert, sodass der Anteil von blauem Licht in reinem Wasser mit der Tiefe zunimmt. In natürlichen Gewässern hängt die Absorption und Streuung der verschiedenen Wellenlängen wesentlich von den im Wasser gelösten Substanzen (insbesondere Humin- und Gelbstoffen) und suspendierten Partikeln ab. Die Eindringtiefe des Lichtes und dessen spektrale Zusammensetzung sind deshalb in verschiedenen Seen sehr unterschiedlich (s. Abb. 9–4). Oligotrophe, schwebstoffarme Gewässer erscheinen in Blau, der „Wüstenfarbe der Gewässer", eutrophe, planktonreiche sind grün, und huminstoffreiche Moorgewässer gelblich braun.

Schattenadaptierte Wasserpflanzen erreichen eine positive Kohlenstoffbilanz, also eine positive Photosynthese/Respirations-Bilanz, wenn mindestens 1 % der Freilandstrahlung vorhanden ist. Die Wassertiefe, bei der dieser Wert erreicht wird (Kompensationstiefe), schwankt in den

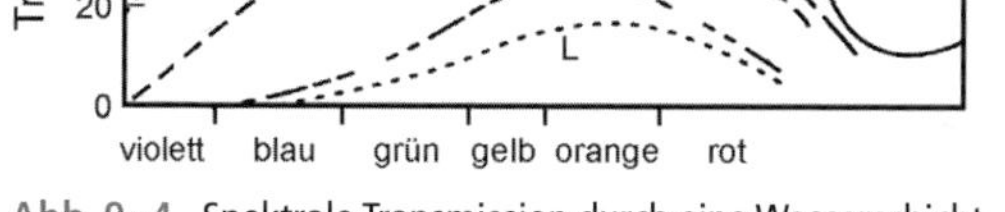

Abb. 9–4. Spektrale Transmission durch eine Wasserschicht von 1 m Dicke (A bis L = verschiedene südschwedische Seen). Nach Aberg & Rodhe (1942, in Schwoerbel 1999).

Gewässern je nach Produktivität und Trübung zwischen wenigen Zentimetern (z. B. in überdüngten Karpfenteichen) und mehr als 20 m in manchen oligotrophen Seen. Beschattung durch Bäume am Ufer kann den Strahlungsgenuss von Seen und Flüssen stark verringern.

Wasser besitzt einen der höchsten bekannten Werte der **spezifischen Wärme** (4186 kJ kg^{-1} K^{-1} bei 15 °C), verbunden mit einer sehr geringen Wärmeleitfähigkeit. Größere Seen haben daher wie das Meer einen ausgleichenden Einfluss auf das Klima der Umgebung. Aufgrund der geringen Wärmeleitfähigkeit beschränkt sich die sommerliche Erwärmung des Wasserkörpers bei tieferen Seen auf deren Oberflächenschicht, das Epilimnion. Darunter liegt eine Schicht mit steilem Temperaturabfall, die Sprungschicht (Thermokline), die einen Austausch zwischen warmem Oberflächen- und kaltem Tiefenwasser (Hypolimnion) wirksam unterbindet und Ursache der Sommerstagnation ist (s. Abb. 9–5).

In Abhängigkeit von der Tiefe und der sommerlichen Wärmezufuhr lassen sich in Mitteleuropa die folgenden **Seen-Zirkulationstypen** unterscheiden: (1) dimiktische Seen mit Sommerstagnation und Vollzirkulation im Frühjahr und Herbst, wenn Epi- und Hypolimnion ähnlich warm sind (die meisten tieferen Seen), (2) warm-monomiktische Seen, die so gut wie nie zufrieren und nur während der Wintermonate bei ausreichender Abkühlung des Oberflächenwassers zirkulieren (z. B. Bodensee und Großer Plöner See) und (3) kalt-monomiktische Hochgebirgsseen, die nur während der Sommermonate auftauen und dann vollständig zirkulieren (Hutchinson & Löffler 1956). Diese Gliederung trifft auf größere Seen zu; flache Seen und Tümpel können kurzlebige diurnale Temperaturschichtungen aufweisen und im Winter bis zum Grund

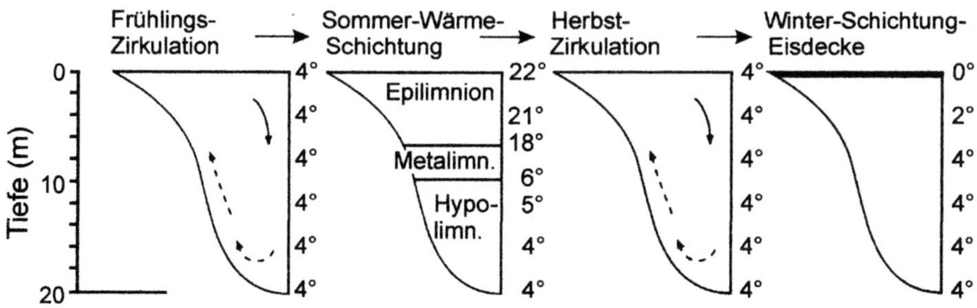

Abb. 9–5 Jährliche Zirkulation und Schichtung in einem dimiktischen, sich vollständig umwälzenden See. Nach Welch in Schwoerbel (1999).

durchfrieren. Baumwuchs am Ufer reduziert die Windgeschwindigkeit und damit die Zirkulation.

Bächen und Flüssen fehlt aufgrund der Strömung eine stabile Temperaturschichtung. In ihnen nimmt die Jahresamplitude der Wassertemperatur flussabwärts zu, ebenso wie die sommerliche Mitteltemperatur. Quellen weisen eine nur geringe Jahresschwankung der Temperatur auf. Deren Wassertemperatur entspricht ungefähr der Jahres-Mitteltemperatur der Umgebung; sie frieren deshalb im Winter in der Regel nicht zu.

9.2.2 Chemische Eigenschaften

Im Gegensatz zum Meerwasser, in dem die leicht löslichen Natrium- und Chlorid-Ionen dominieren, sind Seen und Flüsse Kalziumhydrogenkarbonat-Gewässer mit geringen Beimengungen von Sulfat, SiO_2, Magnesium, Natrium und anderen Ionen (s. Tab. 9–2). Die chemische Zusammensetzung des Wassers unterscheidet sich in mitteleuropäischen Binnengewässern in Abhängigkeit von der biologischen Aktivität, dem Ausgangsgestein und dem Niederschlagsregime deutlich (s. z. B. Wiegleb 1978, 1984 und Remy 1993 a).

Tab. 9–2 Vergleich der chemischen Zusammensetzung von Meer- und Süßwasser (in % des Gesamt-Ionengehaltes). Nach Schwoerbel (1999).

	Meerwasser	Süßwasser[1]
CO_3^{2-}, HCO_3^-	0,41	35,15
SO_4^{2-}	7,68	12,14
Cl^-	55,04	5,68
NO_3^-	–	0,90
Ca^{2+}	1,15	20,39
Mg^{2+}	3,69	3,41
Na^+	30,62	5,79
K^+	1,10	2,12
$(Fe, Al)_2O_3$	–	2,75
SiO_2	–	11,67
Sr^{2+}, $B(OH_4)^-$, Br^-	0,31	–

[1] Flusswasser

Kohlendioxid besitzt eine sehr gute Löslichkeit in Wasser, die rund 200-mal größer ist als die von Sauerstoff (s. Tab. 9–3). Mit Wasser reagiert ein Teil zu Kohlensäure (H_2CO_3), die wiederum zu H^+, HCO_3^- (Bikarbonat) und CO_3^{2-} (dem Karbonat-Ion) dissoziiert. Der pH-Wert des Wassers bestimmt, in welchem Verhältnis gelöstes CO_2, HCO_3^- und CO_3^{2-} zueinander vorkommen. Bei pH-Werten unter 5 ist fast nur CO_2, zwischen pH 5 und 7,5 ein Gemisch aus CO_2 und HCO_3^-, und zwischen pH 7,5 und 9,5 fast nur HCO_3^- vorhanden. Karbonat-Ionen dominieren in stark alkalischen Gewässern bei pH-Werten über 10 (s. Abb. 9–6). Die Gesamtheit an gelöstem anorganischem Kohlenstoff (DIC), also der Gehalt an H_2CO_3, HCO_3^- und CO_3^{2-}, nimmt in Richtung auf das alkalische Milieu exponentiell zu (s. Abb. 9–6). Alle Wasserpflanzen können CO_2 als Kohlenstoffquelle verwerten, manche auch das Anion HCO_3^-, während es für die Nutzung des CO_3^{2-}-Ions bisher keine Belege gibt (s. Kap. 9.4.1).

Die vertikale Verteilung von CO_2 und HCO_3^- im Gewässer resultiert vor allem aus der Aktivität der Gewässerorganismen: In der euphotischen Zone führt intensive Photosynthese zur allmählichen Verarmung an DIC, während in tieferen Schichten, insbesondere in produktiven Seen, CO_2 aus der Atmung der Heterotrophen angereichert wird (s. Abb. 9–7). Wenn die Löslichkeit von Kohlendioxid im Wasser infolge von Erwärmung sinkt oder sich das Gleichgewicht des anorganischen Kohlenstoffs durch die Ausscheidung von Hydroxyl-Ionen bei der Photosynthese der Wasserpflanzen in Richtung auf $CaCO_3$ verschiebt, dann kommt es zur chemischen bzw. biogenen Entkalkung des Wassers. Ausdruck der **Karbonatfällung** sind z. B. die Travertinbänke in Kalkquellen, Kalkkrusten auf intensiv assimilierenden Makrophyten und die Bildung von feinsten Kalkkristallen im Wasser durch die photosynthetische Aktivität des Phytoplanktons.

Tab. 9–3 Konzentrationsgleichgewicht von Sauerstoff und Kohlendioxid in reinem Wasser unter Normalbedingungen bei 380 ppm CO_2 und Löslichkeit beider Gase bei 20 °C (in mg l^{-1}).

	Atmosph. Konzentr. (Vol.%)	0 °C	10 °C	20 °C	30 °C	Löslichkeit bei 20 °C
O_2	20,99	14,5	11,1	8,9	7,2	69,5
CO_2	0,038	1,16	0,81	0,59	0,44	1690

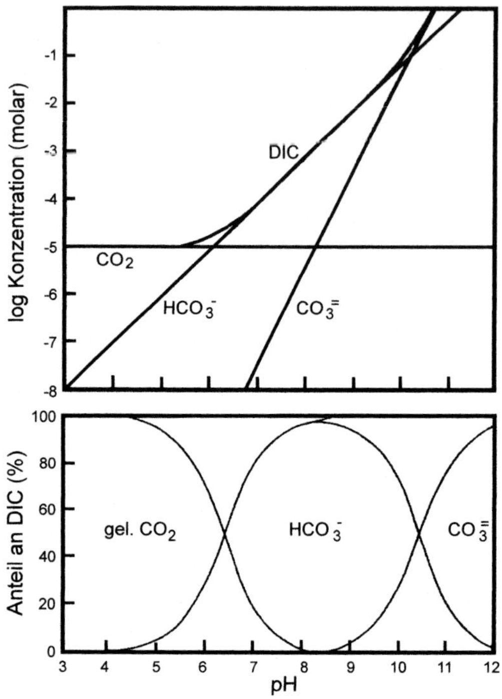

Abb. 9–6 Konzentration anorganischer Kohlenstoffverbindungen in natürlichen Gewässern in Abhängigkeit vom pH-Wert (oben: in molarer Einheit, unten: relativ). Nach Wetzel (2001).

Der **Sauerstoff**-Gehalt des Wassers ist für die Atmungsaktivität der Wasserpflanzen und der heterotrophen Gewässerorganismen von großer Bedeutung. Mit steigender Temperatur sinkt die Löslichkeit von Sauerstoff (s. Tab. 9–3), gleichzeitig erhöht sich aber der O_2-Bedarf der Atmung. Intensive Photosynthese erhöht im Sommer den O_2-Gehalt nahe der Gewässeroberfläche, sodass Übersättigung auftreten kann. Abbauvorgänge im Hypolimnion und vor allem im Sediment führen dagegen zu Sauerstoffzehrung und bedingen häufig anoxische Verhältnisse. Der Sauerstoff-Haushalt eines Sees wird daher vor allem durch seine Produktivität und die Gewässertiefe bestimmt: Oligotrophe, tiefe Seen weisen auch im Sommer Sauerstoffsättigung bis zum Grund auf (orthograde Sauerstoffkurve), während in eutrophen Seen intensive Abbauprozesse zu Sauerstoffmangel im Hypolimnion führen (clinograde Kurve, s. Abb. 9–7). In Fließgewässern hängt das Ausmaß der sommerlichen Sauerstoffzehrung von der Fracht an organischen Substanzen ab; es ist in den schwebstoffreichen, ruhig fließenden Unterläufen größer als in den turbulent strömenden Oberläufen.

Phosphor ist in Binnengewässern öfter ein wachstumslimitierender Nährstoff als Stickstoff, weil Phosphat im Gegensatz zu Nitrat und Nitrit mit Fe^{3+}, Al^{3+} und Ca^{2+} schlecht lösliche Verbindungen eingeht und deshalb von Natur

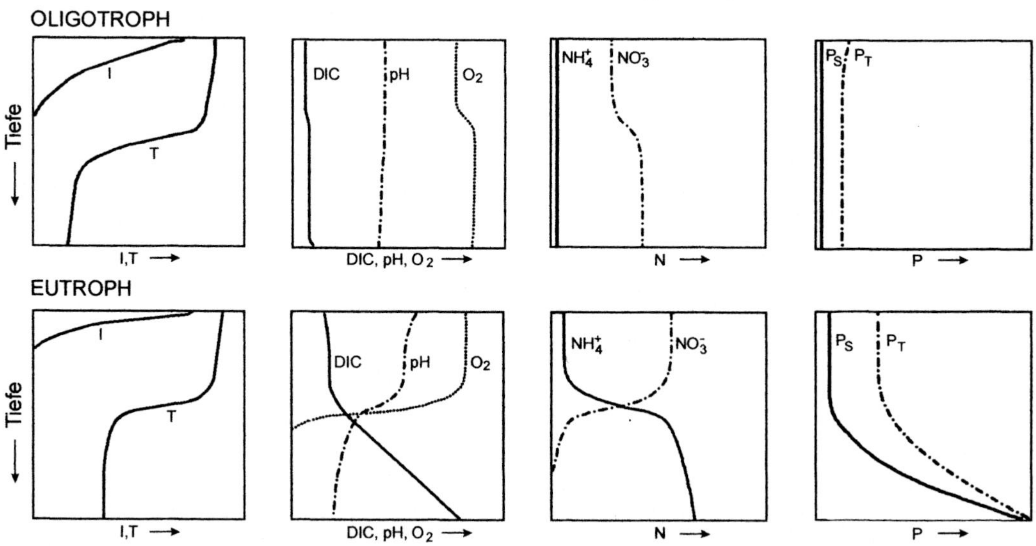

Abb. 9–7 Schema der vertikalen Veränderung von Strahlung (I), Temperatur (T), gelöstem anorganischem Kohlenstoff (DIC), pH, gelöstem Sauerstoff (O_2), NH_4^+, NO_3^- und gelöstem sowie Gesamt-Phosphor (P_s und P_T) in oligotrophen und eutrophen Seen. Nach Angaben in Wetzel (2001).

aus weniger mobil ist. Wasserpflanzen nutzen Orthophosphat (PO_4^{3-}, in sauren Gewässern auch HPO_4^- und $H_2PO_4^{2-}$), das weniger als 5% des Gesamtphosphors im Wasser ausmacht und zusammen mit einigen anderen labilen pflanzenverfügbaren P-Verbindungen als „gelöster reaktiver Phosphor“ (SRP) bezeichnet wird. In unverschmutzten Gewässern liegen die SRP-Konzentrationen im Bereich von 10–50 µg P l^{-1}. Oft mehr als 70% des Phosphors ist dagegen in den Gewässerorganismen enthalten oder im Detritus gebunden, der Rest befindet sich in schlecht nutzbaren organischen Verbindungen oder in kolloidaler Form im Wasser (Wetzel 2001).

In eutrophen Seen mit Sauerstoffarmut am Seegrund ist der Gehalt an verfügbarem Phosphor im Tiefenwasser deutlich erhöht, weil reduzierende Bedingungen im Sediment zur Freisetzung von P führen, das an Eisen gebunden war (s. Kap. 9.6.3 a). Nährstoffarme Seen und kalkreiche Stillgewässer weisen dagegen im ganzen Profil nur geringe verfügbare (SRP-) wie auch Gesamt-Phosphorkonzentrationen auf (s. Abb. 9–7). Generell gilt, je flacher ein See, umso höher ist die sommerliche P-Konzentration in dessen Epilimnion. Fließgewässer haben auch unter natürlichen Bedingungen einen höheren P-Eintrag aus dem Umland und daher höhere P-Gehalte im Wasser als Stillgewässer.

Stickstoff liegt im Wasser in gelöster Form als NH_4^+, NO_2^- oder NO_3^- (dissolved inorganic N, DIN) oder als organisch gebundener Stickstoff (dissolved organic N, DON, z. B. als Aminosäuren oder Polypeptide) vor. Stickstofflimitierung tritt am ehesten in durch übermäßige Phosphoreinträge belasteten Teichen und Seen auf und betrifft nach Ulrich & Burton (1985) in erster Linie die hochwüchsigen Arten des Röhrichtgürtels (z. B. *Phragmites* und *Typha*). Biogene Umsätze führen zu starken zeitlichen Schwankungen und räumlichen Unterschieden in den Ammonium- und Nitratgehalten des Wassers. DON stammt vor allem aus Exkreten oder aus dem Abbau von Detritus und macht oft mehr als die Hälfte des gelösten Stickstoffs aus. Saure Gewässer enthalten ähnlich wie saure terrestrische Böden vor allem NH_4^+, allerdings von Natur aus in nur geringen Konzentrationen; in neutralen bis basischen Gewässern herrscht NO_3^- vor.

Für nährstoffarme Seen sind Konzentrationen an DIN und DON von jeweils 200–400 µg N l^{-1} charakteristisch (Vollenweider 1968, in Wetzel 2001). Gewässer auf sauren Gesteinen sind meist durch geringere Nitratgehalte gekennzeichnet als solche auf kalk- und tonreichem Untergrund (Bücking 1975). Weder die Nitrat- noch die Ammoniumgehalte verändern sich in nährstoffarmen Seen mit der Tiefe wesentlich (s. Abb. 9–7). In nährstoffreichen Seen erreichen DIN und DON viel höhere Werte, die bei jeweils 500–1500 µg N l^{-1} liegen. Die Ammonium-Gehalte steigen in diesen Seen mit zunehmender Tiefe deutlich an, weil die Sauerstoffarmut des Tiefenwassers zur Freisetzung von NH_4^+ aus dem Sediment führt. Nitrat wird dagegen im Sommer an der Oberfläche eutropher Seen durch die intensive Primärproduktion weitgehend aufgezehrt; im sauerstoffarmen Tiefenwasser treten zusätzlich Denitrifikanten und Nitratreduzierer als Nitratzehrer auf. Ammonium tritt meist nur nach Abwassereinleitung in erhöhten Konzentrationen auf. Ist genügend Sauerstoff vorhanden, so steigen im Zuge der Selbstreinigung infolge von Nitrifikation rasch auch die Nitratgehalte auf hohe Werte an (s. Kap. 9.7.3).

Die große Mehrzahl der mitteleuropäischen Seen und Fließgewässer besitzt einen **pH-Wert** zwischen 6 und 9, weil sie durch das Karbonat/Bikarbonat-System gepuffert werden. Von Natur aus stark sauer (pH 3,0–4,5) sind die dystrophen Moorgewässer, in denen die Torfmoose im Zuge des Kationenaustausches eine starke Versauerung herbeiführen (s. Kap. 10.4.2 b). Sehr hohe pH-Werte bis über 9 erreichen dagegen einige Soda-Gewässer am Rande der Ungarischen Tiefebene sowie eutrophe Teiche, wenn in ihnen sehr intensive Photosynthese stattfindet.

Die Wassergehalte an **Kalzium, Magnesium und Natrium** werden im Wesentlichen von der Geologie des Einzugsgebietes bestimmt; die Kaliumkonzentrationen sind immer gering, sofern nicht Düngung einen Einfluss hat (Bücking 1975).

9.2.3 Ökologische Gliederung der Binnengewässer

9.2.3.1 Trophie der Stillgewässer und Zonierung der Ufervegetation

Da sich die verschiedenen pflanzlichen Lebensformen unterschiedlich weit in das freie Wasser hinaus und in die Tiefe hinab zu wagen vermögen, staffeln sie sich gewöhnlich am Ufer zu Gürteln. Deren Ausbildung und Breite wird

Tab. 9–4 Klassifizierung der Gewässer nach ihrer Trophie. Nach Angaben bei Vollenweider (1968), Mietz (1996), Schwoerbel (1999) und Pott & Remy (2000).

Trophieklasse	pH	Sichttiefe (m)	N_{in}[1] (µg l⁻¹)	P_{tot}[2] (µg l⁻¹)	Leitfähigkeit (µS cm⁻¹)	Chl[3] (µg l⁻¹)	Bodentypen	Makrophytenvegetation	Verbreitung
oligotroph-kalkarm	< 5	6–40	150–500	< 10	< 100	< 2	Protopedon (Rohboden)	Littorelletea-Ges.	Silikatgebirge, Quarzsand-Gebiete
oligotroph-kalkreich	> 7,5	6–40	150–300	< 10	< 300	< 2	Protopedon (Seekreide) Kalkgyttja	Charetea fragilis-Ges.	Kalkgebirge u. Vorland, Kalkdünen etc.
dystroph	< 5	1–5	< 200	5–10	< 100	< 4	Dy (Torfschlamm)	Utricularietea-Ges.	Hochmoor-Gebiete
mesotroph	~ 5–7	3–20	300–500	10–35	< 200	4–12	Dygyttja Gyttja	Kleinblättrige Potametea-Ges.	Sandgebiete u. einstige Moorgebiete
eutroph	7–8	1–7	500–1500	35–100	300–500	12–35	Gyttja (Ufer) Sapropel	Potamion- u. Nymphaeion-Ges.	allgemein verbreitet
hypertroph	> 8	0,5–2	> 1500	> 100	450–1200	35 bis > 100	Sapropel (Faulschlamm)	Einartbest. z. B. v. *Ceratophyllum. Zannichellia*	durch Eutrophierung zunehmend

[1] gelöster anorganischer Stickstoff (DIN); [2] gelöster Gesamt-Phosphor;
[3] Chlorophyllkonzentration, Mittel der Vegetationsperiode

vor allem von der Trophie des Gewässers, also der Intensität der Primärproduktion, sowie von der Morphologie des Seebeckens bestimmt. In einer einfachen Gliederung werden vier Trophiestufen (oligo-, meso-, eu- und hypertroph) unterschieden. Über den pH-Wert und den Gehalt an Huminstoffen lassen sich diese Stufen weiter in „sauer“, „basisch“ oder „dystroph“ unterteilen. Die sechs Gewässertypen in Tabelle 9–4 unterscheiden sich mehr oder weniger deutlich in ihrer Nährstoffversorgung und Primärproduktion, meist auch im Elektrolytreichtum und in der Art des Sedimentes. Folgende Makrophytenvegetation ist für diese Gewässer kennzeichnend:

Oligotroph-kalkarme Seen und Teiche werden durch Unterwasserrasen des Strandlings, der Wasserlobelie und anderer Arten der Strandlings-Gesellschaften (s. Kap. 9.3.2.1) sowie schüttere Bestände von acidophilen Glanz-Armleuchteralgen gekennzeichnet. Auf dem humusarmen Seegrund dringen Letztere im klaren Wasser bis in 10 m und tiefer vor. Schwimmblatt- und Röhricht-Gesellschaften leiden dagegen unter Nährstoffmangel und sind nur spärlich entwickelt (s. Abb. 9–8 a).

Für **oligotroph-kalkreiche** Gewässer sind Rasen aus basiphilen Armleuchteralgen sowie spärliche Bestände der Laichkräuter *Potamogeton coloratus* und *P. filiformis* sowie anderer oligotraphenter Makrophyten charakteristisch (Pott 1995).

Auch **dystrophe** Teiche und Seen besitzen eine geringe Primärproduktion. Sie entwickeln sich in der Regel über torfigem Seegrund (Dy), der das gelbbraune, huminstoffreiche Wasser bedingt. Die enge Verbindung zu den Torfmooren drückt sich durch Pflanzengesellschaften der Hochmoorbult- und Schlenken-Gesellschaften (s. Kap. 10.3.2.1) aus (s. Abb. 9–9). Schwimmblatt-Gesellschaften sind nur spärlich ausgebildet, Unterwasserpflanzen fehlen weitgehend (s. Abb. 9–8 b).

Mesotrophe Gewässer weisen mäßig nährstoffreiche Gyttjen als Sedimente auf und besitzen außerdem eine vielgestaltige Verlandungsvegetation mit Schwimmblatt-, Röhricht- und Großseggen-Gürteln, die allerdings weniger produktiv ist als in den eutrophen Seen und Teichen (s. Abb. 9–8 c). Die Submers-Vegetation bildet dagegen oft ausgedehnte, produktive Rasen.

Abb. 9–8 Vegetationszonierung an den Ufern von Stillgewässern unterschiedlicher Trophie in Nordwestdeutschland. Nach Pott & Remy (2000).

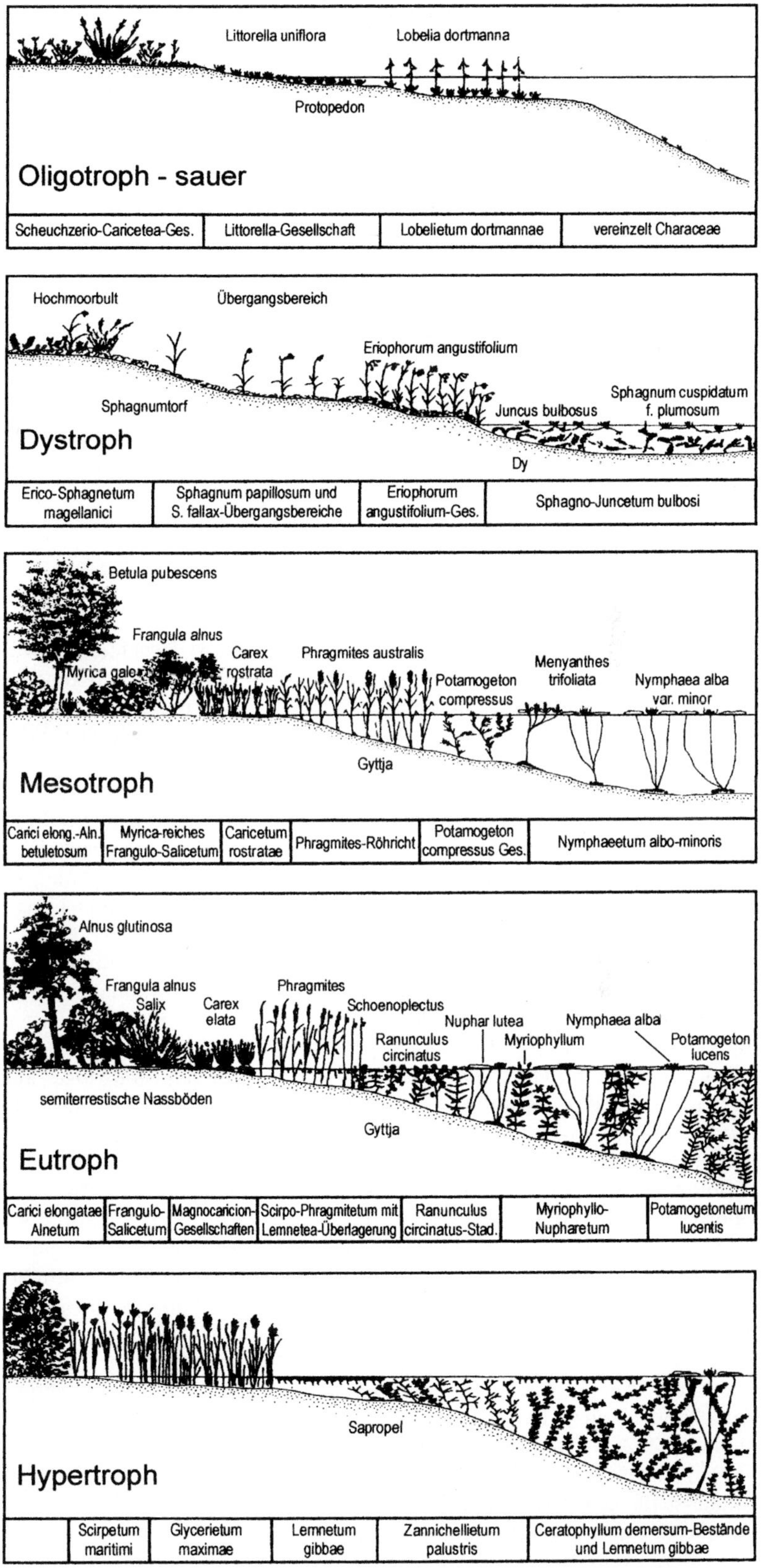

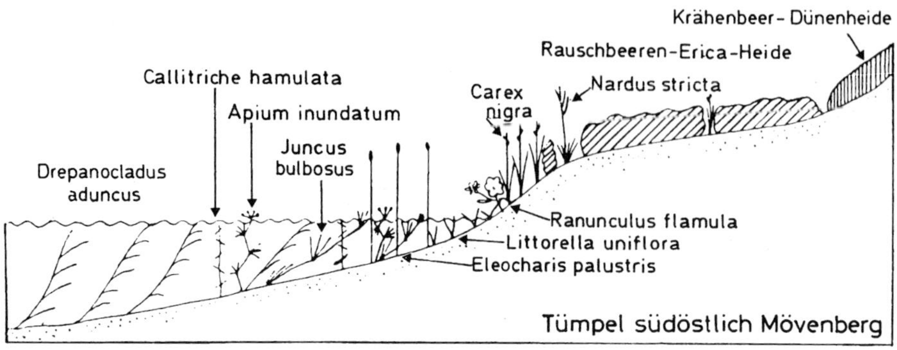

Abb. 9–9 Vegetationszonierung an einem sauren oligotrophen Tümpel zwischen Heidedünen auf Sylt. Der Heidehumus aus dem umgebenden Ericetum tetralicis (Rauschbeeren-*Erica*-Heide) macht das Wasser etwas dystroph. Nach Jeschke (1962), verändert.

Alle bisher genannten Stillgewässer-Typen sind durch die allgegenwärtigen Nährstoffeinträge in Mitteleuropa recht selten geworden.

Eutrophe Gewässer beherbergen die größte Vielfalt an Makrophytenarten wie auch an von ihnen aufgebauten Gesellschaften. Pott (1995) nennt für eutrophe Stillgewässer mehr als 25 Assoziationen. Die Verlandung leitet oft das Glanzlaichkraut (*Potamogeton lucens*) ein, gefolgt von einem dichten Schwimmblattgürtel und produktiven Röhricht- und Großseggen-Beständen (s. Abb. 9–8 d). Eine dichte Submers-Vegetation ist nur bei ausreichender Durchlichtung vorhanden.

Hypertrophe Gewässer entstanden durch die Überdüngung der Agrarlandschaft oder durch Abwassereinleitung. In ihnen dominieren oft Massenbestände weniger Höherer Pflanzen, z. B. von *Lemna gibba*, *Ceratophyllum demersum*, *Zannichellia palustris* oder *Potamogeton pectinatus* (s. Abb. 9–8 e). Extreme Überdüngung führt zur Verödung der Gewässer.

Selbstverständlich sind diese Typen durch Übergänge miteinander verbunden. Im Alpenvorland z. B. kommen häufig kalkreich-mesotrophe Wasserläufe und Seen (d. h. mäßig nährstoffreiche Kalk-Klarwasserseen) vor, während im nordwestdeutschen Altpleistozängebiet kalkarm-mesotrophe oder dystroph-oligotrophe Flachseen, Teiche, Tümpel und Bäche neben oligotrophen zu finden sind. Wie schon Lohammar (1938), Lumiala (1945) und andere zu bedenken gaben, gilt die von Naumann (1927) zunächst für das freie Wasser aufgestellte Typologie für die uns hier in erster Linie interessierenden Uferregionen nur mit Vorbehalten. Denn infolge wechselnder Bodenverhältnisse und Zuflüsse sowie durch ungleich starken Wasseraustausch können einzelne Teile ein und desselben Gewässers verschiedene Trophiegrade annehmen. Es ist daher nicht zu erwarten, dass sich die Verbreitung bestimmter Vegetationseinheiten immer mit derjenigen der limnologischen Typen deckt.

Auch die Morphologie des Seebeckens, insbesondere die Steilheit der Ufer, beeinflusst die Vegetationsgürtel. Flache Seen haben nicht nur breitere Uferbänke, sondern erfahren häufiger eine Durchmischung der Wassermassen bis zum Grund, sodass die Nährstoffnachlieferung aus dem Sediment viel rascher verläuft als in tiefen, stabil geschichteten Seen (s. Kap. 9.2.1).

Die hier zunächst nur in groben Zügen angedeuteten Gürtelungen sind teilweise **Zonierungen**, teilweise **Sukzessionsreihen**. In den oligotrophen und selbst in den mesotrophen Stillwassern bleiben sie mehr oder minder stabil, wenn sich nicht die Wasserstände oder die Wassereigenschaften grundlegend ändern (Runge 1969). Auch in den dystrophen Moorkolken verharren sie oft jahrzehnte- bis jahrhundertelang ohne wesentliche Verschiebungen. Nur in eu- und hypertrophen Gewässern sind sie stets Ausdruck einer von den Pflanzenbeständen bewirkten mehr oder minder raschen Verlandung, also einer Sukzession (s. Kap. 9.7.2).

9.2.3.2 Längsgliederung von Fließgewässern und Typisierung nach der Saprobie

Fließgewässer weisen eine charakteristische Längsgliederung auf: Der schmale, turbulent strömende Bach mit seinem kiesig-sandigen Grund wandelt sich allmählich in einen träge fließenden, breiten Fluss auf schluffig-tonigem Bett. Entgegen einer weit verbreiteten Vorstellung nimmt aber die Fließgeschwindigkeit von der Quelle zur Mündung nicht ab, sondern bleibt im Stromstrich meist gleich oder nimmt sogar zu (Leopold 1962, Allan 1995). Im breiten Unterlauf treten jedoch verstärkt strömungsberuhigte Uferbereiche auf, die strömungsempfindlicheren Pflanzen die Ansiedlung ermöglichen; diese können im schmalen Oberlauf nicht gedeihen. Illies (1961) unterschied in Fließgewässern drei Zonen bzw. sieben Unterzonen von der Quelle bis zur Mündung, wobei er die Struktur des Flussbettes, das Temperaturregime und das Vorkommen kennzeichnender Fischarten als Kriterien heranzog. Diese Zonierung spiegelt sich in groben Zügen in der Makrophytenvegetation der Bäche und Flüsse wider (s. Tab. 9–5). Bereits in Kapitel 8.3.1 haben wir die Längsgliederung der Auenvegetation entlang der Flussläufe behandelt.

Fließgewässer (oder genauer: bestimmte Abschnitte derselben) können wie die Stillgewässer auch nach dem Basen- bzw. Elektrolytgehalt des Wassers gegliedert werden, und zwar in basenarme (Silikat-) und basenreiche (Karbonat-)Gewässer (z. B. Wiegleb 1984, Remy 1993 a). Ebenso ist eine Typisierung nach der Trophie möglich. Besonders aussagekräftig ist jedoch die Typisierung nach Saprobiestufen, also nach der Intensität der Abbauprozesse im Gewässer, weil in Bächen und Flüssen zumindest im Mittel- und Unterlauf die heterotrophe Aktivität in der Regel intensiver ist als die autotrophe (s. Tab. 9–6).

Tab. 9–5 Längszonierung der Fließgewässer. Nach Illies (1961) und Pott & Remy (2000).

Zone	Eigenschaften
1. **Krenal** – Quellzone	kalt-stenotherm, sauerstoffreich
2. **Rhithral** – Gebirgsbach (oder „Forellenbach" im Tiefland) a) Epirhithral (= obere Forellenregion) b) Metarhithral (= untere Forellenregion) c) Hyporhithral (= Äschenregion)	Gefälle ca. 20–3 ‰, turbulent strömend erosiv meist kiesig-sandiges Bett sauerstoffreich Temperaturmaxima < 20 °C
3. **Potamal** – Tieflandsfluss a) Epipotamal (= Barbenregion) b) Metapotamal (= Bleiregion) c) Hypopotamal (= Kaulbarsch-Flunder- Region, Ästuar)	Gefälle < 3 ‰, am Ufer mäßig strömend vorwiegend Sedimentation meist tonig-schluffiges Bett periodisches Sauerstoffdefizit Temperaturmaxima > 20 °C

Tab. 9–6 Beurteilung der Gewässergüte von Fließgewässern mittels der Saprobie. Nach Friedrichs (1990), mit Ergänzungen nach Pott & Remy (2000). BSB_5 = biochemischer Sauerstoffbedarf in 5 Tagen.

Güteklasse	Organische Belastung	Saprobiestufe	BSB_5 (mg l^{-1})	NH_4-N (ml l^{-1})	O_2-Minima (mg l^{-1})	Dominierende Makrophyten-Ges.
I	unbelastet bzw. sehr gering belastet	oligosaprob	1	höchstens Spuren	> 8	*Chara hispida*-Ges., Potametum colorati, Callitricho-Myriophylletum alterniflori
II	mäßig belastet	β-mesosaprob	2–6	< 0,3	< 2 bis 6	Ranunculetum fluitantis, *Berula erecta*-Ges., *Potamogeton alpinus/natans*-Bestände
III	stark belastet	α-mesosaprob	7–13	0,5 bis mehrere mg l^{-1}	> 2	Sparganio-Potametum interrupti, Zannichellietum palustris, Callitrichetum obtusangulae
IV	übermäßig belastet	polysaprob	> 13	mehrere mg l^{-1}	< 2	verödet

9.3 Vegetation

9.3.1 Grundsätzliches zum System der Wasserpflanzen-Gesellschaften

Wasserpflanzen-Gesellschaften synsystematisch zu fassen, erscheint auf den ersten Blick einfach, denn die meisten Bestände werden von einer einzigen Art beherrscht. Wenn man solche Bestände aufnimmt, findet man jedoch wechselnde Arten unter den wenigen Partnern, die mit dieser dominierenden zusammenleben. Es fällt daher schwer, die Artengefüge in ähnlicher Weise zu Einheiten zusammenzufassen und hierarchisch zu ordnen wie die meisten Landpflanzen-Gesellschaften. Das hängt offenbar sowohl mit den Lebensformen der beteiligten Arten als auch mit den Standortgegebenheiten zusammen, die ja stark schwanken können. Es ist aber wohl auch eine Folge davon, dass der **Zufall bei der Erstansiedlung** am Gewässerboden oft eine noch größere Rolle spielt als in terrestrischen Lebensräumen (Kazmierczak et al. 1995). Denn in terrestrischen Böden entsteht bald eine Diasporenbank, an der sich viele auf ihnen wachsende Pflanzen immer wieder beteiligen. Vom Wasser werden Samen, Früchte oder auch vegetative Teile der an seinem Grund wurzelnden Arten oft weit verschwemmt und sammeln sich an Orten, wo ganz andere Arten herrschen (s. Kap. 9.5.2). Das gilt nicht nur für Fließgewässer von verschiedener Größe und Geschwindigkeit, sondern auch für Seen und Teiche aller Tiefen und Formen, deren Wassermassen der Wind bewegen kann. Nur kleine Tümpel und wenig schwankende Flachwasser sind in dieser Hinsicht ruhigere und den terrestrischen Standorten ähnlichere Wohnstätten. Gerade diese Flachwasser aber bieten dem Pflanzensoziologen auch geringere Schwierigkeiten, treue Charakterarten und gut vergleichbare Artengefüge zu finden.

Wo der Zufall, einen geeigneten Keimungs- und Wuchsort zu finden, eine entscheidende Rolle spielt, bieten sich Konkurrenzvorteile für Arten, die sich nach ihrer Ansiedlung sogleich vegetativ ausbreiten und dichte Reinbestände bilden. **Klonales Wachstum** verbessert die Überlebenschancen der Tochtersprosse entscheidend, weil sie von den Mutterpflanzen im anaeroben Sediment mit Sauerstoff versorgt werden können. Diesen Vorteil machen sich zahlreiche Bewohner eutropher bis mesotropher Still- und Fließgewässer zunutze, vor allem Grasartige, die ja meist mit Rhizomen ausgerüstet sind. Man denke nur an Schilfrohr, Rohrkolben, Binsen und Seggen im Uferbereich von Seen sowie Rohrglanzgras, Straußgräser und Schwadengräser an und in Flüssen und Bächen. Auch viele Ranunculaceae, Polygonaceae, Iridaceae und Nymphaeaceae verfügen über ähnliche Strategien. Die meisten Wasserpflanzen sind zudem in der Lage, bei stark wechselndem Wasserstand wechselnde Wuchsformen anzunehmen, also amphibisch oder semi-terrestrisch zu leben. Da die meisten Pflanzenarten ohnehin hinsichtlich der Umweltfaktoren eine recht weite Amplitude haben, die nur durch Konkurrenten eingeengt wird, kann ein zu dichten Reinbeständen fähiger Erstansiedler an recht verschiedenen Standorten zur Dominanz gelangen. Dies dürften die Hauptgründe dafür sein, dass es in der Gewässervegetation so **viele monospezifische Assoziationen** gibt, die sich nur mit Vorbehalten zu Verbänden, Ordnungen und Klassen zusammenfassen lassen.

Nach diesen Erwägungen darf man sich kaum wundern, dass die systematische Gliederung der Pflanzengesellschaften in Still- und Fließgewässern oftmals gewechselt hat, ja, dass die von Wiegleb wiederholt (z. B. 1981 b, 1988) geäußerte Skepsis immer noch berechtigt erscheint, ob es überhaupt sinnvoll sei, Wasserpflanzen-Bestände nach den Regeln der Braun-Blanquet-Schule aufzunehmen und zu ordnen. Um zu einer Konsolidierung der Auffassungen beizutragen, halten wir uns im Wesentlichen an die von Rennwald (2000) erstellte Gesellschafts-Übersicht, die eine Synthese der Gliederungen von Weber-Oldecop (1969), Hilbig (1971), Pietsch (1974), Dierssen (1975), Westhoff & den Held (1975), Oberdorfer (1977), Wiegleb (1979, 1983), Pott (1980), Tüxen & Schwabe (1981) u. a. anstrebt. Als bemerkenswerte andere neue Gliederungsvorschläge seien die von Schaminée et al. (1992) und Passarge (1992, 1994 u. 1996) erwähnt.

Folgende Klassen und Ordnungen werden heute von den meisten Autoren als übergeordnete Einheiten anerkannt; sie sind hier nach der „soziologischen Progression", d. h. nach zunehmender Kompliziertheit ihrer Wuchsform und des Artengefüges, geordnet:

- Lemnetea, Lemnetalia, **Wasserlinsendecken**, aus kurzlebigen, meist auf oder dicht unter der Wasseroberfläche frei schwimmenden Phanerogamen und z. T. auch von Farnen und Lebermoosen jedes Jahr neu gebildet. Nur auf eutrophem bis mesotrophem Süßwasser.

- Utricularietea, Utricularietalia, **Wasserschlauch-Schwimmgesellschaften**, aus Moosen sowie aus im Wasser schwebenden insektivoren Pflanzen bestehend, in dys- oder oligotrophen Tümpeln.
- Charetea fragilis, **Armleuchteralgen-Unterwasserrasen**, aus im Boden verankerten, verzweigten Großalgen in klarem, meist oligotrophem Süßwasser in geringer bis mäßiger Tiefe gebildet:
  - Nitelletalia flexilis, Weichwasser-Glanzarmleuchteralgen-Gesellschaften,
  - Charetalia hispidae, Hartwasser-Armleuchteralgen-Gesellschaften.
- Isoëto-Littorelletea, Littorelletalia, **Strandlings-Flachwasserrasen** und verwandte Gesellschaften, überwiegend aus schwachwüchsigen Phanerogamen aufgebaut, am Boden oligotropher bis schwach mesotropher, meist kalkarmer Gewässer lebend.
- Potamogetonetea, Potamogetonetalia, (oder kurz Potametea, -etalia), **Laichkraut- und Schwimmblatt-Gesellschaften**, zeitweise oder dauernd im Boden wurzelnde Bestände von Phanerogamen, die entweder unter Wasser bleiben oder auf der Oberfläche schwimmende, meist große Blätter ausbilden; in meso- bis eutrophem, ruhendem oder bewegtem Süßwasser; wenige Gesellschaften auch im Brackwasser.
- Phragmito-magnocaricetea, **Röhrichte und Großseggensümpfe**, überwiegend aus Phanerogamen bestehend, deren Blätter überwiegend oder ausschließlich über der Wasseroberfläche assimilieren und die fähig sind, auch in nicht vom Wasser bedecktem Boden zu leben; in und an meso- bis eutrophem Süßwasser, z. T. auch Brackwasser. Zu unterscheiden sind die Röhrichte stehender Gewässer und großer Flüsse (V. Phragmition australis), die Großseggenriede (V. Magnocaricion elatae) und die Bachröhrichte (V. Glycerio-Sparganion).
- Montio-Cardaminetea, **Quellfluren**, meist moosreiche, dauernd von Quellwasser durchfeuchtete oder seicht überflossene Rasen. Die kalkarmen Quellfluren (V. Cardamino-Montion) werden synsystematisch meist von den basenreichen (V. Cratoneurion commutati) unterschieden.

9.3.2 Stillgewässer

9.3.2.1 Unterwasserrasen oligo- und mesotropher Seen

Nur dort, wo der Wasserkörper wenig Plankton und Schwebstoffe enthält, erhalten Pflanzen auf dem Seegrund ausreichend Licht, um in größere Tiefe vorzudringen. Rasen von niedrigwüchsigen, nicht aufschwimmenden Wasserpflanzen findet man deshalb nur in oligotrophen oder manchen meso- bis schwach eutrophen, mehr oder minder klaren Seen. Meist handelt es sich um schüttere, artenarme Rasen, in denen sich die Fazies mosaikartig ablösen. Seit Koch (1926) fasst man sie in der Klasse und Ordnung der **Strandlings-Gesellschaften** (Isoëto-Littorelletea, Littorelletalia) zusammen, denen nach der Gliederung von Oberdorfer et al. (1992) folgende Charakterarten zu eigen sind:

Deschampsia setacea	*Myriophyllum alternifolium*
Elatine hexandra	*Potamogeton polygonifolius*
Juncus bulbosus	*Ranunculus ololeucus*
Littorella uniflora	*Sparganium angustifolium*
Luronium natans	*Veronica scutellata*

Bei einigen dieser aufgezählten Charakterarten handelt es sich um Reliktpflanzen mit boreal-subatlantischem Verbreitungszentrum. Diese Gesellschaften wurden in Norddeutschland (z. B. Pietsch 1977, Pott 1982, Dierssen 1983, Vöge 1989), den Niederlanden (Roelofs 1983, Schaminée et al. 1992) und Südschweden (z. B. Malmer 1961, 1962, Mäkirinta 1989) näher untersucht.

Sie besiedeln klare, kalk- und nährstoffarme, selten tief gefrierende Stillwasser mit dauernd oder zumindest in den Sommermonaten überschwemmten Uferzonen und sandigem oder kiesigem, also mineralischem Boden (Klosowski 1994). Solche Standorte gibt es in Mitteleuropa vor allem im Bereich des nordwestlichen Altpleistozäns. Der Verband der Strandlings- und Brachsenkraut-Klarwasserrasen (Littorellion uniflorae) hat hier seinen Schwerpunkt. Als Verbands-Charakterarten können folgende Arten gelten:

Isoëtes echinospora	*Ranunculus aquatilis* subsp. *lutulentus*
Isoëtes lacustris	*Sparganium angustifolium*
Lobelia dortmanna	*Subularia aquatica*

Die wichtigste Gesellschaft, der Brachsenkraut-Lobelien-Tümpel (Isoëto-Lobelietum), zeichnet sich durch *Isoëtes lacustris* und *Lobelia dortmanna* aus. Er ist im Altpleistozän Nordwestdeutschlands, der Niederlande und Dänemarks, aber auch im nördlichen Polen und in der Lausitz verbreitet, heute jedoch vielerorts selten. Gegen die Alpen und nach Südosten hin klingen die Gesellschaften des LITTORELLION nach und nach aus. Als spätglaziales Relikt gilt das Isoëtetum echinosporae des Feld- und Titisees im Südschwarzwald.

Littorella hat nach Dierssen (1996) sein Optimum im Flachwasser, *Isoëtes* schließt sich tiefenwärts an. *Isoëtes lacustris*, *Littorella uniflora* und *Lobelia dortmanna* leben zwar in kalkarmen Gewässern, sind aber gegen alkalische Reaktion nicht empfindlich und konnten von Roll (1939) monatelang in kalkreichem Wasser kultiviert werden, das aus einem eutrophen See stammte. Mäßige Nährstoffzufuhr fördert ihren Wuchs (Farmer & Spence 1986). Dass sie in der Natur an den Ufern nährstoffreicher Seen fast überall fehlen (Behre 1956 u.a.), liegt wahrscheinlich vor allem daran, dass die hier gedeihenden Schwimmblatt- und Röhrichtpflanzen und das Plankton aufgrund ihrer Fähigkeit zur Bikarbonat-Nutzung im Wachstum überlegen sind (Roelofs et al. 2005). Außerdem vertragen sie wahrscheinlich auf die Dauer nicht den Algen- und Bakterienaufwuchs, der sich hier auf allen untergetauchten Organen ansiedelt.

In gewissem Maße ein Gegenstück zu den LITTORELLETEA-Gesellschaften sind die **Armleuchteralgenrasen** der Klasse CHARETEA FRAGILIS in oligotrophen Klarwasserseen mit basen- und kalkreichem Wasser. Dieser Gewässertyp mit seiner charakteristischen Seebodenvegetation ist (oder besser: war) in den Kalkgebirgen, so am nördlichen Alpenrand und auf der Schwäbischen Alb, in kalkhaltigen Nordseedünen sowie lokal im Geschiebemergel des norddeutsch-polnischen Jungpleistozäns und in manchen frisch entstandenen Kiesgruben verbreitet (z. B. Doll 1989). Auch im Brackwasser der Ostseeküste (z. B. in den Boddengewässern Nordostdeutschlands) wachsen Characeen, wenn der Wellenschlag gering und das Wasser klar genug ist (Lindner 1978, Winter et al. 1987).

Die Neigung der Armleuchteralgen, „unter sich zu bleiben“, war für Krause (1969) eines der Argumente für die Fassung der Characeenrasen in einer eigenen Vegetationsklasse (s. Kap. 26: Nr. 1.9). Die Klasse CHARETEA FRAGILIS wird durch *Chara fragilis* und *Nitella batrachosperma* gekennzeichnet. Sie umfasst zwei Ordnungen:

1. NITELLETALIA FLEXILIS (in mehr oder minder saurem Wasser vorkommende Gesellschaften, Weichwasser-Armleuchteralgen-Gesellschaften) mit den Charakterarten

a) Verband NITELLION FLEXILIS (pH-Bereich etwa 5,8–6,3):

Chara braunii	*Nitella mucronata*
Nitella flexilis	*Nitella opaca*

b) Verband NITELLION SYNCARPO-TENUISSIMAE (pH-Bereich etwa 6,8–7,3):

Nitella syncarpa	*Nitella tenuissima*

2. CHARETALIA HISPIDAE (in basenreichem Wasser vorkommende Gesellschaften, Hartwasser-Armleuchteralgen-Gesellschaften) mit dem Verband CHARION FRAGILIS (pH-Bereich etwa 7,5–8,2):

Chara aspera	*Chara strigosa*
Chara contraria	*Chara tomentosa*
Chara hispida	*Nitellopsis obtusa*
Chara intermedia	*Tolypella glomerata*

Die meisten der rund 30 Characeen-Arten Mitteleuropas bevorzugen pH-Werte zwischen 6 und 8; einen Schwerpunkt im subneutralen (pH 5–7) haben dagegen die *Nitella*-(Glanz-Armleuchteralgen-)Arten. Kalziumkarbonat-Inkrustationen in den Zellwänden kennzeichnen die Vertreter der CHARETALIA HISPIDAE, die sich vorwiegend von Bikarbonat ernähren. Aufgrund ihrer niedrigen Wuchsform und der kleinen Hibernakeln sind Characeen die ersten Makrophyten, die bei Eutrophierung überwachsen werden und verschwinden. Erhöhte Phosphorkonzentrationen, wie von Forsberg (1965) vermutet, schaden dagegen Characeen nicht (Blindow 1988). Als ausgesprochen halophil und Süßwasser, jedoch auch reines Meerwasser meidend gilt z. B. *Chara canescens*, die vor allem im Brackwasser der Ostsee eine Rolle spielt. In gewissem Maße salzertragende Characeen-Gesellschaften haben Winter et al. (1987) auch aus Baggerseen in der Nähe von Bremen beschrieben.

Das soziologische Verhalten der übrigen makroskopischen Algen in Binnengewässern, besonders in deren Litoral, hat Behre (1966) zusammenfassend dargestellt, und zwar zu einer Zeit, als sie erst wenig durch Verschmutzungen beeinflusst waren.

9.3.2.2 Laichkraut- und wurzelnde Schwimmblatt-Gesellschaften

Haben die Unterwasserwiesen den Seeboden durch Gyttja-Bildung aufgehöht oder ist das Gewässer von vornherein flach genug, so können sich großblättrige Unterwassergewächse sowie solche mit zumindest einigen an der Wasseroberfläche schwimmenden Blättern ansiedeln. Je üppiger diese gedeihen, desto mehr unterdrücken sie die Rasenpflanzen am Seegrund, weil sie ihnen nicht nur das Licht entziehen, sondern sie außerdem alljährlich mit ihren in Fäulnis übergehenden Resten bedecken. Nährstoffreiche Gewässer zeichnen sich deshalb durch einen besonders stark entwickelten Schwimmblattgürtel aus, während in den extrem kalkarm-oligotrophen die Brachsenkrautrasen bis an den Rand des Wassers vordringen.

Detaillierte Beschreibungen der submersen und schwimmenden Wasserpflanzen-Gesellschaften legten beispielsweise Hilbig (1971), Jeschke (1963), Knapp & Stoffers (1962), Lang (1967, 1968), Mierwald (1988), Philippi (1969), Schrott (1974), Weber-Oldecop (1969), Wiegleb (1981 a, 1991), Symoens (1988), Preising et al. (1990), Passarge (1992, 1994, 1996) u. a. vor. Am Beispiel des Myriophyllo-Nupharetum erstellten Müller & Görs (1960) eine europaweite Übersicht. Eine vergleichende ökologische Charakteristik der Wasserpflanzen-Gesellschaften erarbeiteten z. B. Pott (1979, 1983, 1995), Wiegleb (1984), Klosowski (1985, 1990) und Pott & Remy (2000).

Die **Laichkraut-Gesellschaften** und auch die im Boden wurzelnden Schwimmblatt-Gesellschaften gehören zu der großen Klasse der festwurzelnden Wasserpflanzen-Gesellschaften (POTAMOGETONETEA, s. Kap. 26: Nr. 1.3) mit der einzigen Ordnung POTAMOGETONETALIA. Diese übergeordneten Einheiten werden durch zahlreiche und weit verbreitete Süßwasser-Makrophyten charakterisiert, namentlich Hornkraut- und Laichkrautarten.

Ceratophyllum demersum	*Potamogeton crispus*
Ceratophyllum submersum	*Potamogeton lucens*
Elodea canadensis	*Potamogeton pectinatus*
Myriophyllum spicatum	*Potamogeton perfoliatus*
Potamogeton × zizii	*Potamogeton panormitanus*

Zu dieser Ordnung gehören mehrere Verbände, die sich in ihren Standorten und in der Häufigkeit ihres Auftretens unterscheiden (vgl. z. B. Oberdorfer 1977 und Pott 1995). In fast jedem ruhigen oder nur langsam bewegten Gewässer gibt es Vertreter der Laichkraut-Tauchfluren (POTAMOGETONION PECTINATI), von denen nur die Stängel mit Blüten und Früchten zeitweilig aus dem Wasser ragen. Als Charakterarten dieses Verbandes gelten nach Pott (1995):

Elodea nutallii (ein Neophyt)	*Potamogeton acutifolius*
	P. compressus
Zannichellia palustris	*P. mucronatus*
P. trichoides	

(also nicht die namengebende Art, die bereits unter den Ordnungs-Charakterarten genannt wurde).

Eutrophes Stillwasser nicht zu kühler Lagen bildet in ganz Mitteleuropa und darüber hinaus einen sehr einheitlichen Standort für die Arten des Schwimmpflanzengürtels. Stets sind ihre Böden reich an organischer Substanz, da ja alljährlich ein großer Teil der produzierten Pflanzenmasse im Herbst abstirbt (Klosowski 1994).

Weit verbreitet und zugleich besonders produktionskräftig ist die Glanzlaichkraut-Tauchflur (Potamogetonetum = Potametum lucentis), die von großblättrigen Laichkrautarten und meist auch *Elodea*-Arten gebildet wird. Sie kennzeichnet eutrophe Seen verschiedenster Größe und Tiefe und leitet deren Verlandung ein. Besonders die zweite Charakterart, das Durchwachsene Laichkraut (*Potamogeton perfoliatus*), verträgt auch langsam fließendes Wasser und herrscht oft in den Unterläufen nährstoffreicher Flüsse, soweit es nicht durch Eutrophierung und Ausbaumaßnahmen verdrängt wird (Wiegleb et al. 1991).

Die meisten übrigen Assoziationen des POTAMOGETONION PECTINATI sind seltener anzutreffen und nehmen mit oligo- bis mesotrophen Bedingungen vorlieb, oder anders gesagt, werden durch Eutrophierung leicht verdrängt. Vor allem gilt dies für das kalk-oligotraphente Potamogetonetum filiformis, das in norddeutschen Jungmoränenlandschaften sowie in den Voralpen anzutreffen ist, sowie für das seltene Potamogetonetum colorati und die beiden z. T. auch mesotraphenten Gesellschaften, das Potamogetonetum praelongi und das Najadetum intermediae. Kalkarme oligo- bis mesotrophe Gewässer zeigt das seltene Potamogetonetum graminei mit seinen fädigen Blättern an, während die Gesellschaft des Haarförmigen Laichkrauts (*P. trichoides*) auch in eutrophe übergreift. Für Fließgewässer sind die Gesellschaften des RANUNCULION-FLUITANTIS-Verbandes kennzeichnend.

Die Teichfaden-Tauchflur (Zannichellietum palustris) ist ein ausgesprochener Verschmutzungszeiger, die hypertrophe Flachwasser erträgt. Der nahe verwandte Salz-Teichfaden (*Z. pedicellata*) vertritt *Z. palustris* in brackigen Gewässern (van Vierssen 1982). Pott (1995) nennt außerdem noch mehrere artenarme, oft nur von einer einzigen Art gebildete Gesellschaften, von denen die meisten in eutrophen und mehr oder minder verschmutzten Gewässern leben. Diesen Beständen von *Potamogeton acutifolius*, *P. compressus*, *P.* × *zizii*, *P. crispus* oder *P. pectinatus* kann man keinen Assoziationsrang zusprechen. Passarge (1994 und frühere Arbeiten) gliederte die POTAMOGETONETEA noch stärker als Pott und andere Autoren.

Im Gegensatz zu den recht wenig untersuchten Laichkraut-Gesellschaften gehören die **Schwimmblatt-Gesellschaften** (NYMPHAEION ALBAE) zu den am besten bekannten Assoziationen. Sie sind in Mitteleuropa auch heute noch häufig, obwohl die meisten Altwasser in den Flusstälern und viele sonstige Stillwasser trockengelegt wurden.

Wie Tabelle 9–7 auf den ersten Blick erkennen lässt, sind sämtliche Schwimmblatt-Gesellschaften artenarm. Lediglich die als charakteristisch angesehenen Sippen treten durch hohe Stetigkeit hervor, weil die Aufnahmen nach ihnen ausgewählt wurden. Nur sie erreichen in manchen Beständen Deckungsgrade von mehr als 50 %, stellen also oft auch die Dominanten dar. Dazu gehören die drei Charakterarten des Verbandes, *Nymphaea alba*, *Potamogeton natans* und *Polygonum amphibium*.

Die häufigste und zugleich artenreichste Schwimmblattflur Mitteleuropas ist die Tausendblatt-Teichrosen-Gesellschaft, das Myriophyllo-Nupharetum (Tab. 9–7: Nr. 9, s. a. Abb. 9–1). Sie enthält neben der Gelben Teichrose die großblütige Weiße Seerose, die der Ersteren in seichtem Wasser überlegen ist. Bis 3 oder 4 und selbst 5 m Tiefe kann sie aber nicht hinabsteigen, weil sie nicht wie *Nuphar* Unterwasserblätter (sog. „Salatblätter") auszubilden vermag. Aus demselben Grund erweist sich die gelbe Mummel in Seen mit stark schwankendem Spiegel sowie in langsam fließenden Gewässern als die Überlegene, vorausgesetzt, dass ihr genügend Nährstoffe zur Verfügung stehen (Roweck 1988). Neben einer der beiden oder beiden Nymphaeaceen findet man in dieser Schwimmblattflur fast regelmäßig das Schwimm-Laichkraut, das Quirlige Tausendblatt und das Auftauchende Hornblatt.

In wärmeren, meist ziemlich flachen Seen und Altwässern, z. B. am Oberrhein, tritt die Wassernuss (*Trapa natans*) hervor. Sie war in der postglazialen Wärmezeit weiter nach Norden hin verbreitet als heute (Walter & Straka 1970). Ihre harten, mit Widerhaken versehenen Nüsse dienten ehemals als Nahrungsmittel und wurden ähnlich wie die Haselnüsse mit besonderen hölzernen Stoßgeräten zerkleinert (Apinis 1940).

Während sich die Schwimmblatt-Gesellschaften der eutrophen und relativ warmen Stillwasser durch *Ceratophyllum demersum* auszeichnen, tritt in den nährstoffärmeren *Potamogeton natans* oder *P. obtusifolius* mit *Myriophyllum alternifolium* hervor (s. Nr. 1 in Tab. 9–7). Noch kühlere und saurere Moorgewässer beherbergen das als Glazialrelikt geltende Nupharetum pumilae, z. B. im Alpenvorland (Sebald et al. 1990–1992, Roweck & Reinöhl 1986). In montanem, kühlerem Klima verarmen die Teichrosen-Gesellschaften, zumal dort das Wasser meistens nährstoffärmer ist. Die flachen Seen im Alpenvorland enthalten großenteils eine Gesellschaft der weißen Zwerg-Seerose (Nymphaeetum albae).

Die **Wasserschlauch-Gesellschaften** der Klasse UTRICULARIETEA sind überwiegend frei schwimmende, nur gelegentlich durch „Erdsprosse“ im Sediment verankerte, produktionsschwache Gemeinschaften oligo- bis mesotropher Gewässer. Als Anpassung an Nährstoffarmut können sich die *Utricularia*-Arten karnivor ernähren. Nach Pietsch (1977) und Hofmann (2001) besiedeln die Wasserschlauch-Arten aber ein breites pH- und Leitfähigkeits-Spektrum von extrem sauren und elektrolytarmen Gewässern (*U. minor* gedeiht noch bei pH 3,5) bis zu mäßig basenreichen, mesotrophen Tümpeln, in denen *U. vulgaris* und *australis* auftreten. Durch Eutrophierung sind die meisten Gesellschaften heute stark gefährdet.

9.3.2.3 Wasserlinsendecken und andere frei schwimmende Gesellschaften

An der Oberfläche von Altwässern, Teichen, Tümpeln und Seebuchten breiten sich im Windschutz frei schwimmende Wasserpflanzen aus, die sich auf stärker bewegtem Wasser nicht zu Gesellschaften zusammenschließen können. Pott (1995) und Rennwald (2000) gliedern die Klasse und Ordnung der Wasserlinsen-Gesellschaften (LEMNETEA, LEMNETALIA) in drei Verbände (s. Kap. 26: Nr. 1.1.1):

1. Submerse Schwimmpflanzen-Gesellschaften (V. RICCIO-LEMNION TRISCULCAE), frei schwebend in (schwach) eutrophem Wasser;
2. eigentliche Wasserlinsendecken (V. LEMNION GIBBAE) auf der Oberfläche von stark eutrophem bis hypertrophem Wasser, zu denen auch die wärmeliebenden Schwimmfarndecken gerechnet werden;
3. die mehrschichtigen, komplexer aufgebauten Krebsscheren- und Wasserschlauch-Schweber-Gesellschaften (V. HYDROCHARITION).

Jeder Verband hat mehrere Assoziationen, die durch die jeweils vorherrschende Pleustophyten-Art charakterisiert sind und stets artenarm sind (vgl. auch Tüxen 1979). Sie mischen sich oft zwischen Schwimmblatt- und Röhricht-Gesellschaften.

Je nährstoffreicher das Wasser, desto üppiger wuchern diese Schwimmpflanzendecken, die im Übrigen ziemlich unabhängig von der Wasserbeschaffenheit sind (Klose 1963). Die Verbreitung der einzelnen Lemnaceen-Arten ist nach Landolt (1984) in erster Linie vom Klima abhängig. Nach Strasburger & Homann (1982) können sämtliche LEMNETALIA-Gesellschaften bei pH-Werten von 6,0–6,5 vorkommen. Alle Wasserlinsenarten gedeihen bei mittleren bis hohen P- und N-Konzentrationen, weisen also mit Sicherheit auf eutrophe bis hypertrophe Bedingungen hin (Pott & Wittig 1985, Pott 1995). Unter den Wasserlinsendecken ergibt sich nach Lüönd (1983) folgende Reihung nach der Trophie: Lemnetum gibbae > Spirodeletum polyrhizae > Lemnetum trisulcae > Ricciocarpetum natantis > Riccietum fluitantis. Die euryöke Art *Lemna minor* tritt in den meisten der genannten Gesellschaften ebenfalls auf.

Alle frei schwimmenden Wasserpflanzen sind mehr oder minder wärmebedürftig und bevorzugen lange eisfrei bleibendes Wasser. Daher sind LEMNETEA-Gesellschaften am reichsten im atlantischen und submediterranen Europa und strahlen nach Mitteleuropa, ärmer werdend, mehr oder minder weit hinein. Nur *Lemna minor* erreicht im Gebirge mehr als 1000 m ü. NN. In der milden Oberrheinebene und anderen warmen Beckenlandschaften gesellen sich dagegen Farne tropischer Herkunft zu den Wasserlinsen, namentlich der Schwimmfarn (*Salvinia natans*) und der seltenere Algenfarn (*Azolla filiculoides*, s. z. B. Philippi 1969); in jüngster Zeit haben sie auch Norddeutschland erreicht (Kesel & Gödeke 1996). Diese Farne sowie die Wasserlinsen und flottierenden Lebermoose (Riccien) haben viele abgeleitete Merkmale, sind also phylogenetisch keineswegs primitiv.

In nährstoffreichen, seichten Fließgewässern, Teichen und Seen des Tieflandes, deren Boden viel organische Substanz enthält, siedeln Decken der großblättrigen **Freischwimmer** Froschbiss (*Hydrocharis morsus-ranae*) und Krebsschere (*Stratiotes aloides*), die die Wasserlinsen an günstigen Standorten überwachsen (Klosowski 1994; s. Abb. 9–10). Oft vermengt sich die Krebsscheren-Gesellschaft (Stratiotetum aloidis) mit der Froschbiss-Gesellschaft (Hydrocharietum morsus-ranae) und auch dem Myriophyllo-Nupharetum oder anderen am Boden wurzelnden Schwimmblatt-Gesellschaft so innig, dass man sie schwer voneinander trennen kann. Bei starkem Bootsverkehr werden die Blätter der fest verankerten Pflanzen geschädigt oder abgerissen. Die fast frei schwimmenden Krebsscheren hingegen weichen nur auseinander und rücken wieder zusammen. Schließlich werden sie zu Alleinherrschern, wie das früher z. B. in den Kanälen des Havellandes zu beobachten war. Froschbiss und Krebsschere treten auch in unterge-

Tab. 9–7 Wurzelnde und frei schwimmende Wasserpflanzen-Gesellschaften in Ostniedersachsen und zwei Schwimmfarn-Gesellschaften aus dem südlichen Mitteleuropa. Nach Tabellen von Weber-Oldecop (1969) sowie Th. Müller & Görs (1960)[1].

	Gesellschafts-Klasse:	Potamogetonetea						Lemnetea									
	Laufende Nr.:	1	2	3	4	5	6	7	8	9	10	11	12				
Alkalinität[2]	niedrig (bis 1,5)	0,7		1,5				1,5				–	–	ökologische Bewertung der Arten			
	mittelmäßig		2,4		3,3				1,8			–	–				
	hoch (über 4,0)					3,6				(3,0)		–	–				
							4,6				4,6	–	–				
	oligo-, meso-, eu-, hypertroph	o	e	m	e	e	h	m	e	e	h	e	e	T	R	N	
	Myriophyllum alterniflorum	4												5	6	3	P arm
N	*Nuphar lutea*	**5**	**5**											6	7	6	
P	*Potamogeton obtusifolius*	5	2	2										6	6	6	P arm
P	*P. alpinus*	2	1	1	1									4	6	6	P arm?
R	*Hottonia palustris*	4	1	**5**	3									6	5	4	P arm
H	*Stratiotes aloides*	3	1	1	**3**									6	8	6	P arm
	Utricularia australis	4	1	1	1			2						6	5	3	P arm
L	*Riccia fluitans* (M)			1	3			**5**						6	4	–	P arm
N	*Myriophyllum verticillatum*		1	4	3				3					6	7	8	
	Callitriche hamulata		1	2	1					4				4	6	4	
H	*Hydrocharis morsus-ranae*	4	2	5	**5**		2	4	5			3	3	6	7	6	
L	*Lemna trisulca*	5	3	5	**4**	1		**4**	**5**		2	3	2	6	7	5	
R	*Ranunculus peltatus*	5	2	4	2	**5**								6	5	6	
Po	*Potamogeton natans*	4	5	4	2	2	2							5	7	5	
P	*P. crispus*		4	2		5	5							5	7	5	
Po	*Elodea canadensis*	5	4	5	4	4	2		5		2			6	7	7	
	Callitriche platycarpa fo. *natans*	5	3	3	2	4	3	2	5	5	2			6	7	7	
L	*Spirodela polyrhiza*	5	5	5	5	5	5	5	**5**		5	3	2	6	×	6	
L	*Lemna minor*	5	5	5	5	5	5	5	5	**5**	5	2	1	5	×	6	
P	*Potamogeton friesii*	2	2	1		5	5				4			6	7	6	P reich?
Po	*Ceratophyllum demersum*	5	4		3		**5**			5				7	8	8	P reich
L	*Lemna gibba*		3		3	5	5				**5**			6	8	8	P reich
Po	*Myriophyllum spicatum*		2			2	3		3					6	9	7	
Po	*Potamogeton pectinatus*		1			4	2				2			×	8	8	
Po	*P. panormitanus*		1			2	3				1			5	7	×	P reich
H	*Utricularia vulgaris*		1											6	5	4	
N	*Nymphaea alba*		1											6	7	5	
N	*Polygonum amphibium* fo. *natans*		1									1	1	6	6	4	
Po	*Potamogeton lucens*		1										1	6	6	7	P reich?
	Glyceria fluitans Gl					5	5							×	×	7	
	Sium latifolium Ph					2	2							6	7	7	
	Oenanthe aquatica Ph					1	1							6	7	6	
	Butomus umbellatus Ph					2	3							6	×	7	P reich
	Alisma plantago-aquatica Ph					1	2							5	×	8	
L	*Ricciocarpos natans* (M)							2						6	6	–	P arm
	Montia fontana									2				4	5	4	

Tab. 9–7 Fortsetzung

	Nasturtium officinale Gl			2		×	7	7	
P	*Zannichellia palustris*			2		6	8	8	
L	*Salvinia natans*				**4** 2	8	7	7	P reich?
L	*Azolla filiculoides*				5	8	×	8	P reich

Erläuterungen zu Tab. 9–7:

[1] **L** = Arten der Wasserlinsendecken (LEMNETEA, *Lemna*-Gesellschaften)
H = Arten der Froschbiss-Schwimmdecken (HYDROCHARITION MORSUS-RANAE, POTAMOGETONETALIA)
P = Arten der Laichkraut-Gesellschaften (POTAMOGETONION, Po = POTAMOGETONETALIA),
N = Arten der Seerosen-Gesellschaften (NYMPHAEION, POTAMOGETONETALIA).
R = Arten der Wasserhahnenfuß-Gesellschaften (RANUNCULION AQUATILIS, POTAMOGETONETALIA)
Ph = PHRAGMITETEA usw.
Gl = GLYCERIO-SPARGANION

[2] Säurebindungsvermögen des Wassers, durch Titrieren von 100 cm^3 Wasser mit n/10 HCl bestimmt. Mittelwerte der Amplituden, die Weber-Oldecop (1969) für jede Gesellschaft grafisch darstellte.

T = Temperaturzahl, R = Reaktionszahl, N = Stickstoffzahl nach Ellenberg (1992), Erläuterungen in Kap. 27.1.

Gesellschaften (Nr. 1 bis 10 in Ost-Niedersachsen) Ökol. Bewertung:	m**T**	m**R**	m**N**
Nr. 1 u. 2: **Teichrosen**-Gesellschaften (Myriophyllo-Nupharetum, Verband NYMPHAEION), vorwiegend im Boden wurzelnd:			
1: Sumpfblattlaichkraut-Teichrosen-Ges. (*Potamogeton obtusifolius-Nuphar*-Ges.), nährstoffarm,	5,6	6,4	5,3
2: typische Tausendblatt-Teichrosen-Ges. (Myriophyllo-Nupharetum), relativ nährstoffreich.	5,9	6,9	5,7
Nr. 3 bis 6: **Schwimmpflanzen**-Ges. (HYDROCHARITION MORSUS-RANAE), die teilweise im Boden wurzeln, und eutraphente Flachwasser-Ges. (RANUNCULION AQUATILIS):			
3: Wasserfeder-Ges. (Hottonietum) ziemlich nährstoffreicher Flachwasser, z. T. beschattet,	5,8	6,4	6,1
4: Froschbiss-Schwimmdecke (Hydrocharitetum),	6,1	6,6	6,1
5: Wasserhahnenfuß-Stillwasser-Ges. (Ranunculetum peltati),	5,4	7,3	6,5
6: Hornblatt-Ges. (Ceratophylletum demersi) stark verschmutzter Flachwasser.	6,0	7,5	6,7
Nr. 7 bis 10: **Wasserlinsen**-Decken und andere Ges. frei schwimmender Pflanzen (LEMNION):			
7: Schwimmlebermoos-Ges. (Riccietum fluitantis),	5,8	6,0	5,6
8: Teichlinsen-Schwimmdecke (Lemno-Spirodeletum),	5,9	7,2	6,3
9: Artenarme Wasserlinsendecke („Lemnetum minoris")	6,0	7,0	6,4
10: Buckellinsen-Schwimmdecke (Lemnetum gibbae).	5,8	7,4	6,6
Nr. 11 u. 12: **Schwimmfarn**-Decken (in Baden-Württemberg), mehr oder minder wärmeliebend (zum LEMNION):			
11: Teichlinsen-Schwimmfarndecke (Spirodelo-Salvinietum),	6,4	7,0	6,0
12: Wasserlinsen-Algenfarndecke (Lemno-Azolletum).	6,8	6,7	6,5

Stillwasser sind im Jahresdurchschnitt meist wärmer als die Böden ihrer Umgebung. Dementsprechend können in ihnen Pflanzen mit höheren Wärmeansprüchen leben als z. B. in den submontanen und planaren Buchenwäldern; sie heben die mittleren **Temperaturzahlen** selbst im östlichen Niedersachsen beträchtlich über 5. Relativ wärmeliebend ist hier die Froschbiss-Schwimmdecke (Nr. 4). In den wärmeren Teilen Südwestdeutschlands gedeihen Schwimmfarndecken, die z. T. bereits submediterranen Charakter haben (Nr. 11 und 12).
Mit der Alkalinität des Wassers steigen im Großen und Ganzen auch die mittleren **Reaktionszahlen** der Pflanzengesellschaften. Eine etwas engere Korrelation ergibt sich zu den mittleren **Stickstoffzahlen,** die – mit Vorbehalten – als Ausdruck des Trophiegrades gelten dürfen. Der für Letzteren eigentlich entscheidende Gehalt an pflanzenaufnehmbarem **Phosphor** wurde von Weber-Oldecop nicht erfasst. Es darf jedoch als gesichert gelten, dass die Gesellschaften Nr. 1, 3 und 7 relativ reines Wasser besiedeln, während die Einheiten Nr. 6 und 10 (und wohl auch 12) einen hohen Verschmutzungsgrad anzeigen. Arten, die sich nach Weber-Oldecop (1969), Wiegleb (mündl.) und eigenen Beobachtungen nur in relativ phosphorarmem Wasser zu halten vermögen, sind im rechten Teil der Tabelle mit „P arm", die Verschmutzungszeiger dagegen mit „P reich" bezeichnet.

taucht wurzelnden Morphen auf. Deren Verbindung mit den Wurzeln reißt allerdings, wenn der Wasserspiegel zu hoch ansteigt, z. B. durch Überstauung von Wiesen, in deren Gräben sie siedeln. Nach Handke (1993) wurde *Stratiotes* durch Überflutung der Wesermarsch vernichtet.

9.3.2.4 Röhrichte nicht verbrackter Stillwasser

Hoch aus dem Wasser aufragende Röhrichtpflanzen werden den unter oder nahe der Oberfläche bleibenden Hydrophyten überlegen, sobald sie dichtere Bestände bilden können und das Licht abfangen. Dazu ist das Schilf

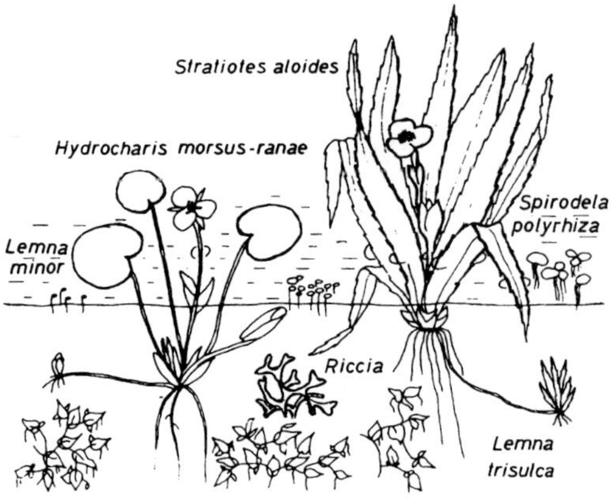

Abb. 9–10 Schichtung in Schwimmpflanzen-Gesellschaften, insbesondere in der Froschbiss-Krebsscheren-Schwimmdecke (Hydrochari-Stratiotetum). Nach Weber-Oldekop (1969), etwas verändert (Der Blick auf die Wasseroberfläche ist in der Perspektive übertrieben).

(*Phragmites australis*) von etwa 1,2–2 m mittlerer Wassertiefe an in der Lage. Vereinzelt rücken seine weißen, röhrenförmigen Ausläufer im Bodenschlamm noch mindestens 1 m tiefer vor und in ruhigen Gewässern kommt Schilf bis in 2,7 m Wassertiefe vor (Rodewald-Rudescu 1974). Doch gelangen deren Schösslinge nicht mehr zu voller Kraft und erstarken erst, wenn die Verlandung weiter voranschreitet. Die äußerste Grenze der Schilfherden ist fast immer physiologisch bedingt und nicht durch Konkurrenten erzwungen; denn *Phragmites* ist die kampfkräftigste Art unter allen mitteleuropäischen Wasserpflanzen, gewissermaßen das, was die Rotbuche unter den Landpflanzen darstellt. Seine ökologische und soziologische Amplitude ist ebenfalls groß und reicht nach Krausch (1965 b) von basisch-oligotrophen und sauer-oligotrophen bis zu eutrophen Gewässern und von großer Wassertiefe bis zu Böden, die zeitweilig über dem Wasserspiegel liegen. Pietsch (1965) fand Schilf, Rohrkolben (*Typha latifolia*) und andere Röhrichtgewächse sogar in einem Tagebau-See des Lausitzer Braunkohlenreviers bei pH-Werten von 2,9–3,0. Dementsprechend mannigfaltig sind seine Vergesellschaftungen, über die außer den genannten Arbeiten eine reiche Literatur vorliegt (z. B. Balatova-Tulackova 1963, Hilbig 1971, Weisser 1970). Dennoch werden die Schilfröhrichte heute meist in einer Assoziation (Phragmitetum australis) zusammengefasst. Die standörtliche Variabilität und das Aussehen aller Schilf-Gesellschaften (Ordnung PHRAGMITETALIA AUSTRALIS) sind über weite Gebiete Europas hinweg ähnlich, von Spanien (Bellot Rodriguez 1964) bis nach Finnland (Eurola 1968) und bis ins Donaudelta (Krausch 1965 a, Horvat et al. 1974) mit den größten zusammenhängenden Beständen. Sogar im Hochland Südwestjapans stellten Horikawa et al. (1959) Parallelen fest.

In ruhigen Seen bildet die Teichbinse (*Schoenoplectus lacustris*) noch vor dem Schilf Pioniertrupps des Röhrichts (s. Abb. 9–1 u. 9–8 d), weil ihre grünen Stängel weiter assimilieren, wenn sie bei hohen Wasserständen überstaut werden (s. Kap. 9.4.4). Ihre Halme dringen bis in 1,5 m Tiefe vor, die Rhizome sollen sogar stellenweise 5 m Tiefe erreichen.

Wo *Phragmites* gut gedeiht, erhebt es sich bis zu 3,5 m über die Wasseroberfläche und reduziert das Licht bis auf weniger als 1 % der vollen Beleuchtungsstärke (Meyer 1957). Es duldet daher die in Tabelle 9–8 aufgeführten Ordnungs- und Verbands-Charakterarten meistens nur in geringer Zahl neben sich. Als einzige Ausnahmen können die beiden Rohrkolben-Arten hier und dort zur Herrschaft gelangen, und zwar in nährstoffreich-schlammigen, ruhigen Buchten oder Flachseen, die in manchen Jahren trockenfallen. *Typha*-Arten verjüngen sich erfolgreicher durch Samen, als dies bei *Phragmites* (s. Kap. 9.5.2) der Fall ist und können infolgedessen nackten Schlamm von vornherein in dichten Rasen besetzen (Coops et al. 1996).

Neben *Phragmites* treten alle anderen Röhrichtgewächse an Bedeutung zurück, jedenfalls in den meisten Stillwasserseen. Bei starker Eutrophierung wird der Wasserschwaden (*Glyceria maxima*) begünstigt, obwohl er eine geringere Höhe erreicht (Lang 1967). Das Wasserschwadenröhricht (Glycerietum maximae, s. Abb. 9–1) ist in der Regel ebenfalls ein unduldsamer Reinbestand; es ähnelt dem Phragmitetum nach Westlake (1966) auch darin, dass es die höchste Biomasse im Spätsommer erreicht (vgl. Abb. 9–24). Der Igelkolben (*Sparganium erectum*) gehört zwar zu den höchstproduktiven Pflanzen der gemäßigten Zone (Dykyjova & Ondok 1973), bildet aber keine dichten Bestände und erreicht selten mehr als 1 m Höhe. Er spielt daher in Röhrichten nur eine untergeordnete Rolle und leitet zu den Großseggenrieden über, die wir als nächstes besprechen wollen.

Tab. 9–8 Übersicht der Röhrichte und Großseggenriede und deren Charakterarten.
In Anlehnung an Tüxen, Preising, Oberdorfer und besonders an Pott (1992).

	Klasse und Ordnung PHRAGMITETEA und PHRAGMITETALIA (+)	
	Alisma plantago-aquatica	*Iris pseudacorus*
	Carex pseudocyperus	*Lycopus europaeus*
	Comarum palustre	*Phragmites australis*
	Eleocharis palustris	*Rumex hydrolapathum*
	Equisetum fluviatile	*Scutellaria galericulata*
	Galium palustre	*Sium latifolium*
A	*Glyceria maxima*	

	Stillwasserröhrichte		**Röhrichte mehr oder minder bewegten Wassers**		**Großseggenriede**
	PHRAGMITION (+)		NASTURTIO-GLYCERIETALIA		MAGNOCARICION ELATAE (+)
				A	*Calamagrostis canescens*
A	*Acorus calamus*			A	*Calla palustris*
A	*Butomus umbellatus*		**Bachröhrichte**	A	*Carex acutiformis*
	Eupatorium cannabinum		GLYCERIO-SPARGANION	A	*C. appropinquata*
A	*Hippuris vulgaris*	A	*Catabrosa aquatica*	A	*C. aquatilis*
	Lysimachia vulgaris	A	*Glyceria fluitans*	A	*C. buekii*
	Lythrum salicaria	A	*G. plicata*	A	*C. cespitosa*
	Mentha aquatica	A	*Leersia oryzoides*	A	*C. disticha*
	Myosotis palustris	A	*Nasturtium microphyllum*	A	*C. elata*
A	*Oenanthe aquatica*	A	*N. officinale*	A	*C. gracilis*
	Ranunculus lingua		*Sium erectum*	A	*C. oenensis*
	Sagittaria sagittifolia		*Veronica beccabunga*	A	*C. paniulata*
	Schoenoplectus lacustris		*V. catenata*	A	*C. riparia*
	Sparganium emersum			A	*C. rostrata*
A	*Sp. erectum* subsp. *microcarpum*		**Flussuferröhrichte**	A	*C. vesicaria*
			PHALARIDION	A	*C. vulpina*
A	*Sp. e.* ssp. *neglectum*	A	*Phalaris arundinacea*	A	*Cicuta virosa*
	Typha angustifolia	A	*Rorippa sylvestris*		*Lysimachia thyrsiflora*
	T. latifolia				*L. vulgaris*
				A	*Menyanthes trifoliata*
	Brackwasser-Röhrichte			A	*Peucedanum palustre*
	BOLBOSCHOENION				*Scutellaria galericulata*
	Bolboschoenus maritimus				
A	*B. m.* var. *maritimus*				
	Eleocharis uniglumis (?)		Zwischen Röhrichten und Großseggenrieden stehend:		
	Schoenoplectus americanus				
A	*Sch. tabernaemontani*				
	Sch. triqueter			A	*Cladium mariscus*

A = zugleich Charakterart einer Assoziation, die nach dieser meist vorherrschenden Art benannt wurde.

9.3.2.5 Großseggenriede

Wenn der Seegrund soweit aufgehöht ist, dass er immer öfter trocken fällt, werden die Schilfhalme niedriger und lichter und machen hohen Seggenarten und ihren Begleitern Platz (s. Abb. 9–8 d u. 9–11). Diese Seggenriede haben aber noch so viele Arten mit dem Röhricht gemeinsam, dass man sie zu derselben Ordnung und Klasse (PHRAGMITETALIA, PHRAGMITO-MAGNOCARICETEA) stellt. Sie bilden aber einen eigenen Verband (MAGNOCARICION) innerhalb derselben (s. Tab. 9–8), der sich neben den *Carex*-Arten vor allem durch eine an Überflutungen angepasste Unterart von *Galium palustre* und durch *Poa palustris* auszeichnet.

Je nach Höhe und Dauer der Überstauung und dem Nährstoffgehalt des Wassers haben

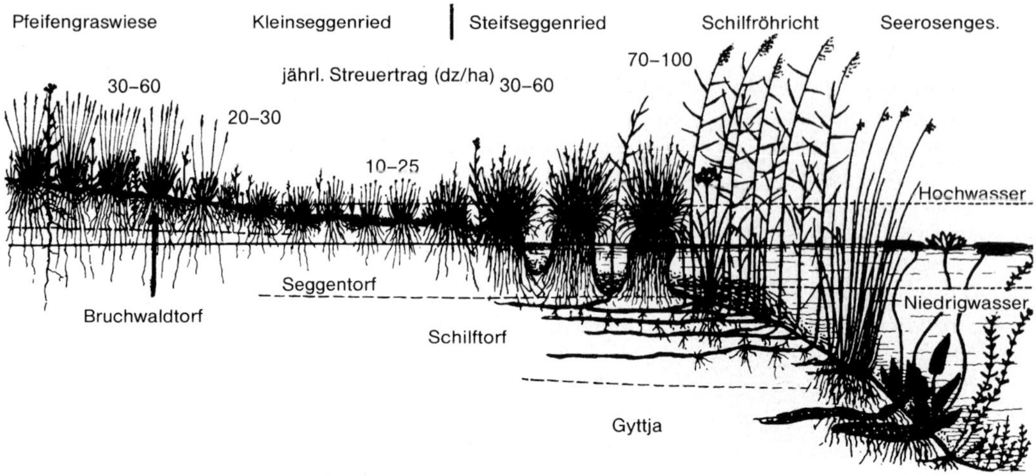

Abb. 9–11 Häufige Zonierung der Pflanzengesellschaften an einem nährstoffreichen süddeutschen See nach Vernichtung des Waldes. Nach Ellenberg (1952).
Seerosen-Gesellschaft, Schilfröhricht und Steifseggenried sind noch naturnah, während Kleinseggenried und Pfeifengraswiese durch regelmäßige Mahd an Stelle von Erlenbruch und Erlen-Eschenwald oder feuchtem Eichen-Hainbuchenwald erhalten werden. Die Ziffern bedeuten das Gewicht im Herbst gemähter Streu in Zehnteltonnen pro Hektar. Die Ertragsdepression im Bereich der nicht gedüngten Streuewiesen, insbesondere des Kleinseggenrieds, war vor allem eine Folge der durch Luftmangel in dem dauernd durchnässten Boden begünstigten Denitrifikation. Heute liegen die Wiesen meist brach und beginnen sich z. T. wieder zu bewalden (s. Abb. 4–3).

die Großseggenriede ein verschiedenes Artengefüge. In der Regel kommt jeweils eine bestimmte Seggenart zur Dominanz, die auch als Charakterart gelten kann. Nach den vergleichenden Untersuchungen von Busch (2000) ist die unterschiedliche Aerenchym-Ausbildung der Großseggen wahrscheinlich ein entscheidender Faktor, der über die bevorzugte Wassertiefe entscheidet. Photosynthesevermögen und pflanzlicher Wasserhaushalt der Großseggen stehen dagegen in keinem klaren Bezug zum Standort.

Die größten Wasserspiegel-Schwankungen erträgt das Steifseggenried (Caricetum elatae), das an den Seen des Alpenvorlandes und Südosteuropas noch heute breite Ufersäume einnimmt und früher als Streuelieferant geschätzt wurde. In Ungarn gedeiht es auch an Standorten, wo das Wasser wenig schwankt und lange Zeit an oder etwas über dem Blattgrund der Seggen steht (Kovacs 1968). Im Herbst kann man trockenen Fußes zwischen den bis zu 1,2 m hohen säulenförmigen Horsten (s. Abb. 9–11) hindurchgehen und sehen, dass sie großenteils aus den Wurzeln und Blattscheiden der Steifsegge bestehen (s. Abb. 9–12). Landwärts schließen sich die Bulte immer dichter zusammen, bis nur noch kleine kolkartige Lücken bleiben. Ohne alljährliche Mahd zur Streugewinnung wäre dieses fortgeschrittene Verlandungsstadium längst von Schwarzerlen und Grauweiden besetzt und würde sich ziemlich rasch zum Erlenbruch weiterentwickeln (s. Ellenberg & Klötzli 1967). In den Waldsümpfen des Mittelmaingebiets, die von Ullmann et al. (1983) beschrieben wurden, beginnt die Verlandung ebenfalls mit dem Caricetum elatae und führt zum Carici elongatae-Alnetum.

Im nordöstlichen Mitteleuropa ist das Caricetum elatae selten und wird meist durch das Schlankseggenried (Caricetum gracilis) ersetzt. Die namengebende Segge (heutiger Name: *C. acuta*) bildet keine Bulte, sondern gleichmäßige Rasen, die mit ihren vom Wind ausgerichteten, gebogenen Blättern von Weitem an ein Fell erinnern (s. Abb. 9–13). Nur vom Vieh zertretene Schlankseggenriede werden bultig. In der Regel sind sie im Frühjahr überschwemmt und im Sommer weniger nass als Steifseggenriede, doch kann sich das Verhältnis auch umkehren (vgl. Balatova-Tulackova 1957 und Kovacs 1968).

Abb. 9–12 Im Frühwinter stehen die säulenförmigen Horste der Steifsegge wie dicke Palmen auf dem trockengefallenen Teichboden bei Blitzenreute (Oberschwaben). Das Schilf gedeiht nur kümmerlich zwischen ihnen.

Abb. 9–13 Großflächiges Schlankseggenried (Caricetum gracilis), das fast nur aus der namengebenden Segge und einigen Schilfhalmen besteht, im Billetal östl. von Hamburg.

Im Schwankungsbereich oligotroph-kalkarmer bis mäßig dystropher Seen gedeihen nur lockere und niedrige Seggenrasen, in denen vor allem die blaugrüne Schnabelsegge (*Carex rostrata*) vorherrscht. Das Schnabelseggenried (Caricetum rostratae) findet man sogar in Kolken und Randsümpfen von Hochmooren, wo ein Schilfröhricht aus Nährstoffmangel ganz fehlt (s. Abb. 10–5). Außer den drei genannten Großseggen-Gesellschaften sind aus Mitteleuropa zahlreiche weitere beschrieben worden, die ebenfalls von mindestens 30–50 cm, wenn nicht gar über 1 m hohen *Carex*-Arten beherrscht werden. Oft handelt es sich im Wesentlichen um eine einzige Art, die nur wenige andere Grasartige und Kräuter neben sich duldet. Großseggenriede sind also fast durchweg artenarm. Seit sie nicht mehr zur Streugewinnung im Herbst gemäht werden (vgl. Kap. 19.3.3.2.1), greifen oft benachbarte Schilfherden mit ihren Rhizomen in sie über. Zudem haben sich stellenweise Schwarzerlen oder Weidenbüsche des Verbandes SALICION CINEREAE (s. Kap. 8.3.2.1 c) angesiedelt, ein Zeichen, dass die Großseggenriede in ihrem Wasserhaushalt den Bruchwäldern nahestehen. Lediglich das seeseitig offene Steifseggenried und das Schnabelseggenried sind mit Sicherheit von Natur aus völlig gehölzfrei.

Da der Verband der Großseggenriede je nach Auffassung der Autoren etwa 10 bis 25 Assoziationen umfasst (nach Rennwald 2000 sind es z.B. 13), wurde wiederholt versucht, ihn in Unterverbände zu gliedern. Allgemein überzeugend ist das jedoch bisher nicht gelungen, weil die Gesellschaften im Hinblick auf mehrere Standortfaktoren unterschiedlich reagieren. Statt eines weiteren synsystematischen Versuchs sei anschließend eine ökologische Gruppierung der wichtigsten Großseggenarten Mitteleuropas erörtert (s. Tab. 9–9). Jede in der Tabelle genannte Spezies gilt als Charakterart einer eigenen Assoziation, oft sogar als die einzige und zugleich namengebende. Sie lassen sich nach ihren Standortbeziehungen vier Gruppen zuteilen, von denen einige untergliedert werden können:

Als zentral für die Großseggen-Gesellschaften darf die **Carex elata-Gruppe (2)** gelten. Zwar steht die Steifsegge (2 a), wie wir bereits gesehen haben, insofern isoliert, als sie offensichtlich am besten an Wasserstands-Schwankungen angepasst ist. Im Übrigen gleichen ihr die unter 2 b genannten Arten aber in ihrer betont ozeanischen Verbreitung sowie in ihrer Mittelstellung hinsichtlich der Versorgung mit Stickstoff und Basen. Das gilt auch für *Carex acutiformis* (2 c), die freilich eine Sonderrolle

Tab. 9–9 Ökologische Kennzeichnung der wichtigsten Großseggenarten Mitteleuropas anhand ihrer Zeigerwerte (L, T, K, F, R, N). Nach Ellenberg et al. (1992).

Ökol. Gruppe	Artname	L	T	K	F	R	N
1	*Carex rostrata*	9	x	x	10	3	3
	C. lasiocarpa	9	4	x	9=	4	3
2a	*C. elata*	8	x	2	10~	x	5
2b	*C. paniculata*	7	x	3	9	6	5
	C. riparia	7	6	3	9=	7	4
	C. pseudocyparus	7	6	3	9=	6	5
	C. randalpina	6	6	4	9	7	6
2c	*C. acutiformis*	7	x	3	9~	7	5
3	*C. acuta*	7	5	7	9~	6	4
	C. cespitosa	6	6	7	9=	7	4
	C. vesicaria	7	4	x	9=	6	5
	C. diandra	8	6	7	9=	6	3
4a	*C. appropinquata*	8	5	5	9=	9	4
	C. aquatilis	9	6	5	9=	7	4
	C. disticha	8	6	x	9=	8	5
4b	*C. vulpina*	9	6	5	8?	x	5
	C. buekii	8	6	6	8?	8	5

„x" indifferent, „=" oft überschwemmt, „~" wechselfeucht

spielt, da sie in mehreren Großseggen-Gesellschaften (sogar im Steifseggenried!) faziesbildend auftreten kann und am stärksten in Bruchwälder eindringt. In jüngerer Zeit kam sie sogar auf verschiedenen nicht mehr genutzten Nass- und Feuchtwiesen zur Dominanz, weil sie sich offenbar leichter auszubreiten und besser an neue Standorte anzupassen vermag als andere Großseggen. Alle Arten der Untergruppe 2 b können ebenfalls bis zu einem gewissen Grad im Halbschatten von Erlen, Eschen und anderen Auenwaldbäumen gedeihen. Sie erhielten dementsprechend niedrige Lichtzahlen.

Die **Carex acuta-Gruppe (3)** verhält sich in mancher Hinsicht ähnlich wie die Untergruppe 2 b, ist jedoch vorwiegend in kontinentalerem Klima verbreitet. Außerdem nimmt sie mit eher nährstoffarmem Boden vorlieb.

Auf mehr oder minder kalkreiche Böden weist die **Carex appropinquata-Gruppe (4)** hin, die im Wasserregime großenteils (4 a) der Gruppe 3 gleicht. *Carex vulpina* und *C. buekii* (4 b) scheinen zeitweiligen Wassermangel besser zu ertragen als die übrigen Großseggen. Letztere begleitet die Bach- und Flussläufe im östlichen Mitteleuropa. Ein Gegenstück zur Gruppe 4 stellt die **Carex rostrata-Gruppe (1)**, dar, die von allen Großseggen saure und nährstoffarme Böden am besten zu nutzen vermag. Wie *Carex elata* ist die namengebende Art außerdem eher eine Wasser- als eine Nassbodenpflanze, wie bereits erwähnt wurde. *Carex lasiocarpa* verhält sich dagegen wie eine Art der Kleinseggenriede, auf die wir in den Kapiteln 10.3.4 und 10.3.5 zu sprechen kommen werden. Viele Autoren sehen sie als Vertreterin eines nach ihr benannten Verbandes (CARICION LASIOCARPAE, s. Kap. 26: Nr. 1.7.1.2) in der Ordnung SCHEUCHZERIETALIA an. Auch *Carex diandra* (in Gruppe 3) hat ihr Schwergewicht eher in Kleinseggenrieden, jedoch in Kalk bevorzugenden (CARICION DAVALLIANAE, s. Kap. 10.3.5).

Nach Marti (1994) unterscheiden sich die Großseggenarten deutlich in den Nährstoffgehalten der Grünmasse, weniger dagegen in denen ihres Bodens. *Carex elata* ist reich an im Zellsaft gelöstem NH_4^+, während die übrigen Arten mehr oder minder große Anteile von NO_3^- aufweisen. *Carex riparia* enthält relativ viel Phosphor. Wie solche Unterschiede zustande kommen und was sie ökologisch bedeuten, ist noch nicht geklärt worden. Busch (2000) hat zahlreiche mitteleuropäische Seggenarten feuchter und trockener Standorte hinsichtlich Photosynthesevermögen, Wasserhaushalt und anatomischen Eigenschaften verglichen.

Eine Sonderstellung nimmt das Schwertriet-röhricht (Cladietum marisci) ein, das nur auf kalkreichem Seegrund wächst und geringe Nährstoffansprüche stellt, aber keine großen Wasserstands-Schwankungen verträgt. Nach der Literatur-Diskussion von Görs (1975) darf man die typische Subassoziation zum PHRAGMITION stellen, während die übrigen Untergesellschaften stark zum MAGNOCARICION neigen. In der frühen Nacheiszeit, als die Seen Mitteleuropas noch großenteils kalk-oligotroph waren, erreichte das Cladietum seine größte Ausbreitung (Hafstein 1965). Namentlich die *Sphagnum palustre*-Variante darf man mit Görs (1975) als „lebende Fossilgesellschaft" ansehen.

Das Schwertriet ist gegen hohe Wasserstände empfindlich und stirbt nach Convay (1937) wegen Sauerstoffmangels, wenn man es unter Wasser abschneidet. Es ist also noch empfindlicher als das Schilf und als Konkurrent so schwach, dass es an vielen Stellen seines weltweiten Areals immer mehr verschwindet. Balatova-Tulackova (1991) spricht dem Cladietum marisci in ihrer Monografie jedoch eine hohe Adaptationsfähigkeit an sich ändernde Umweltbedingungen zu. Insbesondere gegen Feuer und übermäßige Beweidung ist das Schwertriet sehr widerstandsfähig, zumal es sich aus seinen weit reichenden unterirdischen Ausläufern immer wieder erneuern kann. Auf kalkreichen Sedimenten im Rhonetal hat es sogar *Phragmites* weitgehend verdrängt, seit das Röhricht nicht mehr gemäht wird, und bildet z. T. undurchdringliche Dickichte (Pantou & Griel 1983).

9.3.3 Fließgewässer

9.3.3.1 Röhrichte im Tidebereich der Nordseezuflüsse

Außergewöhnliche Existenzbedingungen herrschen an den der Nordsee zufließenden Strömen Mitteleuropas, so weit sie noch von Ebbe und Flut beeinflusst werden. Im Bereich solcher Ästuare bilden Röhrichte die äußersten Vorposten der höheren Pflanzenwelt. Dem größten Süßwasser-Tidegebiet Europas, dem Biesbosch in Niederländisch-Brabant, hat Zonneveld (1960) eine gründliche Monografie gewidmet. In Deutschland befassten sich Kötter (1961) und Meyer (1957) mit den Pflanzengesellschaften an der Unterelbe.

In den Flussästuaren staut die Flutwelle der Nordsee das Wasser täglich zweimal so sehr an, dass der Strom „kentert", d. h. aufwärts gerichtet wird. Salziges Seewasser kann aber nur

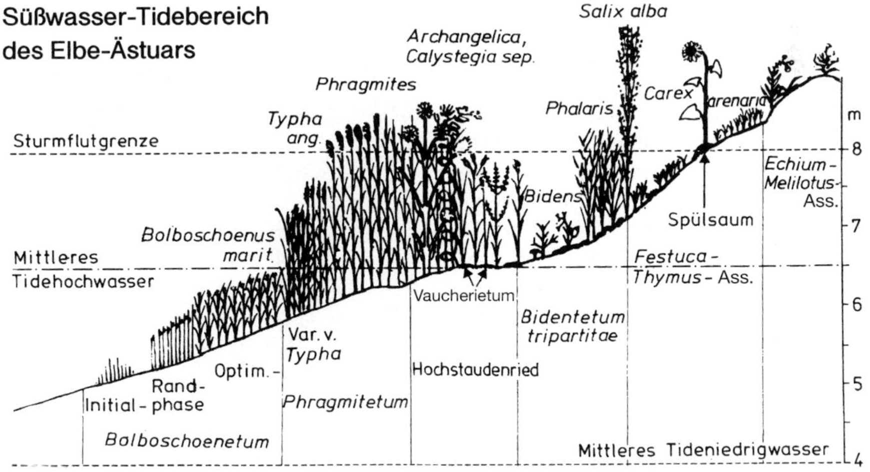

Abb. 9–14 Zonierung der Sandufervegetation im Süßwasser-Tidebereich an der Elbe unterhalb von Hamburg, halbschematisch und z. T. nicht maßstabsgerecht. Nach Kötter (1961) verändert.
Bei Tidehochwasser lagert sich so viel organisches Material ab, dass nitrophile Algen (*Vaucheria*), annuelle Ruderalpflanzen (z. B. *Bidens*-Arten) und feuchtigkeitsliebende Hochstaudenriede gedeihen. Oberhalb MThw herrscht jedoch, von vereinzelten Spülsäumen abgesehen, mehr oder minder großer Nährstoffmangel, sodass dort Sand-Magerrasen (Schafschwingel-Thymian-Rasen, Sandseggen-Rasen) herrschen.

den unteren Teil des Mündungsbereiches verbracken, weil der Ebbstrom es nach 6 Stunden wieder mit hinausnimmt und darin noch vom Fluss unterstützt wird. Schon von Glückstadt an aufwärts bleibt beispielsweise in der Elbe das Wasser stets „süß". Doch unterliegt der Spiegel des Flusses täglichen Schwankungen, die noch bei Hamburg durchschnittlich etwa 3 m betragen (s. Abb. 9–14). Durch Nordweststürme und Springtiden bzw. durch ablandige Winde und Nipptiden erhöht sich hier die Amplitude der Wasserstände auf rund 8 m.

Unter diesen Bedingungen ist *Phragmites* durchaus lebensfähig. Ja, es bildet nirgends üppigere Bestände als in den Ästuaren, weil deren Boden überaus **schlick- und nährstoffreich** ist und zu den Standorten mit höchstem Stickstoffangebot von ganz Mitteleuropa gehört (Meyer 1957). Das Schilf kann ihn in der Regel erst besiedeln, wenn er weniger als 0,5 m unter Mitteltidehochwasser liegt, d. h. mehrere Stunden täglich trockenfällt. Dann können sich sogar Regenwürmer und andere aerobe Tiere im Schlickboden halten, weil das Flutwasser keine Zeit findet, alle Luft aus seinen Poren zu verdrängen.

Bevor und während das Schilf im Frühjahr emporsprießt, nutzen auch niedrigere Pflanzen den fruchtbaren Wurzelgrund. Die Sumpfdotterblume entfaltet sich zu anderswo nie gesehener Pracht und Höhe (1 m!, s. Abb. 9–15), und das ebenfalls gelb blühende Scharbockskraut (*Ranunculus ficaria*) deckt den Boden wie in einem Auenwald. Ähnlich einem Waldbaum zwingt das Schilf diese Frühblüher aber schließlich, aus Lichtmangel zu verhungern oder dahinzuvegetieren. Das **Dotterblumen-Schilfröhricht** unterscheidet sich mithin in vieler Hinsicht vom Schilfröhricht der Seen und Teiche. Bemerkenswert erscheint, dass sich in den Röhrichten und landwärts angrenzenden Gesellschaften des Elbe-Ästuars zwei endemische Arten hatten herausbilden können: *Deschampsia wibeliana* und *Oenanthe conioides* (von Weihe & Reese 1968, Below et al. 1996).

Tiefer als die Schilfbestände wagt sich in den Flussästuaren nur das Strandsimsenröhricht (Schoenoplecti triquetri-Bolboschoenetum maritimi, Abb. 9–16) vor. Es wird oft fälschlich als „Brackwasserröhricht" bezeichnet, lebt aber, wie Kötter (1961) nachwies, auch in unversalztem Wasser. Nur die Tidebewegung des Wasserspiegels gehört in den Ästuaren zu seinen erhaltenden Standortbedingungen. Ohne

Abb. 9–15 Üppige Sumpfdotterblumen (*Caltha palustris*) im Süßwasser-Tideröhricht auf der Elbinsel Schweinesand bei Hamburg-Blankenese. Vorn *Phalaris arundinacea*, hinten *Typha angustifolia*.

Abb. 9–16 Strandsimsenröhricht (Bolboschoenetum maritimi) im Süßwasser-Tidebereich der aus Baggergut aufgeschütteten Elbinsel Neßsand bei Hamburg-Blankenese. In der Mitte vorn *Schoenoplectus tabernaemontani;* hinten *Phalaris*-Gruppen und *Phragmites*-Herden am höheren Ufer.

diese wäre es weder gegen *Phragmites* noch gegen die Schwimmblatt-Pflanzen konkurrenzfähig, die sich seinen Wuchsort bei weniger schwankendem Wasserstand teilen würden. *Bolboschoenus maritimus* ist übrigens ebenso weltweit verbreitet wie *Phragmites* und kommt ebenfalls nicht nur in Röhrichten vor. Nach Hilbig (1994) findet man es auch in salzfreien Seen, Flüssen, Altwässern und Gräben, ja sogar auf feuchten Äckern.

Eine besondere Form von *Bolboschoenus maritimus* ist salztolerant und besiedelt auch Brackwasser, egal, ob dessen Spiegel stark und oft schwankt oder nicht. Gegenüber dem Salzgehalt ist sie resistenter als das Schilfröhricht (Borhidi 1970 u.a.), obwohl auch *Phragmites* mäßig verbracktes Wasser bis etwa 15 ‰ Salzgehalt besiedelt (Rodewald-Rudescu 1974). Hier handelt es sich ebenfalls um einen salztoleranten Ökotyp, der sich nach den jahrelangen Kulturversuchen von Dykyjova (1971) auch auf gleichem Boden von dem aufrechten Normaltyp des Schilfs durch seinen kriechenden Wuchs unterscheidet. *Schoenoplectus lacustris* und *Typha latifolia* sind wesentlich empfindlicher (bis etwa 2,5 ‰, Luther 1951).

Neben der Strandbinse können auch noch andere mittelhohe Cyperaceen Herden bilden, vor allem die Meergrüne Binse (*Schoenoplectus tabernaemontani*). Etwa 1,2 m unter Mitteltidehochwasser macht selbst das Bolboschoenetum maritimi halt. Seerosen oder andere Schwimmblatt-Pflanzen sind den mechanischen Beanspruchungen des täglichen Strömungswechsels und des großen Tidehubs ebensowenig gewachsen wie submerse Laichkräuter, Characeen und dergleichen. Landeinwärts schließt sich an den Schilfgürtel im Süßwasser-Tidebereich statt eines Großseggenriedes gewöhnlich ein Rohrglanzgrasröhricht oder eine Spülsaumflur und endlich ein Weidenauenwald an. Auf diese Gesellschaften sind wir teils bereits bei der Besprechung der Flussauen (s. Kap. 8.3.1.3.1) eingegangen.

Die Brackwasserröhrichte an der tidefreien Ostseeküste und den angrenzenden Boddengewässern werden in Kapitel 11.3.2.2 behandelt.

9.3.3.2 Wasser- und Ufer-Gesellschaften der eigentlichen Fließgewässer

An und für sich ist die Strömung ein „extremes, lebensfeindliches Milieu", um mit Thienemann (1925) zu sprechen. Nur wenige Pflanzen und Tiere sind ihr gewachsen. In den „lenitischen Biotopen" der Bäche und Flüsse, d. h. in den wenig durchströmten Buchten und Gleithangzonen, siedeln viel mehr Arten als in den „lotischen", den Orten starker Bewegung. Die wenigen, die sich hier zu halten vermögen, entgehen aber der Konkurrenz der anderen (Haslam 1978) und können nicht selten artenarme Dominanzbestände aufbauen. Artenreiche Fließgewässer-Gesellschaften können demgegenüber geradezu als Anzeiger von menschlichen Störungen gelten (Philippi 1973). Stille Partien ähneln in ihrer Vegetation den eutrophen Seen, rasch durchströmte sind fast unbesiedelt oder vor allem von Wassermoosen besetzt (Roll 1938; s. Abb. 9–17 u. 9–18).

An oder in Fließgewässern kommen dieselben Lebensformtypen unter den Wasserpflanzen vor wie in den Stillgewässern (Soltau 1993; vgl. Kap. 9.4.5). Doch sind sie hier großenteils durch besondere Arten oder durch strömungsfeste Formen, Varietäten oder Subspezies vertreten. Nicht wenige Pflanzen, die im Stillwasser runde oder doch verhältnismäßig breite Blätter zeigen, vermögen in strömendem Medium lang dahinflutende, grasähnliche „Riemenblätter" auszubilden, z. B. das Pfeilkraut (*Sagittaria sagittifolia* fo. *vallisneriifolia*, s. a. Abb. 9–17).

Für rasch bewegtes Wasser in Schleswig-Holstein sind beispielsweise folgende Algen, Moose und Phanerogamen bzw. deren Fließgewässer-Formen kennzeichnend:

Abb. 9–17 Wasserhahnenfuß-Gesellschaft im Abflussbach eines Teiches nördlich von Bratislava mit *Ranunculus aquatilis* und *Glyceria fluitans*. Foto: Schulz.

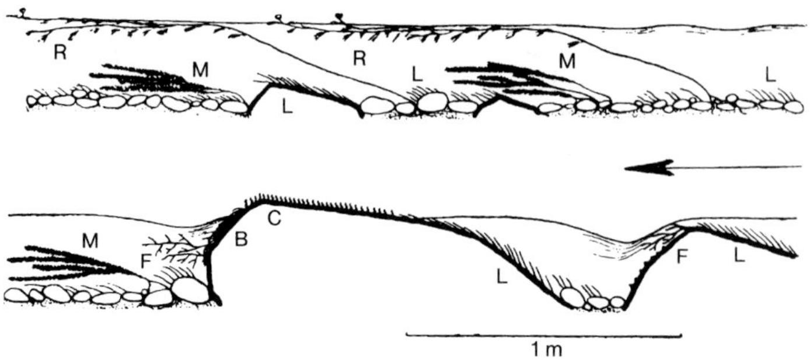

Abb. 9–18 Strömungsbedingte Verteilung der Pflanzen in einem Gebirgsfluss mit steinigem Bett (Ourthe in den Ardennen). Nach Vanden Berghen (1953).
R = *Ranunculus aquatilis*, M = *Myriophyllum* (geringere Strömung!), L = *Lemanea* (Rotalge), F = *Fontinalis*, B = *Brachythecium rivulare*, C = *Cinclidotus fontinaloides*
(F, B u. C Moose).

Höhere Pflanzen:
Butomus umbellatus fo. *submersus*
Glyceria fluitans fo. *submersa*
Potamogeton nodosus
Ranunculus trichophyllos
Sium erectum fo. *submersum*

Algen (A) und **Moose** (M):
A *Cladophora glomerata*
A *Hildenbrandia rivularis*
A *Hydrurus* sp.
M *Hygroamblystegium irriguum*
M *Rhynchostegium rusciforme*

Nur bei geringerer Strömung (zwischen 13 und 17 cm s^{-1}) gedeihende:
Elodea canadensis
Glyceria maxima fo. *submersa*
Lysimachia nummularia fo. *submersa*
Phalaris arundinacea fo. *submersa*
Sparganium erectum fo. *submersum*
Potamogeton crispus, *P. lucens*, *P. nitens*, *P. perfoliatus*.

Einen Überblick über die Pflanzengesellschaften der fließenden Gewässer im Vergleich zu denen der stehenden gaben z. B. Kopecky (1966) für das südöstliche Mitteleuropa und Weber-Oldecop (1969) für das östliche Niedersachsen. 1977 entwickelte Weber-Oldecop eine Fließgewässer-Typologie für ganz Niedersachsen auf floristisch-soziologischer Grundlage. Unter Berücksichtigung ökologischer Kriterien wurde diese von Wiegleb (1979, 1981 a, b) teilweise abgewandelt und von Pott (1990) vertieft. Auf die Pflanzengesellschaften der Fließgewässer Niedersachsens gehen auch Preising et al. (1990) sowie am Beispiel der Ems Runge (1981) ein. Regionale Übersichten über die Fließgewässer-Assoziationen gaben weiterhin Moor (1958) für die Schweiz, Roll (1938) für Ostholstein und Niemann (1965) für Thüringen.

Remy (1993 a) charakterisierte die Fließgewässer Nordwestdeutschlands anhand der Gewässerchemie (s. Abb. 9–19). Pott & Remy (2000) listen kennzeichnende Pflanzengesellschaften für wichtige, nach der Höhenlage (Hochgebirge, Mittelgebirge, Tiefland) und dem Ausgangsgestein unterschiedene Fließgewässertypen Mitteleuropas auf.

Die meisten Autoren unterscheiden entlang des Flusslaufes **rhitrale** und **potamale Vegetationstypen**. In den stark turbulenten Oberläufen, die häufig durch Bäume beschattet werden, herrschen Wassermoose vor. Diese sind überwiegend strömungs- und schattentoleranter als die Phanerogamen und sind zudem auf CO_2 als Kohlenstoffquelle angewiesen, das infolge der Turbulenz hier ausreichend vorhanden ist. Wenn die Turbulenz geringer wird, dominieren Arten der Gattungen *Callitriche* und *Ranunculus* im Wasserkörper; sie kennzeichnen die rhitralen Vegetationstypen. Erst im Unterlauf mit seinen strömungsberuhigten Uferabschnitten und dem nährstoff- und bikarbonatreichen Wasser entwickeln sich Schwimmblatt-Gesellschaften und lokal auch Wasserlinsendecken (Wiegleb 1981 a), die kennzeichnend für die potamale Fließgewässer-Vegetation sind.

An den Ufern bilden sich **Fließgewässerröhrichte** aus, die sich sowohl in ihrer Ökologie als auch Artenzusammensetzung von den Stillgewässerröhrichten (s. Kap. 9.3.2.4) unterscheiden. Überflutung und damit Anoxie im Wurzelraum treten an den Ufern größerer Bäche und Flüsse seltener auf als an Seen, die Flusssedimente sind grobkörniger und humsärmer und vor allem sind die Flussufer der Strömung ausgesetzt (Kopecky 1966; s. Tab. 9–10). Unter diesen Bedingungen treten *Phragmites* und die Großseggen zurück und das Rohrglanzgras (*Phalaris arundinacea*) kommt zur Dominanz (Phalaridetum arun-

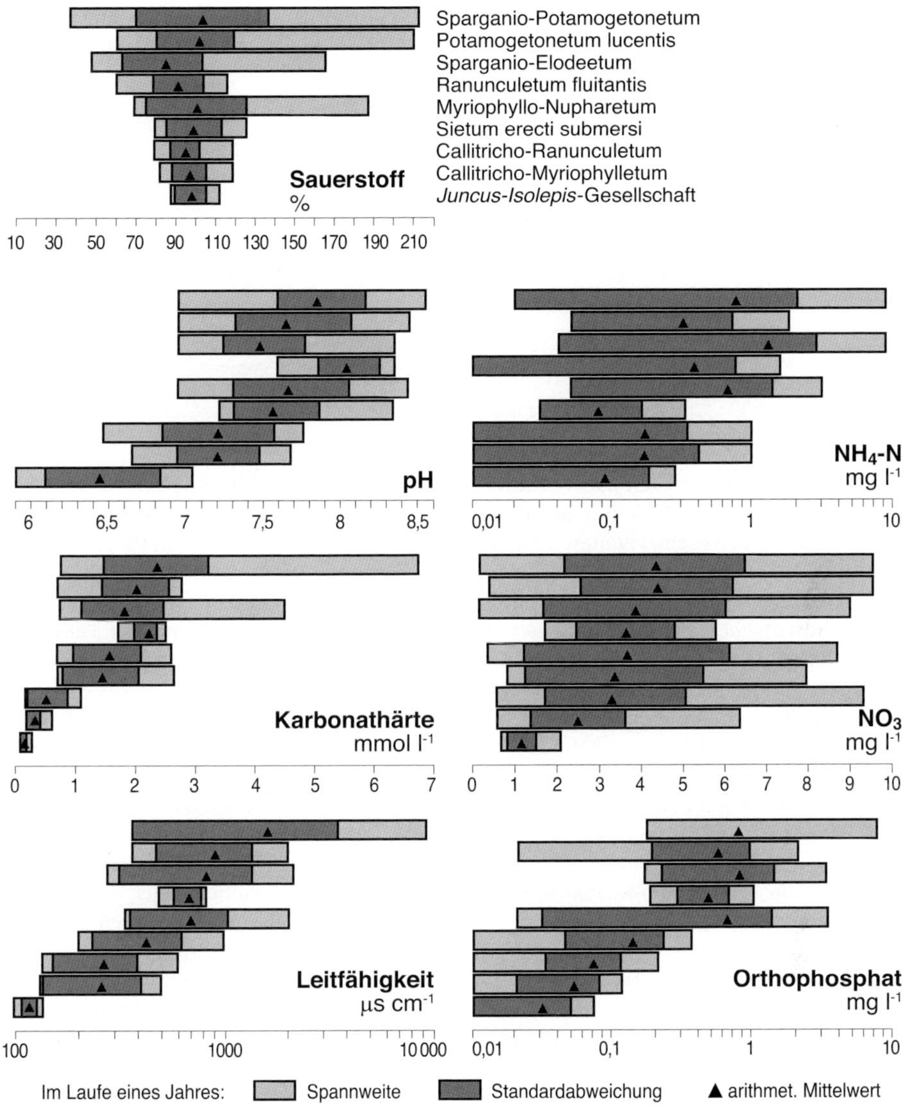

Abb. 9–19 Standortfaktoren von Fließwasser-Gesellschaften Nordwestdeutschlands; nach Untersuchungen von Remy (1993), etwas verändert.

Charakteristisch für Fließwasser-Ökosysteme ist ihr hoher **Sauerstoffgehalt** als Folge der mehr oder minder raschen Bewegung, die auch als solche für Tiere und Pflanzen eine prägende Umweltbedingung darstellt. In Nordwestdeutschland beträgt die Sauerstoffsättigung im Mittel 94–98 % und nur selten weniger als 60 %. Oft besteht sogar die Tendenz zur O_2-Übersättigung.

Hinsichtlich der (hier nicht dargestellten) **Temperaturen** haben alle berücksichtigten Gesellschaften äußerst weite Amplituden. Das nur in schwach strömenden (oder stehenden) Gewässern existenzfähige **Myriophyllo-Nupharetum** genießt zeitweilig mehr Wärme als die übrigen (im Jahresmittel 12,5 °C). Die für rasch fließende Oberläufe typischen Gesellschaften (vor allem die *Juncus bulbosus-Isolepis fluitans*-Ges., das Callitricho hammulati-Myriophylletum alterniflori, das Callitricho-Ranunculetum penicillati und das submerse Sietum erecti) begnügen sich mit etwas geringeren Mitteltemperaturen (10,5–11 °C).

Am deutlichsten unterscheiden sich die Fließwasser-Makrophyten-Ökosysteme in der **Leitfähigkeit** des Wassers, die eng mit der **Karbonathärte** (und der ähnlich abgestuften Gesamthärte) zusammenhängt. Die Weichwasser-Bewohner sind am wenigsten mit Nährstoffen versorgt, insbesondere mit **Phosphat** und **Nitrat**. Die durch luftgetragene Immissionen und Abwässer mitbedingten Nitrat- und **Ammonium**-Gehalte streuen am stärksten. Auch die **pH-Werte** unterliegen wechselnden Einflüssen.

Tab. 9–10 Standörtliche Unterschiede zwischen Stillwasserröhrichten (Glyceria maxima- und Phragmites australis-Röhrichte) und Fließwasserröhrichten (Phalaris arundinacea-Röhrichte). Nach Messungen von Kopecky (1966) in Nordost-Böhmen.

	Stillwasserröhrichte	Fließwasserröhrichte
Höhenlage	eben unter Mittelwasser-Linie bis zur Hochwasser-Linie	von der Niedrigwasser- bis zur Mittelwasser-Linie
Überflutungsregime	Überstauung lange, Trockenphase wenige Wochen	Überflutung wenige Wochen und abrupt, lange Trockenphase
Körngrößen im Oberboden	schluffig-tonig	sandig-kiesig
Luft- und Wasserregime	lange dauernde Anoxie, Wassermangel selten	Anoxie wenig bedeutsam, periodisch Wassermangel
Strömungseinfluss	fehlend	bedeutsam
Humusgehalt	hoch (22–48 %)	niedrig (5–15 %)

dinaceae). Zumindest aus ökologischer Sicht zu Recht hat Kopecky (1966, 1967) die Fließgewässerröhrichte mit einem eigenen Verband (Phalaridion arundinaceae) vom Phragmition und Magnocaricion abgetrennt, um der ökologischen und floristischen Eigenstellung gerecht zu werden. Nur an den Unterläufen sind die Unterschiede zwischen den beiden Röhrichttypen geringer, weil sich auch die Standorte mehr und mehr angleichen (vgl. Libbert 1931/1932 und Roll 1939). Auf den Uferbänken alpiner Flüsse wird das Rohrglanzgras an vielen Stellen durch dichte Bestände des Ufer-Reitgrases (Calamagrostietum pseudophragmitis) ersetzt (vgl. Mucina et al. 1993), das sich wie *Phalaris* vor allem über Ausläufer ausbreitet.

Am Beispiel des westfälischen Berglandes führte Schmidt (1993) eine Typisierung der **Moos-Gesellschaften der Fließgewässer** durch. Er fasst sie zu der Klasse Platyhypnidio-Fontinalitetea antipyreticae zusammen, in der er zwei Ordnungen unterscheidet:

1. Brachythecietalia plumulosi in vorwiegend mineralarmen Fließgewässern über Silikatgestein, mit dem einzigen Verband Racomitrion acicularis, der vier acidophytische Assoziationen umfasst und vom Flachland bis in die subalpine Stufe verbreitet ist;

2. Leptodictyetalia riparii in neutralen bis basischen Fließgewässern des Tieflandes und der submontanen Stufe; diese vereinigt drei Verbände, nämlich:

2.1. Platyhypnidion rusciformis mit einer Assoziation,

2.2. Cinclidotion fontinaloidis mit drei Assoziationen in basischen, während des Sommers oft austrocknenden Bächen,

2.3. Brachythecion rivularis mit nur einer Assoziation (Brachythecio rivularis-Hygrohypnetum luridi), die aber die häufigste und in Westfalen weitest verbreitet ist.

Auch an steinigen Bach- und Flussufern sowie an Blöcken, die zeitweilig aus dem Wasser herausragen, gruppieren sich Flechten und Moose zu eigenen Gesellschaften. Die Abbildung 9–20 gibt einen Eindruck von deren Höhenzonierung im oberen Litoral (vgl. auch Wahrenburg et al. 1991).

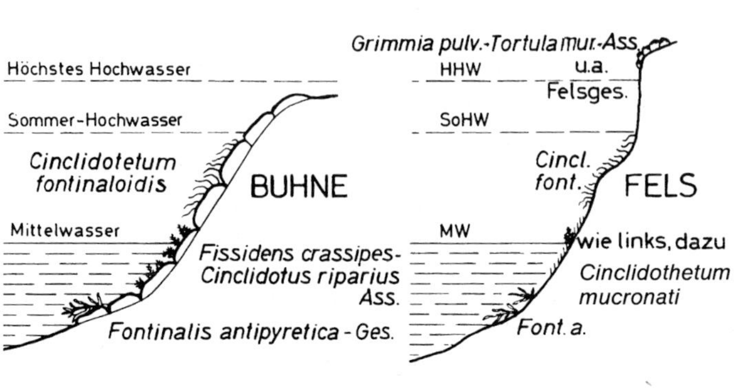

Abb. 9–20 Zonierung der Wassermoos-Gesellschaften am Moselufer mit natürlichem Fels (rechts) und an einem Steindamm (links), halbschematisch. Nach Hübschmann (1967), verändert. Zwischen Sommerhochwasser und höchstem Hochwasser sind die Lebensbedingungen für Moose sehr ungünstig. Bis zur Sommerwasserhöhe werden neue Substrate jedoch rasch besiedelt.

9.3.4 Quellfluren und Quellsümpfe

Die Quellen unserer Bäche und Flüsse zeichnen sich durch eine sehr vielgestaltige Gruppe von Pflanzengesellschaften aus, die man als Quellfluren zusammenfasst. Sie bieten die gleichmäßigsten Lebensbedingungen, die im mitteleuropäischen Klima überhaupt möglich sind, denn sommers und winters herrscht in ihnen annähernd dieselbe Temperatur, die dem Jahresdurchschnitt der Lufttemperatur in der betreffenden Gegend entspricht oder etwas darüber liegt. Auch die chemische Zusammensetzung des Wassers schwankt wenig, wenn man von den Karstquellen absieht, die überhaupt eine Sonderstellung einnehmen.

Da das Quellwasser in der warmen Jahreszeit ziemlich kühl und in der kalten verhältnismäßig warm bleibt und niemals gefriert, treffen sich in ihm kalt-stenotherme, alpin-arktische oder subalpin-boreale Organismen mit frostempfindlichen atlantischen oder gar submediterranen.

Nach der Art des Wasseraustritts unterscheidet man seit Thienemann (1922) folgende Typen von Quellen:

1. **Rheokrenen** oder Sturzquellen, deren Wasser aus waagerechten oder fallenden Schichten sofort zu Tal eilt. Ihre Vegetation ähnelt mehr oder minder derjenigen der Bäche.

2. **Limnokrenen**, d. h. Tümpelquellen oder Quellbecken, die sich von unten her mit Wasser füllen. Besonders die großen Karstwasseraustritte haben als Pflanzenstandorte Ähnlichkeit mit oligotrophen bis mesotrophen Stillwassern entsprechenden Kalkgehaltes.

3. **Helokrenen** oder Sickerquellen, deren Wasser durch das Erdreich sickert und einen Quellsumpf bildet. Diese vegetationskundlich interessanteste Form trägt gewöhnlich verschiedene Pflanzengesellschaften, die sich gürtel- oder streifenartig um die nassesten Stellen ordnen. An ihrem Rande leiten sie zur Sumpf- und Moorvegetation über (s. Kap. 10.3).

Mehr als bei den Stillwassern entscheidet beim Quellwasser der Kalkgehalt über das Artengefüge der in ihm lebenden Pflanzenbestände. Als extreme Gruppen stehen einander gegenüber:

a) **Weichwasserquellen**, die chemisch an sauer-oligotrophe Seen erinnern (siehe die linke Seite der Tabelle 9–11, vor allem „nicht beschattet").

b) **Hartwasserquellen**, in denen Bikarbonat assimilierende Pflanzen Tuffe bilden.

Bei den Sickerquellen, aber auch bei breit austretenden Sturzquellen, entsprechen diesen beiden chemischen Typen die Verbände der Silikat-Quellfluren (V. Cardamino-Montion) und der Kalk-Quellfluren (V. Cratoneurion commutati) (s. Tab. 9–11). Im Übrigen spielt der Lichtgenuss eine entscheidende Rolle. Beide genannten Quellflur-Verbände sind (mit wenigen Ausnahmen) nur an unbeschatteten Plätzen zu finden und steigen in den Alpen bis weit über die Waldgrenze empor. Die von Hinterlang (1992 a, b) aus den umgebenden Waldgesellschaften herausgelöste Ordnung der Milzkraut-Schaumkraut-Waldquellen (Cardamino-Chrysosplenietalia) erträgt und braucht die Beschattung durch Bäume, die lichtliebende Sumpfrasen fernhält; andere Autoren fassen die basiphytischen Waldsümpfe im Verband Caricion remotae, für den insbesondere *Chrysosplenium alternifolium*, *Carex remota* und *Cardamine flexuosa* kennzeichnend sind. Alle in Tabelle 9–11 genannten Gesellschaften lassen sich in der Klasse der überrieselten Quellfluren (Montio-Cardaminetea) zusammenfassen. Diese Tabelle enthält auch die Charakterarten der übergeordneten Einheiten.

Die Synsystematik der Quellflur-Vegetation wurde von Zechmeister & Mucina (1994) übergreifend für Europa bearbeitet. Regionale Vegetationsübersichten liegen z. B. von Beierkuhnlein & Gollan (1999), Doerpinghaus (2003), Hinterlang (1992 a, b), Huml et al. (1979), Maas (1959), Philippi (1975), Schläfli (1979), Sebald (1975), Zechmeister (1993) und Wey (1988) vor. Die Ökologie mitteleuropäischer Quellen, insbesondere den Gewässerchemismus und die Hydrologie, behandeln u. a. Schlüter (1970), Warnke (1980) und Beierkuhnlein & Gollan (1999 und weitere Artikel darin).

Während die Quellfluren im außeralpinen Mitteleuropa nur kleinräumig in Erscheinung treten, bilden sie in den Alpen oberhalb der Waldgrenze wesentliche Bestandteile der Pflanzendecke. Wir wollen sie deshalb erst im Zusammenhang mit der Hochgebirgsvegetation näher darstellen, zumal sie sich oft mit den alpinen Urwiesen und Schuttfluren vermischen (s. Kap. 13.3.10.3 u. 13.3.10.4).

Kleinseggenriede und andere mit den Quellfluren oft verbundene Gesellschaften verdanken ihre Erhaltung großenteils dem Men-

Tab. 9–11 Übersicht der überrieselten Quellfluren in den Tief- und Mittelgebirgslagen Mitteleuropas. Nach Angaben bei Hinterlang (1992), Pott (1995), Dierssen (1996), Rennwald (2000) u. a. In der alpinen Stufe werden von Zechmeister (1993) weitere Verbände unterschieden.

Klasse Montio-Cardaminetea	
Cardamine amara *Saxifraga stellaris* *Stellaria alsine*	M *Brachythecium rivulare* M *Rhizomnium pseudopunctatum*
± kalkarm	**± kalkreich**
nicht beschattet: **Ordn. Montio-Cardaminetalia** **Ordn. Cardamino-Cratoneuretalia** *Epilobium alsinifolium* M *Bryum schleicheri* M *B. pseudotriquetrum* *Saxifraga aizoides* M *Scapania undulata* M *S. uliginosa*	M *Philonotis fontana* M *Ph. seriata* M *Pohlia wahlenbergii* u. a.
V. Cardamino-Montion *Epilobium obscurum* *Montia fontana* subsp. *fontana*	**V. Cratoneurion commutati** *Arabis soyeri* M *Cratoneuron commutatum* M *Cratoneuron filicinum* M *Philonotis calcarea* M *Cinclidotus fontinaloides*
leicht beschattet: *Cardamine amara*-Ges.	
± beschattet: **Ordn. Cardamino-Chrysosplenietalia** **V. Caricion remotae**[1] *Circaea intermedia* *Lysimachia nemorum* *Cardamine flexuosa* *Carex remota* (schwach)	 *Chrysosplenium oppositifolium* *C. alternifolium* *Stellaria nemorum* *Plagiomnium undulatum (?)*

[1] bei Rennwald (2000) nicht mehr als eigener Verband geführt, da schwach gekennzeichnet

schen. Wenn er sie nicht gelegentlich oder alljährlich abmähte, würden sie von *Phragmites* überwachsen oder von Weidengebüsch und Bruchwaldbäumen gänzlich verdrängt. Zudem erinnern sie sehr an die Vegetation der Niedermoore, mit der sie floristisch nahe verwandt sind (Schläfli 1979). Deshalb werden wir erst in den Kapiteln über Moore (10.3) und Wiesen (19.3) auf sie eingehen.

9.4 Anpassung an den Standort

9.4.1 Photosynthese der Wasserpflanzen

Weil Kohlendioxid in Wasser rund 10 000-mal langsamer diffundiert als in Luft (die Diffusivität beträgt in Wasser $1{,}7 \cdot 10^{-9}$, in Luft $1{,}5 \cdot 10^{-5}\ m^2\ s^{-1}$), kann intensive Photosynthese von Wasserpflanzen zu einem Mangel an anorganischem Kohlenstoff (DIC) in der unmittelbaren Blattumgebung führen (Vadstrup & Madsen 1995, van den Berg et al. 2002). Manche aquatischen Makrophyten weisen daher eine Nachmittagsdepression der Photosynthese auf. Um diesem Problem zu entgehen, haben Wasserpflanzen zahlreiche Anpassungen auf dem Gebiet der Kohlenstoff-Aneignung entwickelt.

Alle Wasser- und Sumpfpflanzen können CO_2 aufnehmen, manche zusätzlich das Bikarbonat-Ion. Um Elektroneutralität in der Zelle zu wahren, muss die Aufnahme großer Mengen von HCO_3^- entweder als Co-Transport mit H^+, Ca^{2+} oder anderen Kationen erfolgen, oder durch die Ausscheidung äquivalenter Mengen an OH^- kompensiert werden. HCO_3^--Aufnahme und OH^--Ausscheidung treten bei submersen Pflanzen oft räumlich getrennt voneinander auf der Blattunter- bzw. -oberseite auf. Manche Arten scheiden das Enzym Carboanhydrase aus und verwandeln HCO_3^- extrazellulär in CO_2, das aufgenommen wird. Armleuchteralgen verwerten Bikarbonat nach Ray et al. (2003) in erster Linie, indem sie HCO_3^- mithilfe einer Protonenpumpe extrazellulär zu CO_2 dehydrieren; in alkalischem Milieu wird HCO_3^- aber auch direkt aufgenommen. Bei intensiver Photosynthese können sich Kalkkrusten oder -bänder auf den Blättern bilden, wie z. B. bei den Armleuchteralgen. Der wirkungsvollste Mechanismus, um einer C-Limitierung der Photosynthese zu entgehen, ist der aktive, an Energieverbrauch (ATPasen) gekoppelte Transport von CO_2 oder HCO_3^- durch die Zellmembranen in die Chloroplasten, der von Cyanobakterien, vielen Algen und einigen Gewässer-Phanerogamen (z. B. *Ruppia cirrhosa*) bekannt ist (Madsen & Baattrup-Pedersen 1995, Beer & Rehnberg 1997, Hellblom & Axelsson 2003, Raven 2003).

Nach dem Verhältnis der HCO_3^-/CO_2-Aufnahme unterschied Ruttner (1962) drei Grundtypen der C-Versorgung bei Wasserpflanzen:

(a) **Überwiegende HCO_3^--Aufnahme** (Verhältnis etwa 25 : 1, viele Grünalgen, etwa 80 % der submersen Monokotylen in neutralen bis alkalischen Gewässern; **Scenedesmus-Typ**);

(b) **Aufnahme auch von HCO_3^-, aber vor allem von CO_2** (*Elodea canadensis* und etwa 70 % der submersen Dikotylen in schwach sauren Gewässern, z. B. *Myriophyllum spicatum*; **Elodea-Typ**);

(c) **ausschließliche oder hauptsächliche CO_2-Aufnahme** (alle Wassermoose, *Nymphaea alba*, *Nuphar lutea*, *Myriophyllum verticillatum*, *Callitriche hamulata*, *Potamogeton polygonifolius*, viele Isoëtiden u. a. in sauren Gewässern; **Fontinalis-Typ**).

Bei Vorhandensein von CO_2 wird auch bei den Arten der Gruppen (a) und (b) die Bikarbonat-Aufnahme unterdrückt, denn das Wachstum ist bei CO_2-Ernährung schneller (Maberly & Spence 1983). Die unterschiedliche Fähigkeit zur Nutzung von Bikarbonat bestimmt wesentlich die Häufigkeit der Makrophytenarten in schwach sauren bis alkalischen Gewässern (z. B. Wiegleb 1978, Smits et al. 1988, Madsen & Sand-Jensen 1994).

Andere Wege zur Verbesserung der Kohlenstoff-Versorgung sind die Ausbildung von Luftblättern (alle emersen Makrophyten) oder die Aufnahme eines Großteils des CO_2-Bedarfes aus dem kohlendioxidreichen Sediment über die Wurzeln (z. B. *Isoëtes*, *Lobelia*, *Littorella*, *Juncus bulbosus*, Brix 1990, Boston et al. 1987, Nielsen & Sand-Jensen 1997). Besonders ausgeprägt ist diese Anpassung bei der Wasserlobelie (*Lobelia dortmanna*), die eine dicke Kutikula, aber keine Stomata besitzt und deshalb sowohl unter Wasser als auch in emersem Zustand fast alles CO_2 über die Wurzeln aufnimmt (Pedersen & Sand-Jensen 1992).

Einige Wasserpflanzen, wie z. B. *Potamogeton pectinatus*, die *Eleocharis*-Arten und *Elodea canadensis*, besitzen Elemente des C 4-Stoffwechsels, nämlich die Bindung von HCO_3^- durch Phosphoenolpyruvat-Carboxylase und die Bildung von Malat oder Aspartat, ohne dass jedoch der charakteristische Kranztyp der Blattanatomie auftritt (Keeley 1990). Manche Arten zeigen einen CAM-ähnlichen Stoffwechsel mit nächtlicher Vorfixierung von CO_2 in Dicarbonsäuren zu einem Zeitpunkt, an dem viel CO_2 im Wasser und Sediment vorhanden ist (z. B. *Isoëtes*, *Sagittaria*, *Littorella*). Sie sind damit besonders effektiv in der Verwertung geringer CO_2-Konzentrationen und re-fixieren auch das aus der Atmung freigesetzte CO_2. Auf diesem Wege erreichen sie einen niedrigen CO_2-Kompensationspunkt von 2–12 µM CO_2 (gegenüber 60–110 µM bei anderen Wasserpflanzen, Hough & Wetzel 1977, Sand-Jensen 1987).

Während emerse Wasserpflanzen und Schwimmblatt-Pflanzen die typischen Eigenschaften von Sonnenpflanzen wie hohe Lichtsättigung und hohes Temperaturoptimum der Photosynthese zeigen (25–37 °C, Sale & Orr 1987, Spencer & Bowes 1990), verhalten sich submerse Makrophyten sehr ähnlich wie terrestrische Schattenpflanzen. Ihre großen und dünnen Blätter respirieren vergleichsweise wenig und haben eine hohe Chlorophyllkonzentration pro Fläche, sodass manche Arten noch bei 1–3 % der Freilandstrahlung (bzw. 20 µmol Photonen m^{-2} s^{-1}) eine positive Nettophotosynthese durchführen können (Gessner 1955, Sand-Jensen & Madsen 1991, Spence & Chrystal 1970). Anders als Planktonalgen zeigen weder emerse noch submerse Makrophyten eine deutliche Photoinhibition. Die Assimilationsleistung untergetauchter Makrophyten wird jedoch oft durch epiphytische Algen und Mikroorganismen deutlich verringert, vor allem in eutrophen Gewässern (Sand-Jensen 1990).

Manche submersen Wasserpflanzen haben noch nahe am Gefrierpunkt eine positive C-Bilanz, so *Elodea canadensis* und *Lemna trisulca*, die bis etwa 2 °C auch unter einer Eisdecke assimilieren (Boylen & Sheldon 1976, Pip 1989).

9.4.2 Nährstoffversorgung der Wasserpflanzen

Die meisten Gewässermakrophyten besitzen **Wurzeln** und vielfach auch **Rhizome**, die nicht nur der Verankerung, sondern vor allem der Nährstoffaufnahme dienen (Agami & Waisel 1986, Wetzel 2001). Die Erschließung des sauerstoffarmen Sedimentes wird nach Braendle & Crawford (1987) dadurch erleichtert, dass die Rhizome besonders unempfindlich gegenüber O_2-Armut sind. Auch im anoxischen Sediment werden Wurzelhaare ausgebildet und viele Arten besitzen eine arbuskuläre Mykorrhiza, die durch die Sauerstoffausscheidung der Wurzeln begünstigt wird (Stenlund & Charvat 1994). Daher nehmen nicht nur emerse, sondern auch viele submerse, wurzelnde Wasserpflanzen ihre Nährstoffe überwiegend aus dem Sediment auf, wo die Konzentrationen viel höher sind als im freien Wasser.

In der Regel gedeihen deshalb Gewässermakrophyten auf tonigem, nährstoffreichem Sediment besser als auf Sand (Chambers & Kalff 1985, Wilson & Keddy 1985, Lenssen et al. 1999); die N- und P-Gehalte des Seegrundes steigen nämlich mit dem Ton- und Humusgehalt an. Lang (1967) fand entsprechend an den Ufern des Bodensees oligotraphente Wasserpflanzen-Gesellschaften vornehmlich auf kiesig-sandigen Substraten, eutraphente dagegen auf schluffig-tonigen Sedimenten (s. Abb. 9–21). Die Streu des Schilfes wirkt dagegen nach Lenssen et al. (1999) hemmend auf das Wachstum mancher Helophyten. Dies wird wahrscheinlich durch Essigsäure und Buttersäure bedingt, die beim anaeroben Abbau der ligninreichen *Phragmites*-Streu entstehen und phytotoxisch wirken (Armstrong et al. 1996).

Schwebende Makrophyten wie *Elodea canadensis* und *Ceratophyllum demersum* absorbieren ihre Nährstoffe über die gesamte Pflanzenoberfläche, auch wenn sie verwurzelt sind. Weil der Zugang zum nährstoffreichen Sediment eine untergeordnete Rolle spielt, gedeihen sie nur in eutrophen Gewässern mit hohen Nährstoffkonzentrationen im Wasser reichlich. Sie müssen mit dem oft dichten Bewuchs an epiphytischen Kleinalgen auf ihren Blättern um Nährstoffe konkurrieren (Pelton et al. 1998). **Viele submerse Blütenpflanzen bevorzugen Ammonium vor Nitrat** als Stickstoffquelle (Schwoerbel & Tillmanns 1972, Gabrielson et al. 1984, Madsen & Baattrup-Pedersen 1995), ebenso die im anoxischen Substrat wurzelnden Helophyten wie z. B. *Phragmites* (Dokulil et al. 2001). Andererseits sind manche Wasserpflanzen, darunter *Potamogeton lucens*, empfindlich gegenüber erhöhten NH_4^+-Konzentrationen im Wasser (Glänzer et al. 1977, Wiegleb 1978); sie verschwinden daher bei Abwassereinleitung.

9.4.3 Existenz im sauerstoffarmen Sediment

Welchen Platz eine Pflanze in der Zonierung der Ufervegetation einnimmt, hängt maßgeblich von der **Überflutungstoleranz** der Keimlinge (Voesenek et al. 1993) und der ausgewachsenen Pflanzen ab (Crawford 1996, Blom & Voesenek 1996). Dauer und Häufigkeit der Überflutung hängen von der Mikrotopografie der Verlandungszone ab, die auf diesem Wege das Vegetationsmosaik an See- und Flussufern bestimmt (Prach 1992).

Fast alle Hydrophyten und Helophyten besitzen ein großlumiges **Durchlüftungsgewebe** (Aerenchym), das bis zu 70 % des Gewebevolumens ausfüllen kann und den CO_2- und O_2-Austausch zwischen Blatt und Wurzel gewährleistet (Armstrong et al. 1994). Die Ausbildung dieses Lakunensystems wird durch Ethylen gefördert, das von der Pflanze bei Anoxie verstärkt gebildet wird (Moog & Janiesch 1990, Jackson & Armstrong 1999; vgl. Kap. 8.4.1). Sauerstoff, der bei der Photosynthese entsteht oder von Luftblättern aufgenommen wird, wird durch Thermo-Osmose und Druckstrom-Ventilation zu den Wurzeln oder Rhizomen geleitet (Ricard et al. 2006). Andererseits wird Kohlendioxid aus der Wurzelatmung oder der Photorespiration in den Blättern in der Photosynthese refixiert. Manche Wasserpflanzen zirkulieren auf diesem Wege einen großen Teil des verfügbaren CO_2 und O_2 innerhalb ihres Kormus.

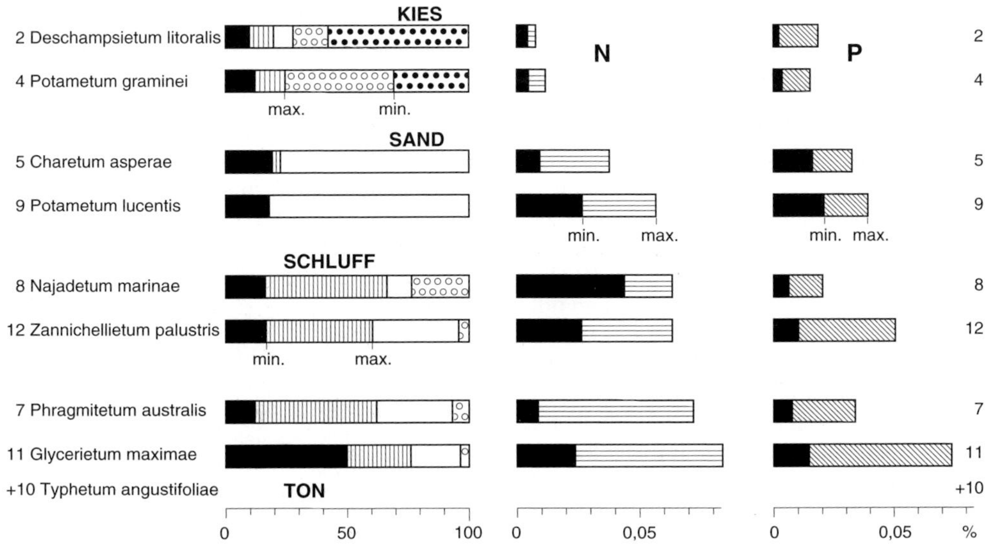

Abb. 9–21 Bodenart und Nährstoffgehalt unter neun Gesellschaften der Verlandungsvegetation am Bodensee (nach Angaben von Lang 1967b).
Links Korngrößenspektrum, Mitte Gesamt-Stickstoffgehalt, Rechts Gesamt-Phosphorgehalt in % des Boden-Trockengewichts. Das rechte Ende des schwarzen Blockes gibt jeweils den niedrigsten, das rechte Ende des mit Signaturen versehenen Blockes den höchsten gemessenen Prozentwert von zwei bis sechs Probeflächen wieder, und zwar bei der Korngrößenanalyse für Schluff (zwischen Sand und Ton). Der Gehalt an Kies ist in entgegengesetzter Richtung abgetragen. Die meisten Böden bestehen vorwiegend aus Sand, und ihr Tongehalt ist gering.
Die Gesellschaften der oligotrophen Ufer (2 u. 4) wurzeln in Kiesboden, der äußerst arm an N und P ist. Alle übrigen Böden sind reicher an feinen Bestandteilen und Nährstoffen. Das Phragmitetum (7) stellt sich schon auf ziemlich armen Böden ein, findet sich jedoch auch auf reichen. Die besten Bodenbedingungen werden von den Gesellschaften der eutrophen Vegetationszonierung angezeigt (12 u. 11). Auffallend stickstoffreich sind die Böden des Najadetum marinae (8).
Der (hier nicht dargestellte) C-Gehalt variiert ungefähr wie der N-Gehalt; der Ca-Gehalt ist überall hoch.
1 = Straußgras-Kriechrasen; 2 = Strandschmielen-Gesellschaft; 3 = Strandlingsrasen; 4 = Graslaichkraut-Gesellschaft; 5 = Armleuchteralgenrasen; 6 = Steifseggenried; 7 = Schilfröhricht; 8 = Nixkrautrasen; 9 = Glanzlaichkraut-Tauchflur; 10 = Gesellschaft des Schmalblättrigen Rohrkolbens; 11 = Wasserschwadenröhricht; 12 = Teichfaden-Tauchflur.

Größere Mengen an Sauerstoff (bis zu 0,9 µmol O_2 m^{-2} s^{-1}) werden aus den Wurzeln in das umgebende anoxische Sediment abgegeben, wo sie eine Schicht von maximal 0,5 mm Dicke oxidieren und zur Ausfällung von $Fe(OH)_3$ in Form von „Eisenmänteln" um die Wurzeln (z. B. bei *Juncus bulbosus* und *Potamogeton pectinatus*) führen können (Caffrey & Kemp 1991). Dieser **O_2-Transport ins Sediment** verbessert die Nährstoffversorgung, weil er die aerobe Mineralisierung begünstigt und die Lebensbedingungen für die Mykorrhizapilze verbessert.

Auch bei ungenügender O_2-Versorgung der Wurzeln können Wasserpflanzen aber längere Zeiträume ohne erkennbare Schäden überdauern, indem zum einen vermehrt Adventivwurzeln gebildet werden, die das sauerstoffarme Sediment meiden (Barklay & Crawford 1982, Ricard et al. 2006), zum anderen toxische Endprodukte der Glykolyse wie Ethanol durch Ausscheidung entsorgt oder ungiftige Metabolite wie Malat und Shikimisäure erzeugt werden (Bertani et al. 1980, McKee et al. 1989, Crawford & Braendle 1996). Giftiges Ammonium und Sulfid werden in der Pflanze zu Alanin und Thiolen detoxifiziert (Weber & Braendle 1996).

9.4.4 Anpassungen an Strömung und Wellenschlag

a) Stärker als die Bewohner anderer Lebensräume sind Wasserpflanzen Zug- und Scherkräften ausgesetzt, und zwar durch Strömung wie auch durch Wellenschlag. Für die Zusammensetzung der Fließgewässer-Gesellschaften ist die **Strömung** nach den gründlichen Untersuchungen von Wiegleb (1984) ein wichtigerer Einflussfaktor als die Gewässerchemie. Pott & Remy (2000) maßen in Bächen und kleinen Flüssen durchschnittliche Fließgeschwindigkeiten im Stromstrich zwischen 5 und 60 cm s^{-1} im Tiefland und von 40–110 cm s^{-1} im Mittelgebirge; die großen Ströme des Tieflandes sowie Hochgebirgsbäche mit großem Gefälle erreichen noch höhere Fließgeschwindigkeiten. Die mittleren Geschwindigkeiten werden bei Hochwasserabfluss um 50–100 % überschritten.

Direkt über festen überströmten Flächen an der Gewässersohle bildet sich infolge der inneren Reibung des Wassers eine laminare Grenzschicht mit starker Geschwindigkeitsabnahme zur Oberfläche hin aus. Deren Dicke ist von der Strömungsgeschwindigkeit, dem Abstand von der angeströmten Vorderkante und der Viskosität des Wassers abhängig; sie beträgt in Bächen einige Millimeter. Wassermoose und epilithische oder epiphytische Kleinalgen nutzen diese strömungsberuhigte Schicht und bilden dichte Lager an der Oberfläche. Die Höheren Pflanzen der Fließgewässer ertragen dauerhaft Strömungsgeschwindigkeiten bis zu etwa 110–120 cm s^{-1} (Gessner 1955, Jorga & Weise 1977). Noch schneller fließendes Wasser wird nur von Moosen und Algen besiedelt. Tabelle 9–12 enthält verschiedene Wasserpflanzen, deren im Freiland beobachtete Strömungsempfindlichkeit mit „hoch tolerant“ bis „nicht tolerant“ klassifiziert wurde.

Makrophyten minimieren den Staudruck und die Reibungskräfte, indem ihr Kormus **peitschenförmigen Habitus** annimmt, wie z. B. bei *Potamogeton pectinatus*. Durch eine Verstärkung der Sklerenchym-Stränge und zusätzliche Epidermis-Zelllagen lässt sich die Zugfestigkeit erhöhen, ohne dass die Elastizität des Gewebes verloren geht (Haslam 1987, Brewer & Parker 1990). So erreicht das Quellmoos *Fontinalis antipyretica* mit seiner strömungsexponierten Bachform (5 Epidermis-Zelllagen) eine Reißfestigkeit von 535 g mm^{-2}, mit seiner Stillwasserform (1 Zelllage) dagegen nur von 351 g mm^{-2} (Fuchsig 1926).

b) Auch im Litoral von Stillgewässern spielen mechanische Kräfte eine entscheidende Rolle. Die Zonierung der Röhrichtgürtel wird nicht nur von der Wasserhöhe und der Art des Seeboden-Substrates bestimmt, sondern maßgeblich auch von der Intensität des **Wellenschlages** (Spence 1982). In Flachseen wie dem Neusiedler See wird die Ufervegetation darüber hinaus vom Ausmaß der Überdeckung mit Schluffsedimenten beeinflusst, ein Faktor, der von der Wasserbewegung abhängt und zu Einbußen im Lichtgenuss führt (Schiemer 1979). Welche Bedeutung der Wellenschlag für die Vitalität von **Röhrichtpflanzen** hat, demonstrieren Experimente von Coops et al. (1996) mit *Schoenoplectus lacustris*, *Phragmites australis*, *Bolboschoenus maritimus* und *Phalaris arundinacea*, die in niederländischen Seen in dieser Reihenfolge zunehmend flachere Litoralbereiche (*S. lacustris*: 69 ± 19 cm Wassertiefe, *P. australis*: 45 ± 20 cm, *B. maritimus*: 36 ± 8 cm, *P. arundinacea*: 25 ± 8 cm) besiedeln. Wachstumsexperimente ohne Wellenschlag ergaben, dass *Schoenoplectus lacustris*, der in stillen Buchten in tieferes Wasser vordringt als alle seine Konkurrenten, tatsächlich durch Wassertiefen bis zu 80 cm keine Wachstumsreduktion erfährt. Empfindlicher

Tab. 9–12 Im Freiland beobachtete Strömungstoleranz ausgewählter Wasserpflanzen. Nach Pott & Remy (2000), unter Verwendung von Angaben bei Ackenheil (1944) und Sirjola (1969); gekürzt.

Strömungstoleranz	Arten
hoch	*Ranunculus fluitans, R. trichophyllos, R. penicillatus, R. peltatus, Callitriche hamulata, Myriophyllum alterniflorum, M. spicatum, Potamogeton pectinatus, Fontinalis antipyretica*
mäßig	*Callitriche platycarpa, C. stagnalis, Potamogeton perfoliatus, P. crispus, Groenlandia densa, Zannichellia palustris, Nasturtium officinale*
niedrig	*Nuphar lutea, Sparganium emersum, Sagittaria sagittifolia, Ranunculus circinatus, Callitriche obtusangula, Elodea canadensis, Butomus umbellatus*
fehlend	*Nymphaea alba, Lemna* sp., *Spirodela polyrhiza*

gegen hohe Überstauung zeigten sich dagegen *Phragmites australis* und *Bolboschoenus maritimus*, die von 80 cm Wassertiefe beeinträchtigt wurden, und insbesondere *Phalaris arundinacea*, das bereits bei Tiefen von mehr als 30 cm geschwächt wurde. Wurde jedoch Wellenschlag zugelassen, waren *Phragmites australis* und *Bolboschoenus maritimus* in 80 cm tiefem Wasser gegenüber *Schoenoplectus lacustris* überlegen, was mit deren Verbreitung in der Natur übereinstimmt.

Die hohe Wellenempfindlichkeit von *Schoenoplectus lacustris* erklären Coops & van der Velde (1996) damit, dass Teichsimsen-Halme im Vergleich zum Schilfrohr einen geringeren Widerstand gegenüber Verbiegung (0,15 gegenüber 0,38 N m^{-2}) und ein kleineres Elastizitätsmodul (0,25 gegenüber 4,93 GPa) besitzen. *Phragmites* weist also im nicht zu tiefen Wasser im Vergleich zu *Schoenoplectus lacustris* eine höhere Produktivität und auch eine größere Stabilität auf. Starker Wellenschlag und Eisdrift wie z. B. in den nordostdeutschen Boddengewässern oder am Bodensee schädigen jedoch auch *Phragmites*; an der Ostsee ersetzen dann *Bolboschoenus maritimus* und *Schoenoplectus tabernaemontani* das Schilfrohr (s. Kap. 11.3.2.2).

Submerse Makrophyten werden durch Wellenschlag behindert, indem er in den sturmreichen Jahreszeiten die Wachstumsperiode verkürzt und entsprechend die Produktion vermindert (z. B. bei *Potamogeton pectinatus*, van Wijk 1988). Andererseits verringert Wasserbewegung durch Wellen oder Strömung den Epiphytenbewuchs auf den Pflanzen und beseitigt den aufliegenden Sedimentfilm. Exponierte Sedimente weisen daher mancherorts eine größere Makrophyten-Biomasse auf als stille, zumal auch die Sauerstoffversorgung des Sedimentes an turbulenten Stellen besser ist (Strand & Weisner 1996).

9.4.5 Lebensformtypen und morphologische Anpassungen der Wasserpflanzen

Teilweise in Anlehnung an Hejny (1960), Mäkirinta (1978), Wiegleb (1991), Pott & Remy (2000) und Wetzel (2001) können wir bei den Gewässermakrophyten folgende standortbezogenen Lebensformtypen unterscheiden:

I. **Frei schwimmende Wasserpflanzen** (Pleustophyten):

1.) unter Wasser frei schwimmende Pflanzen, die höchstens ihre generativen Organe über den Wasserspiegel emporstrecken (z. B. *Utricularia*- und *Elodea*-Arten) und gelöstes CO_2 oder HCO_3^- nutzen;

2.) an der Oberfläche flottierende Pflanzen, deren Blätter größtenteils mit der Luft im Austausch stehen und gasförmiges CO_2 nutzen (oder dies wenigstens zeitweise tun) (z. B. *Stratiotes, Salvinia, Hydrocharis* und die meisten *Lemna*-Arten).

II. **Am oder im Boden wurzelnde oder haftende Wasserpflanzen** (eigentliche Hydrophyten):

1.) gänzlich unter Wasser assimilierende Pflanzen, die gelöstes CO_2 oder HCO_3^- nutzen,

a) nur benthal (am Seegrund) wachsend und Unterwasserrasen bildend (z. B. *Isoëtes*-Arten, Characeen),

b) vom Seegrund aus ins freie Wasser aufschwimmend (z. B. *Zannichellia, Myriophyllum* und viele *Potamogeton*-Arten);

2.) teils unter, teils über Wasser assimilierende Pflanzen, deren Blätter entweder an der Oberfläche schwimmen und gasförmiges CO_2 aufnehmen, oder unter dieser verharren und meist auch einen Wechsel beider Zustände ertragen (z. B. *Nuphar*- und *Nymphaea*-Arten, Abb. 9–1).

III. **Uferpflanzen** (litorale Helophyten, oder Amphiphyten sensu Pott & Remy 2000); als Besiedler der Wasserwechselzone des Litorals weisen diese Arten meist eine deutliche Heterophyllie (emerse und submerse Blätter) auf; sie sind zeitweise auf stehendes Wasser angewiesen; es sind zu unterscheiden:

1.) auch unter Wasser assimilierende Pflanzen, die gelöstes CO_2 oder HCO_3^- nutzen und mit den submersen Blättern eine den Hydrophyten vergleichbare Photosynthese-Leistung erreichen (z. B. *Hippuris, Hottonia, Alisma, Sagittaria, Littorella, Polygonum amphibium, Glyceria fluitans*);

2.) überwiegend über Wasser assimilierende Pflanzen, deren Blätter unter Wasser eine deutlich verminderte Photosynthese-Leistung haben und meist zugrunde gehen (viele auf stehendes Wasser angewiesene Röhrichtarten wie *Eleocharis palustris, Veronica beccabunga, Myosotis palustris;* sie entsprechen den fakultativen Amphiphyten von Pott & Remy 2000).

IV. **Sumpfpflanzen** (eigentliche Helophyten); als Besiedler nasser, oft wassergesättigter Böden sind sie nicht auf zeitweise stehendes Wasser angewiesen, vertragen aber Überstauung für mehrere Wochen; sie sind vom Habitus her Landpflanzen ohne ausgeprägte Blattheterophyllie; zu ihnen gehören:

1.) unter Wasser assimilationsfähig bleibende Pflanzen, wenn auch mit reduzierter Leistung (z. B. *Agrostis stolonifera*, *Rorippa amphibia*, *Juncus bulbosus*, die *Schoenoplectus*-Arten, *Nasturtium officinale*);

2.) nur über Wasser assimilierende Pflanzen (die meisten Arten der Seggenriede und austrocknungstolerante Röhrichtarten wie *Phragmites australis*, *Phalaris arundinacea*, *Carex elata*, *C. acuta*, *C. paniculata*, die *Typha*-Arten, *Sparganium erectum*, *Glyceria plicata*).

Wie bereits Glück (1936 u. a.) durch Beobachtungen an gestörten Wuchsorten und durch Kulturversuche zeigte, sind die meisten Arten hinsichtlich des Lebensraumes am oder im Wasser ziemlich plastisch, sodass man sie mehreren der obigen Gruppen zuteilen könnte. Unter dem Druck der Konkurrenten bleiben sie aber in der Natur doch großenteils auf eine der Gruppen beschränkt.

Untergetauchte oder flottierende Blätter der Wasserpflanzen besitzen eine Reihe von **charakteristischen Anpassungen**, die den Landpflanzen fehlen (vgl. Sculthorpe 1967). Sowohl dem Gasaustausch als auch dem Auftrieb dienen die großlumigen Aerenchymsysteme; Leit- und Stützgewebe sind dagegen stark reduziert oder fehlen ganz. Der schlechten Verfügbarkeit von anorganischem Kohlenstoff begegnen Wasserpflanzen mit einer Oberflächenvergrößerung durch zerschlitzte Blätter und die Verlagerung der Chloroplasten in die Epidermis, um die Diffusionswege kurz zu halten. Der Verbesserung der Nährstoffaufnahme aus dem Wasser dienen Hydropoten, wie sie an der Blattunterseite der Schwimmblätter von *Nymphaea*- und *Nuphar*-Arten ausgebildet sind. Bei diesen handelt es sich um 0,05 µm große Poren in der Epidermis, die von einem Ring aufnahmeaktiver Zellen umgeben sind (Lüttge 1964).

Ausgeprägte Heterophyllie, also große Plastizität der Blattmorphologie an ein und derselben Pflanze, erleichtert Wasserpflanzen das Überleben bei starken Wasserspiegel-Schwankungen. Den Wechsel von ganzrandigen zu fein zerschlitzten Blättern können dabei das Alter der Pflanze, die Wassertiefe oder die Strömung, die Temperatur, der CO_2-Gehalt, das Licht oder andere Umweltreize auslösen (Bristow 1969, Johnson 1967, Bodkin et al. 1980, Pott & Remy 2000).

9.5 Populationsbiologie und Synökologie

9.5.1 Phänologie

Während die emersen Helophyten zum großen Teil mehrjährig sind, gibt es unter den submersen und flottierenden Wasserpflanzen sowohl Einjährige als auch mehrjährige, wintergrüne Arten bzw. Ökotypen. In der Gattung *Potamogeton* sind z. B. *P. friesii*, *P. pusillus* und *P. compressus* überwiegend einjährig, *P. crispus*, *P. pectinatus* und *P. natans* dagegen in der Regel mehrjährig (Pott & Remy 2000). Ungüns-

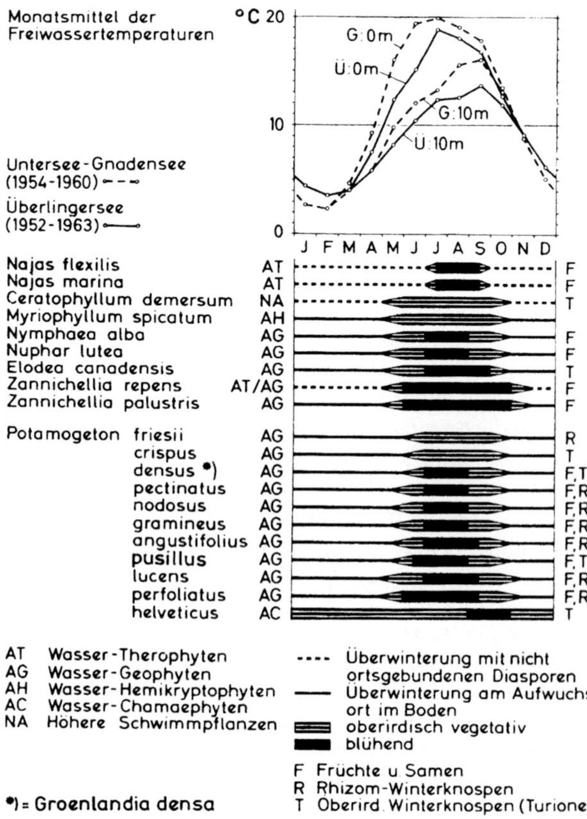

Abb. 9–22 Phänologische Entwicklung und Lebensformen der höheren Wasserpflanzen im Bodensee in Beziehung zu den Wassertemperaturen. Nach Lang (1967 b), etwas verändert. *Zannichellia repens* ist eine Subspezies von *Z. palustris*.

tige Umweltbedingungen wie das winterliche Durchfrieren flacher Seen können aber auch bei letzteren Arten Einjährigkeit und das Überdauern mit Winterknospen (Turionen) oder Samen induzieren (van Wijk 1988). Die mehrjährige Krebsschere überwintert, indem ihre Rosetten im Herbst auf den Gewässerboden absinken und im Schlamm verbleiben, aus dem sie im Frühjahr wieder hochsteigen (Casper & Krausch 1980). Bei *Nuphar lutea* überdauern nur die tief sitzenden Submersblätter, während die Schwimmblätter im Herbst absterben (Pott & Remy 2000). Gesteuert wird die Jahresrhythmik der Wasserpflanzen durch die Tageslänge und die Wassertemperatur (s. Abb. 9–22).

9.5.2 Lebenszyklus der Wasserpflanzen

a) Populationswachstum und Ausbreitung finden bei Gewässermakrophyten vornehmlich durch vegetative oder **klonale Vermehrung** statt, während sexuelle Vermehrung in den Hintergrund tritt. Viele Arten vermehren sich durch Selbstklonierung, also aktiv herbeigeführte Fragmentierung von oberirdischen Organen (z. B. *Hydrocharis morsus-ranae*) oder Rhizomzerfall (z. B. *Nuphar lutea*, *Potamogeton pectinatus*, *Phragmites australis* oder die *Typha*-Arten). Bei Fließgewässerarten tritt erzwungene Fragmentierung des Kormus durch die Strömung an deren Stelle, so bei vielen Laichkräutern (van Wijk 1989, Wiegleb & Brux 1991, Wiegleb et al. 1991). Eine charakteristische Form der vegetativen Vermehrung ist die Erzeugung von Brut- oder Winterknospen (Turionen), das sind ruhende Knospen an einer gestauchten Achse, oder von Brutknollen, blattlosen axialen oder rhizomatischen Bildungen (z. B. bei *Lemna*-, *Spirodela*-, *Utricularia*- und *Myriophyllum*-Arten, *Stratiotes aloides* oder *Potamogeton pectinatus*). Diese Anpassung dient gleichzeitig der Überdauerung lebensfeindlicher Zeiträume, also von Kälte und Sauerstoffarmut. Die Turionenbildung wird im Herbst durch Temperaturen zwischen 10 und 15 °C induziert; bei günstigen Umweltbedingungen im Frühjahr treiben diese zu neuen Pflanzen aus.

Windbestäubung von aus dem Wasser herausragenden Blüten ist auch bei Wasserpflanzen die vorherrschende Form der Pollenübertragung. **Wasserbestäubung** findet bei weniger als 5 % der aquatischen Blütenpflanzen statt (Cox 1993); Beispiele sind *Callitriche hamulata* und *Zannichellia palustris*. Das Wasser ist dagegen in Bächen und Flüssen ein wichtiges Ausbreitungsagens (Cellot et al. 1998, Johansson et al. 1996), ebenso innerhalb von Seen (Smits et al. 1989). Luftpolster an den Samen (z. B. bei den *Ranunculus*- und *Myriophyllum*-Arten) erhöhen die Schwimmfähigkeit derselben, die für mehrere Tage bis zu Monaten im Wasser schweben können (Sculthorpe 1967). Das häufigste und über große Entfernungen hinweg wirksame Transportmittel für Samen oder vegetative Teile von Wasserpflanzen sind jedoch Wasser- und Sumpfvögel, z. B. Enten (van der Pijl 1969, Landolt 1984, Krahulec & Leps 1993; s. Tab. 9–13) sowie Fische und Bisamratten. Vögel tragen dazu bei, dass die Pflanzengesellschaften der Feuchtbiotope über ganz Europa, ja über die Erde hinweg, unter gleichen Standortbedingungen floristisch so einheitlich sind wie sonst keine anderen Vegetationstypen. Außerdem bewirken sie, dass neu geschaffene Wuchsorte rasch erobert werden. Anemochorie spielt nur bei wenigen Sumpfpflanzen (z. B. bei *Phragmites* und *Typha*) sowie bei der Besiedlung von Pionierstandorten am Ufer eine Rolle (Bonn & Poschlod 1998).

Obwohl manche Hydrophyten alljährlich eine große Zahl von Samen erzeugen, ist die **Keimrate** meist gering (Rogers & Breen 1980, Brux et al. 1987, Kautsky 1987). Das konnten Wiegleb et al. (1991) für *Potamogeton polygonifolius*, *P. natans*, *P. lucens* und *P. alpinus* experimentell bestätigen. Helophyten keimen meist am besten im feuchten Boden des amphibischen Uferbereichs (Bonn & Poschlod 1998). Die Dormanz der Samen wird insbesondere durch wechselnde Temperaturen (Schütz 2000), aber auch durch Wasserspiegel-Schwankungen (Stockey & Hunt 1992) gebrochen. Überflutung senkt die Keimrate; die Sämlinge der Sumpfpflanzen ertragen je nach Art bis zu 8 Wochen Überflutung (Lenssen et al. 1998).

b) Ältere Angaben, nach denen das vegetativ so kräftige **Schilf** sich generativ nur schlecht vermehrt (z. B. Bittmann 1953), sind nach Ekstam & Forseby (1999) nicht zutreffend. *Phragmites* erzeugt nach Hürlimann (1951) reichlich Samen, die vom Wind ähnlich weit verfrachtet werden wie die lang behaarten Samen von *Typha*. Die nicht dormanten Samen benötigen eine große Temperaturamplitude zur Keimung, die das Auflaufen im Herbst und Winter und die Keimung

Tab. 9–13 Von Enten gefressene und verbreitete Samen aus verschiedenen Pflanzengesellschaften. Nach Feststellungen von Olney (1963–1967) aus Gillham (1970), verändert[1].

Wasserpflanzen	Sumpfpflanzen	Ruderal- und Kulturpflanzen
Ceratophyllum demersum	*Alopecurus geniculatus*	*Atriplex patula*
Hippuris vulgaris	*Cirsium palustre*	*Bromus sterilis*
Myriophyllum-Arten	*Eleocharis palustris*	*Chenopodium album*
Potamogeton, viele Arten	*Galium palustre*	*Galium aparine*
Ranunculus aquatilis	*Juncus inflexus* u. a. Arten	*Hordeum distichon* (Gerste)
Ruppia-Arten	*Polygonum amphibium*	*Triticum aestivum* (Weizen)
	P. hydropiper, P. lapathifolium	u. a.
Röhrichtpflanzen	u. a.	
Bolboschoenus maritimus	*Ranunculus repens*	Holzgewächse
Glyceria fluitans	*Rumex conglomeratus*	*Alnus glutinosa*
Phalaris arundinacea	*Taraxacum palustre*	*Betula*-Arten
Phragmites australis		*Crataegus monogyna*
Schoenoplectus lacustris	Sonstige Rasenpflanzen	*Quercus*-Arten
Sparganium-Arten	*Carex hirta* u. a. Arten	*Rosa*-Arten
	Holcus lanatus	*Rubus*-Arten
Salzpflanzen	*Lolium multiflorum*	*Sambucus nigra* u. a.
Armeria maritima	*Medicago lupulina*	
Salicornia-Arten	*Phleum pratense*	
Suaeda maritima	*Poa trivialis* u. a. Arten	

[1] Diese Liste kann ergänzt werden durch Angaben von K. Müller (1973), der zahlreiche Arten notiert hat, die in den von ihm untersuchten Moorgebieten Nordwestdeutschlands oft an **Entenruheplätzen** gefunden wurden: *Bidens cernuus, B. tripartitus, Holcus lanatus, Juncus bufonius, Lemna minor, Lycopus europaeus, Myosotis palustris, Peplis portula, Poa annua, Polygonum persicaria, Ranunculus flammula, R. hederaceus, Rumex acetosa, R. acetosella, Urtica dioica.*

unter Wasser verhindert, aber nicht unbedingt große Wärme (Ekstam & Forseby 1999). Allerdings kann Verpilzung (*Clavipes microcephala* nach Luther 1950) die Fruchtreife verhindern. Die Samen bleiben noch bis Ende April an den toten Halmen der Mutterpflanze. Da sie tagelang auf dem Wasser schwimmen können und zum Keimen volles Licht, gleichmäßige Feuchtigkeit und viel Sauerstoff benötigen (Hürlimann 1951), ist ihre Ansiedlungschance am größten in Spülsäumen an nackten Ufern (Weisner et al. 1993). Die dort gekeimten Individuen rücken mit ihren Ausläufern seewärts vor. Mancher breite Schilfgürtel von mehreren tausend m² ist so von einer einzigen erfolgreichen Keimung ausgegangen (Neuhaus et al. 1993). Diese Befunde unterstreichen die Bedeutung der **vegetativen Vermehrung** bei Wasser- und Sumpfpflanzen.

Das vegetative Wachstum des Schilfes beginnt nach der Winterruhe erst bei Temperaturen von etwa 8–10 °C, sodass die jungen Schösslinge im Frühjahr nur zögernd erscheinen, wenn Wälder und Wiesen längst ergrünt sind. In wasserfreien Versuchstanks wurde *Phragmites* nach Dykyjova et al. (1971) im Januar schon bei –8,7 °C getötet und ertrug im März nur –0,8 °C (*Typha latifolia* und *Schoenoplectus lacustris* verhielten sich ähnlich). *Phragmites* und andere Röhrichtgewächse brauchen jedoch eine gewisse Zeit der Winterruhe, um sich normal entwickeln zu können (Dykyjova et al. 1972). Sein Wärmebedürfnis setzt dem Schilf im nördlichen Fennoskandien und in den Mittelgebirgen eine Grenze, während es noch in den Subtropen gut gedeiht und weltweit verbreitet ist.

c) Unter den Wasserpflanzen Mitteleuropas finden sich auch mehrere **Neophyten**; mindestens 22 Arten gelten heute als mehr oder weniger eingebürgert (www.aquatischeneophyten.de; vgl. Pott & Remy 2000). Von ihrer Häufigkeit her am bedeutendsten sind sicherlich die Wasserpest-(*Elodea*-)Arten, von denen *E. canadensis* als Ordnungs-Charakterart gilt. Diese ständig untergetaucht lebenden und sich vegetativ rasch ausdehnenden Pleustophyten stammen aus Nordamerika. Die „Kanadische" Wasserpest verbreitete sich seit 1834 zunächst auf den Britischen Inseln und bald auch im übrigen Europa beängstigend schnell, obwohl von der zweihäusigen Hydrocharitaceae nur weibliche Exemplare verschleppt wurden, und zwar durch Stängelbruchstücke. Seit etwa 1880 verhält sie sich in Mitteleuropa weniger aggressiv und ist heute sogar stellenweise selten geworden, ohne dass die Ursachen ihres Häufigkeitwandels geklärt werden konnten (s. Mabberly 1990). Heute macht *E. nutallii* von sich reden, die 1966 ebenfalls über Großbritannien und nur als weibliche Form einwanderte. Sie dringt ähnlich rasch vor wie die bereits vertraute Art, z. B. um Hannover (Seehaus 1992), und wird bereits, vielleicht verfrüht, als Charakterart der Laichkraut-Tauchfluren gewertet.

9.5.3 Interspezifische Konkurrenz zwischen Wasserpflanzen

a) Die geringe Größe und das rasche Wachstum der **Wasserlinsen-Arten** verlockten zu zahlreichen Experimenten zu deren Konkurrenzverhalten. Nach Harper (1961) hat *Spirodela polyrhiza* an und für sich eine bedeutendere Stoffproduktion pro Einheit Wasserfläche als *Lemna gibba*. Trotzdem setzt sich Letztere in Mischkulturen durch, weil sie sich etwas über die Wasseroberfläche erhebt und die großenteils im Wasser flutende *Spirodela* ausdunkelt (s. Abb. 9–23). Clatworthy & Harper (1962) bezogen auch *Lemna minor* und *Salvinia natans* in ihre Versuche mit ein. In Reinkultur hatte *Lemna minor* den schnellsten Massenzuwachs von allen Arten. Ihre Häufigkeit und ihr relativ großes Areal werden dadurch verständlich. In Mischkultur wird sie jedoch von jeder der drei anderen Arten unterdrückt und muss in der Wasserlinsendecke den Lückenbüßer spielen. Bei ausreichender Wärme ist *Salvinia* allen anderen überlegen, weil sie mit ihren beblätterten Stängeln fest zusammenhängende und dichte Gruppen zu bilden vermag. Das entgegengesetzte Extrem ist die ebenfalls wärmeliebende, aus den Subtropen stammende wurzellose Zwerglinse (*Wolffia arrhiza*, Abb. 9–23). Sie wurde von Wolek (1974) mit den übrigen Wasserlinsen verglichen und erwies sich in allen Kombinationen als die Schwächere. Vielleicht ist sie deshalb so wenig an der Bildung von Wasserlinsen-Gesellschaften beteiligt. Konkurrenzentscheidend sind nach Wolek (1974) die morphologischen und physiologischen Eigenschaften der Wasserlinsen-Arten, während Allelopathie nur eine sehr untergeordnete Rolle spielen soll.

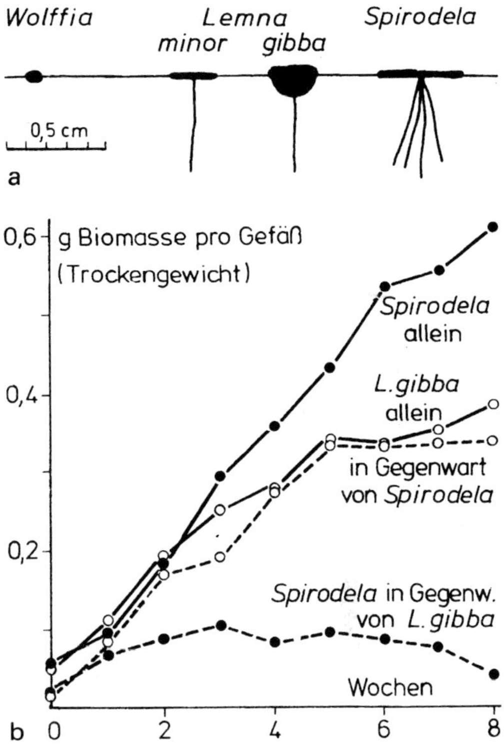

Abb. 9–23 Oben: Gestaltvergleich der Wasserlinsen: *Wolffia arrhiza* (wurzellos), *Lemna*-Arten (eine Wurzel) und *Spirodela polyrhiza* (viele Wurzeln). Nach Wolek (1974), verändert
Unten: In Reinkultur wächst *Lemna gibba* weniger kräftig als *Spirodela*. In Mischkultur vermag *L. gibba* trotzdem *Spirodela* zu unterdrücken. Sie schwimmt mit ihren größeren Luftkammern ein wenig höher auf der Wasseroberfläche und schiebt sich bei begrenztem Raum über *Spirodela*. Nach Clatworthy (1960) aus Harper (1961), etwas verändert.

In der Konkurrenz zwischen den **submersen Pflanzen** spielt offenbar die Konkurrenz um anorganischen Kohlenstoff eine entscheidende Rolle. Beispielsweise gelten die Characeen nach van den Berg et al. (2002) als überlegene Konkurrenten um Bikarbonat, während die Isoetiden CO_2 aus dem Sediment nutzen und durch Eutrophierung und erhöhte DIC-Gehalte benachteiligt werden könnten. Einige submerse Angiospermen können im Frühjahr rasch zur Wasseroberfläche hochwachsen und so die Lichtabsorption monopolisieren (Barko & Smart 1981). Welche Art jeweils nach einem milden Winter oder einem Eiswinter zur Dominanz kommt, hängt dabei nach Idestam-

Almquist (1998) wesentlich von der Überwinterungsform der Arten ab.

b) Interspezifische Konkurrenz ist auch in der produktiven **Röhrichtzone** von herausragender Bedeutung (Keddy 2000). In gemischten Röhrichtbeständen kann *Glyceria maxima* das viel hochwüchsigere Schilf unterdrücken, wenn das Sediment im Frühjahr seine Wassersättigung verliert, denn *Glyceria* treibt wesentlich früher aus. An temporär trockenfallenden Uferpartien können auch die Rohrkolben-Arten zunächst die Oberhand gewinnen, weil sie ihr Biomasse-Maximum früher im Sommer erreichen als *Phragmites* (s. Abb. 9–24). Bei hohem Wasserstand ist jedoch Schilf in beiden Fällen durchsetzungsstärker (Buttery & Lambert 1965, Buttery et al. 1965). In der Interaktion von Schilf und Rohrkolben könnte nach Szczepanska (1987) auch Allelopathie eine Rolle spielen (vgl. Gopal & Goel 1993).

Typha latifolia ist mit seinen großen, stärker beschattenden Blättern dem Schmalblättrigen Rohrkolben nur dann überlegen, wenn der Wasserstand niedrig ist. In tiefem Wasser setzt sich nach Grace & Wetzel (1981, 1998) *T. angustifolia* durch, dessen kleinere Blätter dann vom C-Haushalt her ökonomischer sind. Das gilt offenbar nur für nährstoffärmere Seen; in hypertrophen Seen gewinnt nämlich nach Weisner (1993) der Breitblättrige Rohrkolben die Oberhand. In der Konkurrenz-Auseinandersetzung von *Phragmites* und *Schoenoplectus lacustris* spielt die Empfindlichkeit gegenüber Wellenschlag eine entscheidende Rolle (s. Kap. 9.4.4 b).

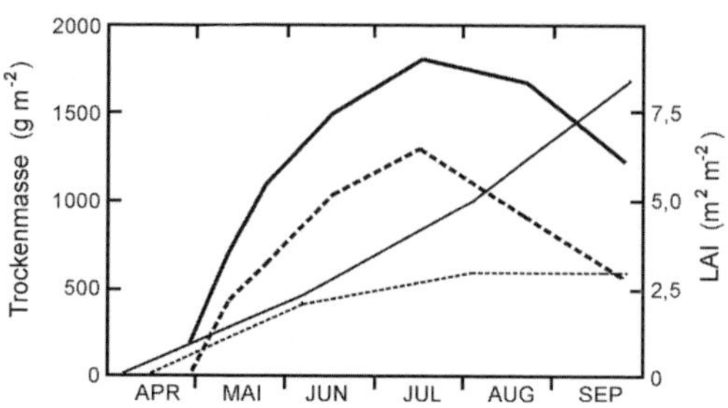

Abb. 9–24 Saisonale Veränderung der Gesamtbiomasse (ober- und unterirdisch: fette Linien) und des Blattflächenindex (dünne Linien) von *Phragmites australis* (ausgezogene Linien) und *Typha latifolia* (gestrichelte Linien) in Mähren. Nach Kvet et al. (1969), verändert.

9.6 Produktivität und Stoffumsätze

9.6.1 Produktivität

Sumpf- und Wasserpflanzen-Bestände gehören zu den produktivsten Pflanzengesellschaften Mitteleuropas. Das gilt allerdings nur für die hochwüchsigen, emersen Röhricht- und Großseggenbestände, während die submersen Makrophyten einen erheblich geringeren Biomassezuwachs aufweisen und in oligo- und mesotrophen Gewässern sogar als wenig produktiv gelten müssen (Sculthorpe 1967). Erstere verfügen über eine unbegrenzte Wasserversorgung und eine gute N- und P-Nachlieferung aus dem Sediment bei hohem Strahlungsgenuss. Sie erreichen bei großem Blattflächenindex hohe Photosyntheseleistungen auch deshalb, weil sie die erhöhten CO_2-Konzentrationen in ihrem Aerenchym nutzen können. An Schilf wurden daher hohe lichtgesättigte Nettophotosynthese-Raten von 25 µmol CO_2 m^{-2} s^{-1} gemessen (Lessmann et al. 2001). Submerse Makrophyten produzieren weniger als die emersen Helophyten, weil das Lichtklima und die Versorgung mit anorganischem Kohlenstoff im Wasser ungünstiger sind als im Luftraum.

a) Die vorliegenden Angaben zur **Biomasse** von *Phragmites-*, *Scirpus-* und *Typha*-Röhrichten variieren zwischen 500 und 4000 g Trockenmasse pro m^2 für die oberirdische Fraktion (s. Tab. 9–14). Schilf hat sich als eine ausgesprochen polymorphe Art mit variabler Ploidie (n = 3 bis 8) herausgestellt, die in Abhängigkeit von Wassertiefe, Sedimenttyp und Salzgehalt sehr unterschiedliche Halmgrößen und Pflanzenmassen erzeugt (Rodewald-Rudescu 1974, Lissner & Schierup 1997, Vretare et al. 2001). Ein größerer Kalkgehalt des Sedimentes hat ein weiches Schilfrohr zur Folge, ähnlich führt humusreicher Boden zu hoch gewachsenem, aber schwachem Rohr, während ein siliziumreicherer Boden einen festeren Halm, brackiges Wasser niedrigwüchsiges, hartes Rohr bedingt (Rodewald-Rudescu 1974, Hanganu et al. 1999). Die oberirdische Biomasse von Großseggenrieden, die ja stets gut mit Wasser versorgt sind, ist in mittleren und nördlichen Breiten eng mit der Sommertemperatur korreliert (Gorham 1974). Die Extreme sind knapp 1500 g m^{-2} im relativ warmen Tiefland und 200 g m^{-2} in der montanen Stufe oder in der subarktischen Zone. Diese Zahlen dürften allerdings wohl nur für relativ

Tab. 9–14 Angaben zur maximalen Biomasse (Trockenmasse) submerser und emerser Wasserpflanzen-Bestände in Mitteleuropa.

Art	Biomasse (g m^{-2})	Autor
Elodea canadensis, oberird. (CZ)	450	Pokorny et al. 1984
Phragmites australis, oberird. (CZ)	2980	Dykyjova 1971
Phragmites australis, oberird. (CZ)	1100–2200	Dykyjova & Hradecka 1973
Phragmites australis, unterird. (CZ)	6000–8560	Dykyjova & Hradecka 1973
Typha angustifolia, oberird. (CZ)	4040	Dykyjova 1971
Schoenoplectus lacustris, oberird. (CZ)	3000	Dykyjova 1971
Emergente Arten, oberird. (PL)	440–830	Szczepanska 1973

nährstoffreiche Standorte gelten (vgl. Ambroz & Balatova-Tulackova 1968).

Die oberirdische Biomasse allein ist jedoch ein schlechtes Maß für die Produktivität, weil bei vielen Arten die Blattmasse mehrfach im Jahr umgesetzt wird, bei *Typha* und *Glyceria* z. B. rund dreimal, wie Mathews & Westlake (1969) anhand einer demografischen Modellrechnung ermittelten. Ein großer Teil der Primärproduktion wird zudem in die Erzeugung von Wurzeln und Rhizomen investiert. Von der Gesamtbiomasse entfielen auf die unterirdische Biomasse in *Typha*-, *Glyceria maxima*- und *Carex rostrata*-Beständen 30–60 %, in *Phragmites*- und *Schoenoplectus lacustris*-Beständen 40–95 %, in Teichrosendecken 50–80 % und in *Potamogeton*-Beständen immerhin 20–45 % (nach einer Literaturaufstellung bei Wetzel 2001). Gründliche Erhebungen in einem tschechischen Schilfbestand ergaben 6000–8560 g TM m^{-2} für die unterirdische Fraktion (Dykyjova & Hradecka 1973), sodass mit einer Gesamtbiomasse von 7000–11000 g m^{-2} in gutwüchsigen Schilfröhrichten zu rechnen ist. Für submerse Makrophytenbestände wurden sehr unterschiedliche, aber stets viel niedrigere Biomassen ermittelt, die von weniger als 1 g m^{-2} in einer *Myriophyllum spicatum*-Decke im Neusiedler See bis zu 450 g m^{-2} in einem *Elodea canadensis*-Bestand eines eutrophen Teiches in Tschechien reichen (s. Tab. 9–14).

b) Über die **Produktion** von Schilfröhrichten geben zahlreiche Arbeiten Auskunft. Sieghardt (1973) fand am Neusiedler See, dass *Phragmites* mit seinem jährlichen oberirdischen Trockengewichts-Zuwachs von etwa 1700 g m^{-2} an ein Weizenfeld heranreicht und dabei rund 5 % der photosynthetisch aktiven Strahlung ausnutzt. Dykyjova (1971) ermittelte in der Vegetationsperiode eine Energienutzung (nur oberirdische Produktion) bis zu 6 % der PAR, entsprechend einer Produktion (ober- und unterirdisch) von 8740 g m^{-2} a^{-1}. Im Donaudelta kann Schilf nach Rodewald-Rudescu (1974) sogar 14 300 g m^{-2} a^{-1} produzieren. Je dichter der Bestand und umso größer der **Blattflächenindex** (maximal 7 m^2 m^{-2}, Ostendorp 1993), desto höher ist die Produktivität; see- wie landwärts verringern sich Halmdichte und Produktion (Ondok 1970). Nur schwerlich lassen sich allerdings zuverlässige Durchschnittswerte angeben, weil die Ertragsleistung mit der Witterung von Jahr zu Jahr schwankt; in England beispielsweise maßen Mason & Bryant (1975) im Jahr 1972 1080 g m^{-2}, 1973 dagegen nur 550 g m^{-2}. Im Litoral des relativ nährstoffarmen Plattensees produziert *Phragmites* gar nur 5–30 g m^{-2} a^{-1} (Karpati & Karpati 1971).

Im Donaudelta und anderen Feuchtgebieten wird Schilfrohr intensiv genutzt, um Zellstoff zu gewinnen. Nach Rodewald-Rudescu (1974) mäht man es dort seit über 100 Jahren, ohne dass eine Abnahme der Produktivität zu verzeichnen ist. Im Gegenteil, nach Granéli (1990) verdoppelt sich die oberirdische Schilfbiomasse, wenn die Halme gemäht werden, weil dann die Schösslinge nicht unter der Beschattung durch das Altschilf leiden. Zur beständig hohen Produktivität trägt auch die Kohlenstoffökonomie des Schilfs bei, das im Herbst (vor der Mahd) etwa zwei Drittel seiner Kohlenhydrate und einen großen Teil der Nährelement-Vorräte in die Rhizome verlagert (Sieghardt 1973, Westlake 1975, van der Linden 1986); diese enthalten nach Dykyjova & Hradecka (1976) zu allen Jahreszeiten etwas mehr N, P und K als die Stängel und Blätter.

In gewisser Hinsicht stellt das Schilfröhricht eine **natürliche Monokultur** dar, denn

Phragmites kann auf vielen Quadratkilometern herrschen, ohne dass man eine andere ähnlich hohe Pflanze sähe (z. B. in dem weithin flachen Neusiedler See). Doch ist das Schilf an der Primärproduktion eines mäßig eutrophen Fischteiches in Südböhmen nach Straskraba (1963) nur zu 70 % beteiligt; 21 % leistet der Algenaufwuchs an seinen untergetauchten Stängeln und 7 % das Phytoplankton im beschatteten Wasser. Im Neusiedler See hat der untergetaucht schwimmende Wasserschlauch (*Utricularia vulgaris*) noch einen gewissen Anteil an der Primärproduktion (Maier 1973).

Der Anteil der **Wurzelproduktion** an der Nettoprimärproduktion kann erwartungsgemäß in litoralen Gemeinschaften sehr groß sein, z. B. 88 % in einem *Carex rostrata*-Bestand (Saarinen 1996). Allerdings verringert sich nach Day & Megonigal (1993) und Vretare et al. (2001) die C-Allokation in die Wurzeln und Rhizome, je stärker das Sediment reduzierende Bedingungen aufweist (vgl. auch Coops et al. 1996).

Wetzel (2001) fasst die ihm vorliegenden Produktionsdaten aus temperaten Seen und Teichen in folgender Weise zusammen: Submerse Makrophytenbestände erzeugen in oligotrophen Seen Trockenmassen von etwa 500 g m^{-2} a^{-1}, in eutrophen Seen bis zu 1000 g m^{-2} a^{-1}, während die emersen Helophyten der Sümpfe Werte zwischen 2000 und 4500 g m^{-2} a^{-1} erreichen (jeweils nur oberirdische Produktion).

Die Produktivität von Großseggenrieden erreicht zwar nicht ganz die der leistungsfähigsten Röhrichte, dürfte aber im Mittel ungefähr gleich hoch sein. In Polen fand Baradziej (1974) eine oberirdische Nettoprimärproduktion für ein Schlankseggenried von 550 g m^{-2} a^{-1}; Bestände mit viel *Iris pseudacorus* erreichten sogar 800 g m^{-2} a^{-1}.

c) Als falsch herausgestellt hat sich die frühere Annahme, dass Wasserpflanzen weniger von **Herbivorie** betroffen sind als terrestrische Kräuter und Gräser. Nach Lodge et al. (1998) verlieren Gewässermakrophyten im Mittel rund 30 % ihrer Jahresproduktion durch Fraßverluste, und zwar vor allem durch Vögel und Fische.

d) Ein erheblicher Teil der vom Phytoplankton erzeugten Primärproduktion wird von den Algen in Form gelöster Kohlenstoff-Verbindungen (DOC) wieder in das Wasser ausgeschieden, oft bis zu 20 % (Søndergaard & Schierup 1982, Brock 1984), wo sie Bakterien als Nahrungsquelle dienen. Diese werden von bakterienfressenden Protozoen konsumiert, deren Exudate und Fäzes wiederum von Bakterien aufgenommen werden. Kohlenstoff zirkuliert also im Gewässer zu einem erheblichen Teil nicht über die „lange Nahrungskette“ vom Phytoplankton bis zu den Wirbeltieren als den Endkonsumenten, sondern wird von den DOC-konsumierenden Bakterien sozusagen „kurzgeschlossen“ und in einem Kreislauf von autotrophen und heterotrophen Planktonorganismen gehalten (**microbial loop**, Abb. 9–25).

e) Entlang eines **Fließgewässers** verändert sich das Verhältnis von aufbauenden (Primärproduktion) zu abbauenden (Respiration) Prozessen von der Quelle bis zur Mündung in charakteristischer Weise. Im turbulenten Oberlauf wird eine große Menge allochthonen organischen Materials (z. B. das Laub der bachbegleitenden Bäume) eingetragen, sodass mehr abgebaut als von den Wasserpflanzen selbst produziert wird. Der Import an toter organischer Substanz aus der Umgebung trägt mit 50–99 % zur Kohlenstoff-Festlegung im Ökosystem des Bachoberlaufes bei, der Anteil der Gewässermakrophyten liegt meist unter 20 % (Allan 1995). Im Mittellauf spielt dagegen die autochthone Produktion durch die dichte Ufervegetation eine herausragende Rolle, während im Unterlauf infolge der intensiven Sedimentation feiner Partikel wiederum der Abbau vorherrscht. In stofflicher Hinsicht sind Fließgewässer also in vielfältiger Weise mit den Ufern und dem Umland verbunden.

Aufgrund dieser Zusammenhänge haben Vannote et al. (1980) das **River Continuum Concept** formuliert, das ein Fließgewässer als ein stofflich offenes System mit starken flussbegleitenden Gradienten in Produktion und Abbau auffasst. Nährstoffe zirkulieren nicht wie in Seen und terrestrischen Ökosystemen an Ort und Stelle, sondern Aufnahme, Inkorporation und Remineralisierung finden aufgrund des Transportes mit der fließenden Welle räumlich voneinander getrennt statt, die Nährstoffflüsse erfolgen sozusagen spiralförmig entlang des Flusslaufes („nutrient spiralling“, Newbold et al. 1981).

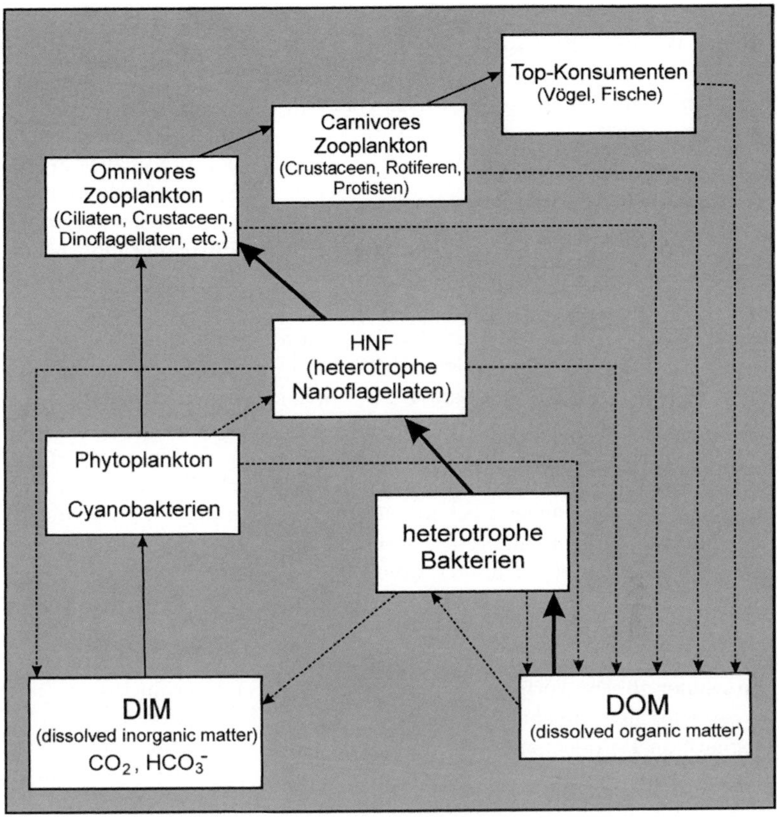

Abb. 9–25 Vereinfachtes Schema des limnischen Nahrungsnetzes in einem See mit Betonung des „microbial loop" (dicke Pfeile), in dem heterotrophe Bakterien gelöste organische Verbindungen aus dem Wasser konsumieren und diese Substanzen für höhere trophische Ebenen verfügbar machen. Nach Schwoerbel (1999), verändert.

9.6.2 Wasserumsatz

So produktionskräftige Pflanzenbestände wie die Schilfröhrichte haben auch einen lebhaften Wasserumsatz. In einem tschechischen Schilfbestand wurden maximale Transpirationsraten von 6,9 mm d^{-1} gemessen (Smid 1975). Koerselman & Beltman (1988) ermittelten in den Niederlanden Höchstwerte von 3,9 mm d^{-1}, Kiendl (1953) und Herbst & Kappen (1993) in Norddeutschland sogar von 16 bzw. 15 mm d^{-1}. Schilf erreicht regelmäßig Transpirationsraten, welche die der freien Wasserfläche um das 1,1- bis 3,4-Fache, im Extrem sogar um das bis zu 12-Fache übersteigen (Rodewald-Rudescu 1974, Price 1994 in Wetzel 2001). Dabei ist der Blattflächenindex kleiner als der vieler Wälder (s. Kap. 4.7.1.1 b), nämlich meist nur etwa 4 bis 5. Im Donaudelta erreichte die Transpiration eines Schilfröhrichts im Zeitraum März bis November 770 mm und die der Evaporation von der Wasserfläche weitere 580 mm, also weit mehr als der Niederschlag.

Das Schilf, die Teichbinse sowie die Rohrkolben-Arten sind ihrer Struktur nach litorale Helophyten (oder Amphiphyten), deren oberirdische Teile stark xeromorph werden und deren Stomata wie die vieler Landpflanzen luftfeuchtesensibel sind (Krolikowska 1975). Seerosen transpirieren nach Gessner (1951) zwar etwas weniger als manche Helophyten, aber ebenso viel oder mehr als die meisten Landpflanzen. Interessant ist, dass sie das oberseits abgegebene Wasser durch Hydathoden an der Blattunterseite aufnehmen oder durch Wurzeldruck aus ihrem Rhizom nachgeliefert bekommen. Ein durch Blattwasserdefizite aufgebauter Wasserpotenzial-Gradient spielt hier offenbar eine untergeordnete Rolle. Wird das Blatt der Seerose abgeschnitten und seine Spreite aus dem Wasser herausgenommen, so welkt es, auch wenn sein Stiel ins Wasser taucht. In Verbindung mit dem Rhizom bleibt es aber frisch, wenn die Luft nicht allzu trocken ist. Infolgedessen können Nymphaeaceen-Blätter ohne Schaden allmählich von der schwimmenden in luftumgebene Formen übergehen, wenn einmal der Wasserspiegel vorübergehend zu sehr sinkt. Viele andere Wasserpflanzen, besonders solche mit untergetauchten Blättern, vertrocknen dann rasch.

9.6.3 Nährstoffumsätze

a) Für die **Verfügbarkeit von Phosphor**, dem wichtigsten wachstumslimitierenden Nährelement in Binnengewässern, spielt der Zustand des Sedimentes eine zentrale Rolle. Wenn dessen Oberfläche oxidiert ist, wirkt es als effektive Phosphor-Falle, indem P als Fe(III) Hydroxophosphat (Fe(OOH)~P) ausgefällt wird. Sauerstoffmangel im Hypolimnion und reduzierende Bedingungen an der Sedimentoberfläche führen dagegen zur Reduktion von Fe^{3+} und zur Freisetzung von Orthophosphat (s. Kap. 9.8.1 a). Sinkt das Redoxpotenzial noch weiter, dann fällt zweiwertiges Eisen als FeS (Pyrit) aus und reißt daran gebundenen Phosphor mit; die P-Konzentration im Wasser nimmt nun wieder ab. Die Verfügbarkeit von P im Gewässer wird also entscheidend durch das Wechselspiel von P-Freisetzung aus dem Sediment und P-Fällung kontrolliert; bei Letzterer spielt neben der FeS-Fällung auch Calcit-Bildung im Zuge der biogenen Entkalkung eine entscheidende Rolle (s. Kap. 9.2.2). Das Gesagte gilt zumindest für kalkarme Gewässer; in kalkreichen ist P auch unter niedrigen Redoxpotenzialen fest als Apatit-Phosphor gebunden und daher stets schlecht verfügbar.

Wasserpflanzen beeinflussen den aquatischen **Phosphorkreislauf** in starkem Maße. Die Phosphoraufnahme des Phytoplanktons verringert den gelösten reaktiven Phosphor (SRP) im Sommer in vielen Seen bis unter die Nachweisgrenze (etwa 1 µg l^{-1}), was dessen Bedeutung als wachstumslimitierendes Element herausstellt. Daher ist der Umsatz von P durch die planktischen Nahrungsnetze außerordentlich rasch; der gesamte SRP-Pool kann innerhalb von Stunden im Gewässer zirkulieren (Mulholland et al. 1985). Wesentlich beschleunigt wird der Umsatz durch das Vorhandensein des microbial loop im aquatischen Nahrungsnetz (Kap. 9.6.1 d).

b) Auch Gewässermakrophyten können den Nährstoff- und im Besonderen den Phosphorhaushalt nachhaltig beeinflussen. Haben wurzelnde Makrophyten in einem See Fuß gefasst, beschleunigen sie in manchen Fällen dessen Eutrophierung, weil sie im Gegensatz zum Phytoplankton den reichen Nährstoffvorrat des Sedimentes nutzen. Nach dem Absterben der Blätter werden Phosphor und andere Nährstoffe dann in das Wasser abgegeben; man kann diesen Makrophyten-Effekt als **„autogene Eutrophierung"** bezeichnen (Granéli & Solander 1988). Mit dem Aufbau von viel Biomasse legen die Makrophyten jedoch auch viel P fest, sodass auch eine Verringerung der Nährstoffverfügbarkeit resultieren kann, wie das Auftreten von Klarwasserstadien in manchen Seen zeigt (s. Kap. 9.7.1 b).

Zu einer **„autogenen Oligotrophierung"** von Flachwasserseen tragen oligotraphente Makrophyten wie die Brachsenkräuter (*Isoëtes* sp.) und *Juncus bulbosus* insofern bei, als sie durch Sauerstoffausscheidung über ihr Wurzelsystem das Sediment oxidieren (Smits et al. 1990, Pedersen & Sand-Jensen 1992), nach Tessenow & Baynes (1978) unter *Isoëtes*-Rasen immerhin bis in Tiefen von 10 cm. Das Sediment behält dadurch seine Senkenfunktion für Phosphat; gleichzeitig wird der aerobe Abbau von Detritus begünstigt und die Bildung von organischen Seeboden-Sedimenten verhindert, die ihrerseits reduzierende Bedingungen und P-Freisetzung aus dem Sediment fördern würden (Vahle 1990).

9.7 Vegetationsdynamik

9.7.1 Saisonale und interannuelle Fluktuation

a) Die **jahreszeitliche Veränderung des Phytoplanktons** in den Seen der gemäßigten Zone gehört zu den am besten verstandenen Fallbeispielen von Vegetationsdynamik; sie soll hier deshalb kurz dargestellt werden. Nach der Kälte des Winters, die eine tief greifende Störung darstellt, wechseln sich im Wasserkörper 30 bis 100 Generationen von verschiedenen Phytoplankton-Organismen ab. Deren Sequenz kann als eine alljährlich wiederkehrende sekundäre Sukzession aufgefasst werden. In den eutrophen Seen Mitteleuropas folgt in der Regel auf ein Frühjahrsmaximum kleiner Algen ein Klarwasserstadium, bedingt durch den Fraßdruck des Zooplanktons, das im Hochsommer von einem zweiten Phytoplankton-Maximum großer, fraßresistenter Formen abgelöst wird (s. Abb. 9–26). Sommer et al. (1986) haben diese Dynamik für den Bodensee und vergleichbare Seen im „Plankton Ecology Group-Modell" der Sukzession des Phyto- und Zooplanktons zusammengefasst und eine kausale Erklärung geliefert.

b) Veränderungen im Wasserstand sind die wichtigste Ursache von starken **interannuellen Fluktuationen** in Biomasse und Zusammensetzung der Makrophytenvegetation, wie sie in manchen Flachwasserseen beobachtet werden. Veränderte Wasserstände beeinflussen das Lichtklima und die Wellenbewegung, aber auch den Gewässerchemismus, Faktoren, die alle für Makrophyten von großer Bedeutung sind (Neuhuber 1971, Schiemer 1979). Manche Flachwasserseen durchlaufen in Zeiträumen von 5 bis 20 Jahren sogar einen mehr oder weniger regelmäßigen Wechsel von Klarwasserphase mit reicher Makrophytenvegetation und einer Phase mit trübem planktonreichem Wasser und nur wenigen Makrophyten, ohne dass sich die Nährstoffeinträge geändert hätten (z. B. Blindow et al. 1993, Scheffer et al. 1993). Diese großen Schwankungen in der Makrophyten-Biomasse sind wahrscheinlich in erster Linie auf Lichtkonkurrenz zwischen Makrophyten und Phytoplankton zurückzuführen. Brönmark & Weisner (1992) erklären die beiden einander ablösenden quasi-stabilen Zustände des Ökosystems durch eine Kaskade von trophischen Interaktionen: Ein kalter Winter mit hoher Mortalität räuberischer Fische fördert planktivore „Fried"fische, die das Zooplankton dezimieren und damit das Phytoplankton fördern, mit der letztendlichen Konsequenz, dass die Makrophyten stark zurückgehen. Eine Dezimierung der planktivoren Fische in einem Jahr, die zu einem starken Grazingdruck durch das Zooplankton und zu klarem Wasser führt, kann nach dieser Hypothese ausreichen, um das System wieder in Richtung auf Makrophytendominanz zu steuern. Dichte Makrophytenbestände stabilisieren den Klarwasserzustand und unterdrücken erneute Phytoplankton-Blüten mittels mehrerer Mechanismen, insbesondere durch Beschattung, Reduzierung der Wasserbewegung und damit Erhöhung der Planktonsedimentation, und Begünstigung von Plankton-Grazern; wahrscheinlich sind auch allelopathische Effekte von Makrophyten (wie z. B. *Myriophyllum spicatum*) auf das Plankton bedeutsam (Körner & Nicklisch 2002, Hilt 2006). Vermutlich spielen Wasserstandsänderungen bei diesem Wechsel zwischen den zwei **„alternative stable states"** im See eine zentrale Rolle (Blindow et al. 1997).

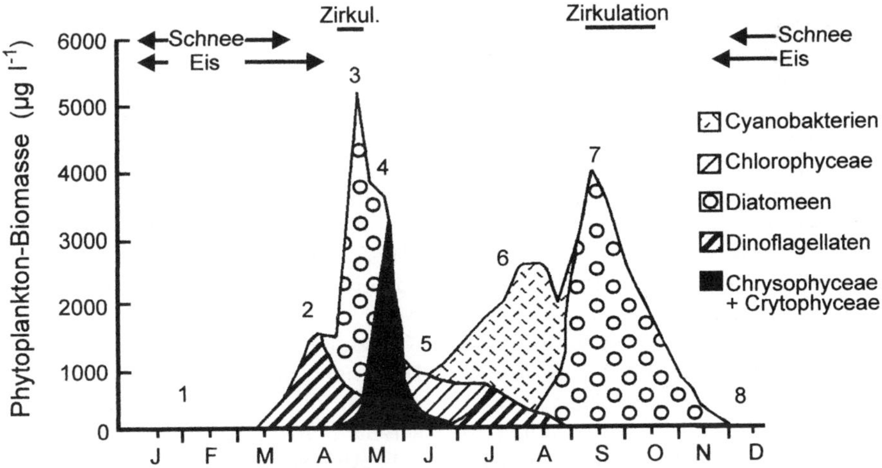

Abb. 9–26 Saisonale Sukzession wichtiger Phytoplanktongruppen im mesotrophen Erken-See in Südschweden. Nach Blomqvist et al. (1994, in Wetzel 2001). 1 und 2 = Mitt- und Spätwinterphase unter Eis, 3 = Diatomeenblüte während der Frühjahrszirkulation, 4 = beginnende Sommerstagnation mit P- und Si-Mangel und Blüte kleiner Flagellaten, 5 = sommerliche Klarwasserphase während der Stagnation mit intensivem Zooplankton-Grazing, 6 = spätsommerliche Blüte von Chrysophyceen, Cryptophyceen, Grünalgen und Cyanobakterien bei reduziertem Grazing-Druck, 7 = Herbstzirkulation mit Diatomeenblüte, 8 = beginnende Winterstagnation und Eis.

c) Wechselnde Abflusshöhen und winterliche Eisdrift führen in Flüssen zu oft starken **Veränderungen in der Ufervegetation von Jahr zu Jahr** (Kopecky 1969, Brux et al. 1988). Alle häufigen Makrophyten verfügen jedoch über erfolgeiche Anpassungen, seien es Turionen, schnell regenerierende Sprossfragmente oder langlebige Rhizome, um Biomasseverluste nach Katastrophen rasch auszugleichen. Artenzugänge erhalten Fließgewässer-Gemeinschaften, indem Helophyten durch vegetative Ausbreitung vom Ufer her einwachsen oder Hydrophyten aus dem Oberlauf eingeschwemmt werden (Wiegleb et al. 1989). Drift ist also nicht nur bei Fließgewässertieren, sondern auch bei Makrophyten von großer Bedeutung, zumal viele Fließwasser-Phanerogamen nach Hughes & Cass (1997) keine dauerhafte Diasporenbank besitzen.

9.7.2 Langfristige Dynamik und Sukzession in Seen

Die Mehrzahl der mitteleuropäischen Seen ist vergleichsweise jung und befindet sich in einer dynamischen Entwicklung in Richtung auf ein Verlandungsmoor oder verwandtes semiterrestrisches Ökosystem. Im Zuge dieser Sukzession reichern sich Nährstoffe im See an, weil sie mit den Zuflüssen in das Seebecken eingetragen werden. Gleichzeitig rückt der Seeboden im Laufe der Zeit durch Aufhöhung immer näher an das Epilimnion mit seinen Primärproduzenten heran; **der See eutrophiert auf natürlichem Wege**. In großen und tiefen Seen schreitet die Verlandung langsamer voran als in kleinen und flachen, weil ein größerer Sedimentationsraum vorhanden ist, in den die eingetragenen Partikel und Nährstoffe fortwährend entschwinden. Die Verlandung eines Sees wird gleichzeitig wesentlich von den Organismen selbst vorangetrieben, deren tote Biomasse allmählich den Seegrund füllt. Der im Sediment häufig auftretende Sauerstoffmangel behindert nämlich die Produktion der Wasserpflanzen in geringerem Maße, als er den Abbau von toter Biomasse hemmt, sodass sich am Seegrund organische Substanz anreichert (Xiong & Nilsson 1997). Seenverlandung ist also in den meisten Fällen zugleich eine autogene wie auch eine allogene Sukzession.

Beginnt die Seenverlandung in einer waldfreien Epoche, so dominieren zunächst anorganische Sedimentschichten allochthonen Ursprungs, auf die dann vor Ort entstandene organische Schichten folgen (Lang 1975). Biotische Aktivität trägt auch zur Sedimentation anorganischer Substanzen im See bei; am bedeutendsten ist die Calcitfällung, die durch intensive sommerliche Photosynthese des Phytoplanktons bedingt ist (s. Kap. 9.4.1) und die zur Bildung von Kalkmudden und Seekreide im Sediment kalkreicher Seen führt.

Die klare Zonierung der Litoralvegetation in vielen Seen mag dazu veranlassen, aus der räumlichen Abfolge auf ein zeitliches Nacheinander der Gürtel zu schließen, also ein gerichtetes Fortschreiten vom Stadium der Schwimmblatt-Gesellschaften über die Röhrichte zu den Bruchwäldern. Dass dies in den meisten Fällen nicht der Fall ist, zeigen zahlreiche paläolimnologische Untersuchungen an Bohrkernen aus verlandeten mitteleuropäischen Seen (z. B. Lang 1975, Grosse-Brauckmann 1974, 1976). Menschliche Eingriffe in die Landschaft wie auch natürliche Veränderungen in Klima und Hydrologie haben immer wieder den Sukzessionsverlauf der Seen beeinflusst. Auf lange Phasen der Eutrophierung folgen oft Abschnitte, in denen verstärkt oligotraphente Pflanzengesellschaften auftreten. Schilftorf kann so auf Erlenbruchwaldtorf folgen, weil der Wasserspiegel anstieg und den Wald ertränkte (Barth & Pott 2000).

9.7.3 Selbstreinigung von Gewässern als sekundäre Sukzession

Gelangt mit dem Abwasser organische Substanz in ein Gewässer, so werden die Ernährungsbedingungen für die heterotrophen Wasserlebewesen verbessert und eine Sukzession von abbauenden und mineralisierenden Organismen eingeleitet. In frischem Abwasser dominieren kohlenhydratabbauende Bakterien, dann folgen eiweißzersetzende und, bei ausreichender Belüftung, zuletzt nitrifizierende Bakterien (Schwoerbel 1999). Eine derartige heterotrophe Sukzession findet nach Abwassereinleitung in stehenden Gewässern als zeitliche Abfolge statt; in Fließgewässern wird aus dem zeitlichen Nacheinander eine Selbstreinigungsstrecke entlang des Baches oder Flusses, die aus verschiedenen Abbaustadien besteht. Im Verlauf der Sukzession verändern die Akteure des Abbaus die Qualität der organischen Substanz und die Konzentration an Sauerstoff und Nährstoffen im Wasser; dies beeinflusst auch die Wasserpflanzen. Die deutschsprachige Limnologie ordnet die Stadien dieses Abbauprozesses verschiedenen Gewässergüteklassen oder Saprobienstufen zu (s. Tab. 9–6), die mittels wasserchemischer Parameter und Indikatororganismen definiert werden (Friedrich 1990).

Abbildung 9–27 enthält wichtige chemische und biologische Parameter, die den Abbau von eingeleiteten organischen Abwässern in der Mettma, einem Mittelgebirgsbach im Schwarzwald, entlang einer rund 8 km langen Selbstreinigungsstrecke charakterisieren. Nach der Einleitung setzt ein rascher aerober Abbau der organischen Substanz ein, vor allem durch das Bakterium *Sphaerotilus natans* („Abwasserpilz"), der die polysaprobe Stufe kennzeichnet. Die Sauerstoffzehrung führt zu einer anoxischen Zone kurz nach der Einleitung, begleitet von der intensiven Freisetzung von NH_4^+ als erstem Produkt des Eiweißabbaus. Die im anoxischen Milieu geförderte Nitratatmung reduziert gleichzeitig die Nitratgehalte des Wassers. Erst nach 2 oder 3 km Fließstrecke ist die O_2-Zehrung so weit abgeklungen, dass wieder Nitrifikation (Ammoniumoxidation) stattfinden kann (α-mesosaprobe Stufe). Der Nährstoffreichtum begünstigt bachabwärts üppiges Pflanzenwachstum, das wiederum über die photosynthetische O_2-Produktion entscheidend zu einem schnellen Abbau des Sauerstoffdefizites beiträgt. Nur selten wird aber der Zustand geringer Belastung (oligosaprobe Stufe bzw. Güteklasse I) in einem verschmutzten Fließgewässer wieder erreicht, weil die mit dem Abwasser eingebrachten Nährstoffe teilweise im System verbleiben und die Eutrophie und Saprobie dauerhaft erhöhen; der Selbstreinigungsprozess endet daher meist bei der β-mesosaproben Stufe.

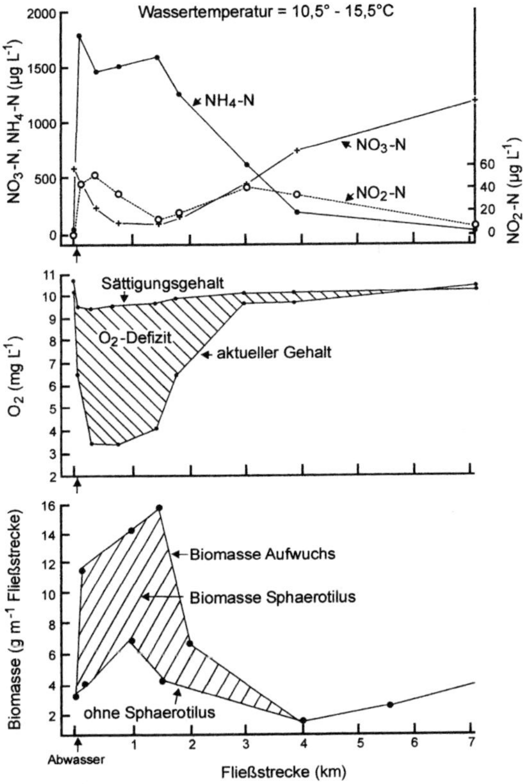

Abb. 9–27 Prozess der Selbstreinigung auf 7 km Fließstrecke in der Mettma, einem Mittelgebirgsbach im Schwarzwald, nach Abwassereinleitung durch eine Brauerei (Gehalte an Ammonium, Nitrit und Nitrat im Wasser, O_2-Gehalt und O_2-Defizit sowie Biomasse des „Abwasserpilzes" *Sphaerotilus natans* und von epilithischen Algen („ohne *Sphaerotilus*"). Nach Schwoerbel (1999).

9.8 Menschlicher Einfluss

9.8.1 Gewässereutrophierung

a) Die anthropogene Eutrophierung von Still- und Fließgewässern, also die Zunahme der pflanzlichen Primärproduktion aufgrund erhöhter Nährstoffeinträge, stellt eine der schwerwiegendsten, vom Menschen verursachten Störungen der aquatischen Ökosysteme dar. **Seen und Teiche** eutrophierten zwar über Jahrhunderte und Jahrtausende auch auf natürlichem Wege im Zuge der Verlandung (s. Kap. 9.7.2); eine stürmische Eutrophierung haben aber viele mitteleuropäische Still- und Fließgewässer erst durch die hohen Phosphoreinträge der letzten 50 Jahre erfahren. Die submersen Makrophyten des Litorals leiden bei Eutrophierung verstärkt unter Epiphytenbewuchs und der erhöhten Dichte des Phytoplanktons in der Wassersäule, die beide den Lichtgenuss schmälern (z. B. Jupp & Spence 1977). In vielen meso- bis eutrophen Teichen und kleinen Seen ersetzen schließlich Buckellinsendecken und artenarme *Ceratophyllum demersum*-Bestände die vielgestaltige Makrophytenvegetation; sie zeigen das **hypertrophe Stadium** an (Pott 1995).

Die stark gestiegene Biomasseproduktion eutrophierter Seen führt im Hypolimnion und Sediment zu verstärkter O_2-Zehrung sowie Methanbildung, Denitrifikation und Desulfurikation. Fischsterben durch Sauerstoffmangel oder Ammoniakvergiftung sowie Vogelsterben (z. B. durch Botulismus-Toxin) sind häufige Begleiterscheinungen. Gesteigerte P-Freisetzung aus dem Sediment führt überdies zu einer raschen Selbstverstärkung der Eutrophierung, bekannt als **„internal loading"**.

Eutrophierung erhöht nicht nur die Primärproduktion eines Sees insgesamt, sondern sie beeinflusst auch das Verhältnis der wichtigsten Primärproduzenten-Gruppen zueinander (vgl. Philipps et al. 1978, Wetzel 2001). In oligotrophen Flachseen fördert Nährstoffeintrag zunächst die submersen Makrophyten; mit steigender Eutrophierung profitieren aber die aufsitzenden Algen und das Phytoplankton stärker als die im Boden wurzelnden submersen Primärproduzenten. Oft sind die Epiphyten bei mittleren Trophieverhältnissen die produktivste Gruppe, während das Phytoplankton erst bei eutrophen Bedingungen maximale Produktivität erreicht. Bei noch weiter zunehmendem Nährstoffeintrag sinkt aber die Produktion des Planktons infolge Selbstbeschattung wieder ab. Anreicherung von organischer Substanz im Sediment begünstigt schließlich hochwüchsige, emerse Hydro- und Helophyten, die zumindest in flachen Seen die submersen Makrophyten ausdunkeln und im hocheutrophen Stadium am Ende verdrängen (s. Abb. 9–28).

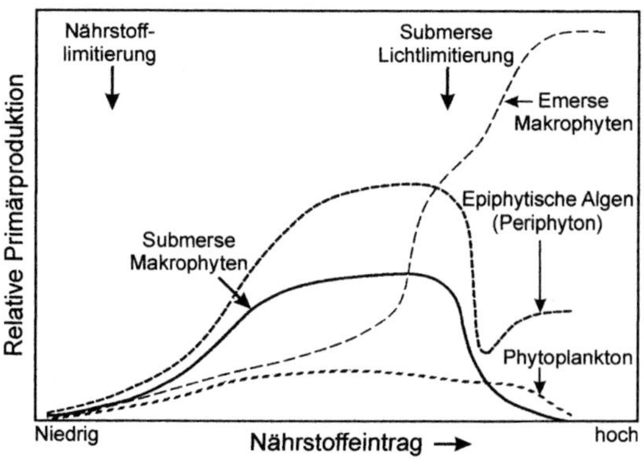

Abb. 9–28 Relative Veränderung der Primärproduktion durch Phytoplankton, epiphytische Algen sowie submerse und emerse Makrophyten in Seen mit zunehmendem Nährstoffeintrag. Schematisch, nach Wetzel (2001).

Die **Phosphoreinträge** stammen vor allem aus phosphathaltigen Waschmitteln, P-haltigen Haushaltsabwässern und aus der landwirtschaftlichen Düngung. Wagner (1976) hat die P-Frachten aus diesen Quellen in den Bodensee für den Zeitraum 1930 bis 1974, also vor der Umsetzung von Sanierungsmaßnahmen, in einem Modell berechnet (s. Abb. 9–29). Als Folge der stark gestiegenen Einträge nahm der gelöste Gesamt-Phosphor im Wasser von weniger als 10 µg l^{-1} vor 1950 auf rund 90 µg l^{-1} im Jahr 1980 zu (s. Abb. 9–30); gleichzeitig verdoppelte sich die Phytoplankton-Biomasse und Massenentwicklungen von Cyanobakterien traten auf. Luftstickstoff-Fixierer unter ihnen (z. B. *Anabaena* und *Aphanizomenon*) können als Indikatoren dafür dienen, dass das Ökosystem von einer P- zu einer N-Limitierung übergegangen ist. Der Bodensee wandelte sich in den letzten 50 Jahren zunächst von einem oligotrophen zu einem meso-eutrophen Gewässer (Kümmerlin 1998). Im Zeitraum von 1967 bis 1978 hat sich dementsprechend die Artenzusammensetzung der Makrophyten an dessen Ufern deutlich verändert (Lang 1981).

Durch erfolgreiche Abwasserreinigung und die Einführung von Phosphat-Ersatzstoffen in Detergenzien ist der P-Gehalt des Bodensee-Wassers bis 1998 wieder auf Werte unter 20 µg l^{-1} gesunken (Güde et al. 1998). Im Zuge dieser eindrucksvollen **Re-Oligotrophierung** breiteten sich auch die Characeen wieder aus. Allerdings blieben die Phosphatgehalte des Sedimentes unverändert hoch und im Hinblick auf die Stickstoffgehalte des Bodensees konnte bisher keine deutliche Verbesserung erreicht werden (s. Abb. 9–30).

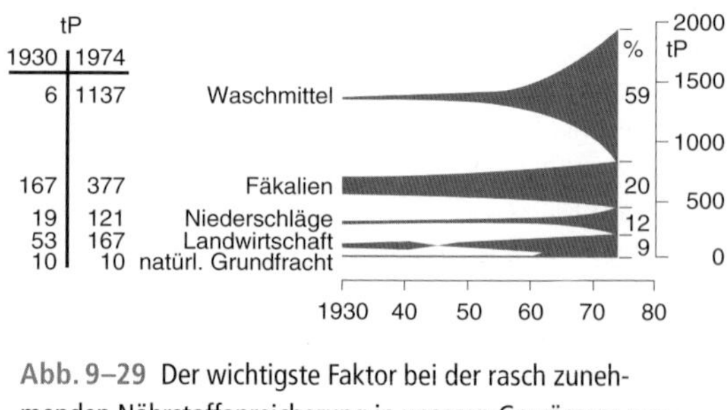

Abb. 9–29 Der wichtigste Faktor bei der rasch zunehmenden Nährstoffanreicherung in unseren Gewässern war der Phosphor. Die Herkunft der Phosphorzufuhren wurde für den Bodensee-Obersee von 1930 bis 1974 ermittelt. Nach Wagner (1976) aus Elster (1977).

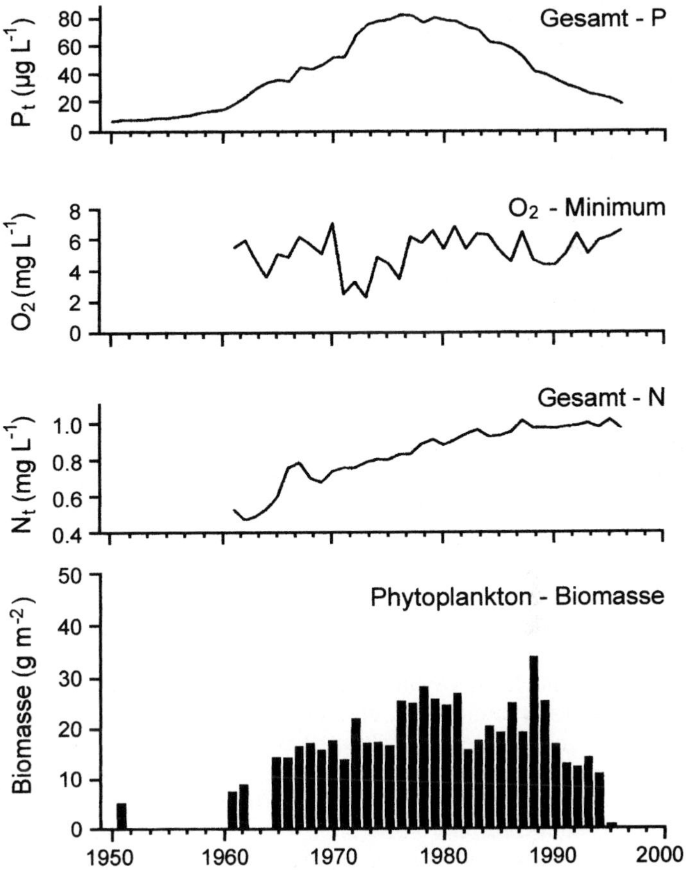

Abb. 9–30 Konzentrationen von Gesamt-P und Gesamt-N im Wasserkörper am Ende der winterlichen Zirkulation, des O_2-Minimums und der Phytoplankton-Biomasse im Bodensee im Zeitraum von 1950 bis 1998. Nach Güde et al. (1998).

b) Auch **Fließgewässer** sind von der Eutrophierung betroffen. Beispielsweise stieg im Mittelrhein bei Koblenz die Gesamt-P-Konzentration (gelöst und partikulär) bis 1970 auf knapp 700 µg l^{-1} an, um danach bis 1994 wieder auf unter 300 µg l^{-1} abzunehmen. Eine ähnliche zeitliche Entwicklung zeigte die NH_4-N-Konzentration (max. bis 1500 µg l^{-1}), während die NO_3-N-Gehalte weiterhin ansteigen (1994 3600 µg l^{-1}, Hamm 1996). Die Chloridfracht des Rheins hat sich, wie die vieler anderer Flüsse auch, durch Abwässer und den Kalisalzbergbau in den letzten 100 Jahren vervielfacht (Gerken & Schirmer 1995, Tittizer & Krebs 1996).

Als **Folge der Eutrophierung** gingen im Ober- und Mittelrhein zahlreiche Zeiger mesotropher Bedingungen zurück oder verschwanden ganz, so *Potamogeton gramineus*, *Callitriche obtusangula*, *Hottonia palustris*, die Wassermoose *Fissidens rufulus* und *Pachyfissidens grandifrons* und die *Chara*-Arten (Krause 1981, Philippi 1982). Heute herrschen in wenig bewegtem, nährstoffreichem Wasser *Sagittaria sagittifolia*, *Ceratophyllum demersum* und, in Ausbreitung begriffen, der Algenfarn *Azolla filiculoides* vor, in strömendem Wasser auch *Ranunculus fluitans* und *Potamogeton pectinatus* (Westermann & Scharff 1987/88). Bäche und kleine Flüsse „verkrauten" durch die Massenentwicklung von submersen Makrophyten und dichte Röhrichte von *Phalaris arundinacea* und *Glyceria maxima* siedeln sich an. Die Verkrautung von Fließgewässern kann man nach dem Literaturüberblick von Punzel (1993) am besten durch Beschattung, also durch Uferbepflanzung mit Auenwaldbäumen mindern oder ganz verhindern.

c) Verschiedene Autoren haben versucht, **Wasserpflanzen als Bioindikatoren** für die Trophie oder Saprobie von Gewässern einzusetzen (z. B. Husak et al. 1989). Sehr empfindlich reagieren insbesondere die untergetaucht lebenden Arten. Melzer (1994) und Schneider & Melzer (2005) haben verschiedene submerse Makrophyten oberbayerischer Seen in neun Kategorien von oligotraphent (1) bis eutraphent (5) eingeteilt (s. Tab. 9–15). Ein Zeiger für reines, aber kalkreiches Fließwasser sind beispielsweise die Armleuchteralge *Chara hispida* und das Bunte Laichkraut (*Potamogeton coloratus*; Kohler 1976, Melzer 1988). Die durch das Letztere charakterisierte Klarbach-Gesellschaft war früher im nördlichen Alpenvorland und im Schweizerischen Mittelland sehr häufig, ist aber im Laufe der letzten beiden Jahrzehnte bereits zu einer Seltenheit geworden. Nach Kohler (1976) und Trémolières et al. (1994) muss man als entscheidenden Faktor die **Konzentration an NH_4^+** ansehen, während der NO_3^--Gehalt des Wassers auch in *Potamogeton coloratus*-Bächen sehr hoch sein kann. Tatsächlich gelangt Ammonium in großen Mengen mit dem Abwasser in die Vorfluter, vor allem aus Siedlungen und aus viehwirtschaftlichen Betrieben. Verpflanzungsexperimente von Kohler et al. (1973) und Laborversuche von Glänzer et al. (1977) lassen annehmen, dass *Potamogeton coloratus* und andere Arten durch Ammonium (bzw. Ammoniak) insbesondere in alkalischen Gewässern direkt geschädigt und nicht durch Konkurrenten verdrängt werden.

Das Dichtblättrige Fischkraut (*Groenlandia densa*) ist weniger anfällig gegen Ammoniumeinwirkungen und findet sich vorwiegend in mäßig verschmutztem Flusswasser, stirbt aber im Laufe von Monaten ebenfalls ab, wenn man es in stärker belastete Abschnitte desselben Flusses pflanzt. Als besonders resistent gegen Abwasserbelastung von Fließgewässern erwiesen sich manche Wasserstern-Arten (*Callitriche* sp.). Da diese aber schwer zu bestimmen sind, eignen sie sich weniger gut als Indikatoren. Immerhin darf man ein reichliches Auftreten der Gattung bereits als Verschmutzungshinweis werten. Oft stellt sie die letzten höheren Wasserpflanzen, die noch in unseren Bächen ausharren (s. Grube 1975). In Stillwassern dürfen die auf der Wasseroberfläche schwimmenden Wasserlinsenarten fast durchweg als Verschmutzungszeiger gelten, namentlich die Buckellinse (*Lemna gibba*) und die kleine Wasserlinse (*L. minor*, s. Tab. 9–7).

Da außer Abwässern auch zahlreiche natürliche chemische und physikalische Faktoren auf das Artengefüge einwirken, ist es jedoch schwer, eindeutige Indikatoren für Gewässergüteklassen oder Saprobiestufen herauszuarbeiten. Auch die Gliederung von Melzer (1994) aus dem Alpenvorland hat wahrscheinlich eher regionale Gültigkeit; beispielsweise kamen Klosowski (1985, 1990) und Klosowski & Tomaszewicz (1989) in Polen und Trapp (1995) in Bremen zu teilweise abweichenden Einstufungen. In Niedersachsen kamen Weber-Oldecop (1969) und Wiegleb (1978) trotz ihrer breit angelegten und gründlichen Untersuchungen nur zu recht

Tab. 9–15 Indikatorgruppenwert ausgewählter Makrophyten für süddeutsche Stillgewässer. Nach Schneider & Melzer (2005). 1,0 = sehr sauber, 5,0 = stark verschmutzt.

Indikatorgruppenwert	Arten
1,0	*Chara hispida, C. polyacantha, C. strigosa, Potamogeton coloratus, Utricularia ochroleuca*
1,5	*Chara aspera, C. intermedia, Utricularia minor*
2,0	*Chara virgata, C. tomentosa, Potamogeton alpinus*
2,5	*Chara contraria, C. globularis, Nitella opaca, Nitellopsis obtusa, Potamogeton gramineus, P. natans, P. × zizii*
3,0	*Chara vulgaris, Myriophyllum spicatum, Potamogeton filiformis, P. perfoliatus, Utricularia australis*
3,5	*Myriophyllum verticillatum, Potamogeton berchtoldii, P. lucens, P. praelongus, P. pusillus*
4,0	*Hippuris vulgaris, Lagarosiphon major, Potamogeton pectinatus*
4,5	*Elodea canadensis, E. nutallii, Potamogeton crispus, P. obtusifolius, P. compressus, Ranunculus circinatus, R. trichophyllos*
5,0	*Ceratophyllum demersum, Lemna minor, Potamogeton mucronatus, P. nodosus, Sagittaria sagittifolia, Spirodela polyrhiza, Zannichellia palustris*

groben Gruppierungen. Beide fanden jedoch relativ enge Korrelationen zwischen dem Artengefüge von Stillwasser-Gesellschaften und der Alkalinität bzw. der damit eng verbundenen elektrischen Leitfähigkeit des Wassers. Unter sonst vergleichbaren Verhältnissen geht dieser Faktor annähernd mit dem Grad der Belastung durch Abwässer parallel, die ja nicht nur organisches Material, sondern auch basische Nährstoffionen mit sich führen.

Wiegleb (1978) fasst seine Erfahrungen in einer ökologischen Kurzcharakteristik zahlreicher Arten zusammen. Einen hohen Zeigerwert spricht er in Niedersachsen folgenden Gesellschaften zu:

- **Lemnetum gibbae** für phosphat- und mineralstickstoffreiche, insbesondere ammoniumreiche Gewässer;
- **Ceratophylletum demersi** für nitratreiche Gewässer;
- **Zannichellietum** für sehr kalziumreiche, phosphatbeeinflusste Gewässer;
- **Hottonietum** und **Stratiotetum** für kohlendioxidreiche Gewässer, die arm an N und P sind und in denen keine überhöhten pH-Werte vorkommen;
- *Potamogeton lucens*-**Gesellschaft** für ammoniumarme Gewässer;
- *Juncus bulbosus-Sphagnum*-**Gesellschaft** für sehr saure, bikarbonatfreie Moor- und Tagebaugewässer.

d) **Sulfateinträge** aus der Landwirtschaft und über die Atmosphäre können Gewässer eutrophieren, indem sie Phosphat aus dem Sediment freisetzen. Durch Reduktion im Sediment wird zudem S^{2-} gebildet, das bei Wasserpflanzen wie *Stratiotes aloides*, *Elodea nuttallii* und *Potamogeton pectinatus* zu Sulfidtoxizität führt (z. B. Van Wijck et al. 1992). Ist ausreichend Eisen im Sediment vorhanden, schwächt dieses die schädigende Wirkung von S^{2-} bei *Elodea* ab, nicht jedoch bei *Stratiotes* (van der Welle et al. 2007). In sulfat- und eisenreichen Gewässern überwächst daher die Wasserpest die Krebsschere und trägt möglicherweise zum Rückgang derselben bei.

9.8.2 Gewässerversauerung

Einträge von Säuren aus der Atmosphäre und aus ökosysteminternen Quellen haben in den letzten 50 Jahren nicht nur viele mitteleuropäische Wälder, sondern auch Seen und Fließgewässer nachhaltig verändert. Auf Säureeinträge reagieren Gewässer auf karbonat- und tonarmen Gesteinen besonders empfindlich, z. B. jene in den kristallinen Gebirgsstöcken von Schwarzwald, Bayerischem Wald, Erzgebirge, Harz und in den Zentralalpen (z. B. Bauer et al. 1988; s. Abb. 9–31). Die tiefsten pH-Werte wurden in ihnen bei rascher Schneeschmelze gemessen, bei der sich die während des Winters angesammelten Säure-Immissionen konzentriert auswirken. Nahe dem Quellbereich des Schedebaches im Harz beispielsweise hatte sein Wasser im April 1985 pH-Werte unter 3,0, normalerweise aber solche zwischen 3,5 und 4,5 mit Höchstwerten im Herbst (Wasserwirtschaftsamt Göttingen, Gewässer-Gütebericht, Duderstadt 1986: S. 38). Geringe **Pufferkapazitäten**, die sich in einer Alkalinität unter 100 µmol l^{-1} ausdrücken, besitzen auch viele Gewässer der Altdiluvial-Landschaften; Ähnliches gilt auch für weite Bereiche Nordeuropas.

Der Säureeintrag zehrt zunächst die Alkalinität auf, danach erfolgt eine pH-Absenkung, die z. B. auf Granit bis unter 4,5 fortschreiten kann. Karbonatgewässer sind dagegen von Versauerung praktisch nicht betroffen. So besteht in der Schweiz nur in wenigen Fällen die Gefahr, dass Seen durch saure Niederschläge wesentlich saurer werden; betroffen sind vor allem einige hochalpine Stauseen im Bereich kristalliner Gesteine. Auch in anderen Kalkgebieten Mitteleuropas sind die Seen genügend gepuffert. Als **pH-Zeiger** sind nach Arts (1990) insbesondere unter Wasser lebende Moose geeignet, weil sie ihren Schwerpunkt entweder im sauren oder alkalischen Bereich haben, z. B.

Sphagnum cuspidatum	3,6–**4,0**–5,2
Drepanocladus fluitans	3,6–**4,1**–5,8
Sphagnum denticulatum	3,6–**4,1**–5,8
Riccia fluitans	5,9–**7,2**–9,7
Fontinalis antipyretica	6,0–**7,6**–8,5
Calliergonella cuspidata	7,4–**8,2**–8,3

Mit der pH-Absenkung steigt die Mobilität von Al^{3+}-Ionen, die nicht nur toxisch wirken können, sondern auch Phosphat und Huminstoffe fällen (Baker & Christensen 1991). Versauerung von Seen ist daher in der Regel mit einer **Oligotrophierung des freien Wasserkörpers** verbunden (Lampert & Sommer 1999, Dokulil et al. 2001).

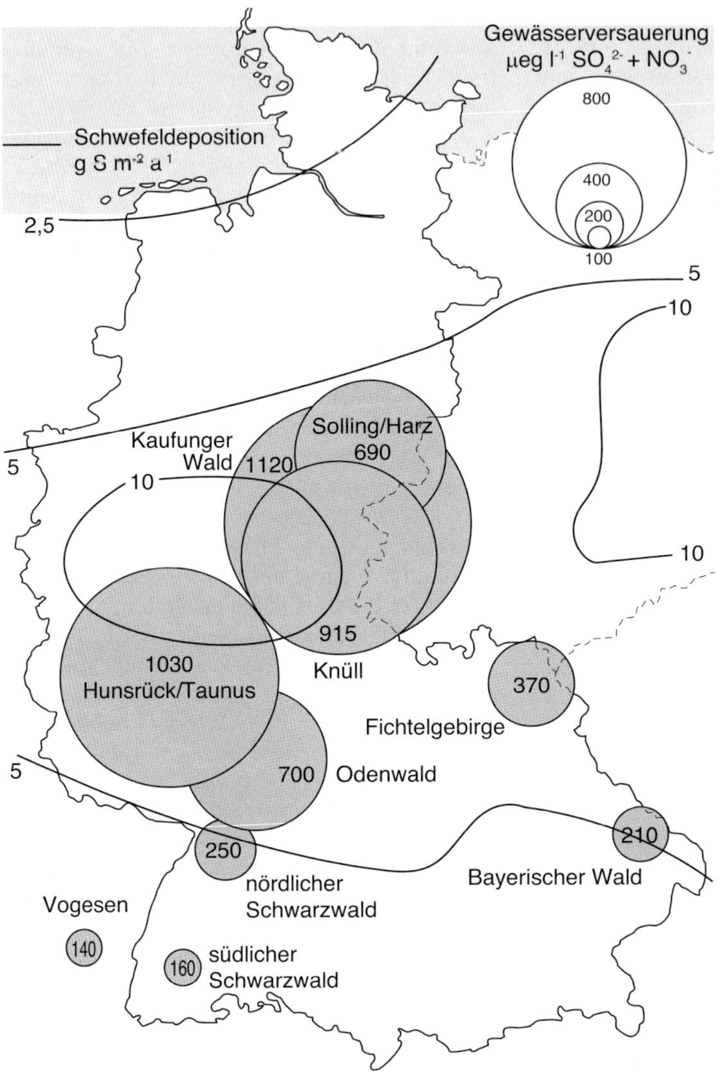

Abb. 9–31 Versauerung kleiner Fließgewässer in Westdeutschland während der Schneeschmelze 1983. Nach Schoen et al. (1984) aus Arndt & Kohler (1984), etwas verändert.
Die Zufuhr luftgetragener Schwefel- und Salpetersäure war im Einflussbereich der Industriegebiete am größten und wirkte sich beim Schmelzen der als Schnee angesammelten Niederschläge schubartig aus.

In subneutralen Seen verschwinden nach Krause (1997) bei einer pH-Absenkung von 6,5 auf 5,0 z.B. Makrophyten wie *Chara delicatula* und *Nitella flexilis* (vgl. auch Kohler & Tremp 1996). Auch in von jeher sauren, kalkarmen Seen wie dem Großen Arbersee im Bayerischen Wald nahmen nach Melzer et al. (1985) starke Säurezeiger offenbar zu, besonders solche mit den R-Zahlen 2 und 3. Gewinner sind vor allem die Torfmoose und *Juncus bulbosus*. Nach Grahn (1977) sterben Isoëtiden in versauerten Seen ab, weil sie zunehmend durch Aufwuchsalgen und Cyanobakterien-Matten besiedelt werden, die ihnen das Licht nehmen. Die Algen wiederum profitieren vom reduzierten Fraßdruck durch Herbivore im sauren Milieu (Lazarek 1985). Möglicherweise ist auch Magnesiummangel, verursacht durch die überlegenen Kationenaustauscher-Eigenschaften der Torfmoose, bedeutsam, der zur Vergilbung der Isoëtiden-Rosetten führt (Grahn et al. 1974).

Trotz deutlich sinkender Sulfatdeposition wurde bis heute keine nennenswerte **Entsauerung** in den Mittelgebirgsbächen auf saurem Gestein festgestellt (Alewell et al. 2001). Viel Sulfat bleibt in den Böden und Gewässersedimenten gebunden und wird nur langsam remobilisiert, sodass die Entsauerung sehr lange dauern kann (Raspe et al. 1998).

9.8.3 Schilfsterben

Der als „Schilfsterben" bezeichnete Rückgang von *Phragmites* an vielen Seen Mitteleuropas während der letzten etwa 50 Jahre hat offenbar sowohl natürliche als auch anthropogene Ursachen (Ostendorp 1989, Dokulil et al. 2001). Beispielsweise ging am deutschen Ufer des Bodensee-Untersees der Schilfgürtel von 1954 bis 1978 um 22 % zurück; seitdem erholt er sich wieder (Ostendorp 1991). Am bayerischen Chiemsee betrug der Rückgang von 1960 bis 1990 rund 40%, am Ammersee sogar 90 % (Kubin & Melzer 1997). An der Westberliner Havel reduzierte sich das Schilfröhricht von 1962 bis 1982 um 68 % (Sukopp & Markstein 1989).

Nach Ostendorp (1990, 1991) sind am Bodensee primär **hydrologische und meteorologische Extremereignisse** wie hohe Wasserstände im Sommer mit Überschwemmung der jungen Halme, Hagelschläge und die Anschwemmung von Algenmatten wirksam. Ostendorp (1993) diskutiert als Ursache auch verstärkte Fraßschäden am Aerenchym der Rhizome durch die Larven des Schilfkäfers (*Donacia clavipes*); unklar bleibt, ob der Fraß eine Folge von primären Schädigungen der Schilfpflanzen ist. Anderenorts, z. B. in Berlin, werden **verstärkter Wellenschlag** durch Motorbootverkehr, Strudelbildung an Uferbauwerken, Badebetrieb und Ablagerung von Schwemmgut und Algenmatten als Ursachen angenommen (z. B. Sukopp & Markstein 1989). Eutrophierung fördert die Bildung von Algenteppichen, die die anfangs noch weichen, austreibenden Halme abknicken und den Sauerstofftransport in die Rhizome unterbrechen, sodass diese absterben.

Klötzli (1971) u. a. machen außerdem die durch bessere Ernährung bewirkte geringere Ausbildung des Sklerenchymringes im Halm verantwortlich dafür, dass manche Röhrichte gegen mechanische Schäden anfälliger sind als früher. Paläolimnologische Untersuchungen belegen tatsächlich für Süddeutschland die Gleichzeitigkeit von **Eutrophierung** und Schilfrückgang (Kubin & Melzer 1997). Nach Bornkamm & Raghi-Atri (1986) ist vor allem Stickstoff bei bestimmten Schilfökotypen in dieser Hinsicht wirksam, weniger dagegen Phosphat. Klötzli & Züst (1973) fanden im Frischboden zusammenbrechender Bestände sehr viel NH_4^+ (s. a. Grünig 1980 sowie Bogenrieder 1990). Durch das früher übliche Mähen des Schilfs im Winter wurden die toten Halme entfernt und dichte, widerstandsfähige Bestände erzeugt (Leippert 1978). Armstrong et al. (1996) nehmen durch Toxine bedingte Kallusbildung und daraus resultierende Blockaden des Gas- und Gefäßtransportes im Schilmhalm als eine Ursache des Absterbens an. Zweifellos sind zahlreiche, oft lokal wirkende Faktoren am Schilfrückgang beteiligt; Eutrophierung dürfte die Anfälligkeit von *Phragmites* gegenüber diesen Stressoren erhöht haben (vgl. van der Putten 1997).

Im expandierenden Schilfgürtel des Neusiedler Sees treten nach Burian & Sieghardt (1979) immer wieder Lücken innerhalb des Bestandes auf, die an die Lückendynamik von temperaten Urwäldern erinnern und durch **natürliche Seneszenz** bedingt sind. Es sollte auch erwähnt werden, dass sich Schilf in vielen Feuchtwiesen- und Moorkomplexen ausbreitet, wenn Mahd oder Beweidung ausbleiben und dann den Naturschutz vor Probleme stellt (z. B. Güsewell et al. 2000).

9.8.4 Gefährdung und Schutz der Binnengewässer

Die flächendeckende Eutrophierung und der Ausbau der Fließgewässer stellen die schwerwiegendsten Gefährdungen der mitteleuropäischen Gewässervegetation dar. **Oligotrophe Seen und Teiche**, sowohl kalkarme als auch kalkreiche, und deren charakteristische Vegetation sind heute fast überall selten geworden. Alle Strandlings-Gesellschaften sind nach Dierssen (1983) in hohem Maße schutzbedürftig. Während der letzten Jahrzehnte nahm in Norddeutschland und den Niederlanden die Zahl der von LITTORELLION-Arten dominierten Seen stark ab. Vor allem *Lobelia dortmanna*, *Isoëtes lacustris* und *Littorella uniflora* gingen zurück.

Roelofs (1983) untersuchte 68 Gewässer, in denen nach 1950 noch *Littorella* herrschte. 1980 waren 53 davon ohne diese Art oder hatten nur wenige Restbestände. In 41 hatten sich untergetauchtes *Juncus bulbosus* oder *Sphagnum*-Arten ausgebreitet, vor allem infolge von Gewässerversauerung. In den übrigen 12 Gewässern hatten sich die Pflanzengesellschaften teilweise durch Eutrophierung des Wassers und des Sediments, vor allem infolge erhöhter Phosphatzufuhr, geändert. Hier wuchsen 1980 z.B. *Myriophyllum alternifolium* und *Ranun-*

Tab. 9–16 Floristische Veränderungen in verschiedenen Fließgewässern Niedersachsens im Zeitraum von 1946 bis 1986 nach Wiederholungsaufnahmen in 293 Probeflächen von R. Alpers und Herr und Mitarbeitern. Nach Herr et al. (1989); seltene Arten weggelassen.

	Anzahl der Vorkommen 1946	Anzahl der Vorkommen 1986	Veränderungen (%)
Sparganium emersum	130	131	+1
Elodea canadensis	125	99	−21
Potamogeton natans	118	62	−47
Sagittaria sagittifolia	109	92	−16
Nuphar lutea	105	68	−35
Callitriche hamulata	48	22	−54
Ranunculus aquatilis agg.	46	35	−24
Potamogeton perfoliatus	46	17	−63
Potamogeton lucens	42	21	−50
Callitriche platycarpa agg.	31	51	+65
Potamogeton crispus	27	27	0
Hydrocharis morsus-ranae	27	32	−19
Ceratophyllum demersum	22	21	−5
Potamogeton pectinatus	22	20	−9
Potamogeton compressus	21	1	−95
Ranunculus fluitans	19	11	−42
Myriophyllum alternifolium	18	8	−56
Potamogeton berchtoldii	16	34	+113
Hottonia palustris	15	10	−33
Fontinalis antipyretica	15	16	−7
Potamogeton polygonifolius	14	1	−93
Potamogeton alpinus	13	12	−8
Ranunculus circinatus	13	3	−77
Nymphaea alba	11	0	−100
Potamogeton friesii	10	4	−60
Eleocharis acicularis	10	6	−40

culus peltatus üppig, die nach Roelofs et al. (2005), anders als die Isoëtiden, von höheren Bikarbonat-Gehalten profitieren. In flachen, kleinen Seen nahmen Schwimmpflanzen wie *Riccia fluitans* und *Lemna minor* überhand, die den am Boden sitzenden LITTORELLION-Arten das Licht nehmen. In tieferen Seen vermehrten sich Planktonalgen sowie Epiphyten, die *Littorella* und ihre Begleiter zunehmend behinderten. Als **Maßnahmen zur Re-Oligotrophierung** wurden Pufferzonen im Uferbereich, das Abschieben von Schlammauflagen und, bei hohen Ammoniumeinträgen, die Einleitung von kalkhaltigem Grundwasser empfohlen, um der Versauerung und dem Torfmoos-Wachstum entgegenzuwirken (Arts & Buskens 1998). Bei Entschlammungs-Maßnahmen sollte auf den Erhalt der meist noch vorhandenen persistenten Samenbanken der Isoëtiden geachtet werden (Kaplan 1998).

Stark zurückgegangen sind auch andere Makrophyten-Gesellschaften oligo- bis mesotropher Stillgewässer, namentlich aus den Klassen CHARETEA FRAGILIS (z. B. Blindow 1992, Simons & Nat 1996), UTRICULARIETEA (z. B. Runge 1957, Hofmann 2001) und aus Teilen der POTAMOGETONETEA (z. B. Barthelmes 1978, Wium-Andersen 1974).

Eher noch dramatischer waren die Rückgänge in der Artenvielfalt und den Populationsgrößen der **Fließgewässer-Vegetation** seit etwa 1950. Von 25 Gefäßpflanzen und Moosen, die

1946 in niedersächsischen Fließgewässern noch relativ verbreitet waren, hatten 20 bis 1986 einen mehr oder weniger deutlichen Rückgang erfahren (Herr et al. 1989; s. Tab. 9–16). Fast zwei Drittel der untersuchten Gewässerabschnitte waren weniger artenreich oder hatten zumindest seltene Arten verloren. Großlaichkraut-reiche Gesellschaften wurden vielerorts durch Kleinlaichkrautreiche Bestände (einschließlich der *Potamogeton pectinatus*-Gesellschaft) ersetzt, worin sich vor allem die zunehmende Fließgeschwindigkeit und der instabilere Gewässergrund nach dem Gewässerausbau, aber auch Eutrophierung und zunehmender Lichtmangel spiegeln (Remy 1993 b). Toxische Abwasserkomponenten wie die Tenside dürften auch zu dem Rückgang beigetragen haben (z. B. Labus et al. 1977). Deutlich häufiger traten lediglich *Potamogeton berchtoldii*, *Callitriche platycarpa* agg. und *Hydrocharis morsus-ranae* auf. Viele Gewässerabschnitte wurde durch starke Eingriffe so gestört, dass die Makrophyten ganz verschwanden. Staustufen haben viele Fließgewässer-Abschnitte in stehendes Wasser verwandelt, sodass sie ökologisch den Stillgewässern ähneln. Wiegleb et al. (1991) schätzen, dass weniger als 1% der Tieflandsflüsse in Niedersachsen noch als unberührt gelten können. Das gleiche gilt auch für viele andere Gewässersysteme Mitteleuropas (z. B. Janauer 1981, Dykyjova et al. 1985, Kohler et al. 1987, Schütz 1992, 1996). Auch im Gebiet der Oberen Donau ist die Makrophytenflora in den letzten 100 bis 150 Jahren deutlich ärmer geworden (Schütz et al. 2005). Allerdings wurde zwischen 1967 und 2003 in ihren Quellbächen eine Zunahme der Artenzahl an Gefäßpflanzen und Wassermoosen festgestellt (Janauer 2005). Vorschläge zum Schutz und zur Restitution der Still- und Fließgewässer geben z. B. Wegener (1998) und Keddy (2000).

10 Moore

Moore sind vegetationsbedeckte Lagerstätten von Torfen, also von mehr oder minder mineralarmen Humusansammlungen, die zumindest während ihrer Entstehung wasserdurchtränkt waren und aus Mangel an Sauerstoff nicht stärker zersetzt werden konnten. Diese organischen Restmassen stammen entweder von Pflanzengesellschaften, die den heutigen ähneln, oder von früheren Vegetationsstadien, die bei der Verlandung von Gewässern oder der allmählichen Versumpfung mineralischer Böden vorangingen (Moore & Bellamy 1974, Succow & Joosten 2001). Entwässerte Moore tragen Pflanzenbestände, die keinen Torf bilden und nur noch teilweise oder gar nicht mehr an die natürliche Moorvegetation erinnern.

Die mitteleuropäischen Moore sind physiognomisch und floristisch außerordentlich mannigfaltig. Als Endstadium der Vegetationsentwicklung treten in vielen von ihnen Wälder auf. Diese „Bruchwälder“ werden in Kapitel 8 behandelt. Die meisten „Grasmoore“, und zwar in Gestalt von Röhrichten, Seggenrieden und verwandten Gesellschaften der Gewässerufer, sind Gegenstand von Kapitel 9. Auf die von Zwergsträuchern beherrschten „Heidemoore“ und Feuchtheiden werden wir schwerpunktmäßig in den Kapiteln 12 und 17 eingehen. Hier wollen wir uns auf die „Moosmoore“ konzentrieren, in denen Kryptogamen eine wichtige, in manchen sogar die dominierende Gruppe der Primärproduzenten stellen (s. Abb. 10–1). Allen genannten Formationen von den Bruchwäldern zu den Moosmooren ist gemeinsam, dass sie Torf bilden.

Abb. 10–1 Versumpfter Kiefernwald im Ausdehnungsbereich eines großen Wasserscheiden-Hochmoores in Estland, südwestlich von Narwa.
Die toten Stämme stocken in vergleytem, sandigem Podsolboden, das lebende Bäumchen links dagegen in der nassen, rasch anwachsenden Torfauflage.

Die gehölzfreien Gras- und Moosmoore könnte man im engeren Sinne als Moore bezeichnen; denn Bruchwälder werden von Laien oft nicht als Moore angesprochen und stocken, wie in Kapitel 8 dargelegt, durchaus nicht immer auf mächtigen Torfprofilen. Ebenso wie manche Moorheiden, Seggenriede und Salzrasen leiten sie zu den Anmooren über, d. h. zu sehr humusreichen, mineralischen Nassböden mit entsprechend intermediärer Vegetation.

10.1 Flora

In den mitteleuropäischen Mooren kommen ungefähr 200 Gefäßpflanzenarten vor, davon die größte Zahl in den basen- und kalkreichen Mooren (Knapp in Succow & Joosten 2001). Vergleichsweise artenarm sind die oligotrophsauren Hochmoore, in denen weniger als 40 Gefäßpflanzen regelmäßig auftreten und nur etwa 10 häufig sind (Aletsee 1967; s. Tab. 10–1). Keine der Gefäßpflanzen des Hochmoores kann nach Kinzel (1982) als obligate Hochmoorart gelten, sondern es handelt sich um hinsichtlich der Nährstoffversorgung wenig anspruchsvolle Pflanzen, die sich unter den Sphagnen zwar behaupten können, aber auch in oligotrophen Stufen von Niedermooren, in bodensauren Wäldern oder gar auf armen Heideböden vorkommen. Die Hochmoor-Phanerogamen haben – entsprechend dem azonalen Charakter ihres Lebensraumes – überwiegend boreale oder temperat-ozeanische Verbreitungsareale. Moose sind mit mehr als 100 und Flechten mit bis zu 100 Arten in den eigentlichen Moorlebensräumen vertreten. Unter den Ersteren sind insbesondere die Torfmoose (Gattung *Sphagnum*) mit rund 35 bis 40 Arten (je nach Artkonzept) und die Amblystegiaceae besonders artenreich vertreten. Für die nördliche Hälfte Deutschlands nennt Dierßen (1996b) 35 *Sphagnum*-Sippen, von denen 5 vergleichsweise häufig sind, 13 ehemals weit verbreitet waren, aber heute nur noch lokal vorkommen, und 17 Sippen, die von jeher selten waren.

10.2 Lebensbedingungen und standörtliche Gliederung

Da die Moore Produkte von Pflanzengesellschaften sind, läge es nahe, sie nach diesen zu benennen. Befriedigend ist eine pflanzensoziologische Charakterisierung aber nur bei Mooren im Naturzustand, und auch bei diesen stößt sie auf Schwierigkeiten. In den meisten Mooren leben mehrere bis zahlreiche Gesellschaften ungleichen systematischen Ranges nebeneinander. Da sie sich in Form von mosaikartigen Komplexen oder gürtelähnlichen Zonen zu höheren Ganzheiten zusammenfügen, erleichtert eine der vegetationskundlichen übergeordnete, genetisch-ökologische Moortypologie den Überblick.

10.2.1 Bildung und Zersetzung von Torfen

Für alle Moore kennzeichnend ist die Anreicherung von Torf, das sind organische Ablagerungen aus humifiziertem Pflanzenmaterial, die wassergesättigt sind und aufgrund von Sauerstoffmangel nur sehr langsam abgebaut werden. Torfe akkumulieren also nicht, weil die Produktivität der Moorvegetation so hoch ist, sondern weil Stoffproduktion und Mineralisierung zeitlich entkoppelt sind.

Torfe bilden sich entweder im Zuge der Verlandung von Gewässern durch sedimentierendes organisches Material oder durch Versumpfung terrestrischer Lebensräume. Aus der Seen-Verlandung entstandene **limnische Torfe** (Unterwassertorfe oder Mudden) enthalten nicht nur organische Sedimente von abgestorbenen Planktonalgen, Gewässermakrophyten und flutenden Moosdecken, sondern auch tonige und sandige Anteile. Je nachdem, ob die Sedimente in oligotroph-huminsäurereichen, eutrophen oder hypertrophen Seen entstanden sind, werden die Mudden als Dy (Braunschlamm), Gyttjen oder Sapropel (Faulschlamm) bezeichnet. In kalkreich-oligotrophen Seen sedimentiert Kalkmudde, die auch als Seekreide bezeichnet wird (s. Kap. 9.2.2); entsprechende Klarwasserseen sind heute allerdings in Mitteleuropa fast vollständig verschwunden.

Terrestrische Böden versumpfen und bilden Torfe, wenn vermehrt Grundwasser zufließt oder die Verdunstung etwa nach Absterben oder Rodung des Waldes verringert wird. Im Vergleich zu den limnischen Torfen sind diese an Ort und Stelle aufgewachsenen **semiaquatischen** oder **terrestrischen Torfe** ärmer an mineralischen Beimengungen. Je nach den vorherrschenden Torfbildnern unterscheidet man z. B. Groß- oder Feinseggen-, Schilf-, Torfmoos- oder Braunmoos-Torfe, die in unterschiedlichem Maße während ihrer Bildung mit dem Sauerstoff der Atmosphäre in Kontakt kamen (Succow & Joosten 2001).

Die Torfkörper der Moore lassen eine charakteristische vertikale Gliederung in den höherliegenden Akrotelm (Torfbildungs-Horizont) und den darunterliegenden Katotelm (Torfakkumulations-Horizont) erkennen, die durch die Eindringtiefe des Sauerstoffs bedingt ist. Der **Akrotelm** umfasst die nur wenige Zentimeter mächtige lebende Vegetationsschicht mit den photosynthetisch aktiven Torfmoosen und Gefäßpflanzen (euphotische Zone) sowie die darunterliegenden Torfschichten, die vor allem aus zunehmend stärker zersetzten und komprimierten Torfmoosresten bestehen (aphotische Zone und Verdichtungszone). Der Abbau findet hier vor allem aerob statt, weil noch genügend Sauerstoff vorhanden ist. Ivanov (1981) definiert die Untergrenze des Akrotelms durch die in langjährigen Beobachtungsreihen erkennbaren Tiefstwasserstände im Torfkörper.

Der wesentlich dichter gelagerte **Katotelm** ist ständig wassergesättigt und weist rund hundertfach geringere Abbauraten auf. Sauerstoff ist nur in kurzen Perioden, und auch dann nur in den obersten Horizonten verfügbar, sodass der mikrobielle Abbau der manchmal mehrere tausend Jahre alten Pflanzenreste fast ausschließlich anaerob mittels Milchsäure-Ethanol- oder Acetat-Gärung und Methanogenese abläuft. Das reduzierende Milieu wird durch die Anwesenheit von Schwefelwasserstoff und das schwarz gefärbte Eisensulfid angezeigt (vgl. Abb. 10–27). Nicht nur die Diffusion von Sauerstoff ist im tieferen, sehr dicht gelagerten Moorkörper behindert; auch die Leitfähigkeit von Wasser ist um das 10000-Fache ge-

Tab. 10–1 Gefäßpflanzen-, Moos-, und Flechtenarten auf Hochmooren des norddeutschen Tieflandes. In Anlehnung an Klaus Müller (1965) zusammengestellt. W = nur im Westen, O = nur im Osten, NO = im Nordosten. Alle Arten kommen auch außerhalb von Hochmooren vor![2]

	Gefäßpflanzen (31)		**Moose** (46) (L = Lebermoos)	**Flechten** (>17)
Bulte:				
häufig:	*Calluna vulgaris*		*Sphagnum rubellum*	*Cladonia macilenta* subsp. *floerkeana*
	Eriophorum vaginatum		*Polytrichum strictum*	*C. pyxidata*
öfter:	*Pinus sylvestris* (Krüppel)		*Sphagnum angustifolium*	*C. incrassata*
	Trichophorum cespitosum (W u. montan)		*S. capillifolium, S. molle*	*C. subulata*
			Dicranum bonjeani	*C. pleurota*
	Molinia caerulea (durch Entwässerung und Brand begünstigt)		*D. bergeri*	*C. fimbriata*
			Leucobryum glaucum	*C. glauca*
			Pleurozium schreberi	*C. arbuscula*
			Hypnum ericetorum	*C. mitis*
		L	*Campylopus pyriformis*	*Hypogymnia physodes* (Epiphyt)
		L	*Lophozia ventricosa*	
		L	*Mylia anomala*	
		L	*Calypogeia muelleriana*	
selten:	*Ledum palustre* (O)		*Sphagnum fuscum*	*Cladonia macilenta* subsp. *macilenta*
			S. subnitens	
			S. imbricatum[1]	*C. gracilis*
			Dicranum scoparium	*C. rangiferina*
		L	*Calypogeia neesiana*	
Bulte und Schlenken:				
häufig:	*Andromeda polifolia*		*Sphagnum magellanicum*	*Cladonia portentosa*
	Erica tetralix (W)		*Aulacomnium palustre*	*C. squamosa*
	Vaccinium oxycoccus	L	*Odontoschisma sphagni*	
	Eriophorum angustifolium			
	Narthecium ossifragum (W)			
	Drosera rotundifolia			
öfter:	*Empetrum nigrum*		*Pohlia nutans*	*Cladonia uncialis*
	Drosera intermedia		*Sphagnum fallax*	
		L	*Cephaloziella elachista*	
		L	*Gymnocolea inflata*	
		L	*Cephalozia connivens*	
		L	*Calypogeia sphagnicola*	
selten:	*Rubus chamaemorus* (NO)			*Cladonia cervicornis* subsp. *verticillata*
	Dactylorhiza maculata			
Schlenken:				
häufig:	*Rhynchospora alba*		*Sphagnum cuspidatum*	
			S. papillosum, S. tenellum	
			Cladopodiella fluitans	
		L	*Cephalozia planiceps* var. *sphagnorum*	
öfter:	*Drosera anglica*		*Sphagnum pulchrum*	
		L	*Kurzia pauciflora*	
		L	*Cephalozia bicuspidata* var. *lammersiana*	

selten:	*Rhynchospora fusca* *Carex limosa* *Scheuchzeria palustris*[1]	*Sphagnum balticum* *S. compactum*	
Kolke und Rüllen:			
	außerdem 11 Arten	außerdem 8 Arten	außerdem mehrere Arten

[1] früher wesentlich häufiger

[2] Überhaupt haben alle hier genannten Arten eine über Hochmoorstandorte weit hinausreichende physiologische Amplitude. Sie sind nur wenig konkurrenztüchtig und deshalb mehr oder minder stark auf Hochmoorstandorte konzentriert, an denen die meisten sonstigen Arten gar nicht Fuß fassen können. Durch Entwässerung und/oder Brand begünstigte Arten (z. B. *Molinia caerulea*) sind nicht berücksichtigt.

ringer, sodass tiefe Torfschichten nur geringe Wasserflussraten zulassen (Ivanov 1975). Der tiefere Katotelm ist ein kalt-stenothermer Lebensraum, der in nördlichen Breiten gefroren ist (Mooreis). Hochmoortorfe in Nordwestdeutschland lassen sich nach ihrer Farbe in eine obere, als **Weißtorf** bezeichnete Schicht aus wenig zersetzten Torfmoosen und eine tiefere, durch Huminstoffe dunkel getönte, stark zersetzte **Schwarztorf**-Lage differenzieren. Ersterer ist reicher an Fulvosäuren, Letzterer an Huminsäuren.

10.2.2 Oberflächenstrukturen und morphologische Moorgliederung

Seit Beginn der Moorkultivierungen unterscheidet man „Niedermoore" und „Hochmoore", deren Gegensatz besonders im nordseenahen Tiefland und im Alpenvorland in die Augen springt (s. Abb. 10–2 und 10–3). Diese Moorgliederung betont morphologische Merkmale, lässt aber entwicklungsgeschichtliche, hydrologische und chemische Aspekte außer Acht. Vor allem für ökologische Fragestellungen ist sie daher unbefriedigend. Die Oberfläche eines **Nieder- oder Flachmoores** folgt derjenigen des Grundwassers, ist also im Großen und Ganzen horizontal. **Hochmoore** sowohl im Tief- als auch im Bergland bilden sich dadurch, dass gewisse *Sphagnum*-Arten in großen schwammartigen Polstern über das allgemeine Grundwasserniveau emporwuchern. Die Mooroberfläche wölbt sich daher mehr oder minder deutlich über seine Umgebung empor und lebt allein vom Regen und Schnee. Daher lässt sich ein Hochmoor leichter entwässern als ein Niedermoor, das gegen seine Randzone niemals eine natürliche Vorflut besitzt. Niedermoore werden großenteils vom Grundwasser gespeist und konnten deshalb sogar in den trockensten Teilen Mitteleuropas, z. B. im Regenschatten des Harzes bei unter 500 mm Jahresniederschlag, entstehen.

Als **Zwischenmoor** (oder Übergangsmoor) werden meist Moorkomplexe bezeichnet, die morphologisch noch zu den Niedermooren gehören, aber oft in enger Nachbarschaft zu Hochmooren zu finden sind und sowohl entwicklungsgeschichtlich als auch hydrologisch Übergangsstadien zwischen beiden darstellen. Hinsichtlich der Wasserversorgung sind sie häufig teils ombrogener (von Regenwasser gespeist) teils soligener (von Mineralbodenwasser gespeist) Natur, wie dies für viele Aapa-Moore der borealen Zone typisch ist. In diesen werden die höhergelegenen Bulten und Stränge überwiegend vom Regenwasser, die nassen Flarken demgegenüber vom Grundwasser gespeist (Dierßen & Dierßen 2001). Die gründlichen Studien von Jensen (1961) an den Oberharzer Hangmooren haben das ökologische Gefälle vom mineralbodenwasserversorgten mesotrophen Niedermoor zum ombrotroph-oligotrophen Hochmoor mit dem vermittelnden „Zwischenmoorkomplex" dokumentiert (s. Abb. 10–4).

Der Begriff des Zwischenmoores wird in der Literatur jedoch sehr unterschiedlich verwendet. Manche Autoren verstehen darunter nur oligotroph-saure Kleinseggenriede im Kontaktbereich zu Hochmooren, die zu den SCHEUCHZERIETALIA gehören (Paul & Lutz 1941, Grosse-Brauckmann 1996; s. Kap. 10.3.1). Pott (1995) und Philippi (in Oberdorfer 1977) ordnen insbesondere den Verband CARICION LASIOCARPAE den Zwischenmooren zu. Demgegenüber benutzen Succow (1988) und Succow & Joosten (2001) den Ausdruck Zwischenmoor in einem viel breiteren Sinne, nämlich für alle mesotro-

Abb. 10–2 Blick vom Randgehänge eines Hochmoores in Oberbayern (mit Bergkiefern, Zwergsträuchern und Scheidigem Wollgras) auf die nasse, zwischen- und niedermoorartige Randzone und auf Bruchwälder in der Umgebung. In der Randzone herrscht das Schnabelseggenried (Caricetum rostratae).

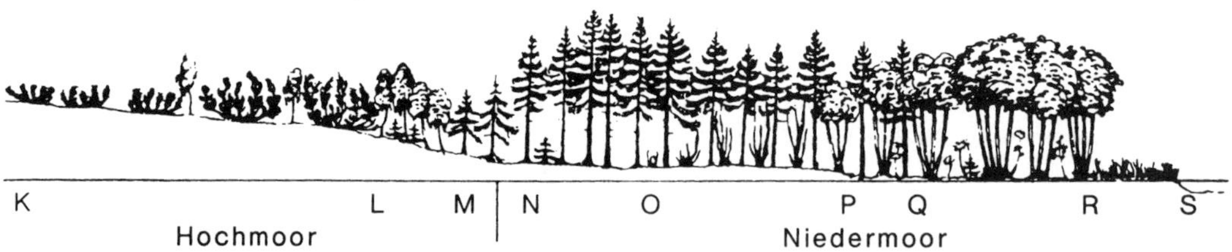

Abb. 10–3 Halbschematischer Schnitt durch ein alpennahes Hochmoor mit anschließendem Niedermoor südlich des Chiemsees (Bayern). Nach Leiningen (1907), etwas verändert. K–L = Hochmoor mit Bergkiefern und Birken; L–M = Birkenrandgehänge; N–O = Fichtenbruch; O–Q = Übergang zum Erlenbruch; Q–R = Erlenbruch; R–S = Verlandungsvegetation eines Sees (N–S = Niedermoor im weiten Sinn, d. h. einschließlich der Bruchwälder).

phen Moore, die in ihrer Stickstoffversorgung zwischen oligotrophen („Armmoore") und eutrophen Mooren („Reichmoore") stehen. Der Begriff wird also wechselnd für entwicklungsgeschichtliche, hydrologische oder trophische Übergangsstadien der Moore verwendet. Um Zweideutigkeiten auszuschließen, sollte dieser Begriff besser vermieden werden, wie dies bereits Sjörs (1950) und Jensen (1961) vorschlugen.

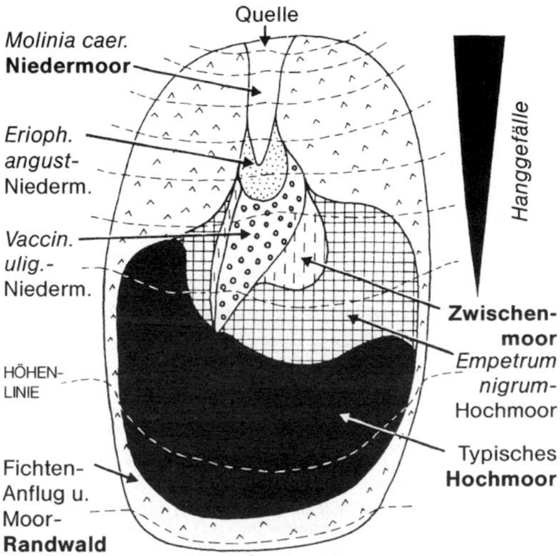

Abb. 10–4 Schema eines soli-ombrogenen Hangmoores mit Nieder-, Zwischen- und Hochmoor-Komplexen in der hochmontanen Fichtenstufe des Harzes (z. B. des Sonnenberger Moores an der Südabdachung des Großen Bruchbergs). Nach Jensen (1961), verändert. Die über undurchlässigen Quarziten entspringende Quelle war Anlass der Vermoorung, die also soligen, d. h. durch Bodenvernässung, begann. Obwohl das Quellwasser sehr sauer (pH unter 4) und nährstoffarm ist, führt es noch immer so viele Mineralstoffe zu, dass das Moor im oberen Teil gerade noch Niedermoor-Charakter hat. Hangabwärts wird das Wasser immer ärmer und am Ende ganz oligotroph (s. auch Tab. 10–5). Aus dem Pfeifengras-Niedermoor (mit *Molinia caeruleae)* wird ein Wollgras-Niedermoor (mit *Eriophorum angustifolium)* und schließlich ein Rauschbeeren-Niedermoor (mit *Vaccinium uliginosum),* das man bereits als Zwischenmoor bezeichnen könnte. Auf jeden Fall verdient der anschließende (von Jensen „Übergangs-Niedermoor" genannte) Streifen diesen Namen.
Im unteren Teil ist das Moor seit langer Zeit rein ombrogen, d. h. vom Regen versorgt. Im Krähenbeeren-Komplex erhält es noch gelegentliche Zuflüsse von „Mineralbodenwasser", das etwas anspruchsvollere Pflanzen begünstigt, im typischen Hochmoor nicht mehr. Da die Niederschläge in den letzten Jahrzehnten mehr und mehr Nährstoffe (besonders Stickstoff und Kalzium) mitbringen, dehnt sich der Krähenbeeren-Komplex neuerdings aus. Das Hochmoor könnte also seinen oligotrophen Charakter im oberen Teil mehr und mehr verlieren.

Morphologisch begründet sind auch die folgenden Hochmoortypen, die sich auf Gliederungsvorschläge von Osvald (1925), Overbeck (1975), Jenik & Soukopova (1992), Dierßen & Dierßen (2001) und Steiner (2005) stützen. In abnehmend baumfeindlicher Reihung sind dies:

1. Decken(hoch)moor = terrainbedeckendes Hochmoor
2. Plan-Hochmoor = Flach-Hochmoor
3. Plateau-Hochmoor = „echtes" Hochmoor
4. Kermi-Hochmoor = Schildhochmoor
5. Waldhochmoor

Das **Plateau-Hochmoor** ist in Mitteleuropa von Natur aus am häufigsten, besonders im Bereich der von Rotbuchen beherrschten Wälder in ebener Lage. Im Tiefland sind diese „echten" Hochmoore zwar weithin eben; sie wölben sich aber je nach ihrer Größe bis zu mehreren Metern über eine nassere Randzone empor, in der sich das vom Hochmoor abfließende Wasser sammelt und mit dem Mineralbodenwasser der Umgebung zusammentrifft (s. Abb. 10–2). Dementsprechend hat dieser nach schwedischem Vorbild als Lagg bezeichnete Randsumpf Niedermoorcharakter. Auch Gebirgshochmoore haben öfter einen Randsumpf, und zwar sowohl in Mulden und an Hängen als auch auf ebenen Flächen. Der größte Teil des eigentlichen Hochmoores ist im Naturzustand unbewaldet. Nur sein zum Lagg hin besser dräniertes „Randgehänge" trägt mehr oder minder geschlossene Baumbestände (s. Abb. 10–2 u. 10–3).

In dem zeitweilig recht trockenen Klima des östlichen kontinentalen Mitteleuropa können Bäume auch mitten auf Hochmooren Fuß fassen. Das bewaldete Randgehänge dehnt sich gewissermaßen so weit aus, bis das ganze Moor zu einem **Waldhochmoor** wird (s. Abb. 10–19). Sehr feuchtes und sommerkühles Klima dagegen bewirkt, dass sich überhaupt keine Bäume mehr auf dem Hochmoor ansiedeln, und begünstigt die Bildung terrainbedeckender, alles überwuchernder Hochmoore. Solche **Deckenmoore** kommen in Mitteleuropa nur andeutungsweise und nur in montanen bis subalpinen Lagen vor, so in den Vogesen und im Riesengebirge. Gut ausgebildet sind sie im ozeanischen Westen Europas, z. B. in kuppigem Relief in Irland.

Plan-Hochmooren fehlt im Gegensatz zu Plateau-Hochmooren das aufgewölbte Zentrum und das Lagg. Mehr oder minder sumpfige Heiden der Umgebung gehen ohne eine im Gelände hervortretende Grenze in das baumfreie Hochmoor über. Beispiele finden sich in Südschweden und Großbritannien. Das **Kermi-Hochmoor**, das dem Plateau-Hochmoor nahesteht, ist kennzeichnend für die boreale Zone.

Das Randgehänge geht jedoch anders als im Plateau-Hochmoor allmählich in die konvexe Hochfläche über (Dierßen & Dierßen 2001). Im ohnehin wenig waldfreundlichen hohen Norden Europas kommen noch zwei baumfreie Typen hinzu, das **Aapa-Moor** und das **Palsa-Moor**. In Ersterem finden sich neben durch Frost aufgewölbten Strängen, die Regenmoorinseln darstellen, Flarke mit Mineralbodenwasser-Versorgung. Palsa-Moore treten im Grenzbereich des arktischen Dauerfrostbodens auf. In ihnen hebt Bodeneis die Torfhügel oft meterhoch empor.

Nur die wenigsten Moore besitzen eine gleichmäßig ebene Oberfläche. Meistens wechselt die Torfmächtigkeit kleinräumig, sodass wassergefüllte Senken mit trockeneren, sich über den Moorwasserspiegel erhebenden, kleinen Hügeln abwechseln (s. Abb. 10–5). Ursache dieses Mikroformen-Mosaiks sind wahrscheinlich kleinräumige Unterschiede in den mittleren Wasserständen, durch die in enger Nachbarschaft zueinander verschiedene Moos- und Gefäßpflanzenarten zur Vorherrschaft kommen, die sich in ihrer Überflutungstoleranz, aber auch in den Torfbildungseigenschaften unterscheiden (s. Kap. 10.6.2).

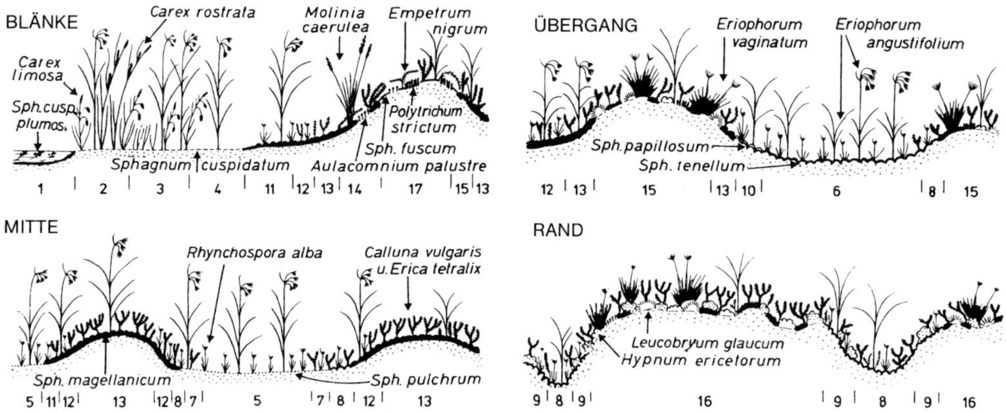

Abb. 10–5 Vegetations-Mosaike in verschieden feuchten Zonen der Esterweger Dose, ehemals einem der größten Hochmoore Nordwestdeutschlands. Nach Jahns (1969), verändert. Jeder der vier schematischen Schnitte ist 6 m lang und stark überhöht. Das Moor war zur Zeit der Aufnahmen bereits randlich entwässert worden und wuchs kaum noch als Ganzes empor. Die im Folgenden genannten Pflanzengesellschaften findet man stellenweise aber noch heute.
In der **Mitte** des Moores wechseln *Sphagnum pulchrum*-Schnabelried-Schlenken mit flachen *Sphagnum magellanicum*-Heide-Bulten. In einem Teil des Zentrums gab es bei ungestörtem Wasserhaushalt des Moores die sog. **Blänken**, d. h. dystrophe Tümpel, an deren etwas nährstoffreicherem Rand „Niedermoorpflanzen" wie die Schnabel- und die Schlammsegge, das Pfeifengras, die Krähenbeere sowie relativ anspruchsvolle Moose vorkamen. Sie entsprechen den Anfängen von Flarken in Kermi-Mooren (s. Abb. 10–10).
In der trockenen, vom ablaufenden Oberflächenwasser dränierten **Randzone** fehlten auch schon früher eigentliche Schlenken; auf den oft austrocknenden Bulten finden Wechseltrockenheits-Zeiger genügend Licht, z. B. das Weißmoos, das Heide-Astmoos und Strauchflechten.
Ein breiter **Übergangsbereich** zeigte intermediäre Verhältnisse, aber auch besonderen Charakter. Beispielsweise wurden hier die Schlenken von *Sphagnum tenellum* gebildet, und an ihrem Rand hielt sich stellenweise das ehemals moorbeherrschende *Sph. papillosum.* Die Ziffern verweisen auf die wissenschaftlichen Namen der zahlreichen Pflanzengesellschaften, die hier als Beispiele angeführt seien:
1 = Sphagnetum cuspidato-obesi; 2 = Cuspidato-Scheuchzerietum, *Carex*-Subass.; 3 = desgl., typ. Subass.; 4 = *Sphagnum cuspidatum-Eriophorum angustifolium*-Ges.; 5 = Rhynchosporetum sphagnetosum cuspidati, typ. Var., *Sphagnum pulchrum*-reiche Ausbildung; 6 = desgl., *Sphagnum tenellum-reiche* Ausbildung; 7 = desgl., Var. v. *Erica tetralix,* typ. Subvar., *Sphagnum pulchrum*-reiche Ausbildung; 8 = desgl., *Sphagnum tenellum*-reiche Ausbildung; 9 = desgl., Var. v. *Erica tetralix, Cladonia*-Subvar., *Sphagnum tenellum-reiche* Ausbildung; 10 = Sphagnetum papillosi, Subass. v. *Rhynchospora alba;* 11 = Sphagnetum magellanici, Subass. v. *Rhynchospora alba,* typ-Var.; 12 = desgl. Var. v. *Calluna vulgaris;* 13 = desgl., typ. Subass., Var. v. *Calluna vulgaris;* 14 = desgl., Subass. v. *Aulacomnium palustre,* Var. v. *Empetrum nigrum;* 15 = desgl., Var. v. *Eriophorum vaginatum,* typ. Subvar.; 16 = desgl., Subvar. v. *Cladonia portentosa;* 17 = Sphagnetum fusci, Ausbildung v. *Aulacomnium palustre.*

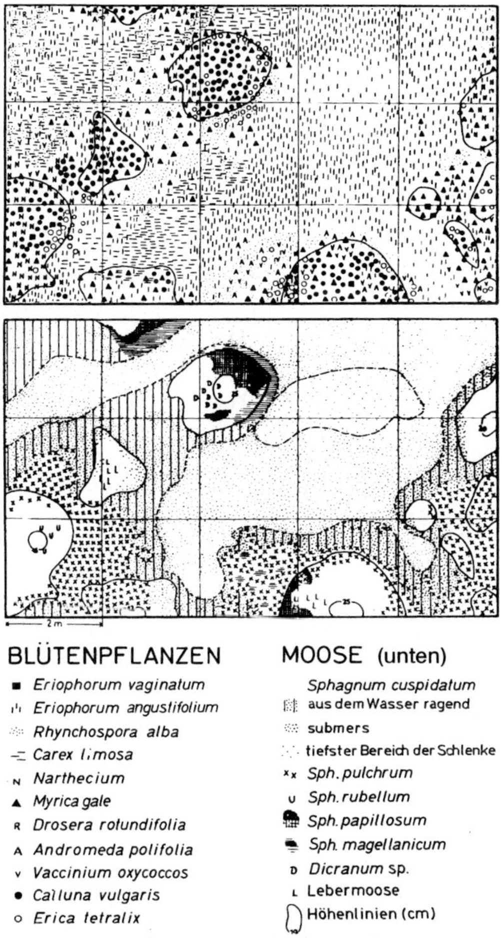

Abb. 10–6 Kartierungen der Blütenpflanzen und Moose eines 6 × 10 m großen Ausschnittes vom westlichen Ahlenmoor, südlich der Niederelbe. Nach Klaus Müller (1965), verändert (vgl. die Schnitte durch die Esterweger Dose, Abb. 10–5).

Am deutlichsten wird dieses Mikrorelief an typisch aufgewölbten Hochmooren. Bei größeren lebenden Hochmooren ist das Zentrum am nassesten, weil das Niederschlagswasser von diesem aus nur äußerst langsam zum Rande hin ablaufen kann. Hier entstehen stellenweise **Schlenken**, d. h. wassergefüllte oder doch stärker wasserdurchtränkte, seichte Dellen („hollows“), die von lebhaft grünen Sphagnen und eher spärlich von meist grasartigen Phanerogamen besiedelt werden. Selten sind diese Schlenken mehr als einige Meter breit und mehr als einige Dezimeter tief (s. Abb. 10–6).

Mosaikartig wechseln mit ihnen etwas höhere, kissenförmige Buckel von 0,5–3 m Durchmesser ab, die aus rötlichen, braunen oder gelblichen Sphagnen gebildet werden. Jeder dieser **Bulte** („hummocks“) stellt gewissermaßen ein Hochmoor im kleinen dar. Je nach seiner Lage zum mooreigenen Wasserspiegel wird er entweder von horstig wachsenden Wollgräsern oder Simsen oder aber von Zwergsträuchern besiedelt, die ihre Hauptverbreitung in Heiden haben (s. Abb. 10–7). Offensichtlich können manche dieser Phanerogamen erst Fuß fassen, wenn ihr Wurzelraum nicht mehr dauernd wasserdurchtränkt ist, sondern zeitweilig zumindest in den oberen Zentimetern durchlüftet wird. Als weitere Mikrostrukturen lassen sich phanerogamenreiche **Rasen** („lawns“) und von dichten Moosdecken gebildete **Teppiche** („carpets“) unterscheiden.

Moorkomplexe mit starkem Torfwachstum weisen geschlossene, mehr oder weniger ebene Torfmoosdecken auf, in denen Bulten und Schlenken weitgehend fehlen (**Wachstumskomplexe**). Moorränder sind dagegen oft durch zwergstrauch- und flechtenreiche hohe Bulten charakterisiert, während Schlenken selten sind. In Nordwestdeutschland dominieren in diesen **Stillstandskomplexen** häufig von der Glockenheide beherrschte Heide-Bulten-Gesellschaften

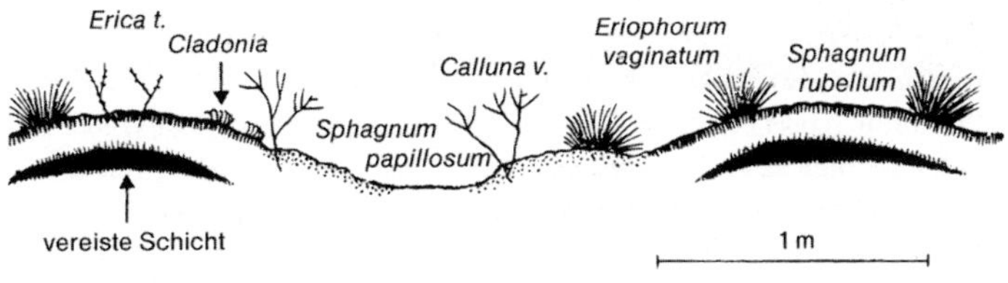

Abb. 10–7 Schematischer Schnitt durch *Sphagnum papillosum-rubellum*-Bulte eines atlantischen Hochmoores in den Ardennen Belgiens. Die Eislinsen unter den *Sphagnum rubellum*-Bulten wurden nach mehrtägigem Tauwetter am 27. Dez. 1949 festgestellt Sie sind viel weniger dauerhaft und werden weniger mächtig als in subkontinentalen Hochmooren. Nach Vanden Berghen (1951).

(Overbeck 1975). Zur Ruhe kommt hier das Torfwachstum wohl vor allem dadurch, dass ein Teil des Regenwassers infolge des stärkeren Gefälles vom Moor rascher abfließt und daher der Torfabbau begünstigt ist. Wo sich das abfließende Wasser in den Torf einschneidet, entstehen mancherorts reliefierte **Erosionskomplexe** mit nassen Rinnen und deren stärker dränierten Ufern, die den Baumwuchs sichtlich begünstigen. Den vom Wasser austrocknenden Torf kann der Wind angreifen und stellenweise wannenartig erodieren (Moorkarst).

Der trockenste Teil eines noch lebenden Hochmoores ist sein **Randgehänge**, das zum Lagg hin ziemlich steil abfällt und hier und dort von tiefen Abflussrinnen durchfurcht wird. Hier kann sich ein verhältnismäßig dichter Wald aus Birken oder Kiefern ansiedeln, der nur noch wenige Arten mit den *Sphagnum*-reichen Gesellschaften der übrigen Komplexe gemein hat (s. Abb. 10–2). Einzelne im Moorzentrum liegende Teiche (**Hochmoorkolke**) sind oft dadurch entstanden, dass der wasserdurchtränkte Hochmoorkuchen breiartig nach mehreren Richtungen auseinanderwich. In Verlandungsmooren sind diese Kolke dagegen oft als Restseen zu deuten (s. Abb. 10–8).

In den östlichen Mittelgebirgen sowie in Skandinavien und im Baltikum, also in relativ frostreichen Klimaten, trifft man auf den Hochmooren nicht selten größere Gruppen von mehr oder minder langgestreckten und in parallele Reihen geordneten Schlenken, die mit der sonst geschlossenen Moorfläche abwechseln (s. Abb. 10–9 und 10–10). Diese 1–4 m breiten Rinnen werden als **Flarke** bezeichnet, die durch 0,5–5 m breite, erhabene **Stränge** (finnisch Kermi) voneinander getrennt werden. Solche „Flarkkomplexe" sind typisch für viele der relativ stark emporgewölbten Schild- oder Kermi-Hochmoore im südlichen Skandinavien, im mittleren und südlichen Finnland, im Baltikum und in Weißrussland und Polen (s. Abb. 10–10). In der Regel folgen die Flarke etwa den Höhenlinien des stark emporgewölbten Moores. Sie entstanden wahrscheinlich durch zentrifugales Auseinanderweichen des durchnässten plastischen Torfkörpers und füllten sich großenteils mit Wasser. Sauerstofffreisetzung im Zuge der Wasserpflanzen-Photosynthese in den Flar-

Abb. 10–8 Großer dystropher Hochmoorkolk im Wildseemoor bei Kaltenbronn (Schwarzwald). Am windgeschützten Ufer vorn Wollgras-Schwingrasen *(Eriophorum angustifolium* und *Sphagnum cuspidatum)* und flutendes *Sphagnum cuspidatum*. Das gegenüberliegende Ufer ist durch Wellenschlag erodiert und nur von *Carex rostrata* schmal gesäumt. Der Bergkiefern-Moorwald tritt hier unmittelbar heran. Im Hintergrund Fichtenbruch.

Abb. 10–9 Flarkkomplex eines Kermi-Hochmoores bei Riga kurz nach der Schneeschmelze im Frühjahr (vgl. Abb. 10–10). An den südexponierten Ufern taut das Eis zuerst.

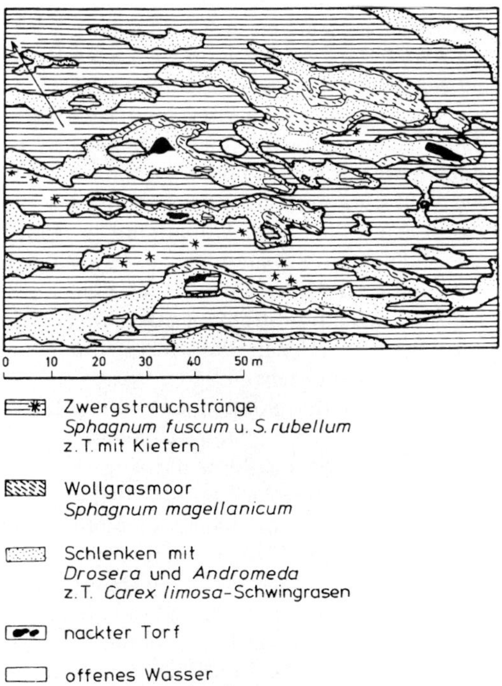

Abb. 10–10 Flarkkomplex eines Kermi-Hochmoores im Memeldelta. Nach Hueck (1934), verändert.

ken fördert den Torfabbau an dessen Rändern und trägt zu deren Vergrößerung bei.

Ein häufiges Phänomen wachsender, aber auch entwässerter Moore ist die saisonale Auf- und Abwärtsbewegung der Mooroberfläche um mehrere Zentimeter im Jahr, so im Königsmoor (Niedersachsen) um 1,5–3,0 cm. Diese wird vor allem durch Änderungen im gespeicherten Wasservolumen hervorgerufen und als **„Mooratmung"** bezeichnet (Overbeck 1975).

10.2.3 Makroklima und Moorbildung

Anders als Niedermoore sind Hochmoore an ausreichende Niederschläge und eine nicht zu hohe Verdunstung gebunden. Nach Gignac (1993) gedeihen Torfmoose nur dort, wo der Niederschlag größer als die Verdunstung ist. Der aus vielen Hochmoor-Sphagnen gebildete schwammartige Moorkörper kann also nur unter einem gemäßigt-humiden Klima kräftig in die Höhe und Breite wachsen. Zu hohe und heftige Niederschläge und übermäßige Feuchtigkeit sind dem Wachstum der Sphagnen allerdings abträglich. Gerade die am kräftigsten über den mooreigenen Wasserspiegel emporstrebenden „Bultmoose" (namentlich *Sphagnum magellanicum* und *S. fuscum*) können nicht gedeihen, wenn sie immer wieder längere Zeit unter Wasser gesetzt werden. „Echte" Hochmoore (Plateau- und Kermi-Moore) sind deshalb vor allem in **subozeanischem und montanem Klima** entstanden, d. h. in Südschweden, Südwestfinnland und in den weiter südlich gelegenen Randländern der Ostsee, im nordwestdeutsch-niederländischen Tiefland, auf den meisten Mittelgebirgen Zentraleuropas, im nördlichen Alpenvorland und in der montanen bis hochmontanen Stufe der randlichen Alpenketten.

Gutwüchsige Hochmoore gibt es in den Nordalpen nach Gams (1962) nur bis in etwa 500–800 m Höhe über dem Meeresspiegel. In den Zentralalpen liegt diese Grenze wegen der größeren sommerlichen Einstrahlung wesentlich höher, nämlich zwischen 1000 und 1800 m (Grünig et al. 1986). Ausreichende Wärme und Dauer der Vegetationsperiode ist also neben der Regenmenge eine zweite wichtige Bedingung für die Entstehung von Hochmooren.

Alle hochmoorreichen Gegenden haben aber ein relativ kühles Klima. Diese Tatsache scheint dem eben gesagten sowie dem experimentellen Befund zu widersprechen, dass Wärme das Wachstum der Torfmoose fördert. In Trockenperioden, wie sie in den wärmeren Teilen Europas immer wieder auftreten, begünstigen hohe Temperaturen aber die Zersetzung des Torfes und reduzieren zugleich die Wachstumsrate der Sphagnen, indem sie die Verdunstung und damit die oberflächliche Austrocknung des Moorkörpers erhöhen. Deshalb fehlen typische *Sphagnum*-Hochmoore in sämtlichen warm-kontinentalen Beckenlandschaften des Ostens und Südostens; das Niederschlagsminimum der Hochmoorbildung liegt ungefähr bei 620 mm. Auch in dem ausgesprochen sommertrockenen Klima Südeuropas kommt es nicht zur Hochmoorbildung, selbst dort nicht, wo die Jahressumme des Niederschlags weit über 1000 mm beträgt. Kühles Klima begünstigt die Hochmoorbildung also in erster Linie indirekt, indem es eine höhere und gleichmäßigere Luftfeuchtigkeit und verringerten Trockenstress für die Bultmoose mit sich bringt.

Je kälter und kürzer jedoch die Vegetationsperiode ist, desto geringer ist der Gesamtzuwachs der Moore. Oberhalb der Waldgrenze in den Gebirgen sowie in dem ausgeprägt borealen Klima des nördlichen Skandinaviens findet man infolgedessen keine eigentlichen Hochmoore mehr. Als wachstumshemmende Faktoren kommen hier zu der mangelnden Wärme noch die großen Schmelzwassermengen und die durch häufiges Gefrieren und Wiederauftauen verursachten Bodenbewegungen hinzu.

10.2.4 Mikroklima

Nicht nur in hydrologischer, auch in kleinklimatischer Hinsicht stellen Moore extreme Lebensräume dar (Schmeidl et al. 1970). Das gilt insbesondere für Hochmoore mit ihrem mächtigen Torfkörper. Bis weit in den Sommer hinein bleibt die wasserreiche Torfmasse gefroren oder doch sehr kalt (s. Abb. 10–7). Das liegt an der relativ großen Eismasse, die sich in ihr im Winter bildet, und der hohen spezifischen Wärme von Wasser, die eine sommerliche Erwärmung verzögert. Außerdem wirkt dabei die **geringe Wärmeleitfähigkeit** der *Sphagnum*-Polster und des Torfes mit, die im nassen Zustand rund 5-mal, im trockenen sogar mehr als 10-mal geringer ist als in nassem Sand (Geiger 1961). Deshalb können die oberen Zentimeter eines *Sphagnum*-Bultes bei mittäglicher Einstrahlung im Frühjahr schon sehr warm sein, während man in 10–20 cm Tiefe noch Eis findet. Selbst im Juni oder Juli können die Temperaturen in dieser Tiefe noch unter 10 °C, ja nahe an 0 °C liegen. Torfschichten in mehreren Metern Tiefe besitzen nur noch sehr geringe saisonale Temperaturschwankungen und weisen als **kalt-stenotherme Lebensräume** nur geringe Zersetzungsraten auf (Dierßen & Dierßen 2001). Niedrige Temperaturen und krasser Temperaturwechsel behindern aber, wie Firbas (1931) zeigte, die Wasseraufnahme fast aller Hochmoor-Phanerogamen kaum. Dies steht offenbar im Gegensatz zur Temperatur-Empfindlichkeit der Wasseraufnahme vieler krautiger Wildpflanzen außerhalb der Moore und auch der Kulturpflanzen, die meist schon bei 10 °C die Wasseraufnahme einschränken. Ursachen sind offenbar zum einen die mit der Kälte ansteigende Viskosität des Wassers, zum anderen temperaturbedingt reduzierte Membranpermeabilitäten in der Wurzel (Lyons et al. 1979).

Kultivierte Hochmoore sind besonders kalte Standorte und für frostempfindliche Feldfrüchte und Obstarten nicht geeignet. In der Umgebung solcher Moore wirkt sich ihr ungünstiger Wärmehaushalt so sehr aus, dass beispielsweise Aurich und andere zwischen entwässerten Hochmooren liegende Orte Nordwestdeutschlands trotz Küstennähe ein überraschend nachtkaltes Klima haben. Entwässerter Hochmoortorf ist nämlich wegen seines hohen Luftgehaltes ein weit schlechterer Wärmeleiter als nasser. Infolgedessen hält er die Winterkälte in seinen tiefen Schichten besonders lange, obwohl sich das Keimbett der Pflanzen bei Besonnung rasch erwärmt. In klaren Strahlungsnächten kommt es infolge der geringen Wärmenachleitung aus dem Unterboden leicht zu Bodenfrösten.

Verhältnismäßig „kontinental" ist das Kleinklima über oberflächlich abgetrockneten Torfmoosbulten auch insofern, als sich die Luft über ihnen bei Einstrahlung rasch und stark erwärmt. Über freiem Hochmoor maß Firbas (1931) dementsprechend eine nur etwa 20–30 % geringere Verdunstung als an Felshängen und anderen Trockenstandorten. Schmeidl (1964) hat in Chiemsee-Mooren an sonnigen Tagen an der Oberfläche nasser *Sphagnum*-Köpfchen 43 °C als Maximum gemessen, in den abgetrockneten, jedoch vitalen Köpfchen aber über 60 °C und auf nacktem trockenem Torf sogar 77 °C. Nachts sanken die Temperaturen beträchtlich. Das Torfmoos in wassergefüllten Schlenken erwärmte sich zur gleichen Zeit immerhin bis auf 36 °C. Schlenken besitzen daher im Vergleich zu Bulten ein „ozeanischeres" Mikroklima

(Schmidt 1997), das vor allem im Winter vergleichsweise warm ist und den Torf im Frühling rund einen Monat früher auftauen lässt.

10.2.5 Wasserregime und hydrologische Moortypen

a) Das Wasserregime als bestimmender Standortfaktor in Mooren beeinflusst nicht nur die Zusammensetzung der Vegetation maßgeblich, sondern auch das Verhältnis von Torfwachstum zu Torfzersetzung. In hydrologischer Hinsicht ist jedes echte **Hochmoor** ein Mikrokosmos, der diesen Namen viel eher verdient als etwa ein See. Denn sein Wasser verdankt es nur den Niederschlägen, und seine Nährstoffe werden gleichfalls aus der Luft herangeführt. Hochmoore werden daher als Regenwassermoore bezeichnet, in denen **ombrogene** Torfbildung stattfindet. Nach Kulczinsky (1949) ist vor allem der stagnierende Wasserkörper, also das weitgehende Fehlen von Fließen, entscheidend. Alle anderen Moortypen sind dagegen auf Zuflüsse aus dem Grund- und Oberflächenwasser angewiesen; ihre Torfkörper sind **geogenen** Ursprungs. Die Oberfläche der von Mineralbodenwasser abhängigen Moore passt sich dem Grund- und Quellwasserspiegel an und ist deshalb mehr oder weniger eben (Du Rietz 1954). Das typische Hochmoor dagegen liegt wie ein breiter Kuchen über einem verlandeten See oder über versumpftem Mineralboden (s. Abb. 10–28) und bildet einen mooreigenen, vom Grundwasser der Umgebung unabhängigen Wasserspiegel aus. Das ist auch dort der Fall, wo sich das Hochmoor noch nicht deutlich sichtbar über seine Ränder emporwölbt (s. Kap. 10.2.2).

Zuflüsse erhält der Moorkörper über den Niederschlag und durch Mineralbodenwasser (s. Abb. 10–11). Im Hochmoor umfließt zuströmendes Oberflächenwasser das aufgewölbte Moorzentrum und bleibt auf das Lagg beschränkt. Das Regenwasser fließt oberflächig aus dem Hochmoorzentrum heraus in Richtung auf das Randgehänge ab. Unregelmäßig stattfindender kapillarer Aufstieg kann allerdings in Trockenperioden auch in Hochmooren zum Eindringen von Mineralbodenwasser führen (Devito et al. 1997).

b) Andersartig ist das **Wasserregime der Niedermoore**, die durch Grund- oder Oberflächenwasser gespeist werden, welches aus der Umgebung ein- oder durchströmt. Sie weisen daher zahlreiche Pflanzenarten auf, die vom Mineralbodenwasser abhängig sind. Vor allem in Regionen mit geringer atmosphärischer Deposition ist die Grenze zwischen den vom Regenwasser und den vom Mineralbodenwasser ernährten Mooren eindeutig an dem Auftreten der „Mineralbodenwasser-Zeiger" zu erkennen (Okland et al. 2001, vgl. aber Wheeler & Proctor 2000). Aus diesem Grund ist die in den angelsächsischen Ländern übliche Unterscheidung zwischen **bog** (durch Regenwasser ernährtes Moor) und **fen** (durch Mineralbodenwasser ernährtes Moor) sinnvoll. Der Einfluss des basenreicheren Mineralbodenwassers hängt dabei vor allem von der Fließgeschwindigkeit und weniger von der Ionenkonzentraion und dem pH-Wert ab (Vitt et al. 1995), sodass Ruttner (1962) von der „eutrophierenden Wirkung der Strömung" sprach.

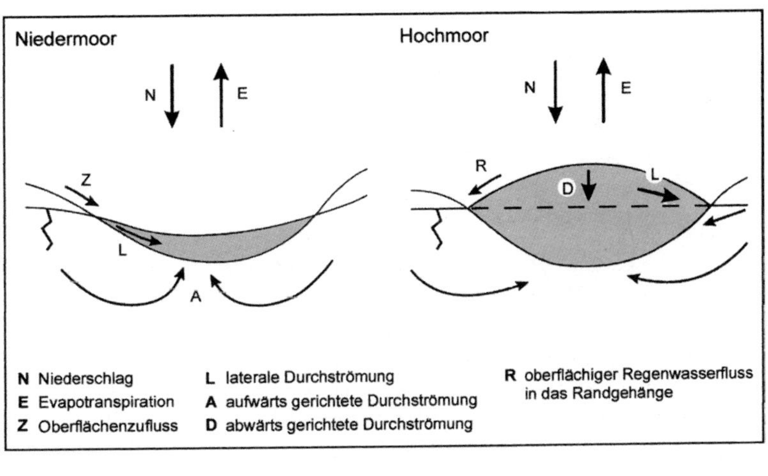

Abb. 10–11 Schema der Wasserbilanz eines Nieder- und eines Hochmoores mit den wesentlichen Wasserflüssen. Nach Streefkerk & Casparie (1989) in Dierßen & Dierßen (2001).

c) Weil der Wasserhaushalt die Lebensgemeinschaften und Ökologie der Moore entscheidend prägt, erscheint es sinnvoll, Moore nach ihrem Wasserregime und dem dadurch bestimmten Entwicklungsverlauf zu typisieren. Für Mitteleuropa wurde vor allem von Succow (1988) und Succow & Joosten (2001) ein System **hydrologisch-genetischer Moortypen** entwickelt, dem hier gefolgt wird (s. Abb. 10–13; vgl. auch Steiner 2005).

Versumpfungsmoore enstanden in humiden Klimaphasen seit dem Spätglazial mit ansteigendem Grundwasser, das zur Überstauung und Vermoorung auf mehr oder weniger ebenen Mineralbodenflächen führte. Dieser Moortyp ist in Mitteleuropa vor allem im diluvialen Tiefland weit verbreitet (s. Abb. 10–12) und tritt meist in eutropher oder meso- bis eutropher Ausprägung auf. Die vor allem von Schilfröhricht, Erlenbrüchen und Großseggenrieden gebildeten Torfe sind geringmächtig. Heute sind diese Moore meist entwässert und tragen Grünland.

Überflutungsmoore bildeten sich in den Flussauen sowie an den Küsten durch überströmendes Wasser und folgende Sedimentation von Auenton und Auenlehm, auf dem infolge Sauerstoffmangels schwere mineralreiche Torfe aufwuchsen. Die Wasserbewegung erfolgt überwiegend oberhalb des Torfkörpers, die Torfbildung diskontinuierlich während der Überflutungen. Derartige nährstoffreiche Standorte entlang der Flüsse werden von Großseggenrieden, Röhrichten und Erlenbrüchen besiedelt. Großflächige Überflutungsmoore entstanden auch im Zuge des nacheiszeitlichen Meeresspiegelanstiegs an den Nord- und Ostseeküsten. Heute liegen sie entweder am Meeresgrund oder werden von Salzmarschen bzw. landwirtschaftlich genutzten Grünländern eingenommen.

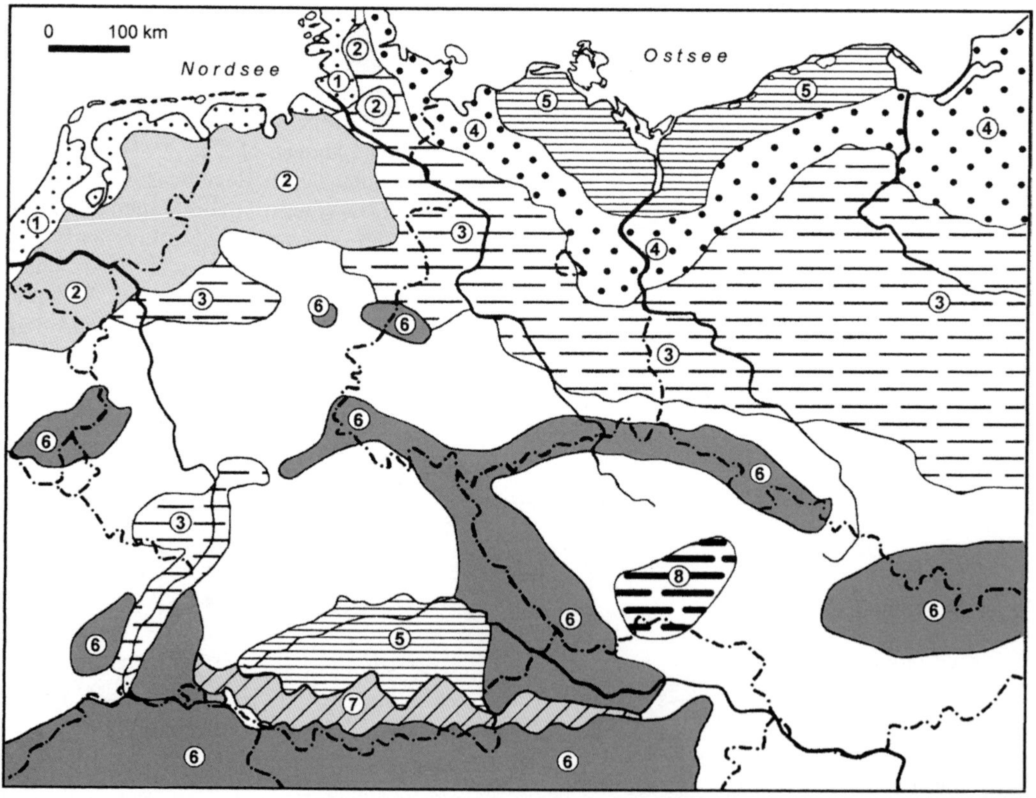

Abb. 10–12 Landschaftsgliederung Mitteleuropas nach den vorherrschenden hydrologischen Moortypen. Nach Succow & Jeschke (1990). Landschaften mit dominierendem Auftreten von Küsten-Überflutungsmooren (1), Tieflands-Regenmooren (2), Versumpfungsmooren (3), Verlandungs- und Kesselmooren (4), Durchströmungsmooren (5), Mittelgebirgs-Regenmooren und Hangmooren (6), Verlandungs- und Mittelgebirgs-Regenmooren (7) und Versumpfungs- und Hangmooren (8). Landschaften mit einem Mooranteil unter 1 % sind weiß dargestellt.

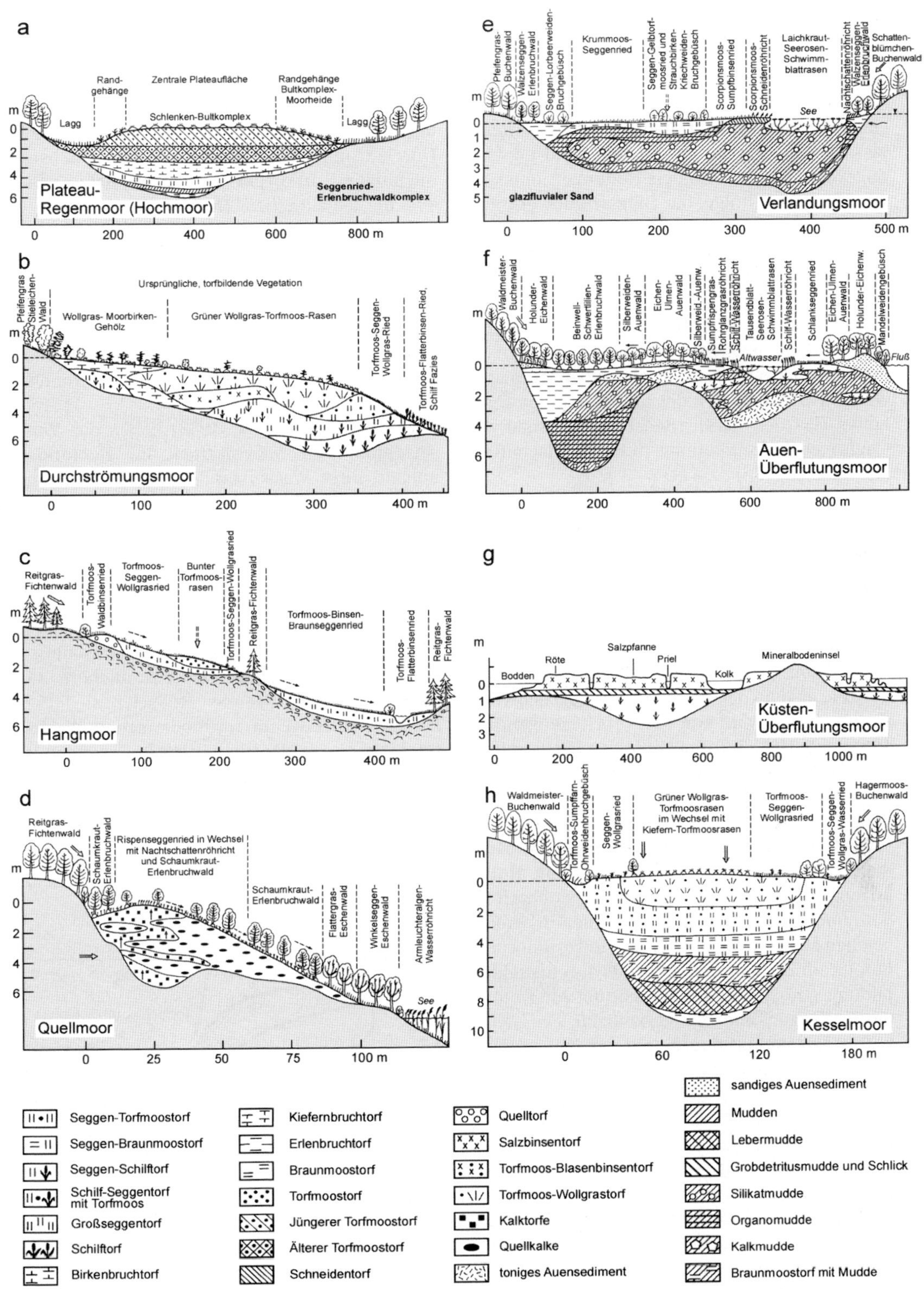

Abb. 10–13 Profilschnitte durch acht hydrologisch definierte Moortypen mit der charakteristischen Schichtung der Torfarten im Moorkörper und der zugehörigen Vegetationszonierung. Nicht dargestellt ist der Typ des Versumpfungsmoores. Beispiele überwiegend aus Nordostdeutschland (zusammengestellt nach Abbildungen in Succow & Jeschke 1990 und Succow & Joosten 2001).

Hangmoore sind primäre Moorbildungen der silikatischen Mittel- und Hochgebirge in geneigter Lage, die durch überrieselndes Hangwasser ernährt werden. Manche sind erst im Zuge der mittelalterlichen Rodungen entstanden, in deren Folge die Landschaftsverdunstung abnahm. Hangmoore wachsen in der Regel hangaufwärts mit der Folge, dass die älteren, tieferliegenden Moorkörper nährstoffärmer als die jüngeren, höhergelegenen sind.

Quellmoore sind kleinflächige Vermoorungen an Grundwasser-Austrittsstellen in der diluvialen Grundmoränenlandschaft und im Gebirge. Quelltorfe sind wegen des hohen Sauerstoffgehaltes des Quellwassers meist stark zersetzt, oft eisenreich und schlammig, in Kalklandschaften auch kalkreich.

Verlandungsmoore entstanden aus Gewässern, in denen aufgrund der pflanzlichen Produktion zunächst Mudden aus sedimentierendem Plankton und Gewässermakrophyten abgelagert wurden, die später vom Ufer her durch Torfe von Braun- und Torfmoosen sowie Seggen- und Röhrichtarten überlagert wurden. Oft handelt es sich um Schwingmoor-Verlandungen, also an der Wasseroberfläche schwimmende Torfe, die von den torferzeugenden Moosen und Gefäßpflanzen besiedelt werden. Je nach Nährstoffversorgung lassen sich oligo- bis eutrophe Verlandungsmoore unterscheiden.

Kesselmoore sind kleinflächige Moorbildungen in natürlichen, abflusslosen Hohlformen, wie z. B. eiszeitlichen Toteislöchern in den Jungmoränenlandschaften oder in vulkanischen Maaren. Meist begann die Vermoorung bereits am Ende des Spätglazials durch Muddebildung, gefolgt von der Ablagerung von Braunmoos-, Seggen- und Torfmoostorfen.

Durchströmungsmoore entstanden sekundär auf Verlandungs-, Versumpfungs-, Hang- oder Quellmooren als Folge zunehmenden Grundwasserzuflusses. Charakteristisch ist ihre Entstehung an den Talrändern großer Tieflandsflüsse mit Wasseraustritt, das den leicht geneigten Moorkörper durchströmt. Mit zunehmender Entfernung vom Talrand kommt es durch Ionenaustausch im Torfkörper zu fortschreitender Verarmung an Nährstoffen und zu zunehmender Versauerung. Das wahrscheinlich größte Durchströmungsmoor Mitteleuropas ist die Biebrza-Niederung in Nordost-Polen (Succow 1988).

Regenmoore sind nur durch Niederschlagswasser versorgte (ombrogene) Moore humider Regionen, die sich aus Hang-, Kessel- oder Durchströmungsmooren durch Aufwachsen mächtiger Torfkörper entwickelt haben. Sie sind die „eigentlichen" Hochmoore.

Kondenswassermoore entstehen kleinflächig am Fuß von Blockschutthalden im Gebirge, wenn eintretende Luftmassen sich am Gestein abkühlen und auf diesem fortlaufend Kondenswasser abscheiden (Steiner 1992).

Wesentliche Eigenschaften dieser hydrologisch definierten Moortypen werden in Tabelle 10–2 zusammengefasst.

Dierßen & Reichelt (1988) haben das Wasserregime von Mikroformen im Hochmoor anhand ihrer Wasserstands-Dauerlinien untersucht (s. Abb. 10–14). In den Schlenken stand das Wasser im Mittel 0–20 cm hoch, in den dicht geschlossenen Moosdecken des „Teppichhorizontes" am Rande der Schlenken dagegen etwa 10 cm unter Flur. Noch trockener war im Durchschnitt der stärker von Phanerogamen (vor allem Cyperaceae) geprägte Rasenhorizont (–20 cm) und die von Zwergsträuchern und austrocknungsertragenden Moosen besiedelten Bulten (–40 cm). In torfmoosreichen Wachstumskomplexen darf man daher im Flächenmittel mit Wasserständen zwischen 15 und 40 cm unter Flur rechnen. Für die Moorvegetation bedeutsam sind aber nicht nur mittlere Wasserstände, sondern auch das Schwankungsregime

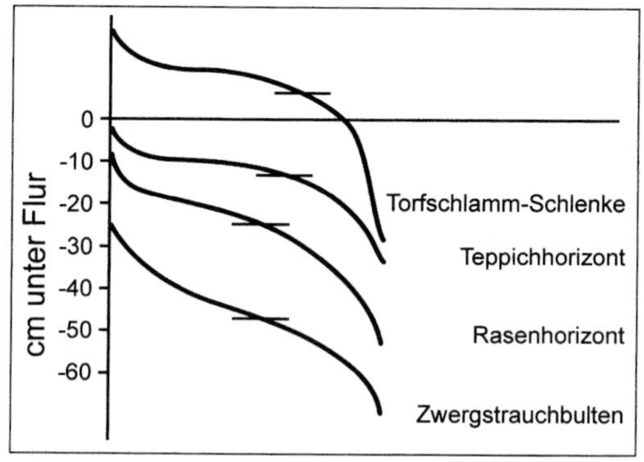

Abb. 10–14 Grundwasser-Dauerlinien von vier Moor-Mikroformen. Der höchste Wasserstand des Jahres entspricht dem linken Ende der Kurve, der tiefste dem rechten, der Mittelwasserstand der horizontalen Linie; die Länge der Kurve gleicht 365 Tagen. Man beachte das gelegentliche starke Austrocknen auch der Schlenken, das die Produktivität der Schlenken-Torfmoose stark behindert. Nach Dierßen & Reichelt (1988) in Dierßen & Dierßen (2001).

Tab. 10–2 Kennzeichnende Eigenschaften der wichtigsten hydrologischen Moortypen und deren relative Flächenanteile in Deutschland. Nach Succow & Joosten (2001).

	Verlandungsmoor	Überflutungsmoor	Versumpfungsmoor	Durchströmungsmoor	Quellmoor	Hangmoor	Kesselmoor	Regenmoor
Wasserspeisung	aus Gewässer	periodische Überflutung	Grundwasseranstieg	fließendes Grundwasser	Quellwasser	Hangzulaufwasser	zusammenlaufendes Mineralbodenwasser	ausschließlich Regenwasser
Wasserbewegung	gering	oberflächlich	gering	rel. stark	stark	rel. stark	gering	mittel
Torfwachstum	mäßig bis stark	gering	gering	stark	mäßig	gering bis mäßig	stark bis sehr stark	stark
Zersetzung	mäßig	stark	meist stark	meist gering bis mäßig	meist stark	mäßig bis stark	gering bis mäßig	gering bis mäßig
Mooroberfläche	eben	uneben, reliefreich	eben	schwach geneigt	geneigt oder kuppig	stark geneigt	eben	meist uhrglasförmig gewölbt
Hauptsächliche Vorkommen	in Senken und Tälern	entlang von Tieflandsflüssen	Altmoränen-Landschaften	Flusstäler d. Jungpleistozäns	Hangfußlagen	Hänge	Kessellagen d. Jungpleistozäns	regenreiche Gebirge oder Küsten
Vorherrschende torfbildende Veget.	Röhrichte (z.T. Schwingrasen)	Röhrichte, Bruchwälder	Röhrichte, Bruchwälder	Braunmoos-Seggenriede	Bruchwälder	Torfmoos-Seggenriede	Torfmoosrasen	Torfmoosrasen
Flächenanteil (in %)	ca. 15	ca. 5	ca. 30	ca. 25	< 1	ca. 1–2	ca. 1–2	ca. 20

und die hiermit verbundenen Veränderungen im Redoxpotenzial (de Mars & Wassen 1999).

10.2.6 Nährstoffversorgung und trophische Moortypen

Vom reichen, eutrophen Niedermoor bis zum armen oligo- oder dystrophen Hochmoor gibt es mehrere chemische Gradienten, mit denen sich die Nährstoffversorgung der Moorpflanzen charakterisieren lässt. Das ist zunächst die Versorgung mit Stickstoff und Phosphor, weiterhin der pH-Wert, der Elektrolytgehalt des Moorwassers, die Basensättigung und die Kalium- und Kalzium-Versorgung (Wassen & Joosten 1996, Okland et al. 2001, Hajek et al. 2006). Die meisten vergleichenden Untersuchungen zur Nährstoffversorgung von Mooren stützen sich auf die chemische Analyse von Torfproben der oberen Horizonte und die Nährstoffgehalte der lebenden Pflanzen, seltener auf die austauschbaren und gelösten Nährelemente im Akrotelm. Als indirektes Maß der Nährstoffverfügbarkeit empfiehlt sich weiterhin der Kohlenstoffgehalt des Torfes, der von mineralreichen, anmoorigen Substraten mit hohem Asche- und Kationengehalt (z. B. Schilf-, Bruchwald- oder Salzweidentorfe) zu mineralarmen „Volltorfen" mit nur geringen mineralischen Beimengungen (z. B. *Sphagnum*-Torf) ansteigt (Succow 1988, Schwaar 1989).

Schon früh wurde der pH-Wert für die Typisierung von Mooren in Mittel- und Nordeuropa genutzt (Weber 1907, Du Rietz 1954, Sjörs 1950,

Heikkilä 1987). Succow (1988) und Succow & Joosten (2001) haben nach ihren Messungen in nordostdeutschen Mooren drei **Aziditätsstufen** unterschieden: Extrem sauer – mäßig sauer (pH < 2,4 bis 4,8), schwach sauer – sehr schwach sauer (4,8 bis 6,4) und neutral – basisch (6,4 bis > 7,2), die sie vereinfachend als „sauer", „subneutral" und „kalkhaltig" (= alkalisch) bezeichnet haben. Diese pH-Klassen stimmen ungefähr mit den in terrestrischen Böden wirksamen Puffersystemen überein (Ulrich 1981): Die saure Stufe entspricht den Aluminium/Eisen-, Aluminium- und Austauscher-Pufferbereichen, die subneutrale Stufe dem Silikat- und die alkalische Stufe dem Karbonat-Pufferbereich; in Letzterer lässt sich in den Torfen meist $CaCO_3$ nachweisen (Succow 1988). Mit dem pH-Wert steigt in der Regel der Gesamt-Ionengehalt des Moorwassers an. Bellamy (1968) fand in westeuropäischen Mooren eine Verzehnfachung der Ionenkonzentration von etwa 1 $mmol_c\ l^{-1}$ in sauren Hochmooren auf rund 10 $mmol_c\ l^{-1}$ in kalkreichen Niedermooren. Wichtiger als die Ionenkonzentration im Wasser ist allerdings meist die **Fließgeschwindigkeit des Wassers**; ist sie gering, so ist auch die Nährstoffversorgung schwach (Vitt et al. 1995; vgl. Kap. 8.2.4). Im Hochmoor werden erwartungsgemäß hohe Konzentration von H^+, aber auch von SO_4^{2-} gemessen, im Kalk-Niedermoor dagegen von Ca^{2+} und HCO_3^-. Saure Moorgewässer mit pH-Werten unter 5,5 enthalten zudem so gut wie kein Bikarbonat.

Die **basischen Kationen** Kalzium, Kalium, Magnesium und Natrium werden im Torf an negativ geladenen Carboxyl- und Hydroxylgruppen austauschbar gebunden, deren Häufigkeit mit dem Zersetzungsgrad zunimmt. Insbesondere alte Torfe können daher durchaus hohe Kationen-Austauschkapazitäten (bis zu 450 $mmol_c\ l^{-1}$ oder 2 $mmol_c\ g^{-1}$) aufweisen. Wie in Waldböden (Kap. 4.3.3.1 b) zeigt der pH-Wert in Mooren eine sehr enge Beziehung zur Basensättigung, also dem Prozentanteil von Ca-, K-, Mg- und Na-Ionen an der Kationen-Austauschkapazität der Torfe. Deshalb ist es gerechtfertigt, für die drei Säurestufen der Moore die eingängigeren Begriffe „saures Moor" (pH < 2,4 bis 4,8), „basenreiches Moor" (4,8 bis 6,4) und „kalkhaltiges Moor (Kalkmoor)" (6,4 bis > 7,2) zu verwenden. Auf die große Bedeutung des Kalzium- bzw. pH-Gradienten für die Vegetationsgliederung mitteleuropäischer Moore wiesen z. B. Waughman (1980), Gerdol (1995), Hajek et al. (2002) und Hajkova & Hajek (2004) hin.

In vielen mitteleuropäischen Mooren wird das Pflanzenwachstum nicht nur durch Stickstoff, sondern besonders durch Phosphor limitiert, insbesondere in solchen mit erhöhten N-Einträgen (Mitch & Gosselink 1993, Koerselman & Meuleman 1996). Die Art der Limitierung ist nach Koerselman & Meuleman (1996) an dem N/P-Verhältnis der Moorpflanzen-Biomasse abzulesen: Liegt dieses unter 16, so kann von Stickstoff-Limitierung ausgegangen werden, bei Werten über 16 von Phosphor-Limitierung.

Nach Feige (1977) sind die Gesamt-**Stickstoffgehalte** von Regenmoor-Torfen mit 0,5–1,5 % im Allgemeinen niedriger als die Mineralbodenwasser-versorgter Niedermoortorfe (1,3–3,5 %). Nach Damman (1988) besitzen Hochmoortorfe zudem in ozeanischen Regionen einen höheren N-Gehalt als in kontinentalen. Grosse-Brauckmann (1975) und Waughman (1980) konnten demgegenüber keine deutlichen Unterschiede im Gesamt-N-Gehalt des Torfes verschiedener Moortypen feststellen, vermutlich weil die Mineral- und Aschegehalte ihrer Proben stark variierten. Das gilt auch für die N- (und P-)Gehalte der pflanzlichen Biomasse, die in mehreren Untersuchungen keine systematischen Unterschiede zwischen den Moortypen zeigten (z. B. Hayati & Proctor 1991, Wassen et al. 1995).

Damman (1978) fand eine charakteristische Abnahme des C/N-Verhältnisses von über 60 in Bulten an der Torfoberfläche auf unter 20 im Katotelm, die durch N-Freisetzung und folgende bakterielle Immobilisierung bei gleichzeitiger CO_2-Abgabe zu erklären ist. Ältere, stärker zersetzte Torfe im Katotelm besitzen daher recht hohe Stickstoffgehalte, die sogar die von Mineralböden übertreffen können. Der N-Gehalt des Torfes spiegelt deshalb vor allem die Zersetzungsbedingungen im Moor wider und weniger Unterschiede im N-Gehalt der lebenden Pflanzen, die ja ohnehin relativ gering sind. Saure Moore mit langsamem Abbau und schnellem Torfwachstum weisen nach Damman (1988) recht geringe N-Gehalte im jungen Torf auf, weil die organische Substanz schnell in den Katotelm übertritt und die N-Anreicherung im Zuge der Zersetzung nur kurz währt. Basenreichere Moore mit schnellerem Abbau erreichen dagegen früher Zersetzungsgrade mit erhöhtem N-Gehalt. Schnellerer Abbau bedeutet aber auch eine erhöhte Freisetzungsrate und damit Nachlieferung von Stickstoff, die sich in der Zusammensetzung der Vegetation dieser Moore ausdrückt.

Zur Charakterisierung der Zersetzungsrate und der Stickstoff-Verfügbarkeit eines Moorstandortes eignet sich nach Untersuchungen von Succow (1988) daher am besten das C/N-Verhältnis des Torfes im obersten Akrotelm. Anhand des C/N-Verhältnisses definierte er drei **Trophiestufen** der Moore: oligotroph (C/N-Verhältnis: 33–50), mesotroph (20–33) und eutroph (10–20). Oligotrophe Bedingungen anzeigende Torfe mit weiten C/N-Verhältnissen werden z. B. von Torfmoosen, Wollgras, Ericaceen oder Blasenbinsen aufgebaut, mesotrophe durch Seggen, Braunmoose oder Pfeifengras, während eutrophe Torfe in natürlichen Mooren selten sind. Sie sind besonders an Überflutungsstandorte mit Fremdwasserspeisung gebunden, wie dies für Schilftorfe und Salzweidentorfe zutrifft (s. Tab. 10–3).

Deutliche Unterschiede lassen die Moortypen auch in der verfügbaren Form des Mineralstickstoffs im Torfkörper erkennen. In Niedermoortorfen mit hohem pH-Wert herrscht Nitrat vor, in Torfen mit niedrigem pH-Wert dagegen Ammonium (Waughman 1980, Bertram 1988). Bei günstigen pH-Werten kann offenbar Nitrifikation auch in recht nassen Torfen stattfinden, wenn zumindest zeitweise der Sauerstoffzutritt in den Akrotelm gewährleistet ist (Martin & Holding 1978).

Obwohl Kalzium, Kalium und Magnesium wichtige, die Moorvegetation differenzierende

Tab. 10–3 C/N-Verhältnis (g g^{-1}) in verschiedenen Torfarten Nordostdeutschlands. Nach Succow (1988).

	n	Mittelwert	Spanne
Torfmoostorf	25	36,4	50,0–27,0
Wollgrastorf	12	35,0	45,5–27,8
Ericaceentorf	4	35,0	40,0–29,4
Blasenbinsentorf	2	33,1	38,5–28,6
Pfeifengrastorf	3	27,2	38,5–21,7
Braunmoostorf	17	25,6	38,5–15,2
Seggentorf	53	25,4	50,0–15,4
Bruchwaldtorf	9	25,0	38,5–17,5
Grober Seggentorf	5	23,1	27,8–19,6
Schilftorf	32	21,0	34,5–12,0
Salzweidentorf	2	15,9	17,5–14,5

Nährelemente darstellen (s. Kap. 10.4.2), stehen sie in der Regel in mitteleuropäischen Mooren in keiner engen Beziehung zu den N- und P-Gehalten des Torfes. Die pH-Verhältnisse und die Basensättigung eines Moorstandortes erlauben deshalb nicht immer Schlüsse auf dessen Trophie, also die Verfügbarkeit namentlich von Stickstoff und Phosphor (Succow & Joosten 2001).

Es ist der Verdienst von Succow (1988), herausgestellt zu haben, dass in ursprünglichen Mooren Mitteleuropas nährstoffarme Bedingungen auch im basischen, kalkreichen Milieu und nährstoffreiche auch im sauren auftreten, wie dies schon lange bei der Seen-Typologie in der Limnologie erkannt worden ist (vgl. auch Vitt & Chee 1990 und Hajek et al. 2006). Der von Succow (1988) vorgeschlagenen **nährstoffökologisch-chemischen Gliederung** der mitteleuropäischen Moore nach dem Stickstoffgehalt und der Azidität des oberen Torfhorizontes (s. Abb. 10–15 a u. Abb. 10–16) soll hier gefolgt werden, weil sie aus standortökologischer Sicht überzeugend ist. Succow & Joosten (2001) haben die nährstoffökologisch-chemische und die hydrologische Typisierung (s. Abb. 10–13) miteinander verknüpft (s. Tab. 10–4). Nachteile dieser Gliederung sind, dass die C/N-Werte der ökologischen Moortypen recht große Überlappungen zeigen und das System damit teilweise unscharf wird (Grosse-Brauckmann 1996), und dass in weiten Teilen Mitteleuropas nährstoffarm-basenreiche Moore infolge Eutrophierung nur noch fragmentarisch oder gar nicht mehr vorkommen und sich der Anschauung entziehen. Sie existieren heute aber noch in floristisch etwas abweichender Form in den großen Durchströmungsmooren Weißrusslands (Pripjet-Sümpfe) und Westsibiriens (Ob-Irtysch-Moore).

Die nährstoffökologische Differenzierung der skandinavischen Moore entspricht offenbar nur teilweise derjenigen in Mitteleuropa. In der nordeuropäischen Moorklassifikation werden nämlich in der Regel stark saure Moore mit nährstoffarmen Mooren, schwach sauer bis basische dagegen mit reichen Mooren gleichgesetzt (Heikkilä 1987). Unter „reich" wird sowohl elektrolyt- und kalziumreich als auch stickstoffreich verstanden; es lässt sich also nur ein „Arm-reich-Gradient" erkennen (Okland et al. 2001). Dies könnte daran liegen, dass im mittleren und nördlichen Skandinavien aufgrund

Tab. 10–4 Gliederung der mitteleuropäischen Moore nach hydrologischen und nährstofffökologisch-chemischen Merkmalen. Nach Succow & Joosten (2001).

	Aziditäts- und Trophiestufen				
Hydrologische Typen	oligotroph-sauer	mesotroph-sauer	mesotroph-basenreich	mesotroph-kalkhaltig	eutroph
Tieflands-Regenmoor	■				
Gebirgs-Regenmoor	■				
Kondenswassermoor	■				
Kesselmoor	■	■			■
Versumpfungsmoor	■	■			■
Durchströmungsmoor		■	■	■	
Hangmoor		■	■		■
Verlandungsmoor		■	■	■	■
Quellmoor		■	■	■	■
Küsten-Überflutungsmoor					■
Auen-Überflutungsmoor					■

niedriger Temperaturen und geringer Depositionsraten wirklich eutrophe Moore mit hoher N- und P-Nachlieferung fehlen. Zwei unabhängige Gradienten (zum einen N- und P-Gehalte, zum anderen pH-Wert und basische Kationen) sind nach Wheeler & Proctor (2000) dagegen auch in den Mooren Westeuropas zu erkennen. Dabei könnten beide Gradienten eine unterschiedliche Bedeutung für die Moorvegetation haben: Nach Untersuchungen von Bragazza & Gerdol (2002) in südalpinen Mooren wird die Artenzusammensetzung der Moose (einschließlich der Sphagnen) vor allem vom Säure-Basen-Gradienten bestimmt, jene der Gefäßpflanzen dagegen durch die N- und P-Konzentrationen im Moorwasser.

Weder Succow (1988) noch Waughman (1980) fanden eine Beziehung zwischen der durch das C/N-Verhältnis charakterisierten Trophiestufe und dem Gesamt-**Phosphor-Gehalt** von Torfproben. Das C/P-Verhältnis der verschiedenen Torfe schwankte zwischen 75 und 500, und zwar weitgehend unabhängig vom C/N-Verhältnis. Manche Torfmoos-Torfe wiesen sogar sehr enge C/P-Verhältnisse zwischen 80 und 90 (im Extremfall bis 25) auf, während üblicherweise als nährstoffreich geltende Überflutungsmoore häufig keine hohen P_t-Gehalte besaßen. Der Kaliumgehalt ist nach Succow (1988) ebenfalls zur trophischen Gliederung der nordostdeutschen Moore nicht geeignet (vgl. Kap. 10.4.2). In Finnland erklärte dagegen der Kaliumgehalt des Torfes die Zusammensetzung der Moorvegetation recht gut (Heikkilä 1987); er war vor allem vom hydrologischen Regime des Moores abhängig.

10.3 Vegetation

10.3.1 Synsystematische Übersicht

In Mooren und Sümpfen, deren Oberboden zu nass für Baumwuchs oder aus anderen Gründen baumarm ist, findet man eine Fülle verschiedener Pflanzengesellschaften. Schließt man die Großseggenriede und Röhrichte als eutrophe Moore aus, so lassen sich diese Gesellschaften zu fünf Ordnungen zusammenfassen, die zwei Klassen angehören (Oberdorfer 1977, Pott 1995, Dierßen & Dierßen 2001; vgl. Kap. 26: Nr. 1.8 u. 1.7):

Klasse Oxycocco-Sphagnetea (Hochmoorbult-Gesellschaften und Heidemoore)

1. Ordnung Sphagnetalia magellanici (Zwergstrauch-Torfmoosrasen-Gesellschaften)
2. Ordnung Erico-Sphagnetalia papillosi (Heidemoor-Gesellschaften)

Klasse Scheuchzerio-Caricetea nigrae (Niedermoor- u. Schlenken-Gesellschaften)

1. Ordnung Scheuchzerietalia palustris (Schlenken- u. Fadenseggen-Gesellschaften)

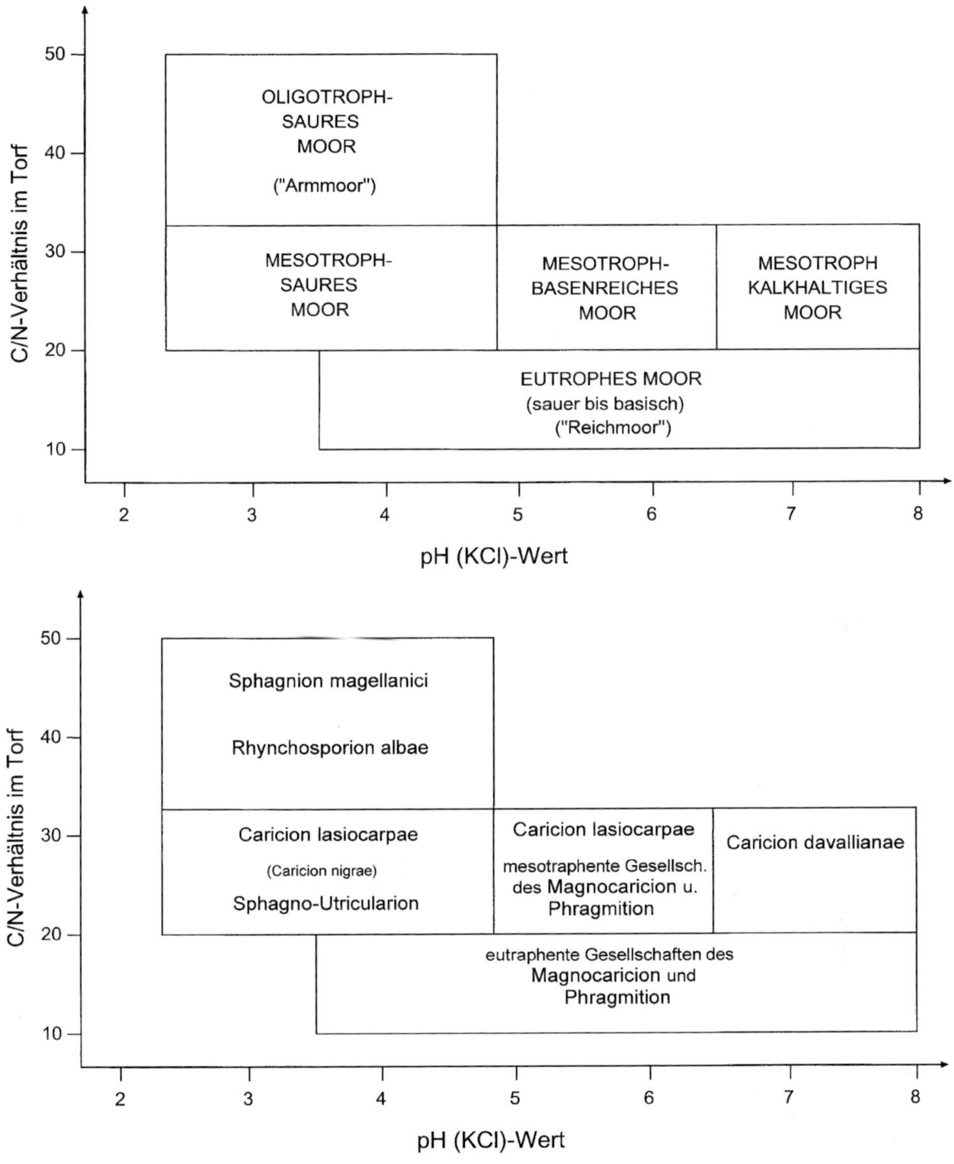

Abb. 10–15 Gliederung der Moore Mitteleuropas nach dem Stickstoffreichtum (C/N-Verhältnis des Torfes) und der Azidität. Nach Succow (1988), etwas verändert. Oben ökologische Moortypisierung, unten korrespondierende Pflanzengesellschaften der gehölzfreien Moore.

2. Ordnung Caricetalia nigrae (Braunseggensümpfe)
3. Ordnung Caricetalia davallianae (= Tofieldietalia calyculatae, Kalkniedermoore)

Abweichende synsystematische Gliederungen werden z. B. von Schaminée et al. (1995) und Berg et al. (2004) verwendet.

10.3.2 Hochmoorbult-Gesellschaften und Heidemoore

10.3.2.1 Oligotrophe Moore im subozeanischen Tiefland und Mittelgebirge

Die wichtigste Bult-Gesellschaft der oligotrophsauren Moore Mitteleuropas, namentlich der ombrotrophen Hochmoore, ist das Spha-

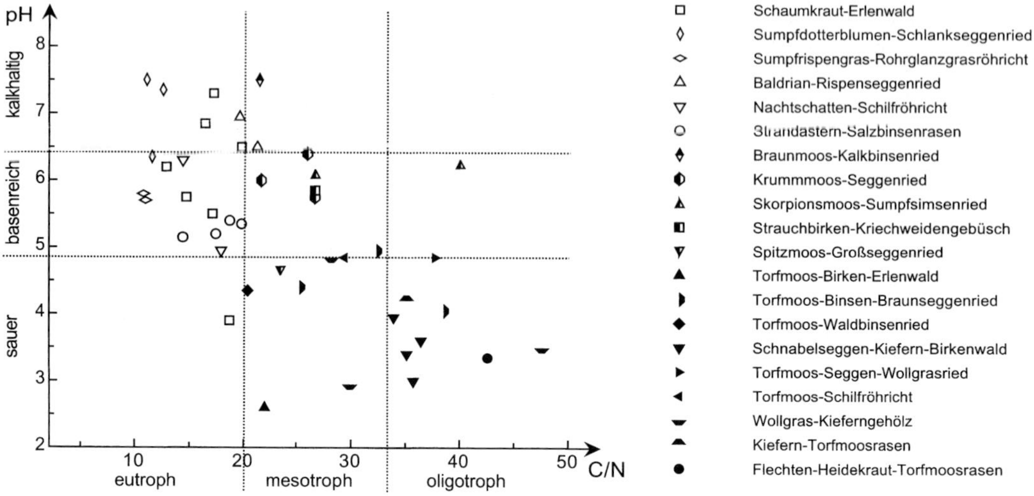

Abb. 10–16 pH-Wert und C/N-Verhältnis der obersten Torfschicht ausgewählter Vegetationstypen der Moore, Verlandungszone von Gewässern und Salzmarschen. Nach Succow (1988) in Succow & Joosten (2001), etwas verändert.

gnetum magellanici, die bunte Torfmoos-Gesellschaft. Ihr deutscher Name erinnert daran, dass sich die meisten ihrer Sphagnen im Laufe der Vegetationsperiode mehr oder minder rot verfärben. Die Bestände sind vorwiegend von *Sphagnum rubellum*, *S. magellanicum* und *S. angustifolium* aufgebaut, denen sich weitere Moosarten wie *Aulacomnium palustre*, Flechten sowie das Scheidige Wollgras (*Eriophorum vaginatum*) und einige Zwergsträucher anschließen (s. Tab. 10–5 u. Abb. 10–5). Je nach Höhe der Bultoberfläche über dem mooreigenen Wasserspiegel kann man verschiedene Untergesellschaften oder Stadien des Sphagnetum magellanici unterscheiden, die sich vor allem durch die Farbe ihrer Moose und ihren Bestand an Phanerogamen voneinander abheben.

Im **Randbereich** der Bulte mischen sich Schlenken- und Bultpflanzen. *S. rubellum* wächst reichlicher am feuchten Fuß der Bulte, *S. magellanicum* und *S. papillosum* kommen in der Regel sowohl auf den Bulten als auch in den Schlenken vor. Unter den Torfmoosen sind am Bultenrand aber meist *Sphagnum cuspidatum*, *S. pulchrum* oder andere grün bzw. gelblich gefärbte Arten tonangebend. An Phanerogamen treten nur Sonnentau (*Drosera rotundifolia*) und wenige grasähnliche Pflanzen auf, die auch in den Schlenken gedeihen. Zwergsträucher fassen erst zaghaft Fuß, sind aber erstaunlich individuenreich, namentlich die Rosmarinheide (*Andromeda polifolia*).

Das **typische Sphagnetum magellanici** ist durch das dickblättrige namengebende Torfmoos bräunlich rot oder grünlich rot gefärbt und erhebt sich meistens 10–30 cm über den Wasserspiegel. Es enthält sowohl die Phanerogamen der vorhergehenden als auch der folgenden Untergesellschaften. Die Zwergsträucher sind jedoch nicht so kräftig entwickelt wie auf den noch höheren Bulten und behindern die Torfmoose kaum in ihrem Wachstum. Zeitweilige Austrocknung des Oberbodens bringt die Zwergsträucher, stellenweise auch *Cladonia rangiferina*, *C. arbuscula* oder *C. impexa* und das dunkelgrüne *Polytrichum strictum* zur Herrschaft. Die Besenheide (*Calluna vulgaris*) fehlt so gut wie niemals. Im Nordwesten tritt *Erica tetralix* hinzu. Bei etwas besserer Mineralstoffzufuhr kann auch die Krähenbeere (*Empetrum nigrum*) gedeihen. Die Bultmoose sind zwar noch vorhanden, leiden aber unter Beschattung und öfter auch unter Wassermangel.

Die höchsten Bulte sowie Stränge und trockenen Ränder von Erosionsrinnen nimmt das **Sphagnetum magellanici vaccinietosum** ein, das ganz von Zwergsträuchern beherrscht wird und oft auch Bäume enthält. In ihm können sich säureertragende Heide- und Waldmoose (z. B. *Leucobryum glaucum*) und manche Flechtenarten (s. Tab. 10–1) neben und auf den Torfmoosen ansiedeln. Es leitet zu den bruchwaldähnlichen Gesellschaften der Randgehänge und

Tab. 10–5 Zwischen- und Hochmoor-Gesellschaften auf dem Sonnenberger Moor im Harz, etwa 800 m ü.NN. Nach Tabellen von Jensen (1961)[1].

		Zwisch.			Hoch.	
	Laufende Nr.:	1	2	3	4	5
Durchgehende Arten:						
	Eriophorum vaginatum	*5*	*5*	*5*	*5*	*5*
	Vaccinium oxycoccus	*5*	*5*	*5*	*5*	*5*
M	*Sphagnum magellanicum*	**5**	**5**	**5**	*3*	**4**
M	*S. rubellum*	*3*	*4*	*4*	**5**	**5**
M	*Aulacomnium palustre*	*2*	*4*	*3*	*4*	*1*
	Drosera rotundifolia	*1*	*1*		*1*	*1*
	Calluna vulgaris		*3*	*4*	*5*	*5*
	Andromeda polifolia	*1*	*3*	*2*	*5*	*5*
	Trichophorum cespitosum	*2*	*1*	*1*	*3*	*4*
Unterscheidungsarten:						
	Molinia caerulea	*5*				
	Trientalis europaea	*4*				
	Eriophorum angustifolium	*3*	*5*			
M	*Polytrichum commune*	*2*	*2*			
M	*Sphagnum fallax*	*1*	*2*			
M	*S. angustifolium*	*5*	*5*	*5*		
	Vaccinium uliginosum	*1*	*2*	*2*		
M	*Calliergon stramineum*		*1*	*1*		
	Empetrum nigrum	*1*	*4*	*5*	**5**	
M	*Polytrichum strictum*	*5*	*4*	*5*	**2**	

Nr. 1 bis 3: **Zwischenmoor**-Gesellschaften, von Jensen als Niedermoor bezeichnet, aber derselben Assoziation zugeordnet wie die Hochmoore (Sphagnetum magellanici-rubelli sphagnetosum angustifolii);
1: *Molinia*-Variante; mesotroph (an der Grenze zur Oligotrophie), quellig,
2: *Eriophorum*-Variante; mäßig oligotroph, nass,
3: typische Variante; oligotroph, weniger nass als 1 und 2.
Nr. 4 u. 5: **Hochmoor**-Gesellschaften (Sphagnetum magellanici-rubelli typicum);
4: *Empetrum*-Variante, sehr oligotroph, im Übrigen wie 3 und 5,
5: typische Variante, extrem oligotroph, stark torfbildend.
Arten mit sehr geringer Stetigkeit wurden weggelassen.

[1] Die Moorbildung begann hier etwa um 1600 v. Chr. und führte zu Torfmächtigkeiten von 3–3,5 m (maximal 5,4 m). Nr. 1 liegt im oberen Teil, nahe einer Quelle am Fuß des Bruchberges, die zwar sehr saures, aber mineralstoffhaltiges Wasser spendet. Nr. 1 bis 5 bilden auf seicht abfallender Mooroberfläche eine Reihe nach abnehmender Mineralstoffzufuhr, ohne dass sich der pH-Wert wesentlich ändert (um 4). Nr. 5 liegt topografisch am tiefsten (s. Abb. 10–4). *Sphagnum magellanicum* und *S. rubellum* wachsen, ebenso wie die meisten übrigen durchgehenden Arten, in Nr. 1 am kräftigsten. Sie bilden hier aber keinen Hochmoortorf, weil ihre Reste rasch zersetzt werden. Die Unterscheidungsarten können als „Mineralbodenwasser-Zeiger" abgestuften Grades gelten.

der teilweise entwässerten Hochmoore über, zumal einzelne Baumkrüppel in ihm hochkommen. Außer den drei bereits genannten Zwergsträuchern (*Calluna vulgaris*, *Erica tetralix* und *Empetrum nigrum*) trifft man *Vaccinium vitis-idaea*, *V. myrtillus* und *V. uliginosum* (Letztere mehr im Gebirge und im Norden), *Ledum palustre* und *Chamaedaphne calyculata* (Ostpolen, russisches Ostpreussen), *Myrica gale* (im Nordwesten) und *Betula nana* (seltenes Glazialrelikt, erst im Norden häufiger). An Baumarten kommen vor (s. Abb. 10–2, 10–18 u. 10–29): *Betula pubescens*, *Pinus sylvestris* (var. „turfosa", in tieferen Lagen), *Pinus mugo* agg. (im Gebirge und im Alpenvorland) und *Picea abies* (im Gebirge; stark kümmernd). In ihrem Schatten und unter der Nadelstreu ersticken die Torfmoose oft ganz, sodass man im Zweifel ist, ob man den Bestand noch zum Sphagnetum oder bereits zu einer Bruchwald-Gesellschaft rechnen soll (s. Kap. 8.3.2.2).

10.3.2.2 Oligotrophe Moore in ozeanischen, subkontinentalen und subalpinen Regionen

Das Sphagnetum magellanici, die kennzeichnende Bult-Gesellschaft echter Hochmoore in Mitteleuropa, wird sowohl im Westen als auch im Nordosten und in der hochmontan-subalpinen Stufe der Gebirge von anderen Gesellschaften abgelöst, auf die wir hier nur kurz hinweisen können. Die geografische Variabilität der Schlenken-Gesellschaften ist geringer, sodass wir sie ganz übergehen dürfen.

Im westlichen Mitteleuropa, z. B. auf dem Hohen Venn, treten das Sphagnetum imbricati und das Sphagnetum papillosi (s. Abb. 10–7 u. 10–17, vgl. auch Abb. 10–5) teilweise an die Stelle des Sphagnetum magellanici. Beide Gesellschaften ertragen oder fordern größere Nässe und sind nur in Gebieten mit geringer Schneebedeckung und kurzen, milden Wintern

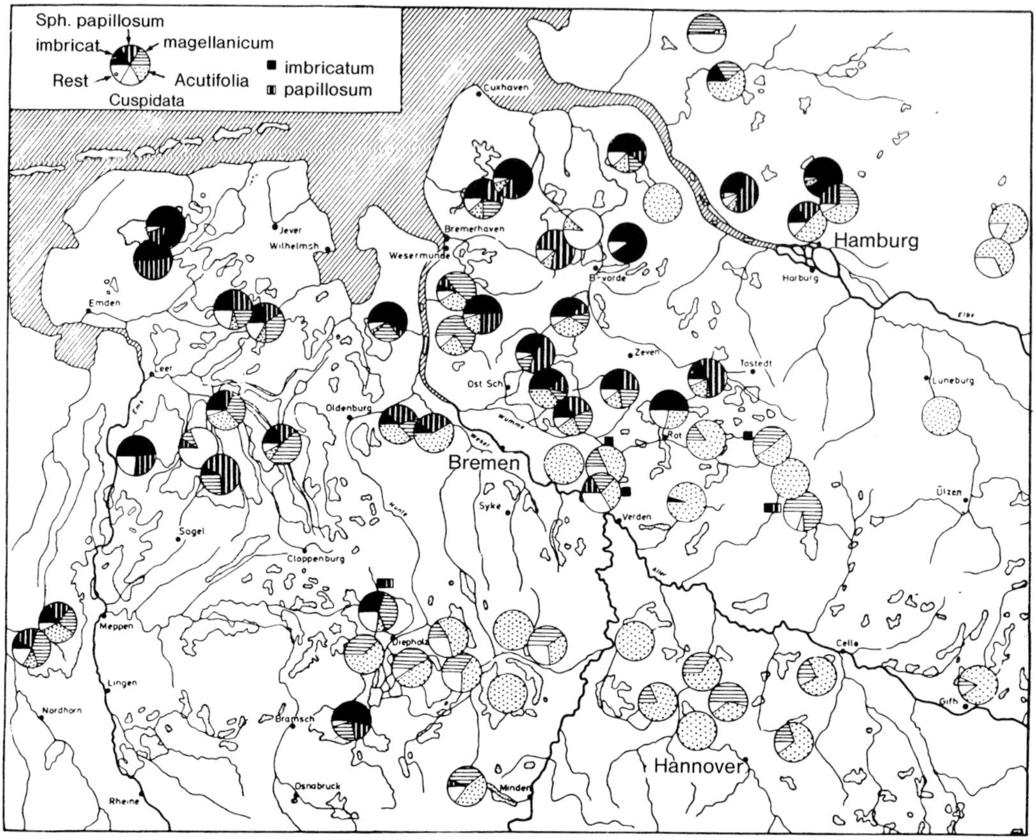

Abb. 10–17 Moore in Nordwestdeutschland und Zusammensetzung des jüngeren *Sphagnum*-Torfes (des sog. Weißtorfes) der Hochmoore, soweit davon Analysen vorliegen. Nach Overbeck (1975), etwas verändert. Im westlichen und nördlichen Tiefland waren früher *Sphagnum imbricatum* und *S. papillosum* die hauptsächlichen Torfbildner. In den Pflanzengesellschaften an der heutigen Mooroberfläche spielen diese im ozeanischen Nordwesten kaum noch eine Rolle, sondern es dominieren – wie schon früher im Osten und Süden – Arten der Gruppe *Acutifolia* (*S. rubellum*, *S. fuscum* u. a.) sowie *S. magellanicum* (vgl. Abb. 10–5 u. 10–6).

verbreitet. Im Osten Mitteleuropas (Nordpolen, russisches Ostpreussen, Steffen 1931) sowie im Riesengebirge und in den Alpen (Steiermark: Steiner 1992) wird *Sphagnum magellanicum* stellenweise durch *S. fuscum* ersetzt, das aber auch schon auf manchen Bulten subozeanischer Moore zu finden ist (s. Abb. 10–18). Es ähnelt *S. rubellum*, ist aber leuchtend braun gefärbt. Dieses Torfmoos kann lange und kalte Winter ertragen, und seine Gesellschaften (Ledo- bzw. Empetro-Sphagnetum fusci) sind anscheinend auch gegen zeitweilige Austrocknung widerstandsfähiger als die Moose des Sphagnetum magellanici. Seine borealen Begleiter, namentlich die Moltebeere (*Rubus chamaemorus*), finden sich bereits im russischen Ostpreußen und in den baltischen Ländern häufig, fehlen aber den an *Sphagnum fuscum* reichen subkontinentalen Gebirgs- und Tieflandmooren Mitteleuropas. Das Sphagnetum fusci bildet oft sehr steile Bulten, an deren Zustandekommen wohl auch Frosthebung beteiligt ist. Die atlantischen Torfmoos-Gesellschaften dagegen wölben sich nur selten zu hohen Bulten empor (vgl. Abb. 10–7 u. 10–18).

Den hochmontanen und subalpinen Mooren der Alpen und hohen Mittelgebirge (Karpaten, Riesengebirge, Harz, süddeutsche Mittelgebirge, Jura) fehlen zwar die in ihrer Region verbreiteten *Sphagnum*-Gesellschaften nicht ganz (vgl. Hajek & Haberova 2001; Abb. 10–4 u. 10–7 u. Tab. 10–5). Doch spielen diese nur eine un-

Abb. 10–18 Kleinräumiges Mosaik von *Sphagnum fuscum*-Bulten und *S. balticum*-Schlenken kurz nach der Schneeschmelze im Frühjahr auf einem Hochmoor bei Riga in Lettland.
Die Kolke im Hintergrund sind noch eisbedeckt und alle Bulten enthalten bis nahe an die Oberfläche reichende Eiskerne. Am Ufer der Kolke einzelne bis 6 m hohe Kiefern.

tergeordnete Rolle, während die Rasensimse (*Trichophorum cespitosum* subsp. *cespitosum*, lokal auch subsp. *germanicum*) ab einer Höhenlage von 800–1000 m die mehr oder minder ebenen Mooroberflächen weithin beherrscht (Eriophoro-Trichophoretum cespitosi) und im Herbst einheitlich gelbbraun färbt. Sie gelangt nur in kühleren, niederschlagsreichen und luftfeuchten Lagen zur Ausbildung, während sie von den meisten Hochmooren des niederschlagsärmeren Tieflandes nach deren Entwässerung rasch verschwindet. *Trichophorum cespitosum* und *Sphagnum compactum*, sein häufiger Begleiter, gedeihen am besten auf mehr oder minder entblößten und vorübergehend austrocknendem, aber immer wieder vernässtem Torf, auf dem sie von raschwachsenden Torfmoosen nicht mehr überwachsen werden können. Vermutlich kommt sie daher erst in der kälteren hochmontan-subalpinen Stufe, die durch verringerte Wüchsigkeit der Sphagnen gekennzeichnet ist, zur Dominanz.

Moorentwässerung kann die Rasensimse indirekt fördern, offenbar nachdem die *Sphagnum*-Decken auf den Bulten abgestorben sind. In den Harzmooren charakterisiert *Trichophorum* zusammen mit *Calluna* die Erosionskomplexe (Beug et al. 1999). Nach Issler (1942) hat die Simse auf dem Tanneck-Hochmoor in den Vogesen, dessen Fläche sie heute ganz bedeckt, noch vor hundert Jahren nur am Rande kleine Rasen gebildet. In ähnlicher Weise wurden manche *Sphagnum*-Moore des Schwarzwaldes (Bartsch & Bartsch 1940, Dierßen & Dierßen 1984), des Harzes (Ellwanger 1997) und des Hohen Venns (Schwickerath 1944) infolge Wasserentzuges von *Trichophorum cespitosum* erobert.

10.3.2.3 Ozeanisch-subozeanische Glockenheide-Moore

Auf grundwasser- oder stauwassergeprägten Anmoorgleyen oder Pseudogleyen können sich torfbildende Heide-Gesellschaften ausbilden, die physiognomisch zu den Zwergstrauchheiden der Klasse CALLUNO-ULICETEA überleiten. Sie werden im nordwestlichen Mitteleuropa meist von der subozeanisch verbreiteten Glockenheide (*Erica tetralix*) dominiert, beherbergen aber noch weißtorfbildende Sphagnen wie *S. magellanicum* und *S. papillosum*. Im Frühsommer zeigen die gelben Teppiche der Moorlilie (*Narthecium ossifragum*) den Grundwassereinfluss der nur geringmächtigen Torfe an. Diese als Erico-Sphagnetum magellanici bezeichnete Gesellschaft charakterisiert die ausgedehnten Hochmoore des nordwestdeutschen Tieflandes und reicht bis in die Niederlande und an den deutsch-belgischen Mittelgebirgsrand (Bergisches Land, Eifel, Hohes Venn; Schwickerath 1944, Herhaus 1996). Auch das Trichophoretum cespitosi des Hohen Venns und anderer westlicher Hochmoorgebiete gehört nach Schwickerath (1944) nicht mehr zur Ordnung der Hochmoorbulte (SPHAGNETALIA MAGELLANICI), sondern mit den anmoorigen atlantischen *Erica*-Heiden zur Ordnung ERICO-SPHAGNETALIA, in denen Sphagnen zurücktreten.

Den mit dem Erico-Sphagnetum eng verbundenen eigentlichen Feuchtheiden (Ericetum tetralicis, Empetro-Ericetum) fehlen die torfbildenden Sphagnen; diese Vegetationstypen werden in den Kapiteln 17 (Zwergstrauchheiden) und 12 (Dünen) behandelt. Im ostdeutsch-polnischen Tiefland treten an die Stelle von *Erica* und *Narthecium* der Sumpfporst (*Ledum palustre*), die Torfgränke (*Chamaedaphne calyculata*: Ostpolen) und die Moltebeere (*Rubus chamaemorus*).

10.3.2.4 Oligotrophe subkontinentale Waldhochmoore

Während in den subatlantischen terrainbedeckenden Mooren das Wachstum der *Sphagnum*-Bulte unter häufiger Durchnässung leidet, wird es in den Waldhochmooren der relativ kontinentalen Gebiete Nordosteuropas von öfter eintretenden Trockenperioden aufgehalten. Man darf sich diese bruchwaldähnlichen Moore (s. Abb. 10–19) aus echten Hochmooren gedanklich dadurch ableiten, dass man sich das bewaldete Randgehänge über das ganze Moor ausgedehnt vorstellt. Manche von ihnen sind tatsächlich auf diese Weise, d. h. durch oberflächliche Austrocknung ehemals nicht baumfähiger Komplexe, entstanden.

Waldhochmoore sind im mitteleuropäischen Raum zwar nicht typisch ausgebildet, aber doch hier und dort zu finden, vor allem in Brandenburg, Polen und der Slowakei sowie in Teilen des Alpenvorlandes (s. Abb. 10–2). Ihre westlichsten Vorposten finden sich in Südost-Holstein (Salemer Moor bei Ratzeburg, s. Schmitz 1962, Lötschert 1964) und im nordöstlichen Niedersachsen (z. B. die Maujahnskuhle). Oft sind sie aus der Verlandung dystropher Seen hervorgegangen (vgl. Kap. 9.7.2). Ihre Hauptfläche ist im Gegensatz zu dem baumfreien Zentrum echter Hochmoore mehr oder minder locker mit Kiefern oder Moorbirken bestockt. Diese wachsen nur langsam und bilden niedrige Bestände. Im nördlichen Tiefland ist meist *Pinus sylvestris* var. *turfosa* die herrschende Baumart, begleitet und stellenweise ersetzt durch die Moorbirke. Den oligotrophen Mooren des nördlichen Alpenvorlandes und des südöstlichen Mitteleuropa geben Bergkiefern (*Pinus mugo* agg.) ein charakteristisches Gepräge (Pino mugo-Sphagnetum magellanici) (Wagner 2000); dieser lässt sich auch als Moorwald (Vaccinio-Pinetum rotundatae) in die Vaccinio uliginosae-Pinetea sylvestris einordnen (s. Rennwald 2000). Nach Sandoz (1987) müssen zwei primäre Bergkiefernsippen unterschieden werden, die westalpisch-iberische Spirke (*Pinus uncinata* Ramond) mit aufrechtem Wuchs und die ostalpisch-karpatische Latsche (*Pinus mugo* Turra s.str.) mit niederliegend-krüppeliger Statur. Beide haben im Alpenraum Hybride mit intermediären Merkmalen entwickelt (*P.* × *rotundata*). In den nasseren Moorzentren herrschen meist zwergwüchsige Latschen vor, an den trockeneren Moorrändern baumförmige Spirken oder Bastardkiefern mit Höhen bis über 10 m (Freléchoux 1997). Lutz (1956) hat die bayerischen „Übergangs"-Moorwälder gründlich untersucht (vgl. auch Wagner 2000). Kaule (1974) hat mit ähnlicher begrifflicher Fassung die Hoch- und Zwischenmoore Süddeutschlands und der Vogesen eingehend beschrieben.

Abb. 10–19 Kontinentales Waldhochmoor in Polesien mit herrschender *Pinus sylvestris* und einer Zwergstrauchschicht mit *Ledum palustre* und *Chamaedaphne calyculata*.
Die Hochmoor-Kiefernwälder stehen den Kiefernbruchwäldern floristisch so nahe, dass man sie mit diesen vereinigen muss. S. Kap. 26, Nr. 7.4.

Im subozeanischen Nordwesten Miteleuropas ersetzen Birkenbruchwälder die kiefernbeherrschten Moorwälder des östlichen Mitteleuropa und des Alpenvorlandes. Hier spielt oft auch der Gagelstrauch (*Myrica gale*) eine auffallend große Rolle, dessen Wachstum und Symbiose mit dem Aktinomyzeten *Frankia* von Schwintzer & Lancelle (1983) untersucht wurde.

Die Ursache für das bessere Gedeihen von Bäumen auf den Waldhochmooren ist zweifellos in den länger dauernden und stärker ausgeprägten Trockenperioden des relativ kontinentalen Klimas zu suchen. Sie bewirken eine bessere Durchlüftung der oberen Torfschichten und begünstigen dadurch das Wachstum der Baumwurzeln und ihrer Mykorrhiza. Das schüttere Kronendach des Moorwaldes bietet willkommenen Schatten für Pflanzen, die in den strahlungsreichen Sommern im östlichen Mitteleuropa unter Trockenstress leiden. So vermag die im Westen so lichthungrige *Calluna vulgaris* im Osten nur unter lockerem Schirm von Kiefern größere Bestände zu bilden.

10.3.3 Schlenken-Gesellschaften oligotropher Moore

Die Verlandung oligotroph-saurer Moorgewässer wird nicht von höheren Pflanzen wie die der nährstoffreicheren Seen, sondern von Sphagnen eingeleitet, die z. T. Schwingrasen bilden (s. Abb. 10–20) und von Phanerogamen mit lang hinstreichenden Rhizomen durchwebt werden können. Diese Gesellschaften werden in der Ordnung SCHEUCHZERIETALIA PALUSTRIS (Schlenken- und Fadenseggen-Gesellschaften) zusammengefasst. Stete Arten der oligotraphenten Schnabelried-Schlenken (Verband RHYNCHOSPORION ALBAE) sind nach Dierßen & Dierßen (2001) *Sphagnum cuspidatum*, *S. papillosum*, *S. majus*, *Rhynchosphora alba*, *R. fusca*, *Drosera anglica*, *D. intermedia*, *Scheuchzeria palustris* und *Carex limosa*. Nach Dierßen & Reichelt (1988) dominieren *Sphagnum papillosum*, *S. cuspidatum* und *S. lindbergii* in stark sauren Schlenken (pH 3,9–4,1), *S. pulchrum*, *S. fallax* und *S. denticulatum* in mäßig sauren (4,3–4,5) und *S. subsecundum* und *S. obtusum* in schwach sauren Schlenken (4,5–5,4). Die Torfmoos-Synusien der Schlenken sind meist artenreicher (bis zu 10 Arten) als jene der Bulten, auf denen häufig nur ein bis zwei Sphagnen vorkommen. *Carex limosa* und *Scheuchzeria palustris* haben boreal-alpische Verbreitung und fehlen heute im nordwestdeutschen Tiefland fast ganz. Häufig gelangt *Eriophorum angustifolium* zur Dominanz, besonders bei etwas besserer Ernährung. Alle genannten Arten ertragen mehr oder weniger hohe Säuregrade und dauernde Vernässung und sind in dieser Hinsicht anderen, in der Ernährung ebenfalls genügsamen Kleinseggen und Kleinbinsen (z. B. *Carex chordorrhiza*, *C. heleonastes* und *C. diandra*) überlegen.

Im kleinräumigen Mosaik mit den Bulten besiedelnden OXYCOCCO-SPHAGNETEA-Gesellschaften bildet das Schlammseggenried (Caricetum limosae) in bis zu 20 cm tiefen Schlenken lückige Rasen. In dauernd wassergefüllten, aber seichten Schlenken schließen sich die Sphagnen nicht zu flutenden Decken zusammen, sondern wachsen vom Grunde her in die Höhe (s. Abb. 10–5 u. 10–6). Ist die Schlenke restlos von Sphagnen ausgefüllt oder die schwimmende Pflanzendecke tieferer Kolke sehr mächtig und tragfähig geworden, so wachsen die Moosstämmchen über die Wasseroberfläche empor, indem sie sich gegenseitig stützen. Das häufig dominierende *Sphagnum cuspidatum* geht dann in die Form *elatum* über. Nun können bereits bultbildende Sphagnen und andere Pflanzen zwischen ihnen Fuß fassen, die das dauernde Untergetauchtsein nicht ertragen, beispielsweise *Sphagnum magellanicum*, *S. rubellum*, *Drosera rotundifolia* und *Vaccinium oxycoccos*.

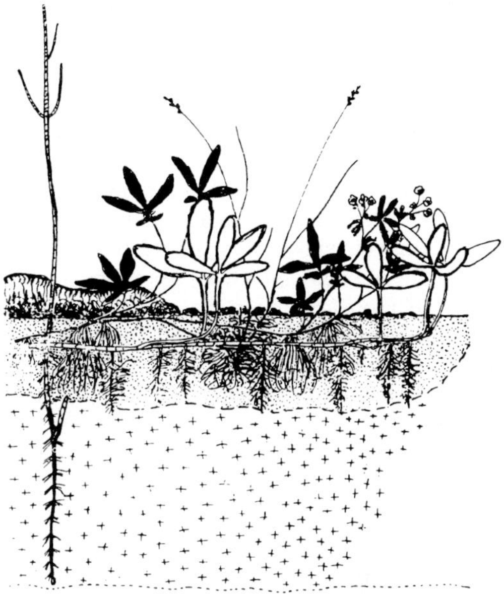

Abb. 10–20 Schwingrasen mit *Equisetum fluviatile*, *Menyanthes trifoliata* (hell), *Comarum palustre* (= *Potentilla palustris*) und *Carex diandra* (Caricetum lasiocarpae). Nach Vanden Berghen (1952).
Die Wurzeln der Helophyten breiten sich im schwimmenden Torfmoos (*Sphagnum cuspidatum*) aus. Auf diesem können bultbildende Torfmoose (z. B. *S. magellanicum)* Fuß fassen.

Die Kolke und die längere Zeit mit Wasser gefüllten Schlenken beherbergen Plankton-Gesellschaften aus Desmidiaceen, Diatomeen und anderen säuretoleranten Algen, auf die wir nur am Rande eingehen können. Sie wurden u. a. von Höfler (1951), Loub et al. (1954), Fetzmann (1956, 1961) und Jensen et al. (1979) untersucht. Jensen et al. (1979) fanden in den Oberharzer Hangmooren zahlreiche Cyanophyceen besonders aus den Familien Chroococcaceae, Eunotiaceae und Naviculaceae und ebenfalls viele Arten von Grünalgen (Chlorophyceae) sowie Jochalgen (Conjugales) aus den Familien Mesotaeniaceae sowie Desmidiaceae. Insgesamt ließen sich lediglich zwei Gesellschaften mit Assoziationsrang unterscheiden, das Pinnulario-Clostrietum des mesotrophen Niedermoors und das Cylindrocystidetum brebissonii der zunehmend ärmeren Trophiestufen. Die Einflussgrenze des Mineralbodenwassers lässt sich offenbar mithilfe der Planktonalgen nicht schärfer erkennen, als sie mithilfe der Phanerogamen ohnehin schon sichtbar ist.

Manche nur zeitweilig wassergefüllte Schlenken sind moosärmer als die oben genannten Gesellschaften und haben einen verhältnismäßig festen Boden. Während der Schneeschmelze und bei Regenfällen sind solche Schlenken nass, trocknen aber im Sommer öfter aus, sodass sie vom Wind erodiert werden können. Sie sind der typische Standort der Schnabelried-Schlenken-Gesellschaft (Rhynchosporetum albae), die in ähnlicher Zusammensetzung auch auf abgeplaggtem Torf oder anmoorigen Heideböden zu finden ist (s. Kap. 17.3.2.1.1). *Rhynchospora alba* und *R. fusca* gedeihen auch gut auf mineralischen Nassböden (s. Borchert & Wittig 1990). Den nackten Torf überzieht oft eine rötlich braune Jochalge (*Zygogonium ericetorum*) wie ein Tuch. Sphagnen sind kaum noch vorhanden und finden sich nur in den länger mit Wasser gefüllten Dellen (vor allem *S. cuspidatum* und *S. subsecundum*). Auf dem entblößten Torf aber siedeln Pflanzen, die bei Nässe keimen und bei häufigem Feuchtigkeitswechsel zu leben vermögen, neben den beiden *Rhynchospora*-Arten *Drosera intermedia* und *Lycopodiella inundata*. Weiterhin sind *Eriophorum angustifolium* und *Molinia caerulea* (im Nordwesten) oder *Eriophorum vaginatum* und andere auf Bulten übergreifende Pflanzen anzutreffen (s. Abb. 10–5). Zickermann (1996) beschreibt für die Moorlilienreichen „Heidemoore" Nordwestdeutschlands eine kennzeichnende Eriophorum angustifolium-Sphagnum auriculatum-Gesellschaft, die ehemalige Torfstiche besiedelt und damit eher der Sekundärvegetation zuzurechnen ist.

10.3.4 Mesotroph-saure bis -basenreiche Moore

Die natürliche Vegetation der in Kapitel 10.3.1 und 10.3.2 beschriebenen oligotroph-sauren Moore wird von Torfmoos-Arten dominiert, die die Hochmoorbildung fördern, während nur wenige Sauergräser (*Eriophorum vaginatum*, *Scheuchzeria palustris*, *Carex limosa*) und einige Zwergsträucher vertreten sind. Moore, die vom Grundwasser gespeist werden, aber auf sauren Gesteinen fußen, sind in der Regel reicher an basischen Nährstoff-Kationen und Stickstoff als diese ombrotrophen Armmoore, obwohl ihr pH-Wert ähnlich niedrig ist. Diese Moore sind typischerweise mesotroph und nicht oligotroph; sie werden von Succow & Jeschke (1990) als Sauer-Zwischenmoore bezeichnet. Hier sollen sie als **mesotroph-saure Moore** gefasst werden (s. Abb. 10–15a, b). In ihnen treten neben die Torfmoose zahlreiche Seggenarten und einige andere Cyperaceen sowie als Mineralbodenzeiger *Menyanthes trifoliata*, *Potentilla palustris*, *Calla palustris*, *Eriophorum angustifolium*, *Agrostis canina*, *Viola palustris* und *Hydrocotyle vulgaris*. Dieses Vegetationsmosaik lässt sich treffend als **Torfmoos-Seggenried** bezeichnen (Succow & Jeschke 1990; s. Abb. 10–21). Als saure Kleinseggenriede beherbergen sie weniger Arten als die meisten Gesellschaften der weiter unten besprochenen Kalkmoore der Ordnung CARICETALIA DAVALLIANAE (s. Kap. 10.3.5). Eine wichtige Gesellschaft der mesotroph-sauren Moore ist das Fadenseggenried (Caricetum lasiocarpae, Verband CARICION LASIOCARPAE), das mit seinem verflochtenen Rhizomnetz Schwingdecken bildet, aber auch Torfschlamm-Schlenken mesotropher Moorgewässer und die Ufer dystropher Seen besiedelt. In den oligotroph-sauren Hochmooren tritt es nur in randlichen Laggs mit Mineralbodenwasser-Einfluss auf. *Carex rostrata* tritt häufig gemeinsam mit *C. lasiocarpa* auf und bildet mit dieser eine lichte Schicht mittelhoher Seggen über einer geschlossenen Torfmoosdecke, in der auch *Menyanthes*, *Potentilla*, *Viola* und *Hydrocotyle* wachsen. Dominanzbestände werden als Caricetum rostratae bezeichnet. Verbreitet in den Schlenken ist auch der Grüne Torfmoos-Wollgrasrasen (Eriophorum angustifolium-Sphagnum fallax-Ges. oder Sphagnum cuspidatum-Eriophorum angustifolium-Ges.). Floristische Übergänge zu Großseggenrieden (MAGNOCARICION) bilden die eigentümlichen Sumpfcalla-Schwingdecken (Calletum palustris, Dierschke 2008).

Das vielerorts durch Nutzung geförderte und recht weit verbreitete Braunseggenried (Caricetum nigrae) wird der in mesotroph-sauren Mooren verbreiteten Ordnung CARICETALIA NIGRAE zugeordnet. Es kommt vor allem auf

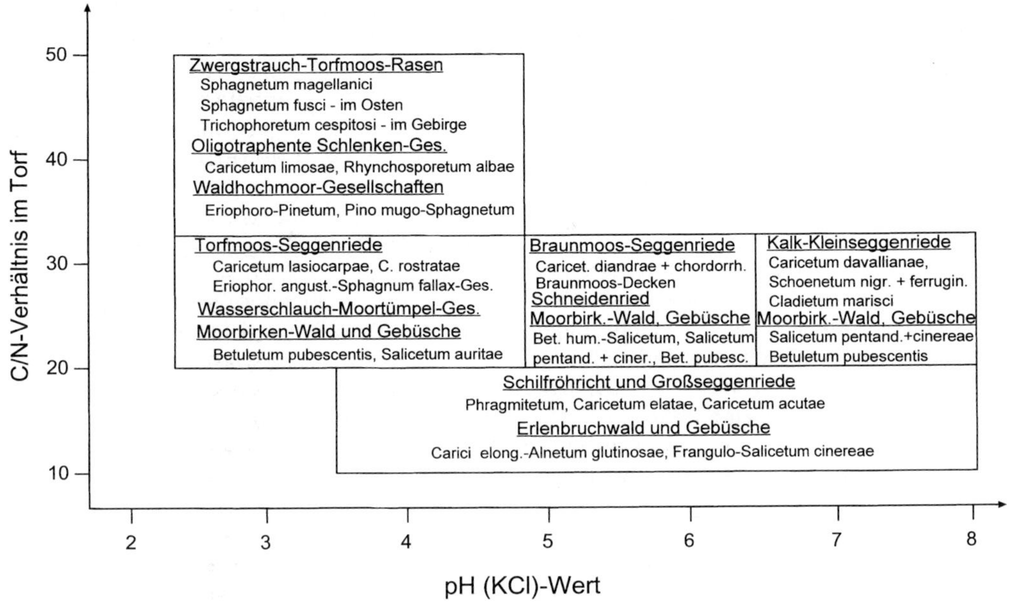

Abb. 10–21 Waldfreie Vegetationstypen und Moorgehölze in verschiedenen Moortypen, die durch das C/N-Verhältnis und den pH-Wert definiert sind. In Anlehnung an Succow (1988).

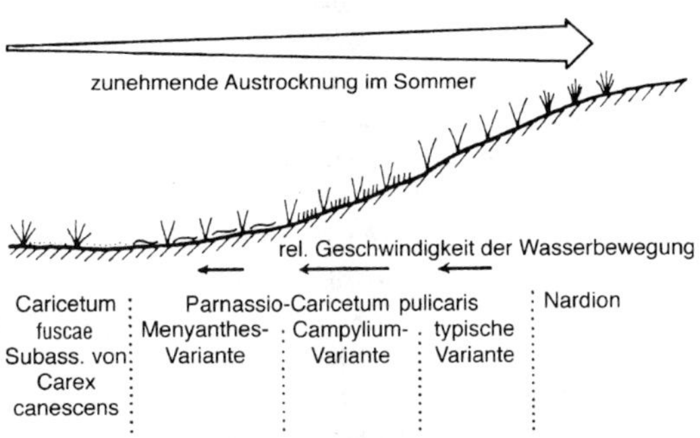

Abb. 10–22 Niedermoor-Gesellschaften an einem basenarmen Quellhang im Gneisgebiet des Südschwarzwaldes (schematisch). Nach Philippi (1963), etwas verändert. Die Sumpfherzblatt-Flohseggen-Gesellschaft (Mitte) bildet sich bei mehr oder minder starker Grundwasser-Bewegung aus, während das Braunseggenried (links) auf dem Talboden stagnierendes saures Grundwasser erträgt. Der Borstgrasrasen (rechts) ist vom Grundwasser unabhängig und trocknet im Sommer zeitweilig aus.

wechselnassen mineralischen und schwach entwässerten Torfböden – häufig an Moorrändern – vor (s. Abb. 10–22).

Die Schlenken der mesotroph-sauren Moore werden vom Rhynchosporetum albae und dem Caricetum limosae, angereichert durch einige der genannten Mineralbodenwasser-Zeiger, besiedelt. Hinzu treten mancherorts die seltenen, im Wasser schwebenden Zwergwasserschlauch-Schwimmpflanzen-Gesellschaften der Klasse Utricularietea intermedio-minoris. Als Charakterarten der einzigen Ordnung gelten nach Pott (1995) *Utricularia minor*, *U. intermedia* und *U. australis* (syn. *U. neglecta*). Wie Wittig & Esser (1991) in Westfalen feststellten, unterscheiden sich diese drei Wasserschlaucharten in ihren Standortansprüchen. *U. minor* hat die weiteste Amplitude, besiedelt aber wie *U. australis* vorwiegend dystrophe Gewässer, während *U. intermedia* die höchste Säuretoleranz besitzt. Alle meiden nährstoffreiches Wasser und werden mit zunehmender Eutrophierung zurückgedrängt. Nur *U. australis* (und die nahe verwandte Kleinart *U. vulgaris*) vermögen sich gegen Wasserlinsen durchzusetzen.

Sämtliche Gesellschaften der Utricularietea haben ein nordisch-ozeanisches Verbreitungsschwergewicht. Der torfmoosreiche Verband Sphagno-Utricularion umfasst nach Pott (1995) neben drei seltenen, von Wasserschlauch- und Igelkolben-Arten charakterisierten Gesellschaften die untergetauchte Spießtorfmoos-Gesellschaft (Sphagnetum cuspidato-denticulati), die für dystrophe Gewässer typisch ist. Obwohl noch recht weit verbreitet, geht auch sie zurück. In ihr können auch Rasen von *Juncus bulbosus* gedeihen. Anorganischer Stickstoff, Phosphat und auch Bikarbonat treten in diesen sauren Gewässern nur in geringen Konzentrationen auf, während Huminsäuren und Sulfat hohe Werte erreichen können.

Der braunmoosreiche zweite Verband SCORPIDIO-UTRICULARION besiedelt bikarbonathaltige, neutrale bis basische Gewässer, also keine Hochmoorkolke, ist aber ebenfalls oligotraphent. Dessen Gesellschaften sind durch das Skorpionsmoos (*Scorpidium scorpidioides*), *Calliergon*- und *Drepanocladus*-Arten, *Chara vulgaris*, *Drosera anglica* u. a. gekennzeichnet.

Mesotroph-basenreiche Moore mit einem pH-Wert zwischen etwa 4,8 und 6,4 gehören zu den artenreichsten Moortypen in Mitteleuropa, weil die schwach saure bis neutrale Reaktion zahlreichen Kleinseggen, Orchideen und Laubmoosen zusagt, andererseits aber konkurrenzstarke Röhricht- und Großseggenarten durch nur mäßige N- und P-Versorgung ausgeschlossen werden. Kennzeichnend sind laubmoosreiche Seggenriede, die von einzelnen Schlenken unterbrochen werden. Dieser von Succow & Jeschke (1990) als Basen-Zwischenmoor bezeichnete Moortyp war früher in den Durchströmungsmooren der großen Talniederungen und in Hang- und Quellmooren basenreicher Gesteine verbreitet. Durch Entwässerung und Eutrophierung sind mesotroph-basenreiche Moore heute in Mitteleuropa sehr selten geworden. Die größten noch intakten mesotrophen Durchströmungsmoore sind das Murnauer Moos am bayerischen Alpenrand und die Biebrza-Moore in Ostpolen.

Im Gegensatz zu den Torfmoosrasen der oligo- und mesotroph-sauren Moore herrschen nicht Sphagnen, sondern sogenannte Braunmoose vor, darunter *Drepanocladus intermedius*, *Campylium stellatum*, *Fissidens adiantoides*, *Bryum ventricosum* und *Scorpidium scorpidioides*. Von zahlreichen Kleinseggen (*Carex dioica*, *C. hostiana*, *C. pulicaris*, *C. chordorrhiza*, *C. lepidocarpa*, *C. panicea*, *C. nigra* u. a.) und Mittelseggen (*C. diandra*, *C. lasiocarpa*, *C. rostrata*) gebildete Gesellschaften (z. B. das Caricetum diandrae, Caricetum lasiocarpae und Scorpidio-Caricetum chordorrhizae, Verband CARICION LASIOCARPAE) beherbergen seltene Orchideen (*Dactylorhiza incarnata*, *D. majalis* subsp. *brevifolia*, *Epipactis palustris*, *Liparis loeselii* u. a.) und weitere heute in Mitteleuropa fast oder gänzlich ausgestorbene Gefäßpflanzen (z. B. *Saxifraga hirculus*, *Stellaria crassifolia*, *Pedicularis sceptrum-carolinum*, *Swertia perennis*).

10.3.5 Mesotroph-kalkhaltige Moore

Mesotrophe Kalkmoore mit pH-Werten im Karbonat-Pufferbereich finden sich primär in der alpinen Stufe der Hochgebirge auf Kalkgesteinen (Nördliche und Südliche Kalkalpen, Karpaten). Im Gefolge von Waldrodung und Streu- und Wässerwiesen-Bewirtschaftung entstanden kleinflächige Kalkmoore auch in den kalkreichen Mittelgebirgen und den jungpleistozänen Moränenlandschaften des Alpen- und Tatra-Vorlandes sowie des nordöstlichen mitteleuropäischen Tieflandes. Die Kalkmoor-Gesellschaften sind in den Hochlagen am artenreichsten entwickelt (s. Kap. 13.3.10.2). Den durch Mahd enstandenen und erhaltenen Kleinseggenrieden tieferer Lagen fehlen die subalpinen und alpinen Arten (Bettschart et al. 1994). Statt ihrer treten fast regelmäßig einige Wiesenpflanzen, z. B. Pfeifengras und Teufelsabbiss (s. Abb. 10–23), hinzu, die aber erst nach Senkung des Wasserspiegels zur Herrschaft gelangen, und die zu den eigentlichen Wiesen-Gesellschaften (MOLINIO-ARRHENATHERETEA) überleiten.

Bei den der Ordnung CARICETALIA DAVALLIANAE (= TOFIELDIETALIA CALYCULATAE) zugeordneten Kalkmooren handelt es sich meist um Quell-, Durchströmungs- oder Verlandungsmoore mit Grundwasserständen zwischen 0 und 25 cm unter Flur, was sie von basiphilen Feuchtwiesen unterscheidet (Succow & Jeschke 1990, Flintrop 1994, Ssymank & Hauke 1995, Dierßen & Dierßen 2001). Je nach den naturräumlichen Bedingungen lagern sich mehr oder weniger kalkreiche Torfe oder, in Quellmooren, fast reine Kalke ab, die bei der Nährstoffarmut des Bodenwassers eine kennzeichnende Vegetation hervorbringen. Entscheidende Standortfaktoren sind die relative Stickstoff- und Phosphor-Armut sowie der Kalk- und Bikarbonat-Reichtum des Substrates, weniger dagegen das Wasserregime. Viele Arten der mesotrophen Kalkmoore sind nach Succow & Jeschke (1990) nämlich keineswegs an wassergesättigte

Abb. 10–23 Kalk-Kleinseggenried mit *Eriophorum latifolium* im Anschluss an ein Schlankseggenried (Caricetum gracilis, glänzende Blätter) und an den Schilfgürtel eines Teiches im Rottal östlich von Crailsheim.

Torfsubstrate gebunden, sondern besiedeln auch nährstoffarme kalkreiche Sande und Schotter z. B. der Nordseedünen und alpiner Flussterrassen, wie auch humusarme Quellkalke und Kalkmudden. Manche grasartige und krautige Kalkmoorarten kommen sogar nicht nur an diesen wassergeprägten Standorten vor, sondern auch in Kalk-Magerrasen, die ebenfalls nährstoffarm-kalkreich sind. Hierzu gehören *Ophrys insectifera*, *Herminium monorchis*, *Gymnadenia conopsea*, *Briza media* und *Carex flacca*.

Charakteristische Gesellschaft oligo- bis mesotroph-kalkreicher Durchströmungsmoore ist das blütenreiche Mehlprimel-Kopfbinsenried (Schoenetum ferruginei), in dem neben der Mehlprimel (*Primula farinosa*) und dem Rostroten Kopfried (*Schoenus ferrugineus*) *Eriophorum latifolium*, *Tofieldia calyculata*, *Parnassia palustris*, *Pinguicula vulgaris*, *Carex hostiana*, *Epipactis palustris* und andere Phanerogamen sowie zahlreiche Braunmoosarten wie *Campylium stellatum* und *Scorpidium revolvens* kennzeichnend sind. Gut erhaltene Bestände dieser Gesellschaft finden sich heute nur noch an wenigen Stellen des Alpen- und Karpaten-Vorlandes (Görs 1964). Das Orchideen-Kopfbinsenried (Junco subnodulosi-Schoenetum nigricantis) kommt in wärmeren Tieflagen vor allem im Bereich der Alpen und Karpaten vor, so an breiten Flachufern des Bodensees (Zobrist 1935). In dieser Kalkmoor-Gesellschaft treten verstärkt südliche Arten wie *Schoenus nigricans*, *Juncus subnodulosus*, *Orchis palustris*, *Spiranthes aestivalis* u. a. auf. *Schoenus* stellt nach Maas (1992) keine besonderen Nährstoffansprüche und ist sehr konkurrenzstark, vorausgesetzt, er wird nicht gemäht. Die nassesten Ausbildungen dieses sumpfigen Magerrasens sind sicherlich baumfeindlich, vermitteln also zu den von Natur aus waldfreien Niedermooren. Die verwandten Kopfbinsenriede der kalkhaltigen Dünentäler West- und Ostfrieslands (Junco baltici-Schoenetum nigricantis) sind ärmer an Niedermoor-Arten, enthalten aber einige Brack- und Salzwasser-Pflanzen (z. B. *Juncus gerardii* und *J. maritimus*, *Carex distans*, s. Kap. 12.3.1.5 b). Bemerkenswert ist, dass *Schoenus* – wie manche andere Kennarten basischer Niedermoore – im ozeanischen Klima Irlands und Schottlands in sauren Hochmooren auftritt (Boatman 1962). Dies liegt vermutlich an dem erhöhten Salzeintrag durch das Meer, der den fehlenden Mineralbodenwasser-Zufluss teilweise auszugleichen vermag.

Die Torf- oder Davallseggen-Gesellschaft (Caricetum davallianae) bildet horstige Seggenriede in kalkhaltigen Quell- und Hangmooren der Mittel- und Hochgebirge mit ähnlicher Artengarnitur wie das Schoenetum ferruginei (Görs 1963, Giugni 1991). Wie die Kopfbinsenriede sind die meisten Davallseggenriede heute durch landwirtschaftliche Nutzung und Eutrophierung in ihrer Artenzusammensetzung stark verändert worden (Braun 1968). Regionale Übersichten von Kalkmoor-Gesellschaften der Mittelgebirge geben W. F. Müller (1986), Flintrop (1987) u. a., des nordostdeutschen Tieflandes Ssymank & Hauke (1995). Dem relativ ozeanischen, eigentlichen Caricetum davallianae entsprechen im östlichen Mitteleuropa verwandte Gesellschaften, deren Artengefüge und Verbreitung Moravec (1966) dargestellt hat. Stark zersetzte Torfe und Mudden in Kalkquellmooren und im Verlandungsbereich kalk-oligotropher Seen besiedelt das Schneidenried (Cladietum marisci), das aus hochwüchsigen, artenarmen Beständen dieses scharfkantigen Sauergrases besteht. Angaben zur hydrologischen Charakterisierung mitteleuropäischer Kalkmoor-Gesellschaften machen Ssymank & Hauke (1995).

Weitere, meist nur kleinräumig verbreitete Gesellschaften oligo- bis mesotropher Moore der montanen und alpinen Stufen nennen Oberdorfer (1977), Mucina et al. (1993), Pott (1995) und Dierßen & Dierßen (2001), solche des mitteleuropäischen Tieflandes Tyler (1979), Schaminée et al. (1995), Succow & Joosten (2001) und Koska & Timmermann (2004).

In direkter Nachbarschaft der bisher besprochenen Moor-Gesellschaften und oft als Endstadien der Sukzession treten an Moorstandorten Moor-Gebüsche und Bruchwälder auf. Diese werden in Kapitel 8.3.2 behandelt.

Bei der standörtlichen Charakterisierung der mitteleuropäischen Moore leistet die Übersicht der ökologischen Artengruppen der Moorpflanzen von Dierßen & Dierßen (2001) gute Dienste (s. Tab. 10–6).

10.4 Anpassung an den Standort

10.4.1 Anpassungen an Trockenheit, Überflutung und Anoxie

Vor allem in Hochmooren ist die periodische **Austrocknung** des oberen Akrotelms ein wichtiger Standortfaktor (s. Abb. 10–24). Wie schon Firbas (1931) feststellte, sind diejenigen Gefäßpflanzen, die tief in den Torf reichende Wurzeln besitzen, nur selten von Trockenheit betroffen. So fand Ashmore (1975) bei *Calluna vulgaris* in einem englischen Hochmoor auch an Strahlungstagen minimale Blatt-Wasserpotenziale, die –1,3 MPa nicht unterschritten und damit weit über jenen Potenzialen liegen, die in trockenen, bodensauren *Calluna*-Heiden gemessen werden (Leuschner, unveröff.). Von

Tab. 10–6 Ökologische Artengruppen mitteleuropäischer Moorpflanzen. Nach einer detaillierteren Übersicht bei Dierßen & Dierßen (2001).

Saure oligo-mesotrophe Schlenken	Rhynchosporion, Caricion lasiocarpae	*Cladopodiella fluitans, Gymnocolea inflata, Sphagnum balticum, S. cuspidatum, S. majus, S. pulchrum, S. riparium, S. tenellum, Warnstorfia exannulata, W. fluitans*
Saures Teppichniveau	Rhynchosporion, Sphagnion magellanici	*Carex pauciflora, Eriophorum vaginatum, Trichophorum cespitosum, Sphagnum compactum, S. papillosum*
Saures Rasenniveau, Moorränder	Caricion nigrae, Vaccinio-Piceetea	*Agrostis canina, Carex canescens, C. echinata, C. paupercula, C. nigra, Viola palustris, Calliergon stramineum, Sphagnum fallax, S. girgensohnii, S. molle, S. russowii* u.a.
Saure ombrotrophe, feuchte Bulten	Sphagnetalia magellanici, Erico-Sphagnetalia	*Erica tetralix, Odontoschisma sphagni, Polytrichum strictum, Sphagnum angustifolium, S. fuscum, S. magellanicum*
Saure ombrotrophe, trockene Bulten	Sphagnetalia magellanici	*Betula nana, Calluna vulgaris, Empetrum nigrum agg., Cladonia arbuscula, C. chlorophaea, C. portentosa, C.* div. sp., *Hypnum jutlandicum, Leucobryum glaucum, Sphagnum capillifolium*
Basenreiche Niedermoor-Schlenken	Caricion lasiocarpae, Rhynchosporion	*Carex chordorrhiza, Hammarbya paludosa, Utricularia intermedia, U. stygia, Calliergon giganteum, C. richardsonii, C. trifarium, Lophozia rutheana, Scorpidium scorpidioides, Sphagnum obtusum, S. subsecundum* u.a.
Basenreiches Teppichniveau	Rhynchosporion, Caricion lasiocarpae	*Carex diandra, Eriophorum gracile, Pedicularis palustris, Cinclidium stygium, Meesia triquetra*
Basenreiches Rasenniveau	Caricetalia davallianae	*Carex dioica, C. hostiana, C. pulicaris, C. viridula, Dactylorhiza majalis, D. traunsteineri, Eriophorum latifolium, Parnassia palustris, Pedicularis oederi, Pinguicula vulgaris, Schoenus ferrugineus, Campylium stellatum, Drepanocladus sendneri, Meesia uliginosa, Scorpidium revolvens, Tomenthypnum nitens* u.a.

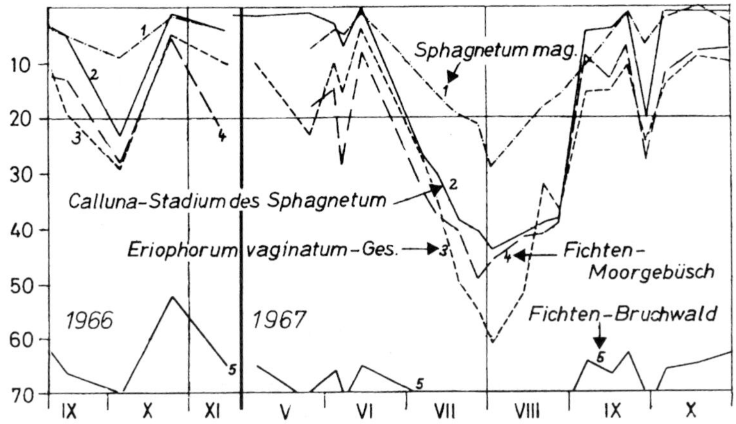

Abb. 10–24 Der Wasserspiegel schwankt in Hochmooren auch von Natur aus. Gegenüber einem normalen Jahr (1966) mit durchweg hohen Wasserständen kann er in einem relativ trockenen Jahr (1967) so stark absinken, dass die Torfmoose nicht weiterwachsen (montanes Moor im Thüringer Wald). Nach Schlüter (1970), verändert.
1. Im Primärstadium der Torfmoos-Gesellschaften (Sphagnetum magellanici) am Rande eines Tümpels bleibt der mooreigene Wasserspiegel meistens nahe der Oberfläche. Wenn er ausnahmsweise tiefer als 20 cm absinkt, trocknen die Sphagnen ab und werden hell, weil sich die Hyalinzellen mit Luft füllen („Bleichmoos"); 2. Zwergsträucher (z. B. *Calluna vulgaris*) fassen im Sphagnetum Fuß, wo der Wasserspiegel oft tiefer sinkt; 3. Scheidenwollgras-Heiden (*Eriophorum-vaginatum*-Ges.) weisen auf stärker wechselnasse Standorte hin. 4. Unter solchen Bedingungen können auch schon Fichtengebüsche hochkommen, gedeihen aber schlecht (Piceo-Vaccinietum uliginosi); 5. Fichtenbruchwald bildet sich nur aus, wo das Wasser niemals längere Zeit nahe der Bodenoberfläche steht (der Bestand am Rennsteig ist allerdings etwas entwässert worden), sodass hier ein Bruchwald auf die Dauer nicht mehr gedeihen könnte.

Trockenheit betroffen sind dagegen flach wurzelnde Arten wie Sonnentau und Moosbeere, und Zwergsträucher auf sehr hohen Bulten (Firbas 1931). Torfmoose, die ja über keine Rhizoide verfügen, sind ebenfalls periodischer Trockenheit ausgesetzt; sie nehmen nach völligem Austrocknen innerhalb von 5 bis 10 Tagen eine charakteristische Weißfärbung ein (Bleichmoose). Entgegen der Erwartung sind nach Rydin (1993) Schlenkenmoose im Allgemeinen stärker von aperiodischer Trockenheit betroffen als Bultenmoose. Dies liegt vor allem an der besseren externen Wasserleitung in den Blättern der Bultmoose gegenüber den Schlenkenmoosen. Nach Messungen von Rydin (1985) nimmt diese in der Reihenfolge *S. fuscum* > *S. rubellum* > *S. balticum* > *S. tenellum* ab und bedingt eine schnellere Austrocknung von *S. tenellum* als von *S. fuscum*. Ein besonders dichter Wuchs der Bultarten verhindert zudem übermäßige Austrocknung. Das dürfte der Grund dafür sein, dass die Bultmoose *S. fuscum*, *S. rubellum* und *Leucobryum glaucum* nach Overbeck & Happach (1957) eine geringere Verdunstung als die Schlenken- und Teppichbewohner *S. recurvum* und *S. magellanicum* aufweisen. Tatsächlich bleichen Schlenkenarten wie *S. tenellum* weit häufiger aus als Bultarten wie *S. fuscum* mit der Folge, dass in Trockenjahren der Torfmoos-Zuwachs in den Schlenken besonders stark abnimmt (Rydin et al. 2006).

In der **Trockenstress-Empfindlichkeit** von Wachstum und Photosynthese und deren Erholung nach Austrocknung unterschieden sich allerdings Bult- und Schlenkenarten nicht (Clymo & Hayward 1982, Rydin 1993). Nach Green (1968) ist nur *S. imbricatum* im Vergleich zu ihren Konkurrenten besonders trockenheitsresistent. Dierßen & Dierßen (1984) konnten für zwölf *Sphagnum*-Arten des Schwarzwaldes die Wasserstufen-Präferenz ermitteln (s. Abb. 10–25). Von den bisher erwähnten Torfmoos-Arten können nur *S. cuspidatum* und in geringerem Maße *S. tenellum* untergetaucht wachsen. Alle eigentlichen Bultmoose müssen zumindest ihre Köpfe über der Wasseroberfläche behalten. Das gilt auch für *S. magellanicum*, das sich durch die weiteste Amplitude auszeichnet.

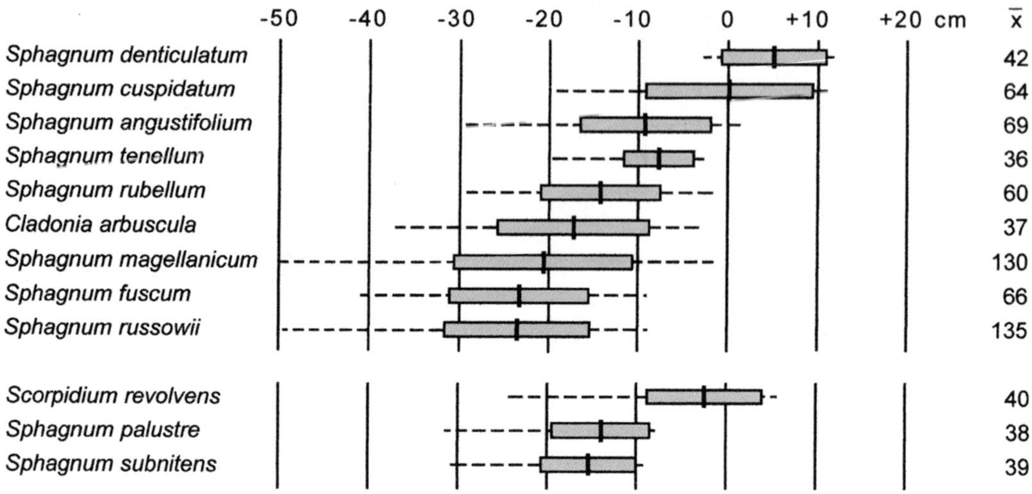

Abb. 10–25 Hydrologische Einnischung dominanter Kryptogamen in Mooren des Schwarzwaldes; Wasserstände unter bzw. über Flur (Mittelwert, Standardabweichung, Extremwerte, rechts Anzahl der Messungen). Nach Dierßen & Dierßen (1984).

Wahrscheinlich sind mehrere Faktoren für diese hydrologische Einnischung verantwortlich: Unterschiede in der Wasserleitungsfähigkeit und den Verdunstungsraten dürften die Zonierung auf den trockeneren Bulten bestimmen, Konkurrenzstärke dagegen jene in den Schlenken. Manche Arten der Bulten wie *S. fuscum* werden allerdings durch mangelnde Überflutungstoleranz und nicht durch Konkurrenzunterlegenheit an der Besiedlung nasser Standorte gehindert (Rydin 1993).

Sauerstoffmangel und potenzielle Toxizität von Sulfid-, Mangan- oder Eisen(II)-Ionen kennzeichnen wie in anderen semiaquatischen Lebensräumen den Wurzelraum von Mooren (Crawford 1983). Wie die Pflanzen anderer limnischer und mariner Lebensräume zeigen Moorpflanzen verschiedenartige Anpassungen an diese Stressoren. Das Pfeifengras ist nach Boatman & Armstrong (1968) gegenüber Anoxie besonders sensibel, wodurch die enge Bindung von *Molinia* an Mineralbodenwasser zu erklären ist. Hohe Toleranz kann man dagegen bei den schlenkenbewohnenden Arten der Hochmoore (*Eriophorum*, *Scheuchzeria* u. a.) erwarten (Kinzel 1982, Wheeler et al. 1985). Anpassungen an Anoxie werden gründlicher in den Kapiteln 9.4.3 und 19.4.2.3 behandelt.

Niedermoorarten wie *Viola palustris* und *Hydrocotyle vulgaris* müssen nach den experimentellen Befunden von Kotowski et al. (2001) in erster Linie als lichtbedürftige, konkurrenzschwache Kräuter eingestuft werden, denen die anoxischen Bedingungen des Moores weniger schaden als Beschattung durch produktivere Landpflanzen. Wie in vielen anderen Lebensräumen deutet sich also auch in Mooren an, dass die Vegetationszusammensetzung nur vor dem Hintergrund der Konkurrenzbeziehungen unter den Arten verstanden werden kann.

10.4.2 Anpassung an Nährstoffmangel und Rolle der Basenversorgung

a) Oligo- und mesotrophe Moore sind Lebensräume mit nur geringer Verfügbarkeit von Stickstoff und/oder Phosphor. Viele Moorpflanzen zeichnen sich daher durch spezielle **Anpassungen an die Nährstoffarmut** ihres Standortes aus. Dies gilt vor allem für die Hochmoorbewohner, die lediglich die Nährstoffeinträge mit dem Regenwasser nutzen können und zudem einer hohen N-Immobilisierung durch Mikroorganismen ausgesetzt sind. Auch in Kalk-Niedermooren ist nach Boyer & Wheeler (1989) die Nährstoffversorgung ungünstig, da P durch Ausfällung von Calcit, Hydroxylapatit oder Octocalciumphosphat gebunden wird und daher meist nur schlecht verfügbar ist. Viele der hier lebenden Arten sind wahrscheinlich in der Lage, durch Ausscheidung externer Phosphatasen und Ansäuerung der Rhizosphäre gebundenes Phosphat zu mobilisieren (Koerselman & Verhoeven 1995), sodass eine Wachstumssteigerung eher durch N- als durch P-Düngung erreicht wird. Hochmoorpflanzen unter geringer N-Deposition gelten im Allgemeinen als N-limitiert, während in Mooren mit erhöhten N-Einträgen **P-Limitierung** angenommen wird (Aerts et al. 2001, Limpens et al. 2006). Dem widersprechen Koerselman & Verhoeven (1995), die auch in immissionsarmen Hochmooren in erster Linie P-Limitierung des Wachstums erwarten. Kalium ist nur ausnahmsweise ein begrenzender Faktor in Mooren (de Mars 1996); Kalziummangel ist auch in sauren Mooren nicht bekannt.

Die Moose, Grasartigen, Kräuter und Zwergsträucher der Moore besitzen unterschiedliche Anpassungen an das knappe N- und P-Angebot ihrer Standorte. Die oberirdischen Organe der meisten Hochmoor-Phanerogamen erinnern mit ihren dicken, wintergrünen Blättern an xeromorphe Pflanzen sehr wasserarmer Standorte, beispielsweise der Trockenrasen und Steppen. Dieses, als **„Peinomorphose"** bezeichnete Phänomen (Greb 1957) wird als Anpassung an Nährstoff-Mangel (vor allem P-Mangel), möglicherweise auch als Anwort auf niedrige Wurzelraumtemperaturen, interpretiert (Kinzel 1982). Wintergrüne Blätter erhöhen die Nährstoffnutzungseffizienz, indem nur wenige Nährstoffe in die Blattproduktion investiert werden müssen und diese in hohem Maße vor dem Blattfall in die Pflanze zurückverlagert werden. *Sphagnum*-Arten konzentrieren die Nährstoffe in ihren Köpfchen, vermutlich vor allem, damit sie nicht in den zu Torf werdenden Teilen verloren gehen können (Malmer 1988). Durch intensive interne Relokation aus den absterbenden Stämmchen in die jungen Köpfchen gehen die Moose außerdem sehr effizient mit dem aufgenommenen Stickstoff um; sie erreichen damit eine **hohe Nährstoff-Nutzungseffizienz** (Malmer 1993) und erzeugen gleichzeitig sehr nährstoffarmen Torf. Nach Aerts et al. (1999) zeigen Hochmoorpflanzen eine besonders hohe Nutzungseffizienz aber im Hinblick auf Phosphor.

In Mooren kommen alle Typen von **Mykorrhizen** vor, die ericoide Mykorrhiza bei den Ericaceen (z. B. *Vaccinium* und *Erica*), die arbusculäre bei einigen Poaceen und Cyperaceen (z. B. *Molinia*), die Orchidaceen-Mykorrhiza bei den Moor-Orchideen *Liparis*, *Listera* und *Orchis* und die arbutoide Mykorrhiza bei *Arctostaphylos* (Dickinson 1983). Manche Cyperaceen und Juncaceen (z. B. *Eriophorum vaginatum*) gedeihen anscheinend ohne Mykorrhizapartner. Auch die Sphagnen besitzen offenbar mutualistische Beziehungen zu Pilzen, wenn auch keine Mykorrhiza: Nach Küster (1990) bedürfen sie Schimmelpilzen der Gattung *Penicillium* für ihr Wachstum. Der frei lebende Zygomyzet *Mortierella* ist regelmäßig mit den Torfmoos-Blättchen assoziiert und der Basidiomyzet *Omphalina* kommt verbreitet in *Sphagnum*-Teppichen vor (Burgeff 1961, Dickinson 1983). Im Labor ist allerdings die sterile Torfmoos-Anzucht möglich.

b) Sphagnen nutzen sowohl **Ammonium** als auch **Nitrat** und wachsen am besten bei N-Mischernährung. Sie unterscheiden sich in dieser Hinsicht also nicht von der Mehrheit der terrestrischen Gefäßpflanzen (vgl. Kap. 4.5.2.6 c). Im Gegensatz zu diesen metabolisieren sie allerdings Nitrat ohne zeitliche Verzögerung, weil die Aufnahme über die Zelloberflächen sehr rasch erfolgt (Rudolph et al. 1993). NO_3-Deposition und die Induktion der Nitratreduktase-Aktivität waren bei *S. fuscum* eng miteinander verknüpft, sodass die Assimilation dem Eintrag unverzüglich folgte (Woodin et al. 1985). Dieses Vermögen, zusammen mit einer sehr großen aufnehmenden Oberfläche, bedingt die bemerkenswerte Eigenschaft der Torfmoose, durch Niederschlagswasser eingetragenes Ammonium und Nitrat vollständig zu nutzen, es also zu immobilisieren (Lee et al. 1990). Die Hyalozyten der Torfmoose bewirken nämlich eine **Wasserspeicherkapazität**, die das 25-Fache des Moos-Trockengewichtes beträgt. Wahrscheinlich dient diese Wasseraufnahme vor allem der Nährstoffaufnahme durch Kationenaustausch über eine erhebliche Oberflächenvergrößerung und weniger der Wasserspeicherung selbst (Frahm 2001). Die Moose stellen daher für die Gefäßpflanzen des Hochmoores einen überlegenen Konkurrenten im Hinblick auf Stickstoff dar (Rydin & Clymo 1989).

Sphagnen erreichen außerdem eine bemerkenswert hohe Ausschöpfung der Vorräte an Ca, Mg und K, die aufgrund der **sehr großen Kationen-Austauschkapazität** der Zellwände vor allem in den Hyalozyten fest gebunden werden. Die hohe Austauschkapazität wird in erster Linie durch die großen Mengen an negativ geladener Polygalacturonsäure (Pektinsäure) in den Zellwänden erreicht, die mehr als 10%

der Zellwandmasse ausmachen kann (Dainty & Richter 1993) und bei den Torfmoosen der Bulten besonders hoch ist (Clymo & Hayward 1982). Folge der Kationenadsorption ist die Freisetzung von Wasserstoffionen, also die **Versauerung des Torfsubstrates**. Sphagnen wirken daher auf ihr Substrat nicht nur durch eine sehr effiziente Ausschöpfung von Stickstoff und Nährstoffkationen, sondern außerdem durch eine deutliche Absenkung des pH-Wertes. Die Sphagnen der Bulten besitzen nach Vitt et al. (1975) eine höhere Kationen-Austauschkapazität als Schlenken-Torfmoose, sodass die Versauerung auf den Hochmoor-Bulten in der Regel stärker ist als in den Schlenken (Clymo & Hayward 1982, Wagner 2000).

Torfmoose gelten als kalkmeidend, obwohl einige Arten (z. B. *Sphagnum subsecundum* oder *S. obtusum*) auch unter neutralen bis basischen Bedingungen vorkommen. Offenbar wirkt nicht das Ca^{2+}-Ion direkt toxisch, zumindest nicht in niedrigen Konzentrationen. Vielmehr wird die schädigende Wirkung durch OH^--Ionen und das weitgehende Fehlen von Kohlendioxid im alkalischen Milieu bedingt (Clymo 1973, Kinzel 1982). Torfmoose vertragen nämlich Ca durchaus, wenn der pH-Wert niedrig ist. Andererseits werden die Pflanzen neutral-basischer Moorstandorte möglicherweise durch das Fehlen von Bikarbonat von sauren Hochmooren ausgeschlossen. Die *Sphagnum*-Arten saurer und neutral-basischer Standorte unterscheiden sich nach Clymo & Hayward (1982) und Kooijman & Bakker (1994) deutlich sowohl in ihrer Sensitivität gegenüber dem basischen Milieu als auch in ihrer versauernden Wirkung auf das Substrat. Dierßen & Dierßen (1984) ermittelten für 14 Kryptogamen aus Mooren des Schwarzwaldes das Vorkommen entlang des pH-Gardienten (s. Abb. 10–26). Deutlich wird die Bevorzugung schwach saurer bis neutraler Standorte durch die Braunmoose *Scorpidium revolvens* und *Campylium stellatum* und auch mehrere Torfmoose (*Sphagnum obtusum*, *S. subsecundum*).

c) Die **Gefäßpflanzen der Hochmoore** sind den Torfmoosen im Hinblick auf die Nährstoff-Aneignungsfähigkeit unterlegen. Ja, sie werden von ihnen über die Mineralisationsrate ausgehungert, weil die Sphagnen über die chemische Zusammensetzung ihrer Streu deren Abbau stark verzögern und damit die Nährstofffreisetzung über die Mineralisierung verringern.

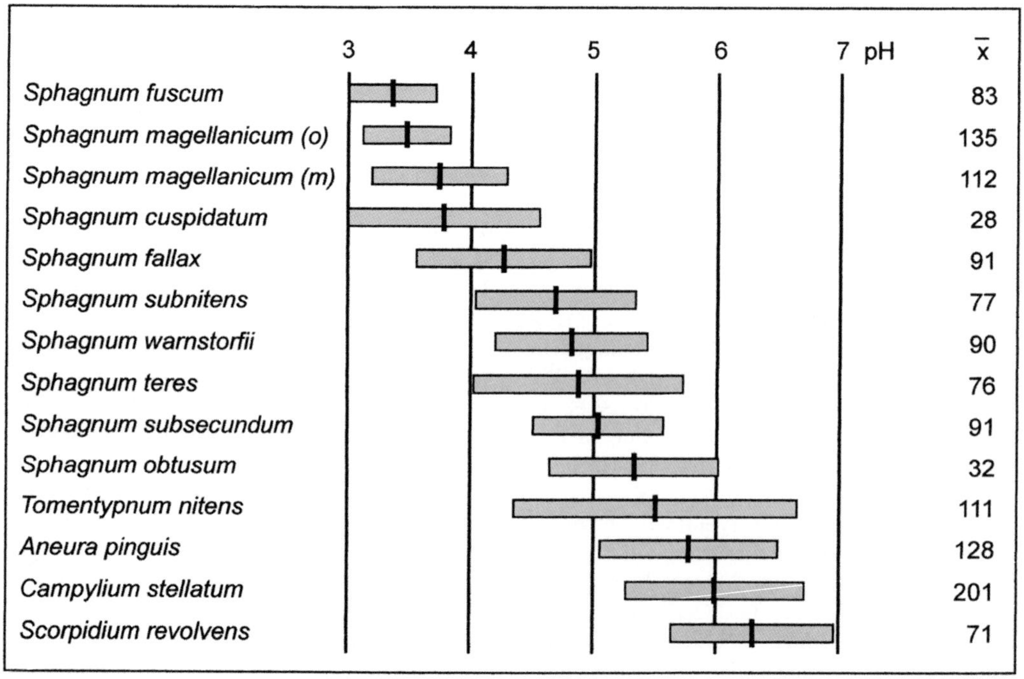

Abb. 10–26 pH-Amplituden ausgewählter Kryptogamen aus Mooren des Schwarzwaldes (Mittelwert, Standardabweichung, Extremwerte, rechts Anzahl der Messungen). Nach Dierßen & Dierßen (1984).

Das mit dem Niederschlag eingetragene N, P und K wird ohnehin von den Torfmoosen fast restlos absorbiert, und im Falle von Ca, Mg und S steht den Konkurrenten bestenfalls das durch die Moosschicht sickernde Wasser und darin enthaltene Ionen zur Verfügung. In Hochmooren findet also eine bemerkenswerte Differenzierung der Nährstoffversorgung zwischen Torfmoosen und Gefäßpflanzen statt; Erstere werden vor allem vom Regenwasser ernährt, Letztere durch die langsame Mineralisation des Torfes. Cyperaceen mit tief reichenden Wurzeln können außerdem die geringen N-Vorräte im Wasser des Katotelms erschließen.

Viele Gefäßpflanzen der ombrotrophen Hochmoore, namentlich die Ericaceen, sind calcifuge Arten, die wahrscheinlich eine Präferenz für **Ammonium** haben. Zwergsträucher können sich auf dem Torf dort ansiedeln, wo ihre Mykorrhizapilze mit genügend Sauerstoff versorgt werden. Die Pilzpartner versorgen ihren Wirt nicht nur mit Ammonium, sondern auch mit niedermolekularen **organischen N-Verbindungen** einschließlich verschiedener Aminosäuren und Oligopeptide (Näsholm et al. 1998). Diese Anpassung dürfte ihnen wegen der nur sehr langsam verlaufenden N-Mineralisierung im Hochmoor einen Konkurrenzvorteil gegenüber anderen Gefäßpflanzen verschaffen. Nach Högbom & Olson (1991) unterscheiden sich Moorpflanzen deutlich in ihren Nitratreduktase-Aktivitäten. Die Zwergsträucher *Vaccinium oxycoccos* und *Andromeda polifolia* hatten weit niedrigere maximale Aktivitäten als *Eriophorum angustifolium* und *Saxifraga hirculus*, was möglicherweise mit dem Zugriff der Ericaceen auf organische N-Verbindungen zusammenhängt.

Niedermoore mit nennenswertem Zufluss an Mineralbodenwasser besitzen eine bessere Versorgung mit Ca, K und Mg, die sich auch in höheren Gehalten in den Torfmoosblättchen spiegelt (Malmer 1993). Je basischer aber der Torf, umso höher ist die Mineralisierungsrate und die Nährstofffreisetzung. Das erklärt die zunehmende Dominanz von Cyperaceen, Juncaceen und anderen Gefäßpflanzen in basenreichen bis kalkreichen Mooren (Damman 1986, Malmer 1993).

Nicht verwunderlich ist, dass manche Gefäßpflanzen zusätzliche N- und P-Quellen erschlossen haben. Dies ist besonders auffällig bei den in Hochmooren recht artenreich vertretenen **karnivoren Pflanzen**, darunter mehrere Sonnentau-, Wasserschlauch- und Fettkrautarten. *Drosera rotundifolia* als typischer Hochmoorschlenken-Besiedler kann Ammonium und Nitrat aus dem Torf aufnehmen, erzeugt aber bei tierischer Zusatzernährung mehr Biomasse und mehr Samen (Crowder et al. 1990). Nach Mejstrik (1976) besitzt diese Art zusätzlich eine Mykorrhiza. *D. rotundifolia* ist gegenüber erhöhten Ca-Konzentrationen empfindlich und erreicht daher ihr Wachstumsoptimum bei pH 3. Die anderen mitteleuropäischen *Drosera*-Arten sind dagegen offenbar wesentlich toleranter gegenüber Kalzium; *D. anglica* besitzt ein Wuchsoptimum bei pH 5–7.

10.5 Produktivität und Stoffumsätze

10.5.1 Primärproduktion

Die pflanzliche Produktion in Mooren schwankt in einer sehr weiten Spanne. Torfbildende eutrophe Großseggensümpfe und Röhrichte gehören zu den produktivsten Lebensräumen Mitteleuropas. Mit Werten allein der **oberirdischen Produktion** bis zu 2500 g m^{-2} a^{-1} (Kvet 1971) können sie Laubwälder terrestrischer Böden deutlich übertreffen (s. Kap. 9.6.1 b). Ursache ist das unbegrenzte Wasserangebot und eine günstige Nährstoffversorgung. Am anderen Ende der Skala stehen Hochmoorbult- und -schlenken-Gesellschaften, für die in Mitteleuropa Werte zwischen 70 und 300 g m^{-2} a^{-1} angegeben werden (s. Tab. 10–7; weitere Übersichten in Lindholm & Vasander 1990, Rochefort et al. 1990 und Gunnarsson 2005). Als typische Produktionsraten von *Sphagnum*-Mooren in Großbritannien nennen Clymo & Hayward (1982) für Schlenken sogar 800 g m^{-2} a^{-1}, für den Teppichhorizont 500 g m^{-2} a^{-1} und für Bulten 150 g m^{-2} a^{-1}. Gunnarsson (2005) ermittelte als globalen Mittelwert der Produktion von *Sphagnum*-Beständen 200 g m^{-2} a^{-1} für Bulten, 260 g für den Teppichhorizont und 370 g für Schlenken. Auch Moore (1989) nimmt eine um rund 100 g m^{-2} a^{-1} höhere Produktivität der Schlenkenmoose im Vergleich zu den Bultmoosen an. Alle diese Zahlen gelten allerdings nur für den oberirdischen Zuwachs; nach Vasander (1982) trägt die **unterirdische Produktion** mit etwa 40 % zur Gesamtproduktion finnischer Hochmoore bei.

Tab. 10–7 Oberirdische Phytomasse oder Ernteertrag (Streu bzw. Heu) in verschiedenen torfbildenden, überwiegend mitteleuropäischen Pflanzengesellschaften. Nach einer Zusammenstellung bei Wagner (2000) und anderen Quellen. Zu den Röhrichten vgl. auch Tab. 9–14 und Text.

Vegetationstyp	Produktion ($g\ m^{-2}\ a^{-1}$)	Autor
Caricetum limosae	70–90	Dierßen 1996a
Drepanoclado-Trichophoretum	130–220	Dierßen 1996a
Torfbinsen-Borstgrasrasen	100–220	Klapp 1965
Molinietum schoenetosum	100–250	Klapp 1965
Sphagnum magellanicum-Teppich	200	Frankl 1996
Caricetum lasiocarpae typicum	250	Warncke-Grüttner 1990
Zwergstrauch-Sphagnum-Kiefern-Moor	180	Walter & Breckle 1986
Erico-Sphagnetum magellanici	90–300	Lütt 1992
Caricetum davallianae	100–350	Stebler 1897 in Klapp 1965
Brachliegendes Molinietum	300–500	Warncke-Grüttner 1990
Juncetum subnodulosi	350–690	Warncke-Grüttner 1990
Caricetum gracilis	550–800	Baradziej 1974
Caricetum elatae typicum	800	Stebler 1898 in Klapp 1965
Angelico-Cirsietum oleracei	900	Klapp 1965
Phragmitetum	1614	Kvet 1971
Glycerietum maximae	1500	Weber 1931 in Klapp 1965
Phragmitetum	1700	Sieghardt 1973
Typhetum angustifoliae	2592	Kvet 1971
Carici elatae-Alnetum, Krautschicht	950	Traczyk 1967

Die lichtgesättigte **Nettophotosynthese** von *Sphagnum*-Arten ist – wie die anderer Moose – mit Werten zwischen 1,3 (*S. fuscum*) und 3,8 µmol CO_2 m^{-2} s^{-1} (*S. rubellum*, *S. balticum* und *S. tenellum*) im Vergleich zu krautigen Gefäßpflanzen niedrig und stark vom Wasserzustand der Moose abhängig (Rydin & McDonald 1985, Wallén et al. 1988). Ein weiterer Einflussfaktor ist nach Murray et al. (1993) Starklicht, das bei 800 µmol m^{-2} s^{-1} die Photosynthese-Kapazität von *S. angustifolium* nachhaltig reduziert. Empfindlichkeit gegenüber Photoinhibition und mangelnde Fähigkeit zur Lichtadaptation könnten dabei mit den niedrigen N-Gehalten der Torfmoos-Blättchen zusammenhängen.

Nach Malmer et al. (1994) wuchsen Torfmoose in Schlenken bis zu 10 cm a^{-1} in horizontaler Richtung, auf Bulten dagegen jährlich nur 1–5 cm a^{-1} und zwar in vertikaler Richtung. Overbeck & Happach (1957) maßen noch weit höhere Zuwächse von mehr als 40 cm a^{-1} bei Schlenkenarten (*S. cuspidatum*, *S. riparium*) und bis zu 12 cm a^{-1} bei Bultarten (*S. magellanicum*, *S. rubellum*). Ursache des Produktionsunterschiedes dürfte in erster Linie die günstigere Wasserversorgung in den Schlenken sein, denn sowohl Bult- als auch Schlenken-Torfmoose hatten in Transplantations-Experimenten in den Schlenken ein höheres Photosynthesevermögen und wuchsen daher besser als auf Bulten (Johansson & Linder 1980, Wallén et al. 1988, vgl. Gunnarsson 2005). In der Regel sind außerdem die chemischen Standortfaktoren in den Schlenken günstiger als auf den Bulten: So weisen Erstere meist höhere pH-Werte, mikrobielle Stickstoff-Fixierungsraten und N-Gehalte im Torf auf als Bulten (Granhall & Selander 1973, Malmer 1988). Schließlich sind aber auch unterschiedliche physiologische Eigenschaften der jeweiligen Sphagnen bedeutsam, denn unter gleichen Wachstumsbedingungen besitzen Schlenken-Torfmoose ein höheres Wachstumspotenzial als jene der Bulten (Hayword & Clymo 1983, Gunnarsson 2005).

Torfmoose zeigen in ihrem Wachstum keinen ausgeprägten Jahresrhythmus; bei günstigen Außenbedingungen können Sphagnen ganzjährig wachsen (Kinzel 1982). Bestes Wachstum tritt aber in der Regel im kühl-feuchten Früh-

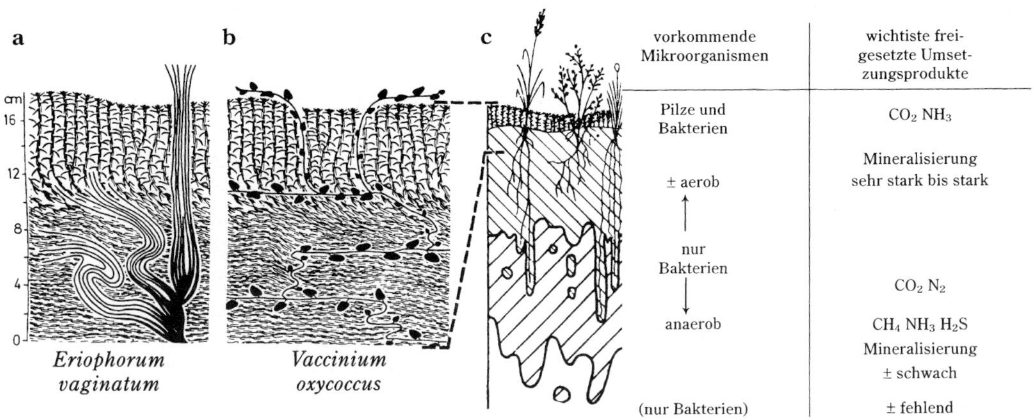

Abb. 10–27 a und b: Wachstum und Einbettungsweise von Torfmoosen und höheren Pflanzen, halbschematisch. Nach Grosse-Brauckmann (1962), verändert.
a Scheidiges Wollgras
b Moosbeere
c: Profilgliederung in einem wachsenden Hochmoor; schematisch, kleinerer Maßstab. Nach Grosse-Brauckmann & Puffe (1967), verändert (s. a. Grosse-Brauckmann 1986). Die wachsenden Sphagnen sind grün; absterbende Teile vergilben und legen sich mehr oder minder waagerecht. Die oberen Schichten sind noch sauerstoffhaltig und stark von aeroben Mikroorganismen durchlebt, die eine gewisse Humifizierung (Braunfärbung!) und eine Mineralisierung der leicht zersetzbaren Bestandteile bewirken. Schon in wenigen Dezimetern Tiefe ist der junge Torf dauernd wasserdurchtränkt und frei von Sauerstoff (Schwefelwasserstoff-Geruch beim Aufgraben!).

ling und Herbst auf (Wieder 2006). Die Gefäßpflanzen des Hochmoores müssen mit diesem Mooswachstum Schritt halten. Dies erreichen sie entweder durch die regelmäßige Höherverlagerung ihres Wachstumspunktes um ein bis mehrere Zentimeter pro Jahr wie bei *Drosera* oder *Trichophorum* (s. Abb. 10–27), oder durch Ausbildung von Adventivwurzeln der überwachsenen Triebe, so bei *Betula nana* und den Ericaceen.

10.5.2 Torfakkumulation und Torfzersetzung

a) Torf akkumuliert, wenn die pflanzliche Produktion größer als die mikrobielle Zersetzung ist. Die aktuelle Torfakkumulationsrate (Nettoanreicherung) eines Moorkörpers ergibt sich aus der Differenz von Torfakkumulation im Akrotelm und der kontinuierlichen Zersetzung im Katotelm. In Wachstumskomplexen kann der Torf jedes Jahr um mehrere Millimeter in die Höhe wachsen. In feuchten Jahren stellen Moore dann beträchtliche Senken für Kohlenstoff dar, in trockenen können sie dagegen zu Quellen werden (Vasander & Kettunen 2006). Mittlere Torfzuwachsraten liegen in Nordostdeutschland bei 0,5 mm a^{-1} (Couwenberg et al. 2001). Clymo et al. (1998) geben Torf-Nettoanreicherungen in Höhe von 5–17 g C m^{-2} a^{-1} für Niedermoore und von 9–27 g C m^{-2} a^{-1} für Hochmoore an (vgl. auch Kuhry & Turunen 2006). Das sind nur wenige Prozent der Nettoprimärproduktion (s. Kap. 10.5.1), nach Schätzungen von Päivänen & Vasander (1994) rund 2–16 %. Nach diesen Zahlen besitzen Niedermoore zwar höhere Netto-Primärproduktionsraten als Hochmoore, übertreffen diese jedoch im Abbau noch deutlicher (Turunen & Tolonen 1996).

Torfakkumulation ist in Mitteleuropa vor allem an das Vorkommen von Torfmoosen gebunden. Nicht alle *Sphagnum*-Arten besitzen aber die Fähigkeit zur Hochmoorbildung, und es wäre falsch, sogleich auf den Beginn einer solchen zu schließen, wenn man in Wäldern, Heiden oder Rasen irgendwelche Torfmoose findet. *Sphagnum squarrosum*, *S. palustre* und *S. girgensohnii* beispielsweise sind zwar ähnlich gebaut wie die echten Hochmoorsphagnen, stellen aber größere Anforderungen an ihre Nährstoffversorgung. Andererseits sind die hochmoorbildenden Torfmoose nicht auf das Hochmoor beschränkt; viele kommen auch in Niedermooren vor, in denen die Torfzersetzung schneller abläuft und die Aufwölbung ausbleibt. Nur wenige Torfmoose kommen jedoch bei pH-Werten über 5,5 vor.

b) An der **Zersetzung** des Torfes sind vor allem Pilze und Bakterien, aber fast keine Tiere beteiligt (Collins et al. 1978). Der Abbau wird durch Sauerstoffmangel, Kälte, niedrige pH-Werte und Nährstoffmangel behindert. Nach Isotalo (1951) wird Torf optimal bei etwa 60 % des Sättigungswassergehaltes mineralisiert. Im Allgemeinen sinkt die Zersetzungsgeschwindigkeit der Torfe mit abnehmender Trophie und zunehmender Versauerung. Ein bestimmender Faktor der Abbaugeschwindigkeit ist aber auch die Verfügbarkeit an energiereichen Kohlenstoffverbindungen (Zucker, Proteine u. a.), die von den Mikroorganismen genutzt werden, während Gerbstoffe, Harze, Wachse, Lignin u. ä. den Abbau verzögern. Verhoeven et al. (1990) maßen einen 2- bis 5-mal schnelleren Abbau von Zellulose in minerotrophen gegenüber ombrotrophen Mooren. Sauer-oligotrophe Hochmoore haben daher viel größere Torf-Akkumulationsraten als basisch-mesotrophe oder eutrophe Moore, obwohl ihre pflanzliche Produktion in der Regel weit geringer ist. Vor allem im sauerstofffreien tieferen Katotelm der Hochmoore bleibt der Torf lange liegen. In einem südschwedischen Moor waren nach 150 Jahren im Katotelm 80 % des ursprünglich vorhandenen Kohlenstoffs freigesetzt worden (Malmer & Holm 1984). Bestimmte Fraktionen können mehr als 10 000 Jahre im Katotelm verbleiben (Göttlich 1990).

Die Zersetzungsrate ist eng an den Anteil der Torfmoosmasse an der Streumenge gebunden. Die Streu der Moor-Gefäßpflanzen wird nämlich viel schneller abgebaut als die der Sphagnen. Das liegt zu einem Teil an den vergleichsweise niedrigen N- und P-Gehalten der toten Moosmasse, denn höhere P- und N-Gehalte beschleunigen den Abbau (Lee et al. 1993, Aerts et al. 2001). Wichtiger erscheint aber der Gehalt an **abbauhemmenden Substanzen**, unter denen offenbar Polyuronsäuren, aber auch hohe Gehalte an Polyphenolen, darunter „Sphagnum-Säure" (p-hydroxy-β-carboxymethyl-Zimtsäure), eine wichtige Rolle spielen (Johnson & Damman 1993, Verhoeven & Liefveld 1997). Diese werden unter anaeroben Bedingungen von phenoloxidierenden Pilzen so gut wie nicht abgebaut (Thormann 2006). Als **Ionenaustauscher in den Zellwänden** der Sphagnen ist vor allem Polygalacturonsäure von großer Bedeutung; gleichzeitig bindet sie im Torf Nährstoffe und behindert damit die mineralisierende Aktivität der Mikroorganismen (Painter 1991). Der geringe Stickstoffgehalt des Torfes ist dagegen für die Abbaugeschwindigkeit offenbar nur ein zweitrangiger Faktor, wie Düngungsversuche zeigten. Tatsächlich findet Mineralisierung auch bei sehr weiten C/N-Verhältnissen von 80–100 statt, wenn genügend P vorhanden ist (Damman 1988).

Unterschiedliche chemische Eigenschaften der Sphagnen sind die Ursache für artspezifische Unterschiede in deren Abbaubarkeit. Nach Rochefort et al. (1990) und Johnson & Damman (1991) nimmt diese in der Reihenfolge *S. fuscum* < *S. magellanicum*, *S. balticum*, *S. recurvum* < *S. angustifolium*, *S. cuspidatum*, *S. lindbergii*, *S. fimbriatum* zu. Im Allgemeinen werden also Schlenken-Torfmoose schneller als Rasenarten und diese schneller als Bultarten abgebaut. In den Schlenken ist der Torfabbau trotz höherer Feuchte daher schneller als auf den Bulten, denn die Arten enthalten weniger abbauhemmende Substanzen.

10.5.3 Wasser- und Nährstoffumsätze

a) Nieder- und Hochmoore unterscheiden sich deutlich in ihren **Verdunstungsraten**. Bei uneingeschränkter Wasserversorgung verdunsten nach Schmeidl et al. (1970), Mundel (1982) und Ingram (1983) sowohl Nieder- als auch Hochmoore etwa in Höhe der potenziellen Verdunstung oder wenig darüber, also wie eine feuchte Rasenfläche. Erst bei stärkerer Austrocknung sinkt die Verdunstung rasch ab. Vor allem in kontinentalen Regionen fällt die Moorverdunstung dann deutlich unter die potenzielle Verdunstung. Hochmoore, in denen Torfmoose vorherrschen und nur relativ wenige tief wurzelnde Phanerogamen vorkommen, verringern ihre Verdunstung (Evapotranspiration) sprunghaft, wenn im Zuge sommerlicher Austrocknung der Moorwasserspiegel tiefer als etwa 25 cm unter Flur fällt und vor allem die Bulten austrocknen. Verschiedene Sphagnen unterscheiden sich nach Verdunstungs-Experimenten von Overbeck & Happach (1957) sowohl in ihrer maximalen Transpiration als auch im Ausmaß der Transpirations-Reduktion nach Wasserabsenkung: *Sphagnum fallax* transpirierte bei hoher Feuchte (Wasserstand 2 cm unter Flur) weit mehr als *S. magellanicum* und *S. rubellum*, während die Artunterschiede bei 12 cm unter Flur nur gering waren.

Niedermoore reduzieren dagegen ihre Verdunstung mit fallendem Wasserspiegel langsamer, weil das feinporige Kapillarsystem im Akrotelm höher hinauf reicht als im Hochmoor; zudem gewährleisten die tief reichenden Wurzeln der Cyperaceen auch in Trockenperioden hohe Transpirationsraten. Bis 50 cm unter Flur wird in etwa die Höhe der potenziellen Verdunstung gehalten (Edom in Succow & Joosten 2001). Besonders hohe Verdunstungsraten, die auch die potenzielle Verdunstung übertreffen können, erreichen schließlich Großseggenriede, Röhrichte und manche Moorwälder (Mundel 1982), und zwar insbesondere dann, wenn in der Landschaft isolierte Moore durch Advektion warmer Luftmassen aus der Umgebung zusätzliche Energie für die Verdunstung erhalten. Aus Lysimeter-Messungen folgern Behrendt & Hölzel (1995), dass in Großseggenrieden und Röhrichten auf Moorboden Evapotranspirationsraten weit über 1000 mm a^{-1} auftreten können, die den Niederschlag deutlich übersteigen (vgl. Kap. 9.6.2). Unter diesen Mooren findet dann keine Grundwasserneubildung statt.

Neuhäusl (1975) hat die kleinräumige Variabilität der Evapotranspiration in böhmischen Mooren untersucht. Er konnte zeigen, dass in Hochmooren die Transpiration der Torfmoose vergleichsweise gering ist und die Gesamtverdunstung, die meist unter 2 mm d^{-1} blieb, vor allem von der relativ hohen Evaporation der Schlenken bestimmt wird. Niedermoore und dicht bewaldete Moore besaßen eine höhere Evapotranspiration (bis > 4 mm d^{-1}), weil die Transpiration der dort vorherrschenden Phanerogamen hoch war. Ingram (1983) gibt für mitteleuropäische Moore maximale Evapotranspirationsraten bis zu 6 mm d^{-1} an (Hohes Venn, Belgien). Eggelsmann (1981, 1990) hat die Verdunstung naturnaher und genutzter Nieder- und Hochmoore in Nordwestdeutschland untersucht. Nach seinen Zahlen nimmt die sommerliche Verdunstung in der Reihe Erlenbruchwald > Birkenbruchwald > Großseggenried > *Sphagnum*-Hochmoor > Kleinseggenried > Wiese oder Weide > Acker ab. Nordwestdeutsche Moore mit hohem Grundwasserstand haben danach eine um 10–15 % höhere Evapotranspiration als benachbarte Vegetation auf Mineralböden. Zunehmende Bewaldung erhöht die Verdunstung und senkt den Moorwasserstand, wie Frankl (1996) in einer Langzeitbeobachtung in bayerischen Mooren nachweisen konnte.

Aus dem Hochmoor abfließendes Wasser folgt den Flach- und Tiefrüllen in Richtung des Randgehänges. Die **Tiefensickerung** durch den Katotelm ist aufgrund der großen Lagerungsdichte des Torfes dagegen gering (etwa 50 mm a^{-1}, Schouwenaars 1994). Dies erklärt, warum Eggelsmann (1973) unter wachsenden Hochmooren in Nordwestdeutschland Grundwasserspenden von weniger als 30 mm a^{-1} maß, deutlich weniger als unter benachbarten Mineralböden, aber auch als unter Niedermooren (30–60 mm a^{-1}) und vermoorten Bruchwäldern (> 60 mm a^{-1}). Eine wasserundurchlässige Muddeschicht unter dem Torf kann die Versickerung weiter reduzieren (Edom in Succow & Joosten 2001, Siegel & Glaser 2006). Abflussspitzen aus Hoch- und Niedermooren erreichen aufgrund der hohen Wassersättigung des Torfes häufig extremere Werte als die benachbarter Mineralböden, weil im Torf kaum zusätzliches Wasser gespeichert werden kann. Sommerliche Austrocknung kann andererseits zum vollständigen Versiegen des Abflusses aus Hochmooren, nicht jedoch aus Niedermooren, führen.

b) Soweit es sich nicht um eutrophe Großseggenriede, Röhrichte oder Bruchwälder handelt, sind Moore überwiegend arm oder sehr arm an Nährstoffen. Lediglich in Niedermooren mit starkem Durchfluss an Wasser stehen größere Nährstoffmengen zur Verfügung. Niedermoore, die von gedüngten Weiden umgeben sind, erhalten nach Koerselman & Verhoeven (1995) eine N-Zufuhr mit dem Grundwasser um 20 kg N ha^{-1} a^{-1}, mit dem Oberflächenwasser von 1–11 kg N. **Stickstofffixierung** spielt in den meisten Mooren eine nur geringe Rolle. Nach Waughman & Bellamy (1980) beträgt diese in süddeutschen Hochmooren etwa 0,7 kg N ha^{-1} a^{-1}, in Niedermooren dagegen 5–20, im Ausnahmefall bis zu 60 kg N. Lediglich Gagelgebüsche und Erlenbruchwälder verfügen mittels ihrer symbiontischen Aktinomyzeten über eine relevante zusätzliche Stickstoffquelle (*Myrica gale*: 24–34, *Alnus glutinosa*: 56–360 kg N ha^{-1} a^{-1}, Boring et al. 1988, Koerselman & Verhoeven 1992). In Hochmooren ist atmosphärische N-Deposition die wichtigste externe Stickstoffquelle. Vorindustrielle Depositionsraten dürften in Mitteleuropa bei etwa 5 kg N ha^{-1} a^{-1} gelegen haben; die heutigen Einträge sind vielerorts um das 3- bis 8-Fache höher (s. Kap. 3.7.2 b). Möglicherweise spielt direkte Absorption von gasförmigem Ammoniak (NH_3) durch die nasse Vegetationsdecke in Mooren eine Rolle; Mattson & Koutler-Andersson (1955) schätzten diesen Eintrag auf mehr als 10 kg N ha^{-1} a^{-1}. Unabhängig vom Eintragspfad stellen wachsende Hochmoore sehr **effektive Stickstoffsenken** dar, die bis zu 75 % des Eintrages in der Biomasse festlegen.

Die N-Nettomineralisation ist in intakten Mooren aufgrund der hohen bakteriellen Immobilisierung meist gering, nach Koerselman & Verhoeven (1992) liegt sie bei rund 20 kg N ha^{-1} a^{-1}. Lütke Twenhöven (1992) ermittelte sogar nur 2–10 kg N ha^{-1} a^{-1} in einem schleswig-holsteinischen Hochmoor. Messungen mit der Freiland-Inkubationsmethode ergaben für colline wie auch alpine Kalk-Kleinseggenriede jährliche Nachlieferungen zwischen 0 und 40 kg N ha^{-1}, für saure Kleinseggenriede sogar nur von 0–2 kg N ha^{-1} (s. Tab. 10–8). Vergleicht man grundwassergespeiste Niedermoore mit Hochmooren, so ist die N-Mineralisation entgegen der Erwartung in Ersteren nicht notwendigerweise höher; im Gegenteil, Hochmoore lieferten in einigen Fällen sogar mehr N nach (Waughman 1980, Koerselman et al. 1993 und Bridgeham et al. 1998).

In entwässerten Moorwiesen (bis 360 kg N) und in Wäldern auf Niedermoortorf (bis 570 kg N) werden meist weit höhere Stickstoffmengen nachgeliefert, weil große Mengen leicht zersetzbarer C-Verbindungen vorhanden sind (Wild & Pfadenhauer 1997, Succow & Joosten 2001). Die Freisetzung erfolgt dann in den meisten Fällen überwiegend als Nitrat. **N-Auswaschung** spielt in intakten Hochmooren in der Regel keine Rolle, kann aber in entwässerten Mooren hohe Raten (150–300 kg N ha^{-1} a^{-1}) erreichen. Im Gegensatz zu N erreicht das Leaching von K, Mg und Ca sowohl in Nieder- als auch in Hochmooren eine gewisse Bedeutung und kann zur Verarmung älterer Torfhorizonte führen (Malmer 1993). **Denitrifikation** spielt in nitratarmen Hochmooren keine Rolle, erreicht jedoch insbesondere in entwässerten Niedermooren mit erhöhten NO_3-Konzentrationen hohe Intensitäten (bis 110–130 kg N ha^{-1} a^{-1}, Urban & Eisenreich 1988, Eschner 1989).

Phosphor ist in sauren Mooren oft in höheren Konzentration im Moorwasser vorhanden als in basischen, in denen P durch Ausfällung immobilisiert wird. Insbesondere an der Grenze Akrotelm/Katotelm geht P im Zuge von Oxidations-Reduktions-Wechseln als Fe(II)-Phosphat in Lösung. Dies steht im Widerspruch zur angenommenen P-Limitierung des Wachstums von manchen Hochmoorpflanzen. Waughman (1980) und Verhoeven et al. (1988) vermuteten

Tab. 10–8 Jährliche Stickstoff-Nettomineralisation in Kleinseggenrieden und Quellsümpfen der Nordschweiz. Nach Angaben von Yerly (1970), aus Ellenberg (1977); vgl. Abb. 19–49.

Pflanzengesellschaft	Nettomineralisation[1] (kg N ha^{-1} a^{-1})	Nitrifikationsgrad[2]
1. Bodensaure Kleinseggenriede		
a Braunseggenrasen (Caricetum canescenti-nigrae)	0–2	I
b Rasensimsenried (Tomenthypno-Trichophoretum), montan	0–1	II
2. Kalk-Kleinseggenriede		
a Davallseggen-Quellsumpf (Caricetum davallianae) bei Zürich	0–5	II
desgl., in der Westschweiz, montan	0–5	II
desgl., subalpin (Caricetum ferrugineo-davallianae)	2	II
b Kopfbinsenried (Schoenetum ferruginei)	0–40	IV–V

[1] die höheren Werte beziehen sich auf Bestände, die seit langer Zeit nicht mehr gemäht wurden; früher wurde das Mähgut als Stallstreu benutzt;
[2] I = 0–20 % Nitrat, V = 80–100 % Nitrat

deshalb, dass im Falle von Phosphor nicht die Verfügbarkeit, sondern die pflanzliche Aufnahme limitiert sei. Dies würde auch den nur undeutlichen Zusammenhang zwischen P-Konzentration im Torf oder Moorwasser und der Vegetationszusammensetzung erklären. In Niedermooren mit eisenarmem, aber sulfatreichem Wasser kann die P-Verfügbarkeit ansteigen, weil SO_4^{2-} nach Reduktion als Eisensulfid ausfällt und damit zweiwertiges Eisen bindet, das in Form von Fe(III) an der Festlegung von Phosphat beteiligt ist (Caraco et al. 1989, de Mars 1996).

10.6 Vegetationsdynamik

10.6.1 Quartäre Moorentwicklung

Die mitteleuropäischen Moore sind ausnahmslos nach der letzten Eiszeit entstanden, es sind also **höchstens 12 000 Jahre alte Bildungen**. Palynologische Untersuchungen in Moorprofilen lassen verschiedene Phasen verstärkter Moorbildung erkennen, deren Ursachen in Veränderungen von Klima, Landschaftswasserhaushalt und Vegetation zu suchen sind. Abbildung 10–28 fasst in schematischer Form die Entwicklung eines Hochmoores in Nordwestdeutschland seit dem Ende der Eiszeit zusammen.

Die in Kapitel 10.2.5 c vorgestellten hydrologisch-genetischen Moortypen unterscheiden sich in ihrem mittleren Alter und damit hinsichtlich der Phasen des Holozäns, in denen sie überwiegend entstanden. Couwenberg et al. (2001) haben mehr als 150 Moorprofile in Nordostdeutschland hinsichtlich der Entstehungsgeschichte der Moore ausgewertet. Danach sind Versumpfungsmoore mit über 12 000 Jahren vor heute (^{14}C-Jahre, die nur näherungsweise Kalenderjahren entsprechen) die ältesten Torfbildungen, denen ab etwa 11 500 vor heute Verlandungsmoor-Bildungen folgten. Ab etwa 10 000 ^{14}C-Jahren vor heute traten die ersten Kesselmoor- und Quellmoor-Bildungen auf. Die anderen Moortypen sind jünger, weil sie sekundäre Moorbildungen sind oder durch das wärmere und humidere Klima im Atlantikum (etwa 7500–4500 vor heute) gefördert wurden (s. Abb. 10–29). Ab etwa 9000 ^{14}C-Jahren vor heute traten die ersten Durchströmungsmoore auf, die sich häufig aus Verlandungsmooren herausbildeten. Regenmoortorfe, also eigentliche Hochmoore, wurden erst ab 7500 vor heute gefunden. Dies unterstreicht die **Bedeutung ausreichender Wärme und hoher Regenmengen für die Bildung der Sphagnum-Hochmoore**, die erst mit dem postglazialen Wärmeoptimum im Atlantikum, als es etwa 2 °C wärmer war als heute (s. Abb. 13–73), gegeben waren. In Nordwestdeutschland wurde das Klima ungefähr um 6000 v. Chr. deutlich ozeanischer und begünstigte damit das Moorwachstum, als der Meeresspiegel etwa die heutige Küstenlinie erreicht hatte (Bittmann 2004). Vorher bildeten sich nur Mudden, Niedermoor- und Bruchwaldtorfe (s. Abb. 10–28). Entwässerung hat vor allem seit dem Mittelalter das Torfwachstum in vielen Kessel-, Durchströmungs- und Regenmooren reduziert.

Pop (1964) hält es sogar für erwiesen, dass *Sphagnum*-Hochmoore sich zumindest in Europa erstmalig im Laufe der Nacheiszeit bildeten. Weder aus den Zwischeneiszeiten noch aus dem Tertiär oder älteren Perioden gibt es Torfreste, die einwandfrei diesem oligotrophen Moortypus zuzuordnen wären. Im Atlantikum entstanden Regenmoore in noch größerer Höhe über dem Meeresspiegel und viel weiter nördlich, als das gegenwärtig möglich wäre. Diese subalpinen und alpinen bzw. subpolaren Moore wachsen nirgends mehr, sondern werden im Gegenteil durch Frost, Schneedruck, Wasser und Wind mehr und mehr abgebaut (s. Kap. 13.3.10.1). Sie müssen mithin als fossil oder zumindest subfossil gelten.

Noch geringeren Alters als die Regenmoore sind manche Hangmoore der Gebirge, die z. T. nicht älter als 2000 bis 3000 Jahre sind. Menschlicher Einfluss in Form von Rodungen hat die Abflussmengen erhöht und damit in den letzten 1000 Jahren zu einer **verstärkten Bildung von Versumpfungs- und Hangmooren** geführt. Das gilt allerdings nicht für die Hangmoore regenreicher Gebirge wie den Harz. Nach Beug et al. (1999) begann die Vermoorung dort bereits vor mindestens 10 000 ^{14}C-Jahren (etwa 11 600 vor heute) am Ende der Jüngeren Tundrenzeit und Torfbildung fand ohne größere Unterbrechung bis heute statt. Neue Moore entstanden im Harz allerdings nur bis zum Ende des Subboreals (etwa 2800 vor heute). Perioden stärkeren Moorwachstums (z. B. im späten Subboreal) fielen in etwas kältere Perioden. Sehr junge Bildungen sind die Salzweidentorfe der Ostsee-Küstenüberflutungsmoore, die meist jünger als 1000 ^{14}C-Jahre sind.

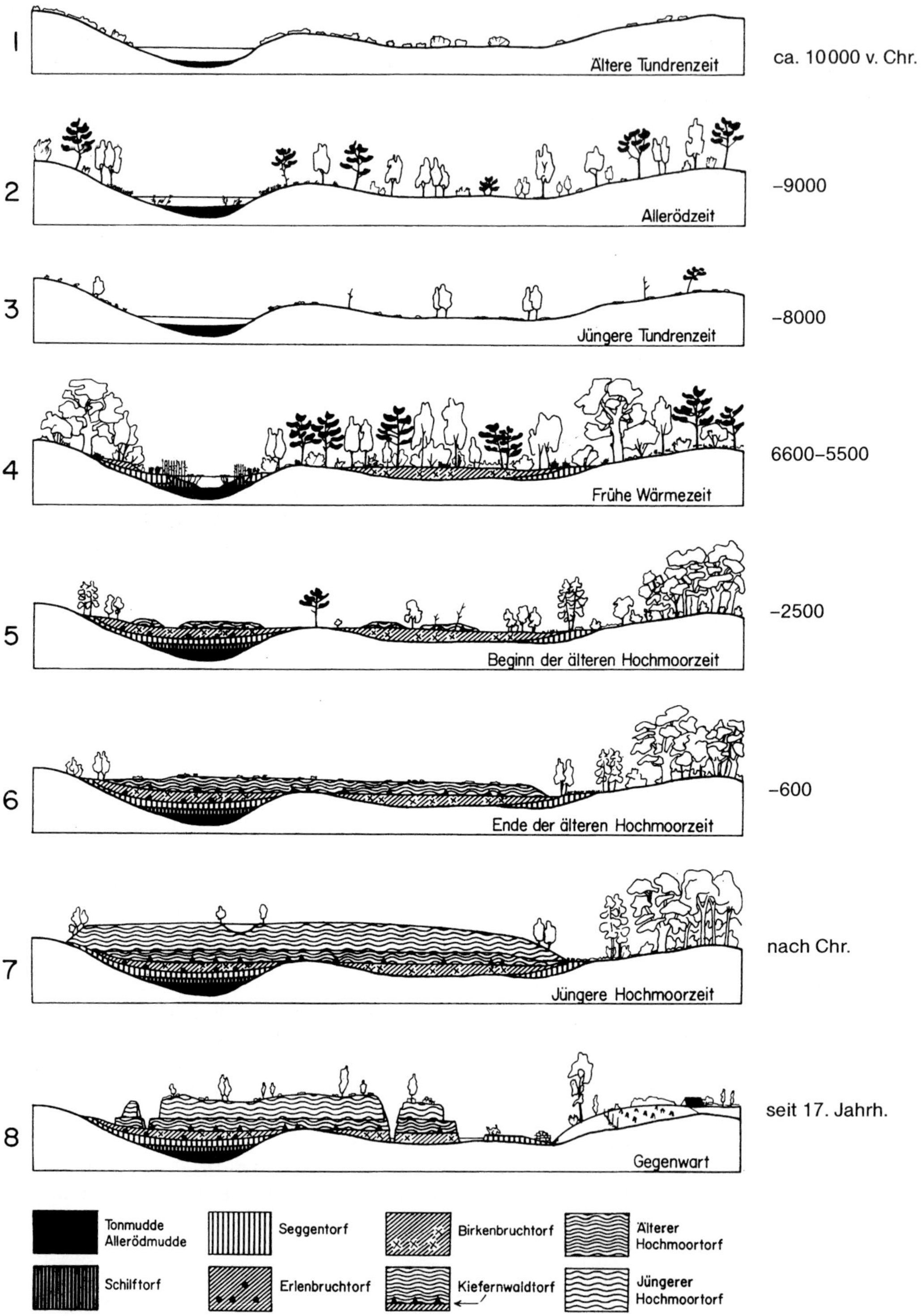
1
Ältere Tundrenzeit
ca. 10000 v. Chr.
2
Allerödzeit
-9000
3
Jüngere Tundrenzeit
-8000
4
Frühe Wärmezeit
6600–5500
5
Beginn der älteren Hochmoorzeit
-2500
6
Ende der älteren Hochmoorzeit
-600
7
Jüngere Hochmoorzeit
nach Chr.
8
Gegenwart
seit 17. Jahrh.
Tonmudde Allerödmudde
Seggentorf
Birkenbruchtorf
Älterer Hochmoortorf
Schilftorf
Erlenbruchtorf
Kiefernwaldtorf
Jüngerer Hochmoortorf

◁ Abb. 10–28 (Linke Seite). Entwicklung eines Hochmoores im nordwestdeutschen Tiefland, halbschematisch. Nach einer farbigen Darstellung von Overbeck. Die Profile sind überhöht und die Bäume usw. nicht maßstabsgerecht.
1–3 = Späteiszeit: 1 = waldlose ältere Tundrenzeit (etwa bis 10 000 v. Chr.), 2 = Birken-Kiefernwald der Alleröd-Wärmeschwankung (etwa 10 000–9000 v. Chr.), 3 = Park-Tundrenzeit (bis etwa 8000 v. Chr.).
4–6 = Wärmezeit der Nacheiszeit: 4 = Boreal (etwa 6800–5500 v. Chr.) mit reicher Verlandungsvegetation und dichtem Wald; 5 = Atlantikum (5500–2500 v. Chr.), größere Wärme und höhere Niederschläge führen zur Hochmoorbildung; 6 = Subboreal (etwa 2500–600 v. Chr.), älterer, wollgras- und heidereicher „Schwarztorf", Beginn der Buchenausbreitung. 7–8 = Nachwärmezeit (Subatlantikum): 7 = „Weißtorf"-Bildung und starke Wölbung; 8 = gewaltsames Ende des natürlichen Wachstums durch Entwässerung und Torfstich seit dem 17. Jahrhundert.

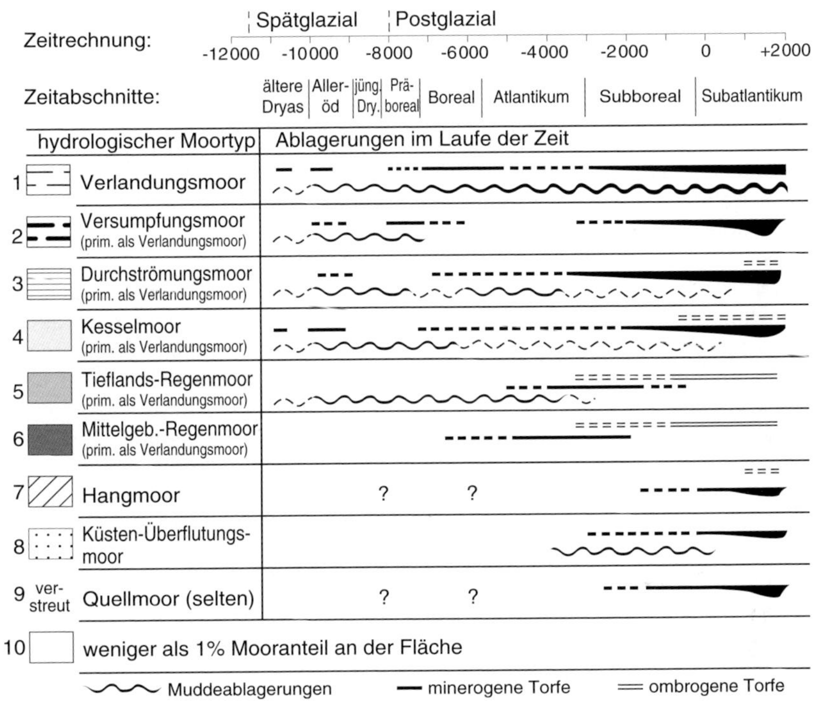

Abb. 10–29 Werdegang und Ablagerungsfolge bei den „hydrologischen Moortypen", deren Verbreitung in Abb. 10–12 dargestellt ist. Nach Succow (1988), etwas verändert. Erläuterung im Text zu Abb. 10–12.

1. **Verlandungs**moore entstehen bei der Vegetations-Sukzession vom Schilfgürtel bis zum Bruchwald.

2. **Versumpfungs**moore bilden sich bei zunehmender Vernässung des Bodens, meist durch Grundwasseranstieg; in Flusstälern handelt es sich z.T. um Überflutungsmoore (7).

3. **Durchströmungs**moore können auf 1, 2 oder 7 aufwachsen, wenn ständig von der Seite her Wasser zufließt, oft beidseits eines Flusses, zu dem die Moore etwas geneigt sind.

4. **Kesselmoore** bilden sich in abflusslosen Senken (z.B. in Jungmoränen-Gebieten) aus 1 oder 2; bei vorwiegender Versorgung mit Regenwasser können sie in 5 übergehen.

5. Tieflands-**Regenmoore** (Hochmoore) gehen in genügend humidem Klima meist aus 1, aber auch aus 2, durch Emporwachsen von Torfmoosen (*Sphagnum*-Arten) hervor.

6. Mittelgebirgs-Regenmoore entstehen auf gleiche Weise aus 1 oder 7.

7. **Hangmoore** bilden sich an Mineralboden-Hängen infolge ständig zulaufenden Oberflächenwassers.

8. Küsten-**Überflutungsmoore** sind ein Sonderfall; sie entstehen ähnlich den Versumpfungsmooren bei häufig wiederholter Überflutung, z.B. durch Rückstau bei Tidehub. Nach Eindeichung der Nordsee sind sie verändert oder verschwunden. Einige große Moore waren in 5 übergegangen.

9. **Quellmoore** entstehen in dem Drängewasserstrom, der aus fast ebenen oder meist hängigen Mineralböden herausquillt.

10. **Ohne** Signaturen blieben auf der Karte Gebiete, in denen Moore weniger als 1 % der Fläche decken.

Die Typen 1,2,8 und 9 sind **primär,** die Typen 3–6 (und z.T. auch 7) **sekundär.** Typ 9 ist kleinflächig, kann aber in fast allen Landschaften auftreten. Nahezu alle hydrologischen Moortypen sind heute nicht mehr im Naturzustand.

Moorgeschichtliche Untersuchungen lassen erkennen, dass **manche Moorbildungen recht kurzlebige Erscheinungen** sind. In Nordostdeutschland überdauerten die meisten Versumpfungs- und Verlandungsmoore nicht mehr als 2000 ^{14}C-Jahre, 60 % sogar nur bis zu 1000 Jahre (Couwenberg et al. 2001). Ein Reihe dieser Moore lässt danach den Übergang zu Durchströmungs- oder Regenmooren (Hochmooren) erkennen.

In einem kühl-gemäßigten und humiden Klima kann jede Vernässung Anlass zur Bildung von Versumpfungs-Hochmooren (s. Abb. 10–1) geben, vorausgesetzt, dass das Wasser stagniert und basenarm ist. Sogar kalkreiche Niedermoore und kräftig wachsende Wälder auf nährstoffreichem Mineralboden wurden unter solchen Bedingungen schließlich von Hochmooren überwuchert (s. Abb. 10–28). In trockenerem Klima, z. B. in Brandenburg und Polen, entstanden lediglich Verlandungs-Hochmoore (s. Abb. 10–12), und auch diese nur aus bereits sehr kalkarm und humusreich (dystroph) gewordenen Stillwassern. Hochmoorbildung kann also als eine überwiegend autogen getriebene Sukzession verstanden werden, in deren Verlauf das Wasserregime grundlegend verändert wird. Den meisten großen Hochmooren kann man ihren Ursprung heute aber nicht mehr ansehen. Nur durch palynologische Untersuchungen an Torf-Bohrkernen lässt sich die Entstehungsgeschichte rekonstruieren.

10.6.2 Rezente Entwicklungsprozesse

Schlenken und Bulten, in langgestreckter Form auch Flarke (oder Rimpis) und Stränge, sind Ausdruck dynamischer Prozesse des Moorwachstums, die in ozeanischen Klimaten stärker ausgeprägt sind als in wärmeren und niederschlagsärmeren Landschaften (Lindsay et al. 1985). **Dieses Mikrorelief ist wahrscheinlich primär eine Folge kleinräumiger Unterschiede im Moorwasserstand**, wodurch sich ein Mosaik torfbildender Moorpflanzen mit unterschiedlichen Überflutungs- und Austrocknungstoleranzen ausbildet (Dierßen & Dierßen 2001). Sinkende Wasserstände fördern dabei austrocknungstolerantere Bultmoose wie *Sphagnum fuscum* und *S. rubellum* und unterstützen somit die Bultbildung, bis diese durch zunehmende Trockenheit in ihrem Wachstum gehemmt und gleichzeitig die Torfzersetzung durch Sauerstoffzufuhr beschleunigt wird. Steigende Wasserstände beschleunigen andererseits das Schlenkenwachstum, weil in den im Sommer warmen Kleinstgewässern Planktonalgen gedeihen können, die im Zuge der Photosynthese Sauerstoff in das Schlenkenwasser abgeben und damit die Torfzersetzung am Boden und Rand der Schlenken beschleunigen (Foster et al. 1988, Svensson 1988). Wenn Perioden mit hohen Wasserständen und verstärkter Abfluss miteinander abwechseln, können in geneigtem Gelände hangparallele Strang- und Flark-Strukturen entstehen, wie sie für die in den skandinavischen Gebirgen verbreiteten Aapa-Moore charakteristisch sind.

Einmal ausgelöst, wird dieses Torfmoosmosaik durch unterschiedliche Produktions- und Zersetzungsraten auf Bulten und in Schlenken verstärkt. Die Sphagnen der Schlenken weisen zwar in der Regel eine höhere Produktion als ihre Verwandten auf den Bulten auf (s. 10.5.1); dieser höhere Zuwachs wird aber nach Johnson & Damman (1993) durch einen schnelleren Abbau der Torfmoos-Streu in den Schlenken mehr als kompensiert. Nach dieser Hypothese entsteht das Schlenken-Bulten-Mosaik in erster Linie durch die **unterschiedliche Zersetzbarkeit der Sphagnen in den beiden Kleinstlebensräumen**, und nicht durch eine höhere Produktion der Bultmoose (vgl. Kap. 10.5.2).

Die früher allgemein verbreitete Ansicht, dass Schlenken und Bulten in Mooren nicht nur räumlich, sondern auch zeitlich miteinander abwechseln, hat sich in fast allen näher geprüften Fällen als irrig erwiesen (Walker & Walker 1961, Jensen 1961, Eurola 1962, Casparie 1969, Overbeck 1975, Svensson 1988). Was einmal ein Bult war, kann Jahrhunderte hindurch ein Bult bleiben, und was eine Schlenke war, bleibt lange Zeit eine Schlenke, sodass das Mosaik aus beiden Kleinformen in vielen Mooren mehr oder minder gleichmäßig oder aber sehr unregelmäßig emporwächst (Rydin et al. 2006; s. Abb. 10–30). Stellen- und zeitweise treten allerdings auch **zyklische Sukzessionen** mit mehrfachem Wechsel von Bulten und Schlenken an ein und demselben Punkt auf, nach Tolonen (1966) z. B. im südfinnischen Hochmoor Varrassuo während eines Abschnittes des Atlantikums. Der so oft als Kardinalbeispiel einer zyklischen Sukzession dargestellte Bulten-Schlenken-Wechsel darf jedoch nicht als Regel gelten. Sind Bulten und Schlenken erst einmal

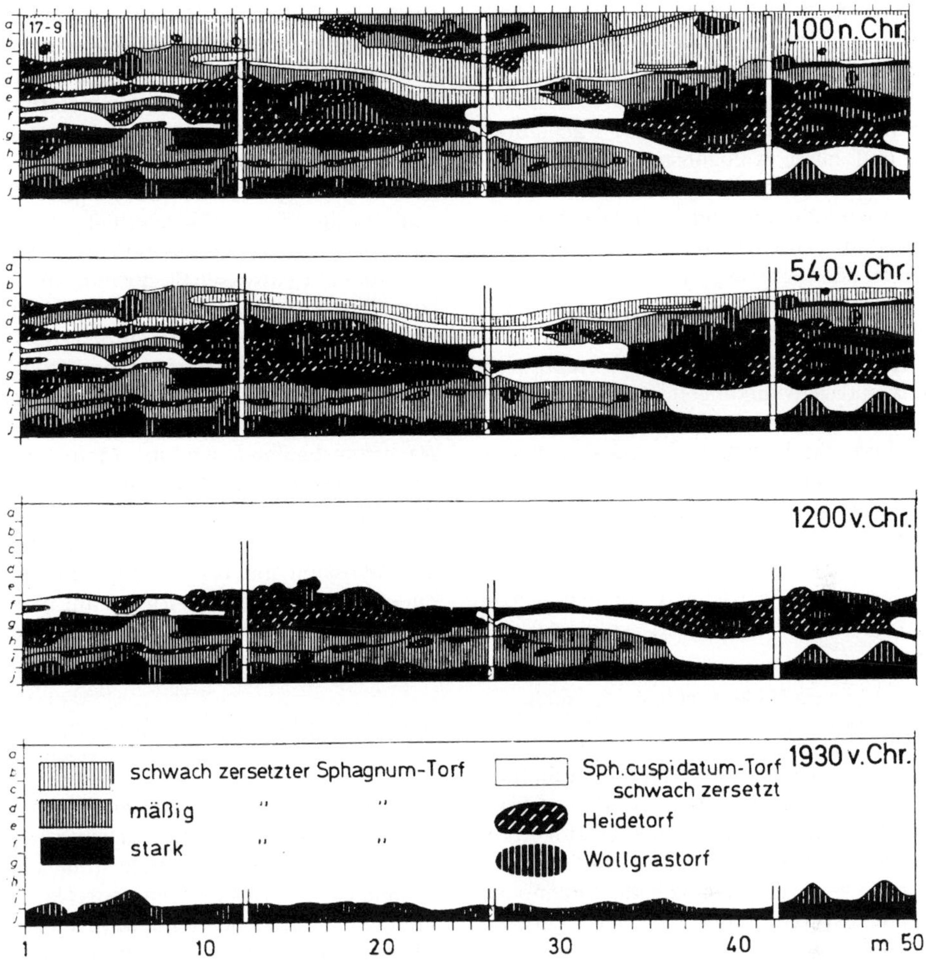

Abb. 10–30 Etappen des Hochmoor-Wachstums im nordwestlichen Mitteleuropa, am Beispiel eines genau analysierten Schnitts von 50 m Länge bei Emmen (Niederlande) dargestellt. Das Wachstum erfolgte unregelmäßig und jedenfalls nicht im zyklischen Wechsel von Bulten und Schlenken. Nach Casparie (1969), verändert. Um die Zeitfolge zu verdeutlichen, ist ein und dieselbe Profilwand in Abständen von rund 640 bis 730 Jahren gezeichnet worden (die Zwischenetappen wurden weggelassen). Über dem ältesten, stark zersetzten und dunklen *Sphagnum*-Torf begann sich ab etwa 1550 v. Chr. stellenweise heller *S. cuspidatum*-Schlenkentorf auszubreiten. An anderen Stellen der Profilwand herrschen von unten bis oben stärker zersetzte und heide- oder wollgrasreiche Torfe vor, bis etwa 600 v. Chr. eine allgemeine Vernässung einsetzte. Diese führte zur großflächigen und raschen Überwachsung mit schwach zersetztem und relativ hellem *Sphagnum*-Torf (dem sog. Weißtorf). Die später als 100 n. Chr. gebildeten Schichten sind nicht dargestellt, weil sie gestört wurden.
Dauernde und tiefe, wassererfüllte Schlenken, wie sie für sog. Kermi-Moore kennzeichnend sind, fehlen hier gänzlich (vgl. Abb. 10–8 bis 10–10).

entstanden, erweisen sie sich als recht stabile Bildungen (Dierßen 1982).

Im Profilschnitt von Plateau- und Flach-Hochmooren beobachtet man nicht selten ein großflächiges Sichablösen von schlenkenartigen „Verjüngungsphasen“, d. h. Zeiten raschen Mooswachstums und geringer Zersetzung, mit „Reifungsphasen“, in denen die Mooroberfläche ziemlich stabil bleibt und der Torf stärker zersetzt wird (s. Abb. 10–30). Casparie (1969) erklärt diese langfristige Dynamik mit örtlichen Änderungen im Abfluss von der Mooroberfläche, also zeitlichen Fluktuationen im Wasserregime. Der Wechsel im Humifizierungsgrad muss also nicht unbedingt klimatisch bedingt sein, wie man früher oft annahm (s. a. Overbeck 1961, 1975).

Ein zyklischer Wechsel zwischen einer baumärmeren Vernässungs- und Torf-Wachstumsphase und einer waldgünstigeren Austrocknungsphase wurde auch für die Waldhochmoore des östlichen Mitteleuropa postuliert (Kulczynski 1949). In ostdeutschen Kesselmooren mit schwimmender Schwingdecke konnten Müller-Stoll & Gruhl (1959), Landgraf & Notni (2003) und Timmermann (2003) Hinweise auf die Existenz eines aperiodischen, durch natürliche Wasserstandsschwankungen verursachten Vegetationswandels finden. Kiefern und Birken besiedelten die Schwingrasen des wollgrasreichen Eriophoro-Sphagnetum recurvi nach zeitweiliger Austrocknung. Das spätere Absterben der Bäume wurde durch Windwurf, erneute Überstauung oder dadurch bedingt, dass diese zu schwer wurden und in die Schwingdecke einsackten.

10.6.3 Primäre Sukzession in wachsenden Hochmooren

Hochmoore können dann auf Mineralböden oder Niedermooren entstehen, wenn der Wasserzustrom zunimmt oder eine Verringerung von Verdunstung bzw. Abfluss stattfindet. Hohe Bodenfeuchte fördert nämlich die Torfmoose gegenüber den Gefäßpflanzen. Der Übergang von einem durch Mineralbodenwasser ernährten zu einem durch Regenwasser ernährten Moor kann nach van Diggelen et al. (1996) in weniger als 30 Jahren stattfinden. Ursache ist meist der Wechsel zu einem humideren Klima; nach Hughes & Barber (2004) kann die Hochmoorbildung aber auch durch eine Trockenphase eingeleitet werden, in der Wollgräser dominieren und stark humifizierten Torf ablagern, der wasserstauend wirkt und in der Folge die Sphagnen begünstigt. Verstärktes Torfmoos-Wachstum setzt dann eine autogene, durch Begünstigung (facilitation) getriebene autogene Sukzession in Richtung auf einen mächtigen Hochmoorkörper mit einer oligotraphenten Vegetation in Gang, die zu einer fortschreitenden Nährstoffverarmung („Meiotrophisierung“, Sjörs 1983) des Standorts führt. **Die anfallende Streu der Sphagnen verringert nicht nur die Zersetzungsrate, sondern fördert auch die Versauerung**. Ein Pionier der autogenen Versauerung ist beispielsweise *Sphagnum subsecundum* (Kuhry et al. 1993). Torf akkumuliert infolge des langsamen Abbaus, in dessen organischer Substanz ein großer Teil der noch vorhandenen Nährstoffe festgelegt wird, während Bakterien den verfügbaren Stickstoff weitgehend immobilisieren (Limpens et al. 2006). Der Torfkörper isoliert die Pflanzen schließlich zunehmend vom Mineralbodenzufluss und führt zum Stadium der Regenwasser-Ernährung, an den sich vor allem die Sphagnen, aber nur sehr wenige Gefäßpflanzen anpassen konnten (Zobel 1988). **Über die chemische Zusammensetzung ihrer Zellwände und in der Folge die Zersetzungsrate schaffen die Torfmoose also konkurrenzarme Wachstumsbedingungen im Moor, die ihre eigene Massenentwicklung erst ermöglichen**. Wie bei vielen anderen Entwicklungsreihen auch handelt es sich zwar um eine gerichtete Sukzession mit relativ klar umgrenzbaren Endstadien; diese können aber auf einer Vielzahl von Entwicklungswegen erreicht werden (Sjörs 1980).

10.6.4 Sekundäre Sukzession nach Moorentwässerung

Auf den meisten Waldhochmooren des östlichen Mitteleuropa findet man heute so wenige Sphagnen, dass sich die Frage stellt, wie denn der mächtige Torfkörper entstehen konnte. Eine mögliche Ursache ist die in den letzten 100 Jahren belegte Abnahme der Sommerniederschläge um bis zu 50 mm in diesem Raum (Rapp & Schönwiese 1996), die zu einem stärkeren Austrocknen des Torfes und zum Rückgang der Sphagnen geführt haben kann. Gewichtiger ist wahrscheinlich der Einfluss des Menschen, der durch Entwässerung das Baumwachstum in vielen heutigen Waldhochmooren auf Kosten der Torfmoose beabsichtigt oder unbeabsichtigt gefördert hat (Steffen 1931, Lötschert 1964, Overbeck 1975). Waldhochmoore und echte Hochmoore kommen in Ostpreußen oft nebeneinander, also unter gleichen Klimabedingungen, vor, und zwar sowohl in Küstennähe als auch in relativ kontinentaler Lage. Viele Hochmoore im westlichen Mitteleuropa und im Alpenvorland, die noch vor wenigen Jahrzehnten völlig waldfrei waren, weisen heute eine den östlichen Waldhochmooren ähnliche Vegetation auf. Hier handelt es sich zweifellos um **Auswirkungen von Entwässerungen**, die das

Wachstum nahezu aller Tieflandhochmoore zum Stillstand gebracht haben.

Eindrucksvolle Sukzessionen laufen heute auch an vielen, noch vor wenigen Jahrzehnten landwirtschaftlich genutzten Moorstandorten ab, die aus wirtschaftlichen Erwägungen brachfallen. Es entwickeln sich dann eutrophe bis polytrophe schilf- und großseggenreiche Staudenfluren, die letztlich in Gehölzbestände übergehen. Jensen & Schrautzer (1999) haben ein Sukzessionsschema für Niedermoor-Brachen in Schleswig-Holstein entwickelt. Succow & Joosten (2001) beschreiben den Sukzessionsverlauf in nordostdeutschen Mooren in Abhängigkeit von Trophie und menschlichem Einfluss.

10.7 Menschlicher Einfluss

10.7.1 Moornutzung durch Torfabbau, Entwässerung und Kultivierung

Der Mensch hat seit den großen frühmittelalterlichen Rodungen intensiv in die Moore eingegriffen, zunächst eher unbewusst fördernd, indem er den Oberflächenabfluss erhöhte und die Bedingungen der Moorbildung verbesserte (s. Kap. 10.6.1), später vor allem durch Moornutzung und -Entwässerung bis hin zur vollständigen Beseitigung der Moore. Torfstechen zur Gewinnung von Brennmaterial ist in Mitteleuropa seit der Bronzezeit bekannt; weitere Nutzungsformen wie der Abbau von Raseneisenerz oder, in Küstennähe, auch von Salz wurden seit der Eisenzeit betrieben und ab dem frühen Mittelalter intensiviert. In großem Stil begann der **Torfabbau** in Deutschland etwa um 1750, als der Holzbedarf mit der steigenden industriellen Produktion stark zunahm und Torf als alternatives Brennmaterial immer begehrter wurde. In den folgenden etwa 200 Jahren wurden im südlichen Nordseeküstenraum, im nordostdeutsch-polnischen Tiefland und im Alpenvorland die großen Torflager in den Regen- und Talmooren weitgehend abgebaut, zunächst im Handbetrieb, ab dem 20. Jahrhundert maschinell. Heute wird industrieller Torfabbau vor allem zur Verwendung in Gartenbau und Landwirtschaft betrieben. Intensivere **landwirtschaftliche Nutzung**, verbunden mit Entwässerung, setzte großflächig erst gegen Ende des 19. Jahrhunderts ein und führte zunächst zu ein- bis zweischürigen Moor-Feuchtwiesen, die später durch Düngung und Umbruch der intensiven landwirtschaftlichen Nutzung zugeführt wurden (Radlmair et al. 1999, Dierßen & Dierßen 2001, Succow & Joosten 2001). In Deutschland dominiert heute auf Moorgrünland die Beweidung.

Als Folge des Raubbaus an den Mooren hat Mitteleuropa bis heute rund 95% seiner ursprünglich vorhandenen intakten Moorfläche eingebüßt (s. Tab. 10–9). Besonders moorreich waren einst die Niederlande und Niedersachsen mit riesigen Regenhochmooren. Heute sind diese bis auf kleinste Reste kultiviert oder doch entwässert. Im einst 69 km² großen Stapeler

Tab. 10–9 Einstige und heutige Moorfläche in Mitteleuropa (Standorte mit Torfmächtigkeiten ≥ 30 cm und organischen Gehalten ≥ 30 %). Nach Succow & Joosten (2001).

Land	Landesfläche (× 1000 km²)	Frühere Moorfläche (× 1000 km²)	Früherer Flächenanteil (%)	Heutige wachsende Moorfläche (× 1000 km²)	Verbliebene Moorfläche (% des einstigen Wertes)
Niederlande	42	15	36	0,15	1
Belgien	31	1	3,3	0,01	1
Deutschland	357	15	4,2	0,15	1
Schweiz	41	2	4,9	0,2	10
Österreich	84	3	3,6	0,3	10
Tschechien	79	0,3	0,4	0,015	5
Slowakei	49	0,1	0,2	0,005	5
Polen	313	13	4,2	1,95	15
Mitteleuropa[1]	**ca. 1000**	**ca. 50**	**ca. 5**	**ca. 2,8**	**ca. 5**

[1] einschl. Luxemburg

Moor in Ostfriesland beispielsweise waren 2007 nur noch 2% als Restfläche ohne Torfabbau erhalten geblieben. Die Zahl der moortypischen Gefäßpflanzen-Arten nahm dort seit 1936 um 44% ab, die der Flechten seit 1968 sogar um 83% (Huntke 2008). Die Gesamtzahl der Höheren Pflanzen und Moose war dagegen konstant geblieben, weil immer mehr hochmoorfremde Arten eingewandert waren.

Man muss schon in Mittelgebirge wie den Harz, das Hohe Venn, den Schwarzwald und das Riesengebirge emporsteigen, oder abgelegene Teile des Alpenvorlandes aufsuchen, um sich einen anschaulichen Begriff von diesem einst so verbreiteten Vegetationstyp machen zu können. Die Baumfeindlichkeit und die Ausbreitungskraft von Tieflands-Hochmooren und ihre stille, einsame Schönheit wird man sich jedoch nur dann richtig vorstellen, wenn man einige der großen Moore im subborealen Nadelwaldgebiet, z. B. in Estland, Finnland oder Schweden, kennengelernt hat.

Noch zur Zeit Grisebachs (1846) gab es solche unberührten Riesenmoore auch bei uns. „An der hannoverisch-holländischen Grenze habe ich", so schreibt er, „zwischen Hesepertwist und Ruetenbrock das pfadlose Moor von Bourtange überschreitend, einen Punct besucht, wo wie auf hohem Meere der ebene Horizont von einer runden Kreislinie umschlossen ward und kein Baum, kein Strauch, keine Hütte, kein Gegenstand von eines Kindes Höhe auf der scheinbar unendlichen Einöde sich abgrenzte."

Mit der wirtschaftlichen Nutzung der großen küstennahen Hochmoore begann man in den Niederlanden schon im 16. Jahrhundert, und zwar zunächst, um den Torf für Städte und Industrien als Brennmaterial gewinnen zu können. Ein Kanal für die Torfkähne wurde als Hauptvorfluter der Entwässerungsgräben und als Achse der **„Fehnkolonie"** ausgebaut, die den abgetorften Moorgrund landwirtschaftlich nutzte. Auch in Nordwestdeutschland entstanden, besonders von der Stadt Emden ausgehend, solche Fehnsiedlungen (s. Ellenberg 1990).

In Mooren, die von größeren Orten weit entfernt lagen, lohnte sich jedoch der Torfabbau nicht. Hier entwickelte sich zunächst die extensive **Brandkultur**, die darin bestand, dass man das mäßig entwässerte Moor oberflächlich abbrannte und in die Torfasche Buchweizen oder andere anspruchslose Feldfrüchte säte. Durch diesen Raubbau wurden viele große Hochmoore zerstört, weil sie sich wegen ihrer erhöhten Lage ohne großen Aufwand entwässern ließen. Die wiederholten Brände verhinderten eine Bewaldung, sodass die Moore ihre Weite zunächst behielten. Torfstiche wurden nur in der Nähe größerer Dörfer angelegt, die dort ihren Eigenbedarf deckten (s. Abb. 10–31).

Abb. 10–31 Torfstich in einem oberbayerischen Hochmoor. Der wenig zersetzte obere „Weißtorf wird in die Grube geworfen (links), während der zum Brennen besser geeignete, stärker zersetzte „Schwarztorf" bis in große Tiefe ziegelförmig ausgestochen, zum Trocknen ausgebreitet (rechts) und zum Nachtrocknen aufgestapelt wird (rechts hinten). Der Schwarztorf ist so undurchlässig, dass es Tage dauert, bis die Grube voll Wasser gelaufen ist. Im Hintergrund Pfeifengras- und Birken-Stadium.

Im 19. und 20. Jahrhundert aber wurden diese wenig ergiebigen Nutzungsformen von der planmäßigen **„deutschen Hochmoorkultur"** abgelöst, die heute den Landschaftscharakter der meisten nordwestdeutschen Moore bestimmt. Man legte auf der zwar entwässerten, aber nicht abgetorften Oberfläche der Hochmoore Höfe an – meistens locker an Straßen aufgereiht – und trieb einen recht ertragreichen Ackerbau auf dem gekalkten und mit Mineraldünger versehenen Torf. Von der Kalkung ist man heute abgekommen, weil sie die Zersetzung des lockeren Moostorfes zu sehr beschleunigt und damit zu einer ungünstigen Struktur der Ackerkrume führt. Die Häuser der alten Moorkolonien sind heute von hohen Birken, Eichen oder Kiefern umgeben, sodass man das ehemalige Hochmoor nur noch an der infolge ungleichmäßiger Sackung des Torfes eigentümlich welligen Oberfläche erkennt.

In vielen kultivierten Mooren findet man überhaupt keine Reste der ehemaligen Pflanzendecke mehr. Nur in einigen Torfstichen entwickeln sich noch schlenkenähnliche Stadien mit viel *Eriophorum vaginatum* und einigen *Sphagnum magellanicum*-Bulten. Die alte Oberfläche des Moores verheidet wenige Jahre nach ihrer Entwässerung, bedeckt sich also mit einer bultähnlichen Vegetation oder gar mit einer reinen *Calluna*-Heide. Nach Brand dehnt sich auf den Moorheiden *Molinia caerulea* aus, deren Horste insbesondere in Mooren mit Phosphorlimitierung gefördert werden (Olde Venterink 2000; s. Abb. 10–31). Das liegt nach van Vuuren (1992) daran, dass das Pfeifengras bei guter Nährstoffversorgung aus der Asche weit höhere Wachstumsraten erreicht als andere Phanerogamen des Moores.

Entwässerung und anschließende intensive landwirtschaftliche Nutzung ehemaliger Moorflächen verändern den Charakter der Moor-Ökosysteme grundlegend. Nicht nur die Diversität der moortypischen Pflanzen und Tiere verringert sich gravierend (Succow 1988, Bootsma 2000), sondern das Moor verliert die meisten Funktionen, die es im Landschaftshaushalt einmal ausübte (s. Kap. 10.7.3). Werden Moore in die Nutzung genommen, führen Moorsackung, Schrumpfung, also die irreversible Verdichtung der organischen Substanz im Zuge der Austrockung, und oxidativer Torfabbau (Torfschwund) zu einem Rückgang der Moormächtigkeit. Dieser **Moorschwund** ist in leichter mineralisierbaren Niedermooren größer als in Hochmooren. Succow & Joosten (2001) geben bei Grünlandnutzung durchschnittlich 5–10 mm a^{-1}, bei Ackernutzung 12–20 mm a^{-1} für deutsche Moorgebiete an. Trockene und warme Klimate beschleunigen den Torfverlust. Moorschwund und Vererdung des Torfes resultieren nicht nur in tief greifenden Veränderungen der hydrologischen und chemischen Eigenschaften des Torfes, sondern sie beeinflussen auch das Wasserregime des genutzten Moorgrünlandes (s. Abb. 10–32). Ein um mehrere Dezimeter oder gar Meter gesackter Moorstandort benötigt erneute Entwässerung, um nutzbar zu bleiben. Andererseits bedürfen viele ehemalige Moorstandorte vor allem in Ostdeutschland heute der sommerlichen Bewässerung, weil die Wasserkapazität des vererdeten Bodens herabgesetzt ist (Succow & Joosten 2001).

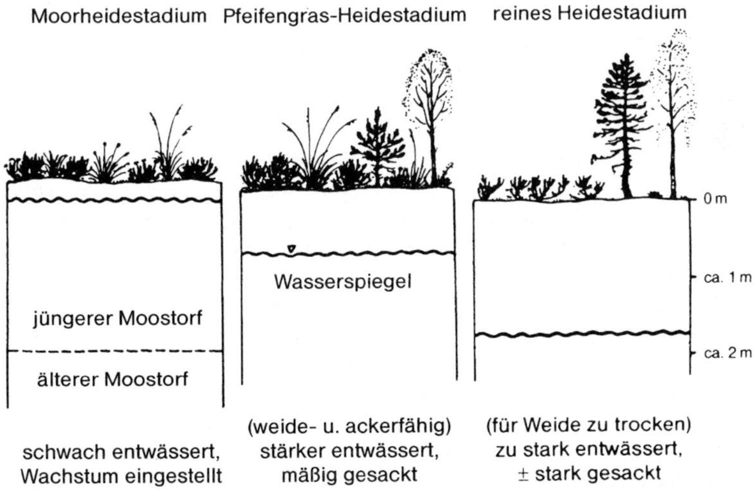

Abb. 10–32 Durch zunehmend starke Entwässerung hervorgerufene Zustandsstufen eines nordwestdeutschen Hochmoores, halbschematisch. Nach Ellenberg (1954 a), verändert.
Schon eine geringe Absenkung des mooreigenen Wasserspiegels genügt, um das Wachstum der Sphagnen zu hemmen und Zwergsträucher sowie andere „Bultpflanzen" zu begünstigen (links). Wird der mooreigene Wasserspiegel stärker abgesenkt, so ist eine landwirtschaftliche Nutzung möglich. Überlässt man das Moor sich selbst, so breiten sich *Calluna* und andere Heidepflanzen aus und es siedeln sich Bäume an. Bei genügender Feuchtigkeit kommt Pfeifengras (*Molinia caerulea*) zur Dominanz. Je nach Entwässerungsgrad sackt der Torf mehr oder minder zusammen.

Besonders große Verluste haben nicht nur die Hochmoore, sondern auch alle Gesellschaften der **Kalk-Niedermoore** außerhalb der Alpen hinnehmen müssen, weil sie nur geringe Heuerträge liefern und sich höchstens als Streuewiesen eignen. Deshalb wurden sie größtenteils entwässert und in ertragreiche Futterwiesen umgewandelt.

10.7.2 Eutrophierung

Ombrotrophe Moore reagieren auf den atmosphärischen Eintrag von Nähr- und Schadstoffen sehr empfindlich. Koerselman & Verhoeven (1995) unterscheiden die externe und die interne Eutrophierung von Mooren. Die externe Eutrophierung bezeichnet die Nährstoffeinträge von außen, die **interne Eutrophierung** dagegen die Zunahme der systeminternen Nährstoffzirkulation (z. B. von P) durch beschleunigte Mineralisierung oder Freisetzung. Als „critical load" für Hochmoore wird eine N-Deposition von maximal 5 kg N ha^{-1} a^{-1} angenommen (Huntke 2008). Nimmt die Stickstoff-Deposition zu, erhöhen sich die N-Gehalte in der Biomasse der Torfmoose (Lee et al. 1993, Malmer 1993). Dies hat zur Folge, dass der Abbau der toten Moosbiomasse schneller erfolgt und der N-Umsatz beschleunigt wird. Hierdurch wird das Wachstum insbesondere der Gefäßpflanzen begünstigt, z. B. von *Vaccinium oxycoccos* (J. Tüxen 1983), *Dryopteris carthusiana*, *Molinia caerulea* und *Deschampsia flexuosa* (Aaby 1994) oder den *Rhynchospora*-Arten (Heijmans et al. 2002).

Zwar steigern geringe N-Einträge zunächst auch das Wachstum der Sphagnen; bei stärkerer Zufuhr sinkt aber deren Zuwachs (Limpens et al. 2006) und nitrophytische Moose und Gefäßpflanzen setzen sich auf Kosten der Torfbildner durch. In Polen und England hat **N-Deposition** nach Lee et al. (1993) die Konkurrenzkraft des minerotraphenten Torfmooses *Sphagnum recurvum* erhöht, in nordwestdeutschen und niederländischen Mooren ersetzen zunehmend *S. fallax*, *S. squarrosum* oder *Polytrichum commune* die Bultmoose *S. magellanicum* und *S. rubellum* (J. Tüxen 1983, Lütke Twenhöven 1992, Lütt 1992, Kooijman & Bakker 1995, Bootsma 2000, Dierßen & Dierßen 2001). Ursache ist zum einen die Verschiebung der Konkurrenzverhältnisse, weil verschiedene Moosarten durch Ammonium und Nitrat unterschiedlich stark gefördert werden (Paulissen et al. 2004). Weiterhin spielen aber offenbar auch **toxische Effekte des eingetragenen Ammoniums** ein Rolle, gegen welches *S. magellanicum* besonders empfindlich ist (Rudolph & Voigt 1986, Limpens et al. 2004). Wie in anderen mitteleuropäischen Ökosystemen, verändern also atmosphärische Stickstoffeinträge die Artenzusammensetzung und Stoffumsätze der mitteleuropäischen Moore tief greifend. Malmer & Wallén (2004) nehmen darüber hinaus an, dass erhöhte N-Einträge das Torfwachstum verringern, weil die ombrotrophen Sphagnen geschwächt werden.

10.7.3 Schadstoffakkumulation und Spurengasaustausch mit der Atmosphäre

In stark von schwefelhaltigen Rauchgasen beeinflussten Regionen Englands findet man heute in Hochmooren fast nur noch minerotraphente Sphagnen wie *S. recurvum*. Das liegt nach Lee et al. (1993) daran, dass auf Mineralbodenwasser angewiesene Torfmoosarten gegenüber **Schwefeldioxid** toleranter sind als ombrotraphente Arten. Diese Toleranz ist an relativ hohe Eisengehalte in der Zellwand der Moose gebunden. Saure Deposition und die Oxidation von Sulfid zu Sulfat im Zuge von Moorentwässerungen haben **Säurezeiger** wie *Eriophorum angustifolium*, *Ranunculus flammula* und *Hydrocotyle vulgaris* in mesotroph-basenreichen Mooren der Niederlande auf Kosten von säureempfindlichen Arten wie *Scorpidium scorpidioides* gefördert (de Mars 1996, Bootsma 2000). Immissionen führten nach Aaby (1994) in dänischen Mooren zu einem starken Rückgang empfindlicher *Cladonia*-Arten.

Die direkte Aufnahme von Nährstoffen durch die Oberfläche begünstigt bei Moosen die **Schwermetall-Akkumulation**. Torfmoose sind besonders gute Indikatoren für die Belastung mit Schwermetall-Immissionen. Wandtner (1981) hat nach Analysen von Sphagnen aus westdeutschen Hochmooren die regionale Verteilung der Cadmium-, Kupfer-, Blei- und Manganimmissionen abgeschätzt. Historische Veränderungen in den Immissionen lassen sich aus Konzentrationsprofilen im Torf ablesen. Profile aus den Harzmooren ließen so mittelalterliche Perioden primitiver Erzverhüttung erkennen, die mit einer hohen Schwermetallbelastung der Umwelt verbunden waren (Görres et al. 1995).

Wachsende Moore stellen Senken nicht nur für Kohlenstoff, sondern auch für Stickstoff und für weitere Nährelemente dar, die in der Torfmasse festgelegt werden und auf diesem Wege die Eutrophierung der angrenzenden Gewässer reduzieren. Entwässerte Moore verlieren diese wichtige Immobilisierungsfunktion weitgehend; sie werden meist für diese Substanzen zu Quellen. **Entwässerung beschleunigt die Mineralisierung und damit die Freisetzung insbesondere von Stickstoff**, sodass unter landwirtschaftlich genutztem Moorgrünland oft hohe N-Austräge im Sickerwasser gemessen werden, vor allem, wenn intensiv gedüngt wird (Behrendt et al. 1994). Müller & Bauche (1998) konnten für das teilentwässerte und durch saure Deposition beeinträchtigte Rote Moor im Oberharz nachweisen, dass der Torfkörper für alle gemessenen Nähr- und Schadelemente (mit Ausnahme von N) eine Quelle darstellt, also seine Senkenfunktion bereits weitgehend eingebüßt hatte.

Die nach Entwässerung stark beschleunigte Mineralisierung bietet weiterhin günstige Voraussetzungen für die **Freisetzung von klimawirksamen Gasen**, namentlich von CO_2 und von Lachgas. Im Gegensatz zu wachsenden mitteleuropäischen Niedermooren, die nach Armentano & Menges (1986) eine mittlere CO_2-Bindung von etwa 170 kg CO_2-C ha^{-1} a^{-1} aufweisen, emittieren entwässerte Niedermoore im Zuge des Torfschwundes ein Vielfaches dieser Menge. Mundel (1976) maß eine Freisetzung von 2800–6700 kg CO_2-C ha^{-1} a^{-1}, die mit dem Grundwasserstand variierte. Auch die **Lachgas**-Freisetzung steigt nach Messungen von Augustin et al. (1996) in nordostdeutschen Niedermooren nach Grundwasserabsenkung sehr stark an. In einem als Weide genutzten sauren Niedermoorboden wurden Lachgasemissionen in Höhe von 16–20 kg N ha^{-1} a^{-1} gemessen (Franken et al. 1992; vgl. auch Kap. 8.6.2 b). Die Freisetzung von **Methan** ist in Hochmooren mit nur langsamem Torfabbau im Katotelm niedrig. Das gilt gleichermaßen für entwässerte Moore mit Sauerstoffzutritt zum Torflager (< 4 kg CH_4-C ha^{-1} a^{-1}, Augustin in Succow & Joosten 2001). Vergleichsweise hohe Emissionen (bis 521 kg CH_4-C ha^{-1} a^{-1}) wurden dagegen in wiedervernässten Niedermooren gemessen.

10.7.4 Schutz und Restitution von Mooren

Einmal entwässerte Moore kann man nicht einfach durch Wasseraufstau regenerieren (Eigner & Schmatzler 1991, Schwaar 1991, de Mars 1996, Rochefort & Lode 2006). Die heute vorliegenden Erfahrungen der Hochmoor-Regeneration aus Nordwest- und Nordostdeutschland, den Niederlanden und dem Alpenvorland verdeutlichen die erheblichen Schwierigkeiten, die mit diesem Unterfangen verbunden sind (Joosten 1992, 1993, Succow 1998, Joosten & Clarke 2002). Durch großflächige **Wiedervernässung** kann der weitere Torfschwund in Hochmooren zwar unterbunden werden, eine Wiederherstellung der hochmoortypischen, torfbildenden Vegetation ist aber nach Dierßen (1996 a) in überschaubaren Zeiträumen in der Regel nicht zu erreichen. In vielen abgetorften Mooren ist das Wasserregime des Torfkörpers derart verändert, dass die Schließung der Entwässerungsgräben allein für eine dauerhafte Wiedervernässung nicht ausreicht. Durch Oxidation veränderte oberflächennahe Torfkörper müssen in manchen Fällen abgetragen werden, um das Einwandern von eutraphenten Röhrichtarten zu verhindern (de Mars 1996). Ein besonderes Problem ist die Bereitstellung von nährstoffarmem Oberflächenwasser, um eine weitere Eutrophierung zu vermeiden. Geeignet erscheint die Speicherung der Winterniederschläge in Auffangbecken, um diese im Sommer dem Moor zuzuleiten. Erfolgreich ist die Renaturierung meist nur, wenn **düngungsfreie Pufferzonen** geschaffen werden, und zwar sowohl im landwirtschaftlichen Umfeld des Moores als auch dort, wo die Grundwasserbildung stattfindet (Lütt 1992). Die Pufferzone sollte nach Eggelsmann (1982) bei Hochmooren des Tieflandes mindestens 80 m, im Bergland 200–500 m breit sein (Kaule 1974, Grünig et al. 1986). Als unerwartet schwierig erwies sich weiterhin die Wiederbesiedlung nackter Torfabbauflächen. Die Ansiedlung von *Carex rostrata* und Wollgras-Arten ließ sich durch Ausbringen von Diasporen bei gleichzeitiger P- bzw. PK-Startdüngung verbessern (Sliva et al. 2000).

Handtorfstiche bieten nach Bertram (1988), Pfadenhauer (1989), Poschlod (1990) und Lütt (1992) gute Chancen zur Restitution der Hochmoorvegetation zumindest auf kleiner Fläche. In den relativ kleinen Torfstichen, wie sie in den 1930er- und 1950er-Jahren von Bauern Jahr

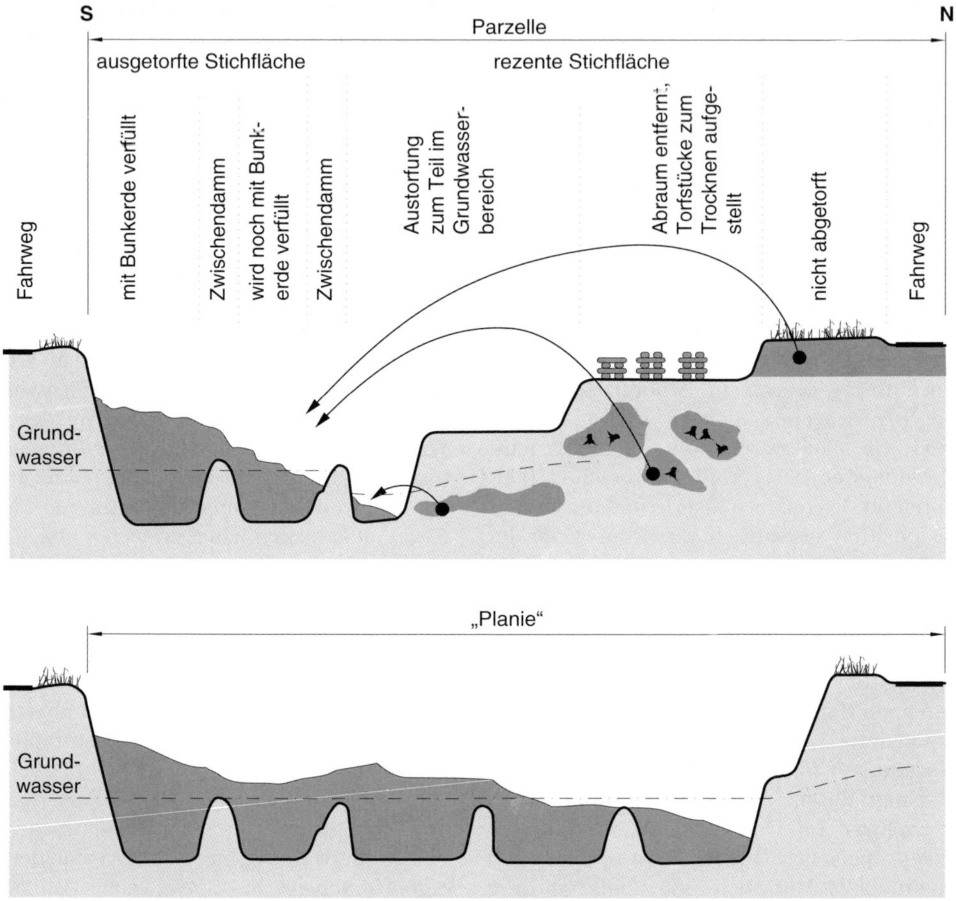

Abb. 10–33 Schematischer Schnitt durch einen Handtorfstich in Oberbayern, **oben** während der etappenweise weiterschreitenden Arbeit, **unten** nach deren Beendigung. Nach Pfadenhauer (1989), etwas verändert.
Zwischendämme belässt man, um zu Beginn des nächstjährigen Torfstechens eine wasserfreie Grube zu haben (das mooreigene Grundwasser sickert nur langsam hinein, s. Abb. 10–31). Der obere Weißtorf hat wenig Brennwert und wird als „Bunkerde" in die ausgetorften Gruben geworfen; auch Torf mit Baumwurzel-Resten, die das Ausstechen von ziegelförmigen Torfstücken behindern, wird zu Bunkerde. Zum Trocknen werden die Torfziegel zunächst einzeln aufgestellt und später lückig aufgestapelt.
Die ausgetorfte „Planie" bietet nasse bis relativ trockene Bedingungen für erneutes *Sphagnum*-Wachstum, d. h. günstige Bedingungen für das Entstehen verschiedener Hochmoor-Pflanzengesellschaften.

für Jahr mit besonderen Spaten ausgehoben wurden (s. Abb. 10–33), blieb der Wasserhaushalt für das Nachwachsen des Moores günstig, weil der den mooreigenen Grundwasserspiegel haltende Schwarztorf nicht bis in die Nähe des durchlässigen Sanduntergrundes abgebaut wurde. Außerdem erwies sich das Vorhandensein von „Bunkerde" (d. h. von oberstem Weißtorf, der wegen seines geringen Heizwertes in den wassergefüllten Torfstich geworfen wurde) als günstig, weil sogar mehr als 30 Jahre alte, schon abgestorben erscheinende *Sphagnum*-Reste wieder austreiben. Sogar Bruchstücke von noch im Wachstum begriffenen Torfmoosen, die in den Torfstich geweht werden, wachsen oft weiter. Das wechselnde Kleinrelief in der dauernd wassergefüllten Grube begünstigt sowohl Schlenken- als auch Bultmoose (s. Abb. 10–33), sodass wichtige Arten, z. B. *S. cuspidatum*, *S. magellanicum* und *S. fallax*, dauernd verfügbar bleiben. Auch das Klima in solchen kleinen, teilweise steilwandigen Gruben ist offenbar besonders günstig für die Regeneration von *Sphagnum*-Gesellschaften, weil die dunklen Torfwände von der Sonne erhitzt werden und zugleich vor Wind schützen.

Kalk-Niedermoore sind heute in den meisten Gegenden durch Melioration auf kleine Restvorkommen zurückgedrängt worden. Die verbleibenden Populationen vieler (jedoch nicht aller) kennzeichnenden Arten wie z. B. *Carex davalliana* und *Tofieldia calyculata* haben durch Habitatfragmentierung bereits Beeinträchtigungen ihrer Vitalität und genetischen Struktur erfahren, die zum Verlust kleiner Bestände führen könnten (Hooftman & Diemer 2003).

Große Probleme bereitet auch die Aushagerung und Wiedervernässung vorher entwässerter und intensiv genutzter **Niedermoorstandorte**. Anhebung des Wasserstandes verringert zwar infolge verlangsamter Mineralisierung und gesteigerter Denitrifikation das Angebot von Stickstoff, sie erhöht aber aufgrund des reduzierenden Milieus die Verfügbarkeit von Phosphor (Olde Venterink et al. 2002). **Oberbodenabschub** kann den Stickstoffvorrat des Bodens verringern und gleichzeitig ein wünschenswertes kleinräumiges Standortmosaik schaffen (Sliva et al. 2000). **P-Aushagerung** lässt sich in Niedermooren am ehesten durch Heugewinnung erreichen (Koerselman & Verhoeven 1995, de Mars 1996). Succow (1998) und Succow & Joosten (2001) geben zahlreiche nordostdeutsche Beispiele aus der Praxis der Moor-Revitalisierung.

11 Salzmarschen und Salzstellen des Binnenlandes

Im Übergangsbereich vom Land zum Meer entstehen Salzmarschen, wenn die Küste unter dem Einfluss von ausgeprägten Gezeiten steht und nicht zu großer Strömung ausgesetzt ist. Auf angeschwemmten tonigen oder sandigen Sedimenten entwickelt sich eine artenarme, überflutungs- und salztolerante Vegetation, die Salzrasen (auch Salzwiesen oder Seemarschen genannt). Sie bilden sich vor allem in strömungsberuhigten Küstenabschnitten, so in Buchten, auf den Leeseiten von Inseln oder im Schutz hochgelegener Sände. In Mitteleuropa finden wir diesen, von Halophyten geprägten Lebensraum vor allem im Wattenmeer entlang der rund 450 km langen Nordseeküste zwischen Den Helder im Norden Hollands und Skallingen in Südwestdänemark (s. Abb. 11–1). Salzrasen gibt es weiterhin an der deutschen und polnischen Ostseeküste, jedoch wesentlich kleinflächiger, weil der Tidenhub hier unbedeutend ist.

Wenn auch nicht so großflächig wie an der Nordsee, so gibt es doch Salzmarschen von sehr ähnlichem Aussehen und mit entsprechenden Lebensbedingungen an vielen Meeresküsten der gemäßigten Zone. Als Beispiele seien nur die Strand-Salzrasen von Ost-Hokkaido (Miyawaki & Ohba 1965) und Nord-Kyushu in Japan sowie die Marschen von North Carolina und anderen Bereichen der Ostküste der USA genannt (Adam 1990).

11.1 Die Halophytenflora Mitteleuropas

Etwa 350 bis 400 Gefäßpflanzenarten wachsen an den mitteleuropäischen Nord- und Ostseeküsten im direkten Einflussbereich des Meeres, entweder in den Salzrasen oder am Strand und Dünenfuß. Lässt man diejenigen Arten weg, die ausschließlich und nur lokal in den selten überfluteten oberen Salzrasen vorkommen, verbleiben rund 250 Sippen, die man zur engeren Salzmarschen- und Strand-Flora zählen kann. Nur 40 bis 60 von diesen (je nach Berücksichtigung der Brackwasserarten) sind als das eigentliche **halophytische Element** zu betrachten; dies sind Sippen, die in Mitteleuropa ihren Verbreitungsschwerpunkt in salzgeprägten Lebensräumen haben. Diese Gruppe umfasst 10 Chenopodia-

Abb. 11–1 Die Hallig Langeneß in Nordfriesland ist der Nordsee frei ausgesetzt und gibt teilweise eine Vorstellung von der natürlichen Marschvegetation. Foto: Landesbildstelle Hamburg, etwa 1950. Vorn rechts ein oft überfluteter Andelrasen mit einem Priel; am Ufer des größeren Priels dahinter Wermutgestrüpp. Der Hauptteil der Insel ist von beweidetem Strandnelkenrasen bedeckt. Vor Sturmfluten finden Mensch und Vieh Zuflucht auf der Warft, einem künstlichen Erdhügel, an dessen Böschungen ein kaum noch salzbeeinflusster Weidelgrasrasen wächst.

ceen (wenn man von 3 heimischen Queller-Arten ausgeht), 9 Poaceen und 8 Cyperaceen bzw. Juncaceen. Wie in allen extremen Lebensräumen, so gedeihen auch an der Meeresküste also nur wenige Gefäßpflanzenarten, diese aber oft in großer Individuenzahl. Im Vergleich zu den salztoleranten terrestrischen Gefäßpflanzen ist die marine Flora Mitteleuropas reicher an Arten und Lebensformen. Die pelagische und benthische Algenflora des Wattenmeeres beispielsweise wird auf mehr als 800 Arten geschätzt (van den Hoek et al. 1983).

Die meisten Arten der häufig überfluteten unteren Salzmarschen haben geografisch eine **weite Verbreitung** und sind häufig. Beispielsweise besitzen *Cakile maritima* und *Salsola kali* weltweite Verbreitung. Lediglich in den oberen Salzrasen, hier besonders in den Sand-Salzrasen, finden sich seltene Sippen mit nur kleinem Areal. Das **Entstehungszentrum der salzertragenden Phanerogamen** liegt jedoch nicht in Mitteleuropa. In den Niederungen und Salzpfannen der asiatischen Halbwüsten und Steppen und in den kontinentalen Trockenlandschaften anderer Erdteile sowie an den warmen Lagunenküsten des Mittelmeeres findet man ihre artenreiche Verwandtschaft. Von den etwa 100 großenteils ausdauernden Soden-(*Suaeda*-)Arten beispielsweise wächst an der Nord- und Ostsee nur eine einzige, und diese ist annuell. Der Queller (*Salicornia europaea* agg. als Sammelart), unser wichtigster Verlandungspionier, ist ebenfalls Therophyt und (mit einigen unterschiedenen Kleinarten) letzter Ausläufer einer schon in Südwesteuropa mit mehreren perennierenden Arten vertretenen Gattungsgruppe. Offenbar vertragen die meisten der mehrjährigen asiatischen Salzpflanzen, namentlich die Chenopodiaceen unter ihnen, die extremen Umweltbedingungen am Ufer eines kalten Meeres (Salzgehalt verbunden mit Strömung und Eisbildung) nicht. Viele können den Winter deshalb nur in Form von Samen überdauern.

Die salzresistenten Küstenpflanzen werden durch Meeresströmungen und Vögel weltweit verschleppt. Wie wirksam Zugvögel für ihre **Ausbreitung** sorgen, zeigt sich an den „Salzstellen" des Binnenlandes, auf die wir im Kapitel 11.3.3 eingehen. Neu geschaffene und ganz isoliert liegende Salzaustritte werden in erstaunlich kurzer Zeit von fast allen halotoleranten Arten besiedelt, die auch an der Nordsee verbreitet sind.

11.2 Lebensbedingungen und standörtliche Gliederung

11.2.1 Die Nordsee-Wattenküste

Prägender Faktor der Nordsee-Wattenküste ist der täglich zweimalige Wechsel von Flut (auflaufendes Wasser) und Ebbe (ablaufendes Wasser) mit einer Periode von 12 Stunden und 25 Minuten. Der durchschnittliche **Tidenhub**, d. h. der Abstand vom Mittel-Tideniedrigwasser (MTnw) zum Mittel-Tidehochwasser (MThw), beträgt im deutschen, dänischen und niederländischen Wattenmeer 1,3–3,7 m (s. Abb. 11–2). Er ist in Buchten wie dem Jadebusen und dem

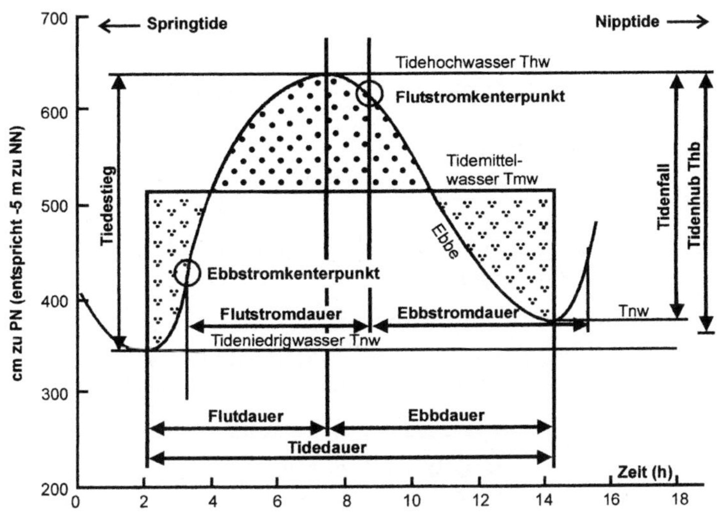

Abb. 11–2 Wichtige Wasserstände und Kardinalwerte der Tidekurve an einer Gezeitenküste. Nach Umweltatlas Wattenmeer Bd. 1 (1990). Springtide: extremere Hoch- und Niedrigwasser bei Voll- und Neumond; Nipptide: abgeschwächte Hoch- und Niedrigwasser bei Mondviertelstand.

Dollart und in den Mündungstrichtern der Flüsse am größten, weil hier das auflaufende Wasser eingeengt und gestaut wird. Zur Zeit der Springtide, d. h. wenn sich die Anziehungskraft von Mond und Sonne addieren, ist das Hochwasser (Spring-Tidehochwasser SpThw) um etwa 25 cm höher und das Niedrigwasser um etwa ebenso viel tiefer. Bei Nipptide verkleinert sich die Amplitude entsprechend. Weststürme können die Gezeitenwelle um mehrere Meter heben, während Oststürme sie um bis zu 2 m senken. Der maximale Tidenhub beträgt deshalb mehr als das Doppelte des normalen (s. Abb. 11–2).

Am extremsten sind die Lebensbedingungen im Auftauchbereich zwischen MThw- und MTnw-Linie, dem Watt. Dieser, als **Eulitoral** (s. Abb. 11–3) bezeichnete Lebensraum setzt seine Organismen im Mittel 6 Stunden dem Trockenliegen (emerse Phase) und 6 Stunden der Überflutung (submerse Phase) aus. Periodisches Trockenfallen, wechselnde Salzgehalte, Sauerstoffarmut im Sediment, winterliches Gefrieren und Strömung stellen besondere Anforderungen an die Pflanzen der Wattflächen und Salzrasen. Ist überdies noch der Wellenschlag stark und der Boden instabil, so bleibt diese Zone fast frei von Höheren Pflanzen. Am strömungsberuhigten Innenstrand der vorgelagerten Barriereinseln steigen Phanerogamen dagegen bis 1 m unter MThw hinab und stabilisieren das Sediment.

Starker Wellenschlag herrscht über dem Watt nur bei Stürmen, während das Flutwasser normalerweise fast lautlos und ohne Brandung aufläuft. Bei Ebbe, d. h. in der Zeit zwischen Hoch- und Niedrigwasser, sammelt sich das Wasser in zahllosen mäandrierenden Prielen, die seicht beginnen und, sich vereinigend, breiter und tiefer werden, bis sie ein sogenanntes „Tief" bilden, d. h. einen Wattstrom, der auch bei Niedrigwasser niemals trockenfällt und zum **Sublitoral** gezählt wird (s. Abb. 11–3).

Wichtigster gliedernder Standortfaktor der Wattsedimente ist die **Korngröße**, die großen Einfluss auf die Zirkulation von Luft und Wasser im Sediment hat. Der größte Teil des deutsch-dänisch-niederländischen Wattenmeeres entfällt auf sandige Sedimente mit Partikelgrößen über 0,05 mm (s. Tab. 11–1). Die Siedlungsdichte von Mikroorganismen und Tieren (insgesamt rund 350 Arten der Sediment-Makrofauna und mehrere tausend der Meio- und Mikrofauna) und deren Stoffumsätze sind im grobkörnigen **Sandwatt** drei- bis zehnmal geringer als im schluffreichen **Schlickwatt**. Das **Mischwatt** vermittelt zwischen diesen beiden Watttypen. Im nordfriesischen Wattenmeer entfallen z. B. 65 % auf Sandwatten, 30 % auf Mischwatten und nur 5 % auf Schlickwatten. Schluff- und tonreiche Sedimente besitzen weit höhere Gehalte an organischer Substanz und Nährstoffen, woraus eine hohe Stoffwechselaktivität der heterotrophen Sedimentorganismen herrührt (Bodenbender & Papen 1998). Geringe Porengröße und hohe Atmungsraten der Mikroorganismen führen jedoch zu Sauerstoffmangel in tieferen Sedimentschichten mit der Folge, dass das Sedimentprofil in einen dünnen, oft nur wenige Millimeter starken, braun gefärbten aeroben Horizont und einen durch Eisensulfid-(FeS-)Ausfällung schwarzen, anaeroben Tiefenhorizont gegliedert ist. Abbauprozesse finden in diesem sauerstofffreien Medium vor allem durch

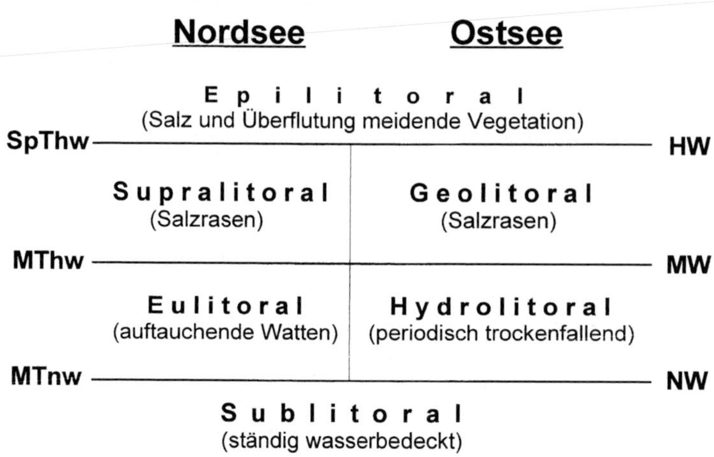

Abb. 11–3 Lebensraumgliederung der Nordsee- und Ostseeküste in Anlehnung an Du Rietz (1950, zit. in Dierßen et al. 1991), Härdtle (1984) und Dierßen et al. (1991). SpThw = Spring-Tidehochwasser, MThw = Mittel-Tidehochwasser, MTnw = Mittel-Tideniedrigwasser, HW, MW, NW = Hoch-, Mittel-, Niedrigwasser.

Tab. 11–1 Korngrößen-Verteilung, Kalkgehalt und organische Substanz in Wattböden der Nordseeküste in % des Trockengewichts. Nach Angaben von Linke (1939).

Sedimenttyp	Sandwatt	Mischwatt	Schlickwatt
Korngrößen-Fraktionen			
Grobsand (> 1 mm)	0,5	< 0,5	0
Mittel/Feinsand (1,0–0,1 mm)	**71**	24	8
Grobschluff (0,1–0,05 mm)	24	**49**	23
Mittelschluff (0,05–0,01 mm)	2	17,5	**42**
Feinschluff/Ton (< 0,01 mm)	2,5	> 9	27
Kalkgehalt			
min.	0	0	3,5
Mittel	**2,6**	**6,7**	**10,6**
max.	8,5	13,3	21,5
Organische Substanz			
min.	0	0	3,5
Mittel	**1,6**	**4,3**	**9,5**
max.	5,5	12,6	21,5

Durchschnitts- bzw. Extremwerte von zahlreichen Proben aus dem Jadebusen; Ziffern abgerundet.
Die Korngrößenklassen entsprechen nicht den gängigen bodenkundlichen Größenklassen.

Sulfatreduktion, Gärung und Methanogenese statt, wobei die Bakterien SO_4^{2-}, organische Verbindungen und CO_2 als Elektronenakzeptoren benutzen. Schwefelwasserstoff (H_2S), Methan (CH_4) und reduzierte Schwefelverbindungen (Dimethylsulfid DMS u. a.), die aus der Oxidation von H_2S hervorgegangen sind, werden aus dem Sediment ausgegast (Fenchel & Blackburn 1979). Denitrifikation (die dissimilatorische Reduktion von Nitrat) und gasförmige N_2- und N_2O-(Lachgas-)Verluste sind in Wattsedimenten nur dort von Bedeutung, wo Stickstoffeintrag die Grünalgenbedeckung fördert oder dichte Seegrasrasen vorkommen.

Die direkten Nährstoffeinträge aus den großen Flüssen Elbe, Weser und Ems sind für die meisten Wattgebiete die dominierende Ursache der Eutrophierung. Mit dem einströmenden Gezeitenwasser der Nordsee werden darüber hinaus große Mengen organischer Partikel eingetragen, die auf den Wattflächen sedimentieren und dort mineralisiert werden. Zumindest im Sommer erfüllen Wattsedimente daher die Rolle eines „Klärwerks" der Nordsee, indem sie eine Senke für organische Substanz und eine Quelle für hieraus freigesetzte Nährelemente sind (Asmus et al. 1998).

Der **Salzgehalt** ist ein weiterer prägender Standortfaktor von Küstenökosystemen. Das Oberflächenwasser der Deutschen Bucht besitzt Salinitäten von 30–34 ‰ (30–34 g kg^{-1}), wobei rund 19,3 g auf Cl^-, 10,8 g auf Na^+, 2,7 g auf SO_4^{2-} und 1,3 g auf Mg^{2+} entfallen (vgl. auch Tab. 9–2). Dies entspricht ungefähr einer 1,1-molaren Lösung (550 mM Cl^-, 470 mM Na^+, 28 mM SO_4^{2-}, 50 mM Mg^{2+}) mit einem osmotischen Potenzial von etwa –3 MPa. Auf den eulitoralen Wattflächen führen Niederschläge zu einer erheblichen Aussüßung der oberflächennahen Sedimentschichten, sodass typische Salzgehalte bei 15–20 ‰ liegen. Salzwiesenböden können bei seltener Überflutung und hoher Verdunstung weit höhere Salinitäten erreichen (bis zu 50 g Cl^- l^{-1} bzw. 90 ‰, Kiehl 1997).

Die Lage des **Dichtemaximums** von Wasser wird vom Salzgehalt beeinflusst. Mit einer Salzgehaltszunahme von 1 ‰ sinkt das Dichtemaximum um etwa 0,2 °C ab. Meerwasser mit einem Salzgehalt von 35 ‰ hat sein Dichtemaximum bei –3,5 °C, gefriert jedoch schon bei –1,91 °C (Schwoerbel 1999).

11.2.2 Die Ostseeküste

Nahezu die gesamte deutsche und polnische Ostseeküste besteht aus eiszeitlichen, zumeist weichselglazialen Ablagerungen und rezenten Sedimenten, die so charakteristische Küstenformen wie die schleswigsche Fördenküste, die vorpommersche Boddenküste, die mecklenburgische und polnische Ausgleichsküste und die ostpolnische Nehrungsküste hervorgebracht haben. Sturmfluten und Eisgang führen vielerorts zu rezenter Küstendynamik mit Strandabbruch und Anlandung, wie dies eindrucksvoll an der westlich von Rügen gelegenen Insel Hiddensee zu beobachten ist. Die Strandvegetation unterliegt daher einem dynamischen Wandel von Zerstörung und Neubesiedlung.

Die Ostsee ist das größte Brackwassermeer der Erde, das heute über den Großen und Kleinen Belt einen nur noch geringen Wasseraustausch mit Nordsee und Atlantik besitzt und praktisch gezeitenfrei ist (Schiewer 2008a). Noch im späten Atlantikum um 3700 v.Chr. besaß die Ostsee eine breite Verbindung mit der Nordsee und war ein salzwasserführendes Meer (Litorina-Meer nach der marinen Schnecke *Littorina littorea*). Der **Salzgehalt** hat sich seitdem fortlaufend verringert. Die heutige Salinität der Ostsee nimmt von den dänischen Inseln im Westen bis an die Küsten Finnlands und Russlands auf 2–5 ‰ kontinuierlich ab, weil zuströmendes Süßwasser bei fehlendem Meerwassereinstrom das Salzwasser verdünnt. Im Oberflächenwasser geht der Salzgehalt vom Kattegat (20–25 ‰) über Kieler Bucht (12–15 ‰), Mecklenburger Bucht (10–12 ‰), das Seegebiet um Rügen (7–9 ‰) bis zur Danziger Bucht (5–7 ‰) zurück. Der Westen gehört damit zum polyhalinen (10–16,5 ‰), der Osten zum mesohalinen Brackwasserbereich (3–10 ‰). Der geringe Salzgehalt erleichtert ein Zufrieren der Ostsee, so in den extremen Eiswintern 1939/1940, 1941/1942, 1946/1947 und 1984/1985. Je nach Wetterlage und daraus resultierenden Strömungen schwankt die Salinität erheblich. Winterstürme erhöhen den Einstrom von Nordseewasser und damit den Salzgehalt. Besonders niedrige Salzgehalte (1–5 ‰) werden in austauscharmen Küstengewässern gemessen, so in der inneren Schlei (Schleswig-Holstein), den Boddengewässern von Vorpommern und dem Stettiner und Frischen Haff. Die chemische Zusammensetzung des Ostseewassers ähnelt der der Nordsee, weist aber relativ höhere Kalziumhydrogenkarbonat- und Magnesiumkonzentrationen auf.

Der **Tidenhub** beträgt heute im Kattegat nur etwa 30 cm und geht an der schleswig-holsteinischen und pommerschen Ostseeküste auf etwa 10 cm zurück, hat also wenig Einfluss auf die Vegetation. Der Gezeitenrhythmus wird meist von meteorologisch bedingten und deshalb **aperiodisch auftretenden Wasserstandsschwankungen** überlagert. Weststürme drücken das Wasser in die östliche Ostsee und können zum Trockenfallen größerer Sand- und Schlickflächen führen, die als **Windwatten** bezeichnet werden und den Gezeitenwatten der Nordsee gegenübergestellt werden können. Oststürme bedingen Hochwasser in der westlichen Ostsee mit maximalen Wasserstands-Amplituden von immerhin 3,5 m. Hinzu kommen Eigenschwingungen des Wasserkörpers infolge von Luftdruckschwankungen (Seiches), die unabhängig von Stürmen zum zeitweisen Trockenfallen von strandnahen Sedimenten (dem Hydrolitoral) und zur unregelmäßigen Überflutung der Salzrasen im Geolitoral führen (s. Abb. 11–3). Diese Wasserstandsschwankungen haben durchaus ökologische Bedeutung, denn sie sind mit wechselnden Salz- und Sauerstoffgehalten im Sediment verbunden, die die Keimung und das Überleben vieler Salzpflanzen der Ostsee-Salzrasen steuern (Ericson 1973).

11.3 Vegetation

11.3.1 Vegetationsgliederung an der Nordseeküste

11.3.1.1 Seegrasrasen

Nur zwei der weltweit rund 50 Seegras-Arten kommen an den mitteleuropäischen Küsten vor, das Echte Seegras (*Zostera marina*) und das Zwergseegras (*Z. noltii*, s. Abb. 11–4). *Z. marina* besiedelt an der Ostseeküste das Sublitoral. An der Nordsee-Wattenküste kam sie früher sowohl in den tiefen Rinnen als auch in der Gezeitenzone vor. Nach dem desaströsen Seegrassterben der 1930er-Jahre ist diese Art aus dem Nordsee-Sublitoral weitestgehend verschwunden und kommt heute fast nur noch im Gezeitenbereich vor. Das Zwergseegras besiedelte an der Nordsee von jeher nur den zeitweise trockenfallenden Gezeitenbereich; in der westlichen Ostsee wächst es dagegen im Sublitoral.

Das Echte Seegras bevorzugt kleine Senken auf dem Wattboden, in denen auch bei Ebbe Wasserlachen stehen bleiben. Diese Art ist empfindlicher gegen Austrocknung als das Zwergseegras (Beeftink 1977). Die *Z. noltii*-Rasen, die vor allem auf detritusreichem Schlick

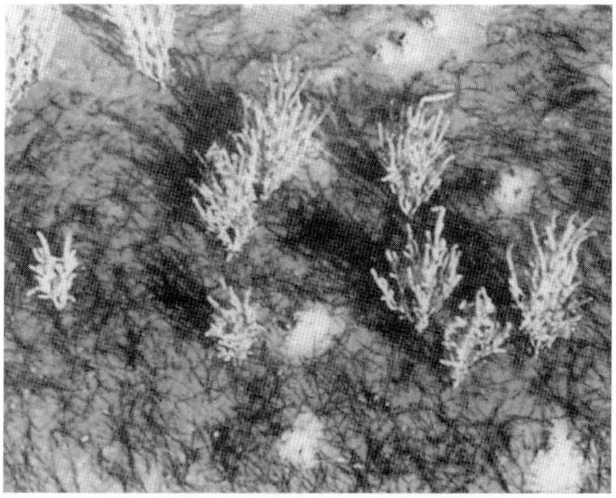

Abb. 11–4 Zwerg-Seegras (*Zostera noltii*) bedeckt das Sandwatt zwischen einzelnen Quellerpflanzen (*Salicornia stricta*) etwa 40 cm unter mittl. Tidehochwasser. Die hellen Häufchen stammen vom Sandwurm (*Arenicola marina*). Foto: Wohlenberg.

siedeln, reichen deshalb in der Regel näher an die Hochwasserlinie heran als jene von *Z. marina* und fallen daher bei Ebbe länger trocken. Das Zwergseegras zeigt außerdem eine engere Bindung an hohe Salzgehalte als das Echte Seegras; Ersteres dringt in das Brackwasser der Ostsee nur bis 12 ‰, Letzteres dagegen bis 6 ‰ vor (Dierßen 1996).

Beide Seegräser bilden innerhalb der Klasse ZOSTERETEA eigene Gesellschaften (Zosteretum marinae und Zosteretum noltii), an denen sich sedimentbewohnende Großalgen sowie epiphytische Kleinalgen und Arten des sedimentbewohnenden Mikro-Phytobenthos beteiligen (Beeftink 1977). Das Echte Seegras kommt in zwei von ihrer Ökologie deutlich unterschiedenen Morphotypen vor: Eine Form mit schmaleren und kürzeren Blättern besiedelt die Gezeitenzone der Nordsee und ist einjährig, weil die Ramets und Rhizome durch Frost regelmäßig abgetötet werden (Beeftink 1977). Die großblättrigere submerse Form der Ostsee ist dagegen mehrjährig und offenbar vielerorts auch produktiver als die emerse Form, solange die Lichtverhältnisse günstig bleiben (s. Kap. 11.5 a). *Z. noltii* wächst an Nord- und Ostsee ausdauernd, vermutlich, weil es weniger frostempfindlich ist als ihre Verwandte.

Mehrzellige Algen (Makrophyten) besiedeln strömungsarme Wattflächen und Seegrasbestände der Nordseeküste mit ungefähr 80 Arten, von denen rund 10 Arten der Gattungen *Enteromorpha*, *Ulva*, *Cladophora*, *Fucus* und *Porphyra* häufig sind (van den Hoek et al. 1979). Weit artenreicher ist das Mikro-Phytobenthos mit mehr als 600 Arten, davon rund 400 Diatomeen. Zusammen mit Cyanobakterien und Bakterien bilden sie an der Sedimentoberfläche eine komplexe, sehr produktive Lebensgemeinschaft mit intensiven Umsätzen von Kohlenstoff und Nährstoffen (Bruns & Meyer-Reil 1998). Große Bedeutung besitzt das Mikro-Phytobenthos außerdem als Festiger des Wattsediments, es fungiert also sozusagen als Ökosystem-Ingenieur.

11.3.1.2 Quellerfluren

Queller und Schlickgras sind diejenigen Landpflanzen, die an der Wattenküste am weitesten in den Gezeitenbereich vordringen (s. Abb. 11–5). An der deutschen und niederländischen Küste findet man einzelne Queller-Pflanzen seewärts bis maximal 1 m unter der Mittel-Tidehochwasser-Linie (s. Abb. 11–6), dichte Bestände beginnen meist bei 35 cm unter MThw. Sie sind den Salzrasen vorgelagert und werden bei jeder Tide überflutet (Raabe 1981, Dierßen et al. 1991). Die untere Grenze des Queller-Vorkommens im Watt ist wahrscheinlich durch zu starke Strömung bedingt (Wiehe 1935), die die Keimlingsetablierung behindert. Nach Untersuchungen von Gerdol & Hughes (1993) in England verhindert auch Bioturbation, insbesondere durch die Aktivität des Schlickkrebses *Corophium volutator*, die Ansiedlung des Quellers. Oberhalb der MThw-Linie kommen Kleinarten des Quellers nur an vegetationsarmen Störstellen, z. B. an Prielrändern und auf Grabenaushub, sogenannten Grüppen, vor. Intensive Schafbeweidung fördert das Eindringen des lichtbedürftigen Quellers in die Salzrasen, weil die Grasnarbe aufgerissen wird.

Queller-Samen keimen im Frühjahr vor allem nach Regen, wenn die Salzgehalte des Sedimentes erniedrigt sind. An günstigen Standorten können dann mehr als 100 000 Keimlinge pro m^2 auflaufen (s. Abb. 11–7). Wellenschlag, Austrocknung und Konkurrenzdruck durch Algenmatten dezimieren im Mittel mehr als 70 % der Jungpflanzen (Jensen & Jefferies 1984). Die stammsukkulenten Pflanzen sind einjährig und überwiegend selbstbestäubend (Davy et al. 2001). Queller-Sippen gelten als obligate Halophyten, die auch hohe Salzgehalte und Man-

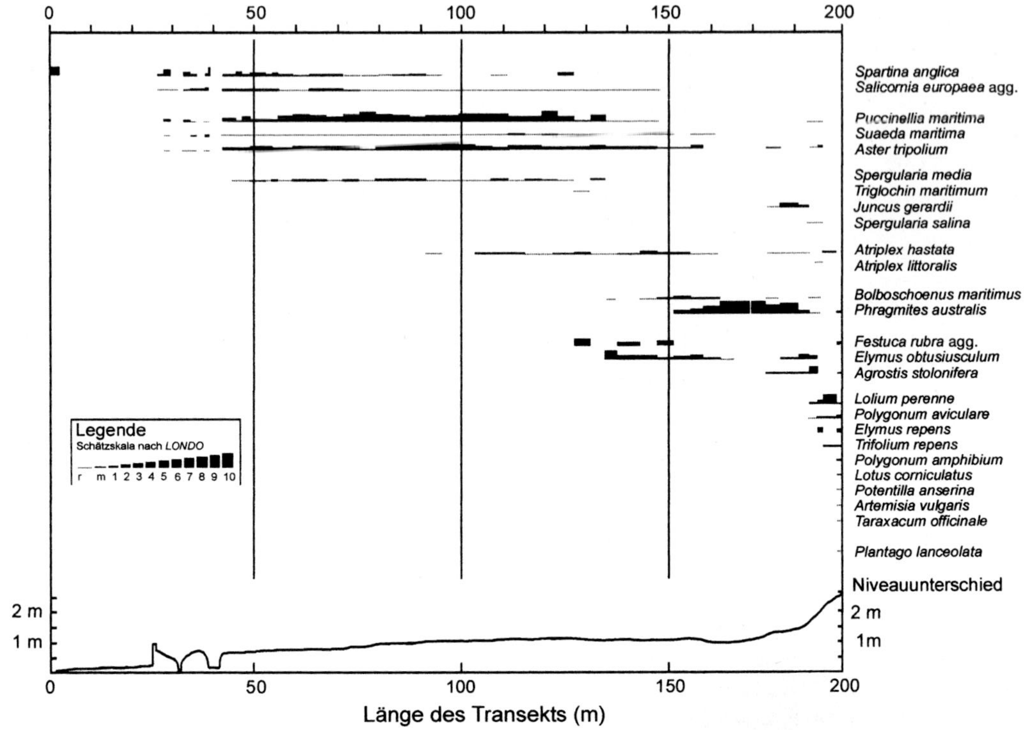

Abb. 11–5 Zonierung der Pflanzen des unteren und oberen Salzrasens in einem 200 m langen Transekt vom oberen Eulitoral bis an die Geestkante im Vorland von Schobüll (Nordfriesland, Schleswig-Holstein). Der untere Salzrasen wird vom Andel und der Strandaster, der obere vom Rotschwingel und der Dünenquecke und ihren Bastarden mit der Kriechquecke dominiert. Nach Dierßen et al. (1991).

gan- und Sulfidkonzentrationen tolerieren und als Salzakkumulatoren Zellsaftkonzentrationen bis –7,6 MPa aufweisen können (Tsuda 1961; s. Kap. 11.4.1).

Die taxonomische Behandlung der mitteleuropäischen *Salicornia*-Sippen ist noch nicht abschließend geklärt. Von einigen Autoren werden alle mitteleuropäischen *Salicornia*-Sippen als *S. europaea* agg. (syn. *S. herbacea* agg.) zusammengefasst. Wisskirchen & Haeupler (1998) unterscheiden folgende Queller-Sippen:
(1) den diploiden (2n = 18) Kurzähren-Queller **S. europaea L.** s.str. mit kurzen Scheinähren und Sprosssegmenten und herbstlicher Rotfärbung (schließt *S. ramosissima* Woods, *S. brachystachya* (G. F. W. Meyer) König ein);
(2) den tetraploiden (2n = 36) Schlickwatt-Queller **S. stricta Dumort.** (einschließlich *S. dolichostachya*) mit langen Scheinähren und Sprosssegmenten ohne herbstliche Rotfärbung;
(3) den ebenfalls tetraploiden Sandwatt-Queller (**S. procumbens Sm.**, einschließlich *S. stricta* subsp. *decumbens* und *S. fragilis*) mit verschieden langen Scheinähren und gelber bis orangefarbener Herbstfärbung.

Alle drei Sippen unterscheiden sich in ökologischer Hinsicht. Der Kurzähren-Queller scheint eine höhere Toleranz gegenüber Trockenheit und auch hohen Salzgehalten zu besitzen, während der Schlickwatt-Queller offenbar Überflutung und Sauerstoffmangel im Sediment besser verträgt als die Schwesterarten (Beeftink 1985, Huiskes et al. 1985). Der Sandwatt-Queller mit seinem charakteristischen niederliegendnestartigen Habitus ist offenbar an Übersandung und Trockenheit gut angepasst.

Die Quellerfluren der mitteleuropäischen Nord- und Ostseeküsten (Klasse THERO-SALICORNIETEA) beinhalten Gesellschaften, die von den genannten *Salicornia*-Sippen dominiert werden:
1. Das Salicornietum strictae mit dem im Herbst grün bleibenden Schlickwatt-Queller *S. stricta* ist auf den offenen eulitoralen Wattflä-

Abb. 11–6 Einzelne Quellerpflanzen (*Salicornia stricta*) auf stark überströmtem, nacktem Watt, etwa 30–40 cm unter MThw, fördern die Anlandung nicht, sondern begünstigen die Bildung von kleinen Kolken. Foto: Wohlenberg.
Wie jährlich wiederholte Aufnahmen zeigen, kann sich bei **geringer** Meeresströmung schon in 4 Jahren ein Andelrasen (Puccinellietum) herausbilden.

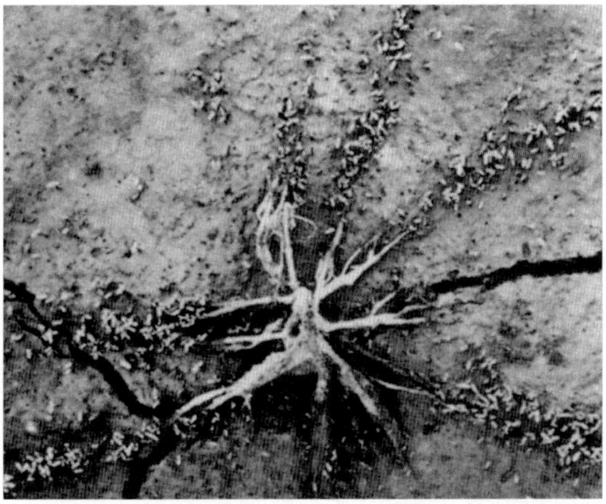

Abb. 11–7 Aus den im Herbst und Winter überschlickten Samentaschen einer abgestorbenen Quellerpflanze laufen im April zahlreiche Keimlinge auf, aus denen bald dichte Bestände werden können. Foto: Wohlenberg.

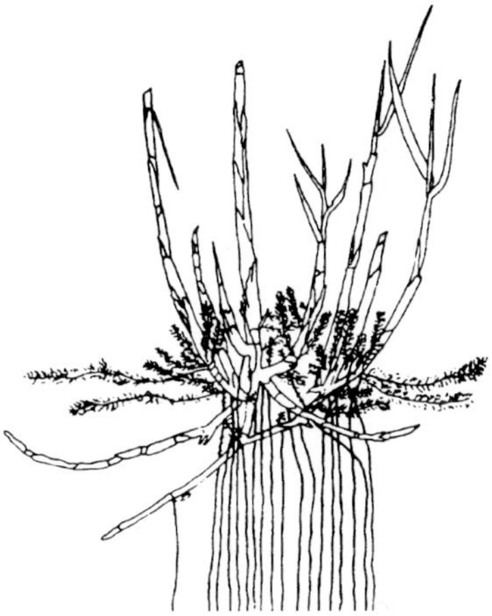

Abb. 11–8 Das Schlickgras (*Spartina townsendii*) mit Rhizomen, stark verzweigten, zeitweilig flutenden Oberflächenwurzeln und der Befestigung dienenden Tiefenwurzeln (wie die hohen Halme z. T. abgeschnitten). Nach Oliver, aus Ellenberg (1963).

chen der Nordseeküste verbreitet. Schlickquellerfluren sind meist mit Schlickgras-Beständen verzahnt.

2. Das Salicornietum ramosissimae mit *S. ramosissima* (*S. europaea* s.str.) ist die vorherrschende Queller-Gesellschaft der deutschen Ostseeküste, wo sie kleinflächig an salzreichen Störstellen in den Salzrasen vorkommt (Härdtle 1984). *S. ramosissima* tritt weiterhin in den oberen Salzrasen der Nordseeküste in Senken und an vegetationsarmen Kleinstandorten auf, die im Sommer hohe Salzgehalte aufweisen können und nur selten von *S. stricta* besiedelt werden.

3. Das Salicornietum decumbentis kommt vor allem auf trockenem Flugsand vor.

Im Salicornietum strictae kann man eine **Initialphase** unterscheiden, in der die Queller-Pflanzen nur wenig Fläche bedecken (s. Abb. 11–6), und eine **Optimalphase**, in der sie sich rasenähnlich zusammenschließen. In der **„Abbauphase"** der Gesellschaft dringen weitere Halophyten ein, z. B. *Aster tripolium* und *Puccinellia maritima*. Einzeln stehende Queller-Pflanzen begünstigen die Schlicksedimentation noch nicht. Vielmehr bildet sich um die Pflanzen ein kleiner Kolk, aus dem der Ebbstrom den noch nicht verfestigten Schlick herauswirbelt (s. Abb. 11–6). Erst wo die Pflanzen zu mehreren hundert pro m^2 zusammenstehen, kommt das Wasser in Bodennähe zur Ruhe und lässt Sedimentation zu (Wohlenberg 1931).

11.3.1.3 Schlickgras-Bestände

Große Teile der ehemals von Quellerfluren eingenommenen Schlickwatten werden heute durch das seit 1927 an der Westküste Schleswig-Holsteins angepflanzte Schlickgras (*Spartina anglica* agg.) besetzt. Dieses auffallend hohe, breitblättrige und ausdauernde C4-Gras ist ein offenbar an der englischen Küste spontan entstandener Bastard aus der westeuropäischen Art *S. maritima* und der unfreiwillig aus Nordamerika eingeführten Art *S. alterniflora*. Dieser als *S. townsendii* bezeichnete Bastard war zunächst steril; durch Chromosomenverdopplung entstand um 1892 die fertile amphidiploide Form *S. anglica*, die sich rasch ausbreitete (Adam 1990). Die indigene Schlickgrasart *S. maritima* besiedelt im Gegensatz zu *S. anglica* meso- bis oligohaline Gezeitenküsten von der Rheinmündung bis nach Marokko; sie fehlte von jeher im Wattenmeer.

Der fertile Bastard *S. anglica* ist dagegen ähnlich überflutungs- und salztolerant wie *Salicornia* und rückt daher seewärts genauso weit, mancherorts sogar weiter, vor. In schlickreichen, geschützten Buchten und Lahnungsfeldern bildet dieses hochproduktive Gras aus tropischem Verwandtschaftskreis ab etwa 40 cm unter MThw Einartbestände (Spartinetum anglicae, Klasse SPARTINETEA MARITIMAE), die ab etwa –20 cm von *Suaeda maritima*, *Aster tripolium*, *Puccinellia maritima* und *Atriplex portulacoides* durchsetzt werden und in den Andelrasen überleiten. Mit tief reichenden Rhizomen (s. Abb. 11–8) ist das Schlickgras erosionsresistenter als jeder andere Salzrasen-Pionier und kann daher zur Vorlandsicherung beitragen. An der englischen Küste stirbt das Schlickgras sogar ab, wenn keine Sedimente zugeführt werden (Goodman 1960). Allerdings ist *S. anglica* relativ frostempfindlich, wodurch Erosionsprozesse nach Eiswintern begünstigt werden (Beeftink 1977). Exponierte Bestände neigen außerdem zur Auskolkung und tragen deshalb selten zur Sedimentakkumulation bei. Phytophage haben diesen Neubürger bisher erst in geringer Artenzahl besiedelt.

11.3.1.4 Gesellschaften der unteren Salzrasen

Etwa 10 cm unterhalb MThw werden Quellerfluren und Schlickgras-Bestände von den Gesellschaften der unteren Salzrasen (Verband PUCCINELLION MARITIMAE) abgelöst (s. Tab. 11–2). Im unbeweideten, naturnahen Zustand sind dies die Salzmelden-Gesellschaft (Halimionetum portulacoidis) auf grobkörnigerem Substrat und die nahestehende Strandflieder-Gesellschaft (Plantagini-Limonietum) auf schlickreichem Sediment. Entlang von Prielrändern bildet die nitrophytische, hochwüchsige Form der Strandsode artenarme Bestände (*Suaeda maritima*-Ges.), an vom Vieh zertrampelten oder anderweitig gestörten Salzstandorten siedelt das Puccinellietum distantis. Der vor

Tab. 11–2 Pflanzengesellschaften der Wattflächen und unteren Salzrasen der Festlandsküste und Halligen im deutschen, niederländischen und dänischen Wattenmeer. Die Zahlen geben die Stetigkeit in % an. Nach Tabellen in Dijkema (1983).

Laufende Nr.:	1	2	3	4	5
Zahl der Aufnahmen	39	39	42	77	25
Spartina anglica agg.	100	41	52	13	20
Salicornia stricta	54	100	38		
Puccinellia maritima	67	15	100	100	76
Atriplex portulacoides	15		21	16	100
Salicornia stricta	44	23	86	64	48
Suaeda maritima	44	21	74	69	76
Aster tripolium	31	3	43	49	36
Spergularia media	3		10	65	16
Triglochin maritimum				21	12
Limonium vulgare	8	3	10	10	28
Plantago maritima			2	22	8
Artemisia maritima			2	5	
Festuca rubra			2	17	4
Glaux maritima				21	
Juncus gerardii				3	
Atriplex prostrata	3		5	21	
Cochlearia anglica				5	8

Nr. 1: Schlickgras-Bestände (Spartinetum anglicae)
Nr. 2: Quellerfluren (Salicornietum strictae)
Nr. 3: Andelrasen (Puccinellietum maritimae, Initialphase mit *Salicornia stricta*)
Nr. 4: Andelrasen (Puccinellietum maritimae, Optimalphase)
Nr. 5: Keilmelden-Gesellschaft (Halimionetum portulacoidis)

Abb. 11–9 Unbeweideter, natürlich entwässernder Schlick-Salzrasen mit vorherrschender *Aster tripolium* auf der nordfriesischen Hallig Oland. Im Vordergrund weiterhin *Triglochin maritimum* und *Spartina anglica*.

allem klonal wachsende Zwergstrauch *Atriplex portulacoides* (Keil- oder Strand-Salzmelde, früher: *Halimione portulacoides*) bevorzugt gut durchlüftete, sandige Sedimente (Jensen 1985), wahrscheinlich, weil sein nur schwach entwickeltes Aerenchym eine ausreichende Oxidation der Rhizosphäre im schlickigen Sediment nicht leisten kann. Zusammen mit der Dünen-Quecke (*Elymus athericus*) gehört *Atriplex* zu den Salzrasen-Arten, die auf großer Fläche dichte, artenarme Bestände ausbilden können (Strutz-Fischer & Eber 1990). Beweidung durch Schafe, Rinder oder Pferde drängt die Keilmelde wie auch die ebenfalls verbissempfindliche Strandaster (*Aster tripolium*, s. Abb. 11–9) und den Meerstrand-Beifuß (*Artemisia maritima*) stark zurück. Sie weichen dem Andelrasen (Puccinellietum maritimae) als weidebedingter Ersatzgesellschaft, in dem die genannten Arten in nur geringer Individuenzahl ausharren. Von Natur aus tritt das Puccinellietum meist nur kleinflächig zwischen der Schlickquellerflur und dem Keilmeldengestrüpp auf, so z. B. auf Trischen und Oland vor der schleswig-holsteinischen Westküste (Schwabe 1975).

Heute ist der **Andelrasen** die am weitesten verbreitete Salzrasen-Gesellschaft zwischen etwa 10 cm unter und 30–40 cm über der Mittel-Tidehochwasser-Linie (Raabe 1981). Die seeseitige Grenze des Andelrasens fällt nach von Weihe & Dreyling (1970) mit einer Überflutungszeit von etwa 3,5 Stunden je Tide zusammen. Dominierende Art ist das durch seine etwas blaugrüne Farbe auffallende Andelgras (*Puccinellia maritima*), das dicht geschlossene Rasen bildet und mit seinen Stolonen eine Sedimentüberdeckung erfolgreich durchwächst, ja sogar durch regelmäßige Sedimentzufuhr gefördert wird (s. Kap. 11.4.2 c). Andel galt lange Zeit als der leistungsstärkste Marschbildner im Küstenschutz. Sedimentationsmessungen in beweideten und unbeweideten Salzrasen in Schleswig-Holstein haben jedoch ergeben, dass die Sedimentationsrate in hochwüchsigen Strandaster- und Keilmelden-Beständen ebenso groß oder sogar größer ist als in den kurzrasigen Andel-Salzweiden (Dierßen et al. 1994).

Nach Wachstumsexperimenten muss *Puccinellia* der Gruppe der „salztoleranten Pflanzen" mit dem Vermögen zu sehr effizientem Salzausschluss zugeordnet werden (s. Kap. 11.4.1 a).

Diese Pflanzen ertragen hohe Salzkonzentrationen, erreichen aber ihre höchste Produktivität im Süßwasser (Rozema 1991). Dies zeigt auch die experimentelle „Aussüßung" von Soden des Puccinellietum maritimae durch von Weihe (1980). Andel wächst besser in überstauten Sedimenten als in gut durchlüfteten Wattböden (Gray & Scott 1977). Tatsächlich erzielen Reinkulturen verschiedener Andel-Herkünfte in Überstauungsversuchen eine optimale Stoffproduktion stets bei natürlichem Überflutungsrhythmus, also bei 230 bis 400 Überflutungen pro Jahr (s. Abb. 11–10; von Weihe & Dreyling 1970). Die hohe Überflutungstoleranz des Andels gründet u. a. auf einem leistungsfähigen Aerenchym im Wurzelgewebe, durch welches Sauerstoff in das Sediment abgegeben werden kann. In der direkten Wurzelumgebung werden dadurch reduzierende Bedingungen und damit hohe Sulfid-, Mangan(II)- und Eisen(II)-Konzentrationen vermieden (s. Kap. 11.4.2 b).

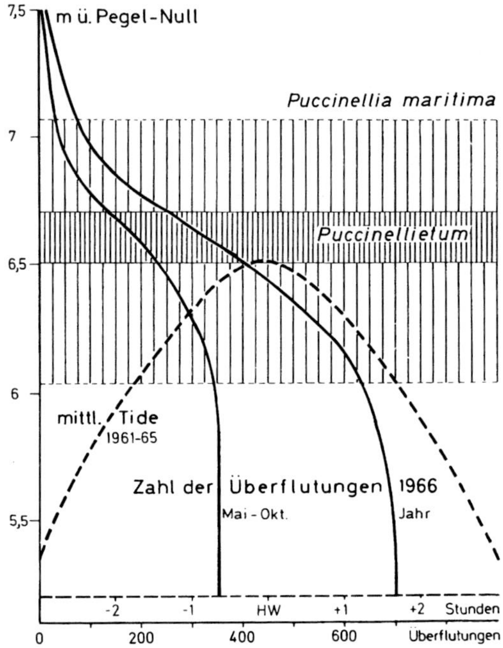

Abb. 11–10 Höhen-Amplitude des Vorkommens einzelner Andel-Pflanzen (*Puccinellia maritima*, weit schraffiert) und des beweideten Andelrasens (Pucinellietum maritimae, eng schraffiert) im Gefälle von Überflutungsdauer und -häufigkeit in der Eidermündung.
Zum Vergleich diente die mittlere Tidekurve (obere Abszisse) sowie die Zahl der Überflutungen während einer Vegetationsperiode (Mai bis Oktober 1966) und während eines Jahres. Nach von Weihe & Dreyling (1970), verändert. Einzelne Andelhorste findet man noch bei weniger als 100 und bei mehr als 600 Überflutungen pro Jahr. Typische Andelrasen-Gesellschaften werden etwa 230- bis 400-mal pro Jahr überschwemmt und bilden sich nur oberhalb Mittel-Tidehochwasser. Auf tiefer gelegenen Wattböden sind sie noch nicht dicht geschlossen; auf höher gelegenen werden sie durch andere Gesellschaften verdrängt (s. auch Abb. 11–21).

11.3.1.5 Gesellschaften der oberen Salzrasen

a) Je mehr der ehemalige Wattboden über Spring-Tidehochwasser aufgehöht wird, desto öfter kann er vom Regen durchsickert und vorübergehend entsalzt werden. Diese Aussüßung wird noch dadurch begünstigt, dass die von Sturmfluten abgelagerten Schichten weniger feinkörnig sind als die Sedimente der normalen Flut. Infolgedessen nehmen Arten, die nur mäßige Salzkonzentrationen ertragen, auf dem anwachsenden Marschland immer mehr Raum ein. Mit zunehmender Höhe über der Hochwassermarke steigt die Artenzahl in den Salzrasen rasch an, und zwar sowohl in naturnahen als auch in beweideten (s. Abb. 11–11). Der Andel hat diesen Arten zwar den Boden bereitet, wird aber von ihnen überschattet und bald ganz verdrängt. Er ist nur dort konkurrenzfähig, wo seine vergleichsweise sehr hohe Salztoleranz zur Geltung kommt (s. Abb. 11–22 und 11–5). Vermutlich spielt auch seine eher geringe Trockenheitsresistenz eine Rolle.

Die Gesellschaften des **Strandnelkenrasens** (ARMERION MARITIMAE) lösen an der Nordseeküste ab etwa 30–40 cm über MThw den Andel-

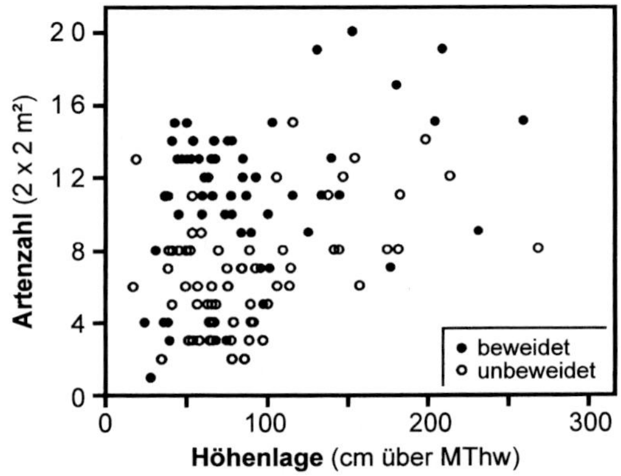

Abb. 11–11 Abhängigkeit der Artenzahl in 4-m²-Plots von der Höhe über MThw in beweideten und unbeweideten Salzrasen auf Terschelling, Schiermonnikoog (Niederlande) und in Skallingen (Südwestdänemark). Nach Bos et al. (2002).

Tab. 11–3 Pflanzengesellschaften der oberen Salzrasen der Festlandsküste und Halligen im deutschen, niederländischen und dänischen Wattenmeer. Die Zahlen geben die Stetigkeit in % an. Nach Tabellen in Dijkema (1983).

Laufende Nr.:	1	2	3	4	5
Zahl der Aufnahmen	22	19	47	16	18
Artemisia maritima	55	47	2	38	61
Armeria maritima		21		100	67
Juncus gerardii		11	100	13	72
Festuca rubra	95	68	91	100	94
Agrostis stolonifera	5	16	74	100	17
Glaux maritima	59	11	76	69	78
Aster tripolium	55	16	34	31	39
Spergularia media	59		49	63	44
Triglochin maritimum	14		30	31	27
Limonium vulgare	18	16	6		100
Plantago maritima	64	11	66	81	100
Puccinellia maritima	36		21	6	27
Atriplex portulacoides	23	26	2	6	33
Salicornia europaea agg.[1]	9		13		33
Suaeda maritima	41		2	6	22
Atriplex prostrata	32	26	28	6	
Cochlearia anglica	23	11	2	25	
Elymus athericus	18	100	6	31	
Elymus repens	9		11		
Lolium perenne	5		19	25	
Leontodon autumnalis	5	11	17		
Potentilla anserina		11	19	25	
Trifolium repens		16	30	31	11

Laufende Nr.:	1	2	3	4	5
Zahl der Aufnahmen	22	19	47	16	18
Trifolium fragiferum			4		
Odontites vulgaris	5	5	2		11
Centaurium pulchellum			4		
Lotus corniculatus			2		
Poa trivialis					
Cirsium arvense			2	6	
Polygonum aviculare	5	5	2		
Plantago coronopus		5	6	19	
Spergularia salina				6	
Scirpus maritimus			4		
Phragmites australis	5		15		

[1] wohl überwiegend *S. europaea* s.str.

Nr. 1: Strandbeifuß-Gesellschaft (Artemisietum maritimae, typische Ausprägung)
Nr. 2: Dünenquecken-Gesellschaft (Agropyretum littoralis)
Nr. 3: Boddenbinsenrasen (Juncetum gerardii, typische Ausprägung)
Nr. 4: Salzschwingelrasen (*Festuca rubra* subsp. *litoralis*-Ges.)
Nr. 5: Strandflieder-Gesellschaft (Plantagini-Limonietum)

rasen ab; hier geht definitionsgemäß der untere Salzrasen in den oberen über (s. Tab. 11–3). Nur noch bei Springtiden und Sturmfluten, im Mittel 40- bis 70-mal pro Jahr, werden diese Rasen überflutet. Die Böden sind stärker entkalkt und im Oberboden reicher an Kohlenstoff- und Stickstoff als jene der unteren Salzrasen, besitzen aber ein weiteres C/N-Verhältnis (Scherfose 1987). Die Salzgehalte in den oberen Salzrasen sind in der Regel niedriger als im Andelrasen (etwa 10–20 ‰ gegenüber 10–40 ‰, Beeftink 1977, Scherfose 1987), können jedoch in sommerlichen Trockenperioden und insbesondere in kleinen Senken im Marschland zeitweise Werte von 30 ‰ übersteigen (Kiehl 1997). Die Sauerstoffversorgung der Böden ist besser als in den unteren Rasen; andererseits spielt sommerliche Trockenheit eine größere Rolle.

Zu den Strandnelkenrasen der unteren Stufe gehört der Boddenbinsenrasen (Juncetum gerardii), der sich bei Beweidung in etwa 35–75 cm Höhe über MThw im direkten Anschluss an den Andelrasen ausbildet. Obwohl das Juncetum auch im natürlichen Salzgrasland auftritt (z. B. Schwabe & Kratochwil 1984), sind die meisten Bestände des Juncetum gerardii aus jahrzehntelanger intensiver Schaf- oder Rinderbeweidung der Vorländer entstanden, sodass sie treffender als **Boddenbinsen-Weiden** bezeichnet werden sollten. Von der Beweidung profitieren vor allem konkurrenzschwache Arten wie *Glaux maritima*, das sich bei Überflutungsstress vornehmlich aus Überwinterungsknospen, bei Störungen durch weidendes Vieh stärker aus der Samenbank regeneriert (Dierßen 1996).

Je höher das Marschland anwächst, umso stärker wird der Boddenbinsenrasen vom Salz-

Rotschwingel (*Festuca rubra* subsp. *litoralis*) durchdrungen. Im künstlich entwässerten, also gegrüppten, Vorland tritt *Festuca* zunächst nur in der „Beetmitte“ auf, die durch den Grabenaushub etwas erhöht ist. Noch etwas höher gelangt er aber auf dem trockeneren Terrain der oberen Salzrasen weithin zur Dominanz, vor allem, wenn die Beweidung aufgegeben wird. Diese eher blütenarmen Rasen werden als *Festuca rubra* subsp. *litoralis*-Gesellschaft bezeichnet. Demgegenüber fallen beweidete Strandnelkenrasen schon von Weitem durch ihren Blütenreichtum auf. Im Mai herrscht das Zartrosa der Strandnelken-Köpfchen vor, im Juli das helle Lila der Wickel des Strandflieders, der vor allem sandige Strandwälle besiedelt. Dort, wo Spring- und Sturmfluten reichlich stickstoffhaltige Sedimente aus dem Wattenmeer abladen, bildet die Dünen-Quecke (*Elymus athericus*) sowie deren Bastard mit der Kriech-Quecke (*Elymus* × *oliveri* = *E. athericus* × *E. repens*) kniehohe, dichte Dominanzbestände (Bakker 1989, Andresen et al. 1990), die als Agropyretum littoralis bezeichnet werden. Beide Quecken-Sippen bilden dichte Ausläufersysteme und werden durch hohe Stickstoffeinträge gefördert (van Wijnen & Bakker 1999), durch Beweidung aber schnell zurückgedrängt. Queckenrasen erstrecken sich ungefähr von 35 bis 60 cm über MThw und schließen im naturnahen Vorland direkt an die geschlossenen Bestände von *Atriplex portulacoides* an, dem die Quecke nach Untersuchungen von Bockelmann & Neuhaus (1999) in den unteren Salzrasen in der Konkurrenz unterlegen ist. Längs der sandreichen, erhöhten Prielränder sind Queckenrasen häufig mit einer weiteren nitrophytischen Gesellschaft verzahnt, der weithin auffallenden silbergrauen Strandbeifuß-Gesellschaft (Artemisietum maritimae). Sowohl Queckenrasen als auch Beifuß-Bestände lassen sich mit gewissem Recht als Eutrophierungsfolger bezeichnen (van Wijnen & Bakker 1999), die vermutlich in den letzten Jahrzehnten durch erhöhte Stickstofffrachten im Gezeitenwasser gefördert wurden. Das gilt auch für die beiden nitrophytischen Melden-Arten *Atriplex prostrata* und *A. littoralis* (Hobohm 1992).

b) Zunehmender Süßwassereinfluss äußert sich im steten Auftreten von Glykophyten in den oberen Salzrasen, darunter *Trifolium repens* und *Plantago major*, in von Brack- und Süßwasser überfluteten Bereichen auch von *Agrostis stolonifera* (Beeftink 1977). *Leontodon autumnalis* zeigt die Nähe von Dünengesellschaften an. Der Übergang zu **von Glykophyten geprägten Rasen-Gesellschaften** findet ungefähr in 75 cm Höhe über MThw statt. Landeinwärts schließen sich in dieser Höhe Rasen-Gesellschaften an, die den Fingerkraut-Quecken-Flutrasen (Verband POTENTILLION ANSERINAE) zuzuordnen sind. Diese können kürzere Überstauungen gut ertragen und enthalten meist noch einige halotolerante Arten wie *Trifolium fragiferum*, *Plantago maritima* und *P. coronopus*. Grünland-Gesellschaften, die oft im Kontakt zu Salzrasen vorkommen, sind die Rohrschwingel-Gesellschaft (Potentillo-Festucetum arundinaceae), der Kriechqueckenrasen (Agropyretum repentis) und die Weidelgras-Weißklee-Weide (Lolio-Cynosuretum cristati). Einige ihrer Arten vermögen schwach halotolerante Ökotypen auszubilden. Das Vorkommen des Weißklees zeigte den Marschbauern früher die Eindeichungsreife des Vorlandes an.

Auf sandigen Uferwällen, Sandplaten und im Kontaktbereich zu Dünen treten Salzrasen auf, die zwar noch gelegentlich überflutet werden, aber zeitweise Süßwasserzustrom erhalten und im Wurzelraum besser mit Sauerstoff versorgt sind als die Rasen auf feinkörnigem Schlick. Diese meist nur kleinflächigen **„Sand-Salzrasen“** beherbergen verschiedene Arten, die den „Schlick-Salzrasen“ fehlen; für den Naturschutz haben sie vor allem wegen ihrer geringen Flächenausdehnung, aber auch wegen ihrer kennzeichnenden Artenkombination, besondere Bedeutung. Charakteristische Gesellschaften sind das Salzbinsen-Seggenried (Junco-Caricetum extensae), der Hauhechel-Lückenseggenrasen (*Ononis spinosa-Carex distans*-Ges.), der Braunsimsenrasen (Blysmetum rufi) und die Löffelkraut-Gesellschaft (Sagino-Cochlearietum danicae). Letztere ist besonders reich an Therophyten wie *Cochlearia danica* und verschiedenen *Sagina*-Arten, die offenbar stark wechselnde Salinitäten und Nährstoff-Angebote im höchsten Flutsaum besser nutzen können als viele Mehrjährige. Derartige Gesellschaften im wechselhalinen Grenzbereich von Salzrasen zu Dünen oder Süßweiden, in denen das Strandmastkraut (*Sagina maritima*) eine Rolle spielt, fassten Tüxen & Westhoff (1963) zu einer selbstständigen Klasse zusammen (SAGINETEA MARITIMAE).

11.3.1.6 Natürliche Zonierung

Raabe (1981) hat am Beispiel der schleswig-holsteinischen Westküste ein Bild der natürlichen Zonierung des Nordseeküsten-Vorlandes entworfen, das heute allerdings nirgends mehr in der Wirklichkeit vorzufinden ist (s. Abb. 11–12). Nach seinen Vorstellungen folgte auf die Quellerfluren und die Keilmelden-Gesellschaft der unteren Salzrasen landwärts ein vom Salz-Rotschwingel beherrschtes, artenreiches Hochstaudenried, in dem *Angelica archangelica*, *Thalictrum flavum*, *Eupatorium cannabinum*, *Cirsium arvense*, *Sonchus arvensis* und auch *Phragmites australis* auftraten. Diese Riede stehen den Uferstauden-Gesellschaften der Ordnung CONVOLVULETALIA SEPIUM nahe. Der Rotschwingel dürfte in diesen Gesellschaften nur im Unterstand aufgetreten sein. Nach heutigem Wissen müssen wir zudem annehmen, dass in den oberen Salzrasen zumindest auf nährstoffreichen Böden artenarme Quecken-Dominanzbestände von Natur aus eine große Rolle spielen würden. Bei Salinitäten unter 2 ‰ ging das Hochstaudenried wahrscheinlich in Gebüsch- und Waldgesellschaften über, in denen die Schwarzerle als relativ salzertragende, jedoch windempfindliche Baumart beherrschend gewesen sein dürfte. Brackwasser- und Schilfröhrichte waren wahrscheinlich den Erlenwäldern in einem breiten Übergangsbereich zwischen Salz- und Süßwasser vorgelagert (Behre 1991).

11.3.2 Vegetationsgliederung an der Ostseeküste

Die Salzrasen der Ostseeküste weisen floristisch eine hohe Affinität zu jenen der Nordseeküste auf, unterscheiden sich jedoch standortökologisch in zweierlei Hinsicht von diesen. Zum einen fehlt der rhythmische Wechsel von Überflutung und Trockenfallen, der für die unteren Salzrasen und die Quellerfluren der Nordsee so charakteristisch ist. Dieser wird am Ostseestrand durch aperiodische Wasserstands-Schwankungen im Geo- und Hydrolitoral ersetzt. Regelmäßig überflutete und wieder trockenfallende Strandbereiche fehlen daher weitgehend. Aus diesem Grund sind die Salzrasen an der Ostseeküste kleinflächiger. Zweitens wachsen die Ostsee-Salzrasen bei deutlich geringeren Salzgehalten in Wasser und Sediment als jene der Nordsee. Dem Salinitätsgefälle vom Kattegat bis zum Frischen Haff in Ostpolen entspricht ein Gefälle im Artengefüge und in der Zonierung der vom Salz beeinflussten Vegetation. An der Westküste Schwedens gleichen die Pflanzengesellschaften und ihre Abfolgen denen der südlichen Nordsee noch in erstaunlichem Maße (Gillner 1960). Wegen der raschen Landhebung im Holozän treten hier allerdings Wälder nahe an das Meer heran. Einige nordische Arten und Rasen-Gesellschaften leiten zu der mehr boreal getönten Strandvegetation Norwegens über.

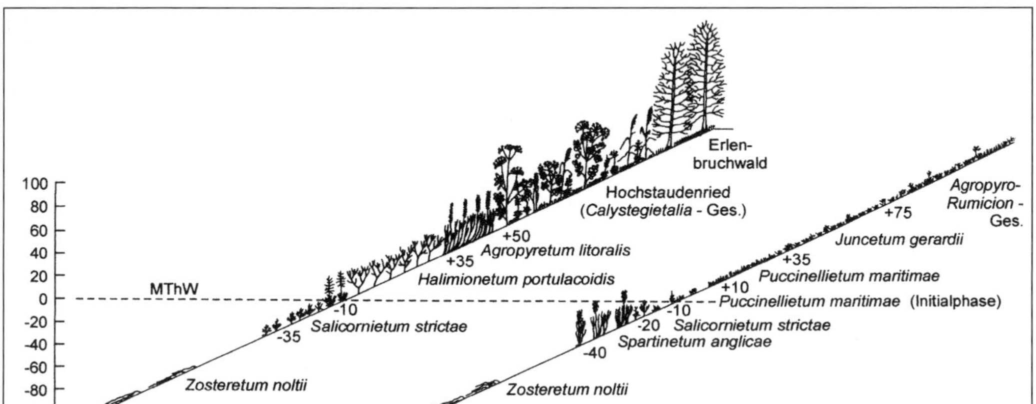

Abb. 11–12 Hypothetische Höhenzonierung der Vegetation an der deutschen Nordseeküste vor dem Einwirken des Menschen (links) und heutige Zonierung in einem intensiv mit Schafen beweideten Vorland Schleswig-Holsteins (man beachte die Einwanderung von *Spartina anglica* und den Rückgang der *Zostera*-Rasen in jüngerer Zeit). Höhenangaben in cm unter bzw. über Mittel-Tidehochwasser.

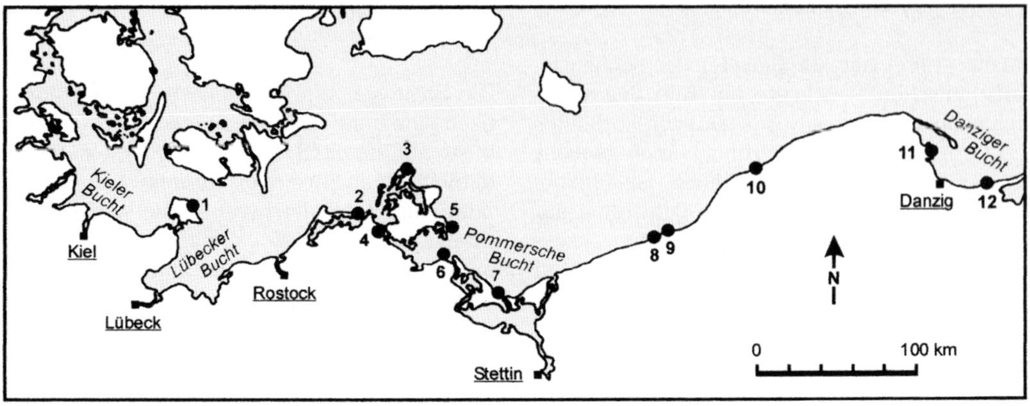

Abb. 11–13 Östliche Verbreitungsgrenze verschiedener Salzrasen-Arten an der deutschen und polnischen Ostseeküste. Nach verschiedenen Autoren in Härdtle (1984), ergänzt.

An der Schleimündung (Steinführer 1945), auf dem Graswarder bei Heiligenhafen (Schmeisky 1974) und auf der Insel Fehmarn (Raabe 1950, Härdtle 1984) kommen ebenfalls noch fast alle Gefäßpflanzenarten und Gesellschaften der Nordseeküste vor. Die Diversität der Großalgen ist allerdings geringer und manche Artenkombinationen stehen an der schleswig-holsteinischen Ostseeküste bereits an der Ostgrenze ihrer Verbreitung. Das Halimionetum portulacoidis, das Salicornietum strictae und das Spartinetum anglicae fehlen an der Ostsee gänzlich. Während am Kattegatt das Salicornietum strictae noch große Flächen einnimmt und das Puccinellietum maritimae mit scharfer unterer Grenze ans offene Meer hinabsteigt, ist das reine Queller-Watt auf Fehmarn überhaupt nicht mehr und die Andelwiese nur an kleinen, durch Mensch oder Vieh offengehaltenen Stellen vertreten. Statt ihrer übernimmt das Bolboschoenetum maritimi, d. h. ein Brackwasserröhricht, die Wasserfront und steigt bis unter Mittelwasser hinab (s. Kap. 11.3.2.2).

Viele Salzrasen-Pflanzen und -Gesellschaften erreichen bei Salzgehalten um 10 ‰ an der Darßer Schwelle westlich von Rügen ihre östliche Verbreitungsgrenze (s. Abb. 11–13). So fehlt ein gut ausgeprägtes Artemisietum maritimae östlich des Darß (Fröde 1950, 1958). Im vorpommerschen und polnischen Juncetum gerardii fallen eine Reihe von Glykophyten (z. B. *Juncus articulatus*, *Triglochin palustre*, *Hydrocotyle vulgaris*, *Galium palustre*) auf (Fukarek 1961, Passarge 1964).

11.3.2.1 Sublitorale Wasserpflanzen-Gesellschaften

a) Soweit es die Strahlungsverhältnisse zulassen, ist der **Meeresboden** der westlichen Ostsee von substratabhängigen Gesellschaften aus Brauntangen (*Fucus*, *Laminaria* u. a.), sogenannten Feinalgen (*Cladophora*, *Enteromorpha*, *Ulva*, *Ulothrix*, *Furcellaria*, *Chorda* u. v. a.), Krusten- und Kalkalgen und benthischen Kleinalgen besetzt (Schwenke 1969, 1974). Lakowitz (1929) nennt rund 260 Algenarten, von denen etwa 80 bis 90 Arten eine wesentliche Rolle spielen. Da das Ostseewasser meist klarer ist als das im Wattenmeer oft stark getrübte Nordseewasser, sind die am Meeresboden wurzelnden Algen- und Phanerogamen-Gesellschaften artenreicher und stärker gegliedert und steigen in größere Tiefen hinab als an der Wattenküste.

Die Artenvielfalt der Benthosalgen nimmt vom euhalinen Kattegat in Richtung auf die mesohalinen Brackwasser der polnischen Ostseeküste um das Drei- bis Vierfache ab (Schwenke 1996). Hier soll nur auf die submersen Gefäßpflanzen-Makrophyten der Gattungen *Zostera*, *Ruppia*, *Zannichellia*, *Myriophyllum* und *Potamogeton* und die Armleuchteralgen (Characeen) in Strandnähe eingegangen werden. Die betreffenden Gesellschaften stellen meist artenarme Dominanzbestände dar, wenn auch die betreffende Flora recht viele Arten umfassen kann. So fand Lindner (1978) im Darß-Zingster Bodden (Vorpommern) 41 submerse Makrophyten, darunter 11 Characeen, 10 Grün-, 4 Braun- und 3 Rotalgen sowie 3 Blütenpflanzen. Kornas et al. (1960) zählten in der Danziger Bucht bis in 10 m Tiefe 32 Arten (11 Grün-, 8 Braun-, 6 Rotalgen und 7 Blütenpflanzen).

Das Echte Seegras ist in der Ostsee – anders als in der Nordsee – mit seiner großblättrigen, produktiveren Form vertreten. Es bildet vor allem in Tiefen von 2–4 m (maximal bis in 10 m) lückige bis dicht geschlossene Rasen. Die maximale Tiefenerstreckung des Seegrases nimmt umgekehrt proportional zum Stickstoffgehalt des Ostseewassers ab, reduziert sich also mit zunehmender Produktivität und Lichtabsorption des Phytoplanktons. Als Rhizompflanze breitet sich *Zostera marina* vor allem durch klonales Wachstum aus, während geschlechtliche Vermehrung offenbar nur selten stattfindet (Harrison 1993). Manche Rhizome werden sehr alt. In der Ostsee wurden *Z.-marina*-Klone mit einem Alter von mehr als 1000 Jahren gefunden (Reusch et al. 1999). Seegraswiesen stellen nach Kornas et al. (1960) an der polnischen Ostseeküste meist das Endstadium einer Sukzession nach Störung dar; sie sind also als eine sublitorale „Klimaxgesellschaft" zu betrachten.

Salden-Gesellschaften (<u>Ruppietum maritimae</u> und <u>Ruppietum cirrhosae</u>, Ruppion maritimae) sind an Gewässer mit ausgeprägten Salinitätsschwankungen angepasst und häufig ausgesprochen artenarm (s. Tab. 11–4). Die Strand-Salde (*Ruppia maritima*) gedeiht in Flachwasser bis in 1 m Tiefe und bevorzugt meist Stillwasser mit Schlickboden (Verhoeven 1979, 1980). Sie erträgt Salzgehalte bis etwa 15 ‰. Ihre Schwesterart *R. cirrhosa*, die Schraubige Salde, ist offenbar halotoleranter (1,5–60 ‰). Sie dringt bis in maximal 7 m Tiefe vor, bevorzugt strömungsexponierten, sandigen Boden (Lindner 1978) und ist stellenweise mit dem Zwergseegras vergesellschaftet (Kloss 1969, Berg et al. 2004).

b) In den meso- und oligohalinen Küstengewässern der **Förden, Bodden und Haffs** der deutschen und polnischen Ostseeküste herrschen Salzgehalte zwischen 2 und 10 ‰. Hier mischen sich die aus der freien Ostsee vordringenden Brackwasser-Makrophyten (*Zostera*, *Ruppia*, *Fucus* u. a.) mit Potamogetonetea-Arten und Characeen, die überwiegend im Süßwasser verbreitet sind und nur 5–15 ‰ Salz ertragen. Zu diesen nur schwach halotoleranten Gewässermakrophyten zählen *Potamogeton pectinatus*, *Zannichellia palustris* subsp. *pedicellata*, *Myriophyllum spicatum*, *Ranunculus peltatus* subsp. *baudotii* und *Najas marina intermedia* (Kornas et al. 1960, Hoppe & Pankow 1968, Lindner 1978, Doll 1989). Besonders charakteristisch für die Bodden- und Haffge-

Tab. 11–4 Salden-Gesellschaften der Ostseeküste von Mecklenburg-Vorpommern. Die Zahlen geben die Stetigkeit in % an. Nach Tabellen in Berg et al. (2004).

Laufende Nr.:	**1**	**2**
Zahl der Aufnahmen	183	37
Gefäßpflanzen-Makrophyten		
Ruppia cirrhosa	50	19
Ruppia maritima		100
Potamogeton pectinatus	71	27
Zannichellia palustris subsp. *pedicellata*	34	32
Najas marina	7	16
Myriophyllum spicatum	10	19
Zostera noltii	7	5
Zostera marina	11	8
Ranunculus peltatus baudotii	1	
Makrophytische Algen		
Chara aspera	31	16
Chara hispida	8	8
Chara tomentosa	2	8
Chara baltica	1	8
Chaetomorpha linum	24	3
Ceramium diaphanum	24	
Fucus vesiculosus	15	14
Enteromorpha intestinalis	13	3
Ceramium rubrum	6	14
Cladophora glomerata	15	8
Chorda filum	10	5

Arten mit geringer Stetigkeit wurden weggelassen.
Nr. 1: Ruppietum cirrhosae (brackige Boddengewässer und küstennahe Ostsee);
Nr. 2: Ruppietum maritimae (ebendort)

wässer mit 3–8 ‰ Salinität sind Armleuchteralgenrasen mit *Chara aspera*, *C. tomentosa*, *C. baltica*, *C. horrida* und anderen Arten. In klaren Gewässern weisen sie eine deutliche vertikale Zonierung auf (Fukarek 1961, Lindner 1978). Aufgrund der hohen Trübung sind diese Gewässer heute oft nur noch bis in 2 m Tiefe besiedelt oder vielfach sogar frei von Characeen (s. Kap. 11.7.3).

11.3.2.2 Brackwasserröhrichte

Während an der Wattenküste der Nordsee einjährige Quellerfluren und die Keilmelden-Gesellschaft die seeseitigen Vorposten der vom Menschen unbeeinflussten Küstenvegetation bilden, nehmen diese Rolle an der Ostseeküste Brackwasserröhrichte ein, die von den beiden Cyperaceen *Bolboschoenus maritimus* (Strandsimse) und *Schoenoplectus tabernaemontani* (Graue Seebinse) sowie dem Schilfrohr aufgebaut werden. *Bolboschoenus* toleriert nach Krisch (1974) einen höheren **Salzgehalt** als *Phragmites* und *Schoenoplectus* und tritt an der vorpommerschen Boddenküste vor allem an sandigen, mehr dem Wellenschlag ausgesetzten Küstenabschnitten auf, während Schilf hier eher an den geschützten und daher schlammigen Bereichen herrscht. *Bolboschoenus* toleriert an der Nordsee Salinitäten bis 18 ‰ (Raabe 1981), in der westlichen Ostsee vermutlich noch darüber (Gillner 1960, Härdtle 1984), während die Salztoleranz des Schilfes wahrscheinlich geringer ist (s. Kap. 9.3.3.1).

Für die Zonierung der Brackwasserröhrichte ist offenbar die recht hohe Empfindlichkeit des Schilfes gegenüber **Wellenschlag** wichtiger als der Faktor Salztoleranz. Schilfvorkommen sind nämlich an der Ostseeküste in der Regel auf Wassertiefen bis 20 cm begrenzt (Schmeisky 1974), während im Binnenland Röhrichte bekannt sind, die in Wassertiefen bis über 2,5 m vorkommen (s. Kap. 9.3.2.4). An exponierten Ostseeküsten werden Schilfröhrichte daher seeseits häufig von *Bolboschoenus*-Herden, an nährstoffreichen, sapropelreichen Standorten auch von schmalen *Schoenoplectus*-Säumen abgelöst (Krisch 1974).

Krisch (1974, 1978, 1989, 1990) hat die Synsystematik und Ökologie der vorpommerschen BOLBOSCHOENION-Gesellschaften studiert. Er unterscheidet zwei Assoziationen mit je drei Subassoziationen, die sich nicht nur floristisch, sondern auch populations- und produktionsbiologisch unterscheiden. Das Bolboschoenetum maritimi beherbergt mehrere salzertragende Arten, darunter die Strandsimse und die Graue Seebinse, und umfasst die seeseitigen, dem Wellenschlag ausgesetzten Röhrichte. In der lückigen, besonders exponierten Subassoziation cladophoretosum treten Grünalgen der Gattungen *Enteromorpha* und *Cladophora* verbreitet auf. Höher und kräftiger wächst das gegen mechanische Beanspruchung weniger widerstandsfähige Astero (tripolii)-Phragmitetum. Neben dem Schilfrohr vermag sich hier die Meerbinse nur in der Subassoziation bolboschoenetosum zu halten, gemeinsam mit der Strandaster, die auch der typischen Untergesellschaft selten fehlt. *Phragmites* gedeiht gerade in dieser besonders üppig und kann bis 3,80 m hoch werden. Die Subassoziation galietosum leitet mit ihren Differenzialarten *Galium palustre*, *Mentha aquatica* und *Myosotis palustris* zum außerhalinen Grünlandbereich über, in dem zwar noch einige Halophyten zu finden sind, aber ein Schattendasein führen.

Hohe Biomassen (bis 13 t ha^{-1}) und Produktivitäten erreicht das Astern-Schilfröhricht insbesondere auf Torfbänken, die von ihm selbst erzeugt werden, wenn die Seegangsbelastung nicht zu hoch ist (Krisch 1989). Diese produktiven Röhrichte sind dicht und artenarm und erlauben nur hochwüchsigen Arten wie *Aster tripolium* und *Festuca gigantea* das Auskommen (Krisch 1978).

11.3.2.3 Salzrasen-Gesellschaften

a) Vor allem aufgrund des abnehmenden Salzgehaltes, aber auch durch die zunehmende Kontinentalität, wandelt sich die Salzrasen-Vegetation an der Ostsee von Westen nach Osten. Dieser Gradient wird aus einem Vergleich der Studien von Gillner (1960: schwedische Westküste), Härdtle (1984) und Raabe (1950: Schleswig-Holstein), Kloss (1969: Nordwestmecklenburg), Fukarek (1961: Darß), Fröde (1958) und Voderberg (1955: Bock und Hiddensee), Jeschke (1968: Ruden/Peenemünde) und Preuss (1911/12: Pommern u. a.) deutlich. Von eigentlichen Salzrasen kann man am Ostseestrand nur sprechen, wenn die Salinität des Meerwassers 5 ‰ übersteigt.

Quellerfluren (Salicornietum ramosissimae) kommen an der Ostseeküste nur kleinflächig vor und sind an edaphische und topografische Sonderstandorte gebunden, wie z. B. flache Senken in Salzrasen oder Uferränder von Strandseen, die aufgrund hoher Salzkonzentrationen oder Störungen vegetationsfrei bleiben. Im Gegensatz zu den vom tetraploiden „Schlick-Queller" (*Salicornia stricta*) beherrschten Nordseewatten dominiert an der Ostsee der diploide Kurzähren-Queller (*S. europaea* s.str., auch als *S. ramosissima* bezeichnet), der offenbar weniger überflutungstolerant als seine Schwesterart ist (Dierßen 1996). An brackigen bis stark süßwasserbeeinflussten Standorten folgt landeinwärts auf das Brackwasserröhricht an manchen Stellen die Gesellschaft der Einspelzigen Sumpfbinse (Eleocharitetum uniglumis) und an Graben- und Boddenrändern die beweidungsfesten Herden des Meerstrandbinsen-Riedes (*Juncus maritimus*-Ges., auch als Oenantho-Juncetum maritimi bezeichnet), in dem regelmäßig die halotoleranten Arten *Oenanthe lachenalii*, *Apium graveolens*, *Potentilla anserina* und *Leontodon autumnalis* zusammen mit Glykophyten wie *Hydrocotyle vulgaris* auftreten (Tüxen 1937, Fröde 1958).

b) Den breitesten Raum am Ostseestrand nehmen die etwas höher gelegenen, nur selten überfluteten Boddenbinsenrasen (Juncetum gerardii) ein, die zum Verband ARMERION MARITIMAE gehören (s. Abb. 11–14). Diese Gesellschaft besiedelt an der schleswig-holsteinischen Ostseeküste das mittlere und obere Geolitoral zwischen 10 und 70 cm über der Mittelwasserlinie mit einem Schwerpunkt bei 20 bis 50 cm (Härdtle 1984). Die Salzgehalte sind geringer als in den Salzrasen der Nordseeküste und erreichen auch in der westlichen Ostsee nur selten 15 ‰ Cl^- (Schmeisky 1974; s. Abb. 11–15). Viele Boddenbinsenrasen wachsen auf schwarzem, durch Viehtritt sehr festem Salzwiesentorf, der aus einem Gemisch von Schlick und Pflanzenresten besteht. In diesen geringmächtigen „Küsten-Überflutungsmooren" wurde Torf unter Salzwassereinfluss gebildet (Boedeker & Knapp 1996; s. Kap. 10.6.1).

Wie Schmeisky (1974) durch Einzäunung von Probeflächen auf dem Graswarder bei Heiligenhafen beweisen konnte, ist die Artenkombination dieser schwach halophilen Gesellschaft unter dauernder Selektion durch das Weidevieh entstanden. Überlässt man sie sich selbst, so kommen *Festuca rubra* und *Agrostis stolonifera* sowie an feuchten Stellen Schilfrohr zur Herrschaft und unterdrücken die Boddenbinse und ihre Begleiter. Auch bei reiner Mähwirtschaft gehen die im Juncetum gerardii vorherrschenden Weideunkräuter zurück. Sukzessionsbeobachtungen von Christiansen (1937) in Schleimünde ergaben, dass auf einer anfangs zu 78 % mit *Juncus gerardii* bewachsenen Fläche nach 10 Jahren eine vollständige Verdrängung durch den Rotschwingel stattgefunden hatte. Man kann zahlreiche Subassoziationen und Varianten des Juncetum gerardii unterscheiden, die denen der Nordseeküste zwar ähneln, aber nicht gleichen (Fukarek 1961; s. Abb. 11–16).

Sandige Spülsäume findet man auch auf Fehmarn und an der schleswig-holsteinischen Küste vom Artemisietum maritimae besiedelt, trittbeeinflusste Wegränder nahe des Spülsaums durch das Sagino-Cochlearietum danicae. Auch diese Gesellschaften klingen nach Osten hin aus, obwohl *Artemisia maritima* noch bis an die Memelmündung vereinzelt auftritt.

(c) Im Vergleich zur Nordseeküste nur kleinflächig tritt eine andere wichtige Salzrasen-Gesellschaft an der Ostsee auf, der Andelrasen (Puccinellietum maritimae). An der schleswigholsteinischen Ostseeküste besetzt er meist schmale Streifen auf schlickigem Boden ab der Mittelwasserlinie bis wenige Dezimeter darüber. Wie der Boddenbinsenrasen ist der Andelrasen fast überall ein Produkt der Beweidung; hoher Weidedruck schließt etwa die Strandaster aus und führt zu artenarmen, nur wenige Zentimeter hohen Rasen, in denen neben *Puccinellia maritima* auch *Glaux maritima*, *Plantago maritima*, *Triglochin maritimum* und *Salicornia europaea* s.str. relativ stet vertreten sind. Als Kennarten treten *Spergularia media*, *S. salina* und *Atriplex pedunculata* auf; Letztere fehlt dem Puccinellietum der Nordseeküste fast immer. Auf sandigen Partien im Bereich des Geolitorals, z. B. auf alten Strandwällen, siedeln sich Rasen an, die an die Sand-Salzrasen der Nordseeküste erinnern. Kloss (1969) fand in Nordwestmecklenburg auf nassem Sand den *Centaurium pulchellum*-Salzrasen, auf trockenem die *Trifolium fragiferum-Carex distans*-Gesellschaft.

Insgesamt gesehen sind die Salzrasen an der Ostseeküste viel kleinflächiger als jene der

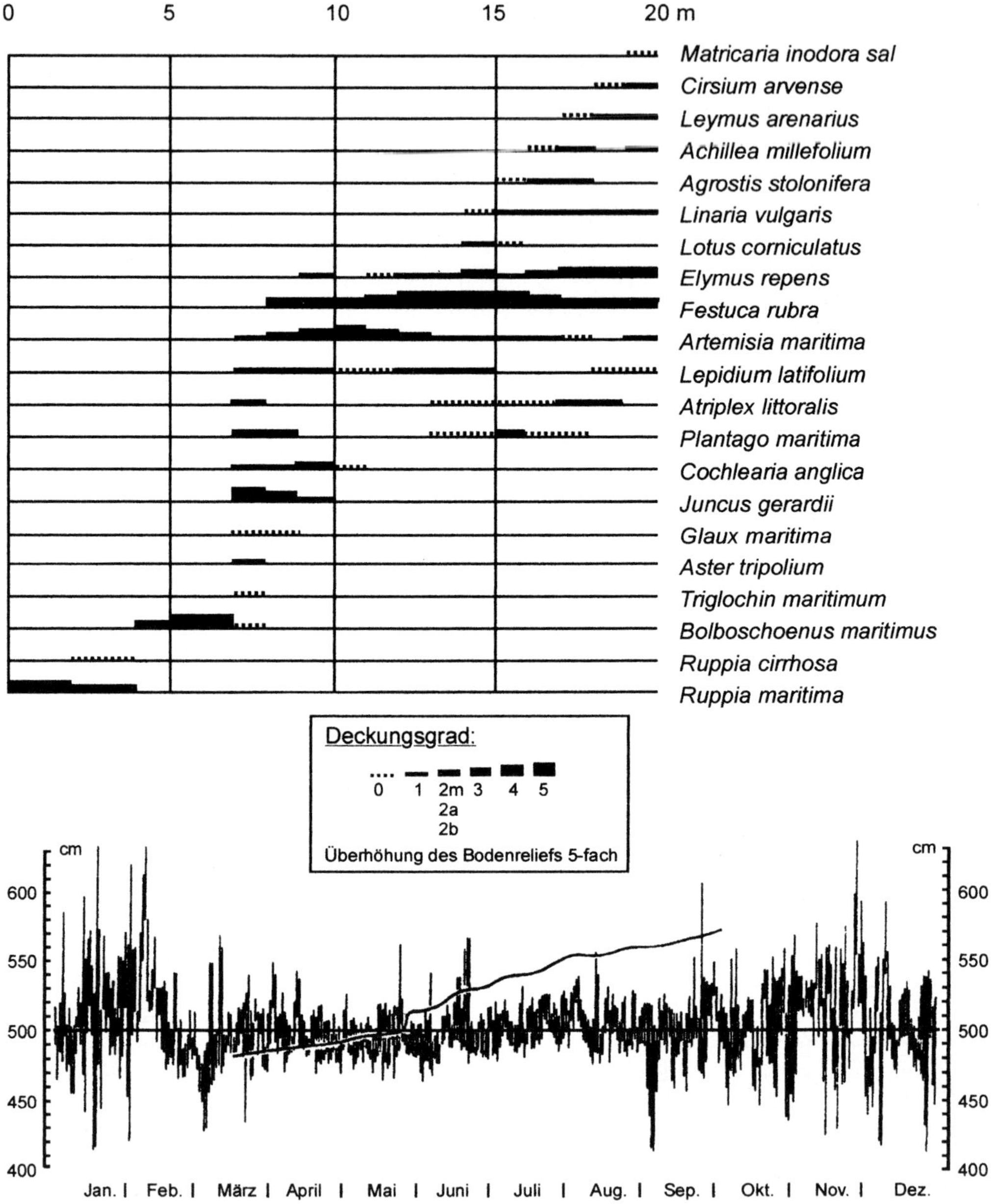

Abb. 11–14 Zonierung der Salzrasen-Pflanzen in einem 20 m langen Transekt vom Flachwasser der Ostsee bis ins oberste Geolitoral in den Salzrasen des Graswarders vor Heiligenhafen (schleswig-holsteinische Ostseeküste). Das Bodenrelief ist als Linie dargestellt, die vertikalen Balken geben die täglichen Wasserstandsschwankungen im Jahr an und zeigen die Überflutungshäufigkeit. Nach Härdtle (1984).

Nordseeküste; sie finden sich hauptsächlich im Bereich von vermoorten Strandwallsystemen und Strandseen. Die heutige Vegetation muss weitgehend als Folge der Beweidung durch Rinder und Pferde gesehen werden. Vor der landwirtschaftlichen Nutzung der Salzrasen waren Schilfbestände an der Ostseeküste allgemein verbreitet, ähnlich wie es heute in mesohalinen Bereichen der Nordseeküste der Fall ist, so z. B. im Dollart (s. Abb. 11–5). Natürliche

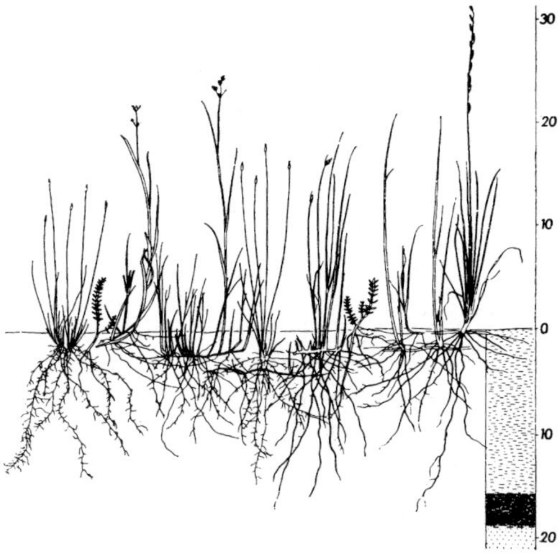

Abb. 11–15 Schnitt durch eine Boddenbinsenweide (Juncetum gerardii eleocharidetosum) auf der Halbinsel Darß an der Ostsee. Nach Fukarek (1961). Von links nach rechts: *Eleocharis quinqueflora, Glaux maritima, Juncus articulatus, E. qu., Blysmus compressus, G. m., Blysmus rufus, Triglochin palustre.*

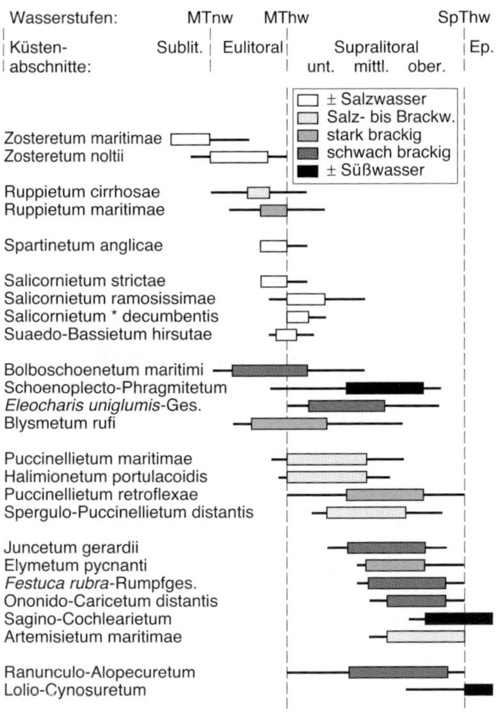

Abb. 11–17 Wasserstufen-Bereiche von Vegetationseinheiten an der Nord- und Ostseeküste. Aus unterschiedlichen Quellen zusammengestellt und schematisiert von Dierssen et al. (1991), etwas verändert.
Die Signaturen für den vorherrschenden Salzgehalt des Wassers sollen nur die Tendenz andeuten.

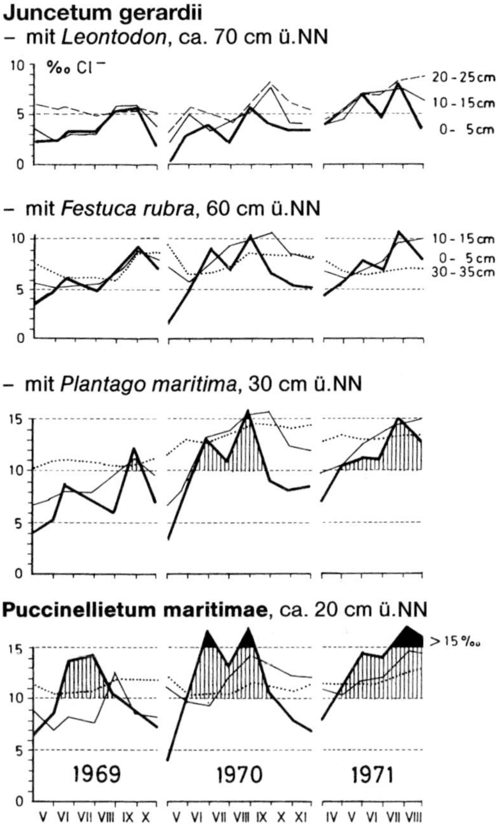

Abb. 11–16 Jahresgänge des Chloridgehaltes im Bodenwasser in verschiedener Tiefe unter beweideten Rasen-Gesellschaften auf einem Strandwall bei Heiligenhafen/Ostsee, wo sich Ebbe und Flut kaum mehr bemerkbar machen. Nach Schmeisky (1974), etwas verändert.
Vom Andelrasen (Puccinellietum), dessen Oberfläche nur 20 cm über Mittelwasser liegt, über verschiedene Untergesellschaften der Strandbinsenweide (Juncetum gerardii) bis zum Rücken des sandig-kiesigen Strandwalles nimmt der Salzeinfluss so sehr ab, dass hier eine nahezu glykophytische Gesellschaft *(Lolium perenne*-Trittrasen) gedeihen kann, für die keine Messungen vorliegen.
Im Jahre 1969 waren alle Böden chloridärmer als in den folgenden Jahren, besonders nachdem im Herbst 1970 sogar der Wallrücken überspült wurde. Im Laufe jedes Jahres schwankt der Chloridgehalt beträchtlich, vor allem in der obersten Bodenschicht. In der Regel steigt die Salinität in Trockenperioden, während ergiebige Regenfälle den Boden mehr oder minder stark aussüßen. Fast alljährlich ist solche Aussüßung vorübergehend auch im Sommer zu beobachten.

Salzrasen bestanden nur sehr kleinflächig auf episodisch vom Wasser überspülten Schlickablagerungen und zwischen Felsblöcken an Moränenküsten (Boedeker & Knapp 1996).

Zusammenfassend wird in Abbildung 11–17 das Vorkommen von 25 wichtigen Vegetationseinheiten in den Wasserstufenbereichen der Nord- und Ostsee dargestellt.

11.3.3 Halophytenvegetation an Binnenland-Salzstellen

11.3.3.1 Verbreitungsgebiet halophiler Vegetation in Europa

Von der Nord- und Ostsee her strahlen die Salzwasser- und Brackwasser-Gesellschaften in das nördliche und westliche Mitteleuropa aus. Sie sind dort an natürliche oder künstlich geschaffene Salzquellen gebunden, die im östlichen und südlichen Harzvorland ein besonders großes Ausmaß erreichen. Auf dem geologisch älteren baltisch-russischen Kontinentalschild fehlen sie, weil dort die petrografischen und tektonischen Voraussetzungen, also mesozoische, salzreiche Sedimente und tertiäre Sattelbildungen, nicht gegeben sind.

Je weiter südlich und südöstlich die binnenländischen Salzstellen liegen, desto mehr weicht ihre Flora von derjenigen der Küsten ab, und desto artenreicher wird sie. Wendelberger (1950) unterschied dementsprechend vier außermediterrane Hauptgebiete mit Salzvegetation, nämlich: 1. die Meeresküsten, 2. Binnensalzstellen in Zentraleuropa, 3. den pannonischen Raum und 4. Rumänien. In den ersten beiden überwiegen die über weite Räume verbreiteten, mehr oder minder klimavagen Halophyten (kosmopolitische, eurasiatische, zirkumpolare), im dritten und vierten dagegen die Pflanzen der trocken-warmen Kontinentalräume. Auch endemische Arten konnten sich in diesen Resträumen des tertiären Tethysmeeres ausbilden. Die Küstenvegetation besitzt dagegen atlantische Elemente, die Rumänien nicht erreichen. In den pannonisch-balkanischen Gebieten kommen vor allem Arten zur Dominanz, die den dortigen hohen Anteilen von Na_2CO_3 (Soda), Na_2SO_4 und auch $MgSO_4$ an der Bodenverbrackung gewachsen sind. An der Nord- und Ostseeküste und im südwestlichen Mitteleuropa spielt an natürlichen Salzstellen nur das Kochsalz eine Rolle.

11.3.3.2 Salzvegetation des mitteleuropäischen Binnenlandes

a) An den Salzstellen des **deutschen und polnischen Binnenlandes** sind Gesellschaften ausgebildet, die in ähnlicher Artenzusammensetzung auch an der Nord- und Ostseeküste vorkommen. Häufig handelt es sich um Rasen-Gesellschaften, die an die Boddenbinsen-Weiden (Juncetum gerardii) erinnern. Wo das salzhaltige Wasser hoch genug steht, gedeihen Brackwasserröhrichte wie das Bolboschoenetum maritimi (s. Kap. 11.3.2.2 u. Abb. 9–14). Der Übergang zu den normalen Wiesen- oder Weide-Gesellschaften der Umgebung vollzieht sich schrittweise und spiegelt den abnehmenden Salzgehalt des Bodens wider (s. Abb. 11–18).

Ein synsystematischer Überblick über die zahlreichen bisher beschriebenen Assoziationen und Untereinheiten kann hier nicht gegeben werden. Zu den am weitesten verbreiteten Gesellschaften gehören neben dem erwähnten Juncetum gerardii das Salicornietum ramosissimae an Stellen höchster Bodenversalzung und das Puccinellietum distantis, das auch an streusalzbeeinflussten Straßenrändern häufig auftritt (Scott & Davison 1985). Die Binnenland-Salzgesellschaften in Niedersachsen behandeln u. a. Janssen (1986), Preising et al. (1990) und Garve (1999), jene in Schleswig-Holstein Raabe (1965), in Thüringen Westhus et al. (1997), Sänger & Vogel (1998), van Elsen (1999) und Pusch (2007), in Sachsen-Anhalt Altehage & Rossmann (1940), Rauchhaus et al. (1999) und Hartenauer et al. (2007), in Brandenburg Herrmann (2007) und in Westfalen Raabe (1999). Ein wechselvolles Kleinmosaik von Salzpflanzen-Gesellschaften und ihren Böden analysierten von Glahn & Tüxen (1963) bei Lüneburg, Succow (1967) in Ostmecklenburg und Krisch (1968) im Umfeld der Kalihalden in der Werra-Aue bei Bad Salzungen (Thüringen).

Nach diesen Untersuchungen lassen sich **an reichen Binnenlandsalzstellen rund 30 bis 50 Pflanzenarten** finden, die fern der Küste bevorzugt auf Salzböden vorkommen (Garve & Garve 2000). Dies waren in Deutschland und Polen bis vor kurzem ausschließlich Vertreter der Küsten-Salzrasen, am weitesten verbreitet darunter *Spergularia media* und *S. salina*. Seit Anfang der 1980er-Jahre werden jedoch zunehmend eingewanderte **Halophyten aus dem kontinentalen Südosteuropa und dem Mediter-**

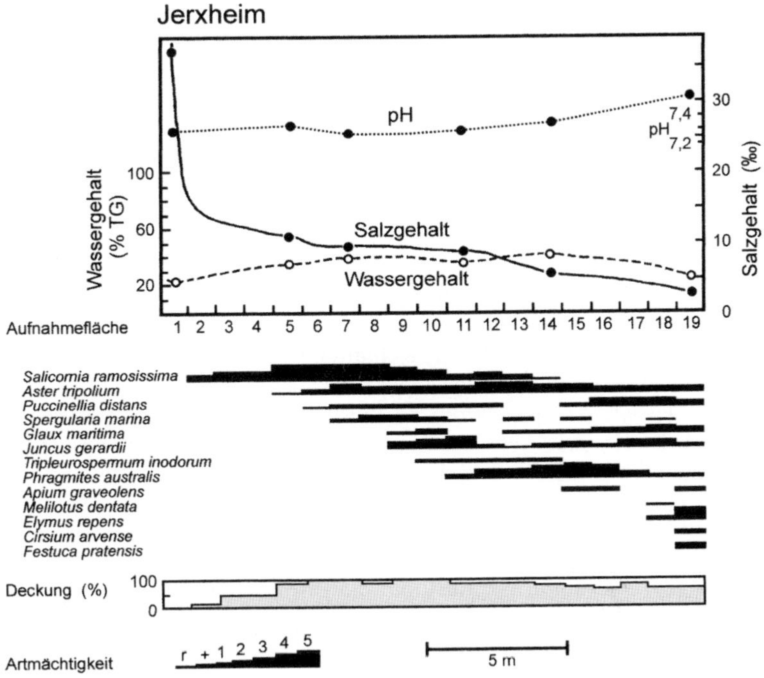

Abb. 11–18 Zonierung der Halophytenvegetation an der Binnenlandsalzstelle von Jerxheim (Südostniedersachsen) entlang eines 19 m langen Transektes im August 1983. Im Zentrum der Salzstelle (linker Rand) erreicht der NaCl-Gehalt Meerwasserkonzentration (> 35 ‰). Nach Janssen (1986), etwas verändert.

ranraum verzeichnet, so z. B. *Gypsophila perfoliata* und *G. scorzonerifolia*, *Kochia densiflora*, *Atriplex tatarica* und *Hymenolobus procumbens*. Wahrscheinlich sind sie mit Bahn- und Kraftwagen-Transporten eingeschleppt worden (Brandes 1999).

Abbildung 11–18 zeigt beispielhaft die Zonierung der Salzvegetation an einer niedersächsischen Binnenlandsalzstelle. Auf den salzigsten Böden im Zentrum siedelt in der Regel eine Quellerflur bei Chloridgehalten zwischen 0,2 und 0,7 %; randlich wird sie vom Andelrasen abgelöst.

Salzvegetation findet sich seit den 1970er-Jahren auch entlang der großen Straßen, die im Winter gesalzen werden (Seybold 1977, Mirek & Trzonska-Tacik 1981). Weit verbreitet sind heute *Puccinellia distans*, *Cochlearia danica* und *Spergularia salina*, daneben *Rumex maritima*, *Lepidium latifolium*, *L. ruderale*, *Atriplex tatarica* und *A. sagittata*, *Hordeum jubatum*, *Juncus gerardii* u. a. (Brandes 1999).

(b) Im Grenzbereich Mitteleuropas zur **pannonischen Tiefebene**, also in der südlichen Slowakei (Donau-, Theiss- und Zahorie-Tiefebene sowie Kaschauer Becken), im südlichen Mähren (Thaya-Schwarza-Becken und Niedermährisches Becken, Vicherek 1964, Chytry 2007), im österreichischen Marchfeld (Wendelberger 1964) und am südöstlichen Neusiedler See (Wendelberger 1950, Mucina et al. 1993, Blab 1999) haben die halophilen Gesellschaften ein völlig anderes Gepräge. Unter dem kontinentalen Klima dieses Raumes entwickeln sich als charakteristische Salzböden zum einen die sandigen **Solontschake**, die bei hohem Grundwasserstand Natrium- (und Magnesium-) Salze an der Oberfläche anreichern und häufig Salzausblühungen zeigen. Den tonigen **Solonetzen** fehlt diese oberflächliche Salzanreichung aufgrund des tief liegenden Grundwassers; sie akkumulieren Salze in einem tonreichen Illuvialhorizont. Die pannonische Salzflora Österreichs enthält nach Wendelberger (1950) 25 **irano-turanische Florenelemente**, während atlantische oder mediterrane Sippen kaum eine Rolle spielen. Man muss diese Flora als Ausstrahlungen der pontischen Florenregion betrachten, deren Salzvegetation u. a. von Soo (1957) und Horvat et al. (1974) zusammenfassend dargestellt wurde.

In dem relativ sommertrockenen Klima finden hier mehrere Arten der ungarischen Alkali-Steppenzone ihre westlichsten Vorposten, darunter *Camphorosma annua*, *Lepidium crassifolium* und *Taraxacum bessarabicum*. Mehrere Arten haben vikariierende Sippen an der Atlantikküste und im pannonischen Raum ausgebildet, so *Puccinellia* (*P. maritima* bzw. *P. peisonis* und *P. limosa*) und *Aster* (*A. tripolium* subsp. *tripolium* bzw. *A. tripolium* subsp. *pannonicus*).

Die kontinentalen Salzpflanzen-Gesellschaften werden in einer eigenen Klasse PUCCINELLIO-SALICORNIETEA zusammengefasst. Vicherek (1973) nennt für die Slowakei und Tschechien 13 Salzpflanzen-Gesellschaften, Mucina et al. (1993) für Österreich sogar rund 20.

Am Neusiedler See gehören zu diesen auf Solonetz-Böden z. B. die Wermutsteppe (Artemisietum santonici), das Sumpfsalzschwaden-Zickgrasland (Puccinellietum limosae) und die Kampferkrautflur (Camphorosmetum annuae), auf Solontschak-Böden die Salzkressenflur (Lepidietum crassifolii) und die Dorngras-Solontschak-Gesellschaft (Crypsidetum aculeatae). Auf Salz-Sumpfwiesen kommt der Schwarzwurzel-Boddenbinsenrasen (Scorzonero parviflorae-Juncetum gerardii) vor. An den Lackenufern im Osten des Neusiedler Sees treten charakteristische **Vegetationszonierungen** auf: In Wassernähe herrschen Gesellschaften, in denen das Dorngras (*Crypsis*) und die Strandsode (*Suaeda*) dominieren; weiter landwärts treten die sogenannten Zickrasen mit *Puccinellia peisonis* und *Lepidium crassifolium* auf. Auf diese Solontschak-Serie folgen verschiedene Solonetz-Gesellschaften, z. B. mit *Puccinellia limosa*, *Artemisia santonicum* und *Festuca pseudovina*, sowie Brackwasserröhrichte (Wendelberger 1959).

Eine eingehende Untersuchung der Ökologie der Halophytenvegetation am Neusiedler See verdanken wir Albert & Popp (1978). Neben die an der Nord- und Ostsee dominierenden Chlorid-Halophyten mit Cl^--Anreicherung (z. B. *Salicornia*, *Suaeda*, *Puccinellia*, *Aster*) treten am Neusiedler See vermehrt zwei andere Typen von Salzpflanzen, die **Sulfat-** und die **Alkali-Halophyten**. Erstere speichern neben Cl^- mindestens ebenso viel SO_4^{2-} (z. B. *Lepidium*, *Crypsis*, *Plantago*). Letztere kompensieren den Na^+-Überschuss durch reichliche Bildung von Oxalat und anderen organischen Säuren mit der Folge, dass deren Streu zu einer Soda-Verbrackung, also Alkalisierung des Bodens führt (Walter 1968). *Suaeda maritima* erträgt am Neusiedler See sowohl soda- als auch gipsreiche Böden. *Salicornia europaea* behagt dagegen diese extremen Verhältnisse nicht (Wendelberger 1950). Der Queller tritt nur sporadisch auf, und zwar vorwiegend an weniger sodareichen, aber vom Menschen künstlich offengehaltenen Stellen. Unter diesen extremeren Bedingungen im Pannonikum sind also *Salicornia* und *Suaeda* nicht zu einer Assoziation miteinander verbunden, wie das an salzreichen Trockenstandorten der Nordseeküste der Fall ist.

Die in Südost- und Osteuropa verbreitete Salzkresse *Lepidium crassifolium* erwies sich in Kulturversuchen von Weissenböck (1969) als obligater Halophyt, der auf salzarmen Böden schlechter gedeiht als auf salzreichen. Die burgenländische Salzflora schließt mit der Poaceae *Crypsis aculeata* und der Chenopodiaceae *Camphorosma annua* zwei indigene C4-Pflanzen ein.

11.4 Anpassung an den Standort

11.4.1 Anpassung an Salzstress

a) Die Salzkonzentrationen, die an den Meeresküsten und den Binnenland-Salzstellen auftreten, stellen in den meisten Fällen einen gravierenden Belastungsfaktor für den Stoffwechsel der Pflanzen dar. Halophyten, d. h. Pflanzen, die unter erhöhter Salinität überlebens- und konkurrenzfähig sind, unterliegen prinzipiell denselben salzbedingten Wirkungsketten auf den pflanzlichen Metabolismus wie salzmeidende Pflanzen (Glykophyten); sie zeigen diese Antworten jedoch erst bei höheren Salzgehalten (Drake 1989). Nach den Salzkonzentrationen, die wachstums- und stoffwechselbegrenzend wirken, lassen sich die Pflanzen mitteleuropäischer Salzstandorte fünf funktionalen Typen zuordnen (s. Abb. 11–19):

1. **Obligate Halophyten** (Euhalophyten) werden durch mäßige Salzaufnahme in ihrem Wachstum gefördert und erst durch starke Salzbelastung beeinträchtigt. Zu diesen zählen die *Salicornia*-Arten, *Suaeda maritima*, *Atriplex portulacoides*, *Salsola kali* und möglicherweise *Aster tripolium* (Jensen 1985, Rozema 1991, Davy et al. 2001). Diese Arten sind physiologisch an Salzstandorte gebunden, weil Kochsalz in der Vakuole zur Auf-

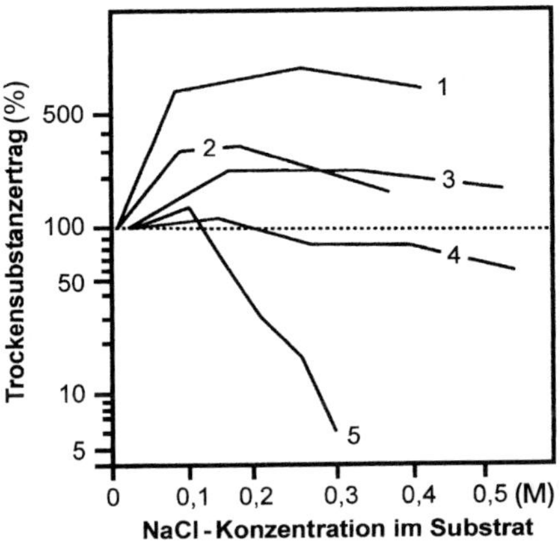

Abb. 11–19 Trockensubstanz-Produktion verschiedener Halophyten in Abhängigkeit von der NaCl-Konzentration im Wurzelraum (relativ zum salzfreien Ansatz). Nach verschiedenen Autoren in Larcher (2001). 1: *Salicornia europaea*, 2: *Aster tripolium*, 3: *Suaeda maritima*, 4: *Spartina foliosa*, 5: *Puccinellia peisonis*. Nach diesen Versuchen verhielten sich 1, 2 und 3 wie obligate Halophyten, weil sie in weiten Konzentrationsbereichen durch NaCl gefördert wurden, 4 als salztolerante Art und 5 als fakultativer Halophyt.

rechterhaltung des Turgors notwendig ist. Die Wachstumsoptima auch dieser Pflanzen liegen jedoch bei Salzkonzentrationen weit unter der des Meerwassers (0,2–0,4 M gegenüber 1,1 M). *Salicornia europaea* als eine der salztolerantesten Arten erreicht ihr Wuchsoptimum bei 0,34 M NaCl (Cooper 1982), toleriert aber vier- bis fünffache Meerwasserkonzentration (15%ige Lösung, Schratz 1936). Obligate Halophyten wachsen also an den euhalinen Standorten in Salzrasen und Watt bei Salzkonzentration von 0,6–2,0 M, die für sie nicht optimale Bedingungen darstellen. Ihre Enzymsysteme sind im Gegensatz zu denen mariner Algen und Bakterien in der Regel ähnlich salzempfindlich wie die von Glykophyten (Kylin & Quatrano 1975). Es ist bezeichnend, dass Queller-Pflanzen am üppigsten an gedüngten Ackerrainen in der neu eingedeichten Marsch wachsen, wo der Boden wegen fehlender Überflutung allmählich aussüßt (Schreitling 1959). Daher zweifeln manche Autoren (z. B. Adam 1990) überhaupt an der Existenz von obligaten Halophyten.

2. **Fakultative Halophyten** werden durch geringe Salinitäten in Höhe von 50–100 mM NaCl im Wachstum stimuliert, bei noch höheren Konzentrationen aber schnell gehemmt (z. B., *Plantago maritima*, *Glaux maritima*, *Atriplex portulacoides* und andere *Atriplex*-Arten, sowie wahrscheinlich *Aster tripolium* Rozema 1991).

3. Offenbar verhalten sich die halophytischen Monokotylen der Nordseeküste (*Spartina anglica* agg., *Puccinellia maritima*, *Juncus gerardii* und *J. maritimus*, *Triglochin maritimum*, *Festuca rubra* subsp. *litoralis* u. a.) anders als die eben genannten dikotylen Arten. Rozema (1991) fand bei keiner dieser Einkeimblättrigen eine salzbedingte Stimulation des Wachstums, jedoch eine je nach Art unterschiedlich ausgeprägte Salztoleranz. Diese Arten haben ihren Verbreitungsschwerpunkt dennoch in salzgeprägten Gesellschaften und können somit als **salztolerante Pflanzen** bezeichnet werden.

4. Die meisten Arten der oberen Nordsee-Salzrasen wie auch der Brackwasser-Salzrasen sind **salzindifferente Pflanzen**, die hauptsächlich auf salzfreien Böden vorkommen, aber auch geringe Salzkonzentrationen ertragen (z. B. *Agrostis stolonifera*, *Festuca rubra*, *Potentilla anserina*, *Phragmites australis*, *Elymus repens*, *Leontodon autumnalis*). In der Regel bilden diese Arten Ökotypen aus, die an Salzstandorten Mechanismen der Salzresistenz entwickeln (Rozema et al. 1978).

5. **Halophobe Pflanzen** (Glykophyten) werden bereits durch geringe Salinitäten von weniger als 50 mM NaCl deutlich gehemmt. Sie sind in Salzrasen und Watt den oben genannten, mehr oder weniger salzertragenden oder salzbedürftigen Pflanzen in der Konkurrenz unterlegen.

b) Pflanzen an Salzstandorten können sich der Salzwirkung nicht entziehen, sondern müssen zumindest eine begrenzte Salzresistenz entwickeln. Hohe NaCl-Konzentrationen beeinflussen das pflanzliche Wachstum dabei über **drei Wirkungspfade**: (1) Trocken- oder Dehydratations-Stress, bedingt durch negative Bodenwasser-Potenziale im salzreichen Wurzelraum, (2) Ionentoxizität im Zusammenhang mit der exzessiven Aufnahme von Na^+ und Cl^- und (3) Nährstoff-Ungleichgewichte aufgrund herabgesetzter NO_3^--, K^+- und Ca^{2+}-Aufnahme (Marschner 1995). Häufig lassen sich diese drei Faktoren in ihrer Wirkung nicht eindeutig voneinander trennen.

Die Samen und Früchte vieler Salzpflanzen können tage- bis wochenlang im Meerwasser treiben, sodass sie mit den Gezeitenströmungen weit verbreitet werden (Huiskes et al. 1985). Die **Keimlinge und Jungpflanzen** sind jedoch vergleichsweise salzempfindlich. Zudem wirken die höchsten Salzkonzentrationen in den obersten Zentimetern des Sedimentes auf sie ein. An heißen Sommertagen kann das Wasserpotenzial des Bodens dann auf Werte unterhalb –5,0 MPa fallen (Jefferies et al. 1979). Diese Bedingungen stellen ein ungünstiges Keimbett dar, denn fast alle Salzpflanzen keimen in Süßwasser besser als in Salzwasser (Woodell 1985). Das gilt auch für *Spartina townsendii*, die weit in das Eulitoral vordringt (Marks & Truscott 1985). Einige Arten, wie z. B. *Limonium vulgare* und *Crambe maritima*, werden allerdings durch vorübergehende Einwirkung von Salzwasser in ihrer Keimung stimuliert. Im Falle des obligaten Halophyten *Salicornia* fanden Montfort & Brandrup (1927) und Huiskes et al. (1985) sogar eine optimale Keimung bei halber Meerwasserkonzentration.

Bei ausgewachsenen Pflanzen reduziert Salzstress – in ähnlicher Weise wie Trockenstress – die Blattfläche und damit den **Kohlenstoffgewinn**. Entgegen früherer Meinung besitzen nämlich Halophyten ähnlich hohe Transpirationsraten wie in salzfreien Böden wachsende Glykophyten (Crawford 1989); schlechte Wasserverfügbarkeit in Salzböden senkt daher das Blatt-Wasserpotenzial. Salzbedingte Trockenheit wirkt sich dabei vor allem in den oberen Salzrasen auf die Produktion aus (Cooper 1982). Dies wird durch die Beobachtung von De Leeuw et al. (1990) gestützt, nach der interannuelle Fluktuationen in der oberirdischen Phytomasse von Salzrasen vor allem durch Niederschlagsdefizite verursacht werden und weniger durch das Überflutungsregime und damit verbundene Anoxie im Wurzelraum.

Salzeinfluss kann über Dehydratationseffekte auch direkt die Photosynthese-Kapazität reduzieren (Drake 1989), wie dies Kuramoto & Brest (1979) bei *Salicornia* beobachteten. Bei manchen Halophyten (z. B. *Spartina*) ist der Photosyntheseapparat allerdings erstaunlich salzresistent (Longstreth & Strain 1977). Dies gilt zumindest für junge Blätter, in denen die Salzakkumulation noch gering ist. Bei vielen anderen Halophyten und insbesondere Glykophyten wird der photosynthetische Elektronentransport dagegen schon durch relativ niedrige Salzkonzentrationen beeinträchtigt.

Wachstumsreduktion auf Salzböden kann jedoch auch andere physiologische Ursachen haben. Dazu gehören eine gestörte Nährstoffaufnahme, ionenspezifische Effekte auf Proteinsynthese und Enzym- und Membran-Eigenschaften und eine salzbedingt erhöhte Wurzelatmung (Marschner 1995). Manche Salzpflanzen, insbesondere Fabaceen, leiden unter **Chloridtoxizität** (Chavan & Karadge 1980), das nicht nur über die Wurzel, sondern auch über die Epidermis der Blätter eindringt (Barbour et al. 1985). Erhöhte Chloridgehalte können die Nitrataufnahme behindern. Salzpflanzen leiden vielfach auch unter **Kalium- und Kalziummangel**; Kalzium kommt insofern eine besondere physiologische Bedeutung zu, als es die Salztoleranz erhöht (LaHaye & Epstein 1971).

c) Salzresistenz ist die Fähigkeit einer Pflanze, ein Überangebot an Salzen entweder durch Salzregulation, also Ausschluss oder Abtransport, vom Protoplasten fernzuhalten, oder eine erhöhte osmotische und ionentoxische Salzbelastung auf Zellebene zu ertragen (Larcher 2001).

Salzabschirmung wird von vielen Glykophyten sowie von einkeimblättrigen Salztolerierern wie *Puccinellia peisonis* und *Festuca rubra* subsp. *litoralis* durchgeführt (Khan & Marshall 1981). Diese beruht auf Ionenbarrieren in der Rhizo- und Endodermis der Wurzel und dem energieaufwendigen Herauspumpen von Na^+ aus dem Xylem in das Parenchym des Sprosses. *Puccinellia*-Arten besitzen nach Crawford (1989) eine doppelte Endodermis in der Wurzel, durch die Meristeme und wachsende Blätter vor hohen Salzbelastungen geschützt werden (Robertson & Wainwright 1987).

Halophyten können aufgenommenes Salz im Zuge der **Salzelimination** durch Na^+/H^+-Antiport über die Membranen aus dem Zytoplasma von Blatt- und Wurzelzellen entfernen. Absalzdrüsen wie bei *Glaux maritima*, *Spartina anglica* oder *Limonium vulgare* scheiden NaCl an der Blattoberfläche ab, das durch Regenwasser abgewaschen wird. Blasenhaare (z. B. bei *Atriplex prostrata* und *Chenopodium rubrum*) akkumulieren in ihrem Zellsaft Cl^-, sterben ab und werden durch neue ersetzt. Manche Halophyten akkumulieren zunächst große Mengen von NaCl in ihren Blättern, um diese dann abzuwerfen (z. B. *Plantago maritima*, *Triglochin maritimum* und *Aster tripolium*). Entsalzung wird bei diesen Arten also durch kurze Lebensdauer und schnellen Umsatz der Blätter erreicht. Manche Halophyten schließlich verlagern Salz über das Phloem zurück in die Wurzel und scheiden es dort unter ATP-Verbrauch aus (Rozema et al. 1985).

Schädliche Salzwirkung kann auch durch Verdünnung vermieden werden: Wird die Salzaufnahme fortschreitend von einer Wasseraufnahme begleitet, erweitert sich das Zell- und Gewebevolumen, während die NaCl-Konzentration im Zellsaft weitgehend konstant bleibt. Diese als **Salzsukkulenz** bekannte Anpassung ist bei Halophyten weit verbreitet; Beipiele sind die *Salicornia*-Sippen, *Suaeda maritima*, *Aster tripolium*, *Atriplex portulacoides*, die *Spergularia*-Arten, *Cakile maritima* und *Honckenya peploides*. **Intrazelluläre Kompartimentierung** erlaubt Salzpflanzen die Aufrechterhaltung der Stoffwechselfunktionen, selbst wenn große NaCl-Mengen in der Zelle angereichert wurden. Unter Salzstress werden in der Tonoplasten-Membran verstärkt Na^+/H^+-Antiporter gebildet, die unter ATP-Verbrauch Na^+ in die Vakuole transportieren. Die NaCl-Konzentration der Vakuole kann in Obligaten Halophyten wie *Suaeda maritima* jene von Meerwasser erreichen oder gar übersteigen, während Zytoplasma und Chloroplasten weitgehend entlastet werden (Flowers 1985; s. Tab. 11–5).

Eine gewisse Salzanreicherung in der Vakuole ist bei Halophyten unumgänglich, um die Wasseraufnahme aus dem salzhaltigen Boden zu gewährleisten. Dies erfordert eine Erhöhung der Osmolarität auch im Zytoplasma, um das osmotische Gleichgewicht zwischen Vakuole und Zytoplasma wiederherzustellen. Salzpflanzen bewerkstelligen dies durch **Anreicherung von organischen Osmotika**, die nicht nur das osmotische Potenzial auf –3 bis –5 MPa absenken, sondern gleichzeitig die Membranen und Enzyme der gestressten Zelle vor NaCl-Einwirkung schützen. Wichtige Osmotika sind quaternäre Ammoniumverbindungen (Betaine und Cholinsulfat), tertiäre Sulfonsäurederivate (z. B. 3-Dimethylsulfonio-Propionat = DMSP), Prolin und Polyole (Cyclite) (Beck in Schulze et al. 2002). Die angereicherten Osmotika unterscheiden sich zwischen den Pflanzenarten (Glycinbetain: *Atriplex*, *Salicornia*, *Suaeda*; Prolin: *Armeria*, *Artemisia*, *Triglochin*; Polyole: *Aster*, *Juncus*, *Puccinellia;* Cyclit: *Spergularia*, nach diversen Quellen in Larcher 2001).

Weitgehende Unterschiede in der Reaktion auf Salzstress bestehen offenbar zwischen Mono- und Dikotylen. Nach Rozema (1991) reichern einkeimblättrige Halophyten (Poaceen, Cyperaceen, Juncaceen, Plantaginaceen u. a.) deutlich mehr organische Osmotika an als Zweikeimblättrige, sind jedoch ärmer an Na^+ und Cl^- und auch an Wasser. Ausgesprochene Natriumakkumulierer unter den Dikotylen sind die Chenopodiaceen (Adam 1990, Reimann 2003, Reimann & Breckle 1993). Deshalb haben Monokotyle kleinere Na^+/K^+- und Cl^-/K^+-Verhältnisse als Dikotyle. Im österreichischen Pannonikum beispielsweise besitzen Monokotyle rund zehnmal kleinere Na/K-Quotienten als Dikotyle (Albert & Popp 1977; vgl. Kap. 11.7.1). **Einkeimblättrige werden daher auch als salzausschließende, Zweikeimblättrige als salzanreichernde Halophyten charakterisiert** (Kinzel 1982, Albert 2005). Nur Letztere sind demnach zur Salzsukkulenz fähig, was nach Rozema (1991) durch die allgemein größere Gewebeelastizität der Zweikeimblättrigen bedingt ist.

11.4.2 Anpassungen an Überflutung, Sauerstoffmangel und Sedimentation

a) Länger andauernde Überflutung und Sauerstoffmangel (Anoxie) im Sediment sind prägende Standortfaktoren der Nordseeküsten-

Tab. 11–5 Verteilung von Na^+ und Cl^- auf verschiedene Zellkompartimente in Blättern von *Suaeda maritima* bei Anzucht mit 340 mM NaCl (etwa 10 ‰) im Substrat. Nach Flowers (1985).

Zellkompartiment	Volumenanteil an der Zelle (%)	Na^+-Konzentration (mM)	Cl^--Konzentration (mM)
Zytoplasma	11	116	60
Chloroplasten	1,4	104	98
Vakuole	81,6	494	352
Zellwand	6	194	138

Lebensräume, auf die die Pflanzen der Salzmarschen mit verschiedenartigen Anpassungen antworten. Überflutung schneidet Landpflanzen von ihrer atmosphärischen **Kohlendioxid-Quelle** ab. Meerwasser mit einem pH-Wert von 8,2 enthält 10–15% weniger Kohlendioxid als ein äquivalentes Volumen der Atmosphäre; die Gleichgewichts-Konzentration von CO_2 in Wasser beträgt bei 20 °C 12,8 µM (Dring 1982; vgl. Kap. 9.2.2). Vom anorganischen Kohlenstoff (DIC) entfallen 90% auf das Bikarbonat-Ion (HCO_3^-), nur 0,6% auf gelöstes CO_2 und etwa 9% auf das Karbonat-Ion (CO_3^{2-}). Kohlendioxid diffundiert darüber hinaus in Wasser 10 000-mal langsamer als in der Atmosphäre, sodass die Photosynthese von Wasserpflanzen meist CO_2-limitiert ist (s. Kap. 9.4.1). Seegräser der Gattung *Zostera* und das Schlickgras *Spartina townsendii* können wie viele marine Algen bei Überflutung gelöstes Bikarbonat assimilieren (Hwang & Morris 1992, James & Larkum 1996). Bikarbonat nutzende Wasserpflanzen gleichen den Nachteil der erschwerten CO_2-Nachlieferung durch die Aktivität des Enzyms Carboanhydrase aus, das extrazellulär HCO_3^- zu CO_2 dehydratisiert. *Zostera marina* besitzt darüber hinaus offenbar einen CO_2-Konzentrierungsmechanismus, der HCO_3^- unter Energieaufwand in die Chloroplasten pumpt und dort hohe CO_2-Konzentrationen herstellt (Beer & Rehnberg 1997).

Die bei Ebbe mehrere Stunden trockenfallenden Seegrasbestände der Nordsee-Watten nutzen sowohl die submerse als auch die emerse Phase zur Photosynthese (Leuschner & Rees 1993). Andauernde Austrocknung reduziert jedoch die Assimilationsleistung insbesondere der höchst gelegenen Bestände beider Seegrasarten, wobei *Z. marina* empfindlicher ist (Leuschner et al. 1998). Wie viele Gezeitenalgen leiden also diese marinen Gefäßpflanzen bei Ebbe unter Trockenstress (Dring 1982).

Als eine der wenigen indigenen Pflanzen der kühl-gemäßigten Zone fixiert *Spartina townsendii* CO_2 über den C4-Photosyntheseweg und erreicht bei sehr hohen Assimilationsraten (max. 27 µmol m^{-2} s^{-1}) eine hohe Produktivität (> 6000 g TM m^{-2} a^{-1}, Long & Woolhouse 1979), die den Spitzenerträgen landwirtschaftlicher Intensivkulturen nicht nachsteht. Zu dieser Leistungsfähigkeit trägt die Fähigkeit des Schlickgrases bei, verschiedenartige C-Quellen zu nutzen. Neben der Aufnahme von gasförmigem CO_2 über die Blätter fixiert *Spartina* auch Kohlendioxid im Aerenchym des Halmes, und assimiliert im Dunkeln in den Wurzeln mit dem Enzym Phosphoenolpyruvatcarboxylase (PEPCO) gelöstes Bikarbonat aus dem Sediment (Hwang & Morris 1992). Bemerkenswert ist auch die Salz-Unempfindlichkeit des Photosynthese-Apparates von *S. anglica* und *S. alterniflora*, für den sogar geringe Na-Konzentrationen essenziell sind und der offenbar unter Salzeinfluss leistungsfähiger arbeitet als im Süßwasser (Longstreth & Strain 1977, Drake 1989).

b) Überflutung beeinflusst nicht nur den Zugang der Pflanze zu Kohlendioxid, sondern führt vor allem in feinporigen, tonigen Sedimenten zu reduzierenden Bedingungen und **Toxizität von Eisen, Mangan und Sulfid**. Die S^{2-} und Mn^{2+}-Konzentrationen sind in der Regel, aber nicht immer, im Queller-Watt und im unteren Salzrasen höher als im oberen; Havill et al. (1985) maßen im Queller-Watt bis zu 400 µM Sulfid im Sediment. Dieser Gradient geht mit einer höheren Empfindlichkeit der Pflanzen der oberen Salzrasen gegenüber hohen Sulfid-, Fe^{2+}- und Mn^{2+}-Konzentrationen einher. Beispielsweise erwies sich *Salicornia* als gegenüber Mn^{2+} (bis zu 10 mM) und S^{2-} (bis 50 µM) überaus tolerant (Cooper 1984, van Diggelen et al. 1987). Eine hohe **Sulfidtoleranz** wurde auch bei anderen Arten der unteren Salzrasen festgestellt, so bei der Strandaster (Havill et al. 1985, Rozema et al. 1985). Durch ein gut entwickeltes Aerenchym in den Wurzeln lässt sich die Gefährdung durch toxische Ionen im reduzierenden Milieu senken, weil die Sauerstoff-Ausscheidung zu einer Oxidation der direkten Wurzelumgebung führt (s. Kap. 9.4.3). Dennoch führt Anoxie auch bei den Pflanzen der unteren Salzrasen zu Wachstumseinschränkungen, so bei *Spartina* durch S^{2-} (King et al. 1982).

Aufgrund dieser Beobachtungen haben Vegetationsökologen die Vermutung geäußert, dass die auffallende Höhenzonierung der Vegetation an der Nordseeküste nicht nur durch den Salzgradienten bedingt sei, sondern auch durch unterschiedliche Toleranzen der Salzpflanzen gegenüber hohen Sulfid-, Eisen- und Mangankonzentrationen (Adam 1990). Cooper (1982) nahm an, dass Arten der oberen Salzrasen, wie z. B. *Festuca* und *Juncus*, durch Überflutung und Salinität in ihrem Wachstum behindert

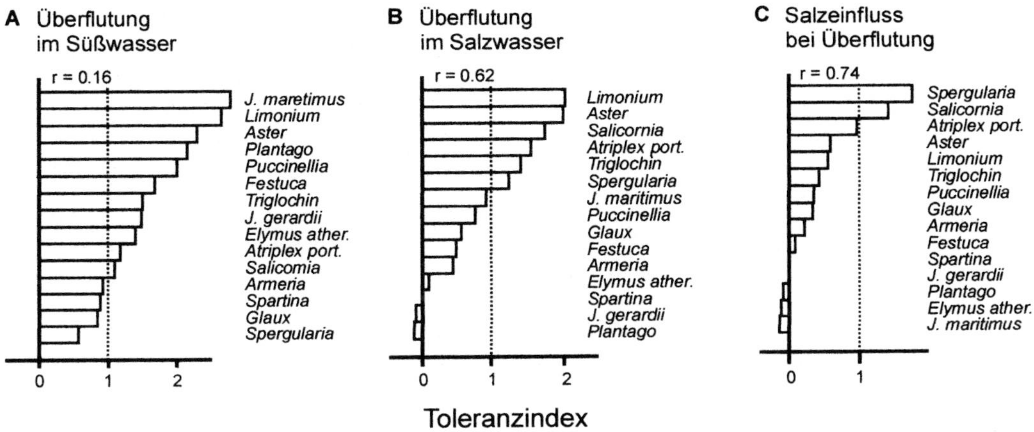

Abb. 11–20 Relative Toleranz von 15 Salzrasen-Pflanzen gegenüber Überflutung (permanenter Wasserspiegel 5 cm über Flur, A), Salinität (750 mosmol kg^{-1} NaCl, B) und einer Kombination beider Faktoren (C) nach Versuchen im Gewächshaus. Der Toleranzindex drückt die relative Wachstumsrate einer Pflanze bei der jeweiligen Behandlung relativ zu ihrem Wachstum ohne diesen Stressfaktor aus; Werte > 1 zeigen Förderung, Werte < 1 Hemmung an. Der Korrelationskoeffizient spiegelt den Zusammenhang zwischen dem Ranking der Arten im Versuch und der natürlichen Zonierung der Arten im Salzrasen wider. Die Bedeutung der Überflutung hat danach nur geringen Einfluss auf die Verteilung der Arten im Vergleich zum Salzeinfluss. Gemeint sind *Plantago maritima, Festuca rubra, Spergularia media; J. = Juncus.* Nach Rozema et al. (1985).

würden, während Überflutung für den Queller und Andel der unteren Rasen eher fördernd wirken sollte. In einem zwei-faktoriellen Experiment mit 15 Salzpflanzen aus den oberen bzw. unteren Salzrasen der Nordsee, die bei hohen oder niedrigen Salzgehalten (746 oder 42 mM) bzw. mit oder ohne Überflutung angezogen wurden, haben Rozema et al. (1985) diese Frage untersucht. Sie konnten zeigen, dass **Salinität der dominierende Umweltfaktor ist, der die Zonierung in Salzrasen bedingt** (s. Abb. 11–20). Nach ihren Ergebnissen wirkt Überflutung in Verbindung mit Ionentoxizität offenbar nur als zusätzlicher modifizierender Standortfaktor. Das scheint in den brackigen Salzrasen der Ostseeküste anders zu sein, wo die Zonierung nach Untersuchungen von Tyler (1971) tatsächlich stärker vom Überflutungsregime als von der dort eher niedrigen Salinität bestimmt wird.

Der Versuch von Rozema et al. (1985) belegt zugleich eindrucksvoll, dass einkeimblättrige und zweikeimblättrige Halophyten in ihrem Wachstum unterschiedlich auf hohe Salzkonzentrationen reagieren. Dikotyle als Salzanreicherer zeigten bei 746 mM NaCl vergleichsweise hohe Wachstumsraten, während die salzausschließenden Monokotylen als Salztolerierer deutlich gehemmt wurden. Ähnlich reagierten beide Gruppen auf den Faktor **Überflutung**, der in diesem Versuch, unabhängig vom Salzfaktor betrachtet, das Wachstum von Dikotylen wie auch Monokotylen eher förderte als hemmte.

c) Salzrasen und Queller-Watten sind Sedimentationsräume. Starke Anlandung mit einem Höhenwachstum bis zu 30 oder gar 50 mm a^{-1} findet in der Nähe der Mündungen von Elbe, Weser und Ems sowie in Buchten statt, geringe **Sedimentation** und oft gar Vorlanderosion kennzeichnen dagegen Salzrasen, die starker Strömung ausgesetzt sind. Das Vorland der Hamburger Hallig bei Husum wuchs im Mittel mit 4,5 mm a^{-1} in die Höhe (Schröder & Lüning 2000), was ein recht geringer Zuwachs ist, wenn man den gegenwärtigen Meeresspiegelanstieg von etwa 3,3 mm a^{-1} dagegen stellt (Führböter 1989). Dichte und hohe Salzrasen-Vegetation fördert die Sedimentation, intensive Vorlandbeweidung reduziert sie dagegen (Dierßen et al. 1994). Das Andelgras *Puccinellia maritima* ist nach Wohlenberg (1933) und von Weihe (1979) ein sehr effektiver Förderer der Sedimentation. Experimente von Langlois et al. (2001) zeigen, dass Sedimentationsraten von 4 mm pro Monat das Längenwachstum und die Biomasseproduktion des Andels stimulieren, vermutlich weil Nährstoffe zugeführt werden, während es bei Raten von 8 oder gar 12 mm pro Monat zu Wachstumshemmung und Absterben kommt.

11.4.3 Anpassungen an Nährstoffmangel und Trockenstress

a) Hohe Salzgehalte verursachen bei den Pflanzen der Salzrasen nicht nur Dehydratation, sondern sie können auch zu **Nährstoffmangel** führen (Kiehl et al. 1997). Das ist zunächst erstaunlich, weil Salzrasen als Sedimentationsräume der eutrophierten Nordsee hohe Einträge an partikelgebundenem Stickstoff erhalten (Valiela & Teal 1979). Düngungsexperimente haben jedoch belegt, dass vor allem die Pflanzen der oberen Salzrasen stickstofflimitiert sind, obwohl die Nachlieferung vergleichsweise hoch ist (Pigott 1969, Valiela & Teal 1974, van Wijnen & Bakker 1999). Stewart et al. (1972) beobachteten an N-limitierten *Suaeda maritima*-Pflanzen der oberen Salzrasen, dass deren Nitratreduktase-Aktivität 40- bis 50-mal geringer war als in Pflanzen der niederen Rasen. Pigott (1969) und van Wijnen & Bakker (1999) fanden zudem Hinweise auf Ko-Limitierung durch Phosphor. Eine mögliche Erklärung des unerwarteten Stickstoffmangels bietet der erhöhte Bedarf an N-haltigen organischen Osmotika (Glycinbetain, Prolin), den Halophyten zur Aufrechterhaltung des osmotischen Gleichgewichts innerhalb der Zelle benötigen. Wenn Wachstum und Osmoregulation um Stickstoff konkurrieren, kann trotz günstiger N-Nachlieferung eine Reduktion des Wachstums auftreten. Gleichzeitig schwächt N-Mangel die Salztoleranz von Halophyten: Ausreichende Stickstoffversorgung führte bei *Atriplex portulacoides* zu einem effektiveren Ausschluss von Cl^- in der Wurzel, sodass Salzbelas-tung besser ertragen wurde (Jensen 1985).

b) Ein weiterer wachstumsbegrenzender Faktor in den oberen Salzrasen ist **Wassermangel**. Niedrige Bodenwassergehalte während eines trockenen Sommers wirkten sich nach Dierßen et al. (1994) negativ auf den Zuwachs in der *Festuca rubra*-Zone aus, während im Andelrasen keine Produktivitätseinbußen auftraten. Dennoch verfügen Salzrasen-Pflanzen – anders als Arten des Spülsaumes oder der Dünen – über keine ausgeprägten Anpassungen an Trockenstress, wie z. B. eine dicke Kutikula (Crawford 1989).

Der auffallenden Höhenzonierung der Nordseeküsten-Vegetation liegen also artspezifische physiologische Antworten auf die Faktoren Salzgehalt, Sauerstoffarmut, toxische Ionen, Nährstoffmangel und auch Trockenstress zugrunde. Scherfose (1987) hat ein Ökogramm der Salzmarschen-Vegetation entwickelt, in dem mittels der Salinität der Bodenlösung und dem mittleren Bodenwassergehalt eine ökologische

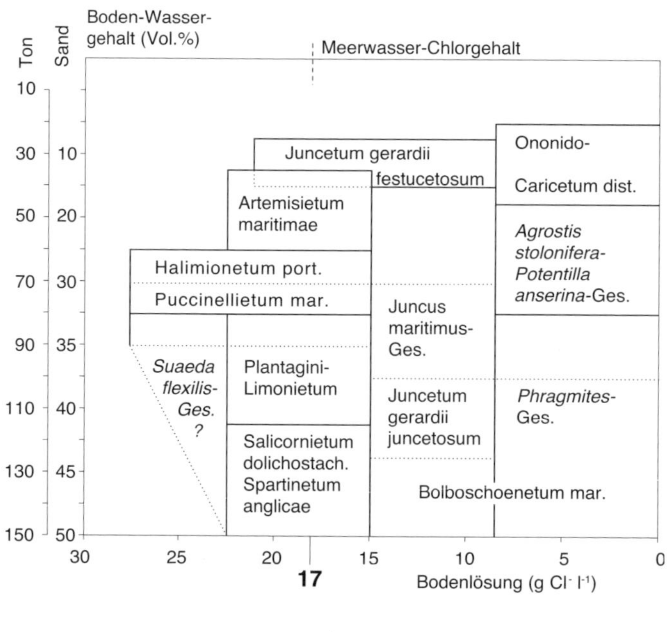

Abb. 11–21 Ökogramm der Salzmarsch-Pflanzengesellschaften Spiekeroogs, erstellt anhand der Spannen des Bodenwasser- und Chloridgehalts im Oberboden (0–5 cm). Nach Scherfose (1987). Der Chloridgehalt des Nordseewassers ist fett gedruckt. Nicht nur die Pioniergesellschaften, sondern auch manche der höher gelegenen Dauergesellschaften müssen stärkere Konzentrationen ertragen, besonders das nitrophile Artemisietum (s. Abb. 11–22). Das Jahr 1983 war besonders warm und trocken sowie ohne hohe Sturmwasserstände. Deshalb zeigten sich Unterschiede im Wasserhaushalt ungewöhnlich klar, besonders im Hochsommer, auf den sich sämtliche Zahlenangaben im Ökogramm beziehen. In normalen Jahren unterscheiden sich die Gesellschaften ökologisch weniger stark.

Gruppierung von 14 Gesellschaften vorgenommen wurde (s. Abb. 11–21). Grundlage waren standortskundliche Messungen auf der ostfriesischen Insel Spiekeroog. Bei einer derartigen ökologischen Gliederung darf man allerdings nicht übersehen, dass die Zusammensetzung der Vegetation in den Salzmarschen nicht nur von der Salinität und Bodenfeuchte direkt abhängt, sondern in starkem Maße auch das Ergebnis von Konkurrenz ist (vgl. Pennings & Callaway 1992). So ist *Salicornia* im oberen Salzrasen nicht deshalb selten, weil die notwendige Überflutung fehlt, sondern vor allem, weil die weniger salztoleranten und höherwüchsigen Gräser dem Queller konkurrenzüberlegen sind. Nur durch die größere Konkurrenzkraft vieler nicht salzertragender Pflanzen mussten sich die Halophyten auf stark salzhaltige Böden beschränken (Chapman 1975).

11.5 Produktivität und Nährstoffumsätze

a) **Seegrasrasen**, zumindest jene der Tropen und Subtropen, gehören zu den produktivsten Ökosystemen der Erde (Groenendijk & Vink-Lievaart 1987, Duarte & Chiscano 1999). Dies wird ersichtlich, wenn man nicht nur die leicht erfassbaren oberirdischen Zuwächse berücksichtigt, sondern **Produktion** und Umsatz von Wurzeln und Rhizomen mit einschließt. Eine hohe Stoffproduktion ist zunächst erstaunlich, weil die Photosyntheseraten der Seegräser wegen der verbreiteten Kohlenstoff-Limitierung im Meerwasser vergleichsweise gering sind und noch unter denen von terrestrischen Schattenpflanzen liegen können (Hemminga & Duarte 2000). *Z. marina* hat dabei eine noch geringere lichtgesättigte Photosyntheseleistung als *Z. noltii* (Leuschner & Rees 1993). Dennoch wurde für dichte sublitorale Seegrasrasen in der Ostsee eine ober- und unterirdische Produktion von 630–1730 g TM m^{-2} a^{-1} ermittelt (Übersicht bei van Lent & Verschuure 1994). In einem *Z. marina*-Rasen der dänischen Ostsee wurden sogar 2209 g m^{-2} a^{-1} gemessen, von denen 35 % auf die Rhizome entfielen (Wium-Andersen & Borum 1984). Das entspricht ungefähr der Leistung von mäßig gedüngten Wiesen oder Laubwäldern in Mitteleuropa. Rasen beider *Zostera*-Arten erreichen dagegen im Nordsee-Gezeitenbereich deutlich geringere Produktivitäten (mindestens 350 bzw. 150 g TM m^{-2} a^{-1}, Asmus et al. 1998).

Ringelgänse, Pfeifenten und andere herbivore Wasservögel können im Winter fast die gesamte Seegras-Biomasse verzehren (Esselink 2000). Nicht gefressene Blätter werden vom Wellenschlag und bei Stürmen abgerissen und bilden am Spülsaum des Strandes Wälle von organischem Material. Dieses Substrat wird aufgrund seiner recht geringen Nährstoffgehalte nur langsam mineralisiert und stellt daher kein günstiges Substrat für die nitrophytischen Pflanzen des Spülsaumes dar (s. Kap. 12.4.1).

Beweidete **Salzrasen** des mitteleuropäischen Puccinellietum, Festucetum und Juncetum weisen im Hochsommer **oberirdische Phytomassevorräte** von etwa 200–800 g TM m^{-2} auf, unbeweidete Halimionetum-, Agropyretum- und Spartinetum-Bestände erreichen dagegen Höchstwerte zwischen 800 und 2400 g m^{-2} (Tyler 1971, Groenendijk 1984, Strieckmann 1989, Bakker et al. 1993, Dierßen 1996). Ein Mehrfaches an Phytomasse entfällt in diesen Gesellschaften jedoch auf Feinwurzeln (2000–7800 g m^{-2} im Spartinetum, Halimionetum und Agropyretum, Groenendijk & Vink-Lievaart 1987, Strieckmann 1989), die auch im sauerstofffreien Sediment bis in 60 cm Tiefe reichen können. Werte der **Netto-Primärproduktion** von Salzrasen, die das unterirdische Kompartiment einschließen, schwanken daher zwischen 830 g TM m^{-2} a^{-1} in beweideten und bis zu 10 000 g m^{-2} a^{-1} in unbeweideten Salzrasen (Tyler 1971, Hopkinson et al. 1978, Wolff et al. 1980, Groenendijk & Vink-Lievaart 1987). Diese hohen Werte liegen in gleicher Größenordnung wie die von intensiv genutzten landwirtschaftlichen Getreideschlägen und Fettwiesen, in denen 2000–5000 g m^{-2} a^{-1} an oberirdischer Trockenmasse erzeugt werden (Larcher 2001). Diese Ergebnisse zeigen, dass das pflanzliche Wachstum in den unteren Salzrasen offenbar durch hohe Salzgehalte und Anoxie nicht nennenswert behindert wird, oder aber negative Effekte durch eine sehr günstige Wasser- und Nährstoffversorgung mehr als ausgeglichen werden.

b) Mit Gesamt-**Stickstoffgehalten** im Bereich von 0,5–0,8 % sind die Salzrasen-Sedimente, verglichen mit terrestrischen Böden, relativ stickstoffreich. Die N-Gehalte sind umso größer, je tonreicher der Böden ist und umso höher der

Rasen liegt, weil die Höhenlage mit der Länge der Akkumulationsperiode korreliert (Olff et al. 1997). Scherfose (1987) hat mit der Inkubationsmethode die **N-Nettomineralisation** in zehn Salzrasen-Gesellschaften der ostfriesischen Insel Spiekeroog bestimmt (s. Abb. 11–22). Mit Summen über die Vegetationsperiode (Juni bis Oktober) zwischen 35 und 120 kg N ha^{-1} liefern Salzrasen ähnlich viel Stickstoff nach wie magere bis mäßig nährstoffreiche ungedüngte Rasen-Gesellschaften des Binnenlandes. Die C/N-Verhältnisse sind mit 8,8–14,2 g g^{-1} ausgesprochen eng, deuten also auf einen schnellen N-Umsatz im Ökosystem Salzrasen hin (Bakker et al. 1993). Im Großen und Ganzen nimmt die Nachlieferung mit der Höhenlage zu, sinkt also mit steigender Überflutungshäufigkeit; eine Beziehung zum Salzgehalt wurde dagegen nicht gefunden. Nur das meist stärker beweidete Juncetum gerardii, dem durch Fraß mehr Nährstoffe entzogen werden, weicht von diesem Trend ab. Besonders gering waren die Summen im meist sauerstoffarmen Sediment des Spartinetum und Salicornietum (35–55 kg N ha^{-1}), besonders hoch im Artemisietum und Halimionetum (bis zu 120 kg N ha^{-1}). Vergleichbare Nachlieferungen (110 kg N ha^{-1}) maßen Henriksen & Jensen (1979) in einem Halimionetum in Skallingen (Jütland) sowie Kiehl et al. (1997) in Vorland-Salzrasen der schleswig-holsteinischen Westküste (39–49 und 71–81 kg N ha^{-1} im Puccinellietum und *Festuca rubra*-Rasen).

Besonders hohe Mineralisationsraten ermittelte Zimmek (1975) in Salzrasen der Ostseeküste auf dem Graswarder bei Fehmarn, einem System verschieden alter küstenparalleler Strandwälle. Nennenswerte N-Freisetzung beginnt hier verhältnismäßig spät im Jahr im Juni und Juli, wohl infolge der vorher niedrigen Bodentemperaturen. Im Laufe der Vegetationsperiode werden jedoch unter mittelfeuchtem *Festuca rubra*-Rasen 177 kg N ha^{-1} als Nitrat akkumuliert, und zwar sowohl in beweideten als auch in unbeweideten Parzellen. Wahrscheinlich stammt ein großer Teil des in den Ökosystemen des Graswarders umlaufenden Stickstoffs aus dem Kot von Möwen, die hier Brutkolonien bilden. Schon im Boden des jüngsten Strandwalls haben sich nach Hoppe (1972) 2800–3900 kg ha^{-1} organisch gebundenen Stickstoffs angesammelt. Da dieser Wall weniger als 100 Jahre alt ist, muss die N-Festlegung also mehr als 28–39 kg ha^{-1} a^{-1} betragen haben. In den Böden der einige Jahrhunderte alten Strandwälle befinden sich bis in 36 cm Tiefe zwischen 8300 und 17 200 kg N ha^{-1}, was auf ähnlich hohe

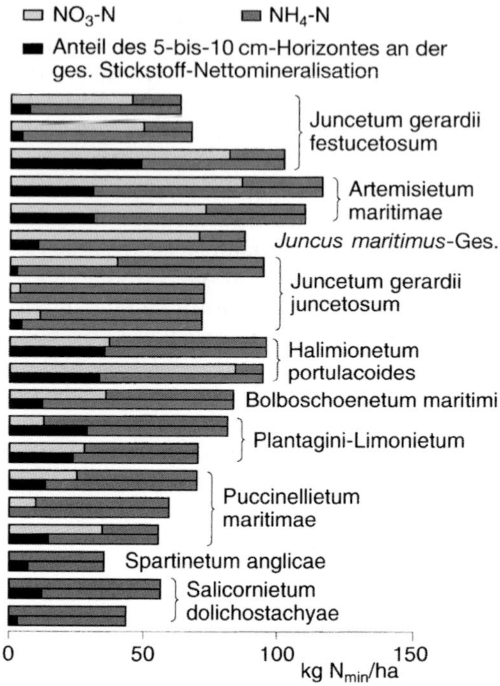

Abb. 11–22 Stickstoff-Nettomineralisation im Oberboden verschiedener Salzrasen auf der Insel Spiekeroog während einer Vegetationsperiode (Juni bis Oktober 1983, in kg Mineralstickstoff pro Hektar). Nach Scherfose (1987), etwas verändert (vgl. auch Abb. 11–21).
Manche Gesellschaften sind mit mehreren Probeflächen vertreten. Die Gesellschaften sind nach ihrer relativen Höhenlage zum mittleren Tidehochwasser (MThw) übereinander geordnet. Im Großen und Ganzen nimmt die Mineralstickstoff-Ernährung mit dem Abstand von dieser Marke zu (ähnlich wie De Leeuw 1992 auf der Insel Schiermonnikoog beobachtete). Nur das meist stärker beweidete Juncetum gerardii, dem durch Fraß mehr Nährstoffe entzogen werden, weicht von dieser Regel ab.
Die Nitrifikation ist im Salicornietum und Spartinetum gleich null und steigt ebenfalls tendenziell mit dem Abstand vom MThw, d. h. mit abnehmender Bodenvernässung. Auch hier macht das Juncetum gerardii mit beiden Subassoziationen eine Ausnahme, die wohl auf Bodenverdichtung durch Viehtritt, d. h. ebenfalls durch relativen Sauerstoffmangel zu erklären ist.
Dafür spricht auch die meist geringe Beteiligung der etwas tieferen Bodenschicht (5–10 cm) an der gesamten N-Mineralisation, die durch die Länge des schwarzen Blockes dargestellt ist.

Akkumlationsraten auch in der ferneren Vergangenheit schließen lässt. In den feuchteren Ausprägungen des Juncetum gerardii auf dem Graswarder erbringt die N-Nettomineralisation immerhin noch über 75 kg ha^{-1} a^{-1}. Im tiefer gelegenen Puccinellietum beträgt sie nur noch 24–31 kg N ha^{-1} a^{-1}, wobei infolge Sauerstoffmangels Ammonium vorherrscht. Bei zunehmender Überflutungshäufigkeit verringert sich erwartungsgemäß nicht nur die Mineralisationsrate (Ammonifikation), sondern auch der Nitrifikationsgrad. Den Pflanzen der unteren Marsch steht vor allem NH_4^+, denen der oberen überwiegend NO_3^- zur Verfügung (Jensen 1985). Die Stickstoffnachlieferung in Salzrasen ist also von der Bodenfeuchte und der Sauerstoffversorgung, dem N-Vorrat des Bodens und der Temperatur abhängig; der Einfluss des Salzes ist ungeklärt. Darüber hinaus wird sie von der Nutzung des Grünlandes beeinflusst.

Denitrifizierung scheint in Salzrasen nur lokal eine Rolle zu spielen, wenn nitratreiches Wasser in anoxische Sedimente eindringt (Abd. Aziz & Nedweel 1979, Valiela & Teal 1979).

11.6 Vegetationsdynamik

11.6.1 Entstehungsgeschichte der Salzmarschen

Obwohl Salzmarschen im mitteleuropäischen Wattenmeer vermutlich bereits seit etwa 5500 v.Chr. existieren, stellen die heute vorhandenen Salzrasen im Deichvorland der Nordseeküste vergleichsweise **junge Lebensräume** dar. Sie sind überwiegend in den letzten Jahrzehnten bis Jahrhunderten durch Landgewinnungsmaßnahmen im Schutz von Lahnungsfeldern entstanden und damit starker menschlicher Beeinflussung und hoher Dynamik ausgesetzt. Die größte Flächenausdehnung haben heute künstlich entwässerte Schlick-Salzrasen auf tonig-schluffigem Sediment im Deichvorland. Viel kleinflächiger sind die Salzmarschen auf den Nordseeinseln; bei diesen handelt es sich teilweise um Sand-Salzrasen, die sich unabhängig von Landgewinnungs-Maßnahmen im Schutz von natürlichen Barrieren entwickelt haben und ein naturnahes Relief und Entwässerungssystem besitzen.

Palynologische und archäologische Befunde lassen annehmen, dass erste Siedlungen am Rande der Salzmarschen bereits seit dem **Spätneolithikum** (etwa 3000–2200 v. Chr.) bestanden, aber eine intensive Nutzung durch Beweidung und Heuwerbung erst um die Zeitenwende begann (Behre 1991). Darauf deuten die Grabungen bei der Wurt Feddersen Wierde bei Bremerhaven, die bereits für das 1. bis 3. nachchristliche Jahrhundert eine weite Verbreitung des Juncetum gerardii nahe legen (Körber-Grohne 1967, 1992). Obwohl es auch natürliche Boddenbinsenrasen gibt, wird *Juncus gerardii* nämlich durch Beweidung stark gefördert. Die heutigen Vegetationstypen entsprechen allerdings nur teilweise den historischen Befunden; z. B. wurde der heute so häufige Salzschwingel im typischen Juncetum gerardii nicht gefunden, und auch *Trifolium repens* war auffallend seltener. Die Rasen ähnelten also weniger als heute den gedüngten Kulturweiden (s. Kap. 19.3.6). Möglicherweise ist auch dies als Folge der Eutrophierung von Nordsee und Wattenmeer zu deuten. Sicherlich war damals die Besatzdichte mit Vieh (etwa 1 Rind pro ha) erheblich geringer als heute (Esselink 2000). Die heute weitverbreitete Schafbeweidung erlangte erst seit dem frühen Mittelalter größere Bedeutung.

Mit dem **Deichbau ab dem 11. Jahrhundert** ging die Salzmarschen-Fläche zurück. Salztorfabbau und systematische Oberflächenentwässerung der eingedeichten Marschen führten weithin zu einer Landabsenkung, die im Mittelalter nach mehreren katastrophalen Sturmfluten zu großen Landverlusten an der gesamten Wattenmeerküste führte. In dieser Periode entstanden Ijsselmeer, Dollart, Jadebusen und die nordfriesischen Halligen. Letztere zeugen als inselartige Reste von einem einst großen Marschenland zwischen Sylt und der Eidermündung. Verstärkte Eindeichungen in den letzten sechs Jahrhunderten haben zu einer starken Reduzierung des zwischenzeitlich aufgeschlickten Salzrasen-Vorlandes geführt (Heydemann 1981).

11.6.2 Dynamik der Seegrasrasen

Von 1931 bis 1934 wurden die Bestände des Echten Seegrases an der Nordsee von einer epidemischen Erkrankung befallen, die die meisten Populationen im Wattenmeer absterben ließ. Die Rasen im Sublitoral der Ostsee waren dagegen nicht betroffen. Ebenso blieb das Zwergseegras verschont. Umstritten bleibt, ob der Befall durch den einzelligen Schleimpilz *Labyrinthula zosterae* die primäre Ursache war, oder ob zunächst klimatische Extreme das Seegras schwächten und diese den Pilz begünstigten (Reise 2003). In den meisten Regionen des Wattenmeeres haben sich die eulitoralen Bestände von *Z. marina* bis in die 1960er-Jahre wieder weitgehend erholt, nicht jedoch jene im ständig überfluteten Sublitoral, das bis heute fast gänzlich seegrasfrei blieb. Seit den 1960er- und 1970er-Jahren hat ein erneuter Rückgang beider *Zostera*-Arten im Gezeitenbereich des südlichen Wattenmeeres eingesetzt. Dieser wird nicht mit einer Infektion erklärt, sondern als indirekte Folge der Eutrophierung gedeutet. Die Nährstoffeinträge haben auf den Seegrasblättern den Epiphytenbewuchs erhöht und folglich den Strahlungsgenuss verringert. Die epiphytenbeweidende Wattschnecke *Hydrobia ulvae* hat jedoch in mehreren Küstenregionen abgenommen (Philippart 1995), vermutlich, weil die Wasserbewegung im Wattenmeer in den letzten 30 Jahren zunahm (Schanz et al. 2002, Reise 2005). Gestiegenes Nahrungsangebot erhöhte seit 1970 zudem die Dichte der Polychaeten *Arenicola marina* und *Nereis diversicolor* im westlichen Wattenmeer, die durch ihre Wühlerei die Seegräser schädigen können (Hughes et al. 2000). Möglich erscheint schließlich, dass Seegrasblätter infolge des erhöhten Stickstoffangebotes weniger phenolische Säuren bilden, die Pilzinfektionen abwehren helfen (Buchsbaum et al. 1990). Kurzfristige Populationsfluktuationen können auch durch schwankende Keimungs- und Mortalitätsraten ausgelöst werden, und zwar ausgeprägter bei der überwiegend einjährigen *Z. marina* als bei der zwei- bis mehrjährigen *Z. noltii* (Reise 2005).

Der verstärkte Rückgang des Seegrases im Wattenmeer seit den 1990er-Jahren geht einher mit Massenentwicklungen von Grünalgenmatten der Gattungen *Enteromorpha*, *Ulva* und *Chaetomorpha*. Böttcher (2003) schätzt, dass die Stoffumsätze im Wattenmeer heute etwa dreimal höher sind als sie es noch um 1960 waren. Ausgedehnte Algenblüten und eine stark erhöhte Nachlieferung von toter organischer Substanz haben in manchen Regionen des Wattenmeeres zu einer Störung der sedimentbürtigen Abbauprozesse geführt. Im Schlickwatt wurden vermehrt „Schwarze Flecken“, d. h. anoxische Bedingungen bis an die Sedimentoberfläche, verbunden mit erhöhter Methanproduktion, beobachtet.

11.6.3 Salzrasen-Sukzession als Folge von Sedimentation

Die meisten Salzmarschen des Nordseeküsten-Vorlandes zeigen eine mehr oder weniger klare Zonierung der Vegetation in Richtung auf den Deich, die häufig, aber nicht immer, mit einem Anstieg der Landoberfläche zusammengeht. Es liegt nahe, diese Vegetations- und Höhenzonierung als Ergebnis von Sukzession zu erklären, also durch einen zeitlichen Wandel von der Quellerflur zum Quecken- oder Rohrschwingelrasen. Die hochgelegenen oberen Salzrasen wären danach älter als die Quellerfluren im Watt und aus diesen im Zuge einer primären, durch Sedimentation getriebenen Sukzession hervorgegangen, in der externer Materialeintrag und die Aktivität der Organismen zusammenwirken (Ranwell 1972, Beeftink 1977). Dieses Erklärungsmodell einer **kombinierten allogenen und autogenen Sukzession** ist in den Vorland-Salzrasen vor allem dort zutreffend, wo intensive Sedimentation stattfindet. Ein überzeugendes Beispiel der Sukzession vom Salicornietum in Richtung auf das Puccinellietum und Juncetum gerardii hat Schwabe (1975) auf der unbedeichten Vogelinsel Trischen in Schleswig-Holstein untersucht.

Dijkema (1983) hat für derartige Sukzessionen in eu- und polyhalinen Salzrasen ein grobes Schema aufgestellt (s. Abb. 11–23). Dieses Modell stellt den Vegetationswandel als Folge der Aufhöhung der Landoberfläche dar und berücksichtigt unterschiedliche Tongehalte des Sedimentes als steuernde Größe, die über den Boden-Sauerstoffgehalt die Sukzession beeinflussen. Bei Sedimentationsraten von wenigen Millimetern pro Jahr (s. Kap. 11.4.2 c) würde die Sukzession von der Quellerflur zum oberen Salzrasen mehrere hundert Jahre benötigen. Wahrscheinlich spielen aber Sturmfluten eine wichtige Rolle, bei denen mitunter weit mehr Sediment abgelagert wird.

11.6.4 Sukzession auf vegetationsfreien Sandplaten

In vielen Fällen sind klar ausgebildete Vegetationsgürtel in den Salzmarschen jedoch nicht die Folge von Sukzession, sondern sie beruhen

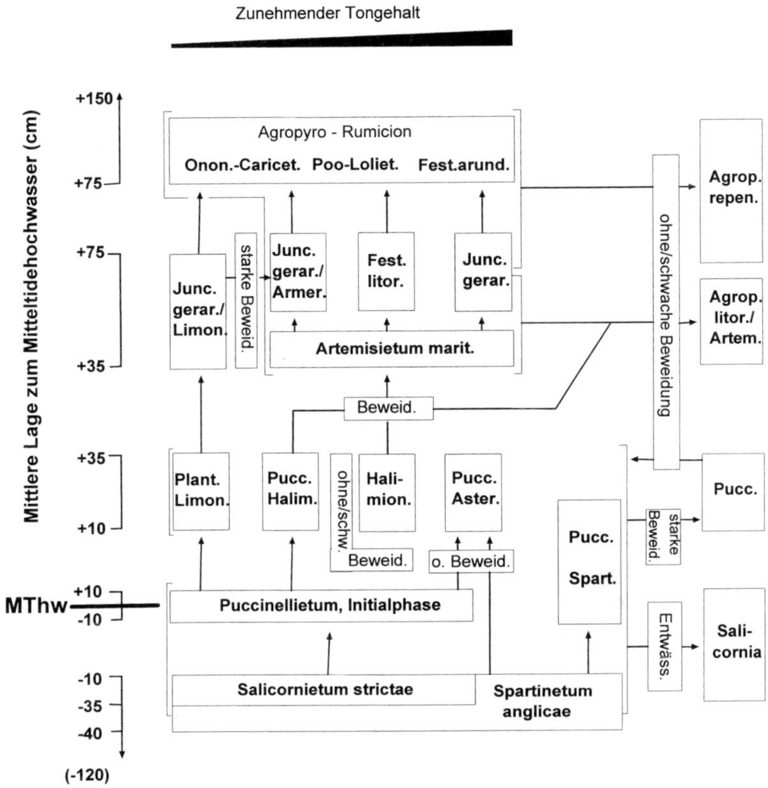

Abb. 11–23 Allgemeines Sukzessionsschema in den eu- und polyhalinen Salzmarschen der dänisch-deutsch-niederländischen Wattenmeerküste in Abhängigkeit vom Tongehalt des Substrates (x-Achse) und menschlichen Eingriffen (ohne, schwache oder starke Beweidung, Entwässerung). Wichtigste Gesellschaften und Ausprägungen: Ononido-Caricetum distantis, Potentillo-Festucetum arundinaceae, Agropyretum litoralis, Juncetum gerardii (z. T. mit *Limonium*), *Festuca litoralis*-Ges., Plantagini-Limonietum, Puccinellietum (z. T. mit *Atriplex* bzw. *Aster* oder *Spartina*) u. a. Nach Dijkema (1983), etwas verändert.

auf **standörtlichen Gradienten**, wie z. B. natürlichen Höhenunterschieden im Sedimentsockel oder räumlich variablen Strömungsregimen (Roozen & Westhoff 1985, de Leeuw et al. 1993, Leendertse et al. 1997). Dies wird auch im Falle der primären Sukzession auf der **Sandinsel Mellum** in der Wesermündung deutlich, die ein außergewöhnliches Studienobjekt darstellt, weil der Mensch in die Vegetationsdynamik fast nicht eingegriffen hat. Hier lassen sich die Entwicklung und natürliche Ausprägung von Salzrasen und Primärdünen beobachten, wie es in den Salzmarschen der Deichvorländer nicht möglich ist, weil diese in ihrer Entwicklung maßgeblich durch Küstenschutzmaßnahmen gesteuert werden.

Die Mellum-Plate entwickelte sich während der vergangenen hundert Jahre weder zu einer Dünen- noch einer Marschinsel, sondern zu einer dynamischen Mischung von beiden. Die Niederländer bezeichnen solche Neubildungen als „Grünen Strand“ (Groene Strand). Kuhbier (1987a, b) hat die Vegetationsentwicklung im Süden der Insel seit den 1950er-Jahren verfolgt. Zuerst tauchte die Binsen-Quecke (*Elymus farctus*, s. Kap. 12.3.1.2), ein ausdauernder Vordünen-Pionier, auf, der bis heute häufig blieb. Gemeinsam mit ihm erschien der Meersenf (*Cakile maritima*), eine Spülsaum-Annuelle. Ab 1964 sah man das zweite ausdauernde Vordünen-Gras, den Gewöhnlichen Strandroggen (*Leymus arenarius*), von dem wie bei anderen Gräsern Rhizomstücke angedriftet wurden. Ihn begleiteten mehrere Annuelle (*Atriplex prostrata*, *Salsola kali*). Bis 1975 hatten sich schon rund 100 Arten eingefunden, die teils von anderen Inseln, teils aus dem „alten Grünland“ Mellums gekommen sein dürften. Dazu kommen etwa 30 Moos-, 18 Flechten- und 15 Pilzarten. An der von Wellen und Wind erodierten Westkante des bis mehrere Dezimeter über MThw erhöhten Grünlandes bildete der Strandroggen als Festiger dichte Bestände, im weiter anwachsenden Ostteil die Binsen-Quecke. Kann die Quecke sich behaupten, dann formen sich im Laufe der Zeit Primärdünen-Kuppen von maximal 1 m Höhe heraus. In deren Wind- und Wellenschatten bildet sich ein

Mosaik von bewachsenen Sandkuppen und Kolken mit Salzrasen-Komplexen aus, das von kennzeichnenden Arten der unteren Salzrasen (*Puccinellia maritima*, *Atriplex portulacoides*, *Plantago maritima*, *Limonium vulgare*, *Aster tripolium* u. a.) besiedelt wird. Die tiefsten Lagen dieses buckeligen Sand-Salzrasens bleiben fast ständig vom Wasser bedeckt, die höchsten Kuppen werden nur von höheren Fluten (> 50 cm über MThw) überströmt. Heute herrscht die Dünen-Quecke (*Elymus athericus*) auf fast allen Buckeln, die mehr als 25 cm über MThw aufragen. Da hier oft Möwen nisten, fanden sich auch zahlreiche Ruderalpflanzen ein (s. Abb. 11–24).

Im „Lee" dieses grünen Strandes bildeten sich schließlich echte Schlick-Salzrasen und auch große Schlickgras-Bestände aus, wie sie auch im Deichvorland der Küste verbreitet sind. Die ersten Pflanzen von *Spartina anglica* tauchten auf Mellum 1954 auf und haben in den folgenden Jahrzehnten große Areale erobert, in denen sie feinkörnigen Schlick über den Sand der Strandplate häuften, also als Marschpioniere wirkten. Die Säume entstandener Priele festigt unter anderen die hartstängelige Meerstrand-Binse (*Juncus maritimus*). In nassen, durch Regen salzärmer gewordenen Dellen des Sand-Salzrasens siedelte sich das Rostrote Kopfried (*Schoenus ferrugineus*) an. Brackwasserröhrichte aus *Bolboschoenus* und/oder *Phragmites* kamen durch Rhizomverdriftung zustande und sind stellenweise am Rande von Dellen zu finden. Sie werden bei Hochfluten vom Nordseewasser überströmt und belegen die hohe Salztoleranz dieser Arten. Das Beispiel Mellum zeigt eindrucksvoll, dass sich im Zuge einer **natürlichen Salzrasen-Entwicklung** ein **heterogenes Mikrorelief mit einem Mosaik an Salzpflanzen-Gesellschaften** ausbildet.

Die großen Eindeichungen an der deutschen und niederländischen Wattenmeerküste haben Sukzessionen in den neu gewonnen Poldern eingeleitet, die z. B. von Joenje (1978) und Wolfram et al. (1998) studiert wurden.

11.6.5 Besiedlung einer schlickreichen Insel in der Ostsee

Wattähnliche Lebensbedingungen fanden die Strandpflanzen im Ostseegebiet vorübergehend auf der 1945 neuangespülten Schlickinsel Bock südwestlich Hiddensee vor. Voderberg & Fröde (1958, 1967) haben diese primäre Suk-

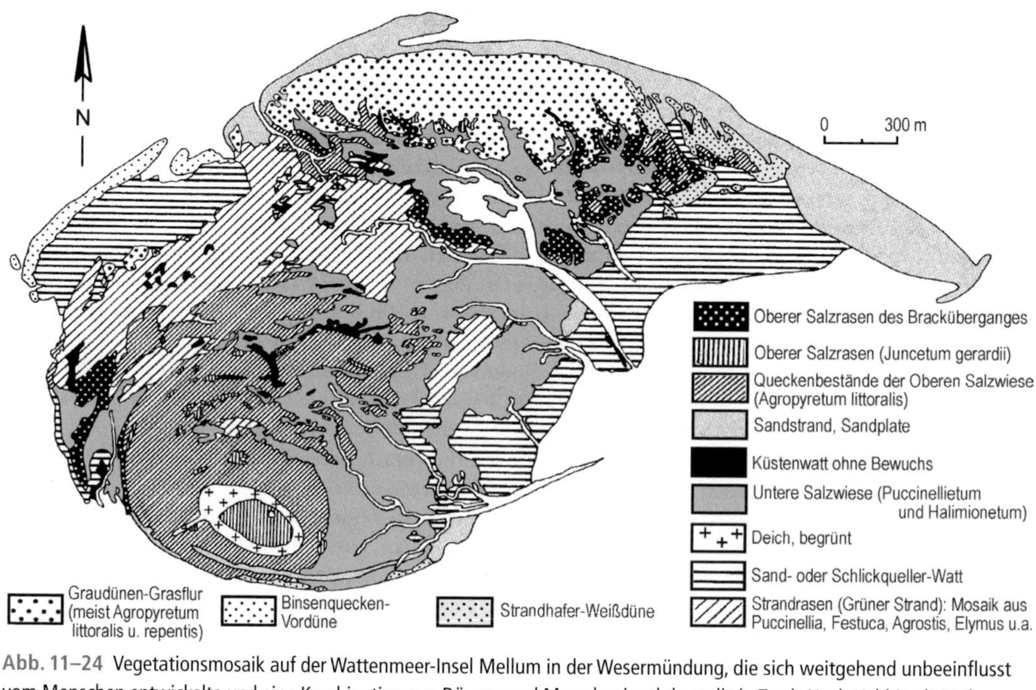

Abb. 11–24 Vegetationsmosaik auf der Wattenmeer-Insel Mellum in der Wesermündung, die sich weitgehend unbeeinflusst vom Menschen entwickelte und eine Kombination aus Dünen- und Marscheninsel darstellt (s. Text). Nach Kuhbier (1987), verändert.

zession im mesohalinen Ostseelitoral verfolgt. Auf dem pflanzenleeren Boden stellten sich ab 1946 überall Queller-Pflanzen ein. Sie hielten sich am längsten in der nassen Strandzone, während sie an höheren Stellen vom Puccinellietum maritimae oder von Arten des Juncetum gerardii verdrängt wurden. Auch die Andelrasen erreichten auf der Insel Bock eine für den Ostseebereich ungewöhnliche Flächenausdehnung. Vielleicht spielte hierbei die geringe Neigung des Reliefs sowie die gute Ernährung durch den frisch angespülten Schlick eine entscheidende Rolle.

Mit dem Meerwasser angespülte Samen führten zunächst zu einer diffusen Verteilung der Arten auf allen Niveaus der Insel. Auf fruchtbaren Böden setzten sich die konkurrenzstarken Arten sehr rasch durch, sodass Voderberg (1955) bereits im zehnten Jahr nach der Anspülung die meisten Salzpflanzen-Gesellschaften typisch ausgebildet fand. Dieses Beispiel ungestörter Sukzession am Meeresstrand demonstriert auch die natürliche Rolle der Holzgewächse im Epilitoral. Wo der Tidenhub gering ist und die Böden nicht dauerhaft versalzt sind, schließt der Wald direkt an den Land und Meer verbindenden Röhrichtgürtel an.

11.7 Menschlicher Einfluss

11.7.1 Auswirkungen der Salzrasen-Beweidung

Seit mehr als 2500 Jahren hat der Mensch das Grünland im Nordseeküsten-Vorland wirtschaftlich genutzt, vor allem durch **Beweidung mit Rindern und Schafen**. In den 1980er-Jahren wurden weit mehr als die Hälfte der insgesamt 360 km^2 großen Salzmarschen des niederländisch-deutsch-dänischen Wattenmeeres mehr oder weniger intensiv beweidet, in Schleswig-Holstein sogar mehr als 90 % (Stock et al. 2005). Erst seit 1985 wurden mit der Gründung der Wattenmeer-Nationalparke größere Flächen in die natürliche Sukzession entlassen.

Beweidung bedeutet nicht nur Biomasse-Entzug, sondern sie beeinflusst vor allem die **Artenzusammensetzung** und Dominanzverhältnisse in den Salzrasen nachhaltig. Bos et al. (2002) fanden bei einem Vergleich beweideter und unbeweideter Aufnahmeflächen im niederländischen und dänischen Wattenmeer, dass 23 von 30 häufigeren Arten **durch Beweidung deutlich gefördert** wurden, während lediglich 4 beweidungsempfindliche Arten abgenommen hatten. *Atriplex portulacoides*, *Elymus athericus*, *Artemisia maritima* und *Aster tripolium* werden meistens stark zurückgedrängt oder gedeihen nur noch deichfern. Tritt- und verbissertragende Grasartige mit Rhizomen oder oberirdischen Ausläufern wie *Festuca rubra*, *Puccinellia maritima* und *Juncus gerardii*, niedrigwüchsige lichtbedürftige Arten (*Glaux maritima*, *Armeria maritima* u. a.) und einjährige „Störungsfolger" (*Salicornia*- und *Suaeda*-Arten) erfahren dagegen eine Förderung. Manche schlecht schmeckende oder hartstängelige Pflanzen werden seltener gefressen und dadurch begünstigt (z. B. *Juncus gerardii*, Adam 1978). Arten mit vorwiegend generativer Ausbreitung werden durch Verbiss ebenfalls benachteiligt (Hutchings & Russel 1989). Diasporenausbreitung durch winterliche Treibselanlandung schafft jedoch einen gewissen Ausgleich. Bakker (1989) fand im Treibsel besonders häufig die Samen von *Elymus athericus*, *Festuca rubra* und *Juncus gerardii*; beide Arten waren auch in der Samenbank besonders stet vertreten (s. Tab. 11–6). Überhaupt sind die meisten in der etablierten Vegetation häufigen Arten auch in der **Samenbank** anwesend (Bakker 1989).

Ausgewogene Beweidung, vor allem Schafweide, erhöht die Sprossdichte und lässt einen dichten Wurzelfilz entstehen. An solche Beweidung gut angepasst sind insbesondere Gräser wie der Andel und niedrige Rosettenpflanzen wie *Plantago maritima* und *Armeria maritima*. Hierdurch wird nach Erchinger et al. (1994) die Bodenfestigkeit in den Salzrasen erhöht. Beweidung hat dagegen einen deutlich negativen Effekt auf die **Sedimentationsrate**; die hohe Vegetation unbeweideter Salzrasen wirkt als ein effektiverer Schlickfänger als der niedrige „Golfrasen" der Salzweiden (Dierßen et al. 1994). Daher sind unbeweidete Salzrasen wahrscheinlich eher in der Lage, über eine positive Sedimentbilanz den künftigen Meeresspiegelanstieg zu kompensieren als beweidete Vorländer (Dijkema et al. 1990). Nicht nur Schafe und Rinder, sondern auch nordische Gänse, vor allem Ringelgänse, weiden in großer Zahl auf den Salzrasen. Winterliche Gänsebeweidung führte nach Bredemeier et al. (1999) in schleswig-holsteinischen Andelrasen zu einer Produk-

Tab. 11–6 Einfluss von Brache (Br), Mahd im August (Ma) und Beweidung (We) auf den Deckungsgrad der Arten (in %) in drei Salzrasen-Gesellschaften auf Schiermonnikoog (Niederländisches Wattenmeer) am Ende eines 10-jährigen Nutzungsexperimentes. Ausgangszustand des Experimentes (1971) = 0. Ebenfalls angegeben ist das Vorkommen in der Samenbank (SB) der Brache (1977/78 und 1982): ● regelmäßig, • unregelmäßig. Nach Bakker (1989), Artenliste gekürzt.

	Rotschwingelrasen					Boddenbinsenrasen					Queckenrasen				
Nutzung	0	Br	Ma	We	SB	0	Br	Ma	We	SB	0	Br	Ma	We	SB
Jahr (19..)	71	81	81	81	81	71	81	81	81		71	81	81	81	
Artenzahl	10	5	11	11	15	8	10	12	10	7	5	3	11	13	19
Limonium vulgare	3	4	8	2	•										•
Artemisia maritima	6	2	1		•	1		1					1	2	
Puccinellia maritima	1			1		6	4	1	8					1	
Triglochin maritima	2			1	•	8	4	2	12						
Glaux maritima	3			1	•	6	1	1	2	●					
Juncus gerardii	6		1	30	●	35	4	70	4	●					●
Agrostis stolonifera	3	2	1	20	●	2	1	1		•	1		1	12	●
Festuca rubra	30	50	80	30	●	3	2		1		1	2	70	20	•
Atriplex prostrata	1	1	1		•	6	40	2	1	•	3	1	1	1	•
Plantago maritima	4		1	4	•		2	4	1				1		
Armeria maritima			1	4									1	1	
Elymus pycnanthus			1					1			30	70	8	8	●
Salicornia europaea			1	1			1	1	1						
Spergularia maritima				1						•				2	•
Suaeda maritima			1					1	1				1		
Spergularia salina							1	1	1					1	
Atriplex portulacoides											1				
Sagina procumbens					●										●
Bellis perennis										•					•
Rumex acetosella					•										•
Poa annua															•

tionsabnahme im folgenden Sommer, und nicht etwa zu einer Stimulation des Wachstums, wie dies Hik & Jefferies (1990) postulierten.

Im Sediment führt Rinder- und Schafbeweidung zur Verdichtung und folglich zur Verringerung des Sauerstoffgehaltes, sodass die Böden der oberen Salzrasen in Salzweiden den hydromorphen Böden der unteren Salzrasen ähnlicher werden. Hierdurch lässt sich erklären, warum Beweidung in den meisten Fällen zu einem Vorrücken des Andelrasens in Richtung auf den Deichfuß führt, also zu einer **Reduktion der Fläche der oberen Salzrasen**. Beweidung kann weiterhin die Denitrifikation erhöhen (Jensen 1989, Svendsen 1992) und die Salzgehalte des Bodens verändern. Schmeisky (1974) stellte durch Beweidung einen Salinitätsanstieg fest, weil der teilweise nackte Boden stärker verdunstete und Salz an der Oberfläche kapillar angereichert wurde. Demgegenüber beobachtete Bakker (1989) eine Abnahme der Salinität infolge von Beweidung.

Vorlandbeweidung wird in den meisten Fällen mit **Salzrasen-Entwässerung** gekoppelt, die durch das Anlegen eines regelmäßigen Grabensystems („Grüppen") erreicht wird. Dieser Eingriff ist für das Ökosystem Salzrasen wahrscheinlich folgenschwerer als die Beweidung selbst. Bereits 5 bis 10 Jahre nach Aufgabe der Beweidung sind nämlich meist die verbissempfindlichen Arten unbeweideter Salzrasen wieder eingewandert. Dagegen fehlt in gegrüppten Vorländern das reiche Vegetationsmosaik, das natürlich entstandene Salzmarschen mit ungestörter Hydrologie kennzeichnet (s. das Beispiel Mellum in Kap. 11.6.4). Daraus resultiert eine reduzierte Vielfalt an hydrologisch verschiedenen Kleinlebensräumen im Vorland und daher eine geringere Pflanzenartenvielfalt (Kiehl 1997). Die vom Naturschutz wenig geschätzten Dominanzbestände von *Elymus athericus*, *E.* × *oliveri* und *Festuca rubra* stellen sich in aufgegebenen Vorland-Salzweiden insbesondere dort ein, wo intensives Grüppen und Salzrasen-Entwässerung zu einer Vereinheitlichung des hydrologischen Regimes geführt haben.

11.7.2 Salzrasen-Sukzession nach Aufgabe der Beweidung

Aus Gründen des Naturschutzes wurde seit Mitte der 1980er-Jahre die Beweidung mit Schafen und Rindern in vielen Vorländern der deutschen und niederländischen Nordseeküste reduziert oder aufgegeben. Folge war eine sekundäre Sukzession in den Salzmarschen auf einer Fläche von fast 100 km^2. In den sehr intensiv beweideten Schlick-Salzrasen der Festlandsküste führte die Beweidungsaufgabe zu einem eindrucksvollen Vegetationswandel (Kiehl et al. 1997, Heinze et al. 1999, Esselink et al. 2000, Bos et al. 2002, Schröder et al. 2002). Im unteren Salzrasen wurde das Puccinellietum auf weiter Fläche zunächst durch Fluren der Strandaster, später durch monotone Gestrüppe der Keilmelde (Halimionetum) ersetzt, sodass Andelrasen nur noch im untersten Bereich um die MThw-Linie zu finden sind. Im oberen Salzrasen wurden *Elymus athericus* und ihre Bastarde überall dort gefördert, wo intensive Sedimentation stattfindet. Zugenommen haben an manchen Stellen auch der Salzschwingel und der Meerstrand-Beifuß, während der Boddenbinsenrasen zurückging (s. Tab. 11–6). Diese Veränderungen haben Konsequenzen für die nordischen Gänse, die im Herbst und Winter die Salzrasen des Wattenmeeres in großen Scharen zur Nahrungsaufnahme aufsuchen. Sie meiden die unbeweideten Rasen, weil *Atriplex*- und *Elymus*-Arten von ihnen nicht gefressen werden (Bos et al. 2002). Die pflanzliche Diversität ist bei schwacher Beweidung (1,5 bis 3 Schafe pro ha) höher als bei intensiver, aber auch größer als bei fehlender Beweidung (Berg et al. 1997). Wird zudem die Vorland-Entwässerung reduziert oder eingestellt, breiten sich *Spartina*, *Salicornia* und *Suaeda* im Puccinellietum aus. In der Gesamtheit betrachtet, führt Beweidungsaufgabe zu einer Ausdehnung der oberen Salzrasen auf Kosten der unteren, also zu einem **Zurückdrängen der Halophyten.**

Rückseiten-Salzrasen auf den sandigen Wattenmeerinseln wurden von jeher extensiver beweidet als die Vorländer. Die Beweidungsaufgabe führte im Verlauf von 25 Jahren auf Terschelling, Schiermonnikoog und Skallingen zu einem Rückgang der Artenzahl in 4 m^2 großen Aufnahmeflächen (s. Abb. 11–11). Von den 30 häufigeren Arten wurden nur 4 (*Elymus athericus*, *Atriplex portulacoides*, *A. prostrata* und *Artemisia maritima*) durch Auflassung gefördert, während 23 zurückgingen (Bos et al. 2002) (vgl. Kap. 11.7.1). Auch hier war also bei geringer Störung (extensive Beweidung mit 0,5 bis 1,5 Rindern oder Schafen pro ha) die Artenvielfalt am größten; dies entspricht der Voraussage der „intermediate disturbance hypothesis" der Artenvielfalt von Connell (1978).

Das von Dijkema (1983) aufgestellte grundlegende Sukzessionsschema vermittelt den Eindruck, als ob bei Einstellung der Beweidung eine gerichtete Salzrasen-Sukzession mit klar definierten Schlussgesellschaften abliefe (rechter Teil der Abb. 11–23). Dass diese Vorstellung nicht der Realität entspricht, zeigen quantitative Auswertungen einer genauen Wiederholungskartierung der Vorland-Salzrasen auf der nordfriesischen Hallig Oland, die Leuschner und Riemer (unveröff.) in den Jahren 1987 und 1998, also im Abstand von 11 Jahren, durchführten. Die 70 ha große Fläche ist seit Anfang der 1980er-Jahre unbeweidet, Entwässerungsmaßnahmen wurden 1986 eingestellt. Abbildung 11–25 zeigt, dass die Sukzession keinesfalls nur in eine Richtung verläuft, sondern die neun häufigsten Salzrasen-Gesellschaften durch eine Vielzahl von Entwicklungspfaden miteinander verbunden sind. Übergänge zwischen zwei Gemeinschaften können in beide Richtungen erfolgen, wie am Puccinellietum und der *Festuca litoralis*-Gesellschaft sichtbar wird. Das liegt wahrscheinlich daran, dass Sedimentations- und Vernässungsprozesse in naturnahen Salzrasen sehr lokal auftreten und zu gegensätzlichen Dynamiken in direkter Nachbarschaft führen können. Die wichtigsten Veränderungen in dem elfjährigen Zeitraum waren eine starke Ausdehnung des Agropyretum littoralis in den oberen Salzrasen, des Halimionetum portulacoidis in den unteren Rasen und des Salicornietum strictae in den offenen Schlickwattflächen. Flächenverluste traten in der *Festuca litoralis*-Gesellschaft, im Puccinellietum und im Spartinetum auf.

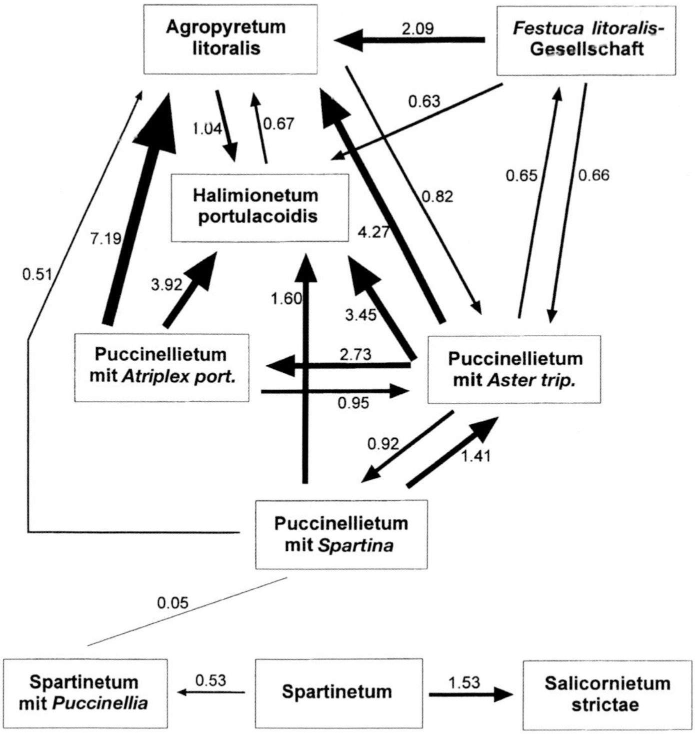

Abb. 11–25 Sukzessionsschema der Oländer Salzwiese (schleswig-holsteinisches Wattenmeer) für den Zeitraum von 1987 bis 1998. Die Zahlen geben an, wie viel Fläche (in ha) von einer bestimmten Vegetationseinheit, den diese 1987 einnahm, 11 Jahre später in eine andere Vegetationseinheit übergegangen war. Pfeile in beide Richtungen (z. B. zwischen Agropyretum und Puccinellietum) deuten an, dass Andelrasen sich überwiegend in Quecken-Bestände entwickelten, aber auch kleinräumig die Quecken durch Andel ersetzt wurden. Nach Leuschner (unveröff.) und Riemer (1999).

Etwas abgewandelt verläuft die sekundäre Sukzession nach Brachfallen in mesohalinen Brackwasserbuchten und -ästuaren wie dem Dollart. Hier erobert *Phragmites australis* nach Beweidungsaufgabe die unteren Salzrasen, während *Elymus repens* – und nicht *E. athericus* wie in den euhalinen Vorländern – die oberen Rasen dominiert (Esselink et al. 2000).

11.7.3 Eutrophierung der Küstengewässer

a) Die meisten Bodden- und Haffgewässer der deutschen und polnischen **Ostseeküste** sind heute mit Nitrat und Phosphat überdüngt (Hübel et al. 1998, Hübel & Dahlke 1999, Schiewer 2008a). Die Folge ist übermäßiges Wachstum von Phytoplankton und epiphytischen Großalgen, deren Abbau am Gewässergrund zu Sauerstoffzehrung und Schwefelwasserstoff-Entwicklung führt. War die Planktongemeinschaft noch in den 1970er-Jahren durch eine charakteristische Abfolge der Massenentwicklungen von Flagellaten, Diatomeen, Grünalgen und Cyanobakterien gekennzeichnet, so herrschen heute in den küstennahen Gewässern weithin Grünalgen und Cyanobakterien aus dem Größenspektrum des Nano- und Pico-Planktons vor (Schiewer 2008a). Die **erhöhte Dichte der Planktonalgen** hat die Eindringtiefe des Lichtes und die Tiefenerstreckung der Makrophyten verringert, während epiphytische Feinalgen zunahmen (Schramm 1996). Noch bis in die 1970er-Jahre waren in den flachen Boddengewässern Vorpommerns ausgedehnte Armleuchteralgenrasen kennzeichnend, als sich diese noch in einem oligo- bis mesotrophen Zustand befanden (Lindner 1972). In der Danziger Bucht sind die in den 1950er-Jahren noch reichen *Fucus vesiculosus*-, *Zostera marina*- und Rotalgen- (*Furcellaria*-)Bestände heute fast vollständig den Eutrophierungszeigern *Zannichellia palustris*, *Ectocarpus*-Arten und *Pilayella littoralis* (eine fädige Braunalge) gewichen (Kruk-Dowgiallo 1991, Kruk-Dowgiallo & Szaniawska 2008). Ähnlich dramatisch sind die Verluste in den vorpommerschen Boddengewässern, so im Greifswalder Bodden, wo 1988 *Zostera*-, *Potamogeton*- und Grünalgenrasen nur noch 3 % der Fläche – gegenüber 50 % in den 1930er-Jahren – bedeckten (Messner & v. Oertzen 1991, Schiewer 2008 c). Als Konsequenz der übermäßigen Nährstoffeinträge fand in den 1980er-Jahren ein **katastrophaler Rückgang der submersen Makrophyten** statt. Gewinner des dramatischen Wandels waren zunächst *Potamogeton pectinatus*, *Myriophyllum spicatum* und *Ruppia spiralis*, im eu- bis polytrophen Zustand dann vor allem *Cladophora*-, *Pilayella*- und *Enteromorpha*-Arten (Hübel & Dahlke 1999, Blümel et al. 2002, Schiewer 2008b). Auch in den offenen Gewässern der westlichen Ostsee gingen in den letzten 30 Jahren *Fucus vesiculosus* und die *Laminaria*- und *Furcellaria*-Bestände stark zurück oder wurden teilweise durch andere Braun- und Rotalgen ersetzt (Breuer & Schramm 1988). Süddänische *Zostera marina*-Wiesen nahmen im Zeitraum von 1900 bis 1980 um 50 % ab und besitzen heute eine um 4–5 m geringere Tiefenerstreckung als früher.

Für die Schlei haben Gocke et al. (2003) den Wandel der Primärproduzenten im Zuge der rasanten Eutrophierung schematisch dargestellt (s. Abb. 11–26). In dieser schleswig-holsteinischen Brackwasserförde wurden die submersen Gefäßpflanzenrasen zunächst durch epiphytische Großalgen wie *Pilayella*, *Enteromorpha* und *Ceramium* ersetzt, bis auch sie unter Lichtmangel litten. Der fortlaufende Anstieg der Phytoplankton-Dichte wurde von einer Phase begleitet, in der losgelöste Algenmatten Sedimente und Ufer zudeckten und damit zu einem Rückgang des Schilfgürtels beitrugen.

Die Polytrophierung vieler Ostsee-Küstengewässer hat zu einem **Übergang der früher makrophytendominierten Gewässer zu heute phytoplanktondominierten Gewässern** geführt und die Sedimentoberfläche entblößt. Wie im Wattenmeer wurde die frühere P-Limitierung des pflanzlichen Wachstums durch N- und Lichtlimitierung ersetzt, wodurch potenziell toxische **N_2-bindende Cyanobakterien begünstigt** werden. Letztere können nicht nur die Fauna schädigen, sondern auch Makrophyten wie *Zannichellia palustris* durch allelopathische Effekte beeinträchtigen (van Vierssen & Prins 1985, Lampe 1996). Eine größere Planktonbiomasse fördert weiterhin die Detritusbildung und damit das **Wachstum der Schlickdecken am Gewässerboden**, die instabil werden, weil ihnen die festigenden Makrophyten fehlen. In diesem Zustand haben die Bodden- und Haffgewässer weitgehend ihre Funktion als „Vorklärbecken" der Ostsee verloren, die sie ehemals für die Süßwasserzuflüsse ausübten.

b) Auch in der küstennahen **Nordsee** und im Wattenmeer haben die Nährstoffeinträge aus den großen Flüssen seit den 1970er-Jahren zu einem deutlichen Anstieg der Phosphat- und Nitratkonzentrationen im Meerwasser geführt (Brockmann et al. 1994; s. Abb. 3–38); diese spiegeln sich auch in erhöhten Nährstoffgehalten der jüngsten Salzrasen-Sedimente wider. Für das Algenwachstum im Wattenmeer ist heute in der Regel nicht mehr Phosphor der limitierende Faktor, sondern bei Diatomeen überwiegend Silikat und beim übrigen Phytobenthos und Phytoplankton der Stickstoff (Reise et al. 1998). Eine Stickstofflimitierung wird dabei durch N/P-Verhältnisse im Wasser deutlich unter 16 angezeigt (Brockmann et al. 1994). In den letzten 20 Jahren hat sich die Produktion der Mikroalgen auf dem Wattboden und im Wasser etwa verdoppelt, wie Messungen im Sylter Wattenmeer zeigten (Gätje & Reise 1998).

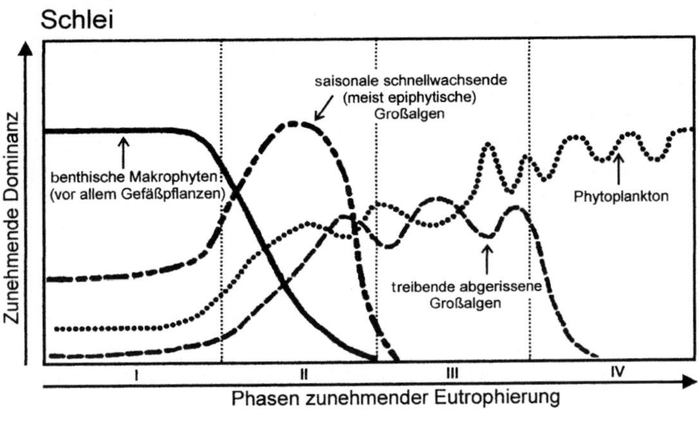

Abb. 11–26 Schematische Darstellung der Abfolge dominanter Primärproduzenten-Gruppen im Zuge der Eutrophierung in der Schlei, einer Brackwasserförde in Schleswig-Holstein. Nach Gocke et al. (2003), etwas verändert.

12 Dünen und ihre Vegetationsabfolgen

12.1 Flora und Vegetation

Dünen sind vielgestaltige und gleichzeitig sehr dynamische Lebensräume, die eine große Zahl von Pflanzengesellschaften beherbergen. Je nach Alter der Dünen und der Entfernung zur See dominieren in ihnen Pflanzen, die an hohe Salzkonzentrationen, Übersandung, Trockenheit oder Nährstoffmangel angepasst sind. Allein bei der Behandlung der waldfreien Dünenvegetation müssen wir daher auf nicht weniger als sieben verschiedene Vegetationsklassen eingehen, die mit charakteristischen Gesellschaften in den Dünen vertreten sind. Dies sind als wichtigste Meersenf-Spülsäume (Cakiletea maritimae), Stranddünen-Gesellschaften (Ammophiletea arenariae), Sand-Trockenrasen-Gesellschaften (Koelerio-Corynephoretea), Zwergstrauchheiden (Calluno-Ulicetea), Zwergbinsen-Gesellschaften (Isoëto-Nanojuncetea), Niedermoor-Gesellschaften (Scheuchzerio-Caricetea nigrae) und Feuchtheide-Gesellschaften (Oxycocco-Sphagnetea). Die entsprechende Flora ist für mitteleuropäische Verhältnisse recht artenreich. Allein auf den etwa 25 Inseln im Wattenmeer der niederländisch-deutsch-dänischen Nordseeküste werden rund 900 Gefäßpflanzenarten, 300 Moose und 300 Flechten gezählt (Dijkema & Wolff 1983), von denen viele in den Dünen vorkommen. Viele dieser Sippen stammen aus dem Binnenland, die Küstenlebensräume mit morphologisch und physiologisch abweichenden Genotypen besiedelt haben (Akeroyd 1997).

Wir wollen diese Vielfalt besprechen, indem wir vom Strand über die Weiß- und Graudünen zur gealterten Buschdüne fortschreiten.

12.2 Dünenbildung und -zerstörung

Dünen können nur dort entstehen, wo der Wind über nackte Sandflächen hinwegstreicht, Sand aufwirbelt und damit für ständigen Sandnachschub sorgt (s. Abb. 12–1). Das geschieht ab Windstärken von etwa 4 m s^{-1} (Beaufort 4, Bagnold 1954). Heute existieren Küstendünen

12–1 Strandhaferdünen (Weißdünen) an der Ostseeküste. Vorn links junge, rasch emporwachsende Dünenkuppe, rechts hinten ältere, teilweise vom Sturm zerstörte, bei der die Stillstandslagen als härtere Bänke erkennbar sind. Diese sind durch das Wurzelwerk des Strandhafers gefestigt worden.

in den Niederlanden auf rund 480 km² Fläche, in Deutschland auf etwa 96 km² und in Polen auf rund 350 km² (Doody 1991). Bevor der Wald nach der Eiszeit wieder in Mitteleuropa einwanderte, gab es solche Sandfelder auch im Binnenland, vor allem längs der großen Urstromtäler von Rhein, Elbe, Oder und Weichsel. Diese Binnendünen unterliegen heute aber meist keiner Umlagerung mehr. Aktive Dünenbildung findet gegenwärtig fast nur noch an der Meeresküste statt.

12.2.1 Küstendünen der Nordsee

12.2.1.1 Küstendynamik

Die Nordseeküste Deutschlands und der Niederlande ist eine Sandküste mit einer küstenparallelen, nach Norden (bzw. Osten) gerichteten Meeresströmung. Die anrollende Brandung wirft den mäßig grobkörnigen Sand (Durchmesser 0,25–1 mm) bis über Mitteltidehochwasser auf den Strand und vermischt ihn mit zerriebenen und heilen Muschelschalen, Pflanzen- und Tierresten und anderem Getreibsel. Die feineren Partikel werden nicht am Strand der Außenküsten, sondern in strömungsberuhigten Buchten und auf den Rückseiten der Inseln abgesetzt, wo schlickreiche Watten entstehen.

Die westfriesischen, ostfriesischen und nordfriesischen Inseln sind Teil eines der Küste vorgelagerten Barrieresystems aus Sandbänken, Sandplaten, Düneninseln und Dünenketten, das sich von der Rheinmündung bis nach Dänemark erstreckt. Der entscheidende, die Küstenmorphologie bestimmende Faktor ist der **Tidenhub**. Ist dieser geringer als etwa 1,5 m, so bildet sich eine Ausgleichsküste mit einem geschlossenen Strandwall und langgestreckten Dünenzügen und Dünentälern wie in Westholland und Westjütland aus. Ist der Tidenhub dagegen größer und mit ihm auch die zerstörende Kraft starker Strömung, entstehen statt des geschlossenen Strandwalles Barriereinseln mit charakteristischer Hakenform und einer dynamischen Dünenlandschaft. Zu diesen zählen die west- und ostfriesischen Inseln zwischen Texel und Wangerooge und die nordfriesischen und dänischen Inseln zwischen Amrum und Fanö (Behre 1995). Übersteigt der Tidenhub eine Höhe von etwa 2,9 m (im Wesermündungsbereich erreicht er bis 3,6 m), so herrschen offene Wattflächen mit nur kleinen, stark beweglichen Sänden und begrünten Platen vor, weil der Ebbstrom eine

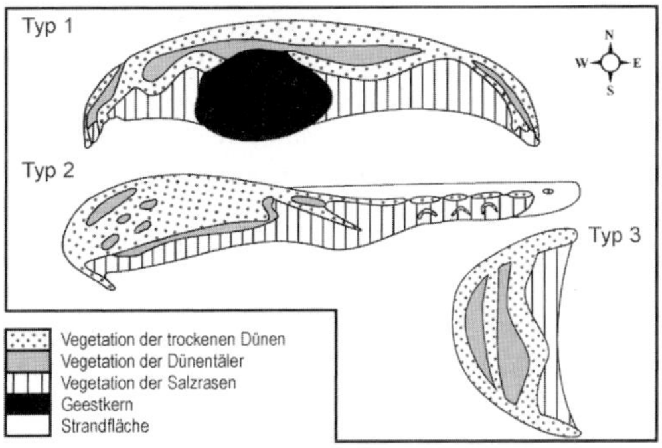

Abb. 12–2 Schematische Darstellung von drei Inseltypen, die an der Gezeitenküsten der südöstlichen Nordsee bei unterschiedlichen Strömungsverhältnissen und Tidenhuben entstehen (s. Text). Nach Doing (1983).

besonders hohe erosive Kraft besitzt (Pott et al. 1999). Diesen Inseltyp finden wir im Mündungsbereich von Ems, Weser, Elbe und Eider.

Doing (1983) unterschied bei den Barriereinseln des Wattenmeeres drei morphogenetische Typen, die eine mehr oder weniger charakteristische Zonierung von Dünen- und Salzrasen-Lebensräumen aufweisen (s. Abb. 12–2). **Typ-1-Inseln** besitzen einen pleistozänen Geestkern, dem zur offenen See hin eine Staffel von an beiden Enden landeinwärts gebogenen Dünenketten vorgelagert ist; Beispiele sind Sylt, Amrum und Texel. Den **Typ-2-Inseln** fehlt der Geestkern; die seeseitige Dünenkette und die dahinterliegenden Rückseitenwatten zeigen eine ausgeprägte Südost-Wanderung mit entsprechend länglicher Gestalt. Hierzu zählen die meisten west- und ostfriesischen Inseln. **Typ-3-Inseln** schließlich sind vergleichsweise kleine Inseln in der Nähe der Flussmündungen, die aufgrund großen Tidenhubs und hoher Strömung wenig stabil sind. Charakteristisch sind nach Osten offene, hufeisenförmige Dünenketten, wie sie auf Borkum, Memmert oder Trischen zu finden sind.

Die Dünengürtel der südlichen Nordseeküste lassen sich auch nach dem **Kalkgehalt** des abgelagerten Sandes gliedern. Kalkreiche Sande (3–10 % $CaCO_3$) werden an der niederländischen Festlandsküste südlich von Bergen aan Zee abgelagert, mäßig kalkreich (0,5–1 %) sind dagegen die Sande der Primärdünen auf Texel, Schiermonnikoog, Borkum, Juist und Baltrum. Dem stehen die kalkarmen Sande (0,1–0,5 %) der übrigen west- und ostfriesischen Inseln sowie die fast kalkfreien (< 0,1 %) der nordfriesischen gegenüber. Auch die **Korngröße** zeigt regionale Unterschiede: Im Vergleich zu den Dünen der nordfriesischen Inseln Amrum und Sylt, in denen Korndurchmesser von 0,2–0,5 mm vorherrschen, ist der Sand der ost- und westfriesischen Inseln mit einem Maximum bei 0,1–0,2 mm Durchmesser feiner (Heykena 1965). Feinere Sande besitzen eine größere Nutzwasserkapazität und meist höhere Vorräte an pflanzenverfügbarem Kalium, Magnesium und Phosphor (Wright 1956).

Wenn der Mensch nicht durch Küstenschutzmaßnahmen eingreift, findet an den Westseiten der Inseln Erosion und die Bildung von Dünenkliffs statt. Diese Sandquelle nährt das Inselwachstum an den Ostseiten (Flemming & Davis 1994). Die meisten Inseln der südlichen Nordseeküste wandern deshalb langsam, aber stetig ostwärts (s. Abb. 12–3). Für die ostfriesische Insel Langeoog konnte ein Weg von 2 km in 2000 Jahren nachgewiesen werden. Einige Inseln verschwanden in historischer Zeit gänzlich, so die Vogelinsel Jordsand bei Sylt, während andere emporwuchsen und sich zusehends vergrößerten, z. B. Mellum in der Jademündung (s. Kap. 11.8.4).

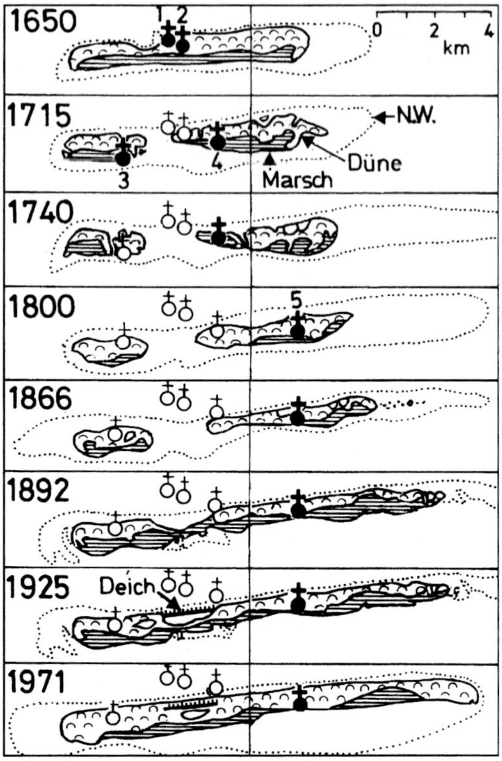

Abb. 12–3 Die Nordseeinsel Juist im Wechselspiel von Dünen-Aufbau und -Zerstörung seit 1650. Nach einer käuflichen Darstellung und nach topogr. Karten, vereinfacht.
An den untergegangenen Kirchen lässt sich die Süd- und Ostwanderung der Insel ablesen. Durch die Schutzbauten im 20. Jahrhundert vergrößerte und stabilisierte sich nicht nur das Dünengelände, sondern auch der bei Niedrigwasser (N. W.) trockenfallende Sockel. Ein durch einen Deich gegen Sturmfluten geschützter Süßwassersee, der „Hammer", bezeichnet noch heute den früheren Inseldurchbruch. Marschbildung war stets nur im Schutz gegen den direkten Zugriff des Meeres möglich. Stellenweise wurde die Marsch von Dünen überlagert.

12.2.1.2 Dünengenese

Bei Sonnenschein oder heftiger Luftbewegung trocknet die oberste Schicht des am Strand freiliegenden Sandes rasch aus, sodass der Wind den Sand aufwirbeln kann. An stürmischen Sommertagen kann er bis zum Kapillarsaum des salzigen Bodenwassers abgetragen werden. Meistens gleitet der trockene Sand in dünner Schicht über die durch Rippelmarken gemusterte Strandebene dahin. Bereits kleine Hindernisse auf dem Strand fördern das Absetzen des Sandes in deren Windschatten (s. Abb. 12–4A). Bei küstenparalleler Windrichtung können sich dann auf dem Strand Barchane bilden, d. h. vegetationslose Sicheldünen, wie sie für Wüsten charakteristisch sind. Van Dieren (1934) beobachtete sie an der niederländischen Küste als kleine, bis 1 m hohe unbeständige Gebilde, die nur entfernt an die riesigen Wanderdünen der Sahara oder der kurischen Nehrung im russischen Ostpreußen erinnern (s. auch Arens 1994).

Zur Ruhe kommt der Sand erst im Windschatten von größeren Hindernissen, z. B. hinter angespültem Strandgut, aber auch hinter jeder Pflanze, die sich anzusiedeln vermochte. Allerdings werden die auf diese Weise angesammelten „Zungendünen" selten höher als wenige Zentimeter oder Dezimeter. Die Entstehung dauerhafter Dünen ist in Mitteleuropa an die Gräser *Elymus farctus* (Binsen-Quecke), *Leymus arenarius* (Strandroggen), *Ammophila arenaria* (Strandhafer) und × *Calammophila baltica* (Baltischer Strandhafer) gebunden. Daher spricht man von **biogener Dünenbildung**. Wie wirkungsvoll die Windbremsung durch die Dünengräser ist, zeigen Messungen von Lux

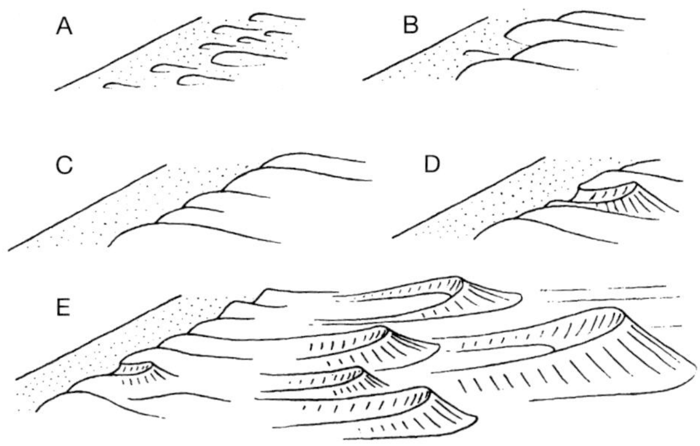

Abb. 12–4 Schema der Dünenentwicklung und der Entstehung von Parabeln an einer quer zur Hauptwindrichtung verlaufenden Küste. Nach Paul (1944).
Einzelne auf dem Strand entstehende Primärdünen (A) vereinigen sich (B). Winde wechselnder Richtungen und das Meer bei Sturmfluten gleichen Unregelmäßigkeiten aus, sodass ein geschlossener Wall entsteht (C). In diesem treten Windrisse auf (D), die sich vergrößern und in Form von Parabeldünen landeinwärts wandern (E).

(1964) in Weißdünen auf Sylt (s. Tab. 12–1). Schon auf dem Kamm der Düne wird die Windgeschwindigkeit zwischen *Ammophila*-Horsten auf ein Drittel herabgemildert, am dicht bewachsenen Leehang im Windschatten beträgt sie gar nur ein Fünftel. Diese Dünenpioniere sind typische Psammophyten, also Pflanzen, die an bewegten Sand angepasst sind und Trockenheit ertragen. Auf dem Strand können sie sich überall dort ansiedeln, wo dem angewehten Sand Spuren von organischem Material beigemengt sind und die Bodenfeuchte, etwa nach Überflutung oder Regen, günstig ist. Diese Bedingungen sind insbesondere im organischen Treibsel des Spülsaumes gegeben, den hoch auflaufende Wintersturmfluten ablagern. Dieses nährstoffreiche Substrat ist nicht nur Grundlage für die Ansiedlung kurzlebiger Spülsaum-Gesellschaften (s. Kap. 12.3.1.1), sondern auch Keimbett für die ausdauernden Gräser, die die Bildung von Primärdünen einleiten (Heykena 1965).

An der Formung und weiteren Entwicklung der Dünen beteiligen sich verschiedene Pflanzengesellschaften. Wo der Strand noch ungestört ist, ordnen sie sich in sehr charakteristischer Abfolge zonenweise hintereinander. Diese großenteils sukzessionsbedingte Zonierung ist an der Nord- und Ostsee prinzipiell die Gleiche, weil die Unterschiede in den Gezeiten und im Salzgehalt des Meerwassers für die eigentlichen Dünen keine Rolle mehr spielen.

Wie Abbildung 12–5 schematisierend zeigt, liegt auf der ebenen, unbewachsenen Strandfläche gewöhnlich ein stellenweise mit annuellen Nitrophyten bewachsener **Spülsaum**. Weiter landeinwärts bilden Binsen-Quecke und Strandroggen niedrige **Primärdünen**. Durch Ansiedlung des Strandhafers gehen diese in steilkuppige **Weißdünen** über, die sich zu einem Wall zusammenschließen und auf Höhen bis über 10 m anwachsen können. Wenn die Strandlinie nicht der Erosion unterliegt und stabil bleibt, wachsen die Weißdünen infolge des dauernden Sandnachschubs zu mächtigen Dünenwällen oder Haldendünen empor, immer wieder vom Strandhafer gefestigt, wobei der Mensch oftmals durch Pflanzung nachhilft.

Weiter landeinwärts, wo der Sand zur Ruhe kommt, entstehen humusreichere **Graudünen**, in deren Pflanzendecke niedrige Gräser und zahlreiche Kräuter vorherrschen und auch Flechten- und Moosrasen gedeihen können. Verheiden diese älteren Dünen, so spricht man von **Braundünen**. An der hydrologisch günstigeren Nordseite oder der Leeseite des Weißdünenwalles entstehen nicht selten **Buschdünen**, die auch aus Dünentälern kuppig aufwachsen können. Bewaldet sind die küstennahen Nordsee-Dünen heute nur in manchen Gebieten, so im Westen der Nie-

Tab. 12–1 Relative Windgeschwindigkeit am Strand und auf Weißdünen verschiedener Exposition. Nach Messungen von Lux (1964) auf Sylt, in % des höchsten Mittelwertes am flachen Strand.

Messort	offener Strand	Strandhaferbestände (Ammophiletum)				
		am Luvhang	auf dem Kamm	am Leehang offen	am Leehang dicht	am Leefuß
50 cm über dem Boden	100	**103**	81	69	75	73
10 cm über dem Boden	**85**	60	33	42	18	50

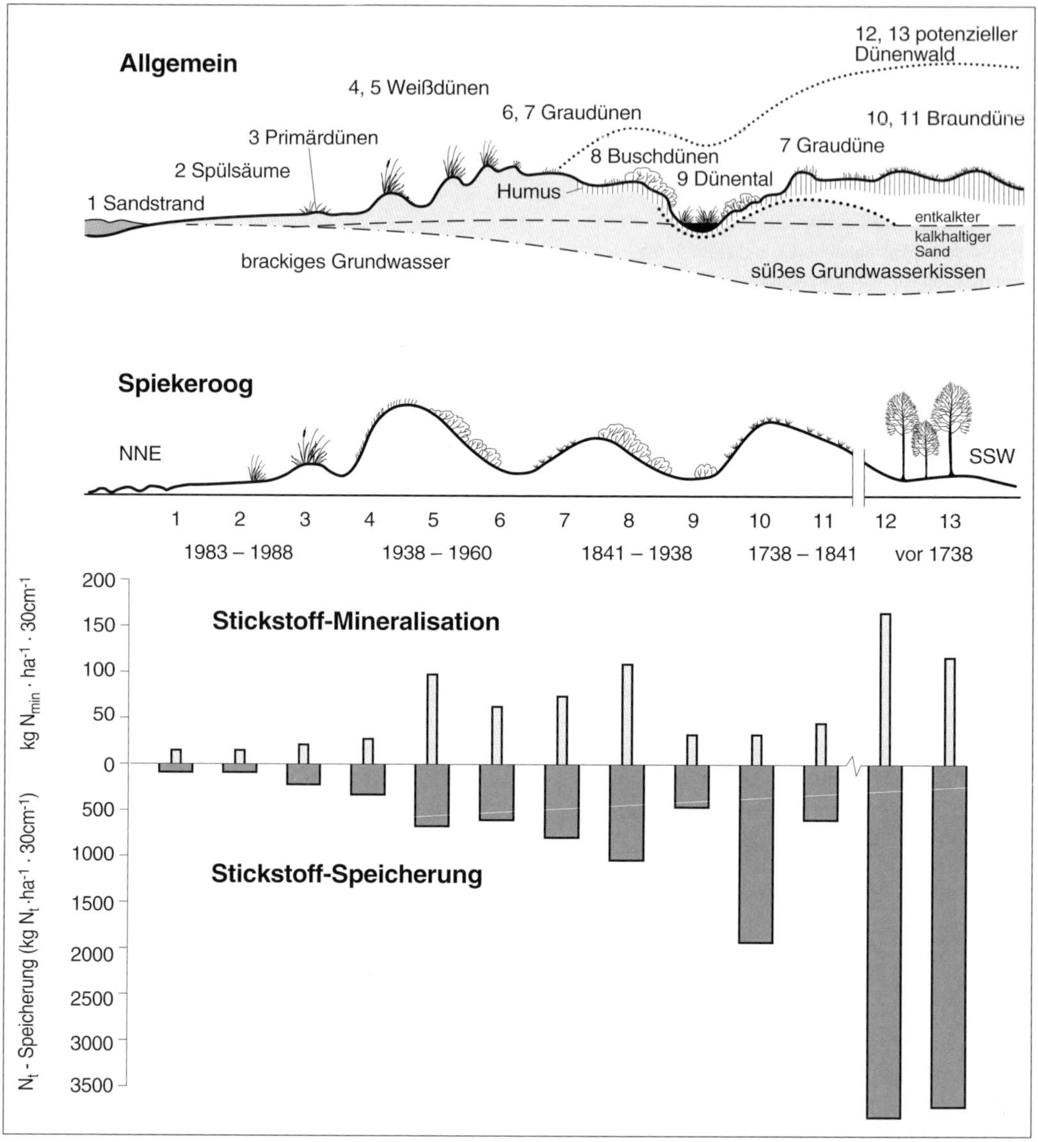

Abb. 12–5 Vegetationsabfolge und Bodenbildung an Dünenküsten der Nordsee.

Oben: Schematisch. Nach Ellenberg, 4. Aufl.: Ohne Einwirkung von Mensch und Vieh würde sich zumindest das Dünental (9) und die Braundüne (10, 11, mit *Calluna),* wahrscheinlich aber auch der gesamte Graudünen-Komplex (7) bewalden (12,13).

Mitte: Entsprechende Abfolge auf der Insel Spiekeroog. Nach Gerlach (1993).

1 Sandstrand, 2 Honckenyo-Elymetum farcti (Primärdüne), 3 Elymo-Ammophiletum typicum (jüngste Weißdüne), 4 E.-A. festucetosum arenariae (etwas ältere W.); 5 desgl., *Hippophaë*-Variante (mit jungem Sanddorn), 6 Tortulo-Phleetum (Graudüne), 7 Hieracio-Empetretum polypodietosum, *Rubus caesius*-Var. (z. T. verbuschte Graudüne mit Krähenbeere, beginnende Podsolierung), 8 Hippophaeo-Sambucetum nigrae (Buschdüne), 9 *Salix repens* subsp. *argentea*-Ges. (Kriechweiden-Dünental mit podsoligem Gleyboden), 10 wie 7, typische Var. (alte Braundüne mit podsoliger Braunerde), 11 Violo-Corynephoretum (Silbergrasrasen auf neu in Bewegung geratener bodensaurer Graudüne), 12–13 Carici arenariae-Betuletum pubescentis (Dünen-Birkenbruch, mit *Alnus glutinosa).*

Unten: Stickstoff-Mineralisation (von März bis Nov. 1987) und Stickstoff-Vorräte, die sich im Laufe der Jahre im Boden angesammelt haben. Nach Gerlach (1993).

derlande, auf einigen west- und ostfriesischen Inseln sowie nur kleinflächig auf den nordfriesischen Inseln (z. B. im Süden von Sylt).

Je höher die Haldendünen emporwachsen, desto mehr sind sie schließlich den Sturmwinden ausgesetzt. Hier und dort sieht man frische, muschelförmige Windanrisse, die sich rasch zungenartig erweitern (s. Abb. 12–4 D u. E). Von den Rändern her werden sie zwar wieder durch die Vegetation gefestigt, an der Spitze der Zungen aber wandert der Sand zu rasch, als dass sie Fuß fassen könnte. Die vorherrschenden West- bis Südwestwinde ziehen diese Zungen zu langen Mulden mit parabelförmigem Randwall aus. Ganze Scharen von Parabeln verschiedenen Alters und Ausmaßes sind schließlich gemeinsam auf der Wanderschaft, sich teilweise vereinigend oder störend (s. Abb. 12–4 E). Die Haldendüne löst sich in „Parabeldünenfelder" auf. Landeinwärts können diese zu größerer Höhe (bis 30 m und mehr) anschwellen und den küstennahen Weißdünenwall überragen. Unter natürlichen Verhältnissen bleiben aber die Außenhänge der Parabeldünen bewachsen. Früher oder später werden sie von der Vegetation ganz zur Ruhe gebracht, wenn sich ihr Scheitel totgelaufen hat. Die Pflanzengesellschaften der Parabeldünenfelder haben selten Weißdünencharakter. Ihr Bewuchs entspricht vielmehr der Graudüne, Buschdüne oder anderen älteren Stadien. Unter natürlichen Verhältnissen werden sie am Ende vom Wald erobert. In der ausgewehten Wanderbahn einer Parabeldüne entsteht ein **sekundäres Dünental**, das – im Gegensatz zu den küstenparallelen **primären Dünentälern** – in Richtung des vorherrschenden Windes ausgerichtet ist.

Von der normalen Abfolge der Dünenformen und ihres Bewuchses gibt es viele Ausnahmen. Oft fehlen einzelne Stadien, manchmal auch mehrere. Unvollständig sind die Dünenserien vor allem an Abrasionsküsten, so an den Westseiten der ostfriesischen Inseln und vielerorts an der vorpommerschen und polnischen Ostseeküste (Piotrowska 1988). Weißdünen, Graudünen oder gar bewaldete Dünen liegen hier unmittelbar am Strand (s. Abb. 12–6), weil die heutige Erosion stärker ist, als sie zu Zeiten der Dünenentstehung war.

Die Dünenlandschaften werden dadurch noch mannigfaltiger, dass sich bei **Meereseinbrüchen** oder tiefen Windanrissen mehr oder minder breite Quertäler bilden. Solche Rinnen

Abb. 12–6 Transekt durch eine Dünenserie mit Krähenbeer-Kiefernwäldern am polnischen Ostseestrand. Nach Wojterski (1964), etwas verändert. Im Vergleich zu den Nordseedünen (Abb. 12–5) sind die Dünenrasen artenärmer und weniger mannigfaltig. Die Kiefer leitet sehr bald eine Bewaldung ein, die subkontinentalen Charakter hat. In Küstennähe spielen aber noch ozeanische Arten (wie *Erica tetralix* und *Myrica gale*) eine überraschend große Rolle. Auch *Calluna*- und *Vaccinium*-Arten sind in diesen lichten Kiefernwäldern häufig. Aus der Zerstörung ähnlicher Dünenwälder gingen die hohen Wanderdünen der Kurischen Nehrung und der Leba-Nehrung hervor (s. Abb. 12–7).

können bis zum Kapillarsaum des Grundwassers ausgeblasen werden. Geschieht das in trockenen Sommern, also bei tiefem Grundwasserstand, so füllen sich die Dellen später zeitweilig mit Wasser, sie vermooren. Größere Meereseinbrüche werden als „Washover" bezeichnet. Diese natürlichen Störungen führen in den Dünen zu einem reichhaltigen Vegetationsmosaik aus Dünentümpeln, vermoorten Dünentälern und Sandfächern.

Während Dünen durch die formende Kraft des Windes entstehen, sind **Strandwälle** das Produkt der auflaufenden Brandung, insbesondere der Sturmhochwasser, die Kies und Sand strandparallel zu langen Aufschüttungsformen anhäufen.

12.2.2 Küstendünen der Ostsee

Der größte Teil der deutsch-polnischen Ostseeküste ist rückgängig, zeigt also Landverluste. Küstendünen sind vor allem in Bereichen mit Sandakkumulation und Haken- und Nehrungsbildung entstanden. In der westlichen Ostsee (Schleswig-Holstein, Mecklenburg) sind die

Dünen meist kleiner als 1 m, weil die Winde überwiegend ablandig sind und wenig Sand zur Verfügung steht. In Vorpommern und vor allem im Osten Polens können Weißdünen weit größere Höhen erreichen, so auf dem Zingst und auf insgesamt 13 Nehrungen zwischen Wollin und dem Frischen Haff (Piotrowska 1988). Das gilt insbesondere für die ehemals großen **Wanderdünen**, die entstanden, weil der Mensch die Pflanzendecke zerstörte und der Flugsand erneut in Bewegung kam. Bei katastrophalen Eingriffen können sich die Sandmassen zu vegetationslosen Wanderdünen riesigen Ausmaßes aufhäufen, wie auf der Leba-Nehrung im polnischen Slowinski-Nationalpark und auf der Kurischen Nehrung im russischen Ostpreußen (Kaliningrad) und in Litauen (s. Abb. 12–7). Wahrscheinlich sind auch viele Parabeldünenfelder durch das Mitwirken des Menschen entstanden, wurden sie doch gerade im 16. und 17. Jahrhundert, als die achtlose Übernutzung der Küstendünen ihren Höhepunkt erreichte, in den Niederlanden und Dänemark zu einer „wahren Landplage“ (Warming 1907).

Nicht selten sieht man an der Ostseeküste zahlreiche gleich gestaltete, niedrige Wälle hintereinander, deren Bewuchs auf zunehmendes Alter deutet. Diese **Strandwälle** sind Zeugen progressiver Strandverschiebungen, sei es infolge tektonischer Bewegungen oder starker Sandanladung, z. B. auf der Halbinsel Darß in Vorpommern (Fukarek 1961).

12.3 Vegetation

12.3.1 Nordsee-Küstendünen

Die große Heterogenität der Standortverhältnisse in den Dünen und am Strand bedingt eine Vielfalt von Pflanzengesellschaften auf kleinem Raum. Wir müssen uns hier auf die Hauptstadien des natürlichen Dünenaufbaus und der weiteren Entwicklung beschränken. Detaillierte Übersichten der Dünenvegetation an der mitteleuropäischen Nordseeküste geben Doing (1983), Westhoff (1991), Westhoff & van Oosten (1991) und Schaminee et al. (1998) für die niederländische Küste und Klement (1953), Heykena (1965), Wiemann & Domke (1967), Pedersen (1983), Preising et al. (1990), Hobohm (1993), Pott (1995), Fromke (1996), Biermann (1999) und Petersen (2000) für die deutsche Küste.

12.3.1.1 Spülsäume

Vor allem Wintersturmfluten lagern am oberen Strand kleine Wälle von Sand und organischem

Abb. 12–7 Windgeschorene Kiefern und Kiefern-Anpflanzungen auf einer alten Düne an der polnischen Ostseeküste. Das Meer hat die Düne teilweise abgebrochen, und Stürme haben den Flugsand erneut in Bewegung gebracht (im Mittelgrund), sodass sich Silbergras-Pionierrasen ansiedeln konnten. Die Bäume entsprechen dem Empetro-Pinetum in Abb. 12–13 (bei 150 m).

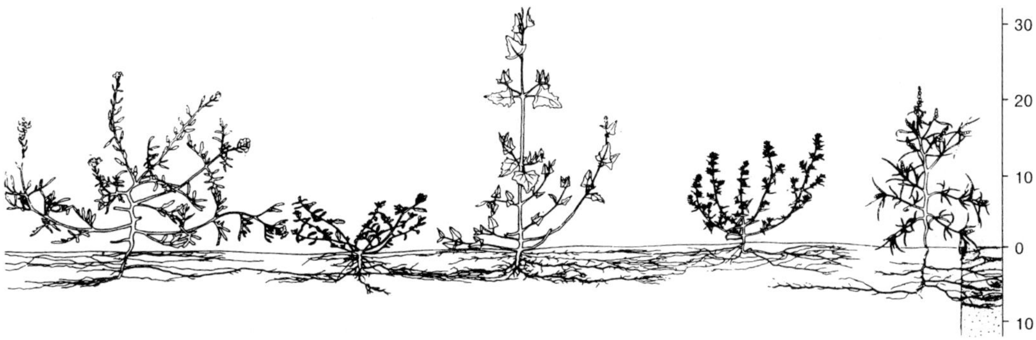

Abb. 12–8 Die Arten der Spülsaum-Gesellschaft (Atriplicetum litoralis) wurzeln nur in dem gut durchlüfteten und stickstoffreichen Oberboden, d. h. bis zu etwa 8 cm Tiefe. Nach Fukarek (1961).
Von links nach rechts: *Cakile maritima, Chenopodium glaucum, Atriplex hastata* var. *oppositifolia* (Mitte), *Salsola kali, Atriplex littoralis.* Der Bewuchs kann wesentlich dichter, aber auch lockerer sein als der dargestellte.

Material ab, die in manchen Jahren girlandenförmige Streifen an den Flutmarken des Strandes bilden. Reste von Algen und Seegras, durchmengt mit im Meer treibenden Samen und Rhizomstücken, bilden ein kurzlebiges, aber fruchtbares Keimbett für Gesellschaften einjähriger Spülsaumgewächse. Die Bestände sind sehr artenarm; selten werden mehr als sechs Arten in einer Aufnahme gefunden (Lee & Ignaciuk 1985). In der Regel werden diese Säume durch die winterlichen Sturmfluten zerstört und im nächsten Sommer anderenorts aus angeschwemmten Samen neue Bestände begründet. Tansley (1939) hat daher die Spülsaum-Gesellschaften treffend als „migrierende Dauergesellschaften" bezeichnet.

Am Nordseestrand dominieren in den instabilen Gesellschaften meist Meersenf (Cakiletum maritimae), Strandmelde (Atriplicetum littoralis) oder Spießmelde (*Atriplex prostrata*-Ges., s. Abb. 12–8). Häufige Begleiter sind *Honckenya peploides*, *Salsola kali* und *Elymus repens*. Seit den 1930er-Jahren gehört auch der eindrucksvolle Meerkohl (*Crambe maritima*) dazu, der sich von Süden kommend im niederländischen Wattenmeer ausgebreitet hat. Die zunehmende Häufigkeit der Spülsaum-Melden wurde sicherlich durch die fortschreitende Eutrophierung von Nordsee und Wattenmeer gefördert (Dierßen 1996). Nach dem Kreuzblütler *Cakile maritima* nannte Tüxen (1950 a) die zugehörige Vegetationsklasse CAKILETEA MARITIMAE (Meersenf-Spülsaum-Gesellschaften), die eine große Zahl von Spülsaumfluren der Meeresküsten umfasst.

Mit dem Meerwasser werden auch die Samen von allerlei nitrophytischen Arten eingetragen, die vor allem der Ruderalvegetation des Festlandes oder gar aus Übersee entstammen (z. B. Sonnenblume und Tomate). Einige unserer Gartenunkräuter sind vielleicht in Spülsäumen beheimatet, so z. B. *Senecio vulgaris* und *Tripleurospermum perforatum*. Gealterte Spülsäume werden manchmal von ausdauernden Arten der Salzrasen oder des Süß-Grünlandes besiedelt, wenn die Sturmfluten dies zulassen (Heykena 1965). An der Nordseeküste sind dies oft Quecken-Arten.

12.3.1.2 Primär- und Weißdünen

(a) Wichtigster Pionier der Dünenbildung ist die salztolerante Binsen-Quecke (*Elymus farctus*), in deren Windschatten maximal 1 m hohe **Primärdünen** (oder Vordünen) entstehen können. Hierzu gehören nicht nur die Binsen-Quecke selbst, sondern auch deren Bastarde mit der Dünen-Quecke (*Elymus* × *obtusiusculus*) und der Kriech-Quecke (*E.* × *laxus*, von Glahn 1987).

Diese nach dem früheren Namen der Binsen-Quecke als Agropyretum juncei bezeichnete artenarme Pioniergesellschaft wird bei Sturmfluten noch häufig überströmt (s. Tab. 12–2). Oft gesellt sich an Dünenfüßen die schwach sukkulente, stickstoffliebende *Honckenya peploides* hinzu, die dichte Teppiche bilden kann (*Honckenya peploides*-Ges.). In Strandbereichen mit Anreicherung von organischem Material siedeln sich dichte Horste des nitrophilen Grases

Tab. 12–2 Primär-, Weiß- und Graudünen der ostfriesischen Inseln. Nach Angaben von Tüxen (1937) u. a.[1] Ökologische Bewertung nach Ellenberg et al. (1992).

Dünen-Formation:	P.	W.		Gr.				
Laufende Nr.:	1	2	3	4	5	F	R	S
Gräser und Grasartige:								
Cp *Elymus farctus*	**5**	*1*				6	7	7
A *Elymus arenarius*	*3*	**3**	*3*			6	7	1
Cw *Calammophila baltica*		*3*	*1*			4	×	1
Cw *Ammophila arenaria*		**5**	**5**	*5*	*4*	4	7	1
Festuca rubra subsp. *arenaria*	*3*		*5*	*5*	*4*	4	5	1
Corynephorus canescens			*4*	*5*	*4*	2	3	0
Carex arenaria			*2*	*5*	*5*	3	2	1
F *Phleum arenarium*				*5*	*2*	3	7	1
G *Koeleria glauca*				*5*	*5*	3	8	0
Luzula campestris				*2*	*5*	4	3	0
Aira praecox					*4*	2	2	0
Übrige Phanerogamen:								
Cp *Honckenya peploides*	*4*					6	7	5
Sonchus arvensis subsp. *uliginosus*	*2*	*1*	*3*			5	7	3
Cw *Eryngium maritimum*	*1*	*3*	*1*			4	7	2
Cw *Hierac. umbellatum* fo. *linariifol.*		*3*	*3*			4	4	2
A *Oenothera parviflora*		*2*	*3*			3	7	1
Cw *Lathyrus maritimus*		*2*	*3*			4	7	1
Hypochoeris radicata			*3*	*4*	*2*	5	4	1
F *Jasione montana*			*3*	*4*	*3*	3	3	0
Viola canina var.			*2*	*3*	*4*	4	3	0
Cg *Hierac. umb.* fo. *armeriaefolia*				*4*	*2*	4	4	0
Silene otites				*3*	*1*	2	7	0
F *Myosotis stricta*				*3*	*2*	3	6	0
F *Saxifraga tridactylites*				*2*	*1*	2	7	0
G *Vicia lathyroides*				*2*	*1*	2	3	0
Erophila verna				*4*	*2*	3	×	0
Galium mollugo				*5*	*3*	5	7	0
Cg *Viola tricolor* subsp. *curtisii*				*5*	*4*	3	6	1
F *Cerastium semidecandrum*				*4*	*4*	3	6	0
Cg *Lotus corniculatus* fo. *crassifol.*				*5*	*5*	4	7	0
F *Sedum acre*				*3*	*3*	2	×	1
F *Trifolium arvense*				*2*	*2*	3	2	0
Rumex acetosella					*3*	4	2	0
4 *Galium verum* fo. *litorale*					*3*	4	7	0
Rubus caesius					*3*	×	8	0
Moose und Flechten:								
Tortula ruralis subsp. *ruralis*				*5*	*2*	2	6	–
Coelocaulon aculeatum				*3*	*2*	3	×	–
Peltigera rufescens				*2*	*3*	3	8	–
Brachythecium albicans				*2*	**4**	2	×	–
F *Cladonia furcata*					*3*	×	4	–
Cladonia fimbriata					*3*	×	4	–

		mF	mR	mS
Nr. 1:	**Primärdüne**, Strandqueckendüne (Elymo-Agropyretum junceiformis, jetzt Atriplici-Elymetum arenariae genannt).	5,4	6,6	3,9
Nr. 2 u. 3:	**Weißdüne**, Strandhaferdüne (Elymo-Ammophiletum);			
2:	typisch, d.h. relativ jung (E.-A. typicum),	4,3	6,6	1,6
3:	Rotschwingel-Strandhaferdüne (E.-A.festucetosum arenariae).	3,9	5,2	1,0
Nr. 4 u. 5:	**Graudüne**, Silbergras-Stranddüne („Corynephoretum maritimum", jetzt Violo-Corynephoretum)			
4:	typisch, d.h. noch etwas windbewegt (C. m. typicum),	3,1	5,1	0,5
5:	kryptogamenreich, ruhend und humusreicher („Subass. von *Brachythecium albicans*").	3,0	5,0	0,4

Nr. 1 wird noch von Grundwasser beeinflusst (mF 5,4); die höheren Dünen sind trockener und von mehr oder minder xerotoleranten Arten besiedelt (mF 4,3 bis 3,0). Die zunehmende Entbasung kommt in den mR-Zahlen der Pflanzenbestände gut zum Ausdruck. Schon in der Primärdüne ist der Salzgehalt niedrig (mS 3,9); er fällt über die Weißdüne (mS 1,6–1,0) zur Graudüne in die Nähe von null.

[1] Cp, Cw, Cg = lokale Charakterarten der Primär-, Weiß- und Graudünen, A = Ordnungscharakterarten der Strandhaferdünen (AMMOPHILETALIA), G = Verbands-Charakterarten der Schillergrasrasen (KOELERION GLAUCAE), F = Ordnungs-Charakterarten der Sand-Trockenrasen. Einige Arten mit geringer Stetigkeit wurden weggelassen.

Leymus (syn. Elymus) *arenarius* an, das in der Sandakkumulation weit effektiver als die dürren Queckenhorste ist. Der Strandroggen gedeiht auch auf niedrigen Weißdünen und an halbruderalen Standorten. In übersandeten Spülsäumen können manchmal auch andere Pflanzenarten die Bildung von niedrigen Primärdünen einleiten, so *Cakile maritima*, *Salsola kali*, *Puccinellia maritima* oder *Agrostis stolonifera* (Heykena 1965).

(b) Die Strandhafer-Gesellschaft (Elymo-Ammophiletum) charakterisiert die bewegten **Weißdünen**, in denen fast keine sichtbare Kohlenstoffanreicherung im Boden die weiße Farbe des Sandes trübt (s. Tab. 12–2). Der stärker nährstoffbedürftige und salztolerantere *Leymus arenarius* kennzeichnet den Übergang von der Primär- zur Weißdüne, also eine frühe Phase der Bodenbildung. Der Strandhafer (*Ammophila arenaria*) herrscht dagegen auf hohen Weißdünen (s. Abb. 12–9). Oft gesellt sich der Baltische Strandhafer (× *Calammophila baltica*) hinzu, ein Bastard zwischen *A. arenaria* und *Calamagrostis epigejos*. Dieser wird vom Küstenschutz wegen seiner guten Wüchsigkeit heute bevorzugt gepflanzt. Als charakteristische Arten sind weiterhin *Eryngium maritimum* und *Sonchus arvensis* subsp. *uliginosus* zu nennen. Trotz der recht hohen Stickstoffnachlieferung der Weißdüne (s. Kap. 12.5.1) ist die typische Strandhafer-Gesellschaft artenarm, weil die Sandverwehungen für die meisten Pflanzen zu stark sind. Erst im Übergang zur Graudüne nimmt die Artenzahl entschieden zu.

Die Pflanzengesellschaften der bewegten Primär- und Weißdünen werden pflanzensoziologisch zwei verschiedenen Klassen zugeordnet. Die Strandhafer-Dünengesellschaften der Klasse AMMOPHILETEA umfassen bei uns die einzige Ordnung AMMOPHILETALIA mit dem Verband AMMOPHILION. Hierzu gehören die von der Binsen-Quecke und dem Strandhafer aufgebauten Dünengesellschaften. In die mehr nördlich verbreitete Klasse HONCKENYO-ELYMETEA (Strandroggen-Gesellschaften) mit der Ordnung HONCKENYO-ELYMETALIA und dem Verband HONCKENYO-ELYMION (= AGROPYRO-RUMICION Nordh. 1940) werden die vom Strandroggen (Leymetum arenariae), vom Meerkohl (Crambeetum maritimae) und der Salzmiere (*Honckenya peploides*-Ges.) aufgebauten Gemeinschaften gestellt. Viele Autoren verzichten auf die Trennung der beiden Klassen (z. B. Pott 1995), weil beide in Mitteleuropa ökologisch sehr ähnliche Gesellschaften umfassen.

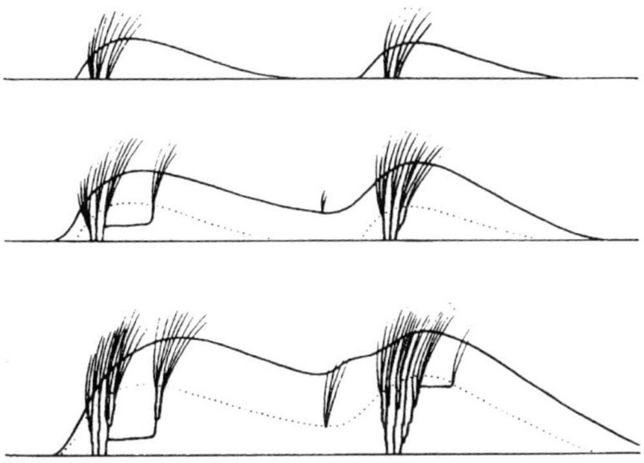

Abb. 12–9 Entwicklung von Strandhaferdünen, schematisch. *Ammophila* bildet bei Übersandung Rhizom-Stockwerke. Nach Paul (1944).

12.3.1.3 Grau- und Braundünen

(a) Direkt hinter dem Bereich der maximalen Sandüberwehung der Weißdüne, meist an der Leeseite der Düne, ändert sich das Mikroklima rasch. Es erfolgt der Übergang zur **Graudüne** mit nur noch geringer Sandzufuhr und fortschreitender Bodenreifung, die sich anfangs durch Graufärbung, später Schwarzfärbung des Oberbodens anzeigt. Zunächst harren die Partner des Elymo-Ammophiletum noch aus. Sie werden aber in der Rotschwingel-Strandhaferdüne von dem Sand-Rotschwingel (*Festuca rubra* subsp. *arenaria*) und anderen niedrigen Rasenbildnern wie dem Silbergras und der Sandsegge sowie mesomorphen Kräutern wie *Hieracium umbellatum*, *Lathyrus maritimus* und *Oenothera ammophila* unterwandert, sodass Deckungsgrad und Artenzahl beim Elymo-Ammophiletum festucetosum arenariae größer sind als in der typischen Strandhafer-Gesellschaft (s. Tab. 12–2 u. Abb. 12–10). Diese Arten zeigen hier im Lee der Weißdüne die abnehmende Belastung durch Wind und Sandbewegung an; der Rasen erinnert in der Struktur an die Trocken- und Halbtrockenrasen der Klasse KOELERIO-CORYNEPHORETEA (s. Kap. 18.3.2).

Mit nachlassender Sandzufuhr blüht der Strandhafer nicht mehr, kümmert zunehmend und gibt den Raum für die Schillergrasfluren der Graudüne (Verband KOELERION ALBESCEN-

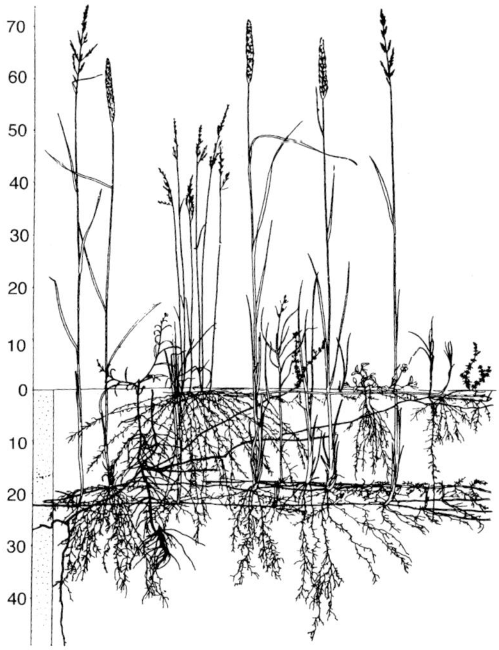

Abb. 12–10 Querschnitt durch einen Graudünenrasen auf dem Darß (Elymo-Ammophiletum festucetosum). Nach Fukarek (1961).
Von links nach rechts: *Calamagrostis epigejos, Ammocalamagrostis baltica, Hieracium umbellatum* var. *stenophyllum, Festuca rubra* subsp. *arenaria, A. b., Carex arenaria, Galium verum, A. b., Viola tricolor* subsp. *curtisii* usw. An der Lage der Rhizome lässt sich eine Übersandung ablesen.

TIS, vgl. Kap. 18.3.3.2) frei. Solange der Sand noch Spuren von Kalk enthält oder gelegentlich von Einwehung profitiert, können in diesen offenen Beständen basiphile Arten wie *Koeleria arenaria* oder *Phleum arenarium* leben, die an offene, kalkhaltige Sande gebunden sind und bei niedrigen pH-Werten ihre Konkurrenzkraft verlieren. Eine charakteristische Gesellschaft der noch kalkhaltigen Graudünen ist das Tortulo-Phleetum arenarii (Sandlieschgras-Gesellschaft), die mit dem Elymo-Ammophiletum eng verzahnt ist und durch das Sandlieschgras und das Sternmoos (*Tortula ruraliformis*) gekennzeichnet ist. In den Küstendünen der west- und ostfriesischen Inseln findet man alle Übergänge zwischen KOELERION ALBESCENTIS- und CORYNEPHORION-Gesellschaften. Auf den kalkarmen nordfriesischen Inseln fehlt die Sandlieschgras-Gesellschaft.

Die Graudünen beherbergen eine Vielzahl von Pflanzengesellschaften vor allem der Sandmagerrasen (FESTUCO-SEDETALIA ACRIS), von denen hier nur die wichtigsten genannt werden können. Zu ihnen gehören das durch Beweidung geförderte Festuco-Galietum veri (Schafschwingel-Labkrautrasen), das dem Agrostio-Poetum humilis (Straußgras-Dünenrasen) nahesteht und als bezeichnende Arten *Festuca filiformis* (syn. *F. tenuifolia*), *Poa pratensis, Agrostis capillaris* und *Galium verum* beherbergt. Weiterhin sind zwei monodominante Gesellschaften zu nennen, die Sandseggen-Bestände (*Carex arenaria*-Ges.) und die Kaktusmoos-Polster (*Campylopus introflexus*-Ges.). Auf beide wird in den Kapiteln 12.5.2 und 12.6.1 näher eingegangen.

Die dominierende Pflanzengesellschaft der Graudünen an der Nordseeküste ist aber das Violo dunensis-Corynephoretum canescentis, eine offene, teils moos- oder flechtenreiche Pioniergesellschaft in meist südlicher Exposition auf nährstoffarmen, bereits versauerten Sanden (s. Tab. 12–2). Die Meerstrand-Silbergras-Gesellschaft ist das ozeanische Pendant der Frühlingsspark-Silbergras-Gesellschaft (Spergulo-Corynephoretum canescentis) der Binnendünen. Sie entwickelt sich im westlichen Wattenmeer bei fortschreitender Entkalkung aus dem Tortulo-Phleetum arenarii oder, insbesondere in den kalkarmen Dünen des nördlichen Wattenmeeres, aus dem Elymo-Ammophiletum festucetosum. Silbergrasfluren vermögen sehr kalkarme Flugsande zu besiedeln und sie bei Störungen wieder zur Ruhe zu bringen. Man findet sie deshalb vor allem in den Windanrissen älterer Dünen. Doch treten sie in Fragmenten überall dort auf, wo der Sandboden vorübergehend gestört wurde. In der Pionier-Ausprägung auf offenen Flugsandfeldern dominieren *Corynephorus canescens* und *Carex arenaria* (Violo-Corynephoretum typicum); in der flechtenreichen Ausprägung herrschen *Cladonia-, Cetraria-* und *Coelocaulon*-Arten (Violo-Corynephoretum cladonietosum, Pott 1995). Eine detaillierte synsystematische Darstellung der Silbergrasfluren der südlichen und östlichen Nordseeküste gibt Biermann (1999).

Im Sandlieschgras- wie im Silbergrasrasen herrschen statt der wuchsstarken Rhizomgeophyten aus den Weiß- und Primärdünen Hemikryptophyten, die den Sand nur in verhältnismäßig flacher Schicht, aber nach allen Seiten mit ihren Wurzeln durchziehen (s. Abb. 12–11). Daneben gedeihen aber auch Arten mit tief rei-

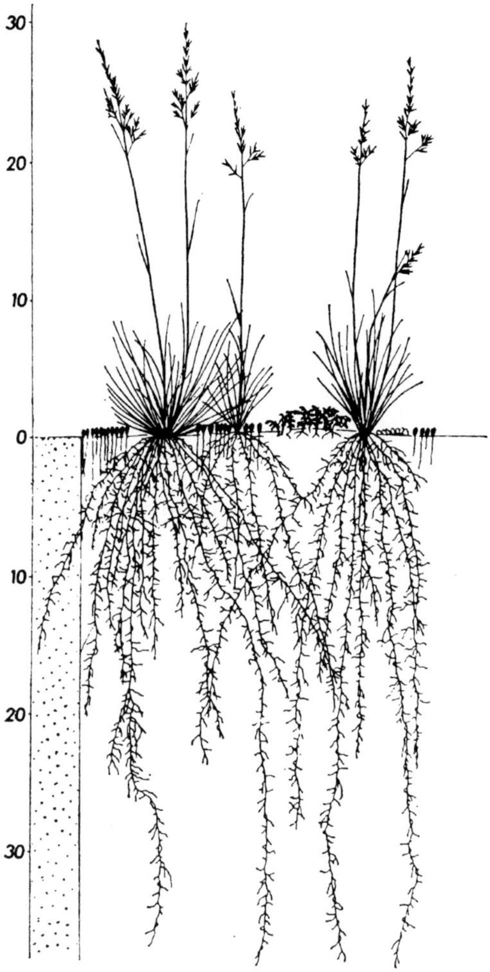

Abb. 12–11 Querschnitt durch eine flechtenreiche Silbergrasflur (Corynephoretum canescentis cladonietosum) auf dem Darß. Nach Fukarek (1961).
Von links nach rechts: *Polytrichum piliferum, Corynephorus canescens, Cladonia arbuscula, C. c, Cladonia foliacea, P. p.* In älteren Beständen derselben Gesellschaft herrschen Flechten vor, wenn keine Sandzufuhr mehr erfolgt. Man beachte das tief reichende und fein verzweigte Wurzelwerk.

chender Pfahlwurzel, z. B. Korbblütler wie *Leontodon saxatilis*. Alle Partner der beiden genannten Kleingrasrasen sind mehr oder minder skleromorph, was vor allem mit dem Stickstoffmangel und der Trockenheit zusammenhängen dürfte. In Trockenperioden kann der Boden von Graudünen-Südhängen bis auf den Welkepunkt austrocknen (Ernst 1991). Auch für die ruhende Düne bleibt der Wind ein wesentlicher Standortfaktor, zumal jede Verletzung des lockeren Pflanzenbestandes den lose geschichteten Sand erneut in Bewegung bringen kann. Sind solche Verletzungen häufig, so siedeln sich vor allem Silbergras-Horste an

Kryptogamen können sich auf den Küstendünen erst im Schutz der Kleingrasrasen der Graudünen halten. Weder Flechten noch Moose vertragen es, rascher vom Wind verschüttet zu werden, als sie emporwachsen. Am ehesten sind orthotrope und dichtrasige Laubmoose in der Lage, den Sand zu durchwachsen. Wie schon Warming (1907) zeigte, binden sie den Sand mit ihren Rhizoiden. Auf den jüngeren Graudünen bildet nach Koppe (1969) das Sternmoos (*Tortula ruralis*, insbesondere die subsp. *calcicolens*) häufig ausgedehnte Rasen (s. Tab. 12–2). Auf stärker entkalkten Dünen ist vor allem *Racomitrium canescens* anzutreffen. Beide tragen wesentlich zur Humusbildung auf den Dünen bei. Bemerkenswert ist die hohe Artenvielfalt von Erdflechten; allein in den dänischen Dünen kommen rund 300 Arten vor (Alstrup in Biermann 1999). Flechten und Moose bilden oft eine fast geschlossene Schicht unterhalb der spärlichen Phanerogamen. Kontrastreich stehen weiße Thalli von *Cladonia alcicornis* neben schwarzbraunen von *Coelocaulon aculeatum*. Bemerkenswert ist auch das Auftreten einiger sonst epiphytischer Flechten auf der Erdoberfläche: *Platismatia glauca*, *Ramalina farinacea*, *Usnea subfloridana* u. a. (Westhoff 1991), in wenig versauerten Dünen auch von *Hypogymnia physodes* und *Evernia prunastri*. Auf diese Kryptogamen-Gesellschaften wird im Kapitel 12.3.4.2 b näher eingegangen.

(b) Wenig bewegte Sande, bevorzugt in Nordexposition, besiedelt häufig die Krähenbeere (*Empetrum nigrum*). Aus der Graudüne wird die **Braundüne**. Der Name Braundüne wurde von der einsetzenden Verbraunung der Böden durch Ablagerung des Eisen(III)-Hydroxids Goethit (FeO(OH)) abgeleitet. Diese bleibt allerdings in den eisenarmen Dünensanden häufig aus. *Empetrum* verträgt Übersandung recht gut (Lötschert 1968, Barendregt 1982) und wird nach Heykena (1965) durch diese sogar im Wachstum gefördert. Empfindlich reagiert sie auf Freilegung des Wurzelwerks in bewegtem Sand. Ihre Beeren werden zwar von Vögeln transportiert, aber die Krähenbeerenteppiche breiten sich überwiegend vegetativ aus. *Empetrum* bildet dann dichte Bestände mit einem luftfeuchteren Innenklima. Vermutlich weil dieser boreal-atlantische Zwergstrauch gegen Trockenheit relativ empfindlich ist, besiedelt er auf den west- und ostfriesischen Inseln bevorzugt Nordhänge und gedeiht auch gut im Schatten von Bäumen. Im kühleren Nordfriesland finden sich *Empetrum*-Heiden auch auf Südhängen. Krähenbeeren sind empfindlicher gegen Tritt als die anderen Dünen-Ericaceen *Calluna vulgaris* und *Erica tetralix* (Hylgaard & Liddle 1981). Durch den Tritt von Weidetieren, hohe Kaninchendichten und damit verbundene Störungen und auch Brand wurde die Krähenbeere in den vergangenen Jahrhunderten auf den Nordseeinseln stark zurückgedrängt.

Heute sind Krähenbeerenheiden (Hieracio-Empetretum, verwandte Gesellschaften werden auch als Carici-Empetretum oder Polypodio-Empetrum bezeichnet) zusammen mit den Silbergrasfluren die landschaftsprägenden Vegetationstypen der Grau- und Braundünen-Landschaften. Neben der dominanten Krähenbeere treten vor allem *Carex arenaria*, *Salix repens* und *Polypodium vulgare* mit hoher Stetigkeit auf. Das Hieracio-Empetretum entsteht aus Silbergrasfluren durch Etablierung von Krähenbeeren-Jungpflanzen oder seitliche Ausdehnung bestehender Polster. Findet keine Übersandung mehr statt, kann die Besenheide die Krähenbeere verdrängen (Heykena 1965). Festliegende Sande mit Humusanreicherung tragen dann ein Genisto-Callunetum, das häufig aus alternden Krähenbeeren-Beständen hervorgegangen ist.

12.3.1.4 Buschdünen und Dünenwälder

Auf den mäßig kalkreichen west- und ostfriesischen Inseln geht das Elymo-Ammophiletum häufig unmittelbar in eine sandanhäufende Buschgesellschaft über. Dieses Sanddorn-Dünenweidengebüsch (Salici-Hippophaetum rhamnoides, Verband SALICION ARENARIAE, s. Kap. 26: Nr. 6.6.1.1) besiedelt vor allem die Leehänge der Weißdünenrücken (s. die anschaulichen Vegetationskarten von Tüxen 1956c, Wiemann & Domke 1967 und Petersen et al. 2003). Im Windschutz wird der Sanddorn bis zu 2 m hoch, während die Dünen-Kriechweide (*Salix repens* subsp. *dunensis*; syn. *S. arenaria*) selten mehr als Kniehöhe erreicht. Sie ist aber wind- und übersandungsfester als ihr Partner und wagt sich bis auf die höchsten Kuppen vor, die sie selber zu bilden hilft. Dort sehen ihre Zweige oft wie geschoren aus und sterben in trockenen Jahren ab, zumal der Wind salzig ist, wenn er stürmisch vom Meer her weht.

Wie Paul (1953) auf der Kurischen Nehrung nachwies, keimt *Salix repens* mit Vorliebe auf durchfeuchtetem, aber nacktem Sand. In niedrigen Dünengebieten gibt es solche Standorte nur in den frisch ausgeblasenen Tälern. Am Fuße größerer Dünen, in denen sich aus dem versickerten Niederschlagswasser Grundwasser bilden kann, wird die Ansiedlung von *Salix* durch Fließsandaustritte begünstigt. Auch *Juncus balticus*, die Braun-Blanquet & De Leeuw (1936) als häufigen Begleiter der feuchten Kriechweidengebüsche erwähnen, siedelt sich auf der Kurischen Nehrung mit Vorliebe in solchen Treibsandstreifen an. Da die Kriechweide Sandüberschüttungen leicht durchwächst, bildet sie Dünen, die bis zu 10 m hoch werden können und ihren grundwassernahen Ursprung nicht mehr ahnen lassen. Man muss Paul (1953) also wohl recht geben, wenn er die Weiden-Buschdünen im Gegensatz zu Braun-Blanquet & De Leeuw nicht als Stadium der normalen Dünensukzession ansieht.

Junge Sanddorn-Weidengebüsche deuten darauf hin, dass der Dünensand noch nicht oder höchstens oberflächlich entkalkt wurde. Ihre Begleiter erinnern an die Kleingras-Gesellschaften der Graudünen. Der ruhende Sand wird jedoch bald ausgelaugt und im Halbschatten der Büsche von säureholden Waldmoosen wie *Dicranum scoparium*, *Hylocomium splendens*, vor allem aber von *Hypnum cupressiforme* und neuerdings von *Campylopus introflexus* besiedelt. Auch größere Sauerhumuspflanzen stellen sich ein, z. B. *Polypodium vulgare*, *Pyrola rotundifolia* subsp. *maritima*, *Veronica officinalis* und *Hieracium umbellatum*. Schließlich entsteht ein Tüpfelfarn-Dünenweidengestrüpp (Polypodio-Salicetum arenariae) mit waldähnlichem Unterwuchs. Alternde Sanddorngebüsche werden von *Epilobium angustifolium* und *Sambucus nigra* durchdrungen (Hippophae-Sambucetum nigrae, Pott 1995; s. Abb. 12–16) und sind reich an Nitrophyten wie *Rubus caesius*, *Urtica dioica*, *Galium aparine* und *Solanum dulcamara*.

Auf trockenen, südexponierten Grau- und Braundünen der Nordseeinseln tritt stellenweise die verbissempfindliche Dünenrosen-Gesellschaft (Roso pimpinellifoliae-Salicetum arenariae) mit der weiß blühenden Bibernellrose als Pionier der Buschdünen-Bildung auf. In feuchten Dünentälern bereichern Wintergrün-Arten die Kriechweidengebüsche (Pyrolo-Salicetum repentis) (s. Abb. 12–5). Moose wie *Calliergonella cuspidata* und *Drepanocladus*-Arten sowie *Hydrocotyle* und andere Nässezeiger deuten darauf hin, dass das Grundwasser durchschnittlich nur etwa 45–50 cm und zeitweilig noch dichter unter der Oberfläche des stark humosen bis anmoorigen Sandbodens steht. Diese Gebüsche leiten zu den Gesellschaften der Dünentäler über (s. Kap. 12.3.1.5).

Da die ostfriesischen Inseln relativ rasch von Westen nach Osten wanderten, sind ihre Dünen alle noch verhältnismäßig jung (Tüxen 1956c, Gessner 1957, Streif 1990; s. Abb. 12–3). Zudem waren diese Inseln im Verhältnis zu ihrer Größe stets dicht besiedelt, sodass sich hier nur ausnahmsweise eine Weiterentwicklung vom Dünenbusch zu eigentlichen Wäldern anbahnen konnte. Auf holländischen Dünen lassen sich nach Westhoff (1952), van der Maarel et al. (1985) und Westhoff & van Oosten (1991) dagegen zahlreiche Gesellschaften unterscheiden, an denen Busch- und Baumarten beteiligt sind. In den Gebüschen spielen neben den schon erwähnten *Hippophaë* und *Sambucus* auch *Crataegus monogyna* und *Ligustrum vulgare* eine Rolle (Pott et al. 1999). Besonders gut lässt sich das Vorrücken von Dünengebüschen und Dünenwäldern in den kalkreichen Dünen der westlichen Niederlande und auf einigen ostfriesischen Inseln verfolgen (van der Maarel et al. 1985, Isermann & Cordes 1992). Die rasche Sukzession ist sicherlich nicht allein eine Folge des nachlassenden Verbisses durch das Vieh, sondern wird auch durch die Ausbreitung des stickstoffbindenden Sanddorns sowie atmosphärische N-Einträge gefördert.

Pionierbaumarten sind häufig *Betula pubescens* und *B. pendula* sowie *Populus tremula*, lokal auch *Sorbus aucuparia*. Später beteiligt sich *Quercus petraea* und vor allem *Quercus robur* an der Baumschicht. Die Stieleiche selbst ist in der Lage, als Pionierbaum in die Dünen vorzudringen (Lawesson & Wind 2002). Die Sukzession tendiert auf den west- und ostfriesischen Inseln auf trockenen Dünensanden zunächst zu grasreichen Pioniergebüschen und vorwaldartigen, bodensauren Birken- und Birken-Eichenwäldern (*Betula pubescens*-Ges., Empetro-Betuletum carpaticae, *Quercus robur*-Ges. u. a.; Pott et al. 1999), denen noch viele kennzeichnende Krautschichtarten des QUERCION ROBORIS fehlen. Nach Lawesson & Wind (2002) ist auch die Kiefer in den atlantisch geprägten Dünenwäldern an der Nordsee von Natur aus beteiligt. In feuchten Dünentälern können sich hochwüchsige Weidengebüsche aus *Salix cinerea* mit Beteiligung von *S. repens* etablieren, bei ausreichender Nährstoffversorgung mancherorts auch Schwarzerlenbrüche (Stortelder et al. 1999).

Früher wurde häufig daran gezweifelt, dass sich die Küstendünen von Natur aus bewalden könnten. Bis heute blieben die nordfriesischen Dünen nahezu baumfrei (Neuhaus 1990). Angesichts der vielen gelungenen Aufforstungsversuche und der Expansion baumförmiger Neophyten (z. B. *Prunus serotina* in Nordfriesland) wird aber heute kaum noch bestritten, dass trotz der heftigen Winde ein Baumwuchs möglich sei. Man weiß auch, dass auf norwegischen Schären Birken bis nahe an das windgepeitschte, salzübersprühte Ufer vorrücken und in Stromlinienform ansteigende Wäldchen bilden (Wassen 1965). Als Keimzellen der natürlichen Dünenbewaldung fungieren in den Küstendünen die feuchten Dellen und Täler. Wahrscheinlich limitiert vor allem das Fehlen von Samenbäumen die Ansiedlung von Holzgewächsen auf den trockenen Dünen der Nordsee. Hinzu kommt die Gefahr einer Übersandung und von Wasserverknappung in den oberflächlich trockenen Sanden. Nicht zu unterschätzen ist schließlich der Einfluss von Verbiss durch Rehe und Kaninchen, die auf manchen Inseln in sehr hohen Dichten vorkommen.

12.3.1.5 Dünentäler

(a) Wenn die Täler zwischen zwei Dünenzügen bis zum Grundwasserspiegel hinabreichen, stellt sich ein Mosaik aus Vegetationstypen ein, die überwiegend von Phreatophyten geprägt werden, also Pflanzen, die an hoch stehendes Grundwasser angepasst sind. **Dünentälchen-Gesellschaften** sind oft reich an Gefäßpflanzen und Moosen und enthalten eine Vielzahl von seltenen und gefährdeten Arten (Grootjans et al. 1995). Noest et al. (1989) fanden 346 Arten (einschließlich Moosen) in den Dünentälern von Voorne in der Rheinmündung. Manchmal werden mehr als 40 Arten pro m² gezählt (van der Maarel & Leertouwer 1967). Die hohe Artenvielfalt lässt sich zum einen auf die immer wieder auftretenden Störungen durch Überflutung zurückführen („intermediate disturbance hypothesis", Connell 1978), zum anderen auf das oft kleinräumig differenzierte Wasserregime, das viele ökologische Nischen auf kleinem Raum bietet (Lammerts et al. 1995). Boorman et al. (1997) nennen rund 60 Höhere Pflanzen, die für nordwesteuropäische Dünentäler charakteristisch sind, unter ihnen viele kleinwüchsige Cyperaceen und Juncaceen. Nur ein Teil von ihnen gehört zu den obligaten Phreatophyten (s. Kap. 12.4.4), die Mehrzahl betrifft nicht-obligate Phreatophyten oder Pflanzen der benachbarten trockenen Dünen. Die meisten Arten sind kleinwüchsig und konkurrenzschwach.

Die Ausprägung der Pflanzengesellschaften der Dünentälchen wird vor allem durch die Höhe des Grundwasserspiegels und dessen jahreszeitliche Fluktuation bestimmt. Dünentäler in Strandnähe führen oft Brackwasser, während strandfernere Tälchen durch Süßwasser beeinflusst werden, das in den Dünen versickert. Der Wechsel zwischen niederschlagsarmen und -reichen Jahren führt zum periodischen Trockenfallen der Kleinstgewässer und bedingt ausgeprägte Fluktuationen in der Artenzusammensetzung (van der Laan 1979). Weitere einflussreiche Faktoren sind das Alter des Talbodens, der Kalkgehalt sowie der Nährstoffstatus des Bodens. Obwohl auch Schwimmpflanzen-, Röhricht- und Gebüsch-Gesellschaften eine Rolle spielen, sollen hier insbesondere die kleinwüchsigen amphibischen Strandlings- und Zwergbinsenfluren der Klassen ISOËTO-NANOJUNCETEA und ISOËTO-LITTORELLETEA behandelt werden, da sie für feuchte Dünentäler so charakteristisch sind.

Pioniergesellschaften auf unbewachsenen, kalkhaltigen Schlammböden in brackigen bis ausgesüßten Tälern sind die Salzbungen-Gesellschaft (Samolo-Littorelletum) mit den Helophyten *Ranunculus flammula*, *Littorella uniflora*, *Mentha aquatica*, *Carex oederi*, *Hydrocotyle vulgaris* und *Juncus anceps*, sowie auf wechselfeuchten, kalkfreien Böden die sehr seltene Zindelkraut-Gesellschaft (Cicendietum filiformis) mit *Cicendia filiformis*, *Radiola linoides*, *Anagallis minima* und *Juncus pygmaeus* (Petersen 1999). Letztere Gesellschaft bildet einjährige Zwergrasen auf nährstoff- und humusarmen Sand- und Lehmböden, manchmal vergesellschaftet mit *Isolepis setacea* und *Sagina procumbens* oder mit *Juncus bulbosus*-Beständen. Oft mischen sich Arten trockener Böden unter die Sumpfpflanzen, darunter *Carex arenaria* oder *Leontodon saxatilis*. Die genannten Pioniergesellschaften verschwinden bald, wenn wiederkehrende Störung ausbleibt, weil sie von produktiveren Vegetationstypen überwachsen werden. Regelmäßiges Plaggen von Feuchtheiden hat sich zur Erhaltung dieser bedrohten Lebensgemeinschaften bewährt.

(b) Bleibt eine Störung aus, können sich die offenen Schlammboden-Pionierrasen zu **Kleinseggensümpfen** (SCHEUCHZERIO-CARICETEA NIGRAE) weiterentwickeln (Westhoff 1991). Dies sind in kalkarmen, versauerten Dünentälern Sümpfe der Dreinervigen Segge (Caricetum trinervi-nigrae), in denen neben der namengebenden *Carex trinervis* auch Arten der Braunseggensümpfe (*Carex nigra*, *Calliergon-*, *Drepanocladus-* und *Sphagnum*-Arten, *Eriophorum angustifolium* u. a.) und auch *Salix repens* auftreten. In basenreichen Dünentälchen geht die Entwicklung in Richtung Kalkflachmoor-Gesellschaften, die die seltene subatlantisch-präalpine Orchidee *Liparis loeselii* beherbergen können. Die Bestände des Schwarzen Kopfriedes (Junco baltici-Schoenetum nigricantis) stehen häufig unter Brackwassereinfluss bei stark schwankenden Wasserständen. Außer den Horsten von *Schoenus nigricans* finden sich in dieser Gesellschaft zahlreiche seltene Arten wie *Dactylorhiza incarnata*, *Epipactis palustris*, *Pedicularis palustris*, *Eleocharis quinqueflora*, *Juncus balticus* und kennzeichnende Moose (*Pellia endiviifolia*, *Aneura pinguis*, *Bryum pseudotriquetrum* u. a., Westhoff 1991). Grundwasserabsenkung und Versauerung können beide Gesellschaften in die feuchte Krähenbeeren-Glockenheide (Empetro-Ericetum) oder höherwüchsige Gebüsche der Kriech- und Grauweide überführen. Die Glockenheide bildet zusammen mit der Krähenbeere und der Kriechweide im Empetro-Ericetum dichte Bestände, in denen mancherorts *Drosera rotundifolia* und *Lycopodiella inundata* vorkommen, wenn offene Stellen vorhanden sind (Neuhaus 1990). Bei einem mittleren Grundwasserabstand von 30 cm kommt es im Winter häufig zu Überflutungen (Petersen et al. 2001).

Auf die Vegetation brackiger und ausgesüßter Dünentümpel des westlichen Wattenmeeres gehen Westhoff (1991) und Westhoff & van Oosten (1991) näher ein.

12.3.1.6 Felsküsten

Felsküsten kommen in Mitteleuropa nur auf den Buntsandsteinfelsen der Nordseeinsel Helgoland sowie den Kreidefelsen von Rügen und Moen vor. Für die helgoländer Felsen besonders charakteristisch ist die Klippenkohl-Gesellschaft (Cardario drabae-Brassicetum oleraceae) mit *Brassica oleracea* subsp. *oleracea*, der Wildform unserer Kohlsorten, und der neophytischen Pfeilkresse (*Cardaria draba*). Auf grobem Gesteinsschutt mit wenig Feinerde stellt diese Gemeinschaft eine Pionier-Dauergesellschaft dar, in der sich Ruderalpflanzen mit halotoleranten Sippen der Küste mischen (Dierschke & Walbrun 1986, Walbrun 1988).

12.3.2 Ostsee-Küstendünen

An der deutschen und polnischen Ostseeküste wechseln sich Steilküsten mit Uferabbruch und Anlandungsküsten mit Sandbänken, Strandwällen und Nehrungen mit Dünenbildung ab. Die Vegetation von Spülsaum, Primärdüne und Weißdüne zeigt grundsätzlich Ähnlichkeit zu jener der Nordseedünen. Wie in den Salzrasen der Ostseeküste fallen jedoch am **Strand** bezeichnende salztolerante Arten gen Osten aus. So sind das Atriplicetum littoralis und das Agropyretum juncei auf der polnischen Leba-Nehrung nur noch fragmentarisch vertreten (Wojterski 1978). Vor allem auf Geröllstrand kommt die Meerkohl-Gesellschaft (*Crambe maritima*-Ges.) vor (Eigner 1973). Aufgrund des geringeren Salzgehaltes beteiligen sich zudem *Ammophila* und weiter im Osten auch *Leymus arenarius* wesentlich an der Primärdünenbildung (s. Abb. 12–12). In den **Weißdünen** der südlichen Ostseeküste besitzt ×*Calammophila baltica* eine größere Bedeutung als an der Nordsee; der Bastard ist im Elymo-Ammophiletum mehr als doppelt so häufig wie dessen Elter *Ammophila*. Zudem beteiligen sich einige subkontinental verbreitete Arten wie *Petasites spurius*, *Helichrysum arenarium*, *Artemisia campestris* und *Chondrilla juncea* an den Dünengesellschaften (Möller 1975, Isermann 1997).

Abb. 12–12 Primärdüne an der Ostseeküste mit *Leymus arenarius* und *Sonchus arvensis*.

Die **Graudünen** werden zum einen von subatlantisch geprägten Silbergras- und Sandrasen-Gesellschaften (Violo-Corynephoretum, Festuco-Galietum veri, Thymo-Festucetum ovinae und *Carex arenaria*-Ges.) besiedelt, die in ähnlicher Ausprägung auch an der Nordsee vorkommen (s. Tab. 12–3). Allerdings fehlt das basiphile Tortulo-Phleetum an der Ostseeküste weitgehend. Im Unterschied zur Nordsee treten in den Ostsee-Graudünen aber verschiedene Sandsteppen-Gesellschaften mit subkontinental-kontinentaler Prägung neben die vom Silbergras charakterisierten, säureertragenden Kleingras-Gesellschaften (Hundt 1985). Diese, den kontinental-subkontinentalen Sandsteppenrasen (Festuco-Sedetalia acris) zugehörigen Gesellschaften (darunter das Helichryso-Jasionetum) erreichen weiter östlich ihre Hauptverbreitung und klingen im Westen in den Dünen von Vorpommern aus. Isermann (1997) nennt für diese blütenreichen Rasen als kennzeichnende Arten *Cardaminopsis arenosa*, *Chondrilla juncea*, *Erigeron acris*, *Artemisia campestris*, *Helichrysum arenarium* und den Dünen-Schwingel (*Festuca polesica*). Letzerer herrscht in manchen östlichen Graudünen anstelle des subozeanisch verbreiteten Silbergrases. Anders als diese deutlich kontinental getönten Graudünen-Gesellschaften haben die zwergstrauchreichen Braundünen der Ostseeküste einen stärker ozeanischen Charakter. Wie an der Nordsee herrschen das Hieracio-Empetretum und das Genisto-Callunetum flächenmäßig vor, wobei Letzteres östlich von Danzig mit zunehmender Kontinentalität ausklingt (Steffen 1931: vgl. Kap. 17.3.2.1.2).

Tab. 12–3 Pflanzengesellschaften der Weiß- und Graudünen der mecklenburg-vorpommerischen Ostseeküste. Nach Berg et al. (2004).

Dünenformation	W.	Gr.	Gr.	Gr.
Laufende Nr.:	1	2	3	4
Zahl der Aufnahmen	519	447	341	244
Gräser und Grasartige				
Ammophila arenaria	52	9	5	19
× Calammophila baltica	71			
Elymus × obtusiusculus	12			
Elymus farctus	24			
Leymus arenarius	59			
Festuca rubra arenaria	41	6	3	14
Festuca rubra rubra	8	5	7	12
Agrostis capillaris		15	64	27
Corynephorus canescens	18	98	35	82
Carex arenaria	42	63	31	52
Anthoxanthum odoratum	2	9	27	22
Bromus hordeaceus		2	20	7
Aira praecox		2	14	5
Holcus lanatus		1	21	8
Deschampsia flexuosa		9	18	10
Festuca ovina (agg.)	3	10	51	9
Übrige Phanerogamen				
Lathyrus maritimus	11			
Cakile maritima baltica	13			
Salsola kali kali	10			
Honckenya peploides	14			
Lactuca tatarica	13			
Cerastium semidecandrum	7	8	27	37
Sedum acre	2	2	16	23
Trifolium arvense		2	31	23
Hypochaeris radicata	12	24	54	55
Artemisia campestris	12	4	21	39
Rumex acetosella		28	62	40
Jasione montana	9	18	26	73
Helichrysum arenarium	5	2	16	53

Dünenformation	W.	Gr.	Gr.	Gr.
Laufende Nr.:	1	2	3	4
Zahl der Aufnahmen	519	447	341	244
Teesdalia nudicaulis		14	14	18
Plantago lanceolata	2	2	31	9
Spergula morisonii		39	5	4
Hieracium pilosella		12	48	41
Achillea millefolium	3	2	50	18
Ornithopus perpusillus		4	14	16
Hieracium umbellatum	24	10	16	30
Galium mollugo		4	24	21
Conyza canadensis		4	12	18
Moose und Flechten				
Ceratodon purpureus	13	31	26	49
Polytrichum piliferum		46	28	30
Dicranum scoparium	4	20	20	22
Cephaloziella divaricata	1	28	6	23
Cladonia aculeata		32	8	12
Cladonia arbuscula		33	6	15
Cladonia fimbriata	4	10	8	28
Cladonia foliacea		28	5	12
Cladonia furcata furcata		20	11	24
Cladonia macilenta		29	1	15
Cladonia pyxidata	2	28	7	32
Cladonia scabriuscula	1	6	6	21
Cladonia subulata	4	24	6	22
Brachythecium albicans	6	5	16	24

Arten mit geringer Stetigkeit wurden weggelassen. Nr. 1: Weißdüne, Strandhaferdüne (Elymo-Ammophiletum arenariae); Nr. 2: Graudüne, Silbergras-Stranddüne (Corniculario aculeatae-Corynephoretum, ähnlich Violo-Corynephoretum); Nr. 3: Graudüne, Schafschwingel-Magerrasen (Thymo pulegioidis-Festucetum ovinae); Nr. 4: Graudüne, Bergsandglöckchen-Magerrasen (Helichryso arenarii-Jasionetum).

Pioniere der **Bewaldung** sind auf den Ostseedünen vor allem Sand- und Moorbirke sowie Kiefer und Zitterpappel, lokal auch Stieleiche und Eberesche (s. Abb. 12–13). In feuchten Dünentälern tritt die Schwarzerle hinzu (Paul 1953, Wojterski 1964, Hundt 1985, Isermann 1997). *Pinus sylvestris* wurde zwar seit Anfang des 19. Jahrhunderts häufig angepflanzt. Doch wäre sie hier wahrscheinlich auch in der natürlichen Dünenlandschaft vertreten (Pyrolo-Pinetum, Empetro-Pinetum; Hundt 1985, Piotrowska 1988). Dünentäler werden vor allem von der Moorbirke besiedelt (Paul 1953). Kiefern wagen sich als windgeformte Krüppel bis auf die Kämme der seenahen Altdünen vor (s. Abb. 12–6). Östlich der Odermündung werden Kiefernwälder nach Wojterski (1964 a u. b) sogar zur zonalen Vegetation auf dem teilweise sehr ausgedehnten alten Dünengelände an der polnischen Ostseeküste; allerdings gingen

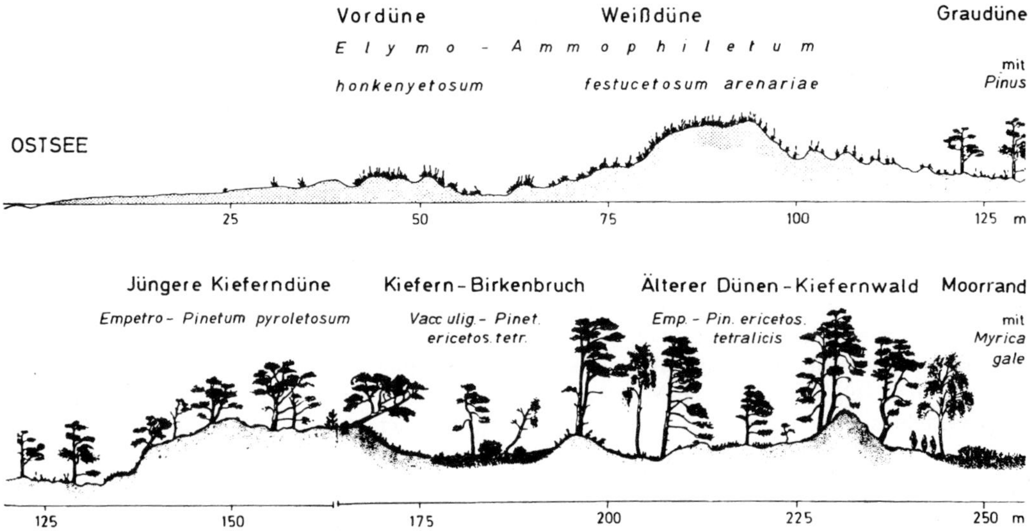

Abb. 12–13 Transekt durch eine Dünenserie mit Krähenbeeren-Kiefernwäldern am polnischen Ostseestrand. Nach Wojterski (1964), etwas verändert.
Im Vergleich zu den Nordseedünen (Abb. 12–5) sind die Dünenrasen artenärmer und weniger mannigfaltig. Die Kiefer leitet sehr bald eine Bewaldung ein, die subkontinentalen Charakter hat. In Küstennahe spielen aber noch ozeanische Arten (wie: *Erica tetralix* und *Myrica gale*) eine überraschend große Rolle. Auch *Calluna-* und *Vaccinium-Arten* sind in diesen lichten Kiefernwäldern häufig. Aus der Zerstörung ähnlicher Dünenwälder gingen die hohen Wanderdünen der Kurischen Nehrung und der Leba-Nehrung hervor (s. Abb. 12–7).

viele Bestände aus Pflanzung hervor. Meist sind diese Dünen-Kiefernwälder reich an Krähenbeeren und unterscheiden sich dadurch von den weiter landeinwärts gelegenen Kiefernwäldern (s. Abb. 12–13).

Weitergehende Angaben über die Vegetation der Dünen und des Strandes an der deutschen und polnischen Ostseeküste sind den Übersichten von Raabe (1950) und Möller (1975) für Schleswig-Holstein, von Libbert (1940), Fröde (1950), Fukarek (1961), Passarge (1962), Passarge & Passarge (1973), Isermann (1996, 1997) und Berg et al. (2001, 2004) für Mecklenburg-Vorpommern und Steffen (1931), Paul (1944, 1953), Piotrowska & Celinski (1965) und Piotrowska (1988) für Polen zu entnehmen.

12.3.3 Vegetationslose Wanderdünen

12.3.3.1 Entstehung der Wanderdünen

Im Mittelalter und in der frühen Neuzeit nahmen Holznutzung und Beweidung auch in den Dünenlandschaften der Nord- und Ostseeküste derart erschreckende Ausmaße an, dass sie zur Entstehung wüstenhafter Wanderdünen führten. Ausgedehnte Wanderdünen bestehen heute noch im russischen Ostpreußen und auf der Leba-Nehrung in Polen (s. Abb. 12–7), in geringerem Umfang z. B. auch auf Sylt und in Jütland. Auf der Kurischen Nehrung, dem größten Wanderdünengebiet Europas, wurden sie von Paul (1944, 1953) gründlich untersucht.

Die Kette der vor 200 bis 300 Jahren entfesselten Sandmassen ist auf der **Kurischen Nehrung** über 80 km lang und 400–800 m breit. Im Durchschnitt erreichten die kahlen Dünen 35 m und maximal sogar 70 m Höhe, während bewachsene Stranddünen nur ausnahmsweise 25 m übersteigen. Soweit die kahlen Dünenberge nicht bereits wieder festgelegt wurden, wandern sie jährlich 3–12 m ostwärts und hinterlassen eine weithin ziemlich ebene, nur wenige Meter über dem Meerespiegel liegende Wanderbahn, die „Palve“. Denn aller nicht durchfeuchtete und nicht von Pflanzen zur Ruhe gebrachte Sand wird an dem etwa 4–12 ° geneigten Westhang der Riesendünen emporgetrieben und am Osthang unter einem Winkel von 30–35 ° hinabgeschüttet.

Bis ins 17. Jahrhundert hinein bedeckte geschlossener Wald den größten Teil der Kurischen Nehrung (s. Abb. 12–13). Er stockte auf alten Parabeldünenfeldern, von denen noch einige nicht von den Wanderdünen verschüttete Reste zu sehen sind. Als eindrucksvolle Waldzeugen treten an der Luvseite der Großdünen Humushorizonte zutage. Selbst an den heute aufgeforsteten Hängen fallen diese alten Waldböden bereits von Weitem durch sichtlich besseren Wuchs der Kiefern auf. Meist liegen mehrere Waldböden in unregelmäßiger Folge übereinander, durch helle, bis zu mehreren Metern mächtige Sandlagen getrennt. Sie sind Zeitzeugen der wechselvollen Dünengeschichte, wie sie z. B. im polnischen Leba-Nationalpark und im russischen Teil der Kurischen Nehrung bei Levkoje zu besichtigen sind.

Noch in der ersten Hälfte des 19. Jahrhunderts war die Kurische Nehrung ein einziges Sandfeld. Die wandernden Dünen begruben Dörfer und Kulturland, ja sie drohten den Hafen von Memel und das Haff zu versanden. Um zunächst die Zufuhr weiteren Sandes zu unterbinden, baute man an der Außenküste mithilfe von Strandhaferpflanzungen einen geschlossenen Dünenwall auf, die sogenannte Vordüne. *Ammophila* verbreitete sich aber nicht auf der Nehrung, ebenso wenig wie *Leymus arenarius*. Beide hielten sich vorwiegend an der Küste, d. h. im Bereich frischer Sandanwehungen. Nur bei sehr starker Verschüttung wächst der Strandhafer ausnahmsweise auch weiter im Inneren. So fand Paul (1944) ihn stellenweise auf dem Kamm der Wanderdünen. Auch auf den weniger hohen, aber ebenfalls eindrucksvollen Wanderdünen im Leba-Reservat kann er sich stellenweise behaupten. Angepflanzter Strandhafer gedeiht auf dem nährstoffarmen Sand in der Regel eher schlecht, sodass er lediglich als mechanisches Hindernis zu dessen Festigung beiträgt.

Die niedrigen Gräser der Silbergras- und Sandschwingelrasen, die man überall auf der von der Wanderdüne wieder freigegebenen Palvenfläche findet, ertragen aber keine rasche Versandung. Um die wandernden Berge zu bändigen, blieb daher nichts anderes übrig, als ihre Luvhänge durch Gitternetze von Reisigzäunen festzulegen, in deren Lücken man Wald- oder Bergkiefern pflanzte. Inzwischen wurde ein großer Teil der Dünen auf diese Weise zur Ruhe gebracht, und auch die Palve ist fast durchgehend aufgeforstet worden. Man kann diese Wiederbewaldung als einen weiteren Beweis dafür sehen, dass weder Wind, Flugsand noch Salzeintrag den Baumwuchs an der Küste unmöglich machen (s. Abb. 12–6).

12.3.3.2 Vegetationsabfolge auf Gegenwällen

Unter Naturschutz gestellt, wandern aber immer noch einige der großen Dünen ostwärts, auf der Leba-Nehrung z. B. durchschnittlich 6 m pro Jahr. Dabei entsteht auf der Kurischen Nehrung an ihrem Westfuß ein System von sogenannten „Gegenwällen". In der 300–900 m breiten Zone, die die Düne seit Beginn ihrer Wanderung wieder freigab, folgen einander etwa 20 parallele Sandwälle von 0,5–2 m Höhe. Ihr Bewuchs fixiert den Sand, der bei Ostwind von der großen Düne heruntergeweht wird, deshalb der Name Gegenwall. Da es Paul (1944) mit verschiedenen Methoden gelang, das Alter der Gegenwälle zu bestimmen, bieten sie eine einzigartige Möglichkeit, die Geschwindigkeit der Graudünen-Sukzession zu ermessen. Zur Ausbildung eines *Festuca rubra arenaria*-Stadiums braucht es hier mehr als 3, aber weniger als 15 Jahre. Ein Violo-Corynephoretum bildet sich etwa in 25 bis 30 Jahren optimal aus. Oft bedecken zunächst Algen die Sandoberfläche als grüne Kruste; Moose und Flechten finden sich jedoch nur selten als Pioniere ein. Erst nach einigen weiteren Jahrzehnten, wenn der Sand ganz zur Ruhe gekommen ist, decken Flechten stellenweise mehr als 25 % der Oberfläche. Sandanrisse, die durch mechanische Verletzungen ausgelöst wurden, begünstigen in den verschiedensten Bewuchsstadien *Carex arenaria* mit ihren langen Rhizomen (s. Kap. 12.6.1). Beweidung oder starker Wildverbiss können zu einem Schafschwingelrasen führen. Doch trifft man diese artenreiche Gesellschaft nur auf den ältesten, mehr als 75 Jahre alten Gegenwällen. Im Ganzen gesehen, verläuft also die Sukzession auf den nährstoffarmen Flugsanden recht langsam. Unter den weniger oligotrophen Bedingungen des Meeresstrandes dagegen dauert es nach übereinstimmenden Beobachtungen von Reinke (1903), Warming (1907), Tüxen & Böckelmann (1957) u. a. nur wenige Jahrzehnte, bis sich auf vorher nacktem Strand Weißdünen mit optimalem Elymo-Ammophiletum entwickeln (s. Kap. 12.5). Junge Holzpflanzen als Waldpioniere fand Paul (1944) auf den Gegenwällen so gut wie gar nicht. Immerhin ist es bemerkenswert, dass sich Kiefernsämlinge vor allem in Moos- und

Flechtenrasen einstellten. Man darf sie wohl als Vorposten eines Flechten-Kiefernwaldes ansehen, der ja auf älteren Dünen im östlichen Mittel- und Nordeuropa ein natürliches Endstadium der Vegetationsentwicklung bilden kann (s. Kap. 12.3.1.4). Ähnliche Gegenwälle auf der Wanderbahn von größeren Dünen gibt es auch auf der Leba-Nehrung und auf Sylt, freilich in viel kleinerem Ausmaß und weniger klar als solche erkennbar.

12.3.4 Vegetation der Binnendünen

12.3.4.1 Entstehung und Verbreitung der Binnendünen

Ältere, von der Seesandzufuhr abgeschnittene Küstendünen sind eigentlich schon zu Binnendünen geworden. Die Parabeldünen, die viele hundert Meter weit ins Hinterland hineinwanderten, unterscheiden sich in ihren Formen nicht mehr von denen tiefer landeinwärts gelegener Sandfelder. Teilweise können sie sogar das gleiche Alter und eine sehr ähnliche Vegetation aufweisen. Trotzdem schien es geraten, sie in ihrem Zusammenhang mit der Meeresküste zu betrachten.

Die Trennung von Küsten- und Binnendünen ist auch floristisch gerechtfertigt. Denn selbst auf den ältesten, bereits entkalkten und von der Frischsandzufuhr völlig abgeriegelten Seedünen findet man noch vereinzelt Arten, die auf Küstennähe hindeuten und dem Binnenland fehlen. All die vielen Spezies, Subspezies, Varietäten oder Formen mit den wissenschaftlichen Namen „*maritima*", „*litoralis*" und dergleichen und den deutschen Vorsilben „Strand-", „Meerstrands-" oder ähnlich lautenden Namen wären hier zu nennen (Beispiele in Tab. 12–2). Die Samen dieser Strandpflanzen werden in so großer Zahl ins Hinterland verfrachtet, dass sie dort immer wieder einmal keimen. Nur *Ammophila* ist kein eindeutiger „Küstenzeiger" mehr, weil sie oft auf Binnendünen verpflanzt wurde. Sie gedieh hier aber nirgends auf Dauer, auch nicht in den kalkreichen Sanden in der Oberrheinischen Tiefebene.

Die meisten Binnendünen sind bereits während der Weichseleiszeit oder im frühen Postglazial entstanden. Jedenfalls stammt ihr Material aus jener Zeit, als die großen Talsandebenen eine nur spärliche Vegetation aufwiesen. Im nördlichen Tiefland, dessen Urströme wenig Kalk führten, waren sie von vornherein kalk- und nährstoffarm. Größere **Binnendünen-Landschaften** liegen in der Regel am östlichen bzw. nordöstlichen Rand der pleistozänen Stromtäler, z. B. entlang des Rheins (Campine und Veluwe) sowie an Ems, Weser, Aller, Elbe, Oder, Netze und Weichsel (Pyritz 1972). Lehrreiche Naturschutzgebiete, in denen noch heute der Sand fliegt, gibt es beispielsweise östlich von Warschau.

Die Flugsande des Binnenlandes stammen aus den breiten Schmelzwasserströmen, die einst allsommerlich für Nachschub sorgten. Mit den herrschenden West- und Südwestwinden wanderten die groben Sande über die nicht mehr überschwemmten Terrassen und breiteten sich teilweise auch auf angrenzenden Moränen aus, während sich der Feinsand und Schluff erst in größerer Entfernung als „Flottsand", „Flottlehm" oder Löss ablagerte. Viele dieser alten Sandfelder sind weithin eben, also nicht mithilfe von festigender Vegetation zu Dünenwällen aufgewachsen. Die markantesten Dünenwälle im Binnenland, die wir heute finden, entstanden aber großenteils erst im Mittelalter, als der Mensch sie ungewollt wieder in Bewegung setzte. Entwaldung und Schafweide waren die Hauptursachen dieser erneuten Sandverstäubungen. Noch bis ins 20. Jahrhundert hinein konnte man die **Bildung von Wehsanden aus Schaftriften** im Emsland und in anderen Heidegegenden beobachten. In der Lüneburger Heide bei Wilsede sind sie – freilich in sehr kleinem Ausmaße – heute noch im Gange.

In der breiten **Oberrheinischen Tiefebene** gibt es ebenfalls ausgedehnte Dünenfelder, insbesondere im mittleren und nördlichen Teil derselben, bei Heidelberg und zwischen Mainz und Darmstadt („Mainzer Sand" u. a.). Im Gegensatz zu den Dünen des altpleistozänen Tieflandes im Norden Mitteleuropas sind die Sande hier aber kalkreicher, weil das Ausgangsmaterial mehr Kalk enthielt und weil dessen Auswaschung noch nicht so weit fortgeschritten ist. Dieser Gegensatz macht sich in der Vegetation so sehr bemerkbar, dass wir beide Gebiete getrennt betrachten müssen. Verglichen mit den Küstendünen der ostfriesischen Inseln oder gar mit den nordwestdeutschen Binnendünen ist die Dünenvegetation der Rheinebene rasenähnlicher und artenreicher. Wir wollen sie deshalb erst in Kapitel 18.3.3.2 c behandeln.

Die dritte dünenreiche Landschaft Mitteleuropas, das **Marchfeld bei Wien**, hat wie die

Rheinebene verhältnismäßig junge und kalkreiche Sande, floristisch aber bereits ausgesprochen südöstliches Gepräge (Fischer 2004). Die Binnendünenvegetation Nordostdeutschlands steht der nordwestdeutschen nahe, doch fehlen ihr einige atlantische Elemente. Sie vermittelt zu den weniger oligotrophen und stärker kontinentalen Dünengesellschaften, wie sie etwa bei Warschau beschrieben wurden (Juraszek 1928). Da es unmöglich ist, im Rahmen dieses Buches auf alle Abwandlungen einzugehen, wollen wir nur die nordwestdeutschen Binnendünen genauer betrachten.

12.3.4.2 Silbergrasfluren und Strauchflechtendecken

(a) Die Sande der Binnendünen im diluvialen Tiefland sind bis in größere Tiefen entkalkt und reagieren mäßig bis stark sauer. Ihre pH (H_2O)-Werte liegen nach Messungen von Krieger (1937) zwischen 3,2 und 4,6, d. h. in demselben Bereich wie bei den bodensauren Wäldern und Heiden. Stickstoff und Basen enthielten diese quarzreichen Dünenböden von vornherein sehr wenig. Infolge ihrer Schluff- und Tonarmut sind sie sehr durchlässig. Wenn sie unbeschattet daliegen, trocknen sie zudem an ihrer Oberfläche rasch aus und werden leicht Spiel des Windes. Einer solchen Häufung ungünstiger Wachstumsfaktoren sind kaum mehr als etwa 25 Phanerogamenarten Mitteleuropas gewachsen. Trotzdem sehen wir gerade Höhere Pflanzen den nackten Sand als erste besiedeln und nicht etwa Flechten oder Moose. Die langsamwüchsigen Kryptogamen stellen zwar geringe Ansprüche an die Wasser- und Nährstoffversorgung, brauchen aber ruhende Substrate, um sich entwickeln zu können, z. B. Felsen, Findlinge, entblößten Rohhumus oder windgeschützt daliegenden Sand. Im entblößten, vom Wind bewegten Wehsand vermögen sie ebensowenig zu gedeihen wie an Orten mit stärkerer Sandanschüttung. Tüxen (1928) hat dies als erster klar erkannt und die **Sukzession auf nordwestdeutschen Binnendünen** übersichtlich dargestellt.

In offenem, aber nicht zu stark bewegtem Flugsand keimen die vom Wind mitgebrachten Samen von *Corynephorus canescens*, wenn es im Spätsommer oder Frühjahr längere Zeit geregnet hat und der Sand bis zur Oberfläche durchfeuchtet ist. Die jungen graugrünen, borstenblättrigen Horste häufen den wandernden Sand zu kleinen Buckeln an, in denen sie sich mehr und mehr bestocken. Zugleich senden sie ihr intensives Wurzelwerk nach allen Richtungen bis in mehr als 50 cm Tiefe (s. Abb. 12–11), sodass sie gut verankert sind und Wasser und Nährstoffe aus einem großen Bodenvolumen schöpfen können. Nach 3 Jahren kann der Silbergrasrasen bereits so dicht geworden sein, dass in ihm sogar gegenüber Verwehung empfindliche Arten Fuß fassen. *Corynephorus* degeneriert dagegen, anscheinend nicht nur infolge zunehmender Konkurrenz, sondern auch, weil er ähnlich wie *Ammophila* bei reichlicherer Sandzufuhr kräftiger gedeiht (s. Kap. 12.4.3).

Schon in der Initialphase der Frühlingsspark-Silbergrasflur (Spergulo-Corynephoretum) des subatlantischen Binnenlandes können einige weitere Phanerogamen vorkommen, namentlich die Frühlingstherophyten *Spergula morisonii* und *Teesdalia nudicaulis*. Diese kleinen, rasch Samen erzeugenden Flachwurzler sind im submediterran-atlantischen Küstengebiet beheimatet und geben den CORYNEPHORION-Gesellschaften des nordwestdeutschen Binnenlandes ein ozeanisches Gepräge (s. Tab. 12–4). An ausdauernden Arten treten vor allem *Carex arenaria* und *Rumex acetosella* auf, deren Samen ebenfalls vom Wind herangetragen und durch leichte Übersandung eingebettet werden. Von den Rändern frischer Anrisse ausgehend, ist die Sandsegge in der Lage, ihre Rhizome bis in 50 cm Tiefe, d. h. in einer selten ganz austrocknenden, aber noch lockeren und gut durchlüfteten Sandschicht, voranzutreiben, während die obersten Lagen des Sandes oftmals völlig austrocknen und gerade in warmen Sommermonaten für Pflanzen unbesiedelbar werden (Tidmarsh 1939). Nur vereinzelt finden sich auch Rosettenpflanzen ein, z. B. *Hieracium pilosella*. In Flussnähe kommt der Segge außerdem zugute, dass sie gegen Überflutungen resistent ist (Moog 1989).

Corynephorus canescens ist nur auf lockeren Sandböden von mehr oder minder stark saurer Reaktion zu finden. Auch in Kulturversuchen wächst es am besten auf saurem Sand, kann aber nach Paul & Richard (1968) ohne Konkurrenten auch auf kalkreichem Sand, ja sogar auf kalkhaltigem Lehm gedeihen. Auch *Rumex acetosella* vermag auf allen Böden gleichmäßig gut zu wachsen und wird nur durch Wettbewerber auf arme Sande ab-

Tab. 12–4 Silbergrasrasen und Strauchflechtendecken auf Binnendünen Nordwestdeutschlands. Nach Tabellen von Tüxen (1937); ökologische Bewertung nach Ellenberg et al. (1992)[2].

	Laufende Nr.:	1	2	3	F	R	N
Gräser und Seggen:							
	Corynephorus canescens	**5**	**5**	3	2	3	2
	Carex arenaria	4	2	1	3	2	2
	Agrostis canina	1	4	2	×	3	2
Da	*Festuca ovina* s. str.?		3	3	×	3	1
Übrige Phanerogamen:							
Cs	*Spergula morisonii*	5	4	3	3	×	2
Cs	*Teesdalia nudicaulis*	3	5	1	3	1	1
	Hypochoeris glabra	2			3	3	1
	Jasione montana	2	3		3	3	2
Cs	*Filago minima*	1	3		2	4	1
	Rumex acetosella	4	5	2	4	2	2
Da	*Hypochoeris radicata*		4		5	4	3
Da	*Hieracium pilosella*		4		4	×	2
	Calluna vulgaris			2	×	1	1
Moose und Flechten[1]							
	Polytrichum piliferum	5		**4**	2	2	–
	Coelocaulon aculeatum	3	2	**5**	3	×	2
Cc	*C. muricatum*		1	2	6	×	2
	Cladonia mitis	3		3	×	×	1
	C. portentosa		2	**4**	×	×	1
Cc	*C. uncialis*			4	5	2	2
	C. gracilis			4	5	3	1
Cc	*C. fimbriata*			4	×	4	1

[1] außerdem in Nr. 3: *Cladonia furcata, floerkeana, glauca, pyxidata, squamosa, zopfii u. a., Dicranum scoparium.*
[2] vgl. Tab. 12–2

Die Moose und Flechten wurden bei der Durchschnittsberechnung nicht berücksichtigt, weil deren Bewertung nach anderen Gesichtspunkten erfolgt ist.

		mF	mR	mN
Nr. 1 u. 2:	**Silbergras-Binnendünen** (Spergulo-Corynephoretum);			
1:	Silbergras-Pionierflur (Sp.-C. typicum) auf bewegtem Sand,	3,0	2,4	1,8
2:	Straußgras-Silbergrasrasen (Sp.-C. agrostietosum) auf ruhendem und ± humosen Sand.	3,5	2,7	2,0
Nr. 3:	**Strauchflechten-Dünendecke** („Sp.-C. cladonietosum", meist heute als Cladonietum mitis aufgefasst) auf ruhendem, sehr trockenem, nährstoffarmen Sand.	>2,9	<2,5	<1,7

Cs = lokale Charakterarten des Spergulo-Corynephoretum,
Da = Differenzialarten des Sp.-C. agrostietosum,
Cc = lokale Charakterarten des Cladonietum mitis; viele weitere Flechten sind als Differenzialarten gegenüber den Silbergras-Gesellschaften zu werten.

Die Sonderstellung der Strauchflechtendecken kommt auch in den extrem niedrigen mittleren Feuchte-, Reaktions- und Stickstoffzahlen zum Ausdruck.

gedrängt. In Neuseeland, wo die Zahl der konkurrenzfähigen Pflanzensippen geringer ist, wurde unser kleiner Sauerampfer dagegen zu einem lästigen Weideunkraut, auch auf fruchtbaren Lehmböden, obwohl er in der Regel nicht mykorrhiziert ist.

Nicht alle Silbergrasrasen leiten eine Primärentwicklung auf Rohboden, d. h. auf humusfreiem Sand, ein. Häufig besiedeln sie auch ehemalige Wald- und Heideböden, die bereits reich an saurem Humus waren, als sie durch Zerstörung ihrer Pflanzendecke in Bewegung gerieten. Die Sukzession zu dichteren Formationen verläuft auf solchen reiferen Böden rascher, beispielsweise im Nürnberger Raum (Hohenester 1967).

Im optimal entwickelten Silbergrasrasen können sich weitere Gräser ausbreiten, namentlich *Agrostis vinealis* (syn. *A. coarctata*, syn. *A. stricta*) sowie *Festuca ovina* subsp. *ovina*. *Hypochaeris radicata*, *Hieracium pilosella*, *Jasione montana* und andere in mageren Trockenrasen verbreitete Pflanzen deuten an, dass der lockere Sandstraußgras-Silbergrasrasen (Corynephoretum agrostietosum bzw. Agrostietum vinealis; s. Tab. 12–4) in einen Sand-Halbtrockenrasen übergehen kann (s. Kap. 18.3.3.2 b). Doch bildet sich ein solcher nur dort typisch aus, wo weidende Schafe die Rasenpflanzen begünstigen und Holzgewächse fernhalten. Dauert der Einfluss weidender Tiere an, so kann auch *Calluna* eindringen. Alle diese Sukzessionsstadien sind durch Nährstoffmangel charakterisiert. Insbesondere ist das Angebot an pflanzenverfügbarem Phosphor im Sandboden gering; dieser Mangel kann nach Atkinson (1973) auch dadurch nicht ausgeglichen werden, dass Phosphor in den Gras- und Heide-Gesellschaften der Dünen sehr schnell umgesetzt wird. Außerdem spielt aber wohl auch

Stickstoffmangel eine Rolle, der heute durch luftbürtige Eutrophierung gemindert wird.

(b) Die ungestörte Weiterentwicklung von Silbergrasrasen kann über ein Hängebirken-Stadium zum Birken-Eichenwald führen. Östlich der Elbe beteiligt sich *Pinus sylvestris* als Pionier eines mehr oder minder kiefernreichen Dünenwaldes. Seit die Kiefer in den nordwestdeutschen und niederländischen Heiden ab etwa 1700 angepflanzt wird, ist sie auch hier der beste Dünenbesiedler und -festiger geworden. Neue Windanrisse verzögern aber die Bewaldung und lassen die Entwicklung wieder von vorne beginnen, besonders dort, wo Vieh oder Mensch den schütter berasten Wehsand immer wieder freilegen. Nach Hesmer & Schroeder (1963) gab es im Amt Meppen (Emsland) um 1780 165 km^2 offene Sandwehen. Etwa 7,5 % der Fläche dieses Verwaltungsbezirkes war also durch übermäßige Schafweide zum Standort von Silbergrasfluren geworden. Heute blieben davon nur noch verschwindende Reste übrig (s. auch Bohn et al. 2000).

Doch selbst auf Flächen, deren Pflanzendecke gar nicht mehr verletzt wurde, bleiben oder blieben doch bis etwa 1950 manche Flugsande jahrzehntelang frei von Jungbäumen, und zwar dort, wo **Strauchflechten** den Boden decken. Oft sind die von braunen *Coelocaulon*-Arten (syn. *Cornicularia*) und grauen, olivgrünen oder bräunlich grauen Cladonien beherrschten Kryptogamenrasen nur wenige cm^2 oder m^2 groß. Sie differenzieren eine Degenerationsphase der Silbergrasflur, das Corynephoretum cladonietosum, von den übrigen Untergesellschaften (s. Tab. 12–4 und Abb. 12–11). Im östlichen Nordwestdeutschland und in Brandenburg können die Strauchflechtendecken aber viele hundert m^2 flachwelligen Dünengeländes fast lückenlos überkleiden. Auch in der Abfolge von Weiß-, Grau- und Braundünen der Küste spielen Flechten eine wichtige Rolle (Bültmann 2005, 2006). Was gibt den kaum daumenhohen Zwergen die Kraft, sich trotz des waldgünstigen Allgemeinklimas gegen den Andrang der Gräser, Seggen, Kräuter, Sträucher und Bäume so hartnäckig zu behaupten?

Der hohe Säuregrad und die geringe Pufferkraft des Sandes (Krieger 1937), seine Humus- und Nährstoffarmut und seine mehr oder minder grobe Textur kommen als Ursachen nicht infrage. Denn diese Faktoren haben unter den in der Nähe liegenden Rasen- und Waldbeständen die gleiche Größenordnung. Auch Expositionsunterschiede können keine entscheidende Rolle spielen, weil man Flechtenrasen auf flachen Rücken und an seichten Hängen aller Richtungen findet. Nur an steileren Schatthängen und in Mulden fehlen sie gewöhnlich. Das lässt annehmen, dass der oberflächlich schnell austrocknende grobporige Sandboden für Phanerogamen nicht leicht zu besiedeln ist, weil keimende Samen in dieser Schicht verdorren, wenn sie nicht bereits die feucht bleibenden tieferen Horizonte erwurzelt haben. Die Flechten aber siedeln sich unschwer auch auf häufig austrocknendem Boden an. Bruchstücke ihrer bei Trockenheit leicht splitternden Thalli werden vom Wind herangewirbelt und bleiben an windstillen Plätzen liegen. Photosynthese und Wachstum setzen bereits wenige Stunden nach dem nächsten Regen wieder ein (Masuch 1993). Flechten, die Grünalgen als Symbionten besitzen, vermögen auch den Tau zu nutzen, der sich nur oberflächlich niederschlägt und der deshalb den Samen und Keimlingen der Phanerogamen kaum zugute kommt (Lange & Kilian 1985). Bei *Cetraria islandica* erlangte die Nettophotosynthese nach 20-stündiger Exposition in 96,5%iger Luftfeuchte ihr Sättigungsniveau; flüssiges Wasser hatte keinen weiteren förderlichen Effekt. Das gilt nicht für Flechten mit einem Cyanobakterien-Partner (z. B. *Peltigera*), die offenbar auf flüssiges Wasser angewiesen sind (Lange et al. 1986). Bei klarem Strahlungswetter könnte also der Tau ein wichtiger Faktor im Konkurrenzkampf mit den Phanerogamen sein. Für die Flechten überbrückt er die wasserarme Zeit, während er den höheren Pflanzen weniger nützt.

Die entscheidenden Waffen im Kampf der Strauchflechten gegen Phanerogamen, Moose und Baum-Mykorrhizen könnten jedoch **allelopathische Wirkstoffe** wie Gyrophor-, Usnin-, Lecanor- und Psoromsäure sein, die von den Flechten gebildet werden und die **Keimung und Wachstum Höherer Pflanzen behindern** (Follmann & Nakagava 1963, Huneck 1973). Brown & Mikola (1974) konnten nachweisen, dass Usninsäure und Perlatolsäure aus *Cladonia alpestris* die Keimlinge von *Pinus sylvestris* dadurch behindern, dass die Entwicklung von deren Mykorrhiza beeinträchtigt wird.

In den nordwestdeutschen Flechtenheiden beobachtete schon Tüxen (1928), dass sich Wagenspuren im folgenden Sommer durch dichtgekeimtes Silbergras abzeichnen. Von Lücken ausgehend, dringen zuweilen auch Sandseggen und andere Rasenpflanzen in die Flechtendecke ein. Im Gestrüpp der kleinen Strauchflechten selbst keimt nach Krieger (1937) am besten die Kiefer, deren Samen sehr rasch auflaufen und deshalb auf fast nackten Bodenflächen leichter zur Entwicklung kommen als diejenigen anderer Bäume. So wird der Strauchflechtenverein doch schließlich einmal überwachsen und verdrängt. Lichtmangel können die von Krieger (1937) untersuchten Flechtenarten kaum ertragen.

Nach den Beobachtungen Kriegers (1937) siedeln sich Strauchflechten oft nicht direkt auf dem unbewachsenen Dünensand, sondern auf Polstern von *Polytrichum piliferum* an. Dieses Moos verträgt leichte Übersandung und findet sich dementsprechend als erste auffällige Kryptogame schon im optimalen Corynephoretum ein (s. Abb. 12–11). Solange ihre Polster jährlich 0,5–2 cm hoch vom Flugsand überrieselt werden, gedeihen sie ungehindert und wachsen etagenförmig in die Höhe. Bleibt der Sand aus, so gewinnen Strauchflechten, z. B. *Coelocaulon aculeatum*, leicht die Oberhand und ersticken das Moos, indem sie sich schnell ausbreiten. Ihre nur lose aufliegenden, sparrigen Thalli werden von den Moosstängeln mit emporgehoben und nur selten durchwachsen. Auch hierbei könnten allelopathische Wirkungen eine Rolle spielen. Kaninchen fördern das Weiterwachsen von Dünenmoosen (insbesondere von *Tortula ruralis*) indirekt dadurch, dass sie offene Sandstellen schaffen und zudem die Strauchflechten mit Vorliebe befressen (Pott et al. 1999).

Wie Sommer (1970, 1971) mit Recht betont, werden Flechtenrasen von ökologisch verschiedenen Gruppen gebildet, von denen hier die eine, dort die andere vorherrscht: Der Rentierflechtenrasen (mit *Cladonia mitis* und *C. arbuscula*) ist besonders empfindlich gegen Tritt und braucht volles Licht. Weniger lichtbedürftige Cladonien (z. B. *C. furcata*, *C. rangiferina* und *C. squamosa*) vermitteln zu den meist braunfrüchtigen, flacher wachsenden Flechtenrasen (z. B. *Cladonia coniocraea* u. a.), die den stärksten menschlichen Einfluss vertragen.

Allen Strauchflechten-Gesellschaften Mitteleuropas ist in ökologischer Hinsicht gemeinsam, dass sie sich an öfter austrocknenden und für höhere Pflanzen vorübergehend schwer besiedelbaren, oligotrophen Standorten entwickeln können. Sie halten sich nur dort für längere Zeit, wo sie nicht beschädigt oder zugeschüttet und auch nicht beschattet werden. Am besten behaupten sie sich in mäßig ozeanischem bis subkontinentalem Klima bei geringer Niederschlagshöhe. In regenreichen Gebirgen fehlen sie an edaphisch ähnlichen Standorten, z. B. auf entblößtem Heidehumus. Anscheinend kommt hier ihre Fähigkeit, Trockenperioden ohne Schaden zu überstehen, nicht genügend zur Geltung. Gegen die üppig wuchernden Moose und Höheren Pflanzen vermögen sie sich unter solchen Umständen nicht durchzusetzen. Das gilt im nordwestdeutschen Tiefland auch im Hinblick auf das neophytische Moos *Campylopus introflexus* (vgl. auch Kap. 18.3.3.2).

12.4 Anpassung an den Standort

Am Sandstrand des Meeres und in den Dünen sind die Standortverhältnisse räumlich und zeitlich sehr wechselhaft. Von nährstoffreichen zu äußerst armen, von nassen zu sehr trockenen, von schnell veränderlichen zu ruhenden Orten gibt es alle Übergänge. Hinzu kommt ungleicher Salzreichtum und eine Reihe von anthropogenen Faktoren, insbesondere Eutrophierung, Versauerung, Grundwasserabsenkung sowie Beweidung und Trittbelastung.

12.4.1 Leben im Spülsaum

Für die meisten Pflanzen ist es schwierig, am Strand Fuß zu fassen. Zwar wirft das Meer immer wieder Samen ans Land, die in das Wasser hineingeweht oder -geschwemmt wurden. Aber längst nicht alle überstehen einen längeren Aufenthalt im Salzwasser. Diese Arten sind auf die Transportkraft des Windes, der Vögel oder des Menschen angewiesen. Die meisten Arten des Sandstrandes und der Salzrasen bleiben allerdings mit ihren Samen im Meerwasser wochenbis monatelang keimfähig. *Cakile maritima* scheint nach van Dieren (1934) zu den Arten zu gehören, deren **Keimfähigkeit** durch Salzwasser sogar erhöht wird. Aber auch erstaunlich viele Arten des Binnenlandes erwiesen sich in Salzlösungen als monatelang keimfähig, z. B. *Senecio vulgaris*. Viele Arten besitzen eher große Samen, die den Keimungserfolg am Strand erhöhen.

Die artenarme Flora der Spülsäume besteht überwiegend aus **Sommerannuellen**, die die warme Jahreszeit mit erhöhter Nährstofffreisetzung aus dem Spülsaummaterial für Wachstum und Reproduktion nutzen, die Zeit der Wintersturmfluten jedoch als Samen überdauern. In physiologischer Hinsicht lassen sich diese Arten am besten als **nitrophile Halophyten** bezeichnen. Im Vergleich zu den benachbarten Primärdünen, in denen viele dieser Arten ebenfalls vorkommen, zeigen Spülsaumpflanzen höhere Blatt-Stickstoffgehalte und Photosyntheseraten sowie ein besseres Wachstum (Pakeman & Lee 1991). Ursache ist die sehr hohe N-Nachlieferung aus dem schnell mineralisierenden Treibselmaterial, vor allem aus toten Algen (s. Kap. 12.5.1), die nitrophytische Arten im Spülsaum in der im Übrigen nährstoffarmen Strandzone begünstigt. Demgegenüber ist Seegras-Detritus vergleichsweise stickstoffarm und wird langsamer mineralisiert.

Hinsichtlich der **Anpassung an Salz** können die Spülsaumpflanzen als fakultative Halophyten gelten, so *Cakile maritima* und *Honckenya peploides*. Weil das Salz vor allem in Form von Salzspray auf die Blätter gelangt und weniger an die Wurzeln, bezeichneten sie Rozema et al. (1982) als **„Aero-Halophyten"**. Sie verfügen mit einer dicken Kutikula, dichter Behaarung und dergleichen über morphologische Anpassungen, die den Salzeintritt in das Blatt verhindern (Boyce 1954). Die Salzgehalte im Bodenwasser sind dagegen meist recht niedrig (10–100 mM NaCl) und nicht mit den Salzrasen zu vergleichen. Entsprechende Salzlösungen führen bei *Cakile*-, *Salsola*- und *Atriplex*-Arten zu höheren Magnesiumkonzentrationen in der Pflanze und zu einer Stimulation des Wachstums, vor allem, wenn genügend Nitrat vorhanden ist (Rozema et al. 1983). Nicht nur durch geringe Salzkonzentrationen, auch **durch fortlaufende Sandzufuhr werden Spülsaumpflanzen, ähnlich wie viele Dünengräser, in ihrem Wachstum gefördert** (Lee & Ignaciuk 1985). Trockenstress scheint etablierte Spülsaumpflanzen nur selten zu behindern (de Jong 1979).

Offenbar durch hohen Strahlungsgenuss und Wärme am Strand begünstigt, finden sich unter den Spülsaumarten zwei der wenigen einheimischen mitteleuropäischen **C4-Pflanzen**, nämlich *Salsola kali* und *Atriplex laciniata*. Andere Melden (z. B. *A. glabriuscula* und *A. littoralis*) sind dagegen C 3-Pflanzen (Long et al. 1975).

Der Primärdünen-Bildner *Elymus farctus* zählt zur Gruppe der salztoleranten Pflanzen (s. Kap. 11.7.1). Nach Boorman (1977) verträgt er Salzgehalte bis 60 ‰, *Ammophila arenaria* dagegen nur bis 8 ‰. Dies erklärt, warum der Strandhafer in den sturmflutbeeinflussten Primärdünen der Nordsee fehlt, in den Ostseedünen dagegen in diese eindringt. In der Regel übersteigt die NaCl-Konzentration im Bodenwasser der von *E. farctus* bewachsenen Sande aber 20 ‰ nicht (Benecke 1930). Die Binsen-Quecke ist mit ihren stark sklerenchymatischen und reflektierenden Rollblättern an Windgebläse, Salzgischt und Austrocknung angepasst. Sykes & Wilson (1988) stellten zudem fest, dass die Kutikula der Queckenblätter das Eindringen von Cl^- sehr wirksam unterbindet und damit Chloridtoxizität verhindert.

Quecken-Samen und -Rhizomstücke werden von Wind und Meer verdriftet und keimen in den Flutmarken (van der Pijl 1969). Außerhalb der Spülsäume sind die Keimungsbedingungen für fast alle Pflanzen schlechter. Denn der reine Sand trocknet oberflächlich oft und rasch aus und kann Wasserpotenziale bis –8,5 MPa erreichen (Malloch 1997). Zudem ist er arm an Stickstoff und Phosphor (Kumler 1997). Erschwert wird die Ansiedlung von Pflanzen weiterhin durch die fast ständige Sandbewegung und die starke Erhitzung der Sandoberfläche bei Sonnenschein, wenn fast 50 °C erreicht werden (van Dieren 1934). Nur in Wagen- und Trittspuren sah van Dieren (1934) häufiger Keimlinge von *Elymus*, vermutlich weil sie hier ein günstigeres, windruhigeres Kleinstklima fanden. Nach Harris & Davy (1986) spielen wie bei anderen Strandgräsern Samen für die Erstansiedlung eine geringere Rolle als **Rhizomfragmente**, die nicht nur sofort Wurzeln und Sprosse zu treiben vermögen, sondern die zuerst austreibenden Halme gut mit Nährstoffen versorgen. „Vielknotenfragmente" sind am erfolgreichsten.

12.4.2 Anpassungen an Übersandung, Trockenheit und Hitzestress

(a) Wie schon Warming (1907) erkannte, sind die dünenbildenden Gräser *Elymus farctus*,

Leymus arenarius, *Ammophila arenaria* und *Calammophila baltica* nicht nur in der Lage, den Sand zwischen den Halmen einzusammeln und mit ihrem dichten Wurzelwerk zu festigen, sondern sie benötigen sogar die stetige **Sandzufuhr**, um optimal zu gedeihen. Einerseits sind Dünen also Produkte der Dünengräser, andererseits sind deren extreme Lebensbedingungen für ihr Wachstum förderlich.

Alle vier Dünengräser verfügen über die Fähigkeit, Sandschichten durch rasches ortho- oder plagiotropes Wachstum der Rhizome zu durchdringen, wenn sie bei Stürmen von ausnahmsweise hohen Sandschichten überdeckt wurden (s. Abb. 12–9). Das geschieht bei *Elymus farctus* durch zahlreiche bogenförmig aufsteigende Ausläufer im oberflächennahen Sand, sodass lockere, rasenartige Klone mit großem Radius entstehen. Diese extensive Raumeroberung in horizontaler Richtung mag es der Binsen-Quecke erlauben, die vom Meer ungleich auf dem Strand verteilten Nährstoffreserven zu erschließen. Gimingham (1964) hat das **bemerkenswerte Rhizomwachstum von Elymus** in schottischen Dünen studiert. Direkt nach der Keimung kann die junge Pflanze innerhalb von 10 Tagen eine 7 cm lange Primärwurzel in den Boden schicken, um den Kapillarsaum des Grundwassers zu erreichen. Rhizome der Mutterpflanze können wiederholt bis zu 30 cm in horizontaler Richtung wachsen. Übersandete Knospen haben die Möglichkeit, selbst in 60 cm Tiefe neue Sprosse auszutreiben und an die Oberfläche zu schieben. Auch die anderen Arten der Primärdüne wie *Leymus arenarius* und *Honckenya peploides* besitzen weit reichende Rhizom- und Wurzelsysteme, die der Übersandung durch Ausbildung neuer Wurzelstockwerke begegnen (s. Abb. 12–14). Auch manche in Dünen vorkommende Moose (z. B. *Ceratodon purpureus*) sind bei Übersandung zu erstaunlichem Höhenwachstum (bis zum 35-Fachen ihrer Größe) in der Lage (Martínez & Maun 1999).

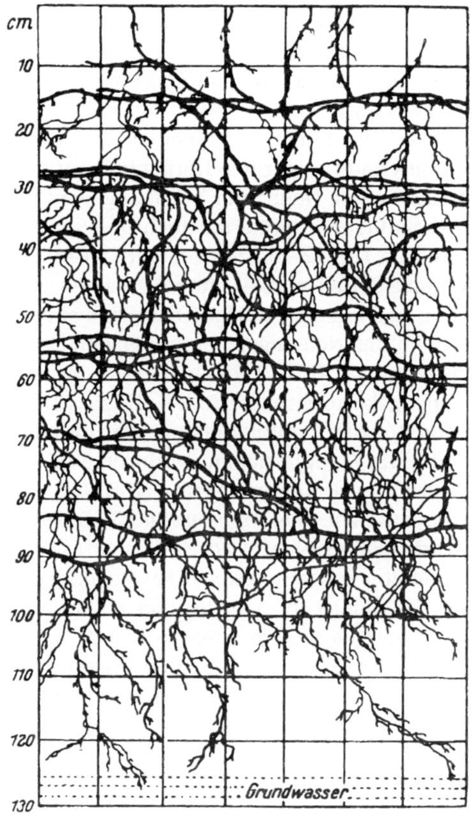

Abb. 12–14 Wurzelwerk von *Honckenya peploides* in einer Primärdüne. Nach Steubing (1949). Die flach streichenden Rhizome bei a, b, c und d bildeten sich nahe der Oberfläche und wurden dann übersandet. Fast alle höheren Pflanzen, die auf Primär- und Weißdünen gedeihen, sind fähig, neue Sandanwehungen mit ihren Rhizomen und (oder) Wurzeln rasch und dicht zu durchziehen, vor allem Gräser (*Elymus, Ammophila, Agropyron*) und Grasartige (*Carex arenaria*), aber auch manche Kräuter (z. B. *Sonchus arvensis* und *Lathyrus maritimus*).

Wenn die Primärdüne über den Zugriff der salzigen Fluten hinausgewachsen ist und die Niederschläge das in ihr enthaltene Salz weitgehend ausgewaschen haben, siedelt sich *Ammophila arenaria* an. Das geschieht in der Regel, wenn die Primärdünen eine Höhe von mehr als 1 m erreicht haben und der Salzgehalt weniger als 10 ‰ beträgt. Damit ist der Übergang zu einem vom Meerwasser nur noch wenig beeinflussten Standort vollzogen. Im Ostseeraum mit geringeren Salzkonzentrationen etabliert sich der Strandhafer schon früher und wird häufig durch *Calammophila baltica* ersetzt. Während bei *Elymus farctus* die vegetative Vermehrung durch horizontal verlaufende Rhizome erfolgt, überwiegt bei *Ammophila* orthotropes Wachstum. Während die Binsen-Quecken noch Zugang zum brackigen Wasser unterhalb der Strandebene haben, müssen die Strandhafer-Horste schnell den Zugang zur Grundwasserlinse unter den Dünen erlangen.

Der Strandhafer wächst in dichteren und höheren Horsten als *Elymus* und auch *Leymus*, die nur verhältnismäßig wenige Halme pro Flächeneinheit aufweisen. So unterdrückt er seine Wegbereiter bald, zumal er den Sand rascher sammelt. Mit **starkem Streckungswachstum der Internodien** (bis zu 1 m a^{-1}) durchwächst er den angesammelten Sand schnell (Huiskes 1979) und die junge Weißdüne erhebt sich steilwandig empor, von seinem dichten Rhizom- und Wurzelgeflecht zusammengehalten. Mit diesem Höhenwachstum können weder *Elymus farctus* noch *Leymus arenarius* mithalten (Davy & Figueroa 1993). Besonders schädlich wirkt sich Übersandung aber auf ruhende Samen aus. Dies erklärt die Beobachtung von Bakker (1991), dass Pflanzen der Weißdüne nur sehr selten mehrjährige („persistente") Samenbanken anlegen, während in den stabileren Graudünen dies bei weit mehr Arten der Fall ist.

(b) Weißdünen (Sekundärdünen) sind weniger der Wirkung des Salzes ausgesetzt, dafür aber mit wachsender Dünenhöhe zunehmend der **Trockenheit**. Während der Strandhafer oft sehr tief wurzelt, haben die anderen Besiedler der Weißdünenkuppen nur ausnahmsweise Zugang zur Grundwasserlinse, sie sind also keine Phreatophyten. In sommerlichen Trockenperioden sind sie daher anfällig für Trockenstress, zumal der Dünensand eine nur geringe Nutzwasserkapazität besitzt. Vor allem in der obersten Bodenschicht kann der Wassergehalt periodisch auf weniger als 0,5 % absinken (Ernst 1991). Es ist erstaunlich, dass Pflanzen der Weißdünen wie *Sonchus arvensis* und auch der Strandhafer zwar ausgeprägten Stomaschluss in Trockenperioden zeigen, aber keine extreme Blattwasserpotenzial-Absenkung oder gar Welken (Willis & Jeffries 1963, Pavlik 1985). Dies mag zum einen an dem skleromorphen Bau der Blätter vieler Dünenpflanzen liegen (Ashenden 1978). Wahrscheinlich trägt aber das große Porenvolumen des Dünensandes zur ausreichenden Wasserversorgung auch in Trockenperioden bei, weil tiefere Sandschichten relativ kühl sind und **nachts oft Tau im Boden kondensiert** (Salisbury 1952). Zudem fallen tiefer gelegene Bodenwasservorräte infolge geringer kapillarer Leitfähigkeit nicht der Bodenevaporation zum Opfer. Dass der Strandhafer tatsächlich Wasservorräte in tieferen Bodenschichten nutzen kann, deuten wurzelmorphologische Untersuchungen durch van der Putten (1993) an: Oberflächen- und Tiefenwurzeln unterscheiden sich deutlich in der Dicke des Wurzel-Cortex und daher vermutlich in ihren hydraulischen Eigenschaften.

Sommerliche Trockenheit spielt auch in der Graudüne eine entscheidende Rolle. Flach wurzelnde Gräser und ausdauernde sowie winterannuelle Kräuter sind regelmäßig von **trockenheitsbedingter Mortalität** betroffen, so *Phleum arenarium*, *Galium verum* und *Agrostis capillaris* (van der Maarel 1981, Ernst 1991) und Sämlinge von *Carlina vulgaris* (de Jong et al. 1995). Von Vegetationslücken in trockenen Sommern profitieren dann *Corynephorus canescens*, *Cerastium semidecandrum* und andere produktionsschwache Arten.

(c) Trockenstress ist oft mit **Hitzestress** verbunden, insbesondere an den Südhängen der Dünen, an denen Höchsttemperaturen von 60 °C gemessen wurden (Salisbury 1952, Ernst 1991). Die Expositionsunterschiede sind besonders stark im Frühjahr und Herbst bei mittleren Sonnenständen. Dann sind Nordhänge viel kälter als Südhänge, zumal sie auch bodenfeuchter sind (s. Tab. 12–5). Im Sommer bei hohem Strahlungseinfallswinkel unterscheiden sich Nord- und Südhänge weniger; dann entscheidet vor allem der Neigungswinkel über den Strahlungsgenuss (s. Abb. 12–15).

Dünenpflanzen reichern bei Hitze Stressmetabolite wie Prolin, Betaine, Sorbitol und Mannitol im Zytoplasma an, wodurch eine Stabilisierung bestimmter Enzyme (z. B. der Glutaminsynthetase bei *Ammophila*, Smirnoff & Stewart 1985) erreicht wird. Zur Renaturierung geschädigter Proteine dienen Hitzeschockproteine, die innerhalb einer Stunde kodiert und synthetisiert werden können (Nover & Scharf 1997, Larcher 2001). Bei manchen Glykophyten haben diese Anpassungen zur Ausbildung von an Trockenheit und Salzspray angepassten Ökotypen geführt. Ein Beispiel ist *Festuca*

Tab. 12–5 Bodentemperaturen (in °C) am 31. Oktober 1955 um 14:30 Uhr an Nord- und Südhängen und in ebener Lage in einer Inlanddüne in der Veluwe in den Niederlanden. Nach Stoutjesdijk (1959).

Tiefe (cm)	Nordhang (28 °)	Südhang (28 °)	Ebene
0	4,4	25,0	13,5
–2	4,2	18,0	10,8
–5	4,2	15,3	9,4
–10	4,2	11,0	7,7

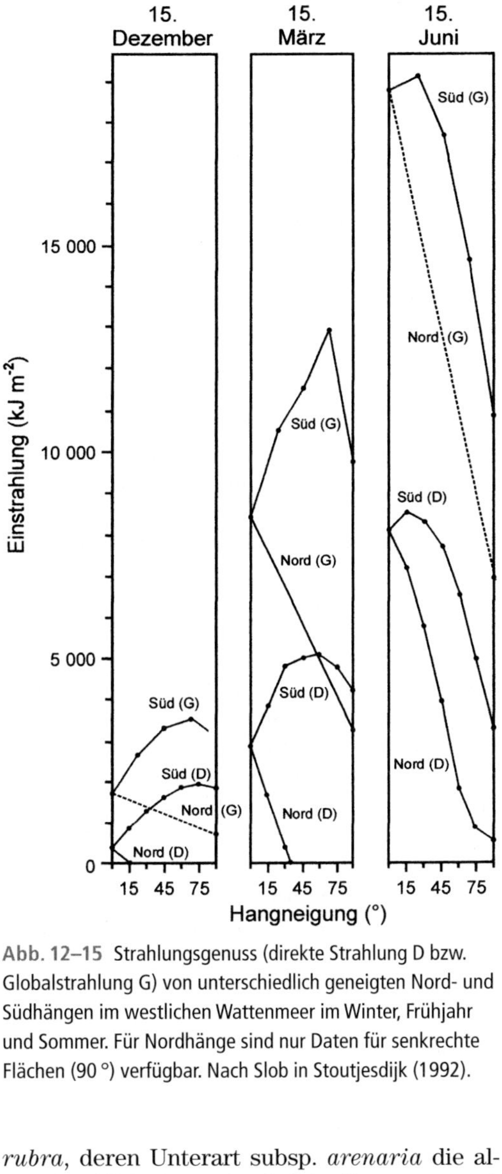

Abb. 12–15 Strahlungsgenuss (direkte Strahlung D bzw. Globalstrahlung G) von unterschiedlich geneigten Nord- und Südhängen im westlichen Wattenmeer im Winter, Frühjahr und Sommer. Für Nordhänge sind nur Daten für senkrechte Flächen (90 °) verfügbar. Nach Slob in Stoutjesdijk (1992).

rubra, deren Unterart subsp. *arenaria* die alternden Weißdünen besiedelt (Rozema et al. 1978). **Winterannuelle Dünenpflanzen** vermeiden die sommerliche Hitze und Trockenheit, indem sie ihre vegetative Wachstumsphase im Winter und Frühling durchlaufen und bereits im Frühsommer blühen; die ungünstige Jahreszeit überdauern sie als Samen (Rozijn & van Andel 1985). Beispiele sind *Cerastium diffusum* und *C. semidecandrum*, *Phleum arenarium* und *Erodium ballii* (Ernst 1991). Dem stehen die **Sommerannuellen des Spülsaums** gegenüber, die nicht der Trockenheit, sondern den Wintersturmfluten ausweichen.

Primär- und Weißdünen sind oft starken Winden ausgesetzt, die meso- und hygromorphe Pflanzen schädigen können. Wie Martin (1959) an nordamerikanischen Strandpflanzen experimentell nachwies, sind xeromorphe Arten in der Regel widerstandsfähiger. Kaum ein Pflanzenorgan ist so elastisch und zugleich so strahlungs- und salzabweisend wie das Rollblatt von *Ammophila*. Die **charakteristische Blattmorphologie der Dünengräser** kann danach als eine kombinierte Antwort auf Dürre-, Salz- und mechanischen Stress interpretiert werden. Primär- und Weißdünen stellen also in vielerlei Hinsicht einen extremen Lebensraum für Höhere Pflanzen dar, an den sich nur wenige Arten angepasst haben.

12.4.3 Anpassung an Nährstoffmangel

Wachstumslimitierung durch Stickstoffmangel ist unter den Pflanzen am Strand und in den Dünen weit verbreitet. Das zeigen **Düngungsexperimente** mit N, P und K von Lux (1964), Willis (1965), Fay & Jeffrey (1992) und Olff et al. (1993). An stickstoffreichen Standorten kann zusätzlich Phosphorlimitierung eine Rolle spielen, so im Spülsaum (Pakeman & Lee 1991), in kalkreichen Dünen, bei hoher atmosphärischer N-Deposition (Kooijman et al. 1998) und in basenreichen Dünentälern (Lammerts et al. 1999). Durch wiederholte Stickstoffdüngung von Weiß- und Graudünen-Gesellschaften erzielte Willis (1963) eine Ausbreitung von *Festuca rubra* und *Poa pratensis* auf Kosten der übrigen Phanerogamen und der Flechten und Moose. Strandhafer wurde durch N-Düngung stark gefördert, insbesonders durch Ammonium (Augustine et al. 1964). Auch die Winterannuellen *Aira praecox*, *A. caryophyllea* und *Erophila verna* wachsen erheblich besser, wenn man sie mit N oder P düngt, am besten mit einer Kombination aus beiden (Pemadasa & Lowell 1974). Kaliumdüngung bewirkt dagegen keine Veränderungen, weil K wie auch Mg mit der Meeresgischt in genügender Menge eingetragen wird. Die Vegetation von Graudünen, aber auch von Weißdünen, wird also entscheidend durch Nährstoffmangel geprägt.

Dünengräser wie *Ammophila arenaria*, *Elymus farctus* und *Leymus arenarius* verlieren ihre Vitalität, wenn sie nicht fortlaufend mit frischem Sand versorgt werden (Marshall 1965, Eldred & Maun 1982). Das gilt auch für *Cory-*

nephorus canescens, der auf Graudünen kümmert, wenn die Sandzufuhr versagt. In küstenfernen Dünen vergilbt der Strandhafer und wird schmalblättrig, auch wo diese noch kalkreich sind. Wie Hope-Simpson & Jefferies (1966) und Yuan et al. (1993) feststellten, steigen Wachstumsrate und Photosynthese-Vermögen von *Ammophila*, wenn nach Übersandung neue Wurzeln gebildet werden. Das gilt in ähnlicher Weise auch für *Corynephorus*- und *Elymus*-Arten (Marshall 1965, Perumal & Maun 1999). In dem kalk- und nährstoffreichen Lössboden des Neuen Botanischen Gartens in Göttingen wachsen diese Dünengräser allerdings kräftig und ohne nachzulassen, obwohl keine Übersandung stattfindet. Bemerkenswerterweise ist auch der Bastard des Strandhafers mit dem Landschilf, × *Calammophila baltica*, auf festgelegten Dünen weniger von einem Vitalitätsrückgang betroffen als *Ammophila*.

Auf alternden Dünen leiden diese Gräser nach Untersuchungen von Fay & Jeffrey (1992) offenbar unter **Nährstoffmangel**, vor allem von Stickstoff. Durch N-Düngung ließ sich nämlich eine ähnlich fördernde Wirkung erzielen wie mit der Zufuhr von frischem Seesand (Lux 1964, Pavlik 1985, Fay & Jeffrey 1992). *Corynephorus* wuchs bei gleichzeitiger N- und P-Düngung am besten; alleinige PK-Zufuhr erzielte geringere Wuchsleistungen (Lux 1964; s. Tab. 12–6). Frisch angewehter Sand aus dem Strandbereich ließ in der Tat eine hohe N-Mineralisationsrate in den ersten Wochen nach der Deposition erkennen, die jene von liegendem Sand in der Weißdüne um das Vierfache überstieg. Ursache der **günstigen N-Verfügbarkeit von frischem Seesand** ist die sehr hohe mikrobielle Aktivität im Interstitialraum des feuchten Sandes am Strand; hier maßen McLachlan et al. (1981) N-Mineralisationsraten von mehr als 5000 kg N ha^{-1} a^{-1}. Freiland-Inkubationsversuche von Gerlach (1993) ergaben tatsächlich auch für die Weißdüne beträchtliche N-Mineralisationsraten (30–100 kg ha^{-1} a^{-1}), die den Stickstoffbedarf der Strandhaferbestände (nach Fay & Jeffrey 1992 nicht mehr als 67 kg ha^{-1} a^{-1}) wahrscheinlich decken können.

Eine andere Erklärung der Vitalitätsabnahme ist der nachlassende Konkurrenzvorteil in der alternden, festliegenden Düne, den der Strandhafer aufgrund schnellen Höhenwachstums nur bei Übersandung genießt (Möller 1975). Denkbar sind weiterhin **Alterungsprozesse an den Strandhafer-Pflanzen und ihren Wurzeln**, die zu einer ungünstigen Kohlenstoffbilanz der Pflanze (Wallén 1980) und verringerter Neubildung von Wurzeln führt (Marshall 1965). Van der Putten (1993) und van der Putten et al. (1993) schlossen aus Experimenten mit sterilem Sand, dass **endophytische Nematoden und Pilze** in festgelegten Dünen ohne Sandzufuhr die Wurzeln und damit die Vitalität des Strandhafers schädigen. Die Zufuhr von pathogenfreiem Sand sollte nach dieser „escape hypothesis" die Vitalität von *Ammophila* erhöhen. Eine entscheidende Rolle spielen wahrscheinlich aber auch die arbusculären Mykorrhizapilze der Dünengräser, die Wurzelpathogene abwehren helfen und zusätzliche Nährstoffe erschließen (Perumal & Maun 1999). Sie sind möglicherweise in gealterten Graudünen seltener (Little & Maun 1996).

Besonders ausgeprägter Stickstoffmangel ist an den trockenen Südhängen der Graudünen

Tab. 12–6 Auswirkungen verschiedener Düngung auf Silbergras-Reinkulturen in Dünen.
Nach Versuchen von Lux (1964) auf Sylt.

Corynephorus:	**Zahl der Horste** (auf 12,5 m^2)	**Deckungsgrad** in % der Fläche	in % von ungedüngt	**Halmlänge** der 5 kräftigsten Horste (cm)	**Bemerkung**
Düngungsstufe:					
ungedüngt	123–143	5,7– 6,2	100	6,7– 7,0	
PK	219–220	6,7– 7,4	109–121	5,5– 7,8	
NK	225–231	12,5–14,2	202–231	9,8–11,6	Stickstoff ist der wirksamste Nährstoff (NK bis NPKCa)
NP	288–322	15,4–22,0	250–331	11,5–14,8	
NPK	295–365	**15,8–18,0**	256–292	**12,6–13,6**	
NPKCa	348–366	15,5–18,0	251–292	11,0–12,2	

Tab. 12–7 Bodenkennwerte einer Dünen-Entwicklungsreihe an der Ostseeküste auf Rügen. Nach Daten von Hundt (1985). Die hier angegebenen pH-Werte wurden in KCl gemessen; entsprechende Werte in wässriger Lösung liegen ungefähr 0,5 bis 1 pH-Einheit höher.

	Agropyretum juncei	Elymo-Ammophiletum	Violo-Corynephoretum	Hieracio-Empetretum
Bodentyp	Primärdüne Lockersyrosem	Weißdüne Lockersyrosem	Graudüne Lockersyrosem/ Regosol	Braundüne Podsolierter Regosol
Kalkgehalt (in %)				
0–10 cm	0,5	0	0	0,2
50–60 cm	1,5	0	0	0
pH (KCl)				
0–10 cm	6,8	6,5	6,1	3,3
50–60 cm	8,3	6,4	4,8	4,5
NaCl-Gehalt (in %)				
0–10 cm	2,6	0,5	0,5	0,1
50–60 cm	1,9	0,4	0,3	0,4
Wassergehalt (in % TG)				
0–10 cm (Mai)	3,7	1,2	1,2	8,9
50–60 cm (Mai)	3,3	2,0	2,6	1,9
Wassergehalt (in % TG)				
0–10 cm (August)	0,1	0,3	3,4	2,4
50–60 cm (August)	3,1	0,3	0,8	0,5
Organ. Substanz (in %)				
0–10 cm	0	0,2	0,5	3,1
50–60 cm	0	0,1	0,1	0
Wurzelmasse (in kg m^{-3})				
0–10 cm	0	3,7	1,4	73,9
50–60 cm	0	12,6	0	0

zu erwarten, die nach Gerlach (1993) dreimal weniger N im Boden akkumuliert haben als die feuchteren, von der Krähenbeere besetzten Nordhänge, die schon zu den Braundünen gerechnet werden (500 gegenüber 1700 kg N ha^{-1}). Ursache ist zum einen das gegensätzliche Mikroklima (Stoutjesdijk 1959, Stoutjesdijk & Barkman 1992), das am Südhang mit hohen Temperaturen den Streuabbau fördert, am Nordhang eher verzögert. Aber auch die an beiden Hängen sehr unterschiedliche Vegetationsdecke beeinflusst die N-Nachlieferung: Während die Südhänge das blütenreiche, lückige und nur produktionsschwache Violo-Corynephoretum besiedelt, stockt am Nordhang meist das Hieracio-Empetretum mit der rohhumusbildenden Krähenbeere. Diese Ericaceae mit hoher Stickstoffnutzungs-Effizienz produziert eine stickstoffarme Streu mit C/N-Verhältnissen um 30, die den Abbau verzögern und zu beträchtlicher Humusakkumulation am Nordhang führen (s. Tab. 12–7). Hierzu trägt auch das dichte Wurzelwerk der Krähenbeere im Oberboden bei. Die Humusanreicherung wird durch Stickstofffestlegung in organischer Substanz begleitet, sodass mit der Ansiedlung der Krähenbeere das Nährstoffkapital einer Graudüne deutlich zunimmt. Auf der anderen Seite ist *Empetrum* wahrscheinlich wie andere Ericaceen in der Lage, über ihre ericoide Mykorrhiza nicht nur mineralischen Stickstoff aufzunehmen, sondern auch organisch gebundenes N, darunter Aminosäuren wie Glycin (Kielland 1999). Damit werden Nitratverluste durch Auswaschung weitgehend vermieden. Auf die pflanzenökologische Bedeutung der Bodenversauerung in Zwergstrauchheiden wird in Kapitel 17.6.2 b näher eingegangen.

Freilebende und symbiontische **stickstoff-fixierende Mikroorganismen** erhöhen die N-Verfügbarkeit in den Grau- und Weißdünen. Der Küsten-Sanddorn (*Hippophaë rhamnoides* subsp. *rhamnoides*) verfügt über eine Symbiose mit N_2-bindenden Aktinomyzeten der Gattung *Frankia*. Sie leben in Wurzelknollen des Wirtes und führen zu einem jährlichen Stickstoffgewinn in der Größenordnung von 50–150 kg N ha^{-1} (Kap. 12.5.1). Das ist ein eindrucksvolles Beispiel von **„facilitation"**, weil nährstoffbedürftigere Gehölze (*Rosa*, *Sambucus* und *Sorbus*) begünstigt werden. Wenn der pH-Wert unter 5 sinkt, nimmt in der Regel die Vitalität von *Hippophaë* ab, bis der Strauch schließlich abstirbt. Nach Oremus (1982) und Maas et al. (1983) sind hierfür Nematoden verantwortlich, die bei sinkendem pH-Wert die Wurzelknollen angreifen und die Aktinomyzeten verzehren. Weil die Kalkgehalte unterschiedlich sind, halten sich Sanddorngebüsche im kalkreichen Westen der Niederlande für viele Jahre (van Dieren 1934), während sie auf den kalkärmeren west- und ostfriesischen Inseln bereits 7 bis 20 Jahre nach der Etablierung wieder absterben (Westhoff 1947). Auf den sehr kalkarmen nordfriesischen Inseln fehlt *Hippophaë* sogar.

Andere Dünenpflanzen leben offenbar in freier Assoziation mit N_2-bindenden Bakterien oder Blaualgen, ohne dass Wurzelknöllchen gebildet werden. Ahmad & Neckelmann (1978) fanden eine Nitrogenaseaktivität auf den Wurzeln von *Ammophila*, *Calluna*, *Corynephorus*, *Empetrum* und *Deschampsia flexuosa* im Dünensand. Möglicherweise fördern Wurzelausscheidungen die Ansiedlung dieser Luftstickstoff-Binder in der Rhizosphäre.

12.4.4 Phreatophyten in Dünentälern

Pflanzen, die an Standorten mit hoch stehendem Grundwasser wachsen, wie dies in Dünentälchen der Fall ist, lassen sich in **obligate und nicht-obligate Phreatophyten** unterteilen. Erstere wachsen ausschließlich auf Böden mit zeitweiser Überflutung oder zumindest hoher Bodenfeuchte; Letztere tolerieren diese Bedingungen, sind aber auch in anderen Lebensräumen verbreitet. Überflutung führt zu Sauerstoffmangel und reduzierenden Bedingungen im Boden mit einer Reihe von physiologischen Konsequenzen für die Pflanze (s. Kap. 8.4.1). Obligate und nicht-obligate Phreatophyten unterscheiden sich offenbar vor allem in ihrem Vermögen, **mittels Aerenchym die direkte Umgebung der Wurzeln zu oxidieren** und damit die negativen Auswirkungen von Anoxie zu vermeiden (Armstrong 1982).

Das Überdauern der kleinwüchsigen Pflanzen feuchter Dünentälchen wird dennoch weniger von Sauerstoffmangel im Sediment gefährdet, als von der Konkurrenz durch die produktiveren Arten der Röhrichte und Feuchtwiesen, darunter *Scirpus*, *Phragmites* und *Molinia*. Das gilt insbesondere für die **artenreiche Flora der kalkreichen Dünentälchen**. Die Arten der Strandlings- und Zwergbinsenrasen wie *Schoenus nigricans* und *Carex flacca* haben einen deutlich geringeren Bedarf an Phosphor und Stickstoff als ihre hochwüchsigen Konkurrenten (Willis 1963, Ernst 1991). Nur an zugleich phosphorarmen und kalkreichen, also **basisch-oligotrophen Standorten** haben sie einen Konkurrenzvorteil, weil die hochwüchsigen Grasartigen hier P- und N-limitiert sind. Die Böden kalkreicher Dünentälchen bleiben im humiden Klima aber nur dann dauerhaft basisch und nährstoffarm, wenn regelmäßig kalkhaltiges Wasser die Versauerung unterbindet (Adema et al. 2002). Grundwasserabsenkung sowie niederschlagsreiche Sommer fördern nämlich nicht nur die Versauerung, sondern bedingen auch Humusakkumulation, bei dessen Mineralisierung vermehrt Nährstoffe freigesetzt werden und die P-Limitierung aufgehoben wird (Olff et al. 1993).

Nach Untersuchungen von Adema et al. (2002) tragen die Arten der Strandlings- und Zwergbinsenrasen offenbar selbst dazu bei, die von ihnen besiedelten Dünentälchen nährstoffarm zu halten. Sauerstoffausscheidung über deren Wurzeln fördert offenbar die Nitrifikation in der Wurzelumgebung; im benachbarten anoxischen Sediment kommt es daraufhin zur Denitrifikation des gebildeten Nitrats, das als Lachgas den Boden verlässt und damit zur **Oligotrophierung** beiträgt (Reddy et al. 1989, Ernst 1991). Wahrscheinlich spielt auch Sulfid- und/oder Mangantoxizität im feuchten Boden eine Rolle, die für die hochwüchsigen Grasartigen stärker begrenzend wirkt als für die Spezialisten der Dünentälchen (Armstrong & Boatman 1967). Deren sauerstoffabgebende Wurzeln begünstigen nämlich farblose Schwefelbakterien, die S^{2-} durch Oxidation zu Sulfat detoxifizieren (Grootjans et al. 1997).

12.5 Vegetationsdynamik

Nirgends wird die Dynamik der Vegetation stärker sichtbar als an den Dünenküsten der Meere (Ranwell 1972). Die Entwicklung von der Primärdüne bis zum Dünenwald gilt als klassisches Beispiel einer primären Sukzession, die sowohl allogene (durch Außenfaktoren gesteuerte) als auch autogene (von der Vegetation selbst bedingte) Elemente enthält. In ihren frühen Stadien wird die Dünenentwicklung vor allem durch den Sand- und Nährstoffeintrag aus dem Meer geprägt, in späteren durch Bodenbildungsprozesse, die von der Pflanzendecke beeinflusst werden.

Die Entwicklung von der Primär- zur hohen Weißdüne kann unter günstigen Bedingungen in wenigen Jahren ablaufen; der Übergang von der mobilen Weiß- zur festliegenden Graudüne dauert dagegen mindestens 10 bis 20 Jahre (Hundt 1985). Die Ansiedlung von Dünengebüschen und -wäldern auf ehemaligen Primärdünen erfordert auf dem vorpommerschen Darß mindestens 60 bis 70 Jahre (Fukarek 1961). Birken-Pappel-Buschwälder können sich auf Primärdünen im Gebiet der Rheinmündung ebenfalls in 50 Jahren etablieren (van Dorp et al. 1985). Wahrscheinlich verläuft die Sukzession in Richtung auf Wald in kalk- und nährstoffarmen Dünen langsamer als in kalkreichen. Für das westliche Wattenmeer hat Westhoff (1991) ein Sukzessionsschema aufgestellt, das den Einfluss des unterschiedlichen Kalkgehaltes berücksichtigt (s. Abb. 12–16).

12.5.1 Nährstoffanreicherung und Bodenentwicklung während der Dünengenese

Treibende Kraft des eindrucksvollen Vegetationswandels ist die Anreicherung von Nährstoffen, vor allem von Stickstoff, im Ökosystem. Die **Stickstoffvorräte** am Strand sind mit etwa 100 kg ha^{-1} (0–30 cm Bodentiefe) nur gering (Gerlach 1993), wenngleich in frischem Seesand kurzfristig hohe N-Nachlieferungsraten stattfinden können, vermutlich, weil viel Stickstoff in dem Bakterien- und Planktonfilm an der Oberfläche der Sandkörner festgelegt

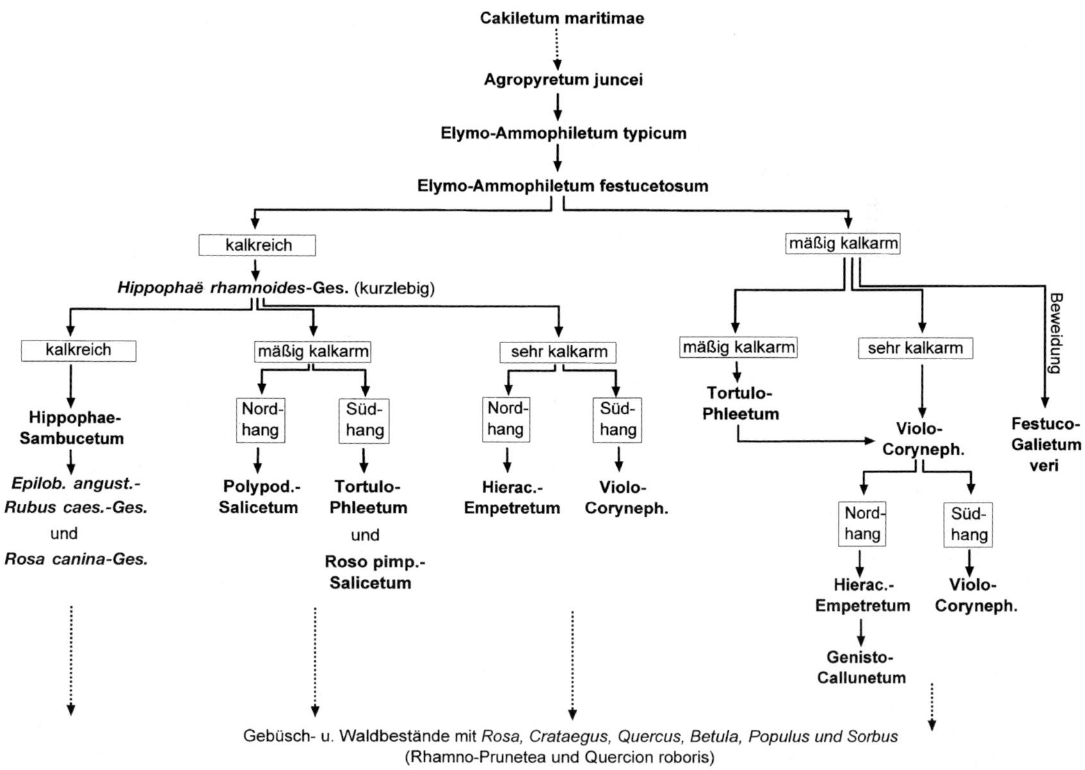

Abb. 12–16 Schematischer Verlauf der Sukzession in Dünen unterschiedlichen Kalkgehaltes im westlichen Wattenmeer. Nach Westhoff (1991).

ist (s. Kap. 12.4.3). Außergewöhnlich hohe N-Vorräte wurden dagegen in Spülsäumen nachgewiesen. Gerlach (1992) ermittelte in den Hochflutmarken auf der ostfriesischen Insel Spiekeroog 500 kg N ha^{-1}, also rund fünfmal mehr als am nackten Strand. Falls der Detritus innerhalb eines Jahres mineralisiert wird, stünde den Spülsaumpflanzen dann soviel Stickstoff zur Verfügung wie einer übermäßig gedüngten Fettwiese.

Während der Sukzession von der Primärdüne zum Dünenwald nehmen die zunächst sehr geringen Bodenvorräte an Humus und Nährstoffen immer mehr zu, wenn auch nicht kontinuierlich. In einer Chronosequenz verschieden alter Dünenstadien auf Spiekeroog haben Gerlach (1993) und Gerlach et al. (1994) sowohl die Vorräte im Boden bis in 30 cm Tiefe als auch die **N-Nettomineralisation** in der Vegetationsperiode mit der *In-situ*-Inkubationsmethode bestimmt (s. Abb. 12–5). In den Primär- und Weißdünen wurden bereits 300–400 kg N ha^{-1} gefunden, also das Drei- bis Vierfache des vegetationsfreien Strandes. Die festgelegten Grau- und Braundünen speichern bereits 500–1700 kg ha^{-1}. Am höchsten waren die Bodenvorräte im von Schwarzerlen dominierten Dünenwald, dessen Dünen auf ein Alter von etwa 250 Jahren geschätzt wurden (Carici arenariae-Betuletum pubescentis; mehr als 3500 kg ha^{-1}). Aus diesen Zahlen lässt sich eine N-Anreicherung von ungefähr 10 kg ha^{-1} a^{-1} errechnen. Das ist mehr als die Hälfte der gegenwärtigen atmosphärischen Stickstoffeinträge an der Nordseeküste (15–20 kg N ha^{-1} a^{-1}, Sival & Strijkstra-Kalk 1999, Armbrüster & Janiesch 2003).

Parallel steigt die Stickstoffmineralisation von 15 kg N ha^{-1} und Vegetationsperiode (38 Wochen) am nackten Strand auf 30–100 kg N ha^{-1} in der Weißdüne und 50–80 kg N ha^{-1} in den Grau- und Braundünen. Die höchsten Raten erreichten die Dünenwälder (100–150 kg N ha^{-1} pro Vegetationsperiode). Besonders niedrige Nachlieferungen maßen Gerlach et al. (1994) in feuchten Dünentälern (30–50 kg ha^{-1}), hohe dagegen in Dünen mit *Hippophaë*-Beständen (um 100 kg ha^{-1}), die über luftstickstoffbindende *Frankia*-Aktinomyzeten verfügen. In allen Dünenstadien bis zur Graudüne wurde zu mehr als 75 % Nitrat nachgeliefert; geringe Nitrifikationsraten (< 10 %) wurden dagegen in der stark versauerten Braundüne und unter den Dünenwäldern festgestellt (vgl. Armbrüster & Janiesch 2003).

Mit der Nährstoffanreicherung geht die Entkalkung und **Versauerung** der Böden einher (s. Tab. 12–7). Im Spülsaum, der Primär- und der Weißdüne herrschen aufgrund der Pufferung durch Kalziumkarbonat pH-Werte zwischen 7,5 und 8,5 (in Wasser gemessen). Dies gilt aufgrund des Basenreichtums des Meerwassers auch für kalkarme Küsten wie in Nordfriesland. Erst wenn sich die Weißdüne zur Graudüne entwickelt, beginnt die Bodenazidität für die Dünenvegetation eine Rolle zu spielen. Je nachdem, ob die Graudüne noch frischen Seesand erhält, schwanken die pH-Werte in den Silbergrasfluren zwischen 4,5 und 6,7 (Wiemann & Domke 1967, Isermann 1997, Biermann 1999). Nordexpositionen besitzen in der Regel niedrigere pH-Werte als Südexpositionen. Starke Versauerung findet statt, wenn *Empetrum* und *Calluna* die Graudünen besiedeln und mit der Humusakkumulation in der Braundüne eine Festlegung basischer Kationen stattfindet. Die pH-Werte sinken dann unter 5 (in Wasser) bzw. unter 4 (in KCl, Möller 1975, Armbrüster & Janiesch 2003, Isermann 2005). Schuba (1990) registrierte in der Dünenserie von Spiekeroog gar eine **pH-Reduktion von 8,2 auf 2,6**. Auch der Mensch hat den Ablauf und die Geschwindigkeit dieser Bodenentwicklung beeinflusst, früher durch Nährstoffentzug im Zuge von Beweidung und Plaggenwirtschaft, heute durch die atmosphärischen Stickstoffeinträge.

In bodengenetischer Hinsicht findet eine Entwicklung vom kalk- und nährstoffreichen Lockersyrosem zum Braunerde-Regosol oder podsolierten Regosol, in Dünentälern auch hin zu Gleyen, statt. Die Kohlenstoffgehalte des Oberbodens steigen von Spuren im Spülsaum auf Werte zwischen 4 und 9 % in der zwergstrauchreichen Braundüne und im Dünenwald an (Möller 1975, Hundt 1985). Hiermit verbunden ist eine **Zunahme der Kationen-Austauschkapazität**, die in den Sandböden vor allem von organischen Austauscheroberflächen bestimmt wird. Nach Wright (1956) spielt aber auch die Korngröße eine Rolle. Feinsand verfügt über größere Mengen an pflanzenverfügbarem Kalium, Magnesium und Phosphor. Als Folge der Versauerung verringert sich die Basensättigung an den Austauschern von nahe 100 % im Spülsaum auf 80–95 bzw. etwa 70 % in der Weiß- und Graudüne und auf 10–40 % in der Braundüne. Ab dem Graudünen-Stadium nehmen wegen zunehmender Auswaschungsverluste auch die austauschbaren Kaliumvorräte ab, obgleich die Austauschkapazität infolge Humusanreicherung weiter steigt.

Die Geschwindigkeit der Dünensand-**Entkalkung** ist offenbar vom Klima und von der Vegetation abhängig, nicht jedoch vom Kalkgehalt des Materials (Rozema et al. 1985). Dünen der Nord- und Ostseeküsten werden nach Crawford (1989) in etwa 300 Jahren vollständig entkalkt. Stuyfzand (in Kumler 1997) gibt eine „Entkalkungskonstante" von etwa 7 ‰ pro Jahr an. Die Dünen am Lake Michigan benötigten dagegen 1000 Jahre für den Kalkverlust (Olson 1958). In den Ostseedünen am Darß (Vorpommern) scheint die Kalkauswaschung schon in weniger als 100 Jahren stattgefunden zu haben. Diese Dünen wurden früh von *Empetrum*, *Calluna* und Kiefern besiedelt, die den Basenverlust wahrscheinlich beschleunigt haben.

12.5.2 Vegetationsveränderungen durch invasive Arten

Dünen sind Ökosysteme, in denen Wind und Meer immer wieder die Vegetationsdecke aufreißen und damit invasiven Arten besonders günstige Bedingungen zur erfolgreichen Etablierung bieten. Seit etwa 1985 haben viele Silbergrasfluren an der Küste und im Binnenland ihren schütteren, noch vom bloßen Sand geprägten Aspekt völlig verloren. Ein Neuankömmling unter den Laubmoosarten Europas überzog sie erstaunlich rasch mit geschlossenen, oft etwas welligen, grau- oder gelbgrünen Teppichen von 5–7 cm Stärke. Es handelt sich um *Campylopus introflexus*, das **Kaktusmoos**, eine Dicranaceae, die etwa 1940 aus der temperaten Zone der Südhalbkugel nach Europa gelangt ist. Es verdankt seinen deutschen Namen den langen, rechtwinklig abgebogenen Glashaaren an den Spitzen der Blättchen. Wie die schon lange einheimischen *Campylopus*-Arten ist auch *C. introflexus* ausgesprochen acidophytisch, aber offenbar stärker lichtbedürftig und wird außerdem durch Brand gefördert. Wie ein „Leichentuch" bedeckt dieser generativ wie vegetativ ausbreitungstüchtige Neophyt Graudünen und andere Sand-Trockenrasen und erdrückt die ehemalige Vegetation. Besonders betroffen ist das Violo-Corynephoretum mit seinem Flechtenreichtum (Biermann 1999). In Trockenperioden treten polygonartige Risse in den Moosteppichen auf, an denen sie aufbrechen und Blöcke bilden. Diese Moosfragmente können nach Pott (1995) über Jahre am Leben bleiben und werden von Tieren (Kaninchen, Vögel u. a.) und dem Menschen verbreitet. Offenbar reist *Cladonia foliacea*, die ebenfalls lichtliebend, säuretolerant und subozeanisch verbreitet ist, in diesen Moosfragmenten mit. Da sich diese Strauchflechte bisher nur an stickstoffarmen Standorten fand (Stickstoffzahl N2), ist es zumindest unwahrscheinlich, dass die Kaktusmoos-Invasion durch Eutrophierung begünstigt wird. Isermann (1997) beobachtete in den Ostsee-Dünen eine fortschreitende Sukzession der *Campylopus*-Bestände zum Genisto-Callunetum hin; möglicherweise ist die Dominanz dieses Mooses also nur von begrenzter Dauer.

Ein weiterer auffälliger Neophyt der Dünen ist die **Kartoffelrose** (*Rosa rugosa*), die um die Jahrhundertwende aus Nordostasien an die mitteleuropäische Küste verbracht wurde. Durch Ausbreitung mittels Polykormonen kann sie mit ihren dicht bestachelten Trieben nahezu undurchdringliche Bestände auf mehreren hundert m^2 bilden und gilt in den Niederlanden und Dänemark als Pestart (Pott et al. 1999). In den polnischen Dünen tritt auch *Salix daphnoides* invasiv auf (E. Remke, mündl.).

Der **Sanddorn** hat sein Arealschwergewicht in Zentralasien und eher im kontinentalen Südosten Europas als an der atlantischen und baltischen Küste. Bis zum Beginn des 19. Jahrhunderts kam er nur in kalkreichen Dünen der westlichen Niederlande und an der Ostseeküste vor. Seitdem hat eine Ausbreitung in die Weiß- und Graudünen der ostfriesischen Inseln stattgefunden, wo *Hippophaë* heute ähnlich wie in den Niederlanden vielerorts die Rolle des Gehölzpionieres einnimmt. Obwohl zweihäusig, erobert der Sanddorn außerordentlich rasch alle ihm zusagenden Plätze, weil er von Vögeln verbreitet wird und nach Darmpassage zu 95–100 % keimt. Unter den dichten Gestrüppen reichern sich Stickstoff und Humus an und wenige Nitrophyten wie *Urtica dioica*, *Rubus caesius* oder *Cirsium vulgare* dominieren die Krautschicht, während lichtliebende Arten des Dünengraslandes verschwinden (Isermann et al. 2007). Bevorzugt entwickelt sich *Hippophaë* in Dünentälern, in denen er mit seiner Pfahlwurzel das Grundwasser erreicht. Wo er auf höheren Dünen wächst, fand Stocker (1970) außer dem oberen Wurzelstockwerk stets ein unteres, das sich in der Dauerfeuchte des Kapillarsaums ausgebreitet hatte.

12.6 Menschlicher Einfluss

12.6.1 Folgen der Eutrophierung

Vermutlich eine Folge atmosphärischer N-Einträge ist die starke Ausbreitung der **Sandsegge** (*Carex arenaria*) auf vielen Graudünen der Nord- und Ostsee. Oft dringt sie auf breiter Front in die lückigen Silbergrasfluren ein und bildet artenarme, stark verfilzte Vegetationsteppiche mit einem dichten oberflächlichen Wurzel- und Rhizomsystem, das andere Pflanzen ausschließt. Mit einer Pfahlwurzel sichern sich die Seggen die Wasseraufnahme auch in Trockenperioden (Barendregt 1982).

In zunehmendem Maße finden sich **ruderale Staudengesellschaften** in den Weiß- und Graudünen der ostdeutschen und polnischen Küste ein, besonders in anthropogen und zoogen stark beeinflussten Bereichen (Passarge & Passarge 1973). Von den 350 Gefäßpflanzenarten des Helichryso-Jasionetums auf den Graudünen der Vistula-Nehrung in Polen sind heute bereits 20% Anthropophyten; darunter befinden sich Arten der Gattungen *Echium*, *Cynoglossum*, *Tanacetum* und *Artemisia* (Piotrowska 1988). Dabei spielen nicht nur Nährstoffeinträge, sondern auch Trittschäden eine Rolle (Page et al. 1985).

Die konkurrenzschwachen **Dünentälchen-Gesellschaften** sind heute überall selten geworden, weil sie von hochwüchsigen Gräsern und Weidengebüschen überwachsen werden (Van Dijk & de Groot 1987, Grootjans et al. 1991). Dies dürfte weniger eine Folge atmosphärischer Stickstoffeinträge, sondern vor allem durch Grundwasserabsenkung bedingt sein. Wasserentnahme reduziert die notwendige Zufuhr basischen Grundwassers und fördert so die Versauerung und Humusanreicherung, wodurch der Standortvorteil der basiphilen Magerkeitszeiger verloren geht (Sival & Strijkstra-Kalk 1999). Nach van Beckhoven (1995) genügt Wiedervernässung zur Restitution ausgetrockneter Dünentälchen in der Regel nicht; sie empfiehlt zur Aushagerung zusätzlich Mahd. Wie im Feuchtgrünland ist außerdem Oberbodenabtrag eine wirkungsvolle Maßnahme. Pionierarten werden insbesondere durch periodische Überflutungen gefördert, die Regenerationsnischen erzeugen (Urban 2005).

12.6.2 Folgen von Beweidung, Kaninchenverbiss und Aufforstung

Jahrhundertelange **Beweidung** der Nordseedünen mit Rindern und Pferden hat zu einer starken Degradierung der Vegetation geführt (Boorman & van der Maarel 1997). Seit rund 100 Jahren hat diese Form der menschlichen Nutzung abgenommen oder wurde ganz eingestellt, sodass in vielen Dünenlandschaften eine **sekundäre Sukzession** ablaufen konnte, die das Landschaftsbild vollständig veränderte (Isermann & Cordes 1992, Peters 1996, Pott et al. 1999, Petersen 2000). Die Reduktion der Beweidung durch Vieh und Kaninchen führt zu einer Anreicherung von Stickstoff, wodurch produktivere und höherwüchsige Pflanzengesellschaften, letztendlich Dünenwälder, auf Kosten meso- und oligotraphenter Vegetationstypen begünstigt werden. Konkurrenz um Licht ersetzt dann die Konkurrenz um Nährstoffe (Tilman 1988). In groben Zügen folgt diese sekundäre Sukzession dem von Westhoff (1991) für die Dünen des westlichen Wattenmeeres aufgestellten Schema (s. Abb. 12–16). Untersuchungen von van Dorp et al. (1985) und van der Maarel et al. (1985) haben aber gezeigt, dass Richtung und Geschwindigkeit dieses Wandels in starkem Maße von kleinräumigen Standortunterschieden und Zufallsprozessen beeinflusst werden. Die meisten Dünengesellschaften des Sukzessionsgeschehens waren nämlich durch eine Vielzahl von Übergängen miteinander verbunden, ähnlich wie das in der Salzrasen-Sukzession der Fall ist (vgl. Abb. 11–25).

Auf Spiekeroog lassen sich besonders gut die Auswirkungen hoher Kaninchendichten auf die Dünenvegetation studieren. Die Tiere wurden erst im 16. Jahrhundert auf den ostfriesischen Inseln eingebürgert. Selektiver **Kaninchenfraß** förderte niedrigwüchsige, graminoide Arten, Therophyten, manche Rosettenpflanzen und dornige oder stachelige Holzgewächse. Durch die Wühltätigkeit nahmen außerdem Besiedler nackter Böden wie *Sedum acre*, *Myosotis ramosissima*, *Erophila verna*, *Ceratodon purpureus* und *Cladonia clorophaea* sowie ruderale Arten (*Epilobium angustifolium*, *Senecio jacobaea* u. a.) zu. Dagegen wurden *Silene otites*, *Jasione montana*, *Trifolium arvense*, *Hypochaeris* *radicata* und andere Krautige sowie *Empetrum nigrum* zurückgedrängt (Burggraf-Van Nierop & Van der Meijden 1984, Kiffe 1989, Pott et al. 1999). Die Artenvielfalt in den Dünen wird nach Zeevalking & Fresco (1977) durch Kaninchenfraß jedoch insgesamt erhöht. 100 Jahre nach der Ausrottung der eingeführten Nager auf Spiekeroog (um 1889) haben sich ehemals mit Sandlieschgrasrasen (Tortulo-Phleetum) schütter bestandene Graudünen überwiegend in Straußgras-Dünenrasen (Agrostio-Poetum), dicht geschlossene Krähenbeerenheiden und hohe Sanddorngebüsche (Hippophao-Salicetum und Hippophao-Sambucetum) verwandelt (Isermann & Cordes 1992), obwohl neuerlich Hasen auf der Insel ausgesetzt wurden.

Beweidung und verbreitete **Plaggen-Nutzung** haben jahrhundertelang die Küstenheiden auf den Nordseeinseln zurückgedrängt. Vor allem in den niederländischen und dänischen Dünen wurde vielfach auch gebrannt. Erst nach Aufgabe dieser Praktiken um etwa 1900 konnten sich *Empetrum* und auch *Calluna* überall wieder ausbreiten (de Smidt & Barendregt 1991).

Eine nachhaltige Beeinträchtigung hat die grundwasserabhängige Dünentälchen-Vegetation durch die verbreitete **Anpflanzung von Gehölzen** erfahren. Wald erhöht die Gebietsverdunstung und senkt damit den Grundwasserspiegel. Gepflanzt wurden neben anderen *Pinus nigra* und *P. sylvestris*, *Alnus glutinosa* und *Populus*-Arten sowie zahlreiche, oft nicht einheimische Sträucher, die sich teilweise in die Dünen ausgebreitet haben.

13 Vegetation der alpinen und nivalen Stufe

Zwei Gebirge Mitteleuropas reichen deutlich über die alpine Waldgrenze hinaus, die Alpen und die Tatra in den Westkarpaten. Der Gürtel von der Baumgrenze bis zur Obergrenze einer mehr oder weniger geschlossenen Vegetation wird gewöhnlich als alpine Stufe bezeichnet; darüber folgt die nivale Stufe. Oberhalb der Kältegrenze des Waldes können sich rasenbildende Hemikryptophyten und Chamaephyten oder lichtliebende Kryptogamen auf allen Böden der alpinen und nivalen Stufe entfalten, vorausgesetzt, dass ihnen Frost und Schnee genügend Zeit dazu lassen. Die natürlichen Grasländer sind hier weit ausgedehnter als im waldreichen Tiefland Mitteleuropas, wo Salz- und Dünenrasen, Hochmoore, Seggen-Flachmoore und Röhrichte die einzigen von Natur aus waldfreien Lebensräume darstellen.

13.1 Flora und Entstehungsgeschichte

a) Mit 4491 Phanerogamen-Taxa (Aeschimann et al. 2004) sind die Alpen und ihr unmittelbares Vorland erheblich artenreicher als das übrige Mitteleuropa und damit ein regionaler „hotspot" der pflanzlichen Artenvielfalt. Das liegt vor allem an der großen Diversität an Lebensräumen und Vegetationstypen auf kleinem Raum, wie sie in Kapitel 13.3 deutlich zum Ausdruck kommt. Allein **der alpine und nivale Lebensraum der Alpen beherbergt rund 650 Phanerogamen-Taxa** (Ozenda 1993), das sind etwa 15 % der Gefäßpflanzen-Flora des gesamten Alpenraumes zwischen Wien und Nizza (170 000 km²). Väre et al. (2003) schätzen, dass sogar ungefähr 20 % der indigenen Flora Europas schwerpunktmäßig in der alpinen Stufe verbreitet sind. Bodenchemie und Klima beeinflussen den Artenreichtum der alpinen Flora deutlich: Auf Kalkgestein kommen wesentlich mehr Phanerogamen vor als auf Silikatgestein, das Verhältnis liegt bei 1,45 : 1 (Wohlgemut 2002). Weiterhin sind die kontinentalen Innenalpen aufgrund höherer Temperaturmaxima artenreicher als die ozeanischen Randalpen (Moser et al. 2005).

Die **Größe des Artenpools** pro Fläche nimmt mit zunehmender Meereshöhe ab, und zwar in verschiedenen Regionen der Alpen im Mittel um etwa 40 Gefäßpflanzen-Sippen pro 100 Höhenmeter (Körner 2002; s. Abb. 13–1). Allerdings erfolgt der Rückgang nicht linear, sondern eher stufenweise; er spiegelt den höhenbedingten Wandel in der Flora wider (Grabherr et al. 1995). Auch Flechten, Moose und Algen sind in den Hochlagen mit weniger Arten vertreten, der Rückgang erfolgt jedoch langsamer als bei den Phanerogamen (s. Abb. 13–2). Nach Körner (2003) entspricht die Diversitätsabnahme recht genau der mit steigender Meereshöhe kleiner werdenden Landoberfläche in den Alpen (s. Abb. 13–1: inlet). Das ist ein Hinweis darauf, dass die pflanzlichen Nischen bis in die Gipfelregion von entsprechend angepassten Arten ausgefüllt werden.

Mit zunehmender Höhe über dem Meeresspiegel fallen zahlreiche Sippen der Tieflagen aus, gleichzeitig treten aber die Arten der alpin-nivalen Kälteflora hinzu. Viele dieser oberhalb der Waldgrenze verbreiteten Sippen findet man zwar gelegentlich in tieferen Lagen, doch vermehren sie sich hier kaum und treten nur dort

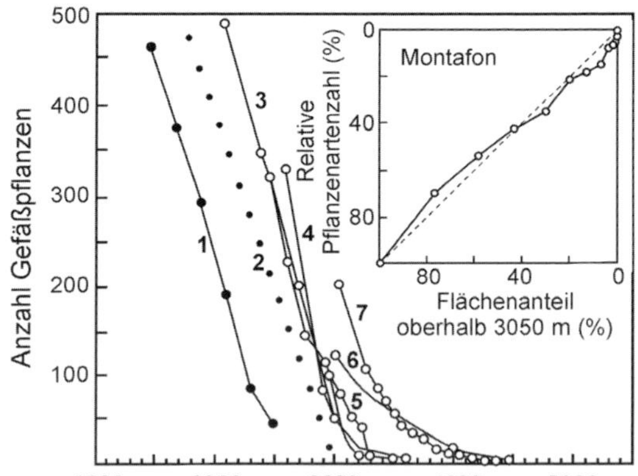

Abb. 13–1 Abnahme der Artenpools an Gefäßpflanzen mit der Höhe über dem Meeresspiegel in sieben Regionen der Alpen und Hohen Tatra. Nach verschiedenen Autoren in Körner (2002). 1: Tatra, 2: schweizerische Alpen, 3: Bernina (Schweiz), 4: Westalpen, 5: Bernina (Schweiz), 6: Ötztaler Alpen (Tirol), 7: Montafon (Vorarlberg). Die gepunktete Linie entspricht der Abnahme um 40 Arten pro 100 Höhenmeter. Inlet: Abnahme der relativen Pflanzenartenzahl mit der Abnahme der Landoberfläche im Montafon.

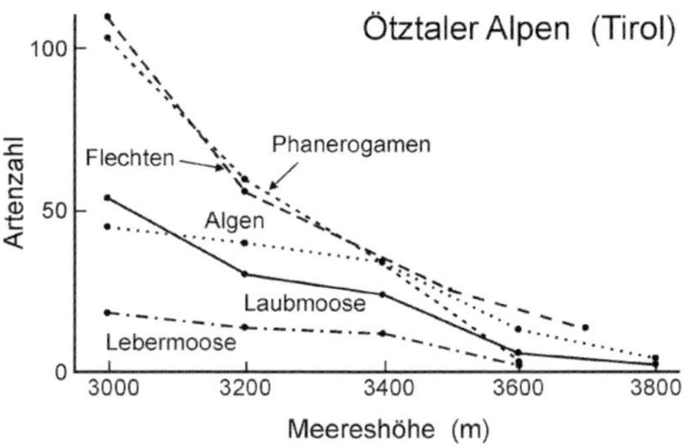

Abb. 13–2 Abnahme des Artenpools verschiedener Pflanzengruppen mit der Höhe über dem Meeresspiegel in den Ötztaler Alpen. Nach Schröter (1903), Braun-Blanquet (1954) und Pitschmann & Reisigl (1949, in Ozenda 1988).

zeitweilig auf, wo der Nachschub an Diasporen aus ihrem höher gelegenen permanenten Verbreitungsbereich gewährleistet ist. Insbesondere in den Lawinenbahnen, Wildbächen und an Felsschroffen steigen einzelne alpine Pflanzen in die klimatisch milderen Waldstufen hinab. *Saxifraga aizoides*, *Linaria alpina*, *Anthoxanthum alpinum* und einige andere blühen und fruchten sogar recht gut, ein Zeichen, dass sie nicht physiologisch, sondern vor allem durch ihre Konkurrenzschwäche an das Höhenleben gebunden sind (z. B. Flegrova & Krahulec 1999). Die meisten Alpenpflanzen verlieren aber im Tiefland ihre charakteristische Gestalt oder gedeihen gar nicht. In den Tallagen zeigt z. B. das Edelweiß (*Leontopodium alpinum*) starkes Höhenwachstum und bildet weniger Wurzeln und Blattbehaarung aus als in der alpinen Stufe. Die wenigen Arten, die über alle Höhenstufen verbreitet sind, wie etwa *Leontodon hispidus* und *Luzula multiflora*, bilden **in der collinen, montanen und alpinen Stufe genetisch deutlich unterschiedene Ökotypen oder Kleinarten**, die einen wesentlichen Teil ihrer Merkmale beibehalten, wenn man sie in andere Höhenstufen verpflanzt (z. B. Neuffer & Bartelheim 1989). Die Hochgebirgsflora ist also in taxonomischer Hinsicht recht eigenständig.

Das zeigt sich auch an der für mitteleuropäische Verhältnisse hohen Zahl an **endemischen Sippen** in den Alpen (417) und Karpaten (etwa 150 einschließlich der Ostkarpaten; Pawlowski 1970, Aeschimann et al. 2004). In den Alpen treten besonders viele Hochgebirgs-Endemiten in den Gattungen *Saxifraga* (28), *Campanula*, *Draba*, *Pedicularis*, *Phyteuma*, *Primula* und *Ranunculus* auf; die meisten Endemiten haben geringe Temperaturansprüche (Pauli et al. 2003). Als endemisch für die Alpen gelten auch 3 monotypische Gattungen (*Berardia*, *Physoplexis* und *Rhizobotryia*). Endemitenreich sind insbesondere Teile der südlichen, südöstlichen und nordöstlichen Alpen sowie die französischen Seealpen, und zwar vor allem Fels-, Schutt- und Schneeboden-Gesellschaften, nicht jedoch die alpinen Rasen (Dullinger et al. 2000). In diesen Regionen blieben größere Gebirgsstöcke ständig eisfrei, und viele Pflanzen und Tiere überdauerten sogar die Riss-Eiszeit, in der die Gletscher in den Zentralalpen einen fast ununterbrochenen Eisschild bildeten und mit ihren Zungen weit ins Vorland hinabreichten (Merxmüller 1952–1954). Mit molekulargenetischen Methoden konnten Schönswetter et al. (2005) **Glazialrefugien** am südlichen Alpenrand zwischen Nizza und den Dolomiten, am östlichen Alpenrand in Österreich und am nördlichen Rand zwischen der Zentralschweiz und Bayern wahrscheinlich machen; zwei kleinere Refugien dürften auch in den Zentralalpen im Aostatal und nördlich des Comersees bestanden haben. Damit werden die älteren arealgeografischen Befunde weitgehend bestätigt.

Manche Relikte haben sich später von ihren Überdauerungsorten aus nur wenig ausbreiten können und weisen als seltene Klein-Endemiten noch heute auf diese hin, z. B. *Saxifraga tombeanensis* und *S. vandellii* in den Insubrischen Alpen oder *Veronica lutea* im Gebiet der Karnischen Alpen (weitere Beispiele bei Pitschmann et al. 1959, Sutter 1969, Pawlowski 1970, Ozenda 1988 u. a., s. Abb. 13–3). Andere Endemiten sind an spezifische Standortfaktoren angepasst und wahrscheinlich aus diesem Grund räumlich eingeschränkt (Dirnböck et al. 2001). Immerhin 66 Endemiten sind aber im ganzen Alpenraum verbreitet (Grabherr 1997). Noch größer als in den Alpen ist der Endemitenreichtum in den unvergletschert gebliebenen Hochgebirgen Südeuropas (s. Abb. 1–7).

b) Die alpin-nivale Flora der Alpen setzt sich aus mehreren Florenelementen zusammen, die seit unterschiedlich langen Zeiträumen im Alpenraum beheimatet sind (Ammann 1995, Grabherr 1997). 15 % der Hochgebirgsflora, überwiegend die heute endemisch verbreiteten Sippen, entstammen den lokalen **Glazialrefu-**

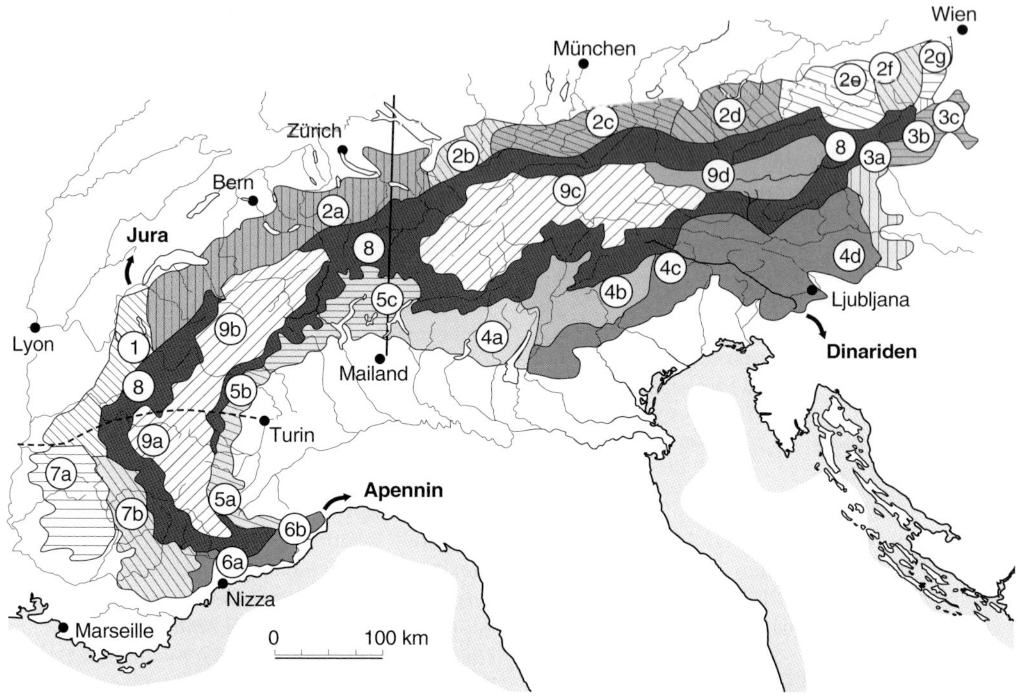

Abb. 13–3 Von Ozenda (1988) vorgeschlagene biogeografische Gliederung der Alpen und ihrer Randzonen (etwas verändert).
1–7 **Randalpen** (mit Kalkgestein außer den Teilgebieten 3 und 5): 1 Dauphiné, an die sich der Jura anschließt; 2 nördliche und östliche Voralpen; 3 östliche („suprapannonische") Randalpen; 4 illyrisch-gardesische Randalpen, die sich in den Dinariden fortsetzen; 5 insubrisch-piemontesische Randalpen; 6 vorligurische Randalpen, die sich im Apennin fortsetzen; 7 hoch-provencalischer Sektor.
8 u. 9 **Innenalpen** (mit vorwiegend Silikatgestein und Kontinentalklima): 8 Zwischenalpen; 9 extrem kontinentale Zentralalpen.
Die mit Nummern bezeichneten Teilgebiete sowie deren durch Buchstaben bezeichnete Unterteilungen unterscheiden sich floristisch.

gien; 35 % sind typische **mittel- und südeuropäische Hochgebirgsarten**, so die Mehrheit der alpinen Süß- und Sauergräser (Pignatti & Pignatti 1975). Verschwindend klein ist heute dagegen der **arkto-tertiäre Florenanteil** (z. B. *Berardia lanuginosa*), der zum Großteil in den Eiszeiten ausgelöscht wurde.

Bei der anderen Hälfte der Hochgebirgsarten handelt es sich um **Zuwanderer in spät- und postglazialer Zeit**, und zwar aus Skandinavien bzw. Nordasien und den südlich vorgelagerten Tundren, den Gebirgen Zentralasiens oder aus den mitteleuropäischen und mediterranen Fußstufen der Alpen (Hübl & Niklfeld 1973, Ozenda 1988). Mit molekularen Markern konnten Schönswetter et al. (2006) beipielsweise zeigen, dass die sehr lokal verbreiteten Arten *Ranunculus pygmaeus* aus dem sibirischen Taimyr, *Minuartia biflora* dagegen aus Skandinavien in die Alpen gelangt sind. Unterschiedliche Rückwanderungswege in die Westalpen und die Ostalpen sind Ursache der deutlichen floristischen Grenze, die das Gebirge in einer Linie etwa vom Bodensee zum Comersee halbiert (Ozenda 1988). So sind viele Arten nur in weiten Teilen der Ostalpen verbreitet, fehlen jedoch in den Westalpen, beispielsweise *Thlaspi alpestre*, *Rhodothamnus chamaecistus*, *Senecio incanus* subsp. *carniolicus*, *Gentiana pannonica* und *Potentilla clusiana*. Auf Rückwanderung von Westen her deuten dagegen die Areale von *Gentiana purpurea*, *Potentilla grandiflora*, *Trifolium thalii*, *T. alpinum*, *Plantago alpina* und manchen anderen, auch in den Pyrenäen auftretenden Arten (s. hierzu Merxmüller & Poelt 1954 u. a.).

Bei dem recht sippenreich vertretenen **arktisch-alpinen Florenelement** (z. B. *Dryas octope-*

tala und *Betula nana*) handelt es sich um eine Kälteflora, die die kühlen Wanderungswege in der eiszeitlichen Tundren- und Steppenlandschaft Mitteleuropas nutzte (s. Frenzel 1972, Heuberger 1974, Kral 1979, Lang 1994). Zahlreiche der heute disjunkt verbreiteten arktisch-alpinen Gattungen sind allerdings nicht etwa in der Arktis entstanden, sondern entstammen wahrscheinlich den Alpen; bei vielen Gattungen ist nämlich der Artenreichtum in den Alpen weit größer als in der Arktis (z. B. bei *Primula* und *Androsace*).

c) In vegetationsökologischer Hinsicht unterscheiden sich die Hochlagen der Alpen und die **skandinavische Gebirgstundra** in mehrfacher Weise. Die alpine Stufe nicht nur der Alpen, sondern auch der Pyrenäen, Karpaten und einiger balkanischer Gebirge zeichnet sich nach Ozenda (1988) durch ausgedehnte „Wiesen" aus, d. h. von *Festuca*- und anderen Poaceen sowie von *Carex*-Arten beherrschte Formationen. Gesellschaften, in denen Moose und/oder Flechten dominieren, bedecken dagegen nur kleine Flächen. Ersteres hängt vor allem mit der hohen und großflächigen Schneebedeckung zusammen, die einen wirksamen Kälteschutz bietet, aber im Frühjahr rasch verschwindet. Auf den Bergen Skandinaviens sowie Sibiriens und Zentralasiens gibt es dagegen starke Schneeverblasungen und regional auch Niederschlagsmangel, sodass die Vegetation reicher an Kryptogamendecken, und weniger von Graminoiden dominiert ist.

Die Vielfalt der Standorte und auch der Artenpool sind in den Alpen größer als in der Tatra und den anderen höheren Gebirgen Mitteleuropas, weshalb wir uns im Folgenden auf die Alpen konzentrieren wollen. Monografien sowie Übersichten über die waldfreie Gebirgsvegetation außerhalb der Alpen lieferten z. B. Szafer et al. (1962), Horak (1971), Issler (1942), Bogenrieder et al. (1982), Richard (1968), Ozenda (1988), Damm (1994) und Nagy et al. (2003).

13.2 Lebensbedingungen und standörtliche Gliederung

13.2.1 Klima des Hochgebirges

Um die Ökologie der Hochgebirgsvegetation zu verstehen, ist eine Kenntnis der Klimabedingungen in der alpinen und nivalen Stufe unerlässlich. Detaillierte Untersuchungen zum Makroklima der Alpen liegen u. a. von Steinhauser et al. (1958), Sauberer & Dirmhirn (1958) und Fliri (1975) vor, Übersichten über die Hochgebirgsklimatologie im Allgemeinen finden sich in Barry (1992) und Turner (1993). Körner (2003) gibt eine gute Zusammenfassung der gelände- und bestandesklimatischen Eigenheiten der alpinen Stufe.

13.2.1.1 Makroklima

Die Alpen befinden sich im Einflussbereich des nemoralen Klimas mit relativ hohen Niederschlägen am Nord- und Südrand (bis zu 2500 mm a^{-1}) und kühlen bis kalten, schneereichen Wintern. Nur der äußerste Südwesten des Gebirges und Teile der Fußstufe in Norditalien besitzen ein submediterran getöntes Klima. In den inneralpinen Becken der Westalpen und Ostalpen sinken die Niederschläge auf weniger als 700 mm, im Mittelwallis sogar auf 450 mm pro Jahr. Hier weist das Klima deutlich kontinentale Züge mit ausgeprägter Sommertrockenheit und scharfer Winterkälte auf (Braun-Blanquet 1961).

a) Der **Luftdruck** nimmt mit zunehmender Meereshöhe nahezu linear ab, und zwar um rund 100 hPa pro 1000 Höhenmeter. In Höhe der Waldgrenze auf 2000 m ü.NN. ist der Druck um etwa 22 % niedriger, im Bereich der Schneegrenze bei 3000 m sogar um etwa 31 % geringer als in Meereshöhe. Weil das Mischungsverhältnis der Gase praktisch unverändert bleibt, nimmt der Partialdruck des **Kohlendioxids** von 38 Pa in Meereshöhe auf 30,2 Pa in 2000 m und auf 26,6 Pa in 3000 m ab; gleichzeitig sinkt der **Sauerstoffdruck** von 213 hPa (bei 0 m) über 167 hPa (bei 2000 m) auf 147 hPa (in 3000 m Höhe). Pflanzen an der klimatischen Schneegrenze wachsen also heute unter CO_2-Konzentrationen, wie sie vor Beginn der industriellen Revolution im Tiefland geherrscht haben (etwa 28,8 Pa, Körner 2003).

b) Der **Wasserdampf**-Gehalt der Atmosphäre nimmt mit der Höhe über dem Meeresspiegel logarithmisch ab; die untersten 2000 Höhenmeter enthalten in der Regel die Hälfte des Wasserdampfes der gesamten Luftsäule (Barry 1992). Aufgrund der niedrigen Temperaturen ist der Sättigungsdampfdruck in der alpinen Stufe gering, ebenso wie das größte zu erwartende Sättigungsdefizit, das in 2000 bis 3000 m Höhe selten 7 hPa überschreitet. Luftdruck und Temperatur beeinflussen die **Diffusivität** von Wasserdampf und CO_2 in der Luft in einer Weise, dass die physikalischen Randbedingungen in 2000 m Höhe eine rund 20 % höhere transpirative Wasserabgabe und CO_2-Aufnahme zulassen als in Meereshöhe (Smith & Geller 1979, Leuschner 2000; s. Abb. 13–4). Der einschränkende Effekt reduzierter H_2O- und CO_2-Konzentrationen auf den Gaswechsel alpiner Pflanzen wird hierdurch teilweise wettgemacht.

c) Die **Strahlungsflussdichte** nimmt aufgrund der abnehmenden atmosphärischen Trübung mit der Höhe über dem Meeresspiegel zu. Stationen in 3000 m Höhe erhalten in den schweizerischen Alpen im Jahresmittel eine rund 30 % höhere Globalstrahlung als Tallagen in 550 m (Körner 2003). Im Sommer wird die Zunahme jedoch durch die mit der Höhe ansteigende Bewölkung fast vollständig kompensiert (Tranquillini 1960; s. Abb. 13–5).

Unter bestimmten meteorologischen Bedingungen treten in der alpinen Stufe Strahlungsspitzen auf, die sogar den Wert der Solarkonstanten am Außenrand der Atmosphäre (1360 W m^{-2}) übertreffen. Wenn dünne Stratozirrus-Wolken bei klarem Himmel die diffuse Strahlung erhöhten, wurden Spitzenwerte bis 1500 W m^{-2} (oder 3000 µmol Photonen m^{-2} s^{-1} im PAR-Bereich) gemessen (Turner 1958 a, Körner 2003; s. Abb. 13–6). Reflektierende Schneefelder können den Strahlungsgenuss alpiner Pflanzen ebenfalls erhöhen.

Die UV-B-Strahlung ist bei klarem Himmel in den Hochlagen bis zu 100 % größer als im Tal (Blumthaler et al. 1993); bei Bewölkung verschwindet dieser Gradient. Die dünne Höhenluft verstärkt auch die nächtlichen Ausstrahlungsverluste mit der Folge, dass tiefe Nachttemperaturen in der alpinen Stufe wesentlich häufiger auftreten als im Tal. Vor allem in den Frühjahrs- und Herbstmonaten herrscht in der alpinen Stufe deshalb alltäglicher Frostwechsel.

d) Beherrschender Standortfaktor der alpinen Stufe temperater Gebirge ist die kurze **Vegetationszeit** (s. Abb. 13–7 b). Eine um 100 m größere Höhe über dem Meeresspiegel bedeutet durchschnittlich eine Verkürzung der Wachstumsperiode um 6 bis 7 Tage. Tagesmitteltemperaturen von mindestens 5 °C, bei denen viele Holzgewächse gerade noch Stoffgewinne erzielen, werden z. B. in den schweizerischen Alpen in 1000 m Höhe an 195 bis 210 Tagen des Jahres erreicht, in 2000 m dagegen nur an 85 bis 120 Tagen. Hinzu kommt, dass der in manchen

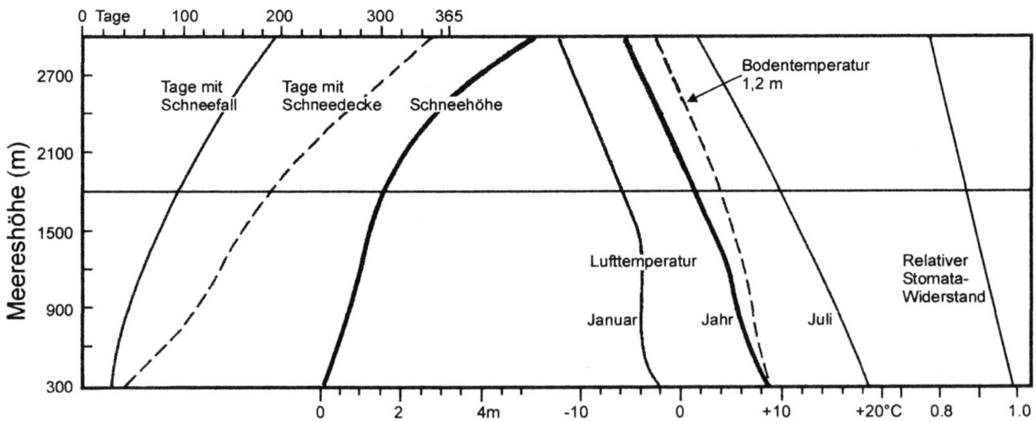

Abb. 13–4 Mittlere Änderung wichtiger Klimafaktoren mit der Höhe über dem Meeresspiegel in den östlichen Zwischenalpen (nach Harder et al. aus Turner 1970) sowie Reduktion des Stomatawiderstandes (relative Einheiten) aufgrund der Druckabnahme zwischen 300 und 3000 m um etwa 20 %; dadurch werden Transpiration und CO_2-Aufnahme in der Höhe erleichtert (vgl. Text). In 1800 m Höhe (d. h. nahe der klimatischen Waldgrenze) fällt im Mittel an 100 Tagen Schnee, harrt die Schneedecke etwas mehr als ein halbes Jahr aus und erreicht eine Mächtigkeit von mehr als 1,5 m. Das Januarmittel der Lufttemperatur liegt hier bei –6 °C, das des Jahres bei 2 °C und das des Juli um + 10 °C. Sommertage (mit Lufttemperatur-Mitteln über 25 °C) kommen in dieser Höhenlage im Mittel nicht mehr vor. Infolge des besseren Schneeschutzes weicht das Jahresmittel der Bodentemperatur in 1,2 m Tiefe mit steigender Höhe immer mehr nach der positiven Seite hin ab, in 1800 m schon um 2 °C.

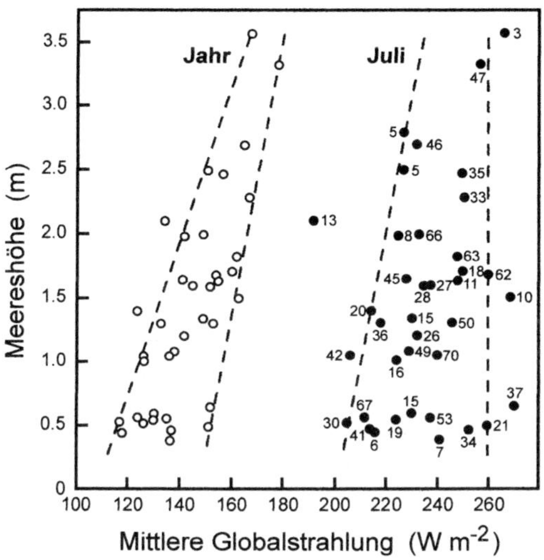

Abb. 13–5 Jahresmittel (offene Kreise) und Mittel des Juli (Punkte) der Globalstrahlung an 37 Stationen in verschiedener Höhenlage in den schweizerischen Alpen. Nach Meteotest (1995, in Körner 2003). Im Winter steigt die Strahlung im Mittel um 10 % pro 1000 Höhenmeter an; im Sommer ist der Höhentrend aufgrund der vergleichsweise großen Bewölkung in den Hochlagen nur undeutlich.

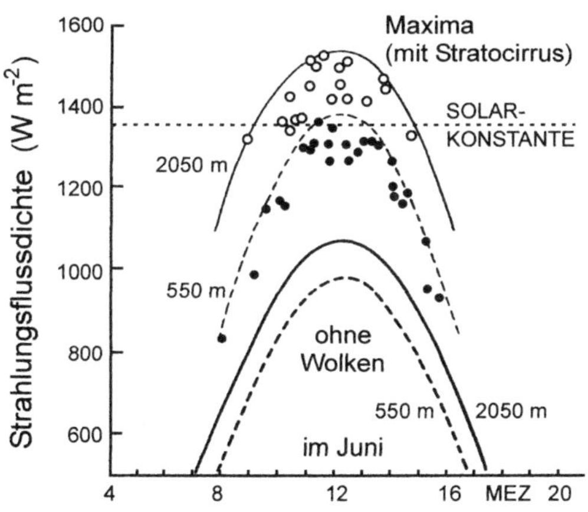

Abb. 13–6 Die Globalstrahlung im Hochgebirge kann bei klarem Wetter mit reflektierenden Höhenwolken (Stratocirrus, dünne ausgezogene Kurve) etwa 10 % höher sein als die Solarkonstante. An wolkenfreien Tagen ist sie dagegen auch in den Hochlagen deutlich geringer. In Tallagen (bei Zürich, gestrichelte Kurven) ist sie an wolkenfreien Tagen geringer. Nach Turner (1970), verändert.

Alpentälern so wirksame Föhn oberhalb der Waldgrenze noch nicht warm ist, also weder die Temperatur heben noch die Schneeschmelze beschleunigen kann.

e) Die **Lufttemperatur** nimmt in den Alpen im Mittel um 0,57 °C pro 100 Höhenmeter ab. In den trockenen Innenalpen ist die Abnahme etwas größer als in den feuchten Randalpen, ebenso ist der Gradient im Sommer und tagsüber steiler als im Winter bzw. nachts (Ozenda 1988, Barry 1992). Die Abnahme der mittleren **Bodentemperatur** erfolgt langsamer als bei der Lufttemperatur (um 0,43 °C pro 100 m in den Alpen; Maurer in Ozenda 1988), weil eine mächtigere winterliche Schneedecke extreme Bodenfröste in großer Höhe verhindert (s. Abb. 13–4). Im Waldgrenzbereich tritt häufig eine Umkehr des Bodentemperatur-Höhengradienten auf, wenn sich der Baumbestand in Richtung auf die Baumgrenze lichtet und deshalb mehr Strahlung an die Bodenoberfläche durchdringen kann als im geschlossenen montanen Wald (Lüdi 1938).

Das alpine Klima bietet für die meisten Pflanzen stärker **wechselnde thermische Bedingungen** als das montane Klima. Der Übergang vom Winter zum Sommer vollzieht sich vor allem in den relativ ozeanischen Randalpen so plötzlich, wie dies im Tiefland nur bei extrem kontinentalem Klima der Fall ist, z. B. im westlichen Sibirien. Im Gegensatz zum kontinentalen Tieflandklima können allerdings im Hochgebirge mitten im Sommer zyklonal bedingte Kälteeinbrüche eintreten, die zu Schneefällen und Frösten führen. Larcher (1983 a) und Landolt (1983) zählen deshalb große Temperaturschwankungen zu den wichtigsten Standortfaktoren oberhalb der Waldgrenze in den Alpen.

f) In den nördlichen und südlichen Randalpen nehmen die **Niederschläge** mit steigender Höhe rasch zu, meist um 500–1000 mm pro 1000 Höhenmeter. In den kontinental geprägten Innenalpen fehlt unterhalb von 2000 m diese Höhenzunahme; an manchen Orten findet sogar eine Abnahme statt (Ozenda 1988). Erst in Gipfelhöhe bei 3000–4000 m treten auch hier hohe Niederschläge auf (s. Abb. 13–7 a).

13.2.1.2 Gelände- und Bestandesklima

Obwohl der höhenabhängige Klimagradient ein wesentliches Charakteristikum des Hochgebirges darstellt, lässt sich die klimatische Umwelt alpiner Pflanzen erst dann gänzlich verstehen, wenn der Einfluss von Geländeform und Be-

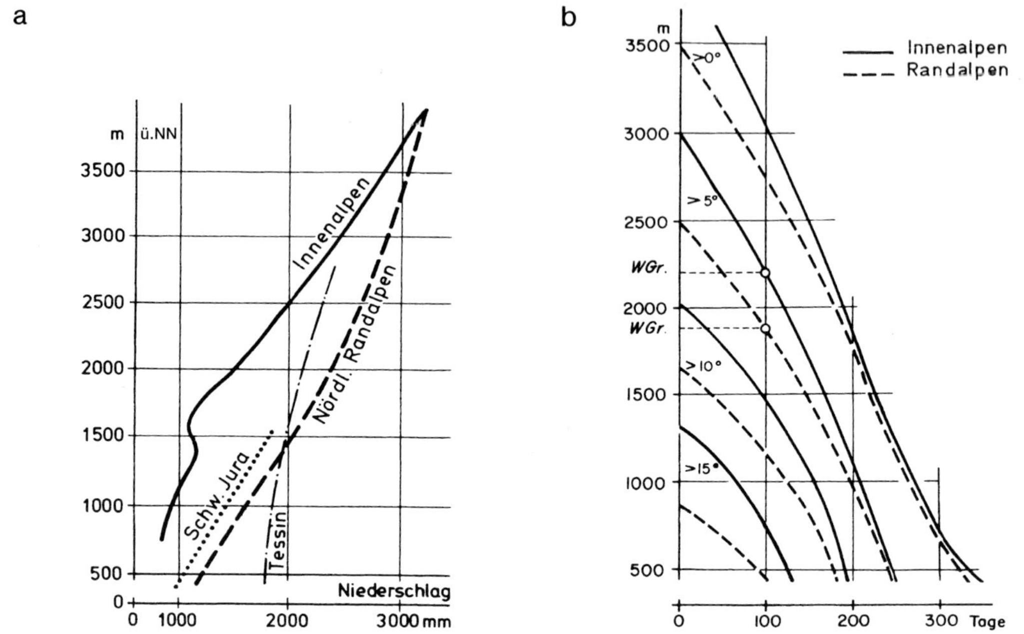

Abb. 13–7 Das Klima der Randalpen ist relativ ozeanisch, das der Innenalpen dagegen kontinental getönt, d. h. in gleicher Höhe über dem Meeresspiegel niederschlagsärmer, aber strahlungsreicher (s. auch Abb. 13–3).
a: Die Zunahme der Niederschläge mit steigender Höhe über dem Meer ist in den nördlichen Randalpen und im Schweizer Jura anfangs wesentlich größer als in den Innenalpen. Oberhalb 3500 m sind die Niederschlagsmengen aber überall ungefähr gleich hoch. Im insubrischen Tessin zeichnen sich nur die Tieflagen durch ungewöhnlich hohe Niederschlagsmengen aus. Nach Uttinger Nägeli (1969), verändert (vgl. Abb. 1–3 und 1–4).
b: Zahl der Tage mit Temperaturmitteln über 15, 10, 5 und 0 °C in den schweizerischen Innenalpen und in den nördlichen Randalpen, nach Monatsmitteln interpoliert. An der Waldgrenze gibt es etwa 100 Tage mit Temperaturmitteln über 5 °C, und zwar sowohl in den Randalpen (bei etwa 1800 m) als auch in den Innenalpen (bei etwa 2200 m). Nach Ellenberg (1978, 2. Aufl. dieses Buches).

standesstruktur auf Strahlung, Temperatur, Schneemächtigkeit und andere Klimaelemente berücksichtigt wird. Die gründlichen Untersuchungen von Friedel (1961), Cernusca (1976) und Gottfried et al. (1998) zeigen eindrucksvoll, dass die kleinräumige Vegetationsverteilung in der alpinen und nivalen Stufe stärker von Exposition und Relief bestimmt wird als von der Meereshöhe.

a) **Schatthänge** sind gegenüber **Sonnhängen** thermisch benachteiligt (s. Abb. 13–8), und zwar vor allem an Tagen mit geringer Bewölkung. Die klimatische Schneegrenze und die Obergrenze von Getreidebau und Almwirtschaft erreichen deshalb in vielen Alpenregionen in südlicher und südöstlicher Ausrichtung eine größere Höhe als in anderen Expositionen (s. Abb. 13–9). Das gilt erstaunlicherweise nicht für die Wald-

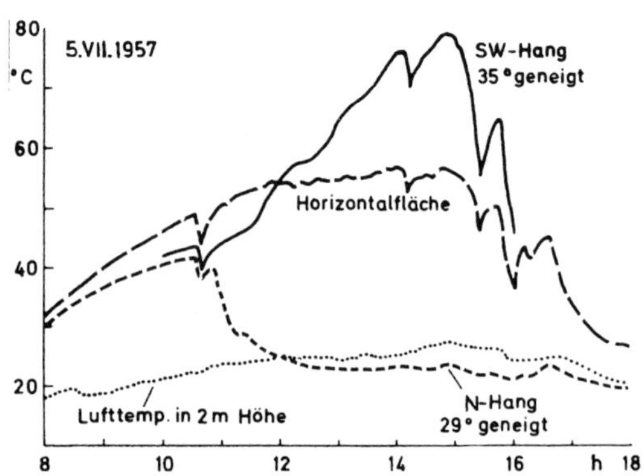

Abb. 13–8 Temperatur-Tagesgang in 1 cm Bodentiefe bei verschiedener Exposition im Bereich der Waldgrenze bei Obergurgl (Ötztal, 2000 m ü.NN.) im Vergleich zur Lufttemperatur in 2 m Höhe über der Horizontalfläche. Nach Turner (1970), etwas verändert. Ein nackter dunkler Boden am SW-Hang erreicht 80 °C.

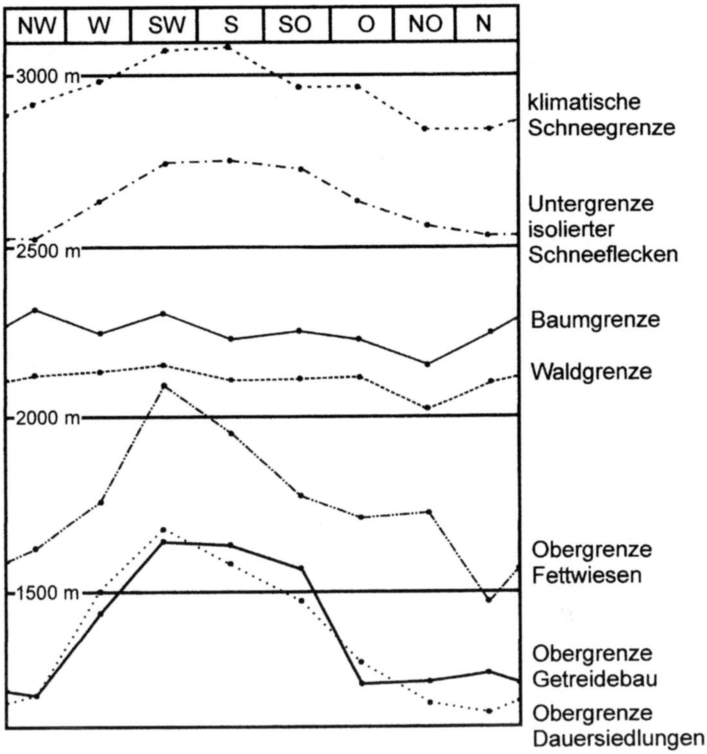

Abb. 13–9 Schwankung verschiedener Höhengrenzen in Abhängigkeit von der Exposition im Ortler-Massiv (Südtirol). Nach Fritsch aus Schröter (1908, in Ozenda 1988), verändert. Nur Wald- und Baumgrenze zeigen keine deutliche Expositionsabhängigkeit (vgl. Paulsen & Körner 2001).

grenze (s. Kap. 13.4.5.1). Mit steigender Höhe über dem Meeresspiegel nimmt die geländeklimatische Bedeutung des Bergschattens zu, weil die Unterschiede zwischen Luft- und Bodentemperaturen wachsen (Böhm 1966). In sonnigen Regionen sind es die Südhänge, die thermisch begünstigt sind, in wolkenreichen Gegenden dagegen eher die Ostseiten, weil sie Morgensonne erhalten, während die Westseiten von der Nachmittags-Bewölkung beschattet werden.

b) Auch die **Geologie** und das lokale **Relief** beeinflussen das Temperaturregime. Karbonatböden, zumindest solche mit nur schütterem Bewuchs, sind im Sommer meist einige Grad wärmer als Silikatböden, weil sie trockener sind (Gigon 1971). Dolinen, d. h. Einsturztrichter in Kalk- und Gipsgebirgen, und andere Hohlformen sammeln in der subalpinen Stufe nicht nur Schnee, sondern auch Kaltluft und besitzen mitunter Permafrostinseln. Ihr Klima ist daher in besonderem Maße baumfeindlich und begünstigt alpine Pflanzengesellschaften auch schon weit unterhalb der Waldgrenze (s. Furrer 1966, Gensac 1968, Körner & Hoch 2006).

c) Einen besonders großen Einfluss auf die alpine und nivale Vegetation hat die **Mächtigkeit und Dauer der Schneebedeckung**. Wegen der zunehmenden Niederschläge und der zugleich tieferen Temperaturen steigen die Schneefälle mit der Höhe an (s. Abb. 13–4). Während in 1000 m Höhe rund 20–25 % der Niederschläge als Schnee fallen, sind dies in 2000 m bereits 50–60 % und in 3000 m 80–90 % (Ozenda 1988). Deshalb sind viele alpine Standorte in den Frostwechselzeiten noch von Schnee geschützt. Die Mächtigkeit der Schneedecke schwankt aber von Ort zu Ort sehr, weil der Wind nur durch die Gestalt des Geländes und kaum durch den niedrigen Bewuchs gebremst wird. Mulden bleiben lange unter hohem Schnee liegen, während Kuppen viel früher ausapern oder sogar schneefrei überwintern (s. Abb. 13–10). Das räumliche Muster der Pflanzengesellschaften spiegelt deshalb das Mosaik der Schneedauer in der alpinen Stufe wider (Klug-Pümpel 1982; s. Abb. 13–11). In den waldreicheren Stufen kommt es nur selten zu Schneeverwehungen dieses Ausmaßes, weil Bäume und Büsche den Wind bremsen.

Abb. 13–10 Relief, Schneeverteilung und Bodenbeschaffenheit lassen die Vegetation der alpinen Stufe auf kleinem Raum wechseln (s. auch Abb. 13–11 u. 13–26).
Nahe der Stuttgarter Hütte in den Lechtaler Alpen findet man Rasen auf flach- bis tiefgründigen Kalkböden (z. B. vorn rechts) und auf mehr oder minder kalkarmen Böden. In manchen Rinnen und Hangfuß-Mulden bleibt der Schnee bis Anfang August liegen. Sonnexponierte Hänge apern dagegen schon im April aus, und windgefegte Grate bleiben schneefrei. Nur auf Verebnungen und in breiten Tälern können sich homogene Rasen-Gesellschaften ausbilden.

d) Tief reichendes **Bodengefrieren** tritt im Hochgebirge vor allem an windgefegten und somit schneearmen Graten und Kanten auf, denn die Eindringtiefe des Frostes in den Boden nimmt mit abnehmender Schneemächtigkeit linear zu (Sakai & Larcher 1987). Unter einer isolierenden Schneedecke von mehr als 50 cm Dicke sinkt die Temperatur selten unter 0 °C,

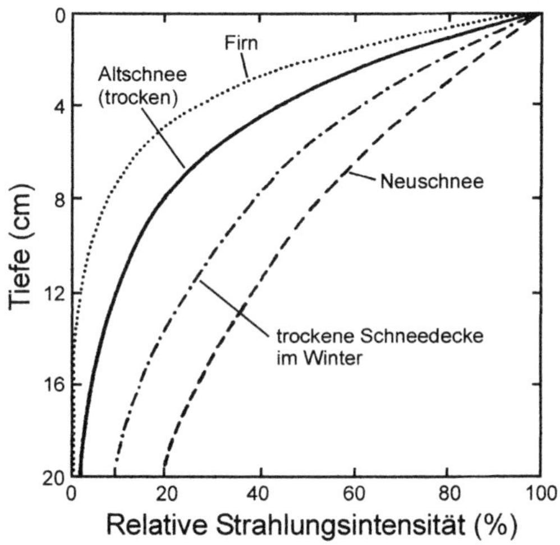

Abb. 13–12 Die Strahlung nimmt im Firn und Schnee verschiedener Beschaffenheit mit zunehmender Tiefe ungleich rasch ab (in % der einfallenden Strahlung). Nach Sauberer & Härtel (1959).

auch wenn die Luft tagelang –20 °C erreicht (Rübel 1911). Unter dem Schnee nimmt die Strahlungsintensität mit zunehmender Schneemächtigkeit logarithmisch ab und erreicht unter einer 20 cm dicken Schicht rund 20 % der Freilandwerte, wenn es sich um lockeren Neuschnee handelt. Unter festem Altschnee und Firn sinkt sie dagegen auf wenige Prozent (s. Abb. 13–12). Die rezente Klimaerwärmung wird die Ausdehnung der Permafrostböden in den Alpen zunehmend reduzieren (Harris et al. 2003).

e) Zu den mechanischen Unbilden, denen die alpine Vegetation in exponierter Lage ausgesetzt ist, gehört der **Schneeschliff** (Turner 1968). Windfahnen sind ein charakteristisches Gestaltmerkmal der Baumkrüppel vieler Waldgrenzökotone (s. Abb. 13–13). Nur an exponierten Felskomplexen des Hochgebirges und auf freistehenden Gipfeln sind jedoch die **Windgeschwindigkeit** und die Sturmhäufigkeit außergewöhnlich hoch, wie z. B. auf dem Brocken im Harz (vgl. Barry 1992). Die Alpentäler sind dagegen in der Regel weniger windig als das mitteleuropäische Tiefland; das gilt jedenfalls für Tirol (Fliri 1975). Nicht alle tischförmig wachsenden oder 0,5–1,5 m über dem Erdboden geschundenen Bäume, die man im Hochgebirge findet, darf man zudem als Opfer kli-

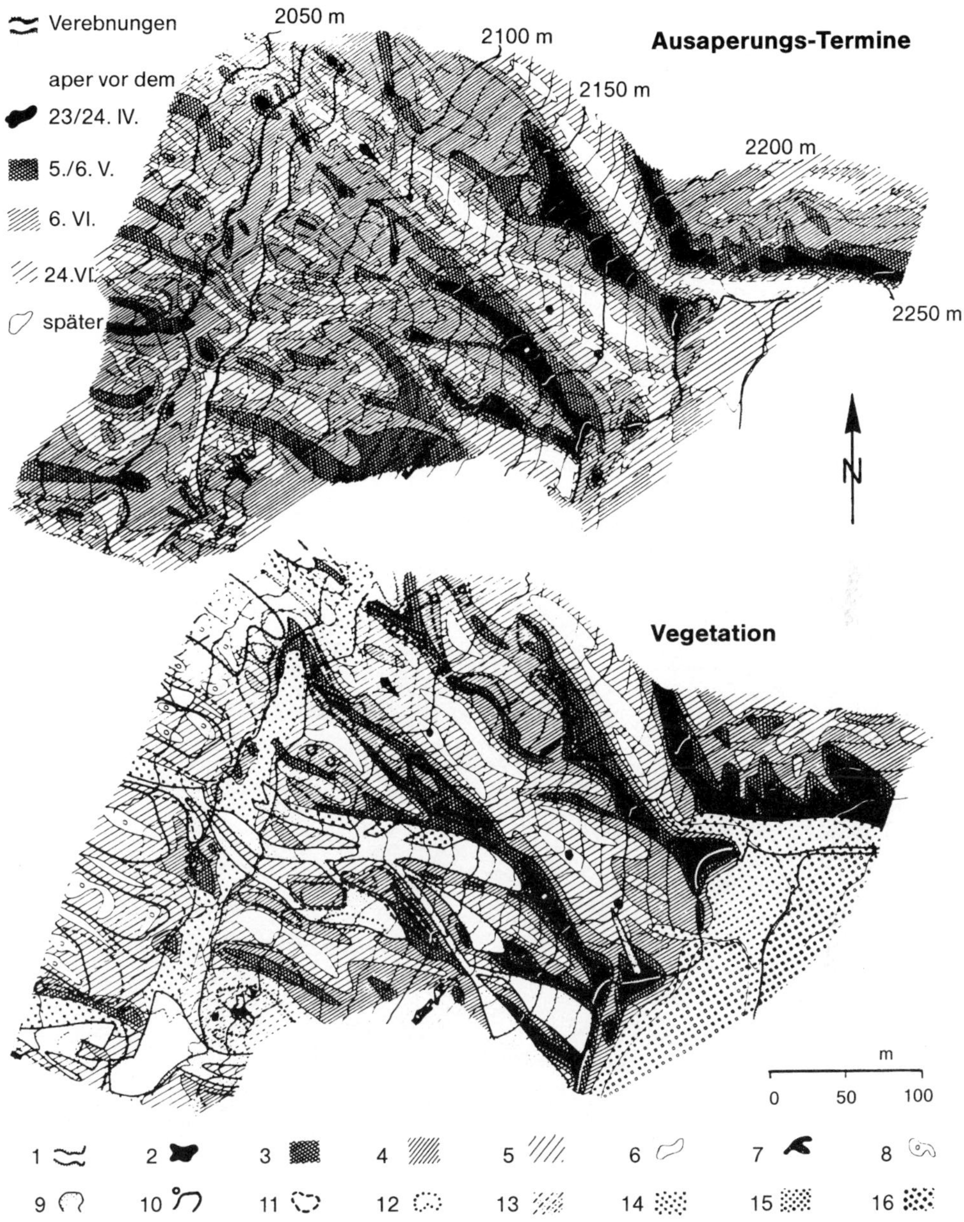

Abb. 13–11 Im Waldgrenzbereich und in der alpinen Stufe hängt die Verteilung der Pflanzengesellschaften wesentlich von der Andauer der Schneebedeckung ab. Eine Karte der Ausaperungstermine stimmt daher weitgehend mit der Vegetationskarte überein. Nach Friedel aus Aulitzki (1961), verändert.

Oben: Interpolierte Karte der Ausaperungstermine oberhalb der Waldgrenze bei Obergurgl (2050–2250 m).

Unten: Vereinfachte Vegetationskarte des oben dargestellten Geländeausschnittes. 1 = Verebnungen, 2 = Flechten-Windheiden, 3 = Alpenazaleen-Windheiden, 4 = Moorbeerheiden, 5 = Alpenrosen-Heidelbeerheiden, 6 = dichte Alpenrosenheiden, 7 = kleine Legföhren-Gruppen, 8 = Lücken im Alpenrosengestrüpp des subalpinen Waldes, 9 = Schuttvegetation, 10 = alte Arvenbestände, 11 = junge Arven,
12 = junge Lärchen, 13 = offenes Pionier-Alpenrosengesträuch mit *Racomitrium canescens,* 14 = Flächen mit Bodenüberhitzung, 15 = Flächen mit Bodenverdichtung (selten), 16 = Krummseggenrasen (mittelalpin). Die Windheiden sind oft kaum schneebedeckt, während sich in den Alpenrosen Schnee sammelt (vgl. Abb. 13–13).

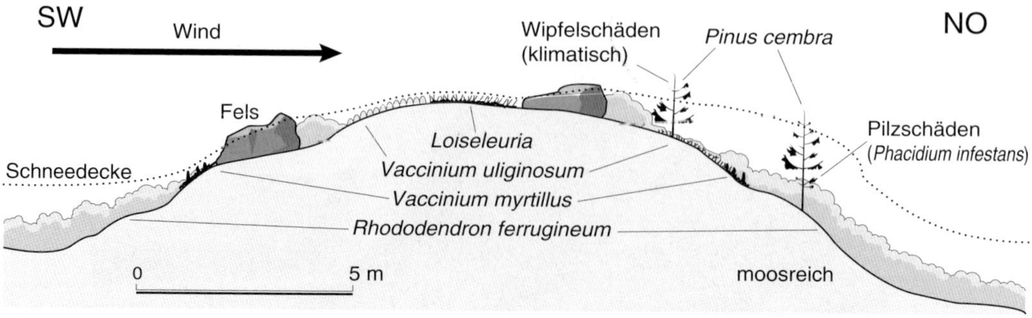

Abb. 13–13 Windbedingte Schneeverteilung und Zonierung der Zwergstrauch-Gesellschaften an einer Hangrippe nahe der Baumgrenze im Oberengadin, halbschematisch. Nach Holtmeier (1971), verändert. Im Schnee werden die Nadeln von Schneeschimmel befallen.

Abb. 13–14 Lawinenbahnen im subalpinen Fichtenwald am Schatthang des Steinwassertales unterhalb des Sustenpasses im Spätsommer. Natürliche Lawinarwiesen und Krummholzbestände an deren Rand.

matischer Unbilden ansehen. Nach Holtmeier (1967, 1968) muss auch Viehverbiss als Ursache in Betracht gezogen werden. **Schneebretter und Lawinen** schädigen vor allem hochwüchsige Holzpflanzen. Indirekt begünstigen sie dadurch die niedrigeren Gewächse der alpinen Stufe (s. Abb. 13–14, 7–26 u. 7–27).

f) Polsterpflanzen, Zwergsträucher und Horstgräser schaffen sich durch dicht geschlossene Blattschichten ein **Bestandesinnenklima**, das mehr oder weniger von dem Klima der Umgebung entkoppelt ist. Vor allem gilt das für Spaliersträucher wie *Loiseleuria procumbens*, *Salix retusa* und *Dryas octopetala*, die dem Boden flach angepresste Teppiche mit einer sehr hohen Blattflächendichte bilden (s. Kap. 13.6.1 a). Cernusca (1976) maß im Inneren eines nur 3 cm hohen *Loiseleuria*-

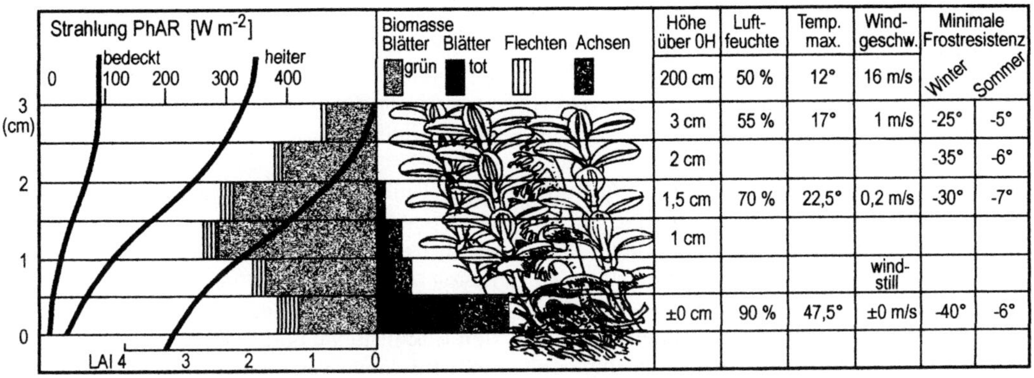

Abb. 13–15 Bestandesinnenklima, Blattflächenindex (LAI), Phytomassenverteilung und Frostresistenz in einem 3 cm hohen *Loiseleuria*-Teppich. Nach Cernusca (1976, Frosthärte nach Larcher 1977 b: minimale Resistenz nach Enthärtung bei 3 Tagen mit 15 °C).

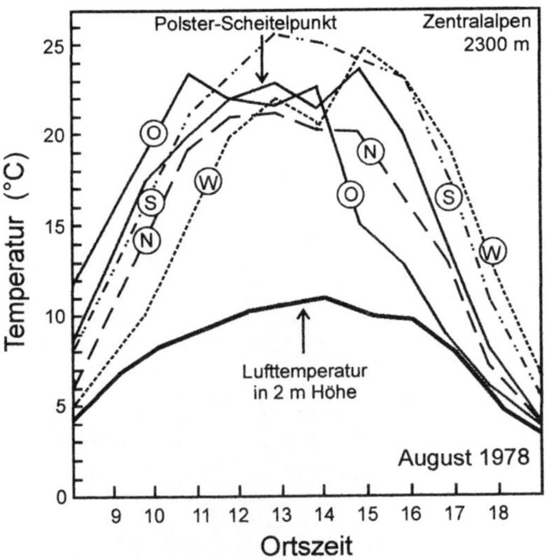

Abb. 13–16 Tagesverlauf der Oberflächentemperatur in verschieden exponierten Bereichen eines Kugelpolsters von *Silene acaulis* subsp. *exscapa* an einem Strahlungstag in 2300 m Höhe. Nach Körner & de Moraes (1979, in Körner 2003), etwas verändert. Manche Blätter erhitzen sich bis zu 25 °C über die Lufttemperatur.

Teppichs eine Luftfeuchtigkeit von 90 % und völlige Windstille, als in 2 m Höhe über dem Bestand 50 % Feuchte und eine Windgeschwindigkeit von 16 m s^{1} herrschten (s. Abb. 13–15). An Strahlungstagen kann sich die Blattmasse von Polsterpflanzen um 15–20 °C (im Extremfall um 36 °C) gegenüber der Lufttemperatur überhitzen, sodass in 2000 m Höhe regelmäßig Blattemperaturen von 45 °C (selten bis 55 °C) auftreten (Neuner et al. 1999 b; vgl. Abb. 13–16). Anfallende Streu wird nicht verblasen und Nährstoffe reichern sich im Teppich an. Polsterpflanzen erzeugen auf diesem Wege einen relativ warmen, feuchten und nährstoffreichen Kleinstandort mit günstigen Bedingungen für Photosynthese und Wachstum in einer Höhenlage, wie sie für Holzgewächse sonst nur in der montanen Stufe gegeben sind.

Auch Rosettenpflanzen, Horstgräser und in geringerem Maße die Zwergsträucher und niedrigen Bäume der subalpinen Krummholzstufe erzeugen ein günstiges Bestandesklima, das die Besiedlung windgefegter Kuppen und Kanten erleichtert. Auf der anderen Seite ist es im Sommer im Boden unter Wald kälter als unter Rasen-Gesellschaften (s. Kap. 13.4.5.2) und unter dicht geschlossenen Rasen kühler als unter offenen (Gigon 1971).

13.2.1.3 Das Klima von alpiner Stufe und Arktis im Vergleich

Manche der vorstehend erwähnten Klimaeigenschaften treffen auch für die Tundren nördlich der polaren Waldgrenze in Skandinavien zu (Ives & Barry 1974; vgl. auch Abb. 13–18). Doch ist die Luft dort nicht so dünn wie im Hochgebirge, sodass die **Ein- und Ausstrahlung weniger intensiv** wirkt und die Strahlung nicht so reich an ultravioletten Anteilen ist. Dafür dauert aber im Sommer die Einstrahlung länger an, sodass es nachts seltener zu Frösten kommt. Dennoch ist der Wärmeunterschied zwischen Sommer und Winter im hohen Norden geringer als in den Alpen, weil die Sonne dauernd tiefer steht und den Boden, von steilen Südhängen abgesehen, weniger stark bestrahlen kann. Trotz wesentlich geringerer Niederschläge leiden die Pflanzen in der Tundra nur selten unter Wassermangel. Im Gegenteil, wegen des flachen Reliefs, des Wasserstaues auf dem dauernd gefrorenen Unterboden und der schwächeren Verdunstung gibt es hier **viel mehr versumpfte Flächen** als in den jungen Hochgebirgen. Es ist daher kein Wunder, dass die Flora und Vegetation steiniger und bergiger Tundren mehr an die der Alpen erinnert als diejenige der weiten Ebenen.

Die Unterschiede zwischen dem alpinen und dem arktischen Klima kommen vor allem darin zum Ausdruck, dass Dauerfrost in den mitteleuropäischen Gebirgen nur lokal auftritt, im hohen Norden jedoch die Regel ist. Wegen des steileren Sonnenstandes und der stärkeren Einstrahlung im Winter sowie der nächtlichen Temperaturumkehr bleiben die Böden der alpinen Stufe im Mittel um mehrere Grade wärmer als die Luft. Da die **Schneedecke im Hochgebirge durchschnittlich zwei- bis achtmal mächtiger wird als in der Tundra**, ist der Boden zudem gegen Kälteeinbrüche besser geschützt (s. a. Abb. 7–17). Nur am Grund schattiger Kaltluftlöcher (Dolinen) und in lockeren Schutthalden, in denen kühle Luft abfließt, bildet sich ein mächtiges Bodeneis, das auch im Sommer erhalten bleiben kann (s. auch Kap. 7.4.5).

Staunässe und Kälte im Wurzelraum hemmen den Humusabbau und die Stickstoffmineralisation. Infolgedessen sind anmoorige Bildungen mit niedrigen Zwergstrauchheiden und Flechtenfluren in der Arktis viel häufiger als in den Alpen und ähnlichen Hochgebirgen. Auch Moose stehen in der Tundra unter besonders günstigen Bedingungen, zumal sie selbst außerhalb der Vegetationsperiode an günstigen Tagen Photosynthese betreiben können (Oechel & Svein-

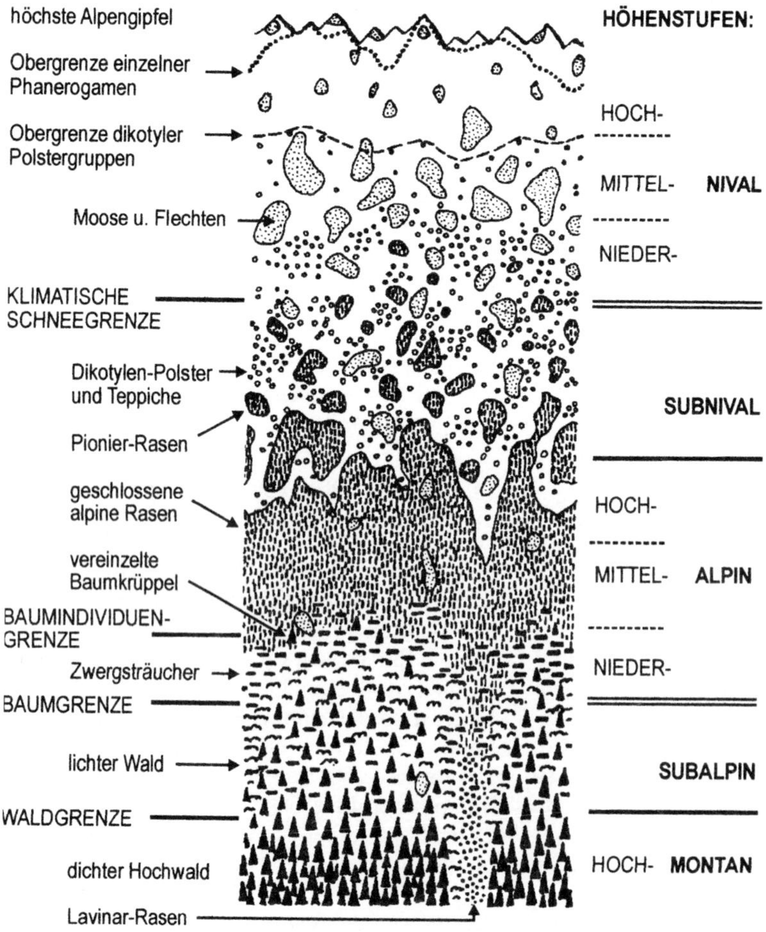

Abb. 13–17 Höhenstufung des Formationsmosaiks von der oberen montanen bis zur nivalen Stufe der Alpen (schematisch). Das Waldgrenz-Ökoton reicht von der Waldgrenze bis zur Baumindividuen-Grenze, dem höchsten Vorkommen von Einzelexemplaren der Baumarten (entspricht der oberen Krummholzgrenze). Rechts ist eine Hangrinne angedeutet, in der alljährlich Lawinen zu Tal fahren. Teilweise in Anlehnung an Reisigl & Pitschmann (1958).

Abb. 13–18 Höhenstufung der Vegetation im Unterengadin unterhalb Zernez, d. h. in den Zentralalpen am Rande des Schweizerischen Nationalparks.
Rechts oberhalb der Kirche inneralpine Trockenrasen und Kiefernwälder. An den Urgesteinshängen im Mittelgrund montaner und subalpiner Fichtenwald, von Felsen und Lawinenzügen unterbrochen. Auf den Terrassenresten Goldhaferwiesen. Der Inn wird durch das mit Grauerlen bewachsene Schotterdelta eines Seitenbaches abgelenkt. Im Hintergrund links Waldgrenze und alpine Rasenstufe auf Urgestein, in der Mitte schroffe Hänge des Piz Linard, der wie der Piz Buin (rechts) in die nivale Stufe aufragt.

björnsson 1978). Dürftige Strauchflechtenteppiche (*Cladonia*- und *Cetraria*-Gesellschaften) gibt es in den mitteleuropäischen Hochgebirgen nur an windgefegten Stellen. An Normalstandorten herrschen in der alpinen Stufe vor allem graminoide Wiesenpflanzen, die höhere Ansprüche an die Stickstoffversorgung stellen als skleromorphe Zwergsträucher (s. besonders Rehder 1970). Vermutlich trägt der **günstigere Nährstoffhaushalt** neben dem höheren Wärmegenuss wesentlich dazu bei, die alpine Vegetation so viel üppiger erscheinen zu lassen als die arktische.

13.2.1.4 Klimatische und orografische Schneegrenze

Als Grenze zwischen der alpinen und der nivalen Stufe gilt im geografischen Sinn die **klimatische Schneegrenze** (s. Abb. 4–45 u. 13–17), d. h. eine gedachte Linie, oberhalb derer im Durchschnitt vieler Jahre mehr Schnee fällt als abschmilzt (vgl. aber die abweichende Definition in Kap. 13.3.14). Auf „horizontalen Flächen normaler Exposition" (Zingg 1954) würde hier – mit Ausnahme sehr warmer oder trockener Jahre – ständig Schnee liegen bleiben. Bei der großen Reliefenergie im Bereich der Hochalpengipfel gibt es solche Flächen freilich so selten, dass es in manchen Gebirgsteilen schwer ist, die klimatische Schneegrenze zu konstruieren.

In Wirklichkeit ist die Untergrenze des ewigen Schnees, die orografische oder lokale Schneegrenze, eine äußerst wechselvolle Linie, die je nach Exposition, Neigung und Oberflächenform der Hänge bald einige 100 m tiefer, bald mehr als 1000 m höher liegen kann als die theoretische Grenzlinie (s. Abb. 13–18). Selbst die höchsten Alpengipfel weisen noch schneefreie Stellen auf. Trotzdem ist es ökologisch berechtigt, von der klimatischen Schneegrenze auszugehen, denn über ihr beginnt der Herrschaftsbereich eines für Mitteleuropa extrem rauen Allgemeinklimas.

Die an einem bestimmten Tag feststellbare untere Grenze der zusammenhängenden Schneedecke – man kann sie aktuelle Schneegrenze nennen – schwankt in unserer geografischen Breite beträchtlich mit Jahreszeit und Witterung (s. Abb. 13–19). Während des Winters sinkt sie zeitweilig bis auf Meeresniveau. Im Spätwinter und Frühling steigt sie, mit öfteren Rückschlägen, an den Berghängen empor, um im Nachsommer ihre höchste Lage, die **orografische Schneegrenze** des betreffenden Jahres, zu erreichen.

Unter den verschiedenen Hilfsmitteln, mit denen man die klimatische Schneegrenze konstruieren kann, bevorzugt man nach Klebelsberg (1948) meist die „Firnmethode", nach der die Untergrenze der Verfirnung oder Vergletscherung im für Schneeansammlungen geeigneten Gelände bestimmt wird. Mit der Massenerhebung und dem Grad der Abschirmung steigt die klimatische Schneegrenze in den Alpen von den Randketten bis ins Gebirgsinnere in ähnlicher Weise an wie die Waldgrenze (vgl. Abb. 1–5 u. 4–45). Durchschnittlich haben beide Linien nach den Zusammenstellungen von Hermes (1955, 1964) einen Abstand von 800–900 m (700–1000 m) voneinander. Von der Exposition ist die klimatische Schneegrenze viel weniger abhängig als die orografische. An Sonnhängen liegt sie nur etwa 200–400 m höher als an Schatthängen.

13.2.2 Böden und Nährstoffversorgung

13.2.2.1 Geologie und Bodenentwicklung

Bodenabtrag durch Wasser und Wind, Gletscherbewegungen, Bodenfließen in Frostwechselzeiten, Schuttrutschungen, Felsstürze, Murgänge (d. h. Ströme wasserdurchtränkter Feinerde) und andere Umlagerungsprozesse sind in so jungen Hochgebirgen wie den Alpen und

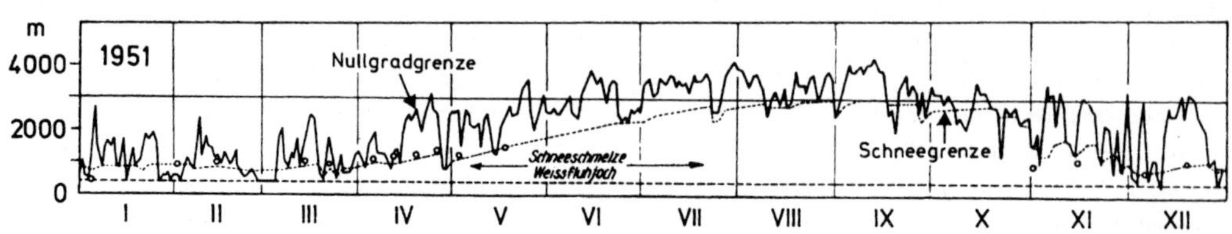

Abb. 13–19 Höhenschwankungen der temporären Schneegrenze und der Nullgradgrenze (Minimum der Lufttemperatur 0 °C) bei Davos (= Schneegrenze vom Säntis aus gesehen). Nach Gasser aus Ellenberg (1963), etwas verändert. Beide Grenzen erreichen ihre höchsten Lagen gewöhnlich erst zum Sommerende.

Abb. 13–20 Solifluktions-Erscheinungen an Moränenhängen im oberen Fimbertal (Silvrettagebiet) in der unteren alpinen Stufe. Die horizontalen, nicht buckeligen Stellen werden von Sumpfrasen, insbesondere von Braunseggenrieden, eingenommen. Im Bereich der durch häufigen Frostwechsel entstandenen Buckel herrschen Borstgrasrasen. Bei ihrer Ausbildung hat Weidevieh mitgewirkt; durch dessen Tritt wurden die vom Bodenfrost gehobenen Buckel steiler und z. T. entlang von Viehwegen ausgerichtet.

Karpaten überaus wirksam. Infolge der hohen Wasserüberschüsse in der alpinen Stufe kommt es bereits bei Hangneigungen von 2 ° zum Bodenkriechen (**Solifluktion**), wenn der wassergesättigte Oberboden nach der Schneeschmelze mehrere Zentimeter oder Dezimeter pro Jahr talwärts rutscht (Veit et al. 1995; s. Abb. 13–20). Mit steigender Höhe über dem Meeresspiegel und größerer Steilheit der Hänge sowie zunehmender Humidität des Klimas wächst das Ausmaß der Solifluktion. Auch die **Kammeisbildung**, die in der schneefreien Zeit in der alpinen und nivalen Stufe häufig auftritt, trägt zur intensiven Durchmischung und Lockerung des Oberbodens bei, indem das Eis die oberste Bodenschicht im Zuge des täglichen Frostwechsels um wenige Zentimeter emporhebt (Kryoturbation). In Rasen und Zwergstrauchheiden bewirkt sie zusammen mit heftigen Stürmen Rasenabschälung; Carl Troll hat dieses Phänomen als „Gelideflation“ bezeichnet. Unter der Kryoturbation leiden insbesondere Sämlinge und Rasenpflanzen mit zartem Wurzelwerk.

Je höher man steigt, desto mehr bestimmen schließlich Felsen und Schutthalden das Landschaftsbild, besonders in den Zonen mit durchlässigem und durch Frostwirkung leicht in Bruchstücke zerfallendem Kalk- und Dolomitgestein (s. Abb. 13–30 u. 13–47). An vielen Stellen der alpinen Stufe kann man daher Anfänge der Vegetations- und Bodenentwicklung studieren. Die meisten Böden der alpinen Stufe sind ohnehin nur wenige tausend Jahre alt (Ammann 1979, Veit 1993). Menschliche Aktivitäten haben außerdem die Entwicklung alpiner Böden seit mindestens 2000 Jahren beeinflusst, wie Funde von Holzkohle und menschlichen Skeletten an der Waldgrenze und darüber belegen (Neuwinger 1970). Reife und stabile Endstadien der Bodenentwicklung sind aus diesen Gründen im Hochgebirge selten.

Feines mineralisches Material wird durch Sturmwinde in Hochgebirge wie die Alpen getragen. Viele alpine Böden enthalten beträchtliche Mengen an äolisch transportierten Feinerde-Bestandteilen, die im Zuge der Winderosion aus vegetationsarmen Flächen wie den Gletschermoränen ausgeblasen wurden. Gruber (1980) rechnet in den Zentralalpen mit einer **Staubdeposition** von etwa 1 t ha^{-1} a^{-1} bzw. einer Bodenaufhöhung um rund 8 mm in 1000 Jahren. Auf diesem Wege werden den Böden fortlaufend Nährstoffe zugeführt, was die Verarmung durch Auswaschung verzögert.

Infolge der großen Reliefenergie und der äußerst aktiven physikalischen Verwitterung sind die Anfangsstadien der Bodenbildung im Hochgebirge viel stärker voneinander verschieden als im Tiefland. Die Vielfalt der Böden wird durch die große Zahl an geologischen Substraten in den Alpen noch weiter erhöht. In den östlichen Alpen bestehen die **Außenketten vorwiegend aus Kalken oder Dolomiten** und **die zentralen Teile aus sauren Silikatgesteinen**. In Letzteren wechseln Ketten aus Graniten, Orthogneisen, Amphiboliten und Granodioriten mit Hochländern aus Schiefern, Phylliten und Gneisen ab. Etwa von der schweizerisch-österreichischen Grenze ab westlich ist die Gliederung nicht mehr so übersichtlich. Karbonatgesteine bilden hier auch in den Innenalpen große Komplexe, und kalkarme Gesteine durchsetzen die kalkreichen Randalpen. Als eigene Substratklassen können die tiefgründiger verwitternden, aus „weichen" Sedimentgesteinen aufgebauten **Flysch- und Molasse-Massive** z. B. der Nordostalpen und die zu sandigen Substraten zerfallenden **Kalk-Glimmerschiefer** (s. Kap. 13.3.12 d) gewertet werden (Grabherr 1997).

13.2.2.2 Bodentypen und bodenchemische Eigenschaften

a) Charakteristische **Endstadien der Bodenentwicklung** sind im **hochmontanen Wald** und in der **subalpinen Krummholzstufe** podsolige Braunerden und Eisen-Humus-Podsole auf sauren Gesteinen, Terra-fusca-Böden und Rendzinen auf Karbonatgesteinen (Franz 1979). In der mittel- bis hochalpinen Stufe bilden sich keine deutlichen Bleichsand- und Orterde-Horizonte mehr aus, weil die Durchschlämmung zu kurzfristig ist. Erst unter Wäldern und Heiden der subalpinen Stufe und noch tieferer Lagen findet man als Folge größerer Streuproduktion und wärmeren Klimas die typischen Eisen-Humus-Podsole mit ihrer mächtigen Rohhumus-Auflage und ihrer kaffeebraunen Orterde-Schicht. Die Obergrenze der Podsolierung stellt nach Neuwinger (1967) wahrscheinlich die Höhenlage der potenziellen Baumgrenze dar, an deren Stelle sich heute meist subalpine Zwergstrauchheiden und Matten befinden.

In der **alpinen Stufe** entstehen unter bodensaurem Grasland alpine Rasenbraunerden, unter Kalkrasen Rendzinen und Terra-fusca-Profile mit sehr humusreichem, neutral bis schwach sauer reagierendem Auflagehumus (Tangelhumus). Diese, von Kubiëna (1953) als „Pechrendzinen" bezeichneten Profile gehen in der nivalen Stufe in Rohböden (Syroseme) über (Franz 1979).

b) Kennzeichnendes Merkmal alpiner Böden ist der oft hohe **Gehalt an organischer Substanz** im Oberboden, der namentlich in den Pechrendzinen auf Kalk 50–80 % der Bodensubstanz erreichen kann (C-Gehalte bis maximal 50 %). Mit steigender Höhe über dem Meeresspiegel nimmt der C-Gehalt des Oberbodens immer weiter zu; erst in der schütteren nivalen Vegetation sinken die Gehalte wieder. Auf anstehendem Fels oder groben Geschieben reichert sich der Humus in Spalten oder kleinen Mulden an, d. h. überall dort, wo sich Blatt- oder Strauchflechten und Moose oder gar Phanerogamen ansiedeln können.

Auch die **Kohlenstoffvorräte** sind in alpinen Böden mit 9–51 kg C m^{-2} hoch und entsprechen denen der Tieflandböden oder übertreffen sie sogar (Körner 2003), obwohl die pflanzliche Produktivität erheblich geringer ist. Die Vorräte steigen typischerweise bis in die montane oder subalpine Waldstufe an, um danach wieder abzusinken. In alpinen Rasen wird bis zu zehnmal mehr Kohlenstoff im Boden festgelegt als in der zugehörigen pflanzlichen Biomasse. Dies steht in krassem Gegensatz zu Tiefland-Ökosystemen: Temperate Wälder beispielsweise speichern etwa 40 % des Kohlenstoffs in der Biomasse und 60 % im Boden (Ulrich & Puhe 2003).

Die **Boden-Stickstoffgehalte** sind eng an den Humusgehalt gebunden. Humusreiche alpine Böden enthalten somit viel N, besitzen aber ein relativ weites C/N-Verhältnis, zeigen also eine schlechte Zersetzbarkeit an. Rehder (1970) fand Vorräte von 440–880 g N m^{-2} in den Böden alpiner Rasen bis in 20 cm Tiefe.

c) Primäre Ursache der starken Kohlenstoffanreicherung in den Hochgebirgsböden ist die langsame **Streuzersetzung**, die durch den langen kalten Winter und die hohe Feuchtigkeit auch in der schneefreien Zeit behindert wird. Das Zusammenwirken von hohen Niederschlägen, niedrigen Temperaturen und langer Bodengefrörnis führt in den Hochlagen zur beschleunigten Auswaschung von Nährstoffen und zu Bodenversauerung, die die Humusakkumulation begünstigen (Rehder 1970, Schinner 1982).

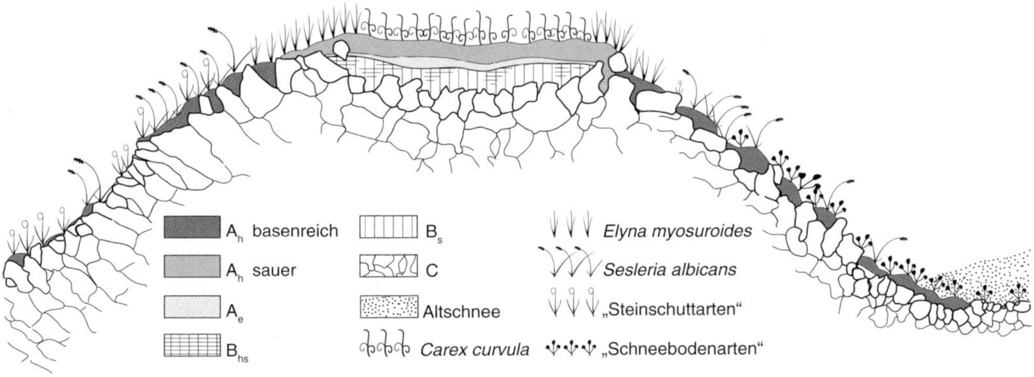

Abb. 13–21 Schnitt durch einen Rundhöcker von 5(–10) m Höhe, im Glocknergebiet unterhalb Racherin, etwa 2600 m ü.NN. Nach Albrecht (1969), etwas verändert.
Derartige Buckel entstehen durch Gletscherschliff in großer Zahl und unregelmäßiger Folge. Der anstehende Kalkstein wird z.T. gelockert und weggetragen, z.T. angehäuft. Oben auf hohen und breiten Buckeln setzt sich oft Moränenmaterial ab, das der Gletscher von weither mittrug, z.B. kalkarmer Sand. Hier kann sich mitten im Kalkgebiet ein Krummseggenrasen ansiedeln, der sauren Rohhumus (A_h) bildet und einen Podsolboden entstehen lässt. Mit seinem bleigrauen Eluvialhorizont (A_e), seiner humosen (B_{hs}) und rostbraunen Orterde (B_s) bleibt dieser ein Fremdkörper in der aus Kalksteinen entstehenden Rendzina-Umgebung.
Im Übergangsbereich findet man Nacktrietrasen und in lange vom Schnee bedeckt bleibenden Mulden Arten, die für Schneetälchen charakteristisch sind. Auf lockeren, mehr oder minder sonnenexponierten Kalksteinen siedeln sich stellenweise Arten der Kalkschutthalden an.

Auch in alpinen Kalkböden sind die Basenverluste aufgrund der hohen Niederschläge groß. Die Aktivität der Bodenfauna und der Bodenbakterien ist unter diesen Bedingungen vergleichsweise gering, wenn auch in manchen alpinen Rasenböden die Bakteriendichte erstaunlich hoch sein kann (Schinner 1982, vgl. auch Morecroft et al. 1992 zu einer hohen mikrobiellen Aktivität in alpinen Böden). Ein großer Teil der organischen Substanz alpiner Böden besteht aus hochpolymeren, chemisch stabilisierten Huminsäuren, die Verweilzeiten von Hunderten bis Tausenden von Jahren haben können (Oades 1995). Besonders groß ist die Humusanreicherung unter den Zwergstrauchheiden, am geringsten an lange schneebedeckten Orten, weil hier die Produktivität niedrig ist.

d) Infolge der großen Reliefenergie und der äußerst aktiven physikalischen Verwitterung sind die Anfangsstadien der Bodenbildung im Hochgebirge viel stärker voneinander verschieden als im Tiefland. Da obendrein die Bodenentwicklung langsamer verläuft, ist es sehr unwahrscheinlich, dass sich Boden und Vegetation auf sauren und basischen Gesteinen über die Jahrtausende zu ein und demselben **Endstadium** hin entwickeln. Rohhumusauflagen werden auch in der alpinen Stufe niemals so mächtig, dass sie die chemische Wirkung von kalkreichem Unterboden auf die Vegetation unterbinden könnten und acidophytische Vegetation auf kalkreichem Boden gedeihen ließen.

Nur in Moränendecken und kolluvialen Feinerdeansammlungen, z.B. an Hangfüßen, sowie in Dellen verkarsteter Plateaus und an ähnlichen Orten trifft man auf fortgeschrittene Bodenbildungen. In den Zentralalpen sind manche Feinerdedecken sogar als Reste tertiärer Bodenbildungen anzusehen, z.B. die auf Kreidekalken nicht seltenen Roterden, die z.T. durch Verstaubung zustande kamen. Stellenweise überziehen derartige feinerdereiche Fremddecken den anstehenden Fels nur als dünner, lückenhafter Schleier, dessen allochthone Herkunft nur durch Verwitterungsmaterial kenntlich ist, das von außerhalb eingetragen wurde. Auf solchen „Moränenschleiern" verläuft die Vegetations- und Bodenentwicklung von vornherein anders als auf nacktem Fels; denn sie bieten viel bessere Ernährungsbedingungen, und sie haben einen günstigeren Wasserhaushalt (s. Abb. 13–21).

13.2.3 Bodenwasserregime

Die Böden der alpinen und nivalen Stufe der Alpen und Tatra sind in den meisten Fällen **gut mit Wasser versorgt**. Das liegt vor allem an den hohen, überwiegend im Sommer fallenden Niederschlägen, der relativ geringen Verdunstungsbeanspruchung und dem im Vergleich zu Wald geringeren Wasserverbrauch der alpinen Rasen- und Zwergstrauchvegetation. Genügend tiefgründige Böden vorausgesetzt, sind die Pflanzen der Hochlagen daher weniger von Wassermangel betroffen als jene des Tieflandes (Körner 2003).

Bodenhydrologische Untersuchungen von Gruber (1976) und Wolfsegger & Posch (1980) in alpinen Grasheiden, Schneeböden und an vegetationsarmen erodierten Hängen der Zentralalpen ergaben Speicherkapazitäten für pflanzenverfügbares Wasser (Wasserpotenzial etwa –0,03 bis –1,6 MPa) von 93–257 mm (s. Abb. 13–22). Bei Wassersättigung, wie sie nach der Schneeschmelze auftritt, stellen diese Profile für etwa 30 bis höchstens 100 Tage ausreichende Wasserreserven für eine Rasen-Gesellschaft bereit, wenn man eine Evapotranspiration von 2,5 mm d^{-1} annimmt. Wie groß der Einfluss der räumlich stark variierenden Gründigkeit des Bodens auf das Wasserregime alpiner Lebensräume ist, verdeutlichen Modellrechnungen von Körner (2003). Nur 10 cm mächtige Feinerdedecken, die für steile Hänge typisch sind, speichern genügend Wasser für höchstens 11 bis 18 Tage. Noch flachgründigere Standorte verlieren ihr Wasser noch schneller und werden nur von Austrocknung vermeidenden oder ertragenden Hochgebirgspflanzen wie Sukkulenten und Flechten besiedelt. An diesen Kleinstandorten tritt eine sommerliche Wasserverknappung regelmäßig auf (Neuner et al. 1999 b). Kalkböden sind dabei aufgrund ihres höheren Skelettgehaltes trockenere Standorte als Böden auf Silikatgestein (Gigon 1971).

Bodenaustrocknung mit niedrigen Boden-Wasserpotenzialen tritt ausnahmsweise aber auch in Rasen und Zwergstrauchheiden auf tiefgründigeren Böden auf. Nach einer mehrwöchigen Trockenperiode beobachtete Gigon (1971) in Blaugras-Horstseggenrasen der Ostschweiz an zahlreichen Kräutern Trockenschäden. In alpinen Krummseggenrasen in Tirol ermittelte Gruber (1976) Wasserpotenzial-Minima von –3,4 MPa im Oberboden.

Wassersättigung, verbunden mit **Hypoxie**, tritt regelmäßig in alpinen, glimmerreichen Pseudogleyen nach der Schneeschmelze auf, wenn der Unterboden noch gefroren ist (Franz 1961). Hiervor sind vor allem Schneeboden- und Flachmoor-Gesellschaften betroffen.

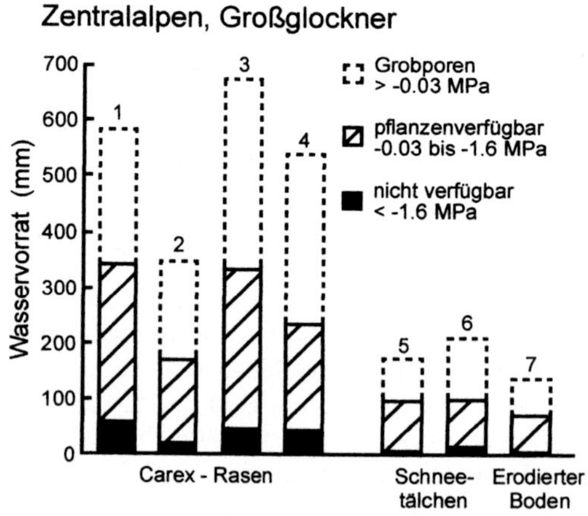

Abb. 13–22 Speicherkapazität für pflanzenverfügbares und nicht-verfügbares Bodenwasser sowie Grobporenvolumen (schnell dränendes Wasser) in sieben Bodenprofilen unter verschiedenen alpinen Vegetationstypen sowie nacktem Boden im Großglockner-Gebiet (Tirol, 2317–2510 m Höhe). Wichtigste Einflussgröße ist die unterschiedliche Tiefgründigkeit (30–140 cm) der Böden. Nach Wolfsegger & Posch (1980) in Körner (2003), etwas verändert.

13.3 Vegetation

13.3.1 Vegetationsstufung im Hochgebirge

Mit zunehmender Höhe über dem Meer werden die meisten klimatischen Lebensbedingungen immer ungünstiger (s. Abb. 13–4). Die **Waldgrenze** kennzeichnet den Übergang vom mehr oder weniger geschlossenen Wald zum lückenreichen Waldgrenz-Ökoton, in dem Waldinseln, Zwergstrauchheiden und Rasenflächen abwechseln. Als **Baumgrenze** wird hier die Obergrenze einzelner Bauminseln von mindestens noch 3 m Höhe bezeichnet. Noch höher am Hang liegt die **Baumindividuen-Grenze** (Krummholzgrenze) als dem höchsten Vorkommen von Vertretern der Baumarten. Die „Kampfzone des Waldes“ zwischen Wald- und Baumindividuen-Grenze wird im deutschsprachigen Raum oft als subalpine Stufe bezeichnet; sie entspricht näherungsweise dem Krummholzgürtel. Im oberen Bereich des **Waldgrenz-Ökotons** liegt meist eine mehr oder minder breite Zone von Zwergsträuchern, die häufig zur unteren alpinen (oder niederalpinen) Stufe gerechnet wird. Wiesenähnliche, d. h. aus dicht wachsenden krautigen Pflanzen bestehende Formationen gibt es vor allem in der mittleren oder eigentlichen alpinen Stufe (s. Abb. 13–17). Nach oben hin lösen sich die geschlossenen Rasenflächen in Gruppen von Inseln auf, die sich schließlich in steinigen Schutthalden und Felsen verlieren. Wie Abbildung 13–17 schematisch veranschaulicht, kann man diese Übergangsgürtel teils als obere alpine (hochalpine) Stufe, teils als subnivale Stufe auffassen. Für die Letztere ist charakteristisch, dass Phanerogamen zwar noch in zahlreichen Arten, aber selten in geschlossenen Beständen auftreten.

Dort, wo die Schneeniederschläge auf ebener Fläche im Durchschnitt der Jahre das Abschmelzen übertreffen, beginnt die **nivale Stufe** (s. Kap. 13.2.1.4). Diese Grenze wie auch die natürliche Lage der Wald- und Baumgrenze sind im Einzelnen schwer zu bestimmen. Mensch und Vieh haben diese Linien an vielen Orten verwischt und das Areal der alpinen Rasen talwärts oft um mehrere hundert Meter ausgeweitet (s. Abb. 13–17 u. vgl. Bätzing 1991).

Doch auch unter natürlichen Umständen reichen baumfreie Graslandstreifen von der alpinen bis in die montane Stufe hinab. Neben den von Bächen erodierten Rinnen und ihren Schuttfächern sind es die schmalen **Lawinenbahnen**, die das Waldkleid vieler Talhänge in unregelmäßigen Abständen immer wieder stören und offenhalten (s. Abb. 7–26, 7–27, 13–14 u. 13–18; s. Jenik 1958). Sie vermitteln zwischen den krautigen Formationen des Hochgebirges und den Weiden und Wiesen, die der Mensch in tieferen Lagen an die Stelle von Wäldern setzte. Die Lawinarwiesen der Bergwaldstufe dürfen zugleich als wichtige Heimstätten der Flora des Kultur- und Halbkultur-Graslandes gelten (s. Kap. 19.1.2.1). Alpine Arten wichen hier der Konkurrenzkraft wärmebedürftiger, aber ebenfalls lichtliebender Gewächse, denen die Wucht der fast jedes Jahr niedergehenden Lawinen die schattenden Bäume fernhält.

13.3.2 Vegetationsmosaike in der subalpinen Stufe und an der Waldgrenze

Die subalpine Stufe zwischen der Wald- und Baumindividuen-Grenze stellt ein Ökoton dar, in dem sich Lebensbedingungen, die eher den montanen entsprechen, mit solchen der alpinen Stufe verzahnen. Es ist daher kein Wunder, dass Pflanzenarten und -gesellschaften beider Bereiche daran beteiligt sind. Unter natürlichen Verhältnissen überwiegt allerdings der montane Floren- und Vegetationscharakter zumindest flächenmäßig bei Weitem (s. Abb. 13–23).

Einerlei, ob Laubbäume wie Buche und Bergahorn, oder ob Fichte, Zirbe und andere Nadelhölzer die natürliche Höhengrenze des Waldes bilden (s. Kap. 13.4.5.1), die subalpinen Wälder erreichen eine geringere Wuchshöhe und haben ein lückigeres Kronendach als die unter günstigeren Wärmebedingungen lebenden Wälder der tieferen Stufen (s. Abb. 7–8 u. 7–9). Die Bäume sind in der Regel bis zum Erdboden hin beastet; in den Lücken siedeln Zwergstrauchheiden und alpine Rasen. Auf die Umweltbedingungen an der Waldgrenze wird in Kapitel 13.4.5.2 näher eingegangen.

Vor allem der **Schnee und seine kleinräumig stark wechselnde Mächtigkeit** sind ein entscheidender ökologischer Faktor der subalpinen Stufe. Im Schutz von einzelnen Bäumen, Gebüschgruppen, Geländekanten, Bodenwellen oder anderen wird er aufgehäuft, während er an windgefegten Stellen gar nicht oder nur in dünner Decke liegen bleibt. Die Vegetation bildet daher ein Mosaik verschiedener Gesellschaftsfragmente (s. Abb. 13–24). Die einzelnen Gesellschaften in diesem Gefüge haben wir teilweise bereits im Zusammenhang mit anderen Waldgesellschaften besprochen, nämlich:
- subalpine Fichtenwälder (Kap. 7.4.3),
- subalpine Lärchen-Arvenwälder (Kap. 7.5.2),
- subalpine Legföhrengebüsche (Kap. 7.6.2) und
- subalpine Ahorn-Buchenwälder (Kap. 5.3.7).

Die übrigen subalpinen Gesellschaften kommen auch in der alpinen Stufe vor und sind besser zu verstehen, wenn man sie im Zusammenhang mit dieser betrachtet, insbesondere:
- subalpin-alpine Rasen (Kap. 13.3.5, 13.3.6 u. 13.3.7),
- subalpin-niederalpine Zwergstrauchheiden (Kap. 13.3.8),
- hochmontane bis niederalpine Quellsümpfe und Flachmoore (Kap. 13.3.10),
- subalpin-alpine Hochstaudenfluren (Kap. 13.3.11.1),
- subalpine Grünerlengebüsche (Kap. 13.3.11.2),

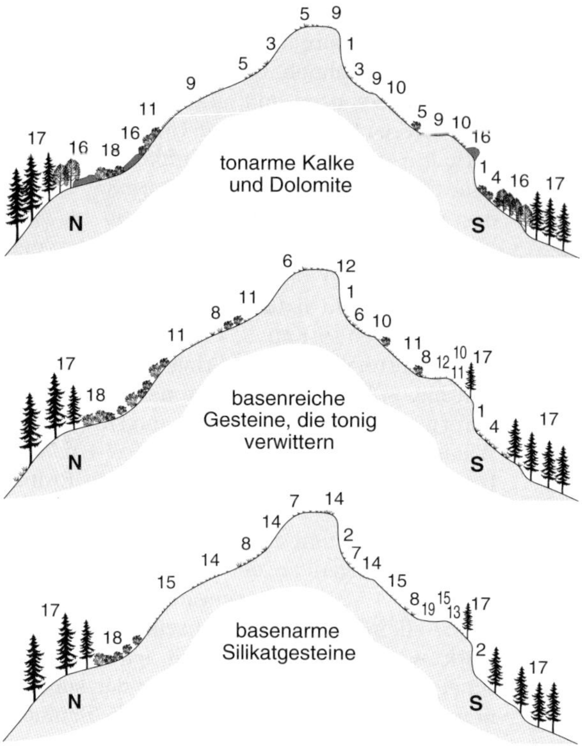

Abb. 13–23 Übersicht der natürlichen Vegetation der oberen subalpinen und der alpinen Stufe auf verschiedenen Gesteinen in den schweizerischen Nordalpen, schematisiert. Nach Landolt (1977), etwas verändert.
Fels: 1 Kalkfelsfluren (Potentillion caulescentis), 2 Silikatfelsfluren (Androsacion vandelii).
Krautfluren: 3 Alpine Karbonat-Schuttfluren (Thlaspion rotundifolii), 4 Subalpine K.-Sch. (Petasition paradoxi), 5 Kalk-Schneebodenfluren (Arabidion caeruleae), 6 Kalkschiefer-Schuttfluren (Drabion hoppeanae), 7 Silikat-Schuttfluren (Androsacion alpinae), 8 Saure Schneebodenfluren (Salicion herbaceae).
Rasen: 9 Polsterseggenrasen (Caricetum firmae), 10 Blaugrashalden (Seslerion caeruleae), 11 Rostseggenhalden (Caricion ferrugineae), 12 Nacktrietwindecken (Elynion), 13 Buntschwingelhalden (Festucetum variae), 14 Krummseggenrasen (Caricion curvulae), 15 Borstgrasrasen (Eu-Nardion).
Gehölze: 16 Kalk-Kiefernwälder u. ä. (Erico-Pinion), 17 Meist bodensaure Nadelwälder (Piceion abietis, Randalpen: Fichten, Innenalpen: Lärchen und Arven); 18 Hochstaudenfluren und Grünerlengebüsch (fehlt auf reinem Kalk), 19 Alpenazaleen-Teppiche (Loiseleurion).

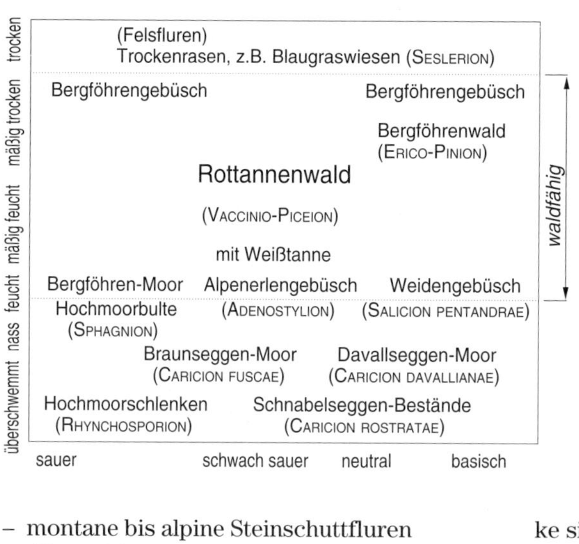

Abb. 13–24 Ökogramm der natürlichen Vegetation in der subalpinen Stufe der Nordalpen ohne Berücksichtigung von besonderen Standortfaktoren wie Rutschungen, Lawinen, starker Wind, lokal starke Sonneneinstrahlung, lange Schneebedeckung u.dgl. Rottanne = Fichte. Nach Landolt (1977), etwas verändert.

- montane bis alpine Steinschuttfluren (Kap. 13.3.12),
- montane bis alpine Felsspaltenfluren (Kap. 13.3.13.1) und
- subalpine bis nivale Kryptogamen-Gesellschaften, namentlich Flechtenüberzüge auf Steinen (Kap. 13.3.13.2).

Diese durch unterschiedliche Schneedeckenmächtigkeit entstandenen Gesellschaftsmosaike sind für die subalpine Stufe nicht nur in den Alpen charakteristisch, sondern auch in weniger ausgedehnten und hohen Gebirgen, z. B. im Schweizer Jura (Richard 1968), den Vogesen (Issler 1942, Carbiner 1969), im Schwarzwald (Bartsch & Bartsch 1940, Bogenrieder et al. 1982), im Riesengebirge (Jenik & Stursa 2003), in der Tatra (Horak 1971; s. Abb. 13–25) und im Harz (Stöcker 1967, Damm 1994).

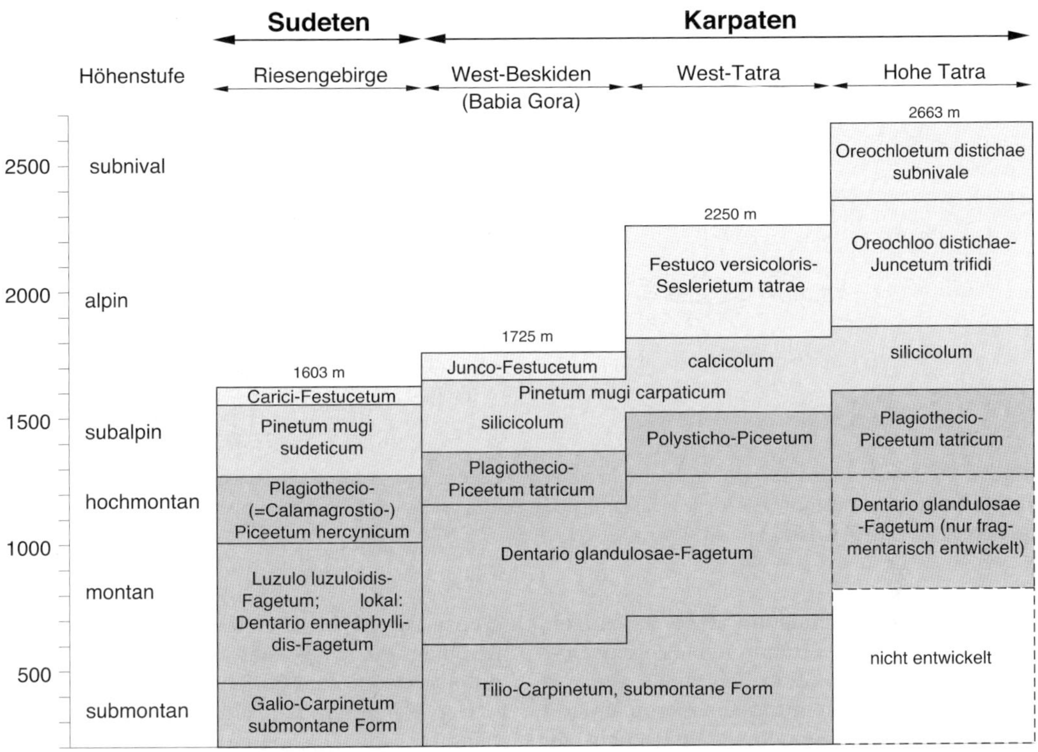

Abb. 13–25 Höhenstufen im Riesengebirge, in den westlichen Beskiden, der westlichen und der Hohen Tatra in Polen. Nach W. Matuszkiewicz (1984). Über der Latschen-(*Pinus mugo*-)Stufe, die in allen Gebirgen die Gehölzgrenze bildet, gibt es Rasen-Gesellschaften, die als alpin gelten dürfen. In der kalkreichen West-Tatra sind dies acidophile, die den Krummseggenrasen um so mehr nahe stehen, je höher die Berge aufragen; *Carex curvula* fehlt jedoch. Auf Kalk erinnern die alpinen Rasen an das Seslerio-Semperviretum.

13.3.3 Standörtliche und systematische Gliederung der alpinen Vegetation

Frost, Eis, Schnee, Wasser, Sonne und Wind schufen und schaffen in der alpinen Stufe zahlreiche Standorte, deren Vielfalt durch Boden und Relief sowie durch den Menschen und seine Weidetiere noch vermehrt wird. Um den Überblick zu erleichtern, sei in Abbildung 13–26 versucht, die wichtigsten immer wiederkehrenden Bestandteile in diesem wechselvollen Mosaik in einem halbschematischen Querschnitt darzustellen. Man sollte jedoch nicht vergessen, dass auch im Hochgebirge **gleitende Übergänge zwischen verschiedenen Vegetationsflecken** häufiger sind als scharfe Grenzen und „reine" Gesellschaften.

Die Hauptzüge der heutigen Vegetationsgliederung gehen auf Schröter und die Generation seiner Schüler zurück, namentlich auf Brockmann-Jerosch, Rübel, Braun-Blanquet, Lüdi, Gams und E. Schmid. Wir folgen hier zunächst Braun-Blanquet, der 1948 bis 1950 (und 1969) eine noch heute richtungsweisende Übersicht über die Pflanzengesellschaften Graubündens veröffentlichte, und stützen uns im Detail auf neuere Übersichten, insbesondere jene von Grabherr & Mucina (1993) und Ozenda (1988) sowie von Oberdorfer et al. (1978, 1992) und Theurillat et al. (1995).

Fast alle Pflanzengesellschaften der alpinen Stufe zeichnen sich, in auffallendem Gegensatz zu denen tieferer Lagen, durch eine **große Zahl von Charakterarten** aus. Das gilt nicht nur für die übergeordneten Einheiten, insbesondere die Verbände, sondern auch für die einzelnen Assoziationen, sodass es oft möglich ist, diese allein an den auf sie beschränkten oder in ihnen am besten entwickelten Arten zu erkennen. Im Tiefland dagegen muss man gewöhnlich die

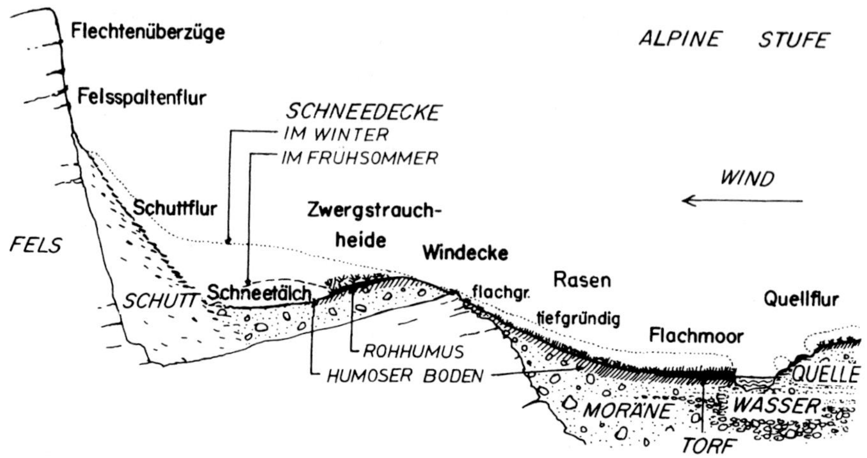

Abb. 13–26 Charakteristische Vegetationsformationen und deren Böden sowie die Dauer und Höhe der Schneedecke in der alpinen Stufe (halbschematisch). Je nach dem Basengehalt des Bodens werden die Formationen durch verschiedene Pflanzengesellschaften vertreten (s. Tab. 13–1 und folgende).

gesamte Artenkombination berücksichtigen, um einen Pflanzenbestand eindeutig einer bestimmten Assoziation zuordnen zu können. Nur an sehr trockenen, sehr nassen oder in anderer Hinsicht extremen Standorten sind auch hier die Gesellschaften gut charakterisiert. Was in den wärmeren Klimaten die Ausnahme ist, wird also in dem harten Klima oberhalb der Waldgrenze zur Regel. Hier besiedelt gewissermaßen jeder Pflanzenbestand einen Extremstandort, auch wenn sein Boden tiefgründig ist.

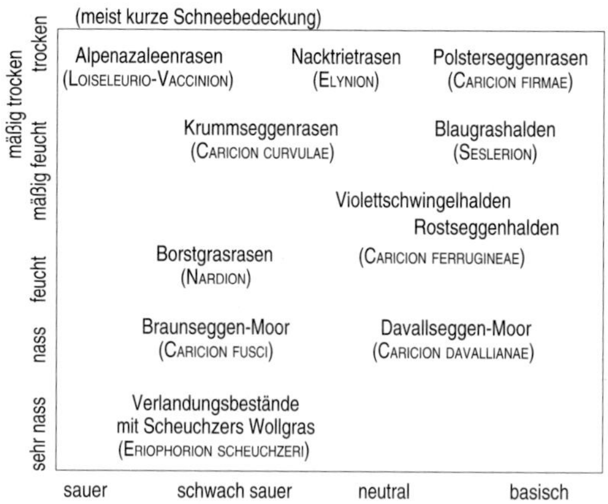

Abb. 13–27 Ökogramm der Rasenvegetation in der unteren alpinen Stufe, z. T. auch darüber und darunter (wie Abb. 13–24). Nach Landolt (1977), etwas verändert. Die Feuchtigkeitsangaben sind relativ zu verstehen. Im Vergleich zu den tieferen Stufen sind alle Standorte der alpinen Stufe stärker mit Wasser versorgt. Allerdings hat Frosttrocknis um so größeren Einfluss, je weniger beständig eine schützende Schneedecke liegt.

Der Reichtum der alpinen Vegetation an Charakterarten, die in tieferen Lagen nicht konkurrenzfähig sind, mag wesentlich dazu beigetragen haben, dass Braun-Blanquet sein Vegetationssystem auf dem „Treueprinzip" begründete, während die Geobotaniker in Gebieten mit weniger Sonderstandorten und relativ ärmerer Flora, z. B. im nördlichen, westlichen und östlichen Europa, das Vorherrschen bestimmter Arten oder andere Kriterien in den Vordergrund rückten (s. Mueller-Dombois & Ellenberg 1974). Um die floristische Sonderstellung der alpinen Pflanzengesellschaften zu betonen, werden wir in den meisten der folgenden Tabellen keine Listen mit Stetigkeitsangaben, sondern Übersichten der Charakterarten-Hierarchie geben (s. besonders die Tab. 13–2 und 13–5 bis 13–11). Die meisten Klassen, Ordnungen oder Verbände der Übersicht in Tabelle 13–1 folgen den Systemen von Grabherr & Mucina (1993) bzw. Rennwald (2000) und decken sich nach Möglichkeit mit den physiognomisch-ökologisch gefassten Formationen älterer Autoren.

Den größten Raum nehmen in der alpinen Stufe die Rasen ein, die in den Kapiteln 13.3.5 bis 13.3.7 behandelt werden. Abbildung 13–27 gruppiert diese nach ihren Ansprüchen an den Chemismus und die Feuchte des Bodens in einem Ökogramm.

Tab. 13–1 Übersicht der Formationen und der höheren Gesellschaftseinheiten in der alpinen Stufe. Vorwiegend in Anlehnung an Braun-Blanquet (1948/50) sowie Oberdorfer et al. (1992)[1].

Hauptformationen	**Pflanzengesellschaften** auf	
	KARBONATgestein	Karbonat**ARMEM** Gestein[1]
1 Fels-**Flechtenüberzüge** RHIZOCARPETEA GEOGRAPHICAE PROTOBLASTENIETEA IMMERSAE	Karbonatfels-Flechtenüberzüge VERRUCARIETALIA PARMIGERAE	Silikatfels-Flechtenüberzüge UMBILICARIETALIA CYLINDRICAE
2 Fels**spaltenfluren** ASPLENIETEA	Karbonat-Felsspaltenfluren POTENTILLETALIA CAULESCENTIS	Silikat-Felsspaltenfluren ANDROSACETALIA VANDELLII
3 **Steinschuttfluren** THLASPIETEA ROTUNDIFOLII	Karbonat-Schuttfluren THLASPIETALIA ROTUNDIFOLII THLASPION ROTUNDIFOLII	Silikat-Schuttfluren ANDROSACETALIA ALPINAE
	Schieferschutt-Ges. DRABETALIA HOPPEANAE	
4 **Schneebodenrasen** SALICETEA HERBACEAE	basenreiche Schneebodenrasen ARABIDETALIA COERULEAE	Sauerboden-Schneetälchen SALICETALIA HERBACEAE
5 **Alpine Rasen** (Alpenmatten, Urwiesen)	Karbonat-Alpenmatten SESLERIETEA ALBICANTIS SESLERIETALIA CAERULEAE	Sauerboden-Alpenmatten CARICETEA CURVULAE CARICETALIA CURVULAE
a) auf flachgründigem Boden	Blaugrashalden u.ä. SESLERION CAERULEAE	Buntschwingelhalden FESTUCION VARIAE (bis montan)[2]
b) auf tiefgründigem Boden	Rostseggenrasen u.a. CARICION FERRUGINEAE	Krummseggenrasen CARICION CURVULAE (nur alpin)
6 **Windgefegte Stellen**	Nacktriet-Windecken CARICI RUPESTRIS-KOBRESIETEA	Gämsheideteppiche[3] LOISELEURIO-VACCINION
7 **Zwergstrauchheiden**[4] (subalpin-tiefalpin) VACCINIO-PICEETEA	Alpenbärentrauben-Heide *Arctostaphylos alpina*-Ges.[3] Wimperalpenrosen-Heide *Rhododendron hirsutum*-Ges.	Krähenbeerheide Vaccinio-Empetretum Rostalpenrosen-Heide Vaccinio-Rhododendretum ferrugin.
	Zwergwacholder-Heiden JUNIPERION NANAE	
8 **Niedermoore** u. Ä. SCHEUCHZERIO-CARICETEA NIGRAE	Kalk-Kleinseggenriede CARICETALIA DAVALLIANAE	saure Kleinseggenriede SCHEUCHZERIETALIA PALUSTRIS
9 **Quellfluren** MONTIO-CARDAMINETEA	Kalk-Quellfluren CRATONEURION COMMUTATI	Weichwasser-Quellfluren CARDAMINO-MONTION

[1] Es gibt auch intermediäre Böden und Pflanzengesellschaften, besonders bei den Steinschuttfluren und Rasen.
[2] Neuerdings zur Klasse NARDO-CALLUNETEA, Ordnung NARDETALIA, Borstgrasheiden, gestellt.
[3] Keine Rasen und auch keine eigentlichen Zwergstrauchheiden, sondern Spalierstrauchheiden; als Ordnung LOISELEURIO-VACCINION zur Klasse VACCINIO-PICEETEA gehörig.
[4] Werden wegen vieler gemeinsamer Rohhumuspflanzen mit den Nadelwäldern vereinigt; Systematik noch nicht befriedigend geklärt.

13.3.4 Vegetationsmosaike in der nivalen Stufe

„Das Pflanzenleben an seinen äußersten Grenzen" (Braun 1913, s. a. Pisek 1963) in der nivalen Hochgebirgsstufe hat schon den Altmeister Heer (1884) und viele Forscher vor und nach ihm (vgl. Reisigl & Pitschmann 1958, Reisigl & Keller 1994, Ozenda 1988, Gottfried et al. 1998, 2002, Pauli et al. 1999 u. a.) in seinen Bann gezogen. **Mehr als 250 Phanerogamenarten** wagen sich in diese auf den ersten Blick pflanzenarme Eis- und Steinlandschaft hinauf (s. Abb. 13–52), von den vielen Flechten an Felsen und Blöcken ganz zu schweigen. Bei der **Nivalflora** handelt es sich vor allem um eine **Schneeflora**, denn die

Niederschläge fallen so hoch über dem Meer in großen Mengen und vorwiegend in Form von Schnee (s. Abb. 13–4). Die meisten Sippen wachsen bevorzugt an Standorten, die im Winter Schneeschutz genießen; sie ertragen eine dementsprechend lange Schneebedeckung (Gottfried et al. 2002).

Bereits in der subnivalen Stufe bilden die Phanerogamen nirgends mehr große, geschlossene Rasenflächen (s. Abb. 13–17). Aber es gibt noch viele mindestens 1–2 m^2 große Rasenstücke, die das Artengefüge alpiner Krummseggenrasen oder anderer Urwiesen zeigen und als Fragmente dieser Gesellschaften gelten dürfen. Reisigl & Pitschmann (1958) und andere sprechen von „Pionierrasen“ und „Pionierrasen-Stufe“; wegen des dynamischen Beiklangs dieser Bezeichnungen sollte man sie jedoch vermeiden. Meistens handelt es sich um stabile Siedlungen, die keine Weiterentwicklung zu größeren Rasen einleiten, weil ihr Wuchsraum begrenzt ist. Auch in ihrem Artengefüge sind sie oft schon seit Jahrhunderten ausgeglichen, zumal sie in der nivalen Stufe nach Braun (1913) in der Regel primären Ursprungs sind, also selten aus anderen Gesellschaften hervorgingen. Wie die Flechtenüberzüge und Gesteinsfluren müssen wir die **subnivalen Rasenflecken** als Endstadien der Vegetationsentwicklung ansehen.

Im unteren Teil der eigentlichen Nivalstufe trifft man nur noch hier und dort auf solche Rasenflecken. In noch größerer Höhe beherrschen oft Zweikeimblättrige, seien es Hemikryptophyten oder Chamaephyten, eher das Bild. Meistens handelt es sich um Arten der Fels- und Schuttfluren. Keine einzige höhere Pflanze lebt ausschließlich im nivalen Bereich, wenn es auch Arten mit standörtlicher Bevorzugung der Nivalstufe gibt (s. Kap. 13.4.2 c).

13.3.5 Subalpin-alpine Rasen auf Karbonatgestein (Kl. Seslerietea albicantis)

13.3.5.1 Blaugras-Horstseggenhalden

Überall, wo in der alpinen Stufe Kalkböden anstehen, begegnet man den buntblumigen und sehr artenreichen Blaugras-Horstseggenhalden (s. Abb. 13–28), die den Bergwanderer immer wieder in Begeisterung versetzen (Schönfelder 1970, Eggensberger 1994, Reisigl & Keller 1994). Das gilt auch für andere Hochgebirge Mitteleuropas, z. B. für die Hohe Tatra und die Karpaten (Szafer et al. 1962, Beldie 1967, Horvat et al. 1974, Coldea 2003 u. a.). Neben den auf sauren Gesteinen herrschenden Krummseggenrasen sind die Blaugras-Horstseggenhalden die ausgedehntesten Naturrasen der alpinen Stufe. Beide „Urwiesen“ sind mitteleuropäisch-mediterraner Herkunft (Pignatti & Pignatti 1975) und charakterisieren daher den Hochalpenbereich gut; in den Gebirgen des hohen Nordens und in den arktischen Tundren fehlen sie. Die besonders in der älteren Literatur gern gebrauchte Bezeichnung **„Urwiesen“** soll betonen, dass es sich um natürliche, ohne Zutun des Menschen entstandene Rasen handelt. Urformen unserer Tieflandswiesen (die ja Ersatzgesellschaften von Wäldern darstellen) sind sie aber keineswegs, wenn man ihr Artengefüge betrachtet. Viele der alpinen und subalpinen Sippen (besonders die *Carex*-Arten) fehlen im Tiefland.

Die alpinen Kalkrasen gehören zur Klasse Seslerietea albicantis, deren Charakterarten in Tabelle 13–2 aufgeführt sind. In Mitteleuropa ist nur die Ordnung Seslerietalia caeruleae vertreten, deren zahlreiche Kennarten die Tabelle ebenfalls nennt. Da das Blaugras in vielen Gesellschaften vorherrscht, kann es in keiner Einheit als Charakterart gelten. Dazu ist seine ökologische Amplitude viel zu weit; kommt es doch sogar in den Blaugras-Buchenwäldern und Kalkfelshalden der submontanen Stufe vor (Kap. 5.3.5 b). Nur wenige „dealpine“ Elemente begleiten es bis dorthin, während die übrige Artenkombination kaum noch an die alpinen Blaugrashalden erinnert.

Wichtigste Gesellschaft der kalkalpinen Rasen ist die Blaugras-Horstseggenhalde (Seslerio-Caricetum sempervirentis). Von den Verbands- und Ordnungs-Kennarten fallen vor allem die gelb blühenden (*Helianthemum grandiflorum* und *H. alpestre*, *Anthyllis alpestris*) auf. Mit verschiedenen Blautönen mischen sich Enziane, Kugelblumen (*Globularia*), Teufelskrallen (*Phyteuma orbiculare*) und andere Kräuter unter sie, während rote Farben nur von wenigen Charakterpflanzen gezeigt werden, z. B. von *Carduus defloratus*, *Hedysarum hedysaroides* und *Pedicularis verticillata*.

Bestände in den nördlichen Kalkalpen in etwa 2000 m Höhe bedecken meistens 70–80 % des Bodens an über 25 ° steilen Hängen. Sie zeichnen sich durch stetes Vorkommen von *Achillea clavenae*, *Primula auricula* und *Leontopodium alpinum* (Edelweiß), d. h. durch sehr lichtbedürftige Kalkzeiger aus. Die zur Wildheugewinnung genutzten Blaugrashalden der österreichischen Alpen wurden als Trifolio-Seslerietum beschrieben (Grabherr et al. 1993). In regelmäßig stark beweideten Beständen treten Arten wie *Potentilla erecta*, *Soldanella alpina*, *Homogyne alpina* und *Euphrasia picta* hervor, die darin übereinstimmen, dass sie mehr Feuchtigkeit anzeigen als die zuvor erwähnten (nach Ellenberg et al. 1992 F 6–7 statt 4–5, soweit sie nicht als indifferent eingestuft sind). Sie werden wahrscheinlich durch zeitweiligen Wasserstau in den „Viehgangerln" begünstigt. Auf skelettreichem Karbonatboden der hohen Gipfel siedelt eine artenärmere Subassoziation der Blaugras-Horstseggenhalde, in der *Festuca pumila* oder *Silene acaulis* dominieren.

Die meisten der in Tabelle 13–2 aufgeführten Charakterarten treten selten in Erscheinung. *Sesleria coerulea* und *Carex sempervirens* dagegen sind zwar dem Seslerio-Caricetum wenig treu, fungieren aber sozusagen als **„Ökosystem-Ingenieure"** für die nach ihnen benannte Gesellschaft. **Blaugras und Horstsegge** sammeln an steinigen Steilhängen die Feinerde und verlangsamen die Erosion, indem sich die *Carex*-Horste mit den flach streichenden *Sesleria*-Rhizomen innig verflechten. Im Seslerio-Caricetum sempervirentis ist nach Lüdi (1948), Thomaser (1967), Zuber (1968), Pachernegg (1973) und anderen sowohl das Schneefließen als auch das Bodenfließen besonders augenfällig, wie dies Keller & Reisigl (1994) in eindrucksvollen Zeichnungen festgehalten haben (s. Abb. 13–29). Dem Frost und der Sonne ist es lange Zeit ausgesetzt, weil es in der Regel früh ausapert. Eine zeitweilige Austrocknung des Oberbodens, wie sie an steilen Sonnhängen auf Kalk immer einmal eintreten kann, überstehen die beiden herrschenden Arten ohne nachhaltigen Schaden.

In den Blaugrashalden der kontinentalen Zentralalpen, z. B. im Schweizer Nationalpark, sind *Erica carnea*, die Schneeheide, sowie *Polygala chamaebuxus* und *Carex humilis* stärker vertreten als in denen der feuchteren Randketten. Dies mag ebenfalls mit der ausgeprägten Trockenheitstoleranz dieser Arten zusammenhängen.

Am produktivsten und dichtesten sind die Blaugrashalden auf weichen kalkreichen Mergeln, Schiefern und Sandsteinen, die tiefgründiger verwittern und typische Almböden oder

Abb. 13–28 Polsterseggen-Pionierrasen (Caricetum firmae, hinten) auf Kalkfels, treppige Blaugrashalde (Seslerio-Semperviretum) und dicht geschlossener Rostseggenrasen (Caricetum ferrugineae, vorn links) im Kleinen Walsertal (nördliche Kalkalpen).

„Grasberge" bilden. Da die herrschenden Arten als Feinerdefänger wirken, sind Blaugrashalden stets ein wenig treppig (s. Abb. 13–28). Auf den mehr oder minder ebenen und kaum beschatteten Kleinterrassen können sich konkurrenzschwache Partner ansiedeln. Deshalb sind die Blaugras-Horstseggenrasen so artenreich und wechselvoll in ihrem Gefüge. Durch weidende Tiere werden die Treppenstufen stellenweise zu Steigen ausgetreten und die Böden immer wieder verletzt. Vor allem aber sorgen Frostwechsel und Bodennässe nach später Schneeschmelze im Mai oder Juni und z. T. auch im Herbst dafür, dass immer wieder einzelne Rasenstückchen abrutschen und nackten Boden freigeben (s. Abb. 13–29).

Je stärker **Solifluktion und Erosion** wirken, desto mehr entspricht der Boden der alpinen Blaugrashalde dem Typus der Proto-Pararendzina oder der Protorendzina. Ruhende und dichter geschlossene Rasen erzeugen eine Mullrendzina (Zöttl 1966; s. Abb. 5–6). Wegen ihres günstigeren Wasserhaushaltes sind sie bereits von Vertretern des Rostseggenrasens durchsetzt (s. Kap. 13.3.5.3). In den nördlichen Kalk-

Tab. 13–2 Übersicht alpiner Rasen-Gesellschaften und ihrer Charakterarten. Nach Angaben von Braun-Blanquet (1948/50), Oberdorfer et al. (1978–92)[2] u. a.

Alpine Rasen:	**Karbonat-Alpenmatten**		**Sauerboden-Alpenmatten**
Klassen:	SESLERIETEA ALBICANTIS		CARICETEA CURVULAE
	g *Carex sempervirens*		*Alchemilla flabellata*
	Minuartia gerardii		g *Juncus trifidus*
	Veronica aphylla		g *Luzula spicata*
In den Alpen	SESLERIETALIA CAERULEAE		CARICETALIA CURVULAE[2]
vertretene	*Acinos alpinus*	*Hieracium bifidum*	g *Avenochloa versicolor*
Ordnungen:	*Aconitum napellus*	*Leucanthemum*	g *Koeleria hirsuta*
	tauricum	*maximum*	g *Luzula lutea*
	g *Agrostis alpina*	*Linum perenne montan.*	*Minuartia sedoides*
	Alchemilla hoppeana +	*Nigritella nigra*	*Phyteuma globularii-*
	odorata	*Onobrychis montana*	*folium*
	Anemone narcissiflora	*Oxytropis jacquinii*	*P. hemisphaericum*
	l *Anthyllis alpestris*	p *Pedicularis verticillata*	g *Poa violacea*
	Arabis ciliata	*Phyteuma orbiculare*	*Potentilla frigida*
	Astragalus frigidus	*Polygala alpestris +*	*Ranunculus pyrenaeus*
	Astrantia bavarica	*amara*	*Veronica bellidioides*
	Carduus defloratus	*Pulsatilla alpina*	u. a. Säurezeiger, die aber
	Centaurea alpestris	*Saxifraga caesia*	nirgends Charakterarten
	Erigeron polymorphus	*Scabiosa lucida*	sind.
	p *Euphrasia salisburgensis*	*Senecio doronicum*	
	Gentiana verna	*Sesleria albicans*	
	Globularia cordifolia	*Silene acaulis*	
	nudic.	*Thesium alpinum*	
	l *Hedysarum hedysaroides*	*Thymus polytrichus*	
	Helianthemum		
	grandiflorum		
Verbände auf	CARICION FERRUGINEAE	*Erigeron annuus*	CARICION CURVULAE[2]
ruhenden	(alpin-subalpin)	*E. atticus*	(alpin-nival)
Böden, relativ	*Alchemilla pallens*	g *Festuca pulchella*	*Androsace carnea +*
spät aus-	*Allium victoralis*	*Heracleum austriacum*	*A. obtusifolia*
apernd	*Aquilegia alpina*	*Hieracium valdepilosum*	*Carex curvula*
	Campanula thyrsoides	*Lathyrus laevigatus*	p *Euphrasia minima*
	D g *Carex ferruginea*	p *Pedicularis foliosa*	g *Festuca halleri*
	Crepis pontana	g *Phleum hirsutum*	*Hieracium*
	Dianthus superbus	*Traunsteinera globosa*	*glanduliferum*
	alpestr.		g *Juncus jacquinii*
			Minuartia recurva
Assoziationen:	**Rostseggenrasen**		**Hallers Schwingelrasen**
	Caricetum ferrugineae		Festucetum halleri[3]
	Violettschwingelrasen		**Krummseggenrasen**
	Festuco-Trifolietum thalii		Caricetum curvulae[2]

[1] In dieser Tabelle und einigen der folgenden Übersichten sind nur die für die Alpen gültigen Charakterarten der Klassen, Ordnungen und Verbände sowie einiger Assoziationen aufgeführt, nicht dagegen **„Begleiter"**, die in zahlreichen verschiedenen Gesellschaften auftreten. Viele dieser Begleiter, z.B. *Campanula scheuchzeri, Crepis aurea, Plantago alpina, Poa alpina, Polygonum viviparum, Soldanella alpina* und *Selaginella selaginoides*, sind mehr oder minder streng auf die alpine und subalpine Stufe beschränkt. Sie helfen also mit, die Vegetation des Hochgebirges als etwas Besonderes zu kennzeichnen.
D = dominierende Art, g = Gräser und Grasartige, l = Leguminosen, p = Halbparasiten, f = Flechten.

[2] Die alpinen Sauerbodenmatten gehen in der subalpinen Stufe in Borstgrasrasen (NARDION) über und haben manche Säurezeiger mit diesen gemeinsam. Sie sind immer viel artenärmer als die entsprechenden Gesellschaften auf Kalkböden.

Alpine Rasen:	**Karbonat-Alpenmatten**		**Sauerboden-Alpenmatten**
Verbände	SESLERION CAERULEAE[3]		FESTUCION VARIAE[3]
subalpin-	*Alchemilla exigua*	*Horminium pyrenaicum*	(in den Nordalpen selten)
alpiner Rasen	*Androsace chamaejasme*	g *Juncus monanthos*	Jetzt zur Klasse
an **flach-**	*Bupleurum ranuncu-*	*Leontopodium alpinum*	NARDO-CALLUNETEA
gründigen	*loides*	*Pedicularis oederi*	Ordnung NARDETALIA
Hängen, früh	g *Carex baldensis*	*P. rostrato-capitata*	g *Festuca varia*
ausapernd	g *C. firma*	*P. rostrato-spicata*	*Laserpitium halleri*
	Chamorchis alpina	*Ranunculus thora*	*Veronica fruticulosa*
	Crepis kerneri	*Saussurea pygmaea*	
	Erigeron neglectus	*Saxifraga moschata*	
	Gentiana clusii	*Scabiosa lucida*	
	Helianthemum alpestre	*Sedum atratum*	
	Helictotrichon parlatorei		
	Hieracium morisiacum +		
	villosum		
Assoziationen:	**Polsterseggen-Pionierrasen**		**Buntschwingelhalde**
	Caricetum firmae		Festucetum variae
	Blaugras-Horstseggenhalde		
	Seslerio-Caricetum		
	sempervirentis		
Alpine Heiden	**Karbonat-Alpen-Windecken**[4]		**Sauerboden-Windheiden**[5]
Klassen:	CARICI RUPESTRI-KOBRESIETEA		unentschieden!
	Astragalus alpinus	*Potentilla crantzii*	
	g *Carex alpina*	*Pulsatilla vernalis*	VACCINIO-PICEETEA
	Gentiana nivalis	u. a.	
Verbände	ELYNION		LOISELEURIO-VACCINION[5]
auf **wind-**	(zur Klasse CARICI RUPESTRI-KOBRESIETEA)		(zur Klasse VACCINIO-PICEETEA)
gefegten			
Buckeln	*Antennaria carpatica*	*Gentianella tenella*	*Arctostaphylos alpina*
u. Ä., selten	*Aster alpinus*	*Lloydia serotina*	*Empetrum hermaphro-*
schnee-	g *Carex atrata*	*Lomatogonium carin-*	*ditum*
bedeckt:	*Cerastium alpinum*	*thiacum*	**D** *Loiseleurea procumbens*
	Draba siliquosa	*Oxytropis campestris*	f *Alectoria ochroleuca*
	Dg *Elyna myosuroides*	*Saussurea alpina (?)*	f *Cetraria ericetorum*
	Erigeron uniflorus	*Silene excapa*	f *C. cucullata*
			f *C. nivalis*
			f *Thamnolia vermicularis*
Assoziationen:	**Nacktriet-Windecke**		**Gämsheide-Windteppich**[5]
	Elynetum (alpinum)		Loiseleurio-Alectorietum

[3] Die namengebenden Gräser, das Blaugras (*Sesleria albicans*) bzw. Hallers Schwingel (*Festuca halleri*), kommen auch in anderen Gesellschaften vor; sie können deshalb nicht als Assoziations-Charakterarten gelten. Ähnliches gilt von der Horstsegge (*Carex sempervirens*) und anderen, allenfalls durch ihr Vorherrschen kennzeichnenden Arten.

[4] Die Klasse CARICI RUPESTRI-KOBRESIETEA ist in Asien, Nordamerika sowie auf polnahen Inseln Nordeuropas besser vertreten als in Mitteleuropa. Sie zeichnet sich unter anderem durch besondere *Carex*- und *Kobresia*-Arten aus; die Gattung *Kobresia* ist mit Carex nahe verwandt.

[5] Die sauren Zwergstrauchheiden sind floristisch näher mit den Nadelwäldern verwandt als mit den alpinen Rasen. Der Gämsheide-Windteppich bildet zwar eine ökologische Parallele zur Nacktriet-Windecke, kann aber auch als Flechten-Gesellschaft gelten.

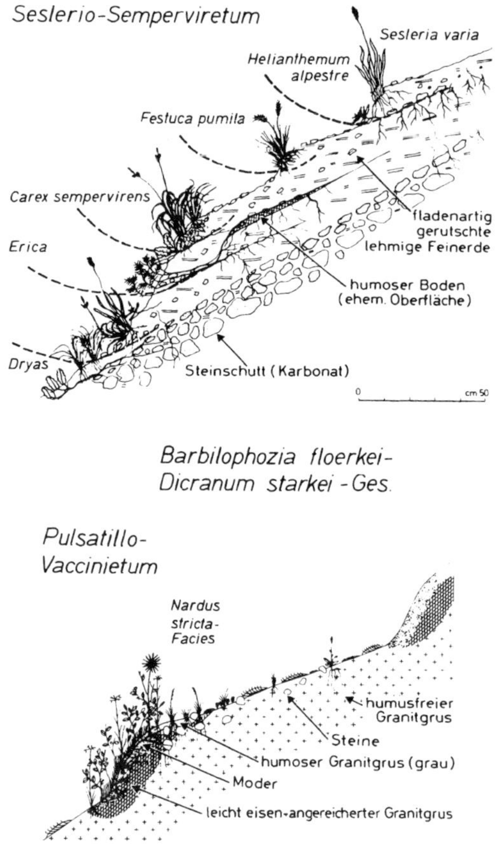

Abb. 13–29 Oben: Durch Solifluktion bilden sich an kalkhaltigen Moränenhängen Vegetations-Girlanden, die jeweils die Stirn eines gerutschten oder rutschenden Bodenfladens besiedeln. Nach Zuber (1968), etwas verändert.
Zur Bewegung des Bodens kommt es besonders im Frühjahr, wenn er vom Schmelzwasser durchtränkt ist. Pionierstadien des Seslerio-Semperviretum in der oberen subalpinen Stufe des Schweizer Nationalparks.
Unten: Auch auf saurem Substrat entstehen durch Solifluktion in der subalpinen Stufe Vegetations-Girlanden, z. B. auf Granit in den Vogesen. Nach Carbiener (1970), verändert. An der Girlandenstirn siedeln *Vaccinium myrtillus, Luzula desvauxii* und *Pulsatilla alpina* mit dichter Moosschicht, auf der Zungenfläche Pioniermoose sowie im Übergang zur Stirn Borstgras und andere Gefäßpflanzen (s. auch Abb. 5–12, Nr. 6).

alpen sieht man derartige Durchdringungen nicht selten, während man in den Zentralalpen mehr dem Typus der Assoziation begegnet.

Manche Dolomitmassive haben sich mit mächtigen Schutthalden umgeben, die bis tief in die subalpine Stufe hinabreichen. Soweit das Seslerio-Caricetum sempervirentis auf ihnen Fuß fassen konnte, steigt es mit ihnen in die wärmeren Lagen hinab. Die hochmontanen und subalpinen Blaugrashalden des Juras erinnern an die der Alpen und leiten zu den submontan-montanen Blaugras-Gesellschaften der zentraleuropäischen Kalkberge über (Richard 1972, Schönfelder 1978, Schmidt 1994 u. s. Kap. 18.3.2.7).

Im insubrischen Bereich der südlichen Randalpen wurde von Sutter (1962, 1969) ein zur Ordnung SESLERIETALIA gehöriger besonderer Verband von Kalkrasen, das CARICION AUSTRO-ALPINAE, die südalpinen Blaugrashalden, beschrieben. Dessen Assoziationen zeichnen sich durch zahlreiche endemische Sippen aus (vgl. Grabherr et al. 1993). In den Karpaten werden die SESLERION CAERULEAE-Gesellschaften durch nahe verwandte Einheiten des SESLERION BIELZII vertreten, die Pawlowski (1935, 1959) nach einer endemischen Varietät des Blaugrases benannt und näher beschrieben hat.

Größere unbewachsene Flächen vermögen die Hauptpartner des Seslerio-Caricetum sempervirentis nicht ohne Hilfe von Pionieren zu besiedeln, die wir im nächsten Abschnitt besprechen wollen.

13.3.5.2 Polsterseggenrasen und Silberwurzteppiche exponierter Kalkstandorte

Auf früh ausaperndem und daher Wind und Kälte frei ausgesetztem Kalkgestein kann sich die Blaugrashalde nicht richtig ausbilden, auch wenn *Sesleria* und manche ihrer Partner noch dem extremen Lokalklima trotzen (s. Abb. 13–28). Hier bewähren sich die harten immergrünen Halbkugelpolster von *Carex firma*, der Polstersegge, am besten, die nach Rehder (1976) ihre abgestorbenen Teile durchwurzeln. Auf trockenem Karbonatfels tritt die noch weniger dürreempfindliche *Carex mucronata* an ihre Stelle. Mit den Blaugras-Horstseggenrasen haben diese alpinen Polsterseggenrasen zahlreiche Arten gemeinsam.

Die offene und langsam wachsende Vorpostengesellschaft des Caricetum firmae hat schon Kerner von Marilaun (1863) beschrieben. Als Charakterarten können *Carex firma* und andere niedrige Rosetten- oder Polsterbildner, z. B. *Gentiana clusii, Saxifraga caesia, Minuartia sedoides, Crepis kerneri* und *Chamorchis alpina*, gelten. Das Caricetum firmae (kurz Firmetum) ist auf vielen Kalk- und Dolomitgipfeln zu finden, aber oft nur fragmentarisch ausgebildet. Gelideflation in Verbindung mit Wind und Neigung kann auch im Polsterseggenrasen zu Rasengirlanden führen; Zuber (1968) beobachtete *Carex firma*-Horste, die passiv mitgerissen wurden.

Auf steinigen Böden über harten Kalken ist das Caricetum firmae aber meist eine Dauergesellschaft, die sich wegen extremer Feinerdearmut und Trockenheit nicht zu geschlossenen Rasen weiterentwickeln kann und jahrhundertelang fast unverändert ausharrt. Wie *C. curvula*, *C. sempervirens* und andere alpine Sauergräser vermehrt sich die Polstersegge vor allem durch klonales Wachstum. In hohem Alter bilden sich **„Hexenringe"**, wenn zentrale Ramets altersbedingt sterben. Es wäre falsch, diese Segge schlechthin als Pionier einer Sukzessionsreihe zur Blaugrashalde anzusehen. Doch findet man auf weniger exponierten, aber noch jungen Kalkrohböden auch *Carex firma*-Bestände, die eine mehr oder minder rasche Berasung vorbereiten, z. B. im Tiroler Kaisergebirge (Smettan 1981). Übrigens ist die Polstersegge keineswegs an flachgründige, zu Trockenheit neigende Rendzinen gebunden, sondern kann sogar auf nassen Böden wachsen. Auf tiefgründigen und gleichwohl basenhaltigen Böden verzahnt sich der Polsterseggenrasen mit dem Nacktrietrasen, ohne dass man hier immer von einer Sukzession sprechen dürfte.

In Tabelle 13–3 sind Beispiele von Polsterseggenrasen aus den nördlichen Kalkalpen nach Aufnahmen von Lippert (1966) standörtlich differenziert angeordnet. **„Initialstadien"** in über 2000 m Höhe enthalten oft die sonst seltene Charakterart *Chamorchis alpina* sowie auf Hochlagen deutende Arten wie *Helianthemum alpestre* und *Anthyllis alpestris*. Alte Polsterseggenrasen bauen dicke Humusauflagen auf, die oberflächlich versauern und dann die Besiedelung durch Zwergsträucher wie die Gämsheide ermöglichen. Diese **„Kalk-Loiseleurieten"** wurden als eigene Gesellschaft (Homogyno discoloris-Loiseleurietum) beschrieben. Den Trockenheit und Wind ertragenden Ausbildungen stehen andere gegenüber, die mehr oder minder feuchtebedürftig sind. Doch kann sich *Carex firma* auch in ihnen behaupten. Ja, sogar in Tieflagen ist das der Fall, wie die weiteren Differenzialarten-Gruppen in Tabelle 13–3 vor Augen führen. Insbesondere gibt es hier recht trockene Ausbildungen auf Dolomitschutt mit *Erica carnea* sowie eine Untereinheit mit *Juncus monanthos*, die Standorte auf grobem Hangschutt besiedelt.

Als Pionier des Caricetum firmae und des Seslerio-Caricetum sempervirentis wirkt häufig die **Silberwurz** (*Dryas octopetala*). Dieser zählebige und stickstofffixierende, auch in der Subarktis vorkommende Kleinstrauch verankert sich tief in Felsspalten oder in Schutt und überdeckt die Steine spalierartig. Seine absterbenden Blätter tragen zur Bildung einer Protorendzina bei, die auch von anderen Phanerogamen besiedelt werden kann.

13.3.5.3 Rostseggenrasen und andere mesophile Kalkrasen

Dichte und wuchskräftige Rasen, die das Mähen lohnen und den Namen „Urwiesen" zu Recht verdienen, gibt es auf kalkreichen Gesteinen in der alpinen Stufe nur dort, wo eine Reihe günstiger Bedingungen zusammentreffen. Das Klima muss niederschlags- und wolkenreich und der Boden so tiefgründig sein, dass er im Sommer nie austrocknet. Unter trockenerem Klima können eine schattige Lage und eine gewisse Wasserzügigkeit des Bodens diese Bedingungen teilweise ersetzen. In jedem Fall darf der Schnee den Rasen erst freigeben, wenn keine scharfen Fröste mehr zu erwarten sind; er darf ihn aber auch nicht so lange decken, dass die ohnehin kurze Sommerzeit nicht mehr voll zur Photosynthese genutzt werden kann. Diese Voraussetzungen sind nur an nicht zu steilen Hängen und Hangmulden gegeben, und auch hier nur im unteren Teil der alpinen Stufe sowie an waldfreien Stellen der **subalpinen Stufe**, z. B. in Lawinaren. Am ehesten findet man sie in den mehr ozeanisch getönten Randalpen verwirklicht (s. Abb. 13–28). Hier liegt daher der optimale Entfaltungsbereich aller in diesem Abschnitt zu besprechenden Gesellschaften. Auch im südlichen Schweizer Jura sind sie stellenweise, wenn auch fragmentarisch, anzutreffen.

Wie aus Tabelle 13–2 hervorgeht, fasst man die „Wildheuplanken" kalkreicher Böden zu einem eigenen Verband zusammen, dem Caricion ferrugineae (s. Kap. 26: Nr. 4.7.1.2). Wie beim Caricetum firmae in Tabelle 13–3 unterschied Lippert (1966) außer einer typischen Ausbildung zahlreiche besondere Formen der Rostseggenrasen, von denen nur die mit *Cala-*

Tab. 13–3 Standortbedingte Ausbildungen des Polsterseggenrasens im Bereich von Berchtesgaden, aufgrund einer Vegetationstabelle von Lippert (1966)[1].

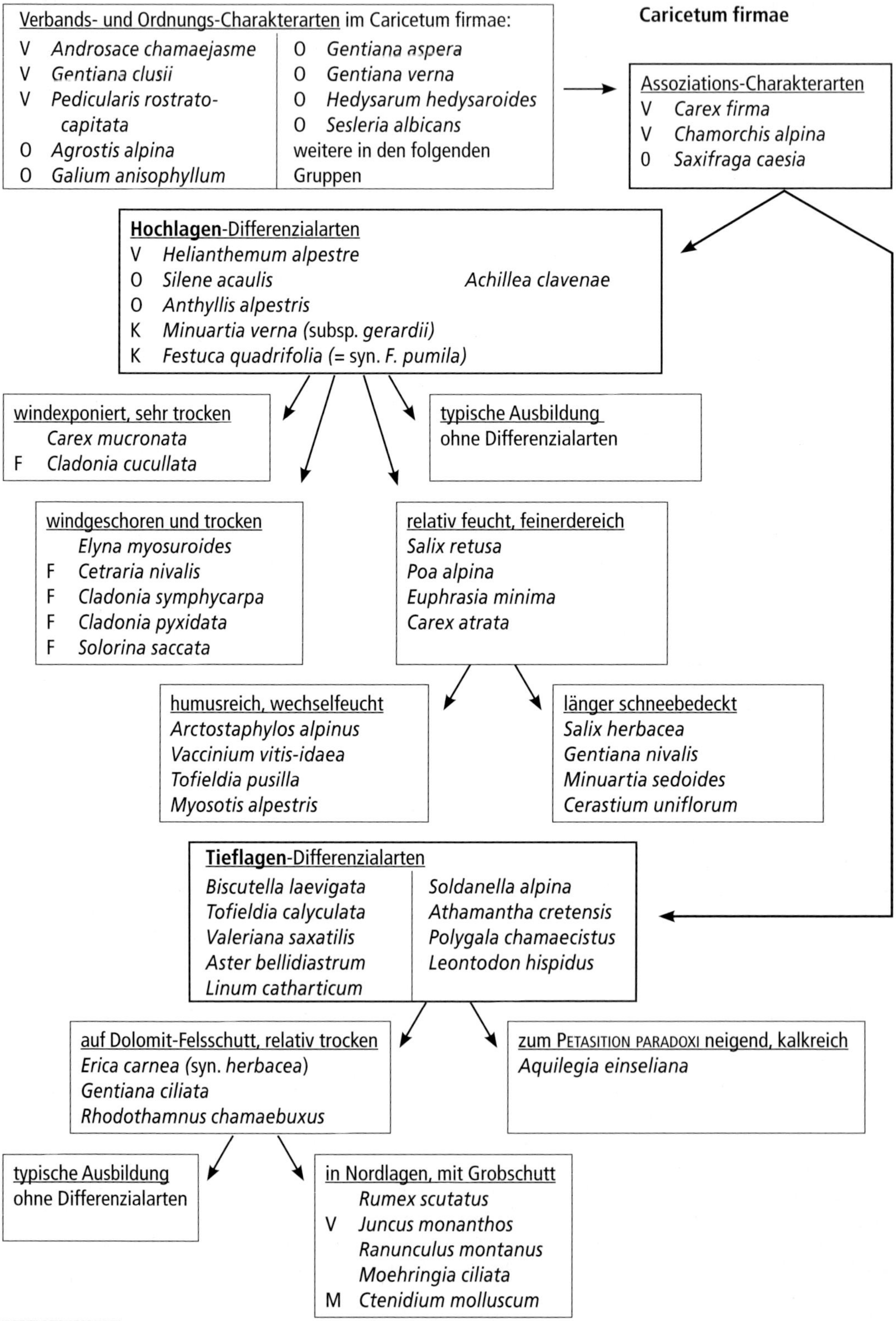

[1] F = Flechte, M = Moos, K = Klassencharakterart, O = Ordnungscharakterart, V = Verbandscharakterart

magrostis varia und die mit *Aconitum napellus*, d. h. eine mäßig feuchte und eine nassere, häufig anzutreffen sind. Alle Bestände sind **bemerkenswert artenreich** und vereinigen selten weniger als 35 Arten auf 100 m^2. Keiner der Rostseggenrasen steigt über die Waldgrenze empor. Manche sind sogar reich an alten und jungen Lärchen, sodass man sie als Subassoziation laricetosum herausheben kann. Solche „Lärchenwiesen-Wälder" zeichnen sich durch weitere Waldpflanzen aus, z. B. *Vaccinium myrtillus*, *Oxalis acetosella*, *Aposeris foetida* und *Veronica urticifolia*. Stellenweise geht der Rostseggenrasen in die noch üppigeren Hochstaudenfluren über (Kap. 13.3.11.1). *Dactylis glomerata* und *Pimpinella major* deuten die Beziehungen zu den Goldhafer-Fettwiesen der tieferen Lagen (s. Kap. 19.3.2.2.2) an.

Der typische Rostseggenrasen (Caricetum ferrugineae) wurde von Lüdi (1921, 1936) und Hegg (1977) im Berner Oberland und von Grabner (1997) in den nördlichen Kalkalpen eingehend untersucht. *Carex ferruginea* bildet mit ihren flach streichenden Rhizomen und ihren langen, wie gekämmte Haare hangabwärts gebogenen Blättern einen dichten und üppigen Rasen. Ähnlich der Blaugrashalde beherbergt aber auch der Rostseggenrasen viele bunt blühende Kräuter. Unter diesen sind die zahlreichen Leguminosen bemerkenswert, namentlich die Ordnungs- bzw. Verbands-Kennarten *Hedysarum hedysaroides*, *Astragalus frigidus*, *Oxytropis jacquinii* und *Lathyrus laevigatus*. Der hohe Wuchs und die breiten Blätter mesomorpher Kräuter wie *Astrantia major*, *Centaurea montana* und *Anemone narcissiflora* dürfen als Zeichen **günstigen Wasserhaushaltes und reichlicher Nährstoffversorgung** gelten. Nach Rehder (1970) ist allerdings die jährliche Mineralstickstoff-Nachlieferung des Oberbodens nicht größer als unter Blaugras-Horstseggenrasen und Nacktrietrasen (s. Tab. 13–16). Die hohe Primärproduktion von *Carex ferruginea* (s. Gökceoglu 1975) beruht wohl in erster Linie auf der besseren Wasserversorgung.

In den Zentralalpen ist diese anspruchsvolle Hangwiese nur selten und fragmentarisch ausgebildet und fehlt z. B. im Schweizer Nationalpark, einem der trockensten Alpenbereiche, fast ganz. Gut entwickelte Bestände findet man dagegen in den **regenreichsten Außenketten** der Alpen, aber auch hier nicht auf durchlässigen, reinen Karbonatgesteinen, sondern auf Bündnerschiefern und ähnlichen, zu weichen Verwitterungsformen neigenden geologischen Formationen.

Auf solchen tiefgründigen Lehmböden schalten sich zwischen die immer ziemlich bodenfeuchten Rostseggenrasen und die stets recht trockenen Blaugrashalden intermediäre Rasen-Gesellschaften ein. Aus den nördlichen schweizerischen Alpen wurden sie als **basiphile Violettschwingelrasen** (Trifolio thalii-Festucetum nigricantis, s. Tab. 13–2) beschrieben. Namengebend ist der Violettschwingel (*Festuca violacea*) mit einer Reihe von ökologisch sich unterscheidenden Kleinarten, darunter *F. nigricans* (syn. *F. melanopsis*). An ähnlichen tiefgründigen Standorten tritt auch die **subalpin-alpine Blaugraswiese** (Trifolio nivalis-Seslerietum albicantis) auf. Beide Rasen stehen den Milchkrautweiden nahe (s. Kap. 19.3.6) und gehen bei intensiver Bewirtschaftung in diese über. In der Regel werden oder wurden sie beweidet und nur an schwer zugänglichen Stellen, ähnlich wie die Rostseggenrasen, als sogenannte „Wildheuplanken" gemäht. Der Boden der Violettschwingelweiden hat den Charakter einer tiefgründigen verbraunten Rendzina oder Pararendzina, ja kann an Braunerde erinnern und auch etwas vergleyt sein. Häufig reagiert der Oberboden nicht mehr neutral, sondern schwach sauer. Demgemäß findet man nicht selten einzelne Säurezeiger, beispielsweise *Geum montanum*, *Potentilla aurea*, *Gentiana acaulis*, *Leontodon helveticus* und *Ligusticum mutellina*, die von Silikatgesteinsrasen herübergreifen.

Sowohl Violettschwingel- als auch Rostseggenrasen sind heute, wie so viele ehemals geschätzte Pflanzengesellschaften des Hochgebirges, in großen Teilen der Alpen wirtschaftlich wertlos geworden. Mäht man sie nicht mehr, kommt häufig *Molinia* zur Dominanz, das im Herbst die Spreiten abwirft und mit dem abgestorbenen Blatt- und Halmwerk eine Gleitbahn bildet, auf der Schneemassen abrutschen können (Grabherr, briefl.).

Auf rutschigen Kalkhängen im Kontakt zu den Rostseggenrasen stehen die **Buntreitgrasfluren** (Calamagrostietum variae), die bis in die submontane Stufe Mitteldeutschlands ausstrahlen. Sie sind reich an krautigen Hochstauden und vermitteln zu den Hochstaudenfluren (Kl. BETULO-ADENOSTYLETEA, Kap. 13.3.11) und Schlagfluren (Kl. EPILOBIETEA ANGUSTIFOLII, Kap. 15.2.2).

13.3.5.4 Alpine Zwergstrauchheiden auf Kalkböden

Über harten Kalk- und Dolomitgesteinen treten in der subalpinen und unteren alpinen Stufe **kalkholde Zwergstrauchheiden** auf, in denen die Schneeheide (*Erica carnea*) und die Bewimperte Alpenrose (*Rhododendron hirsutum*) eine dominierende Rolle spielen (Rübel 1911, Lüdi 1921). Die Mehrheit der Pflanzensoziologen neigt dazu, diese knöchel- bis hüfthohen Gebüsche zu den Schneeheide-Kiefernwäldern (Kl. ERICO-PINETEA) zu stellen, weil viele Bestände unter einem lichten Schirm der Waldkiefer (bzw. der Latsche, Bergföhre oder Lärche) wachsen, wie in den Innenalpen. Andere Autoren (z. B. Lüdi 1921 und Grabherr 1993b) betonen dagegen die Unabhängigkeit der kalkholden Alpenrosenheiden von den subalpinen Waldformationen, da sie vor allem in den Randalpen außerhalb des Waldes vorkommen. Diese Autoren haben eigene Gesellschaften (Ericetum carneae und Rhododendretum hirsuti) sowie Verbände und Ordnungen beschrieben und sie den alpinen Kalk-Magerrasen (Kl. SESLERIETA ALBICANTIS) angeschlossen (s. Kap. 26: Nr. 4.7).

13.3.6 Nacktriet-Windkantenrasen (Kl. CARICI RUPESTRIS-KOBRESIETEA BELLARDII)

Der Nacktrietrasen (Elynetum myosuroides) vermag windexponierte und trockene Standorte zu besiedeln wie das Caricetum firmae, vorausgesetzt, dass der Boden ein Mindestmaß an Feinerdeauflage enthält (s. Abb. 13–30). Man findet die Rasen **sowohl auf Kalk als auch Silikatgestein** bei neutraler bis schwach saurer Bodenreaktion. Durch seine leuchtend braune Farbe fällt das hartstängelige, kleine dichte Horste bildende Nacktriet (*Kobresia myosuroides*, syn. *Elyna myosuroides*) auf. An manchen Stellen ist es mit der Felsen-Segge (*Carex rupestris*) vergesellschaftet (Lippert 1966, Albrecht 1969). Zu den Charakterarten des Elynetum zählen unter anderen *Carex parviflora* (gehört zu *C. atrata* agg.), *Aster alpinus*, *Ligusticum mutellinoides*, *Oxytropis* und *Astragalus*-Arten sowie annuelle Gentianaceen wie *Gentiana prostrata*, *G. nana*, *Gentianella tenellum*, *Lomatogonium* (*Swertia*) *carinthiacum*, aber auch *Erigeron alpinus*, *Saussurea alpina*, *Hedysarum hedysaroides*, also Arten, die weit in sonstige alpine und subalpine Rasen übergreifen. Das Nacktriet selbst kann allenfalls als Verbands-Kennart gelten, weil es auch in den Kältesteppen der Arktis und Subarktis weit verbreitet ist und dort verwandte Gesellschaften bildet.

Oft siedelt das Elynetum **an Windkanten oder Windecken**, d. h. auf scharf hervortretenden Hangrippen oder am sturmexponierten Rand größerer Rasenflächen. Dort ist es oft reich an Flechtenarten, die den nackten Boden besetzen (Hartl & Türk 1985). Durch **Eisgebläse** sind diese Rasenkanten nicht selten ausgehöhlt wie die Uferkehlen eines Flusses oder Sees. Die wurzelverfilzte Narbe hängt über und leistet der Erosion hartnäckigeren Widerstand als die Feinerde darunter. Solche „Windkanten" entstehen wohl meistens durch Verletzungen einer ehemals geschlossenen Grasnarbe, sei es infolge von Solifluktion, Erdrutsch, Tritt oder künstlichem Anschnitt. Die aus dem Unterboden herausgeblasene Feinerde wird teilweise vom *Elyna*-Rasen aufgefangen und wieder festgelegt. Nicht wenige Elyneten muss man als Dauergesellschaften oder als Abbaustadien von Rasen-Gesellschaften ansehen, die einst unter weniger extremen Bedingungen entstanden sind. Das Nacktriet kann aber auch als Neubesiedler und Festiger von Rohbodenkuppen auftreten, z. B. auf manchen Gletschermoränen.

Die Verdunstung an den exponierten Nacktriet-Windecken ist nach Lüdi (1948) stets höher als an normalen Sonnhängen oder gar in schattiger Lage, selbst an Tagen mit geringer bis mäßiger Windstärke. Durch Verdunstungskühle führt die heftigere Luftbewegung dazu, dass nachts bzw. frühmorgens an den Windecken mehr Tau fällt als an weniger exponierten Standorten. **Fehlender Schneeschutz und erhöhte Verdunstung** bedingen niedrige Tiefsttemperaturen und erfordern von *Elyna* und seinen Partnern eine besonders **große Frosthärte**, die es in Hochasien und Sibirien eindrücklich unter Beweis stellt.

Dem kontinentalen Kleinklima solcher Nacktriet-Standorte entspricht nach Meusel et al. (1965) und Schmid (1961) die relativ große Zahl **altaisch-alpiner Arten**, die sich hier zu halten vermögen (z. B. *Draba fladnizensis*, *Erigeron uniflorus*, *Lloydia serotina* und *Oxytropis campestris*). Wie *Elyna* hat diese Gesellschaft ihr Verbreitungszentrum in den extrem kontinentalen südsibirischen Gebirgen. Ökologisch entscheidend für die genannten Steppenele-

Abb. 13–30 Polsterseggenrasen (Caricetum firmae, links), windgefegte Nacktrietkanten (Elynetum), fragmentarische Blaugrasrasen (Seslerio-Semperviretum, rechts und vorn) und Anfang August noch schneeerfüllte Mulden auf dem Schrattenkalk des Ifen (Kl. Walsertal) in etwa 2100 m Höhe.

mente ist nach Walter (1975) das sommerliche Klima. Die auch in Gebirgen Mittelasiens verbreiteten Arten benötigen rund 4 Monate mit guter Wasserversorgung und hohen Temperaturen, einerlei, ob die übrigen 8 Monate trocken oder halbtrocken (wie in tieferen Lagen) oder aber kalt bzw. kühl sind (wie in der unteren alpinen Stufe).

Großflächige Nacktrietrasen findet man auf Island und im nördlichen Norwegen sogar wenig über Meereshöhe, und zwar an Hangfüßen, von denen im Winter die ohnehin dünne Schneedecke fortgeblasen wird. Hier liegt ein weiterer Schwerpunkt ihrer Verbreitung. Ob das Fehlen der Schneedecke eine notwendige Lebensbedingung für *Elyna* ist oder von ihr nur besser überstanden wird als von anderen Rasenbildnern, die an schneegeschützten Standorten überlegene Wettbewerber sind, ist experimentell noch nicht untersucht worden.

13.3.7 Subalpin-alpine Sauerbodenrasen (Kl. Caricetea curvulae)

13.3.7.1 Krummseggenrasen

Auf Silikatgestein und anderen kalkarmen Unterlagen bilden sich in der Regel zwar nährstoffarme, aber weniger trockene Böden als an klimatisch vergleichbaren Standorten über Karbonatgesteinen. Mit Ausnahme der nackten Felsen und höheren Gipfel tragen daher die sauren Gesteine der alpinen Stufe gewöhnlich eine zusammenhängende Pflanzendecke. Abgesehen von der zwergstrauch- und horstgrasreichen Übergangszone zwischen der subalpinen und alpinen Stufe ist hier fast überall die Krummsegge (*Carex curvula*) der kräftigste Rasenbildner. Ihre olivbraunen, niemals frischgrünen und an der lockig gedrehten Spitze fast immer abgestorbenen (von dem Askomyzeten *Clathrospora elynae* besiedelten) Blätter geben den Bergrücken und sanften Hängen jenes eintönige, artenarme und dürftige Gepräge, an dem man das Caricetum curvulae (kurz Curvuletum, s. Abb. 13–31) schon von Weitem erkennt. Die Krummsegge erreicht mit einer hohen Dichte an Trieben (rund 3000 m^{-2}), ihren extrem zersetzungsresistenten Blattscheiden und einem außergewöhnlich **dichten Wurzelfilz** eine große Raumdominanz (Grabherr 1987b). Bestandsbildend sind neben der Krummsegge andere hartblättrige, sehr persistente Gräser wie *Nardus stricta*, *Festuca halleri* und *Oreochloa disticha*.

Abb. 13–31 Krummseggenrasen (Caricetum curvulae) auf gneisreichem Moränenboden am Sustenpass.
Vorn links *Vaccinium uliginosum* und *Loiseleuria procumbens*, in der Mitte *Leontodon helveticus*. (Der Ausschnitt ist 80 cm breit).

Aufgrund seines geringen Futterwertes wurden und werden Krummseggenrasen, wenn überhaupt, primär als Schaf- und Rinderweide genutzt. Nach Trepp (1950) beträgt der Futterwert des Krummseggenrasens nicht mehr als 3,6 % von dem des Violettschwingelrasens. Nur der Wert des Polsterseggenrasens ist noch geringer (1,2 %), während der Blaugras-Horstseggenrasen mit durchschnittlich 27,8 % als wesentlich besser beurteilt werden muss. Diese Zahlen bieten zwar nur einen ungefähren und relativen Anhalt, denn sie wurden aus geschätzten Daten berechnet und variieren von Bestand zu Bestand; in der Größenordnung dürften sie aber zutreffen. Sie machen es begreiflich, dass die Almweide auf Mergeln und Schiefern viel intensiver betrieben werden kann als auf kristallinen oder karbonatischen Hartgesteinen.

Die von der Krummsegge beherrschten Gesellschaften sind für die Alpen besonders kennzeichnend. Sie treten vor allem in den **Silikatalpen** auf und müssen als Urrasen betrachtet werden, die keine tief greifenden Veränderungen durch den Menschen erfahren haben. Wie die alpinen Kalk-Magerrasen der Klasse SESLERIETA ALBICANTIS (s. Kap. 13.3.5) sind sie alpin-mediterranen Ursprungs (Grabherr et al. 1993). Sie fehlen sowohl in der Arktis als auch in der Tatra und in den Gebirgen der Balkanhalbinsel. Dort werden sie durch andere Gesellschaften der Ordnung CARICETALIA CURVULAE ersetzt. Die Rolle der Krummsegge übernehmen dort teilweise *Juncus trifidus* und *Oreochloa disticha*, z. B. im Trifido-Distichetum der Tatra (Pawlowski 1935). Auch in den Alpen besiedeln Gesellschaften der alpinen Kleinbinsenrasen des Verbandes JUNCION TRIFIDI saure, kryoturbate Böden. Allerdings treten sie gegenüber dem allgegenwärtigen Caricetum curvulae in den Hintergrund.

Nur zaghaft beleben Blüten den stets herbstlich gefärbten Krummseggenteppich. Am auffälligsten ist noch das Gelb von *Leontodon helveticus*, *Potentilla aurea* und *Senecio incanus* subsp. *carniolicus* oder von dem winzigen, aber in großer Zahl aufkeimenden annuellen Halbschmarotzer *Euphrasia minima* var. *minor*. *Veronica bellidioides* und *Phyteuma*-Arten tupfen dunkles und blasses Blau dazwischen.

Als durchgehende Charakterarten des nur in den höheren Lagen flächendeckenden Caricetum curvulae gelten lediglich die Unterart *curvula* der namengebenden Segge sowie *Oreochloa disticha*, das Zweizeilige Blaugras (früher *Sesleria* genannt). Allen übrigen Kennarten begegnet man eher selten. Albrecht (1969) unterschied in seiner großräumigen Übersicht zwei Untergesellschaften, die dem Nacktrietrasen nahestehende und oft zu ihm überleitende Subassoziation elymetosum myosuroides und eine „typische". Diese weist gelegentlich weitere Assoziations-Charakterarten auf, namentlich *Avenochloa versicolor*, *Agrostis rupestris* und *Phyteuma hemisphaericum*, und ist gewöhnlich sehr strauchflechtenreich. Wie die bereits genannten Arten können alle als **kälteharte starke Säurezeiger** gelten. An Windkanten geht das Curvuletum häufig in acidophytische Zwergstrauchheiden mit der Gämsheide über (Loiseleurio-Caricetum curvulae). Genügsame und kälteresistente Flechten wie *Cetraria islandica* und *C. nivalis*, *Cladonia arbuscula* und *C. pyxidata* fehlen nur wenigen Beständen.

Obwohl *Carex curvula* sogar mit ihrer Silikatgestein-Subspezies gelegentlich auf neutrale Böden übergreift, findet man das Caricetum curvulae **stets auf sauren Substraten**. Seine obere Humusschicht hat selten einen pH-Wert über 5,5, meist beträgt er etwa 4. Trotzdem gedeiht der Krummseggenrasen keineswegs nur auf reifen Sauerhumusböden. Oft handelt es sich um junge, von vornherein sehr kalkarme Ranker oder um Pseudogleye (s. unten). Auch auf Pararendzinen wurde er gelegentlich angetroffen, wenn diese oberflächlich entkalkt waren. Humusdecken von mehr als 3–5 cm Mächtigkeit gehören aber zu den Ausnahmen. In den seltenen Fällen, in denen einmal größere Humusansammlungen gefunden wurden, handelt es sich wahrscheinlich um subfossile Anmoor- oder Moorbildungen. Unter dem nur minimale Streumengen produzierenden typischen Curvuletum könnte eine derart mächtige Rohhumusdecke ebenso wenig entstehen wie unter der (am Ende dieses Kapitels behandelten) bodenfeuchten Subassoziation, denn auch die Schneeböden und ihre Randzonen sind überraschend humusarm (s. Kap. 13.3.9).

Die Böden der Krummseggenrasen sind meist sehr flachgründig, sodass sich zuoberst ein etwa 3 cm dicker Wurzelfilz bildet (s. Abb. 13–31) und nur wenige Wurzeln tiefer als 10 cm eindringen. Sind die Böden glimmerreich, kann es zu Bodenverdichtung und Anfängen einer Pseudovergleyung kommen, verbunden mit einer starken Tendenz zur Basenauswaschung und Versauerung.

Auch **auf kalkigen Substraten** treten mancherorts Krummseggenrasen auf. Allerdings handelt es sich um eine eigene, physiologisch offenbar **deutlich differenzierte Unterart**: *Carex curvula* subsp. *rosae* (Gilomen 1938). Erschbamer (1992) untersuchte diese Rasen auf Böden, die aus Kalk-Glimmerschiefer oder aus nicht dolomitisierten Kalken hervorgingen und „mit Vulkanit verzahnt sind", und fasste sie als eigene Assoziation (Elyno-Caricetum rosae). Bei einem pH-Wert von 4,3–7,6 (meist um 6) war das Ca/Mg-Ionenverhältnis stets hoch (Erschbamer 1991). Solche pH-Angaben sind nicht als absolute Grenzen zu verstehen. Albrecht (1969) fand *Carex curvula* subsp. *rosae* „fast immer zwischen 7,0 und 8,0", Gilomen (1938), der Autor dieser Subspezies selbst, gab dagegen eine weite Amplitude an (5,8–8,6). Auch *Carex curvula* subsp. *curvula* gedeiht allerdings mancherorts auf basenreicheren Böden, z. B. in Mischbeständen mit *Elyna myosuroides* (= Subassoziation elynetosum). Beide Sippen unterscheiden sich auch in ihrer Populationsdynamik (Erschbamer 1994).

Das typische Curvuletum mischt sich häufig mit dem Salicetum herbaceae, das in Kapitel 13.3.9.2 behandelt wird. Überall, wo in Mulden der Boden feuchter ist und wo der Schnee noch länger liegen bleibt als in Krummseggenrasen, begegnet man solchen Übergängen in Schneetälchen. Namentlich *Luzula alpino-pilosa*, *Polygonum viviparum* und *Salix herbacea* sind Differenzialarten der **feuchten Untergesellschaft**. Aber auch der Standort des typischen Krummseggenrasens ist feuchter, als er angesichts des skleromorphen Baues vieler seiner Arten erscheint. Möglicherweise ist das eine Folge von Nährstoff-, insbesondere Stickstoffmangel, der die Ausbildung langlebiger, sklerenchymreicher Blätter begünstigt. An schneereichen und zudem gelegentlich beweideten Standorten kann schließlich das Borstgras im Curvuletum größere Anteile erreichen (Carici curvulae-Nardetum).

Gut ausgebildete Curvuleten findet man nur in der mittleren und oberen alpinen Stufe, d. h. in großer Meereshöhe. Im unteren Teil der alpinen Stufe der Zentralalpen geht das Caricetum curvulae auf tiefgründigen, warmen Hängen in eine nahestehende, sehr variable Assoziation über, den **Felsenschwingelrasen** (Festucetum halleri). Dessen Verbreitung ist offenbar sowohl vertikal als auch horizontal recht beschränkt. Anscheinend bildet er eine Sauerboden-Parallele zu der eher kalkholden Violettschwingelwiese der Mittelalpen (s. Trifolio thalii-Festucetum nigricantis, Kap. 13.3.5.3). Doch kann man wegen der ungleichen physikalischen Bodenbedingungen CARICETALIA CURVULAE- und SESLERIETALIA-Gesellschaften nicht streng miteinander parallelisieren. Das gilt auch für die anschließend vorgestellten Buntschwingel- und Horstseggenhalden.

Als weit verbreitete Rasen-Gesellschaften der alpinen Stufe waren die Krummseggenrasen oft Gegenstand ökologischer wie pflanzensoziologischer Untersuchungen (s. z. B. Rübel 1911, 1922, Braun-Blanquet & Jenny 1926, Braun-Blanquet 1948, Oberdorfer 1959, 1977, Rehder 1970, Gensac 1977, Grabherr et al. 1978, Franz 1980 und Grabherr & Mucina 1993; s. Kap. 13.4 bis 13.6).

13.3.7.2 Buntschwingelhalden und ähnliche bodensaure Grashalden

Lückige Rasentreppen wie die für die Kalkalpen so charakteristischen Blaugrashalden gibt es auf sauren Gesteinen viel seltener, nicht zuletzt, weil diese tonärmer sind und weniger zu Solifluktion neigen. Am ehesten trifft man sie noch in den südlichen und zentralen Alpenketten, d. h. in Gegenden, wo steile Sonnhänge zumindest zeitweilig stark austrocknen. Ausgedehnte Halden dieser Art untersuchte schon Brockmann-Jerosch (1907) im Puschlav.

Hier ist der Buntschwingel (*Festuca varia*) verbreitet, ein feinerdestauendes Horstgras mit nadelspitzen und harten Rollblättern. Auf relativ warmen, früh ausapernden steilen Hängen der **Silikatalpen** bildet *Festuca varia* treppige, eintönig graugrüne Rasen, die **Buntschwingelhalde** (Festucetum variae). Sie hat außer dem Buntschwingel selbst nur wenige und seltene Charakterarten. Da dieser Schwingel ähnlich wie das Blaugras von den alpinen Höhen bis in die Täler (d. h. von etwa 2800 bis 800 m) hinabsteigt und nach Markgraf-Dannenberg (1979) und Walossek (1999) mehrere di- bis hexaploide Kleinarten umfasst, sind seine Gesellschaften heterogen.

Am häufigsten ist die Horstsegge (*Carex sempervirens*) mit ihm vergesellschaftet. Auch in dieser Hinsicht stellt also die Buntschwingelhalde eine Parallele zur Blaugras-Horstseggenhalde dar. In den nördlichen Alpenteilen, denen *Festuca varia* fehlt, kann *Carex sempervirens* auf kalkarmen Halden dominieren und ebenfalls Treppenrasen bilden (Silikat-Horstseggenhalde, Caricetum sempervirentis). Neben dem verbreiteten „Kalk-Semperviretum" (Kap. 13.3.5.1) gibt es also ein **„Silikat-Semperviretum"** (Rübel 1911, Lüdi 1921, 1958b). In den bereits besprochenen Blaugras-Horstseggenrasen auf Karbonatgestein bezeichnet *C. sempervirens* relativ feinerdereiche Standorte und ist auch dort nicht selten mit Säurezeigern vergesellschaftet (Lüdi 1948). Im ökologischen Verhalten steht die Horstsegge also zwischen *Sesleria albicans* und *Festuca varia*. Durchdringungen von FESTUCION VARIAE und SESLERION CAERULEAE sind auf intermediären Böden nicht selten.

An steilen Buntschwingel-, Horstseggen- oder Blaugrashalden bilden sich häufig Lawinen. Der hinabrutschende Schnee erweitert den Lebensraum dieser lichtliebenden Gesellschaften stellenweise bis in die montane Stufe hinab.

In die Verwandtschaft der Buntschwingelhalden stellt Grabherr (1993a) weiterhin die lückigen Rasen des Schilf-Straußgrases (V. AGROSTION SCHRADERIANAE), die als Pioniergesellschaften Lawinenbahnen und gestörte Hänge festigen.

13.3.7.3 Borstgrasrasen im Hochgebirge

In den bodensauren Rasen der unteren alpinen sowie der subalpinen Stufe gelangte das Borstgras (*Nardus stricta*) durch **extensive Rinderbeweidung** so sehr zur Vorherrschaft, dass man geradezu von einem Borstgras-Gürtel sprechen könnte, zumal hier *Carex curvula* völlig zurücktritt. Vor allem in den regenreichen Randalpen und auf stark beweideten Almen ist *Nardus* eine der häufigsten Pflanzen. Die subalpin-alpinen Borstgrasrasen werden in einer standörtlich recht variablen Gesellschaft (Sieversio-Nardetum) zusammengefasst.

Auf extensiv beweideten Rasen kalkarmer Böden ist das Borstgras infolgedessen eine der erfolgreichsten Pflanzen, und zwar nicht nur in subalpinen bis alpinen Höhen, sondern auch auf den niedrigeren europäischen Gebirgen und stellenweise noch in den Heidegebieten der Ebene (s. Kap. 17.3.1.1 u. 17.3.1.2). Überall bildet es physiognomisch ähnliche, oft artenarme, manchmal aber auch artenreiche, immer floristisch schlecht charakterisierbare Bestände (s. Abb. 13–32). Wie in Kapitel 17.4.2 a erörtert, meidet es jedoch kalkreiche Böden, weil es hier unter Störungen seines Nährstoffhaus-

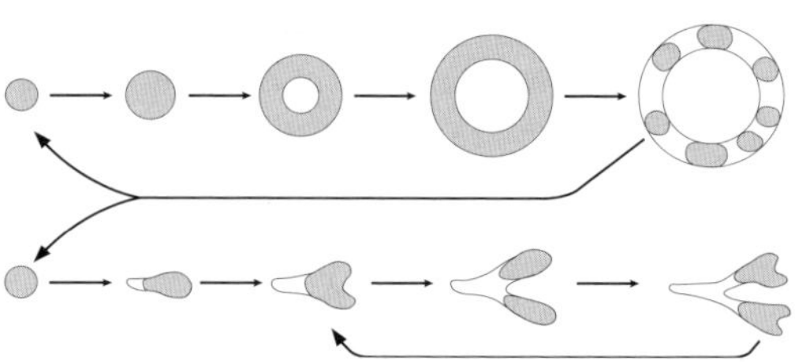

Abb. 13–32 Wuchsweisen von Horstgräsern wie *Nardus stricta*. Nach Klimesővá (1993), verändert.
Oben: Ausbreitung in alle Richtungen in genügend offenen Pflanzengemeinschaften; unten: in einer Richtung in geschlossenen Beständen, in denen nur gelegentlich ein Ausweichen möglich ist. Geschummert lebende Horstbasen, von oben gesehen.

halts, insbesondere unter Eisenmangel leidet (s. a. Kap. 13.4.3 u. Abb. 13–66). Nicht nur in tieferen Lagen, sondern auch in den Alpen sind die *Nardus*-Rasen **anthropo-zoogen**. Ursprüngliche Vorkommen bestehen wahrscheinlich in von Natur aus waldfreien Schnee-Akkumulationslagen des Zwergstrauchgürtels bzw. Waldgrenzökotons.

Oberdorfer (1959) unterschied in den Alpen folgende bodensauren Rasen-Gesellschaften, die jeweils bestimmten Höhenstufen der Klimaxvegetation entsprechen:

alpin:	Caricetum curvulae s.l.	Krummseggen-Stufe
tiefalpin:	Curvulo-Nardetum	Zwergstrauch-Stufe
subalpin:	Aveno-Nardetum s.l.	Lärchen-Arven-Stufe
hochmontan:	Nardetum alpigenum	Fichten-Stufe

Außer der erstgenannten stellt Oberdorfer (1959) diese Gesellschaften zum Verband NARDION der Ordnung NARDETALIA, d. h. vereinigt sie mit den Zwergstrauch-Heiden der Tieflagen zu einer Klasse (CALLUNO-ULICETEA, s. Kap. 17.3.1). Die alpinen und südeuropäischen Pflanzensoziologen bevorzugen dagegen den Anschluss der alpinen Borstgrasrasen an die Krummseggenrasen (Kl. CARICETEA CURVULAE), weil sie den Hochgebirgsrasen der mediterranen Gebirge mehr ähneln als den Tieflandrasen (Grabherr 1993 a).

Infolge der Beweidung dringt *Nardus* auch in andere mehr oder minder acidophile Gesellschaften der subalpinen und alpinen Stufe ein, die nicht zum NARDION gehören, z. B. in Schneetälchen und in Kleinseggenmoore (s. Abb. 10–22). Das Borstgras ist also ein Ubiquist, vorausgesetzt, dass die anderen Arten durch Viehverbiss geschwächt werden. Man darf sich durch die Dominanz von *Nardus stricta* nicht täuschen lassen und muss versuchen, die jeweiligen Pflanzenkombinationen auf ihren natürlichen bzw. früheren Zustand zurückzuführen. Meist ist dies anhand von vereinzelten Charakterarten der vom Borstgras unterdrückten oder überfremdeten Gesellschaften noch möglich, wie Aichinger (1957) an den verschiedensten Beispielen zeigte. Heute geht *Nardus* eher wieder zurück, weil Magerweiden kaum noch beweidet werden und bei intensiverer Wirtschaft im Grünland zu viele Konkurrenten aufkommen.

Bei wiederholten Aufnahmen von Dauerprobeflächen im Schweizer Nationalpark über Zeiträume von 30 bis 85 Jahren kamen Stüssi (1970) und Schütz et al. (2000) im Hinblick auf *Nardus* zu überraschenden und aufschlussreichen Ergebnissen: Seit 1941 nahm die Beweidung durch Hirsche stark zu; diese verhinderten die Wiederbewaldung der Weiden. Die bereits vorher borstgrasreichen Flächen blieben, wie sie bis zur Einrichtung des Nationalparks im Jahre 1913 durch die früher übliche Almwirtschaft geworden waren, d. h. in allen ehemals extensiv genutzten Bereichen von *Nardus* dominiert. Vorher borstgrasarme Magerrasen blieben dagegen an *Nardus* arm; es trat mithin keine „autogene" Wandlung in Richtung Nardetum ein. „Fettrasen" (Phleeto-Festucetum) in der Nähe der Almhütten „vermagerten" während des Untersuchungszeitraumes im Boden deutlich, und Magerkeitszeiger nahmen an Menge und Zahl zu, nicht aber das als Zeiger für Stickstoffarmut bekannte Borstgras. Dieses harte und niedrige, dichthorstige Gras wird also nicht durch Beweidung schlechthin, sondern **insbesondere durch Rinderweide begünstigt**. Das fand Schwabe (1990) ebenfalls, als sie im Schwarzwald die Folgen erneuter Rinderbeweidung nach längerer Brache von arnikareichen Borstgrasrasen studierte. *Nardus* sowie *Danthonia decumbens* und *Festuca nigrescens* nahmen zu, während *Arnica montana*, *Antennaria dioica* und andere Arten (wohl vor allem durch Trittschäden) abnahmen. Rinder verbeißen die Pflanzen ja nicht mit den Zähnen, sondern rupfen ihr Futter mit der Zunge. Sie schonen dabei das Borstgras in besonderem Maße, jedenfalls mehr als Schafe, Ziegen und Hirsche, die das Gras mit ihren Zähnen zumindest beknabbern. Auch intensive Schafbeweidung fördert aber die Ausbildung von Borstgrasrasen, so an mageren, mäßig feuchten potenziellen Waldstandorten in Skandinavien und Schottland (Dierßen 1996).

Wo sich das Borstgras in ungedüngten Magerrasen erst einmal festgesetzt hat, bleibt es hartnäckig am Platz, selbst wenn der Rasen nicht nur beweidet, sondern gelegentlich auch gemäht wird. Solche „regel- bis unregelmäßig gemähte" Magerrasen (s. Abb. 13–33) konnte Bischof (1981) noch in der subalpinen Stufe der Zentralalpen studieren. Sie erwiesen sich als

Abb. 13–33 Nelkwurz-Borstgrasweide (Sieversio-Nardetum). Nach Gigon, Hegg & Zettel (1986). 1 = *Nardus stricta*, 2 = *Potentilla aurea*, 3 = *Deschampsia flexuosa*, 4 = *Campanula barbata*, 5 = *Nigritella nigra*, 6 = *Gentiana acaulis*, 7 = *Festuca rubra*, 8 = *Pseudorchis albida*, 9 = *Geum montanum*, 10 = *Potentilla erecta*, 11 = *Vaccinium myrtillus*, 12 = *Leontodon helveticus*, 13 = *Gentiana purpurea*, 14 = *Luzula multiflora*, 15 = *Coeloglossum viride*.

außerordentlich artenreich. In dem meist nordexponierten „Geo montani-Nardetum maianthemetosum bifoliae“ finden sich im Mittel 74 bis 79 Arten (einschließlich 8 Moosen) zusammen, darunter viele Säure-, Feuchtigkeits- und Schattenzeiger. Im vorwiegend südexponierten „Polygalo-Poetum violaceae“ sind es 67 bis 75 (inklusive 3 Moosen), und zwar „zahlreiche Wärme-, Licht- und Trockenheitszeiger“. **Gemähte alpine Borstgrasrasen sind wie im Tiefland höherwüchsig und artenreicher als beweidete**; in vielen sind die Zwergsträucher selten oder fehlen gar (Bischof 1981).

Von beiden genannten Gesellschaften gibt es heute nur noch Überreste, weil moderne Bergbauernbetriebe das Heu dieser Wiesen nicht mehr brauchen oder diese Flächen durch Düngung meliorieren. Fallen die Flächen – was ebenso häufig der Fall ist – brach, so breiten sich nach 10 bis 15 Jahren verholzte Zwergsträucher aus. Bischof (1981) meint, dass man solche Bestände durch einmaligen Schnitt in 2 bis 3 Jahren erhalten könnte.

Als wichtige Bedingung für das Vorherrschen von *Nardus* im subalpin-alpinen Grasland sieht Klimesova (1993) nach ihren Untersuchungen in den Hochlagen der Sudeten (Hruby Jesenik Mts.) einen **ausreichenden Schneeschutz** im Winter an. Das Borstgras bildet hier besonders dichte Rasen auf dem waldfreien Kamm, und zwar dort, wo die Schneedecke mächtiger als 50 cm wird und im Frühjahr spät abschmilzt. Dort waren früher auch die besten Kuhweiden! *Nardus* erträgt zwar weniger Winterfrost als *Carex curvula*, nimmt aber in tieferen Lagen auch mit sehr geringer, ja in manchen Wintern fehlender Schneedecke vorlieb. Die Wasserversorgung muss allerdings ausreichen, und diese wird unter einer mächtigen Schneedecke eher gewährleistet als unter einer geringen. In trockenem Klima bevorzugt das Borstgras daher Dellen, in denen sich immer wieder einmal Wasser sammelt. Es gilt deshalb sogar als **Zeiger für Wechselfeuchtigkeit**. Eine Eigenschaft, die ihm in manchen Tieflandsheiden zur Dominanz verhalf, sollte außerdem erwähnt werden: Es kann bis zu einer gewissen Grenze Tritt ertragen, namentlich den menschlichen, verschwindet aber rasch, wenn die mechanische Belastung zu stark wird.

13.3.8 Subalpin-alpine Zwergstrauchheiden (Kl. LOISELEURIO-VACCINIETEA)

13.3.8.1 Alpenazaleen-Windheide

Von den Holzgewächsen Mitteleuropas können sich in der eigentlichen alpinen Stufe nur wenige Zwergsträucher halten, z. B. niedrige

Salix-Arten, die Silberwurz (*Dryas octopetala*) und die Alpenazalee (Gämsheide, *Loiseleuria procumbens*). Aber auch diese sind hier nur an Sonderstandorten vor der Konkurrenz krautiger Pflanzen sicher, deren Blattwerk sie im Sommer überschattet.

Lediglich in einem schmalen Übergangsgürtel vom subalpinen zum alpinen Klimabereich gedeihen noch kräftige Zwergsträucher wie der Zwergwacholder (*Juniperus communis* subsp. *alpina*, syn.: *J. c.* subsp. *nana*) oder die *Rhododendron*- und *Vaccinium*-Arten, die sich der Kräuter besser erwehren können. Physiognomisch sind hier zwei Gruppen von Zwergstrauch-Gesellschaften leicht zu unterscheiden: niederliegende Alpenazaleenteppiche (auch Gämsheideteppiche, Loiseleurio-Cetrarietum), die nur 2–3 cm hoch werden, und fuß- bis kniehohe eigentliche Zwerggesträuche. Sie entsprechen zwei Extremen der Schneebedeckung (s. Abb. 13–13). Für die Alpenazalee ist der dichte **Spalierwuchs** kennzeichnend. Das außerordentlich dicht geschlossene Blattwerk schafft den *Loiseleuria*-Pflanzen im Sommer ein warmes und luftfeuchtes Bestandesklima, das die CO_2-Assimilation begünstigt (Cernusca 1976; s. Kap. 13.2.1.2 f). Die Alpenazalee kann daher windexponierte Kanten besiedeln, wo sie vor der Konkurrenz durch höherwüchsige Zwergsträucher geschützt ist; diese sind der turbulenten Luftbewegung stärker ausgesetzt und daher auch im Sommer thermisch benachteiligt (vgl. Körner 2007). Nach Larcher (1953) erträgt *Loiseleuria* Temperaturen bis zu –40 °C, ähnlich wie Fichte, Arve und Bergkiefer, und gedeiht daher auch ohne Schneeschutz.

Ebenso frosthart sind unter den immergrünen Zwergsträuchern nur die alpine Unterart von *Juniperus communis* und die Alpen-Bärentraube (*Arctostaphylos alpinus*). Alle anderen, insbesondere die übrigen Ericaceen, erfrieren dagegen, wenn sie nicht vom Schnee verhüllt bleiben (s. Abb. 7–17). Auch *Loiseleuria* und die mit ihr vergesellschafteten *Vaccinium*-Arten meiden extrem kontinentale Gebiete mit Frösten unter –40 °C, haben also eine eher ozeanische Verbreitungstendenz. Von den *Vaccinium*-Arten steigt *V. gaultherioides* am höchsten und steht in ihrem Verhalten *Loiseleuria* nahe. Vom Bestandes-Innenklima entspricht die Alpenazaleen-Windheide aber dem ebenso windharten Elynetum und dem Caricetum firmae der weniger sauren Böden (s. Tab. 13–2).

Larcher (1957) beobachtete, dass das Blatt der Alpenazalee auch aus frisch gefallenem, nassem Schnee Wasser aufnimmt. Das Rollblatt von *Loiseleuria* vermag flüssiges Wasser aufzusaugen, weil die beiden behaarten, schwach kutinisierten Rinnen an seiner Unterseite zur Blattspitze hin in Kapillaren zusammenlaufen (vgl. Gouvra & Grammatikopoulos 2003). **Oberirdische Wasseraufnahme** könnte daher in Frostwechselzeiten eine gewisse Bedeutung haben, wenn *Loiseleuria*-Zweige, die über Steine kriechen, hohe Wasserverluste erleiden.

Alpenazaleen-Spaliere sind in den Alpen vor allem in Höhenlagen von 2100–2400 m verbreitet und hier insbesondere an den Luvseiten von Windkanten. Meist bildet *Loiseleuria* artenarme Dominanzbestände aus, in denen sie sich klonal ausbreitet und ein hohes Alter erreichen kann (mindestens 75 Jahre, Schröter 1926). Man findet im Loiseleurio-Cetrarietum dieselben Flechtenarten wieder wie im Elynetum cetrarietosum, nämlich viele Cetrarien (u. a. *C. cucullata*, *C. islandica* und *C. nivalis*) und Cladonien (*C. arbuscula*, *C. rangiferina* u. a.). An besonders exponierten Kanten überdecken dichte Lagen von *Alectoria ochroleuca* die Spaliere. Die übrigen Begleiter von *Loiseleuria* haben aber mit denen des Nacktrietrasens kaum etwas gemein. Es handelt sich vielmehr um halbschattenertragende Rohhumuspflanzen wie *Vaccinium gaultherioides*, *V. vitis-idaea*, *V. myrtillus*, *Empetrum hermaphroditum* und *Huperzia selago*. Die Artenlisten der Azaleenheiden werden dadurch denjenigen anderer Zwergstrauchheiden sowie der bodensauren Nadelwälder ähnlich. Aus diesem Grund vereinigte man früher die bodensauren alpinen Zwergstrauchheiden und Nadelwälder in einer einzigen Klasse (VACCINIO-PICEETEA, z. B. Braun-Blanquet et al. 1939, Oberdorfer 1959).

Gams (1927), Klement (1955) und andere legten dagegen das Hauptgewicht bei der systematischen Zuordnung der Azaleen-Windheide auf die **Flechtenvereine**. Sie fassten die windharten Strauchflechten-Gesellschaften zu selbstständigen Assoziationen zusammen (Thamnolietum vermicularis) mit Charakterarten wie *Alectoria ochroleuca* und *Thamnolia vermicularis*. Diese Gliederung bringt die ökologische Verwandtschaft mit den Flechtentundren Skandinaviens (V. CETRARION NIVALIS) zum Ausdruck. Heute neigen die meisten Pflanzensoziologen zur Aufstellung einer eigenen Klasse (LOISELEU-

RIO-VACCINIETEA) der arktisch-alpinen Zwergstrauchheiden, um der physiognomisch-ökologischen Eigenart dieser Gesellschaften gerecht zu werden (z. B. Grabherr 1993 b, Dierßen 1996, Rennwald 2000).

In Abhängigkeit vom Kleinrelief gibt es alle Übergänge von fast reinen Flechtenrasen mit wenig *Loiseleuria* über geschlossene *Loiseleuria*-Teppiche bis zu typischen Krummseggen- oder Borstgrasrasen und Nacktriet-Windecken, in denen hier und dort Zwergsträucher, aber kaum noch Flechten enthalten sind. An den extremsten Windkanten löst sich das Loiseleurio-Cetrarietum durch Gelideflation auf (Grabherr 1979). Wo in der unteren alpinen Stufe durch Frostwechsel und Viehtritt ein Mosaik von kleinen Buckeln (s. Abb. 13–20) entstanden ist, nehmen Flechtenheiden und *Loiseleuria*-Teppiche die exponierten Kuppen ein. In Mulden mit Schneeschutz herrschen dagegen **höherwüchsige Zwergsträucher** wie *Vaccinium gaultherioides*, *Empetrum hermaphroditum*, *Rhododendron ferrugineum* oder *Calluna vulgaris* vor (s. Kap. 13.3.8.2 u. 13.3.8.3).

Alle diese Artenkombinationen erzeugen Rohhumusdecken von hohem Säuregrad und schwacher Nährstoffnachlieferung. In der subalpinen Stufe klingt die extreme Spezialistengesellschaft der Alpenazaleenheide sehr bald aus, zumal sich hier der Schnee infolge besseren Windschutzes gleichmäßiger verteilt. Andererseits ist ihr auch nach oben hin in Richtung auf den Krummseggenrasen eine Grenze gesetzt, weil **Dauer und Höhe der Schneedecke** in dieser Richtung allgemein zunehmen. Außerdem können sich Alpenazaleen und Strauchflechten nur auf einer ruhenden, nicht durch Erosion und Solifluktion immer wieder gestörten Bodenoberfläche ausbreiten. Sie wachsen sehr langsam und brauchen Jahrzehnte, um den Boden zu überkleiden. Gegen Beweidung sind alle Zwergsträucher empfindlich; Viehtritt führt in den *Loiseleuria*-Spalieren zum Absterben randlicher Zweige und fördert die Rasenabschälung (Grabherr 1979).

13.3.8.2 Krähenbeer-Moorbeerheide

Viele Arten der Alpenazaleenteppiche kommen fleckenweise auch in den Krähenbeer-Moorbeerheiden (Empetro-Vaccinietum gaultherioidis) der subalpinen und unteren alpinen Stufe vor, obwohl diese im Winter vom Schnee verhüllt bleiben und sich deshalb zu richtigen, 20–30 cm hohen Zwerggesträuchen entwickeln können. Diese Heiden bilden den typischen Übergang von den niedrigen Alpenazaleenteppichen zu den hochwüchsigen Alpenrosengestrüppen. Dominierend ist die Kleinblättrige Moorbeere (*Vaccinium gaultherioides*), die oberhalb der Waldgrenze vorherrscht und kleinere Blätter als ihre nahe Verwandte *Vaccinium uliginosum* hat. Häufig ist sie mit der nordischen Krähenbeere (*Empetrum hermaphroditum*) vergesellschaftet. Auch *Deschampsia flexuosa*, *Vaccinium myrtillus* und *V. vitis-idaea* und einige Kräuter wie *Melampyrum pratense* sind ihr oft beigemischt. Häufig treten die schwellenden Polster der wohl elegantesten Strauchflechte Mitteleuropas, *Cladonia stellaris*, auf, die oft zu Dekorationszwecken gesammelt wird (Empetro-Cladonietum stellaris). Neben der genannten Sippe gelten als Charakterarten die schlanke, braungraue *Cladonia macroceras*, die dichtrasige, gelbgraue *C. amaurocraea* und die becherige rotfrüchtige *C. bellidiflora*. Alle ertragen lange Schneebedeckung, kümmern im Gegensatz zu den Flechten des an *Alectoria ochroleuca* reichen Alpenazaleen-Spaliers jedoch an windoffenen Standorten. Häufig sind die Moorbeerheiden so kleinflächig ausgebildet und werden so stark beweidet, dass man sie schwer von den Borstgras- oder Krummseggenrasen abtrennen kann (s. Abb. 13–13).

Auf den Silikatbergen stockt das Empetro-Vaccinietum gaultherioidis auf echtem **Rohhumus**, dessen pH-Werte zwischen 3,5 und 4,8 schwanken und häufig weniger als 4 betragen (Pallmann & Haffter 1933). Nach Lüdi (1948) kommt die Krähenbeer-Moorbeerheide aber auch auf **karbonathaltigen Substraten**, z. B. auf den schiefrigen Doggerkalken der Schynigen Platte, vor. Im Gegensatz zur sonnigen Blaugras-Horstseggenhalde ist sie hier auf die steilen Schatthänge beschränkt, deren kühlfeuchtes Kleinklima die Anhäufung von Auflagehumus begünstigt. Dieser kann 30–50 cm mächtig werden und ist nicht selten mit Kalkstückchen durchsetzt und reich an Nährstoffen. Seine pH-Werte liegen aber bei 4,5. Vereinzelte Relikte der kalkholden Pioniervegetation, z. B. *Sesleria albicans*, *Dryas octopetala* und *Salix retusa*, deuten auf die günstigere Humusbeschaffenheit hin. Der schattigen Lage entsprechend bleibt der Humus während des ganzen Jahres feucht bis nass.

In seiner Monografie der subalpinen Zwergstrauch-Gesellschaften im Einzugsgebiet der Aare unterscheidet Schweingruber (1972) allein für das Berner Oberland 5 Assoziationen mit jeweils 1 bis 3 Subassoziationen, deren jede in bis zu 10 Varianten oder Ausbildungsformen gegliedert wird. Diese Vegetationseinheiten spiegeln vor allem lokalklimatische, aber auch edaphische und anthropo-zoogene Standortbedingungen wider.

Die subalpinen Beerstrauchheiden isolierter **Mittelgebirge**, z. B. die von Stöcker (1965) im Oberharz untersuchten Gesellschaften, enthalten nur wenig oder gar keine Moorbeere und ähneln eher den Gebirgs-Grasheiden kontinentalerer Gebirge, z. B. dem von Jenik (1961) aus den Westkarpaten beschriebenen Cetrario-Festucetum supinae.

13.3.8.3 Bodensaure Alpenrosenheiden

Wegen ihrer roten Blütenpracht werden die Alpenrosenheiden mit *Rhododendron ferrugineum* viel mehr beachtet als die übrigen Zwergstrauch-Gesellschaften im Waldgrenzbereich. Wir haben sie bereits in Kapitel 7.5.2, d. h. als Lichtungsbesiedler im Bereich der Lärchen-Arvenwälder und des Legföhrengebüsches, behandelt. Außerhalb des Waldes haben sie ihre natürlichen Vorkommen in **Schneeakkumulations-Lagen** an der Waldgrenze und auf Blockschutthalden. Die Kälteresistenz der Rostblättrigen Alpenrose ist nämlich weit geringer als die der Alpenazalee; bereits Fröste von –20 °C führen zu 50 %iger Letalität (Larcher & Bauer 1981; vgl. auch Abb. 13–34). Mit Ausdehnung der Alpweiden und der Auflichtung der subalpinen Wälder konnten sie sich sekundär stark ausbreiten. Als **anthropo-zoogene Heiden** werden wir die baumfreien *Rhododendron*-Heiden auch in Kapitel 17.3.2.3 näher behandeln.

Als Degradierungsstadien des bodensauren subalpinen Lärchenwaldes interpretierte Aichinger (1956) die Wacholder-Alpenbärentrauben-Heiden (Junipero-Arctostaphyletum), die sonnige, trockene Hänge der Silikatalpen besiedeln und durch Beweidung gefördert werden. Die Gebüsche der Schweizer Weide (Salicetum helveticae) kommen dagegen vor allem auf blockreichen, bodensauren Nordhängen mit langer Schneebedeckung vor.

Rhododendron ferrugineum und andere Vertreter der waldgrenznahen Zwergstrauchheiden vermögen auch in geringer Meereshöhe

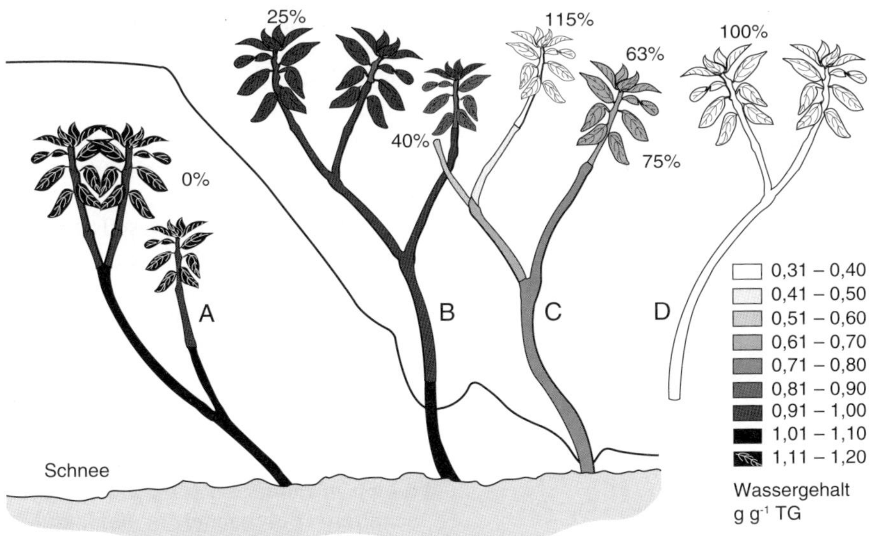

Abb. 13–34 Wasserverluste der Alpenrose (*Rhododendron ferrugineum*) nach dem Ausapern. Nach Bestimmungen an je 3 bis 4 repräsentativen beblätterten Ästen auf dem Patscherkofel bei Innsbruck. Nach Larcher (1963), etwas verändert.
A = gänzlich schneebedeckt, im Februar; B = Mitte Februar aus dem Schnee befreit; C = desgl., Mitte März; D = abgeschnitten, mit 10 % dürregeschädigten Blättern. Die Prozentzahlen geben an, wie viel von dem bei A vorhandenen Wasser verloren ging. 115 % bedeutet, dass dieser Zweig bereits einen Teil des Wassers jenseits der Letalgrenze abgegeben hatte; die meisten Blätter waren vertrocknet.

zu leben. Vereinzelte Vorposten stehen z. B. auf den submontanen Rücken im schweizerischen Alpenvorland. Ins regenreiche Tessin steigen sie mit großen Beständen bis in die warme Stufe der Kastanien hinab. Aus dem Pustertal in Südtirol beschrieb Mayer (1970) Tieflagen-*Rhododendron*-Kiefernwälder, die an schattigen, blockreichen Hängen zwischen 800 und 1600 m ü.NN. siedeln; ähnliche lichte Alpenrosen-Wälder findet man im Steiermärker Serpentingebiet. Stets handelt es sich um magere, aber luftfeuchte Standorte mit wenigen Konkurrenten.

Betrachten wir zusammenfassend alle höherwüchsigen, zwischen etwa 1600 und 2200 m Höhe vorkommenden Zwergstrauchheiden, so ergibt sich folgende Gliederung nach bevorzugter Hang- und Höhenlage und Ausgangsgestein:

Vorwiegend in Schattlagen:

1. Krähenbeer-Moorbeerheiden (Silkatgestein, niederalpin)

<u>Empetro-Vaccinietum gaultherioidis</u>
- sphagnetosum
- hylocomietosum
- cetrarietosum

2. Wimperalpenrosen-Latschengebüsch (Karbonatgestein, subalpin/niederalpin)

<u>Rhododendro hirsuti-Pinetum mugi</u>
- salicetosum retusae
- globularietosum

3. Rostalpenrosenheide* (Silikatgestein, subalpin/niederalpin)

<u>Rhododendretum ferruginei</u>

4. Gebüsche der Schweizer Weide (Blockfluren, subalpin)

<u>Salicetum helveticae</u>

Vorwiegend in Sonnlagen:

5. Zwergwacholderheide* (Silikatgestein, subalpin/niederalpin)

<u>Junipero-Arctostaphyletum</u>

6. Schneeheide-Latschengebüsch (Karbonatgestein, subalpin)

<u>Erico-Pinetum mugi</u>
- rhamnetosum
- rhytidiadelphetosum

In allen Expositionen:

7. Typische Rostalpenrosenheide* (Silikatgestein, subalpin/niederalpin)

<u>Rhododendretum ferruginei</u>
- typicum
- leucobryetosum

* wirtschaftlich bedingt (Weideunkräuter!)

13.3.9 Schneeboden-Vegetation (Kl. Salicetea herbaceae und V. Arabidion caeruleae)

13.3.9.1 Moosreiche Schneetälchen auf vorwiegend sauren Gesteinen

So sehr die meisten Rasenpflanzen und Zwergsträucher in der alpinen Stufe im Winter einer schützenden Schneedecke bedürfen, so sehr hemmt der Schnee ihre Entwicklung, wenn er in der wärmeren Jahreszeit allzu lange liegen bleibt (s. Abb. 13–10). Spät ausapernde und von Schneewasser stets durchtränkte, muldenförmige „Schneetälchen“ haben daher eine artenarme, aber sehr charakteristische Pflanzendecke.

Alle Schneetälchen-Standorte sind relativ **feucht und kühl mit vergleichsweise geringen Temperaturschwankungen**. Schneetälchen-Gesellschaften haben daher ein ozeanisches Gepräge und werden überwiegend von **hygrophilen Arten** aufgebaut. In der kurzen Aperzeit sind sie jedoch der vollen Einstrahlung ausgesetzt. Die einzelnen Gemeinschaften unterscheiden sich deutlich in der Länge der Vegetationsperiode, im Ausmaß der Wassersättigung und im pH-Wert und der Basenversorgung (Braun-Blanquet & Jenny 1926, Dierßen 1984).

Wo die Aperzeit weniger als 2 Monate lang ist, sind kaum noch Phanerogamen existenzfähig (s. Abb. 13–35). Da hier aber der Boden ständig durchfeuchtet bleibt, vermögen sich Moose zu entwickeln. Flechten treten zurück, weil ihre größere Trockenheitsresistenz keinen Vorteil für sie bedeutet.

In **kurzlebigen Initialgesellschaften** tritt *Kiaeria falcata* (syn. *Dicranum falcatum*) hervor. Das blaugraue, durch Wachsausscheidungen weißfilzige Lebermoos *Anthelia juratzkana* hält die längste Schneebedeckung (10 bis 12 Monate) aus (s. Tab. 13–4). Wo der Boden etwas früher ausapert, kommen die Laubmoose *Polytrichum sexangulare* oder auch *Pohlia drummondii* (= *P. commutata*) zur Herrschaft und bilden in immerfeuchten Mulden Dauergesellschaften (<u>Polytrichetum sexangularis</u>). Alle diese Moose sind in Phanerogamen-Schneetälchen ebenfalls vertreten. Auf Kalkböden fehlen sie jedoch in der Regel, weil diese zu durchlässig sind und nach dem Ausapern rasch abtrocknen. Am besten sind Moos-Schneetälchen, insbesondere **Widertonrasen**, in der oberen alpinen Stufe der hohen Silikatmassive ausgebil-

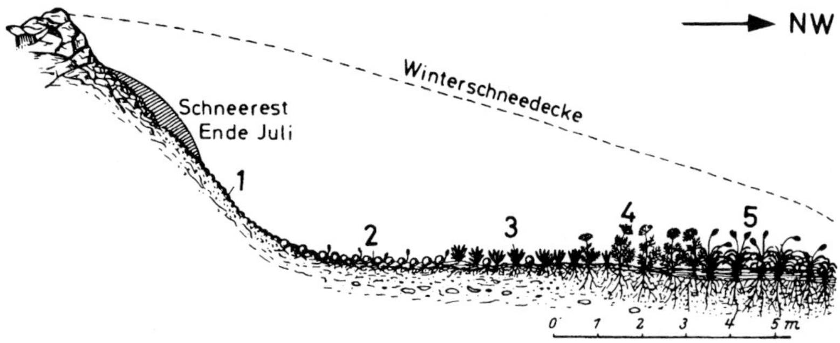

Abb. 13–35 Zonierung der Schneeboden-Vegetation am Minorjoch, Bernina, 2450 m ü.NN. Nach Braun-Blanquet (1951). 1 = Widerton-Schneeboden (Polytrichetum sexangularis), 2 = typischer Krautweiden-Schneeboden (Salicetum herbaceae), 3 = Ausbildung mit *Gnaphalium supinum*, 4 = desgl. mit *Ligusticum mutellina*, 5 = Krummseggenrasen (Caricetum curvulae). Die Darstellung ist schematisiert.

Tab. 13–4 Schneebedeckungs-Dauer in alpinen Pflanzengesellschaften. Durchschnittswerte einer Zusammenstellung von G. Karrer in Franz (1980). Die Ziffern bedeuten Monate mit Schneedecke pro Jahr.

0–2(–7)	Elynetum	
(0–)4	Loiseleurio-Cetrarietum	Windecken
2–7	Trisetetum spicati	
(0–)6–8½	Primulo-Caricetum curvulae	
6– 7	Seslerio-Caricetum sempervirentis	Rasen
7– 8	CRATONEURION COMMUTATI	
7– 8	Salicetum retusae-reticulatae	
7– 8	Arabidetum caeruleae	
7– 9	Drabo-Saxifragetum	
8– ?	Luzuletum alpino-pilosae	Schnee-böden
8– 9	Salicetum herbaceae	
9–10	Polytrichetum sexangularis	

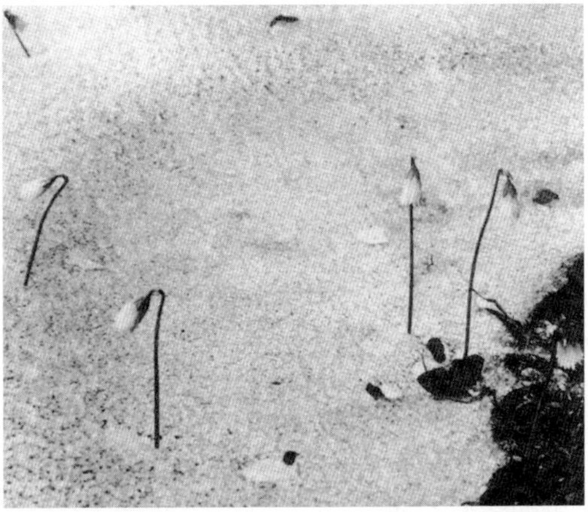

Abb. 13–36 *Soldanella alpina* (etwa 10 cm hoch) durchbricht abschmelzenden Schnee auf der Pastura di Lagalb. Der Staub im Schnee düngt den Boden. Foto: Ganz und Rübel. Nach Bogenrieder & Werner (1979) ist die Alpen-Troddelblume zwar wenig frostresistent, vermag aber bereits bei Temperaturen um den Gefrierpunkt effektiv CO_2 zu assimilieren. Die mächtige Schneedecke schützt sie gegen Fröste und hält den Standort bis in den Sommer hinein kühl und feucht.

det. In den skandinavischen Gebirgen sind sie großflächig verbreitet und überziehen breite Mulden wie dunkle Plüschteppiche. Ihre Charakterarten sind in Tabelle 13–5 zusammengestellt. Der zwergenhafte *Ranunculus pygmaeus* ist hier ein seltener, aber sehr bezeichnender nordischer Vertreter. Überhaupt sind **Zwerg-Blütenpflanzen** wie *Arenaria biflora*, *Cardamine alpina* oder *Gnaphalium supinum* für diesen extremen Lebensraum kennzeichnend. Aufgrund ihrer Kleinwüchsigkeit sind sie am ehesten in der Lage, Blühen und Fruchten in den wenigen schneefreien Wochen mit Erfolg durchzuführen.

Wie schon Braun (1913) feststellte, enthält der Boden der Moos-Schneetälchen weniger Humus, als man auf den ersten Blick annehmen möchte. Die Stoffproduktion der Moose ist nur gering, und der Schnee liefert zwar viel organischen Staub (s. Abb. 13–36), doch wirkt dieser düngerähnlich und wird trotz der Kürze der Aperzeit von Bakterien und Insekten verarbei-

Tab. 13–5 Übersicht der alpinen Schneeboden-Gesellschaften und ihrer Charakterarten. Nach Angaben von Braun-Blanquet für Graubünden und Oberdorfer et al. (1978–92) für Süddeutschland[1].

Klasse:	**Schneeboden-Gesellschaften,** SALICETEA HERBACEAE *Alchemilla decumbens* *A. fissa* *Arenaria biflora* *Cerastium cerastoides*	 *Epilobium anagallidifolium* *Ligusticum mutellina* *Taraxacum alpinum* *Veronica alpina*
Ordnungen: einzige Verbände: (Ordnungs- u. Verbands-Charakterarten)	**Kalk-Schneeböden** ARABIDETALIA CAERULEAE ARABIDION CAERULEAE *Carex parviflora* *Plantago atrata* *Ranunculus alpestris* *Rumex nivalis* *Saxifraga androsacea*	**Sauerboden-Schneetälchen** SALICETALIA HERBACEAE SALICION HERBACEAE *Alchemilla obtusa* *A. pentaphylla* *Cardamine alpina* M *Kiaeria starkei* *Luzula desvauxii* M *Orthotrichum incurvum* (?) M *Pohlia drummondii* **D** M *Polytrichum sexangulare*[2] **D** *Salix herbacea*[2] *Sibbaldia procumbens* *Soldanella pusilla*
Pionier- Gesellschaften Arabidetum lange, Polytrichetum sehr lange schneebedeckt	**Gänsekressenboden** Arabidetum caeruleae *Arabis caerulea* *Gnaphalium hoppeanum* *Hutchinsia alpina* ssp. *brevicaulis* *Potentilla brauneana*	**Widertonmoos-Schneetälchen** Polytrichetum sexangularis **D** M *Anthelia juratzkana* M *Gymnomitrion varians* (?) M *Moerkia blyttii* M *Pleurocladula albescens* *Ranunculus pygmaeus*
Dauer- Gesellschaften weniger lange schneebedeckt	**Gletscherweiden-Spalier** Salicetum retusae-reticulatae *Gentiana bavarica* **D** *Salix reticulata* **D** *S. retusa*	**Krautweiden-Schneetälchen** Salicetum herbaceae *Alchemilla pentaphylla* g *Carex foetida* *Gnaphalium supinum* g *Luzula alpino-pilosa* *Saxifraga seguieri* *Tanacetum alpinum*
D = öfter dominierende Art M = Moos, g grasartige		

[1] Die Gesellschaften auf saurem Boden sind ausgedehnter und artenreicher, weil im Sommer feucht bleibende Mulden besser ausgebildet sind als auf Kalkuntergrund. Siehe auch Tab. 13–2!
[2] Auch Assoziations-Charakterart s. w. u.

tet und teilweise mineralisiert. An Nährstoffen fehlt es den Schneetälchen-Gesellschaften also nicht. Infolge der lang andauernden Durchfeuchtung bildet sich ein rostfleckiger Gleyhorizont aus, der trotz seiner Kalkarmut nur schwach sauer reagiert, allerdings oft sauerstoffarm ist.

Die in Kapitel 13.3.6 behandelten Nacktriet-Windecken und die in Kapitel 13.3.8.1 ausführlich dargestellten Alpenazaleen-Windheiden einerseits und die Moos-Schneetälchen andererseits stellen Extreme hinsichtlich der Schneebedeckungsdauer dar, wie aus Tabelle 13–4 hervorgeht. Die alpinen Rasen sind durchschnittlich etwa ein halbes Jahr lang schneegeschützt. Die bodensauren Weiden-Schneetälchen (Salicetum herbaceae) stehen den moosreichen recht nahe. Die Kalk-Schneeböden neigen dagegen auch im Hinblick auf die Schneedauer mehr zu den Rasen-Gesellschaften.

13.3.9.2 Krautweiden-Schneetälchen auf sauren Gesteinen

Wo die Schneeböden in den Silikatalpen länger als etwa 8 Wochen aper sind, können sich einige relativ raschwüchsige Phanerogamen breitmachen, namentlich *Salix herbacea*, die Krautweide, die bis zu 3 cm hohe Spaliere bildet (Salicetum herbaceae, s. Abb. 13–35 u. 13–37). Wie die meisten Schneetälchen-Spezialisten vermehrt sich *Salix herbacea* vor allem vegetativ und rückt mit ihren niederliegenden, sich bewurzelnden Zweigen auch in die Randzone der soeben besprochenen Moos-Schneetälchen vor. Erst wo sie vom Schnee länger als 3 Monate freigegeben wird, vermag sie zu blühen und zu fruchten. Ihre behaarten Samen werden von aufsteigender Warmluft und vor allem von Sturmwinden verschleppt, keimen aber wie bei allen *Salix*-Arten nur dann, wenn sie kurz nach ihrer Reife auf nasses und zugleich sauerstoffreiches und ausreichend warmes Substrat gelangen. Das Sickerwasser des schmelzenden Schnees und Besonnung sind also wesentliche Vorbedingungen für die Entstehung von **Krautweiden-Schneetälchen**. Durch Einschwemmung reichern die Krautweiden-Spaliere mehrere Dezimeter mächtige Feinerdeschichten an und können sogar Schneetälchen-Anmoore hervorbringen (Kubiëna 1953).

In den nordischen Gebirgen, deren weniger stark bestrahlte Oberfläche noch bis in den Frühsommer hinein feucht bleibt, durchsetzt *Salix herbacea* die verschiedensten Pflanzengesellschaften, beschränkt sich hier also nicht auf Mulden oder „Tälchen" wie in den mitteleuropäischen Gebirgen (Dierßen 1996). Infolge des späten Ausaperns und der dauernden Durchnässung sind alle „Schneeböden" ausgesprochen kühl. Nach Dahl (1951, 1987) scheint dies eine notwendige Bedingung für normales Gedeihen von *Salix herbacea* und wohl auch manchen anderen Arten der Salicetea herbaceae zu sein. Schon in Südnorwegen halten sie die höheren Sommertemperaturen nicht aus, weil die **Atmungsverluste** zu groß werden. Demgegenüber ist Wijk (1986) nach Untersuchung eines Schneebett-Gradienten in Schweden der Auffassung, dass vor allem die **geringe Konkurrenzkraft** der niedrigen Kennarten der Krautweiden-Gesellschaft entscheidend ist und sie mit härteren Lebensbedingungen vorlieb nehmen lässt, und weniger das für sie physiologisch günstigere Klima im höheren Norden.

Abb. 13–37 Krautweiden-Schneeboden (Salicetum herbaceae) auf dem Höhepunkt seiner Entwicklung. (Der Ausschnitt ist senkrecht von oben aufgenommen und etwa 50 cm breit).

Wie die Krummseggenrasen, mit denen sie je nach der Länge der Aperzeit durch viele Zwischenstufen verbunden sind, stellen die Krautweiden-Schneetälchen Charaktergesellschaften der silikatischen Zentralalpen dar. Mit 16 bis 20 Arten sind sie vergleichsweise artenreich. Am häufigsten begegnet man ihnen in der mittleren und oberen alpinen Stufe. Im Gegensatz zu den Rasen-Gesellschaften der gleichen Höhenstufe (s. Tab. 13–2) sind die **Schneeböden auf saurer Unterlage nicht artenärmer als auf kalkhaltiger**. Das liegt sicher nicht in erster Linie am pH-Wert, sondern am Wasserhaushalt. In Kalkgesteinen versickert das Schmelzwasser rascher als in den meisten Silikatgesteinen, und alle Bewohner der Schneeböden sind **gegen Austrocknung empfindlich.**

Neben der herrschenden Weidenart können in den Alpen vor allem *Gnaphalium supinum*, *Alchemilla pentaphylla* und *Sedum alpestre* als Charakterarten des Salicetum herbaceae gelten. *Soldanella pusilla* (nicht *S. alpina*, die etwas wärmere und nährstoffreichere Standorte bevorzugt), *Sibbaldia procumbens* und die Krautweide selbst kommen auch in anderen bodensauren Schneetälchen-Gesellschaften vor und sind deshalb als Verbands-Charakterarten des Salicion herbaceae zu werten (s. Tab. 13–5).

Außerdem findet man stets auch schon einige weit verbreitete, nicht nur in Schneetälchen konkurrenzfähige Phanerogamen, z. B. *Poa alpina*, *Polygonum viviparum* und *Potentilla aurea*.

Alle diese Arten sind niedrigwüchsig, dünnblättrig, also meso- bis hygromorph, und mehr oder weniger calcifug oder bodenvag. Ihre Blätter und Sprosse, z. B. die violetten Fransenglöckchen von *Soldanella*, durchstoßen oft schon den Schnee, bevor er ganz abgeschmolzen ist (s. Abb. 13–36). Bei der starken Sonneneinstrahlung im Juli erwärmen sich alle dunklen Oberflächen, so auch der humose Boden und die Pflanzenteile unter dem Schnee, auf mehrere Grad über null. Da das Licht nach Curl et al. (1972) zur Photosynthese ausreicht, sobald die Schneedecke auf weniger als etwa 11–18 cm Dicke zusammenschmilzt (s. Abb. 13–12), ist die Vegetationszeit der Schneetälchen-Pflanzen um mehrere Wochen länger als die Aperzeit. In jedem Fall sind sie jedoch sehr lichtbedürftig.

Statt der für das Polytrichetum sexangularis typischen Moose kann im Krautweiden-Schneetälchen *Polytrichum commune* zur Herrschaft gelangen, ein sehr genügsames Moos, das zeitweilige Trockenheit ohne Schaden übersteht. Es deutet darauf hin, dass die Bodenoberfläche gegen Ende der Aperzeit nicht selten schon stark austrocknet. Die in dem schmelzwasserdurchtränkten, mehr oder minder schluffig-sandigen Unterboden wurzelnden Kräuter und Weiden haben aber wohl nur ausnahmsweise unter Wassermangel zu leiden.

Beguin & Theurillat (1982) haben eine bodensaure Bachrand- und Schneeboden-Gesellschaft beschrieben, das Salici herbaceae-Caricetum lachenalii, die kennzeichend für die alpine Stufe ist. Sie besiedelt sandig kiesige Alluvionen an Bächen und Strömen in Gletschernähe, leitet ökologisch also zu den in Kapitel 13.3.10.3 vorgestellten Kleinseggen-Schwemmufern über. Weitere Schneeboden-Gesellschaften der Ostalpen nennt z. B. Englisch (1993).

13.3.9.3 Schneeböden auf Karbonatgestein

Wie bereits im vorigen Abschnitt betont, sind die **Schneetälchen-Gesellschaften auf Silikatgestein in der Regel charakteristischer ausgebildet als auf Karbonatgestein**. Auch in den Kalkalpen gibt es aber zahlreiche Mulden und Hangdellen bzw. Karsthohlformen wie Karren und Dolinen, in denen der Schnee länger als durchschnittlich liegen bleibt (s. Abb. 13–30). Besonders am Fuß der ausgedehnten Schutthalden ist das der Fall. Häufig gehen daher die in Kapitel 13.3.12 zu besprechenden Schuttfluren in Schneeboden-Krautfluren über (s. Abb. 13–10; s. Englisch 1999 a, b). Deshalb werden beide meist systematisch als Verband ARABIDION CAERULEAE in der Klasse THLASPIETEA ROTUNDIFOLII vereinigt. Weil floristische Affinitäten nicht nur zu den Schutthalden-Gesellschaften, sondern auch zu den alpinen Kalk-Magerrasen und den Silikat-Schneeböden bestehen, hat es auch Vorschläge zum Anschluss an die Vegetationsklassen der SESLERIETEA ALBICANTIS und SALICETEA HERBACEAE gegeben (z. B. Wendelberger 1971, Braun-Blanquet 1948), obwohl sie nur wenige Kennarten mit den Silikat-Schneetälchen gemeinsam haben (s. Tab. 13–5). Stellenweise greifen aber *Salix herbacea* und andere calcifuge Arten in die Schneetälchen auf Kalkuntergrund über, weil die Schmelzwässer in den Mulden entkalkte Feinerde zusammenschwemmen. Auch lokale Ansammlungen von saurem Humus, vor allem aber Decken von kristallinem Fremdmaterial, können nach Szafer (1924) die gleiche Wirkung haben. Echte Kalk-Schneetälchen fand er in der Tatra überhaupt nicht, zumal die Hochlagen dieses Gebirges großenteils aus Silikatgestein bestehen.

Ein wesentliches Charakteristikum von Schneeböden über Kalkgesteinen ist die Bodenbeweglichkeit, die stärker ausgeprägt ist als an vergleichbaren Standorten über Silikatgesteinen; sie führt zu einer größeren Standortvielfalt (Englisch 1999 a). Der Untergrund ist oft schuttreich, sodass das **Schmelzwasser in Spalten rasch versickern kann**. Tatsächlich herrschen in der unteren und mittleren alpinen Stufe, dem Hauptverbreitungsgebiet der Schneetälchen, in Kalk- und Dolomitmassiven Felsen oder steinige Halden vor, während in den Silikatgebirgen stabilere und sanftere Formen die Regel sind und Schutthalden zu den Ausnahmen gehören. **Die bestausgebildeten Kalk-Schneetälchen findet man auf weichen Mergeln**, die sich morphologisch ähnlich verhalten wie Silikatgesteine.

Eine Parallele zum Salicetum herbaceae stellt der Blaukressen-Schneeboden (Arabidetum coeruleae) dar, jedenfalls was die Aperzeit (2 bis 3 Monate) und die Zufuhr organischer und mineralischer Substanz durch den Schnee anbetrifft. Im Spätsommer dürfte sein Wasserhaushalt aber zeitweilig ungünstiger sein. Selbst dort, wo diese Gesellschaft nur fragmentarisch ausgebildet ist, zeichnet sie sich meistens durch *Ranunculus alpestris* aus, der die Kalk-Schneeböden im Juli dicht an dicht mit seinen weißen Blütensternen schmückt. Die übrigen Charakterarten (s. Tab. 13–5) blühen ebenso wie diejenigen der Silikat-Schneetälchen recht unscheinbar. Ist der Boden ausgesprochen feinerdereich, so können sich auf lange schneebedeckten Kalkhängen Massenbestände des Schneeampfers (*Rumex nivalis*) ansiedeln (Arabido-Rumicetum nivalis). Auch auf kalkreichem Substrat gibt es laubmoosreiche Schneeboden-Gesellschaften, in denen z. B. *Pseudoleskeella catenulata*, *Tortula norvegia* und *Bryum pseudotriquetrum* bestandsbildend auftreten können. Eine Übersicht über die lebermoosreichen Schneeböden der Nordalpen gibt Englisch (1999 b).

Wo größere Kalksteine in die Schneemulden einbezogen sind, bilden Gletscher- und Netzweide an ihnen Spaliere. Der Netzweiden-Schneeboden (Salicetum retusae-reticulatae, s. Tab. 13–5) genießt zwar eine längere Aperzeit und mehr Wärme als der Blaukressen-Schneeboden, ist aber trockener. Mit im Mittel 30 Arten ist diese Gesellschaft besonders artenreich (Englisch et al. 1993, Englisch 1999 a, b).

13.3.10 Vegetation subalpin-alpiner Moore, Quellfluren und Schwemmufer

13.3.10.1 Braunseggen-Niedermoore und die Verlandung saurer Stillwasser

Obwohl der Boden der Schneetälchen lange Zeit vom Wasser durchtränkt und nicht selten sogar überstaut wird, bildet sich auf ihm keine organische Auflageschicht. Torfe können in der alpinen Stufe nur dort entstehen, wo die Aperzeit zu einer nennenswerten Stoffproduktion ausreicht und wo der Boden während dieser Zeit durchnässt oder wasserbedeckt bleibt. Solche beständigen Wasseransammlungen findet man hier und dort in abflusslosen Mulden mit feinerdereichem, undurchlässigem Boden, d. h. vor allem auf Grundmoränen und in Zungenbecken von Endmoränen (s. Abb. 13–38 u. 13–80).

Da die obersten Moränen in den Zentralalpen etwa 2700 m ü.NN. und in den Randketten ebenfalls oberhalb der Waldgrenze liegen, sind also Niedermoorbildungen in der unteren alpinen Stufe sowohl biologisch als auch geomorphologisch durchaus möglich. Allerdings sind sie hier aus den in Kapitel 13.2.1.3 erörterten Gründen viel seltener als in den subarktischen und arktischen Tundren.

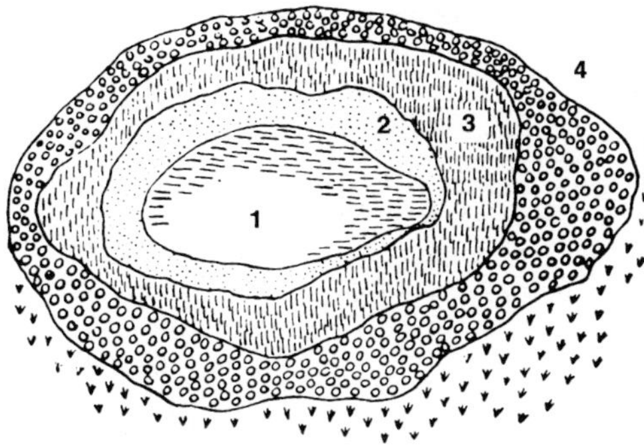

1 *Callitricho-Sparganietum*
2 *Eriophoretum scheuchzeri*
3 *Caricetum fuscae*
4 *Caricetum fuscae trichophoretosum*
5 *Feuchtes Nardetum*

Abb. 13–38 Verlandungsgürtel um einen kalkarmen und nährstoffarmen Moränensee in der unteren alpinen Stufe (halbschematisch). Nach Braun-Blanquet (1954) aus Ellenberg (1963), etwas verändert.

Unter den heutigen Klimabedingungen wächst der Torf in der alpinen Stufe außerordentlich langsam. Viele **Torflager** stammen in ihrer Hauptmasse aus der postglazialen Wärmezeit, sind also als **subfossil** zu betrachten. Insbesondere gilt dies für hochmoorartige Bildungen, die oberhalb der klimatischen Baumgrenze heute nirgends mehr entstehen (s. Ringler 1981).

Da die Feinerde älterer Moränen auch in Kalkgebieten oberflächlich basenarm geworden ist, sind fast alle stehenden Gewässer in der alpinen und subalpinen Stufe sauer oder doch zumindest mineralarm. Stellenweise werden sie von *Sparganium angustifolium*, *Callitriche palustris*, *Eleocharis quinqueflora*, *Ranunculus circinatus* oder anderen Arten der Gesellschaft des Schmalblättrigen Igelkolbens (Sphagno obesi-Sparganietum angustifolii) besiedelt (s. Abb. 13–38). Diese Gesellschaft oligotropher Klarseen ist als verarmter Vertreter der im Nordwesten Europas verbreiteten Klasse LITTORELLETEA anzusehen (vgl. Kap. 9.3.2.1).

Meist werden die sauren Stillwasser oberhalb der Waldgrenze von *Eriophorum scheuch-*

Tab. 13–6 Subalpin-alpine Nieder-, Zwischen- und Quellmoore sowie ihre Charakterarten. Nach Angaben von Braun-Blanquet, Oberdorfer und anderen bis 1992 (s. a. Kap. 10.3).

Klasse:	**Niedermoore und Quellsümpfe** SCHEUCHZERIO-CARICETEA NIGRAE	
(viele Arten reichen **vom Tiefland bis über die Waldgrenze**)	M *Calliergon stramineum* M *Campylium stellatum* g *Carex dioica* g *C. fusca* g *C. panicea* *Dactylorhiza traunsteineri* M *Drepanocladus revolvens* g *Eriophorum angustifolium* M *Fissidens adianthoides*	g *Juncus articulatus* g *J. triglumis* *Menyanthes trifoliata* *Parnassia palustris* *Pedicularis palustris* *Potentilla palustris* M *Sphagnum subsecundum* M *Tomenthypnum nitens* g *Trichophorum alpinum* *Triglochin palustre*
Ordnungen:	**Kalk-Kleinseggenriede** CARICETALIA DAVALLIANAE M *Aneura (Riccardia) pinguis* *Bartsia alpina* g *Carex capitata* g *C. flava* *Eleocharis quinqueflora* *Pinguicula vulgaris* *Selaginella selaginoides* g *Sesleria uliginosa*	**Saure Kleinseggenriede** CARICETALIA NIGRAE *Alchemilla reniformis* *Cardamine rivularis* g *Carex brunescens* g *C. fusca* *Dactylorhiza majalis* subsp. *alpestris* *Stellaria palustris*
Verbände:	**Davallseggenriede** CARICION DAVALLIANAE g *Carex davalliana* g *Eriophorum latifolium* *Pinguicula leptoceras* *Primula farinosa* *Saxifraga mutata* *Swertia perennis* *Taraxacum palustre* *Tofieldia calyculata*	**Braunseggenriede** CARICION NIGRAE viele der Klassen-Charakterarten, außerdem: *Cardamine matthioli* g *Carex canescens* g *C. echinata* g *C. pulicaris* g *C. tumidicarpa* g *Eriophorum scheuchzeri* g *Ranunculus flammula* *Viola palustris*
Assoziationen: **Sumpfrasen**	meist Tuff bildend: **Davallseggenried** Caricetum davallianae D *Carex davalliana* meist herrschend	keinen Tuff, aber Torf bildend **Braunseggenried** Caricetum nigrae g *Carex norvegica* (selten) g *C. paupercula* (selten)
Verlandungssaum stehender Gewässer im Hochgebirge	–	**Wollgrassaum** Eriophoretum scheuchzeri M *Drepanocladus exannulatus* **D**g *Eriophorum scheuchzeri*
Vorwiegend in der **alpinen Stufe** ein zweiter Verband in der Ordnung CARICETALIA DAVALLIANAE, der aber gegen den pH-Wert fast indifferent ist	**alpine Binsenseggenriede**[1] CARICION BICOLORIS-MARITIMAE	
	g *Carex bicolor* g *C. capillaris* g *C. frigida* g *C. maritima (juncifolia)* g *C. microglochin* g *C. vaginata* g *Equisetum variegatum*	*Juncus arcticus* *J. alpino-articulatus* *J. balticus* *J. triglumis* *Kobresia simpliciuscula* *Trichophorum pumilum* *Typha minima* *T. shuttleworthii*

[1] Dieser Verband kommt auch im nördlichen Europa vor. g – grasartige, M – Moos

zeri gesäumt. Mit ihrem leuchtenden Weiß heben sich die kugeligen Samenhaar-Schöpfe des hohen Alpen-Wollgrases schon aus großer Entfernung von dem humusdunklen Wasser ab (s. Abb. 13–38). Braunmoose (z. B. *Drepanocladus exannulatus*) beteiligen sich neben dem Wollgras hier und dort an der Torfbildung. Außer der namengebenden Art enthält das Eriophoretum scheuchzeri nur wenige phanerogame Arten. Am ehesten trifft man noch *Carex nigra, C. rostrata, Juncus filiformis* und *Eriophorum angustifolium* an, also Pflanzen, die auch in Tieflagen auf Niedermooren der Klasse SCHEUCHZERIO-CARICETEA NIGRAE verbreitet sind.

Sie leiten zu einem Braunseggenried (Caricetum nigrae) über, dessen im alpin-subalpinen Bereich gültige Kennarten in Tabelle 13–6 aufgeführt sind. Es ist der **wichtigste aktuelle Torfbildner in der alpinen Stufe** (s. Abb. 13–38). Das Caricetum nigrae erscheint recht vielgestaltig, weil an manchen Orten *Carex nigra, C. panicea* oder sonstige Seggenarten, an anderen *Juncus filiformis* oder *J. alpino-articulatus*, aber auch *Eriophorum scheuchzeri* oder *E. angustifolium*, ja sogar *Trichophorum cespitosum* subsp. *austriacum*, in mehr oder minder großer Zahl hervortreten. Bei weniger saurem Wasser können sich Arten der Kalk-Flachmoore hinzugesellen. Oft löst sich der Braunseggenrasen in Bulte auf, die durch den Tritt des zur Tränke gehenden Weideviehes entstanden sind; denn die meisten seiner Gesellschaftspartner haben kriechende Rhizome und damit die Tendenz, ausgedehnte lockere Rasen und keine dichten Horste zu bilden.

Vom Rande her dringen Arten der Krummseggen- und Borstgrasrasen oder anderer Gesellschaften in die Kleinseggen-Niedermoore ein (s. Abb. 13–26). Unter ungestörten Verhältnissen ist das aber nur dort der Fall, wo der Mineralboden allmählich ansteigt. Auf dem eigentlichen Niedermoor breiten sich die Pflanzen der trockeneren Standorte erst aus, wenn es entwässert wurde. Wir dürfen das Caricetum nigrae in der alpinen Stufe mithin als Dauergesellschaft ansehen.

13.3.10.2 Basiphytische Kleinseggen- und Kleinbinsenriede

Nur wo frisches, basenreiches Quellwasser immer wieder nachrieselt oder wo Talböden öfter von schlammbringenden Bächen überflutet werden, können sich auch in der alpinen Stufe calcicole Sumpfpflanzen ansiedeln. An quelligen Stellen tragen sie zur Bildung von Kalktuffen bei. Braunmoose und Cyanobakterien sind noch aktivere Kalkabscheider und bewirken, dass sich in kalkreichem Wasser nur ausnahmsweise reine Humusablagerungen bilden.

Solche alpinen und subalpinen Kalk-Quellrasen sind die natürlichen Entfaltungszentren des Verbandes CARICION DAVALLIANAE, insbesondere des Caricetum davallianae (s. Kap. 10.3.5). Sie beherbergen viele sonst seltene Arten und sind gut zu charakterisieren (s. Tab. 13–6). In den niederschlagsreichen Randalpen greifen allerdings manche ihrer Partner in die Rasen der SESLERIETALIA oder in andere dort vorkommende Gesellschaften über. *Pinguicula vulgaris, Primula farinosa* und *Tofieldia calyculata* z. B. sind in den nördlichen Kalkalpen durchaus nicht nur an Quellaustritte gebunden, sondern finden sich auch an Hängen, an denen nur gelegentlich einmal kalkbeladenes Regenwasser herabsickert. Ähnlich verhalten sie sich auch in den skandinavischen Gebirgen, soweit dort genügend basenreiche Gesteine anstehen.

Ökologisch sind die alpinen Gesellschaften des CARICION DAVALLIANAE und ihre verschiedenen Ausbildungsformen bisher erst wenig untersucht worden. Yerly (1970) hat sie in subalpinen und montanen Lagen der westschweizerischen Randalpen hinsichtlich ihrer Stickstoffversorgung und anderer Faktoren mit weiteren Kleinseggen- und Kleinbinsenrieden verglichen (s. Abb. 10–23 u. Tab. 10–8). Die N-Nachlieferung ist bei allen Gesellschaften sehr gering, und entsprechend beschränkt ist ihre Produktivität (s. Tab. 13–15).

13.3.10.3 Alpine Kleinseggen-Schwemmufer und ähnliche Gesellschaften

Von kalten Schmelzwassern überrieselte, gelegentlich auch flach überflutete, immer mehr oder minder **von sauerstoffreichem Wasser durchfeuchtete Schwemmsandflächen** mit verschiedenem Tongehalt bieten in der alpinen und oberen subalpinen Stufe manchen Kleinseggen, Kleinbinsen und anderen Zwergpflanzen konkurrenzarme Plätze, die sie sonst nirgends finden. Solche vorwiegend in der Arktis verbreiteten Schwemmufer-Pflanzen und ihre Gesellschaften sind als **Eiszeitrelikte** bemerkenswert. Bressoud (1989) gab einen, die gesamten Hochalpen sowie Teile Norwegens umfassenden pflanzensoziologisch-ökologischen und florengeografischen Überblick über diesen wenig auffälligen, für den Naturschutz so wertvollen Vegetationstyp. Dierßen & Dierßen (1985) bezogen in ihrem weiträumigen Vergleich auch Grönland, fast ganz Nordeuropa sowie außer den Alpen andere mitteleuropäische Gebirge ein. Richard & Geissler (1979) hatten zuvor einige Assoziationen aus den schweizerische Alpen zwischen 2200 und 3000 m ü.NN. beschrieben. Jedoch bereits Nordhagen und Braun-Blanquet haben in ihren frühen Arbeiten die Besonderheit der **Binsenseggen-Gesellschaften** erkannt und betont.

Pflanzensoziologisch gehören sowohl die alpinen als auch die nordischen Vertreter zu der schon in Kapitel 10.3.3 u. 10.3.4 behandelten Klasse SCHEUCHZERIO-CARICETEA NIGRAE und als mehr oder minder kalkbedürftige zur Ordnung CARICETALIA DAVALLIANAE (s. Kap. 26: Nr. 1.7.2). Sie bilden darin einen eigenen Verband, der nach der Binsensegge (*C. maritima*) benannt wird – unglücklicherweise, denn mit dem Meer haben sie nur insofern zu tun, als ihre großdisjunkten Wuchsbereiche durch Ozeane weit voneinander getrennt sind.

Zu ihren Charakterarten gehören:

Seggen: *Carex bicolor, C. capillaris, C. frigida, C. maritima, C. microglochin* und *C. vaginata*;

Binsen: *Juncus alpino-articulatus, J. arcticus, J. balticus* und *J. triglumis;*

Grasartige: *Kobresia simpliciuscula, Trichophorum pumilum, Typha minima* und *T. shuttleworthii*;

Übrige: *Equisetum variegatum, Tofieldia pusilla.*

Im deutschen Alpenbereich gibt es nach Pott (1995) nur vier (nach Rennwald (2000) sogar nur zwei) artenarme Assoziationen, und diese entsprechen dem zuvor skizzierten Bild der kälteharten Kleinseggen-Schwemmufer in der folgenden Reihe immer weniger:

– Binsenseggen-Schwemmufer (Caricetum maritimae) begleiten zentralalpine Gletscherbäche bis in die subalpine Stufe.
– Das Schuppenseggenried (Kobresietum simpliciusculae) steht in den Nordalpen, z. B. bei Berchtesgaden, den Kleinseggenrieden insofern am nächsten, als es an wasserzügigen Hängen etwas Torf bildet.
– Der Zwergrohrkolben-Ufersumpf (Equiseto-Typhetum minimae) besiedelt tonig-sandige Ränder ruhiger Alpenflüsse.
– Das Alpenbinsen-Gleithangriet (Juncetum alpino-articulatae) findet man an vielen Alpenflüssen bis ins Vorland, wenn auch sporadisch.

Da die Gesellschaften des CARICION MARITIMAE meist kleinräumig auftreten, sind sie in der Regel mit Arten benachbarter Gesellschaften durchsetzt. „Reine" Aufnahmen zu gewinnen ist bei ihnen mithin noch schwieriger als ohnehin bei Pflanzenbeständen der Hochlagen.

In den Alpen gehören die Gesellschaften des CARICION MARITIMAE zu den seit Langem vom Menschen unbewusst vernichteten und immer noch bedrohten Seltenheiten. Die meisten Standorte sind bereits in Stauseen verschwunden oder bei Brücken-, Straßen- und Uferbauten vernichtet worden. Unterhalb der Staumauern wechselt das Wasserregime so extrem zwischen Trockenheit und Sturzfluten, dass die ständig feuchtebedürftigen und leicht wegreißbaren Kleinseggen und -binsen ebenfalls bald verschwinden. Bressoud (1989) hat die Vorkommen des CARICION MARITIMAE in den Alpen kartografisch erfasst.

Gegen mechanische Störungen robuster, aber ebenfalls durch wasserbauliche Eingriffe bedroht ist eine vorwiegend aus Kräutern und Kleinsträuchern bestehende Gruppe von Besiedlern sandiger bis kiesiger Alluvionen, die **alpigenen Kiesbettfluren** (O. EPILOBIETALIA FLEISCHERI). Diesen begegneten wir bereits im Zusammenhang mit der Vegetation der Flussauen in Kapitel 8.3.1.2.1. Im Vorfeld von Gletschern und im Kiesbett von alpinen Bächen siedelt die alpine Schotter-Weidenröschenflur (Epilobietum fleischeri), die ähnlich kältehart ist wie die Gesellschaften des CARICION MARITIMAE. In den Tälern und im weiteren Gebirgsvorland wird sie durch die Alpenknorpelsalat-Kiesbettflur (Myricario-Chondrilletum) abgelöst, in die auch Tamarisken (*Myricaria germanica*) eindringen. Sie ist für die montanen Flussbetten typisch, die zeitweilig trockenfallen, aber auch reißende Fluten und Geröllüberschüttung aushalten (Müller & Bürger 1990; s. Kap. 8.3.1.2.1).

Synsystematisch gehören die EPILOBIETALIA FLEISCHERI zur Klasse der Steinschuttfluren (THLASPIETEA ROTUNDIFOLII, s. Kap. 26: Nr. 4.4). Auch ökologisch vermitteln sie zwischen diesen und den Kleinseggen-Schwemmufern. Charakteristisch für die EPILOBIETALIA ist vor allem *Epilobium fleischeri*, aber auch das wärmeliebende *E. dodonaei*, das eigene Gesellschaften im Tiefland bildet, z. B. in der Oberrheinebene. Ähnlich wie *E. fleischeri* verhält sich nur das Grasnelken-Habichtskraut (*Hieracium staticifolium*), die dritte Verbands-Charakterart.

Stöcklin & Zoller (1991) und Stöcklin & Favre (1994) haben die beiden genannten Weidenröschen populationsbiologisch verglichen. Sie fanden, dass beide sich von der Samenkeimung bis zur Reproduktionsreife in vielen Eigenschaften unterscheiden und dadurch an ihre spezifischen Standorte angepasst sind. Was *Epilobium fleischeri* robuster macht als die vorher betrachteten kleinen Graminoiden, ist wahrscheinlich seine Fähigkeit, sich durch Rhizome und kräftiges Wurzelwerk fest zu verankern und rasch zu erneuern. Außerdem vermag es verlorene Plätze mithilfe seiner behaarten und sperrigen, vom Wind wie vom Wasser weit verdrifteten und obendrein gut keimenden Samen wiederzugewinnen. Obwohl es von Stöcklin & Zoller (1991) als (im Vergleich zu *E. dodonaei*) konkurrenzschwach eingestuft wurde, ist es an seinem alpinen Standort oft persistenter als die oben genannten *Carex*- und *Juncus*-Arten, zumal es auch – wie alle EPILOBIETALIA-Gesellschaften – zeitweilige Trockenheit besser übersteht als diese.

13.3.10.4 Moosreiche Quellfluren

Auffälliger als die Bachrand-Gesellschaften und quelligen Kleinseggenriede sind die moosreichen Quellfluren und die Moosteppiche an den Rändern eiskalter Gebirgsbäche. Diese Gesellschaften sind an rasch fließendes, kohlendioxid- und sauerstoffreiches, klares Wasser gebunden, das sich nur selten über 5 °C erwärmt.

Bei flüchtigem Hinsehen erinnern die wasserdurchrieselten Moosdecken an Schneetälchen mit *Polytrichum*- und *Pohlia*-Polstern. Doch haben die Quellfluren weder floristisch noch ökologisch viel mit den SALICETEA HERBACEAE gemein, weil sie im Gegensatz zu diesen erst spät im Jahr von Schnee überdeckt werden, also eine **sehr lange Aperzeit** genießen. Selbst im kältesten Winter sind die stark schüttenden Quellen und manche Bachränder eisfrei. Wo das Wasser aus dem Berginneren heraufdringt, bleibt es aber auch in der warmen

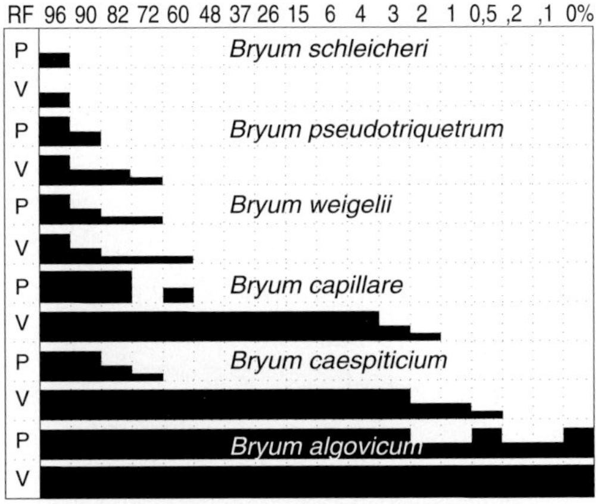

Abb. 13–39 Austrocknungs-Resistenz verschiedener Birnmoos-Arten bei abgestufter relativer Luftfeuchtigkeit. Nach Versuchen von Abel (1956), verändert. P = primär, d. h. vorher feucht gehalten, V = vorgetrocknet; RF = relative Feuchtigkeit; dunkel: Moose lebend. Das in alpin-subalpinen Quellfluren häufige *Bryum schleicheri* ist gegen Trockenheit äußerst empfindlich, desgleichen die Klassen-Charakterart *B. ventricosum* (= *pseudotriquetrum*). *B. caespiticium* und *B. algovicum* sind auf Sandböden, Mauern u.dgl. verbreitet und überleben Trockenzeiten gut bis sehr gut.

Jahreszeit kühl, sodass seine Bewohner und Anrainer sommers wie winters unter fast konstanten Bedingungen leben. *Bryum schleicheri*, eine der Charakterarten der moosreichen Weichwasser-Quellfluren, gehört zu den gegen Austrocknung empfindlichsten Moosen, während andere Arten derselben Gattung sehr trockenheitsresistent sind (s. Abb. 13–39). Die Beziehung zwischen Wasserchemismus und der Moosflora alpiner Quellfluren untersuchten Volk & Muhle (1994).

Die pelzähnlichen Moospolster und -rasen bestehen vorwiegend aus Laubmoosen, namentlich aus *Bryum*-, *Cratoneuron*- und *Philonotis*-Arten (s. Tab. 13–7). Auf diesem Hintergrund kommt die zierlich verästelte, rot überlaufene *Saxifraga stellaris* besonders zur Geltung. *Saxifraga aizoides* fällt durch ihre gelben bis orangebräunlichen Blüten auf. Sie gedeiht hier üppig, ist jedoch häufig auch an anderen Standorten zu finden. Niedrige Formen von *Caltha palustris* und *Deschampsia cespitosa* sowie *Cardamine amara* sind oft reichlich vertreten.

Diese moosreichen Quellrasen und Bachuferrasen bilden eine Vegetationsklasse, die

Tab. 13–7 Subalpin-alpine Quellfluren mit rasch fließendem Kaltwasser und ihre Charakterarten. Nach Angaben von Braun-Blanquet, Oberdorfer und anderen bis 1992 (vgl. Tab. 13–2).

Klasse und Ordnung:	**Kaltwasser-Quellfluren** MONTIO-CARDAMINETEA MONTIO-CARDAMINETALIA M *Bryum schleicheri* *Caltha palustris* var. *minor* *Cardamine amara* **D** M *Cratoneuron decipiens*	*Deschampsia cespitosa* var. *alpina* *Epilobium alsinifolium* M *Mniobryum albicans* (?) **D** *Saxifraga stellaris*
Verbände:	**Quelltuff-Fluren** (kalkreich) CRATONEURION COMMUTATI *Alchemilla incisa* M *Aneura pinguis* *Cochlearia pyrenaica* **D** M *Cratoneuron commutatum* M *C. filicinum* **D** *Saxifraga aizoides* (schwach) *Silene pusilla* und Charakterarten der folgenden Assoziation	**Weichwasser-Quellfluren** CARDAMINO-MONTION *Alchemilla coriacea* *A. straminea* M *Brachythecium rivulare* *Epilobium nutans* *Mimulus guttatus* M *Rhizomnium punctatum* (?) *Ranunculus hederaceus* *Sedum villosum* *Stellaria alsine*
Unterverbände u. Assoziationen:	–	**unbeschattete W.-Q.,** 1. Unterverband: MONTENION M *Bryum weigelii* M *Diabelon squarrosum* *(Rhytidiadelphus)* *Epilobium nutans* *Montia fontana* subsp. *fontana* M *Philonotis fontana* M *Plectocolea obovata* M *Scapania paludicola* M *S. paludosa*
Moosreiche Quellflur-Assoziationen:	**Starknervmoos-Quelltuff-Flur** Cratoneuro-Arabidetum soyeri *Arabis soyeri* subsp. *coriacea* M *Philonotis calcarea*	**Birnmoos-Quellflur** Bryetum schleicheri **D** M *Bryum schleicheri* (herrschend) M *Philonotis seriata*
	–	**beschattete W.-Q.,** 2. Unterverband: CARDAMINENION *Cardamine flexuosa* *Chrysosplenium oppositifolium*
Krautig-moosige Quellflur-Ass.:	–	**Bitterschaumkraut-Quellflur** Cardaminetum amarae **D** *Cardamine amara* *Montia fontana* subsp. *amporitana*

D = öfter dominierend, M = Moos (grasartige fehlen!)

floristisch sehr isoliert steht (MONTIO-CARDAMINETEA, s. Kap. 9.3.4). Verarmte Gesellschaften kommen bis ins Tiefland hinein vor; sie werden in der Ordnung MONTIO-CARDAMINETALIA vereinigt, deren Gesellschaften bis in die hochmontane Stufe aufsteigen. In den Hochgebirgen sind sie aber viel besser entwickelt; mit Krajina (1933) und Geissler (1976) werden die hochalpinen Fließwasser- und Quell-Gesellschaften in einer eigenen Ordnung (HYGROHYPNETALIA) gefasst. Deren Hauptverbreitung liegt in den Alpen zwischen etwa 1900 und 2600 m und umfasst nach den soziologischen und ökologischen Untersuchungen von Geissler (1976) in der Ostschweiz rund 25 vor allem von Moosen gekennzeichnete Gesellschaften. Als **azonale Gesellschaften** wird ihre Artenzusammensetzung vor allem von der Hydrologie bestimmt, weniger vom Klima oder der Bodenchemie. Tatsächlich sind die Unterschiede zwischen Silikat- und Karbonatgesellschaften bei der alpinen Fließgewässer-Vegetation recht gering.

In der kollin bis hochmontan verbreiteten Ordnung MONTIO-CARDAMINETALIA treten dagegen zwei vikariierende Verbände mit deutlich unterschiedener Ökologie besonders hervor: Das basiphytische, stets moosreiche und fast immer tuffbildende CRATONEURION COMMUTATI und das auf sauren Gesteinen häufige CARDAMINO-MONTION. Dieses wird von manchen Autoren in zwei Unterverbände gegliedert, das MONTIENION, das unbeschattete, auch im Hochgebirge häufige Gesellschaften umfasst, und das CARDAMINENION, das im Waldschatten, also nur in tieferen Lagen zu finden ist (s. Tab. 13–7). Die letztgenannten Weichwasserfluren werden von hygromorphen Kräutern geprägt, obwohl stets auch mehrere feuchteliebende Moosarten vorkommen.

Die Kalkbäche werden von der einzigen Assoziation des CRATONEURION, dem Kalk-Quellmoosteppich (auch Starknervmoos-Quelltuff, Cratoneuretum commutati, s. Tab. 13–7), begleitet. Er leitet zum Kalk-Kleinseggenried (Caricetum davallianae) über, indem er reichlich Tuff abscheidet und sich dadurch stellenweise über die Oberfläche des rieselnden Wassers erhebt. Oft durchdringen die beiden Gesellschaften einander mit kleinflächigem, im Laufe der Jahre hin- und herwechselndem Mosaik. An anderen Orten hat man aber den Eindruck, als bliebe die Zonierung vom Bachwasser über den Moosteppich zum Kleinseggenrasen lange Zeit stabil. Zwischen Quellflur und Kalk-Kleinseggenried schaltet sich in der subalpinen und alpinen Stufe nicht selten eine Gesellschaft mit herrschender Eissegge (*Carex frigida*) ein, die nach Oberdorfer (1956, 1994) in den Alpen und Pyrenäen, aber auch im Schwarzwald, erstaunlich gleichartig auftritt.

Auf **Silikatgestein** lassen sich vor allem zwei Assoziationen unterscheiden, die Bitterschaumkraut-Quellflur (Cardamine amara-Ges.) und der Weichwasser-Quellmoosteppich (Montio-Bryetum schleicheri, s. Tab. 13–7). Letzterer bezeichnet schwächer schüttende, oberflächlich verrieselnde Quellen und ist auf die Zentralalpen und Pyrenäen beschränkt. Wie bei den Schneetälchen (s. Tab. 13–5) sind die **kalkliebenden Gesellschaften oft artenärmer als die säuretoleranten**. Weitere montane und alpine Quellflur-Gesellschaften nennt Zechmeister (1993).

13.3.11 Subalpin-alpine Hochstaudenfluren und Grünerlengebüsche (Kl. BETULO-ADENOSTYLETEA und BETULO-ALNETEA VIRIDIS)

13.3.11.1 Subalpine und alpine Hochstaudenfluren

Während Quellwasser im Hochgebirge nur sehr wenige Nährstoffe enthält, ist oberflächlich zusammenrinnendes Niederschlagswasser reicher an diesen, namentlich an Stickstoff- und Phosphorverbindungen. In Mulden und Runsen der subalpinen und der unteren alpinen Stufe werden die mit dem Sickerwasser transportierten Nährstoffe stellenweise so konzentriert, dass **trotz des kühlen Klimas ungewöhnlich fruchtbare Böden** entstehen. Apern diese im Gegensatz zu den Schneetälchen früh aus und bewahren sie trotzdem während der warmen Jahreszeit ihre Feuchtigkeit, so gedeihen auf ihnen die üppigsten Pflanzenbestände, die im subalpin-alpinen Bereich überhaupt möglich sind, die Hochstauden- oder „Karfluren“ (s. Abb. 13–40). Da so viele günstige Bedingungen zusammentreten müssen, um diese mastig-grünen, **großblättrigen Kräuterfluren** entstehen zu lassen, begegnet man ihnen oberhalb der Waldgrenze nur selten. Man findet sie in der Regel an Hangfüßen, in Hangmulden, steinigen Rinnen und auf Lawinenbahnen, also nicht auf Kuppen oder Verebnungen wie die vom Vieh übermäßig gedüngten Lägerfluren (Kap. 13.3.11.4).

Systematisch werden die Hochstaudenfluren an die Klasse BETULO-ADENOSTYLETEA (mit Karner & Mucina 1993: MULGEDIO-ACONITETEA; s. Kap. 26: Nr. 6.3) angeschlossen, d. h. an eine Einheit, deren Optimum im subalpinen und subarktischen Bereich liegt. Arten wie der blaue Alpen-Milchlattich (*Cicerbita alpina*), der Wald-Storchschnabel (*Geranium sylvaticum*) und der weiß-straußige Platanen-Hahnenfuß (*Ranunculus platanifolius*) sind sowohl in

Abb. 13–40 Hochstaudenflur im Alpengarten auf der Schynigen Platte über Interlaken. Vorn *Gentiana lutea.* Im Hintergrund die Schneegipfel von Eiger, Mönch und Jungfrau.

der nordischen Birken- und Nadelholz-Region als auch in den mitteleuropäischen Gebirgen vertreten. Von den meisten Pflanzensoziologen werden außerdem die montan bis subalpin verbreiteten Hochgrasfluren (Kap. 13.3.11.3) zu dieser Klasse gerechnet.

Vor allem auf Silikatgestein recht verbreitet ist die Alpenmilchlattichflur (Cicerbitetum alpinae, früher: Adenostyletum), in der je nach Fazies *Adenostyles alliariae*, *Cicerbita alpina* oder *Doronicum austriacum* vorherrschen. Diese typischen Hochstauden mischen sich mit Vertretern der Wald- und Bachufer-Gesellschaften. Viele dieser großblättrigen und hochwüchsigen Kräuter steigen regelmäßig bis in die subalpinen und hochmontanen Nadel- oder Laubwälder hinab. Die *Aconitum*-Arten und andere Hochstauden (auch die nicht als Charakterarten in Tabelle 13–8 genannten, z. B. *Cirsium spinosissimum*) wurden stellenweise zu Weideunkräutern, weil sie vom Vieh gemieden werden und die volle Besonnung durchaus vertragen. Die meisten der in Tabelle 13–8 genannten Arten greifen also auf andere montane oder alpine Gesellschaften über. In der unteren alpinen sowie in der subalpinen Stufe sind die Hochstauden oft mit Grünerlen vergesellschaftet (Richard 1989; s. Kap. 13.3.11.2). Zusammengenommen kennzeichnet diese Artengarnitur die Hochstaudenfluren aber doch recht gut, wenngleich Hochstaudenfluren wie auch Lägerfluren geografisch sehr variabel sind (Wörz 1989).

13.3.11.2 Grünerlengebüsche und andere subalpine Hochstaudengebüsche

Wie mit den Lägerfluren, so sind die alpinen Hochstaudenfluren auch mit den subalpinen Grünerlen- oder Legerlengebüschen (Alnetum viridis) durch zahlreiche Zwischenstufen verbunden. Aus diesem Grund haben wir das Alnetum viridis nicht gemeinsam mit anderen Krummholz-Gesellschaften (in Kap. 7.6.2), namentlich mit den Bergkieferngebüschen, besprochen, obwohl es eine ähnliche Höhenverbreitung hat wie diese und mit ihnen vikariiert (s. Abb. 13–41). Es wird nach Willner & Grabherr (2007) zu einer eigenen Klasse BETULO-ALNETEA VIRIDIS gerechnet.

Die Grünerle ist verhältnismäßig feuchtigkeitsbedürftig und gedeiht deshalb am besten

Tab. 13–8 Subalpin-alpine Feuchtgebüsche und Hochstaudenfluren und ihre Charakterarten. Nach Angaben von Braun-Blanquet, Oberdorfer und anderen bis 1992[1].

Klasse und Ordnung:				
	Hochstaudenfluren und Feuchtgebüsche MULGEDIO-ACONITETEA, ADENOSTYLETALIA			
subalpin, bis in die untere alpine Stufe	D	*Adenostyles alliariae*	s	*Ribes petraeum*
		Athyrium distentifolium	s	*Rosa pendulina*
		Cicerbita plumieri		*Rumex alpestris*
		Crepis pyrenaica		*Saxifraga rotundifolia*
		Epilobium alpestre		*Senecio hercynicus (nemorensis)*
K = Klassen-Charakterart (d. h. auch in Nordeuropa)	D	*Geranium sylvaticum* (K)		*Streptopus amplexifolius*
	g	*Milium effusum* var. *violaceum* (K)		*Tozzia alpina*
	D	*Ranunculus platanifolius* (K)		*Viola biflora*
1. häufigster Verband (z. T. auch alpin)	**subalpine Hochstaudenfluren und -gebüsche** ADENOSTYLION ALLIARIAE			
		Achillea macrophylla[2]	g	*Festuca pratensis* subsp. *apennina*
		Aconitum vulgare (Kleinart v. *A. napellus*)		*Heracleum sphondylium* subsp. *elegans*
				Hieracium jurassicum[2]
	D s	*Alnus viridis*[2]		*Myosotis decumbens*
		Chaerophyllum hirsutum subsp. *villarsii*		*Peucedanum ostruthium*
			g	*Poa hybrida*
	D	*Cicerbita alpina* (K)		*Valeriana versifolia*
		Corthusa matthioli		
		Doronicum austriacum		
		D. columnae		
2. Verband (das namengebende Reitgras kommt auch in Wäldern vor)	**subalpine Reitgrasfluren** CALAMAGROSTION VILLOSAE			
		Betonica officinalis var. *alpestris*		*Hieracium inuloides*
	D	*Calamagrostis arundinacea* (schwach)		*H. prenanthoides*
				Pimpinella alpina
		Gnaphalium norvegicum		
3. Verband	**subalpine Knieweidengebüsche** SALICION WALDSTEINIANAE			
	s	*Salix alpina*	s	*S. hastata*
	s	*S. foetida*	s	*S. waldsteiniana (= arbuscula)*
	s	*S. glabra*		

[1] Alle Gesellschaftseinheiten, auch die zugehörigen Assoziationen, kommen **auf kalkreichen und kalkarmen Substraten** vor. Deshalb wurde diese Tabelle nicht unterteilt wie die vorhergehenden. In der Regel sind die Gesellschaften am besten auf (mäßig) sauren Böden entwickelt. **D** = öfter dominierend; g = Gras, s = Strauch.

[2] Gelten als Charakterarten des **Grünerlengebüschs** (Alnetum viridis), das vorwiegend subalpin verbreitet ist. Gebüschfreie **Hochstaudenfluren** gedeihen auch in der unteren alpinen Stufe. Außer mehreren Kleinarten (bzw. subsp. oder var.) von *Alchemilla vulgaris* haben sie keine treuen Charakterarten.

auf undurchlässigen Silikatgesteinen und Tonschiefern (s. Holtmeier 1967, Richard 1968 u. a.). An Schatthängen bildet sie oft ausgedehnte, hochstaudenreiche Bestände, zumal sie von hangabwanderndem Schnee viel weniger geschädigt wird als Fichten, Arven, Lärchen und andere Bäume mit emporstrebenden Stämmen. Grünerlen bilden oft oberhalb des geschlossenen Waldes eine 100 m breite Zone, besonders ausgeprägt in den **niederschlagsreichen Randalpen**. Sie wird von allen Vieharten ungern gefressen und ist gerade auf ertragreichen Almen mit günstigem Wasserhaushalt ein gefürchtetes **Weideunkraut**, das immer wieder mit Mühe beseitigt werden muss (s. Abb. 13–42).

Auf Kalk- und Dolomitgesteinen werden die Grünerlen meistens durch Legföhren (Latschen) ersetzt, weil sich diese auf durchläs-

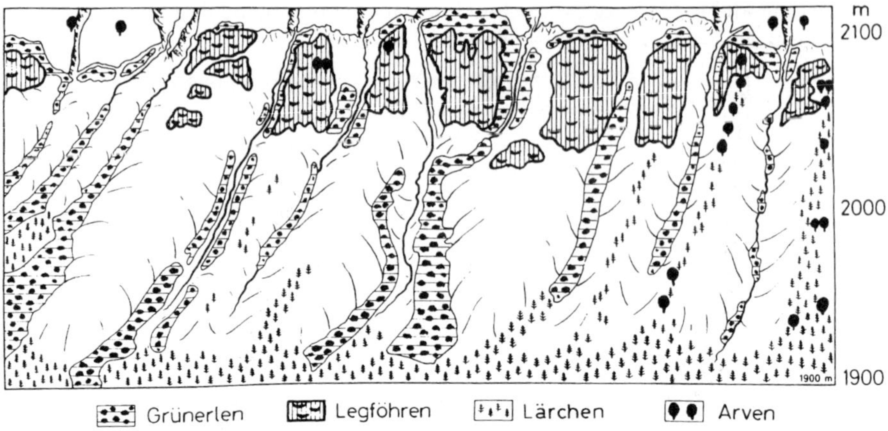

Abb. 13–41 Grünerle (*Alnus viridis*) und Latsche (*Pinus mugo*) bilden auf dem sehr lawinengefährdeten nordostexponierten Hang des Berninatals ausgedehnte Gebüsche, auch unterhalb der Baumgrenze. Nach einer perspektivischen Skizze von Holtmeier (1967), verändert. Auf dem sauren Gehängeschutt-Boden bevorzugt die Grünerle wasserzügige Standorte und überlässt der Latsche nur die trockeneren Rücken und Kuppen.
Bäume (*Larix decidua* und *Pinus cembra*) können sich nur auf den Rippen zwischen den Lawinenbahnen halten, wären aber von Natur aus häufiger.

Abb. 13–42 Grünerlengebüsch (Alnetum viridis) an Mergelhängen des Fellhorns im Kleinen Walsertal. Die Grünerle ist großenteils an die Stelle des subalpinen Fichtenwaldes getreten, von dem nur ein Rest an steinigem Steilhang verblieb (vorn rechts). Nur auf weniger stark geneigten Flächen lohnt es sich, dieses Weideunkraut immer wieder auszureißen. An Steilhängen (auch vorn rechts) blieb der Grünerlenbusch am besten erhalten.

sigen Böden besser zu entwickeln vermögen. Dadurch entsteht der Eindruck, *Alnus viridis* sei calcifug und *Pinus mugo* calcicol. Wie schon in Kapitel 7.6.2 betont, sind aber in Wirklichkeit beide Arten **gegen den Säuregrad indifferent**. Wo Hänge und Rundhöcker aus kalkarmem Gestein trocken sind, z. B. am Grimselpass, herrscht die Legföhre vor; und wo karbonatreiches Gestein genügend wasserhaltende Kraft besitzt, z. B. im Kleinen Walsertal, wird es gänzlich von der Grünerle überwuchert. Letztere scheint das konkurrenzkräftigere Krummholz zu sein. Sagt ihr der Standort zu, verdrängt sie die in der Jugend langsamer wachsende und lichtbedürftigere Latsche.

Da *Alnus viridis* an ihren Wurzeln **stickstoffbindende Aktinomyzeten** als Symbionten besitzt, ist der von ihr besiedelte Boden ziemlich stickstoffreich. Nach Rehder (1970) werden bis zu 250 kg Mineralstickstoff $ha^{-1} a^{-1}$ im Boden nachgeliefert. Infolgedessen können sich Hochstauden auf ihm ansiedeln, wo immer sie genügend Licht finden, zumal ihnen auch die Wasserführung der Erlenhänge zusagt. Vor allem die Ränder von Grünerlengebüschen sind oft dicht besetzt mit üppig blühenden Hochstauden. Ja, es scheint, dass diese hier ihre eigentliche Heimat haben und nur dort eigene Gesellschaften bilden, wohin ihnen die Erle wegen der zu kurzen Vegetationszeit und der größeren Winterkälte oder aus anderen Gründen nicht mehr zu folgen vermag, oder wo der Mensch sie daran hinderte.

Aber nicht alle Grünerlengebüsche sind hochstaudenreich. Teilweise handelt es sich um Rasen-Gesellschaften, auf denen *Alnus viridis* als Weideunkraut zur Dominanz kam, also um instabile Artenkombinationen, die man mit den Forstgesellschaften vergleichen könnte (s. Kap. 15.2.2). Doch ist die systematische Zugehörigkeit der staudenarmen Grünerlen-Hänge bisher noch nicht abgeklärt worden. Häufig siedelt sich die Grünerle im Caricetum ferrugineae an, das ja ebenfalls gut durchfeuchtete Böden liebt. Oft findet man aber auch Kombinationen mit *Rhododendron*-Heiden oder anderen Sauerhumus-Gesellschaften.

Besondere Artenverbindungen geht *Alnus viridis* am **Ufer subalpiner und hochmontaner Flüsse** ein. Von etwa 1300 bis 1500 m Höhe an aufwärts ersetzt sie *Alnus incana* als Beherrscherin der relativ selten überfluteten Talauen. Offenbar vermag sie viel mehr Kälte zu ertragen als die Grauerle oder gar als die flussbegleitenden Weidenarten des Tieflandes. Wie Moor (1958) beschreibt, gesellen sich in den Auengebüschen nur wenige andere Holzpflanzen zur Grünerle, am häufigsten die Reifweide (*Salix daphnoides*).

Während an der Waldgrenze in den skandinavischen Gebirgen *Alnus viridis* fehlt und an entsprechenden Standorten niedrige Weidengebüsche herrschen, spielen solche in den Alpen und Karpaten nur eine geringe Rolle. Karner & Mucina (1993) nennen für die subalpine Stufe Gebüsche, die von der Schluchtweide (*Salix appendiculata*), der Bäumchenweide (*S. waldsteiniana*), der Blauen Weide (*S . caesia*), der Stinkenden Weide (*S. foetida*) und anderen Holzgewächsen charakterisiert werden.

13.3.11.3 Subalpine Reitgrasrasen

Mit den Hochstaudenfluren in mancher Hinsicht verwandt sind grasreiche Gesellschaften der montanen bis subalpinen Stufe, die vor allem von *Calamagrostis*-Arten dominiert werden. Die montan verbreiteten Reitgrasrasen innerhalb des Verbandes CALAMAGROSTION VILLOSAE (s. Tab. 13–8) sah Carbiener (1969) zumindest teilweise als „primäre Hochgraswiesen“ an, d. h. als Klimaxgesellschaften. In den **höchsten Lagen der Mittelgebirge** Zentral- und Westeuropas sowie stellenweise auch in der subalpinen Stufe der Randalpen besiedeln sie ähnliche Standorte wie der Rostseggenrasen (Caricetum ferrugineae, Kap. 13.3.5.3, s. a. Kap. 26: Nr. 4.7.1.2).

Wie Carbiener (1969) in seiner ersten Überschau ausführt, sind diese „Urwiesen“ im wörtlichen Sinne äußerst heterogene Gebilde. Florenelemente verschiedenster Herkunft und ökologischer Struktur treffen sich hier, insbesondere Arten der Zwergstrauchheiden, Hochstaudenfluren, subalpinen und montanen Wälder, Waldsäume und Steppenwälder mit Vertretern der Halbtrockenrasen und Düngewiesen, z. B. *Centaurea scabiosa*, *Carlina vulgaris*, *Avenochloa pubescens* sowie *Heracleum sphondylium*, *Pimpinella major*, *Leucanthemum vulgare* und *Tragopogon pratensis*. Manche „adalpine“ (d. h. im Vorland der Alpen, aber nicht in der alpinen Stufe verbreitete) Arten im Sinne von Schönfelder (1968) kommen hinzu. Gewöhnlich herrscht aber das säureertragende Reitgras *Calamagrostis arundinacea*, das auch in lückigen subalpinen Nadelwäldern eine große Rolle spielt. Optimal sind diese artenreichen Reitgrasrasen an 25–50 ° steilen Süd- bis Osthängen entwickelt, d. h. in Leelage, in der sich mächtige Wächten aus rutschendem Schnee aufhäufen und die Ansiedlung von Bäumen auch unterhalb der klimatischen Waldgrenze verhindern.

Ob solche Rasenflecken wirklich die natürliche Urheimat unserer Düngewiesen-Gesellschaften sind (wie Carbiener für das westliche Mitteleuropa vermutet), oder ob deren Partner erst in jüngerer Zeit und unter dem Einfluss des Menschen, also sekundär, in das Calamagrostietum einwanderten, ist nicht restlos geklärt. Zumindest in den Karpaten (also im östlichen Mitteleuropa) kommen *Calamagrostis arundinacea*-Rasen vor allem an sekundär entwaldeten Hängen vor, was gegen diese Theorie spricht.

13.3.11.4 Vieh- und Wild-Lägerfluren

Die Weidewirtschaft ist in den mitteleuropäischen Hochgebirgen sogar heute noch so verbreitet, dass es hier kaum irgendwo Staudenfluren gibt, die nicht von den Nährstoffen der Viehexkremente beeinflusst würden. Ohne diese Zufuhr wären die Hochstauden-Gesellschaften in der alpinen Stufe wahrscheinlich wesentlich seltener. Von nahezu natürlichen Hochstauden-Beständen bis zu „Lägerfluren" (s. Abb. 13–43), die ihr Dasein lediglich den Exkrementen des Viehs verdanken, beobachtet man alle Übergänge. Stark gedüngte Orte gibt es hier und dort auch in der Naturlandschaft, und zwar an den Liegeplätzen von Gämsen und anderem Großwild. Deshalb wollen wir die Lägerfluren schon hier besprechen, obwohl es sich vorwiegend um anthropo-zoogene Pflanzenkombinationen handelt.

Pflanzensoziologisch werden diese subalpin-alpinen Nitrophytenfluren meist als Verband Rumicion alpini zu den vornehmlich im Tiefland verbreiteten Ruderalgesellschaften der Klasse Galio-Urticetea gestellt (z. B. Rennwald 2000, vgl. aber Müller 1983 und Karner & Mucina 1993). Auf den Viehlägern und Melkplätzen der **subalpinen Hochgebirgsweiden** herrscht gewöhnlich der mastige Alpen-Ampfer (*Rumex alpinus*), der vom Rindvieh gemieden, aber von Ziegen befressen wird und dessen Blätter und Wurzelstöcke früher ein fast unentbehrliches Schweinefutter darstellten (Wendelberger 1971). An Charakterpflanzen des Rumicetum alpini ist sonst nur *Senecio alpinus* zu erwähnen, der aber in manchen Alpenteilen fehlt. Weitere nitrophytische Begleiter sind z. B. *Rumex alpestris*, *R. obtusifolius*, *Aconitum napellus*, *Veratrum album*, *Chaerophyllum hirsutum* und *C. villarsii* und vielfach auch *Urtica dioica*. In der alpinen Stufe auf durchrieselten, nährstoffreichen Almweiden tritt häufig die Alpenkratzdistelflur (Peucedanetum ostruthii) mit *Cirsium spinosissimum*, *Peucedanum ostruthium* und *Aconitum napellus* als gefürchtete **Weideunkraut-Gesellschaft** auf, die die Weiden entwertet.

Durch jahrzehnte- oder jahrhundertelange Kotanreicherung ist der Boden der Lägerfluren so nährstoffreich geworden, dass nach Rehder

Abb. 13–43 Lägerflur (Rumicetum alpinae). Nach Gigon, Hegg & Zettel (1986).
1 = *Veronica serpyllifolia*, 2 = *Rumex alpinus*, 3 = *Poa supina*, 4 = *Alchemilla vulgaris*, 5 = *Rumex alpestris*, 6 = *Taraxacum officinale*, 7 *Chenopodium bonus-henricus*, 8 = *Aconitum napellus*, 9 = *Cerastium cerastoides*. Der Alpenampfer ist etwa 1,20 m hoch.
Wie alle unter extremen Bedingungen lebenden Pflanzengesellschaften sind Lägerfluren artenarm. Die übermäßige Stickstoffernährung führt zur Dominanz von Arten mit großen, dünnen Blättern. Wurzelstöcke und Blätter des Alpenampfers dienten einst als Schweinefutter. Seine Blätter werden zwar von Ziegen gefressen, aber von Rindern, den vorherrschenden Weidetieren, gemieden. Infolgedessen und wegen der ständigen Zufuhr von Exkrementen konnte er sich so üppig entwickeln wie sonst kein Kraut in den höheren Berglagen.

(1970) bis zu 250 kg N ha^{-1} a^{-1} mineralisiert und oberirdisch mehr als 5 t ha^{-1} a^{-1} Trockensubstanz erzeugt werden. Wo man die Ausscheidungen des Viehes nicht mehr ungenutzt vor den Ställen anhäufte, sondern auf die Weiden der Umgebung verteilte, wurde den Lägerfluren ihre wichtigste Lebensbedingung entzogen. Trotzdem halten sie sich hartnäckig, wenn man sie nicht durch öfteres Abmähen (oder neuerdings durch chemische Mittel) völlig ausrottet. So kann man z. B. im Schweizer Nationalpark beobachten, dass die seit 1913 nicht mehr vom Vieh betretenen, also auch nicht mehr gedüngten Lägerfluren immer noch ihr ehemaliges Areal einnehmen. Die einmal angereicherten Nährstoffe bleiben also in dem weitgehend geschlossenen Nährstoffkreislauf viele Jahrzehnte erhalten. Hinzu kommt die Tatsache, dass sich Hirsche, Murmeltiere und anderes Wild in diesen absoluten Schongebieten so sehr vermehrten, dass sie wohl zumindest teilweise die Rolle der Kühe übernahmen.

13.3.12 Karbonat- und Silikat-Schuttfluren der Hochgebirge (Kl. Thlaspietea rotundifolii)

a) Mit Ausnahme der Schneetälchen und einiger Rasengesellschaften haben alle bisher besprochenen Vegetationseinheiten ihr Optimum in der unteren alpinen oder gar in der subalpinen Stufe (s. Abb. 13–17). Nivale Höhen erreichen sie nur in Fragmenten oder überhaupt nicht. Die Vegetation der Felsen und Schutthalden findet dagegen ihre freiesten Entfaltungsmöglichkeiten hoch über der Waldgrenze und über den feinerdereichen Gletscherablagerungen. Es handelt sich großenteils um ausgesprochene Lichtpflanzen, die in dichten Pflanzenbeständen rasch zugrunde gehen oder – wie Zöttl (1951 a) experimentell zeigte – gar nicht erst aufkommen. Schröter (1926) bezeichnete die großenteils konkurrenzschwachen Besiedler der Gesteinsfluren treffend als „Flüchtlinge“ im Kampf ums Dasein. Sobald der Schutt nämlich durch rasenbildende Arten wie *Sesleria albicans*, *Carex firma* oder *Dryas octopetala* festgelegt ist, werden sie schnell überwachsen.

Vor allem in den Dolomit- und Kalkmassiven, aber auch bei anderen bis über die Schneegrenze aufragenden Gipfeln, erreichen **pleistozäne und rezente Schutthalden** eine gewaltige Ausdehnung (s. Abb. 13–44). Sie erhielten und erhalten ihren Nachschub an Blöcken, Steinplatten und Steinchen aller Größen von den hochragenden Felsen über ihnen. Das ge-

Abb. 13–44 Rutschende und ruhende Kalkschutthalden mit verschieden dichtem Bewuchs in der unteren alpinen Stufe der Lechtaler Alpen nahe der Stuttgarter Hütte. Kantige Felsstücke aller Größenklassen überdecken den feinerdereichen Unterboden. Noch im August liegt Schnee auf schattigen Halden und in einigen Mulden im Hintergrund. Ruhende, meist weniger steile Halden sind z. T. dicht bewachsen.

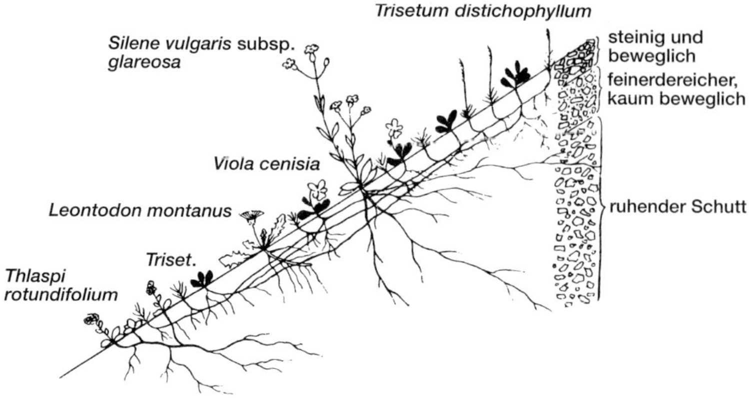

Abb. 13–45 Wurzelschichtung in einem dichten Bestand der Kalkschuttflur (Thlaspietum rotundifolii) am Glärnisch, 2250 m. Nach Jenny-Lips (1930), verändert. Arten wie *Trisetum distichophyllum* und *Viola cenisia* vermögen mit dem Schutt zu „wandern".

schieht insbesondere in Perioden starker Temperaturschwankungen wie im Hitzesommer 2003, wenn der Dauerfrostboden in der nivalen Stufe stellenweise auftaut (Gruber et al. 2004). In den Bereich des häufigen Steinschlags wagen sich zwar nur wenige Pflanzenarten vor. Doch der erste Eindruck lässt sie unwirtlicher erscheinen, als die Schutthalden in Wirklichkeit für Pflanzen sind. Gräbt man den Stängeln der Steinschuttbewohner nach, so findet man sie nicht selten in **gut durchfeuchteter Feinerde** wurzeln, die sich nestartig hier und dort angesammelt hat, und die von den nackten und oft abtrocknenden Steinen nur hand- bis fußhoch überdeckt wird (s. Abb. 13–45). Am üppigsten gedeihen die Phanerogamen dort, wo abschmelzende Schneereste den Unterboden noch bis weit in den kurzen Sommer hinein mit Wasser versorgen, und wo der Schnee 7 bis 8 Monate als Kälteschutz liegen bleibt. Sonnseitige, offene Steinschutthalden bilden nach Zöttl (1953) aber selbst in großer Meereshöhe bemerkenswert warme Standorte, wenn sie rechtzeitig ausapern.

Viele Schutthalden sind heute ohne nennenswerte Steinzufuhr und unbeweglich, sodass die Vegetation jahrhundertelang Zeit hatte, sie zu erobern. Von diesem Ruhschutt sowie von verkappten Seitenmoränen und anderen feinerdereichen und nur oberflächlich durch Steine verhüllten Bildungen soll hier zunächst nicht die Rede sein.

Innerhalb der großen Gruppe der Gesteinsschutthalden unterscheidet man „aktive" (d. h. durch Zufuhr von neuem Material veränderte), „rutschende" (nicht mehr aktive, aber noch instabile), deren Oberschicht durch Frosthebung, rieselndes Schneewasser, Tritt und andere kleine Anstöße immer wieder stellenweise in Bewegung gerät, und „ruhende" Formen. Letztere haben meist Böschungswinkel von weniger als 37° (bei Grobschutt) bis weniger als 27° (bei Feinschutt), weil sie im Laufe der Zeit zusammengesackt sind. Nach dem Durchmesser der Bestandteile kann man von „Blockschutt" (> 25 cm), „Grobschutt" (2–25 cm) und „Feinschutt" (0,2–2 cm) sprechen. Entscheidend für die Besiedelbarkeit einer Schutthalde ist die Menge und Verteilung der noch kleineren Partikel. Am ungünstigsten sind fast feinerdefreie „Blockhalden", wie sie durch Bergstürze, also durch einmalige Ereignisse, entstehen (Mayer 1964 u. a.). Näheres über die mannigfachen Ausbildungsformen der subnivalen, alpinen und subalpinen Schutthalden findet man bei Zöttl (1951 a), Lippert (1966), Zollitsch (1966), Oberdorfer et al. (1992), Englisch et al. (1993), Reisigl & Keller (1994) und anderen, von diesen zitierten Autoren.

Die Vegetation der aktiven, in Bildung begriffenen, und der noch rutschenden Schutthalden lässt sich in eine Gruppe von Karbonat-Schuttfluren (THLASPIETALIA ROTUNDIFOLII) und eine Gruppe von Silikat-Schuttfluren (ANDROSACETALIA ALPINAE, s. Tab. 13–9) sondern. Jede dieser Ordnungen hat viele Charakterpflanzen, während die Zahl der auf allen Gesteinsarten verbreiteten Schuttbewohner (Klassen-Charakterarten der THLASPIETEA ROTUNDIFOLII) relativ gering ist. Es liegt in der unterschiedlichen Häufigkeit von Feinerde, der Wasserversorgung und der Dauer der Schneebedeckung der Halden begründet, dass die Schuttbesiedler in recht **zahlreichen Gesellschaften** auftreten. Die

Vielfalt der Schuttfluren ist z. T. auch biogeografisch begründet. Besonders die Gesellschaften in den Refugialgebieten der Alpen sind teils sehr eigenständig (s. Englisch et al. 1993).

b) Auf stark bewegtem **Kalk- und Dolomitgeröll** der alpinen und nivalen Stufe findet man bei einer 4- bis 5-monatigen Aperzeit meistens Vertreter der artenarmen nordalpinen Täschelkrauthalde (Thlaspietum rotundifolii). Neben *Thlaspi rotundifolium* subsp. *rotundifolium* sind *Moehringia ciliata*, *Pritzelago alpina*, *Achillea atrata* und *Poa minor* die stetesten Begleiter. In den südlichen Kalkalpen tritt das Papaveretum rhaetici mit *Papaver alpinum* subsp. *rhaeticum* an ihre Stelle. Auf feinerem und feuchterem Tonschieferschutt mit geringer Beweglichkeit siedelt sich die Berglöwenzahnhalde (Leontodontetum montani) an.

Oft überquert man in der subalpinen oder montanen Stufe mehr oder minder feinerdereiche und feuchte Kalkschutt- bzw. Mergelhänge, die ebenfalls zu den THLASPIETALIA gehören, aber einen besonderen, artenärmeren Verband darstellen: die Schneepestwurzfluren (PETASITION, Petasitetum paradoxi). Mit seinen 2–3 m langen Rhizomen trägt *Petasites paradoxus* entscheidend zur Festigung der Halde bei.

c) Grobsteinige und an der Oberfläche austrocknende Schutthalden, wie sie für Dolomite und Hartkalke charakteristisch sind, gibt es auf **Silikatgestein** nur ausnahmsweise. Wo sie vorkommen, sind sie nur spärlich bewachsen, und zwar mit Fragmenten des in den Pyrenäen viel besser entwickelten Verbandes SENECION LEUCOPHYLLAE.

In der Regel sind die **Wachstumsbedingungen auf alpinem Silikatschutt von vornherein günstiger als auf Karbonatschutt**, weil er viel reicher an grusig-sandigem Material ist und das Wasser besser hält. Zu den bodensauren Rohböden, die von den Gesellschaften des ANDROSACION ALPINAE besiedelt werden, gehören Gletschervorfelder und kryoturbat bewegte Schuttböden der Grate und Gipfel. Sogar die lockeren Ausbildungsformen der Alpenmannsschildhalde (Androsacetum alpinae), die bis in die höchsten Gipfellagen aufsteigen und ein Element der „Schneeflora" sind (vgl. Pauli et al. 1999), deuten aber nicht auf übermäßige Schuttzufuhr und sind in dieser Hinsicht mit dem basiphytischen Thlaspietum rotundifolii nicht vergleichbar.

Auf humusarmem Silikatschutt und vor Kurzem freigelegten Gletschervorfeldern siedelt die Säuerlingsflur (Sieversio-Oxyrietum digynae), in der *Poa laxa*, *Cerastium uniflorum* und *C. pedunculatum* regelmäßig als Erstbesiedler auftreten (s. Kap. 13.7.1 b). Länger schneebedeckte und humusreichere Halden sind oft dicht begrünt vom Braunsimsenrasen (Luzuletum alpino-pilosae). Dieser lockere, hygromorphe Rasen leitet meistens zum Krautweiden-Schneetälchen oder zum feuchten Krummseggenrasen über. Er wird heute zur Ordnung SALICETALIA HERBACEAE gestellt, die wir in Kapitel 13.3.9.2 bereits kennenlernten. Für konsolidierte Blockschutthalden im unteren Silikatalpin ist die Rollfarn-Gesellschaft (*Cryptogramma crispa*-Ges.) charakteristisch (Englisch et al. 1993).

d) Zwischen den Schuttgesellschaften auf Karbonat- und auf Silikatgesteinen vermitteln die von Zollitsch (1966) als besondere Einheiten gefassten Besiedler von **Kalkglimmerschiefer- und Kieselkalkschutt-Halden** (O. DRABETALIA HOPPEANAE). Die Sonderstellung dieser auch von Pignatti (1970) unterstützten Ordnung haben Merxmüller & Zollitsch (1967) hervorgehoben. Nach Abbildung 13–46 unterscheiden sich die Gesellschaften der Kalkschieferhalden (DRABION) und der Kalksteinhalden (THLASPION) hinsichtlich des Bodensäuregrades fast nicht voneinander, sondern nur von denen des Verbandes ANDROSACION ALPINAE. Sehr bezeichnend ist jedoch das grob- und feinschiefrige Substrat, das aus dem Kalkglimmerschiefer entsteht. Es wird vielfach verblasen und schafft im Hochgebirge ein eigenartiges, **lockeres und sehr dynamisches Substrat.** Das DRABION lässt sich auch floristisch recht gut kennzeichnen, denn es beherbergt nicht etwa eine Mischflora von Silikat- und Kalkarten, sondern einen **Grundstock an Sippen, der offenbar an Kalkglimmerschiefer und ähnliche Substrate gebunden ist** (Vierhapper 1921/22). Zu den Kennarten des DRABION gehören *Achillea nana*, *Artemisia genipi*, *Campanula cenisia*, *Draba fladnizensis*, *D. hoppeana*, *Pedicularis aspleniifolia*, *Phyteuma globulariaefolia*, *Saxifraga rudolphiana*, *S. biflora* u. a.

e) **Außerhalb der Hochgebirge** und höheren Mittelgebirge treten Steinschuttfluren nur lokal auf. Monografisch bearbeitet wurden sie beispielsweise von Hilbig (1971, Kalkschutthal-

Tab. 13–9 Übersicht der alpinen und sonstigen Gesteinsschutt-Gesellschaften sowie ihrer Charakterarten. Nach Angaben von Braun-Blanquet, Oberdorfer und anderen bis 1992.

Klasse:	**Gesteinsschuttfluren** der Hochgebirge THLASPIETEA ROTUNDIFOLII	
	Aethionema saxatile *Campanula cespitosa* *Cerastium uniflorum* *Galeopsis ladanum* D* *Gymnocarpium robertianum* *Gypsophila repens* *Hieracium glaucum*	*Linaria alpina* *Orobanche flava* D *Rumex scutatus* *Salix serpyllifolia* D *Saxifraga oppositifolia* *Scrophularia canina* *Tolpis (Hieracium) staticifolia*
Ordnungen:	**Karbonat**-Steinschuttfluren THLASPIETALIA ROTUNDIFOLII *Achillea atrata* *A. clusiana* *Arabis alpina* *Moehringia ciliata* g *Poa cenisia* g *P. minor* *Ranunculus hybridus*	**Silikat**-Steinschuttfluren ANDROSACETALIA ALPINAE *Achillea moschata* *Androsace alpina* * *Cryptogramma crispa* *Doronicum clusii* *Epilobium collinum* *Oxyria digyna* g *Poa laxa* *Ranunculus glacialis*
In den Alpen herrschende Verbände: D = stellenweise häufig * = Farn g = Gras	Täschelkraut-Schuttfluren THLASPION ROTUNDIFOLII (subalpin bis nival) *Alchemilla versipila* *Antirrhinum majus* *Arenaria multicaulis* *Cerastium latifolium* *Crepis terglouensis* g *Festuca rupicaprina* *Galium megalospermum* *G. helveticum* *Hutchinsia alpina* *Leucanthemum atratum* *Saxifraga aphylla* *Valeriana supina*	Alpenmannsschild-Schuttfluren ANDROSACION ALPINAE[1] (alpin bis nival, relativ feucht) *Cardamine resedifolia* D *Geum reptans* *Gentiana bavarica* var. *subacaulis* *Saxifraga bryoides* 1 Der Verband SENECION LEUCOPHYLLAE, der in den trockenen Pyrenäen häufiger ist, wird hier nicht berücksichtigt.
bis in die Nivalstufe reichende Assoziationen:	**Täschelkrauthalde** Thlaspietum rotundifolii (alpin bis nival) *Papaver alpinum* subsp. *sendtneri* D *Thlaspi rotundifolium*	**Alpenmannsschildhalde** Androsacetum alpinae (hochalpin bis nival) *Androsace alpina*
alpine Assoziationen rel. **feuchter** Standorte:	**Berglöwenzahnhalde** Leontodontetum montani (feinerdereich) *Leontodon montanus* *Ranunculus parnassifolius* *Viola calcarata*	**Säuerlings-Steinflur** Oxyrietum digynae (humusarm) *Cerastium pedunculatum* D *Oxyria digyna* (herrschend)
Ordnungen, die auch in **tieferen Lagen** vorkommen: (n): bis in die nivale Stufe	**Felsenblümchen-Kalkschieferhalden** DRABETALIA, DRABION HOPPEANAE (n) *Achillea nana* (A) *Artemisia genipi* (n) *Campanula cenisia* (A) *Crepis rhaetica* (n) *Dorycnium glaciale*	**Flusskies- und Feuchtschuttfluren des Gebirges**, EPILOBIETALIA, EPILOBION FLEISCHERI g *Calamagrostis pseudophragmites* (A) *Chondrilla chondrilloides* (A) (t) *Epilobium dodonei* (A) D *E. fleischeri* (A) *Erigeron acris* subsp. *angulosus* (A)

(t) vorwiegend in Tieflagen (A) Assoziations-, (V) Verbands-Charakterart	*Draba fladnicensis* (V) (n) *D. hoppeana* (A) *Gentiana orbicularis* (V) *Pedicularis aspleniifolia* (V) *Saxifraga biflora* (A) (n) g *Sesleria ovata* (n) g *Trisetum spicatum* (V)	*Erucastrum nasturtiifolium* (V) *Euphrasia cuspidata* *Hieracium piloselloides* (V) *Trifolium pallescens* (V) an kalkreichen (bis kalkarmen), steinigen, durchrieselten, manchmal austrocknenden Standorten.
Ordnungen vorwiegend in **Tieflagen**	**sommerwarme Raugras-Kalkschutthalden,** ACHNATHERETALIA, ACHNATHERION (STIPETALIA) CALAMAGROSTIS D g *Achnatherum calamagrostis* (A) *Calamintha nepetoides* (A) *Galeopsis angustifolia* (V)	**sommerwarme Hohlzahn-Silikatschuttfluren,** GALEOPSIETALIA, GALEOPSION SEGETUM *Anarrhinum bellidifolium* (A) *Galeopsis segetum* (A) *Linaria repens* *Senecio viscosus* (V)

den Thüringen), Hemp (1999, Kalkschutthalden Nordbayern), (Halfmann (1991, Basaltblockhalden Hessen), Lüth (1990, Moos-Gesellschaften Schwarzwald), Tendero & Tomaselli (1997, europäische Übersicht der Schutthalden-Vegetation) und Hemp (1997, Vegetation und Ökologie der Blockschutthalden). Mit dem Mikroklima befassten sich z. B. Wunder & Möseler (1996). Zu den kennzeichnenden Gesellschaften gehört beispielsweise die auf genügend Sommerwärme angewiesene Hohlzahnflur (Galeopsietum angustifoliae, s. Schönfelder 1967 u. Valachovic 1990). Stellenweise hat der Mensch ihren Lebensraum erweitert oder neu geschaffen, z. B. in Thüringen (Hilbig 1971). Die Schildampferhalde (Rumicetum scutati) ist ein Pionier auf trockenem Gesteinsschutt im südwestlichen Mitteleuropa (s. Abb. 18–17). Feuchtere Kalkschutthalden besiedelt die Ruprechtsfarnflur (Gymnocarpietum robertiani, s. Abb. 7–11). Alle drei Gesellschaften gehören zum Verband der Raugras-Kalkschuttfluren (STIPION CALAMAGROSTIS), die nach dem in warmen Alpentälern verbreiteten Raugras (*Achnatherum calamagrostis*) benannt wurde.

Raugrasfluren (Achnatheretum calamagrostis) sind sehr auffällige Gesellschaften, weil das namengebende Gras bis über 1 m hoch wird und in einzelnen Horsten auf dem sonst wenig bewachsenen Schutt steht. Man trifft sie aber nur selten, nach Strobl & Wittmann (1985) vor allem in der montanen Stufe an relativ warmen und sehr trockenen, humusarmen Standorten, wo weder Büsche und Bäume noch großblättrige Kräuter Fuß fassen und die extrem lichtbedürftige, an Federgräser (*Stipa*) erinnernde Charakterart bedrängen könnten. Das Schwergewicht des Vorkommens ist submediterran, liegt also in der Südabdachung der Alpen sowie der übrigen mehr oder minder kalkreichen Gebirge am Nordrand des mediterranen Raumes, von den Pyrenäen bis zum Balkan.

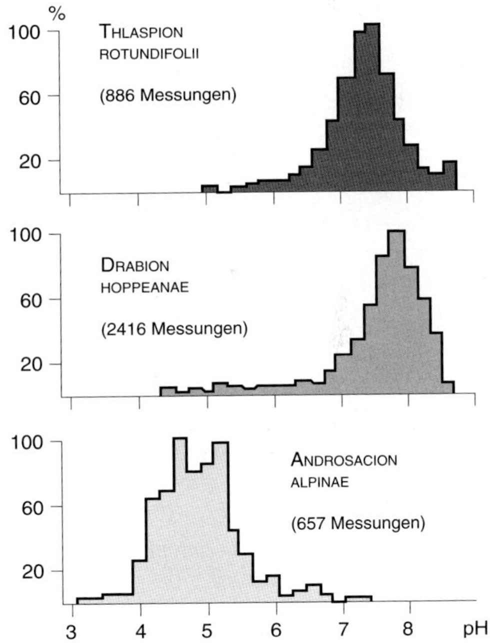

Abb. 13–46 In der Bodenreaktion unterscheiden sich die Schuttfluren auf Karbonatgesteinen (THLASPION) und Kalkschiefern (DRABION) nicht voneinander. Gemeinsam setzen sie sich von den Silikat-Schuttfluren (ANDROSACION ALPINAE) ab. Nach Merxmüller & Zollitsch (1967), verändert (s. auch Tab. 13–9).
Der Standort der kalkarmen Schuttfluren weicht auch dadurch wesentlich von dem der Kalk- und Schieferfluren ab, dass er stabiler und feuchter ist.

Abb. 13–47 Schroffe und raue Felsen, vom Eis ausgeschliffene Karböden (rechts) und lockere Schutthalden sowie Moränen (Vordergrund) sind die Formelemente der alpinen Stufe auch in der Hohen Tatra. Foto: Osveta. Die dunklen Flecken auf den Moränen sind Latschen. An den Felsen herrschen Flechtenüberzüge; spaltenbewohnende Phanerogamen treten von Weitem nicht in Erscheinung. Lomnitzer Spitze (2634 m) und Skalnateho-See (1752 m ü.NN.).

13.3.13 Vegetation der Felsen und Steinblöcke (Kl. Asplenietea trichomanis u. a.)

13.3.13.1 Felsspalten- und Mauerfugen-Vegetation

a) Je höher man im Gebirge steigt, desto mehr bestimmen Felsschroffen das Landschaftsbild. Doch selbst die höchsten Grate und steilsten Abstürze sind in den Alpen und anderen mitteleuropäischen Hochgebirgen nicht ohne Pflanzenleben, vorausgesetzt, dass sie zumindest einige Monate lang schneefrei bleiben (s. Abb. 13–47). Sie sind das Reich der austrocknungsbeständigen und kälteharten Flechten. Phanerogamen vermögen sich nur vereinzelt in Rinnen und Spalten der Felsen oder auf ihrem Trümmerschutt anzusiedeln und erreichen die höchsten Gipfel nur in Einzelindividuen (s. Abb. 13–48).

Von der subalpinen bis in die nivale Stufe hinauf findet man aber überraschend zahlreiche Arten, die sich mit der wenigen Feinerde in millimeter- bis zentimeterbreiten Felsspalten begnügen (s. Tab. 13–10). Sie wachsen durchweg sehr langsam und würden sich auf besseren Böden nicht behaupten können. Einzelne

Abb. 13–48 Mannsschildpolster (*Androsace helvetica*) auf dem Padella-Gipfel; rechts *Carex firma*. Foto: Ganz und Rübel.

Farne unter diesen Felsspaltenbewohnern, z. B. *Asplenium trichomanes*, *A. ruta-muraria* und *A. septentrionale*, sind im Tiefland häufig und haben dort auch von Mauerfugen Besitz ergriffen. Die meisten alpinen Felsspaltensippen wagen sich aber kaum bis in die montane Stufe hinunter, selbst wenn dort Felswände zur Verfügung stehen.

Solange der Fels erhalten bleibt, bilden seine Spaltenbewohner sehr stabile Gesellschaften. Sie durchwurzeln die verfügbare Feinerde bald nach ihrer Ansiedlung restlos und lassen kaum Neuansiedler zu (s. Kap. 13.4.4 b). Wie schon betont, kann sich an steilen Wänden außerhalb der relativ kleinen Pflanzenpolster kein Humus ansammeln. Daher unterbleibt jede Weiterentwicklung, unter Umständen jahrtausendelang. **Felsspaltenfluren sind also Dauergesellschaften** im wahrsten Sinne. Manchmal treten Moose als Vorläufer auf, sonst sind die Gefäßpflanzen ihre eigenen Pioniere; denn die Flechten- oder Algenüberzüge an der Oberfläche der Felsen besiedeln ganz andere Standorte und behaupten diese ebenfalls auf Dauer.

Spaliersträucher sind an steilen Felswänden selten, auch dort, wo diese viele Spalten aufweisen. *Rhamnus pumila* und *Daphne petraea* können zu den wenigen, auf Felsen spezialisierten Spaliersträuchern gezählt werden. An den Stein angeschmiegte Zwergsträucher kommen offenbar erst dort zur Geltung, wo der aus abgestorbenen Blättern gebildete Humus liegen bleibt, d. h. an wenig geneigten Wänden und an Steinen, die aus Moränen aufragen. Nur hier gedeihen die bekannten Spalierbildner wie *Salix reticulata*, *S. serpyllifolia*, *S. retusa*, *Dryas octopetala* und *Globularia cordifolia* in dichten Beständen.

Mit der Standhaftigkeit vieler Felspflanzen, aber auch mit ihrer relativ geringen Gefährdung durch raschwüchsige Neubesiedler, hängt es zusammen, dass **35–40 % der mehr als 400**

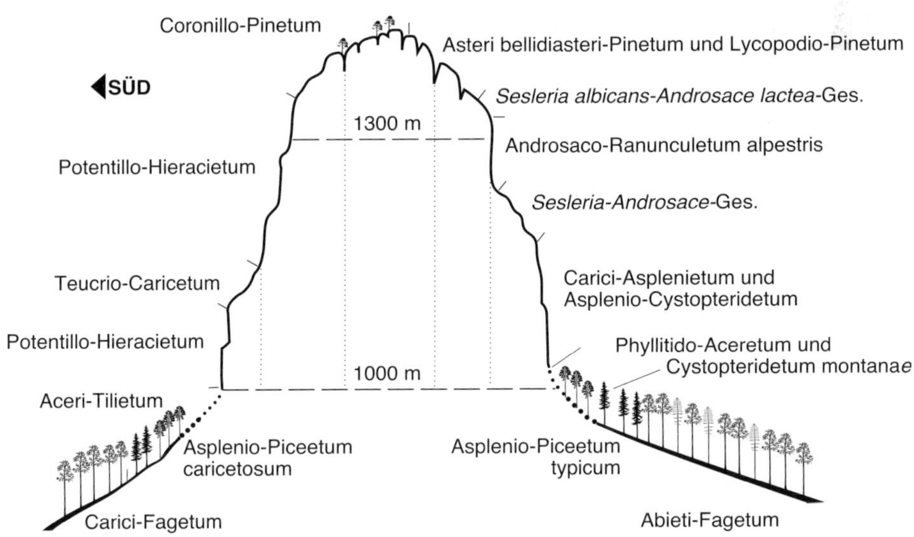

Abb. 13–49 Pflanzengesellschaften an einem Gipfelkamm des Schweizer Juras mit senkrecht gestellten Hartkalk-Schichten in ihrer Abhängigkeit vom Relief, vom Feinerdereichtum und von der Exposition (schematisiert). Vorwiegend handelt es sich um Felsspalten-Gesellschaften. Nach Richard (1972), verändert.

Tab. 13–10 Felsspalten-Gesellschaften Mitteleuropas und ihre Charakterarten.
Nach Angaben von Braun-Blanquet, Oberdorfer und anderen bis 1992[1].

Klasse: (relativ wenige gemeinsame Arten)	**Felsspalten- und Mauerfugen-Gesellschaften** ASPLENIETEA TRICHOMANIS * *Asplenium septentrionale* * *A. trichomanes* * *Ceterach officinarum* *Draba dubia* *Hieracium amplexicaule*	* *Polypodium interjectum* *Saxifraga decipiens* *Sedum dasyphyllum* *Valeriana tripteris*
Ordnungen: * = Farn g = Grasartige s = Spalierstrauch	**Karbonat**-Felsspalten- u. Mauerfugen-Ges. POTENTILLETALIA CAULESCENTIS *Androsace lactea* * *Asplenium fontanum* * *A. ruta-muraria* s *Daphne alpina* g *Poa glauca* *Potentilla caulescens*[2] s *Rhamnus pumilus* *Saxifraga paniculata (aizoon)*	**Silikat**-Felsspalten- u. Mauerfugen-Ges. ANDROSACETALIA VANDELLII * *Asplenium alternifolium* *Eritrichium nanum* *Phyteuma scheuchzeri*
Verbände an besonnten Standorten:	**sonnige Kalk**fels- u. Mauerfugen-Ges. POTENTILLION CAULESCENTIS *Androsace hausmannii, A. helvetica* *Arabis pumila* * *Asplenium seelosii* *Cardaminopsis petraea* g *Carex mucronata* *Draba aizoides, D. ladina* *D. sauteri, D. tomentosa* g *Festuca alpina, F. stenantha* *Hieracium bupleuroides, H. humile* *Kernera saxatilis* *Minuartia cherlerioides, M. rupestris* *Potentilla clusiana* *Saxifraga burseriana* *Valeriana saxatilis* *Veronica lutea*	**sonnige Silikat**fels- u. Mauerfugen-Ges. ANDROSACION VANDELLII[3] *Androsace vandellii* *Artemisia mutellina* * *Asplenium adiantum-nigrum* *Erigeron gaudinii* *Erysimum rhaeticum* *Hieracium intybaceum* *Primula hirsuta* *Rhodiola rosea* *Saxifraga bryoides* *S. cotyledon, S. sponhemica* * *Woodsia alpina* * *W. ilvensis*
Verbände an beschatteten Standorten:	**schattige Kalk**fels- u. Mauerfugen-Ges. CYSTOPTERIDION * *Asplenium fissum,* * *A. viride* g *Carex brachystachys* * *Cystopteris fragilis* * *C. regia* *Moehringia muscosa* * *Phyllitis scolopendrium* * *Woodsia pulchella*	**schattige Silikat**fels- u. Mauerfugen-Ges. ASARINION PROCUMBENTIS (atlantisch verbreitet) * *Asplenium billotii* **Serpentin**felsspalten-Ges. ASPLENION SERPENTINI * *Asplenium adulterinum* * *A. cuneifolium*

[1] Außerhalb der Alpen und anderer hoher Gebirge kommen weitere Gesellschaften vor. Alle Verbände sind auch im Tiefland vertreten. Wie bei den Rasenformationen (s. Tab. 13–2) sind die Gesellschaften auf kalkreichen Standorten viel artenreicher als die auf kalkarmen.

[2] Die namengebende Art steigt nicht in die alpine Stufe empor.

[3] Dieser Verband kommt auch in den Pyrenäen vor; die übrigen Verbände sind mitteleuropäisch (bzw. atlantisch, wie das ASARINION PROCUMBENTIS).

endemischen Gefäßpflanzensippen der Alpen in Felsspalten und Gesteinsschuttfluren gedeihen (Pawlowski 1969). Die übrigen verteilen sich auf lückige Kalkrasen (5 Charakterarten des Caricetum firmae sind endemisch!) sowie auf alle übrigen Gesellschaften.

An Felsen wechseln die Standortbedingungen schon auf kleinstem Raum. Man hat es daher selten mit einer einzigen Pflanzengesellschaft zu tun, sondern mit Vegetationskomplexen, deren Auflösung und Systematisierung Schwierigkeiten bereitet (Stöcker 1965). Wichtig ist in jedem Fall die chemische Beschaffenheit des Gesteins. Viele der in Tabelle 13–10 aufgeführten Charakterarten der Kalk-Felsfluren (POTENTILLETALIA und POTENTILLION CAULESCENTIS, s. Abb. 13–49) sind ausgesprochen calcicol. Nicht wenige Vertreter der Silikat-Felsfluren (ANDROSACETALIA und ANDROSACION VANDELLII) bevorzugen dagegen kalkarmes Gestein. Aus kristallinen oder sandigen Steinen aufgeschichtete Mauern tragen meist eine Kalkflora in ihren Fugen, weil sie mit Mörtel errichtet wurden.

Nach Meier & Braun-Blanquet (1934) kann man in beiden Ordnungen **zahlreiche Assoziationen** unterscheiden. Die floristisch mannigfaltigsten Gesellschaften findet man nicht im alpinen, sondern im submediterranen Raum, wo Relikte aus dem Tertiär die Eiszeiten überdauerten. Das gilt wohl auch schon für Übergangsgebiete dorthin, besonders für die **südlichen Alpen**, deren Felsspaltenfluren nach Sutter (1969; s. Abb. 13–50) besonders **reich an endemischen Sippen** sind.

b) In Anlehnung an Oberdorfer et al. (1967), Richard (1972) und andere unterscheidet man unter den **Kalkfelsspalten-Gesellschaften** Fluren sonnig-warmer Lagen und solche schattig-kühler Standorte. Zu den ersteren zählen zwei Verbände (das POTENTILLION CAULESCENTIS in den Nordalpen und das ANDROSACO-DRABION TOMENTOSAE in den Südalpen, Mucina 1993). Die Schweizer Mannsschildflur (Androsacetum helveticae) steigt als artenarme Spalten-Gesellschaft bis in die extremen Gipfelregionen empor (s. Abb. 13–49), während die herunterhängenden Polster des Fels-Fingerkrautes und seiner Partner (Hieracio humilis-Potentilletum caulescentis) nicht über die untere alpine Stufe hinausgehen. Die schattenliebenden Gesellschaften des Verbandes CYSTOPTERIDION FRAGILIS sind reicher an Moosen und Farnen,

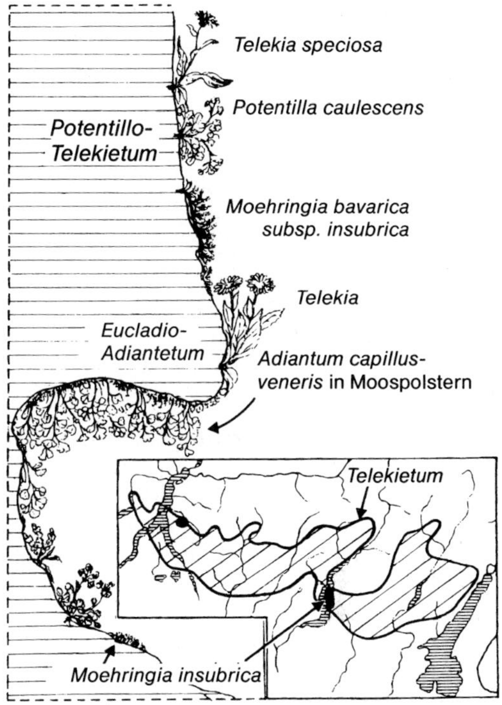

Abb. 13–50 Beispiele von seltenen Felsspalten-Gesellschaften in den insubrischen Alpen (Val Lori, Valsassina). Nach Sutter (1969), verändert. Die Stängelfingerkraut-Telekienflur besiedelt sonnige Felsen und ist für das im Kärtchen schraffierte Gebiet endemisch. Eine ihrer Charakterarten, *Moehringia bavarica* subsp. *insubrica*, hat eine noch engere Verbreitung. Schattige Überhänge besiedelt die örtlich ebenfalls seltene, aber weiter verbreitete Venushaarfarn-(*Adiantum capillus-veneris*-)Gesellschaft.
Auch die Fugen und Kronen von Mauern können in warmem Klima seltenen Pflanzen zusagende Standorte bieten, z. B. den Arten der „wärmeliebenden Mauerkrautfluren" (PARIETARIETALIA JUDAICAE, Kap. 26: 4.2.3).

die aber auch in anderen Felsspalten- und Mauerfugen-Gesellschaften mit auffallend vielen Arten vertreten sind. Wahrscheinlich hat das mehrere Gründe: Farnsporen werden leicht durch den Wind verbreitet. Das aus ihnen entstehende Prothallium entwickelt sich langsam und braucht deshalb ein stabiles Substrat. Auch als Gefäßpflanzen sind die kleinen Farnarten wenig konkurrenzfähig und vermögen sich nur in mehr oder minder offenen Beständen zu halten.

Nur wenige alpine Felsspaltenbewohner kommen auch in den **Mittelgebirgen** vor; in der Schwäbischen Alb z. B. sind es nach Wilmanns

& Rupp (1966) nur *Saxifraga paniculata*, *Draba aizoides*, *Kernera saxatilis* und *Androsace lactea*. Obwohl diese wenigen an ihren Standorten gut gedeihen und sich vermehren, besiedeln sie „bei weitem nicht alle potentiellen Wuchsorte“. Offenbar konnten sie sich zur Zeit der stärksten Waldausdehnung im Postglazial nur in wenigen Gebieten mit relativ hohen Felspartien vor der Beschattung retten, und hier liegen die Häufungszentren zumindest von *Draba* und *Kernera*. Trotz guter Keimfähigkeit ihrer Samen haben solche Felsbewohner – mit Ausnahme von *Saxifraga* – also nur geringe Chancen, auf anderen Felsen Fuß zu fassen.

c) **Silikatfels-Gesellschaften** sind artenärmer als die Kalkfels-Gesellschaften und im Allgemeinen auch seltener (Mucina 1993). In der subalpinen und unteren alpinen Stufe vor allem der Zentralalpen ist die Pelzprimelflur (Asplenio-Primuletum hirsutae) verbreitet, für die hochalpine Stufe der Westalpen ist die Vandelli's-Mannsschild-Gesellschaft (Androsacetum vandellii) kennzeichnend. Auf sauren Gesteinen und Mauern der Mittelgebirge gedeihen meist artenarme Vereine, die zwei von Streifenfarnen gekennzeichneten Verbänden (ASPLENION SEPTENTRIONALIS und ASARINION PROCUBENTIS) zugeordnet werden (Oberdorfer 1977, Pott 1995; s. Kap. 26: Nr. 4.2.2.2 u. 4.2.2.3).

Eine ökologisch und floristisch isoliert stehende Felsspalten-Gesellschaft findet man sowohl in den Alpen als auch in den Mittelgebirgen, das Asplenietum serpentini. Diese auf **Serpentingestein** spezialisierte Einheit und ihre Kontaktgesellschaften wurden von Müller-Stoll & Toman (1984) im Slavkovsky Les (Kaiserwald) bei Marienbad in Westböhmen und von Eggler (1955) und Braun-Blanquet (1961) u. a. in der Steiermark untersucht (vgl. Kap. 20.3).

In dicht besiedelten Bereichen und vor allem in Tieflagen gibt es kaum noch Felsen mit natürlichem Bewuchs. Doch bieten Mauern manchen Arten Ersatzstandorte, und zwar vor allem basiphilen, denn der Mörtel von Sandstein- oder Ziegelmauern ist ja kalkhaltig. Werner et al. (1989) fanden allerdings, dass die **Mauerfugen-Vegetation** weniger auf den pH-Wert, als vielmehr auf die Mineralstickstoff-Nachlieferung anspricht. Einen Überblick über die Mauerpflanzen-Gesellschaften gab u. a. Gödde (1987, s. auch Pott 1995). Wie Brandes (1992) betont, sind die meisten als sekundäre Gesellschaften der Klasse ASPLENIETEA TRICHOMANIS anzusprechen (s. Kap. 26: Nr. 4.2). Nur in warmem Klima findet man Vertreter der in submediterranen und mediterranen Bereichen besser entwickelten Ordnung der nährstoffgebundenen Mauerfugen-Gesellschaften (PARIETARIETALIA JUDAICAE, Kap. 26: Nr. 4.2.3). Sie sind besonders stickstoffbedürftig, ähnlich wie die verwilderten Gartenpflanzen, die sich ihnen häufig zugesellen.

13.3.13.2 Kryptogamenvegetation auf Felsen

Mit Recht sah Gams (1927) die an Felsen und Steinblöcken im Hochgebirge fast allgegenwärtigen Flechtenüberzüge, insbesondere die Nabelflechten (*Umbilicaria cylindrica* u. a.), als typischen Ausdruck des alpin-nivalen Klimas an. Der Kälte wie der Austrocknung sind sie in gleichem Maße gewachsen, wenn sie nur immer wieder genügend befeuchtet werden. Moose, ihre Hauptkonkurrenten, können sich nur stellenweise unter Schnee behaupten. Schwefeldioxid und andere Schadgase, die unsere Städte und Industriereviere für mehrere Jahrzehnte zu Flechtenwüsten machten, gelangten noch nicht in zu hoher Konzentration bis in die alpine und nivale Stufe hinauf. **Nirgends in Mitteleuropa sind daher Flechten-Gesellschaften so reichlich entwickelt wie oberhalb der alpinen Waldgrenze.**

Nach Frey (1947, 1969) darf man diese, von ihren Ansprüchen her bescheidenen Kryptogamen als die ältesten Bewohner unserer Gebirge bezeichnen. Auch während der maximalen Vereisung ragten Felsen als Nunataker aus dem Eis hervor, und diese waren zweifellos schon damals für Flechten besiedelbar. Da die Krustenflechten im nivalen und hochalpinen Klima außerordentlich langsam wachsen, errechnete Frey, dass **manche Individuen jahrtausendealt** seien. Sie erlebten vielleicht schon die Eiszeiten an ihrem heutigen Wuchsort.

Trotz ihres ehrwürdigen Alters und trotz ihrer großen Verbreitung im Hochgebirge kennzeichnen aber die meisten Flechtenarten den alpin-nivalen Bereich doch nicht eindeutig. Sie sind ihm weniger treu als viele der in den Tabellen 13–1 bis 13–10 genannten Phanerogamen und Moose. Sowohl die in Tabelle 13–11 aufgeführten Klassen-Kennarten als auch die meisten Ordnungs- und Verbands-Kennarten kommen im mitteleuropäischen Tiefland ebenfalls vor (s. Wirth 1972 u. 1987), wenn sie dort nur genügend stabile und konkurrentenfreie Steinoberflächen finden. **Eigentliche alpin-arktische Arten gibt es unter den Flechten nur wenige**, und diese treten obendrein recht spärlich auf, z. B. *Umbilicaria virginis*, die in den Alpen nie unter 2700 m Höhe gefunden wurde (Frey 1947, s. auch Poelt 1963).

Klement (1955) versuchte, alle Felsflechten-Gesellschaften zu einer Klasse (Epipetretea lichenosa) zusammenzufassen. Die zahlreichen Gesellschaften auf Kalk- und auf Silikatgestein lassen jedoch keine echten gemeinsamen Charakterarten erkennen. Deshalb muss man im Hochgebirge nach Wirth (1972) und Roux (1978) zumindest die vikariierenden Gesellschaftsklassen der Karbonatfels-Flechten (Protoblastenietea immersae) und Silikatfels-Flechten (Rhizocarpetea geographici) unterscheiden (s. Tab. 13–1 u. 13–11).

Wie aus Tabelle 13–11 hervorgeht, sind die von der subalpinen bis nivalen Stufe vorkommenden Felsflechten-Gesellschaften nicht minder reich gegliedert und nicht schlechter charakterisiert als etwa die Felsspalten-Gesellschaften von höheren Pflanzen oder die Schuttfluren und Schneetälchen. Wegen ihrer starken Klima- und Substratbindung sind sie zweifellos gute Bioindikatoren. So hält sich das Rhizocarpetum alpicolae z. B. nur dort, wo der Fels lange vom Schnee verhüllt bleibt, und kann deshalb als zuverlässiger Schneepegel verwendet werden.

Mengenmäßig herrschen in den Gesteinsflechten-Gesellschaften der Tabelle 13–11 durchgehend Krustenflechten vor, und zwar sogenannte „Außenkrusten" (**Exolithophyten**, s. Abb. 13–51 u. Kap. 13.4.4 b). In karbonatreiches Gestein vermögen mehrere Arten einzudringen, indem sie es mittels ihrer als Chelatbildner wirkenden Stoffwechselprodukte auflösen („Innenkrusten", **Endolithophyten**). Blattflechten sind auf Kalk seltener als auf Silikatgestein. Das dürfte in erster Linie mit der größeren Durchlässigkeit und damit Trockenheit des Substrats zusammenhängen. Doch spielt auch die rasche Korrosion der Oberfläche eine Rolle, d. h. die **geringere Stabilität des Kalksteins**. Zudem bevorzugen die meisten Umbilicarien, Parmelien und Ramalinen saure Unterlagen.

Am üppigsten entwickeln sich Flechtenüberzüge auf den Spitzen oder Kuppen von Steinen, die Vögeln als Sitzplätze dienen. Ähnliche Ver-

Abb. 13–51 Krustenflechten-Gesellschaft (Rhizocarpetum alpicolae) auf saurem Gestein in den Ötztaler Alpen (2500 m). Foto: Follmann.
Typische Silikatflechten-Gesellschaft des Hochgebirges mit vorherrschender Landkartenflechte (*Rhizocarpon geographicum*, etwa natürliche Größe).

hältnisse lassen sich an Felswänden unter Murmeltierlagern beobachten. Dung begünstigt die Ansiedlung **nitrophytischer Flechten**, die sich wie die *Caloplaca*- und *Xanthoria*-Arten vorwiegend durch lebhafte Orangefärbung auszeichnen (Parietingehalt!). Durch die Exkremente werden die Säuren des Silikatgesteins neutralisiert, sodass sich bei regelmäßiger Zufuhr auch Kalkflechten einstellen. Doch lassen sich bei den koprophilen Flechten-Gesellschaften ebenfalls deutlich vikariierende Verbände unterscheiden, besonders das kalkholde Caloplacion decipientis und das Rhizoplacion chrysoleucae des Silikatgesteins (s. Tab. 13–11).

Die Flechten-Gesellschaften reagieren aber nicht nur auf chemische Faktoren, sondern auch auf den Wasserhaushalt, den Besonnungsgrad und andere kleinklimatische Faktoren. Frey (1933) hat eine einleuchtende Klassifikation der Felsstandorte gegeben (s. Abb. 13–68 b). Auch ohne den Einfluss von Vogelkot sind die Kulmflächen größerer Steine oft an-

Tab. 13–11 Häufige Gesteinsflechten-Gesellschaften und einige ihrer Charakterarten in der hochmontanen bis nivalen Stufe nach Klement (1955), Wirth (1972), Roux (1978) u. a., verändert durch Follmann[1] und Ellenberg (1996).

Klassen:	**Karbonatfels**-Flechtenbewuchs PROTOBLASTENIETEA IMMERSAE *Lecanora dispersa* I *Protoblastenia calva* I *P. immersa (= Lecidea i.)* I *P. incrustans* *P. rupestris* u. a.	**Silikatfels**-Flechtenbewuchs RHIZOCARPETEA GEOGRAPHICI *Acarospora fuscata* *Lecanora atra* *L. badia* *Lecidea lactea* u. a. *Rhizocarpon geographicum*
Ordnungen:	Flechtenüberzüge an offenem beregnetem Karbonatfels VERRUCARIETALIA PARMIGERAE *Caloplaca ochracea* *Catillaria lenticularis* I *Verrucaria parmigera* I *V. baldensis*	Flechtenüberzüge an offenem beregnetem Silikatfels UMBILICARIETALIA CYLINDRICAE *Haematomma ventosum* *Lecanora intricata* *Lecidea lapicida* *Schaereria tenebrosa* *Sporastatia testudinea* U *Umbilicaria cylindrica* u. a.
Verbände von **Krustenflechten**-Gesellschaften an nährstoffarmem hartem **Steilfels**:	an Kalk-Steilfels (mit vielen „Innenkrusten") HYMENELION CAERULEAE *Hymenelia caerulea* I *Polyblastia deminuta* *Rhizocarpon umbilicatum* *Thelidium decipiens* I *Verrucaria dufourii* u. a. mehrere Assoziationen, z. B. Arthopyrenietum saxicolae	an Silikat-Steilfels („Außenkrusten") RHIZOCARPION ALPICOLAE *Fuscidea kochiana* *Lecidea aglaea* *L. armeniaca* *Rhizocarpon alpicola* *Rinodina polyspora* u. a. mehrere Assoziationen, z. B. Rhizocarpetum alpicolae („Schneepegel-Gesellschaft")

ders bewachsen als die Neigungs- und Stirnflächen. An schattseitigen Felsflächen dominieren Arten, die an den sonnseitigen zurücktreten. Die größten Besonderheiten aber zeigt der Bewuchs von Überhängen (Balmen) und von dunklen Grotten. Hier kommt z. B. das einem eigenen Verband (LEPRARION CHLORINAE) angehörende Lecideetum lucidae vor (in Tab. 13–11 nicht aufgeführt). Mit ihrem leuchtenden Schwefelgelb ist die namengebende Art ein nicht zu übersehender Säurezeiger; alle Gesellschaftsbildner repräsentieren „Staubkrusten", die nicht zur Aufnahme flüssigen Wassers befähigt sind. Auf Karbonatgestein wachsen an Überhangsflächen Flechten vor allem dort, wo diese zeitweilig von Wasser überrieselt werden. Unter solch günstigen Bedingungen entwickeln sich die Gallertflechten-Gesellschaften des COLLEMION TUNIFORMIS (s. Tab. 13–11). Sie leben auch in der Randzone der sogenannten „Tintenstriche".

Diese **„Tintenstriche"** lassen sich folgendermaßen erklären: An den trockensten Standorten halten sich vor allem Flechten, die Grünalgen als Photobionten enthalten, weil nur diese in der Lage sind, auch Wasserdampf zur Erhöhung des zellulären Wassergehaltes aufzunehmen. Fast alle Cyanobakterien-Flechten sind dagegen auf tropfbares Wasser angewiesen, z. B. überrieselte Felsen (s. z. B. Lange et al. 1993). Diese an Karbonatfelsen, vor allem aber an kristallinen Steinwänden, schon von Weitem auffallenden dunklen Streifen werden durch Cyanobakterien gebildet (Jaag 1945).

Tab. 13–11 Fortsetzung

Verbände von **Blattflechten-** Gesellschaften an nährstoff-armen Fels-standorten:	Gallertflechten-Bestände mit genabelten **Lederflechten** an kurzfristig sickerfeuchten Kalkfelsen COLLEMION TUNIFORMIS G *Collema cristatum* G *C. multipartitum* G *C. tuniforme* U *Dermatocarpon miniatum* *Placynthium nigrum* u. a. mehrere Assoziationen, z. B. Verrucario-Placynthietum nigri	**Nabelflechten-**Bestände sonniger, wechsel-trockener Kieselfelsen UMBILICARION CYLINDRICAE C *Cornicularia normoerica* H *Hypogymnia intestiniformis* B *Pseudephebe pubescens* U *Umbilicaria cinereorufescens* U *U. crustulosa, U. polyphylla* U *U. proboscidea* mehrere Assoziationen, z. B. Umbilicarietum cylindricae
Verbände von **Halbkrusten- und Blatt-flechten-** Gesellschaften an nährstoff-reichen **Vogel-felsen:** (w) = wärme-liebend	im Kalkgebirge CALOPLACION DECIPIENTIS P *Diploicia canescens* P *Caloplaca cirrochroa* (w) P *C. decipiens* (w) P *Xanthoria elegans* u. a. mehrere Assoziationen, z. B. Xanthorietum elegantis	im Silikatgebirge RHIZOPLACION CHRYSOLEUCAE *Dimelaena oreina* B *Ramalina capitata* S *Rhizoplaca chrysoleuca* S *R. melanophthalma* u. a. mehrere Assoziationen, z. B. Ramalinetum capitatae

[1] Vereinfachte Bezeichnung der Wuchsformen: **Krustenflechten**: I = Innenkrusten; ohne Symbol = Außenkrusten: Halbkrusten: P = *Placodium*-Form (rosettig wachsend), S = Schildflechten (etwas erhaben). **Blattflechten** i. w. S.: G = Gallertflechten, H = *Hypogymnia*-Form (randlich gelappt), U = Nabelflechten. **Strauchflechten:** C = *Cetraria*-Form. **Band- und Bartflechten:** B (*Ramalina*- und *Usnea*-Form). Viele der in dieser Tabelle aufgeführten Flechtenarten konnten von Wirth (in Ellenberg et al. 1992) noch nicht mit Zeigerwerten genannt werden.

Diese bedürfen zu guter Entwicklung dauernder Feuchtigkeit, werden aber von geröllführendem und rasch fließendem Wasser abgeschmirgelt und weggeschwemmt. Günstige Lebensbedingungen finden sie deshalb vor allem dort, wo aus Gesteinsspalten einige Monate oder zumindest mehrere Wochen lang etwas Wasser herabrinnt. Beim Abtrocknen hinterlassen die in aktivem Zustand rötlich bis blaugrün gefärbten Blaualgen jene so auffälligen blauschwarzen Bänder und Striche. Auch diese unscheinbaren Kryptogamen-Gesellschaften sind recht artenreich und je nach dem Kalkgehalt ihres Substrates und nach anderen Faktoren verschieden zusammengesetzt. Auf Silikatfelsen dominiert meist *Gloeocapsa ralfsiana*, die auf Kalk nur selten auftritt. Umgekehrt verhält sich *G. sanguinea*. Wie Jaag (1945) betont, sind im Hochgebirge ausgedehnte Felsoberflächen wirklich nur nackter Stein ohne jegliche Algen, Flechten oder andere Autotrophen.

Gründliche Untersuchungen zur Synsystematik der **felsbewohnenden (epilithischen) Flechten-Gesellschaften des außeralpinen Mitteleuropa** führten z. B. Wirth (1972: Silikatflechten-Gemeinschaften) und Pietschmann & Wirth (1989: Flechten- und Moos-Gesellschaften der Dolomit- und Kalkfelsen der Fränkischen Alb) durch.

13.3.14 Pflanzengesellschaften der nivalen Stufe

Dort, wo die alpine Rasenvegetation lückig wird und weniger als 20–40 % des Geländes deckt, geht nach der vegetationskundlichen Definition die hochalpine in die (sub)nivale Stufe über (Grabherr et al. 2003). Die höchsten geschlossenen Rasen trifft man nach Grabherr et al. (1995) in den Alpen in 3480 m Höhe an.

Wie Abbildung 13–17 halbschematisch zeigt, sind „Dikotylenteppiche" charakteristisch für die untere nivale Stufe. Polsterförmig wachsende Chamaephyten gesellen sich auf genügend tiefgründigem, aber nicht rutschendem Boden zu lockeren Teppichen, die von mehr vereinzelt

Abb. 13–52 Auch in der nivalen Stufe gibt es schneefreie Wuchsplätze, z. B. am Zinal-Rothorn (4221 m ü.NN.) in den Walliser Alpen. An Felsen und Blöcken halten sich Flechten und Cyanophyceen sowie andere Autotrophe, in Spalten und an feinerdereichen Stellen insbesondere zahlreiche Phanerogamen.

auftretenden Arten, meist Hemikryptophyten, durchsetzt werden. Sowohl auf anstehendem Gestein als auch auf Schutt bilden sie Dauergesellschaften, während sie in der alpinen Stufe meist als Pionierstadien der mehr oder minder geschlossenen Rasen auftreten.

Extreme Temperaturwechsel und knappe Zeiten von thermischer Gunst ertragen dichte **Polsterpflanzen** mit einem eigenen Bestandes-Innenklima wie *Androsace helvetica* (s. Abb. 13–52) sowie viele Moose am besten. Solche Polster steigen hoch in die Nivalstufe empor, werden jedoch von Rosettenpflanzen, wie den *Draba*-Arten oder *Kernera saxatilis,* und von Grasartigen wie *Poa laxa, Carex curvula* und *Oreochloa disticha* begleitet. Manche Arten sind halbsukkulent, beispielsweise *Sedum alpestre, Saxifraga paniculata* und *Primula auricula,* was auf periodische Wasserknappheit an flachgründigen Nivalstandorten auf Fels hinweist (Neuner et al. 1999b).

In der mittleren Nivalstufe finden Blütenpflanzen immer weniger Gelegenheit, sich zu mehreren gruppenweise anzusiedeln. Pauli et al. (1999) konnten in der Nivalstufe des Schrankogel in Tirol je nach Höhenlage und Lage im Mikrorelief noch **14 Pflanzengesellschaften** unterscheiden, wobei aufgrund der wenigen Arten 11 Typen nur **fragmentarischen Charakter** besaßen. Polsterpflanzen, aber auch weniger speziell angepasste Sippen, wachsen als Einzelindividuen in Isolation, und Rasenfragmente beschränken sich auf festes, felsiges Substrat oder fehlen fast ganz. Auf feinerdereichen Plätzen gibt es zwar noch größere Moosrasen, doch leiden auch diese unter der **Solifluktion**, die alle zeitweilig aperen Lockerböden ergreift. Besser halten sich Moospolster in breiten Spalten und Absatzwinkeln von Felsen. Generell kann man die Felsenbewohner als Pflanzen charakterisieren, die **gegenüber Störungen empfindlich** sind.

Über die Obergrenze der Dikotylenpolster, in die obere Nivalstufe, steigen nur wenige Phanerogamen empor, und auch diese erreichen hier bald ihre absolute Grenze (s. Kap. 13.3.14.4). Pflanzenleer sind aber selbst die höchsten und feinerdeärmsten Alpengipfel nicht. Sie wurden zum Reich genügsamer Krusten- und Blattflechten, soweit sie nicht dauernd vom Firn verhüllt bleiben. Deshalb kann man die obere nivale Stufe auch als Thallophyten- oder **Flechtenstufe** bezeichnen.

13.3.14.1 Mehr oder minder bodenvage Rasenfragmente

Gräser und Grasartige wie *Oreochloa disticha*, *Agrostis rupestris*, aber auch *Carex curvula*, können an besonders günstigen Standorten noch in der subnivalen bzw. nivalen Stufe Rasenfragmente ausbilden. Viele Partner der Krummsegge folgen ihr in den kälteren Bereich, ja sind ihr hier besonders treu (Pauli et al. 1999). Nach der klassischen Arbeit von Braun (1913) enthält das Schneestufen-Curvuletum der schweizerischen Innenalpen durchschnittlich nicht weniger als 23 bis 26 Arten (s. a. Kap. 13.3.7.1 u. Tab. 13–2). Für die Ötztaler Alpen kommen Reisigl & Pitschmann (1958) zu ähnlichen Ergebnissen. Mehr noch als in den tieferen Lagen ist hier der Krummseggenrasen während der kalten Jahreszeit auf Schneeschutz angewiesen. Andererseits braucht er aber alljährlich eine **mindestens dreimonatige Aperzeit**, um sich entwickeln zu können, und diese Bedingung wird in der Nivalstufe nur noch ausnahmsweise erfüllt. Meist findet man die Rasenflecken an sonnseitigen, aber windgeschützten Hängen oder auf flachen Kuppen.

Vom Wind schneefrei gefegte Kanten bleiben auch im nivalen Klima dem Nacktriet überlassen. Wie das Curvuletum ist das Elynetum hier oft noch recht gut ausgebildet. Bis in die untere Nivalstufe hinauf findet man außerdem fragmentarisch Blaugras-Horstseggenhalden. An diesen beteiligt sich als **einziges Holzgewächs, das in die Nivalstufe vordringt**, die im Herbst laubwerfende *Salix serpyllifolia*. Sie bildet Teppiche, die ähnlich wie die Kriechpolster Humus sammeln, und kann nach Braun (1913) mehr als 100 Jahre alt werden.

In vielen subnivalen und nivalen Rasenfragmenten treffen wir auf Gemische von Arten, die uns von der alpinen Stufe her als basiphytisch oder acidophytisch bekannt sind. **Mit zunehmender Meereshöhe werden die meisten Phanerogamen bodenvag**, wie Braun (1913), Schröter (1926), Wendelberger (1953), Friedel (1956), Pauli et al. (1999) u. a. übereinstimmend feststellten. Aus allgemeinen Überlegungen über das Verhalten der Pflanzen an ihren Lebensgrenzen heraus hätte man eher das Gegenteil erwartet, nämlich eine engere Bindung an bestimmte Standorte. Tatsächlich spielt aber der Kalkgehalt und der Säuregrad des Bodens auch in der alpinen Stufe an und für sich keine allein entscheidende Rolle (s. Abb. 13–66). Wo die Konkurrenz schwächer wird oder ganz wegfällt, weil die Individuen fast isoliert sind und äußerst langsam wachsen, dort ist den meisten Arten jeder Boden recht, wenn sie sich dort etablieren konnten und der **Schneeschutz** ausreichend ist.

Die Abnahme der Substratbindung in der nivalen Stufe ist umso auffälliger, als sich hier die ursprünglichen Gesteinsunterschiede kaum durch Bodenbildung ausgleichen und fremdbürtige Feinerdedecken immer seltener werden. Infolge der tiefen Mitteltemperaturen, der langen Frostdauer und der großen Reliefenergie kommt die Bodenbildung in der Schneestufe kaum über ihre Anfänge, den physikalischen Gesteinszerfall und eine örtliche Humusanreicherung, hinaus. Das raue Klima wird zum wichtigsten bestimmenden Faktor und die nivale Flora lässt sich am ehesten in **störungsempfindlichere, aber kältetolerantere Felsbewohner** (z. B. *Carex curvula* und *Oreochloa disticha*) und **störungsertragende, jedoch schneebedürftige (chionophile) Arten** (z. B. *Veronica alpina* und *Linaria alpina*) untergliedern (Pauli et al. 1999).

13.3.14.2 Nivale Gesteinsfluren

Sonnexponierte Felsvorsprünge, -spalten und -füße sowie wenig bewegliche Schutthalden, in denen sich Feinerde sammeln konnte, sind in großer Höhe die einzigen sicheren Keimungs- und Siedlungsplätze für Phanerogamen. Fels- und Schuttpflanzen (s. Tab. 13–9 u. 13–10) machen daher den größten Teil der **Nivalflora** aus (Pauli et al. 1999). Besonders reichlich sind in der unteren und mittleren Schneestufe die zum Polsterwuchs neigenden Dikotylen vertreten. Den vereisten Nordwänden und steilen Schatthängen fehlen höhere Pflanzen überhaupt.

Weitaus die größten pflanzenbesiedelten Flächen stellen die Flechtenüberzüge der Felsen dar (s. Tab. 13–11), auf die wir bereits in Kapitel 13.3.13.2 eingegangen sind. Mit zunehmender Höhe werden aber auch diese gegen extreme Kälte und Austrocknung unempfindlichen Gesellschaften artenärmer und fallen z. T. ganz aus.

13.3.14.3 Sonstige Vegetationstypen der Nivalstufe

Wegen des schroffen Reliefs und des Fehlens tiefgründiger Lehmböden sind Sumpfpflanzen, Quellfluren und andere Nassboden-Gesellschaften im Gegensatz zur Arktis in der Nivalstufe unserer Hochgebirge kaum zu finden. Auch Schneetälchen sucht man meist vergeblich, weil eine ihrer wichtigsten Lebensbedingungen kaum irgendwo gegeben ist, nämlich rieselndes und gestautes Schneeschmelzwasser im Hochsommer bei genügend langer Aperzeit (vgl. Kap. 13.3.9). Allenfalls trifft man Fragmente von Moos-Schneetälchen im untersten nivalen und im subnivalen Bereich auf erdig verwitternden Schiefern oder ähnlichen Gesteinen. Oft dominiert in diesen *Polytrichum piliferum*, d. h. eine gegen Trockenheit sehr widerstandsfähige, auch im Tiefland verbreitete Moosart.

Wo sich Wildtiere oder weidende Schafe lagern, gibt es sogar noch oberhalb der Schneegrenze genügend Nährstoffe für die Ansiedlung von **Hochstauden und Lägerpflanzen**, z. B. von *Cirsium spinosissimum* und *Poa alpina*. Braun-Blanquet (1957) hielt deshalb vermehrten Weidegang und Wildbesatz neben wärmerer Witterung für wesentliche Ursachen der von ihm am Piz Languard und Piz Linard beobachteten Zunahme dieser Arten (s. Tab. 13–19). Nach den neueren Untersuchungen von Pauli et al. (2001, 2003) spielt jedoch der Einfluss von Tieren für das Höhenwandern von Pflanzen in jüngster Zeit eine untergeordnete Rolle (s. Kap. 13.7.2).

Zu den Lebensgemeinschaften der Nivalstufe zählt auch die eigenartige „Flora von Schnee und Eis“, das **Kryoplankton**, das Huber-Pestalozzi (in Schröter 1926) zusammenfassend behandelt hat. Der am besten bekannte Organismus dieser Schwebeflora ist *Chlamydomonas nivalis*, der „rote Schnee“, der auf der ganzen Erde in Gebieten mit ewigem Schnee auftritt und ihn zeitweilig auf mehr oder minder großen Flächen himbeerrot färbt (Remias et al. 2005). Diese Alge galt bisher als kryophil, d. h. mit einem Wachstumsoptimum bei Temperaturen < 10 °C. Untersuchungen an arktischen Schneealgen zeigten allerdings, dass es sich nicht um nur eine einzige Art handelt, sondern verschiedene Süßwasser-Mikroalgen beteiligt sind, und dass nur die Minderheit der untersuchten Stämme tatsächlich als kryophil gelten kann (Leya 2003).

13.3.14.4 Höchststeigende Pflanzenarten Mitteleuropas

Rund ein Drittel der alpin-nivalen Flora der Alpen (mehr als 200 Gefäßpflanzen-Arten) steigt auf über 3000 m hinauf, 70 erreichen 3500 m, 30 bis 40 3800 m, aber nur 20 überschreiten 4000 m (Grabherr et al. 1995). In den von Reisigl & Pitschmann (1958) untersuchten Ötztaler Alpen steigen die nivalen Arten weniger hoch hinauf als in den westlichen Zentralalpen (s. Tab. 13–12 u. Abb. 13–52). Hier ist die Schneegrenze allerdings durchschnittlich etwas höher anzusetzen als in den Ötztaler Alpen, nämlich bei über 3200 m. Die **Höhenrekorde in den Alpen** halten *Saxifraga biflora* mit 4450 m am südschweizerischen Dom und *Ranunculus glacialis* mit 4270 m (Grabherr et al. 1995). Noch höher steigen allerdings Flechten und Moose hinauf (4634 m).

Polsterbildner und auch **Gräser** erweisen sich mithin als besonders widerstandsfähige Phanerogamen, werden aber von *Ranunculus glacialis* (s. Abb. 13–53) noch übertroffen, der sich durch keine auffälligen morphologischen Anpassungsmerkmale auszeichnet. Er kann von seiner Lebensstrategie her am besten als konkurrenzschwache alpine Ruderalart klassifiziert werden.

Für die **Tatra** wurden ihrer geringeren Höhe und Massenerhebung entsprechend erheblich niedrigere Maximaldaten festgestellt. Nach Pawlowski (1931) kommen bis in die 2663 m hohe Gipfelregion am Gerlach folgende Phanerogamen vor: *Minuartia sedoides*, *Cerastium uniflorum*, *Saxifraga bryoides*, *S. carpathica* (endemisch), *S. moschata*, *Primula minima*, *Gentiana frigida*, *Tanacetum alpinum*, *Doronicum clusii*, *Senecio incanus* subsp. *carniolicus*, *Luzula spicata*, *Poa laxa*, *Festuca ovina* subsp. *supina*, *Oreochloa disticha*, *Ranunculus glacialis*, *Sedum alpestre*, *Campanula alpina*, *Poa alpina* subsp. *vivipara* u. a.

Wie in den Alpen, so treten auch in der Tatra auf den höchsten Gipfeln Polsterpflanzen, Gräser und andere, morphologisch nicht offensichtlich an das Höhenleben angepasste Arten gemeinsam auf. Alle hier genannten Sippen erreichen in den Alpen, soweit sie dort überhaupt vorkommen, Höhen über 3000 m.

Tab. 13–12 In den Westalpen über 3500 m emporsteigende Pflanzen (Höhenangaben in m. ü.NN).

4807	Höchster Alpengipfel	Mont Blanc
4634	Höchste Moose u. Flechten	
4450	*Saxifraga biflora*	Dom
4270	*Ranunculus glacialis*	Finsteraarhorn
4200	*Androsace alpina*	Matterhorn
4150	*Poa alpina* var. *minor*	Rimpfischhorn
	Linaria alpina	Rimpfischgrat
4010	*Phyteuma globulariifolium*	Matterhorn
	Saxifraga bryoides	
4000	*S. moschata*	Finsteraarhorn
	Poa laxa	
3900	*Tanacetum alpinum*	Alalinhorn
	Minuartia sedoides	
3825	*Saxifraga oppositifolia*	Monte Rosa
3800	*Artemisia genipi*	Weismies
	Draba dubia	Grivola
	Geum reptans	
	Trisetum spicatum	
	Erigeron uniflorus	
3750	*Artemisia mutellina*	
	Saxifraga seguieri	
	Silene excapa	Mt. Velan
	Draba hoppeana	
	Gentiana bavarica	Zinalgrat
3600	var. *subacaulis*	Weißtor
	Phyteuma hemisphaericum	
	Juniperus communis	
3570	subsp. *alpina*	Mte. Rosa
	Potentilla frigida	
3540	*Primula hirsuta*	Driftjoch, Zermatt
3517	*Agrostis rupestris*	Lysgletscher
3500	*Cardamine resedifolia*	Mte. Rosa
	Carex parviflora	
	Doronicum clusii	
	Geum montanum	
	Luzula lutea	
	L. spicata	
	Sempervivum montanum	
	Veronica alpina	
	Arabis caerulea	
	Cerastium latifolium	Tete de la Tribulation
	Euphrasia minima	Matterhorn
		Antener Erzhaupt

Abb. 13–53 Gletscher-Hahnenfuß (*Ranunculus glacialis*), eine der höchststeigenden Blütenpflanzen Europas, im Silikatschutt des Ortlergebietes (Ausschnitt etwa 40 cm breit). Foto: H. Pauli.

Zu den am höchsten emporsteigenden Kryptogamen gehören *Rhizocarpon*-, *Umbilicaria*-, *Parmelia*- und *Lecidea*-Arten (Frey 1947, 1969). In der subnivalen und nivalen Stufe der Tauern fand er nicht weniger als 151 Flechtensippen, 101 davon auf nur 11 Gipfeln. Auch Moose fehlen den von Reisigl & Pitschmann (1958) untersuchten Gipfeln und dem von Friedel (1956) studierten Großglockner nicht gänzlich. Auf dem Weißkogel (3739 m Höhe) in den Ötztaler Alpen beispielsweise fanden die erstgenannten Autoren noch folgende z.T weit verbreitete Moosarten: *Gymnomitrion corallioides*, *Polytrichum sexangulare*, *P. piliferum*, *Racomitrium lanuginosum*, *Grimmia donniana* und *Bryum kunzei*.

13.4 Anpassung an den Standort

13.4.1 Anpassungen an Kälte und Hitze

a) **Frost** ist in der alpinen Stufe nicht nur im Winter, sondern auch im Sommer eine häufige Erscheinung. In 2000 m Höhe in den Alpen sinkt selbst im Juli die Nachttemperatur im Mittel an 2 Tagen unter den Gefrierpunkt, in 2500 m bereits an 8 Tagen und in 3000 m an 15 Tagen (Sakai & Larcher 1987). Alle Pflanzen der alpinen und nivalen Stufe verfügen deshalb über geeignete Anpassungen an das Frostregime ihres Standortes. Gefriertoleranz erlangen Pflanzen im Zuge der Abhärtung im Herbst; diese erlaubt es ihnen, in den Wintermonaten erhebliche interzelluläre, also apoplastische, Eisbildung im Gewebe ohne lebensbedrohliche Schäden zu überstehen. Kritische Schäden erleiden alpine Pflanzen jedoch bei unerwartet auftretenden Frostereignissen wie **Spätfrösten** zu Sommerbeginn und **Frühfrösten** im Herbst, wenn die Pflanzen enthärtet und physiologisch voll aktiv sind. Alle Pflanzen erleiden den Gewebetod, wenn bei nicht ausreichenden Schutzmechanismen ein Ausfrieren des Symplasten stattfindet.

Zu den wirkungsvollsten Mechanismen, Gewebegefrörnis zu vermeiden, gehört **Kleinwüchsigkeit**. Überwinternde Organe, insbesondere die Meristeme, werden bei den meisten alpinen Pflanzen unter die gut isolierende Schneedecke oder gar in den Erdboden verlagert. Wo eine Schneedecke wegen Verblasung fehlt, kann Spalier- und Polsterwuchs einen gewissen Schutz vor Kaltluft bieten. An schneearmen Wuchsorten sind aber kleinwüchsige Hochgebirgspflanzen besonders frostgefährdet, weil in niederwüchsiger Vegetation die nächtliche Zufuhr von wärmenden Luftpaketen an die ausgekühlte Pflanzenoberfläche viel weniger wirksam ist als in höherwüchsigen, der Turbulenz stärker ausgesetzten Beständen (Grace 1988).

Viele Hochgebirgspflanzen erreichen **Gefrierbeständigkeit** im Zuge der Abhärtung durch Gewebeentwässerung sowie durch das Vermögen zu dauerhafter Unterkühlung des Zellsaftes, ohne dass Eisbildung in der Zelle stattfindet. Hierzu trägt ein skleromorpher Blattaufbau mit dicken, starren Zellwänden als Nukleationsbarriere bei, die die Eisfortpflanzung im Gewebe wirkungsvoll verhindert. Kältestabile Biomembranen und aktive Gefrierpunkts-Erniedrigung durch saisonale Einlagerung von löslichen Kohlenhydraten, Aminosäuren und anderen Osmotika tragen ebenfalls zur Frosthärte bei, ähnlich wie die Bildung von Antifrost-Proteinen, die die Eisbildung kontrollieren (Carpenter & Hansen 1992). Alpine Pflanzen besitzen generell **hohe zelluläre Gehalte an nicht-strukturellen Kohlenhydraten**, von denen unklar ist, ob sie in einem funktionalen Zusammenhang mit der Forsthärte stehen. Die osmotische Anpassung bei Frost ist jedoch bei alpinen Pflanzen offenbar nicht ausgeprägter als bei Tieflandpflanzen (Körner 2003).

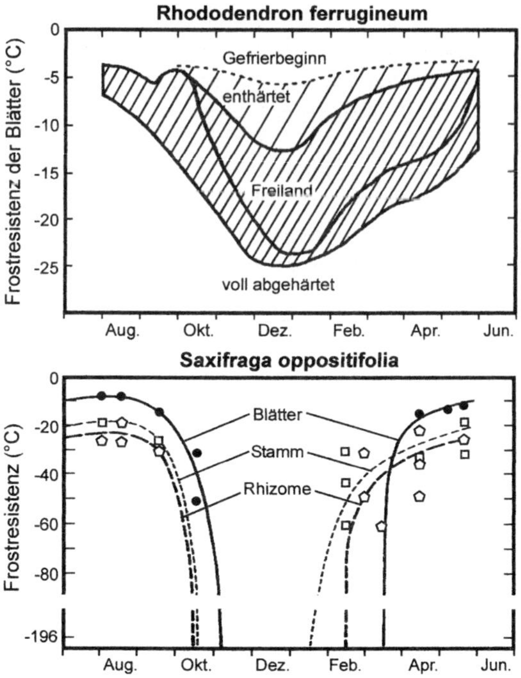

Abb. 13–54, oben Jahresgang der Kälteresistenz und des Gefrierbeginns von Blättern eines Holzgewächses (*Rhododendron ferrugineum*) an der alpinen Waldgrenze; Spanne zwischen minimaler Resistenz nach mehrtägiger Exposition in einem warmen Raum (obere ausgezogene Linie) und maximaler Resistenz (unterste Linie) nach stufenweiser Kälteabhärtung. Zwischen diesen beiden Linien liegt je nach vorausgegangener Witterung die aktuelle Kälteresistenz (mittlere ausgezogene Linie) der Pflanzen im Freiland (nach Pisek & Schiessl 1947 in Larcher 2001).
Unten Jahresgang der Kälteresistenz verschiedener Organe einer krautigen alpinen Pflanze (*Saxifraga oppositifolia* in 2200 m Höhe). Beachte beim Steinbrech die weit niedrigeren ertragenen Temperaturen und die raschere Abhärtung im Vergleich zum Strauch. Nach Kainmüller (1975, in Sakai & Larcher 1987), verändert.

Krautige Hochgebirgspflanzen erreichen die Abhärtung innerhalb weniger kalter Nächte. Manche überstehen danach im Zustand der Vollabhärtung sogar Temperaturen von –196 °C, wie z. B. die Polsterpflanzen *Saxifraga oppositifolia* und *Silene acaulis*. Zwergsträucher erreichen im voll abgehärteten Zustand immerhin einen Schutz bis –30 °C, in manchen Fällen sogar bis –70 °C. Zwergsträucher und Bäume benötigen einen deutlich längeren Zeitraum für die Abhärtung als Kräuter, wie der Jahresgang

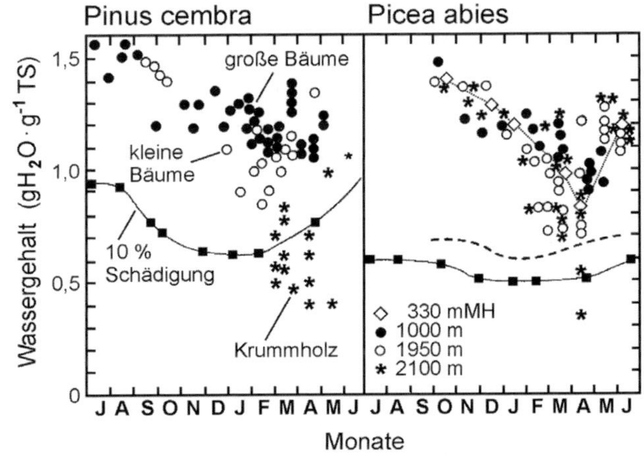

Abb. 13–55 Durch Frosttrocknis bedingte zunehmende Austrocknung der Nadeln der Zirbe (links: an der Waldgrenze in den Zentralalpen) und der Fichte (rechts: verschiedene Höhen über dem Meeresspiegel in den Alpen). Die Quadrate und die ausgezogenen Linien geben den Wassergehalt bei 10 % Schädigung des Nadelmesophylls an, die gestrichelte Linie den Grenzwassergehalt, bei dem die Fichtennadeln vom Zweig abzufallen beginnen. Kleine Bäume und Krummholz sind stärker durch Austrocknung gefährdet als große Bäume, weil Letztere mehr Wasser speichern. Nach Larcher (1957), Michael (1967) und Tranquillini (1982, in Larcher 2001).

der Frosthärte von *Rhododendron ferrugineum* zeigt (s. Abb. 13–54).

In der sommerlichen Hauptwachstumszeit sind alpine Pflanzen **nur wenig frostresistenter als Tieflandpflanzen**. Nach Untersuchungen von Körner, Larcher und anderen erleiden die meisten Kräuter der alpinen Stufe bei Temperaturen von –4 bis –7 °C eine 50%ige Schädigung ihres Blattgewebes, Grasartige bei –7,5 bis –9,5 °C. Taschler & Neuner (2004) fanden an 33 alpinen Arten etwas niedrigere Temperaturen mit 50% iger Letalität (LT_{50}: –4,5 bis –14,6 °C) und beobachteten einen Anstieg der Frosthärte um 0,4 °C pro 100 Höhenmetern, der der Abnahme der Temperaturminima entspricht. Zum Vergleich: Kräuter und Gräser der Tallagen ertragen Minimaltemperaturen zwischen –2,5 und –5,3 °C. Alpine Zwergsträucher und Polsterpflanzen erreichen im nicht abgehärteten Zustand Schädigungsgrenzen von –7 bis –10 °C. Das entspricht ungefähr dem Temperaturminimum der Photosynthese dieser Arten (Pisek et al. 1967, Larcher & Wagner 1976). Offenbar besitzen die verschiedenen Lebensformen alpiner Pflanzen eine **recht ähnliche sommerliche Frosthärte** (Körner 2003); lediglich die Grasartigen können als frosthärter gelten (Taschler & Neuner 2004). Das mag damit zusammenhängen, dass Frost im Sommer an Schlechtwettereinbrüche mit Schneefall gekoppelt ist und die Pflanzen deshalb Schneeschutz genießen. Weiterführende Darstellungen zur Physiologie und Biochemie der Frosthärte alpiner Pflanzen finden sich z. B. in Larcher (1985), Sakai & Larcher (1987), Schulze et al. (2002) und Rajashekar (2006).

b) Schäden durch **Frosttrocknis**, also winterliche Austrocknung, können an Blättern und Zweigen entstehen, wenn Pflanzen bei gefrorenem Boden Wasserverluste durch Verdunstung erleiden. Bereits Michaelis (1934) beobachtete an Fichtennadeln in der Krummholzzone eine starke Abnahme des Wassergehaltes und des osmotischen Potenzials (Minima bis etwa –6 MPa) im Spätwinter, während Legföhren-Nadeln keine Verschlechterung des Wasserzustandes zeigten. Die Nadeln und Zweige von Fichten, Zirben und Lärchen werden dauerhaft geschädigt, wenn deren Wassergehalt 50–70 % des Trockengewichtes unterschreitet (s. Tab. 13–13). Von Frosttrocknis betroffen sind weniger die ausgewachsenen Altbäume als kleine Bäume, **Baumjungwuchs** und Sträucher, weil diese nur wenig Wasser im Zweig- und Stammgewebe speichern können und daher kaum in der Lage sind, Wasserverluste auszugleichen (Larcher 1963, 1972, Tranquillini 1979, Larcher 1983b, Havranek & Tranquillini 1995; s. Abb. 13–55 u. 13–34). Nach der **Michaelis-Hypothese** werden die spätwinterlichen Wasserverluste dadurch verursacht, dass eine verdunstungshemmende Kutikula und Epidermis unter dem ungünstigen Klima an der Waldgrenze nicht ausreichend ausgebildet werden kann. Bei der Fichte dauert es schon in montaner Höhenlage 3 Monate, bis die Kutikula ihre endgültige Dicke erreicht hat (Lange & Schulze 1966). Früh austreibende Fichtenklone haben daher an der Waldgrenze bessere Chancen als Spättreiber (Tranquillini et al. 1980). Starker Wind kann zur Abrasion der Kutikula führen; gleichzeitig kühlt er die Nadel und verzögert die Reifung

Tab. 13–13 Wassergehalte und osmotische Werte des Presssaftes von Nadeln junger und alter Arven (*Pinus cembra*) Ende Februar, d. h. nach Überstehen des Hochwinters, am Patscherkofel bei Innsbruck. Nach Angaben von Tranquillini (1957).

Höhenlage:	unterhalb der **Waldgrenze**			an der **Baumgrenze**
Nadeln:	*im Schnee*[1]	*überm Schnee*		*überm Schnee*
Baumalter:	jung	alt[2]	jung	jung
Minimaler Wassergehalt der Nadeln (in % des Trockengewichts)	155	~ 125	115	78[3]
Maximaler osmotischer Wert (π^*, in atm.)	23	26,5	30	42,5

[1] Im Schnee sind die Nadeln zwar gegen Wasserverluste geschützt, aber in Gefahr, wegen zu hoher Luftfeuchtigkeit von Pilzen befallen zu werden.
[2] Der Altbaum hatte mehr Wasser zur Verfügung als der Jungbaum, weil er tiefer wurzelte und der Boden nur bis zu etwa 35 cm Tiefe gefroren war.
[3] Irreversible Schäden treten von etwa 70 % an abwärts ein.

derselben. Möglicherweise sind jedoch Wasserverluste durch die Zellwände der Schließzellen entscheidender als die Wasserdurchlässigkeit der Kutikula selbst (Körner 2003). Nach Mayr et al. (2003) spielt auch die winterliche Kavitationsgefährdung an der Waldgrenze eine Rolle; sie ist bei der Fichte weit größer als bei der höher hinaufsteigenden Zirbe, die Embolien offenbar durch geringere kutikuläre Wasserverluste und entsprechend höhere (positivere) Nadelwasser-Potenziale vermeidet.

c) **Schneebedeckung** bedeutet für alpine Pflanzen nicht nur Schutz gegen scharfe Fröste, sondern ist auch Belastungsfaktor infolge Strahlungsreduktion, erschwerter Gasdiffusion, erhöhter Prädisposition für Pilzinfektionen und Druckbelastung, vor allem wenn der Schnee nass oder überfroren ist. Verlust des Schneeschutzes im Winter erhöht die Gefahr von Frostschäden sowie von Austrocknung (s. Abb. 13–34) und Photoinhibition (Neuner et al. 1999 a). Eine ausführliche Diskussion dieses Standortfaktors findet sich in Körner (2003).

d) Viele alpine Pflanzen, unter ihnen *Loiseleuria*, sind im Sommer recht resistent gegen **Hitze** (Larcher 1977 b). Nicht abgehärtet, aber wassergesättigt, ertrug die Gämsheide 50 °C ohne Schaden, nach Hitzeabhärtung sogar 55 °C. Die Hitzegrenze der Photosynthese liegt bei alpinen Arten nach Larcher & Wagner (1976) und Pisek et al. (1973) im Bereich von 38–47 °C. Die Erhitzung in Bodennähe kann tatsächlich solche Grenzwerte erreichen oder übersteigen. Turner (1958 b) maß z. B. Anfang Juli in 2700 m Höhe in Tirol Bodenoberflächen-Temperaturen unter dunklem Rohhumus, die kurzfristig 80 °C überschritten und für mehrere Stunden 60 °C erreichten. In einem Loiseleurio-Cetrarietum in 2175 m ü. NN. wurden Anfang August an der Streuoberfläche 47,5 °C gemessen, über dem Bestand dagegen nur 19,4 °C und in 2 cm Tiefe (im Humus) 16,6 °C (vgl. Abb. 13–16). Besonders hitzebelastet sind Pflanzen, deren Meristeme direkt an der Bodenoberfläche liegen, sowie exponierte Felspflanzen (Larcher 1977 b).

e) Die im Hochgebirge vor allem an Strahlungstagen deutlich erhöhte **UV-B-Strahlung** stellt nach einer Literaturübersicht von Körner (2003) **keinen gravierenden Stressfaktor** für alpine Pflanzen dar. Durch erhöhte Gehalte an Flavonoiden, Wachsen und anderen UV-absorbierenden Substanzen in Kutikula und oberer Epidermis sowie gesteigerte Produktion von Antioxidanzien (z. B. Ascorbinsäure) schützen sich die Hochgebirgspflanzen wirkungsvoll vor Schäden an ihren Zellfunktionen (Lautenschlager-Fleury 1955, Wildi & Lütz 1996, Streb et al. 1998).

13.4.2 Gewinn und Umsatz von Kohlenstoff

a) Pflanzen der alpinen Stufe wachsen unter einem CO_2-Partialdruck, der in 2500 m Höhe um rund ein Viertel niedriger ist als in Meereshöhe. Dennoch führen krautige Hochgebirgspflanzen eine ähnlich intensive Photosynthese unter Lichtsättigung durch wie Pflanzen des Tieflandes (Körner & Diemer 1987, Körner & Pelaez-Menendez Riedl 1989). Alpine Kräuter und Gräser erreichen nach einer Zusammenstellung von Körner (2003) bei optimalen Licht-, Temperatur- und Feuchtebedingungen und normaler CO_2-Konzentration ein mittleres **Photosynthesevermögen** von 16 µmol CO_2 m^{-2} s^{-1} (typischer Bereich 12–22 µmol), während Zwergsträucher 8 (4–14), Rosettenpflanzen

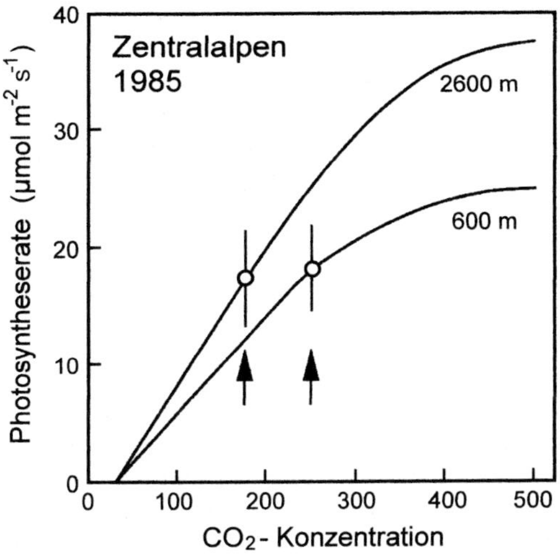

Abb. 13–56 Abhängigkeit der Netto-Photosyntheserate von der blattinternen CO_2-Konzentration bei krautigen Pflanzen der alpinen (2600 m) und Tieflandstufe (600 m). Pfeile deuten auf die Photosyntheserate bei den für die Höhenlage kennzeichnenden internen CO_2-Konzentrationen. Nach Daten von verschiedenen Autoren in Körner & Diemer (1987), Körner & Pelaez-Menendez Riedl (1989, in Körner 2003). Unabhängig vom CO_2-Angebot erreichen beide Gruppen ähnliche Leistungsfähigkeiten.

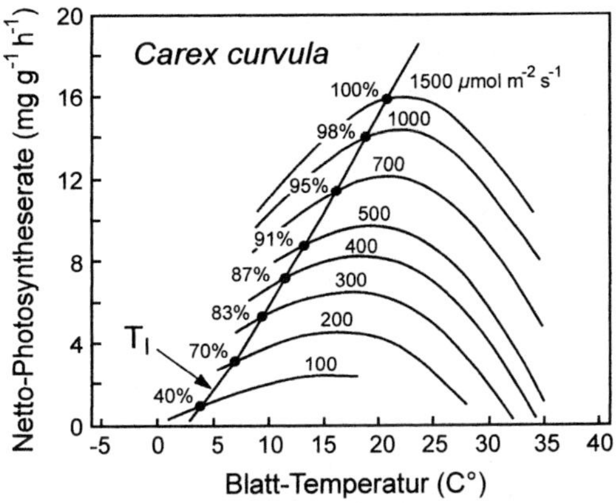

Abb. 13–57 Einfluss der Strahlung auf die Temperaturabhängigkeit der Photosynthese von *Carex curvula* in 2300 m Höhe (Zentralalpen). Nach Körner (1982, in Körner 2003). Die T_l-Line gibt die im Feld in der dreimonatigen Vegetationsperiode bei PAR-Flussdichten von 100–1500 µmol m^{-2} s^{-1} gemessene jeweilige Blatttemperatur wider; die Prozentzahlen geben an, wie viel der bei dieser Strahlung maximal möglichen Photosyntheseleistung aufgrund niedriger Temperaturen im Bestand erreicht wurde.

der Gattung *Saxifraga* 4 (3–5), alpine CAM-Pflanzen weniger als 3 und Flechten weniger als 1 µmol CO_2 m^{-2} s^{-1} assimilieren. Alpine Zwergsträucher besitzen also eine rund halb so große photosynthetische Leistungsfähigkeit wie Kräuter und Gräser (Wohlfahrt et al. 1999). Zum Vergleich: Mesophytische Kräuter des Tieflandes erreichen Werte zwischen 12 und 20 µmol CO_2 m^{-2} s^{-1} (Larcher 2001), also ähnliche Raten wie ihre alpinen Pendants. **Deutlich unterscheiden sich danach verschiedene Lebensformen, nicht aber Tief- und Hochlagen-Sippen.**

Eine vergleichsweise hohe Assimilationsrate trotz erniedrigter CO_2-Konzentration erreichen die Hochgebirgspflanzen durch eine **höhere Carboxylierungs-Effizienz** in der Dunkelreaktion, also eine steilere CO_2-Antwortkurve der Photosynthese (s. Abb. 13–56). Diese Effizienzsteigerung wird vor allem durch Veränderungen in der Blattanatomie und nicht im Photosyntheseapparat selbst bedingt. Viele Hochgebirgspflanzen besitzen eine zusätzliche Schicht von Palisadenparenchym-Zellen und haben deshalb **dickere Blätter** als Tieflandpflanzen. Nach Körner (2003) nimmt die spezifische Blattfläche im Mittel um 15 % zwischen 600 und 3000 m Höhe ab, wenn man Pflanzen derselben Lebensform vergleicht. Zusätzlich tragen eine schwächere Photorespiration in der sauerstoffärmeren Höhenluft, die höhere Diffusivität von CO_2 und die im Mittel höhere Blatt-Stickstoffkonzentration zur photosynthetischen Leistungsfähigkeit der Hochgebirgspflanzen bei (Körner et al. 1989 a, Terashima et al. 1995). Verpflanzungsexperimente haben gezeigt, dass diese Unterschiede zu einem Teil phänotypischer Natur sind, also modifikatorische Anpassungen an die lokale Umwelt darstellen; in manchen Fällen sind sie aber auch erblich (z. B. Hiesey & Milner 1965, Morecroft & Woodward 1996).

b) An die kurze Vegetationsperiode mit ihrem zeitlich sehr wechselhaften **Temperatur- und Strahlungsregime** haben sich die Hochgebirgspflanzen in mehrfacher Hinsicht angepasst. Um die zeitweise recht hohen Sommertemperaturen in der alpinen Stufe zu nutzen, weist die Photosynthese vieler alpiner Pflanzen bei Starklicht ein erstaunlich hohes Temperaturoptimum bei etwa 22 °C auf (Moser 1970). Der Optimalbereich ist jedoch sehr breit und verschiebt sich bei reduziertem Strahlungsgenuss hin zu niedrigeren Temperaturen, wie Messungen an *Carex curvula* zeigen (s. Abb. 13–57). *Ranunculus glacialis* erzielt am nivalen Standort zwischen –5 und + 40 °C einen Stoffgewinn (Moser 1970); ähnlich anpassungsfähig sind viele andere alpine Pflanzen (Larcher 1977 a). Weil die modulative Anpassung der Photosynthese an das Temperaturregime innerhalb weniger Tage stattfindet, können alpine Kräuter und Gräser auch bei raschem Witterungswechsel, wie er am Hochgebirgsstandort häufig stattfindet, die meiste Zeit mit hoher Effizienz assimilieren. Aufgrund des **breiten Temperaturoptimums** behindern niedrige Temperaturen die Photosynthese weniger als bei Tieflandpflanzen. Viele alpine Pflanzen erreichen auch bei 0 °C noch 20–30 % ihrer maximalen Photosyntheseleistung. Außerdem hemmen Nachtfröste die Photosynthese der folgenden Tage bei krautigen alpinen Pflanzen weniger, als dies bei Tieflandpflanzen der Fall ist. Selbst bei –3 bis –7 °C erzielen Kräuter und Zwergsträucher der Alpinstufe noch Kohlenstoffgewinne; bei noch niedrigeren Temperaturen verhindert Eisbildung im Gewebe die Gasdiffusion (s. Abb. 13–58). Manche Flechten erreichen auch noch im gefrorenen Zustand bis unter –10 °C eine positive C-Bilanz (Hahn et al. 1993, Körner 2003). Die Bäume des Bergwaldes werden in ihrer Photosynthese besonders von niedrigen Wurzelraum-Temperaturen eingeschränkt: Bei *Pinus cembra* sank die Assimilationsrate, wenn die Bodentemperaturen unter 7 °C fielen (Havranek 1972; Abb. 13–60).

Das **Wachstum von Blättern und Wurzeln** setzt bei manchen arktisch-alpinen Arten bereits bei wenigen Grad über Null ein (Bliss 1956, Billings et al. 1977), während krautige Tieflandpflanzen frühestens bei 5 °C, meist bei noch höheren Temperaturen, zu wachsen beginnen. Deshalb ist die Wachstumsrate von Hochgebirgspflanzen bei niedrigen Temperaturen (5 °C) höher, bei hohen Temperaturen (25 °C) aber deutlich niedriger als die von Tieflandpflanzen (Körner & Woodward 1987, Woodward & Friend 1988; s. Abb. 13–59).

Alpine Pflanzen, zumindest jene der Südhänge, sind im Allgemeinen sehr lichtbedürftig. Körner & Diemer (1987) fanden sättigende Lichtintensitäten der Photosynthese (gemessen als Photonenflussdichte) von durchschnittlich 1200 µmol m^{-2} s^{-1} für verschiedene Kräuter der Alpinstufe; bei extremen Lichtpflanzen wie *Ranunculus glacialis* und *Ligusticum mutellina* wurde jedoch selbst bei 3000 µmol m^{-2} s^{-1} keine Lichtsättigung erreicht. Daher ist es **vor allem die Strahlung, die die Assimilationsleistung der Hochgebirgspflanzen limitiert, und nicht niedrige Temperaturen**, an die der Photosyntheseapparat ja ausgesprochen gut angepasst ist. In einem alpinen Krummseggenrasen reduzierte Lichtmangel, der durch Bewölkung bzw. gegenseitige Beschattung der Blätter bedingt war, den erzielten Jahres-Kohlenstoffgewinn um 40 % gegenüber dem theoretisch möglichen Wert; zu geringe Temperaturen waren nur für eine 7 %ige Reduktion verantwortlich (Körner 1982). Alpine Gräser werden also genauso wie wichtige Verteter der Tieflandvegetation (z. B. die Bu-

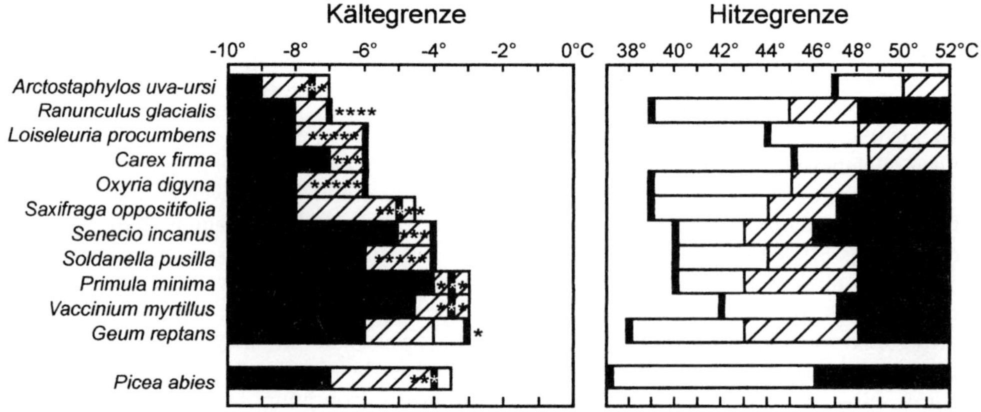

Abb. 13–58 Minimale und maximale Temperaturen, bei denen eine positive Netto-Photosynthese bei verschiedenen alpinen Pflanzen sowie Fichten (an der Waldgrenze) möglich ist (vertikale schwarze Striche: Grenzwerte für die Photosynthese; gestreifte Balken: 50 %ige Schädigung; schwarze Balken: 100 %ige Schädigung; Sterne: Beginn interzellularen Gefrierens. Nach Larcher & Wagner (1976) und Pisek et al. (1973) in Körner (2003).

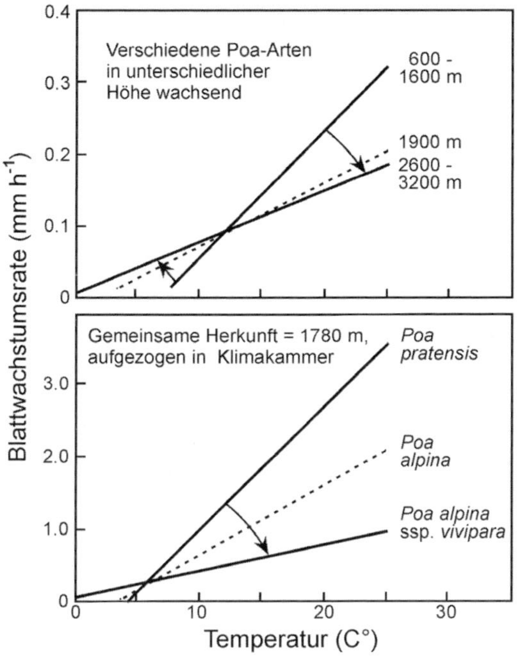

Abb. 13–59, oben Blattwachstumsrate verschiedener *Poa*-Arten in colliner bis montaner und alpiner Höhenlage unter variablen Freilandbedingungen (nach Körner & Woodward 1987 in Körner 2003).
Unten Blattwachstum von drei *Poa*-Sippen, die gemeinsam bei 1780 m vorkamen, in der Klimakammer bei variablen Temperaturen. *P. pratensis* mit Sippenzentrum in tieferen Lagen wuchs bei hohen Temperaturen wesentlich schneller als *P. alpina* mit Schwerpunkt in der alpinen Region; unterhalb von 6 °C kehren sich die Verhältnisse dagegen um. Nach Woodward & Friend (1988, in Körner 2003).

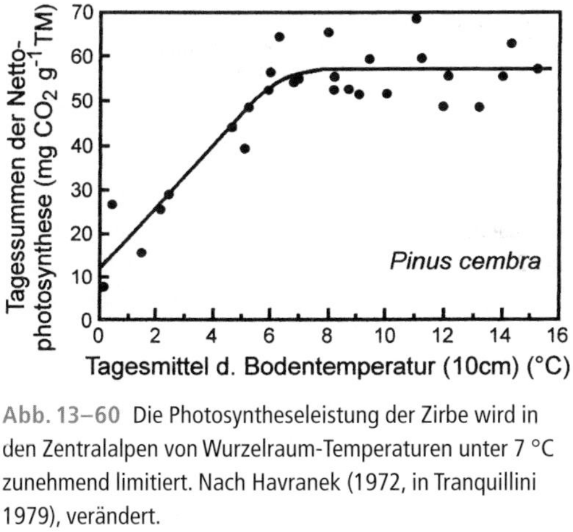

Abb. 13–60 Die Photosyntheseleistung der Zirbe wird in den Zentralalpen von Wurzelraum-Temperaturen unter 7 °C zunehmend limitiert. Nach Havranek (1972, in Tranquillini 1979), verändert.

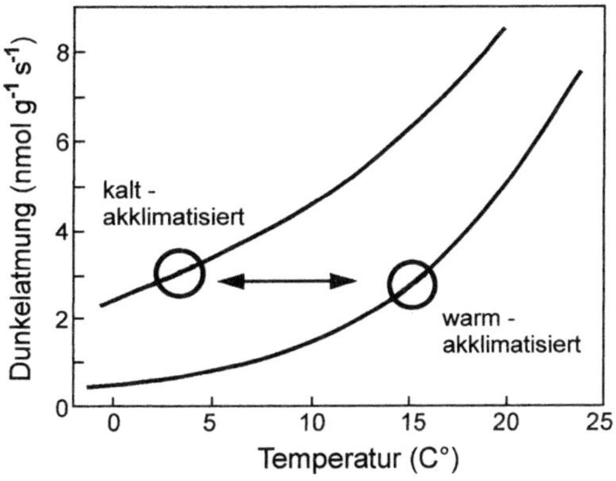

Abb. 13–61 Temperaturabhängigkeit der Atmung eines *Carex curvula*-Rasens (nur oberirdische Pflanzenmasse) in 2300 m Höhe in Tirol bei kalter (kalt-akklimatisiert) und warmer Witterung (warm-akklimatisiert). Die Atmung unterliegt einer Temperatur-Homoiostase, wird also bei Kälte intensiviert. Nach Cernusca & Decker (1989) in Körner (2003).

che) vor allem durch Strahlungsmangel in ihrer Assimilation behindert (vgl. Kap. 4.4.2.1 h).

c) Alpine Pflanzen verlieren zwar bei hohen Temperaturen mehr CO_2 über die **Atmung** als Tieflandpflanzen, nicht jedoch bei den niedrigen Temperaturen an ihrem natürlichen Wuchsort (s. Abb. 13–61). Weil die Atmungsverluste nicht übermäßig hoch sind, können alpine Rasen in der nur 10 bis 12 Wochen dauernden Vegetationszeit **ähnliche Tagesraten der Produktion erreichen wie mäßig gedüngte Wiesen des Tieflandes.** Schon Cartellieri (1940) stellte fest, dass die Photosynthese der Schneeboden-Bewohner in ihrer kurzen Aperzeit so intensiv ist, dass sie „höchstens einen schneefreien und nicht zu kalten Monat benötigen, um den Kohlenstoff für ihre oberirdischen Teile zu erarbeiten". Für *Carex curvula* errechnete Körner (2003), dass schon 20 sonnige oder 40 bedeckte Tage zur Amortisation der Investitionen in die Blattmasse ausreichen würden. Für die Jahres-C-Bilanz ist die Höhe der Atmungsverluste im Winter bedeutsam, die vor allem von der relativen Länge der Schneeperiode im Vergleich zur Aperzeit abhängen. Alpine Rasen können im Winter **beträchtliche CO_2-Verluste mit der Wurzel- und Bodenatmung** erleiden, weil die Bodentemperatur unter der isolierenden Schneedecke selten unter 0 °C sinkt (nach Cernusca & Decker 1989 und Diemer & Körner 1996 um

0,6 µmol CO_2 m^{-2} s^{-1}). Zu lange Schneebedeckung kann so insbesondere für Nivalpflanzen zum limitierenden Faktor werden. *Ranunculus glacialis* überlebt allerdings eine durchgehende Schneebedeckung von immerhin 33 Monaten (Moser et al. 1977).

Die an Kälte angepassten **Pflanzen der Nivalstufe** erfahren vor allem dann beträchtliche respiratorische C-Verluste, wenn sie an Schönwettertagen erhöhten Temperaturen ausgesetzt sind. *Saxifraga biflora* und andere sehr hoch hinaufsteigende Nivalpflanzen atmen nämlich rund 5,5-mal intensiver bei 20 °C als bei 10 °C; Ursache ist vermutlich eine **besonders große Zahl an Mitochondrien** in den Zellen und deren vergleichsweise hohe Atmungsaktivität (Miroslavov & Kravkina 1991). Arktische *Ranunculus*-Arten sind nach Cooper (2004) nicht in der Lage, ihre recht intensive Wurzelatmung an höhere Temperaturen zu adaptieren; sie sind offenbar vor allem aus diesem Grund an kalte Lebensräume gebunden. Deshalb ist die Gipfelflora wahrscheinlich unter allen Hochgebirgspflanzen am wenigsten in der Lage, sich in ihrem Kohlenstoffhaushalt an höhere Temperaturen anzupassen (Larigauderie & Körner 1995). In vielen Fällen sind es vermutlich die **hohen Atmungsverluste in tieferen, wärmeren Lagen**, und weniger die Konkurrenz durch produktivere Arten, die den Nivalpflanzen ein Gedeihen außerhalb des Gipfelbereiches verwehren.

d) Kräuter und Gräser der alpinen Stufe unterscheiden sich in ihrer **Morphologie** von Tieflandpflanzen vor allem in zweierlei Hinsicht: Sie sind im Mittel kleinwüchsiger, d. h. sie investieren weniger in Sprossachse und Höhenwachstum, und sie bilden viel mehr Feinwurzelmasse (s. Abb. 13–62). Mit zunehmender Höhe über dem Meeresspiegel findet eine **Verschiebung des Kohlenstoff-Allokationsmusters von oberirdisch nach unterirdisch statt**; das Wurzellängen-Blattflächen-Verhältnis krautiger Pflanzen nimmt zwischen 600 m und 3000 m Höhe um das Vier- bis Fünffache zu (s. Abb. 13–63). Gleichzeitig werden die Blätter der Kräuter kleiner und dicker, die Feinwurzeln jedoch dünner (Bliss 1956, Körner & Renhardt 1987). Diese Trends lassen annehmen, dass mit steigender Höhe die Bedeutung von Nährstofflimitierung zu-, jene von Lichtlimitierung dagegen abnimmt. Eine weitere Erklärung für die zunehmende Allokation in Wurzeln könnte eine abnehmende Häufigkeit und Aktivität der Mykorrhizapilze in den kalten Hochlagen sein, die zusätzliche Wurzeln notwendig macht.

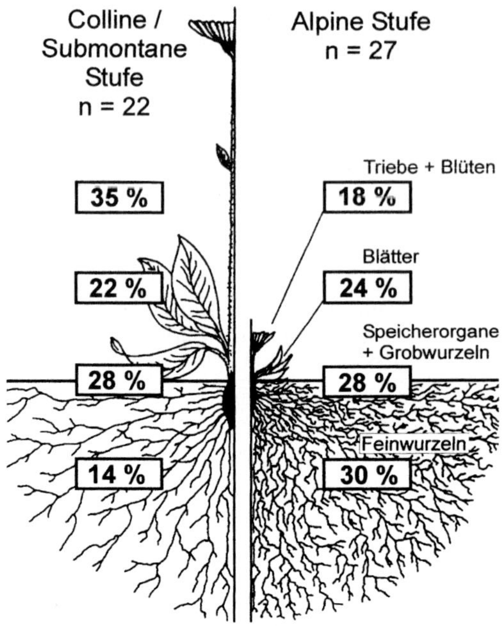

Abb. 13–62 Allokation von Trockenmasse (in % der gesamten Phytomasse) bei ausdauernden krautigen Pflanzen der Tieflagen und der alpinen Stufe der Alpen. Nach Körner & Renhardt (1987), etwas verändert.

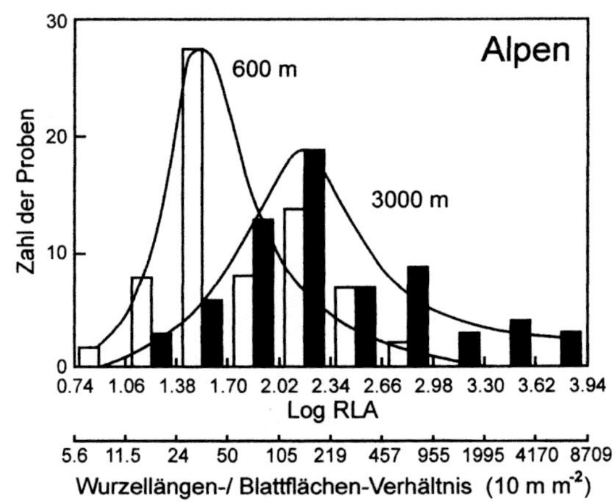

Abb. 13–63 Wurzellängen/Blattflächen-Verhältnis bei 22 ausdauernden krautigen Pflanzen der Tieflagen (600 m) und 27 Arten der alpin/nivalen Stufe (3000 m) in den Tiroler Alpen (man beachte die logarithmierte Darstellung). Nach Körner & Renhardt (1987) in Körner (2003).

e) Subalpine und alpine Pflanzen speichern viel mehr energiereiche **Reservestoffe** als vergleichbare Gewächse in den Tieflagen. *Loiseleuria procumbens* beispielsweise zeichnet sich durch starke Fettspeicherung (bis zu 13% der Trockenmasse) und hohe Energiegehalte in der Blattmasse (bis 25 kJ pro g Trockensubstanz) aus (Larcher et al. 1973), *Carex curvula* speichert sowohl in der Blatt- als auch der Rhizommasse (Grabherr et al. 1980; s.a Tab. 3–15). Pflanzen, die **größere Reserven an Fetten und nicht-strukturellen Kohlenhydraten** besitzen, überstehen wahrscheinlich ungünstige Perioden wie sommerliche Kälteeinbrüche und insbesondere die lange Winterzeit mit einer negativen C-Bilanz besser. Unklar ist allerdings, warum *Loiseleuria* und andere alpine Pflanzen einen großen Teil der jährlich produzierten Fettreserven mit dem Blattfall verlieren (Tschager et al. 1982).

f) Die Hochgebirgspflanzen der Alpen besitzen in den meisten Fällen vergleichsweise geringe Osmotikakonzentrationen in ihrem Zellsaft. Kryoskopische Messungen von Pisek et al. (1935) an zahlreichen alpinen Pflanzenarten ergaben Werte des **osmotischen Potenzials** zwischen –0,7 und –2,1 MPa, wobei die Unterschiede zwischen den einzelnen Vegetationstypen und Lebensformen beträchtlich waren (s. Abb. 13–64). Besonders niedrige Potenziale erreichten Zwergsträucher in Perioden von Frosttrocknis. Nur wenige Lebensgemeinschaften der alpinen und nivalen Stufe sind regelmäßig von Wassermangel betroffen (vgl. Kap. 13.2.3); am ehesten sind dies kryptogamenreiche xerophytische Gemeinschaften auf Felsoberflächen sowie windexponierte Schneeblößen, deren Bewohner im besonderen Maße durch Frosttrocknis gefährdet sind.

13.4.3 Nährstoffversorgung alpiner Pflanzen und Anpassung an basische und saure Böden

a) Mit zunehmender Höhe über dem Meeresspiegel, sinkenden Temperaturen und verkürzter Vegetationsperiode nimmt die **Nährstoffversorgung** der Böden grundsätzlich ab (s. Kap. 13.6.2 b). Kälte reduziert nicht nur die Aktivität der mineralisierenden Mikroorganismen, sondern auch die Diffusion der Nährelemente in der Bodenlösung und die Nährstoffaufnahme über die Wurzelmembranen (Chapin 1974). In alpinen Böden ist zudem ein großer Teil des Nährstoffkapitals in der Streu und im Humus gebunden, also nicht direkt verfügbar.

Dennoch zeigen Hochgebirgspflanzen **keine Anzeichen einer Mangelernährung**, was vor allem an ihrem geringen Bedarf aufgrund der Kleinwüchsigkeit liegt. Studien an Höhentransekten zeigen, dass alpine Pflanzen gleich

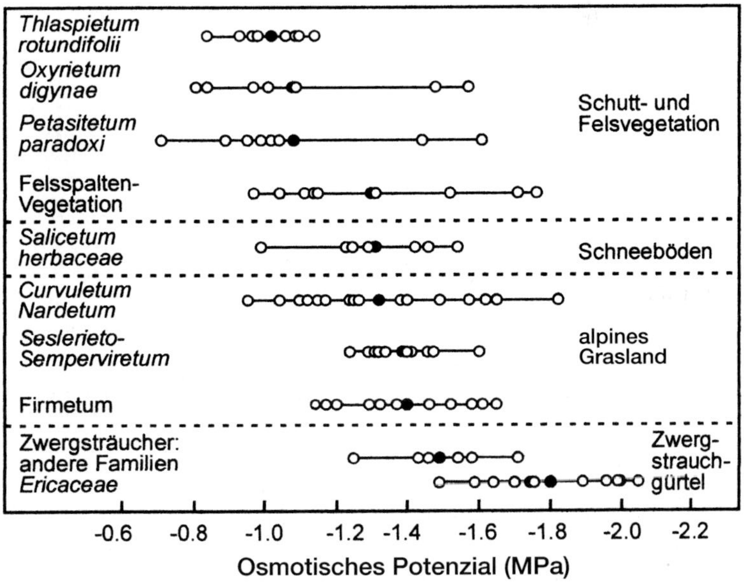

Abb. 13–64 Spektra des osmotischen Potenzials von Pflanzen verschiedener alpiner Lebensräume (schwarze Punkte sind die Mittelwerte). Die niedrigsten Werte treten bei Zwergsträuchern auf, die höchsten Werte in gut wasserversorgten Schneeböden und in klüftenreicher Schutt- und Felsvegetation. Nach Pisek et al. (1935) in Körner (2003).

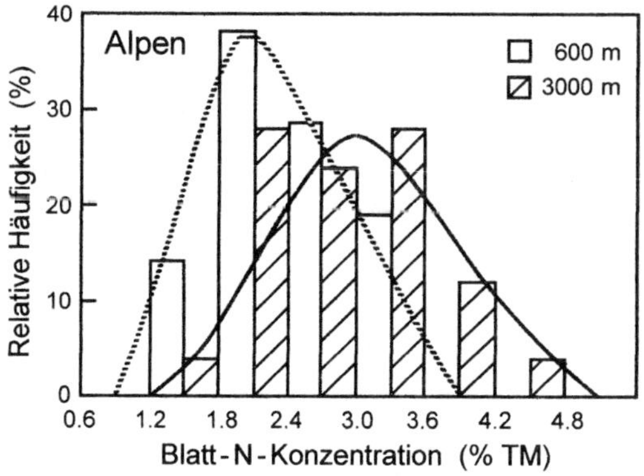

Abb. 13–65 Blatt-Stickstoffkonzentration (in % der Trockenmasse) in vergleichbaren Pflanzenarten der Tallagen (600 m) und der alpinen/nivalen Stufe der Alpen (Mittelwerte: 2,87 ± 0,73 und 2,40 ± 0,62 %; 25/21 Arten). Nach Körner (1989) in Körner (2003).

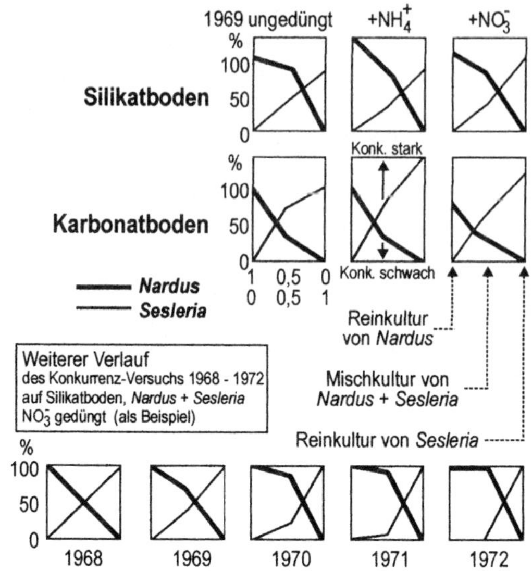

Abb. 13–66 In Reinkultur (jeweils linker bzw. rechter Rand der Abbildungen: Ziffern 1) wachsen Säurezeiger, z. B. *Nardus stricta*, auch auf Karbonatboden und Kalkzeiger wie *Sesleria albicans* auf stark saurem Silikatboden. In Mischkulturen (Mitte der jeweiligen Abbildungen: Ziffern 0,5) verdrängen sie sich jedoch gegenseitig schon während eines Jahres merklich und nach 4 Jahren (unterste Reihe) vollständig (näheres im Text). Nach Gigon (1971), etwas verändert. An den Ordinaten sind die relativen Erträge pro Topf in Prozent der Wuchsleistung von *Nardus* in Reinkultur abgetragen. Je stärker die Kurve in Mischkultur (Ziffer 0,5) vom 50-%-Wert abweicht, umso konkurrenzschwächer bzw. -stärker erwies sich die Art. Durch N-Düngung (NH_4^+ bzw. NO_3^-) wird *Nardus* in Reinkultur auf Silikatboden, *Sesleria* in Reinkultur dagegen auf Karbonatboden gefördert.

hohe oder gar höhere **Blattnährstoff-Gehalte** aufweisen als Tieflandpflanzen vergleichbarer Lebensform (Körner 1989; s. Abb. 13–65). Die im durchwurzelten Rohhumus stattfindende Mineralisierung reicht offenbar zur Versorgung der langsamwüchsigen Rasenpflanzen sowie der Zwergsträucher mit Stickstoff und anderen Nährelementen aus.

Düngungsversuche in alpinen Rasen und Zwergstrauchheiden führten dennoch in fast allen Fällen zu einer Wachstumssteigerung. Das gilt auch für Pionierfluren im Gletschervorland (Heer & Körner 2002). Regelmäßige NPK-Düngung erhöht den Heuertrag alpiner Rasen um ein Vielfaches und verändert die Artenzusammensetzung grundlegend, weil einige **wenige Grasarten besonders gefördert** werden (Hegg al. 1992, Hegg 2005). Fast in jedem Fall nahm gleichzeitig die Artenvielfalt ab. Gleichgültig, wie die alpinen Borstgrasrasen entstanden sein mögen (vgl. Kap. 13.3.7.3), die meisten lassen sich durch Düngung nach und nach in „bessere" Weiden überführen. Das gilt nach Dietl & Jäggli (1972) allerdings nicht für Nardeten auf sehr sauren Böden.

Sämtliche Arten, besonders aber die Gräser, werden durch die Zufuhr von Mineralstickstoff gefördert (s. Abb. 13–66). Dieses Resultat ist auch insofern bemerkenswert, als namentlich das Borstgras ein „düngerfliehender" Magerkeitszeiger ist (Ellenberg et al. 1992). Bei starker Düngung werden nicht nur *Nardus*, sondern viele andere oligo- bis mesotraphente Kräuter und Gräser durch die Konkurrenzstärke weniger Gramineen aus den alpinen Weiden verdrängt.

Rascher gelingt die Melioration, wenn man die Weide außerdem eine Weile schont und sie nur mäht. Es kommt also vor allem darauf an, Futtergräser und Kräuter zu begünstigen, die das Borstgras durch ihren Schatten behindern. Im Grenzbereich der alpinen und subalpinen Stufe sind dies namentlich *Festuca nigrescens* (syn. *F. rubra* subsp. *fallax*), *Phleum alpinum*, *Poa alpina*, *Trifolium pratense* und *Leontodon hispidus*, also ebenfalls niedrige, aber expansive Arten. Über eine Subassoziation trifolietosum geht dann das typische Hochgebirgs-Nardetum in eine „Milchkrautweide" über (s. Kap. 19.3.6).

In Lüdi's (1936) Experiment auf der Schynigen Platte im Berner Oberland waren die **Düngungsfolgen noch mindestens 70 Jahre später** an deutlichen Artenverschiebungen und erhöhten Blatt-Nährstoffgehalten zu erkennen (Hegg et al. 1992, Hegg 2005). Die lange Persistenz des Stickstoffs wird u. a. dadurch bedingt, dass ein großer Teil des zugeführten Ammoniums zunächst im Humus in mikrobieller Biomasse gebunden wird, also für die Pflanzen vorübergehend immobilisiert ist (Haunold et al. 1980). Besonders stark war der Düngungseffekt auf den Heuertrag in bodensauren Borstgrasrasen (530% Ertragssteigerung), weit geringer dagegen in Blaugrashalden auf Kalk (38% Steigerung), was mit der größeren Nährstoffarmut der Borstgrasrasen zusammenhängen könnte (Gigon 1971).

Düngung fördert zwar manche Gräser, senkt aber die Fitness anderer Partner der alpinen Gemeinschaften. N-Düngung lässt *Vaccinium*-Arten (und wohl auch *Rhododendron* und manche Rasengewächse) verfrüht austreiben, setzt sie also Frostgefährdung aus. *Loiseleuria* wurde nach Düngung zudem vermehrt vom Schneeschimmel befallen (Körner 1984).

b) Die meisten Pflanzen der alpinen und nivalen Stufe besitzen eine **Mykorrhiza**. Neben Ekto-, Endo- und ericoiden Mykorrhizen treten als besonderer Typ die ebenfalls endophytischen „dark-septate hyphae" auf, z. B. bei *Carex firma* und *Ranunculus glacialis*, die nachweislich die Phosphoraufnahme verbessern (Haselwandter & Read 1982). Generell nimmt jedoch der Mykorrhizierungs-Grad mit der Höhe über dem Meeresspiegel ab, so bei *Vaccinium myrtillus* und *V. vitis-idaea* um das Dreifache zwischen 940 und 2175 m (Haselwandter 1979, Haselwandter & Read 1980). Isolierte Pflanzen in der nivalen Stufe sind vielfach nicht mykorrhiziert, ohne dass sie weniger produktiv wären (Körner 2003).

c) **Kalkgehalt und Azidität** des Bodens haben in der alpinen Stufe eine ebenso große Bedeutung für die Vegetation wie in tieferen, wärmeren Lagen. Tabelle 13–14 nennt verschiedene vikariierende Sippen, die in den Alpen entweder auf Kalk- oder Silikatgestein vorkommen und daher häufig eine sehr unterschiedliche Verbreitung in den Alpen aufweisen (s. Abb. 13–67). Womit die **deutliche Differenzierung in calcicole und calcifuge Sippen** zusammenhängt, ist noch nicht restlos geklärt (vgl. Kinzel 1982). Wahrscheinlich wirkt die chemische Zusammensetzung von Gestein und Boden sowohl

Tab. 13–14 Vikariierende Sippen, die in den Alpen auf Kalk- oder Silikatgestein vorkommen. Nach Landolt (1971).

Kalkgestein	Silikatgestein
Silene acaulis	*S. exscapa*
Cerastium latifolium	*C. uniflorum*
Pulsatilla alpina	*P. sulphurea*
Thlaspi rotundifolium	*T. corymbosum*
Ranunculus carinthiacus	*R. grenieranus*
Hutchinsia alpina	*H. brevicaulis*
Saxifraga moschata	*S. exarata*
Alchemilla conjuncta	*A. alpina*
Anthyllis alpestris	*A. cherleri*
Rhododendron hirsutum	*R. ferrugineum*
Soldanella alpina	*S. pusilla*
Gentiana clusii	*G. kochiana*
Veronica fruticulosa	*V. fruticans*
Galium anisophyllum (hexaploid)	*G. anisophyllum* (oktaploid)
Gnaphalium hoppeanum	*G. supinum*
Achillea atrata	*A. moschata*
Doronicum grandiflorum	*D. clusii*
Carduus defloratus	*C. carlinifolius*

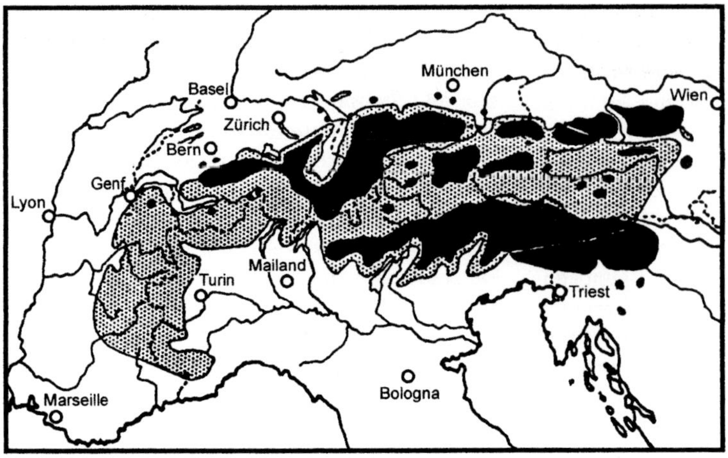

Abb. 13–67 Verbreitung der calcicolen Sippe *Rhododendron hirsutum* (schwarz) und der calcifugen Sippe *R. ferrugineum* in den Alpen. *R. hirsutum* hat seinen Verbreitungsschwerpunkt in den nördlichen und südlichen Kalkalpen; das Fehlen in den Westalpen ist wahrscheinlich durch dessen östliche Herkunft aus asiatischen Gebirgen bedingt. *R. ferrugineum* siedelt in den Ostalpen vor allem in den silikatischen Innenalpen. Nach Ozenda (1988).

direkt wie auch indirekt auf die Vegetationszusammensetzung (vgl. Kap. 18.4.4 u. 4.5.2.6).

Eine gewisse Bedeutung könnten Unterschiede in der wasserhaltenden Kraft karbonatreicher und karbonatarmer Böden haben. Im Ganzen gesehen sind **Kalk- und Dolomitgebirge bodentrockener als Silikatgebirge**. Sie haben mehr senkrechte Spalten, in denen das Wasser versickert, und sie neigen stärker zur Bildung von Felswänden und feinerdearmen Schutthalden, weil das gefrierende Spaltenwasser immer wieder Steine lossprengt (s. Abb. 13–44). Gesteinsschuttfluren und flachgründige Rasen, die konkurrenzschwache Arten begünstigen, herrschen daher vor, während wasserbedürftigere Rasen-Gesellschaften, feuchte Schneetälchen, Quellfluren und Moore relativ selten auftreten. Auch Flechtenüberzüge und Felsspaltenfluren trifft man in Kalk- und Dolomitgebieten kleinflächiger an als in den kalkarmen Gebirgsregionen, weil diese langsamwüchsigen Gemeinschaften längere Zeit für ihre Ausbildung benötigen, als die rasch verwitternden Kalkfels-Oberflächen unverändert bestehen bleiben.

Um die seit Wahlenberg (1813) immer wieder lebhaft diskutierte Frage nach den Ursachen der auffälligen Verschiedenheit von Kalk- und Silikatrasen in der alpinen Stufe beantworten zu helfen, führte Gigon (1971) Verpflanzungsexperimente und Topfkulturen auf einer in 2355 m ü.NN. liegenden Alpweide oberhalb Davos aus, auf der kalkreiche und saure Böden in gleicher Sonnhanglage unmittelbar aneinander grenzen. Er pflanzte z. B. das Blaugras (*Sesleria albicans*), ein für subalpine und alpine Kalkrasen typisches Gras, auf den kalkarmen Boden, auf dem das Borstgras (*Nardus stricta*) dominierte, und umgekehrt. Wurden die Standorte zuvor von allen Konkurrenten befreit, so wuchsen beide Arten auch auf dem für sie fremden Substrat weiter (s. Abb. 13–66). Während *Sesleria* auf dem sauren Boden in den folgenden Jahren fast ebenso gut gedieh wie auf dem kalkreichen, begann *Nardus* auf dem Letzteren zu kümmern und zeigte Anzeichen einer **Eisenmangel-Chlorose**, die durch Fe-Düngung zu beheben war. Phosphormangel auf den Kalkböden ist wenig wahrscheinlich, weil die austauschbaren P-Gehalte auf Kalk und Silikat ähnlich waren (vgl. auch Kap. 18.4.4). Ähnlich wie *Sesleria* und *Nardus* verhielten sich auch viele andere Arten von Kalk- und Silikatpflanzen. In Mischkultur gepflanzt zeigte sich aber sehr bald die Überlegenheit der Kalkpflanzen auf Kalkboden und der Silikatpflanzen auf saurem Boden. Nach diesen Ergebnissen spielt die Konkurrenz für das Verhalten der subalpinen und alpinen Rasenpflanzen eine ähnlich ausschlaggebende Rolle wie für die Wiesen- und Waldpflanzen oder die Ackerunkräuter des Tieflandes.

Gigon (1987) fasste seine Ergebnisse folgendermaßen zusammen: Von den 65 calcicolen Arten des Kalkrasens tolerierten nur 9 (z. B. *Primula auricula*) die spezifischen bodenchemischen Bedingungen des Silikatbodens nicht; sie fehlen also aus physiologischen Gründen auf Silikatboden. **Für 31 der 65 calcicolen Arten ist dagegen die Konkurrenzstärke der cal-**

cifugen Arten dafür entscheidend, dass sie im bodensauren Borstgrasrasen nicht gedeihen. Umgekehrt war überlegene Konkurrenz nur bei 4 calcifugen Arten (darunter eine Kleinart von *Festuca rubra*) entscheidend dafür, dass sie im an und für sich lückigeren Kalkrasen nicht auftraten. **34 calcifuge Arten wurden dagegen durch spezifische Standortfaktoren des Kalkbodens ausgeschlossen**, darunter vermutlich die Unfähigkeit, genügend Eisen zu mobiliseren, und möglicherweise Empfindlichkeit gegenüber hohen Bikarbonat- oder Ca-Konzentrationen (vgl. Kinzel 1982).

Für die Verteilung der alpinen Rasenpflanzen ist danach das Verhalten der calcifugen Arten, z. B. des Borstgrases, ausschlaggebend. Auf karbonatreichem Boden ist ihre Wuchskraft so geschwächt, dass sie auch ohne Konkurrenten mit der Zeit eingehen, selbst dort, wo sie sich zunächst erfolgreich angesiedelt haben. Für die Keimung der von Gigon (1971) geprüften Arten spielt nämlich der Kalkgehalt des Substrats keine Rolle. Erst beim späteren Wachstum entscheidet sich ihr Schicksal, wie Fossati (1980) nachwies.

25 Arten schließlich kamen sowohl im Borstgras- als auch im Blaugrasrasen vor; sie waren also an beiden Standorten konkurrenzfähig, möglicherweise unter **Ausbildung unterschiedlicher Ökotypen** (Schoop-Brockmann & Egger 1980). Überhaupt verhalten sich viele der subalpin-alpinen Rasenpflanzen ausgesprochen bodenvag.

Weil die Silikatböden in Gigon's Probeflächen einen pH-Wert von 4,7–5,6 aufwiesen, ist das Auftreten von Aluminiumtoxizität an diesen Standorten unwahrscheinlich. Wahrscheinlich lassen sich deshalb diese Ergebnisse zur physiologischen Potenz der Calcicolen nicht ohne Weiteres auf stärker versauerte Böden übertragen.

Die **Bedeutung der Stickstoffformen** NH_4^+ und NO_3^- für das Vorkommen oder Fehlen auf Silikat- bzw. Karbonatboden war nach Kulturversuchen an sieben alpinen Arten offenbar gering; **Nitratdüngung erwies sich für Nardus keineswegs als schädlich**, und auch Ammonium konnte Kalk- wie auch Säurezeigern auf beiden Böden ohne Nachteil geboten werden (Gigon 1971). Wie für *Elyna myosuroides* gezeigt wurde, nehmen alpine Sippen außer Nitrat und Ammonium außerdem organische N-Verbindungen wie z. B. Glycin auf (Raab et al. 1996).

13.4.4 Charakteristische Lebensformen der alpinen und nivalen Stufe

Zu den vorherrschenden pflanzlichen Lebensformen der alpinen und nivalen Stufe gehören Polsterpflanzen, Rosettenpflanzen mit Rhizomen, Zwergsträucher, niederliegende Spaliersträucher und Horstgräser; unter den Letzteren sind vor allem die zahlreichen *Carex*- und *Festuca*-Sippen hervorzuheben.

a) Besonders charakteristisch für die Hochlagen von Alpen und Tatra sind die **Polsterpflanzen** (s. Abb. 13–48). Im windberuhigten Inneren der Polster ist die Luftfeuchte erhöht und die Temperaturen liegen um die Mittagszeit häufig 10 °C und mehr über der Umgebungstemperatur (vgl. Abb. 13–16). Das begünstigt den Kohlenstoffgewinn an kühlen Standorten und mindert gleichzeitig den Wasserverlust. Außerdem ermöglicht die Polsterbildung das Ansammeln und Festhalten von Pflanzenresten, die sonst von den manchmal heftigen Bergwinden weggeblasen würden. Im Inneren der Polster entstehen **Inseln von Humusauflagen mit gemäßigtem Bodenklima**, in denen zahlreiche Mikroorganismen und Tiere zu leben vermögen (s. Kap. 13.2.1.2 f). Mit ihren Seiten- und Adventivwurzeln nutzen die Polsterbildner selber die Nährstoff- und Wasservorräte ihrer „Füllmasse" aus. Je nach Wölbung und Ausdehnung der Polster ist ihre Speicherleistung ungleich groß. Rauh (1939) unterscheidet verschiedene morphologische Typen:

1. Die **Rosettenpolster** (z. B. *Saxifraga paniculata* und *Sempervivum*-Arten) sind am wenigsten zur Bodenbildung befähigt. Sie bestehen aus dichten Gruppen von Rosetten, deren ältere Blätter absterbend zur Humusbildung beitragen. Nach Oettli (1904) können sie sich nur auf bereits humusüberzogenen Felsen ansiedeln.

2. Auch die **Kriechpolster** bleiben flach und sammeln nur dünne Humuslagen (z. B. *Saxifraga oppositifolia* und *S. bryoides*). Ihre Wuchsform begünstigt aber die vegetative Ausbreitung, zumal die randlichen Äste durch Frostbewegungen oder durch Schuttrutschungen von der Mutterpflanze abgelöst werden können.

3. Bei den **Rasenpolstern** (z. B. *Carex firma* und *Saxifraga androsacea*) sterben die Hauptwurzeln und alljährlich auch die älteren Triebe ab, und Adventivwurzeln durchspinnen das

in Humus übergehende Innere des mehr oder minder stark gewölbten Polsters.

4. Ähnlich verhalten sich die **Radial-Flachpolster** (z. B. *Silene acaulis* und *Minuartia sedoides*), nur dass sie ihre Hauptwurzel erst später verlieren und sich mit dieser anfangs in Spalten verankern können. Oft gehen die Flachpolster in den nächsten Typ über.

5. Die dicht gedrängten Sprosse der **Radial-Halbkugelpolster** (die Rauh Vollkugelpolster nennt) wachsen nach oben genauso rasch wie nach allen Seiten. In der Regel halten sie sich mit einer langen und verzweigten, verholzenden Hauptwurzel in Gesteinsspalten fest (z. B. *Androsace helvetica*, s. Abb. 13–48). Sie sind die gegen Austrocknung am besten geschützten unter den fünf Typen, aber wie der 1. Typ nur wenig ausbreitungsfähig. Beide sind daher in erster Linie Felsbesiedler, während die Polsterteppiche auf feinerdereichen Böden vorwiegend von Arten des Typs 4, 3 oder 2 gebildet werden.

b) Die **Felsspalten-Bewohner** (Chasmophyten) siedeln im alpinen und nivalen Klima gern an der Sonnenseite des Gesteins und genießen die Wärmegunst solcher vollbestrahlten Standorte. Infolge der großen Wärmekapazität des kompakten Gesteins bleiben die Temperaturen im Sommer auch nachts höher als in der Luft. An senkrechten Südwänden ist die Einstrahlung im Frühling und Herbst größer als im Hochsommer. An keinem Ort über der Waldgrenze dauert daher die Vegetationsperiode so lange wie hier. Da der Schneeschutz im Winter fehlt, müssen die alpinen Felspflanzen jedoch Fröste von –20 °C und mehr ertragen. In der nivalen Stufe sind die Spalten schattseitiger Felsen dauernd vereist und aus diesem Grund für Höhere Pflanzen ungeeignet.

Wie schon Oettli (1904) und Wetter (1918) dargelegt haben, siedelt fast jedes Pflanzenindividuum an einer Felswand unter spezifischen Bedingungen. Doch kann man typische Felsstandorte und entsprechende pflanzliche Lebensformen unterscheiden (vgl. Abb. 13–68 a und b). Auf der nackten Gesteinsoberfläche vermögen lediglich einige Algen und viele Flechten (s. Abb. 13–51) Fuß zu fassen, die besonders vom **Taufall** profitieren (Lange 2003). Die Flechten dringen mit ihren Rhizoiden in kleine Sprünge ein und halten sich damit fest. Wetter (1918) stellt sie als „Rhizolithophyten" den „Exolithophyten" gegenüber, d. h. den nur an der Oberfläche haftenden Algen. Manche Algen und vor allem Cyanophyceen dringen aber mehrere Millimeter tief in Karbonatgesteine ein und leben damit als „Endolithophyten". Nach Diels (1914), der diese Spezialisten an den Südtiroler Dolomitriffen ökologisch untersuchte, staffeln sich verschiedene Arten gemäß dem Lichtgenuss und müssen teilweise als ausgesprochene Schattenpflanzen gelten. Obwohl oft weniger als 1 cm von ihnen entfernt, fristen die Exolithophyten – mit Ausnahme der in Kapitel 13.3.13.2 behandelten „Tintenstriche" – dagegen ihr Dasein als lichtliebende Xerophyten. Auch einige Flechten können in Karbonatgestein eindringen und dort „Innenkrusten" bilden (Wirth 1987). Die meisten haften jedoch

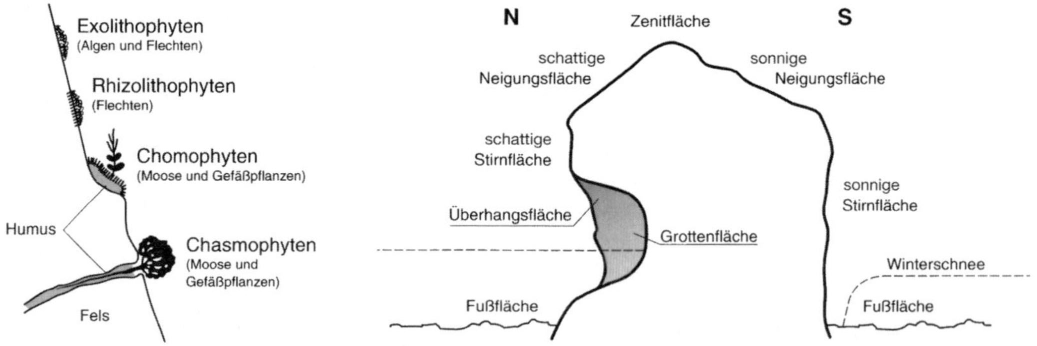

Abb. 13–68 a Typen von Felspflanzen (Petrophyten). Nach Wetter (1918), verändert. b Wichtige Felsstandorte, insbesondere für Flechten. Nach Frey aus Ellenberg (1963). Die verschieden stark besonnten und windexponierten Flächen bieten durch hinuntersickerndes Wasser, Vertiefungen, Spalten usw. noch mannigfach abgewandelte Standortbedingungen, die hier im Einzelnen nicht aufgeführt werden können.

als „Außenkrusten“ am Fels (s. Abb. 13–51) und dringen nur mit ihren Rhizoiden in diesen ein (s. Abb. 13–68 a u. Tab. 13–11).

Während gewisse Algen und Flechten bei genügender Feuchtigkeit am nackten Fels gedeihen, bedürfen Moose und höhere Pflanzen einer mehr oder minder mächtigen Humus- und Feinerdeschicht, um sich ansiedeln zu können. Sie sind also „Chomophyten“ (**Detrituspflanzen**) i. w. S. (s. Abb. 13–68 a). Das feine Material kann von Böden stammen, die oberhalb des betreffenden Wuchsortes anstehen, oder es kann sich im Laufe langer Zeiträume aus organischen und anorganischen Staubablagerungen angesammelt haben. Je nachdem, ob die Feinerde auf Vorsprüngen oder in Spalten des Felsens liegt, unterscheidet man Chomophyten i. e. S. und „Chasmophyten“ (Spaltenpflanzen).

Sowohl im Kalkfels als auch im kristallinen Gestein sind die humosen Spaltfüllungen überaus dicht von Detritus fressenden Tieren (z. B. von Insektenlarven, Würmern und Asseln) belebt und stellen deshalb sehr fruchtbare Nährböden dar. Nicht selten geraten hier die Wurzeln verschiedener Chasmophyten in heftigen Wettbewerb und nutzen jeden sich bietenden Winkel aus. Der Augenschein trügt also: Auch an Felsen wachsen die Pflanzen nur ausnahmsweise so isoliert, dass die Konkurrenz unter ihnen keine Auslese treffen könnte.

Zumindest gilt dies für das alpine Klima und für noch wärmere Lagen, während der Wettbewerb in der nivalen Stufe tatsächlich von geringer Bedeutung sein dürfte. Hier spielen **positive Interaktionen** zwischen Pflanzen eine wichtigere Rolle, wie Callaway et al. (2002) experimentell zeigen konnten. Polsterpflanzen, aber auch Horstgräser, verbessern die Nährstoff- und Wasserversorgung ihres Standortes durch Humusanreicherung und ein günstigeres Bestandesinnenklima (s. Kap. 13.2.1.2 f) und üben damit einen fördernden Effekt auf Keimlinge auch anderer Arten der Nivalstufe aus. Einzeln wachsende Pflanzen locken zudem

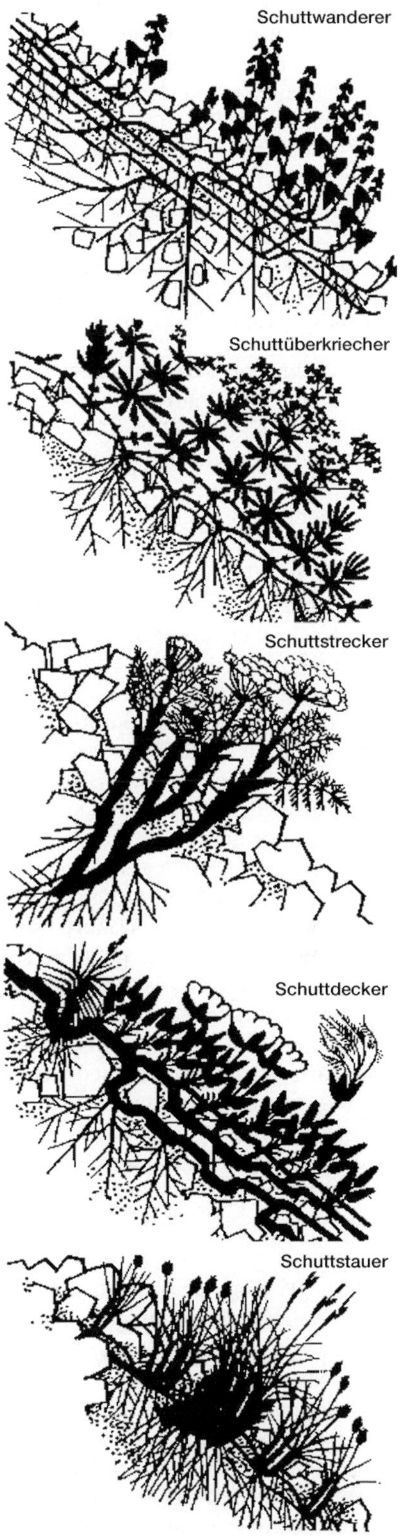

Abb. 13–69 Verbreitete Lebensformen unter den Schuttpflanzen nach Schröter (1926) in Reisigl & Keller (1994). Beispiele für Schuttwanderer sind *Thlaspi rotundifolium* und *Rumex scutatus*, für Schuttüberkriecher *Arabis alpina* und *Linaria alpina*, für Schuttstrecker *Oxyria digyna* und *Cystopteris fragilis*, für Schuttdecker *Dryas octopetala und Saxifraga oppositifolia* und für Schuttstauer besonders die Gräser und Seggen *Carex sempervirens* und *C. firma* sowie *Sesleria albicans*.

Tiere an, die die Bestäubungsrate erhöhen und weitere Nährstoffe eintragen (Gigon 1999). Das gilt auch für das Pionierstadium der Besiedlung von Gletschervorfeldern (Niederfriniger Schlag & Erschbamer 2000).

In ihrer Wuchsform erweisen sich die Felsbewohner durchaus nicht alle als eigens „angepasst" an ihren exponierten Standort. Fast alle in der Nähe vorkommenden Arten können gelegentlich einmal an Felsen auftreten. Aber nur die genügsamen und unempfindlichen halten sich auf die Dauer.

c) Unter den **schuttbesiedelnden Pflanzen** kann man mit Schröter (1926), Jenny-Lips (1930) und anderen Autoren folgende drei Gruppen von Lebensformen unterscheiden: 1. passive Schuttwanderer, 2. Schuttüberkriecher und Schuttdecker, 3. Schuttstauer und Schuttstrecker (s. Abb. 13–69). Manche zum Schuttstau befähigten Pflanzen verhalten sich zunächst passiv, und manche Schuttüberkriecher helfen schließlich ebenfalls den rutschenden Boden zu stauen. Nur die Überkriecher bilden Humusdecken und leiten die Bildung von Schuttrendzinen bzw. Schuttrankern ein. Sie können in dieser Rolle schließlich von Rasenpflanzen abgelöst werden. Hat eine Schuttpflanze erst einmal Fuß gefasst, so breitet sie sich überwiegend vegetativ aus, z. T. sogar, indem sie mit abrutschenden Schuttmassen passiv mitwandert (s. Abb. 13–45). An Nährstoffen fehlt es ihr nach den Untersuchungen von Zöttl (1952) nicht, weil selbst Kalkschutt genügende Mengen davon enthält und weil die **„Düngung" durch den im Schnee enthaltenen Staub** ebenso wie bei anderen dünn besiedelten Rohboden-Standorten eine wesentliche Zufuhr bedeutet. Da auch die Wasserversorgung meistens ausgiebig ist, überwiegen sogar an sonnigen Halden unter den Phanerogamen mesomorphe, oft auffallend zart gebaute Arten mit relativ raschem Zuwachs und kurzer Blattlebensdauer.

13.4.5 Physiognomie und Ursachen der alpinen Waldgrenze

13.4.5.1 Physiognomie der Waldgrenze

Die klimatische Grenze des Baumwuchses in der alpinen Stufe unserer Gebirge ist eine der schärfsten Vegetationsgrenzen auf der Erde (s. Abb. 13–70 u. 13–17). Als Bäume dürfen in diesem Zusammenhang alle Holzpflanzen gelten, die an den meisten Standorten über die mittlere Schneehöhe emporwachsen und dann den Wetterunbilden des Winters frei ausgesetzt sind. Eine bestimmte Grenzhöhe lässt sich nicht angeben, doch ist es berechtigt, im Hochgebirge schon einen 2 oder 3 m hohen Stamm als „Baum" anzusprechen. Andere Autoren nehmen Minimalwerte von 1 bis zu 8 m an und kommen dementsprechend zu abweichenden Grenzziehungen (s. Holtmeier 2003). Hieraus leiten sich unterschiedliche Definitionen der **Wald-, Baum- und Baumindividuen-Grenze** ab (s. Kap. 13.3.1).

Es ist eine alte Streitfrage der Pflanzengeografen, ob der Wald unter natürlichen Bedingungen von einer gewissen Höhe an geschlossen haltmacht, oder ob er sich in Einzelbäume auflöst, sodass man über der klimatischen Waldgrenze noch ein mehr oder weniger breites **Waldgrenz-Ökoton** und eine höher gelegene klimatische Baumgrenze feststellen kann. Schröter (1926) und viele andere neigten zu der letzteren Ansicht, und das heutige Landschaftsbild in den Alpen, in der Tatra und in den übrigen europäischen Hochgebirgen scheint ihnen recht zu geben (s. Abb. 13–70 u. 7–8). Scharfetter (1938), Schiechtl (1967), Mayer (1970), Kral (1973) und andere dagegen sehen in diesem Zustand eine Folge schlechter Bodenverhältnisse oder extensiver Vieh- und Holzwirtschaft (s. Kap. 3.2.3): Wo ein Baum wächst, könnten neben ihm weitere wachsen, wenn der Mensch und seine Tiere es zuließen, vorausgesetzt, dass der Boden genügend tiefgründig ist. Das Allgemeinklima wechselt nicht so plötzlich, dass es in unmittelbarer Nähe eines mehrere Meter hohen, jahrhundertelang lebenden Baumes bereits zu rau für den Baumwuchs wäre. Nur an felsigen Hängen, z. B. in verkarstetem Kalk, können die Bäume auch in der Natur nur vereinzelt hochkommen, weil zu wenig feinerdereiche Spalten vorhanden sind und weil die Humusbildung nahe der Waldgrenze zu langsam erfolgt, als dass sie – wie weiter unten am Hang – die steinigen Zwischenflächen einzubeziehen vermöchte. Die klimatische Waldgrenze und die klimatische Baumgrenze wären nach dieser Auffassung weitgehend identisch: „Bei ausgeglichenem Relief, besseren Standorten und unterdurchschnittlichem Almweideeinfluss decken sich auch in den Ostalpen Wald- und Baumgrenze über weite Strecken" (Mayer 1976).

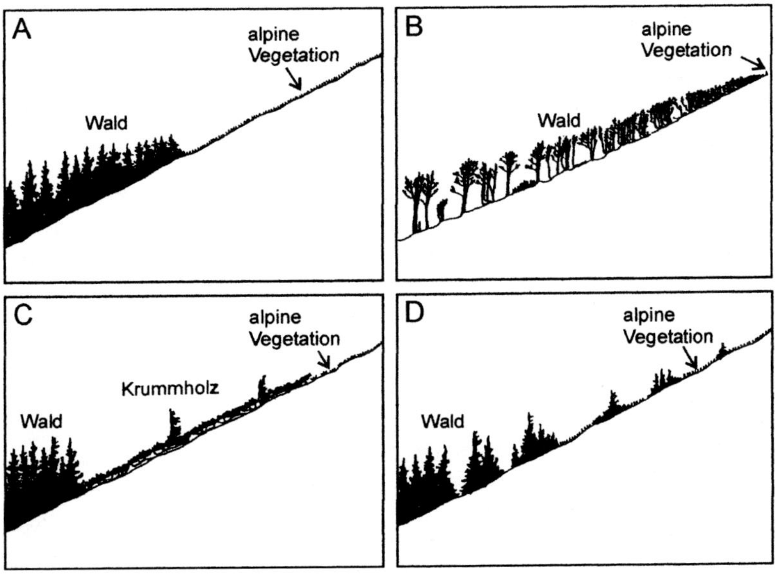

Abb. 13–70 Physiognomische Waldgrenztypen nach Holtmeier (2003). A: Abrupte Waldgrenze; B: gleitende Waldgrenze; C: Waldgrenze mit Krummholzstufe; D: Waldgrenze mit mosaikartigem Waldgrenz-Ökoton. C und D können vom Menschen bedingt sein, müssen es aber nicht.

Zweifellos hat der Mensch die Struktur der Waldgrenze in den Alpen an vielen Stellen durch Rodung, Brand und Weide nachhaltig beeinflusst und **Wald- und Baumgrenze auseinandergedrängt;** schließlich sind die Alpentäler seit über 7000 Jahren besiedelt (Platzer & Spindler 1992). An nicht zu steilen Hängen mit tiefgründigem Boden gibt es auch in den Alpen hier und dort noch geschlossene und scharfe Waldgrenzen, die wenig vom Menschen beeinflusst wurden, z. B. stellenweise im Oberen Engadin (Holtmeier 1967, 1989), auf der linken Talseite des Sertig (Nägeli 1969), im Tiroler Radurschtal (Köstler & Mayer 1970) und Kaunertal (Tranquillini 1979).

Mit Blick auf die alpine Waldgrenze in anderen Gebirgen der Erde muss man aber davon ausgehen, dass das Waldgrenz-Ökoton auch von Natur aus recht unterschiedlich strukturiert sein kann, und zwar in Abhängigkeit von der Baumart, walddynamischen Prozessen und der Geländemorphologie. Auf einem weltweiten Überblick fußend unterscheidet Holtmeier (2003) **vier strukturelle Waldgrenztypen**. Der „abrupten Waldgrenze“ und der „gleitenden Waldgrenze“ (s. Abb. 13–70 A u. B) fehlt ein locker baumbestandenes Waldgrenz-Ökoton und Wald- und Baumgrenze sind weitgehend deckungsgleich, weil die Baumverjüngung, sei es über Sämlinge oder vegetative Ausbreitung, nur im geschlossenen Bestand erfolgreich ist. Dies kann physiologische Gründe haben, z. B. die effektive Ausbreitung über Adventivwurzeln, oder historisch bedingt sein, z. B. durch ausbleibende Verjüngung nach Klimaverschlechterung. Waldgrenzen mit einem anschließenden Ökoton von Waldinseln oder einem niedrigen Krummholzgürtel (s. Abb. 13–70 C u. D) wurden oft vom Menschen und seinem Vieh verursacht, der auch indirekt die Baumartenzusammensetzung beeinflusst. So bietet die Latsche (*Pinus mugo*) jungen Fichten und Lärchen Schutz vor Verbiss und begünstigt diese beispielsweise an der Waldgrenze in den österreichischen Kalkalpen (Dullinger et al. 2005). Ökotone an der Waldgrenze können aber auch natürliche Ursachen haben, und zwar dort, wo lichtbedürftige Bäume wie Kiefer und Lärche die Waldgrenze bilden. Deren Sämlinge sind nur in Lücken oder oberhalb des geschlossenen Waldes erfolgreich. Wenn niedrigwüchsige Gehölzarten wie die Legföhre die Baumgrenze bilden, bauen sie oft von Natur aus ein schnee- und reliefbedingt heterogenes Krummholzgebüsch oberhalb der eigentlichen Waldgrenze auf. Ohne genaue Kenntnis der Ökologie der Baumarten und der Klimageschichte des Standortes ist kaum zu beurteilen, welche Struktur eine Waldgrenze ohne menschliches Zutun ausgebildet hätte.

In den Gebirgen Mitteleuropas steigt die Waldgrenze von Norden nach Süden und in Richtung auf die kontinentalen Regionen hin an. In den Mittelgebirgen wird die Waldgrenze nur annähernd erreicht und sie ist meist stark menschlich überprägt (Harz: 1100 m?, Vogesen > 1350 m, Schwarzwald > 1450 m?, Riesengebirge 1400 m, Hohe Tatra 1700–1800 m). In den Nordalpen liegt sie bei etwa 1700–1800 m, steigt in den Innenalpen auf 2200–2400 m an und fällt in den Südalpen wiederum auf etwa 1800–1950 m ab (Brockmann-Jerosch 1919, Klebelsberg 1961, Hofmann 1970, Mayer 1984). Bemerkenswerterweise besteht in den Zentralalpen **kein Unterschied zwischen der Waldgrenzhöhe an den Nord- und Südhängen** ein und desselben Massivs (Paulsen & Körner 2001); allerdings steigt die Fichte in den Berchtesgadener Kalkalpen an Südhängen höher hinauf als an Nord-, Ost- oder Westhängen (Köstler & Mayer 1970).

Mindestens **sechs Baumarten** beteiligen sich an der Bildung der Wald- und Baumgrenze in den mitteleuropäischen Gebirgen: *Picea abies* in den Randalpen, der Hohen Tatra, im Schwarzwald und Harz, *Pinus mugo* in den Randalpen und der Tatra, *Larix decidua*, *Pinus cembra* und lokal *Pinus uncinata* in den Innenalpen sowie *Fagus sylvatica* in den Südalpen (lokal) und den Vogesen. Deren Rolle ändert sich in Abhängigkeit von der Kontinentalität des Klimas wie auch der Art des Gesteins (s. Abb. 13–71). Die Rolle von Fichte und Bergkiefer in wichtigen subalpinen Waldgesellschaften der nördlichen Voralpen und Innenalpen verdeutlicht Abbildung 13–72.

Die Höhenlage der Waldgrenze hat sich in den vergangenen Jahrtausenden immer wieder verändert. Die heutige Waldgrenze muss man als gemeinsame Folge der Klimaeinwirkung mehrerer hundert Jahre und des menschlichen Einflusses werten. So lag die Waldgrenze in den Alpen **während des postglazialen Wärmeoptimums rund 100–250 m höher als heute** (Bortenschlager 1977, Burga 1988). Im Wallis erreichte die Baumgrenze maximal 2500 m (Carnelli et al. 2004). Klimaveränderungen führen allerdings nur sehr langsam zu Verschiebungen in der Waldgrenze, weil walddynamische Prozesse lange Reaktionszeiten beinhalten. An-

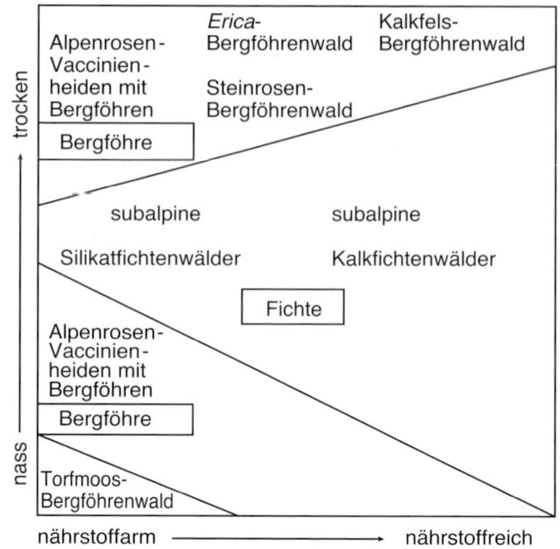

Abb. 13–72 Ökogramm der Bergföhre (*Pinus uncinata*) und Fichte in Beziehung zu den wichtigsten Pflanzengesellschaften in der subalpinen Stufe der nördlichen Voralpen und der Innenalpen (s. auch Abb. 13–71). Nach Kuoch & Schweingruber (1975). An nährstoff- und basenreichen Standorten ist die Fichte so wüchsig, dass sie die Bergföhre unter natürlichen Verhältnissen nur bei großer Trockenheit oder extremer Nässe hochkommen lässt.

Muttergestein, bzw. Unterlage		verwertbarer Nährstoffgehalt	biologische Gründigkeit	Höhenamplitude der Stufe 1800–1900	1900–2100	1900–2250
Karbonat	Hartkalk	gering	flach	Bergföhren		
	Weichkalk	reich	mittel	BFö Arve	Lärche, Arve	
Mischgesteine (flyschartig)		reich	tief	Fichte		
Silikat	Weichsilikat	mittel	mittel bis tief	Arve		
	Hartsilikat	gering	flach			
Torf	Anmoor	gering bis sehr gering	flach bis sehr flach	Bergföhren		
	Hochmoor					
				nördliche Voralpen	nördliche Zw.-alpen	Innenalpen

Abb. 13–71 Baumarten der natürlichen Schlussgesellschaften in der oberen subalpinen Stufe (d. h. an den Waldgrenzen) der Schweiz. Nach Kuoch & Schweingruber (1975), verändert. Die Bergföhre nimmt jeweils die edaphisch ungünstigen, zu trockenen oder zu nassen Standorte ein. Am anspruchvollsten ist die Fichte (in etwas tieferen Lagen) sowie die Arve. Die Lärche erträgt mehr Trockenheit als Letztere.

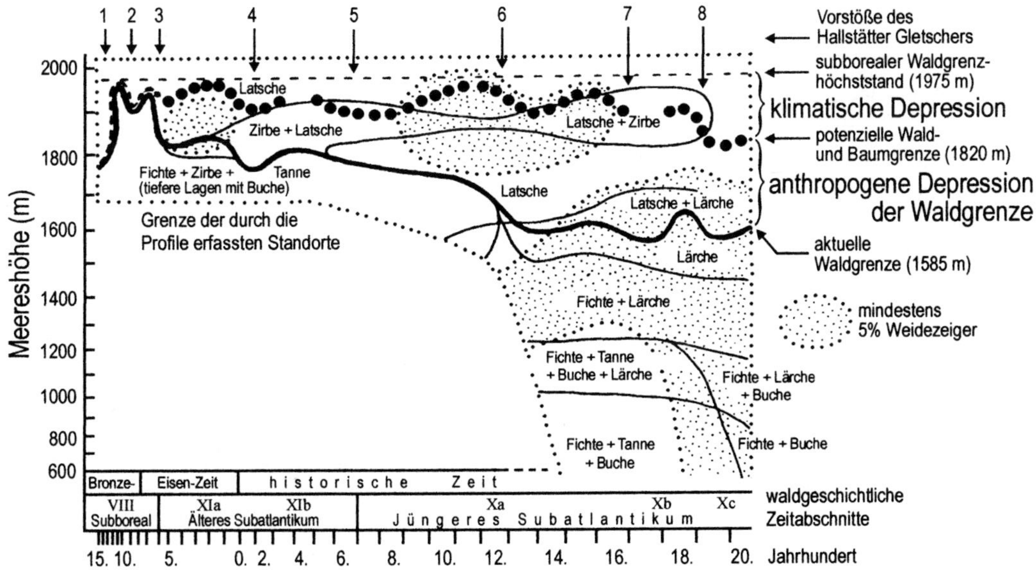

Abb. 13–73 Vom Klima und vom Menschen verursachte Veränderungen der Waldgrenze seit etwa 1500 v.Chr. am Plateau und Nordabfall des Dachsteinmassivs, beurteilt aufgrund pollenanalytischer Untersuchungen von Mooren. Nach Kral (1979), etwas verändert. Seehöhen- und Zeitskala sind logarithmisch! Die klimatisch bedingte Waldgrenze lag in der mittleren Wärmezeit (Atlantikum, etwa 3000 v.Chr., hier nicht dargestellt) etwa 2200 m ü.NN. und sank seither mit Schwankungen langsam tiefer. Nach einem kurzen Hochstand in der Bronzezeit (1975 m) erreichte sie mehrfach wieder Höhen über 1950 m, auch im Mittelalter. In kühleren Perioden zog sich der Wald an den Hängen zurück, und der Hallstädter Gletscher rückte vor (Pfeile oben). Seit Beginn der Eisenzeit wurde die (aktuelle) Waldgrenze durch Holzschlag und Weide bis auf unter 1600 m herabgedrückt. Im Pollendiagramm erkennt man die anthropogen-zoogene Waldvernichtung am höheren Anteil von Nichtbaumpollen, insbesondere von „Weidezeigern". In den subalpinen Wäldern herrschten vor dem Eingreifen des Menschen Fichten, Arven und Tannen. Die Lärche als lichtliebender Pionier wurde erst später häufig und stieg immer weiter in die Täler hinab. Große Ausdehnung erfuhr auch das Latschengebüsch, das von Natur aus nur einen schmalen Gürtel oberhalb des Arvenmischwaldes bildet. In den tieferen Lagen wurde die Tanne zugunsten der Fichte fast ausgerottet und durch die Buche zurückgedrängt.

ders die anthropo-zoogenen Einwirkungen, durch die die Waldgrenze beispielsweise in Tirol durchschnittlich um 208 m herabgedrückt wurde (maximal 220–400 m, Friedel 1967). Am Dachsteinmassiv liegt die aktuelle Waldgrenze heute sogar etwa 235 m tiefer als die klimabedingte potenzielle (Kral 1979; s Abb. 13–73). Die Alpenrosenheiden, die sich besonders in den Randalpen zwischen der Wald- und Baumgrenze ausdehnen und stellenweise noch über diese emporsteigen, werden von Lüdi (1921) und den meisten jüngeren Autoren als Waldzeugen gedeutet. Pollen der alpinen *Rhododendron*-Arten findet man aber nach Zoller (1960) in Moorablagerungen erst aus verhältnismäßig später Zeit, als der Mensch längst begonnen hatte, die Alpen wirtschaftlich zu erschließen (s. auch Kap. 7.5.2).

13.4.5.2 Ursachen der Waldgrenze

Die alpine Wald- und Baumgrenze ist entweder natürlich oder vorwiegend vom Menschen und seinem Vieh gesetzt. Je nach den vorherrschenden Ursachen kann man bei den natürlichen Grenzen mit Köstler & Mayer (1970) unterscheiden:

– allgemeinklimatische Ursachen (klimatische Wald- bzw. Baumgrenze i. e. S.);
– lokalklimatische Ursachen (z. B. durch Schneeanhäufung, Wind, Kaltluft u. Ä. bedingte);
– edaphische Ursachen (z. B. durch plattigen Fels, Grobblockschutt und Moor gesetzte);
– orografische Ursachen (durch Lawinenbahn, Felswand, Bachanriss u. dgl. gegebene).

Vor diesem Hintergrund unterscheidet Körner (2003) **grundlegende, weltweit wirksame Ursa-**

chen und regionale (oder lokale) Faktoren, die zusätzlich einen modulierenden Einfluss ausüben. Zu den Faktoren, die eher von regionaler Bedeutung für die Ausbildung einer Waldgrenze sind, zählen (1) Stress durch verschiedene Klimafaktoren, (2) mechanische Beschädigung der Bäume und (3) eingeschränkte Fortpflanzung im rauen Klima an der Waldgrenze. Eher grundlegender Natur ist dagegen (4) die mögliche Limitierung des Baumwachstums durch ungenügende Assimilationsleistung (C-Bilanz-Hypothese) oder (5) durch eingeschränkte Meristemaktivität (Wachstumslimitierungs-Hypothese).

Die Frosthärte der Baumarten an der Waldgrenze ist in der Regel so hoch, dass **Frostschäden** bei niedrigen Wintertemperaturen selbst in den kalten Innenalpen nicht auftreten, sondern höchstens im Zuge von Früh- und Spätfrösten (Sakai & Larcher 1987). Gefährdet sind vor allem junge Triebe nach dem Austrieb bis in den Frühsommer (Havranek & Tranquillini 1995) und Sämlinge bei nächtlichen Strahlungsfrösten an der Bodenoberfläche (Holtmeier 2003). Obgleich Frostschäden an einzelnen Organen nicht selten auftreten, gefährden diese das Baumwachstum an der Waldgrenze nicht grundsätzlich (Tranquillini 1979).

Langsame Austrocknung im Zuge von **Frosttrocknis** wurde vielfach als die Hauptursache der alpinen Waldgrenze in temperaten Gebirgen angenommen (z. B. Turner 1968, Tranquillini 1979). Gefährdet sind vor allem junge Bäume und Sämlinge, weil sie weniger Wasser speichern und weniger tiefreichende Wurzeln besitzen als Altbäume (Tranquillini 1982, Herrik & Friedland 1991; s. Kap. 13.4.1 b). Winterliche Austrocknung tritt eher bei Koniferen als bei Laubbäumen auf und betrifft vor allem schneearme Südhänge.

Auch starker **Wind** kann lokal das Baumwachstum einschränken. Kronfuss & Havranek (1999) berichten über eine negative Beziehung zwischen Zirbenwachstum und Windgeschwindigkeit in den österreichischen Alpen. Stärkerer Wind kann nach Tranquillini (1979) und Hadley & Smith (1987) die Photosyntheserate von Bäumen senken und außerdem im Winter zu Beschädigung durch Eisschliff führen (s. Abb. 13–74).

Wo der **Schnee** in der subalpinen Stufe mehrere Meter mächtig wird und im Frühsommer nicht rasch abschmilzt, verhindert er lokal die Ansiedlung von Bäumen. Soweit es sich um Koniferen handelt, wirken hierbei Schneeschimmel-Pilze (u. a. *Herpotrichia*- und *Gremeniella*-Arten) entscheidend mit (Schönenberger & Frey 1988). In besonders schneereichen Gebirgen, z. B. in der Küstenkordillere der nordwestlichen USA und in Teilen der Allgäuer Alpen (Knapp 1960) sowie in Japan (Ogasahara 1964), löst sich der Wald an seiner klimatischen Grenze in Gruppen auf, die sich nach Fonda & Bliss (1969) nur in außergewöhnlich niederschlagsarmen und warmen Jahren randlich durch Verjüngung ausdehnen. Solche Baumgruppen entstehen oft nicht aus Samen, sondern durch Ausläuferbildung, zu der nach Kuoch & Amiet (1970) u. a. auch Fichten und andere Nadelhölzer befähigt sind (s. a. Holtmeier 1967 bis 2003).

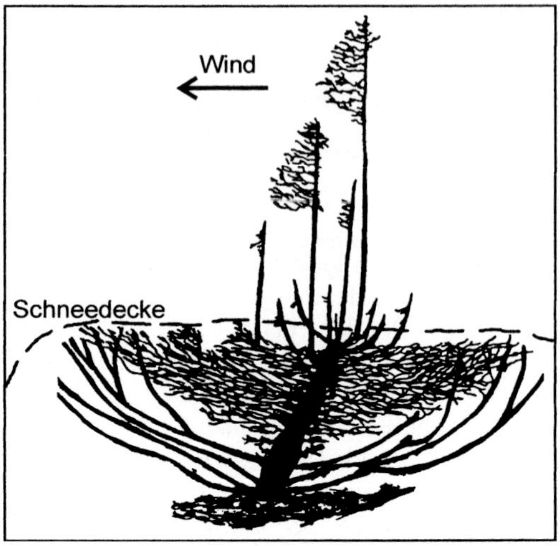

Abb. 13–74 Morphologie von Fichten an der Waldgrenze der Tatra mit großer Zweigdichte im vom tiefen Schnee geschützten Teil und mit dem Eisschliff ausgesetzter Fahnenkrone. Nach Plesnik (1971) in Ozenda (1988).

Frosttrocknis, Wind und die Schneeverteilung sind Faktoren, die das Baumwachstum an bestimmten Stellen der Waldgrenze behindern oder gar unterbinden können. Dies wurde vor allem in Versuchen der Hochlagenaufforstung in den Alpen deutlich, z. B. im Engadiner Dischmatal (Nägeli 1969, Turner 1970) und bei Obergurgl in Tirol (Friedel 1967, Aulitzki 1962, 1963, 1965 u. a.). Für eine grundlegende Erklärung der alpinen Waldgrenze auf der Erde kommen diese Faktoren jedoch nicht infrage, weil sie in den tropischen Hochgebirgen nur eine geringe oder keine Rolle spielen (Körner 2003).

Dies gilt wahrscheinlich auch für die **Regeneration** der Bäume an der Waldgrenze. Viele Autoren berichten über verringerte Samenproduktion und geringeren Erfolg bei der Sämlingsetablierung der Bäume, je näher diese an der Waldgrenze stehen (Literaturübersicht in Holtmeier 2003). Die Fichte produziert an günstigen Standorten alle 3 bis 6 Jahre Zapfen, an der Baumgrenze nur alle 9 bis 11 Jahre (Tschermak 1950). Die Zahl der ausgestreuten Fichtensamen nahm in der Schweiz von 2220 m^{-2} in 975 m Höhe auf 40 m^{-2} in 1990 m an der Baumgrenze ab, also um das 50-Fache (Kuoch 1965). Die Zirbe erzeugt an der Baumgrenze nur alle 7 bis 8 Jahre eine Mast, die Lärche jedes 10. Jahr (Rohmeder 1941, Holtmeier 2003). Fichtensamen keimten zudem an der Waldgrenze im Mittel schlechter als in tieferen Lagen (Schmidt-Vogt 1964). Weil aber bereits ein sehr seltener Erfolg in der Keimlingsetablierung ausreichen kann, um einen Waldbestand zu verjüngen, stellt ungenügende Regeneration wahrscheinlich ein regionales, aber kein grundlegendes Problem an alpinen Waldgrenzen dar.

Sind Bäume an der Waldgrenze kohlenstofflimitiert? Der **Kohlenstoffgewinn** eines Bestandes ist das Produkt aus Blattmasse, Netto-Assimilationsrate in der Vegetationszeit und deren Dauer. Gaswechselmessungen an Bäumen nahe der Waldgrenze zeigen eine Reduktion des Photosynthesevermögens pro Blattmasse gegenüber den Tallagen um 25–61 % zwischen 650 und 1950 m Höhe, so bei Grünerle, Legföhre und Fichte (Pisek & Winkler 1958, Benecke 1972, Tranquillini & Havranek 1985). Das niedrigere Photosynthesevermögen pro Nadelmasse zusammen mit einer deutlich kürzeren Vegetationszeit (s. Abb. 13–75) und einer eher geringeren Nadelmasse pro Grundfläche reduzieren die jährliche Trockenmassen-Produktion eines montanen Waldes auf grob die Hälfte im Vergleich zu den Tallagen (Benecke 1972, Maruyama 1971, Tranquillini 1979; vgl. Abb. 4–39). Bisher ist nicht bekannt, wie groß der minimale Kohlenstoffbedarf von Fichten-, Lärchen- und Zirbenbeständen an der Waldgrenze ist, um die Lebensform Baum mit ihrem großen C-Speicher aufrechtzuerhalten, und ob dieser bei einer Halbierung des Kohlenstoffgewinns bereits an sein unteres Limit gerät.

Aus ganzjährig hohen Gehalten an nichtstrukturellen Kohlenhydraten in den Nadeln, Zweigen, Stämmen und Wurzeln der Zirbe an

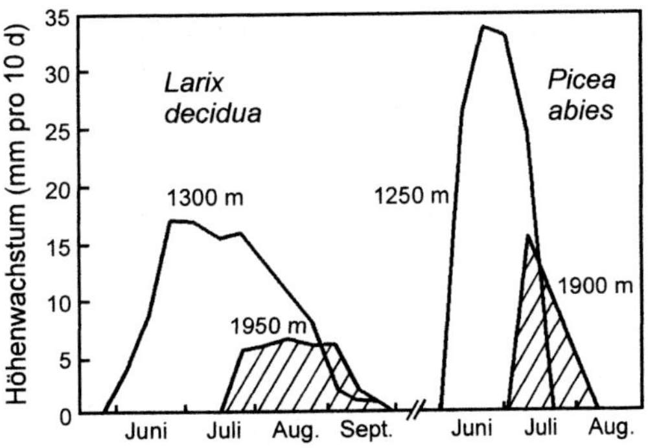

Abb. 13–75 Zeitlicher Verlauf des Höhenwachstums von Lärchen und Fichten in montaner Höhenlage (1250 bzw. 1300 m) und an der Waldgrenze (1900 bzw. 1950 m) in Tirol. Nach Oberarzbacher (1977) in Tranquillini (1979), verändert.

der Waldgrenze in der Schweiz schließen Hoch et al. (2002) und Hoch & Körner (2003), dass der Baumwuchs in der alpinen Stufe der Alpen und anderer Gebirge nicht etwa durch Kohlenstofflimitierung, sondern eher durch mangelnden C-Verbrauch im Zellstoffwechsel oder bei Zellwachstum und -differenzierung begrenzt wird. Nach dieser **Sink-limitation-Hypothese** (Körner 2003) würden Temperaturen im Bereich von etwa 6,5 °C einen Schlüsselprozess des Wachstums von Bäumen begrenzen, während Assimilate aus der Photosynthese ausreichend vorhanden wären. In einer weltweiten Übersicht fanden Körner & Paulsen (2004) nämlich, dass die alpine Waldgrenze stets bei mittleren Bodentemperaturen in der Vegetationsperiode von 5,4–7,8 °C auftritt.

Diese Hypothese müsste allerdings auch erklären, warum Sträucher wie *Rhododendron*, *Vaccinium* oder *Salix*, die ja auch verholzt sind, noch weit in die alpine Stufe hinauf vordringen, die den Bäumen verwehrt bleibt. Eine grundlegend andere physiologische Konstitution von Bäumen und Sträuchern ist nicht anzunehmen. Nach Körner (2007) spielen hierbei **niedrige Wurzelraum-Temperaturen** unter Wald, die durch Selbstbeschattung verursacht werden, und eine nur geringmächtige atmosphärische Grenzschicht über Bäumen eine entscheidende Rolle (vgl. auch Körner & Paulsen 2004). Andere Autoren fanden allerdings unter den oft ähnlich dicht schließenden subalpinen Sträuchern vergleichbar niedrige Bodentemperaturen wie unter dem benachbarten Wald (z. B. Holtmeier 1987).

Manches deutet darauf hin, dass die Limitierung des Baumwachstums an den alpinen Waldgrenzen der Erde nicht durch einen einzigen temperaturabhängigen biochemischen oder physiologischen Prozess verursacht wird. Wahrscheinlich limitieren niedrige Temperaturen nicht nur Wachstumsprozesse, sondern auch andere, für die Ressourcenversorgung wichtige Vorgänge, wie die Mineralisierung und Diffusion von Nährstoffen und die Wassernachlieferung aus dem Boden. Nach der sogenannten **„Central-place-foraging-Hypothese"** von Stevens & Fox (1991) ließe sich so erklären, warum Bäume, die ja fortlaufend Biomasse akkumulieren und damit immer längere Transportwege für ihre Ressourcen in Kauf nehmen müssen, durch Kälte stärker benachteiligt werden als verholzte Sträucher mit kürzeren Transportwegen und kleineren C-Vorräten (vgl. auch Kap. 4.4.5). Dieses Konzept könnte zudem die graduelle Produktivitätsabnahme mit der Höhe erklären und würde auch den doch recht großen regionalen Unterschieden in der Bodentemperatur an den Waldgrenzen der Erde besser gerecht werden (Holtmeier 2003).

13.5 Populationsbiologie und Synökologie

13.5.1 Wachstums- und Lebensrhythmus alpiner Pflanzen

Alpine Pflanzen wachsen im Allgemeinen langsamer als Tieflandpflanzen. Viele Sippen besitzen zudem eine **genetische Disposition für Kleinwüchsigkeit**, die es ihnen erleichtert, in der harten Umwelt des Hochgebirges zu bestehen (Körner 2003). Oft erreichen alpine Pflanzen aber ein **hohes Alter**. So wiesen bereits Grabherr et al. (1978) auf ein mögliches sehr hohes Alter der klonalen Populationen der Krummsegge hin. Durch DNA-Fingerprinting an Klonen in einem 1 m^2 großen Klonsystem von *Carex curvula* stellten Steinger et al. (1996) eine hohe Homogenität der Rameten fest und schätzten das Alter der Klone auf rund 2000 Jahre. Die mittlere Blattlebensdauer alpiner Pflanzen unterscheidet sich andererseits nicht von der ähnlicher Lebensformen im Tiefland, wohl aber die der Wurzeln; zumindest die Grobwurzeln sind deutlich langlebiger (Mähr & Grabherr 1983, Körner 2003).

Pflanzen alpiner Rasen müssen ihren Entwicklungszyklus in einem Zeitraum von 10 bis 12 Wochen abschließen. Manche Arten wie z. B. *Loiseleuria procumbens* unterliegen einer ausgeprägten winterlichen Dormanz, die im Herbst von der Photoperiode induziert wird, im Frühjahr aber vor allem unter thermischer Kontrolle steht (Hülber et al. 2006). **Die Entwicklung nach der Schneeschmelze verläuft ausgesprochen rasch** und Sprosswachstum und Blütenbildung sind bei den meisten Arten innerhalb von 4, höchstens 8 Wochen abgeschlossen (z. B. Bahn & Körner 1987, Wagner & Erschbamer 1997).

In den Hochgebirgsrasen der Alpen blühen mehr als 70 % aller Sippen Ende Juli innerhalb eines sehr kurzen Zeitraumes. Die Blüten werden aufgrund der kurzen Vegetationsperiode meist schon im Vorjahr oder noch früher angelegt; manche Arten blühen bereits unter dem noch schmelzenden Schnee. Bei den meisten alpinen Pflanzen sind Langtag-Bedingungen und winterliche Vernalisation zur Blühinduktion erforderlich (Körner 2003). *Carex curvula* benötigt außerdem eine Mindesttemperatur von 5–6 °C zur Blütenbildung (Wagner & Erschbamer 1997). In kühlen Sommern werden deshalb weniger oder überhaupt keine Samen erzeugt (Wagner & Mitterhofer 1998).

Frühblühende Hochgebirgspflanzen erreichen einen höheren Grad an Fremdbestäubung, obwohl Insekten zu Beginn der Saison oft noch nicht in ausreichender Anzahl verfügbar sind. Bei Spätblühern sind dagegen Selbstbefruchtung, Apomixie und Viviparie verbreiteter, wodurch sie der Gefährdung der Fortpflanzung durch einen frühen Wintereinbruch entgehen (Kudo in Körner 2003). Nicht wenige Alpin- und Nivalpflanzen sind auf die Bestäubung durch Insekten (z. B. Hummeln) angewiesen, die an Sommertagen in Bodennähe ein genügend warmes Mikroklima finden. Entgegen einer verbreiteten Vorstellung sind nämlich auch in großen Höhen über dem Meeresspiegel noch genügend Bestäuber vorhanden (Bingham & Orthner 1998, Gugerli 1998). Dass **sexuelle Fortpflanzung auch in der alpinen und nivalen Stufe von Bedeutung** sein kann, zeigen populationsgenetische Untersuchungen z. B. an *Anthoxanthum odoratum*: Die innerartliche genetische Variabilität nimmt mit der Höhe nicht ab, lässt also keine größere Inzucht in den Hochlagen erkennen (Felber et al. 1996).

Erstaunlich ist, bei wie vielen Blütenpflanzen noch in der Nivalstufe die Früchte ausreifen, zumindest in günstigen Jahren. Hochkeimfähige Samen produzieren nach Braun (1913) etwa 80 Arten, darunter:

Silene acaulis (i f)	*Sibbaldia procumbens* (w)
Minuartia verna (w f)	*Geum reptans* (w)
Arenaria biflora (w f)	*Geum montanum* (w)
Thlaspi rotundifolium (w)	*Linaria alpina* (w)
Cardamine resedifolia (w)	*Erigeron uniflorus* (w)
Draba fladnizensis (w)	*Anthoxanthum odoratum*

Viele davon sind immergrün (i) oder überwinterndgrün (w) und manche außerdem „Wintersteher" (f), deren Fruchtstände bis zum Frühjahr intakt bleiben und deren Samen erst dann ihre volle Keimkraft erreichen. Etwa ein Fünftel der Nivalpflanzen soll sich so verhalten. Sogar einjährige Blütenpflanzen kommen oberhalb der Schneegrenze in warmen Sommern bis zur Fruchtreife, ein Beweis für die mikroklimatische Gunst ihrer Standorte. In den schweizerischen Alpen sind dies nach Braun und anderen:

Sedum atratum	*Gentianella tenella*
Euphrasia minima	*G. campestris*
Gentiana nivalis	

Die genannte *Euphrasia* ist zugleich die am höchsten steigende annuelle Dikotyle und ein Halbparasit, der auf Gräser als Wirtspflanzen angewiesen ist. Sie erreicht am Antener Erzhaupt 3500 m Höhe (Vaccari, zit. nach Reisigl & Pitschmann 1958). Mehrjährige Pflanzen sind aber entschieden im Vorteil, weil sie ihren einmal eroberten Platz auch in schlechten Samenjahren behaupten können.

Manche Vertreter der Nivalflora sind von beständigem Samennachschub aus der alpinen Stufe abhängig, weil sie oberhalb der Schneegrenze zwar wachsen, aber **niemals mit Blüten angetroffen werden**, beispielsweise:

Juniperus communis subsp. *alpina*	*Astragalus frigidus*
Vaccinium myrtillus	*Arnica montana*
Vaccinium vitis-idaea	*Senecio doronicum*
Aconitum napellus	*Saussurea alpina*
Trifolium repens	

Bis auf die drei als letzte genannten Kompositen handelt es sich um zoochore Arten, die von den Vögeln oder von anderen Wildtieren des Hochgebirges, aber auch von Weidetieren herangetragen werden.

Neben der sexuellen Fortpflanzung spielt auch die **klonale Ausbreitung** eine große Rolle in alpinen und arktischen Lebensräumen (Pluess & Stöcklin 2005, Weppler & Stöcklin 2005). Viele dominante Sippen wie die *Carex*-Arten der alpinen Rasen und verschiedene Ericaceen vermehren sich fast ausschließlich klonal (Söyrinki 1938, Erschbamer et al. 1994, Erschbamer 1996). Ein besonders eindrucksvolles Beispiel ist *Carex curvula*, die nur selten Samen produziert und sich durch kontinuierliche Neubildung von Tochter-Ramets in alle Richtungen ausbreitet, bis die ältesten Triebe nach 30 bis 40 Jahren absterben und auffällige „Hexenringe" bilden (Grabherr 1997). Bei vielen alpinen Horstgräsern unterstützt **spontane Selbstfragmentierung** der Klone die Vermehrung (Wilhalm 1996).

13.5.2 Diasporenausbreitung und Keimlingsetablierung

Um ihre isolierten und hier und dort neu entstehenden Wuchsorte zu erreichen, müssen alle Pflanzen der Hochlagen mit guten Ausbreitungsmitteln ausgerüstet sein. Zöttl (1951b), Söyrinki (1954), Müller-Schneider (1986) u. a. haben diese gründlich untersucht (s. auch Bonn & Poschlod 1998). Sie fanden übereinstimmend, dass die meisten alpinen Arten trotz der kurzen Vegetationsperiode **reichlich Samen erzeugen**, und dass diese **großenteils vom Wind transportiert** werden. Der Anteil der vom Wind verbreiteten Arten nimmt mit steigender Höhe über dem Meeresspiegel zu (Reisigl & Pitschmann 1958, Pikula 1963). In der alpinen und nivalen Stufe spielen auch „Schneeläufer" eine gewisse Rolle (z. B. bei *Thlaspi rotundifolium*), deren Ausbreitungseinheiten z. T. über große Entfernungen über die Schneeoberfläche verblasen werden (Dierßen 1996). Von den Flechten wandern Thallus-Bruchstücke, von den höheren Pflanzen Fruchtstände oder Früchte, z. B. von fast allen Gräsern, vielen Seggen (*Carex curvula, C. sempervirens* u. a.) und mehreren Arten der Gattungen *Luzula*, *Juncus* und *Saxifraga*. Die allermeisten Samen werden allerdings über nur **kurze Entfernungen** transportiert, meist weniger als 10 cm. Das gilt z. B. für die Besiedler der Gletschervorfelder und für verschiedene Kennarten der Felsspalten-Gesellschaften (Frey et al. 1995, Stöcklin & Bäumler 1996, Erschbamer et al. 2001). Vor allem aus diesem Grund dauert die Besiedlung von alpinen Rohböden oft Jahrzehnte. Fernausbreitung muss dagegen als recht seltenes Ereignis gelten. Hier spielen wahrscheinlich Schmelzwässer, Lawinen, Stürme und vor allem Tiere eine bedeutende Rolle, so Gämsen und in den Hochlagen weidende Schafe (Jochimsen 1970, Hülber et al. 2005).

Nur ein kleiner Teil der aktuellen Vegetation ist in der Samenbank vertreten, ähnlich wie dies z. B. in den Trockenrasen und Äckern des Tieflandes der Fall ist. Häufig fehlen sogar die dominanten Sippen. Die Keimrate alpiner Pflanzen ist in der Regel hoch (z. B. Fossati 1980, Urbanska & Schütz 1986, Wildner-Eccher 1988); das gilt insbesondere für die Rasen der alpinen Stufe und die Gletschervorfelder (Lüdi 1933, Söyrinki 1938, Stöcklin & Bäumler 1996). Allerdings bestehen große Artunterschiede in den individuellen Keimansprüchen. **Samenreife und Keimung werden also durch das raue Klima der Hochlagen nicht übermäßig behindert.** Die Keimung wird vor allem vom Temperaturregime gesteuert, wobei die meisten Arten durch erstaunlich hohe Temperaturansprüche (in der Regel länger währende Temperaturen über 5 °C) auffallen. Deshalb ist die Keimrate auf Südhängen im Allgemeinen höher (Wagner & Erschbamer 1997). Auch bei guter Keimfähigkeit **gelangen nur wenige Samen zur Entwicklung**, weil sie keine günstigen Bedingungen („safe sites") finden oder schon als zarte Keimlinge wieder zugrunde gehen (z. B. Zöttl 1951 b, Weppler & Stöcklin 2005). Zudem verlaufen Embryogenese und Keimlingsentwicklung im Hochgebirge langsamer als im Tiefland (Körner 2003). Bei der Besiedlung von alpinen Rohböden wie beispielsweise Schutthalden und Gletschervorfeldern spielt deshalb der Zufall eine große Rolle.

13.6 Produktivität und Stoffumsätze

13.6.1 Produktivität

a) Alpine Polsterpflanzen-Bestände, aber auch Zwergstrauchheiden und Rasen, erreichen sehr hohe Blattflächendichten pro Kronenvolumen (bis zu 100 m^2 m^{-3}), während der **Blattflächenindex** (LAI) mit Werten zwischen 1,5 und 3,0 m^2 m^{-2} vergleichsweise niedrig bleibt. Nur wenn man die Oberfläche der vielen toten Blätter und Achsen in den Beständen mit berücksichtigt, werden in den alpinen Rasen ähnlich hohe Werte erreicht wie im Kulturgrasland des Tieflandes (Körner 2003).

Für die oberirdische **Biomasse** alpiner Rasen werden 170–300 g (maximal 470 g) Trockenmasse m^{-2} angegeben, bei Einschluss der toten Pflanzenmasse 240–800 g m^{-2}. In manchen Rasen tragen Kryptogamen einen großen Teil der Biomasse bei: In Krummseggenrasen in Tirol stellten Flechten allein 64 % der oberirdischen Biomasse, 9 % die Moose. Auf die Grasartigen entfielen 21 %, auf die Kräuter lediglich 6 %. Mindestens die Hälfte der Biomasse dieser Rasen befand sich unter der Bodenoberfläche. Der Streuvorrat war klein (50–160 g m^{-2}), weil abgestorbene Teile an der Krummsegge hängen bleiben und eine massive Strohtunika aufbauen (Grabherr et al. 1978, Franz 1980, Grabherr 1987 b). Von den Tallagen (600 m ü.NN.) bis in die alpine Stufe (2000 m ü.NN.) nimmt die oberirdische Biomasse des Graslandes von etwa 600 auf etwa 200 g m^{-2} ab. Deutlich höhere oberidische Biomassen erreichen alpine Zwergstrauchheiden mit rund 1000–1250 g m^{-2} (bzw. 1310–1400 g m^{-2} einschließlich der Totmasse, Larcher 1977 a, Körner 2003).

Wie groß die **Wurzelbiomasse** mancher alpiner Rasen sein kann, zeigen die Erhebungen z. B. von Grabherr (1987 b) in einem Krummseggenrasen auf etwa 2200 m Höhe im Ötztal (900 g m^{-2} in 0–5 cm Tiefe) und von von Rochow (1956) in einem alpinen Borstgrasrasen und einer gedüngten Rotschwingelwiese des Berner Oberlandes auf 1900 m (1500 bzw. 1000–2300 g m^{-2} in 0–20 cm Tiefe). Nach gründlichen Erhebungen in einem Curvuletum in Tirol errechnete Grabherr (1987 b) ein **Wurzel/Spross-Verhältnis** der Biomasse von 18:1. Für alpine Zwergstrauchheiden werden Wurzelbiomassen von 2200–2450 g m^{-2} und Wurzel/Spross-Verhältnisse von etwa 2,5:1 angegeben (Larcher 1977 a).

Tab. 13–15 Oberirdische Netto-Primärproduktion (mittlere Tagesraten) und Energiefixierung durch die Photosynthese (in % der Einstrahlung) in verschiedenen Vegetationstypen der alpinen Stufe der Alpen. Nach Brzoska (1973 a, b), Larcher (1977), Galland (1986), Klug-Pümpel (1989, in Körner (2003).

Vegetationstyp	Produktion ($g\ m^{-2}\ d^{-1}$)	Energiefixierung (%)	Länge der Vegetationsperiode (d)
Carex curvula-Rasen	1,2–1,5	0,3–0,5	120
Carex firma-Polster	1,1–2,0	–	75
Deschampsia cespitosa-Rasen	2,5	0,8	90
Luzula alpino-pilosa-Schneeboden	2,5	–	75
Salix herbacea-Schneeboden	1,3	0,4	80
Loiseleuria procumbens-Windheide	2,3	0,7	140
Vaccinium-Heide	3,8	0,9	130
Offene Schutthalde (< 10 % Deckung)	0,5–0,7	0,1–0,4	45

b) Wichtigste bestimmende Größe der **Produktivität** alpiner Ökosysteme ist die Länge der Vegetationsperiode. Bei mittleren oberirdischen Produktionsraten von rund 2,2 $g\,m^{-2}\,d^{-1}$ (s. Tab. 13–15) und einer Länge der Vegetationsperiode von 75 bis 140 Tagen erreichen alpine Rasen und Zwergstrauchheiden Jahressummen von 100–500 g TM m^{-2}, im Mittel von etwa 200 g m^{-2} für die oberirdische Fraktion (Schmidt 1974, Larcher 1977 a, Klug-Pümpel 1989, Körner 2003). Die gesamte ober- und unterirdische Produktion könnte nach diesen Zahlen rund 400 g $m^{-2}\,a^{-1}$ betragen. Grabherr (1987 b) kam in einem Tiroler Krummseggenrasen allerdings nur auf Werte von 69–85 g $m^{-2}\,a^{-1}$ (oberirdisch) und 100–170 g $m^{-2}\,a^{-1}$ (ober- und unterirdisch).

Nach den bisher vorliegenden Daten scheinen in der alpinen und subalpinen Stufe die Zwergstrauchheiden etwas produktiver zu sein als die Rasen, wenn sie nicht gedüngt werden. Larcher (1977 a) nennt für alpine *Loiseleuria*- und *Vaccinium*-Heiden am Patscherkofel oberirdische Produktionsraten von im Mittel 317 und 485 g $m^{-2}\,a^{-1}$. Auch in den nordwestlichen USA erzeugten die Zwergsträucher der Hochlagen am Mt. Washington wesentlich mehr (oberirdische) Trockensubstanz als Seggenrasen, nämlich 283 gegenüber 176 g $m^{-2}\,a^{-1}$ (Bliss 1966). Polsterpflanzen-Bestände brachten es lediglich auf 67 g $m^{-2}\,a^{-1}$. Auch hinsichtlich des Energie- und Fettgehalts (Bliss 1962) stehen Zwergstrauch-Gesellschaften über den alpinen Rasen. Hochalpine und hocharktische Zwergstrauchheiden bleiben mit ihrer Produktivität allerdings nach Wielgolaski (1975) unter 10 g $m^{-2}\,a^{-1}$, während nieder- bis subalpine und subarktische an guten Standorten bis 1000 g $m^{-2}\,a^{-1}$ erzeugen können. Entsprechend ist die Stoffproduktion der *Loiseleuria*-Spaliere am natürlichen Standort in der unteren alpinen Stufe des Patscherkofels infolge der dort herrschenden harten Bedingungen viel geringer als diejenige 150 m tiefer in der subalpinen Stufe. Dort leisten *Loiseleuria*-Bestände das Dreifache und Heidelbeerheiden (*Vaccinium myrtillus*- und *V. gaultherioides*-Bestände, s. Tab. 13–15) das Vierfache. Das liegt vor allem an der kürzeren Vegetationszeit und der geringeren Blattfläche in der alpinen Stufe, aber auch an der unterschiedlichen Schneebedeckung. Da apere Stellen im Winter oft besonnt und erwärmt werden, verlieren die oberirdisch lebenden Organe der Gämsheide an windgefegten Stellen in der alpiner Stufe relativ viel Kohlenstoff durch die Atmung.

In der kurzen Vegetationsperiode, vor allem im Juli und August, sind alpine und nivale Pflanzenbestände erstaunlich produktiv und kaum weniger leistungsfähig als Wiesen und Wälder des Tieflandes, wenn man gleiche Deckungsgrade der Vegetation voraussetzt (Körner 2003; s. Tab. 13–15). Das zeigen auch die recht hohen Produktionswerte von Brzoska (1973 a, b) für nivale Standorte von *Ranunculus glacialis* und andere Arten. In kühlen Sommern mit kurzen Vegetationsperioden ist der Kohlenstoffgewinn aber auch im Hochsommer vergleichsweise gering.

13.6.2 Wasser- und Nährstoffumsätze

a) Der **Wasserumsatz** eines Krummseggenrasens in 2300 m Höhe wurde von Körner et al. (1980 und 1989b) gründlich untersucht. Hängige Rasen der alpinen Stufe (12° Neigung) weisen danach einen **sehr hohen Anteil des Oberflächenabflusses** am Jahresniederschlag auf, in dieser Studie 83 %. Besondes groß ist der oberflächliche Abfluss während der Schneeschmelze, wenn der Boden noch gefroren ist. Neigung und Vegetationsstruktur beeinflussen diesen Wert aber sehr stark (Tasser et al. 1999); Kalkböden haben in der Regel einen geringeren Abfluss und eine höhere Versickerung. In der schneefreien Zeit findet kaum Oberflächenabfluss (2,5 % des Jahresniederschlages in der Studie von Körner) statt, 23 % versickern im Boden. Die relative Bedeutung der **Gesamtverdunstung** am Jahreswasserumsatz ist dagegen relativ gering (17 % des Jahresniederschlages). Unbedeutend sind die Wasserverluste durch Evaporation von der Bodenoberfläche und durch Sublimation von der winterlichen Schneedecke (2,6 %), zumindest in geschlossenen Rasen. Die Bestandesverdunstung ist allerdings stark von der Vegetation abhängig, und zwar vor allem vom LAI und der Bestandeshöhe, also der aerodynamischen Rauigkeit der Vegetationsoberfläche (Tappeiner & Cernusca 1996). Körner (1977) ermittelte an klaren Sommertagen maximal 8,2 mm d^{-1} in feuchten Schneetälchen und minimal 2,1 mm d^{-1} in trockenen Flechtenheiden.

Die Jahressumme der Evapotranspiration von Grasland nimmt in den Alpen mit der Meereshöhe ab, und zwar von rund 700 mm in den Tallagen auf nur 210–250 mm in etwa 2600 m Höhe (s. Abb. 13–76). Dies ist vor allem eine Konsequenz der mit der Höhe kürzer werdenden Vegetationsperiode. **Die mittlere tägliche Verdunstung in der Vegetationszeit betrug einheitlich 2,3 mm in allen Höhenlagen** und zeigte nur an Strahlungstagen eine Abnahme mit der Höhe über dem Meeresspiegel, nicht aber an durchschnittlichen (klaren wie bewölkten) Tagen (Körner 2003).

b) Die **Stickstoffnachlieferung** ist in den meisten alpinen Ökosystemen geringer als in jenen des Tieflandes. Das ist in erster Linie eine Folge der kurzen Vegetationsperiode. Auch im Sommer begrenzen aber Bodenversauerung,

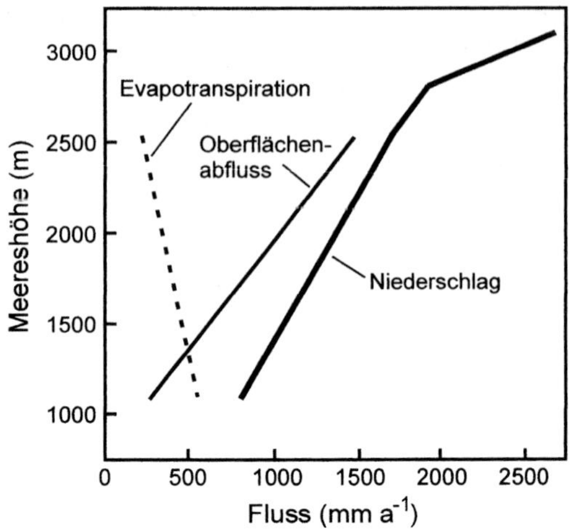

Abb. 13–76 Veränderung mit der Meereshöhe von Niederschlag, Evapotranspiration und der Summe aller Abflussprozesse (Oberflächenabfluss) in Grasland-Ökosystemen in Tirol. Nach Lysimetermessungen von Wieser et al. (1984) in Körner (2003).

Nährstofffestlegung im Humus und niedrige Bodentemperaturen die mikrobielle Aktivität. Flachgründige Rasen und Zwergstrauchbestände lieferten in der Vegetationsperiode nach den Inkubationsmessungen von Rehder (1970) und Rehder & Schäfer (1978) bis zu 37 kg N ha^{-1} a^{-1} nach, tiefgründige Nacktriet-, Blaugras-, Rostseggen- und Polsterseggenrasen dagegen bis zu 50, in einigen Fällen auch bis zu 90 kg N ha^{-1} a^{-1} (Rehder 1970, Gökceoglu & Rehder 1977; s. Tab. 13–16). Gigon (1971) ermittelte für bodensaure Borstgrasrasen in Graubünden etwa 10 kg N ha^{-1} a^{-1}, für basiphytische Blaugras-Horstseggenhalden dagegen etwa 20 kg. Als ausgesprochen gering erwies sich die Nachlieferung in subalpinen zwergstrauchreichen Krummholzbeständen (Rehder 1970, Rehder & Schäfer 1978). Besonders hohe N-Netto-Mineralisationsraten wurden in vom Vieh gedüngten Lägerfluren und Fettweiden (bis zu 200 kg N ha^{-1} a^{-1}) und Grünerlengebüschen mit symbiontischer Stickstoffbindung gemessen (bis zu 150 kg N ha^{-1} a^{-1}, Rehder 1970).

Nach Rehder (1970) wird in den sauren Böden subalpiner und alpiner Borstgrasrasen nur Ammonium nachgeliefert, in den Kalkböden der Blaugrasrasen dagegen vor allem Nitrat. Trotz tiefer Temperaturen sind die Nitrifikanten in alpinen Höhen noch durchaus aktiv (Labrone & Lascombes 1971). Symbiontische **Stick-**

Tab. 13–16 Mineralstickstoff-Nachlieferung in alpinen und subalpinen Pflanzengesellschaften. Nach Rehder (1970).

* = extensiv beweidete Flächen		*kursiv* = Ertrag um 3 t ha^{-1}		
** = häufig vom Vieh aufgesuchte Flächen		**fett** = Ertrag > 5 t ha^{-1}		
N-Versorgungs-Klassen	I	II	III	IV
N-Jahresangebot (kg ha^{-1})	Bis ca. 25	Bis ca. 50	Bis ca. 100	Bis ca. 250
Meist flachgründige, kalkreiche Böden	Seslerietum I (flachgründig)	Firmetum	Elynetum**	
↓		*Seslerietum I* (tiefgründig)	*Seslerietum II**	
	*Car. ferrug. I**	*Caricetum ferrugineae II***		*Poetum alpinae***
	Rhododendro-Mugetum			
Meist tiefgründige,	*Nardetum**			**Rumicetum****
z. T. entkalkte Böden	Rhod.-Vaccinietum			**Alnetum viridis**

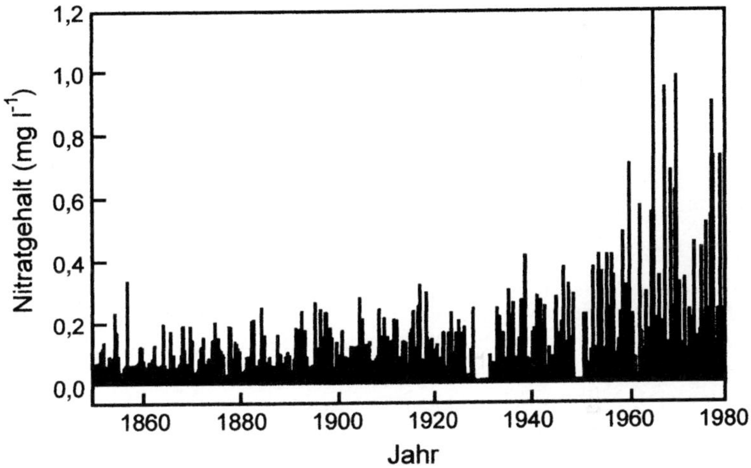

Abb. 13–77 Nitratgehalte in einem Eisbohrkern des Monte Rosa (Schweiz, 4400 m). Die Altersbestimmung erfolgte durch ^{210}Pb-Datierung. Nach Döscher et al. (1995) in Körner (2003).

stofffixierung spielt in alpinen Rasen nur eine sehr geringe Rolle (Holzmann & Haselwandter 1988).

Im Vergleich zum mitteleuropäischen Tiefland sind die **Stickstoff-Depositionsraten** in der alpinen Stufe noch recht niedrig, nach Graber et al. (1996) 5–14 kg N ha^{-1} a^{-1} in den Zentralalpen. Bohrkerne im Gletschereis belegen jedoch eine steigende Tendenz, vor allem seit etwa 1960, die wie im Tiefland zu Veränderungen in der Vegetationszusammensetzung führen werden (s. Abb. 13–77).

13.7 Vegetationsdynamik

13.7.1 Primäre Sukzession auf Gletschervorfeldern

a) Nirgends kann man Sukzessionen besser studieren als auf **Gletschervorfeldern**. Ebenso wie in anderen Gebirgen der Erde haben sich auch in den Alpen die meisten Eiszungen seit etwa 100 Jahren mehr und mehr zurückgezogen, weil die Firnzufuhr geringer wurde. Nach Engelhardt (1987) rückt zwar ein typischer Alpengletscher pro Jahr etwa 50 m vor. Die meisten tauen aber heute am Ende schneller ab als ihr Eis nachfließt (s. Abb. 13–78 u. 13–79).

Vorstöße und Rückzüge der Alpengletscher wechselten miteinander während der letzten

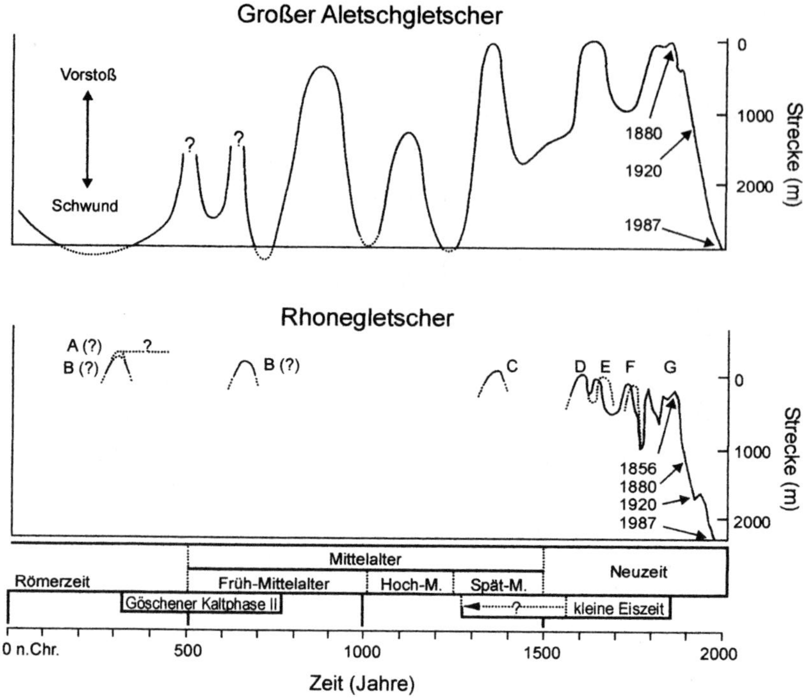

Abb. 13–78 Zungenänderungen des Großen Aletschgletschers und des Rhonegletschers in der Zentralschweiz in den letzten 2000 Jahren; vereinfachte Darstellung von Zumbühl & Holzhauser (1988), etwas verändert.

Jahrtausende ab (s. Abb. 13–78). Sehr ausgedehnt waren viele Gletscher nach Heuberger (1968) in den Zeiträumen 1400 bis 1200 und 900 bis 300 v. Chr. sowie 100 bis 750 n. Chr. Seit etwa 1250 zogen sie sich z. T. stärker zurück als gegenwärtig. Nach Klebelsberg (1949) befinden sich z. B. im Sonnblick- und Glocknergebiet noch heute Bergwerksanlagen aus dem 15. und 16. Jahrhundert unter Gletschern, und alte Bewässerungsgräben im Wallis führen auf manche Gletscher oberhalb ihres heutigen Ausflusses zu. Ein besonders weites Vorrücken verzeichnet Heuberger (1968) um 1600 beim Rhonegletscher, dessen Bewegungen genau vermessen wurden. Bei anderen Gletschern reichten die Vorstöße von etwa 1820 oder 1850 noch weiter talab. Zu dieser Zeit hatte sich die Grenze des ewigen Schnees um durchschnittlich 100 m gesenkt. Nach vorübergehend starkem Abschmelzen waren neue Schübe um 1890 bis 1900 und 1910 bis 1920 zu beobachten, die wahrscheinlich mit den in rund 30 km Höhe lange Zeit verharrenden Aschenwolken großer Vulkanausbrüche (Krakatau) zusammenhingen (s. auch Zumbühl & Holzhauser 1988). Der Zeitraum 1900 bis 1910 war das kühlste Jahrzehnt des 20. Jahrhunderts.

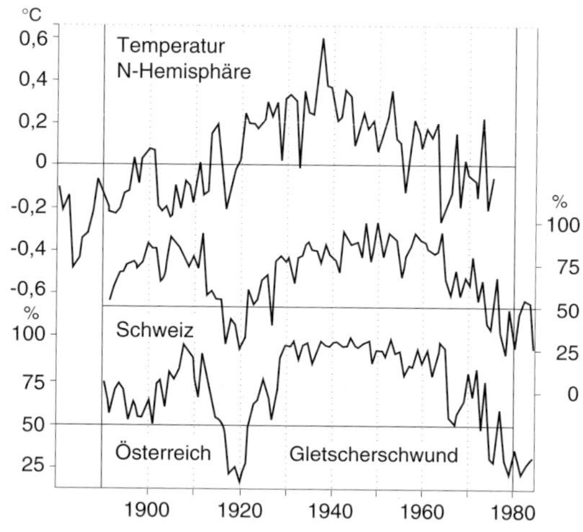

Abb. 13–79 Vergleich von Temperaturverlauf (im Durchschnitt der Nordhemisphäre) und Gletscherschwund in den Alpen der Schweiz und Österreichs seit 1890. Nach Röthlisberger (1986, dort auch die zugrunde liegende Literatur), etwas verändert.
Überraschend deutlich ist die Parallelität aller drei Kurvenverläufe, wobei die Gletscher meist etwas verzögert reagieren. Dargestellt ist für alle vermessenen Gletscher der Schweiz bzw. von Österreich der Schwund pro Jahr (als Mittelwert) in % des größten Jahresmittels. Insgesamt schwinden die Gletscher zurzeit mehr und mehr dahin.

Abb. 13–80 Der Steingletscher mit seinem Zungenbecken, von der großen Endmoräne aus gesehen. Das Gletschertor ist gerade vom Schatten erreicht worden. Die Seitenmoräne des Höchststandes von vor etwa 100 Jahren ist links deutlich sichtbar. Vorn und rechts erkennt man die kleinen End- und Seitenmoränen, die sich seit 1920 bildeten. Die ausgedehntesten Moränenstaffeln liegen rechts außerhalb des Bildrandes. Toteis unter der Seitenmoräne trat am Seeufer in der Bildmitte zutage.

Seit etwa 1960 ziehen sich die meisten Alpengletscher zurück, unterbrochen von einer Periode erneuten Vorrückens zwischen 1965 und 1975 (Patzelt 1985). Von 1890 bis 1990 und in den folgenden Jahren hat sich die Schmelzgeschwindigkeit gegenüber dem Jahrhundertmittel verdoppelt. **Seit Mitte des 19. Jahrhunderts verloren die Alpengletscher rund 30–40 % ihrer Fläche und etwa die Hälfte ihres Volumens** (Häberli 1994, Paul et al. 2004); die Eismächtigkeit ist um einige Dezimeter pro Jahr geschwunden. Die starken Gletscherverluste in den vergangenen 20 bis 30 Jahren werden mit dem starken Anstieg der Mitteltemperatur in den Hochlagen der Alpen seit 1980 (vgl. Beniston et al. 1997) in Verbindung gebracht (s. Kap. 3.9 a).

Die seitdem freigelegten Gletschervorfelder stellen für Ökologen und Bodenkundler hervorragende Studienobjekte dar, um den Verlauf und die Gesetzmäßigkeiten primärer Sukzessionen zu untersuchen (s. Abb. 13–80). Dies geschah in den Alpen entweder in vergleichenden Studien, in denen verschieden lange vom Eis freigegebene Flächen miteinander verglichen werden (Chronosequenz-Ansatz), durch die Beobachtung von Dauerquadraten (z. B. Lüdi 1945, Jochimsen 1963, 1970) oder durch manipulative Untersuchungen, um die Mechanismen der Konkurrenz zu verstehen (z. B. Bäumler 1988, Erschbamer 2001).

Je nach den Klima- und Bodenverhältnissen, der Größe des Gletschers und anderen Umständen verläuft die Vegetations- und Bodenentwicklung verschieden rasch und in ungleicher Weise (Zusammenfassung älterer Untersuchungen bei Lüdi 1958 a). Wichtige **Einflussfaktoren, die die Richtung und Geschwindigkeit der**

Sukzession bestimmen, sind die Höhenlage und damit die Temperatur- und Schneeverhältnisse, der Kalkgehalt des Substrates, die Entfernung von intakter Vegetation als Diasporenquelle und das hydrologische Regime des Vorfeldes. Stets beginnt die Sukzession mit Pionierstadien, die an die Steinschuttfluren erinnern, auch wenn es sich um Moränen handelt, die bis tief in die subalpine Stufe hinabreichen. Fast überall entstehen nach einiger Zeit rasenähnliche Stadien, die teilweise mit alpinen Rasen-Gesellschaften, teilweise mit Schneetälchen oder Quellfluren vergleichbar sind. Das ist auch in tieferen und wärmeren Lagen der Fall, wo sich schon nach wenigen Jahren, spätestens nach einigen Jahrzehnten, Holzgewächse einfinden und die Entwicklung zu subalpinen Heiden und Wäldern einleiten.

b) Kleinere Gletscher hinterlassen meist ein übersichtlicheres Gletschervorfeld, in dem die langfristige Vegetationsentwicklung besser zu rekonstruieren ist als in großen und heterogenen Vorfeldern. Am **Steingletscher** unterhalb des Sustenpasses im Kanton Bern (Höhenlage etwa 1800 bis 2000 m, s. Abb. 13–80) siedeln sich die ersten Pioniere schon auf den einjährigen Moränen in direkter Nähe des Eises an; hier sind es die ersten Keimlinge von *Epilobium fleischeri*, einem der häufigsten Pioniere auf genügend feuchten Rohböden. *Oxyria digyna* und andere Arten, deren Samen ebenfalls vom Wind herangetragen wurden, gesellen sich hinzu. Fast alle Pioniere haben leichte, aber gut keimfähige Samen (Stöcklin & Bäumler 1996). In den folgenden 2 bis 3 Jahren wird der noch immer moos- und flechtenfreie Boden lückig bestanden von rosarot blühenden Weidenröschen, braunroten Säuerlings-Gruppen und saftig-grünen Horsten der Alpenrispe (*Poa alpina*), die sich als eines der ersten Gräser ansiedelt. Zwischen den Vertretern der Silikatschuttflur (Sieversio-Oxyrietum digynae) stehen an etwas feuchteren Stellen die braungelben Blütensterne von *Saxifraga aizoides* und die blauen Blüten des nur kurzlebigen Alpen-Leinkrautes (*Linaria alpina*), das ähnlich wie *Arabis alpina* (s. Abb. 13–81) auf Kalkschuttfluren zu Hause ist und darauf hindeutet, dass die junge Moräne noch bis zur Oberfläche Karbonate enthält. Die Mehrzahl der Pioniere ist jedoch ausdauernd; viele vermehren sich auf klonalem Wege. Wo vorwiegend sandige Feinerde abgelagert wurde, bilden nach einigen Jahren Moose und später auch Flechten die ersten Teppiche, vor allem *Racomitrium canescens* und *Stereocaulon alpinum*, die in vielen anderen Rohboden-Sukzessionen kalter Klimaregionen eine wichtige Rolle spielen.

Auf nicht zu steinigen Moränen beginnt sich nach etwa 10 bis 20 Jahren ein **Rasen** einzustellen, der immer artenreicher und dichter wird. Gelegentlich auf ihm weidende Rinder säen mit ihrem Kot Kleearten (z. B. *Trifolium palles-*

Abb. 13–81 Säuerlingsflur auf etwa 10-jähriger Moräne des Steingletschers, die vorwiegend silikatisch, aber kalkhaltig ist. *Linaria alpina* und *Epilobium fleischeri* (links), *Arabis alpina* (Mitte) und *Oxyria digyna* (rechts).

cens) an, die sich bald konzentrisch ausbreiten. In den wenigen abflusslosen, lange wassererfüllten Dellen zwischen den Moränenwällen fassen Arten der Braunseggen-Moore (CARICION NIGRAE) Fuß. Auf weniger nassen Plätzen breiten sich Spalierweiden aus, namentlich *Salix serpyllifolia* und *Salix reticulata*.

Mindestens 30 Jahre vergehen jedoch am Steingletscher, bis hier und dort einige aufrecht wachsende **Holzpflanzen** hochkommen. Es ist bezeichnend, dass dies am ehesten *Rhododendron ferrugineum* gelingt, einem vom Vieh geschonten Weideunkraut. Auf den leicht zugänglichen jüngeren Moränen verhinderte das Vieh die Ansiedlung von Waldbäumen. Durch das **Weidevieh** wird also die Vegetationsentwicklung auf vielen Gletschervorfeldern teils beschleunigt, teils gestört und aufgehalten, eine Tatsache, mit der man bei fast allen feinerdereichen und deshalb rasch begrünten Gletschervorfeldern in den Alpen rechnen muss.

Schon früh tritt eine standörtliche Sonderung auf den Moränen nach der Bodenfeuchte, dem Schmelzwassereinfluss und der Körnigkeit des Substrates ein (Jochimsen 1963, 1970), wie das Sukzessionsschema für den **Pasterzengletscher** in Abbildung 13–82 verdeutlicht. In den Ostalpen fördern grobe Substrate die Säuerlingsflur mit *Cerastium uniflorum*, schneebetonte und feuchte Rohböden werden von *Pohlia gracilis* und wenig später *Salix herbacea* besiedelt, sandig-feinkiesige dagegen von *Trifolium pallescens* (vgl. dagegen Burga 1999 u. a. für die Zentralalpen). Keineswegs ist es also der Zufall der Keimlingsetablierung allein, der über die Besiedlung der eisfrei gewordenen Rohböden bestimmt. Ein regional bedeutsamer Einflussfaktor ist auch der Gletscherwind, der stark abkühlend und erodierend wirkt und die Pflanzenbesiedlung an windexponierten Stellen verlangsamt (Friedel 1953, Krause & Frenzel 1997). Aufgrund der regionalen Eigenheiten der den Gletscher umgebenden Vegetation folgt aber jede Gletschersukzession einem anderen Muster. Der Zufall der Besiedlung und standörtliche Unterschiede auf kleinem Raum sind die Ursache dafür, dass fast keine Sukzession eingleisig verläuft, sondern in der Regel mehrere alternative Wege („multiple paths") beschreitet (vgl. Jochimsen 1970, Zollitsch 1969, Burrows 1990, Glenn-Lewin et al. 1992, Matthews 1992).

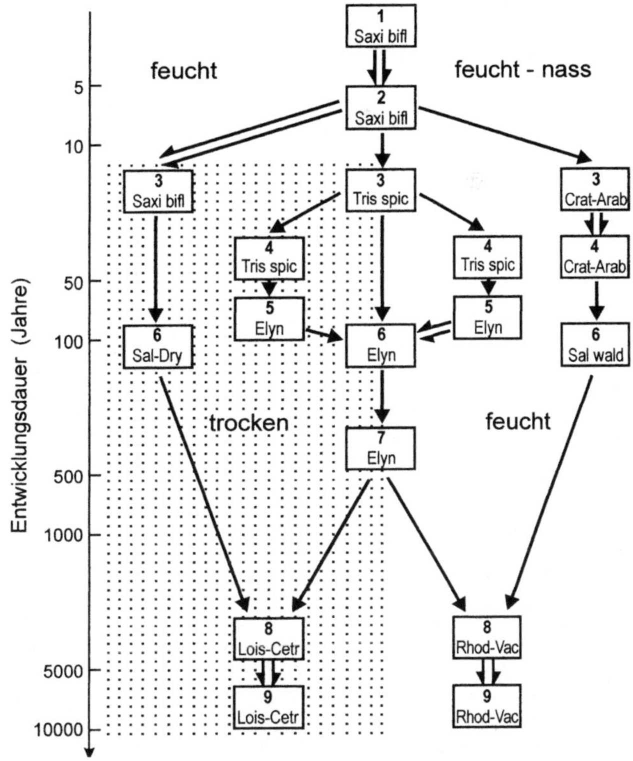

Abb. 13–82 Sukzessionspfade im Gletschervorfeld der Pasterze (Großglockner) in Abhängigkeit von der Bodenfeuchtigkeit; nach Zollitsch (1969), verändert. Neben der Bodenfeuchte beeinflussen auch die Bewegung des Substrates und dessen Exposition den Sukzessionsverlauf. Crat-Arab = Cratoneuro-Arabidetum; Elyn = Elynetum; Lois-Cetr = Loiseleurio-Cetrarietum; Rhod-Vac = Rhododendro-Vaccinietum; Sal-Dry = *Salix serpyllifolia-Dryas octopetala*-Spalier; Sal wald = *Salix waldsteiniana*-Gebüsch; Saxi bifl = Saxifragetum biflorae; Tris spic = Trisetetum spicati. Die Ziffern 1 bis 9 benennen Sukzessionsstadien.

Tab. 13–17 Deckungsgrad und Häufigkeit der Gefäßpflanzen und Kryptogamen in verschieden alten Stadien des Morteratschgletscher-Vorfeldes (Engadin, Schweiz). Nach Burga (1999), etwas verändert.

Gletscherstadium (Jahr)	1990	1985	1980	1970	1960	1950	1940	1920	1900	1878	1857
Eisfreie Zeit (Jahre)	7	12	17	27	37	47	57	77	97	119	140
Entfernung Gletscherrand (m)	100	150	200	500	800	970	1170	1440	1660	1920	2050
a) Pionierarten											
Linaria alpina	o	o									
Saxifraga aizoides	o	o									
Epilobium fleischeri	o	===	===	+++	===	■	■	■	o	o	o
Cerastium uniflorum		o									
Cardamine resedifolia		o	o								
Geum reptans		o	o								
Oxyria digyna		o	-----	o							
Cerastium pedunculatum		o	-----	o							
Myricaria germanica		o	-----	-----	o						
Adenostyles leucophylla		o	===	===	-----	-----					
Poa nemoralis		o	===	xxx	o	===					
Pohlia gracilis		o	===	■	■	o					
Saxifraga bryoides		o	===	+++	===	-----	o	o			
Rhacomitrium canescens		o	===	■	■	-----	o				
Achillea moschata		o	===	+++	===	===	===	■			
Trifolium pallescens		o	===	===	■	■	-----	o	o		
Rumex scutatus		o	===	+++	===	===	■	■	o	o	o
Stereocaulon alpinum			o	===	o	■	o		o		
Hieracium staticifolium			o	xxx	===	===		o	o	o	o
Rhizocarpon geographicum							o	o	o	-----	-----
b) Arten der Rasen											
Trifolium badium		o		■	■	-----	o				
Lotus alpinus			o	===	■	===	===	-----	-----	o	o
Poa alpina			o	o	■	o	===	o	-----	===	-----
Festuca rubra sensu latissimo				o	■	o	■	===	-----	-----	-----
Potentilla aurea				o	o	-----	------	o	-----	-----	===
Biscutella laevigata				o	o				o	o	o
Plantago alpina					o		-----	-----	-----	-----	-----
Alchemilla vulgaris agg.					o				o	o	-----
Phleum alpinum s.l.					o				■	===	-----
Nardus stricta					■					o	o
Leontodon helveticus						o	-----	o	-----	-----	-----
Galium anisophyllum							o	o	-----		
Anthoxanthum alpinum								o	■	■	■
Festuca violacea s.l.									o	■	o
Polygonum viviparum									o	o	-----
c) Arten der subalpinen Wälder und Zwergstrauchheiden											
Larix decidua		o	o	===	+++	+++	+++	+++	xxx	xxx	xxx
Salix spp.		o	-----	+++	+++	xxx	xxx	===	■	o	o
Alnus viridis		o	o	===	===	+++	■	■	o	o	o

Gletscherstadium (Jahr)	1990	1985	1980	1970	1960	1950	1940	1920	1900	1878	1857
Eisfreie Zeit (Jahre)	7	12	17	27	37	47	57	77	97	119	140
Entfernung Gletscherrand (m)	100	150	200	500	800	970	1170	1440	1660	1920	2050
Rhododendron ferrugineum			o	===	===	===	-----	-----	-----	===	===
Betula pendula				o	-----	===	■	■	o		
Juniperus communis subsp. *alpina*				-----	------	===	-----	-----	-----	===	===
Vaccinium myrtillus				o	o	o	o	o	o	-----	-----
Athyrium distentifolium				o	o		o		o	■	■
Dryopteris filix-mas				o		o			o	o	o
Phyteuma betonicifolium					o				o	-----	-----
Empetrum nigrum s.l.					o	o	o	o	-----	-----	-----
Pinus cembra					o	-----	-----	===	+++	xxx	xxx
Vaccinium uliginosum s.l.						o	o	-----	-----	-----	-----
Deschampsia flexuosa							o	o	-----	-----	-----
Solidago virgaurea s.l.							o	o	o	-----	-----
Homogyne alpina							o	o	o	-----	===
Calamagrostis villosa								o	-----	===	+++
Hieracium murorum									o	o	-----
Arctostaphylos uva-ursi									o	-----	-----
Peucedanum ostruthium									o	■	■
Vaccinium vitis-idaea										o	o

Deckungsgrad und Häufigkeit nach der Braun-Blanquet-Skala

o	Einzelindividuen	Br.–Bl. r;	+++	häufig	Br.–Bl. 2:	5–25 %
-----	selten	Br.–Bl. +;	xxx	sehr häufig	Br.–Bl. 3 + 4:	25–75 %
===	verbreitet	Br.–Bl. 1;	■	dominant	Br.–Bl. 5:	> 75 %

Am **Morteratschgletscher** oberhalb Pontresina im Engadin z. B. erscheinen als erste Pioniere nach 5 bis 7 Jahren *Linaria alpina*, *Saxifraga aizoides* und nur selten blühende Individuen von *Epilobium fleischeri* (Lüdi 1958a, Burga 1999). Die Säuerlingsflur mit *Oxyria digyna*, *Rumex scutatus* und *Cardamine resedifolia* bildet sich nach etwa 12 Jahren heraus, vergeht aber nach ungefähr 27 Jahren. Ab diesem Zeitpunkt bedeckt das Weidenröschen weite Flächen des Vorfeldes; größere Polster des trockenheitsertragenden Mooses *Racomitrium canescens* und die ersten Farne siedeln sich an. Als erste bodenbewohnende Flechte registrierte Burga (1999) *Stereocaulon alpinum* nach etwa 17 Jahren. Erstaunlich früh etablierten sich Baumkeimlinge auf dem noch nährstoff- und humusarmen Schuttboden, nämlich **Lärchen und Grünerlen nach 12 Jahren**, gefolgt von *Myricaria germanica*, *Rhododendron ferrugineum* und den ersten Spalierweiden. Nach 25 bis 30 Jahren siedeln sich immer mehr Arten aus den Rasen und anderen Gesellschaften an, viele nur kurzfristig, und machen den Pionieren vermehrt Konkurrenz. Erst nach vielen Jahrzehnten erscheinen am Morteratsch dagegen die typischen Elemente des subalpinen Waldes, darunter die Zirbe, weitere Zwergsträucher, die hochwüchsigen Waldkräuter und *Calamagrostis villosa*, die auf fortgeschrittenere Bodenentwicklung und wahrscheinlich das Waldinnenklima angewiesen sind (s. Tab. 13–17).

Lüdi (1945) hat die zeitlichen Änderungen der Deckungsgrade verschiedener Vegetationsschichten im Verlauf der Sukzession auf den Seitenmoränen des Großen **Aletschgletschers** in den Berner Alpen erfasst. Auf die Gruppe der Pionierkräuter folgen bald Moose und Flechten. Zwergsträucher, Sträucher und Jungbäume treten auch hier bereits nach wenigen Jahren auf; **ein mehr als 2 m hoher Vorwald etabliert sich bereits nach etwa 30 Jahren**. Entsprechend dem subalpinen Klimacharakter steuert die Entwicklung rasch auf den Lärchen-Zirbenwald zu.

Tab. 13–18 Vegetationsentwicklung im Vorfeld eines alpinen Gletschers, des Hintereisferners in den Ötztaler Alpen, auf trockenem, sonnexponiertem Moränenschutt. Nach Angaben von Friedel (1938a)[1].

			etwa 1890							
	Entfernung vom Gletscher (10 m)		2	3	4	5	8	10	25	45	60
	Deckungsgrad (%)		+	+	+	1	3	10	40	90	95
	Steinschutt- u. Geröllpflanzen:										
	Cerastium uniflorum	C	+	+	**1**	**2**	**1**	+	+		
g	*Poa laxa*	H	+	+	**1**	**2**	**1**	+	+		
	Cardamine resedifolia	H			+	+	+		+	+	+
	Linaria alpina	H			+	+	1	+	+	+	+
	Saxifraga bryoides	C			+	+	+	1		1	1
	Cerast. arvense subsp. *strictum*	C			+	+	1	+	+	+	+
	Epilobium anagallidifolium	H			+	+		+		+	+
	Schneebodenpflanzen:										
	Tanacetum alpinum	H			1	1	+	1	1	1	1
	Cerastium cerastoides	C			+		+		+	+	1
	Sagina saginoides	H				+	+	+	1	+	+
	Arenaria biflora	C				+		+			+
	Salix herbacea	Z					+	+	+	1	2
M	*Polytrichum sexangulare*						+			+	+
	Sedum alpestre	C						+	1	+	+
	Gnaphalium supinum	H						+	+	+	+
	übrige **Moose:**										
	Pohlia sp. (kurzlebig)			+	+	+	+	+	2		
	Funaria hygrometrica (kurzlebig)			+	+			+			
	Polytrichum juniperinum				+	+	+	**2**	**2**	**3**	**3**
	Racomitrium canescens					+	+	1	2	1	+
	Polytrichum piliferum						+	+		+	+
	schwarze Lebermoose							+	2	2	+
	Flechten:										
	Stereocaulon alpinum								+	+	+
	Cetraria islandica									+	+
	Cladonia pyxidata										+
	Rasenpflanzen i. w. S.:										
g	*Agrostis rupestris*	H			+	+	1	**2**	**3**	1	2
	Silene acaulis	C					+	+	2	2	1
g	*Festuca varia*	H					+	+	2	1	2
g	*Poa alpina*	H					+	+	+	1	2
g	*Deschampsia cespitosa*	H					+		+	+	
l	*Trifolium pallescens*	H					+	+	2	**4**	**4**
g	*Luzula spicata*	H						+	+	+	+
g	*Festuca rubra*	H						+	1	1	2
g	*F. halleri*	H							+	2	+
	Campanula scheuchzeri	H							1	+	1
	Leontodon hispidus	H							+	+	+
	Senecio abrotanifolius	C							+	+	+
g	*Nardus stricta*	H							1	2	2
g	*Anthoxanthum odoratum*	H							+	1	1
	Thymus serpyllum	C								2	1
l	*Lotus corniculatus*	H								2	1
l	*Trifolium badium*	H								1	1
g	*Phleum alpinum*	H								+	+
l	*Trifolium thalii*	H									+
	Halbparasiten:										
	Euphrasia minima	T							+	2	1
	Bartsia alpina	G								+	+

[1] Die Ziffern bedeuten Mengen nach der Braun-Blanquet-Skala; fett = für das Stadium kennzeichnende Arten. Probeflächen 50–100 m^2
g = Grasartige, l = Leguminose, M = Moos, **Lebensform:** C = krautiger Chamaephyt, Z = holziger Chamaephyt, H = Hemikryptophyt, G = Geophyt, T = Therophyt.

Weitere Erläuterungen zu Tab. 13–18:
Krautige Chamaephyten (C), Hemikryptophyten (H) und einige Moose sind Pioniere; Flechten und Ernährungsspezialisten erscheinen verhältnismäßig spät. Zwergsträucher (Z), außer der Krautweide, und Therophyten (T) spielen kaum eine Rolle.

Die große Mehrzahl der bisher vorliegenden Sukzessionsstudien an Alpengletschern (Lüdi 1945, 1958a, Friedel 1938a, b, Jochimsen 1963, 1970, Richard 1973, 1987, Bäumler 1988, Schubiger-Bossard 1988, Gafner & Hess 1994, Krause & Frenzel 1997, Burga 1999 u. a.) betrifft Silikatgestein. Der **Hüfigletscher** im Kanton Uri in der Zentralschweiz brachte dagegen Kalkmaterial und begünstigte daher eine Pionierflora mit Kalkzeigern (Lüdi 1938).

Viele kleine Gletscher enden bereits in der mittleren oder oberen alpinen Stufe, also weit oberhalb der Waldgrenze. Hier verläuft die Besiedlung weniger rasch, weil das Klima ungünstiger ist, und eine Einwanderung von Bäumen unterbleibt. Im Vorfeld des **Hintereisferners** beispielsweise, das zwischen 2400 und 2250 m Höhe liegt, nimmt die Zahl der Arten im Laufe der Jahre auf trockenem Moränenmaterial nur langsam zu (s. Tab. 13–18). Daneben stellte Friedel (1938a) Entwicklungsreihen fest, die zu Schneetälchen oder Quellfluren hinführen. In schattiger Lage geht die Entwicklung auf trockenem Moränenschutt etwas andere Wege als an der Sonnenseite des Tales. Allgemein- und Lokalklima sowie Feinerdereichtum und Wasserführung des Neulandes treffen also auch hier eine schon früh erkennbare Auslese.

Diese Entwicklung ähnelt der primären Sukzession auf **alpinen Schutthalden**, die sich im Verlauf von Jahrzehnten, manchmal Jahrhunderten, zu Rasen-Gesellschaften entwickeln können. Dies ist aber nur möglich, wenn der starke Steinschlag aufgehört hat und der Boden im Großen und Ganzen zur Ruhe gekommen ist. Oft sieht man Gramineen und Cyperaceen zunächst in langen, den Falllinien folgenden Streifen Fuß fassen, die hinter einem größeren Block, also im „Schatten" der Rutschung und des Steinschlags, beginnen. Namentlich die Blaugras-Horstseggenhalde siedelt sich gern auf diese Weise an. Schließlich kann die ganze Halde überwachsen werden, wenn sie nicht durch neue Steinzufuhr aktiviert wird.

Bevor man aus nebeneinander liegenden Streifen mit verschiedener Bewuchsdichte Sukzessionsreihen ableitet, sollte man sich aber stets vergewissern, ob sie alle auf ursprünglich gleichem Substrat leben. Das ist bei den Anfangs- und Endgliedern der bisher in der Literatur beschriebenen Reihen nur selten der Fall. Wie schon Braun (1913) betonte, muss man in der oberen alpinen wie in der nivalen Stufe die offenen Schuttfluren in den meisten Fällen als lokale Schlussgesellschaften (Dauergesellschaften) betrachten. Rasen-Gesellschaften können sich nur auf von vornherein günstigeren, feinerdereichen Böden ohne Steinschlag einstellen. Weiter muss man berücksichtigen, dass die Chronosequenz-Studien aus den Alpen fast immer Zeiträume unter 400 Jahren, oft weniger als 150 Jahre, umfassen. Wirklich alte Sukzessionsstadien fehlen also meist; die Entwicklung zu einem Krummseggenrasen dauert aber wahrscheinlich wesentlich länger (Grabherr, mündl.).

Im Gegensatz zu den feinerdearmen Halden der alpinen Stufe ist in den Schneepestwurzfluren montaner oder subalpiner Kalkschutthänge eine **Sukzession zum Rostseggenrasen** und schließlich zu einem von Sträuchern (*Salix eleagnos*, *S. appendiculata*) oder gar Bäumen (Lärchen und Bergahorn) beherrschten Bestand möglich (s. Abb. 13–83, Mittelteil). Noch rascher verläuft die Bebuschung und Bewaldung in Bachbetten oder Hängen, die gelegentlich überrieselt werden, also ökologisch den Flussauen nahestehen (s. Kap. 8.3.1.2.1, 8.3.1.3.2 u. 8.7.1).

c) Im Gegensatz etwa zu Nordamerika (z. B. Crocker & Major 1955, Ugolini 1966) und Norwegen (z. B. Whittaker 1989, Matthews 1992) haben sich in den Alpen nur wenige Autoren mit den **Mechanismen der Sukzes-**

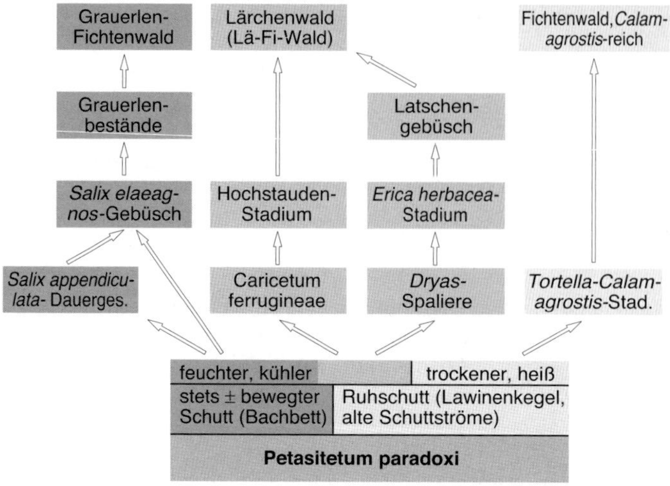

Abb. 13–83 Mögliche Sukzessionsreihen von Schutthalden bis zu Wäldern im Naturschutzgebiet Berchtesgaden, d. h. in der montanen bis subalpinen Stufe der Kalkalpen. Nach Lippert (1966), etwas verändert.
Auf feinerdereichem Felsschutt, der von Wasser durchrieselt wird, z. B. auf Lawinenkegeln oder bachnahen Schutthängen, gibt es zahlreiche Möglichkeiten der Ansiedlung von Stauden, Gebüschen und wohl auch von Wäldern. Ausgangsgesellschaft ist z. B. eine mehr oder minder artenarme Alpenpestwurz-Feuchtschuttflur (Petasitetum paradoxi), die einen nach ihr benannten Verband vertritt (Kap. 26: 4.4.1.2).

sion auf Gletschervorfeldern befasst. Noch stärker als bei sekundären Sukzessionen (s. Kap. 17.7.3 u. 23.7.2) ist autochthone Kohlenstoff- und Nährstoffanreicherung in Biomasse und Boden eine der treibenden und steuernden Faktoren der Entwicklung. Verglichen mit der gewöhnlich sehr langsamen **Bodenentwicklung** in alpinen Böden (20 cm Bodenentwicklung in 1000 Jahren in den Rocky Mountains, Mahaney in Körner 2003) verläuft die Bodengenese im Lockermaterial der Gletschermoränen offenbar viel rascher. Schubiger-Bossard (1988) fand im Vorfeld des Rhonegletschers im Rohboden-Ranker unter Zwergsträuchern nach 94 bis 97 Jahren bereits eine Bodendifferenzierung bis in 35 cm Tiefe und erkannte nach 161 Jahren bereits Zeichen beginnender Verbraunung und schwacher Ausbleichung, also Podsolierungstendenzen. Ein 339 Jahre eisfreier Moränenwall wies bereits eine Ranker-Braunerde mit deutlicher Verfärbung bis in 80 cm Tiefe auf.

Nach Zöttl (1964) speicherte der Oberboden eines 315 Jahre alten Podsol-Rankers des Rhonegletschers bereits 1990 kg N ha^{-1}, die Biomasse weitere 250 kg N. Das ist zwar deutlich weniger als in alpinen Rasen (nach Rehder 1970: 4400–8800 kg N ha^{-1} a^{-1} in 0–20 cm), entspricht aber einer mittleren Anreicherungsrate von immerhin 7 kg N ha^{-1} a^{-1}. Dieser Wert lässt sich mit der in den vergangenen Jahrhunderten sicher niedrigeren N-Depositionsrate allein nicht erklären. Wahrscheinlich entstammen wesentliche N-Einträge aus dem Gletscherwasser, das die Vorfelder gelegentlich überflutet, sowie aus Staubeintrag; einige Fabaceen unter den frühen Besiedlern, wie *Anthyllis vulneraria* subsp. *alpestris* und *Trifolium pallescens*, dürften ebenfalls zur Anreicherung beigetragen haben. In anderen Sukzessionen auf Gletschervorfeldern wurden sehr ähnliche **N-Akkumulationsraten** gefunden (Glacier Bay in Alaska: 6 kg N ha^{-1} a^{-1} in den ersten 50 Jahren, Crocker & Major 1955, Franz Josef Glacier in Neuseeland: 10 kg N ha^{-1} a^{-1} in den ersten 300 Jahren, Burrows 1990). In jedem Fall ist die Stickstoffanreicherung in jungen alpinen Böden ein Prozess, der mindestens 1000 Jahre, wenn nicht deutlich längere Zeit, bis zu einem Gleichgewicht beansprucht. Der Rückzug des Gletschers verändert auch die physikalischen Standortfaktoren im Vorfeld: Je länger die Böden eisfrei sind und je ferner die Gletscherfront ist, umso stärker werden sie im Allgemeinen von Trockenheit beeinflusst und umso wärmer sind sie (s. Abb. 13–84).

Zu Beginn einer primären Sukzession spielen **Zufallsprozesse**, wie sie mit dem Eintrag und der Keimung der Samen verbunden sind, eine wichtige Rolle (Raffl et al. 2006). Auch die Bereitstellung von „safe sites“ im Schutz von etablierten Gewächsen und zunehmende Stickstoffverfügbarkeit, also Prozesse der Begünstigung (**facilitation**), sind entscheidende Faktoren, die die zeitliche Abfolge verschiedener pflanzlicher Lebensformen in den frühen Phasen der Sukzession bestimmen (Walker & Chapin 1987, Bäumler 1988, Chapin et al.

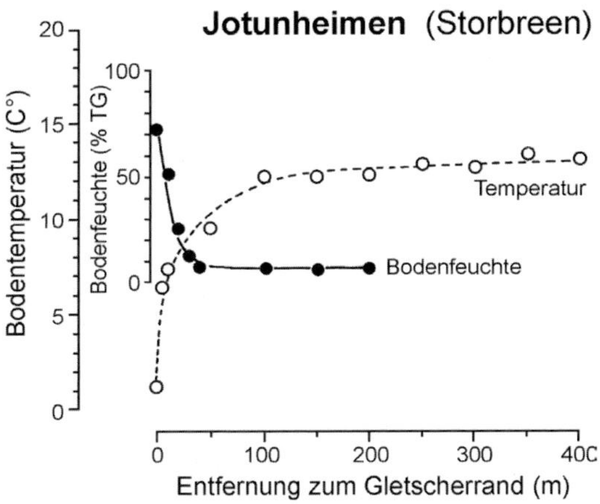

Abb. 13–84 Bodentemperatur (an klaren Augusttagen um 16 Uhr) und Bodenwassergehalt (in % der Trockenmasse) in 5 cm Tiefe in Abhängigkeit vom Abstand des Gletschers Storbreen (Jotunheimen, Norwegen). Nach Ballantyen & Matthews (1982) in Matthews (1992).

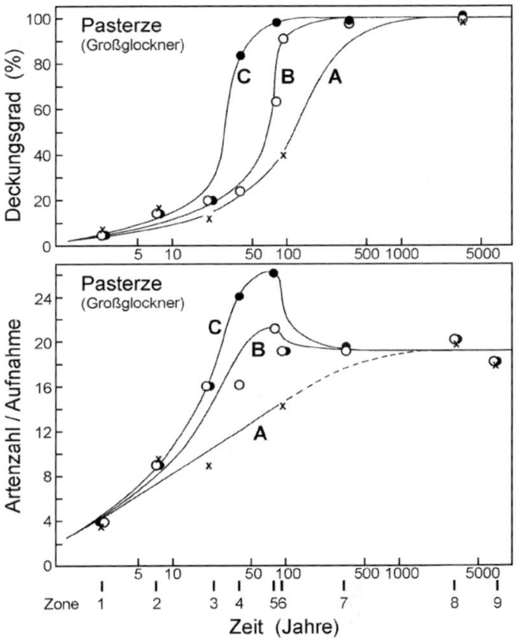

Abb. 13–86 Veränderung von Deckungsgrad und Artenzahl der Vegetation (Phanerogamen und Kryptogamen) in drei Sukzessionsreihen (A, B und C) im Verlauf von 5000 Jahren im Gletschervorfeld der Pasterze (Großglockner). Die Zonen 1 bis 9 sind heutige Vegetationsstadien im Vorfeld. Nach Zollitsch (1969), verändert.

1994, Gigon & Leutert 1996; s. Abb. 13–85). In den meisten alpinen Sukzessionsreihen steigt die Artenzahl der Gefäßpflanzen innerhalb der ersten 50 Jahre rasch an (s. Abb. 13–86), auch der Mykorrhizierungsgrad nimmt zu. In den folgenden Phasen lässt die **Artenanreicherung** stark nach; Konkurrenzprozesse, Herbivorie und wahrscheinlich auch allelopathische Interaktionen treten in den Vordergrund und begrenzen die Artenzahl.

13.7.2 Vegetationsveränderungen infolge Klimaerwärmung

Die globale Erwärmung, die sich vor allem im Gletscherschwund landschaftsverändernd auswirkt, hat eine weniger auffällige **Höherwanderung der Alpenflora** in Gang gesetzt, die sich letztlich auch im Vegetationsmosaik bemerkbar machen wird (Braun-Blanquet 1955, Hofer 1992, Grabherr et al. 1994, Pauli et al. 2001 u. a.). Auf 21 von 30 Gipfeln, die nach 40 bis 160 Jahren erneut floristisch untersucht wurden, ergab sich eine deutliche Zunahme der Artenzahl

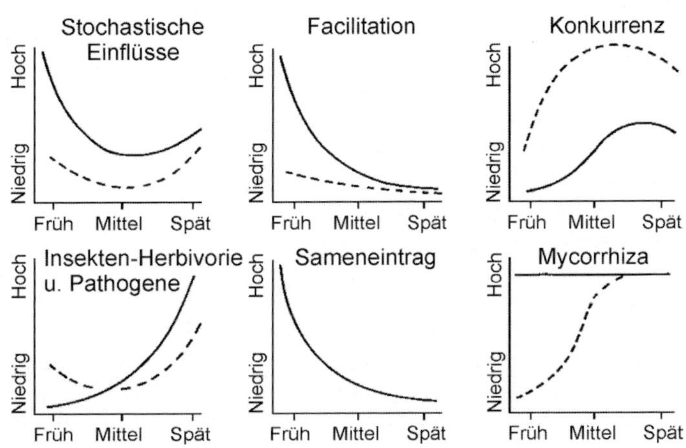

Abb. 13–85 Relative Bedeutung verschiedener Prozesse für den Artenwandel in primären Sukzessionen (schematisch; nach Walker & Chapin 1987, verändert). Die ausgezogenen Linien stehen für Sukzessionen in harschen Umwelten (z. B. in der alpinen Stufe), die gestrichelten für solche in klimatisch oder edaphisch günstigeren Lebensräumen.

an Gefäßpflanzen; an den übrigen 9 blieb die Artenzahl gleich oder nahm geringfügig ab (s. Tab. 13–19). Sehr wahrscheinlich ist dies eine direkte Folge der Temperaturerhöhung in den Alpen, die seit 1850 1 °C beträgt und einer Differenz von 200 Höhenmetern im Gebirge entspricht. Grabherr et al. (1995) errechneten eine effektive **Wanderungsgeschwindigkeit in die Höhe** von mindestens 1 m (maximal 4 m) in 10 Jahren für die Neubürger auf den Gipfeln. Dieser Wert bleibt allerdings deutlich hinter der Temperaturerhöhung (8–10 m Höhenanstieg in 10 Jahren) zurück. Die meisten eingewanderten Sippen sind ursprünglich in der alpinen Rasenstufe beheimatet. Zugenommen hat nicht nur die Artenzahl, sondern auch die Populationsgröße der Gipfelpflanzen; Letzteres ist ein deutlicher Hinweis, dass die Temperatur, und nicht anthropogene Ausbreitungseffekte, die Ursache sein müssen. Nichts zeigt uns

Tab. 13–19 Veränderung des Reichtums an Gefäßpflanzensippen in der Gipfelregion von 30 ostalpinen Gipfeln zwischen dem Jahr der Erstaufnahme und 1992 (bzw. 1993). Nach Pauli et al. (2001). Gipfelbereich: untersuchter Bereich unterhalb des Gipfels in Höhenmetern; Artenzunahme: Veränderung des Artenreichtums pro Dekade, gewichtet über die Arthäufigkeit.

Gipfel	Höhe (m)	Erst-aufnahme (Jahr)	Gipfel-bereich (m)	Artenzahl einst	Artenzahl 1992/93	Arten-zunahme (%)
Piz dals Lejs	3042	1907	30	11	34	16,8
Piz Laschadurella	3046	1919	30	7	17	13,4
Hohe Wilde	3480	1953	20	11	19	11,1
Piz Tavrü	3168	1927	15	5	14	9,1
Stockkogel	3109	1953	9	12	19	9,1
Piz Foraz	3029	1921	30	9	19	7,7
Napfspitze	2888	1912	3	31	53	7,2
Monte Vago	3059	1905	30	28	51	5,8
Piz Nuna	3124	1919	30	19	34	5,2
Piz Uertsch	3268	1911	30	2	5	4,6
Großer Lenkstein	3236	1912	2	4	6	4,4
Wilde Kreuzspitze	3135	1907	3	8	10	2,9
Piz Kesch	3418	1902	30	8	13	2,8
Munt Pers	3207	1906	11	15	19	2,6
Hint. Spiegelkogel	3426	1953	15	15	19	2,5
Piz Forun	3052	1903	30	48	69	2,4
Gorihorn	2986	1895	7	14	18	1,8
Festkogel	3038	1953	35	58	63	1,7
Hint. Seelenkogel	3470	1953	12	11	13	1,7
Flüela Schwarzhorn	3146	1902	50	34	43	1,5
Piz Stretta	3104	1903	30	20	28	1,4
Liebenerspitze	3399	1953	20	2	3	0,8
Piz Plazer	3104	1918	30	16	19	0,7
Piz Sesvenna	3204	1918	30	17	19	0,4
Piz Blaisun	3200	1911	20	5	6	0,1
Piz Julier	3380	1900	30	9	10	0,1
Piz Nair	3010	1918	10	22	22	–0,6
Piz Linard	3411	1947	30	10	10	–0,6
Piz Trovat	3146	1907	24	8	7	–1,1
Radüner Rothorn	3022	1897	5	8	6	–1,6

deutlicher als dieses Emporrücken alpiner und nivaler Blütenpflanzen an den Alpengipfeln, welche Faktoren das Leben in der Nivalstufe begrenzen: Die Wärme und die Länge der Vegetationsperiode spielen die entscheidende Rolle. Gleichzeitig gingen einige nivale Arten wie z. B. *Cerastium uniflorum* im Zeitraum 1994 bis 2004 am Tiroler Schrankogel zurück (Pauli et al. 2007). Eine Ursache könnten **erhöhte Atmungsverluste dieser kälteangepassten Arten** unter einem sich erwärmenden Klima sein (vgl. Cooper 2004; vgl. Kap. 13.4.2 c).

Keine sichtbaren, klimatisch bedingten Veränderungen in der Artenzusammensetzung haben bisher in den alpinen Rasen und Zwergstrauchheiden stattgefunden, obwohl Klimamessungen in den schweizerischen Alpen belegen, dass der Frühling in Höhen über 1000 m heute um 15 Tage früher eintritt als noch 1951 (Defila & Clot 2005). Überhaupt erscheinen diese Gesellschaften als relativ stabile Vegetationstypen; nach Störung benötigen sie allerdings sehr lange, oft mehr als 100 Jahre, bis zur vollständigen Regeneration (Grabherr 2003). Auf Temperaturerhöhung zurückgeführt wird dagegen das Einwandern von Grasartigen in manche Schneetälchen, in denen sie früher fehlten. Zu rezenten Veränderung der Waldgrenzhöhe siehe Kapitel 3.9 e.

13.8 Menschlicher Einfluss

13.8.1 Landnutzungswandel und Eutrophierung im Hochgebirge

Zumindest die großen Alpentäler wurden, ähnlich wie das mitteleuropäische Tiefland, seit dem **Neolithikum** mehr oder weniger stark vom Menschen beeinflusst. Erste Siedlungen bestanden hier schon lange, bevor die Römer von den Alpen Besitz ergriffen (Grabherr 1997). Weidewirtschaft ist für die alpine Stufe bereits seit 3000 v.Chr. bezeugt (Vorren et al. 1993). Bereits um 1000 v.Chr. haben nach pollenanalytischen Daten größere **Verwüstungen des Bergwaldes** stattgefunden (Bauerochse & Katenhusen 1997). Spätestens seit dem Mittelalter nutzte man weite Teile der Alpinstufe als extensives Weideland und, insbesondere die steilen Hänge, zur Heugewinnung. Große Teile der Bergwälder wurden um 600 und 1000 n.Chr. bzw. im 15. bis 19. Jahrhundert gerodet und in **Almweiden** überführt. Vielerorts führten diese Aktivitäten zur Fragmentierung der montanen Waldstufe und zur Absenkung der Waldgrenze. Indirekt vom Menschen verursachte Lawinen trugen zu dieser Entwicklung bei.

Aufgrund der veränderten ökonomischen Rahmenbedingungen nach dem Ende des Zweiten Weltkrieges findet heute in weiten Bereichen der Alpen ein erneuter rascher Wandel der Landnutzung statt, der vor allem die Hochlagen berührt. Große Teile der abgelegenen Almweiden sind von **Extensivierung** betroffen oder wurden aufgegeben und liegen heute brach. In manchen Gebieten betrifft dies mehr als die Hälfte der Hochweiden, in Österreich allein 500 000 ha (Brugger et al. 1984, Bätzing 1991, Grabherr 1993 c). Auch die Heumahd wurde stark reduziert oder verschwand ganz (Bischof 1981, Grabherr 1987 a, Tasser & Tappeiner 2002). In ehemals beweideten Bereichen der subalpinen Stufe erholt sich nun das Waldgrenz-Ökoton, und Latschen, Zirben, Grünerlen und andere Arten des subalpinen Waldes breiten sich aus (Dullinger et al. 2003 a, b). Auf der anderen Seite wurde die Viehzucht im Gebirge an manchen Orten intensiviert, wenn gute Verkehrsverbindungen und der Markt dies ermöglichten. Durch intensive Gülledüngung, **Melioration** und Einsaat von Weidemischungen verbesserte man Weiden und Heumähder; **höhere Viehdichten** führten zu Bodenverdichtung und Überweidung mit weit reichenden Konsequenzen für die Artenzusammensetzung der alpinen Rasen (z. B. Grabherr 1987 a, 1993 c, Dullinger et al. 2001).

Die bisher vorliegenden Sukzessionsstudien in **subalpinen Weiden und Mähwiesen**, also unterhalb der Waldgrenze, lassen folgende Veränderungen nach Nutzungsänderung erkennen: Wird in vorher traditionell, d. h. extensiv, genutzten Weiden oder Mähwiesen die Bewirtschaftung reduziert oder ganz eingestellt, breiten sich verbiss- und mahdempfindliche Grasartige wie *Carex sempervirens* aus, während bewirtschaftungs- und düngerzeigende Gramineen wie *Festuca nigrescens*, *Trisetum flavescens* und auch *Nardus stricta* zurückgehen (Tasser & Tappeiner 2002). Zunehmende Humusanreicherung erhöht das C/N-Verhältnis im Boden und verringert die N-Nachlieferung (Zeller et al. 2000). In manchen Fällen nimmt auch die Produktivität ab (Körner 2003). Meist wandern innerhalb von 10 Jahren die verbissempfindlichen Zwergsträucher, wie z. B. *Vaccinium gaultherioides* und *Rhododendron ferrugineum*, wieder ein (Erschbamer et al. 2003). Die Etablierung von Bäumen erfolgt in montanen und subalpinen Grasländern nach 20 bis 40 Jahren; sie kann aber durch einen dichten Grasfilz und die selektive Äsung von Großwild wie Rothirschen lange verzögert werden (Schütz et al. 2000).

In vormals besonders artenreichen Heumähdern kann sich **bei Nutzungsaufgabe die Artenvielfalt verringern** (Maurer et al. 2006); Spatz et al. (1978) und Tasser & Tappeiner (2002) geben Beispiele, in denen die Vielfalt von etwa 50 Arten pro Aufnahmefläche auf 35 oder weniger abnahm. Unter bestimmten Bedingungen übt eine extensive Nutzung im subalpinen Grünland also einen positiven Effekt auf die Diversität aus, ähnlich wie z. B. in den Salzrasen der Küste (vgl. Kap. 11.7.1).

In der **alpinen Stufe**, sowie generell auf flachgründigen Böden, verläuft die sekundäre Sukzession nach Nutzungsaufgabe langsamer und weniger auffällig. Die Veränderungen in der Artenvielfalt sind hier eher gering (Grabherr 2003). Weit bedeutsamer ist nach Dullinger et al. (2003b) der **Rückgang der Habitatvielfalt auf den Almen**, wenn die extensive Beweidung eingestellt wird. Das selektiv weidende und fressende Vieh erzeugt nämlich ein Mosaik von unterschiedlich nährstoffreichen und gestörten Kleinstandorten, deren Vielfalt wesentlich zur Artenvielfalt auf Landschaftsebene beiträgt. Eine dieser Nutzungsfolgen sind die kalkalpinen „Buckelweiden" mit ausgeprägtem Mikrorelief, die durch jahrhundertelange Beweidung im Karbonatschutt entstanden sind (Kollmann et al. 1995).

Werden extensiv genutzte alpine Wiesen und Weiden intensiver bewirtschaftet, meist als gedüngte Viehweide, geht die Artenzahl stark zurück und **Nährstoffzeiger** wie *Phleum alpinum* oder *Poa alpina* dominieren die Grasnarbe (Zoller & Bischof 1980, Weis & Spatz 1982; s. a. Kap. 13.4.3 a). Lokal auftretende Trittschäden mit folgender Erosion sind dann verbreitet, ein deutliches Zeichen der Übernutzung dieser sensiblen Hochlagen-Ökosysteme. Durch Intensivierung wird die lokale Artenvielfalt der Almen zweifellos stärker reduziert als durch Wiesenbrache.

13.8.2 Gefährdung der Hochgebirgsvegetation durch Tourismus und Ansätze zur Restitution

Die Anlage von Skipistenplanien, Wegebau und die Ausbringung von Kunstschnee stellen heute in manchen Regionen eine massive Störung der alpinen Rasenökosysteme dar. Neben dem Verlust an wertvollen Vegetationstypen sind eine lokal erhöhte Erosiongefahr und die Störung des Landschaftsbildes negative Auswirkungen des rasch zunehmenden Skitourismus (Cernusca 1977, Mosimann 1984, 1985, Grabherr 1987a).

Für sämtliche Rasen, von der montanen bis zur alpinen Stufe, sowie für manche Gehölze an den für Skisport geeigneten Hängen droht vor allem die Gefahr, dass sie bei zu geringer Schneehöhe mehr oder minder zerstört werden. Am meisten trägt dazu das Planieren zum Vorbereiten neuer Pisten bei (Cernusca 1984), aber auch das Weiterbenutzen stellenweise schneefrei gewordener Pisten. Außerdem kann das Ausbringen von Kunstschnee verhängnisvoll werden, das in schneearmen Wintern rasch zunahm und nicht die gleiche, anfangs luftreiche Decke schafft wie der Naturschnee.

Solange die **mechanischen Schäden** am Zwergstrauch-, Rasen- oder Moosteppich und an der Humusdecke des Bodens kleinflächig bleiben, besteht die Hoffnung, dass sich zumindest einige der noch teilweise vorhandenen Pflanzen während der warmen Jahreszeit regenerieren, bevor sie erneut vom Schnee bedeckt werden. Am ehesten ist dies bei Gräsern und Grasartigen zu erwarten; doch tragen auch viele krautige Gewächse dazu bei, die Pflanzengemeinschaft zu verdichten und zu verankern. Tschurr (1992) studierte auf experimentellem Wege das **Regenerationsverhalten** von 19 alpinen, vorwiegend kalkliebenden Arten nach Beschädigungen, wie sie auf Skipisten eintreten können. Versuchsweise entfernte er jeweils einen Tochtertrieb und nahm die Wiedererzeugung solcher Ramets als Maß für die Regenerationsfähigkeit. Dabei konnte er drei Gruppen unterscheiden:

1. Arten, die in der Regel überkompensieren, namentlich *Achillea atrata*, *A. moschata*, *Anthyllis alpestris*, *Arabis alpina*, *Campanula cochleariifolia*, *Chrysanthemum alpinum* und *Myosotis alpestris* (also niedrige Stauden);

2. einigermaßen exakt kompensierende Arten, vor allem *Agrostis alpina*, *Carex sempervirens*, *Luzula lutea* (und wahrscheinlich auch andere Grasartige) sowie *Erigeron uniflorus*, *Hieracium alpinum*, *Ranunculus montanus*, *R. grenieranus*, *Senecio carniolicus*;

3. nur wenige unterkompensierende Arten, nämlich *Festuca rubra* (was überrascht!), *Linaria alpina* und *Veronica bellidioides*.

Für den Regenerationserfolg war weniger das Ausmaß der Beschädigung, als vielmehr das Verhältnis von unter- zu oberirdischer Biomasse entscheidend. Gute Bewurzelung erwies sich mithin als vorteilhaft für das Nachwachsen beblätterter und fertiler Sprosse.

Carex curvula, der wichtigste Rasenbildner auf sauren Böden, wurde in solche Untersuchungen bisher nicht einbezogen. Grabherr (1982) betont, sie sei sehr tolerant gegen mechanische Beschädigungen, etwa durch Tritt. Sie verschwand auch nicht bei einer Überwanderungsfrequenz von 150 Touristen pro Tag in einem Korridor von 1 m Breite. Ist jedoch der Rasen erst einmal zerstört, so regeneriert sich die Krummsegge mit einem Wachstum von kaum 1 mm a^{-1} nur außerordentlich langsam; die vollständige **Regeneration der Klimaxvegetation** erfordert deshalb wahrscheinlich **mehr als 100 Jahre.**

Hofer (1981) beobachtete den Einfluss des Massenskilaufs auf alpine Sauerbodenrasen im Ötztal (Tirol), besonders auf das Curvuletum. Wie zu erwarten, wurden Flechten und Moose, die ja einen großen Teil der Biomasse ausmachen, aber nicht im Boden wurzeln, am meisten geschädigt. Von den Phanerogamen litt *Oreochloa disticha* am meisten. *Carex curvula* und *Agrostis rupestris* erwiesen sich als widerstandsfähiger, gingen aber ebenfalls zurück. Etwa das Gleiche gilt für Arten so verschiedener Wuchsformen wie *Vaccinium vitis-idaea*, *Sempervivum montanum*, *Chrysanthemum alpinum* und *Veronica bellidioides*. Dagegen gediehen *Phyteuma hemisphaericum* und *Euphrasia minima* vergleichsweise gut weiter. Die Auswirkungen des Skibetriebs sind also stark artspezifisch.

Eine **künstliche Wiederbegrünung** vegetationslos gewordener oder nur noch schütter bewachsener Flächen macht in der alpinen Stufe besondere Schwierigkeiten. Entscheidend ist die rasche Festigung des Oberbodens durch ein gut ausgebildetes Wurzelsystem bei gleichzeitiger Erhaltung einer hohen Infiltrationsleistung. Zu starke Beweidung kann übrigens ähnlich verhängnisvolle Folgen für den Boden an Hochgebirgshängen haben wie das Skifahren bei Schneearmut oder gar ein rücksichtsloses Planieren. In jedem Falle muss die durchwurzelte Humusdecke so weit wie nur irgend möglich geschont oder wieder hergestellt werden.

Mehr oder weniger erfolgreiche Versuche der Wiederbegrünung von Planierungen oder Pisten wurden mit einigen alpinen Gramineen (z. B. *Agrostis schraderiana* und *Poa alpina* var. *vivipara*) und Leguminosen wie *Astragalus frigidus* und *Oxytropis jacquinii* gemacht (z. B. Grabherr & Hohengartner 1989, Flüeler 1992). Leichte Verletzung der Samenschale (Skarifizierung) erhöht die Keimbereitschaft der Leguminosen zu jeder Jahreszeit. Wenn kein Überangebot an Nährstoffen besteht (also bei vorsichtiger oder gar fehlender Düngung), bleiben ihre Wurzeln nicht nahe der Oberfläche, sondern dringen tief in den Boden ein und helfen ihn zu stabilisieren.

Schwierigkeiten bei der Keimung an und für sich geeigneter Arten kann man vermeiden, wenn man Rasenziegel von alpinen Gräsern oder Grasartigen in genügender Zahl in die kahlen Flächen einsetzt, also die Neubegrünung mit bereits entwickelten Pflanzen beginnt. Das gelingt besonders gut mit sich vegetativ rasch ausbreitenden Arten, die man aus benachbarten Rasenflächen, also von ähnlichen Standorten, entnimmt und in Gewächshäusern vermehrt (s. Grabherr & Hohengartner 1989). Soden von *Carex curvula* muss man auf Stoß setzen, da die Ausbreitung sehr gering ist.

Kunstschnee bedeutet für die mit ihm bedeckten Pflanzenbestände keinen isolierenden Schutz gegen Temperaturschwankungen, weil er nicht so luftreich ist wie der locker gefügte natürliche Niederschlag. Er bildet von vornherein eine firn- oder gar eisähnliche Schicht. Im Vergleich zu den benachbarten, zu schneearm gewordenen Flächen verzögert diese Decke im Frühjahr die phänologische Entwicklung des Rasens beträchtlich (Cernusca et al. 1990; s. Abb. 13–87 oben). Außerdem bedeutet der auf die Piste konzentrierte Kunstschnee eine zusätzliche Wasserzufuhr, die sich schon nach kurzer Zeit deutlich in der Förderung von Feuchtigkeitszeigern auswirkt (s. Abb. 13–87 unten). Eine 60 cm mächtige Kunstschneede-

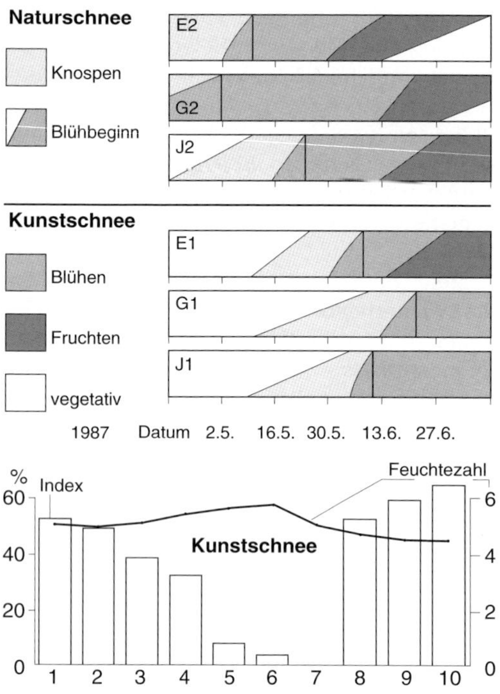

Abb. 13–87 oben: Kunstschnee verzögert den Knospenansatz, den Blühbeginn und das Blühen von *Ranunculus acris* subsp. *acris* (und anderen Rasenpflanzen) erheblich und lässt sie nicht zum Fruchten kommen. Nach Kammer & Hegg (1990).
E 2, G 2 und J 2 sind Probeflächen mit normaler winterlicher Schneedecke, E1, G1 und J1 mit Kunstschnee. Die verschiedenen Tönungen bezeichnen Phänophasen, die aufeinander folgen.
Unten: Zehn Aufnahmeflächen in einem Transekt quer zu einer Kunstschnee-Piste (Nr. 5–7) bei Savognin, Graubünden. Nach Kammer & Hegg (1991).
In Magerwiesen ergab sich ein Anstieg der mittleren Feuchtezahlen (Kurve und rechte Ordinate) und ein wesentlich niedrigerer „Entwicklungsindex" (getönte Blöcke und linke Ordinate, in %), der sich aus der Zahl der vorhandenen Arten und aus deren Phänophasen (am 15.5. 88) errechnete. Feuchtezahlen nach Ellenberg (4. Aufl. dieses Buches). Für die mittleren Stickstoffzahlen fanden die Autoren einen ähnlichen Verlauf.

cke entspricht etwa 200 mm Niederschlag. Wie Kammer & Hegg (1990) darüber hinaus feststellten, wirkt das zum Beschneien verwendete Wasser düngend, weil es meist mehr Nährstoffe enthält als der natürliche Schnee. Infolgedessen werden auch **Stickstoffzeiger gefördert und Magerkeits- und Trockenheitszeiger verdrängt**. Eine gewisse Rolle dürfte hierbei auch die Verdichtung des Bodens spielen (Trockner & Kopeszki 1994).

14 Epiphytenvegetation

Bei der Betrachtung der Wälder in den Kapiteln 4 bis 8 wurde eine wichtige Lebensform bisher weitgehend außer Acht gelassen: die Algen, Flechten und Moose, die als Epiphyten lebendes und totes Holz besiedeln. Die zunächst wenig auffälligen und bei Waldaufnahmen meist vernachlässigten Mosaike aus den verschiedensten Rindenbesiedlern wurden während der letzten Jahrzehnte als frühzeitig und fein reagierende Indikatoren für Luftverschmutzungen oder für die Naturnähe von Wäldern mehr und mehr beachtet. Epiphyten beteiligen sich auch wesentlich an den ökosystemaren Stoffumsätzen.

Moose, Flechten und Algen, die Boden- und Gesteinsoberflächen besiedeln, werden u. a. in den Kapiteln 4.5.2.7 (Waldbodenmoose), 10.3.2 (Torfmoose), 12.3.1.3 b (Erdflechten der Dünen), 13.3.13.2 (epilithische Kryptogamen des Hochgebirges) und 17.3.2.2.1 a (Erdflechten der Heiden) behandelt.

14.1 Baumrinden als Epiphyten-Standorte

Für epiphytische Flechten und Moose sind die chemischen Eigenschaften und der pH-Wert des Substrates ähnlich wichtig wie für Gefäßpflanzen der Boden; das gilt sowohl für Gesteinsbewohner wie für Epiphyten. Wie Tabelle 14–1 zeigt, unterscheiden sich die Rinden der Baumarten recht deutlich in ihren pH-Werten und Basengehalten. Besonders sauer und arm an Kalzium und anderen basischen Kationen sind die Koniferenrinden; höhere pH-Werte und Basengehalte besitzen dagegen Ahorne, Linden, Eschen und Ulmen, also Bäume mit höheren Ansprüchen an die Basenversorgung des Bodens (Barkman 1958, Bates 1992). Die Eichenrinde ist jedoch relativ sauer (vgl. Abb. 3–41), insbesondere im Vergleich zur Buche, wenn auch durchaus reich an Kalzium und Basen. Je höher der Kalziumgehalt, umso größer dürfte auch die Säure-Pufferkapazität der Rinde sein (Barkman 1958).

Die chemischen Eigenschaften der Borke ändern sich mit den Bodeneigenschaften des Bestandes (Bates 1992) und wurden in den letzten Jahrzehnten zudem stark von den Immissionen beeinflusst (Lötschert & Köhm 1973). Bei hohen Säureeinträgen versauerte die Borke besonders stark, weil deren Säurepufferung gering ist (Skye 1968; s. Abb. 3–41). Einträge von basischen Stäuben führten lokal auch zu einer Alkalisierung der Baumrinden, z. B. in der Nachbarschaft von Zementwerken (Grodzinska 1971; s. Abb. 3–41).

Epiphyten werden auch durch das Stammablauf-Wasser und dessen chemische Zusammensetzung beeinflusst (Hauck & Runge 2002). Dies gilt in besonderem Maße für die Buche, die von allen Baumarten den größten Stammablauf aufweist (s. Kap. 4.7.4.2).

14.2 Epiphytische Algen-, Flechten- und Moos-Gesellschaften

a) Die Epiphyten-Gesellschaften, die die Bäume lediglich als Substrat benutzen und teilweise auf das gemäßigte Innenklima des Waldes angewiesen sind, besitzen in floristischer und ökologischer Hinsicht große Selbstständigkeit. Anders als bei den Gefäßpflanzen der Waldboden-Krautschicht gibt es unter den kryptogamischen Epiphyten manche Arten, die nur auf der Rinde bestimmter Baumarten vorkommen, und viele andere Arten zeigen zumindest eine Präferenz für bestimmte Bäume.

Über das Artengefüge der mitteleuropäischen Epiphyten-Gesellschaften liegen zahlreiche Untersuchungen vor. Bereits Frey, Ochsner, Militzer und andere ältere Forscher hatten in der ersten Hälfte des 20. Jahrhunderts Inventuren der Flechten- und Moosvegetation durchgeführt und auf den bereits damals sichtbaren Rückgang mancher Flechten hingewiesen (z. B. Sandstede 1950). Die Monografie von Barkman (1958) fasst alle älteren Arbeiten zusammen und gibt einen so ausgezeichneten ökologischen wie pflanzensoziologischen Überblick, dass wir uns hier kurzfassen können. Nachfolgende Arbeiten vertieften und korrigierten nur Teilaspekte (z. B. Barkman 1962, 1968, Bibinger 1970, Bielczyk 1986, Drehwald & Preising 1991,

Drehwald 1993, Fabiszewski 1967, 1968, Kalb 1970, Kupfer-Wesely & Türk 1987, Meininger 1992, Muhle 1977, Schneider 1985, Seaward 1977, Wirth 1972, 1980, 1995). Marstaller hat die mitteleuropäischen epiphytischen und bodenbewohnenden Moos-Gesellschaften gründlich untersucht (s. die Gesellschaftsübersicht in Marstaller 1993; s. a. Drehwald & Preising 1991).

b) Aus Mitteleuropa beschrieb Barkman (1958) nicht weniger als **97 Epiphytenassoziationen** sowie zahlreiche Untereinheiten. Die meisten von diesen Gesellschaften zeichnen sich durch mehrere Charakterarten aus, sind also floristisch eigenständiger als manche Waldgesellschaften. Jede der weit über hundert beschriebenen Assoziationen und sonstigen systematischen Einheiten hat entsprechend ihren eigenen standörtlichen Präferenzbereich. Man darf also ohne Übertreibung feststellen, dass die epiphytischen Pflanzenkombinationen noch stärker auf Standortunterschiede reagieren als die im Boden wurzelnden Waldbestände.

Je nachdem, ob Algen, Flechten oder Moose vorherrschen, teilt man die Epiphytenvegetation Mitteleuropas in drei große Gruppen ein. In sauberer Luft besiedeln die Algen vor allem den obersten, zeitweilig recht trockenen Kronenraum (s. Abb. 14–1). Flechten und Moose spielen dagegen in den unteren, durch Beschattung luftfeuchteren Bereichen eine größere Rolle, wenn sie nicht infolge von giftigen Immissionen verschwinden und durch Algen ersetzt werden. Am unteren Stamm und am Stammfuß spielen oft Moose die größte oder gar alleinige Rolle (s. Abb. 14–2).

Die folgende Übersicht der Epiphyten-Gesellschaften geht im Wesentlichen auf die klassische Darstellung von Barkman (1958) sowie die Übersicht der Flechten- und Moos-Gesellschaften Niedersachsens von Drehwald (1993) und Drehwald & Preising (1991) zurück. Auf die Übersicht der Moos-Gesellschaften Zent-

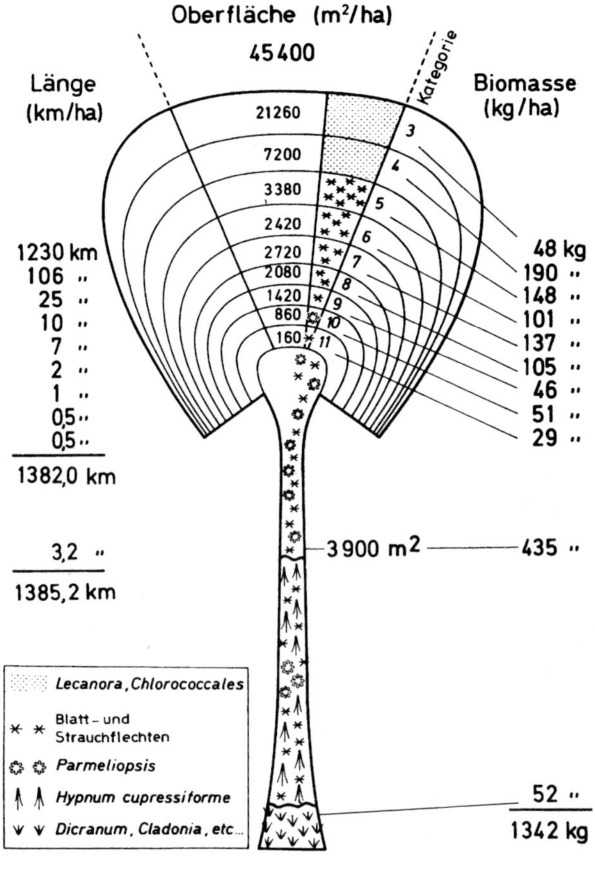

Abb. 14–1 Epiphyten-Bewuchs eines alten Moderbuchenwaldes (Luzulo-Fagetum) in den belgischen Ardennen, d. h. in montanem Klima und bei damals noch geringer Luftverunreinigung. Nach Duvigneaud & Kestemont 1977), etwas verändert. Auf den jüngsten Zweigen siedeln sich sehr rasch Grünalgen (z. B. *Pleurococcus*) und Krustenflechten z. B. (*Lecanora*) an. An den älteren Ästen breiten sich zahlreiche Blatt- und Strauchflechten-Arten aus, unter anderen auch *Parmeliopsis ambigua*, die gegen Luftverschmutzung wenig empfindlich ist (Toleranz 7 nach Wirth 1992). Sie herrscht hier an den oberen Teilen der Stämme vor. Deren untere Teile sind mit Moosen behangen (*Hypnum cupressiforme*). Auf den Wurzelhälsen gedeihen Polstermoose (*Dicranum*) und stellenweise erdbewohnende Strauchflechten (*Cladonia*). Ähnlichen Bewuchs gab es auch in den montanen Hainsimsen-Buchenwäldern der deutschen Mittelgebirge; er ist hier aber infolge Luftverschmutzung größtenteils verschwunden, sodass die wenig empfindlichen Grünalgen die Stämme überkrusten konnten. Pro ha erreicht das Astwerk der Buchen erstaunliche Gesamtlängen und Gesamtoberflächen (45400 m²). Die von Algen, Flechten und Moosen besiedelbare Fläche ist allerdings kleiner, weil ihnen nicht überall genügend Wasser zur Verfügung steht.

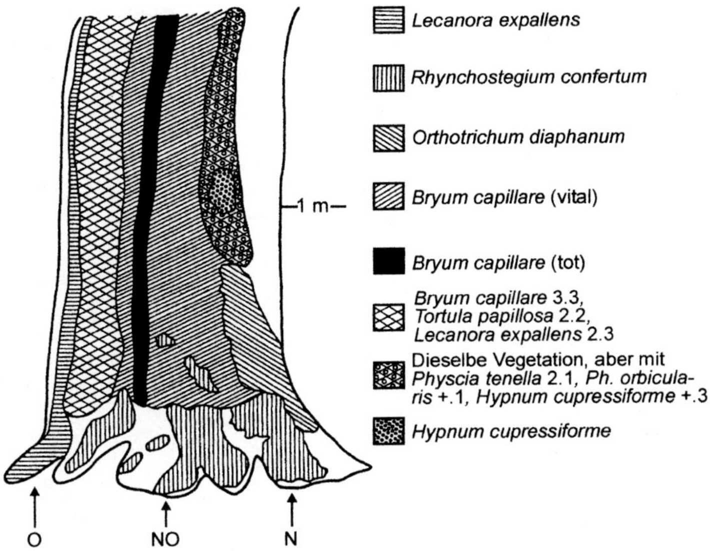

Abb. 14–2 Mosaik der Epiphytenvegetation auf dem Stammfuß einer alten Ulme (Nord- bis Ostseite) in einem Sektor mit hohem Stammabfluss. Nach Barkman (1958).

raleuropas von Marstaller (1993) sei als Ergänzung hingewiesen. In den folgenden Kapiteln werden nur einige wichtige Ordnungen und Verbände als Beispiele genannt und ökologisch kurz gekennzeichnet.

14.2.1 Algenreiche Epiphyten-Gesellschaften

Coccale Grünalgen sind vor allem auf stark angesäuerten und eutrophierten Baumrinden allgegenwärtig. Drei Assoziationen sind weit verbreitet; besonders häufig ist der Grünalgen-Überzug des Pleurococcetum vulgaris, der an kaum einem Baum fehlt und gegen Luftverschmutzung so resistent ist, dass er auch in Industrie- und Großstadtgebieten üppig gedeiht und andere Epiphytengemeinschaften durchdringt (Barkman 1958). Oft herrscht nicht *Pleurococcus*, sondern *Apatococcus lobatus*, der ihm nicht nur morphologisch, sondern auch ökologisch ähnelt. In jüngerer Zeit haben sich fädige Grünalgen der Gattung *Trentepohlia* an freistehenden Laubbäumen stark ausgebreitet. Sie bilden auf Esche, Pappel und Apfelbäumen charakteristische, durch Hämatochrom rötlich gefärbte Überzüge.

14.2.2 Flechtenreiche Epiphyten-Gesellschaften

Barkman (1958) nennt mehr als 50 Assoziationen, darunter:

1 **Krätzflechten**-Anflüge (CHRYSOTHRICHETALIA = LEPRARIETALIA CANDELARIS), mehlige Lager, an regengeschützten, luftfeuchten Standorten;

2 **säureliebende Kuchenflechten**-Überzüge (LECANORETALIA VARIAE), Pioniergesellschaften auf stark saurem, glattem Substrat, besonders totem Holz; in trockener Luft relativ unempfindlich gegen SO_2-Immission; z. B. das Lecanoretum conizaeoidis; die namengebende graugrüne Krustenflechte war in der zweiten Hälfte des 20. Jahrhunderts in Mitteleuropa der häufigste und am weitesten verbreitete Epiphyt;

3 mehr oder minder **säure- und nährstoffreiche Standorte meidende Kleinkrusten**-Überzüge (ARTHONIETALIA RADIATAE), auf glattrindigen Bäumen, in Mitteleuropa früher häufig und weit verbreitet, aber stark abnehmend;

3.1 **Schriftflechten**-Überzüge (GRAPHIDION SCRIPTAE), vorwiegend auf glattrindigen Bäumen (*Fagus* und *Carpinus*) im Inneren des Waldes (s. Abb. 5–4);

3.2 **Kuchenflechten**-Pioniergesellschaften (LECANORION ARGENTATAE = SUBFUSCAE), vorwiegend auf *Fraxinus*, *Acer* und anderen glattrindigen Laubbäumen, aber weniger auf *Fagus* (s. Abb. 6–27), rasch wachsend und etwas weniger empfindlich als 3.1;

4 **Schwielenflechten**-Borkenbewüchse (PHYSCIETALIA ASCENDENTIS), auf rauer Borke, mit weiter Amplitude hinsichtlich Beleuchtung und Wind, stickstoff- und mineralienbedürftig, staubresistent; mit den Verbänden:

4.1 **Scheibenflechten**-Borkenbewüchse (DIPLOICION = BUELLION CANESCENTIS), vorwiegend auf *Ulmus*, *Tilia* und *Salix*, auch auf *Fagus* u. a.; salzertragend, deshalb an der Küste relativ häufig;

4.2 **Gelbflechten**-Borkenbewüchse (XANTHORION PARIETINAE), ähnlich 4.1, aber weniger salztolerant und weniger trockenheitsresistent; vorwiegend an der Wetterseite (Süd- bis Nordwest-Exposition) freistehender Bäume vorkommend; auf Eichen, Obstbäumen und anderen rauborkigen Stämmen in luftfeuchtem Klima (s. Abb. 3–2);

5 **Schüssel- und Bartflechten**-Bewüchse (HYPOGYMNETALIA PHYSODO-TUBULOSAE), acidophil und stickstoffmeidend; mäßig empfindlich gegen Luftverschmutzung; lichtliebend (s. Abb. 14–1);

5.1 **Schüsselflechten**-Borkenbewüchse (PSEUDEVERNION FURFURACEAE), stärker lichtliebend und trockenheitsresistenter als die Bartflechten-Astbehänge; das hierher gehörige Pseudevernietum furfuraceae ist die als Umweltindikator beststudierte Epiphyten-Gesellschaft, sie bevorzugt den mittleren bis oberen Teil der Stämme und den unteren Kronenraum; im Tiefland und Mittelgebirge herrscht meist *Hypogymnia physodes*;

5.2 **Bartflechten**-Astbehänge (USNEION BARBATAE, nach Wirth 1980 USNEION FILIPENDULAE) an Nadel- und Laubhölzern mit saurer Borkenreaktion in Nebellagen; besonders durch windbewegten Wolkennebel begünstigt; sehr empfindlich gegen Luftverschmutzung, daher außer im Hochgebirge rasch zurückgehend (Abb. 14–3; Toxitoleranz nach Wirth meist 1–3); nach Höhenlage und Ozeanitätsgrad stark differenzierte Gesellschaften.

Abb. 14–3 Bartflechten-Gesellschaft (Alectorietum sarmentosae) in den Stubaier Alpen (1500 m ü.NN). Foto: Follmann. Beispiel einer gegen SO_2 sehr empfindlichen Gesellschaft nebelfeuchter Bergnadelwälder, die saure und stickstoffarme Substrate besiedelt (mit vorherrschender *Bryoria subcana*, Ausschnitt 80 cm breit).

14.2.3 Moosreiche Epiphyten-Gesellschaften

Nach Barkman (1958) gibt es 39 Assoziationen, darunter:

1 acidophile **Lebermoos**-Überzüge (LOPHOCOLETALIA HETEROPHYLLAE), auf sauren, mäßig feuchten Substraten, insbesondere verrotteten Stümpfen und Stammbasen in Birken-Eichen- und Nadelwäldern (QUERCION ROBORIS und VACCINIO-PICEION, s. Abb. 6–14), mit 10 Assoziationen;

2 **acidophile Stammbasen- und Fels-Moosteppiche** (DICRANETALIA), ohne Charakterarten, acidophil (s. Abb. 14–1);

2.1 **atlantische Krallenmoos**-Bewüchse (ISOTHECION MYOSUROIDES), mit Optimum in Irland (dort mit dem Hautfarn *Hymenophyllum peltatum*);

2.2 **mittel- u. nordeuropäische Krallenmoos**-Bewüchse (DICRANO-HYPNION FILIFORMIS), in Tieflagen, an Stämmen von *Quercus*, *Fagus*, *Betula* und Nadelbäumen, verhältnismäßig resistent gegen zeitweilige Lufttrockenheit, daher auch in den kontinentalen Bereichen häufig (s. Abb. 7–3 u. 14–1);

3 **schwach acidophile Moos-Rindenüberzüge** (NECKERETALIA PUMILAE), Moosbewüchse auf glatten Baumrinden, namentlich von *Fagus*; nur mäßig säureertragend, in atlantischen und montanen Bereichen Europas;

3.1 anspruchsvolle **Pionier**-Moosbewüchse (ULOTION CRISPAE), vorwiegend in FAGETALIA-Gesellschaften als Pioniere des Moosbewuchses auf *Fagus*, *Abies*, *Alnus incana*, *Corylus* u. a.; sehr empfindlich gegen Luftverschmutzung und stärkere Stickstoffzufuhr; im mittel- und südwesteuropäischen Bergland ist das Ulotetum crispae noch relativ häufig, aber ebenfalls im Rückgang begriffen (s. Abb. 5–10);

3.2 buchenbegleitende **Gegenhaarmoos**-Bewüchse (ANTITRICHION CURTIPENDULAE), von gleicher Verbreitung wie die montanen und submontanen Buchenwälder (FAGION SYLVATICAE) in Europa; oft mit 2.2 verbunden, aber weniger säuretolerant; auf Buchenrinden in montanen Wäldern ist das Antitrichietum curtipendulae optimal entwickelt (s. Abb. 5–5); es erträgt Lufttrockenheit besser als die Gesellschaften des folgenden Verbandes;

3.3 **Lungenflechten-Moosteppiche** an Baumstämmen (LOBARION PULMONARIAE), relativ feuchtigkeitsliebend und subneutrophytisch, in der orealen Wolkennebel-Stufe am besten entwickelt (s. Abb. 14–4); braucht mehr als 180 Regentage pro Jahr; früher häufig an *Fagus*, *Alnus* und anderen Laubbäumen, aber auch an Nadelbäumen, insbesondere an *Abies* (und an *Picea* in Kalkgebieten); empfindlich gegen Borkenversauerung und SO_2 und stellenweise übersammelt; in Nord- und Mitteldeutschland weitgehend ausgestorben (s. Abb. 5–15);

4 **neutrophile Moosbewüchse** auf rauer Borke (LEUCODONTETALIA), überwiegend neutrophil und stärker toxin- und stickstofftolerant als die übrigen epiphytischen Moos-Gesellschaften; meist im mittleren Bereich der Stämme auf rauer Borke; oft mit Flechten-Gesellschaften der PHYSCIETALIA ASCENDENTIS (s. Kap. 14.2.2: Nr. 4) verzahnt;

4.1 trockenheitsertragende, säurefliehende **Bartmoos**-Bewüchse (TORTULION LAEVIPILAE), die gegen Trockenheit am wenigsten empfindlichen epiphytischen Moos-Gesellschaften und deshalb in Mittel- und Südeuropa weit verbreitet; fehlen jedoch auf Bäumen mit saurer Rinde (z. B. auf Nadelhölzern sowie *Fagus*, *Quercus*, *Alnus*, *Betula*, *Castanea* und *Sorbus aucuparia*), es sei denn, dass sich basenreicher Staub auf diesen abgesetzt hat (s. Abb. 3–8 u. 3–10);

4.2 subkontinentale **Trugzahnmoos**-Bewüchse (ANOMODONTION EUROPAEUM), typisch für Waldgesellschaften des CARPINION-Verbandes, mit entsprechendem Schwergewicht in kontinentaleren Bereichen Mitteleuropas, besonders in Polen, sowie Ungarn, Estland und Schweden (s. Abb. 6–27);

4.3 überflutungsresistente **Leskemoos**-Bewüchse (LESKION POLYCARPAE), auf Steinen und Stammbasen im Überflutungsbereich von Flüssen, d. h. im Sommer austrocknend (s. Abb. 8–22, s. a. Abb. 9–20).

Abb. 14–4 Lungenflechten-Moosteppich (Lobarietum pulmonariae) an einem Bergahorn im Schwarzwald. Foto: Follmann.
Beispiel einer in Mitteleuropa stark dezimierten, gegen Luftverunreinigungen äußerst empfindlichen, azido- und hygrophytischen Epiphyten-Gesellschaft, mit vorherrschender *Lobaria pulmonaria* über Moosdecken (Ausschnitt 25 cm breit).

Die in den vorstehenden Kapiteln genannten epiphytischen Algen-, Flechten- und Moos-Verbände bilden im Großen und Ganzen eine ökologische Reihe von relativ trockenheitsresistenten bis zu extrem feuchtigkeitsbedürftigen Artenkombinationen. In derselben Reihe steigt auch ungefähr die Empfindlichkeit gegen Luftverunreinigungen durch SO_2 und möglicherweise auch andere toxische Stoffe mehr oder minder deutlich an.

Mit der Epiphytenvegetation teilweise verwandt sind die **Pflanzengesellschaften auf verschieden alten Strohdächern**. Roggen- oder Schilfstroh (Reet) hat anfangs Eigenschaften, die denen glattrindiger Bäume ähneln, und nähert sich beim Altern immer mehr den Humusauflagen saurer Böden. Der mit einer solchen Substratänderung verbundenen Sukzession von Algen- über Flechten- zu Moos-Gesellschaften widmete Frahm (1972) eine aufschlussreiche Monografie mit zahlreichen Beispielen aus Schleswig-Holstein. Sogar an einem so künstlichen Standort verläuft die Abfolge des Kryptogamenbewuchses gesetzmäßig als Funktion von Umweltbedingungen und Zeit (s. auch Tobler & Mattick 1938). Leider verschwinden die älteren Sukzessionsstadien zusehends, weil zwar in küstennahen Bereichen Stroh- bzw. Reetdächer wieder in Mode kamen, aber nach kürzerer Zeit wieder neu eingedeckt werden als früher.

14.3 Anpassung an den Standort

14.3.1 Wichtige ökologische Eigenschaften epiphytischer Kryptogamen

Die mitteleuropäische Epiphytenvegetation besteht fast ausschließlich aus Moosen, Flechten und Grünalgen. Die aus den Tropen bekannte Fülle von Orchideen, Bromeliaceen, Araceen, Farnen und anderen Gefäßpflanzen fehlt ihr gänzlich. Solche Kormophyten überleben die langen und kalten Winter nicht, vor allem, weil sie im Kronen- und Stammraum der Bäume an Sonnentagen mehr Wasser verlieren, als ihnen aus dem begrenzten und oft noch gefrorenen Wurzelraum nachgeliefert werden kann. Einzig die Tüpfelfarne (*Polypodium vulgare* und *P. interjectum*) treten im westlichen Mitteleuropa mehr oder weniger regelmäßig als Epiphyten auf. Dennoch können auch die Kryptogamen-Epiphyten der temperaten Wälder eine beträchtliche Biomasse erreichen, etwa in der Montanstufe niederschlagsreicher Gebirge (maximal 1–3 Mg TM ha^{-1}, Boucher & Stone 1992).

Ökologisch gesehen unterscheiden sich Thallophyten von Gefäßpflanzen vor allem durch folgende Eigenschaften und Verhaltensweisen, die sie für ein epiphytisches Leben prädestinieren:

1. Sie haben keine Wurzeln, sondern allenfalls Rhizoide, die zur Befestigung dienen.
2. Wasser nehmen sie daher über ihre Gesamtoberfläche auf, und zwar als flüssiges Wasser oder – im Falle der Grünalgen und Grünalgen-Flechten – aus feuchter Luft.
3. Ihre Wasserspeicherfähigkeit ist mehr oder minder groß; bei Moosen beträgt sie z. B. 650–1700 % des Trockengewichts.
4. Die Konzentration an osmotisch wirksamen Substanzen ist meist höher als bei Gefäßpflanzen. Das osmotische Potenzial kann daher bei Flechten auf bis zu –100 MPa, bei epiphytischen Moosen auf –2 bis –9 MPa absinken (bei terrestrischen Moosen nur auf bis zu –0,5 bis –5 MPa, Barkman 1958).
5. Standorte, die für Gefäßpflanzen zu trocken sind, können also für Kryptogamen ausreichend sein; diese poikilohydren Pflanzen verfallen zeitweilig in einen austrocknungsbedingten Ruhezustand, aus dem sie bei Befeuchtung rasch wieder erwachen.
6. Vor allem in trockenem Zustand, aber auch bei Turgeszenz, ertragen sie starke Temperaturschwankungen.
7. Im aktiven Zustand erzielen viele Flechten und manche andere Thallophyten bei niedrigen Temperaturen die größten C-Gewinne, weil die Atmung dann niedrig ist (s. Abb. 14–6).
8. Ihr Wachstum ist langsam, besonders in der Jugend und im hohen Alter; der Jahreszuwachs bei Flechten beträgt meist weniger als 5 mm a^{-1}, bei *Bryoria*-Arten maximal 14 mm a^{-1} (s. Abb. 14–3).
9. Für ihre Ernährung sind atmosphärische Quellen wichtig; z. B. können Stickstoffverbindungen und Kationen genutzt werden, die durch trockene und nasse Deposition oder Stammablauf eingetragen wurden, (s. a. Kap. 10.4.2 b). Flechten, deren Symbiosepartner Cyanobakterien sind, vermögen zudem Luftstickstoff zu binden, sind also von Mineralstickstoff-Zufuhren unabhängig.

14.3.2 Kohlenstoffgewinn in Abhängigkeit von Feuchte, Strahlung und Temperatur

a) Gaswechselmessungen an epilithischen und epiphytischen Flechten unter Freilandbedingungen haben gezeigt, dass sich diese Lebensgemeinschaften sehr gut an die saisonalen Temperaturschwankungen des temperaten Klimas anpassen können, jedoch in ihrem C-Gewinn stark von Wassermangel wie auch von zu hoher Feuchte behindert werden. Nach Untersuchungen von Lange (2003) an der an Starklicht angepassten Mauerflechte (*Lecanora muralis*) erreichte die Netto-Photosyntheseleistung bei 2 °C noch 60 % des bei 22 °C

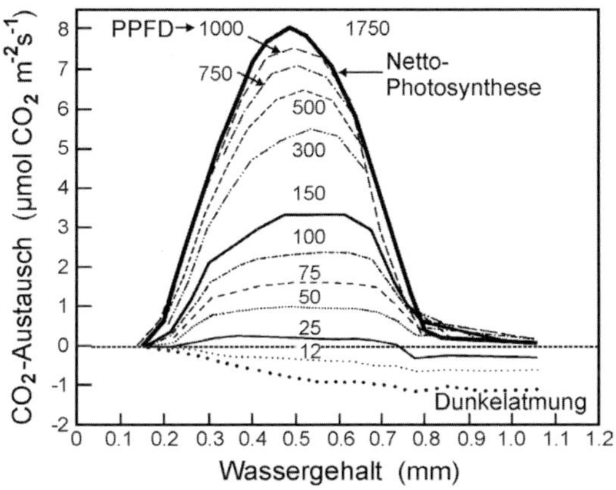

Abb. 14–5 Abhängigkeit der Netto-Photosyntheserate bzw. der Dunkelatmung der Krustenflechte *Lecanora muralis* an einem Standort bei Würzburg vom Thallus-Wassergehalt (in mm) bei PAR-Flussdichten von 12–1750 µmol Photonen m^{-2} s^{-1} (12 °C, 350 ppm CO_2). Nach Lange (2002).

erzielten Maximalwertes (vgl. Kap. 13.4.2 b). Obwohl im Winter eine kompensatorische Erhöhung der Dunkelatmung stattfindet, waren die Atmungsverluste in der kalten Jahreszeit niedrig und der C-Bilanzgewinn entsprechend groß. Eine leistungsfähige Photosynthese ist bei dieser Krustenflechte jedoch auf einen engen Bereich optimaler Thallusfeuchte beschränkt (s. Abb. 14–5) und tritt daher im Jahresverlauf nur unter bestimmten günstigen Bedingungen auf. Austrocknung behindert die C-Assimilation ebenso wie zu hohe Thallusfeuchte („Übersättigung") nach Regenfällen (Lange 2002). Die höchsten C-Bilanzgewinne erreichte die Mauerflechte an Tagen mit Taufall oder gar bei Frost und nächtlichem Regen, wenn es relativ kühl war und am folgenden Tag der Thallus abtrocknete (s. Abb. 14–6). Tage mit Tau waren besonders günstig und trugen zum Jahres-C-Gewinn mit 40 % bei. Warme Sommertage mit viel Regen ermöglichten zwar hohe Photosyntheseraten, zeigten jedoch auch hohe Atmungsverluste. In manchen Wintermonaten erreichte *Lecanora* deshalb einen höheren C-Gewinn als in Sommermonaten mit zu niedriger oder zu hoher Feuchte (Lange 2003). Die Photosynthese von *Lecanora* wird zudem von Starkregen behindert.

b) Erhöhte **Niederschläge begünstigen Moose gegenüber den Flechten**; auch innerhalb der Moos-Synusien findet zum Feuchten hin eine Verschiebung der Dominanzverhältnisse statt: Der Anteil der besonders austrocknungsempfindlichen Lebermoose steigt zu Lasten der Laubmoose. Höhere Niederschläge führen auch zu Veränderungen in den Flechtengemeinschaften: Der Anteil der Flechten mit Grünalgen-Partnern nimmt mit der Niederschlagshöhe ab, während jener der Cyanobakterien-Flechten ansteigt. Zu Letzteren gehören beispielsweise einige (aber nicht alle) Arten der Lungenflechten-Gesellschaften (LOBARION PULMONARIAE), die früher in Laubwäldern an ozeanisch getönten, regenreichen Standorten verbreitet waren (Wirth 1968, Rose 1988), heute jedoch

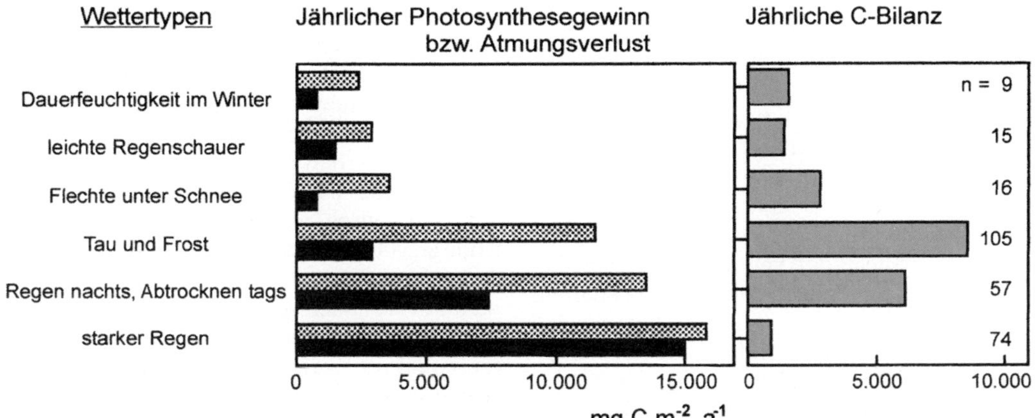

Abb. 14–6 Jährlicher photosynthetischer Kohlenstoffgewinn (schraffiert) und Respirationsverlust (schwarz, links) und jährliche Kohlenstoffbilanz (rechts) der Krustenflechte *Lecanora muralis* an einem Standort bei Würzburg bei sechs verschiedenen Wetterlagen (n = Zahl der Tage im Jahr). Nach Lange (2003), etwas verändert.

sehr selten sind. Ursache der **Verschiebung der Dominanzverhältnisse zwischen Grünalgen- und Cyanobakterien-Flechten** ist das unterschiedliche Quellungsverhalten der beiden Gruppen. Grünalgen-Flechten können aus feuchter Luft Wasser aufnehmen und haben daher Vorteile bei geringeren Niederschlagsmengen; Cyanobakterien-Flechten sind dagegen auf tropfbares Wasser angewiesen. Auf der anderen Seite wird die Photosynthese von Grünalgen-Flechten bei starker Quellung schneller behindert als jene der Cyanobakterien-Flechten, die zudem das Wasser länger halten können (Bilger et al. 1989, Büdel & Lange 1991, Lange et al. 1993, Lange 2000).

Flechtengemeinschaften, die in Baumritzen oder an der Unterseite von schräg stehenden Bäumen wachsen und selten beregnet werden, unterscheiden sich deutlich von der Epiphytenvegetation, die dem Regen ausgesetzt ist. Diese selten beregneten Flechten nehmen Wasser fast nur aus der Luftfeuchte auf und sind durch hydrophobe Flechtenstoffe zumeist gar nicht in der Lage, sich flüssiges Wasser anzueignen. Beispiele sind die Stecknadelflechten der Gattungen *Calicium* und *Chaenotheca* (Holien 1996) oder Krustenflechten der Gattung *Lepraria*.

c) Die Flechtenvegetation strahlungsreicher Standorte unterscheidet sich grundlegend von jener beschatteter Orte. Flechten sonniger Wuchsplätze wie *Lecanora muralis* zeigen Photosynthese-Eigenschaften, die denen von C 3-Sonnenkräutern ähneln (z. B. bei optimalen Temperaturen eine hohe Lichtsättigung um 800 µmol Photonen m^{-2} s^{-1}, Lange 2002). Diese Flechten besitzen häufig gelb oder orange gefärbte **Flechtenstoffe** (z. B. Usninsäure, Parietin oder Pulvinsäure-Derivate) oder Melanine, die vor zu hoher Strahlung im UV- und PAR-Bereich schützen (Rikkinen 1995, Solhaug & Gauslaa 1996, Solhaug et al. 2003). Nach Bates (1992) könnten allerdings Feuchteunterschiede ebenfalls Ursache der verschiedenartigen Zusammensetzung der Flechtengemeinschaften an sonnigen und schattigen Standorten sein. Feuchte und Strahlung sind auch die entscheidenden Faktoren, die den charakteristischen **Expositionsunterschieden** der Epiphytenvegetation auf Baumstämmen zugrunde liegen (s. Abb. 14–2; Barkman 1958).

Weil Flechten nur sehr langsam wachsen, sind sie gegenüber plötzlichen **Veränderungen im Lichtregime** empfindlich. Erhöhter Lichtgenuss und verringerte Luftfeuchte infolge von Holzeinschlag im Wald wirken sich daher auf viele epiphytische Flechten negativ aus (Gauslaa & Solhaug 1996, Hilmo et al. 2005, vgl. allerdings Renhorn et al. 1997). An Waldrändern und auf freigestellten Bäumen kann außerdem eine erhöhte Windgeschwindigkeit die Flechten schädigen (Esseen 1994).

14.3.3 Chemische und physikalische Eigenschaften des Substrates

Azidität und Basenreichtum des Substrates beeinflussen die epiphytische und epilithische Kryptogamenvegetation in ähnlich starkem Maße wie die Gesellschaften der Höheren Pflanzen. Beispielsweise findet sich das zu den Schriftflechten-Gemeinschaften (GRAPHIDION SCRIPTAE) gehörende Pyrenuletum nitidae nach Barkman (1958) nur in einem engen subneutralen pH-Bereich von 5,1 bis 6,2; andere Gesellschaften wie der Grünalgen-Überzug des Pleurococcetum vulgaris gedeiht dagegen auf Rinden eines weiten Aziditätsbereichs (2,9 bis 5,2). Barkman (1958) schlägt vor, die mitteleuropäischen Epiphyten und die von ihnen gebildeten Gemeinschaften in die vier **Aziditätsklassen** „stark acidophytisch" (oder stark acidophil; pH-Bereich < 4,0), „acidophytisch" (oder acidophil; pH 4,0–5,5), „subneutrophytisch" (pH 5,5–7,0) und „basiphytisch" (oder basiphil; pH > 7,0) einzuteilen. Die als subneutrophytisch einzustufenden Lungenflechten-Gesellschaften (LOBARION) kommen nach Rose (1988) und Gauslaa (1995) deshalb nicht auf Koniferen vor, weil deren Rinde zu sauer ist. Stefureac (1941, zit. in Barkman 1958) hat die epiphytischen Moos-Gesellschaften der Karpaten bestimmten pH-Werte-Bereichen zugeordnet. Wie das Beispiel der sauren, aber kalziumreichen Eichenrinde zeigt (s. Tab. 14–1), müssen dabei Azidität und Basenreichtum des Substrates nicht miteinander verbunden sein.

Im Allgemeinen besitzt der Thallus der Flechten einen pH-Wert, der dem seines Substrates weitgehend entspricht. Dennoch sind manche Flechten in der Lage, den pH-Wert durch Ausscheidung von H^+ um bis zu eine Einheit zu senken, wie dies Gauslaa & Holien (1998) an Arten des PSEUDEVERNION auf Fichten feststell-

Tab. 14–1 pH-Werte (Wertespannen und Mittelwert), Ca-Gehalte (CaO in % der Trockenmasse) und Wasserkapazität der Rinde (% d. Trockengewichtes) von verschiedenen mitteleuropäischen Baumarten. Nach verschiedenen Autoren in Barkman (1958).

Baumart	pH		Ca-Gehalt	Wasserkapazität
	Spanne	Mittel		
Abies alba			0,2–0,4	
Acer campestre			7,0	
Acer platanoides			3,5–4,6	
Acer pseudoplatanus	6,1–6,9	6,3	2,6–3,1	15–18
Alnus glutinosa	4,2–5,0	4,8		41–50
Alnus incana	4,9–6,2	5,9		
Betula pendula	3,7–4,4	4,0	0,2–1,0	20
Carpinus betulus	4,6			31–46
Fagus sylvatica	5,1–5,8	5,4	0,8–2,6	58–68
Fraxinus excelsior	5,2–5,8	5,5	3,3	47
Picea abies	3,8–4,5		0,9	
Pinus nigra	3,3			
Pinus sylvestris	3,4–3,8			45
Populus nigra	5,0–7,3			68–86
Populus tremula	3,9–7,9	5,0		
Prunus padus	4,9–5,1			
Quercus petr./robur	3,7–5,0	4,5	2,2–6,4	13–45
Salix sp.	5,0–5,2		2,8–3,3	41–48
Tilia sp.	4,8–6,2	5,6		
Ulmus minor	4,5–6,2	5,4		129–139

ten. Andererseits verringerten Lungenflechten-Arten die Azidität der Rinde, vermutlich durch Abgabe von Basen.

Barkman (1958) betont, dass die chemischen Eigenschaften der Baumrinde zwar einen deutlichen Einfluss auf die Zusammensetzung der Epiphytengemeinschaften hat, nicht jedoch auf den **Artenreichtum**, der auf sauren und basischen Substraten ähnlich groß sein kann. Eine Ausnahme stellt die generell artenärmere Epiphytenflora der Nadelbäume in Tieflagen dar.

Die **Feuchtigkeit der Borke** beeinflusst nach Hauck et al. (2000) die Artenzahl und Häufigkeit der darauf siedelnden Flechten nur nachrangig, wohl aber jene der Moose (s. Abb. 14–2). **Totes Holz** ist meist feuchter, jedoch auch saurer als lebendes. Frisches Totholz wird daher von besonders vielen Lebermoosen besiedelt, die auf höhere Feuchte angewiesen sind. Unter den Epiphyten gibt es obligate Totholzbesiedler, die auf lebendem Holz und Borke fehlen. Nach Hauck (2005) ist die Zahl der Flechtenarten auf toten Bäumen sogar meist höher als auf lebenden. Andere Epiphyten sind an spezifische Kleinstandorte in der Rinde alter Bäume gebunden, wie z. B. feuchte Ritzen oder Hohlräume; wie die Totholzbewohner fehlen sie deshalb in den Wirtschaftswäldern weitgehend (Müller 1981).

14.3.4 Wirkung toxischer Substanzen und Indikatoreigenschaften von Epiphyten

Eine umfangreiche Literatur befasst sich vor allem mit physiologischen Reaktionen von Flechten- und Moosarten auf Schadstoffe und mit praktischen Anwendungen ihrer Eignung als sensible Bioindikatoren (z. B. Arzani 1974, Barkman 1958, Frey 1958, Herzig & Urech 1991, Jürging 1975, Kershaw 1985, Kirschbaum 1972, Klement 1966, 1971, Kunze 1972, 1974, Lötschert & Köhm 1973, Lötschert et al. 1975, Macher & Steubing 1986, Muhle 1977, Nash &

Nash 1974, Schöller 1991, Sochting & Johnson 1974, Thiele 1974, Wilmanns 1966, Wirth 1985, 1987, Wirth & Fuchs 1980).

Im Zentrum der Forschung stand lange SO_2, auf das manche Flechten besonders empfindlich reagieren. Zu diesen zählen viele foliose Arten, aber auch manche Krusten- und strauchförmige Sippen, darunter *Lobaria-*, *Nephroma-* und *Peltigera*-Arten. In den bayerischen Alpen verschwanden die empfindlichsten Flechten bereits, wenn im Winter mittlere SO_2-Konzentrationen von 5–10 µg m^{-3} überschritten wurden (Wirth & Fuchs 1980, Köstner & Lange 1986); im Schwarzwald wird ein Schwellenwert von etwa 10 µg m^{-3} angenommen (Wirth 1988). Als wenig empfindlich erwiesen sich andererseits viele *Cladonia*-Arten (z. B. *C. coniocraea*, *C. pyxidata* und *C. macilenta*), *Lepraria incana*, *Physcia tenella* und *Scoliciosporum chlorococcum*, Hauck et al. 2008). *Lecanora conizaeoides* scheint sogar durch SO_2 gefördert zu werden (s. Kap. 14.4).

Ob diese Gegensätze in der Empfindlichkeit vor allem von Unterschieden im Vermögen der zellulären Sulfit-Entgiftung abhängen (s. Kap. 3.7.4 a), oder stärker von morphologischen Eigenschaften des Flechten-Thallus bestimmt werden, wird noch diskutiert. Nach Hauck et al. (2008) sind vor allem solche Flechten gegenüber SO_2 unempfindlich, deren Oberfläche wie bei vielen Cladonien stark hydrophob ist und gelöste Schadgase mit dem „Lotus-Effekt" abweist. Für diese Erklärung spricht, dass dieselben Flechten meist auch gegen andere Schadstoffe, z. B. Schwermetalle, tolerant sind. Flechten mit dem weit verbreiteten Sekundärmetaboliten Usninsäure sind empfindlicher gegenüber schwefelsauren Niederschlägen als Flechten ohne diesen Flechtenstoff (Hauck & Jürgens 2008). Bedeutsam für die SO_2-Toleranz ist aber auch die Pufferkapazität von Substrat und Thallus: Flechten auf sauren Borken oder Gesteinen sind in der Regel weit empfindlicher als solche auf basenreichen Substraten (Türk & Wirth 1975). Überdies sind **Cyanobakterien-Flechten generell empfindlicher als Grünalgen-Flechten.** Das erklärt, warum Erstere in weiten Bereichen Mitteleuropas am Ende des 20. Jahrhunderts vollständig ausstarben und in den übrigen Regionen (mit Ausnahme der Alpen) stärker abnahmen als die Grünalgen-Flechten (Wirth et al. 1996). Gegenüber Ozon sind epiphytische Flechten relativ wenig empfindlich (Bates et al. 1996).

Bei zahlreichen Flechtenarten hat Wirth (in Ellenberg et al. 2001) die „Toxitoleranz", d. h. die Widerstandsfähigkeit gegen chemische Luftverschmutzungen, in einer neunteiligen Skala bewertet. Auch die von ihnen gebildeten Flechten-Gesellschaften ordnete Wirth (1988) am Beispiel Südwestdeutschlands in eine Reihe nach abnehmender Empfindlichkeit gegen saure Luftverschmutzungen. Am wenigsten resistent sind Gesellschaften mit Lungenflechten (s. Abb. 14–4); das entgegengesetzte Extrem bilden die flechtenarmen bis flechtenfreien Grünalgen-Überzüge (Pleurococcetum).

14.3.5 Bedeutung von Bestandesstruktur und Bestandesalter

Zusammensetzung und Artenreichtum der epiphytischen Flechtenvegetation hängen vom Bestandesalter der Wälder ab. Anders als bei den Gefäßpflanzen des Waldbodens gibt es unter den Flechten eine Reihe von **Arten, die ausschließlich in historisch alten Wäldern mit langer Kontinuität vorkommen** (Rose 1992, Tibell 1992, Holien 1998, Aude & Poulsen 2000); ein Beispiel sind manche Kelchflechten-Arten (*Calicium*-Arten) und die Glänzende Kernflechte (*Pyrenula nitida*). Viele von diesen sind bedroht oder in Mitteleuropa gar bereits ausgestorben. Experimentelle Untersuchungen zeigten, dass die Bindung an alte Wälder vor allem in der **langsamen Ausbreitung** dieser Flechtenarten begründet liegt, und weniger im spezifischen Mikroklima oder in bestimmten Rindenstrukturen der alten Bäume (Sillett et al. 2000, Hilmo & Sastad 2001). Viele Kennarten alter Wälder breiten sich nämlich bevorzugt mit Thallus-Fragmenten oder Soredien aus und nicht über Sporen. Deshalb sind manche Epiphyten nicht in der Lage, Wälder mit Umtriebszeiten von 100 bis 130 Jahren oder kürzer zu besiedeln (Aude & Poulsen 2000). Dies unterstreicht die Bedeutung einzelner alter Bäume mit reicher Epiphytenvegetation, die als Diasporenquellen fungieren können und in deren Nachbarschaft die Flechtendiversität in der Regel höher ist als in größerer Ferne. Zur Erhaltung der Epiphytenvielfalt in Nutzwäldern ist es daher notwendig, einzelne Bäume alt werden und sterben zu lassen.

Für den Epiphyten-Reichtum sind außerdem die Bestandesstruktur und spezifische Eigenschaften der Rinde wichtig (Aude & Poulsen 2000). Altersklassenwälder erzeugen in der Reifephase größeren Schatten als moasaikartig aufgebaute Naturwälder; **viele Epiphyten verschwinden daher infolge von Lichtmangel aus genutzten Wäldern** (Olsson 1995, Hilmo & Holien 2002). Durch diese forstwirtschaftlichen Maßnahmen wurde die Epiphytenflora der Laubwälder schon frühzeitig dezimiert, wie bereits Lahm (1885) vor mehr als 120 Jahren feststellte. Ähnlich nachteilig wirkt sich plötzliches Freistellen bei der Holzernte aus. Einige Flechtenarten wie z. B. *Alectoria sarmentosa* und *Platismatia glauca* sind an das Waldesinnere gebunden, weil sie an Waldrändern vermehrt Schäden durch Stürme und Schneelast erleiden (Esseen & Renhorn 1998, Hilmo & Holien 2002); andere zeigen eine enge Bindung an dichte Moospolster, die in ungestörten Wäldern reicher gedeihen, weil die Bäume älter werden und zudem die Luftfeuchte höher ist (Sillett et al. 2000).

14.4 Rezenter Wandel der Epiphyten-Gesellschaften

a) Systematisches Monitoring offenbarte bereits in den 1960er-Jahren, dass die Artenvielfalt und Häufigkeit der Flechten vor allem in den siedlungsnahen Bereichen stark abgenommen hatte. In manchen Innenstädten sowie nahe bei Industrieanlagen waren **„Flechtenwüsten"** entstanden (Barkman 1958, Hawksworth 1990, Seaward 1993, Kirschbaum et al. 1996 u. v. a.), die ursächlich auf die SO_2-Immissionen zurückgeführt wurden (s. Abb. 3–42); regional könnten auch andere Schadgase wie Fluor eine Rolle gespielt haben. Jedoch auch in relativ siedlungsfernen Regionen nahmen Artenzahl und Deckungsgrad der epiphytischen Flechten im 20. Jahrhundert großräumig stark ab, z. B. im Solling, im Bayerischen Wald und in den Wäldern bei München (Wirth 1978, Ellenberg et al. 1986, Köstner & Lange 1986, Hertel et al. 2000).

In vielen Gebieten Mitteleuropas wurde generell ein **Rückgang basiphytischer bis subneutrophytischer Flechten** auf den Baumrinden beobachtet. Dieser beruht wahrscheinlich nicht nur auf direkter SO_2-Einwirkung, sondern auch auf der starken Ansäuerung der schlecht gepufferten Borken, deren pH-Wert vielfach bis auf einen Wert von 3 sank. Auch Mangantoxizität spielt offenbar für die Häufigkeit epiphytischer Flechten in Nadelwäldern eine Rolle (Hauck & Runge 2002, Hauck & Paul 2005). Überwiegend chemische Ursachen hat auch das Phänomen, dass Flechten oft an immissionsgeschädigten Bäumen häufiger sind als an ungeschädigten. Hauck & Runge (2002) erklären das damit, dass entnadelte Fichten geringere H^+-, S^{2-} und Mn^{2+}-Konzentrationen in ihrem Stammablauf aufweisen als Bäume mit intakter Krone und höherer Schadstoff-Interzeption, wie im Harz festgestellt wurde.

Die saure Deposition löste eine weit verbreitete **allogene Sukzession in der rindenbewohnenden Flechtenvegetation** Mitteleuropas aus: Baumarten mit ursprünglich mehr oder weniger neutraler Borke wurden zunehmend von Flechten schwach saurer Standorte besiedelt, ehemals schwach saure Rinden durch Epiphyten stark saurer Standorte, während ursprünglich schon saure Rinden (vor allem Nadelbäume, Eberesche und Birke) nur noch von ganz wenigen stark säuretoleranten Flechten besiedelt werden können (Skye 1968, Wirth 1985).

In Baden-Württemberg waren die industriereichen und dicht besiedelten Gebiete in der nördlichen Oberrheinebene sowie das Stuttgarter Becken am stärksten an Flechten verarmt (Wirth 1988). Im Hügelland sowie in der südlichen Oberrheinebene fehlten Gesellschaften mit Arten hoher SO_2-Toleranz. Die Hochlagen des Südschwarzwalds und der Schwäbischen Alb verarmten am wenigsten an Epiphyten. In Nordwestdeutschland verarmten Schleswig-Holstein und Nordniedersachsen besonders stark (Hauck 1995 b). Im Vergleich zu großen Teilen Norddeutschlands und Ost-Mitteleuropas blieb die Flechtenflora im Südwesten Deutschlands jedoch deutlich reicher an empfindlichen Verschmutzungsindikatoren (Hauck 1992).

Die **Gefährdung der epiphytischen Flechten-Gesellschaften** kommt in den Roten Listen zum Ausdruck (z. B. von Hauck 1992, Jacobsen 1992, Wirth et al. 1996). In Niedersachsen und Bremen beispielsweise müssen rund 500 der etwa 720 vorkommenden Flechtensippen als gefährdet gelten (Hauck 1992). In ganz Mitteleuropa besonders bedrohte Flechtenvereine sind die Lungenflechten-Gesellschaften (Wirth

1968), in denen verschiedene Arten (z. B. *Lobaria amplissima*, *Heterodermia speciosa*, *Pannaria rubiginosa* und *Nephroma laevigatum*) vom Aussterben bedroht sind.

b) Nur ganz wenige Arten haben von der Versauerung der Substrate profitiert, allen voran die Krustenflechte *Lecanora conizaeoides*, die noch zu Beginn des 20. Jahrhunderts in Mitteleuropa sehr selten war und seit den 1970er-Jahren mit zunehmenden SO_2-Immissionen Massenbestände gebildet hat, die die meisten Bäume der Wälder und Städte fast flächig überzogen (Wirth 1985). Nach Wirth (1993) wurde sie in vielen Gegenden die häufigste epiphytische Flechte. Bates et al. (2001) nehmen an, dass diese Flechte für gutes Wachstum sogar erhöhte SO_2-Konzentrationen im Bereich von 30–50 µg m^{-3} benötigt. In weiten Teilen Mittel- und Westeuropas begann die Krustenflechte auf Dauerprobeflächen in den 1990er-Jahren wieder zu schwinden. Grund hierfür ist der Rückgang saurer Immissionen. Heute ist *Lecanora conizaeoides* vielerorts (wieder) ausgesprochen selten. Dafür hat sich die nitrophytische Blattflechte *Phaeophyscia orbicularis* stark ausgebreitet.

Mit der drastischen Reduktion der SO_2-Emissionen ab den 1980er-Jahren kam es in vielen belasteten Regionen zu einer **Wiederausbreitung SO_2-empfindlicher Arten** und zur Wiederbesiedlung vieler Innenstädte, die bis heute andauert. Gut studierte Beispiele wurden z. B. aus Münster (i. W.), München und den Niederlanden dokumentiert (Kandler & Poelt 1984, Möller & Daniels 2000, van Herk & Aptroot 1998; s. Abb. 24–6).

c) Neben den sauren Immissionen führten aber auch andere Faktoren zu einem Rückgang der Flechtenvegetation in Mitteleuropa, insbesondere die moderne **Waldwirtschaft** und die Eutrophierung der Landschaft. Durch den Vergleich mit Floren aus dem 18. und 19. Jahrhundert konnte Hauck (1995a) zeigen, dass rund 40 % der in der Umgebung von Göttingen einst heimischen Flechten (insgesamt 262 Arten) heute verschollen sind. Zu den verschwundenen Arten gehören insbesondere Arten mit Bevorzugung alter Bäume und von stickstoffarmen, aber mineralreichen Rinden. Generell wurden Flechtengemeinschaften, die auf alte Baumbestände und Totholz angewiesen sind, durch die moderne Forstwirtschaft mit ihren Altersklassenwäldern, der weitgehenden Beseitigung von Altbäumen und Totholz und der großflächigen Aufforstung mit Nadelbäumen stark zurückgedrängt (Wirth 1978, Hauck 1995b, Aude & Poulsen 2000, Hertel et al. 2000).

Auch die **Eutrophierung** hat zu Veränderungen in der Flechtenvegetation geführt. Nitrophile Arten wie *Amandinea punctata* und *Xanthoria parietina* nahmen vielerorts deutlich zu, vor allem in Regionen mit intensiver Viehzucht wie in den Niederlanden (van Herk 1999, van Herk et al. 2002). Hier haben die hohen atmosphärischen Ammoniakkonzentrationen manche Flechten zweifellos gefördert, und zwar zum einen durch Erhöhung des pH-Wertes (de Bakker 1989, van Herk 2001) – dies wurde beispielsweise an den Borken von Eichen beobachtet, die in der Nähe von Viehzuchtbetrieben wuchsen –, zum anderen begünstigte Ammoniak Nitrophyten durch die Zufuhr von Mineralstickstoff. Der Einfluss von NH_3 ähnelt also dem von Vogelkot auf das Artengefüge von Flechten-Gesellschaften (s. Wirth 1985 u. 1987). De Bakker (1989) vermutet, dass die pH-Erhöhung für Vegetationsveränderungen wirkungsvoller ist als die N-Zufuhr selbst. Es gibt aber auch Hinweise auf eine Beeinträchtigung von Flechtengemeinschaften durch Stickoxide, z. B. entlang von Autobahnen (Wittmann & Türk 1988).

Möglicherweise wirkt sich auch die rezente **Temperaturerhöhung** bereits auf die Flechtenvegetation Mitteleuropas aus. Nach van Herk et al. (2002) traten im Zeitraum von 1980 bis 2000 in den Niederlanden eine Reihe epiphytischer Flechten mit tropischem Verbreitungshintergrund neu auf, während boreal-montan verbreitete Arten zurückgingen. Zu den Ersteren gehören z. B. *Anisomeridium polypori*, *Punctelia borreri* und *Parmotrema perlata*, während die nordisch verbreitete, allerdings bodenbewohnende *Cetraria islandica* und andere Arten von ihren Standorten in den Heiden fast vollständig verschwanden. Überhaupt zeigten 50 % der arktisch-alpin oder boreal verbreiteten Flechten Rückgänge, während fast alle Arten aus wärmeren Regionen zunahmen.

Diese Veränderungen gehen sicher z. T. auf die Folgen von Eutrophierung und nicht allein auf Temperatureffekte zurück: Die südlich verbreiteten Flechten sind meist eutraphente Arten, die boreo-arktischen dagegen eher acidophytisch-oligotraphente Sippen. Die *Cetraria*-Arten sind nach Hauck (2008) zudem empfindlich gegenüber SO_2, könnten also auch infolge der Immissionen verschwinden.

d) Auch unter den **epiphytischen Moosen** kam es infolge der intensivierten Waldnutzung und durch die sauren Immissionen zu erheblichen Verlusten. Besonders stark nahmen in niedersächsischen Wäldern schwach acidophile bis schach basiphile Kaltluftmoose ab (Koperski 1998); diese Arten leiden zusätzlich unter der allgemeinen Entwässerung der Landschaft seit dem Mittelalter, in deren Folge sich die Luftfeuchte verringerte (vgl. Kap. 3.6.4). Die Versauerung der Rinden begünstigte andererseits acidophile Moose wie *Dicranum scoparium* oder *Orthodicranum montanum*. Eichenborken, die früher eine reiche Moos-Epiphytenvegetation trugen, sind heute wegen ihrer besonders niedrigen pH-Werte meist moosarm (Frahm 1993).

Großenteils vom Menschen mitgeschaffene und erhaltene Formationen

15 Naturferne Forsten und Lichtungsfluren

15.1 Forstgesellschaften im Vergleich zu naturnahen Waldgesellschaften

15.1.1 Vegetationskundliche Gliederung von Kunstforsten

Mehr oder minder naturferne Nadelholzforsten bedecken in Mitteleuropa heute weitaus größere Flächen als naturnahe Laubwälder. Im diluvialen Tiefland des Nordens und Nordostens, auf dem Harz und den meisten anderen nicht kalkreichen Mittelgebirgen, in der Oberrheinischen Tiefebene, im Nürnberger Raum, im ganzen nördlichen Alpenvorland und im südwestlichen Wiener Becken bestimmen forstliche „Monokulturen" das Landschaftsbild. Reinbestände sind dies jedoch nur im Hinblick auf die Baumschicht. Ihr Unterwuchs an Sträuchern oder Zwergsträuchern, krautigen Arten, Moosen und Pilzen kann sehr artenreich sein (s. Abb. 15–1).

Wenn es sich um **junge Aufforstungen** von Heiden, Grasland oder Äckern handelt, hat sich das Artengefüge solcher Pflanzwälder

Abb. 15–1 *Calluna*-Kiefernforst auf Dünensanden der Rheinebene südwestlich von Heidelberg. Die Laubhölzer im Unterwuchs deuten darauf hin, dass hier von Natur aus ein bodensaurer Eichenmischwald herrschen würde. Besenginster (*Sarothamnus scoparius*) breitete sich auf Lichtungen aus. Rechts ist der Kahlschlag umgepflügt, im Hintergrund mit Kiefern aufgeforstet, die sich hier nicht natürlich verjüngen.

noch nicht stabilisiert. Einige Pflanzen der Waldboden-Krautschicht benötigen Jahrzehnte wenn nicht Jahrhunderte, um isolierte, neu entstandene Wälder zu besiedeln (s. Kap. 4.6.2 b). Andererseits enthält das Artengefüge solcher Pflanzwälder Relikte aus der Zeit vor der Pflanzung, stellenweise z. B. aus den Unkrautfluren der Äcker, die aufgeforstet wurden. Manche vom Wind und von Tieren aus der Nachbarschaft hereingetragenen Samen entwickelten sich ebenfalls erfolgreich.

Wo Nadelhölzer in natürlichen Laubholzgebieten angepflanzt wurden, verjüngen sie sich selten spontan. Um so zahlreicher sieht man Laubbäume und -sträucher unter ihrem Schirm emporwachsen, vor allem auf relativ fruchtbaren oder feuchten Böden. Dies gilt vor allem für viele Kiefernforsten, die an Buchenstandorten gepflanzt wurden, in denen *Fagus* häufig die Verjüngungsschicht stellt. Dieser Unterwuchs deutet an, in welche Richtung die Vegetationsentwicklung schließlich führen wird, wenn forstwirtschaftlich nicht eingegiffen wird. Meist dauert es jedoch länger als eine Baumgeneration, bis sich Charakterarten der natürlichen Wälder in genügender Zahl einfinden, um den Bestand eindeutig einer bestimmten Waldgesellschaft zuordnen zu können.

Trotz ihres noch instabilen und an Kennarten armen Gefüges kann man auch solche Kunstforsten vegetationskundlich aufnehmen und gliedern. Schon Køie (1938) unterschied mehrere „Soziationen" (d. h. Typen der Bodenvegetation) in dänischen Nadelholz-Pflanzungen und zeigte, dass diese offenbar keine zufälligen Gebilde sind, sondern die Bodenverhältnisse, z. B. die pH-Werte, deutlich widerspiegeln. „Bodenvegetationstypen" beschrieben auch Hauff et al. (1950) und benutzten sie, um die Fichtenforsten des schwäbischen Alpenvorlandes standörtlich zu kartieren.

Etwa gleichzeitig und unabhängig prägte Tüxen (1950 c, s. auch Ellenberg 1969) im Hinblick auf die nordwestdeutschen Kiefern-, Fichten- und Tannen-Reinbestände den Begriff „Forstgesellschaft". Man versteht darunter eine Ersatzgesellschaft des natürlichen Waldes, die aus der Anpflanzung von „gesellschaftsfremden" Baumarten hervorging, d. h. von Arten, die im Naturwald keine oder eine sehr geringe Rolle spielen würden. In diesem Sinne ist beispielsweise ein auf einer Borstgrasheide gepflanzter Eichenbestand in der Buchenstufe des Sollings ebenso als Forstgesellschaft anzusprechen wie ein unter gleichen Bedingungen gepflanzter Fichtenforst. Im Gegensatz zu Heiden, Magerrasen, Wiesen und anderen Ersatzgesellschaften hat die Forstgesellschaft **keine Charakterarten**, sondern wird nur durch die Kombination von Differenzialarten gekennzeichnet. Doch spricht sie kaum weniger fein auf Standorteigenschaften an als die übrigen Ersatzgesellschaften. Das wurde von Scamoni (1967 a) aufgrund eines Methodenvergleichs betont und sowohl in den Niederlanden (z. B. Zonneveld 1966) als auch in Nordwest- und Nordostdeutschland (Ellenberg 1969, Hofmann 1968 u. a.) wiederholt belegt. Man kann die Forstgesellschaften daher zum großen Teil mit bestimmten Grünland- und Ackerwildkraut-Gesellschaften parallelisieren (Rodi 1968 u. a.) und wie diese als Standortsindikatoren benutzen (s. Abb. 15–2).

Da heute viele Vegetationskundler zumindest im nördlichen Mitteleuropa mit dem von Tüxen eingeführten Begriff arbeiten und inzwischen eine große Zahl von Forstgesellschaften beschrieben und kartiert wurde, halten wir uns im Folgenden ebenfalls daran. Es sei jedoch ausdrücklich darauf hingewiesen, dass die Abgrenzung von Forstgesellschaften gegen naturnahe Waldgesellschaften teilweise Schwierigkeiten bereitet, weil man in manchen Regionen noch zu wenig Sicheres über das Baumartenverhältnis in den Naturwäldern weiß. Nur bei Nadelholzforsten in unzweifelhaften Laubwaldgebieten und bei exotischen Baumarten wie beispielsweise Douglasie, Sitkafichte, Roteiche oder Robinie, ist die Anwendung des Begriffs problemlos.

15.1.2 Kiefernforsten auf Sand- und Kalksteinböden

Wie vielfältig das Artengefüge noch in den eintönigsten Nadelholz-Monokulturen sein kann und wie deutlich es auf die neu geschaffenen Lebensbedingungen anspricht, hat schon Meisel-Jahn (1955) am Beispiel der **Kiefernforsten Nordwestdeutschlands** gezeigt (s. Tab. 15–1 sowie die Abb. 15–2 u. 15–3). Diese sind vor allem in den Jahren 1870 bis 1890 und 1920 bis 1940 entstanden (Kremser 1990). Zahlreiche Gesellschaften gehören in die große Gruppe der „Moos-Kiefernforsten", in deren Moosschicht folgende Arten eine Rolle spielen:

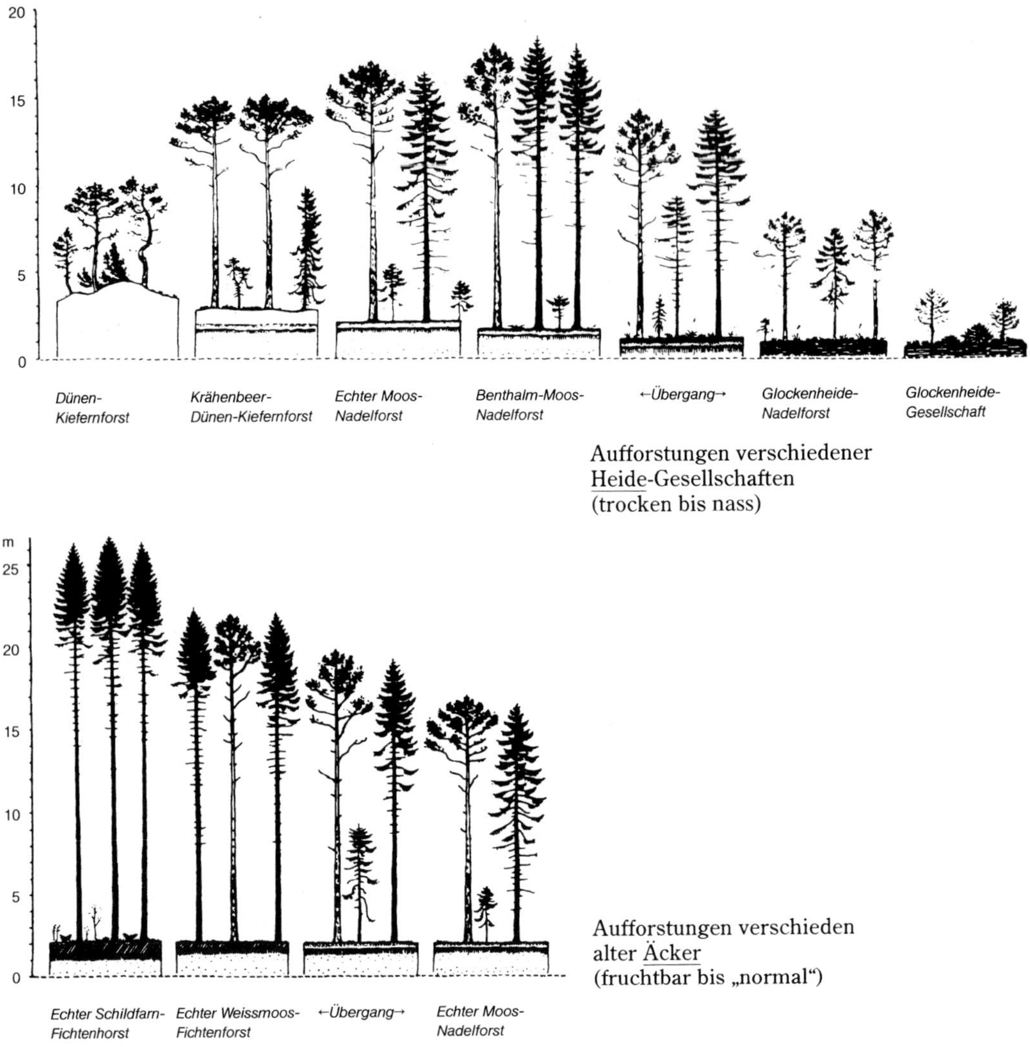

Abb. 15–2 Gleichzeitig und in gleicher Weise auf verschiedenen Böden begründete Nadelholzforsten entwickeln sich in sehr unterschiedlicher Weise, z. B. im Knyphauser Wald (nördliche Oldenburger Geest). Nach Ellenberg (1969). „Forstgesellschaften" werden gern mit deutschen Namen bezeichnet, wie sie in dieser Abbildung verwendet sind. Aus der gleichen Fichten-Kiefern-Mischpflanzung gingen auf „normalen" **Heiden** (Genisto-Callunetum typicum) mit Orterdeböden Mischbestände hervor, die nach rund 70 Jahren 17–20 m Höhe erreicht hatten (Echter Moos-Nadelforst, oben dritter von links). Auf feuchteren Böden (mit Genisto-Callunetum molinietosum) gediehen die Fichten besser, duldeten aber Kiefern neben sich (Benthalm-Moos-Nadelforst). Die nasseren Böden der *Erica*-Heiden hemmten dagegen den Baumwuchs (Glockenheide-Nadelforst und Übergang dazu) oder verhinderten ihn nahezu ganz (Glockenheide-Ges.). Auf Dünen und auf übersandeten Heiden (Genisto-Callunetum empetretosum, oben, ganz links) konnte sich nur *Pinus sylvestris* durchsetzen; sie gedeiht hier aber schlechter als auf normalen Heideböden. Mehr oder minder alte **Äcker** mit „Eschböden" (d. h. mächtigen, aus Heidestreu entstandenen Humusschichten, unten), die in die Aufforstung einbezogen worden waren, machen sich noch heute durch kräftigeren Baumwuchs bemerkbar. Auf den besten Böden hat *Picea abies* die Kiefer völlig unterdrückt (echter Schildfarn-Fichtenforst). Ein guter Indikator für die etwas größere Bodenfruchtbarkeit ist im Knyphauser Wald das Weißmoos (*Leucobryum glaucum*), das sonst als Magerkeitszeiger gilt.

Hypnum cupressiforme
Dicranum scoparium
Pleurozium schreberi

Alle drei sind in Heiden und Wäldern weit verbreitete acidophytische Arten.

Innerhalb der Moos-Kiefernforsten unterscheidet man mehrere Untergruppen. Der heute nur noch selten anzutreffende *Cladonia*-Kiefernforst entstand auf den ärmsten Sandböden und erinnert floristisch und physiognomisch an die Flechten-Kiefernwälder des Ostens (s. Kap. 7.7.3 d). Den Lehmheiden entspricht der *Danthonia*-Kiefernforst mit den Differenzialarten

Danthonia decumbens	*Agrostis capillaris*
Nardus stricta	*Potentilla erecta*
Galium harcynicum	*Trientalis europaea*
Dryopteris carthusiana	*Lycopodium clavatum*

Zwischen dem *Cladonia*- und dem *Danthonia*-Forst steht der *Dicranum*-Kiefernforst, dem diese relativ anspruchsvollen Differenzialarten, aber auch die meisten Flechten fehlen. In küstennahen Dünentälern findet man zuweilen den *Empetrum*-Kiefernforst (s. Abb. 15–3 u. Kap. 7.7.3 d). Wie in den bodensauren Eichenmischwäldern kann man feuchtere Standorte daran erkennen, dass in ihnen folgende Arten auftreten:

Molinia caerulea
Betula pubescens
Erica tetralix

Beispielsweise gibt es einen *Molinia-Dicranum*- und einen *Molinia-Danthonia*-Kiefernforst. Auf noch nasseren Sauerhumusböden entwickeln sich in Kiefernforsten außerdem die *Sphagnum*-Arten des Birkenbruches.

Alle reicheren Standorte sind in Kiefernforsten am Fehlen der genügsamen Moose sowie daran zu erkennen, dass *Oxalis acetosella* und andere mehr oder minder nitrophile Pflanzen hervortreten. Da solche Standorte aber selten mit Kiefern aufgeforstet wurden, wollen wir hier nicht auf ihre floristische Differenzierung eingehen. In Heidegebieten weisen die artenreicheren Forstgesellschaften nicht selten auf ehemalige Äcker hin, zumindest in den ersten Baumgenerationen nach der Aufforstung (s. Abb. 15–2). Wo man Kiefern und Fichten in Mischung anpflanzte, setzte sich hier die Letztere durch.

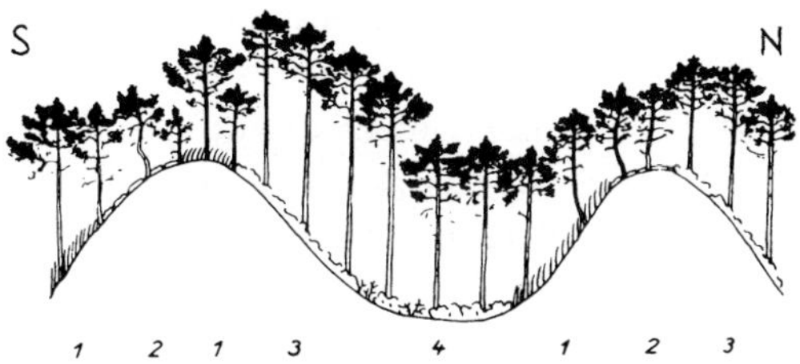

Abb. 15–3 Vegetationsprofil durch Kiefernforsten in einem Dünengelände Nordwestdeutschlands (schematisch, nach Meisel-Jahn 1955).
1 = reiner *Dicranum-Kiefernforst, Deschampsia flexuosa*-Fazies, 2 = reiner Cladonien-Kiefernforst (stark verhagert), 3 = *Empetrum*-Kiefernforst (am Schatthang), 4 = *Empetrum*-Kiefernforst, *Vaccinium*-Ausbildung (in Mulde).

Für Deutschland bzw. das nordostdeutsche Tiefland kamen Heinken (2007) und Hofmann (1969) zu recht ähnlichen pflanzensoziologischen und ökologischen Gliederungen wie Meisel-Jahn (1955). Letzterer unterscheidet 15 Kiefern-Forstgesellschaften, die hier z. T. neben naturnahen Kiefernwäldern stehen (Hofmann 1964). Je älter die Kiefernforsten, umso mehr ähneln sie floristisch natürlichen Kiefernwäldern. Auf reichen Böden und durch die atmosphärischen Stickstoffeinträge weithin gefördert, bilden heute stickstoffbedürftige Arten wie Brombeeren (*Rubus* sp.) oder Landschilf (*Calamagrostis epigejos*) oft einen dichten Unterwuchs.

Ebenso wie im nordöstlichen Mitteleuropa machen die Kiefernforsten auf den Sanden der Oberrheinischen Tiefebene einen „naturnäheren“ Eindruck als im Nordwesten. Doch täuscht der Augenschein, denn die Kiefer wurde in die mittlere Rheinebene erst gegen Ende des 16. Jahrhunderts eingeführt und spielte auch in der nördlichen vorher keine große Rolle. Von Natur aus würden nach Philippi (1970) auf kalkarmen Sanden Eichen-Buchenwälder (Fago-Quercetum), auf kalkreicheren dagegen Buchenwälder (Carici-Fagetum u. a.) herrschen. An ihre Stelle sind Moos-Kiefernforsten, *Teucrium scorodonia*-Kiefernforsten (etwas basenreicher) bzw. „Kalksand-Kiefernforsten“ getreten, die an das polnische Peucedano-Pinetum erinnern (s. Kap. 7.7.3 d).

Forstgesellschaften können innerhalb eines klimatisch und forstgeschichtlich einheitlichen Gebietes zum **Bonitieren der standörtlichen Leistungsfähigkeit** benutzt werden. Hierfür gibt

Tab. 15–1 Kiefernforst-Gesellschaften und ihre Entstehungsgrundlagen im nordwestdeutschen Tiefland. Nach Angaben von Meisel-Jahn (1955b).

Bei der Aufforstung vorhandene Vegetation[1]	Kiefernforst (KF)		Nat. Veg.[2]
I. **Silbergrasflur** (Corynephoretum)	Cladonien-KF		
II. **Heidekrautheiden** (Calluno-Genistetum)[3]			
1. Subass. von *Cladonia*	reiner *Dicranum*-KF		
a typische Variante	*Empetrum-Dicranum*-KF		III Ia
b *Molinia*-Variante	*Molinia-Dicranum*-KF		III Ib
2. Subass. von *Danthonia*			
a typische Variante	reiner *Danthonia*-KF	*Hypnum*-Kiefernforsten (auch Moos-KF genannt)	III 2a
b *Molinia*-Variante	*Molinia-Danthonia*-KF		III 2b
III. **Bodensaure Eichenmischwälder**			
1. Birken-Eichenwald (Betulo-Quercetum)			
a typische Subass.	reiner *Dryopteris*-KF		
b *Molinia*-Subass.	*Molinia-Dryopteris*-KF		
2. Eichen-Buchenwald (Fago-Quercetum)			
a typische Subass.	reiner *Rubus*-KF		
b *Molinia*-Subass.	*Molinia-Rubus*-KF		
IV. **Birkenbruch** (Betuletum pubescentis)	*Sphagnum*-KF		
V. feuchter Eichen-Hainbuchenwald (Stellario-Carpinetum Subass.)	*Oxalis*-KF		
VI. **Erlenbruchwald** (Alnetum glutinosae)	*Lysimachia*-KF		

1 Bei den Gesellschaften III bis VI kann es sich auch um stark durch Beweidung degradierte, mosaikartig mit Heiden oder Magerrasen durchsetzte Bestände gehandelt haben.
2 Natürliche Vegetation, soweit nicht schon in der ersten Spalte genannt
3 1a entspricht dem Calluno-Genistetum typicum im Sinne von Tüxen (1937), 1b dem *C.-G. molinietosum*, 2 der Subass. von *Dactylorhiza maculata*.

Abbildung 15–4 ein Beispiel. Bei fruchtbaren Standorten ist es meistens nicht schwer, aus der Artenkombination der Forstgesellschaften auf die natürliche Waldgesellschaft zu schließen, die ihnen entspricht. Bei ärmeren Böden ist man genötigt, die Forstgeschichte oder die Pollenanalyse zu Hilfe zu nehmen. Oft geben auch Kontaktgesellschaften auf gleichem Boden Auskunft. Nicht selten muss man aber versuchen, die Forstgesellschaft auf dem Umweg über Bodenprofile mit einer natürlichen Waldgesellschaft zu parallelisieren. Wie Hofmann (1957) an Kiefernforsten auf Kalkböden in Südthüringen feststellte, gelingt es trotz aller Hilfsmittel manchmal nur, die Assoziation, also eine recht umfassende Einheit, zu erkennen, in deren Bereich der Forstbestand fällt, nicht aber eine bestimmte Untereinheit anzugeben, der er genau entspricht.

Erschwert wird diese Parallelisierung sowie die Kartierung von Forstgesellschaften vor allem dadurch, dass deren Artenkombination nicht nur vom Standort und von der Vergesellschaftung, sondern auch vom **Alter der Aufforstung** und von der Zahl der naturfremden Baumgenerationen abhängt. Wie Meisel-Jahn (1955) an nordwestdeutschen Kiefernforsten zeigen konnte, entsprechen die „Phasen" der Entwicklung einer Forstgesellschaft ungefähr der Zahl der Baumgenerationen. Nach Heideaufforstung entwickelt sich z. B. in *Dicranum*-Kiefernforsten zunächst eine *Ptilidium*-Phase, in der noch Kryptogamen der *Calluna*-Heide aushalten, nämlich:

Ptilidium ciliare	*Cladonia portentosa*
Dicranum spurium	*Cladonia pyxidata*
Polytrichum juniperinum	und andere *Cladonia*-Arten

Bleibt man bei der Kiefernwirtschaft, so stellen sich während der zweiten Baumgeneration einzelne Beersträucher ein, deren Samen von Vögeln hergetragen wurden. Überhaupt spielen nach Christianssen (1960) zoochore Arten die

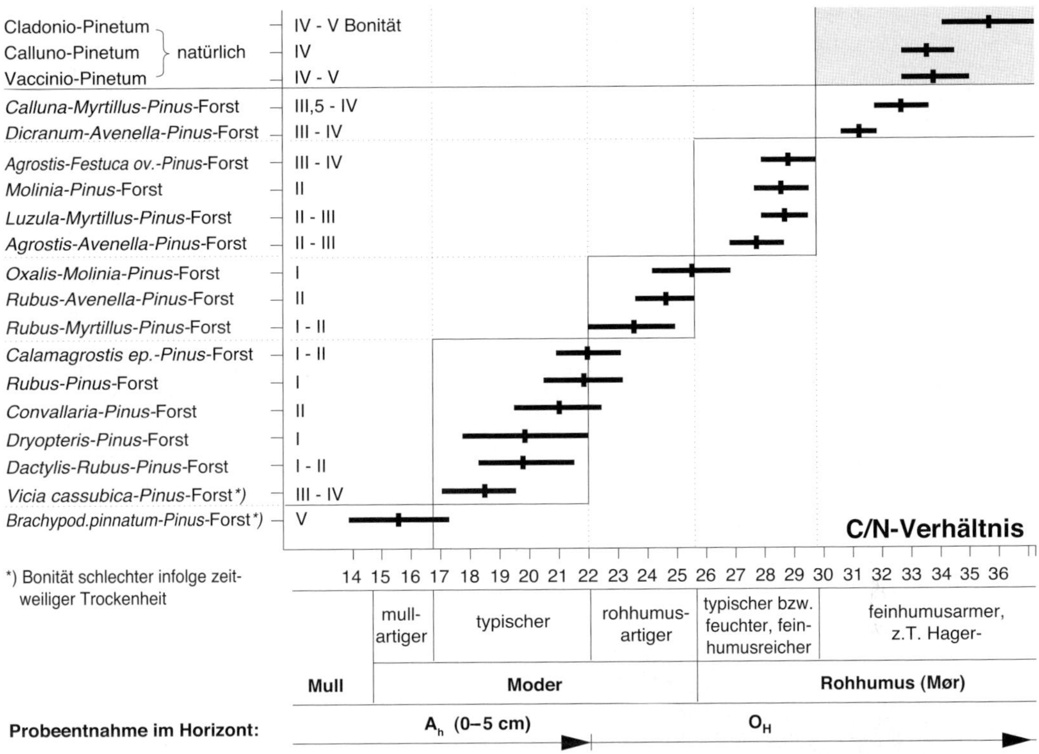

Abb. 15–4 Natürliche Kiefernwälder und Kiefern-Forstgesellschaften in Ostdeutschland, geordnet nach dem Stickstoffreichtum und der Humusform ihres Oberbodens und mit Angabe der Bonitätsstufen des Baumbestandes. Nach G. Hofmann (1968), verändert.
Die senkrechten Striche geben Stichprobenmittelwerte des C/N-Verhältnisses wieder; die waagerechten Linien veranschaulichen die Konfidenzbereiche für 5 % Irrtumswahrscheinlichkeit. Römische Ziffern bedeuten die Höhenbonität von I = sehr gut bis V = sehr schlecht (Die Untergruppen 1–5 sind, mit einer Ausnahme, nicht angegeben).

Von Natur aus herrscht *Pinus sylvestris* nur auf sehr nährstoffarmen und trockenen Böden, wo sie nur langsam und schlecht wächst. An besseren Standorten wird sie von Eichen, Buchen oder anderen Laubhölzern verdrängt.
In Kunstbeständen, die vom Forstmann an die Stelle der natürlichen Laubmischwälder gesetzt wurden, erreicht die Kiefer erheblich bessere Leistungen als im Flechten-, Heide- oder Heidelbeer-Kiefernwald. Nur für Forsten auf kalkreichen und verhältnismäßig trockenen Böden gilt diese Regel nicht, insbesondere für den *Brachypodium pinnatum*-Kiefernforst, eine Ersatzgesellschaft des Kalkbuchenwaldes auf flachgründiger Rendzina.

größte Rolle unter den neu ankommenden Phanerogamen. Spätestens in der dritten Generation geht die „reine Phase“ des *Dicranum*-Kiefernforstes in die ziemlich stabile *Vaccinium*-Phase über, in der folgende Arten das Mosaik des Bodenbewuchses bestimmen:

Vaccinium myrtillus
M Hylocomium splendens
Vaccinium vitis-idaea

Dieser Endphase streben auch Kiefernforsten mit anderer Anfangsphase (z. B. *Cladonia*- oder *Viola*-Phase) zu. Die nordostdeutschen und die oberrheinischen Kiefernforsten brauchen anscheinend weniger lange, um sich zu relativ stabilen und waldähnlichen Gemeinschaften zu entwickeln. Jedenfalls betont dies Philippi (1970) für die von ihm gründlich untersuchte Schwetzinger Hardt. Heute wird diese Entwicklung in starkem Maße von der Höhe der Stickstoffeinträge bestimmt. Zerbe (2002) unterscheidet in Nordostdeutschland den *Dicranum*-Kiefernforst auf ärmeren und den *Oxalis*-Kiefernforst auf reicheren Böden, die im Verlauf von sekundären Sukzessionen in eichen- und buchenbeherrschte Wälder übergehen.

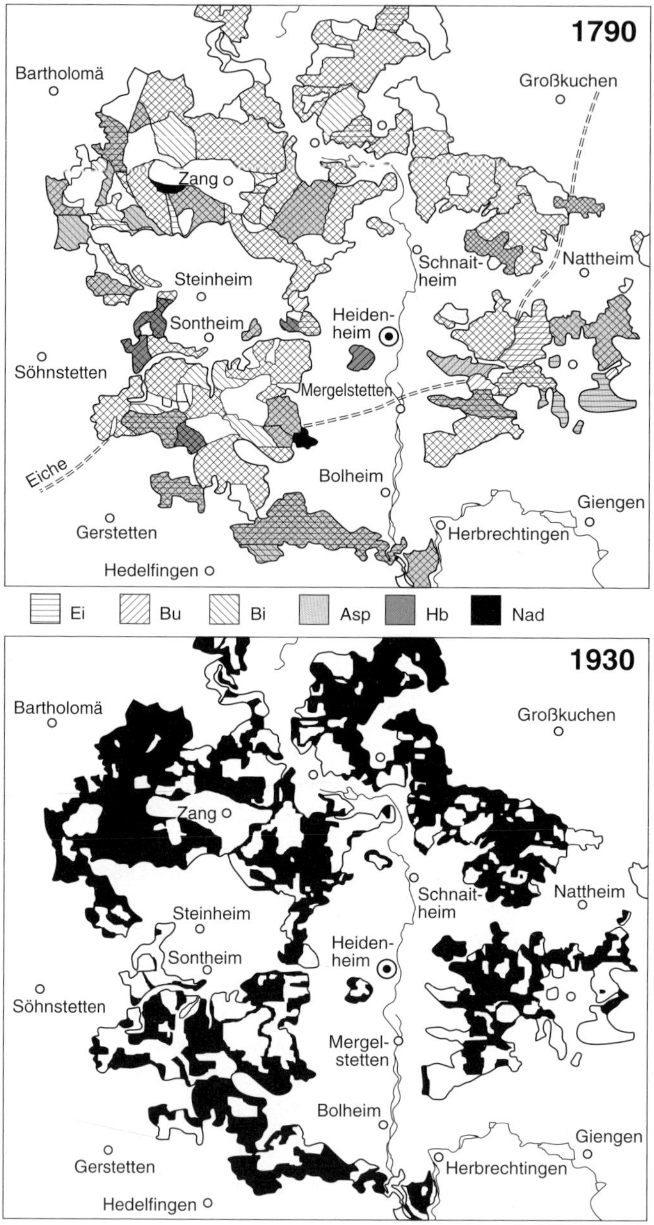

Abb. 15–5 Zunahme des Nadelholzes im Heidenheimer Forst auf der östlichen Schwäbischen Alb von 1790 bis 1930. Nach Koch, Schairer & Gaisberg (1939), aus Ellenberg (1963).
EI = Eichen, Bu = Rotbuchen, Bi = Birken, Asp = Zitterpappeln, Hb = Hainbuchen, weiß = verschiedene Laubhölzer, Nad. = Nadelhölzer, insbesondere Fichten.
1790 waren die Bestände durch Niederwaldbetrieb stark verlichtet und außerordentlich reich an Birken, aber auch an Buchen, die hier von Natur aus herrschen würden. Gestrichelte Doppellinie = Nordwestgrenze starker Beteiligung der Eichen. (Die Albhochfläche steigt nach Nordwesten an; das Klima wird mithin zunehmend kühler).
Heute erinnert kaum noch etwas an die einstigen Niederwälder. Alte Fichtenforsten bestimmen das Landschaftsbild, vor allem im Bereich von Bartholomä, dessen versauerte Böden einst am stärksten verheidet waren.

Wurden nicht Heiden aufgeforstet, sondern **Laubwälder auf Nadelholzwirtschaft umgestellt** (vgl. Abb. 15–5), so verläuft die Entwicklung der Bodenflora auf den gleichen sauren Böden wie den soeben genannten von vornherein ganz anders. Selbst wenn diese Wälder durch Weide und übermäßige Nutzung stark degradiert waren, beherbergen sie doch Waldpflanzen, die sich in offenen *Calluna*-Heiden nicht behaupten können. Daher bildet sich auf dem Boden des Birken-Eichenwaldes (s. Tab. 15–1, III. 1.) kein *Dicranum*-Kiefernforst, sondern ein *Dryopteris*-Kiefernforst mit folgenden Differenzialarten aus:

W *Dryopteris carthusiana*	*Frangula alnus*
W *Trientalis europaea*	*Epilobium angustifolium*
W *Galium harcynicum*	M *Scleropodium purum*

Die mit W bezeichneten Arten waren noch bis in die 1960er-Jahre in Heideaufforstungen selbst nach drei Baumgenerationen nur an den relativ nährstoffreichen Standorten des *Danthonia*-Kiefernforstes zu finden.

Auf der Grundlage von Halbtrockenrasen und Trockenrasen bzw. von Buchen- und Eichenmischwald-Gesellschaften kalkreicher und trockener Standorte wirkt sich die Aufforstung mit Kiefern naturgemäß ganz anders aus. Das zeigen z. B. die Aufnahmen von Hofmann (1957, 1969) in Thüringen, auf dessen Gliederung wir hier nur kurz verweisen können.

An die Stelle des Seggen-Hangbuchenwaldes beispielsweise tritt dort der *Veronica chamaedrys*-Kiefernforst oder der *Helianthemum*-Kiefernforst. In beiden herrscht *Brachypodium pinnatum* als Unterwuchs, das als einziger Partner der MESOBROMION-Gesellschaften stärkere Beschattung verträgt. Solche und andere „Zwenken-Kiefernforsten" sind in Erstaufforstungen von Lichtholzarten auf Kalkböden Mittel- und Süddeutschlands ähnlich weit verbreitet wie die „Moos-Kiefernforsten" auf den sauren Sandböden Nordwestdeutschlands, Dänemarks, der Niederlande und Belgiens (s. Abb. 15–4).

15.1.3 Fichtenforsten und sonstige Nadelholzforsten

In den Mittelgebirgen und in den hochgelegenen Teilen des Alpenvorlandes wurde bei Aufforstungen die Fichte bevorzugt, die auf reinen Sandböden und in niederschlagsarmen Gegenden schlecht gedeiht. Sie gleicht aber der Kiefer insofern, als auch sie in den meisten Forstgesellschaften weit mehr leistet als in den von ihr beherrschten Waldgesellschaften. Natürliche Piceeten sind ja in Mitteleuropa von Natur aus auf relativ kalte oder kontinentale Klimate beschränkt. Wo man die Fichte in wärmeren und weniger kontinentalen Lagen anbaut, hat sie einen rascheren und leichter nutzbaren Zuwachs als die Rotbuche und andere Laubhölzer des Naturwaldes an gleichen Standorten. Deshalb wurde und wird die Fichte nicht nur bei der Aufforstung von Borstgrasrasen und Bergheiden bevorzugt, sondern auch nach Kahlschlägen an die Stelle naturnäherer Wälder gesetzt (s. Abb. 15–5).

In beiden Fällen prägt die Fichte das **Bestandesklima** stärker als die lichtere Kiefer, sodass sehr bald Arten der natürlichen Fichtenwälder – oft von weither kommend – in den Forsten Fuß fassen. Während großer Teile des Jahres ist das **bodennahe Klima in Fichtenbeständen kühler als in Buchenbeständen** am gleichen Standort (s. Abb. 15–8), sodass nordische und montane sowie gegen die Temperatur weitgehend indifferente Arten relativ begünstigt werden. Für die Stuttgarter Gegend hat schon Schlenker (1940) das Eindringen von Piceetum-Charakterarten in Fichten-Kunstforsten belegt. Auf ehemaligen Schafweiden der Schwäbischen Alb, d. h. im Bereich natürlicher *Fagus*-Wälder, haben sich die Fichtenanpflanzungen nach Hauff (1965) erstaunlich rasch zu Gesellschaften entwickelt, die den natürlichen montanen *Picea*-Wäldern anderer Gebirge nahestehen. So sind *Orthilia secunda*, *Pyrola minor* und *P. chlorantha*, *Moneses uniflora*, *Corallorhiza trifida*, *Listera cordata* und *Goodyera repens* sowie *Rhytidiadelphus loreus*, *Bazzania trilobata* und andere Moose eingewandert, d. h. Arten, die vorher im Gebiet selten waren oder fehlten. Schlüter (1964) belegte entsprechendes aus dem Thüringer Wald und wies darauf hin, dass sich auch in Fichtenforsten Schleswig-Holsteins boreale oder boreo-subalpine Arten wie *Huperzia selago*, *Diphasium alpinum*, *Listera cordata* und die Pilze *Russula paludosa*, *R. rhodopoda* und *Boletus elegans* einfanden. Weit artenärmer sind dagegen dichte Fichten-Altersklassenwälder.

Diese Beispiele lassen erkennen, wie schwierig es ist, in Fichtenforsten allein aus der Bodenvegetation die natürliche Laubwaldgesellschaft zu erschließen. Hier sind historische Hilfsmittel und Standortsvergleiche unbedingt erforderlich. Für den Thüringer Wald beispielsweise konnte Schlüter (1964, 1990) nachweisen, dass er früher großenteils von *Fagus* beherrscht war, und für das Thüringer Schiefergebirge, dass hier auch *Abies alba* eine Rolle spielte. *Picea* gab es in beiden Gebieten ursprünglich nur an Moorrändern. Heute dürfen die Wollreitgras-Fichtenwälder (Calamagrostio-Piceetum) der Hochlagen aber als „natürlich" gelten.

Sehr viele Fichtenforsten in Mitteleuropa sind **Ersatzgesellschaften von Hainsimsen-Buchenwäldern** (Luzulo-Fagetum, s. Kap. 5.5.1). Beispiele im Solling, in der Nordeifel und im mittleren Thüringer Wald hat Zerbe (1992) eingehend untersucht, vor allem im Hinblick auf ihre Struktur, ihr Artengefüge und dessen

Veränderungen durch saure Immissionen und z. T. auch durch Düngung. Verglichen mit den natürlichen Buchenwäldern sind **Fichtenforsten** an gleichen Standorten **reicher an Moosen** (s. Abb. 15–6; vgl. Ewald 2000), weil diese die Nadelstreu leicht durchwachsen können und nicht von großen Blättern überdeckt werden. Aus dem gleichen Grund wird auch die Drahtschmiele begünstigt. Sehr wahrscheinlich werden Moose und *Deschampsia* auch dadurch gefördert, dass Fichtenforsten im Sommer mehr Licht auf den Boden gelangen lassen als Buchenwälder (s. Abb. 15–7). Die den Auflagehumus versauernde Nadelstreu begünstigt sie außerdem als säuretolerante Arten. Entsprechend fand Weckesser (2003) in Fichtenaltbeständen des Solling eine dreimal höhere Diversität der Krautschichtpflanzen im Vergleich zu benachbarten Buchenbeständen; unter *Fagus* fehlten vor allem die stärker lichtbedürftigen

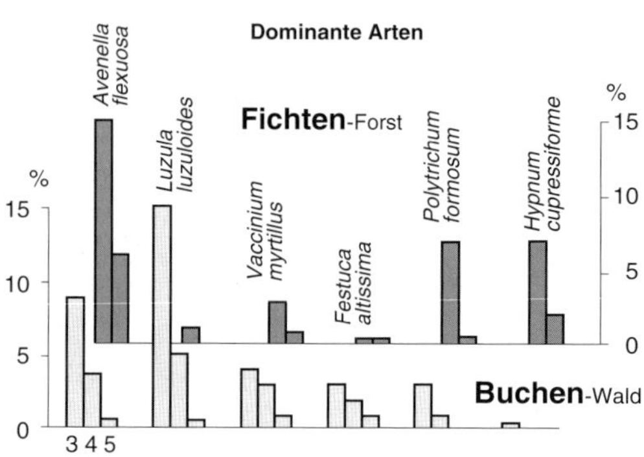

Abb. 15–6 Gefäßpflanzen- und Moosarten, die in der Krautschicht von Hainsimsen-Buchenwäldern (hell) bzw. in den sie ersetzenden Fichtenforsten (dunkel) am häufigsten zur Vorherrschaft gelangten (mit den Mengen 3, 4 oder 5), dargestellt in % der Aufnahmen mit dominantem Vorkommen der betreffenden Art. Nach Zerbe (1992), etwas verändert.
Aufgrund von 1387Aufnahmen im Luzulo-Fagetum (= 100 %) und 242 Aufnahmen in Fichtenforsten an gleichen Standorten (= 100 %) in verschiedenen Gebieten Deutschlands berechnet. Die Moose spielen in den Forsten eine größere Rolle, weil sie von der Nadelstreu weniger zugedeckt werden als vom Fallaub der Buchen. *Festuca altissima* (R4) und *Luzula luzuloides* (R3) sind auf stark sauren Böden weniger konkurrenzfähig als *Deschampsia* und *Vaccinium* (R2). *Deschampsia* ist lichtbedürftiger (L6) als die übrigen Arten (L 3–5) und wird in den relativ sommerhellen Fichtenforsten begünstigt (s. auch Abb. 15–7), zumal ihre drahtigen Blätter ähnlich wie das Zypressenmoos kaum unter der Nadelstreu leiden.

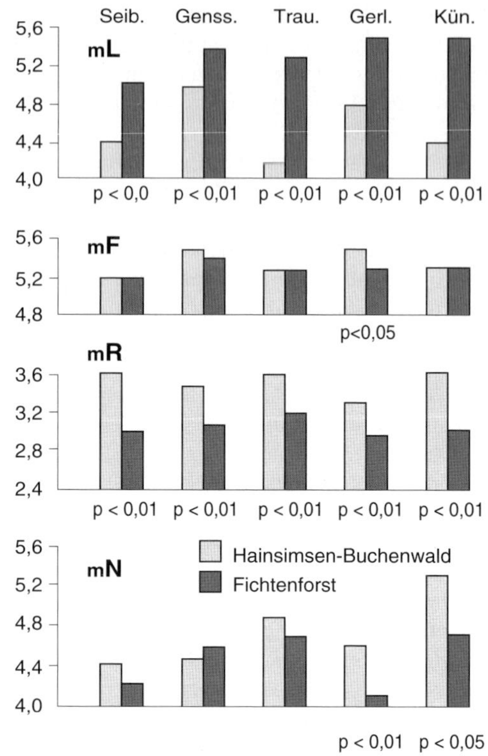

Abb. 15–7 Ökologischer Vergleich von Hainsimsen-Buchenwäldern und Fichtenforsten an gleichem Standort in verschiedenen Gegenden Deutschlands anhand von mittleren Zeigerwerten der Bodenvegetation vor Beginn stärkerer Luftverschmutzung. Nach Zerbe (1992), etwas verändert. Seib. = Seibert (1954, Schlitz, Hessen), Genss. = Genssler (1959, Hann. Münden), Trau. = Trautmann (1960, verschiedene Gebiete), Gerl. = Gerlach (1970, Solling), Kün = Künne (1973, versch. Geb.). Das Signifikanz-Niveau der Mittelwertsdifferenzen (T-Test) ist meistens beachtlich.
Die Fichtenbestände waren schon damals im Sommer heller als die Buchenbestände (mL), hinsichtiich der Bodenfeuchte aber vergleichbar (mF). Ihre Bodenflora enthielt mehr Säurezeiger (mR), aber in vielen Fällen weniger Magerkeitszeiger (mN).

Arten (vgl. jedoch Lücke & Schmidt 1997). Die Artenvielfalt der Moose war im Fichtenwald sogar um das Vierfache höher. Sieht man allerdings von dem speziellen Fall der Buchen- und Fichtenbestände ab, so ist **in temperaten Laubwäldern im Allgemeinen die Vielfalt der Gefäßpflanzen höher als in Nadelforsten** (Barbier et al. 2008).

Ähnlich wie in den Kiefern-Pflanzwäldern kann man auch in den Fichtenbeständen zahl-

Tab. 15–2 Fichtenforsttypen im mittleren Thüringer Wald. Nach Schlüter (1981), mit Ertragsklassen der Fichte.[1] Typ 1 bis 3 = *Oxalis*-Fichtenforsten, 5 bis 8 = *Dicranum*-Fichtenforsten, 4 = Mischtyp.

	Spaltennummer (Typ):	1	2	3	4	5	6	7	8
	Anzahl der Probeflächen:	10	8	5	6	5	10	6	9
	Ertragsklasse:	I → II				II/III → IV/-V			
	Oxalis acetosella	52	53	53	52				
	Agrostis tenuis	50	31	41	50	30			
	Luzula pilosa	50	20	40	30	10			
	Calamagrostis arundinacea	41	10	20	30				
	Athyrium filix-femina	52	51	40	40			10	
	Dryopteris dilatata	52	51	41	51	30	30	30	
	Senecio fuchsii	52	51	41	10				
	Sambucus racemosa	51	42	41	10				
	Gymnocarpium dryopteris	51	20		10				
M	*Mnium hornum*	41	10	10	20				
M	*Atrichum undulatum*	30	10						
	Cardamine flexuosa		41	10					
	Senecio hercynicus		31	10					
	Ranunculus repens		30						
	Epilobium montanum		51	51					
	Mycelis muralis		41	51					
	Moehringia trinervia	10	41	30					
	Vaccinium myrtillus	40	30	50	51	54	53	41	42

	Spaltennummer (Typ):	1	2	3	4	5	6	7	8
	Anzahl der Probeflächen:	10	8	5	6	5	10	6	9
	Ertragsklasse:	I → II				II/III → IV/-V			
	Deschampsia flexuosa	51	40	40	52	52	52	51	50
	Galium harcynicum	50	40	40	50	50	30	20	20
M	*Dicranum scoparium*	20	10	40	51	52	52	53	52
M	*Polytrichum attenuatum (= formosum)*	41	40	30	51	51	42	31	10
M	*Plagiothecium denticulatum*	50	30	10	30	50	20	40	20
M	*Dicranella heteromalla*	51		20	31	50	40	51	40
M	*Pohlia nutans*				50	21	40	41	20
M	*Lepidozia reptans*	20			20	50	51	40	20
M	*Tetraphis pellucida*	20			10	10	11	20	40
M	*Hypnum cupressiforme*				20			20	41
M	*Sphagnum capillifolium*						52	11	
M	*Plagiothecium undulatum*					10	40	10	
M	*Sphagnum girgensohnii*						31		
M	*Bazzania trilobata*					10	52	52	
M	*Leucobryum glaucum*					10		52	52

[1] Die Ziffern hinter den Artnamen bedeuten Stetigkeit in %. Die Typen 1 bis 4 entsprechen dem Galio-Culto-Piceetum oxalidetosum von Zerbe (1992), 5 u. 6 dem G.-C.-P. typicum, 7 u. 8 dem G.-C.-P. leucobryetosum. Die *Sphagnum*-Gruppe (in 6) deutet auf Bodennässe, die *Epilobium montanum*-Gruppe (in 2 u. 3) auf frühere Kalkung. Ertragsklasse s. Abb. 15–4.

reiche Forstgesellschaften unterscheiden und als Standortszeiger benutzen. Schlüter (1965, 1981; s. Tab. 15–2) gab dafür sehr detaillierte Beispiele aus dem mittleren Thüringer Wald. Richtungweisend, auch für die Parallelisierung von Wald- und Forstgesellschaften, war die Kartierung des Forstbezirks Schlitz in Hessen durch Seibert (1954, vgl. auch Zerbe 1992). Aus Südschweden, das ja noch zum Buchengebiet gehört, hat Nihlgard (1970 a) recht ähnliche Einheiten beschrieben, und daran u. a. gezeigt, dass der Boden unter Fichten meist kühler bleibt als unter Buchen (s. Abb. 15–8).

15.1.4 Laubholzforsten, Pappelanpflanzungen und Robinienbestände

Laubholzanpflanzungen vegetationskundlich zu erfassen, erschien bisher nur selten notwendig und reizvoll. Eine Ausnahme bilden Aufforstungen von Nassböden, wie sie Buchwald (1951) im Forstamt Syke bei Bremen unter-

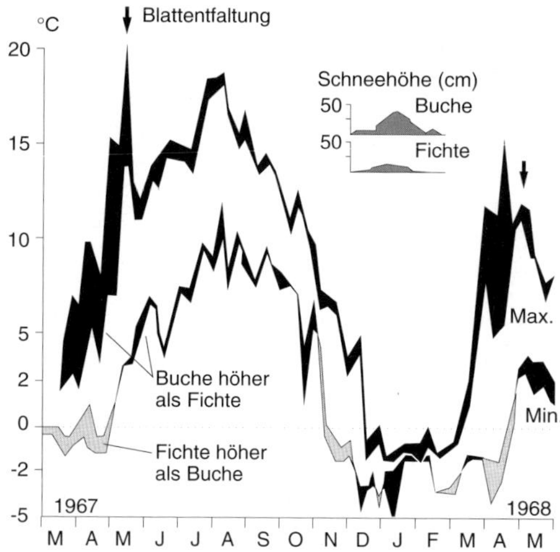

Abb. 15–8 Im Buchenwald ist die Bodentemperatur in der Regel etwas höher als im Fichtenforst an gleichem Standort, und zwar sowohl was die Maxima als auch was die Minima anbetrifft. Nach Nihlgard (1969), etwas verändert.
Nur im Frühjahr vor dem Blattaustrieb der Buche liegen die Minima tiefer als im Fichtenbestand, dessen immergrüne Kronen die nächtliche Ausstrahlung behindern. Während der Monate August bis Oktober unterscheiden sich Laub- und Nadelwald am wenigsten.

sucht hat. **Erlen-, Eschen-, Birken- oder Eichen-Bestände**, die auf Wiesen oder entwässerten Mooren gepflanzt wurden, entwickeln sich im Prinzip ähnlich wie Kiefern-Aufforstungen von Magerrasen oder Heiden. Sie gleichen sich jedoch rascher an die standortgemäßen Laubwaldgesellschaften an.

Pappelpflanzungen machen insofern eine Ausnahme, als sie sehr rasch emporwachsen, aber verhältnismäßig licht bleiben. Schattenertragende Arten der vorher vorhandenen Grünlandgesellschaften halten sich deshalb in ihnen am längsten. Meistens werden Hybriden kanadischer Pappeln angepflanzt, auch in Flussauen, wo Schwarz- oder Silberpappeln von Natur aus vorkommen (Wendelberger-Zelinka 1952 u. a.).

Einen Sonderfall stellen in verschiedener Hinsicht die Anpflanzungen der **Robinie** (*Robinia pseudacacia*) an Böschungen und auf Halden dar. Diese aus Nordamerika stammende Leguminose bereichert den Boden zwar nicht durch ihre Knöllchen, wohl aber durch ihre Blattstreu (Hofmann 1961) so sehr mit Stickstoff, dass sich zahlreiche Ruderalpflanzen unter ihren lichten Kronen ansiedeln. Auf den Kriegstrümmern der Großstädte, z. B. Berlins, war sie ein spontaner Waldpionier (vgl. Kap. 24.3). Kohler & Sukopp (1964) unterschieden hier einen „Straußgrastyp" (mit *Agrostis capillaris*) auf basenarmen und trockenen Böden und einen „Schöllkrauttyp" auf humusreicheren und feuchteren Böden (mit *Chelidonium majus*, *Galium aparine*, *Urtica dioica* und *Geranium robertianum*). An warm-trockenen Standorten verbreitete sich die Robinie im südlichen und östlichen Mitteleuropa ohne Hilfe des Menschen, ja ist hier einheimischen Hölzern stellenweise überlegen (Kohler 1968). Jurko (1963) fasste die Robinienbestände der Tschechoslowakei deshalb nicht als Forstgesellschaften, sondern bereits als Assoziationen auf; er beschrieb z. B. ein Balloto-Robinietum auf Flugsand, ein Solidagino-Robinietum auf Auenböden und ein Chelidonio-Robinietum, das dem „Schöllkrauttyp" in Berlin entspricht. Pott (1995) und Rennwald (2000) gestehen den mitteleuropäischen Robinienwäldern sogar eine eigene Klasse (ROBINIETEA) zu. Willner & Grabherr (2007) dagegen stellen diese Gehölze in den Verband der Neophyten-Gehölze (ARCTIO-SAMBUCION NIGRAE) innerhalb der Schlehengebüsche (PRUNETALIA SPINOSAE). An den Robinienforsten bzw. -wäldern erleben wir also heute in Mitteleuropa die **Neuentstehung einer Gruppe von Pflanzengesellschaften** mit, wie sie sich früher auch im Falle der Glatthaferwiesen oder mancher Ruderalfluren vollzogen haben mag.

Die Pilzflora von Robiniengehölzen ist nach Winterhoff (1991) verhältnismäßig artenarm, möglicherweise weil die Wurzelsymbionten Stickstoff binden und keine Mykorrhiza-Bildung stattfindet. Allerdings fiel in der Rheinebene der Reichtum an Gasteromyzeten auf, der dort geradezu kennzeichnend für Robinienbestände ist.

15.2 Nadelholz-Monokulturen an Laubwaldstandorten

Von der Schweiz abgesehen, wo schon seit Generationen naturnaher Waldbau betrieben wird, nahmen Nadelholz-Monokulturen in Mitteleuropa bis in die Gegenwart immer größere Flächen ein; sie wurden dadurch mehr und mehr zu einem Problem der Landschaftspflege. Dieses hat zumindest drei Seiten – eine ästhetische, eine ökonomische und eine ökologische; wir können uns hier nur mit der dritten befassen und auch zu ihr nur kurz Stellung nehmen. Wirken sich künstlich geschaffene Nadelholz-Reinbestände nachteilig auf den Standort und die Stoffkreisläufe aus? Sind diese Bestände stärker durch abiotische und biotische Stressoren gefährdet? Diese Fragen sind nicht leicht und meist nicht allgemein zu beantworten.

15.2.1 Gefährdung durch abiotische und biotische Stressoren

Wie bereits in Kapitel 15.1 betont, handelt es sich bei den Forstgesellschaften zwar um Reinbestände bestimmter Baumarten, jedoch in jedem Falle um Lebensgemeinschaften, an denen zahlreiche Arten beteiligt sind. In der Natur kommen in Mitteleuropa viele artenarme Gemeinschaften vor, beispielsweise die Pflanzengesellschaften der Röhrichte, Moore, Seemarschen und Dünen, aber auch manche Wälder an extremen Standorten. Diese bilden oft „natürliche Monokulturen“, indem eine einzelne Baumart absolut vorherrscht, sei es *Alnus glutinosa* im Bruchwald, *Pinus sylvestris* an den verschiedensten „randlichen“ Standorten der natürlichen Waldlandschaften, aber auch *Picea abies* in der hochmontanen oder *Pinus cembra* in der subalpinen Stufe der Zentralalpen. Die Frage ist also nur, ob Reinbestände, die vom Menschen in einer von Natur aus baumartenreicheren Landschaft angepflanzt wurden, besonders nachteilige Auswirkungen haben, vor allem dort, wo Nadelhölzer anstelle von Laubhölzern eingebracht wurden.

Die **Sturmgefährdung** ist bei immergrünen Nadelholzbeständen zweifellos höher als bei den meisten Laubholzbeständen. Unbestreitbar ist auch die relativ große **Brandgefahr** in Nadelholzbeständen, zumal wenn das tote Holz nicht mehr sorgfältig entfernt wird und die Nadelstreu in einer Trockenperiode ausdörrt. Bei der Brandkatastrophe im August 1975 sind in Niedersachsen 8213 ha Wald verbrannt, und zwar vorwiegend Kiefernforsten. Im langjährigen Durchschnitt entstanden in diesem Land 69 % aller Waldbrände in Kiefernbeständen, die bis zu 40 Jahre alt waren, weitere 18 % in älteren Kiefernforsten. Laubholzbestände brannten dagegen nur in 5 % der Fälle („Unser Wald“ 1975: 27). Auch in den übrigen Kiefernforsten Deutschlands brennen im Jahresdurchschnitt mehr als 5 ha pro 10 000 ha ab, z. B. im sandigen Tiefland Schleswig-Holsteins, im Nürnberger Becken und in der Oberpfalz.

Durch bestimmte **Schädlinge** – seien es Insekten, Pilze oder andere pathogene Organismen – werden Reinbestände in der Regel stärker gefährdet als Mischbestände, im Naturwald wie im Forst (z. B. Jactel et al. 2005; vgl. Kap. 4.7.5.4). Die Schädlingsgefährdung von Nadelholzbeständen in Laubholzgebieten wird auch dadurch erhöht, dass hier in der Regel ein im Winter milderes und im Sommer feuchteres Klima herrscht als in den natürlichen Nadelholzgebieten. Nach Hesmer & Schroeder (1963) hat beispielsweise der Jungbäume abtötende Kiefernschüttepilz (*Lophodermium pinastri*) wesentlich dazu beigetragen, dass sich die Kiefer aus Nordwestdeutschland seit der postglazialen Wärmezeit zurückzog und sich nur noch an Moorrändern und anderen konkurrenzarmen Standorten gegen das Andringen der Laubhölzer behauptete. Ein solcher Schädling wird für den Reinanbau von *Pinus sylvestris* immer ein erhöhtes Risiko bedeuten. Die florenfremde Weymouthskiefer (*Pinus strobus*) wurde von einem Blasenrost weitgehend „anbauunwürdig“ gemacht.

15.2.2 Wirkungen auf Boden und Stoffumsätze

a) Nimmt man die Risiken der Stürme, Brände und Schädlinge in Kauf, weil sie betriebs- und volkswirtschaftlich durch erleichterte Waldtechnik und höhere Erträge aufgewogen und auf lange Sicht womöglich übertroffen werden, so bleibt die Frage, welche Auswirkungen die Nadelholz-Reinbestände auf den ehemaligen Laubholzboden und dessen Stoffumsätze haben. Seit mindestens 150 Jahren wird dies intensiv und z. T. kontrovers diskutiert. Aus einer Literaturübersicht folgert Rehfuess (1990), dass der Einfluss der Nadelbäume und insbesondere der Fichte auf Laubwaldböden niemals alleinig als Effekt der Baumart verstanden werden kann, sondern immer die **kombinierte Wirkung des Nadelholzes, des spezifischen Bodens und der jeweiligen Bewirtschaftungsmethoden** darstellt. Fehlschlüsse der vermeintlichen Wirkung von Nadelbäumen auf den Boden entstanden oft dadurch, dass in Vergleichen von

Laub- und Nadelwaldstandorten meist primäre Unterschiede in den Standorteigenschaften nicht genügend beachtet wurden. Beispielsweise kann man in der Lüneburger Heide an vielen Stellen beobachten, dass Kiefern auf deutlich podsolierten Böden stocken, während benachbarte Buchen- oder Eichenwälder eine zwar saure, aber kaum podsolierte Parabraunerde besiedeln. Die Ursache ist allerdings meist eine historische, denn die Kiefern wurden in einer Heide gepflanzt, durch deren Einwirkung schon vor dieser Aufforstung ein Heidepodsol entstanden war (s. Kap. 17.2.3), während der Laubwald weniger stark unter der extensiven Wirtschaft früherer Jahrhunderte gelitten hatte. Oft sind beide Bestände durch eine alte Besitzgrenze getrennt (Ellenberg 1969; s. Abb. 15–2).

Nach der von Rehfuess (1990) gegebenen Übersicht über mehrere gründliche Studien zur **Wirkung des Fichtenanbaus auf die Böden** in Mitteleuropa sowie weiteren Quellen lassen sich folgende Schlussfolgerungen ziehen (zur Originalliteratur s. Rehfuess 1990):

1. Unter Fichtenforsten kommt es im Vergleich zu Laubholzbeständen zu keinen gravierenden Veränderungen im Bodengefüge.

2. In den meisten Fällen findet unter Fichtenbeständen eine **stärkere Austrocknung des Oberbodens** als unter Buchen statt, weil die Interzeption höher ist und die Fichte flacher wurzelt (vgl. Kap. 4.3.2 d).

3. Auf schwach gepufferten, basenarmen Böden führt Fichtenwirtschaft zu einer **Absenkung des pH-Wertes** bis in Tiefen von 50 cm und mehr, die meist mit einem **Rückgang der Basensättigung** und einem Anstieg der austauschbaren Aluminiumgehalte verbunden ist. Dies ist vor allem Folge der schlechteren Abbaubarkeit der Fichtenstreu in den ersten Abbauphasen; Ursache sind ungünstige C/N-Verhältnisse, erhöhte Gehalte an Gerbstoffen und Wachsen und niedrige Ca-, Mg- und P-Konzentrationen in den Fichtennadeln. Verstärkt wird die Versauerung durch die erhöhten Säureeinträge mit dem Bestandesniederschlag unter Fichten (vgl. Kap. 4.9.2.2) und die **bevorzugte Ammonium-Ernährung von Picea**, die zur Ansäuerung der Rhizosphäre führt (s. Kap. 4.4.3). Auch die Schwermetalleinträge sind unter Fichten besonders hoch.

4. Auf basenarmen Böden fördert die Fichte die **Bildung von schlechter abbaubarem Humus,** was mit einer Erweiterung der C/N- und C/P-Verhältnisse einhergeht. Meist ist die Bioturbation geringer als unter Laubbäumen, weil Regenwürmer und Arthropoden vermehrt durch Enchytraeiden, Collembolen und Acariden abgelöst werden. Auch die mikrobielle Aktivität im Boden ist in der Regel unter Fichten geringer als unter Laubbäumen; der Anteil der Pilze steigt auf Kosten des Bakterienanteils.

5. Auf basenreichen, durchlässigen Böden sandiger bis lehmiger Textur kann Fichtenanbau daher die **Podsolierung begünstigen** und zu verstärktem Silikatzerfall führen.

6. Trotz des höheren Lichtgenusses am Boden alter Fichtenbestände ist die Bodentemperatur in der Regel etwas niedriger als in Buchenwäldern (s. Abb. 15–8).

b) Eine langsame **Degradierung des Oberbodens**, wie sie unter Fichte durch Versauerung, Bildung von Auflagehumus und Verlust an austauschbaren Kationen gefördert wird, ist im Wesentlichen auf saure, schwach gepufferte Böden beschränkt (Rehfuess 1990, vgl. auch Rothe 1997). Sie läuft nach Bublinec (1979, zit. in Rehfuess 1990) wohl in ähnlicher Weise auch unter Kiefernbeständen ab. Dies führt allerdings nicht zwingend zu einer Abnahme der Produktivität des Waldes. Nach den Untersuchungen von Genssler (1959) im Harz und Solling und anderen Mittelgebirgen ist zwar der pH-Wert von Fichten-Auflagehumus meist niedriger als der von Buchenhumus, sichtbare Podsolierungserscheinungen traten aber selbst nach 250-jähriger Einwirkung von Fichtenbeständen hier nicht auf, und ein **Nachlassen der Zuwachsleistung ließ sich ebenfalls nicht nachweisen.** Gleiches fanden Holmsgaard (1968) und Holstener-Jorgensen (1968) im dänischen Jungmoränengebiet, wo sich weder im Höhen-, noch im Massenzuwachs der Fichte Unterschiede zwischen erster und zweiter Baumgeneration zeigten.

Auf basenreicheren Böden enthält die Streu von Fichte und Kiefer ohnehin mehr Stickstoff, Phosphor und Basen und ist damit leichter zersetzlich als an stark sauren Standorten, sodass Auflagehumus-Bildung und Podsolierung verhindert werden und die Auswirkungen auf den Boden weniger gravierend sind als auf basenarmen Substraten.

c) **Kahlschlag** bewaldeter Einzugsgebiete führt in den ersten Folgejahren zu erhöhtem Gebietsabfluss (Swank & Helvey 1970, Hornbeck et al. 1997), weil mehr Wasser an der Oberfläche abfließt und zudem die Verdunstung zurückgeht. Über dichtem Untergrund steigen die Grund- und Stauwasserspiegel an und die Vernässungsphasen werden länger (Wilde 1958). Schon nach wenigen Jahren aber, wenn die Kahlschlagvegetation dicht geschlossen ist und vergleichsweise hohe Verdunstungsraten erreicht, nähern sich Abfluss und Tiefensickerung den Werten des Waldes wieder an. Das zeigt ein Vergleich der bewaldeten und kahlgeschlagenen Einzugsgebiete von Wintertal und Langer Bramke im Oberharz, die bereits wenige Jahre nach dem Hieb mit einem Abfluss in Höhe von 54 und 57 % des Niederschlages einander hydrologisch recht ähnlich waren (Liebscher 1975).

15.3 Vegetation der Waldlichtungen und Waldbrandflächen

15.3.1 Sukzession der Waldlichtungs-Vegetation

a) Mit der Monokultur von Nadelhölzern ist notwendig die künstliche Vorsorge für die Baumverjüngung verbunden. Oft bemüht man sich gar nicht um deren häufig misslingende „Naturverjüngung", sondern begründet jede Baumgeneration erneut durch Pflanzung. Diese gerade in Fichten- und Kiefernforsten weit verbreitete Kahlschlagwirtschaft bot einer Gruppe von raschlebigen, stickstoffbedürftigen Waldlichtungs-Bewohnern die Möglichkeit, auf großen Flächen besondere Gesellschaften auszubilden.

Solche **Lichtungsfluren** gab es auch in den Naturwäldern, und ihre charakteristischen Arten gehören zu dem ursprünglichen Florenbestand Mitteleuropas (s. Tab. 1–2). Sie besiedelten in den mitteleuropäischen Urwäldern aber doch nur relativ kleine Flächen, die hier und dort durch das Absterben und/oder Niederbrechen überalterter Bäume entstanden (s. Kap. 5.7.2.2 a und 7.8.2). Selbst bei katastrophalen Windwürfen, wie sie zuweilen auch in Naturwäldern vorkommen, bleiben immer einige Jungbäume, Sträucher und Kräuter des Unterwuchses erhalten, die sich sogleich den stärkeren Lichteinfall zunutze machen. Außerdem beschatten die liegenden Stämme und Äste einen Teil des Bodens, was dazu beiträgt, dass zumindest stellenweise die Bedingungen erhalten bleiben, unter denen die eigentlichen Waldpflanzen konkurrenzfähig bleiben. Ähnliche Standortverhältnisse herrschen vorübergehend in den kleinen Lichtungen, die beim **Femelschlag und Lochhieb** entstehen, wie er z. B. in der kahlschlaglosen Waldwirtschaft der Schweiz schon seit Langem üblich ist (vgl. Mosandl 1984, Röhrig et al. 2006).

Beim **Kahlschlag** von Nadelholzforsten dagegen entfernt man den gesamten Baumbestand, und beim Zurichten und Rücken der Stämme zerstört man den Unterwuchs so sehr, dass wenig von ihm übrig bleibt. Plötzlich hat die Sonne überall freien Zutritt und fördert lichtbedürftige Arten, deren Samen alljährlich auf den Waldboden gelangen, sich aber im dichten Wald nicht zu entwickeln vermögen. Sie gedeihen nun um so kräftiger, da die Stickstoffvorräte der Humusdecke infolge der mechanischen Verletzungen und infolge der starken Erwärmung der nicht mehr beschatteten Oberfläche rascher mobilisiert werden (s. Abb. 15–9). Wenn eine mittelgroße Kahlschlagfläche allseitig von Baumbeständen umgeben ist, ähnelt ihr **Lokalklima** dem

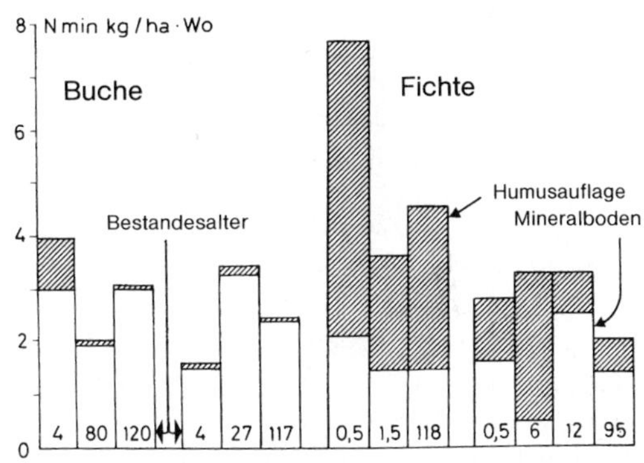

Abb. 15–9 Die Stickstoff-Mineralisation des humosen und des mineralischen Oberbodens ist in Kahlschlägen keineswegs immer stärker als in benachbarten Wäldern an gleichen Standorten. Nach stichprobenhaften Messungen von Clausnitzer (1976).
Das scheint insbesondere für Kalkbuchenwälder (drei Säulen ganz links) und Moderbuchenwälder zu gelten (anschließende drei Säulen), bei denen allerdings keine frischen Kahlschläge in den Vergleich einbezogen werden konnten. Bei Fichtenforsten auf basenreichen Böden wird unmittelbar nach dem Kahlschlag die N-Mineralisation sehr gesteigert, besonders in der Moderdecke, die sich aus Nadelstreu unter dem Vorbestand gebildet hatte (linke Säule der dritten Dreiergruppe). Auf starksauren Böden war ein entsprechender Effekt nicht immer festzustellen (rechte vier Säulen).

einer Doline, d. h. einer Bodensenke ohne Abflussmöglichkeit: In klaren Nächten sammelt sich die abgekühlte, schwerere Luft am Boden und bewirkt schärfere Fröste als im Wald oder im windoffenen Freiland; während des Tages dagegen kommt es zu überhöhten Temperaturen (Bjor 1972; s. Abb. 15–10; vgl. auch Lützke 1961). Derartige nachteilige Wirkungen treten in sehr kleinen Lichtungen wie z. B. Lochhieben nicht auf (Schlüter 1966, Mosandl 1984, Bauhus & Bartsch 1995), weil die in der Nähe stehenden Bäume die Aus- und Einstrahlung behindern. Oft ist Kahlschlagboden im humiden Klima Mitteleuropas in den ersten Jahren etwas feuchter als der benachbarte Forstboden (s. Abb. 15–11), weil die Transpiration der Bäume weggefallen ist und die krautigen Besiedler anfangs noch nicht zahlreich genug sind, um die Wasservorräte auszuschöpfen. So kommt es, dass sich eine Kraut- oder Grasflur von ungewöhnlicher Üppigkeit entwickeln kann, und dass darin oft auch Feuchtigkeitszeiger auftreten. Derartige Kahlschlagfluren erinnern nicht selten an die Hochstaudenfluren der subalpinen Stufe; sie enthalten einige ihrer Partner, z. B. *Epilobium angustifolium*, und gleichen ihnen in ihrem hohen Stickstoffumsatz (Werner 1983).

Dieser günstige Zustand dauert aber nicht lange. Die rasch mobilisierten Nährstoffvorräte sind nach 2 bis 3 Jahren aufgebraucht (s. Abb. 15–9). **Mehrjährige krautige Pflanzen**, die teilweise schon im ersten Jahr keimten, verdrängen nach und nach die kurzlebigen. Auch Sträucher und Jungbäume treten in Erscheinung, unter denen zunächst **Pionierhölzer** wie Brombeeren, Holunder, Birken oder Weiden vorherrschen. Mit dem Aufwachsen der Hauptbaumart nimmt das Artengefüge am Boden immer mehr waldähnliche Züge

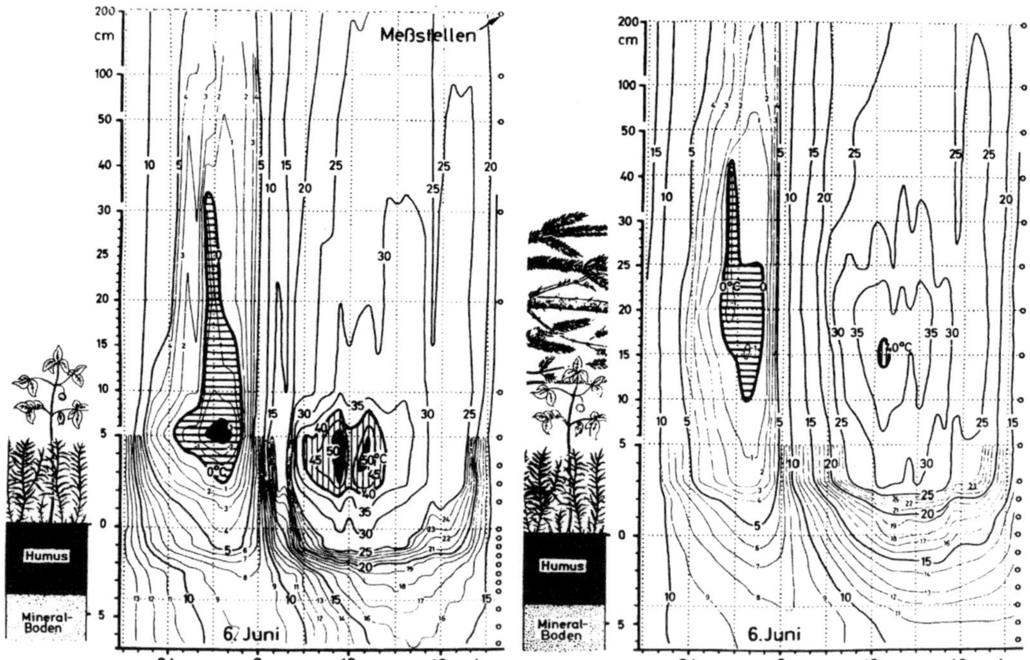

Abb. 15–10 Wie extrem „kontinental“ das Klima auf einem Kahlschlag im Fichtenwald sein kann, zeigen die Isothermen eines klaren Sommertags nach genauen Temperaturregistrierungen in Südnorwegen. Bedeckung mit Fichtenzweigen (rechts) mildert die Temperaturextreme und schafft in Bodennähe ein weniger kontinental getöntes und eher waldähnliches Klima. Das ist für den Jungwuchs der Bäume günstiger; doch muss man dafür sorgen, dass er nicht zu stark beschattet wird. Nach Bjor (1972), verändert.
Der Höhenmaßstab ist logarithmisch und umfasst Messstellen von 2 m über dem Boden bis 7 cm im Boden. Die Bereiche unter 0 °C sind waagerecht schraffiert, unter –3 °C geschwärzt. Bereiche über 40 °C sind durch senkrechte Schraffuren, über 50 °C durch Schwärzung hervorgehoben. Im Laufe eines Tages kann es auf dem Kahlschlag in Bodennähe kurz vor Sonnenaufgang scharf frieren, um die Mittagszeit dagegen wüstenhaft heiß werden. (So starke Schwankungen gibt es nur auf großen, windgeschützten Kahlschlägen in ebener Lage. In kleinen Lichtungen, z. B. in „Lochhieben“, verhindert die Horizontabschirmung allzustarke Aus- und Einstrahlung).

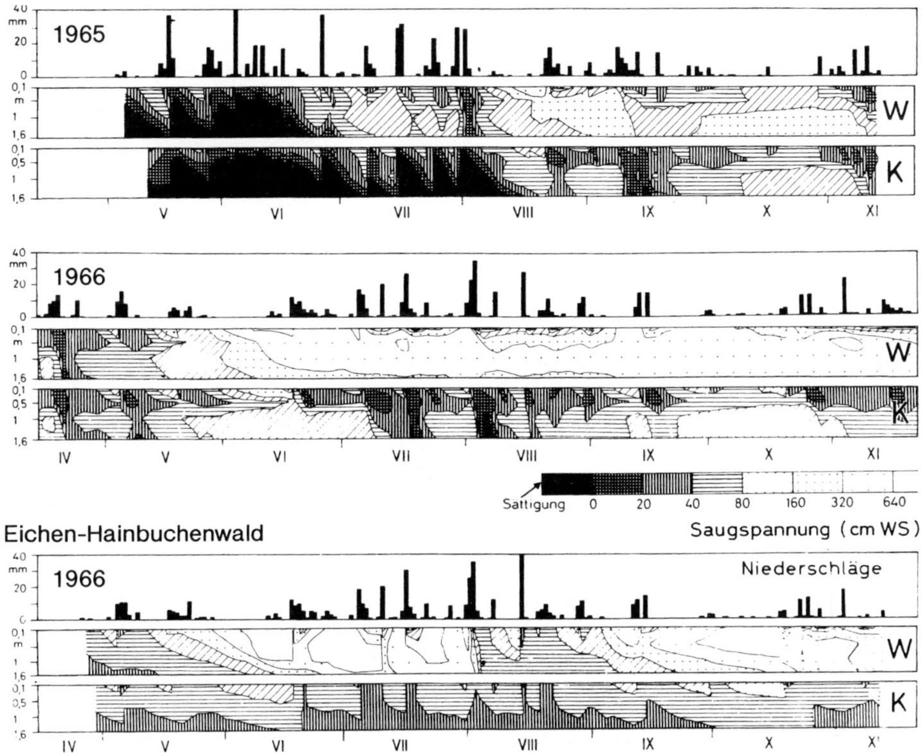

Abb. 15–11 Laubwälder der collinen Stufe entziehen dem Boden stets mehr Wasser als benachbarte Kahlflächen (K), vor allem aber in einem Sommer, der auf einen trockenen Winter folgt (1966). Ein Buchenwald wirkt sich in dieser Hinsicht stärker aus als ein Eichen-Hainbuchenwald. Nach farbigen Darstellungen von Brülhardt (1969), verändert. Die Probeflächen liegen im nördlichen Zürcher Mittelland und haben tiefgründigen, versauerten Lössboden (Bu) bzw. stärker sandigen Boden mit Schotteruntergrund (EiHb). Als Maß für den Wasserzustand des Bodens dient die mit Tensiometern in gestaffelter Tiefe gemessene Saugspannung (in cm Wassersäule). Der Messbereich dieser Tensiometer endet bei etwa 800 cm, d. h. bei weniger als 1 bar; die Baumwurzeln standen also allenfalls nur kurzfristig unter Trockenstress.

an, bis von der Lichtungsflora nur noch kümmernde Reste verbleiben. Diese Entwicklung ähnelt in ihren Grundzügen der sekundären Sukzession auf Ackerbrachen, wie sie in Kapitel 23.7.2 dargestellt wird. An nährstoffarmen und trockenen Standorten verläuft die Sukzession am langsamsten. Wesentlichen Einfluss auf den Verlauf der Sukzession hat auch das Wild, das bevorzugt die stickstoffreichen Pioniere Weidenröschen und Himbeere auf den Kahlschlägen verbeißt. In Wirtschaftswäldern kürzt der Forstmann die sich über Jahre hinziehende Sukzession dadurch ab, dass er nach dem Kahlschlag eine neue Generation Nadelhölzer pflanzt und gegen die Konkurrenz der Lichtungspflanzen schützt, indem er diese mit Herbiziden bekämpft oder abmäht.

b) Immer wieder ist man überrascht, wie schnell sich die Kräuter der Waldlichtungsfluren selbst auf einem großflächigen Kahlschlag einstellen (s. Abb. 15–12). Dies liegt daran, dass die langlebigen Samen vieler lichtbedürftiger Kräuter und Grasartiger schon im Boden auch des dicht geschlossenen Waldes lagern und nur auf günstige Entwicklungsbedingungen warten. In mitteleuropäischen Laubwäldern laufen unter günstigen Bedingungen 1000 bis 2500 Sämlinge pro m² auf (s. Kap. 4.6.2), in einem westrussischen Heidelbeer-Fichtenwald wurden 1300 bis 5000 gezählt. Dabei ist die **Samenbank** baumartenreicher Laubmischwälder nach Untersuchungen von Schmidt et al. (2008) in Westthüringen hinsichtlich Artenzahl und Samendichte umfangreicher als die in benachbarten Buchen-Reinbeständen. In letzteren waren vor allem lichtliebende Arten seltener vertreten, vermutlich weil Mischbestände häufig heller sind als Buchenwälder. Auch in geschlossenen Wäldern fehlen die Diasporen von Kahlschlagpflanzen wie *Epilobium angustifolium*, *Deschampsia cespitosa* und *Rubus idaeus* selten; in tonreichen Waldböden sind außerdem Feuchtezeiger wie *Juncus effusus* in der Samenbank besonders zahlreich. Deren Samen werden alljährlich durch Wind, Vögel und Säugetiere herangebracht (Devlaeminck et al. 2005). Zumindest *Epilobium angustifolium* zeigt nach Granström (1987) keine Dormanz. Schon im ersten Jahr nach der Keimung kommt es zum Blühen und Fruchten (van Andel & Jager 1981). Wie dicht der alljährliche **Samenregen** auch im Waldesinneren sein kann, maß Wagner (1965) in einem lichten nordamerikanischen Eichenwald mithilfe von Leimfallen. Er fand beispielsweise 91,6 Früchte von *Conyza canadensis* pro m^2 sowie zahlreiche Früchte oder Samen von Gräsern, Kompositen und anderen nicht im Wald vorkommenden Arten. Sogar völlig standortsfremde und nur in großer Entfernung wachsende Arten waren reichlich vertreten, z. B. *Phragmites australis* mit 21,7 und *Typha latifolia* mit 8,4 Verbreitungseinheiten pro m^2. **Die Wiederansiedlung von typischen Waldarten** mit nur sehr langsamer Ausbreitung (s. Kap. 4.6.2 b) erfordert dagegen auf Kahlschlägen viele Jahre bis Jahrzehnte (Godefroid et al. 2005).

Wichtigste Voraussetzung für eine erfolgreiche Ansiedlung der Waldlichtungs-Kräuter und -Gräser ist zweifellos ein ausreichender Lichtgenuss, während Boden- und Klimafaktoren zunächst eine untergeordnete Rolle spielen. Als Beispiel hierfür mag das **Landschilf** (*Calamagrostis epigejos*) dienen, das in vielen Kiefernwäldern des nordöstlichen Mitteleuropas infolge der atmosphärischen Stickstoffeinträge in Ausbreitung begriffen ist, aber beispielsweise auch die Kahlschläge böhmischer Tannen-Eichen und Tannen-Buchenwälder beherrscht (Neuhäuslova 1996). Die Konkurrenzkraft dieses Pioniergrases ist weitgehend unabhängig vom Säuregrad: Der pH-Wert kann von 2,6 (in KCl gemessen) bis über 7 variieren (vgl. Höpfner 1966). Auch gegenüber der Bodenfeuchte ist das Landschilf recht tolerant, wenn nur im Frühjahr genügend Wasser zur Verfügung steht. Nur lang dauernde Überflutung und häufiges Abmähen vermag es nicht zu ertragen, und Beschattung bringt es rasch zum Verschwinden (Bornkamm et al. 1993, Brünn 2000). Aus diesem Grund begünstigt Kronenverlichtung in immissionsgeschädigten Kiefernforsten die Ausbreitung von *Calamagrostis*.

Bis zu einem gewissen Grad verhindert die Kahlschlag-Vegetation das **Aufkommen von Bäumen**, aber nur dort, wo sie dicht geschlossen ist. Sogar niedrige Gräser wie die Drahtschmiele können Baumkeimlinge hemmen (z. B. Dohrenbusch 1997, Kühne 2004). Bei *Deschampsia flexuosa* spielen offenbar in manchen Fällen phytotoxische Wurzelausscheidungen eine Rolle, die sich zumindest gegen Birken- und Lupinenwurzeln als wirksam erwiesen (Jarvis 1964). Tatsächlich enthält der Humus unter *Deschampsia* auffallend wenige mykorrhizierte Baumwurzeln, z. B. von Birke und Eiche. In vielen Fällen dürfte jedoch Konkurrenz um Licht, Nährstoffe und Wasser für das Absterben von Baumkeimlingen in Grasdecken verantwortlich sein. Dichte Bestände von *Nardus stricta* und *Vaccinium myrtillus* behindern nach Ver-

Abb. 15–12 Weidenröschen-Kahlschlag (*Epilobium angustifolium*) in einem Fichtenforst der Hoch-Rhön (Hessen).

suchen von Leibundgut (1964) die Ansamung von *Pinus sylvestris* und *Larix decidua*, und zwar auch dort, wo keine Rohhumusdecke vorhanden ist.

In kleinen oder stärker beschatteten Lichtungen werden die Lichtungsgräser selten so üppig, dass sie die Waldverjüngung verhindern könnten (s. Tab. 5–9 u. Kap. 5.7.2.2). Auch die sprunghafte Zunahme der Mineralisierungstätigkeit nach Auflichtung ist hier weniger beträchtlich und nur in den ersten 2 Jahren spürbar (Faille 1975, Bauhus & Barthel 1995, Bauhus 1996). Typisch ausgebildete Krautfluren, wie sie im nächsten Kapitel beschrieben werden, findet man daher nicht in kleinen Auflichtungen, sondern nur auf großen Kahlschlägen oder Brandflächen.

Auf **Laubwald-Kahlschlägen** verläuft die Sukzession etwas anders als in den meistens studierten Nadelholzforsten. Langfristige Dauerbeobachtungen auf Buchen-Kahlschlägen führte Dierschke (1988) durch, und zwar im Bereich zweier Ausbildungen des Hordelymo- und Galio odorati-Fagetum bei Göttingen. Im Pionierstadium, das 4 bis 5 Jahre dauert, wechseln lichtliebende Kräuter, wie sie auch auf Nadelholzschlägen vorkommen, mit Ruderal- und Wiesenpflanzen. *Rubus idaeus*, *R. rudis* und andere Brombeerarten bilden anschließend eine Gebüschphase, die in 3 bis 4 Jahren schwer durchdringlich wird. Doch haben sich inzwischen zahlreiche Baumarten angesiedelt, die nach etwa 8 bis 9 Jahren ein Vorwald-Stadium zu bilden beginnen, das die Brombeer-Dickichte rasch ausdunkelt und in seinem Unterwuchs mehr und mehr Waldpflanzen, darunter auch Moose, begünstigt. Auf dem Kahlschlag eines Sauerhumus-Buchenwaldes setzte sich nach 9 Jahren ein *Sambucus-Frangula*-Gebüsch durch, das später in einen ahorn- und eschenreichen „Zwischenwald" überging (Gregor & Seidling 1997). Im Bereich des eutraphenten Braunerde-Buchenwaldes regeneriert sich der Wald besonders rasch, zumal sich im Vor- oder Zwischenwald bald auch Buchen einfinden. Auch in der von Dierschke (1988) aufgenommenen Kahlschlag-Sukzession auf basenreichen Böden findet also die von Remmert (1985) diskutierte zyklische Sukzession mit Baumartenwechsel nicht statt (vgl. Kap. 5.7.2.2 c). Großflächige Windwürfe in Laubwäldern werden ebenfalls zunächst durch strauchförmige Pionierstadien (z. B. Himbeer-Holunder- oder Brombeerfluren) besiedelt, bevor die Gehölze die Freifläche zurückerobern (vgl. Kompa & Schmidt 2006).

c) Ähnliche Folgen für den Waldboden und die Vegetationsabfolge wie der Kahlschlag haben rasch ablaufende **Brände**, insbesondere Kronenfeuer, die wohl den Baumbestand, nicht aber den gesamten Auflagehumus zerstören. Da die organisch gebundenen Nährstoffe durch das Feuer plötzlich mineralisiert werden, ist ihre Konzentration unmittelbar nach dem Brand erhöht; doch wird vor allem Nitrat durch den Regen ausgewaschen (vgl. Kap. 17.6.2 c). Auch Kationen werden vermehrt freigesetzt und der pH-Wert steigt an, nach Raison (1979) um bis zu 3 Einheiten. Langsam vordringende Bodenfeuer beseitigen die Humusdecke und töten die meisten der darin lebenden Organismen, die dann aus der Umgebung erneut einwandern müssen. Auf armen Sandböden gehen nach Hetsch (1980) bei einem Brand zunächst große Teile der Kohlenstoff- und Stickstoffvorräte vor allem der organischen Auflage und des Bestandes verloren. 20 Jahre nach dem Feuer hatten sich in niedersächsischen Kiefernforsten jedoch bereits wieder 130 t C ha^{-1} in Auflage und Mineralboden (0–40 cm) angereichert, die den Vorräten ungebrannter Vergleichsflächen entsprachen (Wichmann & Schmidt 2000).

Langsame Bodenfeuer erhöhen die Gefahr der Bodenerosion, wenn es sich um hängige Lagen handelt. Oft stimulieren sie die Keimung der darin enthaltenen Samen von Lichtungspflanzen und **Pyrophyten** wie der Kiefer. Wo durch Brand oder Erosion der Mineralboden freigelegt wurde, keimen die Bäume rascher und zahlreicher als auf den Resten der Humusdecke. Aus dieser laufen dagegen viele Waldlichtungspflanzen auf, deren Samen die Hitze überlebten.

Grabherr (1936) hat die durch trockene Föhnwinde begünstigten Brände und die durch diese ausgelösten **Sukzessionen** in den naturnahen Nadelwäldern des Karwendels untersucht. In der montanen Stufe und in tieferen Lagen treten zunächst Brand-Moos-Gesellschaften auf. Diesen folgen Weidenröschen- und Brombeerstadien. Durch wiederholte Brände wird auf Mergelböden ein Pfeifengrasrasen geschaffen und erhalten, der bei Beweidung in Trockenrasen übergeht.

15.3.2 Lichtungs-Krautfluren und -Gebüsche

Je nach den Boden- und Klimaverhältnissen und sonstigen Umständen vollziehen sich die Sukzessionen nach Waldlichtung oder Waldbrand in verschiedener Weise. Das Artengefüge der einander ablösenden Gesellschaften spiegelt diese Umweltbedingungen sehr deutlich wider und lässt Rückschlüsse auf die Zusammensetzung der Wälder zu, die hier von Natur aus gedeihen würden.

Die **kurzlebigen Waldlichtungs-Krautfluren** fasste Tüxen (1950a) zur Klasse und Ordnung der Weidenröschen-Gesellschaften (EPILOBIETEA ANGUSTIFOLII, ATROPETALIA, s. Kap. 26: Nr. 6.2.1) zusammen. Diese sind auf sauren Rohhumusböden am besten ausgebildet (Senecioni-Epilobietum angustifolii, Verband EPILOBION ANGUSTIFOLII). Im wärmeren Klima der Tieflagen tritt das Wald-Greiskraut (*Senecio sylvaticus*) hervor, in den höheren Lagen der subozeanischen Gebirge dagegen der Rote Fingerhut (*Digitalis purpurea*). Artenreicher sind die Kahlschlagfluren auf kalkhaltigen Mullböden (Verband ATROPION). Auf Branderden herrschen oft Kahlschlag-Klettenfluren (Arctietum nemorosi) vor, auf sehr kalkreichen Böden, insbesondere Rendzinen, dagegen Tollkirschengestrüppe (Atropetum belladonnae). Hinzu treten oft nitrophile Säume (s. Kap. 16.3.2).

Selten werden Lichtungsfluren von Gräsern beherrscht; nur das Land-Reitgras (*Calamagrostis epigejos*) macht eine bemerkenswerte Ausnahme. Stets folgen auf die Krautfluren **Waldlichtungs-Gebüsche**, die aber weder von den vorangehenden Krautfluren noch von den ihnen folgenden Forst- oder Waldgesellschaften scharf zu unterscheiden sind. Sie wurden daher erst spät als besondere Assoziationen beschrieben, deren Umgrenzung stets mehr oder minder willkürlich bleibt und weder in der von Oberdorfer (1994) noch in der von Pott (1995) gebotenen systematischen Fassung voll befriedigt. Auf Rohhumusböden werden die Weidenröschenfluren von Gebüschen abgelöst, in denen säureertragende Brombeerarten eine große Rolle spielen (LONICERO-RUBION SYLVATICI, s. Kap. 16.3.1). Auf Mullböden dagegen dominieren nicht selten vorübergehend Holunder und Salweide (SAMBUCO-SALICION CAPREAE) oder andere anspruchsvolle Arten. Vielfach vermischen sich die Partner der Waldlichtungs-Gebüsche mit denen der Waldmantel-Gebüsche, die in Kapitel 16 behandelt werden.

16 Waldmäntel, Gebüsche, Hecken und deren Krautsäume

16.1 Flora und Entstehungsgeschichte

Zu den natürlichen **Gebüsch-Gesellschaften** Mitteleuropas gehören insbesondere die Weichholzauen der Flusstäler (Kl. SALICETEA PURPUREAE, Kap. 8.3.1.3), die Verlandungsgebüsche der Seen und Moorränder (O. SALICETALIA AURITAE, Kap. 8.3.2.1 c), die Küstendünengebüsche (Kl. SALICETEA ARENARIAE, Kap. 12.3.1.4) und die Grünerlengebüsche und subalpinen Krummholz-Formationen im Hochgebirge (Kap. 13.3.11.2). Als Gebüsche bezeichnen wir Gehölzformationen von nur 1 bis rund 6 m Höhe, die von lichtliebenden Sträuchern und Baumjungwuchs, also **Nanophanerophyten**, aufgebaut werden. Wir wollen in diesem Kapitel vor allem auf diejenigen Gebüschformationen eingehen, die ihre Existenz überwiegend oder ausschließlich dem Menschen verdanken. Zwar blieben von der beweideten Parklandschaft früherer Jahrhunderte nur verschwindend kleine Reste; in vielen Gegenden gibt es aber noch die planmäßig angelegten Hecken oder „Knicks" sowie niedrige Flurgehölze und Waldmantelgebüsche, die überwiegend Folgen der menschlichen Landbewirtschaftung sind. Weber (2003) unterscheidet die **„ruricolen" lichtliebenden Gebüsche** in der freien Kulturlandschaft und am Rande von Wäldern, und die **„silvicolen" schattenertragenden Gebüsche**, die auf Lichtungen und Schlagfluren im Inneren von Wäldern wachsen. Einschließen wollen wir auch die niedrigwüchsigen Himbeer- und Brombeergestrüppe und die Krautsäume, die den Übergangsbereich des Waldes zur Offenlandschaft besiedeln.

Unsere Flora enthält zahlreiche ausdauernde Sträucher sowie sogenannte „Pseudophanerophyten", die sich an solchen Gebüschen beteiligen. Zu den Letzteren zählen insbesondere die sehr sippenreichen **Brombeeren** (Gattung *Rubus*), deren oberirdische Organe nur zweijährig werden und den mehrjährigen „echten" Nanophanerophyten gegenüberstehen. Die Gattung *Rubus* ist in Mitteleuropa mit **fast 400 Sippen** (überwiegend Kleinarten) besonders formenreich. Außer zwei diploiden Vertetern (*Rubus canescens* und *R. ulmifolius*) besteht die gesamte übrige Brombeerflora Mitteleuropas aus polyploiden (meist tetraploiden) fakultativen Apomikten, die ihre morphologischen und physiologischen Eigenschaften in Gestalt von Klonen vererben (Weber 2003). Nur wenige Sippen (rund 40) sind allerdings überregional so bedeutsam, dass sie bei der Abgrenzung von Gebüsch-Gesellschaften eine Rolle spielen.

Auch **Rosen** sind für Gebüsche kennzeichnend. Unter den rund 33 mitteleuropäischen *Rosa*-Arten treten allerdings nur wenige mit großer Stetigkeit in den Gebüschen auf, am häufigsten *Rosa canina*, gefolgt von *R. corymbifolia* und *R. tomentosa*, gebietsweise auch *R. dumalis*, *R. subcanina* und *R. rubiginosa* (Bronner 1986, Weber 2003).

Eine klare floristische Trennung der Hecken, Gebüsche und strauchigen Waldränder von den eigentlichen Wäldern ist vor allem deshalb schwer, weil die Lichtsträucher durch frühere Waldweide, Mittel- oder Niederwaldwirtschaft weit in die Wälder eingedrungen sind und dort noch immer an vielen Stellen gedeihen. Der Höhepunkt ihrer Ausbreitung war kurz vor Beginn der neuzeitlichen Forstwirtschaft erreicht, d. h. vor etwa 250 Jahren. Wie Groenman-van Waateringe (1975) nachwies, dienten **Hecken** stellenweise **schon im Neolithikum** als natürliche Zäune, um das Vieh von den Ackerfeldern auszuschließen. Zugleich lieferten sie dem Menschen mannigfache Nahrung, namentlich Nüsse und Stein- und Beerenobst. Manche Wallhecken im Alpenvorland reichen bis in die Zeit der Kelten und Römer zurück. Recht alt sind auch die meisten der an Terrassenkanten oder auf Steinwällen zwischen Äckern spontan angesiedelten Hecken, z. B. in der Schweiz (Steiner-Haremaker & Steiner 1961).

Viele Gebüschstreifen entstanden aber wesentlich später, beispielsweise die im 17. bis 19. Jahrhundert angelegten **Wallhecken** Schleswig-Holsteins und Niedersachsens, deren Vegetation und Flora Weber (1967) und Rosskamp (1999) gründlich studiert haben (s. Abb. 16–1). In dieser Zeit wurden zahlreiche Hecken im Rahmen der **„Verkoppelung"** planmäßig angelegt: Aus den zuvor genossenschaftlich genutzten Allmenden wurden Privatparzellen; Hecken entstanden als lebende Zäune, um das weidende Vieh auf den neu abgegrenzten Parzellen zu halten. Ähnliches gilt auch für die meisten Wallhecken in der Westfälischen Bucht, die Wittig (1976) auf ihre Gebüsch- und Saumgesellschaften untersuchte. Von Wallhecken geprägte Landschaften entstanden vor allem im Nordwesten Europas, wo das extrem ozeanische Klima fast ganzjährig eine Rinderweide im Freien ermöglicht, sich also massive Umhegungen von Dauergrünland oder wechselnd als Acker und Grasland genutzten Parzellen lohnen, d. h. von Jütland bis Nordportugal sowie auf den Britischen Inseln und Irland. Wie schon Jessen (1937) hervorhob, erfüllen in den See- und Flussmarschen Wassergräben den gleichen Zweck. In den küstennächsten Bereichen fehlen daher oft die Wallhecken; daran wird offensichtlich, dass diese nicht in erster Linie zum Windschutz, sondern als **Umzäunungen** dienten.

Dem Ziel, möglichst dichte Hecken zu schaffen, diente das „Knicken", das horizontale Abbiegen der Zweige, aus denen später in dichter Folge orthotrope Seitenzweige hervorgehen. So entstanden die **„Knicks"** mit ihrem kaum zu durchdringenden Strauchgeflecht. Vielerorts nutzte man diese auch als Brennholzlieferanten und für die Laubheugewinnung.

Eine detaillierte Beschreibung der Anlage von Hecken in historischer Zeit und deren struktureller Vielfalt gibt Weber (2003). Oft wurden nur wenige Strauch- oder Baumarten zur Pflanzung verwendet, in Schleswig-Holstein vor allem *Fagus sylvatica*, *Crataegus monogyna*, *Corylus avellana* oder *Salix* × *alopecuroides*. Blieb der Eintrag von Diasporen – vor allem durch Vögel – in der Folge weitgehend aus, wie z. B. auf der äußerst waldarmen Ostseeinsel Fehmarn, blieben die Hecken artenarm (Weber 1967). Je näher dagegen artenreiche Waldmäntel und Gebüsche waren, umso schneller und reichhaltiger veränderte sich die Flora der benachbarten gepflanzten Hecken (vgl. Kollmann & Schneider 1999). Der Strukturreichtum der umgebenden Landschaft und dessen Artenpool sind also für die Diversität der Sträucher in Gebüschen bedeutsam.

Problematisch ist die Trennung der Gebüsch- und Waldgesellschaften auch an den Rändern der heutigen Hochwälder. Als **„Wald-**

Abb. 16–1 Wallhecken („Knicks") im südlichen Holstein. Foto: Schmidt. Das Haselgesträuch vorn ist gerade abgeschlagen worden, das im Mittelgrund wächst nach. Da man kein Brennholz mehr braucht, lässt man heute viele Knicks „durchwachsen", sodass aus dem Gebüsch schließlich Streifen von Eichen (rechts hinten) oder anderen Bäumen entstehen. Der Name „Knick" erinnert an das Umknicken (und miteinander Verschränken) von Laubholztrieben, durch das man die Hecke früher für Vieh unpassierbar machte.

mantel" nimmt das Gebüsch in reiner Form nur einen schmalen Streifen ein (s. Abb. 16–8). Aus dem Waldinneren und aus der breiten Übergangszone dringen aber bis an den äußersten Buschrand Waldpflanzen vor, die immer wieder Samennachschub erhalten. Nur ein Teil der Waldgesellschaften Mitteleuropas hat einen solchen „gesellschaftsfremden" Mantel. Schatthölzer, namentlich Fichte und Tanne, aber auch Buche, neigen dazu, sich am Waldrand bis auf den Erdboden hinab zu beasten, und lassen die lichtliebenden Gesträuche gar nicht erst aufkommen. **Am reichsten entwickeln sich Waldmäntel bei Eichenmischwäldern**, vor allem bei den wärmeliebenden. In solchen relativ lichten Mantelgebüschen und angrenzenden Waldbeständen haben nach Passarge (1987) viele **Wildobstarten** ihre natürliche Heimat wie *Prunus avium*, *Malus sylvestris*, *Pyrus pyraster* sowie *Sorbus aria*, *S. aucuparia*, *S. domestica* und *S. torminalis*.

Hier kann man auch am besten beobachten, wie sich vor dem Waldmantel noch ein krautiger **„Waldsaum"** entlangzieht. Er sondert sich durch höheren Wuchs und größere Blätter, also an Hochstauden erinnernde Lebensformen, deutlich von dem niedrigeren Bewuchs der angrenzenden Magerweiden oder Düngewiesen ab. Im Waldsaum haben manche krautige Arten wie *Clinopodium vulgare* und *Trifolium medium* ihr ökologisches Optimum. Müller (1962) schlug deshalb vor, sie als Charakterarten einer Hierarchie von „Saumgesellschaften" anzusehen. Dieser Herauslösung wurde vor allem von ungarischer Seite widersprochen (Jakucs 1970, 1972), weil in Gebieten mit relativ lichten Wäldern keine scharfe Trennung von Wald, Mantelgebüsch und Saum möglich ist. In kühleren und feuchteren Bereichen Mitteleuropas erscheint dies jedoch durchaus gerechtfertigt, zumal die von Dierschke (1974 a) vorgelegten gründlichen ökologischen Untersuchungen des Standortgefälles an Waldrändern dafür sprechen.

16.2 Lebensbedingungen und standörtliche Gliederung

a) Waldmäntel, Gebüsche, Hecken und Krautsäume vermitteln in der Charakteristik ihres Standortes in gewisser Weise zwischen Wald- und Offenland-Lebensräumen. Dicht geschlossene Gebüsche und Hecken lassen ähnlich wenig Licht zum Erdboden durch wie Buchenwälder: Weber (1967) maß unter schleswig-holsteinischen Wallhecken im Juni einen **relativen Lichtgenuss** von 0,5–2 %; ähnliche Werte ermittelten auch Pfeiffer (1942), Wittig (1976) und Eschenbach et al. (1996) in belaubten Hecken Nordwestdeutschlands. Aufgrund der hohen Dichte von Zweig- und Blattelementen in geschlossenen Hecken und Gebüschen nimmt die Strahlungsintensität bereits 50 cm tief im Bestand bis auf etwa 20 % der Freilandhelligkeit ab (Eschenbach et al. 1996); sie verhindert damit die Ausbildung von Schattenblättern in tieferen Kronenschichten. Im Inneren vieler mitteleuropäischer Hecken und Gebüsche werden Blätter daher nur spärlich ausgebildet oder sie fehlen aus Lichtmangel sogar ganz (Küppers 1985, 1989). Aus dem gleichen Grund entbehrt der Boden meist einer Krautschicht (Weber 2003).

Gebüschmäntel und Krautsäume am Rand von Wäldern und Feldgehölzen stellen Ökotone im Übergangsbereich von Waldinnenklima und Offenlandklima dar, entlang derer das **Mikroklima** einem steilen Gradienten unterliegt. Dierschke (1974 a) maß in einem Transekt vom Rasen über den Krautsaum und Gebüschmantel bis in den angrenzenden Wald eine Abnahme des relativen Lichtgenusses von 50 % auf weniger als 2 % auf einer Strecke von rund 2 m (s. Abb. 16–8), wodurch viele lichtliebende Arten der offenen Rasen ausgeschlossen werden (Kollmann & Poschlod 1997). Der Strahlungsgradient ist dabei in starkem Maße von der **Exposition** abhängig: Im südexponierten Saum einer schleswig-holsteinischen Hecke ermittelte Weber (1967) bei sonnigem Wetter im Mai einen relativen Lichtgenuss von 90 %, an der Nordseite dagegen nur von 20 %. Bei bedecktem Wetter mit diffuser Strahlung erhielt dagegen die weniger von Sträuchern überschirmte Nordseite sogar mehr Strahlung als die Südseite. In Küstennähe werden die Ostseiten der Hecken stärker beschattet, weil die vornehmlich westlichen Winde zu einer Verformung der Hecken in Richtung Osten führen.

Besonders starken kleinräumigen Veränderungen unterliegt das **Luftfeuchte-Regime** entlang des Gradienten vom Rasen zum Saum, Mantel und Wald sowie zwischen der Umgebung und dem Inneren von Gebüschen (s. Abb. 16–2). Hohe Sättigungsdefizite traten im Mikroklimatransekt von Dierschke (1974 a)

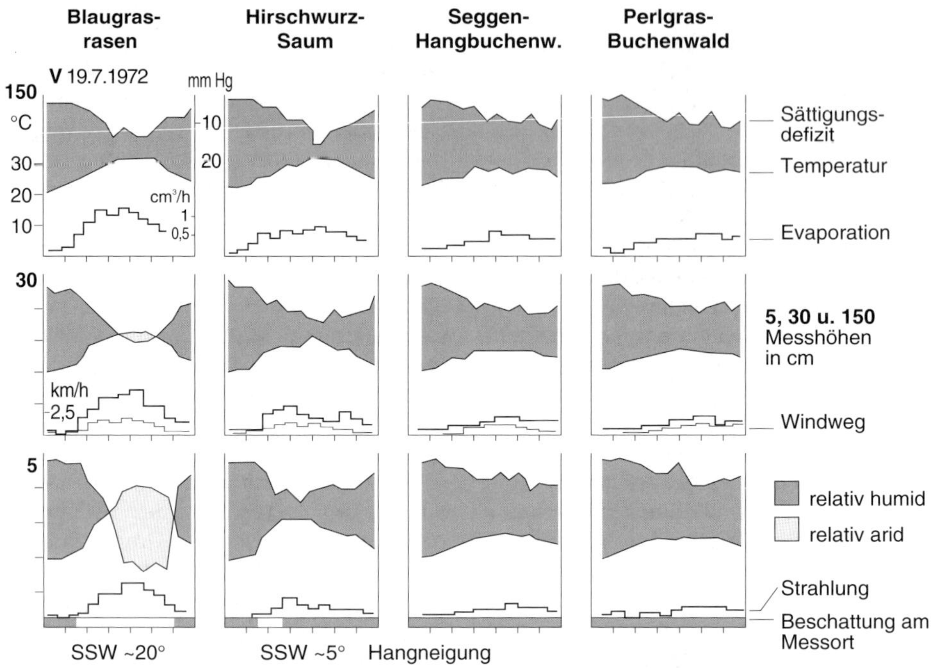

Abb. 16–2 Tagesgänge der Lufttemperatur, des Sättigungsdefizits, der Evaporation und der Luftbewegung am Sonnhang des Kohnsteins, einer Kalkstufe im Werratal, bei Strahlungswetter im Sommer (19. Juli). Nach Dierschke (1974), etwas verändert.
Über der steinigen Blaugrasrasenhalde (Teucrio-Seslerietum) wird es tagsüber sehr warm und trocken. Schon im Hirschwurz-Krautsaum (Geranio-Peucedanetum) ist das Mikroklima demgegenüber gemäßigt. In dem angrenzenden krüppeligen Seggen-Buchenwald (Carici-Fagetum) nahe der Kante sind die Bedingungen schon fast so ausgeglichen wie im Perlgras-Buchenhochwald (Melico-Fagetum) auf lehmüberdecktem Kalk in Plateaulage. Die Blaugrashalde ist von Natur aus wald- und gebüschfrei, also dem Wind und der Strahlung voll ausgesetzt.

nur in Bodennähe auf dem offenen Rasen auf, während das mittägliche Defizit im anschließenden Hirschwurz-Saum weit geringer war und offensichtlich von der vergleichsweise kühlen und feuchten Luft des Waldesinneren beeinflusst wurde. Messungen mit dem Piche-Evaporimeter demonstrieren die starke Abnahme der Verdunstungsbeanspruchung vom Rasen in den Saum und weiter in das Waldesinnere (s. Abb. 16–2). Jakucs (1972) stellte am Rande von thermophilen Eichenwäldern in Ungarn im Saum eine um 35 %, im Wald sogar um 70 % reduzierte Gesamtverdunstung im Vergleich zum offenen Trockenrasen fest. Auch im Inneren von Gebüschen und Hecken ist das Sättigungsdefizit an Strahlungstagen um das Zwei- bis Dreifache herabgesetzt (Weber 2003), weil die Windgeschwindigkeit in den Sträuchern stark reduziert ist. Der **verdunstungssenkende Effekt des Waldes auf den Krautsaum** kann als Beispiel von „facilitation“, also positiver Interaktion zwischen Pflanzen, gewertet werden, indem der Wald die Existenz der relativ produktiven, aber weniger trockenheitsertragenden Saumpflanzen in seinem Randbereich begünstigt.

Waldmäntel, Gebüsche und Hecken dämpfen die Schwankungen der **Temperatur** in ihrem Bestandesinneren, sodass sie weniger extreme Temperaturmaxima und -minima als ihre Umgebung erreichen (Küppers 1984). Krautsäume profitieren von der großen Biomasse des benachbarten Waldes oder Gebüsches, die nachts mit ihrer langwelligen Strahlung den Saum vor niedrigen Temperaturen oder gar Frösten schützt. Säume sind daher **weniger kälte- und frostgefährdet** als der angrenzende offene Rasen.

b) Unterschiedliche **Expositionen** spielen dabei eine große Rolle. Auch im sommerkühlen

Schleswig-Holstein waren die täglichen Temperaturschwankungen an der Bodenoberfläche im Süden vor einer 2,5 m breiten Wallhecke im August um fast 15 °C, in der Luft immerhin um rund 3 °C größer als auf der Nordseite (s. Tab. 16–1). Deutlich höhere Temperaturmaxima treten in den thermophilen Gebüschen und Waldmänteln des südlichen Mitteleuropa auf (Jakucs 1972). Im windreichen Nordwestdeutschland sind die **leeseitigen Ostränder** der Hecken und Gebüsche an der Bodenoberfläche im Mittel rund 2–3 °C, die bodennahe Luft etwa 0,5–1 °C wärmer als die windexponierten Westränder (Rohweder 1952, Weber 2003). Bei sonnigem Wetter ist allerdings die **nachmittägliche Einstrahlung an den Westseiten** größer; auch führen kalte Ostwinde eher an den Ost- als an den Westseiten zu winterlichen Frostschäden an den Sträuchern (Weber 2003).

Starke Expositionsunterschiede bestehen auch beim **Niederschlag** und der **Bodenfeuchte**. Westexponierte Waldmäntel und Hecken- oder Gebüschränder erhalten in der Regel höhere Regenmengen als die Ostseiten, weil ein Teil des Niederschlages am windexponierten Trauf abtropft. Andererseits erhöhen Hecken und Gebüsche nach Nägeli (1943) den Niederschlag und auch den Taufall in einer rund 10 m breiten Zone in ihrem Windschatten; sie führen also zu einem **Lee-Effekt** vornehmlich an den Ostseiten (s. Abb. 16–3, s. a. Abb. 4–97). Die Bodenfeuchte ist folglich an den Nord- und Ostseiten von Waldmänteln, Hecken und Gebüschen durchweg höher als auf der Südseite und unter den Sträuchern höher als im Freien (Dierschke 1974 a). Säume stehen in der Bodenfeuchte in der Regel zwischen den im Sommer trockeneren offenen Rasen und dem feuchteren Wald.

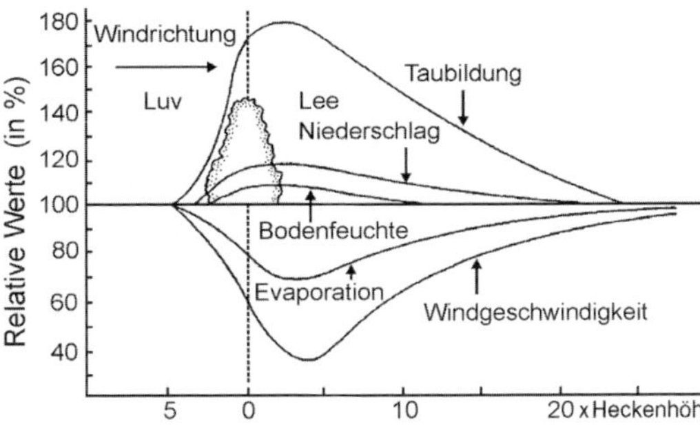

Abb. 16–3 Schema der mikroklimatischen Wirkung einer quer zur Windrichtung verlaufenden Hecke. Nach Nägeli (1943, in Weber 2003).

Tab. 16–1 Tägliche Temperaturschwankungen an verschiedenen Expositionen einer 2,5 m breiten, von West nach Ost verlaufenden Wallhecke in Schleswig-Holstein im August. Nach Weber (2003), gekürzt.

Exposition	Messstelle	ΔT (°C)
Südseite	Boden (5 cm)	9,8
	Bodenoberfläche (bewachsen)	17,8
	Bodenoberfläche (unbewachsen)	50,5
	Luft (20 cm)	19,1
Wallgrat	Luft (20 cm)	9,8
Nordseite	Boden (5 cm)	2,2
	Bodenoberfläche (bewachsen)	3,1
	Bodenoberfläche (unbewachsen)	1,5
	Luft (20 cm)	15,7

Die Exposition bestimmt die Artenzusammensetzung und Ökologie der linienförmig ausgebildeten Gebüsche, Hecken und Säume stärker als im Falle der meisten anderen Vegetationsformationen Mitteleuropas. Am deutlichsten unterscheidet sich die Vegetation **nordexponierter, meist schattig-feuchter, nährstoffreicherer Gebüsche und Säume** von jener **südexponierter, sonnenreicherer, aber auch trockenerer, oft nährstoffärmerer Bestände** (s. Abb. 16–5).

c) Hecken und Gebüsche wachsen auf einer Vielzahl von terrestrischen und semiterrestrischen **Böden**. Nur selten entspricht der von den Gebüsch-Gesellschaften durchwurzelte Boden ganz demjenigen ihrer Umgebung, und ebenso selten hat er das Profil alter Waldböden. Oft ist er magerer und trockener, weil viele ältere Hecken auf Lesesteinhaufen oder künstlichen Erdwällen stocken. Ihr Boden kann aber auch reicher sein, sei es, dass fruchtbarer Lössstaub in das Gebüsch hineingeweht oder dass gedüngte Ackererde hineingeschwemmt wurde. Beides ist vor allem in Gebieten mit mächtiger Lössdecke der Fall, z. B. im östlichen Harzvorland und im Kaiserstuhl. Wie im Wald reichert sich zudem im Laufe der Zeit unter den Sträuchern organische Substanz im Boden an; Hecken- und Gebüschstandorte sind also im Mittel **reicher an Kohlenstoff und Stickstoff als die umgebenden Rasen oder Äcker** (Jakucs 1972). Die Verfügbarkeit von N und P in Böden

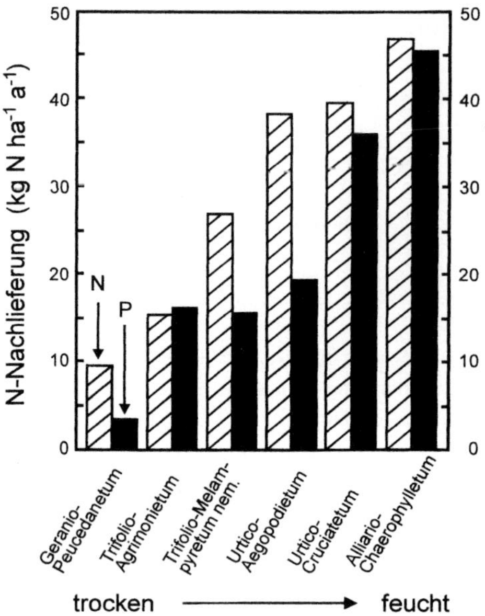

Abb. 16–4 Stickstoff-Nettomineralisation und Vorräte an pflanzenverfügbarem Phosphor im Oberboden (0–5 cm) unter verschiedenen, hinsichtlich der Bodenfeuchte differenzierten Saumgesellschaften Südniedersachsens und Nordhessens. Nach Zahlen in Dierschke (1974).

unter Säumen und Gebüschen hängt nach Untersuchungen von Dierschke (1974 a) vor allem von der Bodenfeuchte und der Temperatur ab: Sonnenexponierte und warm-trockene Standorte haben eine geringere N-Nachlieferung und niedrigere pflanzenverfügbare P-Gehalte als schattig-feuchte Bestände (s. Abb. 16–4).

16.3 Vegetation

16.3.1 Waldmäntel, Gebüsche und Hecken

a) Je nach Exposition, Regionalklima und Bewirtschaftung bilden die von Sträuchern dominierten Gebüsche, Hecken und Waldmäntel besondere Gesellschaften, die sich in ähnlicher Weise standörtlich und geografisch gliedern lassen wie die Waldgesellschaften. In einigen Punkten unterscheiden sie sich jedoch wesentlich von naturnahen Wäldern wie auch von Kunstforsten:

1. Sie bestehen fast ausschließlich aus **Lichtholzarten**, die im Schatten natürlicher Hochwälder kümmern oder zugrunde gehen würden.

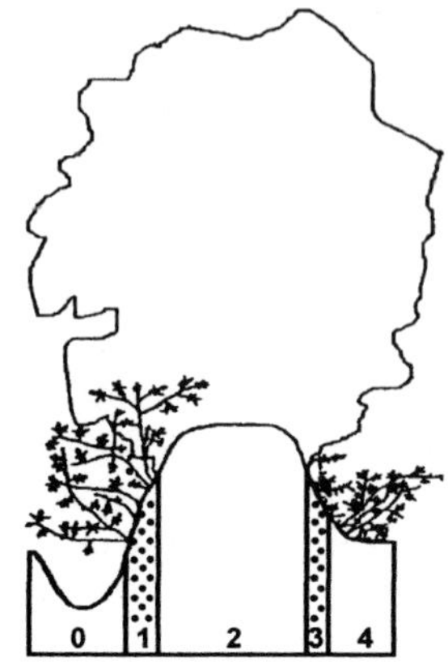

Zone	**0**	**1**	**2**	**3**	**4**
Relativer Lichtgenuss (%)		0,9	1,2	0,7	5
Lonicera periclymenum		X			
Brachythecium rutabulum		X			
Rubus pyramidalis		X			X
Rubus idaeus		X			X
Impatiens parviflorum		X			X
Mnium hornum		X	X	X	
Holcus mollis		X	X	X	
Hedera helix		X	X	X	
Quercus robur			X		
Sorbus aucuparia			X		
Betula pendula			X		
Populus tremula			X		
Prunus serotina			X		
Salix caprea			X		
Amelanchier lamarckii			X		
Frangula alnus			X		
Prunus avium			X		
Corylus avellana			X		
Fagus sylvatica			X		
Prunus avium			X		
Deschampsia flexuosa			X		
Moehringia trinervia			X		
Polygonatum multiflorum			X		
Agrostis capillaris			X		
Dryopteris filix-mas				X	
Dryopteris dilatata				X	
Milium effusum				X	
Hypnum cupressiforme				X	
Rubus gratus					X
Rubus schleicheri					X

Abb. 16–5 Vegetationsprofil durch eine wegbegleitende Wallhecke (Rubetum silvatici rubetosum grati) in Südwest-Nordost-Exposition auf ärmeren Böden in Niedersachsen. Stark verändert nach Rosskamp (1999, in Weber 2003). 0: vegetationsloser Graben, 1: *Rubus*-Zone (*Rubus gratus, R. pyramidalis* u. a.), 2: Zone der ausdauernden Gehölze (*Quercus robur, Betula pendula, Frangula alnus* u. a.), 3: *Dryopteris*-Zone (*D. filix-mas, D. dilatata*), 4: *Rubus*-Zone (*R. gratus, R. flexuosus* u. a.).

In der Naturlandschaft können sich diese nur an Uferabbrüchen, scharfen Geländekanten, flachgründigen Steilhängen oder Felsschultern sowie auf langzeitigen Waldlichtungen halten.

2. Da sie niedrig und an ihren Außenrändern bis zur Erde hinab beblättert sind, und da sie sich schon früh im Jahr begrünen, lassen sie nur wenig Licht auf den Boden dringen. Obwohl selber lichtliebend, sind sie also **gegen andere Lichtbedürftige unduldsam**. Infolgedessen geht Baumjungwuchs in ihrem Schatten oft zugrunde, und typische Waldkräuter gedeihen in den Gesträuchen schlechter als in vielen Hochwäldern. Im mitteldeutschen Trockengebiet haben gepflanzte Windschutzhecken nach Eichstädt & Mahn (1993) dagegen oft Ruderal- und Ackerwildkraut-Arten, d. h. lichtliebende Pflanzen, im Unterwuchs, wohl weil ihre Kronen ungewöhnlich schütter bleiben.

3. Vegetationsaufnahmen, die sich streng auf das Innere älterer Gebüsche beschränken, enthalten vorwiegend Sträucher und Halbsträucher, also Holzpflanzen. Unter diesen befinden sich einige **Lianen und Spreizklimmer**, die mit dem raschen Höhenwachstum von Bäumen nicht Schritt halten könnten, das Strauchwerk aber leicht überspinnen, z. B. *Clematis vitalba* und *Lonicera periclymenum* (s. Tab. 16–2). Kräuter und Gräser herrschen nur in den stärker besonnten Säumen am Rande der Gebüsche oder z. B. am Fuß von Wallhecken vor, an denen Weber (1967) eine charakteristische Zonierung feststellen konnte (s. Abb. 16–6).

4. Aufgrund ihrer geringen Höhe und des Lichtbedarfs der meisten Partner sind die Gebüsche kaum geschichtet, sondern mehr **mosaikartig** zusammengesetzt. Nur wenn einzelne gepflanzte oder spontan aufgewachsene Bäume, z. B. Eichen, Ulmen oder Eschen, geschont werden, entstehen mittelwaldähnliche (s. Kap. 3.3.1), mehrschichtige Bestände. Diese leiten aber bereits zu Waldgesellschaften über.

5. Die Entwicklung der meisten Gebüsche verlief bei der früher üblichen Bewirtschaftung ausgesprochen rhythmisch, indem sie alle 5 bis 15 Jahre abgeschlagen, also **wie Niederwälder genutzt** wurden. Doch regenerieren sich nahezu alle Partner sehr rasch durch Stockausschläge, sodass die Lichtphase nur 1 bis 2 Jahre dauert (s. Tab. 16–3). In dieser Zeit findet man Jungpflanzen von Arten der jeweils benachbarten Gesellschaften, in geringer Zahl auch Kahlschlagbewohner.

Diese floristischen, physiognomischen und ökologischen Besonderheiten rechtfertigen es, die Laubholzgebüsche von den Wäldern abzutrennen und zumindest als eigene Ordnung innerhalb dieser (Prunetalia spinosae, s. Tüxen 1955, Oberdorfer & Müller 1992) zu fassen. Lichtgenuss und mechanische Beanspruchung durch Schlag sind andererseits so entscheidende Faktoren für das Leben der meisten Hecken- und Gebüsch-Gesellschaften, dass die Boden- und Klimaeigenschaften erst in zweiter Linie wirksam werden. Viele Holzpflanzen trifft man deshalb in fast ganz Mitteleuropa als Gebüschpartner wieder (die Ordnungs- und Klassen-Charakterarten in Tab. 16–4), und es gibt gute Argumente, die Gebüsche mit der Klasse der Laubmischwälder (Querco-Fagetea) zu vereinigen (z. B. Reif 1983), zumal es zahlreiche Übergänge zwischen den Prunetalia und Fagetalia gibt.

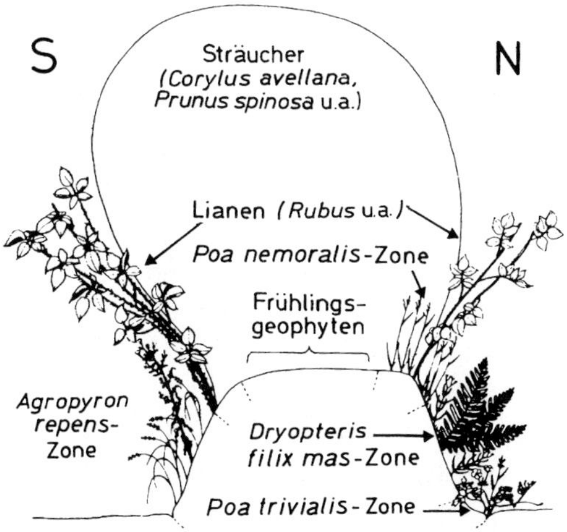

Abb. 16–6 Vegetationszonierung an einer west-östlich verlaufenden Wallhecke im Jungmoränengebiet Schleswig-Holsteins, halbschematisch. Nach Weber (1967), verändert. Im Inneren des von Zeit zu Zeit abgeschlagenen Schlehen-Haselgebüsches halten sich einige Waldpflanzen, insbesondere früh entwickelte Geophyten. An den Rändern hakeln sich Brombeeren empor. Am besonnten Wallhang gedeihen Rhizom-Geophyten wie Quecke und Ackerdistel. Der luftfeuchte Schatthang begünstigt relativ lichtbedürftige Waldpflanzen, z. B. Hain-Rispengras, Hain-Sternmiere und Wurmfarn. Am Fuß desselben finden Rasenpflanzen, wie Gemeines Rispengras und Kriech-Hahnenfuß, bodenfeuchte Plätze, von denen aus sie ihre Ausläufer in Acker oder Weide senden. An der Südseite des Walles treten (nach Messungen von Weber am 13. 8. 1965 nahe Segeberg) bei Freiland-Lufttemperaturen um 20 °C Bodentemperaturen von über 25 °C (bis maximal 58 °C) auf. An der Nordseite steigt die Bodentemperatur dagegen kaum über 15 °C. Die Luftfeuchtigkeit verhält sich entsprechend umgekehrt.

Tab. 16–2 Holzige und hochwüchsige krautige Lianen in Gebüschen Mitteleuropas. Nach Weber (2003), gekürzt; P = Phanerophyt, Hemikr = Hemikryptophyt, Geoph = Geophyt, Theroph = Therophyt.

Taxon	Lebensform	Max. Höhe (m)	Klettertechnik	Dickenwachstum
Clematis vitalba	NanoP	> 5	Ranken	Holzbildung
Hedera helix	NanoP	> 5	Wurzeln	Holzbildung
Lonicera periclymenum	NanoP	> 5	Rechtswinder	Holzbildung
Rubus caesius	PseudoP	> 1	Spreizklimmer	Dilatation
Rubus corylifolius agg.	PseudoP	1,5	Spreizklimmer	Dilatation
Rubus fruticosus agg.	PseudoP	1–4	Spreizklimmer	Dilatation
Rosa arvensis	NanoP	1,5	Spreizklimmer	Dilatation
Solanum dulcamara	NanoP	2–3	Links-/Rechtswinder	Holzbildung
Bryonia dioica	Geoph	1,5	Ranken	–
Calystegia sepium	Geoph/Hemikr	1,5–3	Linkswinder	–
Fallopia dumetorum	Theroph	2,5	Rechtswinder	–
Galium aparine	Theroph	0,5–2,5	Spreizklimmer m. Haken	–
Humulus lupulus	Hemikr	> 5	Rechtswinder m. Haken	–
Tamus communis	Geoph	2–3	Rechtswinder	–

Tab. 16–3 Stockausschlagvermögen einiger Gehölze bei niederwaldartiger Bewirtschaftung in Schleswig-Holstein. Nach Weber (2003).

Stockausschlagvermögen	Taxa
Sehr gut	*Carpinus betulus* *Corylus avellana* *Sorbus aucuparia* *Alnus glutinosa* *Sambucus nigra* *Fraxinus excelsior*
Gut bis mäßig gut	*Acer campestre* *Euonymus europaea* *Rosa* sp. *Prunus spinosa* *Crataegus* sp. *Frangula alnus* *Viburnum opulus*
Relativ schwach	*Quercus robur* *Fagus sylvatica*

Andere Autoren, namentlich Weber (1998, 1999) und Rennwald (2000), sehen die Gebüsche, Hecken und Waldmäntel dagegen als eigenständiger und billigen ihnen den Rang einer eigenen Klasse (oder gar mehrerer Klassen, FRANGULETEA und RHAMNO-PRUNETEA, s. u.) zu. Neuere Erkenntnisse über die äußerst formenreiche mitteleuropäische *Rubus*-Flora waren wesentliche Grundlage dieser Einschätzung.

b) Unabhängig von der synsystematischen Gliederung auf höheren Ebenen lassen sich die Gebüsche und Hecken der Kulturlandschaft nach dem **Basen- und Nährstoffreichtum** des Bodens, der **Wärmegunst** und dem **Lichtgenuss** in fünf standörtlich mehr oder weniger deutlich unterschiedene Gruppen gliedern. Die natürlichen Gebüsche der Weichholzauen, der Moorränder, der Küstendünen und der subalpin-alpinen Stufe werden hierbei außer Acht

Tab. 16–4 In vielen Gebüschen und Hecken vorkommende Arten, die auch in Wäldern verbreitet sind; N = ausgesprochene Stickstoffzeiger.

Querco-Fagetea-Klassen-Charakterarten	Weit verbreitete Begleiter
Acer campestre	*Aegopodium podagraria* (N)
Carpinus betulus	*Geranium robertianum* (N)
Cornus mas (südl.)	*Ilex aquifolium* (subatlant.)
Corylus avellana	*Salix caprea*
Euonymus europaea	*Sambucus nigra* (N)
Fagus sylvatica	*Sorbus aucuparia*
Fraxinus excelsior	*Brachypodium pinnatum*
Hedera helix	*Viola riviniana*
Lonicera xylosteum	u.v.a.
Quercus pubescens (südl.)	
Q. petraea	
Q. robur	
Ulmus minor (südl. u. östl.)	
Geum urbanum (N)	
Melica nutans	
Mercurialis perennis	

gelassen (s. hierzu die Kap. 8.3.1.3, 8.3.2.1 c, 12.3.1.4 u. 13.3.11.2):

1) **submediterran-mitteleuropäische Gebüsche auf basenreichen Böden**
(thermophile Gebüsche des Verbandes BERBERIDION);

2) **subatlantisch-mitteleuropäische Gebüsche auf basenreicheren Böden**
(mesophile Schlehen-Brombeer- und Haselgebüsche der Verbände PRUNO-RUBION RADULAE, CARPINO-PRUNION und SENECIONI OVATI-CORYLION);

3) **subatlantisch-mitteleuropäische Gebüsche auf basenarmen bis stark sauren Böden**
(Waldgeißblatt-Brombeer- und Besenginstergebüsche der Verbände LONICERO-RUBION SILVATICI und ULICI-SAROTHAMNION);

4) **südosteuropäisch-(sub)kontinentale Gebüsche**
(Weißdorn-Zwergkirschen- und Feldulmengebüsche: PRUNION FRUTICOSAE);

5) **schattenertragende Waldlichtungs-Gebüsche basenreicherer Böden**

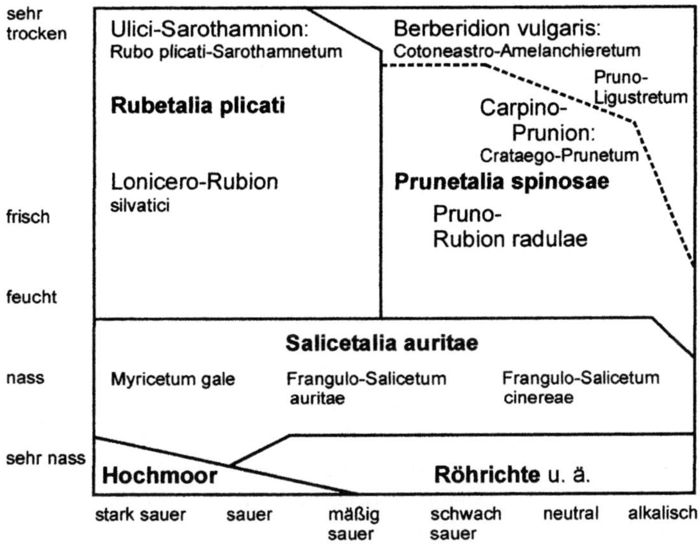

Abb. 16–7 Ökogramm der Gebüsch-Gesellschaften des mitteleuropäischen Tief- und unteren Berglandes außerhalb des Waldes. Nach Weber (2003), verändert.

(Traubenholunder-Salweiden-Lichtungsgebüsche und Himbeergestrüppe des Verbandes SAMBUCO RACEMOSAE-SALICION CAPREAE).

Betrachtet man nur die Gebüsche und Hecken außerhalb des Waldes in colliner bis submontaner Höhenlage, so lässt sich das Vorkommen der wichtigsten Gebüsch-Gesellschaften und deren höherer Syntaxa in einem Ökogramm darstellen (s. Abb. 16–7).

c) Unter den mehr **wärmeliebenden und trockenheitsertragenden** BERBERIDION-Gebüschen (s. Tab. 16–5) ist das Schlehen-Ligustergebüsch (Pruno-Ligustretum) das häufigste. Im südlichen Mitteleuropa ist es die vorherrschende Gesellschaft der Waldmäntel und Hecken (Oberdorfer & Müller 1992, Wirth 1993, Moravec 1995); es reicht im Norden bis nach Thüringen und in das östliche Niedersachsen (Rauschert 1990). Kennzeichnende und oft dominierende Sträucher sind *Ligustrum vulgare*, *Prunus spinosa*, *Crataegus monogyna* und *Viburnum lantana*. Am besten ist es auf **Kalkböden** ausgebildet, sei es als Feldrain oder Waldmantel. Im Bereich des BERBERIDION-Verbandes kommen einige von Natur aus baumfrei bleibende Gebüsche vor. Das Felsenbirnengebüsch (Cotoneastro-Amelanchieretum) z. B. leitet von XEROBROMION-Felsheiden zu lichten, wärmeliebenden Eichenwäldern über, ist also ein Bestandteil des Steppenheide-Mosaiks. Die größte Verbreitung haben jedoch auch im südlichen Mitteleuropa anthropogene Gebüsche, insbesondere die Lesesteinhecken und Dorngestrüppe, die sich auf ungepflegten Viehweiden breitmachten. Nach der in solchen Weidegebüschen auftretenden Berberitze (*Berberis vulgaris*) erhielt der Verband seinen Namen.

Weitere wärmeliebende Gebüsche mit submediterraner Prägung sind z. B. das Coronillo-

Tab. 16–5 Übersicht über die höheren synsystematischen Einheiten der Gebüsche Mitteleuropas nach der Gliederung von Rennwald (2000).

Vegetationsklasse	Ordnungen, Verbände	Standort der Verbände
FRANGULETEA Faulbaumgebüsche	O. RUBETALIA PLICATI (bodensaure Ginster- und Brombeergebüsche)	
	V. ULICI-SAROTHAMNION (Stechginster- u. Besenginstergebüsche)	saure bis stark saure trockene Böden, subatlantisch
	V. LONICERO-RUBION SILVATICI (Waldgeißblatt-Brombeergebüsche)	mäßig saure, frische bis trockene Böden, subatlantisch
	O. SALICETALIA AURITAE (Ohrweiden-Grauweiden-Moorgebüsche)	
	V. SALICION CINEREAE	feuchte bis nasse, basenarme Böden
RHAMNO-PRUNETEA Kreuzdorn-Schlehengebüsche	O. PRUNETALIA SPINOSAE (Schlehengebüsche)	
	V. BERBERIDION VULGARIS (wärmeliebende Berberitzengebüsche)	trockene, basenreiche Böden, submediterran-mitteleuropäisch
	V. CARPINO-PRUNION (mesophile Schlehengebüsche)	frische bis trockene, basenreichere Böden, mitteleuropäisch
	V. PRUNO-RUBION RADULAE (Schlehen-Brombeergebüsche)	frische, basen- u. nährstoffreichere Böden, subatlantisch
	O. SAMBUCETALIA RACEMOSAE (Traubenholundergebüsche)	
	V. SENECIONI OVATAE-CORYLION (Fuchsgreiskraut-Haselgebüsche)	basenarme Böden in (sub)montaner Höhenlage
	V. SAMBUCO RACEMOSAE-SALICION CAPREAE (Traubenholunder-Salweidengebüsche)	Waldlichtungen auf basen- u. nährstoffreicheren Böden
SALICETEA ARENARIAE Dünenweidengebüsche	O. SALICETALIA ARENARIAE (Dünenweidengebüsche)	
	V. SALICION ARENARIAE	natürliche Dünengebüsche der Küsten

Prunetum mahaleb mit der namengebenden Felsenkirsche (*Prunus mahaleb*), das nur lokal (z. B. in Thüringen) vorkommende Violo hirtae-Cornetum maris mit der gelb blühenden Kornelkirsche (*Cornus mas*) und das submontan-montan verbreitete Roso vosagiacae-Coryletum mit Hasel und Vogesenrose (*Rosa dumalis = R. vosagiaca*, Reif 1983, Milbradt 1987, Oberdorfer & Müller 1992).

Schon im mitteldeutschen Trockengebiet östlich des Harzes haben die Hecken und Waldränder ein mehr **kontinentales Gepräge**. Hier spielt die Feldulme (*Ulmus minor*) eine auffällige Rolle, ähnlich wie in manchen submediterranen und südöstlichen Trockenlandschaften, und gelegentlich findet man die sonst seltene Zwergkirsche (*Prunus fruticosa*). Diese Heckengesellschaften werden von manchen Autoren einem eigenen Verband (Prunion fruticosae) zugeordnet. Sie sind von Bulgarien bis nach Finnland verbreitet. Ihre westlichsten Vorposten erreichen das rheinhessische Trockengebiet.

Die im **westlichen Mitteleuropa** verbreiteten Gebüsch-Gesellschaften sind reich an *Rubus*-Arten, doch wäre es irreführend, den Verband Pruno-Rubion radulae mit „Brombeerhecken“ zu übersetzen; denn oft herrschen auch in ihnen hochwüchsige Sträucher vor, die die Brombeeren großenteils überschatten. Im kühleren Norden und Nordwesten ersetzen diese Schlehen-Brombeergebüsche das Berberidion, die beide auf basenreichen Böden vorherrschen. Wärmeliebende Sträucher wie Liguster, Berberitze und Wolliger Schneeball fehlen ihnen, während die Brombeeren an Bedeutung gewinnen. Nach den charakteristischen Brombeeren unterscheidet Weber (1998, 1999) zahlreiche Assoziationen, unter denen im südlichen Mitteleuropa das Schlehengebüsch mit Zweifarbiger Brombeere (Pruno-Rubetum bifrontis), im nordwestlichen Mitteleuropa hingegen das Schlehengebüsch mit Sprengels Brombeere (Pruno-Rubetum sprengelii) am verbreitetsten sind.

Ebenfalls auf „mittleren“ basenreicheren Böden im subozeanischen Mitteleuropa verbreitet sind die Weißdorn-Schlehengebüsche (V. Carpino-Prunion). Sie sind aber stärker von den stark schattenden Dornsträuchern *Prunus spinosa* und *Crataegus laevigata* beherrscht als die Schlehen-Brombeergebüsche und daher artenärmer als diese (Weber 2003). Am häufigsten ist das Crataego-Prunetum, das in Norddeutschland und Nordpolen das im südlichen Mitteleuropa weit verbreitete Pruno-Ligustretum ersetzt (s. oben).

In stärker kontinentalen Regionen sowie in montaner Höhenlage treten die Brombeeren zurück und von der Hasel und dem Traubenholunder beherrschte Gebüsch-Gesellschaften nehmen ihren Platz ein; in ihnen sind Dornsträucher wie die Schlehe selten (Passarge 1968, Reif 1985).

d) An mäßig bis stark **bodensauren Standorten** treten Gebüsche und Hecken auf, die sich grundlegend von denen basenreicherer Böden unterscheiden. Schlehe, Weißdorn, Hartriegel, Schneeball und die anspruchsvollen Brombeeren wie *Rubus radula* und *R. vestitus* fehlen auf den sauren Böden fast vollständig. Weber (1998, 1999) trennt deshalb die bodensauren Gebüsche (Kl. Franguletea, O. Rubetalia plicati) von jenen basenreicherer Standorte (Kl. Rhamno-Prunetea) auf der Klassenebene ab.

Die Waldgeißblatt-Brombeergebüsche (V. Lonicero-Rubion silvatici) haben ihren Schwerpunkt im **ozeanischen nordwestlichen Mitteleuropa**, wo sie ärmere Böden besiedeln. In diesen Gesellschaften treten die Dornsträucher in den Hintergrund und die Brombeeren beherrschen die Gebüsche, ähnlich wie in den Weidegegenden von England, Irland, Nordfrankreich, Belgien und den Niederlanden, wo brombeerreiche Hecken das Landschaftsbild bestimmen (Weber 1967). Im südlichen und östlichen Mitteleuropa treten Brombeergebüsche dagegen nur sehr fragmentarisch auf. In den 1–1,5 m hohen Gestrüppen ist die Falten-Brombeere (*Rubus plicatus*) die am weitesten verbreitete Art. Weber (1998) unterscheidet mehrere, von bestimmten Brombeeren gekennzeichnete Assoziationen im ozeanisch beeinflussten Nordwesten.

Auf stark sauren, häufig podsolierten Böden des nordwestdeutschen Altdiluviums treten die **Besenginstergebüsche** (V. Ulici-Sarothamnion) als Sukzessionsstadien in Calluna-Heiden und Borstgrasrasen auf. Ihnen ist häufig die Falten-Brombeere (Rubo plicati-Sarothamnetum) beigemischt.

e) **Waldlichtungen**, seien sie natürlich oder durch Kahlschlag entstanden, werden auf **basen- und nährstoffarmen Böden** von ähnlichen Gebüsch-Gesellschaften besiedelt wie Standorte in der freien Feldmark, nämlich von Gemeinschaften des Verbandes LONICERO-RUBION SILVATICI (s. Tab. 16–5). Die floristischen Unterschiede zwischen lichtliebenden und schattenertragenden Gebüschen sind also auf armen Böden ziemlich gering. Auf **basenreicheren Böden** ist das anders: Die mesophilen oder thermophilen Gebüsche der Verbände CARPINO-PRUNION und BERBERIDION, die basen- und kalkreiche Böden besiedeln, sind durchweg lichtliebend und meiden die beschatteten Lichtungen des Waldinneren. Schlehe, Hartriegel, Schneeball und die Rosen fehlen auf den Waldlichtungen der basenreichen mitteleuropäischen Laubwälder fast vollständig (Weber 2003). Lediglich in die lichten, wärmeliebenden Eichenmischwälder des südlichen und südöstlichen Mitteleuropa dringen die Arten des BERBERIDION ein (Jakucz 1972).

Das liegt zum einen daran, dass die Buche gerade im Galio- und Hordelymo-Fagetum Lichtungen rasch mit ihrem Jungwuchs besiedelt und ein von Sträuchern dominiertes Sukzessionsstadium nur selten auftritt (s. Kap. 5.7.2.2 b). Sind die Lichtungen groß genug, können sich jedoch schattenverträgliche Gebüsche und Gestrüppe ansiedeln, die einem eigenen Verband SAMBUCO RACEMOSAE-SALICION CAPRAEAE zugeordnet werden. Am weitesten verbreitet auf basen- und nährstoffreichen Waldböden ist das Himbeergestrüpp (vor allem in höheren Berglagen, *Rubus idaeus*-Ges.) und das Lichtungsgebüsch mit Rauer Brombeere (Sambuco racemosae-Rubetum rudis), das vor allem im Galio- und Hordelymo-Fagetum auftritt und in dem die Salweide und der Trauben-Holunder stet vorkommen. Weitere Gesellschaften der Waldmäntel, Gebüsche und Hecken nennen u. a. Passarge (1968, 1979), Oberdorfer & Müller (1992), Wirth (1993) und Weber (1998, 1999, 2003).

Die Gebüsch- und Heckengesellschaften kann man als Hinweise auf die potenziellen natürlichen Waldgesellschaften benutzen, an deren Stelle sie sich entwickelt haben (s. z. B. Falinski et al. 1963, Jurko 1964, Härdtle 1989, Pott 1989, Weber 2003). Vorsicht ist hier allerdings insofern geboten, als ihr Standort oft künstlich verändert wurde und Schattholzarten wie die Rotbuche in schmalen Hecken nicht ihre volle Konkurrenzkraft entfalten können, von den gegen Holzschlag empfindlichen Nadelhölzern ganz zu schweigen.

16.3.2 Krautsäume

a) Krautsäume an Gebüschen und Waldrändern benötigen einerseits den Schutz, den ihnen die Holzgewächse gegen nächtliche Kälte und Fröste, gegenüber zu trockener Luft an Sommertagen sowie gegen Viehverbiss und Wiesenschnitt gewähren (s. Kap. 16.2 a). Andererseits sind sie lichtbedüftig und meiden den Schatten des Gesträuchs oder Waldes, sodass sie auf schmale, oft weniger als 1 m breite Streifen angewiesen sind, in denen der Lichtgenuss und die hygrischen Bedingungen für das Wachstum relativ **zartlaubiger, hochwüchsiger Stauden** besonders günstig sind.

Nur recht wenige Phanerogamen sind offenbar an diese Lebensbedingungen speziell angepasst und haben daher den **Schwerpunkt ihres Vorkommens in den Säumen**. Die große Mehrheit der in den Säumen auftretenden Arten dringt entweder von den benachbarten Rasen- oder von den Wald- und Gebüsch-Gesellschaften in die Säume ein (s. Abb. 16–8). Zu den typischen Saumarten gehören vor allem produktive Hochstauden, denen die Lebensbedingungen in den offenen Trockenrasen zu extrem sind, darunter insbesondere Apiaceen (z. B. *Peucedanum*-, *Laserpitium*- und *Pimpinella*-Arten) und Asteraceen (u. a. *Hieracium*- und *Chrysanthemum*-Arten), die andererseits im Waldschatten kümmern.

Nach der Basenversorgung der Böden und der Exposition der Gehölzränder kann man drei floristisch und ökologisch gegensätzliche Gruppen von Säumen unterscheiden, die heute meist eigenen Klassen zugeordnet werden (s. Kap. 26: Nr. 6.1):

b) Die Klasse der **wärmebedürftigen und trockenheitsertragenden Krautsäume auf basenreichen Böden** (Kl. TRIFOLIO-GERANIETEA, O. ORIGANIETALIA VULGARIS) hat nach Dierschke (1974 a, b) ihren Verbreitungsschwerpunkt in Mitteleuropa, lässt sich aber bis nach Südengland, Mittelskandinavien, Westrussland, Österreich, Norditalien und in große Teile Frankreichs hinein verfolgen. Wichtige Charakterarten sind neben Leguminosen wie *Astragalus glycyphyllos*, *Coronilla varia* und *Lathyrus sylvestris* viele mehr oder minder hohe, schwach skleromorphe Stauden, z. B. *Hypericum perforatum*, *Inula conyza*, *Origanum vulgare* und *Verbascum lychnites* (s. a. Abb. 16–9). Manche

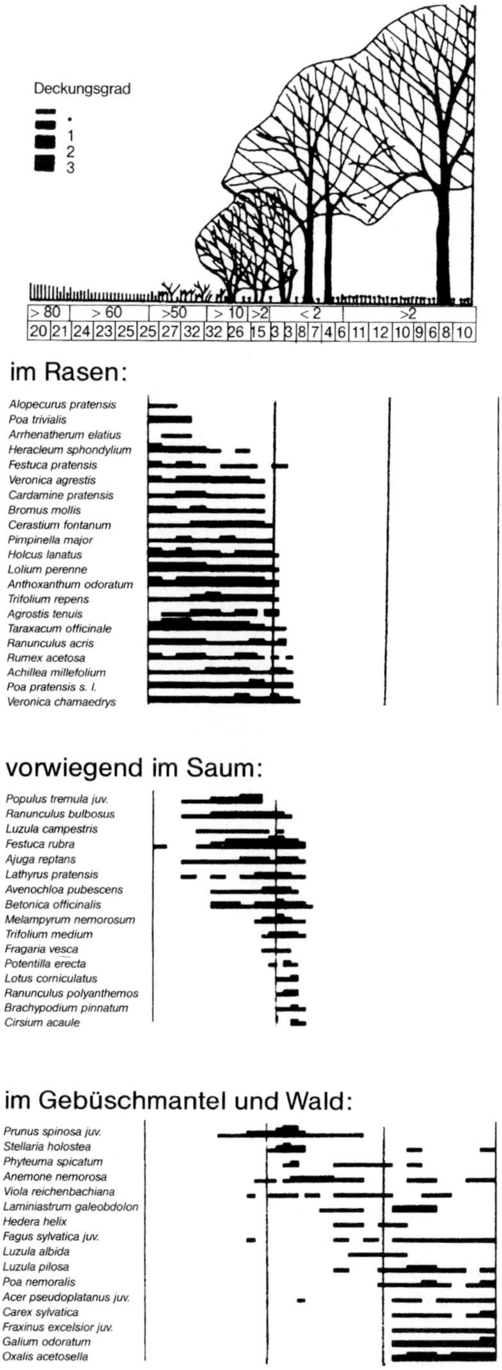

Abb. 16–8 Beleuchtungs- und Artengefälle in einem SW-NO-Transekt vom Rasen (Arrhenatheretum) über einen Krautsaum (Trifolio-Melampyretum) und einen Gebüschmantel (Carpino-Prunetum) in den Wald (Melico-Fagetum) auf gleichmäßig tiefgründigem Boden. Nach Dierschke (1974), verändert.

Abb. 16–9 Thermophiler Saum am Rande eines Carici-Fagetum im mittleren Werratal (Plesse bei Wahnfried). Zu erkennen sind *Geranium sanguineum, Anthericum liliago, Carduus defloratus* u. a.

von diesen galten früher als Charakterarten der xerothermen Eichenmischwälder (QUERCETALIA PUBESCENTIS, s. Kap. 6.4.1); sie lassen sich zumindest als deren Differenzialarten gegen die mesophilen Laubmischwälder (FAGETALIA) verwenden.

Die Trennung der wärmeliebenden Krautsäume von den Eichenmischwäldern ist in großen Teilen Mitteleuropas heute unschwer möglich, weil Waldweide und ungeregelter Holzschlag aufgehört und die eigentlichen Wälder sich so dicht geschlossen haben, dass lichtliebende Arten kümmern oder verschwunden sind. Nur an Felsen, wie dem Isteiner Klotz in der südlichen Oberrheinebene oder dem Kohnstein am Werratal, findet man alle Übergangsstadien zwischen lückiger Steinflur, Trockenrasen-Fragmenten, Krautsäumen, krüppelig-lichten Wäldern und dichtem Hochwald. Das Kleinmosaik dieser Formationen ist an solchen Standorten von der Natur vorgezeichnet, und zwar durch die Mächtigkeit der Feinerdeschicht, aus der sich die Pflanzen in Trockenzeiten mit Wasser versorgen (s. Abb. 4–3). Die meisten Waldränder in Mitteleuropa sind dagegen zweifellos vom Menschen gewollt und auf mehr oder minder gleichmäßig tiefgründigem Boden gezogen. Hier ist der Standort zwar hinsichtlich der Wasserversorgung und der chemischen Faktoren weniger extrem, das Gefälle der Strahlung (s. Abb. 16–2) und damit auch der Artenkombinationen aber viel steiler als in dem geschilderten natürlichen Mosaik oder in verhältnismäßig niederschlagsarmen und weniger intensiv bewirtschafteten Gebieten, z. B. den Tieflagen Ungarns. Viele Arten der thermophilen Säume sind von ihrer

Herkunft eigentlich **Trockenwaldpflanzen** wie z. B. der Diptam (*Dictamnus albus*), der auch in wärmeliebenden Eichenwäldern und sogar im Galio-Carpinetum vorkommt (Keller 1994).

Die natürlichen, ausgesprochen xerothermen Krautsäume machen den Kern des Verbandes GERANION SANGUINEI (Blutstorchschnabel-Säume) aus, der sich durch zahlreiche submediterran verbreitete Charakterarten auszeichnet. Doch gibt es selbst in diesem Verband zahlreiche Bestände, die ihre Existenz dem Menschen mitverdanken. Auf flachgründigen Kalkböden in extremer Südexposition bildete sich der Blutstorchschnabel-Hirschwurz-Saum (Geranio-Peucedanetum cervariae, Abb. 16–9), der über das gesamte Verbreitungsgebiet der TRIFOLIO-GERANIETEA mit regionaltypischen Ausbildungen vorkommt und die häufigste der thermophilen Saumgesellschaften ist. Ihrem ungewöhnlichen Standort entsprechend hat sie einige wirklich treue Charakterarten, nämlich *Seseli libanotis*, *Thesium bavarum* und *Coronilla coronata*. Andere thermophile Saumgesellschaften wie das Geranio-Dictamnetum mit dem kennzeichnenden Diptam, der blütenreiche Hügelklee-Saum (Geranio-Trifolietum alpestris) und der stärker schattenverträgliche und weiter ins nördliche Mitteleuropa vorstoßende Wildanemonen-Saum (Geranio-Anemonetum sylvestris) sind weniger häufig.

Auf mehr oder minder tiefgründigem, basenreichem Boden und ausschließlich an anthropogenen Waldrändern findet man oft Gesellschaften des mesophilen Verbandes TRIFOLION MEDII (Mittelklee-Säume). Mit *Trifolium medium*, *Agrimonia eupatoria* und wenigen anderen Arten (s. Weber 2003) ist er nur schwach charakterisiert; doch treten in seinen Gesellschaften zahlreiche Wiesenpflanzen auf, die ihn vom GERANION SANGUINEI unterscheiden, namentlich *Dactylis glomerata*, *Achillea millefolium*, *Knautia arvensis*, *Lathyrus pratensis*, *Veronica chamaedrys* usw. Für die häufigste Assoziation, den Odermennig-Saum (Trifolio-Agrimonietum), fand Dierschke (1974 b) überhaupt keine charakteristischen Arten. Sie stellt die Zentralassoziation des Verbandes dar. Einige seltenere Gesellschaften werden nach jeweils ein bis zwei Charakterarten benannt, z. B. das farbenprächtige Trifolio-Melampyretum nemorosi (im nordöstlichen Mitteleuropa bis zum Leine-Werra-Bergland), das Agrimonio-Vicietum cassubicae (im Osten Mitteleuropas) und das Vicietum sylvaticae-dumetorum, das mehr im Westen hervortritt.

c) Erst in jüngster Zeit, insbesondere durch die Arbeiten von Passarge (1979, 1994) und Klauck (1992), fanden die **Krautsäume bodensaurer Waldmäntel und Gebüsche** (O. MELAMPYRO-HOLCETALIA MOLLIS) stärkere Beachtung. Ihnen fehlen die hochwüchsigen Stauden der basiphytischen Säume weitgehend, werden sie doch vor allem von weniger auffälligen Gräsern wie *Holcus mollis*, *Deschampsia flexuosa* und *Agrostis capillaris* und verschiedenen *Hieracium*- und *Melampyrum*-Arten beherrscht. Ihren Schwerpunkt haben diese Säume im subozeanischen Nordwesten Mitteleuropas, während sie sich in den subkontinental und submediterran getönten Regionen weniger deutlich vom TRIFOLION MEDII oder GERANION SANGUINEI unterscheiden. Sie werden heute als eigener Verband, häufig sogar mit eigener Ordnung oder gar Klasse, von den beiden genannten basiphytischen Saumverbänden abgetrennt (z. B. Klauck 1992, Weber 2003; Kap. 26: Nr. 6.1.1.2). Im engen räumlichen Kontakt zu den bodensauren Buchen- und Eichen-Buchenwäldern und den mit diesen verbundenen Faltenbrombeer-Gebüschen (O. RUBETALIA PLICATI, s. Kap. 16.3.1) ist vor allem der Salbeigamander-Saum (Melampyrum pratense-Hieracium sabaudum-Ges.) in den Sandsteinlandschaften der Mittelgebirge weit verbreitet (Klauck 1992). Weitere bodensaure Säume werden z. B. durch *Hieracium umbellatum*, *H. laevigatum*, *H. murorum*, *H. lachenalii* oder *Galium harcynicum* (stärker montan) gekennzeichnet (vgl. Klauck 1992, Pott 1995, Weber 2003).

d) Im Gegensatz zu den sonnseitigen Saumgesellschaften genießen die schattseitigen ein sehr ausgeglichenes Kleinklima und eine bemerkenswert gute Nitratnachlieferung durch den selten stark austrocknenden Boden. Beide Faktoren führen dazu, dass in den **Nitrophilen Säumen** der Ordnung GLECHOMETALIA HEDERACEAE (Kap. 26: Nr. 3.6.2) großblättrige, mehr oder minder hygromorphe Stauden vorherrschen, die überwiegend als ausgesprochene Stickstoffzeiger gelten müssen, darunter Brennnessel, Giersch, Knoblauchsrauke, Kerbel und das Kleinblütige Springkraut (Janiesch 1973; s. Kap. 22.3). Dierschke (1974 a) maß entsprechend in überwiegend nordexponierten nitrophilen Säumen Südniedersachsens rund vier- bis zehnfach höhere Stickstoff-Mineralisationsraten und auch pflanzenverfügbare Phosphorgehalte als in sonnseitigen, trockenheitsbeeinflussten Säumen (s. Abb. 16–4).

Zu den häufigsten Ordnungs-Kennarten zählen *Alliaria petiolata*, *Glechoma hederacea* und *Geum urbanum*, die auch in nährstoffreichen und luftfeuchten Auenwäldern zu finden sind. Ähnlich gebaute Ruderalpflanzen wie *Urtica dioica*, *Ballota nigra* und *Arctium tomentosum* treten als Kennarten der Klasse ARTEMISIETEA hinzu. Außerdem spielen fast stets einige „Begleiter" eine Rolle, die ihre Heimat in lichten Auenwäldern haben, aber erst in den Düngewiesen (s. Kap. 19.3) zur vollen Entfaltung kamen, namentlich *Dactylis glomerata*, *Poa trivialis*, *Anthriscus sylvestris*, *Ranunculus repens* und *Vicia sepium*.

In den Flussauen (s. Kap. 8.3.1) sind daher auch die natürlichen Standorte solcher Krautsäume zu suchen. Der Verband der Giersch-Halbschattsäume (AEGOPODION PODAGRARIAE) umfasst z. B. den Brennnessel-Giersch-Saum (Urtico-Aegopodietum podagrariae) und den Brennnessel-Wiesenkerbel-Saum (*Urtica dioica-Anthriscus sylvestris*-Ges.), die heute wohl die häufigsten Saumgesellschaften in der eutrophierten Kulturlandschaft Mitteleuropas sind (Weber 2003). Ebenfalls zu den nitrophilen Halbschattensäumen werden die vom Kreuzlabkraut (*Cruciata laevipes*, an sonnigen basenreichen Gehölzrändern), vom Goldkälberkropf (*Chaerophyllum aureum*, submontan bis montan) oder Gewürzkälberkropf (*Chaerophyllum aromaticum*, östliches Mitteleuropa) gekennzeichneten Säume gerechnet. In den Flussauen treten die hochwüchsigen Knollenkälberkropf-Säume (Chaerophylletum bulbosi) und die niedrigen Pestwurzfluren (Petasitetum hybridi, s. Abb. 8–25) auf, die sich zwischen Auengebüsche und kleine Flüsse oder Bäche einschalten.

Die Nelkenwurz-Knoblauchsrauken-Schattsäume (GEO-ALLIARION PETIOLATAE) halten sich noch stärker im Schatten und haben mehr oder minder hygromorphe Blätter, wie z. B. *Alliaria petiolata*, *Impatiens parviflora* und *Geranium robertianum*. Zu den häufigsten Säumen der Schattlagen zählen der Taumelkerbel-Saum (Alliario-Chaerophylletum temuli) und der Klettenkerbel-Saum (Torilidetum japonicae). Neuerdings siedeln sich immer häufiger Säume der aus dem Kaukasus stammenden Herkulesstaude (*Heracleum mantegazzianum*) an. Floristisch verwandt mit den genannten Krautsäumen sind die subalpinen und alpinen Lägerfluren (RUMICION ALPINI), die wir bereits in Kapitel 13.3.11.4 kennenlernten. Weitere Saumgesellschaften nennen z. B. Bohn & Lohmeyer (1990), Dengler & Krebs (2003), Klauck (1991, 1992), Moravec (1995), Mucina (1993), Müller (1978), Otte & Ludwig (1989), Pott (1995), Türk (1990), Türk & Meierott (1992), Welss & Kerskes (1990), Weber (2003) und Wittig (2002).

Gemeinsam mit den nitrophytischen Uferstauden und Saumgesellschaften der großen Flüsse und Ströme (der Ordnung CONVOLVULETALIA SEPIUM, s. Kap. 21.2.3 d) wird die Ordnung GLECHOMETALIA neuerdings zu einer Klasse zusammengefasst, den Klebkraut-Brennessel-Gesellschaften (GALIO-URTICETEA, s. Kap. 26: Nr. 3.6). Ebenso wie die Klasse ARTEMISIETEA wird diese freilich nur durch wenige Charakterarten zusammengehalten. Überhaupt ist die soziologische Systematik der mehr oder minder hygro- und nitrophilen Krautfluren noch so sehr im Fluss, dass umfassende, auch ökologisch fundierte Untersuchungen abgewartet werden sollten.

16.4 Anpassung an den Standort, Populationsbiologie und Vegetationsdynamik

Welchen Erfolg die sowohl in horizontaler wie in vertikaler Richtung expandierenden Sträucher in der Eroberung des Kronenraumes haben, wird weniger vom artspezifischen Photosynthesevermögen bestimmt, als von den Aufwendungen in Form von Kohlenstoff und Nährstoffen, die eine Pflanze in Zweig- und Blattmasse investieren muss, um ein bestimmtes Kronenvolumen auszufüllen. Pflanzen, die wenig Gerüstsubstanz bilden müssen, um ihre Blätter optimal zum Licht hin zu positionieren, sind daher meist in der Konkurrenz überlegen. Küppers (1989) fand bei schnellwüchsigen Pioniersträuchern der Hecken wie der Schlehe (*Prunus spinosa*) vergleichsweise hohe **Kosten der Kronenraumeroberung**, bei dem erst später erscheinenden Weißdorn mittlere, und bei den sich erst spät durchsetzenden Arten wie dem Bergahorn oder gar der Rotbuche dagegen niedrige Kosten. Besonders ökonomisch sind in dieser Hinsicht **Lianen**, die andere Holzpflanzen als „Gerüst" benutzen und als Winder, Ranker oder Spreizklimmer an das Licht gelangen (Wilmanns 1983, Weber 2003). Die relativ hohe Zahl an holzigen und krautigen Lianen in mitteleuropäischen Waldmänteln, Gebüschen und Hecken (s. Tab. 16–2) ist Ausdruck der intensiven Konkurrenz um Licht in diesem Lebensraum.

Je häufiger Hecken und Gebüsche durch Schlag, Brand oder Verbiss gestört werden, umso entscheidender sind jedoch die folgenden drei pflanzlichen Eigenschaften: **Hohes Regenerationsvermögen, rasches Längen- und Höhenwachstum** und die Fähigkeit, sich mit **Stacheln und Dornen gegen Fraßfeinde** zu wehren. Besonders regenerationsfreudig sind Sträucher, die mit Adventivknospen aus dem Stock ausschlagen können (s. Tab. 16–3). Die Ausbildung von **Polykormonen**, also von wurzelbürtigen Sprossen und Tochterpflanzen, ist bei vielen Sträuchern eine höchst erfolgreiche Strategie der Raumeroberung in der horizontalen Richtung (Jakucs 1972). Schlehe, Weißdorn, Zitterpappel, Feldulme, die neophytische Kartoffelrose und andere Sträucher rücken auf diesem Wege mehrere Dezimeter oder gar Meter pro Jahr in Grasländer vor, die aus der Nutzung genommen wurden (s. Abb. 16–10; s. auch Dierschke 1993, Ward 1990, Kollmann & Poschlod 1997). Andere Arten wie die Brombeeren oder Liguster breiten sich vegetativ durch die Bildung von langen Ausläufern aus, die in größerer Entfernung von der Mutterpflanze Absenker zum Erdboden aussenden und sich dort verwurzeln.

Während der letzten Jahrzehnte haben sich die Sonnseiten-Krautsäume an vielen Orten rasch verbreitert, indem Saumarten in die nicht mehr gemähten oder nur noch selten beweideten Magerrasen vorrückten, sei es vegetativ mit Rhizomen oder Ausläufern, sei es generativ durch gut keimende Samen. Man spricht geradezu von einer **„Versaumung" der Halbtrockenrasen**, oder besser von „Verstaudung" (s. Kap. 18.7.3) des ehemaligen Graslandes als mehr oder minder lang andauernde Zwischenstufe zur Wiederbewaldung.

Die Mehrzahl der Straucharten in den Gebüschen und Hecken wird **durch Vögel ausgebreitet**, die die fleischigen Früchte im Herbst bevorzugt verzehren (s. Tab. 16–6). Nach Kollmann (1994) und Weber (2003) werden die *Rubus*-Arten sowie *Cornus sanguinea*, *Hedera helix*, *Sambucus nigra*, *Prunus avium*, *Ilex aquifolium* und *Euonymus europaeus* besonders gern verzehrt, während die Rosen, *Ligustrum vulgare*, *Sambucus racemosa*, *Sorbus aria* und insbesondere *Viburnum opulus* in der Regel weniger beliebt sind. Nach Weber (2003) trägt auch der Vogelzug zur ornithochoren Diasporenausbreitung bei: Die disjunkte Verbreitung mancher *Rubus*-Sippen lässt sich nur mit der Fernausbreitung durch Zugvögel erklären. Der Diasporeneintrag ist nach Kollmann (1994) und Kollmann & Pirl (1995) in strukturell heterogenen Gebüschen größer als in einfach aufgebauten, weil struktur- und artenreichere Bestände mehr Vögel anlocken. Bis zu 80 % der Samen (oder z. T. auch mehr) fallen allerdings dem Fraß durch Nagetiere zum Opfer (Kollmann 2000).

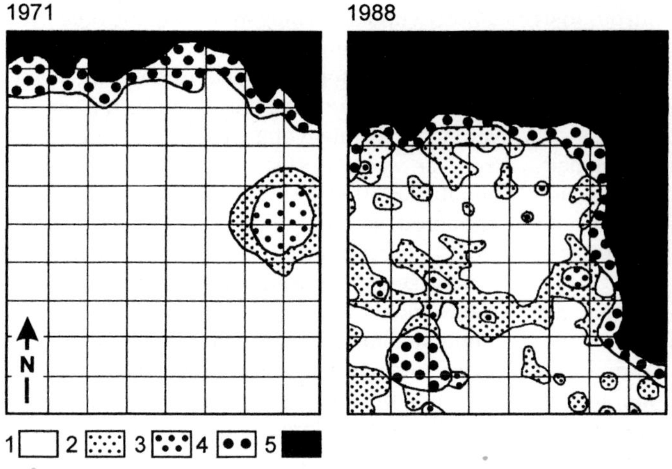

Abb. 16–10 Sukzession eines Gebüsches (Pruno-Ligustretum) auf Kalk-Magerrasen bei Göttingen von 1971 bis 1988. Nach Dierschke (1993, in Weber 2003). 1: gehölzfreier Rasen, 2: vereinzelte Jungsträucher bis 50 cm Höhe, 3: niedriges, dichtes Gestrüpp, 4: hohes lockeres Gebüsch oder weit übergreifende Zweige, 5: dichtes Altgebüsch.

Tab: 16–6 Endozoochore Samenausbreitung bei typischen mitteleuropäischen Gebüschgehölzen und Lianen. Nach Weber (2003), leicht verändert.

Taxon	Fruchttyp	Fruchtfarbe	Ausbreitungsagens	Familie
Amelanchier ovalis	Apfelfrucht	Blauschwarz	Vögel	Rosaceae
Berberis vulgaris	Beere	Rot	Vögel (selt. Säuger)	Berberidaceae
Bryonia dioica	Beere	Rot	Vögel	Cucurbitaceae
Cornus sanguinea	Steinfrucht	Schwarz	Vögel (selt. Säuger)	Cornaceae
Cotoneaster integerrimus	Apfelfrucht	Rot	Vögel	Rosaceae
Crataegus div. sp.	Apfelfrucht	Rot	Vögel, Hasen u.Ä.	Rosaceae
Euonymus europaea	Kapsel	Rot	Vögel, bes. Rotkehl.	Celastraceae
Frangula alnus	Steinfrucht	Schwarz	Vögel	Rhamnaceae
Hedera helix	Steinfrucht	Schwarz	Vögel	Araliaceae
Hippophaë rhamnoides	Scheinbeere	Rot	Vögel, bes. Drosseln	Eleagnaceae
Ilex aquifolium	Steinfrucht	Rot	Vögel	Aquifoliaceae
Lonicera periclymenum	Beere	Rot	Vögel, auch Säuger	Caprifoliaceae
Lonicera xylosteum	Beere	Dunkelrot	Vögel	Caprifoliaceae
Pyrus pyraster	Apfelfrucht	Grünlich	Vögel, selt. Säuger	Rosaceae
Prunus avium, P. cerasus	Steinfrucht	Rot	Vögel, selt. Säuger	Rosaceae
Prunus fruticosa	Steinfrucht	Dunkelrot	Vögel	Rosaceae
Prunus mahaleb u. a.	Steinfrucht	Schwarz	Vögel	Rosaceae
Prunus spinosa	Steinfrucht	Blauschwarz	Vögel, selt. Säuger	Rosaceae
Rhamnus cathartica	Steinfrucht	Schwarz	Vögel	Rhamnaceae
Ribes alpinum	Beere	Rot	Vögel	Grossulariaceae
Ribes uva-crispa	Beere	Grünlich/Rot	Vögel, selt. Säuger	Grossulariaceae
Rosa canina u. a.	Sammelfrucht	Rot	Vögel, Mäuse	Rosaceae
Rosa spinosissima	Sammelfrucht	(fast) Schwarz	Vögel, selt. Säuger	Rosaceae
Rubus caesius	Sammelfrucht	Bläulich	Vögel, selt. Säuger	Rosaceae
Rubus corylifolius agg.	Sammelfrucht	mattes Schwarz	Vögel, selt. Säuger	Rosaceae
Rubus fruticosus agg.	Sammelfrucht	Schwarz (Rot)	Vögel, selt. Säuger	Rosaceae
Rubus idaeus	Sammelfrucht	Rot	Vögel, selt. Säuger	Rosaceae
Sambucus nigra	Steinfrucht	Schwarz	Vögel, selt. Säuger	Caprifoliaceae
Sambucus racemosa	Steinfrucht	Rot	Vögel, selt. Säuger	Caprifoliaceae
Solanum dulcamara	Beere	Rot	Vögel	Solanaceae
Sorbus div. sp.	Apfelfrucht	Rot	Vögel	Rosaceae
Viburnum lantana	Steinfrucht	Rot, Schwarz	Vögel	Caprifoliaceae
Viburnum opulus	Steinfrucht	Rot	Vögel, verschmäht	Caprifoliaceae

16.5 Menschlicher Einfluss

16.5.1 Verfall und Vernichtung der Hecken

Schon in der zweiten Hälfte des 19. Jahrhunderts verloren die Hecken allmählich ihre frühere Funktion als Viehzäune; sie wurden durch Stacheldraht und später auch durch Elektrozäune ersetzt (Weber 2003). Gerade Wallhecken behindern den Maschineneinsatz, was deren **Beseitigung im Zuge der Flurbereinigung** beschleunigte (z. B. Hesse & Holtmeier 1986, Knauer 1988, Schupp & Dahl 1992; s. Abb. 16–11). Viele Hecken, die nicht der planmäßigen Zerstörung anheim fielen, degenerierten in den letzten 50 Jahren und wuchsen zu „Baumhecken" durch, weil das regelmäßig notwendige „auf den Stock setzen" unterblieb. In der niedersächsischen Gemeinde Ganderkesee verblieb von dem 1842 vorhandenen dichten Heckensystem im Jahre 1984 nur ein Restbestand

Abb. 16–11 Rückgang der Wallhecken in einem etwa 6 × 6 km großen Teilgebiet der Gemeinde Ganderkesee in Niedersachsen von 1842 bis 1984. Verändert nach Müller (1989, in Weber 2003).

von 1 % an gut erhaltenen Wallhecken (Müller 1989). Durch die Intensivierung der Landwirtschaft in den angrenzenden Feldern leiden die meisten der verbliebenen Hecken zudem unter **Hypertrophierung:** Nitrophyten wie *Elymus repens*, *Alliaria petiolata* und *Galium aparine* beherrschen heute die Krautsäume der Hecken (Weber 2003). Rosskamp (1999) hat die Degradierung der niedersächsischen Wallhecken mit einer sechsstufigen Skala beschrieben und Vorschläge zu deren Restitution gegeben (vgl. auch Weber 2003).

Nicht nur Hecken sind in der mitteleuropäischen Kulturlandschaft stark zurückgegangen, sondern auch die Krautsäume an Gebüschen und Waldmänteln, insbesondere die artenreichen wärmeliebenden unter ihnen. Der Verlust von Hecken und Flurgehölzen ist stets mit dem Verlust an Saumbiotopen verbunden; die intensive moderne Landbewirtschaftung engt darüber hinaus den Raum für Säume immer weiter ein. Noch gravierender wirkte aber die flächendeckende Eutrophierung, in deren Folge nitrophile Säume mit Brennnessel, Knoblauchsrauke und anderen Nitrophyten heute die meisten Standorte der Trifolion medii- und Melampyrion pratensis-Säume erobert haben.

16.5.2 Bedeutung der Hecken für die Landwirtschaft und die Agrarlandschaft

Unbestritten ist die Bedeutung von Hecken für die Biodiversität der Agrarlandschaft, den Schutz vor Winderosion und das Landschaftsbild (s. z. B. Tischler 1951, 1980, Grabherr & Wrbka 1988). Hecken könnten auch für die Pflanzen der Wälder als **Ausbreitungs- und Wanderkorridore** in der Agrarlandschaft fungieren, wodurch die Isolation der Populationen verringert würde. Eine entsprechende Rolle spielen Hecken allerdings nur, wenn sie mindestens 4 m, besser mehr als 8 m breit sind (Burel 1996).

Die Bedeutung der Hecken für den landwirtschaftlichen Ertrag wurde kontrovers diskutiert (s. z. B. Weber 1967, Borchert 1988). Nach einer Literaturaufstellung bei Weber (2003) führen Hecken in den meisten Fällen zu einer **signifikanten Ertragssteigerung** auf der Gesamtfläche des Ackers (s. Tab. 16–7). Der ertragssteigernde Effekt erstreckt sich nach Jeddeloh (1980) im Lee der Hecke bis in das 10- bis 20-Fache der Heckenhöhe (vgl. auch Thran 1952 und van Eimern et al. 1954). Aus welchem Grund erhöhte Erträge erzielt werden, ist aus den zusammengestellten Untersuchungen oft nicht klar erkennbar. Mögliche Faktoren sind die reduzierte Windgeschwindigkeit in einem

Tab. 16–7 Wirkung von Hecken (z. T. auch von anderen Windschutz-Vorrichtungen) auf landwirtschaftliche Erträge in Mitteleuropa (Ertrag im ostseitigen Leebereich in % des Ertrages in ungeschützten Bereichen desselben Gebietes). Nach verschiedenen Autoren in Weber (2003).

Feldfrucht	Ertragszunahme (%)	Schutzbereich (× Höhe der Hecke)	Quelle
Winterweizen	15		Kreutz 1952
	–6,5 bis +5	20 ×	Müller 1964
	47	19 ×	Bätjer et al. 1967
Sommerweizen	> 10		Steubing & Müller-Stoll 1955
Wintergerste	11–17	20 ×	Müller 1956
Hafer	9–24	12–31 ×	Jeddeloh 1980
Roggen	6–13	20 ×	Bender 1954, 1955
	0	20 ×	Müller 1964
Getreide gesamt	6–7	20 ×	Müller 1964
	20–25	20–25 ×	Olschowy 1965
Zuckerrüben	10	20–25 ×	Olschowy 1965
(Zuckergehalt)	12–27	16–19 ×	Bender 1955
	8		Terrason & Tendron 1975
Futterrüben	3–50		Kreutz 1952
Kartoffeln	4–20		Kreutz 1952
	16		Terrason & Tendron 1975
Mais	bis 27	14 ×	Krumsdorf 1964
Buschbohnen	5–57	8–19 ×	Bender 1955
Weißkohl	57–155		Kreutz 1952
Heuertrag	8		Bender 1955
	19		Costa in Milbradt 1981

10–20 m breiten Streifen hinter der Hecke, die die Verdunstung reduziert und die Bodenfeuchte erhöht (s. Abb. 16–3). Diskutiert wird auch die produktionssteigernde Wirkung eines erhöhten CO_2-Gehaltes der Luft im Lee der Hecke (z. B. Steubing 1953). Je nach Feldfrucht könnte auch eine höhere Dichte von schädlingsvertilgenden Tieren in heckenreichen Landschaften zu höheren Erträgen beitragen (vgl. Tischler 1980, Zwölfer & Stechmann 1989).

17 Zwergstrauchheiden und Borstgrasrasen

Obwohl von der herrschenden Lebensform oft durchaus gegensätzlich, haben doch grasdominierte Borstgrasrasen und Zwergstrauchheiden in floristischer und standörtlicher Hinsicht viel gemeinsam, zumal beide häufig räumlich und dynamisch eng miteinander verzahnt sind (Preising 1949, Oberdorfer 1959, Schwabe-Braun 1980 a).

Als **Heiden** bezeichnet man in Nordwestdeutschland baumlose Zwergstrauchbestände auf armen Sandböden, in Süddeutschland dagegen Kalk-Magerrasen im Berg- und Hügelland, und im östlichen Mitteleuropa lichte Kiefernwälder der sandigen Ebenen (Krausch 1969). In allen Fällen handelt es sich um die frühere „Allmende", d. h. das gemeinsame Weideland, das neben freien Flächen auch Waldreste und vom Vieh durchstreifte Wälder umfasste. „Heide" war also ursprünglich mehr ein Rechts- als ein Landschaftsbegriff und bedeutete etwa das Gleiche wie in anderen Ländern „Steppe", „Garigue" oder „Macchia". Durch Aufforstung mit Kiefern sind große Teile der nordwestdeutschen und jütischen Heiden während der letzten 100 Jahre den ostdeutschen Kiefernheiden ähnlich geworden.

Borstgrasrasen sind durch extensive Weide- und Mahdnutzung entstandene Grasland-Gesellschaften an sauren, nur schwach nährstoffversorgten Standorten; sie sind oft mit Zwergstrauchheiden verzahnt.

17.1 Flora und Entstehungsgeschichte

Vor allem die Heiden gehören zu den artenarmen Vegetationstypen (Hobohm 2005), kommen doch auf 20 m² Fläche oft kaum mehr als fünf Gefäßpflanzenarten vor. Umso reicher ist (oder war) dagegen die Flechten- und Moosflora. Unter den Borstgrasrasen finden sich sowohl artenarme als auch relativ artenreiche Gesellschaften. Steidl & Ringler (1996) nennen insgesamt 208 Gefäßpflanzen für die bayerischen Borstgrasrasen einschließlich der Zwergstrauchheiden, also deutlich weniger als etwa für Kalk-Magerrasen. Viele Arten sind heute selten geworden und verdienen hohe Aufmerksamkeit im Naturschutz.

Von Natur aus waldfreie Zwergstrauchheiden gibt es in Mitteleuropa nur stellenweise im nordwest- und nordöstlichen Moor- und Küstengebiet sowie oberhalb der Waldgrenze im Hochgebirge. Die weiten braun-purpurnen Heideflächen, die noch vor 50 bis 100 Jahren das Landschaftsbild der „Geest", d. h. der armen Sandgegenden vom nördlichen Belgien über Niedersachsen bis nach Dänemark bestimmten, wurden durch die extensive Weide- und Holzwirtschaft und die mit dem Ackerbau verbundene Streunutzung geschaffen, die wir bereits in Kapitel 3 kennengelernt haben (s. Abb. 17–2 u. 17–3; s. besonders Tüxen 1967). Dies belegen Pollenprofile aus vielen ehemaligen Heidelandschaften Mitteleuropas (vgl. Kap. 3.2.1).

Viele **Zwergstrauchheiden** Mitteleuropas sind schon vor Jahrtausenden entstanden. In der Eifel z. B. ist *Calluna* seit 3500 v. Chr. pollenanalytisch nachweisbar, und schon am **Ende des Atlantikums**, also um 3000 v. Chr., hatten Heiden eine große Ausdehnung (Straka 1973, Hüppe 1993). Für die Hochvogesen lässt sich sogar eine Präsenz der Hochheiden seit 4600 v. Chr. pollenanalytisch belegen (van der Valk 1981, Schnitzler & Muller 1998). Im norddeutschen Elbe-Weser-Dreieck nahm die Verheidung im Zuge größerer Rodungen ab etwa 3000 v. Chr. stark zu (Behre 2001). Indikatoren der Entwaldung sind der gleichzeitige Anstieg der Getreidepollen-Kurve und vermehrte Holzkohlefunde, die auf den rasch zunehmenden menschlichen Einfluss auf die Pflanzendecke im mittleren und späten Neolithikum hindeuten. Eine Ausweitung erfuhren die Heiden vor allem in der Bronze- und der Römischen Kaiserzeit mit dem Wachstum der ländlichen Bevölkerung. Anders als in Mitteleuropa, wo menschliche Aktivitäten ohne Zweifel die wichtigste Ursache der Ausbreitung der Heiden waren, haben in Norwegen und Schottland offenbar auch Klimaveränderungen dem Vordringen der Zwergsträucher Vorschub geleistet, indem mit dem Subatlantikum eine kühl-feuchtere Epoche begann (Gimingham 1972).

Eine erneute **starke Zunahme der Verheidung** erfolgte ab dem 10. Jahrhundert n. Chr. mit steigenden Viehbeständen und der Einführung der **Plaggenwirtschaft**, also dem Abstechen

Abb. 17–1 Verbreitung von Plaggenböden im nordwestlichen Mitteleuropa. Die meisten Böden entstanden durch Düngung der ackerbaulich genutzten Böden mit Heideplaggen im Zuge der Einführung des intensiven Roggenanbaus im frühen Mittelalter. Nach de Smidt (1979).

der Heidekraut-Biomasse und des humusreichen Oberbodens zum Zwecke der Düngung der Ackerflächen (Behre 1980). Vor allem die Einführung des intensiven Roggenanbaus erforderte große, zum Plaggen nutzbare Heideflächen, die das Ausmaß der Ackerfläche um das Zwei- bis Zehnfache überstiegen (de Smidt 1979). Allein für die Niederlande werden mehr als 4000 km^2 an Plaggenböden angenommen (Pape 1970); die Fläche in Niedersachsen ist

Abb. 17–2 Aufgestapelte, frisch geplaggte Heidestreu im Genisto-Callunetum typicum am Weg von Wilsede nach Niederhaverbeck im Jahre 1951, beim letzten Plaggenhieb, der dort stattfand (vgl. Abb. 3–14).

noch größer (s. Abb. 17–1). Heidefördernd wirkten auch die großflächigen Rodungen im Zuge der stark zunehmenden Erzverhüttung im frühen Mittelalter. Lokal sorgte auch das Feuer für die Ausbreitung der Heiden, z. B. in den Niederlanden. Vor und nach manchen intensiven Verheidungsphasen bewaldeten sich viele Heiden aber wieder, besonders während des Dreißigjährigen Krieges (Knapp 1990). Namentlich im küstennahen Tiefland schwankte also der Grad der Verheidung mehrfach. Vor etwa 150 Jahren hatte er hier einen Höchststand erreicht, der heute kaum noch vorstellbar ist; denn der endgültige Rückgang der Heiden erfolgte in noch kürzerer Zeit. Mit Graebner (1925) und de Smidt (1979) kann man annehmen, dass **in Nordwestdeutschland einst 5000–10 000 km² und in den Niederlanden rund 6000 km² Heiden** bestanden haben (s. Abb. 17–2).

In welch gewaltigem Ausmaß die Landschaft nahe der Nordsee durch Heide- und Moorkultivierungen seit etwa 1850 verändert worden ist, soll Abbildung 17–3 vor Augen führen. Sogar die wenigen Heidereste, die auf der Karte von 1900 noch verzeichnet sind, wurden bis heute fast alle in Forsten oder Kulturland überführt. Hauptursache dieser raschen Veränderung waren die künstlichen **Düngemittel**, die bessere Futter- und Strohernten ermöglichten und somit die auf den Heideflächen durch Abplaggen oder Mähen gewonnene Stallstreu überflüssig machten (s. Kap. 3), und die überdies gestatteten, selbst die nährstoffärmsten Heideböden in Kultur zu nehmen. Gleichzeitig sanken die Wollpreise infolge billiger Einfuhren von Übersee und ließen die Schafwirtschaft zusammenbrechen. In der Lüneburger Heide gab es z. B. noch um 1880 über 750 000 dieser genügsamen Schafe; um 1900 waren es nur noch knapp 250 000, und um 1950 weniger als 25 000. So wurden die Zwergstrauchheiden, die in den armen Sandbodengegenden bis ins 19. Jahrhundert hinein Grundlage der Vieh- und Ackerwirtschaft und damit Bestandteile der Kulturlandschaft gewesen waren, innerhalb weniger Menschengenerationen zum Ödland. Die Schöpfer der Heideschutzgebiete handelten in letzter Minute, als sie einige Reste dieser anthropo-zoogenen Zwergstrauchformationen vor dem Pflug der Bauern und vor dem Schatten der überall gepflanzten oder sich spontan ansamenden Bäume retteten (s. Abb. 17–4).

Borstgrasrasen bildeten sich auf sauren Böden im Zuge der jahrhundertelang praktizierten

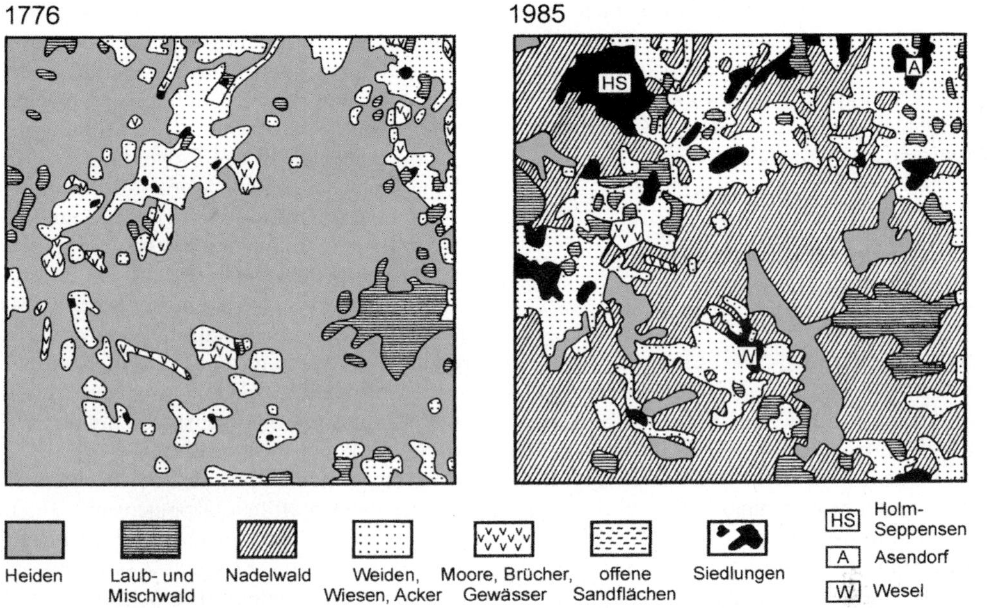

Abb. 17–3 Veränderung der Landnutzung in der nordwestlichen Lüneburger Heide zwischen 1776 und 1985 in einem Gebiet von etwa 100 km² Größe; nach Auswertungen der Kurhannoverschen Karte von 1776 und der topografischen Karte von 1985. Nach Leuschner & Immenroth (1994). Die ehemals landschaftsbeherrschenden *Calluna*-Heiden verschwanden bis auf kleinste Reste (Naturschutzpark Lüneburger Heide) vor allem zugunsten der großräumig gepflanzten Kiefernforsten.

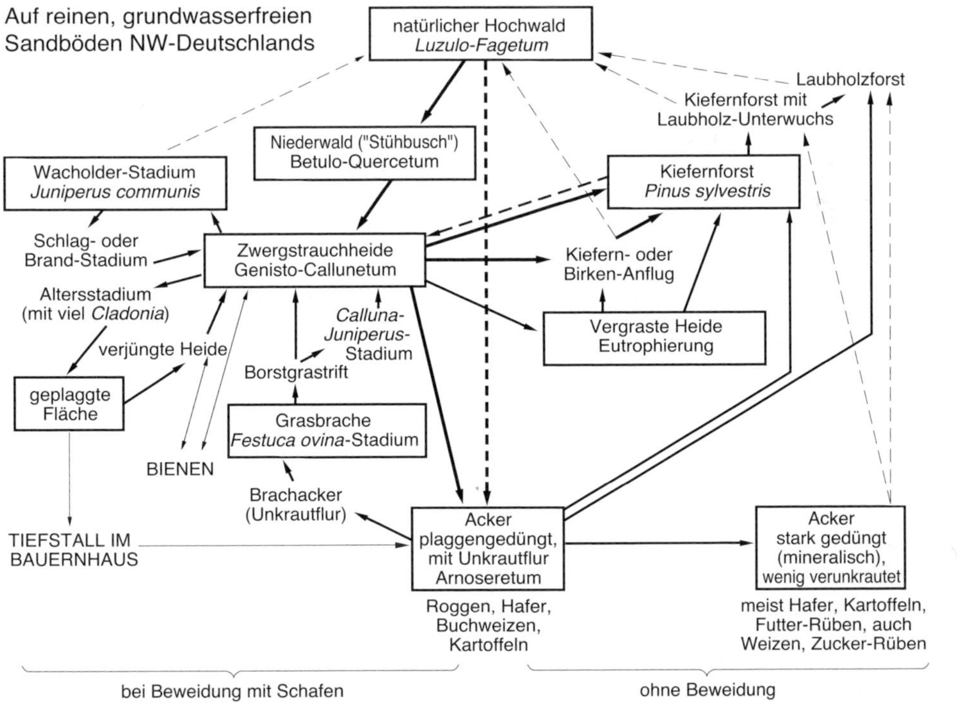

Abb. 17–4 Vegetations-Sukzessionen im Bereich der *Calluna*-Heiden auf reinen, grundwasserfreien Sandböden Nordwestdeutschlands; links bei Beweidung mit Schafen, rechts nach Aufhören der Beweidung. Dünne gestrichelte gerade Pfeile deuten mögliche Entwicklungen nach dem Aufhören menschlicher Einwirkungen an.

extensiven Weide- und Wiesenbewirtschaftung. Zu diesen Nutzungssystemen gehören Trift- und Allmendweiden, aber auch der mit Waldweide verbundene Brandwaldfeldbau in den Mittelgebirgen und die früher weit verbreitete Wässerwiesen-Wirtschaft.

17.2 Lebensbedingungen und standörtliche Gliederung

Im mitteleuropäischen Tiefland kommen nur fünf Standorte infrage, an denen der Waldwuchs durch natürliche Faktoren zurückgehalten wird und zugleich Zwergsträucher wie *Calluna vulgaris*, *Erica tetralix* und *Empetrum nigrum* eine verhältnismäßig große Kampfkraft entfalten:

1. extrem saure Anmoor- oder Torfböden, auf denen zeitweilig hochanstehendes, sauerstofffreies Grundwasser keine Bäume hochkommen lässt (s. Kap. 10.3.2.3);
2. Bulte und Randgehänge der Hochmoore (vor allem deren Stillstandskomplexe), wie sie in Kapitel 10.3.2.1 und 10.3.2.2 behandelt wurden;
3. windexponierte Braundünen der Nord- und Ostseeküste (s. Kap. 12.3.1.3 b);
4. Sukzessionsstadien von Binnendünen (s. Kap. 12.3.4.2);
5. entwässerte Hochmoore.

Nur unter den erstgenannten Bedingungen können eigentliche Heiden in großer Fläche entstehen, während die Zwergstrauchbestände auf lebenden Hochmooren (2.) von zahlreichen nasseren Schlenken unterbrochen werden und Dünenheiden (3. und 4.) meist nur auf schmale Säume beschränkt bleiben, weil sich trotz häufiger Stürme auch in unmittelbarer Nähe der Küste Wälder oder Gebüsche zu entwickeln vermögen, die Heiden also nur mehr oder weniger langlebige Sukzessionsstadien darstellen (s. Kap. 12.5). Leider wurden die meisten natürlichen Zwergstrauchheiden in der Zeit von etwa 1880 bis 1960 entweder entwässert und in Grünland umgewandelt oder aufgeforstet, sodass es heute schwerfällt, ihre einstige Ausdehnung festzustellen. In der Nähe von Hochmooren war sie früher beträchtlich und auf einigen Nordseeinseln ist sie es heute noch. Alle anderen Heiden müssen als **Ersatzgesellschaften von Wäldern** angesehen werden (Graebner 1901).

Im **Hügel- und Bergland** waren Zwergstrauchheiden niemals so ausgedehnt wie in den weiten sandigen Ebenen Nordwestdeutschlands und der Niederlande. Doch gab es hier ebenfalls zwergstrauchreiche Gesellschaften, die mit der almenähnlichen Beweidung der Hochlagen meist ab dem Mittelalter entstanden (Küster 1993). Bis auf wenige Reste sind diese heute verschwunden; sie wurden vor allem mit Fichten aufgeforstet, ebenso wie die Borstgrasrasen (s. Kap. 17.3.1), die auf den stark sauren Böden der montanen Stufe eine größere Rolle spielten als die *Calluna*-Heiden. Naturstandorte von kleinflächigen Zwergstrauchheiden gibt es hier nur auf Felsabsätzen und in lichten, bodentrockenen Wäldern.

Borstgrasrasen sind wie viele Heiden meist Ersatzgesellschaften bodensaurer Buchenwälder. Wie die Sandrasen und Felsfluren der Magerrasen-Klasse KOELERIO-CORYNEPHORETEA (s. Kap. 18.3.3) siedeln sie vor allem auf sauren Böden mit mäßiger bis schwacher Nährstoffversorgung; die Standorte sind aber meist bodenfrisch bis feucht und nicht zeitweise trocken wie bei diesen (vgl. Vogel 1981). Auch die subalpinen *Rhododendron*-Heiden sind großenteils anthropo-zoogen. Wir haben Letztere bereits im Zusammenhang mit den natürlichen Heiden des Hochgebirges kennengelernt (s. Kap. 13.3.8). Man konnte und kann sie freilich nicht ackerbaulich nutzen. Sich selbst überlassen würden sie zum großen Teil vom Lärchen-Arvenwald zurückerobert werden (Grabherr 1993).

17.2.1 Klimatische Bedingungen und Wasserregime

Die große Mehrheit der Zwergstrauchheiden und Borstgrasrasen kommt in Mitteleuropa an **feucht-kühlen Standorten** mit relativ geringer Verdunstungsbeanspruchung, eher kühlen Sommern und vergleichsweise schneereichen Wintern vor. *Calluna*-Heiden beispielsweise finden sich fast ausschließlich in Gebieten mit mehr als 600, meist 650 mm Jahresniederschlag und Julitemperaturen unter 20 °C. Wahrscheinlich bedeutsamer noch ist **Fehlen längerer Trockenperioden** im Sommer, erkennbar an der Zahl von mindestens 115 Regentagen im Jahr, die Gimingham (1972) als Voraussetzung für das Gedeihen mitteleuropäischer *Calluna*-Heiden erkannte.

Anders als die Küstenheiden und die meisten Borstgrasrasen der montanen Stufe sind viele *Calluna*-Heiden des Binnenlandes sommerlichem **Trockenstress** ausgesetzt. Das belegen die bodenhydrologischen Messungen von Horst (1964) und Leuschner (2002) in der Lüneburger Heide, die unter Sandheiden wochenlang Bodenfeuchteminima unter 2 Vol.% maßen. Humusreiche Horizonte, also die B_h- und A_h-Horizonte und die Rohhumusauflage, erreichten deutlich höhere Minimalwerte als humusarme und spielten in Trockenperioden eine wichtige Rolle in der Wasserversorgung dieser Sandheiden, weil die Vorräte an pflanzenverfügbarem Wasser im Wurzelraum nahezu erschöpft waren. An der Ostgrenze ihrer Verbreitung im bereits kontinental getönten östlichen Niedersachsen und in Sachsen-Anhalt leiden *Calluna*-Heiden also zunehmend unter sommerlichen Trockenschäden, die wiederum den Befall durch herbivore Insekten begünstigen. Küstenferne Sandheiden existieren auf kleiner Fläche auch noch im östlichen Deutschland und im Westen Polens. *Calluna* selbst zieht sich am östlichen Verbreitungsrand in feuchtere Senke oder in den Waldschatten zurück.

Standortfaktoren, die Zwergsträucher gegenüber Gräsern und Kräutern in ozeanischem Klima begünstigen, sind also nicht nur Nährstoffmangel (s. Kap. 17.4.2), sondern auch günstige Wasserversorgung, eine nur mäßige Verdunstungsbeanspruchung, milde Wintertemperaturen und, an den Küsten, Wind. Die bevorzugt an sommerwarmen Südhängen vorkommenden subkontinentalen Zwergstrauchheiden Ostbayerns und des nordöstlichen Alpenvorlandes (z. B. die Geißkleeheiden, Kap. 17.3.2.2.1 c) weichen dagegen in ökologischer Hinsicht von den anderen Heide-Gesellschaften ab; sie erinnern eher an die von Sommertrockenheit geprägten mediterranen Zwergstrauchheiden.

17.2.2 Bestandesstruktur und Mikroklima

In gut wüchsigen Zwergstrauchheiden können meist **drei Bestandesschichten** unterschieden werden: eine obere Schicht aus bis zu 50 cm (im Extremfall 100 cm) hohen Zwergsträuchern (Chamaephyten), eine niedrigere Schicht aus Gräsern, kriechenden Hemikryptophyten und, in manchen Gesellschaften, niedrigen Zwergsträuchern und eine bodennahe Schicht aus Moosen und Flechten. Einfacher aufgebaut sind die Borstgrasrasen, in denen niedrigwüchsige Untergräser die dominierende Schicht bilden. Geophyten, Therophyten und Phanerophyten (mit Ausnahme des Wacholders) sind selten oder fehlen ganz. Gimingham (1972) ermittelte in britischen Heiden **Blattflächenindizes** (LAI) von 3,8–5,2 m^2 m^{-2} mit einem Höchstwert in der Aufbauphase der Bestandesentwicklung. Eine erst achtjährige, sommertrockene Sandheide in der östlichen Lüneburger Heide hatte dagegen einen LAI von nur 1,7 (Leuschner & Rode, unveröff.).

Wie Messungen von Lötschert (1962), Lache (1976) und Berdowski (1993) zeigen, erzeugen die dicht schließenden Zwergsträucher ein **windberuhigtes Innenklima**, das die Transpiration reduziert, aber an der Bestandesoberfläche, zumal an Südhängen, zu hohen Übertemperaturen von 6–9 °C führen kann. Die Bodentemperatur-Schwankungen sind dagegen unter geschlossenen Zwergstrauchheiden im Vergleich zu den offenen Sand-Trockenrasen deutlich gedämpft, insbesondere unter den dichten *Empetrum*-Heiden (Stoutjesdijk 1959, Barkman 1990).

17.2.3 Böden und Nährstoffversorgung

Besonders charakteristisch sind die Böden der grundwasserfernen *Calluna*-Heiden (Tüxen 1957). Unter dem Einfluss des vom Heidekraut erzeugten sauren Rohhumus und infolge des oft wiederholten Stoffentzuges durch Beweidung und Plaggenhieb bildete sich im Laufe mehrerer Jahrhunderte in reinem Sand der für diesen Vegetationstyp so kennzeichnende **Eisen-Humus-Podsol** aus. Dieser fällt durch lebhaften Farbgegensatz seiner Horizonte auf und ist scharf gesondert in eine Auflage aus braunschwarzem Rohhumus (O_f), einen humosen, an gebleichten Quarzkörnern reichen Auswaschungshorizont mit Humusbleichsand (A_{eh}), einen aschgrauen, humusarmen Bleichsand (A_e) sowie den breiten Illuvial-(Einwaschungs-)Horizont, in dem man mehrere Schichten unterscheiden kann (s. Abb. 17–5). Die oberste und zugleich härteste Schicht, die kaffeebraune Humusorterde (B_h), beginnt mit ihrer scharfen Oberkante in etwa 20–40 cm Tiefe unterhalb der *Calluna*-Wurzeln. Die Orterde kann zu **Ortstein** verhärten, doch sind eigentliche Ortsteinböden im nördlichen Mitteleuropa recht selten. Nach unten wird die Humusorterde heller und lockerer und geht in

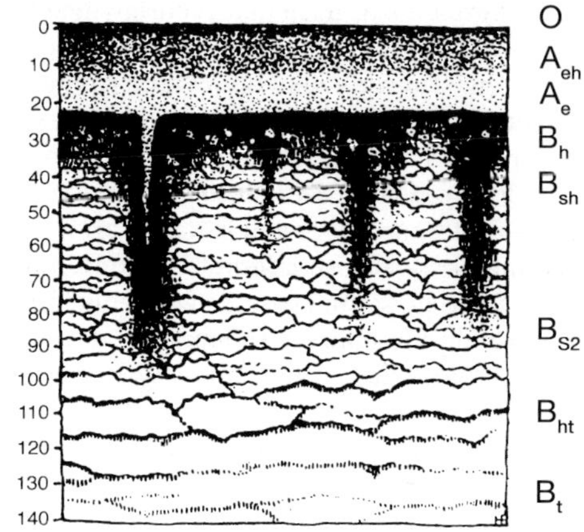

Abb. 17–5 Podsolboden-Profil unter trockener *Calluna*-Heide, halbschematisch. Nach Ellenberg (1937), etwas verändert.
Unter einer dünnen Rohhumusschicht (0) folgt dunkelgrauer Humus-Bleichsand (A_{eh}), aschgrauer, humsarmer Bleichsand (A_e), dunkelkaffeebraune Humus-Orterde (B_h) und leuchtend rostbraune Eisen-Humus-Orterde (B_{sh}). Ebenfalls unter dem Einfluss der Heidevegetation entstandene schwarze Humusbänder gehen in sogenannte „Doppelbänder" (d. h. an ihrer Oberkante dunkler gefärbte, hellbraune Bänder) über (Bht). Die hellockerbraunen Bänder (B_t) hatten sich vor der Verheidung unter Wald gebildet und begannen einst bereits in 40–50 cm Tiefe. Der zwischen den B-Horizonten liegende Sand ist weißgelb gefärbt. Als Waldzeugen dürfen auch die bleichsanderfüllten „Zapfen" der Orterde gelten, die sich dort bildeten, wo kräftige Pfahlwurzeln von Eichbäumen den Boden gelockert hatten.

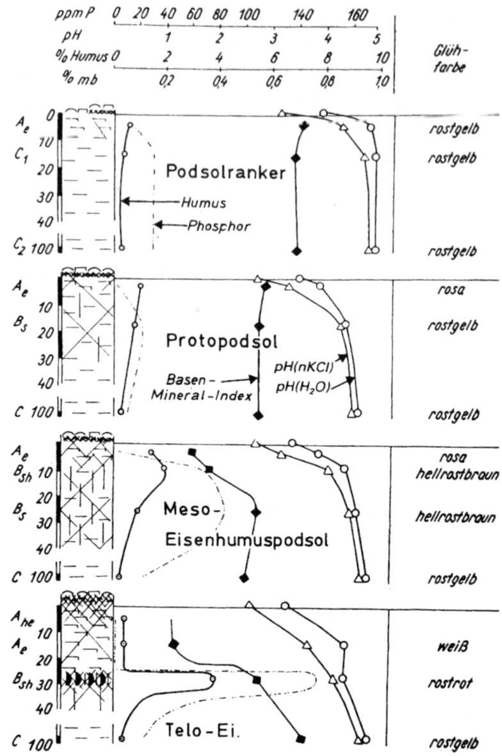

Abb. 17–6 Chemische Eigenschaften verschieden alter Podsole in schwach silikathaltigem Feinsand unter trockener *Calluna*-Heide. Nach Kundler (1956), etwas verändert.
Je älter der Boden, desto geringer die Basensättigung (mb in % = Basen-Mineral-Index) und der pH-Wert. Humus- und Gesamtphosphor-Gehalt steigen dagegen an und werden im Endstadium aus dem Bleichsand (A_e) in die Orterde (B_{sh}) verlagert. Die Dichte der Linien in den Profilskizzen entspricht dem Humusgehalt.

die rostig braune Eisenorterde (B_{sh}) über. Endlich wird die Grundfarbe des Sandbodens hell ockergelb, während sich Humusinfiltrationen als schwarze, unregelmäßige Bänder von 0,5–2 cm Breite oder pantherartige Fleckung bemerkbar machen (B_{s2}). Tiefere ockerbraune, tonreichere Bänder (B_t) dürften noch aus Zeiten ehemaliger Bewaldung stammen.

Charakteristisch für Sandheiden ist auch die starke **Akkumulation von Rohhumus**, der in der Lüneburger Heide unter reinen *Calluna*-Beständen Vorräte von 4700–7000 g m^{-2}, unter vergrasten Heiden von etwa 4500 g m^{-2} erreicht (Engel 1988, Sieber et al. 2004, Rode & Leuschner, unveröff.).

Eisen-Humus-Podsole erreichen im Oberboden sehr niedrige pH-Werte, die, in Wasser gemessen, bis auf 2,6 absinken können (s. Abb. 17–6), zum Unterboden hin jedoch auf mehr als 4 ansteigen. Arme Flug- und Schmelzwassersande besitzen geringe Stickstoff- und Kohlenstoffgehalte (< 0,04 % N, < 0,5 % C); Geschiebesande und Lehme zeigen dagegen höhere Werte, die denen unter Kulturgrasland ähneln. Sehr niedrig sind auch die Basensättigung (im A_h-Horizont meist < 10 %), die austauschbaren Kalzium-, Magnesium- und Kaliumvorräte sowie die Kationen-Austauschkapazität des quarzreichen Substrates (meist < 40 µmol_c g^{-1}, Matzner 1980, Leuschner & Rode, unveröff.).

Die Podsolierung ist an relativ hohe Niederschläge, kühle Temperaturen, kalzium- und magnesiumarme Gesteine und grobkörnige Substrate gebunden (Scheffer/Schachtschabel 2002). Pflanzen mit geringem Nährstoffbedarf und nährstoffarmer Streu wie die Ericaceen fördern die Podsolierung dadurch, dass ihre Blättchen und Wurzeln aufgrund hoher Kutin- und Polyphenolgehalte (nach Hegnauer (1966) 5–15 % Polyphenole) und niedriger Nährstoffkonzentrationen nur sehr langsam mineralisiert werden. Tote *Erica*-Blätter enthalten 44 % Lignin, die von *Molinia* dagegen nur 24 % (Berendse et al. 1989). Die beim Abbau reichlich freigesetzten Fulvosäuren, Polysaccharide, Polyphenole und Karbonsäuren werden aus der Humusauflage ausgewaschen und bilden mit Al- und Fe-Ionen metallorganische Komplexe. Perkolierendes Wasser verlagert diese Chelate aus dem A_{eh}- und A_e-Horizont in tiefere Schichten, wo sie ausflocken und oft auffallende Bänder bilden, weil die Löslichkeit bei höherem pH im Unterboden abnimmt und gleichzeitig mikrobieller Abbau einsetzt. Dabei werden auch Nährstoffe verlagert mit der Folge, dass der Oberboden weiter verarmt. Im obersten Illuvialhorizont (B_h) werden vor allem organische Substanzen angereichert, in den tiefer liegenden Horizonten (B_{sh}) entsprechend ihrer zunehmenden Löslichkeit Fe-, Al- und schließlich Mn-Oxide (Mokma & Buurman 1982).

Heidepodsole brauchen zu ihrer typischen Ausbildung **mindestens einige Jahrhunderte**, sind aber oft wesentlich älter. Wahrscheinlich entstanden die ersten Podsole in Norddeutschland **bereits ab 3000 v.Chr.** im Zuge der neolithischen Landnahme, als 1000-jährige Walddegradierung die ersten großen Heideflächen schuf, so im Elbe-Weser-Dreieck (Behre 2001). Bei Nienburg/Weser sind Ortsteinschichten über und unter einem Körpergrab zu erkennen, das in der Bronzezeit entstanden war, d. h. vor 3000 bis 4000 Jahren (s. Abb. 17–7). Im lothringischen Tiefland datierte Guillet (1968) pollenanalytisch einen Eisen-Humus-Podsol, der ebenfalls seit der Bronzezeit unter *Calluna* gebildet wurde. Viele nordwestdeutsche Heidepodsole dürften dagegen erst aus dem **Früh- oder Hochmittelalter** stammen. Heutige Wälder auf Eisen-Humus-Podsolen sind im nordwestdeutschen Tiefland stets sekundär nach Heide entstanden.

Borstgrasrasen wachsen auf sauren bis mäßig sauren Böden, die sich aus Kristallin-, Sandstein- und Quarzitgesteinen oder aber sandigen Substraten gebildet haben. Hierzu gehören z. B. Ranker, Syroseme, Braunerde-Ranker und saure Braunerden, bei höherem Grundwasserstand auch Gley-Podsole und saure Anmoor-Gleye. Reif et al. (1989) fanden in 17 bodensauren Magerrasen-Gesellschaften des Bayerischen Waldes pH-Werte zwischen 4,1 und 4,8. Rohhumusauflagen entstehen unter Borstgrasrasen vor allem in montaner Höhenlage und bei Staunässeeinfluss.

17.3 Vegetation

Magere, von Gräsern oder Zwergsträuchern beherrschte Gesellschaften auf sauren, humosen Böden des sommerkühlen, niederschlagsreichen westlichen Mitteleuropa werden heute meist in einer Klasse, den Borstgrasrasen und Zwergstrauchheiden der CALLUNO-ULICETEA (früher auch: NARDO-CALLUNETEA) gefasst. In der großen Mehrzahl handelt es sich um anthropo-zoogene

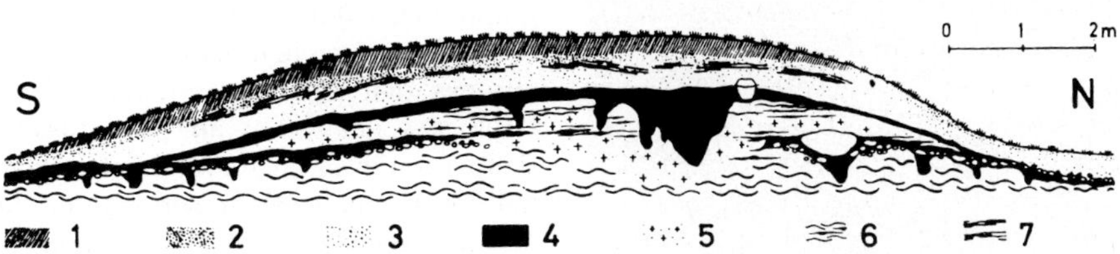

Abb. 17–7 Schnitt durch einen etwa 3000 bis 4000 Jahre alten Grabhügel bei Groß-Varlingen (Krs. Nienburg-Weser). Nach Zotz (1930), aus Ellenberg (1963).
Die ältere, untere Ortsteinschicht wurde beim Anlegen eines Körpergrabes in der Mitte des flach aufgewölbten Hügels zerstört. In dem aufgeworfenen hellen Sand bildete sich parallel zur neuen Oberfläche eine obere Orterdeschicht aus, die an der Stelle späterer Brandbestattungen sehr mächtig geworden ist. Oben rechts davon wurde eine Urne gefunden.
1 = jüngste Sandaufwehungen, 2 = sandiger, schwarzgrauer Humus des Heidebodens, 3 = weißgrauer Bleichsand, 4 = Humus- und Eisen-Ortstein, 5 = hellgelber Sand, 6 = braunschwarze Bänder (schematisch eingezeichnet), 7 = Holzeinschlüsse.
In der unteren Orterde bezeichnet ein Steinpflaster die Grenze zwischen dem sandigen Geschiebelehm und dem darüber lagernden Geschiebedecksand. Er ist im Bereich des Körpergrabes zerstört; die windgeschliffenen Steine wurden mit dem Aushub verstreut (Kreuzchen).

Ersatzgesellschaften bodensaurer Wälder. Nur in den in Kapitel 17.2 genannten Lebensräumen des Tieflandes und in der alpinen Stufe der Alpen, Karpaten und der höchsten Lagen einiger Mittelgebirge stellen CALLUNO-ULICETEA-Gesellschaften wahrscheinlich die primäre Vegetation dar, deren Charakter freilich durch jahrhundertelange Weide und Mahd mehr oder weniger verändert wurde. Die pflanzensoziologische Zuordnung und Gliederung der Borstgrasrasen und Zwergstrauchheiden hat mehrfach gewechselt. Wir folgen hier vor allem Peppler-Lisbach & Petersen (2001) und Rennwald (2000), teilweise auch Grabherr & Mucina (1993).

17.3.1 Borstgrasrasen (O. NARDETALIA STRICTAE)

Borstgrasrasen besitzen eine mehr oder weniger dichte Grasnarbe, in der vor allem die niedrigwüchsigen, brettförmigen Horste von *Nardus stricta* dominieren, daneben solche von *Deschampsia flexuosa*, *Festuca rubra*, *F. nigrescens* sowie *Agrostis capillaris* (s. Abb. 17–8). In einigen Gesellschaften der Ordnung NARDETALIA treten zudem zahlreiche Kräuter auf, die farbenprächtige Blühaspekte hervorbringen.

Abb. 17–8 Montaner Borstgrasrasen auf dem Hohen Meißner (Nordhessen) in 700 m ü.NN. *Nardus stricta* und *Festuca rubra* dominieren, dazwischen niedrige Kräuter wie *Galium harcynicum*, Potentilla erecta u. a. *Polygonum bistorta* (unten rechts) deutet zeitweise Staunässe an.

Vom Borstgras dominierte Rasen sind vom Tiefland bis in die alpine Stufe verbreitet, wo sie sich mit den Krummseggenrasen (Kl. CARICETEA CURVULAE, s. Kap. 13.3.7) verzahnen. Als Charakterarten der grasdominierten Gesellschaften der NARDETALIA können nach Peppler-Lisbach & Petersen (2001) neben anderen *Antennaria dioica*, *Arnica montana*, *Hieracium lactucella*, *Luzula campestris* und *L. multiflora*, *Nardus stricta* und *Polygala serpyllifolia* gelten, während *Calluna vulgaris*, *Deschampsia flexuosa*, *Genista anglica*, *G. pilosa*, *Pleurozium schreberi*, *Vaccinium myrtillus* und *V. vitis-idaea* die floristische Verwandtschaft zu den Zwergstrauchheiden (Ordnung VACCINIO-GENISTETALIA, s. Kap. 17.3.2) anzeigen.

17.3.1.1 Borstgrasrasen der planaren bis montanen Stufe

Die Borstgrasrasen des Tieflandes und der Mittelgebirge bilden den Verband VIOLION CANINAE, der durch das stete Auftreten von *Danthonia decumbens*, *Festuca filiformis*, *Galium harcynicum*, *Holcus lanatus*, *Succisa pratensis* und anderer gekennzeichnet ist. Alpine Arten wie *Homogyne alpina*, *Campanula scheuchzeri* und *Pseudorchis albida* stehen auf der anderen Seite für die Eigenständigkeit der hochmontan bis alpin verbreiteten Borstgrasrasen des Verbandes NARDION STRICTAE (Peppler-Lisbach & Petersen 2001). Abweichend von vielen deutschen Pflanzensoziologen stellen Grabherr & Mucina (1993) die alpinen Bürstlingsrasen des NARDION allerdings nicht in die Klasse CALLUNO-ULICETEA, sondern schließen diese aufgrund ihrer floristischen Verwandtschaft mit den *Nardus*-reichen Hochgebirgsrasen Südeuropas den alpinen Krummseggenrasen (Kl. CARICETEA CURVULAE) an. Aus diesem Grund und wegen ihrer engen räumlichen Verzahnung mit den Krummseggenrasen wurden die ökologischen Bedingungen der alpinen Nardeten schon in Kapitel 13.3.7 behandelt.

Die meisten Borstgrasrasen der mittleren Bergstufe und tieferer Lagen sind so arm an Charakterarten, dass man sie nur als „Basalgesellschaft“ des VIOLION fassen kann (s. Tab. 17–1). Das gilt inbesondere für den besonders artenarmen Labkraut-Borstgrasrasen (*Galium-saxatile-Nardus-stricta*-Ges.) mit einer mittleren Artenzahl von 17, der seinen Schwerpunkt auf den stark sauren, basenarmen Sandböden des nordwestdeutschen Altpleistozäns hat, z. B. in den heute unter Naturschutz stehenden altertümlichen Hudelandschaften an der Ems (Pott & Hüppe 1991). Wie die Heiden fördern diese oligotraphenten Rasen die Ausbildung von Rohhumusdecken. Auf etwas basenreicheren Silikatgesteinen des Mittelgebirgsraumes ehemals weit verbreitet war der Kreuzblumen-Borstgrasrasen (Polygalo-Nardetum), der von der vorherigen Gesellschaft durch das stete Auftreten mäßig anspruchsvoller Arten wie *Polygala vulgaris*, *Viola canina*, *Plantago lanceolata* und *Alchemilla millefolium* differenziert ist und höhere pH-Werte (4,4–5,1) anzeigt (Vigano 1997, Peppler-Lisbach & Petersen 2001). Mit 28 bis 48 Arten pro Aufnahme ähnlich artenreich wie viele Kalk-Magerrasen, wird diese Gesellschaft in der Regel durch einmalige Mahd bei fehlender Düngung, häufig auch in Verbindung mit Brand-Wechselwirtschaft, erhalten. Dort, wo in den Mittelgebirgen heute noch großflächigeres Extensivgrasland vorhanden ist, verzahnt sich der Kreuzblumen-Borstgrasrasen oft mit Bergheiden (Vaccinio-Callunetum), Braunseggensümpfen (Caricion nigrae) und Gebirgs-Frischwiesen (Polygono-Trisetion) (s. z. B. Hachmöller 2000, Waesch 2003).

Der an ähnlichen Standorten vor allem im südwest-mitteleuropäischen Mittelgebirge vorkommende Flügelginster-Borstgrasrasen (Festuco-Genistelletum sagittalis) ist demgegenüber an Beweidung gebunden und verträgt Brandfeldbau nicht, weil der kennzeichnende *Chamaespartium sagittale* bei Mahd und Feuer schnell von *Nardus* zurückgedrängt wird (Schwabe-Braun 1979, 1980 b, Manz 1990 a). Weitere Violion- und Nardion-Gesellschaften, die aus verschiedenen Mittel- und Hochgebirgen (Tatra, Böhmerwald und Bayerischer Wald, Schwäbische Alb, Schwarzwald, Vogesen, Harz) beschrieben wurden, muss man als Regionalassoziationen mit lokalen Trenn- und Kennarten einordnen (z. B. Issler 1942, Klapp 1951, Schubert 1960, Moravec 1965, Oberdorfer 1993, Dunzendorfer 1981, Krahulec 1983, 1985, 1990, Grabherr 1993, Petersen & Pott 1995, Peppler-Lisbach & Petersen 2001).

Besser differenziert als die meisten der oben genannten bodenfrischen Borstgrasrasen ist der Torfbinsen-Borstgrasrasen (Juncetum squarrosi) mit der namengebenden Sparrigen Binse, die Stau- oder Grundwasser-Beeinflussung anzeigt (Peppler-Lisbach & Petersen 2001). Als Differenzialarten sind vor allem *Pedicularis sylvatica*, *Molinia caerulea* und *Carex nigra* hilfreich. Im atlantisch geprägten norddeutschen Tiefland sowie in den Niederlanden und Belgien war früher auf Niedermoorböden der Lungenenzian-Borstgrasrasen (Gentiano-Nardetum) verbreitet, in dem neben *Gentiana pneumonanthe* auch *Erica tetralix* und regional *Cirsium dissectum* niederschlagsreiches, wintermildes Klima anzeigen.

Die in Mitteleuropa verbreiteten Borstgrasrasen werden von Peppler (1992) und Peppler-Lisbach & Petersen (2001) nach dem Vorbild von Matuszkiewicz & Matuszkiewicz (1981) „mehrdimensional" gegliedert, und zwar in Varianten, die bestimmten Faktorenkomplexen zugeordnet werden können, nämlich:

a) edaphisch bedingte Varianten (als „E-Varianten" bezeichnet),

b) nutzungsbedingte „N-Varianten",

c) höhenbedingte „H-Varianten" und

d) geografische „G-Varianten".

Das geschieht fallweise durch differenzierende oder dominierende Arten.

17.3.1.2 Borstgrasrasen der hochmontanen bis alpinen Stufe

Viele kennzeichnende Arten der Tieflands- und Mittelgebirgs-Borstgrasrasen fallen oberhalb etwa 1200 m aus, darunter *Viola canina*, *Lathyrus linifolius*, *Festuca tenuifolia* und andere, während subalpin-alpin verbreitete Sippen wie *Anthoxanthum alpinum* oder *Pseudorchis albida* hinzutreten (Peppler-Lisbach & Petersen 2001). In dieser Höhenlage gehen die Bestände des Verbandes Violion caninae allmählich in die Hochgebirgs-Borstgrasrasen (V. Nardion strictae) über. Diese stehen in einem engen räumlichen Kontakt zu den alpinen Buntschwingelhalden wie auch den Krummseggenrasen, denen sie von manchen Autoren angeschlossen werden (z. B. Braun-Blanquet 1949, Grabherr & Mucina 1993). In den Alpen auf kalkarmem, saurem, mitunter aber auch basenreichem Gestein weit verbreitet ist der artenreiche Bergnelkenwurz-Borstgrasrasen (Geo montani-Nardetum = Sieversio-Nardetum), der Rinder-Almweiden kennzeichnet. Weitere, nur lokal verbreitete Gesellschaften finden sich außerdem z. B. in den Hochlagen von Schwarzwald, Vogesen, Bayerischem Wald und Harz (Peppler-Lisbach & Petersen 2001, vgl. auch Hundt 1964). Auf die

Tab. 17–1 Übersicht von Borstgras-Gesellschaften in Westdeutschland. Nach Peppler (1992), gekürzte Zusammenfassung[1].

	Verband	Planar bis montan VIOLION CANINAE			subalpin NARDION		
	Nr.	1	2	3	4	5	6
	Assoziation	Polygalo-Nardetum	Juncetum squarrosi	VIOLION-Basalges.	*Diphas.alp.-Nardus*-Ges.	*Leont. helv.-Nard.*-Ges.	Geo montani-Nardet.
1	Polygalo-Nardetum						
C	*Veronica officinalis*	2–5	–2	–1	+	2	1–3
	Lathyrus linifolius	–4	–1	–+	·	·	·
	Viola canina	–3	–+	–+	·	+	·
	Polygala vulgaris	–3	–1	–+	·	·	+–1
	Chamaespartium sagittale	–2	–+	–1	·	1	·
	Galium pumilum	–3	–+	·	·	·	–+
	Alchemilla glaucescens	–+	–+	·	·	·	–+
	Thesium pyrenaicum	–+	–+	–+	·	·	–+
D	*Campanula rotundifolia*	3–4	–+	–2	·	+	+–1
	Hypericum maculatum	2–4	–+	–2	·	+	1–2
	Hieracium pilosella	2–5	–2	–1	·	1	1–3
	Plantago lanceolata	+–4	+–2	–+	·	·	+–2
	Thymus pulegioides (u. 1)	+–5	–+	–+	·	+	+–2
2	Juncetum squarrosi						
C	*Juncus squarrosus*	–1	2–5	+–2	·	·	–+
	Pedicularis sylvatica	–2	–3	–+	·	·	–+
D	*Molinia caerulea*	+–2	1–4	+–5	·	·	–+1
	Carex nigra	–+	2–4	–2	2	·	+–1
	Agrostis canina (u. 6)	–+	1–3	–+	·	·	·
1–3	VIOLION CANINAE						
C	*Danthonia decumbens*	2–5	3	–3	·	+	+–2
	Galium harcynicum	–4	+–4	3–5	4	5	·
	Festuca tenuifolia	–2	–4	–4	·	·	·
	Hieracium lachenalii (u. 2)	+–5	–+	–1	1	·	1–3
4–6	NARDION						
D	*Luzula sylvatica*	–3	–+	–+	3	1	3
	Homogyne alpina	–2	–+	–+	5	·	4
	Campanula scheuchzeri (u. 1)	–2	·	·	·	3	3–4
C	*Potentilla aurea* (u. 3)	–4	–+	·	·	2	4
6	Geo montani-Nardetum						
C	*Campanula barbata*	–1	·	·	·	·	3
	Plantago alpina	·	·	·	·	·	2–3
	Gentiana acaulis	·	·	·	·	·	+–2
	Geum montanum (u. 1)	·	·	·	·	·	+–2
1–6	NARDETALIA						
C	*Nardus stricta*	4–5	5	4–5	5	5	5
	Arnica montana	2–5	2–3	–3	2	3	4
	Carex pilulifera	2–5	–3	2–3	2	3	2–5
	Luzula multiflora	+–4	–3	–2	·	·	3
	L. campestris	–3	–3	–3	2	·	+–1
	Carex pallescens	+–4	–1	–+	+	+	4–5
	C. leporina (u. 6)	+–1	–1	–2	2	+	1
1–6	CALLUNO-ULICETEA						
C	*Calluna vulgaris*	2–5	2–5	2–5	1	3	2–4
	Deschampsia flexuosa	–4	1–3	3–5	5	5	1–3
	Vaccinium myrtillus	2–5	+–2	2–5	4	5	4–5
	Pleurozium schreberi (u. 5)	2–4	1–3	–3	1	3	1–3
	Begleiter						
	Potentilla erecta	5	4–5	3–5	3	5	4–5
	Agrostis tenuis (u. > 16)	5	–4	4–5	2	5	3–5

Anmerkungen zu Tab. 17–1
[1] Kondensierte Übersichtstabelle mit Angabe der Stetigkeitsspannen (Klassen + bis 5) für jede Gesellschaft, für die Aufnahmen aus verschiedenen Teilgebieten der ehemaligen BRD vorliegen. Nr. 4 bezieht sich nur auf den Hochschwarzwald, Nr. 5 auf den hohen Bayerischen Wald, Nr. 6 auf zwei Gebiete in den Alpen. Die Gesellschaften 3, 4 und 5 haben keine eigenen Charakterarten.
Die eingeklammerten Ziffern am Ende jeder Kolonne, z. B. (u. 6), bedeuten die Zahl der nur selten auftretenden und deshalb hier weggelassenen Arten. C = Charakterarten, D = Differenzialarten.

Ökologie der alpinen Borstgrasrasen wird in Kapitel 13.3.7 eingegangen.

Im östlichen Mitteleuropa gibt es in den Gebirgen Borstgrasrasen mit abweichender Artenzusammensetzung. So beschreibt z. B. Krahulec (1990) mehrere Assoziationen aus den Westkarpaten, die einem eigenen Verband NARDO-AGROSTION TENUIS zugeordnet werden.

17.3.2 Zwergstrauchheiden (O. VACCINIO-GENISTETALIA)

In dieser Ordnung werden Gesellschaften zusammengefasst, in denen Zwergsträucher den Ton angeben und Gräser und Kräuter mengenmäßig zurücktreten. Die Gesellschaften dieser Ordnung besitzen eine subatlantisch-boreale Verbreitung und müssen als ein verarmter Ausläufer der westeuropäischen ERICO-ULICETALIA betrachtet werden (Oberdorfer 1978). Während die meisten Borstgrasrasen z. T. noch relativ artenreich sind, gehören die Heiden mit einer mittleren Artenzahl von 13 bis 25 zu den an Höheren Pflanzen ärmsten Gesellschaften Mitteleuropas. Von den NARDETALIA-Gesellschaften sind sie lediglich durch das Fehlen der für diese charakteristischen Arten unterschieden. Zwergstrauchheiden haben oft eine lückige Vegetationsdecke, die genügend Raum für eine artenreiche Flechtenflora lässt.

Innerhalb der VACCINIO-GENISTETALIA gibt es zwei Verbände,

1. die fast ausschließlich anthopo-zoogen entstandenen *Calluna*-Ginsterheiden (V. GENISTION PILOSAE) und

2. die Krähenbeer-Küstenheiden (V. EMPETRION NIGRI), deren Gesellschaften in Mitteleuropa überwiegend natürlichen Ursprungs sind.

Die große Mehrzahl der Gesellschaften der Klasse CALLUNO-ULICETEA sind also vom Menschen mitgeschaffene und erhaltene Gebilde. Überwiegend von Natur aus waldfreie Zwergstrauchheiden umfasst dagegen die Ordnung der Heidemoore oder Torfmoos-Glockenheiden (ERICO-SPHAGNETALIA PAPILLOSI), die mit den Zwergstrauch-Torfmoosrasen (SPHAGNETALIA MAGELLANICI) zusammen eine Klasse der Hochmoorbult-Gesellschaften und Heidemoore (OXYCOCCO-SPHAGNETEA) darstellen. Diese haben wir bereits in Kapitel 10.3.2 ausführlich besprochen, mit Ausnahme der Moor- und Sumpfheiden (Glockenheide-Anmoore), von denen im nächsten Abschnitt die Rede sein wird.

Um den systematischen Überblick zu vervollständigen, sei darauf hingewiesen, dass die Alpenrosenheiden und Windheiden der alpinen Stufe von Alpen und Karpaten entweder in einer eigenen Klasse (LOISELEURIO-VACCINIETEA) oder auf Unterverbandsebene den Fichten- und Lärchenwäldern (Kl. VACCINIO-PICEETEA) angeschlossen werden (Grabherr 1993; s. Kap. 13.3.8).

17.3.2.1 Von Natur aus baumarme Zwergstrauchheiden im Nordwesten

17.3.2.1.1 Glockenheide-Anmoore in Meeresnähe

Zweifelsfrei natürliche Zwergstrauchheiden gibt es noch in verschwindenden Resten in feuchten Tälern der Küstendünen und auf nassen Sandböden des küstennahen Tieflandes, oft in Kontakt mit den dort einst verbreiteten Hochmooren. In solchen oligotraphenten Moorheiden herrscht die Glockenheide (*Erica tetralix*, s. Abb. 17–9) zusammen mit weiteren atlantischen oder subatlantischen Arten, z. B. der Sparrigen Binse (*Juncus squarrosus*), der Ährenlilie (*Narthecium ossifragum*) und der Rasensimse (*Trichophorum germanicum*). Charakteristisch für sie sind außerdem *Sphagnum*-Arten, die nicht zu den Hochmoorbildnern gehören, insbesondere *S. compactum* und *S. molle* (Dierssen 1972). Diese Glockenheide-Anmoore vermitteln vom Standort her zu den Hochmoorbult-Gesellschaften und werden daher nicht den CALLUNO-ULICETEA, sondern mit ihrem Verband (ERICION TETRALICIS) der Klasse OXYCOCCO-SPHAGNETEA (Hochmoorbult-Gesellschaften und Heidemoore, s. Kap. 10.3.2) zugeordnet.

Wesentliche Standortsbedingungen für das Ericetum tetralicis sind ein sommerkühles und wintermildes Klima, Torfböden mit hochanste-

Abb. 17–9 Glockenheide-Anmoor (Ericetum tetralicis typicum) in einem Dünental auf der Insel Sylt. Foto: Lüdi.

hendem, stagnierendem Grundwasser (Jeckel 1986), zudem niedrige pH-Werte (um 4 und darunter). Vor allem die nassen Ausbildungen dieser Heide-Gesellschaft sind baumfeindlich. Menke (1963) konnte nachweisen, dass ihre Ausbreitung in der späten Wärmezeit begann, und zwar oft auf Kosten von Bruchwäldern. Andere *Erica*-Heiden entstanden auf vernässten Sandböden (s. Abb. 17–10) und gaben Anlass zur Bildung von Torf-Podsolen. Die typische Glockenheide-Gesellschaft (Ericetum tetralicis typicum) und noch bodennassere Subassoziationen, namentlich die Torfmoos-Glockenheide (E. t. sphagnetosum), die sich durch *Sphagnum papillosum*, *Andromeda polifolia* und reichlicheres Auftreten von *Narthecium* auszeichnet, sind nach diesem Autor natürliche Vegetationstypen. Flechtenreiche *Erica*-Heiden leiten dagegen zu den *Calluna*-Heiden über und sind wie diese aus Wäldern hervorgegangen. Durch zeitweiliges Austrocknen der Bodenoberfläche werden genügsame Strauchflechten begünstigt, z. B. *Cladonia uncialis*, *C. gracilis* var. *chordalis* und *C. squamosa*.

Die Glockenheide wird vom Vieh gemieden und war daher bei den Schäfern wenig beliebt. Wegen des von ihr gebildeten torfähnlichen Auflagehumus wurde sie jedoch als Lieferant von Stallstreu geschätzt und in Abständen von etwa 10 bis 20 Jahren abgeplaggt (s. Abb. 17–11). Auf dem entblößten Sumpfboden konnte sich eine Schnabelried-Gesellschaft (Rhynchosporetum) ansiedeln, in der außer der namengebenden Art (*Rhynchospora alba*) auch andere Vertreter der Hochmoorschlenken vorübergehend genügend

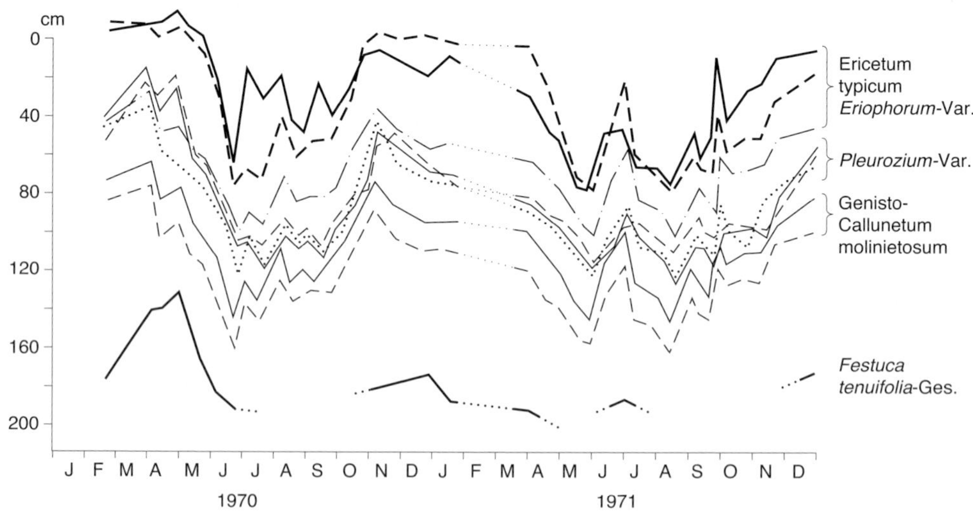

Abb. 17–10 Grundwasser-Jahresgänge unter *Erica*-Heiden, *Calluna*-Heiden und Sand-Trockenrasen (*Festuca*-Ges.) am Südrand des Wümmetals. Nach Lache (1976), verändert. Unter der *Eriophorum*-Variante der *Erica*-Heide steht das Grundwasser von November bis in den Juni hinein nahe oder über der Bodenoberfläche. Eine so häufige und lang dauernde Vernässung schließt Baumwuchs aus. Die Standorte der übrigen *Erica*-Heiden *(Pleurozium schreberi*-Variante) sind dagegen waldfähig. Ein Teil des Ericetum muss also als anthropozoogen gelten, ebenso wie die bodenfeuchte *Calluna*-Heide.

Abb. 17–11 Entwicklungsphasen der *Erica*-Moorheide bei dem früher üblichen Plaggenhieb. Nach Vanden Berghen (1952). 1 = Ericetum vor dem Plaggen, 2 = Rhynchosporetum auf entblößtem Boden, 3 = Übergangsphase, 4 = Ericetum, das nach etwa 10 Jahren wieder typisch ausgebildet ist.

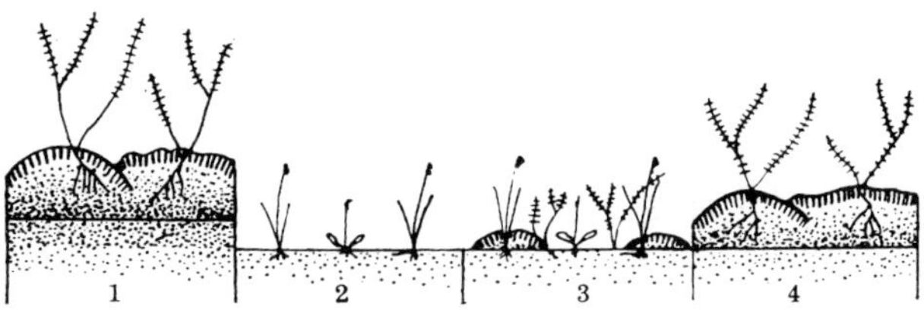

Licht und Nässe fanden, z. B. *Lycopodiella inundata* und die Alge *Zygogonium ericetorum*, die den Boden mit einer zähen, bei Trockenheit aufreißenden Haut überzieht. Heute sind diese Sukzessionsstadien zum Glockenheide-Anmoor sehr selten geworden.

Die einst recht ausgedehnten Ericeten der nordwestlichen Geest sind großenteils entwässert und in Grünlandnutzung genommen worden. Nur in wenigen Naturschutzgebieten Nordwestdeutschlands sind sie noch in ihrem typischen Gesellschaftskomplex erhalten, z. B. im Zwillbrocker Venn (Burrichter 1969) oder Breiten Moor (Jeckel 1981). Nur in den nassen Tälern einiger Dünenlandschaften konnte man sie bis vor wenigen Jahrzehnten noch recht gut studieren, beispielsweise in den Niederlanden (de Smidt 1966, Zonneveld 1965 u. a.), in Niedersachsen (Tüxen 1967, Lache 1976 u. a.) und in Schleswig-Holstein (Raabe 1964 u. a.). Im südlichen Schweden fand Malmer (1965) noch Ericetum und Rhynchosporetum, neben anderen mitteleuropäischen Heide-Gesellschaften, in guter Ausbildung. Die besten Beispiele trifft man auf manchen Nordseeinseln, wo sich die *Erica*-Moorheiden mit den Krähenbeeren-Dünenheiden verzahnen, z. B. auf Sylt. An der Ostseeküste klingen die *Erica*-Heiden nach Osten hin aus, obwohl die Glockenheide selbst noch bis an die Kurische Nehrung vorstößt (Wojterski 1964). Auf den weit nach Nordwesten vorgeschobenen Mittelgebirgen, namentlich auf dem Hohen Venn, dringen Ericeten bis in die montane Stufe vor (Schwickerath 1944, Sougnez 1965 u. a.); auch dort blieben sie teilweise von der Entwässerung verschont.

17.3.2.1.2 Windharte Krähenbeeren-Heiden an der Nord- und Ostseeküste

In den Braundünen der Inseln und küstennahen Dünen an der Nordsee sowie mehr lokal an der Ostseeküste (z. B. vom Darß bis Usedom) kommen windharte Heide-Gesellschaften vor, die zu dem in Nordeuropa verbreiteten Verband der Krähenbeerenheiden (EMPETRION NIGRI) gehören (Heykena 1965, Westhoff 1975, Barendregt 1982, Isermann 1997). Insbesondere die auf den grundwasserfernen Braundünen der Inseln wachsende, Trockenheit ertragende Kriechweiden-Krähenbeerenheide (Salici repentis-Empetretum, s. Abb. 12–5) gilt als weitgehend natürliche Zwergstrauchheide, weil in ihr Waldpioniere nur schlecht aufkommen (s. Kap. 12.3.1.4). De Smidt (1977) hält sie auch in den Niederlanden für fast natürlich. Beweidung durch Schafe und Kaninchen fördert die Öffnung der Bestände und das Eindringen von *Calluna*.

Die *Empetrum*-Heiden im nördlichen Mitteleuropa werden meist in einer einzigen Assoziation (Hieracio-Empetretum) zusammengefasst. Sie enthalten fast alle Arten der *Calluna*-Heiden, außerdem aber noch manche Relikte der Dünenrasen, aus denen sie gewöhnlich hervorgehen (s. Tab. 17–2, Nr. 7 bis 9). Stets herrscht die Krähenbeere vor, die sich im Gegensatz zu *Calluna* durch einen auch im Alter niedrig bleibenden Wuchs auszeichnet und deshalb durch heftigen Wind weniger geschädigt wird (s. Kap. 12.3.1.4). Auch häufige Sandüberwehung wird gut ertragen.

Neben der schon erwähnten „trockenen" Subassoziation kann eine feuchte unterschieden werden, die auf die Dünentäler beschränkt ist („Empetro-Ericetum" nach Dierssen 1993) und zu den Glockenheide-Anmooren überleitet. Der Oberboden wird unter den Krähenbeerenheiden im Gegensatz zu den *Calluna*-Heiden des Binnenlandes **kaum podsoliert** und enthält nie eine Ortsteinschicht (s. auch Barkman 1990). Die größere Luftfeuchtigkeit der küstennahen Standorte kommt darin zum Ausdruck, dass Moose (besonders *Hypnum cupressiforme* als Epiphyt und *Pleurozium schreberi*) häufiger sind als Strauchflechten, die den *Calluna*-Heiden ihr dürftigeres Gepräge geben (oder früher gaben). Weiter im Binnenland kommt die Krähenbeere zwar noch vor, insbesondere auf

Tab. 17–2 *Calluna*-Heiden an den Küsten und im Innern von Schleswig-Holstein und Jütland. Nach Aufnahmen von Raabe (1964), die den Zustand vor der Eutrophierung erfassten[1]. Zeigerwerte nach Ellenberg et al. (1992).

Artengruppen	Binnenheiden						Küstenheiden			Zeigerwerte				
Gesellschaft Nr.:	1	2	3	4	5	6	7	8	9	T	K	R	N	S
Heide-Artengrundstock:														
K *Calluna vulgaris*, Besenheide	5	5	5	5	5	5	5	5	5	×	3	1	1	0
Dicranum scoparium, Krallmoos	3	3	3	3	3	2	5	5	4	×	5	4	–	–
Pleurozium schreberi, Rotstängelmoos	5	4	4	5	4	5	3	3	3	3	6	2	–	–
Hypnum cupressiforme, Schlafmoos	1	2	2	4	4	3	2	4	3	×	5	4	–	–
S *Carex arenaria*, Sandsegge	2	2	5	5	3	2	5	5	5	6	2	2	2	1
Campanula rotundifolia, Rundbl. Glockenblume	3	2	3	2	2	2	3	1	3	5	×	×	2	0
Hypochoeris radicata, Ferkelkraut	4	2	3	2	2	2	2	3	3	5	3	4	3	1
Hieracium umbellatum, Dolden-Habichtskraut	1	2	3	1	4	2	3	4	3	6	×	4	2	0
Agrostis tenuis, Rotes Straußgras	5	3	3	2	1	1	2	2	4	×	3	4	4	0
K *Luzula campestris*, Feldsimse	2	2	2	1	1	1	3	3	3	×	3	3	2	0
Arten der Binnenheiden:														
Deschampsia flexuosa, Geschl. Schmiele	5	5	5	5	4	5	3	1	2	×	2	2	3	0
VG *Genista pilosa*, Haarginster	3	2	3	3	3	2		1		5	4	2	1	0
VG *G. anglica*, Englischer Ginster	5	3	3	4	4	2		2	2	5	1	2	2	0
K *Carex pilulifera*, Pillensegge	2	3	3	1	2	2	1			×	2	3	3	0
Molinia caerulea, Pfeifengras	1	3	1	2	4	2		1		×	3	×	1	0
N *Nardus stricta*, Borstgras	1	1	2	2	3	1	1	1	1	×	3	2	2	0
Quercus robur (jung), Stieleiche	4	3	3	2	1	2				6	6	×	×	0
Agrostis canina, Hundsstraußgras	3	1	2	1	2	1		1		5	5	3	2	0
Sorbus aucuparia, Vogelbeere		2	2	1	1	2				×	×	4	×	0
VS *Sarothamnus scoparius*, Besenginster	1	2	2	1	1			1	1	5	2	3	4	0
Arten der „Wärmeheiden“:														
S *Spergula morisonii*, Frühlingsspark	5		1							5	4	×	2	0
S *Pulsatilla pratensis*, Wiesenkuhschelle	3									6	5	7	2	0
Carex ericetorum, Heidesegge	3	1				1				5	7	×	2	0
S *Artemisia campestris*, Feldbeifuß	2									6	5	5	2	0
Vicia cassubica, Kassubenwicke	2									6	4	5	3	0
„Südöstliche“ Arten:														
Betula pendula, Warzenbirke	4	2		1	1	1	1			×	×	×	×	0
Rubus fruticosus, Brombeere	2	2	1	1			1			×	×	×	×	×
Hypericum perforatum, Hartheu	3	1	1		1					6	5	6	3	0
Pinus sylvestris, Waldkiefer	3	2	2	1		1				×	7	×	×	0
„Nordwestliche“ Arten:														
N *Arnica montana*, Berg-Wohlverleih			1	1	4	3		1		4	4	3	2	0
Scorzonera humilis, Schwarzwurzel		1	1	1	3	2		1	1	6	5	5	2	0
Succisa pratensis, Teufelsabbiss		1	1	1	3	1				5	3	×	2	0
Nördliche Waldarten:														
Populus tremula, Zitterpappel	1	1	1	1	2	2				5	5	×	×	0
Trientalis europaea, Siebenstern			1	1		4				5	7	3	2	0

Artengruppen	**Binnenheiden**						**Küstenheiden**			**Zeigerwerte**				
Gesellschaft Nr.:	1	2	3	4	5	6	7	8	9	T	K	R	N	S
Vaccinium myrtillus, Heidelbeere	*1*	*1*	*1*	*1*	*1*	*3*				×	5	2	3	0
Solidago virgaurea, Goldrute	*2*	*1*	*1*	*1*	*2*	*3*				×	×	×	4	0
Jütische Heidearten:														
Vaccinium vitis-idaea, Preißelbeere		*1*				*4*	*1*			×	5	2	1	0
Arctostaphylos uva-ursi, Bärentraube		*1*		*1*	*2*	*3*				×	5	×	2	0
Juniperus communis, Wacholder					*1*	*3*		*1*		×	×	×	×	0
Arten der Krähenbeer-Heiden:														
VE *Empetrum nigrum*, Krähenbeere		*1*	*2*	*5*	*5*	*5*		*5*	*5*	×	3	×	2	0
Salix repens subsp. *rosmarinifolia*, Kriechweide			*2*	*2*	*2*	*2*	*1*	*2*	*3*	5	6	5	2	0
Arten der Küstenheiden:														
A *Ammophila arenaria*[2], Strandhafer	*1*		*3*	*2*	*1*		*2*	*4*	*5*	6	3	7	5	1
S *Jasione montana*, Sandrapunzel	*3*	*1*	*3*	*1*	*1*		*1*	*3*	*3*	6	3	3	2	0
Lotus corniculatus, Hornklee	*1*	*1*	*1*	*1*	*1*	*1*	*1*	*3*	*2*	×	3	7	3	3
S *Festuca rubra* subsp. *arenaria*, Rotschwingel				*1*	*1*		*1*	*3*	*3*	6	5	5	3	1
Galium verum, Echtes Labkraut						*1*	*2*	*2*	*3*	6	×	7	3	0

[1] Die kursiven Ziffern bedeuten Stetigkeitsklassen. [2] z. T. angepflanzt.

Erläuterungen zu Tab. 17–2

mittlere Zeigerwerte:	mT	mK	mR	mN	mS
Binnenheiden					
1. „Wärmeheiden" im sö. Holstein	5,2	3,8	3,4	2,4	0,2
2. typische Heiden in Holstein	5,0	3,6	2,9	2,4	0,1
3. Heiden auf Binnendünen in Holstein	5,2	3,5	3,1	2,5	0,2
4. Heiden auf Binnendünen in Schleswig	5,0	3,8	2,9	2,2	+
5. *Arnica*-Heiden in Schleswig	5,0	3,7	3,0	2,2	+
6. typische Heiden in Jütland	4,8	4,2	2,9	2,2	+
Küstenheiden					
7. an der Ostsee in Schleswig-Holstein	5,3	3,5	3,2	2,4	0,3
8. an der Nordsee in Schleswig-Holstein	5,4	3,5	3,7	2,5	0,5
9. in Süd-Jütland	5,6	3,5	3,5	2,6	0,4

Die Küstenheiden enthalten relativ viele Arten mit ozeanischer Verbreitungstendenz (mK 3,5) sowie etwas höheren Zeigerwerten für die Wärme (mT 5,3-5,6) und die Basenversorgung (mR 3,2–3,7). In ihnen leben stets auch einige Arten mit Stickstoffzahlen über 2 (mN bis 2,6) und einige Arten mit Salzzahlen über 0 (mS 0,3–0,5).

Von den Binnenheiden stehen ihnen im Hinblick auf Temperatur und Bodenreaktion die „Wärmeheiden" im südöstlichen Holstein am nächsten; doch gedeihen hier stärker kontinental verbreitete Arten (mK 3,8). Auch in den jütischen Heiden (mK 4,2) ist das der Fall, deren Temperaturzahlen aber wie bei den anderen Binnenheiden meist bei 5 oder darunter bleiben. Die „typischen" Heiden sowohl Holsteins als auch Jütlands zeichnen sich durch extrem säureertragende Arten aus, so dass ihre mittleren Reaktionszahlen am niedrigsten sind (2,9).

Neben diesen Unterschieden kommt in den mittleren Zeigerwerten jedoch zum Ausdruck, dass die *Calluna*-Heiden nicht nur floristisch, sondern auch ökologisch Vieles miteinander verbindet. (Infolge der Eutrophierung wären die mN-Zahlen in allen Einheiten jedoch heute wesentlich höher.)

Einige Arten, die in keiner Einheit stet oder häufig auftreten, wurden weggelassen. Flechten fehlen in der Zusammenstellung von Raabe (1964).

K = Charakterarten der Klasse bodensaurer Heiden (Calluno-Ulicetea).
N = der Ordnung der Borstgrasrasen (Nardetalia),
VC,VE,VS = der Ordnung der Ginster-*Calluna*-Heiden (Vaccinio-Genistetalia),
VC = des Verbandes der Ginster-*Calluna*-Heiden (Genisto-Callunion), heute Genistion pilosae
VS = des Verbandes der Besenginsterheiden (Sarothamnion),
VE = des Verbandes der Krähenbeerheiden (Empetrion nigri),
S = der Klasse der Sand-Trockenrasen (Koelerio-corynephoretea), die in die Heide übergreifen,
A = der Klasse der Strandhaferdünen (Ammophiletea).

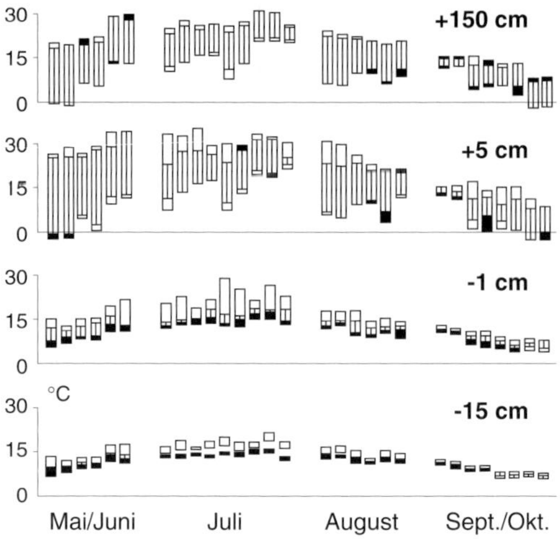

Abb. 17–12 Vergleich der Extremtemperaturen in benachbarten Probeflächen von Besenheiden und von Krähenbeerheiden an verschiedenen Messtagen während der Vegetationsperiode im nordwestlichen Mitteleuropa. Nach Lache (1976), etwas verändert. Jeder Block bezieht sich auf einen Messtag und gibt die maximale und minimale Temperatur an, die in der jeweiligen Messhöhe in der Luft bzw. im Boden festgestellt wurde. Der durch eine Mittellinie gekennzeichnete Bereich des Blocks ist beiden Heide-Gesellschaften gemeinsam. Der weiß gelassene Abschnitt bezieht sich nur auf die *Calluna*-Heide, der schwarz ausgefüllte nur auf die *Empetrum*-Heide. Mit einem Blick wird dadurch klar, dass der Boden unter *Empetrum*-Heide meistens kühler ist als der unter *Calluna*-Heide.
Oberirdisch unterscheiden sich die beiden Heide-Gesellschaften weniger deutlich. Für 5 cm und sogar für 150 cm über dem Boden gehen die weißen Blockabschnitte im Sommer häufig über den mit Strich versehenen hinaus; demnach liegen in der *Calluna*-Heide die Temperaturmaxima höher und die Minima tiefer als in der *Empetrum*-Heide. Bei niedrigem Sonnenstand im Herbst und Frühjahr ist es in den *Empetrum*-Beständen öfter ein wenig kühler, weil die Probeflächen etwas nach Norden oder Osten exponiert sind, während die *Calluna*-Probeflächen größtenteils horizontal liegen.

Dünen, sie wird hier aber meist von *Calluna* überwachsen und unterdrückt. Bezeichnenderweise findet man in der Lüneburger Heide bei Wilsede einzelne, in rascher Ausbreitung begriffene *Empetrum*-Horste nur dort, wo der Heidekäfer große *Calluna*-Bestände zum Absterben gebracht hat, also vorübergehend keine Konkurrenz vorhanden ist. Im Bereich gesunder *Calluna*-Heiden wächst *Empetrum*, wenn überhaupt, nur an Schatthängen oder im Halbschatten von Waldrändern, d. h. an mikroklimatisch relativ kühlen Plätzen, und bildet hier lediglich eine Subassoziation des Genisto-Callunetum (empetretosum).

Nach Lache (1976; s. Abb. 17–12) sind die Bodentemperaturen unter den Krähenbeerenheiden durchschnittlich um 1–3 °C niedriger als unter benachbarten *Calluna*-Heiden, vor allem weil Erstere eher nach Norden oder Osten exponiert liegen. Der **„nordische" Charakter** dieser Gesellschaft kommt also selbst auf kleinem Raum deutlich zum Ausdruck. Da *Empetrum*-Bestände in der Regel eine dichter geschlossene Bestandesoberfläche bilden als *Calluna*-Heiden, können allerdings im Bereich der Blätter beider Zwergsträucher etwa gleich hohe Temperaturmaxima auftreten. Im Winter genießt die Krähenbeere besseren und länger dauernden Schneeschutz. Ihr planarer Standort gleicht mithin in mancher Hinsicht auch dem der subalpinen und alpinen Zwergstrauchheiden.

Die Krähenbeerenheiden der Mittel- und Hochgebirge Mitteleuropas haben jedoch nur wenige Beziehungen zu den Dünenheiden der Küsten, zumal sie nicht von *Empetrum nigrum*, sondern von der nahe verwandten Kleinart *E. hermaphroditum* beherrscht werden (s. Kap. 13.3.8.2).

17.3.2.2 Wirtschaftsbedingte Heiden vom Tiefland bis in die Montanstufe der Gebirge

17.3.2.2.1 Trockene Sandheiden

a) Mit Sicherheit sind die allermeisten *Calluna*-Heiden des ozeanischen nordwestdeutsch-niederländischen Tieflandes **anthropo-zoogen.** Für ihre Entstehung und Erhaltung sind Holzschlag, Brand oder Verbiss notwendige, aber nicht hinreichende Bedingungen. Die gleichen Störungen führten unter weniger ozeanischem Klima und auf nährstoffreichen Böden nicht zur Bildung von Zwergstrauchheiden, sondern von verschiedenen Rasen-Gesellschaften. Die oben besprochenen, von *Empetrum* dominierten Küstenheiden stellen dagegen zumindest in Teilen natürliche Vegetationstypen dar, in vielen Fällen allerdings nur mehr oder weniger kurzlebige Stadien einer primären Sukzession in Richtung auf Wald. Mancherorts dürften auch die *Calluna*-Bestände älterer Braundünen der Nord- und Ostseeküste zur natürlichen Vegetation zu rechnen sein (nach Schubert 1993 z.B. auf Hiddensee).

Auf mehr oder minder trockenen Sandböden des Tieflandes war ehemals die ziemlich artenarme typische Sandheide (Genisto pilosae-Callunetum typicum, synonym: Genisto anglicae-Callunetum) weit verbreitet (s. Abb. 17–2). Außer *Calluna* sind nur einige niedrige Horstgräser wie *Deschampsia flexuosa*, *Nardus stricta*, *Agrostis capillaris*, *Danthonia decumbens* oder *Festuca filiformis* öfter vertretene phanerogame Begleiter; keine dieser Arten kann jedoch als Charakterart gelten. Die beiden atlantischen Ginsterarten *Genista pilosa* und *G. anglica* sind dagegen in den meisten typischen Sandheiden eher selten und nur in den besser nährstoffversorgten Subassoziationen häufiger vertreten. Insofern ist der Name Genisto-Callunetum irreführend. Die binnenländischen Sandheiden besiedeln vor allem saaleeiszeitliche Sanderflächen, Flugsande und sandige Geschiebe, im Ostseeküsten-Hinterland auch weichseleiszeitliche Binnensander (Dierssen 1993). Im Gegensatz zu den Küstenheiden, die überwiegend auf jungen Sandböden mit beginnender Profildifferenzierung ohne deutliche Podsolierung stocken, kennzeichnen gut ausgebildete Podsol-Profile das binnenländische Genisto-Callunetum typicum (de Smidt 1977).

Vor allem ältere Sandheiden, in denen mehr als 20, manchmal bis zu 50 % des Lichtes bis zum Erdboden gelangen, besitzen eine artenreiche Kryptogamenflora (Genisto-Callunetum cladonietosum). Wo sie nicht durch SO_2-Immissionen vernichtet sind (Kap. 17.8.2), siedeln in den Vegetationslücken Rentierflechten-Gesellschaften (Cladonion arbusculae). Daniels et al. (1993) konnten in den trockenen Sandheiden Nordwestdeutschlands vier epigäische Flechten- und Moosvereine unterscheiden:

a) den *Placynthiella uliginosa*-Pionierverein auf offenen, humosen Böden,

b) den in der Sukzession folgenden *Placynthiella-Cladonia glauca*-Verein,

c) den *Cladina portentosa*-Verein in älteren Heiden und

d) in bodenfeuchten älteren Heiden den *Hypnum-Pleurozium schreberi*-Verein.

Die Vereine a) bis c) lösen sich wahrscheinlich im Zuge der **Alterung eines Heidebestandes** ab (Krieger 1937). Unter den Flechten finden sich verschiedene dichtbuschige, graue Strauchformen (z. B. *Cladina mitis*, *C. portentosa*, *Cladonia arbuscula*); truppweise eingesprengt sind das stachelspitzige braune *Coelocaulon aculeatum* sowie das heute noch als Heilmittel genutzte „Isländische Moos" (*Cetraria islandica*), die beiden letzten an Standorten mit trockenerem Kleinklima. Paus (1997) gibt einen synsystematischen und standortökologischen Überblick über die **Erdflechtenvegetation** Nordwestdeutschlands und der angrenzenden Niederlande einschließlich der Heiden und Sandrasen.

Moose spielen in den *Calluna*-Heiden auf relativ trockenen Sanden nur eine geringe Rolle. Am häufigsten ist das auch in bodensauren Wäldern verbreitete Rotstängel-Astmoos (*Pleurozium schreberi*). Außer diesem verdienen nur *Dicranum scoparium*, *Hypnum cupressiforme*, *Ceratodon purpureus* und *Polytrichum piliferum* genannt zu werden. Auch das Lebermoos *Ptilidium ciliare* var. *ericetorum*, das als Charakterart gilt, ist verhältnismäßig selten. Am reichlichsten entwickeln sich Moose in Heiden an relativ luftfeuchten Standorten, z. B. an Nord- und Osthängen, oder auf grundfeuchten Böden. Zudem sind sie stärker als die Flechten an den Schatten älterer *Calluna*-Sträucher gebunden.

Eine Liste von höheren **Pilzen**, die in den *Calluna*-Heiden Belgiens vorkommen und mehr oder minder kennzeichnend für sie sind, hat Heinemann (1956) zusammengestellt. Sie ist umfangreich, aber doch weniger umfassend als diejenige der Waldgesellschaften, aus denen diese Heiden hervorgingen. Wie bei den höheren Pflanzen und Moosen nimmt also auch bei den Pilzen die Zahl der Arten ab, wenn durch Degradation des Waldes extreme Standortsbedingungen geschaffen werden. Einige höhere Pilze sahen Pirk & Tüxen (1957) als mutmaßliche Charakterarten des Genisto-Callunetum oder der diesem übergeordneten Einheiten an, namentlich die ziemlich stetig auftretenden:

Polystictus perennis	*Cortinarius mucosus*
Clavaria argillacea	*Rhizopogon virens*
Boletus variegatus	

Auch einzelne Kennarten des Birken-Eichenwaldes findet man zuweilen unter den Pilzen, z. B.

Amanita muscaria	*Boletus scaber*
Lactarius rufus	*Paxillus involutus* u. a.

Wie Pirk & Tüxen (1957) betonen, ist die soziologische Eigenart der *Calluna*-Heiden am stärksten in beweideten Flächen ausgeprägt, während nicht-beweidete allmählich degenerieren und an Charakterarten verarmen.

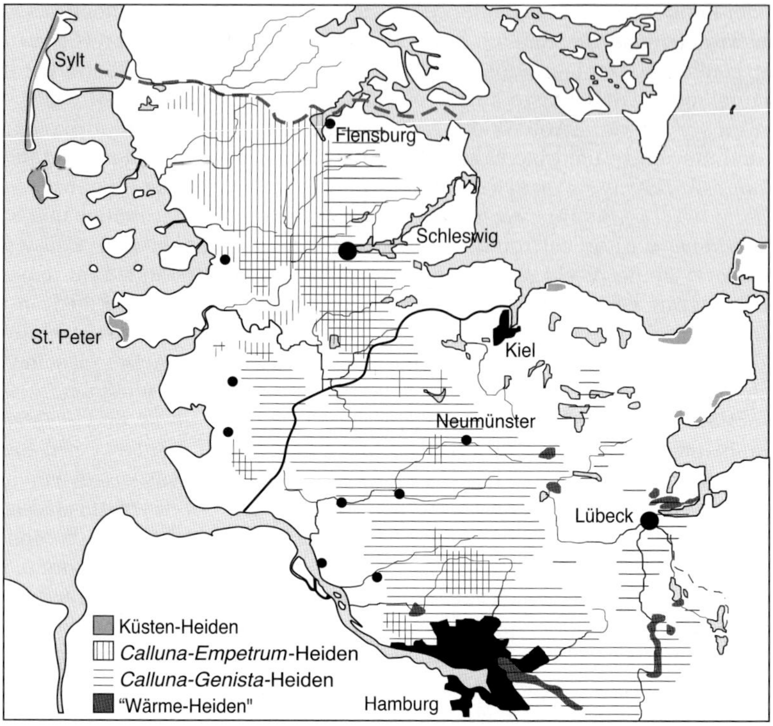

Abb. 17–13 Verbreitung verschiedener Gruppen von Heide-Gesellschaften in Schleswig-Holstein. Nach Raabe (1964), etwas verändert.
Die Signaturen deuten nur auf die Möglichkeit des Vorkommens, nicht auf heutige flächenhafte Verbreitung hin. Nahezu alle Zwergstrauchheiden sind auch in Schleswig-Holstein aufgeforstet oder kultiviert worden. Bodensaure Heide-Gesellschaften fehlen den Küstenmarschen im Westen sowie der Jungmoränen-Landschaft im Osten, mit Ausnahme rein sandiger Flächen.
Die Heiden auf den Küstendünen sind reich an *Empetrum nigrum* und an Dünengräsern (s. Tab. 17–2). Die Binnenheiden ähneln im nördlichen Schleswig-Holstein bereits den jütischen und skandinavischen Heiden und enthalten ebenfalls viel *Empetrum*. Weiter im Süden sind die Heide-Gesellschaften durch *Genista anglica* und *G. pilosa* charakterisiert, ähnlich wie in der Lüneburger Heide. Durch das relativ kontinentale Klima im Südosten Holsteins werden an Sonnhängen Heiden mit wärmeliebenden und anderen anspruchsvollen Arten begünstigt.

b) Wie mannigfaltig die *Calluna*- und *Empetrum*-Heiden noch vor einigen Jahrzehnten waren, soll Tabelle 17–2 für Schleswig-Holstein erläutern. Dem Klimagefälle auf dieser Halbinsel entsprechen floristische Variationen, die sich unter anderem in den mittleren Temperatur- und Kontinentalitätszahlen ausdrücken (s. a. Abb. 17–13). Auch Unterschiede in der Nährstoffversorgung und im Salzgehalt des Bodens kommen im Artengefüge zum Ausdruck.

Die *Calluna*-Heiden gehen weiter im Westen und Nordwesten Europas in atlantische Stechginsterheiden (ULICETALIA MINORIS) über, auf die hier nur hingewiesen sei (s. z. B. Bridgewater 1980, 1981). Die kontinental geprägten *Calluna*-Heiden am Rande des mitteldeutschen Trockengebietes in Sachsen-Anhalt und Westbrandenburg enthalten dagegen trockenheitsertragende Arten, die in den Sand- oder Kalk-Magerrasen ihre Hauptverbreitung haben, z. B. *Silene otites*, *Helianthemum nummularium*, *Helictotrichon pratense* und *Carex caryophyllea* (Mahn 1957, Schubert 1960; s. Abb. 17–14).

Einstrahlungen westlicher, nördlicher und östlicher Florenelemente sind nicht die einzigen **geografischen Abwandlungen**, die das Genisto-Callunetum in seinem verhältnismäßig großen Verbreitungsgebiet erfuhr. Am augenfälligsten ist die Nordwestgrenze des Wacholders (*Juniperus communis*), der sich in den bodensauren *Calluna*-Heiden wie in den Kalk-Halbtrockenrasen Mittel- und Süddeutschlands und in den

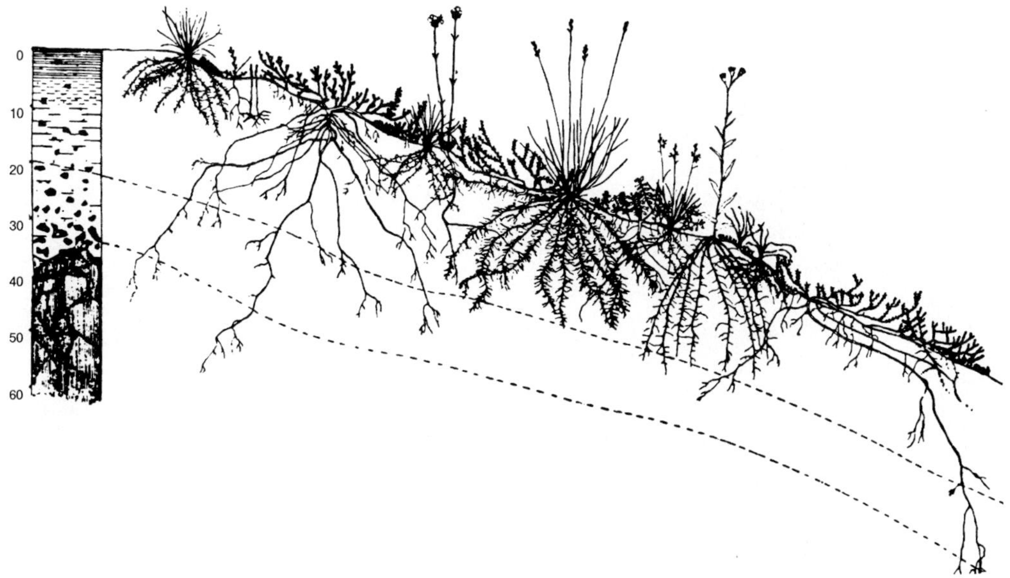

Abb. 17–14 Querschnitt durch eine *Calluna vulgaris*-Gesellschaft im mitteldeutschen Trockengebiet bei Halle. Das Porphyrgestein steht in etwa 30 cm Tiefe an. Nach Mahn (1957). Von links nach rechts: *Festuca ovina, Polygala vulgaris, Polytrichum formosum, Calluna vulgaris, F. o.; Dianthus carthusianorum, Genista pilosa, Danthonia decumbens, Helianthemum nummularium, F. o.* (blühend), *Hieracium umbellatum, Luzula campestris* usw.

Kiefernheiden des ostmitteleuropäischen Tieflandes als Weideunkraut ausgebreitet hat. Im Naturschutzpark Lüneburger Heide sowie in manchen niederländischen Heidereservaten bildet er dichte und z.T schon waldartig emporgewachsene Bestände (s. Abb. 17–15), wie sie vor allem Barkman (1985) eingehend studiert hat. Er fehlt aber in der Fischbeker Heide bei Harburg und anderen nur 20–30 km nördlich von Wilsede gelegenen *Calluna*-Heiden völlig. Warum er in Deutschland die Linie Papenburg–Delmenhorst–Verden–Harburg nicht oder nur ganz vereinzelt überschreitet, aber im östlichen Dänemark und in Schweden wieder reichlich vorkommt, ist immer noch ungeklärt. Möglicherweise spielen Schädlinge eine Rolle. Das Ausreifen und die Verbreitung der Samen können keine so scharf begrenzenden Faktoren sein, weil die Wacholderbeeren endozoochor durch Vögel, insbesondere durch Birkhühner, Tauben und ähnliche Arten, verbreitet werden. Da der Wacholder durch häufiges Abbrennen der Heide immer wieder vernichtet wird, könnte auch dieser anthropogene Einfluss mitspielen. Doch besteht oder bestand zumindest in Niedersachsen kaum ein Unterschied in der Bewirtschaftung der Heiden nördlich und südlich der genannten Grenzlinie.

c) Zwei weitere, z. T. blütenreiche Heidekraut-Gesellschaften treten in Südhanglage auf sauren, silikatischen Gesteinen im sommerwärmeren, kontinentaleren Mitteleuropa auf, die Deutschginsterheide (Genisto germanicae-Callunetum) im mittleren und östlichen Deutschland und in Nordwestpolen, und die Geißkleeheide (Cytiso supini-Antennarietum) mit Verbreitungsschwerpunkt im östlichen Bayern. Auch auf lokal versauerten Gipsböden (z. B. im Kyffhäuser/Thüringen) kommen kleinräumig *Calluna*-Heiden vor, in denen weiterhin Arten der Zwergstrauchheiden, Blaugrashalden und Kalk-Magerrasen vorkommen. Ein Beispiel ist die *Festuca glauca-Calluna vulgaris*-Gesellschaft (Schubert 1960, Groten & Bruelheide 1997).

17.3.2.2.2 Feuchte Sandheiden und Lehmheiden

Zwischen der typischen *Calluna*-Sandheide und der typischen *Erica*-Nassheide gibt es eine gleitende Reihe von Übergangsbeständen. An die flechtenreiche Glockenheide-Gesellschaft schließt die feuchte Sandheide (Genisto-Callunetum molinietosum) an, die sich von der typischen durch einige Feuchtigkeitszeiger unterscheidet. Auffällig sind vor allem *Molinia*

Abb. 17–15 Wacholder 1955 am Wilseder Berg, die inzwischen zu stimmungsvollen Gruppen heranwuchsen, seit die Schäfer sie nicht mehr abbrennen. Die hellen Gräser (*Festuca ovina* und *Agrostis capillaris*) kennzeichnen ehemalige Ackerraine. Im Foto vorn links ist eine stark von Schafen verbissene Fichte zu sehen. Im Schutze der Wacholder konnte sich eine Eiche vor den Zähnen der Schafe retten.

caerulea, deren große Horste in der kühlen Jahreshälfte hellgelb aus der dunkelbraunen Heide hervorleuchten, und *Erica tetralix*, deren große Glocken schon im Juni zu blühen beginnen, während sich die reinen *Calluna*-Flächen erst im August rosa färben. Andere Vertreter der anmoorigen und moorigen Zwergstrauchheiden kommen in der feuchten Sandheide gelegentlich vor, z. B. *Juncus squarrosus* und *Trichophorum germanicum*, sodass die Grenze der feuchten Sandheide gegen die (zumindest früher) flechtenreiche *Erica*-Heide oft schwer zu ziehen ist.

Alle diese Feuchtigkeitszeiger werden dadurch begünstigt, dass das **Grundwasser** oder das über undurchlässigen Bodenschichten zeitweilig gestaute Sickerwasser bis in ihren Wurzelraum hineinwirkt. In reinem Sandboden schwankt der Wasserspiegel unter feuchter *Calluna*-Heide in der Regel zwischen etwa 10–50 cm unter Flur im Frühjahr und etwa 40 bis über 100 cm im Spätsommer. Er kommt also der Bodenoberfläche niemals so nahe wie unter dem Ericetum, während das typische Genisto-Callunetum vom Grundwasser nur ausnahmsweise oder gar nicht beeinflusst wird (Lache 1976).

Auch auf den höchstgelegenen Heidekuppen der von *Calluna* beherrschten Landschaft in der zentralen Lüneburger Heide tritt an manchen Stellen *Erica tetralix* auf, obwohl es doch kaum besonders feucht sein kann. Eine größere wasserhaltende Kraft des Unterbodens ist die Ursache dafür, dass sich hier *Erica* zu behaupten vermag. Wie aus Tabelle 17–3 hervorgeht, besteht der Boden dieser als **Lehmheide** bezeichneten Gesellschaft im Gegensatz zu dem der Sandheide nicht nur aus Grobsand, sondern teilweise auch aus Feinsand, Schluff und Ton. Schluffiger Lehm besitzt eine drei- bis viermal höhere Nutzwasserkapazität als Sand (Ehlers 1996). Dieser hydrologische Unterschied genügt offenbar, um *Erica* gegenüber *Calluna* zu begünstigen. Lehmiger Boden besitzt zudem eine drei- bis fünffach höhere Kationenaustausch-Kapazität als grobsandiger. Deshalb wachsen manche Arten, die relativ hohe Ansprüche an ihre Nährstoffversorgung stellen, in der Lehmheide zahlreicher als in Sandheiden, namentlich:

Arnica montana	*Dactylorhiza maculata*
Galium harcynicum	*Genista anglica*
Platanthera bifolia	*Polygala serpyllifolia*
Potentilla erecta	*Polygala vulgaris*

Tab. 17–3 Korngrößen-Verteilung und organische Substanz in Böden von Sand- und Lehmheiden aus Belgien (in Gew.%, gerundet). Nach Angaben bei Heinemann (1956).

	Grobsand > 0,2 mm	**Feinsand** 0,2–0,02 mm	**Schluff** 0,02–0,002 mm	**Ton** < 0,002 mm	**Organische Substanz** (%)
A_h-Horizont					
Sandheide	68	27	2	3	4,2
Lehmheide	0	69	26	5	2,3
A_e-Horizont					
Sandheide	73	22	3	2	0,1
Lehmheide	nicht vorhanden				
B-Horizont					
Sandheide	57	38	1	4	0,5
Lehmheide	0	67	23	8	2,4
C-Horizont					
Sandheide	73	24	2	1	0,1
Lehmheide	0	62	24	14	0,3

In allen Schichten des Sandheidebodens herrscht die Grobsand-Fraktion vor, die unter der Lehmheide fehlt. Im Orterde-Horizont B der Sandheide ist der Ton etwas angereichert, der vermutlich aus dem Bleicherde-Horizont A_e stammt (dieser fehlt der Lehmheide). Sandheide = Genisto-Callunetum typicum, typische Variante; Lehmheide = Genisto-Callunetum danthonietosum.

Nur die fünf erstgenannten kommen auf den erwähnten Kuppen in der Lüneburger Heide vor. Gut ausgebildete Bestände dieser Lehmheiden (Genisto-Callunetum danthonietosum), deren Boden auch in den Oberschichten tonhaltig ist, sind noch artenreicher und beherbergen außerdem Orchideen, nach denen Tüxen (1937) diese Untergesellschaft als Subassoziation von *Dactylorhiza maculata* (syn. *Orchis maculata*) bezeichnete.

Solche Lehmheiden gab es einst viel häufiger, weil auch die lehmigen Grundmoränen und besonders die lössartigen Flottlehmdecken in Nordwestdeutschland, z. B. bei Syke-Neubruchhausen, teilweise verheidet waren. Mithilfe von Kalk und Mineraldünger konnte man diese nur oberflächlich degradierten Böden leicht in ertragreiches Ackerland verwandeln. Man mag heute kaum noch glauben, dass viele fruchtbare Ackerbreiten im nördlichen Niedersachsen bis vor etwa 120 Jahren ein fast ebenso mageres Heideland waren wie die meisten reinen Sandböden. Lehmheiden gibt es heute nur noch als kleinflächige Restbestände.

17.3.2.2.3 Bergheiden der Mittelgebirge

In den mitteleuropäischen Waldgebirgen haben Zwergstrauchheiden niemals den Landschaftscharakter so sehr bestimmt wie einst in den sandigen Tieflandsgebieten oder wie noch heutzutage in Nordwesteuropa, z. B. im schottischen Hochland. Auf den meisten bodensauren Mittelgebirgen waren reine Grasweiden häufiger als mehr oder minder zwergstrauchreiche. So bedeckten Borstgrasrasen noch vor etwa 200 Jahren fast alle Hochlagen des Harzes, die infolge des Bergbaus großenteils entwaldet worden waren, sowie große Flächen des Sollings, der Eifel, des Sauerlandes, des Hohen Venns und anderer alpenferner Gebirge. Auf den weiter südlich gelegenen und höheren Mittelgebirgen entsprach das Artengefüge der mageren Bergweiden eher dem der Borstgrasrasen in den Alpen (V. NARDION). Heute sind sehr viele Borstgrasrasen entweder mit Fichten aufgeforstet oder in gedüngtes Grasland verwandelt worden. Erst in jüngster Zeit ließen der Freiflächenbedarf des Skisports und die Sozialbrache den düngerlosen Bergweidebetrieb wieder aufleben.

Immerhin gab und gibt es aber auch in manchen zentraleuropäischen Mittelgebirgen Heiden, die mit den *Calluna*-Gesellschaften der Ebene vergleichbar sind. Meistens verzahnen sich die Bergheiden mit Borstgrasrasen (s. Kap. 17.3.1). Geplaggt wurden solche Gebirgsheiden niemals oder doch nur ausnahms-

Abb. 17–16 Montane *Calluna*-Heide in Nordhessen (Termenei bei Kassel), die früher geplaggt wurde. Bei Unterlassen der alljährlichen Schafbeweidung würde die Heide rasch bewalden.

weise in niedrigen Berglagen des Nordwestens, z. B. im Weserbergland (s. Kap. 17.8.1). Man nutzte sie aber zur Streugewinnung, indem man sie abmähte oder absichelte. Ihre Erhaltung und allmähliche Vergrößerung verdankten sie vor allem der Beweidung durch Schafe, Rinder oder Ziegen sowie der Axt und dem Feuer der Hirten, die das Weideland zu erweitern strebten. In der Eifel und den Vogesen begann dies schon vor über 5000 Jahren, im Schwarzwald und Bayerischen Wald wohl erst im Mittelalter (Küster 1993; s. Kap. 17.1).

Größere Flächen nahmen *Calluna*-Heiden nur in den aus sauren Silikatgesteinen aufgebauten Gebirgen ein, deren Böden ähnlich wie die altpleistozänen Quarzsande von vornherein ziemlich basen- und stickstoffarm waren. Aber auch in Kalkgebirgen konnten *Calluna*-reiche Heiden entstehen, wo das basische Gestein von sauren Lehmen überdeckt ist. Einige Reste solcher Heiden sind auf der Hochfläche des Schwäbischen Juras noch erhalten.

In den höheren Lagen der Mittelgebirge wie in der Ebene kommt zum niedrigen pH-Wert und der Nährstoffarmut des Bodens als entscheidende Voraussetzung für das Gedeihen von Zwergstrauchheiden ein **humides, kühles und schneereicheres Klima** hinzu. Unter diesen Klimabedingungen erlangen *Vaccinium vitis-idaea*, *V. myrtillus* und *V. uliginosum* Konkurrenzvorteile. Diese Zwergsträucher kommen auch von Natur aus in den Wäldern der Hochlagen vor und konnten sich nach den Rodungen ausbreiten (Küster 1993). Die Beerstrauch-Bergheide (Vaccinio-Callunetum) ersetzt die Sandheide des Tieflandes in der Montanstufe der Mittelgebirge, so z. B. in Harz, Sauerland, Rhön, Schwarzwald und Bayerischem Wald sowie in der hemiborealen Zone Nordeuropas (s. Abb. 17–16). Eine aktuelle, differenzierte Vegetationsanalyse geben Geringhoff & Daniels (2003) für die Bergheiden des Rothaargebirges. Von einigen Autoren werden weitere Bergheide-Gesellschaften beschrieben (vor allem Schubert 1960), neuerdings auch von Geringhoff & Daniels für die tschechischen Mittelgebirge (1998) und größere Bereiche bis zu den Vogesen (2003).

Bereits am Wilseder Berg im niedersächsischen Heidepark deutet sich diese Tendenz an, indem dort an steilen, kühlen Nord- und Osthängen unter dem Schutz kleiner Schneewächten *Vaccinium myrtillus* zur Vorherrschaft gelangte. Mikroklimatisch „nordischere" Lagen begünstigen *V. myrtillus* sowie *V. uliginosum* in *Calluna*-Heiden des Tieflandes um so mehr, je weiter nördlich liegende Heidegegenden man untersucht. Wie Damman (1957) betont, sind *Vaccinium*-freie *Calluna*-Bestände schon in Südschweden und in Jütland recht selten. Von *Calluna* beherrschte Zwergstrauchheiden bleiben also in ihrer Gesamtverbreitung an ein temperiertes ozeanisches bis schwach kontinentales Klima der planaren bis montanen Stufe gebunden.

Im Hochgebirge steigt *Calluna* nur bis in die untere alpine Stufe, wird aber bereits in der subalpinen selten, auch wenn die Böden und Feuchtigkeitsverhältnisse für sie günstig bleiben. In den niederschlagsreichen Nordrandketten der Alpen macht sie schon bei wesentlich geringeren Höhen halt als in den Zentralalpen mit ihrem ausgesprochen kontinentalen Klima, weil das Heidekraut relativ wärmebedürftig ist (s. Kap. 17.4.3). Nur an früh ausapernden Hängen können sich deshalb in hochmontanen Lagen noch *Calluna*-reiche Bestände bilden, während diese an länger schneebedeckten Stellen von *Vaccinium*- oder *Rhododendron*-Arten abgelöst werden (Schwabe-Braun 1980 a).

Im Rheinischen Schiefergebirge und in anderen westlichen Mittelgebirgen besiedeln **Besenginsterheiden** (ULICI-SAROTHAMNION) brachgefallene Borstgrasrasen, Ackerbrachen und frisch geschlagene Hauberge (Schwabe-Braun 1980 a). Als Feuerkeimer mit lang andauernder Samenbank war *Sarothamnus scoparius* für die frisch gebrannten Niederwälder charakteristisch. Durch symbiontische Luftstickstoff-Bindung trägt dieser Strauch entscheidend zur Eutrophierung basenarmer Böden bei (Simmering et al. 2001). Besenginsterheiden lassen sich pflanzensoziologisch eher den Gebüsch-Gesellschaften als den Zwergstrauchheiden anschließen (Oberdorfer 1957, Hofer 1967, Weber 1998; Kap. 26: Nr. 6.4.1.1).

17.3.2.3 Alpenrosenheiden und Windheiden der subalpinen Stufe

An die Stelle von *Calluna*-Heiden treten in der hochmontanen und vor allem in der subalpinen Stufe der Hochgebirge auf rohhumusreichen Extensivweiden *Rhododendron ferrugineum*- oder *Vaccinium uliginosum*-Gesellschaften, die sich trotz mancher Parallelen wesentlich von den Zwergstrauchheiden der tieferen Lagen unterscheiden. Die Alpenrosenheiden (Rhododendro-Vaccinietum) haben in den obersten Wäldern der Alpen ihre natürlichen Ausbreitungszentren, kommen aber auch in anderen Höhenstufen vor (s. Kap. 7.5.2 u. 13.3.8.3 sowie Pignatti 1970). Zwischen der Wald- und der Baumgrenze bilden sie den Unterwuchs der um ihre Existenz ringenden Lärchen, Arven oder Fichtengruppen. Werden diese lichten Gehölze abgeschlagen, so ändert sich das Artengefüge der Zwergstrauchschicht kaum. Ihre Artenzusammensetzung und ihre Abhängigkeit von der Schneebedeckung wurde bereits in Kapitel 13.3.2 behandelt. Früher wurden diese als baumfreie Ausbildung den zwergstrauchreichen Gebirgsnadelwäldern zugeordnet. Heute werden sie als Verband RHODODENDRO-VACCINION einer eigenen Klasse subalpin-alpiner Heiden (LOISELEURIO-VACCINIETEA) eingestuft (Grabherr & Mucina 1993).

Im Gegensatz zu *Calluna* und den Vaccinien sind die Alpenrosenarten als Viehfutter wertlos. Sie werden von Schafen und Ziegen wie von Rindern gemieden und können sich auf Kosten besserer Futterpflanzen ausbreiten, wenn man ihnen nicht bewusst Einhalt gebietet. Die Senner hauten sie deshalb von Zeit zu Zeit ab und gewannen bei der Vernichtung des lästigen **Weideunkrautes** zugleich Brennholz, das ja in der Umgebung von Sennhütten im Laufe der Jahrhunderte immer seltener wurde.

Ähnlich wie durch den Plaggenhieb in den *Calluna*-Heiden des nordwestlichen Tieflandes begünstigte man durch wiederholtes Abschlagen des alten Strauchwerks in den meisten Fällen unbeabsichtigt die **Verjüngung der Alpenrosenheiden.** Unterhalb der Baumgrenze wurde dadurch zugleich ihre Wiederbewaldung verhindert, denn Jungbäume blieben in der Regel nicht verschont. Wie *Calluna* und *Erica* verjüngen sich die *Rhododendron*-Arten „aus dem Stock", und ebenso wie bei diesen wird ihre Keimung durch Verletzung der Rohhumusdecke begünstigt. Nach Söyrinki (1954) sind Jungpflanzen deshalb in ungestörten Alpenrosenbeständen selten. Auch in dieser Hinsicht verhalten sich also Rhododendren ähnlich wie *Calluna*.

Durch allzu häufiges Abschlagen und anschließendes Beweiden werden die *Rhododendron*-Heiden ebenso wie die *Calluna*-Heiden geschädigt, und zwar so sehr, dass sie grasreichen Gesellschaften Platz machen. Nicht selten sind dies Borstgrasrasen (V. NARDION), die mithin auch im Hochgebirge durch Überbeanspruchung von Zwergstrauchheiden entstehen können. Hier sind die Borstgrasrasen aber viel artenreicher als im Tiefland und in den Mittelgebirgen und leiten zu den natürlichen Krummseggenrasen der alpinen Stufe über (s. Kap. 13.3.7.3).

Da Rhododendren und Vaccinien weniger trittfest und weniger ausschlagskräftig sind als *Calluna* oder *Erica tetralix*, halten sie sich schließlich nur noch in der Nähe von Felsblöcken, zwischen Steinen und an anderen, für Vieh und Mensch weniger leicht zugänglichen Stellen. Der Sennereibetrieb, der die Alpenrosenheiden in früheren Jahrhunderten weit über ihr natürliches Areal hinab in die Waldstufe ausdehnte, führt also in seiner intensiveren Form dazu, dass die schönen Alpenrosenbestände zurückgehen (vgl. Kap. 13.3.8.3).

Auf **Kalkgestein** wird die säureertragende Gesellschaft der Rostroten Alpenrose durch die kalkholde Wimperalpenrosen-Heide vertreten (Rhododendretum hirsuti), und zwar sowohl in der Naturlandschaft als auch im Bereich der extensiven Wald- und Weidewirtschaft. Wie *Rhododendron ferrugineum* bildet die Wimper-Alpenrose (*R. hirsutum*) an der Baumgrenze und in Lawinenrinnen eine von Natur aus baumfreie Dauergesellschaft und gedeiht in ähnlicher Zusammensetzung außerdem unter lockerem Schirm von Nadelbäumen (s. Kap. 7.5.2). In dieser Heide wachsen zahlreiche kalkliebende Arten wie *Daphne mezereum*, *Rhodothamnus chamaecistus*, *Sesleria albicans* u. a. Entsprechend ordnen sie Grabherr & Mucina (1993) einem eigenen Verband (Ericion carneae) und einer neuen Ordnung (Rhododendro hirsuti-Ericetalia carneae) innerhalb der Klasse Seslerietea albicantis zu. In den Kontaktgebieten beider Rhododendren entsteht häufig ein **Bastard** (*R.* × *intermedium*), der sich ökologisch intermediär verhält. Weitere alpinen Heiden werden in Kapitel 13.3.8 besprochen.

An sehr kalten, windexponierten Standorten einiger Mittelgebirgsgipfel, die im Winter nur geringen oder gar keinen Schneeschutz aufweisen, gibt es flachwüchsige *Calluna*-Bergheiden mit arktisch-alpin verbreiteten Glazialrelikten, die floristisch verarmte Ausläufer der subalpinen Heiden darstellen. Aus dem Riesengebirge beschreiben Geringhoff & Daniels (1998) eine *Hieracium alpinum-Calluna vulgaris*-Gesellschaft aus Höhen zwischen 1430 und 1590 m mit u. a. *Hieracium alpinum* agg., *Carex bigelowii*, *Juncus trifidus* und charakteristischen Windflechten wie *Alectoria ochroleuca*, *Cetraria cucullata* u. a. Eine ähnliche Bergheide mit der Brockenanemone (*Pulsatilla alpina* subsp. *alba*) wächst auf der Brockenkuppe im Harz (Schubert 1960).

17.4 Anpassung an den Standort

17.4.1 Wuchsform und Lichtbedarf

Zwergsträucher besitzen eine Reihe von morphologischen und physiologischen Anpassungen, auf denen ihre Vorherrschaft an nährstoffarmen und kühlen Standorten gründet. Im Folgenden soll vor allem auf die Ökologie von *Calluna vulgaris* eingegangen werden, die im ozeanisch geprägten Mitteleuropa in eindrucksvoller Weise artenarme Massenbestände ausbilden kann.

Calluna besitzt wie *Empetrum*, *Loiseleuria*, *Arctostaphylos* und die *Vaccinium*-Arten eine ericoide Wuchsform mit dichter Verzweigung der holzigen Triebe, die im Inneren des Bestandes ein charakteristisches **Bestandesklima** erzeugt (Grabherr 1974; s. Kap. 17.2.2). Zu der mehr oder weniger geschlossenen Wuchsform von *Calluna* tragen die wirtelig angeordneten Langtriebe und die zahlreichen, nur 2 bis 3 Jahre lebenden Kurztriebe bei, an denen die kleinen Rollblätter und auch die Blüten sitzen (s. Abb. 17–17). Nicht nur junge, auch ältere Stämmchen können **Adventivwurzeln** bilden und damit zu einer „Verjüngung“ gealterter Heidesträucher beitragen (Gimingham 1989).

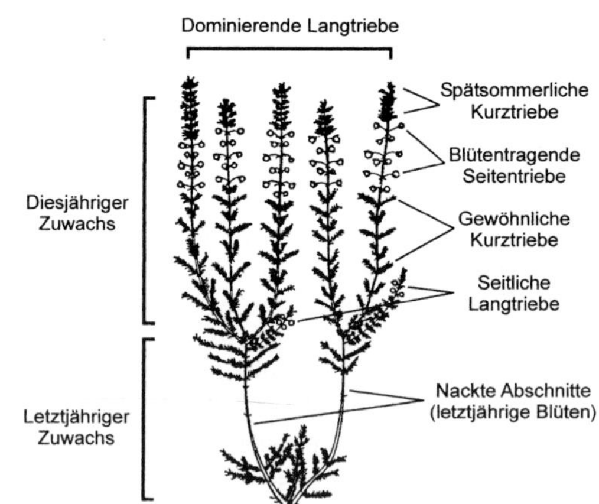

Abb. 17–17 Wuchsform von *Calluna vulgaris*. Nach Gimingham (1972), etwas verändert. Die meisten Langtriebe werden jedes Jahr durch zwei bis drei neue Langtriebe ersetzt, sodass sympodiale Zweigcluster entstehen.

Mikrophyllie und diffuse Ausrichtung der Blätter werden von Grace & Woolhouse (1970) als Anpassung an wolkenreiches Klima mit vorherrschend diffuser Strahlung gedeutet, in dem diese Zwergsträucher größte Dominanz erreichen. Als Anpassung an Nährstoffmangel zu deuten ist das bei mitteleuropäischen Ericaceen verbreitete Auftreten von **skleromorphen Rollblättern** mit einer Lebensdauer von 2 bis 3 oder mehr Jahren. Sommergrüne Flachblätter sind nur für wenige Ericaceen (z. B. *Vaccinium myrtillus*) kennzeichnend. Die Stomata der Rollblätter befinden sich auf der Unterseite in verdunstungshemmenden abaxialen Höhlungen (Stocker 1923, Schroeter et al. 1987), bei deren Herausbildung Trockenstress und Wind selektierend gewirkt haben dürften. Eine besonders geringe Bestandesoberflächen-Rauigkeit und damit atmosphärische Verdunstungsbeanspruchung weisen die dicht geschlossenen Polster der Krähenbeere auf, die gleichzeitig Konkurrenten das Eindringen erschweren (Barkman 1979).

Das Heidekraut ist eine ausgesprochen **lichtbedürftige Pflanze**. Die Jungpflanzen keimen nur in den degenerierenden alten Beständen, die oft mehr als 40 oder gar 60 % der Freilandstrahlung durchlassen, am besten sogar auf offenen, humusarmen Mineralböden, wie es früher nach dem Abplaggen großräumig gegeben war (s. Kap. 17.5). *Calluna*-Pflanzen erreichen auch bei mittäglichem Volllicht keine Strahlungssättigung der Photosynthese (Grace & Woolhouse 1970); die Höhe der Produktion ist daher eng mit dem Strahlungsgenuss korreliert. *Empetrum* ist weniger schattenempfindlich als *Calluna*, und die *Vaccinium*-Arten müssen als regelrecht schattenfest gelten. Wahrscheinlich aufgrund der relativ geringen Blatt-Stickstoffgehalte (0,7–1,6 %, Steubing 1993) besitzt *Calluna* eine vergleichsweise niedrige photosynthetische Leistungsfähigkeit (bis 0,1 µmol CO_2 g^{-1} s^{-1}, Grace & Woolhouse 1970 u. Berdowski 1993; bzw. 3–6 µmol CO_2 m^{-2} s^{-1}, Larcher 2001); der Lichtkompensationspunkt ist vergleichsweise hoch.

17.4.2 Anpassungen an Nährstoffmangel und bodenchemischen Stress

a) Zwergstrauchheiden und Borstgrasrasen siedeln auf Böden mit mittlerer bis hoher Bodenazidität, oft hohen Aluminiumkonzentrationen in der Bodenlösung und geringer Basensättigung. Häufig sind sowohl Phosphor als auch Stickstoff wachstumslimitierende Elemente (Heil & Diemont 1983, Diemont 1994, Caporn et al. 1995), in zweiter Linie auch Magnesium, Kalzium und andere Kationen.

Viele Pflanzen der Heiden und Borstgrasrasen sind calcifuge (kalkmeidende) Pflanzen, die eine ausgeprägte Toleranz, ja sogar eine gewisse Vorliebe für saure Böden haben. Manche der beteiligten Arten besitzen nämlich nicht nur eine erhöhte Resistenz gegen das Al^{3+}-Ion, sondern sie werden sogar **durch geringe Al-Konzentrationen in ihrem Wurzelwachstum gefördert.** Ein Beispiel ist das Borstgras, das bei 20–30 µM Aluminium besser wächst als in Al-freiem Medium (Lambers et al. 1998). Bei pH-Werten unter 4 tritt Aluminium fast ausschließlich als Al^{3+} auf, das wie andere dreiwertige Kationen für Pflanzen toxisch ist (s. Kap. 4.5.2.6 b). Humin- und Fulvosäuren, die in den humus- und torfreichen Böden der Heiden und Borstgrasrasen reichlich auftreten, komplexieren aber Al^{3+} und verringern daher dessen Toxizität. Aluminiumresistente, calcifuge Arten und Genotypen besitzen außerdem die Fähigkeit, über die Wurzelspitzen Apfelsäure, Zitronensäure und z. T. auch Phosphat auszuscheiden, die ebenfalls Al^{3+} komplexieren bzw. ausfällen (Delhaize & Ryan 1995). Das gilt z. B. für die ausgesprochen Al-resistente Drahtschmiele (Höhne et al. 1981). Auch *Calluna* ist unempfindlich gegenüber Aluminium, *Calluna* und *Erica* darüber hinaus auch gegenüber Eisentoxizität (Jones 1971 a, b, de Graaf et al. 1997). Das Heidekraut erträgt zudem hohe Ammoniumkonzentrationen in der Bodenlösung (de Graaf et al. 1998 a).

Die **calcifugen Pflanzen** der Heiden und Borstgrasrasen leiden auf Kalkböden verbreitet unter Eisen- und Phosphormangel, der durch ihr Unvermögen verstärkt wird, über die Wurzeln externe Phosphatasen auszuscheiden, die organisch gebundenes Phosphat hydrolysieren und aufnehmbar machen (Tyler 1996). Mangel an P, Fe und anderen Nährelementen drückt sich in einer Wachstumsreduktion (wie bei *Nardus*) und in Kalkchlorosen (z. B. bei *Arnica*) aus, wenn diese Pflanzen auf Kalk angezogen werden (Knapp 1953, Grime 1965). Deshalb lassen sich calcifuge Pflanzen durch P- und Fe-Düngung auf Kalkböden wirkungsvoll fördern (Tyler 1994). Streng kalkmeidende Pflanzen wie *Deschampsia flexuosa* und *Nardus stric-*

ta werden allerdings auf Kalkböden nicht nur durch **P-, Fe- und Zn-Mangel** behindert, sondern leiden offenbar auch an den hohen, für sie **physiologisch ungünstigen Ca- und HCO_3–Konzentrationen** (Bradshaw et al. 1958).

Calluna, und in noch stärkerem Maße *Erica tetralix*, sind sehr tolerant gegenüber hohen Säurekonzentrationen; beide ertragen pH-Werte unter 3. Die Säurestärke in den Böden unter den *Calluna*-Heiden liegt typischerweise bei 4; sie erreicht aber zeitweise pH-Werte bis zu 2,6, weil die Pufferung in den Sandböden sehr schwach ist (Lötschert & Horst 1962). Nach Marrs & Bannister (1978 b) hat das Heidekraut bei pH 5,7 noch etwa die gleiche Wuchsleistung wie auf saurem Substrat (pH 4,1), zeigt aber auf Kalkboden von pH 6,9 kaum noch Zuwachs. Dies trifft auch für *Erica tetralix* zu, während *E. herbacea* auf allen Böden gleich gut gedeiht (vgl. Kap. 7.7.2 b). Allerdings kommt *Calluna* in der Natur mit anderen „kalkmeidenden" Pflanzen **auch auf Kalk** vor, so im Gentiano-Koelerietum danthonietosum bei pH-Werten über 7 (Bornkamm 1960). Böcher (1941) beobachtete, dass *Calluna* aufgelassene, früher mit Kalk gedüngte Äcker schon sehr bald besiedelte und dort üppig gedieh, obwohl die Böden anfangs fast neutral (pH 6,8) waren und kein Rohhumus vorhanden war. Saure Bodenreaktion ist also für das Gedeihen von *Calluna* nicht notwendig und wohl nur von sekundärer Bedeutung. Wahrscheinlich ist die Art viel weniger kalkmeidend und „rohhumusliebend", als man gewöhnlich annimmt, sondern wird vor allem durch stärkere Konkurrenten an stark saure Standorte verdrängt (Grime 1963).

b) Wesentliches Element des calcifugen Syndroms bei *Calluna* und *Vaccinium* ist das Verhalten gegenüber **Ammonium**, das in den sauren Heideböden meistens vorherrscht. In Erdkulturen wachsen *C. vulgaris* und *V. myrtillus* ähnlich gut bei reinem NH_4^+ wie bei N-Mischernährung. Bei Nitrat war das Wachstum dagegen schlecht (Bogner 1968), wahrscheinlich weil beide Ericaceen keine nennenswerten Mengen an Nitratreduktase in den Wurzeln produzieren. Auch die Graminoiden *Deschampsia flexuosa*, *Carex pilulifera*, *Festuca ovina*, *Nardus stricta* und *Juncus squarrosus* wachsen mit Ammonium zumindest nicht schlechter als mit Nitrat (Peterson et al. 1988, Falkengren-Gerup 1995, de Graaf et al. 1998 a). Sowohl *Calluna* als auch *Erica* bilden auf verschiedenen Böden aber **Ökotypen** mit deutlich unterschiedlicher Physiologie aus (Marrs & Bannister 1978 a); das Ausmaß der Nitratnutzung dürfte bei diesen Ökotypen unterschiedlich sein.

Manche Arten schwach saurer Borstgrasrasen-Standorte wie *Arnica montana* und *Cirsium dissectum* zeigen dagegen eine Bevorzugung von Nitrat und eine **Empfindlichkeit gegenüber NH_4^+**. Bei Ammoniumkonzentrationen, wie sie in den sauren Böden bei pH 3–4 auftreten, beobachteten De Graaf et al. (1998 a) und Lucassen et al. (2002) bei diesen Arten reduziertes Wurzelwachstum und eine verringerte Kationenaufnahme, Letzteres wahrscheinlich infolge eines K^+/NH_4^+-Antagonismus.

Zwergsträucher auf Sauerhumusböden mit geringer N- und P-Versorgung besitzen eine **ericoide Mykorrhiza**, die besonders effektiv in der Aufnahme **organischer N-Verbindungen**, vor allem von Aminosäuren, ist (Leake & Read 1991, Finlay 2005). Dieser Mykorrhiza-Typ steigert nach Leake et al. (1989) auch die Absorption von Phosphat und erhöht die Toleranz gegenüber Säuren, Schwermetallen und Phenolen in den stark sauren Heideböden. Diese Symbiose dürfte wesentlich zur Produktivität der Ericaceen auf Böden mit geringer N-Mineralisation beitragen (Caporn et al. 1995, Nordin et al. 2001). Beim Heidekraut sind nach Read & Stribley (1973) 65 % der Wurzellänge von Mykobionten (namentlich durch *Hymenoscyphus ericae*) infiziert; besonders hoch ist die Infektion bei Jungpflanzen (Zijlstra & Berendse 2003).

Trotz der genannten Anpassungen haben die Zwergsträucher eine niedrigere **Nährstoffproduktivität** als die mit ihnen konkurrierenden Gräser: Ihre langlebigen Triebe und Blätter wachsen langsamer und produzieren daher pro aufgenommener Nährstoffmenge im Jahr weniger Biomasse als die der Gräser. Inbesondere das Pfeifengras verlagert außerdem sehr effizient die Nährstoffe vor dem Blattfall zurück in die Blattbasen; bei Stickstoff sind es 50–80 %, bei Phosphor sogar 80–90 % (s. Tab. 17–4). Dieses Gras hat aber auch einen weit höheren Nährstoffbedarf zur Ausbildung seiner Blätter und Wurzeln als die konkurrierenden Zwergsträucher (Berendse et al. 1987 b, 1989).

17.4.3 Anpassungen an Trockenheit und Frost

Unter den heimischen Ericaceen ist *Erica tetralix* eine besonders trockenheitsempfindliche Art, die ihre Stomata sensibel reguliert;

Tab. 17–4 Ökologischer Vergleich von Glockenheide- und Pfeifengras-Beständen in den Niederlanden. Nach Berendse et al. (1987) und Berendse (1998). Die jährlichen Biomassen- bzw. N-Verluste sind in % der im Herbst vorhandenen Vorräte angegeben.

	Erica	*Molinia*
Potenzielle Wachstumsrate (g m^{-2} a^{-1})	769	1794
Relativer jährlicher Biomasseverlust (%)	58	148
N-Retranslokation vor dem Blattfall (%)	42	59
P-Retranslokation vor dem Blattfall (%)	54	81
Relativer jährlicher N-Verlust (%)	22–32	64–100
Jährliche Streuabbaurate (%)	6–9	24–26

Staunässe erträgt sie dagegen gut (Gimingham 1972). Auch bei *Calluna* sind ältere Individuen gegen **Trockenheit** empfindlich (Gimingham 1960). Extreme Trockenjahre, wie das Jahr 1959 in Nordwestdeutschland, bringen das Heidekraut auf großen Flächen zum Absterben und verhindern die Keimung ihrer Samen ganz. Stickstoffeinträge und erhöhte Ammoniakgehalte der Luft steigern die Trockenstress-Empfindlichkeit (Berdowski 1993). Das Heidekraut passt sich an Wassermangel durch eine Reduktion der Bestandes-Blattfläche und einen relativ zur Blattfläche erhöhten leitenden Querschnitt im Stamm an, sodass der Wasserstatus der Blätter in einem physiologisch günstigen Bereich aufrechterhalten werden kann (Jackson et al. 1999). Besonders stark leidet *Calluna* nach Beijerinck (1940) und Runge (1998) unter scharfen **Winterfrösten** und plötzlichen Frösten im Frühjahr. Frosttrocknis kann vor allem in kontinentalen Regionen zur Braunfärbung der Kurztriebe führen (Watson et al. 1966). Trotz dieser klimatischen Gefährdungen tritt *Calluna* aber auch im Trockengebiet östlich des Harzes auf sauren Böden noch auf, und zwar in artenarmen Halbtrockenrasen (s. Abb. 17–14). Floristisch stehen diese den borstgrasreichen Bergheiden nahe (s. Kap. 17.3.2.2.3).

Calluna-Pflanzen brauchen zu ihrer vollen Entwicklung eine relativ warme und am besten ziemlich lang dauernde Vegetationszeit. Nach Grace & Woolhouse (1973) brechen ihre Knospen erst auf, wenn der Durchschnitt aus dem täglichen Temperaturminimum und -maximum 7,2 °C erreicht. Wie Söyrinki (1954) beobachtete, reifen außerdem ihre Samen bei Wärmemangel nicht aus, sodass sich das Heidekraut nicht mehr generativ vermehren kann. Die boreal verbreitete Krähenbeere ist dagegen weniger frostempfindlich (Barkman 1990).

17.5 Populationsbiologie und Synökologie

Nach Beijerinck (1940) erzeugt eine *Calluna*-Pflanze bis zu 800 000 Samen. Diese Samen sind so leicht, dass sie durch den Wind über beträchtliche Entfernungen verweht werden können. Auch die ganzen Kapseln mit dem vertrockneten Perianth daran hebt der Sturmwind empor oder treibt sie im Winter über den Schnee. Die Samen sind mit bis zu 11 Jahren überraschend langlebig (Gimingham 1972, Pons 1989, Hester et al. 1991), sodass eine **permanente Samenbank** mit bis zu 30 000 keimfähigen Samen pro m^2 gebildet wird (Legg et al. 1992). Das gilt auch für *Erica*. Die meisten Arten der Borstgrasrasen besitzen demgegenüber keine ausdauernde Samenbank (Bakker et al. 1996).

Obwohl die Samen von *Calluna* bei ausreichendem Licht rasch und in großer Zahl keimen, kommt auf der Humusdecke selten auch nur ein einziges Pflänzchen zur Entwicklung, weil die **Bodenfeuchte** ungenügend ist (Gimingham 1972). Der Humus hemmt also nicht das Auflaufen der Samen, wohl aber die Weiterentwicklung der Keimlinge. Die Humusdecke trocknet selbst in dem subozeanischen Klima der Lüneburger Heide verhältnismäßig rasch und oft aus. Da der Same von *Calluna* nur sehr klein und arm an Reservestoffen ist, wächst seine Wurzel außerordentlich langsam und gerät darum im Rohhumus wiederholt in die Gefahr auszutrocknen, während sie sich im Sand ungestört entwickeln kann (Bruggink 1993). Hierin ist also die entscheidende Ursache für den günstigen Einfluss des Brandes, des Plaggenhiebs und anderer **mechanischer Verletzungen der Rohhumusdecke** auf die generative Erneuerung der *Calluna*-Heide zu suchen. Das Heidebrennen fördert aber die Keimung von *Calluna* auch auf direktem Wege (Whittaker & Gimingham 1962; s. Kap. 17.8.3). Ähnlich wie *Calluna* verhalten sich *Erica tetralix* und *Empetrum*, die nach Hansen (1964) durch Brand ebenfalls zu starkem Keimen veranlasst werden. Krustenflechten und Algen können nach Legg et al. (1992) auf nackten Bodenoberflächen die Keimung der Zwergsträucher durch **allelopathische Effekte** behindern.

Wie Miles (1974) durch Aussaatversuche feststellte, lassen sich in Heiden viel mehr Arten zur Keimung und Entwicklung bringen, als gewöhnlich darin vorkommen. Die geringe floristische Diversität dürfte also auch konkurrenzbedingt sein. Das Artengefüge ändert sich nämlich rasch, wenn der herrschende Zwergstrauch geschwächt wird.

Mechanische Störungen begünstigen auch den **Keimungserfolg von Gehölzen**. Starker Wildverbiss kann ihn dagegen ebenso behindern wie allelopathische Effekte der Zwergsträucher. Phenole aus wässrigen Extrakten von *Calluna*- und *Empetrum*-Blättern wirkten auf Baumsämlinge und verschiedene Nutzpflanzen toxisch und behinderten außerdem die mikrobielle Aktivität, sodass es zur Humusakkumulation kam, die die Wiederbewaldung erschwerte (Robinson 1971, Gimingham 1972, Nilsson et al. 1998, Wardle et al. 1998). Auf basenreichen Böden werden die Phenole dagegen schnell abgebaut und damit unwirksam (Kuiters 1990).

17.6 Produktivität und Stoffumsätze

17.6.1 Produktivität

Mittel- und westeuropäische *Calluna*-Heiden besitzen je nach Alter und Klimaregion **oberirdische Biomasse**-Vorräte zwischen 590 und 2900 g m^{-2}. Hohe Werte (1000–2900 g m^{-2}) wurden vor allem in atlantischen Heiden (England, Südwestschweden) gefunden (Robertson & Davies 1965, Chapman 1967, Barclay-Estrup 1970, Forrest 1971, Chapman et al. 1975). Die Zahlen für nordwestdeutsche Heiden liegen dagegen niedriger (590–1100 g m^{-2}; Bonnemann 1975, Muhle & Röhrig 1979, Muhle et al. 1979, Matzner 1980, Engel 1988, Kaagman & Leuschner unveröff.). Junge Bestände unter 5 Jahren haben meist weniger als 300 g m^{-2} (s. Tab. 17–5), von denen ein großer Teil auf assimilierende Kurz- und Langtriebe entfällt. In alten *Calluna*-Pflanzen machen junge Triebe dagegen weniger als 15 % der oberirdischen Biomasse aus (Gimingham 1972).

Angaben zur **unterirdischen Biomasse** (Feinwurzelbiomasse) mitteleuropäischer trockener *Calluna*-Heiden schwanken zwischen 200 und 612 g m^{-2} (Tinhout & Werger 1988, Aerts et al. 1992). Eine trockene 8-jährige Sandheide der Lüneburger Heide hatte eine lebende Feinwurzelmasse von rund 420 g m^{-2} zuzüglich 150 g m^{-2} an stärkeren Wurzeln, das sind 46 % der Gesamtbiomasse (ober- zu unterirdisch: 650 : 570 g m^{-2}; Kaagman & Leuschner, unveröff.). Damit haben *Calluna*-Heiden ähnlich große **Feinwurzelmassen** wie temperate Laubwälder, obwohl ihre Blattmasse erheblich kleiner ist. Südschwedische *Calluna*- und *Erica*-Heiden hatten mit 1540 und 1630 g m^{-2} ähnlich große Gesamtbiomassen; allerdings war das Verhältnis ober- zu unterirdisch bei den staufeuchten *Erica*-Heiden (630 : 1000 g m^{-2}) kleiner als bei den trockenen, tiefer wurzelnden *Calluna*-Heiden (920 : 620). Chapman (1970) fand in englischen *Calluna*-Heiden sogar ein Spross-Wurzel-Verhältnis von 1 : 3. *Calluna* wurzelt meist flachgründig (Lötschert 1962); als **maximale Wurzeltiefe** in Sandheiden werden in der Regel 70 cm oder weniger angegeben. In der Lüneburger Heide wurden 67 % der Feinwurzeln (< 2 mm) in den obersten 10 cm des Mineralbodens gefunden (Kaagman

Tab. 17–5 Höhe, Biomasse, Produktion und Deckungsgrad von britischen Calluna-Beständen in den vier Entwicklungsphasen nach Barclay-Estrup (1970) und Gimingham (1972) (Mittel von 10 Messungen).

	Pionierphase	Aufbauphase	Reifephase	Altersphase
Alter der Pflanzen (Jahre)	1–10	7–13	12–18	16–25(–33)
Mittlere Höhe (cm)	24,1	52,1	63,2	55,2
Biomasse (g m^{-2})	287,2	1507,6	1923,6	1043,2
Nettoproduktion junger Triebe (g m^{-2} a^{-1})	148,8	442,4	363,6	140,8
Deckungsgrad (%)	12,0	93,8	78,4	41,3

& Leuschner, unveröff.); ähnliche Zahlen liegen aus englischen Heiden vor (Rennie 1957, Chapman 1970). Die relativ nährstoffreiche Humusauflage enthält nur dann viele *Calluna*-Wurzeln, wenn sie ganzjährig feucht genug ist.

Die **oberirdische Produktion** von *Calluna* entfällt zu einem großen Teil auf neu gebildete Kurz- und Langtriebe (in nordwestdeutschen Binnenlandheiden etwa 130–150 g m^{-2} a^{-1} einschließlich der Blüten; Matzner 1980, Newiger 1990). Weitere 23–39 % der Produktion werden vom Zuwachs der verholzten Stämmchen beigetragen (Forrest 1971, Chapman et al. 1975), sodass mit einer oberirdischen Gesamtproduktion in Höhe von 185–215 g m^{-2} a^{-1} zu rechnen ist. Diese Werte liegen, wahrscheinlich durch sommerliche Trockenheit bedingt, am unteren Rand der aus britischen *Calluna*-Heiden bekannten Zahlen (200–300 g m^{-2} a^{-1} Triebzuwachs, Gimingham 1972; 160–340 g m^{-2} a^{-1} in 6- bis 36-jährigen Heiden, Chapman 1967). Nach Tyler et al. (1973) gleichen sich südschwedische *Calluna*- und *Erica*-Heiden in ihren oberirdischen Produktionsraten.

Im Laufe der **Bestandesalterung** bleibt nach Chapman (1967) die oberirdische Produktion in den ersten 20 Jahren etwa auf gleichem Niveau, um danach aufgrund von Seneszenz schnell abzufallen (s. Abb. 17–18, s. a. Tab. 17–5). Der Zuwachs an stehender *Calluna*-Biomasse fällt dagegen bereits in frühen Jahren ab, weil mit zunehmendem Alter immer mehr Streu produziert wird, also die Altersgrenze der Triebe erreicht wird. Für die Wurzelbiomasse fand Wallén (1980) dagegen eine Zunahme mit dem Alter.

Die **unterirdische Produktion** von *Calluna* wird von Aerts (1993) mit 160 g m^{-2} a^{-1} angegeben. Das wäre erstaunlich wenig: Markierungsexperimente von Rösberg et al. (1981) zeigten nämlich bei *Calluna* eine drei- bis viermal höhere Umsatzrate der Feinwurzeln als der Kurztriebe, die 2 bis 3 Jahre leben. Für *Molinia* auf Heideböden wurden sehr hohe Wurzelproduktionsraten bestimmt (1080–1380 g m^{-2} a^{-1}, Berendse et al. 1987 a, Aerts et al. 1989 und Aerts 1993), die auf eine hohe C- und N-Allokation in die Wurzeln hinweisen und die rasche N-Mineralisation unter dem Pfeifengras erklären (s. Kap. 17.6.2).

Für die oberirdische Produktion von **Borstgrasrasen** geben Klapp (1951) und Speidel (1972) 112 bzw. 50–100 g m^{-2} a^{-1} an. Bodenfeuchte Rasen wiesen dabei – wie auch feuchte Heiden – einen höheren Ertrag als trockene auf.

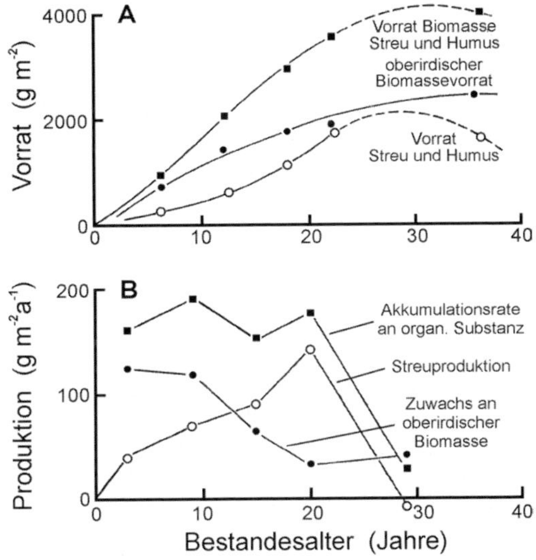

Abb. 17–18 Veränderung des Vorrates an oberirdischer Biomasse, Streu und Auflagehumus (oben) sowie jährlicher Zuwachs an oberirdischer Biomasse und organischer Substanz im Boden sowie Streufallrate (unten) mit wachsendem Bestandesalter in englischen *Calluna*-Heiden. Nach Chapman (1967) in Gimingham (1972), verändert.

17.6.2 Wasser- und Nährstoffumsätze

a) Weil die Kronenoberfläche weniger rau und der Blattflächenindex recht gering ist, verdunsten Sandheiden des Tieflands deutlich weniger als Laub- und Nadelwälder an vergleichbaren Standorten. Leuschner (2002) maß die **Transpiration** benachbarter *Calluna*-Heide-, Kiefern- und Buchenbestände in der Lüneburger Heide und fand um 35–45 % niedrigere Jahressummen über Heide als über Wald (176–195 mm gegenüber 288–409 mm). Auch die **Interzeption** war in der Heide niedriger als in den Wäldern (22 % gegenüber 28–32 % des Niederschlages). Damit errechnet sich für den Heidebestand eine 40–50 % höhere **Grundwasserspende** als unter Wald. Im humiden Klima der Britischen Inseln besaßen Heiden und Wälder dagegen ähnlich hohe Transpirationsraten, weil, anders als im kontinentaleren Klima der Lüneburger Heide, geringe atmosphärische Sättigungsdefizite den Wasserverlust der Wälder stark begrenzten (Miranda et al. 1984). Die Grundwasserspenden von Heide und Wald sind sich daher in diesem Klima ähnlicher.

b) Die trockenen *Calluna*-Heiden Nordwestdeutschlands haben von Natur aus fünf- bis zehnmal geringere **Stickstoff-Nettomineralisationsraten** als Wald. Lache (1976) und Leuschner & Höhnes (unveröff.) ermittelten in der Lüneburger Heide für trockene Sandheiden Jahresnachlieferungen zwischen 9 und 26 kg N ha^{-1} a^{-1}, für Krähenbeerenheiden von 15 kg N, die fast ausschließlich durch die Rohhumusauflage geleistet wurden. Der Nitrifikationsgrad blieb in den stark sauren Heideböden meist unter 5 %. Nennenswerte Nitratnachlieferung erfolgte nur in der Rohhumusauflage und zwar nach de Boer et al. (1990) durch säuretolerante, chemolithotrophe Bakterien. Damit gehören Heideböden heute zu den wenigen stark sauren Standorten, an denen fast nur Ammonium, aber sehr wenig Nitrat nachgeliefert wird (Kriebitzsch 1978, van Vuuren 1992). Erheblich höher waren die N-Nachlieferungen in stark eutrophierten niederländischen *Calluna*-Heiden: In einem frisch geplaggten Bestand wurden bereits 10 kg N ha^{-1} a^{-1}, in einem reifen Bestand 60 kg N ha^{-1} a^{-1} und, bei sehr dicker Rohhumusauflage, 100–130 kg N ha^{-1} a^{-1} nachgeliefert (Berendse et al. 1987 a, Berendse 1990). In jedem Fall dürfte allerdings das wirkliche Stickstoffangebot für die Zwergsträucher höher sein als die Zahlen angeben, weil die Mykorrhizapilze zusätzlich organische N-Verbindungen bereitstellen (s. Kap. 17.4.2 b).

In ungedüngten montanen **Borstgrasrasen** maß Vogel (1981) eine N-Nachlieferung von 38–57 kg N ha^{-1} a^{-1}, verbunden mit einer Nitrifikationsrate von 21–28 %.

In den Heiden steigt die Mineralisation in enger Abhängigkeit von der Streufallmenge und der mit dieser angelieferten N-Menge an (Berendse 1998). Auch die Bodenfeuchte hat offenbar einen wesentlichen Einfluss auf die Nachlieferung: Lache (1976) fand im feuchten Ericetum tetralicis mit 26–37 kg N ha^{-1} a^{-1} höhere Raten als in der trockenen Sandheide. Schließlich beeinflussen die Pflanzen selbst über die Qualität ihrer Streu die Geschwindigkeit des Streuabbaus an ihrem Wuchsort: Steubing (1993) maß in der Lüneburger Heide unter *Calluna*-Pflanzen eine 30–50 % niedrigere N-Mineralisation als unter benachbarten *Deschampsia*-Horsten, was sie durch deutlich geringere Wassergehalte und um 2–3 °C niedrigere Bodentemperaturen unter dem Heidekraut erklärt. Höher ist unter dem Gras aber auch der Boden-N-Vorrat (3600 gegenüber 2300 kg N ha^{-1}) und der N-Gehalt der anfallenden Grasstreu (Sieber et al. 2004); auch diese Faktoren begünstigen den Abbau unter *Deschampsia* (van Vuuren 1992). Berendse (1990, 1998) berichtet ebenfalls über eine schnellere Stickstoffmineralisation unter *Molinia* als unter *Erica*, also eine durch Pflanzen verursachte **(autogene) Verbesserung des Nährstoffangebots.** *Deschampsia* und *Molinia* gelten deshalb als Rohhumuszehrer, *Calluna* dagegen als Rohhumusbildner.

Die Dominanz der Zwergsträucher gründet also wesentlich auf deren Fähigkeit, **durch schlecht abbaubare Bestandesabfälle die Nährstoffverfügbarkeit des Lebensraumes zu verringern** und viele Konkurrenten damit auszuschließen. Dies erreichen *Calluna* und *Erica* durch hohe Lignin- und Polyphenolgehalte in ihrer Streu und deren stark bodenversauernde Wirkung während des Abbaus. Die Nutzung von Ammonium als Stickstoffquelle verstärkt die **Bodenversauerung** noch. Grubb et al. (1969) fanden umso niedrigere pH-Werte im Boden, je größer die Heidekrautbüsche waren. Als Folge der Versauerung wiederum nimmt die Zahl der Bodenbakterien ab, die der saprophytischen Pilze dagegen zu. *Calluna*, *Empetrum* und *Erica* müssen daher ähnlich wie die Torfmoose als wirkungsvolle **Ökosystem-Ingenieure** gelten, die wesentlichen Einfluss auf die Ressourcen-Verfügbarkeit ausüben.

c) Die niedrige Mineralisationsrate wird heute zu einem Teil durch die erhöhten **atmosphärischen N-Einträge** ausgeglichen (Dise & Wright 1995). In der Lüneburger Heide maß Matzner (1980) 20,4 kg N ha^{-1} a^{-1} als nasse Deposition, davon 8 kg organisches N, 7 kg NH_4-N und 5 kg NO_3-N. Steubing (1993) gibt für die nasse plus die trockene Deposition 28 kg N ha^{-1} a^{-1} an. In niederländischen Heiden überschritt die Gesamtdeposition in den 1990er-Jahren mancherorts 50 kg N ha^{-1} a^{-1} (Bobbink & Heil 1993). Sie bestand zum überwiegenden Teil aus Ammonium und mehr als die Hälfte der Einträge entfiel auf die Interzeptionsdeposition (Bobbink et al. 1992). Sowohl bei Stickstoff als auch bei Kalzium und Magnesium sind in der Lüneburger Heide die atmosphärischen Einträg im Vergleich zu den Vorräten hoch (Matzner 1980). Der jährliche atmosphärische N-Eintrag entspricht etwa 66 % des N-Vorrates, der in der *Calluna*-Biomasse gespeichert ist (Matzner 1980).

88 % des von Steubing (1993) gemessenen NH_4-N-Eintrages und 85 % des NO_3-N-Eintrages wurden von den *Calluna*-Pflanzen oberirdisch festgehalten und wahrscheinlich aufgenommen (vgl. auch Dueck et al. 1991, Bobbink et al. 1992, van der Eerden et al. 1991); bei *Deschampsia* waren dies nur 59 und 70 %. Viele Tieflandheiden werden also heute zu einem erheblichen Teil aus der Atmosphäre ernährt und fungieren gleichzeitig als **sehr effektive Senke für Stickstoff**, weil nur wenig Nitrat und Ammonium in das Grundwasser gelangen (2 bzw. 3–7 kg N ha^{-1} a^{-1} in der Lüneburger Heide, Matzner 1980, Mück 1998). Berendse (1998) ermittelte eine jährliche N-Anreicherung im Ökosystem von 42 kg N ha^{-1}; fast aller eingetragener Stickstoff wurde also akkumuliert.

Beweidung, Mahd, Brand und Plaggen stellen mehr oder weniger starke Störungen dar, die zu unterschiedlich großen **Nährstoffverlusten** aus dem Heide-Ökosystem und damit zu einer Verarmung des Standortes führen. Sehr große Nährstoffausträge in Höhe von 1700 und 1000 kg N ha^{-1} maßen Niemeyer et al. (2007) in durch **Plaggen** bzw. durch **Choppern**, also teilweisem Entfernen der Humusauflage, behandelten Sandheiden in der Lüneburger Heide, weil mit dem Rohhumus ein großer Teil des Stickstoffkapitals des Ökosystems entfernt wird (rund 500–800 kg N ha^{-1}). Durch diesen Eingriff lassen sich eutrophierte Heiden nachhaltig aushagern. Durch **Abbrennen** von zehnjährigen *Calluna*-Beständen gingen dagegen nur 40–100 kg N ha^{-1} verloren, und zwar zum großen Teil mit dem Rauch, zum kleineren Teil mit dem erhöhten Sickerwasseraustrag aus der Brandfläche (Allen 1964, Allen et al. 1969, Evans & Allen 1971, Niemeyer et al. 2005). In älteren Heiden mit mächtigeren Humusauflagen, die zudem heißer brennen, können die Brandverluste allerdings wesentlich höher sein (Chapman 1967). Nach dem Brand steigt in der Regel die mikrobielle Aktivität und die N-Mineralisation wegen des erhöhten pH-Wertes an (Mallik & FitzPatrick 1997); gleichzeitig nehmen die **Auswaschungsverluste** an Kalium (und Kalzium) stark zu. Der wahrscheinlich in vielen Heiden wachstumsbegrenzende Phosphor wird dagegen durch Brand nicht nennenswert verringert, sondern zunächst in der Asche in unlöslicher Form festgelegt. Später steht ein großer Teil dieses Pools den Pflanzen wieder zur Verfügung. **Extensive Beweidung** mit 0,8–1,0 Mutterschafen pro Hektar, wie sie gegenwärtig in der Lüneburger Heide praktiziert wird, kann den atmosphärischen N-Eintrag nicht kompensieren, weil nur etwa 6 kg N ha^{-1} a^{-1} durch den Fraß ausgetragen werden (Niemeyer et al. 2004). Schafweide muss also immer wieder mit wirkungsvolleren Aushagerungsmaßnahmen kombiniert werden.

17.7 Vegetationsdynamik

17.7.1 Fluktuation und „zyklische Sukzession"

Ohne Störung des Wachstums stirbt die einzelne *Calluna*-Pflanze nach etwa 25 bis 30 Jahren an Überalterung; das bisher festgestellte Höchstalter beträgt nach Gimingham (1960) 58 Jahre. In den durch Brand und Beweidung genutzten Heiden Schottlands haben Watt (1947), Barclay-Estrup (1970) und Gimingham (1972) zyklische Phasen der Bestandesdynamik beschrieben: Nach 2 bis 3 Jahrzehnten zerfällt die *Calluna*-Heide fleckenweise, bis in der folgenden **Pionierphase** ein verjüngter Bestand neu entsteht, der in der **Aufbauphase** seinen größten Deckungsgrad, aber erst in der **Reifephase** die größte Biomasse erreicht (s. Tab. 17–5). Diese mündet wiederum nach etwa 25 bis 30 Jahren in die **Altersphase**. Vergleichbare Zyklen wurden auch in den Niederlanden vermutet (Stoutjesdijk 1959, Westhoff & den Heldt 1969). Steuernder Faktor dieser scheinbar zyklischen, von nur einer Pflanzenart beherrschten Vegetationsdynamik ist der wechselnde Lichtgenuss unter dem Heidebestand, der erst in der Altersphase ausreichend hoch ist, um die Verjüngung zuzulassen. Dieser Kreislauf ist wahrscheinlich eng an anthropogene Störungen gebunden: Eine wiederholte mechanische Beschädigung wird nämlich von den Heidesträuchern nicht nur gut ertragen, sondern wirkt geradezu verjüngend auf die Heidebestände; gleichzeitig unterbindet diese das Einwandern von Gehölzen. Zu häufige mechanische Beschädigungen, z. B. durch Tritt oder starkes Befressen, kann *Calluna* aber ebenso wenig vertragen wie andere Zwergsträucher. Vor Schafställen, aber auch an Plätzen mit vielen Wildtieren (Moss & Miller 1976) gelangen daher Gräser zur Herrschaft.

Gründliche Untersuchungen in anderen *Calluna*-Heiden haben gezeigt, dass der aus Schottland beschriebene **„Heidezyklus" in Mitteleuropa eher die Ausnahme** als die Regel darstellt (vgl. auch Marrs 1986). Binnenländische Heiden unterliegen vielmehr der gerichteten Sukzession in Richtung auf Wald (s. Kap. 17.7.3) und heute verstärkt der Vergrasung infolge von Eutrophierung (s. Kap. 17.8.2). Unregelmäßige Bestandes-Zusammenbrüche in trockenen Sommern oder kalten Wintern und folgender Heidekäferbefall (*Lochmaea suturalis*) bedingen **azyklische Fluktuationen** im Deckungsgradanteil von *Calluna*. Manchen Küstenheiden fehlt sogar ein ausgeprägtes Degenerationsstadium, weil auch alte Heidepflanzen zahlreiche Adventivsprosse bilden können und sich auf diesem Wege verjüngen (Wallén 1980). Zunehmende Rohhumus-Akkumulation kann diesen Prozess allerdings behindern. Dänische und südschwedische Küstenheiden zeigten dementsprechend keine zyklischen Phasen, sondern vielmehr eine hohe zeitliche Konstanz in der Vegetationszusammensetzung (Christensen 1989).

17.7.2 Sukzession nach Störungen

Durch Plaggenhieb (s. Abb. 3–14) oder Brand entblößte Heideflächen wirken anfangs wie verwüstet. Im nächsten Frühsommer jedoch sieht man nach ausgiebigem Regen zahllose winzige Keimlinge von *Calluna* (s. Abb. 17–19) oder von *Erica* aufsprießen. Zugleich oder schon vorher treiben die noch lebensfähigen Wurzelhälse alter Zwergstrauch-Individuen sowie einige horstige Gräser, vor allem *Deschampsia*, aus (Kaiser & Stubbe 2004). Gimingham (1972) nennt als typische **Pionierpflanzen nach einem Heidebrand** *Agrostis capillaris*, *Festuca ovina*, *Danthonia decumbens*, *Genista anglica* u. a. Etwa 4 bis 10 Jahre nach dem Brand sind die *Calluna*-Bestände wieder vollwüchsig; geplaggte Flächen zeigen rund 5 Jahre später dichte *Calluna*-Decken (Hansen 1964, Whittaker & Gimingham 1972, Miller 1979, Muhle & Röhrig 1979, Mallik & Gimingham 1983). Die Vegetationsentwicklung nach Plaggen, Schoppern, Mahd und Brand haben Kaiser & Stubbe (2004) und Fottner et al. (2004) in der Lüneburger Heide über Zeiträume von maximal 17 Jahren verfolgt.

Lässt man die Heide zu alt werden, so bekommt sie ein struppiges Aussehen. Außerdem wird sie leicht vom **Heidekäfer** befallen, der voll lebensfähige Pflanzen nur selten tötet (Gimingham 1985). Seine Larven fressen an den Spitzen und Rändern junger Blätter sowie an der Rinde junger Triebe, in denen es infolgedessen zu Embolien in den Leitbahnen kommt und die daher in Trockenperioden leicht verdorren (Blanckwaardt 1968). Besonders betroffen sind alte Bestände nach einem feuchten Frühling. Infolge von Eutrophierung erhöhte Blatt-N-Gehalte begünstigen den Befall (Berdowski 1993). Von den fraßbedingten Bestandeslücken profitieren dann die Gräser, die im dichten *Calluna*-Bestand kaum zur Keimung gekommen wären (Berdowski & Zeilinga 1987). *Empetrum* und

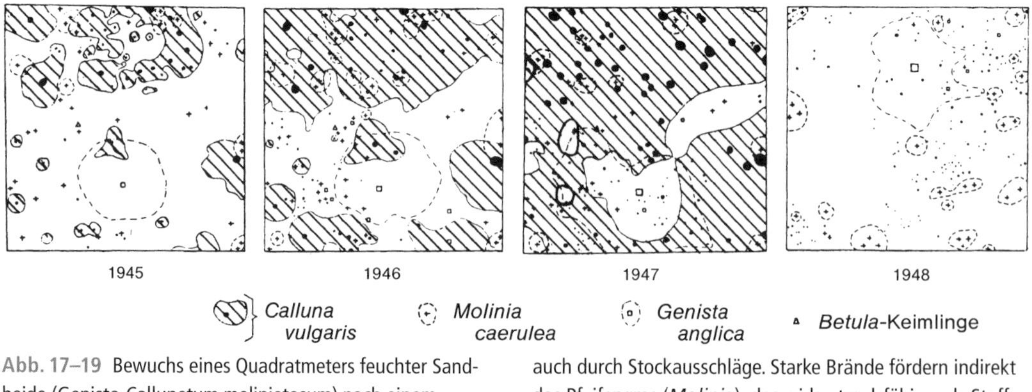

Abb. 17–19 Bewuchs eines Quadratmeters feuchter Sandheide (Genisto-Callunetum molinietosum) nach einem schwachen Brand im Jahre 1944 und nach einem starken im Jahre 1948. Nach Heinemann (1956), etwas verändert. 1948 verjüngte sich *Calluna* nur durch Keimlinge, vorher auch durch Stockausschläge. Starke Brände fördern indirekt das Pfeifengras (*Molinia*), das widerstandsfähige, als Stoffspeicher dienende Stängelbasen besitzt und rasch wieder ausschlägt. Der „starke" Brand fand im Frühjahr 1948 statt.

Vaccinium sind gegenüber Herbivoren wesentlich unempfindlicher.

17.7.3 Sukzession in Richtung auf Wald

Werden Beweidung oder Brand eingestellt, setzt in den Binnenlandheiden zunächst die Vergrasung, später eine mehr oder weniger rasche sekundäre Sukzession in Richtung auf Wald ein. In Nordwestdeutschland vor allem Hängebirken, anderenorts auch Pappeln, Eichen und Ebereschen sowie in kontinentalen und nördlichen Regionen auch Waldkiefern sind in der Lage, bei günstiger Bodenfeuchte auf den Heide-Podsolen zu keimen und die Sukzession zu einem Vorwaldstadium einzuleiten. Heute herrscht in vielen Regionen die Waldkiefer als Pionierbaumart vor, weil der Samendruck durch die überall gepflanzten Kiefern hoch ist.

Bereits nach 30 bis 40 Jahren bilden sich geschlossene Birken-Kiefern-**Pionierwälder** aus, die mit 10–30 % relativer Beleuchtungsstärke am Waldboden zu dunkel sind, um der Hängebirke oder der Waldkiefer die Verjüngung im eigenen Bestand zu erlauben (Leuschner 1994). Viele dieser Pionierwälder auf Heideböden werden im Alter von 30 bis 100 Jahren von den Eichen besiedelt, deren Früchte vor allem vom Eichelhäher weit verbreitet werden (Bossema 1979). In manchen ungenutzten Heiden treten die Eichen gar als Erstbesiedler auf, so z. B. in Jütland und auf manchen Nordseeinseln (Lawesson & Wind 2002). Auch Buchen können in den Pionierwäldern im Waldschatten Fuß fassen; allerdings dauert ihre vor allem durch Waldmäuse getragene Ausbreitung weit länger als bei den Eichen. Für die Lüneburger Heide nimmt Leuschner (2001) an, dass die kurzlebige Birke nach 100 bis 150 Jahren aus dem Pionierwald allmählich verschwindet und sich Eichen unter den verbliebenen überständigen Kiefern ausbreiten. Buchen können sich sogar auf armen Quarzsandböden etablieren, wie dies z. B. in den Ehrhorner Dünen und im Meninger Holz in der Lüneburger Heide sichtbar ist, wenn sich eine **genügend mächtige Humusauflage** entwickeln konnte (Leuschner et al. 1993). Der Übergang vom Kiefern-Eichen-Stadium in das wahrscheinlich buchenbeherrschte Endstadium dieser sekundären Sukzession findet aber sicher erst nach mehr als 200 Jahren statt.

Die **Heide-Wald-Sukzession** beinhaltet nicht nur einen eindrucksvollen Vegetationswandel, sondern führt auch zu dauerhaften, von der Vegetation bedingten Veränderungen im Boden und Mikroklima und in den ökosystemaren Stoffumsätzen. Die wahrscheinlich mehr als 300 Jahre dauernde Entwicklungsreihe von der *Calluna*-Heide hin bis zu einem vermutlich buchenbeherrschten Schlusswald wird am Anfang vor allem von den Ausbreitungs- und Etablierungseigenschaften der Pioniergehölze gesteuert; in späteren Stadien bestimmt dagegen die Konkurrenzstärke der Baumarten Geschwindigkeit und Richtung der Sukzession. Immer stärkere Bedeutung erlangt zudem die von den Pflanzen verursachte Veränderung von Boden und Mikroklima, die die nährstoff- und wasserbedürftigeren Eichen und Buchen begünstigt (Facilitation), die lichtbedürtigen Pionierbäume dagegen hemmt (Inhibition).

Wie Daten aus der südlichen Lüneburger Heide bei Unterlüss zeigen (Leuschner 1994, 2001, 2002), nimmt die oberirdische Biomasse (einschließlich Holz) von der Heide zum buchenbeherrschten Schlusswald um rund das 40-Fache zu; die Masse an Feinwurzeln und Blättern bzw. Nadeln verändert sich dagegen nur sehr wenig (s. Tab. 17–6).Treibende Kraft dieser Veränderung ist die **zunehmende Produktivität** der Bäume der Sukzessionsreihe: Der Schlusswald erreichte eine mehr als sechsmal höhere (oberirdische) Produktivität als die *Calluna*-Heide, obwohl der **Blattflächenindex** nur um das Dreifache von 1,5 auf 5,4 zunahm. Die Eichen und vor allem die Buche erzeugen also bei gleichem Strahlungsangebot weit mehr Assimilate, und zwar nicht nur, weil die gesamte Blattfläche größer ist als bei *Calluna* und den beiden Pionierbäumen Birke und Kiefer, sondern weil der **Strahlungsnutzungskoeffizient** (g Trockenmasse pro Einheit absorbierter Strahlung oder pro Blattflächenindex) der Ersteren höher ist. Die spätsukzessionalen Arten verwenden aber nicht nur die Strahlung ökonomischer, sondern auch das Wasser, wie der viermal höhere **Wassernutzungskoeffizient der Primärproduktion** (g Trockenmasse pro kg transpiriertem Wasser) zeigt (s. Tab. 17–7). Entscheidend für die Konkurrenzüberlegenheit der Schlusswaldarten dürfte aber weniger ihre überlegene Ressourcenökonomie sein, sondern vor allem deren Fähigkeit, **tiefen Schatten am Waldboden** zu erzeugen und im Jugendstadium auch zu ertragen (s. Abb. 17–20). Dieser Verknappung der Ressource Strahlung im Sinne von Tilman

Tab. 17–6 Biomasse, Produktivität, Wasserumsatz und Nährstoffumsatz in drei Stadien der sekundären Sukzession von Heide zu Wald in der südlichen Lüneburger Heide. Nach Leuschner (2001, 2002) und Leuschner & Rode (1999).

		Calluna-Heide	Birken-Kiefern-Pionierwald	Eichen-Buchen-Schlusswald
Alter in der Sukzession	(Jahre)	10	ca. 40	> 300
Produktivität				
Oberird. Biomasse	($g\ m^{-2}$)	650	6000	24700
Feinwurzelbiomasse	($g\ m^{-2}$)	419	457	554
Blattflächenindex	($m^2\ m^{-2}$)	1,7	4,0	5,3
NPP(oberird.)	($g\ m^{-2}\ a^{-1}$)	175	753	1101
Oberird. Streufall	($g\ m^{-2}\ a^{-1}$)	70	300	580
Streufall/NPP		0,39	0,44	0,52
Wasserumsatz				
Kroneninterzeption	($mm\ a^{-1}$)	141	198	187
Transpiration	($mm\ a^{-1}$)	195	325	288
Tiefensickerung	($mm\ a^{-1}$)	332	15	100
Nährstoffumsatz				
Atmosph. N-Eintrag	($mmol\ N\ m^{-2}\ a^{-1}$)	76	89	108
N-Verluste mit Streufall	($mmol\ N\ m^{-2}\ a^{-1}$)	49	213	364
N-Mineralisation	($mmol\ N\ m^{-2}\ a^{-1}$)	75	147	508
N-Streufall/N-Vorrat Auflage	(%)	1,0	2,2	2,4

Tab. 17–7 Maßzahlen der Ressourcennutzungs-Effizienz in drei Stadien der sekundären Heide-Wald-Sukzession. Nach Leuschner (2001 u. 2002).

		Calluna-Heide	Birken-Kiefern-Pionierwald	Eichen-Buchen-Schlusswald
Alter in der Sukzession	(Jahre)	10	ca. 40	> 300
Photonenumsatz-Effizienz[1]	(g/mol Photonen)	0,057	0,141	0,342
Transpirations-Koeffizient[2]	($g\ H_2O/g\ NPP_{ober}$)	1,11	0,43	0,26
N-Nutzungseffizienz[3]	($g\ N/g\ NPP_{ober}$)	0,28	0,28	0,33
Nährstoffumsatz-Index[4]	(%)	50	62	82

[1] oberirdische Nettoprimärproduktion (NPP) pro absorbierte Photonen im PhAR-Bereich,
[2] Transpiration pro oberirdische Nettoprimärproduktion,
[3] N-Verlust mit dem Streufall bezogen auf die oberirdische Nettoprimärproduktion,
[4] jährliche N-Mineralisation in % der gesamten jährlichen N-Einträge (Mineralisation + atmosph. Einträge)

(1988) sind Birke, Kiefer und Heidekraut nicht gewachsen (vgl. Tab. 4–4).

Die Heide-Wald-Sukzession verändert auch den Boden nachhaltig. Aus dem für die trockenen Binnenlandheiden Nordwestdeutschlands charakteristischen Eisen-Humus-Podsol kann sich im Zuge der Wiederbewaldung eine podsolige Braunerde entwickeln, die morphologisch sichtbare Kennzeichen einer **„Depodsolierung"** zeigt, obwohl sich Azidität und Nährstoffhaushalt des Mineralbodens nur wenig verändert haben. Dieser Prozess ist insbesondere unter Eichen und Birken ausgeprägt (Nielsen et al. 1999), wahrscheinlich weil deren Streu weniger Polyphenole enthält. Trotz abnehmender Podsolierungstendenz wächst die Mächtigkeit der Humusauflage mit fortschreitender Sukzession an, weil sich die **oberirdische Streumenge** zwischen Heide und Buchenwald verachtfacht. Mit der Mächtigkeit der Auflage nehmen auch die in dieser gebundenen Nährstoffvorräte und deren Umsatzraten zu. Dies zeigen die mit dem

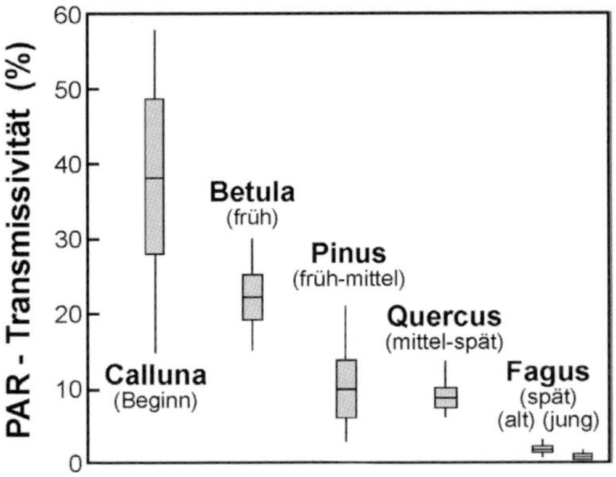

Abb. 17–20 Transmissivität für PAR-Strahlung zum Boden in Beständen von fünf früh- bis spätsukzessionalen Pflanzenarten der Heide-Wald-Sukzession. Nach Messungen von Schlünder und Leuschner (unveröff.) in der Lüneburger Heide (100 bis 400 Einzelmessungen je Pflanzenart, Median, 25/75-%-Quartile, Extremwerte). Das Fortschreiten der Sukzession ist mit einer zunehmend intensiveren Ausnutzung der Strahlung verbunden.

Streufall rückgeführten Nährstoffmengen, wenn man sie in Prozent des Nährstoffvorrates in der organischen Auflage ausdrückt (s. Tab. 17–6). Obwohl mit pH-Werten zwischen 3 und 4 ausgesprochen sauer, entwickelt sich die mächtige Humusauflage spätsukzessionaler Waldstadien zum zentralen Ort der Nährstoffaufnahme; dies ist vor allem an der hohen Konzentration von Feinwurzeln erkennbar (Leuschner et al. 2001). Die **zunehmende Bedeutung der Auflage für die Nährstoffversorgung des Waldes** drückt sich auch im sukzessionsbedingten Anstieg des Nährstoffumsatz-Koeffizienten aus: In der Heide tragen atmosphärische Stickstoffeinträge mit rund der Hälfte zur N-Versorgung der *Calluna*-Pflanzen bei; im Pionier- und im Schlusswald ist dieser Anteil auf 38 bzw. 18 % gefallen, weil der ökosysteminterne N-Umsatz über den Streufall und die N-Mineralisierung kontinuierlich auf 82 % der gesamten Nachlieferung zugenommen hat (s. Tab. 17–7). Mit dem Aufbau einer mächtigen Humusauflage und **beschleunigten internen Umsätzen** entkoppeln sich also Wälder armer Böden von der Nährstoffnachlieferung aus der Atmosphäre und dem Gestein (Leuschner & Rode 1999).

Dennoch stammen wahrscheinlich die meisten im Ökosystem zirkulierenden Nährstoffe langfristig aus dem Eintrag aus der Atmosphäre, während Freisetzung aus dem Gestein in den armen Sandböden eine untergeordnete Rolle spielt. N und P wurden nämlich im Verlauf einer 85-jährigen Periode während der Heide-Wald-Sukzession ungefähr mit denjenigen Raten in Biomasse und Humus angereichert (rund 79 mmol N und 1,6 mmol P m^{-2} a^{-1}), mit denen sie aus der Luft eingetragen wurden. Im Falle von Ca und Mg waren die Einträge sogar höher als die Akkumulationsraten; es muss also vor allem im Winter zu Auswaschungsverlusten gekommen sein.

Für die Wasserwirtschaft von großer Bedeutung ist die **starke Zunahme der Transpiration von der Heide zu den Wäldern** um mehr als 100 mm pro Jahr; gleichzeitig interzipieren die Wälder mit ihrer größeren Oberfläche deutlich mehr Wasser (s. Tab. 17–6). Folge der stark steigenden Verdunstungsverluste ist eine dramatische **Abnahme der Tiefensickerung** im Zuge der Wiederbewaldung von Heideflächen: Nach ökosystemaren Wasserbilanzen in der südlichen Lüneburger Heide muss man damit rechnen, dass ein Eichen-Buchenwald 200 mm weniger, ein Birken-Kiefernwald sogar 300 mm weniger Wasser als Grundwasserspende zur Verfügung stellt als Heide (Leuschner 2002). Die großflächige Wiederbewaldung der nordwestdeutschen und niederländischen Heiden hat daher mit Sicherheit zu einer starken Abnahme der Grundwasserbildung in den letzten 200 Jahren geführt.

17.8 Menschlicher Einfluss

17.8.1 Beweidung und Mahd

Ob an frischen, bodensauren Standorten Borstgrasrasen oder Heiden entstehen, wird in starkem Maße vom Nutzungsregime bestimmt: **Intensive Beweidung und Mahd begünstigen die Gräser**, die den alljährlichen Biomasseverlust besser aus Reserven in unterirdischen Speicherorganen kompensieren können als die Zwergsträucher. Plaggenhieb und Brand dagegen fördern die Letzteren, vor allem *Calluna*, indem extrem nährstoffarme Standorte mit günstigen Keimungsbedingungen geschaffen werden, an denen die Zwergsträucher mit ihrem geringen Nährstoffbedarf überlegen sind. Auch extensive Beweidung begünstigt *Calluna* gegenüber ihren Konkurrenten, namentlich *Deschampsia*, *Nardus* und *Molinia*. Diese werden durch Verbiss, Tritt oder auch Feuer stärker geschädigt. Die Krähenbeere ist empfindlich gegen Tritt, wird aber vom Vieh verschmäht (Bell & Tallis 1973).

Tatsächlich führt ein weidebedingter, 40 %iger Biomasseentzug bei *Calluna* zu keiner Reduktion der langfristigen Primärproduktion (Grant et al. 1978). Vielmehr gibt Verbiss durch die Schafe immer wieder Anlass zum Austreiben neuer, voll blühender Schösslinge des Heidekrautes. Schafe zertreten zudem die Rohhumusauflage und schaffen auf diesem Wege **geeignete Keimstellen**. Außerdem vernichten die über die Heide rasch dahinwandernden Schnuckenherden fast alle Spinnennetze, in denen sich die Bienen verfangen könnten, während die von Schafen nicht begangene Heide oft über und über von solchen Netzen bedeckt ist. Die Bienen ihrerseits sorgen für eine reiche Samenproduktion der Heide und damit für eine der wesentlichen Voraussetzungen zur Verjüngung und Erhaltung der einst landschaftsbestimmenden Heide-Gesellschaft. Überalterte Heide hat als Bienenweide nur noch geringen Wert, während die durch Plaggen oder Brennen verjüngte Heide 2 bis 3 Jahre später in voller Blüte steht und einen reichen Honigertrag bietet. Imkerei, Schafhaltung und Ackerwirtschaft in den Sandgegenden des Nordwestens bedingten einander also gegenseitig, bis die Einführung der künstlichen Dünger dieses alte Wirtschaftssystem und mit ihm auch die wichtigste Lebensbedingung der *Calluna*-Heide zerstörte.

Wird die Beweidung durch Schafe eingestellt oder der Fraß durch Kaninchen ausgeschlossen, rücken die konkurrierenden Gräser und, in Küstennähe, die Krähenbeere vor, wie dies Dierssen (1993) in aufgelassenen schleswigholsteinischen Binnenheiden beobachtete. Trotzdem nimmt die Artenzahl der Gefäßpflanzen zunächst zu, weil Beweidung auch in Heiden die Artenzahl reduziert (Schnitzler & Muller 1998, Fottner et al. 2004).

Die typische **Bergheide der Mittelgebirge** geht bei starker Beweidung in eine borstgras- oder auch rasenschmielenreiche Untergesellschaft über, weil *Calluna* durch intensiven Fraß stärker geschädigt wird als *Nardus* oder *Deschampsia* (Schwabe 1990 a, Hartley & Amos 1999). Derartige Bestände sind auf den Mittelgebirgen weit häufiger als die zwergstrauchreiche Untergesellschaft. Im Tiefland, wo ebenfalls borstgrasreiche *Calluna*-Heiden vorkommen, ist es dagegen umgekehrt. Nur auf den häufig betretenen und befressenen Schaftriften, Fußpfaden oder Lagerplätzen wird hier *Calluna* im Konkurrenzkampf so geschwächt, dass sie dem trittfesteren und von den Schafen wenig befressenen Borstgras weichen muss. Auch *Molinia* wird durch Schaftritt geschädigt. Unterschiede in den Bodenverhältnissen spielen hierbei keine Rolle, wie aus den Angaben von Kruijne (1965) hervorgeht. Auch hinsichtlich der Wasserversorgung hat *Nardus* eine ähnlich weite Amplitude wie *Calluna*. Dementsprechend variiert dieses Gras in seiner Blatt- und Wurzelanatomie beträchtlich (Smarda et al. 1963).

Die **Borstgrasrasen der Mittelgebirge** entstanden durch extensive Beweidung, durch Mahd und mancherorts als Folge einer Feldgraswirtschaft, also einer Acker-Grünland-Wechselwirtschaft (Schwabe-Braun 1980 a, Peppler-Lisbach & Petersen 2001). Wie die Kalk-Magerrasen sind bodensaure Magerrasen deutlich reicher an Gefäßpflanzenarten, wenn sie gemäht werden, weil viele regenerationsschwache Arten unter Beweidung stärker leiden als unter einmaliger Sommermahd, beispielsweise *Bistorta officinalis*, *Trollius europaeus* und *Sanguisorba officinalis*. Unterbeweidung begünstigt das Eindringen von Stauden wie *Hypericum maculatum*, *Senecio fuchsii* und *S. jacobaea*.

17.8.2 Eutrophierung und Versauerung

Seit den 1960er-Jahren unterliegen viele mitteleuropäische Heiden einem schleichenden Wandel, der ihren Charakter gänzlich zu verändern droht: Begünstigt durch erhöhte Einträge von Stickstoffverbindungen dringen Gräser in die Zwergstrauchbestände ein und erlangen die Vorherrschaft. In trockenen Sandheiden ist dies *Deschampsia flexuosa* (lokal auch *Nardus stricta*), in bodenfeuchten *Molinia caerulea* (Lötschert 1962, Heil & Diemont 1983, Buchwald 1984, Webb 1990). In manchen Küstenheiden sind dichte Teppiche von *Carex arenaria* und *Rubus caesius* wie auch *Epilobium angustifolium* auf dem Vormarsch. Betroffen ist auch hier *Calluna*, nicht dagegen *Empetrum* (Barkman 1990). Besonders stürmisch verlief die **Vergrasung** in den Niederlanden mit sehr hohen N-Einträgen, weniger rasch weiter im Osten und Norden, so im östlichen Niedersachsen, in Vorpommern, Polen und in Dänemark. Folgen der Eutrophierung sind das **Anwachsen der Rohhumusauflage**, verstärkter Befall durch den Heidekäfer (Berdowski 1987, 1993), die Vermoosung der Heiden sowie eine **verfrühte Seneszenz** der *Calluna*-Pflanzen, die sich nach Steubing (1993) in der Lüneburger Heide im reduzierten Maximalalter der Stämmchen (heute 19 Jahre gegenüber 27 Jahre in 1906) ablesen lässt. Widersprüchliche Befunde liegen zum Einfluss von N-Einträgen oder N-Düngung auf den Mykorrhizierungsgrad von *Calluna* vor: Steubing (1993) und Hartley & Amos (1999) fanden eine Reduktion bei Düngung mit 40–75 kg N ha^{-1}, Caporn et al. (1995) dagegen keinen Effekt. Vermutlich waren die Böden unterschiedlich. Durch erhöhte N-Einträge wurde die Frost-Empfindlichkeit des Heidekrautes in manchen Experimenten erhöht (Berdowski 1993), in anderen dagegen erniedrigt (Caporn et al. 1994).

Im Falle der *Calluna*- und *Erica*-Heiden wirkt Stickstoff vor allem durch eine Verschiebung des Konkurrenz-Gleichgewichtes zwischen den Zwergsträuchern und Gräsern zugunsten Letzterer. Entscheidend scheint nach Aerts (1993) die **unterirdische Konkurrenzkraft** zu sein. *Molinia*, *Deschampsia* und auch *Carex arenaria* erlangen nämlich durch N-Düngung vor allem deshalb einen Konkurrenzvorteil gegenüber den langsamwüchsigeren Zwergsträuchern, weil sie stärker in das Wurzelsystem investieren (s. Abb. 17–21; Heil & Bruggink 1987, Aerts et al. 1990). N-Düngung reduziert nach Berdowski & Siepel (1988) außerdem die vegetative Regeneration von *Calluna*. Zwergsträucher speichern darüber hinaus den Stickstoff vor allem in den fraßgefährdeten jungen Blättern, die Gräser dagegen in der gesamten Pflanze (Steubing 1993).

Dennoch müssen *Erica tetralix*, *Vaccinium myrtillus*, *Calluna* und andere Zwergsträucher durchaus als **N- und P-limitiert** gelten, wie nährstoffphysiologische Untersuchungen zeigten (Hayati & Proctor 1991, Hörmann 1994). Zumindest *Erica* wächst auf anmoorigen Böden deutlich außerhalb ihres physiologischen Optimalbereichs, wo sie vor Konkurrenten geschützt ist, wenn die N-Nachlieferung aus Eintrag und Mineralisierung geringer als 15 kg N ha^{-1} a^{-1} ist (Aerts 1989, 1993).

Die Preiselbeere (*Vaccinium vitis-idaea*) scheint dagegen weniger unter dem Konkur-

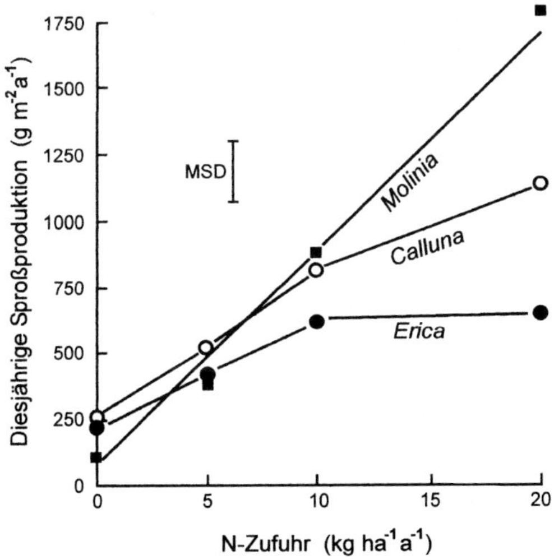

Abb. 17–21 Förderung der Sprossproduktion von *Molinia caerulea*, *Calluna vulgaris* und *Erica tetralix* durch Stickstoffdüngung mit 0–20 kg ha^{-1} a^{-1}. Nach Aerts (1993), etwas verändert. *Molinia* verdrängt *Erica* in Feuchtheiden, wenn die N-Deposition 15 kg N ha^{-1} a^{-1} übersteigt.

renzdruck stickstoffbedürftiger Konkurrenten zu leiden, als physiologisch vom erhöhten N-Angebot beeinträgt zu werden. Wachstumsexperimente von Bücking (1981, 1985) ergaben nämlich, dass dieser Zwergstrauch, im Gegensatz zur Blaubeere und dem Borstgras, auf erhöhte NH_4^+- und NO_3^--Gaben mit Wachstumsreduktionen antwortete. Die Preiselbeere muss daher, zumindest bei höheren Konzentrationen, als **„stickstoffmeidend"** eingestuft werden; das deuten auch Blattschäden nach Güllebespritzung an (Schwabe 1990 b). Möglicherweise wirken bei dieser Art höhere Ammoniumkonzentrationen toxisch (vgl. Kap. 17.4.2 b).

Der Rückgang von *Nardus* und das Vordringen von *Festuca rubra*, *Anthoxanthum odoratum* und anderen Gräsern in eutrophierten Borstgrasrasen ist wahrscheinlich gleichfalls auf die stärkere Wachstumssteigerung dieser Gräser bei N-Zufuhr zurückzuführen. Borstgrasrasen lassen sich daher durch Düngung leicht in Fettwiesen überführen (Klapp 1951); *Arnica* z. B. verschwindet nach nur einmaliger Kali-Phosphat-Düngung (Dietl 1977). Schwache, aber wiederholte **Düngung** führt zunächst zu Borstgrasrasen, die vom Roten Straußgras und dem Rotschwingel dominiert werden (Ellenberg 1952). Stärker gedüngte montane Borstgrasrasen sind durch einen zunehmenden Kleeanteil und den Wandel hin zu CYNOSURION-Beständen gekennzeichnet (Hobohm & Schwabe 1985, Schnitzler & Muller 1998). Diese Borstgrasrasen sind auch gegenüber luftbürtiger Eutrophierung besonders empfindlich. **Atmosphärische N-Einträge** führen zum Rückgang charakteristischer Borstgrasrasen-Arten wie *Arnica*, *Nardus*, *Danthonia*, *Antennaria* und der Kreuzblumen-Arten, während *Deschampsia flexuosa* und *Agrostis capillaris* eine Förderung erfahren (Teufel et al. 1994). Nach Bobbink et al. (1992) nimmt die Artenzahl von Borstgrasrasen nämlich bereits bei einer Deposition von 15–20 kg N ha^{-1} a^{-1} ab (s. Abb. 17–22). Dementsprechend konnten Stevens et al. (2004) den **Rückgang der mittleren Artenzahl**, wie er in vielen Borstgrasrasen beobachtet wurde, ursächlich auf die luftbürtigen N-Einträge zurückführen. Rückgänge in der Artenvielfalt von Borstgrasrasen könnten aber auch durch **Versauerung** bedingt sein (de Graaf et al. 1998 a, Roem & Berendse 2000; s. Kap. 17.4.2 a).

Besonders tiefgreifend ist die Artenveränderung in diesen, zu einem guten Teil aus kalkmeidenden Arten zusammengesetzten Rasen nach **Kalkdüngung**. Noch 40 Jahre nach einer einmaligen Kalkung konnten Hegg et al. (1992) die Auswirkungen dieser Maßnahme deutlich in der Artenzusammensetzung eines schweizerischen Borstgrasrasens erkennen. Dennoch ist in den sauren Magerrasen, anders als in den Heiden, nicht Eutrophierung, Versauerung oder Kalkung, sondern der Nutzungswandel die wichtigste Gefährdungsursache.

Flechtenreiche Zwergstrauchheiden waren schon immer auf nährstoffarmen Böden besser entwickelt als an „normalen" Standorten. Um sie zu erhalten, muss man also außer für genügend Licht auch für mehr „Armut" sorgen, sei es durch Mahd, Plaggenhieb oder Abschieben des Oberbodens (Müller et al. 1993, Biermann et al. 1994). Mineralische Düngung schadet den Flechten aber an und für sich nicht, sondern nur indirekt über das Fördern von stark beschattenden Konkurrenten (Vagts et al. 1994). Der **Flechtenrückgang** in vielen Heiden des Tieflandes muss aber vor allem als eine Folge der luftbürtigen Säureeinträge gesehen werden. Dauerflächenuntersuchungen belegen, dass im Zeitraum 1960/70 bis 1980/90 viele Strauchflechten aus den niederländischen Sandheiden verschwunden sind und heute nur noch *Cladonia bacillaris*, *C. macilenta*, *C. floerkeana*, *C. chlorophaea* s. l. und *C. coccifera* sowie *Cladina portentosa* vorhanden sind (De Smidt & van Ree 1989). Zahlreiche Lebermoos- und Laubmoosarten fehlen heute ebenfalls, wie auch das Genisto-Callunetum cladonietosum insgesamt sehr selten geworden ist. Auch die westdeutschen Heiden sind heute arm an Flechten (Schröder 1989, Runge 1998). Bemerkenswerterweise sind dagegen in den Sand-Trockenrasen desselben Gebietes noch fast alle Flechten vorhanden, die in den 1930er-Jahren dort gefunden wurden, obwohl die SO_2- und N-Einträge ähnlich hoch wie in den Heiden sind (Daniels et al. 1993). Dies mag daran liegen, dass Eutrophierung gleichzeitig das Wachstum der beschattenden Gefäßpflanzen fördert; diese sind in den Heiden stärker vorherrschend als in den lückigen Sand-Trockenrasen.

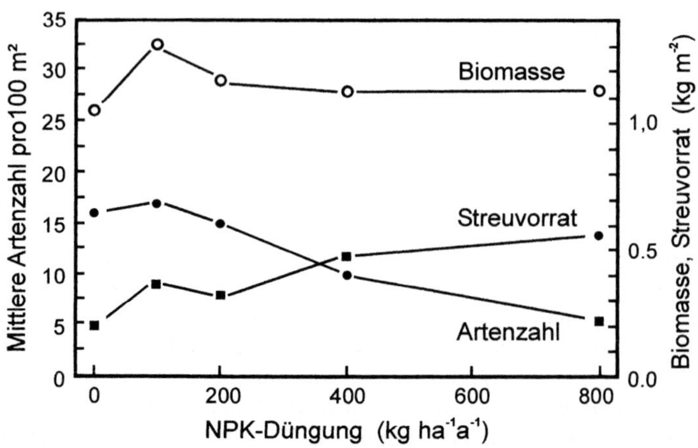

Abb. 17–22 Veränderung der Artenzahl an Gefäßpflanzen, der Biomasse und des Streuvorrates in niederländischen *Calluna*-Heiden bei NPK-Düngung von 0–800 kg ha^{-1} a^{-1}. Nach Berdowski (1993), etwas verändert. Hohe Düngermengen reduzieren nicht nur die Artenzahl, sondern auch die Biomasse, während der Streuvorrat ansteigt.

17.8.3 Schutz und Restitution der Heiden und Borstgrasrasen

Die einstmals so ausgedehnten **Heiden des Tieflandes** findet man heute nur noch in meist kleinflächigen Reservaten, wo sie als Relikte historischer Nutzungsformen Pflegemaßnahmen zu ihrer Erhaltung bedürfen. Beispiele großflächiger *Calluna*-Heiden finden sich heute noch in der Hooge Veluwe nordöstlich von Arnhem (Niederlande), in der zentralen Lüneburger Heide um Wilsede (Niedersachsen), in der Colbitz-Letzlinger Heide (Sachsen-Anhalt) und auf der Randböler Heide in Jütland (Tüxen 1937, Böcher 1941, de Smidt 1977). Wie die Borstgrasrasen stellen die anthropo-zoogenen *Calluna*-Heiden des Binnenlandes heute nicht nur bedeutende landeskulturelle Denkmale dar, sondern sie sind vor allem wertvolle **Rückzugsräume einer an Nährstoffarmut angepassten Flora und Fauna** in einer weithin eutrophierten Kulturlandschaft.

Pflegemaßnahmen zur Erhaltung der Heidereste müssen vor allem folgende Prozesse unterbinden: (a) die Vergrasung durch *Deschampsia flexuosa*, *Molinia caerulea* und, in Küstenheiden, *Carex arenaria* und *Ammophila arenaria*; (b) den Aufbau mächtiger Rohhumusdecken, die die Verjüngung von *Calluna* verhindern; (c) die Einwanderung von Gehölzen. Die in Kapitel 17.8.2 diskutierte Eutrophierung durch atmosphärische Stickstoffeinträge fördert alle diese Vorgänge direkt oder zumindest indirekt. Wirkungsvollste Maßnahme zur langfristigen Erhaltung der oligotraphenten Heiden und Borstgrasrasen ist deshalb ohne Zweifel eine deutliche Reduktion der N-Emissionen. Alle im folgenden zu besprechenden Pflegemaßnahmen zielen auf den Entzug von Nährstoffen aus dem Ökosystem, um den Zwergsträuchern im Zuge einer N- und/oder P-Limitierung Konkurrenzvorteile zu verschaffen und deren Verjüngung zu verbessern.

In den nordwestdeutschen und niederländischen Heiden war vom Mittelalter bis ins 19. Jahrhundert die extensive **Beweidung** mit Schafen, vor allem mit der robusten und anspruchslosen Heidschnucke, die traditionelle Nutzungsform im Rahmen der Heidebauernwirtschaft. Heute wird Beweidung als erfolgreiche Pflegemaßnahme in vielen Naturschutzgebieten eingesetzt, weil sie eine Verjüngung des *Calluna*-Bestandes fördert. Nach Nährstoffbilanzierungen von Fottner et al. (2004) in der Lüneburger Heide führt extensive Beweidung mit 0,8 bis 1,0 Mutterschafen pro Hektar zwar zu einem signifikanten Stickstoffentzug aus eutrophierten Heiden (s. Kap. 17.6.2); viele Heiden vor allem im westlichen Mitteleuropa leiden aber unter so hohen N-Einträgen, dass Beweidung nur in Kombination mit effizienteren Verfahren des Nährstoffentzuges langfristig wirksam ist. Das gilt insbesondere für ältere Heiden mit Degenerationserscheinungen.

Zu diesen Eingriffen gehört das **Plaggen**, also das vollständige Abtragen von Vegetationsdecke, Humusauflage und z. T. des obersten A_h-Horizontes. Früher in mühevoller Handarbeit durchgeführt (s. Abb. 3–14), lässt sich dies heute mit Baggern oder, bodenschonender, mit Plaggmaschinen erreichen. Weil in *Calluna*-Heiden die organische Auflage ein sehr bedeutender N-Speicher im Ökosystem ist, sind die Stickstoffentzüge mit mehr als 1500 kg N ha^{-1} groß und zur langfristigen Kompensation der atmosphärischen N-Einträge geeignet (Sieber et al. 2004). Die Kosten sind jedoch hoch, sodass nur kleine und zudem ebene Flächen bearbeitet werden können (Koopmann & Mertens 2004). Weniger kostenaufwendig ist das **Choppern (Fräsen)**, bei dem maschinell nur die Vegetationsdecke und maximal 0,5 cm der Rohhumusauflage entfernt werden, aber viele *Calluna*-Wurzelstöcke erhalten bleiben. Vor allem das Plaggen führt zu einer langfristigen Verdrängung der konkurrierenden Gräser und zu einer anfangs zögerlichen, später raschen Neubesiedlung durch *Calluna*. Auf dem mehr oder weniger nackten Mineralboden keimen Zwergsträucher bei ausreichendem Wasser zahlreich. Weil die Samenbank des Heidekrautes vor allem in den obersten 5 cm des Mineralbodens konzentriert ist (Putwain & Gillham 1990), fördert insbesondere flachgründiges Plaggen die Wiederbesiedlung.

Am wenigsten erscheint **Mahd** zur dauerhaften Erhaltung von Heiden geeignet, zumal sie mehr als doppelt so teuer wie Beweidung ist (Müller & Schaltegger 2004). Nach der Mahd verjüngt sich *Calluna* anfangs meist schlecht; nachteiliger ist aber die häufig beobachtete Expansion von *Deschampsia* oder *Nardus*.

In den Niederlanden und Dänemark, auf den Britischen Inseln und auch in Tschechien hat sich das **Abbrennen** kleiner Flächen in planmäßigem Wechsel zur Heideverjüngung bewährt (Webb 1997, Sedláková & Chytrý 1999, Symes &

Day 2003), ähnlich dem zehnjährigen Brandzyklus, der in der traditionellen Heidebauernwirtschaft üblich war. In manchen nordwestdeutschen Heiden werden heute zur Regeneration kleiner Heideflächen in hängiger Lage kontrollierte Brände vor allem im Winter erfolgreich eingesetzt, die die Fauna weitgehend schonen. Vor allem die langsamer voranschreitenden **Gegenwindfeuer** sind geeignet, die verjüngungshemmende und stickstoffreiche Humusauflage abzubrennen. Entscheidend für die Wirkung auf die Vegetation ist die Dauer von Temperaturen über 500 °C. Währen diese Temperaturen länger als 1 Minute, so sterben die betroffenen Pflanzen oder Organe ab. Junge zehnjährige Heiden erreichen im Feuer Maximaltemperaturen von nur 500 °C; ältere, holz- und humusreichere Bestände von mehr als 15 Jahren brennen dagegen mit Spitzentemperaturen von 800–950 °C (Gimingham 1972). Alte Heiden sind deshalb feuerempfindlicher und in ihrer Regeneration nach Brand weit weniger vital (Miller & Miles 1970). Junge *Calluna*-Pflanzen treiben dagegen nach einem kurzen Feuer aus ruhenden, durch sekundäre Xylemschichten geschützten Knospen an der Stammbasis schnell wieder aus und erzeugen zahlreiche frische Langtriebe. Brand fördert auch die Samenkeimung von *Calluna*, weil die hindernde Humusauflage vernichtet wird und kurze Hitzeperioden von 40–120 °C, wie sie an der Erdoberfläche bei schnell laufenden Feuern typisch sind, die Samenkeimung beschleunigen. Feuer fördern nach Gimingham (1972) viele Ericaceen (neben *Calluna* auch *Erica*- und *Vaccinium*-Arten) sowie *Pteridium*, *Deschampsia*, *Molinia* und *Nardus*; diese Arten können daher in gewissem Sinne als Pyrophyten gelten. Gelegentliches Brennen kann also die Verjüngung begünstigen und zudem die Nährstoffvorräte nachhaltig verringern. Nachteilig ist, dass *Deschampsia* und *Molinia* nach milden Bränden gleichfalls rasch wieder austreiben und, zumindest vorübergehend, hohe Deckungsgrade erreichen können (Niemeyer et al. 2004); Flechten und Moose werden dagegen durch Feuer zurückgedrängt. Verhältnismäßig leicht lässt sich eine *Calluna*-Heide durch **Ansaat** auf frisch gechoppertem Boden neu begründen (Tromp 1968).

Eine weitere Voraussetzung für die Erhaltung von Zwergstrauchheiden ist neben der Pflege durch Beweidung, Plaggen und Brand die regelmäßige **Beseitigung des Gehölzaufwuchses**, namentlich von Birken, Kiefern und Pappeln. Hierbei können einzelne Ziegen in den Schafherden gute Dienste leisten.

Auch die **Bergheiden der Mittelgebirge** kommen heute nur noch in kleinsten Restbeständen vor. Im Weserbergland gab es am Südrand des Reinhardswaldes noch bis etwa 1940 mehr als 100 ha Bergweiden, in denen stellenweise *Calluna*, an anderen Orten *Nardus* oder *Deschampsia* herrschten. Davon war 1979 nur ein Rest von knapp 7 ha erhalten geblieben. Plaggenhieb, der hier früher gelegentlich geübt wurde (Nieschalk & Nieschalk 1983), erwies sich nach Versuchen von Reininghaus & Schmidt (1982) als zwar arbeitsaufwendigste, aber einzige „sehr gute“ Maßnahme zur Restitution der schon weitgehend von *Deschampsia* oder *Pteridium* dominierten Heide. Gut wirkte sich auch das Herausreißen (nicht Abschlagen!) von Jungbäumen und Sträuchern aus, weil dabei ebenfalls Mineralboden freigelegt und von der Besenheide zum Keimen genutzt wurde. Alle anderen Alternativen, namentlich Brand oder Mahd, hatten höchstens eine rasch vorübergehende Verjüngungs- oder Keimungsphase von *Calluna* ausgelöst, nach der Borstgras und/oder Drahtschmiele stets überhand nahmen. Wahrscheinlich war der Plaggenhieb also ein entscheidender Grund für die Entstehung aller reinen *Calluna*-Heiden in Nordwestdeutschland sowohl im Tiefland als auch im niedrigen Bergland.

Bodensaure **Borstgrasrasen** sind heute vor allem durch Nutzungsaufgabe, Grünlandmelioration und Aufforstung von Grenzertragsstandorten bedroht (Manz 1990 b). Neben Eutrophierung können auch Bodenversauerung und damit verbundene hohe Ammoniumkonzentrationen zu einem Rückgang der charakteristischen Arten führen, sodass Kalkung sinnvoll sein kann (de Graaf et al. 1998 b). Wie bei den Kalk-Magerrasen führt Brache zum Verlust der konkurrenzschwachen Arten, dem nur durch geeignete extensive Weide- oder Mahdsysteme entgegengewirkt werden kann (Spatz 1994; s. Kap. 18.8.3). Das relativ artenreiche Polygalo-Nardetum lässt sich am besten durch nicht-alljährliche Mahd im zwei- bis dreijährigen Zyklus erhalten (Peppler-Lisbach & Petersen 2001), das Festuco-Genistelletum sagittalis dagegen durch extensive Beweidung (Schwabe 1990 a). Detaillierte Pflegehinweise finden sich z. B. bei Steidl & Ringler (1996) und de Graaf et al. (1998 b).

18 Magerrasen trockener Standorte

Während Mitteleuropa in den letzten Jahrtausenden mehr und mehr von seinem natürlichen Waldkleid entblößt wurde (s. Kap. 3), wandelte sich das Klima in Bodennähe mit einer für Pflanzen wie Tiere lebensentscheidenden Tendenz: Vorher normal-feuchte oder mäßig trockene Böden wurden nach der Rodung zu zeitweilig recht trockenen Standorten, die im Sommer wärmer, im Winter aber auch wesentlich kälter sein können als im vergleichsweise feucht-kühlen Waldesinneren. Das Mikroklima nahm also Züge an, die an das Allgemeinklima kontinentaler Steppen oder mediterraner Karstfluren erinnern.

Vornehmlich südexponierte, entwaldete Hänge stellen heute trockene oder wechseltrockene Standorte von Magerrasen dar, die unter einem relativ extremen Mikroklima mit **extrazonalem Charakter** wachsen (s. Abb. 18–1). Sie werden auch als Trocken- und Halbtrockenrasen oder **Xerothermrasen** bezeichnet. Aber auch auf waldfreien Lockersedimenten in ebener Lage bildeten sich solche Magerrasen aus. Ihre Standorte sind nicht aus klimatischen, sondern aus edaphischen Gründen zeitweise besonders trocken, so die Dünen und manche Talsandflächen vor allem im nördlichen Mitteleuropa.

Weil viele Trockenrasen nach den bisher vorliegenden Untersuchungsergebnissen auch durch Nährstoffarmut geprägt sind, wollen wir den allgemeinen Begriff „trockene Magerrasen" überall dort vorziehen, wo nicht die Dürre im Vordergrund steht.

18.1 Flora und Entstehungsgeschichte

18.1.1 Flora

Trockene Magerrasen besiedeln in Mitteleuropa klimatische oder edaphische Sonderstandorte, die nur eine verhältnismäßig kleine Fläche einnehmen. Dennoch handelt es sich um sehr artenreiche und vielgestaltige Lebensräume, in denen **Pflanzen des submediterranen und des pontisch-sarmatischen Geoelementes** eine wichtige Rolle spielen und hier ihre stärksten Vorposten in Mitteleuropa haben. Weit mehr als

Abb. 18–1 Subozeanischer Trespen-Trockenrasen (Xerobrometum) in verschiedenen Ausbildungsformen an einem teilweise lössüberdeckten Südwesthang bei Limburg am Rand des Kaiserstuhls. Das Gebüsch deutet die Entwicklung zum wärmeliebenden Eichenmischwald an, der den Hang von Natur aus beherrschen würde. Rechts Auenwald der Rheinebene, im Hintergrund Weinhänge.

10 % der mitteleuropäischen Gefäßpflanzen haben ihren Schwerpunkt in den durch Trockenheit geprägten Magerrasen – sicherlich **mehr als 500 bis 600 Arten**. Allein in Bayern werden rund 300 Arten mit einem Schwerpunkt in den Kalk-Magerrasen gezählt (Quinger et al. 1994); hinzu kommen mehr als 300 calcicole Moos- und Flechtenarten. Viele Arten sind heute mehr oder weniger stark gefährdet.

Besonders sippenreich sind manche Magerrasen basischer Böden mit bis zu 80 Arten pro 4 m^2 (Dengler 2005). In Nordostdeutschland stellte Dengler (2004) eine nahezu lineare Zunahme der Artendichte (Gefäßpflanzen und Kryptogamen) von den bodensauren Rasen (pH 4–5, im Mittel 15 bis 20 Arten pro 10 m^2) zu den basiphytischen Rasen (pH 7–8, im Mittel 25 bis 27 Arten) fest (vgl. auch Schuster & Dieckmann 2003, Becker & Brändel 2007). In Tschechien ist dagegen die Flora saurer und basischer Trockenrasen ähnlich artenreich (Chytry 2003) und in den FESTUCO-BROMETEA-Rasen des Wallis weisen schwach saure Rasen (pH 4,5–5,5) sogar eine etwas höhere Artendichte auf als basische (Schwabe & Kratochwil 2004). In den Letzteren fördert höherer Niederschlag die pflanzliche Diversität und überdeckt offenbar Einflüsse der Bodenazidität.

Die inselartige Verbreitung der Rasen in der mitteleuropäischen Kulturlandschaft hat die Ausbildung von **lokalen Unterarten** oder Varietäten und auch endemischen Arten in der Magerrasen-Flora gefördert. Beispiele sind mehrere lokal verbreitete Federgras-Sippen (z. B. *Stipa bavaria*), Unterarten der Küchenschelle (*Pulsatilla vulgaris* agg.) und das Augsburger Steppen-Greiskraut (*Tephroseris integrifolia*) (Korneck & Sukopp 1988, Quinger et al. 1994).

18.1.2 Entstehung der Magerrasen unter dem Einfluss des Klimas und des Menschen

Manche Magerrasen-Arten dürften Mitteleuropa bereits während kontinentaler Klimaphasen des frühen Postglazials oder sogar im Spätglazial vor etwa 14 000 bis 10 000 Jahren besiedelt haben. Dies gilt vor allem für **wenig kälteempfindliche Pflanzen aus den russisch-ukrainischen Steppen** wie z. B. die *Stipa*-Arten. So wurden in Sedimenten der mittleren Weichseleiszeit in Hessen und auf den Britschen Inseln Großreste von *Helianthemum canum*, *Dianthus carthusianorum*, *Euphorbia seguieriana* und anderen Trockenrasenpflanzen gefunden (Godwin 1975, Huckriede 1982). Becker (2003) hält es im Falle von *Astragalus exscapus* sogar für möglich, dass die Art bereits im Warthestadium der Saalevereisung vor 150 000 bis 110 000 Jahren in Mitteldeutschland aufgetreten ist, als hier Steppentundren herrschten. Vor allem die submediterran verbreiteten Arten dürften aber erst später nach Mitteleuropa vorgedrungen sein.

Bereits Gradmann (1950), Meusel (1940) und andere Pflanzengeografen erkannten, dass die heutige Artenzusammensetzung der Magerrasen nicht allein aus der Kenntnis von Standort und Nutzungsgeschichte erklärt werden kann, sondern in starkem Maße durch Ausbreitungsprozesse und die Vegetationsgeschichte beeinflusst wird. Weil Trockenrasen-Pflanzen in Mitteleuropa nirgends flächendeckend vorkommen, spielen Wanderstraßen von den Herkunftsregionen eine große Rolle. Aus arealgeografischen Befunden gut belegbar ist die **Einwanderung submediterraner Arten** (z. B. *Trinia glauca*) entlang von Rhone und Schweizer Jura über das Elsass bis nach Südwestdeutschland, ebenso das Vordringen von **Arten aus dem pontisch-südosteuropäischen Raum** (z. B. *Astragalus exscapus*) entlang der Donau nach Mähren, Bayern und weiter bis nach Thüringen und Sachsen-Anhalt (Gradmann 1950, Schönfelder 1971, Becker 2003). Arten der osteuropäisch-ukrainischen Steppen wie die *Stipa*-Arten könnten auch entlang von Trittsteinen am Nordrand von Karpaten und Sudeten nach Schlesien, Sachsen, Böhmen und Thüringen vorgedrungen sein. Die artenreiche **Psammophyten-Flora der Sandrasen** ist teils aus kontinentalen, teils aus ozeanischen Regionen nach Mitteleuropa eingewandert. Am Rande der Hochgebirge, z. B. im nördlichen Alpenvorland, mischen sich auch lichtliebende Pflanzen des arktisch-alpischen Geoelements mit den Trockenrasen-Pflanzen der tieferen Lagen. Diese drangen z. B. entlang der Alpenflüsse Lech und Isar nach Norden vor, wo die teils vegetationsfreien Schotterterrassen als Ausbreitungsstraßen in Richtung Süddeutschland dienten (Bresinsky 1983, Müller 1990).

In jedem Fall müssen die dicht schließenden Wälder des Atlantikums die trockenen Magerrasen auf **kleine Refugien** zurückgedrängt haben. Erst mit dem Vordringen der Ackerbau und Viehweide betreibenden, aus dem Südosten kommenden Siedler im Laufe der Jungsteinzeit vor etwa 7500 Jahren wurden größere Lichtungen geschaffen, die sich in Pollenprofilen in der Zunahme von Nichtbaumpollen äußern (vgl. Baumann 2006). Fischer (2002) vermutet, dass die Sandrasen auf den flussbegleitenden Dünen mit dem Sesshaftwerden des Menschen im **Neolithikum** eine Ausbreitung erfahren haben, weil diese Sandstandorte von Anfang an bevorzugt besiedelt wurden (Behre 2000). Im Kyffhäuser- und Saale-Unstrut-Gebiet liegen neolithische Siedlungsplätze oft im Bereich rezenter Trockenrasen (Becker et al. 2007). Spätestens seit der älteren Eisenzeit ab etwa 500 v.Chr. muss auch der Kern der stärker submediterran getönten Kalkmagerrasen-Arten bei uns vorhanden gewesen sein, wie Reste von etwa 85 Pflanzenarten in keltischen Fürstengräbern Südwestdeutschlands belegen (Wilmanns 1997). In dieser Phase der Landschaftsgeschichte haben offene xerotherme Standorte in Mitteleuropa schnell zugenommen (vgl. Pott 1996). Die meisten Kalk-Magerrasen entstanden aber erst im **Mittelalter** zwischen etwa 1200 und 1500 (Baumann 2006). Zahlreiche Licht und Wärme liebende Pflanzen und Tiere, die zugleich an das Überdauern von Trocken- und Kälteperioden angepasst sind, konnten von den ost- und südeuropäischen Steppen- und Karstgebieten in das sich öffnende Mitteleuropa ein- oder zurückwandern und unter dem Einfluss des Menschen zu neuen Gemeinschaften zusammenwachsen. Dabei beteiligten sich auch Arten, die an den wenigen offenen Plätzen in der ehemaligen Waldlandschaft ein recht bescheidenes Dasein führen mussten, sei es auf Felsen und Steinhalden, sei es auf noch nicht bewaldeten Dünen, sei es an abbrechenden Ufern und auf Schotterbänken großer Flüsse. Von Natur aus waldfreie Felsbänder kommen jedoch als natürliche Ursprungsgebiete der meisten Rasenarten nicht infrage; nur wenige Arten der Felsfluren wie z. B. *Festuca pallens* oder *Gypsophila fastigiata* greifen in die Trocken- und Halbtrockenrasen über.

Auch die Sand-Magerrasen auf Dünen im Binnenland sind überwiegend recht junge Gebilde (Berger-Landefeldt & Sukopp 1965). Kleinflächige Sandrasen mögen seit der Eiszeit z. B. an sandigen Flussböschungen überdauert haben (Krausch 1968); dies deuten **Reliktarten** wie *Jurinea cyanoides*, *Poa badensis*, *Koeleria glauca* oder *Alyssum montanum* an. Die meisten heutigen Bestände dürften aber jünger sein. Ihre charakteristischen Arten sind wahrscheinlich überwiegend erst zwischen der Jungsteinzeit und dem ausgehenden Mittelalter eingewandert (Philippi 1981).

Wo die Dämpfung des Klimas durch den Waldbestand wegfiel, bildeten sich stärker differenzierte Standorte selbst auf kleinstem Raum heraus. Unterschiede in der Exposition, in der Mächtigkeit der Feinerde über festem Gestein, in den Korngrößen oder in der chemischen Beschaffenheit des Bodens, die sich unter Wald kaum auf das Artengefüge auswirken, bedingen an den Magerrasen-Standorten ganz verschiedene Pflanzenkombinationen. Eine bestimmte Waldgesellschaft hat daher in der Regel mehrere anthropo-zoogene Ersatzgesellschaften, zumal wenn ihr Boden unterschiedlich stark durch Tritt oder Erosion verändert wurde.

18.2 Lebensbedingungen und standörtliche Gliederung

Das Großklima begünstigt die Ausbildung von trockenen Magerrasen dort, wo im Sommer zumindest kurzfristig semi-aride bis aride Bedingungen herrschen. Das ist in Mitteleuropa vor allem in Regionen mit weniger als etwa 550 mm Jahresniederschlag der Fall (s. Karte 3, Seite 14). Großflächige Vorkommen von trockenen Magerrasen finden sich insbesondere in den kontinental geprägten Randzonen der Ungarischen Tiefebene in der Südslowakei, in Südmähren und im Pannonikum Niederösterreichs sowie in Böhmen (s. Abb. 18–2). Großflächige Rasen existieren auch entlang von Weichsel und Oder und ihrer Nebenflüsse, im Saale-Unstrut-Gebiet und Kyffhäuser, in Mainfranken, auf der Schwäbischen und Fränkischen Alb, im Oberrhein-Nahe-Mosel-Gebiet und in den kontinental geprägten Längstälern der Zentral- und Südalpen (z. B. im Wallis, Aostatal, Engadin und Vinschgau). In den ozeanischen Regionen Nordwestdeutschlands und der Niederlande treten nur noch Halbtrockenrasen und auch diese nur kleinflächig auf.

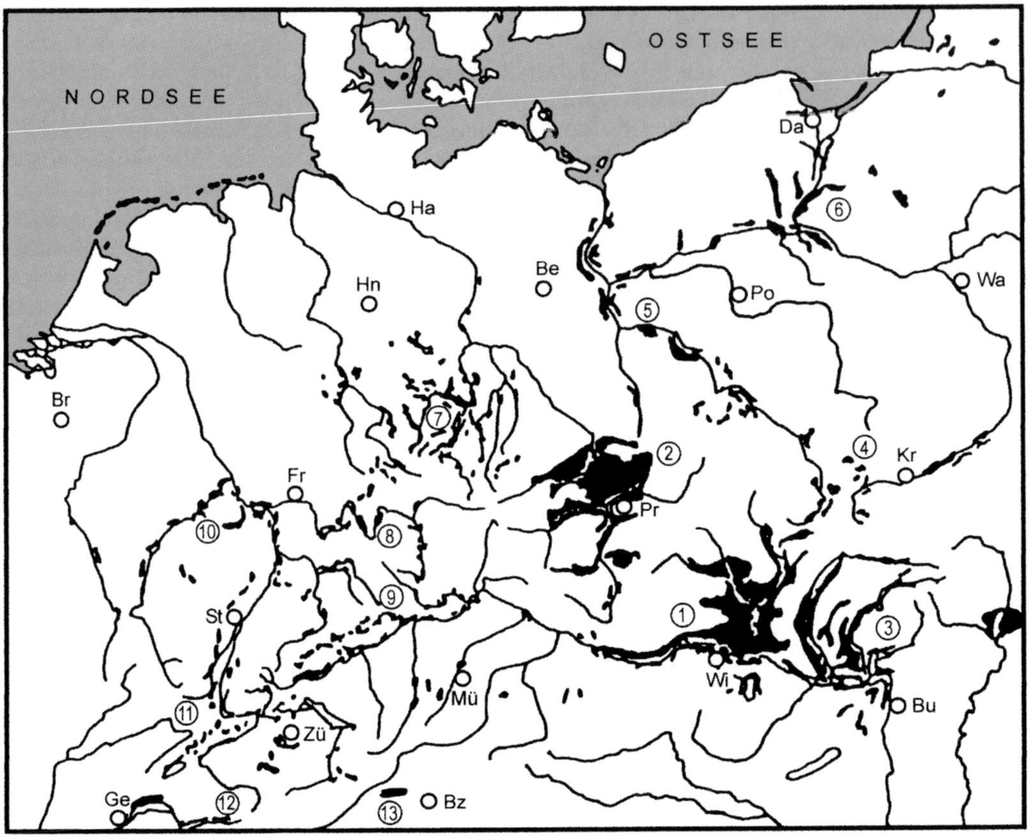

Abb. 18–2 Verbreitung von Trockenrasen-Gebieten in Mitteleuropa. Nach Litzelmann (1938), verändert. 1: Niederösterreich-Südmähren, 2: Nordwest-Böhmen, 3: Südwest-Slowakei und westl. Ungarische Tiefebene, 4: Bergland der oberen Weichsel und Oder, 5: Oder- und Warthehänge, 6: unteres Weichseltal, 7: Saale-Unstrut-Region, 8: Mainfranken, 9: Schwäbische u. Fränkische Alb, 10: Nördl. Oberrheingraben-Nahe-Mosel, 11: Südl. Oberrheingraben und Schweizer Jura, 12: kontinentale Westalpen, 13: Vinschgau.

18.2.1 Expositions- und Mikroklima

Das Mikroklima am Boden wird durch die Rodung des Waldes grundlegend verändert. Die Strahlungsumsätze finden fortan nicht mehr im Kronendach des Waldes, sondern an der Bodenoberfläche oder im Rasenbestand statt (Berger-Landefeldt & Sukopp 1965). Temperatur, Luftfeuchte und Windgeschwindigkeit schwanken mit weit größerer tages- und jahreszeitlicher Amplitude als im Wald (s. Abb. 18–3). Sowohl die Hangneigung und Exposition als auch die Struktur des Pflanzenbestandes beeinflussen das Kleinklima der Trockenrasen-Pflanzen nachhaltig. Offene Rasen sind tendenziell wärmer und trockener als geschlossene, hochwüchsige.

18.2.1.1 Expositionsklima

Die meisten Trockenrasen der collinen bis montanen Stufe siedeln an Hängen oder auf nicht ganz ebenen Plateaus, d. h. an Standorten, deren Geländeklima vom Allgemeinklima der betreffenden Gegend mehr oder weniger stark abweicht. Steile Südhänge genießen im Jahresmittel bis zu 35 % mehr direkte Sonnenstrahlung als ebene Flächen, Nordhänge entsprechend weniger (Slavíková et al. 1983, McCune 2007; s. Abb. 18–4 u. 12–15). Höhere Temperaturen und ein größeres atmosphärisches Sättigungsdefizit, aber auch höhere Windgeschwindigkeiten im lückigen Bestand sind die Ursache für eine **stärkere Verdunstungsbeanspruchung** am Süd- gegenüber dem Nord-

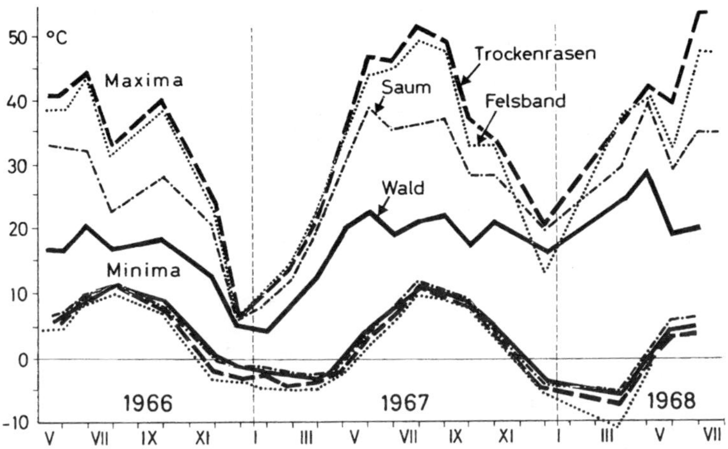

Abb. 18–3 In den Monatsmitteln der Maximaltemperaturen an der Bodenoberfläche unterscheiden sich Waldinneres, Waldsaum, Trockenrasen und Felsband zu allen Jahreszeiten stark, in den Minima dagegen kaum. Nach Baller (1974), verändert.
Sowohl in Jahren mit geringen Temperaturextremen (1966) als auch in solchen mit großen Spannen zwischen Minima und Maxima (1968) herrscht im Wald ein relativ ausgeglichenes Bestandesklima. Die nackte Bodenoberfläche im Windschutz eines lockeren Trockenrasens erwärmt sich dagegen oftmals über 40–50 °C, sodass sich sogar Monatsmittel der Maxima von 55 °C ergeben. (VI 1968). Die Minima in den Morgenstunden liegen in demselben Zeitraum meist unter 10 °C. Das kaum durch Bewuchs geschützte Felsband kühlt nachts am meisten aus. Der Krautsaum des Waldes steht hinsichtlich der mittleren Extremtemperaturen zwischen Freiland und Waldinnerem.

hang (z. B. Reichhoff 1979, Leuschner 1989; s. Abb. 18–5). Am Kaiserstühler Badberg sind aus diesem Grund die Volltrockenrasen (Xerobrometum) am Südhang gut ausgeprägt und die Vegetation hat einen stärker xerothermen Charakter als die Halbtrockenrasen (Mesobrometum) am gemäßigteren Nordhang. Auch in den Kalkgebirgen des Schweizer und Französischen Jura findet man Volltrockenrasen vor allem auf nach Süden bis Südwesten geneigten Hängen, Halbtrockenrasen sind dagegen auf Nord- bis Nordosthängen gleicher Neigung anzutreffen. Erst in größerer Höhe über dem Meeresspiegel greifen die Mesobrometen auch auf Sonnhänge über. Quantin (1935) verglich Vegetation, Mikroklima und Boden dieser beiden Kalkmagerrasen-Gesellschaften mit den schütteren Felsheiden (Anthylli-Teucrietum) der trockensten und wärmsten Standorte auf Felsbändern. Die Ergebnisse zeigten, dass zu allen Jahreszeiten die Lufttemperaturen (15 cm über dem Boden) im Mesobrometum geringer waren als im Xerobrometum oder gar in der Felsheide (s. Tab. 18–1, 2). **Auch die täglichen, monatlichen und jährlichen Temperaturschwankungen** nahmen in dieser Reihe zu.

Derart beträchtliche Temperaturdifferenzen müssen sich auf das Wasserregime der Rasen auswirken. In der Tat ist die Verdunstungsbeanspruchung über dem Halbtrockenrasen wesentlich geringer als über den Volltrockenrasen-Gesellschaften (s. Tab. 18–1, 4). Am Wassergehalt des Bodens im Hauptwurzelraum (5–10 cm Tiefe) kann man deutlich ablesen, dass der Halbtrockenrasen die Vorräte weniger beansprucht als der Volltrockenrasen (s. Tab. 18–1, 6). Die häufigeren Trockenheitsextreme in der flachgründigen Felsheide und im Xerobrometum führen dazu, dass kurzlebige Frühlings-Therophyten in ihnen viel mehr Raum finden als im Mesobrometum (s. Tab. 18–1, 1). Auch die Chamaephyten haben höhere Anteile am Lebensformenspektrum, weil sie von Gräsern, die ja meistens rascher wachsen und dichter beblättert sind, nicht so stark überschattet werden wie im Mesobrometum. Im Halbtrockenrasen machen die Hemikryptophyten – hier vor allem Gräser und Grasartige – mehr als drei Viertel der gesamten Artenzahl aus.

Die **durch das Expositionsklima bedingten Gegensätze der Halbtrocken- und Volltrockenrasen** wiederholen sich innerhalb Mitteleuro-

Tab. 18–1 Lebensformen, Mikroklima und Bodenverhältnisse in Magerrasen an schwach geneigten Hängen des Südwest-Juras. Nach Angaben von Quantin (1935).

Offene Felsflur (Anthylli-Teucrietum, Ordnung Sedo-Scleranthetalia), flachgründig und stark besonnt **Trockenrasen** (Xerobrometum, Ordnung Brometalia), schwach geneigter Sonnhang **Halbtrockenrasen** (Mesobrometum, Ordnung Brometalia), schwach geneigter Schatthang							
Pflanzendecke u. Klima (1932)	Anth. Teucr.	Xero-brom.	Meso-brom.	**Boden**faktoren (1932)	Anth. Teucr.	Xero-brom.	Meso-brom
1 **Lebensformen** (%)				5 **Korngrößen** (%)			
Chamaephyten	35,0	18,6	10,6	Grobskelett	23,6	28,3	24,3
Hemikryptophyten	**25,0**	**49,3**	**76,3**	Feinskelett	30,1	32,6	32,5
Geophyten	2,5	8,7	7,8	Grobsand	19,0	14,0	19,5
Therophyten	37,5	21,9	5,3	Feinsand	19,0	14,6	13,5
Parasiten	–	1,5	–	Schluff und Ton	**8,3**	**10,5**	**10,3**
2 **Lufttemperatur** (°C)				6 **Wassergehalt** (Vol. %)			
Mittelwerte				Frühling (25.4)	17,4	23,5	26,9
Frühling (3.–23.4)	12,8	9,7	7,5	(16.5)	20,2	27,7	33,6
Sommer (26.6–16.7)	**23,4**	**20,3**	**15,3**	Sommer (11.6.)	18,6	24,9	27,9
Herbst (18.9.–8.10.)	17,6	16,8	12,0	(19.7.)	10,9	20,2	23,3
Winter (11.–31.12.)	6,1	5,8	0,7	(13.8.)	**9,3**	**13,2**	**14,9**
Mittelwert, 12 Wochen	**15,0**	**13,1**	**8,9**	Herbst (17.9.)	10,6	10,9	16,0
3 **Tägliche Schwankung**				(14.11.)	17,4	26,3	29,6
der Temperatur (°C)				Winter (21.12.)	24,8	28,4	32,3
Sommer (26.6.–16.7.)	21,5	13,0	9,2	Max. (25.4.32–	**25,8**	**30,0**	**33,6**
Mittelwert, 12 Wochen	**17,6**	**10,9**	**8,9**	Min. 23.10.33)	**8,7**	**10,9**	**14,9**
4 **Evaporation** (cm^3, Piche, mittlere Tagessummen)				7 **Chemische Faktoren**			
				pH-Werte, max.	7,9	7,9	7,3
Frühling (3.–23.4.)	5,4	3,3	2,6	min.	**7,5**	**7,1**	**6,9**
Sommer (26.6.–16.7.)	**8,3**	**6,5**	**4,6**	Karbonatgehalt (%), max.	51,5	67,1	28,2
Herbst (18.9.–8.10.)	6,5	4,3	2,4	min.	**12,7**	**12,0**	**4,4**
Winter (11.–31.12.)	4,4	3,2	1,5	Humusgehalt (%), max.	4,6	17,1	21,4
Mittelwert, 12 Wochen	**6,2**	**4,3**	**2,8**	min.	**1,7**	**7,1**	**11,4**

Alle Messungen ca. 15 cm über dem Boden — Alle Messungen in 0–10 cm Bodentiefe

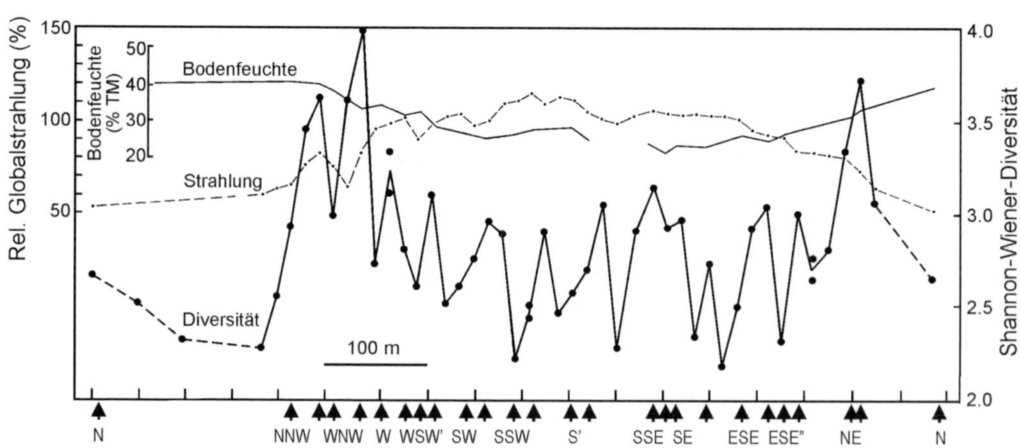

Abb. 18–4 Bodenfeuchte, direkte Globalstrahlung (relativ zur Horizontalen) und Diversität der Gefäßpflanzen von Trockenrasen in Abhängigkeit von der Expositionsrichtung (N, W, S und E auf der x-Achse) auf einem konischen Hügel (Rana hill) in Böhmen. Nach Slavikova et al. (1983), verändert.

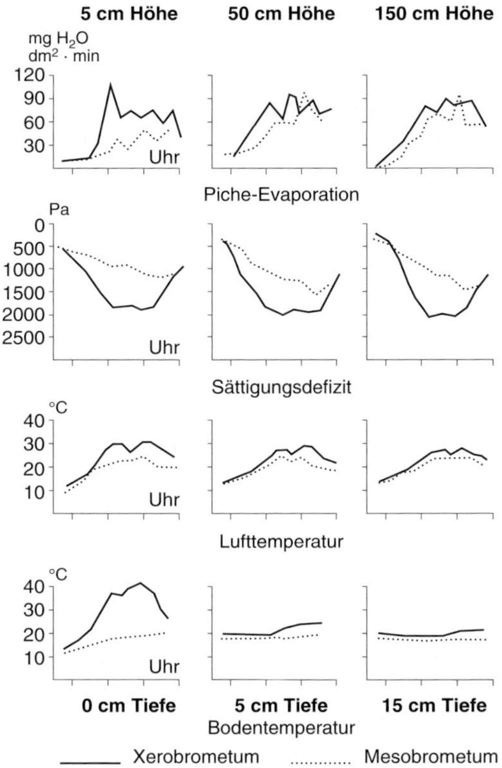

Abb. 18–5 Tagesverläufe der Luft- und Bodentemperatur, der Evaporation und des Wasserdampf-Sättigungsdefizits der Luft am 28. August 1989 im *Xerobrometum* und *Mesobrometum* des Badberges im Zentralkaiserstuhl. Nach Leuschner (1989), verändert. Das *Xerobrometum* befindet sich am Südhang, das typische *Mesobrometum* am Nordwesthang. Der Standort des Letzteren ist durchweg kühler sowie luft- und bodenfeuchter.

pas infolge lokaler Klimaabwandlungen, wenn wir von Süden nach Norden fortschreiten. In Südschweden kommen Halbtrockenrasen-Gesellschaften nur noch an den relativ wärmsten und trockensten Standorten vor, nach Pahlsson (1966) z. B. an den steilen Sonnhängen kiesiger Oser-Rücken oder in den Alvaren auf Öland auf extrem flachgründigen Böden (Dengler & Löbel 2006).

18.2.1.2 Mikroklima

Wie fein das Artengefüge von trockenen Magerrasen auf lokale Klimaunterschiede und selbst auf kleinste Differenzen innerhalb ein und desselben Bestandes reagiert, ist bereits von vielen Autoren und an zahlreichen Pflanzengesellschaften aufgezeigt und durch Messungen belegt worden (z. B. Kraus 1911, Heilig 1930/31, Müller-Stoll 1935, Volk 1937, Preis 1939, Dörr 1941, Zoller 1954, Mahn 1957, Bornkamm 1958, Krausch 1961, Berger-Landefeldt & Sukopp 1965, Gigon 1968, Philippi 1973, Rychnovská & Úlehlová 1975, Reichhoff 1979, 1980 a, b, Lötschert & Georg 1980, Etherington 1981, Slavíková et al. 1983, Kratochwil 1984, Zumbühl 1985, Leuschner 1989, Becker 1999).

Kleinräumige Temperaturmessungen und Bodenuntersuchungen unterstreichen anschaulich die Erkenntnis, die für trockene Magerrasen auf flachgründigen, steinigen Böden mit wechselndem Relief, aber auch für andere Standorte und Pflanzenformationen des Freilandes Allgemeingültigkeit besitzt: Fast jede Einzelpflanze lebt unter besonderen Bedingungen, und ein Nebeneinander von Arten mit verschiedenen Ansprüchen erklärt sich zu einem guten Teil aus dem engen Nebeneinander verschieden wasserhaltender, verschieden stark erwärmbarer und verschieden kalk- oder nährstoffreicher **Kleinststandorte**. Am stärksten dringt die Wärme in nacktes Granit- und Quarzitgestein ein, gefolgt von Kalkgestein und feuchten Sand- und Tonböden. Trockene Ranker- und Rendzinaböden erhitzen sich zwar an der Oberfläche extrem stark, bleiben aber in tieferen Horizonten vergleichsweise kühl (s. Tab. 18–2). In manchen Rasen bilden diese Kleinststandorte ein charakteristisches **thermisches Mosaik**, das den Schichtfugen des Gesteins folgt oder durch andere Ungleichmäßigkeiten bei der Bodenbildung verursacht wird. Nicht selten sorgen außerdem Tiere für kleinräumige Standortunterschiede, z. B. Feldmäuse und Kaninchen (s. Gigon 1981, Leutert 1983; s. Kap. 18.5.4).

Schon der Schatten einer großen Pflanze kann die Glut der Einstrahlung so sehr mildern, dass hitze- oder trockenheitsempfindliche Organismen hier ein günstiges Plätzchen finden. Auf diese Weise schafft das Mosaik der an der oberen Rasenschicht beteiligten Gewächse ein Nebeneinander von winzigen Lebensräumen, das physiologisch verschiedenen Organismen ein nachbarliches Dasein ermöglicht. So stieg am Südhang des Badberges im Kaiserstuhl die Temperatur schon am 1. Mai unmittelbar an der Oberfläche des unbeschatteten Bodens auf 50–60 °C an, während nur 20–30 cm nördlich

Tab. 18–2 Thermische Eigenschaften verschiedener Materialien (ρC = spezifische Wärme pro Volumen, K = Wärmeleitfähigkeit, d = Dämpfungstiefe als die Tiefe, in der die Temperaturamplitude auf 1/e = 0,37 derer an der Oberfläche gesunken ist). Nach Stoutjesdijk & Barkman (1992).

Material	ρC (10^6 J m^{-3} K^{-1})	K (W m^{-1} K^{-1})	d (cm)
Kalkgestein	2,18	3,42	21
Granit	1,34	4,94	31
Sand (trocken)	1,17	0,27	8
Sand (30 % Wasser)	2,42	2,49	17
Ton (trocken)	1,19	0,28	8
Ton (30 % Wasser)	2,45	1,74	14
Torf (trocken)	0,25	0,03	5
Torf (80 % Wasser)	3,61	0,48	0,6
Wasser	4,19	0,59	0,6
Luft	0,0012	0,03	78
Eis	1,93	2,24	18
Lockerer Schnee (89 % Luft)	0,19	0,06	9
Fester Schnee (56 % Luft)	0,77	0,49	13

davon in einem dichten Horst von *Bromus erectus* nicht mehr als 15–17 °C erreicht wurden. Nachts kühlte sich die nackte Oberfläche auf unter 5 °C ab und war morgens betaut. In den Grashorsten aber sank die Temperatur nicht unter 10 °C, schwankte also nur etwa ein Zehntel so stark wie unmittelbar nebenan auf dem Wuchsort austrocknungsresistenter Flechten und Moose.

Zu den **horizontalen Unterschieden** kommen stets auch vertikale, wie sie z. B. in den Tagesgängen in Abbildung 18–6 dargestellt sind. In einem lückigen Federgrasrasen am Rande des Odertals schwankte die Temperatur an einem Hochsommertag nahe der Bodenoberfläche zwischen etwa 30 und 75 °C, erreichte aber 5 cm darüber und darunter höchstens 40 °C und in 15 cm Tiefe nicht einmal 30 °C. Die trockenen Blattreste, mit denen die Hemikryptophyten ihre jüngeren Blätter und Knospen einhüllen, schützen diese empfindlichen Organe also gegen Hitzeschäden, die im Kontakt mit dem Boden eintreten können. Über der heißen Bodenoberfläche treten mittags nicht selten

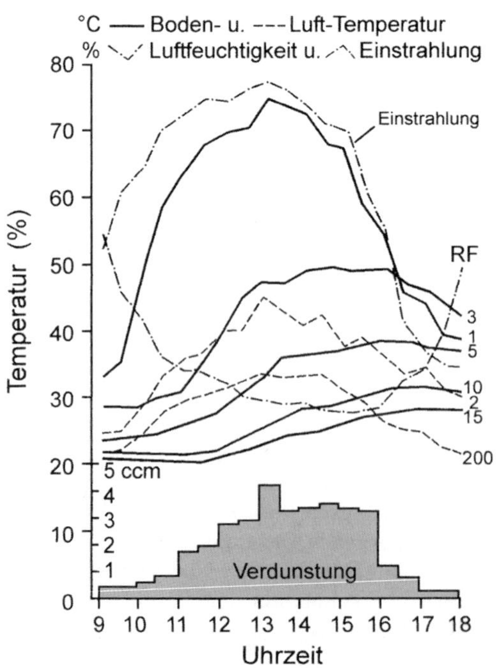

Abb. 18–6 Tagesverlauf der Globalstrahlung (Einstrahlung), der relativen Luftfeuchte (RF), der Lufttemperatur in 2 und 200 cm Höhe (gestrichelte Linie) und der Bodentemperatur in 1, 3, 5, 10 und 15 cm Tiefe (durchgezogene Linie) sowie der potenziellen Verdunstung in einem *Stipa-capillata*-Rasen an einem Südhang oberhalb des Odertals am 12. Juli. Die Temperaturamplitude sinkt im Boden bereits in den ersten 10 cm stark ab und das Tagesminimum verlagert sich in die Abendstunden. Der Verlauf der relativen Luftfeuchte spiegelt fast allein den Lufttemperaturverlauf, während sich die absolute Luftfeuchte über den Tag recht wenig verändert. Nach Brzoska aus Ellenberg (1963).

relative Luftfeuchten von 20 % auf; in den kontinentalen Steppenrasen des Vinschgaus in den Südalpen maß Florineth (1974) sogar Minima von nur 11 %. Bei Temperaturen von 35 °C entspricht das **sehr hohen Sättigungsdefiziten** von etwa 4,5 bzw. 5,0 kPa.

18.2.2 Wasserregime

Viele trockene Magerrasen und Felsfluren an Berghängen auf Festgestein stocken auf flachgründigen Böden. Weil die Wasserkapazität des Bodens vor allem von dessen Gründigkeit abhängt, hat die **Profilmächtigkeit** entscheidenden Einfluss auf die Struktur und Artenzusammensetzung der collinen und montanen Magerrasen. Fettwiesen, Halb- und Volltrockenrasen in Südwestdeutschland und der Nordschweiz lassen sich zwanglos in einer Reihe abnehmender Profilmächtigkeiten (von 80 bis 10 cm) und **Nutzwasserkapazitäten** (von 120 bis 2 mm Wasser) anordnen (s. Tab. 18–3). Das eher mesophytische Colchico-Mesobrometum besaß eine mehr als 40-mal so große Speicherfähigkeit für pflanzenaufnehmbares Wasser als die extremen Xerobrometen, und eine mehr als doppelt so große als das xerophytische Teucrio-Mesobrometum. Die Zeitspanne, in der sich die Bodenwasservorräte in Trockenperioden erschöpfen, beträgt nach Gigon (1968) im Colchico-Mesobrometum 4 Wochen, im Teucrio-Mesobrometum 2 Wochen und im Xerobrometum nur wenige Tage (s. a. Abb. 19–6). Diese Reihe spiegelt sich deutlich in der immer niedriger und lückiger werdenden Struktur der Bestände wider.

Außer der Profiltiefe üben auch kleinräumige Unterschiede in der Exposition einen großen Einfluss auf das Bodenwasserregime aus. Steile Südost- bis Südwesthänge sind nicht nur im Sommer, sondern auch im Winter bodentrockener als West-, Nord- und Osthänge (s. Abb. 18–7, s. a. Tab. 18–1). Nach Müller-Stoll (1935) können vegetationsfreie, exponierte Bodenstellen sommerliche Feuchteminima unter 1 % Wassergehalt erreichen; das entspricht einem Bodenmatrixpotenzial von ungefähr -15 MPa (-150 bar). Die starke Austrocknung der Südhänge ist vor allem auf die erhöhte Evaporation des nackten Bodens an lückigen, sich stark erwärmenden Stellen zurückzuführen, weniger auf eine erhöhte pflanzliche Transpiration am Südhang: Wie Messungen in einem böhmischen Federgras-Trockenrasen zeigen, weist die **Bodenfeuchte eine sehr ausgeprägte kleinräumige Variabilität** auf, wobei unter den isoliert stehenden Grashorsten jeweils die höchste Feuchte vorhanden ist, insbesondere unter den großen (Slavíková et al. 1983; s. Abb. 18–8). **Beschattung durch die Pflanzen schützt also den Oberboden vor Austrocknung** (vgl. auch Reichhoff 1980 a). Dass vor allem die Bodenevaporation und nicht die Transpiration die Feuchte des Oberbodens in südexponierten Trockenrasen bestimmt, zeigt auch der hydrologische Vergleich von Felsflur, Halb- und Volltrockenrasen im Französischen Jura (Quantin 1935): Die geringste Bodenfeuchte wurde im lückigen Anthylli-Teucrietum, die höchste im dicht geschlossenen Mesobrometum mit weit größerer transpirierender Blattfläche gemessen (s. Tab. 18–1).

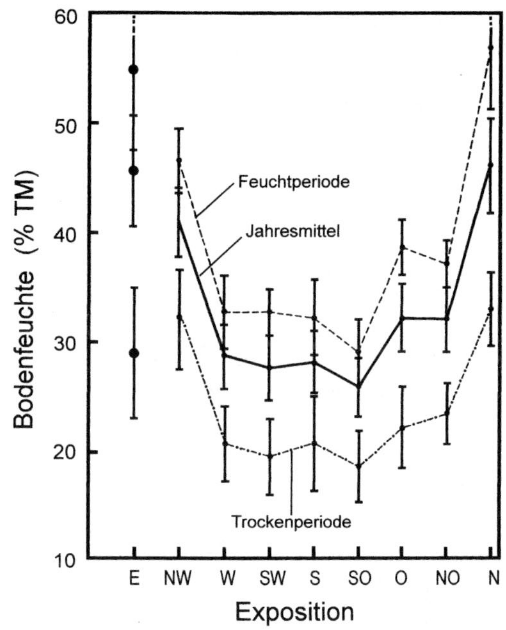

Abb. 18–7 Bodenwassergehalt unter Trockenrasen in Abhängigkeit von der Expositionsrichtung (N, W, S und O auf der x-Achse) auf einem konischen Hügel (Rana hill) in Böhmen im Jahresmittel (Dez. 1971 bis Nov. 1972) und in einer Feuchtperiode (Febr. bis Mai 1972) und einer Trockenperiode (Juli bis Sept. 1972). Nach Slavikova et al. (1983), verändert.

Wassermangel kann in trockenen Magerrasen **aber nicht nur klimatische, sondern auch edaphische Ursachen** haben. Letzteres ist in den bodensauren Pionierrasen auf Sandrohböden der Fall (Berger-Landefeldt & Sukopp 1965). Diese kommen nicht nur an kleinklimatisch

Tab. 18–3 Speichervermögen für pflanzenaufnehmbares Wasser (Nutzwasserkapazität) von Bodenprofilen unter verschiedenen trockenen Magerrasen-Gesellschaften im Vergleich zu Fettwiesen in Mitteleuropa (in mm Wasser). Nach Angaben bei Gigon (1968), Riemer (1984) und Leuschner (1989). Errechnet aus der Differenz der Wassergehalte bei Feldkapazität (bestimmt bei –100 oder bei –300 hPa) und am „permanenten Welkepunkt" (–1,5 MPa).

Pflanzengesellschaft	Lokalität und Probefläche	Profilmächtigkeit (cm)	Nutzwasserkapazität (mm) (–100 hPa bis –1,5 MPa)	Nutzwasserkapazität (mm) (–300 hPa bis –1,5 MPa)
Sedo-Scleranthetalia (Felsgrus- und Felsband-Gesellschaften)				
Allio stricti-Festucetum pannonicae	Bad Wildungen (Hessen)	7,7	1,9	
Diantho-Festucetum pallentis	Albungen (Hessen)	6,0	2,4	
Polytricho-Allietum montani	Maderstein (Hessen)	6,8	5,1	
Polytricho-Allietum montani	Sauerburg (Hessen)	8,2	7,0	
Brometalia erecti (Kalk-Magerrasen)				
Xerobrometum	Lützelberg (Elsass)	max. 10	2,9	2,1
Xerobrometum	Strangenberg (Elsass)	max. 10	3,5	2,2
Xerobrometum	Bollenberg (Elsass)	50	13,7	10,6
Mesobrometum globularietosum	Bollenberg (Elsass)	50	24,1	18,2
Teucrio-Mesobrometum	Schweizer Jura (B 3)	50–60		29
Teucrio-Mesobrometum	Schweizer Jura (A 1)	50–60		30
Mesobrometum typicum	Badberg (Kaiserstuhl)	80	53,2	39,3
Colchico-Mesobrometum	Schweizer Jura (B 7)	50–60		73
Colchico-Mesobrometum	Schweizer Jura (A 3)	50–60		98
Arrhenatheretum salvietosum	Schweizer Jura	55	48	
Arrhenatheretum salvietosum	Schweizer Jura	70	61	
Arrhenatheretum typicum	Schweizer Jura	70	80	
Arrhenatheretum typicum	Schweizer Jura	80	118	

extremen Südhängen, sondern auch in ebener oder gar nordexponierter Lage vor. Sandböden speichern bei Feldkapazität, die sich 1 bis 2 Tage nach einem sättigenden Regen einstellt, nur etwa 5–15 Vol.% Wasser, das sind nicht mehr als 25–75 mm Wasser in einem bis 50 cm Tiefe reichenden Wurzelraum. In Schluff- und vor allem Tonböden ist die Feldkapazität drei- bis viermal größer (Scheffer & Schachtschabel 2002; vgl. aber Kap. 4.3.2 b). Magerrasen auf

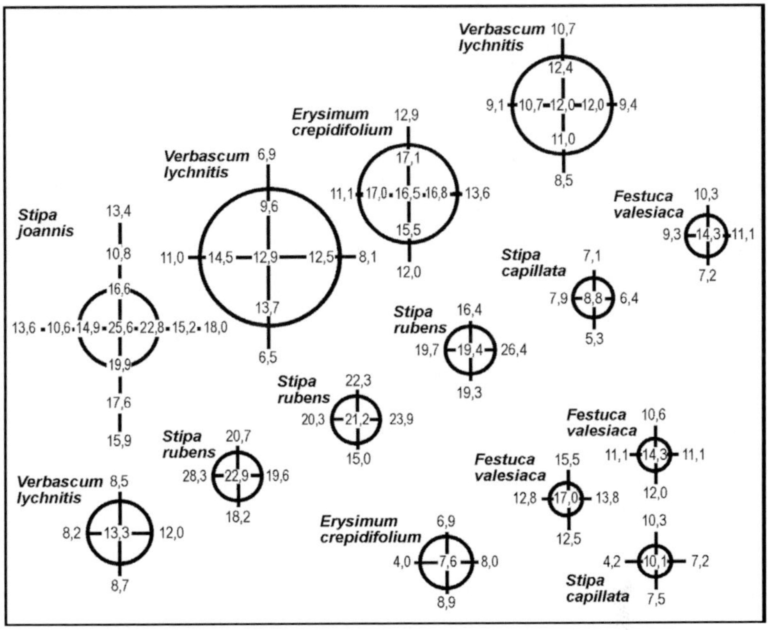

Abb. 18–8 Bodenfeuchte (in Gewichtsprozent) im Hochsommer in den obersten Horizonten unter verschiedenen Pflanzen eines lückigen nordböhmischen Trockenrasens (Rana hill bei Oblik). Unter den meisten Horsten oder Rosetten (aber nicht allen) ist die Feuchte im Zentrum höher als in den vegetationsfreien Randbereichen; Schutz vor Bodenverdunstung wirkt sich stärker aus als erhöhter transpirativer Wasserverbrauch. Nach Slavikova et al. (1983).

Dünensanden sind daher in sommerlichen Trockenperioden selbst in Norddeutschland Bodenwassergehalten unter 1 Vol.% ausgesetzt und unterschreiten damit deutlich den permanenten Welkepunkt, der definitionsgemäß bei –1,5 MPa angesetzt wird (s. Abb. 18–9; s. a. Lötschert & Georg 1980). Auch in den subkontinentalen Steppenrasen im mittleren Elbetal sinken die Bodenwasservorräte in sommerlichen Trockenperioden bis auf weniger als 10 mm Wasser (s. Abb. 19–6).

Auf der anderen Seite sind grobporige Sandböden **in tieferen Horizonten gut vor Austrocknung geschützt**, weil die Wasserleitfähigkeit des Oberbodens bei Dürre schnell gegen null geht. Ausgesprochene Tiefwurzler unter den Dünenpflanzen wie *Ammophila arenaria* (s. Kap. 12.4.2 b) können deshalb auf größere Bodenwasservorräte im Unterboden zurück-

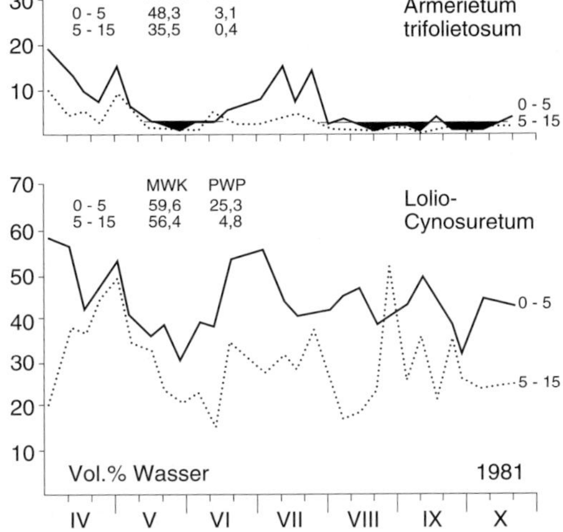

Abb. 18–9 Jahresgänge der Bodenfeuchte in 0–5 und 5–15 cm Tiefe unter zwei Sand-Magerrasen und einer Weidelgras-Weißkleeweide im Elbetal mit Angaben der maximalen Wasserkapazität (MWK) und des permanenten Welkeprozents (PWP), alles in Volumenprozent. Nach Jeckel (1984), etwas verändert. Das Diantho-Armerietum sedetosum ertrug die stärksten Wasserdefizite in ihrem relativ humusarmen Dünensandboden. Die Boden-Saugspannung von –6,1 bar wurde 1981 mehrfach beträchtlich unterschritten. Die mit Differenzialarten aus den Weidelgrasrasen durchsetzte Subassoziation D.-A. trifolietosum in weniger extremer Lage (etwas tiefer am Dünenhang) verhielt sich ähnlich, aber weniger extrem. Das Lolio-Cynosuretum auf humosem Auelehm litt dagegen trotz gleicher allgemeinklimatischer Bedingungen niemals unter Wassermangel, wohl weil der Boden humus- und vielleicht auch etwas tonreicher ist.

greifen. Diese tief wurzelnden, produktiven Arten fehlen jedoch in den Sand- und Dünenrasen des Binnenlandes. Das liegt vermutlich an der größeren Nährstoffarmut und stärkeren Versauerung dieser Sandrohböden im Vergleich zu den kalkreichen Weißdünen der Küsten.

Die Bezeichnung Trockenrasen darf man jedoch nicht missverstehen und sich ihre Standorte als dauernd wasserarm vorstellen. Tatsächlich sind die Böden von Trockenrasen während großer Teile des Jahres so feucht wie normale Wiesenböden, und zwar vor allem im Frühjahr und im Spätherbst. Kritisch sind die in der warmen Jahreszeit eintretenden regenarmen Perioden, die in Mitteleuropa von einigen Tagen bis zu mehreren Wochen dauern können. Besonders **lange Trockenperioden** treten unregelmäßig auf, so in den „Dürrejahren" 1911, 1919, 1933, 1947, 1949, 1952, 1959, 1964, 1970, 1973, 1975, 1976, 1980, 1982, 1983, 1991 und 2003; diese können für Trockenrasen und manche andere Pflanzengesellschaften außerordentlich starke Störungen darstellen. Kuhn (1973) hat die Rückkehrperiode von extremen Trockenperioden beispielhaft für elf unterschiedlich kontinentale Orte in der Schweiz berechnet. Innerhalb von 30 Jahren ist in subozeanischem Klima (Rigi) einmal mit einer immerhin 25-tägigen Trockenperiode zu rechnen, im kontinentalen Sion dagegen schon mit einer 75-tägigen (s. Abb. 18–10). Wahrscheinlich sind solche Extremereignisse für die Zusammensetzung der Trockenrasen mindestens ebenso entscheidend wie die mittleren Niederschlagsregime. Selbst nach **extremen Dürreereignissen** regenerieren sich die meisten echten Trockenrasenarten jedoch verhältnismäßig rasch (s. Kap. 18.7.2).

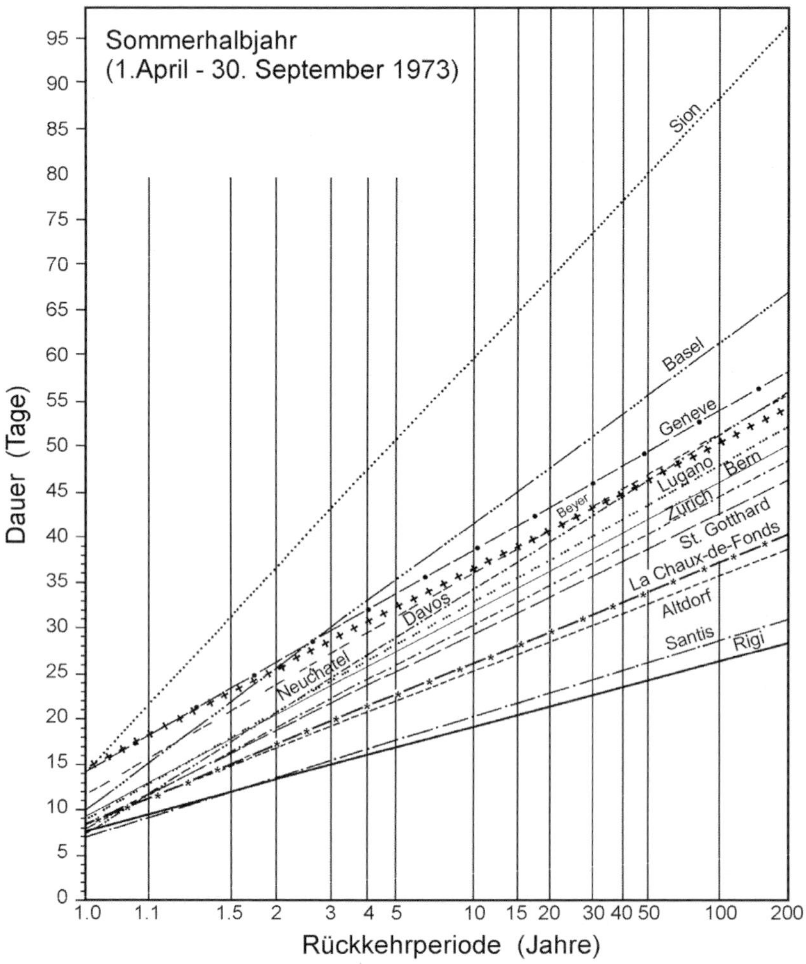

Abb. 18–10 Aus Klimaaufzeichnungen berechnete Jährlichkeit (Rückkehrperiode) des Auftretens von niederschlagsfreien Perioden bis zu 95 Tagen an 14 Orten der Schweiz. Nach Kuhn (1973).

18.2.3 Böden und Nährstoffversorgung

Innerhalb großklimatisch einheitlicher Gebiete ändert sich die Zusammensetzung der Trocken- und Halbtrockenrasen nicht nur in Abhängigkeit von Exposition und Neigungswinkel, sondern vor allem mit der Mächtigkeit des Feinbodens. Der nackte anstehende Fels wird nur von Krusten- und Blattflechten und Polstermoosen besiedelt. Dort, wo sich **Rohböden** (Syroseme) mit wenige Millimeter starkem humosem Oberboden gebildet haben, können sich die ersten Therophyten und flach wurzelnden Gräser ansiedeln und lückige Felsfluren bilden (Korneck 1993, Becker 1998). Nur wo die Feinerde über dem anstehenden Fels mächtig genug ist, um Niederschlag zu speichern, kann sich eine Gesellschaft ausbilden, die von Gräsern und Grasartigen beherrscht wird (s. Abb. 18–11 u. 18–12). Hier finden wir die eigentlichen Volltrocken- und Halbtrockenrasen. An steilen, erodierten Hängen auf basischen Gesteinen entwickeln sich **Protorendzinen**, häufig mit dünner, trockenheitsgeprägter Humusauflage (Xeromoder), die der typische Standort von Volltrockenrasen sind. Felsfluren auf sauren Gesteinen wachsen auf flachgründigen Protorankern oder **Rankern**, die sich unter günstigen Verhältnissen in Richtung auf saure Braunerden weiterentwickeln.

Weniger steile Kalk-, Dolomit- oder Gipshänge tragen **Mullrendzinen** oder gar tiefgründige, bereits oberflächlich versauerte Terra-fusca-Böden, auf denen Halbtrockenrasen-Gesellschaften stocken. Halbtrockenrasen besiedeln auch **Pararendzinen**, die sich aus kalkreichen Lockersubstraten wie Löss, Geschiebemergel oder Niederterrassen-Schottern gebildet ha-

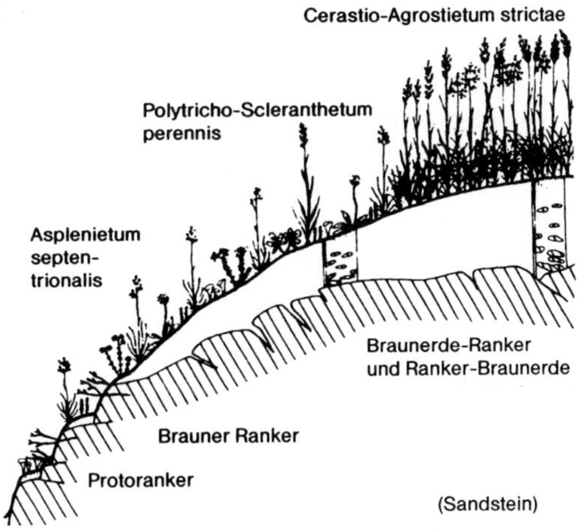

Abb. 18–12 Vegetations- und Bodenzonierung an einem sonnigen Sandstein-Felsaustritt in Südwestböhmen. Nach Moravec (1967), etwas verändert. Infolge ständiger Erosion kommt es an der trockenen Felskante nicht zur Ansammlung von Feinerde. Die Bodenbildung bleibt auf der Stufe des Protorankers und die Vegetationsentwicklung bei der Streifenfarn-Felsspalten-Gesellschaft stehen. Wo sich mehr Feinerde halten kann, gibt ein brauner Ranker der Haarmützenmoos-Knäuel-Gesellschaft Lebensmöglichkeiten. Der dichte Hornkraut-Sandstraußgrasrasen benötigt einen mittelgründigen Boden, d. h. eine mehr oder minder weit entwickelte Sand-Braunerde. Hier könnten Holzgewächse Fuß fassen, die aber bisher durch Schafweide behindert wurden.

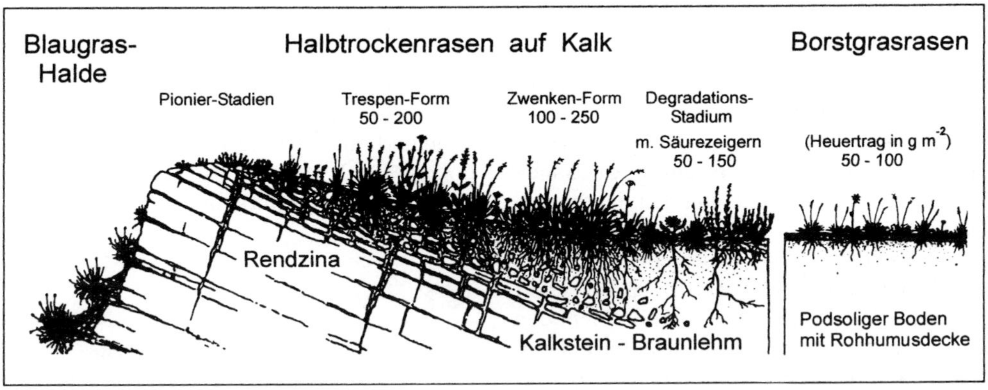

Abb. 18–11 Von der Gründigkeit des Bodens und vom Relief abhängige Verteilung der Magerrasen-Gesellschaften auf Jurakalken der Schwäbischen Alb, halbschematisch. Nach Ellenberg (1952). Bei Düngung sind die tiefgründigen Böden (rechts) die produktivsten. Die potenzielle natürliche Vegetation wäre frischer Kalkbuchenwald (statt der Trespen-Form des Halbtrockenrasens auf Kalk), reicher und typischer Braunmull-Buchenwald (statt der Zwenken-Form bzw. dem Degradationsstadium) und Moderbuchenwald (statt des Borstgrasrasens).

ben. Diese Standorte sind zweifellos waldfähig und würden als natürliche Vegetation einen Flaumeichenwald oder wärmeliebende und trockenheitsertragende Eichen- oder Buchenwälder, oder aber lichte Kiefernwälder tragen. Durch starken Feinerdeabtrag nach der Entwaldung kann zwar der Boden so flachgründig werden, dass es den Bäumen auch nach Aufhören jedes menschlichen Einflusses schwerfällt, sich wieder einzustellen. Aber sogar in so trockenen und kontinentalen Gebieten wie dem Böhmischen Mittelgebirge (Klika 1933) oder dem mittleren Wallis (Braun-Blanquet 1961) halten sich auch heute einzelne Bäume in der Felsensteppe.

Kontinentale Steppenrasen stocken vielerorts auf **Schwarzerden** oder deren Degradationsstadien, die meist aus Löss entstanden sind und tiefgründige humose Oberböden aufweisen. Sand-Trockenrasen wachsen auf Regosolen aus Sand mit sehr geringer Humusanreicherung, lokal auch auf tiefgründigeren podsoligen Braunerden. Die Nährstoffversorgung der Sande ist je nach Herkunft und Transportweg des Materials sehr unterschiedlich. Am ärmsten an Kationenaustauschern und daher an austauschbarem Kalium, Kalzium und Magnesium sind reine Quarzsande, vor allem, wenn sie vom Wind abgelagert wurden. Arme pleistozäne Sande besitzen oft fünf- bis zehnmal kleinere Kationen-Austauschkapazitäten als Lehm- oder Tonböden (< 50 gegenüber 200–500 $\mu mol_c\ g^{-1}$). Manche pleistozänen, tertiären oder noch älteren Sandablagerungen enthalten dagegen mehr silikatische Beimengungen, manchmal auch Kalk, oder sind gar ausgesprochen reich an Kalzium und Magnesium wie die Dolomitsande der nördlichen Fränkischen Alb (Hohenester 1960). Nach dem pH-Wert, der Basensättigung und der N- und P-Versorgung lassen sich entsprechend **arme, mittlere und reiche Sande** mit einer jeweils kennzeichnenden Sandrasen-Vegetation unterscheiden. Ebenso reicht die Bodenazidität von stark sauer (pH < 3,5) bis neutral oder gar basisch (pH > 7, vgl. Lötschert & Georg 1980). Sandrasen im kontinentalen östlichen Mitteleuropa besitzen aufgrund der klimatischen Wasserbilanz meist höhere pH-Werte als solche im ozeanischen Westen. Hier können auch eiszeitliche Sande pH (KCl)-Werte von 6–7 erreichen und hohe Basensättigungen aufweisen (Kozlowska & Wierzchowska 1985). Das gilt auch für die Silbergras-Sandtrockenrasen des Ostens, besonders wenn diese auf frisch umgelagertem Substrat wachsen.

Sehr gering sind die **Kohlenstoff- und Stickstoffgehalte** in den Dünen- und Flugsandböden unter Sand-Magerrasen; wahrscheinlich ist der Phosphormangel dieser stark versauerten Substrate eine Ursache. Lache (1976), Storm et al. (1998) und Jentsch & Beyschlag (2003) maßen nur Gehalte von 0,1–0,6 % C und weniger als 0,04 % N im A_h-Horizont nordwestdeutscher Binnendünen, also sechs- bis zehnfach geringere Gehalte als unter Fettwiesen. Die C- und N_t-Gehalte im Oberboden der sommertrockenen Kalk-Magerrasen sind jedoch in der Regel nicht niedriger als unter benachbarten Wäldern. Dies ist zunächst erstaunlich, weil erhöhte Sommertemperaturen im Allgemeinen den Streuabbau beschleunigen. Sommerliche Trockenheit hemmt aber die mineralisierenden Bodenorganismen, sodass manche Trockenrasen ausgesprochen hohe C- und N-Vorräte aufweisen, wie z. B. die Schwarzerde-Steppenrasen des östlichen Mitteleuropa. An sehr steilen Hängen kann der humusreiche Oberboden durch Erosion verloren gehen; darauf deuten die niedrigen Humusgehalte hin, die Quantin (1935) im hängigen Anthylli-Teucrietum des Französischen Jura fand (s. Tab. 18–1).

Trockene Magerrasen besiedeln also eine große Vielfalt an Böden, denen gemeinsam ist, dass die **biologische Aktivität des Bodens alljährlich für Wochen oder Monate durch Trockenheit behindert** wird. An den meisten Trockenrasen-Standorten verstärkt eine geringe bis sehr geringe Speicherfähigkeit für pflanzenaufnehmbares Wasser die klimatische Trockenheit, so im Falle der nur wenige Zentimeter mächtigen Böden auf Felsbändern, in den Felsgrusböden mit hohem Skelettgehalt, und in an und für sich tiefgründigen Sandböden mit hohen Mittel- und Grobsandanteilen und daher niedriger Nutzwasserkapazität.

18.3 Vegetation

18.3.1 Grundlegende standörtliche Gliederung

Um einen Überblick über die Fülle der Vegetationseinheiten zu gewinnen, orientieren wir uns an den wesentlichen Standortsgegebenheiten, ohne diese zunächst im Einzelnen zu belegen.

Tab. 18–4 Charakterarten von Kalk- und Silikat-Magerrasen, besonders im **subozeanischen Bereich Mitteleuropas,** mit ökologischer Bewertung der Arten. Nach Oberdorfer et al. sowie Ellenberg et al. bis 1992. Nähere Erläuterung im Text! Fortsetzung der Tabelle auf den folgenden Seiten.

	Auf **kalkreichen** Böden			Auf mehr oder minder **kalkarmen** Böden		
Klassen:	**Kalk-Magerrasen**			**Sand-Magerrasen**		
Festuco-Brom.	FESTUCO-BROMETEA	LTK	FRN	KOELERIO-CORYNEPHORETEA	LTK	FRN
Koel.-Cor.	*Ajuga genevensis*	8xx	372	*Acinos arvensis*	963	251
↓ ↓	*Allium carinatum*	854	382	g *Agrostis stricta*	973	221
L 7 – 9 7 – 9	*Allium oleraceum*	764	374	*Androsace septentrionalis*	877	252
T 5 – 8 5 – 8	*Allium sphaerocephalon*	985	382	*Artemisia campestris*	965	252
K 3 – 7 2 – 7	*Asperula cynanchica*	7x5	383	M *Brachythecium albicans* →	935	2x -
F 2 – 4 2 – 4	*Aster linosyris*	875	282	M *Ceratodon purpureus*	8 xx	2x -
R 7 – 9 1 – 6	g *Botriochloa ischaemon*	976	383	*Helichrysum arenarium*	867	251
N 1 – 4 1 – 3	g *Brachypodium pinnatum*	655	474	*Herniaria glabra*	865	342
	Campanula glomerata	7x7	47x	*Hieracium echioides*	866	261
	g *Carex humilis*	765	283	*Holosteum umbellatum*	865	3x2
→ = Art mit z.T.	*Centaurea jacea* subsp. *subjacea*	837	362	*Lactuca perennis* →	974	282
abweichendem	*Centaurea scabiosa*	7x3	384	*Minuartia viscosa*	865	3x2
ökologischem	*Eryngium campestre*	975	383	g *Poa badensis* →	874	381
Verhalten	*Euphorbia cyparissias*	8x4	3x3	g *Poa bulbosa*	877	352
	g *Festuca rupicola*	977	382	M *Polytrichum piliferum*	917	21 -
	Filipendula vulgaris	765	382	*Potentilla argentea*	963	231
g = Grasartige	*Galium verum*	76x	473	*Potentilla collina*	974	221
l = Leguminose	*Gentiana cruciata*	764	383	*Potentilla inclinata*	975	261
M = Moos	*Minuartia setacea*	976	271	*Potentilla recta*	975	352
o = Orchidee	*Odontites lutea*	775	392	*Potentilla rhenana*	984	221
	Ornithogalum kochii	985	281	M *Racomitrium canescens* →	936	16 -
	Orobanche caryophyllacea	865	392	*Rumex tenuifolius*	965	321
	g *Phleum phleoides*	867	382	*Scleranthus perennis*	864	241
	Pimpinella saxifraga	7x5	3x2	*Sedum acre*	863	2x1
	g *Poa pratensis* subsp. *angustifolia*	76x	xx3	*Sedum forsteranum*	871	341
	Polygala comosa	866	382	*Sedum rubens*	772	3x3
	Potentilla heptaphylla	754	392	*Sedum sexangulare*	754	261
	M *Rhytidium rugosum*	9x6	37 -	*Sempervivum tectorum*	8x2	34x
	Salvia pratensis	864	384	M *Tortula ruralis*	9x5	26–
	Sanguisorba minor	765	382	*Taraxacum laevigatum* →	865	372
	Scorzonera austriaca	777	382	l *Trifolium arvense*	863	321
	Stachys recta	764	392	l *Trifolium campestre*	863	463
	M *Thuidium abietinum*	8x6	27 -	*Valerianella carinata* →	773	48x
	Thymus praecox	856	381	*Valerianella dentata* →	762	47x
	l *Trifolium montanum*	8x4	382	*Veronica verna*	875	241
	Veronica austriaca	866	392			
	Veronica spicata	776	372			

Die ökologischen Zeigerwerte (s. Kap. 27) der zahlreichen Charakterarten können uns dabei helfen, indem wir sie uns in den Ökogrammen der Abbildung 18–13 vor Augen führen. Die hier gewählte Darstellung ist insofern ungewöhnlich, als nicht mittlere Zeigerwerte verwendet wurden, sondern die Spanne der Zeigerwerte der jeweiligen Charakterarten (s. Tab. 18–4); zur Bedeutung der Buchstaben und Ziffern s. Kap. 27). Eine beispielhafte Analyse der Beziehungen zwischen Standort und Trockenrasen-Vegetation hat Jandt (1999) durchgeführt.

Die mehr als 100 in Mitteleuropa bisher von Pflanzensoziologen unterschiedenen Magerra-

Tab. 18–4a Charakterarten von Kalk- und Silikat-Magerrasen (Fortsetzung von Tabelle 18–4).

Ordnungen:	subozeanische Kalk-Magerrasen			kontinentale Kalk-Magerrasen		
Bromet. er.	BROMETALIA ERECTI	LTK	FRN	FESTUCETALIA VALESIACAE	LTK	FRN
L 7 – 9	*Anthyllis vulneraria*	863	372	*Achillea collina*	966	272
T 5 – 8	*Arabis hirsuta*	753	48x	*Achillea setacea*	978	271
K 2 – 4	g *Avenochloa pratensis*	764	3x2	*Allium flavum*	–	–
F 1 – 4	g *Bromus erectus*	852	383	l *Astragalus onobrychis*	976	291
R 7 – 9	g *Carex caryophyllea*	8x3	4x2	*Centaurea stoebe*	976	282
N 1 – 3	*Dianthus carthusianorum*	854	372	*Dianthus*	974	271
	Globularia punctata →	865	292	*gratianopolitanus* →		
Festuc. vales.	*Helianthemum ovatum*	854	392	*Euphorbia seguierana*	976	281
L 7 – 9	*Hieracium wiesbaurianum*	763	381	*Hieracium bauhinii* →	974	371
T 6 – 7	*Hippocrepis comosa*	752	372	*Orobanche coerulescens*	977	281
K 5 – 8	*Iris germanica*	883	382	l *Oxytropis pilosa*	977	171
F 1 – 3	g *Koeleria pyramidata*	764	472	*Pimpinella nigra*	966	281
R 7 – 9	*Linum leonii* →	975	391	*Potentilla arenaria*	976	181
N 1 – 2	*Linum viscosum*	7x4	48?	*Potentilla pusilla* →	964	281
	Ononis natrix	883	381	*Pulsatilla grandis*	96?	391
	Pulsatilla vulgaris →	765	272	*Pulsatilla montana* →	845	281
	Scabiosa columbaria	852	382	*Ranunculus illyricus* →	876	474
	Teucrium montanum	854	191	*Scorzonera purpurea*	876	282
	l *Trifolium ochroleucon*	774	482	*Silene otites*	877	272
				g *Stipa joannis*	878	272
				Verbascum phoeniceum	766	372
				Veronica prostrata	876	281
	kalkarme Felsgrus- u.					
Sedo-Scler.	Felsband-Ges.					
	SEDO-SCLERANTHETALIA	LTK	FRN			
L 6 – 9	*Allium montanum*	9x5	262			
T 6 – 8	*Arabidopsis thaliana*	663	444			
K 2 – 5	*Arenaria leptoclados*	983	3x2			
F 2 – 4	g *Festuca pannonica* →	976	2x1			
R 3 – 6	*Jasione montana*	763	332			
N 1 – 4	*Petrorhagia saxifraga* →	973	271			
	Sedum album	9x2	2x1			
	Teucrium botrys →	964	282			
	l *Trifolium ornithopodioides*	962	3x?			

L = Lichtzahl T = Temperaturzahl K = Kontinentalitätszahl F = Feuchtezahl R = Reaktionszahl
N = Stickstoffzahl x = indifferent – = unbekannt

Tab. 18–4b Charakterarten von Kalk- und Silikat-Magerrasen (Fortsetzung von Tabelle 18–4).

	Auf **kalkreichen** Böden						
Verbände:	subozeanische Kalk-Trockenrasen			kontinentale Kalk-Trockenrasen			Verbände:
Xerobrom.	XEROBROMION	LTK	FRN	FESTUCION VALESIACAE	LTK	FRN	Festucion v.
	Allium pulchellum →	976	281	g *Carex supina*	777	272	
L 7 – 9	*Dorycnium germanicum*	764	291	*Erysimum odoratum*	976	282	
T 6 – 8	*Fumana procumbens*	973	291	g *Festuca duvalii*	987	181	L 7 – 9
K 2 – 5	*Globularia punctata*	865	292	g *Festuca valesiaca*	877	272	T 7 – 8
F 1 – 2	*Gypsophila fastigiata* →	885	261	*Hieracium rothianum*	986	281	**K 6 – 8**
R 7 – 9	*Helianthemum apenninum*	872	281	*Nepeta pannonica*	876	27?	**F 1 – 2**
N 1 – 2	*Helianthemum canum*	874	291	*Seseli hippomarathrum*	986	291	R 7 – 9
	Helianthemum nummularium	764	371	g *Stipa capillata*	878	282	N 1 – 2
	g *Koeleria vallesiana*	985	291	g *Stipa pulcherrima*	987	181	
	Linum tenuifolium	984	292	*Thymus oenipontanus*	–	–	
	Orobanche amethystea →	785	3x1	(in Tirol endemisch)			
	Orobanche teucrii	862	291				
	Phyteuma tenerum	864	281				
	g *Stipa bavarica*	96?	171				
	Thymus froelichianus	874	281				
	Trinia glauca	985	181				

	Auf **kalkreichen** Böden						
Verbände:	**subozeanische**			**kontinentale**			**Verbände:**
Mesobrom.	**Kalk-Halbtrockenrasen**			**Kalk-Halbtrockenrasen**			Cirsio-Brach.
	MESOBROMION	LTK	FRN	CIRSIO-BRACHYPODION	LTK	FRN	
	o *Aceras anthropophorum*	772	483	*Adonis vernalis*	767	372	
L 7 – 9	o *Anacamptis pyramidalis*	872	392	I *Astragalus danicus*	877	392	L 7 – 9
T 4 – 7	g *Brachypodium rupestre*	754	473	*Danthonia alpina*	96?	3?2	T 6 – 7
K 2 – 6	*Carlina acaulis* subsp. *simplex*	9x4	4x2	*Inula spiraeifolia*	876	392	**K 5 – 8**
F 3 – 4	*Carlina vulgaris*	753	473	*Linum austriacum*	976	382	**F 2 – 4**
R 7 – 9	*Cirsium acaule*	954	382	*Linum flavum*	876	483	R 6 – 9
N 2 – 3	*Equisetum ramosissimum* →	877	481	*Linum perenne*	7x6	382	N 1 – 3
	Erigeron acris →	957	482	I *Onobrychis arenaria*	777	291	
	Euphorbia verrucosa	862	393	I *Ononis arvensis*	867	472	
Koelerio-P.	*Gentiana aspera* →	834	492	*Scabiosa ochroleuca*	876	382	
	Gentianella ciliata	7x4	382	*Senecio integrifolius*	767	48?	
L 7 – 9	*Gentianella germanica*	754	483	*Seseli annuum* →	875	392	
T 6 – 8	o *Herminium monorchis* →	757	582	g *Stipa tirsa*	878	362	
K 2 – 6	*Hieracium cymosum*	765	382	*Thesium linophyllon* →	875	281	
F 2 – 3	o *Himantoglossum hircinum*	772	392				
R 4 – 6	I *Medicago lupulina*	75x	48x				
N 1 – 2	*Nonea pulla*	766	392				
	I *Onobrychis viciifolia*	876	383	**bodensaure Halbtrockenrasen**			
	I *Ononis repens*	852	472	KOELERIO-PHLEION PHLEOIDES			
	I *Ononis spinosa*	865	473	[zur Ordnung BROMETALIA ERECTI]	LTK	FRN	
	o *Ophrys apifera*	762	492	*Armeria elongata*	763	362	
	o *Ophrys holosericea*	874	492	*Armeria arenaria*	882	362	
	o *Ophrys insectifera*	754	493	g *Festuca cinerea*	974	2x1	
	o *Ophrys sphecodes*	884	493	g *Festuca trachyphylla*	866	3x2	
	o *Orchis militaris*	765	392	g *Koeleria macrantha* →	767	372	
	o *Orchis morio*	753	473	*Lychnis viscaria*	764	342	
	o *Orchis simia*	882	382	u. a. (noch nicht geklärt,			
	o *Orchis tridentata*	974	392	besonders hinsichtlich			
	o *Orchis ustulata*	755	4x3	der küstennahen Gesell-			
	Polygala chamaebuxus →	644	383	schaften)			
	Prunella laciniata	772	392				
	Ranunculus bulbosus	863	373				
	o *Spiranthes spiralis* →	862	552				
	Auf mehr oder minder **kalkarmen** Böden						
Verbände:	**Silikatfelsgrus-Trockenrasen**			**Hochgebirgs-Fetthennen-**			**Verbände:**
Sedo-Vero.				**Silikat-Ges.**			Sedo-Scle.
	SEDO-VERONICION DILLENII	LTK	FRN	SEDO-SCLERANTHION	LTK	FRN	
	Androsace elongata →	987	261	*Cerastium arvense*	936	3x2	
L 8 – 9	*Gagea bohemica*	985	252	subsp. *strictum*			
T 6 – 9	*Scleranthus polycarpos* →			*Plantago serpentina* →	966	462	L 8 – 9
K 2 – 6	*Scleranthus verticillatus*	943	231	*Sedum annuum*	933	341	T 2 – 6
F 2	*Spergula pentandra*	974	261	*Sedum vulgare*	942	342	K 2 – 6
R 3 – 6	*Tuberaria guttata*	964	261	*Sempervivum arachnoideum*	934	221	F 2 – 3
N 1 – 2	*Veronica dillenii*	972	251	*Sempervivum montanum*	822	321	R 2 – 6
		876	252	*Silene rupestris*	932	331	N 1 – 2

sen-Gesellschaften kann man grob zwei Klassen zuordnen, den **Kalk-Magerrasen** (Kl. FESTUCO-BROMETEA) und den **Sand-Magerrasen und Felsfluren** (Kl. KOELERIO-CORYNEPHORETEA).

Die Vielfalt der mitteleuropäischen Magerrasen-Gesellschaften bringt es mit sich, dass sich die beiden Klassen zwar floristisch gut voneinander trennen lassen, aber hinsichtlich Bodenchemie und Vegetationsstruktur nicht eindeutig unterschieden sind. Wie wir sehen werden, gibt es Sandrasen oder Felsfluren auch auf basischen, kalkreichen Substraten; manche

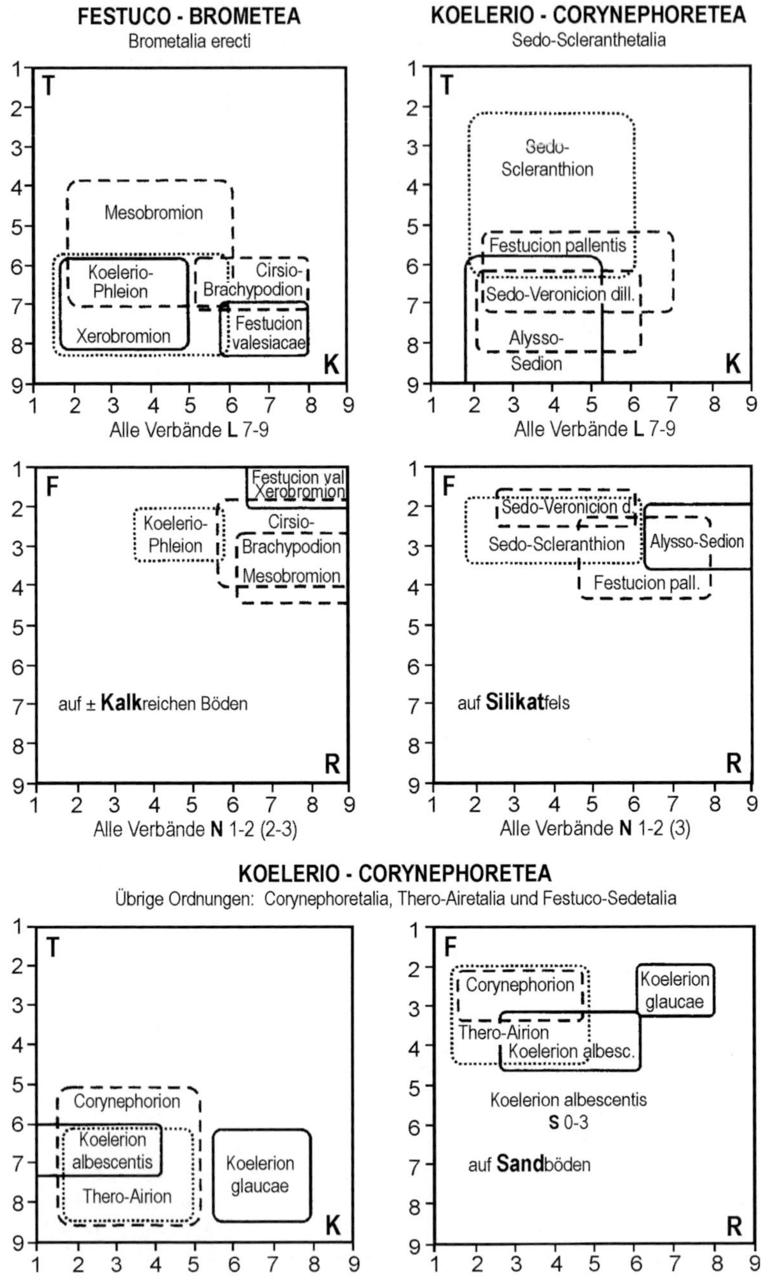

Abb. 18–13 Ökogramme der Charakterarten wichtiger mit-teleuropäischer Magerrasen-Verbände in den Klassen *Festuco-Brometea* (s. Tab. 18–4), oben im Hinblick auf Temperatur- und Kontinentalitätszahlen, unten auf Feuchte- und Reaktionszahlen. Sämtliche Charakterarten von Magerrasen sind Lichtpflanzen (L 7–9) und extreme Magerkeitszeiger (N unter 3). Siehe auch Tabelle 18–5. Es sei betont, dass in den hier dargestellten Ökogrammen die Verbände nur durch die Zeigerwerte ihrer Charakterarten repräsentiert sind (nach Ellenberg et al. 1992), nicht aber durch Mittelwerte der gesamten Bestände. Diese haben zwar ähnliche Tendenzen, aber weniger deutliche Unterschiede. Die weitesten Amplituden der T- und K-Zahlen haben auf kalkreichen Böden die *Mesobromion*-Charakterarten, auf Silikatgesteinen die des *Sedo-Scleranthion* und auf Sandböden die des *Corynephorion*. Extreme ökologische Positionen nehmen alle Verbände hinsichtlich der F- und R-Zahlen ein, vor allem das Festucion valesiacae und das *Xerobromion*. Weitere Erläuterungen im Text.

sind zudem eher rasenartig geschlossen. Auf der anderen Seite kommen einige FESTUCO-BROMETEA-Rasen auch auf sauren Böden vor oder sind ausgesprochen lückig. Dennoch gedeihen die weitaus meisten Rasen dieser Klasse auf mehr oder minder kalkreichen Böden, seien diese aus Karbonatgestein, wenig verwittertem Löss, Geschiebemergel oder anderen Substraten entstanden. Die Reaktionszahlen ihrer Charakterarten sind dementsprechend hoch bis sehr hoch (R 6–9) und nur in einem, von der Ökologie her randlich stehenden Verband (KOELERIO-PHLEION PHLEOIDIS, s. Abb. 18–13 links) deutlich niedriger (R 3,5–5,5). Die gesamte Klasse ist mehr oder minder wärmeliebend (Temperaturzahl T 6–8).

In mancher Hinsicht das Gegenstück zur Klasse der Kalk-Magerrasen ist die der Sandrasen und Felsfluren (KOELERIO-CORYNEPHORETEA; früherer Name: SEDO-SCLERANTHETEA). Floristisch wie auch standörtlich gut begründbar ist die Unterscheidung von zwei Gesellschaftsgruppen in dieser Klasse: Die Felsgrus- und Felsband-Gesellschaften (O. SEDO-SCLERANTHETALIA) besiedeln flachgründige Rohböden auf **Festgestein**, sei es Silikat- oder Kalkgestein. Auf sandigen, meist tiefgründigen **Lockersubstraten** gibt es zahlreiche Rasen-Gesellschaften aus vier Ordnungen (s. Gesellschaftsübersicht in Kap. 26: Nr. 5.2). Die Mehrzahl der Gesellschaften der Klasse KOELERIO-CORYNEPHORETEA bevorzugt kalkarme bis sehr saure Böden (R 6 oder 5 bis R 2); zur Klasse gehören jedoch auch Kalk-Felsgrus-Gesellschaften und basische Sandrasen (Verbände ALYSSO-SEDION: R 6–9, KOELERION ALBESCENTIS: R 3–7, KOELERION GLAUCAE: R 7–8 und SESLERIO-FESTUCION PALLENTIS: R 5–8; s. Tab. 18–4). Mit Ausnahme der Blauschillergrasrasen (K 6–8) liegt das Schwergewicht der Magerrasen der KOELERIO-CORYNEPHORETEA im subozeanischen Bereich (K 1 oder 2 bis K 5 oder 6).

Ähnlich sind sich beide Magerrasen-Klassen auch darin, dass ihre Charakterarten bis hinab zu denen der Verbände mehr oder minder starke Trockenheit ertragen (F 2–3 oder 4) und auf mäßig bis sehr warme Standorte beschränkt sind (meist T 5–8 oder 9). Lediglich die des Verbandes SEDO-SCLERANTHION (alpine Fetthennen- und Hauswurz-Gesellschaften, s. Tab. 18–4, 2–6), steigen höher empor, und zwar in Gemeinschaft mit herrschenden Blattsukkulenten.

Im Folgenden wollen wir auf wichtige Magerrasen-Gesellschaften aus beiden Klassen näher eingehen. Aufgrund der großen Mannigfaltigkeit an beschriebenen Magerrasen-Assoziationen kann nur ein orientierender Überblick gegeben werden. Uns interessieren zudem mehr großräumige Zusammenhänge als regionale Besonderheiten. Weil viele Pflanzensoziologen die Vegetation aus einem räumlich begrenzten Blickwinkel betrachteten, entstand eine verwirrende Vielfalt von konkurrierenden synsystematischen Gliederungen der mitteleuropäischen Magerrasen (vgl. Dierschke 1986, 1997, Chytry 2007). Wir halten uns im Wesentlichen an Rennwald (2000) sowie Korneck (1993), Pott (1995) und – für den Alpenraum – Mucina & Kolbek (1993), die noch am ehesten eine überregionale Perspektive vermitteln, wenngleich diese Autoren untereinander nicht widerspruchsfrei sind.

18.3.2 Kalk-Magerrasen (Kl. FESTUCO-BROMETEA)

Die Klasse der Kalk-Magerrasen (FESTUCO-BROMETEA, Kap. 26: Nr. 5.3) umfasst Rasen, deren Hauptwurzelraum pH-Werte von 6,0–7,5, und nur selten darunter, aufweist. Diese Klasse ist durch ungewöhnlich viele Charakterarten von der Klasse der lückigen, mehr oder minder bodensauren Sand- und Felsrasen (KOELERIO-CORYNEPHORETEA) unterschieden und nur durch wenige „intermediäre Bestände" mit dieser verbunden (s. Tab. 18–4). Wie schon in der einleitenden Übersicht angedeutet, liegt das vor allem daran, dass die in chemischer Hinsicht zwischen beiden Klassen vermittelnden, d. h. schwach karbonathaltigen und mäßig sauren Böden meist tiefgründiger sind als die Kalk- oder Dolomit-Rendzinen einerseits und die aus Silikatgesteinen hervorgegangenen Ranker andererseits. Zudem tragen tiefgründige Böden in der Regel keine Magerrasen, sondern Äcker, gedüngtes Grasland oder Wälder. Weiterhin ist die bodenchemische Verschiedenheit von Kalk- und Silikatböden durch die jahrhundertelange Nutzung und damit verbundene Bodenerosion vergrößert worden.

18.3.2.1 Submediterrane Kalk-Magerrasen

Innerhalb der Kalk-Magerrasen lässt sich eine Differenzierung in erster Linie durch den Anteil mehr oder minder kontinentaler bzw.

ozeanischer oder submediterraner Elemente vornehmen. In den Tieflagen sind sowohl die klimatischen als auch die floristischen Gegensätze besonders ausgeprägt. Wir beschränken uns daher in Tabelle 18–5 auf colline Standorte, wählen aber Beispiele aus den verschiedensten Teilen Mitteleuropas, sodass erkennbar wird, wie sehr die Extreme durch Zwischenstufen miteinander verbunden sind. Auch in dieser Hinsicht erinnert die Reihe der Trockenrasen an das Gefälle der wärmeliebenden Laubmischwälder in Mitteleuropa (s. Tab. 6–3); es ist jedoch wesentlich stärker ausgeprägt. Absichtlich wurden nur ältere Aufnahmen in den Vergleich einbezogen, deren Artengefüge sicher nicht durch Eutrophierung beeinflusst war.

Die subozeanisch-submediterran getönten Kalk-Magerrasen werden in der Ordnung BROMETALIA ERECTI zusammengefasst (s. Tab. 18–4). Ihre Kennarten zeichnen sich durch niedrige Kontinentalitäts-Zahlen aus (K 2–5, allenfalls 6). Am besten ausgeprägt sind diese Gesellschaften in sommerwarmen, wintermilden Kalkgebirgen des Submediterran-Raumes. In Mitteleuropa finden wir die zugehörigen Gesellschaften in artenreicher Ausbildung in der Westschweiz, in Südwestdeutschland und im Elsass. Bereits in den Niederlanden, in der Kalkeifel und im niedersächsischen Bergland existieren nur noch artenärmere Rasen, die in Dänemark und Südwestschweden dann gänzlich ihren Charakter verlieren (Dierssen 1996, Bruun & Ejrnaes 2000).

18.3.2.2 Kontinentale Kalk-Magerrasen

Im mittleren und östlichen Mitteleuropa findet ein allmählicher Übergang zu den kontinentalen Kalk-Magerrasen der Ordnung FESTUCETALIA VALESIACAE (Walliserschwingel-Steppenrasen) statt, die ihrerseits zu den winterkalten Steppen in der Ukraine und Ungarischen Tiefebene vermitteln. Die Kennarten dieser Ordnung besitzen eher kontinentale Verbreitung (K 6 oder 5 bis K 8, s. Tab. 18–4). Die westlichsten Vorposten dieser Rasen finden sich bereits in den trockenen Tälern der Walliser Alpen (s. Tab. 18–5, im Kaiserstuhl und im Nahegebiet westlich Mainz, in den beiden letzten Regionen durchsetzt von BROMETALIA-Arten. Eine breite Übergangszone zwischen den BROMETALIA ERECTI und FESTUCETALIA VALESIACAE erstreckt sich vom mitteldeutschen Trockengebiet in Thüringen über Mainfranken und den Fränkischen Jura bis etwa nach Tirol. Die Trockenrasen der Würzburger Gegend (s. Tab. 18–6, Nr. 5) liegen in diesem subkontinental-subozeanischen Übergangsbereich. Sowohl aufgrund ihres Artengefüges als auch der sie betreffenden Klimadaten kann man zweifeln, ob diese Rasen nicht besser zu der kontinentalen Ordnung der FESTUCETALIA VALESIACAE zu stellen wären. Diese und die vorige Liste veranschaulichen also recht gut, wie die Extreme durch gleitende Übergänge miteinander verbunden sind. Gut ausgeprägte kontinentale Kalk-Magerrasen finden sich dagegen im mitteldeutschen Saale-Unstrut-Gebiet, an den Oderhängen, im böhmischen Trockengebiet, im österreichischen Pannonikum und am Alpen-Ostrand, im mährisch-westslowakischen Randgebiet der Ungarischen Tiefebene und in den Trockengebieten Südpolens, wo weniger als 550 mm, lokal auch unter 500 mm Jahresniederschlag fallen (Braun-Blanquet 1936, Klika 1939, Niklfeld 1964, Mahn 1965, Kolbek 1975, Toman 1992, Chytry 2007). Letztendlich entscheidet in den Übergangsgebieten der FESTUCETALIA und BROMETALIA oftmals das Substrat, ob man von einem östlichen oder westlichen Rasen sprechen kann. Die Vegetation auf Kalkböden ist stärker durch BROMETALIA-Arten geprägt, jene auf Lössböden und basenreichen Silikatböden stärker durch FESTUCETALIA-Arten.

Die Walliser „Felsentreppe“ (Nr. 1 in Tab. 18–5) und der Göttinger Halbtrockenrasen (Nr. 9) haben nur noch wenige Klassen-Charakterarten und Begleiter miteinander gemein. Zu den submediterran getönten Trespen-Trockenrasen des Südwestjuras (Nr. 7) sind die floristischen Beziehungen des Walliser Beispiels zwar größer, aber doch auch überraschend gering, wenn man bedenkt, wie nahe die Gebiete Nr. 1 und 7 zueinander liegen. Viel stärker verwandt mit dem inneralpinen Trockenrasen (Nr. 1) sind die räumlich sehr weit entfernten Steppenrasen im Böhmischen Mittelgebirge bei Litomerice (Leitmeritz, Nr. 2) sowie die Felsensteppen am Rande des Rheintals bei Mainz (Nr. 3). Nur in diesen drei Gesellschaften spielen Federgräser (*Stipa capillata* und *S. pennata* mit subsp. *joannis*) eine nennenswerte Rolle. Auch andere Arten der Ordnung FESTUCETALIA VALESIACAE (F in Tab. 18–5, s. a. Abb. 18–14) treten nur hier hervor, während die Arten der BROMETALIA (B) im rechten Teil der Tabelle an Bedeutung gewinnen.

Diese floristischen Ähnlichkeiten und Unterschiede werden teilweise verständlich, wenn

Tab. 18–5 Mehr oder minder trockene Magerrasen auf basenhaltigen Gesteinen in verschiedenen Gebieten Mitteleuropas. Nach Tabellen von Braun-Blanquet, Preis, Oberdorfer, Quantin, Bornkamm u. a.[1].

	Ordnung:	Festucetalia valesiacae				Brometalia erecti				
	Verband:	St P.	Festucion valesiacae			Xerobromion			Mesobrom.	
	Assoziation Nr.:	1	2	3	4	5	6	7	8	9
C	*Carex liparocarpos*	5								
F	*Potentilla pusilla*	5								
P	*Poa alpina carniolica*	4								
P	*Koeleria vallesiana*	4								
F	*Pulsatilla montana*	4								
S	*Petrorhagia saxifraga*	4								
P	*Asperula cynanchica*	3								
	Scabiosa gramuntia	3								
K	*Scorzonera austriaca*	3								
F	*Festuca valesiaca*	5	5							
	Elymus hispidus	1	3							
C	*Veronica praecox*	1	3							
C	*Astragalus excapus*	•	3							
F	*Achillea setacea*	1	2							
F	*Centaurea stoebe*		5							
S	*Myosotis stricta*		5							
C	*Thymus glabrescens*		4							
F	*Achillea collina*		4							
F	*Pulsat. pratensis nigra*		3							
F	*Stipa pennata u. joannis*	3	2	3						
	Tortula ruralis	2	3	4						
S	*Poa bulbosa*	1	3	1						
F	*Oxytropis pilosa*	1	2	1						
S	*Sedum rupestre*	2	1	1						
	Melica transsilvanica		3	1						
F	*Carex supina*	•	3	2						
K	*Veronica spicata*	2	1	1	1					
S	*Erysimum crepidifolium*		4	5	2					
B	*Festuca cinerea*		2	1	2					
	Sesleria albicans				5					
	Buphthalmum salicifol.				3					
F	*Erysimum odoratum*				2					
K	*Thymus praecox*		1	5	1	5				
K	*Festuca rupicola*		1	3		5				
F	*Thesium linophyllon*	•		2		3				
F	*Stipa capillata*	5	4	5		2	3			
K	*Allium sphaerocephalon*	4	2	3			3			
F	*Potentilla arenaria*		5	5	3	3	3			
	Galium glaucum		4	5	3	1	1			
S	*Alyssum montanum*		1	5	1	1	2			
F	*Seseli hippomaratrum*		3	1			1			
F	*Stipa pulcherrima*		1		2	2	2			
S	*Artemisia campestris*	5	4	5	3	3	4	1		
K	*Stachys recta*	2	3	4	3	2	2	3		
B	*Koeleria macrantha*	1	5	3	2	2		3		
	Medicago minima	2	2		1		2	3		
K	*Botriochloa ischaemum*	2	2			1	3	1		
F	*Silene otites*	4	3		1			2		
C	*Globularia punctata*	2			3		5	4		
K	*Lactuca perennis*	1		1	2	1		2		
S	*Melica ciliata*	1						3		
	Teucrium chamaedrys	3	3	5	4	4	5	1	1	
K	*Aster linosyris*	3	4	5	2	5	5		1	
K	*Carex humilis*	3	4	1	5	5	5	5	4	
K	*Phleum phleoides*	3	3	4	4		3	4	3	
K	*Asperula cynanchica*	1	2	5	5	4	4		4	
K	*Odontites lutea*	4	1		1			1	1	
	Peucedanum oreoselinum	4			2				3	
F	*Euphorbia seguierana*	4						1	1	
K	*Euphorbia cyparissias*	1	5	5	5	4	5	4	5	1
S	*Arenaria leptoclados*	2	4	5	2		3	2		1
S	*Acinos arvensis*	1	2	1	2			4		1
S	*Erophila verna*	1	5	1	1			3		1
	Hieracium pilosella	1	1	3	3	3	5		4	4
K	*Centaurea scabiosa*	3	1		2	4	1	2	5	2
B	*Hippocrepis comosa*	2			5	3	3	1	5	1
B	*Helianthemum ovatum*	5		3	•	•	•	4	5	1

Ordnung:		Festucetalia valesiacae				Brometalia erecti				
Verband:		St P.	Festucion valesiacae			Xerobromion			Mesobrom.	
Assoziation Nr.:		1	2	3	4	5	6	7	8	9
B	*Bromus erectus*	4		•	•	•	5	5	5	3
K	*Brachypodium pinnatum*	1	1	•	2	3	•	3	5	5
K	*Sanguisorba minor*	1	1	•	2	3	1	•	3	5
B	*Anthyllis vulneraria*	1			2	4	1	3	5	3
B	*Linum tenuifolium*	1	1			5	3	4		1
S	*Alyssum alyssoides*	2	2				1	3		1
K	*Eryngium campestre*		5			3	2	3	1	
B	*Dianthus carthusianorum*		5	5	5	2	1	3	4	
K	*Pimpinella saxifraga*		1	•	2	4		2	4	5
S	*Sedum album*		2	4	2				3	
S	*Sedum acre*		2	5	2		1			1
	Medicago falcata		2		1	2	1		1	3
	Scabiosa canescens		2	1		1	1		1	
K	*Salvia pratensis*		1	•	3	4	5	3	4	1
B	*Avenochloa pratensis*		1		1	5		3	1	4
C	*Cerastium pumilum*		1	1			1	4		
K	*Galium verum*		1		3	1			3	1
	Thymus pulegioides			5	4	1	2	4		4
B	*Festuca trachyphylla*			5	3	3	4	5	5	2
B	*Pulsatilla vulgaris*			1	5	5	1	4		
K	*Potentilla verna*			1	5	3	1	4	1	
B	*Teucrium montanum*				3	3	4	1	1	
B	*Helianthemum nummul.*				5	2	5		5	
B	*Fumana procumbens*				1		5	1		
	Anthericum ramosum				5	1			3	
B	*Scabiosa columbaria*				4	1	1	3	5	4
B	*Arabis hirsuta*				2		1		2	1
K	*Prunella grandiflora*					5		3	2	1
B	*Koeleria pyramidata*					3	1		3	
M	*Ranunculus bulbosus*					1		2	5	3
M	*Cirsium acaule*					3		1		4
M	*Carlina vulgaris*					2		1	1	2
M	*Ononis spinosa*					2			2	2
B	*Carex caryophyllea*					•	•		5	4
M	*Medicago lupulina*					•		3	5	4
C	*Trinia glauca*					5				
C	*Onobrychis arenaria*					4				
D	*Cladonia furcata* F					4				2

Ordnung:		Festucetalia valesiacae				Brometalia erecti				
Verband:		St P.	Festucion valesiacae			Xerobromion			Mesobrom.	
Assoziation Nr.:		1	2	3	4	5	6	7	8	9
D	*C. convoluta* F					4				
C	*Ononis natrix*		1					4		
S	*Petrorhagia prolifera*	2						4		
C	*Coronilla minima*							3		
C	*Micropus erectus*							3		
S	*Cerastium brachypetalum*							3		
	Linum catharticum							4	5	4
	Trifolium pratense							4	1	3
D	*Briza media*							3	5	4
D	*Plantago media*							2	5	4
M	*Onobrychis viciifolia*							1	5	1
M	*Anacamptis pyramidalis*								3	
D	*Potentilla heptaphylla*								5	
D	*Silene nutans*								5	
D	*Anthoxanthum odoratum*								5	
D	*Polygala amara*								4	
D	*Leucanthemum vulgare*								4	1
D	*Lotus corniculatus*								5	5
D	*Plantago lanceolata*								5	4
D	*Campanula rotundifolia*								5	3
D	*Daucus carota*								5	3
D	*Leontodon hispidus*								4	3
D	*Dactylis glomerata*								5	2
D	*Centaurea jacea*								4	2
D	*Carex flacca*								2	3
D	*Knautia arvensis*								2	3
K	*Poa angustifolia*									4
D	*Achillea millefolium*									3
D	*Agrimonia eupatoria*									3
M	*Gentianella ciliata*									2
Einige Moose:										
K	*Rhytidium rugosum*		•	4	5	3	2		5	
K	*Thuidium abietinum*				4	2	1		5	1
K	*Homalothecium lutescens*					2			3	1
K	*Pleurochaete squarrosa*				2		4			

Erläuterungen zu Tab. 18–5

[1] Einige weniger stete Arten wurden weggelassen, darunter auch die in Nr. 8 und 9 gelegentlich auftretenden Orchideen *Aceras anthropophorum, Himantoglossum hircinum, Ophrys apifera, holosericea und sphecodes, Orchis militaris, morio, simia* und *ustulata*. Die Ziffern hinter den Pflanzennamen bedeuten Stetigkeitsklassen. Bewusst wurden die bis 1960 erschienenen Tabellen beibehalten, weil die Magerrasen damals noch großenteils genutzt wurden und nicht durch Brachliegen oder Entrophierung degeneriert waren.

C = Charakterart der Gesellschaft, in der sie hohe Stetigkeit erlangt;
D = Differenzialart einer Gesellschaft oder eines Verbandes mit wenig Charakterarten;
P = Charakterart des Verbandes STIPO-POION XEROPHILAE;
F = Charakterart von FESTUCETALIA oder FESTUCION VALESIACAE;
B = Charakterart der BROMETALIA;
M =Charakterart der Halbtrockenrasen (MESOBROMION) bzw. Differenzialart gegen den Volltrockenrasen (XEROBROMION);
K = Klassencharakterart der FESTUCO-BROMETEA;
S = Charakterart der Klasse (oder dieser nachgeordneter Einheiten) der lockeren Sand- und Felsrasen (KOELERIO-CORYNEPHORETEA), die z. T. in K übergreifen.

Nr. 1: Inneralpiner **Federgras-Schillergras-Felstrockenrasen** (Stipo-Koelerietum vallesianum) im Unteren **Wallis**. Nach Braun-Blanquet (1961). St.-P. = STIPO-POION CARNIOLICAE.

Nr. 2 bis 4: Beispiele von ± kontinentalen **Walliserschwingel-Trockenrasen** (FESTUCION VALESIACAE):
2: Walliserschwingel-Bleichschöterich-Felstrockenrasen (Festuco valesiacae-Erysimetum crepidifolii) im **Böhmischen** Mittelgebirge. Nach Preis (1939).
3: Schöterich-Federgras-Felstrockenrasen (Erysimo-Stipetum) im **Nahetal** und in Rheinhessen. Nach Oberdorfer (1957).
4: Schafschwingel-Blaugrashalde (Seslerio-Festucetum rupicolae) im **Fränkischen Jura**. Nach Gauckler (1938) aus Oberdorfer (1957). Neigt zu den BROMETALIA!

Nr. 5 bis 7: Beispiele von ± subozeanischen **Trespen-Trockenrasen** (XEROBROMION):
5: Faserschirm-Erdseggen-Kalktrockenrasen (Trinio-Caricetum humilis) bei **Würzburg**. Nach Volk (1937) aus Oberdorfer (1957). Neigt zu den FESTUCETALIA!
6: Trespen-Kalktrockenrasen („Xerobrometum rhenanum“) im **Kaiserstuhl**. Nach von Rochow (1951) aus Oberdorfer (1957).
7: Hauhechel-Trespen-Kalktrockenrasen („Xerobrometum lugdunense“) im **Westjura**. Nach Quantin (1935).

Nr. 8 u. 9: Beispiele von subozeanischen Kalk-**Halbtrockenrasen** (MESOBROMION):
8: Hundswurz-Trespen-Halbtrockenrasen („Mesobrometum collinum“) im **Kraichgau**. Nach Oberdorfer (1957).
9: Enzian-Schillergras-Halbtrockenrasen (Gentianello-Koelerietum) in der Umgebung von **Göttingen**. Nach Bornkamm (1960).

man das Allgemeinklima der betreffenden Gegenden mit einigen Zahlenwerten charakterisiert (s. Tab. 18–6). In den Gebieten Nr. 1, 2 und 3 ist das Klima ziemlich „kontinental“. Es fallen in der Vegetationsperiode recht geringe Niederschläge. Die submediterrane Sommerdepression der Regenmengen macht sich in Sion gerade noch so weit bemerkbar, dass sie die mittlere Summe für April bis September auf den Wert von Leitmeritz herabsinken lässt, obwohl die Jahressumme in Sion viel größer ist. Die Temperaturen sind in allen drei Gebieten recht hoch, besonders die Julimittel. Auch im Bereich der Trespen-Trockenrasen (Nr. 5 bis 7) halten sie sich in gleicher Größenordnung.

Die submediterran-subozeanischen Trockenrasen genießen also nicht etwa mehr Wärme als die kontinentalen, jedenfalls nicht im Sommer. Sie empfangen nur relativ mehr Niederschläge und leben unter günstigeren Luftfeuchte-Bedingungen. Um diese in einer Zahl auszudrücken, können wir den in Tabelle 6–7 erläuterten Quotienten verwenden. Er ist für alle Gebiete mit vorwiegenden BROMETALIA-Gesellschaften (Nr. 6 bis 9) kleiner als 30, für Gebiete mit FESTUCETALIA VALESIACAE-Gesellschaften dagegen größer (s. Tab. 18–6).

Soweit Messhüttenwerte von normalen Klimastationen überhaupt geeignet sind, das Klima an sonnigen Rasenstandorten zu charakterisieren, stehen die Klimadaten der Tabelle 18–6 mit den floristischen Unterschieden der in Tabelle 18–5 zusammengestellten Gesellschaften im Einklang. Zu entsprechenden Ergebnissen kam Lacoste (1964) für die französischen Westalpen. Dort verteilten sich BROMETALIA- und FESTUCETALIA-Gesellschaften großklimatisch etwa in der gleichen Weise wie in Mitteleuropa.

Tab. 18–6 Klimadaten und Faktorenzahlen für die Trockenrasen-Beispiele in Tab. 18–5. Nach Angaben von Maurer et al. (1910), Reichsamt f. Wetterdienst (1939) und Quantin (1935), Faktorenzahlen berechnet nach Ellenberg et al. (1992)[2].

Vegetations-Verband Gesellschafts-Nr. (s. Tab. 18–5)		**Niederschläge** (mm)			**Temperaturen** Mittel (°C)		**Quotient**[1] Julitemp.: Jahresnied.		**mittlere Faktorenzahlen**[2]
Gebiet, Stationen	m. ü. NN	Jahr	IV-IX	**Ordnung**	Jahr	Juli			mT mK mF
STIPO-POION CARNIOLICAE									
1. Wallis: Sitten	540	638	318		9,6	20,6	32,3		**6,5** 4,9 **2,2**
Siders	532	536	268		9,3	20,8	38,8		
FESTUCION VALESIACAE				<350				>30	
2. Böhmen: Litomerice[3]	177	502	318	FESTU-	8,6	18,6	37		**6,5 5,3** 2,6
3. Rheinhessen: Mainz	94	512	290	CETA-	10,0	19,2	37,5		6,2 4,7 2,5
Oberlahnstein	77	590	332	LIA	10,3	19,0	32,2		
4. Fränk. Jura: Nürnberg	320	585	356	neigt	8,7	18,3	31,3		5,8 4,6 2,8
Amberg (Opf.)	525	677	399	zu B	6,9	16,5	24,5		
XEROBROMION				neigt					
5. Mainfranken: Würzburg	179	560	318	zu F	9,0	18,3	32,7		6,1 4,7 2,6
6. Kaiserstuhl: Oberrotweil	222	672	422		9,7	18,7	28		6,3 4,3 2,7
					>9				
7. Westjura: Genf	405	859	480		9,5	19,5	22,5		6,4 4,0 2,6
St. Denis-Laval	398	747	443		10,0	18,5	25		
MESOBROMION				>350				<30	
8. Kraichgau: Bretten	214	734	417	BRO-	8,8	18,1	24,5		**5,5** 3,9 3,4
Pforzheim	258	728	431	ME-	8,6	17,5	24		
9. Umgebung Gö.: Göttingen	155	607	378	TALIA	8,5 <9	17,2	28,5		**5,5 3,8 3,6**
Herzberg am Harz	242	802	436		7,6	17,3	21,6		

[1] Quotient aus dem tausendfachen Monatsmittel der Juli-Lufttemperatur und der mittleren Jahressumme der Niederschläge (s. Tab. 6–7) als Maß für die hygrische Kontinentalität des Klimas.
[2] Berechnet aus den Zeigerwerten der in Tab. 18–5 aufgeführten Arten; Extremwerte fett.
[3] Nach Preis.
Die Vegetationsperiode (IV–IX) ist in den Gebieten 1 bis 3 niederschlagsärmer als in den Gebieten 6 bis 9, und das Klima in 1 bis 3 ist stärker kontinental getönt als in 6 bis 9. Die Gebiete 4 u. 5 vermitteln zwischen beiden Gruppen.

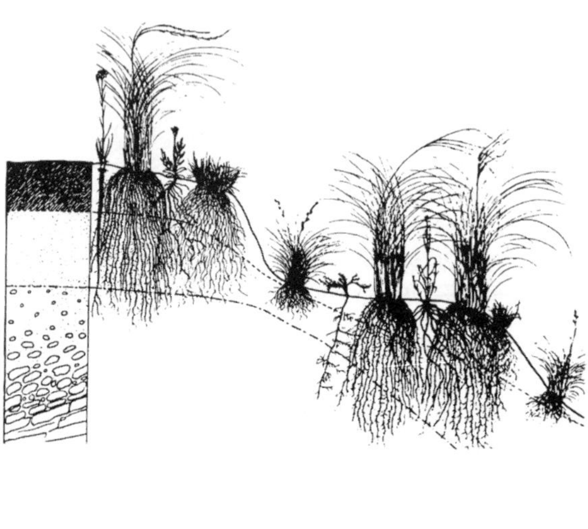

Abb. 18–14 Querschnitt durch eine „Federgras-Wiesensteppe" auf tiefgründigem Gipsboden am Kyffhäuser. Nach Meusel (1939).
Von links nach rechts: *Scorzonera purpurea, Stipa pennata, Scabiosa canescens, Carex humilis, Festuca ovina cinerea, Fumana procumbens, Stipa p., Aster linosyris, Stipa capillata, C. h., Fest. o. e.; Festuca* und *Fumuna* treten an offenen Stellen hervor, die durch früheren Viehtritt entstanden sind. Die Treppenstufen entsprechen ehemaligen Viehsteigen (vgl. Abb. 3–12).

18.3.2.3 Halb- und Volltrockenrasen

Innerhalb der subozeanischen und der kontinentalen Kalk-Magerrasen lassen sich jeweils standörtlich recht gut differenzierte **Verbände** unterscheiden. Die Rasen des subozeanischen Kalk-Trockenrasen-Verbandes XEROBROMION und des eher kontinentalen Verbandes FESTUCION VALESIACAE sind stärker von Trockenheit beeinflusst (Feuchtezahl F 1–2) und weniger produktiv als jene der Halbtrockenrasen-Verbände MESOBROMION (subozeanisch-submediterran) und CIRSIO-BRACHYPODION (kontinental; F 3–4 bzw. 2–3 oder 4). Erstere können treffend auch als Volltrockenrasen bezeichnet werden, heben sie sich doch im Sommer als lückige, graubraune Flecken aus der umgebenden, besser wasserversorgten Vegetation ab (Wilmanns 1998). Beide Halbtrockenrasen-Verbände siedeln dagegen an grundsätzlich **waldfähigen Standorten**; erst Beweidung oder Mahd ermöglichten die Existenz dieser Magerrasen. Das gilt in eingeschränktem Maße sicher auch für die Mehrzahl der mitteleuropäischen Kalk-Volltrockenrasen, von denen viele, wenn auch langsam, von Gebüsch und Wald überwachsen werden. Nur auf flachgründigen Graten und steilen Südhängen dürften Kernflächen auch ohne menschlichen Eingriff immer waldfrei gewesen sein, die heutige Vegetation also der potenziellen natürlichen entsprechen.

18.3.2.4 MESO- und XEROBROMION

Vergleicht man in der Tabelle 18–6 die Beispiele für XEROBROMION (Nr. 5 bis 7) und MESOBROMION (Nr. 8 und 9), so fällt auf, dass sämtliche Temperaturdaten bei den Halbtrockenrasen geringer sind als bei den eigentlichen Trockenrasen. Das kommt auch in den Ökogrammen der Abbildung 18–13 links zum Ausdruck. In den Niederschlagsmengen scheinen dagegen keine wesentlichen Unterschiede zu bestehen. Ihrem geringeren Wärmegenuss entsprechend sind die Halbtrockenrasen ärmer an trockenheitsertragenden und wärmeliebenden Arten mediterraner Herkunft. Ihr Reichtum an mesophilen Wiesenpflanzen wie *Dactylis glomerata*, *Lotus corniculatus*, *Plantago lanceolata* und *P. media*, *Daucus carota* usw. dürfte aber außerdem eine Folge ihres ausgeglicheneren Wasserhaushaltes sein. Denn bei den geringeren Temperaturen erreicht das atmosphärische Sättigungsdefizit niemals so große Werte wie an den strahlungsreichen Hängen der Xerobrometum-Standorte im Kaiserstuhl oder im Schweizer und Französischen Jura (s. Tab. 18–6 u. 18–1).

Auf warmen, aber nicht zu trockenen Kalkböden im südwestlichen und westlichen Mitteleuropa gedeihen in den Halbtrockenrasen des MESOBROMION (Nr. 8) zahlreiche Orchideenarten, z. B. *Orchis morio*, *O. militaris*, *O. ustulata* und *O. simia*, *Ophrys holosericea*, *O. apifera* und *O. sphecodes*, *Herminium monorchis* und *Anacamptis pyramidalis*. Deren Stetigkeit ist freilich so gering, dass sie in Tabelle 18–5 kaum oder gar nicht in Erscheinung treten. Den MESOBROMION-Rasen Nordwestdeutschlands (Nr. 9) fehlen sie bis auf wenige Ausnahmen ganz (Tüxen 1937), vermutlich, weil es vielen von ihnen hier bereits zu kalt ist. Auch andere, im Zentrum des MESOBROMION-Areals kennzeichnende Arten wie *Bromus erectus*, *Brachypodium pinnatum*, *Hippocrepis comosa*, *Scabiosa columbaria*, *Cirsium acaule* und *Plantago media* werden in Richtung auf die norddeutsche Tiefebene immer seltener.

Großräumiger verbreitete Kalk-Halb- und Volltrockenrasen-Gesellschaften des Verbandes MESOBROMION sind der Esparsetten-Halbtrockenrasen (Onobrychido-Brometum oder Mesobrometum), der als einschürige Wiese zu den artenreichsten Vegetationstypen Mitteleuropas zählt, und der durch Beweidung entstandene Enzian-Halbtrockenrasen (Gentiano-Koelerietum). Für südwestdeutsche gemähte Halbtrockenrasen ist die Esparsette (*Onobrychis viciifolia*) kennzeichnend, die erst im 16. Jahrhundert als Futterpflanze eingeführt wurde und sich vollständig eingebürgert hat. **Die beweideten Halbtrockenrasen** unterscheiden sich von den gemähten in der Regel durch die großen Anteile von Fiederzwenke (*Brachypodium pinnatum*) und Schafschwingel (vor allem die Kleinart *Festuca guestphalica*) auf Kosten der nicht weidefesten Aufrechten Trespe (*Bromus erectus*) sowie das häufige Auftreten schnittempfindlicher und vom Vieh gemiedener Arten wie *Cirsium acaule*, *Carlina vulgaris* und *C. acaulis*, *Gentianella ciliata*, *G. germanica* u. a. Wegen der großen geografischen und ökologischen Vielfalt an Ausbildungen gibt es eine Reihe von Gebietsassoziationen, deren Namen in den folgenden Kapiteln teilweise genannt werden.

Submediterrane Zwergsträucher sind in den XEROBROMION-Rasen, so im rheinischschwäbischen Trespen-Trockenrasen (Xerobrometum) und im mainfränkisch-thüringischen Erdseggen-Trockenrasen (Trinio-Caricetum humilis), besonders zahlreich, darunter die Cistrosen-Gewächse *Fumana procumbens* und *Helianthemum nummularium* agg., *H. canum* und *H. appeninum* und die Lippenblütler *Teucrium montanum* und *T. chamaedrys* (Volk 1937, von Rochow 1951, Becker 1998). An offenen Bodenstellen der infolge extremer Trockenheit lückigen Bestände siedelt stellenweise die auffällige und ziemlich trittfeste Bunte Erdflechten-Gesellschaft (Toninio-Psoretum decipientis) mit der schwefelgelben *Fulgensia fulgens*, der rotschuppigen *Psora decipiens*, der grau-weißgelben *Cladonia endiviaefolia*, dem rehbraunen *Catopyrenium rufescens*) und der blaugrauen *Toninia caeruleo-nigricans*, allesamt horizontal ausgebreitete Schuppenkrusten mit mediterranen Verbreitungszentren (Günzl 2001). In Mitteleuropa kann diese Kryptogamen-Gesellschaft, die in einer eigenen Klasse steht (PSORETEA DECIPIENTIS), wie die XEROBROMION-Rasen als **Reliktgesellschaft der postglazialen Wärmezeit** aufgefaßsst werden, die sich bis hin zu den beweideten Alvaren auf der Ostseeinsel Öland in den warm getönten, lichtoffenen Trockenrasenlücken hält.

Gestörte, trockene Hänge, z. B. an Lössböschungen oder Bahndämmen, werden mancherorts von **halbruderalen Magerrasen** besiedelt, in denen die Quecke eine dominierende Rolle spielt. Müller & Görs (1969) stellten diese Rasen in eine eigene Klasse (AGROPYRETEA INTERMEDII-REPENTIS), deren Gesellschaften je nachdem, welche Kontaktgesellschaften vorkommen, stärker durch ozeanische oder kontinentale Klimabedingungen geprägt sind.

18.3.2.5 CIRSIO-BRACHYPODION und FESTUCION VALESIACAE

Manche krautreichen Fiederzwenken-Rasen in Brandenburg, Böhmen, Polen, Niederösterreich und anderen Regionen des östlichen Mitteleuropa werden dem **kontinentalen Halbtrockenrasen-Verband** CIRSIO-BRACHYPODION zugeordnet, der zu den mesophilen Wiesensteppen Osteuropas im Waldsteppen-Ökoton vermittelt. Beispiele sind das farbenprächtige, vom Frühlings-Adonisröschen gekennzeichnete Adonido-Brachypodietum in Brandenburg, Sachsen-Anhalt und Thüringen (s. Abb. 18–15 u. 18–16), das mit verwandten Gesellschaften nach Polen, Böhmen und bis an den Oberrhein und in das nördliche Harzvorland ausstrahlt (Krausch 1961, Mahn 1965, Korneck 1974, Janssen 1992, Evers 1997, Jandt 1999, Becker 1998), und das Brachypodio-Scorzoneretum im östlichen Mitteleuropa (Toman 1992).

Für die **kontinentalen Pfriemengras-Steppenrasen** des FESTUCION VALESIACAE sind vor allem die *Stipa*-Arten (Pfriemengras und Federgräser) mit ihren hohen Horsten und auffälligen Fruchtständen kennzeichnend, die mit mehr als zehn Arten bzw. Kleinarten von ihrem Mannigfaltigkeits-Zentrum in Zentralasien nach Mitteleuropa hereinstrahlen. Charakteristische Gesellschaften in den Kalkgebirgen Polens, Tschechiens, der Slowakei und Ostdeutschlands sind die Pfriemengrasfluren (z. B. Potentillo-, Astragalo- und Festuco valesiacae-Stipetum capillatae); die westlichsten Vorposten dieser Steppenrasen in Mainfranken und im Oberrheingebiet werden als Allio-Stipetum capillatae zusammengefasst (z. B.

Abb. 18–15 Subkontinentaler Fiederzwenken-Halbtrockenrasen bei Lebus an der Oder. Frühlings-Aspekt mit blühender *Adonis vernalis;* im Hintergrund Gebüsch, das auf Wald als potenzielle natürliche Vegetation hindeutet. Die immer noch an Bäumen und Baumgruppen reiche Talaue ist während dieser Jahreszeit großenteils überschwemmt. Foto Krausch.

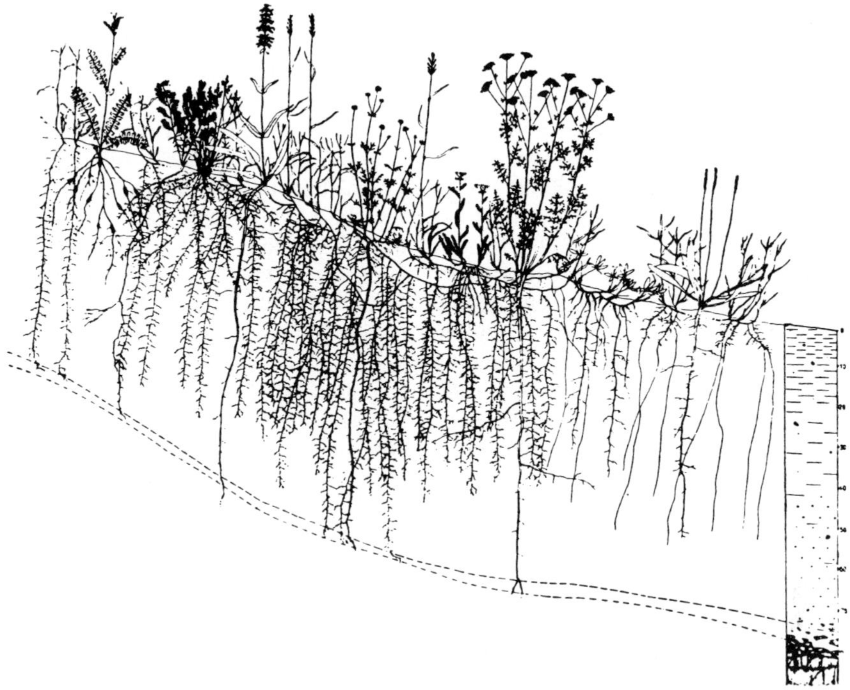

Abb. 18–16 Querschnitt durch einen Halbtrockenrasen mit *Brachypodium pinnatum* auf tiefgründigem Lehm über Porphyr bei Halle. Nach Mahn (1957). Der bis in etwa 70 cm Tiefe fast steinfreie Boden ist zwar kalkarm, hat aber eine relativ große wasserhaltende Kraft. Von links nach rechts: *Brachypodium pinnatum* (steril), *Filipendula vulgaris, B. p., Euphorbia cyparissias, Festuca ovina rupicola, Salvia pratensis* (mit Pfahlwurzel), *B. p.* (blühend), *Scabiosa canescens, B. p., Achillea millefolium, Centaurea scabiosa* (auffallend hoch und mit Pfahlwurzel), *Potentilla alba, B. p., Plantago lanceolata.*

Korneck 1974, 1978, Kolbek 1978, Toman 1992, Oberdorfer 1993, Hensen 1995). Wie die Magerrasen der BROMETALIA ERECTI stocken diese kontinentalen Entsprechungen bevorzugt auf südexponierten Hängen mit wasserdurchlässigen Kalk- oder Gipsböden; sie gehören also zur extrazonalen Vegetation. Die standörtliche Amplitude der Volltrockenrasen ist jedoch sowohl im ozeanischen Westen als auch im kontinentalen Osten weiter: Besiedelt werden auch sandig-lehmige Substrate (z. B. Geschiebemergel an den Oderhängen und Löss- und Tonböden im mitteldeutschen Trockengebiet) sowie wasserdurchlässige Schotterterrassen, so im südlichen Oberrheingraben.

Nach Witschel (1987) trifft man in Baden-Württemberg **Federgräser** vor allem in fünf Gebieten an: Zwischen Mannheim und Schwetzingen, im Taubertal, am Kaiserstuhl, am Isteiner Klotz und im oberen Donautal. Das Haar-Pfriemengras (*Stipa capillata*) ist am weitesten verbreitet, weil es indirekt durch Brand und Weide, aber auch durch Brache gefördert wurde. Es gedeiht vor allem im Allio sphaerocephali-Stipetum capillatae (s. Korneck 1974). Nur im Xerobrometum des Kaiserstuhls hält sich das Pracht-Federgras (*Stipa pulcherrima*), dessen Gesamtverbreitung von Westsibirien bis Mitteleuropa reicht. Auch das Zierliche Federgras (*S. pennata* subsp. *pennata*) ist bei uns auf das Xerobrometum beschränkt, beispielsweise am Isteiner Klotz. Dessen subsp. *austriaca* erträgt die heißesten Standorte auf Felsen des oberen Donautals gemeinsam mit einigen dealpinen Arten. Zur Sektion Pennatae gehört außerdem das in Südeuropa verbreitete Grauscheidige Federgras (*S. joannis*); man findet es sowohl in XEROBROMION- als auch in FESTUCION VALESIACAE-Gesellschaften. Dieses Gras stellt weniger hohe Ansprüche an den Kalkgehalt des Bodens als die übrigen genannten Taxa.

18.3.2.6 Inneralpine Steppenrasen

Die Felsensteppen der inneralpinen Täler stehen trotz ihrer westlicheren und meernäheren Lage unter noch kontinentaleren Bedingungen als die böhmischen oder polnischen. Das kommt in den Klimazahlen der Tabelle 18–6 durch die Jahresschwankung der Lufttemperatur-Monatsmittel zum Ausdruck. Sie beträgt für das Wallis über 20 °C, weil öfter scharfe Fröste auftreten, und ist in allen übrigen Gebieten, auch in Böhmen, geringer. Doch nicht allein aus klimatischen Gründen, sondern vor allem aufgrund der räumlichen Isolation der Inneralpen enthalten die dortigen Steppenrasen viele eigene Arten. Daher ordnete Braun-Blanquet (1961) diese Gesellschaften nicht dem FESTUCION VALESIACAE zu, sondern schuf zwei eigene Verbände, das STIPO-POION CARNIOLICAE für die westalpischen Rasen und das STIPO-POION XEROPHILAE für jene der Ostalpen. Wie er hervorhebt, ist das Klima in den ostalpischen Tälern weniger kontinental als in den westlichen. Eine wesentlich detailliertere Gliederung der kontinental getönten Steppenrasen der Ostalpen legen Mucina et al. (1993) vor; für die Westalpen siehe auch Kratochwil & Kratochwil (2004).

18.3.2.7 Blaugrashalden des Mittelgebirgsraumes

An steilen Kalkhängen in strahlungsexponierter oder auch schattiger Lage, d. h. an edaphischen und lokalklimatischen Sonderstandorten, bildeten sich selbst im niedrigen Bergland Blaugrashalden aus, die vom Blaugras (*Sesleria albicans*) beherrscht werden und an die Blaugras-Horstseggenrasen der alpinen Stufe erinnern (s. Kap. 13.3.5.1 u. Abb. 18–11). Das Hauptverbreitungsgebiet dieser Art liegt in der alpinen Stufe der Kalkalpen; die dortigen, von Natur aus waldfreien Rasen werden in der Klasse SESLERIETEA ALBICANTIS vereinigt. Je nach Autor werden die collin-submontanen Blaugrashalden den FESTUCO-BROMETEA als eigene Gesellschaften auf der Verbands-, Unterverbands- oder Assoziationsgruppen-Ebene zugeordnet.

Pflanzengeografisch sind die Blaugrashalden dadurch bemerkenswert, dass sie – wie die Blaugras-Buchenwälder (s. Kap. 5.3.5 b) – einige Arten beherbergen, die ihren Verbreitungsschwerpunkt in den Alpen haben, z. B. *Carduus defloratus*, *Thesium alpinum*, *Cardaminopsis petraea*, *Biscutella laevigata* und *Aster bellidiastrum*. Man darf in diesen **„dealpinen" Arten** Relikte aus den Eiszeiten sehen, die in tiefen Lagen der nicht vergletscherten Teile Mitteleuropas während der Eiszeiten weit verbreitet waren. Auch für *Sesleria albicans* selbst trifft dies sicher zu. Jedenfalls hat das Blaugras nach Schubert (1963) eine geringe Ausbreitungsfähigkeit. Es keimt schlecht, und es greift z. B. kaum auf Sekundärstandorte wie aufgelassene Weinberge über, auch wenn diese unmittelbar neben einer Blaugrashalde liegen und ähnliche Bodenverhältnisse aufweisen. Wo wir das Blaugras heute finden, muss ihm also ein langer Zeitraum zur Einwanderung zur Verfügung gestanden haben, oder es herrschten Klimabedingungen, die für die Etablierung der Art förderlich waren.

Die meisten Blaugras-Felsbänder der Mittelgebirge sind wahrscheinlich von Natur aus in ihrem Kern waldfrei, in dem sich viele der Arten halten konnten. Einige entstanden wohl aus QUERCION PUBESCENTIS-Wäldern. Es gibt aber auch *Sesleria*-Halbtrockenrasen, die aus Wäldern des Hordelymo-Fagetum entstanden sind; sie herrschen flächenmäßig sogar vor. Früher wurden viele Hänge von Schafen und Ziegen beweidet; heute bleiben sie ungenutzt.

Ebenso wie in den Alpen tritt das Blaugras in den Mittelgebirgen nirgends als Pionier auf, sondern gelangt erst in beruhigten Halden oder an treppigen Felsen, aber auch auf durchfeuchteten Kalkböden, zur Herrschaft. Eine relativ **starke Substratdynamik** ist aber zweifellos für *Sesleria* förderlich, indem sie stärker dürretolerante Trockenrasen-Pflanzen fernhält. Für das östliche Mitteldeutschland gab Schubert (1963) einen Überblick mit mehreren von *Sesleria* beherrschten Gesellschaften. Sie reichen von sonnig-flachgründigen, aber zugleich treppig-steilen Hängen bis zu schattig-luftfeuchten und zeitweilig von Wasser durchrieselten Halden oder Wänden.

Schmidt (2000) unterscheidet im westlich anschließenden nordwestdeutschen Mittelgebirgsraum das Teucrio-Seslerietum, das im Kontakt zum Xerobrometum steht, und das eher mesophile Polygalo-Seslerietum (V. MESOBROMION). Den weit nach Norden vorgeschobenen und in tieferer Lage befindlichen Blaugrashalden Nordwestdeutschlands fehlen aber eine Reihe von Arten, die den süddeutschen Halden eigen sind, z. B. *Buphthalmum salicifolium*,

Thesium bavarum, *Rhinanthus aristatus* oder *Phyteuma orbiculare* (Oberdorfer 1993).

18.3.2.8 Gips- und Dolomit-Magerrasen

Magerrasen auf **Gips** ähneln in ihrer Artenzusammensetzung sehr denen auf Kalkgestein, obwohl das Substrat sich in chemischer und physikalischer Hinsicht von Kalk deutlich unterscheidet. Gips ($CaSO_4 \cdot 2\,H_2O$) und Anhydrid ($CaSO_4$) treten in Mitteleuropa meist zusammen mit Steinsalzen und Kalken in den Formationen des Zechstein, Buntsandstein und Keuper auf, wo diese schnell verwitternden Gesteine ein stark verkarstetes Relief mit schroffen Felsen erzeugen, auf denen neben artenreichen bodentrockenen Magerrasen auch Wälder (z. B. Gips-Buchenwälder) stocken (z. B. Becker 1996, Jandt 1999). **Gipsrendzinen** bestehen im Oberboden oft gänzlich aus lehmigem Gipsmehl, das nach Heinze & Fiedler (1984a) zwar ähnliche Wasserhalteeigenschaften besitzt wie entsprechende karbonatische oder silikatische Böden. Bei der Auflösung karbonatreicher Gesteine verbleibt jedoch ein tonreicher Lösungsrückstand, dessen Austauschkapazität weit größer ist als jene des vom Gefüge her eher sandigen Gipsboden-Rückstandes. Daher sind Gipsrendzinen arm an pflanzengverfügbarem Mg und K; sie weisen zudem ein sehr weites und für Pflanzen ungünstiges Ca/Mg-Verhältnis auf (Heinze & Fiedler 1984b, Schmid & Leuschner 1998). Aufgrund ihres hohen Sulfatgehaltes versauern Gipsrendzinen viel schneller als Kalkrendzinen. Gips-Magerrasen sind daher oft von säuretoleranten bzw. **calcifugen Arten** wie *Artemisia campestris* und *Calluna vulgaris* durchsetzt, wobei Letztere selbst die Bodenversauerung beschleunigt (Meusel 1939, Groten & Bruelheide 1997).

Anders als auf den Gipsböden voll-arider Regionen (vgl. Duvigneaud & Denaeyer-de Smet 1968) gibt es in Mitteleuropa keine typischen **Gipspflanzen** („Thiophore"), die eine enge Bindung an diese gleichermaßen kalzium- wie auch sulfatreichen Substrate aufweisen. In ihrer Analyse der wohl größten mitteleuropäischen Gipsmagerrasen-Komplexe im südlichen Harzvorland fand Jandt (1999) zwar eine Gruppe von Arten, deren regionales Vorkommen überwiegend auf Gips liegt (*Gypsophila fastigiata*, *G. repens*, *Festuca pallens*, *Alyssum montanum*, *Koeleria macrantha* u. a.); selbst die Gipskräuter (*Gypsophila*-Arten) kommen aber in anderen Regionen auch auf kalkreichen Sanden oder Schottern vor, sind also keinesfalls an Kalziumsulfat-Böden gebunden (Meusel 1939).

Auch die Rasen-Gesellschaften auf **Dolomit**, einem magnesiumreichen Karbonatgestein, sind denen auf Kalk unter sonst vergleichbaren Bedingungen so ähnlich, dass man sie pflanzensoziologisch allenfalls auf der Rangstufe der Assoziation oder der Subassoziation voneinander trennen kann (vgl. Mucina & Kolbek 1993 für alpine Dolomit-Magerrasen). Da Dolomit ($CaMg(CO_3)_2$) jedoch relativ schwer verwittert, sind die entstehenden Böden weniger tiefgründig, erlangen also geringere wasserhaltende Kraft. Infolgedessen sind auf Dolomitrendzinen **Volltrockenrasen** häufiger als Halbtrockenrasen, vorausgesetzt, dass das Klima nicht ausgesprochen humid ist.

18.3.2.9 Silikat-Trockenrasen

Auch auf sauren Gesteinen wie Porphyr, Gneis, Granit, Schiefer oder gar Quarzsand treten Rasen auf, die von ihrer Artenkombination und Physiognomie her mehr zu den Kalk-Magerrasen der Klasse Festuco-Brometea tendieren als zu den überwiegend bodensauren Sandrasen und Felsfluren der Klasse Koelerio-Corynephoretea. Solche „Silikat-Trockenrasen" wachsen aber nur in einem sommertrockenen Klima, das starke Basenverluste und zu starke Versauerung verhindert. Oberflächlich schwach bis mäßig stark versauert sind häufig auch tiefgründig verwitterte Kalkböden, so Terra fusca-Böden und Pararendzinen auf mächtigen Lösslagen. Nach Korneck (1974) und Mucina & Kolbek (1993) treten in diesen Rasen einige Arten mit hoher Stetigkeit auf, so *Phleum phleoides*, *Koeleria macrantha*, *Veronica spicata*, *Saxifraga granulata* und *Agrostis stricta*; diese möglichen Kennarten greifen aber auch auf andere Magerrasen-Ordnungen über, vor allem auf die Festucetalia valesiacae und Sedo-Scleranthetalia (Felsgrus- und Felsband-Gesellschaften). Neben echten Säurezeigern wie *Agrostis capillaris*, *Chamaespartium sagittalis* und *Luzula campestris* (Reaktionszahl R 3–4) sind auch Arten mit relativ hohen Basenansprüchen vertreten, z. B. *Stachys recta*, *Ranunculus bulbosus* und *Trifolium alpestre* (R 6–8). Durch den Mangel an eigenen Kennarten mehr negativ als positiv charakterisiert, vermitteln diese

Rasen in gewisser Weise zwischen den beiden Klassen der bodensauren Sandrasen und Felsfluren einerseits und den Kalk-Magerrasen andererseits. Auch in edaphischer Hinsicht übernehmen sie wahrscheinlich eine **Mittelstellung**, indem ihre Böden bis heute erst mäßig versauerten oder aber in ihrer Basenversorgung ein kleinskaliges räumliches Muster aufweisen. Die Bestände der Silikat-Trockenrasen sind dementsprechend vielerorts lückig und von kleinflächig entwickelten Gesellschaften der Ordnung Sedo-Scleranthetalia durchsetzt. Die Silikat-Trockenrasen werden im Verband Koelerio-Phleion phleoidis zusammengefasst. Beispielhaft seien das Genistello-Phleetum des Rhein- und Moseltales mit den kennzeichnenden Arten Flügelginster und Glanzlieschgras (Korneck 1974), das Filipendulo vulgaris-Helictotrichetum Mitteldeutschlands (Mahn 1965, Becker et al. 2007) sowie das Pulsatillo-Phleetum Nordostdeutschlands genannt (Passarge 1964).

In ökologischer Hinsicht durchaus ähnliche Übergänge zwischen Kalk-Halbtrockenrasen und bodensauren Borstgrasrasen stellen die „Kalkheiden" des südwestlichen England dar, in denen sich calcicole und calcifuge Arten bei pH-Werten von 5–6 kleinräumig mischen (Etherington 1981). Gips-Magerrasen, die von *Calluna vulgaris* besiedelt werden, versauern in ihrem Oberboden sehr schnell und stellen dann ebenfalls kleinräumige Mosaike unterschiedlich säuretoleranter Gesellschaften dar (Groten & Bruelheide 1997; s. Kap. 18.3.2.8).

18.3.3 Sand-Magerrasen und Felsgrus- und Felsband-Vegetation (Kl. Koelerio-Corynephoretea)

Handelte es sich bei den oben besprochenen Kalk-Magerrasen um mehr oder minder geschlossene Rasen, in denen Gräser und Graminoide die wichtigste Rolle spielen, treten bei den Rasen und Felsfluren der Klasse Koelerio-Corynephoretea Zwergtherophyten, niedrigwüchsige Kurzgräser, sukkulente Chamaephyten und Moose und Flechten in den Vordergrund. Die Vegetationsstruktur ist in den meisten Beständen lückiger und weniger rasenartig als bei den Gesellschaften der Festuco-Brometea, weil die Böden teilweise noch flachgründiger und trockenheitsgefährdeter sind als bei diesen. Beiden Klassen ist gemein, dass die Produktivität durch zeitweilige Bodenaustrocknung und Nährstoffmangel begrenzt wird.

Die Gesellschaften der Koelerio-Corynephoretea besiedeln zweierlei Typen von Habitaten, zum einen flachgründige Felsbänder, -simse und -rücken, zum anderen sandige oder kiesige Sedimente mit geringem Ton- und Schluffgehalt. Erstere sind Standort der **Felsgrus- und Felsband-Gesellschaften** (Ordnung Sedo-Scleranthetalia), Letztere der **Pionierfluren und Sandrasen** mehrerer Ordnungen. Das Spektrum der besiedelten geologischen Substrate ist sehr breit: Silikat- (Granit, Gneis, Schiefer) und Kalkgesteine (Kalk, Dolomit) sowie von Wind bzw. Wasser abgelagerte Sande und Kiese. Sekundärstandorte können auch Dächer und Asphaltdecken sein. Anders als bei den Festuco-Brometea besteht also bei den Gesellschaften der Sandrasen und Felsfluren keine Bevorzugung kalkreicher Böden; die Mehrzahl der Gesellschaften kommt eher an kalkarmen oder kalkfreien, oft **versauerten Substraten** vor (Passarge 1960, 1964, Krausch 1962, Korneck 1974, Kolbek et al. 1993). Eine moderne Übersicht der in Tschechien besonders vielgestaltig vertretenen Rasen der Koelerio-Corynephoretea gibt Chytry (2007).

18.3.3.1 Felsgrus- und Felsband-Gesellschaften (O. Sedo-Scleranthetalia)

Nur der fast nackte, anstehende Fels ist von Natur aus gänzlich unbewaldet. Meist handelt es sich um schmale Kanten oder Kuppen, also um räumlich eng begrenzte Flächen (s. Abb. 18–17, s. a. Abb. 18–12). Krustenflechten, Blattflechten und Polstermoose überziehen die hervortretenden Steine und sorgen für die erste Humusbildung. In Spalten, Rissen und kleinen Vertiefungen kann sich soviel mineralische Feinerde sammeln, dass auch von vornherein Gefäßpflanzen Fuß zu fassen vermögen.

Die oft unscheinbaren oder lange Zeit nicht als eigenständig erkannten Felsgrus- und Felsband-Gesellschaften sind außerordentlich mannigfaltig und artenreich. Korneck (1978, 1993) und Mucina & Kolbek (1993) nennen jeweils mehr als 20 Assoziationen für Süddeutschland einschließlich der Nordalpen bzw. Österreich, von denen manche nur sehr lokal verbreitet sind.

Ihre Existenz verdanken die Sedo-Scleranthetalia vor allem der Tatsache, dass ihre

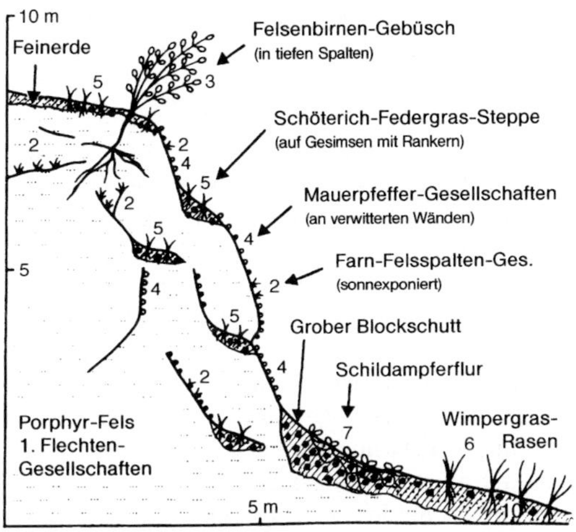

Abb. 18–17 Bodensaure Trockenrasen und andere Gesellschaften auf einem Porphyrfelsen bei Münster am Stein (Rotenfels). Nach Haffner (1968), verändert.
1. Krusten- und Blattflechten-Gesellschaften *(Parmelion saxatilis)*, 2. *Asplenietum septentrionalis*, 3. *Cotoneastro-Amelanchieretum*, 4. fragmentarische Gesellschaften der Ordnung *Sedo-Scleranthetalia*, 5. *Erysimo-Stipetum*, 6. *Teucrio-Melicetum ciliatae*, 7. *Rumicetum scutati*.

Standorte für die meisten Arten unserer Flora ungünstig sind. Felsbänder und sonstige flachgründige Orte sowie durchlässige, rasch austrocknende Ansammlungen von Feinschutt können weder von Bäumen und Sträuchern noch von hochwüchsigen krautigen Pflanzen besiedelt werden. So bleiben die konkurrenzschwachen Winzlinge unter sich, sobald es ihnen gelungen ist, an solch isolierte Orte zu gelangen und dort Fuß zu fassen. **Ohne Konkurrenz durch hochwüchsige Pflanzen** können recht viele Arten auf kleinem Raum koexistieren und bedingen so den erwähnten **Reichtum an Charakterarten.**

Obwohl eine einheitliche synsystematische Gliederung für ganz Mitteleuropa noch fehlt, lassen sich die Felsband-Gesellschaften nach geologischem Untergrund, Geografie und Höhenlage grob in vier Gruppen (mit jeweils einem oder mehreren Verbänden) einteilen:

I In **colliner bis submontaner** Höhenstufe:

(a) therophytenreiche Felsgrus- und Felsband-Gesellschaften auf Silikatgestein (V. SEDO ALBI-VERONICION DILLENII = ARABIDOPSION THALIANAE): thermophile Silikat-Felsgrusfluren;

(b) therophytenreiche Felsgrus- und Felsband-Gesellschaften auf Kalkstein und Gips (V. ALYSSO ALYSSOIDIS-SEDION): thermophile Kalk-Felsgrusfluren;

(c) rasenartige Felsgrus- und Felsband-Gesellschaften überwiegend auf Silikatgesteinen (V. SESLERIO-FESTUCION PALLENTIS): Bleichschwingel-Felsfluren.

II In **montaner bis alpiner** Höhenstufe:

(d) alpine Blattsukkulenten-Polster auf Silikatgesteinen (V. SEDO-SCLERANTHION BIENNIS): Fetthennen- und Hauswurz-Gesellschaften.

a) Die **thermophilen Silikat-Felsgrusfluren**, darunter die Felsengoldstern-Gesellschaft (Gageo bohemicae-Veronicetum dillenii), stellen lückige Gesellschaften auf flachgründigen Silikatböden dar, in denen kurzlebige Frühlingstherophyten wie *Veronica dillenii*, *V. verna* oder *Arabidopsis thaliana* neben *Sedum*-Arten sowie Moosen und Flechten vorherrschen.

b) Auf Kalkfelsbändern und in Lücken flachgründiger Kalk-Magerrasen siedeln die Gesellschaften der **thermophilen Kalk-Felsgrusfluren**. Als Substrate dienen nicht nur kalziumkarbonatreiche Gesteine, sondern auch Dolomit, Gips, Tephrit, Melaphyr und andere basische Ausgangsgesteine. Kennzeichnend sind zahlreiche submediterrane Therophyten (z. B. *Cerastium pumilum*, *Arabis auriculata* und *Hornungia petraea*) sowie Kalkmoose (Korneck 1978). Beispielhaft seien die Zwerghornkraut-Gesellschaft (Cerastietum pumili) z. B. in Mitteldeutschland, die Kelchsteinkraut-Mauerpfeffer-Gesellschaft (Alysso-Sedetum albi) in Süddeutschland und die Fingersteinbrech-Gesellschaft (Saxifrago-Poetum compressae) genannt, Letztere auch als weit verbreitete Pioniergesellschaften auf Kiesdächern und an Bahnhöfen (Bornkamm 1961 c).

c) Vom blaugrünen Bleichschwingel (*Festuca pallens*) gekennzeichnete Felsrasen bilden auf steilen Felshängen und -bändern überwiegend auf Silikatgestein, jedoch auch auf Kalk und Gips, lückige Gemeinschaften aus xeromorphen Gräsern und Kräutern mit Beteiligung von Sukkulenten, Zwergtherophyten und Kryptogamen, die eher den Charakter von dauerhaften Rasen besitzen als die Pioniergesellschaften der beiden vorher genannten Verbände. Mit gewissem Recht kann man die **Bleichschwingel-Felsfluren** deshalb auch den Kalk-Magerrasen der FESTUCO-BROMETEA anschließen, wie das vor allem von österreichischen und tschechischen Pflanzensoziologen getan wird. Die Bleichschwingel-Felsrasen haben ihren Schwerpunkt im kontinentalen südöstlichen Mitteleuropa und lassen sich dort in mehrere Verbände mit zahlreichen Gesellschaften auf Silikat-, Kalk- und Serpentin-Gesteinen gliedern (Kolbek 1978, Mucina & Kolbek 1993). Nach Mittel- und Süddeutschland strahlen nur artenärmere Gesellschaften aus, z. B. die farbenprächtige Pfingstnelkenflur auf Kalkfelsen (Diantho gratianopolitani-Festucetum pallentis), das Thymo- und Teucrio-Festucetum pallentis auf mitteldeutschen Silikat- und Karbonatböden sowie verschiedene Ausprägungen der eher acidophytischen Wimperperlgrasfluren mit *Melica ciliata*.

d) In der montanen bis alpinen Stufe der Silikatalpen und der silikatischen zentralen Karpaten siedeln auf Felsköpfen und -kuppen die auffälligen Blattsukkulenten-Polster der **Fetthennen- und Hauswurz-Gesellschaften**, in denen *Sempervivum*-, *Sedum*- und *Saxifraga*-Arten neben *Silene rupestris*, *Scleranthus polycarpos* u. a. vorherrschen (Braun-Blanquet 1955).

18.3.3.2 Pionierfluren und Sand-Magerrasen

a) Die meisten Kalk-Magerrasen der Klasse FESTUCO-BROMETEA wurzeln in Böden, deren Feinerde-Komponente schluff- oder tonreich ist und die daher eine vergleichsweise hohe Wasser- und Austauschkapazität besitzen. Auf sorptionsschwachen, **meist sauren Sandböden** gibt es jedoch bis in die submontane Höhenstufe ebenfalls Magerrasen, so auf den Talsand- und Schmelzwassersand-Ebenen der eiszeitlich geprägten Landschaften im Norden Mitteleuropas und auf den talrandbegleitenden Binnendünen der großen Flüsse (Fijalkowski 1966, Krausch 1968, Celinski et al. 1978, Korneck 1978, Jeckel 1984, Pott & Hüppe 1991, Schröder 1998, Fischer 2003, Berg et al. 2004). Solche Sandstandorte sind in den allermeisten Fällen waldfähig und erst sekundär im Mittelalter oder in der Neuzeit durch Entwaldung und Beweidung entstanden. Diese Pionierfluren sind daher fast ausnahmslos als Initialstadien einer sekundären Sukzession in Richtung auf Wald zu verstehen. Seit sie nicht mehr beweidet werden und unter Naturschutz stehen, verbuschen sie zusehends, wie dies an vielen berühmten Sandrasen, z. B. dem Mainzer Sand und der Schwetzinger Hardt im Oberrheintal oder dem Marchfeld in Niederösterreich zu beobachten ist (Philippi 1971, Korneck 1974, Korneck & Pretscher 1984, Mucina & Kolbek 1993, Fischer 2004). Wie die Felsband- und Felsgrus-Gesellschaften der Ordnung SEDO-SCLERANTHETALIA und die Kalk-Magerrasen der Klasse FESTUCO-BROMETEA sind die Pionierfluren und Sandrasen durch Nährstoffarmut und periodische Trockenheit geprägt.

Nach dem Basenreichtum des Substrates, der Struktur der Vegetation und deren geografischer Verbreitung lassen sich sechs recht gut voneinander differenzierte Sandrasen-Verbände unterscheiden (die Zugehörigkeit zu verschiedenen Ordnungen zeigt die Gesellschaftsübersicht in Kap. 26: Nr. 5.2):

I **Bodensaure** Sand-Pionierfluren und -Magerrasen:

(a) kurzlebige therophytenreiche Kleinschmielenrasen (V. THERO-AIRION),

(b) silbergrasreiche Dünen-Pionierrasen (V. CORYNEPHORION CANESCENTIS),

(c) Grasnelkenrasen stabilisierter Sandböden (V. ARMERION ELONGATAE).

II Rasen mehr oder weniger **basenreicher** Sandböden:

(d) subkontinentale Blauschillergras-Sandsteppen (V. KOELERION GLAUCAE),

(e) submediterran-subozeanische Kegelleimkraut-Binnendünenrasen (V. SILENO CONICAE-CERASTION SEMIDECANDRIS),

(f) ozeanische Sandschillergras-Küstendünenrasen (V. KOELERION ALBESCENTIS).

b) Die **Kleinschmielenrasen** sind lückige, therophytenreiche Gesellschaften auf sauren, gestörten oder bewegten Sand- oder Felsböden mit subozeanisch-submediterranem Verbreitungsareal. Kleinwüchsige, einjährige Gräser (vor allem *Vulpia*- und *Aira*-Arten) und Kräuter herrschen auf den im Sommer stark austrocknenden Böden vor. Vor allem in den altpleistozänen Regionen Polens, Deutschlands und der Niederlande sind die Gesellschaft des Frühen Schmielenhafers (Airetum praecocis) und der Federschwingelrasen (Filagini-Vulpietum myuros) verbreitet.

Die **silbergrasreichen, bodensauren Dünenrasen** sind gefäßpflanzenarme Pioniergesellschaften auf versauerten Küsten- und Binnendünen, die allerdings eine artenreiche Flechtenflora (vor allem Cladonien) beherbergen (Biermann 1999, Fischer 2003). Je trockener und magerer die Standorte, umso größer ist die diagnostische Bedeutung dieser Organismengruppe. Auf den Binnendünen ist die durch *Spergula morisonii* gekennzeichnete Frühlingsspark-Silbergras-Gesellschaft (Spergulo-Corynephoretum), auf den Graudünen der Küsten dagegen die Dünenstiefmütterchen-Silbergras-Gesellschaft (Violo-Corynephoretum, s. Kap. 12.3.1.3 a) vertreten.

Alle diese Gesellschaften sind sehr lichtbedürftig und verschwinden, wenn die Sukzession in Richtung auf Wald fortschreitet. Auf den meisten Nordseeinseln, am Rande der pleistozänen Urstromtäler im nördlichen Mitteleuropa, im österreichischen Marchfeld und in der Oberrheinischen Tiefebene brachten Schafherden den Flugsand früher immer wieder in Bewegung. Heute sind alle Binnendünen und fast alle älteren Küstendünen festgelegt und großenteils aufgeforstet. Den vom Naturschutz freigehaltenen Flächen nehmen benachbarte Baumbestände ihren Extremcharakter, indem sie den Wind beruhigen, die Luftfeuchte erhöhen und dem Boden mit verwehter Streu Nährstoffe zuführen. Eine weitere Bedrohung stellen die Nährstoffeinträge aus der Luft dar. Fast alle oben genannten Gesellschaften besitzen daher im Naturschutz eine hohe Priorität.

Zu den Magerrasen der FESTUCO-BROMETEA und darin vor allem zum KOELERIO-PHLEION PHLEOIDIS hin vermitteln die mehr oder weniger geschlossenen niedrigen **Grasnelkenrasen**, die im Sommer von den violetten und roten Blüten von *Armeria elongata* und *Dianthus deltoides* geschmückt werden. Natürliche Standorte der Heidenelken-Grasnelken-Gesellschaft (Diantho-Armerietum) sind nach Pott (1995) Terrassensande und Dünen längs der großen Flüsse im Nordosten Deutschlands und des nördlichen Polen. Nach Westen zur Elbe und Weser hin wird diese Gesellschaft ärmer (Walther 1977, Jeckel 1984). Vorwiegend aus mehrjährigen Arten bestehend, besiedeln sie heute auch Sekundärstandorte, nämlich Wegränder, Sandgruben und Brachland in den sandigen Altmoränenlandschaften des Tieflandes (Heinken 1990). Sie wurden früher meist mit Schafen und Rindern beweidet und sind heute infolge intensiver Landnutzung, vor allem Düngung, aber auch durch Aufgabe der Nutzung recht selten geworden.

Jeckel (1984) hat im mittleren Elbetal bei Dannenberg (Niedersachsen) den floristischen und standörtlichen Wechsel in dem typischen flussbegleitenden Auen-Dünen-Ökoton untersucht, der von Flutrasen und feuchten Weiden in der Aue über blütenreiche Grasnelken-Sandmagerrasen am beweideten Dünenrand bis zu extrem trockenen Dünenkuppen mit Silbergras-Sandtrockenrasen reicht. Dieser steile standörtliche Gradient drückt sich deutlich in den ökologischen Zeigerwerten der beteiligten Arten sowie deren Bestandesmittelwerten aus, am stärksten in den Stickstoffzahlen (s. Tab. 18–7).

Im Mittel sinken die mN-Ziffern von über 5 bei den mäßig gedüngten Weidelgrasweiden über solche um 4 bis 3 in den Magerrasen bis auf 2 auf den Dünenkuppen. Bei den mittleren Feuchtezahlen ist das Gefälle in der Tendenz ähnlich, aber weniger steil, nämlich von mF 5,0 bis nach mF 2,7. Innerhalb der Heidenelken-Grasnelkenrasen reicht die mN-Spanne von 4,2 bis 2,0, die mF-Spanne dagegen nur von 3,9 bis 2,9. Diese deutliche, aber nicht extreme Spanne wird durch den Gang der Bodenwassergehalte bestätigt (s. Abb. 18–9). Diese Zeigerwerte unterstützen die Vorstellung, dass viele Sandmagerrasen-Gesellschaften mindestens **in gleichem Maße Magerrasen wie Trockenrasen** darstellen (s. Kap. 18.6.2 b). Die mittleren Reaktionszahlen in Tabelle 18–7 erwiesen sich als verhältnismäßig homogen im Bereich der beweideten und zuweilen gedüngten Rasen. Ihr Boden dürfte mäßig sauer bis sauer sein, während die Silbergrasflur auf stark sauren Böden stockt. Die relativ starke „östliche" Tönung des Diantho-Armerietum-Rasens klingt in den Kontinentalitätszahlen an. Neben einer großen Zahl mehr oder minder subozeanisch verbreiteter Arten (K 3 und auch 4) und solchen, die fast überall in Mitteleuropa anzutreffen sind (Kx), begegnen wir Vertretern steppenähnlicherer Rasen, z. B. *Rumex thyrsiflorus* und *Silene otites* (K 7) sowie *Veronica spicata* und *Festuca trachyphylla* (K 6).

Basiphile Dünen-Magerrasen sind auf den kalkhaltigen Graudünen der west- und ostfriesischen Küste besonders häufig. Wichtige Gesellschaften werden in Kapitel 12.3.1.3 behandelt. Entsprechende Gesellschaften des Binnenlandes (z. B. die Dachtrespen-Sandlieschgras-Gesellschaft, Bromo tectorum-Phleetum arenarii) wachsen auf Kalk-Flugsanden, so

Tab. 18–7 Vegetationsabfolge auf einer beweideten Dünenkuppe am „Laascher See", einem Elbe-Altwasser im Hannoverschen Wendland. Nach Jeckel (1983/4)[1], ökologische Zeigerwerte nach Ellenberg (1992).

					Einheit Nr.	I	II		III		IV		V	VI		VII
K	F	R	N	Arten	Aufnahme Nr.	1	2	4	10	12	14	16	20	21	26	27
6	8~	6	?	*Cnidium dubium*	Brenndolde	+										
3	6	7	5	*Potentilla reptans*	Kriech-Fingerkraut	+										
×	6	×	×	*Cardamine pratensis*	Wiesen-Schaumkraut	+										
3	7~	×	6	*Rumex crispus*	Krauser Ampfer	2	1									
×	7~	×	7	*Ranunculus repens*	Kriech-Hahnenfuß	2	1									
×	×	×	6	*Rumex acetosa*	Großer Sauerampfer	1	1	+								
3	5	×	6	*Dactylis glomerata*	Knauelgras	1	1	1								
×	5	×	6	*Poa pratensis*	Wiesenrispe	2	2	1	+							
3	5	5	5	*Leontodon autumnalis*	Herbst-Löwenzahn		+	+								
3	6	6	7	*Alopecurus pratensis*	Wiesen-Fuchsschwanz	3	2			+						
3	5	7	7	*Lolium perenne*	Weidelgras	2	2	2		1	+					
×	5	6	6	*Trifolium repens*	Weiß-Klee	3	3		2	1	+					
7	×~	×	7	*Elymus repens*	Quecke	+	+	1	1	1	1	+				
×	5	×	8	*Taraxacum officinale*	Löwenzahn	+	+	1	+		+		+			
3	×	×	×	*Bromus hordeaceus*	Weiche Trespe		1	1		1						
3	4	7	3	*Lotus corniculatus*	Hornklee	+	1	+	1	2	1	1				
7	3~	7	4	*Rumex thyrsiflorus*	Rispen-Ampfer	1	1	2	1	2	2	2				
×	4	×	5	*Achillea millefolium*	Schafgarbe	2	2	1	2	1	1	2	1	1		
×	×	×	×	*Plantago lanceolata*	Lanzett-Wegerich	1	2	2	1	2	1	2	1	2		
3	×	4	4	*Agrostis tenuis*	Rotes Straußgras	1	2	4	4	3	3	3	4	3		
×	4~	7	3	*Galium verum*	Echtes Labkraut		1	1	2	1	2	2	1	2	+	
3	3	7	3	*Ranunculus bulbosus*	Knollen-Hahnenfuß			1	1	1	1	1	1	1		
3	4	6	4	*Trifolium dubium*	Kleiner Klee				+	+						
3	4	6	3	*Trifolium campestre*	Feld-Klee				1	1	1					
3	3	2	2	*Rumex acetosella*	Kleiner Sauerampfer				1	1	1	1	1	1	1	
×	×	×	×	*Anthoxanthum odoratum*	Ruchgras				+	2	3	3	2	3	+	
5	4	6	4	*Cerastium arvense*	Acker-Kratzdistel				2	+	2	2	2	2	+	
3	3	6	2	*Armeria elongata*	Sand-Grasnelke				+	2		1	1	+		
5	3	8	3	*Eryngium campestre*	Feld-Mannstreu					+			+			
4	3	3	2	*Dianthus deltoides*	Heide-Nelke					+			1	+		
×	3	×	2	*Pimpinella saxifraga*	kleine Bibernelle					1	1	2	1	1		
5	4	5	3	*Festuca rubra* ssp. *arenar.*	Sand-Rotschwingel					1	2	2	2	2	+	
6	3	7	2	*Veronica spicata*	Ähriger Ehrenpreis					+	1	1	1	1	+	
3	4	×	2	*Hieracium pilosella*	Kleines Habichtskraut						1	1		2	2	
4	2	5	1	*Sedum rupestre*	Felsen-Fetthenne						+		1	+	2	
3	4	×	2	*Carex caryophyllea*	Frühlings-Segge						+					
4	3	7	2	*Potentilla neumanniana*	Neumanns Fingerkraut						1	1				
3	4	3	3	*Luzula campestris*	Hasenbrot							+	+			
5	4~	7	3	*Ononis spinosa*	Dornige Hauhechel							1	+			

					Einheit Nr.	I	II		III		IV		V	VI		VII
K	F	R	N	Arten	Aufnahme Nr.	1	2	4	10	12	14	16	20	21	26	27
×	×	×	3	*Poa angustifolia*	Schmales Rispengras							+		+		
4	2	6	1	*Sedum sexangulare*	Milder Mauerpfeffer							+		+		
2	×	3	2	*Danthonia decumbens*	Dreizahngras							+	+	1		
3	3	2	1	*Trifolium arvense*	Hasen-Klee								+	1		
5	2	5	2	*Artemisia campestris*	Feld-Beifuß								+	1	1	
4	3	7	2	*Dianthus carthusianorum*	Karthäuser-Nelke								+		+	
6	3	×	2	*Festuca trachyphylla*	Raublatt-Schwingel								+	+	2	
×	×	3	1	*Festuca ovina* agg.	Schaf-Schwingel								+	+	+	
5	2	5	1	*Thymus serpyllum*	Sand-Thymian									+	2	
3	3	3	2	*Jasione montana*	Berg-Sandrapunzel								+		+	+
6	3	×	4	*Carex praecox*	Frühe Segge									+		+
3	×	×	4	*Euphrasia rostkoviana*	Gemeiner Augentrost										+	
4	2	4	1	*Scleranthus perennis*	Ausdauernder Knäuel										+	
3	2	×	1	*Sedum acre*	Scharfe Fetthenne										1	
2	4?	3	2	*Festuca filiformis*	Haar-Schaf-Schwingel										1	
7	2	7	2	*Silene otites*	Ohrlöffel-Leimkraut										+	
3	2	2	1	*Agrostis stricta*	Gerades Straußgras										1	1
5	2	3	2	*Corynephorus canescens*	Silbergras										2	2
2	3	2	2	*Carex arenaria*	Sand-Segge											1
2	3	1	1	*Teesdalia nudicaulis*	Bauernsenf											+
		mF		mittlere Feuchtezahl		5,0	5,0	4,3	3,9	3,8	3,7	3,4	3,4	3,1	2,9	2,7
		mR		mittlere Reaktionszahl		6,3	6,1	6,3	5,8	5,9	5,9	5,5	4,6	4,7	4,6	2,2
		mN		mittlere Stickstoffzahl		5,8	5,6	5,1	4,2	3,8	3,7	3,0	2,7	2,4	2,0	2,0

[1] aus Dierschke (1986). Vegetationseinheiten: I. Lolio-Cynosuretum, II. L.-C. ranunculetosum bulbosi, III. Diantho-Armerietum trifolietosum, IV. D.-A. sedetosum, V. typische VI., *Cladonia*-Var, VII. Spergulo-Corynephoretum. Moose und Flechten wurden aus Platzmangel weggelassen. Die mittleren Zeigerwerte wurden aus dem Vorkommen aller Arten berechnet.

z. B. im nördlichen Oberrheingebiet zwischen Mainz und Darmstadt und im österreichischen Pannonikum (Philippi 1973, Korneck 1974, Mucina & Kolbek 1993).

Der Verband der **Blauschillergras-Sandsteppen** umfasst lockere, niedrigwüchsige Gesellschaften auf stabilisierten Sandböden neutraler bis basischer Reaktion, die im subkontinentalen bis kontinentalen Mitteleuropa verbreitet sind. Die im Westen bis zur Unterelbe und dem Oberrhein ausstrahlenden Rasen müssen nach Korneck (1978) besser als Vertreter der osteuropäischen Sandsteppen (Klasse FESTUCETEA VAGINATAE) gewertet werden. Hierzu gehören die schon von Volk (1931) und Lötschert & Georg (1980) ökologisch untersuchte Filzscharten-Blauschillergrasflur (Jurineo cyanoides-Koelerietum glaucae) der Kalkflugsande im nördlichen Oberrheingebiet und die Sandschwingel-Blauschillergrasflur (Festuco psammophilae-Koelerietum glaucae) in Nordostdeutschland und Polen (Krausch 1968). Artenreicher sind die kontinentalen Sandrasen im niederösterreichischen Marchfeld und in der Südslowakei ausgebildet (Niklfeld 1964, Mucina & Kolbek 1993).

18.4 Anpassung an den Standort

Die Magerrasen-Pflanzen der Klassen FESTUCO-BROMETEA und KOELERIO-CORYNEPHORETEA sind an ihren Standorten vor allem drei Belastungen ausgesetzt, die ihre Produktivität und Vitalität einschränken: sommerliche Trockenheit, Hitze und Nährstoffmangel.

18.4.1 Anpassung an Trockenheit

18.4.1.1 Pflanzliche Konstitutionstypen

In allen von Trockenheit geprägten Rasen herrschen unter den Höheren Pflanzen langsam wachsende Hemikryptophyten und Chamaephyten, d. h. ausdauernde krautige und schwach verholzte Pflanzen, vor. Viele davon sind skleromorph gebaut, haben kleine, langlebige Blätter mit vielen Stomata pro Flächeneinheit, ein niedriges Spross-Wurzel-Verhältnis und einen hohen Anteil an Leitungs- und Festigungsgewebe. Diese Merkmale sind nicht nur Folge des Wassermangels, sondern wahrscheinlich auch von Nährstoffmangel oder einer Kombination aus beiden verursacht. Sind die Bestände lückig, können außerdem Therophyten, Geophyten und Sukkulente größeren Raum einnehmen.

In den Trockenperioden normaler Jahre entscheidet es sich, welche Arten an den extremen Standorten auszuharren vermögen, ja konkurrenzfähig bleiben. Nach der Wuchsform von Spross und Wurzel und der Lebensdauer lassen sich in den mitteleuropäischen Kalk- und Sand-Magerrasen und Felsfluren zehn Wasserhaushalts-Konstitutionstypen mehr oder weniger deutlich voneinander unterscheiden:

1) **ausdauernde Gräser und Grasartige mit flach- bis mittelgründigem Wurzelsystem** (z. B. *Carex flacca*, *Festuca ovina* agg., *Corynephorus canescens*);

2) **ausdauernde Gräser und Grasartige mit tiefgründigem Wurzelsystem** (z. B. die *Stipa*-Arten, *Brachypodium pinnatum*, *Bromus erectus*, *Koeleria pyramidata*);

3) **ausdauernde meso- bis xerophytische Kräuter mit flach- bis mittelgründigem Wurzelsystem** (z. B. *Hieracium pilosella*, *Jasione montana*, *Geranium sanguineum*);

4) **ausdauernde meso- bis xerophytische Kräuter mit tiefgründigem (Pfahl-)Wurzelsystem** (z. B. *Scabiosa*- und *Astragalus*-Arten, *Stachys recta*, *Artemisia campestris*, *Securigera varia*, *Euphorbia cyparissias*);

5) **skleromorphe Zwergsträucher mit tiefgründigem Wurzelsystem** (z. B. *Thymus*-, *Teucrium*-, *Helianthemum*-Arten und *Fumana procumbens*);

6) **Pluvio-Therophyten** (z. B. *Cerastium*-, *Veronica*-, *Aira*-, *Erophila*-, *Scleranthus*- und *Vulpia*-Arten);

7) **Geophyten** mit Speicher-Rhizomen, -Rüben, -Zwiebeln oder -Knollen (z. B. *Allium*-, *Muscari*-, *Cirsium*- und *Orchis*-Arten sowie *Scilla autumnalis*);

8) **Blattsukkulente** (z. B. *Sedum*- und *Sempervivum*-Arten);

9) **Halb- oder Vollparasiten** (z. B. *Rhinanthus*- und *Orobanche*-Arten);

10) **poikilohydre Kryptogamen** (Moose, Flechten und Algen).

Die Pflanzen dieser zehn funktionalen Typen unterscheiden sich sowohl in ihrer Trockenheitstoleranz, also der Fähigkeit, eine begrenzte Gewebeaustrocknung zu ertragen, als auch in ihrem Wasserumsatz, d. h. der Aufnahme, Speicherung und Abgabe von Wasser.

Ausdauernde, schwach skleromorphe bis mesomorphe Pflanzen mit mittel- bis flachgründigem Wurzelsystem (Nr. 1 u. 3) haben einen recht günstigen Assimilathaushalt und entwickeln sich in feuchten Jahren rascher als die folgende Gruppe, weil sie weniger in Wurzeln investieren. In trockenen Sommern dagegen sterben sie oberirdisch teilweise ab. Sie überdauern die schwierigen Zeiten also in einem wenig oder gar nicht aktiven Zustand, sei es in Form von Rhizomen oder als Samen. So verhalten sich z. B. viele Charakter- und Differenzialarten des MESOBROMION. *Bromus erectus* vermittelt zur folgenden Gruppe, wie überhaupt viele Arten intermediäres Verhalten zeigen und je nach Wasserversorgung ihren Habitus verändern.

Ausdauernde, überwiegend skleromorphe Tiefwurzler (Nr. 2, 4 u. 5) überleben die Trockenperioden aktiv und schränken ihre Transpiration und damit ihre Photosynthese erst bei andauernder Trockenheit ein. Ihr Blütenansatz wird bei sehr starker Dürre aber manchmal gehemmt, und zuweilen verlieren sie auch Blätter und Sprossteile. Solche Skleromorphe herrschen in fast allen XEROBROMION-Gesellschaften, besonders aber in den steppenähnlicheren Rasen der FESTUCETALIA VALESIACAE vor. Da skleromorphe Pflanzen einen Großteil ihrer Assimilate für den Aufbau des Wurzelsystems und des Stütz- und Leitungsgewebes verbrauchen, wachsen sie oberirdisch relativ langsam und sind den Arten der vorhergehenden Gruppe an Standorten mit guter Wasserversorgung unterlegen.

Pluvio-Therophyten (Nr. 6) sind mesomorph oder höchstens schwach skleromorph, schließen aber ihre Entwicklung gewöhnlich schon vor Beginn der sommerlichen Trockenperiode ab (Frühlings- oder Wintertherophyten). Sie weichen also der Dürre zeitlich aus. In regenarmen Frühjahren und an sehr trockenen Plätzen kümmern sie, während sie bei besserer Wasserversorgung üppig wachsen und länger in den Sommer hinein grün bleiben. Die wenigen, erst später im Jahreslauf keimenden und aktiv werdenden Sommer-Ephemeren verhalten sich ähnlich wie die Arten der Nr. 1 und 3. **Sukkulente und Halbsukkulente** (Nr. 8) vermögen zwar mit ihrem Speicherwasser lange hauszuhalten, wachsen aber noch langsamer als die meisten Arten der anderen Gruppen. Daher treten sie nur dort hervor, wo die anderen Arten häufiger unter Wassermangel zu leiden haben und keine Konkurrenten darstellen, vor allem in Felsfluren (s. Kap. 18.3.3.1).

Unter den genannten zehn Typen besitzen nur die Moose, Flechten und Algen (Nr. 10) eine weitgehende protoplasmatische Austrocknungstoleranz; als **poikilohydre Pflanzen** können sie sommerliche Trockenperioden im Zustand der Trockenstarre mit nur wenigen Prozentanteilen an Wasser im Gewebe überdauern. Nur in feuchten Perioden haben sie einen Stoffgewinn, vor allem im zeitigen Frühjahr sowie im Herbst und in milden Wintern. In den übrigen Jahreszeiten bleibt die Primärproduktion bei Moosen wie den *Hypnum*-Arten gering (Kilbertus 1970). Auch die übrigen Moose und die Flechten sind dann nur bei ungewöhnlich hoher Luftfeuchte, Regen und/oder Taufall aktiv (s. Kap. 14).

Wenn man Trockenrasen-Pflanzen im Garten in gut befeuchtetem Boden ansät, so erreichen fast sämtliche Charakterarten und steten Begleiter der Halbtrockenrasen, aber auch der kontinentalen Steppenrasen **hohe Keimraten** zwischen 50 und 100 % (Krause 1950). Lediglich einige wenige (z. B. *Oxytropis pilosa*, *Adonis vernalis*, *Poa badensis*, *Anthericum liliago*) zeigten geringe Keimraten. Keine Art erwies sich als xerophil, d. h. wuchs in feuchter Erde schlechter als am trockenheitsgeprägten natürlichen Standort. Die im Experiment gute Wasser- und Stickstoffversorgung verringert jedoch bei den meisten Arten den Skleromorphiegrad, sodass die Pflanzen einen wenig turgeszenten, „schlaffen" Eindruck machen. Zumindest zu einem Teil sind die skleromorphen Blätter der Trockenrasen-Pflanzen also **modifikative Anpassungen an Trockenheit** ohne genetische Verankerung. Auch in den Verpflanzungsexperimenten von Smetánková (1959) mit *Carex humilis* zeigte sich, dass der für Trockenrasen so typische Habitus der Erdsegge vorwiegend modifikativ entsteht und nicht genetisch determiniert ist. Bewässerte Exemplare gediehen besser als unbewässerte, und am geringsten waren Stoffproduktion und Blütenansatz an den trockensten Felsstandorten.

18.4.1.2 Wasserzustand der Trockenrasenpflanzen

Zur Charakterisierung des Wasserzustandes in der Pflanze können verschiedene Messgrößen herangezogen werden, darunter das Wasserpotenzial, das Wassersättigungsdefizit des Gewebes und der absolute Wassergehalt des Gewebes. Unterschiede im **Wassergehalt pro Trockenmasse** sind geeignet, um den unterschiedlichen Skleromorphiegrad von Xerophyten zu messen. Die Wassergehalte vollturgeszenter, d. h. aufgesättigter, nicht geschädigter Blätter von 18 Arten mährischer Trockenrasen unterschieden sich um mehr als das Zehnfache, ohne dass Sukkulente berücksichtigt wurden (s. Abb. 18–18). Besonders geringe Wassergehalte (unter 50 % des Trocken- bzw. 33 % des Frischgewichtes) wurden bei den Federgräsern gemessen, deren Spreiten sehr sklerenchymreich sind (Rychnovská & Úlehlová 1975).

Die massenbezogenen Wassergehalte aller Trockenrasen-Pflanzen sinken zwar mit Verschlechterung der Wasserbilanz zum Hochsommer hin ab. Gleichzeitig erniedrigt sich aber auch der Wassergehalts-Schwellenwert, bei dem die Pflanzen letale Trockenstress-Schäden erleiden. Diese saisonale Veränderung der Trockenstress-Empfindlichkeit beruht auf mehreren Anpassungsprozessen, die die Austrocknungstoleranz der Pflanzen erhöhen. Bereits entfaltete Blätter synthetisieren bei Trockenheit verstärkt Osmolyte, mit deren Hilfe sie den Turgor auch bei zunehmenden Wasserverlusten aufrechterhalten können (Osmotic adjustment,

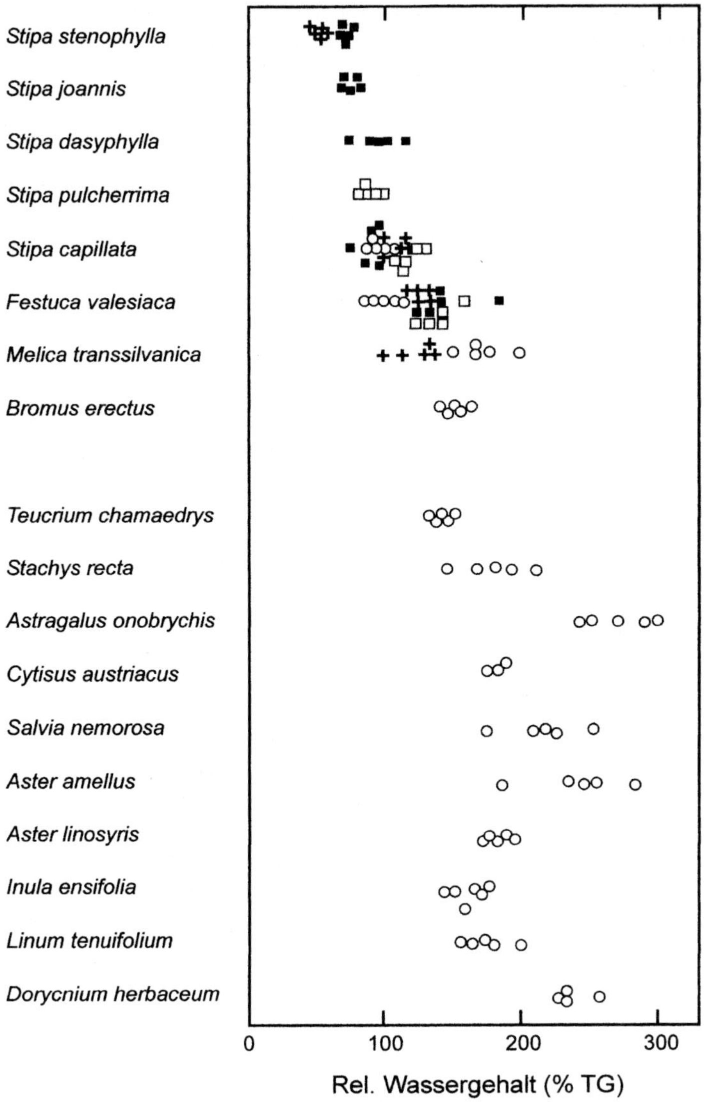

Abb. 18–18 Wassergehalt turgeszenter Blätter verschiedener Trockenrasen-Pflanzen nach einem trockenen Frühjahr im Juli 1959 in Mähren. Nach Rychnovska & Ulehlova (1975), verändert.

Munns & Weir 1981). Trockenstress-Proteine (Dehydrine) erhöhen zusätzlich die protoplasmatische Dürreverträglichkeit, indem sie die Zellmembranen vor Denaturierung schützen (Close 1997). Bei manchen Arten haben außerdem unter Trockenstress neu gebildete Blätter eine höhere Zellwand-Elastizität (ein kleineres Elastizitätsmodul), sodass Wasserverluste zu geringeren Turgorverlusten führen (Kassam & Elston 1974).

Auch im temperaten Mitteleuropa können Trockenrasen-Pflanzen in Dürreperioden ähnlich niedrige **Blatt-Wasserpotenziale** erreichen, wie sie von Xerophyten trockener Klimate bekannt sind. So maß Leuschner (1989) in Kaiserstühler Xerobrometen an *Bromus erectus* Potenzialminima von –5,2 MPa, die an die Werte mediterraner Macchiapflanzen (–4 bis –8 MPa) und Wüstensträucher (–5 bis –8 (bis –16) MPa, Larcher 2001) heranreichen. Absolute Wasserpotenzialwerte sind physiologisch wenig aussagekräftig, weil sie nicht auf kritische Schwellenwerte des Wasserzustandes bezogen werden. Am informativsten sind Tages- und Jahresverläufe des Turgors sowie quantitative Angaben zur Dürreschädigung von Stoffwechsel und Wachstum. Solche Messungen liegen jedoch nur für sehr wenige mitteleuropäische Trockenrasen-Pflanzen vor (s. Abb. 18–22).

Tagesverläufe des Blatt-Wasserpotenzials können allerdings die relative Trockenstress-Belastung ein und derselben Pflanzenart an verschiedenen Standorten aufzeigen, wenn die Messungen parallel durchgeführt werden. Am Kaiserstühler Badberg beispielsweise erreichte *Bromus erectus* im Xerobrometum erheblich niedrigere Tagesminima des Blatt-Wasserpotenzials (–5,20 MPa) als im benachbarten Mesobrometum (–3,05 MPa); außerdem wurden die frühmorgendlichen (predawn) Potenziale stärker abgesenkt, weil die nächtliche Erholung des Wasserzustandes bei den Volltrockenrasen-Pflanzen weniger vollständig war (Leuschner 1989; s. Abb. 18–19: oben). Am elsässer Bollenberg zeigten *Bromus erectus* und *Teucrium chamaedrys* dagegen recht ähnliche Verläufe des Blatt-Wasserpotenzials im Meso- und Xerobrometum. Dies wird durch die unterschiedliche Anatomie der Blätter verursacht, die bei den Volltrockenrasen-Pflanzen eine größere Xeromorphie mit geringerem Wassergehalt, aber eine höhere Zellwand-Elastizität besitzen (s. Abb. 18–19: Mitte u. unten).

Das **osmotische Potenzial** des Blattgewebes (Π) kann Hinweise auf die Anpassungsfähigkeit von Xerophyten geben, wenn verschiedene Lebensformen verglichen oder die zeitliche Dynamik betrachtet werden. Abbildung 18–20 belegt, dass mitteleuropäische Kalk- und Sandtrockenrasen-Pflanzen in stärkerem Maße Osmolyte (vor allem Kohlenhydrate und organische Stickstoffverbindungen) in ihren Protoplasten anreichern als Pflanzen anderer Lebensräume. Mit zunehmender Trockenheit des Lebensraumes sinken die mittleren Π-Werte ab und es vergrößern sich auch deren Spannweiten, und zwar sowohl die saisonalen Schwankungen des Osmolytgehaltes als auch dessen Unterschiedlichkeit zwischen den Arten eines Lebensraumes. In Volltrockenrasen kommen in enger Nachbarschaft zueinander sklerophylle

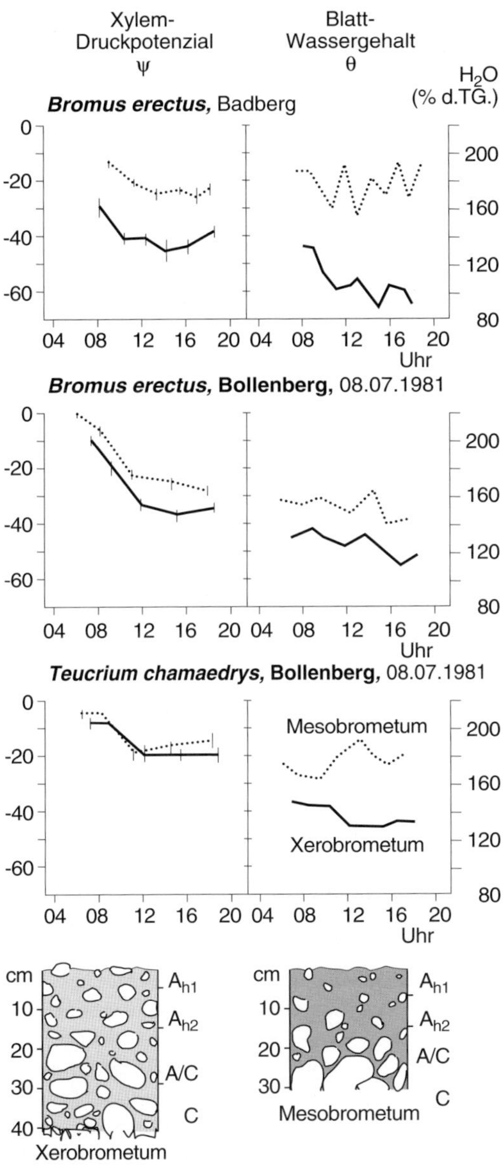

Abb. 18–19 Tagesverläufe des Xylem-Druckpotenzials (ψ in bar) und des Blattwassergehaltes (θ, in % des Trockengewichts) von *Bromus erectus* und *Teucrium chamaedrys* im Xerobrometum und Mesobrometum an Strahlungstagen. Nach Leuschner (1989), etwas verändert. Vertikale Striche bezeichnen die Standardabweichung. Die Messungen erfolgten am Badberg im Zentralkaiserstuhl (oben) und am Bollenberg bei Roufach im Elsass. Hier liegen beide Gesellschaften am Südosthang, das Xerobrometum auf einer rutschenden und z. T. erodierten, schwach rubefizierten Protorendzina aus nicht verbrauntem steinigem Lehm, das Mesobrometum auf einer aus anstehendem Gestein unter Wald gebildeten Mullrendzina.
Im Kaiserstuhl befindet sich das Xerobrometum am Südhang, das Mesobrometum am Nordosthang. Im Halbtrockenrasen ist der Wasserhaushalt beider Arten weniger angespannt. Das äußert sich vor allem im Wassergehalt, bei verschiedener Hangexposition aber auch im Xylem-Druckpotenzial.

Zwergsträucher und Kräuter wie *Teucrium* und *Hippocrepis* mit niedrigen Π-Werten und Geophyten wie *Anthericum* mit ausgesprochen hohen osmotischen Potenzialen vor (Müller-Stoll 1935, Reichhoff 1980b; s. Abb. 18–21). Sukkulente haben besonders geringe Osmolytkonzentration, also hohe Potenziale.

Beim Hufeisenklee (*Hippocrepis comosa*) fanden Lösch & Franz (1974) und Müller-Stoll (1935) in mainfränkischen Volltrockenrasen eine Absenkung des osmotischen Potenzials um mehr als 2,5 MPa zum Hochsommer hin, die wahrscheinlich vor allem durch aktive Osmolytanreicherung in der Zelle (Osmotic adjustment) bedingt ist und dem Turgorerhalt dient (s. Abb. 18–21). Besonders starke Osmotikaanreicherung wurde in Mainfranken bei Zwergsträuchern, Kräutern und Gräsern mit tief reichendem Wurzelsystem beobachtet; diese Arten nutzen Osmotic adjustment als Strategie zur Aufrechterhaltung der Wasseraufnahme und des Stoffwechsels auch in extremen Trockenperioden (s. Abb. 18–20). Die von Lösch & Franz (1974) ebenfalls beobachteten tagesperiodischen Schwankungen des Π-Wertes dürften dagegen vor allem passive Osmotikaanreicherung infolge mittäglicher Wasserverluste widerspiegeln.

18.4.1.3 Blattleitfähigkeit und Transpirationseinschränkung

Unter den zahlreichen Arten und pflanzlichen Lebensformen, die gemeinsam in Halb- und Volltrockenrasen vorkommen, bestehen erhebliche Unterschiede in der **Blattleitfähigkeit für Wasserdampf**, und zwar insbesondere in Trockenperioden. Durch Porometer-Messungen ermittelte Kuhn (1984) an sechs Gras- und Krautarten eines schweizerischen Mesobrometum Leitfähigkeiten, die in einer Trockenperiode maximal 300 mmol H_2O m^{-2} s^{-1} erreichten. Die Tagesmaxima der Arten unterschieden sich um mehr als das Dreifache, die Tagesmittel sogar um das 20-Fache. Sehr große Unterschiede bestanden außerdem zwischen den verschiedenen Individuen einer Art, selbst wenn diese unter denselben Bedingungen in der Klimakammer angezogen wurden.

In feuchten Perioden waren die Leitfähigkeitsunterschiede zwischen den sechs Arten dagegen geringer: Die maximalen Blattleitfähigkeiten schwankten zwischen 150 und 500 mmol m^{-2} s^{-1}, Spitzenwerte lagen über 900 mmol m^{-2} s^{-1}; die Arten unterschieden sich nur noch um etwa das Zwei- bis Dreifache. Larcher (2001) gibt für Steppengräser typische Leitfähigkeits-Maxima von 350 mmol m^{-2} s^{-1} an. Besonders hohe Leitfähigkeits-Maxima können bei meso- bis xeromorphen Kräutern (wie z. B. *Salvia pratensis*) und tief wurzelnden Gräsern (z. B. *Stipa pennata*, Florineth 1974) erwartet werden, ausgesprochen geringe dagegen bei Zwergsträuchern und vor allem Sukkulenten (vgl. auch Florineth 1974, Rychnovská 1975). Letztere erreichen nach Larcher (2001) maximale Leitfähigkeiten von nur 100–120 mmol m^{-2} s^{-1}. Trockenrasen-Pflanzen besitzen sehr hohe **Transpirationsraten**, wenn sie bei feuchtem Boden an Südhängen einer hohen Verdunstungsbeanspruchung ausgesetzt sind. Nach Rychnovská & Úlehlová (1975) können Xerophyten dann pro Stunde viermal so viel Wasser verdunsten, wie sie in der Blattmasse

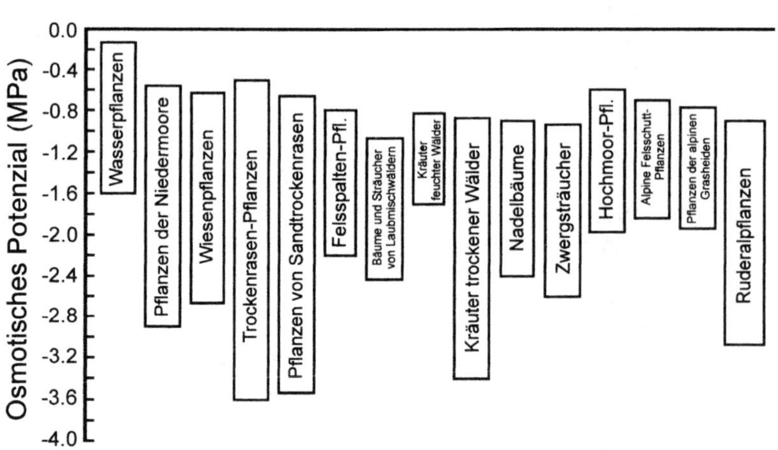

Abb. 18–20 Spannen des osmotischen Potenzials in Presssäften von Pflanzen verschiedener Lebensformen und Lebensräume in Mitteleuropa. Trockenrasen-Pflanzen erreichen nicht nur die niedrigsten Potenziale, sondern auch die größte Variabilität unter den Arten. Nach Walter (1960) in Lösch (2001).

Abb. 18–21 Saisonale Veränderung des osmotischen Potenzials des Presssaftes von sechs Pflanzenarten in Volltrockenrasen des Kraichgau (Nordbayern). Die starke Potenzialabsenkung bei den Zwergsträuchern und *Brachypodium pinnatum* deutet auf aktives Osmotic adjustment hin. Nach Müller-Stoll (1935), etwas verändert.

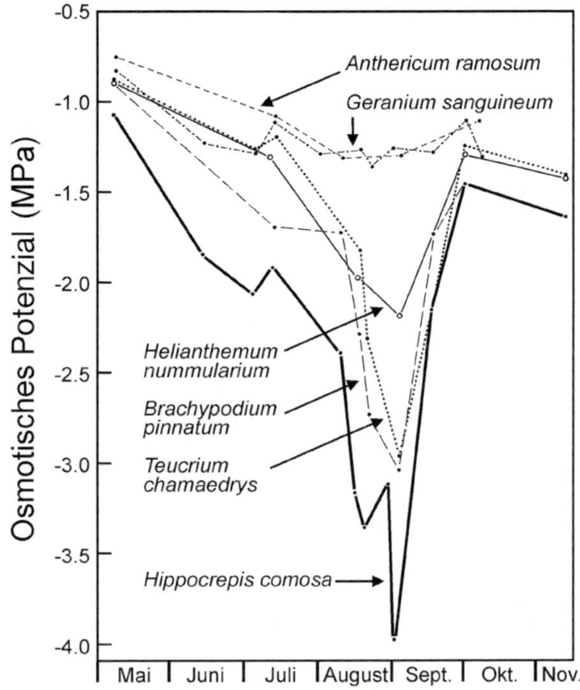

gespeichert haben. Am heißen Südsüdosthang eines böhmischen Trockenrasens transpirierten *Teucrium chamaedrys*-Pflanzen unter diesen Bedingungen mehr als doppelt so viel wie ihre Artgenossen am Nordhang (Slavíková et al. 1983). Auch das Blattalter beeinflusst den Wasserumsatz: Nach dem Mähen erreichen Halbtrockenrasen-Pflanzen generell eine höhere Blattleitfähigkeit als vorher (Kuhn 1984). Das liegt wahrscheinlich daran, dass nach der Mahd relativ wenig Blättfläche relativ zur Wurzelmasse zurückbleibt und außerdem neue, physiologisch aktivere Blätter gebildet werden.

Auch mitteleuropäische Trockenrasen-Pflanzen zeigen deutliche Anzeichen einer **„Mittagsdepression"** der Stomata-Öffnungsweite, wie sie für viele Xerophyten des Mittelmeergebietes charakteristisch ist (Tenhunen et al. 1987). Die stärkste Mittagsdepression ermittelte Kuhn (1984) bei den mesophytischen Arten *Dactylis* und *Trifolium pratense*, die in den nordschweizerischen Mesobrometen während sommerlicher Trockenperioden ihre Blattleitfähigkeit stark und dauerhaft einschränkten. Sie trat aber auch bei der Halbtrockenrasen-Kennart *Bromus erectus* auf, die ihre Leitfähigkeit sensibel nach der Luftfeuchte regulierte. Beim Wiesensalbei fehlte dagegen eine mittägliche Absenkung. Nach diesen Messungen unterscheiden sich die Trockenrasen-Pflanzen erheblich in ihrer Luftfeuchte-Sensitivität der Stomata. Bodentrockenheit stimuliert in den Wurzeln die Synthese des Hormons **Abscisinsäure**, das nicht nur in den Schließzellen zu Stomataschluss führt, sondern auch das Blattwachstum hemmen kann, sodass weitere Wasserverluste vermieden werden (Gowing et al. 1990, Davies & Gowing 1999, Schroeder et al. 2001).

Die Mittagsdepression der Blattleitfähigkeit stellt eine vorbeugende Reaktion der Pflanze auf Wassermangel dar, mit der im Zuge eines „Feedforward"-Regelkreises Wasserverluste in trockener und heißer Luft vermieden werden. Stärkere Wasserverknappung führt zu dauerhafter Spaltenverengung und schließlich zu morphologischen Trockenstress-Antworten. Viele Gräser der Trockenrasen rollen ihre Blätter bei starker Dürre ein. Das Federgras *Stipa pennata* subsp. *eriocaulis* reduziert die Transpiration durch Blattfaltung auf fast die Hälfte (Florineth 1974). Der im gleichen Rasen vorkommende Walliser Schwingel (*Festuca valesiaca*) hält seine borstigen Blattspreiten dagegen ständig eingerollt, verfügt also nicht über eine entsprechende Transpirationsregulation auf morphologischem Wege.

Ausgetrocknete Böden besitzen eine stark herabgesetzte Wasserleitfähigkeit, die die Wasseraufnahme der Wurzeln behindert und auch auf diesem Weg die Transpirationsrate reduzieren kann (Veen et al. 1992). Je trockener der Boden, umso mehr verlagern die Pflanzen ihre Wasseraufnahme in tiefere Bodenschichten (Ehlers 1996). Pflanzen, die auf felsigem Untergrund wachsen, nutzen vor allem das in Felsspalten vorhandene Wasser, in die ihre Wurzeln tief eindringen (Erschbamer et al. 1983). Obwohl bisher kaum genauere Messungen vorliegen, ist es unwahrscheinlich, dass die Wurzelwasseraufnahme von Trockenrasen-Pflanzen nur bis zu einem Bodenwasserpotenzial von –1,5 MPa, also dem bei Kulturpflanzen angenommenen **„permanenten Welkepunkt"**, stattfindet. Vermutlich bestehen unter verschiedenen Trockenrasen-Pflanzen, aber auch zwischen den Jahreszeiten, erhebliche Unterschiede hinsichtlich des Welkepunktes, an dem die Wasseraufnahme gegen null geht. Nach Transpirationsmessungen in südalpinen Steppenrasen ist anzunehmen, dass *Stipa*-Arten und auch *Festuca valesiaca* noch bei Boden-Wasserpotenzialen von –2,5 bis –3 MPa zur Wasseraufnahme fähig sind (Florineth 1974). Slavíková (1965) bestimmte an Trockenrasenpflanzen mit der refraktometrischen Kompensationsmethode sogar maximale „Wurzelsaugkräfte" von 5,3 MPa.

Bei starkem Wassermangel finden Wasserverluste nur noch über die Kutikula statt. Der kutikuläre Transpirationsschutz ist jedoch nicht bei allen Trockenrasen-Pflanzen gut ausgebildet. Austrocknungsversuche von Bornkamm (1958; s. Tab. 18–8) zeigen die Größenordnung der **kutikulären Transpiration** von zehn verschiedenen Trockenrasenarten auf. Die vorwiegend im MESOBROMION auftretenden mesomorphen Arten verlieren danach ihr Wasser rascher als die auch im XEROBROMION häufigen. *Helictotrichon pratense* beispielsweise erreichte das subletale Defizit nach einer rund achtfach längeren Transpirationszeit als *Brachypodium pinnatum* (vgl. Fenner in Smith 1980).

In der Literatur finden sich zahlreiche Versuche, den **pflanzlichen Wasserumsatz** zu typisieren. Beispiele sind die Begriffspaare „stabiler und labiler Wasserhaushaltstyp" von Stocker (1937), „Conformer und Regulator" von Hickman (1970) und „Wassersparer und Verschwender" von Passioura (1982). Bornkamm (1958) gliederte die Arten eines nordwestdeutschen Halbtrockenrasens in solche mit hoher oder geringer maximaler Transpiration, und unterschied zusätzlich Pflanzen mit hohen oder geringen Tagesschwankungen des Wassersättigungsdefizites. Hoher Wasserverbrauch über die Vegetationsperiode erscheint nur dann möglich, wenn eine Pflanze ein tief reichendes Wurzelsystem besitzt, und/oder in Trockenperioden eine sehr sensible Stomaregulation durchführt und Dürrezeiten in inaktivem Zustand überdauert. Ein erhöhter Wasserverbrauch erscheint auch dann möglich, wenn eine stark transpirierende Einzelpflanze in einem Bestand von anderen „wassersparenden" Pflanzen wächst. Keine der vorstehend genannten Typisierungen hat sich jedoch in der Praxis als

Tab. 18–8 Austrocknungsdauer abgeschnittener Blätter bei Pflanzen eines Halbtrockenrasens (Gentianello-Koelerietum) bei Göttingen. Nach Bornkamm (1958)[1].

a Stunden bis zum Verlust der Hälfte des Wassergehaltes der frischen Blätter
b Stunden bis zum Erreichen des subletalen Defizits (d. h. einer Schädigung von etwa 10% der Blattfläche)

Kräuter und Leguminosen	a 50% Verlust	b subletal. Defizit	Gräser	a 50% Verlust	b subletal. Defizit
Scabiosa columbaria	11,3	29,5	*Avenochloa pratensis*	7,9	20,8
Anthyllis vulneraria	15,3	20,1	*Festuca valesiaca*	5,2	16,0
Knautia arvensis	8,1	18,9	*Bromus erectus*	4,9	8,5
Hieracium pilosella	4,9	13,6	*Brachypodium pinnatum*	1,6	2,4
Pimpinella saxifraga	5,9	11,4			
Lotus corniculatus	4,6	7,8			

[1] Mittelwerte von 16 Versuchen, die bei etwa 20 °C und bei 0,09 $cm^3 h^{-1}$ Piche-Evaporation im Zimmer ausgeführt wurden

universell anwendbar erwiesen (Kuhn 1984), weil der Wasserumsatz und die Dynamik des Blattwasserzustandes in starkem Maße von der unterschiedlichen Tiefenerstreckung des Wurzelsystems und damit der Gründigkeit des Bodens sowie vom spezifischen Wasserregime des Kleinstandortes einer jeden Pflanze abhängen.

18.4.1.4 Trockenstress-Effekte auf Photosynthese und Wachstum

Zur **photosynthetischen Leistungsfähigkeit** von Trockenrasen-Pflanzen liegen bisher nur wenige Untersuchungen vor. Trotz hoher sommerlicher Temperaturen haben *Stipa*-Arten Temperaturoptima der Photosynthese, die bei 20 °C oder darunter liegen; lediglich bei *S. pulcherrima* lag das Maximum bei 25 °C (Gloser 1967). Nach diesen Untersuchungen besitzen die Trockenrasen-Gräser *Stipa pulcherrima* und *Melica transsilvanica* deutlich niedrigere lichtgesättigte Photosyntheseraten (A_{max}: 4,6 und 4,9 µmol CO_2 m^{-2} s^{-1}) als viele Frisch- und Feuchtwiesengräser (*Alopecurus pratensis*: 10,7, *Phalaris arundinacea*: 10,8 µmol m^{-2} s^{-1}), die mit geringen maximalen Blattleitfähigkeiten (52–82 gegenüber 189–260 mmol H_2O m^{-2} s^{-1}) verbunden sind. Möglicherweise begrenzen relativ niedrige Blatt-Stickstoffgehalte (1,4–1,7 % N) das Photosynthesevermögen und die Blattleitfähigkeit dieser Steppengräser; die geringe Leitfähigkeit wäre dann teilweise eine Folge von Nährstoffmangel (vgl. Schulze et al. 1994).

Sommerlicher Trockenstress und damit verbundene Wassersättigungsdefizite im Blattgewebe können nach Gloser (1967) die Photosyntheseleistung von Trockenrasen-Gräsern zeitweise deutlich reduzieren. Nach den experimentell ermittelten **Antwortkurven der lichtgesättigten Photosynthese auf Wassersättigungsdefizite** im Blattgewebe war *Bromus erectus* weniger empfindlich gegenüber Wasserverlusten als fünf *Stipa*-Arten, bei denen eine Halbierung der Photosyntheseleistung bereits bei Wasserverlusten von 15–25 % des Sättigungs-Wassergehaltes sichtbar wurde (s. Abb. 18–22). Entsprechende Wasserverluste traten bei allen sechs untersuchten Grasarten am Freilandstandort auf oder wurden sogar deutlich überschritten. Sommerliche Dürre reduziert danach nicht nur das Blattwachstum, sondern auch die CO_2-Assimilation mitteleuropäischer Trockenrasen-Pflanzen. Dabei bleibt zunächst offen, ob stomatäre oder biochemische Limitierung für die Leistungsabnahme des Photosyntheseapparates verantwortlich ist.

Wahrscheinlich besitzen viele der in Mitteleuropa heimischen Crassulaceen, darunter die *Sedum*- und *Sempervivum*-Arten, den nach dieser Familie benannten diurnalen Säurestoffwechsel (**CAM**, Schuber & Kluge 1979, 1981). Nach diesen Autoren führen die Mauerpfeffer-Arten *Sedum acre* und *S. mite* dennoch überwiegend Photosynthese nach dem C3-Weg durch. Nur in Trockenperioden wird der CAM-Weg verstärkt genutzt; dieser trägt aber auch dann nur wenig zum Kohlenstoffgewinn der Pflanzen bei.

Wie sehr sommerliche Trockenheit den Zuwachs vieler Trockenrasen-Pflanzen limitieren kann, lässt sich aus den Messungen von Rychnovská & Úlehlová (1975) an Steppengräsern mährischer Trockenrasen erkennen: *Bromus*

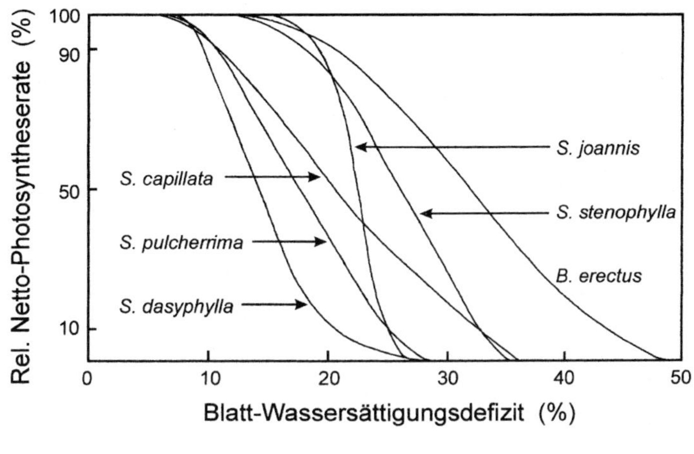

Abb. 18–22 Abnahme der lichtgesättigten Netto-Photosyntheserate (relative Einheiten) von fünf *Stipa*-Arten und *Bromus erectus* bei einer Zunahme des Blatt-Wassersättigungsdefizites von 0 auf 50 %. Die Trespe erwies sich in ihrem Photosynthesevermögen als weniger empfindlich gegenüber Wasserverlusten als die Federgräser; andererseits verringert *Bromus* den Blattzuwachs bei Trockenheit unter Freilandbedingungen früher als *Stipa pulcherrima* (vgl. Abb. 8–23). Nach Gloser (1967), verändert.

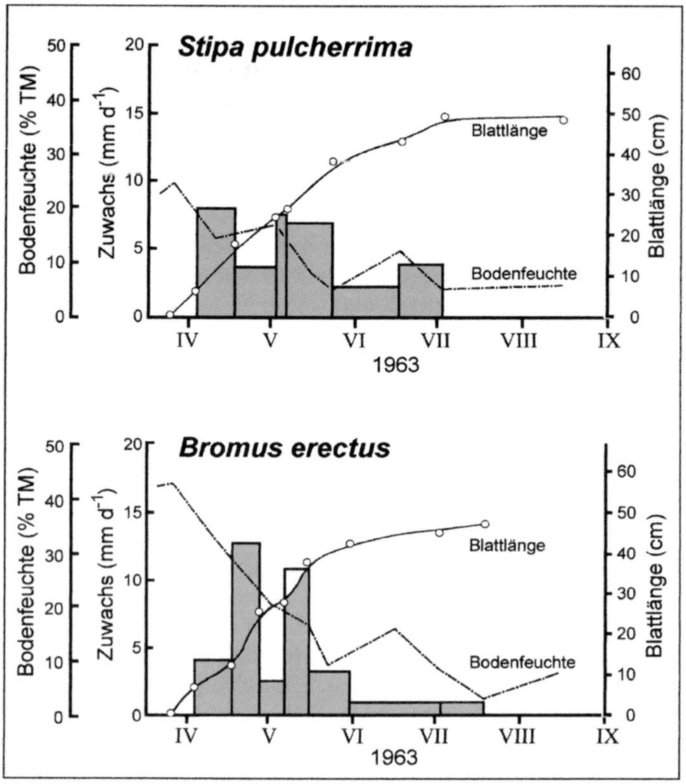

Abb. 18–23 Saisonale Veränderung von Blattlänge und täglichem Blattzuwachs (Balken) von *Stipa pulcherrima* und *Bromus erectus* in Abhängigkeit von der Bodenfeuchte in einem mährischen Trockenrasen im Sommer 1963. Während *Stipa* auch im trockenen Juni und Juli noch Blattwachstum zeigte, schränkte *Bromus* sein Wachstum bereits Ende Mai fast vollständig ein. Nach Rychnovska & Ulehlova (1975), etwas verändert.

erectus zeigte nur im April und Mai bei Bodenfeuchten über 10 % **Blattzuwächse**; die stärker trockenheitsertragende *Stipa pulcherrima* vergrößerte ihre Spreitenlänge immerhin noch bis Ende Juni (s. Abb. 18–23). Im Gegensatz zu den Pflanzen der bodenfrischen Mähwiesen, die auch im Hoch- und Spätsommer noch erhebliche, wenn auch reduzierte Zuwächse zeigen (s. Abb. 19–39), hatten beide Trockenrasen-Gräser ab Juli keinen nennenswerten Blattzuwachs mehr. Die früh im Mai getriebenen Spreiten waren erwartungsgemäß weniger xeromorph als jene aus dem trockenen Juni oder Juli (Rychnovská & Úlehlová 1975). Trockenheit reduziert jedoch nicht nur die Blattlänge, sondern auch die Höhe der Halme und die Größe der Blütenstände, wie ein Vergleich von *Bromus erectus* an Standorten mit verschiedenen Bodenfeuchten zeigt (s. Tab. 18–9).

Unter Wassermangel bilden die meisten Pflanzen **kleinere und dickere Blätter** aus und reduzieren auf diesem Wege den Wasserverlust langfristig. Der Echte Gamander (*Teucrium chamaedrys*) besaß in einem nordwestböhmischen Trockenrasen auf dem Vulkanberg von Oblik umso größere und dünnere Blättchen und hatte auch eine größere Gesamtblattfläche, je höher der Bodenwassergehalt war (Slavíko-

Tab. 18–9 Vitalität von *Bromus erectus* an Standorten von verschiedener Feuchtigkeit. Nach Angaben von Quantin (1960).

Standorts-feuchtigkeit	Gesellschaft	Länge[1] der Halme (cm)	Rispen (mm)	Ährchen (mm)
sehr trocken	Felsflur	15– **36**– 47	51– **62**– 72	10–**15**–21
trocken	Xerobrometum	42– **68**– 81	83– **90**– 97	17–**21**–24
mäßig trocken	Mesobrometum	102–**113**–121	105–**125**–140	20–**23**–25

[1] jeweils an mehreren 1000 Exemplaren gemessen; **fett** = Mittelwert

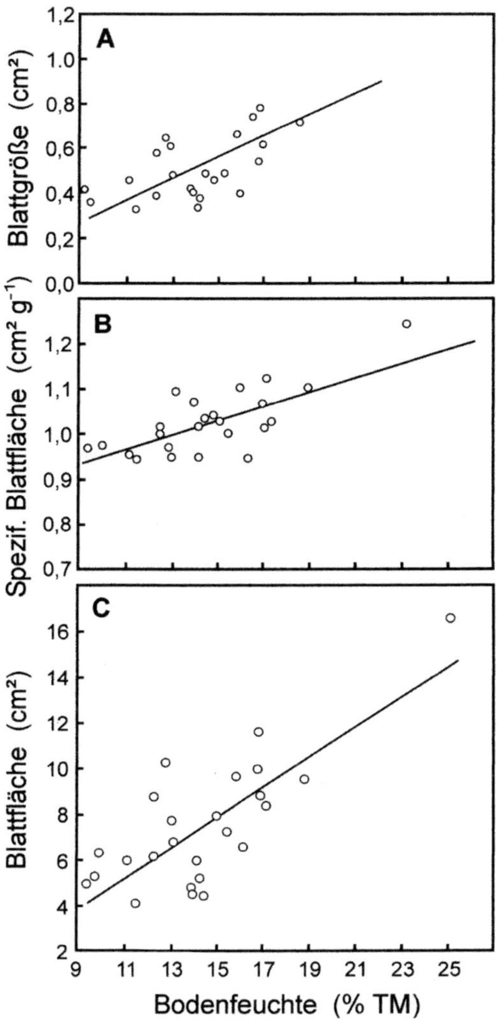

Abb. 18–24 Abnahme von Blattgröße, spezifischer Blattfläche und Gesamt-Blattfläche von *Teucrium chamaedrys*-Pflanzen in den Trockenrasen von Oblik in Nordwestböhmen mit sinkendem Bodenwassergehalt. Nach Slavikova et al. (1983), etwas verändert.

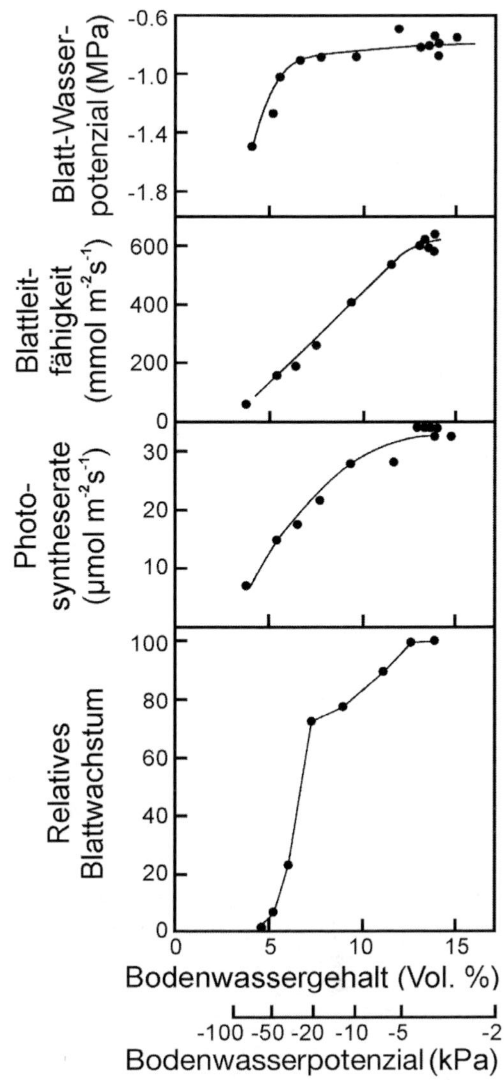

Abb. 18–25 Blatt-Wasserpotenzial, Blattleitfähigkeit, Photosyntheserate und relative Blattstreckungsrate von Weizen und Lupine in Abhängigkeit vom Bodenwassergehalt bzw. -potenzial (Mittel von 4 bzw. 10 Pflanzen). Nach Henson et al. (1989), verändert.

vá et al. 1983; s. Abb. 18–24). Ursache dieser engen Abhängigkeit von der Bodenfeuchte ist vor allem die starke **Trockenstress-Empfindlichkeit der Zellstreckung**, die schon bei geringer Turgorabnahme eingeschränkt wird (Mullet & Whitsitt 1996; s. Abb. 18–25). Bei vielen Pflanzen ist zudem das Blatt- und Sprosswachstum sensitiver gegenüber Wassermangel als jenes der Wurzeln (Spollen et al. 1993), sodass bei steigender Austrocknung die Oberfläche der Wasser aufnehmenden Feinwurzeln relativ zur Blattfläche zunimmt. Wurzelspitzen wachsen noch bei deutlich niedrigeren Wasserpotenzialen als Sprossmeristeme, bei Mais noch bei –1,4 MPa (Sharp et al. 1988). Betrachtet man nur das stark verringerte Sprosswachstum, so ergibt sich also ein falsches Bild von den Produktionseinbußen der Trockenrasen-Pflanzen bei Dürre.

Pflanzen, die auch bei Austrocknung des Oberbodens ihr **Wurzelwachstum** fortsetzen können, besitzen einen entscheidenden Konkurrenzvorteil an extremen Trockenrasen-Standorten (Barth 1978). Die Fähigkeit zu Wurzelwachstum in trockenen Böden wird durch Synthese niedermolekularer Osmolyte (z. B. Prolin) in den Wurzelzellen unterstützt, die im Zuge der Austrocknung, stimuliert durch Abscisinsäure, vermehrt synthetisiert werden; sie tragen dazu bei, dass der Turgor in den Wurzelmeristemen aufrechterhalten wird (Turner & Jones 1980, Ober & Sharp 1994). Wurzeln, die in trockenem Boden gebildet werden, unterscheiden sich auch anatomisch von denen feuchterer Böden (Bohner et al. 2003). Bei *Bromus erectus* besitzen die Wurzeln trockener Böden ein mehrschichtes Perikambium, einen vergrößerten Zentralzylinder, ein dickwandiges Rindenparenchym und relativ viele Wurzelhaare. Wächst die Trespe dagegen in feuchtem oder gar durchnässtem Boden, werden in der Wurzelrinde zunehmend große Interzellularräume ausgebildet und Rinde und Endodermis nehmen einen meso- bis helomorphen Charakter an (s. Abb. 18–26).

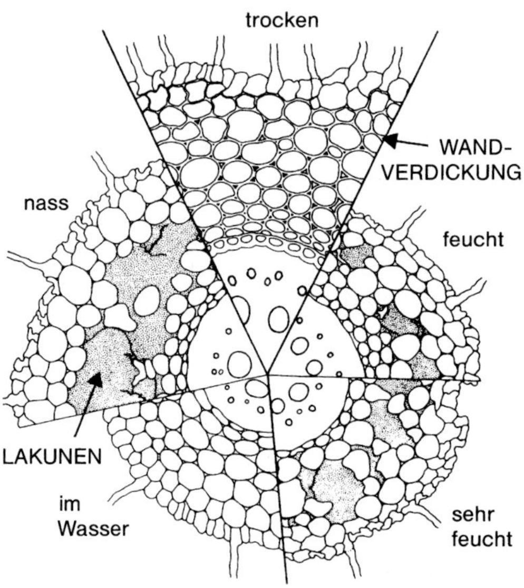

Abb. 18–26 Querschnitte durch gleich alte Wurzeln von *Bromus erectus* aus Böden von unterschiedlicher, konstant gehaltener Feuchtigkeit. Nach Untersuchungen und Entwürfen von Rehder aus Ellenberg (1963).
In dem normalen, relativ trockenen Boden (oberer Sektor) hat das Rindenparenchym stark verdickte Wände und keine Lakunen. In feuchtem, luftarmem Boden (beide Sektoren rechts) bilden alle Wurzeln mehr oder minder große lufterfüllte Hohlräume (punktiert) aus. Bei Überstauung mit Wasser werden die Rindenlakunen im durchnässten Boden noch größer (links oben), während die im Wasser flutenden Würzelchen fast ohne Interzellularen bleiben (links unten). Der Besatz mit Wurzelhaaren ist um so geringer, je luftärmer das Substrat ist.

Die meisten mitteleuropäischen Trockenrasen-Pflanzen besitzen aus diesem Grund viel größere Wurzel-Spross-Verhältnisse als Pflanzen bodenfrischer und feuchter Grasländer (s. Abb. 18–27, s. Kap. 18.6.1.2). Die Trockenrasen-Xerophyten passen sich an Trockenheit aber nicht nur mit einem weit reichenden Wurzelsystem an, sondern auch mit einer besseren Wasserleitung im Spross und in der Wurzel. Diese wird durch die **relative Leitfläche** charakterisiert, d. h. den Quotienten aus der Querschnittsfläche aller Xylemgefäße im Stängel und der Oberfläche der versorgten Blätter (Huber-Wert). Besonders hohe relative Leitflächen unter den Trockenrasen-Pflanzen (> 0,010 $mm^2\ m^{-2}$) besitzen nach Müller-Stoll (1935) Zwergsträucher wie *Thymus pulegioides* oder *Teucrium montanum*, die unter extremer Sonneneinstrahlung ihre immergrünen Blätter ganzjährig mit Wasser versorgen müssen. Xerophytische Sonnenkräuter wie *Potentilla verna*, *Hieracium pilosella* und *Euphorbia cyparissias* verhalten sich intermediär (0,007–0,010 $mm^2\ m^{-2}$), während im Halbschatten der Gebüsche wachsende Saumpflanzen wie *Ge-*

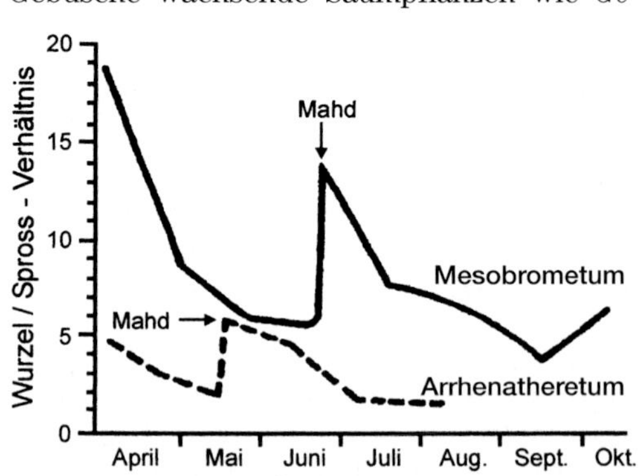

Abb. 18–27. Jahreszeitliche Veränderung im Verhältnis der unterirdischen zur oberirdischen Biomasse eines Halbtrockenrasens und einer Glatthaferwiese. Nach Pilat (1969), verändert. Nach der Mahd sowie am Ende des Winters überschreitet das Wurzel/Spross-Verhältnis im Halbtrockenrasen den Wert 15, weil ein großer Teil der oberirdischen Organe abgestorben oder ganz verschwunden ist. In der Glatthaferwiese ist das Verhältnis stets niedriger.

ranium sanguineum, *Helleborus foetidus* und *Securigera varia* vergleichsweise geringe blattflächenbezogene Leitfähigkeiten aufweisen (0,002–0,007 mm^2 m^{-2}, Müller-Stoll 1935).

Auch bei Arten, die wenig trockenheitsempfindlich sind, führen Dürreperioden zum Absterben von Teilen des **Feinwurzelsystems**; dies wird durch erhöhte Totwurzelmassen im Boden sichtbar. Die Pflanze schützt sich gegen Wasserabgabe in den Boden, indem Wurzelhaare, Wurzelrinde und oft auch die jüngsten Wurzelspitzen sowie feine Seitenwurzeln abgestoßen werden. Dürretolerante Pflanzen besitzen die Fähigkeit, das abgestorbene Fein- und Schwachwurzelsystem rasch zu regenerieren und neue Wurzeln in Richtung auf feuchte Bodenbereiche vorzuschieben (Drew 1987). Abnehmende Wasserverfügbarkeit kann sogar zu einer Vergrößerung der Feinwurzeloberfläche führen, offenbar indem Verzweigung und Wurzelhaarbildung durch Trockenheit stimuliert werden (Kutschera 1960). Ein hohes Wachstumspotenzial der Wurzeln unter wechselnden Bodenfeuchte-Bedingungen und eine schnelle Wurzelregeneration nach Dürreschäden ist sicher eine entscheidende Voraussetzung für die erfolgreiche Besiedlung von Trockenstandorten.

Die **poikilohydren Moose und Flechten** weichen der Trockenheit zeitlich aus, indem sie auch bei niedrigen Temperaturen (z. T. unter dem Gefrierpunkt) eine positive Photosyntheseleistung haben und daher gerade in der kalten Jahreszeit und der morgendlichen Kühle wachsen können, wenn hohe Luftfeuchte und Tau vorhanden sind (Lösch et al. 1997; s. Kap. 14). Auch die Therophyten gehören zu den Trockenstress-Vermeidern (s. Kap. 18.4.1.1 Nr. 6).

18.4.2 Anpassung an Nährstoffmangel

Es mag zunächst überraschen, dass Trockenrasen-Standorte mit Nährstoffmangel in Verbindung gebracht werden, sind deren Ausgangsgesteine wie Kalke, Dolomite oder Löss doch überwiegend reich an Nährstoffen. Dass den Trockenrasen-Pflanzen dennoch nur mäßige bis geringe Nährstoffmengen zur Verfügung stehen, hat vor allem die folgenden Ursachen:

1) Erosion, an Hängen oft durch menschliche Aktivitäten verstärkt, begrenzt die Profiltiefe und damit den verfügbaren Wurzelraum oft auf wenige Zentimeter (s. Tab. 18–3). Verluste des Auflagehumus durch Erosion wirken besonders aushagernd.

2) Sommerliche Trockenheit hemmt die mineralisierende Aktivität der Boden-Mikroorganismen. Die Nachlieferung von Mineralstickstoff und anderen Nährstoffen kann daher in Dürreperioden auf geringe Raten abfallen (s. Kap. 18.6.2).

3) Vor allem Phosphor, aber auch Eisen und Zink, sind in kalkreichen Böden oft schlecht verfügbar. P wird als schwer lösliches Kalziumphosphat festgelegt und ist zudem als HPO_4^{2-} vorhanden, das schwerer aufnehmbar ist als $H_2PO_4^-$ in sauren Böden; Fe tritt bei pH 6–7 fast ausschließlich als schlecht aufnehmbares Fe^{3+} auf. Die Humusarmut steiler Trockenrasen-Hänge verstärkt diesen Mangel.

4) Bodenaustrocknung kann die pflanzliche Nährstoffaufnahme auch auf hydraulischem sowie physiologischem Wege behindern: Niedrige Wassergehalte reduzieren den Transport von Wasser und Nährstoffen aus dem Boden zur Wurzel; das gilt vor allem für langsam diffundierende Elemente wie Phosphor. Misra & Tyler (1999) fanden in trockenen Böden geringere Phosphorgehalte in der Bodenlösung als in feuchtem; dies spiegelte sich teilweise in den pflanzlichen P-Gehalten wider. Absterbende Feinwurzeln und infolge Trockenheit verringerte Nährstoffaufnahme über die Membranen der Wurzelzellen könnten den Nährstoffmangel zusätzlich verstärken.

5) Beweidung und Mahd, wie sie früher üblich waren, haben den Nährstoffmangel der Trockenrasen durch Nährstoffentzug noch verstärkt, zumal das trockene „Ödland" nicht gedüngt wurde.

Vergleichende Untersuchungen zu den **Nährstoffgehalten in der Biomasse** unterschiedlich bodenfeuchter Grasland-Gesellschaften zeigten, dass basische Halb- und Volltrockenrasen sowohl durch Stickstoff als auch durch Phosphor limitiert sein können. In trockenen Magerrasen waren nämlich die P-Gehalte in der Biomasse um ein Mehrfaches geringer, und die N/P-Verhältnisse deutlich höher als in bodenfeuchten Gesellschaften wie z. B. Kohldistelwiesen und Großseggenrieden (Kausch & Leuschner, unveröff.; s. Abb. 18–28). Düngungsexperimente in Kalk-Magerrasen belegen tatsächlich **Wachstumslimitierung** sowohl durch N- als auch durch P-Mangel (Bobbink 1991, Willems et al. 1993, Wilson et al. 1995).

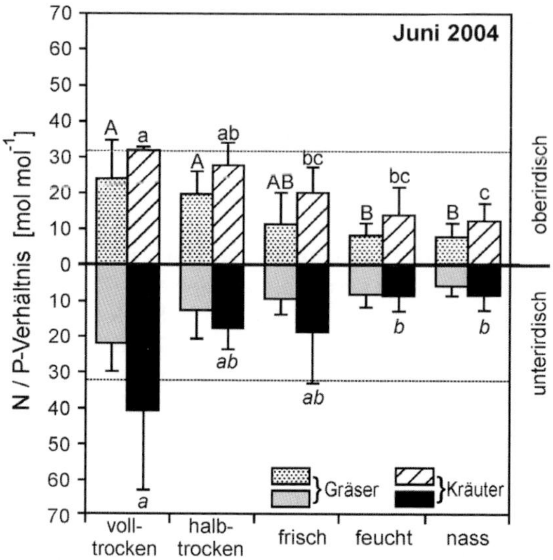

Abb. 18–28 N/P-Verhältnis in der oberirdischen und unterirdischen Biomasse von verschiedenen Grasland-Gesellschaften in Mittel- und Südwestdeutschland, die sich in ihrer Wasserversorgung unterschieden (volltrocken: Xerobrometum, halbtrocken: Mesobrometum, frisch: Glatthaferwiese, feucht: Kohldistelwiese, nass: Großseggenried). Es wurden jeweils vier nicht gedüngte Bestände untersucht und die Biomasse der Grasartigen und Kräuter getrennt analysiert. Nach Kausch u. Leuschner (unveröff.).

In nordschweizerischen Mesobrometen war die Begrenzung durch P-Mangel nach Köhler et al. (2001) sogar gravierender als jene durch N. Dieser Befund deckt sich mit Erfahrungen aus der Landwirtschaft, nach denen in gut mit Kalium versorgtem Grasland P-Düngung wie eine NPK-Volldüngung wirkt, zumal P vor allem die Leguminosen fördert, die ihrerseits die N-Versorgung verbessern (Klapp 1971). Kalium dürfte am ehesten in den ton- und glimmerarmen Quarzsandböden limitierend wirken (Oomes & Mooi 1985), weil in diesen Substraten die Freisetzung von nicht-austauschbarem K aus dem Schichtzwischenraum der Silikate gering ist und das Element schnell ausgewaschen wird (Scheffer & Schachtschabel 2002). In englischen Kalk-Magerrasen wurden Hinweise auf Wachstumslimitierung durch P, N, K und auch Fe gefunden (Smith 1980).

Wie alle bisher untersuchten Gräser und überhaupt fast alle Höheren Pflanzen werden die Trockenrasen-Gräser *Bromus* und *Brachypodium* durch steigende Stickstoffgaben bis zu einem hoch über der natürlichen Versorgung liegenden Optimum gefördert. Das Ausmaß der Wachstumssteigerung ist aber bei den Arten der trockenen Magerrasen geringer als bei „anspruchsvolleren" Obergräsern wie z. B. *Arrhenatherum* und *Dactylis* (Sharifi 1983). Ein hohes Wachstumspotenzial von Gräsern ist an zwei Schlüsseleigenschaften gebunden: (1) die Fähigkeit zur Ausbildung leistungsfähiger Aufnahmesysteme für N, P und andere Nährstoffe in den Wurzeln, wenn die Nährstoffverfügbarkeit hoch ist, und (2) die Ausbildung von zarten, großen Blättern mit hohen N-Gehalten, die in der Photosynthese sehr leistungsfähig, jedoch relativ kurzlebig sind. Arten nährstoffarmer Standorte fehlt die **Nährstoff-Aufnahmeeffizienz bei hoher Nährstoffverfügbarkeit**, sodass sie vom reichen Angebot weniger profitieren und schnell überwachsen werden. Diese Pflanzen besitzen jedoch eine **höhere Nährstoffökonomie des Wachstums** als die nährstoffbedürftigen, schnellwüchsigen Arten. Das drückt sich vor allem in einem geringeren Verbrauch an N, P und anderen Nährstoffen für die Ausbildung neuer Blatt- und Sprossbiomasse aus, was eine größere Nährstoffeffizienz der Produktivität bedeutet (NP, ausgedrückt als g gebildeter Biomasse pro g in der Pflanze vorhandener Nährstoffe, Ingestad 1979). Die Blätter dieser Arten enthalten weniger Stickstoff, leben jedoch länger; langlebige Blätter sind aber auch dicker, besitzen eine kleinere Oberfläche und sind weniger leistungsfähig pro Blattmasse. Diese Unterschiede werden bei einem Vergleich der Blattspreiten des schnellwüchsigen Fettwiesen-Grases *Alopecurus pratensis* und des langsamwüchsigen Kalkmagerrasen-Grases *Koeleria pyramidata* deutlich.

Pflanzen magerer Standorte erhöhen ihre Nährstoffökonomie zusätzlich, indem sie nur geringe Nährstoffverluste mit dem Streufall zulassen. Das erreichen sie durch effiziente **Nährstoffrückverlagerung** aus den absterbenden Blättern und pflanzeninterne Nährstoffallokation in Speicherorgane, seien dies Wurzeln, Rhizome oder Blattmeristeme an der Stängelbasis, aus denen die Nährstoffe im Frühjahr für den Austrieb remobilisiert werden. Messungen zur pflanzeninternen Stickstoffverlagerung vor dem Blattabwurf ergaben jährliche Rückflüsse, die zwischen 10 und 60 % des jährlichen N-Bedarfs der Pflanze schwankten (Hirose 1971, Werner 1983, Bobbink et al. 1989). Nährstoffmangel erhöhte die relative Bedeutung des Rückflusses. Allerdings besaßen Arten, die an nährstoffarmen Standorten vorkommen (wie z. B. *Brachypodium pinnatum* und *Molinia caerulea*), keine wirksamere N-Verlagerung als solche reicherer Böden (z. B. *Solidago-*, *Elymus-* und *Epilobium*-Arten, Werner 1983).

Noch sehr unvollständig ist unser Wissen über die Bedeutung der **Mykorrhiza** für das Wachstum und die Vitalität der Magerrasen-Pflanzen. Fast alle besitzen eine Mykorrhiza, sei es eine vesikulär-arbusculäre oder eine Orchideen-Mykorrhiza. Nach Streitwolf-Engel et al. (1997) hängt die Produktivität von *Prunella*-Arten u. a. von der jeweiligen Pilzart ab, die die Wurzel infiziert hat; die Diversität der Mykorrhiza-Pilze kann danach das Wachstum der Arten und damit wahrscheinlich die Artenzusammensetzung der Vegetation beeinflussen.

Experimente in Kalk-Magerrasen zeigen, dass eine einzige starke **Düngung** genügt, um einen Trespen-Halbtrockenrasen in eine vom Glatthafer und seinen Begleitern beherrschte Fettwiese zu verwandeln (Ellenberg 1952a, Zoller 1954). Diese mesophytischen Arten verdrängen also die vom N-Bedarf her eher genügsame Aufrechte Trespe, indem sie den zusätzlichen Stickstoff zur Ausbildung eines dichteren Blattwerks mit höherer Produktion nutzen. Auch das Silbergras wird bei N-Zufuhr vom Landschilf oder anderen produktiven Gräsern überwachsen (Weigelt 2001). Somit darf nicht nur die Trockenheit, sondern oftmals die Magerkeit der Böden als Hauptgrund dafür gelten, dass *Bromus* oder *Corynephorus* in den Magerrasen, unbehindert durch überlegene Konkurrenten, zur Herrschaft gelangen.

Weil Fettwiesen oberirdisch mehr produzieren als Trespen-Halbtrockenrasen, das Wasserangebot jedoch unverändert bleibt, wurden Düngungsexperimente vielfach dahingehend interpretiert, dass Stickstoff Wasser als pflanzliche Ressource teilweise ersetzen würde. Tatsächlich senkt N-Düngung den auf die Produktion bezogenen Wasserbedarf (also den **Transpirations-Koeffizienten**) des Rasens, und gleicht damit einen möglichen höheren Wasserverlust infolge größerer Blattfläche teilweise oder vollständig aus (s. Kap. 19.5.3 a). Ob ein tieferes oder intensiveres Wurzelsystem der einwandernden Fettwiesenarten zu einer größeren Ausschöpfung des Bodenwassers führt, lässt sich noch nicht abschließend beantworten.

18.4.3 Anpassung an Hitzestress

Kein mitteleuropäischer Lebensraum ist einer vergleichbaren Hitzebelastung ausgesetzt wie die südexponierten Rasen, in denen Höchsttemperaturen an Pflanzenoberflächen von 50 °C, an der Bodenoberfläche von 70 °C und darüber gemessen wurden. In südalpinen Steppenrasen bestimmten Larcher et al. (1989) im Hochsommer bei den C 3-Gräsern *Stipa capillata*, *S. eriocaulis* und *Carex humilis* Hitzeresistenz-Grenzen für die besonders betroffene Sprossbasis von 65 °C, bei dem C 4-Gras *Bothriochloa ischaemum* sogar von nahezu 70 °C. In extremen Hitzeperioden ist demnach bei den C 3-Gräsern, nicht jedoch bei dem C 4-Gras, mit einer Hitzehemmung der Photosynthese zu rechnen. Keimungs- und Wachstums-Experimente mit den beiden Trockenrasen-Gräsern *Festuca valesiaca* und *F. rupicola* zeigten, dass die Sämlinge hitzeempfindlicher als die alten Pflanzen waren und dieser Faktor bei der erfolgreichen Besiedlung von Extremstandorten eine wichtige Rolle spielt (Hroudová-Pucelíková 1972).

18.4.4 Anpassung an basische und saure Böden

Trockene Magerrasen besiedeln das gesamte, in mitteleuropäischen Böden vorkommende pH-Spektrum von stark sauer bis alkalisch. In keinem anderen Vegetationstyp drückt sich dieser bodenchemische Gradient deutlicher in der Artenzusammensetzung der Vegetation aus als in diesem. Kalk-Magerrasen werden von calcicolen (kalkholden) Arten (bzw. Ökotypen) beherrscht, bodensaure Rasen dagegen von calcifugen (kalkmeidenden) Pflanzen.

Streng **calcifuge** (bzw. acidophile) **Arten**, wie z. B. *Deschampsia flexuosa*, *Danthonia decumbens* und *Silene viscaria*, kommen vorzugsweise in bodensauren Rasen vor, kümmern dagegen in Kalk-Magerrasen. Sie sind in der Regel relativ tolerant gegen hohe Al^{3+}- und Mn^{2-}-Konzentrationen wie auch gegenüber anderen potenziell toxischen Elementen in der Bodenlösung (Foy & Fleming 1978, Runge 1983). Auf Kalkböden erleiden diese Pflanzen Kalkchlorosen, die auf Eisenmangel und/oder Phosphormangel, verbunden mit einer Überempfindlichkeit gegenüber HCO_3^-, zurückgeführt werden (Kinzel 1982). Im Gegensatz zu calcicolen Arten ist ihre Fähigkeit zur Ausscheidung von phosphor- und eisenlösenden organischen Säuren gering (vgl. Kap. 4.5.2.6 a). Sowohl P als auch Fe, aber auch Mn und Zn, sind in Kalkböden schlecht verfügbar, da sie großenteils in schwer löslichen Verbindungen festliegen.

Wie Düngungsexperimente von Tyler & Olsson (1993) zeigten, wird die calcifuge Art *Silene viscaria* auf Kalkböden vor allem durch P-Mangel behindert, und nicht etwa durch hohe Ca- oder HCO_3^--Konzentrationen. Tyler (1994) vermutet daher, dass viele calcifuge Arten in erster Linie durch ihre Unfähigkeit zur P- und Fe-Mobilisierung von den Kalk-Magerrasen ausgeschlossen werden. Nach bodenchemischen Untersuchungen von Führer (2005) in verschiedenen Gesellschaften des Gentiano-Koelerietum spielt dagegen Eisenmangel eine bedeutendere Rolle als Phosphormangel. Im Hinblick auf die Fe- und P-Mobilisierung sind die **calcicolen Pflanzen** der Kalk-Magerrasen den calcifugen Pflanzen überlegen, weil sie weit mehr Oxalsäure und Zitronensäure ausscheiden. Erstere löst in Kalkböden sehr wirkungsvoll das Phosphat, Letztere das Eisen, sodass beide pflanzenverfügbar werden (Ström et al. 1994). Eisenmobilisierung durch die Ausscheidung von Zitronensäuren oder anderer organischer Chelatoren (Phytometallophoren) führen vor allem basiphile Gräser durch; dikotyle Pflanzen wie manche Fabaceen und Brassicaceen scheiden dagegen Protonen über die Wurzel aus, die Eisen zur zweiwertigen Transportform reduzieren. Auch im Hinblick auf andere Nährelemente, die auf Kalkböden schlecht verfügbar sind (z. B. Mn, Zn), haben calcicole Pflanzen leistungsfähige Mechanismen zur Mobilisierung und Aufnahme entwickelt (Marschner 1993). Hohen Kalziumkonzentrationen in der Zelle, die auf Kalkböden unvermeidlich sind, begegnen calcicole Pflanzen mit der Ausfällung als Ca-Oxalat in der Vakuole. Auf sauren Böden werden sie durch hohe Al^{3+}-, Fe^{2+}- und Mn^{2+}-Konzentration geschädigt; manche Arten sind auch gegenüber NH_4^+ empfindlich (vgl. Kap. 17.4.2 b).

Mehr als bei anderen ökophysiologischen Phänomenen ist der Gegensatz von calcicolen und calcifugen Arten durch multiple Kausalität bedingt; er lässt sich also nicht durch einen einzigen Faktor erklären (Kinzel 1982). Weitere Eigenschaften, die in diesem Zusammenhang eine Rolle spielen, sind insbesondere der Mykorrhiza-Typ und die Form der Stickstoffernährung (s. hierzu Kap. 4.5.2.6 c und Schlenker 1968, Gigon & Rorison 1972, Falkengren-Grerup 1995 u. a.).

Wie viele Kalkpflanzen haben auch die **„Dolomitpflanzen"** in Reinkultur eine recht weite Amplitude im Hinblick auf die Bodenazidität, gedeihen also auch mit Kalziumkarbonat sowie auf recht sauren Substraten. Viele von ihnen keimen nach Boukhris (1967) sogar schlechter auf Dolomit als auf magnesiumarmem Boden. Umgekehrt gibt es aber einige Vertreter der Kalk-Magerrasen, die auf Dolomit fehlen, weil sie hohe Mg-Konzentrationen nicht zu ertragen vermögen. Experimentell wiesen dies Cooper & Etherington (1974) und Cooper (1975) beispielsweise bei *Helianthemum nummularium, Koeleria pyramidata* und *Plantago media* nach, während *Lotus corniculatus* gegen Dolomit tolerant war. Typische Dolomitpflanzen sind nach Kinzel (1982) wahrscheinlich deshalb gegen hohe Mg/Ca-Verhältnisse unempfindlich, weil sie nur wenig Ca benötigen, während Mechanismen zur Vermeidung von Mg-Toxizität eher sekundäre Bedeutung zu haben scheinen (vgl. Kap. 20.4.2). Der Mg-Gehalt verschiedener Dolomite variiert in der Natur erheblich; das Ca/Mg-Verhältnis liegt jedoch meist über 1.

18.5 Populationsbiologie und Synökologie

18.5.1 Phänologie

Schon im Vorfrühling lockt die auf den nackten, vom Winter her feuchten Boden strahlende Sonne in lückigen Magerrasen die ersten Therophyten hervor (z. B. *Erophila*- und *Veronica*-Arten, *Holosteum umbellatum* und *Saxifraga tridactylites*), die rasch zur Fruchtreife gelangen und bald verschwunden sind. An den im Sommer trockensten Standorten ist der Anteil dieser winzigen Kräuter besonders groß, weil der Rasen hier viele Lücken aufweist. Die meisten Seggen und Gräser schossen ebenfalls schon lange, bevor die Laubwälder ergrünen; sogar bei den später blühenden Arten regen sich Wurzeln und Blätter zeitig. Doch wirkt das Grün der Trockenrasen niemals frisch; stets spielt es ein wenig ins Gelbe, Braune oder Graue. Um so bunter sind die vielgestaltigen Blüten der Kräuter, die einander mit leuchtend gelben, blauen, violetten, roten oder weißen Farbtönen bis in den Sommer hinein überbieten und ablösen. Im Hochsommer lässt das Blühen nach, und viele Blätter dörren aus. Im „Restgrün" an den Blattbasen der Hemikryptophyten konzentrieren sich die Nährstoffe. Geophyten beginnen die im Sommer assimilierten Kohlenhydrate und Nährstoffe in ihre unterirdischen Organe zu verlagern. Nur der würzige Duft des Thymians und anderer Kräuter, deren ätherische Öle in der Sonnenhitze verströmen, bleibt auch jetzt noch an Händen und Kleidern haften. Der Spätsommer ist für die meisten Pflanzen also eine relative Ruhezeit. Im Herbst beginnt vereinzelt ein neues Sprossen und Blühen, und zwar insbesondere in beweideten Magerrasen, in denen sich die Blühzeiträume länger hinstrecken als in den gemähten Rasen mit frühsommerlichem phänologischem Höhepunkt (Zoller 1954). Zu diesen Spätblühern gehören z. B. *Gentianella germanica* und *G. ciliata*. Der Winter ist für alle ausdauernden Partner der Rasengemeinschaften hart. Die Schneedecke bleibt oftmals dünn (s. Abb. 6–8) und fehlt wochen- oder monatelang ganz, bietet also niemals einen Kälte- und Transpirationsschutz. Nur wenige immergrüne Tiefwurzler wie *Teucrium montanum* und *Artemisia campestris* oder Sukkulente wie *Sempervivum*- und *Sedum*-Arten sind auch der winterlichen Trockenheit gewachsen. Es ist aber bezeichnend, dass sie in dem relativ milden submediterranen Klima des Südwestens häufiger auftreten als im kontinentaleren Osten Europas, wo die Gefahr des Erfrierens größer ist.

18.5.2 Samenbank, Keimung und Ausbreitung

Die Mehrzahl der Kalk- und Sandmagerrasen-Arten besitzt nur kurzlebige Samen, die oft nur 2 bis 3 Jahre keimfähig bleiben (Bekker et al. 1998, Krolupper & Schwabe-Kratochwil 1998, Poschlod & Bonn 1998, Sendtko 1999, Partzsch 2005). Manche Arten fehlen in der **Diasporenbank**, in die man auch vegetative Verbreitungseinheiten, z. B. Brutknospen, sowie Kryptogamen einbezieht, sogar vollständig (vgl. Bernhardt 1991). Mangel an Diasporen beeinflusst vielerorts den Verlauf von sekundären Sukzessionen in Magerrasen und erschwert Maßnahmen zur Restitution gestörter Bestände. Das ist angesichts der oft recht hohen Samendichten (in Magerrasen 4 000–83 000 m^{-2}, Poschlod et al. 1991, Jentsch & Beyschlag 2003, Partzsch 2005) zunächst erstaunlich. Andererseits sind in der Diasporenbank manche Arten vertreten, die im aktuellen Bestand nicht mehr vorkommen oder nie vorkamen, beispielsweise *Chenopodium album* und *Pinus sylvestris*, während typische Magerrasen-Arten fehlen (Thompson 1986). Wie schon Thompson & Grime (1979) feststellten, **stimmt die Diasporenbank niemals mit der aktuellen Vegetation überein** (s. Tab. 18–10).

Durch die Tätigkeit von Bodentieren gelangen nicht wenige Diasporen in mehr als 10 cm Bodentiefe, wo sie z. B. bei Aufforstungen kaum noch gestört werden. Unter einem dicht geschlossenen Fichtenforst, aus dem alle Vertreter des ehemals vorhandenen, unter lang dauernder Beweidung entstandenen Gentiano-Koelerietum wegen Lichtmangels verschwunden waren, fanden Poschlod & Jordan (1992) noch 2832 keimfähige Samen pro m^2, d. h. kaum weniger als in der angrenzenden Kalkmagerrasen-Brache (3256 m^{-2}). Man kann also die vor einiger Zeit verschwundene Kalk-Magerweide aus der Samenbank reaktivieren, allerdings in geringerem Maße, als das nach den Ergebnissen der Samenbank-Untersuchungen möglich erscheint (Kollmann & Staub 1995). Es laufen zwar zahlreiche Samen nach einer Bodenbearbeitung auf; doch gehen die meisten Keimlinge bald zugrunde, vor allem durch Bodentrockenheit (Ryser 1990). Das gilt z. B. auch für Leguminosen wie *Medicago lupulina*, deren Samen besonders lange keimfähig bleiben. Außerdem fehlen ja in der Samenbank von vornherein manche charakteristische Arten. Zu einem ähnlichen Ergebnis kamen auch Bakker et al. (1990).

Manche Arten der Kalk-Magerrasen werden in ihrer **Keimung** durch Moos- und Flechtendecken behindert, so z. B. *Carlina vulgaris* und *Euphrasia officinalis* in niederländischen Gentiano-Koelerieten (Keizer et al. 1985). In Sand-Trockenrasen unterdrückt insbesondere *Polytrichum piliferum* die Keimung von Höheren Pflanzen erfolgreich. Nach van Tooren (1990) könnte die Keimung von *C. vulgaris* und *Origanum vulgare* nicht nur durch Lichtmangel oder Trockenheit, sondern auch durch allelopathische Effekte der Moose eingeschränkt werden. Auf der anderen Seite können feuchte Moospolster für manche Arten ein geeignetes Keimbett darstellen, wenn sie nicht zu dicht sind. Möglich erscheint schließlich, dass die Keimung von Sandrasen-Pflanzen durch bio-

Tab. 18–10 Aktuelle Vegetation und Samenbank in Kalk-Magerrasen des Strohgäus. Nach Poschlod & Jordan (1992), etwas verändert[1].

	Akt. Veg.		Diasporenbank				Akt. Veg.		Diasporenbank		
	1	2	0–2	2–6,5	6,5–13		1	2	0–2	2–6,5	6,5–13
Brachypodium pinnatum	2	5				*Achillea millefolium*	2	+	8		
Avenochloa pratensis	2					*Euphorbia cyparissias*	2	+	24	48	40
Koeleria cristata	1					*Lotus corniculatus*	1	+	24	16	8
Trisetum flavescens	1					*Origanum vulgare*	2	+	264	280	168
Agrimonia eupatoria	2	+				*Festuca ovina*	2	+	16	8	
Securigera varia	+	1				*Bromus erectus*	2	r	8		
Dianthus carthusianorum	1					*Galium verum*	1	1	16	72	8
Geranium pratense	1					*Centaurea jacea*	+	r			8
Knautia arvensis	1					*Thymus pulegioides*	2		24	16	16
Sanguisorba minor	1					*Potentilla neumanniana*	1		64	56	
Stachys recta	1					*Linum catharticum*		+	8	8	
Ononis repens	+					*Poa pratensis*			872	336	48
Cirsium arvense	1	1				*Medicago lupulina*			240	248	104
Cirsium eriophorum		r				*Hypericum perforatum*			8		
Lamiastrum galeobdolon	r		Waldpflanze			*Trifolium repens*					8
Galium aparine		r				*Polygonum aviculare* agg.			8		
Torilis japonica		+				*Chenopodium album*				16	8
Campanula rotundifolia	1					*Pimpinella saxifraga*				8	
Prunus spinosa	1	+	Strauch			*Chenopodium polyspermum*				8	
Prunus avium	+		Baum			*Pinus sylvestris*	Baum				8
Carex flacca	+		48	48	16	*Sambucus nigra*	Strauch			16	

[1] Zwei Fazies eines brachgefallenen Mesobromion-Rasens und Zahlen der keimfähigen Diasporen in der Samenbank pro m^2 in 0–13 cm Bodentiefe nahe der Aufnahme 1 im Jahre 1991.
In der Diasporenbank sind weniger als die Hälfte der im Rasen vorkommenden Arten vertreten. Sogar das herrschende Gras (*Brachypodium*) fehlt darin, verfügt aber über Rhizome.

logische Krusten behindert wird, also an der Sandoberfläche lebende, oft artenreiche Gemeinschaften aus Cyanobakterien, Flechten, Algen und Moosen (Hach et al. 2005); Entsprechendes wurde auch in Wüsten beobachtet (Prasse 1999, Büdel 2002).

Viele Gefäßpflanzen der trockenen Magerrasen sind daher in der Keimung an regelmäßige **Störungen** gebunden. Fränkische Silbergrasrasen weisen durch die Aktivität von Kaninchen und Ameisen auf 1–15 % der Fläche eine gestörte Oberfläche auf, auf der *Corynephorus canescens*, *Spergula morisonii* und *Teesdalia nudicaulis* bevorzugt keimen (Jentsch et al. 2002). Kleinräumige Störungen durch Kaninchen, Mäuse, Wildschweine (Treiber 1997), Ameisen (s. z. B. Smith 1980) und andere Tiere sind daher in Sand- wie auch Kalk-Magerrasen eine wichtige Ursache der Artenvielfalt, weil sie die Regeneration konkurrenzschwacher Pflanzen ermöglichen.

Obwohl in trockenen Magerrasen die Mehrzahl der als Pioniere auftretenden Arten vom Wind verbreitet wird, haben die meisten der bisher untersuchten Pflanzen ausgesprochen kleine **Ausbreitungsdistanzen** im Dezimeter- oder Meterbereich (z. B. *Teesdalia nudicaulis*, Frey et al. 1999, *Corynephorus canescens*, Jentsch

2001). Manche von Ameisen verbreiteten Arten wie *Carex humilis* sind daher ausgesprochen ortstreu und können als Zeiger alter Magerrasen-Standorte dienen (Krause 1940, Schuhwerk 1990). Wahrscheinlich spielen bei der Fernausbreitung dieser Arten andere Medien oder seltene Extremereignisse eine wichtige Rolle, so wandernde Tiere und gelegentliche Stürme in den Sandrasen. Auf die große Bedeutung der **Wanderschäferei** für die Artenzusammensetzung mitteleuropäischer Grasländer wird in Kapitel 3.4.1 und 19.5 eingegangen (vgl. Fischer et al. 1996, Poschlod et al. 1998). Welche Arten in Trockenrasen Dominanz erlangen, hängt nach Maurer et al. (2003) allerdings weniger von den Ausbreitungsstrategien ab, als von der Fähigkeit, sich klonal auszubreiten.

Trotz dieser Einschränkungen können sich manche Trockenrasen-Pflanzen dennoch in offenem Neuland erstaunlich rasch ausbreiten, sei es auf Felsabstürzen, Straßenrändern, Brandflächen, Brachäckern oder in Kalksteinbrüchen (Smith 1980). Meistens wirkt weidendes Vieh bei solchen sekundären Sukzessionen mit. Es beschleunigt die Ausbreitung von endo- oder epizoochoren Rasenpflanzen, z. B. von *Trifolium repens* und *Plantago media*, sowie von solchen, deren Verbreitungseinheiten in Fellen und den Hufen mitwandern. Die meisten Partner der Trockenrasen, vor allem die Pioniere der sekundären Gesellschaften, sind aber Windwanderer, namentlich die Federgräser und viele Kompositen. Samen von *Stipa pulcherrima* flogen bis zu 34 m weit (Sendtko 1999). Im Xerobrometum des Westjuras z. B. stellte Quantin (1935) fest, dass 51 % der Arten zu den **Anemochoren** gehören, 16 % als Zoochore gelten dürfen und der Rest keine speziellen Verbreitungseinrichtungen besitzt. In den flachgründigsten Felsheiden (s. Tab. 18–1), die immer nur inselartig vorkommen, machen die Windwanderer sogar 68 % aus.

18.5.3 Einfluss von Konkurrenz auf die Artenzusammensetzung

Das Vorkommen oder Fehlen der Trockenrasen-Pflanzen am natürlichen Standort ist in starkem Maße von Konkurrenzprozessen abhängig, wie Experimente und Lebensraumvergleiche zeigen (Hall 1971, Marti 1994). Viele Arten leben in den Trockenrasen zwar weitgehend unbehelligt durch beschattende Sträucher und Bäume, aber an der Grenze ihrer eigenen Existenzfähigkeit. Mit anderen Worten ausgedrückt, **liegt ihr ökologisch-soziologisches Optimum im Bereich ihres physiologischen Minimums**. Das konnte man in den extremen Trockenjahren 1947, 1949 und 1952 besonders gut beobachten. Nicht die Kulturwiesen, sondern die steppenähnlichen Trockenrasen wurden in den Dürresommern am meisten geschädigt. *Bromus erectus* und andere Gramineen starben auf großen Flächen völlig ab. Tiefwurzler wie *Salvia pratensis* und *Centaurea scabiosa* blieben neben den zu Stroh gebleichten Gräsern völlig grün. Wer aber für die Zukunft große Verschiebungen im Artengleichgewicht erwartet hatte, sah sich schon im feuchten Sommer 1953 getäuscht. Aus älteren Samen erneuerten sich *Bromus erectus*, *Koeleria pyramidata* und andere, im Vorjahr vertrocknete Arten erstaunlich rasch. Ein entscheidender Konkurrenzvorteil von *Bromus* beruht nach Cerletti (1997) auf dessen Fähigkeit, nach der Samenkeimung rasch ein recht tief reichendes Wurzelsystem aufzubauen. Auf weniger schluffreichen Böden waren die Horste der Aufrechten Trespe meistens nicht ganz abgestorben (s. Abb. 18–29). Dort ging die Regeneration noch schneller vor sich.

Schon Wilczek et al. (1928) kamen aufgrund ihrer Beobachtungen im Rhone-, Rhein- und Po-Gebiet zu dem Schluss, die Aufrechte Tres-

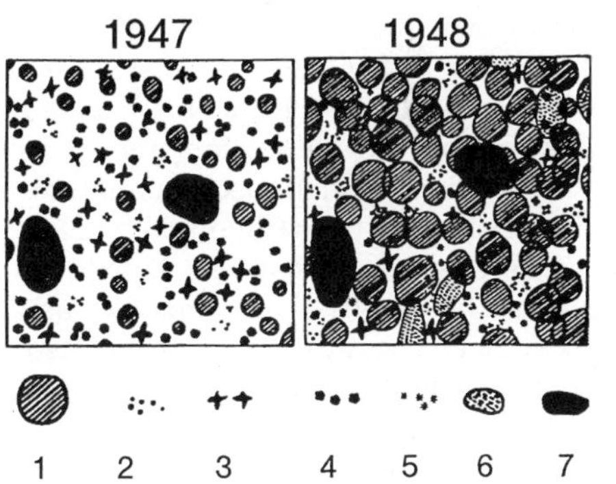

Abb. 18–29 Auswirkung eines extremen Dürrejahres (1947) und eines überdurchschnittlich feuchten Jahres (1948) auf eine 1 × 1 m große Probefläche eines Halbtrockenrasens (Mesobrometum salvietosum). Nach Lüdi & Zoller (1949), etwas verändert.
1 = horstbildende Gräser, meist *Bromus erectus*, 2 = *Picris hieracioides*, 3 = *Salvia pratensis*, 4 = *Daucus carota*, 5 = *Centaurea jacea*, 6 = *Lotus corniculatus*, 7 = *Medicago sativa*. Kartierungen jeweils im August, bei Villnachern im Kanton Aargau (vgl. Abb. 18–34).

pe sei „eine im wesentlichen lichtliebende" und „verhältnismäßig wärmeliebende" Pflanze. Es sei falsch, sie als „ausgesprochen xerophil" anzusehen, denn in trockenen Gegenden verhalte sie sich „mehr hygrophil" entsprechend dem „Gesetz" von der relativen Standortskonstanz von Walter. Im Wallis herrscht sie deshalb nur an Schatthängen (Braun-Blanquet 1961) und im submediterranen Gebiet zieht sie sich sogar in den Halbschatten lichter *Buxus*-Gebüsche zurück. Selbst auf der klimatisch viel weniger trockenen Schwäbischen Alb bevorzugt sie nach Kuhn (1937) „durchaus nicht die trockensten Standorte".

Ohne Konkurrenten, also in Einzel- oder Reinkultur, wächst *Bromus* am besten an mäßig feuchten bis feuchten Standorten. Wie Ellenberg (1953b) im **„Hohenheimer Grundwasserversuch"** zeigte, beträgt in Sandboden die optimale Grundwassertiefe 35 cm, vorausgesetzt, dass das Wasser nicht zu kalkarm ist (s. Abb. 18–30). In dieser Hinsicht verhält sich *Bromus* wie *Arrhenatherum* und *Dactylis glomerata*, also ausgesprochen mesophile Wiesengräser (s. Kap. 19.4.2.2). Ähnlich diesen hat sie auch eine weite Amplitude zur nassen Seite hin. An trockenen Standorten nimmt *Bromus*, wie schon in Kapitel 18.4.1.4 erwähnt, im Bau der Stängel und Blätter eine skleromorphe Struktur an, wodurch seine Zuwachsleistung geringer wird. Trotzdem setzt sie sich gerade auf trockenen Böden gegen hochwüchsige Wiesengräser am besten durch. In Mischsaaten mit *Arrhenatherum*, *Alopecurus pratensis* und *Poa palustris* wird die Trespe in ihrem physiologischen Optimalbereich fast ganz unterdrückt und erreicht nur bei Grundwassertiefen von mehr als 75 cm nennenswerte Anteile am Bestand (s. Abb. 18–30). Aber auch auf dauernd nassem Boden kann sie sich behaupten. Bei Mischkultur auf Lehmboden zeigt sie in Bezug auf den Wasserfaktor zwei relative Optima, eines in der Nähe ihres physiologischen Minimums und eines in der Nähe des Maximums, also zum Frischeren hin (s. hierzu auch Austin 2005).

In den Konkurrenzexperimenten von Sharifi (1983) in Lehmboden erwies sich *Alopecurus* als die konkurrenzstärkste Art, weil sie in Mischkultur eine ähnliche Nische besetzt hielt wie in Reinkultur. *Arrhenatherum* wurde wie im Hohenheimer Grundwasserversuch von *Alopecurus* in trockenere, stickstoffärmere Bedingungen abgedrängt, während *Bromus* sich beiden Konkurrenten gegenüber bei hohem wie niedrigem Wasserstand als unterlegen erwies. Ködderitzsch, Zielke und Leuschner (unveröff.) haben die Produktivität von drei Trockenrasen-Gräsern (*Bromus erectus*, *Brachypodium pin-*

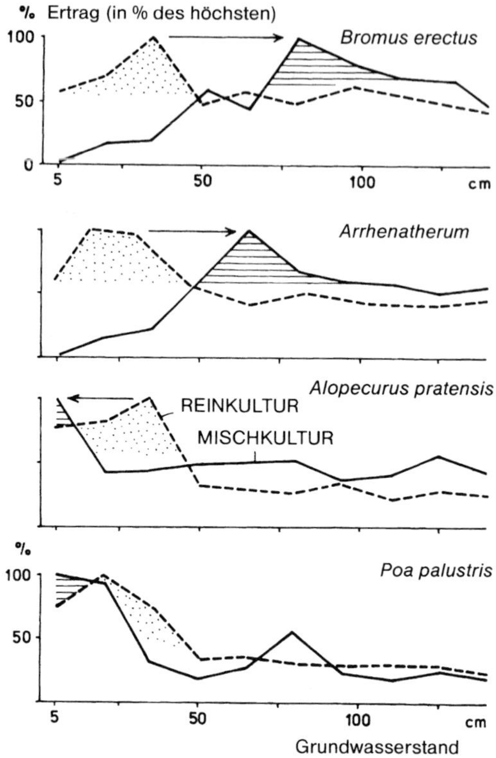

Abb. 18–30 In Reinkultur haben Trockenheitszeiger (wie die Aufrechte Trespe), „mesophile" Arten (wie der Glatthafer, *Arrhenatherum)* und Feuchte- bzw. Nässezeiger (wie Wiesen-Fuchsschwanz, *Alopecurus pratensis,* und Sumpfrispe, *Poa palustris)* ungefähr das gleiche Feuchtigkeitsoptimum, nämlich bei etwa 25–35 cm tief stehendem Grundwasser in Sandboden. Durch gegenseitige Konkurrenz in Mischkultur verdrängen sich die vier Grasarten sämtlich aus diesem Bereich, und zwar in Richtung auf ihr Häufigkeitsmaximum in Wiesen. Nach Ellenberg (1953), verändert.
Punktiert = physiologischer Optimalbereich, schraffiert = Optimalbereich bei Einwirkung von Konkurrenten. Die Pfeile betonen die Verschiebung der Optima.
Zu grundsätzlich gleichen Ergebnissen kam Sharifi (1978) bei Lysimeterbecken-Versuchen mit *Bromus, Arrhenatherum* und *Alopecurus* unter trockenen Klimabedingungen in lehmigem Boden. Wegen der stärkeren kapillaren Hebung des Grundwassers war dessen optimaler Abstand von der Bodenoberfläche jedoch größer.

natum und *Koeleria pyramidata*) in Reinkultur und Mischkultur mit fünf wuchsstarken Frisch- und Feuchtwiesen-Gräsern bei abgestufter Bodenfeuchte studiert. Alle Arten hatten ihr physiologisches Optimum bei mittlerer Bodenfeuchte (15 Vol.%) und wurden sowohl durch Trockenheit als auch durch erhöhte Bodenfeuchte beeinträchtigt (s. Abb. 18–31). *Alopecurus* war wie erwartet besonders konkurrenzstark, weil wenig durch zwischenartliche Konkurrenz beeinflusst. Die Ergebnisse dieser Autoren bestätigen weiterhin, dass die Aufrechte Trespe von den konkurrenzstarken Gräsern *Alopecurus pratensis* und *Dactylis* aus ihrem physiologischen Optimum bei 15 % Feuchte in trockenere Bereiche abgedrängt wird. Allerdings zeigte dieser Versuch bei *Brachypodium pinnatum*, *Koeleria pyramidata* und *Alopecurus aequalis* kein unterschiedliches Verhalten in Rein- und Mischkultur. **Nischenverlagerung** als Folge von zwischenartlicher Konkurrenz ist danach offenbar keinesfalls die Regel, sondern wahrscheinlich an das Zusammentreffen von Partnern gebunden, bei denen die Konkurrenzbeziehung in sehr starkem Maße asymmetrisch ist. Konkurrenz findet dabei nicht nur zwischen den Sprosssystemen statt, sondern vor allem auch im Wurzelbereich, wie Marti (1994) und Grubb et al. (1997) für Kalk-Magerrasen und Weigelt (2001) für bodensaure Sandrasen zeigen konnten. In dieser Interaktion spielen auch die VA-Mykorrhizen der Gräser eine wichtige Rolle (Zobel & Moora 1995, West 1996), die zahlreiche Pflanzenarten miteinander verbinden und zu einem Assimilataustausch unter den Arten führen können (Grime et al. 1987).

Die experimentellen Ergebnisse zum Verhalten von *Bromus* werden durch dessen Vorkommen in der Natur bestätigt: Neben dem bekannten ökologischen Optimum in Kalk-Halbtrockenrasen tritt die Art lokal auch als Sumpfpflanze auf. In der Oberrheinischen Tiefebene und in Feuchtgebieten westlich des Bodensees z. B. wächst *Bromus erectus* gemeinsam mit den Arten der Kleinseggen- oder Pfeifengraswiesen auf zeitweilig sehr nassen, kalkreichen Böden. In den südrussischen Steppengebieten hält sich die Trespe überhaupt nur an nasse Senken, ist dort also ganz zum Helophyten geworden.

Die an *Bromus erectus* durchgeführten Versuche bekräftigen, wie groß die Bedeutung der Konkurrenz für das Zustandekommen bestimmter Artenkombinationen ist, und wie vorsichtig wir sein müssen, wenn wir aus dem Vorkommen einer Pflanzenart in der Natur auf ihre „Ansprüche" schließen wollen. Bei experimenteller Prüfung erwies sich die Aufrechte Trespe als ein relativ wärmebedürftiges, mesophiles und nur mäßig durch Stickstoff gefördertes, hohe Säuregrade meidendes Gras, das als Futter beliebt ist und daher von Weidetieren rasch geschwächt wird. Physiologisch gesehen, ist sie weder xerophil noch stickstofffliehend und darf auch nicht als ausgesprochen kalkliebend gelten. Erst durch ihre Wettbewerber wurde sie in Mitteleuropa zu einem Indikator für trockene, magere sowie kalkreiche Böden.

18.5.4 Ursachen des Artenreichtums in Magerrasen

Kalk-Magerrasen gehören mit bis zu 40 Pflanzenarten pro m^2 bzw. bis zu 80 Arten pro 4 m^2 zu den **artenreichsten mitteleuropäischen Lebensräumen.** Warum sind diese Rasen so viel artenreicher als z. B. Fettwiesen, Salzrasen oder Kleinseggenriede? Sowohl Wasser- als auch **Nährstoffmangel** spielen sehr wahrscheinlich eine diversitätsfördernde Rolle, weil Ressourcen-Limitierung das Vorherrschen konkurrenzstarker Fettwiesenarten verhindert und damit die Koexistenz zahlreicher langsamwüchsiger, konkurrenzschwacher Magerrasen-Arten ermöglicht (Grime 1981, Keel 1995). Das gilt auf jeden Fall für die Flechten, deren Artenzahl in Rasen mit geringer Krautschichtdeckung am höchsten ist. In einem Vergleich nordostdeutscher Magerrasen fand Dengler (2004) eine lineare Zunahme der Gefäßpflanzen-Diversität mit wachsendem Deckungsgrad des Bestandes. Das lässt vermuten, dass in diesen Magerrasen auch die Produktivität mit der Artenzahl ansteigt, solange die konkurrenzstarken Fettwiesengräser nicht vertreten sind.

Braakhekke & Hooftman (1999) messen dem gleichzeitigen Wirken von mehreren wachstumsbegrenzenden Nährstoffen (N, P und K) besondere Bedeutung für die Aufrechterhaltung der Artenvielfalt in Magerrasen zu, weil Arten mit unterschiedlichen Nährstoffansprüchen dann nebeneinander vorkommen können, ohne sich intensive Konkurrenz zu machen (**„resource balance hypothesis" der Diversität**).

Andere Autoren betonen die diversitätsfördernde Rolle von regelmäßigen, nicht zu starken Störungen (z. B. Weigelt 2001, Jentsch & Bey-

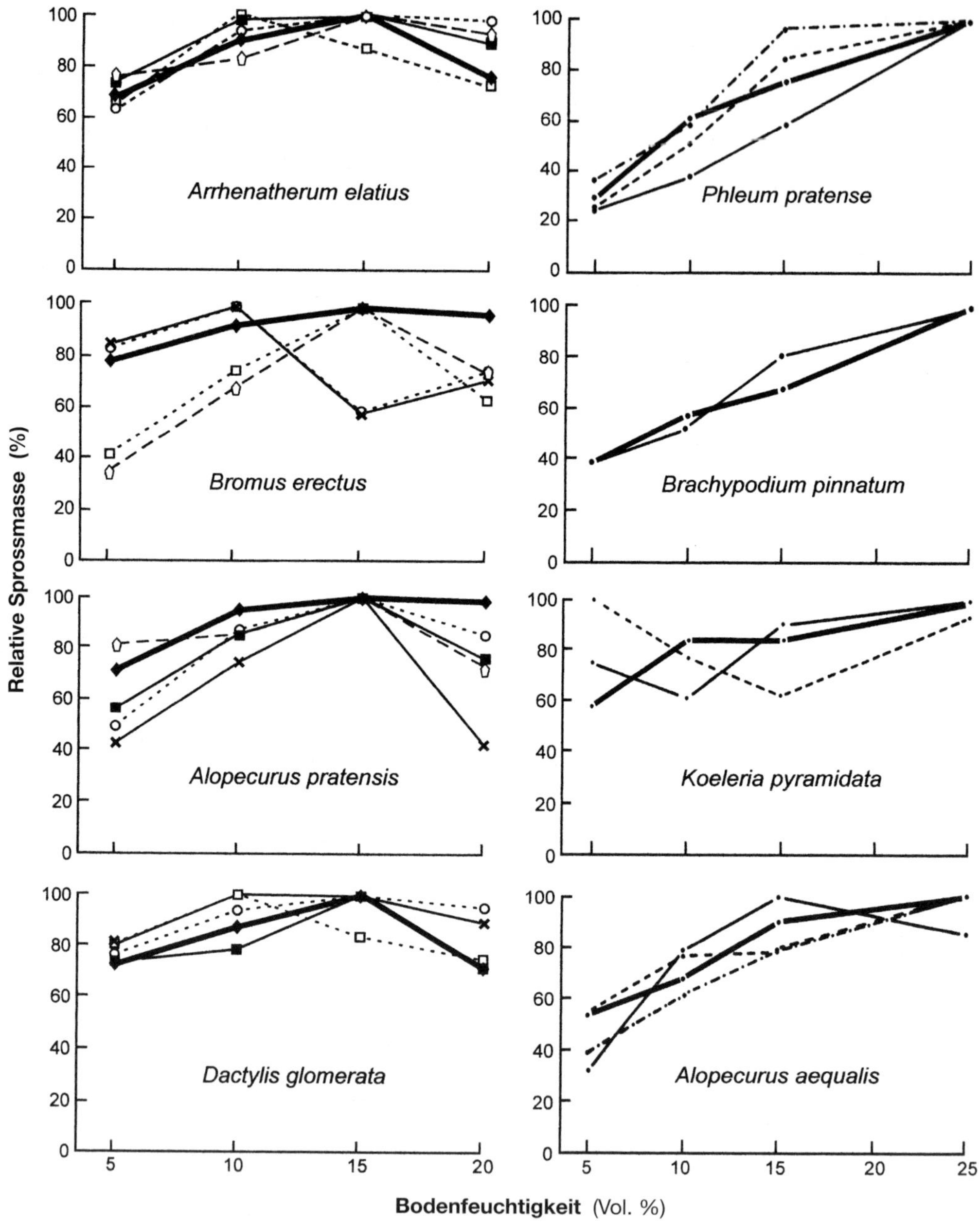

Abb. 18–31 Zuwachs an Sprossmasse von acht Grasarten feuchter bis trockener Standorte in Rein- und Mischkultur in Abhängigkeit von der Bodenfeuchte.
Der Sprossmassenertrag wurde relativ zum höchsten, von der jeweiligen Art erzielten Zuwachs (= 100 %) aufgetragen. Die fette Linie ist das Wachstum in der Reinkultur der jeweiligen Art, die anderen (dünnen) Linien betreffen die Produktivität in verschiedenen Mischkulturen. Eine eindeutige Verschiebung des ökologischen Optimums (Wachstum in Mischkultur) gegenüber dem physiologischen Optimum (Wachstum in Reinkultur) trat bei keiner der acht Arten auf, angedeutet jedoch bei den Trockenrasen-Gräsern *Bromus erectus* und *Koeleria pyramidata*.
Nach Zielke, Ködderitzsch u. Leuschner (unveröff.).

schlag 2003), die zahlreichen weniger konkurrenzstarken Arten **Regenerationsnischen** eröffnen. Tatsächlich sind viele Sand- und auch manche Kalk-Magerrasen durch einen ausgesprochen hohen Umsatz an Individuen und Arten auf kleinem Raum in kurzer Zeit gekennzeichnet, also durch eine **hohe Mobilität der Arten innerhalb des Rasens** (Sykes et al. 1994). In genau untersuchten Kalk-Magerrasen im Südosten Schwedens verschwanden auf $10 \times 10\ cm^2$ großen Dauerflächen im Mittel drei Arten pro Jahr, während drei andere neu hinzutraten. Nach Herben et al. (1994), Frey & Hensen (1995) und Klinkhamer et al. (1996) ist dieser kleinräumige Artenwechsel, den van der Maarel & Sykes (1993) als „Arten-Karussell" bezeichneten, vor allem vom klonalen Ausbreitungsvermögen der Arten abhängig. Je besser das Nährstoffangebot, umso höher war der Umsatz der Individuen (Marti 1994). Mehrere Arten könnten danach auf engem Raum koexistieren, wenn sie unterschiedlich mobil bzw. verschieden langlebig sind.

Sicherlich nicht zutreffend ist die z. B. von van der Maarel & Sykes (1993) und Mahdi et al. (1989) geäußerte Annahme, die verschiedenen Magerrasen-Arten hätten dieselben Habitatansprüche und würden daher in ihren Nischen weitgehend überlappen (Grubb 1986). Tatsächlich unterliegt die Wasser- und Nährstoffversorgung nicht nur einer erheblichen kleinräumigen Variabilität (Ozinga et al. 1997), sondern diese schwankt auch zeitlich sehr stark, wie die gründlichen Untersuchungen von Gigon & Leutert (1996) in einem nordschweizerischen Mesobrometum zeigten. Zu dieser Heterogenität tragen Tiere (neben Mäusen, Ameisen und Kaninchen auch Wurzelherbivore), Mykorrhiza-Pilze (Ozinga et al. 1997) und pathogene Bodenmikroorganismen (Blomqvist et al. 2000) sowie die saisonal und interannuell schwankende Witterung entscheidend bei. Standörtlich sehr heterogen sind auch die kleinen Bestandeslücken, die für die Samenkeimung entscheidend sind (Cerletti 1997). Weil sich verschiedene Arten an diese **Heterogenität der Ressourcen** unterschiedlich angepasst haben, entstehen viele unterschiedliche funktionale Nischen in dem auf den ersten Blick eher homogenen Magerrasen (Schlüsselloch-Schloss-Prinzip der Koexistenz).

Die hohe Diversität in Trockenrasen wird nicht zuletzt durch den viele hundert Arten umfassenden Artenpool entsprechend angepasster Gefäßpflanzen (s. Kap. 18.1.1) bedingt, der dazu beiträgt, dass Lücken schnell besiedelt werden (Zobel et al. 2000, Pärtel 2002). Auch biotische Faktoren können zur Artenvielfalt beitragen. Nach van der Heijden (2002) könnte eine größere **Vielfalt an arbusculären Mykorrhiza-Pilzen** für die pflanzliche Diversität von Grasländern förderlich sein. In Makrokosmos-Experimenten schöpften zudem Pflanzenbestände mit einer artenreichen arbuskulären Mykorrhiza den Phosphorvorrat des Bodens effizienter aus als Graslandsysteme mit artenarmer Mykorrhiza (van der Heijden et al. 1998). Das Vegetationsmuster und die Artenvielfalt in Rasen-Gesellschaften wird auch von den Bodentieren beeinflusst, so durch den spezifischen Effekt von Nematoden und pathogenen Pilzen auf die Vitalität bestimmter Pflanzen (Olff et al. 2000).

18.6 Produktivität und Stoffumsätze

18.6.1 Produktivität

18.6.1.1 Oberirdische Produktivität

Nährstoffmangel und zeitweilige Trockenheit hemmen die pflanzliche Stoffproduktion so sehr, dass die hier behandelten Rasen-Gesellschaften schon immer als ertragsarm galten und in großen Teilen Mitteleuropas als „Ödland" angesehen wurden. Für westdeutsche Mesobrometen werden nur 100–120 g m^{-2} als Vorrat an **oberirdischer Pflanzenmasse** angegeben (Hundt 1954, Klapp 1965), ein Bruchteil der Masse von Frischwiesen. Entsprechende Werte für südmährische Federgras- und Schwingelrasen liegen bei 111–163 g m^{-2} und für Federgrasrasen der Südalpen bei 178–270 g m^{-2} (Rychnovská et al. 1972, Florineth 1974). Lückige Felsband-Gesellschaften und therophytenreiche Sand-Pionierfluren erreichen in vielen Fällen weniger als 100 g m^{-2}. An Nordhängen siedelnde Halbtrockenrasen können aber eine bedeutende Moosbiomasse aufweisen, die nach During (1990) allein 70–80 g m^{-2} ausmacht.

Entsprechend gering ist die **oberirdische Produktivität**. Klapp (1965) nennt für Mesobromion-Gesellschaften Heuerträge von 81–143 g m^{-2} a^{-1}, Hundt (1954) und Dierschke & Briemle (2002) von 180–400 g m^{-2} a^{-1}. Letztere Werte stehen bereits für Rasen im Übergang zu trockenen Arrhenathereten, in denen etwa 200–500 g m^{-2} a^{-1} bestimmt wurden. Bodenfrische Futterwiesen erbringen mindestens 500–700 g m^{-2} a^{-1} (s. Abb. 19–44). Gluch (1973) bestimmte die oberirdische Netto-Primärproduktion in nichtgenutzten lückigen Blaugrashalden und Halbtrockenrasen bei Jena und fand nur sehr geringe Werte (in g m^{-2} a^{-1}):

Blaugrashalde (Teucrio-Seslerietum)	28
Halbtrockenrasen (Onobrychido-Brometum)	88
Trespen-Glatthaferwiese (Arrhenatheretum salvietosum, *Bromus*-Variante)	108

Der Zuwachs über der Erde gibt aber kein richtiges Bild vom Gesamtzuwachs des Bestandes, denn xeromorphe Pflanzen sind unterirdisch stärker entwickelt als oberirdisch.

18.6.1.2 Unterirdische Produktivität

Trockene Magerrasen besitzen große **Wurzelmassen** (s. Abb. 18–32). Kmoch (1952) nennt für westdeutsche Kalk-Magerrasen 1000–2190 g m^{-2} (im Mittel 1630 g m^{-2}), Florineth (1974) für zwei südalpine Federgras-Steppenrasen 1778 und 879 g m^{-2}. Diese Werte liegen in ähnlicher Größenordnung wie die Wurzelmassen unter ungedüngten, aber bodenfrischen Rasen (s. Tab. 19–14). Die Wurzel/Spross-Verhältnisse sind meist größer als 5 (4,9 bis 6,6 in den südalpinen Steppenrasen, 8,5 in südmährischen *Festuca sulcata*-Rasen, Florineth 1974, Rychnovská et al. 1972) und damit deutlich weiter als in Frischwiesen (Polonski & Kuhn 1998, Bohner et al. 2003; s. Abb. 18–27). Tief wurzelnde Kräuter und Gräser gehen häufig bis in 1 oder 2 m Bodentiefe oder noch tiefer; viele Kräuter in englischen Kalk-Magerrasen erreichen andererseits nur 10–20 cm Tiefe (Anderson 1927). Etwa 90 % der Wurzelmasse der südalpinen Federgrasrasen befand sich in 0–40 cm Tiefe, 50 % sogar in 0–10 cm. In Sandrasen mit geringer Wasserspeicherfähigkeit können demgegenüber die stark austrocknenden obersten 5 cm wurzelfrei bleiben. Nach Volk (1931) sind flach- bis mitteltief wurzelnde Arten eher Frühblüher, Tiefwurzler dagegen meist Herbstblüher.

Pilát (1969) schätzte die **unterirdische Produktion** eines böhmischen Halbtrockenrasens (Mesobrometum stipetosum) auf mindestens 1010 g m^{-2} a^{-1}, die einer Fuchsschwanz-Glatthaferwiese dagegen auf nur 373 g m^{-2} a^{-1}. Wagner (1972) kam für einen Trespen-Halbtrockenrasen bei Göttingen zu ähnlichen Größenordnungen. Da die Feinstwurzeln in der Regel kurzlebig sind und oft nur teilweise erfasst werden, muss die unterirdische Stoffproduktion solcher Pflanzengesellschaften sehr viel höher sein, als meist angenommen wird. Die „Magerrasen" sind sicher produktiver als es zunächst scheint. Nur verlagern sie ihre Assimilate größtenteils in den Boden, wo sie weder von den Weidetieren noch von der Sense erreicht werden können und sich weitgehend der Beobachtung entziehen.

18.6.2 Wasser- und Nährstoffumsätze

a) Lückige Steppenrasen haben eine deutlich geringere **Verdunstung** als Frischwiesen. Pisek & Cartellieri (1941) ermittelten für einen Halbtrockenrasen an einem sommerlichen Strahlungstag einen Wasserverbrauch von etwa 2,6 mm d^{-1}, für eine mähreife Fettwiese aber von 4,3 mm d^{-1}. Nach Hochrechnungen von Florineth (1974) und Rychnovská & Úlehlová (1975) erreichen Federgras- und Schafschwingel-Steppenrasen in den Südalpen bzw. in Mähren im Hochsommer Tagesraten der Transpiration zwischen 0,7 und 2,6 mm. Daraus ergaben sich für die *Stipa*-Rasen des Vinschgaus während der Vegetationsperiode (April bis September) Verdunstungssummen von 157–352 mm. Lückige Silbergrasrasen in Brandenburg verdunsteten nach den Untersuchungen von Berger-Landefeldt & Sukopp (1965) dagegen nicht mehr als 0,4–0,8 mm d^{-1}.

b) In-situ-Messungen zur **Stickstoff-Nettomineralisation** lassen erkennen, dass viele Trocken- und Halbtrockenrasen auf Kalk eine recht hohe bodenbiologische Aktivität aufweisen, solange diese nicht durch Trockenheit behindert wird. Flachgründige elsässische Xerobromion-Rasen auf Kalk und nordhessische Felsgrus-Gesellschaften auf Basalt oder Diabas lieferten in den obersten 5 cm des Profils 20–30 kg N pro Hektar und Vegetationsperiode nach (Spanne: 11,1–36,4, Riemer 1984, Leuschner 1989); das sind bis zu 15 µg N pro Gramm und Woche. Auch in bodenfrischen Kalkbuchenwäldern werden im Oberboden keine höheren Nachlieferungen pro Bodenmasse gemessen. Diese Gesellschaften können als **echte „Trockenrasen"** angesehen werden, weil primär Wassermangel die Produktivität limitiert. Dies zeigen die extrem geringen Bodenfeuchten, wie auch die erhöhten sommerlichen Nitratgehalte im Boden in den Daten von Leuschner (1989) an.

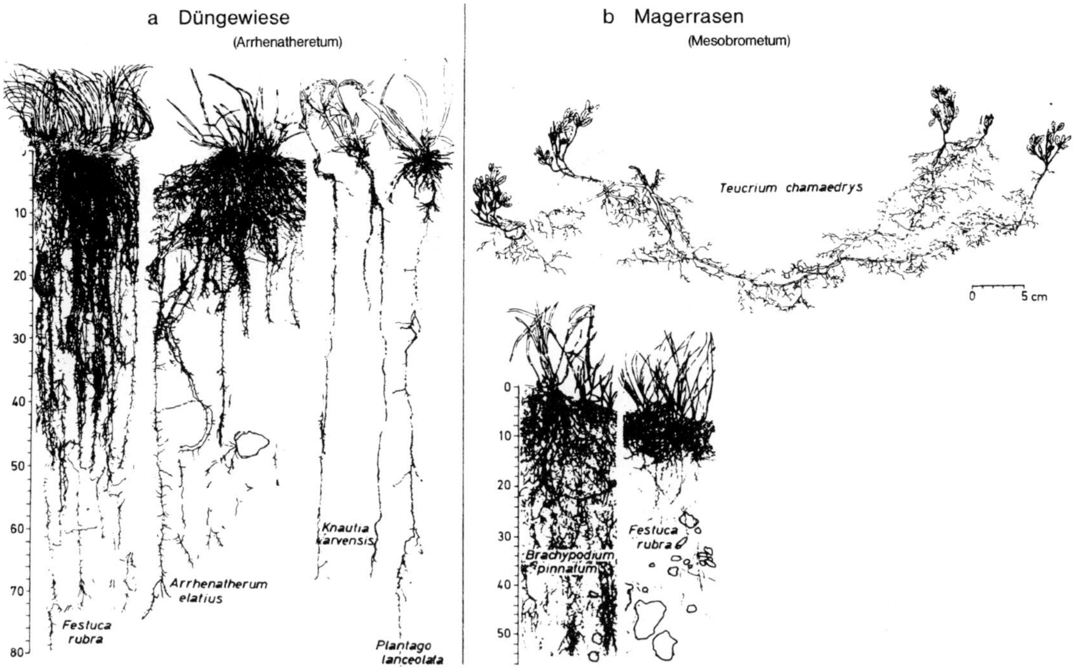

Abb. 18–32 Die oft kümmerlich entwickelten, mehr oder minder xeromorphen Pflanzen der Magerrasen haben ein sehr ausgedehntes Wurzelwerk, das an Gewicht die oberirdische Phytomasse bei Weitem übertrifft. In weniger trockenen und in nährstoffreicheren Böden ist das Verhältnis der unterirdischen zur oberirdischen Masse weniger groß.
a) Wurzelwerk von Rotschwingel, Glatthafer, Witwenblume und Spitzwegerich in einer mäßig gedüngten Glatthaferwiese (Arrhenatheretum alchemilletosum). Wie (b).
b) Unterirdische Ausläufer des Echten Gamanders in einem Blaugrasrasen auf Muschelkalk. Die Wurzeln sind nur teilweise eingezeichnet. Nach W. Schubert (1963), etwas verändert. Rhizome und Wurzeln der Fiederzwenke sowie Wurzeln des Rotschwingels in einem Halbtrockenrasen (Origano-Brachypodietum). Nach Kotanska (1970), verändert.

Die meisten Kalk-Halbtrockenrasen und Sand-Magerrasen sind jedoch nicht nur Trockenrasen, sondern offenbar auch **Magerrasen**, weil sie trotz des tiefgründigeren Profils erheblich geringere N-Nachlieferungen aufweisen als bodenfrische Glatthaferwiesen, in denen mindestens doppelt so hohe Raten (im Mittel etwa 140 kg N pro Hektar und Vegetationsperiode) gemessen wurden (s. Abb. 19–48), gleichzeitig aber die Wasserverknappung weniger stark ist. In einem Halbtrockenrasen bei Jena fand Reichhoff (1980 b) sogar keinerlei Abhängigkeit der Produktion von sommerlichem Wassermangel, dagegen aber Hinweise auf limitierende Nährstoffversorgung.

Viele trockene Magerrasen weisen tatsächlich relativ geringe spezifische N-Nachlieferungen auf. Das Xerobrometum auf rubefiziertem Kalk-Lockersubstrat am elsässischen Bollenberg setzte nur 11,1 kg N pro Hektar und Vegetationsperiode (0–5 cm) frei, ein benachbartes Mesobrometum gar nur 4,8 kg N (Leuschner 1989). Die **geringe Mineralisationsleistung** dieser, an mediterrane Roterden erinnernden Böden mag an den vergleichsweise niedrigen N_t-Gehalten, aber auch an der P-Armut der hämatitreichen Böden liegen (Billès et al. 1971). Auch andere Halb- und Volltrockenrasen auf kalkhaltigen Substraten (z. B. jene auf Löss-Pararendzinen) liefern mancherorts nur mäßige bis geringe N-Mengen nach, so verschiedene MESOBROMION-Gesellschaften in der Nordschweiz, in Südniedersachsen und den Niederlanden (2–21 kg N pro Hektar und Vegetationsperiode, Gigon 1968, Dierschke 1974, van Dam 1990). Möglicherweise sind auch hier die Gehalte an N und P im Boden ungünstiger als in den oben genannten Volltrockenrasen- und Felsgrus-Gesellschaften.

In Sand-Magerrasen auf bodensauren oder kalkhaltigen Binnendünen wurden jährliche Nachlieferungen von 15–30(–38) kg N ha^{-1} in den obersten 5 cm gemessen (Lache 1974, Jeckel 1984, Storm et al. 1998). Berücksichtigt man bei den Sand-Magerrasen und den Kalk-Halbtrockenrasen zusätzlich die tieferen Bodenschichten, die zweifellos zur N-Versorgung in diesen recht tiefgründigen Böden beitragen, so lassen sich für Erstere Profilsummen von etwa 20–50 kg N, für Letztere von 50–70 kg N pro Hektar und Vegetationsperiode schätzen. Damit stehen den Pflanzen dieser Gesellschaften trotz geringerer spezifischer Nachlieferungsrate erheblich größere jährliche N-Mengen zur Verfügung als den oben genannten flachgründigen Volltrocken- und Felsgrusrasen.

Sommerlicher Wassermangel dürfte eine wichtige Ursache der reduzierten Mineralisationsleistung vieler trockener Magerrasen sein. Riemer (1984) und Leuschner (1989) fanden eine enge **Abhängigkeit der N-Nachlieferung von der Bodenfeuchte**, die sich in manchen Rasen in einer Sommerdepression der Mineralisierung äußert, so in den Basalt-Felsgrusfluren Nordhessens (s. Abb. 18–33). Nach Schaffers (2000) verläuft die Mineralisation bei Bodenwasser-Potenzialen von –100 bis –550 hPa optimal. Erhöhte Nitratkonzentrationen im Boden nach einer sommerlichen Dürre, wie sie dort beobachtet wurden, können auf abiotische NH_4^+-Freisetzung infolge Hitzeeinwirkung (van Schreven 1967), erhöhte bakterielle Aktivität nach Wiederbefeuchtung (Ladd et al. 1977) oder auf reduzierte pflanzliche Aufnahme zurückgeführt werden.

Nicht nur in basischen Trockenrasenböden, auch in den sauren Sandböden der Silbergras-Pionierfluren wird der meiste Mineralstickstoff in Form von Nitrat nachgeliefert. Lediglich in den flechtenreichen Rohböden des Corynephoretum cladonietosum fand Lache (1974) eine sehr geringe Nitrifikation.

c) Weder **Denitrifikation** noch **Nitrataustrag** mit dem Sickerwasser spielen unter trockenen Magerrasen eine wesentliche Rolle (Bobbink et al. 1998). Auch bei erhöhter atmosphärischer N-Deposition wie in den Niederlanden wurden nur wenige Prozent des eingetragenen Stickstoffs ausgewaschen (van Dam 1990), weil die pflanzliche Aufnahme sehr effizient ist und die Bodenmikroorganismen den Stickstoff immobilisieren.

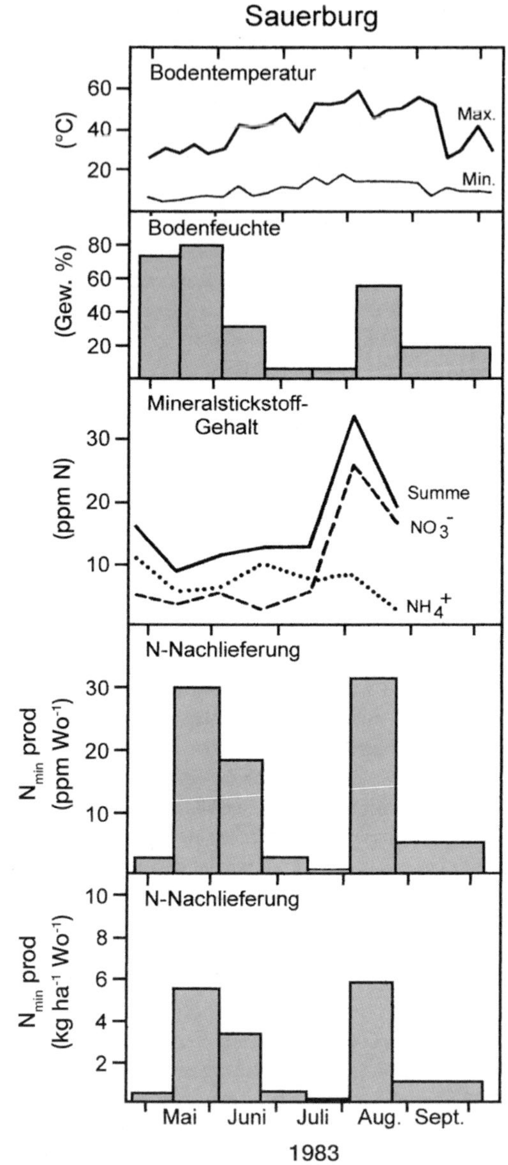

Abb. 18–33 Stickstoffnachlieferung im Oberboden (pro Fläche und 5 cm Bodentiefe bzw. pro Bodenmasse) sowie aktuelle Nitrat- und Ammoniumgehalte im Boden in einem lückigen Bestand des Polytricho-Allietum montani (Alysso-Sedion) auf einem südexponierten Basalthang in Nordhessen im Jahre 1983. Im trockenen Juli sank die Netto-Nachlieferung auf null, erreichte jedoch nach Wiederbefeuchtung im August besonders hohe Werte. Nach Riemer (1984), verändert.

Die N-Versorgung der Magerrasen wäre noch geringer, wenn nicht verschiedene Leguminosen mit ihren symbiontischen Knöllchenbakterien den Boden mit atmosphärischem Stickstoff anreicherten. Hierzu zählen Vertreter der Gattungen *Onobrychis*, *Hippocrepis*, *Anthyllis*, *Lotus*, *Trifolium*, *Ornithopus*, *Astragalus* u. a.

18.7 Vegetationsdynamik

18.7.1 Primäre Sukzessionen auf Felsrohböden und Tagebauflächen

Die Felsfluren werden oft als Initialstadien einer **primären Sukzession** angesehen, die über Rasen skelettreicher Ranker oder Rendzinen zu solchen auf steinfreien Braunerden oder Kalk-Braunlehmen tiefgründiger Lockergesteine führten (z. B. Kubiena 1948; s. Abb. 18–12). Eine solche Entwicklung wurde meist nur aus dem Nebeneinander verschiedener Gesellschaften und Bodenzustände erschlossen, nicht aber aus direkter Beobachtung. So beschreibt Moravec (1967, 1979) vermutete Sukzessionsreihen von Felsrasen auf Silikatgestein in Böhmen, die durch langsam fortschreitende Gesteinsverwitterung getrieben werden.

In vielen Fällen handelt es sich jedoch bei dem kleinräumigen Mosaik unterschiedlicher Gesellschaften und Böden auf Felshängen nicht um eine Zeitreihe, sondern um mehr oder weniger stabile Zonen, die eine nur sehr langsame sukzessionale Entwicklung zeigen (s. Abb. 18–11). Wo man Vegetationsveränderungen eindeutig erkennt, sind sie meistens rückläufig, weil die Bodenverletzung durch weidendes Vieh die Erosion der Feinerde beschleunigt. Ein solcher Abtrag übertrifft die Neubildung der Feinerde durch Verwitterung bei Weitem.

Interessante Studienobjekte primärer Sukzessionen stellen auch die durch Tagebau in der Lausitz, im Rheinland oder anderswo großflächig entstandenen **Sand- und Kiesflächen** dar, deren Rohböden meist sehr arm an Humus, Nährstoffen und Diasporen sind. Trotz ungünstiger Umweltbedingungen verläuft die Sukzession in manchen Fällen aber sehr rasch. Beispielsweise fand Wolf (1985) auf grobkörnigen Sanden im rheinischen Braunkohlenrevier bereits im ersten Jahr nach der Schüttung die ersten Baumsamen und nach 10 Jahren bereits ein lückiges Birken-Pappel-Salweidengebüsch. Während Therophyten wie *Senecio viscosus*, *Vulpia myuros* und *Aira caryophyllea* in den ersten 3 Jahren dominierten, herrschten Rhizomgeophyten und Horst-Hemikryptophyten in den folgenden 7 Jahren. Gut ausgebildete Sand-Magerrasen entstanden nicht; vielmehr beherrschten einzelne, sich invasiv ausbreitende Arten, darunter manche Neophyten, die Krautschicht-Vegetation, bis zunehmender Kronenschluss der Baumschicht sie behinderte. Trockene, saure Sande in einem Tagebau bei Halle wurden dagegen rasch von silbergrasreichen Sand-Trockenrasen besiedelt und nur ausnahmsweise von Gehölzen erobert (Fromm et al. 2002). Nach Berger-Landefeldt & Sukopp (1965) sind die meisten Arten der Corynephoreten gut angepasste Pionierpflanzen. In jedem Fall wird der Sukzessionsverlauf in starkem Maße vom Diasporeneintrag aus der Nachbarschaft sowie von den lokalen klimatischen und edaphischen Bedingungen bestimmt.

18.7.2 Kurz- und mittelfristige Veränderungen in Magerrasen

Räumlich hochaufgelöste Vegetationsuntersuchungen auf Magerrasen-Dauerflächen zeigen, dass Artenzusammensetzung und Deckungsgrad der Arten von Jahr zu Jahr beträchtlich schwanken. Derartige **Vegetationsfluktuationen** müssen von gerichteten Veränderungen unterschieden werden, die Sukzessionsprozesse kennzeichnen (s. unten und Kap. 18.7.3). Fluktuierende Artmächtigkeiten können ihre Ursache in der Populationsdynamik der anwesenden Arten haben, weil verschiedene Arten unterschiedliche Lebensspannen besitzen (Gigon 1997). Wahrscheinlich bedeutsamer sind jedoch Einflüsse der **von Jahr zu Jahr wechselnden Witterung**. Im extremen Trockenjahr 1947 beobachteten Lüdi & Zoller (1949), dass *Bromus* sowie die nur selten auftretenden Fettwiesengräser *Arrhenatherum* und *Dactylis* nur noch ein Viertel der Fläche in einem nordwestschweizerischen Mesobrometum bedeckten, die sie in Normaljahren einnahmen (s. Abb. 18–29). Andererseits hatte der Deckungsgrad der tief wurzelnden Kräuter *Salvia pratensis* und *Daucus carota* deutlich zugenommen. Stampfli (1995) und Stampfli & Zeiter (2004) verfolgten die **Häufigkeitsschwankungen** von zahlreichen Arten eines Trespen-Halbtrockenrasens im Tessin über insgesamt 13 Jahre in Abhängigkeit von der Witterung. Bemerkenswerterweise war die mittlere relative Luftfeuchte noch vor der Regenmenge und der Temperatur der einflussreichste Umweltfaktor. Diese kann als ungefähres Maß der Verdunstungsbeanspruchung wie auch der Bodenfeuchte dienen. Mit Korrelationsanalysen konnte er drei verschiedene Typen von Abhängigkeiten zwischen der Häufigkeit einer Art und der Luftfeuchte erkennen: (a) Pflanzenarten, deren Wachstum direkt von der Luftfeuchte im ersten Teil der Vegetationsperiode (April bis Juni) abhängt (z. B. *Bromus erectus*, *Carex caryophyllea*, *Salvia pratensis*, *Brachypodium pinnatum*, *Trifolium montanum*); (b) dürretolerante Arten, die nicht von der Wasserverfügbarkeit beeinflusst werden, während der Trockenzeiten überleben und die durch Trockenheit geschaffenen Lücken rasch besetzen (z. B. *Helianthemum nummularium*, *Thymus pulegioides*, *Scabiosa columbaria*, *Prunella vulgaris*); (c) trockenheitsempfindliche Arten, die während Trockenzeiten zurückgehen und sich erst nach vielen Jahren wieder erholen (z. B. *Lotus corniculatus*, *Ajuga reptans*, *Trifolium pratense*, *Dactylis glomerata*). Zur letzten Gruppe gehören auch manche Kurzlebige wie *Linum catharticum* und *Gentianella germanica* (Runge 1968). Andere Arten zeigten dagegen keine deutliche Beeinflussung durch Witterungsschwankungen; deren Häufigkeitsverschiebungen lassen sich am ehesten durch veränderten Konkurrenzdruck durch überlegene Nachbarn erklären (Stampfli 1995). Interannuelle Fluktuationen in trockenen Magerrasen können schließlich auch andere Ursachen haben, darunter Populations- und Aktivitätsschwankungen von Feldmäusen und Ameisen, die mit ihrer Wühltätigkeit die Artenzusammensetzung beeinflussen, oder geringfügige Verschiebungen im Mahdzeitpunkt (Dean et al. 1997, Gigon 1997).

Bornkamm (1961 a, 2006) hat die von Jahr zu Jahr wechselnden Dominanzverhältnisse der wichtigen Halbtrockenrasen-Gräser *Bromus erectus* und *Brachypodium pinnatum* über 50 Jahre in einem Gentiano-Koelerietum bei Göttingen verfolgt (s. Abb. 18–34). Der Deckungsgrad der Zwenke stieg auf Kosten der Trespe, wenn der Sommer des Vorjahres feucht war. Offene Bodenstellen förderten dagegen die Trespe (Bornkamm 2006). Obwohl genauere experimentelle Untersuchungen fehlen, ist wahrscheinlich, dass zwischenartliche Konkurrenz eine wichtige Rolle in dieser Interaktion spielt, insbesondere **Wurzelkonkurrenz** (Marti 1994). Die in Abbildung 18–34 und auch in Untersuchungen von Runge (1963) gut zum Ausdruck kommende unaufhörliche Dynamik der Magerrasen-Vegetation hängt teilweise damit zusammen, dass manche Arten der Halbtrockenrasen recht kurzlebig sind: Von den im Jahr 1953 im Göttinger Halbtrockenrasen registrierten 27 Trespenhorsten waren 1959 nur noch zehn vorhanden; alle anderen waren neu hinzugekommen und bei der Zwenke lebten von den ursprünglich 18 Halmgruppen nur noch zwei. Beide Arten waren also in der Lage, neue Pflanzen schnell in Lücken zu etablieren, sei es aus Samen oder durch vegetative Ausbreitung.

Wie mobil die beiden Trockenrasen-Gräser auf kleinem Raum sind, zeigt auch ein Störungsexperiment von Bornkamm (1961 a) in demselben Rasen. Im Jahr 1953 entfernte er aus jeweils einer 1 × 2 m großen Fläche alle Arten außer *Bromus* und *Brachypodium* (jeweils links in Abb. 18–34) und daneben auf einer zweiten Fläche sämtlichen Bewuchs. Schon nach 3 Jahren hatten beide Gräser die zuvor nackte Fläche fast ebenso dicht besetzt wie die altbewachsene.

In Magerrasen lassen sich darüber hinaus auch **längerfristige Vegetationsveränderungen** feststellen, deren Ursache weder Witterungseffekte noch Nutzungsänderungen sind (z. B. Dodd et al. 1994, Berlin et al. 2000, Köhler 2001). Dieser Wandel wird wahrscheinlich durch gerichtete Klimaveränderungen oder Stickstoffeinträge aus der Luft verursacht.

In den von Natur aus dicht geschlossenen Kalk-Magerrasen sind, anders als in den Sand- und Felsrasen, fast alle Pflanzenarten mehrjährig; manche Pflanzen können sogar ein ausgesprochen **hohes Lebensalter** erreichen, nach Grubb (1990) bis zu 100 Jahre. Marti (1994) ermittelte z. B. für Salbei-Kohorten eine „Halblebenszeit" von 44 Jahren, für *Bromus* von 22 Jahren (vgl. auch Schweingruber & Poschlod 2005). Zu den sehr alt werdenden Arten gehören neben klonal wachsenden Pflanzen wie *Brachypodium pinnatum* auch die Zwergsträucher, darunter *Teucrium* und *Helianthemum* (vgl. auch Zoller & Stäger 1949). Aus diesen Befunden kann man ableiten, dass jeglicher Wandel in der Vegetation der Kalk-Magerrasen mit einer gewissen Verzögerung ablaufen wird, weil alte Individuen auch unter sich verän-

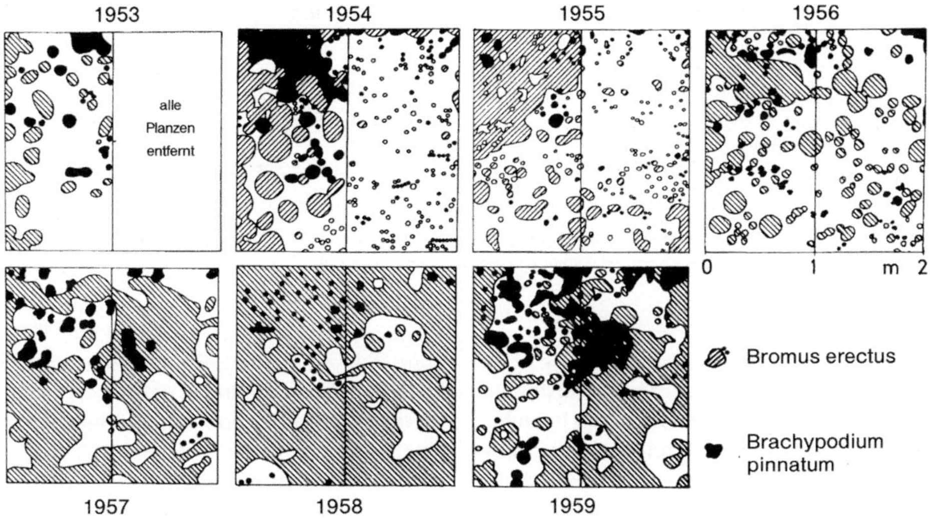

Abb. 18–34 Ausbreitung von Aufrechter Trespe und Fiederzwenke auf 2 × 2 m großen Probeflächen in einem Kalk-Halbtrockenrasen bei Göttingen. Auf der linken Hälfte wurden 1953 alle Arten außer diesen beiden Gräsern gejätet, auf der rechten Hälfte sämtliche Pflanzen entfernt. Nach Bornkamm (1961), verändert. Nach vier Jahren ließ sich der Eingriff kaum noch erkennen. Auffällig ist dagegen der Wechsel im Dominanzverhältnis beider Gräser von Jahr zu Jahr. Nach einem feuchten Frühling (1955, 1958) kam *Bromus* zur Herrschaft und unterdrückte *Brachypodium*. Dieses setzte sich nach einem trockenen Frühjahr (1959) wieder durch. Schon 1954 hatte es beträchtliche Anteile, sogar auf der 1953 pflanzenlosen Fläche.

dernden Umweltbedingungen noch lange im Rasen ausharren können (Köhler 2001).

18.7.3 Sekundäre Sukzession in brachgefallenen Magerrasen

Die meisten Halb- und Volltrockenrasen in Mitteleuropa werden seit mehr oder minder langer Zeit nicht mehr in der einstmals üblichen Weise genutzt, weil weder Mahd noch Weide heute wirtschaftlich sind. Nach dem Aufhören menschlicher Eingriffe setzte keineswegs in allen brachgefallenen Gebieten sogleich eine **Wiederbewaldung** ein. Rasche Fortschritte machte das Vordringen von Holzgewächsen nur, wo diese schon vorher präsent waren, z. B. Weideunkräuter wie Weißdorn, Schlehen und andere Dorngewächse oder Gruppen von Waldbäumen, die sich auf der Weide hatten halten können (Reichhoff & Böhnert 1978, Reichhoff 1985). Gehölzfreie oder lediglich mit Wacholdern besetzte Trocken- oder Halbtrockenrasen blieben dagegen jahrzehntelang offen, ohne dass ein Laubstrauch oder ein Baum hat Fuß fassen können. Beispielsweise lag das Xerobrometum oberhalb der Rebberge am Hohentwiel nach über 30 Jahren noch genau so da, wie es 1930 Braun-Blanquet und Mitarbeiter aufgenommen hatten (Müller 1966). Aber auch einige Halbtrockenrasen auf tiefgründigem, wenig hängigem Boden bei Göttingen hielten sich schon mehr als 60 Jahre lang baumfrei, verbuschten allerdings hier und dort. Über ähnliche Erfahrungen aus dem Kaiserstuhl berichtete Wilmanns (1989).

Haupthindernis für das Vordringen von Holzgewächsen dürfte außer der relativ geringen Samenzufuhr die **Masse toter Grasblätter** sein, die, vom Schnee zeitweilig zusammengedrückt, den Boden wie ein dichter Filz überdeckt. Holzgewächse brauchen offenen Boden, um keimen zu können. Gelegentliches Abbrennen der toten Pflanzenmasse würde also ihre Ansiedlung erleichtern, und der Tritt von Weidetieren würde den Boden an so vielen Stellen freilegen, dass ihre Chancen noch wesentlich besser wären. Ein mäßiger Einfluss von Mensch und Vieh begünstigt also die Ansiedlung derselben Holzpflanzen, die einem starken Weidedruck und häufigem Brennen hatten weichen müssen.

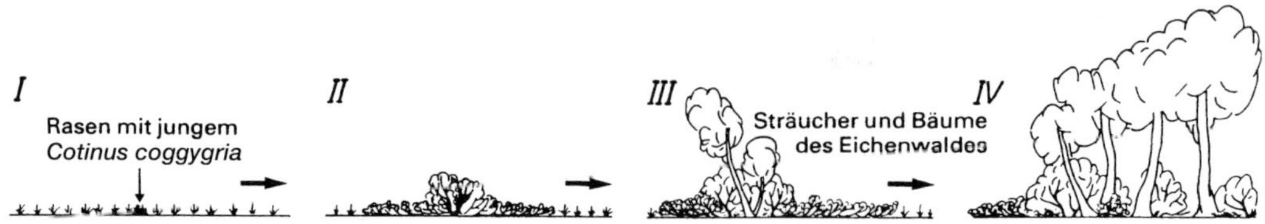

Abb. 18–35 Vegetative Ausbreitung von Sträuchern leitet oft die Sukzession zum Wald ein, besonders auf ehemals beweideten Rasenflächen. Verändert nach Jakucs (1969), der diese „Polycormon-Sukzession" im nördlichen Ungarn gründlich studierte. Der Perückenstrauch (*Cotinus coggygria*) spielte hier eine wesentliche Rolle.

Besonders wirksam in der Besiedlung sind Arten, die sich durch **unterirdische Ausläufer** vermehren, z. B. Zitterpappel, Liguster, Schlehe und einige andere *Prunus*-Arten einschließlich der Hauszwetschgen-Wildlinge (*P. domestica*, *P. cerasifera*), in manchen Gebieten auch die Robinie, sowie der von Jakucs (1969) und Schlüter (1993) gründlich studierte Perückenstrauch (*Cotinus coggygria*). Solche Sprosskolonien (Polykormone) sind buchstäblich Vorläufer des Waldes (s. Abb. 18–35), auch an relativ trockenen Standorten. Beweidete Magerrasen sind im Allgemeinen stärker von Verbuschung betroffen als gemähte, weil die **Trittstellen bevorzugte Keimstellen für Gehölzsamen** sind (Beinlich et al. 1995) und der Mäher allen Gehölzjungwuchs beseitigt. Schlehen- und Ligustergebüsche dringen mit Geschwindigkeiten von 0,25 bis 0,33 m a^{-1} in die Rasen ein (Reichhoff 1985, Wilmanns 1975, Keel 1995). Eindrucksvoll geht diese Sukzession in Richtung auf Wald z. B. aus den Kartierungen hervor, mit denen Stephan & Stephan (1971) die Vegetationsentwicklung im Naturschutzgebiet Stolzenburg (Eifel) verfolgten. Nach Schreiber (1995) sind alle zur Polykormon-Bildung befähigten Pflanzen erfolgreiche Eroberer von Brachrasen an mehr oder minder trockenen Standorten, auch Arten mit oberirdischen Ausläufern. Eichen und Hasel dringen vor allem mittels Samenausbreitung durch Mäuse und den Eichelhäher in brachgefallene Trockenrasen ein (Kollmann & Schill 1996). Vor allem in Sand-Magerrasen spielen auch aus Samenanflug entwickelte Birken und Kiefern eine Rolle (Fischer 2003).

Unter den krautigen Pflanzen sind Arten, die sich unterirdisch ausbreiten können, ebenfalls erfolgreiche Brachlanderoberer. Namentlich gilt das in Kalk-Magerrasen für *Brachypodium pinnatum* und *Bromus erectus* (Möseler 1989), aber auch für *Festuca rupicola* und *Poa angustifolia* (Partzsch 2000). **Die Fiederzwenke nimmt Stickstoff aus dem Boden effizienter als andere Trockenrasen-Pflanzen auf** und reagiert daher besonders positiv auf atmosphärischen N-Eintrag. Auch unabhängig von atmosphärischer Eutrophierung nimmt die N-Nachlieferung über die Mineralisation in brachgefallenen Magerrasen mit der Zeit zu und fördert die Zwenke auf diesem Wege (Schiefer 1981, Hartmann & Oertli 1984). Ihre Streu ist auf der anderen Seite sehr stickstoff- und phosphorarm, weil sie bereits im Frühsommer diese Nährstoffe intensiv in ihre Rhizome verlagert (Bobbink 1989, 1991). Aus diesem Grund ist *Brachypodium* relativ empfindlich gegenüber frühzeitig im Jahr erfolgtem Schnitt oder Beweidung. Weil die Zwenke in der Lage ist, Halbschatten zu ertragen, breitet sie sich in verbuschten Trockenrasen-Brachen besonders schnell aus. In aufgelassenen Magerrasen reduzieren *Brachypodium*-Herden schnell den Reichtum an Gefäßpflanzen: In den Orchideen-Halbtrockenrasen bei Jena nahm die Artenzahl von 16,8 auf 11,7 pro 0,25 m^2 ab, während die oberirdische Pflanzenmasse auf gleicher Fläche von 55,8 auf 76,4 g Trockengewicht stieg und die Masse toter Blätter ungefähr gleich blieb (67,3 bzw. 76,9 g TG; Reichhoff 1974). Auch in Sand-Magerrasen spielt **Vergrasung** eine ähnliche Rolle, vor allem im Zusammenhang mit der Eutrophierung der Standorte (s. Kap. 18.8.2).

Wie rasch die Beschattung durch emporstrebende Holzgewächse, ja bereits durch hochwüchsige und breitblättrige Gräser wie die Fiederzwenke, zum Rückgang lichtliebender Kräuter führt, geht auch aus den Beobachtungen von Tamm (1972) im südlichen Schweden hervor. *Primula veris* erreicht dort an offenen Plätzen eine „Halblebenszeit" von etwa 50 Jahren, unter leichtem Schatten von 6,2 Jahren und bei noch stärkerem Lichtmangel von 2,9 Jahren.

Letzten Endes ist die **Sukzession zum Wald** wohl in allen Halbtrockenrasen unaufhaltsam. Bis jedoch das natürliche Endstadium erreicht wird, mögen je nach Standort viele Jahrzehnte, wenn nicht Jahrhunderte, vergehen. Eine Vorhersage ist im Einzelfall kaum möglich. Um mehr zu wissen, sind wiederholte Aufnahmen auf Dauerprobeflächen der einzige zuverlässige Weg. Er wurde z. B. in Südwestdeutschland von Schreiber mit dem Ziel begonnen, verschiedene Behandlungsweisen mit der ungestörten Entwicklung von Grünlandbrachen zu vergleichen (s. z. B. Schiefer 1981, Neitzke 1991, Schreiber 1993). Wie sich schon nach einigen Jahrzehnten herausstellte, waren die festgelegten Aufnahmeflächen fast alle zu klein, weil sehr bald eine mosaikartige Differenzierung infolge des Auftretens von Pionierpflanzen mit unterschiedlichen Ausbreitungs- und Wuchstendenzen beginnt (Schreiber mündl.).

Eine Veränderung der Magerrasen, die stets eintritt, wo sie an Wälder oder dichte Gebüsche grenzen, ist das Vordringen von Stauden aus deren Krautsäumen (s. Abb. 4–3 u. Kap. 16.3.2). Sobald nicht mehr gemäht oder stark beweidet wird, lassen sich die gegen mechanische Beschädigungen empfindlichen Stauden nicht mehr zurückhalten. Mit ihren Rhizomen oder Ausläufern, seltener durch Samen, erobern sie Jahr für Jahr zusätzliche Flächen und dunkeln die niedrigen Lichtpflanzen der Rasen aus. Dierschke (2006) unterschied in den Säumen mit langen oberirdischen Trieben kriechende und kletternde Arten wie *Astragalus glycyphyllos* und *Galium album*, große Halbrosettenpflanzen (z. B. *Agrimonia eupatoria* und *Inula conyzae*) und Polykormon-Pflanzen (z. B. *Hypericum perforatum*). Oft wird dieser Vorgang als **„Versaumung"** bezeichnet. „Verstaudung" würde den Vorgang besser veranschaulichen, zumal er auch ohne die Nähe eines Gehölzsaumes einsetzen kann. Die hohen Kräuter behindern das Vordringen von Büschen und Bäumen auf ihre Weise. Verhindern können sie es ebenso wenig wie die Rasengewächse.

Kienzle (1984) hat am Beispiel von Kalk-Magerrasen im Schweizer Jura einige „Gesellschaften" beschrieben, die durch Verstaudung aus den von Zoller (1954) eingehend geschilderten „*Bromus erectus*-Wiesen" entstanden sind. Aus dessen Salvio-Mesobrometum entstand z. B. ein „Origano-Brachypodietum", das Kienzle als neue „Assoziation" auffasst. Solche Gemische aus Vertretern der Ordnungen ORIGANETALIA (s. Kap. 16.3.2) und BROMETALIA (s. Kap. 18.3.2.4) sollte man jedoch besser als „Stadien" oder „Varianten" bezeichnen, weil sie keine eigenen Charakterarten haben und sich in der Regel weiter verändern. Für den regionalen Gebrauch genügt es, einfach von „Majoran-Fiederzwenken-Brachrasen" (o. dgl.) zu sprechen.

18.7.4 Entstehung steppenähnlicher Rasen auf Brachflächen

Vor dem Eingreifen des Menschen bildeten die gehölzfeindlichen Felsheiden und manche Blaugrashalden die letzten Refugien lichtliebender Steppenpflanzen, die sich in der waldarmen Nacheiszeit über weite Teile Europas hatten ausbreiten können (s. Frenzel 1968). Seit der jüngeren Steinzeit vergrößerte sich ihr Lebensraum wieder beträchtlich. Die sekundären, d. h. aus Wäldern, Gebüschen oder Ackerland entstandenen Trockenrasen weichen von den primären oft durch Vorhandensein oder Fehlen bestimmter Arten ab (Krause 1940, dort weitere Literatur).

Bei der Besiedlung von Neuland kommt es anfänglich zur Bildung von „Mustern" durch die zufällige Ansiedlung und konzentrische Ausbreitung verschiedener Arten, wie sie Kershaw (1963) beobachtet und analysiert hat. Nach ihren Hauptursachen unterscheidet er morphologische (durch die spezifische Wuchsweise erzeugte), ökologische (durch kleinräumige Standortunterschiede bedingte) und soziologische (durch gegenseitige Einwirkung zustandegekommene). Solche Muster findet man vor allem in Pionierstadien, während sie in ausgereiften Beständen selten sind.

Unter dem trocken-warmen Klima des östlichen Mitteleuropa werden oder wurden **aufgelassene Weinberge und Ackerfelder** schon nach wenigen Jahren großflächig von *Stipa capillata*, *Stipa pennata*, *Festuca valesiaca* oder anderen Gräsern besetzt (Sendtko 1999). In Ungarn beispielsweise vermögen Federgräser vorübergehend vegetationsarme Flächen rasch zu besiedeln, sogar oder gerade dann, wenn es sich um ehemals beackerte Böden handelt. So steppenähnlich gerade solche Federgrasrasen mit ihren hohen Horsten aussehen mögen, so wenig natürlich brauchen sie demnach zu sein. Für manche selten gewordene Trockenrasen-Pflanzen, die an ruderalisierte Standorte gebunden sind, stellen heute Kalk-Brachäcker sogar wichtige Refugien dar (Quinger et al. 1994).

18.8 Menschlicher Einfluss

18.8.1 Gemähte und beweidete Trockenrasen

In früheren Jahrhunderten wurden alle Trocken- und Magerrasen beweidet. Vor etwa 150 bis 180 Jahren begann man in großen Teilen Süddeutschlands und der Nordschweiz mit der Stallfütterung des Rindviehs, und seit 70 bis 100 Jahren verlor auch die Schafweide mehr und mehr an Bedeutung. Infolgedessen schloss man das zum Mähen geeignete Grünland, d. h. vor allem Frischwiesen und Halbtrockenrasen, von der Beweidung aus. Im östlichen Schweizer Jura, im Schweizerischen Mittelland, im Kaiserstuhl und in anderen Teilen der Oberrheinebene beweidet man heute nicht einmal mehr die Xerobrometen, weil die Schafhaltung gänzlich unrentabel wurde (s. Abb. 18–36).

Die Volltrockenrasen wurden hier früher nur einmal im Jahr, die Halbtrockenrasen stellenweise zweimal gemäht. **Der regelmäßig in großen Abständen wiederholte Schnitt fördert die relativ hochwüchsigen Arten**, vorausgesetzt, dass sie genügend regenerationsfähig sind. Als eine solche Art herrscht in den meisten Beständen *Bromus erectus* vor (s. Abb. 18–36).

Wo noch heute Schafe oder andere Tiere weiden oder wo sie bis vor Kurzem eine Rolle spielten, z. B. stellenweise auf der Schwäbischen und Fränkischen Alb sowie im mittleren und nördlichen Westdeutschland, ist die Aufrechte Trespe weit seltener (s. Abb. 18–37). In den dort üblichen Assoziations-Namen klingt *Bromus* gar nicht an, beispielsweise im Gentiano-Koelerietum. Nach Aufhören der Beweidung begann aber oftmals auch hier *Bromus* zu dominieren, z. B. auf den Brachweiden der Umgebung von Göttingen (Bornkamm 2006).

Hauptursache für das Fehlen von *Bromus erectus* war die Selektion durch das Weidevieh (s. Kap. 3.2.2). Dieses Gras ist als Futter beliebt und wird immer wieder scharf verbissen, bis es an klimatisch nicht optimalen Standorten weitgehend verschwunden ist. Mit dem Nachlassen der Beweidung begann es in der Wesergegend nach Lohmeyer (1953) wieder einzuwandern. Am häufigsten wurde es hier zunächst an steinigen Plätzen, die das Vieh ungern betritt. Auf der Schwäbischen Alb, wo *Bromus erectus* noch genügend Refugien hatte, dauerte es nur wenige Jahre, bis die Trespe in den nicht mehr beweideten Halbtrockenrasen zur Herrschaft gelangte (Kuhn 1937).

Manche anderen, in gemähten Rasen häufigeren Arten fehlen den intensiv beweideten Flächen ebenfalls fast ganz, z. B. **die hochwüchsigen Orchideen** wie *Himantoglossum hircinum* oder *Orchis militaris*. Diese werden von Schafen gefressen und zudem leicht zertreten, sobald die zarten Blütenschäfte emporsprießen. Nur extensive Beweidung ist daher zur

Abb. 18–36 Als Mähwiese bewirtschafteter Kalk-Halbtrockenrasen bei Meilingen im Schweizerischen Mittelland mit viel *Bromus erectus* und *Salvia pratensis*, d. h. hochwüchsigen Arten, die ihre Nährstoffreserven in den beim Mähen nicht entfernten Blattbasen oder im Wurzelwerk bewahren.

Abb. 18–37 Von Schafen beweideter Kalk-Halbtrockenrasen bei Würmlingen im Württemberger Unterland, in dem *Brachypodium pinnatum* und *Carlina acaulis* sich ausbreiten, d. h. Arten, die vom Vieh gemieden werden.

Erhaltung orchideenreicher Magerrasen geeignet. Ohne Verjüngung aus Samen aber werden die Orchideen nach und nach selten. Die orchideenreichsten Halbtrockenrasen Nordwestdeutschlands, z. B. die unter Naturschutz stehenden Ithwiesen bei Koppenbrügge (Südniedersachsen), wurden früher in ähnlicher Weise durch Mähen genutzt wie die berühmten Orchideenwiesen auf den Randhügeln der Oberrheinischen Tiefebene, z. B. im Kaiserstuhl. Das Mähen ist freilich nur einer der Faktoren, von denen die Entwicklung lichtliebender, aber trittempfindlicher Rasenorchideen begünstigt wird (s. Zimmermann 1979). Viele Arten brauchen außerdem mehr Feuchtigkeit, als in den Böden von Volltrockenrasen vorhanden ist. Deshalb lassen sie sich als Charakterarten des MESOBROMION werten (s. Tab. 18–4). Im Frühjahr quelldurchnässte oder staunasse Mergel sind in den von Studer (1962) untersuchten Halbtrockenrasen am Irchel (nördlich von Zürich) die bevorzugten Standorte der *Ophrys*-Arten. Auch das von Zoller (1954) beschriebene Colchico-Mesobrometum, das tiefgründige, aber noch kalkreiche Braunerden besiedelt und häufig in Sumpfwiesen übergeht, zeichnete sich unter allen Rasen-Assoziationen des Schweizer Juras durch größte Stetigkeit und Massenentfaltung von Orchideen aus, z. B. von *Orchis mascula*, *O. militaris*, *O. ustulata* und *O. pallens*, *Dactylorhiza maculata*, *Gymnadenia conopsea*, *Plantanthera chlorantha* und *Listera ovata*. Ein weiterer wichtiger Standortfaktor ist zumindest für submediterrane Gattungen wie *Ophrys* ein ausreichender Wärmegenuss (oder geringe Winterkälte?). Im Schweizer Jura bevorzugen sie z. B. das dort verbreitete Teucrio-Mesobrometum der Südlagen, namentlich die *Ophrys-Globularia punctata*-Subassoziation, die nicht bis in die hochmontane Stufe emporsteigt. Manche Orchideen werden außerdem durch gelegentliche Düngerzufuhr gefördert, solange diese nicht die hochwüchsigen Konkurrenten zu sehr stärkt. Auch die bereits erwähnten Ithwiesen wurden früher gedüngt.

Im Gegensatz zu den wiesenähnlich genutzten Magerrasen machen sich auf den kurzgefressenen **Magerweiden** niederliegende Arten, Rosettenpflanzen sowie giftige, schlecht schmeckende oder stachelige Unkräuter breit (Gradmann 1950; s. Abb. 18–37). Bei der Kuhschelle (*Pulsatilla vulgaris*) führte die Schafweide zur Auslese erblich zwergwüchsiger Formen, beispielsweise im Nördlinger Ries (Gotthard 1965). Außer dem Wacholder (*Juniperus communis*) gehören Disteln (wie *Carlina acaulis*, *C. vulgaris* und *Cirsium acaule*), Enziane (z. B. *Gentiana verna*, *Gentianella ciliata* und *G. germanica*) und Wolfsmilcharten (vor allem *Euphorbia cyparissias*) zu den auffälligsten Gewächsen in den beweideten Halbtrockenrasen. Meistens werden diese als Gentiano-Koelerietum gefasst (s. Bornkamm 1960 sowie Dierschke & Knoop 1986). Diese **Kalk-Magerweiden sind zumindest in Süddeutschland in der Regel artenärmer als standortgleiche gemähte Mesobrometen:** Müller (1983) zählte in Ersteren im Mittel 30 bis 40 Arten pro Aufnahmefläche, in Letzteren dagegen 70 bis 90 (vgl. auch Gradmann 1950).

Durch Weide gefördert wird auch das darin oft herrschende „Spitzgras" *Brachypodium pinnatum*, das die Schafe nur in ganz jungem Zustand annehmen. Es ist gewissermaßen der Gegenspieler von dem gern gefressenen *Bromus erectus*, zumal es sich mit seinen weithin streichenden Rhizomen vegetativ auszubreiten vermag und nicht wie die Trespe darauf angewiesen ist, sich bis zur Fruchtreife zu entwickeln und generativ zu vermehren. Frühe Mahd schädigt die Zwenke viel stärker als *Bromus*, das seinen Entwicklungszyklus eher abschließt. Wo die Beweidung aufhörte, wurde die Zwenke vielerorts von *Bromus* zurückgedrängt, besonders wenn der Rasen regelmäßig gemäht wurde (Krüsi 1992). Da die Bewirtschaftung ein und desselben Rasenstückes im Laufe der Zeit wechseln kann, kamen z. B. in der Schwäbischen Alb neben *Brachypodium*-reichen „Weide-Mesobrometen" und *Bromus*-reichen „Mäh-Mesobrometen" auch viele Zwischenstufen vor (Kuhn 1937). Eine systematische Trennung ist hier kaum möglich. Mancherorts ist der floristische Unterschied von gemähten und beweideten Trockenrasen tatsächlich eher gering und mehr struktureller Art (Wilmanns 1997).

Alle bisher besprochenen Beispiele bezogen sich auf Gesellschaften der Ordnung BROMETALIA. Das ist kein Zufall, denn bei den kontinentalen Trockenrasen spielte die Mähnutzung kaum jemals eine Rolle, weder in den Beständen des Verbandes CIRSIO-BRACHYPODION noch in den inneralpinen Verbänden. Sie haben also großenteils „Weidecharakter", insbesondere die Gesellschaften an flachgründigen Standorten (siehe die beiden mittleren Kolonnen in Tab. 18–5). Wenn in ihnen überhaupt einmal bestimmte Arten zur Vorherrschaft gelangen, so sind dies die „Schafschwingel" (Kleinarten oder Subspezies von *Festuca ovina*, s. Abb. 18–14), die der Beweidung durch ihren dichten Horstwuchs widerstehen können, und Federgräser (*Stipa*-Arten, s. Abb. 18–14), bei denen wie bei *Brachypodium* nur die jungen Sprosse verbissen werden. Die Vertreter der Gattungen *Teucrium*, *Thymus*, *Artemisia*, *Helianthemum*, *Asperula*, *Allium*, *Anthericum* und *Sedum* zeigen ebenfalls nur ausnahmsweise oder niemals Verbissspuren.

Vom Vieh gemieden wird außerdem das schon mehrfach erwähnte Blaugras (*Sesleria*). Es kann seine Rolle als Steilhalden-Festiger und Schuttstauer nicht zuletzt deshalb so gut spielen, weil es vom **Viehverbiss** verschont bleibt und nicht Gefahr läuft, von rupfenden Tieren ausgerissen zu werden. Ähnlich verhält es sich mit dem Pfeifengras (insbesondere *Molinia arundinacea*), das die steilen, wechselfeuchten Mergelhänge der Juraberge zu durchwurzeln vermag. In der Schwäbischen Alb dominiert es in einer MESOBROMION-Gesellschaft, die Kuhn (1937) nach dem hornkleeähnlichen *Tetragonolobus maritimus* als Tetragonolobo-Mesobrometum bezeichnete. Dieser Gesellschaft entspricht im Schweizer Jura das von Zoller (1954) beschriebene Tetragonolobo-Molinietum. Wegen ihrer Futterarmut und schlechten Zugänglichkeit wurden die Blaugras- und Pfeifengras-Hangrasen nur selten beweidet.

Die meisten Trocken- und Magerrasen Mitteleuropas verdanken also dem Weidevieh oder auch der Sense und dem Feuer (s. Kap. 18.8.4) nicht nur schlechthin ihre Existenz, sondern auch noch manche Eigenheiten in ihrem Artengefüge.

Ein Weideexperiment besonderen Charakters stellt das Überhandnehmen und Zusammenbrechen der **Kaninchenpopulation** in den Magerrasen Südenglands und einiger Gegenden Mitteleuropas dar (s. Myers & Poole 1963, Thomas 1963 u. a.). In einem nordwestdeutschen Enzian-Zwenkenrasen, in dem Runge (1963) auf Dauerquadraten die Schwankungen im Mengenverhältnis der Arten verfolgte, grasten die Kaninchen mit Vorliebe *Brachypodium pinnatum* ab, verhielten sich also anders als das Weidevieh. Kiffe (1989) verglich die Flora von vier nicht mit Kaninchen besetzten ostfriesischen Inseln mit der von mehr oder minder kaninchenreichen Inseln. Bei starkem Befraß dehnen sich Moose und Flechten aus, z. B. *Brachythecium albicans*, *Ceratodon purpureus*, *Cladonia chlorophaea* agg. und *Cornicularia aculeata*, die vom zusätzlichen Licht profitieren. Auch *Rubus caesius* und *Cerastium semidecandrum* werden verschmäht. Auf das Fehlen von Kaninchen darf man dagegen schließen, wenn die Sand-Magerrasen auffällig stark blühen. Namentlich *Lotus corniculatus*, *Hypochaeris radicata*, *Hieracium umbellatum*, *Jasione montana*, *Plantago lanceolata* und *Trifolium arvense* treten dann hervor, aber auch *Anthoxanthum odoratum*.

Mäuse haben zwar weder durch Fraß noch durch Verschleppen von Samen nennenswerten Einfluss auf das Artengefüge von Rasen, wohl aber dadurch, dass sie Kahlstellen schaffen (Leutert 1983, Ryser & Gigon 1985). Sie begünstigen dadurch konkurrenzschwache Arten wie Therophyten (z. B. *Erigeron acris* oder *Erophila verna*) oder Chamaephyten und bereichern das Artenspektrum auf kleinem Raum (Dean et al. 1997).

18.8.2 Eutrophierung

Nicht nur Nutzungsaufgabe, sondern auch atmosphärische Nährstoffeinträge sind Ursache für Artenverschiebungen in den Trockenrasen in jüngster Zeit (Hagen 1996). Auffälligste Veränderung in eutrophierten Trockenrasen ist häufig die **Ausbreitung der Fiederzwenke**, die sehr effizient den zusätzlichen Stickstoff aufnimmt und Verluste bei Blattabwurf durch interne Verlagerung in die Rhizome vermeidet (Bobbink 1991). Die Zunahme von *Brachypodium* in niederländischen gemähten Halbtrockenrasen seit den späten 1970er-Jahren wird im Wesentlichen auf den von 10–15 auf 30–35 kg N ha^{-1} a^{-1} gestiegenen N-Eintrag zurückgeführt (Willems et al. 1993). In Sand-Trockenrasen und Steppenrasen kann das **Sand-Reitgras** (*Calamagrostis epigejos*) diese Rolle einnehmen. Begünstigt durch Stickstoffeinträge und erhöhte Phosphorverfügbarkeit, verdrängt dieses klonal wachsende, produktive Gras die typischen Vertreter dieser Gesellschaften einschließlich der Federgräser. *Stipa capillata* ist deshalb nur bei niedrigen P-Verfügbarkeiten gegenüber *Calamagrostis* konkurrenzstark (Süß et al. 2004). Fischer (2003) beschreibt in brachliegenden Sand-Magerrasen eine Vergrasung mit Streuakkumulation, zu der z. B. *Arrhenatherum elatius*, *Agrostis capillaris*, *Alopecurus pratensis*, *Elymus repens* u. a. beitragen.

Nach Briemle (1997) sind bei Düngermengen unter 20 kg N ha^{-1} a^{-1}, 20 kg P ha^{-1} a^{-1} und 32 kg K ha^{-1} a^{-1} noch keine wesentlichen Artenverschiebungen in Mesobrometen zu erwarten. In mitteleuropäischen Kalk-Trockenrasen sind nach Bobbink et al. (1996) und Neitzke (2001) 15–30 kg N ha^{-1} a^{-1} als Grenzwert der N-Deposition (**critical load**) zu betrachten, dessen Überschreiten zur Ausbreitung von Stickstoffzeigern führt. Morecroft et al. (1994) konnten in Düngungsexperimenten (35–140 kg N ha^{-1} a^{-1}) zeigen, dass die N-Mineralisationsrate in enger Abhängigkeit von den N-Einträgen auf Werte anstieg, die bereits für magere Fettwiesen kennzeichnend sind.

Auch lateraler Nährstoffeintrag kann Halbtrockenrasen eutrophieren: Randzonen des Gentiano-Koelerietum, die an gedüngte Wiesen grenzten, wiesen in der Kalkeifel bis zu dreimal höhere N-Mineralisationsraten (38–55 gegenüber 6–20 kg N ha^{-1} a^{-1}) als zentrale Bereiche auf. Als Folge wanderten Fettwiesen-Arten wie *Arrhenatherum*, *Dactylis* und *Heracleum sphondyleum* sowie Kräuter des Halbschattens (*Medicago falcata*, *Clinopodium vulgare*, *Origanum vulgare* und *Viola hirta*) in die Rasen ein. Regelmäßige Mahd, mit der ungefähr 17–22 kg N ha^{-1} a^{-1} aus den Rasen entzogen werden, empfiehlt sich als wirkungsvolle Gegenmaßnahme (Bobbink et al. 1998).

Je stärker die Rasen durch Trockenheit beeinflusst sind, umso weniger anfällig sind sie gegenüber Eutrophierung. Das unterstreichen nach 60 bzw. 40 Jahren wiederholte Vegetationsaufnahmen in den Kaiserstühler Xerobrometen und in den Trockenrasen der Porphyrkuppen nördlich von Halle (Saale), in denen nur geringe Artenverschiebungen stattgefunden haben (Wilmanns 1988, Partzsch 2000). Zugenommen hatten allerdings **Ruderalisierungszeiger** wie *Echium vulgare*, *Isatis tinctoria* und *Lactuca serriola*.

Die Entwicklung der Vegetation und Nährstoffverfügbarkeit in gedüngtem Grasland nach Einstellung von Düngung und regelmäßiger Mahd haben Olff & Bakker (1991) und Olff (1992) untersucht. Im Verlauf einer 45-jährigen Sukzession nahmen Produktivität, Stickstoffnachlieferung wie auch Nitrifikationsgrad ab; die anfängliche N-Limitierung des Wachstums wurde durch P-Limitierung ersetzt.

18.8.3 Habitatfragmentierung

Viele mitteleuropäische Magerrasen-Pflanzen besitzen nur noch wenige, **stark isolierte Einzelvorkommen** mit häufig sehr kleinen Individuenzahlen. Stöcklin et al. (2000) untersuchten 14 bedrohte Mesobromion-Arten in 44 Magerrasen-Resten der Nordschweiz und fanden, dass 30 % der Populationen weniger als zehn blühende Individuen, 66 % unter 100 Individuen umfassten. Diese Populationen sind nicht nur räumlich, sondern auch genetisch mehr oder weniger stark voneinander isoliert und unterliegen deshalb oft starker zufälliger **genetischer Drift**, wie dies z. B. Becker (2003) an *Astragalus exscapus* zeigen konnte. Genetische Drift in kleinen Populationen führt zu genetischer Verarmung und gefährdet diese mittel- oder langfristig, da das Anpassungspotenzial an sich verändernde Umweltbedingungen sinkt. Überhaupt stellen stochastische Effekte für kleine Populationen eine erhebliche Gefahr dar, und zwar durch Zufallsprozesse gesteuerte genetische Drift, demografische Stochastizität und zufällige Variabilität der Umwelt (Gilpin & Soulé 1986, Menges 1991). Geringe Populationsgröße führt oft auch zu Inzucht, die den Heterozygotiegrad der Individuen reduziert und dadurch die Expression schädlicher rezessiver Mutationen fördert, wie dies beispielsweise Ouborg & van Treuren (1995) an *Salvia pratensis* zeigten. Die Folge ist eine geringere Fitness der Individuen, und folglich ein **höheres Aussterberisiko der Populationen** (Jennersten & Nilsson 1993, Kéry et al. 2000, Leimu et al. 2006). Vorteilhaft in kleinen Populationen kann allerdings ein reduzierter Fraßdruck durch samenfressende Insekten sein (Jennersten & Nilsson 1993). Ein besonders großes Aussterberisiko bei kleiner Populationsgröße und fragmentierten Habitaten besitzen nach Stöcklin & Fischer (1999) Magerrasen-Arten mit kurzem Lebenszyklus, geringer Samenlebensdauer und großer Habitatspezifität, während langlebige Arten wie z. B. *Arnica montana* oder *Astragalus exscapus* selbst in kleinen Restpopulationen erstaunlich lange ausharren können (Kahmen & Poschlod 2000, Becker 2003).

18.8.4 Schutz und Restitution von trockenen Magerrasen

In den letzten 50 Jahren haben die trockenen Magerrasen in fast allen Regionen Mitteleuropas deutlich an Fläche verloren, und zwar durch Verbuschung, Ruderalsierung oder Überführung in landwirtschaftliche Intensivnutzung (Wolkinger & Plank 1981). Im Regierungsbezirk Stuttgart beispielsweise, zu dem große Teile der Schwäbischen Alb gehören, nahmen Magerrasen noch um 1900 über 7000 ha ein; bis 1980 waren sie auf weniger als 2000 ha geschrumpft (Mattern et al. 1980). Um Magerrasen als solche zu erhalten oder wieder herzustellen, bedarf es entweder einer Rückkehr zu der früheren Bewirtschaftungsweise oder zumindest gewisser Eingriffe, die der Verstaudung und vor allem Verbuschung entgegenwirken. Für den Naturschutz ist es besonders wichtig, den minimalen Aufwand zu kennen, der auf Dauer zum Erfolg führt (s. Briemle et al. 1991).

Aufschlussreich ist ein Vergleich verschiedener Behandlungsweisen einer 15 Jahre dauernden Studie in einem **nicht mehr beweideten Mesobromion-Rasen** in der Nähe von Göttingen (Dierschke & Engels 1991, Dierschke 2006). An einem Muschelkalkhang war in dem ehemaligen, seit 30 Jahren nicht mehr beweideten Gentiano-Koelerietum der vorher seltene *Bromus erectus* zu absoluter Herrschaft gelangt, in erster Linie dadurch, dass seine im Herbst absterbenden Blätter rings um jeden Horst eine dicke Streuschicht gebildet hatten, die jeden Konkurrenten, auch Büsche, fernhielt. In die unbehandelten Kontrollflächen wanderten während dieser Zeit sechs Straucharten ein, darunter Schlehe und Weißdorn, die nach 15 Jahren durchschnittlich 13 bzw. 18 % der Fläche überschirmt hatten. In den gemulchten (d. h. gemähten, aber nicht vom Mähgut befreiten) Flächen erreichten sie höchstens 3 %. Aber sogar auf den ein- bis dreimal pro Jahr gemähten und abgeernteten Flächen starben die hier und dort aufkommenden Büsche nicht ganz aus.

Die krautigen und grasartigen Pflanzen reagierten auf die Behandlungsweisen recht unterschiedlich. *Brachypodium pinnatum* war die einzige Art, die auf der bereits vor dem Versuchsanfang verbuschten Fläche ihren maximalen Deckungsgrad erreichte (wenn auch nur 10 %). *Bromus erectus* beherrschte nach 15 Jahren die gemulchten Flächen mit durchschnittlich 69 %. Er verlor um so mehr an Deckung und Höhe, je öfter die Parzellen geschnitten wurden, deckte aber selbst bei jährlich dreimaligem Schnitt nach 15 Jahren noch 39 %. Für Krautsäume charakteristische Arten (s. Kap. 16.3.2), z. B. *Medicago falcata* und *Astragalus glycyphyllos*, erreichten höchste Deckung auf Flächen, die jedes zweite Jahr oder alljährlich einmal geschnitten wurden. Auch *Trisetum flavescens*, das einzige höherwüchsige Horstgras außer *Bromus*, erreichte ein – freilich bescheidenes – Maximum bei einmaliger Mahd pro Jahr. Kleinwüchsige Gräser oder Grasartige, wie *Festuca ovina*, *Briza media*, *Carex caryophyllea* und *C. flacca*, sowie zahlreiche niedrige Kräuter, vor allem solche der Magerrasen (z. B. *Hieracium pilosella*), gewannen um so höhere Deckungsgrade, je öfter die Parzellen geschnitten wurden. Als allgemeines Ergebnis heben die Autoren hervor, dass **Mulchen zur Erhaltung von Magerrasen nicht beiträgt.**

Regelmäßiges **Beweiden** mit Schafherden hat sich vielerorts zur Erhaltung von Kalk-Magerrasen als wirksame und ökonomisch vertretbare Maßnahme erwiesen, auch weil diese an ihren Hufen und in der Wolle viele Diasporen mitbringen, darunter solche, die selten oder nie in der Samenbank konserviert werden (Hennekens et al. 1983, Hakes 1988, Wilmanns & Sendtko 1995, Schumacher 2007). Das gilt insbesondere für Kalk-Magerweiden, die am sinnvollsten zu Beginn und Ende der Vegetationsperiode beweidet werden. Will man allerdings dominante Bestände von *Brachypodium* und *Bromus* zurückdrängen, empfiehlt sich nach Rein & Otte (2001) eine intensive Beweidung während der Hauptwachstumszeit über mehrere Jahre. Ehemals einschürig genutzte Magerwiesen können durch Beweidung unerwünschte Änderungen in der Artenzusammensetzung erfahren und verbuschen oft schneller, weil das Vieh Trittschäden verursacht, die schneller besiedelt werden. Sie lassen sich naturgemäß am besten durch späte, nicht alljährliche Mahd erhalten (Wilmanns & Sendtko 1995). Die während jahrelanger Brache entstandene und **verfilzte Streu- und Biomasseschicht** lässt sich nur durch eine hohe Schaf- oder Ziegendichte beseitigen. Köhler (2001) und Köhler et al. (2005) präsentieren die Ergebnisse eines 22-jährigen Experimentes mit verschiedenen Mahdregimen in nordschweizerischen Mesobrometen und folgern, dass die höchste Phytodiversität durch eine **mosaikartige Bewirtschaftung** erreicht wird, in der Flächen mit alljährlicher, hochsommerlicher Mahd mit Streifen abwechseln, die nur in jedem zweiten Jahr gemäht werden.

Der **Verbuschung**, d. h. der natürlichen Sukzession bis zum Wald, muss man in jedem Fall entgegenwirken. Hier hat sich gelegentliche Ziegenbeweidung bewährt (Eckert 1992), weil diese mit Vorliebe Gehölze befressen und deren Rinde zu schälen pflegen, was früher oder später zum Absterben oberhalb der Schälstellen führt. Zur „Erstpflege" verbuschter Magerrasen eignen sich Ziegen deshalb besonders, zumal wenn man mit der Axt vor- und nacharbeitet. Sogar *Brachypodium pinnatum* wird von Ziegen stärker befressen als von anderen Tieren.

Um seltene **Orchideen** (z. B. *Ophrys sphecodes*) zu erhalten, müsste man nach Hutchings (1987) die Schafe (und Ziegen) vorwiegend in der kalten Jahreszeit grasen lassen, um den Bewuchs kurzzuhalten, sie aber während der Blüte-, Samenreife- und Ausstreuzeit der Orchideen ausschließen. Namentlich hochwüchsige Orchideen (wie *Himantoglossum hircinum* oder *Orchis militaris*) werden durch zu intensive Beweidung geschädigt. Die Hauptursachen des weit **verbreiteten Rückgangs vieler Orchideen** in den mitteleuropäischen Magerrasen sind allerdings nach Dijk et al. (1997) in der Eutrophierung zu suchen. Diese fördert nicht nur stärkere Konkurrenten, sondern beeinträchtigt die Vitalität mancher Orchideen-Arten mit sehr spezifischen Nährstoffansprüchen auf direktem Wege, wie Düngungsexperimente zeigen. Dabei spielt eine mögliche Schädigung der Orchideen-Mykorrhiza nur eine untergeordnete Rolle.

Zur Bildung von Verteilungsmustern der Pflanzenarten kann auch das **Brennen** beitragen, mit dem früher das trockene Gras zu Beginn der neuen Vegetationsperiode von vielen Magerrasen entfernt wurde – ähnlich wie in den Savannen Afrikas. Zugleich war das Gras- oder Heidebrennen ein Mittel der Schäfer gegen sich ausbreitende holzige Weideunkräuter. Mit leichtem Wind rasch über den Rasen laufende Feuer erhitzen kaum den Boden, töten also das Leben unter dessen Oberfläche nicht. Ungesteuerte Brände können sich jedoch ähnlich katastrophal auswirken wie chemische Mittel. Dies zeigte sich z. B. an einem Probequadrat, das Mahn (1966) in einem durch Brand zerstörten Magerrasen beobachtete (s. Abb. 18–38). Die Regeneration setzte nur zögernd ein, weil alle Pflanzen, auch die meisten Samen, vernichtet worden waren. Nach 5 Jahren waren allerdings die meisten ausdauernden Arten des ursprünglichen Rasens wieder vertreten, mit Ausnahme einiger weniger, zu denen *Calluna vulgaris* gehörte. In einem Halbtrockenrasen (Onobrychido-Brometum) des Kaiserstuhls beobachtete Zimmermann (1979) stark selektierende Wirkungen von wiederholten Bränden. Arten mit unterirdischen Ausläufern und Rhizomen (z. B. *Brachypodium pinnatum*) wurden im Wettbewerb begünstigt. Auch Stauden und Büsche mit entsprechender Verbreitungsweise stellten sich ein. Brände fügen jedoch manchen Tierpopulationen aus Naturschutzsicht nicht hinnehmbare Schäden zu. Artenreiche Kalk-Magerrasen lassen sich auf die Dauer also wohl nur durch regelmäßiges Mähen oder Beweidung, aber nicht durch Flämmen erhalten (Ryser et al. 1995), während dies bei manchen *Calluna*-Heiden möglich ist (s. Kap. 17.8.3).

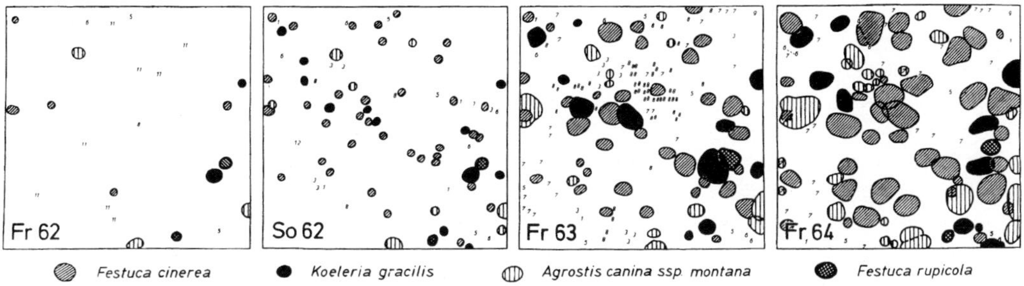

Abb. 18–38 Sukzession nach starkem Brand in einem mitteldeutschen Sand-Trockenrasen. Die Verteilung der Grasarten wurde skizziert innerhalb eines 1 × 1-m-Dauerquadrats im Frühjahr und Sommer 1962 sowie in den Frühjahren 1963 und 1964. Nach Mahn (1966), verändert. Schafschwingel-Kleinarten *(Festuca cinerea* und *F. rupicola),* aber auch andere Gräser regenerierten sich verhältnismäßig rasch.

Lückige Sand-Magerrasen leiden vielerorts vor allem unter **Ruderalisierung**, also dem Eindringen von stickstoffbedürftigen, hochwüchsigen Arten wie *Calamagrostis epigejos*, *Echium vulgare*, *Oenothera biennis*, *Tanacetum vulgare* oder *Erigeron annuus*, die eine Sukzession in Richtung auf ARTEMISIETEA-Gesellschaften anzeigen (Stroh et al. 2002, Fischer 2003). Die kennzeichnenden, für den Naturschutz wichtigen Sandrasen-Arten sind in der Samenbank jedoch kaum oder gar nicht vertreten und werden aufgrund der Isolation der Bestände auch mit dem Samenregen nicht eingetragen (Krolupper & Schwabe 1998). Fehlende Störungen reduzieren den Keimungserfolg der kennzeichnenden Psammophyten (Jentsch & Beyschlag 2003).

Will man verbrachte Sand-Magerrasen **restituieren**, genügt nach den Erfahrungen von Zehm (2004) Beweidung mit Schafen allein nicht. Er empfiehlt gemischte Beweidung z. B. mit Schafen und Eseln sowie zusätzliches Einbringen von Saatgut der betreffenden Sandrasen-Arten (s. auch Bank et al. 2002 und Kirmer et al. 2002). Schafe fraßen in den auf den Darmstädter Kalksanden durchgeführten Experimenten bevorzugt ruderale Pflanzen mit Stickstoffgehalten über 2 %, während die stickstoffärmeren Sandtrockenrasen-Arten verschmäht wurden. Die Tiere sorgen gleichzeitig für die nötigen Störungen. Auch Rinder sind zur Pflege von Sand-Magerrasen geeignet, schädigen aber die Flechtenbestände (Fischer 2003). Will man Kalk-Magerrasen auf ehemaligen Ackerflächen mit nährstoffreichem Oberboden schaffen, ist nach den Erfahrungen von Pfadenhauer & Kiehl (2003) zunächst das **Abschieben des Oberbodens** sinnvoll. Dieser sollte dann mit diasporenhaltigem Mähgut inokuliert (Schiefer 1984, Jeschke & Kiehl 2006) und zweimal jährlich mit Schafen im Frühjahr und Herbst beweidet werden. Eine zusätzliche Mahd erscheint sinnvoll, wenn die Aushagerung nicht ausreichend ist.

Selbst wenn es gelingt, Magerrasen in ihrem einstigen Artengefüge wieder herzustellen, wird es unter den heutigen Zufuhren luftgetragener Stickstoffverbindungen allerdings recht schwierig sein, sie dauernd in ihrem ursprünglichen Artengefüge zu erhalten, d. h. sie vor der Eutrophierung zu bewahren (s. Kap. 18.8.2). Hinzu kommt, dass alte Magerrasen reicher an seltenen, schutzwürdigen Arten sind als jüngere, deren Einwanderung also offenbar besonders lange dauert (Partzsch et al. 2003, Kiehl & Jeschke 2005).

Abschließend sei in aller Klarheit hervorgehoben: Um Magerrasen (sowie die in Kap. 17 behandelten Heiden) an mehr oder minder trockenen Standorten während möglichst langer Zeit wenigstens einigermaßen in ihrem typischen Zustand zu erhalten, leistet extensive Weidewirtschaft die besten und der Ausschluss jeglicher Störung, also falsch verstandener Naturschutz, die schlechtesten Dienste. Für beide Aussagen hat Michalik (1992) überzeugende Beispiele geliefert, indem er die Veränderungen der Flora im südpolnischen Ojców-Nationalpark dokumentarisch belegte und ökologisch interpretierte (s. a. Tab. 19–19).

19 Wirtschaftswiesen und -weiden, Tritt- und Flutrasen

Mehr als ein Drittel der landwirtschaftlichen Nutzfläche in Mitteleuropa wird heute als Dauergrünland genutzt. In Form gemähter Wiesen, als Weiden oder als Mischform aus beiden bildet es die **Grundlage der Viehwirtschaft**. Besonders hoch ist der Grünlandanteil im deutsch-niederländischen Nordseeküsten-Tiefland und in den ackerbaulich ungünstigen Hochlagen der Mittelgebirge sowie in den Alpen und Karpaten. Hier entfallen in manchen Regionen mehr als 70% der landwirtschaftlichen Nutzfläche auf Grünland.

Während in den Tieflagen des südlichen Mitteleuropa das gedüngte Grasland bis etwa 1960 fast ausschließlich durch Mähen genutzt wurde, war im nördlichen und vor allem im nordwestlichen Tiefland jahrhundertelang ein reiner Weidebetrieb die Regel. Ursache dieses Landschaftswandels von Süd nach Nord war und ist der zunehmende ozeanische Klimacharakter, der die Sommertrockenheit wie auch die Winterkälte mildert. Das Ausmaß der Winterkälte hat wesentlichen Einfluss auf die Dauer der Vegetationsperiode und bestimmt darüber die Dauer der Weidenutzung: Während im ozeanischen Südwesten Englands mehr als 250 Tage im Jahr geweidet werden kann, sinkt die Weidedauer auf 200 bis 210 Tage in Belgien, den Niederlanden und Nordwestdeutschland, auf 165 Tage in den Tieflagen Westdeutschlands und auf weniger als 120 Tage im östlichen Mitteleuropa. Entsprechend steigt der Winterfutter-Bedarf. Mit den milderen Wintern gewinnt aber heute auch in Deutschland die Winterweide-Wirtschaft mehr und mehr an Bedeutung.

Temperaturrückschläge, die ja in stärker kontinentalem Klima häufig vorkommen, verzögern den Auftrieb des Viehs beträchtlich. Früher dehnten sich nur im Westen Mitteleuropas die Viehweiden auch in das niedrige Hügel- und Bergland hinein aus. Im Osten und Süden dagegen war die Sommer-Weidewirtschaft nur in den höheren Gebirgslagen und am niederschlagsreichen Alpenrand verbreitet. Erst die moderne Mähumtriebsweide mit längeren Ruhepausen ermöglichten auch in niederschlagsarmen Tieflagen einen ertragreichen und durch Trockenperioden nicht gestörten Weidebetrieb. Infolge dieser Umstellungen verwischt sich zunehmend der einst so auffällige Gegensatz im Grünlandcharakter des nordwestlichen und südlichen bis östlichen Mitteleuropa.

Neben den Wiesen und Weiden im engeren Sinne existieren andere gehölzfreie, überwiegend von Gräsern bestimmte und von Kräutern oder Zwergsträuchern durchsetzte Grasländer. Dies sind die salzbeeinflussten Salzrasen (s. Kap. 11), die Trocken- und Magerrasen (s. Kap. 18), die alpinen Rasen oberhalb der Waldgrenze (s. Kap. 13), manche grasreichen Moore (s. Kap. 10) und die Zwergstrauchheiden (s. Kap. 17), auf die hier nicht eingegangen wird. Wiesen und Weiden sollen im Folgenden als **Kulturgrasland** zusammengefasst werden. Dieser Begriff wird dem ebenfalls gebräuchlichen „Wirtschaftsgrünland" vorgezogen, weil er dem englischen „grassland" entspricht (s. Dierschke & Briemle 2002).

19.1 Flora und Entstehungsgeschichte

19.1.1 Flora

Die Mehrheit der mitteleuropäischen Kulturgrasländer gehört zu den artenreichen Lebensgemeinschaften. Manche extensiv genutzte Wiese enthält auf 20 m^2 Fläche mehr als 70 Gefäßpflanzenarten; ähnlich hohe Artendichten werden nur in wenigen anderen Lebensräumen Mitteleuropas, so in den Kalk-Magerrasen (s. Kap. 18.3), erreicht. Die meisten der heute weithin vorherrschenden Intensivwiesen und -weiden, aber auch manche extensive Grasländer saurer Standorte sind dagegen mit häufig unter 25 Arten pro 20 m^2 ausgesprochen artenarm. **Rund ein Drittel der heimischen Gefäßpflanzenflora hat seinen Verbreitungsschwerpunkt im gemähten oder beweideten Kulturgrasland.** So zählte Ellenberg (1952) mehr als 1300 Arten für die Wiesen und Weiden (einschließlich der Magerrasen) Südwestdeutschlands, Korneck & Sukopp (1988) kommen auf **über 1000 Arten.** Vergleichen wir diese Zahl mit den in unserer Flora vorkommenden Waldpflanzen (insgesamt etwa 1200, von denen aber nur 291 ihren Verbreitungsschwerpunkt im Wald haben, Schmidt et al. 2003), so wird deutlich, dass die anstelle des Waldes zunächst entstandenen extensiven Weiden und Wiesen ähnlich artenreich oder gar artenreicher sind als die natürliche Vegetation. Rund 250 Sippen sind im mitteleuropäischen Kulturgrasland häufiger vertreten (Dierschke & Briemle 2002); Korneck & Sukopp (1988) zählen 184 Gefäßpflanzen der Frischwiesen und -weiden und 203 der Feuchtwiesen zum Artenbestand des hier zu besprechenden Graslandes. Nur etwa 20 Arten treten aber mit großer Stetigkeit, d.h in mehr als der Hälfte aller Aufnahmen in Wiesen und Weiden, auf, was bereits die hohe floristische Vielgestaltigkeit der Grasland-Gesellschaften verdeutlicht.

Mit Ausnahme der Gymnospermen sind im Kulturgrasland die meisten Phanerogamen-Familien vertreten. Besonders artenreich sind die Poaceen, die Cyperaceen und Juncaceen (besonders an mageren und feuchten Standorten), die Fabaceen und (vor allem auf basischen Böden) die Asteraceen und Apiaceen. Auch Moose (seltener Flechten) spielen in mageren und extensiv genutzten Wiesen und Weiden eine Rolle, fehlen aber weitestgehend im Intensivgrasland.

Die große Mehrheit der Graslandarten gehört der **einheimischen Flora** an; nur ein kleiner Prozentsatz entfällt auf **Archäophyten** (wahrscheinlich *Plantago major* und *P. lanceolata*, *Veronica arvensis*, *Arrhenatherum elatius*, *Phleum pratense*, *Alopecurus pratensis* und *Cynosurus cristatus*) oder **Neophyten** (*Lolium multiflorum* und *Veronica filiformis*, Lohmeyer & Sukopp 1992, Körber-Grohne 1993). Im Gegensatz zu den Ackerwildkraut-Gesellschaften (s. Kap. 23) und den Ruderalfluren (s. Kap. 22) hat sich in den Wiesen Mitteleuropas mit Ausnahme von *Veronica filiformis* kein Neophyt dauerhaft etablieren können. Die Lebensgemeinschaften dieser Gesellschaften besitzen offenbar eine so weitgehende Ausnutzung der Ressourcen, dass Neulinge in ihnen keine Nischen besetzen können.

Viele heutige Graslandsippen entsprechen in ihrem Genotyp wahrscheinlich nicht mehr den ursprünglich heimischen Arten, sondern sind das Ergebnis einer mehrere Jahrtausende währenden **Evolution unter dem Einfluss der neu geschaffenen Umwelt in den Wiesen und Weiden** (Scholz 1975). Durch Bastardisierung und Vervielfältigung der Chromosomensätze (Allopolyploidisierung) entstanden aus nahe verwandten diploiden Sippen **tetra- bis polyploide Sippengruppen**, die den störungsreichen Lebensbedingungen im genutzten Grasland besser angepasst waren als die Ausgangsformen (Ehrendorfer 1962, Landolt 1970, Bretagnolle & Thompson 1996). Nach Dierschke & Briemle (2002) gehören hierzu z. B. *Chrysanthemum ircutianum* (*C. montanum* × *C. leucanthemum*), *Lotus corniculatus* (*L. alpinus* × *L. tenuis*) und *Trifolium pratense* (*T. nivale* × *T. diffusum*).

Die Ausbildung von Kleinarten, **saisonaler „Rassen"** und **zahlreicher Ökotypen** innerhalb der mitteleuropäischen Graslandarten kann ebenfalls als Hinweis auf intensive rezente Evolutionsprozesse in diesem sich schnell wandelnden Lebensraum gewertet werden. Beispiele für formenreiche Sammelarten sind *Alchemilla vulgaris* agg., *Ranunculus auricomus* agg. und *Festuca ovina* agg. Zopfi (1991 u. 1993) konnte ausgeprägten Saisondimorphismus bei *Gentianella*- und *Rhinanthus*-Arten nachweisen. Der hemiparasitische Zottige Klappertopf bildet in den Wiesen der Ostschweiz mindestens sieben deutlich voneinander differenzierte Ökotypen aus, die sich in ihrer Größe, Morphologie, Blütezeit und Vergesellschaftung unterscheiden. Diese Unterschiede haben eine genetische Basis und wurden wahrscheinlich durch das spezifische Mahd- und Weideregime sowie die Licht- und Temperaturverhältnisse am jeweiligen Standort selektiert (Zopfi 1993). *Centaurea jacea* und *Scabiosa columbaria* blühen in Wiesen 6 bis 8 Wochen früher als in benachbarten Weiden (Poschlod & Jackel 1993).

Anders als auf der Nordhalbkugel fehlen in den klimatisch ähnlichen gemäßigten Breiten der südlichen Hemisphäre nahezu sämtliche Pflanzen, aus denen sich bodenfrische Wiesen hätten bilden können. So musste man z. B. in Chile europäische und nordamerikanische Wiesenpflanzen einführen, die sich dort teilweise rasch einbürgerten und unseren Frischwiesen vergleichbare Gesellschaften bildeten (Oberdorfer 1960). Verglichen mit anderen Regionen der Erde ist also die Flora Mitteleuropas geradezu prädestiniert für die Bildung von Wiesen-Gesellschaften.

19.1.2 Entstehung der Wiesen und Weiden

19.1.2.1 Herkunft der Wiesenpflanzen

Fast alle Wiesenpflanzen Mitteleuropas sind Altbürger seiner Flora und Bestandteile seiner

Naturlandschaft, wenn auch in Genotypen, die von den heutigen abweichen. Sie traten in den Wiesen-Gesellschaften nur zu neuen Kombinationen zusammen und gewannen großenteils erst in ihnen eine Bedeutung für das mitteleuropäische Landschaftsbild.

Die in gedüngten Wiesen verbreiteten Feuchtigkeitszeiger gedeihen von Natur aus teils in Auenwäldern, teils in anderen Waldgesellschaften feuchter bis nasser Standorte, z. B. *Cirsium oleraceum*, *Angelica sylvestris*, *Lysimachia vulgaris*, *Crepis paludosa*, *Filipendula ulmaria* und *Deschampsia cespitosa*. Manche Arten findet man außerdem in Röhrichten und Großseggenrieden, vor allem *Phalaris arundinacea*, *Carex acutiformis* und *Caltha palustris*.

In den Flussauen, vor allem im **Hartholz-Auenwald**, ist auch die Heimat einiger Partner der Glatthaferwiesen zu suchen, namentlich von *Anthriscus sylvestris*, *Heracleum sphondylium*, *Galium mollugo* und *Dactylis glomerata*. Die übrigen Charakterarten des ARRHENATHERION fänden aber in der mitteleuropäischen Naturlandschaft kaum einen zusagenden Standort. *Arrhenatherum* selbst ist auf moosigen und stickstoffreichen Felsschutthalden in Süddeutschland (Sebald 1980) und Südwesteuropa zu Hause. Es wurde zuerst in Südfrankreich gezüchtet und kam als „Französisches Raygras" verhältnismäßig spät in den mitteleuropäischen Wiesen zur Ansaat. Einmal vorhanden, breitete er sich aber sehr rasch an allen ihm zusagenden Standorten aus. *Tragopogon*, *Crepis biennis* und *Campanula patula* dürften aus den **Wiesensteppen** des südlichen Osteuropa zu uns gekommen sein. An der verschiedenen Herkunft der Arten zeigt sich erneut, dass die gedüngten und mehrschürigen Glatthaferwiesen ihr Dasein in noch stärkerem Maße dem Menschen verdanken als die Pfeifengraswiesen und sonstige Feucht- oder Magerwiesen.

Die in fast allen mitteleuropäischen Grasland-Gesellschaften verbreiteten Klassen-Kennarten der MOLINIO-ARRHENATHERETEA kommen vereinzelt in zahlreichen anderen Formationen vor. *Poa trivialis* z. B. gedeiht in Bruch- und Auenwäldern, *Poa pratensis* in Felsheiden, *Anthoxanthum odoratum* in manchen Birken-Eichenwäldern und Heiden; *Lathyrus pratensis*, *Galium album*, *Vicia cracca* und *Trifolium pratense* findet man oft in Gebüsch- und Waldsäumen.

Nur wenige Arten der heutigen Wiesen und Weiden entstammen **offenen Trockenwäldern** und den **Lichtungen bodensaurer Wälder**, weil diese Standorte zu nährstoffarm sind. Beispiele sind *Serratula tinctoria* und *Galium boreale*, die im Fingerkraut-Eichenmischwald Ost-Mitteleuropas häufig zu finden sind (s. Kap. 6.4.3). Vom Bieber geschaffene Waldwiesen sind meist zu nass, um die kennzeichnenden Gräser der MOLINIO-ARRHENATHERETEA gedeihen zu lassen (Medwecka-Kornas & Hawro 1993). Einige Arten dürften den von jeher waldfreien **Flutrasen** entlang der großen Ströme entstammen, die nach Burkart et al. (1998) in brandenburgischen Pollendiagrammen seit mindestens 9000 Jahren nachgewiesen werden können. Als Urheimat infrage kommen auch waldfreie **Lawinenbahnen** im Gebirge. In diesen hat aber aufgrund der niedrigen Temperaturen sicher nur ein kleiner Teil der im Tiefland häufigen Graslandsippen seine natürliche Heimat.

Viele Graslandpflanzen haben sich durch Ausbildung von Ökotypen an die neuen Lebensräume in den Wiesen und Weiden angepasst. So wächst die herrschende Grasart der meisten Pfeifengraswiesen, *Molinia caerulea*, in lichten Wäldern auf feuchten bis nassen Böden sowie auf den Bulten mancher Hochmoore. Wie Weise (1960 a u. b) experimentell zeigte, ähnelt die in Pfeifengraswiesen bei Dresden verbreitete *Molinia*-Form im Hinblick auf Produktivität, Phänologie und Reaktion auf Stickstoff weitgehend derjenigen, die dort in feuchten Birken-Eichenwäldern vorkommt. Physiologisch reagiert das Wiesen-Pfeifengras insofern abweichend von dem Wald-Pfeifengras, als es sich rascher entwickelt und auf Moorerde photosynthetisch mehr leistet, während der Gaswechsel der Waldform auf Kalkschotter aktiver ist. Diese Unterschiede sind aber so geringfügig, dass man sie sich durch Auslese aus ein und derselben Population entstanden denken kann. Auf die Evolution von Graslandsippen unter dem Einfluss der menschlichen Nutzung wurde bereits in Kapitel 19.1.1 näher eingegangen.

19.1.2.2 Entstehungsgeschichte des Kulturgraslandes

In den Pollenspektren der nacheiszeitlichen Moore treten nicht nur Getreide, sondern auch Wildgräser erst dann stärker hervor, wenn sich größere vom Menschen geschaffene Lichtungen bemerkbar machen. Namentlich *Plantago*- und *Rumex*-Pollen dürfen als Siedlungszeiger gelten.

Nach Körber-Grohne (1990) gab es schon **seit dem Neolithikum** teilweise vom Menschen genutzte Grasland-Gesellschaften. In bronzezeitlichen Funden aus dem Schweizer Mittelland ließen sich bereits mehr als 50 heute in Wiesen vorkommende Pflanzenarten nachweisen (Lüdi 1955, Körber-Grohne 1993). Allerdings fehlten offenbar nicht nur die meisten Grasarten, sondern auch noch viele Charakterarten der Glatthaferwiesen, während solche der Feucht- und Trockenwiesen – außer *Bromus erectus* – besser vertreten sind. Wenn es also im Zeitraum 1800 bis 800 v.Chr. schon Wiesen-Gesellschaften in unserem heutigen Sinne gegeben hat, müssen sie den in Abbildung 19–11 zusammengestellten „ungedüngten" entsprochen haben. Wahrscheinlich wurden die Graslandflächen aber mehr durch **Beweidung** als durch Mahd offengehalten und bildeten keine großen zusammenhängenden Flächen, sondern durchsetzten parkartig die infolge der damaligen Extensivwirtschaft aufgelockerten Wälder. Reste typischer hochwüchsiger Düngewiesenpflanzen (ARRHENATHERION) fehlten nach Willerding (1977, 1979) in fossilen Funden noch bis in die frühe Neuzeit. Wiesenheu kann also für die Winterfütterung der Haustiere damals noch keine große Rolle gespielt haben (s. Kap. 3.5.1). Mit dem Beginn der Eisenzeit und der **Erfindung der Sense** konnte in größerem Umfang Biomasse zur Einstreu und als Heu gewonnen und das Vieh im Winter aufgestallt und gefüttert werden (Körber-Grohne 1994). Wahrscheinlich spielte die **Einführung der Pferde** in der Bronzezeit ab etwa 1600 v. Chr., die offenes Weideland und nährstoffreiches Heu benötigen, eine wichtige Rolle bei der Ausweitung des Grünlandes (Küster 1992). Mehrere kennzeichnende Wiesengräser wurden seit der Eisenzeit nach Mitteleuropa eingeschleppt oder bewusst eingeführt, so *Phleum pratense*, *Cynosurus cristatus* und *Alopecurus pratensis*, *Arrhenatherum* erst im Mittelalter. In der **Römerzeit** hatten Mahd- und Bewässerungstechniken der Wiesen bereits einen relativ hohen Stand erreicht (Speier 1996).

Das Grasland trockener Böden ist bis ins späte Mittelalter auch im westlichen Mitteleuropa vorwiegend als Viehweide und nur selten mit Sense oder Sichel genutzt worden. *Bromus erectus*-Wiesen dürften also zu den jüngsten Mähwiesen-Gesellschaften Mitteleuropas zählen, obwohl ihr Artenbestand großenteils aus natürlichen Felsheiden und aus den Weiderasen der Ordnung BROMETALIA (s. Kap. 18) stammt, denen man mit Recht ein hohes Alter zubilligt. Manche dieser Trockenrasen-Pflanzen haben sich möglicherweise aus den Steppen und Waldsteppen der Späteiszeit und der frühen Nacheiszeit in das regelmäßig genutzte Kulturgrasland hinüberretten können.

19.2 Lebensbedingungen und standörtliche Gliederung

19.2.1 Viehweide und Mahd als Standortfaktoren

Ohne Sense und Weidevieh gäbe es im Waldklima Mitteleuropas keine Wiesen oder Intensivweiden. Nur die direkten oder indirekten, regelmäßig wiederholten Eingriffe des Menschen halten die Holzgewächse fern, die sonst über kurz oder lang das ihnen abgerungene Grasland zurückerobern würden. Wie in den Trocken- und Magerrasen, so herrschen auch im Kulturgrasland **regenerationsfreudige und lichtliebende Hemikryptophyten.** Diese wachsen hier aber so kräftig, dass sie Therophyten kaum aufkommen lassen, zumal sie im Winter teilweise grün bleiben oder im Frühjahr zeitig wieder austreiben. Geophyten und Chamaephyten sind in den meisten Wiesen-Gesellschaften ebenfalls selten.

Von allen Lebensformen breiten sich im Grasland nur solche Vertreter aus, die sich auf irgendeine Weise in den Bewirtschaftungs-Rhythmus einzupassen vermögen. In Wiesen sind dies neben Gräsern, die meist ein Drittel bis die Hälfte der oberirdischen Pflanzenmasse ausmachen, auch mahdresistente Kräuter. Anders in Weiden, in denen der **Grasanteil** nach Klapp (1965) in der Regel noch höher ist, unter den Kräutern jedoch nur einige verbiss- und trittunempfindliche Arten übrigbleiben. So fand Klapp (1971) in 25 Wiesen einen Massenanteil der Gräser und Kräuter (ohne Leguminosen) von 48 und 43 %, in standörtlich vergleichbaren Weiden dagegen von 63 und 22 %. Auf stickstoffbindende Leguminosen entfielen in den Wiesen 9 und den Weiden 15 %. Das **Mähen**

und Beweiden fördert die entsprechend angepassten Graslandpflanzen aber nur mittelbar und relativ. An und für sich werden **alle Arten und fast alle Individuen mehr oder weniger stark geschädigt**. Den ihnen zugefügten Schaden überstehen jedoch die Charakterpflanzen der Wiesen und Weiden besser als andere Freilandgewächse. Deshalb befreit sie der mechanische Eingriff von Konkurrenten, die ihnen sonst das Licht wegnehmen würden. Viele Weidepflanzen sind nach Klapp (1971) zudem an mäßige Bodenverdichtung angepasst, werden also durch Tritt in gewisser Weise indirekt gefördert.

Je nach dem Nutzungszweck gab es bis vor wenigen Jahrzehnten fest umschriebene Typen von Wiesen und Weiden, die heute mehr und mehr in Vergessenheit geraten, seit der Maschinen-, Dünger- und Chemikalieneinsatz intensivere Formen angenommen hat (s. Tab. 19–1). Sie seien hier trotzdem geschildert, weil man sonst das Artengefüge vieler noch vorhandener Grünlandflächen nicht verstehen könnte und ein gezielter Arten- und Lebensraumschutz unmöglich wäre. Außerdem wurden gerade am Kulturgrasland traditionellen Gepräges viele allgemeingültige Erkenntnisse über das Zustandekommen bestimmter Pflanzengesellschaften gewonnen, die ihren Wert behalten würden, auch wenn alle Zeugen der früheren Wirtschaftsweise verschwunden wären.

Streuwiesen (oder Streuewiesen – beide Schreibweisen sind gebräuchlich), die heute nur noch hier und dort im Alpenvorland zu finden sind, mäht man nur einmal, und zwar erst im Herbst, wenn sie strohig geworden sind (s. Abb. 19–1). In ihnen können die meisten Wiesenpflanzen ungestört bis zur Samenreife gelangen. Ja, sie haben Zeit, Nährstoffe in unterirdischen oder bodennahen Organen zu speichern, sei es in Wurzeln, Rhizomen oder Knospen. Vegetatives Ausbreitungsvermögen bedeutet hier kaum einen Vorteil. So kommen nicht selten Horstpflanzen wie *Molinia caerulea*, *Bromus erectus* oder *Carex davalliana* zur Dominanz, deren Individuen nur wenige Jahre leben und die sich durch Samen erneuern müssen (s. Abb. 19–2). Das auf mehr oder minder feuchten Waldböden heimische Pfeifengras ist das Streuwiesengras par excellence geworden. Obwohl es spät austreibt und als Letztes von allen Gräsern blüht, kann es in den gestauchten Internodien am Grunde seines scheinbar knotenlosen Halmes reichlich Stickstoff, Phosphor und andere Reserven für die nächste Vegetationsperiode ansammeln. Hindert man es daran, indem man es zu früh mäht, oder zertreten Wei-

Tab. 19–1 Nutzungsintensität, Düngung und Ertrag in verschiedenen mitteleuropäischen Wiesen- und Weidetypen.

Nutzungstyp	Nutzungs-intensität	Schnitte/ Weide-gänge	N-Düngung (kg N ha^{-1})	Trophie	Ertrag (g m^{-2} a^{-1})	Protein-gehalt (%)	Nutzung erster Auf-wuchs
Magerwiese	extensiv	1–2	0	oligotroph	200–500	8–11	Anf./Mitte Juli
Glatthaferwiese	halbintensiv	2–3	40–80	meso-eutroph	500–800	11–13	Mitte Juni
Fuchsschwanz-wiese	intensiv	3	120–160	eutroph	600–900	10–12	Ende Mai/ Anf. Juni
Doldenblütler-Vielschnittwiese	sehr intensiv	3–4	150–250	hypertroph	700–1000	14–17	Ende Mai/ Anf. Juni
Weidelgraswiese	sehr intensiv	3–5	150–300	hypertroph	900–1200	16–20	Mitte/Ende Mai
Mager-Triftweide	extensiv	1–2	0	oligo-mesotroph	200–500	9–11	Mitte Juni/ Mitte Juli
Standweide	halbintensiv	2–3	50–150	eutroph	600–900	14–18	Ende April/ Mitte Mai
Umtriebs- und Portionsweide	sehr intensiv	3–6	> 300	hypertroph	1000–1300	18–25	Ende April/ Mitte Mai

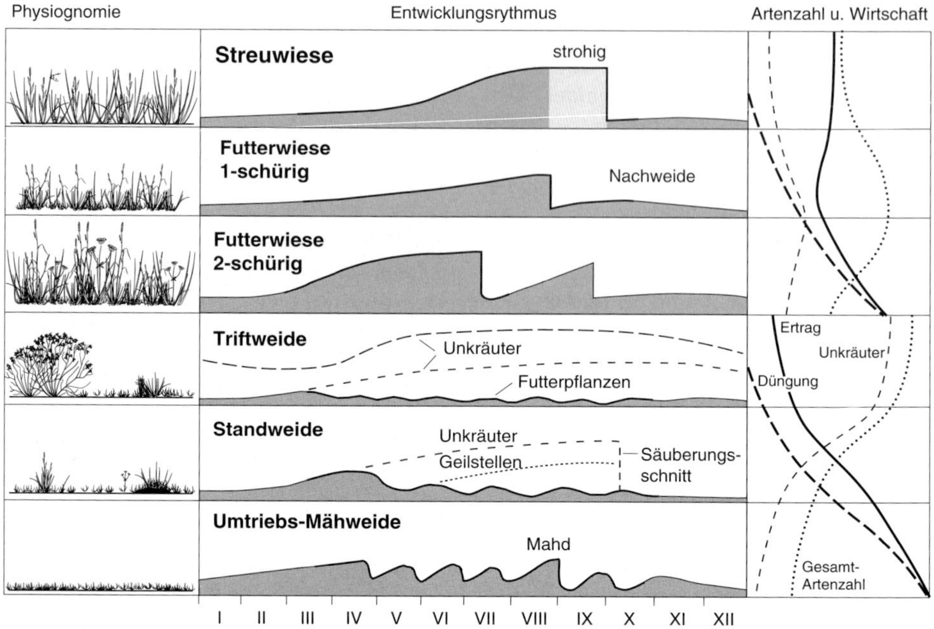

Abb. 19–1 Die Bewirtschaftungsformen wirken sich auf den Pflanzenbestand des Grünlandes in verschiedener Weise aus (schematische Übersicht).

Die Streuwiese wird so spät geschnitten, dass man mit dem strohig gewordenen Aufwuchs fast nur noch Kohlenhydrate entzieht; ohne Nährstoffzufuhr bleibt ihr Ertrag daher relativ hoch, während man ein- bis mehrschürige **Futterwiesen** zunehmend düngen muss, um ausreichende Erträge zu erzielen. Die Zahl der Arten pro Flächeneinheit – auch der „Unkräuter" – ist am höchsten in extensiv bewirtschafteten Futterwiesen, die man nur einmal im Jahr mäht.

Das Extrem hinsichtlich Artenzahl, Häufigkeit der „Weideunkräuter", Nährstoffmangel und Ertragsarmut stellt die früher übliche Allmend- oder **Triftweide** dar. Hohe Erträge bei geringer Artenzahl und Verunkrautung liefern dagegen Rotationsweiden **(Umtriebs-Mähweiden)**, die immer nur wenige Tage mit Vieh besetzt werden und sich dann regenerieren können. Sie erfordern aber auch den größten Dünger- und Arbeitsaufwand, während **Standweiden** von dem auf ihnen verbleibenden Vieh gedüngt werden. Unkräuter siedeln sich hier vor allem an „Geilstellen" an, d. h. an kotbedeckten Flecken (bei Rindern) oder Teilflächen (bei Pferden), die gemieden werden.

Abb. 19–2 Streuwiese mit Heuschobern im östlichen Estland kurz nach der Mahd im Oktober. Die Gebüsche (vorn) und der Wald (im Hintergrund) stocken auf etwas trockeneren, weniger graswüchsigen Stellen. Das gesamte Grasland sowie die Gebüsche wären von Natur aus dicht bewaldet.

detiere seine oberirdischen Speicherknospen, so verliert es rasch an Konkurrenzkraft. Das Ernten der abgestorbenen Teile als Stallstreu bedeutet einen so geringen jährlichen Nährstoffentzug, dass man auf Böden mit günstigem Wasserhaushalt ohne Düngung dauernd recht hohe Stroherträge erzielt. Das Mähgut besteht größtenteils aus Zellulose und anderen Kohlenhydraten; es enthält kaum noch Eiweiß und hat eine geringe Verdaulichkeit.

Schneidet man die Wiese dagegen im Frühsommer, also in noch grünem Zustand, um ein eiweißreiches Futter zu gewinnen, so verarmen die Bestände bald an Stickstoff und Phosphor, und niedrige, langsam wachsende Pflanzen vermögen sich auszubreiten. Diese **Futterwiesen** dienten früher der Heugewinnung zum Zwecke der Winterfütterung, heute jedoch immer stärker der Gärfutter- (Silage-) oder auch Frischfutter-Erzeugung. Man muss sie von Zeit zu Zeit düngen, selbst wenn man sie nur einmal im Jahr mäht. Umso eher gilt dies für zwei-, drei- oder mehrschürige Wiesen. In diesen setzen sich Arten durch, die bei Zufuhr von Dünger, insbesondere von Stickstoff, relativ stark gefördert werden (s. Abb. 19–3), und die einen rascheren Entwicklungsrhythmus haben als die Streuwiesenpflanzen. Als charakteristischen Vertreter kann man *Arrhenatherum elatius* nennen, eines der wertvollsten Heuwiesengräser. Wie *Molinia* ist der Glatthafer ein hochwüchsiges Horstgras, das auf gelegentliche Regeneration aus Samen angewiesen ist. Doch blüht er viel früher, fruchtet rascher und sammelt nur wenig Reservestoffe, auch wenn man ihn strohtrocken werden lässt.

In der modernen Grünlandnutzung herrschen sehr intensive Nutzungsweisen vor. Zu diesen gehört die **Vielschnittwiese** mit drei bis fünf Schnitten pro Jahr und die **Mähumtriebsweide**, in welcher der erste Aufwuchs zur Gärfuttergewinnung gemäht wird. Dieser ist aufgrund des geringeren Zellulose- und Ligningehaltes besser verdaulich als später gewonnenes Mähgut. Aus der Wiese wird später im Jahr eine Umtriebsweide. Sowohl physiognomisch als auch floristisch sind sich diese beiden hoch intensiven Nutzungsformen ähnlich. In Deutschland entfallen auf diese Nutzungsformen heute rund **75 % des Kulturgraslandes.**

In der Reihe: Streuwiese – einschürige Futterwiese – zweischürige Futterwiese – mehrschürige Futterwiese – Vielschnittwiese bzw.

Abb. 19–3 Glatthaferwiese (Arrhenatheretum typicum) bei Groß-Bieberau in Hessen kurz vor dem 1. Schnitt. *Anthriscus sylvestris* blüht; *Cerastium fontanum holosteoides* (links) und *Trifolium pratense* sind im Unterwuchs erkennbar.

Mähumtriebsweide nimmt die Zahl der Arten pro Wiesenbestand anfangs zu, dann aber bald wieder ab (s. Abb. 19–1). Infolge des früheren Schnittes finden **niederwüchsige Arten in Futterwiesen bessere Lebensbedingungen** als in den spät gemähten Streuwiesen. Durch häufig wiederholten Schnitt verarmt jedoch die Wiese mehr und mehr an hochwüchsigen Arten. Auch Gräser und Kräuter, die auf Nährstoffspeicherung und auf Vermehrung durch Samen angewiesen sind, werden von Jahr zu Jahr seltener.

Während die Sense oder Mähmaschine keinen Unterschied zwischen den Pflanzenarten macht, trifft das weidende Vieh eine Auslese. Wie in Kapitel 19.4.1 näher erläutert ist, führt die extensive **Hut-** oder **Triftweide** schließlich dazu, dass „Weideunkräuter“ überhand nehmen (s. Abb. 19–1). Die Tiere durchwandern täglich große Strecken auf der Suche nach bevorzugten Futterpflanzen und verschonen dabei nichtschmackhafte Arten, weil eine Begrenzung des Weideganges fehlt. Weil die Weideintensität vergleichsweise gering ist, werden auch bei **Standweide** manche Arten weniger stark geschädigt als andere, obgleich das Vieh während der

Tab. 19–2 Intensitätsstufen der Weidenutzung. Nach verschiedenen Autoren in Voigtländer & Jacob (1987). Besatzdichte in Vieh-Lebendmasse bzw. Großvieheinheiten (GV) pro Hektar. Relative Weideleistung bezogen auf eine gute Standweide = 100 (entspr. 2000 Kilo-Stärkeeinheiten pro ha).

Weidetyp	Besatzdichte (kg ha^{-1} bzw. GV ha^{-1})	Relative Weideleistung	N-Düngung (kg N ha^{-1} a^{-1})	Nutzungs-intensität
Waldweide	100–400 bzw. 0,2–0,8	< 30	0 ansteigend bis 400 und mehr	extensiv
Hutung	100–400 bzw. 0,2–0,8	< 50		extensiv
Standweide	500–1000 bzw. 1–2	50–100		halbintensiv
Alm-Alpweide		30–150		halbintensiv
Koppelweide	1000–1800 bzw. 2–3,6	75–150		halbintensiv
Mähstandweide	2200 bzw. 4,4	150–250		intensiv
Umtriebsweide	1500–2500 bzw. 3–5	150–300		sehr intensiv
Portionsweide	2000–3000 bzw. 4–6	175–450		sehr intensiv

Weidezeit ständig auf ein und derselben Fläche verbleibt. Nur die moderne **Umtriebsweide** mit starker Koppelteilung nutzt alle Pflanzen eines Bestandes nahezu gleichzeitig und gönnt ihnen dann mehrwöchige Erholung wie auf einer Wiese. Auf 8 bis 16 Koppeln verbleiben die Tiere nur für jeweils 2 bis 4 Tage (s. Tab. 19–2). Dem Vieh wird durch häufigen Flächenwechsel dabei stets annähernd gleichwertiges, proteinreiches Futter bereitgestellt. Die **Rotations-(Portions-) Weide** nutzt mobile Elektrozäune, um das Vieh für kurze Zeiträume (meist 1 Tag) in sehr kleine Parzellen zu pferchen. Je intensiver der Weidetrieb und die Düngung, desto mehr Teppichbildner wie *Trifolium repens*, *Agrostis stolonifera* oder *Poa trivialis* überziehen den Boden. Nur raschwüchsige, niedrig bleibende Arten mit gutem Regenerationsvermögen halten die häufige Beanspruchung aus. Sie bedürfen aber oft wiederholter und reichlicher Düngung. Überhaupt muss man dem Grünland umso mehr Nährstoffe wieder zuführen, je mehr man ihm bei der Nutzung entzieht.

Viele Arten der früheren Futter- und Streuwiesen sowie der extensiven Triftweiden haben sich während der letzten Jahrzehnte ins sogenannte „Straßenbegleitgrün“ gerettet, das möglichst selten gemäht und nur durch Immissionen gedüngt wird. Ebenso stellen mancherorts Streuobstbestände Refugien für selten gewordene Grasland-Gesellschaften dar. Wir werden darauf in Kapitel 19.3.5 eingehen.

19.2.2 Bestandesstruktur und Mikroklima

Stärker als andere mitteleuropäische Vegetationstypen werden Wiesen und Weiden von Hemikryptophyten geprägt, also ausdauernden Pflanzen mit Überwinterungsknospen an der Erdoberfläche. Meist 80–90 % der Arten entfallen auf diese vielgestaltige Lebensform, die Horst- und Rosettenpflanzen, kriechende Pflanzen, aber auch hochwüchsige Schaftpflanzen einschließt. In produktiven, bodenfrischen Wiesen lassen sich in der Regel **drei Schichten** von Gefäßpflanzen unterscheiden (s. Abb. 19–4): eine Oberschicht aus hochwüchsigen Gräsern (*Alopecurus pratensis*, *Arrhenatherum elatius*, *Dactylis glomerata*, *Festuca pratensis*) und einigen Hochstauden (vor allem *Anthriscus sylvestris* und *Heracleum sphondylium*), eine Mittelschicht aus niederwüchsigen Gräsern (insbesondere *Poa*, *Festuca rubra*, *Bromus*, *Agrostis*, *Lolium*, *Holcus*, *Anthoxanthum*, *Briza*, *Cynosurus*) und zahlreichen Kräutern, und eine Unterschicht im Halbschatten des Bestandes. In dieser herrschen Kriech- und Rosettenpflanzen wie *Bellis*, *Glechoma*, *Prunella*, *Trifolium* und *Ajuga* vor (Dierschke & Briemle 2002). Je ärmer der Standort, umso geschlossener ist die Unterschicht und umso dichter die Narbe nach der Mahd. Moose fehlen in Fettwiesen weitgehend, bilden aber in ungedüngten Wiesen oft eine dichte Schicht.

Zum Zeitpunkt größter Biomasse-Entwicklung erreichen Wiesen höhere **Blattflächenindizes** als die Wälder der gemäßigten Zone, die sie ersetzen. Typische Werte für Fettwiesen des Tieflandes liegen bei 10–15 m^2 m^{-2} (s. Tab. 19–3). In montanen Wiesen und an trockenen Standorten sind die Oberflächen allerdings deutlich geringer; das gilt auch für Weiden. Derartig große Blattoberflächen führen zu starker Be-

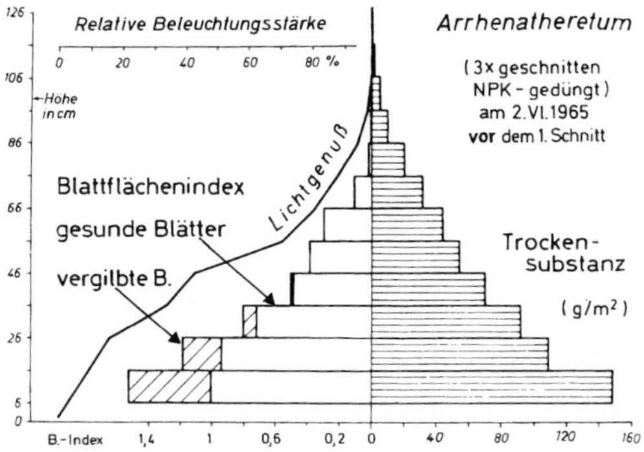

Abb. 19–4 Die oberirdische Phytomasse einer gut gedüngten Glatthaferwiese wird in erster Linie von den Untergräsern gebildet. Das zeigt sich, wenn man sie in Schichten von je 10 cm Höhe (über der 6 cm hohen Stoppel) aberntet. Nach Weniger aus Koblet (1972), verändert.

Die beiden unteren Schichten machen zusammen fast die Hälfte der Phytomasse aus und haben jeweils einen Blattflächenindex von über 1, d. h. die (einseitig gemessenen) Blattflächen ergeben insgesamt mehr als die Bodenfläche der Versuchsparzelle. Ein Teil der Blätter ist allerdings vergilbt, weil der Lichtgenuss nicht mehr zu einer positiven Stoffbilanz ausreichte.

Die bei der ersten Mahd geerntete Trockenmasse aller Schichten beträgt 575 g m^{-2}, d. h. rund 5,8 t ha^{-1}. Mit 3 Schnitten erntet man mindestens das Doppelte. Zum Vergleich: Die oberirdische Phytomassen-Produktion eines Buchenwaldes an gleichem Standort dürfte in einer Vegetationsperiode etwa 12–16 t ha^{-1} erreichen, d. h. ungefähr gleich viel wie eine gut gedüngte Glatthaferwiese (s. auch Abb. 4–78). Im Wald tragen aber die bodennahen Pflanzen wegen Lichtmangels nur einen verschwindend kleinen Teil zum Zuwachs bei.

schattung der Untergräser und niedrigen Kräuter, wenn die hochwüchsigen Wiesenpflanzen nicht eine überwiegend steile Blattstellung aufweisen.

Tab. 19–3 Einseitige Blattflächenindizes (LAI, in m^2 m^{-2}) verschiedener Grasland-Gesellschaften in Mitteleuropa.

Gesellschaft	LAI	Autor
Halbintensive Fettwiese	12,3	Fliervoet 1984
Glatthaferwiesen	13–16	Geyger 1964
Kohldistelwiesen	7–15	Geyger 1964
Mädesüß-Hochstaudenflur	bis 19	Geyger 1964
Montane Goldhaferwiese	9	Leuschner 1986
Pfeifengras-Streuwiese	5,5	Rosset 1990
Kopfried-Moorwiese	11,2	Rosset 1990

Wiesen und Weiden unterscheiden sich deutlich in ihrem Bestandesklima. Während in kurzgefressenen Weiden oder Magerrasen der **Strahlungsumsatz** nahe an der Erdoberfläche stattfindet und daher die Temperaturschwankungen der Luft direkt an den Boden weitergegeben werden, besitzen hochwüchsige Wiesen ein eigenes Bestandesklima (Müller-Stoll & Freitag 1957). Die meiste Strahlung wird ungefähr in mittlerer Höhe des Bestandes umgesetzt, in der die Blattflächendichte am größten ist (Mitschley & Willems 1995); zum Boden dringen nur wenige Prozent des einfallenden Lichtes (s. Abb. 19–5). Maximale **Temperaturschwankungen** treten nicht an der Bodenoberfläche, sondern in eben dieser Höhe auf. Tagsüber ist im dichten Grasbestand der Wasserdampfdruck deutlich erhöht, die CO_2-Konzentration dagegen erniedrigt. Die Bodenatmung unter dem Grasbestand, zu der die Wurzeln nach Fiala (1993) mit etwa 30–40 % beitragen, lässt die bodennahen CO_2-Gehalte nachts auf mehr als 700 ppm ansteigen.

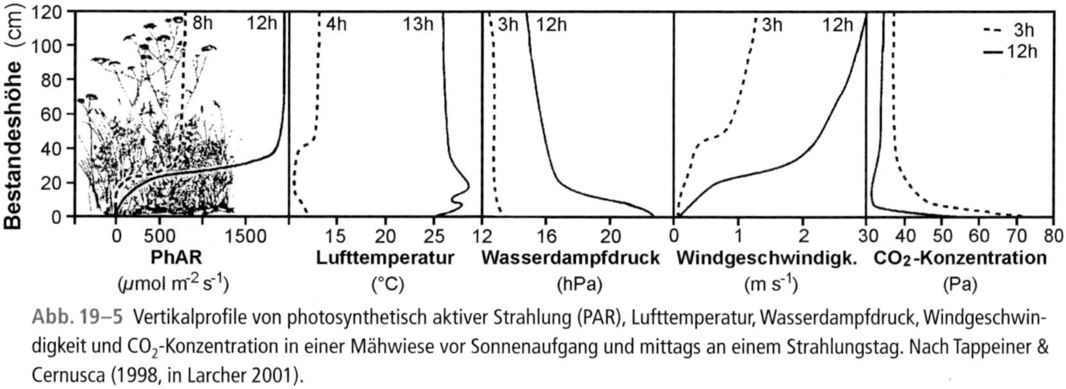

Abb. 19–5 Vertikalprofile von photosynthetisch aktiver Strahlung (PAR), Lufttemperatur, Wasserdampfdruck, Windgeschwindigkeit und CO_2-Konzentration in einer Mähwiese vor Sonnenaufgang und mittags an einem Strahlungstag. Nach Tappeiner & Cernusca (1998, in Larcher 2001).

19.2.3 Bodenwasserregime

Wichtigster differenzierender Standortfaktor des mitteleuropäischen Kulturgraslandes ist zweifellos das Wasserregime, das Artenzusammensetzung wie Produktivität maßgeblich beeinflusst. Schließt man die Trockenrasen und die Seggenriede sowie Röhrichte mit ein, bilden folgende Gesellschaften auf Böden mittleren Basengehaltes eine ökologische Reihe nach zunehmender Feuchtigkeit ihrer Standorte (s. Abb. 18–15 u. 19–13): Volltrockenrasen (Xerobromion) – Halbtrockenrasen (Mesobromion) – Salbei-Glatthaferwiesen mit und ohne *Bromus erectus* – typische Glatthaferwiesen – Kohldistel- und Seggen-Glatthaferwiesen (Arrhenatherion) – Kohldistelwiesen in mäßig feuchter, typischer und nasser Ausbildung (Calthion) – Großseggenriede (Magnocaricion) – Schilfröhrichte (Phragmition). Auf kleinem Raum lässt sich solch eine Abfolge vor allem in Flusstälern beobachten, so in Westdeutschland (z. B. Baeumer 1962, Vollrath 1963), Ostdeutschland (Hundt 1970, Kleinke et al. 1974, Leyer 2002), Polen (Szafer 1966, Palczynski 1984), der Nordschweiz (Klötzli 1969b) und Ungarn (Zolyomi et al. 1967). Durch die Intensivierung der Bewirtschaftung sind entsprechende Zonierungen heute allerdings vielerorts undeutlich geworden oder gänzlich verschwunden.

Das Bodenwasserregime in Grasland-Gesellschaften lässt sich am besten anhand der folgenden Parameter charakterisieren: a) mittlerer Stand und Andauer von Grundwasser oberhalb 2 m unter Flur, b) Größe des Nutzwasservorrates, c) maximale Dauer der sommerlichen Austrocknung, d) niedrigste auftretende Bodenwassergehalte und Matrixpotenziale im Sommer, e) maximale Tiefe der sommerlichen Bodenfeuchte-Ausschöpfung, f) Dauer und Ausmaß anoxischer Bedingungen im Wurzelraum im Zuge von Überflutungen (s. Tab. 19–4).

Über ein oder mehrere Jahre aufgenommene **Grundwasser-Ganglinien** charakterisieren den mittleren Stand und die Schwankungsbreite des stehenden Wassers im Wurzelraum. Aus diesen Kurven abgeleitete Dauerlinien des Grundwasser-Flurabstandes erlauben außerdem quantitative Aussagen zur Häufigkeit und Dauer von Austrocknungs- und Überflutungsperioden in Grasland-Gesellschaften (Niemann 1963).

Zahlreiche Autoren (Tüxen 1954, von Müller 1956, Klötzli 1969b, Hundt 1970, 1972, Balátová-Tuláckovà 1972, Pfrogner 1973, Meisel 1977,

Tab. 19–4 Einige hydrologische Kennziffern von Wiesen- und Weide-Gesellschaften des mittleren Wesertales. Nach Angaben bei von Müller (1956). Es wird die Spanne für jeweils 1 bis 5 Bestände angegeben.

Gesellschaft	Grundwasser > 2 m	Auf Grundwasser angewiesen	Austrocknungsgrad[1] (%)	Max. Nutzwasservorrat (0–70 cm) (mm)	Austrocknungstiefe[2] (cm)	Wassermangel für 2. Mahd	Kapillarsaum im Wurzelraum[3]	Wechselfeucht
Trockene Fettweiden	nie	nein	< 20	130–170	100–150	ja	nie	nein
Trockene Fettwiese	nie/zeitweise	nein	20	130–170	100–150	ja	nie/zeitweise	(z. T.)
Frische Fettweiden	zeitweise	nein	30	130–210	60–100	ja	zeitweise	nein
Frische Fettwiese	zeitweise/nie	nein/teilweise	20–40	130–170	100–150	ja/teilw.	nie/zeitweise	(z. T.)
Feuchtweide	dauernd	ja	30–40	170–210	100->150	teilw.	zeitweise/dauernd	nein
Bodensaure Pfeifengraswiese	dauernd	ja	> 50	170–210	< 60	ja/teilw.	dauernd	ja
Wassergreiskrautwiese	dauernd	ja	> 50	170->210	< 60	nein	dauernd	nein

[1] max. Austrocknung des Hauptwurzelhorizontes für 1 Monat in % des pflanzenverfügbares Wassers;
[2] für 1 Monat erreichte Austrocknungstiefe;
[3] im Sommer

Grootjans & Ten Klooster 1980, Rosenthal 1992, Scholle & Schrautzer 1993, von Ruville-Jackelen 1996, Leyer 2002 u. a.) haben die zeitliche Dynamik des Grundwasserregimes unter Kulturgrasland-Gesellschaften anhand ihrer Ganglinien untersucht und charakteristische Höchst- und Tiefststände, Mittelwerte sowie jahreszeitliche Amplituden bestimmt (s. Abb. 19–6 u. Tab. 19–4). Obwohl diese Gesellschaften erst in Kapitel 19.3 näher besprochen werden, soll hier bereits auf die grundlegende **Differenzierung im Wasserregime** eingegangen werden, weil diese die ökologische Gliederung begründet.

Demnach besitzen Wassergreiskrautwiesen (Bromo-Senecionetum aquaticae) und Kohldistelwiesen (Angelico-Cirsietum oleracei) typischerweise **Grundwasser-Höchststände** von wenigen Zentimetern unter Flur oder werden gar kurzfristig überstaut, während der Wasserstand im Sommer in Ersteren bis auf etwa 80 cm, in Letzteren auf 140 cm unter Flur fällt. Die Kohldistel-Glatthaferwiese ähnelt nicht nur floristisch, sondern auch hydrologisch dem Angelico-Cirsietum; auch in dieser steht zeitweise das Wasser an der Oberfläche. Glatthaferwiesen in ihrer nassen (*Deschampsia cespitosa*-), typischen (frischen oder „reinen") und nur mäßig feuchten (*Ranunculus bulbosus*-) Grundwasserform siedeln dagegen auf zunehmend trockeneren Böden ohne Grundwassereinfluss, in denen die Höchststände etwa bei 75, 130 und 210 cm unter Flur liegen, die Tiefststände ungefähr bei 190–230, 330–410 und 505 cm oder darunter (Tüxen 1954). Je tiefer das mittlere Grundwasserniveau, umso größer ist die **jahreszeitliche Amplitude der Wasserstands-Schwankungen** in den Glatthaferwiesen (Meisel 1977; s. Abb. 19–7).

Anders als die Kohldistel-Glatthaferwiese, die noch zu den Feuchtwiesen zu rechnen ist, gehören Tüxen's (1954) reine Grundwasserform und die *Ranunculus bulbosus*-Grundwasserform dieser Gesellschaft zu den Frischwiesen, in denen der Grund- oder Stauwassereinfluss nur schwach oder gar nicht vorhanden ist. Wie stark der Oberboden von Glatthaferwiesen im Sommer austrocknen kann, zeigen die Messungen von Hundt (1970) in der mittleren Elbaue. Der **Nutzwasservorrat** reduzierte sich bis auf 18 mm Wasser im Bodenprofil bis 120 cm, und die Bodenwassergehalte unterschritten wie in Trockenrasen zeitweise 5 Vol.%.

Stromtalwiesen sind durch gelegentliche Überflutung wie auch starke sommerliche Austrocknung gekennzeichnet. Sie könnten noch am ehesten als wechselfeucht eingestuft werden, zeigen also ein Aufeinanderfolgen von Hypoxie und Trockenheit im Boden. Ursache der **Wechselfeuchte** ist in diesen Fällen also das Zusammentreffen von saisonalen Überschwemmungen und einem sommerwarmen Klima mit relativ hoher Verdunstung. In sommerkühlen ozeanischen Klimaten sind inbesondere staunasse Tonböden oft wechselfeucht. Klapp (1965) wertet das eng benachbarte Vorkommen von Arten geringer und großer Feuch-

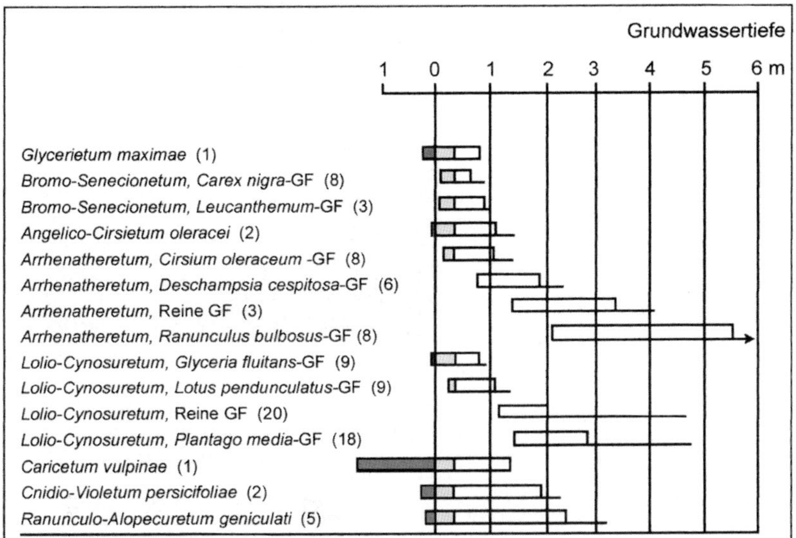

Abb. 19–7 Mittlere Amplitude der Grundwasserschwankungen (Box) und tiefster Grundwasserstand (Strich) unter 15 Grasland-Gesellschaften Nordwestdeutschlands (in Klammern Zahl der Messstellen, Mittelwerte der Maxima und Minima). Nach Tüxen (1954, in Dierschke & Briemle 2002). > 0 = Überflutung (dunkel); 0–30 cm = vernässter Hauptwurzelraum (hellgrau); GF = Grundwasserform.

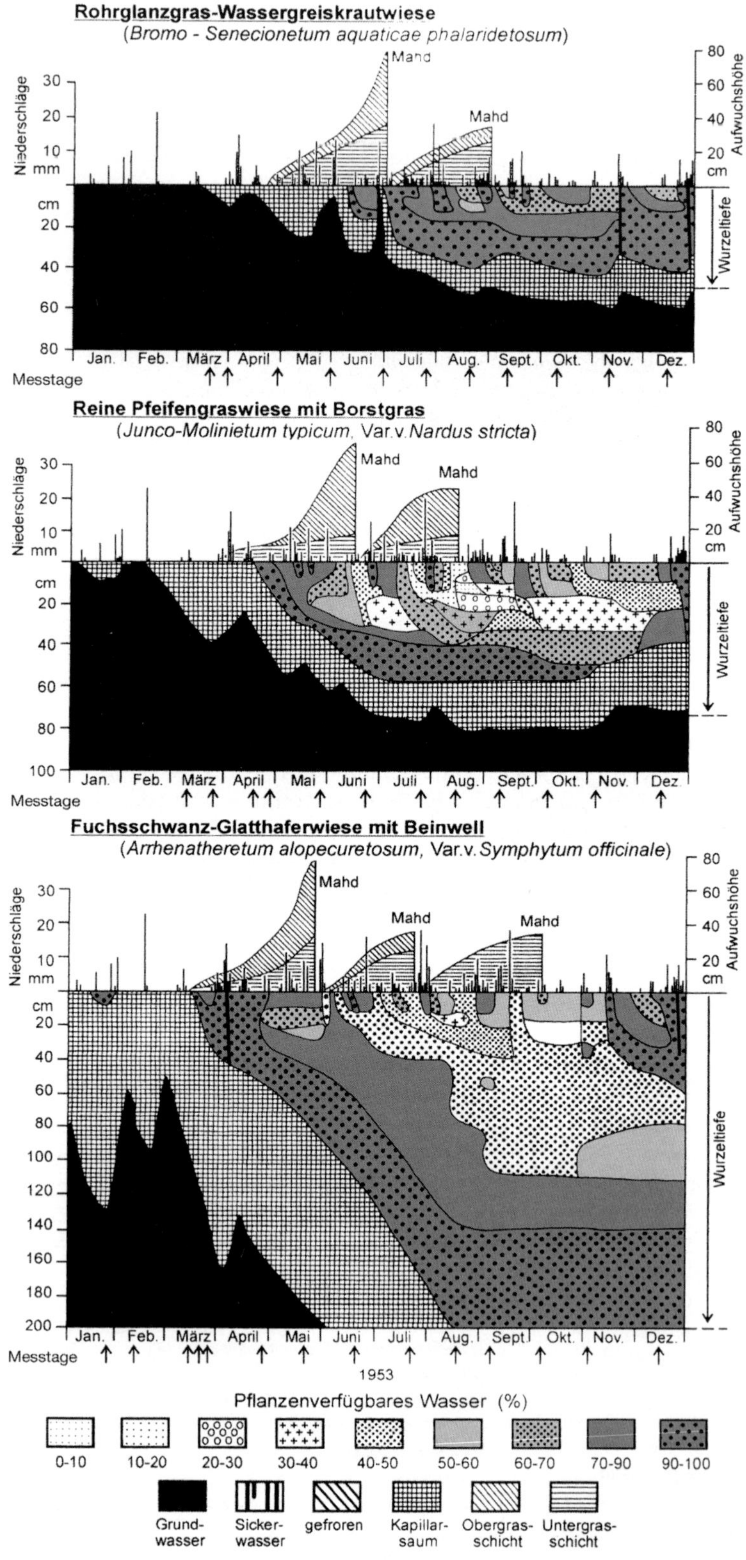

Abb. 19–6 Veränderung des Bodenwasserregimes im Jahr 1953 unter sechs bodenfeuchten bis bodentrockenen Grasland-Gesellschaften im mittleren Wesertal bei Stolzenau. Niederschläge, die Höhe des Grundwasserstandes (schwarz), die Lage des Kapillarsaumes (enge Schraffur) und die Höhe des Aufwuchses sind ebenfalls ersichtlich. Bodentrockenheit ist durch helle Flächen gekennzeichnet. Nach von Müller (1956), verändert.

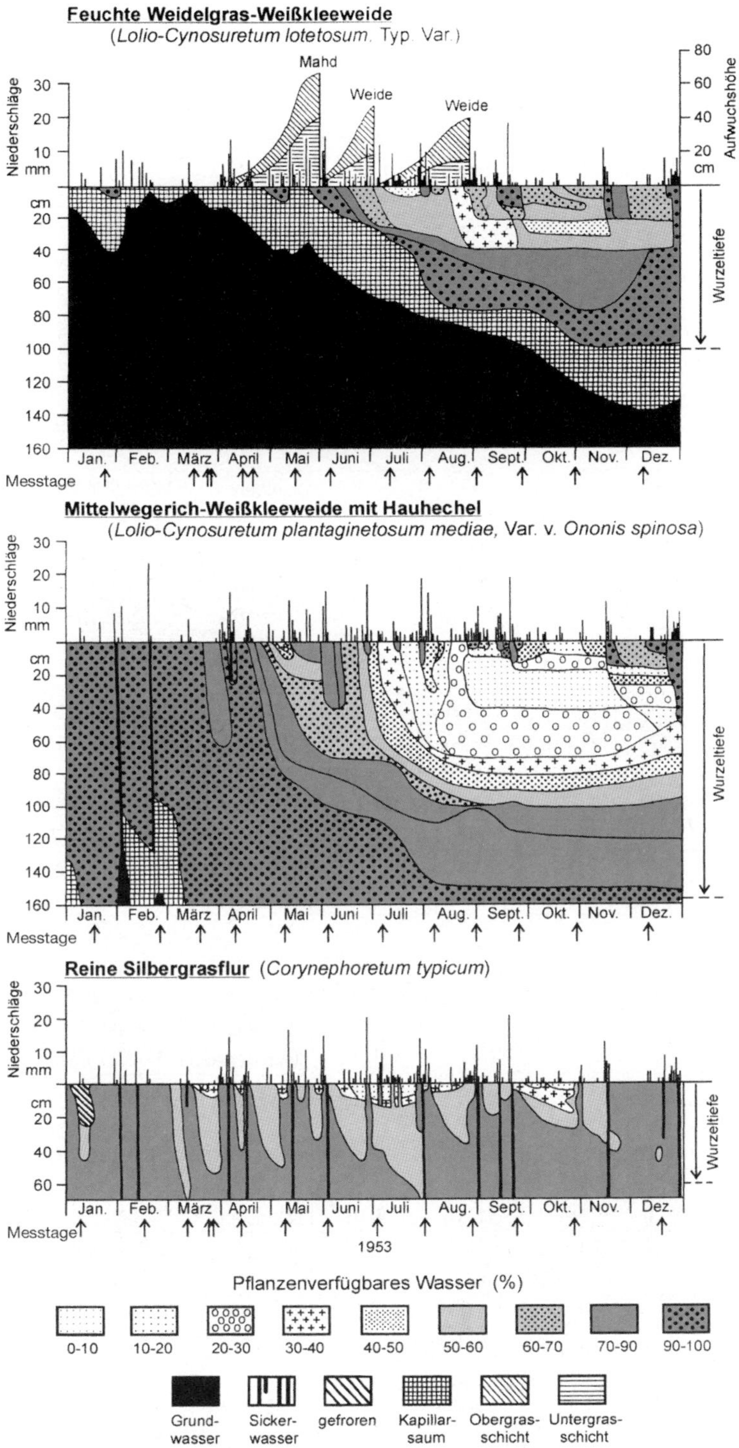
Feuchte Weidelgras-Weißkleeweide
(Lolio-Cynosuretum lotetosum. Typ. Var.)
Mahd
Weide
Weide
Niederschläge
30
20
10
mm
80
60
40
20
cm
Aufwuchshöhe
cm
20
40
60
80
100
120
140
160
Wurzeltiefe
Jan.
Feb.
März
April
Mai
Juni
Juli
Aug.
Sept.
Okt.
Nov.
Dez.
Messtage
Mittelwegerich-Weißkleeweide mit Hauhechel
(Lolio-Cynosuretum plantaginetosum mediae, Var. v. Ononis spinosa)
Reine Silbergrasflur (Corynephoretum typicum)
1953
Pflanzenverfügbares Wasser (%)
0-10
10-20
20-30
30-40
40-50
50-60
60-70
70-90
90-100
Grund-wasser
Sicker-wasser
gefroren
Kapillar-saum
Obergras-schicht
Untergras-schicht

Tab. 19–5 Höchst- und Tiefststände des Grundwassers unter verschiedenen Gesellschaften des Kulturgraslandes und unter Seggenrieden. Die Zahlen bedeuten cm unter Flur (ohne Vorzeichen) bzw. cm stehendes Wasser (mit +). Mehrere Werte stehen für verschiedene Bestände oder deutlich voneinander abweichende Jahre. Balat.-Tul. = Balátová-Tulácková. SAss. = Subassoziation.

Gesellschaft	n	Höchst-stände	Tiefst-stände	Jahres-mittel	Lokalität	Autor
Großseggenriede u. Röhrichte						
Caricetum gracilis	1	+ 10	30		Brandenbg.	Hundt 1972
Caricetum gracilis	1	+ 10	15/80		Schweiz	Klötzli 1969
Caricetum elatae	1	+ 25/+ 5	45/140		Schweiz	Klötzli 1969
Phalaridetum arundinaceae	1	+ 10	< 150		Brandenbg.	Hundt 1972
Glycerietum maximae	1	+ 10	< 150		Brandenbg.	Hundt 1972
Caricetum appropinquatae	6	+ 12/0	13/29		Schlesien	Balat.-Tul. 1972
Caricetum acutiformis	1	+ 10 ?		19–35	Münsterland	Ruville-J. 1996
Kleinseggenriede u. Ä.						
Caricetum diandrae	1	0	45		Schweiz	Klötzli 1969
Caricetum diandrae	1	+ 15/+ 24	13/16		Schlesien	Balat.-Tul. 1972
Caricetum vulpinae	1	+ 100	150		Schlesien	Balat.-Tul. 1972
Caricetum davallianae	1	0	45/95		Schweiz	Klötzli 1969
Orchido-Schoenetum	1	0/15	20/120		Schweiz	Klötzli 1969
„Schoenetum"	1	5	37	29	Schweiz	Rosset 1990
Hochstaudenfluren						
Valeriano-Filipenduletum	1	0/15	20/120		Schweiz	Klötzli 1969
Filipendulo-Geranietum	12	+ 3/15	36/60		Schlesien	Balat.-Tul. 1972
Stromtalwiesen u. Flutrasen						
Cnidio-Violetum	1	+ 30	240		Nordwestdt.	Meisel 1977
Sanguisorbo-Silaetum	1	+ 10	115		Nordwestdt.	Meisel 1977
Cnidio-Deschampsietum	1	+ 10	< 150		Brandenbg.	Hundt 1972
Ranunculo-Alopecuretum geniculati	2	+ 10	17–97		Münsterland	Ruville-J. 1996
Feuchtwiesen (Calthion)						
Angelico-Cirsietum heracleetos.	5	34	144	92	Südbayern	Pfrogner 1973
Angelico-Cirsietum oleracei	1	+ 10	70		Sachsen	Hundt 1970
Bromo-Senecionetum aquaticae	1	10	75		Nordwestdt.	Meisel 1977
Bromo-Senecionetum aquaticae		+ 10	50–135		Münsterland	Ruville-J. 1996
Cirsietum rivularis	9	+ 5/10	40/60	12/21	Schlesien	Balat.-Tul. 1972
Fettweiden (Cynosurion)						
Lolio-Cynosuretum typicum	2		100/170		Münsterland	Ruville-J. 1996
Pfeifengraswiesen						
Selino-Molinietum	6	2/6	31/41	8/16	Schlesien	Balat.-Tul. 1972
Saturejo-Molinietum, div. SAss.	2	20/45	180		Schweiz	Klötzli 1969
Stachyo-Molinietum, div. SAss.	9	+ 10/45	30/170		Schweiz	Klötzli 1969
Molinietum caeruleae	1	35	60	52	Schweiz	Rosset 1990
Junco-Molinietum, div. SAss.	4	10/30	40/190		Schweiz	Klötzli 1969
Glatthaferwiesen						
Arrhenatheretum cirsietosum	36	4/53	121/141	56	Südbayern	Pfrogner 1973
Arrhenatheretum lychnidetosum	1	70	120		Nordwestdt.	Meisel 1977
Arrhenatheretum typicum	9	82	235	147	Südbayern	Pfrogner 1973
Arrhenatheretum typicum (mit *Sanguisorba officinalis*)	1	+ 10	275		Nordwestdt.	Meisel 1977

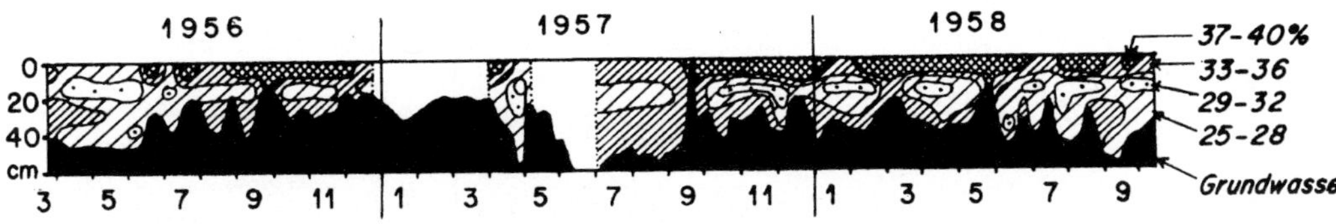

Abb. 19–8 Nicht jedes Molinietum ist wechselfeucht! Nach Eskuche (1962), verändert. Im Boden der Binsen-Pfeifengraswiese (Junco-Molinietum, Var. von *Carex fusca*) in der Erftniederung schwankten die nutzbare Bodenfeuchte (in Vol.%) und der Grundwasserstand im Laufe der Jahre 1956 bis 1958 erstaunlich wenig. Nur auf Mergelböden sind Pfeifengraswiesen wirklich sehr wechselnd mit Wasser versorgt. An allen anderen Standorten gleicht ihr Wasserhaushalt weitgehend dem gedüngter Feuchtwiesen.

tigkeitsansprüche (z. B. von Brometalia- und Molinietalia-Arten) als guten Indikator von Wechselfeuchte.

Hartnäckig hält sich die irrige Meinung, die Standorte der Pfeifengraswiesen seien wechselfeucht, während die Kohldistelwiesen und andere gedüngte Feuchtwiesen einen gleichmäßigeren Wasserhaushalt hätten. Dies ist in beiderlei Hinsicht unrichtig. Einerseits sind manche von Calthion-Gesellschaften besiedelte Böden ausgesprochen wechselfeucht. Ihr Wassergehalt und ihr Grundwasserspiegel können in gleichem Ausmaß schwanken wie in Böden des Molinion (s. Tab. 19–5 u. Abb. 19–8). Andererseits wachsen manche Pfeifengraswiesen auf Böden, deren Feuchtigkeit ausgesprochen wenig schwankt (z. B. Eskuche 1962, Balátová-Tulácková 1972, Rosset 1990).

Pfrogner (1973) hat aus seinen Grundwasserstudien in der bayerischen Innaue vegetationsökologisch relevante **hydrologische Grenzwerte** abgeleitet (s. Tab. 19–5). Danach werden Arrhenatheretalia-Arten (Frischwiesen-Arten) gefördert, wenn der sommerliche Grundwasserstand unter 80 cm liegt, Seggenarten dagegen profitieren von ein- bis zweimonatigem Andauern von Wasserständen höher als 30 cm. Molinietalia-Arten (Feuchtwiesen-Arten) schließlich haben einen Konkurrenzvorteil, wenn das Grundwasser bis zu 1 Monat in 30–60 cm Tiefe steht.

Auch unter den Fettweiden (Lolio-Cynosuretum) lassen sich vom Grundwasserregime her klar unterscheidbare Ausbildungen erkennen, nämlich die *Glyceria fluitans*-Fettweide mit periodischer Überstauung und Tiefstständen bei etwa 80 cm unter Flur, die bodenfeuchte *Lotus pedunculatus*-Fettweide (Amplitude etwa 20–110 cm) sowie die reine (frische) und die bodentrockene *Plantago media*-Fettweide (Tüxen 1954). Die beiden letzteren Fettweidentypen besitzen keinen Grundwassereinfluss und sind bodenhydrologisch weniger deutlich charakterisiert (Amplitude: 27–469 cm unter Flur) als die vorstehend genannten Wiesen und Weiden (s. Abb. 19–6).

Vergleicht man die für Nordwestdeutschland gefundenen Grundwassercharakteristiken mit solchen von süd- oder ostmitteleuropäischen Graslandbeständen, so ergeben sich in manchen Fällen Abweichungen, die z. T. durch Unterschiede im Klima bedingt sind, manchmal aber nur auf spezifische physikalische Eigenschaften der Graslandböden zurückzuführen sind. Beispielsweise erreichte das Grundwasser unter den von Pfrogner (1973) in der Rosenheimer Innaue untersuchten typischen Glatthaferwiesen höhere Maximalstände (bis 82 cm unter Flur) und geringere Tiefstwerte (235 cm) als unter den von Tüxen (1954) untersuchten Arrhenathereten in Nordwestdeutschland (s. Abb. 19–7).

Neben dem Grundwasser ist der **Kapillarsaum** für die Wasserversorgung der Graslandpflanzen bedeutsam, und zwar insbesondere in frischen Wiesen- und Weide-Gesellschaften auf lehmigen, feinerdereichen Böden mit Grundwasserständen unter 1 m. In Abhängigkeit von der Korngröße hat der Kapillarsaum nämlich eine unterschiedliche Mächtigkeit: Bei Grobsanden reicht er nur bis etwa 20 cm über die Grundwasseroberfläche, bei Auenlehmen und stark zersetzten Niedermoortorfen dagegen bis über 2 m (Wohlrab 1966). Gesellschaften mit Zugang zu einem breiten Kapillarsaum sind daher in der Regel gut mit Wasser versorgt, auch wenn das Grundwasser tief liegt (s. Tab. 19–4 u. Abb. 19–6).

Vom Grundwasser unabhängige Grasländer lassen sich hydrologisch am besten durch die

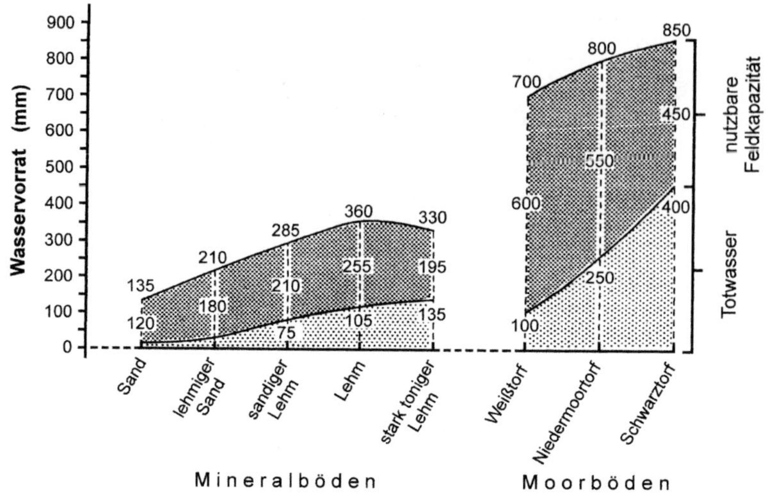

Abb. 19–9 Feldkapazität, nutzbare Feldkapazität und Totwasser in verschiedenen Bodenarten in mm Wasser im Profil von 0 bis 100 cm. Nach Czeratzki & Korte (1961) bzw. Kuntze (1981, in Ehlers 1996).

saisonale Veränderlichkeit ihrer **Nutzwasservorräte** kennzeichnen, also durch die maximale Menge an pflanzenaufnehmbarem Wasser im durchwurzelten Bodenprofil und deren sommerliche Aufzehrung. Diese sind in starkem Maße von der Korngröße abhängig; nach Voigtländer & Jacob (1987) besitzen Lehmböden eine mehr als doppelt so große Nutzwasserkapazität wie Sandböden, Moorböden sogar eine bis zu fünfmal so große (s. Abb. 19–9). Hundt (1972) hat die saisonal veränderlichen Nutzwasservorräte in Feuchtwiesen und Seggenrieden, Frischwiesen und Trockenrasen in Ostdeutschland über einen zweijährigen Zeitraum verfolgt. In den bodenfeuchten bis -nassen Wasserschwadenröhrichten, Schlankseggenrieden und Kohldistelwiesen erreichte der Vorrat nach winterlicher Aufsättigung 300–400 mm Wasser im Bodenprofil bis 120 cm Tiefe und unterschritt 200 mm auch im Sommer nur ausnahmsweise. Die bodenfrischen und z. T. wechselfeuchten Glatthafer- und Brenndoldenwiesen erreichten im Frühjahr maximal 200 mm, von denen etwas weniger als 100 mm auch im Hochsommer noch verfügbar waren. Beide Bestände dürften im Sommer besonders stark vom kapillaren Aufstieg aus dem Grundwasser profitiert haben. Der Federgras-Steppenrasen und die Silbergrasflur auf exponiertem Hang oder sandigem Boden konnten trotz gleicher Regenmenge im Frühjahr nur rund 100 mm Nutzwasser bis in 120 cm Tiefe festhalten; beide Bestände zehrten diesen Vorrat im Sommer bis auf wenige Millimeter auf (s. Abb. 19–10).

19.2.4 Bodenchemischer Zustand

Grasländer besiedeln in Mitteleuropa die gesamte Spanne des pH-Spektrums; auf der einen Seite stehen die stark bodensauren Borstgrasrasen und Magerweiden, auf der anderen die Trockenrasen und Salbei-Glatthaferwiesen auf Kalkböden. Zunehmende Bodenazidität äußert sich nicht nur in einer steigenden Konzentration austauschbarer saurer (H-, Al-, Fe- und Mn-)Kationen, sondern deutlicher noch in der Abnahme der prozentualen **Basensättigung** (s. Tab. 19–6). Diese Größe erlaubt am ehesten eine bodenchemisch begründete Gliederung des Kulturgraslandes. Der relative Anteil austauschbarer basischer Kationen und deren Konzentration im Boden beeinflussen vor allem die Artenzusammensetzung des Grünlandes; die Produktivität hängt dagegen von der Bodenchemie nur recht wenig ab (s. Kap. 19.5.2).

Das Gesagte gilt im Wesentlichen für ungedüngte Wiesen. Stark gedüngte Wiesen und Intensivweiden sind dagegen floristisch durchaus ähnlich und erreichen vergleichbare Leistungen, einerlei, ob es sich um Sand-, Lehm- oder Torfböden handelt; sie sind also **weitgehend bodenunabhängig** (Klapp 1950). Erst in der oberen Montanstufe im Gebirge wirken sich Boden- und Klimafaktoren immer deutlicher auf das Artengefüge aus (s. Kap. 13).

Im Vergleich zu Äckern auf gleichem Substrat besitzen Graslandböden höhere **Kohlenstoff- und Stickstoffvorräte**. Klapp (1965) und Scheffer (2002) geben für Äcker auf Mineralbo-

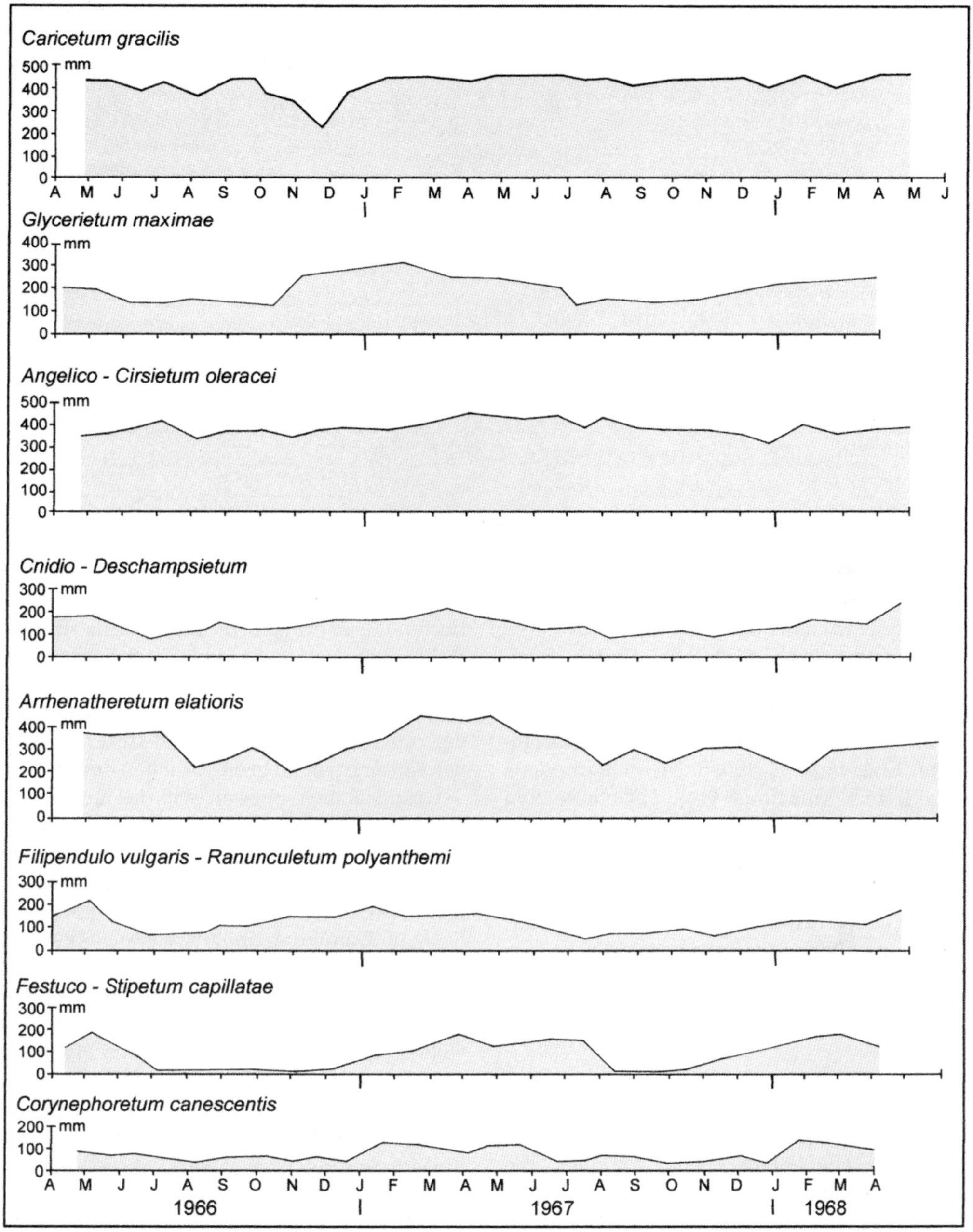

Abb. 19–10 Saisonale Veränderung des pflanzennutzbaren Bodenwasservorrates im Verlauf zweier Jahre in acht bodenfeuchten bis bodentrockenen Grasland-Gesellschaften in Ostdeutschland; die Bodenfeuchtigkeit nimmt vom Silbergrasrasen (unten) über die Glatthafer- und Brenndoldenwiesen (Mitte) zum Schlankseggenried (oben) zu. Nach Hundt (1970 und 2001).

den einen charakteristischen Kohlenstoffgehalt in den obersten Horizonten von 0,8–1,5 % an, für Wiesen und Weiden dagegen von 2–4 %. Für den Boden-N-Gehalt von Äckern auf Mineralboden werden 0,10 bis 0,15 % genannt, für Kulturgrasland 0,25–0,40 %. Die höheren Gehalte in Grünlandböden sind vor allem eine Folge der fehlenden Bodenbearbeitung; die mehrjährigen

Tab. 19–6 Austauschbare Kationen, Basensättigung und Azidität von Böden verschiedener Grasland-Gesellschaften. Nach Angaben bei Klapp (1965). pH-Werte: häufigste Werte.

Gesellschaft	pH (H_2O)	Basensättigung (%)	Austauschbare basische Kationen ($\mu mol_c\ g^{-1}$)	Austauschbare saure Kationen ($\mu mol_c\ g^{-1}$)	Kationen-Austauschkapazität ($\mu mol_c\ g^{-1}$)
Kalk-Trockenrasen	7,1–8,0	94,7	355	18	373
Trespen-Glatthaferwiese	7,1–8,0	89,2	163	20	183
Davallseggenried	7,1–8,0	87,8	323	44	367
Trockene Weidelgrasweide	6,1–7,0	83,7	161	32	193
Weidelgras-Fettweide	6,1–7,0	70,3	117	52	161
Feuchte Weidelgrasweide	5,1–6,0	62,4	181	117	298
Magere Weidelgrasweide	6,1–7,0	56,4	89	68	157
Berg-Glatthaferwiese	5,1–6,0	46,3	152	172	324
Goldhaferwiese	5,1–6,0	32,1	79	172	251
Waldbinsenwiese	5,1–6,0	25,5	96	252	349
Borstgrasrasen	4,1–5,0	22,6	62	218	280
Braunseggensumpf	4,1–5,0	11,2	40	353	393

Graslandpflanzen besitzen zudem ein größeres Wurzelsystem, das C und N im Boden anreichert. Mit der Höhe über dem Meeresspiegel steigen die C- und N-Gehalte an; Hachmöller (2000) gibt für bodensaure montane Grasländer im Erzgebirge C-Gehalte des Oberbodens von 3,1–4,5 % (maximal 7 %), N-Gehalte von 0,29–0,52 % (maximal 0,72 %) an.

19.3 Vegetation des Kulturgraslandes und der Straßenrand-Mähwiesen

19.3.1 Übersicht über die Kulturgrasland-Gesellschaften Mitteleuropas

Neben mechanischen Faktoren wie Mahd, Verbiss und Tritt wirken sich in der Zusammensetzung der Grasland-Gesellschaften klimatische und edaphische Faktoren aus, vor allem die Wärme und Dauer der Vegetationsperiode sowie die Versorgung mit Wasser und Nährstoffen.

Zunächst sollen hier die eigentlichen Wiesen betrachtet werden, d. h. ausschließlich oder vorwiegend durch Mähen genutzte Grasland-Gesellschaften, für die weder die Selektion durch das Weidevieh noch die Bodenverdichtung durch Tritt eine Rolle spielen. Um uns rasch einen Überblick über die standortbedingte Mannigfaltigkeit der Wiesen Mitteleuropas zu verschaffen und sie zu den Waldgesellschaften in Beziehung zu bringen, an deren Stelle sie heute stehen, benutzen wir das gleiche **Ökogramm** wie in Kapitel 4 (s. Abb. 19–11). Dabei gehen wir ebenso wie bei der Besprechung der Wälder von der **submontanen Klimastufe** aus, in der das Kulturgrasland große Flächen einnimmt.

Grundsätzlich müssen wir das ungedüngte von gedüngtem Grasland unterscheiden, dessen Nährstoffverluste durch Düngung ausgeglichen werden (s. Abb. 19–11 a u. b). Die nassesten Mähwiesen liegen im Verlandungsbereich von Seen und anderen Stillgewässern. Soweit sie von Natur aus waldfrei sind, wurden sie bereits in Kapitel 9 besprochen. Nur die Röhrichte und Großseggenriede sowie manche Niedermoore stellen im geobotanischen Sinne **natürliche Grasländer** dar. Landwirte bezeichnen außerdem alle Nass- und Feuchtwiesen, die auf waldfähigen Böden wachsen, aber wegen zu großer Feuchtigkeit nicht beackert werden können, als „natürliches" Grünland. Sie meinen damit „absolutes", d. h. ohne Entwässerung nicht ackerfähiges Grünland (s. Abb. 19–11 b). Auch auf sehr trockenen und steinigen oder auf rein sandigen, zur Flugsandbildung neigenden Böden ist Ackerbau nicht möglich. Deshalb gelten (oder galten doch) Trocken- und Halbtrockenrasen bei den Landwirten ebenfalls als „Naturgrünland". An Standorten der Bruchwälder, auf dem höchsten Niveau in Niedermooren und an quelldurchnässten Hängen entstehen bei exten-

Abb. 19–11 Ökogramm der Verbände ungedüngter (oben) und mäßig gedüngter (unten) Grasland-Gesellschaften in der submontanen Stufe Mitteleuropas. Auf mittelfeuchten und nicht extrem sauren Böden sind fast alle Bestände intensiv genutzt. Düngewiesen fehlen an den trockensten Standorten, weil sich hier die Nährstoffzufuhr zu wenig auswirkt, und auf sehr sauren Böden, weil Düngung hier zugleich eine Basenzufuhr bedeutet. Nach Ellenberg (1996), verbessert.

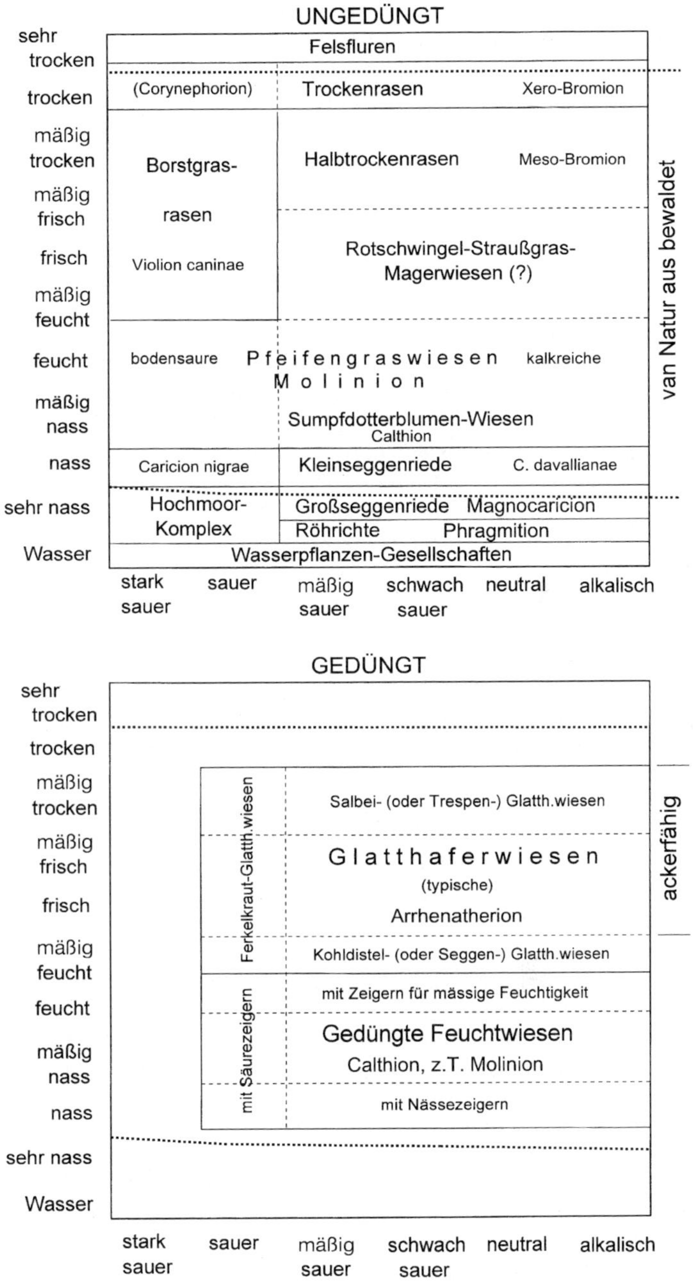

siver Wiesennutzung Kleinseggensümpfe. Auch diese wurden bereits besprochen, weil sie den natürlichen Sumpfpflanzen-Gesellschaften sehr nahe stehen (s. Kap. 10). An die Stelle der standörtlich entsprechenden Laubmischwälder treten auf feuchten Mineralböden und entwässerten Torfböden nährstoffärmere Pfeifengras-Streuwiesen (MOLINION) oder eutraphente Feuchtwiesen-Gesellschaften (CALTHION). Die Verbände MOLINION und CALTHION sind einander floristisch so ähnlich, dass man sie zu einer Ordnung (MOLINIETALIA) vereinigt. In ungedüngtem Zustand liefern alle Nass- und Feuchtwiesen ein eiweißarmes, faserreiches und hartes Futter, aber umso bessere Streue. Deshalb werden oder wurden sie noch bis etwa 1950 fast ausschließlich als Streuwiesen genutzt. Aus demselben Grund dienten früher nicht selten auch Halbtrockenrasen (MESOBROMION) zum Gewinnen von Stallstreu, besonders in Süddeutschland und in der Schweiz.

Düngt und mäht man Magerwiesen regelmäßig, so gewinnen gerade an mittelfeuchten Standorten sehr rasch gute Futterpflanzen, insbesondere Arten der Glatthaferwiesen (ARRHENATHERION), die Oberhand. Ohne künstliche Nährstoffzufuhr konnten Glatthaferwiesen oder ähnliche Gesellschaften nur **im Überschwemmungsbereich von Flüssen** entstehen, und zwar auf dem Niveau der Hartholzauen (s. Abb. 8–12). Die Weichholzauen wurden durch Kohldistelwiesen oder andere „gedüngte" Feuchtwiesen (CALTHION) ersetzt, wenn sie eingedeicht wurden.

Unsere Ökogramme der Wiesen-Gesellschaften gelten uneingeschränkt nur für submontane Lagen Mitteleuropas. Auf die colline und planare Stufe dürfen wir sie übertragen, wenn wir bedenken, dass sich die Feuchtigkeitsstufen in Abbildung 19–11 auf die Gesamtwirkung von Klima- und Bodenfaktoren beziehen. Ein tiefgründiger Lössboden z. B. kann in niederschlagsarmer, warmer Lage einen Halbtrockenrasen tragen, bei höheren Niederschlägen dagegen eine Frischwiese.

Ähnlich wie bei den Wäldern schränkt das montane und subalpine Klima die Entwicklungsmöglichkeiten so vieler Pflanzenarten ein, dass andere Gesellschaften an die Stelle der submontanen und collinen treten. Felsfluren, Trocken- und Halbtrockenrasen findet man mit zunehmender Höhe mehr und mehr von montanen und subalpinen Elementen durchsetzt und an wärmeliebenden Arten verarmt. Schließlich verlieren die BROMETALIA-Gesellschaften ihren in Kapitel 18 dargestellten Charakter. Borstgrasrasen und Kleinseggenriede dagegen erreichen erst in der montanen Stufe ihre optimale Ausbildung. Auf gedüngten Flächen dominieren hier statt Glatthaferwiesen montane Goldhaferwiesen (POLYGONO-TRISETION). Glatthafer-, Goldhafer-, Kohldistel- und Pfeifengraswiesen haben so viele Arten gemeinsam, dass man sie zu einer Klasse des Kulturgraslandes (MOLINIO-ARRHENATHERETEA) vereinigt.

Die Weiden nährstoffreicher und gedüngter Standorte sind einander floristisch so ähnlich, dass man sie in einem einzigen Verband (CYNOSURION CRISTATI) zusammenfasst. Lediglich die Weiden der oberen montanen bis alpinen Stufe auf frischen, lehmigen Böden werden einem eigenen Verband (Alpen-Fettweiden: POION ALPINAE) zugeordnet. Die Magerweiden leiten zu den Borstgrasrasen (VIOLION CANINAE) und Halbtrockenrasen (MESOBROMION) über.

In den folgenden Abschnitten wollen wir die wichtigsten Gesellschaften der mitteleuropäischen Wiesen und Weiden näher charakterisieren. Im System der Pflanzengesellschaften (s. Kap. 26: Nr. 5.4) wird eine Übersicht über die Ordnungen und Verbände des Kulturgraslandes innerhalb der Klasse MOLINIO-ARRHENATHERETEA gegeben. Wir müssen dabei in Kauf nehmen, dass über die Gliederung des Kulturgraslandes noch immer keine Einigkeit besteht. Oberdorfer et al. (1992), Mucina et al. (1993), Pott (1995), Schaminée et al. (1996), Dierschke (1997 a), Berg et al. (2004), Burkart et al. (2004) und andere weiträumige Übersichten weichen in mancher Hinsicht voneinander ab. Da inzwischen fast überall wirtschafts- und umweltbedingte Wandlungen einsetzten, werden sich die Pflanzensoziologen damit abfinden müssen, dass es nie eine allgemein und in allen Einzelheiten befriedigende Systematik des Kulturgraslandes geben kann.

19.3.2 Frischwiesen

Unter dem Überbegriff Frischwiesen wollen wir hier alle diejenigen gemähten Grasländer zusammenfassen, die an **mittleren, nicht zu nassen, zu trocknen oder zu basenarmen Standorten** vorkommen. Bei schwacher bis mäßiger Düngung tragen diese Böden verschiedene Ausprägungen der Glatthafer- und Goldhaferwiesen, ohne Düngung sehr wahrscheinlich bodenfrische Magerwiesen vom Typ der Rotschwingel-Straußgraswiese (s. Abb. 19–11 a). Grasland auf nassen Böden (MOLINION, CALTHION, s. Kap. 17.3.3, oder CARICION NIGRAE, CARICION DAVALLIANAE, s. Kap. 10.3.4 u. 10.3.5), auf trockenen Böden (MESOBROMION, s. Kap. 18) und an stark sauren und basenarmen Standorten (VIOLION CANINAE, s. Kap. 17) wird an anderer Stelle behandelt.

19.3.2.1 Glatthaferwiesen vom Tiefland bis in die submontane Stufe

19.3.2.1.1 Glatthaferwiesen und ihre standörtliche Differenzierung

Glatthaferwiesen sind zwar die **jüngsten Wiesentypen in Mitteleuropa**, aber in Südwestdeutschland sowie in den tieferen Lagen des Alpenbereichs bei Weitem die häufigsten, selbst heute noch, obwohl bereits große Flächen durch intensiven Mähweidebetrieb homogenisiert wurden (s. Kap. 19.7.1). Für die Heuproduktion in der Landwirtschaft haben sie lange Zeit eine zentrale Rolle gespielt.

Wie *Arrhenatherum elatius*, das „französische" Raygras, haben die Glatthaferwiesen eine **subozeanisch-submeridionale Verbreitung,** die vom nördlichen Rand des Mediterranraumes bis ins nördliche Mitteleuropa reicht. Ihr Mannigfaltigkeitszentrum liegt in Südwestdeutschland, wo Schreiber (1962, dort ältere Literatur) ihre standörtliche und geografische Variabilität untersuchte, und im angrenzenden Schweizerischen Mittelland, wo sie schon von Stebler & Schröter (1892) als besonderer Typus erkannt und als „Fromentalwiesen" (nach dem französischen Terminus für den Glatthafer) beschrieben wurden. Den kontinentalen Teilen Mittel- und Osteuropas fehlen typische Glatthaferwiesen, auch in den trocken-warmen Beckenlandschaften sind sie selten. Mit Dierschke (1997 a) werden die mitteleuropäischen Glatthaferwiesen am zweckmäßigsten in einer weitgefassten Assoziation (Arrhenatheretum elatioris) vereinigt. Wie die Rotbuche gedeihen sie in der submontanen Stufe des subatlantischen Bereiches am besten. Sie sind aber wärmebedürftiger und steigen weder im Gebirge so hoch empor wie dieser Charakterbaum Mitteleuropas, noch reichen sie so weit nach Norden.

Die mitteleuropäischen Glatthaferwiesen sind Ersatzgesellschaften von Buchen-, Eichen-, Hainbuchen- und Auenwäldern, die bei **mäßiger Düngung und ein- bis dreimaligem Schnitt** im Jahr halbextensiv bis halbintensiv genutzte Wiesen darstellen. Nach Dierschke & Briemle (2002) dürften Vorläufer der heutigen Glatthaferwiesen aber auch ohne Düngung entstanden sein, und zwar an fruchtbaren Auenstandorten nach Rodung des Auenwaldes.

Am artenreichsten und am besten charakterisiert sind die Glatthaferwiesen dort, wo sie – wie früher allgemein üblich – zweimal im Jahr geschnitten und vorwiegend mit Stallmist gedüngt werden. Häufigerer Schnitt und stärkere Düngung sowie zeitweilige Beweidung machen sie zwar ertragreicher, aber floristisch ärmer und schließlich „charakterlos". Da heute intensivere Nutzungsformen (oder die Sozialbrache) mehr und mehr an die Stelle der alten Wirtschaftsweise getreten sind, gibt es immer weniger „typische" Glatthaferwiesen. Ähnlich wie bei den einst weithin herrschenden *Calluna*-Heiden Nordwestdeutschlands müssen auch bei den süddeutsch-nordschweizerischen *Arrhenatherum*-Wiesen die letzten Reste unter Schutz gestellt und traditionell bewirtschaftet werden, falls man sie der Nachwelt überliefern will (Nowak & Schulz 2002). Noch gibt es aber in der Mehrzahl der Regionen Beispiele hinreichend gepflegter Glatthaferwiesen, und an diese wollen wir uns bei den folgenden Schilderungen halten.

Alle treuen und holden **Charakterarten der Glatthaferwiesen** im weiteren Sinne (ARRHENATHERION-Verband) gehören der Ober- und Mittelschicht der typischen Glatthaferwiese an, namentlich *Arrhenatherum* selbst, *Tragopogon pratensis*, *Crepis biennis*, *Campanula patula*, *Galium album*, *Anthriscus sylvestris*, *Heracleum sphondylium* und *Geranium pratense* (s. Tab. 19–7). Auch unter den weniger eng an Glatthaferwiesen gebundenen Partnern herrschen Ober- und Mittelgräser sowie entsprechend hochwüchsige Kräuter und Leguminosen (s. Abb. 19–12). Der niedrige Weißklee und die nur bodennah beblätterten Gräser, z. B. *Lolium perenne*, werden unterdrückt, soweit sie lichtbedürftig sind. Nur schattenertragenden Arten, wie *Bellis perennis*, *Ajuga reptans* und *Lysimachia nummularia*, genügen die Lichtzeiten der Wiesentiefstände nach der Mahd, um durchzuhalten und den für grüne Pflanzen noch verfügbaren Lebensraum voll auszunutzen. Auch die Gräser sind in Bodennähe dicht beblättert und nutzen das Licht bis an die gleiche Grenze aus wie die Waldpflanzen auf fruchtbaren Böden (s. Abb. 4–53 u. 4–56), d. h. bis hinab auf 1–5 % der Freiland-Beleuchtungsstärke (s. Abb. 19–4). Die unteren Schichten des Wiesenbestandes tragen daher wesentlich zur Ertragsbildung bei, vor allem im Frühjahr und während der Tiefstände nach den Schnitten, wenn ihnen mehr Licht zur Verfügung steht.

Das Wasserregime und heute immer mehr die Stärke und Art der Düngung führen zu un-

Tab. 19–7 Glatthaferwiesen und Wassergreiskrautwiesen in Südwest- und Nordwestdeutschland. Nach Angaben von Eskuche (1955) und Meisel (1960).

	A				B			
Gebiet:	Donau				N.-Rhein			
Nr.:	1	2	3	4	1	2	3	4
Arrhenatheretum i. w. S.:								
Arrhenatherum elatius	5	5	5	5	5	5	1	
Trisetum flavescens	5	5	5	5	5	4	1	
Galium mollugo	5	5	5	5	3	2	2	
Heracleum sphondylium	4	4	5	5	4	5	2	
Leucanthemum vulgare	5	5	5	4	3	3	3	1
Dactylis glomerata	4	5	5	4	5	5	2	
Bellis perennis	2	5	1	2	2	3	3	
Veronica chamaedrys	5	4	5	2	3	2	1	
Achillea millefolium	5	4	3	2	3	2		
Vicia sepium	3	3	3	2	2	3		
Lolium perenne	1	4	1	1	3	3	1	
Avenochloa pubescens	4	4	4	4	2	1		
Lolium multiflorum	4	4	3	2		1		
Knautia arvensis	5	4	5	5				
Anthriscus sylvestris		3	2	5	2	3		
Pimpinella major		1	1	4	2	3	1	
Tragopogon pratensis	3	2	1		1	1		
Campanula patula	2		1					
Crepis biennis	•	•	•	•	2	3	1	
Pastinaca sativa		•	•	•	2	2		
Geranium pratense			1	1				
Trockenheitszeiger:								
Salvia pratensis	5							
Thymus pulegioides	5		1					
Scabiosa columbaria	5		2					
Bromus erectus	4	1						
Koeleria pyramidata	4							
Lotus corniculatus	4	2						
Festuca ovina agg.	4		2					
Luzula campestris	4	2	2		1			
Ranunculus bulbosus	5				5			
Briza media	3				2		1	1
Silene vulgaris	4	4						
Medicago lupulina	5	5	1					
Plantago media	4	4	1	1	1			
Campanula rotundifolia	5	4	5		1	1		
Feuchtigkeitszeiger:								
Glechoma hederacea	1	3	3	4	1	3	2	1
Ajuga reptans		4	4	4	1	1	3	2
Silene dioica		3	5	4				

	A				B			
Gebiet:	Donau				N.-Rhein			
Nr.:	1	2	3	4	1	2	3	4
Festuca pratensis	1	1	1	1	4	5	5	5
Deschampsia cespitosa			5	5	1	1	2	1
Alopecurus pratensis		1	3	4	1	5	3	3
Poa trivialis		2	2	5	2	5	5	5
Cardamine pratensis			2	4		2	5	5
Ranunculus repens			3	5		5	5	4
Rumex crispus			1	2		2	1	1
Lysimachia nummularia				2		1	3	3
Feuchtigkeits- u. Nässezeiger:								
M *Lychnis flos-cuculi*			1	2		1	5	5
M *Filpendula ulmaria*			3	5		1	4	5
M *Angelica sylvestris*			1	5			1	3
C *Cirsium oleraceum*			5	5				
M *Geum rivale*			5	5				
M *Sanguisorba officinalis*			5	4				
C *Polygonum bistorta*			3	5				
Alchemilla vulgaris agg.			4	2				
Phalaris arundinacea			1	4				
M *Lythrum salicaria*				4				
Carex gracilis				4		1	3	5
C *Myosotis palustris*				2			3	3
C *Bromus racemosus*						1	4	4
C *Senecio aquaticus*							2	4
C *Lotus uliginosus*							2	4
Juncus articulatus							2	4
C *Caltha palustris*							1	3
M *Equisetum palustre*						1	3	3
Carex disticha				1			2	3
verbreitete Wiesenpflanzen:								
Festuca rubra subsp. *rubra*	4	5	4	5	5	5	5	5
Rumex acetosa	4	4	5	5	4	5	5	5
Ranunculus acris	4	4	5	5	5	5	5	5
Holcus lanatus	4	4	4	5	5	5	5	5
Cerastium holosteoides	5	4	3	4	4	4	4	5
Poa pratensis	5	5	5	4	2	4	3	2
Trifolium pratense	5	5	5	3	3	2	2	3
Centaurea jacea	5	4	3	2	4	3	2	2
Lathyrus pratensis	4	3	5	4	4	2	3	4
Vicia cracca	5	1	1	1	2	3	3	4
Prunella vulgaris	4		2	1	1	1	1	1

Gebiet:	A Donau				B N.-Rhein			
Nr.:	1	2	3	4	1	2	3	4
Phleum pratense		2		2	1	1	1	1
Daucus carota	3				2	1		
Cynosurus cristatus				1	2	1	3	4
Trifolium dubium	3				3	2	3	
Bromus hordeaceus			1		2	3	3	
Begleiter:								
Plantago lanceolata	5	5	5	5	5	5	5	4
Taraxacum officinale	4	5	5	5	4	5	•	3
Trifolium repens	3	5	3	2	3	3	4	4
Anthoxanthum odoratum	3	2	2		2	2	5	5
Elymus repens		2	2	2		1		
Agrostis tenuis			3		3	1		

Außerdem kommen vor: Donau Nr. 1: *Carex caryophyllea (3), Linum catharticum (3), Euphrasia rostkoviana (3).*
Arten, die in keiner Einheit mehr als Stetigkeit *2* erreichen, wurden großenteils weggelassen.

Nr. A 1–4 und B 1 u. 2 sind Glatthaferwiesen, gehören also zum Verband ARRHENATHERION und zur Ordnung ARRHENATHERETALIA. Deren Charakterarten sind mit denen des Arrhenatheretum zusammengefasst. Die Feuchtwiesen Nr. B 3 u. 4 enthalten zwar zahlreiche Feuchte- und Nässezeiger, aber nur wenige Charakterarten des Verbandes CALTHION (C) und der Ordnung MOLINIETALIA (M). Ein Teil von diesen meidet stark saure Böden und fehlt daher den Wassergreiskrautwiesen.
Das Grundwasser erreicht den Wurzelraum in den Einheiten A 1 und B 1 nicht, in A 2 und B 2 nur zeitweilig. In A 3 und B 3 bleibt der Oberboden grundwasserfrei, in A 4 und B 4 wird er oft völlig durchnässt.

A **Donautal** bei Herbertingen (nach Eskuche)
- Nr. 1: Salbei-Glatthaferwiese, „Arrhenatheretum, Subass. von *Ranunculus bulbosus*, Variante von *Salvia pratensis*, Subvariante von *Bromus erectus*.
- Nr. 2: typische Glatthaferwiese, von Eskuche als „Subass. von *Alopecurus pratensis*, Var. von *Deschampsia cespitosa*, Subvar. von *Silene cucubalus*" (= *vulgaris*) bezeichnet.
- Nr. 3: Kohldistel-Glatthaferwiese, „Subass. von *Cirsium oleraceum*, typische Var., reine Ausbildung".
- Nr. 4: Seggen-Glatthaferwiese, „Subass. von *Cirsium oleraceum*, Var. von *Carex gracilis*".

B **Niederrheingebiet** bei Moers (nach Meisel)
- Nr. 1: Zittergras-Glatthaferwiese, „Arrhenatheretum, Subass. von *Briza media*, typische Variante, typische Subvar."
- Nr. 2: Fuchsschwanz-Glatthaferwiese, „Subass. von *Alopecurus pratensis*, typische Var., typische Subvar."
- Nr. 3: Gelbklee-Wassergreiskrautwiese, „*Bromus racemosus-Senecio aquaticus*-Ass., Subass. von *Trifolium dubium*" (in der Bodenfeuchtigkeit etwa der Kohldistel-Glatthaferwiese des Donautals entsprechend).
- Nr. 4: reine Wassergreiskrautwiese, „*Bromus racemosus-Senecio aquaticus*-Ass., typische Subass." (in der Bodenfeuchtigkeit etwa der Seggen-Glatthaferwiese des Donautals entsprechend).

terschiedlichen Ausprägungen der zwei- bis mehrschürigen Glatthaferwiesen. Mithilfe ökologischer Trennartengruppen lassen sich mehrere **Subassoziationen** oder auch nur von bestimmten Arten dominierte **Fazies** des Arrhenatheretum differenzieren (s. Abb. 19–11 b). Die typische Glatthaferwiese (Arrhenatheretum typicum) stockt auf Böden mittlerer Wasserversorgung. Bei einseitiger Düngung mit Gülle kommen in zweischürigen Glatthaferwiesen die hohen Doldengewächse, und zwar vor dem ersten Heuschnitt *Anthriscus* und vor dem zweiten *Heracleum*, zur Dominanz („Gülleflora"), weil sie ihre stark schattenden Blätter rasch emporheben und die Gräser unterdrücken. Solche **Doldenblüter-Fazies** (s. Abb. 19–3 u. 19–13) geben weniger geeignetes Futter als die grasreichen Wiesen, weil ihre getrockneten Blätter zerbröseln und ihre Stängel holzig werden. Die hohen Umbelliferen kommen nur dort zu völliger Vorherrschaft, wo sie ihre Früchte ausreifen können, d. h. auf regelmäßig ziemlich spät gemähten Flächen. *Anthriscus* und *Heracleum* bilden im ersten Jahr lediglich Blattbüschel mit rübenförmiger Speicherwurzel aus, während sie im zweiten Jahr die blühenden Stängel schieben und mit diesen nach der Fruchtreife absterben. Auf den modernen vielschürigen Mähweiden können sich solche Arten nicht ausbreiten, auch nicht bei bester Nährstoffversorgung, weil sie niemals zur Reife gelangen.

Ist die **Nährstoffzufuhr unzureichend**, um den Ernteentzug zu kompensieren, so gedeihen die Obergräser und Hochkräuter schlechter als in dem soeben geschilderten Normalfall. Mittelgräser wie *Trisetum flavescens* oder *Holcus*

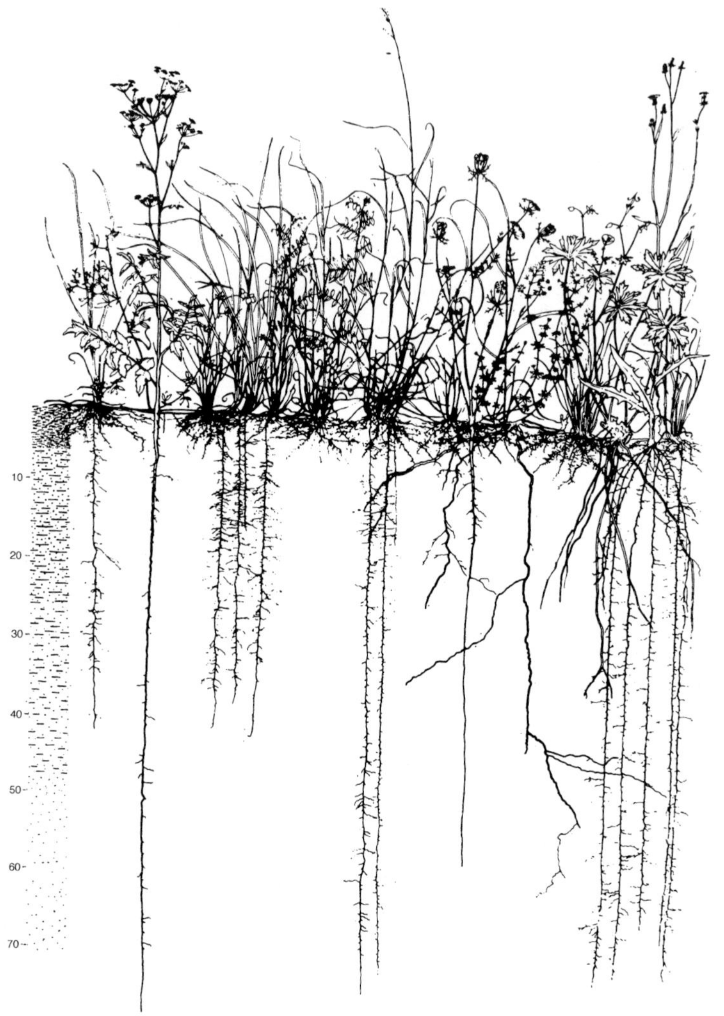

Abb. 19–12 Schnitt durch eine typische Glatthaferwiese (Arrhenatheretum, frische Subass.) im Saaletal oberhalb Wörmlitz. Nach Hundt (1958).
Von links nach rechts: *Arrhenatherum elatius, Pastinaca sativa, Poa pratensis, A. e., Vicia sepium, A. e.* blühend, *Poa p., Daucus carota, Galium mollugo, Geranium pratense, Crepis biennis.* Aufschlusstiefe 75 cm.

lanatus und genügsame Untergräser wie *Poa pratensis, Festuca rubra* oder gar *Agrostis capillaris* können sich bei vollem Licht ausbreiten. In den ärmsten Arrhenathereten herrschen sie zusammen mit *Plantago lanceolata* und anderen niedrigen Kräutern fast allein. Man wäre im Zweifel, zu welcher Assoziation man solche vernachlässigten Wiesen stellen sollte, wenn man nicht hier und dort doch noch vereinzelte kümmernde Exemplare vom Glatthafer oder von anderen Kennarten des ARRHENATHERION fände. Diese **Wiesenrispen-Fazies** ist durch alle Zwischenstufen mit der Glatthafer-Fazies verbunden (s. Abb. 19–13).

Auf **feuchterem Boden** mischen sich einige nässeertragende Kräuter und Gräser in die normale charakteristische Artenkombination der Glatthaferwiese, z. B.:

Angelica sylvestris	*Filipendula ulmaria*	*Silene flos-cuculi*
Cirsium oleraceum	*Geum rivale*	*Bistorta officinalis*
Deschampsia cespitosa	*Sanguisorba officinalis*	

Infolge besserer Wasserversorgung (s. Abb. 19–13) sind diese bodenfeuchten Kohldistel-Glatthaferwiesen (s. Tab. 19–7, A 3) bei gleicher Behandlung ertragreicher als die typischen. Da sie großenteils noch aus guten Futterpflanzen bestehen und da sich ihre Böden schlecht als

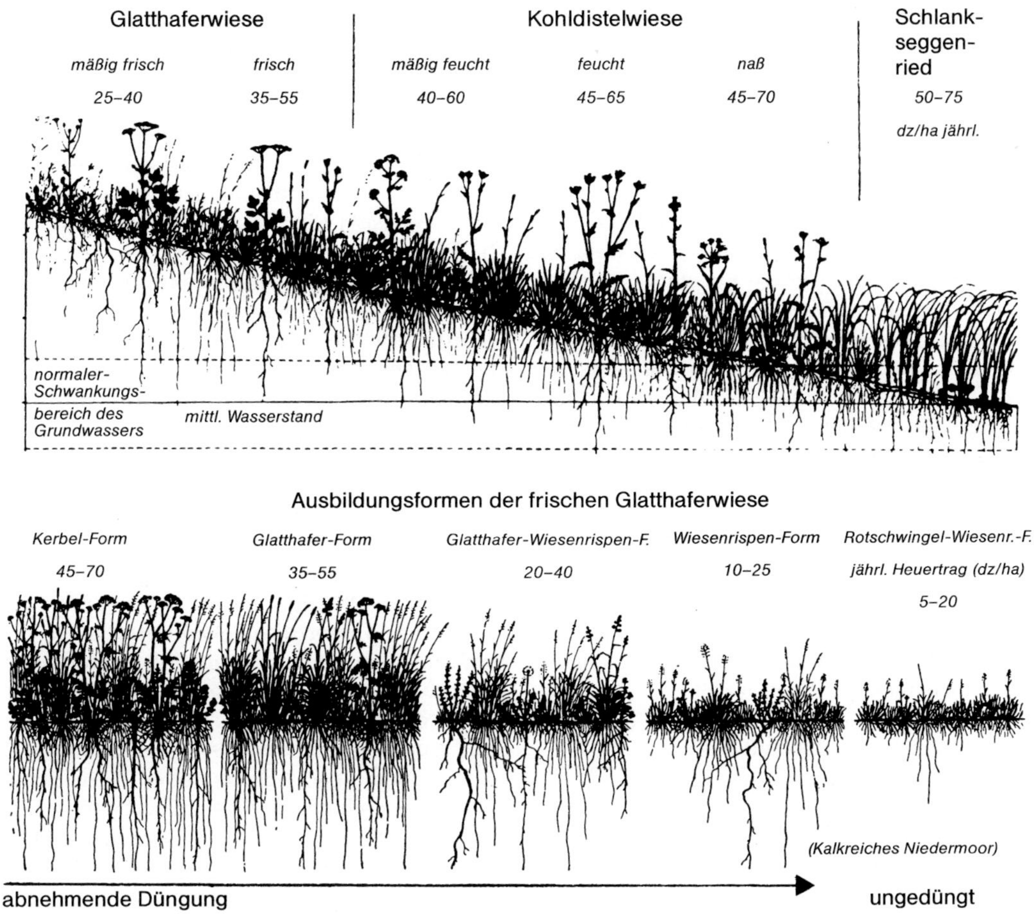

Abb. 19–13 Oben: Arrhenatheretum, Polygono-Cirsietum und Caricetum gracilis. Reihe der Futterwiesen-Gesellschaften mit zunehmender Durchfeuchtung von Niedermoorböden im Auetal westlich Braunschweig, bei guter Düngung. Die „mäßig frische" Glatthaferwiese ist die typische. Die „frische" wird in Norddeutschland als Subass. von *Alopecurus pratensis* (Fuchsschwanz-Glatthaferwiese) bezeichnet (s. Abb. 19–15 oben).
Unten: Düngungs- und pflegebedingte Ausbildungsformen einer der oben dargestellten Gesellschaften, der Fuchsschwanz-Glatthaferwiese. Nach Ellenberg (1952), verändert. Alle halbschematischen Querschnitte geben die Aspekte vor dem ersten Schnitt wieder. Die Ziffern bedeuten die durchschnittlichen Spannen der Heuerträge in Doppelzentnern pro Hektar. Die düngungsabhängige Ertragsspanne ist größer als die wasserstandsabhängige. Oben Heuerträge vor dem 2., unten vor dem 1. Schnitt. Je schlechter ernährt, desto größer die Rolle der Untergräser, von deren Phytomasse durch Mähen weniger entfernt wird.

Ackerland eignen, dürfen sie als besonders wertvolles Wirtschaftsgrünland gelten. Auch das bodenfeuchte Arrhenatheretum trifft man je nach dem Düngungszustand in verschiedenen Ausbildungsformen an. Der Glatthafer-Fazies der typischen Glatthaferwiese entspricht eine **Fuchsschwanz-Fazies**, an der sich Glatthafer und Wiesenschwingel beteiligen. Bei geringer Düngung bilden sich *Holcus lanatus*- und *Festuca rubra*-reiche Bestände aus. Umbelliferen-Fazies sind nur selten anzutreffen und eher als Zeichen der Vernachlässigung zu deuten. Meistens herrscht *Angelica silvestris* in ihnen, die auch in ungedüngten Streuwiesen gedeiht (s. Abb. 19–22).

In niederschlagsarmen und **warmen Gegenden**, z. B. in der Oberrheinischen Tiefebene, trifft man bei hohem Grundwasserstand

Glatthaferwiesen an, in denen außer den oben genannten Feuchtigkeitszeigern auch Großseggen und andere ausgesprochene Sumpfpflanzen vorkommen, z. B.:

Caltha palustris	*Lythrum salicaria*
Carex acutiformis	*Phalaris arundinacea*
Carex gracilis	

Diese Seggen-Glatthaferwiesen (s. Abb. 19–13 u. Tab. 19–7, A4) liefern nur geringwertiges Heu, wenn auch meistens in großer Menge. Bei sehr guter Pflege kann in ihnen der Wiesenfuchsschwanz oder das Rohrglanzgras zur Alleinherrschaft gebracht werden. Noch nassere Böden werden von der Kohldistelwiese oder anderen Feuchtwiesen eingenommen (s. Kap. 19.3.3.1).

Geht man von der typischen Glatthaferwiese auf zunehmend **trockene Standorte** über, so sieht man Arten eindringen, deren Verbreitungsschwerpunkt in Halbtrockenrasen liegt. Als erster Trockenheitszeiger tritt gewöhnlich der Knollige Hahnenfuß auf, in Süddeutschland bald aber auch der Wiesen-Salbei. Gut ausgeprägte Salbei-Glatthaferwiesen (s. Tab. 19–7, A 1) enthalten u. a. folgende Differenzialarten:

Bromus erectus	*Salvia pratensis*
Ranunculus bulbosus	*Scabiosa columbaria*

Gewöhnlich ist diese Untergesellschaft des Arrhenatheretum besonders reich an Charakterarten. Sie enthält eine Fülle auffällig blühender Kräuter und darf mit ihrem bunten Artengemisch und ihren wechselnden Aspekten als eine der schönsten Pflanzengesellschaften Mitteleuropas gelten. Leider ist gerade diese Wiesen-Gesellschaft wegen ihrer geringen Erträge im Schwinden begriffen.

Auf kalkfreien, oft **sandigen Böden** leitet die Ferkelkraut-Glatthaferwiese zu den Borstgrasrasen und Sand-Trockenrasen über (Lisbach & Peppler-Lisbach 1996).

19.3.2.1.2 Geografische Variabilität der Glatthaferwiesen

Nur im Mannigfaltigkeitszentrum der Glatthaferwiesen, d. h. im **südwestdeutschen Raum** und im angrenzenden **Schweizerischen Mittelland**, sind Salbei-Glatthaferwiesen und typische Glatthaferwiesen (jeweils mit typischen und wechselfeuchten Varianten) sowie Kohldistel-Glatthaferwiesen und Seggen-Glatthaferwiesen gleichmäßig gut ausgebildet. Auf engem Raum nebeneinander findet man sie noch immer hier und dort, vor allem im Vorland der Schwäbischen Alb und des Schwarzwaldes, soweit genügend kalkhaltige Böden vorhanden sind. Dort kann man sämtliche Subassoziationen und Varianten leicht voneinander unterscheiden, ja, die meisten Einheiten noch feiner gliedern (s. Ellenberg 1952a, Eskuche 1955, Schreiber 1962 u. a.). Insbesondere bereitet es hier keine Schwierigkeit, die typische Subassoziation der Glatthaferwiese, d. h. ein Arrhenatheretum ohne Trockenheits- oder Feuchtigkeitszeiger, auf größeren Flächen zu finden (Nowak & Schulz 2003; s. Abb. 19–14).

In der Oberrheinischen Tiefebene und anderen niederschlagsärmeren Landschaften schrumpft die typische Glatthaferwiese zu einem schmalen Übergangsstreifen zwischen trockeneren und feuchteren Untergesellschaften zusammen (Oberdorfer 1952, 1957, 1983). Fast alle grundwasserfreien Standorte, auch die tiefgründigen Böden mit nicht-geneigter Oberfläche, tragen hier Salbei-Glatthaferwiesen oder ähnliche „trockene“ Arrhenathereten. Auf grundwasserbeeinflussten Böden dagegen setzen sich Feuchtigkeits- oder Nässezeiger durch, die sich bei sandigem Oberboden sogar mit zahlreichen Mesobromion-Arten mischen können. Auf schweren Mergeln, deren Wasserführung vom Grundwasser unabhängig ist, findet man die typische Glatthaferwiese bei guter Düngung zwar zuweilen großflächig ausgebildet, aber in einer „wechselfeuchten“ Variante, in der vereinzelt Feuchtigkeitszeiger wie *Silene flos-cuculi* und *Ajuga reptans* auftreten.

Noch trockenere Gegenden Südwest-Mitteleuropas zeichnen sich dadurch aus, dass alles gedüngte, aber nicht beweidete, höchstens dreimal im Jahr gemähte Grünland von Salbei-Glatthaferwiesen beherrscht wird. Selbst auf tiefgründigsten Lösslehmböden mit großer wasserhaltender Kraft setzen sich Trockenheitszeiger durch, z. B. auf den Gäuflächen des Taubergebiets und in den niederschlagsärmsten und wärmsten Teilen der Oberrheinebene. Typische Glatthaferwiesen fehlen hier überhaupt und bodenfeuchte Untereinheiten sind nur sehr kleinflächig vertreten.

Auf der **Schwäbischen Alb** ist neben der Salbei-Glatthaferwiese auch die typische Subassoziation reichlich anzutreffen, weil hier das Klima etwas feuchter und kühler ist. In den hö-

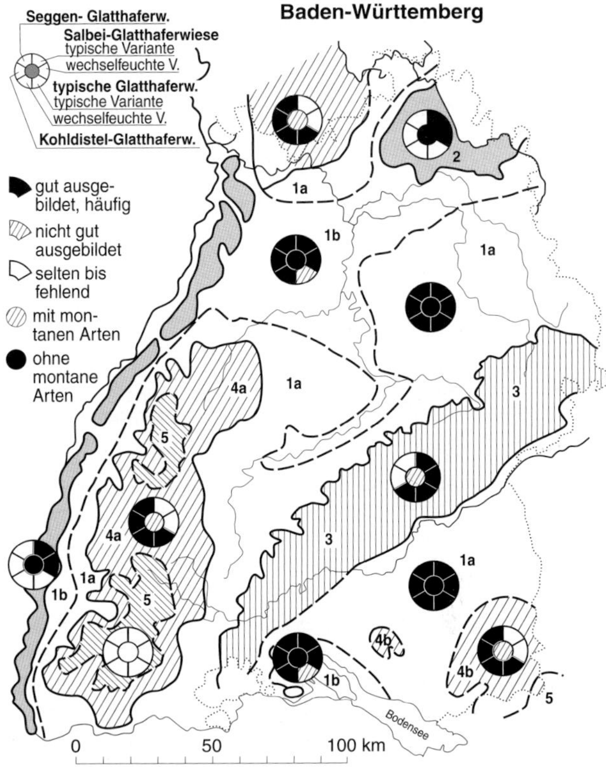

Abb. 19–14 Wuchsbezirke der Glatthaferwiesen in Südwestdeutschland, d. h. Bereiche des mehr oder minder vollzähligen Auftretens der durch abgestufte Feuchtigkeit der Standorte hervorgerufenen sechs Untereinheiten des Arrhenatheretum (s. Erläuterung oben links). Nach Schreiber (1962), verändert. Der Standort der typischen Variante der Salbei-Glatthaferwiese ist relativ trocken, derjenige der typischen Variante der typischen Glatthaferwiese mäßig feucht („frisch"). Die wechselfeuchten Varianten besiedeln tonige oder aus anderen Gründen zeitweilig staunasse Böden. Die Kohldistel-Glatthaferwiese zeigt feuchtere, die Seggen-Glatthaferwiese relativ nasse Böden an (vgl. Abb. 19–13). In den sechs Sektoren des äußeren Ringes wird angegeben, ob die betreffende Untereinheit fehlt (weiß) oder wie gut sie ausgebildet ist (zunehmend dunkler). Der innere Kreis weist auf den Anteil der montanen Arten hin.
Wuchsbezirke: 1 a = alle 6 Untereinheiten gut ausgebildet und ohne montane Arten (mittlere Höhenlage mit nicht zu trockenem Klima), 1 b = typische Variante der typ. Glatthaferwiese schlechter ausgebildet (trockeneres Klima); 2 = nur Salbei-Glatthaferwiesen (trockenes Klima, durchlässige Böden). 3 = mit montanen Arten treten nur die ersten 4 Einheiten auf (Schwäbische Alb mit durchlässigen Böden); 4 a = Salbei-Glatthaferwiesen fehlen wegen zu feuchten Klimas (Schwarzwald und Odenwald), 5 = Hochlagen ohne Glatthaferwiesen.

heren Lagen dieses tafelartigen Gebirges trägt das Arrhenatheretum bereits montane Züge (s. Kap. 19.3.2.2), ohne dass dadurch seine Untergliederung nach der Bodenfeuchtigkeit verändert oder verwischt würde. Kohldistel- und Seggen-Glatthaferwiesen konnten auf der Jura-Hochfläche wegen des durchlässigen Kalkuntergrunds so gut wie nirgends entstehen.

Den niederschlagsreichsten und zugleich kühlsten Teilen von Südwestdeutschland fehlen Salbei-Glatthaferwiesen und andere trockene Ausbildungsformen des Arrhenatheretum, die in den übrigen Gebieten eine so große Rolle spielen, dagegen völlig. Nur an steilen und kalkreichen Sonnhängen sind sie hier und dort zu finden, während sonst überall typische Arrhenathereten oder feuchte Untergesellschaften herrschen. Auch Seggen-Glatthaferwiesen gibt es hier nicht, weil die Gruppe der Charakterarten anscheinend nicht genügend kampfkräftig ist, um sich auf ständig nassen Böden durchzusetzen. Ähnlich wie im nordwestlichen Mitteleuropa wird hier also die Variationsbreite der Glatthaferwiesen auf frische und mäßig feuchte Böden eingeengt. In höheren Lagen kommen selbstverständlich montane Arten zur Geltung. Dem kühlen Hochschwarzwald fehlen Glatthaferwiesen überhaupt.

Nicht nur in Südwestdeutschland, sondern auch in anderen Teilen Mitteleuropas ändert sich das Artengefüge sowie die bodenbedingte Untergliederung der Glatthaferwiesen mit dem Allgemeinklima. Nach den Rändern ihres Gesamtareals hin verarmen diese (und andere) Gesellschaften mehr und mehr. *Bromus erectus*, *Campanula patula*, *Colchicum autumnale*, *Leontodon hispidus*, *Pastinaca sativa* und andere Arten, die in süddeutschen Arrhenathereten stetig auftreten, klingen zum norddeutschen Tiefland hin aus. Während man in den wärmeren Lagen des westlichen Mitteleuropa zumindest drei Subassoziationen und zahlreiche Varianten unterscheiden kann, lassen sich in **Nordwestdeutschland** und den angrenzenden

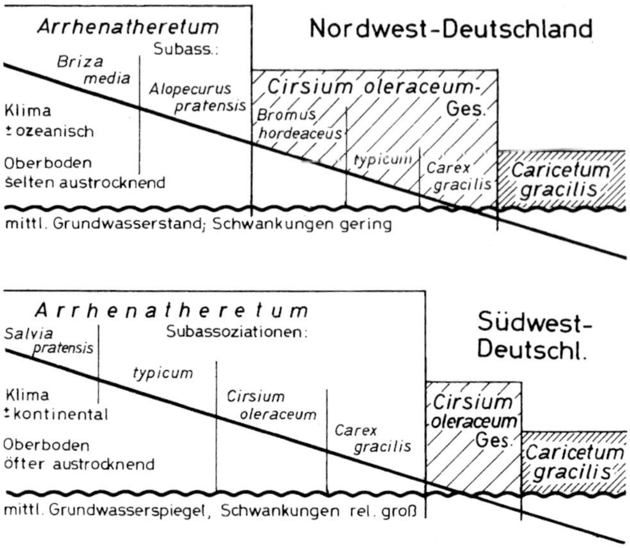

Abb. 19–15 Gliederung der Glatthaferwiesen und Feuchtwiesen bei abnehmendem Abstand des mittleren Grundwasserspiegels von der Oberfläche durchlässiger Böden in Nordwest- (oben) und in Südwestdeutschland (unten). Nach Ellenberg (1954).
Oben: Im Nordwesten sind trockene Ausbildungen der Glatthaferwiesen selten.
Unten: Im Süden spielen sie die Hauptrolle; doch gibt es auch feuchte bis nasse Ausbildungen auf relativ großen Flächen.

Niederlanden nur noch zwei Subassoziationen voneinander trennen, die „Zittergras-Glatthaferwiese" und die „Fuchsschwanz-Glatthaferwiese"; (kenn)artenarme Ausprägungen sollte man nach Dierschke (1997b) besser zu den von *Alopecurus pratensis* dominierten Frischwiesen (Ranunculus repens-Alopecurus pratensis-Ges.) stellen (s. Abb. 19–15 oben).

Die Differenzialarten dieser Untereinheiten sind so wenig zahlreich, dass man damit in Südwestdeutschland höchstens Varianten ausscheiden würde. Für die trockenere Zittergras-Glatthaferwiese, die heute nahezu verschwunden ist, nannte Tüxen (1937) *Helictotrichon pubescens*, *Pimpinella saxifraga*, *Briza media*, *Plantago media* und *Luzula campestris*. Diese Arten sind eher Magerkeits- als Trockenheitszeiger. Die *Briza media*-Subassoziation des nordwestlichen Arrhenatheretum entspricht also einer verarmten Ausbildungsform der typischen Glatthaferwiese Südwestdeutschlands, und zwar einer mäßig trockenen Variante derselben. Als Mesobromion-Art tritt höchstens einmal *Ranunculus bulbosus* hervor (vgl. in Tab. 19–7 B 1 mit A 1), aber auch dieser nicht in allen Zittergras-Glatthaferwiesen. Die Fuchsschwanz-Glatthaferwiese Norddeutschlands kann man mit einer mäßig feuchten Variante der typischen Glatthaferwiese vergleichen (vgl. B 2 mit A 2).

An stärker vom Grundwasser beeinflussten Standorten gibt es im nordwestlichen Mitteleuropa keine Glatthaferwiesen mehr (s. Abb. 19–15). Während sich im Donauried noch sämtliche Charakterarten des Arrhenatheretum mit zahlreichen Feuchtigkeits- und Nässezeigern treffen (z. B. in den Spalten A 3 und A 4 in Tab. 19–7), schließen sich diese am Niederrhein gegenseitig aus (B 3 und B 4). Auf einem Boden, der im Südwesten von einer Kohldistel-Glatthaferwiese besiedelt wäre (A 3), stockt im Nordwesten eine Kohldistelwiese oder eine andere Feuchtwiesen-Gesellschaft, z. B. die Wassergreiskrautwiese (B 3). Nur vereinzelt greifen Charakterarten der Glatthaferwiesen in solche Feuchtwiesen über. Nassböden, auf denen Großseggen wie *Carex acuta* gedeihen, sind im Nordwesten für Arrhenatherion-Arten unzugänglich. Gegenstücke zur Seggen-Glatthaferwiese (A 4) gibt es hier also nicht. Statt ihrer entwickeln sich reine Feuchtwiesen, z. B. die typische Wassergreiskrautwiese (B 4).

Warum ist die **Bodennässe-Amplitude der Tieflagen-Glatthaferwiesen im nördlichen Mitteleuropa so viel enger als im südlichen**? Ellenberg (1954b) vermutete, dass die Austrocknung des Oberbodens dabei eine Rolle spielt. In relativ warmem und kontinentalem Klima werden die Wasservorräte der dicht durchwurzelten oberen Bodenschicht öfter und stärker beansprucht. Infolgedessen bleibt sie auch bei sehr hohem Grundwasserstand nicht dauernd wasserdurchtränkt und luftarm, sodass sich Gräser und Kräuter mit hohem Sauerstoffbedarf der

Wurzeln ausbreiten können. In dem gleichmäßiger kühlen und feuchten ozeanischen Klimabereich dagegen vermögen sich auf grundwassernahen Böden nur Sumpfpflanzen dauernd zu halten.

Glatthaferwiesen haben wie die Rotbuche eine ausgesprochen subatlantische Verbreitungstendenz. Im Bereich der Randalpen mit ihrem ozeanisch getönten Klima stoßen sie weit nach Osten vor. In der Steiermark (Eggler 1958) und in den Karawanken (Aichinger 1933) z. B. sind sie noch gut entwickelt und reich gegliedert, während sie in inneralpinen Tälern (s. Braun-Blanquet 1961) gänzlich fehlen. Nördlich der Alpen klingen sie bereits in Mitteldeutschland aus.

Im **Unstruttal** bei Straußfurt kann man nach Hundt (1957) noch recht gut eine relativ trockene, eine typische und eine bodenfeuchtere Subassoziation des Arrhenatheretum unterscheiden. Er nannte diese drei Untergesellschaften „Trespen-Glatthaferwiese", „reine Glatthaferwiese" (s. Abb. 19–12) und „Kohldistel-Glatthaferwiese". Schon im Gebiet der **mittleren Elbe** und unteren Mulde sind die Glatthaferwiesen seltener und weniger reichhaltig. Hier trennte Hundt (1954) nur eine „trockene" Untergesellschaft von einer „frischen". *Alopecurus pratensis* ist in beiden Subassoziationen häufig, eignet sich daher im mittleren Elberaum noch weniger als im südwestlichen Mitteleuropa, um feuchte Glatthaferwiesen von trockeneren zu unterscheiden. Fuchsschwanzreiche Frischwiesen (*Ranunculus repens-Alopecurus pratensis*-Ges.) sind für die periodisch überfluteten Auenwiesen im Tiefland des nordöstlichen Mitteleuropa kennzeichnend (Freitag & Körtge 1958, Hundt 1958). **Im dortigen kühleren und spätfrostreicheren Klima tritt der Glatthafer zugunsten des Fuchsschwanzes zurück**, der ebenso nährstoffreiche, aber etwas feuchtere Standorte als Ersterer bevorzugt und zudem weniger kälteempfindlich ist (Dierschke & Briemle 2002).

Die meisten ihnen zusagenden Böden werden im norddeutschen Tiefland als Dauerweiden, Mähumtriebsweiden oder Äcker genutzt. Reine Mähwiesen gab und gibt es nur dort, wo eine Beweidung unmöglich oder nicht ratsam ist, d. h. an sehr nassen Standorten mit Seggenrieden und Feuchtwiesen oder an einigen Deichen (Hochwasserdämmen).

Die **östlichen Vorposten des Arrhenatheretum** stehen im nördlichen Rumänien und in Nordpolen, wo sie nach Passarge (1963b) durchaus den weiter westlich gelegenen Glatthaferwiesen entsprechen. In Weißrussland, Fennoskandien, aber auch in der Slowakei treten andere Wiesen-Gesellschaften an ihre Stelle, oft z. B. von der Rasenschmiele (*Deschampsia cespitosa*) beherrschte. Auf der Balkanhalbinsel findet man die am besten ausgebildeten Glatthaferwiesen bezeichnenderweise in Kroatien, insbesondere in der Gegend von Zagreb, die im Klima- und Vegetationscharakter am meisten von allen Landschaften der Balkanhalbinsel an Mitteleuropa erinnert (s. Horvat et al. 1974).

Während der ARRHENATHERION-Verband im Osten und Norden kaum die Grenzen Mitteleuropas erreicht, überschreitet er sie nach Westen und Süden sehr weit. In den südlichen Cevennen, also im Grenzbereich zur submediterranen Region, und auch im Kantabrischen Gebirge ist die Artenzusammensetzung derjenigen des mitteleuropäischen Arrhenatheretum noch ähnlich (Klesczewski 2000).

Im Großen und Ganzen zeigt somit das Arrhenatheretum (bzw. der Verband ARRHENATHERION im engeren Sinne) ein ähnliches Verbreitungsbild wie die von Rotbuchen beherrschten Waldgesellschaften. Dagegen gibt es in Europa kein einziges natürliches Fichten- oder Kiefernwaldgebiet, in welchem Glatthaferwiesen gut ausgebildet wären. Mit dem FAGION, dem MESOBROMION, dem noch zu besprechenden NANOCYPERION (s. Kap. 20) und einigen anderen Verbänden **gehört also auch das Arrhenatherion zu den für Mitteleuropa kennzeichenden Vegetationseinheiten**. Nicht zuletzt deshalb haben wir die Glatthaferwiesen und ihre regionalen Abwandlungen so ausführlich besprochen. Bei den übrigen Grasland-Gesellschaften müssen wir uns kürzer fassen.

19.3.2.2 Glatthafer- und Goldhaferwiesen im Bergland

19.3.2.2.1 Abwandlungen der Glatthaferwiesen mit zunehmender Höhe über dem Meeresspiegel

Die Mannigfaltigkeit der Glatthaferwiesen in Mittel- und Südeuropa wird noch dadurch vermehrt, dass sie sich auch mit zunehmender Höhe über dem Meeresspiegel wandeln. Die Verkürzung der Vegetationsperiode, die Abnahme der Sommertemperaturen, das Ansteigen der Niederschläge und damit der Boden-

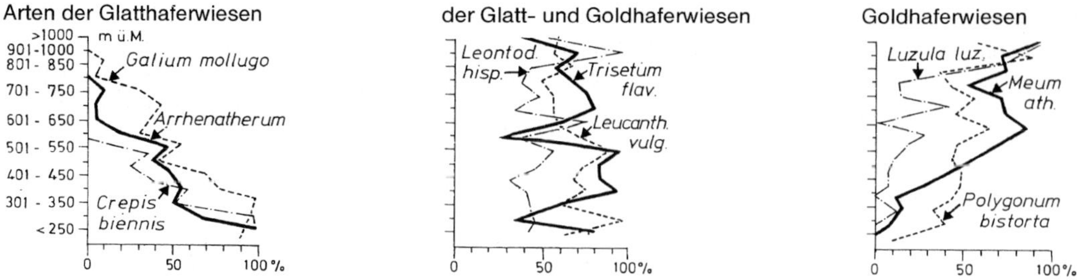

Ähnlich verhalten sich außerdem:

wie links
Anthriscus sylvestris
Avenochloa pubescens
Bellis perennis
Centaurea jacea
Cirsium oleraceum
Colchicum autumnale
Cynosurus cristatus
Festuca pratensis
Geranium pratense
Holcus lanatus
Lotus corniculatus
Lysimachia nummularia
Poa pratensis
P. trivialis
Ranunculus auricomus
Tragopogon pratensis
Trifolium dubium
T. repens u. a.

wie in der Mitte
Achillea millefolium
Alchemilla vulgaris
Alopecurus pratensis
Anthoxanthum odoratum
Briza media
Campanula rotundifolia
Centaurea pseudophrygia
Cirsium palustre
Deschampsia cespitosa
Festuca rubra
Hypericum maculatum
Lathyrus linifolius
Leontodon autumnale
Luzula campestris
Lychnis flos-cuculi
Myosotis palustris
Ranunculus acris
Trollius europaeus u. a.

wie rechts
Agrostis tenuis[1]
Arnica montana[1]
Avenella flexuosa[1]
Carex pilulifera[1]
Chaerophyllum hirsutum
Cirsium heterophyllum
Crepis mollis
Galium harcynicum[1]
Geranium sylvaticum
Nardus stricta[1]
Pedicularis sylvatica[1]
Phyteuma spicatum
Potentilla erecta[1]

[1] In größerer Höhe vor allem deshalb häufiger, weil dort die Böden saurer und ärmer sind.

Abb. 19–16 Höhenabhängigkeit des Vorkommens von Wiesenpflanzen im Harz und Thüringer Wald (in % aller in der jeweiligen Höhenklasse aufgenommenen Bestände). Nach Daten von Hundt (1966).

auswaschung, aber auch die Verringerung der Wirtschaftsintensität wirken sich ungünstig auf die Konkurrenzkraft des Glatthafers und seiner Begleiter aus (s. Abb. 19–16). Statt ihrer treten genügsamere, im Tiefland von den hochstrebenden Arten bedrängte Arten hervor, beispielsweise *Trisetum flavescens*, *Poa chaixii* und andere Mittelgräser und Magerkeitszeiger wie *Festuca rubra*, *Agrostis capillaris*, *Hypericum maculatum*, sowie weitere Arten mit bodennahem Blattwerk.

Auf den nach Norden vorgeschobenen Bergen Mitteleuropas, z. B. am Vogelsberg und in der Rhön, kommt zwar der Glatthafer vereinzelt noch bis 600 m ü.NN. vor, doch wird die nach ihm benannte Assoziation bei schwacher Düngung bereits in 350–400 m Höhe durch Goldhaferwiesen abgelöst (Speidel 1972). Im gedüngten Grasland herrscht die Berg-Glatthaferwiese (**Alchemilla-Höhenform**, Dierschke 1997 a; andere Autoren beschreiben ein submontanes Poo-Trisetetum) bis in etwa 500 m Höhe (im Südschwarzwald auch bis 1000 m). In der darüberliegenden Stufe weicht sie der Storchschnabel-Goldhaferwiese (Geranio-Trisetetum, s. u. und Tab. 19–8). In den Alpen dagegen kann der Glatthafer stellenweise noch bis 1200 m ü.NN. dominieren, vor allem auf basenreichen Böden, und vereinzelt bis über 1500 m emporsteigen. Da auch andere Charakterarten der Tiefland-Glatthaferwiesen noch gelegentlich in die montane Stufe hineinreichen, sprechen Baeumer (1956) und Oberdorfer (1957 u. später) hier ebenfalls von Berg-Glatthaferwiesen („Arrhenatheretum montanum“, s. Abb. 19–16). Theurillat (1992 c) fasst solche Zwischentypen im Wallis bereits als Goldhaferwiesen (Anthrisco-Trisetetum) auf. In anderen Gebirgen herrschen intermediäre Verhältnisse, z. B. in den polnischen Westkarpaten. Hier gibt es montane Frischwiesen bis etwa 500–600 m ü.NN., die Kornas (1967) als Gladiolo-Agrostietum bezeichnete. Im Böhmischen Mittelgebirge reichen Arrhenathere-

Tab. 19–8 Klimadaten für gedüngte Frischwiesen in verschiedener Höhenlage. Nach Literaturangaben von Nordpolen bis Belgien und von der Slowakei bis zur Schweiz; vereinfacht nach Passarge (1969a).

Gesellschaft	Meereshöhe (ü.NN.)	Niederschlag (mm a^{-1})	Lufttemperatur-Mittel (°C) (Januar)	(Jahr)
Trisetetum				
Rumici-T. (hochmontan)	900 –1500	1240–1720	–6,7 bis –3,4	2,7–5,7
Geranio-T. (montan)	600 –1400	1100–1700	–3,8 bis –2,0	5,2–6,3
Poo-T. (submontan)	200[1]– 600	600–1050	–3,0 bis –0,4	6,3–7,0
Arrhenatheretum				
Alchemillo-A. (submontan-montan)	100[1]– 800	575– 900	–4,0 bis +1,7	5,5–8,7
Dauco-A. (planar-collin)	20 – 150	475– 650	–0,8 bis +0,3	8,6–9,4

[1] Tiefstwerte in Nordostpolen; sonst 400 (Poo-T.) bzw. 350 (Alchemillo-A.)

ten an Sonnhängen noch etwas höher hinauf (s. Abb. 19–15 oben).

19.3.2.2.2 Montane und subalpine Goldhaferwiesen

Erst in der oberen montanen Stufe findet man reine und typisch ausgebildete Goldhaferwiesen (Geranio-Trisetetum, s. Abb. 19–17 bis 19–19), wie sie insbesondere Marschall (1947) aus der Schweiz beschrieben hat. Von Norden nach Süden ansteigend findet der Übergang zur Goldhaferwiese bei 400–800 m ü.NN. statt. Diese Wiesen werden von den meisten Autoren einem eigenen Verband in der Ordnung Arrhenatheretalia, dem Polygono-Trisetion, zugerechnet (s. a. Dierschke 1981a).

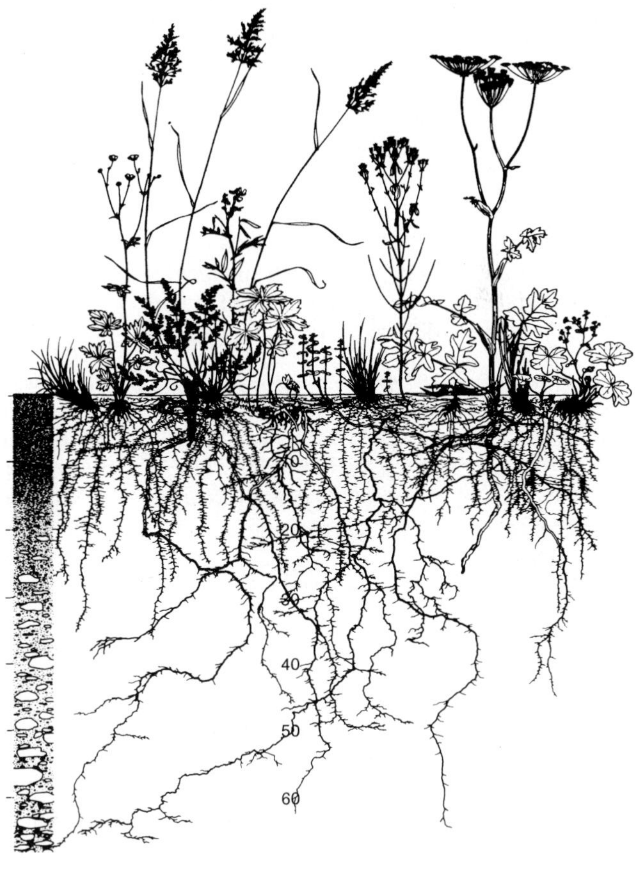

Abb. 19–17 Schnitt durch eine Goldhaferwiese (Trisetetum) im Unterharz, die aus einem Borstgrasrasen durch Düngung und zweimaligen Schnitt pro Jahr hervorging. Nach Hundt (1964).
Von links nach rechts: *Nardus stricta, Ranunculus acris, Meum athamanticum, Trisetum flavescens* (3 blühende Halme), *Lathyrus linifolius, Trollius europaeus, Hypericum maculatum, Festuca rubra, Hypericum perforatum, Heracleum sphondylium, Alchemilla vulgaris* coll.; Boden bis 68 cm Tiefe aufgeschlossen.

Abb. 19–18 Goldhaferwiese (Trisetetum) im Oberengadin kurz nach der Schneeschmelze im Frühjahr. *Crocus albiflorus* beginnt zu blühen. Er ist hier so häufig, dass Wühlmäuse seine Knollen zu Hunderten aus ihren Gängen entfernen, weil sie Hindernisse bilden und nicht genießbar sind.

Charakterarten der Goldhafer-Bergwiesen sind:

Alchemilla vulgaris agg.	*Narcissus radiiflorus*
Centaurea pseudophrygia	*Phyteuma nigrum*
Crepis mollis	*Pimpinella major* subsp. *rubra*
Crocus albiflorus	*Viola tricolor* subsp. *subalpina*

Neben diesen zeichnet sich die Goldhafer-Bergwiese durch zahlreiche relativ lichtbedürftige montane und subalpine Arten aus, die sie vom ARRHENATHERION differenzieren, namentlich durch:

Primula elatior (häufig!)	*Meum athamanticum*
Silene dioica (häufig)	*Phyteuma ovatum*
Astrantia major	*Phyteuma orbiculare*
Campanula scheuchzeri	*Poa chaixii*
Geranium sylvaticum	*Rumex alpestris* u. a.

Der Goldhafer (*Trisetum flavescens*) selbst kann dagegen weder als Charakter- noch als Differenzialart gelten, weil er in den Arrhenathereten der tieferen Lagen zu häufig vorkommt (s. Abb. 19–16; s. a. Baeumer 1956). Umstritten bleibt die soziologische Rolle des Schlangen-Knöterichs (*Polygonum bistorta*). Seiner Gesamtverbreitung nach ist er eine boreale und

Abb. 19–19 Narzissen (*Narcissus radiiflorus*) im Frühlingsaspekt einer frischen Goldhaferwiese unterhalb des Moleson in den Westschweizer Voralpen. Foto: Perrochet.

montane Art. Besonders in Norddeutschland, seltener in anderen Teilen Mitteleuropas, tritt er aber auch im Tiefland auf und ist dort in gedüngten Feuchtwiesen zu finden (Dierschke 1997 a), dort aber in starkem Rückgang begriffen. Im Gebirge hält er sich zwar nicht so streng an feuchte Standorte wie in der Ebene, fehlt aber doch in den bodentrockenen Ausbildungen der Goldhaferwiesen oder greift nur gelegentlich in sie über. Manche Arten, die für die luftfeuchte Krautschicht der Tieflagen-Buchenwälder kennzeichnend sind (z. B. *Anemone nemorosa*, *Luzula luzuloides* oder *Phyteuma spicatum*), treten in den montanen Wiesen aus dem Waldschatten, vermutlich weil die Verdunstungsbeanspruchung im feuchten Höhenklima geringer ist.

Auch mit anderen Grasland-Gesellschaften verzahnen sich die Goldhaferwiesen, zumal in höheren Berglagen das Relief oft sehr kleinräumig wechselt. Bei starker **Nährstoffzufuhr** gehen die Goldhaferwiesen in Hochstaudenfluren (s. Kap. 19.3.4) über, indem sie krautreicher werden. Ähnlich wie bei den Bärenklau-Glatthaferwiesen unterdrücken die großblättrigen Stauden den Gras-Jungwuchs und die Leguminosen, weil nicht genügend Licht auf den Boden fällt (s. Abb. 19–13). Manche Bergwiesen werden intensiv gedüngt, weil im rauen Bergklima eine längere Stallhaltung des Viehs mit hohem Heubedarf notwendig ist (Dierschke & Briemle 2002).

In den Silikatgebirgen, z. B. im Schwarzwald, findet man ungedüngte bärwurzreiche Bergwiesen, die von manchen Autoren als Meo-Festucetum abgetrennt werden. Hier gibt es auch alle denkbaren Übergänge zu den Borstgrasrasen. Je extensiver die Wirtschaft und je seltener die Düngung, desto mehr treten die genügsamen Partner der Nardeten an die Stelle der höher werdenden, aber auch anspruchsvolleren Arten der Triseteten. Intermediäre Artenkombinationen werden oft vom Roten Straußgras (*Agrostis capillaris*) oder vom Horstigen Rotschwingel (*Festuca nigrescens*) beherrscht. Solche Straußgras-Rotschwingelwiesen bedecken in manchen Berggegenden größere Flächen als die reinen Goldhaferwiesen und Borstgrasrasen zusammen. Im kalkreichen Hochgebirge kommt es nicht selten zu Durchdringungen zwischen Goldhaferwiesen und Blaugrashalden oder verwandten Gesellschaften. Da hier aber das Grünland meistens beweidet wird, sind Übergänge zu den Milchkrautweiden (s. Kap. 19.3.6) noch häufiger.

Dierschke & Briemle (2002) folgend lassen sich auch in den Gebirgs-Frischwiesen Untereinheiten differenzieren, die vor allem durch die Nährstoffversorgung und die Bodenazidität bestimmt werden:

a) **bodensaure Berg-Magerwiesen** mit *Arnica montana*, *Deschampsia flexuosa*, *Galium harcynicum*, *Nardus stricta*, *Veronica officinalis* u. a.;

b) **Berg-Magerwiesen mäßig basenreicher Böden** mit *Helictotrichon pratense*, *Pimpinella saxifraga*, *Primula veris*, *Sanguisorba minor* u. a.;

c) **Berg-Fettwiesen** mit *Alopecurus pratensis*, *Anthriscus sylvestris*, *Festuca pratensis*, *Heracleum sphondylium* u. a.;

d) **bodenfeuchte Bergwiesen** in Quellbereichen mit *Cirsium palustre*, *Geum rivale*, *Filipendula ulmaria* und anderen Nässezeigern.

In den Mittelgebirgs-Bergwiesen lässt sich in den westdeutschen und belgischen Gebirgen eine westliche *Phyteuma nigrum*-Rasse von einer *Centaurea pseudophrygia*-Rasse in den ostdeutschen Ländern und Tschechien unterscheiden (Dierschke & Briemle 2002). Kliment (1994) gibt eine Übersicht über die mesophilen Bergwiesen der Slowakei.

Gegenüber den alpinen Goldhaferwiesen (z. B. dem Astrantio-Trisetetum von Oberdorfer 1957, 1983) erscheinen die der Mittelgebirge artenärmer. Das geht besonders aus der Literaturübersicht von Hundt (1964, 1966) hervor, der die Wiesen des Thüringer Waldes und des Harzes bearbeitete (s. a. Hundt 1980, Bruelheide 1995, Waesch 2003; s. Abb. 19–17 u. 19–18). Ins Trisetetum der Alpen greifen nicht nur Arten des Verbandes Poion alpinae, sondern auch solche der subalpinen Borstgrasrasen über, z. B. *Crepis aurea*, *Phleum alpinum*, *Plantago alpina*, *Polygonum viviparum* und *Rumex alpestris*.

19.3.2.3 Ungedüngtes Grasland mittlerer Standorte

An Standorten mittlerer Beschaffenheit, insbesondere auf allen Böden von mäßiger Feuchtigkeit bis zu mäßiger Trockenheit, gibt es in der heutigen Kulturlandschaft Mitteleuropas kaum noch ein Stückchen ungedüngten Graslandes. Meistens treibt man an diesen Standorten Acker- oder Waldbau, denn auch für fast alle Feldfrüchte und Waldbäume sind sie besonders günstig. Wo man sie als Wiesen oder Weiden nutzt, düngt und pflegt man dieses so intensiv wie möglich. Infolgedessen sind wir heute kaum noch in der Lage, uns das Artengefüge **ungedüngter einschüriger Wiesen auf Böden von mittlerer Feuchtigkeit und mittlerer bis reicher Basenversorgung** vorzustellen. Sehr wahrscheinlich würde es sich um Gemische aus Arten der feuchten Streuwiesen (Molinion) und der Halbtrockenrasen (Mesobromion), teilweise wohl auch der bodensauren Borstgrasrasen (Violion caninae), handeln, wie sie uns hier und dort noch im Alpenvorland auf trockeneren Buckeln im Bereich von Pfeifengras-Streuwiesen begegnen.

Vegetationskundliche Analysen in seit Jahrzehnten ungedüngten und nur gelegentlich gemähten oder beweideten Grasländern, wie sie auf Truppenübungsplätzen oder Flugplätzen vorkommen (Glavac & Raus 1982, Manz 1997), lassen vermuten, dass sich relativ produktionsschwache, mesotraphente Magerwiesen vom Typ der **Rotschwingel-Straußgraswiese** (*Festuca rubra-Agrostis capillaris*-Ges.) ausbilden würden, wenn die Düngung in einer Glatthaferwiese langfristig unterbliebe. Wahrscheinlich würden die durch Düngung geförderten

Mittel- und Obergräser einschließlich des Glatthafers weitgehend ausfallen, und genügsame Untergräser wie *Festuca rubra*, *Agrostis capillaris* und *Poa pratensis* sowie niedrige Kräuter könnten sich ausbreiten. Dieser Rasen erinnert an die Wiesenrispen-Fazies der Glatthaferwiese (s. Abb. 19–13). Möglicherweise ist auch die *Festuca rubra-Meum*-Gesellschaft (Meo-Festucetum) der extensiven Magerwiesen montaner Mittelgebirgslagen ein ungedüngter Urtyp des Geranio-Trisetetum (Bartsch & Bartsch 1940, Diersche & Briemle 2002).

19.3.3 Feuchtwiesen

Zwischen den Glatthafer- und Goldhaferwiesen auf der einen Seite, und den Groß- und Kleinseggenrieden auf der anderen Seite sind Feuchtwiesen auf grundwasser- oder stauwasserbeeinflussten Böden verbreitet (s. Abb. 19–11). Als Ersatzgesellschaften von Auen- und Bruchwäldern entstanden diese produktiven Wiesen-Gesellschaften wahrscheinlich schon frühzeitig seit der Bronzezeit in den Flusstälern (Küster 1995), da diese Standorte für eine Beweidung und Beackerung zu feucht waren. Zu den Feuchtwiesen gehören Vegetationstypen, die sich hinsichtlich Bodenfeuchte, Azidität und Nährstoffregime erheblich unterscheiden. An von Natur aus meso- bis eutrophen oder aber gedüngten Standorten wachsen Gesellschaften des Calthion (Sumpfdotterblumenwiesen) und des Cnidion (Stromtalwiesen), auf nährstoffärmeren Feuchtböden, deren Wiesen nur spät im Herbst gemäht werden, solche des Molinion (Pfeifengraswiesen). Der Verband Filipendulion (Hochstaudenfluren) umfasst krautreiche, nur selten gemähte Feuchtwiesenbestände.

19.3.3.1 Feuchtwiesen meso- bis eutropher Standorte

19.3.3.1.1 Kohldistelwiesen und andere Futterwiesen basenreicher Nassböden

Die **Feuchtwiesen nährstoffreicher Standorte** werden im Verband Calthion palustris zusammengefasst, dessen Bezeichnung nicht befriedigt, weil die Sumpfdotterblume ihm keineswegs treu ist. Aber auch sonst besitzt der Verband der gut ernährten Feuchtwiesen kaum durchgehende Charakterarten. Allenfalls kann man die in Tabelle 19–7 genannten als solche ansehen. Am besten lässt sich das Calthion negativ kennzeichnen, nämlich durch das Fehlen der Arrhenatherion- bzw. Trisetion-Arten einerseits und der Molinion-Arten (s. Kap. 19.3.3.2 b) andererseits (s. a. Burkart et al. 2004). Viele der zu ihm gestellten Gesellschaften zeichnen sich durch floristische Anklänge an die Klein- oder Großseggenriede aus, mit denen sie oft ein standortbedingtes Mosaik bilden (s. a. Kap. 9).

Gemeinsam mit einem Grundstock von allgemein verbreiteten Wiesenpflanzen (den Klassen-Kennarten, s. Tab. 19–7) gedeihen in den Feuchtwiesen zahlreiche Helophyten, insbesondere die ebenfalls in Tabelle 19–7 aufgeführten Kennarten der Ordnung Molinietalia. Anders als in Kleinseggenrieden sind die Böden dauerfeucht, aber nicht monatelang wassergesättigt, also anoxisch. Je nach dem Basenreichtum des Bodens und der Wasserführung sowie nach den Klimabedingungen treten verschiedene Assoziations-Kennarten hervor. Auch die Bewirtschaftungsweise hat einen großen Einfluss auf die Artenkombination; daher ist der Calthion-Verband besonders reich an Gesellschaften (Havlová et al. 2004).

In Mitteleuropa weit verbreitet ist der Typus der **Kohldistelwiese** (Angelico-Cirsietum oleracei, s. Meisel 1969 b; s. Abb. 19–20 u. 19–21). Sie bevorzugt relativ basenreiche mineralische Nassböden oder entwässerte Torfböden mit Grundwasserabständen von 30–60 cm (minimal 140 cm). Bei zweischüriger Nutzung und gelegentlicher Düngung ist sie ziemlich reich an Gräsern, namentlich an *Alopecurus pratensis*, *Festuca pratensis*, *Holcus lanatus* und *Poa trivialis*. Im Nährstoffhaushalt, insbesondere im Stickstoffangebot, stehen die Kohldistelwiesen den Glatthaferwiesen nahe (Williams 1968).

Noch nassere Wiesen, z. B. das Schlankseggenried (Caricetum gracilis), sind aufgrund zunehmender Denitrifikation stets relativ schlecht mit Stickstoff versorgt (Kovacs 1964, León 1968), und die nasseste Ausbildung des Angelico-Cirsietum, die Seggen-Kohldistelwiese (Angelico-Cirsietum caricetosum) mit oberflächennahen Grundwasserständen, tendiert in diese Richtung. In diesen Wiesen können *Phalaris arundinacea* und *Glyceria maxima* Dominanzbestände ausbilden, mancherorts auch *Carex disticha*. Umgekehrt vermittelt die Bärenklau-Kohldistelwiese (Angelico-Cirsietum heracleetosum) zum Arrhenatheretum. Die

Abb. 19–20 Schnitt durch eine nasse Kohldistelwiese *(Cirsium oleraceum-Polygonum bistorta-Ass., Subass. von Carex acutiformis)* auf Vorschüttsanden südlich des Fläming. Nach Hundt (1958).
Von links nach rechts: *Cirsium oleraceum, Carex acutiformis, Cirsium palustre, Lotus uliginosus, Holcus lanatus, Galium palustre, Filipendula ulmaria* (Blatt), *C. o., H. l. C. a., Geum rivale* (Blätter), *Angelica sylvestris, Ranunculus acris, Poa trivialis.* Boden bis 70 cm Tiefe aufgeschlossen.

Letztgenannte ist auch hinsichtlich der Erträge die wertvollste.

Mit steigender Höhe über dem Meeresspiegel geht die Kohldistelwiese im östlichen und südlichen Mitteleuropa auf kalkreichen Böden in die von Oberdorfer et al. (1983) beschriebene Trollblumen-Bachdistelwiese (Cirsietum rivularis, s. a. Abb. 19–22) über, in Süddeutschland etwa ab 700 m Höhe. Diese gemäßigt-kontinentale Gesellschaft lässt sich ebenfalls in mehrere Untereinheiten gliedern und tritt mit den verschiedensten anderen Grasland-Gesellschaften in Kontakt.

Im Osten und Südosten Mitteleuropas spielt die Rasenschmiele (*Deschampsia cespitosa*) in bodenfeuchten Futterwiesen eine so auffallend große Rolle, dass diese auch in den Namen der dort verbreiteten CALTHION-Gesellschaften anklingt, z. B. im Stellario-Deschampsietum bei Warschau (nach Traczyk 1968) und im Deschampsietum bzw. Cirsietum rivularis deschampsietosum (nach Spanikova 1971; s. a. Abb. 19–23). Zumindest teilweise verdankt die Rasenschmiele ihre Vorherrschaft dem Weidevieh, das hier nach dem Schnitt auf die Wiesen getrieben wird und dieses harte Gras verschmäht. Traczyk (1968) stellte fest, dass in Rasenschmielen-Feuchtwiesen der Anteil toten Pflanzenmaterials am Bestand im Vergleich zu anderen Wiesen ungewöhnlich groß ist, wozu nicht nur das herrschende Gras, sondern auch Seggen wie *Carex nigra* und *C. panicea* beitragen. Bei besserer Düngung und mehrmaliger Mahd gehen solche Wiesen auch in Mittel- und

Abb. 19–21 Doldenaspekt einer mäßig gedüngten Kohldistelwiese bei Amelinghausen vor dem zweiten Schnitt. *Angelica sylvestris* herrscht vor; vorn links Blätter von *Filipendula ulmaria.*

Südpolen in Kohldistelwiesen über. Vielfältige Übergänge zwischen Rasenschmielen- und Kohldistelwiesen gab und gibt es z. T. auch heute noch im Spreewald (Müller-Stoll et al. 1992).

19.3.3.1.2 Feuchtwiesen basenarmer Nassböden

Gedüngte Wiesen basenarmer Standorte gibt es sowohl in den Silikatgebirgen als auch im sandigen Tiefland in so großer Mannigfaltigkeit, dass wir hier nur einige Beispiele nennen können. Die meisten von ihnen sind erst im Laufe der letzten 100 Jahre aus Pfeifengras-Streuwiesen hervorgegangen. Andere entstanden durch Entwässerung von Groß- oder Kleinseggensümpfen. Nur an wenigen, sehr eng begrenzten Orten, z. B. an Quellaustritten, könnten sich

Abb. 19–22 Schnitt durch eine *Trollius europaeus-Polygonum bistorta-Wiese* im Südostharz. Dargestellt ist ein überwiegend vegetativer Frühsommeraspekt; Gräser treten später hervor. Nach Hundt (1964).
Von links nach rechts: *Trollius, Polygonum, Filipendula ulmaria, Trisetum flavescens* (Halm mit Knospen), *Anthriscus sylvestris, Alchemilla vulgaris* coll., *Cirsium palustre, Heracleum sphondylium.* Boden 70 cm tief aufgeschlossen.

Abb. 19–23 (rechts). Verteilung der Wiesen-Gesellschaften nach Höhenlage und Exposition im böhmischen Bergland. Nach Moravec (1965), etwas verändert. In ähnlicher Weise sind auch im Bergland des westlichen Mitteleuropa Glatthaferwiese, Goldhaferwiese und Rotstraußgraswiese verteilt. Nur liegen hier die Untergrenzen der montanen Wiesen oft höher über dem Meeresspiegel.

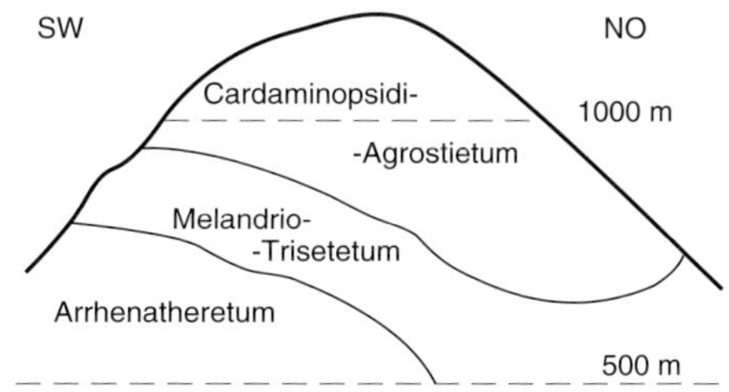

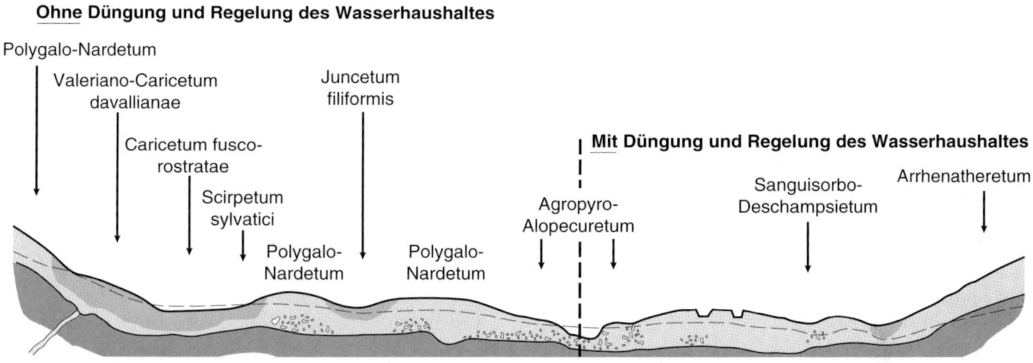

Abb. 19–23 (unten). Anordnung der Wiesen-Gesellschaften in einer böhmischen Flussaue bei extensiver Beweidung (links) und bei regelmäßiger Düngung und Mahd nach Entwässerung (rechts), schematisch. Nach Moravec (1965), verändert.

Fast alle Gesellschaften kommen oder kamen auch im südwestlichen Mitteleuropa unter ähnlichen Standortverhältnissen vor. Statt der Rasenschmielenwiese (Sanguisorbo-Deschampsietum) würde hier eine Kohldistelwiese (Polygono-Cirsietum) oder eine bodenfeuchte Glatthaferwiese herrschen.

vielleicht auch in der Naturlandschaft wiesenartige Kraut- und Sauergrasfluren ausbilden, die diesen Gesellschaften nahestehen (s. Kap. 10).

Die bodensauren Feuchtwiesen sind teilweise recht artenarm. Im nordwestdeutschen Tiefland vom Münsterland bis nach Schleswig-Holstein war vor allem die **Wassergreiskrautwiese** (Bromo-Senecionetum aquaticae) ausgebildet. Als deren einzige Charakterart kommt nach Tüxen & Preising (1951) *Senecio aquaticus* infrage. Wie Meisel (1969b) betont, fehlt die unglücklicherweise noch immer im Namen verwendete Traubentrespe den eigentlichen Nasswiesen. Wassergreiskrautwiesen erinnern in mancher Hinsicht an Rasenschmielenwiesen und nehmen wie diese eine schwer abgrenzbare Mittelstellung zwischen Kohldistel- und Pfeifengraswiesen ein. Ihre örtliche Untergliederung in eine relativ bodentrockene, eine „typische" und eine bodennasse Subassoziation bereitet dagegen keine Schwierigkeit (s. Burkart et al. 2004). Wie aus Tabelle 19–7 hervorgeht, unterscheiden sich diese Einheiten auf Böden von gleicher Textur stets in den Abständen des Grundwasserspiegels von der Oberfläche. Die Schwankungen der Bodenfeuchtigkeit im Jahreslauf und mit der jeweiligen Witterung sind bei allen Untergesellschaften beträchtlich. Seit etwa 20 bis 40 Jahren verlieren die einst häufigen Wassergreiskrautwiesen Nordwestdeutschlands zunehmend rasch ihren Charakter durch starke Düngerzufuhr und häufigeren Schnitt (Schrautzer & Wiebe 1993). Sie werden bald nur noch in wenigen Schutzgebieten vorhanden sein (Preising et al. 1997). In den Talauen saurer, subatlantischer Mittelgebirge kommt das Bromo-Senecionetum kleinflächig in etwas abgewandelter Ausprägung vor (Bergmeier et al. 1984, Schwabe 1987).

19.3.3.1.3 Extensiv genutzte Stromtalwiesen

Stärkere Wasserstands-Schwankungen als die meisten übrigen Feuchtwiesen der Ordnung Molinietalia müssen die im Osten Mitteleuropas vorkommenden ein- bis zweischürigen **Brenndoldenwiesen** (Verband Cnidion) ertragen. Im Gegensatz zu den vom Menschen gedüngten CALTHION-Wiesen handelt es sich um „naturgedüngte" artenreiche Formationen. Der für sie entscheidende Faktor ist **sinkstoffreiches Hochwasser**, das ihnen in den großen Stromtälern alljährlich mehrmals Nährstoffe und Feuchtigkeit zuführt. Als für den Verband charakteristisch nennt Balátová-Tuláčková (1969) Arten, von denen die meisten kontinentale Arealschwerpunkte haben:

Cnidium dubium (K 6)	*Juncus atratus* (K 8)
Allium angulosum (K 7)	*Leucojum aestivum* (K 4)
Carex praecox var. *suzae* (K 7)	*Lythrum virgatum* (K 8?)
Gratiola officinalis (K 5)	*Oenanthe silaifolia* (K 5).

Für Deutschland nennen Burkart et al. (2004) als Trennarten u. a. *Elymus repens*, *Poa palustris*, *Potentilla reptans* und *Symphytum officinale*. Da die Wiesen wegen Überflutung oft erst spät gemäht werden, weisen sie außerdem floristische Gemeinsamkeiten mit den Pfeifengraswiesen (s. Kap. 19.3.3.2 a) auf. Nach Balátová-Tuláčková (1969) kommen in Ostdeutschland, Südmähren, Österreich und Nordostkroatien verschiedene Assoziationen vor. Die Brenndoldenwiesen Ostdeutschlands und Polens fasst Burkart (1998) als Cnidio-Deschampsietum zusammen. In den Stromtälern der mittleren Elbe und des mittleren Oberrheins kommt in nassen Mulden das Cnidio-Violetum mit Charakterarten wie *Viola persicifolia*, *Cnidium dubium*, *Lathyrus palustris* und *Gratiola officinalis* vor (Philippi 1960, Walther 1977). Die Sanguisorba officinalis-Silaum silaus-Gesellschaft tritt in Talauen mit mäßiger Nährstoffversorgung in Süd- und Mitteldeutschland auf, besitzt aber im Gegensatz zu den Brenndoldenwiesen eine eher subatlantische Verbreitung (Thomas 1990, Dierschke & Briemle 2002, Hundt 2007).

Hinsichtlich der Nährstoffversorgung steht das CNIDION zweifellos zwischen dem meist von Düngerzufuhr abhängigen CALTHION und dem bei Nährstoffzufuhr entartenden MOLINION. Alle CNIDION-Gesellschaften sind wie die Molinieten **gegenüber Düngung empfindlich**, die produktivere Arten des CALTHION fördert.

19.3.3.2 Feuchtwiesen oligo- bis mesotropher Standorte

19.3.3.2.1 Pfeifengras-Streuwiesen

Pfeifengraswiesen des Verbandes MOLINION gehören neben den Trockenrasen der Klasse FESTUCO-BROMETEA mit bis zu 80 Arten pro 20 m² zu den artenreichsten und buntesten Grasland-Ökosystemen Mitteleuropas (s. Abb. 19–24). Sie besiedeln feuchte Böden mit **relativ schlechter Stickstoffversorgung**. Im Vergleich zum CALTHION sind bei den MOLINION-Kennarten niedrigere Blattgehalte an N, P und K kennzeichnend (Balátová-Tuláčková 1993). Standörtlich stehen sie damit zwischen mageren Frischwiesen und Kleinseggenrieden. Ihre Entstehung ist in der Regel an **extensive Mahd** im jährlichen oder gar zweijährlichen Rhythmus bei ausbleibender Düngung gebunden. Das namengebende Pfeifengras (*Molinia*

Abb. 19–24 Etwas schematisierter Schnitt durch eine Kalk-Pfeifengraswiese im Schweizerischen Mittelland. Nach M.Mayer (1939). Von links nach rechts: *Serratula tinctoria, Carex panicea, Molinia caerulea, Selinum carvifolia, Potentilla erecta, Gentiana pneumonanthe, M.c., Thalictrum flavum, M.c., Sanguisorba officinalis* (Blatt), *Succisa pratensis, Allium angulosum, Epipactis palustris, Iris sibirica, M.c.* Dargestellte Bodentiefe etwa 10 cm; die Wurzeln sind nur angedeutet, sie reichen mehrere Dezimeter tief hinab.

caerulea) sowie dessen großblütigere und höherwüchsige Schwesterart *M. arundinacea* sind in den von ihnen charakterisierten Feuchtwiesen verbreitet, aber nicht auf diese beschränkt. Sie kommen nämlich auch in Niedermooren, Bruchwäldern, Feuchtheiden und Borstgrasrasen vor. Pfeifengraswiesen sind empfindlich gegenüber Düngung, in deren Folge die Artenzahlen stark abnehmen und die meisten Kennarten verschwinden.

Nach Dierschke & Briemle (2002) bildeten sich manche dieser Wiesen auf nährstoffarmen Gley- und Anmoorböden bereits frühzeitig als Folge extensiver Mahdregime aus. Die überwiegende Mehrzahl entstand jedoch nach Konold & Hackel (1990) auch im Alpenvorland, wo Streuwiesen einst die größten Flächen einnahmen, erst vor weniger als 200 Jahren. Als hier zu Anfang des 19. Jahrhunderts ganzjährige Stallfütterung des Rindviehs allgemein üblich wurde, drohte das Streurechen im Wald zur nicht mehr duldbaren Schädigung zu werden. Deshalb verwandelte man vor allem Feuchtwiesen in **Streulieferanten**, ja legte solche eigens an, zumal Grasstreu nährstoffreicheren Mist ergab als Waldstreu. Erst im 20. Jahrhundert bevorzugte man Getreidestroh, das ja aufgrund der Mineraldüngung immer reichlicher anfiel. Infolgedessen wurden Streuwiesen in Mitteleuropa von Jahr zu Jahr seltener und sind heute fast nur noch im Alpenvorland sowie in den randlichen Teilen der Alpen anzutreffen. Aber auch hier nimmt ihr Areal zusehends ab, seit man in den modernen Grünlandbetrieben das Vieh ohne Streu aufstallt.

Gewöhnlich werden Pfeifengraswiesen **erst gegen Ende der Vegetationsperiode gemäht**, wenn die Pflanzen vergilbt und strohig, d. h. rohfaserreich geworden sind. Viele Arten sind an die Herbstmahd durch späte Blüte angepasst, so *Serratula tinctoria*, *Selinum carvifolia*, *Succisa pratensis* u. a. In manchen Regionen (z. B. im Südschwarzwald und in Hessen) gibt es aber auch Molinieten mit ein- bis zweimaliger Heumahd (Bergmeier 1990, Nowak & Schulz 2003), die früher häufig mit Wässerwiesen-Wirtschaft verbunden war (s. Kap. 19.7.2).

Pfeifengrasreiche Feuchtwiesen existieren **sowohl auf basenreichen als auch auf basenarmen, sauren Böden**, weil sich beide *Molinia*-Arten gegenüber der Bodenazidität und dem Basenreichtum weitgehend indifferent verhalten (Balátová-Tuláčková 1968, 1972). *Molinia* ist nach Grabherr (1942 b) lediglich an sehr humusreiche bis anmoorige Böden gebunden. Das Gras wird durch Düngung zwar gefördert, aber durch andere, schnellwüchsigere Poaceen bald überwachsen; daher erreichen beide *Molinia*-Arten hohe Deckungswerte nur an stickstoffarmen Standorten. Gegen frühe Mahd ist die Art empfindlich, weil Reservestoffe erst spät im Sommer in die überdauernden Organe verlagert werden, ebenso gegen lang andauernde Überschwemmungen.

Schon frühzeitig haben Pflanzensoziologen sogenannte basikline und azidokline Molinieten unterschieden (Tüxen & Preising 1951), in denen entweder calcicole oder calcifuge Arten vorherrschen. Artenreich sind aber nur Erstere, die **Kalk-Pfeifengraswiesen**, d. h. die „echten" mitteleuropäischen Molinieten (s. Tab. 19–9), in denen als Verbands-Kennarten u. a. *Serratula tinctoria*, *Cirsium tuberosum*, *Dianthus superbus*, *Betonica officinalis*, *Silaum silaus* und *Carex tomentosa* auftreten. Zu diesen Gesellschaften zählt die „reine Pfeifengraswiese" (Molinietum caeruleae), die in reicher Differenzierung vor allem im Bodenseegebiet und Südbayern auf basenreichen Niedermoorböden ehemals eine weite Verbreitung erreichte und bis in die nördlichen Mittelgebirge ausstrahlte (Philippi 1960, Buchwald 1996, Nowak & Schulz 2003). Unter den zahlreichen Assoziationen der basischen Pfeifengraswiesen seien außerdem die Knollendistel-Pfeifengraswiese (Cirsio tuberosi-Molinietum arundinaceae) und die Duftlauch-Pfeifengraswiese (Allio suaveolentis-Molinietum) mit überwiegend präalpiner Verbreitung (vgl. Oberdorfer 1983, Pott 1995) sowie im pannonischen Raum die Blaugras-Pfeifengraswiese (Succiso-Molinietum) genannt (Wagner 1950 b).

Bodensaure (azidokline) Pfeifengraswiesen sind als Ersatzgesellschaften von Birkenbrüchen und bodenfeuchten Birken-Eichenwäldern entstanden. Sie sind vergleichsweise artenarm und werden meist der Binsen-Pfeifengraswiese (Junco-Molinietum oder *Juncus conglomeratus-Succisa pratensis*-Ges.) zugeordnet (s. Abb. 19–25). Weil ihnen viele oder alle Kennarten des MOLINION-Verbandes fehlen, ist ihre synsystematische Stellung umstritten. Manche Bestände lassen sich eher dem CALTHION (Burkart et al. 2004), solche mit Magerkeitszeigern wie *Nardus* oder *Danthonia* eher den Borst-

Tab. 19–9 Kalk- und Sauerboden-Pfeifengraswiesen an nassen bis trockenen Standorten. Nach Aufnahmen von Philippi (1960) und Passarge (1956b).

	Gebiet: A = Oberrhein	A			B		
	B = Spreewald Nr.:	1	2	3	1	2	3
O	*Silaum silaus*	5	5	5			
	Sanguisorba officinalis	5	5	4			
	Centaurea jacea	5	4	5			
O	*Selinum carvifolia*	4	5	4			
V	*Betonica officinalis*	4	4	4			
V	*Galium boreale*	4	4	4			
A	*Cirsium tuberosum*	4	3	5			
V	*Serratula tinctoria*	4	3	4			
	Galium verum	4	2	4			
	Lathyrus pratensis	4	3	3			
	Lotus corniculatus	3	3	5			
O	*Carex tomentosa*	2	3	4			
V	*Inula salicina*	2	4	2			
V	*Tetragonolobus maritimus*	2	1	5			
	Dactylis glomerata	2	1	4			
	Ononis spinosa	2	1	4			
A	*Dianthus superbus*	3	1	1			
A	*Filipendula vulgaris*		1	3			
	Juncus subnodulosus	2	3	2			
O	*Equisetum palustre*	2	2	2			
	Carex flacca	1		3			
V	*Allium angulosum*	2	1	1			
	Molinia caerulea	**5**	**5**	**5**	**5**	**5**	**5**
O	*Succisa pratensis*	5	4	3	5	5	5
	Deschampsia cespitosa	5	3	3	4	5	4
	Potentilla erecta	4	3	4	3	5	5
	Danthonia decumbens	2	3	3	3	4	5
	Poa pratensis	1	3	2	4	5	4
	Anthoxanthum odoratum	1	2	2	1	4	1
	Holcus lanatus	3	3	3		5	5
	Plantago lanceolata	2	2	4		4	5
	Festuca rubra	3	4		1	4	2
	Briza media	4	2	5		2	3
	Agostis stolonifera	5	2	4	3	2	
	Ranunculus acris	3		5	2	5	3
	Prunella vulgaris	3		3	1	4	2
	Leontodon hispidus	2		3	3	4	1
	Filipendula ulmaria	4	1		3	5	2
O	*Linum catharticum*	1	2	5	4	2	
	Vicia cracca	2	1	3		1	2
	Lysimachia vulgaris	5	3	3	1	1	
	Symphytum officinale	3	3		3		1

	Gebiet: A = Oberrhein	A			B		
	B = Spreewald Nr.:	1	2	3	1	2	3
	Symphytum officinale	3	3		3		1
	Achillea millefolium	2		3			3
O	*Achillea ptarmica*	1	1		2	4	5
	Thalictrum flavum	2	1		4	1	
	Valeriana dioica	1		1		4	1
V	*Gentiana pneumonanthe*	2		1		1	
	Cerastium fontanum holost.			1		2	2
B?	*Viola persicifolia*				5	5	4
O	*Galium uliginosum*				4	5	4
	Luzula multiflora	1			2	5	5
B	*Ophioglossum vulgatum*				1	4	3
	Rumex acetosa				1	5	5
B	*Salix repens*				3	2	1
	Cardamine pratensis				4	2	1
O	*Cirsium palustre*				3	2	2
	Potentilla anserina				2	3	2
	Taraxacum officinale				3	2	1
B	*Inula britannica*				1	1	2
	Leontodon saxatilis				1	1	2
	Lotus uliginosus				1	4	
	Carex pallescens					2	5
	Campanula patula					2	3
	Nässezeiger:[1]						
	Mentha aquatica	3			5		
	Caltha palustris	2			4		
	Lythrum salicaria	3		1	1	1	
	Phragmites australis	4	4	3	1		
	Carex panicea	4		1	**5**	4	5
	Carex acutiformis	1		1	4		1
	Hydrocotyle vulgaris				**3**	3	1
	Galium palustre				5		
	Potentilla palustris				4		
	Ranunculus flammula				4		
	Phalaris arundinacea				4		
	Iris pseudacorus				4		
	Ranunculus repens				5	3	
	Trockenheits- und Hungerzeiger:[2]						
	Bromus erectus			**5**			
	Koeleria pyramidata			5			
	Brachypodium pinnatum			5			
	Plantago media			3			
	Trifolium montanum			3			

Gebiet: A = Oberrhein B = Spreewald Nr.:	A 1	A 2	A 3	B 1	B 2	B 3	Gebiet: A = Oberrhein B = Spreewald Nr.:	A 1	A 2	A 3	B 1	B 2	B 3
Pimpinella saxifraga			3				*Dianthus deltoides*						5
Festuca ovina coll.			4		2	2	*Viola canina*						5
Nardus stricta					4	5	*Calluna vulgaris*						5
Polygala vulgaris					3	4	*Hypericum perforatum*						5
Hypochoeris radicata					3	3	*Carex pilulifera*						3
Agrostis tenuis						5	*Armeria maritima*						3

[1] in Nr. B 1 außerdem mit 3: *Juncus effusus*, *Carex vesicaria*, *Lycopus europaeus* und *Stellaria palustris*.
[2] in Nr. A 3 außerdem mit 3: *Phyteuma tenerum*.
Arten, die in keiner Einheit mehr als Stetigkeit 2 erreichen, wurden großenteils weggelassen.

Bedeutung der Buchstaben vor den Artnamen:
A = Charakterart der Einheit A
B = Charakterart der Einheit B
V = Verbands-Charakterart des Molinion (Pfeifengraswiesen)
O = Ordnungs-Charakterart der Molinietalia (Feuchtwiesen)

A: **Kalk-Pfeifengraswiesen** (Molinietum medioeuropaeum) der südlichen Oberrheinebene, nach Philippi (1960, Tab. 1),
Nr. 1: nasse Variante der typischen Subassoziation,
Nr. 2: typische Variante der typischen Subassoziation,
Nr. 3: mäßig trockene (*Brachypodium*-)Variante der Subassoziation von *Bromus erectus*.

B: **Bodensaure Pfeifengraswiesen** (*Viola persicifolia-Molinia caerulea-Ass.*) des Lübbenauer Spreewalds, nach Passarge (1956b, Tab. XII),
Nr. 1: typische Variante der Subass. von *Potentilla palustris* (nass),
Nr. 2: typische Variante der typischen Subassoziation,
Nr. 3: mäßig trockene (*Calluna*-)Variante der Subass. von *Dianthus deltoides*.

grasrasen (Violion caninae) zuordnen (Nowak & Schulz 2003).

Sowohl bei den kalkreichen als auch bei den bodensauren Pfeifengraswiesen kann man eine Reihe von Subassoziationen unterscheiden, die den Feuchtigkeitsgrad der Böden widerspiegeln. Die typischen (z. B. A 2 und B 2 in Tab. 19–9) haben keine besonderen Differenzialarten. In den relativ bodennassen Untergesellschaften (A 1 und B 1) zeigen sich auf kalkreichem und kalkarmem Substrat teilweise dieselben Sumpfpflanzen. Wie nicht anders zu erwarten, weichen die bodentrockeneren Subassoziationen (A 3 und B 3) am meisten voneinander ab. Die trockene Kalk-Pfeifengraswiese hat manche Arten mit Kalk-Halbtrockenrasen gemeinsam und ist besonders artenreich.

Die in Tabelle 19–9 wiedergegebenen Listen stellen extreme Beispiele von Kalk- und

Abb. 19–25 Binsen-Pfeifengraswiese (Junco-Molinietum) auf nassem, saurem Boden in Böhmen mit *Succisa pratensis*, *Juncus effusus*, *Mentha arvensis* und *Ranunculus repens* (vorn). Foto: Iltis-Schulz.

Sauerboden-Pfeifengraswiesen dar. Beide Typen können einander auch durchdringen. Wie schon Wagner (1950b) betonte, kann man die Pfeifengraswiesen nicht in ganz Mitteleuropa in derselben Weise gliedern, wie es Koch (1926) in seiner Erstbeschreibung für die Nordostschweiz tat. Das zeigte sich besonders bei der monografischen Bearbeitung kleiner Gebiete, wie sie Korneck (1962/63), Rodi (1963), Fritsch (1962), Braun (1983) u. a. vornahmen.

19.3.3.2.2 Binsen- und Simsen-Quellsumpfwiesen

Quellige, dauernd durchfeuchtete Stellen heben sich von den sie umgebenden Feuchtwiesen häufig durch die dunkelgrüne Farbe ihres Pflanzenbestandes ab. Hier herrschen rasenbildende Binsenarten, und zwar bei Kalkreichtum *Juncus subnodulosus* und bei Kalkarmut der im Habitus recht ähnliche *Juncus acutiflorus*. Die Knotenbinsenwiese und die Spitzblütenbinsenwiese wurden früher an die Kleinseggenriede angeschlossen und für waldfeindliches Naturgrünland gehalten. Oberdorfer (1957 und später) betont aber mit Recht, dass es sich meistens um Mähwiesen handle, die floristisch eher zu den MOLINIETALIA gehören. Das Juncetum subnodulosi stellte er sogar zum CALTHION-Verband. Es ist auf mergeligen Böden des Alpenvorlandes noch recht häufig. Während hier die Charakterarten der MOLINIETALIA nur spärlich und kümmerlich vertreten sind, enthält es stets mehrere Arten der Kalk-Kleinseggenrasen und leitet oft zu Quellried-Kalkflachmooren über (s. Kap. 10.3.5). Nasswiesen mit *Juncus acutiflorus* (Crepido-Juncetum acutiflori) gehören nach Burkart et al. (2004) ebenfalls zum CALTHION (vgl. aber Oberdorfer 1957). Sie sind in den subozeanischen Mittelgebirgen auf basenarmen Gesteinen und bis ins norddeutsche Tiefland weit, wenn auch meist nur kleinflächig verbreitet.

Beide Binsen-Quellwiesen degenerieren sehr rasch, wenn sie nicht mehr regelmäßig geschnitten werden, indem sich die Binsen zu ungunsten anderer Wiesenpflanzen stark ausdehnen. Ähnliches gilt für die oft sehr artenarmen Waldsimsen-Quellwiesen (Scirpetum sylvatici). Im Aussehen erinnern sie an Großseggenriede; doch gehören sie im Artengefüge eher zu den Sumpfdotterblumen-Wiesen (CALTHION), die brachgefallen sind. Sie deuten auf kalkarmes, aber relativ nährstoffreiches Wasser hin (Yerly 1970, Balátová-Tuláčková et al. 1977, Amani 1980; s. Abb. 19–23).

19.3.4 Mädesüß-Uferfluren und ähnliche Hochstauden-Gesellschaften

Manche Partner der Pfeifengras- und Sumpfdotterblumen-Wiesen, namentlich großblättrige und hochwüchsige Kräuter wie *Filipendula ulmaria*, *Lysimachia vulgaris*, *Lythrum salicaria* oder *Thalictrum flavum*, ähneln den nitrophilen Arten der Gewässerufer, Gebüschsäume und Waldlichtungs-Krautfluren und wachsen bei guter Stickstoffversorgung auffallend üppig. Deshalb findet man sie in den gedüngten Feuchtwiesen (CALTHION) häufiger als in MOLINION-Wiesen (s. Abb. 19–26 u. Kap. 19.6.3). Diese, vom Mädesüß (*Filipendula ulmaria*) gekenn-

Abb. 19–26 Etwas schematisierter Schnitt durch eine Mädesüß-Uferflur im Schweizerischen Mittelland. Nach M. Mayer (1939).
Von links nach rechts: *Carex acuta, Phalaris arundinacea* (oben abgeschnitten), *Carex acutiformis, Geranium palustre, Equisetum palustre, Filipendula ulmaria* mit *Calystegia sepium* (Liane), *Caltha palustris, Galium mollugo, Colchicum autumnale, G. m., Car. gr.* Bodenaufschluss bis 15 cm Tiefe, Wurzeln großenteils weggelassen.

zeichneten Fluren werden meist in einem eigenen Verband (FILIPENDULION) oder gar einer eigenen Klasse von den Feuchtwiesen des CALTHION, MOLINION und CNIDION abgetrennt (Preising et al. 1997, Burkart et al. 2004).

Besonders nährstoffreich sind die Ränder von kleinen Bächen oder Wiesengräben, die durch den schlammigen Aushub beim Reinigen immer wieder, wenn auch unbeabsichtigt, „gedüngt" werden. Hier gelangt *Filipendula* zur Vorherrschaft, vorausgesetzt, dass man diese Mädesüßflur nur selten mäht. Ihre Artenkombination (mit dem Sumpfstorchschnabel: Filipendulo-Geranietum, mit dem kriechenden Baldrian: Valeriano-Filipenduletum) verbindet sie mit den Feuchtwiesen, doch stellt man diese Hochstaudenbestände wohl besser in einen eigenen Verband, das FILIPENDULION (s. Meisel 1969 b), zumal sie keine eigentliche Wiese darstellen und ihren Charakter durch Mähen verlieren. Physiognomisch erinnern sie durch ihren kräftigen Wuchs und ihre Blüten eher an die Hochstaudenfluren des Gebirges (s. Abb. 13–40). Balátová-Tulácková (1979 a) unterschied für Böhmen je nach Höhenlage und anderen Standortsgegebenheiten mehrere *Filipendula*-Gesellschaften (s. a. Dierschke 1996).

Seine heutige Verbreitung erlangte das Filipendulo-Geranietum zwar erst durch die Wiesenwirtschaft früherer Jahrhunderte. Doch kann man sich vorstellen, dass es Mädesüß-Bachuferfluren hier und dort bereits vor dem Eingreifen des Menschen in Mitteleuropa gegeben hat, etwa an Bächen im Bereich von Erlen-Eschenwäldern der Mittelgebirge (z. B. als Geranio sylvatici-Chaerophylletum hirsuti). Auch im südlichen Fennoskandien beobachtet man ähnliche, teilweise natürlich anmutende Gesellschaften. Im Osten Mitteleuropas wird die Mädesüß-Storchschnabelflur durch andere Gesellschaften abgelöst, in denen neben *Filipendula* z. B. der Langblatt-Ehrenpreis (*Veronica longifolia*) und das Spießblatt-Helmkraut (*Scutellaria hastifolia*) eine Rolle spielen. Sie sind an Stromtäler gebunden, besiedeln aber nicht nur Flussufer, sondern vor allem Bach- und Grabenränder. Von hier aus dringen sie in die Wiesen des ebenfalls östlichen CNIDION-Verbandes ein, so wie im westlichen Mitteleuropa die Sumpfstorchschnabel-Mädesüß-Bachuferflur in nicht mehr regelmäßig gemähte MOLINION- und CALTHION-Wiesen vorrückt. Die Hahnenfuß-Kälberkropfwiese (Chaerophyllo-Ranunculetum aconitifolii) ist eine hochstaudenreiche Gesellschaft montaner bis hochmontaner Bachufer der Alpen und Mittelgebirge.

Aus brachliegenden Feuchtwiesen entstehen heute in vielen Gegenden großflächige Mädesüßbestände (*Filipendula ulmaria*-Ges.), auf die bereits im vorigen Abschnitt hingewiesen wurde (s. Dierschke & Briemle 2002). Diese erlangen niemals die charakteristische Artenkombination der FILIPENDULION-Gesellschaften, sondern stellen Übergangsphasen in der Sukzession zum natürlichen Wald dar (Falinska 1995). Zwar dauert es oft recht lange, bis sich die ersten Weiden, Erlen oder anderen Pioniere in den schattigen Beständen einstellen. Doch sorgt ein Brand, ein den Boden aufwühlendes Wildschwein oder eine andere Störung schließlich doch für lichte Freiplätze, an denen Holzgewächse Fuß zu fassen vermögen. Am besten bleiben Mädesüß-Gesellschaften und andere Hochstaudenfluren an Entwässerungsgräben, also an „Kleinstrukturen" in der Wirtschaftslandschaft erhalten, die z. B. Ruthsatz (1983) im Raum von Ingolstadt gründlich untersucht hat.

19.3.5 Grasland an Straßenrändern und in Obstbaumbeständen

19.3.5.1 Entwicklung und Lebensbedingungen des Straßenbegleitgrüns

Manche Arten der Mager- und Kulturrasen retteten sich im Verlauf der landwirtschaftlichen Intensivierung in das Begleitgrün der Landstraßen und Autobahnen. Namentlich der Glatthafer ist dort heute häufiger zu finden als im bäuerlichen Grasland. Ja, er eroberte Teilbereiche Mitteleuropas, in denen er bis vor etwa 50 Jahren fehlte oder sehr selten war, z. B. die sandigen Tiefebenen Nordwestdeutschlands. Entlang der Straßen und Eisenbahnen entstanden in den letzten 200 Jahren zahlreiche neue Pflanzengemeinschaften (Brandes 1983, 1988).

Straßenbegleitgrün im heutigen Sinne gab es bis ins 18. Jahrhundert hinein so gut wie nicht. Meist handelte es sich um mehr oder minder breite Erdwege, die auch als Viehtriften dienten und von denen höchstens ein Streifen mit Feldsteinen gepflastert war. Unter Napoleons Einfluss wurden 1813 an wichtigen Fernstraßen raschwüchsige Pappeln gepflanzt, die heute fast alle verschwunden sind. Unter preußischer Verwaltung entstanden **Alleen**, die Schatten spendeten, namentlich aus Linde oder Stieleiche, auf geeigneten Böden auch aus Apfelbäumen oder – seltener – Zwetschgen und Süßkirschen (s. Wagner 1968). Auf armen Sanden begnügte man sich mit Hängebirke und in kühlen Hochlagen mit Bergahorn oder Vogelbeere. Eschen verwendete man gern in den seenahen, stürmischen Marschen. Bis auf die Obstbäume handelte es sich also vorwiegend um einheimische, ja landschaftstypische Baumarten. Grasland fehlte noch so gut wie ganz, wenn man von den Trittrasen nahe den Fußpfaden und dem Bewuchs von Grabenrändern absieht. In Ostdeutschland blieben noch manche ehrwürdige Zeugen solcher Alleestraßen erhalten, während sie im Westen mehr und mehr aus Rücksicht auf den Autoverkehr verschwanden.

Eigentliche Autostraßen entstanden erst in den 1930er-Jahren. Zur Rasenansaat dienten zunächst keine handelsüblichen Mischungen, sondern eigens aus Wildsamenernten zusammengestellte Kombinationen oder aber „Heublumen", d. h. die aus dem in der Scheune gelagerten Heu auf den Boden gefallenen Samen. Dadurch gelangten von vornherein viele in der umgebenden Landschaft verbreitete Wildpflanzenarten in das Straßenbegleitgrün.

Nach 1950 begann man, solche arbeitsaufwendigen Vorarbeiten mehr und mehr aufzugeben und die gesamte Gestaltung der Straßenrandbereiche zu mechanisieren. Dazu gehören auch Standort-Saatmischungen und Gehölzpflanzungen mit gärtnerisch herangezogenem Material. Das bedeutete nicht nur eine Verarmung und Vereinheitlichung, sondern auch eine Verfremdung, die besonders zu bedauern ist. Durch Verbreiterung älterer Autobahnen und Bundesstraßen verschwanden die meisten früher naturnäher gestalteten Elemente. Die heute vorzufindenden Kombinationen im Straßenbegleitgrün sind selten älter als 30 bis 40 Jahre. Meistens gliedert sich dieser Grünbereich in drei bandförmige Zonen:

1. Die **Bankettzone** unmittelbar neben der Fahrbahn ist stark vom Verkehr beeinflusst und am stärksten schadstoff- und salzbelastet. Sie ist zeitweilig nass, zeitweilig aber besonders trocken und wird in der Regel zwei- bis viermal jährlich mit Maschinen kurzgeschnitten.

2. Die **Grabenzone** (sie fehlt in manchen Fällen) wird ein- bis zweimal im Jahr gemäht, ebenfalls mit Aufnahme des Mähgutes, um ein Verstopfen von Rohrdurchlässen zu vermeiden. Je nach Relief ist sie mehr oder minder feucht, weicht also auf kleinem Raum von den Zonen 1 und 3 stark ab.

3. Die **Böschungszone** vermittelt zur Umgebung und wird mit möglichst geringem Aufwand gepflegt, d. h. selten geschnitten bzw. ausgeholzt, soweit sie mit Büschen oder Bäumen bestanden ist. Hier klingen die Einflüsse von der Straße her je nach Breite z. T. deutlich ab, während von angrenzenden landwirtschaftlichen Nutzflächen Dünger- und Pestizideinträge möglich sind. Natürliche Standortseinflüsse wirken sich in vielen Fällen sichtlich aus.

Die Bankettzone ist stets artenarm und enthält teils Elemente der Trittrasen (s. Kap. 19.3.7.1), teils solche oft gestörter Plätze (s. Kap. 22), besonders Kurzlebige. Die beiden übrigen Zonen sind dagegen mannigfaltiger in ihrem Bewuchs, in jedem Fall aber vorwiegend mit Vertretern der anthropo-zoogenen Rasen und Heiden und/oder der waldnahen Staudenfluren und Gebüsche bewachsen. Da unter den Immissionen Stickstoffverbindungen eine große Rolle spielen, sind trotz fehlender Düngung nährstoffbedürftige Arten oft reichlich vertreten.

Grasreiche Pflanzengemeinschaften an Straßenrändern haben zwar viele Charakter- und Differenzialarten mit den straßenfernen Arrhenathereten gemeinsam, besitzen aber stets auch Arten, die in „echten" Glatthaferwiesen viel seltener zu finden sind. In erster Linie handelt es sich um Charakterarten nährstoffreicher Krautfluren (Schaffers 2000), besonders der Staudensäume von Gebüschen, nämlich:

Artemisia vulgaris	*Torilis japonica*
Cirsium vulgare	*Lapsana communis*

Außerdem kommen Ackerbeikräuter vor, z. B. die ebenfalls sehr stickstoffbedürftigen oder indifferenten Arten

Elymus repens	*Myosotis arvensis*
Cirsium arvense	*Vicia hirsuta*

Zudem sind die Rasen meist mit einigen Sträuchern durchsetzt, die sich vegetativ ausbreiten, vor allem mit *Prunus spinosa* und *Rubus*-Arten. Nach Stottele (1994) besteht wohl der bedeutendste Unterschied zwischen dem Straßenrand-Arrhenatheretum und den traditionellen Glatthaferwiesen im weitgehenden Fehlen verbreiteter Mähwiesenarten in den straßennahen Beständen, beispielsweise:

Alchemilla vulgaris agg.	*Tragopogon pratensis*
Helictotrichon pubescens	*Pimpinella major*
Crepis biennis	*Carum carvi*
Rhinanthus minor	

Im Prinzip ähnliche Unterschiede zwischen Straßenbegleitgrün und älteren Stammgesellschaften gibt es auch bei Zwergstrauchheiden und verschiedenen Magerrasen. Wegen der in Straßennähe selten fehlenden Gebüsche und Baumgruppen sind die entsprechenden Artenkombinationen reicher an „waldnahen" Stauden und holzigen Pflanzen sowie wegen der N-Immissionen reicher an Stickstoffzeigern. Bei den Magerrasen fehlen vor allem durch den Weidebetrieb begünstigte niedrigwüchsige Grasartige und Kräuter, insbesondere solche, die früher von Schafherden ausgebreitet wurden, d. h. also ebenfalls eine ganze Reihe von nutzungsspezifischen Arten.

Die Straßenbegleitflora enthält nach Berg (1993), Stottele (1994), Szwed & Sykora (1996) und Schaffers & Sykora (2002) einen erheblichen Prozentsatz der lokalen Flora der weiteren Umgebung (ausgedrückt in der zugehörigen „Messtischblattflora"). In strukturreichen, d. h. standörtlich und nutzungsbedingt mannigfaltigen Räumen Deutschlands betrug sie 39–53 %, in intensiv genutzten und schon deshalb strukturarmen und darüber hinaus bodensauren Messtischblattbereichen war dieser Anteil noch höher (46–62 %) (Stottele 1994). Der Prozentsatz an gefährdeten Arten ist hieran jedoch äußerst gering. Als Refugien für seltener werdende Bestandteile der rasch schwindenden *Calluna*-Heiden, Borstgrasrasen, Meso- und Xerobrometen sowie anderer, früher extensiv genutzter Gesellschaften kommen Straßenränder mithin nur bedingt infrage (Tikka et al. 2000).

Einen wesentlichen Einfluss auf die Zusammensetzung der Straßenrandvegetation übt die **Ausbreitung von Diasporen mit fahrenden Autos** aus. Schmidt (1989) konnte im Schmutz von Reifen und Karosserie eines einzigen Autos im Laufe von 20 Monaten keimfähige Samen von 124 Arten feststellen; unter diesen waren *Poa annua*, *Plantago major*, *Epilobium roseum*, *Stellaria media* und *Poa trivialis* am häufigsten. Mit Ausnahme des Rosenroten Weidenröschens sind alle Genannten an Straßenrändern häufig.

Besonders begünstigt sind manche Halophyten, z. B. *Puccinellia distans*, *Armeria maritima* und *Spergularia salina*, denen das Streusalz günstige Lebensbedingungen bietet (s. Breckle & Scheck-Hoffmann 1985 sowie Heinrich 1984), andererseits manche Neophyten (s. Fukarek 1987). Letztere werden allerdings nach Untersuchungen von Brandes (1991 a) in Mitteleuropa eher entlang von Eisenbahnen als über das Straßensystem ausgebreitet (Brandes & Griese 1991). Besondes an Autobahnen fällt heute im Sommer der gelbe Blühaspekt des aus Südafrika stammenden *Senecio inaequidens* auf.

Die synsystematische Eingruppierung der am Straßenrand gefundenen Vegetationstypen bereitet erhebliche Schwierigkeiten, weil diagnostisch wichtige Kennarten der beschriebenen Einheiten häufig fehlen. Viele fettwiesenähnliche Bestände gehören in die Verwandtschaft der „ruderalen Glatthaferwiesen" (Artemisia vulgaris-Arrhenatherum-Ges.). Manche Bearbeiter fanden eine eigene Lösung, beispielsweise Brandes (1988), Ullmann et al. (1988, 1990), Rattay-Prade (1988), Kopecky & Hejny (1978), Sykora et al. (1993) und Szwed & Sykora (1996), oder begnügten sich mit einfachen deutschen oder englischen Namen (z. B. „Glatthafer-Straßenraine", Stottele 1994, vgl. auch Ross 1986). Da der Großteil der Bestände noch relativ jung ist, sind langjährige Vergleiche interessant. Im Raum um Halle/Saale haben Mahn 1956/57 und Berg 1988 „Glatthaferwiesen" auf weitgehend denselben Flächen aufgenommen und den Wechsel über drei Jahrzehnte dokumentiert (Berg 1990). Artenveränderungen traten überwiegend aufgrund gestiegener Nährstoff-, insbesondere Stickstoffeinträge auf. Wenig anspruchsvolle Arten wie *Festuca rupicola* (N 2), *Picris hieracioides* (N 4), *Cichorium intybus* (N 5) und *Potentilla reptans* (N 5) traten zugunsten von Ruderalpflanzen wie *Urtica dioica* (N 9), *Artemisia vulgaris* (N 8–7) und *Cirsium arvense* (N 7) zurück. *Elymus repens* (N 7) und *Convolvulus arvensis* (Nx) hatten ebenfalls wesentlich zugenommen; es hatte also eine **„Ruderalisierung"** stattgefunden. Über die Vegetation an Straßenrändern bei unterschiedlicher Pflege berichtet Mederake (1991).

Die Flora und Vegetation entlang der **Bahnlinien und an Bahnhöfen** ist viel weniger wiesenähnlich als die der Straßenränder, weil sie fast niemals gemäht, aber häufiger mit Herbiziden behandelt wird (Brandes 1983, Wittig 2002). Manche Beziehungen zu Ruderalfluren (s. Kap. 22) und Ackerbeikraut-Fluren (s. Kap. 23) sind erkennbar; die Bestände sind aber nur selten von Bedeutung für den Artenschutz.

19.3.5.2 Grasland in Obstbaumbeständen

Dorfnahe Obstbaumbestände waren und sind auch heute noch in vielen klimatisch begünstigten Regionen Mitteleuropas ein charakteristisches Element der Kulturlandschaft (Weller 1992). Sie wurden sowohl zur Obsterzeugung als auch zur Heugewinnung genutzt, seltener auch als Weide. Das teilweise durch die Bäume beschattete Grünland bestand aus mehr oder weniger artenreichen Frischwiesen und -weiden der Arrhenatheretalia, lokal auch aus Halbtrockenrasen oder Borstgrasrasen, die zwei- bis viermal jährlich geschnitten oder als Standweide genutzt wurden. Weil Teile des Graslandes beschattet werden oder von Traufwasser an den Rändern der Obstbaumkronen profitieren, entstehen häufig **kleinräumige Mosaike verschiedener Grasland-Gesellschaften.** Nach Knapp (1971) kennzeichnen Wiesenkerbelfluren den niederschlagsreicheren Traufbereich, Bestände mit Giersch und Geophyten wie *Ranunculus ficaria* und *Gagea lutea* dagegen die stärker beschatteten Bereiche („Schatten-Glatthaferwiesen"). Vegetationskundliche Untersuchungen im Grasland von Obstbaumbeständen wurden z. B. von Huck & Fischer (1988), Langensiepen & Otte (1994), Wolf & Hemm (1994), Bünger (1996) und Hofbauer (1998) durchgeführt.

Nach dem Zweiten Weltkrieg wurden vielerorts hochstämmige Bestände gerodet und in arbeitstechnisch günstigere mit Niederstamm-Obstbäumen umgewandelt, die intensiver bewirtschaftet werden konnten. In diesen Kulturen herrschen artenarme Intensiv-Scherrasen vor, die von Maschinen befahren werden und 5- bis 15-mal im Jahr gemäht werden. Rösler (2003) verglich die Vegetation von Streuobstwiesen mit jener der intensiv bewirtschafteten Niederstammkulturen. Vielerorts finden sich die letzten Reste der ehemals weit verbreiteten artenreichen Frischwiesen heute unter Streuobstbeständen (Kornprobst 1994). Diese sind aufgrund ihrer hohen strukturellen Vielfalt nicht nur in floristischer, sondern auch in faunistischer Hinsicht besonders wertvoll (Langensiepen & Otte 1994, Weller 1994). Auf den Stämmen alter Obstbäume gedeiht zudem eine Vielfalt epiphytischer Flechten-Gesellschaften (Kupfer-Wesely & Türk 1986).

19.3.6 Weiden und Vielschnittrasen

Nur ein Teil des beweideten Graslandes, nämlich die gedüngten Weiden, gehört zum Kulturgrasland der Klasse Molinio-Arrhenatheretea. Die Mehrheit der ungedüngten, extensiv genutzten Magerweiden ist dagegen den Borstgrasrasen und Flügelginsterweiden (Ordnung Nardetalia, s. Kap. 17) und den Kalk-Magerrasen (Klasse Festuco-Brometea, Kap. 18) zuzurechnen.

Intensiv genutzte und gedüngte Fettweiden und häufig geschnittene Parkrasen sind floristisch so ähnlich, dass sie im Verband Cynosurion vereinigt werden. Dieser Verband ist vorwiegend negativ durch das Fehlen der Kennarten der Frischwiesen charakterisiert, während eigene weidespezifische Arten (unter diesen vor allem Weideunkräuter) kaum hinzukommen. Die mittlere Artenzahl pro Aufnahme liegt bei 30, in Intensivweiden sogar unter 20, und damit niedriger als in den Mähwiesen. Kennzeichnend sind nach Dierschke & Briemle (2002) bestenfalls *Agrostis stolonifera*, *Bellis perennis*, *Lolium perenne*, *Plantago major* agg., *Poa annua*, *Ranunculus repens*, *Rumex crispus* und *R. obtusifolius*, die einen leichten Schwerpunkt in den Weiden besitzen.

Unabhängig vom Bodentyp herrscht auf den Weiden weithin eine einzige Pflanzengesellschaft, die **Weidelgras-Weißkleeweide** (Lolio-Cynosuretum, s. Abb. 19–27). In den Niederlanden, dem optimalen Entfaltungsraum dieser Gesellschaft auf dem europäischen Festland, sowie in Nordwestdeutschland hat man verschiedene Subassoziationen, Varianten und Ausbildungsformen unterscheiden können (s. Tab. 19–10). Am häufigsten waren die typische (a) und die bodenfeuchte (e) Untergesellschaft, während die Standorte der bodentrockeneren (c) großenteils beackert werden. Die Salzbinsen-Weißkleeweide (g) ist auf schmale Übergangssäume zu den Salzmarsch-Gesellschaften der Nord- und Ostseeküste beschränkt. Feuchtweiden erleiden aufgrund des weichen Untergrundes oft Trittschäden, die zur Förderung von Störungszeigern wie *Juncus ef-*

Tab. 19–10 Standörtliche Gliederung der Weißkleeweiden in Mitteleuropa.
In Anlehnung an Tüxen & Preising (1951), Meisel (1966b), Passarge (1969b), Jurko (1974) u. a.[1]

a In fast **allen** Weißkleeweiden vorkommende Arten (CYNOSURION i. w. S.):		
G: *Cynosurus cristatus* *Festuca rubra* *Phleum pratense* *Poa pratensis* *Bromus hordeaceus* *Hordeum secalinum* (Küste)	L: *Trifolium repens* *T. pratense* K: *Achillea millefolium* *Cerastium fontanum holosteoides* *Geranium molle* *Leontodon autumnalis*	*Leontodon hispidus* *Odontites rubra* *Plantago lanceolata* *Prunella vulgaris* *Ranunculus acris* *Taraxacum officinale*
b In Weidelgras-Weißkleeweiden (Lolio-Cynosuretum), **gut gedüngt** und vorwiegend in Tieflagen:		
G: *Lolium perenne* *L. × hybridum* *Poa annua* *P. trivialis* *Elymus repens*	K: *Bellis perennis* *Cirsium arvense* *C. vulgare* *Glechoma hederacea* *Lysimachia nummularia*	*Plantago major* *Potentilla anserina* *Ranunculus repens* *Sagina procumbens* *Veronica serpyllifolia*
c In Horstrotschwingel-Weißkleeweiden (Festuco-Cynosuretum), **schlecht gedüngt** und vorwiegend in **höheren** Lagen; Boden oft relativ trocken:		
G: *Agrostis tenuis* *Festuca nigrescens* *Anthoxanthum odoratum* *Briza media* *Danthonia decumbens* *Luzula campestris* L: *Lotus corniculatus*	K: *Alchemilla vulgaris* *Campanula rotundifolia* *Euphrasia rostkowiana* *Hieracium pilosella* *Hypochoeris radicata* *Leucanthemum vulgare* *Pimpinella saxifraga*	*Plantago media* *Polygala vulgaris* *Potentilla erecta* *Ranunculus bulbosus* *Stellaria graminea* *Thymus serpyllum* u. a.
d In borstgrasreichen Weiden (F.-C. nardetosum) vernachlässigt und stark **bodensauer**; meist in höheren Lagen:		
G: *Nardus stricta* *Deschampsia flexuosa* *Carex pilulifera*	K: *Antennaria dioica* *Hypericum maculatum* *Veronica officinalis*	*Calluna vulgaris* *Vaccinium myrtillus* u. a.
e **Feuchtigkeits**zeiger: (..lotetosum uliginosi) G: *Carex leporina* L: *Lotus uliginosus* *Juncus effusus* K: *Cirsium palustre* *Lynchis flos-cuculi*	f **Sand**zeiger (Küste): (..armerietosum) G: *Festuca rubra* subsp. *arenaria* K: *Armeria maritima* *Galium verum* *Viola canina* u. a.	g **Salz**zeiger (Küste): (..juncetosum gerardii) G: *Juncus gerardii* *Festuca rubra* subsp. *litoralis* L: *Trifolium fragiferum* K: *Glaux maritima* u. a.

[1] G = Gräser und Grasartige, L = Leguminosen, K = Kräuter und Zwergsträucher

fusus und *J. inflexus* führen. **Magerweiden** im Übergang zu Borstgrasrasen und Kalk-Magerrasen waren früher vor allem auf sauren oder trockenen Böden des Berglandes verbreitet. Heute sind sie in vielen Teilen Mitteleuropas selten geworden. Mancherorts haben sich Reste dieser artenreicheren Magerweiden an und unter Zäunen erhalten, wo Düngung und Fraß reduziert sind. Diese **„Weidezaun-Gesellschaften"** haben Vollrath (1970) und Husicka & Vogel (1999) untersucht.

Durch Nutzungsintensivierung ist diese standörtliche Differenzierung der Fettweiden heute undeutlicher geworden oder fast ganz verschwunden. Je intensiver die Bewirtschaftung, desto artenärmer wird die Weidenarbe, bis nur noch **wenige regenerationskräftige und durch Düngung stark geförderte Arten** wie *Lo-*

Abb. 19–27 Standweiden auf Lolio-Cynosuretum typicum bei Osterholz-Scharmbeck, Niedersachsen. Vorn erkennt man zahlreiche Geilstellen, im Mittelgrund Weißdornhecken. Solche Bilder sind im südlichen Mitteleuropa selten.

Abb. 19–28 Intensiv genutzte und stark betretene Weidelgras-Weißkleeweide mit *Lolium perenne*, *Poa annua* und *Plantago major*. Etwa 1/7 der natürl. Größe. Foto: Iltis-Olbert.

lium und *Phleum* übrig bleiben (s. Abb. 19–28). Hinzu treten Kriechpflanzen wie *Trifolium repens* und Arten der Tritt-Gesellschaften (*Poa annua*, *Plantago major*, *Polygonum arenastrum* u. a.), Weideunkräuter (vor allem *Rumex*-Arten) und an offenen Geilstellen auch Pflanzen der Äcker (z. B. *Stellaria media*). Etwas artenreichere Reliktstandorte finden sich häufig nur noch an Grabenrändern, in denen mancherorts Magerkeitszeiger ausharren können (z. B. Konrad & Ruthsatz 1993).

Der heute verbreitete Mähweidebetrieb hat auch die **floristischen Unterschiede zwischen Lolio-Cynosuretum und Arrhenatheretum verwischt**, sodass das moderne Intensivgrünland oft keiner der beiden Gesellschaften ohne Zwang zugeordnet werden kann (s. Abb. 19–29; Vollrath 1970, Schwaar 1973, Dietl 1995). Eine Neufassung dieser Gesellschaften erscheint heute notwendig.

Mit abnehmender Dauer der Vegetationsperiode lohnen sich hohe Düngungs- und Pflegeaufwendungen für Viehweiden immer weniger. Daher sinkt die Intensität der Weidewirtschaft ebenso wie die der Wiesenwirtschaft im Großen und Ganzen mit steigender Höhe über dem Meeresspiegel (und auch mit wachsender geografischer Breite). Weidelgras-Weißkleeweiden werden in beiden Richtungen immer seltener, und Magerweiden, die den Straußgras-Rotschwingel-Mähwiesen entsprechen, herrschen schließlich überall, wo noch Vieh geweidet wird. Man kann sie als Horstrotschwingel-Straußgrasweiden (Festuco-Cynosuretum) bezeichnen, weil *Festuca nigrescens* und andere genügsame und niedrige Gräser in ihnen vorherrschen (s. Tab. 19–10). Andere gebräuchliche Bezeichnungen sind Luzulo-Cynosuretum (nach *Luzula campestris*, Meisel 1966 b) bzw. Anthoxantho-Agrostietum (Jurko 1974). In jedem Fall ist die Abgrenzung gegen die besser gedüngten Weidelgras-Weißkleeweiden (Lolio-Cynosuretum) schwierig, weil keine Weide-Gesellschaft gute Charakterarten besitzt und die Übergänge fließend sind. Tabelle 19–10 beschränkt sich dementsprechend auf standörtliche Gruppierungen und nennt einige Untergesellschaften, von denen die borstgrasreiche im Gebirge häufig ist. **In den höheren Lagen gehen die Weißkleeweiden in Milchkrautweiden über** (s. u.) und enthalten wie diese mehr und mehr montane und subalpine Arten, oder sie erinnern an Kalk-Magerrasen (s. Tab. 19–14). Die Ertragsfähigkeit dieser Gebirgsweiden steht im umgekehrten Verhältnis zu ihrer floristischen Mannigfaltigkeit.

Im Vergleich zu Mähwiesen einerseits und Magerweiden andererseits sind gedüngte Viehweiden sogar im Hochgebirge nur negativ gekennzeichnet, nämlich durch das Fehlen hochwüchsiger, gegen Beweidung empfindlicher Pflanzen und wenig lichtbedürftiger Arten. Da in gedüngten Almweiden häufig *Leontodon hispidus* und *Crepis aurea* hervortreten (s. Abb. 19–30), die in den Alpen „Milchkraut" genannt werden, haben sie Stebler & Schröter (1892) **Milchkrautweide** genannt. Weit verbreitet ist das Crepido-Festucetum commutatae (Mucina et al. 1993). Im Unterschied zu den Weiden der tieferen Lagen treten die Gräser zugunsten der Kräuter mehr in den Hintergrund (Marschall 1958). Sie sind die wertvollsten

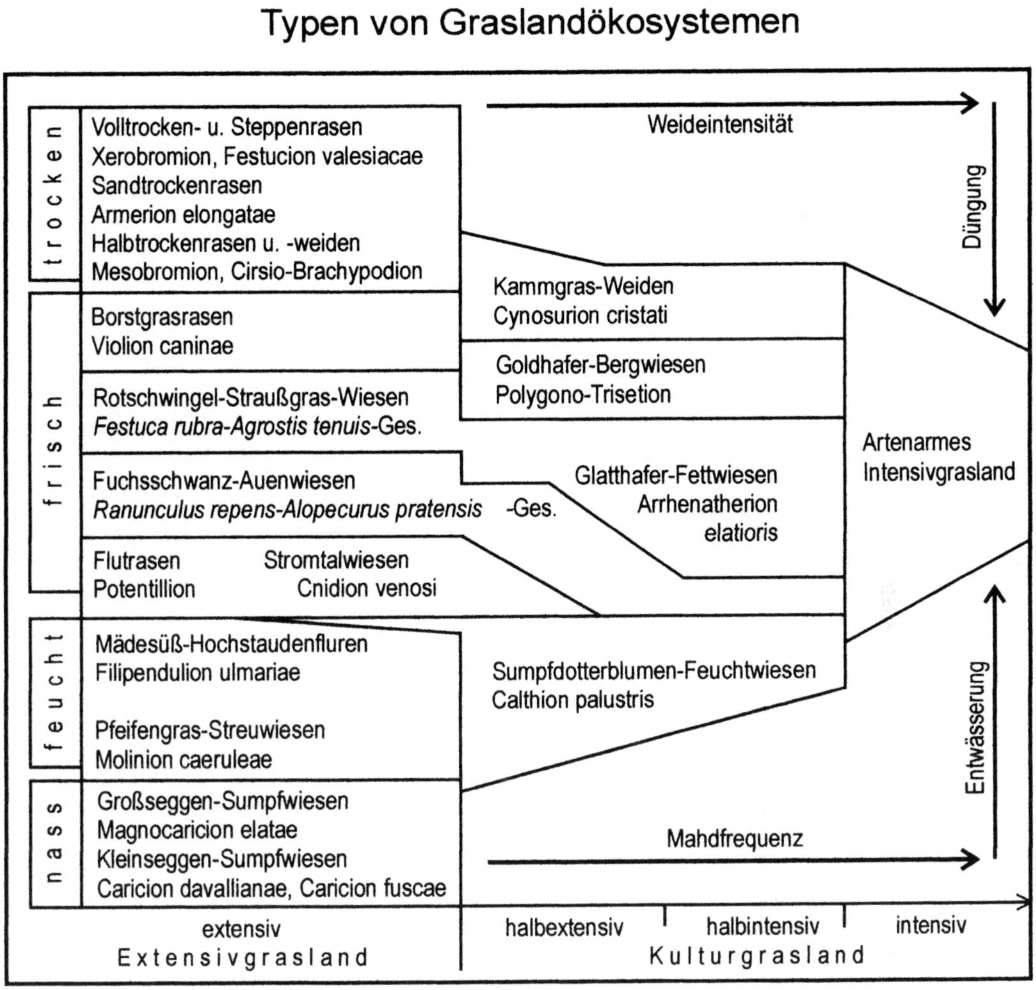

Abb. 19–29 Auswirkung von Nutzungsintensivierung auf die Ausprägung der Vegetationstypen im mitteleuropäischen bodentrockenen bis bodenfeuchten Grasland. Nach Dierschke & Briemle (2002), etwas verändert.

Grasland-Gesellschaften der Sennereibetriebe in der subalpinen und untersten alpinen Stufe und dort vor allem auf ebenen, tiefgründigen Böden ausgebildet (s. Abb. 19–31, vgl. Kap. 13). Ähnlich wie die Horstrotschwingel-Straußgrasweiden verzahnen sie sich mit Borstgrasrasen, aus denen manche durch Düngung hervorgegangen sind, und außerdem mit alpinen Rasen-Gesellschaften. Aus den Letzteren stammen

Abb. 19–30 *Leontodon hispidus* (links), *Crepis aurea* (Mitte) und *Trifolium badium* (rechts) in einer zum Mähen von Winterfutter nicht mit Vieh besetzten „Milchkrautweide" im Alpengarten Schynige Platte. Foto: Lüdi.

Abb. 19–31 Milchkrautweiden unmittelbar oberhalb der Waldgrenze in den Lechtaler Alpen, an den weniger gut gedüngten Hängen in Violettschwingelrasen übergehend. In der Mitte vorn Fragmente einer Lägerflur.

zahlreiche Differenzialarten, die es gestatten, die untere Grenze der Milchkrautweiden gegen Horstrotschwingel-Weiden verhältnismäßig scharf zu ziehen.

Noch artenärmer als Viehweiden sind **Parkrasen**, die durch 10 bis 30 Mahdzyklen kurzgehalten und mineralisch gedüngt werden. Sie gehören zweifellos in die direkte Nachbarschaft des Lolio-Cynosuretum. Die von Kienast (1978), Müller (1989), Müller & Sukopp (1993) u. a. unterschiedenen Gesellschaften (Trifolio-Veronicetum filiformis und Festuco-Crepidetum capillaris) sind streng genommen keine Assoziationen, da sie keine eigenen Kennarten besitzen. Der für viele Parkrasen heute kennzeichnende, sich vegetativ ausbreitende Neophyt *Veronica filiformis* wird nach Müller (1989) durch Vielschnitt gefördert, nicht jedoch durch Beweidung.

19.3.7 Tritt- und Flutrasen

19.3.7.1 Vegetation betretener Wege und Plätze

Intensivweiden sind nicht zuletzt deshalb so artenarm, weil nur wenige Pflanzen den mechanischen Verletzungen des Tritts widerstehen. Am stärksten wirkt sich der Trittfaktor auf viel benutzten Fußwegen und auf schlecht gepflegten Sportplätzen aus, deren Boden lehmig ist. An solchen Standorten trifft man in ganz Mittel- und Westeuropa eine der uniformsten Pflanzengesellschaften der Erde, den **Weidelgras-Breitwegerichteppich** (Lolio-Plantaginetum majoris). Stets finden sich darin in wechselnden Mengen folgende Arten vereinigt (s. Abb. 19–38):

Plantago major	*Poa annua*
Matricaria discoidea	*Polygonum arenastrum*
Lolium perenne	

Andere, mit ihnen oft vergesellschaftete Arten haben ihren Schwerpunkt im Kulturgrasland oder in Ackerbeikraut-Fluren, z. B.:

Agrostis capillaris	*Taraxacum officinale* agg.
Capsella bursa-pastoris	*Trifolium repens*
Leontodon autumnalis	

Diese Gesellschaft steht floristisch dem Lolio-Cynosuretum der Intensivweiden nahe und geht bei nachlassendem Tritt in dieses über. Foerster (1983) unterscheidet mehrere feuchtigkeitsbedingte Ausbildungen des Wegerichteppichs. Passarge (1979) hat die montanen

Ausprägungen der Trittpflanzen-Gesellschaften untersucht, in denen das frostempfindliche *Lolium* durch *Poa pratensis*, in der subalpinen Stufe durch *Poa supina* ersetzt wird. Andere, an Mehrjährigen reiche Tritt-Gesellschaften sind die Zartbinsen-Trittflur (Juncetum tenuis) auf schattigen Waldwegen, in der sich der Neophyt *Juncus tenuis* rasch heimisch gemacht hat, und die Braunellen-Gesellschaft (Prunello-Plantaginetum majoris) am Rande von Fahrspuren.

Auf reinen Sandböden, die oberflächlich rasch austrocknen, kann sich die Wegerich-Weidelgras-Gesellschaft niemals typisch ausbilden. Lang andauernde Trockenheit ist wohl auch der Hauptgrund, weshalb an Ausdauernden reiche Trittpflanzen-Gesellschaften im Mediterrangebiet nur selten vorkommen, während das **kühl-feuchte Küstenklima** im nordwestlichen Europa als „**trittpflanzengünstig**" gelten darf. Unter dem Zusammenwirken von Trockenheit und Störung treten dann Therophyten in den Vordergrund.

Zwischen **Pflastersteinen** und auf Schlacken- oder Kieswegen, also an relativ mageren Orten, können sich Moose in den Trittpflanzen-Gesellschaften entwickeln, weil sie zwischen den Steinen kleine Räume finden, in denen sie vor mechanischen Beschädigungen ziemlich sicher sind. Es handelt sich vor allem um das niedrige Polstermoos *Bryum argenteum*, das eine gelegentliche Austrocknung erträgt. Gut sind die Mastkraut-Pflastermoos-Ritzen (Sagino-Bryetum) aber nur in ozeanischem Klima entwickelt, vor allem in den Niederlanden und im westlichen Norddeutschland. In trockeneren Gegenden, z. B. der nördlichen Oberrheinebene und Ostösterreichs, wird der grüne Wegerich-Weidelgrasteppich von dem im Sommer ausdörrenden Hartgras-Vogelknöterichteppich (Sclerochloo-Polygonetum avicularis, Korneck 1969) abgelöst. Andere Gesellschaften werden von *Poa annua*, *Spergularia rubra*, *Malva neglecta* oder *Eragrostis minor*, seltener auch *Coronopus squamatus*, *Herniaria glabra*, *Myosurus minimus* oder (in wärmeren Gegenden) *Cynodon dactylon* gekennzeichnet (s. Oberdorfer 1971, Mucina et al. 1993, Pott 1995, Rennwald 2000, Schubert et al. 2001, Wittig 2001, Wittig 2002 u. a.). In ihrer Struktur ähneln manche dieser lückigen Bestände den Ruderalfluren, von denen sie sich aber durch das Fehlen ruderaler Kennarten unterscheiden (Falinski 1963, Berset 1969, Oberdorfer 1971, Mucina et al. 1993).

In neueren synsystematischen Übersichten wird häufig eine Unterscheidung zwischen **Mehrjährigen- und Einjährigen-Trittrasen** gemacht; Erstere werden dem Kulturgrasland (MOLINIO-ARRHENATHERETEA) zugeordnet, Letztere in einer eigenen Klasse (POLYGONO-POETEA ANNUAE) zusammengefasst, die allerdings nur wenige eigene Kennarten besitzt. Andere Autoren begründen die Zusammenfassung aller Trittpflanzen-Gesellschaften in einer gemeinsamen Klasse (PLANTAGINETEA MAJORIS, z. B. Schaminée et al. 1996, Wittig 2001, 2002).

Bei völlig natürlicher Vegetationsentwicklung würden sämtliche Trittpflanzen-Gesellschaften ebenso rasch aus der mitteleuropäischen Landschaft verschwinden wie die meisten Grasland-, Ruderal- und Ackerbeikraut-Gesellschaften. Die mechanischen Einwirkungen des Menschen oder seiner Haustiere bewahren sie vor dem dichten Schatten des Waldes.

19.3.7.2 Kriech- und Flutrasen

An Fluss- und Seeufern sowie an tangreichen Meeresküsten mit schwankendem Wasserstand gibt es Stellen, an denen durch Überflutungen, Wellenschlag und stagnierendes Wasser auch in der Naturlandschaft Pflanzengemeinschaften begünstigt werden, die an Trittpflanzenteppiche erinnern. Solche „Flutrasen" werden in Mitteleuropa nicht selten von Enten und Gänsen, Huftieren und Menschen betreten und dadurch vielleicht den Trittpflanzen-Gesellschaften ähnlicher gemacht, als das ohne Tritt und Fraß der Fall wäre (s. Abb. 19–32). Die Flutrasen fasst man in der Ordnung POTENTILLO-POLYGONETALIA mit dem einzigen Verband der Fingerkraut-Quecken-Flutrasen (POTENTILLION ANSERINAE) zusammen, die in der Regel dem Kulturgrasland (MOLINIO-ARRHENATHERETEA) zugeordnet werden (Tüxen 1970, vgl. aber Sykora 1982 und Oberdorfer 1983).

Küstennahe Flutrasen sind in Nordeuropa besonders gut entwickelt und wurden hier zuerst von Nordhagen (1940) beschrieben (salzbeeinflusste Flutrasen: AGROPYRO-RUMICION). Auch in Mitteleuropa sind seitdem mehrere monografische Bearbeitungen durchgeführt worden (z. B. Tüxen 1950 a, Müller 1961, Sykora 1982, Oberdorfer 1983, Verbücheln 1987). Bezeichnend für die oft gestörten, artenarmen

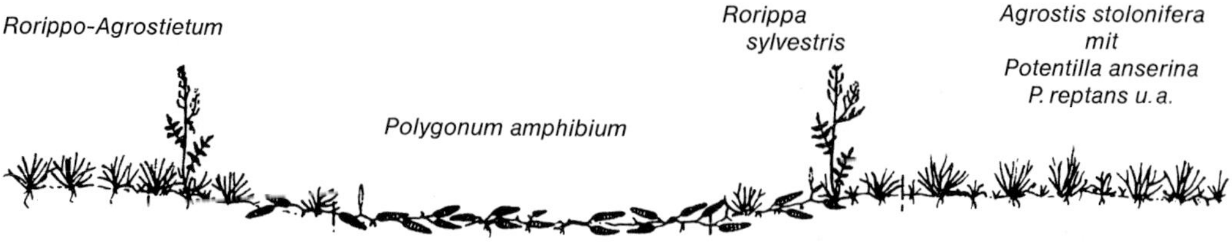

Abb. 19–32 Im Waldkressen-Flechtstraußgras-Flutrasen tschechischer und slowakischer Flussauen herrschen gewöhnlich Gräser oder Fingerkräuter. In nasseren Dellen kommt der Land-Wasser-Knöterich *(Polygonum amphibium)* fast partnerlos zur Dominanz. Nach Krippelová (1967), etwas verändert.

Flutrasen ist das Weiße Straußgras (*Agrostis stolonifera*), das Bodenvernässung besonders gut verträgt (Davies & Singh 1983). Viele Flutrasenarten sind in der Lage, ausgedehnte Ausläufersysteme zu bilden und auf nacktem Boden rasch Wurzeln zu schlagen, wenn er feucht ist, z. B.:

Potentilla anserina	*Mentha longifolia*
Potentilla reptans	*Mentha pulegium*
Ranunculus repens	*Mentha suaveolens*

Das Gleiche erreichen andere Arten mit ihren unterirdischen Rhizomen:

Elymus repens	*Rorippa sylvestris*
Carex hirta	

Manche von diesen Arten kommen zwar auch in Trittpflanzen- sowie Ruderalgesellschaften, Unkrautfluren, Weißkleeweiden oder Zwergpflanzenfluren vor, haben ihr Schwergewicht aber doch in den natürlichen Flutrasen. Dasselbe trifft für einige horstig wachsende Hemikryptophyten sowie für einige Ampferarten zu:

Festuca arundinacea	*Rumex conglomeratus*
Juncus inflexus	*R. crispus*
J. compressus	*R. stenophyllus*

Einige von den eben genannten Pflanzen dürfen als Charakterarten besonderer Assoziationen gelten, z. B. *Rorippa sylvestris* (für das Rorippo-Agrostidetum an kiesigen Flussbetten, s. Abb. 19–32), *Festuca arundinacea* (für den Kriechquecken-Rohrschwingelrasen an etwas höher liegenden, aber ebenfalls überfluteten Standorten: Dactyli-Festucetum arundinaceae), *Mentha longifolia* (für das Mentho-Juncetum inflexi auf zeitweilig vernässten Mergeln) und *Mentha pulegium* (für das wärmeliebende Potentillo-Menthetum suaveolentis).

Die ökologisch den Flutrasen des Binnenlandes entsprechenden Gesellschaften der Meeresküsten sind schwer von den stärker nitrophilen Spülsäumen (Salsolion, s. Kap. 12) und von den Vordünen (Agropyro-Honckenion) zu trennen, die bereits in dem genannten Kapitel besprochen wurden. Auch in der Nähe von Salzstellen im Binnenland verzahnen sich Flutrasen mit mehr oder minder halotoleranten Rasen (vgl. Abb. 19–33).

Fragmente der Flutrasen durchsetzen stellenweise die Wiesen und Weiden der lehmigen Flusstäler. In den Wiesen und Weiden fallen die Flutrasen meist durch ihren **dichten Wuchs und ihre tiefgrüne Farbe** auf. In seichten Dellen, in denen sich zuweilen Regenwasser sammelt und nach Überschwemmungen das Wasser längere Zeit stehen bleibt, werden die eigentlichen Wiesenpflanzen durch Luftarmut im Boden behindert. Manchmal sterben sämtliche dort wachsenden höheren Pflanzen ab. Dann sind es die Partner der Kriechrasen, die als Erste den frei gewordenen Platz wiedererobern. Je nach der Witterung und der Überflutungsdauer ist deren Anteil am Rasen von Jahr zu Jahr verschieden groß. Vergleichbare, durch das jährlich wechselnde Überflutungsregime verursachte **Populationsfluktuationen** in Brenndoldenwiesen hat Balátová-Tuláčková (1979b) dokumentiert. Tüxen (1979) verglich die räumliche Fluktuation der Kriechrasen treffend mit einer Ziehharmonika („Ziehharmonika-Sukzession"). Vor allem der Knickfuchsschwanz-Flutrasen (Ranunculo-Alopecuretum geniculati) ist an dieser azyklischen Sukzession beteiligt, die für das Grünland in Flussauen des Tieflandes charakteristisch ist. In Süddeutschland klingt diese Gesellschaft aus. Die namengebende Grasart zeichnet sich nicht nur durch vegetatives Ausbreitungsvermögen, sondern vor allem durch

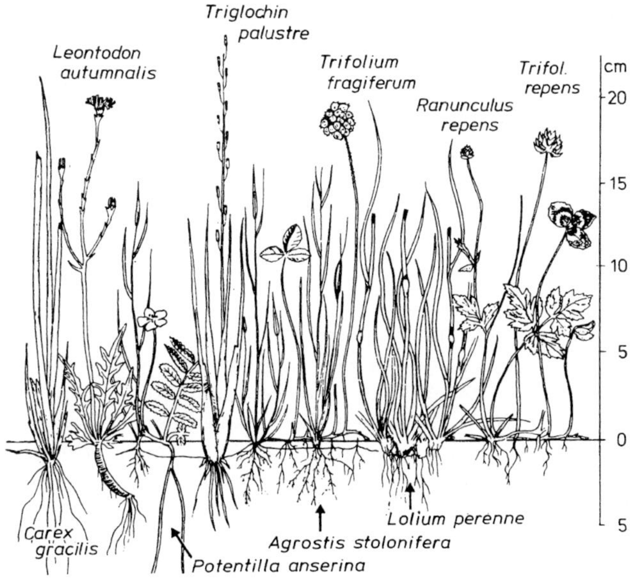

Abb. 19–33 Querschnitt durch einen schwach versalzten Flutrasen (Triglochino-Agrostietum stoloniferae) am Schwielow-See im Potsdamer Havelland. Nach Konczak (1968), etwas verändert.
Außer dem Herbstlöwenzahn und dem Sumpf-Dreizack breiten sich alle Arten rasch vegetativ aus, die Kleearten, das Gänsefingerkraut und der Kriechhahnenfuß durch oberirdische Ausläufer.

hohe Produktion schwimmfähiger Samen aus, die es ihr gestattet, sich überall an geeigneten Plätzen anzusiedeln. Ausbreitung von Früchten oder Sprossteilen mit dem Flusshochwasser oder der Meeresbrandung und rasches Fußfassen auf nassen Bodenoberflächen sind wahrscheinlich auch bei den übrigen Gesellschaften der POTENTILLO-POLYGONETALIA entscheidend dafür, dass sie kleine und isoliert voneinander liegende Flächen rasch besiedeln können.

19.4 Anpassung an den Standort

19.4.1 Mahd- und Trittverträglichkeit

a) Mahd, Fraß und Tritt sind prägende Standortfaktoren des Kulturgraslandes, die zu charakteristischen Anpassungen der Pflanzen geführt haben. Das **Mähen** bedeutet einen plötzlichen Einschnitt, dem nur die bodennahen Blätter und Stängel entgehen. Die Folgen sind fast vollständige Entblätterung, drastischer Stickstoffentzug, starke Reduktion der photosynthetischen Aktivität und eine vorübergehend reduzierte Nährstoffaufnahme (Richards 1993). Die plötzliche Lichtstellung der Bestandesbasis kann auch zu Photoinhibition und Schäden durch Trockenstress führen. Häufiger Schnitt reduziert daher die Produktivität der Wiesenpflanzen deutlich. Klapp (1971) maß bei 6 bis 10 bzw. 15 bis 20 Schnittzyklen pro Jahr eine Reduktion des mittleren Zuwachses auf 60 % bzw. 51 % derjenigen Heuproduktion, die bei nur dreimaliger Mahd zu erzielen war (s. Abb. 19–50). Vielschnittrasen wie die Parkrasen sind **stark gestörte Ökosysteme mit einer deutlich reduzierten Stoffproduktion.**

Wachstum und Überleben von abgemähten Graslandpflanzen hängen in erster Linie von der **Fähigkeit zur raschen Wiederbeblätterung**, also von an das Störungsregime angepassten Allokationsmustern, ab (Briske & Richards 1995). Klonal wachsende Pflanzen mit hoher Plastizität in der Triebbildung sind begünstigt (de Kroon & Hutchings 1995). In ein- bis zweischürigen Mähwiesen herrschen noch „Obergräser“ und hohe Stauden vor. Je öfter die Wiese gemäht wird, desto zahlreicher sind **niederwüchsige Arten** vertreten. Gepflegte Parkrasen werden nur von „Untergräsern“, vom kriechenden Weißklee und von einigen Rosettenkräutern gebildet.

Mahdresistente Arten sind reich an niederliegenden Blättern (z. B. *Lolium* und *Plantago*) und sie besitzen **Rhizome oder andere Speicherorgane** im oder direkt über dem Boden, in denen lösliche Kohlenhydrate (vor allem Fructane) und Stickstoffverbindungen gespeichert werden. Das Ausmaß der Reservestoff-Verlagerung in diese Speicher und deren Remobilisierung entscheidet über die Wachstumsrate nach

Schnitt oder Fraß (Dhont et al. 2002). Wiesenpflanzen wie *Alopecurus*, *Dactylis*, *Trisetum* und *Festuca pratensis*, die Assimilate schnell in die basalen Sprossteile und unterirdischen Speicher verlagern können, sind mahdverträglicher als solche mit großem Zeitbedarf für die Stoffspeicherung (z. B. *Molinia*). Entsprechend unterschiedlich sind die Reservestoffgehalte der Stoppeln abgemähter Pflanzen (*Dactylis* 19,0 % Fructosangehalt, *Phleum* 16,4 %, *Lolium* 11 %, *Arrhenatherum* 4,6 %, Simon & Daniel 1977). Der Glatthafer nimmt hinsichtlich der Mahdverträglichkeit nur eine mittlere Position ein. Wie schnell Mahd bzw. Beweidung in angesäten Grasmischungen die entsprechend angepassten Arten fördert, zeigt Abbildung 19–34 am Beispiel von *Dactylis* und *Lolium*.

Zu einer erfolgreichen Wachstumsstrategie von Wiesenpflanzen gehört weiterhin die Produktion von Blattfläche mit minimalem Ressourceneinsatz, also einer **hohen spezifischen Blattfläche** (de Visser et al. 1997). Hierdurch wird eine rasche Blattflächenentwicklung und schnelle Rückerstattung der C-Investitionen möglich (Poorter 1994, Westoby et al. 2002). Zunehmend häufige Nutzung reduziert die Wurzelmasse und deren Reservestoffspeicher sowie die mittlere Triebgröße und senkt daher das Regenerationspotenzial (Matthew et al. 2000). Starke N-Düngung kann das Wiederaustriebsvermögen verringern, weil schnelleres Wachstum mit geringerer Investition in unterirdische Speicherorgane verbunden ist (Klapp 1971). Das Wiederaustriebs-Vermögen eines Grases nach Beweidung wird nach Crawley (1983) auch wesentlich von der Identität seiner direkten Nachbarn bestimmt.

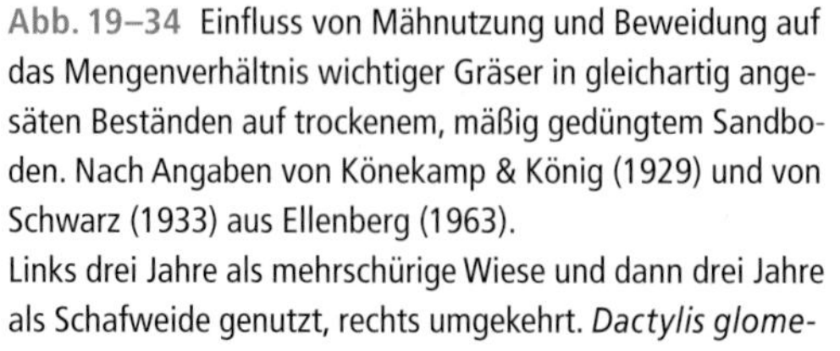

Abb. 19–34 Einfluss von Mähnutzung und Beweidung auf das Mengenverhältnis wichtiger Gräser in gleichartig angesäten Beständen auf trockenem, mäßig gedüngtem Sandboden. Nach Angaben von Könekamp & König (1929) und von Schwarz (1933) aus Ellenberg (1963).
Links drei Jahre als mehrschürige Wiese und dann drei Jahre als Schafweide genutzt, rechts umgekehrt. *Dactylis glomerata* leidet unter Beweidung und dehnt sich bei Mähnutzung aus, *Lolium perenne* verhält sich entgegengesetzt. *Poa pratensis* gewinnt in jedem Fall Raum, während *Festuca pratensis* und eine Zuchtform von *Phleum pratense* ihn verlieren. Ordinate = prozentualer Grünmassenanteil. Bei den „sonstigen Arten" handelt es sich z. T. um Weideunkräuter.

Dierschke & Briemle (2002) haben die **Mahd- und Weideverträglichkeit** von 396 Sippen des mitteleuropäischen Kulturgraslandes mit neunstufigen Skalen bewertet. Danach können insbesondere *Bellis perennis*, *Agrostis stolonifera*, *Festuca rubra*, *Prunella vulgaris* und *Poa pratensis* als überaus mahdverträglich (M-Ziffer 9) gelten. Etwas abgeschwächt trifft das auch für *Dactylis glomerata*, *Lolium perenne*, *Poa trivialis*, *Phleum pratense* und *Trifolium repens* zu (Ziffer 8). Nach den Erfahrungen von Dierschke & Briemle (2002) ist eine Schnitthöhe von 7 cm für die rasche Regeneration vieler Wiesenarten besonders günstig. Die wichtigen Fettwiesengräser *Alopecurus pratensis*, *Arrhenatherum elatius* und *Festuca pratensis* wurden als mäßig gut bis gut verträglich (Ziffern 6 und 7) bewertet. Als schnittempfindlich (Ziffern 3 und 2) können dagegen das Borstgras sowie manche hygro- bis mesomorphen Kräuter des Graslandes eingestuft werden (z. B. *Cirsium palustre*, *Epilobium hirsutum*, *Filipendula ulmaria*, *Galium boreale*, *Iris sibirica*, *Lysimachia vulgaris*, *Lythrum salicaria*, *Molinia caerulea*, *Selinum carvifolia*, alle mit Ziffer 3). Gegen Mahd äußerst empfindlich sind höher werdende Holzgewächse.

Durch wiederholte Mahd wechseln „Hochstände" der Wiese mit „Tiefständen" ab (s. Abb. 19–1). In diese regelmäßige Abfolge von Schatten- und Lichtphasen haben sich die Arten je nach ihrem Lebensrhythmus einzufügen. **Frühlingspflanzen** wie *Primula elatior*, *Leucojum vernum*, *Anemone nemorosa*, *Crocus albiflorus* (s. Abb. 19–18) oder *Narcissus*-Arten (s. Abb. 19–19) nutzen nur den ersten Tiefstand. Sie schmücken die Wiesen vor allem dort, wo eine mächtige Schneedecke die Gräser im Winter zu Boden drückt und bis ins Frühjahr liegen bleibt, dann aber rasch vom Föhnwind weggetaut wird. Die Hemikryptophyten brauchen eine Weile, um sich zu erholen, und diese Pause nutzen *Crocus* und andere Geophyten, um ungehindert emporzusprießen. Entscheidend ist für sie also ein phänologischer Vorsprung, der nach Duhme & Kaule (1970) auch die sekundäre Ausbreitung der Gelben Narzisse (*Narcis-*

sus pseudonarcissus) begünstigt. Im schneearmen und winterkalten Tiefland genießen sie diesen Konkurrenzvorteil nicht und können daher keinen Frühlingsaspekt bilden, der unsere Bergwiesen so anziehend macht. Löwenzahn, Gänseblümchen und viele niedrige Leguminosen blühen in jedem Tiefstand, und zwar um so reichlicher, je häufiger sich die Lichtphasen wiederholen. Die Herbstzeitlose (*Colchicum autumnale*) hebt im letzten Tiefstand nur ihre rosaroten Blütenkronen über die Erde und streckt ihren beblätterten Fruchtstängel erst im Frühsommer des nächsten Jahres zwischen den Gräsern empor.

Als Beispiel für sogenannten **Saisondimorphismus** ist der Augentrost (*Euphrasia rostkoviana*) bekannt geworden. Seine aufstrebende, unverzweigte Form gelangt im ersten Hochstand zur Blüte und Reife, die ebenfalls erblich fixierte, verzweigte, niedrige Form dagegen im späteren Tiefstand. Obergräser und hohe Stauden der Futterwiesen bilden und nutzen die Hochstände entweder sämtlich oder treten nur in einem derselben hervor. Der Wiesenkerbel (*Anthriscus sylvestris*) z. B. blüht meistens vor dem ersten Schnitt der zweischürigen Futterwiesen (s. Abb. 19–3), *Heracleum sphondylium*, *Cirsium oleraceum* und andere großblättrige Stauden blühen dagegen erst vor dem zweiten (s. Abb. 19–20 u. 19–21).

b) **Beweidung** beeinflusst Grasländer sowohl durch Fraß als auch durch Tritt und daraus resultierende Bodenverdichtung. Je nach weidender Tierart und dem Weidesystem bilden sich in Struktur und Artenzusammensetzung verschiedenartige Weide-Gesellschaften aus. Schafe fressen sehr selektiv und reißen die Pflanzen tief am Boden ab, sodass teilweise die Basalknospen zerstört werden. Schafweide mit hohem Besatz wirkt daher schädigend auf die Grasnarbe (s. Abb. 19–35). Ziegen haben ein breiteres Nahrungsspektrum als Schafe und verschmähen selbst Laubwerk und Zweige von Holzgewächsen nicht. Auch Pferdeweide wirkt oft narbenschädigend, weil das Gras dicht an der Erdoberfläche abgebissen wird. Weit nachteiliger als bei Schaf- oder Ziegenweide wirkt bei Pferden die **intensive Bodenverdichtung.** Diese reicht bei Ersteren bis in etwa 5 cm Tiefe, bei Pferden und Rindern dagegen 10–15 cm tief, sodass örtlich Staunässe auf der Weide auftreten kann. Rinder fressen weniger selektiv, weil sie im Oberkiefer keine Schneidezähne besitzen und die Pflanzen büschelweise abreißen. Die zurückbleibenden Stoppeln verbleiben auf größerer Höhe.

Generell frisst das Vieh frühe Entwicklungsstadien der Pflanzen lieber, weil die Nährstoffgehalte hoch, die Ligningehalte aber noch niedrig sind. Artengemische werden gegenüber Reinkulturen meist bevorzugt. Klapp (1971) nennt nach abnehmender **Schmackhaftigkeit** *Trifolium repens*, *Plantago lanceolata*, *Taraxacum officinale* (jung) > *Phleum pratense*,

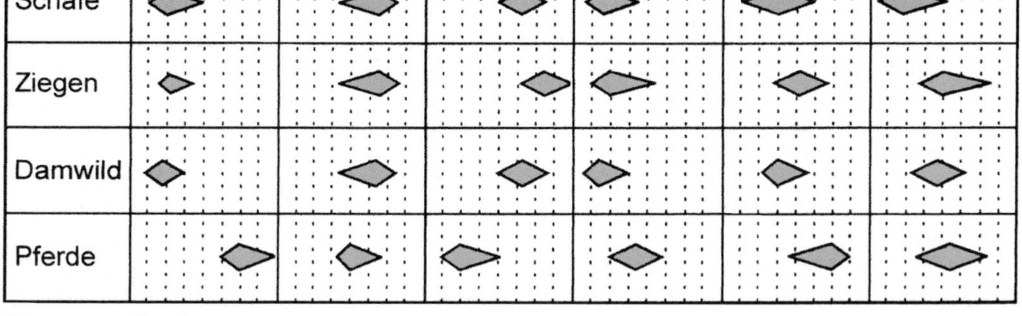

Abb. 19–35 Einfluss der Nutztiere auf das Grasland bei angemessener Weideführung. Nach von Korn (1987, in Dierschke & Briemle 2002).

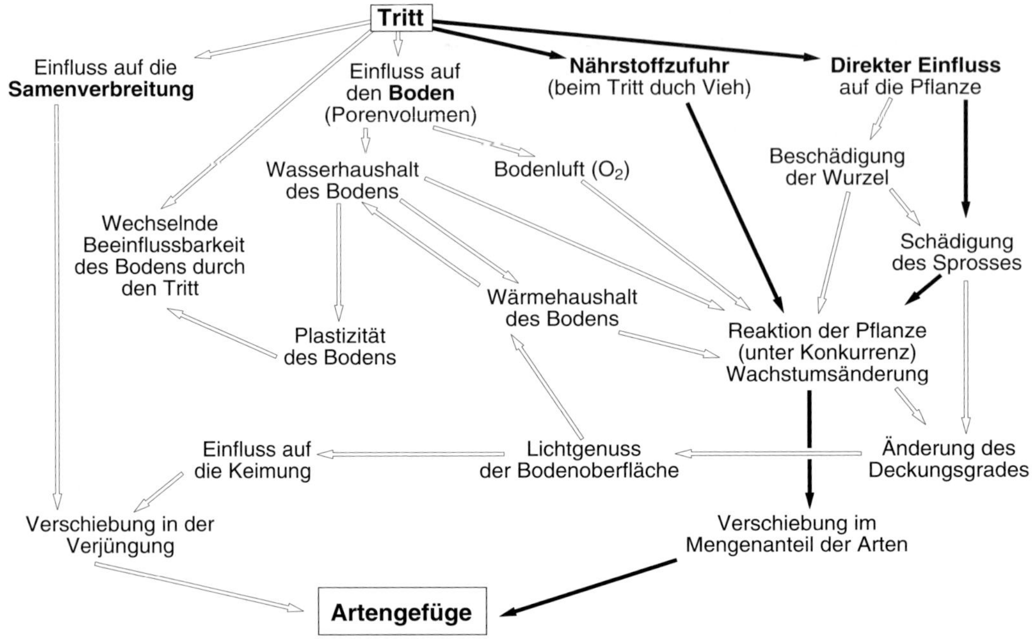

Abb. 19–36 Der Tritt durch Tiere und Menschen wirkt sich teils direkt, teils indirekt auf die Pflanzendecke aus. Die „Trittpflanzen" werden weniger stark geschädigt als die übrigen Arten und haben daher bei der Ansiedlung und im Wettbewerb relative Vorteile. Nach Lieth (1954), etwas verändert.

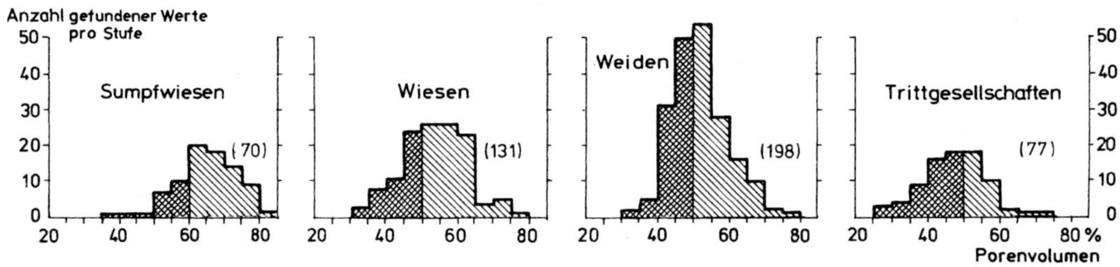

Abb. 19–37 Beziehungen zwischen dem Porenvolumen des Bodens und der Bewirtschaftung von Dauergrünland-Gesellschaften. (In Klammern: Zahl der Messungen, jeweils im Oberboden bis 10 cm Tiefe.) Nach Lieth (1954), verändert. Tritt verdichtet den Boden; deshalb sind die Porenvolumina in betretbaren Böden geringer.

Festuca pratensis, Dactylis glomerata > *Lolium perenne* > *Festuca rubra, Holcus lanatus, Festuca arundinacea* > *Nardus stricta, Molinia caerulea* sowie viele Weideunkräuter.

Tritt beeinflusst auf verschiedenem Wege das Artengefüge von Weiden und Trittrasen (s. Abb. 19–36). Der Boden von Weiden ist verdichtet und porenärmer als derjenige von Wiesen oder Äckern (Lieth 1954; s. Abb. 19–37). Klapp (1965) maß **in Weiden eine im Mittel um 13 % höhere Bodendichte als in Wiesen**. Weideböden werden in dieser Hinsicht nur von dem Boden der noch stärker betretenen Wegränder und Sportplätze übertroffen. In der Nähe von Weidetoren, Tränk- und Melkstellen gehen auch die Weiderasen in Trittpflanzen-Gesellschaften über (s. Abb. 19–28 u. Tab. 19–11). Als günstige Nebenwirkung der mechanischen Schäden ist der hohe Lichtgenuss und die Befreiung von Konkurrenten hervorzuheben. In der Regel ist Tritt auch mit dem Faktor Eutrophierung verbunden, sei es über den Kot der Weidetiere oder aufgrund der Siedlungsnähe vieler Trittpflanzen-Bestände. Ohne diese würden sich die geschädigten Pflanzen nicht so

Tab. 19–11 Einfluss des Viehtritts auf das Artengefüge einer gut gedüngten Weidelgrasweide. Nach Aufnahmen von Vollrath (1970) auf den Umtriebsweiden des Veitshofs (Oberbayern) in zunehmender Entfernung von den Koppeltoren. Die Ziffern geben die Stetigkeit aufgrund von mehreren Aufnahmen an.[1] Ökologische Bewertung von Ellenberg et al. (1992).

	Laufende Nr.:	1	2	3	4	F	N
	Enfernung vom Koppeltor (bis m)	6	18	63	360		
A	*Echinochloa crus-galli*	*4*				5	8
B	*Glyceria plicata*	*3*				10	8
A	*Atriplex patula*	*3*				5	7
T	*Juncus tenuis*	*2*				6	5
A	*Chenopodium glaucum*	*3*	*1*			6	9
T	*Matricaria discoidea*	*5*	*4*			5	8
T	*Polygonum aviculare*	*5*	*4*		*1*	4	6
T	*Poa annua*	*5*	*5*	*4*	*2*	6	8
T	*Plantago major*	*5*	*5*	*5*	*5*	5	6
	Agrostis stolonifera	*5*	*4*	*4*	*5*	×	5
	Poa pratensis	*5*	*5*	*5*	*5*	5	6
	Trifolium repens	*5*	*5*	*5*	*5*	5	6
A	*Rumex obtusifolius*	*4*	*5*	*4*	*4*	6	9
A	*Capsella bursa-pastoris*	*4*	*5*	*5*	*5*	5	6
	Lolium perenne	*4*	*5*	*5*	*5*	5	7
	Taraxacum officinale	*3*	*5*	*5*	*5*	5	7
A	*Stellaria media*	*3*	*4*	*5*	*5*	×	8
	Ranunculus repens	*3*	*1*	*3*	*5*	7	×
	Dactylis glomerata	*2*	*4*	*5*	*5*	5	6
	Festuca pratensis	*2*	*2*	*5*	*4*	6	6

	Laufende Nr.:	1	2	3	4	F	N
	Enfernung vom Koppeltor (bis m)	6	18	63	360		
	Potentilla anserina		*4*		*2*	6	7
	Elymus repens		*3*	*4*	*5*	×	7
	Poa trivialis		*2*	*4*	*5*	7	7
	Phleum pratense		*1*	*2*	*2*	5	6
	Leontodon autumnalis		*1*		*2*	5	5
	Bellis perennis		*1*	*4*	*5*	5	6
	Deschampsia cespitosa			*4*	*2*	7	3
	Achillea millefolium			*2*	*3*	4	5
	Plantago lanceolata			*2*	*3*	×	×
	Trifolium pratense				*5*	×	×
	Bromus hordeaceus				*4*	×	×
	Alopecurus pratensis				*3*	6	7
	Ranunculus acris				*3*	6	×
	Glechoma hederacea				*3*	6	7
	Cerastium fontanum holosteoides				*2*	5	5
	Heracleum sphondylium				*2*	5	8
	Carum carvi				*2*	5	6
W	*Crepis biennis*				*2*	5	5
	Mittlerer Deckungsgrad (%)	**46**	91	98	97		
	Mittl. Artenzahl pro Bestand	15	16	17	28		

[1] A = Ackerunkraut oder Ruderalpflanze (Stellarietea, Artemisietea), B = Bachröhrichtpflanze (Glycerio-Sparganion), T = Trittrasenpflanze (Plantaginetalia), W = Düngewiesenpflanze (Arrhenatherion). Einige Arten geringer Stetigkeit wurden weggelassen.

Ökologische Bewertung: mF mN ΣT ΣA[2]

Nr. 1: **Nahe dem Koppeltor**, am 5,4 6,9 22 21 stärksten betreten, mehr als 50% nackter Boden; stellenweise vernässt (*Glyceria!*);

Nr. 2: **Stark betreten**, Rasen kurz und 5,3 6,6 18 15 teilweise lückig. Der mastige Stumpfblatt-Ampfer (*Rumex obtusifolius*), ein stickstoffbedürfiges Weideunkraut, wurde stellenweise häufig;

Nr. 3: **„Normale" Weide**, dicht 5,5 6,5 9 14 geschlossen und von niedrigen Gräsern beherrscht; wie Nr. 1 u. 2 relativ artenarm;

Nr. 4: **Wenig vom Vieh beansprucht**, 5,3 6,4 8 14 daher wiesenähnlich", weniger mit Exkrementen gedüngt (mN relativ niedrig) und wesentlich artenreicher.

[2]mF = mittlere Feuchtezahl (Die Feuchtigkeit des Bodens ist im Großen und Ganzen unabhängig vom Weidebetrieb),
mN = mittlere Stickstoffzahl (mit der Entfernung vom Koppeltor werden genügsame Arten häufiger, doch kommen anspruchsvolle noch überall vor),
ΣT = Summe der Stetigkeitsziffern der „Trittpflanzen",
ΣA = Summe der Stetigkeitsziffern der Ackerunkräuter und Ruderalpflanzen (die ebenfalls als Zeiger für mechanische Störungen gelten dürfen).

kräftig regenerieren und die gekeimten nicht so rasch entwickeln können.

Nur trittfeste und regenerationskräftige Arten vermögen in Intensivweiden und Trittrasen zu leben. Die Widerstandskraft der teils ausdauernden, teils ein- oder zweijährigen Pflanzen gegen häufiges Betretenwerden beruht vor allem auf geringer Größe, bodennaher Verzweigung, Elastizität und Festigkeit der Gewebe (Soerkarjo 1992), rascher Regeneration und hoher Samenproduktion. An den am stärksten betretenen Stellen gelingt bestenfalls *Poa annua* oder *Polygonum aviculare* die Ausreifung von Samen.

Bothmer (1953) und Vollrath (1970) suchten die **Tritttoleranz** der verschiedenen Arten dadurch zu ermitteln, dass sie den Mindestabstand bestimmter Arten und Vegetationstypen von den kahlgetretenen Weideausgängen maßen (s. Tab. 19–11). Haessler (1954) kam auf experimentellem Wege zu ähnlichen Resultaten. Stärkste Trittbelastung ertragen Therophyten wie die Strahlenlose Kamille und der Vogelknöterich, die den Boden nur fleckenweise bedecken. Der Ausläufer bildende Weißklee gesellt sich ihnen im Übergang zum Breitwegerich-Weißklee-Trittrasen (*Plantago major-Trifolium repens*-Gesellschaft) zu, in dem schon *Lolium perenne* und andere Arten vorkommen (s. Abb. 19–38). Diese Gesellschaft vermittelt zum Weidelgras-Breitwegerichteppich (s. Kap. 19.3.7.1)

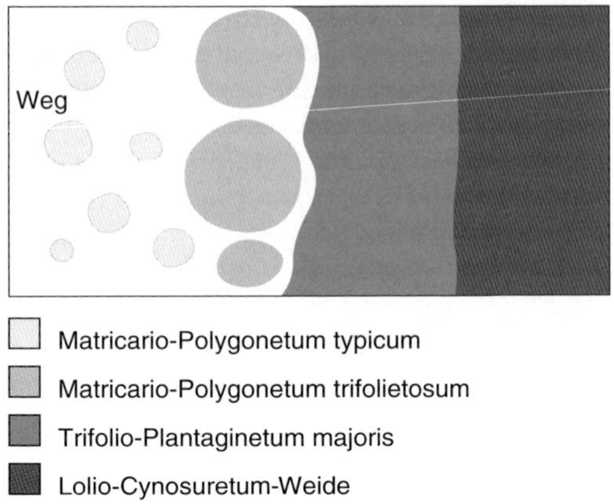

Abb. 19–38 Normale Zonierung von Trittpflanzen-Gesellschaften auf lehmigem Boden zwischen einem Weg und einem gedüngten Grasland. Nach Oberdorfer (1971), etwas verändert.
Stärkste Trittbelastung ertragen Therophyten wie die Strahllose Kamille und der Vogelknöterich, die den Boden nur fleckenweise bedecken. Der ausläuferbildende Weißklee gesellt sich ihnen im Übergang zum Weißklee-Breitwegerich-Trittrasen zu, in dem auch schon das Deutsche Weidelgras und andere Arten vorkommen.
Nach F. Runge (1981) sind diese Gesellschaften keineswegs „immergrün", wie bisher angenommen wurde, nicht einmal in dem relativ stark ozeanischen Klima der Münsterschen Bucht. Mit Ausnahme des Lolio-Cynosuretum (5.423) gehören sie zum Verband *Polygonion arenastri* (3.7.11).

Die Viehbesatzdichte bestimmt die Fraß- und Trittwirkung. Geringe Dichte führt zu **selektiver Unterbeweidung**, weil mehr Futter als benötigt vorhanden ist. Folge ist die Ausbreitung von wenig schmackhaften, hartblättrigen, giftigen oder bedornten Weideunkräutern wie z. B. *Deschampsia*, *Carex*, *Juncus*, *Euphorbia*, *Artemisia*, *Rumex*, *Gentiana*, *Colchicum* und *Ononis* sowie Sträuchern, die vom Rande her in die Weiden eindringen. **Selektive Überbeweidung** bedingt dagegen die Schädigung und Zurückdrängung der schmackhaften Pflanzen und die Ausbreitung einiger weniger, besonders trittfester und niedrigwüchsiger Arten, darunter *Plantago*, *Prunella*, *Bellis* und *Taraxacum*.

Der Faktor Tritt spielt heute auch außerhalb der eigentlichen Trittrasen eine zunehmende Rolle. So führte intensiver Erholungsverkehr an den oberbayerischen Osterseen zu einem trittbedingten Rückgang der Gesamtartenzahl in den dortigen Halbtrockenrasen von 59 auf 30, bei den Trockenrasenpflanzen sogar von 27 auf 7 (Seibert 1974). Arten des Kulturgraslandes und der Trittpflanzen-Gesellschaften nahmen dagegen zu.

19.4.2 Ökophysiologische Eigenschaften der Graslandarten

19.4.2.1 Strahlungsabsorption und Selbstbeschattung

Die große Mehrzahl der Graslandpflanzen ist an hohen Strahlungsgenuss angepasst. Unter 500 mitteleuropäischen Graslandpflanzen besitzen 420 eine Lichtzahl von 7 oder höher. Zwischen der Produktivität von Grasländern und der absorbierten Strahlung besteht daher wie in anderen Ökosystemen eine enge Beziehung. Beide nehmen in der Regel mit der Blattfläche zu. **Selbstbeschattung** im dichten ungemähten Bestand reduziert jedoch den Trockensubstanz-Zuwachs von Wiesen und zwar auf mehrfachem Wege (Matthew et al. 2000). Viele der vorhandenen Blätter müssen nämlich ihre aktuelle Photosyntheserate aufgrund von Lichtmangel reduzieren, weil die Mittel- und Oberschicht einer Wiese von lichtbedürftigen Gräsern und Kräutern gebildet wird. Nur im Unterstand herrschen mehr oder weniger schattenverträgliche, niedrigwüchsige Kriech- und Rosettenpflanzen. Andererseits besitzen die im immer dichter werdenden Bestand neu ausgetriebenen Blätter eine geringere Photosynthesekapazität als jene, die früher im Jahr im Volllicht ausgebildet worden waren (Parsons & Robson 1981). Im aufwachsenden Grasbestand steigt daher zwar der Blattflächenindex an, gleichzeitig sinkt jedoch die photosynthetische Leistungsfähigkeit der zunehmend an Halbschatten angepassten Blätter. Zudem führt erhöhte Mortalität zu einem **Anstieg der toten Blattmasse im Inneren des Bestandes** und damit zum Rückgang des Trockenmassen-Zuwachses. Die Assimilationsleistung der Blätter reduziert sich ohnehin mit dem Alter, weil das metabolische Potenzial mit der Zeit nachlässt (Woledge & Leafe 1976). Ein aufwachsender Grasbestand erreicht deshalb zunächst ein Maximum der Produktivität; später sinkt dieses trotz wachsender Blattfläche aufgrund beschleunigten Absterbens der beschatteten Blätter wieder ab (Marshall 1987).

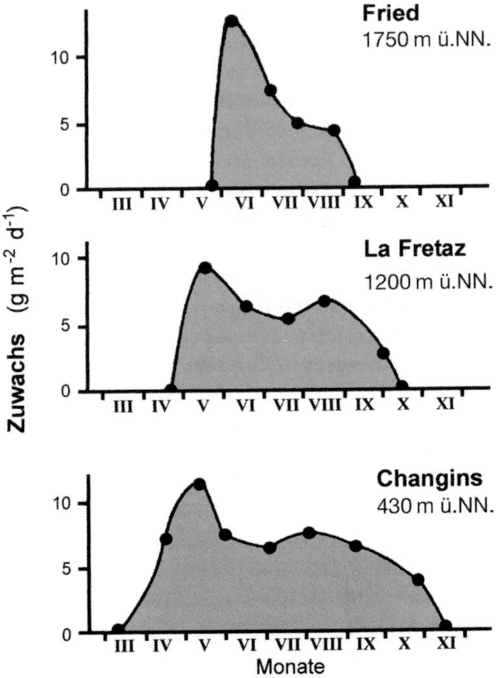

Abb. 19–39 Jahresverlauf des täglichen oberirdischen Zuwachses in Weiderasen verschiedener Höhenlage der Alpen (Mittel aus 2 Jahren). Nach Caputa & Schlechtner (1970). Im Tiefland und unteren Bergland tritt eine überwiegend trockenheitsbedingte Mittsommer-Depression des Zuwachses auf.

19.4.2.2 Einfluss von Wassermangel

Die Ausbildung der Blattfläche wird in mitteleuropäischen Wiesen und Weiden in starkem Maße von der Wasserversorgung bestimmt. Optimal gedeihen fast alle unsere Wiesengräser, wenn der Wassergehalt des Bodens etwa 85 % seiner Feldkapazität beträgt (Kautner 1933 u. s. Ellenberg 1963). Vor allem im Hoch- und Spätsommer sind Wiesen und Weiden auch im relativ humiden Klima Mitteleuropas aber häufig Trockenstress ausgesetzt, insbesondere auf sandigen und tonigen Böden und in Regionen mit erhöhter Verdunstungsbeanspruchung. Wassermangel reduziert dann das zelluläre Streckungswachstum und damit die Blattneubildung der Gräser oft bereits von Mai an (Turner & Begg 1978, Jones et al. 1980). Viele Gräser rollen zudem ihre Blätter bei Trockenheit ein und reduzieren damit die transpirierende Oberfläche und Photosyntheseleistung (Gastal & Durand 2000). Dies äußert sich in einer charakteristischen **Mittsommer-Depression des Zuwachses** vieler Wiesen und, weniger ausgeprägt, auch der Weiden (Anslow & Green 1967; s. Abb. 19–39). Neben Trockenstress spielt auch der endogene Entwicklungsrhythmus mit generativer Entwicklung im Frühjahr und Seitentriebbildung im Sommer eine Rolle.

Von Jahr zu Jahr wechselnde Niederschlagshöhen können die Ursache für beträchtliche **Fluktuationen in der Gesamtartenzahl** von Wiesen und im Deckungsgrad einzelner Arten sein. Auf einer Probefläche in einer Bachkratzdistelwiese des Schwarzwaldes schwankte die Artenzahl in acht aufeinander folgenden Jahren zwischen 52 und 60, wobei *Carex panicea* als besonders witterungsempfindlich erschien (Nowak & Schulz 2002).

Artspezifische Unterschiede in der Reaktion auf sommerlichen Trockenstress sind wesentliche Faktoren, die die unterschiedliche Artenzusammensetzung von Frischwiesen und Trockenrasen bedingen. Die Konkurrenzkraft von *Arrhenatherum*, *Phleum*, *Alopecurus*, *Lolium* und der anderer Pflanzen der Frischwiesen und -weiden nimmt mit zunehmender Trockenheit ab, weil sie auf **Wassermangel** mit einer stärkeren Abnahme ihrer Trockenmassen-Produktion und oft auch ihrer Samenproduktion reagieren als z. B. *Bromus erectus*, *Brachypodium pinnatum* oder *Koeleria pyramidata* (Salinger & Strehlow 1987, Ködderitzsch & Leuschner, unveröff.; s. Abb. 19–40). Das Weidelgras mit ausgesprochen ozeanischem Verbreitungsareal litt in Bodenfeuchte-Experimenten sehr stark unter länger dauernder Austrocknung. *Lolium* besaß im Mittel eine höhere Transpiration als der Glatthafer und schränkte diese bei Trockenstress weniger stark ein; bei längerer Trockenheit erlitt das Weidelgras jedoch früher permanente Welke als der Glatthafer (Didden-Zopfy 1981). Glatthafer und Fuchsschwanz wiederum waren bei Bodentrockenheit bzw. tief liegendem Grundwasser stärker von einem Ertragsrückgang betroffen als die Aufrechte Trespe (Ellenberg 1953b; s. Abb. 19–40). Deshalb vermögen die Frischwiesengräser die genügsameren Vertreter der Trocken- und Halbtrockenrasen nicht fernzuhalten, während sie diesen bei gleichmäßiger Wasserversorgung überlegen wären (Sharifi 1983). Das mag auch erklären, warum der Glatthafer in Richtung auf das kontinentale Trockenklima Osteuropas noch früher haltmacht als *Bromus*.

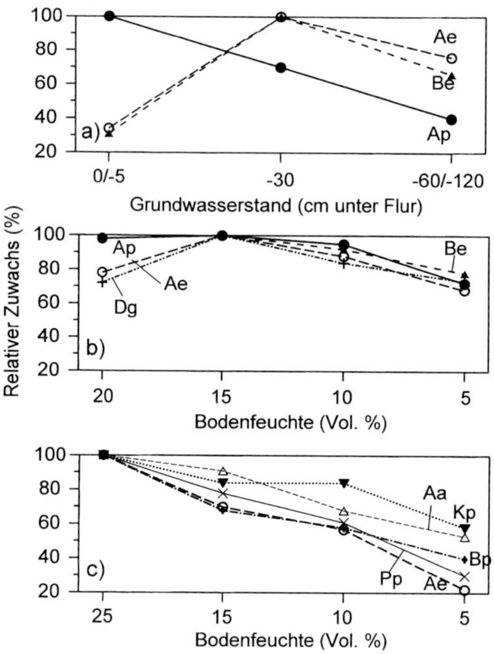

Abb. 19–40 Trockensubstanzerträge (in % des Maximums) von acht Gräsern der Frischwiesen und Halbtrockenrasen in Reinkultur bei abgestuftem, konstant gehaltenem Grundwasserstand in Sandboden (a; nach Sharifi 1983) bzw. bei unterschiedlicher, konstanter Bodenfeuchte (b und c; nach Zielke, Ködderitzsch u. Leuschner, unveröff.). Aa = *Alopecurus aequalis*, Ae = *Arrhenatherum elatius*, Ap = *Alopecurus pratensis*, Be = *Bromus erectus*, Bp = *Brachypodium pinnatum*, Dg = *Dactylis glomerata*, Kp = *Koeleria pyramidata*, Pp = *Phleum pratense*. Das Feuchtwiesengras *Alopecurus pratensis* reagierte auf tiefen Grundwasserstand empfindlicher als *Arrhenatherum* oder *Bromus*. Bodentrockenheit führte bei den Frischwiesenarten *Arrhenatherum* und *Phleum* zu stärkeren Ertragsrückgängen als bei den Trockenrasenarten *Brachypodium*, *Bromus* und *Koeleria*. Hohe Bodenfeuchte hatte ebenfalls bei den meisten Arten (außer *Alopecurus pratensis*) Ertragseinbußen zur Folge.

Andererseits sind *Arrhenatherum* und *Dactylis* auf grundwassernahen Böden um so erfolgreicher, je trockener die Witterung ist, weil dann der Konkurrenzvorteil von Feuchtwiesengräsern wie *Deschampsia cespitosa*, *Alopecurus pratensis* oder *Poa palustris* schwindet. Die breiteste Amplitude der Bodenfeuchtigkeit haben *Arrhenatherum* und seine Begleiter deshalb dort, wo ihnen die Witterung ein Vordringen auf Nassböden erlaubt, ohne sie ganz von Trockenböden zu vertreiben, d. h. unter den mäßig warm-trockenen Klimabedingungen des Alb- und Schwarzwald-Vorlandes in Süddeutschland (Wuchsbezirk 1a in Abb. 19–14).

Dennoch wäre es falsch, aus solcher Reihung der Arten ohne experimentelle Prüfung zu schließen, Gräser wie *Bromus erectus*, *Avenochloa pratensis* und *Phleum phleoides* seien xerophil, hätten also ihr physiologisches Wachstumsoptimum an trockenen Standorten. Ebensowenig steht es ohne Weiteres fest, dass *Alopecurus pratensis*, *Poa palustris* oder andere Feuchtigkeits- und Nässezeiger nicht auch auf wesentlich trockeneren Böden gedeihen könnten. Ihre Amplitude in Grasland-Gesellschaften hängt wesentlich von der Gegenwart stärkerer Konkurrenten ab (s. Kap. 18.5.2).

19.4.2.3 Überflutungstoleranz

Ähnlich wie die Pflanzen der Röhrichte, Seggenriede und Moore sind die Flutrasenarten und viele Pflanzen der Feuchtwiesen Sauerstoffmangel im Wurzelraum ausgesetzt, wenn das Grundwasser hoch steht oder gar Überflutung stattfindet. Teilweiser oder vollständiger Sauerstoffmangel im Wurzelraum (Hypoxie oder Anoxie) bedingen nicht nur Änderungen im Energiestoffwechsel (Beck 2002), sondern fördern auch die Ausbildung von **Aerenchymen** in Spross und Wurzel und führen zur **Internodienstreckung** (s. Kap. 8.4.1d). Diese beiden morphologischen Anpassungen verbessern die Sauerstoffversorgung der Pflanze und erlauben fortgesetztes Wurzelwachstum sowie Bildung von Seitenwurzeln im nassen Boden.

Das Ausmaß der **Toleranz gegenüber Anoxie im Wurzelraum** bestimmt nach Laan et al. (1989), Silvertown et al. (1999) und Lenssen & de Kroon (2005) die untere Verbreitungsgrenze einer Pflanzenart im Überflutungsgradienten der Aue, während die obere vor allem durch Trockenheit verursacht wird. Unter sechs Ampferarten besaß nur der uferbewohnende *R. maritimus* stets ein stark entwickeltes Durchlüftungsgewebe. Bei dieser Art ist das Aerenchym konstitutionell und wird schizogen gebildet. Bei den in Feuchtwiesen vorkommenden *R. conglomeratus* und *R. crispus* war es zumindest häufig oder öfter ausgebildet. *R. obtusifolius* bildete ein Durchlüftungsgewebe nur auf Nassböden aus, die Feuchtwiesen meidenden *R. acetosa* und *R. thyrsiflorus* waren stets ohne Aerenchym (Laan et al. 1989). Ebenso toleriert *Deschampsia cespitosa* Staunässe und Anoxie sowie damit verbundene hohe Konzentrationen von Eisen und Mangan aufgrund seiner Fähigkeit, die Rhizospäre über ein gut ausgebildetes Aerenchym zu oxidieren (Davy & Taylor 1975, Davy 1980).

Der uferbewohnende Sumpfampfer (*Rumex palustris*), der ebenfalls über ein ausgeprägtes Aerenchym verfügt, bildet in vernässten Böden ein weit umfangreicheres Wurzelwerk aus als *R. acetosa* und auch *Plantago major*, die beide keine Staunässetoleranz besitzen (Engelaar et al. 1993). Das hohlraumreiche Wurzelgewebe des Sumpfampfers ist allerdings so weich, dass die Wurzeln in verdichteten Boden weniger gut einzudringen vermögen als in lockeren (s. Abb. 19–41). Das gelingt insbesondere der Trittrasenpflanze *Plantago major*, aber auch der Frischwiesenart *Rumex acetosa* weit besser, weil deren Wurzeln robuster sind. Deshalb ist der Breitwegerich zwar auf verdichteten Böden konkurrenzkräftig, nicht jedoch bei dauernder Nässe. *R. acetosa* bildet unter diesen

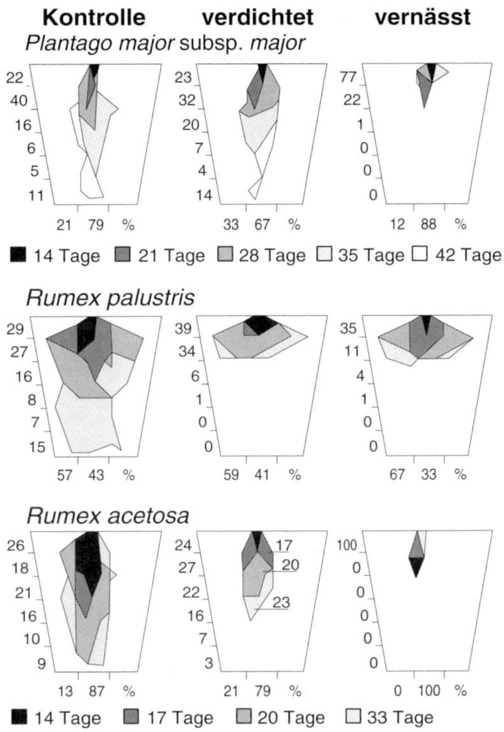

Abb. 19–41 Vergleich des Wurzelwerks einer Trittpflanze (*Plantago major*), einer Sumpfpflanze (*Rumex palustris*) und einer Wiesenpflanze (*Rumex acetosa*), die einzeln in Töpfen mit Glasröhren zur Beobachtung der Wurzelentwicklung (mittels beleuchteter Spiegel) kultiviert wurden, und zwar auf lockerem, gut dräniertem Boden („Kontrolle"), auf gleichmäßig dicht gepacktem, aber gut dräniertem Boden („verdichtet") und auf lockerem, jedoch ständig nassem, luftarmem Boden („vernässt"). Die Durchtränkung mit Wasser begann 21 (*Plantago*) bzw. 14 Tage (*Rumex*) nach der Pflanzung. Nach Engelaar, Jacobs & Blom (1993), etwas vereinfacht. Die Zahlen am Außenrand der Töpfe geben die Prozentanteile der Wurzel-Trockenmasse am Ende der Versuche in waagerechten (links) und senkrechten Schnitten an (unten). Die Messwerte entsprechen dem Mittelwert aus je 7–8 Kulturgefäßen. Alle drei Arten gedeihen auf mäßig feuchtem, lockerem (und gut gedüngtem) Boden gut und durchwurzeln das Gefäß bis zum Grund. *Plantago* dringt auch in den dichtgepackten Boden tief ein, verträgt aber keine Nässe. *R. pal.* erträgt Sauerstoffmangel im dichten wie im vernässten Boden, *R. acetosa* kümmert in beiden.

Bedingungen ebensowenig ein Aerenchym aus wie *Plantago major*, hat aber keine so kräftigen Wurzeln wie dieser. Deshalb ist diese Art nur auf den normal-feuchten und lockeren Böden der Frischwiesen konkurrenzfähig, den die bei-

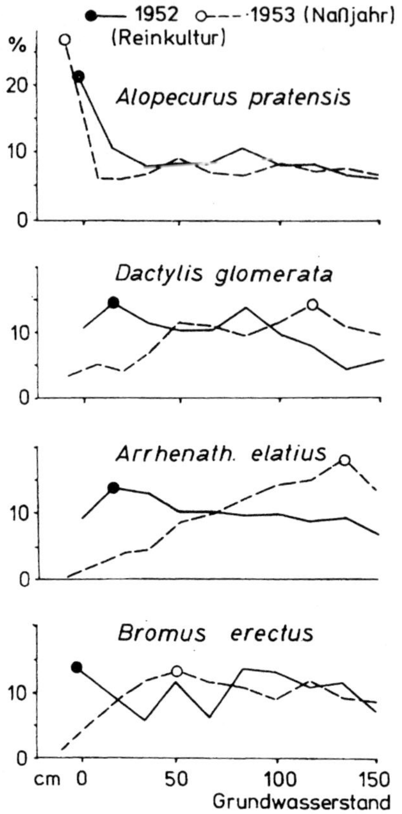

Abb. 19–42 Trockensubstanzproduktion einiger Wiesengräser in Reinkultur bei abgestuftem, konstant gehaltenem Grundwasserstand in Sandboden im trockenen Sommer 1952 und (nach erneuter Ansaat) im relativ nassen Sommer 1953 (vgl. Abb. 18–30). Nach Ellenberg (1954).
Im niederschlagsarmen Jahr 1952 produzierten alle Arten am meisten bei relativ hohem Grundwasserstand, weil der Oberboden oft austrocknete und am Ende der Vegetationsperiode nur wenig Wasser enthielt. Eine entsprechende Situation ist in Südwestdeutschland relativ häufig und erlaubt den Arten des Arrhenatheretum, auch auf grundwassernahen Böden zu siedeln (Abb. 19–15 unten). Häufige Durchfeuchtung des Oberbodens, wie sie im Versuchsbecken 1953 eintrat, hemmt dagegen Glatthafer, Knaulgras und andere tief wurzelnde Gräser, weil sie den mit ihr verbundenen Luftmangel weniger gut ertragen als der Fuchsschwanz und andere Feuchtboden-Besiedler, deren Wurzelrinden von zusammenhängenden Luftsträngen (Aerenchym) durchzogen sind. In dem vergleichsweise humiden Klima Nordwestdeutschlands tritt dieser Fall so oft ein, dass das Arrhenatheretum auf grundwasserferne Böden beschränkt bleibt (Abb. 19–15 oben).
Die weniger tief wurzelnde Aufrechte Trespe reagierte auf die Nässe überraschend schwach, erwies sich also auch bei diesem Experiment nicht als xerophil (vgl. Abb. 18–26 u. 18–30).

den anderen Arten ebenfalls ohne Schwierigkeiten durchwurzeln können.

Kurzfristige Überstauung ertragen viele Arten der Flutrasen ohne sichtbare Schädigung. *Phleum pratense*, *Festuca pratensis* und *Alopecurus pratensis* werden zumindest als toleranter eingestuft, weil sie sich rasch erholen. Die produktiven Fettwiesengräser *Arrhenatherum elatius*, *Lolium perenne*, *Dactylis glomerata* und *Poa pratensis* sowie *Festuca rubra* gelten dagegen als besonders **überflutungsempfindliche Gräser** (Klapp 1971, vgl. auch Speidel & van Senden 1954, Stählin 1957a, Raabe 1960). Das zeigte sich auch im Hohenheimer Grundwasserversuch: Im feuchten Sommer 1953 erreichten Glatthafer und Knäuelgras ihr Produktionsmaximum bei einem deutlich tieferen Grundwasserstand als im trockenen Sommer 1952. Grundwasserstände über 50 cm unter Flur führten bei diesen Arten zu einem auffälligen Ertragsrückgang, nicht jedoch bei dem besser an Staunässe angepassten Fuchsschwanz (s. Abb. 19–42).

Der Rotschwingel mit weiter Verbreitung auch in trockenen Grasländern bildet in den Salz- und Brackmarschen Ökotypen aus, die eine regelmäßige Überflutung gut vertragen (s. Kap. 11). *Agrostis stolonifera* ist ebenfalls außerordentlich formenreich; sie ist nicht nur an das Leben in Flutrasen angepasst (Misra & Tyler 2000), sondern kommt auch in Kulturweiden, manchen Wiesen, Beikrautfluren und anderen Gesellschaften vor. Dabei handelt es sich um verschiedene Genotypen, die sich in der Länge ihrer Ausläufer, der Höhe der blühenden Halme, aber auch der Überflutungs-, Trockenheits- und Salztoleranz unterscheiden (Aston & Bradshaw 1966).

19.4.2.4 Nährstoffbedarf und Nährstofflimitierung

Düngungsversuche haben gezeigt, dass sowohl Stickstoff und Phosphor als auch Kalium auf die Produktivität der Wiesen und Weiden begrenzend wirken können. **N-Limitierung** tritt vor allem in Wiesen auf sauren Substraten mit geringer Mineralisierung auf, wenn die Nährstoffexporte mit der Ernte nicht durch Düngung ersetzt werden (Künzli 1967, Vermeer 1986, Stöcklin & Gisi 1989). Auf Böden mit geringer Austauschkapazität wie Sand oder Torf kann auch **Kalium limitierend** wirken, insbesondere, wenn hohe Verluste durch Auswaschung und Ernteentzug auftreten (Oomes & Mooi 1985, Sach 1997, van Duren et al. 1997, Olde Venterink 2000). Phosphor kann in manchen kalkreichen, aber auch in bodensauren Wiesen und Weiden limitierender Nährstoff sein, wenn P durch reichlich vorhandenes Kalzium oder Eisen gebunden wird. Das geschieht auch bei der Entwässerung von Feuchtwiesen, wenn Fe^{2+} zu Fe^{3+} oxidiert wird (s. Kap. 10). Beispiele sind das Junco-Molinietum und Gesellschaften des CARICION DAVALLIANAE (Egloff 1983, Olde Venterink 2000) sowie schwach gedüngte, der Überflutung ausgesetzte Auenwiesen des CNIDION (Franke 2003, Härdtle et al. 2006). In niederländischen Feuchtwiesen zeigt die Dominanz von *Molinia* nach Olde Venterink (2000) **P-Limitierung** an, solche von *Holcus lanatus* dagegen K-Limitierung, und von *Glyceria maxima*, *Phragmites australis* oder *Carex acuta* N-Limitierung. Nach Schaffers (2000) lassen N/P-Verhältnisse von weniger als 10 in der Sprossbiomasse auf N-Limitierung von Graslandpflanzen schließen, Werte über 14 dagegen auf P-Limitierung.

Stickstoffmangel reduziert in Grasblättern vor allem die Zellteilung, weniger die Zellgröße, und begrenzt auf diesem Wege den Blattflächenindex (Fricke et al. 1997). Höchsterträge von Intensivwiesen und -weiden sind deshalb an eine sehr hohe N-Düngung gebunden, die große Blattflächenindizes und eine maximale Strahlungsausnutzung gewährleistet. Im Allgemeinen ist das Wurzelwachstum der Graslandpflanzen weniger von Nährstoff- und Wasserlimitierung betroffen als das Sprosswachstum (Gastal & Durand 2000). Auch Phosphormangel führt zu einer **Verkleinerung der Blattfläche**, bei *Lolium perenne* nach Kavanova et al. (2006) um 39 %. Phosphorlimitierung äußert sich dementsprechend nach Olde Venterink (2000) in besonders geringer Produktivität der Grasländer.

Die Grasarten mitteleuropäischer Wiesen und Weiden unterscheiden sich stark in ihrem genetisch bestimmten Wachstumspotenzial. Zieht man verschiedene Gräser unter gleichmäßig günstigen Feuchte- und Nährstoffbedingungen an, so wachsen beispielsweise *Poa annua* und *Holcus lanatus* dreimal so schnell wie *Danthonia decumbens* und *Nardus stricta* (Grime & Hunt 1975; s. Abb. 19–43). Die **relative Wachstumsrate** einer Grasart ist umso höher, je größer der Stickstoffreichtum des natürlichen Standortes (ausgedrückt in der N-Zahl) ist. Eine besonders starke Wachstumsförderung durch N- und P-Düngung erzielten Bradshaw et al. (1960, 1964) bei *Lolium perenne*; hinsichtlich der Förderungsraten folgten ihm *Agrostis stolonifera*, *A. capillaris*, *Cynosurus cristatus*, *Festuca ovina* und *Nardus stricta*. Immerhin wird auch das Borstgras durch mäßige N-Düngung gefördert, durch höhere Gaben jedoch im Wachstum gehemmt (Bradshaw et al. 1964). Höhere Boden-P-Gehalte fördern dagegen das Wachstum von *Nardus* so gut wie gar nicht (Chadwick 1960).

Die schnell wachsenden Gräser nährstoffreicher Fettwiesen und -weiden haben einen höheren N-Bedarf und synthetisieren in den Wurzeln mehr Transportproteine für die N-Aufnahme als jene der Magerwiesen und -weiden (Chapin 1980, Larsson 1994). Letztere besitzen aber eine höhere **Stickstoffnutzungs-Effizienz** (NUE), setzen also N ökonomischer im Wachstum ein als Erstere (Aerts 1989) und haben langlebigere Blätter und Wurzeln (Schläpfer & Ryser 1966). Nimmt man die Blattnährstoffgehalte als Maß, so besitzen Wiesenkräuter ein größeres Aneignungsvermögen für Kalium, Phosphor und Kalzium als Gräser: Erstere zeigen im Mittel um 50–100 % höhere Blattspiegelwerte als Gräser (Briemle 1998 b).

Mitteleuropäische Graslandpflanzen ernähren sich nicht nur von Nitrat und Ammonium, sondern können wie viele Pflanzen bodensaurer und kalter Lebensräume auch organischen Stickstoff in Form von Aminosäuren (z. B. Glycin, Alanin oder Glutamin) nutzen (Weigelt et al. 2005). Deren Anteil ist nach experimentellen Befunden von Falkengren-Grerup et al. (2000) bei Kräutern wie *Prunella vulgaris* und *Galium aparine* sehr gering, kann jedoch bei Gräsern (*Poa*-, *Agrostis*-, *Festuca*- und *Elymus*-Arten) 20–50 % der Ammoniumaufnahme erreichen und bei *Deschampsia flexuosa* diese sogar übertreffen.

Manche Graslandpflanzen wie *Trifolium repens* bilden physiologisch differenzierte **Ökotypen** aus, die sich an kleinräumige bodenchemische Unterschiede im Bestand in besonderem Maße angepasst haben (Bradshaw 1976). Snaydon (1962 a) und Snaydon & Bradshaw (1962) fanden, dass Weißklee-Klone von phosphatreichem Boden bei P-Mangel schlechter wuchsen als Klone von phosphatarmen Substraten, wahrscheinlich, weil ihnen Aufnahmesysteme in den Wurzeln fehlten, die bei

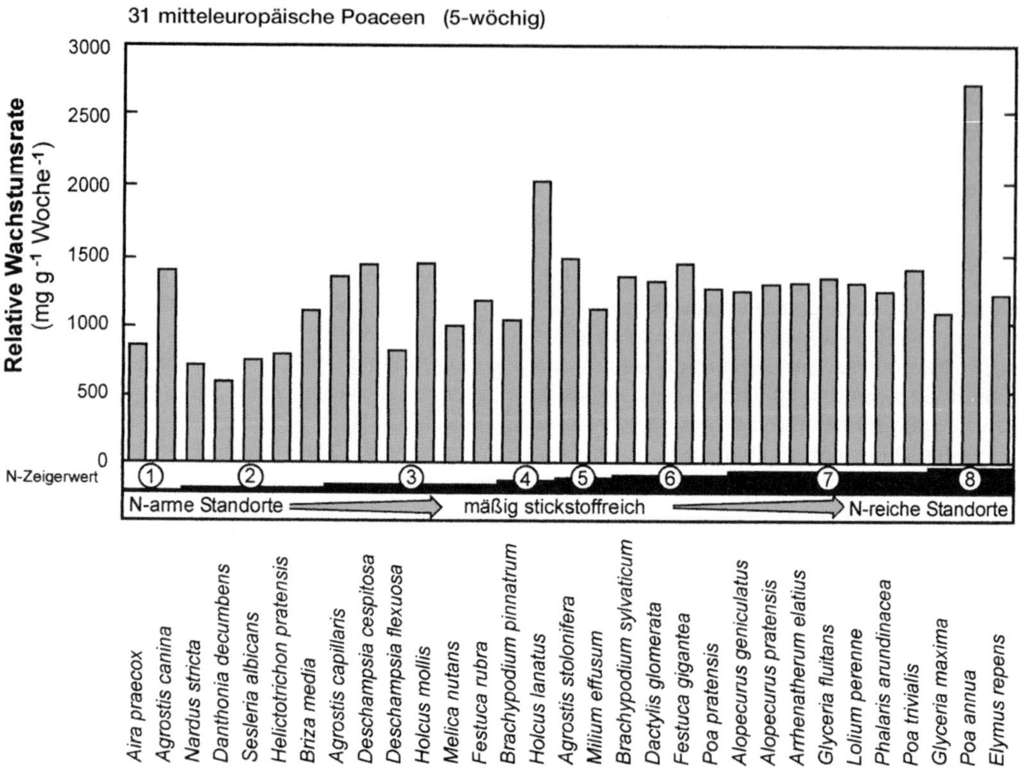

Abb. 19–43 Relative Wachstumsrate von 31 mitteleuropäischen Poaceen unter optimalen Strahlungs-, Feuchte- und Nährstoffbedingungen im Gewächshaus. Angegeben sind außerdem die N-Zeigerwerte nach Ellenberg et al. (1992). Im Allgemeinen haben Gräser von nährstoffreichen Standorten ein höheres Wachstumspotenzial. Nach unveröff. Daten von Ellenberg.

schlechter P-Verfügbarkeit effizient sind. Solche ökotyp-spezifischen Anpassungen könnten auch mit dem unterschiedlichen Wachstum der physiologischen Kalkrasse und Sauerboden-Rasse des Weißklees auf basischen und sauren Böden in Verbindung stehen. Erstere zeigt eine nur geringe Wuchsleistung auf saurem Boden, Letztere gedeiht dagegen auf kalkreichem Boden ebenso gut wie auf saurem (Snaydon 1962b). *Trifolium repens* zeigt also eine **innerartliche Differenzierung in calcicole und calcifuge Ökotypen.**

Ein Transplantationsexperiment mit zahlreichen Genotypen verschiedener geografischer Herkünfte von *Trifolium pratense*, *Dactylis glomerata* und *Plantago lanceolata* zeigte, dass jeder Genotyp an seinem eigenen Herkunftsort stets am besten wuchs, sich also an diesen lokalen Standort spezifisch angepasst hatte (Joshi et al. 2001). Bei *Trifolium repens* ließen sich sogar auf der Ebene einzelner Pflanzenindividuen physiologische Unterschiede nachweisen. *Trifolium*-Genotypen wuchsen nämlich im Experiment besser in direkter Nachbarschaft desjenigen *Lolium*-Genotyps, mit dem sie auch in der Natur vorkamen, als mit einem beliebigen anderen (Lüscher et al. 1992). Offenbar hatten sich die Weißklee-Genotypen also über mehrere Generationen **spezifisch an ihre Nachbarn in der Wiese angepasst**; dies hat zu Veränderungen im Genom geführt.

19.4.2.5 Hitze- und Kälteresistenz

Auch sommerliche Hitze kann in mitteleuropäischen Wiesen und Weiden offenbar wachstumslimitierend sein. Nach Maier (1971) nehmen viele Graslandpflanzen im Hochsommer schon bei Temperaturen unter 50 °C Schaden, der wahrscheinlich durch Hitzedenaturierung von Proteinen verursacht wird. Graslandarten wie z. B. *Galium mollugo* (Hitzeschädigung bei 50 °C), *Arrhenatherum* und *Taraxacum officinale* (44 °C), *Poa pratensis* (43 °C) oder *Bellis perennis* (42 °C) besitzen also eine relativ geringe **Hitzeresistenz**. Wahrscheinlich beruht die Empfindlichkeit gegenüber hohen Temperaturen auch auf der gleichzeitigen Einwirkung von Bodentrockenheit und hoher Verdunstungsbeanspruchung. Nach Stocker (1967) und Ruetz (1973) reduzieren Gräser wie *Arrhenatherum* aufgrund luftfeuchtesensibler Stomataregulation ihre Transpiration in Trockenperioden so sensitiv, dass die Photosyntheseleistung stark eingeschränkt wird und oft eine Transpirationskühlung unmöglich ist. Die Ost- und Südgrenze der Glatthaferwiesen und verwandter Einheiten dürfte daher teilweise mit der geringen Hitzeresistenz mitteleuropäischer Wiesenpflanzen zusammenhängen.

Die **Kälteresistenz** vieler Wiesenpflanzen ist dagegen beträchtlich und lag beispielsweise bei *Bellis perennis* nach Schnetter (1965) im Winter 1961 bei –26 °C und 1962 bei –20 °C. *Lolium*, *Deschampsia cespitosa* und *Holcus* sind dagegen kälteempfindlicher. Das kann zur Folge haben, dass *Phleum* und *Alopecurus*, aber auch *Bromus hordaceus*, *Ranunculus repens* u. a. nach harten Wintern und kalten Frühjahren höhere Deckungsgrade erreichen, weil Weidelgras, Rasenschmiele und Honiggras geschwächt wurden (Klapp 1965). Erhöhte Kaliumgehalte in der Bodenlösung fördern nach Voigtländer & Jacob (1987) die Winterhärte der Graslandpflanzen, hohe N-Gehalte senken sie dagegen, da sie zeitiges Austreiben im Frühjahr begünstigen.

Der Photosyntheseapparat unserer Graslandpflanzen ist **an niedrige Temperaturen angepasst**, wie sie in Mitteleuropa nicht nur im Frühjahr und Herbst, sondern oft auch im Sommer während der Morgenstunden herrschen. Schon um 0 °C wird der Kompensationspunkt überschritten, d. h. oft schon beim Abtauen bereifter Blätter. Arten, die in den Wiesen des Berglandes häufiger sind als im Tiefland, z. B. der von Ruetz (1973) untersuchte Rotschwingel (*Festuca rubra*), erreichen das Optimum der lichtgesättigten Netto-Photosyntheserate oft schon bei weniger als 10 °C, andere bei höchsten 25 °C (Kalckstein 1974). Nach Tainton & Cooper (1968) beginnen viele Graslandpflanzen ab Temperaturen von 5 °C mit dem Wachstum, um bei 17–21 °C ihr Optimum zu erreichen. Manchmal bereits ab 20 °C (Ruetz 1973), meist ab 25 °C setzt eine starke Abnahme der lichtgesättigten Assimilationsrate und auch des Zuwachses ein, der bei 30–35 °C eingestellt wird (Rüegg 1976). Geringe Strahlungsintensität senkt bei *Lolium perenne* das Temperaturoptimum der Photosynthese (Schäfer 1972). In dieser Hinsicht sind unsere Wiesenpflanzen an das oftmals wolkenreiche Wetter Mitteleuropas also recht gut angepasst.

19.5 Populationsbiologie und Synökologie

19.5.1 Phänologie

Auf tiefgründigem, frischem und genügend gedüngtem Lehmboden bleiben die **Glatthaferwiesen** in normalen Wintern teilweise grün und beginnen sogleich nach der Schneeschmelze wieder zu wachsen. Während die Gräser noch niedrig sind, breitet das Wiesenschaumkraut mit unzähligen Blütentrauben einen blassvioletten Schleier über das satte Grün. In der Zeit zwischen etwa Mitte April und Anfang Mai sind die Glatthaferwiesen gelb betupft, weil der Löwenzahn seine dicken Körbchen zur Sonne öffnet und dann der Scharfe Hahnenfuß zwischen den emporschossenden Gräsern zu glänzen beginnt. Später streckt der vorher grasähnliche Bocksbart seine großen, goldgelben Köpfe zu den hochragenden Grasrispen empor. Wenn im Mai oder Anfang Juni die Margerite ihre weißen Strahlen ausbreitet, Kerbeldolden über dem vielgestaltigen Blattwerk stehen und das Hohe Labkraut in vollem Weiß erblüht, beginnt bereits das Knaulgras zu blühen und der Glatthafer seine vorher schlank geneigten Rispen zu spreizen. Endlich beherrschen Gräser das Bild der Wiese in ihrem eintönigen, stumpf gewordenen Grün, das sie nur mit ihren Blütenspelzen leicht ins Silberne, Goldene oder Violettrote abwandeln.

Plötzlich fällt an einem sonnigen Mai- oder Junimorgen die ganze vielschichtige Pracht den Mähmessern zum Opfer. Von den hohen Obergräsern bleiben kaum beblätterte, fahle Stoppeln übrig. Die Untergräser, Leguminosen und niedrigen Kräuter erholen sich von den Wochen zunehmend dichterer Beschattung, bis sie erneut von den Obergräsern und hohen Kräutern übergipfelt werden. Vor dem zweiten Schnitt kommen Wiesen-Pippau und Bärenklau, stellenweise auch Große Bibernelle und Pastinak zu voller Entfaltung. In manchen Gegenden gesellen sich Wiesen-Glockenblume und Wiesen-Storchschnabel mit ihrem violetten oder reinen Blau hinzu. Bevor aber das Blatt- und Stängelwerk strohig werden kann, erfolgt im Hochsommer die zweite Mahd, und nur in warmem Klima gelangen die hochwüchsigen Arten ein drittes Mal zur Blüte (vgl. das blühphänologische Spektrum in Dierschke & Briemle 2002).

Im Frühlingsaspekt typischer **Kohldistelwiesen** herrschen zunächst Wiesenschaumkraut und Sumpfdotterblume (s. Abb. 9–15). Später zeichnen sie sich durch karminrote, braunrote, rosarote und gelbe Farben ab, indem die Blüten von *Lychnis flos-cuculi*, *Ranunculus acris* oder *Polygonum bistorta* sowie die anthocyanreichen Knospenstände von *Rumex acetosa* und *Holcus lanatus* das zögernd sprießende Blattwerk der Gräser übertönen.

Einen besonderen Schmuck mancher CALTHION-Wiesen in gelegentlich überfluteten Flussauen stellt die Schachblume (*Fritillaria meleagris*) mit ihren perlhuhnartig gefleckten Blüten dar. Nach Horthuis et al. (1994) ist sie ursprünglich eine Auenwaldpflanze. Rein weiße und blaue Blüten fehlen fast ganz, auch in dem späteren, von Gräsern beherrschten Entwicklungszustand. Nach dem ersten Schnitt streckt *Cirsium oleraceum* seine gelbgrünen, weichblättrigen Stängel empor und beginnt zu blühen. Stellenweise bringt *Angelica sylvestris* nun auch das Weiß zur Geltung (s. Abb. 19–21). Der zweite Schnitt ist oft ebenso ergiebig wie der erste, weil die Entwicklung im Frühjahr später beginnt als bei der Glatthaferwiese und weil der Boden nach dem Heuschnitt noch über große Wasserreserven verfügt.

Während die gedüngten Feuchtwiesen im Frühjahr schon längst wieder saftig grün geworden sind und sich mit Blüten schmücken, behalten die Stoppeln der als Streuwiesen genutzten **Pfeifengraswiesen** noch lange ihr strohiges Fahlgelb. Im Bergland sind oft Buschwindröschen (*A. nemorosa*) oder Primeln (*P. elatior*), also eigentlich Waldpflanzen, die Nutznießer dieser Frühlingsruhe. Erst nachdem der Heuschnitt auf den Futterwiesen längst vorüber ist, beginnen die blauknospigen Halme von *Molinia* zu schossen und einzelne der Begleitpflanzen zu blühen. Im Spätsommer bilden die dunkelblauen Glocken von Enzianen, die gelbweißen Dolden von *Silaum silaus*, die karminroten Köpfe von *Serratula tinctoria* und andere bunte Blumen eine prächtige Farbensymphonie. Wenn sich schließlich Halme und Blätter des Pfeifengrases goldgelb und kupferbraun zu verfärben beginnen, heben sich die Streuwiesen leuchtend von den „immergrünen" Futterwiesen ab.

Die meisten Arten der Wiesen blühen in der montanen Stufe 3 bis 4 Wochen später als im Tiefland: Ausnahmen stellen nach Nowak & Schulz (2002) *Alopecurus*, *Carum*, *Colchicum*, *Cynosurus* und *Lolium* dar, deren Blühinduktion offenbar nicht von der Temperatur, sondern von der Tageslänge gesteuert wird und damit weitgehend unabhängig von der Meereshöhe ist. **Bei traditioneller Heunutzung Mitte Juni kommen fast alle Wiesenarten zur Blüte.** Erfolgt dagegen der erste Schnitt zwecks Silageerzeugung bereits in der zweiten Maiwoche, liegt dieser Termin nach Beobachtungen von Nowak & Schulz (2002) im Schwarzwald bei 85 % der Arten vor der Hauptblüte. Unter diesen sind viele Arten, die nicht oder nur sehr spärlich ein zweites Mal blühen. Obwohl die frühe Mahd das Nachblühen stimulieren kann, bleiben viele Arten in früh gemähten Wiesen ohne Fruchterfolg.

Den geschilderten blühphänologischen Jahresrhythmus mitteleuropäischer Wiesen haben Dierschke & Briemle (2002) in **neun Phänophasen** gegliedert, denen die Zuordnung von 242 Kulturgrasland-Arten zu sich phänologisch ähnlich verhaltenden Artengruppen zugrunde liegt. Dies sind vom Frühjahr bis zum Herbst: 1. die blütenarme Vorphase, 2. die *Anemone nemorosa-Primula*-Phase, 3. die *Cardamine pratensis-Taraxacum officinale*-Phase, 4. die *Ajuga reptans-Alopecurus pratensis*-Phase, 5. die *Anthriscus sylvestris-Ranunculus acris*-Phase, 6. die *Leucanthemum-Lychnis flos cuculi*-Phase, 7. die *Cirsium-palustre-Galium album*-Phase, 8. die *Centaurea jacea-Filipendula ulmaria*-Phase und 9. die *Colchicum autumnale*-Phase.

19.5.2 Samenbank, Keimung und Ausbreitung

Vegetative Vermehrung über Rhizome, Stolonen und Knotenbewurzelung spielt bei vielen Arten des Kulturgraslandes eine entscheidende Rolle. Die Wurzelstöcke und Rhizome unserer häufigen Graslandarten erreichen oft ein hohes Alter; Klapp (1971) vermutet sogar ein Höchstalter von bis zu 300 Jahren. Tochterpflanzen bleiben lange miteinander funktional verbunden und tauschen Assimilate untereinander aus, wodurch entblätterte oder beschattete Triebe auf Kosten von produktionsstärkeren Ramets physiologisch unterstützt werden (Ong & Marshall 1979).

Obwohl mitteleuropäische Graslandböden häufig hohe Samendichten enthalten, ist die Bedeutung der **Samenbank** für die Populationsdynamik der betreffenden Arten offenbar vergleichsweise gering (Milberg 1992). Das liegt auch daran, dass intensive Mahd und Beweidung die Samenbank reduzieren, weil weniger Blüten gebildet werden (Archer & Rochester 1982). Je nach Autor wurden in Wiesen zwischen 7000 und 57000 keimfähige Samen pro m^2 gezählt, größtenteils in den obersten 2 cm des Bodens. Weiden und junge Wiesen erreichen geringere Werte. In manchen Studien wurden mehr als 100 Arten gefunden, von denen allerdings viele gesellschaftsfremd waren (Klapp 1971). Oft fehlten dagegen in der Samenbank typische Arten der Wiesen. Basierend auf der Bewertung von Thompson et al. (1997) haben Dierschke & Briemle (2002) 267 Arten des Kulturgraslandes nach der Andauer der Keimfähigkeit ihrer Samen klassifiziert. Fast zwei Drittel der ausgewerteten Graslandarten haben danach **keine dauerhafte Samenbank**, d. h. ihre Samen bleiben höchstens 1 Jahr, oft nur für wenige Wochen keimfähig (transient seed bank). Jeweils knapp 20 % der Arten erzeugt danach Samen, die bis zu 5 Jahre oder länger keimfähig bleiben (vgl. auch Bekker et al. 1998). Überflutung reduziert offenbar die Samenbank von Auenwiesen (Hölzel & Otte 2004). Manche Arten der Wiesen und Weiden weichen jedoch von diesem allgemeinen Bild ab: Für *Taraxacum officinale*, *Trifolium repens* und *Rumex crispus* werden Keimfähigkeiten von mehr als 50 Jahren angegeben (Thompson et al. 1997). In Feuchtwiesenbrachen fand Rosenthal (2001) vergleichsweise langlebige Samenbanken.

Nicht nur die kurzlebige Samenbank, auch geringe **Ausbreitungs**-Entfernungen der Samen können die Regeneration von Wiesen und Weiden auf sexuellem Wege behindern. Fischer (1987) stellte mit Samenfallen in Glatthaferwiesen fest, dass 97,5 % der Samen einem Umkreis von 1 m entstammten. Nach Jensen (1998) hatte 80 % der Arten von Feuchtwiesen und Wiesenbrachen eine Ausbreitungsdistanz von weniger als 1,5 m. Dies ist z. T. auf die geringe Ausstreuungshöhe der Samen von Graslandpflanzen und daraus resultierende aerodynamische Nachteile zurückzuführen (Greene & Johnson 1986). Windverbreitung von Samen dürfte auch deshalb in Wiesen von geringer Bedeutung sein, weil im dichten Bestand meist nur eine geringe Chance besteht, eine die Keimung ermöglichende Stelle zu treffen (Grubb 1977). In Feuchtwiesen wurden Diasporen früher in großer Zahl durch die Überschwemmungen eingetragen (z. B. Hölzel & Otte 2001); Eindeichung hat diesen Transportweg stark eingeschränkt. Manche Arten wie *Bromus* und *Thymus* werden bevorzugt durch Ameisen verbreitet. Mehr als zwei Drittel der Samen einer Wiese fällt aber dem **Mäusefraß** zum Opfer (Hulme 1993).

Das **wichtigste Ausbreitungsmedium** im mitteleuropäischen Kulturgrasland ist jedoch wahrscheinlich der **wirtschaftende Mensch und sein Vieh**, zumindest wenn größere Entfernungen betrachtet werden. Aus den umfangreichen Recherchen von Bonn & Poschlod (1998) wird deutlich, dass die Bewirtschaftung der Streu- und Futterwiesen wie auch der Weiden ganz wesentlich zur Ausbreitung der meisten Graslandarten beigetragen haben muss, wenn nicht sogar deren Artenreichtum mit bedingt hat. Sameneintrag von außen bestimmt deshalb wesentlich den Verlauf der Sukzession in brachgefallenen Wiesen, nicht die autochthone Samenbank (Bekker et al. 2000).

Namentlich die blütenreichen extensiv genutzten Wiesen erzeugen hohe Dichten an Diasporen, z. B. in Pfeifengras- und Bachkratzdistelwiesen bis zu 4000 Samen pro m^2 und Mahdtermin (Biewer in Bonn & Poschlod 1998), die früher **mit dem Stroh oder Heu** regional verfrachtet wurden. Große Mengen an Diasporen wurden darüber hinaus **mittels Stallmist und Gülle**, in welchen die Samen oft wochenlang keimfähig bleiben, auf die Wiesen und Weiden verbracht (Korsmo 1930). Boeker (1959) zählte in 1 g Stallmist 90 Keimlinge. Auch die besonders in Mittel- und Südwestdeutschland früher weit verbreite Wässerwiesen-Bewirtschaftung (s. Kap. 19.7.2) muss zum regionalen Transport von Grasland-Diasporen beigetragen haben (Bonn & Poschlod 1998). Nicht zu unterschätzen ist schließlich der regionale und Langstrecken-Transport von Diasporen des Grünlandes über **wandernde Viehherden**. Diese führten die Diasporen der Weidepflanzen im Fell oder Darm mit sich und suchten im Zuge der Nachweide auch zahlreiche Wiesen auf.

In der dicht geschlossenen Grasnarbe der meisten Wiesen und Weiden ist die **Samenkeimung** und erfolgreiche Etablierung von Jungpflanzen der Gräser und Kräuter nur in den wenigen Lücken und an Störstellen möglich, die durch die Aktivität von Mäusen, Kaninchen und dem weidenden Vieh geschaffen werden (Bullock et al. 1995; s. a. Kap. 18.5.2). Auf von der Feldmaus (*Microtus arvalis*) aufgeworfenen Hügeln keimen in Wiesen bevorzugt ruderale Arten wie *Arabis hirsuta* und *Myosotis arvensis* (Gigon & Leutert 1996); *Dactylis glomerata* und *Galium album* werden insbesondere durch die nährstoffreichen Exkrete an Mäusebauten gefördert. Erfolgreiche Keimlinge verbleiben sehr lange im vegetativen Zustand und blühen oft erst nach 3 bis 5 (manchmal 10 bis 30) Jahren, weil die Konkurrenz durch die etablierten Pflanzen übermächtig ist (Rabotnov in Klapp 1971). Baumsämlinge haben dagegen nach Schreiber (2001) kaum Probleme, im dichten Grasfilz zu keimen, wenn die übrigen Bedingungen günstig sind.

Pflanzen produktiver Grasländer keimen nach Olff et al. (1994) schneller als jene unproduktiver Gesellschaften, die eher auf winterliche Stratifikation angewiesen sind. Dadurch vermeiden die im Herbst und Winter keimenden Sämlinge wahrscheinlich die intensivere Lichtkonkurrenz in den Fettwiesen; diese spielt in den weniger dichten Magerrasen eine geringere Rolle.

Pflanzen der häufig gestörten **Trittrasen** sind in besonderem Maße auf die Neubesiedlung durch Samen angewiesen. Diese werden meist in genügender Zahl aus der Nachbarschaft herangetragen, da die Trittpflanzen großenteils epizoochor sind oder so kleine Samen erzeugen, dass diese in Schmutzkrusten an Schuhen, Hufen oder Rädern kleben bleiben (s. Tab. 19–12). Der Weißklee und andere Arten werden außerdem von körnerfressenden Vögeln ausgebreitet, z. B. von der Saatkrähe (Krach 1959). Eine zunehmend große Rolle für den Samentransport spielen heute die Reifen von Fahrzeugen (Clifford 1959, Schmidt 1989). Bereits 1,5 Monate nach Fertigstellung eines Straßenbanketts notierte Runge (1970) im Mai die ersten Pflänzchen von *Poa annua* und *Lolium perenne*; im August war das Lolio-Plantaginetum vollständig ausgebildet. Dies zeigt zugleich die hohe Dynamik der Trittpflanzen-Vegetation.

Doch nicht überall, wo Graslandsamen hingelangen, vermögen sie sich auch zu entwickeln. Die Etablierung von Trittpflanzen wird vor allem durch oberflächliche Bodentrockenheit behindert, weil manche Arten wie z. B. *Plantago major* und *Polygonum aviculare* ausgesprochene Nasskeimer sind (Ellenberg & Snoy 1957). Der auf verdichtetem Lehmboden eintretende Wasserstau begünstigt sie also. Gräser wie *Poa annua* keimen ebenfalls am besten bei anhaltender Feuchtigkeit. Auch *Trifolium repens* braucht eine genügend feuchte Bodenoberfläche, damit sich seine oberirdischen Ausläufer bewurzeln können. *Lolium* besiedelt stark betretene Stellen vor allem auf vegetativem Wege (Boeker 1959).

Tab. 19–12 Samenauflauf aus stark betretener Erde nahe einer Viehtränke.
Nach Angaben von Boeker (1959).

Aus etwa 3000 g frischer, im Dezember entnommener Erde kamen folgende Zahlen von Samen bei guter Befeuchtung und nach öfterem Umwenden zum Keimen:		
Trittpflanzen i. w. S.[1]	**Wiesenpflanzen** i. w. S.	**Ackerwildkräuter** i. w. S.
37 *Poa annua*	10 *Agrostis tenuis*	5 *Stellaria media*
31 *Plantago major*	10 *Poa trivialis*	4 *Juncus bufonius*
15 *Trifolium repens*	6 *Poa pratensis*	1 *Sonchus arvensis*
13 *Matricaria discoidea*	3 *Juncus articulatus*	1 *Sonchus oleraceus*
10 *Sagina procumbens*	2 *Cerastium fontanum holosteoides*	1 *Urtica urens*
3 *Capsella bursa-pastoris*		
2 *Polygonum aviculare*	1 *Festuca rubra*	
2 *Veronica serpyllifolia*	1 *Stellaria graminea*	
1 *Taraxacum officinale*	1 *Achillea millefolium*	

[1] *Lolium perenne* fehlt hier und lief bei Parallelproben ebenfalls nicht auf, auch nicht zu anderen Jahreszeiten, obwohl es in der Vegetation zahlreich vertreten war.

Die Keimung und Keimlingsentwicklung von verschiedenen *Plantago*-Arten wird nach Blom (1976, 1977) durch experimentell verstärkte Trittintensität in unterschiedlichem Maße behindert. *P. major* erwies sich erwartungsgemäß als der toleranteste Verteter; auch *P. media* war verhältnismäßig widerstandsfähig. *P. lanceolata* litt erheblich mehr und *P. coronopus* wurde am stärksten geschädigt.

19.6 Produktivität und Stoffumsätze

19.6.1 Produktivität

19.6.1.1 Oberirdische Produktivität

Die Obergräser und hochwüchsigen Kräuter der mitteleuropäischen Wiesen erreichen mit 15–20 µmol CO_2 m^{-2} s^{-1} vergleichsweise hohe **Photosyntheseleistungen** unter Lichtsättigung (Gloser 1993). Nur geringe Leistungsfähigkeiten wurden bei den im Halbschatten des Bestandes verweilenden Untergräsern gefunden (z. B. *Briza media* und *Luzula campestris*: 3–8 µmol CO_2 m^{-2} s^{-1}). Artspezifische Unterschiede im Photosynthesevermögen erklären jedoch unterschiedliche Wachstumsraten nur zu einem kleinen Teil (Poorter & Remkes 1990). Langsamwüchsige Gräser wie das Borstgras haben nämlich ähnlich hohe lichtgesättigte Photosyntheseraten (17 µmol CO_2 m^{-2} s^{-1}) wie manche schnellwüchsigen Fettwiesengräser und Kräuter (Cooper & Tainton 1968, Gloser 1993).

Wiesen können ähnlich hohe oder sogar höhere **Blattflächenindizes** erreichen als Wälder. Beispielsweise ermittelte Leuschner (1986) im Hochsommer in einer montanen Goldhaferwiese einen LAI von 9 m^2 m^{-2} (vgl. Geyger 1977). Einfluss auf die Produktivität haben auch die Blattmorphologie, die räumliche Anordnung der Blätter im Bestand, also deren Strahlungsinterzeptions-Eigenschaften (Sheehy & Cooper 1973) und die Kohlenstoffallokation in der Pflanze. Schnellwüchsige Gräser und Kräuter sind besonders hochwüchsig und besitzen ausgesprochen dünne Blätter mit einer großen spezifischen Blattfläche, deren Ausbildung durch hohe N-Zufuhr und nicht-eingeschränkte Wasserversorgung begünstigt wird (Garnier 1992; s. Kap. 19.4.2). Wie gering der Einfluss des Photosynthesevermögens auf das Wachstumspotenzial tatsächlich ist, zeigt die von Evans (1976) bei Gräsern gefundene negative Beziehung zwischen Blattgröße und Photosynthesevermögen. Messungen von Gloser (1993) in Mähren unterstreichen auf der anderen Seite die große Bedeutung des **Allokationsmusters** für die Produktivität von Grasländern: Ein mäßig wüchsiger Borstgrasrasen wies danach eine ähnlich hohe Bestandes-Photosyntheseleistung wie hochwüchsige Rohrglanzgras- und Wasserschwadenröhrichte auf. Ersterer erzeugte jedoch nur ein Drittel der Biomasse, weil die Assimilate bevorzugt in das Wurzelsystem investiert wurden und nicht in die Erweiterung der Blattfläche, die zu einer weiteren Erhöhung der Assimilation beigetragen hätte. Niedrige Zuwachsleistungen zeigen auch jene Wiesen, die wenig assimilierende grüne Pflanzenmasse, aber viel tote Trockenmasse aufweisen.

Die meisten Produktionsbestimmungen im Kulturgrasland erfolgten über die Trockenmasse des Mahdgutes bzw. das von Weidetieren konsumierte Futter. Diese Zahlen unterschätzen die jährliche **Netto-Primärproduktion** der Wiesen und Weiden bei Weitem, weil die Wurzelproduktion unbeachtet bleibt und auch der oberirdische Aufwuchs nur unvollständig erfasst wird. Entsprechende Ertragszahlen schwanken je nach Vegetationstyp zwischen weniger als 100 und über 1500 g Trockenmasse m^{-2} a^{-1} (das sind < 10 bis > 150 dt ha^{-1}; [dt = Dezitonnen]). Sehr niedrige Erträge kennzeichnen Trocken- und Magerrasen, Borstgrasrasen und manche Kleinseggenriede (etwa 100–300 g m^{-2} a^{-1}) sowie Pfeifengraswiesen und ungedüngte Magerweiden (etwa 200–400 g m^{-2} a^{-1}); bodentrockene, wenig oder gar nicht gedüngte Glatthaferwiesen erzeugen etwa 200–450 g m^{-2} a^{-1}. Für schwach gedüngte frische Glatthaferwiesen, Kohldistelwiesen und andere Feuchtwiesen werden etwa 400–600 g m^{-2} a^{-1} angegeben. Erträge über 600 g m^{-2} a^{-1} lassen sich im Kulturgrasland nur durch mehr oder weniger intensive Düngung erzeugen (s. Tab. 19–13); **moderne Vielschnittwiesen und Mähumtriebsweiden erbringen 1000–1200 g m^{-2} a^{-1}.** Ähnlich hohe oberirdische Zuwächse wurden auch in einigen nicht menschlich genutzten Großseggenrieden und Röhrichten gemessen, also Grasland-Gesellschaften im weiteren Sinne, die ganzjährig unbegrenzt mit Wasser versorgt sind (s. Abb. 19–44). Im Gegensatz zu manchen wenig produktiven Kleinseggenrieden, die auf nassem Boden mit wenig Wasserbewegung vor-

Tab. 19–13 Netto-Primärproduktion verschieden ernährter Rotschwingel-Goldhaferwiesen im Solling, nach fünfjähriger Einwirkung einer Düngung mit erfahrungsgemäß günstigen Nährstoffmengen. Nach Angaben von Runge (1973).

Düngung:	0	PK	NPK
Netto-Primärproduktion (10^5 kcal ha^{-1} a^{-1})			
Grünmasse (genutzt):	98	204	306
Streu + Stoppel (oberirdisch, ungenutzt):	194	220	198
Wurzeln ohne Feinstwurzeln[1]	140	134	110
Summe[1]	432	558	614
Grünmasse im Verhältnis zur Summe (%)	22,7	36,6	49,8
Wirkungsgrad der Netto-Primärproduktion			
in % der *Global*strahlung[2] im Jahr: (%)	0,54	0,62	**0,82**
desgl. in der Vegetationsperiode: (%)	0,77	0,88	1,14

[1] Die bei normalem Auswaschen nicht erfassten Feinstwurzeln machen bei schlechter Ernährung einen wesentlich größeren Prozentsatz der Gesamtproduktion aus als bei guter Ernährung. Die Summe der Netto-Primärproduktion ist daher in allen Düngungsstufen wahrscheinlich ungefähr gleich groß (schätzungsweise 700–800 kcal ha^{-1} a^{-1}, vgl. Abb. 4–79).

[2] in % der photosynthetisch wirksamen Strahlung: etwa doppelt so groß

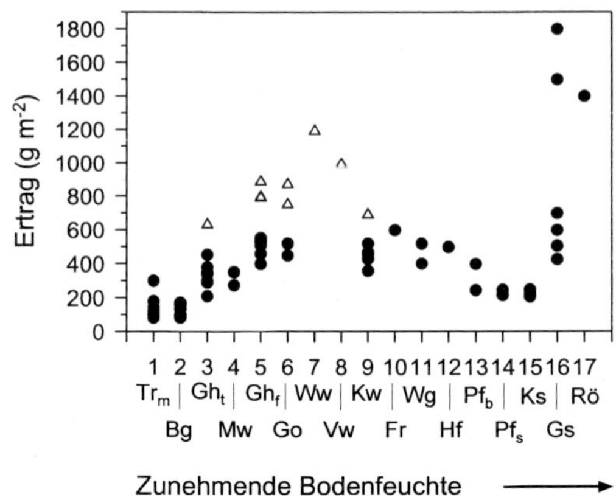

Abb. 19–44 Trockenmassenerträge verschiedener mitteleuropäischer Grasland-Gesellschaften in Abhängigkeit von der Bodenwasserversorgung (in g m^{-2} a^{-1}; volle Kreise: schwache oder keine Düngung, Dreiecke: gedüngt). Nach Hundt (1954), Klapp (1965), Dierschke & Briemle (2002) und anderen Autoren. Angegeben sind gemessene Heuerträge, häufig auch nur Schätzungen verschiedener Bestände einer Gesellschaft. 1: Halbtrockenrasen, 2: Borstgrasrasen, 3: trockene Glatthaferwiesen, 4: Rotschwingel-Straußgras-Magerweiden, 5: frische Glatthaferwiesen, 6: Goldhaferwiesen, 7: Weidelgrasweiden, 8: Vielschnittwiesen, 9: Kohldistelwiesen, 10: Knickfuchsschwanzrasen, 11: Wassergreiskrautwiesen, 12: Hochstaudenfluren, 13: basische Pfeifengras-Streuwiesen, 14: saure Pfeifengras-Streuwiesen, 15: Kleinseggenriede (Caricion canescentis), 16: Großseggenriede bzw. Rohrglanzgras-Bestände, 17: Röhrichte.

kommen, dürfte bei den Letztgenannten der eutrophierende Einfluss des stehenden oder langsam fließenden Wassers Grundlage der hohen Produktivität sein.

Die Reihung der Grasland-Gesellschaften entlang des Bodenfeuchtegradienten in Abbildung 19–44 weist auf die wichtige **Rolle der Wasserversorgung für den Ertrag** hin: Von den Trockenrasen bis zu den Intensivwiesen und -weiden und den Kohldistelwiesen nimmt die Limitierung durch Wassermangel ab und entsprechend die Produktion zu. Nach Rychnovská (1993) besteht zwischen der Produktivität mitteleuropäischer Wiesen und deren Bestandestranspiration, d. h. auch deren Wasserversorgung, eine lineare Beziehung. Besonders hohe Heuerträge lassen sich deshalb in feuchten und relativ warmen Sommern mit optimaler Wasserversorgung erzielen.

Basensättigung und pH-Wert des Bodens haben einen wesentlichen Einfluss auf die Artenzusammensetzung der Grasland-Gesellschaften (Hundt 1966); im Großen und Ganzen **nimmt die Artenvielfalt mit dem pH-Wert zu**. Der Einfluss dieser Faktoren auf die Produktivität der Wiesen und Weiden ist dagegen deutlich schwächer als jener des Wassers. Im ungedüngten Grünland Oberbayerns und der herzynischen Mittelgebirge treten dennoch die höchsten Heuerträge bei pH 6 und darüber auf (Hundt 1964, Spatz & Voigtländer 1969). Speidel (1962) ermittelte in ungedüngten hessischen Frischwiesen bei einer Erhöhung der Basensättigung um 10 % eine Zunahme des Heuertrages um 70–80 g m^{-2}, in Feuchtwiesen sogar von 150 g m^{-2}. Nach Schmitt & Brauer (1979) sind jedoch in Hessen höhere Heuerträge auf Tonböden gegenüber Sandböden vor allem auf die hydrologischen Eigenschaften und weniger auf unterschiedliche bodenchemische Merkmale zurückzuführen. Wird intensiv gedüngt, geht der Einfluss des bodenchemischen Milieus auf den Ertrag fast vollständig verloren (Speidel 1962).

Trockenheit kann jedoch Nährstoffmangel induzieren und auch über diesen Faktor das Wachstum der Wiesenpflanzen im Hochsommer reduzieren (Onillon et al. 1995; s. Kap. 19.4.2 b). Garwood & Williams (1967) konnten durch räumlich begrenzte N-Düngung im feuchteren Unterboden einer oberflächlich ausgetrockneten Wiese zeigen, dass die Wachstumslimitierung weniger durch Wasserverknappung als durch **trockenheitsbedingten N-Mangel** ausgelöst wurde. Die deutliche Beziehung zwischen Produktivität und Bodenfeuchte in Abbildung 19–44 könnte deshalb auch eine Folge unterschiedlicher Nährstoffversorgung sein, denn die Stickstoffmineralisierung steigt vom Trockenrasen zur Frischwiese ebenfalls an, weil eine günstigere Wasserversorgung die mikrobielle Aktivität erhöht (s. Abb. 19–47). Tatsächlich lassen sich viele Halbtrockenrasen durch Düngung in typische Glatthaferwiesen verwandeln, ohne dass bewässert wird.

Experimente mit angesäten Gras- und Kräutermischungen haben in jüngster Zeit Hinweise erbracht, dass **artenreichere Bestände eine höhere Produktivität** aufweisen als artenarme (z. B. Tilman et al. 1996, Hector et al. 1999, Roscher et al. 2005, s. dagegen aber Kenkel et al. 2000). Diversität beeinflusst nach diesen Befunden die Produktivität von Grasländern positiv, zumindest, wenn nur wenige Arten (weniger als zehn) vorhanden sind. Vergleicht man diese experimentell gewonnenen Ergebnisse mit der Beziehung zwischen Artendichte und Produktivität in verschiedenen Grasland-Gesellschaften in Mittel- und Westeuropa, so wird deutlich, dass diese Befunde auf die natürlichen Verhältnisse aber nur sehr begrenzt übertragbar sind (Kahmen et al. 2005). Kennzeichnend für temperate Grasländer ist nämlich eine Optimumkurve der Artenvielfalt, die ihr Maximum ungefähr bei einem oberirdischen Jahresertrag von 500 g m^{-2} erreicht (Al-Mufti et al. 1977, Oomes 1982, Schaffers 2000). Eine positive Diversitäts-Produktivitäts-Beziehung besteht nach Abbildung 19–45 nur im Bereich sehr unproduktiver Bestände, in denen Anoxie oder extremer Stickstoffmangel die Artenzahl beschränken (z. B. einige Flutrasen). Die Produktivität dieser Gesellschaften steigt vor allem dann, wenn bestimmte leistungsfähige Arten anwesend sind;

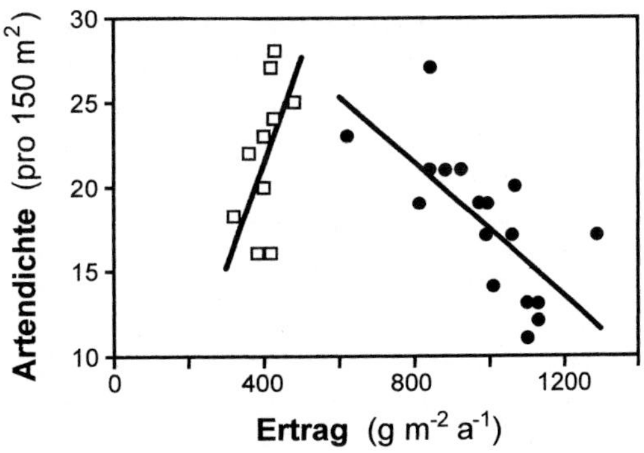

Abb. 19–45 Beziehung zwischen oberirdischem Ertrag (zwei Schnitte pro Jahr) und der Artendichte der Gefäßpflanzen in ungedüngtem und gedüngtem (25–200 kg N ha^{-1} a^{-1}) Kulturgrasland des westlichen Mitteleuropa. Nach Oomes (1992), verändert.

diese werden meist durch weniger extreme Umweltbedingungen begünstigt. Die absolute Artenzahl ist dagegen von untergeordneter Bedeutung für die Produktivität von Grasländern (Kahmen et al. 2005, Grace et al. 2007).

Wie bei den Wäldern, so sinkt auch bei den Wiesen die **Ertragsleistung mit zunehmender Meereshöhe** ab, und zwar trotz intensivster Bewirtschaftung um etwa 6 % pro 100 m Höhendifferenz in den bayerischen Alpen (zwischen 955 und 1555 m, Spatz 1970) und um 10 % in den Karpaten (Habovstiak 1977; s. Tab. 19–14). Diese Abnahme ist in erster Linie durch die Länge der Vegetationszeit bedingt, aber auch vom Niederschlag und den Sommertemperaturen beeinflusst. Nach Klapp & Stählin (1936) steigt der Heuertrag in den Mittelgebirgen aufgrund steigender Regenmengen in der Regel bis in etwa 500 m Höhe zunächst an, um danach temperaturbedingt wieder abzufallen. Mit steigender Meereshöhe nimmt in den Mittelgebirgen aber auch die Intensität der Bewirtschaftung und Düngung ab und die Versauerung der Böden zu (Hundt 1964, Vogel 1978, 1981, Hundt & Hübl 1985, Wörz 1989), sodass in einem Höhentransekt meist eine Vielzahl von Einflussfaktoren miteinander in Wechselwirkung treten.

19.6.1.2 Unterirdische Produktivität

Wiesen und Weiden besitzen mehr pflanzliche Biomasse im Boden als über der Erde. Nach Fiala (1993) wiesen sieben mährische Grasländer ein mittleres **Wurzel/Spross-Verhältnis**

Tab. 19–14 Artenzahl, Ertrag und Viehbesatzstärke von Weide-Gesellschaften in Abhängigkeit von der Höhe über dem Meeresspiegel in den bayerischen Randalpen. Nach Angaben von Spatz (1974). Artenzahl als mittlere Artenzahl je Aufnahme (A) und Gesamtzahl der unter Schutz stehenden Arten (G); Ertrag als oberirdische gemähte Trockensubstanz (g m^{-2}); mögliche Viehbesatzstärke in % der besten Weide berechnet aufgrund der Erträge und der Futterqualität.

Höhenlage und Pflanzengesellschaft	Artenzahl		Ertrag (g m^{-2})	Rel. Besatzstärke (%)
	alle Gefäßpflanzen	geschützte Arten		
1400–1700 m ü.NN.				
Kalk-Magerrasen (Carlino-Caricetum sempervirentis)	77	30	90	5
Beweideter Kalk-Magerrasen (Crepido-Caricetum, *Thymus*-Ausb.)	56	13	130	16
Subalpiner Borstgrasrasen (Nardetum alpinum, *Ran. mont.*-Ausb.)	48	11	170	11
Subalpiner Borstgrasrasen (Enzian-Ausb. mit *Gentiana punctata*)	37	12	220	6
Arme Kammgrasweide (Crepido-Cynosuretum)	44	9	180	24
1000–1200 m ü.NN.				
Kalk-Quellried (Caricetum davallianae)	57	7	310	10
Montaner Borstgrasrasen (Nardetum)	55	6	340	12
Frauenmantel-Kammgrasweide (Alchemillo-Cynosuretum)	43	3	410	71
Weidelgras-Kammgrasweide (Lolio-Cynosuretum)	32	0	620	100

der lebenden Masse von 2,2 auf. In einer ungedüngten montanen Goldhaferwiese im Solling ergab sich sogar ein Verhältnis von 4:1, das sich durch intensive NPK-Düngung auf 1:1 verringerte (Ellenberg et al. 1986). Weitgehend unabhängig vom Bodenzustand konzentriert sich die Wurzelmasse in hohem Maße auf die obersten Bodenschichten. Fiala (1993) fand mehr als 90 % der Wurzelmasse eines Borstgrasrasens in den obersten 15 cm, 60–70 % in den ersten 5 cm, wobei Gräser zu einer tieferen Durchwurzelung tendierten als Kräuter. Nur wenige Graslandpflanzen erreichen 2,5 m Bodentiefe (Kutschera & Lichtenegger 1992).

Je intensiver die Nutzung, umso geringer ist die Wurzelmasse. **Jeder Mahd- und Fraßzyklus verringert die Wurzelmasse** und fördert oberflächennahes Wurzeln, weil verstärkt Assimilate im neuen Austrieb verbraucht werden (Gass & Oertli 1980, Dawson et al. 2000). Weidenutzung reduziert das Wurzelsystem zusätzlich durch Bodenverdichtung und Sauerstoffmangel. Wassermangel und niedrige Temperaturen vergrößern dagegen das Wurzel/Spross-Verhältnis, in manchen Fällen auch die absolute Wurzelmasse (Klapp 1971, Rüegg 1976, Fiala 1993). **Düngung** fördert in der Regel oberflächennahes Wurzeln (Lorenz 1977) und reduziert meist die Gesamt-Wurzelmasse (Speidel & Weiss 1972). Düngung kann aber auch die Ansiedlung hochwüchsiger, tief wurzelnder Arten begünstigen (s. z. B. Kotánska 1970). Dem entspricht die Beobachtung von Klapp (1971), dass Wiesen mit höherem Wasserverbrauch größere Wurzelmassen aufweisen. Dies hat nach Ellenberg (1952 a) die überraschende Konsequenz, dass Arrhenathereten in Dürreperioden wie 1947 und 1949 krisenfester waren als die schlecht gedüngten, von niedrigeren Gräsern beherrschten Ausbildungsformen (s. Abb. 19–13). Der ungleiche Tiefgang des Wurzelwerks dürfte teilweise damit zusammenhängen, dass die Regenwürmer positiv auf Düngung ansprechen. Mit ihren senkrechten Gängen schaffen sie nach Graff (1971) auch in größerer Bodentiefe Mikrobereiche erhöhten Nährstoffangebots und erleichtern zugleich den Wurzeln den Zugang dorthin. Überhaupt gehört die große Aktivität der Bodenorganismen mit zu den Charakteristika der Glatthaferwiesen (Hülsenberg 1966).

Unter häufig geschnittenen Parkrasen ließen sich weniger als 200 g m^{-2} an Wurzelmasse nachweisen; gering waren die Massen auch unter Intensivweiden und Vielschnittwiesen. Klapp (1971) gibt für gedüngtes Kulturgrasland Gesamtwurzelmassen (lebend und tot) von 400–800 g TM m^{-2} an. Speidel & Weiss (1972) ermittelten in einer Goldhaferwiese im Solling 1220 g m^{-2} an Gesamtwurzelmasse im ungedüngten Zustand und 970 g m^{-2} nach intensiver NPK-Düngung. Noch größere Wurzelmassen wurden in oligo- bis mesotraphentem Grasland (Borstgrasrasen und Pfeifengraswiesen) gefunden (bis 4500 g m^{-2}, s. Tab. 19–15). Wiesen und Weiden besitzen in jedem Fall viel mehr Wurzelmasse als Äcker. Das ist in erster Linie eine Folge der Kurzlebigkeit der Ackerkulturen.

Gräser produktiver Wiesen investieren nach Marshall (1987) während ihres vegetativen Wachstums rund 10 % ihrer Assimilate in das

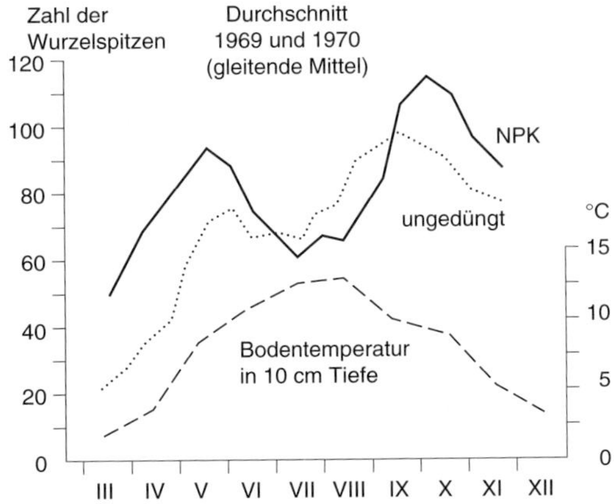

Abb. 19–46 Die Aktivität der Wurzeln einer Goldhaferwiese im Solling lässt im Sommer nach, und zwar sowohl in gedüngten als auch in ungedüngten Parzellen. Nach Speidel & Weiss (1974), etwas verändert. Als Maß für die Aktivität diente die Zahl der lebenden Wurzelspitzen, die jeweils an einer 60 × 80 cm großen, etwas überhängenden Glaswand in einer sonst lichtdicht verschlossenen Grube beobachtet wurden. Eine Ursache der verringerten Aktivität ist wahrscheinlich das Abnehmen des Wassergehaltes im Hauptwurzelhorizont.

Wurzelwachstum. Während der Hauptphase der Blütenbildung wird dieser Einsatz jedoch auf etwa 5 % reduziert. Das Hauptwurzelwachstum findet in mitteleuropäischen Wiesen im Frühjahr statt und verringert sich mit dem Schossen und der Blütenbildung ab Mai, verläuft also **gegenläufig zum Sprosswachstum**. Eine zweite Wachstumsphase wird meist von September bis zum Spätherbst beobachtet (s. Abb. 19–46). Dann wurde Wurzelwachstum auch bei Temperaturen unter dem Gefrierpunkt beobachtet (Klapp 1971). Bei dem von Speidel & Weiss (1974) im Solling studierten Trisetetum mit viel Rotschwingel lag der Zeitpunkt des kräftigsten Tageszuwachses der Wurzeln um so früher, je stärker die Düngung war.

In gut ernährten Goldhaferwiesen lebten die Wurzeln höchstens 13 Monate lang, und 54 % der feinen Wurzelspitzen wurden weniger als einen Monat alt (Speidel & Weiss 1974). Fiala (1993) ermittelte dagegen in bodentrockenen Grasländern Mährens eine mittlere Wurzellebensdauer von 2 bis 3 Jahren, die sich in nährstoffarmen und nassen Beständen weiter erhöhte. Auch im montanen Solling lebten die Graswurzeln bei schlechter Ernährung bis zu 3 Jahre, bei

Tab. 19–15 Wurzelmassen (in g Profilsumme unter 1 m² Fläche) einiger Grasland-Gesellschaften. Nach Kmoch (1952; in der Regel wurde nicht nach lebend und tot unterschieden). Fiala (1993) maß in sieben mährischen Grasland-Gesellschaften Wurzelgesamtmassen von 2750 g m^{-2} (1611–3678 g m^{-2}) im Mittel (0–15 cm Bodentiefe).

Gesellschaft	Mittel	Spanne
Kleinseggenriede	3050	1280–4490
Borstgrasrasen	2030	1280–2450
Kalk-Trockenrasen	1630	1000–2190
Rotschwingel-Straußgrasweiden	1530	610–2620
Feuchte Glatthaferwiesen	1430	1040–1980
Feuchte Weidelgrasweiden	1050	730–1260
Trockene Glatthaferwiesen	940	660–1260
Typische Weidelgrasweiden	510	260–1140

Nardus stricta sogar bis zu 9 Jahre lang. Die langlebigeren Wurzeln entstehen in der zweiten Jahreshälfte, gewährleisten also das Überdauern des Winters und ermöglichen es den grün gebliebenen Blättern, sofort nach der Schneeschmelze aktiv zu werden. In einheitlicher Erde lebten die Wurzeln von *Lolium* 14 Wochen, von *Arrhenatherum* 40 Wochen, von *Molinia* 53 Wochen und jene von *Nardus* immerhin 58 Wochen lang; je **nährstoffärmer der Herkunftsort, umso langlebiger waren die Wurzeln** (van der Krift & Berendse 2002). Schwach nährstoffversorgte Wiesen gehen also sparsamer mit den Assimilaten um, liefern den Bodenorganismen aber auch weniger Wurzelstreu, sodass deren mineralisierende Aktivität aus Mangel an günstigen Substraten abnimmt.

Das Wurzelsystem der Wiesen und Weiden umfasst nicht nur mehr Biomasse als die oberirdischen Organe, sondern ist auch umsatzstärker. Fiala (1993) gibt jährliche **Wurzelproduktions**-Raten von 750–950 g m^{-2} für Borstgrasrasen und von 1300 g m^{-2} für Kohldistelwiesen an; Klapp (1971) nennt 500–600 g m^{-2} für gedüngtes westdeutsches Kulturgrasland. Danach wäre **die unterirdische Produktion rund zwei- bis dreimal größer als die oberirdische.** Ungedüngte Bestände haben offenbar eine ähnlich hohe Wurzelproduktion wie gedüngte (Fiala 1993). Aus den tschechischen Zahlen lässt sich abschätzen, dass die Gesamtproduktivität ungedüngter Wiesen vom Typ Borstgrasrasen oder Kohldistelwiese zwischen 1200 und 2500 g m^{-2} a^{-1} liegt. Nährstoffarme Wiesen erzeugen offenbar nur unwesentlich weniger als Wiesen reicher Standorte, solange die Düngung unterbleibt.

19.6.2 Wasser- und Nährstoffumsätze

19.6.2.1 Wasserumsatz

Mitteleuropäische Wiesen und Weiden haben je nach Bodenwasserregime eine sehr unterschiedliche **Verdunstungshöhe**. Grasland ohne Grundwasseranschluss transpiriert in den meisten Fällen trotz größerer Blattfläche weniger als die Krone eines Waldes, weil die Bestandesoberfläche areodynamisch weniger rau ist als die von Baumkronen. Der Wasserdampf reichert sich nämlich im windberuhigten Grasbestand an und reduziert in der Folge die Transpiration der Blätter. McNaughton & Jarvis (1983) geben für landwirtschaftliche Kulturen einschließlich Grasländern Leitfähigkeiten für Wasserdampf innerhalb der turbulenten Grenzschicht über dem Bestand in Höhe von 1,1–11,2 mol m^{-2} s^{-1} an, während für Wälder 4 bis 20 mal so große Werte (22,4–44,8 mol m^{-2} s^{-1}) gefunden wurden. Dieser verdunstungshemmende Effekt eines dichten Grasbestandes äußert sich auch darin, dass die Evapotranspiration von Graslandbeständen und landwirtschaftlichen Kulturen mit Zunahme der Blattfläche nur bis zu einem LAI-Wert von etwa 5 m^2 m^{-2} ansteigt, danach jedoch konstant bleibt (Kristensen 1974).

Nur ein kleiner Teil der vorliegenden Verdunstungszahlen aus temperaten Grasländern wurde mit modernen mikroklimatologischen Messsystemen erzielt; die Mehrheit vor allem der älteren Daten beruht auf der wenig vertrauenswürdigen Blatt-Wägemethode. Unrealistisch dürften auch einige Lysimeterdaten sein, in denen der „Oaseneffekt" zu unnatürlich hohen Verdunstungsraten geführt hat. Daher sind die Zusammenstellungen von Verdunstungsraten für Wiesen und Weiden bei z. B. Klapp (1971: 400–550 mm a^{-1}), Voigtländer & Jacob (1987: 400–520 mm a^{-1}), Knauer (1968: 441–495 mm a^{-1}) und Larcher (2001: 250–400 mm a^{-1}) mit gewisser Vorsicht zu betrachten. Mundel (1982) gibt nach Lysimetermessungen für grasbewachsene Niedermoore in Nordostdeutschland Werte um 500 mm a^{-1} an, Rychnovská (1993) maß in einem mährischen Borstgrasrasen in einem wolkenreichen Sommer 338 mm a^{-1} und in einem strahlungsreichen Sommer 446 mm a^{-1}. Makkink (1962) ermittelte in den Niederlanden in der Vegetationsperiode für langes Gras 467 mm, für 2 cm hohes geschnittenes Gras dagegen nur 358 mm. **Hochwüchsige Wiesen verdunsten danach mehr als gemähte Bestände und auch als Weiden.** Wiesen und Weiden haben wegen der längeren Vegetationsbedeckung aber eine höhere Jahresverdunstung als Äcker.

Im Jahresverlauf folgt die Transpiration einer Wiese im Großen und Ganzen der Aufwuchshöhe, während Weiden eine eher gleichförmige Verdunstung zeigen (Freckmann 1932). Als typische **Tagessummen der Evapotranspiration** im Hochsommer werden 2,2–3,1 mm angegeben (Cleef 1958, Klatt 1958, Makkink 1962, Voigtländer & Jacob 1987), also deutlich weniger als für Laubwälder (s. Kap. 4.7.4.1). Allerdings fanden Makkink (1962) und Cleef (1958) Tageshöchstwerte von 8,1 und 7,0 mm, die möglicherweise mit dem Oaseneffekt oder mit der Verdunstung interzipierten Wassers nach Regenfällen erklärt werden können.

Die **Höhe der Jahresverdunstung** ist nicht nur von der Blattfläche und der Struktur des Grasbestandes, sondern insbesondere von der Bodenart und dem Grundwasserniveau abhängig. Im Allgemeinen steigt sie mit der Höhe des sommerlichen Grundwasserstandes (s. Abb. 19–47). Bei Grundwasser-Flurabständen von nur 30 cm kann die Verdunstung in Grasland auf Niedermoorböden Werte um 700 mm a^{-1} erreichen (Mundel 1982). Dann kann Grasland ebenso viel oder sogar mehr transpirieren als Wald, der jedoch in jedem Fall eine größere Interzeptionsverdunstung besitzt (McNaughton & Jarvis 1983). Grasland auf Sandboden verdunstet wegen der geringen Speicherkapazität dieses Substrates deutlich weniger als solches auf Lehm- oder Tonböden. Bei gleich hohen Regenmengen maß Schroeder (in Klapp 1971) mit Lysimetern für eine Wiese auf Sandboden eine Verdunstung von 299 mm a^{-1}, für eine ebensolche auf Ton 455 mm a^{-1} und für eine auf Lehm sogar 485 mm a^{-1} (s. Abb. 19–47).

Düngung steigert zwar die Produktivität von Frischwiesen um ein Vielfaches, erhöht jedoch deren Evapotranspiration nur geringfügig (Husemann & Wesche 1964). **Der Wassernutzungs-Koeffizient der Produktivität** (WUE_p), ausgedrückt als g Trockensubstanz-Produktion pro kg Wasserverbrauch, sinkt deshalb beträchtlich nach erfolgter Düngung. So ermittelte Wind (1954) in ungedüngten bzw. mit 520 kg N ha^{-1} gedüngten Wiesen Heuerträge in Höhe von 720 und 1620 g m^{-2} bei Jahresverdunstungsraten von 452 und 469 mm. Hieraus errechnen sich WUE_p-Werte von 1,6 und 3,5 g kg^{-1} (bezogen auf den Heuertrag) für die ungedüngte und gedüngte Wiese, also eine mehr als doppelt so effiziente Nutzung des Wassers nach Düngung (s. Tab. 19–16).

Feuchtwiesen verhalten sich nach Düngung scheinbar anders als Frischwiesen: Bodenfeuchte Kohldistelwiesen gehen in produktive Fuchsschwanzwiesen über, die mehr verdunsten, sodass die ehemals nassen Böden deutlich entwässert werden. Düngung führt hier zu einer **„biologischen Entwässerung"**, die zunächst überrascht, weil Düngung in der Regel zu einem oberflächlicheren Wurzelsystem führt und daher eine geringere Bodenwasser-Ausschöpfung bedingen müsste. Wahrscheinlich besteht die hohe Wurzelmasse, die für ungedüngte Feuchtwiesen und Kleinseggenriede charakteristisch ist (s. Tab. 19–15), aber zu einem großen Teil aus toten Wurzeln, während gut nährstoffversorgte Fuchsschwanzwiesen vermutlich auch in größerer Bodentiefe noch mehr lebende Wurzelmasse besitzen.

Produktive Wiesen mit großer Blattfläche erreichen im Sommer **Interzeptionsraten** in Höhe von etwa 15 % des Niederschlages, sind aber rund 50 % der Zeit infolge von Regen oder Tau benetzt. Anders als über den aerodynamisch rauen Wäldern stellt die Interzeptionsverdunstung jedoch keinen wesentlichen Nettoverlust in der ökosystemaren Wasserbilanz dar, weil advektierte Energie keine bedeutende Rolle spielt und daher regennasse Wiesen ähnlich viel verdunsten wie trockene über die Transpiration verlieren (Leuschner 1986).

Grasland hat aufgrund der Unterschiede in der Evapotranspiration meist eine höhere **Grundwasserspende** als Wald, jedoch eine geringere als Acker. Beispielsweise schätzte Eskuche (1962) die Versickerung unter Grünland im rheinländischen Erfttal auf 78 mm a^{-1}, jene

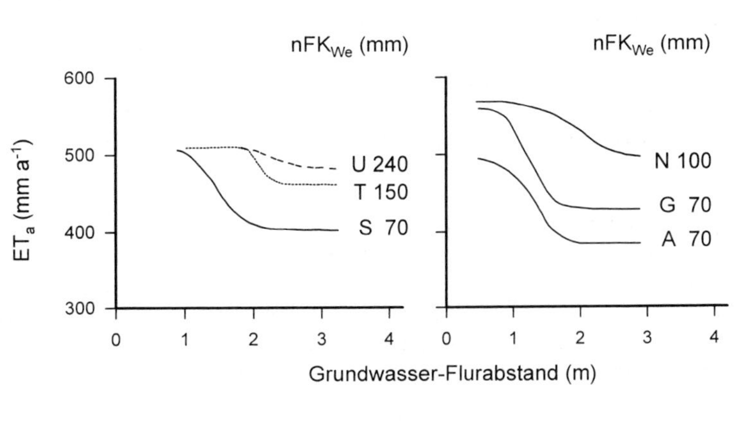

Abb. 19–47 Aktuelle Evapotranspiration in Abhängigkeit vom Grundwasser-Flurabstand während der Vegetationsperiode und der nutzbaren Feldkapazität im effektiven Wurzelraum (nFK_{We}) für verschiedene Bodenarten (links, U = Schluff, T = Ton, S = Sand) und Nutzungen (rechts, A = Acker, G = Grasland, N = Nadelwald). Nach Renger & Strebel (1980).

Tab. 19–16 Netto-Primärproduktion und Transpirationskoeffizient von Wiesen bei unterschiedlicher Düngung in Lysimetern.
Nach Klapp (1971), verändert und ergänzt.

Düngung (*normale Düngung)	0	PK	NPK*	PK+ viel N
Netto-Primärproduktion (Trockensubstanz in t ha^{-1} a^{-1})				
– Mähgut („Ertrag")	3,6	7,2	8,0	**16,2**
– gesamt (+ Stoppel + Streu + Wurzeln)[1]	14,4	18,0	16,0	24,3
Wasserverbrauch (mm a^{-1})[2]	451	452	497	469
Transpirationskoeffizient[2] (g Wasser pro g erzeugte Trockensubstanz)				
– mit „Ertrag" berechnet	1253	630	621	**290**
– mit Gesamtproduktion berechnet[1]	313	251	311	193

[1] Berechnet unter der (durch Tab. 19–13 gestützten) Annahme, dass der oberirdische Jahreszuwachs bei ungedüngten Wiesen (0) höchstens 25 % der gesamten Netto-Primärproduktion (d. h. oberird. Ertrag + Stoppel + Streu + Wurzeln) ausmacht, dass er bei normal gedüngten Wiesen etwa 40 % (**PK**) bzw. 50 % (**NPK**) beträgt und bei übermäßig stickstoffversorgten (**PK** + 520 kg N ha^{-1}) etwa 66% darstellt. Stimmt diese Annahme, so liegt der Transpirationskoeffizient in derselben Größenordnung wie der von Waldbeständen.
[2] Im Wasserverbrauch (durch Transpiration und Evaporation) unterscheiden sich die Düngungsstufen nur unwesentlich. Der Anteil der direkten Verdunstung aus dem Boden (Evaporation) dürfte in jedem Fall gering sein; er ist kaum bestimmbar. Könnte man den Transpirationskoeffizienten unter Abzug der Evaporation berechnen, so wären alle Ziffern noch etwas niedriger. (1 mm entspricht 10 t Wasser pro ha).

unter Acker dagegen auf 288 mm a^{-1}. Die Höhe der Sickerrate wird stark von der Bodenart beeinflusst: Unter Grasland auf Sandboden ist diese aufgrund der geringeren Feldkapazität mehr als 30 % höher als unter Grasland auf Lössboden (Strebel et al. 1984).

19.6.2.2 Nährstoffumsätze

Die mengenmäßig wichtigsten Stickstoffumsätze in Wiesen und Weiden sind die Nettomineralisierung und der Nährstoffentzug mit Heuernte oder Fraß. Die Mineralisationsrate ist ein bestimmender Faktor der Produktivität zumindest in ungedüngten Wiesen (Vogel 1981). Stellt man die jährlichen Heuerträge (s. Abb. 19–44) der N-Nachlieferung gegenüber, die durch In-situ-Inkubationsversuche bestimmt wurde (s. Abb. 19–48), so ergibt sich für beide Größen ein paralleler Anstieg von den Voll- und Halbtrockenrasen zu den Frisch- und Feuchtwiesen. **Sowohl die Mineralisierung als auch die Produktion werden also deutlich durch eine günstige Bodenfeuchte gefördert.** Höhere Erträge an besser wasserversorgten Standorten können deshalb ihre Ursache auch in einer günstigeren N-Versorgung haben, also nur indirekte Folge des Wasserregimes sein. Noch nassere Grasländer, wie sie Pfeifengraswiesen, Binsen- und Kleinseggensümpfe darstellen, weisen dagegen eine schlechte Stickstoffversorgung auf, weil Sauerstoffmangel die Ammonifikation hemmt, andererseits aber die Denitrifikation begünstigt.

Vogel (1981) fand in den Harzer Bergwiesen **keine Abhängigkeit der Nettomineralisation**

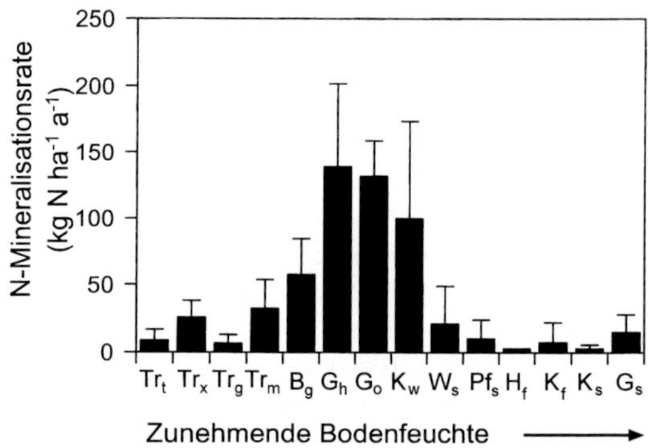

Abb. 19–48 Mittelwerte und Standardabweichung der Stickstoff-Nettomineralisation in der Vegetationsperiode in 14 von Gräsern und Grasartigen dominierten Vegetationstypen Mitteleuropas. Jeweils 1 bis 14 Bestände pro Vegetationstyp (insgesamt 77 Bestände); links trockene Magerrasen, Mitte bodenfrisches Grasland, rechts Feuchtwiesen und Seggenriede. Nach zahlreichen Autoren zusammengestellt. Tr_t = Teucrio-Seslerietum, Tr_x = Xerobrometum, Tr_g = Gentiano-Koelerietum, Tr_m = Mesobrometum, B_g = Polygalo-Nardetum, G_h = Arrhenatheretum, G_o = Geranio-Trisetetum, K_w = Cirsietum oleracei, W_s = Juncetum effusi/subnodulosi/Scirpetum sylvatici, Pf_s = Junco-Molinietum, H_f = Filipenduletum, K_f = Caricetum davallianae bzw. Schoenetum ferruginei, K_s = Caricetum canesc./nigrae, G_s = Caricetum rostratae/elatae.

vom pH-Wert, jedoch bei pH-Werten unter 5 eine Reduktion des Nitrifikationsgrades auf 20–40 %. Erstaunlich gering war auch der **Einfluss der Meereshöhe** und damit der Temperatur auf die Nachlieferung. Die Daten von Vogel (1981) zeigen zwar eine Zunahme des Gesamtstickstoff- und Kohlenstoffgehaltes und eine Weitung des C/N-Verhältnisses in den Wiesenböden mit zunehmender Meereshöhe (200–750 m), aber nur eine schwache, nicht-signifikante Abnahme der N-Mineralisationsleistung. Die montanen Goldhaferwiesen waren also erstaunlich gut mit Stickstoff versorgt.

Mahd, aber auch Beweidung, entziehen dem Ökosystem große Mengen an Nährstoffen, die zu einer Verarmung der Standorte führen, wenn nicht eine Kompensation durch Düngung erfolgt. Den Frisch- und Feuchtwiesen des Tief- und Berglandes werden bei zwei- bis dreimaliger Mahd ungefähr 100–130 kg Stickstoff, 20–40 kg Phosphor und 100–180 kg Kalium pro Hektar entzogen (Klapp 1971), also Mengen, die in der Größenordnung der jährlichen Nachlieferung mit der Nettomineralisation liegen. In Magerwiesen sind die Entzüge etwa halb so groß. Bei Weidenutzung mit entsprechenden Verlusten durch Fraß werden diese zu 70–100 % über den Kot und Harn wieder ausgeglichen. Allerdings geht viel Stickstoff durch Nitratauswaschung und Ammoniakausgasung verloren. Zumindest Intensivweiden benötigen daher eine Zusatzdüngung.

Je nährstoffärmer der Boden, umso effizienter verlagern Grünlandpflanzen im Jahresverlauf die Nährstoffe zwischen oberirdischen und unterirdischen Organen (Morton 1977, Werner 1983, van der Linden 1986, Pechácková & Krahulec 1995). Auf armen Böden herrschen Pflanzen mit nährstoffärmeren, aber langlebigeren Blättern vor, die eine höhere Nährstoff-Nutzungseffizienz im Hinblick auf die Produktion besitzen. Damit wird weniger und qualitativ schlechtere Streu geliefert; die Nährstoffnachlieferung ist daher an nährstoffarmen Standorten geringer (Aerts & de Caluwe 1997). Von nährstoffreichen zu nährstoffarmen Grasländern nimmt deshalb die relative Bedeutung des **pflanzeninternen Nährstoffumsatzes** im Vergleich zum externen Nährstoffkreislauf zu (Berendse et al. 1992).

Úlehlová (1993) hat in Mähren den **Stickstoffkreislauf** einer ungedüngten mageren Mähwiese (Polygalo-Nardetum) mit dem einer von *Deschampsia cespitosa* und *Polygonum bistorta* dominierten Fettwiese, die mit 200 kg N, 44 kg P und 83 kg K ha^{-1} gedüngt wurde, verglichen. Düngung führte zu einer starken Zunahme der N-Vorräte in der ober- und unterirdischen Biomasse und in der Wurzelstreu, erhöhte aber den gesamten Stickstoffvorrat des Ökosystems, der vor allem vom Bodenstickstoff bestimmt wird, nur unwesentlich (s. Abb. 19–49). Stark zugenommen hatte dagegen der N-Umsatz: Die als Dünger zugeführten 200 kg N ha^{-1} führten zu hohen gasförmigen N-Verlusten in Form von **Denitrifikation** (60 kg gegenüber 1,5 kg in der ungedüngten Wiese) und erhöhten **Sickerwasser-Verlusten an Nitrat** (19,2 kg gegenüber 3,3 kg). Abgenommen hatte dagegen die nicht-symbiontische N-Fixierung durch freilebende diazotrophe Bakterien und Blaualgen (5 kg N ha^{-1} in der ungedüngten Wiese, 1–2 kg in der gedüngten). Schneider (1991) gibt für ein landwirtschaftlich genutztes Einzugsgebiet in Westdeutschland Denitrifikationsverluste bis zu 30 kg N ha^{-1} a^{-1} an, Berendse et al. (1994) maßen in den Niederlanden bis zu 17 kg N ha^{-1} a^{-1}. Denitrifikation ist vor allem dann bedeutend, wenn in einem neutralen bis schwach sauren Boden mit Nitratüberschuss anoxische Bedingungen auftreten. Unter westdeutschen Feuchtwiesen und -weiden und deren Brachen lagen die N-Austräge mit dem Sickerwasser im Mittel bei 5,6 (maximal 14,7) kg N ha^{-1} a^{-1}; sie waren unter Weiden höher als unter Wiesen (von Ruville-Jackelen 1996).

Leguminosen mit ihren stickstoffbindenden Symbionten tragen in vielen Grasländern entscheidend zur Stickstoffversorgung bei. Úlehlová (1993) nennt jährliche Festlegungsraten von 70–110 kg N ha^{-1} für mährische Polygalo-Nardeten. Düngung reduziert diesen natürlichen Eintrag durch Zurückdrängung der Leguminosen.

19.7 Vegetationsdynamik

19.7.1 Neubildung von Wiesen-Gesellschaften und die Bedeutung der Vorgeschichte

Grasland-Gesellschaften können sich sehr rasch auf nacktem Boden konstituieren oder auf veränderte Lebensbedingungen umstellen, wenn ihre Partner in der Nähe vorhanden sind. Erst wenige Jahrzehnte alte, subspontan

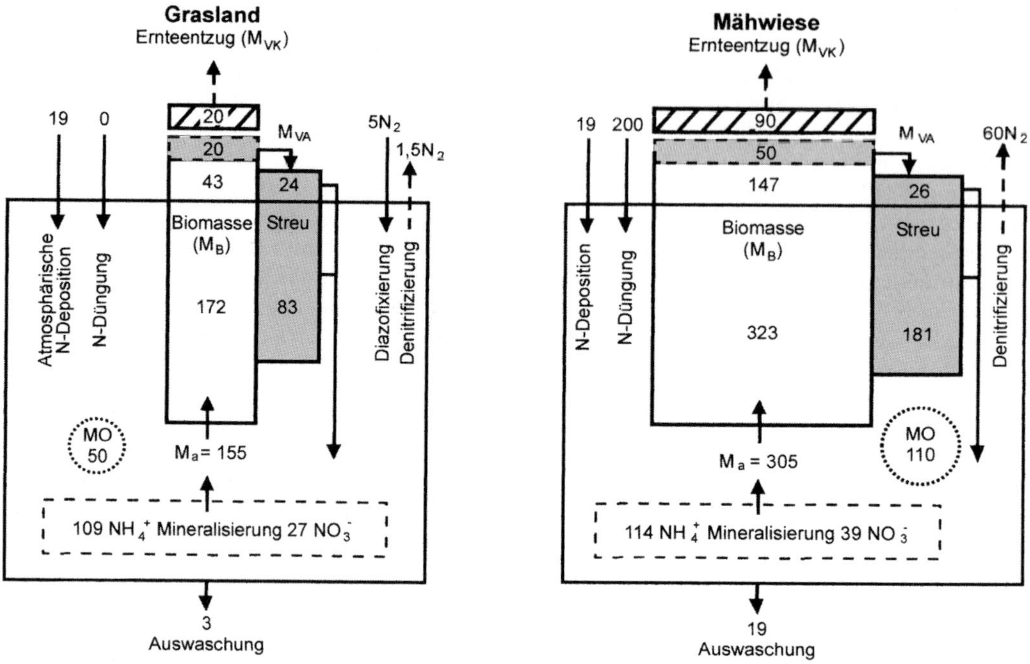

Abb. 19–49 Stickstoffvorräte (Blöcke) und Flussmengen (Pfeile) in einem nährstoffarmen Grasland (links: Polygalo-Nardetum) und einer gedüngten Mähwiese (rechts: 200 kg N, 44 kg P und 83 kg K pro Hektar und Jahr) in Mähren. Vorratsmengen in g m^{-2}, jährlicher Umsatz in g m^{-2} a^{-1}. M_B = Stickstoffmenge in der Biomasse, M_{VK} = Stickstoffmenge in der Heuernte, M_{VA} = Stickstoffmenge im Streufall; MO = N-Vorrat in Mikroorganismen, M_a = aufgenommene Stickstoffmenge. Nach Úlehlová (1993, aus Larcher 2001). Im Vergleich mit dem ungedüngten Borstgrasrasen enthält die gedüngte Mähwiese in der oberirdischen Biomasse etwa die dreifache Menge an Stickstoff, in der unterirdischen Biomasse, der Streu und in Bodenmikroorganismen die etwa zweifache Menge und im geernteten Heu die 4,5-fache Menge.

entstandene Glatthaferwiesen in den argentinischen Anden enthielten nach Ellenberg (unveröff.) bereits fast alle in Mitteleuropa verbreiteten Charakterarten und außer der Rosaceae *Achaena* kaum einen Vertreter der einheimischen Flora. In Äckern in Südwestdeutschland und im Schweizerischen Mittelland genügen nach den Beobachtungen zahlreicher Autoren etwa 3 bis 4 Jahre, um aus einer Reinsaat von *Dactylis glomerata*, einem Luzernefeld, einem Rotkleeacker oder einem Klee-Gras-Gemisch artenreiche Gemeinschaften entstehen zu lassen, die einer Salbei-Glatthaferwiese ähneln. Voraussetzung ist jedoch, dass der Bestand jährlich zwei- bis dreimal gemäht und hin und wieder gedüngt wird. Nach den von Ellenberg (1952b) ausgewerteten Wiesenkartierungen vor und nach einer großräumigen Grundwasserabsenkung bei Braunschweig genügen 7 Jahre, um aus Seggenrieden mäßig feuchte Kohldistelwiesen, oder aus Kohldistelwiesen Fuchsschwanz-Glatthaferwiesen entstehen zu lassen. Die Samen der meisten Partner werden aus benachbarten älteren Wiesenbeständen oder aus wiesenähnlichen Wegrainen vom Wind und von Tieren herangetragen. In der Regel verändert sich die Artenkombination umso rascher, je besser der Bestand ernährt wird.

Das Alter eines Wiesen- oder Weidebestandes hat nach Klapp (1971) keinen Einfluss auf dessen Produktivität. Anders als in vielen Ackerkulturen verschlechtert sich also der Ertrag des Kulturgraslandes offenbar nicht mit der Zeit. Die **Vorgeschichte einer Wiese** lässt sich dennoch in ihrer **Artenzusammensetzung** ablesen (Alard et al. 2005). Bergwiesen des Polygono-Trisetion und Violion caninae im Thüringer Wald besaßen im Mittel eine höhere Artenzahl (29 gegenüber 22 pro Aufnahmefläche) und mehr bedrohte Arten, wenn sie mehr als

90 Jahre alt waren (Waesch 2003). Jüngere Bestände, die meist aus aufgegebenen Äckern entstanden, wiesen zudem eine geringere Zahl an Kenn- und Trennarten beider Verbände auf. Zu den offenbar nur langsam einwandernden Arten zählen *Centaurea pseudophrygia*, *Phyteuma spicatum*, *Polygala vulgaris* und *Anemone nemorosa*. Im Südschwarzwald benötigen Magerwiesen nach Nowak & Schulz (2002) mindestens 50 Jahre, um eine gesättigte Artenzahl aufzuweisen.

19.7.2 Sukzession auf Wiesenbrachen

Fällt der Phytomasse-Entzug durch Mahd oder Weide im Zuge des Brachfallens von Grasland fort, so erfolgt innerhalb weniger Jahre ein Wandel in der Struktur und Artenzusammensetzung der Vegetation, der von Veränderungen im Boden und Bestandesklima begleitet wird. **Feuchtwiesen** des CALTHION gehen meist rasch in artenarme Dominanzbestände hochwüchsiger Kräuter und Gräser über, z. B. von *Filipendula ulmaria*, *Phalaris arundinacea*, *Glyceria maxima* oder *Scirpus sylvaticus*, in den Mittelgebirgslagen auch von *Polygonum bistorta*. Offen gelassene Feuchtweiden werden häufig von *Deschampsia cespitosa*, *Juncus effusus* und *J. conglomeratus* beherrscht. An nassen Stellen breiten sich Großseggen (*Carex acutiformis*, *C. acuta*, *C. paniculata*, *C. vesicaria* u. a.) aus. Hinzu treten Stickstoffzeiger wie *Urtica dioica*, *Cirsium arvense*, *Galeopsis tetrahit* u. a. (z. B. Rosenthal 1992, Schwartze 1992, Jensen 1997, Schrautzer & Jensen 1999, Dierschke & Briemle 2002). Nach einer Langzeitstudie von Falinska (1995) dringt *Filipendula* in Feuchtwiesenbrachen zunächst klonal vor; nach etwa 12 Jahren begannen sich die Polykormone jedoch unter Rhizomzerfall aufzulösen, sodass andere Wiesenpflanzen einen Konkurrenzvorteil erhielten.

In brachgefallenen Pfeifengras-**Streuwiesen** des Allgäu stellten Abt & Ege (1993) anfangs eine Zunahme von *Molinia* fest; in älteren Brachen nahm das Pfeifengras jedoch wieder ab. **Glatthaferwiesen** und Rotschwingelweiden des Hügel- und Berglandes erfahren zunächst eine „Versaumung“ mit z. B. *Hypericum maculatum* oder *Trifolium medium*, die jedoch bald von jährlich wechselnden Dominanzbeständen hochwüchsiger Kräuter und Stauden mit gut ausgebildeten Speicherorganen wie *Geranium sylvaticum*, *Heracleum sphondylium* oder *Galeopsis tetrahit* abgelöst wird (z. B. Neuhäusl & Neuhäuslová-Novotná 1985). Die **Ansiedlung von Sträuchern und Bäumen** wird in starkem Maße von den Standortverhältnissen gesteuert. Unter günstigen Klima- und Bodenbedingungen fand Schreiber (1993) auf südwestdeutschen Wiesenbrachen bereits nach 5 Jahren fast 2 m hohe Gebüsche, an feuchten bis nassen Standorten, in Wiesen mit dichter Streudecke und in montaner Höhenlage dagegen fast keine Ansiedlung von Holzgewächsen (vgl. auch Kienzle 1979 u. Wolf 1980). Die Baumpioniere waren fast alle windverbreitet, die Sträucher rückten dagegen mit Polykormonen vor oder wurden von Vögeln ausgesät. Wildverbiss und Fraßdruck können die Verbuschung erheblich verzögern (Müller & Rosenthal 1998). In jedem Fall dürfte der Zufall eine entscheidende Rolle für den Verlauf der Brachesukzession spielen, wodurch sich eine Vielzahl von möglichen Sukzessionsverläufen ergibt (Schreiber 2001).

Die **Abnahme der Artenzahlen in alternden Grünlandbrachen** wurde durch Dauerflächen-Untersuchungen vielfach belegt (z. B. Wolf 1979, Oomes & Mooi 1985, Bakker 1989, Hachmöller 2000). Besonders stark ist diese bei Arten mit geringer Wuchshöhe, zumal, wenn sie sich vor allem durch Samen fortpflanzen. Diese Pflanzen werden nicht nur durch Schattenwurf benachteiligt, sondern auch durch die sich rasch aufbauende Streuschicht, die eine Keimung wirkungsvoll unterbindet (Jensen 1997). Das gilt für viele Kräuter und Grasartige, offenbar aber nicht für Baumsämlinge, die nach Schreiber (2001) durch einen dichten Streufilz nur ausnahmsweise behindert werden. Auch die Zahl der in der Samenbank vorhandenen Arten nahm in ostpolnischen Brachesukzessionen mit zunehmendem Alter ab (Falinska 1999). Sich klonal fortpflanzende Arten nehmen dagegen zu, vor allem solche mit Rhizomen (Prach & Pysek 1994). Das Verhalten von zahlreichen Arten bei der Sukzession nach dem Brachfallen von schwedischen Wiesen und Weiden haben Ekstam & Forshed (1992) dargestellt.

Der dichter werdende Bestand der Brache führt zu einer Abkühlung der bodennahen Luft und des Oberbodens um mehrere Grad im Vergleich zur Mähwiese und zu einer Verringerung der Lagerungsdichte des Bodens (Gisi & Oertli 1981 a u. b). Organische Substanz akkumuliert vor allem an der Bodenoberfläche als Streu und in der Biomasse, nicht jedoch im Boden, wie dies für Ackersukzessionen kennzeichnend ist. In den von obigen Autoren untersuchten montanen Brachen im Schweizer Jura nahm die **Streuproduktion** um das 70-Fache zu. In der Folge weitete sich das C/N-Verhältnis der Streulage, und der pH-Wert des Bodens sank. In den meisten Fällen sinkt nach dem Brachfallen auch die mikrobielle Aktivität des Bodens und deshalb auch die Mineralisationsrate ab (Schreiber et al. 1997); das oft beobachtete Auftreten von N-Zeigern wie *Urtica* oder *Aegopodium* in Brachen muss also vor allem auf einer **gesteigerten pflanzeninternen Nährstoff-Rückverlagerung** und weniger auf höheren Mineralisationsraten beruhen. Man kann dann von einer „Aut-Eutrophierung" sprechen.

In manchen brachgefallenen Magerwiesen kann die N-Mineralisation auch zunehmen (Hartmann & Oertli 1984), während an Kalkstandorten Brachesukzessionen oft über lange Zeit einen relativ unveränderten Bodenzustand ohne starke Humusakkumulation aufweisen (Broll 1996). Das Brachfallen von Feuchtwiesen ist in der Regel mit einer Verlandung des Grabensystems und damit einer Vernässung verbunden (Amani 1980), die zur Abnahme von N-Nachlieferung und Nitrifikationsrate führt (Broll & Schreiber 1985, Olde Venterink 2000). Auch in Feuchtwiesenbrachen kann also die oberirdische Netto-Primärproduktion um bis zu 100 % zunehmen, obwohl die N-Mineralisation sinkt (Rosenthal 2001). Erfolgt die Vernässung durch kalkarmes Wasser, kann dies zu einer verbesserten P-Verfügbarkeit führen, die ertragssteigernd wirkt (Koerselman et al. 1993).

19.8 Menschlicher Einfluss

19.8.1 Folgen der Nutzungsintensivierung und Düngung

Seit etwa den 1960er-Jahren hat in weiten Teilen Mitteleuropas ein beispielloser struktureller Wandel in der Grünlandwirtschaft stattgefunden, der zu einer **starken floristischen Verarmung und Monotonisierung des Gesellschaftsinventars im Kulturgrasland** geführt hat (s. Tab. 19–17). Artenreiche Grasland-Gesellschaften sind heute im Tiefland in großen Regionen überhaupt nicht mehr oder nur noch sehr kleinflächig vorhanden (Hundt 2001, Wesche et al. 2009), in den Mittelgebirgen und im Hochgebirge noch mit Anteilen von ungefähr 20–40 % (Poschlod & Schumacher 1998, Hachmöller 2000). Dieser Umbruch hat mehrere Ursachen, die eng an den Übergang von der bäuerlichen zur agroindustriellen Produktion im Grünland gekoppelt sind:

- Starke und langzeitige Düngung mit NPK oder Gülle,
- schleichende Eutrophierung aus der Luft und/oder über das Grundwasser,
- Vorverlegung des ersten Schnittes,
- Umstellung von ein- bis zweimaligem auf mehrmaligen Schnitt,
- Übergang von der Heugewinnung zur Silageherstellung,
- Übergang von der Stand- zur Umtriebsweide bei hoher Bestockung,
- Dränage von Nassflächen oder Bodenauftrag auf diesen,
- Umbruch und Neuaussaat artenarmer Samenmischungen oder einzelner Arten,
- Einsatz von Herbiziden gegen Unkräuter,
- Flurbereinigung, z. B. das Zusammenlegen kleiner Besitzstreifen.

Andere rasche Veränderungen brachte in den letzten Jahren die allgemein abnehmende Rentabilität der Viehwirtschaft mit sich. Ehemals intensiv beweidetes oder gemähtes Grasland fiel daher brach, vor allem in den Marschen und Mooren, in denen die Unterhaltung der Entwässerungsgräben zu kostspielig ist. In Deutschland waren Anfang der 1990er-Jahre 7,5 % der landwirtschaftlichen Nutzfläche Brache (Dierschke & Briemle 2002). Die verbliebenen Grünlandbetriebe haben intensiviert. Tieflandsweiden werden daher heute so gut gedüngt und mit so viel Vieh besetzt, dass das Artengefüge ihres Rasens in erster Linie durch diese beiden Faktoren bestimmt wird. Das gilt in entsprechender Weise für die hochproduktiven Vielschnittwiesen, die durch Düngung und Melioration in floristischer und standörtlicher Hinsicht „standardisiert" wurden.

Die mitteleuropäische Graslandwirtschaft ist eng an die Viehwirtschaft, insbesondere an die Milchviehhaltung gebunden. Die heute verbreiteten **Hochleistungskühe** haben hohe Ansprüche an den Futterwert der Wiesen und Weiden. Der pflanzliche Aufwuchs muss gut verdaulich sein und **hohe Energiedichten und Proteingehalte** aufweisen, darf aber nur wenig Rohfasern enthalten. Futter mit einer Energiekonzentra-

Tab. 19–17 Relative Häufigkeit wichtiger Graslandtypen Deutschlands 1950 und 2000 (in %). Nach Briemle et al. (1999).

Graslandtyp	1950	2000
Glatthafer-Talwiesen	35	5
Goldhafer-Bergwiesen	10	5
Bergweiden, Magerweiden	10	5
Summe mäßig frische bis mäßig feuchte Standorte	*55*	*15*
Salbei-Glatthaferwiesen, Magerwiesen	10	5
Feuchtwiesen, artenreiche Fuchsschwanzwiesen	20	4
Nasswiesen, Kleinseggenwiesen	5	1
Summe extremere Standorte	*35*	*10*
Vielschnittwiesen und Mähweiden	3	55
artenarme Fuchsschwanzwiesen	2	10
Intensivweiden, Fettweiden	5	10
Summe frische bis mäßig feuchte Standorte	*10*	*75*

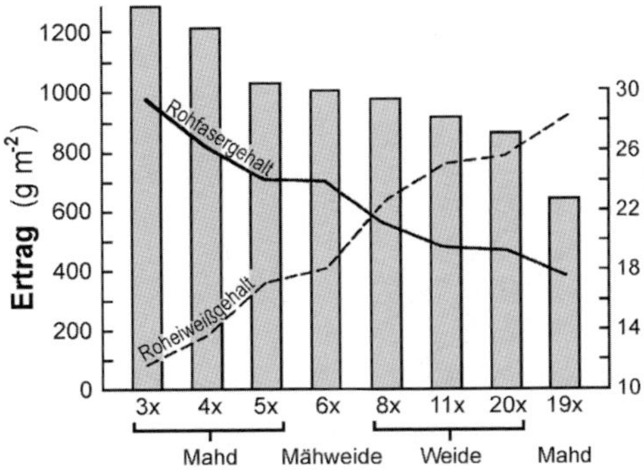

Abb. 19–50 Trockensubstanzertrag und Roheiweißgehalt von Wiesen und Weiden im Rheinland bei unterschiedlicher Nutzungshäufigkeit. Nach Klapp (1971).

tion unter 5,0 mJ Netto-Energie-Laktation (NEL) pro kg Trockensubstanz ist nur begrenzt in der Milchviehhaltung verwertbar (Dierschke & Briemle 2002). Nur eine vier- bis fünfschürige Weidelgraswiese mit frühen Schnitten bereits ab Mitte Mai erreicht die notwendigen hohen Energie- und Proteindichten, um das Hochleistungsvieh zu ernähren. Nutzungsintensivierung dient nicht nur der Erhöhung des Heuertrages, der tatsächlich bei erhöhter Schnittfrequenz eher sinkt (Korte & Harris 1987), sondern auch der **Erzeugung von Silage**, mit der sich der Aufwuchs konservieren lässt (s. Abb. 19–50). Heu und Silage haben allerdings eine geringere Energiekonzentration als frisches Gras. Spätere Mahdtermine und längere Schnittintervalle senken die Qualität des Heus zusätzlich. Den heutigen hohen Qualitätsansprüchen werden nur mäßig gedüngte, zweischürige Glatthaferwiesen nicht gerecht; sie erfordern vielmehr hochproduktive Vielschnittwiesen, Mähweiden oder gar Weidelgras-Einsaaten, die mit 150 bis über 350 kg N ha^{-1} **intensiv gedüngt** werden müssen (s. Abb. 19–51). Die Zufütterung von Kraftfutter hat ebenfalls in den letzten Jahrzehnten stark zugenommen.

Düngung mit Stickstoff, Phosphor und Kalium hat tief greifende Folgen für die Artenzusammensetzung der Wiesen und Weiden. Unausgewogene N-Gaben, wie sie mit Gülle verabreicht werden, **fördern in Wiesen die Obergräser und hochwüchsigen Stauden** wie Bärenklau und Kerbel sowie Scharfen Hahnenfuß und Sauerampfer, verringern jedoch den Leguminosenanteil. Aus zahlreichen N-Düngungsexperimenten von Klapp (1962 c) geht hervor, dass nur eine kleine Minderheit der in den Wiesen und Weiden vorkommenden Arten durch Düngung im Bestand gefördert wird. Das waren zwar 14 der 21 vertretenen Grasarten, aber nur 1 von 10 Leguminosen und nur 5 von 46 „sonstigen" Arten. Förderung oder Zurückdrängung einer Art waren dabei vor allem von der standortbestimmten Artenkombination abhängig und damit variabel (s. Abb. 19–52). Je höher das Nährstoffangebot, umso deutlicher unterscheiden sich Gewinner und Verlierer der zwischenartlichen Konkurrenz; die Asymmetrie von Konkurrenzbeziehungen nimmt also von Magerwiesen zu Fettwiesen zu (Grime 1979, Schippers et al. 1999).

Alle hochwertigen Futtergräser der modernen Grünlandwirtschaft sind auf reichliche N-Versorgung angewiesen. In Frischwiesen wird durch NPK-Gabe vor allem *Arrhenatherum* gefördert, daneben auch *Trisetum*, *Festuca pratensis*, *Dactylis* sowie *Poa pratensis* und *P. trivialis*; in Feuchtwiesen nehmen vor allem *Alopecurus pratensis* sowie die oben genannten Arten zu. Jauchedüngung fördert grasarme Hochstaudenwiesen.

Mehrjährige starke N-Düngung verändert in der Regel den Charakter der Gesellschaft grundlegend. Bereits Stebler & Schröter (1887) und Aichinger (1933) erkannten, dass durch Düngung aus Mesobrometen und Salbei-Glatt-

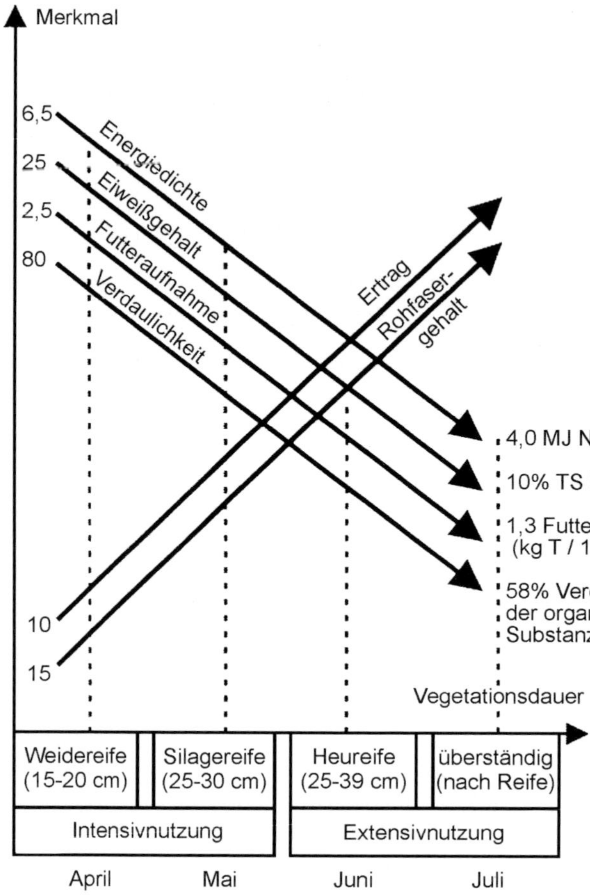

Abb. 19–51 Qualitätsveränderung des Wiesenfutters mit zunehmender Alterung. Nach Rieder (1997, aus Dierschke & Briemle 2002).

haferwiesen typische Glatthaferwiesen erzeugt werden können. Scheinbar ersetzt hier Düngung das fehlende Wasser; tatsächlich dürfte Düngung trockenheitsbedingten Nährstoffmangel ausgleichen. Gedüngte Pfeifengraswiesen entwickeln sich nicht in artenreiche CALTHION-Gesellschaften, sondern in eher artenarme MOLINIETALIA-Fragmentgesellschaften, in denen *Cirsium oleraceum*, *C. rivulare* oder *Alopecurus* dominieren (Nowak & Schulz 2002).

Mäßige N-Düngung führt in Wiesen oft zuerst zu einem Ertragsrückgang (Klapp 1971), weil die **Leguminosen zurückgedrängt** werden, die durch N_2-Fixierung wesentlich zur Produktivität des Bestandes beigetragen hatten. Wird dagegen allein mit P und K gedüngt, nehmen in der Regel die Leguminosen zu. Bei Phosphormangel kommen Pfeifengras, Borstgras, Schafschwingel und andere zur Dominanz (Klapp 1965). *Molinia* wird andererseits nach Graf (1996) stärker als andere Gräser durch Phosphor im Wachstum gefördert.

Wie für Wiesen so gilt auch für Weiden: Je intensiver die Bewirtschaftung, desto artenärmer wird die Weidenarbe, zumal sich Weidelgras und Lieschgras in den Weidepausen immer wieder zu dichten, blattreichen und stark schattenden Beständen zusammenschließen können. Dauernder Mähweidebetrieb begünstigte in Göttinger Weiden neben *Lolium* vor allem *Poa trivialis*, *P. pratensis* und *Dactylis glomerata* (Ruthsatz 1970).

Schon gegen Ende der 1950er-Jahre zeichneten sich die Folgen der nach dem Zweiten Weltkrieg rasch gestiegenen Düngergaben und des immer intensiveren Mähweidebetriebes im Artengefüge der mitteleuropäischen Wiesen- und Weidevegetation ab (u. a. Tüxen 1955, Knapp 1969, Meisel & Hübschmann 1976, Rosenthal & Müller 1988, Böger 1991, Kornas &

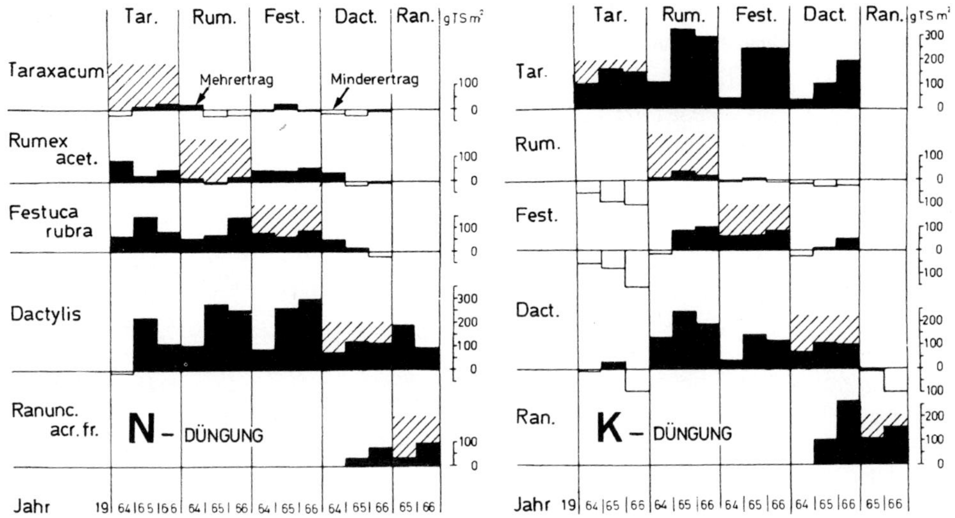

Abb. 19–52 Wirkung zusätzlicher Gaben an Stickstoff (links) und an Kalium (rechts) auf den Ertrag von ansonsten normal mit Nährstoffen versorgter Rein- und Mischbestände von Wiesenpflanzen bei Zürich. Nach Hofer (1970), etwas verändert. (Erträge in g Trockensubstanz pro m^2).
Die **Reinbestände** sind jeweils durch Schrägschraffur bezeichnet. Sie wurden in den drei Versuchsjahren (1964 bis 1966) sowohl durch Zufuhr von N als auch von K gefördert, und zwar bei allen Arten. Der Löwenzahn und der Scharfe Hahnenfuß (*Ranunculus acris* subsp. *friesianus*) sprachen allerdings auf K wesentlich stärker an als auf N. Der Große Ampfer wurde von beiden Nährstoffen nur wenig, aber gleichmäßig gefördert. Die Gräser hatten mit N wie mit K einen höheren Trockensubstanz-Ertrag. Durch **Hinzutreten jeweils einer konkurrierenden Art** änderte sich die Wuchsleistung je nach Wettbewerbsfähigkeit der betrachteten Art. *Dactylis glomerata* als rasch emporschießendes Obergras gewann in den meisten Fällen. Nur Löwenzahn und Hahnenfuß setzten sich bei K-Zufuhr gegen das Knaulgras durch. Der niedrige Rotschwingel wurde mit K nur gegen den Ampfer, mit N gegen diesen und den Löwenzahn gefördert. Auf reichlich gedüngten Wiesen ist der Große Ampfer tatsächlich sehr selten, während er auf vernachlässigten bzw. wenig gedüngten, zusammen mit dem ebenfalls wenig kampffähigen Rotschwingel, deutlich hervortritt.

Dubiel 1991, Prach 1993, Hundt 1996, 2001). Beispielsweise verglich Meisel (1970) Vegetationsaufnahmen, die in verschiedenen Bereichen des nordwestdeutschen Tieflandes in den 1930er-Jahren gemacht worden waren, mit solchen, die in denselben Gebieten 20 bis 30 Jahre später wiederholt wurden. Viele Zeiger für geringe Stickstoffversorgung (N-Zahlen unter 5, s. Tab. 19–18) waren seltener geworden und hatten eine deutlich geringere Stetigkeit, bezogen auf die Gesamtzahl der Aufnahmen. Dafür hatten schwache bis starke N-Zeiger (N 5 und höher) zugenommen, besonders solche, die zugleich sehr tritt- und schnittfest sind. Zu den mehr und mehr zurückgedrängten Elementen gehörten die Leguminosen, die deutlich an Deckungsgrad verloren hatten. Das gilt auch für den nach wie vor hochsteten Weißklee (N 6), der ja durchaus kein Düngungsflieher ist. Die in Tabelle 19–18 angedeutete Tendenz hat sich bis heute beschleunigt fortgesetzt, sodass die **Weidelgras-Weißkleeweiden außerordentlich artenarm und monoton geworden** sind. Die von Meisel (1970) unterschiedenen zahlreichen Untergesellschaften lassen sich heute nur noch schwer oder gar nicht mehr erkennen.

In Nord- und Osthessen nahm das Kulturgrasland im Zeitraum 1950 bis 2000 um 30 % ab und verarmte im Mittel von zehn Gesellschaften um 2,6 Arten pro Aufnahme (Raehse 2001). Am stärksten waren die Einbußen bei den Silgen- und den Goldhaferwiesen (Verluste von 8,3 und 6,3 Arten pro Aufnahme). Besonders stark nahmen auch in Hessen die **Feuchtigkeits- und Magerkeitszeiger** im Kulturgrasland ab, die oft Kenn- oder Trennarten der betreffenden Gesellschaften sind. Hundt (1996 u. 2001) hat die zwischen 1964 und 1994 eingetretenen Veränderungen in den mittel- und ostdeutschen Wiesen-Gesellschaften dokumentiert. Die mitt-

Tab. 19–18 Artenverschiebungen in Weidelgrasweiden während der Zeit von 1935/40 bis 1960/68 im nordwestdeutschen Tiefland (nach Angaben von Meisel 1970)[1].

Mangelzeiger	Indifferente und Stickstoffzeiger
Arten mit früher höherer Stetigkeit:	
N Gräser und Grasartige:	
2 *Agrostis canina*	
2 *Briza media*	
2 *Nardus stricta*	
3 *Luzula campestris*	
4 *Festuca ovina*	
3 *Cynosurus cristatus*	
Carex panicea	
Leguminose	
3 *Lotus corniculatus*	
übrige Kräuter	N Leguminosen:
2 *Centaurea jacea*	× *Trifolium pratense*
2 *Galium uliginosum*	× *Trifolium dubium*
2 *Hieracium pilosella*	(–) 6 *Lathyrus pratensis*
2 *Pimpinella saxifraga*	Übrige Kräuter
2 *Succisa pratensis*	× *Prunella vulgaris*
3 *Galium verum*	× *Veronica chamaedrys*
3 *Hypochoeris radicata*	× *Vicia cracca*
3 *Leucanthemum vulgare*	(–) 5 *Senecio jacobaea*
3 *Rhinanthus minor*	6 *Leontodon hispidus*
3 *Stellaria graminea*	(–) 7 *Galium mollugo*
4 *Daucus carota*	

Mangelzeiger	Indifferente und Stickstoffzeiger
Arten, die sich wechselnd verhielten:	
Gräser:	Gräser:
3 *Bromus hordeaceus*	× *Anthoxanthum odoratum*
4 *Agrostis tenuis*	× *Festuca rubra*
	Kräuter:
	5 *Achillea millefolium*
	5 *Leontodon autumnalis*
Arten mit früher geringerer Stetigkeit:	
	Gräser:
	6 *Festuca pratensis*
	6 *Phleum pratense*
	6 *Poa pratensis*
	7 *Elymus repens*
	(+) 7 *Lolium perenne*
	(+) 8 *Poa annua*
	Kräuter:
	× *Ranunculus repens*
	(+) 5 *Bellis perennis*
	(+) 6 *Plantago major*
	(+) 7 *Taraxacum officinale*
	8 *Cirsium vulgare*

[1] N = Stickstoffzahl, (–) = nicht trittfest, (+) = sehr trittfest

lere Artenzahl des Arrhenatheretum nahm von 39 auf 13 Arten ab; Gewinner waren in erster Linie *Alopecurus pratensis* und *Elymus repens*. Insgesamt nahm die Zahl der kontinental-subkontinental verbreiteten Arten auf Kosten der ozeanisch-subozeanisch verbreiteten zu. Zechmeister et al. (2003) fanden in österreichischen Wiesen mit steigender **N-Düngung eine lineare Abnahme der Artenvielfalt** von Gefäßpflanzen und Moosen. Kornas & Dubiel (1991) dokumentierten den Wandel in Glatthaferwiesen im polnischen Nationalpark Ojców im Verlauf von 30 Jahren. Tabelle 19–19 zeigt die Veränderungen in Wiesen, die zunehmend gedüngt wurden, solchen, die heute von der Parkverwaltung aus Naturschutzgründen gemulcht werden, und brachliegenden Flächen (s. auch Kap. 18.8.3).

Wie rasch sich eine stärkere Düngung und der durch sie mögliche dichtere Viehbesatz auf das Artengefüge einer typischen Weidelgras-Weißkleeweide auswirkt, hat Dörrie (1958) an wiederholt aufgenommenen Dauer-Probeflächen gezeigt. Schon im zweiten Jahr verschwanden viele Arten, darunter sogar hartnäckige Unkräuter wie *Cirsium arvense*, die im Allgemeinen als Differenzialart vernachlässigter Intensivweiden gilt. Nur wenige kamen neu hinzu, z. B. *Stellaria media* als Stickstoffzeiger und *Polygonum aviculare* als Trittpflanze. *Lolium perenne*, *Phleum pratense* und andere Gräser breiteten sich auf Kosten der Leguminosen so sehr aus, dass sie 1954 fast allein herrschten. **Eine einzige kräftige Düngung kann also den Charakter einer Wiese oder Weide nachhaltig verändern.**

Nicht nur die stark ansteigende Düngung hat Veränderungen in der Artenzusammensetzung des Kulturgraslandes bewirkt, sondern auch die **atmosphärischen Stickstoffeinträge** (Stevens et al. 2004). Linusson et al. (1998) verglichen Auf-

Tab. 19–19 Veränderungen von Glatthaferwiesen in 30 Jahren bei verschiedener Behandlung im Ojców-Nationalpark (Polen). Nach Tabellen von Kornaś & Dubiel (1991) kondensiert zusammengestellt. Die Ziffern 1 bis 5 in den Spalten I bis III bedeuten Stetigkeitsklassen[1].

		± **schwindende** Arten:	I		II		III	
F	N	**Gräser** u. Grasartige	a	b	a	b	a	b
×	2	• *Briza media*	3	1	3	1	3	–
×	×	• *Bromus hordeaceus*	3	1	3	–	4	–
4	3	• *Luzula campestris*	–	–	3	–	4	–
3	4	*Avenochloa pubescens*	3	3	3	2	4	–
4	6	• *Carex muricata*	2	1	4	–	2	–
6	5	• *Carex hirta*	2	–	5	–	3	–
×	4	• *Agrostis tenuis*	4	3	4	1	5	–
6	×	• *Festuca rubra*	5	3	5	2	5	–
C 5	4	• *Cynosurus cristatus*	2	1	4	–	2	–
C 5	7	*Phleum pratense*	5	4	5	1	2	1
×	×	• *Anthoxanthum odoratum*	4	3	4	3	5	–
C 5	7	• *Lolium perenne*	2	1	2	–	2	–
×	5	*Trisetum flavescens*	5	3	4	4	4	–
5	6	• *Poa pratensis*	4	3	2	3	5	1
		Leguminosen						
4	4	• *Trifolium dubium*	5	–	4	–	5	–
C 5	6	• *Trifolium repens*	5	3	5	–	5	–
5	×	• *Trifolium pratense*	5	2	4	–	3	–
6	×	*Vicia cracca*	5	2	3	2	4	–
4	×	• *Medicago lupulina*	3	1	2	–	4	–
6	6	*Lathyrus pratensis*	5	3	5	4	5	1
		Kräuter						
4	3	• *Plantago media*	5	1	5	1	5	–
×	×	• *Plantago lanceolata*	5	3	5	1	5	–
×	×	• *Prunella vulgaris*	5	–	5	1	5	–
5	6	• *Leontodon hispidus*	5	2	4	1	5	–
C 5	6	• *Bellis perennis*	5	3	4	–	5	–
6	7	• *Glechoma hederacea*	4	2	2	1	–	–
6	×	• *Lysimachia nummularia*	3	1	4	2	4	1
6	7	• *Primula elatior*	+	+	4	2	4	–
3	2	• *Pimpinella saxifraga*	+	+	2	–	4	–
A 7	×	• *Alchemilla gracilis*	4	–	3	2	2	–
5	5	*Cruciata glabra*	3	+	3	2	4	–
–	–	• *Leontodon hispidus glabra*	3	–	4	–	4	–
A 6	5	• *Crepis biennis*	5	3	4	–	5	1
5	5	• *Cerastium holosteoides*	5	3	5	3	5	1
A 4	4	*Knautia arvensis*	5	3	3	2	4	–

		± **schwindende** Arten:	I		II		III	
F	N	**Gräser** u. Grasartige	a	b	a	b	a	b
A 4	?	*Galium mollugo*	4	3	3	2	4	1
4	5	• *Achillea millefolium*	5	3	4	2	5	–
A 5	5	• *Campanula patula*	4	2	2	1	3	–
4	3	• *Leucanthemum vulgare*	5	3	5	4	4	–
×	3	• *Equisetum arvense*	2	1	4	2	4	1
4	2	*Centaurea jacea*	4	2	–	–	–	–
C 5	5	• *Leontodon autumnalis*	+	1	3	–	2	–
6	6	• *Ajuga reptans*	+	+	–	–	4	–
×	4	• *Euphrasia rostkowiana*	–	–	2	–	2	–
8	9	• *Geum rivale*	2	1	–	–	2	1
5	5	• *Veronica serpyllifolia*	3	–	–	–	–	–
7	6	*Rumex crispus*	3	–	+	–	–	–
A 5	6	*Tragopogon orientalis*	3	–	–	–	–	–
		± **bleibende und neue:**	I		II		III	
F	N	**Gräser**	a	b	a	b	a	b
7	3	*Deschampsia cespitosa*	5	3	5	5	5	1
6	6	*Festuca pratensis*	5	5	4	3	5	1
5	6	*Dactylis glomerata*	5	5	4	5	5	2
A ×	7	*Arrhenatherum elatius*	4	3	4	4	4	3
6	7	*Alopecurus pratensis*	5	4	3	3	3	2
7	7	• *Poa trivialis*	5	3	2	5	2	4
×	7	*Elymus repens*	–	2	+	+	1	3
8	7	*Phalaris arundinacea*	+	–	+	–	–	2
		Kräuter						
5	8	*Heracleum sphondylium*	5	5	4	1	5	1
7	7	• *Ranunculus repens*	5	5	5	3	2	3
5	×	• *Veronica chamaedrys*	5	5	5	4	5	1
A 5	7	*Geranium pratense*	5	5	2	1	4	3
A 5	4	• *Alchemilla monticola*	1	1	1	–	2	–
6	×	*Ranunculus acris*	5	5	4	4	3	–
×	6	*Rumex acetosa*	5	5	5	5	5	1
8	3	*Equisetum palustre*	2	–	2	3	3	1
7	×	*Lychnis flos-cuculi*	3	3	4	5	3	1
5	6	*Pimpinella major*	1	2	–	–	2	–
5	3	*Stellaria graminea*	1	3	2	3	+	+
7	7	*Geranium palustre*	+	+	3	4	2	3

F	N	± bleibende und neue: Gräser	I		II		III		F	N	± bleibende und neue: Gräser	I		II		III	
			a	b	a	b	a	b				a	b	a	b	a	b
		Anthriscus sylvestris	–	*3*	–	+	+	–	6	8	*Aegopodium podagraria*	–	–	–	+	–	*3*
7	8	*Chaerophyllum aromatic.*	–	*2*	*1*	*2*	–	*3*	8	7	*Mentha longifolia*	–	+	–	–	*1*	*4*
6	9	*Rumex obtusifolius*	*2*	*3*	*1*	*2*	–	*3*	7	7	*Stellaria nemorum*	–	–	–	+	–	*3*
5	5	*Geranium phaeum*	–	*2*	+	–	*2*	*4*	×	8	*Galium aparine*	–	*2*	–	*4*	*1*	*5*
7	5	*Cirsium oleraceum*	*1*	*2*	*2*	*5*	*1*	*5*	6	9	*Urtica dioica*	–	*3*	–	*5*	–	*5*

a = Erstaufnahmen 1958/9, b = Wiederholungen 1988. 1958/9 waren alle Bestände gut ausgebildete Arrhenathereten mit vielen ARRHENATHERION-Arten (A), aber auch einigen CYNOSURION-Arten (C; die zweischürigen, organisch gedüngten Wiesen wurden nach der zweiten Mahd beweidet). Später wurden sie nur noch teilweise von Bauern genutzt:
I = **stärker gedüngt** und mehrmals jährlich gemäht (je 7 Aufnahmen);
II = von der Parkverwaltung einmal jährlich gemäht und gemulcht, **nicht mehr gedüngt** (je 5 Aufn.).
III = **brachliegend** (1958/9 5 Aufn., 1988 10 Aufn.).
F= Feuchtezahl, N = Stickstoffzahl nach Ellenberg et al. (1992);
• = niedrigwüchsig, zumindest zeitweilig.
Den stärksten Artenschwund verursachte offensichtlich die Brache. Überraschenderweise wurden durch das Aufhören der Düngung und/oder jeder Nutzung einige besonders stickstoffliebende Kräuter gefördert, namentlich Arten der Sumpf- und Auenwälder wie *Urtica dioica* und *Aegopodium*. Sie profitierten davon, dass sie nahezu oder ganz ungestört wachsen und einen internen Nährstoffumsatz ausbauen konnten. Durch Trockenheit früher relativ begünstigte Arten wie *Avenochloa pubescens* und *Pimpinella saxifraga* gingen zurück oder verschwanden ganz.

[1] *1* = in 1–20 % der Aufnahmen, *2* = 21–40 %, *3* = 41–60%, *4* = 61–80 %, *5* = 81–100%, + nur in einer Aufnahme, – fehlend

nahmen bodensaurer, ungedüngter Heuwiesen in Südschweden von 1963 bis 1966 mit entsprechenden von 1990; die extensiv genutzten Wiesen erfuhren keine gravierenden Änderungen in ihrer Bewirtschaftung. Die Artendichte hatte sich im Mittel aller Flächen nur wenig verändert, deutlich nahm jedoch die Gesamtdeckung der Bestände zu. 39 der 1963 bis 1966 vorhandenen Arten waren 1990 verschwunden, 31 andere waren neu hinzugetreten. Bei Ersteren handelte es sich vor allem um generell seltene Gaslandarten, während die neuen Arten eher **weit verbreitete Generalisten** waren. Die Autoren vermuten, dass die im 25-jährigen Zeitraum verdoppelten atmosphärischen N-Einträge wesentlich für diesen Vegetationswandel verantwortlich sind.

19.8.2 Folgen von Ent- und Bewässerung

Großflächige **Entwässerung** der Talniederungen hatte ebenso gravierende Auswirkungen auf das Kulturgrasland wie die Intensivierung von Düngung und Nutzung. Im Holtumer Moor, einer typischen Niederungslandschaft Nordwestdeutschlands mit ehemaligen Nieder- und Hochmooren östlich von Bremen, wurden die Grasland-Gesellschaften im Abstand von 25 Jahren pflanzensoziologisch aufgenommen und kartiert, und zwar 1963/1964 von Dierschke, 1988 von Wittig und 2006 von Wittig et al. Anhand von 40 Wiesen- und Weideaufnahmen, die auf markierten Flächen wiederholt worden waren, ließen sich die Veränderungen quantifizieren. Anstelle artenreicher Feuchtwiesen und mehr oder minder feuchter Standweiden herrschen heute monotone Vielschnittwiesen und Umtriebsweiden, stellenweise auch Äcker (Dierschke & Wittig 1991). Im Artengefüge der Wiesen waren die Veränderungen besonders drastisch (s. Tab. 19–20), weil diese nicht nur entwässert, sondern stärker gedüngt und intensiver bewirtschaftet worden waren. Mit anderen Worten, die Wiesen hatten ihren Charakter weitgehend verloren.

Aus den Wiesen waren **alle Nässezeiger (F über 7) verschwunden oder zurückgegangen**, mit Ausnahme des unscheinbaren Knickfuchsschwanzes (*Alopecurus geniculatus*), einem Nässekeimer, der durch die Bodenfeuchte in den verdichteten Fahrspuren begünstigt wird. Besonders betroffen waren Arten, die zugleich als Zeiger für Stickstoffmangel bekannt sind (N unter 4). In geringerem Maße zurückgedrängt wurden dagegen Arten, die gegen Bodenfeuchte und Nährstoffversorgung indifferent, also

Tab. 19–20 Veränderungen der Stetigkeit und des Deckungsgrades der Arten von 1963 bis 1988 in 40 Feuchtwiesenflächen (mittlere Prozente) im Holtumer Moor östlich von Bremen, nach Dierschke & Wittig (1991), verändert[1], im Vergleich mit Zeigerwerten nach Ellenberg et al. (1992).

	Stetigkeit		Deckung		F	N
Verschwundene Arten	**'63**	**'88**	**'63**	**'88**		
M *Calliergonella cuspidata*	43	–	3,0	–	7	–
Lathyrus pratensis	35	–	0,9	–	6	6
Eleocharis palustris	23	–	0,3	–	**10**	?
Luzula campestris	20	–	0,2	–	4	**3**
L. multiflora	20	–	0,1	–	5~	**3**
Carex rostrata	18	–	0,7	–	**10**	**3**
Eriophorum angustifol.	15	–	0,4	–	**9=**	**2**
Cirsium vulgare	15	–	0,1	–	5	8
Briza media	13	–	0,1	–	×	**2**
Glyceria maxima	13	–	0,8	–	10~	9
Rhinanthus minor	13	–	0,8	–	4	**3**
Stark zurückgegangene Arten						
Carex nigra	70	5	3,4	<0,1	**8~**	**2**
Galium palustre	38	3	1,2	<0,1	**9=**	4
Juncus filiformis	58	5	2,9	0,2	**9**	3
Lotus uliginosus	**90**	10	2,8	0,2	**8**	4
Galium uliginosum	40	5	0,6	0,2	**8~**	×
Juncus conglomeratus	25	3	0,8	<0,1	7~	3
Carex leporina	23	3	0,2	<0,1	7~	3
Cynosurus cristatus	55	8	2,3	<0,1	5	4
Caltha palustris	**85**	13	**4,5**	0,2	**9=**	6
Carex gracilis	63	10	**10,6**	0,5	**9=**	4
Senecio aquaticus	73	13	2,1	0,1	**8**	5
Angelica sylvestris	88	18	2,2	0,2	**8**	4
Filipendula ulmaria	63	13	2,3	0,1	**8**	5
Juncus effusus	40	10	2,3	0,5	7	4
Bromus racemosus	33	8	0,4	0,1	**8~**	5
Ajuga reptans	38	10	0,5	<0,1	6	6
Trifolium repens	**78**	18	3,0	0,5	5	6
Carex canescens	18	5	0,6	<0,1	**9**	**2**
Myosotis palustris	**98**	30	1,5	0,3	8~	5
Weniger zurückgegangene Arten						
Ranunculus acris	**88**	28	1,9	1,0	6	×
Vicia cracca	23	8	0,5	<0,1	6	×
Crepis paludosa	48	18	2,1	0,2	**8~**	×
Anthoxanthum odorat.	**95**	48	3,3	2,3	×	×
Plantago lanceolata	**78**	33	1,2	1,2	×	×
Lychnis flos-cuculi	**95**	43	2,6	0,6	7~	×
Trifolium pratense	**88**	55	3,6	1,7	5	×
Poa trivialis	**95**	58	**7,0**	**5,0**	7	7
Festuca rubra	**100**	65	**10,4**	**5,0**	6	×
Bellis perennis	70	45	1,0	0,4	5	6
Geförderte und neu aufgetretene Arten						
Rumex acetosa	**97**	70	1,6	4,8	×	6
Holcus lanatus	**100**	**95**	**6,1**	**14,7**	6	5
Ranunculus repens	73	**85**	**4,9**	**8,6**	7~	7
Taraxacum officinale	45	**85**	0,8	3,8	5	8
Alopecurus geniculatus	7	28	0,4	1,7	**8=**	7
A. pratensis	28	**95**	1,2	**25,0**	6	7
Rumex crispus	–	20	–	0,2	7~	6

[1] **Fett:** Stetigkeit über 75% und Deckungsgrad 5% oder mehr; Feuchtigkeitszahl F über 7 und Stickstoffzahl N unter 4

im Verhalten ziemlich plastisch sind (Fx, Nx), obwohl auch sie an Stetigkeit verloren haben. Als **Hauptgewinner** erwies sich der hoch- und raschwüchsige **Wiesenfuchsschwanz**, der auf mäßig feuchten Böden (F 6) bei guter Ernährung (N 7) üppig gedeiht, zumal er mehrmaligen Schnitt besser verträgt als viele andere Graslandpflanzen. Er war 1963 nur in gut einem Viertel der Dauer-Probeflächen vertreten, und zwar mit geringem Deckungsgrad (Stetigkeit 18 %, Deckung 1,2 %). 1988 dominierte er bei fast hundertprozentiger Stetigkeit auf einem Großteil der Flächen (mittlerer Deckungsgrad 25 %, d. h. fast doppelt so hoch wie die nächsthäufige Art, das ebenfalls raschwüchsige Wollige Honiggras). **Die mittlere Artenzahl pro Aufnahmefläche sank von 27,0 (1963) über 13,3 (1988) auf 10,5 (2006).** Von den im Jahr 1963 festgestellten

146 Arten waren 1988 50 verschwunden und 33 um mindestens 2 Stetigkeitsklassen zurückgegangen, darunter viele Rote-Liste-Arten wie *Bromus racemosus*, *Primula elatior*, *Succisa pratensis* und *Rhinanthus minor* (Wittig et al. 2007).

Wiederholungsaufnahmen und kartografisch ermittelte Flächenbilanzen in 6 repräsentativen Grünlandregionen Nordwest- und Nordostdeutschland ergaben im Vergleich von 1950/1960 und 2008 Flächenverluste im Feuchtgrünland von im Mittel 88% und im frischen, schwach gedüngten Grünland sogar von 98% (Wesche et al. 2009). Berücksichtigt man weiterhin die Stetigkeitsabnahmen vieler Arten, so ergaben sich geschätzte Populationsrückgänge um 95 bis 99% auch bei ehemals häufigen kennzeichnenden Arten wie *Silene flos-cuculi*, *Caltha palustris*, *Leontodon antumnalis* oder *Agrostis capillaris*.

Nicht nur gesteigerte Düngung, sondern auch die starke **Zunahme der Stickstoffmineralisierung nach Entwässerung** und die gleichzeitig sinkende Denitrifikation sind für das Einwandern der N-Zeiger verantwortlich (Meyer 1957, Grootjans et al. 1985). Die Verfügbarkeit von Kalium und Phosphor nimmt dagegen in der Regel mit der Dränage ab (Richardson 1985). Entwässerung kann auch zur **Versauerung** des Feuchtgrünlandes führen, weil der Luftzutritt H^+-freisetzende Prozesse wie die Nitrifikation und die Oxidation von Eisensulfid stimuliert (Lamers et al. 1998). An der Englischen Kratzdistel (*Cirsium dissectum*) ließ sich experimentell zeigen, dass erhöhte Ammoniumkonzentrationen in der Bodenlösung (250 µmol l^{-1}) in Verbindung mit niedrigen pH-Werten für Feuchtwiesen-Pflanzen toxisch sein können (Lucassen et al. 2002). Das lässt annehmen, dass eine Entwässerung durch **Ammoniumtoxizität** zum Artenverlust in Feuchtwiesen führen kann.

Entwässerte basenreiche Feuchtwiesen auf ehemaligen Niedermooren erfahren durch Torfsackung und Tritt eine Zunahme der Wechselfeuchtigkeit. Diese bedingt den Verlust vieler CALTHION-Arten wie *Cirsium oleraceum* und *Geum rivale* und die Zunahme von Flutrasen-Pflanzen des POTENTILLION ANSERINAE (Sach & Schrautzer 1994, Schrautzer & Trepel 1997).

In ehemaligen Standweiden treten bei Entwässerung ähnliche Veränderungen wie in Feuchtwiesen auf, allerdings unter weniger extremen Ausgangsbedingungen, weil Nassböden ohnehin nur kurzzeitig beweidet werden können. Im Holtumer Moor verschwanden aus den Gesellschaften des CYNOSURION-Verbandes die Zeiger für mäßige Nässe oder Feuchtigkeit des Bodens (z. B. *Lotus pedunculatus*, *Carex nigra* und *C. leporina*) gänzlich oder fast restlos, und ebenso die meisten Zeiger für Nährstoffmangel, z. B. *Luzula campestris*, *Agrostis capillaris* und *Deschampsia cespitosa*. In den heutigen Mähumtriebsweiden herrschen mehr oder weniger stickstoffbedürftige Gräser wie *Lolium perenne* und *Phleum pratense* neben *Poa pratensis*, *Festuca rubra* und *Holcus lanatus*, die schon früher hohe Deckungsgrade erreichten. *Alopecurus geniculatus* hatte in den Mähweiden aus denselben Gründen zugenommen wie in den Wiesen, und sogar *Alopecurus pratensis* wurde häufiger. Die einzigen Neulinge in den Weiden sind bezeichnenderweise exteme N-Zeiger, nämlich *Urtica dioica* und *Stellaria media*.

Kein Wunder, dass die Holtumer Wiesen und Weiden in den 25 Jahren an Diversität und besonders an seltenen Arten, aber auch in der Vielfalt der Grasland-Gesellschaften erheblich verarmten! Von 42 Gesellschaften, die 1963 aufgelistet werden konnten, sind 13 regional ausgestorben, 2 vom Aussterben bedroht, 4 stark gefährdet und 6 zurückgehend (Dierschke & Wittig 1991).

Tief greifende Änderungen in der Graslandvegetation haben in den letzten 50 Jahren auch in vielen anderen bodenfeuchten Niederungen Mitteleuropas stattgefunden, die meist großflächig entwässert wurden (z. B. Meisel 1960, Walther 1977, Rosenthal & Müller 1988, Hundt 1996). In weniger als 20 Jahren hat sich z. B. das sandig-moorige Tal der Ems von einer Nasswiesen-Landschaft mit vorherrschenden bodensauren CALTHION-Wiesen zu einer Acker- und Viehweide-Landschaft entwickelt (s. Abb. 19–53). Eine großräumige Grundwasserabsenkung bei Braunschweig um durchschnittlich 60 cm im Jahr 1939 wandelte ein Schlankseggenried in eine Kohldistelwiese (Ellenberg 1952 u. 1992; s. Tab. 19–21).

Andererseits haben in heute noch extensiv bewirtschafteten Talniederungen im östlichen Mitteleuropa (z. B. in Südpolen) in manchen Fällen Dammbauten und Grundwasserabsenkung zu einer Nährstoffverarmung der von Natur aus eutrophen Feuchtwiesen geführt, weil düngende Überflutungen ausblieben (Roo-Zielinska 1993).

Tab. 19–21 Verwandlung eines Schlankseggenrieds in eine Kohldistelwiese durch Entwässerung von Niedermoortorf im Auetal westl. Braunschweig (1939 bis 1946). Nach Ellenberg (1952 und 1992), verändert[1].

	Jahr: 19	39	46	F	N
	Verschwundene Arten:				
C	*Glyceria fluitans*	2		9	7
C	*Equisetum fluviatile*	1		10	5
C	*Ranunculus flammula*	1		9	2
	Juncus articulatus	+		9	2
	Epilobium palustre	+		9	3
K	*Prunella vulgaris*	1		×	×
K	*Ranunculus acris*	+		6	×
	Zurückgedrängte Arten:				
C	*Carex gracilis*	3	1	9	4
C	*Calliergonella cuspidata* (Moos)	3	+	7	?
	Ranunculus repens	3	2	7	×
C	*Galium palustre*	2	+	9	4
P	*Glyceria maxima*	1	+	10	7?
K	*Anthoxanthum odoratum*	1	+	×	×
P	*Mentha aquatica*	1	+	9	5
	Mit unveränderter Menge:				
K	*Holcus lanatus*	2	2	6	4
K	*Festuca rubra* subsp. *rubra*	1	1	6	×
	Festuca arundinacea	1	1	7	4
P	*Phalaris arundinacea*	+	+	8	7
K	*Bellis perennis*	+	+	5	6
M	*Juncus effusus*	+	+	7	4

	Jahr: 19	39	46	F	N
	Begünstigte Arten:				
K	*Alopecurus pratensis*	1	4	6	7
	Lysimachia nummularia	+	3	6	×
K	*Rumex acetosa*	+	2	×	6
M	*Angelica sylvestris*	+	1	8	×
M	*Caltha palustris*	+	1	9	×
M	*Lychnis flos-cuculi*	+	1	7	×
	Cardamine pratensis	+	1	6	×
M	*Galium uliginosum*	+	1	8	2
	Zugewanderte Arten:				
	Agrostis stolonifera		3	×	5
M	*Cirsium oleraceum*		2	7	5
	Glechoma hederacea		2	6	7
K	*Poa pratensis*		2	5	6
M	*Filipendula ulmaria*		1	8	4
	Deschampsia cespitosa		1	7	3
K	*Festuca pratensis*		1	6	6
•	*Cerastium fontanum holosteoid.*		1	5	5
M	*Selinum carvifolia*		1	7	2
	Stellaria palustris		1	9	2
K	*Bromus hordeaceus*		+	×	×
	Cirsium vulgare		+	5	8
	Gesamt-Artenzahl	28	33		

[1] C = Charakter- und Differenzialarten des Schlankseggenrieds (Caricetum gracilis), lokal gültig, sowie des Verbandes der Großseggenriede (MAGNOCARICION).
M = Ordnungs-Charakterarten der Feuchtwiesen (MOLINIETALIA) und lokale Charakterarten der Kohldistelwiese (*Cirsium oleraceum-Angelica sylvestris*-Ass.).
K = Klassen-Charakterarten der Kulturwiesen (MOLINIO-ARRHENATHERETEA).
P = Klassen- und Ordnungs-Charakterarten der Röhrichte und Seggenriede (PHRAGMITETEA, PHRAGMITETALIA).

Veränderungen der mittleren Faktorenzahlen

	mF		mN	
Jahr 19	39	46	39	46
– nach dem Vorhandensein der Arten berechnet	8,0	7,0	4,5	4,9
– *mit Berücksichtigung der Mengen berechnet*[2]	*8,0*	*6,6*	*4,6*	*5,1*

Durch das Verschwinden einiger Nässezeiger wurde die mittlere Feuchtezahl geringer. Die mittlere Stickstoffzahl wuchs durch das Hinzutreten anspruchsvollerer Arten. Beide Veränderungen zeigen sich nach 7 Jahren in den Mengenverhältnissen bereits deutlicher als im Vorhandensein oder Fehlen der Arten.

[2] d. h. Arten mit Menge 4 wurden viermal, mit 3 dreimal, mit 2 zweimal und die Übrigen jeweils einmal in die Durchschnittsrechnung einbezogen.

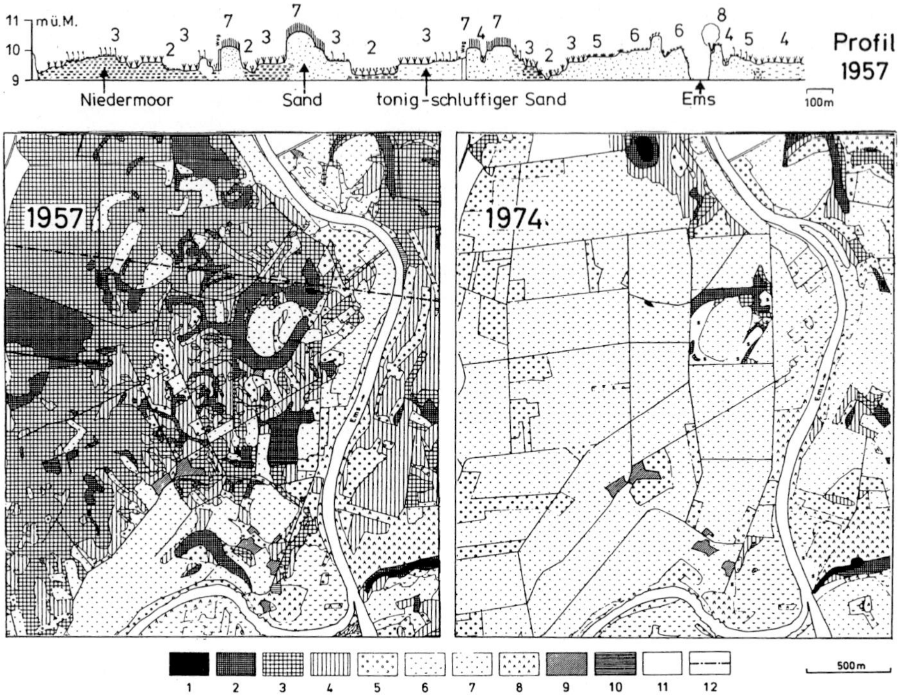

Abb. 19–53 Auswirkungen der Grundwasser-Absenkung auf die Grünland-Gesellschaften des Emstales südlich von Haren (Zustand 1956/57 und 1974). Nach Meisel & Hübschmann (1975), verändert. 1. Offenes Stillwasser und Wasserpflanzen-Gesellschaften. 2. Verlandungs-Gesellschaften (Glycerietum maximae, Caricetum gracilis, Pediculari-Juncetum filiformis). 3. Nasswiesen und -weiden (Rumici-Alopecuretum; Senecioni-Brometum, Subass. von *Carex nigra* u. von *Potentilla palustris*; Lolio-Cynosuretum lotetosum; Junco-Molinietum, verschiedene Subass.). 4. Feuchtwiesen und -weiden (Senecioni-Brometum, übrige Subass.). 5. Frische und reine Weidelgrasweiden (Lolio-Cynosuretum lotetosum, typ. Variante; Luzulo-Cynosuretum typicum, Var. von *Cardamine pratensis*). 6. Reine Magerweiden und Sandtrockenrasen (Luz.-Cyn. typ., übrige Varianten; Diantho-Armerietum, verschiedene Ausbildungen). Genisto-Callunetum. 7. Äcker (mit versch. Unkrautges.). 8. Gehölze (Salicetum) und Forsten. 9. Haus-u. Hofanlagen u. dgl. 10. Durch Bodenauftrag gestörte Fläche. 11. Flusslauf und nicht kartiertes Gelände. 12. Lage des über den Karten vereinfacht wiedergegebenen, stark überhöhten Profilschnittes.
Heute ist die ehemalige Aue großenteils beackert, und die restlichen Grünlandflächen gehören fast alle Gesellschaften trockenerer Standorte an.

Die **Überstauung oder Überrieselung** von Wiesen stellte vom 15. bis in die Mitte des 20. Jahrhunderts eine wesentliche Voraussetzung zur Steigerung der landwirtschaftlichen Produktivität in Mitteleuropa dar, so im Schwarzwald und im Bayerischen Wald, im Erzgebirge, im Siegerland und in der Lüneburger Heide. Die drei Hauptwirkungen der Bewässerung waren Düngung, Anfeuchtung des Oberbodens und Verlängerung der Vegetationsperiode in der kalten Jahreszeit. Allein in Nordwestdeutschland wurde 1937 eine Wiesenfläche von 300 km^2 bewässert (Hoppe 2002), in Südbaden waren dies 25% der dortigen Wiesen. Zum Einsatz kam eine Vielfalt von Bewässerungs- und Überrieselungs-Systemen, darunter Überstauung und der sogenannte Hangbau und Rückenbau, mit denen nährstoffreiches Wasser von Häusern, Straßen und Stallungen auf die Wiesen geleitet wurde (Konold 1997). Je nach Standort ließen sich verschiedenartige Auswirkungen auf die Vegetation beobachten. Winterbewässerung von Wiesen im Schwarzwald führte z. B. nach Krause (1956) am Talhang zu einer Umwandlung magerer Goldhaferwiesen in reichere Bestände mit Wiesenkerbel, am quelligen Unterhang und im sumpfigen Talgrund zur Sukzession von Kleinseggenrieden und bodensauren Pfeifengraswiesen in Richtung auf wüchsige Dotterblumenwiesen. Gefördert wurden dabei vor allem *Holcus lanatus* und *Anthoxanthum odoratum* sowie nitrophytische Stauden wie *Bistorta officinalis*, *Ranunculus aconitifolius* oder *Caltha palustris*. Die kleinräumige Vielfalt des Kulturgraslandes wurde durch die Wiesenbewässerung meist erhöht (Klapp 1971, Hoppe 2002).

19.8.3 Schutz und Restitution von Wiesen

Heute werden im Schweizerischen Mittelland nur noch 2–5% der futterbaulich genutzten Fläche von artenreichen Glatthaferwiesen eingenommen, gegenüber 89% im Jahre 1939 (Dietl 1995). Eine **Reduktion um 70–100% in der extensiv genutzten Graslandfläche** fand seit den 1950er-Jahren in vielen anderen Regionen Mitteleuropas statt (z. B. Hundt 1996, Hachmöller 2000, Wesche et al. 2009). Da übermäßige Düngung des Kulturgraslandes eine der Hauptursachen der floristischen Verarmung ist, stellt **Ausmagerung** ehemals gedüngter Bestände eine mögliche Strategie der Wiederherstellung dar. Das Zurückdrängen der produktiven Fettwiesenarten wird am effektivsten durch frühe und mehrmalige Mahd ohne Düngung erreicht. Die Artendiversität von Wiesen nimmt nach Literaturvergleichen und Erfahrungen von Bakker (1989) im Großen und Ganzen in folgender Reihe von Maßnahmen pro Jahr stufenweise ab: zweimalige Mahd und Abfahren > einmalige Mahd > zweimaliges Mulchen > einmaliges Mulchen > jedes zweite Jahr Mahd > jedes zweite Jahr Mulchen > Brache. Hohe Bodengehalte an Phosphor (und auch an Stickstoff) in Feuchtwiesen lassen sich wirkungsvoll nur durch das **Abschieben des Oberbodens** reduzieren (Hölzel, mündl.).

In fast allen Mahd- oder Mulchexperimenten zeigte sich aber, dass die Nährstoffverfügbarkeit nur sehr langsam zurückging und sich wirkliche Magerkeitszeiger (z. B. Orchideen) erst nach vielen Jahren, wenn überhaupt ansiedelten. Besonders schwer ist das auf sorptionsstarken Tonböden zu erreichen. Dies zeigen die Untersuchungen z. B. von Pfadenhauer et al. (1987) im Allgäu, von Schiefer (1981) in Südwestdeutschland, von Rosenthal (2001) in Nordwestdeutschland und von Bakker & ter Heerdt (2005) in den Niederlanden. Fix & Poschlod (1993) erreichten zumindest kurzfristig überhaupt keine Ausmagerung. Bischof (1992) fand dagegen in z. T. trockenen Tieflandswiesen der Schweiz in einem 15-jährigen Zeitraum ohne Düngung und bei einmaliger (bis zweimaliger) Mahd pro Jahr einen deutlichen Anstieg der Artenzahl, auf ehemals schwach gedüngten Flächen von 58 auf 75, auf früher stark gedüngten von 43 auf 62 und auf intensiv genutzten Schafweiden von 37 auf 58 (s. Abb. 19–54).

Die Erhaltung zumindest einiger großflächiger Komplexe von **ungedüngten Streuwiesen**

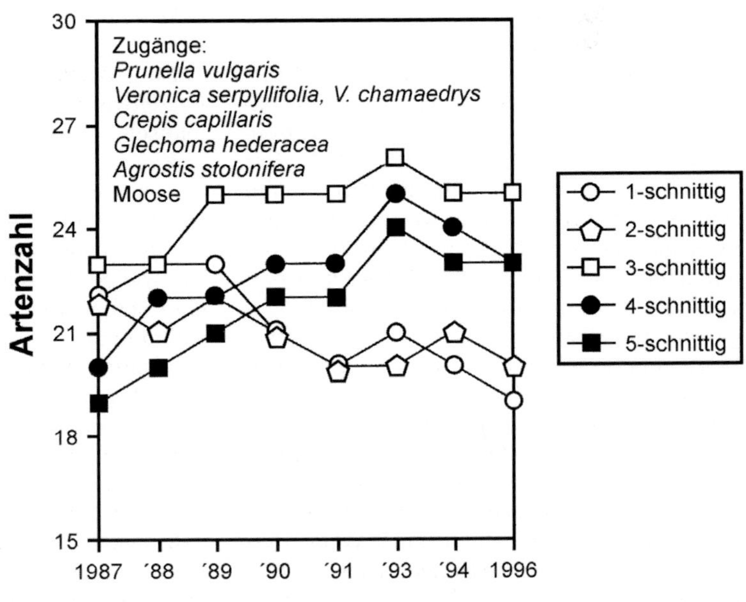

Abb. 19–54 Veränderung der Artenzahl in vormals gedüngten ein- bis fünfschnittigen Wiesen in den ersten 10 Jahren nach Einstellung der Düngung (Aulendorfer Extensivierungsversuch). Nach Dierschke & Briemle (2002).

mit später Mahd ist heute neben dem Feuchtwiesenschutz das wichtigste Anliegen des Naturschutzes im Kulturgrasland (Klötzli 1979, Briemle 1986, 1998a). Während die Klassiker der Grünlandsoziologie, Stebler und Schröter, den Streuwiesen noch umfangreiche Abhandlungen widmeten und auch Koch (1926) noch große Flächen im schweizerischen Alpenvorland, z. B. in der Linthebene, aufnehmen konnte, werden in absehbarer Zukunft nur noch einzelne Reservate als Studienobjekte übrig bleiben. Nach langjährigen Versuchen, die im Schweizerischen Mittelland durchgeführt wurden, ist es zur Erhaltung der charakteristischen Artenkombination immer noch am sichersten, wenn man Pfeifengraswiesen mindestens alle 2 Jahre im Spätherbst maschinell mäht und das abgeschnittene Material entfernt, um es später auf einem festgelegten Platz zu verbrennen. Das regelmäßige Mähen und Wegführen der Streu als bloße Dienstleistung lässt sich allerdings nur fortführen, wenn dies als ökologische Leistung angemessen bezahlt wird, sei es über Kulturlandschaftsprogramme oder teilweise über regionale Vermarktung (Hampicke 1996).

Zu früher Schnitt stört die phänologische Entwicklung (Weber & Pfadenhauer 1987), die Keimungsbedingungen, das Blüh- und Samenpotenzial (Maas 1987), vor allem aber die Konkurrenzkraft von *Molinia* (s. Kap. 19.3.3.2 b). Das für Pfeifengraswiesen typische hohe Gras-Kraut-Verhältnis bleibt nur erhalten, wenn die Versorgung mit Nitrat und Phosphat gering oder besser nahe an null bleibt (Pegtel 1983), weil die **Artendichte mit steigender P-Versorgung abnimmt** (Olde Venterink 2000). Besonders artenreiche Bestände sind zu erwarten, wenn Phosphor zum limitierenden Nährstoff im Grasland wird (Olde Venterink 2000). Jannsens et al. (1998) fanden in westeuropäischen Grasland-Gesellschaften nur dann hohe Artendichten (> 20 Arten pro 100 m^2), wenn der Gehalt an austauschbarem P im Boden (Acetat-EDTA-Auszug) unter 1,6 $\mu mol\, g^{-1}$ lag. Besonders wirkungsvoll lässt sich P-Mangel und damit artenreiches Grasland durch das Abtragen des Oberbodens bewirken. Schon die Nachbarschaft von gedüngten Wiesen kann das Artengefüge von Streuwiesen verändern, wie Boller-Elmer (1977) in der Schweiz nachwies. Auf Indikatoren für beginnende Degeneration vieler Streuewiesen im Alpenvorland wies Pfadenhauer (1987) hin.

Aufgrund zahlreicher Dauerversuche kam Schreiber (1993a, 2001) zu dem Schluss, dass zweimaliges **Mulchen** pro Jahr in verschiedenen Futterwiesen Südwestdeutschlands durchaus eine Alternative zur aufwendigeren zweimaligen Mahd mit Abräumen ist. Eine gewisse Verarmung an Trenn- und Kennarten muss dann aber hingenommen werden. Durch Mulchen kann also in trockenen oder mäßig frischen Fettwiesen ähnlich wie bei der Heugewinnung ein recht guter Aushagerungserfolg erreicht werden, nicht jedoch an feuchten und kalten Standorten, weil das Mulchgut dann lange liegen bleibt und kleinwüchsige Pflanzen unterdrückt (Dierschke & Peppler-Lisbach 1997, Rosenthal 2001). Gemulchte, nicht mehr gedüngte Wiesen verlieren ihr Nährstoffkapital dann nur sehr langsam. Im Gegenteil, Broll & Schreiber (1993) beobachteten sogar in den Quellstaudenfluren, montanen Glatthaferwiesen und ehemals beweideten Kalk-Magerrasen zunächst einen Anstieg der P- und K-Gehalte im Oberboden in den ersten 6 bis 9 Jahren der Pflegemaßnahmen von Feucht- und Nasswiesen (vom zweimaligen Mulchen pro Jahr bis zum Liegenlassen). Erst in den folgenden 10 Jahren sanken die P- und K-Gehalte wieder auf die anfängliche Höhe. Auch ohne dass das Mähgut entfernt werden muss, verarmen brachliegende Wiesen also im Laufe der Zeit zumindest an Phosphor und Kalium, wenn auch nicht an Stickstoff, der durch atmosphärische Einträge meist reichlich vorhanden ist.

Die **Wiedervernässung** von ehemaligen Feuchtwiesen ist in der Regel ebenso problematisch wie die von entwässerten Mooren (s. Kap. 10.7.4). Überstauung fördert zunächst vor allem Pflanzen der Röhrichte sowie Groß- und Kleinseggenriede, nicht jedoch die CALTHION- und MOLINION-Arten (Hellberg 1995). Um Wiesen dieser Verbände wieder zu beleben oder neu zu schaffen, ist es vor allem wichtig, während der ganzen Vegetationsperiode für einen entsprechend hohen Grundwasserstand zu sorgen. Vernässung kann allerdings die Aushagerung von Feuchtwiesen unterstützen, wenn Stickstoff und nicht Phosphor der wichtigste limitierende Faktor der Produktion ist (Rosenthal 2001).

Beweidung von Frischwiesen ist nach Schreiber (1995, 2001) zu Beginn der Regeneration von Brachen nicht sehr wirksam, da nur selektiv gefressen und viel zertrampelt wird. Ist jedoch nach einigen Jahren mit Mahd eine entsprechende Grasnarbe entstanden, kann extensive Beweidung zur Erhaltung bestimmter Gesellschaften sinnvoll sein. Beispielsweise ermöglichte Schafbeweidung die Restitution artenreicher tschechischer Bergwiesen; als problematisch erwies sich allerdings *Deschampsia cespitosa*, das macherorts flächenhaft dominant wurde (Krahulec et al. 2001). Schaf- und Pferdeweide, verbunden mit regelmäßigem Schnitt, ist nach Wagner & Luick (2005) geeignet, artenreiche süddeutsche Salbei-Glatthaferwiesen zu erhalten. Generell gilt: Je kürzer beweidet wird, umso mehr nähert sich die Weidewirkung der Mahd an (Spatz 1994). Längere Weidedauer begünstigt Weidepflanzen und führt schließlich zu Triftweiden, wie sie früher weit verbreitet waren. **Kontrolliertes Brennen** empfiehlt sich zur Pflege von artenreichen mitteleuropäischen Grasland-Gesellschaften in den meisten Fällen nicht, kann zur Gehölzbekämpfung aber hilfreich sein (Schreiber 1997 a, 2001).

In jedem Fall ist das **Restituieren** von intensiv genutztem Grasland schwieriger als das Aufrechterhalten erst vor Kurzem aufgegebener alter Wirtschaftsweisen, weil die notwendige Samenbank nicht mehr vorhanden ist (Poschlod & Binder 1991). Nach Gugerli (1993) befanden sich im Boden von kürzlich extensivierten Fettwiesen in der Schweiz unter vielen Arten des noch vorhandenen Aufwuchses keinerlei Samen z. B. von *Helictotrichon pubescens*, *Bromus erectus*, *Crepis biennis*, *Centaurea scabiosa*, *Scabiosa columbaria* oder *Tragopogon orientalis*. Auch von *Arrhenatherum elatius*, *Trisetum flavescens*, *Festuca pratensis*, *Centaurea jacea*, *Salvia pratensis* und anderen Arten des aktuellen Bestandes waren nur verschwindend wenige Samen zu finden. Allerweltsarten wie *Poa trivialis*, *Cerastium holosteoides*, *Cardamine hirsuta* und *Taraxacum officinale* waren dagegen überreichlich in der Samenbank vertreten, und Ackerbeikräuter wie *Chenopodium polyspermum* und *Capsella bursa-pastoris* sowie andere Wiesenfremde gab es ebenfalls in großer Zahl. Daher empfiehlt Gugerli (1993), Grassoden aus intakten Gesellschaften auszustechen und hier und dort in die wiederherzustellenden Intensivwiesen einzusetzen, damit sich wichtige Arten vegetativ ausbreiten können. Wirksam ist auch das **Ausbringen von Samen mit Mähgut** (Poschlod & Schumacher 1998, Hölzel & Otte 2003). Brachgefallene Feuchtwiesen sind nach Rosenthal (2001) leichter und oft in kurzer Zeit zu regenerieren, weil in der Brache – anders als unter Intensivgrünland oder Acker – selbst nach 30 Jahren noch eine ausreichende Samenbank der kennzeichnenden Arten vorhanden ist (vgl. auch Dierschke & Briemle 2002). Allerdings streuen Zielarten wie *Silaum silaus* und *Serratula tinctoria* ihre Samen kaum weiter als 2 m aus, wodurch die Wiedereinbringung erschwert wird (Bischoff 2002).

Biologische Bewirtschaftung von Wiesen und Weiden kann die Artenzahl erhöhen. Mahn (1993) fand in 275 Aufnahmen aus biologisch bzw. konventionell bewirtschaftetem Grasland, dass Ersteres im Mittel um fünf Arten pro Aufnahme reicher ist. Schwabe & Kratochwil (1994/95) stellten sogar um 30 % höhere Artenzahlen fest. „Rote-Liste-Arten" waren aber zumindest in Mahn's Aufnahmen nur ausnahmsweise anzutreffen (vgl. Bakker & ter Heerdt 2005).

20 Rasen auf schwermetallreichen Böden

Zu den ökologisch reizvollsten Vegetationstypen gehören auf der ganzen Erde die inselartig verstreuten Flecken mit Schwermetallvegetation, also Pflanzengesellschaften auf Böden mit hohen Gehalten von insbesondere Zink, Kupfer, Blei, Mangan und Eisen, aber auch von Nickel, Chrom und Kobalt (Ernst 1974). Im dichten Pflanzenkleid Mitteleuropas findet man diese gehölzfreien, nur schütter bewachsenen Inseln meist im Kontakt mit Kalk- und auch Silikat-Magerrasen.

Gesteine mit erhöhtem Gehalt an Schwermetallen, hier definiert als Metalle mit einer Dichte größer als 5 g cm^{-3}, treten in Mitteleuropa in verschiedenen Gebirgen an die Oberfläche (z. B. in Oberschlesien und Böhmen, im Erzgebirge, Harz, Hunsrück und deren Umfeld sowie in den Alpen) und bilden dort **natürliche Standorte der Schwermetallvegetation**. In den Tieflagen Mitteleuropas sind natürliche Ausbisse von schwermetallreichem Gestein dagegen selten, weil hier jüngere Sedimentschichten alles ältere Gestein überlagern. Die Erzadern waren ab der frühen Bronzezeit (ab etwa 1800 v. Chr.) Ziel bergbaulicher Aktivitäten, wodurch zunächst viele natürliche Schwermetallstandorte zerstört wurden. Gleichzeitig entstanden jedoch zahlreiche Bergwerkshalden und die Fläche schwermetallhaltiger Substrate nahm stark zu, so z. B. in der Eifel und im Siegerland. Bergleute schütteten das ausgeräumte Gestein anfangs auf kleine und verstreute, später auf große, zusammenhängende Halden. Bei der früheren, noch unvollkommenen Verhüttungstechnik blieb ein beträchtlicher Rest der Metalle in den Schlacken zurück, sodass auch deren Halden Schwermetallstandorte bildeten. In den Tälern des Harzes findet man solche Schlackenhalden stellenweise ohne jeden Zusammenhang mit anstehendem Erz, weil das immer knapper gewordene Brennholz über große Entfernungen herangeholt werden musste, nach Goslar z. B. aus den mittleren und südlichen Harztälern. Auf dem Rückweg ließ man die Maultiere Erz in das Waldgebiet transportieren, um es dort zu schmelzen, wo noch reichlich Holz zur Verfügung stand. **Sekundäre Standorte** sind auch die durch schwermetallhaltige Pochsande der Erzverarbeitung kontaminierten Flussauen, die z. B. im Harz bis weit in das Vorland reichen (Dierschke & Becker 2008 u. a.).

Eine besondere Klasse natürlicher schwermetallhaltiger Substrate stellen die auf der ganzen Erde verstreut auftretenden **Serpentinböden** dar, die nicht nur reich an den Schwermetallen Nickel, Chrom und Kobalt sind, sondern außerdem auch sehr hohe Magnesiumgehalte aufweisen („ultramafische Böden"). Sie sind damit in mehrerer Hinsicht von der Bodenchemie her außergewöhnlich. In Mitteleuropa treten Serpentinböden nur kleinflächig auf, und zwar im Harz (bei Clausthal), in der Oberpfalz (bei Grötschenreuth und Wurlitz), an mehreren Stellen in der nördlichen Steiermark (u. a. bei Kraubath im Murtal), im Burgenland und in Niederösterreich, in Westböhmen (Marianske Lazne) und Südwestmähren (u. a. bei Mohelno) sowie im polnischen Schlesien (Szklana Gora bei Zabkowic, Eggler 1955, Sarosiek 1964, Sulej et al. 1970, Sasse 1979 a, b, Müller-Stoll & Toman 1984, Brooks 1987).

In jüngerer Zeit eröffnete die Luftverschmutzung schwermetallresistenten Pflanzen neue Ausbreitungsmöglichkeiten, und zwar in der Nähe von Hüttenwerken und entlang der Straßen mit erhöhter **Immission von Schwermetallen** aus Industrie- und Fahrzeug-Abgasen. Abwässer, Klärschlamm und Müll können ebenfalls schwermetallreich sein (s. Kap. 3.7.5).

20.1 Herkunft und Entstehung der Schwermetallflora

In Mitteleuropa kommen nur wenige an Schwermetallböden angepasste Pflanzensippen vor, denen man den Rang einer eigenen Art zugestehen kann. Das vielleicht bekannteste Beispiel einer **Schwermetallart** ist das Galmei-Veilchen (*Viola calaminaria*), das sich morphologisch und zytotaxonomisch deutlich von der verwandten *Viola lutea* unterscheidet (Heimans 1961, 1966, vgl. aber Nauenburg 1986). Auch auf den an Magnesium, Nickel und Chrom reichen Serpentinböden der Alpen, Tschechiens und Bayerns kommen eigene **Serpentin-Arten** vor, darunter *Asplenium cuneifolium*,

Sempervivum pittonii, *Myosotis stenophylla*, *Festuca eggleri*, *Armeria serpentini* und *Cerastium alsinifolium*, die fast gänzlich auf diese Sonderstandorte beschränkt sind (Zlatnik 1928, Gauckler 1954, Mucina & Kolbek 1993). Zahlreiche weitere vor allem in Magerrasen, Schuttfluren oder auch Fettwiesen beheimatete Sippen haben jedoch Ökotypen, Varianten oder Unterarten mit spezifischer Anpassung an ein oder mehrere Schwermetalle ausgebildet. Viele hiervon werden in Kapitel 20.3 genannt (s. a. Brown 2001).

Besonders formenreich tritt in Mitteleuropa das Taubenkropf-Leimkraut (*Silene vulgaris*) auf, das zahlreiche Ökotypen mit spezifischen Resistenzen gegen Cd, Cu, Ni, Pb und Zn ausgebildet hat (Ernst 2001). Diese Schwermetallformen haben sich parallel an vielen Örtlichkeiten Mitteleuropas aus der Normalform herausgebildet (Baumbach 2005). Das gilt in ähnlicher Weise für die **Schwermetallökotypen** von *Armeria maritima*, deren Regionalausbildungen fälschlicherweise als Unterarten oder gar Arten betrachtet wurden. Viele Schwermetallsippen sind auf kleinstem Raum phänotypisch sehr variabel; selbst an einem Hang kommen vermutlich mehrere verschiedene Ökotypen einer Art nebeneinander vor (Ernst 1974).

Schwermetallresistenz ist überwiegend genetisch verankert, aber adaptiv modifizierbar, wie genetische Analysen und Kreuzungsexperimente zeigten (Bröker 1963, Ernst 2001). Die entsprechenden Eigenschaften können bei Gräsern offenbar innerhalb weniger Jahre entstehen; sie sind vermutlich an nur sehr wenige Gene gebunden. Ernst (1976) stellte in einer *Agrostis capillaris*-Population unter dem Einfluss von zink- und cadmiumhaltigen Immissionen die **Selektion von schwermetallresistenten Ökotypen innerhalb von nur 3 Jahren** fest. Dieser Prozess fördert die Entwicklung von Schwermetall-Neoendemiten auf kleinstem Raum, weil die neu entstandenen Sippen aufgrund des extremen Standortes räumlich und genetisch von der Mutterpopulation isoliert sind, zumal sie in starkem Maße zu Autogamie neigen (vgl. Duvigneaud & Denaeyer-de Smet 1963).

Dikotyle Kräuter, insbesondere Brassicaceen und Caryophyllaceen ohne Mykorrhiza, scheinen nach Ernst (2001) wesentlich länger für die Ausbildung von Schwermetallresistenzen zu benötigen als Gräser. Wahrscheinlich stellen die heute stark zersplitterten Areale der Schwermetallökotypen von z. B. *Minuartia verna* subsp. *hercynica* eher **Paläo-Endemismen** dar; deren Genom ist zwar wenig variabel, aber geografisch stark differenziert (Baumbach 2005). Denkbar ist dies auch für die Gattung *Thlaspi* (Hellerkräuter) mit den überwiegend in den Alpen verbreiteten Arten (bzw. Unterarten) *T. alpestre*, *T. alpinum* subsp. *sylvium*, *T. calaminare*, *T. goesingense* und *T. rotundifolium*, die in besonderem Maße nickelresistent sind (Reeves & Brooks 1983). Die Nominatformen dieser Sippen waren früher wahrscheinlich weiter verbreitet; auf den Schwermetallböden fanden sie Refugien, wo sie die postglaziale Wiederbewaldung überlebten (Ernst 1974). Wie Ernst für Wales nachweisen konnte, kommen Schwermetallpflanzen im nordwestlichen Europa zumindest seit dem 11. Jahrhundert n. Chr. (und wahrscheinlich noch länger) vor. Heute verhindern konkurrenzstärkere Gräser, Kräuter und Holzgewächse das Vordringen dieser Spezialisten auf schwermetallarme Standorte.

Vor allem durch den Rückgang des Bergbaus gelten heute manche der mitteleuropäischen Schwermetall-Gesellschaften als in ihrem Fortbestand gefährdet. Pardey (1999) diskutiert Schutzkonzepte für die Galmeiflora.

20.2 Schwermetallböden

Schwermetallreiche Böden treten sowohl auf basischen als auch auf sauren Gesteinen auf und enthalten in wechselnden Häufigkeitsanteilen 0,1–10 % Zink, 0,1–3,2 % Blei und 0,05–10 % Kupfer bzw. bis zu 10 % Nickel, Kobalt oder Cadmium (Ernst 1974). Wegen der Vielfalt der Ausgangsgesteine sind Qualität und Quantität der Schwermetalle in den natürlichen wie auch anthropogenen Schwermetallböden sehr variabel. Pflanzenökologisch bedeutsamer als die Gesamtgehalte sind jedoch die austauschbar gebundenen Vorräte und insbesondere die Gehalte in der Bodenlösung. Wie Tabelle 20–1 deutlich macht, weisen Schwermetallböden **10- bis 10 000-fach höhere Konzentrationen an Zn, Pb und Cu**, manchmal auch an Ni, Cr und Cd in ihrem wässrigen Bodenextrakt auf als schwermetallarme „Normalböden“ (z. B. die Rendzina- und Ranker-Braunerden in Tab. 20–1). Auch die an den Kationenaustauschern gebun-

Tab. 20–1 Schwermetallgehalte (Gesamtgehalte, mit Ammonium-Acetat austauschbare Gehalte und wasserextrahierbare Gehalte) in vier Böden an Schwermetallstandorten im Vergleich zu zwei schwermetallarmen Böden (Rendzina- und Ranker-Braunerden) bzw. „Normalboden" (in µg g^{-1}). Nach Ernst (1974), ergänzt nach Scheffer & Schachtschabel (2002).

Lokalität bzw. Bodentyp	Gesteinstyp[1]	Fe	Mn	Zn	Pb	Cu	Co	Ni	Cr	Cd
	Gesamtgehalte									
Blankenrode[2]	Zn/Pb	27000	730	90200	2800	45	14	63	4	58
Eisleben[3]	Zn/Cu/Pb	37500	2000	16500	6000	16000	110	100	10	49
Erbendorf[4]	Serpentin	28000	930	120	0	25	100	700	330	0
„Normalboden"		2000–50000	40–1000	10–80	2–80	2–40	1–40	3–50	5–100	0,1–0,6
	austauschbare Gehalte (1n Ammonium-Acetat)									
Blankenrode	Zn/Pb	0	100	1340	366	4	0	0	0	26
Eisleben	Zn/Cu/Pb	0	23	740	378	435	0	1	0	11
Erbendorf	Serpentin	10	47	3	100	1	3	8	10	0
Kraubath[5]	Serpentin	10	204	8	160	6	13	16	0	0
Rendz.-Braunerde	Ca-reich	0	300	10	12	2	0	0	0	1
Ranker-Braunerde	Sil.-reich	15	10	5	10	2	0	0	0	0
	Gehalte im wässrigen Extrakt									
Blankenrode	Zn/Pb	–	4	180	0,2	1,0	–	0	0	0,20
Eisleben	Zn/Cu/Pb	–	1	21	0	19,6	–	0	–	0,02
Erbendorf	Serpentin	–	0	1	0	0,3	–	6,6	2	0
Kraubath	Serpentin	–	22	0,7	0	0,01	–	10,4	0	0
Rendz.-Braunerde	Ca-reich	–	0	0,6	0	0,004	–	0	0	0
Ranker-Braunerde	Sil.-reich	–	–	0,01	0	0,008	–	0	0	0

[1] bodenchemische Charakteristika; [2] (Sauerland); [3] (Ostharz); [4] (Oberpfalz); [5] (Steiermark)

denen Schwermetallvorräte sind um ein Vielfaches höher; sie können 50–80 % der Austauscher belegen (Ernst 1982). Nach Brown (2001) sind in physiologischer Hinsicht weniger die absoluten Schwermetallkonzentrationen relevant, als die Ionenverhältnisse. Typische Schwermetallrasen der Eifel waren durch austauschbare Pb/Ca-Verhältnisse von mehr als 1 und Zn/Ca-Verhältnisse von mehr als 0,2 im Boden gekennzeichnet.

Hohe Kalzium- und Phosphorgehalte führen zur Ausfällung von Schwermetallen und reduzieren deren Verfügbarkeit (Proctor & Woodell 1975, Garland & Wilkins 1981). Wurzeln und Mykorrhiza-Hyphen beeinflussen die Schwermetallverfügbarkeit im Boden durch die Ausscheidung von H^+ und organischen Säuren. Letztere führen zur Bildung von wasserlöslichen **metallorganischen Komplexen** (insbesondere von Cu, Ni und Pb). Je nach Art des Komplexbildners können diese die Schwermetallmobilität im Boden sowohl erhöhen als auch senken (Kabata-Pendias & Pendias 1992). Organisch (z. B. an Huminsäuren) gebundene Schwermetalle werden in geringerem Maße aufgenommen als Schwermetallionen. Besonders giftig und schwer von Pflanzen besiedelbar sind daher humusarme Schwermetall-Rohböden.

Deutlich sichtbar wird in Tabelle 20–1 der Unterschied zwichen den zink-, blei- und kupferreichen Böden von Blankenrode (Sauerland) und Eisleben (Unterharz) einerseits und den nickel-, chrom- und kobaltreichen Serpentinböden von Erbendorf (Oberpfalz) und Kraubath (Steiermark). Nach Krause (1958) bestehen aus Serpentingestein ($Mg_3Si_2O_5(OH)_4$) gebildete Substrate im Mittel zu 37,4 % aus MgO, zu 10,9 % aus Eisenoxiden sowie zu 0,3 % aus NiO, 0,5 % Cr_2O_3 und 0,02 % CoO. **Serpentinböden** sind also nicht nur reich an mehreren Schwermetallen, sondern weisen auch sehr hohe Mg- und Fe-Gehalte bei gleichzeitiger Ca-

Tab. 20–2 Bodenchemische Eigenschaften und Nährstoffversorgung von vier Böden an Schwermetallstandorten im Vergleich zu zwei schwermetallarmen Böden (Rendzina- und Ranker-Braunerden). Nach Ernst (1974), ergänzt nach Scheffer & Schachtschabel (2002). Ca, K, Mg: austauschbare Gehalte.

Lokalität/ Bodentyp	Gesteins-typ	pH (H_2O)	N (%)	P_2O_5 (mg kg^{-1})	Ca (µmol_c g^{-1})	K (µmol_c g^{-1})	Mg (µmol_c g^{-1})
Blankenrode	Zn/Pb	6,8	0,12	167	205	3,1	3,5
Eisleben	Zn/Cu/Pb	7,8	0,09	–	247	2,8	12,5
Erbendorf	Serpentin	6,0	–	14	67	6,2	39,5
Kraubath	Serpentin	6,6	–	15	65	0,9	197,5
Rendz.-Braunerde	Ca-reich	6,8	0,27	185	394	5,8	49,3
Ranker-Braunerde	Sil.-reich	5,4	0,12	115	22	2,2	3,0

Armut auf. Zum Vergleich: Sandstein besteht zu 80 % aus SiO_2 und nur zu etwa 3,6 % aus Mg- und Fe-Oxiden.

Die Serpentinböden mit hohen Gehalten an Mg, Ni, Cr und Cd sind weiterhin nicht nur relativ arm an Kalzium, sondern auch an Phosphor, der am Serpentin adsorbiert wird (s. Tab. 20–1 u. 20–2; Sasse 1979 a, b, Brooks 1987). Physiologisch bedeutsam sind die sehr niedrigen Ca/Mg-Verhältnisse unter 1, die auf Mg-Überschuss hinweisen. Meist sind die Austauscher dieser Böden vollständig von Magnesiumionen besetzt.

Zink-, blei- und kupferreiche Schwermetallböden unterscheiden sich nach Ernst (1974) von „Normalböden" lediglich durch ihren Schwermetallgehalt und eine deutlich geringere mikrobielle Aktivität, nicht jedoch durch andere bodenchemische Eigenschaften. Derselbe Autor stellte in den Schwermetallböden von Blankenrode in Ostwestfalen und Marsberg im Sauerland um 30–50 % **geringere Stickstoff-Nachlieferungsraten** fest als in einer Rendzina-Braunerde. Geringe Mineralisierungsraten führen in vielen Schwermetallböden zu Rohhumus-Anreicherung. Aufgrund ihrer geringen Lagerungsdichte haben viele Böden auf Schwermetallhalden außerdem eine geringe Wasserspeicherkapazität; in dieser Hinsicht ähneln sie den Standorten der trockenen Magerrasen.

20.3 Vegetation

20.3.1 Phanerogamen-Gesellschaften

Ebenso wie die Pflanzengesellschaften auf Salzböden oder an anderen extremen Standorten, ist die Vegetation der eigentlichen Schwermetallstandorte artenarm. Artenreichere Zwischenstadien leiten bereits zu den benachbarten Rasen-Gesellschaften über, z. B. zum Xerobrometum oder Mesobrometum. Deshalb wurde die Schwermetallvegetation früher zur Ordnung BROMETALIA ERECTI oder zumindest zur Klasse FESTUCO-BROMETEA gestellt (s. Kap. 18.3.2). Nach Braun-Blanquet & Tüxen (1943) bildet sie aber in Europa und Westsibirien eine eigene Klasse, die den Namen VIOLETEA CALAMINARIAE erhielt. Wie Ernst (1974) betont, ist das namengebende Galmei-Veilchen (*Viola calaminaria*) zwar schwermetallresistent, aber keine gute Klassen-Kennart, weil es in vielen Regionen fehlt. Am besten wird die europäische Schwermetallvegetation durch Unterarten der Frühlings-Miere (*Minuartia verna* subsp. *hercynica*, s. Abb. 20–3) und der Gewöhnlichen Grasnelke (*Armeria maritima* subsp. *halleri*) sowie Ökotypen des Taubenkropf-Leimkrauts (*Silene vulgaris* var. *humilis*) charakterisiert. Auch Ökotypen von *Rumex acetosa* und *R. acetosella* darf man in diesem Zusammenhang nennen; allerdings sind diese morphologisch nicht sicher von den Normalformen zu unterscheiden.

Sämtliche west- und mitteleuropäischen Phanerogamen-Gesellschaften auf Schwermetallböden gehören außerdem zur Ordnung VIOLETALIA CALAMINARIAE, die am besten durch das Fehlen südeuropäischer Arten gekennzeichnet werden kann. Allenfalls darf man Ökotypen des

Schafschwingels und des Straußgrases (*Festuca ovina* und *Agrostis capillaris*) als Ordnungscharakterarten ansehen. Ernst (1974) unterscheidet drei Verbände:

1. alpine Schwermetallvegetation (V. Galio anisophyllo-Minuartion vernae) mit Ökotypen von *Galium anisophyllum*, *Dianthus sylvestris* und *Poa alpina*;
2. westeuropäische, bis ins westliche Mitteleuropa hineinreichende Einheiten (V. Thlaspion calaminariae) mit *Thlaspi calaminare* (= *T. caerulescens* subsp. *calaminare*);
3. in Mitteleuropa verstreute Einheiten (V. Armerion halleri) mit Ökotypen von *Armeria maritima* subsp. *halleri* und ohne *Thlaspi calaminare* (obwohl dessen Areal bis Polen reicht).

Andere Pflanzensoziologen lehnen diese weitgehende Untergliederung der Schwermetallvegetation ab. Mucina & Kolbek (1993) ordnen die durch hohe Magnesium- wie auch Schwermetallgehalte gekennzeichneten **Serpentinrasen** (V. Avenulo-Festucion pallentis) der Verwandtschaft der Bleichschwingel-Felsfluren innerhalb der Klasse der Kalk-Magerrasen (Festuco-Brometea) zu, vermeiden also die Eingliederung in die Klasse Violetea calaminariae. Die übrigen, nicht von Serpentin geprägten Schwermetallfluren der Ostalpen lassen sich nach Punz & Mucina (1997) ebenfalls besser zu den Steinschutt- und Geröllfluren (Klasse Thlaspietea rotundifolii) stellen als zur Klasse Violetea calaminariae. Manche rasenartigen Schwermetallfluren Mitteldeutschlands lassen sich nach Schubert (1954) und Becker et al. (2007) am besten der Klasse Festuco-Brometea anschließen. Obwohl von der Synsystematik her nachvollziehbar, erscheint dies aus ökologischer Sicht unbefriedigend, weil sich diese Lebensgemeinschaften vom Standort und der physiologischen Konstitution bezeichnender Arten her klar von den schwermetallarmen Fluren unterscheiden (vgl. hierzu Dierschke & Becker 2008).

Zu den bestuntersuchten **Assoziationen** gehören der Galmeiveilchenrasen des Rheinlandes (Violetum calaminariae; im 2. Verband) und der Schwermetall-Grasnelkenrasen (Armerietum halleri, auch als *Silene vulgaris-Armeria maritima*-Gesellschaft bezeichnet; im 3. Verband) des Harzes und nördlichen und östlichen Harzvorlandes sowie der Eifel (s. z. B. Schubert 1954, Brown 2001, Becker et al. 2007, Dierschke & Becker 2008). Nach Brown (2001) tritt im Violetum der Eifel in erster Linie Zink als selektierender Standortsfaktor auf, im Armerietum dagegen Blei oder auch Kupfer (vgl. Becker & Brändel 2007). In beiden Gesellschaften kann man Subassoziationen unterscheiden, die auf Profiltiefe und Bodenfeuchtigkeit ansprechen. In der Letzteren z. B. ist *Cardaminopsis halleri* (die vermutlich als anderer Ökotyp auch auf schwermetallarmen Böden, z. B. in montanen Wiesen, vorkommt) nur bei guter Wasserversorgung zu finden, auf flachgründigen Böden treten zahlreiche Flechtenarten hinzu, während *Plantago media*, *Galium album* und *Achillea millefolium* den Übergang zu mesophilen Wiesen-Gesellschaften kennzeichnen.

Mit den bisher erwähnten Charakterarten ist zugleich eine große Zahl der Gefäßpflanzen genannt, die in Mitteleuropa an Schwermetallstandorten vorkommen. Im Einzelfall fehlen manche von ihnen, z. B. weil sie den betreffenden Wuchsort noch nicht erreicht haben. Für *Thlaspi calaminare* wurde beispielweise noch in jüngster Zeit ein weiteres Vordringen beobachtet. Die gelb blühende *Viola calaminaria* wird in Westfalen durch die blaue *Viola guestphalica* ersetzt, die ebenfalls für das nordwestliche Mitteleuropa endemisch ist. Isolation und Verbreitungszufälle spielten und spielen mithin für die Artenkombination der Schwermetall-Gesellschaften eine wichtige Rolle.

20.3.2 Flechtenvegetation

Auf natürlichen bodensauren Schwermetallböden und schwermetallreichen Hütten-Schlacken gedeiht eine bezeichnende Flechtenvegetation. Die Flechtenvereine eisenreicher Substrate, die dem Verband des Acarosporion sinopicae zugeordnet werden (Wirth 1972), unterscheiden sich deutlich von denen kupferreicher Gesteine und Schlacken, die zum Lecideion inopis zusammengefasst werden (Purvis & Halls 1996). Für die oft artenreichen Bestände des Acarosporion sinopicae sind außer der namengebenden Art *Acarospora sinopica* unter anderem *Lecanora gisleriana*, *Rhizocarpon furfurosum* und *R. oederi* typisch. Bestände an regengeschützten Felsüberhängen werden zum Lecanoretum epanorae (mit *Lecanora epanora* und *L. handelii*) gestellt, während die Vegetation beregneter Standorte im Acarosporetum sinopicae zusammengefasst wird. Von den kupferreichen Standorten wurde nur eine Gesellschaft, das Lecideetum inopis, beschrieben (Purvis 1996, Purvis & Halls 1996). In Mitteleuropa ist sie mit Arten wie *Lecidea inopis* und *Psilolechia leprosa* vor allem auf Kupferschieferhalden im südlichen Harzvorland vertreten (Huneck 2006).

Flechten besiedeln an Schwermetallstandorten sowohl die Gesteinsoberflächen als auch die Böden, und zwar oft mit vielen Arten und hoher Deckung. Anders als bei den Flechten der Gesteinsoberflächen handelt es sich bei den Letzteren jedoch nicht um Schwermetallspezialisten, sondern um weit verbreitete Flechten lückiger, bodensaurer Magerrasen wie Strauchflechten der Gattungen *Cetraria*, *Cladonia* und *Stereocaulon* sowie um Blattflechten der Gattung *Peltigera*. Basenreiche Schwermetallstandorte sind generell arm an Flechten, da hier die Produktivität der Höheren Pflanzen größer ist und die Konzentration freier Schwermetallionen geringer.

20.4 Anpassung an den Standort

20.4.1 Schwermetallböden mit niedrigen Magnesiumgehalten

a) Unter den Schwermetallen gehören Eisen, Mangan, Zink, Kupfer, Molybdän, Nickel und Kobalt zu den für Pflanzen essenziellen Elementen. Anders als Fe und Mn werden die anderen fünf Elemente aber nur in Spuren benötigt. Diese, und die für die meisten Pflanzen nicht erforderlichen Elemente Pb, Cr, Cd, As, Se und Hg wirken schon bei Bodengehalten von 1 mg g^{-1} (0,1 %) oder darunter vitalitätsmindernd oder gar letal (Ernst 1974). Pflanzen ohne besondere Anpassung gedeihen auf schwermetallreichen Böden überhaupt nicht oder erleiden schwere Schäden. Vor allem Arten der Familien Poaceae, Caryophyllaceae, Brassicaceae und Asteraceae sowie bestimmte Farne, Moose und Flechten haben jedoch spezielle Anpassungen ausgebildet; diese werden als Schwermetallpflanzen oder **Metallophyten** (auch Chalkophyten = Erzpflanzen) bezeichnet.

Manche dieser Metallophyten akkumulieren große Mengen bestimmter Schwermetalle in ihrer Biomasse; im Falle von Nickel wurden Höchstwerte bis zu 4 % des Trockengewichtes (bei Zn, Cu, Cr und Pb bis zu 2 %) gemessen (s. Tab. 20–3). Diese Pflanzen werden als **Hyperakkumulatoren** bezeichnet, wenn sie mehr als 0,1 % Metall pro Trockenmasse enthalten. Wie im Falle von NaCl akkumulieren Kräuter im Allgemeinen weit mehr Schwermetalle als Gräser. Beispiele aus Mitteleuropa sind *Thlaspi alpestre* subsp. *calaminare* und *Minuartia verna* subsp. *hercynica* mit 10 mg Zn g^{-1} und *Armeria maritima* subsp. *halleri* mit 7 mg Zn g^{-1} in einem Galmeiveilchenrasen bei Aachen (Ernst

Tab. 20–3 Schwermetallgehalte in mitteleuropäischen Böden und Pflanzen. Nach Ernst (1974), Reeves & Brooks (1983), Scheffer & Schachtschabel (2002) und Frey & Lösch (2004) (in µg g^{-1} Trockengewicht). Bei den Vorkommen in Blankenrode, Elpetal und Langelsheim handelt es sich um Zn-, Pb-, Cu-reiche Standorte, in den Alpen um Serpentinböden.

Vorkommen	Lokalität	Zn	Cu	Pb	Cd	Ni	Cr
Normaler Ackerboden		10–80	2–40	2–80	0,1–0,6	3–50	5–100
Nicht-Metallophyten		50	10	1	0,05	1,5	1,5
Metallophyten: Moose							
Weissia viridula	Blankenrode	9254	19	1886	47	–	–
Homalothecium sericeum	Elpetal	9745	30	593	26	–	–
Metallophyten: Gefäßpflanzen							
Viola calaminaria	Blankenrode	1210	25	19	–	–	–
Silene vulgaris	Langelsheim	2302	45	195	–	–	–
Minuartia verna	Langelsheim	5291	573	100	–	–	–
Thlaspi alpinum subsp. *sylvium*	Alpen	–	–	–	–	31 000	–
Thlaspi goesingense	Österreich	–	–	–	–	12 000	–
Metallophyten: Maximalwert		25 000	13 700	11 400	560	38 100	20 000

1982). Diese Pflanzen finden im Bergbau als Schwermetall-Zeigerpflanzen Verwendung und können unter bestimmten Bedingungen sogar zur Schwermetallgewinnung (Phytomining) bzw. zur Bodenentseuchung (Phytoremediation) verwendet werden.

b) Freie Schwermetallionen in reduzierter Form (z. B. Fe^{2+}, Mn^{2+}, Cu^{+}) sind giftig, weil sie die Elektronentransportsysteme in der Zelle schädigen (Shaw et al. 2004). Schwermetalle wirken auch deshalb toxisch, weil sie mit den Sulfhydrylgruppen der Proteine Sulfide bilden, wodurch Enzymaktivitäten bereits bei geringen Schwermetallkonzentrationen gehemmt werden können. Manche Metallionen verdrängen zudem funktionelle Elemente mit ähnlichem Ionenradius aus ihren Komplexen (z. B. Mg^{2+} oder Fe^{2+} durch Zn^{2+}), woraus Funktionsstörungen lebenswichtiger Enzyme (z. B. in der Licht- und Dunkelreaktion der Photosynthese) und an den Membranen resultieren (Mysliwa-Kurdziel et al. 2004, Rama Devi & Prasad 2004). Schließlich können Schwermetalle die Stickstoffaufnahme der Pflanze behindern.

Schwermetallempfindliche und -resistente Pflanzen reagieren in ähnlicher Weise auf Schwermetallstress, unterscheiden sich aber in ihren Toleranzgrenzen. Beide nehmen aus schwermetallhaltigen Böden höhere Metallmengen auf als auf normalen Böden (s. Abb. 20–1), und in höherer Konzentration schaden dieselben Elemente sowohl den Nicht-Metallophyten als auch den angepassten Metallophyten. Doch ertragen Letztere hohe Konzentrationen auf Dauer besser. Ein aus zinkreichen Böden entnommenes Taubenkropf-Leimkraut (*Silene vulgaris*) beispielsweise gedieh im Experiment mit 25 mg Zn pro Liter Nährlösung recht üppig und deutlich besser als bei niedrigen Gehalten unter 10 mg l^{-1} (s. Abb. 20–2). Bei 50 und 100 mg l^{-1} traten jedoch deutliche Produktionseinbußen auf, die auf Vergiftungserscheinungen beruhten. Unter Bedingungen, wie sie an Schwermetallstandorten vorkommen können, war auch die Schwermetallform sichtlich nahe ihrer Existenzgrenze. Nicht an Zn angepasste Pflanzen vermögen unter diesen Bedingungen überhaupt nicht mehr zu überleben und kümmern schon bei den niedrigeren Konzentrationen. Sie bleiben deshalb dem Leimkraut auf zinkreichen Böden als Konkurrenten fern, während

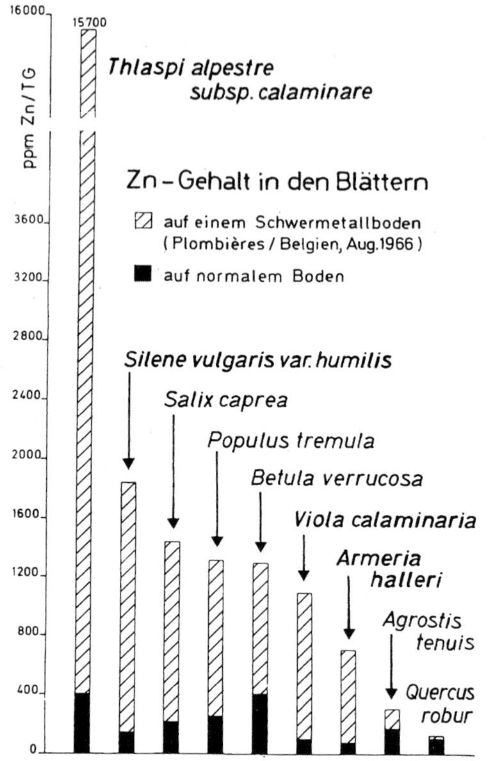

Abb. 20–1 Aus einem stark zinkhaltigen Boden nehmen fast alle dort wachsenden Pflanzenarten mehr Zn auf (bezogen auf die Trockenmasse der Blätter) als aus einem normalen Boden mit sehr geringem Zn-Gehalt. Nach Denayer-de Smet (1970), verändert. Mit Ausnahme des Zink-Hellerkrauts (*Thlaspi*) verhalten sich die Schwermetall-Pflanzen (*Silene, Viola* und *Armeria*) in dieser Hinsicht nicht anders als die übrigen Arten, einschließlich mancher Bäume. Doch ertragen sie hohe Zn-Konzentrationen auf die Dauer besser.

sie dieses lichtliebende, niedrige Kraut auf weniger extremen Böden unterdrücken. Die Zinkform von *Silene vulgaris* erreichte bei etwa 30 mg Zn l^{-1} ihre größte Stoffproduktion, hatte also einen recht **hohen Zinkbedarf**. Selbst unter diesen für sie optimalen Bedingungen leistete sie aber weniger als die kaum zinkbedürftige, aber auch wenig tolerante Normalform. Bei 50 mg wurde die Normalform bereits getötet, während die Zinkform noch immer recht gut gedieh. Werden beide Formen in der Natur zu Konkurrenten, so entscheidet der Zn-Gehalt der Bodenlösung darüber, welche von ihnen zur Dominanz gelangt. Im Prinzip verhalten sich die Schwermetallpflanzen also wie die Halophyten (s. Kap. 11.6.1), die Na und Cl nur

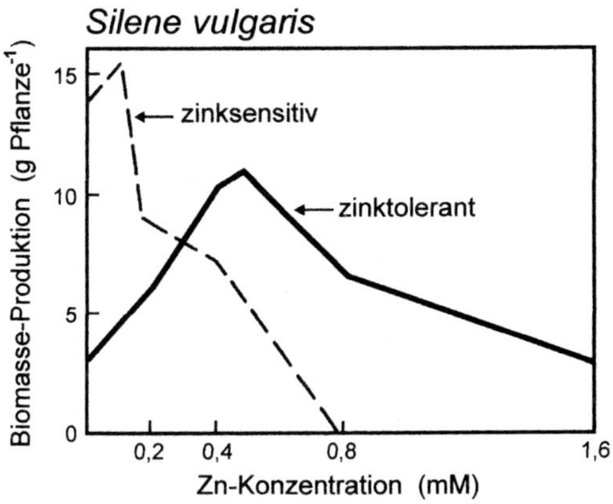

Abb. 20–2 Einfluss steigender Zinkkonzentrationen im Nährmedium auf die Biomasseproduktion zinktoleranter und zinksensitiver Populationen von *Silene vulgaris*. Nach Baumeister (1954) in Kinzel (1982).

in geringen Mengen oder gar nicht benötigen, in höheren Konzentrationen das Kochsalz aber besser ertragen als Glykophyten.

Physiologisch ist es nicht gerechtfertigt, von Schwermetallpflanzen im Allgemeinen zu sprechen, denn die **Toleranz ist in hohem Maße element- wie auch sippenspezifisch**. Metallophyten sind in der Regel nur gegen diejenigen Metalle tolerant, die am Standort häufig sind. Ko-Toleranz gegen andere Elemente ist meist nur schwach ausgeprägt; z. B. sind zinkresistente Pflanzen oft zugleich gegen Cu tolerant.

Manche Metallophyten können die Aufnahme von Schwermetallen (z. B. von Cu^{2+}) in die Pflanze teilweise vermeiden. Sie sind dann **„excluder"** im Sinne von Baker (1981), indem sie die Ionen durch von den Wurzeln ausgeschiedene organische Säuren chelatisieren; diese Komplexe können die Zellmembranen nicht passieren. Ähnliches ist von vielen calcifugen Pflanzen im Hinblick auf Aluminium bekannt (s. Kap. 4.5.2.6 b; Ma et al. 2001). **Mykorrhizen** können ebenfalls die Schwermetallaufnahme senken (Hüttermann et al. 2004). Den Schwermetall-Excludern stehen die hyperakkumulierenden Pflanzen wie die *Thlaspi*-Arten und *Cardaminopsis halleri* gegenüber, die in den Blättern um ein Vielfaches höhere Gehalte erreichen, als sie im Boden zu finden sind (s. Tab. 20–3).

Sind Schwermetalle in Wurzel und Spross gelangt, werden in schwermetallresistenten Pflanzen verschiedene Mechanismen **der Schwermetallimmobilisierung und -kompartimentierung** induziert, die die Schadstoffkonzentration im Zytosol senken und besonders empfindliche Organelle schützen. Die Zellfunktionen erhaltende Hitzeschockproteine werden nicht nur bei hohen Temperaturen gebildet, sondern auch bei Schwermetallstress (Frey & Lösch 2004). Auch außerhalb der Zelle in der Zellwand können Schwermetalle durch ausgeschiedene **organische Chelatoren** komplexiert werden. Innerhalb der Zelle übernehmen schwermetallbindende Polypeptide (Metallthioneine und Phytochelatine) diese Funktion (Steffens 1990, Beck 2002). Wahrscheinlich mithilfe von membrangebundenen Schwermetallpumpen gelangen die gebildeten metallorganischen Komplexe in die Vakuole, wo sie angereichert werden. Zur Komplexierung dienen auch organische Säuren (vor allem Zitronen-, Äpfel- und Oxalsäure) und Aminosäuren. Manche Metallophyten entledigen sich dann der hohen Schwermetallmengen in der Vakuole durch **frühzeitigen Blattabwurf**, wie dies auch von Halophyten bekannt ist.

In jedem Fall erfordert das Aufrechterhalten der Schwermetallresistenz einen so hohen Energieaufwand, dass die Produktivität niedrig bleibt. Viele Schwermetallpflanzen neigen daher zu **Zwergwuchs**. Kennzeichnend für Schwermetallökotypen sind weiterhin eine auffallend skleromorphe Struktur, ein hoher Anthocyangehalt, ein ungewöhnlich stark entwickeltes Wurzelwerk (s. Abb. 20–3), manchmal Dickblättrigkeit und nicht selten auch Anomalien, z. B. verbildete Blütenblätter. Im Gegensatz zur physiologischen Resistenz verschwinden diese Merkmale jedoch auf normalen Böden und erweisen sich als Modifikationen.

c) **Flechten**, die die Oberfläche der Gesteine und Schlacken besiedeln, sind noch weitaus höheren Schwermetallkonzentrationen ausgesetzt als die Schwermetallspezialisten unter den Höheren Pflanzen. Die Schwermetallgehalte in Eisenerzschlacken des Harzes und der auf ihnen siedelnden Flechten wurden bereits von Lange & Ziegler (1963) und Noeske et al. (1970) analysiert. Dabei fanden sich in den Flechtenthalli Konzentrationen von bis zu 65 mg g^{-1} (6,5 %) Kupfer und Blei, während in den Schlacken Cu und Pb in weit geringeren Konzentrationen (0,5–2 %) auftraten. Schwer-

Abb. 20–3 Wurzelwerk von *Minuartia verna* subsp. *hercynica* auf einer Kupferschlackenhalde (rechts) und einem nicht-schwermetallreichen Boden (links). Nach Schubert (1954). Die Schwermetall-Form ist viel stärker xeromorph und ihr Wurzelwerk dementsprechend weitläufiger und dichter.

metalle werden aufgrund ihrer hohen Affinität zu den Kationen-Austauscherplätzen in den Zellwänden der Thalli besonders stark angereichert (Nieboer & Richardson 1980).

Schwermetalltoleranz erlangen Flechten unter anderem dadurch, dass sie beispielsweise Cu^{2+} durch **Komplexbildung mit Flechtenstoffen** aus ihrem Sekundärstoffwechsel (Depsidonen) immobilisieren (Purvis et al. 1987, 1990). Nach Beck (1999, 2002) kommen in den Flechten kupferreicher Standorte zudem nur bestimmte kupfertolerante Grünalgen vor. Den Flechten eisenreicher Gesteine und Schlacken fehlen in der Regel eisenkomplexierende Flechtenstoffe, die ansonsten in Flechten weit verbreitet sind und von denen angenommen wird, dass sie die Eisenaufnahme unterstützen (Hauck et al. 2007). Neben hohen Schwermetallkonzentrationen sind auch niedrige pH-Werte auf den Oberflächen der Erzschlacken und silikatischen, erzreichen Gesteine ein selektierender Faktor für die Flechtenvegetation (Wirth 1972).

20.4.2 Schwermetallböden mit hohen Magnesiumgehalten

Serpentinböden stellen für Pflanzen nicht nur deshalb einen extremen Standort dar, weil in ihnen die Schwermetalle Nickel und Chrom, manchmal auch Kobalt, in z. T. hohen Konzentrationen vorkommen (s. Tab. 20–1; Sasse 1979 a, b, Proctor & Nagy 1992). Physiologisch ungünstig sind außerdem das **sehr niedrige Ca/Mg-Verhältnis** in der Bodenlösung unter 1 sowie offenbar Phosphormangel (s. Tab. 20–2; Brooks 1987). Unter den Schwermetallen ist wahrscheinlich allein Nickel bei hohen Konzentrationen toxisch, während Co- und Cr-Toxizitäten als wenig relevant angesehen werden (Proctor & Nagy 1992). Madhok & Walker (1969) erhielten außerdem Hinweise auf die **phytotoxische Wirkung von hohen Mg-Konzentrationen**, die allerdings durch Kalzium gemildert werden kann (Proctor & Nagy 1992, s. a. Kinzel & Weber 1982). Ähnliche Ergebnisse erzielte Proctor (1971): Während Straußgras von Normalböden durch hohe Mg-Konzentrationen in der Nährlösung in seinem Zuwachs behindert wurde, erwiesen sich *Agrostis canina*-Pflanzen von einem Serpentinstandort als Mg-unempfindlich. Ähnlich verhielten sich bemerkenswerterweise Salzrasenpflanzen wie *Cochlearia officinalis* und *Armeria maritima*, die aufgrund der Meeresnähe ebenfalls erhöhte Mg-Mengen gewöhnt waren. Wenn Pflanzen eine spezifische Toleranz gegenüber Mg entwickeln müssen, dann sollte dieses Element in hohen Mengen tatsächlich phytotoxisch sein (Brooks 1987).

Die Aufnahme von Kalzium, das in Serpentinböden ohnehin nur in geringen Mengen vorhanden ist, kann durch hohe Mg-Konzentrationen zusätzlich behindert werden (Kinzel & Weber 1982). Gigon (1975) konnte durch Ca-Düngung die charakteristische Serpentinflora in eine Kalkflora umwandeln und wertete dies als Hinweis auf Ca-Limitierung der Serpentinpflanzen. Wie auf Kalkböden spielt wahrscheinlich aber auch **P-Mangel** eine zentrale Rolle, weil Phosphat durch Chrom gefällt und durch das Mineral Serpentin adsorbiert wird. Schließlich könnte auch geringe mikrobielle Aktivität, verbunden mit langsamer N-Mineralisierung, eine Rolle spielen. In jedem Fall erscheint das „Serpentin-Problem" nicht durch einen einzigen limitierenden Faktor erklärbar zu sein, sondern durch die Interaktion der vier Schlüsselelemente Magnesium, Nickel, Phosphor und Kalzium, die an diesen Standorten in für die Pflanze sehr ungünstigen Verhältnissen zueinander vorkommen.

20.5 Vegetationsdynamik

Abraum- und Schlackenhalden stellen hinsichtlich des Nährstoff- und Wasserangebotes ähnliche Standorte dar wie natürliche Steinschutthalden. Wo sie in einem niederschlagsarmen Klima liegen, sind sie zeitweilig sehr trocken. An den feinerdeärmsten Stellen findet man sie deshalb nur von Flechten besiedelt (s. Kap. 20.3.2). Wo sich aber genügend Feinerde angesammelt hat, siedeln sich auch Moose (z. B. *Weissia viridula* und *Homalothecium sericeum*) und Höhere Pflanzen an. Unter diesen sind Rohboden- und Steinschuttpioniere, die hohe Schwermetallkonzentrationen zu ertragen vermögen, besonders begünstigt. Je ärmer der Boden an Schwermetallen ist und je mehr Feinerde zur Verfügung steht, desto mehr ähnelt die Vegetation dem Magerrasen, der in der Umgebung verbreitet ist. Auch Bäume (vor allem Birken, Kiefern und Fichten) können sich an solchen weniger extremen Kleinstandorten ansiedeln und die Sukzession zum Wald einleiten, wenn die betreffende Gegend nicht mehr beweidet wird.

Schubert (1954) und Ernst (1974) unterschieden auf den von ihnen untersuchten mitteleuropäischen Schwermetallhalden die folgenden fünf „Sukzessionsstadien":

1) das *Silene vulgaris*-**Pionierstadium** mit sehr lückiger Vegetationsdecke;

2) das *Minuartia verna*-**Stadium**;

3) das *Euphrasia*-**Stadium** mit Beteiligung von schwermetallresistenten Ökotypen von *Festuca ovina*-Kleinarten, *Rumex acetosella*, *Campanula rotundifolia* und *Thymus serpyllum*, die sich vor allem in den Pionierpolstern von *Silene* und *Minuartia* ansiedeln;

4) das *Armeria*-**Stadium** mit dem größten Artenreichtum an Schwermetallpflanzen, bereits deutlicher Humusakkumulation und einem an Schwermetallen verarmten Oberboden, sodass der Vegetationsschluss schon etwa 75 % erreicht;

5) das *Achillea*-**Stadium**, das durch Einwanderung konkurrenzstärkerer, nur noch schwach schwermetallresistenter Magerrasen-Arten wie *Achillea millefolium*, *Plantago lanceolata* und *Galium mollugo* gekennzeichnet wird.

Ob die geschilderten Stadien vom nackten Gestein bis zum Rasen (oder gar zum Wald) als zeitliche Abfolge aufgefasst werden dürfen oder lediglich ein zeitweise stabiles räumliches Nebeneinander darstellen, muss fallweise entschieden werden (s. Abb. 20–4). Oft handelt es sich keineswegs um Sukzessionen, auch wenn es nahezuliegen scheint, das Vegetationsmosaik in diesem Sinne zu deuten.

20.6 Auswirkungen von Schwermetallimmissionen auf die Pflanzendecke

In jüngerer Zeit eröffnete die Luftverschmutzung schwermetallresistenten Pflanzen neue Ausbreitungsmöglichkeiten. Längs verkehrsreicher Straßen und in den Großstädten nahm bis in die 1980er-Jahre der Bleigehalt in Boden und Biomasse zu, weil Gräser, Kräuter und Bäume das in Kraftfahrzeug-Abgasen enthaltene **Blei** akkumulieren. Blätter und Borke von Stadtbäumen enthielten 1988 in Trier fast das 200- bzw. das 4- bis 5-Fache der Pb- und Cu-Konzentrationen von unbelasteten Bäumen (Timmerbeil & Ruthsatz 1989; vgl. Kap. 3.7.5 b). Stellenweise wurde bereits die Ansiedlung von *Cardaminopsis halleri* beobachtet. Sie hat sich in der Nähe von Hüttenwerken eingefunden, z. B. beim Bleiwerk Nordenham an der Unterweser, und zwar ebenfalls in Kulturwiesen und -weiden der Ordnung ARRHENATHERETALIA. Auf die meisten Pflanzenarten wirken aber Schwermetallimmissionen ungünstig, zumal sie sehr persistent sind und sich im Oberboden immer mehr anreichern. Beispielsweise zeigten sich

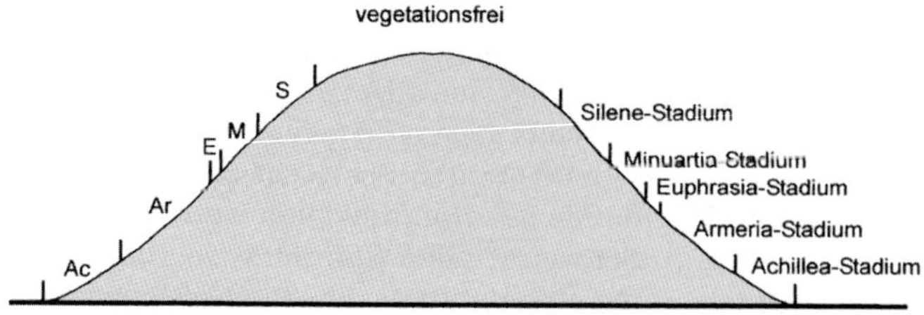

Vegetationsstadien		S	M	Ar	Ac
pH (KCl)		7.4	7.0	6.9	6.4
Wasserkapazität (Vol.%)		18.8	27.9	35.8	43.4
Zn (Gesamt : $\mu g\ g^{-1}$)		6820	5820	5290	1835
Zn (wasserlösl.: $\mu g\ g^{-1}$)		22	30	53	70
Cu (Gesamt : $\mu g\ g^{-1}$)		4240	4235	2560	700
Cu (wasserlösl.: $\mu g\ g^{-1}$)		8	14	20	14
Vegetationsdeckung (%)	•	6	15	75	100
Silene vulgaris	•	1	1	1	+
Minuartia verna	•	•	2	2	+
Diploschistes scruposus	•	+	+	+	•
Lecanora spec.	•	+	+	•	•
Armeria halleri	•	•	•	3	1
Festuca ovina	•	•	•	2	4
Thymus serpyllum	•	•	•	1	1
Euphorbia cyparissias	•	•	•	+	1
Plantago lanceolata	•	•	•	+	+
Cladonia rangiformis	•	•	•	+	+
Euphrasia stricta	•	•	•	+	+
Achillea millefolium	•	•	•	•	1
Brachypodium pinnatum	•	•	•	•	1
Campanula rotundifolia	•	•	•	•	1

Abb. 20–4 Räumliche Abfolge der Vegetationsstadien auf einer Schlackenhalde aus dem 15. bis 17. Jahrhundert im Saugrund bei Eisleben (östliches Harzvorland). Nach Ernst (1974).

3 Jahre nach Inbetriebnahme einer Zinkhütte starke Schäden, die nicht nur durch Zn, sondern auch durch Cu, Pb und Cd verursacht worden waren (Ernst 1973). Nachhaltig geschädigt werden vor allem die zahlreichen Arten, die keine toleranten Ökotypen auszubilden vermögen. Hierzu gehört z. B. der Rohrkolben *Typha latifolia* (Mc Naughton 1968). Der Einflussradius der Hütte erstreckte sich dabei auf mehrere Kilometer (s. Tab. 20–4).

Relativ tolerante Arten kann man als „Akkumulatoren" zur Messung von Schwermetallimmissionen einsetzen. Das Welsche Weidelgras (*Lolium multiflorum*) eignet sich hierfür besonders gut, wenn man es in genormten Kulturgefäßen mit schwermetallfreiem Boden einige Wochen lang exponiert (Schönbeck 1974). Cd, Cu, Pb und andere Schwermetalle werden auch von Moosen wie *Polytrichum piliferum* und *P. juniperinum* oder *Ceratodon purpureus* entsprechend dem Grad der Luftverschmutzung akkumuliert. Im Gametophyten von *Atrichum undulatum* ist die Anreicherung zwei- bis dreimal stärker als in Gräsern, im Sporophyten dagegen geringer (s. a. Lötschert et al. 1975). Die Akkumulation durch Hochmoor-Moose wurde schon erwähnt (s. Kap. 3.7.5 b u. 10.7.3).

Generell eignen sich Flechten und Moose für das **Biomonitoring von Schwermetallen** gut (Garty 2001, Onianwa 2001), weil sie in den Zellwänden zahlreiche Carboxyl- und Hydroxylgruppen besitzen, zu denen Schwermetalle eine besonders hohe Affinität aufweisen (Brown & Brown 2002). Moosproben, die entlang eines

Tab. 20–4 Durch Emission einer Zinkhütte und eines Messingwerkes erhöhter Schwermetallgehalt von Böden in den oberen 10 cm in Westfalen (in µg g^{-1} Trockenboden). Nach Ernst (1974).

Emittent	Element	Entfernung vom Emittenten (m)			
		250	400	4000	10 000
Zinkhütte	Zn	4500	1300	210	–
	Pb	344	230	100	–
	Cd	41	37	5	–
Messingwerk	Zn	4520	350	173	91
	Cu	3520	520	25	13

Tansektes von der Nordsee (Ijmuiden, NL) bis zu den Alpen (Zugspitze) unter vergleichbaren Bedingungen gesammelt wurden, ergaben besonders hohe Gehalte von Cr, Ni, Cd und Zn an den Luvseiten der Mittelgebirge im Rhein-Ruhr-Main-Gebiet mit hoher Emission und erhöhten Niederschlägen, niedrige dagegen im überwiegend agrarisch genutzten Alpenvorland (Thomas & Hermann 1980 in Ellenberg 1996). Hier waren dagegen die Moosgehalte an Schädlingsbekämpfungsmitteln (Lindan, DDT u. a.) deutlich erhöht.

Durch Klärschlamm- oder Müllkompost kann der Gehalt des Acker- und Gartenbodens an Cu, Zn, Pb, Cd und Cr je nach Herkunft des Kompostes oft in kurzer Zeit beträchtlich erhöht werden (Hofer & Jäggli 1975). Selbst „umweltgerechte" Düngemittel können also Schäden verursachen und zur Selektion resistenter Pflanzensippen beitragen. Ackerfrüchte sind gegen Schwermetalle besonders empfindlich, wie sich durch die sogenannte „Okerkrankheit" zeigte. Als man nach dem Bau der Okertalsperre am nördlichen Harzrand die Wiesen in der nun ackerfähig gewordenen Flussaue umbrach, vergilbten die Rüben und andere Kulturpflanzen sowie die angepflanzten Pappeln und starben teilweise ab, und zwar nur unterhalb der Blei-Kupfer-Zinkoxid-Hütte (Horn 1974). Bei Überschwemmungen der Oker waren die Böden früher im Laufe von Jahrzehnten entsprechend schwermetallreich geworden. Hinweise auf Chlorosen an Getreide gibt es z. B. auch aus dem südharzer Kupferabbaugebiet (Huneck 2006) sowie dem Innerste-Tal im Nordharzvorland.

21 Vom Menschen beeinflusste Ufer- und Schlammboden-Fluren

Teiche und Seen mit stark wechselndem Wasserstand, periodisch trockenfallende Gräben und die Ufer der Mittel- und Unterläufe der großen Flüsse stellen störungsreiche Standorte dar, an denen Überflutung mit langen Zeiten des Trockenfallens abwechseln. Unter diesen Bedingungen können sich nur schwerlich langlebige Pflanzen etablieren; vielmehr gewinnen kurzlebige, überwiegend einjährige Sumpf- und Wasserpflanzen die Oberhand. Sie stellen in gewissem Maße das **amphibische Gegenstück zu den terrestrischen Ruderalpflanzen-Gesellschaften** (s. Kap. 22) dar. Hier werden die beiden Klassen der ISOËTO-NANOJUNCETEA (Zwergbinsen-Gesellschaften) und der BIDENTETEA (Zweizahnfluren) gemeinsam behandelt.

Abb. 21–1 Zwergpflanzen auf Schlammboden eines teilweise noch wassererfüllten Teiches auf der böhmisch-mährischen Höhe. *Gnaphalium uliginosum* und *Juncus bufonius,* im Wasser *Callitriche palustris.* Foto Iltis-Schulz.

21.1 Kurzlebige Zwergbinsen-Gesellschaften auf wechselnassen Böden

Recht unscheinbare Vertreter der kurzlebigen Ufer- und Schlammboden-Fluren sind die Gesellschaften der ISOËTO-NANOJUNCETEA, der Zwergbinsen-Gesellschaften, die zeitweilig wasserbedeckte, aber oft Monate oder Jahre hindurch trockenliegende Flächen besiedeln. Wir wollen sie von allen ruderalen Wildkraut-Gesellschaften zuerst besprechen, weil sie auch in der Naturlandschaft vorhanden wären, weil sie zu den am besten gekennzeichneten Pflanzengesellschaften überhaupt gehören und weil sie in besonderem Maße für Mitteleuropa charakteristisch sind (s. Abb. 21–1).

21.1.1 Areal und Verbreitungsmittel der Teichschlamm-Zwergpflanzen

Das Areal der Ordnung NANOCYPERETALIA umfasst ganz Mitteleuropa und einige seiner Randlandschaften. Dieses Verbreitungsbild erinnert an dasjenige der Traubeneiche oder der Buche, zumal sein Schwerpunkt ebenfalls mehr im Westen und Süden Europas liegt. Innerhalb ihrer weiten geografischen Grenzen treten aber die Zwergpflanzenfluren immer nur sporadisch und unbeständig an relativ kleinen Plätzen auf. Als lichthungrige und niedrige, konkurrenzschwache Bestände sind sie **auf unbewachsene und zur Keimungszeit feuchte Böden angewiesen**, z. B. auf den Schlammgrund abgelassener Teiche, auf die Ränder von Tümpeln, auf die nackten Uferbänke stark schwankender, langsam fließender Gewässer, auf seichte Gräben, die im Sommer austrocknen, auf humose Pfützen in Sand- und Kiesgruben oder auf zeitweilig übernasse Ried- und Waldwege, staunasse Äcker, Wildwechsel, Suhlen und Schweineweiden.

Moor (1936), der diesen so unauffälligen Gesellschaften eine erste Monografie widmete, glaubte die Gleichmäßigkeit ihres Artengefüges auf eine ehemals weitere Verbreitung zurückführen zu müssen. Tatsächlich gingen die für sie verfügbaren Ansiedlungsplätze mit der zunehmenden Kultivierung und „Austrocknung" der mitteleuropäischen Landschaft mehr und mehr zurück. Ihre größte Ausdehnung erreichten sie im Mittelalter zur Blütezeit der Teichwirtschaft, als Hunderte und Tausende von kleinen, zum Fischfang zeitweilig abgelassenen Weihern die flachen Talböden füllten, um den Fischbedarf in Fastenzeiten zu decken. Aber auch diese Teichlandschaften bildeten kein über ganz Mitteleuropa zusammenhängendes Netz, das den Austausch der Pflanzenarten hätte erleichtern können.

Das homogene Artengefüge und das fast schlagartige Auftreten dieser winzigen Gesellschaften an jedem sich bietenden zusagenden Plätzchen beruht vielmehr auf ihrer **effektiven Ausbreitung** und einer **dauerhaften Diasporenbank** (Müller 1996, Bernhardt 1999). Etwa 90–95 % der Arten erzeugen sehr zahlreiche und so kleine Samen, dass diese als „Körnchenflieger" vom Wind transportiert werden können. Viele Samen werden außerdem vom Wasser verfrachtet. Die wirksamste und gewissermaßen „gezielte" Ausbreitungsweise ist jedoch der **Transport durch Wasservögel**. Wie Kerner von Marilaun schon 1887 nachwies, kleben die Samen mit dem Uferschlamm an den Füßen der Watvögel fest und werden so über mehr oder minder weite Strecken hinweg in ein nächstes Schlammgelände und an andere vorübergehend nasse oder mit seichtem Wasser bedeckte Stellen, also genau dorthin getragen, wo sie gut keimen können. Aus der Schmutzkruste von Schnäbeln und Füßen solcher Vögel konnte Kerner viele Pflanzen zum Keimen bringen, von denen mehr als die Hälfte Charakterarten in der Klasse ISOËTO-NANOJUNCETEA sind, z. B. *Centaurium pulchellum*, *Centunculus minimus*, *Limosella aquatica*, *Lindernia procumbens*, *Elatine hydropiper*, *Isolepis setacea*, *Juncus bufonius*, *Cyperus fuscus* und *C. flavescens*.

Mit dem Wegeschmutz haftend, werden wahrscheinlich auch viele Samen auf den Hufen von Wild und Haustieren verschleppt. Wildwechsel und Erdwege sind häufige Wuchsorte von Zwergbinsen-Gesellschaften. Die Ausbreitung durch Schlammkrusten erklärt auch, warum die meisten Zwergpflanzenfluren auf kolloidreichen Böden wachsen, ohne jedoch daran gebunden zu sein. Burrichter (1960) fand sie z. B. an westfälischen Talsperren im niederschlagsarmen Jahr 1959 auch auf fast reinem Sand oder Lösslehm gut entwickelt. **Das Substrat scheint also für ihren Lebenszyklus an und für sich gleichgültig zu sein**, wenn es nur die nötige Feuchtigkeit für die Keimung und Jugendentwicklung bietet (s. Abb. 21–1). Die Samen vieler Arten vermögen keimfähig auf dem Grund von Teichen jahre- bis jahrzehntelang zu liegen, um dann plötzlich massenhaft aufzulaufen, wenn er abgelassen wird (Poschlod et al. 1999).

Die für ihr Dasein entscheidende Anpassung der zwergigen Simsen, Binsen, Zyperngräser, Gentianaceen, Caryophyllaceen und sonstigen Kleinkräuter an ihr unstetes Leben in Mitteleuropa liegt also darin, dass sie Wind-, Wasser- und Tierwanderer zugleich sind. Es wäre falsch, sie aufgrund der Kleinheit ihrer Samen lediglich als Anemochoren einzustufen, denn der Wind spielt bei so niedrigen Gewächsen wohl nur ausnahmsweise einmal eine Rolle als Fernausbreiter. Hier wird die Problematik der üblichen, auf die Morphologie der Samen oder Früchte gestützten Einteilung der Pflanzen in sogenannte „Verbreitungstypen" deutlich. Besser wäre es, die Wirksamkeit der Verbreitungsmittel durch sorgfältige Beobachtungen im Gelände sowie durch Experimente zu testen.

21.1.2 Vegetation

Einzige mitteleuropäische Ordnung innerhalb der von Pietsch (1963, 1973) gründlich bearbeiteten Klasse der Zwergbinsen-Gesellschaften (ISOËTO-NANOJUNCETEA) sind die NANOCYPERETALIA, die auch viele atlantische und westmediterrane Gesellschaften umfassen. Manche Assoziationen, z. B. die Zypergras-Schlammling-Gesellschaft (Cypero fusci-Limoselletum aquaticae), die sowohl im südlichen wie auch nördlichen Mitteleuropa verbreitet ist (z. B. Oberdorfer et al. 1977, Tüxen 1979, Popiela 1999, Täuber 1999, Täuber & Petersen 2000) stehen diesen wärmeliebenden Artenverbindungen nahe und wurden von Rennwald (2000) zum Verband der Teichboden-Gesellschaften (ELATINO-ELEOCHARITION OVATAE) zusammengefasst. Ihnen steht der mehr nördlich und vor allem auf sauren Böden verbreitete Verband der Zwergflachs-Gesellschaften (RADIOLION LINOIDIS) gegenüber.

Obwohl die Wuchsplätze der NANOCYPERETALIA-Gesellschaften nicht zusammenhängen und je nach Witterung und Bewirtschaftung von Jahr zu Jahr wechseln, sind sie **floristisch erstaunlich homogen**. Unter gleichen Bedingungen findet man stets wieder dieselben Arten, obgleich sie in der Umgebung sonst äußerst selten auftreten und in den meisten Teilen Mitteleuropas zu den floristischen Kleinoden gezählt werden. Die große Mehrzahl der Zwergbinsen-

Gesellschaften gehört heute in Mitteleuropa zu den sehr stark bedrohten Pflanzengesellschaften; sie sind von räumlicher Isolation und floristischer Verarmung gekennzeichnet (Philippi 1968, Kohn 1993, Herms 1999). Manche Teichboden-Fluren haben jedoch nach starkem Rückgang neue Lebensräume im Bereich der Uferschutzbauten der großen Flüsse, in abgelassenen Talsperren und auf Industriebrachen erhalten (Tamm 1982, Vogel 1999).

Als Typus der wechselnassen Zwergpflanzenfluren im südlichen Mitteleuropa kann die Teichriet-Böhmerseggen-Schlammflur (Eleocharito-Caricetum bohemicae) gelten. Klika (1935) bezeichnete sie als die „Gesellschaft des entblößten Teichbodens", denn auf dem **schlammigen Grund abgelassener Teiche** oder im Sommer trockenfallender Ufer führt sie ihr flüchtiges Dasein. Oft herrscht in ihr die namengebende Simse (*Eleocharis ovata*), oft auch der Schlammling (*Limosella aquatica*), der sich mit oberirdischen Ausläufern ausbreitet, und zwar schon bald nachdem er gekeimt ist. Mit diesen Kennarten zusammen gedeihen die meisten der in Tabelle 21–1 genannten Verbands-, Ordnungs- und Klassen-Charakterarten. Weitere, allerdings seltene Kennarten sind:

Elatine alsinastrum fo. *terrestre*	*Lindernia procumbens*
Elatine hexandra fo. *terrestre*	*Marsilea quadrifolia*
Elatine hydropiper fo. *terrestre*	*Schoenoplectus supinus*

Am häufigsten ist im westlichen Mitteleuropa die Bachsternmieren-Moorbinsen-Gesellschaft (Stellario uliginosae-Isolepidetum setacei) anzutreffen. Sie lebt auf gelegentlich befahrenen oder begangenen, schattigen Erdwegen in FAGETALIA-Wäldern, kann aber im ozeanischen

Tab. 21–1 Charakterarten der wechselnassen Zwergpflanzenfluren in Mitteleuropa.
Einige von diesen sind zugleich für besondere Assoziationen charakteristisch[2].
Nach Moor (1936), Oberdorfer (1957), Oberdorfer et al. (1977) und anderen.

Klassen- und Ordnungs-Charakterarten der **wechselnassen Zwergpflanzenfluren** (ISOËTO-NANOJUNCETEA[1], NANOCYPERETALIA):					
	Cyperus fuscus	f	*Isolepis setacea*		*Lythrum hyssopifolia*
	Gnaphalium luteo-album		*Juncus bufonius*		*Peplis portula*
	G. uliginosum		*J. capitatus*		*Schoenoplectus supinus*
	Hypericum humifusum		*J. sphaerocarpus*	M	*Riccia*-Arten und andere Moose
Charakterarten des **mittel- und westeuropäischen** Verbandes ELATINO-ELEOCHARITION OVATAE[2]					
d	*Blackstonia perfoliata*		*Eleocharis ovata*		*Sagina apetala*
b	*Carex bohemica* (E)		*Illecebrum verticillatum*		*Veronica acinifolia*
h	*Centunculus minimus*	a	*Limosella aquatica*	M	*Anthoceros punctatus*
g	*Cicendia filiformis*	c	*Lindernia procumbens* (e)	A	*Botrydium granulatum*
e	*Cyperus flavescens*		*Marsilea quadrifolia* (E)	M	*Fossombronia-Arten*
	Elatine alsinastrum (E)		*Montia chondrosperma*	M	*Riccia cavernosa* (E)
	weitere *Elatine*-Arten (E)		*Radiola linoides*	M	*R. huebeneriana* (E)

[1] Der Name ISOËTO-NANOJUNCETEA weist auf den mediterranen Verband Isoëtion hin, der von Braun-Blanquet (1935, s. Moor 1936) beschrieben wurde. Zu dessen Charakterarten gehören Isoëtes-Arten, die in Mitteleuropa nicht vorkommen (I. duriaei, setaceum und adspersum). A = Alge, M = Moos.

[2] Die Buchstaben bezeichnen Charakterarten folgender (als Beispiele genannter) Gesellschaften:
a Zypergras-Schlammkraut-Flussuferboden (Cypero-Limoselletum),
b Teichriet-Böhmerseggen-Schlammflur (Eleochari-Caricetum bohemicae),
c Teichriet-Büchsenkraut-Schlammflur (Eleochari-Lindernietum),
d Tausendgüldenkraut-Bitterlings-Nassboden (Centaurio-Blackstonietum),
e Zypergras-Sandtrittboden (Cyperetum flavescentis),
f Moorbinsen-Quelltrittboden (Isolepidetum),
g Fadenenzian-Nassboden (Cicendietum filiformis),
h Kleinlings-Hornmoos-Nassboden (Centunculo-Anthoceretum).
(E) Unterverband ELATINO-ELEOCHARITENION OVATAE; die Übrigen gehören zum JUNCENION BUFONII.

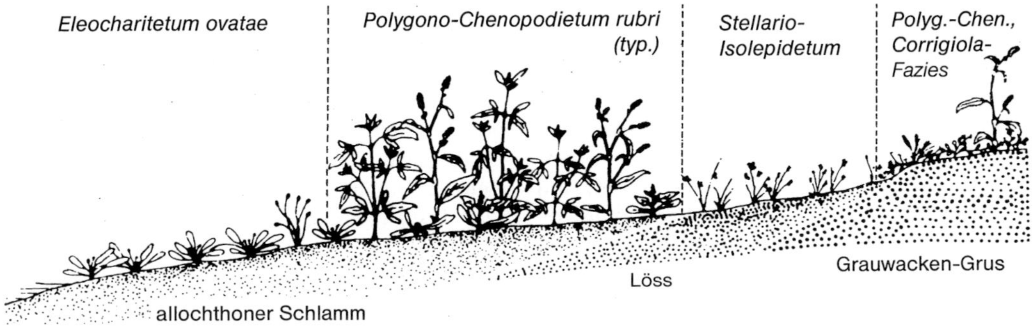

Abb. 21–2 Vegetationsprofil durch das Südufer des Möhne-Stausees mit Zwergpflanzenfluren und nitrophilen Meldenfluren in dem ungewöhnlich trockenen Sommer 1959. Wassergehalt und Wasserkapazität des Bodens sowie Überflutungsdauer nehmen von links nach rechts ab. Nach Burrichter (1960), etwas verändert. Eleocharitetum ovatae (Teichboden-Gesellschaft) und Stellario-Isolepidetum setacei (Borstenbinsen-Ges. im Bereich häufigen Wellenschlags) gehören zum Elatino-Eleocharition ovatae. Das Polygono-Chenopodietum rubri ist eine BIDENTION-Gesellschaft. Seine (jetzt trockene) *Corrigiola*-Fazies bezeichnet Spülsäume von Jahren mit normalem, höherem Wasserstand. *Limosella aquatica* (niedrige Rosetten mit Löffelblättern) tritt vorwiegend im Eleocharitetum auf.

Klima des Nordwestens auch unbeschattet wachsen. Diemont et al. (1940), Täuber (1999) und Täuber & Petersen (2000) fanden sie z. B. im Bereich von Viehweiden an Tränken und auf Pfaden, und Burrichter (1960) studierte sie an Stausee-Ufern (s. Abb. 21–2). Nicht Beschattung, sondern Schutz vor Austrocknung ist also die Ursache, weshalb sich diese Gesellschaft im kontinentalen Mitteleuropa auf **Waldwege** zurückzieht. Gewöhnlich ist die Bachsternmierenflur recht artenarm; gute Kennarten besitzt sie überhaupt nicht. Trotzdem darf man sie als besondere Assoziation auffassen, weil sie von den übrigen NANOCYPERETALIA-Gesellschaften ökologisch und floristisch abweicht. Ihren natürlichen Standort hat sie wohl auf Wildpfaden, doch konnte sie sich erst auf zeitweilig nassen Holzabfuhrwegen voll entfalten. Wo diese nicht mehr benutzt werden, stellen sich je nach den Lichtverhältnissen Wasserpfeffer (*Polygonum hydropiper*) und andere Vertreter der Zweizahnfluren oder Waldlichtungspflanzen oder aber Waldschattenpflanzen und bald auch Sträucher und Bäume ein. Stets sind in den Bachsternmierenfluren einige Arten aus den benachbarten Wald- oder Grasland-Gesellschaften zu finden.

Die Kleinlings-Hornmoos-Gesellschaft (Centunculo-Anthoceretum punctati, s. Tab. 21–1) hat sich auf verdichtete Oberflächen in zeitweilig **feuchten Getreideäckern** spezialisiert und bildet dort Teppiche, wenn die Stoppeln nicht sogleich nach der Ernte geschält werden. Durch die moderne Wirtschaftsweise ist sie äußerst selten geworden (Albrecht 1999).

Von den übrigen Gesellschaften der NANOCYPERETALIA strahlen einige ebenfalls gut charakterisierte Einheiten nur randlich nach Mitteleuropa herein, z. B. die atlantisch-subatlantische Fadenenzianflur (Cicendietum filiformis), die von Diemont et al. (1940) und Petersen (1999) ausführlich beschrieben wurde, und die atlantisch-mediterrane Tausendgüldenkraut-Bitterlingsflur kalkhaltiger Schluffböden (*Centaurium pulchellum-Blackstonia acuminata*-Ges.), auf deren Artenreichtum Oberdorfer et al. (1977) hinweisen. Das Cicendietum ist an ziemlich nährstoffarme, sandige, moorige oder auch lehmige Substrate des nordwestlichen Mitteleuropa gebunden (Petersen 1999, Täuber 1999); es klingt nach Osten aus. Erwähnt sei noch die Zwergzypergrasflur (Cyperetum flavescentis) nasser Riedwege, die nur im Südwesten, z. B. im Schweizerischen Mittelland, beobachtet wurde. Sie besiedelt als einzige RADIOLION-Gesellschaft Mitteleuropas nur neutralen bis alkalischen Boden (pH 6,6–7,8).

21.1.3 Anpassung an den Standort und Vegetationsdynamik

Die meisten Zwergpflanzenfluren erscheinen, sobald der Boden vom Wasser freigegeben ist. Teichböden und schlickige Ufer bestehen in der großen Mehrzahl aus feinkörnigem Material, das meist kalkarm und schwach bis mäßig sauer ist (pH 5,4–6,8, jedoch selten saurer als pH 5). Fast alle Arten der NANOCYPERETALIA sind nach Moor (1936) **ausgesprochene Lichtkeimer**, und auch ihre weitere Entwicklung verläuft nur bei vollem Lichtgenuss normal. Vermutlich sind die meisten Arten recht **wärmebedürftig**, da sie aus mediterranen Verwandtschaftskreisen stammen (Baskin et al. 1993). Täuber (1999) ermittelte für *Anagallis minima* eine optimale Keimtemperatur von 29 °C; stark fluktuierende Temperaturen waren in den meisten Fällen günstiger als konstante Wärme (Pietsch 1999).

Auf Wasserspiegelschwankungen reagieren die Arten der Zwergbinsenfluren mit einer bemerkenswerten morphologischen und phänologischen Plastizität (von Lampe 1996, Urban 1999, Täuber 2000). Selbst unter günstigsten Wachstumsbedingungen bleiben die **Zwergpflanzen** aber kleiner als 10 cm und überschreiten oft nicht einmal 5 cm. Sie sind also Mikrophyten im wahren Sinne des Wortes. Dies könnte an der überwiegend schlechten Stickstoffernährung auf dem lange Zeit durchnässten, luftarmen Boden liegen, der die Denitrifikation begünstigt. Die Nährstoffarmut des Substrates ist allerdings nicht entscheidend, solange ausgeprägte Wasserstandsschwankungen konkurrenzkräftigere BIDENTION-Arten (s. Kap. 21.2) fernhalten (Herms 1999, Brouwer et al. 2001). Tatsächlich erwiesen sich viele Arten der Zwergbinsenfluren als toleranter gegenüber Nährstoffangebot und Gewässerchemismus, als man früher annahm (z. B. Pietsch 1977, Hellberg & Cordes 1990). Auf stark sauren, dystrophen Gewässerböden werden die NANOCYPERETALIA-Arten allerdings durch Zwiebelbinsenfluren ersetzt. Durch Ausscheidung von organischen Säuren und Glucose ist *Juncus bulbosus* in der Lage, die unmittelbare Wurzelumgebung zu alkalisieren und die Phosphor- wie auch Kohlenstoffversorgung an diesen extremen Standorten zu verbessern (Chabbi 1999).

Früh im Jahr aufgelaufene Bestände werden während des Spätsommers oft von nitrophilen Zweizahnfluren (s. Kap. 21.2) überschattet, deren Partner viel höher werden und dicht zusammenschließen, wenn sie gute Lebensbedingungen finden. Bei dieser Abfolge handelt es sich um eine Sukzession, die am ehesten dem Typ der „relay floristics" von Egler (1954) entspricht. Die Partner der Zweizahnfluren brauchen mehr Zeit zu ihrer vollen Entwicklung und kommen aus diesem Grund meist erst später zum Zuge als die Gesellschaften der schnell auflaufenden NANOCYPERETALIA. Tatsächlich braucht die Zweizahnflur keine Bodenvorbereitung (facilitation) durch die Zwergpflanzen der Böhmerseggen-Schlammflur, sondern sie kann sich an genügend stickstoffreichen und feuchten Plätzen auch als Erstbesiedlerin einfinden. Burrichter (1960) beobachtete, dass sie sich gleichzeitig mit der Teichrietflur, aber auf etwas höherem Niveau, entwickelte, wo das Sediment etwas trockener ist (s. Abb. 21–2).

Entscheidend für die Entstehung der Zwergpflanzen-Gesellschaften und der ebenfalls von Therophyten gebildeten Zweizahnfluren ist das Vorhandensein feuchten und nackten, von anderen Pflanzen nicht oder nur dünn besiedelten Bodens. Wo Überflutungen oder sonstige Störungen wegfallen, die alljährlich wieder alles Pflanzenleben vernichten, dort stellen sich sehr bald ausdauernde Hemikryptophyten ein. Fast gleichzeitig mit ihnen keimen auch Erlen, Weiden und andere Bäume, die eine Entwicklung zum Bruch- oder Auenwald einleiten. Hier handelt es sich dann um eine Sukzession mit durch die Pflanzen verursachter Bodenveränderung, die den Zwergpflanzen bald jede erneute Ansiedlungsmöglichkeit entzieht.

21.2 Nitrophile Uferfluren stehender und fließender Gewässer

21.2.1 Lebensbedingungen und standörtliche Gliederung

21.2.1.1 Halbruderale Zweizahnfluren

Wo Teiche oder Gräben nährstoffreiche Zuflüsse erhalten, z. B. innerhalb und unterhalb von Dörfern ohne moderne Kanalisation oder im Bereich von oft besuchten Viehtränken, dort gedeihen (oder gediehen) auf den im Sommer auftauchenden Uferbänken bzw. an den wenig betretenen Rändern üppige annuelle Krautfluren, die Zweizahn-Gesellschaften (V. BIDENTION TRIPARTITAE, s. Abb. 21–3 u. Tab. 21–2, linke Spalte).

Heute sind diese klassischen Wuchsorte des BIDENTION selten geworden. Bereits vor 50 Jahren fand Grosse-Brauckmann (1953b) Zweizahnfluren in den Siedlungen um Göttingen nur in „rückständigen Dörfern". Heute sind sie aus den meisten mitteleuropäischen Siedlungen verschwunden, weil die Kanalisation ausgebaut wurde. Neue Lebensräume entstanden aber in den Rieselfeldern und Mülldeponien der Großstädte, auf Spülflächen in den Flussmündungen und in abgelassenen Talsperren der Mittelgebirge (Tamm 1982, Brandes 2002).

Wie wir im vorigen Abschnitt (s. Kap. 21.1) sahen, treten diese stark nitrophilen Schlammbewohner oft in engen Kontakt mit den wechselnassen Zwergbinsenfluren der NANOCYPERETALIA oder durchsetzen diese im Spätsommer. Bei normaler Ausbildung sind sie aber das gerade Gegenteil von den unscheinbaren NANOCYPERETALIA-Teppichen: Mastig-saftige, weit über kniehohe Knöteriche und Kompositen herrschen in ihnen, denen man kaum glauben möchte, dass sie ebenfalls nur einen Sommer leben. Durchstreift man sie aber im Spätherbst nach den ersten Frösten, so sind sie zu dürren Skeletten verdorrt oder als leicht zersetzbare Streu auf den trockenrissigen Schlamm gesunken. In Strümpfen und Kleidern heften sich dann die stiefelknechtähnlichen Früchte der Zweizahnarten fest.

Tiere tragen viel dazu bei, diese halbruderale, d. h. vom Menschen begünstigte, aber doch auch in der Natur vorkommende Großkraut-Gesellschaft immer wieder in der Nähe von Siedlungen anzusäen. Unter natürlichen Verhältnissen gibt es so nährstoffreiche und zugleich nasse Standorte, wie sie die Zweizahnfluren bevorzugen, nur sehr selten und nur auf kleinen Flächen, z. B. am Rande von Wildsuhlen und -tränken im Bereich von Auen oder Sumpfwäldern sowie in der Umgebung von Salzaustritten, die von vielen Tieren besucht werden.

Ob natürlich oder künstlich geschaffen, in jedem Falle benötigen die Zweizahnfluren Standorte, die ihnen **außer einer guten Nährstoff- und Wasserversorgung viel Licht und immer wieder entblößten Boden als Keimplatz** bieten. Sonst wird ihnen der Wuchsort sehr bald von gleichzeitig oder später keimenden ausdauernden Pflanzen streitig gemacht. In dieser Hinsicht verhalten sie sich ebenso wie die Zwergpflanzen-Gesellschaften und die gleichfalls kurzlebigen Ruderalfluren trockener Standorte (s. Kap. 22). Tüxen (1975) bezeichnete sie treffend als **„migratorische Pioniergesellschaften"**, die je nach Keimungsbedingungen alljährlich an verschiedenen Stellen neu entstehen.

Abb. 21–3 Nitrophile Wasserpfeffer-Zweizahn-Uferflur an einem Abwassergraben nordwestlich von Brünn. Etwa $^1/_{10}$ der natürl. Größe. Foto: Iltis-Schulz.
Bidens tripartita (links), *Polygonum hydropiper* (vorn und hinten), *Rumex conglomeratus* (rechts) und *Ranunculus repens* sind zu erkennen.

21.2.1.2 Mehr oder minder naturnahe Flussmeldenfluren

Während der Lebensraum der Zweizahnfluren in den Siedlungen weitgehend verloren ging, verbesserte sich die Ernährung der ihnen ähnlichen **kurzlebigen Flussufer-Fluren** des Verbandes CHENOPODION RUBRI mehr und mehr. Vor allem die Mittel- und Unterläufe der großen Flüsse sind durch Abwässer noch immer nährstoffreich; durch die Anlage von Buhnen im Zuge des **Flussausbaues** wurden zudem neue, periodisch trockenfallende Wuchsorte geschaffen (Brandes 1999 a, Krumbiegel et al. 2002).

Lohmeyer (1950) und Tüxen (1950 a) hielten die Flussmeldenfluren der gebirgsfernen Tieflagen für Bestandteile der Naturlandschaft. Poli

Tab. 21–2 Übersicht der sommerannuellen nitrophilen Teich- und Flussuferfluren und ihrer Charakterarten. Nach Poli & J. Tüxen (1960) und Oberdorfer et al. (1983).

Klassen und Ordnungs-Charakterarten der **zeitweilig überfluteten nitrophilen Annuellenfluren** (Bidentetea, Bidentetalia).			
	Bidens frondosa		*Polygonum mite*
	B. tripartita		*Potentilla supina*
	Polygonum hydropiper		*Rorippa palustris*
P	*P. lapathifolium*		
Charakterarten der Verbände:			
1.	**Zweizahnfluren** (ruderal) (Bidention tripartitae)	2.	**Flussmeldenfluren** (naturnäher) (Chenopodion rubri)
	Alopecurus aequalis		*Atriplex hastata* (nur in kleiig-mehligen Formen!)
	Bidens cernua		*Brassica nigra*
	B. connata		*Chenopodium glaucum*
	B. radiata	P	*Ch. rubrum*
	Myosotis palustris		*Corrigiola litoralis*
B	*Polygonum hydropiper* (üppig)		*Cuscuta europaea*
B	*P. minus*		*Polygonum brittingeri (= lapath.* subsp. *danubiale)*
R	*Ranunculus sceleratus*		
R	*Rumex maritimus*		
	R. palustris	X	*Xanthium albinum*
Von diesen sind zugleich Charakterarten häufiger Assoziationen:			
B	Wasserpfeffer-Zweizahnflur (Polygono-Bidentetum) auf Teichschlamm, frischem Grabenaushub u. Ä.,	P	Knöterich-Melden-Flussuferflur (Polygono danubiale-Chenopodietum rubri), im westlichen Mitteleuropa,
R	Gifthahnenfuß-Schlammflur (Rumici-Ranunculetum scelerati) an ähnlichen Standorten, aber noch salz- und stickstoffreicher, an Viehtränken.	X	Spitzkletten-Melden-Uferflur (Xanthio albini-Chenopodietum), mehr östlich verbreitet

& J. Tüxen (1960) wiesen jedoch darauf hin, dass diese Gesellschaften nur an solchen Wasserläufen gut entwickelt sind, die durch Acker- und Weideland fließen, also bei Überflutungen viel Dünger und wohl auch Unkrautsamen aufnehmen. An der Hunte dagegen, deren Lauf großenteils durch wenig gedüngte Mähwiesen führt, fehlen Flussmeldenfluren sogar an physikalisch geeigneten Standorten nahezu ganz. Generell sind sie an kleineren Flüssen selten, möglicherweise, weil die sommerlichen Niedrigwasserstände hier nicht so ausgeprägt sind wie an großen Flüssen. Wie schon eingangs gesagt, spielt außerdem die **Abwasserzufuhr** eine große Rolle. Solche raschlebigen und großen Kräuter, wie es die meisten Charakterarten und Begleiter des Chenopodion rubri sind, brauchen übernormal gute Ernährung, um sich in der kurzen Sommerzeit voll entwickeln zu können. Hinzu kommt, dass die Flüsse erst seit der Besiedlung Mitteleuropas größere Mengen von nährstoffreichem Ton und organischem Schlamm führen (s. Kap. 3.6.1), und dass nur die damit überzogenen schlickigen Uferbänke ein gutes Substrat für die Entwicklung der Meldenfluren abgeben.

Obwohl viele Zweizahn-Gesellschaften an Fließgewässern auf den ersten Blick sehr naturnah anmuten, muss man sie also doch wohl als „**ruderal beeinflusst**“ ansehen. Die Frage, ob der Verband Chenopodion rubri eine der Entwicklungsorte unserer Ruderal- und Ackerwildkraut-Gesellschaften war, oder ob er umgekehrt seine meisten Partner von diesen bezog, lässt sich aber heute kaum mehr beantworten (Krause 1956).

21.2.2 Vegetation

Die Zweizahnfluren (Kl. BIDENTETEA, O. BIDENTETALIA) sind in Europa schwerpunktmäßig in der nemoralen Zone verbreitet; im Mittelmeerraum verschwinden die Unterschiede zu den Gesellschaften der Ackerwildkräuter (Kl. STELLARIETEA). Vor allem nach dem Wasserregime lassen sich zwei Verbände unterscheiden, nämlich das BIDENTION TRIPARTITAE, das vor allem an **stehenden Gewässern** auftritt, und das CHENOPODION RUBRI mit Schwerpunkt an **Fließgewässern.**

Der BIDENTION-Verband umfasst mehrere Assoziationen, von denen man in Mitteleuropa vor allem zwei antrifft, die Wasserpfeffer-Zweizahnflur (Polygono-Bidentetum, s. Abb. 21–3) und die Gifthahnenfußflur (Rumici-Ranunculetum scelerati, s. Tab. 21–2). Beide findet man oft nur fragmentarisch ausgebildet, weil viele ihrer Ansiedlungsplätze unbeständig sind oder nicht ganz ihren Lebensbedingungen entsprechen.

Wasserpfeffer- und Gifthahnenfußflur besiedeln annähernd gleiche Standorte, also vor allem den **nährstoffreichen Schlammgrund von Teichen und Tümpeln**, die im Sommer trockenfallen, den Aushub von Gräben, durch die häufig Abwässer geleitet werden, oder ähnliche Standorte. Auch in der Nähe von Möwen-Nistplätzen wurden sie beobachtet. Doch stellt das Rumici-Ranunculetum scelerati offenbar größere Ansprüche an die Nährstoffzufuhr als das Polygono-Bidentetum, das seinerseits wiederum anspruchsvoller ist als die NANOCYPERETALIA-Gesellschaften. Die Gifthahnenfußflur entwickelt sich z. B. gern auf Rieselfeldern, denen ein für die meisten Pflanzen unzuträgliches Übermaß an Nährstoffen zugeführt wird. *Ranunculus sceleratus* und der seltenere *Rumex maritimus* können auch Brackwasser vertragen.

In den therophytenreichen Uferfluren der Fließgewässer (Flussmeldenfluren, V. CHENOPODION RUBRI, Poli & J. Tüxen 1960) herrschen die anspruchsvollen Gänsefußarten unserer Flora zusammen mit mehreren Arten und Kleinarten aus dem Verwandtschaftsbereich der Spießmelde (*Atriplex hastata*) sowie den Zweizahn- und Knötericharten, die dem BIDENTION und dem CHENOPODION RUBRI gemeinsam sind (vgl. Tab. 21–2). Als einzige, allerdings nur schwache Kennart des CHENOPODION RUBRI kann nach Wisskirchen (1995) *Chenopodium polyspermum* gelten.

Im westlichen Mitteleuropa, z. B. an Weser und Rhein, trifft man die von Lohmeyer (1950, 1970) und Wisskirchen (1995) gründlich untersuchte Flussknöterich-Gesellschaft (Chenopodio rubri-Polygonetum brittingeri, s. Abb. 21–2), die nach *Polygonum lapathifolium* subsp. *danubiale* (syn. *P. brittingeri*) benannt ist, sowie die Gesellschaft des Roten Gänsefußes (Chenopodietum rubri, Brandes & Oppermann 1994, Preising et al. 1995, Kiesslich et al. 2003). Schon an der Elbe und an anderen mehr östlich gelegenen Flüssen herrscht statt dieser die Spitzkletten-Melden-Flussufer-Flur (Xanthio albini-Chenopodietum rubri, s. Abb. 21–4). Die vorwiegend aus dem Hochgebirge gespeisten Flüsse bieten mit ihren Sommerhochwässern abweichende Bedingungen. Deshalb ist das von Moor (1958) beschriebene Chenopodio-Polygonetum nicht identisch mit dem nordwestdeutschen. Diese auf Kiesbänken der rasch fließenden Alpenströme keimende Annuellenflur ist auf den Samennachschub aus Ackerwildkraut- und Ruderalgesellschaften im Überflutungs- und Zuflussbereich der Flüsse angewiesen; sie hat dementsprechend stärker anthropogenen Charakter (s. a. Abb. 8–16). Die **regionalen Unterschiede zwischen den Flusssystemen** schwächen sich jedoch in jüngster Zeit ab, weil der moderne Verkehr Ausbreitungsschranken überwindet (Brandes & Sander 1995).

21.2.3 Anpassung an den Standort und Vegetationsdynamik

a) Unter den Arten der Zweizahnfluren finden sich zahlreiche **nitrophile Pflanzen**. Anders als die ebenfalls nitrophilen Vertreter der trockenen Ruderalfluren dürften die BIDENTETEA-Arten überwiegend Ammonium aufnehmen, weil die Schlammböden häufig sauerstoffarm sind. Von vielen Arten, insbesondere den Chenopodiaceen und Brassicaceen unter ihnen, kann man zudem annehmen, dass sie nicht mykorrhiziert sind. Länger andauernde Überstauung während der Frühlings- oder Sommerhochwässer und Wellenschlag ertragen die BIDENTION-Gesellschaften schlecht (Remy 1996). Das von Jahr zu Jahr wechselnde Hochwasserregime führt deshalb zu ausgeprägten **interannuellen Fluktuationen** in der Artenzusammensetzung dieser Pioniergesellschaften (Dierschke 1996, Brandes 1999 a).

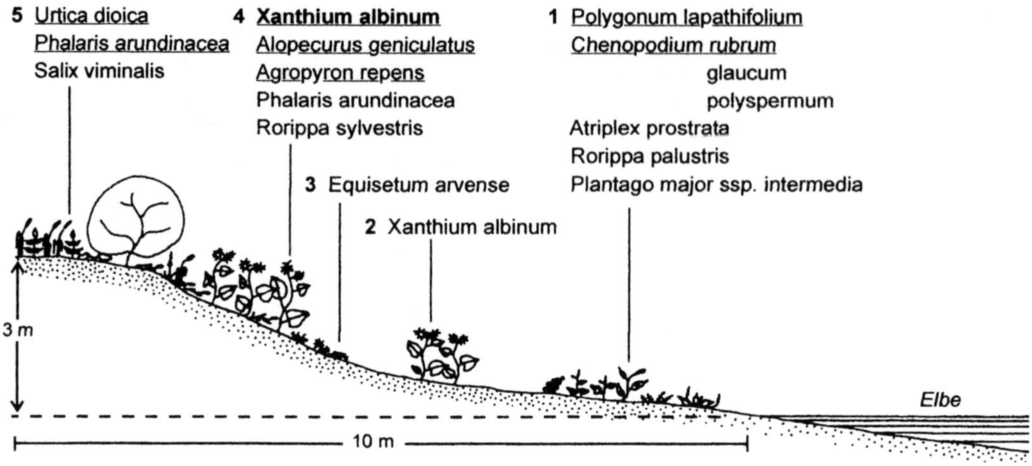

Abb. 21–4 Vegetationszonierung am Ufer der Mittleren Elbe bei Evestorf (Niedersachsen, Ende September 1986). 1 = Polygono-Chenopodietum, 2 = *Xanthium albinum*-Gesellschaft (Fragment), 3 = *Equisetum*-Bestand, 4 = *Xanthium albinum*-Gesellschaft, 5 = ruderalisierter Röhrichtbestand (Phalaridetum/Convolvulion) und Weidengebüsch (Salicetum triandro-viminalis). Nach Wisskirchen (1995).

b) Welche Arten zur Dominanz kommen, hängt wesentlich vom Diasporenvorrat im Sediment und dem **Diasporeneintrag** ab. Die oft sehr zahlreich gebildeten Diasporen sind bei vielen Arten lange schwimmfähig und werden deshalb mit dem Wasser weit transportiert; sie spielen bei der alljährlichen Neubesiedlung der Schlammbänke eine wichtige Rolle (Walas 1938, Brandes 1999a, Schmitz 2002; vgl. Kap. 8.5.2). Nach Experimenten von Brandes & Evers (1999) sind Gebirgsschwemmlinge und viele Uferpflanzen (aber auch manche Pflanzen terrestrischer Habitate) nämlich zur Keimung unter Wasser befähigt. Anders als die ausgesprochenen Wärmekeimer unter den Zwergbinsen-Arten keimen viele Arten der Zweizahnfluren zudem in einem breiten Temperaturbereich, so die sich rasch ausbreitenden Neophyten *Artemisia annua* und *Chenopodium ficifolium*. Andere Neophyten wie die *Amaranthus*-Arten und *Corispermum leptopterum* sind dagegen auf hohe Keimtemperaturen angewiesen (> 30 °C) und werden durch heiße Sommer begünstigt (Schmitz 2002).

Auf zunehmende interspezifische Konkurrenz bei steigender Individuendichte reagiert der im Elbtal sich stark ausbreitende Neophyt *Artemisia annua* mit phänotypischer Plastizität, nicht mit erhöhter Mortalität, wodurch die Ausbildung **dichter Dominanzbestände** möglich wird (Müller 1996, Otte 1996, Brandes & Müller 2004). Diese Eigenschaften könnten auch erklären, warum die Ufer der großen Flüsse einen besonders hohen Anteil von gebietsfremden Arten beherbergen (Planty-Tabacchi et al. 1996). Sameneintrag mit dem Güterumschlag in den Häfen spielt dagegen bei der Einwanderung der Flusstal-Neophyten eine untergeordnete Rolle, wie Untersuchungen von Brandes & Sander (1995) an der Elbe zeigten.

c) Begünstigt durch Flussausbau-Maßnahmen, mit denen neue vegetationsarme Lebensräume geschaffen werden, und dem die Flussgebiete verbindenden Verkehr befinden sich die Flussmeldenfluren in einem schnellen Wandel. Altbürger unserer Flora (z. B. *Polygonum lapathifolium* subsp. *danubiale*; syn *P. brittingeri*) wachsen neben zahlreichen **Archäophyten**, die bereits in prähistorischen Zeiten durch den Menschen an die Flüsse verbracht wurden, so z. B. *Conium maculatum* und *Portulaca oleracea*. Zu den erst kürzlich eingebrachten Flussufer-**Neophyten** gehören z. B. mehrere *Bidens*-Arten, die *Amaranthus*-Arten und *Artemisia annua*, die sich die „Wanderwege" entlang der Stromufer (s. Kap. 8.5.2) zunutze machten.

Die Elb-Spitzklette (*Xanthium albinum*) hat sich im Elbegebiet erst im 19. Jahrhundert evolutiv aus dem eingeschleppten *X. saccharatum* herausdifferenziert und muss wie *Eragros-*

tis albensis als **Neoendemit** gelten (Wagenitz 1979, vgl. auch Wisskirchen 1995). *Xanthium strumarium* dagegen gilt im Südosten Mitteleuropas als Archäophyt (Krippelova 1974). In den Flussmelden-Gesellschaften (wie auch den Zweizahnfluren der stehenden Gewässer) nahm also mithilfe des Menschen die ursprünglich begrenzte Zahl der Arten nach und nach zu, ohne dass bisher einheimische Arten von Neophyten vollständig verdrängt wurden (Brandes 1999a, Krumbiegel et al. 2002, Schmitz 2002). Da der Mensch auch ihre **Ernährungsbedingungen verbesserte** und ihnen durch Buhnenbauten und durch Vergrößerung der Wasserstandsschwankungen im eingeengten Flussbett **zusätzliche Ansiedlungsflächen** schuf, sind die Zweizahnfluren in mehrfacher Hinsicht anthropogen geprägt worden.

Stark ausgebaute Flüsse, wie z. B. Weser und Rhein, mit gepflegten Uferböschungen und Staustufen weisen dagegen eine geringe Habitatvielfalt auf und sind relativ arm an stromtypischen Pflanzen, wenn auch Kulturbegleiter und Neophyten recht zahlreich sein können (Wisskirchen 1995, Hachtel et al. 1999, Schmitz 2002). Welche Lebensraumvielfalt unsere Flüsse einst der Therophytenflora geboten haben müssen, bevor sie durch Wasserbau-Ingenieure reguliert wurden, lässt sich beim Studium der Vegetation von Loire und Allier in Frankreich noch erahnen (Wisskirchen 1995).

d) Die meisten **flussbegleitenden Neophyten**, die heute die höheren, seltener überfluteten Auenstandorte besiedeln, sind **verwilderte Zierpflanzen, die aus flussnahen Gärten des Oberlaufes entwichen** und per Wassertransport ankamen (Adolphi 1996). Sie zeichnen sich alle durch hohen Wuchs und großen Licht- und Nährstoffbedarf aus, wie bei den ausdauernden, brusthohen bis über mannshohen Stauden der Kompositengattungen *Aster*, *Solidago*, *Helianthus* und *Rudbeckia*, die aus Nordamerika stammen und teilweise schon vor 2 bis 4 Jahrhunderten als Zierpflanzen in europäische Gärten gebracht wurden. Sie verwilderten zunächst auf Schutthaufen und ähnlichen Plätzen, bald aber auch in Flussauen, besonders dort, wo diese nicht mehr anhaltend überschwemmt werden. In erster Linie fassten sie auf Spülsäumen und in Lichtungen der Weiden- oder Grauerlenauen Fuß und verdrängten die dort bodenständigen Hochstauden, z. B. *Urtica dioica* und *Senecio fluviatilis*. **Massenvorkommen** sind vor allem von *Fallopia japonica* (syn. *Reynoutria japonica*), *Impatiens glandulifera* und gebietsweise *Heracleum mantegazzianum*, *Solidago gigantea*, *S. graminifolia* und *Helianthus tuberosus* bekannt, und zwar insbesondere an den Flüssen der unteren Mittelgebirgsregion (z. B. Ludewig 1996, Nezadal & Bauer 1996). Untereinander machen sie sich teilweise heftig Konkurrenz und behaupten sich durch vegetative Ausbreitung oft sehr hartnäckig auf dem zufällig zuerst besetzten Platz. Offensichtlich spielt überhaupt der Zufall bei ihrer Ausbreitung eine große Rolle. Aber sie werden mehr und mehr zu festen Bestandteilen unserer Vegetation und lassen uns die Neubildung von Pflanzengesellschaften miterleben. Meist gehören diese zur Ordnung der nitrophytischen Uferstauden- und Saumgesellschaften nasser Standorte (CONVOLVULETALIA SEPIUM, s. Kap. 26: Nr. 3.6.1).

Moor (1958) benannte eine von der Schweiz bis in die Slowakei verbreitete Assoziation nach dem ostindischen Drüsigen Springkraut (Impatienti-Solidaginetum, s. auch Kopecky 1967). Manche der adventiven und einige einheimische Hochstauden unserer Flusstäler wurden früher als Charakterarten der Flussweidengebüsche oder Weidenauenwälder angesehen, weil sie an lichten Stellen derselben häufig vorkommen. Wie Tüxen (1950a) klar erkannt hat, bilden sie aber unabhängige, wenn auch recht unbeständige schattenfliehende Gesellschaften, die man heute zum Verband der Zaunwinden-Gesellschaften (SENECION FLUVIATILIS) zusammenfasst. Der deutsche Name **„Schleier-Gesellschaften"** trifft besonders auf das Cuscuto-Convolvuletum zu, die Teufelszwirn-Zaunwinden-Saumgesellschaft, die sich an Stauden und niedrigen Büschen emporwindet und sie im Spätsommer wie ein Schleier überzieht. In fast allen Flusstälern des südöstlichen Mitteleuropa hat sich die Stachelgurke (*Echinocystis lobata*) in solchen Gesellschaften ausgebreitet, eine Cucurbitaceae aus dem nordöstlichen Nordamerika. Als Trägerin des Gurken-Mosaikvirus wurde sie genau verfolgt (s. Slavik & Lhotska 1967).

22 Ruderalfluren trockenerer Böden

Noch stärker vom Menschen abhängig als die nitrophilen Krautfluren wechselnasser Böden sind die Ruderalfluren auf Bauschutt, Müll, überdüngten Wegrainen oder anderen gestörten trockeneren Standorten. Ihr Name ist von dem Plural des lateinischen Wortes *rudus* abgeleitet, der Schutt oder Ruinen bezeichnet. Im Gegensatz dazu sprach man von der Segetalflora, wenn man die Wildkrautbestände der Äcker und Gärten meinte. Krause (1958) zog es vor, sämtliche Unkrautfluren „ruderal" zu nennen, sogar die Flutrasen (s. Kap. 19.3.7.2) und Kahlschläge (s. Kap. 15). Wir beschränken uns hier auf die ursprüngliche, engere Wortbedeutung.

22.1 Flora und Entstehungsgeschichte

In der Naturlandschaft Mitteleuropas waren stickstoffreiche Standorte nur kleinflächig vorhanden, so in den Spülsäumen der Flussufer und Meeresküsten, in der Umgebung von Vogelkolonien und Tierbauten, in den Beständen stickstoffbindender Pflanzen (z. B. unter Schwarz- und Grünerlengebüschen) und in durch Windwurf oder Feuer gestörten Wäldern, in denen beschleunigter Humusabbau auftritt. Hier muss man die Heimat der **indigenen Ruderalpflanzen** vermuten, die schon vor dem Eingreifen des Menschen zur Flora von Mitteleuropa gehörten. Meist sind dies Arten ausdauernder oder winterannueller Gesellschaften sowie der einjährigen Zweizahnfluren. Als Beispiele seien (in sippensystematischer Reihenfolge) genannt: *Urtica dioica*, *Rumex obtusifolius*, *Chenopodium glaucum* und *C. album*, *Stellaria media*, *Silene latifolia* subsp. *alba*, *Chelidonium majus*, *Cynoglossum officinale*, *Galeopsis tetrahit*, *Verbascum thapsus*, *Artemisia vulgaris*, *Cirsium arvense* und *Lapsana communis*.

Archäophytische Ruderalpflanzen kamen zwar bereits vor Beginn der Neuzeit, aber doch mithilfe des Menschen, neu hinzu. Auch in dieser Gruppe überwiegen die Partner der mehr oder minder beständigen Ruderalfluren, wenn es sich auch vorwiegend um Therophyten handelt, z. B. *Bromus sterilis* und *B. tectorum*, *Hordeum murinum*, *Urtica urens*, *Fallopia convolvulus*, *Chenopodium polyspermum*, *Echium vulgare*, *Sisymbrium officinale*, *Descurainia sophia*, *Melilotus albus* und *officinalis*, *Malva neglecta*, *Verbena officinalis*, *Ballota nigra*, *Onopordum acanthium*, *Tanacetum vulgare*, *Carduus nutans* und *Arctium lappa*. Die Mehrzahl dieser Archäophyten dürfte aus den Entstehungszentren des Ackerbaus im Orient und aus dem Mittelmeerraum zu uns gelangt sein (Brandes 1999b). Generell dürfte die ruderale pflanzliche Strategie in sommerwarmen und -trockenen Regionen zahlreicher vertreten sein als in Mitteleuropa, weil die Vegetation von Natur aus lückiger ist. Das mag auch erklären, warum nach Braun-Blanquet (1964) die Zahl der nitrophilen Gesellschaften und deren Artenreichtum vom atlantischen Westeuropa nach Osteuropa zunehmen.

Neophytische Ruderalpflanzen fanden erst durch die neuzeitlichen Verkehrserleichterungen bei uns Eingang. In der Mehrzahl sind dies Arten, denen wir in kurzlebigen Ruderalfluren (s. Tab. 22–1) begegnen. Für Berlin unterscheidet Scholz (1960) drei Untergruppen, die das andauernde Neuankommen verdeutlichen:

a) 1500 bis 1787: *Atriplex hortensis*, *Armoracia rusticana*, *Oenothera biennis* u. v. a.;

b) 1787 bis 1884: *Atriplex tatarica*, *Chenopodium opulifolium*, *Sisymbrium altissimum*, *S. irio* und *S. loeselii*, *Matricaria discoidea* u. v. a.;

c) ab 1884: *Atriplex sagittata*, *Chenopodium botrys*, *Amaranthus albus* und *A. blitoides*, *Lepidium densiflorum*, *Solidago canadensis* u. v. a.

Wie schon aus den wenigen Beispielen hervorgeht, sind Polygonaceae, Chenopodiaceae, Brassicaceae, Lamiaceae und Asteraceae in fast allen Gruppen vertreten. Auch Malvaceae, Onagraceae und Scrophulariaceae spielen als Ruderalpflanzen eine auffällige Rolle, während manche sonst in Mitteleuropa weit verbreitete Familien überraschend spärlich oder gar nicht erscheinen. So nennt Scholz (1960) z. B. keine Cyperaceae (außer *Carex hirta*, die aber in

Tab. 22–1 Kurz- und langlebige Ruderalfluren stickstoffarmer bis -reicher Böden an relativ trockenen Standorten Mitteleuropas und ihre Charakterarten. Nach Angaben von Lohmeyer, Tüxen, Oberdorfer, F. Runge u. a. Die Namen häufiger Gesellschaften sind fett gedruckt. Eine Übersicht der Verbände (und Ordnungen) sowie ihrer Charakterarten befindet sich in Tabelle 22–2. Die fetten Nummern bezeichnen die Gesellschaften; die normal gedruckten Ziffern vor den Pflanzennamen geben die „Stickstoffzahl" (Zeigerwert N nach Ellenberg et al. 1992) an.

schwach nitrophil	**mäßig** nitrophil	**stark** nitrophil
A Kurzlebige Pioniergesellschaften		
(Auf Bauschutt, Müll u. dgl. sowie an Wegrainen, Straßen- und Bahnböschungen finden die Erstbesiedler immer reichlich Nährstoffe)	**1 Gänsefuß-Pionierflur** Chenopodietum ruderale (Rohböden, in Städten) 7 *Amaranthus albus* 7 *A. hybridus* 6 *Chenopodium strictum* 6 *Ch. opulifolium* 7 *Nicandra physalodes* 6 *Xanthium strumarium*	**2 Gänsemalven-Rain** Urtico-Malvetum (Rohböden, in Dörfern) 9 *Chenopodium murale* 9 *Ch. vulvaria* 9 *Malva neglecta* 8 *Urtica urens (?)* (geht oft in **14** über)
B Beständigere Annuellen-Gesellschaften		
3 Kompasslattichflur Conyzo-Lactucetum (oft auf **1** folgend) 5? *Diplotaxis tenuifolia* 4 *Lactuca serriola* (opt.) 6 *Lepidium densiflorum*	**5 Rauken-Meldenflur** Sisymbrio-Atriplicetum (kontinental, sonst wie **3**) 7 *Atriplex sagittata* 6 *A. oblongifolia* u. a.	**7 Scharfkraut-Balmenflur** Sisymbrio-Asperuginetum (vor Kalkhöhlen-Eingängen) 9 *Asperugo procumbens* 7 *Sisymbrium austriacum*
4 Mäusegerstenflur Bromo-Hordeetum (Bauplätze, sandige Brachen) 5 *Bromus sterilis* 6 *Cnicus benedictus* 5 *Hordeum murinum* 5 *Lepidium graminifolium*	**6 Submediterrane Raukenflur** Descurainietum (wärmeliebend) 6 *Descurainia sophia* 5 *Sisymbrium loeselii* 4? *S. altissimum*	**8 Igelsamen-Balmenflur** Lappulo-Asperuginetum (wie 7, subalpin) 9 lok. *Asperugo procumbens* 8 *Lappula deflexa* (**7** u. **8** sind sehr selten)
C Ausdauernde Hemikryptophyten-Gesellschaften		
9 Wolldistelflur Cirsietum eriophori (an Kalk-Wegrainen) 5 *Cirsium eriophorum*	**10 Eselsdistelflur** Onopordetum (in Dörfern, ± warm-kontinental) 5 *Anchusa officinalis* 7 *Carduus acanthoides* 7 *Echinops sphaerocephalus* 9? *Hyoscyamus niger* 8 *Onopordum acanthium* 5 *Verbascum densiflorum*	**15 Alpenampfer-Lägerflur** Rumicetum alpini (Viehläger, subalpin) 9 *Rumex alpinus* (opt.) 9 *Senecio alpinus* **16 Subalpine Guteheinrichsflur** Chenopodietum subalpinum 9 lok. *Chenopodium bonus-henricus*
11 Graukressenflur Berteroetum incanae (Raine, Böschungen u. Ä.) 4 *Berteroa incana* **12 Natterkopfflur** Echio-Melilotetum (auf Kalkschotter u.ä.) 4 *Echium vulgare* (opt.) 4 *Melilotus alba* 3 *M. officinalis* 4 *Oenothera biennis* 3 *Oe. parviflora*	**13 Rainfarn-Beifußflur** Tanaceto-Artemisietum (Böschungen, Raine u.ä.) 7? *Artemisia vulgaris* (opt.) 5? *Linaria vulgaris* (?) 5 *Tanacetum vulgare*	**14 Guteheinrichsflur** Balloto-Chenopodietum (Dorfstraßenränder) 8 *Ballota nigra* (opt.) 9 *Chenopodium bonus-henricus*

eigentlichen Ruderalfluren fehlt), Juncaceae, Liliaceae, Orchidaceae, Ranunculaceae oder Gentianaceae, weil in diesen Familien nur wenige oder keine raschwüchsigen Nitrophilen vorkommen. Genügsame Ernährungsspezialisten wie die Ericaceae und Pyrolaceae oder langsam wachsende Sukkulenten wie die Crassulaceae (außer *Sedum telephium*) fehlen erwartungsgemäß gänzlich.

Die Herkunft der Neophyten ist recht verschieden, doch stammen sie wie die Archäophyten vorwiegend aus Landschaften, deren Klima wärmer und trockener ist als das Mitteleuropas. Unter den indigenen Ruderalpflanzen dagegen sind solche mit weit nach Norden ausgreifenden und in den Alpen hoch emporreichenden Arealen nicht selten (s. Tab. 22–1). An den skandinavischen Küsten z. B. gibt es ausgedehnte Tangwälle, die schon Nordhagen (1940) als eine natürliche Heimstätte vieler Ruderalpflanzen und Ackerwildkräuter ansah.

22.2 Lebensbedingungen und standörtliche Gliederung

Die Standorte der Ruderalpflanzen werden von drei Faktoren geprägt: **reichliche Versorgung mit Nährelementen**, vor allem von Stickstoff, **hohe Einstrahlung** und **große Störungsintensität**, die eine wiederholte Verletzung oder gar Abtötung des Pflanzenbestandes sowie Bodenbewegung bedeuten kann. Findet die Störung nicht alljährlich statt, können sich zwei- bis mehrjährige ruderale Stauden oder gar ruderale Sträucher ansiedeln; treten die Störungen dagegen in jedem Jahr auf, herrschen einjährige Ruderalgesellschaften vor. Mit Brandes (2007) kann man die Ruderalvegetation als die **vorwiegend krautigen Gemeinschaften stark veränderter und/oder gestörter Wuchsplätze kennzeichnen, sofern diese nicht landwirtschaftlich genutzt werden.** Alljährliche und rhythmisch wiederkehrende Störungen durch Bodenbearbeitung und Herbizideinsatz, wie sie für den Lebensraum Acker kennzeichnend sind, bedingen dagegen die Herausbildung von Ackerwildkraut-Gesellschaften (s. Kap. 23), in denen ebenfalls einjährige Ruderalpflanzen vorherrschen. Sie können deshalb als an extreme Störungsintensitäten angepasste Ruderalgesellschaften betrachtet werden. Obwohl die Ruderalvegetation naturgemäß an meso- bis eutrophe Standorte gebunden ist, können deren Gesellschaften deutlich nach ihrer Nährstoffversorgung gegliedert werden. Weiterhin lassen sich an trockene und feuchte Störstellen angepasste Gemeinschaften unterscheiden; hier sollen nur Erstere behandelt werden. Die nitrophytische Ruderalvegetation feuchter bis nasser Standorte ist Gegenstand von Kapitel 21.

22.3 Vegetation

Die Ruderalfluren i. e. S. kann man in zwei große Gruppen einteilen, **kurzlebige** (Kl. SISYMBRIETEA, früher meist in der Kl. CHENOPODIETEA gefasst; s. Tab. 22–2 oben) und mehr oder minder **ausdauernde** (Kl. ARTEMISIETEA; s. Tab. 22–1 unten). Beide umfassen zahlreiche Gesellschaften, in denen sich die Klima- und Bodenbedingungen fast ebenso deutlich widerspiegeln wie in Waldgesellschaften, Heiden, Trockenrasen oder anderen Gesellschaften auf grundwasserfernen Böden. Das zeigen die Arbeiten von Tüxen (1937, 1950a u. b), Lohmeyer (1950, 1970), Oberdorfer (1957), Grosse-Brauckmann (1953a u. b), Düll & Werner (1956), Krause (1956, 1958), Ubrizsy (1956), Oberdorfer et al. (1977 bis 1992), Tillich (1969), Brandes (1980, 1989, 1991, 1999), Otte & Ludwig (1990), Pysek (1991) und vielen anderen. Tabelle 22–1 gliedert die Ruderalgesellschaften Mitteleuropas nach deren Lebensdauer und der Nährstoffversorgung der Standorte. Tabelle 22–2 gibt einen Überblick über die ensprechenden Verbände und Ordnungen und deren Charakterarten und häufige Begleiter.

22.3.1 Sommer- und winterannuelle Ruderalfluren

22.3.1.1 Kurzlebige Ruderalfluren auf trockenen Schuttplätzen

Eine Erstbesiedlerin trockener Schuttplätze in Städten des Oberrheingebietes ist nach Oberdorfer (1957) die Gänsefuß-Pionierflur (Chenopodietum ruderale), zu deren Charakterarten wärmeliebende *Amaranthus*- und *Chenopodium*-Arten gehören (s. Tab. 22–1). Ihre sommereinjährigen Partner werden bald von wintereinjährigen, d. h. im Herbst keimenden und den Winter über grün bleibenden Arten, ab-

Tab. 22–2 Verbände und Ordnungen sowie deren Charakterarten und häufige Begleiter wichtiger Ruderalfluren trockenerer Böden. Nach Angaben von Lohmeyer, Tüxen, Oberdorfer, F. Runge u. a., vgl. Tab. 22–1.

A u. B, 1 bis 8 Raukenfluren i. w. S.: Sisymbrion, Sisymbrietalia (Klasse Sisymbrietea)					
5	*Anthemis austriaca*	4	*Bromus tectorum*	5	*Lepidium virginicum*
5	*A. cotula*	4	*Cardaria draba*	5	*Plantago indica*
9	*Atriplex hastata*	5	*Conyza canadensis*	5	*Sisymbrium irio*
6	*A. heterosperma*	6	*Crepis tectorum*	7	*S. officinale*
6	*Barbarea verna*	8	*Datura stramonium*	7	*Solanum luteum*
5	*Bromus lepidus*	6	*Lappula squarrosa*		u. a.
C 9 u. 10 Eselsdistelfluren i. w. S.: Onopordion, Onopordetalia (Klasse Artemisietea)					
8	*Artemisia absinthium*	7	*Malva alcea*	6	*Reseda luteola*
6	*Carduus nutans*	8	*M. sylvestris*	5	*Stachys germanica*
6	*Crepis pulchra*	8	*Marrubium vulgare*	6	*Verbascum blattaria*
7	*Cynoglossum officinale*				u. a.
C 11 u. 12 Honigkleefluren: Dauco-Melilotion (Onopordetalia)					
5	*Cichorium intybus*	5	*Pastinaca sativa*	4	*Picris hieracioides*
4	*Daucus carota*	4	*Potentilla intermedia*	4	*Rumex thyrsiflorus*
C 13 u. 14 Klettenfluren: Arction, Artemisietalia (Klasse Artemisietea)					
9	*Arctium lappa*	8	*Chelidonium majus*	9	*Leonurus cardiaca*
8	*A. minus*	8	*Conium maculatum*	7	*Parietaria officinalis*
9	*A. tomentosum*	7	*Dipsacus fullonum*	6	*Solidago canadensis*
9	*Armoracia rusticana*	8	*Geranium pyrenaicum*	7	*S. gigantea*
9	*Carduus crispus*	9	*Lamium album*		u. a.
C 15 u. 16 Alpenampferfluren i. w. S.: Rumicion alpini, Glechometalia (Klasse Galio-Urticetea)					
9	*Cerinthe glabra*	8	*Cirsium spinosissimum*		

[1] Die Zuordnung zu den Klassen ist noch nicht befriedigend geklärt; deshalb werden hier deren Charakterarten nicht aufgeführt. Jede der in Tab. 22–1 genannten Assoziationen Nr. 1 bis 16 enthält außer ihren Charakterarten auch einige der hier zusammengestellten Arten sowie mehrere gesellschaftsvage „Begleiter", z. B. *Poa*-Arten, *Dactylis glomerata, Urtica dioica, Chenopodium album.*

gelöst, z. B. von *Lactuca serriola* und anderen Charakterpflanzen der Kompasslattichflur (Erigerono-Lactucetum). In Stuttgart trat daneben die mehr submediterran getönte Raukenflur (Sisymbrietum sophiae) hervor. Von Berlin haben Düll & Werner (1956) eine ähnliche Raukenflur als häufigste Pioniergesellschaft der trockenen Trümmerberge beschrieben. Möglicherweise blieben dort die Gänsefuß-Arten wegen Nährstoffmangels zurück. In Halle/Saale spielte *Atriplex acuminata* eine auffallend große Rolle; Oberdorfer (1957) nannte diese Melde als Charakterart einer Rauken-Meldenflur (Sisymbrio-Atriplicetum, s. Tab. 22–1) mit ausgesprochen östlicher Verbreitung. Neuere Untersuchungen über die Vegetation von Schuttplätzen wurden beispielsweise in Mitteldeutschland (Klotz 1982, Gutte 1986), in Tschechien (Pysek 1974, 1977, Kopecky 1980–1984) und in Österreich (Mucina & Grabherr 1993) durchgeführt (Übersichten in Oberdorfer 1983, Wittig 2002).

22.3.1.2 Kurzlebige Ruderalfluren auf Trümmern

Kurzlebige Ruderalpflanzen fanden in Mitteleuropa niemals so ausgedehnte Flächen des von ihnen bevorzugten frischen Häuserschuttes vor wie in den Jahren 1943 bis 1945. Erstaunlich rasch begannen sich diese Trümmerstätten zu begrünen. Obwohl zunächst völlig leer von Pflanzen und Samen, erschienen auf den lockeren, humusfreien Ziegel- und Verputzmassen sowie auf den verkohlten Holzresten schon nach wenigen Monaten die ersten Keimlinge höherer Pflanzen.

Meistens handelte es sich um Korbblütler und andere anemochore Pflanzen aus dem Verband SISYMBRION oder um Waldlichtungspflanzen wie *Epilobium angustifolium*, das sich vor allem auf Holzaschen üppig entwickelte. Mit dem Feinerdeanteil und dem Grad der Wasserdurchlässigkeit des Schuttes, mit seiner Neigung und Exposition sowie mit dem allgemeinen Klimacharakter wechselte die Standortbeschaffenheit ebenfalls von vornherein. Daher verlief die spontane Begrünung der Trümmer in den verschiedenen Städten durchaus nicht gleichartig. Nach Brandes (1985) wird die **Sukzession auf Trümmerschutt** vor allem von der sich ändernden **Bodenfeuchte** gesteuert.

Wie Düll & Werner (1956) feststellten, hatte die Sukzession der Pflanzengesellschaften in **Berlin** einen ausgesprochen kontinentalen Charakter. Offene Vegetationstypen blieben jahrelang vorherrschend. Mesophile Wiesenpflanzen und Moose siedelten sich zögernd und lediglich an lokalklimatisch feuchten Stellen an. Anspruchsvolle „Gartenflüchtlinge" breiteten sich nur langsam oder gar nicht auf den Trümmern aus, ebenso wenig wie Garten- und Ackerunkräuter, die im Stadtinnern schon seit Jahrzehnten selten waren. Die „Bewaldung" der Trümmer hatte noch kaum Fortschritte gemacht, als Aufräumungsarbeiten die spontane Pflanzenzuwanderung abbrachen. Wahrscheinlich waren Boden- und Luftfeuchte an diesen Standorten noch zu waldfeindlich.

In der viel meernäher gelegenen Stadt **Münster in Westfalen** dagegen siedelten sich nach Engel (1949) von vornherein mehr Bäume und Sträucher an. Zahlreiche feuchtigkeitsbedürftige Ruderalpflanzen, die in Berlin fast ganz fehlten, gaben hier zunächst den Ton an. Vertreter des Kulturgraslandes (ARRHENATHERETALIA) begannen aber bald, sie abzulösen. Moose überzogen sogar die voll besonnten Plätze. Unter den Holzarten waren Vorwaldpflanzen und Gartenflüchtlinge reichlich vertreten, insbesondere beerenfrüchtige Ornithochoren sowie Anemochoren, z. B. *Betula pubescens* und *B. pendula*, *Populus tremula* und *Alnus glutinosa*.

Braunschweig, Dresden und Stuttgart standen hinsichtlich ihrer Trümmervegetation zwischen diesen beiden Extremen, wie aus den Vergleichen von Düll & Werner (1956, dort auch Literatur) hervorgeht. Stets aber begann die Besiedlung mit kurzlebigen Ruderalgesellschaften, wie sie hier behandelt werden.

22.3.1.3 Kurzlebige Ruderalfluren in Dörfern und an natürlichen Standorten

Alle bisher genannten Ruderalgesellschaften bestehen aus zahlreichen Neophyten (vgl. Tab. 22–1), nur wenigen Archäophyten und so gut wie gar keinen in Mitteleuropa einheimischen Arten. Offenbar sind also die Besiedler lockerer, steiniger Haus- und Straßenschuttreste relativ junge Elemente in unserer Flora und Vegetation, so wie ja auch die vorwiegend aus Steinen erbauten Städte für Mitteleuropa eine Errungenschaft der Neuzeit sind. In Dörfern dagegen werden entsprechende Standorte von **Archäophyten** besiedelt.

Die Partner der dörflichen Gänsemalven-Raine (Urtico-Malvetum neglectae, s. Tab. 22–1) sind jedoch nicht nur länger eingebürgert, sondern auch **stärker nitrophil** als die sommer- und wintereinjährigen Ruderalpflanzen der Städte. Vor allem aus diesem Grund dürften sie den größeren Städten gefehlt haben. Die Schuttplätze, Hofecken, Mauerfüße und ähnlichen Standorte erhalten oder erhielten doch früher in Dörfern mehr Zufuhr von Exkrementen und anderen Dungstoffen als in Orten, in denen das Vieh nicht frei umherläuft. Kopecky (1986) macht außerdem das Kratzen und die Selektion durch Hühner dafür verantwortlich, dass im Malvetum Annuelle begünstigt und die Sukzession zum ARCTION LAPPAE aufgehalten wurde. Das gilt auch für die extrem selten gewordenen *Marrubium vulgare*-Bestände (Raabe & Brandes 1988). Die Trümmer älterer dörflicher Bauten sind nach Ellenberg (1990) reicher an Feinerde, weil diese früher mit Lehm statt mit Mörtel verputzt wurden und großenteils ganz ohne Steine gebaut waren. Ihre Reste ergaben einen fruchtbareren, stärker wasserhaltenden und nährstoffreicheren Boden.

Seit etwa 30 Jahren ist *Malva neglecta* infolge des stark angestiegenen Eintrags von Hundekot in innerstädtischen Rasenflächen in die Städte zurückgekehrt und bildet an vielen Rasenrändern Bestände, die zwischen dem „klassischen" Urtico-Malvetum und Tritt- bzw. Rasen-Gesellschaften stehen (z. B. Brandes 1985, Wittig 2002).

Noch älter als die Malven-Brennnesselflur unserer Dörfer sind möglicherweise die eigenartigen, leider immer seltener werdenden Scharfkraut-Bestände am Eingang von Kalksteinhöhlen und Balmen (Felsüberhängen) des südlichen Schichtstufenlandes und der Alpen, also an nicht vom Menschen geschaffenen Standorten. Oberdorfer (1957) unterschied ein collin-montanes Sisymbrio-Asperuginetum und ein subalpines Lappulo-Asperuginetum, das „eine natürliche Gesellschaft darstellt".

Sowohl die Scharfkraut-Bestände als auch die Malven-Brennnesselfluren, Gänsefuß- und Rauken-Gesellschaften sind auf offenen, von Pflanzen nahezu oder ganz entblößten Boden angewiesen. Wo der Pflanzenbestand nicht immer wieder zerstört wird, nehmen ihnen ausdauernde Arten mehr und mehr Platz weg, sodass sie schließlich ganz verschwinden und von beständigeren Ruderalgesellschaften, Rasen oder Gebüschen abgelöst werden.

Eine Mittelstellung zwischen den kurzlebigen und den länger ausdauernden Ruderalfluren nehmen die **Mäusegerstenrasen** (Bromo-Hordeetum, s. Tab. 22–1) ein. Sie kommen sowohl in Dörfern als auch in Städten vor, stets aber nur auf ebenen oder wenig geneigten, mehr oder minder sandigen Flächen, z. B. auf Ackerland, das zu Bauzwecken liegen bleibt, sowie an Straßen und Wegrainen, die nur wenig begangen werden. In der ersten Nachkriegszeit beherrschten sie die planierten Trümmerstätten größerer zerstörter Stadtviertel. Diese schon im Spätsommer durch ihre Strohfarbe von den anderen, meist noch saftig grünen Unkrautbeständen abstechende Gesellschaft ist eine der wenigen **grasreichen Ruderalfluren**. Namentlich die Dachtrespe, die Taube Trespe und die Mäusegerste können hier einen recht dichten Rasen bilden. Dieser hält sich an seinem relativ mageren Standort einige Jahre lang, obwohl er sich in jeder Vegetationsperiode neu aus Samen bilden muss. Doch geht er schließlich wie die übrigen Gesellschaften des SISYMBRION in Grasland-Gesellschaften oder Trittrasen oder aber in Ruderalfluren über, in denen zwei bis mehrjährige Arten vorherrschen.

Wittig & Ou (1993) untersuchten das Hordeetum murini in sieben Städten, von Brüssel bis Warschau, also in einem West-Ost-Gefälle. Es zeigte sich, dass in diesem die mittleren Zeigerwerte für Temperatur, Stickstoff und Bodensäure (R) anstiegen, was die zunehmende Kontinentalität ausdrückt; nur die Feuchtezahl sank. Ähnliche Abstufungen sind wahrscheinlich auch bei anderen weit verbreiteten Ruderalgesellschaften und durch die herrschende Art einheitlich erscheinenden Gesellschaften zu erwarten, z. B. bei den im nächsten Abschnitt behandelten.

22.3.2 Ausdauernde Ruderalfluren

22.3.2.1 Wärmeliebende Distel- und Natternkopffluren

Die mehr oder minder ausdauernden Ruderalgesellschaften sind noch vielgestaltiger als die kurzlebigen. Nach ihren Klimaansprüchen kann man sie in vier Verbände gliedern:

1. Wärmeliebende und gegen Trockenheit relativ wenig empfindliche **Eselsdistelfluren** (ONOPORDION ACANTHII, Nr. 9 u. 10 in Tab. 22–1),
2. weniger nährstoffbedürftige **Honigkleefluren** (DAUCO-MELILOTION, Nr. 11 u. 12),
3. stärker nitrophile und hinsichtlich der Wasserversorgung und der Temperatur mesophile **Klettenfluren** (ARCTION LAPPAE, Nr. 13 u. 14) und
4. mit den Hochstaudenfluren verwandte, z. T. stark **nitrophile Läger- und Ruderalfluren des Hochgebirges** (RUMICION ALPINI, Nr. 15 u. 16), d. h. an kühles Klima angepasste Gesellschaften.

Alle diese Verbände gehören zur Klasse der ausdauernden Stickstoff-Krautfluren (ARTEMISIETEA VULGARIS), innerhalb derselben aber zu drei verschiedenen Ordnungen, nämlich den ONOPORDETALIA (Nr. 9 bis 12), den ARTEMISIETALIA (Nr. 13 u. 14) und den GLECHOMETALIA (Nr. 15 u. 16, s. Tab. 22–1). Die Gliederung der Ruderalfluren wird aber immer noch diskutiert und z. B. von Pott (1995) anders gehandhabt als von Oberdorfer et al. (1992) oder Mucina et al. (1993).

Den im vorigen Abschnitt besprochenen SISYMBRION-Gesellschaften stehen die ONOPORDION-Fluren am nächsten. Auch sie besiedeln durchlässige und zeitweilig austrocknende Substrate, auf denen sie von zudringlichen Waldpflanzen lange verschont bleiben. Tillich (1969) fand sie bei Potsdam sogar auf grundwasserdurchfeuchtetem Müll. Häufig entwickeln sich die ONOPORDETALIA-Gesellschaften aus Pionierstadien, die dem SISYMBRION angehören.

Als Folgegesellschaft der Raukenfluren hatte sich in Berlin nach Düll & Werner (1956) auf großen Flächen die **Natternkopfflur** (Echio-Melilotetum, s. Abb. 22–1) eingestellt. Sie war bis vor etwa 30 Jahren die häufigste ONOPORDION-Gesellschaft Mitteleuropas, besiedelt sie doch gern die Schotteraufschüttungen von Eisenbahndämmen und Lagerplätzen, vorausge-

Abb. 22–1 Natternkopfflur an einem trockenen Wegrain nördlich von Brünn. *Echium vulgare* (vorn), *Pimpinella saxifraga* (rechts) u. a. Etwa $^1/_6$ der natürl. Größe.
Foto: Iltis-Schulz.
Diese und andere Ruderalpflanzen-Gesellschaften verschwinden heute immer rascher infolge der chemischen Unkrautbekämpfung. Nach Brandes (1981) ist ihr Artenbestand jedoch weniger bedroht als der des Onopordetum (Abb. 22–2) und der SISYMBRION-Gesellschaften.

setzt, dass diese kalkhaltig sind und dass keine chemische Unkrautbekämpfung durchgeführt wird (Brandes 1991). Auch in Kalksteinbrüchen ist sie zu finden, wenn dort lockerer, trockener Schutt anfällt und nicht nur vernässte, mergelige Sohlen entstehen. Ihr natürlicher Standort ist vermutlich der Kalkschotter alpennaher Flüsse, soweit dieser ungewöhnlich hoch über dem Wasserspiegel liegt. Auch im Gesteinsschutt unterhalb von Kalkfelsen in der collinen oder submontanen Stufe fasst sie vorübergehend Fuß, bevor dieser von Rasen und Büschen besiedelt wird. Beide Naturstandorte sind aber äußerst selten. Zudem sind viele Partner der Natternkopfflur in Mitteleuropa nicht einheimisch, sodass diese kaum als Bestandteil seiner Naturlandschaft gelten darf.

Von allen Ruderalgesellschaften ist die Natternkopfflur eine der farben- und formenprächtigsten. Unter den hoch und locker emporstrebenden zarten Trauben des weißen und gelben Honigklees leuchtet im Sommer das intensive Violettblau der Natternkopf-Sträuße. Grüngoldene Reseden, blassgelbe Nachtkerzen (*Oenothera biennis*), die sich abends duftend und mit einem hörbaren Sprung öffnen, karminrote Nickende Disteln und andere schönblütige Gewächse kommen, ebenfalls locker gruppiert, daneben zur Geltung. Die Kleinblättrigkeit vieler Partner, das blasse Grün ihrer Blätter und das für Ruderalfluren ungewöhnliche Hervortreten von Leguminosen lässt vermuten, dass ihnen **nur wenig Bodenstickstoff** zur Verfügung steht; Kronisch (1975) konnte dies bestätigen (s. a. die N-Zahlen in Tab. 22–1, Nr. 11 u. 12, die den Wert 4 nur selten überschreiten).

Üppiger gedeiht die **Eselsdistelflur** (Onopordetum, s. Abb. 22–2), der Typus des ONOPORDION-Verbandes. Sie ist auf tiefgründigen, fruchtbaren Schwarzerden Ost- und Südosteuropas und an ähnlichen Standorten der Trockengebiete im zentralen und östlichen Mitteleuropa am besten entwickelt. Hohe und kräftige Disteln wie *Onopordum* selbst, *Carduus* und *Cirsium*-Arten oder gar die seltene Kugeldistel (*Echinops sphaerocephalus*) bestimmen das Bild dieser für die Hofplätze und Dorfanger kontinentaler Lössdörfer so kennzeichnenden Gesellschaft. Auf den einmal besetzten Flächen hält sie sich hartnäckig, zumal ihre Partner recht anpassungsfähig sind und auch Zeiten geringerer Nährstoffversorgung überdauern. Doch fällt es ihnen überraschend schwer, sich anzusiedeln, weil nach den Ansaatversuchen von Krause (1950) die meisten Partner **schlecht keimen** oder nach der Keimung bald wieder zugrunde gehen. Krause bringt dies mit einer von ihm beobachteten Verpilzung der Jungpflanzen in Zusammenhang. Möglicherweise ist aber solche Gefahr an den trockenen und warmen Standorten des Onopordetum weniger groß als in dem gemäßigten Klima des botanischen Gartens, in welchem die Keimungsversuche stattfanden. Alle Vertreter der Eselsdistelfluren sind **stärker nitrophil** als die der Natterkopf-Honigkleefluren (N 5–8 in Tab. 22–1).

Die **Wolldistelflur** (Cirsietum eriophori, s. Tab. 22–1, Nr. 9), eine erst wenig untersuchte Gesellschaft der mit Schafen beweideten Kalkgebiete, gehört wohl ebenfalls zum ONOPORDION. Mit ihren ornamentalen Fiederschnittblättern und ihren langhaarigen Pappusschöpfen

Abb. 22–2 Eselsdistelflur an einer Gartenhecke in Gurdau (Mähren). *Onopordon acanthium* (rechts), *Leonurus cardiaca* (links), *Arctium minus* (breite Blätter) u. a., dahinter *Sambucus nigra*. Foto: Iltis.

sieht auch die Wolldistel eher einer Zierpflanze ähnlich als einem Unkraut. Wie fast alle Vertreter des Onopordion und überhaupt die meisten Ruderalpflanzen wird sie vom Weidevieh gemieden. Nicht zuletzt aus diesem Grund sind gerade die Dörfer, in denen die Viehwirtschaft noch extensiv betrieben wird, reich an Onopordion-Gesellschaften. Rascher als manche anderen Ruderalpflanzen-Bestände wurden diese immer seltener, obwohl sie von der allgemeinen Eutrophierung zweifellos begünstigt werden. Sie sind vor allem der Verstädterung unserer Dörfer zum Opfer gefallen.

Im Anschluss an die Ordnung Onopordetalia acanthii sei kurz auf eine Gruppe von **halbruderalen, halboffenen Pionier- und Halbtrockenrasen** mit oft vorherrschender Quecke (*Elymus repens*; syn. *Agropyron repens*) eingegangen. Trotz auffallenden Mangels an guten Charakterarten wurde sie früher oft als besondere Klasse aufgefasst, zumal schon Braun-Blanquet (1961) ihre Eigenart betont hatte und Passarge (1989) dem Nachdruck verlieh. Heute neigen die meisten Autoren dazu, sie als eine Ordnung (z. B. Agropyretalia intermedio-repentis) an die Ruderalgesellschaften anzuschließen. Sie steht jedoch zwischen diesen und den Ackerwildkraut-Gesellschaften einerseits, den Magerrasen andererseits, ist also tatsächlich nicht nur physiognomisch und ökologisch, sondern auch soziologisch gesehen intermediär. Selbst pflanzengeografisch nimmt sie eine Mittelstellung zwischen kontinentaler und mehr oder minder ozeanischer Verbreitung ein.

Das Gesagte gilt vor allem für die weitaus häufigste Assoziation, die Ackerwinden-Queckenflur (Convolvulo-Agropyretum repentis), von der Pott (1995) mit Recht sagt, sie sei eine „schwer erfassbare Initialgesellschaft, fast überall verbreitet". Wie die beiden namengebenden Arten sind die meisten Partner zu weit ausgreifender vegetativer Vermehrung befähigt, z. B. auch *Poa angustifolia* und *P. compressa*. In extremem Maße ist dies bei der Huflattichflur (Poo-Tussilaginetum) der Fall, die sich auf kalkhaltigen, zeitweilig grundfeuchten, lehmigen Rohböden ausbreitet, aber auch für die kontinentaler getönte Sichelmöhren-Queckenflur (Falcario vulgaris-Elymetum repentis) kalkreich-lehmiger Feldraine. Diese sowie Assoziationen mit vorherrschender *Cardaria draba*, *Diplotaxis tenuifolia* oder *Chondrilla juncea* kann man zum Verband Convolvulo-Agropyrion repentis zusammenfassen. Die Gesellschaften des ARTEMISIO ABSINTHII-ELYMION HISPIDI sind wesentlich seltener.

22.3.2.2 Beifußgestrüppe und andere Klettenfluren

An die Stelle der Eselsdistelfluren treten in **feuchterem und kühlerem Klima** oder auf weniger durchlässigen Böden die Klettenfluren (ARCTION LAPPAE, s. Abb. 22–2). Nur die Kleine Klette (*Arctium minus*) gedeiht auch an warmtrockenen Standorten, während ihre großblättrigen Verwandten (*Arctium lappa* und *A. tomentosum*) dort selten vorkommen. Einen ähnlich mesophilen Eindruck machen das zartblättrige Schöllkraut, der schattenertragende Rainkohl, der Gefleckte Schierling, der Meerrettich mit seinen langen Blättern sowie die Brennnesseln, Taubnesseln und sonstigen Partner der ARCTION-Gesellschaften (s. Abb. 22–2).

Die häufigste Gesellschaft des ARCTION-Verbandes ist das Beifußgestrüpp (Tanaceto-Artemisietum), das sich auf Müll und Bauschutt sowie an Straßenböschungen jahrelang halten kann. Meistens folgt es auf SISYMBRION-Gesellschaften, insbesondere auf die Mäusegerstenflur (s. Tab. 22–1, Nr. 4). An stärker gedüngten Dorfstraßen und Mauerfüßen wird es durch die Gesellschaft des Guten Heinrichs (Balloto-Chenopodietum, Nr. 14) ersetzt, dem der Gänsemalven-Rain (Urtico-Malvetum neglectae, Nr. 2) vorausgeht. Das Balloto-Chenopodietum ist vorwiegend im westlichen und nördlichen Mitteleuropa verbreitet. In Gegenden mit kontinentalerem Klima tritt die Löwenschwanz-Filzklettenflur (Leonuro-Arctietum tomentosi) an seine Stelle. Als Charakterarten dieser Gesellschaft gelten *Leonurus cardiaca*, *Conium maculatum* und *Arctium tomentosum*. Auffällig ist sie vor allem durch die grauen, nach Absinth duftenden Blätter des echten Wermuts (*Artemisia absinthium*), der aus Kulturen verwilderte und in ihr eine Heimstätte fand. Der Wermut hat in Mitteleuropa seinen Schwerpunkt eindeutig in Trockengebieten.

22.3.2.3 Subalpin-alpine Ruderalfluren

Die im vorigen Abschnitt erwähnte Ruderalflur des Guten Heinrichs ist oder war doch in ganz Mitteleuropa sowie durch alle Vegetationsstufen bis zu den höchstgelegenen Siedlungen hinauf verbreitet. Mit zunehmender Höhe wechseln die Gefährten von *Chenopodium bonus-henricus*, sodass man nach Oberdorfer et al. (1992) nicht nur westliche und östliche „Rassen", sondern auch planar-colline, montane und oreal-subalpine Höhenformen vom Chenopodietum boni-henrici unterscheiden kann. Die subalpine Guter-Heinrich-Gesellschaft steht allerdings den bereits in Kapitel 13.3.11.4 besprochenen Lägerfluren näher als den Klettenfluren tieferer Lagen. Sie kann deshalb auch als eigene Assoziation (Chenopodietum subalpinum) aufgefasst und wie das Rumicetum alpini einem subalpin-alpinen Verband, dem RUMICION ALPINI, zugewiesen werden (s. Tab. 22–2), umso mehr, als sie im Hochgebirge noch immer häufig und gut ausgebildet ist. Diese subalpinen Gesellschaften erscheinen noch stärker mesophil als die Klettenfluren. Doch ist weder ihr Wasser- noch ihr Nährstoffhaushalt vergleichend studiert worden, mit Ausnahme der N-Versorgung der bereits in Kapitel 13.3.11.4 behandelten Alpenampferflur.

22.4 Anpassung an den Standort

Walter (1963) kennzeichnete die typischen Ruderalpflanzen als „Nitrophile", weil sie durch reichliche Stickstoffversorgung stärker in ihrem Wachstum gefördert werden als andere Pflanzen. Extreme N-Zeiger (N-Zahl = 9) finden sich dementsprechend in der mitteleuropäischen Flora fast ausschließlich in den beiden Ruderalpflanzen-Klassen der ARTEMISIETEA und BIDENTETEA (30 der 41 mit N = 9 gekennzeichneten mitteleuropäischen Arten, Brandes 1999b). Je höher die N-Zahl nach Ellenberg et al. (1992), umso höher ist im Allgemeinen auch der Gehalt der Pflanzenmasse an Nitrat und organischen N-Verbindungen sowie die Nitratreduktase-Aktivität, wie Gebauer et al. (1998) an 48 mitteleuropäischen Pflanzenarten nachweisen konnten. **Nitrat fördert nicht nur das Wachstum, sondern auch die Keimung vieler Nitrophyten** (Gassner 1915, Bischoff 1996). Die meisten Ruderalstandorte sind allerdings nicht nur reich an Stickstoff, sondern auch an Phosphor, Kalium und anderen Nährelementen, die ja ebenfalls mit Exkrementen, Müll oder sonstigen Abfällen angesammelt werden. Für die Große Brennnessel (*Urtica dioica*) scheint P sogar eher wachstumslimitierend zu sein als N. Durch

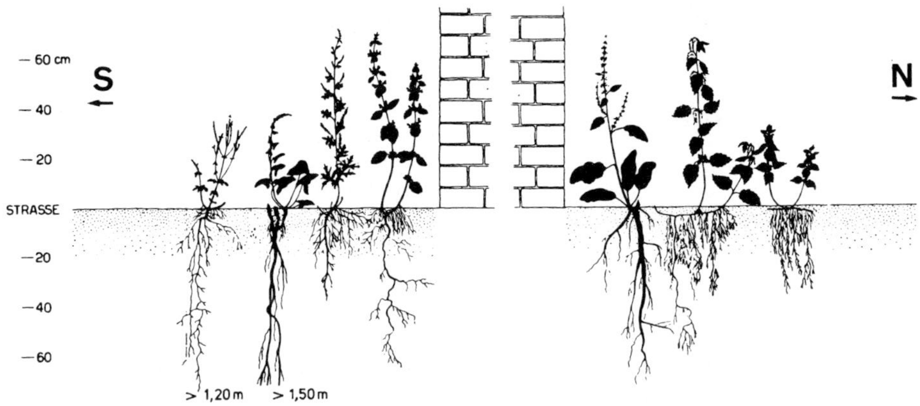

Abb. 22–3 Blatt- und Wurzelwerk bei einigen Ruderalpflanzen am Dorfstraßenrand. Nach Grosse-Brauckmann (1953), verändert. Die meisten Arten haben meso- bis hygromorphe Blätter.
Links (in Südexposition): *Verbena officinalis, Chenopodium bonus-henricus, Artemisia vulgaris, Ballota nigra* (Guteheinrichsflur). Rechts (stärker beschattet): *Rumex obtusifolius, Urtica dioica* und *Lamium album.*

Versuche von Mayser (1954, in Walter 1963) u. a. konnte dagegen geklärt werden, dass die Form, in welcher den Ruderalpflanzen der Stickstoff angeboten wird, gleichgültig ist. Bei Versorgung mit Nitrat gedeihen Ruderalpflanzen und Ackerwildkräuter ebensogut wie bei gleichen N-Konzentrationen, die als Ammonium gegeben werden (s. Abb. 23–7). Stickstoffzeiger dürfen also nicht schlechthin als „Nitratpflanzen" bezeichnet werden, wie das zuweilen geschieht.

Die enge Binding an stickstoffreiche Standorte hat vor allem folgende Ursachen: Zum einen sind diese Arten in der Lage, große Nitratkonzentrationen in der Bodenlösung durch Ausbildung von Wurzeln mit **hoher maximaler Aufnahmerate** (I_{max}) auszuschöpfen. Für die Nitrophyten *Aegopodium podagraria* und *Anthriscus sylvestris* konnte Janiesch (1973 a, b) experimentell zeigen, dass nicht nur große Nitratmengen aufgenommen werden können, sondern diese **in der Vakuole gespeichert** und erst im Laufe der Vegetationsperiode verstoffwechselt werden. Diese Arten besitzen gleichzeitig eine **hohe protoplasmatische Nitrattoleranz.** Viele Nitrophyten (z. B. *Solidago canadensis* und *Elymus repens*) besitzen zudem stickstoffspeichernde Rhizome oder Stolonen, aus denen der Stickstoff über einen **effizienten internen Kreislauf** auch bei N-Knappheit für weiteres Wachstum zur Verfügung steht (Werner 1983). Schnelles Wachstum erreichen Nitrophyten schließlich durch eine Allokationsstrategie, in der N bevorzugt zum Aufbau **dünner und kurzlebiger, aber leistungsfähiger Blätter** eingesetzt wird (van Arendonk et al. 1997); am extremsten ist diese Strategie bei Annuellen ausgeprägt (Garnier 1992). Aus diesem Grund besitzt die Mehrheit der Ruderalpflanzen einen zarten, meso- bis hygromorphen Blattbau, auch wenn sie an sonnigen, relativ trockenen Standorten leben. Namentlich gilt das für *Artemisia vulgaris, Ballota nigra, Chenopodium bonus-henricus, Lamium album, Malva neglecta, Urtica urens* und *Verbena officinalis,* die zum SISYMBRION gehören. Deren Standort in Siedlungen charakterisierte Grosse-Brauckmann (1953 a) als xerophytisch, zumal die Luftfeuchte infolge der Wärmerückstrahlung der Hauswände häufig niedrig ist (s. Abb. 22–3). Trotz mesomorphen Blattbaus fand der Autor daher bei diesen Ruderalpflanzen ein xerophytenähnliches, konservatives Transpirationsverhalten.

Kennzeichnend für Ruderalpflanzen ist weiterhin eine oft hohe Samenzahl, das frühe Ausreifen der Samen und die Fähigkeit, Samen selbst unter sehr ungünstigen Umweltbedingungen auszubilden (Boot et al. 1986). Auch der Aufbau einer **langlebigen Diasporenbank** und geringe Umweltansprüche bei der Keimung tragen zum außergewöhnlichen Überdauerungsvermögen ruderaler Pflanzen an gestörten Plätzen bei (Grime 2001). Viele ruderale Pflanzen regenerieren nach mechanischer Beschädigung schnell und breiten sich zudem über Wurzelfragmente aus (Dietz et al. 1999).

23 Krautfluren der Äcker, Gärten und Weinberge

23.1 Flora und Entstehungsgeschichte

23.1.1 Flora

Große Flächen Mitteleuropas sind heute Acker- oder Gartenland, beispielsweise in Deutschland 30 % der Landesfläche. Wie in Kapitel 3 ausgeführt, wurden diese teilweise schon seit der neolithischen Revolution, dem Sesshaftwerden des Menschen in Mitteleuropa vor 7500 bis 6000 Jahren, bearbeitet. Ebenso alt sind die Gemeinschaften der Ackerunkräuter, die sich zum Leidwesen der Bauern unter den angebauten Feldfrüchten einstellen und teilweise selbst den modernen Bekämpfungsmethoden trotzen. In **neolithischen und bronzezeitlichen Siedlungen** fand man die Samen zahlreicher Pflanzenarten, die auch heute noch unsere Kulturpflanzen begleiten (Willerding 1983, 1986, 1988). Umfangreiche Listen von früh kulturbegleitenden Pflanzen veröffentlichten auch Jacomet et al. (1991) aus der Schweiz.

Früher wie heute vermochten also die vom Menschen angebauten Kulturpflanzen ihren Lebensraum nicht restlos auszufüllen und alle übrigen Arten daraus zu verdrängen. Etwa **300 bis 350 Pflanzensippen** haben in Mitteleuropa die vom Menschen stark beeinflussten Äcker, Gärten und Weinberge besiedelt (Ellenberg 1950, Arlt et al. 1991). Diese Unkräuter und „Ungräser" (bzw. „Beikräuter" oder „Ackerwildkräuter", Tüxen 1962) werden auch als Segetalpflanzen (von lat. *segetalis* = zur Saat gehörig) bezeichnet. Wir wollen im Folgenden den wertneutralen Begriff „Ackerwildkräuter" verwenden, wohl wissend, dass er auch Grasartige einschließt. Nur rund 20 der 300 bis 350 Segetalpflanzen, also weniger als 10 %, verursachen nennenswerte Ertragseinbußen in der Landwirtschaft, sind also „Problemunkräuter und -gräser" (Eggers 1984).

Rademacher (1948) definierte die Ackerwildkräuter treffend als **„Pflanzen, die gesellschaftsbildend mit den Nutzpflanzen zusammen auftreten, deren Kultur für sie erträglich, förderlich oder sogar lebensnotwendig ist"**. Ihre mehr oder weniger ausgeprägte Toleranz gegenüber den regelmäßig wiederkehrenden menschlichen Störungen im Zuge der Ackerbewirtschaftung unterscheidet die Ackerwildkräuter von den Ruderalpflanzen (s. Kap. 22). Auch diese haben zwar ihren Schwerpunkt in anthropogenen Lebensräumen, viele erlangen jedoch nur dann die Vorherrschaft, wenn die menschlichen Störungen nicht alljährlich stattfinden. Sie sind also auf wenig bis gar nicht genutzte Lebensräume beschränkt.

Von den rund 300 in südwestdeutschen Äckern auftretenden Sippen können nach Ellenberg (1950) nur **140 als eigentliche Ackerwildkräuter** gelten, also knapp die Hälfte. Die anderen 50 % haben ihren Schwerpunkt in anderen Gesellschaften, z. B. an Wegrändern, in Ruderalgesellschaften, Trockenrasen oder an Bachufern und auf Schlammböden. Nur drei Waldpflanzen (*Equisetum sylvaticum*, *Holcus mollis* und *Rubus caesius*) und etwa 20 Wiesenpflanzen treten oder traten regelmäßig in Äckern auf. Dies ist Ausdruck des grundsätzlich andersartigen Störungsregimes in Ackerland und Grünland.

23.1.2 Herkunft der Ackerwildkräuter und Wandel der Ackerwildkraut-Vegetation seit der Jungsteinzeit

Viele Ackerwildkräuter sind Altbürger der mitteleuropäischen Flora, die natürliche Vorkommen in den kurzlebigen Kräuterfluren sommertrockener Flussbetten, Teichböden und Spülsäume, auf Strandwällen sowie auf Brandflächen und Sturmlücken im Wald haben. Auch an abbrechenden Steilufern von Flüssen, größeren Seen und Meeren sowie auf feinerdereichen Schutthalden und Schlammströmen (Murgängen) des Hochgebirges, die bis in die untere montane Stufe hinab reichen, gibt es zeitweilig offene Plätze. Nach Krause (1956) dürften außerdem Tierbauten und Wildwechsel bereits vor dem Eingreifen des Menschen zur Evolution, Erhaltung und Ausbreitung von Pflanzenarten beigetragen haben, die in Wäldern, Sumpfwiesen und anderen ausdauernden und dicht geschlossenen Pflanzenformationen nicht zu gedeihen vermögen. Schneider et al. (1994) listen **rund 100 Segetalpflanzen mit natürlichem Vorkommen** in der Vegetation Mitteleuropas auf; sie müssen also als Apophyten gelten.

Nirgends bietet bzw. bot die Naturlandschaft Mitteleuropas Standorte für Pflanzenkombinationen, die denen unserer Äcker gleichen. Wie bei den Wiesen und Düngeweiden handelt es sich also auch bei den Ackerwildkraut-Gesellschaften um ungewollt neu geschaffene Formationen. Diese sind sogar noch naturferner als die Kulturgrasland-Gesellschaften, indem sie zahlreiche Arten beherbergen, die unserer Flora ohne Zutun des Menschen sicher fehlen würden (Weinert 1973, Arlt et al. 1991, Pötsch 1991). Die meisten von diesen wurden ihm als Konkurrenten seiner Kulturpflanzen lästig, also „Unkräuter", die zu bekämpfen die Bauern bis um die Mitte des letzten Jahrhunderts viel Zeit kostete.

Manche Getreidewildkräuter stammen, wie die Wildformen unserer Getreidearten und der Getreideanbau überhaupt, aus den Steppen, Gebirgssteppen und Halbwüsten **Vorderasiens** (Weinert 1973). Entsprechend ihrer kontinentalen Herkunft haben diese Arten ihren Schwerpunkt in Mitteleuropa in den basenreicheren und bodentrockeneren Äckern. Die Mehrheit aber ist im **Mittelmeergebiet** beheimatet und hätte sich bei uns ebenso wenig halten können, wenn ihnen nicht durch die Landwirtschaft die nötigen Freiplätze verschafft worden wären. Sie wurden in mehreren Wellen nach Mitteleuropa verschleppt, mit den schnurkeramischen Bauern im Neolithikum, den metallverarbeitenden Kulturen der Bronze- und Eisenzeit und vor allem mit der Ausbreitung der römischen Landwirtschaft nördlich der Alpen (Jacomet et al. 1991, Schneider et al. 1994). Manche Getreidewildkräuter (z. B. *Adonis aestivalis* und *Scandix pecten-veneris*) haben sich nach Küster (1985) erst mit dem Beginn der Neuzeit bei uns stärker ausgebreitet. In pflanzengeografischer Hinsicht nehmen einige Ackerwildkräuter der stark bodensauren Äcker (wie z. B. *Spergula arvensis*, *Arnoseris minima* und *Hypochaeris glabra*) eine gewisse Sonderstellung ein; sie dürften nämlich aus den **Dünen der westatlantischen und westmediterranen Küsten** zu uns gelangt sein (Manthey 2003). Die Mehrheit der Ackerwildkräuter befindet sich in Mitteleuropa am Rande ihres nordwestlichen Verbreitungsareals.

Zu Beginn des neolithischen Ackerbaus war die Artenzahl der Ackerwildkräuter noch gering. Nach Willerding (1986) nahm deren Zahl in der Jungsteinzeit von 8 auf 120 zu und stieg in der Bronezeit fast linear auf 157 Arten an. In der Vorrömischen Eisenzeit wurden 212 Arten nachgewiesen, in der Römischen Kaiserzeit bereits 253 und um 1500 mindestens 305. Die Kornblume beispielsweise trat in den Niederlanden und in Nordwestdeutschland erst ab 1000 n. Chr. häufiger auf (Behre 1993). Wesentliche Voraussetzung zur Entstehung der heutigen Ackerwildkraut-Gesellschaften war die **Verschleppung der Diasporen mit dem Saatgut und durch das herumziehende Vieh**, das in der Nachweide auf die Äcker getrieben wurde. Mit dem neuzeitlichen weltumspannenden Verkehr kamen Arten aus überseeischen Ländern hinzu, insbesondere aus Nord- und Mittelamerika. Die Zuwanderung florenfremder Elemente in unsere Feld- und Gartenwildkraut-Fluren ist heute noch nicht abgeschlossen. Erst nach 1950 begann z. B. eine etwa 100 Jahre vorher aus den südamerikanischen Anden eingeschleppte Knopfkrautart (*Galinsoga ciliata*), sich im westlichen Mitteleuropa auszubreiten; heute ist sie in großen Teilen eingebürgert. Weitere Neophyten unter den Acker- und Gartenwildkräutern sind z. B. *Veronica persica*, *Amaranthus retroflexus*, *Galinsoga parviflora*, *Chamomilla suaveolens*, *Matricaria discoidea*, *Epilobium ciliatum*, *Conyza canadensis*, *Chenopodium ficifolium*, *Oxalis fontana* und *O. corniculatus*, *Alopecurus myosuroides*, *Cyperus esculentus* und verschiedene *Sisymbrium*-Arten (Ries 1992, Belde et al. 2000, Rumpf et al. 2004). Solche Neulinge konnten und können auf dem Acker- und Gartenland besonders deshalb Fuß fassen, weil sie dort immer wieder offene Plätze finden und vor der Konkurrenz der meisten mehrjährigen Arten unserer heimischen Flora geschützt bleiben.

Überhaupt hat sich der Wildkrautbestand der Äcker ebenso wie die Kombination der bevorzugten Nutzpflanzen im Laufe der Jahrhunderte stärker gewandelt, als man sich heute gewöhnlich bewusst ist. Wie bereits in Kapitel 3.4.1 angedeutet, müssen die Gesellschaften in prähistorischen Zeiten und noch zur Zeit der mittelalterlichen Dreifelderwirtschaft **„grünlandähnlich"** gewesen sein. Zwar gab es schon in der Jungsteinzeit und erst recht vom 10. Jahrhundert an **„Getreideunkräuter"** wie *Agrostemma githago*, *Anthemis arvensis*, *Centaurea cyanus* und *Neslia paniculata* sowie manche **„Hackfruchtunkräuter"**, z. B. *Aethusa cynapium*, *Euphorbia helioscopia* und *Solanum nigrum* (Willerding 1973). Unter den zahlreichen Unkrautarten, die z. B. von Maier (1988) in der jungsteinzeitlichen Siedlung Ödenahlen am Federsee nachgewiesen wurden, fehlen Getreidewildkräuter aber so gut wie ganz, während Zeiger für frische bis relativ trockene und mehr oder minder nährstoffreiche Böden sowie Ruderalpflanzen gut vertreten sind. Das dürfte an dem damals noch vorherrschenden Sommeranbau, vor allem beim Nacktweizen, liegen.

Alljährlich blieb ein Teil der Feldflur unbebaut liegen und wurde beweidet, sodass Acker- und Grünlandvegetation stärker verzahnt waren als heute. Außerdem vermochte man mit den primitiven Pflügen, besonders mit dem hölzernen Hakenpflug, den Boden wohl zu lockern, aber nicht zu wenden. Nur in der Feldgraswirtschaft, z. B. im südlichen Schwarzwald oder in Schleswig-Holstein, sowie in Kleegras-Fruchtfolgen waren bis in jüngste Zeit hinein noch Wiesenpflanzen regelmäßig als Ackerunkräuter anzutreffen. Häufiges Umwenden der Krume und mehrfaches Hacken vertragen aber die meisten von ihnen nicht. Immer größer wurde daher während der letzten Jahrzehnte der **Anteil kurzlebiger Arten an den Ackerwildkraut-Gemeinschaften**, besonders solcher, die wie *Thlaspi arvense* und *Capsella bursa-pastoris* zu jeder Jahreszeit zu keimen vermögen (Salzmann 1939).

Die heutige, überwiegend von annuellen Arten beherrschte Segetalvegetation begann sich vor etwa 200 Jahren zu entwickeln, als das bis dahin übliche Brachejahr durch die aufkommende Mineraldüngung überflüssig wurde und durch den Anbau von sogenannten Hackfrüchten oder Futterpflanzen ersetzt wurde. Die Hackfrüchte, also Kartoffeln, Rüben, Mais u. a., erfordern intensive Bodenbearbeitung und wechseln traditionell mit dem Getreide in der Fruchtfolge ab. Manche Autoren ziehen die Begriffe Halmfrucht für Getreide und Blattfrucht für Hackfrüchte vor, weil sich die Bearbeitungsweisen beider heute angeglichen haben (Baeumer 1992). Fruchtfolgen mit ununterbrochener Bodennutzung wie z. B. Hackfrucht – Sommergetreide – Wintergetreide werden als **„verbesserte Dreifelderwirtschaft“** bezeichnet; in ihnen traten mehrjährige Wildkräuter in den Hintergrund (vgl. Eugen 1996). Mit der Erfindung der maschinellen Saatgutreinigung vor rund 100 Jahren wurden schließlich alle diejenigen Segetalarten entscheidend geschwächt, die auf die Ausbreitung mit dem Saatgut angewiesen waren.

Erneute, tief greifende Umstellungen im Artengefüge der Feldgemeinschaften bewirken die modernen chemischen Bekämpfungsmittel und Erntemaschinen. Da man das Getreide für den Mähdrusch länger auf dem Halm stehen lassen muss, können sich manche Wildkräuter reichlicher aussamen als früher; zudem verbleiben kleinsamige Grassamen wie die des Windhalms auf dem Feld. Der schon fast ausgerottete Flughafer (*Avena fatua*) beispielsweise ist dadurch erneut zu einem lästigen Unkraut geworden, ja hat sich in Gegenden ausgebreitet, in denen er früher nahezu unbekannt war. Im Allgemeinen ist aber der Existenzkampf der Wildkräuter heute härter geworden. Die von ihnen gebildeten Gemeinschaften werden immer ärmer an Individuen und auch an Arten, namentlich an floristischen Seltenheiten (s. Kap. 23.8.1).

23.2 Lebensbedingungen und standörtliche Gliederung

Zahlreiche abiotische Standortfaktoren wirken auf das Artengefüge der Ackerwildkraut-Gemeinschaften ein, sei es unmittelbar oder indirekt über den Druck der Konkurrenten. Die Feuchtigkeit des Bodens, dessen pH-Wert und Basenversorgung, aber auch die Stickstoff- und Kaliumversorgung und andere chemische Faktoren zeichnen sich mehr oder minder scharf im Artengefüge ab. Außerdem prägen sich Klimaeigenschaften in der Artengarnitur aus, insbesondere die Wärme und der Lichtgenuss am Erdboden.

23.2.1 Mikroklima

Ähnlich wie in unseren Laubwäldern nimmt die Helligkeit unter den emporstrebenden Getreiden und Hackfrüchten im Laufe des Frühsommers mehr oder minder rasch ab (s. Abb. 23–1). In den intensiv bewirtschafteten Getreide- und Hackfruchtäckern der Gegenwart werden zum Zeitpunkt der maximalen Blattentfaltung regelmäßig **Minima des relativen Lichtgenusses** von etwa 3 % unter Raps und 5 % unter Wintergetreide erreicht (Rademacher 1939, 1950, van Elsen 1994) und damit tieferer Schatten erzeugt als z. B. in einem Eichenwald. Nur im lückigen Feldrandbereich und mancherorts unter den Bedingungen des ökologischen Landbaus gelangen

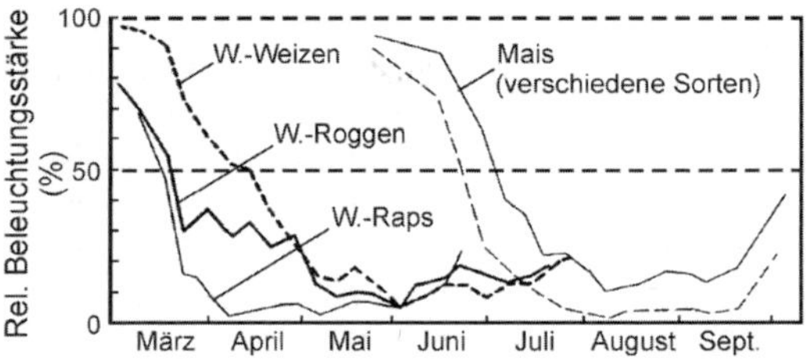

Abb. 23–1 Saisonale Veränderung der relativen Beleuchtungsstärke am Boden von Beständen verschiedener Feldfrüchte. Nach Rademacher (1939), verändert. Heute werden noch geringere Lichtgenussminima erreicht.

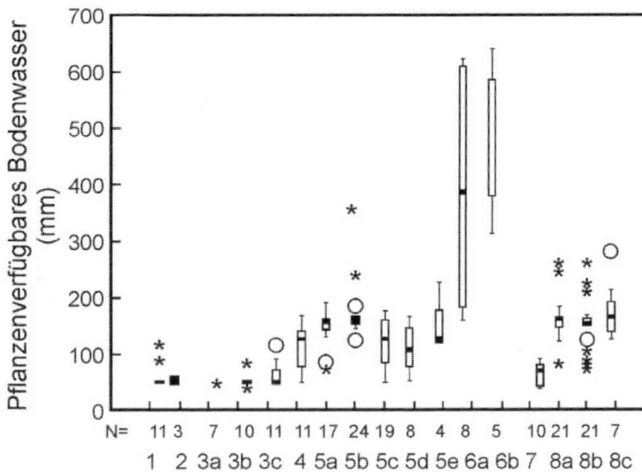

Abb. 23–2 Pflanzenverfügbares Bodenwasser unter 17 verschiedenen Ackerwildkraut-Gemeinschaften Mecklenburg-Vorpommerns (197 Bestände, N = Zahl der Parallelen) errechnet aus effektiver Durchwurzelungstiefe, Bodenart und Humusgehalt (Boxplot-Darstellung; die Ziffern an der x-Achse stehen für die Gesellschaften (s. Abb. 23–3). Nach Manthey (2003), verändert.

heute noch bis zu 20 % der Strahlung während der Reife zum Erdboden. Im extensiven Ackerbau der ersten Hälfte des 20. Jahrhunderts waren solche Bestandesdurchlässigkeiten noch die Regel. Wie wichtig der Faktor Lichtkonkurrenz für die Ackerwildkraut-Phytozönosen ist, zeigt die Tatsache, dass sich die Deckung der Kulturpflanzen und jene der Wildpflanzen im Jahresverlauf häufig gegenläufig zueinander verhalten (van Elsen 1994). Früher und dichter Bestandesschluss der Kulturpflanzen verzögert auch die Bodenerwärmung im Frühjahr und beeinflusst die Ackerwildkraut-Gemeinschaften über den unterschiedlichen Wärmebedarf der Arten bei Keimung und Jugendentwicklung (Lauer 1953, Günter 1997).

23.2.2 Bodenwasserregime

Auch heute noch stellt die Wasserversorgung einen wichtigen differenzierenden Standortfaktor der mitteleuropäischen Ackerlebensräume dar, obwohl großflächige Dränage in den Flussauen und Küstenmarschen sowie Bewässerung (z. B. in den Sandäckern Niedersachsens) zu einer Angleichung des Wasserregimes der Äcker geführt haben. Die Wasserverfügbarkeit hängt in starkem Maße von der Bodenart ab; Sandäcker besitzen geringere pflanzenverfügbare Wasservorräte als Äcker auf Lehmböden. In den eiszeitlich geprägten Ackerlandschaften Mecklenburg-Vorpommerns fand Manthey (2003) für den maximalen Wasservorrat (**nutzbare Feldkapazität**) des Wurzelraumes der Wildkräuter eine sehr weite Spanne, die von 50 bis über 500 mm reichte (s. Abb. 23–2). Für einen Teil der mitteleuropäischen Äcker ist sommerlicher Trockenstress zweifellos ein wichtiger Standortfaktor (s. Kap. 23.4.3).

23.2.3 Bodenazidität und Nährstoffversorgung

In Mitteleuropa reicht die Spanne des Ackerbaus von stark sauren Sandböden (pH [KCl] < 3,5) bis zu Kalk- und Dolomitböden mit einem pH über 7,5. Diese Vielfalt der Bodensäuregrade wird verstärkt durch **saisonale pH-Schwankungen** um bis zu 2 Einheiten, die insbesondere in den schwach gepufferten Sandäckern ausgeprägt sind (Ellenberg 1950, Zoldan 1981). Entsprechend breit ist das Spektrum der Stickstoff- und Kaliumversorgung und des Angebotes anderer Basen in den Ackerböden, oder war es zumindest früher. Einen Eindruck von der immer noch vorhandenen bodenchemischen Vielfalt der Ackerstandorte geben die Untersuchungen von Manthey (2003) in Nordostdeutschland (s. Abb. 23–3), auch wenn diese Unterschiede sicherlich vor 50 Jahren noch weit größer waren. Durch intensive Kalkung und Düngung ist heute die **bodenchemische Differenzierung der Äcker** in vielen Regionen Mitteleuropas weitgehend verloren gegangen. Relativ nährstoffarm sind aber immer noch die flachgründigen Ackerränder, insbesondere jene auf Kalk; sie enthalten weniger pflanzenverfügbaren Phosphor und Kalium als das Feldinnere (van Elsen 1994) und erinnern an die früher weit verbreiteten meso- bis oligotrophen Ackerstandorte.

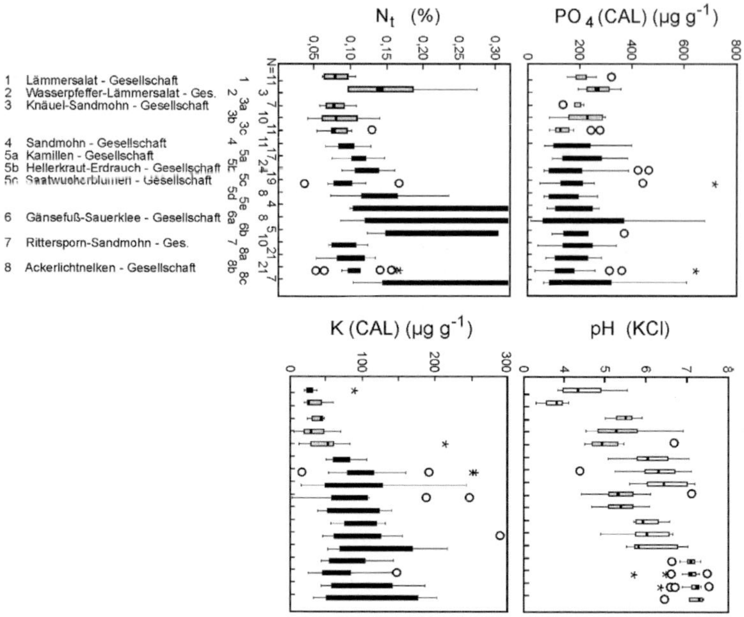

Abb. 23–3 pH-Wert, CAL-austauschbares Kalium und Phosphat und Gesamtstickstoff-Gehalt des Oberbodens von 17 verschiedenen Ackerwildkraut-Gemeinschaften Mecklenburg-Vorpommerns (197 Bestände, N = Zahl der Parallelen; Boxplot-Darstellung). Nach Manthey (2003), verändert.

Mitteleuropäische Ackerböden enthalten mit typischerweise 0,5–1,5% C und 0,05–0,30% N deutlich **weniger Kohlenstoff und Stickstoff als Wald- und Grünlandböden** auf vergleichbarem Substrat. Besonders gering sind die Vorräte in sauren Äckern: Zoldan (1981) maß in Kalk- und Lössäckern 6600–6800 kg N ha^{-1} (0–25 cm Bodentiefe), in Äcker auf Sandstein und Sand hingegen nur 4200–4700 kg N ha^{-1}. In der Bodenlösung sind die Nitrat- und Ammoniumgehalte besonders hoch im Frühjahr vor dem Austrieb, wenn intensiv gedüngt wurde; dies gilt insbesondere für die Hackfruchtäcker. Zoldan (1981) ermittelte in den obersten 25 cm mitteldeutscher Hackfrucht-Ackerböden Nitrat- und Ammoniumgehalte von 150–480 kg N ha^{-1}; in den meist weniger gedüngten Getreideäckern waren es 11–145 kg N ha^{-1}.

23.3 Vegetation

23.3.1 Grundlagen einer vegetationskundlichen Gliederung

Die systematische Gliederung der Acker-, Weinbergs- und Garten-Wildkraut-Gesellschaften hat sich Laufe der letzten 50 Jahre mehrfach gewandelt und wird in Mitteleuropa auch heute noch nicht einheitlich gehandhabt. Kontrovers wurde lange Zeit vor allem die Frage diskutiert, wie groß der **Einfluss der Bewirtschaftung** auf die Zusammensetzung der Ackerwildkraut-Vegetation ist. Passarge (1964) und Oberdorfer (1983, 1993) messen den Bewirtschaftungsfaktoren eine so große Bedeutung bei, dass sie die **Getreide-Wildkraut-Gesellschaften** (Kl. Secalietea) von den **Hack- und Sommerfrucht-Gesellschaften** (Kl. Chenopodietea) auf der höchsten Ebene des pflanzensoziologischen Systems trennten und Letztere mit den Ruderalfluren vereinigten. Sie bringen also die in Kapitel 22 behandelten annuellen Ruderalfluren relativ trockener Böden (Kl. Sisymbrietea in der Gliederung nach Rennwald 2000) in engere Verbindung mit den Ackerwildkräutern beispielsweise eines Rübenfeldes als mit der Wildkraut-Gesellschaft, die sich ein Jahr später auf demselben Feld unter Winterweizen einfindet. Das Gemeinsame mit den Ruderalfluren liegt vor allem darin, dass sich zahlreiche Stickstoffzeiger auch unter Hackfrüchten und in Gärten wohlfühlen, weil diese in der Regel stärker gedüngt werden (oder wurden) als Getreidebestände.

Die große Mehrheit der mitteleuropäischen Pflanzensoziologen vereinigt dagegen heute alle Ackerwildkraut-Fluren in einer einzigen Klasse, Stellarietea mediae (s. Kap. 26: Nr. 3.4), wie es bereits Tüxen (1950) vorgeschlagen hatte. Von verschiedenen Autoren unterschiedlich gehandhabt wird jedoch die Trennung von Getreidekulturen und Hack- oder Sommerkulturen auf der Stufe der Ordnungen oder der

Verbände. Hier wollen wir weitgehend dem Gliederungsvorschlag von Hüppe & Hofmeister (1990) sowie der Terminologie nach Rennwald (2000) folgen. Erstere kamen aufgrund der Analyse von mehr als 10 000 Ackeraufnahmen aus verschiedenen Teilen Deutschlands zu dem Schluss, dass Wildkrautbestände der Getreide- und Hackfruchtäcker auf gleichartigen Böden eine weitgehende Übereinstimmung aufweisen und dass **edaphische Faktoren für die Artenzusammensetzung eine größere Rolle spielen als die Art der Bewirtschaftung.** Danach lassen sich aufgrund der Basenversorgung der Böden im Wesentlichen zwei Ordnungen unterscheiden, von denen die Windhalm-Gesellschaften (O. APERETALIA SPICAE-VENTI) mit einer Reihe anspruchsloser Kennarten auf basenarmen Äckern vorkommen, während die Klatschmohn-Gesellschaften (O. SECALIETALIA, früher PAPAVERETALIA RHOEADIS) basenreiche Standorte besiedeln und sich durch anspruchsvollere Kennarten auszeichnen. Erst auf der Stufe der Verbände werden Bewirtschaftungskriterien herangezogen, also Winterfrucht- und Sommerfruchtkulturen bzw. Getreide- und Hackfruchtanbau (s. Tab. 23–1).

Schon Schubert & Mahn (1968) haben eine Neugliederung der Ackerwildkraut-Gesellschaften Mitteldeutschlands versucht, die aus den im vorigen Abschnitt dargelegten Erfahrungen Konsequenzen zieht. Aufgrund von 6300 Vegetationsaufnahmen differenzierten sie die Segetalvegetation in erster Linie nach ihrer floristischen Ähnlichkeit und dieser entsprechend standörtlich sowie regional. Auch in ihrem Ansatz wurden die ackerbaulichen Kulturmaßnahmen wie Fruchtfolgen, Herbizideinwirkung und Bearbeitungsmaßnahmen jeweils durch die verschiedenen Ausprägungen einer Segetalgrund-Gesellschaft erfasst. Im wesentlichen nach der Bodenbeschaffenheit, insbesondere dem abnehmenden Basengehalt, unterschieden sie acht Assoziationen.

Die Trennung von Getreide- und Hackfrucht-Gesellschaften auf hoher synsystematischer Ebene, wie von Oberdorfer (1993) durchgeführt, mag im Mediterranraum mit andersartigen Bewirtschaftungsweisen gerechtfertigt sein, ist aber in Mitteleuropa schon deshalb wenig sinnvoll, weil viele der für Hackfrucht- oder Getreide-Wildkraut-Gesellschaften geltenden Kennarten diesen auf Ordnungs- oder gar Klassenebene keineswegs treu sind. So finden sich unter den von Oberdorfer (1993) als Klassen-Kennarten der Hackfrucht-Gesellschaften (von ihm in der Klasse CHENOPODIETEA gefasst) mit *Capsella bursa-pastoris*, *Chenopodium album*, *Tripleurospermum perforatum*, *Senecio vulgaris* und *Sonchus oleraceus* eine Reihe von Arten, die auch im Wintergetreide vorkommen. Die Zahl der wirklich treuen Klassen-Charakterarten ist also besonders gering. Auch manche Hackfrucht-Kennarten seiner Ordnung POLYGONO-CHENOPODIETALIA greifen auf das Wintergetreide über, z. B. *Galinsoga ciliata*, *Anagallis arvensis*, *Erodium cicutarium*, *Polygonum persicaria* und *P. lapathifolium*, *Lamium amplexicaule*, *Sonchus arvensis* und *Stellaria media*. Entsprechende **Überlappungen zwischen Hackfrucht- und Getreide-Wildkraut-Gesellschaften** gibt es bei den Charakterarten der Verbände. Neben den als charakteristisch für bestimmte Vegetationseinheiten eingestuften Arten gibt es zahlreiche „Begleiter", die ohnehin den Getreide- und Hackfrucht-Gesellschaften gemeinsam sind, z. B. *Elymus repens*, *Galium aparine*, *Fallopia convolvulus*, *Poa annua*, *Tussilago farfara* und *Vicia hirsuta*. Es gibt also zahlreiche

Tab. 23–1 Übersicht über die standörtliche Gliederung der Ackerwildkraut-Gesellschaften auf der Ebene von Ordnungen und Verbänden (Synsystematik in Anlehnung an Rennwald 2000).

Klasse	STELLARIETEA MEDIAE				
Ordnungen	SECALIETALIA		APERETALIA SPICAE-VENTI		LOLIO REMOTI-LINETALIA
Basenversorgung	basen- bzw. kalkreich		bodensauer		bodenvag
Verbände	CAUCALIDION PLATYCARPI	VERONICO-EUPHORBION	APHANION ARVENSIS	SPERGULO-OXALIDION	PANICO-SETARION
Vorkommensschwerpunkt	Getreide- bzw. Winterfruchtkulturen	Hackfrucht- bzw. Sommerfruchtkulturen	Getreide- bzw. Winterfruchtkulturen	Hackfrucht- bzw. Sommerfruchtkulturen	sommerwarme Hackfrucht- bzw. Sommerfruchtkulturen

Querverbindungen zwischen Getreide- und Hackfrucht-Gesellschaften, die zum nördlichen Mitteleuropa hin zunehmen. Das liegt nicht zuletzt sicher auch darin begründet, dass diese Gemeinschaften erst vor wenigen Jahrhunderten entstanden sind (Willerding 1986).

23.3.2 Synsystematische Übersicht

Bis heute wurden aus zahlreichen Regionen Mitteleuropas Darstellungen der Ackerwildkraut-Vegetation geliefert, meist aus den 1960er- und 1970er-Jahren: Borowiec et al. (1987), Burrichter (1963), Brun-Hool (1963), Elias (1986), Hilbig (1962, 1966, 1967a, 1973), Hilbig et al. (1962), Hofmeister (1970), Holzner (1970, 1973), Hüppe (1987), Hüppe & Hofmeister (1990), Kläge (1999), Kropac (1981), Kump (1971), Kutschera (1966), Mahn & Schubert (1962), Manthey (2003), Meisel (1966, 1967, 1969), Meisel & Hübschmann (1976), Mucina et al. (1993), Nezadal (1972, 1975), Oberdorfer (1993), Passarge & Jurko (1975), Plakolm (1989), Preising et al. (1995), Ries (1992), Schiller (2000), Schubert & Köhler (1964), Schubert & Mahn (1968), Tillich (1969), Waldis (1987), Wedeck (1972), Wiedenroth & Mörchen (1964) u. a.

Die Darstellungen der folgenden Abschnitte beziehen sich bewusst vorwiegend auf Erfahrungen, die man **vor etwa 30 Jahren** sammeln konnte. Würde man nur die heute noch vorhandenen Ackerwildkraut-Bestände berücksichtigen, so ergäbe sich zweifellos ein ganz anderes System. Dieses dürfte nur wenig befriedigen, zumal weitere Veränderungen des Artengefüges zu erwarten sind. Stark verarmte Wildkrautbestände wird man wahrscheinlich dennoch in den meisten Fällen in die hier skizzierte Übersicht einordnen können, z. B. als Fragmentgesellschaften im Sinne von Brun-Hool (1963).

23.3.2.1 Bodensaure Ackerwildkraut-Gesellschaften (O. Aperetalia spicae-venti)

Die Getreide- bzw. Winterfrucht-Gesellschaften bodensaurer Äcker und Gärten des subatlantischen Mitteleuropa werden im Verband Aphanion arvensis (Windhalm-Gesellschaften) zusammengeschlossen. Zu diesen gehören die früher in **Roggenfeldern auf armen Sandböden** weit verbreiteten Lämmersalat-Äcker (Sclerantho-Arnoseridetum minimae), in denen neben dem kleinen Korbblütler *Arnoseris minima* (Lämmersalat) *Aphanes inexpectata*, *Anthoxanthum aristatum* und *Teesdalia nudicaulis* kennzeichnend sind. Diese Gesellschaft war seit dem frühen Mittelalter in den Gebieten des „ewigen Roggenanbaus" in Nordwestdeutschland häufig (Behre 1993). **Wintergetreide-Felder auf etwas basenreicheren Lehm- oder Sandböden** besiedelt die im Frühsommer von Mohn (*Papaver argemone* und *P. dubium*) und Kornblume bunt gefärbte Sandmohn-Gesellschaft (Papaveretum argemones) mit Verbreitungsschwerpunkt in Nordostdeutschland und im nördlichen Polen. Die häufigste und zudem durch Düngung geförderte Ackerwildkraut-Gesellschaft auf **Lehmäckern** des Tieflandes und der Mittelgebirge ist die Ackerfrauenmantel-Kamillen-Gesellschaft (Aphano-Matricarietum chamomillae), in der *Matricaria recutita* und das sich ausbreitende *Tripleurospermum perforatum* oft vorherrschen. Unter kontinentalem Einfluss wird das Matricarietum durch das Papaveretum argemones, in **montaner Lage** durch die Honiggras-Hohlzahn-Gesellschaft (Holco-Galeopsidetum) und auf sehr armem Sand durch die Lämmersalatfluren abgelöst (Hüppe & Hofmeister 1990, Preising et al. 1995).

Den Wintergetreide-Gesellschaften des Aphanion steht auf ebenfalls bodensaurem Substrat der Sommerfrucht- bzw. Hackfruchtäcker-Verband des Spergulo-Oxalidion gegenüber, der ungefähr dem Polygono-Chenopodion von Oberdorfer (1993) entspricht. Als Kennarten können der aus Nordamerika stammende *Oxalis stricta* (syn. *O. fontana*) sowie *Chenopodium polyspermum*, *Cerastium glomeratum* und lokal *Galeopsis speciosa* gelten. Hierzu gehören auf kalkarmen, frischen Lehmböden die Gänsefuß-Sauerklee-Gesellschaft (Chenopodio-Oxalidetum fontanae) und die Gesellschaft des Bunten Hohlzahns (Galeopsietum speciosae).

Vor allem in **basenarmen Hackfrucht- und Sommergetreide-Feldern wärmerer Tieflagen** entwickeln sich die Fingerhirsen-Borstenhirsen-Gesellschaften des Verbandes Panico-Setarion, die reich an nicht-einheimischen Gräsern sind. Das C 4-Gras *Digitaria ischaemum* kennzeichnet die Fingerhirse-Gesellschaft (Digitarietum ischaemi), die Hühnerhirse (*Echinochloa crus-galli*) und die Borstenhirsen (*Setaria*-Arten) die Borstenhirse-Knopfkrautfluren (Setario-Galinsogetum parviflorae) und *Chrysanthemum segetum* die Saatwucherblumen-Gesellschaft (Spergulo-Chrysanthemetum segetum) vor allem in **Hackfrucht- und Maisäckern auf sandigen Böden**. Die panicoiden Gräser werden durch Herbizidanwendung etwa im Mais auf Kosten der Kräuter (wie z. B. des Gänsefußes) begünstigt (Dierssen 1995). Weitere Ackerwildkraut-Gesellschaften nennen u. a. Kropac (1981), Oberdorfer (1993), Pott (1995) und Mucina et al. (1993), Letztere unter Einschluss pontisch gefärbter, z. T. salztoleranter Gemeinschaften in Österreich und der Slowakei.

23.3.2.2 Ackerwildkraut-Gesellschaften basenreicher Standorte (O. Secalietalia)

Acker-, Weinbergs- und Garten-Wildkraut-Gemeinschaften auf Kalkverwitterungsböden sowie auf basenreichen Lehm- und Tonböden werden heute mit Rennwald (2000) in der Ordnung Secalietalia („Mohnäcker“, früher auch als Papaveretalia rhoedis oder Centaureetalia cyani bezeichnet) zusammengefasst. Durch viele **wärmeliebende Charakterarten** mediterraner oder kontinentaler Herkunft gekennzeichnet, besiedeln die Haftdolden-Gesellschaften des Verbandes Caucalidion platycarpi die **Getreideäcker auf kalkreichen, oft trockenen Böden.** Von den Getreideäckern auf saurem Boden, also den Windhalmfluren des Aphanion (s. o.), sind sie durch das Fehlen mancher Säurezeiger abgegrenzt, vor allem aber durch zahlreiche kalkholde Charakterarten der Ordnung Secalietalia bzw. des Verbandes Caucalidion gekennzeichnet:

Häufigere Arten:
Anagallis foemina
Bifora radians
Consolida regalis
Euphorbia exigua

Seltene Arten:
Adonis aestivalis
Caucalis platycarpos
Lathyrus tuberosus
Legousia hybrida
Legousia speculum-veneris
Melampyrum arvense
Silene noctiflora
Scandix pecten-veneris

Fast verschwundene Arten:
(+ = vielerorts verschollen)
Adonis flammea
Asperula arvensis (+)
Bupleurum rotundifolium
Conringia orientalis
Turgenia latifolia (+)
Vaccaria hispanica

Manche von diesen „Kalkzeigern“ greifen auch auf saure Äcker über, z. B. *Euphorbia exigua*.

Viele der früher geltenden Charakter- und Differenzialarten (D) des Caucalidion sind heute selten geworden: *Sherardia arvensis*, *Legousia speculum-veneris*, *Valerianella dentata* (D), *Campanula rapunculoides* (D), *Buglossoides arvensis*, *Chaenarrhinum minus* (D), *Ranunculus arvensis*, *Falcaria vulgaris* (D), *Stachys annua*, *Galeopsis angustifolia* (D), *G. ladanum* (D), *Galium tricornutum*, *Melampyrum arvense*. Die ehemals sehr artenreiche Adonisröschen-Gesellschaft (Caucalido-Adonidetum flammeae, syn. Caucalido-Scandicetum pecten-veneris) besiedelt **flachgründige Kalkscherbenäcker**, die Ackerlichtnelken-Gesellschaft (Euphorbio exiguae-Melandrietum noctiflori) **mäßig entkalkte Lehmäcker** mit Schwerpunkt im subkontinentalen Mitteleuropa, die Tännel-Leinkraut-Gesellschaft (Kickxietum spuriae) schließlich **kalkreiche, schwach staunasse Äcker** eher im subatlantischen Klima (Preising et al. 1995). Bei starker Düngung und auf basenärmeren Böden weicht die Ackerlichtnelken-Gesellschaft der Ackerfrauenmantel-Kamillen-Gesellschaft (s. o.).

Hackfrucht- und Sommerfruchtkulturen auf basenreichen Lehm- und Tonböden werden von Gesellschaften des Verbandes Veronico-Euphorbion (Ehrenpreis-Wolfsmilch-Äcker) begleitet; kennzeichnend sind anspruchsvolle Kräuter wie *Euphorbia helioscopia*, *E. peplus* und *Fumaria officinalis*. Zu den häufigsten mitteleuropäischen Hackfrucht-Wildkraut-Gesellschaften gehört die Hellerkraut-Erdrauch-Gesellschaft (Thlaspio-Fumarietum officinalis), die vor allem in Rübenäckern auftritt. Die Bingelkraut-Gesellschaft (Mercurialetum annuae) ist in nährstoffreichen, gut gehackten Gärten, Äckern und Weinbergen verbreitet.

23.3.2.3 Krautige Weinbergsvegetation und andere Wildkrautfluren

Weinberge stellen in Mitteleuropa für die krautige Begleitvegetation Standorte dar, die in mehrfacher Hinsicht von Äckern und Gärten abweichen (z. B. Issler 1942, Link 1954, Roser 1962, Hilbig 1967b). Das hängt mit der besonderen Wuchsweise und Pflege der Kulturrebe (*Vitis vinifera*) zusammen, deren Stammform in submediterran-mediterranen Flussauen lebt. Nach Wilmanns & Bogenrieder (1992) kommt es vor allem auf folgende Eigenschaften an:

- Die Rebstämme heben ihr Laub so hoch, dass es möglich ist, zu jeder Jahreszeit den Boden unter und neben ihnen zu bearbeiten.
- Das Laub treibt spät aus und beschattet den Boden nur von Ende Mai bis Ende Oktober. Da die Winter mild sind, kann sich die Krautschicht vom November bis in den Mai kräftig entwickeln, d. h. in einer Zeit, in der sie selten gestört wird.
- Da der Rebstamm mehrere Jahrzehnte lebt und die Rebkultur auf derselben Fläche oft schon seit Jahrhunderten besteht, können sich darauf sogar ausbreitungs- und fortpflanzungsschwache Begleitarten ansiedeln und halten, darunter viele Geophyten.

Wilmanns & Bogenrieder (1992) untersuchten das Artengefüge mitteleuropäischer Rebkraut-Gesellschaften in traditionell und zeitgemäß behandelten Weinbergen des Markgräfler Landes in Südwestdeutschland (s. Tab. 23–2). Die Hänge wurden z. T. noch in ähnlicher Weise bewirtschaftet, wie dies früher üblich war, d. h. vorwiegend mit Stallmist gedüngt und zur Unkrautbekämpfung gehackt, gefräst oder gepflügt. Von dem einstigen **Reichtum an Zwiebel- und Knollengewächsen** hielten sich auch in den traditionell bewirtschafteten Kulturen aber nur noch wenige Arten, immerhin aber der charakteristische Weinlauch (*Allium vineale*) und die Milchsternarten (*Ornithogalum nutans* und *O. umbellatum*). *Geranium rotundifolium*, nach dem die Weinbergslauch-Gesellschaft (Geranio-Allietum vinealis) benannt wurde, fehlte schon lange. Die früher fast allgegenwärtige blaue Traubenhyazinthe (*Muscari racemosum*) war selten. Auf der Fläche Nr. 1 wurden die Weinstöcke vor Kurzem neu gepflanzt, sie ist dementsprechend wildkrautarm. In der älteren Rebkultur (Nr. 2) bedeckt die mehrmals im Jahr fruchtende und keimende Vogelmiere den stark humosen und nährstoffreichen Boden fast ganz. Herbizidbehandlung führte in diesen Weinbergen zwar zu einem Rückgang der Therophyten, nicht aber der Geophyten (s. Tab. 23–2). Stark gefördert wird vor allem auch *Bromus sterilis*. Die Autoren bezeichnen diese Ausbildung des Geranio-Allietum als „*Bromus sterilis*-Agroform“, die vogelmierenreiche dagegen als „*Stellaria media*-Agroform“.

Seit etwa 20 Jahren ist es mehr und mehr üblich geworden, die Unkrautbekämpfung überflüssig zu machen, indem man einen Rasen sich bilden lässt oder ansät, der zugleich den Boden vor Erosion schützt. Damit die Gräser nicht zu hoch werden und einen Teil der Reben beschatten, mulcht man sie von Zeit zu Zeit. In dem **dichten Rasenteppich** vermögen sich die Weinbergs-Geophyten nicht mehr zu halten. Das Geranio-Allietum wird durch eine „*Poa trivialis-Lolio*-Potentillion-Gesellschaft“ abgelöst.

Das Artengefüge der Weinberge wechselt zwar mit dem geologischen Untergrund und anderen Standortbedingungen sowie mit Abweichungen in der Behandlung der Reben und ihres Unterwuchses. Die Auswirkungen der **drei Bewirtschaftungsformen** (traditionell – intensive Herbizidanwendung – Rasenpflege), die seit der Jahrhundertmitte rasch aufeinander folgten, sind jedoch überall in ähnlicher Weise sichtbar.

Nahezu sämtliche in Weinbergen vorkommenden Arten zeigen gute Nährstoffversorgung (N 6–9) an. Viele weisen außerdem auf für Mitteleuropa überdurchschnittliche Wärme hin (T 6 u. T 7) oder haben eine weite Amplitude im Hinblick auf den Temperaturfaktor. Ausgesprochen thermophile Arten fehlen jedoch in unseren Weinbergen; das dürfte mit der Beschattung durch das Weinlaub zusammenhängen. Viele Wildkräuter sind trockenheitstolerant (F 3–4 oder Fx).

Hopfengärten, die meist als Dauerkultur betrieben und etwa alle 15 Jahre neu begründet werden, sind nach den Untersuchungen von Brandes (1988) in der bayerischen Hallertau wie die Weinberge fast frei von treuen Getreidebegleitern. Oft ist der Boden ganzjährig von der stickstoffbegünstigten *Stellaria media* überzogen, die man als Erosionsschutz in hängiger Lage schätzen gelernt hat – ähnlich wie im Weinbau den grasigen Unterwuchs oder bei starker Bodenbearbeitung ebenfalls die Vogelmiere.

Die ehemals weit verbreiteten Wildkraut-Gesellschaften der **Leinäcker** beherbergten eine spezifische Flora, die den Rang einer eigenen Ordnung (LOLIO REMOTI-LINETALIA) erhielt. Mehrere Arten, die sich nur mit dem Saatgut des Leins ausbreiten konnten (z. B. *Camelina alyssum*, *Cuscuta epilinum*, *Lolium remotum*, *Silene linicola*, *Spergula arvensis* subsp. *linicola*), sind heute in Mitteleuropa fast vollständig ausgestorben (Schneider et al. 1994). Heutige Leinfelder, die gebietsweise wieder zu sehen sind, enthalten das Artenspektrum normaler Hackfrucht-Gesellschaften.

Tab. 23–2 Weinbergs-Beikrautgesellschaften (Geranio-Allietum). Nach Wilmanns & Bogenrieder (1991), Auswahl[1].

	Trad.		**Herb.**		**Gras**		Lebensform und Zeigerwerte			
Aufnahme Nr.	1	2	3	4	5	6				
Gebiet	M	A	W	I	A	A				
Hangexposition	SW	S	SW	S	NO	W				
Hangneigung	15	12	6	20	5	3				
Aufnahmejahr	86	83	83	90	86	83	Leb.	T	F	N
Geophyten										
Allium vineale	+	1	1	2			G	7	4	7
Ornithogalum umbell.	2		1	1			G	6	5	7
Muscari racemosum	(+)			2			G	7	3	6
Ornithogalum nutans	2						G	7	4	7
Tulipa sylvestris			2				G	7	4	5
Corydalis solida			1				G	6	5	7
C. cava			2				G	6	6	8
Ranunculus ficaria				+	+		G	5	6	7
Garezeiger										
Stellaria media	1	4				+	T	×	×	8
Fumaria officinalis	2	1		+			T	6	5	7
Euphorbia helioscopia	2	+					T	×	5	7
Mercurialis annua		2					T	7	4	8
Lamium amplexicaule	+						T	6	4	7
Herbizid-resistente										
Galium aparine	+		+				T	6	×	8
Polygonum aviculare	1			1			T	6	4	6
Valerianella carinata		+					T	7	4	×
Bromus sterilis				4			T	6	4	5
Cardamine hirsuta					2	1	TH	6	5	7
***Poa-trivialis*-Gruppe**										
Poa-trivialis	1		2	2	4	5	HC	×	7	7
Lolium perenne	+	+			+	1	H	6	5	7
Agrostis stolonifera					1	+	H	×	7	5

	Trad.		**Herb.**		**Gras**		Lebensform und Zeigerwerte			
Aufnahme Nr.	1	2	3	4	5	6				
Gebiet	M	A	W	I	A	A				
Hangexposition	SW	S	SW	S	NO	W				
Hangneigung	15	12	6	20	5	3				
Aufnahmejahr	86	83	83	90	86	83	Leb.	T	F	N
Trifolium repens					+	+	CH	×	5	6
Glechoma hederacea					2	+	GH	6	6	7
Ranunculus repens					3		H	×	7	7
R. acris					1		H	×	6	×
Potentilla reptans						1	H	6	6	5
Festuca arundinacea						1	H	5	7	5
Stellarietea i. w. S.										
Veronica persica	1	2	1	2	+	2	T	×	5	7
V. hederifolia	+	+	3	+	+		T	6	5	7
Convolvulus arvensis	1	+	+	1		+	GH	6	4	×
Senecio vulgaris	1	+		2		+	TH	×	5	8
Lamium purpureum		2	+		+	+	TH	5	5	7
Sonchus oleraceus	2	1		+			TH	6	4	8
Malva neglecta	1	1	+	+			TH	6	5	9
Capsella bursa-pastoris	+			+			T	×	5	6
Lathyrus aphaca	+					1	T	7	3	3
Tripleurospermum p.	+						T	6	×	6
Übrige Arten										
Taraxacum officinale	1	2	1	1	2	+	H	×	5	8
Elymus repens	1	1			2	2	G	6	×	7
Poa annua		2		2		1	TH	×	6	8
Cirsium arvense	1	1					G	5	×	7
Vicia angustifolia	+						T	6	×	×
Urtica dioica	+						T	6	5	8
Crepis capillaris		+					H	6	5	4
Cardaria draba			2				HG	7	3	4

[1] Aufnahmen 1 und 2: von vorwiegend mechanisch bearbeiteten und organisch gedüngten Flächen, d. h. traditionell behandelt; Aufn. 3 u. 4: Flächen, auf denen die Unkräuter mehrmals im Jahr mit Herbiziden bekämpft wurden (Herb.);
Aufn. 5. u. 6: von Flächen mit Grasdecke, die mehrmals gemäht und gemulcht wurde (Gras). Alle Aufnahmen im Markgräfler Land, und zwar in den Gemarkungen A = Auggen, M = Mauchen (ssw. von Müllheim); I = Istein (nw von Lörrach), W = Weil am Rhein (sw von Lörrach), T = Temperaturzahl, F = Feuchtezahl, N = Stickstoffzahl nach Ellenberg et al. 1992.

23.4 Anpassung an den Standort

23.4.1 Pflanzliche Konstitutionstypen im Ackerland

Um sich in Mitteleuropa auf Dauer als Acker- oder Gartenwildkraut, d. h. als ein vom Menschen unerwünschtes Gewächs, halten zu können, muss eine Pflanze folgende Eigenschaften besitzen:

1. Ist sie ein kurzlebiger Therophyt, so muss sie sich von der Keimung bis zur Fruchtreife rasch entwickeln können.

2. Wenn sie nicht jederzeit zu keimen oder auszutreiben vermag, muss sich ihr Entwicklungsrhythmus in den Bearbeitungsrhythmus des Ackers bzw. Gartens und zugleich in den Klimarhythmus der betreffenden Gegend einfügen.

3. Außerdem muss sie in der Lage sein, eine zeitweilige Beschattung zu ertragen, oder ihr – wie Ackerwinde, Wicken und Windenknöterich – durch Emporklettern rechtzeitig zu entgehen (s. Abb. 23–4).

4. Egal, ob sie annuell oder ausdauernd ist, sie muss sich nach mechanischer Beschädigung oder nach dem Umwenden der Erdschollen leicht regenerieren können.

5. Heute muss sie darüber hinaus fähig sein, die seit etwa 50 Jahren praktizierte Anwendung von Herbiziden wenigstens mit einigen spät keimenden oder wieder austreibenden Individuen zu umgehen oder aber Resistenzen gegen die Chemikalien zu entwickeln.

Je nach Fruchtfolge und Wirtschaftsintensität sind Therophyten, Geophyten und Hemikryptophyten ungleich stark am Aufbau der Ackerwildkraut-Gesellschaften beteiligt. In ausdauernden Kulturen, z. B. in Klee und Luzerne, überwiegen die Mehrjährigen, in intensiv bewirtschafteten Hackkulturen und Gärten die Einjährigen. Mit Ellenberg (1950) und Koch (1970) kann man folgende **Konstitutionstypen** unter den Segetalpflanzen unterscheiden:

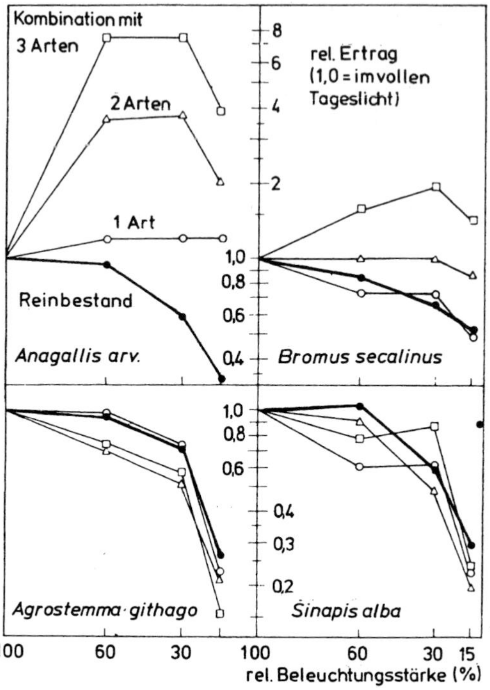

Abb. 23–4 Auswirkungen verschiedener Beleuchtungsstärke auf die Trockensubstanz-Produktion von vier Ackerwildkraut-Arten jeweils im Reinbestand und im Mischbestand mit einer anderen Art, mit 2 und mit 3 anderen Arten. Nach Bornkamm (1961), verändert. Alle Arten gedeihen in Reinkultur bei vollem Tageslicht am besten und bei stärkster Abdunklung am schlechtesten.
Im Wettbewerb mit anderen Arten bleibt die hochwüchsige Kornrade (*Agrostemma githago*) überlegen und behält etwa gleiche Produktionsraten bei wie im Reinbestand.
Das andere Extrem des Verhaltens im Mischbestand zeigt der niedrige Acker-Gauchheil (*Anagallis arvensis*). Er wird bei vollem Tageslicht von jeder der übrigen Arten und besonders von allen dreien gemeinsam stark unterdrückt. Bezogen auf diese Situation geht es ihm um so besser, je weniger Licht den Mischbeständen zur Verfügung steht, weil die hochwüchsigen Arten sich weniger kräftig entwickeln können. (Er erträgt den Schatten also besser als die übrigen Arten, ist aber keineswegs „schattenliebend".)
Die Roggentrespe und der Weiße Senf verhalten sich intermediär.

A Einjährige

a) **Winterannuelle**, die im Herbst keimen, den Winter im vegetativen Zustand überdauern und ihre Entwicklung im Frühjahr oder Sommer abschließen (z. B. *Apera spica-venti*, *Veronica hederifolia*, *Viola arvensis*, *Centaurea cyanus*); diese Arten können jedoch auch im Frühjahr auflaufen;

b) **in Sommertracht überwinternde Arten**, die ganzjährig keimen, blühen und fruchten (z. B. *Stellaria media*, *Lamium purpureum*, *Veronica persica*, *Poa annua*, *Capsella bursa-pastoris*, *Thlaspi arvense*);

c) **Sommerannuelle**, die nur selten im Herbst keimen, weil sie Frostperioden nicht überdauern:

c 1) **Frühjahrsannuelle**, die sich im zeitigen Frühjahr entwickeln und im Sommer bereits verdorrt sind (z. B. *Veronica triphyllos*, *Ornithogalum umbellatum*, *Tulipa sylvestris*, *Myosurus minimus*);

c 2) **vom Vorfrühling ab grüne**, bereits bei niedrigen Temperaturen auflaufende Kältekeimer, die zuweilen bis in den Winter hinein assimilieren (z. B. *Sinapis arvensis*, *Raphanus raphanistrum*, *Galeopsis tetrahit*, *Avena fatua*, *Polygonum persicaria*, *Vicia hirsuta*);

c 3) spät auflaufende **sommergrüne Wärmekeimer** (z. B. *Echinochloa crus-galli*, *Setaria-*, *Digitaria-* und *Galinsoga*-Arten, *Solanum nigrum*, *Amaranthus retroflexus*, *Mercurialis annua*).

Schneider et al. (1994) untergliedern die Einjährigen nach ihrem Keimzeitpunkt weiter in elf Entwicklungstypen.

B Ausdauernde

Mehrjährige Kräuter und Gräser (z. B. *Elymus repens*, *Cirsium arvense*, *Sonchus arvensis*, *Equisetum arvense* sowie der spät austreibende Geophyt *Fallopia convolvulus*). Einige wenige unter diesen leben parasitär (z. B. *Melampyrum arvense*).

Die große Mehrzahl der unter dem modernen Ackerbau bei uns überlebenden Ackerwildkräuter sind Therophyten, die durch Eggen, Hacken und Herbizidbehandlung aber häufig schon vor Erreichen der Samenreife vernichtet werden. Für diese Arten ist es von Vorteil, wenn ihre Samen nicht alle gleichzeitig keimen und die nicht aufgelaufenen ihre Keimfähigkeit möglichst lange bewahren. **Arten mit ungleichmäßigem Keimverzug** herrschen daher unter den Ackerwildkräutern vor.

Bei einigen hochwüchsigen Wildkrautarten, die früher mit dem Getreide oder dem Flachs zusammen abgeerntet wurden, hat der Mensch jedoch im Laufe der Jahrtausende unbewusst geradezu entgegengesetzte Eigenschaften herangezüchtet. Hierzu gehören z. B. *Lolium temulentum*, *Bromus secalinus* und *B. grossus*, *Agrostemma githago*, *Avena fatua* u. a. Als solche **„Kulturpflanzen-Eigenschaften"** sind nach Thellung (1925) und anderen Autoren vor allem zu nennen:

1. geringer Keimverzug, d. h. rasches und vollzähliges Auskeimen nach der Aussaat (beispielsweise bei *Agrostemma githago* und *Bromus secalinus*);
2. Verlust der Keimfähigkeit nach weniger als 1 Jahr auch bei trockener Lagerung (ebenfalls bei den unter 1 genannten Arten);
3. Fehlen natürlicher Ausstreu- und Verbreitungseinrichtungen (z. B. bei dem Flachs-Unkraut *Camelina alyssum*, dessen Früchte sich nur durch Druck öffnen, bei *Agrostemma*, deren Samen schlecht aus der Kapsel herausfallen, und bei *Avena strigosa*, deren Früchte sich nicht spontan loslösen);
4. große Samen oder andere Verbreitungseinheiten ähnlicher Gestalt, die schlecht von denen der Kulturpflanze zu trennen sind (z. B. Früchte von *Camelina alyssum*, Schotenglieder von *Raphanus raphanistrum* im Getreide).

Agrostemma githago, *Bromus secalinus* und andere Arten, deren Samen ihre Keimfähigkeit im Erdboden bereits nach einigen Monaten verlieren, sind darauf angewiesen, dass sie alljährlich mit dem Getreide zusammen ausgesät werden. Seit das Saatgut in den letzten Jahrzehnten durch immer vollkommenere Techniken gereinigt wird, sind diese einst fast allgegenwärtigen Getreidewildkräuter aus Mitteleuropa fast verschwunden.

Solchen **„Saatunkräutern"** im engeren Sinne stehen Arten wie *Centaurea cyanus* nahe, deren Samen zwar etwas länger keimfähig bleiben, aber ebenfalls großenteils der Saatgutreinigung zum Opfer fallen. Die früher als unausrottbar geltende blaue Kornblume wurde durch die Anwendung von Breitband-Herbiziden zur botanischen Seltenheit. Erst nach dem Einsatz von selektiveren Herbiziden in Getreide und Raps tritt die Kornblume mancherorts wieder stärker auf.

Zwei- und mehrjährige Arten haben auf Äckern nur dann Überlebenschancen, wenn sie die Fähigkeit zur **raschen vegetativen Vermehrung** besitzen. In dieser Hinsicht gut angepasst sind z. B. *Cirsium arvense*, *Equisetum arvense* und *Tussilago farfara*. Generell sind Pflanzen mit hoher relativer Wachstumsrate und reicher Diasporen-Produktion (R-Strategen) viel zahlreicher unter den Ackerwildkräutern als eher langsamwüchsige, nur eine geringe Nachkommenzahl erzeugende K-Strategen. Beispiele für den ersten Strategietyp sind *Chenopodium album* und *Tripleurospermum perforatum*, für den zweiten *Lithospermum arvense* oder *Scandix pecten-veneris*, bei denen nur wenige hundert Samen pro Pflanze gezählt wurden (Schneider et al. 1994, Bischoff 1996).

23.4.2 Keimungsbedingungen und Licht- und Wärmebedarf

Die Samen der meisten Ackerwildkräuter sind bei der Fruchtreife nicht sofort keimbereit, sondern müssen eine **primäre Keimruhe** durchlaufen, die je nach Art 2 bis 3 Wochen oder bis zu 5 Monate dauert (Börner 1995). Die meisten Segetalpflanzen keimen nur in den obersten 3–7 cm der Krume, wenn Licht, Bodenfeuchte und Sauerstoffgehalt für die jeweilige Art günstige Bedingungen erreicht haben. Entscheidende Bedeutung hat aber die Temperatur. Die meisten **Hackfruchtwildkräuter** keimen während der kühlen Jahreszeit nicht; sie sind also überwiegend **Wärmekeimer** (Salzmann 1939; s. Kap. 23.4.1). Bei den von Lauer (1953) untersuchten Arten liegt das Keimungsoptimum über 20 °C und z. T. das Keimungsminimum über 15 °C (s. Abb. 23–5). Aber nicht alle Wildkräuter, die als Charakterarten der Hackfruchtacker-Gesellschaften gelten, sind Wärmekeimer. Gerade für die häufigsten unter ihnen, z. B. *Chenopodium album* und *Stellaria media* (s. Abb. 23–5), trifft dies nicht zu. Solche Arten mit weiter Amplitude der Keimungstemperatur sind regelmäßig auch in Getreideäckern zu finden, gedeihen dort aber weniger üppig als unter Hackfrüchten. Es handelt sich um Pflanzen, die hohe Ansprüche an ihre Ernährung stellen, und Hackfrüchte erhielten bis in jüngste Zeit in der Regel mehr Dünger als Wintergetreide.

Die von Lauer (1953) geprüften **Getreidewildkräuter** dagegen erwiesen sich als **Kältekeimer** mit optimalen Keimprozenten bei Temperaturen unter 10 °C; deren Keimung wird durch die fallenden Temperaturen im Herbst stimuliert. Haben diese und die indifferenten Arten den Acker bereits besetzt, wenn die Bodentemperaturen im Spätfrühling den Wärmekeimern zuzusagen beginnen, so können sich Letztere aus Lichtmangel kaum noch entwickeln. Erst nach der Getreideernte fällt genügend Licht auf den Boden, um sie emporkommen zu lassen. Findet die letzte Bearbeitung des Feldes in der warmen Jahreszeit statt, so haben die Wärmekeimer dagegen von vornherein einen guten Start (Koch 1970). Da sie sich nach Lauer

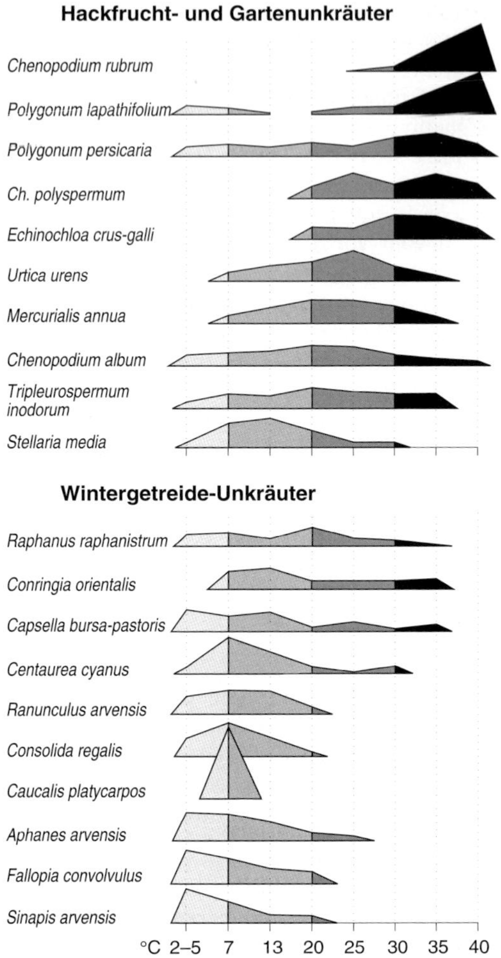

Abb. 23–5 Keimungsraten einiger vorwiegend in Sommerfrüchten und Gärten **(oben)** und einiger vorwiegend in Wintergetreide auftretender Ackerwildkräuter **(unten)** bei konstant gehaltenen Temperaturstufen. Nach Angaben von Lauer aus Ellenberg (1963), verändert. Die Kurven geben die prozentuale Verteilung aller gekeimten Samen auf die an der Abszisse abgetragenen Konstanttemperaturen an. Wärmekeimer laufen bevorzugt zwischen 20 und 30 °C (dunkel) oder sogar über 30 °C auf (schwarz). Kältekeimer werden durch Temperaturen unter 20 °C (heller grau), z. T. sogar unter 7 °C (ganz hell) begünstigt. Die Arten mit breiter Amplitude (z. B. *Raphanus* und *Capsella)* sind indifferent.

(1953) großenteils sehr rasch entfalten, gewinnen sie die Oberhand. Nicht nur die Keimung, auch das Wachstum der Jungpflanzen ist in starkem Maße von der Temperatur abhängig. So ist *Bupleurum rotundifolium* nach Günter (1997) nur dann konkurrenzstark, wenn die

Jungpflanzen in einem warmen Frühjahr hohe Wachstumsraten erreichen.

Während die Wärmekeimer unter den Hackfrucht-Wildkrautarten nicht ins Gebirge emporsteigen, sind die temperaturindifferenten Stickstoffzeiger auf den Äckern der montanen Stufe besonders zahlreich vertreten. Wo wegen zu hoher und zu lange andauernder Schneebedeckung oder aus anderen Gründen kein Wintergetreide mehr angebaut wird, fehlen auch viele typische Getreidewildkräuter (s. z. B. Waldis 1987). Mehr und mehr an Arten verarmend, stiegen Gesellschaften der Hackfruchtverbände VERONICO-EUPHORBION und SPERGULO-OXALIDION einst bis an die **oberen Grenzen des Ackerbaus** in den Alpen (> 2000 m Höhe) empor (Hügin 1995). Gesellschaften der Getreidewildkraut-Verbände CAUCALIDION PLATYCARPI und APHANION ARVENSIS fand man dagegen nur bis in etwa 1200 m Höhe. Heute ist der Ackerbau in den Hochgebirgstälern völlig unrentabel und verschwindet zusehends, wo er nicht schon längst erloschen ist.

Vergleicht man die mittleren Wärmezeigerwerte der Ackerwildkräuter von Kalkäckern mit denen von tiefgründigen Lehmäckern, entsteht der Eindruck, dass auch der Boden die Temperaturansprüche der Arten beeinflusst. Tatsächlich erwärmen sich die oft trockenen Kalkböden schneller als die feuchteren Lehmböden. Wahrscheinlich lassen sich aber die **höheren mittleren Temperaturzahlen der Kalkacker-Gesellschaften** vor allem durch die Flachgründigkeit dieser Standorte und den damit verbundenen geringen Deckungsgrad der Kulturpflanzen erklären (Ellenberg 1950).

Alle von Bornkamm (1961) experimentell geprüften Ackerwildkräuter gedeihen bei vollem Tageslicht am besten; sie sind also gegenüber dem Bestandesschatten der Kulturpflanzen mehr oder weniger empfindlich. Als am wenigsten **lichtbedürftig** können noch die nitrophytischen Wildkräuter der dicht schließenden Getreidebestände auf Lehmböden gelten. Am Beispiel der Beleuchtungsstärke, aber auch des Säuregrades und anderer Faktoren lässt sich auch für Ackerwildkräuter zeigen, dass viele von ihnen durch Konkurrenten auf unteroptimale Standorte verdrängt werden (s. Abb. 23–5). In Mischkultur unterdrücken nämlich hochwüchsige Arten wie Kornrade und Senf die niederwüchsigen, sodass diese unter dem vereinten Wettbewerbsdruck von Nutzpflanzen und überlegenen Wildkräutern mit relativ dunklen Plätzen vorlieb nehmen müssen.

23.4.3 Anpassung an die Feuchte und Durchlüftung des Bodens

Da ein lohnender Ackerbau weder auf nassen noch auf sehr trockenen Böden möglich ist, gedeihen die meisten Ackerwildkraut-Gesellschaften unter mittleren, für viele Pflanzenarten günstigen Feuchtigkeitsbedingungen. Abweichungen von diesen prägen sich, systematisch gesehen, nur als Subassoziationen, Varianten oder Subvarianten von Gesellschaften aus, deren Gefüge in erster Linie durch andere Faktoren bestimmt wurde. Trotzdem kann man Ackerwildkraut-Gesellschaften ebenso gut wie Grasland- oder Waldgesellschaften benutzen, um das Gelände in **„Wasserstufen"** einzuteilen und zu kartieren (Meisel & Wattendorf 1962, Manthey 2003). Wildkraut-Gesellschaften auf sauren Sandäckern gibt es von Portugal bis nach Estland. Sie lassen das Ozeanitätsgefälle des Klimas und die Wasserversorgung ebenso deutlich erkennen wie die viel naturnäheren Waldgesellschaften (Malato-Belitz et al. 1960).

(a) **Anpassung an Staunässe**. Auf zeitweilig staunassen und luftarmen Böden werden Pflanzenarten konkurrenzfähig, die sonst in Äckern und Gärten nur eine geringe Rolle spielen. Nach ihrem Verhalten und ihrer Wuchsform kann man drei Gruppen unterscheiden, deren Vertreter als Differenzialarten von Untereinheiten oft miteinander vermischt, stellenweise aber auch gesondert auftreten:

1) tief wurzelnde ausdauernde Arten, die meistens auf zeitweilige **Nässe im Unterboden** hindeuten: *Equisetum arvense*, *Polygonum amphibium* var. *terrestre*, *Tussilago farfara*;

2a) vorwiegend in der Ackerkrume wurzelnde ausdauernde Arten, die auf **Staunässe im Oberboden** ansprechen: *Agrostis stolonifera*, *Potentilla anserina*, *Equisetum sylvaticum*, *Ranunculus repens*, *Mentha arvensis*, *Rorippa sylvestris*, *Poa trivialis*, *Stachys palustris*;

2b) ähnlich wie die vorigen Arten sich verhaltend, aber weniger streng auf staunasse Böden beschränkt: *Aphanes arvensis*, *Poa annua*, *Alopecurus myosuroides*, *Sonchus arvensis* und *S. asper*, *Apera spica-venti*, *Ranunculus arvensis, Matricaria recutita, Tripleurospermum perforatum* u. a.;

3) flach wurzelnde, kurzlebige Nässekeimer, die sich nur bei ausreichender **Feuchtigkeit der Ackerkrume** entwickeln, aber **keine sicheren Staunässezeiger** sind (trotzdem werden sie in der Literatur immer noch als solche bezeichnet), und vorwiegend aus den Zwergbinsen-Gesellschaften (Kap. 21.1.2) stammend: *Gnaphalium uliginosum, Polygonum hydropiper, Juncus bufonius, Sagina apetala, S. procumbens, Plantago major* subsp. *intermedia* u. a.

Ellenberg & Snoy (1957) haben das physiologische Verhalten von mehreren der genannten Arten sowie von einigen „Trockenheitszeigern" bei der Keimung, während des Jugendwachstums und während der weiteren Entwicklung experimentell geprüft. Sie kamen zu dem überraschenden Ergebnis, dass sich die **Feuchtigkeitsansprüche** vieler der untersuchten Pflanzen **im Laufe ihres Lebens ändern**, ja ins Gegenteil verkehren (s. Abb. 23–6). *Gnaphalium uliginosum* z. B., der häufigste Vertreter der Gruppe 3, ist zwar ein ausgesprochener Nasskeimer und läuft am besten auf dauernd bis zur Oberfläche wasserdurchtränkten Böden auf. Je älter die Pflanze wird, desto mehr leidet sie aber unter dem in solchen Böden herrschenden Luftmangel. Bleibt dieser ungünstige Bodenzustand längere Zeit bestehen, so bildet sie nur ein ganz flach streichendes Wurzelwerk aus und fällt leicht Pilzen zum Opfer, die sie nicht zum Fruchten kommen lassen. Ähnlich verhalten sich *Juncus bufonius* und *Polygonum hydropiper*. Tatsächlich kommen diese Arten nie auf dauernd vernässten Böden vor. Sie gedeihen am kräftigsten auf tiefgründigen, gut durchlüfteten, aber immer gut durchfeuchteten Böden. Es ist also falsch, sie schlechthin als „Staunässezeiger" zu bezeichnen. Richtiger wäre es, von „Krumen-Feuchtigkeitszeigern" zu sprechen, zumal diese Arten in feuchten Jahren auf sicher nicht staunasse Böden übergreifen.

Unempfindlich gegen den mit ständiger Vernässung verbundenen Luftmangel sind dagegen die ausdauernden Arten der Gruppen 1 und

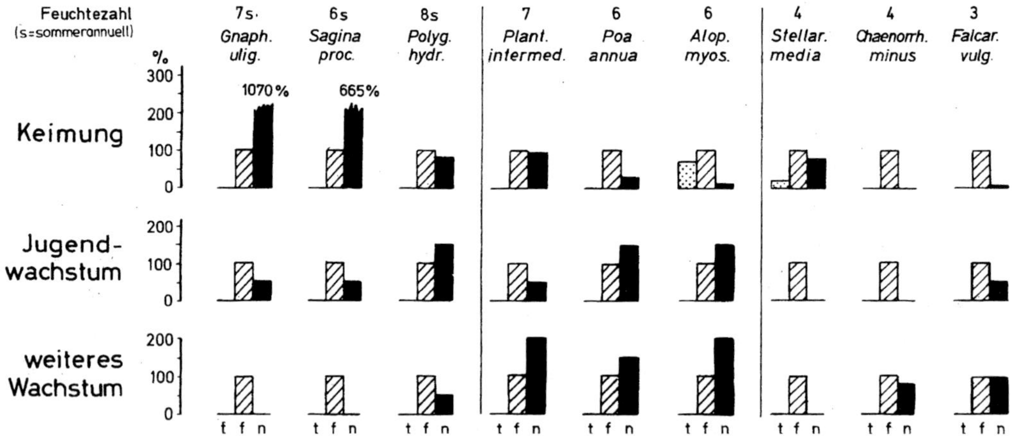

Abb. 23–6 Keimung, Jugendwachstum und weiteres vegetatives Wachstum werden von der Bodenfeuchtigkeit in verschiedener Weise beeinflusst, auch bei ein und derselben Pflanzenart. Das gilt sowohl für Feuchtigkeitszeiger (Feuchtezahl 7 und 8) als auch für Trockenheitszeiger (F 4 und 3) und für Arten, die vorwiegend auf mittleren Böden vorkommen. Nach Angaben von Snoy (s. Ellenberg & Snoy 1957), Feuchtezahlen (F) nach Ellenberg (1974).
Die Topfversuche wurden in drei Serien durchgeführt: In der trockenen (t, punktierte Blöcke) blieb die Saugspannung um 10 bar; in der nassen (n, schwarze Blöcke) stand der Wasserspiegel stets nahe der Bodenoberfläche. Die feuchte (f, schraffierte Blöcke) wurde täglich gut, aber nicht übermäßig begossen; sie dient als Bezugsgröße (= 100 %). *Gnaphalium uliginosum* und *Sagina procumbens* sind Nässekeimer (Keimungsrate in n ein Vielfaches von f). Schon in der Phase des Keimlingswachstums werden sie aber durch Nässe geschädigt (durchschnittliche Trockensubstanz-Produktion pro Topf in n höchstens 50 % von f). Später leiden sie bei Nässe so sehr, dass sie absterben. *Polygonum hydropiper,* vor allem aber *Plantago major* subsp. *intermedia, Poa annua* und *Alopecurus myosuroides,* verhalten sich eher umgekehrt. *Chaenarrhinum minus* und *Falcaria vulgaris,* die vorwiegend auf durchlässigen Böden zu finden sind, keimen nur bei normaler Feuchtigkeit. *Falcaria* kann später Nässe vertragen, nutzt diese Fähigkeit aber in der Natur nicht aus.

2a, namentlich *Ranunculus repens* und *Equisetum arvense*. Wie bei Sumpfpflanzen weisen ihre Wurzelrinden oder Rhizome große Aerenchyme auf. Diese ermöglichen es ihnen, mehr oder minder tief in völlig vernässte, sauerstofflose Böden einzudringen, während die Wurzeln vieler anderer Wildkrautarten und der meisten Kulturpflanzen flacher streichen. Infolgedessen werden die Staunässezeiger relativ begünstigt und verdienen ihren Namen zu Recht.

(b) **Anpassung an Wassermangel**. Sommerliche Trockenheit spielt auf vielen Äckern eine Rolle, nicht nur in sommertrockenen Regionen wie dem Oberrheingraben oder dem Burgenland. Nach ihren Bodenfeuchte-Zeigerwerten kann von der Mehrheit der Ackerwildkräuter angenommen werden, dass sie mehr oder weniger trockenheitsertragend sind. Besonders zahlreich sind Trockniszeiger in einigen Gesellschaften des CAUCALIDION PLATYCARPI, des PANICO-SETARION und des von Neophyten geprägten ERAGROSTION MINORIS. Aber auch in den anderen Ackerwildkraut-Verbänden lassen sich in der Regel bodentrockenere und bodenfeuchte Gemeinschaften auf der Ebene von Varianten und Subvarianten unterscheiden (Meisel & Wattendorf 1962, Schubert & Mahn 1968). Nach Messungen von Kudoke & Kaussmann (1973) erreichen die Oberböden nordostdeutscher Äcker unter trockenen Varianten im Sommer weniger als 10 Vol.%, z. T. sogar unter 5% Bodenfeuchte im Oberboden, während in den frischen und feuchten Varianten 10% nicht unterschritten werden.

Trockenstress lässt sich durch Ausbildung eines möglichst tief reichenden Wurzelsystems vermeiden. Wehsarg (1931) und Ellenberg (1950) haben 175 mitteldeutsche Ackerwildkraut-Arten nach ihrer typischen Wurzeltiefe klassifiziert:

a) **Oberkrumenwurzler**, deren Wurzeln selten tiefer als 10 cm reichen (z. B. *Juncus bufonius, Sagina procumbens, Gnaphalium uliginosum*);

b) **Flachwurzler**, deren Wurzeln bis etwa 20 cm vordringen (z. B. *Galeopsis tetrahit, Aphanes arvensis, Lamium amplexicaule*);

c) **Mitteltiefwurzler** mit Wurzeln bis etwa 30 cm (max. 50 cm) Tiefe (z. B. *Agrostemma githago, Adonis aestivalis, Erodium cicutarium*);

d) **Tiefwurzler**, die stets tiefer als 30–50 cm, selten bis 1 m wurzeln (z. B. *Equisetum arvense, Taraxacum officinale, Artemisia vulgaris*);

e) **Untergrundwurzler**, die häufig mehr als 1 m Tiefe erreichen (z. B. *Cirsium arvense, Convolvulus arvensis, Falcaria vulgaris*).

Die maximale Wurzeltiefe hängt allerdings stark von der Bodenart ab (Kutschera 1960). Von den 175 untersuchten Ackerwildkraut-Arten zählte Ellenberg (1950) 9% zu den Oberkrumenwurzlern, 41% zu den Flach-, 38% zu den Mitteltief-, 10% zu den Tief- und 2% zu den Untergrundwurzlern. Fast 90% der Arten erreichen also mit ihren Wurzeln kaum 30 cm und nur selten 50 cm Tiefe. Sie sind also kaum in der Lage, den feuchteren Unterboden zu erschließen. Viele Ackerwildkräuter wie die **Frühjahrsannuellen** unter ihnen vermeiden deshalb die sommerliche Trockenheit, indem sie ihren Lebenszyklus früh im Jahr abschließen.

In den bodentrockenen Ackerwildkraut-Gesellschaften treten außerdem vermehrt gebietsfremde wärmeliebende **Gräser mit C4-Photosyntheseweg** auf (z. B. *Digitaria ischaemum, Setaria*-Arten, *Eragrostis*-Arten, *Echinochloa crus-galli*).

23.4.4 Anpassung an das Nährstoffregime und Düngungswirkungen

Zu den Bodeneigenschaften, die einen starken Einfluss auf die Artenzusammensetzung der Ackerwildkraut-Gemeinschaften haben (oder zumindest bis vor Kurzem hatten), gehören vor allem die Bodenfeuchte (s. Kap. 23.4.3), die Basenversorgung und der pH-Wert. Tabelle 23–3 enthält einige Vegetationsaufnahmen in südwestdeutschen Äckern, die hinsichtlich des Bodensäuregrades eine gleitende Reihe bilden. In Finnland verhalten sich dieselben Arten nach Borg (1964) jedoch teilweise anders. Viele Vertreter der Lämmersalatfluren zeigen gegenüber der Basenversorgung calcifuges Verhalten, sind also auf saure Äcker beschränkt. Dazu gehören *Teesdalia nudicaulis, Hypochaeris glabra, Ornithopus perpusillus, Arnoseris minima* u. a.. Als calcicole, also Kalkstandorte bevorzugende Arten sind dagegen zahlreiche Vertreter des CAUCALIDION-Verbandes zu werten (z. B. *Caucalis platycarpos, Lathyrus tuberosus, Bupleurum rotundifolium*). In seiner standört-

Tab. 23–3 Säuregrad-Amplitude einiger Ackerwildkräuter in Südwestdeutschland und Mitteleuropa. Nach Ellenberg (1950) u. Ellenberg et al. (1992), etwas verändert. Die pH-Werte sind Durchschnitte aus zahlreichen Bestimmungen während des Jahres 1948 auf jeweils einer Dauerprobefläche. Die Ziffern in den Spalten 1 bis 25 bedeuten die höchste Menge, die im Laufe des Jahres 1948 erreicht wurde.

Laufende Nr.:	1	2	3	4	5	6	7	8	9	10	11	12	13	14	15	16	17	18	19	20	21	22	23	24	25	Ökol. Bewertung		
pH-Mittelwerte des Jahres 1948 – Einer	**4,**				**5,**						**6,**								**7,**							1950	1974	1992
Zehntel	5	6	6	8	1	2	3	5	7	8	1	3	4	4	5	5	7	9	0	2	2	2	2	3	3	R1-5	R1-9	R1-9
Ausgeprägte Säurezeiger:																												
Rumex acetosella	1	1																								1	2	2
Scleranthus annuus	1		2	+	1		2																			1	2	2
Spergula arvensis	2		+		1		2																			1	2	3
Säurezeiger im weiteren Sinne:																												
Aphanes arvensis			2	+					+					+												2	4	×[1]
Raphanus raphanistrum	2	2				2		2		1	3		+		2											2	4	4
Apera spica-venti	1	2	2	2	2	+	2	+	1		+	3	+			+	+	1								3	4	5
In der Mitte stehende Arten:																												
Matricaria recutita						2				2	+		2		2	2	1									3	5	5
Poa annua	1	1	+	+	3	2	2	1	1	2			1	1	+		1		+							3	×	×[1]
± Kalk bevorzugende Arten:																												
Sinapis arvensis						1		2		1	2		1	2	2	1	2	1	2	1	3	1	1	2	1	4	8	8[2]
Fumaria officinalis										1			1	1	2					1	1	+				4	6	6
Papaver rhoeas										+		+	+	+	3	+	2		3	+	1	2	+	+		4	7	7
Sonchus oleraceus												+			1		+	+		1	+	+		1	1	4	8	8[2]
Kalkzeiger:																												
Consolida regalis																			1	3	3	1	+		1	5	8	8
Galium tricornutum																					2	+	2	1		5	8	8
Caucalis platycarpos																			1			3	3	1		5	9	9
Anagallis foemina																					+		1	1	1	5	9	9

[1] Die Art ist als indifferent einzustufen, weil sie oft auch auf kalkreichen Böden vorkommt, wenn diese besser gedüngt sind. Die fünfstufige Bewertung 1950 beruhte nur auf Daten aus Württemberg. Später erschien aufgrund von Erfahrungen in Deutschland und der Schweiz eine neunstufige ratsam.

[2] Die Art müsste aufgrund der vorliegenden Liste eher als R 6 oder R 7 eingestuft werden, hat aber allgemein ein Schwergewicht auf basenreichen Böden. Die Veränderungen der ökologischen Zeigerwerte im Laufe der Zeit ergaben sich aus dem angewachsenen Datenmaterial aus ganz Mitteleuropa.

lichen Analyse der nordostdeutschen Ackervegetation konnte Manthey (2003) den stark differenzierenden **Einfluss der Basenvorräte und des pH-Wertes auf die Artenzusammensetzung** noch deutlich erkennen (s. Abb. 23–3), obwohl auch hier heute intensiv gekalkt und gedüngt wird.

Auch die Stickstoffverfügbarkeit beeinflusst die Artenzusammensetzung der Ackerwildkraut-Gesellschaften; deren Bedeutung ist aber offenbar geringer als der von Bodenfeuchte und Basenversorgung. Alle Ackerwildkräuter sind mehr oder minder **nährstoffbedürftig**; sie werden daher durch mäßige Ackerdüngung

(z. B. 40 kg N ha^{-1}) im Wachstum gefördert, erzielen einen besseren Keimerfolg und oft auch eine größere Samenproduktion (Wells 1979, Mahn 1984, Günter 1997). Gleichzeitig kann Düngung jedoch bei Ackerwildkräutern den Übergang von der vegetativen in die generative Phase verzögern und die Mortalität erhöhen (Mahn 1992, Bischoff 1996). Die heute üblichen hohen N-Düngungen (> 100 kg N ha^{-1}) führen zudem nur bei einigen Ackerwildkräutern zu Wachstumssteigerungen. Manche Arten (z. B. *Consolida regalis* und *Centaurea cyanus*) reagieren unter diesen Bedingungen mit einer Reduktion von Stoffproduktion und Blütenbildung (Svensson & Wigren 1982).

Wie Mayser (1954) experimentell zeigte, werden Ruderalpflanzen und **Hackfrucht-Wildkräuter** (z. B. *Amaranthus retroflexus*, *A. lividus*, *Solanum nigrum*, *Setaria verticillata*, *S. glauca* und *Echinochloa crus-galli*) sowohl bei der Keimung als auch im Wachstum **durch Stickstoffgaben stärker gefördert** als Getreide-Wildkräuter und gegen die Kulturart indifferente Wildkräuter (z. B. *Ranunculus arvensis*, *Bupleurum rotundifolium*, *Valerianella dentata*, *Sherardia arvensis* und *Sonchus arvensis*, s. Abb. 23–7 u. 23–8). Vor allem kleinwüchsige Wildkräuter können sich daher an stickstoffreichen Standorten kaum gegen die mastig wachsenden Chenopodiaceen, *Galium aparine*, *Stellaria media* und großblättrige Hackfrucht- und Gartenwildkräuter durchsetzen (Günter 1997). Diese erreichen in stark gedüngten Äckern oft hohe Deckungsgrade (Menck & Behrendt 1974), bleiben aber häufiger vegetativ als in nährstoffärmeren Äckern (Snaydon 1984, Franz et al. 1990). Bedingt durch das üppige Wachstum sowohl der Feldfrüchte als auch der nitrophytischen Wildkräuter, führt Stickstoffdüngung fast immer zu einer **Abnahme der Artenvielfalt** der Wildkrautgemeinschaft (Böhnert 1979, Pulcher-Häussling 1989, Kulp 1993). Schmitzberger et al. (2005) fanden in österreichischen Äckern eine lineare Abnahme der Artenzahl, wenn die N-Düngung von 50 auf 150 kg ha^{-1} erhöht wurde.

Ob Düngung generell zu einer Zunahme (wie sie Do van Long 1978 und Alkämper et al. 1979

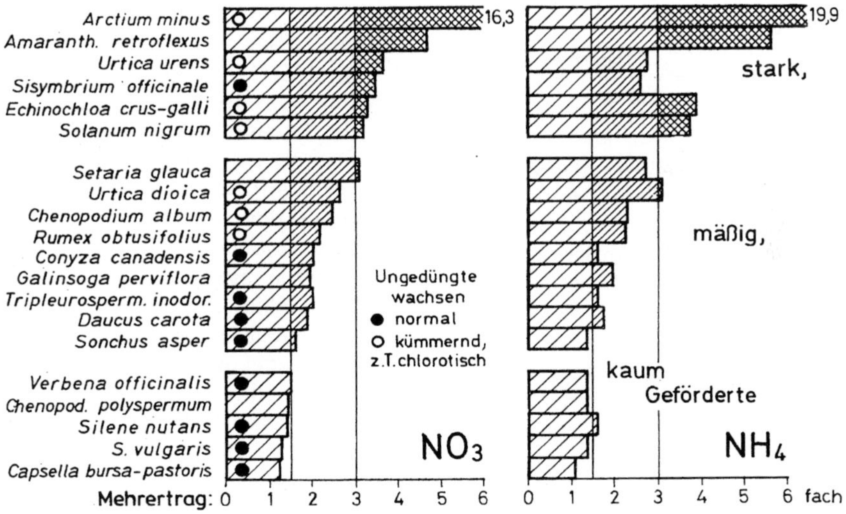

Abb. 23–7 Auswirkung gesteigerter Nitrat- und Ammoniumdüngung auf Reinbestände von Ackerwildkraut- und Ruderalpflanzen in Topfkulturen. Nach Daten von Mayser bei Walter (1963), verändert.
Die Gefäßversuche wurden mit einem Lehm-Sand-Gemisch bei gleichmäßiger Wasserversorgung (60 % der Wasserkap.) und PK-Grunddüngung durchgeführt, und zwar entweder mit keinem zusätzlichen Stickstoff (N_0) oder mit viel Stickstoff in Form von NO_3 bzw. NH_4. Die Blöcke geben den Mehrertrag in Vielfachen von N_0 an (oberirdisches Trockengewicht). Außer bei *Urtica urens* und *Sisymbrium* wirken beide Stickstoff-Formen annähernd in gleicher Weise ertragssteigernd. Ruderalpflanzen *(Arctium, Amaranthus* und *Sisymbrium)* werden am stärksten gefördert, Garten- und Hackfruchtwildkräuter (*Urtica urens, Echinochloa, Setaria*) ebenfalls stark, wenn auch nicht alle (*Chenopodium polyspermum*). Am wenigsten sprechen *Silene nutans* und *vulgaris* auf Düngung an, d. h. zwei Arten, die in mageren Rasen vorkommen. *Capsella bursa-pastoris* hat in der Natur eine weite Amplitude.

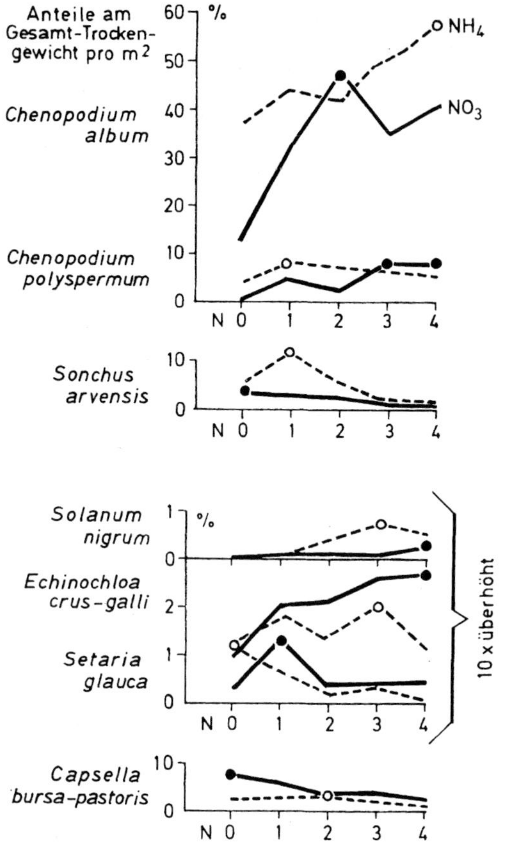

Abb. 23–8 Auswirkungen gesteigerter Ammonium- und Nitratdüngung auf einen Mischbestand von Ackerwildkrautarten. Nach Daten von Mayser bei Walter (1963), verändert. Die Mischkulturen wurden auf je 1 m² Gartenboden mit gleichen Individuenzahlen der beteiligten Arten bepflanzt und nicht (N=0) bzw. mit steigenden N-Mengen in Form von NH_4 oder von NO_3 gedüngt. Die Anteile am oberirdisch geernteten Gesamtbestand sind in % ausgedrückt.
Sowohl auf nicht zusätzlich gedüngtem Boden als auch bei NH_4- bzw. NO_3-Düngung ist der Weiße Gänsefuß (*Chenopodium album*) die dominierende Art, deren Wuchsleistung bei zunehmender N-Versorgung auch am stärksten gesteigert wird. Der Vielsamige Gänsefuß vermag mitzuhalten; der Schwarze Nachtschatten und die Hühnerhirse gewinnen sogar mit besserer N-Versorgung etwas an Raum. Die übrigen Arten werden aber zunehmend unterdrückt, obwohl sie ohne Konkurrenten sämtlich durch erhöhte N-Gaben gefördert werden. Beim Vergleich mit Abb. 23–7 fällt außerdem auf, dass *Chenopodium album* in Reinkultur weniger stark auf N-Düngung anspricht als *Echinochloa* und *Solanum nigrum*.

fanden) oder zu einer Verminderung der Verunkrautung führt (z. B. Radics 1990, Verschwele & Niemann 1992), ist vor allem davon abhängig, wie erfolgreich die Wildkräuter mit der Feldfrucht um Licht konkurrieren können. Das Ergebnis ändert sich mit der herrschenden Witterung, der Art der Feldfrucht und der Artenzusammensetzung der Wildkrautgemeinschaft (Schuboth & Mahn 1994, Bischoff 1996). Wird nämlich die Feldfrucht durch Düngung stark gefördert, wie dies bei den heute üblichen Hochleistungssorten der Fall ist, werden die Wildkräuter schnell ausgedunkelt. Eine Förderung erfahren dann allenfalls **windende Wildkräuter** wie *Fallopia convolvulus* und die *Vicia*-Arten sowie der Spreizklimmer *Galium aparine*, die sich dem Lichtmangel erfolgreich entziehen können.

Entscheidend für die Stickstoffwirkung auf die Vegetation ist die in der Vegetationsperiode nachgelieferte Menge an Mineral-Stickstoff. Diese wird in Äckern nicht nur von der Mineralisationsrate, sondern in immer stärkerem Maße von der Düngung bestimmt. Wie viel Dünger verabreicht wird, hängt wiederum von der Art der Feldfrucht ab und diese wechselt auf dem Acker mit der jährlichen Fruchtfolge (s. Kap. 23.7.1). Von Jahr zu Jahr deutlich variierende Stickstoffverfügbarkeiten mögen einer der Gründe sein, warum Manthey (2003) – anders als aus Wäldern und Mooren bekannt – keine klare Beziehung zwischen dem C/N-Verhältnis des Oberbodens und der zugehörigen Ackerwildkraut-Vegetation fand, obwohl dieses Verhältnis meist eng mit der N-Nachlieferung verbunden ist. Sicher hat auch die starke Düngung ehemals vorhandene **Unterschiede im Stickstoffangebot der Ackerstandorte mehr und mehr ausgeglichen.** In der Untersuchung von Manthey (2003) hatte allerdings der Gesamt-N-Gehalt des Bodens einen deutlichen Einfluss auf die Vegetationszusammensetzung. Der Stickstoff- und Kohlenstoffgehalt des Bodens wiederum hängt in starkem Maße von der Korngröße und damit von der Physik des Bodens ab.

Wenig einflussreich ist offenbar der Gehalt an pflanzenverfügbarem **Phosphor** im Boden: Manthey (2003) fand nur eine schwache Beziehung zwischen dem Kalzium-Acetat-Laktat-löslichen P (CAL-löslichen P) und der Vegetation nordostdeutscher Äcker (s. a. Trautmann 1954). Dies mag wie beim Stickstoff daran lie-

Tab. 23–4 Ackerwildkräuter mit ähnlichem ökologischem Verhalten in Bezug auf den Gehalt der Böden an Kalzium-Acetat-Laktat-löslichem Phosphor. Nach Nowack (1991).

Sehr gute P-Versorgung (5)	Mäßige P-Versorgung (3)	Sehr schlechte P-Versorgung (1)
Convolvulus arvensis	*Matricaria discoidea*	*Juncus bufonius*
Galinsoga parviflora	*Fumaria officinalis*	*Galium uliginosum*
Sonchus oleraceus	*Erodium cicutarium*	*Ranunculus repens*
Chaenarrhinum minus	*Viola tricolor*	*Arabidopsis thaliana*
	Plantago major	*Valerianella locusta*
		Scleranthus annuus
Gute P-Versorgung (4)	**Schlechte P-Versorgung (2)**	**Indifferente Arten (X)**
Lamium purpureum	*Aphanes arvensis*	*Galium aparine*
Tussilago farfara	*Rumex crispus*	*Polygonum aviculare*
Urtica urens	*Polygonum lapathifolium*	*Poa annua*
Sisymbrium officinalis	*Sagina procumbens*	*Vicia hirsuta*
Arenaria serpyllifolia	*Vicia tetrasperma*	*Veronica arvensis*
Senecio vulgaris	*Spergula arvensis*	*Galeopsis tetrahit*
Consolida regalis	*Anthemis cotula*	*Centaurea cyanus*
	Raphanus raphanistrum	*Equisetum arvense*

gen, dass P heute in den meisten mitteleuropäischen Ackerlandschaften (mit Ausnahme mancher Sandäcker) infolge intensiver Düngung kein wachstumslimitierender Faktor mehr ist (Scheffer & Schachtschabel 2002). Ähnliches gilt übrigens auch für die Kaliumversorgung, die von Manthey (2003) lediglich in den sauren Lämmersalat-Äckern als kritisch eingeschätzt wurde. In gewissem Widerspruch hierzu stehen die Ergebnisse von Nowack (1990), der in mittel- und nordwestdeutschen Äckern eine deutliche Beziehung zwischen dem Auftreten bestimmter Ackerwildkräuter und dem Bodengehalt an CAL-Phosphor fand. Er konnte sogar mehrere Wildkräuter als regionale **Zeiger für sechs Klassen des P-Angebotes** charakterisieren (s. Tab. 23–4). Wie unterschiedlich die P-Versorgung der Ackerwildkraut-Gemeinschaften tatsächlich ist, kann aber nur dann richtig beurteilt werden, wenn die Rolle der arbuskulären Mycorrhiza besser bekannt ist.

23.4.5 Auswirkungen der Bodenbearbeitung

Das mehr oder minder zahlreiche Auftreten von Hackfrucht- oder Getreidewildkräutern in verschiedenen Jahren auf ein und demselben Acker hängt zweifellos damit zusammen, dass je nach der angebauten Kulturpflanze bald die eine und bald die andere Gruppe stärker begünstigt wird. Welche Faktoren bewirken diesen Aspektwechsel?

Offenbar spielt die Natur der Deckfrucht als solche nur eine untergeordnete Rolle. **Nur in Ausnahmefällen lässt sich eine ausgesprochene Bevorzugung einer Feldfrucht durch bestimmte Ackerwildkräuter erkennen** (van Elsen 1994). Tatsächlich weisen Schläge z. B. von Winterweizen, Wintergerste und Raps sehr ähnliche Deckungsgrade und damit Lichtverhältnisse auf; auch Sommergetreide- und Hackfruchtäcker besitzen in heutiger Zeit eine nur geringfügig niedrigere Deckung (van Elsen 1994). Die feldfruchtabhängigen Unterschiede im Bestandesklima dürften also heute relativ unbedeutend sein. Auch die **Artenzahlen von Hackfrucht- und Getreideäckern sind sich immer ähnlicher geworden** (s. Abb. 23–9; s. a. May 1986). Alte Bauernregeln, die auf eine Bindung bestimmter Wildkräuter an einzelne Feldfrüchte hindeuten, lassen sich auch deckfruchtunabhängig erklären: kornblumenblaue Roggenfelder spiegeln vor allem den Schwerpunkt sowohl vom Roggenanbau als auch vom Kornblumenvorkommen auf ärmeren sandigen Böden wider; mohnrote Weizenfelder ergeben sich dagegen aus dem gemeinsamen Vorkommen auf reicheren Böden (van Elsen 1994).

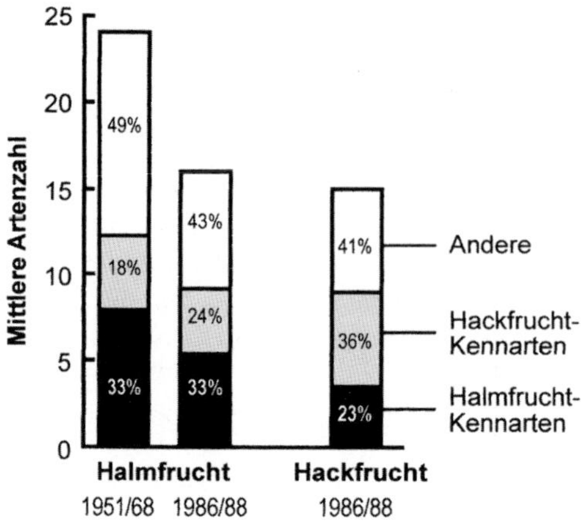

Abb. 23–9 Mittlere Artenzahl in Halm- (Getreide-) und Hackfrucht-Aufnahmen in Bayern im Zeitraum 1951 bis 1968 sowie 1986 bis 1988 und relativer Anteil von Gesellschafts-Kennarten am Artenspektrum der Einzelbestände. Nach Albrecht (1989), verändert.

Wichtiger als die Deckfrucht ist neben der Nährstoffversorgung die Art und Weise, wie und vor allem wann der Boden bearbeitet wurde: Sommerweizen, Hafer und Mais sind zwar Getreide, sie beherbergen aber „hackfruchtnahe" Wildkrautbestände. Doch besteht zwischen den mechanischen Maßnahmen und der Artenkombination der Wildkräuter kein direkter Zusammenhang. „**Hackfruchtwildkräuter**" erwiesen sich keineswegs als resistenter gegen öfteres Hacken als die meisten „**Getreidewildkräuter**". Eher ist das Gegenteil der Fall, wie ein bei Stuttgart ausgeführter Versuch mit 1- bis 16-fachem Hacken ergab (Ellenberg, unveröff.). Ausschlaggebend ist vielmehr der **Zeitpunkt, zu dem die letzte intensive Bodenbearbeitung erfolgt**. Liegt dieser im Spätherbst oder im Vorfrühling, so entsteht eine mehr oder minder typische „Getreide-Wildkraut-Gesellschaft", einerlei, ob Getreide angebaut wird oder nicht. Wird erst im Mai oder Juni oder gar noch später im Sommer gehackt, oder wird vor diesem Zeitpunkt alles „Unkraut" chemisch bekämpft, so bildet sich dagegen auf demselben Acker eine „Hackwildkraut-Gesellschaft" aus, vorausgesetzt, dass es sich um einen zuvor jahrzehntelang abwechselnd mit Hackfrüchten und Getreide bebauten Acker handelt. Im Ackerbau mit nicht-wendender Bodenbearbeitung kann sich das Artenspektrum der Segetalflora verändern; vor allem der Anteil der Geophyten nimmt zu, während die annuellen Kräuter zurückgehen (Froud-Williams et al. 1983).

23.4.6 Auswirkungen der Herbizidbehandlung

Keine Bewirtschaftungsmaßnahme hat die Zusammensetzung der Ackerwildkraut-Gesellschaften so tief greifend verändert wie der fast flächendeckende Einsatz von selektiv gegen Unkräuter wirkenden Herbiziden im Ackerbau in den letzten 30 bis 40 Jahren, der die mechanische Unkrautbekämpfung ab etwa 1960 weitgehend ersetzte (Helmecke & Mahn 1984). Die Toleranz der Ackerwildkräuter gegenüber Herbiziden hängt vor allem von deren **Keimzeitpunkt** ab. Besonders empfindlich sind die Kältekeimer, also die Wintergetreide-Wildkräuter, die nach Herbizidbehandlung meist dramatisch zurückgehen, wie z. B. *Consolida regalis*, *Adonis aestivalis*, *Myosurus minimus*, *Legousia speculum-veneris*, *Scandix pecten-veneris*, *Ranunculus arvensis*, *Lithospermum arvense*, *Veronica triphyllos*, *Centaurea cyanus*, *Veronica hederifolia*, *Papaver rhoeas*, *Valerianella locusta* und *Vicia hirsuta*.

Arten ohne Bindung an tiefe Keimtemperaturen reagieren unterschiedlich auf Herbizidbehandlung: So sind *Stellaria media* und *Capsella bursa-pastoris* relativ wenig empfindlich, weil sie in der frostfreien Zeit das ganze Jahr über keimen und einen sehr kurzen Entwicklungszyklus durchlaufen. Geringe Herbizidempfindlichkeit zeigen auch manche „Ungräser", darunter *Alopecurus myosuroides*, *Digitaria ischaemum*, *Apera spica-venti*, *Avena fatua* und *Poa annua*, alle mit einem **kurzen Entwicklungszyklus** und so **hoher Samenbildungsrate**, dass auch bei sehr hohem Wirkungsgrad der Herbizide eine ausreichende Reproduktion gewährleistet ist. Arten mit starker vegetativer Ausbreitung wie die Quecke sind nur mit Totalherbiziden bekämpfbar. Oft profitieren die Gräser sogar von der nun reduzierten Konkurrenz durch dikotyle Segetalpflanzen auf dem gespritzten Getreidefeld, weil Herbizide mit Wuchsstoffwirkung in erster Linie breitblättrige Dikotyle schädigen. Lokale Sippen passen sich an Wirkungslücken an (Pötsch & Busch 1985, Sturny et al. 1984, Börner 1995). *Chenopodium ficifolium* z. B. keimt heute offenbar in einem weiteren Temperaturbereich als noch vor 50 Jahren. Diese **Anpassung** erlaubt dem Feigenblättrigen Gänsefuß das Auflaufen sowohl im

Frühjahr als auch Sommer und eröffnet damit die Chance, der Herbizidanwendung zu entkommen (Otte 1991).

Werden Herbizide auf einem zuvor langjährig ungespritzten Acker eingesetzt, sinkt nach van Elsen (1994) die Ackerwildkraut-Artenzahl auf ein Viertel, während deren Deckung Werte nahe null erreicht (s. Abb. 23–10). Vor allem im Bestandesinneren ist die Herbizidwirkung oft nahezu vollkommen, sodass nur noch wenige Arten wie *Veronica arvensis*, *Viola arvensis*, *Stellaria media* oder *Galium aparine* mit breiter ökologischer Amplitude ausharren. Diese nun **kenn- und trennartenlose Artenkombination** kann man meist noch nicht einmal den Ackerwildkraut-Gesellschaften zuordnen (van Elsen 1994). In Bayern hat ein zehnjähriger Herbizideinsatz auch zum Erlöschen der Diasporenbank vieler Arten geführt (Albrecht 1989); in diesen Äckern ist also eine rasche Regeneration nach Aussetzen der Herbizidanwendung kaum mehr möglich. In anderen Regionen war die typische Segetalflora bereits nach 5 Jahren intensiven Spritzens und Düngens weitgehend erloschen (Bischoff 1996). Der moderne konventionelle Ackerbau führt also zu Kulturpflanzen-Reinbeständen mit wenigen nitrophilen, weitgehend an den Herbizideinsatz angepassten Begleitern, die ihren Verbreitungsschwerpunkt außerhalb der Äcker haben. Entscheidende Voraussetzung für das Ausharren auf dem intensiv bewirtschafteten Acker ist die Fähigkeit, mit dem Lebenszyklus **flexibel auf Störungen aller Art zu reagieren** und trotz dieser viele Samen zu produzieren, sodass eine relativ langlebige Diasporenbank im Boden entstehen kann. Eine neue Dimension der Zerstörung mitteleuropäischer Acker-Phytozönosen ist durch die gentechnisch induzierte Resistenz von Kulturpflanzen gegen Totalherbizide zu erwarten (Dietz et al. 1993).

Auch **Weinberge** werden in der Regel intensiv mit Herbiziden behandelt. Wie die Vegetationsaufnahmen in Tabelle 23–2 zeigen, sind gespritzte Weinberge zwar ärmer an bodendeckenden Kräutern (Aufnahmen 3 u. 4 der Tabelle), jedoch durchaus nicht frei von ihnen. Die charakteristischen Geophyten entwickeln sich bereits sehr zeitig im Frühjahr und sind großenteils schon abgeblüht, wenn die intensive Arbeit im Weinberg und die erste gründliche Herbizidanwendung beginnt. Manche gut keimenden und raschwüchsigen, kurzlebigen Arten wie *Stellaria media* vermögen sich zwischen den Spritzterminen zu entwickeln, werden also gegenüber anderen indirekt begünstigt.

23.5 Populationsbiologie und Synökologie

23.5.1 Phänologie

Beim Anbau von **Wintergetreide** wird das Saatbett schon im Herbst nach dem Pflügen bereitet. Wintergrüne Wildkräuter und -gräser, die bei niedrigen Temperaturen keimen, herrschen in diesen Kulturen vor (s. Abb. 23–11). Sie haben im Frühjahr einen Entwicklungsvorsprung und unterdrücken erfolgreich die erst im März oder April keimenden Sommerannuellen. Lediglich einige Vorfrühlingskeimer haben neben den Wintergrünen eine Chance. Winterroggen, der sich im Frühjahr schneller als Winterweizen entwickelt, duldet besonders wenige Sommerannuelle, da die Lichtkonkurrenz besonders intensiv ist. Wird **Sommergetreide** angebaut, bereiten die Landwirte das Saatbett

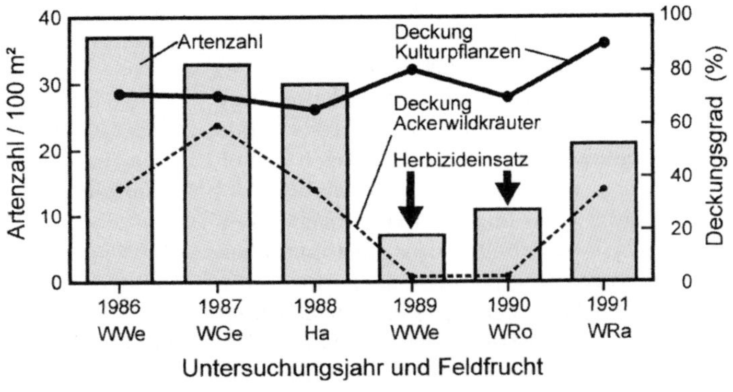

Abb. 23–10 Artenzahlen im Randstreifen eines bislang ungespritzten Ackers auf Buntsandstein in Nordhessen vor, während und nach Herbizideinsatz. Nach van Elsen (1994), verändert.

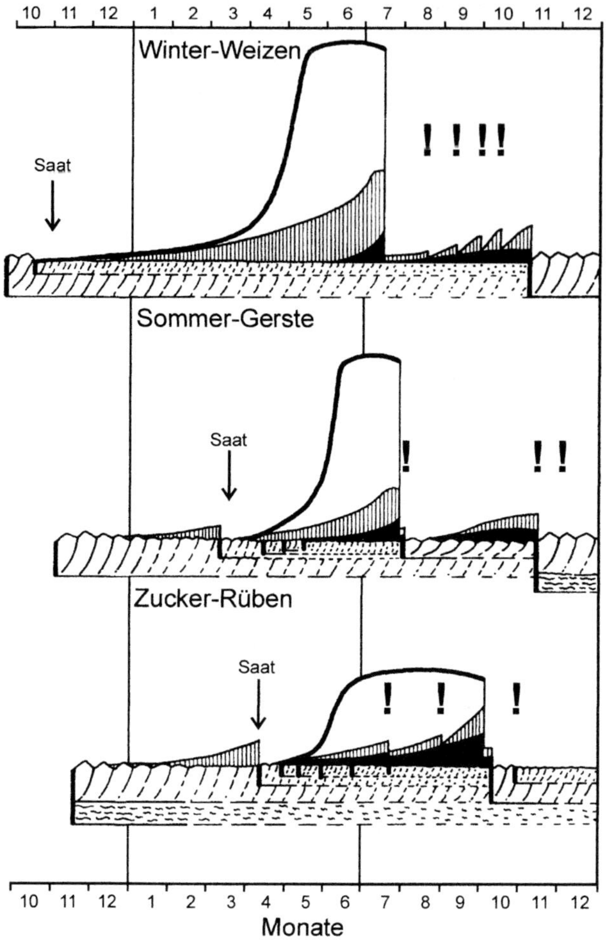

Abb. 23–11 Bearbeitung des Ackers und Entwicklung der Wildkräuter unter verschiedenen Feldfrüchten (dicke Linie = Feldfrucht, schraffiert = wintergrüne Wildkräuter, schwarz = sommergrüne Wildkräuter, Ausrufezeichen = Störungen der Wildkrautentwicklung durch Bodenbearbeitung). Nach Ellenberg (1950), verändert.

erst im Frühjahr, was sommerannuelle Wildkräuter begünstigt, während nur noch wenige Winterannuelle keimen.

Beim Anbau von **Hackfrüchten** beginnt die Bodenbearbeitung so spät (bei Kartoffeln und Rüben im April, bei Mais erst im Mai), dass sommerannuelle Wildkräuter durch die warme Witterung bei noch wenig Schattenwurf besonders günstige Wachstumsbedingungen erfahren und den Winterannuellen in der Wachstumsrate überlegen sind. Schneider et al. (1994) haben eine Zuordnung von 80 Segetalpflanzen zu Keimungstypen vorgenommen.

Manche Ackerwildkraut-Arten erreichen eine erhebliche Variabilität ihrer phänologischen Entwicklung dadurch, dass sie in mehreren Jahreszeiten **saisonbezogene Rassen mit unterschiedlicher Lebensdauer** ausbilden. Beispielsweise bringt *Lamium purpureum* auf dem Acker außer einer bei höheren Temperaturen keimenden und normal blühenden Sommerrasse auch eine bei niedrigen Temperaturen auflaufende, kleistogame Herbst- und Winterrasse hervor (Koch 1970). Eine derartige phänologische Variabilität dürfte die Überlebensrate der Meta-Population bei intensiver Landbewirtschaftung deutlich erhöhen.

23.5.2 Diasporenbank und Ausbreitung

Eine **hohe Samendichte** ist für viele Segetalpflanzen entscheidende Grundlage ihres Durchsetzungsvermögens auf dem Acker; bei *Chenopodium album* wurden z. B. bis zu 500 000 Samen pro Pflanze gezählt (Holm et al. 1977). Ackerböden enthielten deshalb bis in die jüngste Vergangenheit oft große Mengen an Ackerwildkraut-Diasporen. Beispielsweise ermittelte Albrecht (1989) für 140 bayerische Äcker einen Medianwert von 8270 keimfähigen Samen pro m^2; Kropac (1966) gibt für Äcker bei Prag 15 000 m^{-2} an, Wesolowski (1979) für ostpolnische Sandäcker bis 47 000 m^{-2}, und Korsmo (1930) fand sogar Maxima von 150 000 m^{-2}. Die kleinräumige Variabilität der Diasporendichte ist nach Albrecht & Forster (1996) und Albrecht & Pilgram (1997) sehr groß und hängt stark von der vorhergehenden Nutzung ab. Im Allgemeinen sind die **Diasporenvorräte bodensaurer Äcker deutlich umfangreicher als diejenigen von basen- und kalkreichen Ackerböden:** Albrecht (1989) zählte bei pH-Werten von 4,0–4,5 etwa 40 000 Samen pro m^2, bei pH-Werten über 7,0 dagegen nur noch rund 5000. Die Bewirtschaftungsintensität beeinflusst nach Schubert et al. (2002) auch die Keimrate und die genetische Diversität der Segetalarten.

Besonders zahlreich sind die Ausbreitungseinheiten in **krumenfeuchten Ackerböden**, wo insbesondere *Juncus bufonius* hohe Dichten erreichen kann. Bringt man die im Bodenmaterial befindlichen Samen zur Keimung, sind darin in den meisten Fällen viel weniger Ackerwildkraut-Arten vertreten als in der aktuell vorhandenen Vegetation. Das liegt daran, dass manche Arten (wie z. B. *Lithospermum arvense*) nur wenige Samen produzieren, andere sich nur vegetativ ausbreiten; viele Arten sind jedoch allein aufgrund ihrer Seltenheit in selektiv entnommenen Bodenproben nicht enthalten (Albrecht 1995). Albrecht (1989) fand in bayerischen Ackerböden im Mittel 16 (minimal 3, maximal 31) Arten in der Samenbank, also deutlich weniger als auf dem Acker (s. Tab. 23–5; vgl. auch Sautter 1994). Neben dem Krumenfeuchtezeiger *Juncus bufonius* sind in mitteleuropäischen Ackerböden meist die Diasporen von *Chenopodium album*, *Stellaria media*, *Viola arvensis*, *Apera spica-venti*, *Poa annua*, *Capsella bursa-pastoris*, *Myosotis arvensis*, *Polygonum aviculare*, *Veronica persica* und *Matricaria recutita* am häufigsten (Buchli 1936, von Borstel 1974, Wesolowski 1979, Hurle et al. 1988).

Viele Ackerwildkräuter besitzen kurzlebige Samen; vor allem die schweren Samen sind meist **nur wenige Jahre keimfähig** (Koch 1969, Lewis 1973, Schneider et al. 1994, Albrecht 1995). Eine Reihe von Arten bleibt jedoch 20 und mehr Jahre keimbereit (Wäldchen et al. 2005). Nur Krumenfeuchtezeiger wie *Centunculus minimus*, *Ranunculus sardous*, *Myosurus minimus* oder *Sagina procumbens* zeigen ausgeprägte Dormanz. Die Diasporenbank von Äckern geht ohne eine erneute Auffüllung um 30–42 % pro Jahr zurück (Roberts & Dawkins 1967, Roberts & Feast 1973 a, b). Barralis et al. (1988) maßen bei 17 Segetalarten sogar jährliche **Abbauraten der Diasporenbank** von 40–80 %. Nach rund 5 Jahren ist deshalb der Diasporenvorrat vieler Arten auf weniger als 10 % abgesunken, wenn eine Nachlieferung ausbleibt (Bischoff 1996). Manche Ackerwildkräuter mit langer Diasporen-Keimfähigkeit überdauern allerdings eine jahrzehntelange Zwischennutzung durch Grünland oder Wald oder eine entsprechend lange Zeit chemischer Bekämpfung und erscheinen dann überraschend wieder (Fischer 1987, Wäldchen et al. 2005).

Nicht nur Herbizidanwendung, auch die bis vor Kurzem sehr verbreitete wendende Bodenbearbeitung trägt entscheidend zur schnellen Verarmung der Diasporenbank bei. Nach Bischoff (1996) bleiben nur etwa 5 % der in einem Jahr gebildeten Diasporen an der Bodenoberfläche; vor allem die kleinen Samen gelangen dagegen in Bodentiefen, aus denen kein Auflaufen mehr möglich ist. Aus diesem Grund haben heute die Diasporenquellen der näheren Umgebung eine entscheidende Bedeutung für die Zusammensetzung der Ackerwildkraut-Vegetation (vgl. Kap. 23.7.2).

Wird ein alter Waldboden, ein entwässertes Moor oder ein anderes, bisher niemals beackertes Geländestück in Kultur genommen, so ist das Neuland zunächst fast frei von echten Ackerwildkräutern. Wenn in der Nähe keine Wildkrautfluren vorhanden sind, dauert es lange, bis sich eine standortgemäße und artenreiche Gemeinschaft herausbildet. Zuerst siedeln sich Gattungen wie *Cirsium*, *Sonchus*, *Senecio* oder *Taraxacum* an, deren Samen durch den Wind herangetragen werden. Bei viehhaltenden Betrieben gelangen Wildkräuter auch mit dem Stallmist auf den Acker, und zwar besonders solche, deren Samen widerstandsfähig gegen Fäulnisbakterien sind, nach Wehsarg (1912) z. B. *Chenopodium album*, *Stellaria media* und manche Leguminosen. Wieder andere werden an den Hufen von Wild- und Haustieren oder an den Rädern von Fahrzeugen klebend herangeschleppt oder bei unvollständiger Reinigung mit dem Saatgut angesät. Aber noch nach Jahrzehnten sieht man nach

Tab. 23–5 Bewuchs und Samenvorrat einer dreijährigen Sozialbrache (nicht mehr bearbeiteter Acker) auf saurer Ranker-Braunerde im Dillgebiet, 380 m ü.NN. Nach Angaben von von Borstel (1974).

Arten mit Schwerpunkten	B	S	Arten mit Schwerpunkten	B	S
in **Unkrautfluren:**			*Fallopia convolvulus*	+	1
z *Centaurea cyanus*	2		*Rumex crispus*		11
z *Bromus secalinus*	+		v *Rumex acetosella*		2
Sonchus asper	+		*Veronica hederifolia*		2
Apera spica-venti	**3**	2	in **Waldlichtungen:**		
Tripleurospermum perforatum	2	64	*Epilobium montanum*		37
Myosotis arvensis	+	105	*Epilobium tetragonum* subsp. *lamyi*		28
Viola arvensis	+	104	*Gnaphalium sylvaticum*		4
Chenopodium album	+	35	im **Grünland:**		
Vicia hirsuta subsp. *arvensis*	+	3	*Dactylis glomerata*	+	
Galeopsis tetrahit	+	2	*Phleum pratense*	+	
Raphanus raphanistrum	+	2	v *Alopecurus pratensis*	+	
Scleranthus annuus	+	2	*Anthoxanthum odoratum*	+	
z *Veronica persica*		66	v *Leucanthemum vulgare*	+	
z *Arabidopsis thaliana*		49	*Ranunculus acris*	+	
z *Gnaphalium uliginosum*		40	*Alchemilla vulgaris* agg.	+	
Capsella bursa-pastoris		6	*Cirsium palustre*	+	
Spergula arvensis		5	*Trifolium pratense*	+	
Thlaspi arvense		1	*Trifolium hybridum*	+	
Lamium purpureum		1	v *Agrostis tenuis*	**3**	590
in **verschiedenen** Formationen:			v *Poa trivialis*	**3**	370
v *Elymus repens*	1		*Holcus lanatus*	2	104
Galium aparine	1		v *Trifolium repens*	+	5
v *Linaria vulgaris*	+		v *Festuca rubra* agg.	+	4
Verbascum nigrum	+		v *Galium mollugo*	+	2
Plantago major	+		v *Poa pratensis*		25
Poa annua	+	12	*Hypericum perforatum*		6
v *Cirsium arvense*	1	8	*Hypericum maculatum*		1
Rumex obtusifolius	+	2	*Veronica serpyllifolia*		1
Polygonum aviculare	+	1			

B = Derzeitiger Bewuchs von 100 m² nach dreijährigem Brachliegen des ehemaligen Ackerfeldes. Die Ziffern bedeuten Mengen im Sinne von Braun-Blanquet.

S = Zahl der Samen, die aus Proben der Ackerkrume von 10 cm Mächtigkeit und insgesamt 800 cm² Fläche zum Keimen gebracht wurden (1 = 12,5 pro m²).

v = Arten mit starker vegetativer Vermehrung.

z = Rasch zurückgehende Saatunkräuter und andere Annuelle.

Holzgewächse fehlen noch!

J. Tüxen (1958) und Albrecht & Pilgram (1997) an der Artenkombination, dass es sich um einen Neuumbruch handelt.

Dies wird auch dadurch verursacht, dass nur wenige Segetalpflanzen über **Mittel zur Fernausbreitung** verfügen. Typische Ausbreitungswege von Ackerwildkräutern sind Schleudermechanismen (z. B. bei *Euphorbia*), Klettvorrichtungen (z. B. *Centunculus minimus*) und Ameisenausbreitung mithilfe von Elaiosomen (z. B. *Melampyrum arvense* und *Euphorbia*), die nur über wenige Meter wirksam sind (Bischoff 1999, Albrecht et al. 1999/2000). Nach Kothe-Heinrich (1991) brauchte eine Population von *Valerianella rimosa* 4 Jahre, um einen Wirtschaftsweg zu überschreiten. Segetalpflanzen ohne spezifische Flugapparate **benötigen für Strecken von 100 m oft mehr als 10 Jahre** (Bischoff 1996). Regelmäßig herbizidbehandelte Äcker ohne nennenswerte Ackerwildkraut-Populationen stellen daher heute nahezu unüberwindliche Ausbreitungsbarrieren für die Segetalflora dar (Oesau 1991). Früher wie heute sind also die meisten Segetalpflanzen **auf die Ausbreitung durch den Menschen angewiesen.** Bis in die Mitte des 20. Jahrhunderts geschah das vor allem mit dem Saatguttransport und mit wandernden Haustieren (Wehsarg 1918, Korsmo 1930); heute spielen Bodenbearbeitungs- und Erntemaschinen immer noch eine wichtige Rolle.

23.5.3 Populationsdynamik

Neben einer oft **geringen Keimrate** (vielfach unter 1 %, Günter 1997) ist die hohe Sterblichkeit der Keimlinge bei Winterfrost ein entscheidender, die Populationsgröße bestimmender Faktor; sie hängt nach Rademacher (1964) und Debaeke (1988) vom Entwicklungsstadium der Keimlinge ab. Je früher die Keimlinge auflaufen, umso größer sind sie zu Beginn des Winters und desto größer ist deren Überlebensrate. Aus diesem Grund hat der moderne Ackerbau den Saattermin insbesondere des Winterweizens vom frühen in den späten Herbst verschoben, sodass ein Teil der Unkrautbekämpfung vom Frost übernommen wird. Günter (1997) fand dementsprechend bei *Centaurea cyanea* mit recht großen Keimlingen zu Winterbeginn die geringste **Wintermortalität**, während die Sterblichkeit bei *Consolida regalis* und *Bupleurum rotundifolium* sowie insbesondere bei *Valerianella dentata* mit zunehmend kleineren Keimlingen signifikant größer war. Erhebliche interannuelle Schwankungen zeigt die Präsenz von Feuchtezeigern wie *Juncus bufonius* und *Gnaphalium uliginosum*, deren Samen nur in günstigen Jahren massenhaft auflaufen.

An das Störungsregime auf dem Acker und die intensive Konkurrenz durch die Feldfrüchte hat sich das Klettenlabkraut (*Galium aparine*) erfolgreich durch eine stark verkürzte vegetative Entwicklung im Frühjahr angepasst; im Gegensatz zu den im Wald lebenden zweijährigen Individuen des Labkrauts sind die Ackerpflanzen nämlich annuell (Auge 1991). Nur Letztere können der starken Beschattung der Feldfrüchte durch Spreizklimmen und starkes Sprosswachstum entkommen. Die Waldpopulationen bilden zwar mehr Wurzeln aus, haben aber niederliegenden Wuchs mit nur geringer Internodienstreckung. Diese genetisch determinierten Eigenschaften sind vor allem als Anpassung an Lichtmangel am Waldboden zu werten.

Eine Populationsstudie an *Veronica triphyllos* zeigte, dass diese gefährdete Segetalpflanze durch ihre Keimung bei niedrigen Temperaturen (bevorzugt bei 10 °C), einen frühen Blüh- und Reifezeitpunkt im März vor der Unkrautbekämpfung und eine persistente Diasporenbank als gut an Wintergetreide auf sandigen, zu Sommertrockenheit neigenden Böden angepasst gelten muss (Albrecht et al. 1999/2000). Unterbleibende Ausbreitung durch Dünger oder Mähdrescher hat heute aber zu einer starken **Isolation der Restpopulationen** vieler seltener Segetalarten in der Agrarlandschaft geführt. Entfernungen von mehreren hundert Metern bis zu vielen Kilometern zwischen den verbliebenen, häufig individuenarmen Restbeständen sind heute vielerorts die Regel (Frühauf 1999). Genetischer Austausch zwischen diesen Refugien ist ohne Hilfe von Mensch oder Haustier nicht möglich (s. Kap. 23.5.2). Genetische Verarmung und zunehmende Anfälligkeit der Populationen gegenüber Umweltveränderungen kennzeichnen heute die Ackerwildkraut-Vegetation in ähnlicher Weise wie jene von inselartig verbreiteten Trockenrasenresten (Becker 2003; s. Kap. 18.8.3).

23.6 Produktivität und Stoffumsätze

23.6.1 Wasserumsatz

Der **Wasserverbrauch der Ackerkulturen** nimmt mit der Verdunstungsbeanspruchung der Atmosphäre und damit in Richtung auf das kontinentale Europa deutlich zu (s. Tab. 23–6). Gleichzeitig sinkt bei ein und derselben Feldfrucht der Transpirationskoeffizient, also das Produktionsäquivalent der Transpiration, weil sich der Ertrag vom ozeanischen zum subkontinentalen Klima nur wenig verändert. Nach den Erfahrungswerten von Ehlers (1996) bestehen zudem große Unterschiede im Wasserverbrauch verschiedener Feldfrüchte: Hackfrüchte wie Kartoffeln und Erbsen verbrauchen relativ

Tab. 23–6 Geschätzter Wasserverbrauch für vier verschiedene Feldfrüchte in Abhängigkeit vom mittleren Sättigungsdefizit der Atmosphäre (nur Lichtstunden des Tages) an drei Standorten in Nordwest- und Mitteldeutschland (Heide in Holstein: ozeanisch; Göttingen: subozeanisch; Erfurt: subkontinental). Nach Ehlers (1996).

Feldfrucht	Ort	Sättigungsdefizit (Pa)	Transpirations-Koeffizient ($l\ kg^{-1}$)	Wasserverbrauch (mm)	Ertragserwartung ($t\ ha^{-1}$)
Mais	Heide	748	101	202	20
	Göttingen	972	131	263	
	Erfurt	1099	149	297	
Kartoffeln	Heide	748	121	193	16
	Göttingen	972	157	250	
	Erfurt	1099	177	284	
Weizen	Heide	748	169	254	15
	Göttingen	972	228	342	
	Erfurt	1099	259	388	
Erbsen	Heide	748	218	152	7
	Göttingen	972	269	188	
	Erfurt	1099	297	208	

wenig Wasser, weil sie spät gesät werden und die Bodenbearbeitung die Bodenverdunstung unterdrückt; **hohe Verdunstungsraten zeigen dagegen Getreide und Mais.** Düngung erhöht in der Regel die Verdunstung, weil die Blattfläche wächst; Kulturen auf Sandböden verdunsten weniger als solche auf Lehmböden. Intensiv bewirtschaftete Getreidefelder in sommerwarmen Regionen Mitteleuropas transpirieren nach Ehlers (1996) mehr als 350 mm pro Jahr und damit gleich viel oder mehr als ein Laubwald an vergleichbarem Standort, obwohl dessen Vegetationsperiode länger ist. Allerdings hat Letzterer eine höhere Interzeption, vor allem im Winter.

23.6.2 Nährstoffumsätze

Seit den frühesten Tagen des Ackerbaus hat der Mensch versucht, die mit der Ernte verbundenen Nährstoffverluste über Düngung auszugleichen, zunächst durch das Vieh, das in Brachejahren oder im Zuge der Nachweide auf die Äcker getrieben wurde, später durch Ausbringen von Stallmist, Jauche oder auch Heideplaggen. Heute haben Gülle, Klärschlamm und Mineraldünger diese Nährstoffquellen weithin ersetzt. Abbildung 23–12 verdeutlicht die **Zunahme der Stickstoffdüngung im Ackerland** Deutschlands seit 1950 von rund 25 kg N ha^{-1} auf 130 kg Ende der 1980er-Jahre und die gleichzeitig erzielte Verdreifachung des Winterweizenertrages. In ähnlichem Maße zugenommen haben die Phosphor- und Kalium-Düngermengen, so in Deutschland von 25 auf mehr als 60 kg ha^{-1} P_2O_5 und von 45 auf 90 kg ha^{-1} K_2O zwischen 1950 und etwa 1980. Diese Düngergaben muss man zu der Netto-Mineralisationsrate hinzuaddieren, um die jährlichen, für die Ackerpflanzen zur Verfügung stehenden N-, P- und K-Mengen zu erhalten. Seit den 1980er-Jahren sind die K- und P-Düngermengen stark rückläufig und liegen etwa bei den Mengen von 1950. Die N-Düngung hat sich nach einem leichten Rückgang bei etwa 105 kg N ha^{-1} stabilisiert (s. Abb. 13–12).

Nach Zoldan (1981), der Freiland-Inkubationsmessungen in südniedersächsischen und hessischen Äckern durchführte, hängt die

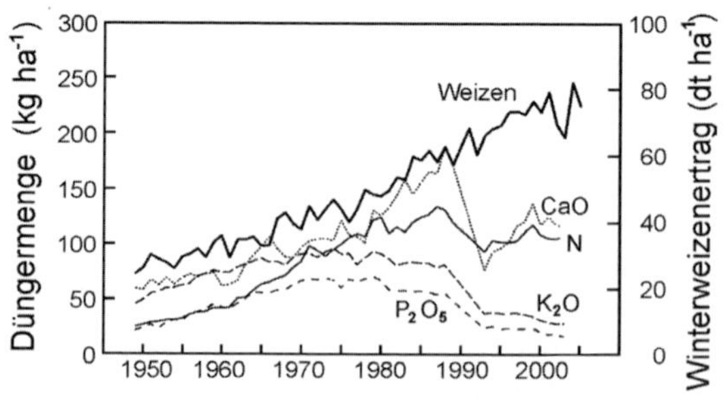

Abb. 23–12 Entwicklung der N-, P- und K-Düngermengen und der Winterweizen-Erträge auf den Äckern Deutschlands von 1950 bis 2005 (bis 1989 Westdeutschland, seit 1990 Gesamt-Deutschland; einschließlich der Brachflächen). Nach Zahlen des Statistischen Bundesamtes, Wiesbaden.

N-Mineralisation bemerkenswerterweise weniger vom C/N-Verhältnis oder vom Gesamt-N-Vorrat bzw. von den Frühjahrsgehalten an Mineralstickstoff im Boden ab, sondern in erster Linie von der Bodenfeuchte. Bedeutsam ist außerdem der Gehalt an organischer Substanz (Czeratzki 1973). Die Nachlieferung sank nämlich in der Reihe kalkreicher Lössacker – kalkarmer Lössacker – Acker auf Sandstein – Sandacker – Acker auf Muschelkalk – Acker auf Dolomit ab, folgte also im Wesentlichen dem mittleren Bodenfeuchte-Gradienten. Unterschiede zwischen Hackfruchtäckern (im Mittel 168 kg N pro Hektar und Vegetationsperiode, Spanne 93–299), Wintergetreide-Äckern (97 kg N pro Hektar und VP, Spanne 49–145) und Sommergetreide-Äckern (79 kg N pro Hektar und VP, Spanne 50–101) beruhen wahrscheinlich in erster Linie auf der Unterschiedlichkeit der Bodensubstrate und ihrer Eigenschaften und weniger auf dem Einfluss von Bewirtschaftung oder Feldfrucht. Addiert man den Düngereintrag zu den mineralisierten Mengen, so ergab sich in den verschiedenen Äckern ein jährliches N-Angebot im Bereich von 150–412 kg N pro Hektar und Vegetationsperiode; die bakterielle Mineralisation trug im Mittel zu 45–68 % zum Gesamtangebot bei.

Die **Nitrifikation** verläuft aufgrund des Pflügens und der daraus resultierenden guten Durchlüftung in fast allen Äckern sehr intensiv. Mineralischer N-Dünger wird in der Regel zunächst mikrobiell immobilisiert und steht den Pflanzen erst mit Verzögerung zur Verfügung (Körschens & Mahn 1995); in tonreichen Böden werden zudem große Mengen von Ammonium (bis 100 kg N ha^{-1} in den obersten 30 cm) an Tonmineralien fixiert (Nieder 1996). Dünger kann darüber hinaus die bakterielle Mineralisierung hemmen (Zoldan 1981). Wenn in einem humiden Klima viel leicht umsetzbare organische Bodensubstanz vorhanden ist, kann es zu hohen **Nitratausträgen** aus gedüngten Ackerböden und deren Brachen (bis zu 100 kg N ha^{-1} a^{-1}) kommen (Waldhardt & Schmidt 1993). Nach Nieder (1996) nehmen die Austräge von Kartoffeln über Getreide bis hin zu Zuckerrüben ab. Reiche Wildkrautbestände können nützlich sein, weil sie überschüssiges Nitrat aufnehmen und über die Vegetationsperiode festlegen, ebenso wie Winterungen. Bei den heute reduzierten N-Düngermengen sind die NO_3-Austräge jedoch in der Regel deutlich niedriger: Modellrechnungen von Nieder (1996) ergaben im Mittel in Niedersachsen 16 kg N ha^{-1} a^{-1} für schwere Böden und 63 kg N ha^{-1} a^{-1} für leichte. Über die **Denitrifikation** wird auch nach reichlicher Düngung im Mittel nur 2,7 % des Düngers als Lachgas an die Atmosphäre abgegeben. Jungkunst et al. (2006) nennen Spitzenwerte der Lachgas-Emission aus mitteleuropäischen Ackerböden von 17 kg ha^{-1} a^{-1}. In einer überschlägigen **N-Bilanz für die landwirtschaftliche Fläche Westdeutschlands** (Äcker und Grünland) für das Jahr 1986 stand einer Gesamtzufuhr von 218 kg N ha^{-1} a^{-1} (Mineraldünger: 126, Import-Futtermittel: 47, Immissionen und biologische N-Bindung: 45) nur eine mittlere Netto-Ausfuhr in Form von geernteten Pflanzen und Tierprodukten von 51 kg gegenüber. **Im Boden reicherten sich rund 48 kg a^{-1} an.** Gasförmig abgegeben wurden als Ammoniak 44 kg a^{-1} und als oxidierter Stickstoff über die Denitrifikation 25 kg a^{-1}. Durch Auswaschung ins Grundwasser gingen weitere 45 kg und durch Erosion 5 kg jährlich verloren (Isermann 1990, Baeumer 1992).

Stark gesunkene Phosphordüngung hat in Deutschland seit etwa 15 Jahren zu einer ausgeglichenen **P-Bilanz** und einer Abnahme der P-Vorräte in vielen Acker-Ökosystemen geführt.

23.7 Vegetationsdynamik

23.7.1 Interannuelle Fluktuation und Veränderungen mit der Fruchtfolge

Da viele Arten kurzlebig sind, reagieren die Ackerwildkraut-Gemeinschaften deutlicher als die meisten anderen Pflanzengesellschaften Mitteleuropas auf den von Jahr zu Jahr eintretenden Wechsel der Standortfaktoren. Ein nasses Frühjahr z. B. begünstigt Feuchtigkeitskeimer, ein dürrer Sommer dagegen ausdauernde Wildkräuter, weil die Annuellen weniger Samen ausreifen können als in Normaljahren (Koch 1955). Bei reichlicher Düngung machen sich anspruchsvolle Arten breit, die sonst kümmernd zurücktreten. Vor allem aber wirkt sich der **jährliche Wechsel der Deckfrucht sowie der Bearbeitungsabfolge** und der Bekämpfungsmittel auf die Wildkrautbestände aus. Um mit Rademacher (1948) zu sprechen, entstehen dadurch verschiedene „Aspekte“ der in Form von Samen und unterirdischen Organen dauernd latent gegenwärtigen Wildkrautgemeinschaften. Trotz gleitender Übergänge werden diese in der pflanzensoziologischen Systematik leider immer noch von vielen Autoren hartnäckig unterschieden.

Fruchtfolgebedingte Veränderungen in der Zusammensetzung der Ackerwildkraut-Gesellschaften auf ein und demselben Acker studierte van Elsen (1994) in Mitteldeutschland und der Eifel. In seinen überwiegend basenreichen Äckern förderte der Sommergetreide-Anbau erwartungsgemäß sommerannuelle Wildkräuter der Hackfrucht-Gesellschaften (V. VERONICO-EUPHORBION); die Saatwucherblumen-Gesellschaft war sogar an diese Wirtschaftsform gebunden. Bei Wintergetreide-Anbau waren Arten der Sandmohn-Gesellschaft wie *Papaver argemone* und *Veronica triphyllos* zahlreicher (s. Abb. 23–13). Wurde Getreide von Kartoffeln abgelöst, traten dagegen *Mercurialis annua*, *Sonchus asper*, *Fumaria officinalis* und *Atriplex patula* in den Vordergrund (s. Abb. 23–14). In der Regel hatten diese jahrweisen Veränderungen aber nicht den Charakter eines Wechsels zwischen verschiedenen Assoziationen, sondern es handelte sich eher um Verschiebungen in der Häufigkeit der Arten innerhalb einer Gesellschaft.

23.7.2 Sekundäre Sukzession auf Ackerbrachen

Während günstig gelegene und großflächige Äcker in den letzten Jahrzehnten immer intensiver bewirtschaftet wurden, bleiben in Großstadtnähe und an Grenzertragstandorten zunehmend Äcker brach liegen, auf denen Sukzession stattfindet. Diese **Ackerbrachen-Sukzession (old-field succession)** ist in Mitteleuropa in Dauerbeobachtungsflächen oder Chronosequenzen mehrfach studiert worden, so in Tschechien (z. B. Leps 1987, Prach 1982, Osbornova et al. 1990), Polen (Symonides 1985, Falinski 1986) und Deutschland (z. B. Schmidt 1988, 1993, van Elsen & Günther 1992, Tischew 1994, Schmiedeknecht 1995, Hilbig 1996, Toetz 2000).

Richtung und Geschwindigkeit der sekundären Sukzession und deren zugrunde liegende Prozesse werden in hohem Maße vom Standort, dem früheren Bewirtschaftsregime des Ackers und der umgebenden Vegetation und dessen Artenpool bestimmt. Vor allem in den ersten Jahren nach dem Brachfallen treten deshalb

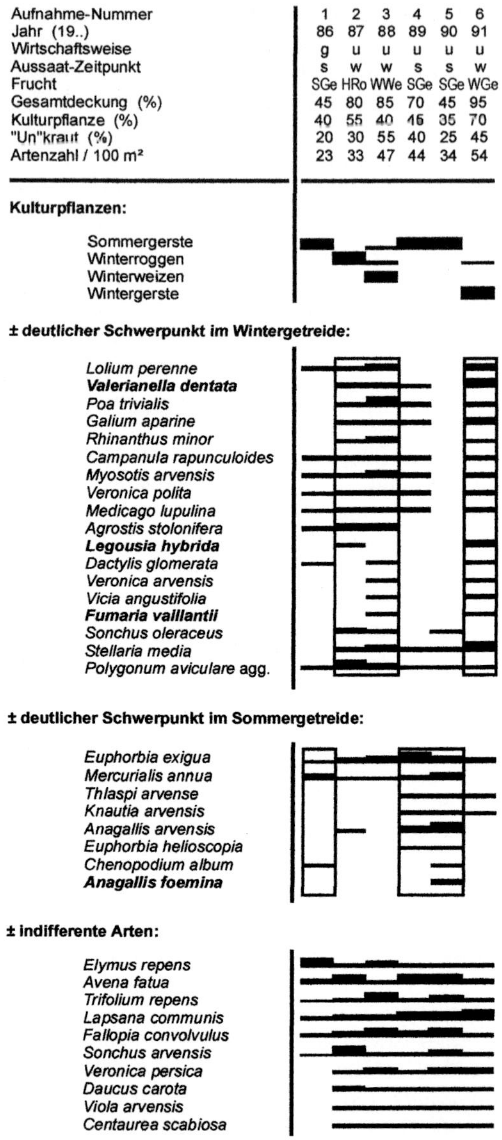

Abb. 23–13 Fluktuation der Ackerwildkraut-Vegetation bei Wechsel von Winter- und Sommergetreide in einem nordhessischen Kalkacker. Nach van Elsen (1994), gekürzt.

sehr verschiedenartige Artenverbindungen auf, die von Vertretern der Ackerwildkraut-Fluren, Ruderalfluren und Queckenfluren dominiert werden. Mit Fortschreiten der Sukzession in Richtung auf gehölzdominierte Gesellschaften gleichen sich verschiedene Entwicklungsreihen aber mehr und mehr einander an.

Auf nicht zu trockenem oder zu feuchtem Ackerland kann in weniger als 25 Jahren ein

Abb. 23–14 Fluktuation der Ackerwildkraut-Vegetation bei Wechsel von Getreide- und Hackfrucht-Anbau in einem nordhessischen Kalkacker; enthalten sind Aufnahmen sowohl vom Feldrand (Spalten R) als auch Feldinneren (Spalten I). Nach van Elsen (1994), gekürzt.

Aufnahme-Nummer	1a	1b	2a	2b	3a	3b	4a	4b	5a	5b	6a	6b
Rand / Innenbereich	R	I	R	I	R	I	R	I	R	I	R	I
Jahr (19..)	86	86	87	87	88	88	89	89	90	90	91	91
Wirtschaftsweise	u	u	u	u	u	u	u	u	u	u	u	u
Bearbeitungs-Zeitpunkt	H	H	S	S	W	W	H	H	H	H	S	S
Gesamtdeckung (%)	75	80	85	90	90	90	63	60	50	75	90	90
Kulturpflanze (%)	60	70	60	80	45	45	45	55	40	65	60	90
"Un"kraut (%)	20	15	40	15	60	50	30	10	20	15	40	25
Artenzahl / 100 m²	39	37	39	18	46	38	26	22	24	14	40	29

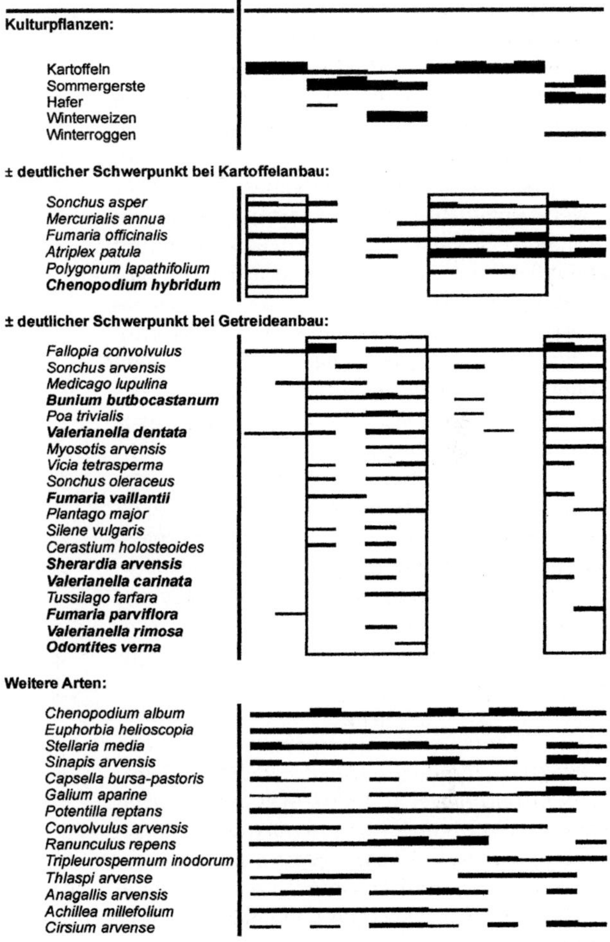

Vorwald von mehr als 10 m Höhe entstehen, wie der Ackerbrachen-Sukzessionsversuch im Neuen Botanischen Garten in Göttingen (Schmidt 1981, 1993) und die vergleichende Studie in verschiedenen Sukzessionsstadien im böhmischen Karst (Osbornova et al. 1990) zeigen.

Zu Beginn der Sukzession in Göttingen herrschten Arten der Klassen Stellarietea mediae und Sisymbrietea, d. h. einjährige Ackerwildkräuter und Ruderalpflanzen, vor. Sehr rasch gewannen jedoch Arten der Klasse Artemisietea die Oberhand, d. h. ausdauernde Ruderalpflanzen und langlebigere Ackerwildkräuter (s. a. Krumbiegel et al. 1995). Arten der übrigen Gesellschaften gestörter Plätze (namentlich die Agropyretalia intermedio-repentis, die Plantaginetea und Agrostietalia stoloniferae) trugen nur wenig zur Dominanz dieser Gruppe bei. Einen wesentlich größeren Anteil an der Staudenherrschaft in den Jahren 3 bis 9 der Sukzession hatten dagegen Vertreter der Kulturwiesen (Molinio-Arrhenatheretea), der Magerrasen (Festuco-Brometea) und der Heiden und Borstgrasrasen (Nardo-Callunetea). Auch diese Klassen umfassen mithin zahlreiche Arten mit wirksamen Ausbreitungsmitteln.

Arten der Waldlichtungsfluren (EPILOBIETEA ANGUSTIFOLIAE) sind ebenfalls als gute Wanderer bekannt. Deren Anteil nahm wie jener der Vertreter der Krautsäume von Gebüschen und Wäldern (TRIFOLIO-GERANIETEA) vor allem ab dem 10. Jahr der Sukzession zu.

Lokale Einflussfaktoren wie der vorhandene Diasporenpool, der Artenpool der Umgebung, das Ausmaß von Herbivorie und die Art der Vornutzung prägen die Vegetationsabfolge in den ersten 30 Jahren der Sukzession entscheidend (Krumbiegel & Klotz 1996, Prach et al. 2007). Dies zeigt eine Gegenüberstellung der jeweils **dominanten Pflanzenarten**, die in den drei Acker-Sukzessionsreihen in Göttingen (auf bodenfrischem Lösslehm) und Böhmen (auf bodenfrischer Terra fusca bzw. bodentrockener Braunerde) aufeinander folgten: In Göttingen waren dies (kodominante Arten hinter dem Schrägstrich, subdominante in Klammern) *Papaver rhoeas* (*Sonchus* div. sp.) – *Galium aparine* (*Conyza canadensis*) – *Epilobium* (div. sp.) – *Tussilago farfara* – *Picris hieracioides* – *Solidago canadensis* – *Salix caprea* – *Fraxinus excelsior* (*Betula pendula*), in der bodenfrischen böhmischen Reihe *Tripleurospermum maritimum/Stellaria media* u. a. – *Elymus repens* – *Arrhenatherum elatius/Festuca pratensis* u. a. – *Prunus spinosa/Crataegus* (div. sp.) und in der bodentrockenen böhmischen Abfolge *Papaver rhoeas* – *Carduus acanthoides* – *Elymus repens/Artemisia vulgaris* – *Poa angustifolia/Festuca rupicola* (Schmidt 1981, 1988, Osbornova et al. 1990). In stark gestörten Landschaften können invasive Arten wie *Solidago canadensis*, *Calamagrostis epigejos* sowie *Epilobium*- und *Aster*-Arten nach wenigen Jahren Dominanzbestände aufbauen (Prach et al. 2007).

Dennoch sind einige Verallgemeinerungen zum **Verlauf mitteleuropäischer Ackersukzessionen** und deren treibenden Kräften möglich:

1) Die anfangs vorherrschenden Therophyten werden sukzessive von Zweijährigen und nachfolgend von mehrjährigen Gräsern, Kräutern und schließlich langlebigen Gehölzen abgelöst (s. Abb. 23–15a u. 23–16). Unter den Mehrjährigen herrschen anfangs meist Arten mit effektiver vegetativer Ausbreitung wie *Elymus repens* und *Solidago canadensis* vor (Schmiedeknecht 1995). Dieser Wandel geht mit einer **Abfolge pflanzlicher Strategietypen** (Grime 2001) von den „Ruderalen" (R) zu den

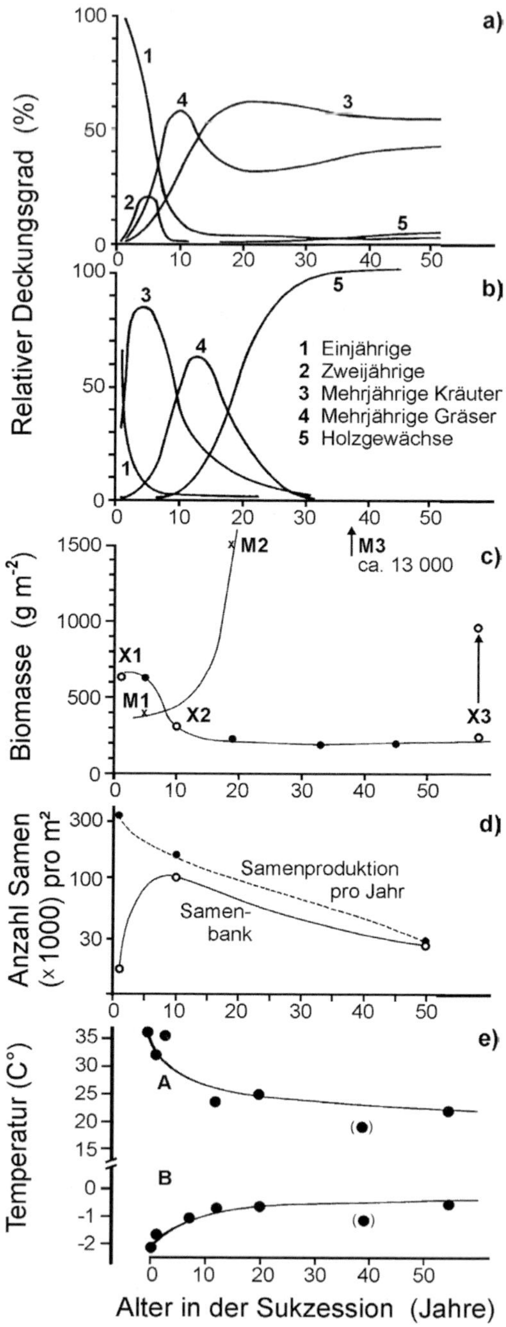

Abb. 23–15 Änderung im relativen Anteil pflanzlicher Lebensformen (a: bodentrockener Standort; b: bodenfrischer Standort), der oberirdischen Biomasse (c; X: bodentrockener Standort, M: bodenfrischer Standort), der Samenzahl (d) und der Bodentemperatur (e; A: Maxima, B: Minima) während der ersten 60 Jahre von Ackerbrachen-Sukzessionen in Böhmen. Nach Osbornova et al. (1990), verändert.

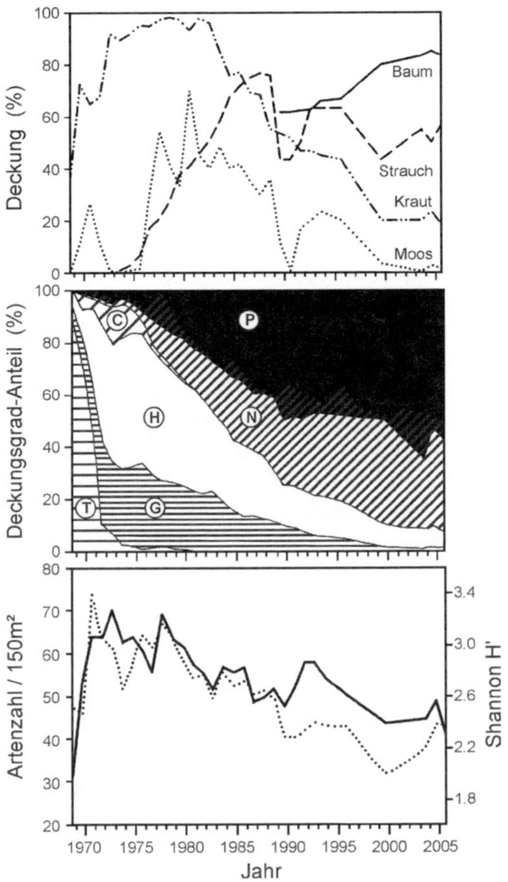

Abb. 23–16 Zeitliche Veränderung der Vegetationsdeckung verschiedener Schichten (oben), des Anteils pflanzlicher Lebensformen (Mitte) und der Artenvielfalt (unten) im Verlauf einer fast 40-jährigen ungestörten Ackerbrachen-Sukzession auf nährstoffreichem Lehmboden im Neuen Botanischen Garten der Universität Göttingen. Nach Schmidt (1993), Dölle & Schmidt (2007) und Schmidt (unveröff.). Unterste Abbildung: Artenzahl = ausgezogene Linie, Shannon-Index = gepunktete Linie

„Konkurrenzstarken" (C–R, C) und schließlich den Stresstolerierern (S) einher. Das Einwandern von Gehölzen kann durch Bodentrockenheit, eine dicht schließende Decke aus Gräsern und Kräutern und durch hohen Fraßdruck viele Jahrzehnte lang verzögert werden (vgl. Kap. 19.7.2). Ein rascher Anstieg der pflanzlichen Biomasse findet daher nur in Sukzessionen mit früher Gehölzbesiedlung statt.

2) In den Initialstadien wird der Keimungserfolg und damit die Artenzusammensetzung wesentlich von der kleinräumigen **Heterogenität des Bodens** beeinflusst. In späteren Stadien spielt Konkurrenzstärke eine entscheidende Rolle.

3) Die **Samenproduktion** fällt im Verlauf der Sukzession von den hohen Werten der Therophyten kontinuierlich ab (Symonides 1986, Albrecht 2004); die Samenbank erreicht nach rund 10 Jahren oder früher ein Maximum und verringert sich anschließend (s. Abb. 23–15 b).

4) Die **Artendiversität der Gefäßpflanzen** kann im Verlauf von Ackersukzessionen sowohl ansteigen als auch abfallen; Diversitätsveränderungen sind eng an das Auftreten dominanter Arten gebunden (Monk 1983). In der Göttinger Ackersukzession wurde die höchste Artenvielfalt nach 4 Jahren während des staudenreichen Stadiums erreicht (s. Abb. 23–16), in den böhmischen Reihen im 3. Jahr (s. Abb. 23–15 c). Mit Aufkommen einer Strauchschicht im Stauden-Gebüsch-Stadium (etwa 5 bis 15 Jahre nach dem Brachfallen) sanken die Artenzahlen bereits wieder.

5) In den ersten 30 Jahren entsprechen die Prozesse des Artenwandels vor allem dem „**Toleranzmodell**" sowie dem „**Inhibitionsmodell**" von Connell & Slatyer (1977); mit dem Einwandern von Gehölzen wird dagegen „**Begünstigung**" (facilitation) zunehmend wichtiger (s. Kap. 17.7.3).

6) Wenn die Ackerbrachen-Sukzession als Abfolge der pflanzlichen Strategietypen von den Ruderalen über die Konkurrenzstarken zu den Stresstolerierern abläuft, dann wird die **Geschwindigkeit des Vegetationswandels** mit fortschreitender Sukzession ab- und die Konstanz oder Dauerhaftigkeit der Vegetationsmuster zunehmen (Leps 1987). Parallel steigt die Resistenz gegen externe Störungen an, während die Resilienz, d. h. die Geschwindigkeit der Erholung nach einer Störung, geringer wird.

7) Im zunehmend dichter schließenden Bestand sinken die Maxima der **Bodenoberflächen-Temperatur** mit fortschreitender Sukzession ab, während die Eindringtiefe von Frost in den Boden abnimmt (s. Abb. 23–15 d).

8) Brachfallen kann anfangs zu einer Zunahme der **Nitratausträge** aus Äckern führen, weil die hohen Ernteentzüge wegfallen (Jagnow & Söchtig 1981, Russow et al. 1995). In längerer Perspektive wird jedoch Stickstoff in langlebiger Biomasse festgelegt und damit werden die Austräge reduziert.

9) Nach mehreren Dekaden der Ackersukzession kann **Phosphor** vermehrt in organischer wie auch in okkludierter Form vorliegen und damit schlechter pflanzenverfügbar sein als zu Beginn des Brachfallens (Osbornova et al. 1990, Schmidt 1993). In diesem Zeithorizont wurde auch eine Reduktion der Kaliumverfügbarkeit beobachtet (Schmidt 1981, 1993, Wurbs & Glemnitz 1997), während die **Bodenstickstoffgehalte** in der Regel nur sehr langsam abnehmen (Büring 1970, Karrer et al. 1997).

23.8 Menschlicher Einfluss

23.8.1 Zusammenbruch der Ackerwildkraut-Populationen in jüngster Zeit und dessen Ursachen

a) Solange es in Mitteleuropa Äcker gibt, hat sich die Begleitvegetation der angebauten Kulturpflanzen wiederholt verändert, und zwar so, dass sie immer wieder teils an Arten bereichert, teils aber auch ihrer entledigt wurde (Burrichter et al. 1993). Bereits um 1950 waren durch Änderungen in der Artenzusammensetzung der Feldfrüchte und durch die Einführung der **maschinellen Saatgutreinigung** verschiedene Segetalpflanzen im Stuttgarter Raum weitgehend verschwunden, die noch um 1860 sehr verbreitet waren (Koch 1980). Im Zuge der raschen Technisierung der Bodenbearbeitung und mit dem Beginn der chemischen Unkrautbekämpfung seit etwa 1950 ist die Artenverarmung zunehmend rascher vorangeschritten. 1962 wies Tüxen auf den **Kennartenverlust der Ackerwildkraut-Gesellschaften hin**. In den folgenden 40 Jahren wurde aus zahlreichen Regionen Mitteleuropas über oft drastische Rückgänge der Segetalflora berichtet, so z. B. aus der Stolzenauer Wesermarsch (Meisel 1966), Süddeutschland (Bachthaler 1968), Nordwestdeutschland (Meisel & Hübschmann 1976), Südniedersachsen (Wagenitz & Meyer 1981), dem Münsterland (Reuß 1981), Nordhessen (Hotze & van Elsen 2006), dem Erzgebirge (Köck 1984), dem Niederrheingebiet (Kutzelnigg 1984), Sachsen-Anhalt (Hilbig 1985), mehreren Regionen Ostdeutschlands (Pötsch & Busch 1985), Bremen (Kulp & Cordes 1986), Bayern (Otte 1984, Braun 1988, Albrecht 1989), Österreich (Ries 1992), Nordwestpolen (Borowiec 1988) und der Niederlausitz (Kläge 1999).

Tatsächlich haben in **keinem Lebensraum der mitteleuropäischen Kulturlandschaft die Populationsgrößen und die Diversität der Vegetation in den letzten 30 Jahren so stark abgenommen wie im Ackerland**. In vielen Regionen übertrifft der Zusammenbruch der Ackerwildkraut-Gemeinschaften noch das Ausmaß der Verluste im bodenfrischen und bodenfeuchten Grünland (s. Kap. 19.8.1). In Deutschland gelten heute rund 120 der etwa 350 Segetalflora-Sippen als gefährdet, 15 bis 18 Arten als ausgestorben (Korneck & Sukopp 1988, Schneider et al. 1994). 92 von diesen (etwa 69 %) sind Segetalpflanzen im engeren Sinne, haben also ihren Verbreitungsschwerpunkt in Äckern, Weinbergen oder Gärten. Der größte Teil wiederum sind **Getreidebegleiter** (73 Sippen). In einer Meta-Analyse von 13 Studien zum Rückgang der Segetalflora in Deutschland in den vergangenen 20 bis 30 Jahren zeigten 67 von 96 Ackerwildkraut-Arten im Mittel aller Untersuchungen eine signifikante Häufigkeitsabnahme oder eine Verringerung um mindestens eine Stetigkeitsklasse, aber nur 9 Arten (*Avena fatua*, *Echinochloa crus-galli*, *Galium aparine*, *Lamium purpureum*, *Lapsana communis*, *Matricaria discoidea*, *Tripleurospermum perforatum* und die *Galinsoga*-Arten) zeigten im Mittel eine Zunahme (s. Tab. 23–7). Kläge (1999) hat die Häufigkeit der Ackerwildkräuter in der Niederlausitz in den 1990er-Jahren mit Angaben in älteren Floren verglichen: Von 282 im Gebiet vorkommenden Segetalarten sind heute noch 32 „gemein", 35 häufig, 47 zerstreut, 61 selten und 20 sehr selten vorkommend. 90 ehemals auf Äckern auftretende Arten kommen heute zumindest in diesem Lebensraum nicht mehr vor. In der Niederlausitz sind nur noch 28 % der Arten in gleicher Häufigkeit wie vor Beginn der jüngsten landwirtschaftlichen Intensivierung vorhanden, **72 % dagegen gingen mehr oder weniger stark zurück.**

Albrecht (1989) führte in 195 Äckern sieben bayerischer Landschaften flächenscharfe Wiederholungsaufnahmen einer früheren Erhebung durch. Danach wurden 1951 bis 1968 in den Äckern ingesamt 209 Gefäßpflanzenarten festgestellt, 1986–1988 nur noch 168; **die Gesamtartenzahl nahm im Mittel um 20 % ab.** Bei 39 Arten ergab sich ein signifikanter Rückgang. In anderen deutschen Regionen (Bremer Umland, Ostdeutschland, Schwäbische Alb) wurden Abnahmen der Gesamtartenzahl der Ackerwildkräuter zwischen 17 und 52 % festgestellt (Mittnacht 1980, Pötsch & Busch 1985, Kulp 1993). Nur an wenigen Orten wie am Niederrhein (Kutzelnigg 1984) und im thüringischen Orlatal (Xylander 1987) blieb die Gesamtartenzahl bisher stabil.

Nicht nur der regionale Artenpool, sondern auch die Artenvielfalt der einzelnen Ackerwildkraut-Bestände hat in den letzten Jahrzehnten signifikant abgenommen, so in Bayern um 30 % von im Mittel 23 Arten pro Aufnahme (1951/68) auf nur noch 16 (1986/88, Albrecht 1989; s. Abb. 23–17). Andere mitteleuropäische Autoren fanden Abnahmen der mittleren Artenzahl um 20–50 % (Hilbig & Bachthaler 1992 a, b, Ries 1992), im Extremfall um 65 % wie in der Stolzenauer Wesermarsch (Meisel 1979). Traf man in den 1950er-Jahren die charakteristischen Artenkombinationen auf 25–30 m^2 Ackerfläche an, so vergrößerte sich diese Fläche bereits in den 1970er-Jahren auf 500–1000 m^2 (Meisel 1979).

Nicht überraschend ist, dass neben der Artenvielfalt auch der Deckungsgrad der Acker-

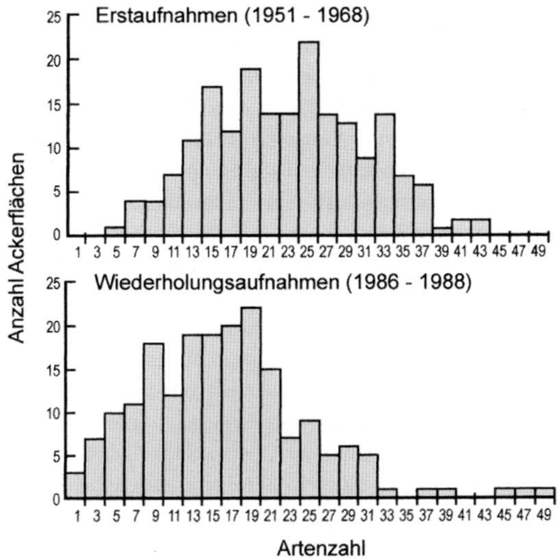

Abb. 23–17 Anzahl der pro Ackerfläche ermittelten Wildkrautarten im Zeitraum 1951–68 und bei Wiederholungsaufnahmen in 1986–1988 in Bayern. Nach Albrecht (1989).

Tab. 23–7 Veränderung der Häufigkeit verschiedener Ackerwildkraut-Arten in 13 Regionen Deutschlands innerhalb von 30 Jahren (etwa Zeitraum 1950–65 bis 1979–88). Nach verschiedenen Autoren zusammengestellt von Albrecht (1989).

Deutliche Abnahme:
Adonis aestivalis, Agrostemma githago, Anagallis arvensis, Centaurea cyanus, Cerastium holosteoides, Consolida regalis, Convolvulus arvensis, Daucus carota, Equisetum arvense, Medicago lupulina, Neslia paniculata, Odontites verna, Scleranthus annuus, Sherardia arvensis, Sonchus oleraceus, Vicia sativa
Abnahme:
Achillea millefolium, Agrostis stolonifera, Alopecurus myosuroides, Anagallis foemina, Anthemis arvensis, Aphanes arvensis, Arenaria serpyllifolia, Arnoseris minima, Campanula rapunculoides, Chaenarrhinum minus, Chenopodium polyspermum, Cirsium arvense, Euphorbia exigua, Gnaphalium uliginosum, Holosteum umbellatum, Juncus bufonius, Kickxia elatine, K. spuria, Lathyrus tuberosus, Legousia speculum-veneris, Lithospermum arvense, Mentha arvensis, Myosotis arvensis, Myosurus minimus, Oxalis fontana, Papaver argemone, P. rhoeas, Plantago intermedia, Ranunculus arvensis, Raphanus raphanistrum, Rhinanthus alectorolophus, Rumex acetosella, Sagina procumbens, Scandix pecten-veneris, Sedum telephium, Setaria viridis, Silene noctiflora, Sinapis arvensis, Sonchus arvensis, S. asper, Spergula arvensis, Stachys palustris, Trifolium repens, Valerianella locusta, Veronica arvensis, V. hederifolia, V. triphyllos, Vicia angustifolia, V. hirsuta, V. tetrasperma
Weitgehend unverändert:
Aethusa cynapium, Apera spica-venti, Atriplex patula, Capsella bursa-pastoris, Chenopodium album, Elymus repens, Euphorbia helioscopia, Fallopia convolvulus, Fumaria spp., *Galeopsis* spp., *Lamium amplexicaule, Matricaria chamomilla, Poa annua, Polygonum aviculare, P. hydropiper, P. persicaria, Stellaria media, Taraxacum officinale, Thlaspi arvense, Veronica persica, Viola arvensis*
Zunahme:
Avena fatua, Echinochloa crus-galli, Galinsoga spp., *Galium aparine, Lamium purpureum, Lapsana communis, Matricaria discoidea, Tripleurospermum perforatum*

wildkraut-Bestände stark zurückgegangen ist. Viele Äcker sind heute insbesondere **im Feldesinneren nahezu wildkrautfrei**. Wie erfolgreich der Feldzug gegen die Verunkrautung war, zeigt der von Albrecht (1989) in 1380 bayerischen Aufnahmen in 1986/88 gefundene mittlere Deckungsrad der Ackerwildkräuter von gerade noch 7,7 %.

b) Der Rückgang traf die ausdauernden Hemikryptophyten und Zwiebel- und Knollengeophyten unter den Ackerwildkräutern wie z. B. *Lathyrus tuberosus*, *Stachys palustris* oder die *Gagea*-Arten stärker als die anpassungsfähigeren Therophyten. Besonders vom Rückgang betroffen sind Segetalpflanzen, die auf Äckern mit extremer Bodenreaktion und nur mäßiger Nährstoffversorgung ihren Schwerpunkt haben. Weil diese Arten häufig auch als Kenn- und Trennarten der Ackerwildkraut-Gesellschaften und ihrer höheren Syntaxa fungieren, hat der Artenschwund vielerorts zu soziologisch schlecht gekennzeichneten „**Fragmentgesellschaften**" geführt, deren Zuordnung in das pflanzensoziologische System Schwierigkeiten bereitet (Brun-Hool 1966, Meisel 1979, Eggers 1984, Kutzelnigg 1984).

In den Kalkäckern fehlen die ehemaligen farbenprächtigen Charakterarten (z. B. *Adonis aestivalis*, *Consolida regalis*, *Neslia paniculata*, *Legousia speculum-veneris*, *Falcaria vulgaris* und *Campanula rapunculoides*), weil sie zu lichtbedürftig sind und die besser gedüngten Getreidebestände heute dichter schließen als früher, vor allem aber wegen des Herbizideinsatzes. Das Gleiche gilt für manche Kennarten der Lämmersalatfluren auf den früher extrem sauren und nährstoffarmen Sandäckern wie *Scleranthus annuus*, *Rumex acetosella*, *Spergula arvensis* und *Arnoseris minima*. **Generell nahmen die mehr oder minder ausgeprägten Säurezeiger (R 2–4) und die Zeiger für N-Mangel (N 2–4) ab**. Die sauren Äcker wurden aufgekalkt und durch Düngung „zuckerrübenfähig" gemacht, und es entstanden „assoziationskennartenlose APERETALIA-Gesellschaften" (Meisel 1969). Auf basenreicheren Lehm- und Tonböden hat Düngung keine vergleichbaren Änderungen bewirkt, weil Stickstoffzeiger schon von jeher präsent waren. Tatsächlich waren noch 1950 die N-Zeiger *Galium aparine* und *Stellaria media* gut geeignet, um stickstoffreiche von stickstoffarmen Äckern zu differenzieren (Ellenberg 1950, Koch 1955). Bei Düngermengen von meist über 100 kg N ha^{-1} sind diese Arten heute in allen Äckern verbreitet, unabhängig davon, ob sie ehemals bodensauer oder basisch waren und zum Getreide- oder Hackfruchtanbau genutzt werden. Abgenommen haben schließlich auch die Krumenfeuchtezeiger, weil die Dränage staunasser Äcker verbessert wurde (Köck 1984, Albrecht 1989). Der Rückgang der Artenzahl verlief in den Getreideäckern noch schneller als in den Hackfruchtäckern; in der Folge haben sich beide floristisch weiter angeglichen (s. Kap. 23.3.1).

Nur auf manchen sehr artenarmen Sandäckern führte die Eutrophierung zu einer Erhöhung der Artenzahl, solange keine intensive Herbizidanwendung diesen Trend umkehrte. Zu den Säure- und Magerkeitszeigern traten nämlich indifferente oder stärker nitrophytische Arten hinzu, wie dies in Nordwestdeutschland und in Mittelfranken beobachtet wurde (Meisel & Hübschmann 1976, Albrecht 1989).

Unter den verschiedenen Ackerwildkraut-Gesellschaften erfuhren die CAUCALIDION-Gesellschaften auf kalkhaltigen Böden eine besonders starke floristische Verarmung oder Veränderung (Schneider et al. 1994), weil flachgründige, wenig produktive Kalkscherbenäcker aus der Nutzung genommen wurden und vergrasten. Das war z. B. in der Umgebung von Göttingen der Fall, wo nach Wagenitz & Meyer (1981) von 39 im Jahre 1900 sicher vorhandenen Arten 1975 nur noch 16 gefunden werden konnten. Von diesen war als einzige *Euphorbia exigua* häufig anzutreffen. In den bodensauren APHANION-Gesellschaften traten Verarmung und Wandel vor allem in Sandmohn-Äckern und Lämmersalatfluren auf (Albrecht 1989, Pilotek 1990, Dunker & Hüppe 2000). Nach Wiederholungsaufnahmen von Kulp & Cordes (1986) in Wintergetreide-Äckern auf Sandböden bei Bremen herrschten noch 1950 – 1952 Lämmersalatfluren mit den Kennarten *Arnoseris minima* und *Anthoxanthum aristatum* vor; *Teesdalia nudicaulis* fehlte aber schon damals. Kamillenfluren (Aphano-Matricarietum) waren selten und wiesen eindeutig auf höheren Lehmgehalt des Sandbodens hin; sie nahmen bis 1983 zu wie auch ihre Charakterart *Matricaria recutita*. Auch in Bayern und in anderen Regionen wurden das Aphano-Matricarietum sowie andere **Gesellschaften reicherer Ackerböden durch Eutrophierung gefördert** (s. Tab. 23–7).

Nutznießer der jüngsten Intensivierung waren insbesondere die an intensiven Herbizideinsatz angepassten Wildkräuter wie z. B. *Stellaria media*, windende Ackerwildkräuter, Trespenarten (s. Kap. 23.4.4) sowie ausdauernde Kräuter mit tief liegenden, regenerationsfähigen Wurzel- oder Rhizomsträngen wie *Cirsium arvense* oder *Tussilago farfara*, die von den Herbiziden nicht erreicht werden. **Absolut zugenommen haben auch durch Stickstoff begünstigte „Allerweltsunkräuter"** wie *Thlaspi arvense*, *Capsella bursa-pastoris*, *Chenopodium album* und *Euphorbia helioscopia* (s. Rademacher 1962, van Elsen 1994). Der Flughafer wurde durch das Mähdruschverfahren begünstigt, wie auch der Windhalm, der nach Petzold (1959) bei zu spätem Mähdrusch seine Samen besser ausstreut. Zwar nicht absolut, aber doch relativ zugenommen haben generell die Therophyten sowie die „Ungräser" (Bachthaler 1968). Ein zunehmendes Gewicht in den heutigen Ackerwildkraut-Gemeinschaften haben schließlich auch Neophyten (Reuß 1981, Kläge 1999).

Auch die mitteleuropäische **Weinbergsflora** ist von starker Verarmung betroffen. Die einst charakteristischen Geophyten, wie z. B. *Ornithogalum umbellatum*, *Gagea pratensis* und *G. villosa*, *Allium vineale* und *A. rotundum*, die z. B. im Rheingau früher verbreitet anzutreffen waren, sind heute vielerorts selten (Fischer 1983). Nahezu oder gänzlich ausgestorben sind hier Arten wie *Tulipa sylvestris*, *Muscari racemosum* und *Calendula arvensis*.

c) Als **Hauptursachen** des weiträumigen Zusammenbruchs der Ackerwildkraut-Populationen in Mitteleuropa müssen folgende Faktoren genannt werden:

- die starke Zunahme von Düngung und Kalkung (s. Abb. 23–18),
- Meliorationsmaßnahmen wie Ackerdränagen,
- der Einsatz von Herbiziden,
- Veränderungen in der Fruchtfolge und bei den Saat- und Ernteterminen,
- die perfektionierte Saatgutreinigung,
- das Zusammenlegen von Feldern zu großen Einheiten mit entsprechender Reduktion der Ackerrandfläche,
- die Stilllegung und das Brachfallen wenig ertragreicher Äcker (z. B. auf flachgründigen Kalkböden).

Besonders stark zum Rückgang der Ackerwildkraut-Vegetation beigetragen hat der in vielen Regionen Mitteleuropas gesteigerte Maisanbau (Otte 1984). Der dicht schließende Raps beherbergt ebenfalls artenarme Wildkrautbestände (Philippi 1995). Auch die Flurbereinigung und der Verlust einer strukturreichen, kleinparzellierten Agrarlandschaft haben nach Waldhardt & Schmidt (1990), Konold et al. (1991) und Tscharntke et al. (2005) zur Verarmung der Segetalflora beigetragen, weil die Nutzungsvielfalt pro Fläche abnimmt (van Elsen & Scheller 1995) und zudem weniger Arten aus angrenzenden Habitaten wie Wegrändern und Trockenrasen in die Äcker einwandern können. Für die Ackerwildkräuter im engeren Sinne, die durch Nutzungsintensivierung zurückgedrängt wurden, ist eine hohe landschaftliche Strukturvielfalt von Vorteil, weil sie Zonen geringerer Nutzungsintensität am Ackerrand erhält (Ritschel-Kandel 1988, Hofmeister 1992; s. Abb. 23–19). Auf die Vegetation und Ökologie von Kleinstrukturen in der Agrarlandschaft, wie z. B. Feldrainen, Wegrändern, Hohlwegen und Lesesteinhaufen, gehen Steidl & Ringler (1997) detailliert ein.

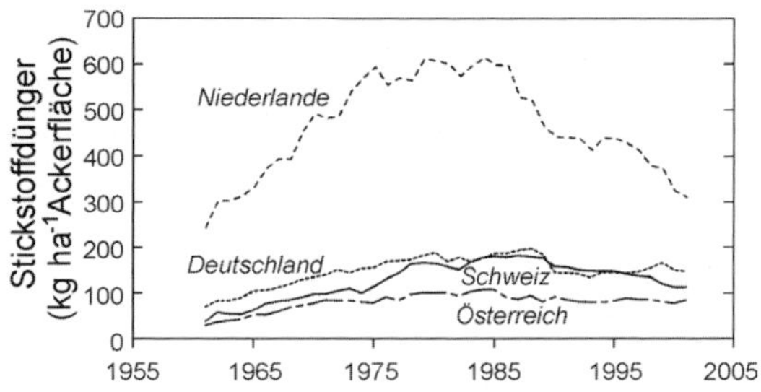

Abb. 23–18. Eintrag von Stickstoffdünger in 4 Ländern Mitteleuropas von 1960 bis 2001; nach www.fao.org in Nentwig (2005).

Zu den tief greifenden Veränderungen in der Technik der Landbewirtschaftung in den letzten 50 Jahren trat ein **Wandel der Feldfrüchte**. In Deutschland nahm im Zeitraum von 1950 bis 1990 der Anteil der Getreide (besonders von Weizen und Gerste) einschließlich Silomais und Raps auf Kosten der Hackfrüchte deutlich zu; die Sommerung verlor zugunsten der produktiveren Winterung stark an Gewicht. Der Anbau von Roggen, Hafer, Kartoffel und Feldfutter-Leguminosen ging zurück (Eckart 1998). Generell ist eine Entwicklung zur **Vereinfachung der Fruchtfolge** und ein Trend in Richtung auf Monokulturen zu beobachten. Zukünftige Ver-

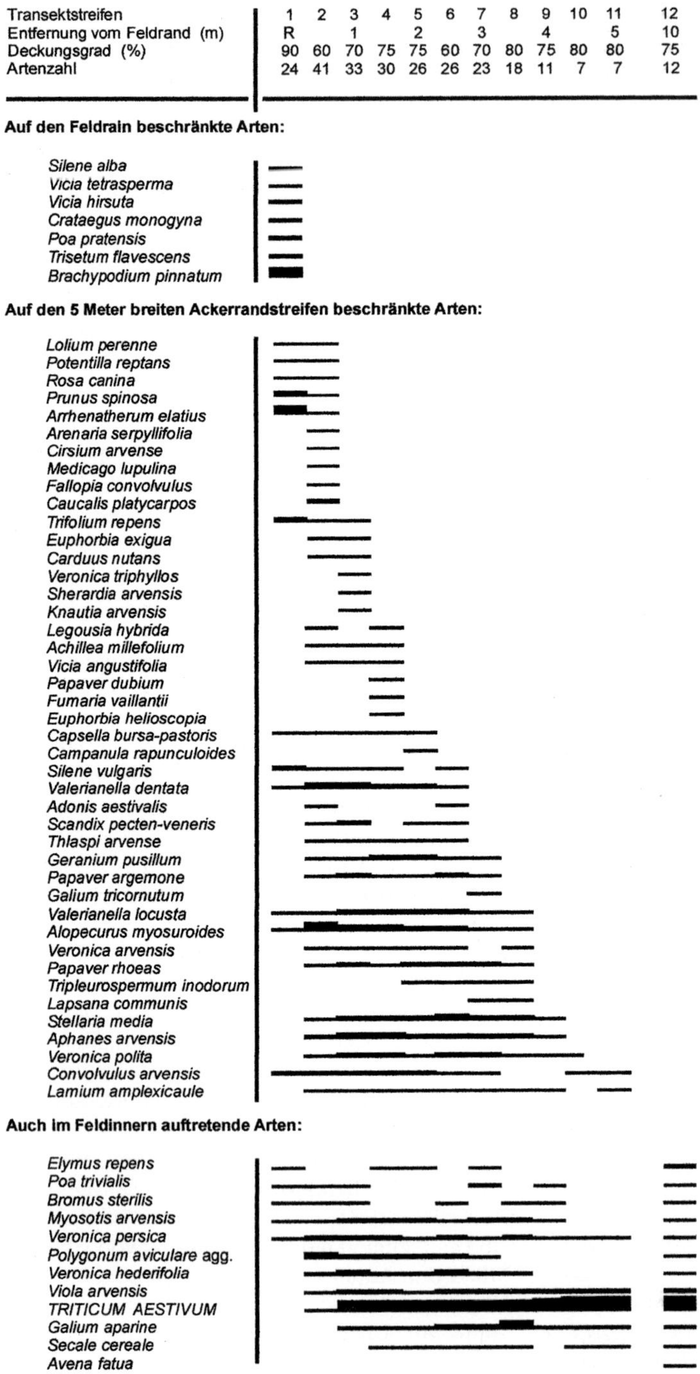

Abb. 23–19 Floristisches Gefälle vom ungespritzten Ackerrand ins herbizidbehandelte Feldinnere in einem nordhessischen Kalkacker (R = Rand). Nach van Elsen (1994).

änderungen im mitteleuropäischen Ackerbau werden vor allem von der Entwicklung des Welt-Agrarmarktes gesteuert werden; so wird der Anbau von Energiepflanzen auf dem Acker zunehmen. Welche Auswirkungen diese Veränderungen auf die Lebensgemeinschaften der Äcker haben werden, ist noch nicht abzusehen.

23.8.2 Schutz und Restitution der Ackerwildkraut-Vegetation

Heute besteht weitgehende Einigkeit darüber, dass die verbliebenen Restpopulationen der mitteleuropäischen Ackerwildkraut-Flora vorrangigen Schutz verdienen, ja nach Möglichkeit vergrößert werden sollten, um deren Überleben zu sichern. Nachteile für die landwirtschaftliche Produktion sind von diesem Bestreben nicht zu erwarten, weil die infrage kommenden Arten in nur sehr geringer Dichte auf dem Acker auftreten, sodass nennenswerte Konkurrenz mit den Feldfrüchten nicht möglich ist (Belde et al. 2000). Der Schutz der Segetalflora ist nicht nur aus kulturhistorischen Erwägungen wünschenswert, sondern er empfiehlt sich auch aufgrund der nachgewiesenen positiven Effekte der Wildkräuter auf den Stoffhaushalt des Agrarökosystems und dessen Systemfunktionen (Isselstein et al. 1991). Eine artenreiche Ackerwildkraut-Vegetation kann nämlich die Durchwurzelung des Bodens fördern und die Erosion abschwächen, Mineralstickstoff in Perioden von Überangebot binden (Mahn 1992, Körschens & Mahn 1995), tierische Nützlinge im Acker fördern und die Diversität der Bodenorganismen erhöhen (Nentwig 1992, Raskin et al. 1992, Swift & Anderson 1994). Nicht zuletzt sind Ackerwildkräuter Wirte für eine große Vielfalt von pflanzenfressenden Insekten; Heydemann & Meyer (1983) berichten in Norddeutschland von 1200 Insektenarten auf 102 Segetalpflanzen-Arten.

Ohne die Erhaltung von Ackerwildkraut-Gesellschaften als ausgesprochenes Ziel anzustreben, haben zahlreiche „biologisch", „biologisch-dynamisch" oder in anderer Weise nicht-konventionell wirtschaftende Bauern erfreulicherweise dafür gesorgt, dass hier und dort immer noch artenreichere Wildkrautbestände weitergedeihen (s. z. B. Callauch 1981, Straub 1989, van Elsen 1996). Zahlreiche Vergleichsuntersuchungen belegen, **dass ökologisch bewirtschaftete Äcker** meist eine zwei- bis dreifach höhere Artenzahl aufweisen als konventionell bearbeitete Nachbarflächen und die Diasporendichte zunimmt (van Elsen 1996, Albrecht & Mattheis 1998, Hampicke et al. 2005, Albrecht 2005, Hotze & van Elsen 2006). Dennoch wird der Beitrag, den eine Extensivierung der landwirtschaftlichen Produktion durch ökologischen Landbau für den Schutz der seltenen Arten leisten kann, allgemein als gering eingeschätzt, da ein spontanes Auftreten dieser Arten innerhalb großräumig intensiv genutzter Regionen nicht zu erwarten ist (Albrecht & Mattheis 1996). Zudem ist auch in ökologischen Betrieben eine zunehmend perfektionierte Wildkrautregulierung üblich (Otte 1990, Oesau 1990, van Elsen 1994, Kläge 1999). Segregativer Naturschutz auf begrenzter Fläche, also der gezielte Erhalt artenreicher Äcker durch Nutzungsvorgaben, erscheint daher unverzichtbar.

23.8.2.1 Ackerrandstreifen-Programme

In vielen mitteleuropäischen Regionen hat man in den vergangenen Jahrzehnten mit teilweise großem Erfolg versucht, herbizidfreie Ackerrandstreifen zu schaffen, in denen durch reduzierte oder unterbleibende Düngung, manchmal unterstützt durch geringere Saatdichte, eine beachtliche Vielfalt an Ackerwildkräutern erhalten werden konnte (z. B. Fasel 1992, Schumacher 1994). Die durch Ausgleichszahlungen finanzierten Programme (s. Hampicke et al. 2005) haben vor allem in ertragsschwachen Regionen (z. B. in der Eifel) auf Grenzertragsböden starke Populationen seltener Segetalpflanzen hervorgebracht, die sich schon nach kurzer Zeit einstellten (Hurle et al. 1988, Pilotek 1988, Otte 1990). Randstreifen sind vor allem dort erfolgreich, wo die Intensivierung der Landwirtschaft erst vor wenigen Jahren stattgefunden hat und daher noch seltene Arten in der Samenbank vorhanden sind (Schumacher 1980, 1994). Auf ertragreichen Böden mit hohem Intensivierungsgrad ist der Erfolg dagegen unsicher und der notwendige wirtschaftliche Ausgleich ohnehin schwierig. Hier fördern ungespritzte Randstreifen oft die Massenentwicklung von *Galium aparine*, *Stellaria media*, *Chenopodium album* und anderen Ackernitrophyten. Problematisch sind Ackerrandstreifen jedoch insofern, als schnell wechselnde Förderprogramme oder gar deren Wegfall sowie oft fehlende Kontinuität in der Beteiligung der Landwirte das langfristige Schutzziel infrage stellen können.

Einjährige Ackerbrachen, wie sie früher in der Dreifelderwirtschaft üblich waren und im Zuge der konjunkturellen Flächenstillegung seit Anfang der 1990er-Jahre wieder zunahmen, können selbst im intensiv genutzten Ackerland zur Ausbildung recht artenreicher Ackerwildkraut-Bestände führen, solange noch eine umfangreiche Diasporenbank im Boden vorhanden ist (van Elsen & Günther 1992, Hoffmann & Kretschmer 1993, Waldhardt 1994, Krumbiegel et al. 1995, Schmidt et al. 1995, Jakobs & Krumbiegel 1997). Auch in der modernen Agrarlandschaft kann daher mit der Rotationsbrache eine gewisse Erholung der Segetalflora und deren Diasporenbank erreicht werden (Schmidt et al. 1995, Oesau 1998). Problematisch ist allerdings auf vielen nährstoffreichen Ackerböden die Folgeverunkrautung mit *Urtica dioica*, *Galium aparine*, *Cirsium arvense*, *Elymus repens* oder *Rumex obtusifolius* im Anschluss an die Brache (Oesau 1992, Bischoff 1996). *Artemisia*-Staudenfluren, wie sie oft in **mehrjährigen Brachen** auftreten, sind zwar hinsichtlich ihrer Fauna schützenswert, nicht jedoch wegen ihrer Segetalflora (Schmidt 1981, Tischew 1994, Schmidt et al. 1995).

23.8.2.2 Anlage von Schutzäckern

Für einen dauerhaften Schutz der Segetalflora und -fauna empfiehlt sich daher die Einrichtung von Schutzäckern (Feldflora-Reservaten), die vorrangig dem Artenschutz sowie umweltpädagogischen Zwecken dienen, in denen der landwirtschaftliche Ertrag aber keine Rolle spielt. Langjährige Erfahrungen liegen z. B. vom Beutenlay bei Münsingen (Schwäbische Alb, Schlenker & Schill 1979) und aus Luckau (Niederlausitz, Illig 1990) vor. Etwa 0,2–2 ha große Randbereiche von Äckern mit noch vorhandenem Artenreichtum sollten durch Erwerb oder langfristige Pacht gesichert und geeigneten lokalen Trägern (z. B. ökologisch wirtschaftenden Höfen, Freilichtmuseen oder auch Naturschutzverbänden) zur Bewirtschaftung überlassen werden, die gegen eine Prämie die Beackerung und Pflege übernehmen. Günstig ist die Lage der Ackerflächen in enger Nachbarschaft zu bestehenden Naturschutzgebieten (z. B. Trockenrasen), um die Schutzabsicht zu verdeutlichen und eine Nachweide z. B. mit Schafen zu ermöglichen. Die Bewirtschaftung sollte auf den Erhalt überlebensfähiger Populationen seltener Segetalarten optimiert werden. In vielen Fällen leistet die Dreifelderwirtschaft (Wintergetreide – Sommergetreide – Brache) bei **geringer Saatdichte, flacher Pflugfurche, unterbleibender Düngung und Herbizidbehandlung**, verbunden mit später Ernte und winterlicher Stoppel mit Nachweide gute Dienste (Arlt et al. 1991, Schneider et al. 1994). Sinnvoll ist auch der Anbau alter Kultursorten, die geringere Deckungsgrade erreichen, oder von kurzstrohigen Sorten. Das Einbringen von Saatgut seltener oder bereits ausgestorbener Ackerwildkräuter erscheint heute in vielen Fällen notwendig, weil die Diasporenbanken bereits weithin erschöpft sind. Die Kritik an dieser Praxis (z. B. Hilbig & Bachthaler 1992, van Elsen 1997) ist nicht begründet, wenn Saatgut aus der weiteren Umgebung verwendet wird und in Erinnerung gerufen wird, dass viele Segetalpflanzen einst durch den Menschen bei uns eingebürgert wurden und für die lokale Ausbreitung immer entscheidend auf Mensch und Haustier angewiesen waren.

24 Vegetation menschlicher Siedlungen

Die ersten Weiler und Dörfer entstanden in Mitteleuropa bereits mit dem Sesshaftwerden des Menschen in der Jungsteinzeit; frühe stadtähnliche Siedlungen (Oppida) wurden zuerst in der Keltenzeit vor mehr als 2000 Jahren angelegt. Seitdem hat die Ausdehnung von Dörfern und Städten kontinuierlich zugenommen und erreicht heute z. B. in Deutschland 13% der Landesfläche. Dieser vom Menschen intensiv gestaltete Lebensraum beherbergt eine kennzeichnende, durchaus artenreiche Flora und Vegetation, deren Studium allerdings erst seit rund 30 Jahren Gegenstand intensiver vegetationsökologischer Forschung ist.

24.1 Flora der Städte und Dörfer und deren Herkunft

Bei der Mehrzahl der in Siedlungen vorkommenden Pflanzenarten handelt es sich um sogenannte **Apophyten**, das sind Arten, die Vorkommen in naturnahen Lebensräumen besitzen und im Laufe der Zeit auch anthropogene Standorte besiedelt haben, also ihr Habitatspektrum erweitern konnten. Beispiele sind *Aegopodium podagraria*, *Galium aparine*, *Solanum dulcamara* und *Urtica dioica*, die von nährstoffreichen Standorten in Auenwäldern und Hochstaudenfluren stammen, *Potentilla anserina* und *Rumex obtusiflorus* mit natürlichen Vorkommen im Spülsaumbereich der Binnengewässer und Küsten, und *Tussilago farfara*, der ursprünglich z. B. an den Kliffküsten der Ostsee auftritt. Viele dieser Arten kommen schon seit der Bronzezeit oder gar dem Neolithikum in menschlichen Siedlungen vor, wie archäobotanische Untersuchungen zeigen (Willerding 1980, 1986, Lang 1994; eine umfangreiche Artenliste früh aufgetretener Siedlungspflanzen präsentiert Wittig 2002). Willerding (1986) bringt zudem viele Belege dafür, dass schon in der Eisenzeit stickstoffzeigende Wildkräuter auch in Gärten häufig waren; stellenweise fand man auch Reste einer Mistdüngung. Wie im mitteleuropäischen Ackerland ist die **Apophytisierung** im Bereich der Siedlungen also ein Prozess, der bei vielen Arten schon seit mehr als 2000 Jahren, bei manchen seit rund 7000 Jahren stattfindet und weiter fortschreitet.

Prädestiniert für eine Besiedlung städtischer und dörflicher Lebensräume waren Pflanzen, die an häufige Störungen angepasst und lichtliebend sind, von reichlicher Stickstoffzufuhr stark gefördert werden und periodische Trockenheit ertragen. Die meisten Apophyten der Siedlungen stammen daher aus Auenwäldern, von Flussufern und Meeresküsten oder natürlichen Geröllhalden, aus Waldlichtungsfluren oder aus Felslebensräumen, wo sie Eigenschaften herausbilden konnten, die für ein Überleben im Siedlungsbereich von Vorteil sind (Wittig 2002).

Der Mensch hat aber die Einwanderung von Pflanzen in seine Städte und Dörfer immer wieder willentlich oder unfreiwillig gefördert. So wurden viele pflanzliche Altbürger der Dörfer zur Ernährung, für Heilzwecke oder zur Körperpflege genutzt, z. B. *Cichorium intybus*, *Chenopodium bonus-henricus*, *Ballota nigra* und *Artemisia absinthium*. **Gebietsfremde Pflanzen** (Archäo- und Neophyten) gelangten vor allem mit den zunehmenden Waren- und Personentransporten in die Städte; sie wurden zunächst in Häfen, Güterbahnhöfen, bei Mühlen und an Müllplätzen heimisch, wo sie konkurrenzarme Lebensräume vorfanden. Weitere Einwanderungstore waren Hausgärten, Parkanlagen und botanische Gärten sowie die gepflanzten Straßenbäume mit zahlreichen eingeführten Arten (Kunick 1985, Kowarik 2003). Viele gebietsfremde Arten werden **durch Störungen begünstigt**; die Artenzahl der Neophyten, also der nach 1500 erstmals aufgetretenen Arten, steigt deshalb mit der Intensität der anthropogenen Störungen (Kowarik 1988; s. Abb. 24–1). Mit dem Wachstum der Städte in den letzten 200 Jahren nahm folglich der Neophytenanteil an der Stadtflora zu, jener der einheimischen oder bereits früher eingebürgerten Arten (Archäophyten) dagegen ab, wie Zahlen aus Halle und Posen zeigen (Klotz 1984, Jachowiak 1990; s. Abb. 24–2). In den Innenstädten können Neophyten einen Anteil von 60% und darüber erreichen (Landolt 2006).

Eine dritte Gruppe von Pflanzen in Siedlungen sind die **Anökophyten**, also Arten, von

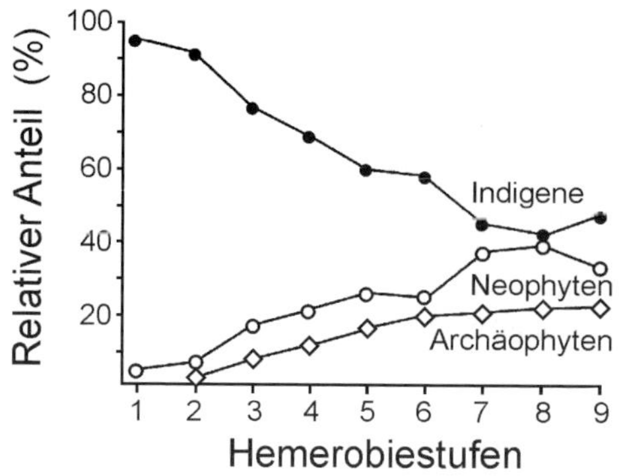

Abb. 24–1 Beziehung zwischen der anthropogenen Störungsintensität (Hemerobiestufen 1 bis 9; 1 = sehr gering gestört, 9 = sehr stark gestört) und dem relativen Anteil von indigenen Arten, Archäophyten und Neophyten an der Gefäßpflanzenflora von Berlin (West). Nach Kowarik (1988) aus Wittig (2002).

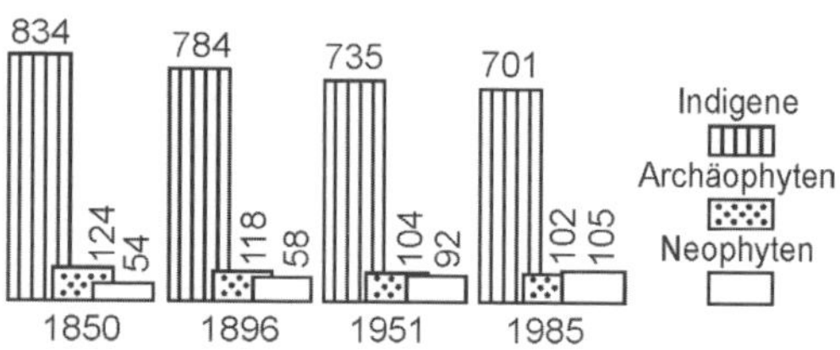

Abb. 24–2 Artenzahlen einheimischer (indigener) Pflanzen, Archäophyten und Neophyten in der Flora von Posen in den Jahren 1850, 1896, 1951 und 1985. Nach Jachowiak (1990) aus Wittig (2002).

denen kein natürlicher Standort bekannt ist. Sie haben sich offenbar erst in ihrem anthropogenen Habitat herausgebildet. Sukopp & Scholz (1997) zählen hierzu z. B. *Chenopodium album* und *C. hybridum*, *Hordeum murinum* s.str. und *Poa annua* sowie die sich jüngst in mitteleuropäischen Städten ausbreitenden und evolutiv differenzierenden Nachtkerzen-Arten (*Oenothera* spp.).

Mitteleuropäische Städte, zumindest jene mit mehr als etwa 50 000 Einwohnern, beherbergen mehr Gefäßpflanzen als eine gleich große Fläche des Umlandes (Haeupler 1974, Deutschewitz et al. 2003). Die Stadt Zürich beispielsweise beherbergte 2005 auf einer Fläche von 200 km^2 knapp 1300 Gefäßpflanzenarten; davon waren 60% einheimische Arten, 20% Archäophyten und weitere 20% Neophyten (Landolt 2006). Die recht **hohe Artendichte** ist darin begründet, dass fast immer Reste der Natur- und Kulturlandschaft auf dem Stadtgebiet erhalten blieben und zu den stadtspezifischen Lebensräumen hinzutreten, sodass die Lebensraumvielfalt gegenüber dem Umland erhöht ist. Zudem wurden mitteleuropäische Städte häufig in geologisch vielseitigen Landschaftsräumen mit **erhöhter Lebensraumvielfalt** angelegt (Kühn et al. 2004). Die eigentliche Stadtflora an den typisch urban-industriellen Standorten macht jedoch oft nur die Hälfte oder noch weniger der Gesamtartenzahl von Städten aus. Sie ist in mitteleuropäischen Städten gleicher Größe erstaunlich ähnlich und unterscheidet sich qualitativ vom Umland deutlich (Jachowiak 1998). Unter den Pflanzenfamilien der eigentlichen Stadtflora sind vor allem die Asteraceen und Poaceen besonders artenreich vertreten (Wittig 2002).

Stadtzentren sind nach vergleichenden Untersuchungen von Jachowiak (1998) floristisch verarmt, deren Ränder im Übergang zur Peripherie der Stadt aber vergleichsweise artenreich. So fand er im Zentrum von Warschau we-

Tab. 24–1 Artenzahlen verschiedener Stämme des Pflanzenreiches und der Pilze in vier Stadtzonen. Nach verschiedenen Autoren in Wittig (2002); Zahlen aus den 1960er- bis 1980er-Jahren zu Zeiten hoher SO_2-Belastung.

Systemat. Gruppe	Stadt	Innere Stadt		Randzone		Autor
		geschloss. Bebauung	aufgelock. Bebauung	innere R.	äußere R.	
Pilze	Lodz	72	162	403		Lawrynowicz (1982)
Flechten[1]	Newcastle	0(–1)	1–4	7–12	23–28	Gilbert (1970)
Moose[1]	Newcastle	0	0	0	4	Gibert (1970)
Farnpflanzen	Düsseldorf	3[2]	8	15	24	Wittig (2002)
Farn- u. Samenpfl.	Berlin	380	424	415	357	Kunick (1974)

[1] nur epiphytische Arten; [2] nur im Stadtzentrum i. e. S.

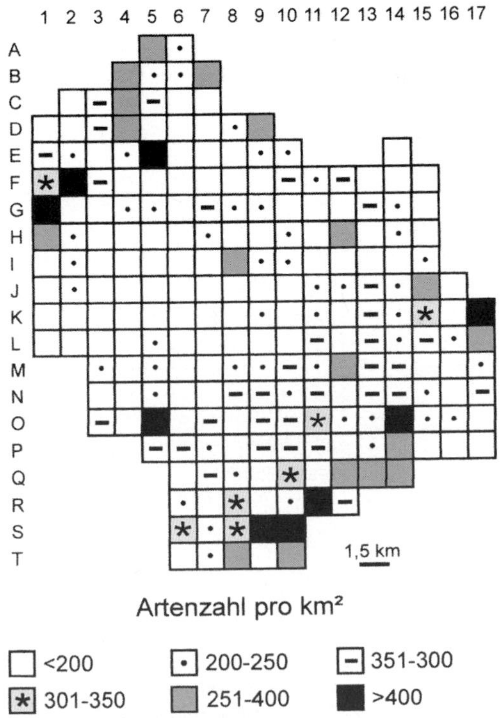

Abb. 24–3 Anzahl der Gefäßpflanzen pro km2 im Stadtgebiet von Warschau; das Stadtzentrum fällt durch eine niedrige Artendichte auf. Nach Sudnik-Wojcikowska & Moraczewski (1998 aus Wittig 2002), verändert.

niger als 200 Gefäßpflanzen, in der Zentrumsrandzone dagegen mehr als 400 Arten pro km^2 und damit mehr als im Umland (s. Abb. 24–3). Dieses Muster wird durch die unterschiedliche Störungsintensität und Lebensraumvielfalt in den beiden Stadtbereichen hervorgerufen; es gilt vornehmlich für Gefäßpflanzen. Farne, Moose und Flechten sind im Allgemeinen empfindlicher gegenüber dem trockenen und schadgasreichen Klima des Stadtinneren als die Gefäßpflanzen; ihre Artenvielfalt nimmt daher vom Umland ins Stadtinnere fast immer ab (s. Tab. 24–1).

24.2 Lebensbedingungen und standörtliche Gliederung

Das Klima der Städte, besonders der großen Ballungsräume, weicht in fast allen Messgrößen von dem ihrer weiteren Umgebung ab (s. Tab. 24–2; s. a. Kuttler 1998). In Mitteleuropa wurden die Städte nach Panzram (1977) zu **Wärmeinseln** – im Gegensatz zu den Städten im Mediterrangebiet, deren schattige Frische im Vergleich zum voll besonnten Umland von Schulte (1989) hervorgehoben wurde. Ein gutes Beispiel bietet Frankfurt a. M., dessen dicht bebautes Zentrum zu jeder Jahres- und Tageszeit wärmer ist als die ehemals dörflichen Randbezirke. Das prägt sich deutlich in der phänologischen Entwicklung der höheren Pflanzen, vor allem der Bäume und Sträucher aus, die man geradezu als Messgrößen für den durchschnittlichen Wärmezustand kartieren kann (s. Abb. 24–4a). Selbstverständlich reagiert darauf auch die Gesamtflora, die Schad (unveröff.) in Probeflächen von 1 × 1 km aufgelistet hat (b und c). **Wärmeliebende Neophyten** wie *Ailanthus altissima*, *Buddleja davidii* und *Robinia pseudoacacia* werden, wie auch manche frostempfindliche krautige Art, begünstigt.

Erhöhte Wärme macht die Luft trockener; daher kommt es seltener zu morgendlichem Taufall, aus welchem sich Algen, Flechten und Moose mit Wasser versorgen, wenn es nicht regnet. Nicht zuletzt deshalb, aber auch infolge der stärkeren Luftverschmutzung (s. Tab. 24–3), ist die Großstadtflora Mitteleuropas wesentlich ärmer an Kryptogamen als diejenige offener Landschaften.

Neben der Luftfeuchte ist auch die Bodenfeuchte in der Regel reduziert, weil das Regenwasser aufgrund des hohen Versiegelungsgrades schnell abfließt, zudem viele Böden infolge Verdichtung eine verringerte Infiltration aufweisen (Blume 1998). Durch Staubniederschläge, Zementeintrag, früher erfolgte Düngung und tierische Exkremente sind **viele Stadtböden reicher an Stickstoff und Phosphor und zudem basischer als Böden des Umlandes**. Einträge von Streusalz und Schwermetallen haben lokal die Schadstoffgehalte erhöht. Stadtpflanzen gedeihen also in einem wärmeren, lufttrockeneren und schadgasreicheren Regionalklima und wurzeln in Böden, die meist nährstoffreicher, basischer, trockener und schadstoffhaltiger sind als jene des Umlandes (Wittig 2002).

Städte, aber auch Dörfer, stellen ein Mosaik verschiedenartiger Lebensräume dar, das sich aus der unterschiedlichen Lage und Nutzungsweise der Stadt- und Dorfteile ergibt. Nach Klotz et al. (1984) und Wittig (2002) lassen sich **12 Makrohabitate in Städten** unterscheiden:

Tab. 24–2 **Klimafaktoren der Stadt.**

Faktoren	Veränderungen gegenüber dem Umland	Ursachen
Strahlung		
Globalstrahlung auf horizontaler Oberfläche	– 20 %	Dunsthaube, erhöhte Bewölkung (aufgrund des Aufsteigens der Luft)
Gegenstrahlung	+ 10 %	
Ultraviolett im Winter	– 70 % (im Extremfall –100 %)	
Ultraviolett im Sommer	– 10 bis – 30 %	
Sonnenscheindauer		
im Winter	– 8 %	erhöhte Bewölkung (s. o.)
im Sommer	– 10 %	
Lufttemperatur		
Jahresmittel	+0,5 bis +1 °C	Glashauseffekt, Energieumsatz im Baukörper, anthropogene Wärmezufuhr
Winterminima	+1,0 bis +3 °C	
maximale Temperaturunterschiede	bis +13 °C	
Dauer der winterlichen Frostperiode	– 30 %	
Windgeschwindigkeit		
jährliches Mittel	– 25 %	Baukörper
Windstille	+115 %	
rel. Luftfeuchtigkeit		
Jahresmittel	– 6 %	Oberflächenversiegelung, erhöhte Temperatur, weniger Vegetation
Sommermittel	– 8 %	
Niederschlag		
totale Regensumme	+ 10 % (leerseitig)	erhöhte Bewölkung (s. o.)
Schneefall	– 5 %	höhere Temperatur
Tauabsatz	– 65 %	geringe rel Luftfeuchtigkeit (s. o.)
Luftverunreinigungen		
CO_2, NO_x, AVOC*, PAN**,	mehr	Emissionen, nächtliche Reduktion
O_3	weniger	durch NO

* AVOC = anthropogene Kohlenwasserstoffe; ** PAN = Peroxiacetylnitrat

1) dicht bebaute Zentrumsgebiete,
2) Gebiete mit geschlossener Blockbebauung und unverbauten Innenhöfen,
3) Mehrfamilienhaus-Gebiete mit reichlich Abstandgrün,
4) Wohnsiedlungen mit (meist relativ großen) Nutzgärten,
5) Wohnsiedlungen mit (meist relativ kleinen) Ziergärten,
6) Villenviertel mit großen Gärten und altem Baumbestand,
7) öffentliche Baukomplexe mit parkartigen Grünanlagen,
8) Industrie- und Gewerbeflächen,
9) Verkehrsflächen (Straßen, Eisenbahngelände, Häfen, Flughäfen),
10) städtische Brachflächen,

Tab. 24–3 **Jahresmittelwerte der Spurenstoffkonzentrationen** (in µg m^{-3}) von SO_2, NO_2 und Schwebstaub (SST) in Großstädten Mitteleuropas und zwei hessischen Reinluftgebieten in den 1990er-Jahren. Nach Kuttler (1998) und Baltrusch et al. (1995), in Wittig 2002).

	SO_2	NO_2	SST	Jahr
Berlin	26	31	59	1993
Frankfurt a.M.	17	42	46	1993
Gelsenkirchen	27	42	58	1993
Hamburg	19	34	43	1993
Leipzig	64	36	56	1993
Stuttgart	10	45	41	1993
Wien	11	34	–	1995
Spessart	10	16	0	1994
Odenwald	7	20	0	1994

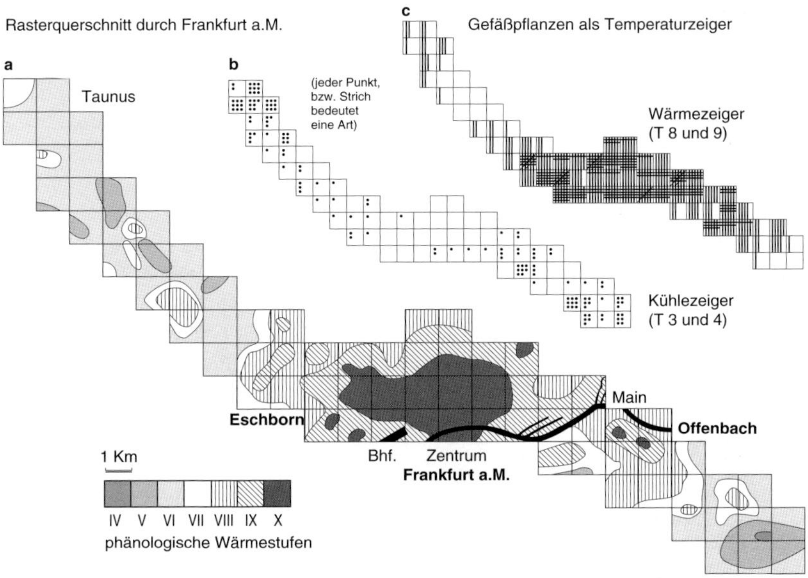

Abb. 24–4 Phänologisch bestimmte Wärmestufen auf einem Rasterquerschnitt durch Frankfurt am Main (a), verglichen mit dem Vorkommen von Kühlezeigern (b, Temperaturzahl T3 oder 4) und Wärmezeigern (c, T8 oder 9) in den Rasterquadraten. Nach Aufnahmen von Schad Ende April 1970 bis 1972 (unveröff.). Beispiele für **phänologische Zustandsstufen** („Wärmestufen"). Nach Ellenberg, H. u. Ch. (1974).

Spektrum Nr.	II	III	IV	V	VI	VII	VIII	IX	X
Blüten[1]									
Flieder	1–2	2	2–3	3–4	3–4	4–5	5	6	6–7
Rosskastanie	1–2	2	2–3	3	4	4–5	5	6	6–7
Apfel	2	2–3	3	3–4	4–5	5–6	6–7	7–8	7–8
Sauerkirsche	3–4	4	5	6–7	7	7–8	8	8–9	9
Magnolie	4	4–5	5–6	7	7–8	8	8–9	9	9
Forsythie	6–7	7	7–8	8	8–9	9	9	9	9
Blätter[2]									
Robinie	0	0	0–1	1–2	1–2	4	4–5	5	5–6
Esche	1	1–2	1–3	3–4	4	4	4–5	5	6
Linde	2	2–3	3	4	4–5	5	5–6	6–7	7–8
Hasel	3	3–4	4	4–5	5–6	6	6–7	7	7–8
Bergahorn	4	4–5	5	5–6	6	6–7	7	7–8	8
Rosskastanie	4	4–5	5	6	7	7–8	7–8	8	8–9
Vogelbeere	5	5–6	6	7	7–8	8	8–9	9	9

Bedeutung der Ziffern in den Spektren II bis X:

[1] Durschnittlicher Zustand der **Blüten** bei zahleichen Individuen: 0 = winterlich, 1 = Knospen schwellend, 2 = Knospen stark geschwollen, 3 = kurz vor der Blüte, 4 = beginnende Blüte, 5 = bis ¼ der Blüte offen, 6 = bis ¼ der Endgröße entwickelt, 7 = Vollblüte, 8 = abblühend, 9 = völlig verblüht.

[2] Durschnittlicher Zustand der **Blätter** zahlreicher Individuen an lichtreichen Stellen: 0 = winterlich, 1 = Knospen schwellend, 2 = Knospen stark geschwollen, 3 = kurz vor der Entfaltung, 4 = beginnende Entfaltung, 5 = bis ¼ der Endgröße entwickelt, 6 = bis ½ der Endgröße entwickelt, 7 = bis ¾ der Endgröße entwickelt, 8 = fast voll entwickelt, 9 = völlig ausgebildet.

11) Entsorgungsflächen (Mülldeponien, Rieselfelder, Abraumhalden),
12) Grünanlagen (Parks, Kleingärten, Friedhöfe).

24.3 Vegetation

a) Im Lebensraumspektrum der **Städte** kommt eine Vielzahl von Pflanzengesellschaften vor, unter denen jedoch die Vegetation der oft gestörten Plätze die wichtigste Rolle spielt. Wittig (2002) nennt entsprechend die Trittpflanzen-Gesellschaften (Kl. PLANTAGINETEA MAJORIS), die nitrophilen Therophyten-Gesellschaften (Kl. STELLARIETEA MEDIAE) und die ausdauernden ruderalen Hochstauden-Gesellschaften (Kl. ARTEMISIETEA) als die flächenmäßig bedeutendsten. Diese Vegetationstypen werden in den Kapiteln 19, 23 und 22 detailliert behandelt. In wechselnden Anteilen treten in Städten auch ruderale Trockenrasen und Wiesen, Sandtrockenrasen-Fragmente, Mauerpflanzen-Gesellschaften, nitrophile und thermophile Saumgesellschaften sowie Gebüsche und Vorwälder auf. Für zahlreiche mitteleuropäische Städte oder Stadtteile wurden Vegetationsübersichten erarbeitet; zu den gut untersuchten Städten gehören z. B. Aschaffenburg (Hetzel 1988), Berlin (Scholz 1956, Rebele 1986 u. a.), Braunschweig (Brandes 2003, 2005a), Düsseldorf (Gödde 1986, Wittig & Diesing 1989), Frankfurt a. M. (Wittig 1994), Freiburg i. Br. (Kohl 1986), Halle a. S.

Tab. 24–4 Stete Vegetationseinheiten der Stadtstrukturtypen Düsseldorfs. Nach Wittig & Diesing (1989), etwas verändert.[1] Aspektgrade: ○ = selten und klein, ◑ = zahlreicher, ◕ = häufig, ● = überall

Baustrukturtyp	a	b	c	d	e	f	g	h	i	j	k	l
PLANTAGINETEA MAJORIS (Trittrasen)												
Lolio-Polygonetum aequale	○		◑	◑	○	◑	◑	◑	◑	○	◑	○
Polygonetum calcati	◑	○	◑	◑	◑	◑	○	◑	○	○	◑	
Bryo-Saginetum procumbentis	○	◑	◕	◑	◑	○	◕	◕	○	○	◕	
Poa annua-Gesellschaft	○	◑	◑	◕	○	◑	◕	◕	○	○	◑	
Eragrostio-Polygonetum avicularis										◑	○	
SISYMBRIETEA (kurzlebige Ruder.)												
Hordeetum murini	○	◑	◕	◑	○	○	◕	◕	◑	○	◕	○
CHENOPODIETALIA-Bestände	◑	○	◕	○	○	◑	◑	◑	○	○	◑	○
Chenopodium album-Ges.		○	◑	○	○	○	◑	◑	○	○	○	
Conyzo-Lactucetum	○			○	○	○	○	○	◑	◑	◑	
Conyza canadensis-*Senecio viscosus*-Ges.			○						○	◑	◕	
Lactuco-Sisymbrietum altissimi										○	○	
ARTEMISIETEA (ausdauernde Ruder.)												
Urtica dioica-Gesellschaften		○	○	◑	◑	◑	◑	◑	◑	◑	◕	○
Artemisio-Tanacetetum vulgaris				◕	○	○	○	○	◕	◑	◕	
Solidago gigantea-*canadensis*-Bestände				○	○		○	○	◕	◑	◑	
Urtico-Aegopodietum podagrariae		○	○			◑	○	◑	◑		○	
Reynoutria japonica-Bestände						○	○	○	◕	◕	◑	
Arctio-Artemisietum vulgaris						○	○	○	◑		○	
ALLIARION-Fragmentgesellschaften			○			◑	○	◑			○	
Melilotetum albi-officinalis						○		○	◕	○	◕	
Rubus caesius-Bestände									○	○	○	◑
Lamio-Ballotetum albae								○	○		○	
ONOPORDION-Fragmentgesellschaften					○				◑	◑	◑	
Echio-Verbascetum									◑	◑	○	
Berteroetum incanae										○	◑	
Cuscuto-Convolvuletum												◕
MOLINIO-ARRHENATHERETEA (Weiden und Wiesen)												
Lolio-Cynosuretum	○	●	◑	●	◕	●	◕	●	◑		◑	◑
Arrhenatheretum elatioris					○			○	◑	◑	◑	◑
ELYMETEA HISPIDO-REPENTIS												
Diplotaxi-Elymetum (Queckenr.)	○	○	○	○	○		○	○	○	◑	◕	
Convolvulo-Elymetum				○	◑	○	○	○	○	◕	○	○
Poo-Tussilaginetum							○	○	○	○	○	
Poa compressa-Gesellschaft									◑	◕	◑	○
POTENTILLO-POLYGONETALIA (Flutras.)												
AGROPYRO-RUMICION-Fragmentges.			○	○	○	◑	○	◑	◑	○	◑	●

Baustrukturtyp	a	b	c	d	e	f	g	h	i	j	k	l
Rorippo-Agrostietum prorepentis						○						○
Dactylo-Festucetum arundinaceae												○
PHRAGMITETEA (Röhrichte u. Großs.)												
Phalaris arundinacea-Gesellschaft						○						◑
Carex acuta-Bestände												○
BIDENTETEA (bodenfeuchte Ruder.)												
CHENOPODION RUBRI-Gesellsch.												◕
Gebüsch- und Vorwald-gesellsch.												
Sambucus nigra-Gesellschaft		○	○	○		○	○	○	◑	◑	◑	○
Rubetum armeniaci		○	○	○	◑	○	○	○	●	◑	◑	
Epilobio-Salicetum capreae		○	○			○	○	○	◕	○	◑	
Buddleja davidii-Gesellschaft								○		○	◑	
Sonstige Gesellschaften												
Calamagrostis epigejos-Gesellschaft					○				◑	○	◑	
Filagini-Vulpietum									◑	◑	◑	
Digitaria-Bestände										○	○	

Erläuterung zu Tab. 24–4.

1 **Baustrukturtypen** (in Klammern: Nr. bei Wittig &. Diesing 1989)
a Dichte innerstädtische Blockbebauung (8)
b Zeilen- und Reihenhausbebauung
c Geschlossene Blockbebauung (7)
d Mischbebauung mit Hochhäusern (6)
e Breite Autostraßen (11)
f Strukturierte Freiflächen (2)
g Halboffene Siedlung (4)
h Offene Siedlung (3)
i Große innerstädtische Brachflächen (1)
j Offenes Bahngelände
k Industrie- und Gewerbegebiet (9)
l Rheinuferbereich, mit Wiesen (12)

(Klotz 1982, 1984), Kassel (Kienast 1978), Leipzig (Gutte 1966), Münster (Wittig 1973, Gödde 1986), Osnabrück (Hard 1982, 1983), Wolfsburg (Griese 1999), Prag (Kopecky 1980–1984 u. a.), Brünn (Grüll 1979, 1980, 1984), Pilsen (Pysek 1974, 1977), Zürich (Landolt 2001 u. a.) und Krakau (Kornas & Medwecka-Kornas 1967). Eine zusammenfassende Darstellung der Vegetation mitteleuropäischer Städte gibt Wittig (2002).

Die in Städten ausgebildeten Pflanzengesellschaften sind auf die strukturell unterschiedlichen Stadtviertel ungleich verteilt, wie Tabelle 24–4 am Beispiel von Düsseldorf vor Augen führt. Zwölf Baustrukturtypen sind darin als Spalten nach abnehmender Versiegelung des Bodens und im Großen und Ganzen auch zunehmender Naturnähe geordnet. **Rasen-Gesellschaften**, vor allem mehrschnittige, den Weidelgrasweiden nahestehende, artenarme Kombinationen, sind flächenmäßig am häufigsten. Fast überall kann man außerdem Trittrasen finden, die in der Tabelle in Gesellschaften aufgeteilt sind, die dem Lolio-Cynosuretum immer weniger ähneln (*Polygonum aequale* und *P. calcatum* sind Kleinarten von *P. aviculare*; das Bryo-Saginetum besiedelt Ritzen zwischen Pflastersteinen). Wie nicht anders zu erwarten, spielen außerdem kurz- und langlebige Ruderalgesellschaften abgestufte Rollen in den zwölf Strukturtypen. Besonders reich an verschiedenen Vegetationseinheiten sind große **Brachflächen** (Spalte i) im Wohnbereich und in Gewerbe- und Industrievierteln. Hier kamen sogar Büsche und Baumbestände auf; auch einige andere Pflanzengesellschaften gedeihen nur hier, z. B. der nach *Filago vulgaris* und *Vulpia myuros* benannte Sandrasen, eine Gesellschaft des Verbandes THERO-AIRION (s. Kap. 18.3.3.2). *Rubus armeniacus* ist eine der wenigen Brombeerarten, die sich bevorzugt in Ruderalfluren ansiedelt; er gilt nach Weber (in Ellenberg et al. 1992) als ARTEMISIETEA-Charakterart. Alte **Stadtmauern** sind charakteristische, oft artenreiche Habitate der Stadvegetation. Brandes (1992) zählte mindestens 221 Gefäßpflanzen auf deutschen Stadtmauern, von denen allerdings die meisten Ruderalpflanzen sind, während typische Vertreter der Mauerpflanzen-Gesellschaften (Kl. ASPLENIETEA TRICHOMANIS) heute eher selten auftreten.

Wenn man sich wie Langer (1994) auf die Straßen einer Großstadt (z. B. von Berlin, s. Tab. 24–5) konzentriert, ergibt sich eine in manchem ähnliche Verteilung vieler Pflanzengesellschaften, jedoch ohne Betonung der Rasen. Trotz hohen Versiegelungsgrades sind auch innerstädtische Straßen nämlich recht artenreich: In Braunschweig entfielen auf diesen Lebensraum immerhin 395 Arten; allgegenwärtig waren *Poa annua*, *Polygonum aviculare*, *Plantago major*, *Sagina procumbens*, *Matricaria discoidea* und *Eragrostis minor* (Brandes 2006). Im Vergleich mit Tabelle 24–4 erkennt man, wie ähnlich sich weit voneinander entfernte Großstädte hinsichtlich der Vegetation sein können. Doch gibt es Unterschiede, die in erster Linie klimatisch gedeutet werden können. So sind Gesellschaften mit herrschender *Urtica dioica* („*Urtica dioica*-Bestände", Urtico-Aegopodietum), die viel Stickstoff und ausreichende Feuchtigkeit benötigen, in Berlin offenbar seltener als im stärker ozeanischen Klima von Düsseldorf. Das durch seine blauen Blüten auffallende Cichorietum intybus, ein Besiedler eher trockener Straßen- und Wegraine, scheint dagegen in Düsseldorf so viel seltener zu sein als in Berlin, dass es in Tabelle 24–4 gar nicht vermerkt wurde. Die **industrietypische Flora und Vegetation** im Ruhrgebiet hat Dettmar (1992) ausführlich behandelt.

Auf lange unbenutzt liegenden Flächen, z. B. Teilen des Bahngeländes in Berlin (Sukopp et al. 1974), fanden **Holzgewächse** Zeit, sich zu dichten Beständen zu entwickeln, die meist von der Salweide und der Hängebirke dominiert werden. Späteren Stadien können Spitz- und Bergahorn und Robinie beigemischt sein (Kunick 1988, Diesing & Gödde 1989). Spontane Ansiedlungen von Büschen und Bäumen waren vor allem auf den Trümmerbergen der kriegszerstörten Städte möglich. Die hier zu beobachtenden Sukzessionen unterschieden sich jedoch kaum von denen auf abgedeckten Bergwerks- und Industriedeponien, die ebenfalls vorwiegend trockenes Steinmaterial enthalten. Mannigfaltigere Pflanzenstandorte bieten auch Mülldeponien (Konold & Zeltner 1981). Im Laufe der Zeit verschwanden jedoch die meisten spontan entstandenen Gehölze zugunsten neuer Nutzungen. Eine der wenigen Baumarten, die sich bis heute in manchen Städten hielten, ist die aus Nordamerika stammende *Robinia pseudacacia*, die in relativ warmen und kontinentalen Bereichen Europas auch angepflanzt wurde (s. Kap. 15.1.4).

Beim Vergleich von Darstellungen der Stadtvegetation und -flora muss man sich nach Wittig (2002) freilich immer der methodischen Probleme bewusst bleiben, die sich hier in besonderem Maße bieten. Es ist schwer, die Stadt gegen ihr Umland abzugrenzen und die Vegetation vollständig zu erfassen, weil die standörtliche Heterogenität enorm ist (vgl. auch Hard 1998). Wegen des raschen Wandels kann es sich zudem immer nur um Momentaufnahmen handeln.

b) Besonders charakteristisch für Städte ist die auf Steinen lebende, also **epilithische Flechtenflora und -vegetation**, die hier besonders artenreich und mannigfaltig ist, ganz im Gegensatz zu der epiphytischen Flechtenflora. Letztere wurde jedoch bisher gründlicher studiert, weil sie mit Recht als guter Indikator des Grades der Luftverschmutzung gilt. In Tieflagen Mitteleuropas, wo es fast nirgends Felsstandorte für epilithische Flechten gibt, wurde Erstere zum Kennzeichen großer Städte mit vorwiegenden Steinbauten. Im Stadtgebiet von Münster i. Westf. notierten Hocke & Daniels (1993) beispielsweise 65 Arten, während Verheyen et al. (1987) auf Baumrinden nur 40 feststellen konnten. Der größere Artenreichtum auf Steinen – seien es natürliche oder künstliche – lässt sich durch das **meist kalkhaltige Substrat** und die geschützte Lage vieler Standorte (z. B. auf Friedhöfen und in Straßenschluchten) weitgehend erklären (Brightman & Seaward 1977, Hocke & Daniels 1993). Eine Zonierung wie bei den epiphytischen Flechten, etwa entsprechend der mehr oder minder starken Einwirkung von Schwefeldioxid, lässt sich zumindest bei den Gesteinsflechten auf basischem Gestein nicht erkennen, weil das Substrat saure Immissionen abpuffert (vgl. Kap. 3.7.4a).

In Münster wurden u. a. sechs epilithische Flechten-Gesellschaften aufgenommen. Die meisten Gesellschaften gehören zur Klasse der **kalkbewohnenden Krustenflechten-Bestände** (VERRUCARIETEA) und in dieser zum Verband der besonders nährstoffbedürftigen (CALOPLACION DECIPIENTIS), der oft auch an Standorten zu fin-

Tab. 24–5 Spontanvegetation im Bereich von Großstadtstraßen (in Berlin). Nach Angaben von Langer (1992) für verschiedene Stadtviertel, anders geordnet[1].

	Stadviertel zunehmend offenen Charakters[2]	1	2	3	4	5	6	7
	Einwohnerzahl pro Hektar (als Maß für Bebauungsdichte und Verkehrsfrequenz)	612	516	218	95	105	58	7
a	Bewuchs von **Pflasterfugen**							
F	(= ± frisch) Sagino-Bryetum	V	V	V	V	V	IV	IV
T	(= ± trocken) Polygonetum calcati (auch in b)	IV	IV	III	II	III	II	I
b	**Trittpflanzen**-Ges. auf Erde							
F	Poa annua-Bestände	III	IV	III	II	I	II	•
	Polygono-Matricarietum	II	II	II	I	I	I	•
c	**Oft betretene Rasen**							
F	*Lolium perenne-Poa pratensis*-Best.	III	III	II	V	III	V	I
	Elymus repens-Bestände	I	I	I	I	II	II	I
T	Hordeetum murini	III	IV	V	III	IV	IV	I
d	**Niedrige Ruderal**-Ges. u. a.							
F	POLYGONO-CHENOPODIETALIA-Ges.	II	II	I	I	I	I	I
	Chenopodietum ruderale	I	II	II	I	I	I	I
	Convolvulus arvensis-Bestände	•	I	I	I	I	I	I
	Equisetum arvense-Bestände	•	I	I	•	I	I	I
	KOELERIO CORYNEPHORETEA-Gesellschaften	•	•	•	I	•	I	I
e	**Hohe Ruderalkrautbestände**							
F	*Artemisia vulgaris*-Bestände	I	I	I	I	III	I	II
	Saponaria officinalis-Bestände	I	I	I	I	I	I	I
	Cirsium arvense-Bestände	I	•	I	I	I	I	I
	Urtica dioica-Bestände	I	I	•	I	I	I	I
	Urtico-Aegopodietum	•	I	•	•	I	I	•
	Tanaceto-Artemisietum	•	I	I	•	I	I	I
T	Conyzo-Lactucetum	•	I	I	I	I	•	I
	Berteroa incana-Bestände	•	•	I	II	•	•	II
	Cichorietum intybus	•	•	•	•	•	III	V
	Falcaria vulgaris-Bestände	•	•	•	•	•	•	II
	Melilotetum albi-officinalis	•	•	•	•	•	•	I
f	**Ruderale Rasen**							
F	*Calamagrostis epigejos*-Bestände	•	I	I	I	I	I	I
	Carex hirta-Bestände	•	•	I	I	I	I	•
g	**Dichte, niedrige Düngerrasen**							
F	*Lolium-Trifolium rep.*-Best.	•	•	•	•	I	II	•
	Lolio-Cynosuretum	•	•	•	I	I	IV	V
T	*Poa compressa angustifol.*-Best.	•	•	I	I	•	•	I
h	**Wiesen**, mehr oder minder brach							
F	Arrhenatheretum	•	•	•	•	•	II	II

[1] d. h. nach Pflanzenformationen und Bodenfeuchte. Die einigermaßen vollständig ausgebildeten Gesellschaften sind mit Namen genannt, zu artenarme Bestände nur nach der herrschenden Art. Einige nur selten und nur in wenigen Stadtvierteln angetroffene Bestände wurden weggelassen. Die **römischen Ziffern** bedeuten: I weniger als 2 % der möglichen Standorte deckend, II 2–5 %, III 5–10 %, IV 10–20 %, V über 20 % (geschätzt aufgrund von 750 Vegetationsaufnahmen im eigentlichen Straßenbereich, also nicht auf benachbarten Brachflächen o. dgl.).

[2] **Stadtviertel:** 1 = Kreuzberg (Gründerzeitgebiete mit Blockbebauung), 2 = Wedding (desgl.), 3 = Reinickendorf (Gebiete mit Blockrandbebauung aus der ersten Hälfte des 20. Jahrhunderts), 4 = Reinickendorf (Zeilenbebauung aus den 1920er-Jahren), 5 = Wilmersdorf (wie 3), 6 = Zehlendorf (Gebiet mit Einzelhausbebauung), 7 = Tempelhof (Gewerbegebiet). Insgesamt wurden 62 Straßenzüge mit einer Gesamtlänge von 27 km untersucht.

den ist, die vom Menschen geschaffen oder beeinflusst wurden, z. B. auf Beton, Kunststeinen oder Dachziegeln. Häufig und verhältnismäßig artenreich ist das Physcio nigricantis-Candelarietum mediantis, in dem *Phaeophyscia*- und *Physcia*-Arten mit hohen N- und R-Zahlen von 6–8 vorherrschen. Diese Gesellschaft besiedelt nämlich Mauerkronen und Grabsteine, auf denen Vogelkot und organischer Staub für erhöhte Nährstoffzufuhr sorgen. Artenarm, doch ebenfalls häufig ist das Caloplacetum citrinae, das von der namengebenden gelben Krustenflechte beherrscht wird. Diese „Pinkelflechte" liebt den unteren Teil von senkrechten Mauerflächen, die stark eutrophiert werden, z. B. durch Hunde, die ihr Revier markieren (N 9, R 9). Weniger nitrophytisch ist die Lecanora albescens-Gesellschaft, die frei exponierte Betonflächen bevorzugt (N 8, R 8).

Der zweite Verband (Aspicilion calcareae) ist weniger nitrophil als das Caloplacion und siedelt auf Kalkfelsen, aber auch auf künstlichen Substraten. Es ist durch das Aspicilietum contortae vertreten, das ausgesprochen strahlungsexponierte Flächen, wenn auch in Bodennähe, bevorzugt und deshalb z. B. auf niedrigen Grabeinfassungen häufig ist (N 4–6, R 9). **Silikatische Substrate**, z. B. granitische Grabsteine, werden in der Regel vom Psilolechietum lucidae besiedelt, das zur Klasse der schattenfliehenden Krätzflechtenvereine auf Steilflächen und Überhängen gehört. Selbstverständlich kommen fast alle genannten Gesellschaften auch außerhalb von Großstädten vor. Sie sind hier nur viel auffälliger.

c) Eine große Anzahl von Publikationen liegt mittlerweile auch über die Vegetation von **Dörfern** vor, vor allem aus Deutschland und Tschechien (s. Literaturübersicht in Wittig 2002). Wie in den Städten wird die Dorfvegetation durch nitrophile Arten und durch Felsbewohner charakterisiert; sie ist aber dem Umland ähnlicher und enthält weniger Neophyten. Anders als in größeren Städten lassen sich nur wenige Arten als **typische „Dorfarten"** herausstellen; die besten Beispiele sind wahrscheinlich *Chenopodium bonus-henricus* und *Malva neglecta*. Weitere Arten nennt Brandes (1990) für Südniedersachsen.

d) Immer größere Flächen in den Städten, aber auch im Umland nehmen heute **Verkehrsflächen** (Bahnanlagen, Straßen und Straßenränder, Häfen und Kanäle, Flughäfen) ein, die vielfach eine artenreiche Flora aufweisen, wenn auch Adventivpflanzen und weit verbreitete Einheimische den Ton angeben. Brandes (2005 b) zählte auf innerstädtischem **Eisenbahngelände** in Deutschland mehr als 1000 Arten, darunter 309 Neophyten. Charakteristisch für Bahnhöfe sind gut dränierte, humusarme Schotterflächen, auf denen insbesondere aus Ein- und Zweijährigen aufgebaute Unkraut-Gesellschaften der Ordnungen Sisymbrietalia und Onopordetalia vorherrschen. Bei der Mehrzahl der in den Gleisanlagen vorkommenden Neophyten handelt es sich um Gartenflüchtlinge aus benachbarten Anpflanzungen und nicht etwa um typische „Eisenbahnwanderer" entlang der Gleise, zu denen z. B. *Bassia scoparia* subsp. *densiflora*, *Senecio inaequidens* und *Conyza canadensis* zählen. Auch die Straßenrandvegetation umfasst ausgesprochen viele Arten (Sykora et al. 1993), unter denen jedoch – anders als in Bahnanlagen – Vertreter des Kulturgraslandes (Kl. Molinio-Arrhenatheretea) dominieren (s. Kap. 19.3.5.1). **Häfen** besitzen eine besonders reiche Adventivflora, die vor allem durch den Umschlag von landwirtschaftlichen Futtermitteln, Ölsaaten und Getreide bedingt wird (z. B. Brandes 1995, Jehlik 1981, 1984, Marquardt et al. 2004).

24.4 Anpassung an den Standort

Um sich im dicht bebauten Stadtbereich ansiedeln und halten zu können, bedarf es für Gefäßpflanzen besonderer Eigenschaften. Für je 20 besonders häufige und besonders charakteristische Stadtbewohner unter den krautigen Blütenpflanzen hat Wittig (1991) ökologische Steckbriefe zusammengestellt (s. Tab. 24–6). Im oberen Teil der Tabelle sind Arten vereinigt, die man besonders häufig in Städten antrifft, vor allem im mittleren Westdeutschland (zugrunde liegende Listen aus Dortmund, Düsseldorf, Frankfurt a. M., Münster und Saarlouis). Es zeigte sich, dass diese Arten auch in Dörfern und deren Umfeld häufig sind und großenteils auf allen Kontinenten vorkommen. Sie werden sämtlich durch den Wind oder durch Tiere und Menschen leicht verbreitet (b), und sie blühen und fruchten reichlich (a), ohne Insekten als Bestäuber zu benötigen (c). Diese in Städten

Tab. 24–6 **Ökologische Charakterisierung wichtiger Arten der Stadtflora,** nach Wittig (1991), verändert.

Eigenschaften (s. unten!)	a	b	c	d	L	T	K	F	R	N	St.	Leb.	B	Anat.
Häufigste Arten in Städten (und Dörfern)														
Artemisia vulgaris (Ast.)	+	+	w	**r**	7	6	×	6	×	8	i	H, C	S	m, sk
Capsella bursa-pastoris (Brass.)	+	w	s	v	7	×	×	5	×	6	a	T	W	m
Chenopodium album (Chen.)	+	w	w	v	×	×	×	4	×	7	i	T	S	m, **hg**
Cirsium arvense (Ast.)	+	+	s	**r**	8	5	×	×	×	7	i	G	S	m, sk
Conyza canadensis (Ast.)	+	+	s	v	8	6	×	4	×	5	**n**	T, H	S	m
Dactylis glomerata (Poac.)	+	+	w	**r**	7	×	3	5	×	6	i	H	S	m
Galinsoga ciliata (Ast.)	+	+	s	**r**	7	8	4	4	6	7	**n**	T	S	**hg**, m
Hordeum murinum (Poac.)	+	+	w	v	8	**7**	×	4	7	5	a	T	S	sk
Lolium perenne (Poac.)	+	+	w	**r**	8	6	3	5	7	7	i	H	W	m
Plantago major subsp. *major* (Plant.)	+	+	w	**r**	8	×	×	5	×	6	a	H	S	sk, m
Poa annua (Poac.)	+	+	w	v	7	×	5	6	×	8	i	T, H	W	**hg**, m
Polygonum aviculare agg. (Polyg.)	+	+	s	v	7	6	×	4	×	6	a	T	S	sk, m
Rumex obtusifolius (Polyg.)	+	+	+	**r**	7	5	3	6	×	9	i	H	W	m, **hg**
Sagina procumbens (Cary.)	+	w	s	v	7	×	3	5	7	6	i	C, H	W	m, sk
Senecio vulgaris (Ast.)	+	+	s	v	7	×	×	5	×	8	i	T, H	W	m
Sisymbrium officinale (Brass.)	+	w	s	v	8	6	5	4	×	7	a	T	S	m
Sonchus oleraceus (Ast.)	+	+	s	v	7	6	×	4	**8**	8	a	T, H	S	m, **hg**
Stellaria media agg. (Cary.)	+	w	s	v	6	×	×	×	7	8	i	T	W	**hg**
Taraxacum officinale (Ast.)	+	+	s	v	7	×	×	5	×	7	i	H	W	**hg**, m
Urtica dioica (Urt.)	+	w	w	**r**	×	×	×	6	7	8	i	H	S	**hg**, m
Extrem urbanophile Arten (in Mitteleuropa)														
Amaranthus albus (Amar.)	+	+	+	v	8	**8**	6	**2**	×	7	**n**	T	S	m
Berteroa incana (Brass.)	+	w		v	9	6	7	**3**	6	**4**	**n**	T, H	W	sk, m
Bromus tectorum (Poac.)	+	+	w	v	8	6	7	**3**	**8**	**4**	a/**n**	T	S	sk
Cardaminopsis arenosa (Brass.)		w	s	v	9	×	4	4	6	**2**	i/**n**	H, C	S	m
Cardaria draba (Brass.)	+	+	s	**r**	8	**7**	7	**3**	**8**	**4**	**n**	H, G	S	sk, m
Carduus acanthoides (Ast.)	+	w	s	?	9	5	6	4	**8**	7	a	H	W	sk, m
Chenopodium botrys (Chen.)	+	w	w	v	8	**7**	2	4	7	6	**n**	T	S	m
Diplotaxis tenuifolia (Brass.)		w	s	?	8	**7**	3	**3**	×	6	**n**	C, H	W	m, sk
Eragrostis minor (Poac.)	+	+	w	v	8	**7**	5	**3**	×	4	**n**	T	S	sk
Hordeum murinum (Poac., s. auch oben!)	+	+	w	v	8	**7**	×	4	7	5	a	T	S	sk
Lactuca serriola (Ast.)	+	w	s	v	9	**7**	7	4	×	**4**	i/**n**	H, T	W	sk
Lepidium virginicum (Brass.)	+	w	s	v	8	**7**	×	4	6	5	**n**	T, H	W	m, sk
Oenothera biennis (Oen.)		w	s	?	9	**7**	3	4	×	**4**	**n**	H	S	m, sk
Poa compressa (Poac.)	+	+	w	**r**	9	×	4	**3**	**9**	**3**	a	H	S	sk, m
Reseda lutea (Res.)	+	w	s		7	6	3	**3**	**8**	5	a/**n**	H	S	m, sk
Reseda luteola (Res.)	+	w	s		8	**7**	3	4	**9**	6	a/**n**	H	s	sk, m
Salsola kali (Chen.)	+	w	w	v	9	**7**	×	×	**8**	6	**n**	T	S	sk
Silene vulgaris (Cary.)		w	s	**r**	8	×	×	4	7	**2**	i	H, C	S	sk, m
Sisymbrium altissimum (Brass.)	+		s	v	8	6	7	4	7	**4**	**n**	T, H	W	sk, m
Vulpia myuros (Poac.)	+	+	w	v	8	**7**	3	**2**	5	**1**	i/**n**	T	S	sk

a Kleine Blüten (+ = vorhanden). Alle Arten haben **zahlreiche** Blüten (und meist auch viele Samen)
b **Windverbreitung** (w), Kleb- oder Klettverbreitung und Windverbreitung (+), nach Frank et al. (1988)
c **Windbestäubung** (w), **Selbstbestäubung** (s) oder beides (+), nach Frank et al. (1988)
d **Resistenz** gegen mechanische Störungen: Große Regenerationskraft (**r**) oder Vermeidung (v)
LTK FRN Ökologische **Zeigerwerte** nach Ellenberg et al. (1992)
St. **Status:** a Archaeophyt, i indigen, **n** Neophyt, nach Scholz (1960)
Leb. **Lebensform** entsprechend Raunkiaer, nach Ellenberg (1992)
B **Blattausdauer:** S: sommergrün, W überwinternd grün, nach Ellenberg (1979)
Anat. Anatomischer **Blattbau:** hg hygromorph, m mesomorph, sk skleromorph, nach Ellenberg (1979)
Häufige Familien: Asteraceae (9 Arten), Brassicaceae (8), Poaceae (8).

Ast. = Asteraceae
Brass. = Brassicaceae
Chen. = Chenopodiaceae
Poac. = Poaceae
Plant. = Plantaginaceae
Polyg. = Polygonaceae
Cary. = Caryophyllaceae
Urt. = Urticaceae
Amar. = Amaranthaceae
Oen. = Oenotheraceae
Res. = Resedaceae

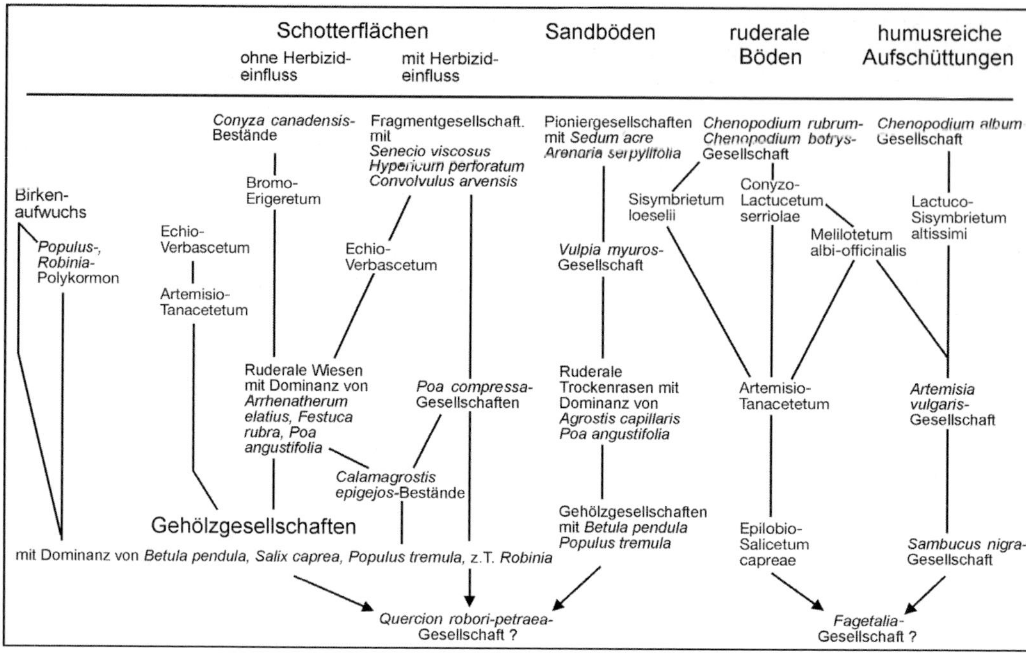

Abb. 24–5 Sukzessionsschema für die Besiedlung innerstädtischer Brachflächen in Essen. Nach Reidl (1989, in Wittig 2002).

erfolgreichen Arten besitzen zudem fast alle **langlebige Samenbanken**. Durch mechanische Störungen (wie Tritt, Schnitt oder Abbrechen) sind sie kaum zu beseitigen, weil sie entweder rasch nachwachsen oder ungünstige Zeiten als Samen überdauern. Fast alle sind Lichtpflanzen (Lichtzahl 7–8), die nur schwache oder kurzzeitige Beschattung vertragen; doch stellen sie an das Klima sonst keine besonderen Ansprüche (Temperaturzahl und Kontinentalitätszahl oft indifferent = x). Frische, d. h. mäßig trockene bis mäßig feuchte Böden (F 4–8) von mäßig saurer bis neutraler Reaktion (R 6–8) werden bevorzugt; doch sind viele Arten auch in dieser Hinsicht indifferent (Rx). Dagegen stellen fast alle Stadtpflanzen **hohe Ansprüche an die Stickstoffversorgung** (N meist 6–8). Dementsprechend sind ihre Blätter mesomorph (m) bis hygromorph gebaut (hg). Kaum verwunderlich ist außerdem, dass nahezu sämtliche zu kosmopolitischen Familien gehören, **vor allem zu den Korbblütlern, Gräsern und Kreuzblütlern.**

Ökologisch besonders eng an Städte gebundene **„urbanophile Arten“** sind dort zwar nur ausnahmsweise häufig, aber außerhalb der Städte noch viel seltener anzutreffen. Diese 20, von Wittig (1991) ausgewählten Charakterpflanzen im unteren Teil von Tabelle 24–6 gleichen in vielen Eigenschaften denen im oberen Teil. Doch bestehen bemerkenswerte Unterschiede zwischen beiden Gruppen, die durch Fettdruck hervorgehoben sind. Fast alle urbanophilen Arten sind **besonders wärmebedürftig** (T meist über 6), nutzen also die relative Wärmegunst des Stadtinneren. Sie vertragen zeitweiligen Wassermangel mehr oder minder gut (F 2–4) und begnügen sich großenteils mit geringer Stickstoffversorgung (N 1–4) auf meist mehr oder minder kalkreichen Böden (R 6–9). Sie besiedeln also in erster Linie die feinerdearmen, steinigen Plätze. Zu den Urbanophilen gehören außerdem auffallend viele Neophyten; nach Frank & Klotz (1990) sind 96 % der in Ostdeutschland als „extrem urbanophil“ eingestuften Arten Neophyten.

24.5 Vegetationsdynamik

Die Vegetation der Siedlungen weist eine größere Dynamik auf als die fast aller anderen Lebensräume in Mitteleuropa. Wiederholte Störungen durch Tritt, Schnitt, Befahren, Scharren

Tab. 24–7 Veränderung der Häufigkeit epiphytischer Flechten im Stadtgebiet von Münster im Zeitraum von 1988 bis 1998. Nach Möller & Daniels (2000).

	Prozentsatz der besiedelten Bäume		
	1988	1995	1998
Amandinea punctata	7,6	26,2	64,0
Candelariella reflexa	0,8	6,6	33,0
Evernia prunastri	0,7	3,6	32,0
Hypocenomyce scalaris	1,7	3,6	4,0
Hypogymnia physodes	3,5	4,6	35,0
Lecanora conizaeoides	94,4	54,4	13,0
Lecanora expallens	<0,1	16,4	8,0
Lepraria incana	21,0	51,2	16,0
Parmelia glabratula	0,1	1,0	42,0
Parmelia sulcata	3,3	17,8	65,0
Phaeophyscia nigricans	0	0	33,0
Phaeophyscia orbicularis	0,7	31,0	69,0
Physcia adscendens	0,8	14,2	39,0
Physcia tenella	5,8	54,6	94,0
Xanthoria parietina	0,4	16,6	33,0
Xanthoria polycarpa	0,4	19,4	69,0

von Haustieren oder Müll- und Schuttablagerung führen zu einer beschleunigten zeitlichen Abfolge von Individuen und Arten an einem Ort, und sie erleichtern die Etablierung von Neophyten. Großräumige Störungen infolge von Nutzungsänderung vernichten ganze Bestände und lassen an anderen Orten neue Sukzessionsreihen beginnen. Gutte (1986) konnte daher mehrere Typen von **Sukzessionsvorgängen in der innerstädtischen Ruderalvegetation** mit unterschiedlichem Zeithorizont charakterisieren. Reidl (1989) hat versucht, den Einfluss des Bodensubstrates auf die Sukzessionspfade in Brachflächen der Stadt Essen schematisch darzustellen (s. Abb. 24–5). In den meisten Sukzessionsreihen bestehen danach mehrere alternative Entwicklungspfade, je nachdem, welche konkurrenzstarken Arten in einzelnen Sukzessionsphasen auftreten.

Zunehmender Nutzungsdruck auf städtischen und dörflichen Flächen, das Verschwinden der Kriegstrümmer und der Wandel des Güterverkehrs vom offenen Transport von Schüttgut und landwirtschaftlichen Produkten zum geschlossenen Containerverkehr haben in jüngster Zeit vielerorts zum **Rückgang der oft reichen Flora der Siedlungen und Verkehrswege** geführt. Insbesondere die Archäophyten unter ihnen nahmen ab (Landolt 2006). Manche städtische und dörfliche Ruderalgesellschaft muss heute deshalb als gefährdet gelten, insbesondere feuchtigkeits- und stickstoffliebende wie die Gesellschaften des Bidention und des Arction (z. B. Gutte 1986, Lienenbecker & Raabe 1993, Pysek 1992, Dannenberg 1995, zusammenfassende Darstellung bei Wittig 2002 und Wittig 2005).

Technischer Umweltschutz, insbesondere Maßnahmen zur Reduktion der SO_2-Belastung, haben auf der anderen Seite zu einer eindrucksvollen **Wiederbesiedlung mitteleuropäischer Innenstädte durch epiphytische Flechten** ge-

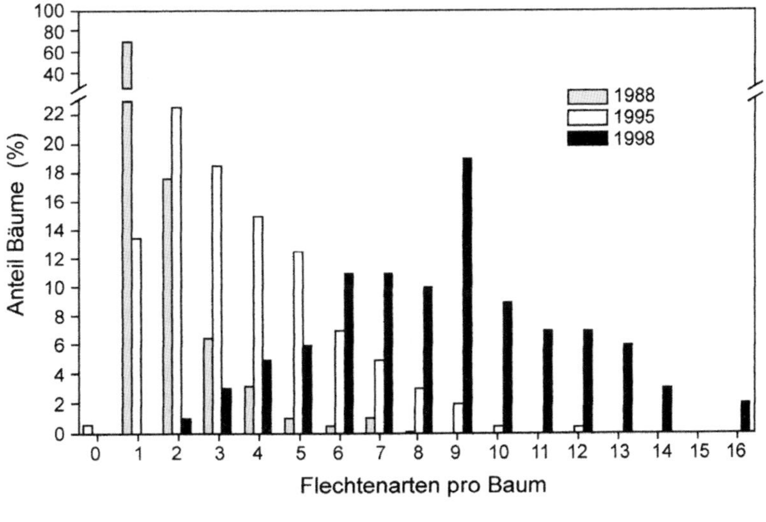

Abb. 24–6 Relative Häufigkeit von Bäumen mit einer Artenzahl von Flechten zwischen 1 und 16 in der Stadt Münster (Westfalen) in den Jahren 1988, 1995 und 1998. Durch Reduktion der Immissionen nahm die mittlere Zahl der Flechten pro Baum von 1988 bis 1998 wieder deutlich zu. Nach Möller & Daniels (2000).

Tab. 25–1 Sigma-Gesellschaften von „Weidfeldern" im Hochschwarzwald.
Vereinfachte Auswahl aus einer Tabelle von Schwabe-Braun (1980)[1].

I Sarothamno-Nardeto-Sigmetum, Nordschwarzwald, **II** Sarothamno-Nardeto-Sigmetum, mittlerer Schwarzwald **III** Festuco-Genisteto-Sigmetum, **IV** Leontodonto-Nardeto-Sigmetum

	Sigma-Gesellschaft Nr. 1	I			II						III						IV					
	Nr. der Sigma-Aufnahme:	2	3	4	5	6	7	8	9	10	19	20	21	22	23	24	39	40	41	42	43	44
I	Sarothamno-Nardetum, stark verarmt	3	2																			
I	*Polytrichum formosum*-Fazies	2																				
1	*Galium harcynicum*-Fazies	+		2																		
1	Gemähtes Nardetum		+	2																		
1,2	*Sarothamnus-Rubus*-Vormantel	2	2	2	3	2	2	2	2	2												
II	Alchemillo-Cynosuretum mit *Sarothamnus*				3	1	v	2	2	2												
II	Sarothamno-Nardetum typicum				2	2	3	2		2												
II	Sarothamno-Nardetum trifolietosum				2	4	2	2	3	2												
II	Sarothamno-Nardet. mit Saumpflanzen									1												
2	*Corylus avellana*-Mantel				1	1	+	1	1				+									
2	Birken-Weidewald					2		1	2		+	+										
2	Luzulo-Quercetum u. Eichen-Schälwald					v				v												
III	Festuco-Genistetum typ. mit *Deschampsia*										1	2	2	2	3	3	1	+				
III	Festuco-Genistetum trifolietosum										2	3	2	4	2	3	1					
III	Festuco-Genist. mit Saumpflanzen										1	1	2	1	1	1	1					
3	*Rubus fruticosus*-Vormantel										+	+	+	+	+		r					
3	*Rubus canescens*-Vormantel										+	+	+	+		1						
3	*Teucrium scorodonia*-Saum mit *Trifolium medium*													+		1						
IV	Leontodonto-Nardetum																2	3	+	3	+	3
IV	Alchemillo-Cynosuretum, überdüngt																2		+			
IV	Meo-Festucetum																r	2		1		+
IV	Leontodonto-Nardet. mit *Trifolium repens*																	+	2		+	
IV	Leont.-Nard., *Ligusticum mutellina*-Var.																			1		+
4	Subalpine Hochstaudenfluren																	1		2		
4	Knautietum sylvaticae																	1		+		
4	Rumicetum alpini																	+		+		
4	Aceri-Fagetum																	+		+		
4	Bartsio-Caricetum fuscae																	1		2	+	
4	*Calamagrostis arundinacea*-Hochgrasflur																	1			1	
1,2	*Pteridium aquilinum*-Fazies, *Picea*	+		3	1	1	1	2	2													
1,2	*Digitalis purpurea*-Schlagvegetation	+		+		1	1	1	+	+			+			+			+			
1,3,4	*Vaccinium myrtillus*-Fazies, *Picea*	2	+	1							1	1	1	1	+	+	2	3	+	2	2	2

	Sigma-Gesellschaft Nr. 1	I			II						III						IV					
	Nr. der Sigma-Aufnahme:									1	1	2	2	2	2	2	3	4	4	4	4	4
		2	3	4	5	6	7	8	9	0	9	0	1	2	3	4	9	0	1	2	3	4
3,4	*Epilobium angustifolium*-Schlagvegetation										+	+	+	+	+		+	1	+	1	1	r
3,4	Alchemillo-Cynosuretum										2	2	2	1	1				4			+
4	*Poa supina*-Trittgesellschaft							+									+	+	+	+	r	+
4	*Picea*-Bestand (angeflogen!)																	v		1	v	

[1] Die römischen **fetten** Ziffern bedeuten Sigma-Gesellschaften, die übrigen römischen Ziffern „Kenngesellschaften" (charakterische Ges. für das entsprechende Sigmetum), die arabischen Ziffern differenzierende Gesellschaften für ein einzelnes Sigmetum oder mehrere Sigmeten. In der vollständigen Originaltabelle sind für die Sigmeten **II** und **III** mehr Aufnahmen enthalten. „Weidfelder" sind (z. T. ungenutzte) Extensivweiden. v = in der Gesellschaft vorkommend, aber außerhalb der Aufnahmefläche.

pas sind standörtlich zwar nicht homogen, aber weiträumiger gegliedert. Theurillat (1992a) hat die räumlichen Bereiche und die abgestuften Grade der standörtlichen Inhomogenität von Vegetationskomplexen eingehend diskutiert und eine Terminologie vorgeschlagen. Viele Autoren sprechen allerdings einfach nur von Vegetationskomplexen oder -mosaiken bzw. von „Sigmeten", ohne auf deren jeweilige Natur einzugehen.

Heute gibt es in der **„Sigma-Soziologie"** mehrere voneinander z. T. beträchtlich abweichende methodische Ansätze (Schwabe 1997), die teils induktiv, teils deduktiv vorgehen. Hier sei nur kurz auf Vorgehensweisen eingegangen, die (1) weitgehend einheitliche Landschaftsausschnitte aufnehmen, (2) große, vom Relief sehr vielgestaltige Räume erfassen, oder (3) dem Ziel der Kartierung des Mosaiks der potenziellen natürlichen Vegetation dienen.

b) Ein Beispiel für die **Analyse eines Vegetationsmosaiks eines relativ einheitlichen Landschaftsraumes** sind die Aufnahmen von Schwabe-Braun (1980) in den extensiv genutzten Gemeinschaftsweiden der Schwarzwald-Hochlagen, in denen sich ein Mosaik von verschieden zusammengesetzten Borstgrasrasen, Staudensäumen, Gebüschgruppen und einzelnen Fichtengruppen findet (s. Tab. 25–1). In dieser Tabelle der Sigma-Gesellschaften sind die Komplexe mit (fetten) römischen Ziffern am Tabellenkopf bezeichnet, die „Charakter-Gesellschaften" der vier Sigmeten durch römische Ziffern in der ersten Spalte am linken Tabellenrand kenntlich gemacht. Die außerdem zur Abgrenzung der Sigmeten dienlichen **„Differenzial-Gesellschaften"** oder sonstigen Pflanzenbestände erhielten entsprechende arabische Ziffern. Daneben gibt es **„begleitende" Vegetationseinheiten**, die in zahlreichen sonstigen Komplexen vorkommen, und von denen nur einige Beispiele in Tabelle 25–1 aufgeführt sind. Die vier Sigmeten stehen für eine ökologische Reihe, die durch die Bodeneigenschaften und Nutzungsgeschichte bestimmt wird.

Vegetationskomplexe mehr oder weniger homogener, aber auch stark inhomogener Landschaftsausschnitte wurden bis heute in verschiedenen Regionen Mitteleuropas aufgenommen. Studien liegen beispielsweise vor für die Sigmeten der Küstenvegetation des Elbeästuars entlang des Salzgradienten (Tannheiser 1986), die Vegetationskomplexe der Moore des westlichen Bodenseegebietes (Grüttner 1990), die Bachtal-Vegetationskomplexe in Schwarzwald und Odenwald (Schwabe 1987, Weißbecker 1993, Goetze 1996), die Xerothermrasen und Felskomplexe im Juragebirge sowie die Festuco-Brometea-Rasenkomplexe im Wallis (Schwabe & Kratochwil 2004) und die Sigmeten der Straßenrandvegetation im südlichen Mitteleuropa (Rattay-Prade 1988, Heindl 1992). In ihrer Analyse der Vegetationskomplexe der Bachtäler des Schwarzwaldes konnte Schwabe (1991 a) 15 Vegetationskomplexe beschreiben, die 4 übergeordneten Komplexgruppen zugeordnet wurden.

c) Verfahren, nicht einzelne Pflanzengesellschaften, sondern von vornherein **Kombinationen von Pflanzengesellschaften zu kartieren**, wurden von Zoller et al. (1977), Hegg & Schneiter (1978) und Köppler (1995) beschrieben. Auf der Grundlage von zahlreichen Vegetationsaufnahmen erarbeitete Letztere einen Erhebungs-

Tab. 25–2 Gesellschaftsgefüge von Teilgebieten im Urbachtal bei Innertkirchen (Berner Alpen)[1]. Nach Righetti & Hegg (1991), etwas verändert.

Teilgebiete:	bodensaure Mischwälder		produktive Mischwälder					Ulmen-Ahornwälder		Grauerlenwälder	Hochstauden		subalpine Fichtenwälder			Weidenröschen-Schlagfluren		„Studbuchen"	Flachmoore		Raugras-Schuttfluren	subalpine Rasen				montane Weiden	montane Fettwiesen				Tritt-Ges. (kein selbstständiges Teilgeb.)	Lägerfluren
Gesellschaften:	1		2					3		4	5		6			7		8	9		10	11				12	13				14	15
a Abieti-Fagetum luzuletosum	4	3	1	1	1	s	1				1	s				1																
b Luzulo sylvaticae-Fagetum typicum	2	4	1	1	1	s	1				1					1																
c Cardamino-Fagetum	1	1	4	2	2	1		s	s		1					1																
d Abieti-Fagetum adenostyletosum	1	1	2	4	3	2	1	1			1	1				1																
e Abieti-Fagetum elymetosum	1	1	2	4	3	2	1	1			1	1					1															
f Asperulo taurinae-Aceretum	s	s	1	2	1	4	3	3			1	1																				
g Aceri-Piceetum	1	1	1	1	1	1	4				1						1															
h Ulmo-Aceretum			s	s	1	1		4	s		1																					
i Phyllitido-Aceretum			s	s	s	s		s	4																							
j Calamagrosti-Alnetum incanae										4														s		s						
k' ADENOSTYLION	1	1	1	1	1	2	1	2	s	s	4	4	2	2	1	2	1	3			s	1	3	2	3	1		s			s	
k Piceo-Adenostyletum	1	s		1		s					2	4	4	2	3	1																
l Myrtillo-Piceetum	2	1		s							1	2	4	3	3	1																
m Rhododendro-Vaccinietum											2	2	3	4	2	1								1								
n Larici-Pinetum											s	s		s	4																	
EPILOBIETEA	1	1	1	1	1	1	s				1	1	s			4																
Lastrea oreopteris-Bestände											1					1	4									1						
Studbuchen-Bestände			s								s							4														
o Caricetum nigrae													1	1	1	1	s		4	2						s	1	s				
p Caricetum davallianae																	s		2	4							s	1	s			
q Stipetum calamagrostis											s										4					s						
r Laserpitio-Seslerietum											s							s				4	2									
s Caricetum ferrugineae							1				1							1			s	3	4	s	2	1						
t Crepido-Festucetum											1											2	2	2	4	1	s		s			
u Nardetum alpigenum											1	s	1										4	2	1							
v Festuco-Cynosuretum										1	s					2					s	1	1	1	1	4	1	1	1	s		
w Scirpetum sylvaticae																		1							s	1	4	1	s		s	s
x Angelico-Cirsietum																		s	1							2	1	4	2	s	s	
y Lolio-Cynosuretum																									s	2	s	1	4	s		

Teilgebiete:	bodensaure Mischwälder	produktive Mischwälder	Ulmen-Ahornwälder	Grauerlenwälder	Hochstauden	subalpine Fichtenwälder	Weidenröschen-Schlagfluren	„Studbuchen"	Flachmoore	Raugras-Schuttfluren	subalpine Rasen	montane Weiden	montane Fettwiesen	Tritt-Ges. (kein selbstständiges Teilgeb.)	Lägerfluren
Gesellschaften:	1	2	3	4	5	6	7	8	9	10	11	12	13	14	15
z Alchemillo-Arrhenatheretum												1	s 2 4		
PLANTAGINETEA					s						s s s	1	1 s	4	1
Rumicetum alpini					s	s					1 2	1	s		4
Anzahl Gesellschaften	11 11 12	13 11 12 8	8 4	4	24 10	7 6 7	13 5	4	4 3	4	5 6 9 9	15	7 8 9 5	4	3

[1] Übersicht anhand einer Vegetationskarte der montanen und subalpinen Stufe beidseits des von Süden nach Norden verlaufenden Baches bzw. der Ost- und Nordosthänge im tieferen, bis 700 m ü.NN. herab aufgenommenen Tales. Die Gesellschaften a bis j gehören zur Klasse QUERCO-FAGETEA, l bis n VACCINIO-PICEETEA, k u. k' MULGEDIO-ACONITETEA, o, p SCHLEUCHZERIO-CARICETEA, q THLASPIETEA, r, s SESLERIETEA, t u. v bis z MOLINIO-ARRHENATHERETEA u. CALLUNO-ULICETEA, Rumicetum u. ARTEMISIETEA. Die Ziffern in der Tabelle bedeuten die Stetigkeiten („Häufigkeit") der Gesellschaften: s = selten, 1 = 1–20 %, 2 = 21–50 %, 3 = 51–80 %, 4 = 81–100 % in den betreffenden Teilgebieten.

bogen für Vegetationskomplex-Aufnahmen von Steppenheide-Landschaften, mit dem alle vorhandenen Gesellschaften und Gesellschaftsfragmente und deren Mengenanteile erfasst wurden. Bei ihrem Ansatz waren die kartierten Pflanzenbestände selbst meist nur wenige m² groß, die Vegetationskomplexe bestenfalls einige hundert Meter. Sichtbar wurden verschiedene Komplexgruppen, die sich geografisch und nach dem Reichtum an Vegetationstypen differenzieren lassen. Richetti & Hegg (1991) wendeten die Kartierung von Vegetationskomplexen im Urbachtal im Berner Oberland an, einer Voralpen-Landschaft mit kleinräumigem Wechsel von Kalk- und Silikatgesteinen und einigen über 3000 m hohen Gipfeln. Hierzu wurde das Untersuchungsgebiet in standörtlich annähernd homogene Einheitsflächen von etwa einem halben bis zu mehreren km² Größe eingeteilt, in denen eine Vielzahl von Pflanzengesellschaften auftritt. Ähnliche Einheitsflächen wurden schließlich zu je einem „Teilgebiet" zusammengefasst. Tabelle 25–2 gibt einen Überblick über die im Urbachtal vorkommenden Vegetationskomplexe (15) mit den enthaltenen Pflanzengesellschaften (a bis z). Noch großräumiger ist der von Matuszkiewicz (1979) entwickelte und von Wojterski et al. (1994) verwendete Ansatz der **Vegetationslandschaften**, der bei der Kartierung der Vegetationsdecke in einem großen Teilgebiet von Nordpolen zum Einsatz kam.

Übersichten und Register

26 Syntaxonomische Übersicht der Gefäßpflanzen-Gesellschaften Mitteleuropas

Die folgende Übersicht enthält vorwiegend die Namen der im Buch behandelten höherrangigen Vegetationseinheiten der Gefäßpflanzen Mitteleuropas, die größtenteils weithin anerkannt sind. Die syntaxonomische Auffassung und die wissenschaftliche Nomenklatur folgen wichtigen pflanzensoziologischen Standardwerken (Oberdorfer et al. 1987–1992, Pott 1995, Dierschke 1996ff., Rennwald 2000 u.a.), ergänzt durch monografische Beschreibungen aus Österreich (Mucina et al. 1993, Willner & Grabherr 2007) und Tschechien (Chytrý 2007), außerdem von Fall zu Fall spezielleren Arbeiten, die im Text zitiert werden. An dieser Stelle werden erstmals die Autorennamen der Syntaxa (= wissenschaftlich gültige Erstbeschreibung gemäß dem Internationalen Code der Pflanzensoziologischen Nomenklatur, ICPN; Weber et al. 2001) genannt, wobei keine eigenen Überprüfungen dieser Namen stattgefunden haben. Hier wurden u. a. Berg et al. (2004) konsultiert. Auch für die deutschen Namen der Pflanzengesellschaften (= Ges.) wird eine möglichst einheitliche Fassung angestrebt, die nicht immer voll den im Text verwendeten Namen entspricht.

Die Reihenfolge der Syntaxa richtet sich wie in den vorhergehenden Auflagen grob nach zunehmender Komplexität des Artengefüges, also von relativ einfach strukturierten Gesellschaften der Gewässer bis zu strukturell hochkomplexen Wäldern („soziologische Progression"). Damit steht diese Reihenfolge im Gegensatz zur Abfolge der Hauptkapitel des Buches. Anders als in vielen Systemen werden verwandte Vegetationsklassen zu acht geografischen und/oder standörtlichen Gruppen vereinigt, wodurch die Übersicht der insgesamt 53 Klassen auch für einen breiteren Leserkreis besser überschaubar wird. Auf die Nennung der Charakterarten wird im Gegensatz zu älteren Auflagen verzichtet, deren Zahl und Aussagekraft von Gebiet zu Gebiet wechseln kann. Trotz mancher Veränderungen wurde versucht, die Kennziffern der Dezimalklassifikation der vorhergehenden Auflage (Ellenberg 1996) und jener im Band über die Zeigerwerte (Ellenberg et al. 2001) weitgehend beizubehalten. Einige Einheiten wurden jedoch umgestellt oder führen hier veränderte Namen (in Klammern die in der vorigen Auflage oder anderswo häufiger benutzten Namen); neue Einheiten sind jeweils am Ende der nächstranghöheren Syntaxa bzw. am Ende einer Klassengruppe angefügt. Insgesamt ergibt sich eine Nummerierung mit insgesamt bis zu fünf Stellen. Die erste Ziffer kennzeichnet die acht großen Klassengruppen. Die folgenden Ziffern lassen die Rangstufen der Syntaxa erkennen:

1.1 Klasse (-ETEA) (insgesamt 53)
1.1.1 Ordnung (-ETALIA) (92)
1.1.1.1 Verband (-ION) (177)
1.1.1.1.1 Unterverband (-ENION) (nur teilweise bei den Waldgesellschaften)

Die große Zahl der Syntaxa verschiedenen höheren Ranges (bei manchen Autoren sind es noch wesentlich mehr) verdeutlicht die sehr hohe Sippen- und Gesellschaftsdiversität Mitteleuropas, die sich im Verlaufe vieler Jahrtausende herausgebildet hat. Dies gilt noch stärker, wenn alle beschriebenen Assoziationen und ihre Untereinheiten einbezogen werden. Sie finden sich teilweise mit ihren charakteristischen Arten in den einzelnen Kapiteln, deren Ziffern hinter den Namen der Gesellschaften in Klammern stehen.

Die Gesellschaftsgliederung ist innerhalb der acht Klassengruppen aber teilweise unterschiedlich. Vor allem an relativ extremen Standorten kann die floristische Differenzierung bereits auf hoher Systemebene sehr groß sein. So umfasst die Klasse der Steinschutt- und Geröll-Gesellschaften (Nr. 4.4 THLASPIETEA ROTUNDIFOLII) sieben Ordnungen, aber darunter nur acht Verbände. Auch andere Klassen der subalpin-alpinen Vegetation (Gruppe 4) lassen sich teilweise ähnlich aufteilen. Noch deutlicher ist die floristische Differenzierung auf oberster Ebene bei der Vegetation salzbeeinflusster Standorte und anderer Küstenbereiche (Gruppe 2), wo es zehn Vegetationsklassen mit nur geringer Untergliederung (12 Ordnungen, 16 Verbände) gibt. Dagegen haben alle naturnahen Wälder (Gruppen 7 und 8) zusammen nur sieben Klassen, wobei der größte Teil der Laubwälder in den QUERCO-FAGETEA (Nr. 8.4) vereinigt werden kann. Viele Baumarten haben eine sehr weite ökologische Amplitude, und auch etliche krautige Arten sind weit verbreitet. Allerdings werden von manchen Autoren die drei Ordnungen als eigene Klassen geführt. Die stärkste Untergliederung zeigen die FAGETALIA SYLVATICAE (Nr. 8.4.3), wenn auch erst auf der Ebene von 13 Unterverbänden deutlicher erkennbar. Eine teilweise noch stärkere Binnengliederung haben die wichtigsten Ersatzgesellschaften der Wälder. Der Wegfall einer ausgleichenden Baumschicht sowie unterschiedliche anthropo-zoogene Einwirkungen bedingen eine sehr starke floristische Differenzierung, die auch feinere bodenökologische und klimatische Unterschiede widerspiegelt. So enthält Gruppe 5 der anthropo-zoogenen Heiden und Grasländer zwar nur sechs Klassen, aber 14 Ordnungen und 35 Verbände (s. zusätzlich die Kleinseggenriede unter Nr. 1.7). Auch die Wildkraut-Gesellschaften der Äcker lassen sich (zumindest in artenreicherer Ausprägung) innerhalb der STELLARIETEA MEDIAE (Nr. 3.4) in vier Ordnungen und sieben Verbände aufteilen. Weniger stark differenziert sind hingegen die oft halbnatürlichen Hochstaudenfluren (z. B. Nr. 3.6, 4).

1. Süßwasser- und Moorvegetation (Kap. 9, 10, 13)

1.1 **Lemnetea de Bolòs & Masclans 1955: Frei schwimmende Wasserschweber-Ges.** (Kap. 9.3.1, 9.3.2.3, 9.4.5, 9.5.2, 9.5.3)

1.1.1 **Lemnetalia** de Bolòs & Masclans 1955: Einschichtige Wasserlinsen-Ges.

1.1.1.1 LEMNION TRISULCAE den Hartog & Segal 1964: Submerse Sternlebermoos-Dreifurchwasserlinsen-Ges. (Kap. 9.3.2.3)

1.1.1.2 LEMNION GIBBAE Tx. & Schwabe-Braun 1974 (= Lemnion minoris): Schwimmende Wasserlinsen-Ges. (Kap. 9.3.2.3)

1.1.2 **Hydrocharitetalia** Rübel 1933: Mehrschichtige Wasserschweber-Ges.

1.1.2.1 HYDROCHARITION MORSUS-RANAE (Passarge 1964) Westhoff & den Held 1969: Froschbiss-Ges. (Kap. 9.3.2.3, 9.5.1)

1.2 **Utricularietea Pietsch 1965: Wasserschlauch-Moortümpel-Ges.** (Kap. 9.3.1, 9.3.2.2, 9.4.5, 9.5.2, 9.8.4, 10.3.4)

1.2.1 **Utricularietalia intermedio-minoris** Pietsch 1965

1.2.1.1 SPHAGNO-UTRICULARION T. Müller & Görs 1960: Torfmoos-Wasserschlauch-Ges. (Kap. 10.3.4)

1.2.1.2 SCORPIDIO-UTRICULARION MINORIS Pietsch 1965: Skorpionsmoos-Wasserschlauch-Ges. (Kap. 10.3.4)

1.3 **Potamogetonetea Klika in Klika & Novák 1941: Laichkraut- und Schwimmblatt-Ges.** (Kap. 9.3.1, 9.3.2.2, 9.4 bis 9.6)

1.3.1 **Potamogetonetalia** W. Koch 1926

1.3.1.1 POTAMOGETONION PECTINATI W. Koch ex Görs 1977: Kammlaichkraut-Ges. (Kap. 9.3.2.2, 9.4.5, 9.5.1, 9.5.2, 9.8.4, 11.3.2.1)

1.3.1.2 NYMPHAEION ALBAE Oberd. 1957: Seerosen-Ges. (Kap. 9.3.2.2)

1.3.1.3 HYDROCHARITION s. Nr. 1.1.2.1

1.3.1.4 RANUNCULION AQUATILIS Passarge 1964: Wasserhahnenfuß-Flachwasser-Ges.

1.3.1.5 RANUNCULION FLUITANTIS Neuhäusl 1959: Fluthahnenfuß-Fließwasser-Ges. (Kap. 9.3.2.2)

1.3.1.6 RUPPION MARITIMAE Br.-Bl. ex Soó 1947: Meersalden-Brackwasser-Ges. (Kap. 11.3.2.1)

1.4 **Littorelletea Br.-Bl. & Tx. ex Westhoff et al. 1946: Strandlings-Flachwasser-Ges.** (Kap. 9.3.1, 9.3.2.1, 9.4, 9.8.4, 12.3.1.5, 13.3.10.1)

1.4.1 **Littorelletalia uniflorae** W. Koch ex Tx. 1937: Atlantisch-subatlantische Strandlings-Ges.

1.4.1.1 LITTORELLION UNIFLORAE W. Koch ex Tx. 1937: Strandlings-Uferrasen-Ges. (Kap. 9.3.2.1, 9.4.5)

1.4.1.2 ELEOCHARITION ACICULARIS Pietsch ex Dierßen 1975: Nadelsimsen-Teichrand-Ges.

1.4.1.3 HYDROCOTYLO-BALDELLION Tx. & Dierßen in Dierßen 1973 (= Eleocharition multicaulis): Igelschlauch-Flachwasser-Ges. (Kap. 12.3.1.5, 12.4.4)

1.4.1.4 DESCHAMPSION LITTORALIS Oberd. & Dierßen in Dierßen 1975: Strandschmielen-Uferrasen-Ges.

1.5 **Phragmito-Magnocaricetea Klika in Klika & Novák 1941: Süßwasserröhricht- und Großseggenried-Ges.** (Kap. 9.3.1, 9.3.2.4, 9.3.2.5, 9.4 bis 9.6)

1.5.1 **Phragmitetalia australis** W. Koch 1926

1.5.1.1 PHRAGMITION AUSTRALIS W. Koch 1926: Schilfröhricht-Ges. (Kap. 9.3.1, 9.3.2.4, 9.3.3.1, 9.3.3.2, 9.4.4, 9.4.5, 9.5.2, 9.5.3, 9.6.1, 9.6.2, 9.8.3, 11.3.2.2)

1.5.1.2 SCIRPION (= BOLBOSCHOENION) MARITIMI s. Nr. 2.6.1.3

1.5.1.3 GLYCERIO-SPARGANION Br.-Bl. & Sissingh in Boer 1942: Schwaden-Igelkolben-Kleinröhricht-Ges. (Kap. 9.3.1, 9.4.5)

1.5.1.4 MAGNOCARICION ELATAE W. Koch 1926: Großseggenried-Ges. (Kap. 9.3.1, 9.3.2.4, 9.4.5, 9.6.1)

1.6 **Montio-Cardaminetea Br.-Bl. & Tx. ex Klika 1948: Schaumkraut-Quellflur-Ges.** (Kap. 9.3.4)

1.6.1 **Montio fontanae-Cardaminetalia amarae** Pawlowski in Pawlowski et al. 1928: Europäische Schaumkraut-Silikatquellflur-Ges. (9.3.1, 9.3.4)

1.6.1.1 CARDAMINO-MONTION Br.-Bl. 1926: Quellkraut-Bitterschaumkraut-Quellflur-Ges. (Kap. 9.3.4, 13.3.10.4)

1.6.2 **Cardamino-Chrysosplenietalia** Hinterlang 1992: Schaumkraut-Milzkraut-Waldquellflur-Ges. (Kap. 9.3.4)

1.6.2.1 CARICION REMOTAE Kästner 1940: Winkelseggen-Waldquell-Ges. (Kap. 9.3.4)

1.6.3 **Cardamino-Cratoneuretalia** Maas 1959: Schaumkraut-Starknervmoos-Kalkquellflur-Ges.

1.6.3.1 CRATONEURION COMMUTATI W. Koch 1928: Starknervmoos-Kalkquell-Ges. (Kap. 9.3.1, 9.3.4, 13.3.10.4)

1.7 **Scheuchzerio-Caricetea nigrae (= fuscae) Tx. 1937: Kleinseggen-Niedermoor- und Schlenken-Ges.** (Kap. 10.3 bis 10.5, 12.3.1.5)

1.7.1 **Scheuchzerietalia palustris** Nordhagen 1937: Blumenbinsen-Zwischenmoor- und Schlenken-Ges. (Kap. 10.3.1, 10.3.3, 10.3.4)

1.7.1.1 RHYNCHOSPORION ALBAE W. Koch 1926: Schnabelsimsen-Schlenken- und Schwingdecken-Ges. (Kap. 10.3.3, 17.3.2.1.1)

1.7.1.2 CARICION LASIOCARPAE Vanden Berghen in Lebrun et al. 1949: Fadenseggen-Schwingdecken- und Zwischenmoor-Ges. (Kap. 10.3.4)

1.7.2 **Caricetalia davallianae** Br.-Bl. 1950 (= Tofieldietalia): Kleinseggensumpf-Ges. basenreicher Standorte (Kap. 10.3.1, 10.3.5)

1.7.2.1 CARICION DAVALLIANAE Klika 1934: Davallseggen-Kalksumpf-Ges. (Kap. 10.3.5, 12.3.1.5, 13.3.10.2)

1.7.2.2 CARICION MARITIMAE Br.-Bl. in Volk 1940: Arktisch-alpine Binsenseggen-Moor- und Schwemmufer-Ges. (Kap. 10.3.10.3)

1.7.3 **Caricetalia nigrae** (= fuscae) W. Koch 1926: Braunseggensumpf-Ges. basenarmer Standorte (Kap. 10.3.1, 10.3.4)

1.7.3.1 CARICION NIGRAE (= fuscae) W. Koch 1926: Braunseggen-Niedermoor-Ges. (Kap. 12.3.1.5, 13.3.10.1)

1.8 **Oxycocco-Sphagnetea Br.-Bl. & Tx. ex Westhoff et al. 1946: Hochmoorbult- und Moorheide-Ges.** (Kap. 10.3 bis 10.5, 12.1)

1.8.1 **Sphagnetalia magellanici** Kästner & Flößner 1933: Torfmoos-Hochmoorbult-Ges. (Kap. 10.3.1, 10.3.2)

1.8.1.1 SPHAGNION MAGELLANICI Kästner & Flößner 1933: Bunte Torfmoosbult-Ges. (Kap. 10.3.2.1, 10.3.2.2)

1.8.2 **Erico-Sphagnetalia papillosi** Schwickerath 1941: Glockenheide-Torfmoos-Moorheide-Ges. (Kap. 10.3.1, 10.3.2.3, 17.3.2.1.1)

1.8.2.1 ERICION TETRALICIS Schwickerath 1933: Glockenheide-Ges. (Kap. 10.3.2.3, 12.3.1.5)

1.8.2.2 OXYCOCCO-ERICION Nordhagen ex Tx. 1937: Moosbeeren-Torfmoos-Ges. (Kap. 10.3.2.3)

1.9 **Charetea fragilis Fukarek ex Krausch 1964: Armleuchteralgen-Unterwasserrasen-Ges.** (Kap. 9.3.1, 9.3.2.1, 9.8.4)

1.9.1 **Nitelletalia flexilis** W. Krause 1969: Glanzleuchteralgen-Weichwasser-Ges. (Kap. 9.3.1, 9.3.2.1)

1.9.1.1 NITELLION FLEXILIS W. Krause 1969: Biegsame Glanzleuchteralgen-Ges. (Kap. 9.3.2.1)

1.9.1.2 NITELLION SYNCARPO-TENUISSIMAE W. Krause 1969: Verwachsenfrüchtige oder Schirmförmige Glanzleuchteralgen-Ges. (Kap. 9.3.2.1)

1.9.2 **Charetalia hispidae** Sauer ex Krausch 1964: Armleuchteralgen-Hartwasser-Ges. (Kap. 9.3.1, 9.3.2.1)

1.9.2.1 CHARION FRAGILIS Krausch 1964 (= Charion asperae): Zerbrechliche Armleuchteralgen-Ges. (Kap. 9.3.2.1, 11.3.2.1)

1.9.2.2 CHARION VULGARIS (W. Krause & Lang 1977) W. Krause 1981: Gewöhnliche Armleuchteralgen-Ges.

1.9.2.3 CHARION CANESCENTIS Krausch 1964: Graue Armleuchteralgen-Brackwasser-Ges.

2. **Salzwasser- und Meeresküsten-Vegetation sowie Salzstellen des Binnenlandes (Kap. 11 und 12)**

2.1 **Zosteretea Pignatti 1953: Unterseeische Seegrasrasen-Ges.** (Kap. 11.3.1.1, 11.3.2.1, 11.5, 11.6.2)

2.1.1 **Zosteretalia marinae** Béguinot ex Pignatti 1953

2.1.1.1 ZOSTERION MARINAE Br.-Bl. & Tx. ex Pignatti 1953

2.2 **Ruppietea** s. Nr. 1.3.1.6

2.3 **Spartinetea maritimae Tx. in Beeftink 1962: Schlickgras-Ges.** (Kap. 11.3.1.3, 11.6.2)

2.3.1 **Spartinetalia maritimae** Conard 1935

2.3.1.1 SPARTINION MARITIMAE Conard 1952

2.4 Thero-Salicornietea strictae (Pignatti 1953) Tx. in Tx. & Oberd. 1958: Kurzlebige Queller-Ges. (Kap. 11.3.1.2, 11.3.2.3, 11.3.3.2, 11.4)

2.4.1 **Thero-Salicornietalia europaeae** Pignatti 1953

2.4.1.1 Thero-Salicornion strictae Br.-Bl. 1933 (= Salicornion dolichostachyae, S. ramosissimae)

2.5 Saginetea maritimae Westhoff et al. 1962: Strandmastkraut-Ges. (Kap. 11.3.1.5, 11.3.2.3)

2.5.1 **Saginetalia maritimae** Westhoff et al. 1962

2.5.1.1 Saginion maritimae Westhoff et al. 1962

2.6 Juncetea maritimi Tx. & Oberd. 1958 (= Asteretea tripolii): Salzmarsch- und Brackwasserröhricht-Ges. (Kap. 11.3.1.4, 11.4, 11.5, 11.6.3)

2.6.1 **Glauco-Puccinellietalia** Beeftink & Westhoff in Beeftink 1965: Milzkraut-Salzschwaden-Ges.

2.6.1.1 Puccinellion maritimae Christiansen 1927: Andelrasen-Ges. (Kap. 11.3.1.4, 11.3.2.3, 11.3.3.2)

2.6.1.2 Armerion maritimae Br.-Bl. & De Leeuw 1936: Strandnelkenrasen-Ges. (Kap. 11.3.1.5, 11.3.2, 11.3.2.3, 11.3.3.2)

2.6.1.3 Scirpion (= Bolboschoenion) maritimi Dahl & Hadač 1941: Strandsimsen-Brackwasserröhricht-Ges. (Kap. 9.3.3.1, 11.3.2, 11.3.2.2, 11.3.3.2)

2.7 Honckenyo-Elymetea Tx. 1966: Salzmieren-Strandroggen-Ges. (Kap. 12.3.1.2, 12.3.2, 12.4.2)

2.7.1 **Honckenyo-Elymetalia** Tx. 1966

2.7.1.1 Honckenyo-Elymion arenarii Tx. 1966

2.8 Cakiletea maritimae Tx. & Preising ex Br.-Bl. & Tx. 1952: Meersenf-Spülsaum-Ges. (Kap. 12.1, 12.3.1.1, 12.3.2, 12.4.1)

2.8.1 **Atriplicetalia littoralis** Sissingh in Westhoff et al. 1946: Nordatlantisch-baltische Spülsaum-Ges.

2.8.1.1 Atriplicion littoralis Nordhagen 1940: Strandmelden-Spülsaum-Ges.

2.9 Ammophiletea Br.-Bl. & Tx. ex Westhoff et al. 1946: Strandhaferdünen-Ges. (Kap. 12.1, 12.2.1.2, 12.3.1.2, 12.3.2, 12.3.3.2, 12.4.2, 12.4.3)

2.9.1 **Ammophiletalia** Br.-Bl. 1933

2.9.1.1 Ammophilion arenariae Br.-Bl. 1933

2.10 Puccinellio-Salicornietea Topa 1939: Kontinentale Binnenland-Salzpflanzen-Ges. (Kap. 11.3.3.2)

2.10.1 **Crypsidetalia aculeatae** Vicherek 1973: Solontschak-Dorngras-Ges.

2.10.1.1 Cypero-Spergularion salinae Slavnič 1948: Salzzyperngras-Salzschuppenmierenrasen-Ges.

2.10.1.2 Puccinellion peisonis Wendelberger 1943 corr. Soó 1957: Zickgrasrasen-Ges.

2.10.2 **Puccinellietalia** Soó 1947: Solonetz-Salzsteppen-Ges.

2.10.2.1 Puccinellion limosae Klika et Vlach 1937: Sumpfsalzschwadenrasen-Ges.

2.10.2.2 Festucion pseudovinae Soó 1933: Schwingelsalzsteppen-Ges.

2.10.3 **Scorzonero-Juncetalia gerardii** Vicherek 1973: Schwarzwurzel-Salzsumpfwiesen-Ges.

2.10.3.1 Scorzonero-Juncion gerardii (Wendelberger 1943) Vicherek 1972

2.11 Crithmo-Limonietea Br.-Bl. in Br.-Bl. et al. 1952: Meerfenchel-Strandflieder-Ges.

2.11.1 **Crithmo-Limonietalia** Br.-Bl. 1942

2.11.1.1 Crithmo-Limonion Molinier 1934

Salicetea arenariae: Dünengebüsch-Ges. s. Nr. 6.6

3. Krautige Vegetation oft gestörter Plätze (Kap. 21 bis 24)

3.1 Isoëto-Nanojuncetea Br.-Bl. & Tx. ex Br.-Bl. et al. 1952: Kurzlebige Zwergbinsen-Pionierges. (Kap. 12.1, 12.3.1.5, 21.1)

3.1.1 **Nanocyperetalia** Klika 1935: Mittel-osteuropäische Zwergbinsen-Ges.

3.1.1.1 Elatino-Eleocharition ovatae (Pietsch & Müller-Stoll 1968) Pietsch 1973: Tännel-Sumpfbinsen-Ges. der Teichböden und Flussufer (Kap. 21.1.2)

3.1.1.2 Radiolion linoidis (Rivas-Goday 1961) Pietsch 1973: Zwerglein-Stillgewässerufer-Ges. (Kap. 12.3.1.5, 12.4.4, 21.1.2)

3.2 Bidentetea tripartitae Tx. et al. ex von Rochow 1951: Zweizahn-Knöterich-Melden-Schlammufer-Ges. (Kap. 21.2)

3.2.1 **Bidentetalia** Br.-Bl. & Tx. ex Klika et Hadač 1944

3.2.1.1 Bidention tripartitae (W. Koch 1926) Nordhagen 1940: Zweizahn-Knöterich-Teichufer-Ges. (Kap. 21.2, 21.2.2)

3.2.1.2 Chenopodion rubri (Tx. in Poli & J. Tx 1960) Hilbig & Jage 1972 (= Chenopodion glauci): Graugänsefuß-Flussufer-Ges. (Kap. 21.2.1.2)

3.3 **Sisymbrietea Korneck 1974: Annuelle Rauken-Ruderal-Ges.** (Kap. 22, 22.3.1, 24.3)

3.3.1 **Sisymbrietalia** J. Tx. ex Görs 1966

3.3.1.1 SISYMBRION OFFICINALIS Tx. et al. ex von Rochow 1951: Wegrauken-Ruderal-Ges. (Kap. 22.3.1)

3.3.1.2 SALSOLION RUTHENICAE Philippi 1971: Salzkraut-Ruderal-Ges.

3.3.1.3 CHENOPODION MURALIS Br.-Bl. 1931: Mauergänsefuß-Ruderal-Ges. Süd-Mitteleuropas

3.4 **Stellarietea mediae Tx. et al. ex von Rochow 1951: Vogelmieren-Ackerwildkraut-Ges.** (Kap. 23, 24.3)

3.4.1 **Secalietalia** Br.-Bl. 1936 (= Centauretalia cyani, Papaveretalia rhoeadis): Ackerwildkraut-Ges. basenreicher Standorte (Kap. 23.3.2.2)

3.4.1.1 CAUCALIDION PLATYCARPI Tx. ex von Rochow 1951: Haftdolden-Ackerwildkraut-Ges. (23.3.2.2)

3.4.1.2 VERONICO-EUPHORBION Sissingh ex Passarge 1964 (= Fumario-Euphorbion): Ehrenpreis-Sonnenwolfsmilch-Ackerwildkraut-Ges. (Kap. 23.3.2.2)

3.4.2 **Aperetalia spicae-venti** J. Tx. & Tx. in Malato-Beliz et al. 1960: Windhalm-Ackerwildkraut-Ges. basenarmer Standorte (Kap. 23.3.1, 23.3.2.1)

3.4.2.1 APHANION ARVENSIS J. Tx. & Tx. in Malato-Beliz et al. 1960: Ackerfrauenmantel-Ackerwildkraut-Ges. (Kap. 23.3.2.1)

3.4.2.2 PANICO-SETARION Sissingh in Westhoff et al. 1946: Fingerhirsen- und Borstenhirsen-Ackerwildkraut-Ges. (Kap. 23.3.2.1)

3.4.2.3 SPERGULO-OXALIDION Görs in Oberd. et al. 1967: Ackerspark-Sauerklee-Ackerwildkraut-Ges. (Kap. 23.3.2.1)

3.4.3 **Lolio remoti-Linetalia** J. Tx. & Tx. in Lohmeyer et al. 1962: Leinacker-Wildkraut-Ges. (Kap. 23.3.2.3)

3.4.3.1 LOLIO REMOTI-LINION Tx. 1950: Leinlolch-Ackerwildkraut-Ges.

3.4.4 **Eragrostietalia** J. Tx. ex Poli 1966: Liebesgras-Ackerwildkraut-Ges.

3.4.4.1 ERAGROSTION MINORIS Tx. in Slavnič 1944

3.5 **Artemisietea vulgaris Lohmeyer et al. ex von Rochow 1951: Ausdauernde Beifuß-Distel- und Quecken-Ruderal-Ges. stickstoffreicher Standorte** (Kap. 22, 22.3.2, 24.3)

3.5.1 und 3.5.2 s. Nr. 3.6

3.5.3 **Artemisietalia vulgaris** Lohmeyer in Tx. 1947: Beifuß-Ruderal-Ges.

3.5.3.1 ARCTION LAPPAE Tx. 1937: Kletten-Ges. (Kap. 22.3.2.1, 22.3.2.2)

3.5.4 **Onopordetalia acanthii** Br.-Bl. & Tx. ex Klika & Hadač 1944: Eselsdistel- und Steinklee-Ruderal-Ges.

3.5.4.1 ONOPORDION ACANTHII Br.-Bl. in Br.-Bl. et al. 1936: Eselsdistel-Ges. sommerwarmer Gebiete (Kap. 22.3.2.1)

3.5.4.2 DAUCO CAROTAE-MELILOTION Görs ex Rostański et Gutte 1971: Möhren-Steinklee-Ges. (Kap. 22.3.2.1)

3.5.5 **Agropyretalia intermedio-repentis** Oberd. et al. ex T. Müller & Görs 1969: Halbruderale Quecken-Pionier- und Trockenrasen-Ges. (Kap. 18.3.2.4, 22.3.2.1)

3.5.5.1 CONVOLVULO ARVENSIS-AGROPYRION REPENTIS Görs 1966: Ackerwinden-Queckenrasen-Ges. (Kap. 22.3.2.1)

3.6 **Galio-Urticetea Passarge ex Kopecký 1969: Nitrophytische Klebkraut-Brennnessel-Ufer- und Saum-Ges.** (Kap. 16.3.2)

3.6.1 **Convolvuletalia (= Calystegietalia) sepium** Tx. ex Moor 1958: Zaunwindenufer-Ges. (Kap. 11.3.1.6, 16.3.2, 21.2.3)

3.6.1.1 SENECION FLUVIATILIS Tx. ex Moor 1958 (inkl. Convolvulion sepium): Flussgreiskrautufer-Ges. (Kap. 21.2.3)

3.6.2 **Glechometalia hederaceae** Tx. in Tx. & Brun-Hool 1975 (= Galio-Alliarietalia petiolatae): Gundelreben-Saum- und Verlichtungs-Ges. (Kap. 16.3.2)

3.6.2.1 AEGOPODION PODAGRARIAE Tx. 1967: Giersch-saum-Ges. (Kap. 8.3.1.4, 16.3.2)

3.6.2.2 GEO URBANI-ALLIARION PETIOLATAE Lohmeyer & Oberd. in Görs & T. Müller 1969: Nelkenwurz-Knoblauchsraukensaum-Ges. (Kap. 16.3.2)

3.6.2.3 RUMICION ALPINI Rübel ex Klika & Hadač 1944: Subalpin-alpine Alpenampfer-Lägerflur-Ges. (Kap. 13.3.11.4, 16.3.2, 22.3.2.1, 22.3.2.3)

3.7 **Polygono arenastri-Poëtea annuae Rivas-Martínez 1975 (= Plantaginetea majoris p. p.): Vogelknöterich-Einjahr-rispengras-Trittrasen-Ges.** (Kap. 19.3.7, 24.3)

3.7.1 **Polygono arenastri-Poëtalia annuae** Tx. in Géhu et al. 1972 corr. Rivas-Martínez et al. 1991: Europäische Trittrasen-Ges.

3.7.1.1 MATRICARIO-POLYGONION ARENASTRI Rivas-Martínez 1975 corr. Rivas-Martínez et al. 1991: Vogelknöterich-Trittrasen-Ges. (Kap. 19.3.7.1)

3.7.1.2 SAGINION PROCUMBENTIS Tx. & Ohba in Géhu et al. 1972: Mastkraut-Tritt-Ges. (Kap. 19.3.7.1)

3.7.1.3 ALCHEMILLO-POION SUPINAE Ellmauer & Mucina 1993: Subalpin-alpine Lägerrispengras-Trittrasen-Ges.

3.8 Agrostietea stoloniferae s. Nr. 5.4.3

4. Steinfluren, subalpin-alpine Rasen und Heiden (Kap. 13)

4.1 Parietarietea s. Nr. 4.2.3

4.2 Asplenietea trichomanis (Br.-Bl. in Meier & Br.-Bl. 1934) Oberd. 1977: Felsspalten- und Mauerfugen-Ges. (Kap. 13.3.13)

4.2.1 **Potentilletalia caulescentis** Br.-Bl. in Br.-Bl. & Jenny 1926: Steinfingerkraut-Felsspalten- und Mauerfugen-Ges. auf Kalk

4.2.1.1 POTENTILLION CAULESCENTIS Br.-Bl. in Br.-Bl. & Jenny 1926: Nordalpine Kalkfelsspalten- und Mauerfugen-Ges. (Kap. 13.3.13)

4.2.1.2 CYSTOPERIDION FRAGILIS J. L. Richard 1972: Blasenfarn-Felsspalten-und Mauerfugen-Ges. schattig-feuchter Standorte (Kap. 13.3.13)

4.2.1.3 ANDROSACO HELVETICAE-DRABION TOMENTOSAE T. Wraber 1970: Südalpine Kalkfelsspalten-Ges. (Kap. 13.3.13)

4.2.2 **Androsacetalia vandellii** Br.-Bl. in Meier & Br.-Bl. 1934: Streifenfarn-Felsspalten-Ges. auf Silikat- und Serpentingestein

4.2.2.1 ANDROSACION VANDELLII Br.-Bl. in Br.-Bl. & Jenny 1926: Mannsschild-Felsspalten-Ges. sonniger Standorte (Kap. 13.3.13)

4.2.2.2 ASPLENION SEPTENTRIONALIS Focquet 1982: Felsspalten-Ges. des Nordischen Streifenfarns (Kap. 13.3.13)

4.2.2.3 ASARINION PROCUMBENTIS Br.-Bl. in Meier & Br.-Bl. 1934: Atlantische Nierenblattlöwenmaul-Felsspalten-Ges. schattiger Standorte (Kap. 13.3.13)

4.2.3 **Parietarietalia judaicae** Rivas-Martínez ex Br.-Bl. 1963 corr. Oberd. 1977: Wärmeliebende Mauerglaskraut-Ges.

4.2.3.1 CYMBALARIO MURALIS-ASPLENION Segal 1969: Mauerrauten-Zimbelkraut-Mauer-Ges. (Kap. 13.3.13)

4.3 entfällt

4.4 Thlaspietea rotundifolii Br.-Bl. 1948: Steinschutt- und Geröll-Ges. (Kap. 13.3.12)

4.4.1 **Thlaspietalia rotundifolii** Br.-Bl. in Br.-Bl. & Jenny 1926: Täschelkraut-Kalkschutt-Ges.

4.4.1.1 THLASPION ROTUNDIFOLII Jenny-Lips 1930: Alpin-subnivale Täschelkraut-Kalkschutt-Ges. (Kap. 13.3.12)

4.4.1.2 PETASITION PARADOXI Zollitsch ex Lippert 1966: Montan-alpine Schneepestwurz-Ges. feuchterer Feinschutt- und Mergelstandorte (Kap. 13.3.12)

4.4.2 **Drabetalia hoppeanae** Zollitsch 1966: Alpine Felsenblümchen-Kalkschieferschutt-Ges. (Kap. 13.3.12)

4.4.2.1 DRABION HOPPEANAE Zollitsch 1966

4.4.3 **Androsacetalia alpinae** Br.-Bl. in Br.-Bl & Jenny 1926: Alpin-subnivale Alpenmannsschild-Silikatschutt-Ges.

4.4.3.1 ANDROSACION ALPINAE Br.-Bl. in Br.-Bl. & Jenny 1926 (Kap. 13.3.12, 13.7.1)

4.4.4 **Epilobietalia fleischeri** Moor 1958: Kiesweidenröschen-Flussschotter- und Feuchtschutt-Ges. (Kap. 8.3.1.2.1)

4.4.4.1 SALICION INCANAE Aichinger 1933 (= Epilobion fleischeri) (Kap. 13.3.10.3)

4.4.5 **Galio-Parietarietalia officinalis** Boscaiu et al. 1966 (= Stipetalia calamagrostis): Wärmeliebende montane Raugras-Kalkschutt-Ges.

4.4.5.1 STIPION CALAMAGROSTIS Jenny-Lips ex Br.-Bl. et al. 1952 (Kap. 13.3.10.3)

4.4.6 **Galeopsietalia segetum** Oberd. & Seibert in Oberd. 1977: Submontan-montane Gelbhohlzahn-Silikatschutt-Ges.

4.4.6.1 GALEOPSION SEGETUM Oberd. 1957 (Kap. 13.3.10.3)

4.4.7 **Arabidetalia caeruleae** Rübel ex Br.-Bl. 1948: Subalpin-alpine Gänsekressen-Kalkschneeboden-Ges. (Kap. 13.3.9)

4.4.7.1 ARABIDION CAERULEAE Br.-Bl. in Br.-Bl. & Jenny 1926 (Kap. 13.3.9.3)

4.5 Salicetea herbaceae Br.-Bl. 1948: Subalpin-alpine Krautweiden-Schneeboden-Ges. basenarmer Standorte (Kap. 13.3.9)

4.5.1 **Salicetalia herbaceae** Br.-Bl. in Br.-Bl. & Jenny 1926

4.5.1.1 SALICION HERBACEAE Br.-Bl. in Br.-Bl. & Jenny 1926 (Kap. 13.3.9.1, 13.3.9.2)

4.5.2 **Arabidetalia caeruleae** s. Nr. 4.4.7

4.6 Caricetea curvulae Br.-Bl. 1948 (= Juncetea trifidi): Subalpin-alpine Rasen-Ges. basenarmer Standorte (Kap. 13.3.7)

4.6.1 **Caricetalia curvulae** Br.-Bl. in Br.-Bl. & Jenny 1926

4.6.1.1 CARICION CURVULAE Br.-Bl. in Br.-Bl. & Jenny 1926: Krummseggenrasen-Ges. (Kap. 13.3.7, 13.3.14.1)

4.6.1.2 JUNCION TRIFIDI Krajina 1933: Dreiblattbinsenrasen-Ges. (Kap. 13.3.7)

4.6.2 **Festucetalia spadiceae** Barbero 1970: Schwingel-Wildheumähder-, Weide- und Lawinarrasen-Ges.

4.6.2.1 AGROSTION SCHRADERIANAE Grabherr 1993: Schilfstraußgras-Violettschwingelrasen-Ges. (Kap. 13.3.7.2)

4.6.2.2 FESTUCION VARIAE Guinochet 1938: Sonnhang-Buntschwingelrasen-Ges. (Kap. 13.3.7.2)

4.7 **Seslerietea albicantis Oberd. 1978 corr. 1990: Subalpin-alpine Blaugras-Seggen- und Schneeheide-Ges. basenreicher Standorte** (Kap. 13.3.5)

4.7.1 **Seslerietalia caeruleae** Br.-Bl. in Br.-Bl. & Jenny 1926: Blaugras- und Rostseggenrasen- und verwandte Ges.

4.7.1.1 SESLERION CAERULEAE Br.-Bl. in Br.-Bl. & Jenny 1926: Blaugras-Fels- und Schuttrasen-Ges. (Kap. 13.3.5.1, 13.3.14.1)

4.7.1.2 CARICION FERRUGINEAE G. Br.-Bl. & J. Br.-Bl. 1931: Rostseggenwiesen-Ges. (Kap. 13.3.5.3)

4.7.1.3 CARICION FIRMAE Gams 1936: Polsterseggenrasen-Ges. (Kap. 13.3.5.2)

4.7.1.4 CALAMAGROSTION VARIAE Sillinger 1929: Buntreitgras-Hochgras-Ges.

4.7.1.5 CARICION AUSTROALPINAE Sutter 1962: Südalpine Blaugrasrasen-Ges. (Kap. 13.3.5.1)

4.7.2 **Rhododendro hirsuti-Ericetalia carneae** Grabherr et al. 1993: Wimperalpenrosen-Schneeheide-Ges.

4.7.2.1 ERICION CARNEAE Rübel ex Grabherr et al. 1993 (Kap. 13.3.5.4, 17.3.2.3)

4.8 **Carici rupestris-Kobresietea bellardii Ohba 1974: Hochgebirgs-Nacktrietrasen-Ges.** (Kap. 13.3.6)

4.8.1 **Oxytropido-Kobresietalia** Oberd. ex Albrecht 1969: Nacktrietrasen-Ges. mittel-südwesteuropäischer Hochgebirge

4.8.1.1 OXYTROPIDO-ELYNION Br.-Bl. 1949 (Kap. 13.3.6, 13.3.14.1)

4.9 **Loiseleurio-Vaccinietea Eggler ex Schubert 1960: Arktisch-alpine Zwergstrauchheide-Ges. basenarmer Standorte** (Kap. 13.3.8, 17.3.2.3)

4.9.1 **Rhododendro-Vaccinietalia** Br.-Bl. in Br.-Bl. & Jenny 1926

4.9.1.1 LOISELEURIO PROCUMBENTIS-VACCINION Br.-Bl. in Br.-Bl. & Jenny 1926: Alpenazaleen-Windheide-Ges. (Kap. 13.3.8.1)

4.9.1.2 RHODODENDRO-VACCINION J. Br.-Bl. ex G. Br.-Bl. & J. Br.-Bl. 1931: Rostblattalpenrosen-Heidelbeerheide-Ges. (Kap. 7.5.2, 13.3.8.2, 13.3.8.3)

5. **Anthropo-zoogene Heiden und Grasland (Kap. 17 bis 19)**

5.1 **Calluno-Ulicetea Br.-Bl. & Tx. ex Klika & Hadač 1944 (= Nardo-Callunetea): Zwergstrauchheide- und Magerrasen-Ges. basenarmer Standorte** (Kap. 12.1, 13.3.7.3, 17.3)

5.1.1 **Nardetalia strictae** Preising 1950: Borstgrasrasen-Ges. (Kap. 17.3.1)

5.1.1.1 NARDION STRICTAE Br.-Bl. in Br.-Bl. & Jenny 1926: Subalpin-alpine Borstgrasrasen-Ges. (Kap. 13.3.7.3, 17.3.1.1, 17.3.1.2)

5.1.1.2 VIOLION CANINAE Schwickerath 1944 (= Nardo-Galion): Planar-montane Hundsveilchen-Borstgrasrasen-Ges. (Kap. 17.3.1.1)

5.1.1.3 NARDO STRICTAE-AGROSTION TENUIS Sillinger 1933: Subkontinentale Borstgrasrasen-Ges. (Kap. 17.3.1.2)

5.1.2 **Vaccinio-Genistetalia** Schubert ex Passarge 1964: Subatlantisch-atlantische Zwergstrauchheide-Ges. (Kap. 17.3.2)

5.1.2.1 GENISTION PILOSAE Böcher 1943: Subatlantische Ginster-Heidekraut-Ges. (Kap. 12.3.1.3, 12.3.2, 17.3.2, 17.3.2.2)

5.1.2.2 EMPETRION NIGRI Schubert ex Westhoff & Den Held 1969: Krähenbeer-Küstenheide-Ges. (Kap. 12.3.1.3, 12.3.2, 12.4.3, 17.3.2, 17.3.2.1.2)

5.2 **Koelerio-Corynephoretea Klika in Klika & Novák 1941 (= Sedo-Scleranthetea): Silbergras- und Schwingelrasen- sowie Fetthennen-Felsgrus- und Felsband-Ges.** (Kap. 12.1, 18, 18.3.3)

5.2.1 **Sedo-Scleranthetalia** Br.-Bl. 1955: Fetthennen- und Hauswurz-Felsgrus- und Felsband-Ges. (Kap. 18.3.1, 18.3.3.1)

5.2.1.1 SEDO-SCLERANTHION BIENNIS Br.-Bl. 1955: Montan-alpine Fetthennen- und Hauswurz-Felsgrus- und Felsband-Ges. (Kap. 18.3.1, 18.3.3.1)

5.2.1.2 ALYSSO ALYSSOIDIS-SEDION Oberd. & T. Müller in T. Müller 1961: Wärmeliebende Kelchsteinkraut-Fetthennen-Felgrus- und Felsband-Ges. basenreicher Standorte (Kap. 18.3.1, 18.3.3.1)

5.2.1.3 SESLERIO-FESTUCION PALLENTIS Klika 1931 corr. Zólyomi 1966: Bleichschwingel-Felsband-Ges. (Kap. 18.3.1, 18.3.3.1)

5.2.1.4 SEDO ALBI-VERONICION DILLENII Korneck 1974 (= Arabidopsion thalianae): Wärmeliebende Fetthennen-Ehrenpreis-Felsgrus-Ges. basenarmer Standorte (Kap. 18.3.3.1)

5.2.2 **Corynephoretalia canescentis** Klika 1934: Subatlantische Silbergras-Lockerrasen-Ges.

5.2.2.1 CORYNEPHORION CANESCENTIS Klika 1931: Silbergras-Sandpionierrasen-Ges. (Kap. 12.3.1.3, 12.3.2, 12.3.3.2, 12.3.4.2, 12.4.3, 18.3.3.2)

5.2.3 **Festuco-Sedetalia acris** Tx. 1951: Schafschwingel-Mauerpfeffer-Sandtrockenrasen-Ges.

5.2.3.1 KOELERION GLAUCAE Volk 1931: Subkontinentale Blauschillergrasrasen-Ges. (Kap. 18.3.1, 18.3.3.2)

5.2.3.2 SILENO CONICAE-CERASTION SEMIDECANDRI Korneck 1974: Submediterran-subozeanische Kegelleimkraut-Sandhornkrautrasen-Ges. (Kap. 18.3.3.2)

5.2.3.3 ARMERION ELONGATAE Pötsch 1962: Grasnelkenrasen-Ges. (Kap. 12.3.2, 18.3.3.2)

5.2.4 **Thero-Airetalia** Rivas Goday 1964: Kurzlebige subatlantisch-submediterrane Kleinschmielenrasen-Ges.

5.2.4.1 THERO-AIRION Tx. ex Oberd. 1957: Zentralwesteuropäische Kleinschmielenrasen-Ges. (Kap. 18.3.3.2)

5.2.5 **Artemisio-Koelerietalia albescentis** Sissingh 1974: Sandschillergras-Küstengraudünen-Ges.

5.2.5.1 KOELERION ALBESCENTIS Tx. 1937 (Kap. 12.3.1.3, 12.3.2, 12.4.2, 18.3.1, 18.3.3.2)

5.3 Festuco-Brometea Br.-Bl. & Tx. ex Klika & Hadač 1944: Schwingel-Trespen-Trocken- und Halbtrockenrasen-Ges. (Kap. 18, 18.3.2)

5.3.1 **Festucetalia valesiacae** Br.-Bl. & Tx. ex Br.-Bl. 1949: Subkontinental-kontinentale Walliserschwingel-Trocken- und Halbtrockenrasen-(Steppen-)Ges. (Kap. 18.3.2.2)

5.3.1.1 FESTUCION VALESIACAE Klika 1931: Kontinentale Walliserschwingel-Trockenrasen-(Steppen-)Ges. (Kap. 18.3.2.3, 18.3.2.5)

5.3.1.2 CIRSIO-BRACHYPODION PINNATI Hadač & Klika in Klika & Hadač 1944: Subkontinentale Kratzdistel-Fiederzwenken-Halbtrockenrasen-(Wiesensteppen-)Ges. (Kap. 18.3.2.3, 18.3.2.5)

5.3.1.3 STIPO-POION XEROPHILAE Br.-Bl. & Tx. in Br.-Bl. 1949: Inneralpine Federgras-Rispengras-Trockenrasen-(Steppen-)Ges. (Kap. 18.3.2.6)

5.3.2 **Brometalia erecti** W. Koch 1926: Subozeanisch-submediterrane Trespen-Trocken- und Halbtrockenrasen-Ges. (Kap. 18.3.2.1)

5.3.2.1 XEROBROMION (Br.-Bl. & Moor 1938) Moravec in Holub et al. 1967: Trespen-Trockenrasen-Ges. (Kap. 18.3.2.3, 18.3.2.4, 18.3.2.7)

5.3.2.2 BROMION ERECTI W. Koch 1926 (= Mesobromion): Trespen-Halbtrockenrasen-Ges. basenreicher Standorte (Kap. 18.3.2.3, 18.3.2.4, 18.3.2.7, 18.8.1)

5.3.2.3 KOELERIO-PHLEION PHLEOIDIS Korneck 1974: Glanzlieschgras-Halbtrockenrasen-Ges. basenärmerer Standorte (Kap. 18.3.2.9)

5.4 Molinio-Arrhenatheretea Tx. 1937: Kulturgrasland-(Grünland-)Ges. (Kap. 19)

5.4.1 **Molinietalia caeruleae** W. Koch 1926: Wiesen- und Hochstauden-Ges. feucht-nasser Standorte (Kap. 19.3.1, 19.3.3)

5.4.1.1 MOLINION CAERULEAE W. Koch 1926: Pfeifengras-Streuwiesen-Ges. (Kap. 19.3.1, 19.3.3, 19.3.3.2.1)

5.4.1.2 FILIPENDULION ULMARIAE Segal ex Lohmeyer in Oberd. et al. 1967: Mädesüß-Ufer- und Wiesenrand-Hochstauden-Ges. (Kap. 19.3.3, 19.3.4)

5.4.1.3 CNIDION DUBII Balátová-Tuláčková 1966 (= Deschampsion cespitosae): Subkontinentale Brenndolden-Überschwemmungswiesen-Ges. (Kap. 19.3.3, 19.3.3.1.3)

5.4.1.4 JUNCION ACUTIFLORI Br.-Bl. et al. 1947: Atlantische Waldbinsen-Sumpfwiesen-Ges.

5.4.1.5 CALTHION PALUSTRIS Tx. 1937: Sumpfdotterblumen-Feuchtwiesen-Ges. (Kap. 19.3.1, 19.3.3, 19.3.3.1, 19.3.3.2.2)

5.4.2 **Arrhenatheretalia elatioris** Tx. 1931: Wiesen- und Weide-Ges. frischer Standorte (Kap. 19.3.1, 19.3.2)

5.4.2.1 ARRHENATHERION ELATIORIS W. Koch 1926: Glatthaferwiesen-Ges. tieferer Lagen (Kap. 19.3.1, 19.3.2.1, 19.3.5)

5.4.2.2 POLYGONO-TRISETION Br.-Bl. & Tx. ex Marschall 1947 nom. invers.: Goldhafer-Bergwiesen-Ges. (Kap. 19.3.1, 19.3.2.2, 19.3.2.2.2)

5.4.2.3 CYNOSURION CRISTATI Tx. 1947: Kammgras-Weißkleeweide- und Parkrasen-Ges. (Kap. 11.3.1.5, 19.3.1, 19.3.6)

5.4.2.4 POION ALPINAE Oberd. 1950: Subalpin-alpine Alpenrispengrasweide-Ges.

5.4.3 **Potentillo-Polygonetalia** Tx. 1947 (= Agrostietalia stoloniferae): Gänsefingerkraut-Kriechstraußgras-Flut- und Kriechrasen-Ges.

5.4.3.1 POTENTILLION ANSERINAE Tx. 1947 (= Agropyro-Rumicion) (Kap. 19.3.7.2)

5.5 Violetea calaminariae Tx. in Lohmeyer et al. 1962: Galmeiveilchen-Schwermetallrasen-Ges. (Kap. 20)

5.5.1 **Violetalia calaminariae** Br.-Bl. & Tx. 1943

5.5.1.1 GALIO ANISOPHYLLI-MINUARTION VERNAE Ernst 1963: Alpine Labkraut-Frühlingsmieren-Schwermetallrasen-Ges. (Kap. 20.3.1)

5.5.1.2 THLASPION CALAMINARIAE Ernst 1965: Galmeitäschelkraut-Schwermetallrasen-Ges. (Kap. 20.3.1)

5.5.1.3 ARMERION HALLERI Ernst 1965: Galmeigrasnelken-Schwermetallrasen-Ges. (Kap. 20.3.1)

5.6 Festucetea vaginatae Soó ex Vicherek 1972: Kontinentale Sand- und Steppenrasen-Ges. (Kap. 18.3.3.2)

5.6.1 **Festucetalia vaginatae** Soó 1957

5.6.1.1 FESTUCION VAGINATAE Soó 1929: Pannonische Steppenrasen-Ges.

6. Waldnahe Staudenfluren und Gebüsche (Kap. 13, 15 und 16)

6.1 Trifolio-Geranietea sanguinei T. Müller 1962: Licht- und wärmeliebende Mittelklee-Blutstorchschnabelsaum-Ges. (Kap. 16.3.2)

6.1.1 **Origanetalia vulgaris** T. Müller 1962: Wirbeldostsaum-Ges. basenreicher Standorte

6.1.1.1 TRIFOLION MEDII T. Müller 1962: Mittelkleesaum-Ges. frischer bis mäßig trockener Standorte (Kap. 16.3.2)

6.1.1.2 GERANION SANGUINEI Tx. in T. Müller 1962: Blutstorchschnabelsaum-Ges. trockener Standorte Mitteleuropas (Kap. 16.3.2)

6.1.1.3 GALIO LITTORALIS-GERANION SANGUINEI Géhu & Géhu-Franck in de Foucault et al. 1983: Labkraut-Blutstorchschnabelsaum-Ges. der Meeresküsten

6.1.2 **Melampyro pratensis-Holcetalia mollis** Passarge 1979: Wiesenwachtelweizen-Honiggrassaum-Ges. basenarmer Standorte

6.1.2.1 MELAMPYRION PRATENSIS Passarge 1979: Wiesenwachtelweizensaum-Ges. (Kap. 16.3.2)

6.1.2.2 TEUCRION SCORODONIAE de Foucault et al.: Salbeigamandersaum-Ges. (Kap. 16.3.2)

6.2 Epilobietea angustifolii Tx. & Preising ex von Rochow 1951: Schmalblattweidenröschen-Schlagflur- und Verlichtungs-Ges. (Kap. 15.3.2)

6.2.1 **Atropetalia bellae-donnae** Tx. 1947

6.2.1.1 CARICI PILULIFERI-EPILOBION ANGUSTIFOLII Tx. ex Oberd. 1957: Pillenseggen-Weidenröschen-Schlag- und Verlichtungs-Ges. basenarmer Standorte (Kap. 15.3.2)

6.2.1.2 ATROPION BELLAE-DONNAE Aichinger 1933: Tollkirschen- und Hainkletten-Schlag- und Verlichtungs-Ges. basenreicher Standorte (Kap. 15.3.2)

6.2.1.3 SAMBUCO-SALICION CAPREAE s. 6.5.2.2

6.2.1.4 LONICERO-RUBION SYLVATICAE s. 6.4.1.2

6.3 Mulgedio-Aconitetea Hadač & Klika in Klika & Hadač 1944 (= Betulo-Adenostyletea): Montan-subalpine Hochstauden- und Hochgras-Ges. (Gebüsche s. Nr. 6.7) (Kap. 13.3.11.1 bis 13.3.11.3)

6.3.1 **Adenostyletalia** G. Br.-Bl. & J. Br.-Bl. 1931

6.3.1.1 ADENOSTYLION ALLIARIAE Br.-Bl. 1926: Alpendost-Hochstauden-Ges. (Kap. 13.3.11.1)

6.3.1.2 CALAMAGROSTION VILLOSAE Pawlowski et al. 1928 (inkl. Calamagrostion arundinaceae): Reitgras-Hochgrasges. (Kap. 13.3.11.3)

6.4 Franguletea Doing 1962: Faulbaum-, Ginster-, Brombeer- und Weidengebüsch-Ges. basenarmer Standorte (Kap. 16.3.1)

6.4.1 **Rubetalia plicati** Weber in Pott 1995: Bodensaure Ginster- und Brombeergebüsch-Ges.

6.4.1.1 ULICI-SAROTHAMNION Doing ex Weber 1997: Stechginster- und Besenginstergebüsch-Ges. (Kap. 16.3.1, 17.3.2.2.3)

6.4.1.2 LONICERO-RUBION SILVATICI Tx. & Neumann ex Wittig 1977: Waldgeißblatt-Brombeergebüsch-Ges. (Kap. 15.3.2, 16.3.1)

6.4.2 **Salicetalia auritae** Doing 1962: Ohrweiden-Grauweiden-Moorgebüsch-Ges.

6.4.2.1 SALICION CINEREAE T. Müller & Görs ex Passarge 1961: Grauweidengebüsch-Ges. (Kap. 8.3.2.1)

6.5 Rhamno-Prunetea Rivas Goday & Borja Carbonell ex Tx. 1962: Gebüsch- und Vorwald-Ges. mittlerer bis basenreicher Standorte (Kap. 16.3.1)

6.5.1 **Prunetalia spinosae** Tx. 1952: Schlehengebüsch-Ges.

6.5.1.1 BERBERIDION VULGARIS Br.-Bl. ex Tx. 1952: Wärmeliebende Beritzengebüsch-Ges. (Kap. 16.3.1)

6.5.1.2 CARPINO-PRUNION SPINOSAE Weber 1974: Mesophile Schlehengebüsch-Ges. (Kap. 16.3.1)

6.5.1.3 PRUNO-RUBION RADULAE Weber 1974: Schlehen-Brombeergebüsch-Ges. (Kap. 16.3.1)

6.5.1.4 PRUNION FRUTICOSAE Tx. 1952: Subkontinentale Steppenkirschengebüsch-Ges. (Kap. 16.3.1)

6.5.1.5 ARCTIO-SAMBUCION NIGRAE Doing 1969: Holunder-Neophytengehölz-Ges. (Kap. 15.1.4, 24.3)

6.5.2 **Sambucetalia racemosae** Oberd. ex Doing 1962: Traubenholunder-Gebüsch- und Vorwald-Ges.

6.5.2.1 SENECIONI OVATAE-CORYLION Weber 1997: (Sub)montane Fuchsgreiskraut-Haselgebüsch-Ges. (Kap. 16.3.1)

6.5.2.2 SAMBUCO RACEMOSAE-SALICION CAPREAE Tx. & Neumann ex Oberd. 1957: Traubenholunder-Salweidengebüsch- und Vorwald-Ges. (Kap. 12.3.1.4, 15.1.4, 16.3.1)

6.6 Salicetea arenariae Weber 1999: Dünenweidengebüsch-Ges. (Kap. 8.3.1.2, 12.3.1.4, 12.4.3, 12.5.2)

6.6.1 **Salicetalia arenariae** Preising & Weber 1997

6.6.1.1 SALICION ARENARIAE Tx. ex Passarge & Scamoni 1943

6.7 Betulo-Alnetea viridis Karner in Willner & Grabherr 2007 prov.: Subalpin-subarktische Birken-, Weiden- und Grünerlengebüsch-Ges. (Kap. 13.3.11.2)

6.7.1 **Alnetalia viridis** Rübel ex Karner in Willner & Grabherr 2007: Grünerlengebüsch-Ges.

6.7.1.1 ALNION VIRIDIS Schnyder 1930: Hochstauden-Grünerlen- und Weidengebüsch-Ges. (Kap. 13.3.11.2)

7. Nadelwälder (Kap. 4 und 7)

7.1 Erico-Pinetea Horvat 1959: Schneeheide-Kiefernwald- und Latschengebüsch-Ges. (Kap. 7.7.1, 7.7.2)

7.1.1 **Erico-Pinetalia** Horvat 1959

7.1.1.1 ERICO-PINION SYLVESTRIS Br.-Bl. in Br.-Bl. et al. 1939 nom. inv.: Schneeheide-Kiefernwald-Ges. (Kap. 7.7.1, 7.7.2, 8.3.1.6.1)

7.1.1.2 ONONIDO ROTUNDIFOLIAE-PINION Br.-Bl. 1950: Inneralpine Steppenheide-Kiefernwald-Ges. (6.4.2, 7.7.1)

7.1.1.3 ERICO-PINION MUGO Leibundgut 1948 nom. inv.: Subalpine Schneeheide-Latschengebüsch-Ges. (Kap. 7.6.2)

7.2 Pulsatillo-Pinetea sylvestris Oberdorfer in Oberdorfer et al. 1967: Osteuropäische Kiefernwald-Ges. (Kap. 7.7.1, 7.7.2) (eventuell zu Nr. 7.1.1.2 und 7.3.1.1)

7.2.1 **Pulsatillo-Pinetalia sylvestris** Oberdorfer in Oberdorfer et al. 1967

7.2.1.1 CYTISO RUTHENICI-PINION SYLVESTRIS Krausch 1962: Boreal-subkontinentale Kiefern-Steppenwald-Ges. (Kap. 7.7.1, 7.7.2)

7.3 Vaccinio-Piceetea Br.-Bl. in Br.-Bl. et al. 1939: Nadelwald-Ges. mittlerer Standorte (Kap. 7)

7.3.1 **Piceetalia excelsae** Pawlowski in Pawlowski et al. 1928: Kiefern-, Fichten-, Lärchen- und Arvenwald-Ges. vorwiegend basenarmer Standorte (Kap. 7)

7.3.1.1 DICRANO POLYSETI-PINION SYLVESTRIS (Libbert 1933) Matuszkiewicz 1962: Gabelzahnmoos-Kiefernwald-Ges. (Kap. 7.4.2, 7.7, 7.7.1, 7.7.3, 12.3.2, 15.1.2)

7.3.1.2 PICEION EXCELSAE Pawlowski in Pawlowski et al. 1928 (= Vaccinio-Piceion): Mitteleuropäische Fichten-, Lärchen- und Arvenwald-Ges. (Kap. 7.3 bis 7.6, 7.8.2.1, 15.1.3)

7.3.1.2.1 VACCINIO-ABIETENION Oberd. 1962: Zwergstrauchreiche Fichten-Tannenwald-Ges. (Kap. 7.3, 7.4.2, 7.8.2.1)

7.3.1.2.2 VACCINIO-PICEENION Oberd. 1957: Fichten- und Arvenwald-Ges. (Kap. 7.4 bis 7.6, 7.8.2.3)

7.3.2 **Loiseleurio-Vaccinietalia** s. Nr. 4.9

7.4 Vaccinio uliginosi-Pinetea Passarge & Hofmann 1968: Kiefern- und Birken-Bruch- und Moorwald-Ges. (Kap. 10.3.2.1)

7.4.1 **Vaccinio uliginosi-Pinetalia sylvestris** Passarge & Hofmann 1968: Rauschbeeren-Kiefern- und Birken-Bruchwald-Ges. saurer Standorte (Kap. 8.3.2.2)

7.4.1.1 BETULION PUBESCENTIS Lohmeyer & Tx. ex Oberd. 1957: Moorbirken- und Kiefern-Bruchwald-Ges. (früher unter Nr. 7.3.1.1) (Kap. 10.3.2.1, 10.3.2.4)

7.4.2 **Carici lasiocarpae-Pinetalia sylvestris** Wagner in Rennwald 2000 prov.: Fadenseggen-Waldkiefern-Bruchwald-Ges. basenreicher Standorte

7.4.2.1 CARICI LASIOCARPAE-PINION SYLVESTRIS Wagner in Rennwald 2000 prov.

8. Laubwälder (Kap. 4 bis 6, 8)

8.1 Salicetea purpureae Moor 1958: Purpurweiden-Gebüsch- und Wald-Ges. der Ufer und Auen (Kap. 8)

8.1.1 **Salicetalia purpureae** Moor 1958

8.1.1.1 SALICION ELEAGNO-DAPHNOIDIS (Moor 1958) Grass 1993: Lavendel-Reifweidengebüsch-Ges. der Gebirge (Kap. 8.3.1.2.1)

8.1.1.2 SALICION ALBAE Soó 1951: (Silber)Weiden-Gebüsch- und -Wald-Ges. tieferer Lagen (Kap. 8.3.1.3.1)

8.2 Alnetea glutinosae Br.-Bl. & Tx. 1943: Schwarzerlen-Bruchwald-Ges. (Kap. 8.3.2, 8.3.2.1)

8.2.1 **Alnetalia glutinosae** Tx. 1937

8.2.1.1 ALNION GLUTINOSAE Malcuit 1929

8.2.1.2 SALICION CINEREAE s. Nr. 6.4.2.1

8.3 Quercetea robori-petraeae s. Nr. 8.4.1

8.4 Querco-Fagetea Br.-Bl. & Vlieger in Vlieger 1937: Eurosibirische sommergrüne Laubwald-Ges. (Kap. 5 und 6)

8.4.1 **Quercetalia roboris** Tx. 1931: Bodensaure Birken-Eichen(Buchen-)mischwald-Ges. (Kap. 6.3, 6.5)

8.4.1.1 QUERCION ROBORIS Malcuit 1929: Birken-Eichenmischwald-Ges. (Kap. 6.5, 12.3.1.4)

8.4.1.1.1 QUERCENION ROBORI-PETRAEAE (Br.-Bl. 1932) Rivas-Martinez 1982: Subatlantische Birken-Eichenwald-Ges. (Kap. 6.5.1)

8.4.1.1.2 GENISTO GERMANICAE-QUERCENION PETRAEAE (Neuhäusl & Neuhäuslová 1967) Oberd. in Oberd. et al. 1992: Subkontinentale Birken-Eichenwald-Ges. (Kap. 6.5.1)

8.4.2 **Quercetalia pubescentis** Klika 1933: Wärmeliebend-trockenheitsertragende Eichenmischwald-Ges. (Kap. 6.3, 6.4)

8.4.2.1 QUERCION PUBESCENTI-PETRAEAE Br.-Bl. 1932: Mitteleuropäische wärmeliebende (Flaum) Eichenmischwald-Ges. (Kap. 6.4)

8.4.3 **Fagetalia sylvaticae** Pawlowski in Pawlowski et al. 1928: Mesophytische Buchen- und Laubmischwald-Ges. (Kap. 5 und 6)

8.4.3.1 FAGION SYLVATICAE Luquet 1926: Rotbuchenwald-Ges. (Kap. 5)

8.4.3.1.1 LUZULO LUZULOIDIS-FAGENION (Lohmeyer & Tx. 1954) Oberd. 1957: Hainsimsen-Buchenwald-Ges. bodensaurer Standorte (Kap. 5)

8.4.3.1.2 GALIO ODORATI-FAGENION (Tx. 1955) T. Müller 1966 em. Oberd. & T. Müller 1984 (= Eu-Fagenion): Waldmeister-Buchenwald-Ges. mittlerer Standorte (Kap. 5.2, 5.3, 5.4, 5.6)

8.4.3.1.3 Cephalanthero-Fagenion Tx. & Oberd. 1958: Seggen-Orchideen-Buchenwald-Ges. warmtrockener Standorte (Kap. 5.2, 5.3.3, 5.3.5)

8.4.3.1.4 Lonicero alpigenae-Fagenion Borhidi 1963 em. Oberd. & T. Müller 1984: Alpenheckenkirschen-Buchenwald-Ges. alpennaher Gebiete (Kap. 5.2, 5.3, 5.3.6, 5.3.7)

8.4.3.1.5 Galio rotundifolii-Abietenion Oberd. 1962 (Kap. 3): Labkraut-Tannenwald-Ges. (Kap. 7.8.2.1)

8.4.3.2 Carpinion betuli Issler 1931: Eichen-Hainbuchenmischwald-Ges. (Kap. 6.6)

8.4.3.2.1 Pulmonario-Carpinenion betuli Oberd. 1957: Subatlantische Eichen-Hainbuchenwald-Ges. (Kap. 6.6)

8.4.3.2.2 Galio sylvatici-Carpinenion betuli Oberd. 1957: Gemäßigt-kontinentale Eichen-Hainbuchenwald-Ges. (Kap. 6.6)

8.4.3.2.3 Tilio cordatae-Carpinenion betuli Oberd. 1957: Osteuropäische Linden-Hainbuchenwald-Ges. (Kap. 6.6.4)

8.4.3.3 Alno-Ulmion minoris Br.-Bl. & Tx. ex Tchou 1948 (= Alnion incanae): Erlen-Ulmen-Ufer- und Auenwald-Ges. (Kap. 8)

8.4.3.3.1 Alnenion glutinoso-incanae Oberd. 1953: Erlen-Eschen-Ufer- und Auenwald-Ges. (Kap. 6.1.1, 6.1.4, 8.3.1.3.2, 8.3.1.4)

8.4.3.3.2 Ulmenion minoris Oberd. 1953: Eichen-Ulmen-(Hartholz-)Auenwald-Ges. (Kap. 8.3.1.5)

8.4.3.4 Tilio platyphylli-Acerion pseudoplatani Klika 1955: Linden- und Ahorn-Eschenwald-Ges. (Kap. 5.1, 6.1.1 bis 6.1.3)

8.4.3.4.1 Lunario-Acerenion pseudoplatani (Moor 1973) T. Müller 1992: Bergahorn-Schatthang- und Hangfußwald-Ges. (Kap. 6.1.1 bis 6.1.3)

8.4.3.4.2 Deschampsio flexuosae-Acerenion pseudoplatani T. Müller 1992: Bodensaure Bergahorn-Silikatschutthangwald-Ges. (Kap. 6.1.2)

8.4.3.4.3 Tilienion platyphylli (Moor 1975) T. Müller 1992: Wärmeliebende Lindenmischwald-Ges. (Kap. 6.2)

8.4.3.4.4 Clematido vitalbae-Corylenion avellanae (Hofmann 1958) T. Müller 1992: Hasel-Steinschutthalden-Gebüsch- und Buschwald-Ges. (Kap. 6.1.2)

8.4.4 **Prunetalia spinosi** s. Nr. 6.5.1

8.4.5 **Salicetalia arenariae** s. Nr. 6.6

28 Literaturverzeichnis

Buchstaben, die nicht zum lateinischen Alphabet gehören, und Akzente wurden in den meisten Fällen „latinisiert“ bzw. weggelassen. Die Umlaute ä, ö und ü wurden wie die Vokale a, o und u eingeordnet. Bei den Verlagsorten wurde nur der jeweils erste genannt.

Aaby, B., 1994: Monitoring Danish raised bogs. In: Grüning, A. (ed.): Mires and Man. Birmensdorf. pp. 284–300.

Aas, G., 1998: Morphologische und ökologische Variation mitteleuropäischer Quercus-Arten: Ein Beitrag zum Verständnis der Biodiversität. IHW-Verlag, Eching b. München. 221 p.

Abd. Aziz, S. A., Nedwell, D. B., 1979: Microbial nitrogen transformations in the salt marsh environment. In: Jefferies, R. L., Davy, A. J. (eds.): Ecological Processes in Coastal Environments. Blackwell, Oxford. pp. 385–398.

Abel, W. O., 1956: Die Austrocknungsresistenz der Laubmoose. Sitz.ber. Österr. Akad. Wiss., Math.-nat. Kl., Abt. I 165: 619–707.

Aber, J. D., McDowell, W., Nadelhoffer, K., Magill, A., Berntson, G., Kamakea, M., McNulty, S., Currie, W., Rustad, L., Fernandez, I., 1998: Nitrogen saturation in temperate forest ecosystems – hypotheses revisited. Bioscience 48: 921–934.

Aber, J. D., Nadelhoffer, K. J., Steudler, P. A., Melillo, J. M., 1989: Nitrogen saturation in forest ecosystems. BioScience 39: 378–386.

Abs, C., Fischer, A., Falinski, J. B., 1999: Vegetationsökologischer Vergleich von Naturwald und Wirtschaftswald, dargestellt am Beispiel des Tilio-Carpinetum im Waldgebiet von Białowieża/Nordost-Polen. Forstw. Cbl. 118: 181–196.

Abt, K., Ege, M., 1993: Sukzession contra Pflege von Streuwiesen? Ber. Inst. Landschafts- u. Pflanzenökol. Univ. Hohenheim 2: 39–58.

Ackenheil, H. V., 1944: Strömung und höhere Vegetation im Fluss Lagan bei Agard. Meddel. fran Telmatol. Stat. Agard (Oslo) 1: 1–32

Adam, K., Evers, F. H., Littek, T., 1987: Ergebnisse niederschlagsanalytischer Untersuchungen in südwestdeutschen Wald-Ökosystemen 1981–1986. KfK-PEF 24. 119 p.

Adam, M., Dierschke, H., 1990 : Laubwald-Gesellschaften nordwestdeutscher Lössgebiete. Tuexenia 10: 433–442.

Adam, P., 1978: Geographical variation in British saltmarsh vegetation. J. Ecol. 66: 339–366.

Adam, P., 1990: Saltmarsh Ecology. Cambridge Univ. Press, Cambridge. 461 p.

Adema, E. B., Grootjans, A. P., Petersen, J., Grijpstra, J., 2002: Alternative stable states in a wet calcareous dune slack in The Netherlands. J. Veg. Sci. 13: 107–114.

Adolphi, K., 1996: Anmerkungen zu einigen Neophyten an Flüssen des Rheinlandes. Braunschw. Geobot. Arb. 4: 85–91.

Aerts, R., 1989: Aboveground biomass and nutrient dynamics of Calluna vulgaris and Molinia caerulea in a dry heathland. Oikos 56: 31–38.

Aerts, R., 1989: Nitrogen use efficiency in relation to nitrogen availability and plant community composition. In: Lambers, H., Cambridge, M. L., Konings, H., Pons, T. L. (eds.): Causes and Consequences of Variation in Growth Rate and Productivity of Higher Plants. SPB Acad. Publishing, The Hague. pp. 285–297.

Aerts, R., 1993: Biomass and nutrient dynamics of dominant plant species from heathlands. In: Aerts, R., Heil, G. W. (eds.): Heathlands. Patterns and Processes in a Changing Environment. Kluwer, Dordrecht. pp. 51–84.

Aerts, R., Bakker, C., de Caluwe, H., 1992 : Root turnover as determinant of the cycling of C, N, and P in a dry heathland ecosystem. Biogeochemistry 15: 175–190.

Aerts, R., Berendse, F., de Caluwe, H., Schmitz, M., 1990: Competition in heathland along an experimental gradient of nutrient availability. Oikos 57: 310–318.

Aerts, R., Berendse, F., Klerk, N. M., Bakker, C., 1989: Root production and root turnover in two dominant species of wet heathlands. Oecologia 81: 374–378.

Aerts, R., Caluwe, H. de, 1989: Aboveground productivity and nutrient turnover of Molinia caerulea along an experimental gradient of nutrient availability. Oikos 54: 320–324.

Aerts, R., Caluwe, H. de, 1997: Nutritional and plant-mediated controls on leaf litter decomposition of Carex species. Ecology 78: 244–260.

Aerts, R., Verhoeven, J. T. A., Whigham, D. F., 1999: Plant mediated controls on nutrient cycling in temperate fens and bogs. Ecology 80: 2170–2181.

Aerts, R., Wallén, B., Malmer, N., de Caluwe, H., 2001: Nutritional constraints on Sphagnum-growth and potential decay in northern peatlands. J. Ecol. 89: 292–299.

Aeschimann, D., Lauber, K., Moser, D. M., Theurillat, J.-P., 2004: Flora alpina. 3 Bände. Haupt Verlag, Bern.

Agami, M., Waisel, Y., 1986: The ecophysiology of roots of submersed vascular plants. Physiol. Veg. 24: 607–624.

Agren, G. I., Bosatta, E., 1988: Nitrogen saturation of terrestrial ecosystems. Environ. Pollut. 54: 185–197.

Agren, G. I., Bosatta, E., Magill, A. H., 2001: Combining theory and experiment to understand effects of inorganic nitrogen on litter decomposition. Oecologia 128: 94–98.

Ahlgren, C. E., Ahlgren, I. F., 1981: Some effects of different forest litters on seed germination and growth. Can. J. For. Res. 11: 710–714.

Ahmad, M. H., Neckelmann, J., 1978: Nitrogen fixation and the rhizosphere of sand dune plants. J. Plant Nutr. Soil Sci. 141: 117–121.

Ahrns, C., Hofmann, G., 1998: Vegetationsdynamik und Florenwandel im ehemaligen mitteldeutschen Waldschutzgebiet “Hainich” im Intervall 1963–1995. Hercynia 31: 33–64.

Aichinger, E., 1933: Vegetationskunde der Karawanken. Pflanzensoziol. (Jena) 2: 329 p.

Aichinger, E., 1956: Die Calluna-Heiden (Callunetum vulgaris) und die Erica carnea-Heiden (Ericetum carneae). Angew. Pflanzensoziol. (Wien) 12: 9–124.

Aichinger, E., 1957: Die Zwergstrauchheiden als Vegetationsentwicklungstypen. Angew. Pflanzensoziol. (Wien) 12: 124 p., 13: 84 p. 14: 171 p.

Akeroyd, J. R., 1997: Intraspecific variation in European coastal plant species. In: Van der Maarel, E. (ed.): Dry Coastal Ecosystems. General Aspects. Ecosystems of the World 2 C. Elsevier, Amsterdam. pp. 145–162.

Alard, D., Chabrerie, O., Dutoit, T., Roche, P., Langlois, E., 2005: Patterns of secondary succession in calcareous grasslands: can we distinguish the influence of former land uses from present vegetation data? Basic Appl. Ecol. 6: 161–173.

Albers, D., Migge, S., Schaefer, M., Scheu, S., 2004: Decomposition of beech leaves (Fagus sylvatica) and spruce needles (Picea abies) in pure and mixed stands of beech and spruce. Soil Biol. Biochem. 36: 155–164.

Albert, R., 2005: Das Physiotypen-Konzept – ein Modell zur Erklärung ökophysiologischer Anpassungen? In: Veste, M., Wucherer, W., Homeier, J. (eds.): Ökologische Forschung im globalen Kontext. Cuvillier Verlag, Göttingen. pp. 1–23.

Albert, R., Popp, M., 1977: Chemical composition of halophytes from the Neusiedler Lake region in Austria. Oecologia 27: 157–170.

Albert, R., Popp, M., 1978: Zur Rolle der löslichen Kohlenhydrate in Halophyten des Neusiedlersee-Gebietes (Österreich). Oecol. Plant. 13: 27–42.

Albrecht, H., 1989: Untersuchungen zur Veränderung der Segetalflora an sieben bayerischen Ackerstandorten zwischen den Erhebungszeiträumen 1951/68 und 1986/88. Diss. Bot. 141. 201 p.

Albrecht, H., 1995: Modelluntersuchung und Literaturauswertung zum Diasporenvorrat gefährdeter Wildkräuter in Ackerböden. Schr.R. Stiftg. Gefährdeter Pflanzen 5 (Intern. Symp. Flora u. Fauna d. Äcker u. Weinberge, 1992, Kommern/Eifel): 123–140.

Albrecht, H., 1999: Vergesellschaftung, Standorteigenschaften und Populationsökologie von Arten der Klasse Isoëto-Nanojuncetea auf Ackerflächen. Mitt. Bad. Landesver. Naturkunde u. Naturschutz N. F. 17: 403–418.

Albrecht, H., 2004: Entwicklung der Diasporenbank in Ackerböden sechs Jahre nach der Stillegung. Z. Pfl.krankh. Pfl.schutz, Sonderh. XIX: 49–56.

Albrecht, H., 2005: Development of arable weed seedbanks during the 6 years after the change from conventional to organic farming. Weed Research 45: 339–350.

Albrecht, H., Forster, E.-M., 1996: The weed seed bank of soils in a landscape segment in southern Bavaria – I. Seed content, species composition and spatial variability. Vegetatio 125: 1–10.

Albrecht, H., Mattheis, A., 1996: Die Entwicklung der Ackerwildkrautflora nach Umstellung von konventionellem auf integrierten bzw. ökologischen Landbau. Z. Pfl.krankh. Pfl.schutz, Sonderh. XV: 211–224.

Albrecht, H., Mattheis, A., 1998: The effect of organic and integrated farming on rare arable weeds on the Forschungsverbund Agrarökosysteme München (FAM) research station in southern Bavaria. Biol. Conserv. 86: 347–356.

Albrecht, H., Mayer, F., Mattheis, A., 1999/2000: Veronica triphyllos L. in the Tertiärhügelland landscape in southern Bavaria – an example for habitat isloation of a stenoeceous plant species in agroecosystems. Z. Ökol. u. Naturschutz 8: 219–226.

Albrecht, H., Pilgram, M., 1997: The weed seed bank of soils in a landscape segment in southern Bavaria. Plant Ecol. 131: 31–43.

Albrecht, J., 1969: Soziologische und ökologische Untersuchungen alpiner Rasengesellschaften insbesondere an Standorten auf Kalk-Silikat-Gesteinen. Diss. Bot. 5: 91 p.

Alcubilla, M., Heibl, R., Rehfuess, K. E., 1990: Langfristige Effekte von Düngungsmaßnahmen auf die chemische Zusammensetzung von Fichtenbast und -Holz und ihre Hemmwirkung gegenüber Heterobasidion annosum (Fr. Bref.) – ein Beitrag zur Rotfäuleforschung. Forstl. Forschungsber. München 102. 168 p.

Aletsee, L., 1967: Begriffliche und floristische Grundlagen zu einer pflanzengeographischen Analyse der europäischen Regenwassermoorstandorte. Beitr. Biol. Pflanzen 43: 117–283.

Alewell, C., Armbruster, M., Bittersohl, J., Evans, C. D., Meesenburg, H., Moritz, K., Prechtel, A., 2001: Are there signs of acidification reversal in freshwaters of the low mountain ranges in Germany? Hydrol. Earth System Sci. 5: 367–378.

Alkämper, J., Pessios, E., Do van Long, 1979: Einfluß der Düngung auf die Entwicklung und Nährstoffaufnahme verschiedener Unkräuter in Mais. Proc. EWRS Symp (Mainz), pp. 181–192.

Allan, J. D., 1995: Stream Ecology. Structure and function of running waters. Chapman and Hall. London. 388 p.

Allen, S. E., 1964: Chemical aspects of heather burning. J. Appl. Ecol. 1: 347–367.

Allen, S. E., Evans, C. C., Grimshaw, H. M., 1969: The distribution of mineral nutrients in soil after heather burning. Oikos 20: 16–25.

Al-Mufti, M. M., Sydes, C. L., Furness, S. B., Grime, J. P., Band, S. R., 1977: A quantitative analysis of shoot phenology and dominance in herbaceous vegetation. J. Ecol. 65: 759–792.

Alsheimer, M., Köstner, B., Falge, E., Tenhunen, J., 1998: Temporal and spatial variation in transpiration of Norway spruce stands within a forested catchment of the Fichtelgebirge, Germany. Ann. Sci. For. 55: 103–123.

Altehage, C., Rossmann, B., 1940: Vegetationskundliche Untersuchungen der Halophytenflora binnenländischer Salzstellen im Trockengebiet Mitteldeutschlands. Beih. Botan. Cbl. 60, Abt. B: 135–180.

Alten, H., Robbach, B., 1990: Mycorrhiza development in 4 forest dieback stands in West-Germany. Agric. Ecosyst. Environ. 28: 13–19.

Alvarez-Uria, P., Körner, Ch., 2007: Low temperature limits of root growth in deciduous and evergreen temperate tree species. Funct. Ecol. 21: 211–218.

Amani, M. R., 1980: Vegetationskundliche und ökologische Untersuchungen im Grünland der Bachtäler um Suderburg. Diss. Univ. Göttingen. 116 p.

Ambroz, Z., Balatova-Tulackova, E., 1968: Zur Kenntnis der biologischen Aktivität und des Humusanteils in Böden der Magnocaricetalia- und Molinetalia-Gesellschaften im Gebiet der SW-Slowakei (Zahorie). Preslia 40: 80–93.

Ammann, B., 1979: Gletschernahe Vegetation in der Oberaar einst und jetzt. In: Wilmanns, O., Tüxen, R. (eds.): Werden und Vergehen von Pflanzengesellschaften. Cramer, Vaduz. pp. 227–251.

Ammann, B., 1995: Paleorecords of plant biodiversity in the Alps. In: Chapin F. S. III, Körner, Ch. (eds.): Arctic and Alpine Biodiversity: Patterns, Causes and Ecosystem Consequences. Ecol. Stud. 113. Springer, Berlin. pp. 137–149.

Ammer, Ch., 1996: Impact of ungulates on structure and dynamics of natural regeneration of mixed mountain forests in the Bavarian Alps. For. Ecol. Manage. 88: 43–53.

Ammer, Ch., Mosandl, R., El Kateb, H., 2002: Direct seeding of beech (Fagus sylvatica L.) in Norway spruce (Picea abies (L.) Karst.) stands – effects of canopy density and fine root biomass on seed germination. For. Ecol. Manage. 159: 59–72.

Amrein, D., Rusterholz, H.-P., Baur, B., 2005: Disturbance of suburban Fagus forests by recreational activities: effects on soil characteristics, aboveground vegetation and seed bank. Appl. Veg. Sci. 8: 175–182.

Anders, S. (ed.), 2002: Ökologie und Vegetation der Wälder Nordostdeutschlands. Kessel Verlag, Oberwinter. 283 p.

Andersen, H. V., Hovmand, M. F., 1999: Review of dry deposition measurements of ammonia and nitric acid to forest. For. Ecol. Manage. 114: 5–18.

Anderson, M. C., 1964: Studies of the woodland light climate. II. Seasonal variation in the light climate. Biol. Rev. 39: 425–486.

Anderson, R. C., Loucks, O. L., 1973: Aspects of the biology of Trientalis europaea Raf. Ecology 54: 798–808.

Anderson, R. C., Loucks, O. L., Swain, A. M., 1969: Herbaceous response to canopy cover, light intensity, and throughfall precipitation in coniferous forests. Ecology 50: 255–263.

Anderson, V. L., 1927: Studies on the vegetation of the English chalk. V. The water economy of the chalk flora. J. Ecol. 15: 72–129.

Andersson, M. E., 1992: Effects of pH and aluminium on growth of Galium odoratum (L.) Scop. in flowing solution culture. Exp. Bot. 32: 497–504.

Andersson, M. E., 1993: Aluminium toxicity as a factor limiting the distribution of Allium ursinum L. Ann. Bot. 72: 607–611.

Andersson, M. E., Brunet, J., 1993: Sensitivity to H and Al ions limiting growth and distribution of the woodland grass Bromus benekenii. Plant and Soil 153: 243–254.

Andresen, H., Bakker, J. P., Brongers, M., Heydemann, B., Irmler, U., 1990: Long-term changes of salt marsh communities by cattle grazing. Vegetatio 89: 137–148.

Andrzejczyk, T., Brzeziecki, B., 1995: The structure and dynamics of old-growth Pinus sylvestris (L.) stands in the Wigry National Park, north-eastern Poland. Vegetatio 117: 81–94. Anonymus 1997: Stickstoffminderungsprogramm. NNA-Berichte (Schneverdingen) 10, H. 4: 1–51.

Anslow, R. C., Green, J. O., 1967: The seasonal growth of pasture grasses. J. Agric. Sci., Cambridge, 68: 109–122.

Antonietti, A., 1968: Le associazioni forestali del `orizzonte submontano del Cantone Ticino su substrati pedogenetici ricchi di carbonati. Mem. Ist. Svizz. Ric. Forest. 44: 85–226.

Antonietti, A., 1983: Sugli ostrieti delle Prealpi calcaree meridionali. Tuexenia 3: 297–305.

Apinis, A., 1940: Untersuchungen über die Ökologie der Trapa L. Acta Horti Bot. Univ. Latviens. 13: 7–145.

Aranda, I., Gil, L., Pardos, J. A., 2000: Water relations and gas exchange in Fagus sylvatica L. and Quercus petraea (Mattuschka) Liebl. in a mixed stand at their southern limit of distribution in Europe. Trees 14: 344–352.

Arbeitskreis Standortskartierung, 2003: Forstliche Standortsaufnahme. 6. Aufl. IHW.Verlag, Eching. 352 p.

Archer, K. A., Rochester, I. J., 1982: Numbers and germination characteristics of white clover seed recovered from soils on the Northern Tablelands of New South Wales after drought. J. Aust. Inst. Agric. Sci. 48: 99–101.

Arens, S. M., 1994: Aeolian processes in the Dutch foredunes. PhD thesis, Universität Amsterdam. 150 p.

Arlt, K., Hilbig, W., Illig, H., 1991: Ackerunkräuter – Ackerwildkräuter. Die Neue Brehm-Bücherei. A. Ziemsen Verlag, Wittenberg. 160 p.

Armbruster, M., MacDonald, J., Dise, N. B., Matzner, E., 2002: Throughfall and output fluxes of Mg in European forest ecosystems: a regional assessment. For. Ecol. Manage. 164: 137–147.

Armbrüster, N., Janiesch, P., 2003: Pflanzenökologie und Boden. In: Petersen, J., Pott, R., Janiesch, P., Wolff, J. (eds.): Umweltverträgliche Grundwasserbewirtschaftung in hydrogeologisch und ökologisch sensiblen Bereichen der Nordseeküste. Husum Druck- u. Verlagsges., Husum. pp. 219–284.

Armentano, T. V., Menges, E. S., 1986: Patterns of change in the carbon balance of organic soil-wetlands of the temperate zone. J. Ecol. 74: 755–774.

Armstrong, J., Afreen-Zobayed, F., Armstrong, W., 1996: Phragmites die-back: sulphide- and acetic acid-induced bud and root death, lignifications, and blockages witin aeration and vascular system. New Phytol. 134: 601–614.

Armstrong, J., Armstrong, W., van der Putten, W. H., 1996: Phragmites die-back: bud and root death, blockages within the aeration and vascular systems and the possible role of phytotoxins. New Phytol. 133: 399–414.

Armstrong, J., Brändle, W., Jackson, M. B., 1994: Mechanisms of flood tolerance in plants. Acta Bot. Neerl. 43: 307–358.

Armstrong, W., 1982: Waterlogged soils. In: Etherington, J. R. (ed.): Environment and Plant Ecology. 2nd Ed. Wiley & Sons, Chichester. pp. 290–330.

Armstrong, W., Boatman, D. J., 1967: Some field observation relating the growth of bog plants to conditions of soil aeration. J. Ecol. 55: 101–110.

Armstrong, W., Boatman, D. J., 1967: Some field observations relating the growth of bog plants to conditions of soil aeration. J. Ecol. 55: 101–110.

Armstrong, W., Brändle, R., Jackson, M. B., 1994: Mechanisms of flood tolerance in plants. Acta Bot. Neerl. 43: 307–358.

Arndt, U., 1990: Synoptic discussion of methods and results. Environ. Pollut. 68: 435–451.

Arndt, U., Kohler, A., 1984: Belastung naturnaher Ökosysteme durch importierte Schadstoffe. Daten u. Dokumente z. Umweltschutz. Sonderreihe Umwelttagung (Univ. Hohenheim) 36: 15–30.

Arnolds, E. J. M. et al. 1985: Changes in the mycoflora of the Netherlands. Wetensch. Meded. KNNV 167. 101 p.

Arnolds, E. J. M., 1981/1982: Ecology and phenology of macrofungi in grasslands and moist heathlands in Drenthe, The Netherlands. 2 Bde. Bibliotheca Mycologica (Braunschweig). 407 u. 510 p.

Arnolds, E. J. M., 1991: Decline of ectomycorrhizal fungi in Europe. Agric. Ecosyst. Environ. 35: 209–244.

Arnolds, E. J. M., Jansen, E., 1992: New evidence for changes in the macromycete flora of the Netherlands. Nova Hedwigia 55: 325–351.

Arnolds, E. J. M., Opdam, A., van Steenis, W., De Vries, B., 1994: Mycocoenology of stands of Fagus sylvatica L. in the northeastern Netherlands. Phytocoenologia 24: 507–530.

Aronsson, A., 1980: Frost hardiness in Scots pine (Pinus sylvestris L.). II. Hardiness during winter and spring in young trees of different mineral nutrient status. Studia Forest. Suecica (Uppsala) 155. 27 p.

Arts, G. H. P., 1990: Aquatic bryophytes as indicators of water quality. Ann. Bot. Fenn. 27: 19–32.

Arts, G. H. P., Buskens, R. F. M., 1998: The vegetation of soft-water lakes in the Netherlands in relation to human influence and restoration measures, with special attention to the association Isoeto-Lobelietum. Mitt. AG Geobot. Schlesw.-Holst. u. Hamb. 57: 111–120.

Arzani, G., 1974: Ökophysiologische Untersuchungen über die SO_2-, HCl- und HF-Empfindlichkeit verschiedener Flechtenarten. Diss. Univ. Gießen. 136 p.

Asami, T., 1988: Soil pollution by metals from mining and smelting activities. In: Salomons, W., Förstner, U. (eds.): Chemistry and Biology of Solid Waste. Springer, Berlin. pp. 143–169.

Aschan, G., Lösch, R., 2000: Das Bestandesklima niederbergischer Buchenwälder. Jber. Naturwiss. Ver. Wuppertal 53: 89–111.

Ashenden, T. W., 1978: Drought avoidance in a sand dune population of Dactylis glomerata. J. Ecol. 66: 943–952.

Ashmore, M. R., 1975: The Eco-Physiology of Calluna vulgaris (L.) Hull in a Moorland Habitat. PhD thesis, University of Leeds. 145 p.

Asmus, R., Jensen, M. H., Murphy, D., Doerffer, R., 1998: Energiefluss und trophischer transfer im Sylt-Römö Wattenmeer. In: Gätje, Ch., Reise, K. (eds.): Ökosys-tem Wattenmeer. Austausch-, Transport- und Stoffumwandlungsprozesse. Springer, Berlin: 367–391.

Aßmann, T., 1994: Epigäische Coleopteren als Indikatoren für historisch alte Wälder der Nordwestdeutschen Tiefebene. Ber. d. Norddeut. Naturschutzakad. (NNA), Schneverdingen, 3: 142–151.

Aston, J. L., Bradshaw, A. D., 1966: Evolution in closely adjacent populations. II: Agrostis stolonifera in maritime habitats. Heredity 21: 649–664.

Atkins, W. R. G., Stanbury, F. A., 1930: Photoelectric measurements of illumination in relation to plant distribution. III. Certain spruce, larch, oak and holm oak woods. Sci. Proc. Roy. Dublin Soc. 19: 517–531.

Atkinson, D., 1973: Observations on the phosphorus nutrition of two sand dune communities at Ross Linhs. J. Ecol. 61: 117–133.

Aubert, M., Bureau, F., Alard, D., Bardat, J., 2004: Effect of tree mixture on the humic epipedon and vegetation diversity in managed beech forests (Normandy, France). Can. J. For. Res. 34: 233–248.

Aude, E., Poulsen, R. S., 2000: Influence of management on the species composition of epiphytic cryptogams in Danish Fagus forests. Appl. Veg. Sci. 3: 81–88.

Auer, C., 1947: Untersuchungen über die natürliche Verjüngung der Lärche im Arven-Lärchenwald des Oberengadin. Mitt. Schweiz. Anst. Forstl. Versuchswes. 25: 3–140.

Auge, H., 1991: Experimentelle Untersuchungen zur Populationsökologie von Galium aparine L. (Rubiaceae) – Ökotypendifferenzierung und phänotypische Plastizität. Diss. Univ. Halle. 93 p.

Augspurger, C. K., 1984: Seedling survival among tropical tree species: interactions of dispersal distance, light gaps and pathogens. Ecology 65: 1705–1712.

Augustin, J., 2003: Erlenstandorte als Quelle und Senke klimarelevanter Spurengase. Eberswalder Forstl. Schriftenr. 17: 46–59.

Augustin, J., Merbach, W., Schmidt, W., Reining, E., 1996: Effect of changing temperature and water table on trace gas emission from minerotrophic mires. Angew. Bot. 70: 45–51.

Augustine, M. T., Thornton, R. B., Sandborn, J. M., Leiser, A. T., 1964: Response of American beachgrass to fertilizer. J. Soil Water Conserv. 19: 112–116.

Augusto, L., Bonnaud, P., Ranger, J., 1998: Impact of tree species on forest soil acidification. For. Ecol. Manage. 105 : 67–78.

Augusto, L., Dupouey, J.-L., Ranger, J., 2003: Effects of tree species on understorey vegetation and environmental conditions in temperate forests. Ann. For. Sci. 60: 823–831.

Aulitzki, H., 1961: Die Bodentemperaturverhältnisse an einer zentralalpinen Hanglage beiderseits der Waldgrenze. I. Die Bodentemperatur oberhalb der zentralalpinen Waldgrenze. Arch. Meteorol. Geophys. Bioklimatol. B 10: 445–532.

Aulitzki, H., 1962: Welche bioklimatischen Hinweise stehen der Hochlagenaufforstung heute zur Verfügung? Wetter u. Leben 14: 95–117.

Aulitzki, H., 1963: Bioklima und Hochlagenaufforstung in der subalpinen Stufe der Inneralpen. Schweiz. Z. Forstwes. 114: 1–25.

Aulitzki, H. 1965: Waldbau auf bioklimatischer Grundlage in der subalpinen Stufe der Inneralpen. Cbl. Gesamte Forstwes. 82: 217–245.

Aussenac, G., Ducrey, M., 1977: Etude bioclimatique d'une futaie feuilleu (Fagus sylvatica L. et Quercus sessiliflora Salisb.) de l'Est de la France. I. Analyse des profils microclimatiques et des charactéristiques anatomiques et morphologiques de l'appareil foliaire. Ann. Sci. For. 34 : 265–284.

Aust, E., 1937: Die Verbreitung, Zusammensetzung und Nutzung der schlesischen Waldungen. Z. Wirtschaftsgeogr. Deut. Ost. 13. 150 p.

Austin, M. P., 2005: Vegetation and environment: discontinuities and continuities. In: van der Maarel, E. (ed.) Vegetation Ecology. Blackwell, Oxford. pp. 52–84.

Averdieck, F.-R., 1971: Zur postglazialen Geschichte der Eibe (Taxus baccata L.) in Nordwestdeutschland. Flora 160: 28–42.

Baar, J., 1996: The ectomycorrhizal flora of primary and secondary stands of Pinus sylvestris in relation to soil conditions and ectomycorrhizal succession. J. Veg. Sci. 7: 497–504.

Baath, E., 1989: Effects of heavy metals in soil on microbial processes and populations. A literature review. Water, Air and Soil Pollut. 47: 335–379.

Bach, R., 1950: Die Standorte jurassischer Buchenwaldgesellschaften mit besonderer Berücksichtigung der Böden (Humuskarbonatböden und Rendzinen). Ber. Schweiz. Bot. Ges. 60: 51–152.

Bach, R., Kuoch, R., Iberg, R., 1954: Wälder der Schweizer Alpen im Verbreitungsgebiet der Weißtanne. II. Entscheidende Standortsfaktoren und Böden. Mitt. Schweiz. Anst. Forstl. Versuchswes. 30 : 261–314.

Bachthaler, G., 1968: Die Entwicklung der Ackerunkrautflora in Abhängigkeit von veränderten Feldbaumethoden. I. und II. Z. Acker- u. Pflanzenbau 127: 149–170 u. 326–358.

Backes, K., Leuschner, Ch., 2000: Leaf water relations of competitive Fagus sylvatica L. and Quercus petraea (Matt.) Liebl. trees during four years differing in soil drought. Can. J. For. Res. 30: 335–346.

Backmund, F., 1941: Der Wandel des Waldes im Alpenvorland. Eine forstgeschichtliche Untersuchung. Schr. R. Akad. Deut. Forstwes. 4. 126 p.

Baeumer, K., 1956: Verbreitung und Vergesellschaftung des Glatthafers (Arrhenatherum elatius) und des Goldhafers (Trisetum flavescens) im nördlichen Rheinland. Decheniana Beih. 3: 1–77.

Baeumer, K., 1962: Die Wasserstufen-Karte der Wümme-Niederung. Abh. Naturw. Ver. Bremen 36: 118–168.

Baeumer, K., 1992: Allgemeiner Pflanzenbau. 3. Aufl. Ulmer, Stuttgart. 544 p.

Bagnold, R. A., 1954: The physics of blown sand and desert dunes. London.

Bahn, M., Körner, Ch., 1987: Vegetation und Phänologie der hochalpinen Gipfelflur des Glungezer in Tirol. Ber. Naturwiss. Med. Ver. Innsbruck 74: 61–80.

Baker, A. J. M., 1981: Accumulators and excluders – strategies in the response of plants to heavy metals. J. Plant Nutr. 3: 643–654.

Baker, J. P., Christensen, S. W., 1991: Effects of acidification on biological communities in aquatic ecosystems. In: Charles, D. F., Christie, S. (eds.): Acidic Deposition and Aquatic Ecosystems. Regional Case Studies. Springer, New York. p. 83–106.

Bakker, J. P., 1989: Nature management by grazing and cutting. On the ecological significance of grazing and cutting regimes applied to restore former species-rich grassland communities in the

Netherlands. Proefschrift. Kluwer Academic Publ., Dordrecht. 400 p.
Bakker, J. P., 1991: On the seed bank of the xerosere of the dry coastal dunes in the atlantic province of Europe. Ber. d. Reinh.-Tüxen-Ges. 3: 173–184.
Bakker, J. P., Bos, A. F., Hoogveld, J., Muller, H. J., 1990: The role of the seed bank in restoration management of seminatural grasslands. In: Ravera, O. (ed.): Terrestrial and Aquatic Ecosystems. Perturbation and Recovery. Harwood, Chichester. pp. 449–455.
Bakker, J. P., de Leeuw, J., Dijkema, K. S., Leendertse, P. C., Prins, H. H. T., Rozema, J., 1993: Salt marshes along the coast of The Netherlands. Hydrobiologia 265: 73–95.
Bakker, J. P., Dijkstra, M., Russchen, P. T., 1985: Dispersal, germination and early establishment of halophytes and glycophytes on a grazed and abandoned salt marsh gradient. New Phytol. 101: 291–308.
Bakker, J. P., Poschlod, P., Strykstra, R. J., Bekker, R. M., Thompson, K., 1996: Seed banks and seed dispersal: important topics in restoration ecology. Acta Bot. Neerl. 45: 461–490.
Bakker, J. P., ter Heerdt, G. N. J., 2005: Organic grassland farming in the Netherlands: a case study of effects on vegetation dynamics. Basic Appl. Ecol. 6: 205–214.
Balatova-Tulackova, E., 1957: Wiesengesellschaften mit Bezug auf die Bodenfeuchtigkeit. Eine Studie aus den Wiesen der Umgebung von Brünn. Sborn. Ceskosl. Akad. Zemed. Ved, Rostl. Vyr. 30: 529–557.
Balatova-Tulackova, E., 1963: Zur Systematik der europäischen Phragmitetea. Preslia 35: 118–122.
Balatova-Tulackova, E., 1968: Beitrag zur Systematik der Molinetalia-Gesellschaften. In: Tüxen, R. (ed.) Pflanzensoziologische Systematik. Dr. W. Junk, Den Haag. pp. 281–292.
Balatova-Tulackova, E., 1969: Beitrag zur Kenntnis der tschechoslowakischen Cnidion venosi-Wiesen. Vegetatio 17: 200–207.
Balatova-Tulackova, E., 1972: Flachmoorwiesen im mittleren und unteren Opava-Tal (Schlesien). Vegetace CSSR A 4. Academia, Praha. 201 p.
Balatova-Tulackova, E., 1972: Flachmoorwiesen im mittleren und unteren Opava-Tal (Schlesien). Vegetáce CSSR. A 4: 201 p.
Balatova-Tulackova, E., 1979 a: Synökologische Verhältnisse der Filipendula ulmaria-Gesellschaften NW-Böhmens. Folia Geobot. Phytotax. (Praha) 14: 225–258.
Balatova-Tulackova, E., 1979b: Zur Dynamik der Artmächtigkeit innerhalb südmährischer Cnidion venosi-Auenwiesen. In: Tüxen, R., Sommer, W.-H., (eds.): Gesellschaftsentwicklung (Syndynamik). J. Cramer, Vaduz. pp. 361–378.
Balatova-Tulackova, E., 1991: Das Cladietum marisci. Veröff. Geobot. Inst. ETH, Stiftg. Rübel 106: 7–34.
Balatova-Tulackova, E., 1993: Beitrag zur Kenntnis der chemischen Zusammensetzung der auf Feuchtwiesen wachsenden Arten. Phytocoenologia 23: 227–256.
Balatova-Tulackova, E., Zelena, V., Tesarova, M., 1977: Synökologische Charakteristik einiger wichtiger Wiesentypen des Naturschutzgebietes Zd'árské Vrchy. Rozpr. Ceskosl. Akad. Ved. R. Mat. Prír. 87, 5. 115 p.
Baller, A., 1974: Ökologische Untersuchungen im xerothermen Vegetationsmosaik des NSG „Hohe Lehden" bei Jena. Mitt. Sekt. Geobot. Phytotax. Biol. Ges. DDR: pp. 93–108.
Balsberg Pahlsson, A.-M., 1992: Influence of nitrogen fertilization on minerals, carbohydrates, amino acids and phenolic compounds in beech (Fagus sylvatica L.) leaves. Tree Physiol. 10: 93–100.
Baltz, E., 1900: Rauchschaden am Walde. Deut. Forstz. 15: 150–154, 170–173.
Bank, P., Bemmerlein-Lux, F., Böhmer, H. J., 2002: Übertragung von Sandmagerrasen durch Soden, Diasporenbank oder Heuauftrag? Naturschutz u. Landschaftsplanung 34: 60–66.
Baradziej, E., 1974: Net primary production of two marsh communities near Ispina in the Niepotomice Forest (Southern Poland). Ekol. Pol. 22: 145–172.
Barbier, S., Gosselin, F., Balandier, P., 2008: Influence of tree species on understory vegetation diversity and mechanisms involved – a critical review for temperate and boreal forests. For. Ecol. Manage. 254: 1–15.
Barclay-Estrup, P., 1970: The description and interpretation of cyclical processes in a heath community. II. Changes in biomass and shoot production during the Calluna cycle. J. Ecol. 58: 243–249.
Barendregt, A., 1982: The coastal heathland vegetation of the Netherlands and notes on inland Empetrum heathlands. Phytocoenologia 10: 425–462.
Barklay, A. M., Crawford, R. M. M., 1982: Plant growth and survival under strict anaerobiosis. J. Exp. Bot. 33: 541–549.
Barkman, J. J., 1958: Phytosociology and ecology of cryptogamic epiphytes. Van Gorcum u. Comp., Assen (NL). 628 p.
Barkman, J. J., 1962: Bibliographica phytosociologica cryptogamica. Pars I. Epiphyta. Excerpta Botan., Sect. B 4: 59–86.
Barkman, J. J., 1968: Das systematische Problem der Mikrogesellschaften innerhalb der Biozönosen. In: Tüxen, R. (ed.): Pflanzensoziologische Systematik. Ber. Int. Symp. Stolzenau/Weser 1964. W. Junk, Den Haag: 21–48.
Barkman, J. J., 1979: The investigation of vegetation texture and structure. In: Werger, M. J. A. (ed.) The Study of Vegetation. Junk, Den Haag. pp. 123–160.
Barkman, J. J., 1985: Geographical variation in associations of juniper scrub in the central European plain. Vegetatio 59: 67–71.
Barkman, J. J., 1987: Methods and results of mycocoenological research in the Netherlands. In: Pacioni, G. (ed.): Studies on Fungal Communities. L'Aquila 1987: 7–38.
Barkman, J. J., 1990: Ecological differences between Calluna- and Empetrum-dominated dry heath communities in Drenthe, The Netherlands. Acta Bot. Neerl. 39:75–92.
Barko, J. W., Smart, R. M., 1981: Comparative influences of light and temperature on the growth and metabolism of selected submersed freshwater macrophytes. Ecol. Monogr. 51: 219–235.
Barralis, G., Chadoef, R., Lonchamp, J. P., 1988: Longevité des semences de mauvaises herbes annuelles dans un sol cultivé. Weed Res. 28: 407–418.
Barry, R. G., 1992: Mountain Weather and Climate. 2nd ed. Routledge, London. 402 p.
Barth, E., Pott. R., 2000: Vegetationsgeschichtliche und paläoökologische Untersuchungen zur Trophie-Entwicklung in Stillgewässern der pleistozänen Sandlandschaft Norddeutschlands. In: Pott, R. (ed.): Ökosystemanalyse des Naturschutzgebietes „Heiliges Meer" (Kreis Steinfurt). Abh. Westfäl. Mus. Naturkde, Beih. 62: 15–39.
Barth, H., 1978: Untersuchungen zum Wasserhaushalt von einigen Halbtrokkenrasen-Pflanzen unter kontrollierten Feuchtebedingungen. Diss. Univ. Göttingen, 109 p.
Barthelmes, D., 1978: Langfristige biologische Veränderungen im großen Müggelsee (Berlin), einige Kennzahlen

des jetzigen Zustandes und bisherige fischereiliche Auswirkungen. 1. Makrophyten. Z. Binnenfischerei DDR 25: 171–175.

Barton, L., McLay, C., Schipper, L., Smith, C., 1999: Annual denitrification rates in agricultural and forest soils: a review Aust. J. Soil Res. 37: 1073–1094.

Bartsch, J., Bartsch, M., 1940: Vegetationskunde des Schwarzwaldes. Pflanzensoziologie (Jena) 4: 229 p.

Bartsch, J., u. M., 1952: Der Schluchtwald und Bach-Eschenwald. Angew. Pflanzensoziol. (Wien) 8: 109 p.

Bartsch, N., 1985: Ökologische Untersuchungen zur Wurzelentwicklung an Jungpflanzen von Fichte (Picea abies (L.) Karst.) und Kiefer (Pinus sylvestris L.). Diss. Univ. Göttingen.

Bartsch, N., Bauhus, J., Vor, T., 2002: Effects of group selection and liming on nutrient cycling in an European beech forest on acidic soil. In: Dohrenbusch, A., Bartsch, N. (eds.): Forest Development, Succession, Environmental Stress and Forest Management. Springer, Berlin. pp. 109–142.

Baskin, C. C., Baskin, J. M., Chester, E. W., 1993: Seed germination ecophysiology of four summer annual mudflat species of Cyperaceae. Aquat. Bot. 45: 41–52.

Bates, J. W., 1992: Influence of chemical and physical factors on Quercus and Fraxinus epiphytes at Loch Sunart, western Scotland: a multivariate analysis. J. Ecol. 80: 163–179.

Bates, J. W., Bell, J. N. B., Massara, A. C., 2001: Loss of Lecanora conizaeoides and other fluctuations of epiphytes on oak in S. E. England over 21 years with declining SO_2 concentrations. Atmosph. Environ. 35: 2557–2568.

Bates, J. W., McNee, P. J., McLeod, A. R., 1996: Effects of sulphur dioxide and ozone on lichen colonization of conifers in the Liphook Forest Fumigation Project. New Phytol. 132: 653–660.

Bätzing, W., 1991: Die Alpen. Entstehung und Gefährdung einer europäischen Kulturlandschaft. Beck, München. 286 p.

Bauer, G. A., Persson, H., Persson, T. et al., 2000: Linking plant nutrition and ecosystem processes. In: Schulze, E.-D. (ed.): Carbon and Nitrogen Cycling in European Forest Ecosystems. Ecol. Stud. 142. Springer, Berlin. pp. 63–98.

Bauer, H., Schwaninger, Ch., 2007: Phytopathogens at the alpine timberline. In: Wieser, G. & Tausz, M. (eds.): Trees at Their Upper Limit. Springer, Berlin. pp. 163–170.

Bauer, J., Lehmann, R., Hamm, A., 1988: pH-Wert-Veränderung an ungepufferten Seen und Fließgewässern durch saure Deposition und ökologische Aspekte der Gewässerversauerung. In: Bayerische Landesanstalt für Wasserforschung (ed.): Gewässerversauerung im nord- und nordostbayerischen Grundgebirge. Bayer. Landesanst. f. Wasserforsch., München. 395 p.

Bauerochse, A., Katenhusen, O., 1997: Holozäne Landschaftsentwicklung und aktuelle Vegetation im Fimbertal (Val Fenga, Tirol/Graubünden). Phytocoenologia 27: 353–453.

Bauhus, J., 1994: Stoffumsätze in Lochhieben. Ber. Forsch.zentr. Waldökosysteme (Göttingen) A 113.

Bauhus, J., 1996: Carbon and nitrogen mineralization in an acid forest soil at different locations along a gap-stand gradient. Soil biol. Biochem. 28: 923–932.

Bauhus, J., Barthel, R., 1995: Mechanisms of carbon and nutrient release and retention within beech forest gaps. II. The role microbial biomass. Plant and Soil 168–169: 585–592.

Bauhus, J., Bartsch, N., 1995: Mechanisms of carbon and nutrient release and retention within beech forest gaps. I. Microclimate, water balance and seepage water chemistry. Plant and Soil 168–169: 579–584.

Baumann, A., 2006: On the vegetation history of calcareous grasslands in the Franconian Jura (Germany) since the Bronze Age. Diss. Bot. 404. 194 p.

Baumbach, H., 2005: Genetische Differenzierung mitteleuropäischer Schwermetallsippen von Silene vulgaris, Minuartia verna und Armeria maritima unter Berücksichtigung biogeographischer, montanhistorischer und physiologischer Aspekte. Diss. Bot. 398. 128 p.

Baumgärtel, R., Zehm, A., 1999: Zur Bedeutung von Fließgewässer-Dynamik für naturnahe Rheinufer unter besonderer Betrachtung der Schwarzpappel (Populus nigra) und Sandrasen. Natur u. Landschaft 12: 530–535.

Baumgartner A., Klemmer, L., Raschke, E., Waldmann, G., 1967: Waldbrände in Bayern 1950–1959. Allg. Forstz. 1967: Nr. 13.

Baumgartner, A., 1957: Beobachtungswerte und weitere Studien zum Wärme- und Wasserhaushalt eines jungen Waldes. Wiss. Mitt. Meteorol. Inst. Univ. München 4.

Baumgartner, A., 1967: Entwicklungslinien der forstlichen Meterologie. Forstw. Cbl. 86: 156–175.

Bäumler, E., 1988: Untersuchungen zur Besiedlungsdynamik und Populationsbiologie einiger Pionierpflanzen im Morteratschgletschervorfeld. Diss. Univ. Basel.

Beatty, S. W., 1984: Influence of microtopography and canopy species on spatial patterns of forest understory plants. Ecology 65: 1406–1419.

Beatty, S. W., Sholes, O. D. V., 1988: Leaf litter effects on species composition of deciduous forest treefall pits. Can. J. For. Res. 18: 553–559.

Beck, A., 1999: Photobiont inventory of a lichen community growing on heavy-metal-rich rock. Lichenologist 31: 501–510.

Beck, A., 2002: Selektivität der Symbionten schwermetalltoleranter Flechten. Diss. Univ. München.

Beck, E., 2002: Stressphysiologie. In: Schulze, E.-D., Beck, E., Müller-Hohenstein, K. (eds.): Pflanzenökologie. Spektrum Verlag, Heidelberg. pp. 7–298.

Becker, B., 1982: Dendrochronologie und Paläoökologie subfossiler Baumstämme aus Flussablagerungen. Mitt. Komm. Quartärforsch. Österr. Akad. Wiss. Bd. 5. Verlag Österr. Akad. Wiss. Wien.

Becker, C., 1996: Magerrasen-Gesellschaften auf Zechstein am südlichen Harzrand (Thüringen). Tuexenia 16: 371–401.

Becker, K., Saurer, M., Egger, A., Fuhrer, J., 1989: Sensitivity of white clover to ambient ozon in Switzerland. New Phytol. 112: 235–243.

Becker, M., 1989: The role of climate on present and past vitality of silver fir forests in the Vosges mountains of northeastern France. Can. J. For. Res. 19: 1110–1117.

Becker, M., Bennett, P., 1980: Propriétés allélopathiques d'une graminée forestière : la grande fétuque (Festuca silvatica Vill.). C. R. 6e Coll. Int. Ecol. Biol. Systém. Mauv. Herbes, COLUMA-EWRS, Montpellier. Tome 2, pp. 451–460.

Becker, M., Bert, G. D., Bouchon, J., Dupouey, J. L., Picard, J. F., Ulrich, E., 1995: Long term changes in forest productivity: the dendroecological approach. In: Landmann, G., Bonneau, M. (eds.): Forest Decline and Atmospheric Deposition Effects in the French Mountains. Springer, Berlin. pp. 143–153.

Becker, M., Bonneau, M., Le Tacon, F., 1992: Long-term vegetation changes in an Abies alba forest: natural development compared with response to fertilization. J. Veg. Sci. 3: 467–474.

Becker, M., Drapier, J., 1984: Role de l'allélopathie dans les difficultés de régéneration du sapin (Abies alba Mill.). Acta Oecol., Oecol. Plant. 5: 347–356.

Becker, M., Drapier, J., 1985: Role de l'allélopathie dans les difficultés de régéneration du sapin (Abies alba Mill.). II. Étude des lessivats naturels de feuillage, de litière et d'humus. Acta Oecol. 6 : 31–40.

Becker, T., 1998: Die Pflanzengesellschaften der Felsfluren und Magerrasen im unteren Unstruttal (Sachsen-Anhalt). Tuexenia 18: 153–206.

Becker, T., 1999: Die Xerothermrasen-Gesellschaften des unteren Unstruttales und einige ökologische Gründe für ihre Verteilung im Raum. Mitt. florist. Kart. Sachsen-Anhalt (Halle) 4: 3–29.

Becker, T., 2003: Auswirkungen langzeitiger Fragmentierung auf Populationen am Beispiel der reliktischen Steppenrasenart Astragalus exscapus L. (Fabaceae). Diss. Bot. 380: 1–210.

Becker, T., Brändel, M., 2007: Vegetation-environment relationships in a heavy metal-dry grassland-complex. Folia Geobotanica 42: 11–28.

Becker, T., Brändel, M., Dierschke, H., 2007: Trockenrasen auf schwermetall- und nicht-schwermetallhaltigen Böden der Bottendorfer Hügel in Thüringen. Tuexenia 27: 255–286.

Beeftink, W. G., 1977: The coastal salt marshes of western and northern Europe: An ecological and phytosociological approach. In: Chapman, V. J. (ed.): Ecosystem of the World. I. Wet Coastal Ecosystems. Elsevier, Amsterdam: pp. 109–155.

Beeftink, W. G., 1985: Population dynamics of annual Salicornia species in the tidal salt marshes of the Oosterschelde, The Netherlands. Vegetatio 61: 127–136.

Beer, S., Rehnberg, J., 1997: The acquisition of inorganic carbon by the seagrass Zostera marina. Aquat. bot. 56: 277–283.

Beese, F., Meiwes, K. J., 1995: 10 Jahre Waldkalkung – Stand und Perspektiven. Allg. Forstz. 50: 946–949.

Béguin, C., Theurillat, J. P., 1982: Une association végétale des zones humides périglaciaires de l'étage alpin sur silice: le Salici herbaceae-Caricetum lachenalii. Bull. Murith. Soc. Valais. Sci. Nat. 99: 30–60.

Béguin, C., Theurillat, J. P., 1982: Les forets d'érables dans la région d'Aletsch (Valais, Suisse). Saussurea (Genève) 13 : 17–33.

Behre, K., 1956: Die Algenbesiedlung einiger Seen um Bremen und Bremerhaven. Veröff. Inst. Meeresforsch. Bremerhaven 4: 221–383.

Behre, K., 1966: Zur Algensoziologie des Süßwassers (unter besonderer Berücksichtigung der Litoralalgen). Arch. Hydrobiol. 62: 125–164.

Behre, K. E., 1970: Die Entwicklungsgeschichte der natürlichen Vegetation im Gebiet der unteren Ems und ihre Abhängigkeit von den Bewegungen des Meeresspiegels. Habil.schr. Math.-Nat. Fakult. Univ. Göttingen. 47 p.

Behre, K. E., 1979: Zur Rekonstruktion ehemaliger Pflanzengesellschaften an der Nordseeküste. Ber. Int. Symp. Int. Ver. Vegetationskde (Rinteln 1978): 181–214.

Behre, K.-E., 1980: Zur mittelalterlichen Plaggenwirtschaft in Nordwestdeutschland und angrenzenden Gebieten nach botanischen Untersuchungen. Akad. Wiss. Göttingen. Phil.-Hist. Kl., 3. Folge, Nr. 116: 30–44.

Behre, K.-E., 1985: Die ursprüngliche Vegetation in den deutschen Marschgebieten und deren Veränderung durch prähistorische Besiedlung und Meeresspiegelbewegungen. Verh. Ges. Ökol. 13: 85–96.

Behre, K.-E., 1991 a: Die Entwicklung der Nordseeküsten-Landschaft aus geobotanischer Sicht. Ber. Reinh. Tüxen-Ges. (Hannover) 3: 45–58.

Behre, K.-E., 1991 b: Umwelt und Ernährung der frühmittelalterlichen Wurt Niens/Butjadingen nach den Ergebnissen der botanischen Untersuchungen. Probleme der Küstenforschung im südlichen Nordseegebiet (Verl. A. Lax, Hildesheim) 18: 141–168.

Behre, K.-E., 1992: The history of rye cultivation in Europe. Veget. Hist. Archaebot. 1: 141–156.

Behre, K. E., 1993: Die tausendjährige Geschichte des Teesdalio-Arnoseridetums. Phytocoenologia 23: 449–456.

Behre, K.-E., 1995: Die deutsche Nordseeküste. In: Liedtke, H., Marcinek, J. (eds.): Physische Geographie Deutschlands. J. Perthes Verlag, Gotha. pp. 222–238.

Behre, K. E., 1999: Vegetationsgeschichte und Paläoökologie – ihre Beiträge zum Verständnis der heutigen Vegetation. Ber. d. Reinh.-Tüxen-Ges. 11: 245–266.

Behre, K.-E., 2000: Der Mensch öffnet die Wälder – zur Entstehung der Heiden und anderer Offenlandschaften. Rundgespräche d. Komm. f. Ökol. d. Bayer. Akad. d. Wiss., Bd. 18. Verlag Dr. F. Pfeil, München. pp. 103–118.

Behre, K.-E., 2001: Umwelt und Wirtschaftsweisen in Norddeutschland während der Trichterbecherzeit. In: Kelm, R. (ed.): Zurück zur Steinzeitlandschaft. Albersdorfer Forschungen zur Archäol. u. Umweltgesch. (Heide/ Holst.) Bd. 2: 27–38.

Behre, K.-E., Jacomet, S., 1991: The ecological interpretation of archaeobotanical data. In: Zeist, W. van, Wasylikowa, K., Behre, K.-E. (eds.): Progress in Old World Palaeobotany. Balkema, Rotterdam. pp. 5–108.

Behrendt, A., Hölzel, D., 1995: Wasserdynamik im Niedermoor – vom Wirtschaftsgrünland bis zum renaturierten Moor mit torfbildenden Großrieden. ZALF-Ber. 18: 23–31.

Behrendt, A., Mundel, G., Hölzel, D., 1994: Kohlenstoff- und Stickstoffumsatz in Niedermoorböden und ihre Ermittlung über Lysimeterversuche. Z. Kult.tech. Landentw. 35: 200–208.

Beierkuhnlein, C., Gollan, T. (ed.), 1999: Ökologie silikatischer Waldquellen in Mitteleuropa. Bayreuther Forum Ökologie 71: 1–256.

Beijerinck, W., 1940: Calluna. A monograph on the Scotch heather. Verh. Kon. Nederl. Akad. Wetensch., Afd. Natuurk., 2. Sect. 38: 4. 180 p.

Beinlich, B., Hering, D., Plachter, H., 1995: Ist die natürliche Sukzession eine Entwicklungsalternative für die Kalkmagerrasen der Schwäbischen Alb? In: Beinlich, B., Plachter, H. (eds.): Schutz und Entwicklung der Kalkmagerrasen der Schwäbischen Alb. Beih. Veröff. Naturschutz Landschaftspflege Baden-Württemb. 83: 311–336.

Bekker, R. M., Schaminée, J. H. J., Bakker, J. P., Thompson, K., 1998: Seed bank characteristics of Dutch plant communities. Acta Bot. Neerl. 47: 15–26.

Bekker, R. M., Verweij, G. L., Bakker, J. P. Fesco, L. F. M., 2000: Soil seed bank dynamics in hayfield succession. J. Ecol. 88: 594–607.

Belde, M., Mattheis, A., Sprenger, B., Albrecht, H., 2000: Langfristige Entwicklung ertragsrelevanter Ackerwildpflanzen nach Umstellung von konventionellem auf integrierten und ökologischen Landbau. Z. Pfl.Krankh. Pfl.Schutz, Sonderh. XVII: 291–301.

Beldie, A., 1967: Flora si vegetatia muntilor Bucegi. Ed. Acad. R. S. Romania, Bukarest. 578 p.

Bell, J. N. B., Tallis, J. H., 1973: Empetrum nigrum L. J. Ecol. 61: 289–305.

Bellamy, D. J., 1968: An ecological approach to the classification of the lowland mires of Europe. Proc. 3rd Int. Peat Congr. Quebec. Quebec. pp. 74–79.

Bellot Rodriguez, F., 1964: Sobre Phragmitetea en Galicia. Ann. Inst. Bot. A. J. Cavanilles (Madrid) 22 : 61–80.

Below, H., Poppendieck, H.-H., Hobohm, C., 1996: Verbreitung und Vergesellschaftung von Oenanthe conioides (Nolte) Lange im Tidegebiet der Elbe. Tuexenia 16: 299–310.

Benecke, N., 1994: Der Mensch und seine Haustiere. Die Geschichte einer jahrtausendealten Beziehung. Theiss Verlag, Stuttgart. 470 p.

Benecke, P., 1984: Der Wasserumsatz eines Buchen- und eines Fichtenwaldökosystems im Hochsolling. Schr. Forstl. Fak. Univ. Göttingen u. Nieders. Forstl. Versuchsanst. Bd. 77. 158 p.

Benecke, P., 1989: Wald und Grundwasser. Allg. Forst- u. Jagdz. 160: 21–27.

Benecke, P., van der Ploeg, R. R., 1976: Quantifizierung des zeitlichen Verhaltens der Wasserhaushaltskomponenten eines Buchen- und eines Fichtenaltholzbestandes im Solling mit Hilfe bodenhydrologischer Methoden. Verh. Ges. f. Ökol., Göttingen 1976: 3–16.

Benecke, U., 1972: Wachstum, CO_2-Gaswechsel und Pigmentgehalt einiger Baumarten nach Ausbringung in verschiedene Höhenlagen. Angew. Bot. 46: 117–135.

Benecke, W., 1930: Zur Biologie der Strand- und Dünenflora. 1. Vergleichende Versuche über die Salztoleranz von Ammophila arenaria Link, Elymus arenarius L. und Agropyrum junceum L. Ber. d. Deut. Bot. Ges. 148: 128–139.

Beniston, M., Diaz, H. F., Bradley, R. S., 1997: Climatic change at high elevation sites: an overview. Clim. Change 36: 233–251.

Bennert, W., 1980: Über die stoffliche Zusammensetzung von Waldbodenpflanzen eines montanen Hainsimsen-Buchenwaldes. I. Asche-, Stickstoff- und Proteingehalt. Flora 170: 433–455.

Bentsson, B., Asp, H., Jensen, P., Berggren, D., 1988: Influence of aluminum on phosphate and calcium uptake in beech (Fagus sylvatica) grown in nutrient solution and soil solution. Physiol. Plant. 74: 299–305.

Berdowski, J. J. M., 1987: The catastrophic death of Calluna vulgaris in Dutch heathlands. Thesis, University of Utrecht.

Berdowski, J. J. M., 1993: The effect of external stress and disturbance factors on Calluna-dominated heathland vegetation. In: Aerts, R. & Heil, G. W. (eds.): Heathlands. Patterns and Processes in a Changing Environment. Kluwer, Dordrecht. pp. 85–124.

Berdowski, J. J. M., Siepel, H., 1988: Vegetative regeneration of Calluna vulgaris at different ages and fertilizer levels. Biol. Conserv. 46: 85–93.

Berdowski, J. J. M., Zeilinga, R., 1987: Transition from heathland to grassland: damaging effects of the heather beetle. J. Ecol. 78: 413–427.

Berendse, F., 1990: Organic matter accumulation and nitrogen mineralization during secondary succession in heathland ecosystems. J. Ecol. 78: 413–427.

Berendse, F., 1994: Litter decomposability – a neglected component of plant fitness. J. Ecol. 82: 187–190.

Berendse, F., 1998: Effects of dominant plant species on soils during succession in nutrient-poor ecosystems. Biogeochemistry 42: 73–88.

Berendse, F., Beltman, B., Bobbink, R., Kwant, R., Schmitz, M., 1987 a: Primary production and nutrient availability in wet heathland ecosystems Acta Oecologica 8: 265–279.

Berendse, F., Bobbink, R., Rouwenhorst, G., 1989: A comparative study on nutrient cycling in wet heathland ecosystems. II. Litter decomposition and nutrient mineralization. Oecologia 78: 338–348.

Berendse, F., Elberse, W. T., Geerts, H. H., 1992: Competition and nitrogen loss from plants in grassland ecosystems. Ecology 73: 46–53.

Berendse, F., Oomes, M. J. M., Altena, H. J., de Visser, W., 1994: A comparative study of nitrogen flows in similar meadows affected by different groundwater levels. J. Appl. Ecol. 31: 40–48.

Berendse, F., Oudhof, H., Bol, J., 1987 b: A comparative study on nutrient cycling in wet heathland ecosystems. I. Litter production and nutrient losses from the plant. Oecologia 74: 174–184.

Berg, B., Johansson, M.-B., Meentemeyer, V., 2000: Litter decomposition in a transect of Norway spruce forests: substrate quality and climate control. Can. J. For. Res. 30: 1136–1147.

Berg, B., Matzner, E., 1997: Effect of N deposition on decomposition of plant litter and soil organic matter in forest systems. Environ. Rev. 5: 1–25.

Berg, C., 1990: Geobotanische Studien an Straßen- und Wegrändern im Flach- und Hügelland der DDR. Diss. Fak. Naturwiss. Univ. Halle-Wittenberg. 119 p.

Berg, C., 1993: Pflanzengesellschaften der Straßen- und Wegränder im Flach- und Hügelland Ostdeutschlands. Gleditschia 21: 181–211.

Berg, C., Dengler, J., Abdank, A. (eds.), 2001: Die Pflanzengesellschaften Mecklenburg-Vorpommerns und ihre Gefährdung. Tabellenband. Weissdorn-Verlag, Jena. 341 p.

Berg, C., Dengler, J., Abdank, A., Isermann, M., (eds.): 2004: Die Pflanzengesellschaften Mecklenburg-Vorpommerns und ihre Gefährdung. Textband. Landesamt f. Umwelt, Naturschutz u. Geol. Meckl.-Vorpommern. Weissdorn-Verlag, Jena. 606 p.

Berg, G., Esselink, P., Groeneweg, M., Kiehl, K., 1997: Micropatterns in Festuca rubra-dominated salt-marsh vegetation induced by sheep grazing. Plant Ecol. 132: 1–14.

Berg, G., McClaugherty, C., 2003: Plant Litter. Decomposition, Humus Formation, Carbon Sequestration. Springer, Berlin, 286 p.

Berg, M. P., Kniese, J. P., Verhoef, H. A., 1998: Dynamics and stratification of bacteria and fungi in the organic layers of a Scots pine forest soil. Biol. Fertil. Soils 26: 313–322.

Berger, T. W., Neubauer, Ch., Glatzel, G., 2002: Factors controlling soil carbon and nitrogen stores in pure stands of Norway spruce (Picea abies) and mixed species stands in Austria. For. Ecol. Manage. 159: 3–14.

Berger-Landefeldt, U., Sukopp, H., 1965: Zur Synökologie der Sandtrockenrasen, insbesondere der Silbergrasflur. Verh. Bot. Ver. Prov. Brandenburg (Berlin) 102: 41–98.

Berggren D., Bergkvist, B., Falkengren-Grerup, U., Folkeson, L., Tyler, G., 1990: Metal solubility and pathways in acidified forest ecosystems of South Sweden. The Science of the Total Environm. 96: 103–114.

Bergmeier, E., 1990: Pfeifengras-Wiesen (Molinion caeruleae). In: Nowak, B. (ed.) Beiträge zur Kenntnis hessischer Pflanzengesellschaften. Botan. Verein. Natursch. Hessen, Lahnau. pp. 83–89.

Bergmeier, E., Nowak, B., Wedra, C., 1984: Silaum silaus- und Senecio aquaticus-Wiesen in Hessen. Ein Beitrag zu ihrer Systematik, Verbreitung und Ökologie. Tuexenia 4: 163–179.

Berlin, G. A. I., Linusson, A.-C., Olsson, E. G. A., 2000: Vegetation changes in semi-natural meadows with unchanged management in southern Sweden, 1965–1990. Acta Oecologica 21: 125–138.

Bernadzki, E., Bolibok, L., Brzeziecki, B., Zajaczkowski, J., Zybura, H., 1998: Compositional dynamics of natural forests in the Białowieża National Park, northeastern Poland. J. Veg. Sci. 9: 229–238.

Bernhardt, K.-G., 1991: Die Samenbank und ihre Anwendung im Naturschutz. Verh. Ges. f. Ökol. 20, II: 883–892.

Bernhardt, K.-G., 1999: Die Bedeutung der Diasporenbank für die langfristige Erhaltung von Isoëto-Nanojuncetea-Gesellschaften. Mitt. Bad. Landesver. Naturkunde u. Naturschutz N. F. 17: 275 280.

Bernhofer, C., Aubinet, M., Clement, R. et al., 2003: Spruce forests (Norway and Sitka spruce, including Douglas fir): carbon and water fluxes and balances, ecological and ecophysiological determinants. In: Valentini, R. (ed.): Fluxes of Carbon, Water and Energy of European Forests. Ecol. Stud. 163. Springer, Berlin. pp. 99–123.

Berset, J., 1969: Paturages, prairies et marais montagnards et subalpins des Préalpes Fribourgeoises. Fribourg/ Schweiz: Ed. Univ.. 55 p.

Bertani, A., Brambilla, I., Menegus, F., 1980: Effect of anaerobiosis on rice seedlings: Growth, metabolic rate, and fate of fermentation products. J. Exp. Bot. 31: 325–331.

Bertram, R., 1988: Pflanzengesellschaften der Torfstiche nordniedersächsischer Moore und die Abhängigkeit dieser Vegetationseinheiten von der Wasserqualität. Diss. Bot. 126.

Bettschart, A., Bressoud, B., Dietl, W., Marti, K., 1994: Bas-marais et prairies du flysch. Veröff. Geobot. Inst. ETH, Stiftung Rübel, Zürich 119: 35–59.

Beug, H.-J., 1977: Waldgrenzen und Waldbestand in Europa während des Eiszeitalters. Göttinger Rektoratsreden 61. 23 p.

Beug, H.-J., Henrion, I., Schmüser, A., 1999: Landschaftsgeschichte im Hochharz. Papierflieger-Verlag, Clausthal-Zellerfeld. 453 p.

Beutler, A., 1992: Die Großtierfauna Mitteleuropas und ihr Einfluß auf die Landschaft. In: Duhme, F., Lenz, R., Spandau, L. (eds.): 25 Jahre Lehrstuhl für Landschaftsökologie in Weihenstephan mit Prof. Dr. Dr. h. c. W. Haber. Weihenstephan 1992: 49–69.

Beyer, L., 1996: Der morphologische Aufbau und die chemische Zusammensetzung der organischen Bodensubstanz unterschiedlicher Humusformen in Waldböden Schleswig-Holsteins. Forstw. Cbl. 115: 129–145.

Bibinger, H., 1970: Soziologische Gliederung der bartflechtenreichen Epiphytenvereine des Südschwarzwaldes. Herzogia 2: 1–24.

Biebelriether, H., 1964: Die Bewurzelung von Schwarzerlen in den Auwäldern von Prekmurje (Slowenien). Allg. Forst.Zschr. 19: 638–640.

Biegelmaier, K.-H., 2002: Auswirkungen des Hochwassers im Rheinauewald. AFZ-Der Wald 15/2002: 801–803.

Bielczyk, U., 1986: Epiphytic lichen-dominated communities in the Western Beskidy Mountains, Western Carpathians. Fragm. Florist. Geobot. 30: 3–89.

Biermann, R., 1999: Vegetationsökologische Untersuchungen der Corynephorus canescens-Vegetation der südlichen und östlichen Nordseeküste sowie der Kattegatinsel Laesö unter besonderer Berücksichtigung von Campylopus introflexus. Mitt. AG Geobot. Schl.-Holst. Hamb. 59: 1–147.

Biermann, R., Breder, Ch., Daniels, F., Kiffe, K., Paus, S., 1994: Heideflächen im Raum Munster, Lüneburger Heide: eine floristisch-pflanzensoziologische Erfassung als Grundlage für Pflege- und Optimierungsmaßnahmen. Ber. Naturhist. Ges. Hannover 136: 103–159.

Bigler, C., Bräker, O. U., Bugmann, H., Dobbertin, M., Rigling, A., 2006: Drought as an inciting mortality factor in Scots pine stands of the Valais, Switzerland. Ecosystems 9: 330–343.

Bilger, W., Rimke, S., Schreiber, U., Lange, O. L., 1989: Inhibition of energy-transfer to photosystem II in lichens by dehydration: different properties of reversibility with green and blue-green phycobionts. J. Plant Physiol. 134: 261–268.

Bill, H. C., Spahn, P., Reich, M., Plachter, H., 1997: Bestandsveränderungen und Besiedlungsdynamik der Deutschen Tamariske, Myricaria germanica (L.) Desv., an der Oberen Isar (Bayern). Z.schr. f. Ökol. u. Natursch. 6: 137–150.

Billès, G., Loissant, P., Cortez, J., 1971: L'activité biologique des sols dans les écosystème méditerranéens. II. Minéralisation de l'azote. Rev. Écol. Biol. Sci. VIII, 4: 533–552.

Billings, W. D., Peterson, K. M., Shaver, G. R., Trent, A. W., 1977: Root growth, respiration, and carbon dioxide evolution in an arctic tundra soil. Arct. Alp. Res. 9: 129–137.

Bingham, R. A., Orthner, A. R., 1998: Efficient pollination of alpine plants. Nature 391: 238–239.

Binkley, D., Valentine, D., 1991: Fifty-year biogeochemical effects of green ash, white pine and Norway spruce in a replicated experiment. For. Ecol. Manage. 40: 13–25.

Bischof, N., 1981: Gemähte Magerrasen in der subalpinen Stufe der Zentralalpen. Bauhinia 7: 81–128.

Bischof, N., 1992: Ausmagerung ehemals gedüngter Wiesen in den ersten fünfzehn Jahren nach Aufgeben der Düngung. Bauhinia 7: 81–128.

Bischoff, A., 1996: Vegetations- und Populationsdynamik in N-belasteten Agrarökosystemen nach dem Übergang zu einer extensivierten Nutzung. Diss. Bot. 268. 184 p.

Bischoff, A., 1999: Zeitliche und räumliche Dynamik segetaler Populationen von Lithospermum arvense L. und ihre Beeinflussung durch Bewirtschaftungsfaktoren. Flora 194: 127–136.

Bischoff, A., 2002: Dispersal and establishment of floodplain grassland species as limiting factors in restoration. Biol. Conserv. 104: 25–33.

Bittmann, E., 1953: Das Schilf (Phragmites communis Trin.) und seine Verwendung im Wasserbau. Angew. Pflanzensoziol. (Stolzenau/Weser) 7: 44 p.

Bittmann, F., 2004: Vegetations- und Landwirtschaftsgeschichte. In: Fansa, M., Both, F., Haßmann, H. (eds.): Archäologie Land Niedersachsen. Wissenschaftliche Buchgesellschaft, Darmstadt. pp. 53–62.

Bjor, K, 1972: Micro-temperature profiles in the vegetation and soil surface layers on uncovered and twig covered plots. Medd. Norske Skogsforsoksvesen 30: 203–218.

Björkman, O., 1968: Further studies on differentiation of photosynthetic properties in sun and shade ecotypes of Solidago virgaurea. Physiol. Plant. 21: 84–89.

Blab, A., 1999: Erfassung und Interpretation des Vegetationsmosaikes im Bereich der Salzlachen des Nationalparkes Neusiedlersee-Seewinkel (Burgenland, Österreich) unter Anwendung der Sigmasoziologie. In: Brandes, D., (ed.): Vegetation salzbeeinflusster Habitate im Binnenland. Tagungsber. Braunschw. Kolloqu., Nov. 1998. Braunschweig. pp. 111–118.

Blackman, G. E., Rutter, A. J., 1947: Physiological and ecological studies in the analysis of plant environment. II. The interaction between light intensity and mineral nutrient supply in the growth and development of the Bluebell (Scilla non-scripta). Ann. Bot. 42: 125–158.

Blankwaardt, H. F. H., 1968: De heidekever. Tijdschr. Kon. Nederl. Heidemaatschappij 1968: 30–35.

Blaser, P., 1973: Die Bodenbildung auf Silikatgestein im südlichen Tessin. Schweiz. Anst. Forstl. Versuchswes., Mitt. 49: 253–340.

Blindow, I., 1988: Phosphorus toxicity in Chara. Aquat. Bot. 32: 393–395.

Blindow, I., 1992: Decline of charophytes during eutrophication: comparison with angiosperms. Freshw. Biol. 28: 9–14.

Blindow, I., Andersson, G., Hargeby, A., Johansson, S., 1993: Long-term pattern of alternative stable states in two shallow eutrophic lakes. Freshw. Biol. 30: 159–167.

Blindow, I., Hargeby, A., Andersson, G., 1997: Alternative stable states in shallow lakes: what causes a shift? In: Jeppesen, E., Sondergaard, M., Sondergaard, M., Christoffersen, K. (eds.): The Structuring Role of Submerged Macrophytes in Lakes. Ecol. Stud. 131. Springer, New York. pp. 353–360.

Bliss, L. C., 1956: A comparison of plant development in microenvironments of arctic and alpine tundras. Ecol. Monogr. 26: 303–337.

Bliss, L. C., 1962: Caloric and lipid content in alpine tundra plants. Ecology 43: 753–757.

Bliss, L. C., 1966: Plant productivity in alpine microenvironments on Mt. Washington, New Hampshire. Ecol. Monogr. 36: 125–155.

Blom, C. P. M., 1976, 1977: Effects of trampling and soil compaction on the occurrence of some Plantago species in coastal sand dunes. I. Soil compaction, soil moisture and seedling emergence, and II. Trampling and seedling establishment. Oecol. Plant. 11: 225–241 and 12: 363–381.

Blom, C. W. P. M., Voesenek, L. A. C. J., 1996: Flooding: the survival strategies of plants: Trends Ecol. Evol. 11: 290–295.

Blomqvist, M. M., Olff, H., Blaauw, M. B., Bongers, T., van der Putten, W. H., 2000: Interactions between above- and belowground biota: importance for small-scale vegetation mosaics in a grassland ecosystem. Oikos 90: 582–598.

Blume, H.-P., 1998: Böden. In: Sukopp, H., Wittig, R. (eds.): Stadtökologie. G. Fischer, Stuttgart. pp. 168–185.

Blume, H.-P., Friedrich, F., Neumann, F., Schwiebert, H., 1975: Dynamik eines Düne-Moor-Biotops in ihrer Bedeutung für die Biozönose. Verh. Ges. Ökol., Erlangen 1974: 89–101.

Blümel, C., Domin, A., Krause, J. C., Schubert, M., Schiewer, U., Schubert, H., 2002: Der historische Makrophytenbewuchs der inneren Gewässer der deutschen Ostseeküste. Rost. Meeresbiol. Beitr. 9: 5–111.

Blumthaler, M., Ambach, W., Huber, M., 1993: Altitude effect of solar UV radiation dependent on albedo, turbidity, and solar elevation. Meteorol. Z. N. F. 2: 116–120.

BMELF 1997: Deutscher Waldbodenbericht Band 1 und 2. Bundesministerium für Ernährung, Landwirtschaft und Forsten. Bonn.

BMVEL 2005: Die zweite Bundeswaldinventur – BWI2. Bundesministerium f. Verbraucherschutz, Ernährung und Landwirtschaft. Berlin.

BMVEL 2006: Bericht über den Zustand des Waldes 2005. Berlin.

Boatman, D. J., 1962: The growth of Schoenus nigricans on blanket bog peats. I. The response to pH and the level of potassium and magnesium. J. Ecol. 50: 823–832.

Boatman, D. J., Armstrong, W., 1968: A bog type in north-west Sutherland. J. Ecol. 56: 129–141.

Bobbink, R., 1989: Brachypodium pinnatum and the species diversity in chalk grassland. PhD thesis, University of Utrecht. 139 p.

Bobbink, R., 1991: Effects of nutrient enrichment in Dutch chalk grasslands. J. Appl. Ecol. 28:28–41.

Bobbink, R., Bik, L., Willems, J. H., 1988: Effects of nitrogen fertilization on vegetation structure and dominance of Brachypodium pinnatum (L.) Beauv. in chalk grassland. Acta Bot. Neerl. 37: 231–242.

Bobbink, R., den Dubbelden, K., Willems, J. H., 1989: Seasonal dynamics of phytomass and nutrients in chalk grassland. Oikos 55: 216–224.

Bobbink, R., Heil, G. W., 1993: Atmospheric deposition of sulphur and nitrogen in heathland ecosystems. In: Aerts, R., Heil, G. W. (eds.): Heathlands. Patterns and Processes in a Changing Environment. Kluwer, Dordrecht. pp. 25–50.

Bobbink, R., Heil, G. W., Raessen, M. B. A. G., 1992: Atmospheric deposition and canopy exchange processes in heathland ecosystems. Env. Poll. 75: 29–37.

Bobbink, R., Hornung, M., Roelofs, J. G. M., 1996: Empirical nitrogen critical loads for natural and semi-natural ecosystems: In: Manual on methodologies and criteria for mapping critical loads/levels. UN ECE Convention On Long-range Transboundary Air Pollution. Texte 71–96, III-1/III-54. Umweltbundesamt. Berlin.

Bobbink, R., Hornung, M., Roelofs, J. G. M., 1998: The effects of air-borne nitrogen pollutants on species diversity in natural and semi-natural European vegetation. J. Ecol. 86: 717–738.

Bobiec, A., 1998: The mosaic diversity of field layer vegetation in the natural and exploited forests of Białowieża. Plant Ecol. 136: 175–187.

Bobiec, A., 2002: Living stands and dead wood in the Białowieża forest: suggestions for restoration management. For. Ecol. Manage. 165: 125–140.

Böcher, T. W., 1941: Die Vegetation der Randböler Heide mit besonderer Berücksichtigung des Naturschutzgebietes. Kong. Danske Videns. Selsk. Biol. Skrift, 1: 3, 234 p.

Bockelmann, A.-C., Neuhaus, R., 1999: Competitive exclusion of Elymus athericus from a high-stress habitat in a European salt marsh. J. Ecol. 87: 503–513.

Bodenbender, J., Papen, H., 1998: Bedeutung gasförmiger Komponenten an den Grenzflächen Sediment/Atmosphäre und Wasser/Atmosphäre im Sylt-Römö Wattenmeer. In: Gätje, Ch., Reise, K. (eds.): Ökosystem Wattenmeer. Austausch-, Transport- und Stoffumwandlungsprozesse. Springer, Berlin: 303–340.

Bodeux, A., 1955: Alnetum glutinosae. Mitt. Flor.-Soziol. Arb.gem. (Stolzenau/W.) N. F. 5: 114–137.

Bodkin, B. C., Spence, D. H. N., Weeks, D. C., 1980: Photoreversible control of heterophylly in Hippuris vulgaris L. New Phytol. 84: 533–542.

Bodziarczyk, J., Szwagrzyk, J., 1995: Species composition and structure of forest stands in Phyllitido-Aceretum community. Ekologia Polska 43: 153–173.

Boedeker,D., Knapp, H. D., 1996: Ökologie der Salzwiesen, Dünen und Schären. In: Rheinheimer, G. (ed.) Meereskunde der Ostsee. 2. Aufl. Springer, Berlin. pp. 222–229.

Boeker, P., 1959: Samenauflauf aus Mist und Erde von Triebwegen und Ruheplätzen. Z. Acker- u. Pflanzenbau 108: 77–92.

Boer de, W., Klein Gunnewiek, P. J. A., Troelstra, S. R., 1990: Nitrification in Dutch heathland soils. II. Characteristics of nitrate production. Plant and Soil 127: 193–200.

Bogenrieder, A., 1990: Pflanzen prägen Lebensräume. Das Schilfrohr (Phragmites australis (Cav.) Trin.). Biologie in unserer Zeit (Weinheim) 20: 221–222.

Bogenrieder, A., Fuchs, G., et al., 1982: Der Feldberg im Schwarzwald. Subalpine Insel im Mittelgebirge. Die Natur- und Landschaftsschutzgebiete Baden-Württembergs (Karlsruhe) 12: 526 p.

Bogenrieder, A., Werner, H., 1979: Experimentelle Untersuchungen an zwei Charakterarten der Eisseggenflur des Feldberges (Carex frigida All. und Soldanella alpina L.). Beitr. Naturk. Forsch. Südwestdeut. 38: 61–69.

Böger, K., 1991: Grünlandvegetation im Hessischen Ried. Pflanzensoziologische Verhältnisse und Naturschutzkonzeption. Bot. u. Natursch. Hessen (Frankfurt/M.), Beih. 3: 285 p.

Bogner, W., 1968: Experimentelle Prüfung von Waldbodenpflanzen auf ihre Ansprüche an die Form der Stickstoffernährung. Mitt. Ver. Forstl. Standortskde Forstpfl.zücht. 18: 3–45.

Böhling, N., 1992: Floristischer Wandel von Waldgesellschaften. Naturschutz u. Landschaftsplanung 24: 16–19.

Böhling, N., 2003: Dauerflächen-Untersuchungen in einem Eichen-Hainbuchenwald im Vorland der Schwäbischen Alb (Südwestdeutschland), 1978–2001: Der Niedergang von Scilla bifolia und die Invasion von Allium ursinum. Tuexenia 23: 131–161.

Böhm, H., 1966: Die geländeklimatische Bedeutung des Bergschattens und der Exposition für das Gefüge der Natur- und Kulturlandschaft. Erdkunde 20: 81–93.

Bohn, C., Schulte, G., Vogel, A., 2000: Die Sandtrockenrasen der Emsaue im mittleren Emsland. NUA Seminarber. 6: 49–61.

Bohn, U., 1981: Vegetationskarte der Bundesrepublik Deutschland 1:200 000 – Potentielle natürliche Vegetation – Blatt CC 5518 Fulda. Schriftenr. Vegetationskde (Bonn-Bad Godesberg) 15. 330 p.

Bohn, U., 1992: Zum internationalen Projekt einer Karte der natürlichen Vegetation Europas im Maßstab 1 : 2.5 Mio. Konzept, Inhalt, Erarbeitung, kartographische Darstellung und Anwendungsmöglichkeiten. Natur u. Landschaft (Stuttgart) 67: 476–480.

Bohn, U., Lohmeyer, W., 1990: Über natürliche Vorkommen der Bergweidenröschen-Ruprechtskraut-Saumgesellschaft (Epilobio-Geranietum robertiani Lohm. in Oberd. et al. 1967) und das soziologische Verhalten von Cynoglossum germanicum Jacq. in der Rhön. Tuexenia 10: 137–145.

Bohn, U., Neuhäusl, R., 2000/2003: Karte der natürlichen Vegetation Europas Maßstab 1 : 2.500 000. Teil 1: Erläuterungstext, Teil 2: Legende, Teil 3: Karten. Landwirtschaftsverlag, Münster/W.

Bohner, A., Grims, F., Sobotik, M., Zechner, L., 2003: Die Trespen-Halbtrockenrasen (Mesobrometum erecti Koch 1926) im mittleren Steirischen Ennstal (Steiermark, Österreich) – Ökologie, Soziologie und Naturschutz. Tuexenia 23: 199–225.

Böhnert, W., 1979: Ergebnisse von Strukturuntersuchungen in unterschiedlich begüllten Unkrautphytozönosen auf Ackerstandorten im Raum Weißenfels, Leipzig, Zörbig, Gräfenheinichen und Jüterbog. Diss. Univ. Halle. 145 p.

Boller-Elmer, K., 1977: Stickstoff-Düngungseinflüsse von Intensivgrünland auf Streu- und Moorwiesen. Veröff. Geobot. Inst. ETH, Stiftung Rübel, Zürich, 63: 103 p.

Bolte, A., Czajkowski, T., Kompa, T., 2007: The north-eastern distribution range of European beech – a review. Forestry 80: 413–429.

Bonn, S., 1998: Dendroökologische Untersuchung der Konkurrenzdynamik in Buchen/Eichen-Mischbeständen und zu erwartende Modifikationen durch Klimaänderungen. Forstwiss. Beitr. Tharandt 3. 226 p.

Bonn, S., Poschlod, P., 1998: Ausbreitungsbiologie der Pflanzen Mitteleuropas. Quelle & Meyer, Wiebaden. 404 p.

Bonn, S., Roloff, A., 2002: Reaktion von Bäumen auf hydrologische Bedingungen in der Hartholzaue. In: Roloff, A., Bonn, S., Küßner, R. (eds.): Hartholz-Auenwälder an der mittleren Elbe – Beiträge zur Ökologie, Bewirtschaftung und Renaturierung. Schriftenreihe, Landesforstverwaltung Sachsen-Anhalt. Gernrode. pp. 50–77.

Bonnemann, I., 1975: Biomassenproduktion in einer Heidegesellschaft in Abhängigkeit von Mahd und Beweidung. Unveröff. Dipl.-Arb., Inst. f. Waldbau, Univ. Göttingen.

Boorman, L. A., 1977: Sand dunes. In: Barnes, R. S. K. (ed.): The Coastline. Wiley & Sons, London. pp. 161–197.

Boorman, L. A., Londo, G., van der Maarel, E., 1997: Communities of dune slacks. In: Van der Maarel, E. (ed.): Dry Coastal Ecosystems. General Aspects. Ecosystems of the World 2 C. Elsevier, Amsterdam. pp. 275–295.

Boorman, L. A., van der Maarel, E., 1997: Dune grassland. In: Van der Maarel, E. (ed.) Dry Coastal Ecosytems. General Aspects. Ecosystems of the World 2 C. Elsevier, Amsterdam. pp. 323–344.

Boot, R., Ranal, D. J., Grime, J. P., 1986: A comparative study of the influence of moisture stress on flowering in Urtica dioica and Urtica urens. J. Ecol. 74: 485–495.

Bootsma, M., 2000: Stress and recovery in wetland ecosystems. Nederlandse Geografische Studies 273: 193 p.

Borchert, J., 1988: Bibliographie Hecken und Feldgehölze. Dokumentation für Umweltschutz und Landespflege 28, Sonderheft 9. Bibliographie 53. Gemeindeverlag, Köln. 59 p.

Borchert, R., Wittig, R., 1990: Artenkombination und Standorte des Rhynchosporetum in der Westfälischen Bucht (Nordrhein-Westfalen, B. R. Deutschland). Acta Biol. Benrodis 2: 1–18.

Borg, P., 1964: Über die Beziehung der Ackerunkräuter zu einigen bodenökologischen Faktoren in der Landgemeinde Helsinki. Ann. Bot. Fenn. 1: 146–160.

Borhidi, A., 1970: Ökologie, Wettbewerb und Zönologie des Schilfrohrs (Phragmites communis L.) und die Systematik der Brackröhrichte. Acta Botan. Acad. Sci. Hung. 16: 1–12.

Boring, L. R., Swank, W. T., Waide, J. B., Henderson, G. S., 1988: Sources, fates, and impacts of nitrogen inputs to terrestrial ecosystems: review and synthesis. Biogeochemistry 6: 119–159.

Bork, H.-R., 2001: Landnutzung in Deutschland. Petermanns Geogr. Mitt. 145: 36–37.

Börner, H., 1995: Unkrautbekämpfung. Fischer, Jena. 315 p.

Bornkamm, R., 1958: Standortsbedingungen und Wasserhaushalt von Trespen-Halbtrockenrasen (Mesobromion) im oberen Leinegebiet. Flora 146: 23–67.

Bornkamm, R., 1960: Die Trespen-Halbtrockenrasen im oberen Leinegebiet. Mitt. Florist.-Soziol. Arb.gem. N. F. 8: 181–208.

Bornkamm, R., 1961 a: Zur Konkurrenzkraft von Bromus erectus. I. Bot. Jb. Syst. 80: 466–479.

Bornkamm, R., 1961 b: Zur Lichtkonkurrenz von Ackerunkräutern. Flora 151: 126–143.

Bornkamm, R., 1961 c: Vegetation und Vegetationsentwicklung auf Kiesdächern. Vegetatio 10: 1–24.

Bornkamm, R., 2006: Fifty years vegetation development of a xerothermic calcareous grassland in Central Europe after heavy disturbance. Flora 201: 249–267.

Bornkamm, R., Meyer, G., Markan, K., 1993: Über die Wirkung von Kronenschluß und Düngung auf die Entwicklung von Waldbodenarten eines Kiefernforstes in Berlin-Spandau. Phytocoenologia 23: 601–610.

Bornkamm, R., Raghi-Atri, F., 1986: Über die Wirkung unterschiedlicher Gaben von Stickstoff und Phosphor auf die Entwicklung von Phragmites australis (Cav.) Trin. ex Steudel. Arch. Hydrobiol. 105: 423–441.

Borowiec, S., 1988: Erfassung und Bewertung anthropogener Veränderungen in segetalen Gemeinschaften Nordwest-Polens. Wiss. Z. Univ. Halle 37: -136.

Borowiec, S., Kaussmann, B., Kudoke, J., 1987: Eine Übersicht zu bestimmenden Ackerunkraut-Leitgesellschaften in den jungpleistozänen Ackerfluren des Nordwestens der VR Polen und des Nordens der DDR. Gleditschia 15: 211–265.

Bortenschlager, S., 1977: Ursachen und Ausmaß postglazialer Waldgrenzschwankungen in den Ostalpen. In: Frenzel, B. (ed.) Dendrochronologie und postglaziale Klimaschwankungen in Europa. Erdwiss. Forsch. 13: 260–266.

Borysiak, J., 1994: The structure of alluvial land vegetation in the middle and lower course of the Warta river. Wydawnictwo Naukowe Uniwersytetu IM. Adama Mickiewicza W Poznaniu. Poznan. 258 p.

Bos, D., Bakker, J. P., de Vries, Y., van Lieshout, S., 2002: Long-term vegetation changes in experimentally grazed and ungrazed back-barrier marshes in the Wadden Sea. Appl. Veg. Sci. 5: 45–54.

Bosinski, G., 1986: Archäologie des Eiszeitalters. Vulkanismus und Lavaindustrie am Mittelrhein. Verlag Röm.-German. Zentralmus. Mainz. 39 p.

Bossema, I., 1979: Jays and oaks: an eco-ethological study of a symbiosis. Behaviour 70: 1–117.

Bossuyt, B., Hermy, M., 2001: Influence of land use history on seed banks in European temperate forest ecosystems: a review. Ecography 24: 225–238.

Boston, H. L., Adams, M. S., Pienkowski, T. P., 1987: Utilization of sediment CO_2 by selected North American isoetids. Ann. Bot. 60: 485–494.

Bothmer, H. J., 1953: Der Einfluss der Bewirtschaftung auf die Ausbildung der Pflanzengesellschaften niederrheinischer Dauerweiden. Z. Acker- u. Pflanzenbau 96: 457–476.

Böttcher, M., 2003: Schwarze Flecken und Flächen im Wattenmeer. In: Lozan J. L., Rachor, E., Reise, K., Sündermann, J., von westernhagen, H. (eds.): Warnsignale aus Nordsee & Wattenmeer. Wissenschaftliche Auswertungen, Hamburg: 193–195.

Boucher, V. L., Stone, D. F., 1992: Epiphytic lichen biomass. In: Carroll, G. C., Wicklow, D. T. (eds.): The Fungal Community. Its Organization and Role in the Ecosystem. 2nd ed. Marcell Dekker, New York. pp. 583–599.

Boukhris, M., 1967: Sur l'écologie et la nutrition des végétaux croissant sur dolomite dans le sud de la France. Centre Nation. Rech. Sci., Centre d'Études Phytosociol. et Écol., Doc. 40: 104 p.

Boxman, A. W., Krabbendam, H., Bellemakers, M. J. S., Roelofs, J. G. M., 1991: Effects of ammonium and aluminium on the development and nutrition of Pinus nigra in hydroculture. Envir. Pollut. 73: 119–136.

Boxman, A. W., van den Ven, P. J. M., Roelofs, J. G. M., 1998: Ecosystem recovery after a decrease in nitrogen input to a Scots pine stand at Ysselsteyn, the Netherlands. For. Ecol. Manage. 101: 155–163.

Boxman, A. W., Sinke, R. J., Roelofs, J. G. M., 1986: Effects of NH_4 on the growth and K (^{86}Rb) uptake of various ectomycorrhizal fungi in pure culture. Water, Air, Soil Pollut. 31: 517–522.

Boyce, S. G., 1954: The salt spray community. Ecol. Monogr. 24: 29–67.

Boyer, M. L. H., Wheeler, B. D., 1989: Vegetation patterns in spring-fed calcareous fens: calcite precipitation and constraints on fertility. J. Ecol. 77: 597–609.

Boylen, C. W., Sheldon, R. B., 1976: Submerged macrophytes: growth under winter ice cover. Science 194: 841–842.

Boynton, D., DeVilliers, J. I., Reuther, W., 1938: Are there different cortical oxygen levels for the different phases of root activity? Science 88: 569–570.

Braakhekke, W. G., Hooftman, D. A. P., 1999: The resource balance hypothesis of plant species diversity in grassland. J. Veg. Sci. 10: 187–2000.

Bracht, H., 1999: Hartholzauen an der Unteren Mittelelbe zwischen Havelberg und Lauenburg – Vegetation, Störfaktoren und mitteleuropäischer Vergleich. Elbtalaue – Festschrift Prof. Amelung. Univ. Lüneburg, Lüneburg. pp. 123–135.

Bradshaw, A. D., 1976: Pollution and evolution. In: Mansfield, T. A. (ed.): Effects of Air Pollutants on Plants. Cambridge Univ. Press, Cambridge. pp. 135–159.

Bradshaw, A. D., Chadwick, M. J., Jowett, D., Lodge, R. W., Snaydon, R. W., 1960: Experimental investigations into the mineral nutrition of several grass species: Part III. Phosphate level. J. Ecol. 48: 631–637.

Bradshaw, A. D., Chadwick, M. J., Jowett, D., Snaydon, R. W., 1964: Experimental investigations into the mineral nutrition of several grass species: IV. Nitrogen level. J. Ecol. 52: 665–676.

Bradshaw, A. D., Lodge, R. W., Jowett, D., Chadwick, M. J., 1958: Experimental investigations into the mineral nutrition of several grass species. Part I. Calcium level. J. Ecol. 46: 749–757.

Bradshaw, R. H. W., Lindbladh, M., 2005: Regional spread and stand-scale establishment of Fagus sylvatica and Picea abies in Scandinavia. Ecology 86: 1679–1686.

Braendle, R., Crawford, R. M. M., 1987: Rhizome tolerance and habitat specialization in wetland plants. Blackwell, Oxford. Special Publ. Brit. Ecol. Soc. 5: 397–410.

Bragazza, L., Gerdol, R., 2002: Are nutrient availability and acidity-alkalinity gradients related in Sphagnum-dominated peatlands? J. Veg. Sci. 13: 473–482.

Brand, F., 1991: Ektomykorrhizen an Fagus sylvatica. Charakterisierung und Identifizierung, ökologische Kennzeichnung und unsterile Kultivierung. IHW-Verlag, Eching b. München. 229 p.

Brand, J., 2000: Untersuchungen zur synsystematischen Umgrenzung und Untergliederung sowie zur standörtlichen und landschaftsräumlichen Bindung von Feuchtwäldern im nordwestdeutschen Tiefland. Diss. Bot. 323: 344 p.

Brand, M., During, H., 1972: Verslag van het voorzomerkampje 1969 in de Biesbosch. Epiphyten op knotwilgen in de getijzone. Kruipnieuws 34: 2–37.

Brandes, D., 1980: Ruderalgesellschaften des Verbandes Arction Tx. 1937 im östlichen Niedersachsen. Braunschw. Naturk. Schr. 1: 77–104.

Brandes, D., 1983: Flora und Vegetation der Bahnhöfe Mitteleuropas. Phytocoenologia 11: 31–115.

Brandes, D., 1985: Die Ruderalvegetation des östlichen Niedersachsen: Syntaxonomische Gliederung, Verbreitung und Lebensbedingungen. Habil.schr. TU Braunschweig. 292 p.

Brandes, D., 1988: Die Vegetation gemähter Straßenränder im östlichen Niedersachsen. Tuexenia 8: 181–194.

Brandes, D., 1988: Über die Unkrautvegetation der Hopfengärten in der nördlichen Hallertau. Ber. Bayer. Bot. Ges. 59: 23–26.

Brandes, D., 1989: Die Siedlungs- und Ruderalvegetation der Wachau (Österreich). Tuexenia 9: 183–197.

Brandes, D., 1990: Die Flora der Dörfer unter besonderer Berücksichtigung von Niedersachsen. Braunschw. Naturkundl. Schr. 3: 569–593.

Brandes, D., 1991: Die Ruderalvegetation der Altmark im Jahre 1990. Tuexenia 11: 109–120.

Brandes, D., 1991 a: Spontane Vegetation an Bahnlinien und Hafenanlagen. Bibliographie Nr. 62. Natur u. Landsch. NF 31 (Sonderh. 16): 17–37.

Brandes, D., 1992: Asplenietea-Gesellschaften an sekundären Standorten in Mitteleuropa. Ber. Reinh.-Tüxen-Ges. 4: 73–93.

Brandes, D., 1992: Flora und Vegetation von Stadtmauern. Tuexenia 12: 315–339.

Brandes, D., 1995: Neophytenflora der Elbufer. Tuexenia 15: 447–472.

Brandes, D., 1999: Flora und Vegetation salzbeeinflusster Habitate im Binnenland – eine Einführung. In: Brandes, D., (ed.): Vegetation salzbeeinflusster Habitate im Binnenland. Tagungsber. Braunschw. Kolloqu., Nov. 1998. Braunschweig. pp. 7–12.

Brandes, D., 1999 a: Bidentetea-Arten an der mittleren Elbe – Dynamik, räumliche Verbreitung und Soziologie. Braunschw. Naturk. Schr. 5: 781–809.

Brandes, D., 1999 b: Standortfaktor Stickstoff – Nitrophytenvegetation in Europa. Ber. d. Reinh.-Tüxen-Ges. 11: 305–320.

Brandes, D., 2002: Bidentetea-Gesellschaften. http://www.ruderal-vegetation.de/bidentetea/index.htm

Brandes, D., 2003: Die aktuelle Situation der Neophyten in Braunschweig. Braunschw. Naturkundl. Schr. 6: 705–760.

Brandes, D., 2005 a: Die Flora der Stadtbahn von Braunschweig. http://www.opus.tu-bs.de/opus/volltexte/2005/669.

Brandes, D., 2005 b: Kormophytendiversität innerstädtischer Eisenbahnanlagen. Tuexenia 25: 269–284.

Brandes, D., 2006: Neues von der Straße. Ephemerophytendynamik und Biodiversität. TU Braunschweig. http://www.biblio.tu-bs.de/geobot/neues_von_der_strasse.pdf

Brandes, D., 2007: Ruderalvegetation – Dynamik ohne Grenzen? Ber. Reinh.-Tüxen-Ges. 19: 60–74.

Brandes, D., Evers, C., 1999: Keimung unter Wasser – eine Strategie nur von Gebirgsschwemmlingen? Braunschw. Naturk. Schr. 4: 947–953.

Brandes, D., Griese, D., 1991: Siedlungs- und Ruderalvegetation von Niedersachsen. Eine kritische Übersicht. Geobot. Arb. (TU Braunschweig) 1: 173 p.

Brandes, D., Müller, M., 2004: Artemisia annua L.- ein erfolgreicher Neophyt in Mitteleuropa? Tuexenia 24: 339–358.

Brandes, D., Oppermann, F. W., 1994: Die Uferflora der oberen Weser. Braunschw. Naturk. Schr. 3: 575–607.

Brandes, D., Sander, C., 1995: Neophytenflora der Elbufer. Tuexenia 15: 447–472.

Brang, P., 1996: Experimentelle Untersuchungen zur Ansamungsökologie der Fichte im zwischenalpinen Gebirgwald. Beih. Schweiz. Z. Forstwes. 77. 375 p.

Brasier, C. M., 1991: Ophiostoma novo-ulmi sp. nov. causative of current Dutch elm disease pandemics. Mycopathol. 115: 151–161.

Brasier, C. M., Cooke, D. E. L., Duncan, J. M., 1999: Origin of a new Phytophthora pathogen through interspecific hybridization. Proc. Natl. Acad. Sci. USA 96: 5878–5883.

Braun, H. J., 1974: Rhythmus und Größe von Wachstum, Wasserverbrauch und Produktivität des Wasserverbrauches bei Holzpflanzen. I. Alnus glutinosa (L.) Gaertn. und Salix alba (L.) "Liempde". Allg. Forst- u. Jagdztg. 145: 81–86.

Braun, J., 1913: Die Vegetationsverhältnisse der Schneestufe in den Rätisch-Lepontischen Alpen. Ein Bild des Pflanzenlebens an seinen äußersten Grenzen. Neue Denkschr. Schweiz. Naturf. Ges. 48: 347 p.

Braun, S., Cantaluppi, L., Flückiger, W., 2005: Fine roots in stands of Fagus sylvatica and Picea abies along a gradient of soil acidification. Environ. Pollut. 137: 574–579.

Braun, S., Rihm, B., Schindler, C., Flükkiger, W., 1999: Growth of mature beech in relation to ozone and nitrogen deposition: an epidemiological approach. Water, Air, Soil Poll. 116: 357–364.

Braun, S., Schindler, C., Volz, R., Flükkiger, W., 2003: Forest damages by the storm „Lothar" in permanent observation plots in Switzerland: the significance of soil acidification and nitrogen deposition. Water, Air, and Soil Pollut. 142: 327–340.

Braun, W., 1968: Die Kalkflachmoore und ihre wichtigsten Kontaktgesellschaften im Bayerischen Alpenvorland. Diss. Bot. 1: 134 p.

Braun, W., 1983: Die Pfeifengras-Streuwiesen (Molinion) des Murnauer Mooses und ihre Standortsverhältnisse. Ber. Bayer. Bot. Ges. 54: 187–214.

Braun, W., 1988: Auswirkungen der modernen Landbewirtschaftung auf die Vegetation von Grün- und Ackerland in Bayern. Wiss. Z. Univ. Halle, Math.-Nat. R. 37: 82–92.

Braun-Blanquet, J. u. G., Trepp, W., Bach, R., Richard, F., 1964 : Pflanzensoziologische und bodenkundliche Beobachtungen im Samnaun. Jahresber. Naturf. Ges. Graubündens 90: 3–50.

Braun-Blanquet, J., 1932: Zur Kenntnis der nordschweizerischen Waldgesellschaften. Beih. Botan. Cbl. 49: 7–42.

Braun-Blanquet, J., 1936: Über die Trokkenrasengesellschaften des Festucion vallesiacae in den Ostalpen. Ber. Schweiz. Bot. Ges. 46: 169–189.

Braun-Blanquet, J., 1948/50: Übersicht der Pflanzengesellschaften Rätiens. Vegetatio 1: 29–41, 129–146, 285–316; 2: 20–37, 214–237, 341–360.

Braun-Blanquet, J., 1949: Übersicht der Pflanzengesellschaften Rätiens IV. Vegetatio 2: 20–37.

Braun-Blanquet, J., 1955: Das Sedo-Scleranthion – neu für die Westalpen. Österr. Bot. Z. (Wien) 102: 476–485.

Braun-Blanquet, J., 1955: Die Vegetationsverhältnisse des Piz Languoirol, ein Maßstab für Klimaänderungen. Svensk Bot. Vidsk 49: 1–2.

Braun-Blanquet, J., 1957: Ein Jahrhundert Florenwandel am Piz Linard. Bull. Jard. Botan. Bruxelles, Vol. Jubil. W. Robyns, 221–232.

Braun-Blanquet, J., 1961: Die inneralpine Trockenvegetation. G. Fischer, Stuttgart. 273 p.

Braun-Blanquet, J., 1964: Pflanzensoziologie. 3. Aufl. Springer, Wien. 865 p. 2. Aufl. 1951. 631 p.

Braun-Blanquet, J., 1969: Die Pflanzengesellschaften der rätischen Alpen im Rahmen ihrer Gesamtverbreitung. I. Teil. Bischofberg u. Co., Chur. 100 p.

Braun-Blanquet, J., DeLeeuw, W. C., 1936: Vegetationsskizze von Ameland. Nederl. Kruidk. Arch. 46: 359–393.

Braun-Blanquet, J., Jenny, H., 1926: Vegetationsentwicklung und Bodenbildung in der alpinen Stufe der Zentralalpen (Klimaxgebiet des Caricion curvulae).

Denkschr. Schweiz. Naturf. Ges. 63: 183–349.

Braun-Blanquet, J., Pallmann H., Bach, R., 1954 : Pflanzensoziologische und bodenkundliche Untersuchungen im schweizerischen Nationalpark und seinen Nachbargebieten. II. Vegetation und Böden der Wald- und Zwergstrauchgesellschaften (Vaccinio-Piceetalia). Ergebn. Wiss. Unters. Schweiz. Nationalpark N. F. 4. 200 p.

Braun-Blanquet, J., Roussine, N., Négre, R., 1951 : Les groupement végétaux de la France méditerranéenne. Centre Nation. Rech. Sci., Serv. Carte des Groupements Végétaux: 297 p.

Braun-Blanquet, J., Sissingh, G., Vlieger, J., 1939: Klasse der Vaccinio-Piceetea (Nadelholz- und Vaccinienheiden-Verbände der eurosibirisch-nordamerikanischen Region). Mari-Lavit, Montpellier.

Braun-Blanquet, J., Tüxen, R., 1943: Übersicht über die höheren Vegetationsheinheiten Mitteleuropas. SIGMA Comm. (Montpellier) 84: 1–11.

Brecher, 1897: Über das Verhalten einiger Holzarten im Überschwemmungsgebiet der Elbe. Z. Forst- u. Jagdwesen 29: 287–291.

Brechtel, H. M., 1975: Niederschlagsmessungen und Auswertung im Rahmen gebietshydrologischer Untersuchungen. Deut. Verb. Wasserwirtschaft (Bad Ems), 45 p.

Breckle, S.-W., Kahle, M., 1992: Effects of toxic heavy metals (Cd, Pb) on grwoth and mineral nutrition of beech (Fagus sylvatica L.). Vegetatio 101: 43–53.

Breckle, S.-W., Scheck-Hoffmann, A., 1985: Streusalzwirkungen am Autobahnrand. Verh. Ges. Ökol. 13: 657–663.

Bréda, N., Huc, R., Granier, A., Dreyer, E., 2006: Temperate forest trees and stands under severe drought: a review of ecophysiological responses, adaptation processes and long-term consequences. Ann. For. Sci. 63: 625–644.

Bredemeier, B., Kiehl, K., Liebmann, F., Stock, M., 1999: The impact of goose grazing on saltmarsh vegetation at the Hamburger Hallig. Senckenbergiana marit. (Suppl.) 29: 43–44.

Bredemeier, M., Matzner, E., Ulrich, B., 1990: Internal and external proton load of forest soils in Northern Germany. J. Environ. Qual. 19: 469–477.

Bredemeier, M., Ulrich, B., 1989: Depositionsbedingte und ökosysteminterne Anteile der Säurebelastung von Waldböden. AFZ/Der Wald 11: 256–260.

Bredemeyer, M., 1987: Stoffbilanzen, interne Säureproduktion und Gesamtsäurebelastung des Bodens in verschiedenen Waldökosystemen Norddeutschlands. Ber. Forschungszentr. Waldökosysteme Univ. Göttingen, Bd. A 33. 183 p.

Brehm, J., Meijering, P. D., 1996: Fließgewässerkunde. 3. Aufl. Quelle & Meyer, Wiesbaden. 302 p.

Bresinsky, A., 1983: Die Trockenrasen des Lechfeldes: Arteninventar und Konsequenzen für den Schutz von Pflanzenarten. Laufener Seminararb. (Laufen/Salzach) 6/83: 33–54.

Bressoud, B., 1989: Contributions à la connaissance du Caricion atrofusco-saxatilis dans les Alpes. Phytocoenologia 17: 145–270.

Bretagnolle, F., Thompson, J. D., 1996: An experimental study of ecological differences in winter growth between sympatric diploid and autotetraploid Dactylis glomerata. J. Ecol. 84: 343–351.

Breuer, G., Schramm, W., 1988: Changes in macroalgae vegetation of Kiel Bight (western Baltic Sea) during the past 20 years. Kieler Meeresforsch. Sonderh. 6: 241–255.

Brewer, C. A., Parker, M., 1990: Adaptations of macrophytes to life in moving water: upslope limits and mechanical properties of stems. Hydrobiologia 194: 133–142.

Bridgewater, P. B., 1980: Phytosociological studies in the British heath formation. I. Heaths of the Ulicetalia minoris (P.Duvigneaud 1944) J.M.Gehu 1973. Phytocoenologia 8: 191–253.

Bridgewater, P. B., 1981: II. Heaths of the Vaccinio-Genistetalia R.Schubert 1960 and species-poor heaths of the Ulicetalia minoris. Phytocoenologia 9: 27–52.

Bridgham, S. D., Updegraff, K., Pastor, J., 1998: Carbon, nitrogen, and phosphorus mineralisation in northern wetlands. Ecology 79: 1545–1561.

Briemle, G., 1986: Vergleich der Stickstoff-Mineralisation mit der N-Zahl Ellenbergs am Beispiel einer Streuwiese im Alpenvorland. Natur u. Landschaft 61: 423–427.

Briemle, G., 1997: Wieviel Düngung “verträgt” ein artenreicher Kalkmagerrasen der Schwäbischen Alb? Veröff. Naturschutz Landschaftspflege Baden-Württemb. 71/72: 201–225.

Briemle, G., 1998 a: Aulendorfer Extensivierungsversuch: Ergebnisse aus 10 Jahren Grünlandausmagerung. Landinfo 8/98: 1–8.

Briemle, G., 1998 b: Wildpflanzengerechte Nutzung und Pflege des Grünlandes – Praktische Erfahrungen aus dem Grünlandversuchswesen. Schriftenr. Vegetationsk. 29: 111–122.

Briemle, G., Eckert, G., Nussbaum, H., 1999: Wiesen und Weiden. In: Konold, W., Böcker, R., Hampicke, U. (eds.): Handbuch Naturschutz und Landschaftspflege, XI-2. 8. ecomed, Landsberg. pp. 1–57

Briemle, G., Eickhoff, D., Wolf, R., 1991: Mindestpflege und Mindestnutzung unterschiedlicher Grünlandtypen aus landschaftsökologischer und landeskultureller Sicht. Beih. Veröff. Naturschutz Landschaftspflege Baden-Württemb. 60: 1–60.

Brightman, F. H., Seaward, M. R. D., 1977: Lichens of manmade substrates. In: Seward, M. R. D. (ed.): Lichen Ecology. Academic Press, New York. pp. 253–293.

Briske, D. D., Richards, J. H., 1995: Plant responses to defoliation: a physiological, morphological and demographic evaluation. In: Bedunah, D. J., Sosebee, R. E. (Eds) Wildland Plants: Physiological Ecology and Developmental Morphology. Society for Range Management, Denver, Col. pp. 635–710.

Bristow, J. M., 1969: The effects of carbon dioxide on the growth and development of amphibious plants. Can. J. Bot. 47: 217–221.

Brix, H., 1990: Uptake and photosynthetic utilization of sediment-derived carbon by Phragmites australis (Cav.) Trin. ex Steudel. Aquat. Bot. 38: 377–389.

Brock, T. C. M., 1984: Aspects of the decomposition of Nymphoides peltata (Gmel.) O. Kuntze (Menyanthaceae). Aquat. Bot. 17: 189–214.

Brockmann, U., de Jonge, V., Hesse, K., 1994: Zufuhr und Verteilung von Nährstoffen. In: Lozan, J. L., Rachor, E., Reise, K., von Westernhagen, H., Lenz, W. (eds.): Warnsignale aus dem Wattenmeer. Blackwell, Berlin: 23–29.

Brockmann-Jerosch, H., 1907: Die Flora des Puschlav (Bezirk Bernina, Kanton Graubünden). Diss. Univ. Zürich. 236 p.

Brockmann-Jerosch, H., 1919: Baumgrenze und Klimacharakter. Beitr. Geobot. Landesaufn. Schweiz 6: 1–255.

Brockmann-Jerosch, H., 1936: Futterlaubbäume und Speiselaubbäume. Ber. Schweiz. Botan. Ges. 46, Festbd. Rübel: 594–613.

Bröker, W., 1963: Genetisch-physiologische Untersuchungen über die Zinkverträglichkeit von Silene inflata Sm. Flora 153: 122–156.

Broll, G., 1996: Einfluss von Extensivierung und Flächenstillegung auf bodenökologische Prozesse. Ein Beispiel zur Bedeutung der Bodenökologie für die Angewandte Landschaftsökologie. In: Broll, G., Bernhardt, K.-G. (eds.): Aspekte der Angewandten Landschaftsökologie. Arb. Inst. f. Landschaftsökol. Univ. Münster Bd. 2: 331–344.

Broll, G., Schreiber, K.-F., 1985: Die mikrobielle Aktivität von Brachflächen unterschiedlicher Bewirtschaftung. Landwirtsch. Forsch. 38: 28–34.

Broll, G., Schreiber, K.-F., 1993: Auswirkungen der Stilllegung von Grünland-Standorten auf die pflanzenverfügbaren Gehalte an Phosphat und Kalium. Mitt. Deut. Bodenkundl. Ges. 72: 73–76.

Brondegaard, V. J., 1987: Die Eibe, ein waffengeschichtlicher Baum. Naturwiss. Rdschau 40: 229–230.

Brönmark, C., Hansson, L.-A., 2005: The Biology of Lakes and Ponds. 2nd ed. Oxford University Press, Oxford. 285 p.

Brönmark, C., Weisner, S. E. B., 1992: Indirect effects of fish community structure on submerged vegetation in shallow eutrophic lakes, an alternative mechanism. Hydrobiologia 243/244: 293–301.

Bronner, G., 1986: Pflanzensoziologische Untersuchungen an Hecken und Waldrändern der Baar. Ber. Naturf. Ges. Freiburg i. Br. 76: 11–85.

Brooks, R. R., 1987: Serpentine and its Vegetation. Croom Helm, London. 454 p.

Brouillard, Ch., 1911: Le traitement du bois en France. 3. Aufl. Paris u. Nancy. 685 p.

Brouwer, E., Backx, H., Roelofs, J. G. M., 2001: Nutrient requirements of ephemeral plant species from wet, mesotrophic soils. J. Veget. Sci. 12: 319–326.

Brown, D. H., Brown, R. M., 1991: Mineral cycling and lichens: the physiological basis. Lichenologist 23: 293–307.

Brown, G., 2001: The heavy-metal vegetation of north-western mainland Europe. Bot. Jahrb. Syst. 123: 63–110.

Brown, K. A., Roberts, T. M., Blank, L. W., 1987: Interaction between ozone and cold sensitivity in Norway spruce: a factor contributing to the forest decline in Central Europe? New Phytol. 105: 149–155.

Brown, R. T., Mikola, P., 1974: The influence of fruticose soil lichens upon the mycorrhizae and seedling growth of forest trees. Acta Forest. Fenn. 141: 1–23.

Brown, S., Schroeder, P., Birdsey, R., 1997: Above ground biomass distribution of US eastern hardwood forests and the use of large trees as an indicator of forest development. For. Ecol. Manage. 97: 37–47.

Bruelheide, H., 1995: Die Grünlandgesellschaften des Harzes und ihre Standortsbedingungen. Mit einem Beitrag zum Gliederungsprinzip auf der Basis von statistisch ermittelten Artengruppen. Diss. Bot. 244: 1–338.

Brugbauer, R., Bernhardt, K.-G., 1990: Auswirkungen der Hochwasser- und Windausbreitung von Samen auf die Zusammensetzung des Samenspeichers und der Pflanzendecke an Pionierstandorten des Emsufers. Verh. Ges. Ökol. 19: 404–408.

Brugger, E., Furrer, G., Messerli, B., Messerli, P., (eds.): 1984: Umbruch im Berggebiet – die Entwicklung des schweizerischen Berggebietes zwischen Eigenständigkeit und Abhängigkeit aus ökonomischer und ökologischer Sicht. Verlag P. Haupt, Bern. 1097 p.

Bruggink, M., 1993: Seed bank, germination, and establishment of ericaceous and gramineous species in heathlands. In: Aerts, R., Heil, G. W. (eds.): Heathlands. Patterns and Processes in a Changing Environment. Kluwer, Dordrecht. pp. 154–180.

Brülhardt, A., 1969: Jahreszeitliche Veränderungen der Feuchtigkeit im Boden. Mitt. Schweiz. Anst. Forstl. Versuchswes. 45: 127–232.

Brumme, R., Leimcke, U., Matzner, E., 1992: Interception and uptake of NH_4 and NO_3 from wet deposition by above-ground parts of young beech (Fagus sylvatica L.) trees. Plant and Soil 142: 273–279.

Brumme, R., Verchot, L. V., Martikainen, P. J., Potter, C. S., 2005: Contribution of trace gases nitrous axide (N_2O) and methane (CH_4) to the atmospheric warming balance of forest biomes. In: Griffiths, H., Jarvis, P. G. (eds.): The Carbon Balance of Forest Biomes. Taylor & Francis, Oxon, New York. pp. 293–318.

Brunet, J., 1991: Die Vegetation der Erlenbruchwälder in Schonen (Südschweden). Tuexenia 11: 269–291.

Brunet, J., 1992: Betespaverkan i fältskiktet i en skansk ekblandskog. Svensk Bot. Tidskr. 86: 347–353.

Brunet, J., 1993: Environmental and historical factors limiting the distribution of rare forest grasses in south Sweden. For. Ecol. Manage. 61: 263–275.

Brunet, J., 1994: Der Einfluss von Waldnutzung und Waldgeschichte auf die Vegetation südschwedischer Laubwälder. NNA-Berichte (Schneverdingen) 7: 96–101.

Brunet, J., Andersson, P.-E., Weimarck, G., 1993: Faktorer som paverkar utbredningen av Skanes ädellövskogsflora. Svensk Bot. Tidskr. 87: 177–186.

Brunet, J., Diekmann, M., Falkengren-Grerup, U., 1998: Effects of nitrogen deposition on field layer vegetation in south Swedish oak forests. Environ. Pollut. 102: 35–40.

Brunet, J., Falkengren-Grerup, U., Rühling, A., Tyler, G., 1997: Regional differences in floristic change in South Swedish oak forests as related to soil chemistry and land use. J. Veg. Sci. 8: 329–336.

Brunet, J., Tyler, G., 2000: Interannual variability in abundance of field layer species in a south Swedish deciduous wood. Flora 195: 97–103.

Brunet, J., von Oheimb, G., 1998: Migration of vascular plants to secondary woodlands in southern Sweden. J. Ecol. 86: 429–438.

Brun-Hool, J., 1963: Ackerunkrautgesellschaften der Nordwestschweiz. Beitr. Geobot. Landesaufn. Schweiz 43.

Brun-Hool, J., 1966: Ackerunkraut-Fragmentgesellschaften. In: Tüxen, R. (ed.): Anthropogene Vegetation. Junk, Den Haag. pp. 38–50.

Brünn, S., 1992: Kleinräumige Vegetations- und Standortsdifferenzierung in einem Kalkbuchenwald. Unveröff. Dipl.arb., Univ. Göttingen.

Brünn, S., 1999: Untersuchungen zum Mineralstoffhaushalt von C. epigejos L. (Roth) in stickstoffbelasteten Kiefernwäldern. Diss. Univ. Göttingen. 163 p.

Bruns, R., Meyer-Reil, L.-A., 1998: Benthische Stickstoffumsätze und ihre Bedeutung für die Bilanz gelöster anorganischer Stickstoffverbindungen. In: Gätje, Ch., Reise, K.(eds.): Ökosystem Wattenmeer. Austausch-, Transport- und Stoffumwandlungsprozesse. Springer, Berlin: 219–232

Bruun, H. H., Ejrnaes, R., 2000: Classification of dry grassland vegetation in Denmark. J. Veg. Sci. 11: 585–596.

Brux, H., Herr, W., Todeskino, D., Wiegleb, G., 1988: A study on floristic structure and dynamics of communities with Potamogeton alpinus Balbis in water bodies of the northern part of the Federal Republic of Germany. Aquat. Bot. 32: 23–44.

Brux, H., Todeskino, D., Wiegleb, G., 1987: Growth and reproduction of Potamogeton alpinus Balbis growing in disturbed habitats. Arch. Hydrobiol., Beih. Erg. Limnol. 27: 115–127.

Brzoska, W., 1973a: Stoffproduktion und Energiehaushalt von Nivalpflanzen. In. Ellenberg, H. (ed.) Ökosystemforschung. Springer, Berlin. pp. 225–233.

Brzoska, W., 1973b: Dry matter production and energy utilisation of high mountain plants in the Austrian Alps. Oecol. Plant. 8: 63–70.

Buchli, M., 1936: Ökologie der Ackerunkräuter der Nordostschweiz. Beitr. Geobot. Landesaufn. Schweiz 19.

Buchmann, N., Schulze, E.-D., Gebauer, G., 1995: ^{15}N-ammonium and ^{15}N-nitrate uptake of a 15-year-old Picea abies plantation. Oecologia 102: 361–370

Buchsbaum, R. N., Short, F. T., Cheney, D. P., 1990: Phenolic-nitrogen interactions in eelgrass, Zostera marina L.: possible implications for disease resistance. Aquat. Bot. 37: 291–297.

Buchwald, K., 1951: Wald- und Forstgesellschaften der Revierförsterei Diensthoop, Forstamt Syke b. Bremen. Angew. Pflanzensoziol. (Stolzenau/Weser) 1. 72 p.

Buchwald, K., 1984: Zum Schutze des Gesellschaftsinventars vorindustriell geprägter Kulturlandschaften in Industriestaaten. – Fallstudie Lüneburger Heide. Phytocoenologia 12: 395–432.

Buchwald, R., 1996: Basikline Pfeifengraswiesen (Molinietum caeruleae) und ihre Kontaktvegetation im weiteren Alb-Wutach-Gebiet (Hochrhein, SW-Deutschland). Tuexenia 16: 179–225.

Bücking, W., 1993: Stickstoff-Immissionen als neuer Standortsfaktor in Waldgesellschaften – neue Entwicklungen am Beispiel südwestdeutscher Wälder. Phytocoenologia 23: 65–94.

Bücking, W., 1975: Nährstoffgehalte in Gewässern aus standörtlich verschiedenen Waldgebieten Baden-Württembergs. Mitt. Ver. Forstl. Standortskunde u. Forstpfl.zücht. 24: 48–67.

Bücking, W., 1981: Kulturversuche an azidophytischen Waldbodenpflanzen mit variierter Stickstoff-Menge und Stickstoff-Form. Mitt. Ver. Forstl. Standortsk. u. Forstpfl.zücht. 29: 42–57.

Bücking, W., 1985: Kulturversuche an azidophytischen Waldbodenpflanzen mit variierter Stickstoff-Menge und Stickstoff-Form. III. Mitt. Ver. Forstl. Standortsk. u. Forstpfl.zücht.31: 60–77.

Bücking, W., 1989: Bannwald Bechtaler Wald. Dauerbeobachtungen 1970–1988. Natur u. Landsch. 64: 574–577.

Büdel, B., 2002: Diversity and ecology of biological crusts. Progress in Botany 63: 386–404.

Büdel, B., Lange, O. L., 1991: Water status of green and blue-green phycobionts in lichen thalli after hydration by water vapor uptake: do they become turgid? Botanica Acta 104: 361–366.

Buechner, H. K., Dawkins, H. C., 1961: Vegetation changes by elephants and fire in Murchison Falls National Park, Uganda. Ecology 42: 752–766.

Buijse, A. D., Coops, H., Staras, M. et al., 2002: Restoration strategies for river floodplains along large lowland rivers in Europe. Freshwater Biol. 47: 889–907.

Bullock, J. M., Clear Hill, B., Silvertown, J., Sutton, M., 1995: Gap colonization as a source of grassland community change: effects of gap size and grazing on the rate and mode of colonization by different species. Oikos 72: 273–282.

Bültmann, H., 2005: Strategien und Artenreichtum von Erdflechten in Sandtrockenrasen. Tuexenia 25: 425–443.

Bültmann, H., 2006: Erdflechten in komplexen Dünenlandschaften Nordjütlands auf unterschiedlichen Betrachtungsebenen. Arb. Inst. Landschaftsökol. Münster/W. 15: 1–13.

Bünger, L., 1996: Erhaltung und Wiederbegründung von Streuobstwiesen in Nordrhein-Westfalen.LÖBF-Schriftenr. 9: 1–209.

Burel, F., 1996: Hedgerows and their role in agricultural landscapes. Critical Rev. in Plant Sci. 15: 169–190.

Burga, C. A., 1988: Swiss vegetation history during the last 18 000 years. New Phytol. 110: 581–602.

Burga, C. A., 1999: Vegetation development on the glacier forefield Morteratsch (Switzerland). Appl. Veg. Sci. 2: 17–24.

Burgeff, H., 1961: Mikrobiologie des Hochmoores mit besonderer Berücksichtigung der Erikazeen-Pilz-Symbiose. Stuttgart. 197 p.

Burger, H., 1941: Holz, Blattmenge und Zuwachs. V. Mitteilung. Fichten und Föhren verschiedener Herkunft auf verschiedenen Kulturorten. Mitt. Eidgenöss. Forsc.anst. Wald, Schnee, Landsch. 22: 10–62.

Bürger, R., 1988: Veränderungen der Bodenvegetation in Wald- und Forstgesellschaften des mittleren und südlichen Schwarzwaldes. KfK-PEF (Karlsruhe) 52. 162 p.

Bürger, R., 1991: Immissionen und Kronenverlichtung als Ursachen für Veränderungen der Waldbodenvegetation im Schwarzwald. Tuexenia 11: 407–424.

Burggraaf-Van Nierop, Y. D., Van der Meijden, E., 1984: The influence of rabbit scrapes on dune vegetation. Biol. Conserv. 30: 133–146.

Burian, K., Sieghardt, 1979: The primary producers of the Phragmites belt, their energy utilization and water balance. In: Löffler, H. (ed.) Neusiedlersee: The Limnology of a Shallow Lake in Central Europe. Junk, Den Haag. pp. 251–272.

Büring, H., 1970: Sozialbrache auf Äckern und Wiesen in pflanzensoziologischer und ökologischer Sicht. Diss. Univ. Gießen.

Burkart, M., 1998: Die Grünlandvegetation der unteren Havelaue in synökologischer und syntaxonomischer Sicht. Archiv naturwiss. Diss. 7. Galunder-Verlag, Wiehl. 157 p.

Burkart, M., Dierschke, H., Hölzel, N., Nowak, B., Fartmann, T., 2004: Molinio-Arrhenatheretea (E 1). Kulturgrasland und verwandte Vegetationstypen. Teil 2: Molinietalia. Synopsis Pflanzenges. Deutschlands (Göttingen) 9: 1–113.

Burkart, M., Küster, H., Schelski, A., Pötsch, J., 1998: A historical and plant sociological appraisal of floodplain meadows in the lower Havel valley, northeast Germany. Phytocoenologia 28: 85–103.

Burnand, J., 1976: Quercus pubescens-Wälder und ihre ökologischen Grenzen im Wallis (Zentralalpen). Veröff. Geobot. Inst. ETH, Stiftg. Rübel, Zürich 59. 158 p.

Burnett, J. M. (ed.): The Vegetation of Scotland. Oliver and Boyd, Edinburgh. 613 p.

Burrichter, E., 1960: Die Therophyten-Vegetation an nordrhein-westfälischen Talsperren im Trockenjahr 1959. Ber. Deut. Bot. Ges. 73: 24–37.

Burrichter, E., 1963: Das Linarietum spuriae Krusem. et Vlieger 1939 in der Westfälischen Bucht. Mitt. Flor.-Soziol. Arb.gem. N. F. 10: 109–115.

Burrichter, E., 1969: Das Zwillbrocker Venn, Westmünsterland, in moor- und vegetationskundlicher Sicht. Abh. Mus. Naturkde Münster 31: 1–60.

Burrichter, E., 1973: Die potentielle natürliche Vegetation in der Westfälischen Bucht. Erläuterungen zur Übersichtskarte 1:200 000. Landeskundl. Karten

u. H. Geogr. Kommiss. Westf. R. Siedlung u. Landsch. Westf. 8: 58 p.
Burrichter, E., Hüppe, J., Pott, R., 1993: Agrarwirtschaflich bedingte Vegetationsbereicherung und -verarmung in historischer Sicht. Phytocoenologia 23: 427–447.
Burrichter, E., Wittig, R., 1977: Der Flattergras-Buchenwald in Westfalen. Mitt. Flor.-Soz. Arb.gem. N. F. 19/20: 377–382.
Burrows, C. J., 1990: Processes of Vegetation Change. Unwin Hyman, London. 551 p.
Burschel, P., 1966: Untersuchungen in Buchen-Mastjahren. Forstw. Cbl. 85: 193–256.
Burschel, P., 1966: Untersuchungen über die Düngung von Buchen- und Eichenverjüngungen, Teil 2. Allg. Forst- u. Jagdz. 137: 221–236.
Burschel, P., 1993: Forstökologie. In: Kuttler, W. (ed.): Handbuch zur Ökologie. Analytika Verlagsges., Berlin. pp. 121–129.
Burschel, P., Huss, J., 1964: Die Reaktion von Buchensämlingen auf Beschattung. Forstarchiv 35: 225–233.
Burschel, P., Huss, J., Kalbhenn, R., 1964: Die natürliche Verjüngung der Buche. Schriftenr. Forstl. Fak. Univ .Göttingen 34: 1–186.
Burschel, P., Kürsten, E., Larson, B. C., 1993: Die Rolle von Wald und Forstwirtschaft im Kohlenstoffhaushalt – Eine Betrachtung für die Bundesrepublik Deutschland. Forstl. Forschungsber. (München) 126. 135 p.
Burschel, P., Schmaltz, J., 1965: Untersuchungen über die Bedeutung von Unkraut- und Altholzkonkurrenz für junge Buchen. Forstw. Cbl. 84: 201–264.
Burschel, P., Schmaltz, J., 1965 b: Die Bedeutung des Lichtes für die Entwicklung junger Buchen. Allg. Forst- u. Jagdz. 136: 193–210.
Busch, J., 2000: Gaswechsel und strukturelle Anpassungen einheimischer Seggen unter dem Einfluß unterschiedlicher edaphischer und atmosphärischer Standortbedingungen. Diss. Univ. Düsseldorf. 270 p.
Büsgen, M., Münch E., 1927: Bau und Leben unserer Waldbäume. 3. Aufl. G.Fischer Verlag, Jena. 426 p.
Bushart, M., 1989: Schwarzerlen- und Moorbirkenwälder im westlichen Hunsrück. Tuexenia 9: 391–415.
Busse, L. B., Gunkel, G., 2002: Riparian alder fens – source or sink for nutrients and dissolved organic carbon? 2. Major sources and sinks. Limnologica 32: 44–53.
Butler, W. L., 1977: Chlorophyll fluorescence. A probe for electron transfer and energy transfer. In: Lange, O. L., Nobel., P. S., Osmond, C. B., Ziegler, H. (eds.): Encyclopedia of Plant Physiology, N. S. vol. 5. Springer, Berlin. pp. 149–167.
Buttenschon, J., Buttenschon, R. M., 1985: Grazing experiments with cattle and sheep on nutrient poor, acidic grassland and heath. IV. Establishment of woody species. Natura Jutlandica 21: 47–140.
Butterbach-Bahl, K., Breuer, L., Gasche, R., Willibald, G., Papen, H., 2002: Exchange of trace gases between soils and the atmosphere in Scots pine forest ecosystems of the northeastern German lowlands. 1. Fluxes of N_2O, NO/NO_2 and CH_4 at forest sites with different N-deposition. For. Ecol. Manage. 167: 123–134.
Buttery, B. R., Lambert, J. M., 1965: Competition between Glyceria maxima and Phragmites communis in the region of Surlingham Broad. I. The competition mechanism. J. Ecol. 53: 163–181.
Buttery, B. R., William, W. T., Lambert, J. M., 1965: Competition between Glyceria maxima and Phragmites communis in the region of Surlingham Broad. II. The fen gradient. J. Ecol. 53: 183–195.
Büttner, G., 1992: Stoffeinträge und ihre Auswirkungen in Fichtenökosystemen im nordwestdeutschen Küstenraum. Ber. Forschungszentr. Waldökosysteme Univ. Göttingen, Bd. A 84. 192 p.
Büttner, G., 1997: Die Entwicklung der Ernährungssituation niedersächsischer Waldbäume. Forst u. Holz 52: 718–720.
Büttner, G., 1997: Ergebnisse der bundesweiten Bodenzustandserhebung im Wald (BZE) in Niedersachsen 1990–1991. Schr. Forstl. Fak. Univ. Göttingen u. Niedersächs. Forstl. Versuchsanst., Bd. 122. 205 p.
Büttner, G., 1999: Aluminium-Stress in niedersächsischen Waldböden. Forst u. Holz 54: 577–580.
Büttner, G., Hartmann, G., Thomas, F. M., 1993: Vorzeitige Vergilbung und Nährstoffgehalte des Buchenlaubes in Südniedersachsen. Forst u. Holz 48: 627–630.
Butzke, H., 1979: Bodenkundliche und vegetationskundliche Untersuchungen in den lindenreichen Stieleichen-Hainbuchenwäldern (Stellario-Carpinetum) der südlichen Niederrheinischen Bucht. Phytocoenologia 6: 403–423.
Butzke, H., 1981: Versauern unser Wälder? Erste Ergebnisse der Überprüfung 20 Jahre alter pH-Wert-Messungen in Waldböden Nordrhein-Westfalens. Forst- u. Holzwirt 21: 542–548.
BUWAL, 2005: Waldbericht 2005. Zahlen und Fakten zum Zustand des Schweizer Waldes. Bundesamt f. Umwelt, Wald u. Landschaft. Bern. 150 p.
Caffrey, J. M., Kemp, W. M., 1991: Seasonal and spatial patterns of oxygen production, respiration and root-rhizome release in Potamogeton perfoliatus L. and Zostera marina L. Aquat. Bot. 40: 109–128.
Calder, I. R., 1990: Evaporation in the Uplands. Wiley, Chichester. 148 p.
Callauch, R., 1981: Vergleich der Segetalvegetation auf 'konventionell' und ‚biologisch' bewirtschafteten Äckern in SO-Niedersachsen. Z. Pfl.krankh. Pfl. schutz, Sonderh. IX: 85–95.
Callauch, R., 1983: Untersuchungen zur Biologie und Vergesellschaftung der Stechpalme (Ilex aquifolium). Diss. Univ. Kassel. 192 p.
Callaway, R. M., Brooker, R. W., Choler, P. et al., 2002: Positive interactions among alpine plants increase with stress. Nature 417: 844–848.
Callesen, I., Raulund-Rasmussen, K., Gundersen, P., Stryhn, H., 1999: Nitrate concentrations in soil solutions below Danish forests. For. Ecol. Manage. 114: 71–82.
Caporn, S. J. M., Risager, M., Lee, J. A., 1994: Effect of nitrogen supply on frost hardiness in Calluna vulgaris (L.) Hull. New Phytol. 128: 461–468.
Caporn, S. J. M., Song, W., Read, D. J., Lee, J. A., 1995: The effect of repeated nitrogen fertilization on mycorrhizal infection in heather (Calluna vulgaris (L.) Hull). New Phytol. 129: 605–609.
Caraco, N. F., Cole, J. J., Likens, G. E., 1989: Evidence of sulphate-controlled phosphorus release from sediments of aquatic systems. Nature 341: 316–318.
Carbiener, R., 1969: Subalpine primäre Hochgebirgsprärien im herzynischen Gebirgsraum Europas, mit besonderer Berücksichtigung der Vogesen und des Massif Central. Mitt. Florist.-Soziol. Arb.gem. N. F. 14: 322–345.
Carbiener, R., 1970: Un exemple de type forestier exceptionnel pour l'Europe occidentale: la forêt du lit majeur du Rhin au niveau du fossé rhenan (Fraxino-Ulmetum Oberd. 53). Intérêt écologique et biogéographique. Comparaison à d'autres forêts thermophiles. Vegetatio 20: 97–148.
Carbiener, R., 1970: Frostmusterböden, Solifluktion, Pflanzengesellschafts-Mosaik und -Struktur, erläutert am

Beispiel der Hochvogesen. In: Gesellschaftsmorphologie (Strukturforschung). W. Junk, Den Haag. pp. 187–217.

Carbiener, R., 1974: Die linksrheinischen Naturräume und Waldungen der Schutzgebiete von Rhinau und Daubensand (Frankreich): Eine pflanzensoziologische und landschaftsökologische Studie. In: Landesstelle f. Naturschutz u. Landschaftspfl. Bad.-Württemb. (ed.): Das Taubergießengebiet. Die Natur- und Landschaftsschutzgebiete Baden-Württembergs, Band 7. Karlsruhe. pp. 438–535.

Carbiener, R., Schnitzler, A., 1990: Evolution of major pattern models and processes of alluvial forest of the Rhine in the rift valley (France/Germany). Vegetatio 88: 115–129.

Carnelli, A. L., Theurillat, J.-P., Thinon, M., Vadi, G., Talon, B., 2004 : Past uppermost tree limit in the Central European Alps (Switzerland) based on soil and soil charcoal. The Holocene 14: 393–405.

Carpenter, J. F., Hansen, T. N., 1992: Antifreeze protein modulates cell survival during cryopreservation: mediation through influence on ice crystal growth. Proc. Natl. Acad. Sci. USA 89: 8953–8957.

Cartellieri, E., 1940: Über Transpiration und Kohlensäureassimilation an einem hochalpinen Standort. Sitzungsber. Akad. Wiss. (Wien), Mat.-Naturwiss. Kl, Abt. I 149: 95–143.

Casparie, W. A., 1969: Bult- und Schlenkenbildung in Hochmoortorf. Vegetatio 19: 146–180.

Casper, S. J., Krausch, H.-D., 1980: Pteridophyta und Anthophyta. In: Ettl., H., Gerloff, G., Heynig, H. (eds.): Süßwasserflora von Mitteleuropa, Bd. 23/24. Fischer, Stuttgart.

Caspers, G., 1993: Vegetationsgeschichtliche Untersuchungen zur Flußauenentwicklung an der Mittelweser im Spätglazial und Holozän. Abh. Westfäl. Mus. Naturk. (Münster) 55: 101 p.

Caspersen, J. P., Pacala, S. W., 2001: Successional diversity and forest ecosystem function. Ecol. Res. 16: 895–903.

Celinski, F., Balczynska, B., Magiera, A., 1978: Les pelouses psammophiles à Armeria elongata près de Myskowice (Plateau Silésien, Pologne). Colloqu. Phytosoc. 6: 123–131.

Cellot, B., Mouillot, F., Henry, C. P., 1998: Flood drift and propagule bank of aquatic macrophytes in a riverine wetland. J. Veg. Sci. 9: 631–640.

Cerletti, G., 1997: Soil water conditions and root growth of seedlings and their importance for species richness in limestone grasslands. PhD thesis, ETH Zürich. 70 p.

Cernusca, A., 1976: Bestandesstruktur, Bioklima und Energiehaushalt von alpinen Zwergstrauchbeständen. Oecol. Plant. 11: 71–102.

Cernusca, A., 1977: Schipisten gefährden die Gebirgslandschaft. Umschau 77: 109–112.

Cernusca, A., 1984: Beurteilung der Skipistenplanierungen in Tirol aus ökologischer Sicht. Verh. Ges. Ökol. 12: 127–148.

Cernusca, A., Angerer, H., Newesely, C., Tappeiner, U., 1990: Ökologische Auswirkungen von Kunstschnee – Eine Kausalanalyse der Belastungsfaktoren. Verh. Ges. f. Ökol. 19: 746–757.

Cernusca, A., Decker, P., 1989: Faktorenabhängigkeit der respiratorischen Kohlenstoffverluste einer alpinen Grasheide (Caricetum curvulae) in 2300 m Meereshöhe in den Hohen Tauern. In: Cernusca, A., (ed.) Struktur und Funktion von Graslandökosystemen im Nationalpark Hohe Tauern. Veröff. Österr. MaB-Hochgebirgsprogr. Hohe Tauern, Bd. 13. Univ.verlag Wagner, Innsbruck. pp. 371–396.

Chabbi, A., 1999: Juncus bulbosus as a pioneer species in acidic lignite mining lakes: Interactions, mechanisms and survival strategies. New Phytol. 144: 133–142.

Chadwick, M. J., 1960: Nardus stricta L. J. Ecol. 48: 255–268.

Chalon, M.-P., Devillez, F., Dumont, J. M., 1977: Recherches sur les variations de la teneur en eau chez Leucobryum glaucum (Hedw.) Schimp. In : Duvigneaud, P., Kestemont, P. (eds.): Productivité biologique en Belgique. SCOPE, Trav. Sect. Belg. Prog. Biol. Int. (Paris). pp. 69–72.

Chambers, P. A., Kalff, J., 1985: The influence of sediment composition and irradiance on the growth and morphology of Myriophyllum spicatum. Aquat. Bot. 22: 253–264.

Chapin III, F. S., 1974: Morphological and physiological mechanisms of temperature compensation in phosphate absorption along a latitudinal gradient. Ecology 55: 1180–1198.

Chapin III, F. S., Walker, L. R., Fastie, C. L., Sharman, L. C., 1994: Mechanisms of primary succession following deglaciation at Glacier Bay, Alaska. Ecol. Monogr. 64: 149–175.

Chapin III., F. S., 1980: The mineral nutrition of wild plants. Annu. Rev. Ecol. Syst. 11: 233–260.

Chapman, S. B., 1967: Nutrient budgets for a dry heath ecosystem in the south of England. J. Ecol. 55: 677–689.

Chapman, S. B., 1970: The nutrient content of the soil and root system of a dry heath ecosystem. J. Ecol. 58: 445–452.

Chapman, S. B., Hibble, J., Rafarel, C. R., 1975: Net aerial production by Calluna vulgaris in a lowland heath in Britain. J. Ecol. 63: 233–250.

Chapman, V. J., 1975: The salinity problem in general, its importance, and distribution with special reference to na-tural halophytes. Ecol. Stud. 15: 7–24.

Chavan, D. P., Karadge, B. A., 1980: Influence of sodium chloride and sodium suflate salinization on photosynthetic carbon assimilation in peanut. Plant and Soil 56: 201–207.

Chazdon, R. L., Pearcy, R. W., 1991: The importance of sunflecks for forest understory plants. BioSciences 41: 760–766.

Chernyavskyy, M., 2005: The dynamics of virgin beech forests in the Ukrainian Carpathians. In: Hamor, F. D., Commarmot, B. (eds.): Natural Forests in the Temperate Zone of Europe – Values and Utilisation. Int Conf. in Mukachevo, Ukraine, Oct. 2003. WSL, Birmensdorf, Schweiz.

Chirkova, T. V., Gutman, T. S., 1972: Physiological role of branch lenticels in willow and poplar under conditions of root anaerobiosis. Soviet. Plant Physiol. 19: 289–295.

Chmielewski, F.-M., Rötzer, T., 2001: Response of tree phenology to climate change across Europe. Agric. For. Meteorol. 108: 101–112.

Christensen, S. N., 1989: Floristic and vegetational changes in a permanent plot in a Danish coastal dune heath. Ann. bot. Fenn. 26: 389–397.

Christiansen, W., 1937: Beobachtungen an Dauerquadraten auf der Lotseninsel Schleimünde. Schr. Naturwiss. Ver. Schl.-Holst. 22: 69–88.

Christianssen, W., 1960: Vegetationsstudien auf Helgoland. Schr. Naturw. Ver. Schlesw.-Holst. 31: 3–24.

Chytry, M., 1997: Thermophilous oak forests in the Czech Republic: syntaxonomical revision of the Quercetalia pubescenti-petraeae. Folia Geobot. Phytotax. 32: 221–258.

Chytry, M. (ed.), 2007: Vegetace Ceske republiki. 1. Travinna a ke i kova vegetace. Vegetation of the Czech Republic. 1. Grassland and Heathland Vegetation. Verlag Academia, Prag. 526 p.

Chytry, M., Tichy, L., Rolecek, J., 2003: Local and regional patterns of species richness in Central European vegetation types along the pH/calcium gradient. Folia Geobotanica 38: 429–442.

Ciais, Ph., Reichstein, M., Viovy, N. et al., 2005: Europe-wide reduction in primary productivity caused by the heat and drought in 2003. Nature 437: 529–533.

Clarkson, D. T. C., Carvajal, M., Henzler, T., Waterhouse, R. N., Smyth, A. J., Cooke, D. T., Steudle, E., 2000: Root hydraulic conductance: diurnal aquaporine expression and the effects of nutrient stress. J. Exp. Bot. 51: 61–70.

Clatworthy, J. N., Harper, J. L., 1962: The comparative biology of closely related species living in the same area. V. Inter- and intraspecific interference within cultures of Lemna ssp. and Salvinia natans. J. Exp. Bot. 13: 307–324.

Clausnitzer, I., 1976: Stickstoffmineralisation in verschiedenen Entwicklungsphasen von Buchenwäldern und Fichtenforsten. Unveröff. Dipl.arb. Univ. Göttingen. 58 p.

Cleef, L., 1958: Bodenfeuchteuntersuchungen auf einer Weide- und einer Luzernefläche des Universitätsgutes Dikopshof 1956/57. Diss. Bonn. 74 p.

Clements, F. E., 1916 (Neudruck 1963): Plant Succession. An Analysis of the Development of Vegetation. Carnegie Inst., Washington, Publ. 242: 512 p.

Clifford, H. T., 1959: Seed dispersal by motor vehicles. J. Ecol. 47: 311–315.

Close, T. J., 1997: Dehydrins: A commonality in the response of plants to dehydration and low temperature. Physiol. Plant. 100: 291–296.

Clot, F., 1990: Les érablaies européennes: essai de synthèse. Phytocoenologia 18 : 409–564.

Clymo, R. S., 1973: The growth of Sphagnum: some effects of the environment. J. Ecol. 61: 849–869.

Clymo, R. S., Hayward, P. M., 1982: The ecology of Sphagnum. In: Smith, A. J. E. (ed.): Bryophyte Ecology. London. pp. 229–289.

Clymo, R. S., Turunen, J., Tolonen, K., 1998: Carbon accumulation in peatlands. Oikos 81: 368–388.

Coldea, G., 2003: The alpine flora and vegetation of the South-eastern Carpathians. In: Nagy, L., Grabherr, G., Körner, C., Thompson, D. B. A. (eds.): Alpine Biodiversity in Europe. Ecol. Stud. 167. Springer, Berlin. pp. 65–72.

Cole, D. W., 1981: Nitrogen uptake and translocation by forest ecosystems. In: Clark, F. E., Rosswall, T. (eds.): Terrestrial Nitrogen Cycles. Ecol. Bull. (Stockholm) 33: 219–232.

Colin-Belgrand, M., Dreyer, E., Biron, P., 1991: Sensitivity of seedlings from different oak species to waterlogging: effects on root growth and mineral nutrition. Ann. Sci. For. 48: 193–204.

Collins, B. S., Dunne, K. P., Pickett, S. T. A., 1985: Responses of forest herbs to canopy gaps. In: Pickett, S. T. A., White, P. S. (eds.): The Ecology of Natural Disturbance and Patch Dynamics. Academic Press, San Diego. pp. 218–234.

Collins, V. G., D.'Sylva, B. T., Latter, P. M., 1978: Microbial populations in peat. In: Heal, O. W., Perkins with Brown, W. M. (eds.): Production Ecology of British Moors and Montane Grasslands. Springer, Berlin. pp. 94–112.

Connell, J. H., 1978: Diversity in tropical rainforests and coral reefs. Science 199: 1302–1310.

Connell, J. H., Slatyer, R. O., 1977: Mechanisms of succession in natural communities and their role in community stability and organization. Am. Nat. 121: 789–824.

Convay, V. M., 1937: Studies in the autecology of Cladium mariscus R. Br. III. The aeration of the subterranean parts of the plant. New Phytol. 36: 64–96.

Coombe, D. E., 1966: The seasonal light climate and plant growth in a Cambridgeshire wood. In: Bainbridge, R., Evans, G. C., Rackham, O. (eds.): Light as an Ecological Factor. Blackwell, Oxford. pp. 148–166.

Coomes, D. A., Grubb, P. J., 2000: Impacts of root competition in forests and woodlands: a theoretical framework and review of experiments. Ecol. Monogr. 70: 171–207.

Cooper, A., 1975: The vegetation of carboniferous limestone soils in South Wales. II. Ecotypic adaptation in response to calcium and magnesium. J. Ecol. 64: 147–155.

Cooper, A., 1982: The effects of salinity and waterlogging on the growth and cation uptake of salt marsh plants. New Phytol. 90: 263–275.

Cooper, A., 1984: A comparative study of the tolerance of salt marsh plants of manganese. Plant and Soil 81: 47–59.

Cooper, A., Etherington, J. R., 1974: The vegetation of carboniferous limestone soils in South Wales. I. Dolomitization, soil magnesium status and plant growth. J. Ecol. 62: 179–190.

Cooper, E. J., 2004: Out of sight – out of mind: thermal acclimation of root respiration in arctic Ranunculus. Arctic, Antarctic Alpine Res. 36: 308–313.

Cooper, J. P., Tainton, N. M., 1968: Light and temperature requirements for the growth of tropical and temperate grasses. Herb. Abs. 38: 167–176.

Coops, H., van den Brink, F. W. B., van der Velde, G., 1996: Growth and morphological responses of four helophyte species in an experimental water-depth gradient. Aquat. Bot. 54: 11–24.

Coops, H., van der Velde, G., 1996: Effects of waves on helophyte stands: mechanical characteristics of stems of Phragmites australis and Scirpus lacustris. Aquat. Bot. 53: 175–185.

Corre, M. D., Brumme, R., Veldkamp, E., Beese, F., 2007: Changes in nitrogen cycling and retention processes in soils under spruce forests along a nitrogen enrichment gradient in Germany. Glob. Change Biol. 13: 1509–1527.

Costanza, R., 1991: Ecological Economics: The Science and Management of Sustainability. Columbia Univ. Press, New York.

Coulon, M. de, 1959: Résineux et feuillus. La Foret 13 : 2–10.

Coutts, M. P., Armstrong, W., 1976: Role of oxygen transport in the tolerance of trees to waterlogging. In: Cannell, M. G. R. & Last, F. T. (eds.): Tree Physiology and Yield Improvement. Acad. Press, London. pp. 361–385.

Couwenberg, J., de Klerk, P., Endtmann, E., Joosten, H., Michaelis, D., 2001: Hydrogenetische Moortypen in der Zeit – eine Zusammenschau. In: Succow, M., Joosten, H. (eds.): Landschaftsökologische Moorkunde. Schweizerbart, Stuttgart. pp. 399–403.

Cox, P. A., 1993: Water-pollination in plants. Sci. Amer. 269: 68–74.

Cramer, H. H., 1984: Über die Disposition mitteleuropäischer Forsten für Waldschäden. Pflanzenschutz-Nachrichten Bayer (Leverkusen) 37: 97–207.

Cramer, H. H., Cramer-Middendorf, M., 1984: Untersuchungen über Zusammenhänge zwischen Schadensperioden und Klimafaktoren in mitteleuropäischen Forsten seit 1851. Pflanzenschutz-Nachrichten Bayer (Leverkusen) 37: 208–334.

Crawford, R. M. M., 1983: Root survival in flooded soils. In: Gore, A. J. P. (ed.): Mires: Swamp, Bog, Fen and Moor. Ecosystems of The World 4 A. Elsevier, Amsterdam. pp. 257–283.

Crawford, R. M. M., 1989: Studies in Plant Survival. Blackwell, Oxford. 296 p.

Crawford, R. M. M., 1996: Whole plant adaptations to fluctuating water tables. Folia Geobot. Phytotax. 31: 7–24.

Crawford, R. M. M., Braendle, R., 1996: Oxygen deprivation stress in a changing environment. J. Exp. Bot. 47: 145–159.

Crocker, R. L., Major, J., 1955: Soil development in relation to vegetation and surface age, Glacier Bay, Alaska. J. Ecol. 43: 427–448.

Cronan, C. S., Grigal, D. F., 1995: Use of calcium/aluminum ratios as indicators of stress in forest ecosystems. J. Environ. Qual. 24: 209–226.

Crowder, A. A., Pearson, M. C., Grubb, P. J., Langlois, P. H., 1990: Biological flora of the British Isles: Drosera L. J. Ecol. 78: 233–267.

Crozier, C. R., Boerner, R. E. J., 1984: Correlations of understory herb distribution patterns with microhabitats under different tree species in a mixed mesophytic forest. Oecologia 62: 337–343.

Cummings, L., Cook, H., 1992: Soil-water relations in an ancient coppice woodland. In: Buckley, G. P. (ed.) Ecology and Management of Coppice Woodlands. Chapman and Hall, London. pp. 52–75.

Curl, H., Hardy, J. T., Ellermeier, R., 1972: Spectral absorption of solar radiation in alpine snowfields. Ecology 53: 1189–1194.

Czajkowski, T., Kühling, M., Bolte, A., 2005: Einfluss der Sommertrockenheit im Jahre 2003 auf das Wachstum von Naturverjüngung der Buche (Fagus sylvatica L.) im nordöstlichen Mitteleuropa. Allg. Forst- Jagdz. 176: 133–143.

Czarnecka, B., 1998: Gaps and neighbourhood versus individual recruitment in population. In: Falinska, K. (ed.): Plant Population Biology and Vegetation Processes. W. Szafer Institute of Botany. Polish Acad. of Sciences. Krakow. pp. 289–301.

Czeratzki, W., 1973: Die Stickstoffauswaschung in der landwirtschaftlichen Bodenproduktion. Landbauforsch. Völkenrode 23: 1–18.

Daehler, C. C., 2003: Performance comparisons of co-occurring native and alien invasive plants: implications for conservation and restoration. Annu. Rev. Ecol. Evol. Syst. 34: 183–211.

Dafis, S. A., 1962: Struktur- und Zuwachsanalysen von natürlichen Föhrenwäldern. Beitr. Geobot. Landesaufn. Schweiz 41. 86 p.

Dahl, E., 1951: On the relation between summer temperature and the distribution of alpine vascular plants in the lowlands of Fennoscandia. Oikos 51: 291–305.

Dahl, E., 1987: Alpine-subalpine plant communities of South Scandinavia. Phytocoenologia 15: 455–484.

Dainty, J., Richter, C., 1993: Ion behavior in Sphagnum cell walls. Adv. Bryol. 5: 107–128.

Dambrine, E., Bonneau, M., Ranger, J., Mohamed, A. D., Nys, C., Gras, F., 1994: Cycling and budgets of acidity and nutrients in Norway spruce stands in Northeastern France and the Erzgebirge (Czech Republic). In: Landmann, G., Bonneau, M. (eds.): Forest Decline and Atmospheric Deposition Effects in French Mountains. Springer, Berlin. pp. 233–258.

Damm, Ch., 1994: Vegetation und Florenbestand des Brockengebietes. Hercynia N. F. 29: 5–56.

Damman, A. W. H., 1957: The South-Swedish Calluna-heath and its relation to the Calluneto-Genistetum. Botan. Not. 110: 363–398.

Damman, A. W. H., 1978: Distribution and movement of elements in ombrotrophic peat bogs. Oikos 30: 480–495.

Damman, A. W. H., 1986: Hydrology, development and biochemistry of ombrogenous peat bogs with special reference to nutrient relocation in a western Newfoundland bog. Can. J. Bot. 64: 384–394.

Damman, A. W. H., 1988: Regulation of nitrogen removal and retention in Sphagnum bogs and other peatlands. Oikos 51: 291–305.

Daniels, F. J. A., Biermann, R., Breder, Ch., 1993: Über Kryptogamen-Synusien in Vegetationskomplexen binnenländischer Heidelandschaften. Ber. d. Reinhold-Tüxen-Ges. 5: 199–220.

Dannemann, A., 2000: Der Einfluss von Fragmentierung und Populationsgröße auf die genetische Variation und Fitness von seltenen Pflanzenarten am Beispiel von Biscutella laevigata (Brassicaceae). Diss. Bot. 330: 151 p.

Dannenberg, A., 1995: Die Ruderalvegetation der Klasse Artemisietea vulgaris in Schleswig-Holstein. Mitt. AG Geobotanik Schlesw.-Holst. u. Hamb. 49: 142.

Davies, M. S., Singh, A. K., 1983: Population differentiation in Festuca rubra L. and Agrostis stolonifera L. in response to soil waterlogging. New Phytol. 94: 573–583.

Davies, W. J., Gowing, D. J. G., 1999: Plant responses to small perturbations in soil water status. In: Press, M. C., Scholes, J. D., Barker, M. G. (eds.): Physiological plant ecology. Blackwell, Oxford. pp. 67–89.

Davis, M. A., Wrage, K. J., Reich, P. B., 1998: Competition between tree seedlings and herbaceous vegetation: support for a theory of resource supply and demand. J. Ecol. 86: 652–661.

Davy, A. J., 1980: Deschampsia caespitosa (L.) Beauv. J. Ecol. 68: 1075–1096.

Davy, A. J., Bishop, G. F., Costa, C. S. B., 2001: Salicornia L. (Salicornia pusilla J. Woods, S. ramosissima J. Woods, S. europaea L., S. obscura P. W. Ball & Tutin, S. nitens P. W. Ball & Tutin, S. fragilis P. W. Ball & Tutin and S. dolichostachya Moss). J. Ecol. 89: 681–707.

Davy, A. J., Figueroa, M. E., 1993: The colonization of strandlines. In: Miles, J., Walton, D. W. H. (eds.): Primary Succession on Land. Blackwell, London. pp. 113–131.

Davy, A. J., Taylor, K., 1975: Seasonal changes in the inorganic nutrient concentrations in Deschampsia caespitosa (L.) Beauv. in relation to its tolerance of contrasting soils in the Chiltern Hills. J. Ecol. 63: 27–39.

Dawson, L. A., Grayston, S. J., Paterson, E., 2000: Effects of grazing on the roots and rhizosphere of grasses. In: Lemaire, G., Hodgson, J., de Moraes, A., Nabinger, C., De F. Carvalho, P. C. (eds.): Grassland Ecophysiology and Grazing Ecology. CABI Publishing, Wallingford. pp. 61–84.

Daxer, H., 1934: Über die Assimilationsökologie der Waldbodenflora. Jb. Wiss. Bot. 80: 363–420.

Day, F.P. Jr., Megonigal, J. P., 1993: The relationship between variable hydroperiod, production allocation, and belowground organic turnover in forested wetlands. Wetlands 13: 115–121.

De Bakker, A. J., 1989: Effects of ammonia emission on epiphytic lichen vegetation. Acta Bot. Neerl. 38: 337–342.

De Jong, T. J., Klinkhamer, P. G. L., de Heiden, J. L. H., 1995: The effect of water and mycorrhizal infection on the distribution of Carlina vulgaris on sand dunes. Ecography 18: 384–389.

De Jong,T. M., 1979: Water and salinity relations of Californian beach species. J. Ecol. 67: 647–663.

De Kroon, H., Hutchings, M. J., 1995: Morphological plasticity in clonal plants: the foraging concept reconsidered. J. Ecol. 83: 143–152.

De Leeuw, J., de Munck, W., Olff, H., Bakker, J. P., 1993: Does zonation reflect the succession of salt-marsh vegetation? A comparison of an estuarine and a coastal bar island marsh in The Netherlands. Acta Bot. Neerl. 42: 435–445.

De Leeuw, J., Olff, H., Bakker, J. P., 1990: Year-to-year variation in peak aboveground biomass of six salt-marsh angiosperm communities as related to rainfall deficit and inundation frequency. Aquat. Bot. 36: 139–151.

De Mars, H., 1996: Chemical and Physical Dynamics of Fen Hydro-ecology. Nederlandse Geografische Studies 203: 167 p.

De Mars, H., Wassen, M. J., 1999: Redox potentials in relation to water levels in different mire types in the Netherlands and Poland. Plant Ecol. 140: 41–51.

De Sloover, J. R., Devillez, F., Dumont, J. M., Lebrun, J., Van Coppenolle, F., 1974: Biomasse, contenu en eau et productivité d'une boulaie pubescente en Haute-Ardenne. Bull. Jard. Bot. Natl. Belg. 44: 191–218.

De Smidt, J. T., 1966: The inland-heath communities of the Netherlands. Wentia 15: 142–162.

De Smidt, J. T., 1977: Heathland vegetation in the Netherlands. Phytocoenologia 4: 258–316.

De Smidt, J. T., 1979: Origin and destruction of Northwest European heath vegetation. In: Wilmanns, O., Tüxen, R. (eds.): Werden und Vergehen von Pflanzengesellschaften. Ber. Int. Symp. Int. Verein. Vegetationskde. Cramer, Vaduz. pp. 411–432.

De Smidt, J. T., Barendregt, A., 1991: Species change in coastal heathland in the Netherlands. Ber. d. Reinh.-Tüxen-Ges. 3: 233–239.

De Smidt, J. T., van Ree, P., 1989: Veranderingen in mossen en kortsmossensamenstelling van heidevegetaties. In: Bodkam, J.,, Lub, J. (eds.): Heidebeheer en Zure Regen. Verslag achtste Studiedag, Ede. pp. 43–48.

De Visser, R., Vianden, H., Schnyder, H., 1997: Kinetics and relative significance of remobilized and current C and N incorporation in leaf and root growth zones of Lolium perenne after defoliation: assessment by 13C and 15N steady-state labelling. Plant, Cell Environ. 20: 37–46.

Dean, W. R. J., Milton, S. J., Klotz, S., 1997: The role of ant nest-mounds in maintaining small-scale patchiness in dry grasslands in Central Germany. Biodiv. Conserv. 6: 1293–1307.

Deans, J. D., Harvey, F. J., 1995: Phenologies of sixteen European provenances of sessile oak growing in Scotland. Forestry 68: 265–273.

Debaeke, P., 1988: Dynamique de quelques dicotylédones adventices en culture de céréale. II. Survie, floraison et fructification. Weed Res. 30: 421–429.

Defila, C., Clot, B., 2005: Phytophenological trends in the Swiss Alps, 1951–2002. Meteorol. Zschr. 14: 191–196.

DeFries, R. S., Field, C. B., Fung, I., Collatz, G. J., Bounoua, L., 1999: Combining satellite data and biogeochemical models to estimate global effects of human-induced land cover change on carbon emissions and productivity. Global Biogeochem. Cycles 3: 803–815.

Delfs, J., 1999: Plaggenhieb und Streunutzung in der Lüneburger Heide. Forst u. Holz 54: 762–767.

Delhaize, E., Ryan, P. R., 1995: Aluminium toxicity and tolerance in plants. Plant Physiol. 107: 315–321.

Demesure, B., Comps, B., Petit, R. J., 1996: Chloroplast DNA phylogeography of the Common Beech (Fagus sylvatica L.) in Europe. Evolution 50: 2515–2520.

Denayer-deSmet, S., 1970: Considerations sur l'accumulation du zinc par les plantes poussant sur sols calcaminaires. Bull. Inst. R. Soc. Nat. Belg. 46, 11. 13 p.

Dengler, A., 1904/1912: Untersuchungen über die natürlichen und künstlichen Verbreitungsgebiete einiger forstlich und pflanzengeographisch wichtiger Holzarten in Nord- und Mitteldeutschland. I. Die Horizontalverbreitung der Kiefer (Pinus sylvestris L.). Mitt. Forstl. Versuchswes. Preußens 1904. II. Die Horizontalverbreitung der Fichte (Picea excelsa Lk.). III. Die Horizontalverbreitung der Weißtanne (Abies pectinata DC). Ebenda 1912.

Dengler, A., 1930: Waldbau auf ökologischer Grundlage. Berlin. 560 p.

Dengler, J., 2004: Phytodiversitätsmuster in nordostdeutschen Trockenrasen. Kieler Notizen zur Pflanzenkde in Schlesw.-Holst. u. Hamb. 32: 14–19.

Dengler, J., 2005: Zwischen Estland und Portugal – Gemeinsamkeiten und Unterschiede der Phytodiversitätsmuster europäischer Trockenrasen. Tuexenia 25: 387–405.

Dengler, J., Krebs, J., 2003: Zwei neue Saumassoziationen der Klasse Trifolio-Geranietea sanguinei aus dem norddeutschen Tiefland. Drosera 2003: 11–32.

Dengler, J., Löbel, S., 2006: The basiphilous dry grasslands of shallow, skeletal soils (Alysso-Sedetalia) on the island of Öland (Sweden) in the context of North and Central Europe. Phytocoenologia 36: 343–392.

Denz, O., 1994: Natürliche Habichtskraut-Traubeneichenwälder bodensaurer Felsstandorte und ihre Vegetationskomplexe im Rheinischen Schiefergebirge und weiteren silikatischen Mittelgebirgen. Diss. Bot. 229. 154 S.

Dethioux, M., 1969: La hêtraie á mélique et aspérule des districts mosan et ardennais. Bull. Rech. Agron. Gembloux N. S. 4: 471–481.

Dettmar, J., 1992: Industrietypische Flora und Vegetation im Ruhrgebiet. Diss. Bot. 191. 397 p.

Deutschewitz, K., Lausch, A., Kühn, I., Klotz, S., 2003: Native and alien plant species richness in relation to spatial heterogeneity on a regional scale in Germany. Global Ecol. Biogeogr. 12: 299–311.

Devito, K. J., Waddington, J. M., Branfireun, B. A., 1997: Flow reversals in peatlands influenced by local groundwater systems. Hydrol. Processes 11: 103–110.

Devlaeminck, R., Bossuyt, B., Hermy, M., 2005: Inflow of seeds through the forest edge: evidence from seed bank and vegetation patterns. Plant Ecol. 176: 1–17.

Dhont, C., Castognay, Y., Nadeau, P., Bellanger, G., Chalifour, F. P., 2002: Alfalfa root carbohydrates and regrowth potential in response to fall harvest. Crop Sci. 42: 754–765.

Dhote, J.-F., 2005: Implication of forest diversity in resistance to strong winds. In: Scherer-Lorenzen, M., Körner, Ch., Schulze, E.-D. (eds.): Forest Diversity and Function. Ecol. Stud. 176. Springer, Berlin. pp. 291–308.

Dickinson, C. H., 1983: Micro-organisms in peatlands. In: Gore, A. J. P. (ed.): Mires: Swamp, Bog, Fen and Moor. Ecosystems of The World 4 A. Elsevier, Amsterdam. pp. 225–245.

Diels, L., 1918: Das Verhältnis von Rhythmik und Verbreitung bei den Perennen des europäischen Sommerwaldes. Ber. Deut. Bot. Ges. 36: 337–351.

Diekmann, M., 1996: Ecological behaviour of deciduous hardwood trees in boreo-nemoral Sweden in relation to light and soil conditions. For. Ecol. Manage. 86: 1–14.

Diekmann, M., Brunet, J., Rühling, A., Falkengren-Grerup, U., 1999: Effects of nitrogen deposition: results of a temporal-spatial analysis of deciduous forests in South Sweden. Plant Biol. 1: 471–481.

Diekmann, M., Lawesson, J. E., 1999: Shifts in the ecological behaviour of herbaceous forest species along a transect from Northern Central to North Europe. Folia Geobot. 34: 127–141.

Diels, L., 1914: Die Algen-Vegetation der Südtiroler Dolomitriffe. Ein Beitrag zur Ökologie der Lithophyten. Ber. Deut. Bot. Ges. 32: 507–531.

Diemer, M., Körner, Ch., 1996: Lifetime leaf carbon balances of herbaceous perennial plants from low and high altitudes in the central Alps. Funct. Ecol. 10: 33–43.

Diemont, H. W., 1938: Zur Soziologie und Synökologie der Buchen- und Buchenmischwälder der nordwestdeutschen Mittelgebirge. Mitt. Florist.-Soziol. Arb.gem.Nieders. 4: 1–182.

Diemont, W. H., 1940: Het dwergbiezenverbond (Nanocyperion flavescentis) in Nederland. Nederl. Kruidk. Arch. 50: 215–284.

Diemont, W. H., 1994: Effects of removal of organic matter on the productivity of heathlands. J. Veget. Sci. 1: 129–132.

Dierschke, H., 1969: Natürliche und naturnahe Vegetation in den Tälern von Böhme und Fintau in der Lüneburger Heide. Mitt. Florist.-Soziol. Arb.gem. N. F. 14: 377–397.

Dierschke, H., 1974a: Saumgesellschaften im Vegetations- und Standortsgefälle an Waldrändern. Scripta Geobot. (Göttingen) 6: 1–246 p.

Dierschke, H., 1974b: Zur Syntaxonomie der Klasse Trifolio-Geranietea. Mitt. Florist.-Soziol. Arb.gem. N. F. 17: 27–38.

Dierschke, H., 1979: Die Pflanzengesellschaften des Holtumer Moores und seiner Randgebiete (Nordwest-Deutschland). Mitt. Florist.-Soziol. Arb.gem. N. F. 21: 111–143.

Dierschke, H., 1981 a: Syntaxonomische Gliederung der Bergwiesen Mitteleuropas (Polygono-Trisetion). In: Tüxen, R. (ed.): Syntaxonomie. Ber. Intern. Sympos. IVV (Vaduz). pp. 311–341.

Dierschke, H., 1982: Pflanzensoziologische und ökologische Untersuchungen in Wäldern Süd-Niedersachsens. I. Phänologischer Jahresrhythmus sommergrüner Wälder. Tuexenia 2: 173–194.

Dierschke, H., 1983: Symphänologische Artengruppen sommergrüner Laubwälder und verwandter Gesellschaften Mitteleuropas. Verh. Ges. f. Ökologie 11: 71–87.

Dierschke, H., 1985: Pflanzensoziologische und ökologische Untersuchungen in Wäldern Süd-Niedersachsens. II. Syntaxonomische Übersicht der Laubwald-Gesellschaften und Gliederung der Buchenwälder. Tuexenia 5: 491–521.

Dierschke, H., 1986: Entwicklung und heutiger Stand der Syntaxonomie von Silikat-Trockenrasen und verwandten Gesellschaften in Mitteleuropa. Phytocoenologia 14: 399–416.

Dierschke, H., 1986: Pflanzensoziologische und ökologische Untersuchungen in Wäldern Süd-Niedersachsens. III. Syntaxonomische Gliederung der Eichen-Hainbuchenwälder, zugleich eine Übersicht der Carpinion-Gesellschaften Nordwest-Deutschlands. Tuexenia 6: 299–323.

Dierschke, H., 1988: Pflanzensoziologische und ökologische Untersuchungen in Wäldern Süd-Niedersachsens. IV. Vegetationsentwicklung auf langfristigen Dauerflächen von Buchenwald-Kahlschlägen. Tuexenia 8: 307–326.

Dierschke, H., 1989: Artenreiche Buchenwald-Gesellschaften Nordwest-Deutschlands. Ber. Reinhold-Tüxen-Ges. 1: 107–147.

Dierschke, H., 1990: Syntaxonomische Gliederung des Wirtschaftsgrünlandes und verwandter Gesellschaften (Molinio-Arrhenatheretea) in Westdeutschland. Ber. Reinh.-Tüxen-Ges. (Hannover) 2: 83–89.

Dierschke, H., 1990: Species-rich beech woods in mesic habitats in Central and Western Europe: a regional classification into suballiances. Vegetatio 87: 1–10.

Dierschke, H., 1991: Phytophänologische Untersuchungen in Wäldern: Methodische Grundlagen und Anwendungsmöglichkeiten im passiven Biomonitoring. Veröff. Natursch. u. Landschaftspfl. Bad.-Württemb., Beih. 64: 76–86.

Dierschke, H., 1993: Sukzession in einem brachliegenden Kalkmagerrasen. Vergleich von Rasterkartierungen 1971–1988. Fragm. Flor. Geobot. Suppl. 2: 577–595.

Dierschke, H., 1994: Pflanzensoziologie: Grundlagen und Methoden. Ulmer, Stuttgart. 663 p.

Dierschke, H., 1995: Phänologische und symphänologische Artengruppen von Blütenpflanzen Mitteleuropas. Tuexenia 15: 523–560.

Dierschke, H., 1996: Sukzession, Fluktuation und Stabilität von Flußufer-Gesellschaften. Ergebnisse 15-jähriger Dauerflächen-Untersuchungen an der Oder (Harz-Vorland). Braunschw. Geobot. Arb. 4: 93–116.

Dierschke, H., 1996: Syntaxonomische Stellung von Hochstauden-Gesellschaften, insbesondere aus der Klasse Molinio-Arrhenatheretea (Filipendulion). Ber. Reinhold-Tüxen-Ges. 8: 145–157.

Dierschke, H. (ed.) 1996 ff: Synopsis der Pflanzengesellschaften Deutschlands. Fortlaufende Reihe. Florist.-Soziol. Arb.gem. Göttingen.

Dierschke, H., 1997: Pflanzensoziologisch-synchorologische Stellung des Xerothermgraslandes (Festuco-Brometea) in Mitteleuropa. Phytocoenologia 27: 127–140.

Dierschke, H., 1997: Syntaxonomical survey of European beech forests: some general conclusions. Annali Bot. (Rom) 55: 17–26.

Dierschke, H., 1997 a: Molinio-Arrhenatheretea (E 1). Kulturgrasland und verwandte Vegetationstypen. Teil 1: Arrhenatheretalia. Wiesen und Weiden frischer Standorte. Synopsis Pflanzenges. Deutschlands (Göttingen) 3: 1–74.

Dierschke, H., 1997 b: Wiesenfuchsschwanz-(Alopecurus pratensis-)Wiesen in Mitteleuropa. Osnabrücker Naturwiss. Mitt. 23: 95–107.

Dierschke, H., 2000: Phenological phases and phenological species groups of mesic beech forests and their suitability for climatological monitoring. Phytocoenologia 30: 469–476.

Dierschke, H., 2000: Phenological phases and phenological species groups of mesic beech forests and their suitability for climatological monitoring. Phytocoenologia 30: 469–476.

Dierschke, H., 2003: Pflanzendiversität im Göttinger Kalkbuchenwald in Raum und Zeit. In: Gradstein, S. R., Willmann, R., Zizka, G. (eds.): Biodiversitätsforschung. Schweizerbart'sche Verlagsbuchhandlung, Stuttgart. Kleine Senckenberg-Reihe 45: 137–146.

Dierschke, H., 2004: Long-term dynamics in the herb layer of a calcareous beech forest: investigations of permanent plots, 1981–2001. Pol. Bot. Stud. 22: 165–172.

Dierschke, H., 2005: Zur Lebensweise, Ausbreitung und aktuellen Verbreitung von Hedera helix, einer ungewöhnlichen Pflanze unserer Flora und Vegetation. Hoppea (Regensburg) 66, Schönfelder-Festschrift: 187–206.

Dierschke, H., 2006: Sekundär-progressive Sukzession eines aufgelassenen Kalkmagerrasens – Dauerflächenuntersuchungen 1987–2002. Hercynia N. F. 39: 223–245.

Dierschke, H., 2008: Calla palustris-Schwingdecken im norddeutschen Tiefland. Mitt. Arb.gem. Geobot. Schlesw.-Holst. 65.

Dierschke, H., 2008: Dynamik und Konstanz an naturnahen Flussufern – 27 Jahre Dauerflächenuntersuchungen am Oderufer (Harzvorland). Braunschweiger Geobot. Arb. 9: 1–20.

Dierschke, H., Becker, T., 2008: Die Schwermetall-Vegetation des Harzes – Gliederung, ökologische Bedingungen und syntaxonomische Einordnung. Tuexenia 28: 185–227.

Dierschke, H., Bohn, U., 2004: Eutraphente Rotbuchenwälder in Europa. Tuexenia 24: 19–56.

Dierschke, H., Briemle, G., 2002: Kulturgrasland. Ulmer Verlag, Stuttgart. 239 p.

Dierschke, H., Brünn, S., 1993: Raum-zeitliche Variabilität der Vegetation eines Kalkbuchenwaldes – Untersuchungen auf Dauerflächen 1981–1991. Scripta Geobot. (Göttingen) 20: 105–151.

Dierschke, H., Döring, U., Hüners, G., 1987: Der Traubenkirschen-Erlen-Eschenwald (Pruno-Fraxinetum Oberd. 1953) im nordöstlichen Niedersachsen. Tuexenia 7: 367–379.

Dierschke, H., Engels, M., 1991: Response of a Bromus erectus grassland (Mesobromion) to abandonment and different cutting regimes. In: Esser, G., Overdieck, D. (eds.): Modern Ecology: Basic and Applied Aspects. Elsevier, Amsterdam. pp. 375–397.

Dierschke, H., Knoop, S., 1986: Kalk-Magerrasen und Saumgesellschaften des Langenberges und Tönneckenkopfes am Nordrand des Harzes. Braunschweig. Naturkundl. Schr. 2: 535–546.

Dierschke, H., Peppler-Lisbach, C., 1997: Erhaltung und Wiederherstellung artenreicher Bergwiesen im Harz. Ergebnisse botanischer Begleituntersuchungen zu Pflegemaßnahmen um St. Andreasberg. Ber. Naturhist. Ges. Hannover 139: 201–217.

Dierschke, H., Walbrun, B., 1986: Die Vegetation der Fels-Steilküste von Helgoland. Schr. Naturw. Ver. Schlesw.-Holst. 56: 35–46.

Dierschke, H., Wittig, R., 1991: Die Vegetation des Holtumer Moores (Nordwestdeutschland). Veränderungen in 25 Jahren (1963–1988). Tuexenia 11: 171–190.

Dierßen, B., Dierßen, K., 1984: Vegetation und Flora der Schwarzwaldmoore. Beih. Veröff. Natursch. Landsch.pfl. Baden-Württemberg 39: 512 p.

Dierßen, K., 1972: Sphagnum molle Sull., übersehene Kennart des Ericetum tetralicis. Ber. Naturhist. Ges. Hannover 116: 143–150.

Dierßen. K., 1975: Littorelletea uniflorae Br.-Bl. et Tx. 1943. Prodromus der europäischen Pflanzengesellschaften. Cramer, Vaduz. 149 p.

Dierßen, K., 1982: Die wichtigsten Pflanzengesellschaften der Moore NW-Deutschlands. Conservatoire Jard. Bot. Genève Publ. Horssérie 6: 382 p.

Dierßen, K., 1983: Rote Liste der Pflanzengesellschaften Schleswig-Holsteins. 2. Aufl. Schr. R. Landesamt Natursch. Landsch.pfl. Schlesw.-Holst. (Kiel) 6: 159 p.

Dierßen, K., 1984: Vergleichende vegetationskundliche Untersuchungen an Schneeböden. Ber. Deut. Bot. Ges. 97: 359–382.

Dierßen, K., 1993: Binnenländische und küstengebundene Heiden im Vergleich. Ber. d. Reinhold-Tüxen-Ges. 5: 183–198.

Dierßen, K., 1996 a: Vegetation Nordeuropas. Ulmer, Stuttgart. 838 p.

Dierßen, K., 1996 b: Bestimmungsschlüssel der Torfmoose in Norddeutschland. Mitt. AG Geobot. Schlesw.-Holst. u. Hamburg 50. 86 p.

Dierßen, K., Dierßen, B., 1982: Kiefernreiche Phytozönosen oligotropher Moore im mittleren und nordwestlichen Europa – Überlegungen zur Problematik ihrer Zuordnung zu höheren synsystematischen Einheiten. In: Dierschke, H. (ed.) Struktur und Dynamik von Wäldern. Ber. Int. Symp. Int. Verein. Vegetationskde, Rinteln. Cramer, Vaduz. pp. 299–331.

Dierßen, K., Dierßen, B., 1985: Corresponding Caricion bicolori-atrofuscae communities in western Greenland, northern Europe and the central European mountains. Vegetatio 59: 151–157.

Dierßen, K., Dierßen, B., 2001: Moore. Ulmer, Stuttgart. 230 p.

Dierßen, K., Eischeid, I., Gettner, S., Hamann, U., Kiehl, K., Walter, J., Tischler, T., Mieth, A., Meyer, H., Reinke, H.-D., Tulowitzki, I., Fock, H., Haase, A., 1994: Die Beweidungsexperimente im Sönke-Nissen-Koog- und Friedrichskoog-Vorland. Abschlussbericht Ökosystemforschung Wattenmeer TV A 5.2, 5.3, Bioindikatoren Supralitoral, Teilbericht A. UBA Forschungsbericht 10802085/01.

Dierßen, K., Eischeid, I., Härdtle, W., Hagge, H., Hamann, U., Kiehl, K., Körber, P., Lütke Twenhöven, F., Neuhaus, R., Walter, J., 1991: Geobotanische Untersuchungen an den Küsten Schleswig-Holsteins. Ber. d. Reinh.-Tüxen-Ges. 3: 129–155.

Dierßen, K., Reichelt, H., 1988: Zur Gliederung des Rhynchosporion albae W. Koch 1926 in Europa. Phytocoenol. 16: 37–104.

Diesing, D., Gödde, M., 1989: Ruderale Gebüsch- und Vorwaldgesellschaften nordrhein-westfälischer Städte. Tuexenia 9: 225–251.

Dietl, W., 1977: Vegetationskunde als Grundlage der Verbesserung des Graslandes in den Alpen. In: Krause, W. (ed.) Handbook of Vegetation Science 13: 407–458. Junk, Den Haag.

Dietl, W., 1995: Wandel der Wiesenvegetation im Schweizer Mittelland. Z. Ökol. Natursch. 4: 239–249.

Dietl, W., Jäggli, F., 1972: Die Kartierung von Vegetation und Boden als Grundlage für eine umfassende Alpverbesserung. Schweiz. Landw. Forsch. 11: 475–521.

Dietrich, H., 1958: Untersuchungen zur Morphologie und Genese grundwasserbeeinflußter Sandböden im Gebiet des nordostdeutschen Diluviums. Arch. Forstwes. 7: 577–640.

Dietz, A., Niemann, P., Wenzel, G., Heidler, G., Eggers, T. 1993: Aspekte des Anbaus herbizidresistenter Kulturpflanzen. Mitt. Biol. Bundesanst. Land- u. Forstwirtsch. (Berlin) 286: 73 p.

Dietz, H., Steinlein, T., Ullmann, I., 1999: Establishment of the invasive perennial herb Bunias orientalis L.: An experimental approach. Acta Oecologica 20: 621–632.

Dijk, E., Willems, J. H., van Andel, J., 1997: Nutrient responses as a key factor to the ecology of orchid species. Acta Bot. Neerl. 46: 339–363.

Dijkema, K., Wolff, W., 1983: Flora and vegetation of the wadden sea islands and coastal areas. Report 9 of the Wadden Sea Working Group. Leiden. 413 p.

Dijkema, K. S., 1983: The salt-marsh vegetation of the mainland coast, estuaries and Halligen. In: Dijkema, K. S., Wolff, W. J. (eds.): Flora and vegetation of the Wadden Sea islands and coastal areas. Report 9 of the Wadden Sea Working Group. Leiden: 185–220.

Dijkema, K. S., Bossinade, J. H., Bouwsema, P., de Glopper, R. J., 1990: Salt marshes in the Netherlands: rising high-tide levels and accretion enhancement. In: Beukema, J. J., Wolff, W. J., Brouns, J. J. W. M. (eds.): Expected Effects of Climatic Change on Marine Coastal Ecosystems. Kluwer, Dordrecht: 173–188.

Dijkstra, F. A., Smits, M. M., 2002: Tree species effects on calcium cycling: the role of calcium uptake in deep soils. Ecosystems 5: 385–398.

Dilger, R., Späth, V., 1988: Rheinauenschutzgebietskonzeption im Regierungsbezirk Karlsruhe. Minister. f. Umwelt Baden-Württemb., Karlsruhe. 178 p.

Dinter, W., 1990: Aufbau und Gliederung der Erlenbruchwälder im Süderbergland. Tuexenia 10: 409–418.

Dirnböck, T., Dullinger, S., Grabherr, G., 2001: A new grassland community in the Eastern Alps (Austria): evidence of environmental distribution limits of endemic plant communities. Phytocoenologia 31: 521–536.

Dise, N. B., Wright, R. F., 1995: Nitrogen leaching from European forest in relation to nitrogen deposition. For. Ecol. Manage. 71: 153–161.

Dister, E., 1980: Geobotanische Untersuchungen in der Hess. Rheinaue als Grundlage für die Naturschutzarbeit. Diss. Univ. Göttingen. 170 p.

Dister, E., 1983: Zur Hochwassertoleranz von Auenwaldbäumen an lehmigen Standorten. Verh. Ges. f. Ökol. 10: 325–336.

Dister, E., 1984: Zur ökologischen Problematik der geplanten Donau-Staustufe bei Hainburg/Niederösterreich. Natur u. Landschaft 59: 190–194.

Dister, E., 1985: Zur Struktur und Dynamik alter Hartholzauenwälder (Querco-Ulmetum Issl.24) am nördlichen Oberrhein. Verh. Zool.-Bot. Ges. Österr. 123: 13–32.

Dister, E., 1986: Hochwasserschutzmaßnahmen am Oberrhein. Geowissenschaften in unserer Zeit 4: 194–203.

Dister, E., Drescher, A., 1987: Zur Struktur, Dynamik und Ökologie lang überschwemmter Hartholzauenwälder an der unteren March (Niederösterreich). Verh. Ges. f. Ökol. 15: 295–302.

Dittert, K., 1992: Die stickstofffixierende Schwarz-Erle-Frankia-Symbiose in einem Erlenbruchwald der Bornhöveder Seenkette. EcoSys Suppl. (Kiel) Bd. 5: 98 p.

Dittmar, C., 1999: Radialzuwachs der Rotbuche (Fagus sylvatica L.) auf unterschiedlich immissionsbelasteten Standorten in Europa. Bayreuther Bodenkdl. Ber. 67.

Dittmar, C., Elling, W., 1999: Jahrringbreite von Fichte und Buche in Abhängigkeit von Witterung und Höhenlage. Forstw. Cbl. 118: 251–270.

Dittmar, C., Elling, W., Günthardt-Georg, M. et al., 2004: Ozonbelastung und Schadsymptome im Extremsommer 2003. AFZ/Der Wald 59: 683–685.

Do van Long, 1978: Nährstoffkonkurrenz zwischen Kulturpflanzen und Unkräutern bei gesteigerter Düngung. Diss. Univ. Gießen. 151 p.

Döbbeler, H., Bartsch, N., 1996: Auswirkungen des Ulmensterbens im Naturwaldreservat Gimpelrhein auf Bestandesstruktur und Totholzanfall. Forstarchiv 67: 199–207.

Dobbertin, M., Giuggiola, A., 2006: Baumwachstum und erhöhte Temperaturen. In: Wohlgemuth, T. (Red.): Wald und Klimawandel. Forum für Wissen (Birmensdorf) 2006: 35–45.

Dodd, M. E., Silvertown, J., McConway, K., Potts, J., Crawley, M., 1994: Stability in the plant communities of the Park Grass Experiment: the relationship between species richness, soil pH and biomass variability. Phil. Trans. R. Soc. London B 346: 185–193.

Doerpinghaus, A., 2003: Quellen, Sümpfe und Moore in der deutsch-belgischen Hocheifel – Vegetation, Ökologie, Naturschutz. Angew. Landschaftsökol. (Bonn Bad-Godesberg) 58: 223 p.

Dohrenbusch, A., 1997: Die natürliche Verjüngung der Kiefer (Pinus sylvestris L.) im nordwestdeutschen Pleistozän. Schr. Forstl. Fak. Univ. Göttingen u. Nieders. Forstl. Versuchsanst. Bd. 123. 269 p.

Doing, H., 1983: Dunes. In: Dijkema, K. S., Wolff, W. J. (eds.): Flora and Vegetation of the Wadden Sea Islands and Coastal Areas. Report 9 of the Wadden Sea Working Group. Leiden. pp. 165–185.

Doll, R., 1989: Die Pflanzengesellschaften der stehenden Gewässer im Norden der DDR. Teil I. Die Gesellschaften des offenen Wassers (Characeen-Gesellschaften). Feddes Repert. 100: 281–324.

Dölle, M., Schmidt, W., 2007: Changes in plant species diversity during thirty-six years of undisturbed old-field succession. Allg. Forst- u. Jagdz. 178: 225–232.

Dolman, A. J., Moors, E. J., Grunwald, T., Berbigier, P., Bernhofer, C., 2003: Factors controlling forest atmosphere exchange of water, energy, and carbon. In: Valentini, R. (ed.): Fluxes of Carbon, Water and Energy of European Forests. Ecol. Stud. 163. Springer, Berlin. pp. 205–223.

Doody, J. P., 1991: Sand dune inventory of Europe. European Union for Coastal Conservation. Peterborough, UK. 80 p.

Dörfelt, H., 2007: Biodiversität von Buchenwäldern unter mykologischen Gesichtspunkten. BfN-Skripten (Bonn-Bad Godesberg) 222: 91–93.

Döring, B., 1935: Die Temperaturabhängigkeit der Wasseraufnahme und ihre ökologische Bedeutung. Z. Bot. 28: 305–383.

Döring-Mederake, U., 1991: Feuchtwälder im nordwestdeutschen Tiefland. Gliederung – Ökologie – Schutz. Scripta Geobot. (Göttingen) 19: 1–122

Dörr, M., 1941: Temperaturmessungen an Pflanzen des Frauensteins bei Mödling. Beih. Botan. Cbl. 60: 679–728.

Dörrie, A., 1958: Das Leistungsvermögen einer Marschweide bei intensiver Bewirtschaftung. Landwirtsch.-Angew. Wiss. 88: 78 p.

Douglass, J. E., 1967: Effects of species and arrangement of forests on evapotranspiration. In: Sopper, W. E., Lull, H. E. (eds.): Forest Hydrology. Pergamon, New York. pp. 451–461.

Draaijers, G. P. J., Erisman, J. W., Lövblad, G., Spranger, T., Vel, E., 1998: Quality and uncertainty aspects of forest deposition estimation using throughfall, stemflow and precipitation measurements. TNO-report. TNO-MEP-R 98/093.

Drake, B., 1989: Photosynthesis of salt marsh species. Aquat. Bot. 34: 167–180.

Drehwald, U., 1993: Die Pflanzengesellschaften Niedersachsens. Bestandsentwicklung, Gefährdung und Schutzprobleme. Flechtengesellschaften. Schr.-R. Natursch. Niedersachsen 20, 10: 122 p.

Drehwald, U., Preising, E., 1991: Die Pflanzengesellschaften Niedersachsens. Bestandsentwicklung, Gefährdung und Schutzprobleme. Moosgesellschaften. Schr.-R. Natursch. Niedersachsen 20, 9: 202 p.

Drescher, A., 1977: Die Auenwälder der March zwischen Zwerndorf und Marchegg. Diss. Phil. Fak. Univ. Wien.

Drescher, A., 1985: Die südostmitteleuropäischen Hartholzauenwälder – ein Vergleich. Verh. Zool.-Bot. Ges. Österr. 123: 33–41.

Drew, M. C., 1987: Function of root tissues in nutrient and water transport. In: Gregory, P. J., Lake, J. V., Rose, D. A. (eds.): Root Development and Function. Soc. Exptl. Biol. Sem. Ser. 30. Cambridge Univ. Press, Cambridge. pp. 71–102.

Dreyer, E., 1994: Compared sensitivity of seedlings from 3 woody species (Quercus robur L, Quercus rubra L and Fagus sylvatica L) to water-logging and associated root hypoxia: effects on water relations and photosynthesis. Ann. Sci. For. 51: 417–429.

Dreyer, E., 1997: Photosynthesis and drought in forest trees. In: Rennenberg, H., Eschrich, W., Ziegler, H. (eds.): Trees – Contributions to Modern Tree Physiology. Backhuys, Leiden. pp. 215–238.

Dreyer, E., LeRoux, X., Montpied, P., Daudet, F. A., Masson, F., 2001: Temperature response of leaf photosynthetic capacity in seedlings from seven temperate tree species. Tree Physiol. 21: 223–232.

Dring, M. J., 1982: The Biology of Marine Plants. Cambridge University Press, Cambridge.

Drößler, L., 2006: Struktur und Dynamik von zwei Buchenurwäldern in der Slowakei. Diss. Univ. Göttingen. 101 p.

Du Rietz, E. G., 1954: Die Mineralbodenwasserzeigergrenze als Grundlage einer natürlichen Zweigliederung der nord- und mitteleuropäischen Moore. Vegetatio 5/6: 571–585.

Du Rietz, G. E., 1953: Phytogeographic excursion to the maritime birch forest zone and the maritime forest limit in the outermost archipelago of Stockholm. 7. Intern. Bot. Congr., Exc. Guide B 1. Uppsala. 11 p.

Duarte, C. M., Chiscano, C. L., 1999: Seagrass biomass and production: a reassessment. Aquat. Bot. 65: 159–174.

Dubbel, V., 1992: Pilze an Bucheckern. Allg. Forstz. 12/1992: 643–645.

Dueck, T. A., van der Eerden, L. J., Beemsterboer, B., Elderson, J., 1991: Nitrogen uptake and allocation by Calluna vulgaris (L.) Hull and Deschampsia flexuosa (L.) Trin. exposed to $^{15}NH_3$. Acta Bot. Neerl. 40: 257–267.

Duhme, F., Kaule, G., 1970: Zur Verbreitung der gelben Narzisse (Narcissus pseudonarcissus L.) auf Primär- und Sekundärstandorten in Mittel- und Nordwesteuropa. Ber. Deut. Botan. Ges. 83: 647–659.

Düll, R., Werner, H., 1956: Pflanzensoziologische Studien im Stadtgebiet von Berlin. Wiss. Z. Univ. Berlin 5: 321–331.

Dullinger, S., Dirnböck, T., Grabherr, G., 2000: Reconsidering endemism in the North-eastern limestone Alps. Acta Bot. Croat. 59: 55–82.

Dullinger, S., Dirnböck, T., Grabherr, G., 2001: Die subalpine und alpine Vegetation der Schneealpe (Steiermark, Österreich). Mitt. Naturwiss. Ver. Steiermark (Graz) 131: 83–127.

Dullinger, S., Dirnböck, T., Grabherr, G., 2003 a: Patterns of shrub invasion into high mountain grasslands of the Northern Calcareous Alps. Arct. Antarct. Alp. Res. 35: 434–441.

Dullinger, S., Dirnböck, T., Grabherr, G., 2004: Modelling climate change-driven treeline shifts: relative effects of temperature increase, dispersal and invasibility. J. Ecol. 92: 241–252.

Dullinger, S., Dirnböck, T., Greimler, J., Grabherr, G., 2003 b: A resampling approach for evaluating effects of pasture abandonment on subalpine plant species diversity. J. Veg. Sci. 14: 243–252.

Dullinger, S., Dirnböck, T., Köck, R., Hochbichler, E., Englisch, T., Sauberer, N., Grabherr, G., 2005: Interactions among tree-line conifers: differential effects of pine on spruce and larch. J. Ecol. 93: 948–957.

Dumortier, M., Butaye, J., Jacquemyn, H., van Camp, N., Lust, N., Hermy, M., 2002: Predicting vascular plant species richness of fragmented forests in agricultural landscapes in central Belgium. Forest Ecol. Managem. 158: 85–102.

Dunker, M., Hüppe, J., 2000: Ackerwildkraut-Gesellschaften der Veluwe, Niederlande. Tuexenia 20: 289–308.

Dunzendorfer, W., 1981: Die Nardeten in den inneren Lagen des hercynischen oberösterreichischen Böhmerwaldes. Hercynia N. F. 18: 371–386.

Dupré, C., Wessberg, C., Diekmann, M., 2002: Species richness in deciduous forests: effects of species pools and environmental variables. J. Veg. Sci. 13: 505–516.

Duquesnay, A., Dupouey, J. L., Clement, A., Ulrich, E., Le Tacon, F., 2000: Spatial and temporal variability of foliar mineral concentration in beech (Fagus sylvatica) stands in northeastern France. Tree Physiol. 20: 13–22.

Duren, I. C. van, Pegtel, D. M., Aerts, B., Inberg, J., 1997: Nutrient supply in undrained and drained Calthion meadows. J. Veget. Sci. 8: 829–838.

During, J. H., 1990: Clonal growth patterns among bryophytes. In: van Groenendael, J., de Kroon, H. (eds.): Clonal Growth in Plants: Regulation and Function. SPB Scient. Publ., Den Haag. pp. 153–176.

Durka, W., Schulze, E.-D., Gebauer, G., Voerkelius, S., 1994: Effects of forest decline on uptake and leaching of deposited nitrate determined from ^{15}N and ^{18}O measurements. Nature 372: 765–767.

Duvigneaud, P., Denaeyer-de Smet, S., 1963: Cuivre et végétation au Katanga. Bull. Soc. Roy. Bot. Belg. 96: 93–224.

Duvigneaud, P., Denaeyer-de Smet, S., 1968: Essai de classification chimique (éléments mineraux) des plantes gypsicoles du bassin de l'Ebre. Bull. Soc. Roy. Bot. Belg. 101: 279–291.

Duvigneaud, P., Denayer-De Smet, S., Ambroes, P., Timperman, J., 1969: Apercu préliminaire sur les biomasses, la productivité et le cycle des éléments biogènes. Recherches sur l'ecosysteme foret. La chenaie mélangée de Virelles-Blaimont. Bull. Soc. Roy. Bot. Belg. 102: 317–323.

Duvigneaud, P., Denayer-DeSmet, S., 1970: Biomasse, productivité et phytogéochimie de la végétation riveraine d'un ruisseau Ardennais. I. Apercu sur les sols, la végétation et al biomasse de la strate au sol. Bull. Soc. R. Bot. Belg. 103: 353–382.

Duvigneaud, P., Kestemont, P., (ed.) 1977: Productivité biologique en Belgique. SCOPE, Trav. Sect. Belge Progr. Biol. Internat. (Paris-Gembloux): 617 p.

Dykyjova, D., 1971: Productivity and solar energy conversion in reedswamp stands in comparison with outdoor mass cultures of algae in the temperate climate of central Europe. Photosynthetica 5: 329–340.

Dykyjova, D., Hradecka, D., 1973: Productivity of reed-bed stands in relation to the ecotype, microclimate and trophic conditions of the habitat. Pol. Arch. Hydrobiol. 20: 111–119.

Dykyjova, D., Hradecka, D., 1976: Production ecology of Phragmites communis. 1. Relations of two ecotypes to the microclimate and nutrient conditions of habitat. Folia Geobot. Phytotax. 11: 23–61.

Dykyjova, D., Ondok, J. P., 1973: Biometry and the productive stand structure of coenoses of Sparganium erectum L. Preslia 45: 11: 23–61.

Dykyjova, D., Veber, K., Priban, K., 1971: Productivity and root/shoot ratio of reedswamp species growing in outdoor hydroponic cultures. Folia Geobot. Phytotax. 6: 233–254.

Dykyjova, D., Ondok, J. P., Hradecka, D., 1972: Growth rate and development of the root/shoot ratio in reedswamp macrophytes grown in winter hydroponic cultures. Folia Geobot. Phytotax. 7: 259–268.

Dykyjova, D., Kosanova, A., Husak, S., Sladeckova, A., 1985: Macrophytes and water pollution of the Zlata Stoka (Golden Canal), Trebon Biosphere Reserve, Czechoslovakia. Arch. Hydrobiol. 105: 31–58.

Dzwonko, Z., 2001: Assessment of light and soil conditions in ancient and recent woodlands by Ellenberg indicator values. J. Appl. Ecol. 38: 942–951.

Ebben, U., 1989: Die toxische Wirkung von Aluminium auf das Wurzelwachstum der Buche. Allg. Forstz. 29–30: 781–783.

Eber, W., 1971: The primary production of the ground vegetation of the Luzulo-Fagetum. In: Ellenberg, H. (ed.) Integrated Experimental Ecology. Ecol. Stud. 2. Springer, Berlin. pp. 53–56.

Eber, W., 1972: Über das Lichtklima von Wäldern bei Göttingen und seinen Einfluss auf die Bodenvegetation. Scripta Geobot. (Göttingen) 3. 150 p.

Ebrecht, L., 2005: Vegetation, Standortsverhältnisse und Ausbreitungsbiologie von Pflanzen auf Rückegassen und Waldwegen im Göttinger Wald und im Solling. Cuvillier Verlag, Göttingen. 317 p. .

Echenbach, Ch., 1995: Zur Physiologie und Ökologie der Schwarzerle (Alnus glutinosa). Diss. Univ. Kiel. 197 p.

Eckart, K., 1998: Agrargeographie Deutschlands. Klett-Perthes, Gotha und Stuttgart.439 p.

Eckert, G., 1992: Beobachtungen zur Bewertung der Einflüsse gezielter Weidenutzung mit Schafen und Ziegen auf die Vegetationsentwicklung der Wacholderheiden. Veröff. Naturschutz Landschaftspflege Baden-Württemb. 67: 137–152.

Eckstein, D., Krause, C., Bauch, J., 1989: Dendroecological investigation of spruce trees (Picea abies Karst.) of different damage and canopy classes. Holzforschung 43: 411–417.

Eckstein, D., Richter, K., Aniol, W., Quiehl, F., 1984: Dendroklimatologische Untersuchungen zum Buchensterben im südwestlichen Vogelsberg. Forstw. Cbl. 103: 274–290.

Edom, F., 2001: Moorlandschaften aus hydrologischer Sicht (chorische Betrachtung). In: Succow, M., Joosten, H., (eds.): Landschaftsökologische Moorkunde. Schweizerbart, Stuttgart. pp. 185–228.

Edwards, D. G., Asher, C. J., 1982: Tolerance of crop and pasture species to manganese toxicity. In: Scaife, A. (ed.) Proceed. Ninth Int. Plant Nutrit. Colloqu., Warwick, England. Commonwealth Agric. Bureau, Farnham Royal, Bucks, UK. pp. 145–150.

Eggelsmann, R., 1973: Die Rolle der Moore bei der Grundwasserneubildung. Dt. Gewässerkundl. Mitt. 17: 134–137.

Eggelsmann, R., 1981: Ökohydrologische Aspekte von anthropogen beeinflussten und unbeeinflussten Mooren Norddeutschlands. Diss. Univ. Oldenburg. 175 p.

Eggelsmann, R., 1982: Anmerkungen zur Berechnungsmethode der Breite hydrologischer Schutzzonen im Moor (van der Molen, TELMA 11, 1981). Telma 12: 183–187,

Eggelsmann, R., 1990: Moor und Wasser. In: Göttlich, K., (ed.): Moor- und Torfkunde. 3. Aufl. Schweizerbart, Stuttgart. pp. 288–320.

Eggensberger, P., 1994: Die Pflanzengesellschaften der subalpinen und alpinen Stufe der Ammergauer Alpen und ihre Stellung in den Ostalpen. Ber. Bayer. Bot. Ges., Beih. 8: 239 p.

Eggers, T., 1969: Über die Vegetation im Gotteskoog (Nordfriesland) nach der Melioration. Mitt. Arb.gem. Floristik Schlesw.-Holst. u. Hamburg 17. 95 p.

Eggers, T., 1984: Wandel der Unkrautvegetation der Äcker. Schweiz. Landw. Forsch. 23: 47–61.

Eggert, A., 1985: Zur Ökologie der Krautschichtvegetation in einem Bärlauch-Kalkbuchenwald. Diss. Univ. Göttingen. 222 p.

Eggert, A., 1992: Dry matter economy and reproduction of a temperate forest spring geophyte, Allium ursinum. Ecography 15: 45–55.

Eggler, J., 1955: Ein Beitrag zur Serptentinvegetation in der Gulsen bei Kraubath in Obersteiermark. Mitt. Naturw. Ver. Steiermark 85: 27–72.

Eggler, J., 1958: Wiesen und Wälder des Saßtales in der Steiermark. Mitt. Naturw. Ver. Steiermark 88: 23–50.

Egler, F. E., 1954: Vegetation science concepts. I. Initial floristic composition, a factor in old-field development. Vegetatio 4: 412–417.

Egloff, T., 1983: Der Phosphor als primär limitierender Nährstoff in Streuewiesen (Molinion): Düngungsexperimente im unteren Reußtal. Ber. Geobot. Inst. ETH, Stiftung Rübel, Zürich, 50: 119–148.

Ehlers, W., 1996: Wasser in Boden und Pflanze. Ulmer Verlag, Stuttgart. 272 p.

Ehrendorfer, F., 1962: Cytotaxonomische Beiträge zur Genese der mitteleuropäischen Flora und Vegetation. Ber. Dtsch. Bot. Ges. 75: 137–153.

Ehrhardt, F., 1961: Untersuchungen über den Einfluß des Klimas auf die Stickstoff-Nachlieferung von Waldhumus in verschiedenen Höhenlagen der Tiroler Alpen. Forstw. Cbl. 80: 193–215.

Ehrhardt, O., 1988: Der Strahlungshaushalt eines Buchenwaldes und dessen Abwandlung während der verschiedenen phänologischen Entwicklungsphasen. Ber. Forschungszentr. Waldökosysteme (Göttingen) A 45. 170 p.

Ehwald, E., 1957: Über den Nährstoffkreislauf des Waldes. Sitz.ber. Deut. Akad. Landwirtschaftwiss., Berlin 6. 56 p.

Eiberle, K., 1974: Die freilebende Tierwelt als Faktor der Kulturlandschaft. Landschaftsschutz u. Umweltpflege. Verlag Huber & Co. AG, Frauenfeld, CH. pp. 284–294.

Eiberle, K., Bucher, H., 1989: Interdependence between browsing of different tree species in a selection forest region. Z.schr. f. Jagdwiss. 35: 235–244.

Eichhorn, J., Hüttermann, A., 1994: Humus disintegration and nitrogen mineralization. In: Godbold, D. L., Hüttermann, A. (eds.): Effects of Acid Rain on Forest Processes. Wiley-Liss, New York. pp. 129–162.

Eichhorn, J., Paar, U., Schönfelder, E., 1995: Waldschadenserhebung der Buche. Allg. Forstz. 50: 791–794.

Eichrodt, R., 1969: Über die Bedeutung von Moderholz für die natürliche Verjüngung im subalpinen Fichtenwald. Diss. ETH Zürich. 122 p.

Eichstädt, U., Mahn, E.-G., 1993: Vergleichende vegetationskundliche Untersuchungen an Windschutzhecken und anderen Heckentypen auf der Querfurter Platte (Mitteldeutsches Trockengebiet). Phytocoenologia 23: 519–537.

Eiden, R., 1989: Air pollution and deposition. In: Schulze, E.-D., (ed.): Forest Decline and Air Pollution. Ecol. Stud. 77. Springer, Berlin. pp. 57–103.

Eidmann, F. E., 1959: Die Interception in Buchen- und Fichtenbeständen. Ergebnis mehrjähriger Untersuchungen im Rothaargebirge (Sauerland). Symp. Hannoversch-Münden, Sept. 1959. Publ. Nr. 48, Ass. Int. Hydrol. Sci., Gentbrügge. pp. 5–25.

Eigner, J., 1973: Zur Standorts-, Keimungs- und Ausbreitungsökologie des Meerkohls (Crambe maritima L.). Diss. Bot. 25.

Eigner, J., Schmatzler, D., 1980: Bedeutung, Schutz und Regeneration von Hochmooren. Naturschutz aktuell 4: 78 p.

Eigner, J., Schmatzler, D., 1991: Handbuch des Hochmoorschutzes. Bedeutung, Pflege, Entwicklung. 2. Aufl. Naturschutz aktuell, Nr. 4. Kilda Verlag, Greven. 158 p.

Eilers, G., Brumme, R., Matzner, E., 1992: Above-ground N-uptake from wet deposition by Norway spruce (Picea abies Karst.). For. Ecol. Manage. 51: 239–249.

Einsele, G. (ed.), 1986: Das landschaftsökologische Forschungsprojekt Naturpark Schönbuch. VCH, Weinheim. 636 p.

Ekstam, B., Forseby, A., 1999: Germination response of Phragmites australis and Typha latifolia to diurnal fluctuations in temperature. Seed Sci. Res. 9: 157–163.

Ekstam, U., Forshed, N., 1992: Om hävden upphör. Kärlväxter som indikatorarter i ängs- och hagmarker. Naturvardsverket, Solna. 135 p.

Eldred, R. A., Maun, M. A., 1982: A multivariate approach to the problem of decline in vigour of Ammophila. Can. J. Bot. 60: 1371–1380.

Elemans, M., 2004: Light, nutrients and the growth of herbaceous forest species. Acta Oecol. 26: 197–202.

Elias, P., 1986: A survey of the ruderal plant communities of Western Slovakia. II. Feddes Repert. 97: 197–221.

Elias, P., Kratochvilova, I., Janous, D., Marek, M., Masarovicova, E., 1989: Stand microclimate and physiological activity of tree leaves in an oak-hornbeam forest. I. Stand microclimate. Trees 4: 227–233.

Ellenberg, H., 1937: Über die bäuerliche Wohn- und Siedlungsweise in NW-Deutschland in ihrer Beziehung zur Landschaft, insbesondere zur Pflanzendecke. Mitt. Florist.-soziol. Arb. gem. Niedersachsen 3: 204–235.

Ellenberg, H., 1939: Über Zusammensetzung, Standort und Stoffproduktion bodenfeuchter Eichen- und Buchen-Mischwaldgesellschaften Nordwestdeutschlands. Mitt. Florist. Soziol. Arb.gem. Niedersachsen 5: 3–135.

Ellenberg, H., 1950: Unkrautgemeinschaften als Zeiger für Klima und Boden. Ulmer, Stuttgart. 141 p.

Ellenberg, H., 1952 a: Wiesen und Weiden und ihre standörtliche Bewertung. Landwirtschaftliche Pflanzensoziologie II. Ulmer Verlag, Stuttgart. 143 p.

Ellenberg, H., 1952 b: Auswirkungen der Grundwasserabsenkung auf die Wiesengesellschaften am Seitenkanal westlich Braunschweig. Angew. Pflanzensoziol. (Stolzenau/Weser) 6: 46 p.

Ellenberg, H., 1953: Physiologisches und ökologisches Verhalten derselben Pflanzenarten. Ber. Deut. Bot. Ges. 65: 351–362.

Ellenberg, H., 1954: Naturgemäße Anbauplanung, Melioration und Landespflege. Landwirtschaftliche Pflanzensoziologie III. Ulmer Verlag, Stuttgart. 109 p.

Ellenberg, H., 1954: Steppenheide und Waldweide. Ein vegetationskundlicher Beitrag zur Siedlungs- und Landschaftsgeschichte. Erdkunde 8: 188–194.

Ellenberg, H., 1954: Über einige Fortschritte der kausalen Vegetationskunde. Vegetatio 5/6: 199–211.

Ellenberg, H., 1958: Bodenreaktion (einschließlich Kalkfrage). Handb. Pflanzenphysiol. 4: 638–708.

Ellenberg, H., 1963: Vegetation Mitteleuropas mit den Alpen. 1. Aufl. Ulmer, Stuttgart. 943 p.

Ellenberg, H., 1964: Stickstoff als Standortsfaktor. Ber. Deut. Bot. Ges. 77: 82–92.

Ellenberg, H., 1966: Leben und Kampf an den Baumgrenzen der Erde. Naturw. Rundschau 4: 133–139.

Ellenberg, H., 1969: Wald- und Feldbau im Knyphauser Wald, einer Heideaufforstung in Ostfriesland. Ber. Naturhist. Ges. Hannover 112: 17–90.

Ellenberg, H., 1976: Zur Rolle der Pflanzen in natürlichen und bewirtschafteten Ökosystemen. Bayer. Landw. Jb. 53: 51–59.

Ellenberg, H., 1977: Stickstoff als Standortsfaktor, inbesondere für mitteleuropäische Pflanzengesellschaften. Oecol. Plant. 12: 1–22.

Ellenberg, H., 1979: Zeigerwerte der Gefäßpflanzen Mitteleuropas. 2. Aufl. Scripta Geobot. (Göttingen) 9. 97 p.

Ellenberg, H., 1987: Ökosystemforschung im Solling – ein Über- und Ausblick. Verh. Ges. f. Ökol. 16: 11–26.

Ellenberg, H., 1990: Bauernhaus und Landschaft in ökologischer und historischer Sicht. Ulmer, Stuttgart. 585 p.

Ellenberg, H., 1995: Allgemeines Waldsterben – ein Konstrukt? Bedenken eines Ökologen gegen Methoden der Schadenserfassung. Naturwiss. Rdschau 48: 93–96.

Ellenberg, H., 1996: Vegetation Mitteleuropas mit den Alpen in ökologischer, dynamischer und historischer Sicht. 5. Aufl. Ulmer, Stuttgart. 1096 p.

Ellenberg, H., Ellenberg, Ch., 1955 u. 1974: Wuchsklimakarte von Baden-Württemberg 1:200 000 aufgrund phänologischer Geländeaufnahmen 1950–53 (2 farbige Karten). Reise- u. Verkehrsverlag, Stuttgart. Hrsg. Min. f. Ernähr., Landw. u. Umwelt, Stuttgart. 1974.

Ellenberg, H., Klötzli, F., 1967: Vegetation und Bewirtschaftung des Vogelreservates Neeracher Riet. Ber. Geobot. Inst. ETH, Stiftg. Rübel, Zürich 37: 88–103.

Ellenberg, H., Klötzli, F., 1972: Waldgesellschaften und Waldstandorte der Schweiz. Mitt. Schweiz. Anst. Forstl. Versuchswes. 48: 1–334.

Ellenberg, H., Mayer, R., Schauermann, J., 1986: Ökosystemforschung – Ergebnisse des Sollingprojekts 1966–1986. Ulmer, Stuttgart. 507 p.

Ellenberg, H., Mueller-Dombois, D., 1967 a: A key to Raunkiaer plant life forms with revised subdivisions. Ber. Geobot. Inst. ETH, Stiftg. Rübel, Zürich 37.

Ellenberg, H., Rehder, H., 1962: Natürliche Waldgesellschaften der aufzuforstenden Kastanienflächen im Tessin. Schweiz. Z. Forstwes. 113: 128–142.

Ellenberg, H., Snoy, M.-L., 1957: Physiologisches und ökologisches Verhalten von Ackerunkräutern gegenüber der Bodenfeuchte. Mitt. Staatsinst. Allg. Botan. Hamburg 11: 47–87.

Ellenberg, H., Weber, H. E., Düll, R., Wirth, V., Werner, W., 1992: Zeigerwerte von Pflanzen in Mitteleuropa. Scripta Geobot. (Göttingen) 18. Datenbank.

Ellenberg, H., Weber, H. E., Düll. R., Wirth, V., Werner, W., 2001: Zeigerwerte von Pflanzen in Mitteleuropa. 3. Aufl. Goltze, Göttingen. 262 p.

Ellenberg, H. jr. 1983: Gefährdung wildlebender Pflanzenarten in der Bundesrepublik Deutschland. Versuch einer ökologischen Betrachtung. Forstarchiv 54: 127–133.

Ellenberg, H. jr., 1985: Veränderungen der Flora Mitteleuropas unter dem Einfluß von Düngung und Immissionen. Schweiz. Z. Forstwes. 135: 19–39.

Elling, W., 1990: Ergebnisse von Jahrringbreiten-Untersuchungen. Schädigungsverlauf und Schädigungsgrad von Hochlagen-Fichtenbeständen in Nordostbayern. Allg. Forstz. 45: 74–77.

Elling, W., 1993: Immissionen im Ursachenkomplex von Tannenschädigung und Tannensterben. Allg. Forst-Z. 48: 85–87.

Elling, W., Dittmar, C., 2003: Neuartige Zuwachsdepressionen bei Buchen. AFZ/Der Wald 58: 42–45.

Elling, W., Dittmar, C., 2004: Kronenzustand und Trockenstress bei Buchen. AFZ/Der Wald 59: 687–688.

Elling, W., Heber, U., Polle, A., Beese, F., 2007: Schädigung von Waldökosystemen. Spektrum, Heidelberg. 422 p.

Ellwanger, G., 1997: Die Vegetation der Moore des Brockens (Sachsen-Anhalt) unter besonderer Berücksichtigung der Vegetationsentwicklung seit den dreißiger Jahren. Ber. Naturhist. Ges. Hannover 139: 105–120.

Ellwanger, G., 1998: Waldgesellschaften und thermophile Säume auf Gips und Stinkschiefer im westlichen Harzfelder Holz (Landkreis Nordhausen, Thüringen). Hercynia N. F. (Halle) 31: 173–189.

Elsässer, H., Bürki, M., 2002: Climate change as a threat to turism in the Alps. Clim. Res. 20: 253–257.

Elster, H.-J., 1977: Der Bodensee – Bedrohung und Sanierungsmöglichkeiten eines Ökosystems. Naturwissenschaften 64: 207–215.

Elstner E. F., Osswald, W., 1984: Fichtensterben in „Reinluftgebieten“: Strukturresistenzverlust. Naturwiss. Rundschau 37: 52–60.

Emborg, J., 1998: Understorey light conditions and regeneration with respect to the structural dynamics of a near-natural temperate deciduous forest in Denmark. For. Ecol. Manage. 106: 83–95.

Emmer, I. M., Fanta, J., Kobus, A. T., Kooijman, A., Sevink, J., 1998: Reversing borealization as a means to restore biodiversity in Central-European mountain forests – an example from the Krkonose Mountains, Czech Republic. Biodiv. and Conserv. 7: 229–247.

Engel, H., 1949: Trümmerpflanzen von Münster. Natur u. Heimat 9: 2.

Engel, S., 1988: Untersuchungen über die schwefel- und stickstoffhaltigen Immissionswirkungen in Heidegesellschaften des Naturschutzgebietes Lüneburger Heide (Verdrängung von Calluna vulgaris durch Deschampsia flexuosa). Diss Univ. Giessen.

Engelaar, WM.H. G., Jacobs, M. H. H. E., Bom, C. W. P. M., 1993: Root growth of Rumex and Plantago species in comparted and waterlogged soils. Acta Bot. Neerl. 42: 25–35.

Engelhardt, H., 1987: Wenn Gletscher plötzlich schnell werden. Geowiss. in unserer Zeit (Weinheim) 5: 212–220.

Englisch, T., 1993: Salicetea herbaceae. In: Grabherr, G. , Mucina, L. (eds.): Die Pflanzengesellschaften Österreichs. Teil II. G. Fischer, Stuttgart. pp. 382–401.

Englisch, T., 1999 a: Multivariate Analysen zur Synsystematik und Standortsökologie der Schneebodenvegetation (Arabidetalia caeruleae) in den nördlichen Kalkalpen. Stapfia (Linz) 59: 215–259.

Englisch, T., 1999 b: Lebermoosgesellschaften als Vegetationstyp in Schneeböden der Nordalpen. Abh. Zool. Bot. Ges. Österreichs 30: 71–82.

Englisch, T., Valachovic, M., Mucina, L., Grabherr, G., Ellmauer, T., 1993: Thlaspietea rotundifolii. In: Grabherr, G., Mucina, L. (eds.): Die Pflanzengesellschaften Österreichs. Teil II. G. Fischer, Stuttgart. pp. 276–342.

Epron, D., Farque, L., Lucot, E., Badot, P.-M., 1999: Soil CO_2 efflux in a beech forest: the contribution of root respiration. Ann For. Sci. 56: 289–295.

Erchinger, H. F., Coldewey, H.-G., Meyer, C., 1996: Interdisziplinäre Erforschung des Deichvorlandes im Forschungsvorhaben “Erosionsfestigkeit von Hellern”. Die Küste 58: 1–45.

Erdmann, M., Wilke, H., 1997: Quantitative und qualitative Totholzerfassung in Buchenwirtschaftwäldern. Forstw. Cbl. 116: 16–28.

Ericson, L., 1973: Ekosystems succession vid en landhöjningskust. Strandvegetation. Forskning och Framsteg 1973 (2): 32–33.

Ericsson, T., Rytter, L., Vapaavuori, E., 1996: Physiology of carbon allocation in trees. Biomass and Bioenergy 11: 115–127.

Eriksson, O., 1995: Seedling recruitment in deciduous forest herbs: the effects of litter, soil chemistry and seed bank. Flora 190: 65–70.

Ernst, W., 1973: Zink- und Cadmium-Immissionen auf Böden und Pflanzen in der Umgebung einer Zinkhütte. Ber. Deut. Bot. Ges. 85: 295–300.

Ernst, W., 1974: Schwermetallvegetation der Erde. G. Fischer. Stuttgart. 194 p.

Ernst, W., 1976: Physiological and biochemical aspects of metal tolerance. In: Mansfield, T. A. (ed.): Effects of Air Pollutants on Plants. Cambridge University Press, Cambridge. pp. 115–133.

Ernst, W., 1982: Schwermetallpflanzen. In: Kinzel, H.: Pflanzenökologie und Mineralstoffwechsel. Ulmer, Stuttgart. pp. 472–506.

Ernst, W., 2001: Evolutive Anpassungsmechanismen an Schwermetallböden. In: Larcher, W.: Ökophysiologie der Pflanzen. 6. Aufl. Ulmer, Stuttgart. pp. 353–355.

Ernst, W. H. O., 1979: Population biology of Allium ursinum in northern Germany. J. Ecol. 67: 347–362.

Ernst, W. H. O., 1991: Ökophysiologie von Pflanzen in Küstendünen Europas – in einem Gradienten von der Nordsee zum Mittelmeer –. Ber. d. Reinh.-Tüxen-Ges. 3: 157–172.

Erschbamer, B., 1991: Das Ionenmilieu im durchwurzelten Oberboden und seine Auswirkungen auf die Verbreitung der beiden Carex curvula-Unterarten, Carex curvula ssp. curvula und Carex curvula ssp. rosae, in den Dolomiten, Italien. Flora 185: 345–355.

Erschbamer, B., 1992: Zwei neue Gesellschaften mit Krummseggen (Carex curvula ssp. rosae, Carex curvula ssp. curvula) aus den Alpen – ein Beitrag zur Klärung eines alten ökologischen Rätsels. Phytocoenologia 21: 91–116.

Erschbamer, B., 1994: Populationsdynamik der Krummseggen (Carex curvula ssp. rosae, Carex curvula ssp. curvula). Phytocoenologia 24: 579–596.

Erschbamer, B., 1996: Wachstumsdynamik und Nährstoffgehalt der alpinen Segge, Carex curvula subsp. rosae, auf unterschiedlichen Substraten. Flora 191: 121–129.

Erschbamer, B., 2001: Climate change experiments on a glacier foreland in the Central Alps. In: Visconti, G., Beniston, M., Iannorelli, E. D., Barba, D. (eds.): Global Change and Protected Areas. Kluwer, Dordrecht. pp. 37–44.

Erschbamer, B., Kneringer, E., Niederfriniger-Schlag, R., 2001: Seed rain, soil seed bank, seedling recruitment, and survival of seedlings on a glacier foreland in the central Alps. Flora 196: 304–312.

Erschbamer, B., Virtanen, R., Nagy, L., 2003: The impacts of vertebrate grazers on vegetation in European high mountains. In: Nagy, L., Grabherr, G., Körner, C., Thompson, D. B. A. (eds.): Alpine Biodiversity in Europe. Ecol. Stud. 167. Springer, Berlin. pp. 377–396.

Erschbamer, B., Winkler, J., Wagner, J., 1994: Vegetative und generative Entwicklung von drei Carex curvula-Sippen in den Zentralalpen. Flora 189: 277–286.

Erschbamer, B., Grabherr, G., Reisigl, H., 1983: Spatial pattern in dry grassland communities of the Central Alps and its ecophysiological significance. Vegetatio 54: 143–151.

Eschenbach, Ch., Lilienfein, U., Stamm, S. von., 1996: Bestandesklima im Knick. In Stamm, S. von, Weisheit, K. (eds.): Ökosystemforschung an Knicks: Untersuchungen an Wallhecken in

Schleswig-Holstein. Ecosystems (Kiel) 5: 77–89.
Eschenbach, Ch., 1995: Zur Physiologie und Ökologie der Schwarzerle (Alnus glutinosa). Diss. Univ. Kiel. 197 p.
Eschenbach, Ch., Kappen, L., 1999 a: Leaf water relations of black alder (Alnus glutinosa (L.) Gaertn.) growing at neighbouring sites with different water regimes. Trees 14: 28–38.
Eschenbach, Ch., Kappen, L., 1999 b: Water use in neighbouring stands of beech (Fagus sylvatica L.) and black alder (Alnus glutinosa (L.) Gaertn.). Ann. Sci. For. 56: 107–120.
Eschner, D., 1989: N-Verluste (Denitrifikation, Auswaschung) beim Torfabbau in landwirtschaftlich genutzten Niedermooren in ihrer Bedeutung für die Bodenfruchtbarkeit und Belastung des Grund- und Oberflächenwassers. Diss. B, Humboldt-Univ. Berlin. 137 p.
Eskuche, U., 1955: Vergleichende Standortsuntersuchungen an Wiesen im Donauried bei Herbertingen. Jber. Ver. Vaterl. Naturk. Württemb. 109: 33–135.
Eskuche, U., 1962: Herkunft, Bewegung und Verbleib des Wassers in den Böden verschiedener Pflanzengesellschaften des Erfttales. Arb. Bundesanst. Vegetationskartierung Stolzenau/Weser 1962: 72 p.
Esseen, P.-A., 1994: Tree mortality patterns after experimental fragmentation of an old-growth conifer forest. Biol. Conserv. 68: 19–28.
Esseen, P.-A., Renhorn, K.-E., 1998: Edge effects on an epiphytic lichen in fragmented forests. Conserv. Biol. 12: 1307–1317.
Esselin, P., 2000: Nature Management of Coastal Salt Marshes. Interaction between Anthropgenic Influence and Natural Dynamics. Koeman en Bijkerk, Haren: 256 p.
Esseling, P., Fresco, L. F. M., Dijkema, K. S., 2002: Vegetation change in manmade salt marsh affected by a reduction in both grazing and drainage. Appl. Veg. Sci 5: 17–32.
Esselink, P. 2000. Nature management of coastal salt marshes. Koeman en Bijkerk, Haren, 254 p.
Esselink, P., Ziljstra, W., Dijkema, K. S., van Diggelen, R., 2000: The effects of decreased management on plant-species distribution patterns in a salt marsh nature reserve in the Wadden Sea. Biol Conserv. 93: 61–76.
Etherington, J. R., 1981: Limestone heaths in South-west Britain: their soils and the maintenance of their calcicole-calcifuge mixtures. J. Ecol. 69: 277–294.
Etter, H., 1943: Pflanzensoziologische und bodenkundliche Studien an schweizerischen Laubwäldern. Mitt. Schweiz. Anst. Forstl. Versuchswes. (Birmensdorf) 23: 5–132.
Etter, H., 1947: Über die Waldvegetation am Südostrand des schweizerichen Mittellandes. Mitt. Schweiz. Anst. Forstl.Versuchswes. 25: 141–210.
Etter, H., 1949: Über die Ertragsfähigkeit verschiedener Standortstypen. Mitt. Schweiz. Anst. Forstl. Versuchswes. 26: 91–152.
Eugen, E., 1996: Geschichte der Landwirtschaft, vorzugsweise im hessischen Raum. Hessenpark, Schr.R. d. Hessischen Freilichtmuseums (Neu-Anspach) H. 9: 8–133.
Eurola, S., 1962: Über die regionale Einteilung der südfinnischen Moore. Ann. Bot. Soc. "Vanamo" 33: 243 p.
Eurola, S., 1968: Über die Ökologie der nordfinnischen Moorvegetation im Herbst, Winter und Frühling. Ann. Bot. Fenn. 5: 83–97.
European Soil Bureau Network and the European Commission, 2004: European Soil Database (v. 2.0). EUR 19945 EN. March 2004.
Evans, C. A., Miller, E. K., Friedland, A. J., 1998: Nitrogen mineralization associated with birch and fir under different soil moisture regimes. Can. J. For. Res. 28: 1890–1898.
Evans, C. C., Allen, S. E., 1971: Nutrient losses in smoke produced during heather burning. Oikos 22: 149–154.
Evans, G. C., Hughes, A. P., 1961: Plant growth and the aerial environment. I. Effect of artificial shading on Impatiens parviflora. New Phytol. 60: 150–180.
Evans, J. R., 1988: Acclimation by the thylakoid membranes to growth irradiance and the partitioning of nitrogen between soluble and thylakoid proteins. Aust. J. Plant Physiol. 15: 93–106.
Evans, J. R., 1989: Photosynthesis and nitrogen relationships in leaves of C 3 plants. Oecologia 78: 9–19.
Evans, L. T., 1976: Physiological adaptation to performance as crop plants. Phil. Trans. R. Soc. Lond., Ser. B 275: 71–83.
Evers, C., 1997: Die Festuco-Brometea-Gesellschaften im nördlichen Harzvorland Niedersachsens. Phytocoenologia 27: 161–211.
Evers, F. H., 1986: Forstdüngung und Nitratbelastung von Sicker-, Oberflächen- und Quellwasser. Ber. IMA-Querschnittsseminar „Restabilisierungsmaßnahmen Düngung". Karlsruhe. pp. 57–63.
Evers, F. H., 1988: Die Düngung und Kalkung, ein Maßnahme zur vorübergehenden Verhinderung von Waldschäden in Baden-Württemberg. Sana Silva Tagungsber. „Düngung – eine Perspektive für den Schweizer Wald?". pp. 35–49.
Evers, F. H., Hüttl, R. F., 1990: A new fertilization strategy in declining forests. Water, Air, Soil Poll. 54: 495–508.
Ewald, D., Schlee, D., 1983: Biochemical effects of sulphur dioxide on proline metabolism in the alga Trebouxia sp. New Phytol. 94: 235–240.
Ewald, J., 1997: Die Bergmischwälder der Bayerischen Alpen – Soziologie, Standortbindung und Verbreitung. Diss. Bot. 290. 234 p.
Ewald, J., 2000: Ist Phosphormangel für die geringe Vitalität von Buchen (Fagus sylvatica L.) in den Bayerischen Alpen verantwortlich? Forstw. Cbl. 119: 276–296.
Ewald, J., 2000: The influence of coniferous canopies on understorey vegetation and soils in mountain forests in the northern Calcareous Alps. Appl. Veg. Sci. 3: 123–134.
Ewald, J., 2002: Multiple controls of understorey plant richness in mountain forests of the Bavarian Alps. Phytocoenologia 32: 85–100.
Ewald, J., 2003: The calcareous riddle: why are there so many calciphilous species in the Central European flora? Folia Geobot. 38: 357–366.
Ewald, J., 2005: Ecological background of crown condition, growth and nutritional status of Picea abies (L.) Karst. in the Bavarian Alps. Eur. J. For. Res. 124: 9–18.
Fabian, P., 1989: Atmosphäre und Umwelt. Springer, Berlin.
Fabig, I., 2007: Wandel der Niederschlagsverhältnisse im Lee des Harzes – Indikatoren eines regionalen Klimawandels? Hercynia N. F. (Halle/S.) 40: 33–39.
Fabijanowski, J., 1950: Untersuchungen über Zusammenhänge zwischen Exposition, Relief, Mikroklima und Vegetation in der Fallätsche bei Zürich. Beitr. Geobot. Landesaufn. Schweiz 29. 104 p.
Fabiszewski, J., 1967: Associations de lichens arboricoles dans les forets des Sudètes orientales. Vegetatio 15 : 137–165.
Fabiszewski, J., 1968 : Les lichens du Massif Snieznik et des Montagnes Bialskie

dans les Sudètes orientales. Monogr. Botan. (Warszawa) 26: 115 p.
Facelli, J. M., Pickett, S. T. A., 1991: Plant litter: its dynamics and effects on plant community structure. Bot. Rev. 57: 1–32.
Faille, A., 1975: Recherches sur les écosystèmes des réserves biologiques de la foret de Fontainebleau. V. Evolution à court terme des humus à la suite de l'ouverture de clairières. Oecol. Plant. 10: 43–62.
Faille, A., Lemée, G., Pontailler, J. Y., 1984: Dynamique des clairières d'une foret inexploitée (réserves biologiques de la foret de Fontainebleau). I. Origine et état actuel des ouvertures. Acta Oecol. Oecol. Gener. 5: 35–91. II. Fermature des clairières actuelles. Ebenda 5: 181–199.
Falinska, K., 1995: Genet disintegration in Filipendula ulmaria: consequences for population dynamics and vegetation succession. J. Ecol. 83: 9–22.
Falinska, K., 1998: Seed bank patterns. In: Falinska, K. (ed.): Plant Population Biology and Vegetation Processes. W. Szafer Institute of Botany. Polish Acad. of Sciences. Krakow. pp. 230–243.
Falinska, K., 1999: Seed bank dynamics in abandoned meadows during a 20-year period in the Białowieża National Park. J. Ecol. 87: 461–475.
Falinski, J. B., 1963: Groupements piétinés des parties occidentales du terrain bas Grande Pologne-Cuiavie. Acta Soc. Bot. Polon. 32: 81–99.
Falinski, J. B., 1976: Windwürfe als Faktor der Differenzierung und der Veränderung auf Dauerflächen. Phytocoenosis 5: 85–108.
Falinski, J. B., 1977: Research on vegetation and plant population dynamics conducted by Białowieża Geobotanical Station (1952–1977). Phytocoenosis (Warszawa-Białowieża) 6 (1 und 2).
Falinski, J. B., 1978: Uprooted trees, their distribution and influence in the primeval forest biotope. Vegetatio 38: 175–183.
Falinski, J. B., 1980: Ökologisch-pflanzensoziologische Voraussetzungen des Vorkommens von frühmittelalterlichen Hügelgräber-Friedhöfen im Białowieża-Urwald. Phytocoenologia 8: 35–63.
Falinski, J. B., 1986: Plant succession on old-fields expressing ecosystem dynamics when the long-lasting anthropogenic stress ceased (in polnisch). Wiad. Bot. 30: 25–50 u. 115–126.
Falinski, J. B., 1986: Vegetation Dynamics in Temperate Lowland Primeval Forests. Ecological Studies in Białowieża Forest. Geobotany 8. W. Junk, Dordrecht. 537 p.
Falinski, J. B., 1990: Outline of ecology of Salix ssp. (polnisch). In: Polska Akad. Nauk, Inst. Dendrol. (ed.). Wierzby, Salix alba L., Salix fragilis L. Arkadia, Poznan. pp. 71–138.
Falinski, J. B., Hrynkievicz-Sudnik, J., Fabiszewiski, J., 1963: Broussailles champetres (ordre Prunetalia) de la plaine de Kutno comme indicateur de la végétation potentielle de cette région. Acta Soc. Botan. Polon. 32: 693–714.
Falinski, J. B., Pawlaczyk, P., 1991: An outline of linden ecology (polnisch). In: Polska Akad. Nauk, Inst. Dendrol. (ed.): Lipy, Tilia cordata Mill., Tilia platyphyllos Scop. Arkadia, Poznan: 145–236.
Falkengren-Grerup, U. 1986: Soil acidification and vegetation changes in deciduous forest in southern Sweden. Oecologia 70: 339–347.
Falkengren-Grerup, U. 1987: Long-term changes in pH of forest soils in southern Sweden. Eviron. Pollut. 43: 79–90.
Falkengren-Grerup, U. 1989: Effect of stemflow on beech forest soils and vegetation in Southern Sweden. J. Appl. Ecol. 26: 341–352.
Falkengren-Grerup, U. 1990: Biometric and chemical analysis of five herbs in a regional acid-base gradient in Swedish beech forest soils. Acta Oecol. 11: 755–766.
Falkengren-Grerup, U., 1995 a: Interspecific differences in the preference of ammonium and nitrate in vascular plants. Oecologia 102: 305–311.
Falkengren-Grerup, U., 1995 b: Long-term changes in flora and vegetation in deciduous forests of southern Sweden. Ecol. Bull. 44: 215–226.
Falkengren-Grerup, U., Björk, L., 1991: Reversibility of stemflow-induced soil acidification in Swedish beech forest. Environ. Poll. 74: 31–37.
Falkengren-Grerup, U., Brunet, J., Diekmann, M., 1998: Nitrogen mineralisation in deciduous forest soils in south Sweden in gradients of soil acidity and deposition. Eviron. Pollut. 102: 415–420.
Falkengren-Grerup, U., Brunet, J., Quist, M. E., 1995 a: Sensitivity of plants to acidic soils exemplified by the forest grass Bromus benekenii. Water, Air Soil Poll. 85: 1233–1238.
Falkengren-Grerup, U., Brunet, J., Quist, M. E., Tyler, G., 1995 b: Is the Ca:Al ratio superior to pH, Ca or Al concentrations of soils in accounting for the distribution of plants in deciduous forest? Plant and Soil 177: 21–31.
Falkengren-Grerup, U., Eriksson, H., 1990: Changes in soil, vegetation and forest yield between 1947 and 1988 in beech and oak sites of southern Sweden. For. Ecol. Manage. 38: 37–53.
Falkengren-Grerup, U., Lakkenborg-Kristensen, H., 1994: Importance of ammonium and nitrate to the performance of herb-layer species from deciduous forests in Southern Sweden. Environ. Exp. Bot. 34: 31–38.
Falkengren-Grerup, U., Mansson, K. F., Olsson, M. O., 2000: Uptake capacity of amino acids by ten grasses and forbs in relation to soil acidity and nitrogen availability. Environ. Exp. Bot. 44: 207–219.
Falkengren-Grerup, U., Tyler, G., 1991: Changes of cation pools of the topsoil in South Swedish beech forests between 1979 and 1989. Scand. J. For. Res. 6: 145–152.
Falkengren-Grerup, U., Tyler, G., 1993: Experimental evidence for the relative sensitivity of deciduous forest plants to high soil acidity. For. Ecol. Manage. 60: 311–326.
Farmer, A. M., Spence, D. H. N., 1986: The growth strategies and distribution of isoetids in Scottish freshwater lochs. Aquat. Bot. 26: 247–258.
Fasel, P., 1992: Ackerwildkräuter im Kreis Siegen-Wittgenstein – Ergebnisse einer Ackerwildkraut-Kartierung 1991. Natur u. Heimat (Münster i. W.) 52: 97–118.
Fay, P. J., Jeffrey, D. W., 1992: The foreshore as a nitrogen source for marram grass. In: Carter, R. W. G., Curtis, T. G. F., Sheehy-Skeffington, M. J. (eds.): Coastal Dunes: Geomorphology, Ecology and Management for Conservation. Balkema, Rotterdam. pp. 177–188.
Feger, K. H., 1997: Biogeochemistry of magnesium in forest ecosystems. In: Hüttl, R. F., Schaaf, W. (eds.): Magnesium Deficiency in Forest Ecosystems. Kluwer, Dordrecht. pp. 67–100.
Feige, W., 1977: Verfügbarkeit von Pflanzennährstoffen in organischen Böden. Geol. Jb., Reihe F 4: 175–201.
Felber, F., Zhao, G.-F., Küpfer, P., 1996: Étude de la variabilité génétique de la flouve alpine (Anthoxanthum odoratum A.& D. Löve) et du mélèze (Larix decidua Miller) dans l'écocline

subalpin-alpin. Bull. Murithienne 114: 179–185.

Felbermeier, B., 1993: Der Einfluss von Klimaänderungen auf die Areale von Baumarten. Methodenstudie und regionale Abschätzung für die Rotbuche (Fagus sylvatica L.) in Bayern. Forstl. Forsch.ber. München 134. 214 p.

Felbermeier, B., 1994: Die klimatische Belastbarkeit der Buche. Forstw. Cbl. 113: 152–174.

Fenchel, T. M., Blackburn, T. H., 1979: Bacteria and Mineral Cycling. Academic Press, London, New York.

Fent, K., 2003: Ökotoxikologie. 2. Aufl. Thieme, Stuttgart. 332 p.

Fetzmann, E. L., 1956: Beiträge zur Algensoziologie. Sitz.ber. Österr. Akad. Wiss., Math.-Nat. Kl., Abt.I, 165: 709–783.

Fetzmann, E. L., 1961: Ein Beitrag zur Algenvegetation des Filzmooses bei Tarsdorf (Oberösterreich). Österr. Botan. Zeitschr. 108: 217–227.

Feuillat, F., Dupouey, J.-L., Sciama, D., Keller, R., 1997: A new attempt at discrimination between Quercus petraea and Quercus robur based on wood anatomy. Can. J. For. Res. 27: 343–351.

Fiala, K., 1993: Underground biomass in meadow stands. In Rychnovská, M. (ed.): Structure and Functioning of Seminatural Meadows. Elsevier, Amsterdam. pp. 133–154.

Fiedler, H. J., Fiedler, E., Hoffmann, F., Höhne, H., Sauer, G., Thomasius, H., 1962: Auswertung eines Streunutzungsversuches von H. Vater aus dem Jahre 1912. Archiv f. Forstw. 11: 70–128.

Field, C. B., Mooney, H. A., 1986: The photosynthesis-nitrogen relationship in wild plants. In: Givnish, T. J. (ed.): On the Economy of Plant Form and Function. Cambridge Univ. Press, Cambridge. pp. 25–55.

Fijalkowski, D., 1966: Zbiororwiska roslinne lewobrzeznej doliny Bugu w granicach wojewodztwa lubelskiego. Annal. Univ. Marie Curie-Sklodowska Lublin 21, Sect. C: 247–312.

Finlay, R., 2005: Action and interaction in the mycorrhizal hyphosphere – a reevaluation of the role of mycorrhizas in nutrient acquisition and plant ecology. In: BassiriRad, H. (ed.): Nutrient Acquisition by Plants. An Ecological Perspective. Ecol. Stud. 181. Springer, Berlin. Pp. 221–276.

Finzi, A. C., Canham, C. D., 1998: Non-additive effects of litter mixtures on net N mineralization in a southern New England forest. For. Ecol. Manage. 105: 129–136.

Firbas, F., 1931: Untersuchungen über den Wasserhaushalt der Hochmoorpflanzen. Jb. Wiss. Botan. 74: 457–696.

Firbas, F., 1949 u. 1952: Spät- und nacheiszeitliche Waldgeschichte von Mitteleuropa nördlich der Alpen, 1. Bd.: Allgemeine Waldgeschichte. 480 p. 2. Bd.: Waldgeschichte der einzelnen Landschaften. Fischer, Jena. 256 p.

Firbas, F., Willerding, U., 1965: Zur jüngeren Vegetationsgeschichte des Leinetals. Veröff. Max-Planck-Inst. Geschichte 11, 2: 78–82.

Fischer, A., 1983: Wildkrautvegetation der Weinberge des Rheingaus (Hessen): Gesellschaften, Abhängigkeit von modernen Bewirtschaftungsmethoden, Aufgaben des Naturschutzes. Phytocoenologia 11: 331–383.

Fischer, A., 1987: Untersuchungen zur Populationsdynamik am Beginn von Sekundärsukzessionen. Die Bedeutung von Samenbank und Samenniederschlag für die Wiederbesiedlung vegetationsfreier Flächen in Wald- und Grünlandgesellschaften. Diss Bot. 110: 1–234.

Fischer, A., 1987: Untersuchungen zur Populationsdynamik am Beginn von Sekundärsukzessionen. Diss. Bot. 110. 234 p.

Fischer, F., Schmid, P., Hughes, B. R., 1959: Anzahl und Verteilung der in der Schneedecke angesammelten Fichtensamen. Mitt. Schweiz. Ast. Forstl. Versuchswes. 35: 459–479.

Fischer, P., 2002: Historische Nutzung der Trockenrasen im Gebiet des Biosphärenreservates "Flusslandschaft Elbe". Arch. f. Naturschutz u. Landschaftsforsch. 41: 65–95.

Fischer, P., 2003: Trockenrasen des Biosphärenreservates „Flusslandschaft Elbe" – Vegetation, Ökologie und Naturschutz. Arch. Naturwiss. Diss. 15: 1–286.

Fischer, R., 2004: Blütenvielfalt im Pannonikum. IHW Verlag, Eching bei München.487 p.

Fischer, S. F., Poschlod, P., Beinlich, B., 1996: Experimental studies on the dispersal of plants and animals on sheep in calcareous grasslands. J. Appl. Ecol. 33: 1206–1222.

Fischlin, A., Baltensweiler, W., 1979: Systems analysis of the larch bud moth system. Part 1: The larch-larch bud moth relationship. Mitt. Schweiz. Entomol. Ges. 52: 273–289.

Fix, K., Poschlod, P., 1993: Extensivierung von Grünlandstandorten am Beispiel Wackershofen. Verh. Ges. Ökol. 22: 39–46.

Flade, M., Winter, S., Möller, G., Schumacher, H., 2007: Biodiversität und Alter von Buchenwäldern. BfN-Skripten (Bonn-Bad Godesberg) 222: 95–103.

Fleck, W., 1986: Bodenwasserbilanz, Streuverdunstung und Wasserverbrauch von Buche und Fichte auf Standorten und in Einzugsgebieten des Schönbuchs. In: Einsele, G. (ed.): Das landschaftsökologische Forschungsprojekt Naturpark Schönbuch. VCH Verlagsges., Weinheim. pp. 133–160.

Flegrova, M., Krahulec, F., 1999: Anthoxanthum odoratum and A. alpinum: life history parameters at two different altitudes. Folia Geobot. 34: 19–31.

Flemming, B. W., Davis, R. A., 1994: Holocene evolution, morphodynamics and sedimentology of the Spiekeroog barrier island system (Southern North Sea). Senckenbergiana maritima 24: 117–155.

Flintrop, T., 1987: Ursachen des Rückganges von Kalksumpf-Gesellschaften (Caricion davallianae) im Mittelgebirgsraum. Wiss. Beitr. Martin-Luther-Univ. Halle-Wittenberg 1987/25: 92–97.

Flintrop, T., 1994: Ökologische Charakterisierung des Caricetum davallianae durch Grundwasserstands- und pH-Messungen. Ber. Reinh. Tüxen-Ges. (Hannover) 6: 83–100.

Fliri, F., 1975: Das Klima der Alpen im Raume von Tirol. Wagner, Innsbruck.

Flohn, H., 1954: Witterung und Klima in Mitteleuropa. 2. Aufl. Forsch. Deut. Landeskunde 78: 214 p.

Florineth, F., 1974: Wasserhaushalt von Stipa pennata ssp. eriocaulis, Stipa capillata und Festuca vallesiaca im Steppengebiet des oberen Vinschgaus. Oecol. Plant. 9: 295–314.

Flowers, T. J., 1985: Physiology of halophytes. Plant and Soil 89: 41–57.

Flückiger, W., Braun, S., 1998: Nitrogen deposition in Swiss forests and its possible relevance for leaf nutrient status, parasite attacks and soil acidification. Environ. Poll. 102: 69–76.

Flückiger, W., Braun, S., 1999: Nitrogen and its effect on growth, nutrient status and parasite attacks in beech and Norway spruce. Water, Air, Soil Pollut. 116: 99–110.

Flüeler, R. P., 1992: Untersuchungen über Keimung und Etablierung von alpinen Leguminosen. Veröff. Geobot. Inst. ETH, Stiftg. Rübel, Zürich 110: 149 p.

Flüggen, Ch., 1991: Die Evaporation von Kiefern unter Berücksichtigung des Grundwasserabstandes. Ber. Inst.

Meterorol. Klimatol. Univ. Hannover Bd. 39. 82 p.
Foerster, E., 1983: Pflanzengesellschaften des Grünlandes in Nordrhein-Westfalen. Schriftenr. LÖLF (Recklingshausen) 8: 1–68.
Foerster, W., Böswald, K., Kennel, E., 1993: Überraschend hoher Zuwachs in Bayern: Vergleich der Inventurergebnisse von 1971 und 1987. Allg. Forstz. 48: 1178–1180.
Fog, K., 1988: The effect of added nitrogen on the rate of decomposition of organic matter. Biol. Rev. 63: 433–462.
Foken, T., 2004: Climate change in the Lehstenbach region. In: Matzner, E. (ed.): Biogeochemistry of Forested Catchments in a Changing Environment. Ecol. Stud. 172. Springer, Berlin. pp. 59–66.
Follmann, G., Nakagava, M., 1963: Keimungshemmung von Angiospermensamen durch Flechtenstoffe. Naturwiss. 50: 696–697.
Fonda, R. W., Bliss, L. C., 1969: Forest vegetation of the montane and subalpine zones, Olympic Mountains, Washington. Ecol. Monogr. 39: 271–301.
Forrest, G. I., 1971: Structure and production of North Pennine blanket bog vegetation. J. Ecol. 59: 453–479.
Forsberg, C., 1964: Phosphorus, a maximum factor in the growth of Characeae. Nature 201: 517–518.
Forsberg, C., 1965: Ecological and physiological studies of Charophytes. Abstr. Uppsala Diss. Sci. 53. 10 p.
Förster, M., 1968 a: Über xerotherme Eichenmischwälder des deutschen Mittelgebirgsraumes. Diss. Hann. Münden/Göttingen. 424 p.
Förster, M., 1968 b: Neufund von Quercus pubescens Willd. in Hessen. Hess. Florist. Rundbr. 17: 43–44.
Fossati, A., 1980: Keimverhalten und frühe Entwicklungsphasen einiger Alpenpflanzen. Veröff. Geobot. Inst. ETH, Stiftg. Rübel, Zürich, 73. 193 p.
Foster, D. R., Wright, H. E., Thelaus, M., King, G. A., 1988: Bog development and landform dynamics in central Sweden and south-eastern Labrador. Can. J. Ecol. 67: 1164–1185.
Fottner, S., Niemeyer, T., Sieber, M., Härdtle, W., 2004: Einfluss der Beweidung auf die Nährstoffdynamik von Sandheiden. NNA-Berichte (Schneverdingen) 17: 80–91.
Foy, C. D., Fleming, A. L., 1978: The physiology of plant tolerance to excess available aluminium and manganese in acid soils. In: Jung, G. A. (ed.): Crop Tolerance to Suboptimal Land Conditions. Am. Soc. Agron., Spec. Publ. 32. Madison, Wisc. pp. 301–328.
Frahm, J.-P., 1972: Die Vegetation auf Rethdächern. Diss. Univ. Kiel. 212 p.
Frahm, J.-P., 1993: Veränderungen der Moosflora in den letzten 20 Jahren. Bryol. Rundbriefe 13: 4–6.
Frahm, J.-P., 2001. Biologie der Moose. Spektrum Verlag, Heidelberg. 357 p.
Frahm, J.-P., Frey, W., 2004: Moosflora. 4. Aufl. Ulmer, Stuttgart. 538 p.
Frank, D., Klotz, S., Westhus, W., 1988: Biologisch-ökologische Daten zur Flora der DDR. Wiss. Beitr. Univ. Halle-Wittenberg 1988/89 (P 35), Halle/S.
Frank, D., Klotz, S., 1990: Biologisch-ökologische Daten zur Flora der DDR. 2. Aufl. Wiss. Beitr. Univ. Halle, 1988/69 (P 35). Halle a .d. S.
Franke, A., Jaeschke, H.-G., Seyd, C., 1997: Erfassung letzter Schwarzpappel-Vorkommen (Populus nigra L.) im baden-württembergischen Teil der Oberrheinischen Tiefebene. Die Holzzucht 51: 5–15.
Franke, C., 2003: Grünland an der unteren Mittelelbe. Vegetationsökologie und landwirtschaftliche Nutzbarkeit. Diss. Bot. 370: 1–181.
Franken, R. O. G., van Vierssen, W., Lubberding, H. J., 1992: Emisson of some greenhouse gases from aquatic and semi-aquatic ecosystems in the Netherlands and options to control them. The Science of The Total Environment 126: 277–293.
Frankl, R., 1996: Zur Vegetationsentwicklung in den Rottacher Filzen (südliche Chiemseemoore) im Zeitraum von 1957 bis 1992. Bayreuther Forum Ökol. 37. 222 p.
Franklin, O., Högberg, P., Ekblad, A., Agren, G. I., 2003: Pine forest floor carbon accumulation in response to N and PK additions – bomb 14C modelling and respiration studies. Ecosystems 6: 644–658.
Franz, H., 1961: Das Glocknergebiet. In: Exkursionen durch Österreich anlässlich der Tagung der Deut. Bodenk. Ges. in Wien, August 1961. Mitt. Österr. Bodenk. Ges. 6: 102–120.
Franz, H., 1979: Ökologie der Hochgebirge. Ulmer, Stuttgart.
Franz, H., 1980: Untersuchungen an alpinen Böden in den Hohen Tauern 1974–1978. Stoffdynamik und Wasserhaushalt. Veröff. Österr. MaB-Hochgebirgsprogr. Hohe Tauern, Bd. 3. Wagner, Innsbruck.
Franz, K., Kaiser, F., Gerowitt, B., 1990: Wirkung unterschiedlich hoher Stickstoffdüngung auf Entwicklung und Samenproduktion ausgewählter Unkrautarten im Winterweizen. Z. Pfl. krankh. Pfl.schutz 13: 127–135.
Frech, A., 2006: Walddynamik in Mischwäldern des Nationalparks Hainich. Untersuchung der Mechanismen und Prognose der Waldentwicklung. Diss. Univ. Göttingen. 118 p.
Freckmann, W., 1932: Wiesen und Dauerweiden. Parey Verlag, Berlin.
Frehner, H. K., 1963: Waldgesellschaften im westlichen Aargauer Mittelland. Beitr. Geobot. Landesaufn. Schweiz 44. 96 p.
Frei, C., Scholl, R., Fukutome, S., Schmidli, R., Vidale, P. L., 2006: Future change of precipitation extremes in Europe: Intercomparison of scenarios from regional climate models. J. Geophys. Res. - Atmospheres 111.
Freitag, H., Körtge, U., 1958: Die Pflanzengesellschaften des Zarth bei Treuenbrietzen. Wiss. Z. Pädagog. Hochsch. Potsdam, Math.-Nat. 4: 29–53.
Freléchoux, F., 1997: Etude du boisement des tourbières hautes de la chaine jurassienne: typologie et dynamique de la végétation – approche dendroécologique et dendrodynamique des peuplements arborescents. Thèse Fac. Sciences Univ. Neuchatel. 200 p.
Frelechoux, F., Buttler, A., Gillet, F., 2000 b: Dynamics of bog-pine-dominated mires in the Jura Mountains, Switzerland: a tentative scheme based on synusial phytosociology. Folia Geobot. 35: 273–288.
Frelechoux, F., Buttler, A., Schweingruber, F., Gobat, J.-M., 2000 a: Stand structure, invasion and growth dynamics of bog pine (Pinus uncinata var. rotundata) in relation to peat cutting and drainage in the Jura Mountains, Switzerland. Can. J. For. Res. 30: 1114–1126.
Frenzel, B. (ed.), 1992: European climate reconstructed from documentary data: methods and results. Paläoklimaforschung (Mainz) 7. 275 p.
Frenzel, B. (ed.), 1972: Vegetationsgeschichte der Alpen. Stuttgart. 188 p.
Frenzel, B. (ed.), 1991: Klimageschichtliche Probleme der letzten 130 000 Jahre. Paläoklimaforschung (Mainz) 1. 451 p.
Frenzel, B., 1964: Über die offene Vegetation der letzten Eiszeit am Ostrande der Alpen. Verh. Zool.-Botan. Ges. Wien 103/104: 110–137.
Frenzel, B., 1968: Grundzüge der pleistozänen Vegetationsgeschichte Nord-Eurasiens. Steiner Verlag, Wiesbaden. 326 p.

Frey, E., 1933: Die Flechtengesellschaften der Alpen. Ber. Geobot. Forsch.Inst. Rübel, Zürich 1932: 36–51.

Frey, E., 1947: Älteste Gipfelbewohner. Flechten als Pioniere der alpinen Vegetation. Die Alpen 23: 345–354.

Frey, E., 1958: Die anthropogenen Einflüsse auf die Flechtenflora in verschiedenen Gebieten der Schweiz. Veröff. Geobot. Inst. Rübel, Zürich 33: 91–107.

Frey, E., 1969: Alpin-nivale Flechten der Tauernketten. Verh. Zool.-Botan. Ges. Wien 108/9: 75–98.

Frey, W., Heinz, S., Hensen, I., Pfeiffer, T., 1999: Nahausbreitung bei Pflanzen – Ermittlung der Ausbreitungsweiten von Diasporen mittels Klebeplatten. Bot. Jahrb. Syst. 121: 75–84.

Frey, W., Hensen, I., 1995: Spergulo morisonii-Corynephoretum canescentis (Frühlingsspark-Silbergrasflur) – Lebensstrategien von Binnendünen- und Lockersandbesiedlern. Feddes Repert. 106: 533–553.

Frey, W., Hensen, I., Kürschner, H., 1995: Drabo-Hieracietum humilis (Habichtskraut-Felsspaltengesellschaft) – Lebensstrategien von Felsspaltenbesiedlern. Bot. Jahrb. Syst. 117: 249–272.

Frey, W., Lösch, R., 2004: Lehrbuch der Geobotanik. 2. Aufl. Spektrum, Heidelberg. 528 p.

Fricke, W., McDonald, A. J. S., Mattson-Djos, L., 1997: Why do leaves and leaf cells of N-limited barley elongate at reduced rates? Planta 202: 522–530.

Friedel, H., 1938 a: Die Pflanzenbesiedlung im Vorfelde des Hintereisferners. Z. Gletscherkunde 26: 215–239.

Friedel, H., 1938 b: Boden- und Vegetations-Entwicklung im Vorfelde des Rhonegletschers. Ber. Geobot. Forsch. inst. Rübel, Zürich 1937: 65–76.

Friedel, H., 1953: Wirkungen der Schneeverteilung im Pasterzengebiet. Carinthia II 142 (Klagenfurt): 16–26.

Friedel, H., 1956: Die alpine Vegetation des obersten Mölltales (Hohe Tauern). Erläuterung zur Vegetationskarte der Umgebung der Pasterze (Großglockner). Wiss. Alpenvereinshefte 16: 153 p.

Friedel, H., 1961: Schneedeckendauer und Vegetationsverteilungen im Gelände. Mitt. Forstl. Bundesversuchsanst. Mariabrunn (Wien) 59: 317–369.

Friedel, H., 1967: Verlauf der alpinen Waldgrenze im Rahmen anliegender Gebirgsgelände. Mitt. Forstl. Bundesversuchsanst. Wien 75: 81–172 (u. 5–55)

Friedrich, G., 1990: Eine Revision des Saprobiensystems. Z. Wasser-Abwasser-Forsch. 23: 141–152.

Frisse, E., 1977: Xylometrische und dendroklimatische Untersuchungen über den Einfluss von Temperatur und Niederschlag auf Eichen und Buchen. Diss. Univ. Hamburg, FB Biologie. 213 p.

Fritsch, H., 1962: Die Pfeifengraswiesen und andere Grünlandgesellschaften des Teufelsbruches bei Henningsdorf. Wiss. Z. Pädagog. Hochsch. Potsdam 7: 151–166.

Fritz, A., 1970: Die pleistozäne Pflanzenwelt Kärntens. (Mit einem Beitrag zur pleistozänen Verbreitungsgeschichte der Rotbuche, Fagus sylvatica L., in Europa). Naturwiss. Beitr. Heimatkunde Kärntens 29 (Sdh. Carinthia II). Klagenfurt.

Fröde, E., 1950: Die Pflanzengesellschaften der Insel Hiddensee. Diss. Univ, Greifswald.

Fröde, E., 1958: Die Pflanzengesellschaften der Insel Hiddensee. Wiss. Z. Univ. Greifswald, Math.-Nat. Reihe 7: 277–305.

Fromke, A., 1996: Vergleichende geobotanische Untersuchungen der Ostfriesischen Inseln Baltrum und Langeoog im Nationalpark "Niedersächsisches Wattenmeer". Diss. Univ. Hannover. 229 p.

Fromm, A., Jakob, S., Tischew, S., 2002: Sandtrockenrasen in der Bergbaufolgelandschaft. Naturschutz u. Landschaftsplanung 34: 45–51.

Froud-Williams, R. J., Drennan, D. S. H., Chancellor, R. J., 1983: Influence of cultivation regime on weed floras of arable cropping systems. J. Appl. Ecol. 20: 187–197.

Frühauf, S., 1999: Vorkommen, Verbreitung und Häufigkeit der Adonisröschen-Gesellschaft (Caucalido-Adonidetum flammeae) im nordhessischen Bergland unter Berücksichtigung ihres Verarmungsgrades. Unveröff. Dipl.arb. Fachber. Biologie, Univ. Kassel. 101 p.

Frye, J., Grosse, W., 1992: Growth responses to flooding and recovery of deciduous trees. Z. Naturforsch 47 c: 683–689.

Fuchs, M., Schulze, E.-D., Fuchs, M. I., 1977: Spacial distribution of photosynthetic capacity and performance in a mountain spruce forest of northern Germany. II. Climatic control of carbon dioxide uptake. Oecologia 29: 329–340.

Fuchsig, H., 1926: Vergleichende anatomisch-physiologische Untersuchungen an Formen von Fontinalis antipyretica. Österr. Z. Bot. 1926: 4–5.

Fühner, Ch., 2005: Das Auftreten acidophiler/calcifuger Pflanzenarten in Kalk-Halbtrockenrasen. Diss. Univ. Göttingen. 318 p.

Führböter, A., 1989: Changes of the tidal water levels at the German North Sea coast. Helgol. Meeresunters. 43: 325–332.

Fuhrer, J., 1996: Gasförmige Luftschadstoffe. In: Brunold, Ch., Rüegsegger, A., Brändle, R., (ed.): Stress bei Pflanzen. Haupt Verlag, Bern. pp. 221–246.

Fukarek, F. ,1961: Die Vegetation des Darß und ihre Geschichte. Pflanzensoziol. (Jena) 12. 321 p.

Fukarek, F., 1987: Pflanzen in Ausbreitung. Gefährdete Arten – gefährliche Arten. Bot. Rundbr. Bez. Neubrandenburg 19: 3–8.

Fukarek, P., 1964 : Die Tannen und Tannenmischwälder der Balkanhalbinsel. Schweiz. Z. Forstwes. 115: 518–533.

Füllekrug, E., 1971: Über den Jahresgang der Bodenfeuchtigkeit in verschiedenen Buchenwaldgesellschaften in der Umgebung von Gandersheim. Diss. Bot. 13. 136 p.

Füllekrug, E., 1990: Der Anteil der vegetativen Vermehrung von Allium ursinum in der Bärlauch-Fazies. Tuexenia 10: 401–407.

Funk, S., 1927: Die Waldsteppenlandschaften, ihr Wesen und ihre Verbreitung. Veröff. Geogr. Inst. Univ. Königsberg 8. 65 p.

Furrer, E., 1955: Probleme um den Rückgang der Arve (Pinus cembra) in den Schweizer Alpen. Mitt. Schweiz. Anst. Forstl. Versuchsw. 31: 669–705.

Furrer, E., 1958: Die Edelkastanie in der Innerschweiz. Mitt. Schweiz. Anst. Forstl. Versuchswes. 34: 89–182.

Furrer, E., 1966: Kümmerfichtenbestände und Kaltluftströme in den Alpen der Ost- und Innerschweiz. Schweiz. Z. Forstwes. 1966 : 720–733.

Gabrielson, J. O., Perkins, M. A., Welch, E. B., 1984: The uptake, translocation and release of phosphorus by Elodea densa. Hydrobiologia 111: 43–48.

Gaertig, T., von Wilpert, K., Schack-Kirchner, H., 1998: Bodenbelüftung als Steuergröße des Feinwurzelwachstums in Eichenbeständen. Allg. Forst- u. Jagdz. 170: 81–87.

Gafner, R., Hess, T., 1994: Vegetationsdynamik am Sesvennagletscher. Diss. Universität Zürich.

Gaige, E., Dail, D. B., Hollinger, D. Y. et al. (2007): Changes in canopy processes following whole-forest canopy nitrogen fertilization of a mature spruce-hemlock forest. Ecosystems 10: 1133–1147.

Galland, P., 1982: Croissance et strategie de reproduction de deux especes alpines: Carex firma L. et Dryas octopetala L. Bull. Soc. Neuchatel Sci. Nat. 109: 101–112.

Galoux, A., 1966: La variabilité génécologique due Hetre comun (Fagus sylvatica L.) en Belgique. Trav. Stat. Rech. Eaux et Forets Belg., Sér. A, 11: 121 p.

Gams, H., 1927: Von den Follatères zur Dent de Morcles. Beitr. Geobot. Landesaufn. Schweiz 15 : 760 p.

Gams, H., 1930: Über Reliktföhrenwälder und das Dolomitphänomen. Veröff. Geobot. Forsch.inst. Rübel, Zürich 6 : 3–80.

Gams, H., 1962: Das Gurgler Rotmoos und seine Stellung innerhalb der Gebirgsmoore. Veröff. Geobot. Inst. ETH, Stiftung Rübel, Zürich 37: 74–82.

Gardner, A. R., Willis, K. J., 1999: Prehistoric farming and the postglacial expansion of beech and hornbeam: a comment on Küster. The Holocene 9: 119–122.

Garland C. J., Wilkins, D. A., 1981: Effect of calcium on the uptake and toxicity of lead in Hordeum vulgare L. and Festuca ovina L. New Phytol. 87: 581–593.

Garnier, E., 1992: Growth analysis of congeneric annual and perennial grass species. J. Ecol. 80: 665–675.

Garty, J., 2001: Biomonitoring atmospheric heavy metals with lichens: theory and application. Crit. Rev. Plant Sci. 20: 309–371.

Garve, E., 1999: Zur Flora der Kalihalden in der Region um Hannover. Ber. Naturhist. Ges. Hannover 141: 197–218.

Garve, E., Garve, V., 2000: Halophyten an Kalihalden in Deutschland und Frankreich (Elsass). Tuexenia 20: 375–417.

Gass, P., Oertli, H. H., 1980: Durchwurzelungsvergleich zwichen Fettwiese und angrenzender Bergwiese. Z. Pflanzenern. Bodenkde 143: 208–214.

Gassner, G., 1915: Über die keimungsauslösende Wirkung der Stickstoffsalze auf lichtempfindliche Samen. Jb. Wiss. Bot. (Berlin) 55: 259–342.

Gastal, F., Durand, J.-L., 2000: Effects of nitrogen and water supply on N and C fluxes and partitioning in defoliated swards. In: Lemaire, G., Hodgson, J., de Moraes, A., Nabinger, C., De F. Carvalho, P. C. (eds.): Grassland Ecophysiology and Grazing Ecology. CABI Publishing, Wallingford. pp. 15–40.

Gätje, Ch., Reise, K. (eds.), 1998: Ökosystem Wattenmeer. Austausch-, Transport- und Stoffumwandlungsprozesse. Springer, Berlin. 570 p.

Gauckler, K, 1938: Steppenheide und Steppenheidewald der Fränkischen Alb in pflanzensoziologischer, ökologischer und geographischer Betrachtung. Ber. Bayer. Bot. Ges. 23: 3–134.

Gauckler, K., 1954: Serpentinvegetation in Nordbayern. Ber. Bayer. Bot. Ges. 30: 19–26.

Gaul, D., Hertel, D., Leuschner Ch., 2008: Responses of the fine root system in mature Norway spruce as affected by experimentally induced frost. J. Plant Nutr. Soil Sci. (in press).

Gauslaa, Y., 1995: The Lobarion, an epiphytic community of ancient forests, threatened by acid rain. Lichenologist 27: 59–76.

Gauslaa, Y., Holien, H., 1998: Acidity of boreal Picea abies-canopy lichens and their substratum, modified by local soils and airborne acidic depositions. Flora 193: 249–257.

Gauslaa, Y., Solhaug, K. A., 1996: Differences in the susceptibility to light stress between epiphytic lichens of ancient and young boreal forest stands. Funct. Ecol. 10: 344–354.

Gebauer, G., Rehder, H., Wollenweber, B., 1988: Nitrate, nitrate reduction and organic nitrogen in plants from different ecological and taxonomic groups of Central Europe. Oecologia 75: 371–385.

Gebauer, G., Schulze, E.-D., 1997: Nitrate nutrition of Central European forest trees. In: Rennenberg, H., Eschrich, W., Ziegler, H. (eds.): Trees – Contributions to Modern Tree Physiology. Backhuys, Leiden. pp. 273–292.

Gebauer, G., Zeller, B., Schmidt, G. et al., 2000: The fate of ^{15}N-labelled nitrogen inputs to coniferous and broadleaf forests. In: Schulze, E.-D. (ed.): Carbon and Nitrogen Cycling in European Forest Ecosystems. Ecol. Stud. 142. Springer, Berlin. pp. 144–170.

Gebauer, T., 2008: Water turnover in species-rich and species-poor deciduous forests: xylem sap flow and canopy transpiration. Diss. Univ. Göttingen, 141 p.

Gehle, T., Krabel, D., 2002: Genetische Aspekte zur Bewirtschaftung und Renaturierung von Auenwäldern. In: Roloff, A., Bonn, S., Küßner, R. (eds.): Hartholz-Auenwälder an der mittleren Elbe – Beiträge zur Ökologie, Bewirtschaftung und Renaturierung. Schriftenreihe, Landesforstverwaltung Sachsen-Anhalt. Gernrode. pp. 93–108.

Gehrmann, J., Büttner, G., Ulrich, B., 1987: Untersuchungen zum Stand der Bodenversauerung wichtiger Waldstandorte im Land Nordrhein-Westfalen. Ber. Forschungszentr. Waldökosysteme (Göttingen) B 4: 1–233.

Gehu, J.-M. (Red.), 1984: La végétation des forets alluviales. Coll. Phytosociol. IX (Strasbourg 1980). Cramer, Vaduz. 744 p.

Géhu, J. M., Julve, P., 1989: Die atlantischen Wälder mit Buche: Struktur, Pflanzengeographie, Ökologie, Dynamik und Syntaxonomie. Ber. Reinh.-Tüxen-Ges. (Hannover) 1: 93–105.

Geiger, R., 1961: Das Klima der bodennahen Luftschicht. 4. Aufl. Vieweg, Braunschweig.

Geiser, R., 1983: Die Tierwelt der Weidelandschaften. Seminarber. ANL (Laufen/Salzach): Schutz von Trockenbiotopen: Trockenrasen, Triften, Hutungen. pp. 55–64.

Geiser, R., 1992: Auch ohne Homo sapiens wäre Mitteleuropa von Natur aus eine halboffene Weidelandschaft. Ber. ANL (Laufen/Salzach), Laufener Seminarbeiträge 2/92: 22–34.

Geissler, P., 1976 : Zur Vegetation alpiner Fliessgewässer. Beitr. z. Krpytogamenflora d. Schweiz 14: 1–52.

Gensac, P., 1967: Les forets d'épicéa de Tarentaise. Rev. Génér. Botan. 74: 425–528.

Gensac, P., 1968: Les groupement forestiers de l'étage collinéen en Tarentaise moyenne et supérieure. Ann. Centre d'Enseignem. Sup., Sect. Sci. 6: 103–122.

Gensac, P., 1970: Les pessières de Tarentaise comparées aux autres pessières alpestres. Veröff. Geobot. Inst ETH, Stiftg. Rübel, Zürich 43: 104–139.

Gensac, P., 1977: Les groupement végétaux a Carex curvula All. dans le Massif de la Vanoise. Trav. Sci. Parc National Vanoise (Gap) 8: 67–94.

Genssler, H., 1959: Veränderungen von Boden und Vegetation nach generationsweisem Fichtenanbau. Diss. Hann. Münden. 191 p.Tab.anhang.

George, E., Stober, C., Seith, B., 1999: The use of different soil nitrogen sources by young Norway spruce plants. Trees 13: 199–205.

Gerdol, R., 1995: Community and species-performance patterns along an alpine poor-rich mire gradient. J. Veg. Sci. 6: 175–182.

Gerdol, V., Hughes, R. G., 1993: Effect of the amphipod Corophium volutator on the colonization of mud by the halophyte Salicornia europaea. Mar. Ecol. Progr. Ser. 97: 61–69.

Geringhoff, H., Daniels, F. J. A., 1998: Vegetationskundliche Untersuchungen zu Zwergstrauch-Heiden der Tschechischen Republik. Tuexenia 18: 103–117.

Geringhoff, H., Daniels, F. J. A., 2003: Zur Syntaxonomie des Vaccinio-Callunetum Büker 1942 unter besonderer Berücksichtigung der Bestände im Rothaargebirge. Abh. Westf. Museum Naturkde 65: 1–80.

Gerke, H., 1987: Untersuchungen zum Wasserhaushalt eines Kalkbuchenwald-Ökosystems und zur Wasserbewegung in flachgründigen Böden und im durchwurzelten Kalkgestein als Grundlage zur Modellentwicklung. Ber. Forsch. zentrum Waldökosysteme/Waldsterben Univ. Göttingen A 27. 189 p.

Gerken, B., Schirmer, M. (eds.), 1995: Die Weser. Fischer, Stuttgart. 349 p.

Gerlach, A., 1970: Wald- und Forstgesellschaften im Solling. Schriftenr. Vegetationskunde (Bonn Bad-Godesberg) 5: 75–133.

Gerlach, A., 1973: Methodische Untersuchungen zur Bestimmung der Stickstoffnettomineralisation. Scripta Geobot. (Göttingen) 5. 115 p.

Gerlach, A., 1992: Dune cliffs: a buffered system. In: Carter, R. W. G., Curtis, T. G. F., Sheehy-Skeffington, M. J. (eds.): Coastal Dunes: Geomorphology, Ecology and Management for Conservation. Balkema, Rotterdam. pp. 51–55.

Gerlach, A., 1993: Biogeochemistry of nitrogen in a coastal dune succession on Spiekeroog (Germany) and the impact of climate. Phytocoenologia 23: 115–127.

Gerlach, A., Albers, E. A., Broedlin, W., 1994: Development of the nitrogen cycle in the soils of a coastal dune succession. Acta Bot. Neerl. 43: 189–203.

Gessler, A., Keitel, C., Nahm, M., Rennenberg, H., 2004: Water shortage affects the water and nitrogen balance in central European beech forests. Plant Biol. 6: 289–298.

Gessler, A., Schneider, S., von Sengbusch, D. et al., 1998: Field and laboratory experiments on net uptake of nitrate and ammonium by the roots of spruce (Picea abies) and beech (Fagus sylvatica) trees. New Phytol. 138: 275–285.

Gessner, F., 1951: Untersuchungen über den Wasserhaushalt der Nymphaceen. Biol. General. 19: 247–280.

Gessner, F., 1955: Hydrobotanik. Die physiologischen Grundlagen der Pflanzenverbreitung im Wasser. I. Energiehaushalt. VEB Deutscher Verlag der Wissenschaften, Berlin. 701 p.

Gessner, F., 1957: Meer und Strand. 2. Aufl. Deut. Verlag d. Wissenschaften, Berlin. 426 p.

Gessner, F., 1961: Hydrostatischer Druck und Pflanzenwachstum. In: W. Ruhland (ed.): Handbuch der Pflanzenphysiologie, Bd. 16. Springer, Heidelberg. pp. 668–690.

Geyger, E., 1977: Leaf area and productivity in grasslands. In: Krause, W. (ed.) Handbook of Vegetation Science, Part XIII. Application of vegetation science to grassland husbandry. Dr. W. Junk Publ., The Hague. pp. 499–520.

Gianoni, G., Carraro, G., Klötzli, F., 1988: Thermophile, an laurophyllen Pflanzenarten reiche Waldgesellschaften im hyperinsubrischen Seenbereich des Tessins. Ber. Geobot. Inst. ETH Zürich, Stiftg. Rübel, 54: 164–180.

Giesecke, T., Hickler, T., Kunkel, T., Sykes, M. T., Bradshaw, R. H. W., 2007: Towards an understanding of the Holocene distribution of Fagus sylvatica L. J. Biogeogr. 34: 118–131.

Gignac, L. D., 1993: Distribution of Sphagnum species, communities, and habitats in relation to climate. Adv. Bryol. 5: 187–222.

Gigon, A., 1968: Stickstoff- und Wasserversorgung von Trespen-Halbtrockenrasen (Mesobromion) im Jura bei Basel. Ber. Geobot. Inst ETH, Stiftg. Rübel, Zürich 38: 28–85.

Gigon, A., 1971: Vergleich alpiner Rasen auf Silikat- und auf Karbonatboden. Veröff. Geobot. Inst. ETH, Stiftg. Rübel, Zürich 48: 164 p.

Gigon, A., 1975: Models for alpine ecosystems on different substrates. 12th Int. Bot. Congr. Leningrad Sec. 8-Ecol. Bot. Abs.: 146.

Gigon, A., 1981: Koexistenz von Pflanzenarten, dargelegt am Beispiel alpiner Rasen. Verh. Ges. f. Ökol. 9: 165–172.

Gigon, A., 1987: A hierarchic approach in causal ecosystem analysis. The calcifuge-calcicole problem in alpine grasslands. Ecol. Stud. 61. Springer, Berlin. p. 228–244.

Gigon, A., 1997: Fluktuationen des Dekkungsgrades und die Koexistenz von Pflanzenarten in Trespen-Halbtrockenrasen (Mesobromion). Phytocoenologia 27: 275–287.

Gigon, A., 1999: Positive Interaktionen in einem Blumenpolster. Ber. Reinh.-Tüxen-Ges. 11: 321–330.

Gigon, A., Leutert, A., 1996: The dynamic keyhole-key model of coexistence to explain diversity of plants in limestone and other grasslands. J. Veg. Sci. 7: 29–40.

Gigon, A., Rorison, I. H., 1972: The response of some ecologically distinct plant species to nitrate and to ammonium nitrogen. J. Ecol. 60: 93–102.

Gigon, A., Hegg, O., Zettel, J., 1986: Alpengarten Schynige Platte. Führer zur Ausstellung. Interlaken 1984. 42 p.

Gilbert, B., Lechowicz, M. J., 2004: The impact of forest paths upon adjacent vegetation: effects of the path surfacing material on the species composition and soil compaction. Biol. Conserv. 119: 405–419.

Gill, C. J., 1975: The ecological significance of adventitious rooting as a response to flooding in woody species, with special reference to Alnus glutinosa L. Gaertn. Flora 164: 85–97.

Gill, R., 2006: The influence of large herbivores on tree recruitment and forest dynamics. In: Danell, K., Duncan, P., Bergström, R., Pastor, J. (eds.): Large Herbivore Ecology, Ecosystem Dynamics and Conservation. Cambrigde Univ. Press, Cambridge. pp. 170–202.

Gillham, M. E., 1970: Seed dispersal by birds. In: Perrings, F. E. (ed.): The Flora of a Changing Britain. Classey, Hampton, Middlesex. pp. 90–98.

Giller, P. S., Malmqvist, B., 1998: The Biology of Streams and Rivers. Oxford University Press. Oxford. 296 p.

Gillner, V., 1960: Vegetations- und Standortsuntersuchungen in den Strandwiesen der schwedischen Westküste. Acta Phytogeogr. Suecica 43. 198 p.

Gilomen, H., 1938: Carex curvula All. ssp. nov. rosae Gilom. (Kalk-Krummsegge). Ber. Geobot. Forsch.inst. Rübel, Zürich 1937: 77–104.

Gilpin, M. E., Soulé, M. E., 1986: Minimum viable populations: processes of species extinction. In: Soulé, M. E., (ed.): Conservation Biology: The Science of Scarcity and Diversity. Sinauer Associates, Sunderland, Massachusetts. pp. 19–34.

Gimingham, C. H., 1960: Calluna Salisb. A monotypic genus. J. Ecol. 48: 455–483.

Gimingham, C. H., 1964: Maritime and sub-maritime communities. In: Burnett, J. H. (ed.): The vegetation of Scotland. Oliver & Boyd, Edinburgh. pp. 67–142.

Gimingham, C. H., 1972: Ecology of Heathlands. Chapman and Hall, London. 266 p.

Gimingham, C. H., 1985: Age-related interactions between Calluna vulgaris and phytophagous insects. Oikos 44: 12–16.

Gimingham, C. H., 1989: Heather and heathlands. Bot. J. Linnean Soc. 101: 263–268.

Gisi, U., Oertli, J. J., 1981: Ökologische Entwicklung in Brachland verglichen mit Kulturwiesen. I. Physikalisch-chemische Veränderungen im Boden. IV. Veränderungen im Mikroklima. Acta Oecologica 2: 7–21 u. 233–249.

Giugni, G., 1991: Études phytoécologiques des bas-marais et marais de pente (Caricion davallianae) des préalpes chablasisiennes. Beitr. Geobot. Landesaufn. Schweiz 67: 289 p.

Glänzer, U., Haber, W., Kohler, A., 1977: Experimentelle Untersuchungen zur Belastbarkeit submerser Fließgewässer-Makrophyten. Arch. Hydrobiol. 79: 193–232.

Glaser, F. F., Hauke, U., 2004: Historisch alte Waldstandorte und Hudewälder in Deutschland. Angew. Landschaftsökol. (Bonn-Gad Godesberg) 61. 193 p.

Gläser, J., 2005: Untersuchungen zur historischen Entwicklung und Vegetation mitteldeutscher Auenwälder. Diss. TU Dresden. 163 p.

Glässer, E., 1969: Zur Frage der anthropogen bedingten Vegetation, vor allem in Mitteleuropa. Die Erde 100: 37–45.

Glatzel, G., Jandl, R., Sieghardt, M., Hager, H., 1992: Magnesiummangel in mitteleuropäischen Waldökosystemen. Forstl. Schriftenr. Univ. f. Bodenkultur (Wien), Bd. 5. 198 p.

Glatzel, G., Kazda, M., 1985: Wachstum und Mineralstoffernährung von Buche (Fagus sylvatica) und Spitzahorn (Acer platanoides) auf versauertem und schwermetallbelastetem Bodenmaterial aus dem Einsickerungsbereich von Stammabflusswasser in Buchenwäldern. Z. Pflanzenern. Bodenk. 148: 429–438.

Glatzel, G., Kazda, M., Lindebner, L., 1986: Die Belastung von Buchenwaldökosystemen durch Schadstoffdeposition im Nahbereich städtischer Ballungsgebiete: Untersuchungen im Wienerwald. Düsseldorfer Geobot. Kolloquien 3: 15–32.

Glatzel, G., Sonderegger, E., Kazda, M., Puxbaum, H., 1983: Bodenveränderungen durch schadstoffangereicherte Stammablaufniederschläge in Buchenbeständen. Allg. Forstz. 38: 693–694.

Glavac, V., 1969: Über die Stieleichen-Auenwälder der Save-Niederung. Schr.R. Vegetationskde (Bad Godesberg) 4: 103–108.

Glavac, V., Bohn, U., 1971: Quantitative vegetationskundliche Untersuchungen zur Höhengliederung der Buchenwälder im Vogelsberg. Schriftenr.Vegetationsk. 5: 135–186.

Glavac, V., Koenies, H., 1986: Kleinräumige Konfiguration wichtiger bodenchemischer Meßgrößen in dem vom Stammablaufwasser beeinflussten Kronenbereich alter Buchen. Verh. Ges. Ökol. 14: 293–298.

Glavac, V., Krause, A., 1969: Über bodensaure Wald- und Gebüschgesellschaften trockenwarmer Standorte am Mittelrhein. Schriftenr. Vegetationskde (Bonn-Bad Godesberg) 4: 85–102.

Glavac, V., Raus, T., 1982: Über die Pflanzengesellschaften des Landschafts- und Naturschutzgebietes «Dönche» in Kassel. Tuexenia 2: 73–113.

Glenn-Lewin, D. C., van der Maarel, E., et al., 1992: Plant Succession: Theory and Prediction. Chapman & Hall, London. 352 p.

Gloser, J., 1967: The dependence of CO_2 exchange on density of irradiation, temperature and water saturation deficit in Stipa and Bromus. Photosynthetica 1: 171–178.

Gloser, J., 1993: Photosynthesis and limiting factors. In Rychnovská, M. (ed.): Structure and Functioning of Seminatural Meadows. Elsevier, Amsterdam. pp. 193–210.

Gluch, W., 1973: Die oberirdische Netto-Primärproduktion in drei Halbtrockenrasengesellschaften des Naturschutzgebietes "Leutratal" bei Jena. Arch. Naturschutz u. Landschaftsforsch. 13: 21–42.

Glück, H., 1936: Pteridophyten und Phanerogamen. Die Süßwasserflora Mitteleuropas, Heft 15. Fischer, Jena.

Göbl, F., 1967: Mykorrhizauntersuchungen in subalpinen Wäldern. Mitt. Forstl. Versuchswes. Österrr. (Wien) 75: 335–356.

Gocke, K., Rheinheimer, G., Schramm, W., 2003: Hydrographische, chemische und mikrobiologische Untersuchungen im Längsprofil der Schlei. Schr. Naturwiss. Ver. Schlesw.-Holst. 68: 31–62.

Godbold, D., Hoosbeek, M. R., Lukac, M. et al. 2006: Mycorrhizal hyphal turnover as a dominant process for carbon input into soil organic matter. Plant and Soil 281: 15–24.

Godbold, D., Hüttermann, A., 1986: The uptake and toxicity of mercury and lead to spruce (Picea abies Karst.) seedlings. Water, Air, Soil Pollut. 31: 509–516.

Godbold, D. L., 1994: Aluminum and heavy metal stress: from the rhizosphere to the whole plant. In: Godbold, D. L., Hüttermann, A. (eds.): Effects of Acid Rain on Forest Processes. Wiley-Liss, New York. pp. 231–264.

Godbold, D. L., Fritz, E., Hüttermann, A., 1988: Aluminum toxicity and forest decline. Proc. Natl. Acad. Sci. USA 85: 3888–3892.

Godbold, D. L., Fritz, E., Jentschke, G., Meesenburg, H., Rademacher, P., 2003: Root turnover and root necromass accumulation of Norway spruce (Picea abies) are affected by soil acidity. Tree Physiol. 23: 915–921.

Gödde, M., 1986: Vergleichende Untersuchungen der Ruderalvegetation der Großstädte Düsseldorf, Essen und Münster. Diss. Math.-Naturwiss. Fak. Univ. Düsseldorf.

Gödde, M., 1987: Hilfsprogramm für Mauerpflanzen. Merkbl. Biotop- u. Artenschutz 73. LÖLF, Recklinghausen.

Godefroid, S., Koedam, N., 2004: The impact of forest paths upon adjacent vegetation: effects of path surfacing material on the species composition and soil compaction. Biol. Conserv. 119: 405–419.

Godefroid, S., Rucquoij, Koedam, N., 2005: To what extent do forest herbs recover after clearcutting in beech forest? For. Ecol. Manage. 210: 39–53. Godwin 1975 in Becker

Goetze, D., 1996: Zur Typisierung von Landschaftsausschnitten in Bachtälern des Oden- und Nordschwarzwaldes auf der Grundlage von Vegetationskomplexen. Braunschweig. Geobot. Arb. 4: 259–268.

Gökceoglu, M., 1975: Untersuchungen über Produktion und Nährstoffumsatz in Rasengesellschaften von Carex sempervirens und Carex ferruginea. Diss. TU München. 108 p.

Gökceoglu, M., Rehder, H., 1977: Nutrient turnover studies in alpine ecosystems. III. Communities of lower altitudes dominated by Carex sempervirens Vill. and Carex ferruginea Scop.. Oecologia 28: 317–331.

Goldblum, D., 1997: The effects of treefall gaps on understorey vegetation in New York State. J. Veg. Sci. 8: 125–132.

Golisch, A., 1996: Buchenwälder im Kreis Lippe (Nordrhein-Westfalen) mit einer Übersicht über die Querco-Fagetea. Tuexenia 16: 3–24.

Golisch, A., 2002: Waldgesellschaften grundwasserferner Standorte im südwestlichen Rheinischen Schiefergebirge unter besonderer Berücksichtigung wärmeliebender Wälder und ihrer Standortbedingungen. Diss. Bot. 357. 246 p.

Golubic, S., 1963: Hydrostatischer Druck, Licht und submerse Vegetation im Vrana-See. Int. Rev. Ges. Hydrobiol. 48: 1–7.

Gönnert, T., 1989: Ökologische Bedingungen verschiedener Laubwaldgesellschaften des Nordwestdeutschen Tieflandes. Diss. Bot. 136: 224 p.

Goodman, P. J., 1960: Investigations into "dieback" in Spartina townsendii agg. II. The morphological structure and composition of the Lymington sward. J. Ecol. 48: 711–724.

Gopal, B., Goel, U., 1993: Competition and allelopathy in aquatic plant communities. The Botan. Rev. 59: 155–210.

Gorham, E., 1974: The relationship between standing crop in sedge meadows and summer temperature. J. Ecol. 62: 487–491.

Görres, M., Frenzel, B., Kempter, H., 1995: Das Hochmoor als Archiv – Der Elementgehalt des Torfes spiegelt die Luftverschmutzung im Mittelalter und in der Römerzeit. Telma 25: 129–141.

Görs, S. 1964: Beiträge zur Kenntnis basiphiler Flachmoorgesellschaften. 2. Teil. Das Mehlprimel-Kopfbinsenmoor. Veröff. Württemb. Landesst. Naturschutz u. Landschaftspflege Baden-Württemb. 32: 7–42.

Görs, S., 1963: Beiträge zur Kenntnis basiphiler Flachmoorgesellschaften (Tofieldietalia Preisg. apud Oberd.49). I. Teil. Das Davallseggen-Quellmoor (Caricetum davallianae W.Koch28). Veröff. Württemb. Landesst. Naturschutz u. Landschaftspflege Baden-Württemb. 31: 7–30.

Görs, S., 1975: Das Cladietum marisci All. 1922 in Süddeutschland. Beitr. Naturk. Forsch. Südw.-Deutschl. 34: 103–123.

Goryshina, T. K., 1972: Vergleichend geographische Übersicht der jahreszeitlichen Photosynthese-Rhythmik bei Kräutern des Laubwaldes. Bot. Z. (Leningrad) 57: 446–456 (in russisch).

Gottfried, M., Pauli, H., Grabherr, G., 1998: Prediction of vegetation patterns at the limits of plant life: a new view of the alpine-nivale ecotone. Arctic Alp. Res. 30: 207–221.

Gottfried, M., Pauli, H., Reiter, K., Grabherr, G., 2002: Potential effects of climate change on alpine and nival plants in the Alps. In: Körner, Ch., Spehn, E. M. (eds.): Mountain Biodiversity – A Global Assessment. Parthenon Publishing, London. pp. 213–223.

Gotthard, W., 1965: Die Küchenschelle (Pulsatilla vulgaris Mill.) im Ries. Botan. Jb. 84: 1–50.

Göttlich, K. (ed.), 1990: Moor- und Torfkunde. 3. Aufl. Schweizerbart, Stuttgart.

Gouvra, E., Grammatikopoulos, G., 2003: Beneficial effects of direct foliar water uptake on shoot water potential of five chasmophytes. Can. J. Bot. 81: 1278–1284.

Gowing, D. J. G., Davies, W. J., Jones, H. G., 1990: A positive root-sourced signal as an indicator of soil drying in apple, Malus x domestica Bork. J. Exp. Bot. 41: 1535–1540.

Graae, B. J., 2000: The effect of landscape fragmentation and forest continuity on forest floor species in two regions of Denmark. J. Veg. Sci. 11: 881–892.

Graae, B. J., Heskjaer, V. S., 1997: A comparison of understorey vegetation between untouched and managed deciduous forest in Denmark. For. Ecol. Manage. 96: 111–123.

Graaf de, M. C. C., Bobbink, R., Roelofs, J. G. M., Verbeek, P. J. M., 1998 a: Differential effects of ammonium and nitrate on three heathland species. Plant Ecology 135: 185–196.

Graaf de, M. C. C., Bobbink, R., Verbeek, P. J. M., Roelofs, J. G. M., 1997: Aluminium toxicity and tolerance in three heathland species. Water, Air and Soil Pollut. 98: 229–241.

Graaf de, M. C. C., Verbeek, P. J. M., Bobbink, R., Roelofs, J. G. M., 1998 b: Restoration of species-rich dry heaths: the importance of appropriate soil conditions. Acta Bot. Neerl. 47: 89–111.

Graber, W. K., Siegwolf, R. T. W., Nater, W., Leonardi, S., 1996: Mapping the impact of anthropogenic depositions on high elevated alpine forests. Environ. Software 11: 29–64.

Grabherr, G., 1974: Beiträge zur Ökophysiologie von Loiseleuria procumbens (L.) Desv. Diss. Univ. Innsbruck.

Grabherr, G., 1979: Variability and ecology of the alpine dwarf shrub community Loiseleurio-Cetrarietum. Vegetatio 41: 111–120.

Grabherr, G., 1982: The impact of trampling by tourists on a high altitudinal grassland in the Tyrolian Alps, Austria. Vegetatio 48: 209–217.

Grabherr, G., 1987 a: Ökologische Probleme des alpinen Raumes. Schr.R. Deutsch. Rat f. Landespfl. 52: 124–130.

Grabherr, G., 1987 b: Produktion und Produktionsstrategien im Krummseggenrasen (Caricetum curvulae) der Silikatalpen und ihre Bedeutung für die Bestandesstruktur. MAB-Projekt Obergurgl. Universitätsverlag Wagner, Innsbruck. pp. 233–241.

Grabherr, G., 1988: Verbreitung und Status der Erlenwälder in Österreich. Ingenieurbiologie – Die mitteleuropäischen Erlen. Jahrbuch 7, Ges. f. Ingenieurbiol. (Aachen): 107–113.

Grabherr, G., 1993: Heiden in den Alpen. Ber. d. Reinhold-Tüxen-Ges. 5: 167–182.

Grabherr, G., 1993 a: Caricetea curvulae. In: Grabherr, G., Mucina, L. (eds.): Die Pflanzengesellschaften Österreichs. Teil II. G. Fischer, Stuttgart. pp. 343–372.

Grabherr, G., 1993 b: Loiseleurio-Vaccinietea. In: Grabherr, G. , Mucina, L. (eds.): Die Pflanzengesellschaften Österreichs. Teil II. G. Fischer, Stuttgart. pp. 447–467.

Grabherr, G., 1993 c: Naturschutz und alpine Landwirtschaft in Österreich. Z.schr. Ökol. Natursch. 2: 113–117.

Grabherr, G., 1997: The high-mountain ecosystems of the Alps. In Wielgolaski, F. E. (ed.): Polar and Alpine Tundra. Ecosystems of The World, Vol. 3. Elsevier, Amsterdam. p. 97–121.

Grabherr, G., 2003: Alpine vegetation dynamics and climate change – a synthesis of long-term studies and observations. In: Nagy, L., Grabherr, G., Körner, Ch., Thompson, D. B. A. (eds.): Alpine Biodiversity in Europe. Ecol. Stud. 167. Springer, Berlin. pp. 399–409.

Grabherr, G., Brzoska, W., Hofer, H., Reisigl, H., 1980: Energiebindung und Wirkungsgrad der Nettoprimärproduktion in einem Krummseggenrasen (Caricetum curvulae) der Ötztaler Alpen, Tirol. Acta Oecol. 1: 307–316.

Grabherr, G., Gottfried, M., Gruber, A., Pauli, H., 1995: Patterns and current changes in alpine plant diversity. In: Chapin, F. S. III, Körner, Ch. (eds.): Artic and Alpine Biodiversity: Patterns, Causes and Ecosystem Consequences. Ecol. Stud. 113:167–181.

Grabherr, G., Gottfried, M., Pauli, H., 1994: Climate effects on mountain plants. Nature 369: 448.

Grabherr, G., Greimler, J., Mucina, L., 1993: Seslerieta albicantis. In: Grabherr, G., Mucina, L. (eds.): Die Pflanzengesellschaften Österreichs. Teil II. G. Fischer, Stuttgart. pp. 402–446.

Grabherr, G., Hohengartner, H., 1989: Die "Junggärtnermethode" – eine neue Methode zur Renaturierung hochalpiner Rohbodenflächen mit autochthonem

Pflanzgut. Die Bodenkultur (Wien) 40: 85–94.

Grabherr, G., Mähr, E., Reisigl, H., 1978: Nettoprimärproduktion und Reproduktion in einem Krummseggenrasen (Caricetum curvulae) der Ötztaler Alpen, Tirol. Oecol. Plant. 13: 227–251.

Grabherr, G., Nagy, L., Thompson, D. B. A., 2003: An outline of Europe's alpine areas. In: Nagy, L., Grabherr, G., Körner, C., Thompson, D. B. A. (eds.): Alpine Biodiversity in Europe. Ecol. Stud. 167. Springer, Berlin. pp. 3–12.

Grabherr, G., Reiter, K., Willner, W., 2003: Toward objectivity in vegetation classification: the example of the Austrian forests. Plant Ecology 169: 21–34.

Grabherr, G., Wrbka, T., 1988: Landschaftsgestaltende Maßnahmen im Agrarverfahren. Akad. f. Umwelt u. Energie; Studien (Laxenburg) 8: 41 p.

Grabherr, W., 1934: Der Einfluss des Feuers auf die Wälder Tirols in Vergangenheit und Gegenwart. Cbl. Ges. Forstwes. 60: 260–273 u. 289–302.

Grabherr, W., 1936: Die Dynamik der Brandflächenvegetation auf Kalk- und Dolomitböden des Karwendels. Beih. Botan. Cbl. 55B: 1–94.

Grabherr, W., 1942: Bodenkundlich-nährstoffökologische und pflanzensoziologische Beiträge zur Frage der Waldbodendüngung. Mitt. Forstwirtsch. u. Forstwiss. 1942: 248–278.

Grabherr, W., 1942: Über die Nährstoffökologie und das Formbildungsvermögen der Gräsergattung Molinia (Schrank) in Abhängigkeit von Nährstoffgehalt und Reaktion des Bodens. Mitt. Forstwirtsch. u. Forstwiss. 1942: 172–196.

Grabner, S., 1997: Seslerio-Caricetum sempervirentis and Caricetum ferruginea in the northern calcareous Alps. Folia Geobot. Phytotax. 32: 297–311.

Grace, J., 1988: The functional significance of short stature in montane vegetation. In: Werger, M. J. A., Van der Aart, P. J. M., During, H. J., Verhoeven, J. T. A. (eds.): Plant form and vegetation structure. SPB Acad. Publishers, Den Haag. pp. 201–209.

Grace, J., Woolhouse, H. W., 1970: A physiological and mathematical study of the growth and productivity of a Calluna-Sphagnum community. I. Net photosynthesis of Calluna vulgaris L. Hull. J. Appl. Ecol. 7: 363–378.

Grace, J., Woolhouse, H. W., 1973: A physiological and mathematical study of the growth and productivity of a Calluna-Sphagnum community. II. Distribution of photosynthesis in Calluna vulgaris L. Hull. J. Appl. Ecol. 10: 77–91.

Grace, J. B., Anderson, T. M., Smith, M. D. et al., 2007: Does species diversity limit productivity in natural grassland communities? Ecol. Letters 10: 680–689.

Grace, J. B., Wetzel, R. G., 1981: Habitat partitioning and competitive displacement in cattails (Typha): Experimental field studies of intensity of competition. Am. Nat. 118: 463–474.

Grace, J. B., Wetzel, R. G., 1998: Long-term dynamics of Typha populations. Aquat. Bot. 61: 137–146.

Gradmann, R., 1932: Unsere Flußtäler im Urzustand. Z. Ges. f. Erdkunde Berlin 1932: 1–17.

Gradmann, R., 1950: Das Pflanzenleben der Schwäbischen Alb. 1. Aufl. 1898. 4. Aufl. 1950, 2 Bde: 407 u. 449 p. Schwäbischer Albverein, Stuttgart.

Graebner, P., 1901: Die Heide Norddeutschlands und die sich anschließenden Formationen in biologischer Betrachtung. Die Vegetation der Erde 5: 320 p.

Graebner, P., 1925: Die Heide Norddeutschlands. Leipzig. 272 p.

Graf Pannatier, E., Dobbertin, M., Schmitt, M., Thimonier, A., Waldner, P., 2007: Effects of the drought 2003 on forests in Swiss Level II plots. Schr. Forstl. Fak. Univ Göttingen u. Nordwestdeut. Forstl. Versuchsanst. 142: 128–135.

Graf, U. H., 1996: Zur Indikation von Bodennährstoffen in Streuwiesen. Veröff. Geobot. Inst. ETH, Stiftg. Rübel, Zürich, 127: 1–148.

Graff, O., 1971: Beeinflussen Regenwurmröhren die Pflanzenernährung? Landbauforschung (Völkenrode) 21: 103–108.

Grahn, O., 1977: Macrophyte succession in Swedish lakes caused by deposition of airborne acid substances. Water, Air, Soil Pollut. 7: 295–305.

Grahn, O., Hultberg, H., Lander, L., 1974: Oligotrophication – a self accelerating process in lakes subjected to excessive supply of acid substances. Ambio 3: 93–94.

Granéli, W., 1990: Standing crop and mineral content of reed, Phragmites australis (Cav.) Trin. ex Steudel, in Sweden – management of reed stands to maximize havestable biomass. Folia Geobot. Phytotax. 25: 291–302.

Granéli, W., Solander, D., 1988: Influence of aquatic macrophytes on phosphorus cycling in lakes. Hydrobiologia 170: 245–266.

Granhall, U., Selander, H., 1973: Nitrogen fixation in a subarctic mire. Oikos 24: 8–15.

Granier, A., Aubinet, M., Epron, D. et al., 2003: Deciduous forests: carbon and water fluxes, balances and ecophysiological determinants. In: Valentini, R. (ed.): Fluxes of Carbon, Water and Energy of European Forests. Ecol. Stud. 163. Springer, Berlin. pp. 55–70.

Granier, A., Reichstein, M., Bréda, N. et al., 2007: Evidence for soil water control on carbon and water dynamics in European forests during the extremely dry year: 2003. Agric. For. Meteorol. 143: 123–145.

Granström, A., 1987: Seed viability of fourteen species during five years of storage in a forest soil. J. Ecol. 75: 321–331.

Grant, S. A., Barthram, G. T., Lamb, W. I. C., Milne, J. A., 1978: Effects of season and level of grazing on the utilization of heather by sheep. 1. Responses of the sward. J. Brit. Grassl. Soc. 26: 51–58.

Grauwinkel, B., 1987: Beitrag zur Pilzflora des Erlenbruchwaldes. Veröff. Übersee-Mus. Bremen A 8: 165 p.

Graves, J. D., 1990: A model of the seasonal pattern of carbon acquisition in two woodland herbs, Mercurialis perennis L. and Geum urbanum L. Oecologia 83: 479–484.

Gray, A. J., Scott, R., 1977: Puccinellia maritima (Huds.) Parl. J. Ecol. 65: 699–716.

Greb, H., 1957: Der Einfluss tiefer Temperaturen auf die Wasser- und Stickstoffaufnahme und ihre Bedeutung für das "Xeromorphieproblem". Planta 48: 523–563.

Green, B. H., 1968: Factors influencing the spatial and temporal distribution of Sphagnum imbricatum Hornsch. ex Russ. in the British Isles. J. Ecol. 56: 47–58.

Greene, D. F., Johnson, E. A., 1986: Dispersal capacity and seed production in anemochorous plants. Oecologia 68: 629–631.

Gregor, T., Seidling, W., 1997: 50 Jahre Vegetationsentwicklung auf einer Schlagfläche im osthessischen Bergland. Forstw. Cbl. 116: 218–231.

Gries, D., 2004: Ökophysiologische Grundlagen und biophysikalische Steuerung der Kohlenstoffbilanz zweier edaphisch gegensätzlicher Altbuchenbestände. Habil.schrift Univ. Göttingen. 583 p.

Gries, D., Runge, M., 1995: Responses of calcicole and calcifuge Poaceae species to iron limiting conditions. Bot. Acta 108: 482–489.

Griesche, C., 1993: Die Eibe. Unser Wald 45: 17–20.

Griese, D., 1999: Flora und Vegetation einer neuen Stadt am Beispiel von Wolfsburg. Braunschw. Geobot. Arb. 7. 235 p.

Griesser, B., 1992: Mykosoziologie der Grauerlen- und Sanddorn-Auen (Alnetum incanae, Hippophaetum) am Hinterrhein (Domleschg, Graubünden, Schweiz). Veröff. Geobot. Inst. ETH, Stiftg. Rübel, Zürich 198: 295 p.

Grigal, D. F., Ohmann, L. F., 1992: Carbon storage in upland forests of the Lake States. Soil Sci. Soc. Am. J. 56: 935–943.

Grime, J. P., 1963: Factors determining the occurrence of calcifuge species on shallow soils over calcareous substrata. J. Ecol. 51: 375–390.

Grime, J. P., 1965: The ecological significance of lime-chlorosis. An experiment with two species of Lathyrus. New Phytol. 64: 477–487.

Grime, J. P., 1966: Shade avoidance and tolerance in flowering plants. In: Bainbridge, R., Evans, G. C., Rackham, O. (eds.): Light as an Ecological Factor. Blackwell, Oxford. pp. 281–301.

Grime, J. P., 1979: Plant strategies and vegetation processes. Wiley & Sons, Chichester.

Grime, J. P., 1981: Plant Strategies and Vegetation Processes. J. Wiley, Chichester. 222 p.

Grime, J. P., 2001: Plant Strategies, Vegetation Processes, and Ecosystem Properties. Wiley, Chichester.

Grime, J. P., Hunt, R., 1975: Relative growth-rate: its range and adaptive significance in a local flora. J. Ecol. 63: 393–422.

Grime, J. P., Hutchinson, T. C., 1967: The incidence of lime-chlorosis in the natural vegetation of England. J. Ecol. 55: 557–566.

Grime, J. P., Lloyd, P. S., 1973: An Ecological Atlas of Grassland Plants. Edward Arnold, London.

Grime, J. P., Mackey, J. M. L., Hillier, S. H., Read, D. J., 1987: Floristic diversity in a model system using experimental microcosms. Nature 328: 420–422.

Grimme, K., 1975: Wasser- und Nährstoffversorgung von Hangbuchenwäldern auf Kalk in der weiteren Umgebung von Göttingen. Diss. Univ. Göttingen. 190 p.

Grimme, K., 1977: Wasser- und Nährstoffversorgung von Hangbuchenwäldern auf Kalk in der weiteren Umgebung von Göttingen. Scripta Geobot. (Göttingen) 12. 58 p.

Grisebach, A., 1846: Über die Bildung des Torfes in den Emsmooren aus deren unveränderter Pflanzendecke. Göttinger Studien 1845: 118 p.

Grodzinska, K., 1971: Acidification of tree bark as a measure of air pollution in Southern Poland. Bull. Acad. Polon. Sci., Sér. Biol. Cl. II, 19: 189–195.

Groenendijk, A. M., 1984: Primary production of four dominant salt-marsh angiosperms in the SW Netherlands. Vegetatio 57: 143–152.

Groenendijk, A. M., Vink-Lievaart, M. A., 1987: Primary production and biomass on a Dutch salt marsh: empasis on the below-ground component. Vegetatio 70: 21–27.

Groenman-van Waateringe, W., 1975: Prunetalia scrub: early neolithic field enclosures in Europe. XII. Intern. Botan. Congr. (Leningrad) Abstr. 1: 113.

Gronwald, W., 1953: Welche Erkenntnisse zur Frage der vermuteten neuzeitlichen Nordseeküstensenkung hat die Wiederholung des Deutschen Nordseeküsten-Nivellements gebracht? Die Küste (Heide i. Holst.) 1953: 66–82.

Groot Bruinderink, G. W. T. A., Hazebroek, E., 1996: Wild boar (Sus scrofa scrofa L.) rooting and forest regeneration on podzolic soils in the Netherlands. For. Ecol. Manage. 88: 71–80.

Grootjans, A. P., Hartog, P. S., Fresco, L. F. M., Esselink, H., 1991: Succession and fluctuation in a wet dune slack in relation to hydrological changes. J. Veg. Sci. 2: 545–554.

Grootjans, A. P., Lammerts, E. J., van Beusekom, F., 1995: Kalkrijke duinvalleien op de Waddeneilanden. KNNV, Utrecht. 176 p.

Grootjans, A. P., Schipper, P. C., Windt, H. J. van der, 1986: Influence of drainage on N-mineralization and vegetation response in wet meadows. II. Cirsio-Molinietum stands. Acta Oecologica 7: 3–14.

Grootjans, A. P., Ten Klooster, W. P., 1980: Changes of ground water regime in wet meadows. Acta Bot. Neerl. 29: 541–554.

Grootjans, A. P., van der Ende, F. P., Walsweer, A. F., 1997: The role of microbial mats during primary succession in calcareous dune slacks: an experimental approach. J. Coastal Conserv. 3: 95–102.

Gross, H., 1935: Der Döhlauer Wald in Ostpreußen. Eine bestandesgeschichtliche Untersuchung. Beih. Botan. Cbl. 53B: 405–431.

Gross, M., 1989: Untersuchungen an Fichten der alpinen Waldgrenze. Diss. Bot. 139. 175 p.

Grosse, W., Frye, J., Lattermann, S., 1992: Root aeration in wetland trees by pressurized gas transport. Tree Physiol. 10: 285–295.

Grosse, W., Schröder, W., 1995: Aeration of the roots and chloroplast-free tissues of trees. Ber. Deut. Bot. Ges. 98: 311–318.

Grosse-Brauckmann, G., 1953 a: Untersuchungen über die Ökologie, besonders den Wasserhaushalt von Ruderalgesellschaften. Vegetatio 4: 245–283.

Grosse-Brauckmann, G., 1953 b: Über die Verbreitung ruderaler Dorfpflanzen innerhalb eines kleines Gebietes. Mitt. Florist.-soziol. Arb.gem. N. F. 4: 5–10.

Grosse-Brauckmann, G., 1962: Moorstratigraphische Untersuchungen im Niederwesergebiet (Übergangs-Moorbildungen am Geestrand und ihre Torfe). Veröff. Geobot. Inst. ETH, Stiftg. Rübel, Zürich 37: 100–116.

Grosse-Brauckmann, G., 1974: Zum Verlauf der Verlandung bei einem eutrophen Flachsee (nach quartärbotanischen Untersuchungen am Steinhuder Meer). I. Heutige Vegetationszonierung, torfbildende Pflanzengesellschaften der Vergangenheit. Flora 163: 179–229.

Grosse-Brauckmann, G., 1975: Über Beziehungen zwischen chemischen Merkmalen von Torfen und ihrem botanischen Charakter. Moor und Torf in Wissenschaft und Wirtschaft. S. Schneider zum 70. Geburtstag. pp. 145–155.

Grosse-Brauckmann, G., 1976: Ablagerungen der Moore. In: Göttlich, K. (ed.): Moor- und Torfkunde. Schweizerbart'sche Verlagsbuchhandlung. Stuttgart. pp. 91–133.

Grosse-Brauckmann, G., 1976: Zum Verlauf der Verlandung bei einem eutrophen Flachsee (nach quartärbotanischen Untersuchungen am Steinhuder Meer). II. Die Sukzessionen, Ablauf und ihre Bedingungen. Flora 165: 415–455.

Grosse-Brauckmann, G., 1986: Analysis of vegetative plant macrofossils. In: Berglund, B. E. (ed.): Handbook of Holocene Palaeoecology and Palaeohydrology. pp. 591–618.

Grosse-Brauckmann, G., 1996: Ansprache und Klassifikation von Torfen und Mooren als Voraussetzung für Moorkartierungen (vor allem aus bodenkundlicher Sicht). Abh. Naturw. Verein Bremen 43: 213–237.

Grosse-Brauckmann, G., Puffe, D., 1967: Über Zersetzungsprozesse und Stoffbilanz im wachsenden Moor. 8th Intern. Congr. Soil Sci. Bukarest, Romania 1964, 5: 635–649.

Grosser, K. H., 1956: Die Vegetationsverhältnisse an den Arealvorposten der Fichte im Lausitzer Flachland. Arch Forstwes. 5: 285–294.

Grosser, K. H., Quitt, H., 1998 : Wälder und Gehölze. In: Wegener, U. (ed.): Naturschutz in der Kulturlandschaft. Fischer, Jena. pp. 59–102.

Grossmann, H., 1927: Die Waldweide in der Schweiz. Diss. ETH Zürich. 123 p.

Grossmann, H., 1934: Der Einfluß alter Glashütten auf den schweizerischen Wald. Ber. Geobot. Forsch. Inst. Rübel, Zürich 1933: 15–32.

Groten, K., Bruelheide, H., 1997: Differences in soil conditions between heathlands and grasslands on Zechstein gypsum soils. Flora 192: 347–359.

Groth, B., 1994: Schwammspinner. Unser Wald (Bonn) 46: 5–7.

Grubb, P. J., 1977: The maintainance of species-richness in plant communities: the importance of the regeneration niche. Biol. Rev. 52: 107–145.

Grubb, P. J., 1986: Problems posed by sparse and patchily distributed species in species-rich plant communities. In: Diamond, J., Case, T. C. (eds.): Community Ecology. Harper & Row, New York. pp. 207–226.

Grubb, P. J., 1987: Global trends in species richness in terrestrial vegetation: a view from the northern hemisphere. In: Gee, J. H. R., Giller, P. S. (eds.): Organization of Communities. Blackwell, Oxford. pp. 99–118.

Grubb, P. J., 1990: Demographic studies on the perennials of chalk grassland. In: Hillier, S. H., Walton, D. W. H., Wells, D. A. (eds.): Calcareous Grasslands – Ecology and Management. Bluntisham Books, Huntingdon. pp. 93–99.

Grubb, P. J., Ford, M. A., Rochefort, L., 1997: The control of relative abundance of perennials in chalk grassland: is root competition or shoot competition more important? Phytocoenologia 27: 289–309.

Grubb, P. J., Green, H. E., Merrifield, R. C., 1969: The ecology of chalk-heath: its relevance to the calcicole-calcifuge and soil acidification problems. J. Ecol. 57: 175–213.

Grube, H.-J., 1975: Die Makrophytenvegetation der Fließgewässer in Süd-Niedersachsen und ihre Beziehungen zur Gewässerverschmutzung. Arch. Hydrobiol. Suppl. 45: 376–456.

Gruber, F., 1976: Physikalische Eigenschaften und Wasserhaushalt hochalpiner Böden im Glocknergebiet. Diss. Wien.

Gruber, F., 1980: Die Verstaubung der Hochgebirgsböden im Glocknergebiet. In: Franz, H. (ed.): Untersuchungen an alpinen Böden in den Hohen Tauern 1974–1978. Stoffdynamik und Wasserhaushalt. Veröff. Österr. MaB-Hochgebirgsprogr. Hohe Tauern, Bd. 3. Wagner, Innsburck. pp. 69–90.

Gruber, F., 1994: Morphology of coniferous trees: possible effects of soil acidification on the morphology of Norway Spruce and Silver Fir. In: Godbold, D. L., Hüttermann, A. (eds.): Effects of Acid Rain on Forest Processes. Wiley-Liss, New York. pp. 265–324.

Gruber, F., 2003: Steuerung und Vorhersage der Fruchtbildung bei der Rotbuche (Fagus sylvatica L.) durch die Witterung. Schr. Forstl. Fak. Univ. Göttingen u. Nieders. Forstl. Versuchanst. 136. 141 p.

Gruber, F., 2004 : Ist der „Blattverlust" der Buche nur ein Witterungsphänomen ? AFZ/Der Wald 59: 251–254.

Gruber, P., 1973: Zusammenhänge zwischen Klimaunterschieden, Bodenchemismus und Bodenwassergehalt auf Lockersedimentböden des Wiener Raumes. Mitt. Österr. Bodenk. Ges. 17. 123 p.

Gruber, S., Hoelzle, M., Haeberli, W., 2004: Permafrost thaw and destabilization of Alpine rock walls in the hot summer of 2003. Geophys. Res. Lett. 31/L 13504.

Grüll, F., 1979: Die Vegetation der Eisenbahnstrecken und ihre Pflanzengesellschaften im Areal der Stadt Brno. Acta Bot. Slov., Acad. Sci. Slov., Ser. A 3: 245–251.

Grüll, F., 1980: Vorkommen und Charakteristik weniger bekannter Ruderalgesellschaften der Verbände Sisymbrion officinalis und Arction im breiteren Areal der Stadt Brno. Preslia 52: 269–278.

Grüll, F., 1984: Ruderalvegetation in Neusiedlungen von Brno. Acta Bot. Slov., Acad. Sci. Slov., Ser. A, Suppl. 1: 27–36.

Grüneberg, H., Schlüter, H., 1957: Waldgesellschaften im Thüringischen Schiefergebirge. Archiv Forstwes. 6: 861–932.

Grünhage, L., Jäger, H.-J., 1988: Entwicklung der Nährstoff- und Schwermetallgehalte in Fichtennadeln aus dem Rhein-Main-Gebiet. Angew. Bot. 62: 85–91.

Grünig, A., 1980: Unsere Seeufer in Vergangenheit und Gegenwart. Jber. Verb. Schutze d. Landschaftsbildes am Zürichsee 53: 15–34.

Grünig, A., Vetterli, L., Wildi, O., 1986: Die Hoch- und Übergangsmoore der Schweiz – eine Inventarisierung. Eidg. Anst. forstl. Versuchswes., Birmensdorf. 62 p.

Grüttner, A., 1990: Die Pflanzengesellschaften und Vegetationskomplexe der Moore des westlichen Bodenseegebietes. Diss. Bot. 157: 1–323.

Guckland, A., Brauns, M., Flessa, H., Thomas, F. M., Leuschner, Ch., 2009: Acidity, nutirient stocks and organic matter content in soils of a temperate decidvous forest with different abundance of European beech (Fagus sylvatica L.). J. Plant Nutr. Soil Sci. DOI: 10.1002/jpln.20080072.

Güde, H., Rossknecht, H., Wagner, G., 1998: Anthropogenic impact on the trophic state of Lake Constance during the 20th century. Arch. Hydrobiol. Spec. Issue Advanc. Limnol. 53: 85–108.

Guderian, R., Wienhaus, O., 1997: «Neuartige Waldschäden» und Luftverunreinigungen. AFZ/Der Wald 52: 891–895.

Gugerli, F., 1993: Samenbank als Grundlage für die Rückführung von Fettwiesen zu relativ schwach genutzten, artenreichen Wiesen? Bot. Helv. (Basel) 103: 177–191.

Gugerli, F., 1998: Effect of elevation on sexual reproduction in alpine populations of Saxifraga oppositifolia (Saxifragaceae). Oecologia 114: 60–66.

Gugerli, F., Brodbeck, S., Holderegger, R., 2005: Die unerträgliche Leichtigkeit, eine reine Eiche zu sein. Blattmorphologie und genetischer Fingerabdruck als unterschiedlich einsetzbare Bestimmungshilfen. Informationsblatt Forsch.bericht Landschaft, Eidgen. Forsch.anst. WSL (Birmensdorf, Schweiz) 63: 1–5.

Guggenberger, G., 1994: Acidification effects of dissolved organic matter mobility in spruce forest ecosystems. Environ. Int. 20 : 31–41.

Guillet, B., 1968: Essai de détermination de l'age de deux podsols Vosgiens par la palynologie. Oecol. Plant. 3: 101–119.

Gundersen, P., Rasmussen, L., 1990: Nitrification in forest soils: effects from nitrogen deposition on soil acidification and aluminum release. Rev. Environ. Contam. Toxicol. 113: 1–45.

Gunnarson, U., 2005: Global patterns of Sphagnum productivity. J. Bryol. 27: 267–277.

Günter, G., 1997: Populationsbiologie seltener Segetalarten. Scripta Geobot. 22: 1–220.

Günzl, B., 2001: Die Bunte-Erdflechten-Gesellschaft (Toninio-Psoretum decipientis Stodieck 1937) in Nordhessen – aktuelle Erfassung und Gliederung. Tuexenia 21: 179–191.

Guo, L. B., Gifford, R. M., 2002: Soil carbon stocks and land use change: a meta analysis. Global Change Biol. 8: 345–360.

Gupta, R. K., 1977: A study of photosynthesis and leakage of solutes in relation to desiccation in bryophytes. Can. J. Bot. 55: 1186–1194.

Gürth, P., Köhler, M., 1992: Bestandesgeschichtliche Untersuchungen in geschädigten Hochlagenbeständen des Südwestschwarzwaldes. Mitt. Ver. Forstl. Standortskunde u. Forstpfl. zücht. 36: 17–26.

Güsewell, S., Le Nédic, C., Buttler, A., 2000: Dynamics of common reed (Phragmites australis Trin.) in Swiss fens with different management. Wetlands Ecol. Manage. 8: 375–389.

Gussone, H. A., 1984: Empfehlungen zur Kompensationsdüngung. Forst- u. Holzw. 39: 154–160.

Gussone, H. A., Rehfuess, K.-E., Ulrich, B., 1972: Entwicklungstendenzen der Forstdüngung. Allg. Forst- u. Jagdz. 143: 41–48.

Gutte, P., 1966: Die Verbreitung einiger Ruderalpflanzengesellschaften in der weiteren Umgebung von Leipzig. Wiss. Z. Univ. Halle 15: 937–1010.

Gutte, P., 1986: Dynamik der Ruderalvegetation in Siedlungsbereichen. Arch. Natursch. Landsch.forsch. 26: 99–104.

Guyan, W. U., 1955: Das jungsteinzeitliche Moordorf von Thayngen-Weier. Monogr. Ur- und Frühgesch. Schweiz 11: 223–272.

Haarnagel, W., 1976: Die Marschen und die Wurtensiedlungen im Elbe-Weser-Winkel. Führer zu vor- und frühgeschichtlichen Denkmälern (Mainz) 30. 22 p.

Haas, J. N., Rasmussen, R., 1993: Zur Geschichte der Schneitel- und Laubfutterwirtschaft in der Schweiz – eine alte Landschaftspraxis kurz vor dem Aussterben. Diss. Bot. 196: 469–489.

Haber, W., 1965: Zusammenhänge zwischen Bakterienbesatz des Bodens und der Vegetation. In: Biosoziologie. W. Junk, Den Haag. pp. 284–289.

Haber, W., 1966: Über die ursprüngliche Vegetation auf den höchsten Erhebungen des Sauerlandes. Naturkunde in Westfalen 66: 11–17.

Häberli, R., Lüscher, C., Praplan Chastonay, B., Wyss, Ch., 1991: Bodenkultur. Vorschläge für eine haushälterische Nutzung des Bodens in der Schweiz. Verlag der Fachvereine, Zürich. 192 p.

Häberli, W., 1994: Accelerated glacier and permafrost changes in the Alps. In: Beniston, M. (ed.): Mountain Environments in a Changing Climate. Routledge, London. pp. 91–108.

Habovstiak, J., 1977: Der Einfluss der Höhenlage auf die Leistungsfähigkeit von natürlichen und künstlichen Grasbeständen im slowakischen Teil der Karpaten. 13. Intern. Graslandkongress, Leipzig, Sekt. 4, pp. 159–163.

Hach, T., Büdel, B., Schwabe, A., 2005: Biologische Krusten in basenreichen Sand-Ökosystemen des Koelerion glaucae-Vegetationskomplexes: taxonomische Struktur und Empfindlichkeit gegenüber mechanischen Störungen. Tuexenia 25: 357–372.

Hachmöller, B., 2000: Vegetation, Schutz und Regeneration von Bergwiesen im Osterzgebirge – eine Fallstudie zur Entwicklung und Dynamik montaner Grünlandgesellschaften. Diss. Bot. 338: 1–330.

Hachtel, M., Weddeling, K., Möseler, B. M., 1999: Flora und Vegetation der Rheinufer bei Bonn. Decheniana 152: 65–81.

Hadley, J. L., Smith, W. K., 1987: Influence of krummholz mat microclimate on needle physiology and survival. Oecologia 70: 82–90.

Hädrich, F., Heuveldop, J., 1978: Untersuchungen zur Bodenverdunstung in einem Waldbestand. Allg. Forst- u. Jagdz. 149: 1–18.

Hadwiger-Fangmeier, A., Fangmeier, A., Jäger, H.-J., 1992: Ammoniak in der bodennahen Atmosphäre – Emission, Immission und Auswirkungen auf terrestrische Ökosysteme. Forsch.ber. Forsch.programm d. Landes Nordrhein-Westf. „Luftverunreinigungen und Waldschäden“ (Gießen) 28.

Haessler, K., 1954: Zur Ökologie der Trittpflanzen. Diss. Landw. Hochschule Stuttgart.

Haeupler, H., 1974: Statistische Auswertung von Punktrasterkarten der Gefäßpflanzenflora Süd-Niedersachsens. Scripta Geobot. (Göttingen) 8. 141 p.

Hafellner, J., Grill, D., 1980: Die Wiedereinwanderung von epiphytischen Flechten im Raum Leoben-Hinterberg nach Stillegung des Hauptemittenten. Mitt. Forstl. Bundesversuchsanst. Wien 131: 83–87.

Haffner, W., 1968: Die Vegetationskarte als Ansatzpunkt landschaftsökologischer Untersuchungen. Erdkunde 22: 215–225.

Hafstein, U., 1965: The norwegian Cladium mariscus communities and their post-glacial history. Acta Univ. Bergen, Ser. Math.-Nat. 1965, No. 4: 55 p.

Hagemeier, M., 2002: Funktionale Kronenarchitektur mitteleuropäischer Baumarten am Beispiel von Hängebirke, Waldkiefer, Traubeneiche, Hainbuche, Winterlinde und Rotbuche. Diss. Bot. 361. 154 p.

Hagemeyer, J., 1992: Abschlussbericht des Forschungsvorhabens „Untersuchungen des Einflusses von Schwermetallen (insbes. Cd, Zn) auf die Kambiumaktivität mitteleuropäischer Waldbäume (Buche, Fichte)“. Forsch. ber. zum Forsch.progr. d. Landes Nordrhein-Westf. „Luftverunreinigungen und Waldschäden“, Nr. 19. Minist. f. Umwelt, Raumordn. u. Landwirt., Düsseldorf. 142 p.

Hagen, T., 1996: Vegetationsveränderungen in Kalk-Magerrasen des Fränkischen Jura. Untersuchung langfristiger Bestandsveränderungen als Reaktion auf Nutzungsumstellung und Stickstoff-Deposition. Laufener Forschungsbericht 4: 1–218.

Hagen-Thorn, A., Callesen, I., Armolaitis, K., Nihlgard, B., 2004: The impact of six European tree species on the chemistry of mineral topsoil in forest plantations on former agricultural land. Forest Ecol. Manage. 195: 373–384.

Hager, H., Buchleitner, E., 2001: The floodplain forests along the March and Thaya Rivers in Austria. In: Klimo, E., Hager, H. (eds.): The Floodplain Forests in Europe. European Forest Institute Research Report 10. Brill, Leiden. p. 51–66.

Hager, H., Sterba, H., Eberl, W., 1990: Changing hydrology of alluvial forests in Central Europe due to dams of flood control structures. Proceed. XIX IUFRO-World Congr., Montreal 1990; vol. 1(2): p. 457.

Hahn, S. C., Tenhunen, J. D., Popp, P. W., Meyer, A., 1993: Upland tundra in the foothills of the Brooks Range, Alaska – Diurnal CO_2 exchange patterns of characteristic lichen species. Flora 188: 125–143.

Hajek, M., Haberova, I., 2001: Scheuchzerio-Cariceta fuscae. In: Valachovic, M., (ed.): Plant Communities of Slovakia. 3. Wetland Vegetation. Veda, Bratislava. pp. 185–274.

Hajek, M., Hekera, P., Hajkova, P., 2002: Spring fen vegetation and water chemistry in the Western Carpathian flysch zone. Folia Geobot. 37: 205–224.

Hajek, M., Horsak, M., Hajkova, P., Dite, D., 2006: Habitat diversity of central European fens in relation to environmental gradients and an effort to standardize fen terminology in ecological studies. Perspect. Plant Ecol. Evol. Syst. 8: 97–114.

Hajkova, P., Hajek, M., 2004: Bryophyte and vascular plant responses to baserichness and water level gradients in Western Carpathian Sphagnum-rich mires. Folia Geobot. 39: 335–351.

Hakes, W., 1987: Einfluss von Wiederbewaldungsvorgängen in Kalkmagerrasen auf die floristische Artenvielfalt und Möglichkeiten der Steuerung durch Pflegemaßnahmen. Diss. Bot. 109: 1–151.

Hakes, W., 1988: Vergleich der Pflanzenbestandsstruktur genutzter und brachliegender Kalk-Halbtrockenrasen in Nordhessen. Phytocoenologia 16: 289–314.

Hakes, W., 1991: Das Galio odorati-Fagenion im Habichtswald bei Kassel – Untersuchungen zur ökologischen Feingliederung. Tuexenia 11: 381–406.

Häkkinen, R., Linkosalo, T., Hari, P., 1998: Effects of dormancy and environmental factors on timing of bud burst in Betula pendula. Tree Physiol. 18: 707–712.

Haldemann, M., 1993: Mykologische Untersuchungen in Hartholz-Auenwäldern bei Brugg (Kanton Aargau). Ber. Geobot. Inst. ETH, Stiftg. Rübel, Zürich 59: 51–78.

Halfmann, J., 1991: Die Struktur der Vegetation auf periglazialen Basaltblockhalden des Hessischen Berglandes. Diss. Bot. 168. 212 p.

Hall, J. B., 1971: Pattern in a chalk grassland community. J. Ecol. 59: 749–762.

Hallbäcken, L., Tamm, C. O., 1986: Changes in soil acidity from 1927 to 1982–1984 in a forest area in south-west Sweden. Scand. J. For. Res. 1: 219–232.

Hamm, A., 1996: Möglichkeiten und Probleme einer durchgehenden Trophiebewertung. Deutsch. Ges. f. Landwirtsch., Tagungsber. 1995: 11–15.

Hammel, H., 1982: Köhlerei: Beruf, Experiment oder Hobby. Unser Wald 34: 84–86.

Hampicke, U., 1996: Der Preis einer vielfältigen Kulturlandschaft. In: Konold, W. (ed.): Naturlandschaft – Kulturlandschaft. Ecomed, Landsberg. pp. 77–98.

Hampicke, U., Holzhausen, J., Litterski, B., Wichtmann, W., 2005: Kosten des Naturschutzes in offenen Ackerlandschaften Nordost-Deutschlands. Berichte über Landwirtschaft (Münster-Hiltrup) 82: 225–254.

Hampicke, U., Litterski, B., Wichtmann, W., (eds.), 2005: Ackerlandschaften. Nachhaltigkeit und Naturschutz auf ertragsschwachen Standorten. Springer, Berlin. 311 p.

Handke, K., 1993: Tierökologische Untersuchungen über Auswirkungen von Ausgleichs- und Ersatzmaßnahmen in einem Graben-Grünlandgebiet der Wesermarsch bei Bremen. Arbeitsber. Landschaftsökol. Münster 15: 237 p.

Hanganu, J., Mihail, G., Coops, H., 1999: Responses of ecotypes of Phragmites australis to increased seawater influence: a field study in the Danube Delta, Romania. Aquat. Bot. 64: 351–358.

Hansen, A. J., Spies, T. A., Swanson, F. J., Ohmann, J. L., 1991: Conserving biodiversity in managed forests. BioScience 41: 382–392.

Hansen, J., Vogg, G., Beck, E., 1996: Assimilation, allocation and utilization of carbon by 3-year-old Scots pine (Pinus sylvestris L.) trees during winter and early spring. Trees 11: 83–90.

Hansen, K., 1964: Studies on the regeneration of heath vegetation after burning-off. Botan. Tidsskr. 60: 1–41.

Hanstein, U., 2000: Vom Geheimnis des Alterns – am Beispiel nordwestdeutscher Tiefland-Buchenwälder. Forst u. Holz 15: 477–480.

Hard, G., 1982: Die spontane Vegetation der Wohn- und Gewerbequartiere von Osnabrück I. Osnabrücker Naturwiss. Mitt. 9: 151–203.

Hard, G., 1983: Die spontane Vegetation der Wohn- und Gewerbequartiere von Osnabrück II. Osnabrücker Naturwiss. Mitt. 10: 97–142.

Hard, G., 1998: Ruderalvegetation: Ökologie & Ethnologie, Ästhetik & „Schutz". Notizbuch d. Kasseler Schule 49: 396 p.

Härdtle, W., 1984: Vegetationskundliche Untersuchungen in Salzwiesen der ostholsteinischen Ostseeküste. Mitt. Arb.gem. Geobot. Schlesw.-Holst. 34. 142 p.

Härdtle, W., 1989: Potentielle natürliche Vegetation. Ein Beitrag zur Kartierungsmethode am Beispiel der Topographischen Karte 1623 Owschlag. Mitt. Arb.gem. Geobot. Schlesw.-Holst. 40: 72 p.

Härdtle, W., 1994: Zur Veränderung der Schutzfähigkeit historisch alter Wälder in Schleswig-Holstein. NNA-Berichte (Schneverdingen) 3: 88–96.

Härdtle, W., 1995: On the theoretical concept of the Potential Natural Vegetation and proposals for an up-to-date modification. Folia Geobot. Phytotax. 30: 263–276.

Härdtle, W., 1995: Vegetation und Standort der Laubwaldgesellschaften (Querco-Fagetea) im nördlichen Schleswig-Holstein. Mitt. Arb.gem. Geobotanik Schlesw.-Holst. u. Hamb. 48. 441 p.

Härdtle, W., 2004: Bodensaure Eichen- und Eichenmischwälder Europas. Tuexenia 24: 57–72.

Härdtle, W., Bracht, H., Hobohm, C., 1996: Vegetation und Erhaltungszustand von Hartholzauen (Querco-Ulmetum Issl. 1924) im Mittelelbegebiet zwischen Lauenburg und Havelberg. Tuexenia 16: 25–38.

Härdtle, W., Ewald, J., Hölzel, N., 2004: Wälder des Tieflandes und der Mittelgebirge. Ökosysteme Mitteleuropas aus geobotanischer Sicht. Ulmer, Stuttgart. 252 p.

Härdtle, W., Heinken, T., Pallas, J., Welss, W., 1997: Bodensaure Eichenmischwälder (Quercion roboris Tx. 1930) in Deutschland. Synopsis der Pflanzengesellschaften Deutschlands 2. Göttingen. 42 p.

Härdtle, W., Redecker, B., Assmann, T., Meyer, H., 2006: Vegetation responses to environmental conditions in floodplain grasslands: prerequisites for preserving plant species diversity. Basic Appl Ecol. 7: 280–288.

Härdtle, W., von Oheimb, G., Westphal, C., 2003: The effects of light and soil conditions on the species richness of the ground vegetation of deciduous forests in northern Germany (Schleswig-Holstein). Forest Ecol. Manage. 182: 327–338.

Härdtle, W., Welss, W., 1992: Vorschläge zur Synsystematik und Syntaxonomie bodensaurer Buchen-Eichen- und Eichenmischwälder (Quercion roboripetraeae Br.-Bl. 1932) Mitteleuropas. Ber. Reinh. Tüxen-Ges. 4: 95–104.

Harper, J. L., 1961: Approaches to the study of plant competition. Symposia Soc. Exper. Biol. (Cambridge) 15: 1–39.

Harris, C., Vonder Mühll, D., Isaksen, K., Haeberli, W., Sollid, J. L., King, L., Holmlund, P., Dramis, F., Guglielmin, M., Palacios D., 2003: Warming permafrost in

European mountains. Global and Planet. Change 39: 215–225.

Harris, D., Davy, A. J., 1986: Strandline colonization by Elymus farctus in relation to sand mobility and rabbit grazing. J. Ecol. 74: 1045–1056, und: Regenerative potential of Elymus farctus from rhizome fragments and seed. Ebenda: 1057–1067.

Harrison, A. F., Harkness, D. D., Rowland, A. P., Garnett, J. S., Bacon, P. J., 2000 a: Annual carbon and nitrogen fluxes in soils along the European Forest Transect, determined using 14C-bomb. In: Schulze, E.-D. (ed.): Carbon and Nitrogen Cycling in European Forest Ecosystems. Ecol. Stud. 142. Springer, Berlin. pp. 237–256.

Harrison, A. F., Howard, P. J. A., Howard, D. M., Howard, D. C., Hornung, M., 1995: Carbon storage in forest soils. Forestry 68: 335–348.

Harrison, A. F., Schulze, E.-D., Gebauer, G., Bruckner, G., 2000 b: Canopy uptake and utilization of atmospheric pollutant nitrogen. In: Schulze, E.-D. (ed.): Carbon and Nitrogen Cycling in European Forest Ecosystems. Ecol. Stud. 142. Springer, Berlin. pp. 171–188.

Harrison, P. G., 1993: Variations in demography of Zoster marina and Z. noltii on an intertidal gradient. Aquat. Bot. 45: 63–77.

Hart, J. W., 1988: Light and Plant Growth. Unwin Hyman, London.

Hartenauer, K., Oto, B., Meyer, F., 2007: Binnensalzstellen im südlichen Sachsen-Anhalt. In: Thüringer Ministerium f. Landw., Naturschutz u. Umwelt (ed.): Binnensalzstellen Mitteleuropas. Erfurt. pp. 117–134.

Hartl, H., 1967: Die Soziologie der Urwälder Scatlé und Derborence. Schweiz. Z. Forstwes. 118: 737–743.

Hartl, H., Türk, R., 1985: Flechten als Standortsanzeiger in alpinen Windeckengesellschaften. Verh. Zool.-Bot. Ges. Österr. (Wien) 123: 263–258.

Hartley, S. E., Amos, L., 1999: Competitive interactions between Nardus stricta L. and Calluna vulgaris (L.) Hull: the effect of fertilizer and defoliation on above- and below-ground performance. J. Ecol. 87: 330–340.

Hartmann, F. K., 1933: Zur soziologisch-ökologischen Charakteristik der Waldbestände Norddeutschlands. Forstl. Wochenschr. Silva 21: 161–168, 241–247 u. 249–318.

Hartmann, F. K., 1941: Über den waldbaulichen Wert des Grundwassers. I. Mitt. Forstwirtsch. u. Forstwiss. 1930: 385–457. II. Ebenda 1941: 81–218.

Hartmann, F. K., Eimern, J., van Jahn, G., 1959: Untersuchungen reliefbedingter kleinklimatischer Fragen in Geländequerschnitten der hochmontanen und montanen Stufe des Mittel- und Südwestharzes. Ber. Deutsch. Wetterdienst 7: 3–39.

Hartmann, F. K., Jahn, G., 1967: Waldgesellschaften des mitteleuropäischen Gebirgsraumes nördlich der Alpen. G. Fischer, Stuttgart. 635 p. Tabellenteil.

Hartmann, G., Blank, R., 1992: Winterfrost, Kahlfraß und Prachtkäferbefall als Faktoren im Ursachenkomplex des Eichensterbens in Norddeutschland. Forst u. Holz 47: 443–452.

Hartmann, G., Blank, R., Lewark, S., 1989: Eichensterben in Norddeutschland – Verbreitung, Schadbilder, mögliche Ursachen. Forst u. Holz 44: 475–487.

Hartmann, J., Oertli, J. J., 1984: Beitrag zur Kenntnis des Stickstoff-, Kalium-, Calcium- und Magnesiumkreislaufs in Mähwiesen und Brachen des Nordwestschweizer Jura. Acta Oecologica 5: 265–278.

Hartmann, T., 1982: Zur Biomasseentwicklung von Mercurialis perennis-Beständen in einem Kalkbuchenwald. Unveröff. Dipl.arb. Univ. Göttingen.

Hartung, A., Puhlmann, H., Lennartz, F., Schmitz, H., 2002: Hydrologische Charakterisierung einer Aue am Beispiel der Versuchsfläche Saalberghau. In: Roloff, A., Bonn, S., Küßner, R. (eds.): Hartholz-Auenwälder an der mittleren Elbe – Beiträge zur Ökologie, Bewirtschaftung und Renaturierung. Schriftenreihe, Landesforstverwaltung Sachsen-Anhalt. Gernrode. pp. 25–35.

Haselwandter, K., 1979: Mycorrhizal status of ericaceous plants in alpine and subalpine areas. New Phytol. 83: 427–431.

Haselwandter, K., Read, D. J., 1980: Fungal associations of roots of dominant and sub-dominant plants in high-alpine vegetation systems with special reference to mycorrhiza. Oecologia 45: 57–62.

Haselwandter, K., Read, D. J., 1982: The significance of a root-fungus association in two Carex species of high-alpine plant communities. Oecologia 53: 352–354.

Hasenauer, H., Nemani, R. R., Schadauer, K., Running, S. W., 1999: Forest growth response to changing climate between 1961 and 1990 in Austria. For. Ecol. Manage. 122: 209–219.

Haslam, S. M., 1978: River Plants. Cambridge Univ. Press, Cambridge. 396 p.

Haslam, S. M., 1987: River Plants of Western Europe. Cambridge Univ. Press, Cambridge. 512 p.

Häsler, R., Streule, A., Turner, H., 1999: Shoot and root growth of young Larix decidua in contrasting microenvironments near the alpine timberline. Phyton 39: 47–52.

Hassan, R., Scholes, R., Ash, N. (eds.), 2005: Millenium Ecosystem Assessment. Ecosystems and Human Wellbeing: Vol. 1. Current State and Trends. Island Press, Washington. 917 p.

Hättenschwiler, S., 2005: Effects of tree species diversity on litter quality and decomposition. In: Scherer-Lorenzen, M., Körner, Ch., Schulze, E.-D. (eds.): Forest Diversity and Function. Ecol. Stud. 176. Springer, Berlin. pp. 149–164.

Hättenschwiler, S., Körner, Ch., 1995: Responses to recent climate warming of Pinus sylvestris and Pinus cembra within their montane transition zone in the Swiss Alps. J. Veg. Sci. 6: 357–368.

Hauck, M., 1992: Rote Liste der gefährdeten Flechten in Niedersachsen und Bremen. Informationsdienst Natursch. Nieders. (Hannover) 12: 1–44.

Hauck, M., 1995a: Veränderungen der Flechtenflora im Raum Göttingen (Südniedersachsen). Herzogia 11: 207–218.

Hauck, M., 1995b: Epiphytische Flechtenflora ausgewählter buchen- und eichenreicher Laubalthölzer in Niedersachsen. Informationsdienst Natursch. Nieders. (Hannover) 14: 55–70.

Hauck, M., 2005: Epiphytic lichen diversity on dead and dying conifers under different levels of atmospheric pollution. Environ. Poll. 135: 111–119.

Hauck, M., 2008: Susceptibility to acidic precipitation contributes to the decline of the terricolous lichens Cetraria aculeata and Cetraria islandica in central Europe. Environ. Poll. 152: 731–735.

Hauck, M., Huneck, S., Elix, J. A., Paul, A., 2007. Does secondary chemistry enable lichens to grow on iron-rich substrates? Flora 202: 471–478.

Hauck, M., Jung, R., Runge, M., 2000: Does water-holding capacity of bark have an influence on lichen performance in dieback-affected spruce forests? Lichenologist 32: 407–409.

Hauck, M., Jürgens, S.-R., Brinkmann, M., Herminghaus, S., 2008: Surface hydrophobicity causes SO_2 tolerance in lichens. Ann. Bot. 101: 531–539.

Hauck, M., Jürgens, S.-R., Willenbruch, K, Huneck, S., Leuschner, Ch., 2009: Dissociation and metal-binding characteristics of yellow lichen substances suggest a relationship with site preferences of lichens. Anm. Bot. 103: 13–22.

Hauck, M., Paul, A., 2005: Manganese as a site factor for epiphytic lichens. Lichenologist 37: 409–423.

Hauck, M., Runge, M., 2002: Stemflow chemistry and epiphytic lichen diversity in dieback-affected spruce forest of the Harz Mountains, Germany. Flora 197: 250–261.

Hauff, R., 1937: Die Buchenwälder auf den kalkarmen Lehmböden der Ostalb und die nacheiszeitliche Waldentwicklung auf diesen Böden. Jb. Ver. Vaterl. Naturk. Württemb. 1937: 51–97.

Hauff, R., 1965: Die Bodenvegetation älterer Fichtenbestände auf aufgeforsteten Schafweiden der Mittleren Alb. Mitt. Ver. Forstl. Standortskunde u. Forstpfl.zücht. 15: 39–43.

Hauff, R., Schlenker, G., Krauss, G. A., 1950: Zur Standortsgliederung im nördlichen Oberschwaben. Allg. Forst- u. Jagdz. 122. 27 p.

Haunold, E., Gludovatz, A., Richter, E., 1980: Stickstoffdynamik in einem alpinen Pseudogley unter Curvuletum. In: Franz, H. (ed.): Untersuchungen an alpinen Böden in den Hohen Tauern 1974–1978. Stoffdynamik und Wasserhaushalt. Veröff. Österr. MaB-Hochgebirgsprogr. Hohe Tauern, Bd. 3. Univ. verlag Wagner, Innsbruck. pp. 131–153.

Hauskeller-Bullerjahn, K., 1997: Wachstum junger Eichen unter Schirm. Ber. Forsch.zentr. Waldökosysteme Univ. Göttingen 147. 142 p.

Hausrath, H., 1907: Der deutsche Wald. Aus Natur und Geisteswelt 153. 130 p.

Havas, P. J., 1965: Pflanzenökologische Untersuchungen im Winter. I. Zur Bedeutung der Schneedecke für das Überwintern von Heidel- und Preiselbeere. Aquilo (Oulu), Ser. Bot. 4: 1–36.

Havill, D. C., Ingold, A., Person, J., 1985: Sulphide tolerance in coastal halophytes. Vegetatio 62: 279–285.

Havinga, A., 1972: A palynological investigation in the Pannonian climate region of Lower Austria. Rev. Paleobot. Palynol. 14: 319–352.

Havlová, M., Chytrý, M., Tichý, L., 2004: Diversity of hay meadows in the Czech Republic: major types and environmental gradients. Phytocoenologia 34: 551–568.

Havranek, W. M., 1972: Über die Bedeutung der Bodentemperatur für die Photosynthese und die Transpiration junger Forstpflanzen und für die Stoffproduktion an der Waldgrenze. Angew. Bot. 46: 101–116.

Havranek, W. M., Matyssek, R., 2005: The carbon balance of European larch (Larix decidua) at the alpine timberline. Phyton 45: 213–231.

Havranek, W. M., Tranquillini, W., 1995: Physiological processes during winter dormancy and their ecological significance. In: Smith, W. K., Hinckley, T. M. (eds.): Ecophysiology of Coniferous Forests. Academic Press, San Diego. p. 95–124.

Hawksworth, D. L., 1990: The long-term effects of air pollutants on lichen communities in Europe and North America. In: Woodwell, G. M. (ed.): The Earth in Transition: Patterns and Processes of Biotic Impoverishment. Cambridge Univ. Press, Cambridge. pp. 45–64.

Hayati, A. A., Proctor, M. C. F., 1991: Limiting nutrients in acid-mire vegetation: peat and plant analysis and experiments on plant responses to added nutrients. J. Ecol. 79: 75–95.

Hayward, P. M., Clymo, R. S., 1983: The growth of Sphagnum: Experiments on and simulation of effects of light flux and water-table depth. J. Ecol. 71: 845–863.

Heckert, L., 1959: Die klimatischen Verhältnisse in Laubwäldern. Z. Meteorol. 13: 211–223.

Hector, A., Schmid, B., Beierkuhnlein, C. et al., 1999: Plant diversity and productivity in European grasslands. Science 286: 1123–1127.

Heer, C., Körner, Ch., 2002: High elevation pioneer plants are sensitive to mineral nutrient addition. Basic Appl. Ecol. 3: 39–47.

Heer, O., 1884: Über die nivale Flora der Schweiz. Denkschr. Schweiz. Ges. f. d. Gesamten Naturwiss. 29: 4–144.

Hegg, O., 1977: Mikroklimatische Wirkung der Besonnung auf die phänologische Entwicklung und auf die Vegetation in der alpinen Stufe der Alpen. In: Dierschke, H. (ed.): Vegetation und Klima. Ber. Intern. Symp. IV u. V. Rinteln 1975: 249–270.

Hegg, O., 2005: Das Langzeitgedächtnis der Vegetation. Neue Resultate aus der Versuchsweide von 1930 bis 2004 auf der Schynigen Platte (2000 müM). Ber. Reinh-Tüx.-Ges. 17: 41–54.

Hegg, O., Béguin, C., Zoller, H., 1993: Atlas schutzwürdiger Vegetationstypen der Schweiz. Hrsg. Bundesamt Umwelt, Wald u. Landschaft, Bern. Textband 159 p.Atlas.

Hegg, O., Feller, U., Dähler, W., Scherrer, C., 1992: Long term influence of fertilization in a Nardetum. Phytosociology of the pasture and nutrient contents of leaves. Vegetatio 103: 151–158.

Hegg, O., Schneiter, R., 1978: Vegetationskarte der Bachalp ob Grindelwald. Mitt. Naturforsch. Ges. Bern N. F. 35: 55–67.

Hegi, G., 1908 ff.: Flora von Mitteleuropa. 7 Bde. München. Teilweise mit Neuauflagen bis heute.

Hegnauer, R., 1966: Ericaceae. In: Chemotaxonomie der Pflanzen, Bd. 4. Birkhäuser, Basel. pp. 65–94.

Heijden, M. G. A. van der, 2002: Arbuscular mycorrhizal fungi as a determinant of plant diversity: in search for underlying mechanisms and general principals. In: van der Heijden, M. G. A., Sanders, I. R. (eds.): Mycorrhizal Ecology. Ecol. Stud. 157. Springer, Berlin. pp. 243–266.

Heijmans M. M. P. D., Klees, H., de Visser, W., Berendse, F., 2002: Response of a Sphagnum bog plant community to elevated CO_2 and N supply. Plant Ecol. 162: 123–134.

Heikkilä, H., 1987: The vegetation and ecology of mesotrophic and eutrophic fens in western Finland. Ann. Bot. Fenn. 24: 155–175.

Heil, G. W., Bruggink, M., 1987: Competition for nutrients between Calluna vulgaris (L.) Hull and Molinia caerulea (L.) Moench. Oecologia 73: 105–107.

Heil, G. W., Diemont, W. H., 1983: Raised nutrient levels change heathland into grassland. Vegetatio 53: 113–120.

Heilig, H., 1930/31: Untersuchungen über Klima, Boden und Pflanzenleben des Zentralkaiserstuhls. Z. Botan. 24: 225–279.

Heimans, J., 1961: Taxonomic, phytogeographical and ecological problems around Viola calaminaria, the zinc violet. Publ. Nat. Genootsch. Limburg 12: 55–71.

Heimans, J., 1966: Het blauwe zinkviooltje van Westfalen. De levende Natuur 69: 265–270.

Heimerich, R., 1993: Auswirkungen der Meereshöhe auf den Mineralstoffhaushalt von nordhessischen Buchenbeständen. Ber. Forschungsz. Waldökosysteme (Göttingen) A 101. 138 47 p.

Heindl, B., 1992: Untersuchungen zur ökologischen und geographischen Gliederung der Straßenbegleitvegetation innerhalb eines Nord-Süd-Transekts zwischen dem Nordwestdeutschen Tiefland und der mediterranen Küstenebene. Diss. Bot. 186: 1–250.

Heine-Koch, J., 1993: Beziehung zwischen phänologischer Entwicklung von Pflanzen und Frühjahrserwärmung in Laubwäldern bei Göttingen. Unveröff. Dipl.arb. Univ. Göttingen, 114 p.

Heinemann, P., 1956: Les landes à Calluna du district picardo-brabançon de Belgique. Vegetatio 7: 99–147.

Heinken, T., 1990: Pflanzensoziologische und ökologische Untersuchungen offener Sandstandorte im östlichen Aller-Flachland (Ost-Niedersachsen). Tuexenia 10: 223–257.

Heinken, T., 1995: Naturnahe Laub- und Nadelwälder grundwasserferner Standorte im niedersächsischen Flachland: Gliederung, Standortsbedingungen, Dynamik. Diss. Bot. 239. 311 p.

Heinken, T., 2007: Sand- und Silikat-Kiefernwälder (Dicrano-Pinion) in Deutschland – Gliederungskonzept und Ökologie. Ber. d. Reinh.-Tüxen-Ges. 19: 146–162.

Heinken, T., 2007: Vegetation und Standort bodensaurer Buchenwälder am Arealrand – am Beispiel Mittelbrandenburgs. Hercynia N. F. (Halle/S.) 40: 193–211.

Heinrich, W., 1984: Bemerkungen zum binnenländischen Vorkommen des Salzschwadens (Puccinellia distans (Jacq.) (Parl.). Haussknechtia (Jena) 1: 27–41.

Heinsdorf, D., 1987: Die Kohlenstoff- und Stickstoffvorratsentwicklung in Sandböden nach langjährigem Robinienanbau in Kiefernbeständen mit Buchen- und Lindenunterbau. Beitr. Forstwirtsch. 21: 159–164.

Heinsdorf, D., 1993: The role of nitrogen in declining Scots pine forests (Pinus sylvestris) in the lowland of East Germany. Water, Air, Soil Pollut. 69: 21–35.

Heinsdorf, D., 1997: Boden- und ernährungskundliche Untersuchungen in Kiefern- und Kiefern-Buchen-Mischbeständen auf verschiedenen Standorten Brandenburgs. Beitr. Forstwirtsch. Landschaftsökol. 31: 119–124.

Heinsdorf, D., 1998: Zum Anbau der Rotbuche im nordostdeutschen Tiefland unter gegenwärtigen und zu erwartenden Standortsbedingungen. Beitr. Forstwirtsch. u. Landsch.ökol. 32: 155–164.

Heinsdorf, D., 1999: Über den Vitalitätszustand von Eichenbeständen im nordostdeutschen Tiefland unter besonderer Berücksichtigung der Schorfheide. Beitr. Forstwirtsch. Landsch.ökol. 33: 21–35.

Heinsdorf, D., Chrzon, S., 1997: Entwicklung der Belaubung mittelalter Buchenbestände in Nordostdeutschland von 1987 bis 1996. Forst u. Holz 52: 182–189.

Heinsdorf, D., Krauss, H.-H., 1991: Massentierhaltung und Waldschäden auf dem Gebiet der ehemaligen DDR. Forst u. Holz 46: 356–361.

Heinsdorf, D., Krauss, H. H., Tölle, H., 1986: Entwicklung der C- und N-Vorräte nach Kahlschlag auf ärmeren anhydromorphen Sandböden unter Kiefer. Beitr. Forstwirtsch. 20: 8–13.

Heinze, C., Kiehl, K., Neuhaus, R., 1999: Vegetation succession voer 30 years in the ungrazed salt marsh of Süderhafen (Nordstrand Island). Senckenbergiana marit. (Suppl.) 29: 63–66.

Heinze, M., Fiedler, H. J., 1984 a: Physikalische Eigenschaften von Gipsböden und ihren Begleitbodenformen im Kyffhäuser-Gebirge. Hercynia N. F. 21: 190–203.

Heinze, M., Fiedler, H. J., 1984 b: Chemische Eigenschaften von Gips-Rendzinen und Begleitbodenformen des Kyffhäusergebirges. Chemie und Erde 43: 65–75.

Heiss, G., 1992: Erfassung und Bewertung großflächiger Waldgebiete zum Aufbau eines Schutzgebietssystems in der Bundesrepublik Deutschland. Schr.r. Forstwiss. Fak. Univ. München u. d. Bayer. Forstl. Versuchs- u. Forsch.anst. 120. 261 p.

Heitkamp, U., 1998: Fließgewässer. In: Wegener, U. (ed.): Naturschutz in der Kulturlandschaft. Fischer, Jena. pp. 206–248.

Hejny, S., 1960: Ökologische Charakteristik der Wasser- und Sumpfpflanzen in der Slowakischen Tiefebene (Donau- und Theißgebiet). Slovak. Akad. Wissensch., Bratislava. 492 p.

Hellberg, F., 1995: Entwicklung der Grünlandvegetation bei Wiedervernässung und periodischer Überflutung. Diss. Bot. 243: 271 p.

Hellberg, F., Cordes, H., 1990: Vergesellschaftung und Ökologie von Littorelletea-Arten im Raum Bremen unter besonderer Berücksichtigung der Niederungen des Bremer Beckens. Drosera 1990: 1–22.

Hellblom, F., Axelsson, L., 2003: External HCO_3^- dehydration maintained by acid zones in the plasma membranes is an important component of the photosynthetic carbon uptake in Ruppia cirrhosa. Photosynthesis Res. 77: 173–181.

Heller, H., 1963: Struktur und Dynamik von Auenwäldern. Beitr. Geobot. Landesaufn. Schweiz 42. 75 p.

Heller, H., 1969: Lebensbedingungen und Abfolge der Flußauenvegetation in der Schweiz. Mitt. Schweiz. Anst. Forstl. Versuchswes. 45: 1–124.

Heller, H., 1971: Estimation of photosynthetically active leaf area in forests: methods for beech leaves. In: Ellenberg, H. (ed.): Integrated Experimental Ecology: Methods and Results of Ecosystem Research in the German Solling Project. Ecol. Stud. 2. Springer, Berlin. pp. 45–47.

Helmecke, K., Mahn, E.-G., 1984: Veränderungen der Populationsdynamik ausgewählter Segetalarten in Agrophytozönosen durch Herbizide. Wiss. Z. Univ. Halle 33: 3–20.

Hemminga, M. A., Duarte, C. M., 2000. Seagrass Ecology. Cambridge Univ. Press, Cambridge: 298 p.

Hemp, A., 1995: Die Dolomitkiefernwälder der Nördlichen Frankenalb. Entstehung, synsystematische Stellung und Bedeutung für den Naturschutz. Bayreuther Forum Ökologie, Bd. 22. 150 p.

Hemp, A., 1997: Das Blockschutthalden-Symposium am 6. und 7. September 1996 in Bayreuth. Hoppea (Regensburg) 58: 313–356.

Hemp, A., 1999: Die Vegetation offener Kalkschutthalden der Nördlichen Frankenalb. Tuexenia 19: 241–304.

Henderson, A., 1995 a, b: Literature on air pollution and lichens, I and II. Lichenologist 27: 225–234 u. 395–404.

Henhappl, G., 1965: Über die Stärkenänderung der peripheren Stammzone von Waldbäumen im Jahresablauf. Diss. Univ. Feiburg/Br.

Hennekens, St., Schaminée, J., Westhoff, V., 1983: De ontwikkeling van Krijthelling-graslanden op verlaten akkers in Zuid-Limburg. Natuurhist. Maandbl. 72: 136–143.

Hennessey, T. C., Lorenzi, E. M., 1988: Stomatal conductance and growth of five Alnus glutinosa clones in response to controlled water stress. Can. J. For. Res. 18: 421–426.

Henriksen, K., Jensen, A., 1979: Nitrogen minarlization in a salt marsh ecosystem dominated by Halimione portulacoides. In: Jefferies, R. L., Davy, A. J. (eds.): Ecological Processes in Coastal Environments. Blackwell, Oxford: 373–384.

Hensen, I., 1995: Die kontinentalen Stipa-Steppenrasen der mittel- und nordost-

deutschen Trockengebiete. Gleditschia 23: 3–24.
Henson, I. E., Jenson, C. R., Turner, N. C., 1989: Leaf gas exchange and water relations of lupins and wheat. I. Shoot responses to soil water deficits. Austr. J. Plant Physiol. 16: 401–413.
Herben T., Krahulec, F., Hadincová, V., Pecháčková, S., 1994: Is a grassland community composed of coexisting species with low and high spatial mobility? Folia Geobot. Phytotax. 29: 459–468.
Herbst, M., Kappen, L., 1993: Die Rolle des Schilfs im standörtlichen Wasserhaushalt eines norddeutschen Sees. Phytocoenologia 23: 51–64.
Herhaus, F., 1996: Charakteristik, Vegetation und Gefährdung oberbergischer Hangmoore. In: Herhaus, F., Eppe, G., (eds.): Moore in deutschen Mittelgebirgen unter besonderer Berücksichtigung des Süderberglandes. Wiehl. pp. 19–42.
Hermes, K., 1955: Die Lage der oberen Waldgrenze in den Gebirgen der Erde und ihr Abstand zur Schneegrenze. Kölner Geogr. Arb. 5: 277 p.
Hermes, K., 1964: Der Verlauf der Schneegrenze. Geogr. Taschenb. 1964/65: 38–71.
Herms, U., 1999: Unterschiedliche Verteilungen von Isoëto-Nanojuncetea- und Littorelletea-Arten an ökologisch differenzierten Sekundärgewässertypen im Raum Osnabrück. Mitt. Bad. Landesver. Naturkunde u. Naturschutz N. F. 17: 381–388.
Hermy, M., 1984: A numerical approach to the phytosociology of riverine woods to the south of Bruges (Flanders, Belgium). Colloqu. Phytosociol. IX (Strasbourg 1980). Cramer, Vaduz. pp. 227–258.
Hermy, M., 1988: Correlation between forest layers in mixed deciduous forests in Flanders (Belgium). In: During, H. J., Werger, M. J. A., Willems, H. J. (eds.): Diversity and Pattern in Plant Communities. SPB Acad. Publishers. Den Haag. pp. 77–86.
Hermy, M., 1994: Effects of former land use on plant species diversity and pattern in European deciduous woodlands. In: Boyle, T. J. B., Boyle, C. E. B. (eds.): Biodiversity, Temperate Ecosystems, and Global Change. Pp. 123–144.
Hermy, M., van den Bremt, P., Tack, G., 1993: Effects of site history on woodland vegetation. In: Broekmeyer, M. E. A., Vos, W., Koop, H. (eds.): European Forest Reserves. Pudoc, Wageningen. Pp. 219–232.
Herr, W., Wiegleb, G., Todeskino, D., 1989: Veränderung von Flora und Vegetation in ausgewählten Fließgewässern Niedersachsens nach vierzig Jahren (1946/1986). Naturschutz Landschaftspfl. Niedersachs. 18: 121–144.
Herrick, G. T., Friedland, A. J., 1991: Winter desiccation and injury of subalpine red spruce. Tree Physiol. 8: 23–26.
Herrmann, A., 2007: Binnensalzstellen in Brandenburg – Verbreitung und Zustand salzbeeinflusster Lebensräume. In: Thüringer Ministerium f. Landw., Naturschutz u. Umwelt (ed.): Binnensalzstellen Mitteleuropas. Erfurt. pp. 135–142.
Hertel, D., 1999: Das Feinwurzelsystem von Rein- und Mischbeständen der Rotbuche: Struktur, Dynamik und interspezifische Konkurrenz. Diss. Bot. 317. 190 p.
Hertel, D., Leuschner, Ch., 2006: The in situ root chamber: a novel tool for the experimental analysis of root competition and fine root dynamics in forests. Pedobiologia 50: 217–224.
Hertel, H., Schwaiger, J., Vorwerk, B., 2000: Die Flechtenflora der Staatsforste am Südrand Münchens, einst und jetzt. Hoppea, Denkschr. Regensburger Bot. Ges. 61: 445–524.
Herz, K., 1962: Zustand und Leistungsfähigkeit der Agrarflächen Mittelsachsens im 18./19. Jahrhundert. Wiss. Veröff. Deut. Inst. Länderkunde N. F. 19/20: 233–242.
Herzig, R., Urech, M., 1991: Flechten als Bioindikatoren. Integriertes biologisches Meßsystem der Luftverschmutzung für das Schweizer Mittelland. Bibliotheca Lichenologica (Stuttgart) 43: 283 p.
Hesmer, H., 1936: Die Bewaldung Deutschlands. Dargestellt an Hand von Karten der einzelnen Holz- und Betriebsarten. IV. Die Buche. Forstl. Wochenschr. Silva 24: 169–176. VII. Die Eiche. Ebenda 24: 409–424.
Hesmer, H., Schroeder, F.-G., 1963: Waldzusammensetzung und Waldbehandlung im Niedersächsischen Tiefland westlich der Weser und in der Münsterschen Bucht bis zum Ende des 18. Jahrhunderts. Decheniana (Bonn), Beih. 11. 304 p.
Hesmer,H., 1932: Waldentwicklung im nordwestdeutschen Flachland. Z. Forst- u. Jagdwes. 64: 577–607
Hess, E., 1942: Études sur la répartition du mélèze en Suisse. Z. Schweiz. Forstwes., Beih. 20: 1–80.
Hesse, M., Holtmeier, F. K., 1986: Die Veränderung des Heckenbestandes in Havixbeck, Kreis Coesfeld, während der letzten 100 Jahre. In: Geographische Kommission Westfalen (ed.): Beiträge zur Geographisch-Landeskundlichen Forschung in Westfalen. Münster. pp. 243–259.
Hesselman, H., 1910: Über den Sauerstoffgehalt des Bodenwassers und dessen Einwirkung auf die Versumpfung des Bodens und das Wachstum des Waldes. Medd. Stat. Skogsförs. Anst. 7: 91–130.
Hesselman, H., 1917: On the effect of our regeneration measures on the formation of salpetre in the ground and its importance in the regeneration of coniferous forests. Medd. Stat. Skogsförs. Anst. 13/14: 925–1076.
Hessen-Forst (ed.), 2005: Naturwaldreservate in Hessen. Hessen-Forst, Kassel-Wilhelmshöhe. 28 p.
Hester, A. J., Gimingham, C. H., Miles, J., 1991: Succession from heather moorland to birch woodland. III. Seed availability, germination and early growth. J. Ecol. 79: 329–344.
Hester, A. J., Miles, J., Gimingham, C., 1991 Succession from heather moorland to birch woodland: 1. Experimental alteration of specific environmental conditions in the field. J. Ecol. 79: 303–315.
Hetsch, W., 1980: Soil physical and chemical effects on a humus podzol of a forest wildfire burning a Scotch pine stand. Forstw. Cbl. 99: 257–273.
Hetzel, G., 1988: Ruderalvegetation im Stadtgebiet von Aschaffenburg. Tuexenia 8: 211–238.
Heuberger, H., 1968: Die Alpengletscher im Spät- und Postglazial. Eiszeitalter u. Gegenwart 19: 270–275.
Heuberger, H., 1974: Alpine quaternary glaciation. In: Ives, J. D., Barry, R. G. (eds.): Arctic and Alpine Environments. Methuen, London. pp. 319–338.
Heydeck, P., 2003: Gefährdung der Schwarzerle (Alnus glutinosa (L.) Gaertn.) durch mikrobielle Pathogene. Eberswalder Forstl. Schr. 17: 60–70.
Heydemann, B. 1981: Ökologie und Schutz des Wattenmeeres. Schr.R. Bundesmin. Ern. Landwirt. Forst. Angew. Wiss. H. 255: 1–232. (Landwirtschaftsverlag, Münster-Hiltrup).
Heydemann, B., Meyer, H., 1983: Auswirkungen der Intensivkultur auf die Fauna in den Agrarbiotopen. Sch.r. Deut. Rat f. Landespfl. 42: 174–191.
Heykena, A., 1965: Vegetationstypen der Küstendünen an der östlichen und

südlichen Nordsee. Mitt. AG Geobot. Schl.-Holst. Hamb. 13: 1–135.
Hickman, J. C., 1970: Seasonal course of xylem sap tension. Ecology 51: 1052–1056.
Hiesey, W. M., Milner, H. W., 1965: Physiology of ecological races and species. Ann. Rev. Plant Physiol. 16: 203–216.
Hik, D. S., Jefferies, R. L., 1990: Increases in the net above-ground primary production of a salt-marsh forage grass: a test of the predictions of the herbivore-optimization model. J. Ecol. 78: 180–196.
Hilbig, W., 1962: Vegetationskundliche Untersuchungen in der mitteldeutschen Ackerlandschaft. VII. Die Pflanzengesellschaften der Umgebung von Dehlitz (Saale), Kr. Weißenfels. Wiss. Z. Univ. Halle, Math.-Nat. 11: 817–866.
Hilbig, W., 1966: Die Bedeutung der Ackerunkrautgesellschaften für die pflanzengeographische Gliederung Thüringens. Feddes Repert. 73: 108–140.
Hilbig, W., 1967a: Die Ackerunkrautgesellschaften Thüringens. Feddes Repert. 76: 83–191.
Hilbig, W., 1967b: Die Unkrautbestände der mitteldeutschen Weinberge. Hercynia N. F. 4: 325–338.
Hilbig, W., 1971: Kalkschuttgesellschaften in Thüringen. Hercynia N. F. 8: 85–95.
Hilbig, W., 1971: Übersicht über die Pflanzengesellschaften des südlichen Teiles der DDR. I. Die Wasserpflanzengesellschaften. II. Die Röhrichtgesellschaften. Hercynia N. F. 8: 4–33.
Hilbig, W., 1973: Übersicht über die Pflanzengesellschaften des südlichen Teiles der DDR. VII. Die Unkrautvegetation der Äcker, Gärten und Weinberge. Hercynia N. F. 10: 394–428.
Hilbig, W., 1985: Die Ackerunkrautvegetation der Querfurter Platte und ihre Veränderung in den letzten Jahrzehnten. Wiss. Z. Univ. Halle 34: 94–117.
Hilbig, W., 1987: Wandlungen der Segetalvegetation unter den Bedingungen der industriellen Landwirtschaft. Arch. Natursch. Landschaftsforsch. (Berlin) 27: 229–249.
Hilbig, W., 1994: Das segetale Auftreten von Bolboschoenus maritimus. Ber. Bayer. Bot. Ges. 64: 81–85.
Hilbig, W., 1996: Die Vegetation mehrjähriger Ackerbrachen und ihre Veränderung im Verlaufe eines fünfjährigen Beobachtungszeitraumes. Angew. Bot. 70: 57–75.
Hilbig, W., Bachthaler, G., 1992a und b: Wirtschaftsbedingte Veränderungen der Segetalvegetation in Deutschland im Zeitraum von 1950–1990. Teil 1 und 2. Angew. Bot. 66: 192–200 u. 201–209.
Hilbig, W., Mahn, E.-G., Schubert, R., Wiedenroth, E. M., 1962: Die ökologisch-soziologischen Artengruppen der Ackerunkrautvegetation Mitteldeutschlands. Bot. Jb. 81: 416–449.
Hild, J., 1960: Verschiedene Formen von Myrica-Beständen am unteren Niederrhein. Ber. Deut. Bot. Ges. 73: 41–49.
Hildebrand, E. et al., 1993: Ergebnisse der Belastungsinventur Baden-Württemberg 1980. Mitt. Forstl. Versuchs- u. Forsch.anst. Bad.-Württemb. (Freiburg) H 172.
Hildebrand, E. E., 1986: Zustand und Entwicklung der Austauschereigenschaften von Mineralböden aus Standorten mit erkrankten Waldbeständen. Forstw. Cbl. 105: 60–76.
Hill, M. O., Stevens, P. A., 1981: The density of viable seed in soils of forest plantations in upland Britain. J. Ecol. 69: 693–709.
Hillebrecht, M.-L., 1982: Die Relikte der Holzkohlenwirtschaft als Indikatoren der Waldnutzung und Waldentwicklung. Untersuchungen an Beispielen aus Südniedersachsen. Gött. Geogr. Abh. 79. 157 p.
Hillgartner, F., 1971: Waldbauliche und ertragskundliche Untersuchungen im subalpinen Fichtenwald Scatlé/Brigels. Diss. ETH Zürich. 80 p.
Hilmo, O. Sastad, S. M., 2001: Colonization of old-forest lichens in a young and an old boreal Picea abies forest: an experimental approach. Biol. Conserv. 102: 251–259.
Hilmo, O., Holien, H., 2002: Epiphytic lichen response to the edge environment in a boreal Picea abies forest in Central Norway. The Bryologist 105: 48–56.
Hilmo, O., Hytteborn, H., Holien, H., 2005: Do different logging strategies influence the abundance of epiphytic chlorolichens? Lichenologist 37: 543–553.
Hilt, S., 2006: Allelopathic inhibition of epiphytes by submerged macrophytes. Aquat. Bot. 85: 252–256.
Hiltbrunner, E., Flückiger, W., 1996: Manganese deficiency of silver fir trees (Abies alba) at a reforested site in the Jura mountains, Switzerland: aspects of cause and effect. Tree Physiol. 16: 963–975.
Hinckley, T. M., Teskey, R. O., Duhme, F., Richter, H., 1981: Temperate hardwood forests. In: Kozlowski, T. T. (ed.): Water Deficits and Plant Growth, Vol. VI. Academic Press, New York. pp. 154–209.
Hinterlang, D., 1992a: Vegetationsökologische Aspekte der Weichwasser-Quellgesellschaften zentraleuropäischer Mittelgebirge unter besonderer Berücksichtigung der Synsystematik. Ber. Reinh.-Tüxen-Ges. 4: 105–121.
Hinterlang, D., 1992b: Vegetationsökologie der Weichwasserquellgesellschaften zentraleuropäischer Mittelgebirge. Crunoecia 1: 1–117.
Hippeli, P., Branse, C., 1992: Veränderungen der Nährelementkonzentrationen in den Nadeln mittelalter Kiefernbestände auf pleistozänen Sandstandorten Brandenburgs in den Jahren 1964 bis 1988. Forstwiss. Centralbl. 111: 44–60.
Hirose, T., 1971: Nitrogen turnover and dry-matter productivity of a Solidago altissima population. Jap. J. Ecol. 21: 18–31.
Hobbie, S. E., 2000: Interactions between litter lignin and soil nitrogen availability during leaf litter decomposition in a Hawaiian montane forest. Ecosystems 3: 484–494.
Hobohm, C., 1992: Schleichende Veränderungen in den Salzwiesen Niedersachsens – ein Beitrag zur historischen Geobotanik. Drosera 1992: 27–34.
Hobohm, C., 1993: Die Pflanzengesellschaften von Norderney. Arb. aus d. Forschungsstelle Küste 12: 1–202.
Hobohm, C., 2005: Was sind Biodiversity Hotspots – global, regional, lokal? Tuexenia 25: 379–386.
Hobohm, C., Schwabe, A., 1985: Bestandsaufnahme von Feuchtvegetation und Borstgrasrasen bei Freiburg im Breisgau – ein Vergleich mit dem Zustand von 1954/55. Ber. Naturforsch. Ges. Freiburg i. Br. 75: 5–51.
Hoch, G., Körner, Ch., 2003: The carbon charging of pines at the climatic treeline: a global comparison. Oecologia 135: 10–21.
Hoch, G., Popp, M., Körner, Ch., 2002: Altitudinal increase of mobile carbon pools in Pinus cembra suggests sink limitation of growth at the Swiss treeline. Oikos 98: 361–374.
Hocke, B., Daniels, F. J. A., 1993: Über die epilithische Flechtenflora und -vegetation im Stadtgebiet von Münster. Natur u. Heimat 53: 41–54.
Hodge, A., Robinson, D., Fitter, A., 2000: Are microorganisms more effective than plants at competing for nitrogen? Trends in Plant Sci. 5: 304–308.
Hodson, MJ., Smith, M. M., Wainwright, S. J., Öpik, H., 1985: The effects of the interaction between salinity and nitro-

gen limitation in Agrostis stolonifera L. Vegetatio 61: 255–263.
Hofbauer, R., 1998: Untersuchungen zur Ökologie von Streuobstwiesen im württembergischen Alpenvorland. Diss. Bot. 292. 174 p.
Hofer, H., 1970: Über die Zusammenhänge zwischen der Düngung und der Konkurrenzfähigkeit ausgewählter Naturwiesenpflanzen. Diss. ETH Zürich. 70 p.
Hofer, H., 1981: Der Einfluss des Massenskilaufs auf alpine Sauerbodenrasen am Beispiel der Gurgler Heide (Ötztal/ Tirol) und Beobachtungen zur Phänologie des Curvuletums. Ber. Nat.-Med. Ver. Innsbruck 68: 31–56.
Hofer, H., Jäggli, F., 1975: Probleme bei der umweltgerechten Anwendung von Düngemitteln. Mitt. Schweiz. Landwirtsch. 23: 89–111.
Hofer, H. R., 1967: Die wärmeliebenden Felsheiden Insubriens. Botan. Jb. 87: 176–251.
Hofer, H. R., 1992: Veränderungen in der Vegetation von 14 Gipfeln des Berninagebietes zwischen 1905 und 1985. Ber. Geobot. Inst. ETH, Stftg. Rübel, Zürich 58: 39–54.
Hoffmann, J., Kretschmer, H., 1993: Einfluß unterschiedlicher Formen der Flächenstillegung auf die Segetalflora einjähriger Brachen. Arch. Naturschutz Landsch.forsch. 32: 171–182.
Hoflacher, H., Bauer, H., 1982: Light acclimation in leaves of the juvenile and adult life phases of ivy (Hedera helix): Physiol. Plant. 56: 177–182.
Höfler, K., 1951: Zur Kälteresistenz einiger Hochmooralgen. Verh. Zool.-bot. Ges. Wien 92: 234–242.
Hofmann, A., 1970: Die Höhengrenze der Arve und der Arvenwälder in den italienischen Alpen. Mitt. Ostalpin-dinar. Ges. f. Vegetat.kde 11: 67–80.
Hofmann, G., 1957: Zur Soziologie einiger Kiefernforsten im Bereich der Kalk-Trockenlaubwälder Südthüringens. Arch. Forstwes. 6: 233–249.
Hofmann, G., 1958: Die eibenreichen Waldgesellschaften Mitteldeutschlands. Arch. Forstwes. 7: 502–558.
Hofmann, G., 1961: Die Stickstoffbindung der Robinie (Robinia pseudoacacia L.). Arch. Forstwes. 10: 627–631.
Hofmann, G., 1963: Der Hainbuchen-Buchenwald in den Muschelkalkgebieten Thüringens. Arch. Forstwes. 12: 706–716.
Hofmann, G., 1964: Kiefernforstgesellschaften und natürliche Kiefernwälder im östlichen Bandenburg. II. Natürliche Kiefernwälder und -gehölze. Arch. Forstwes. 13: 641–664 u. 717–732.
Hofmann, G., 1965: Die Vegetation im Waldschutzgebiet „Hainich" (Westthüringen). Landschaftspfl. u. Naturschutz Thüringen 2 : 1–12.
Hofmann, G., 1968: Über die Beziehungen zwischen Vegetationszeit, Humusform, C/N-Verhältnis und pH-Wert des Oberbodens in Kiefernbeständen des nordostdeutschen Tieflandes. Arch. Forstwes. 17: 845–855.
Hofmann, G., 1969: Zur pflanzensoziologischen Gliederung der Kiefernforsten des nordostdeutschen Tieflandes. Feddes Repert. 80: 401–412.
Hofmann, G., 1995: Zur Wirkung von Stickstoffeinträgen auf die Vegetation nordostdeutscher Kiefernwaldungen. In: Umweltbundesamt (ed.): Wirkungskomplex Stickstoff und Wald. Texte 28/95. Umweltbundesamt Berlin. pp. 131–140.
Hofmann, G., 2003: Die Schwarz-Erle (Alnus glutinosa (L.) Gaertn.) in der Waldvegetation des ostdeutschen Tieflandes. Eberswalder Forstl. Schriftenr. 17: 19–38.
Hofmann, G., Anders, S., 1996: Waldökosysteme als Quellen und Senken für Kohlenstoff – Fallstudie ostdeutsche Länder. Beitr. Forstwirtsch. u. Landsch.ökol. 30: 9–16.
Hofmann, G., Heinsdorf, D., Krauß, H.-H., 1990: Wirkung atmogener Stickstoffeinträge auf Produktivität und Stabilität von Kiefern-Forstökosystemen. Beitr. Forstwirtsch. 24: 59–73.
Hofmann, G., Pommer, U., 2005: Potentielle Natürliche Vegetation von Brandenburg und Berlin mit Karte im Maßstab 1:200 000. Eberswalder Forstl. Schriftenr. 24. 313 p.
Hofmann, K., 2001: Standortökologie und Vergesellschaftung der Utricularia-Arten Nordwestdeutschlands. Abh. Westfäl. Mus. Naturkde 63: 1–106.
Hofmann, W., 1968: Vitalität der Rotbuche und Klima in Mainfranken. Feddes Repert. 78: 135–137.
Hofmeister, H., 1970: Die Pflanzengesellschaften der Weserniederung oberhalb Bremens. Diss. Bot. 10: 116 p.
Hofmeister, H., 1992: Ackerwildkrautschutz auf der Wernershöhe (Landkreis Hildesheim, Nordwest-Deutschland). Tuexenia 12: 285–298.
Högberg, P., Fan, H., Quist, M., Binkley, D., Tamm, C. O., 2006: Tree growth and soil acidification in response to 30 years of experimental nitrogen loading on boreal forest. Global Change Biol. 12: 489–499.
Högbom, L., Högberg, P., 1991: Nitrate nutrition of Deschampsia flexuosa (L.) Trin. in relation to nitrogen deposition in Sweden. Oecologia 87: 488–494.
Högbom, L., Ohlson, M., 1991: Nitrate assimilation in coexisting vascular plants in mire and swamp forest habitats in Central Sweden. Oecologia 87: 495–499.
Hohenester, A., 1960: Grasheiden und Föhrenwälder auf Diluvial- und Dolomitsanden im nördlichen Bayern. Ber. Bayer. Bot. Ges. Bd. XXXIII: 30–85.
Hohenester, A., 1967: Silbergrasfluren in Bayern. Mitt. Florist.-soziol. Arb.gem. N. F. 11/12: 11–21.
Höhne, H., Fiedler, H. J., Ilgen, G., 1981: Untersuchungen über den Mineralstoffgehalt von Deschampsia flexuosa (L.) P. B. als Bestandteil von Fichtenforst-Ökosystemen. Flora 171: 1991–215.
Holderegger, R., 1996: Effects of litter removal on the germination of Anemone nemorosa L. Flora 191: 175–178.
Holeksa, J., 2001: Coarse wood debris in a Carpathian subalpine spruce forest. Forstw. Cbl. 120: 256–270.
Holeksa, J., Cybulski, M., 2001: Canopy gaps in a Carpathian subalpine spruce forest. Forstw. Cbl. 120: 331–348.
Holien, H., 1996: Influence of site and stand factors on the distribution of crustose lichens of the Caliciales in a suboceanic spruce forest area in central Norway. Lichenologist 28: 315–330.
Holien, H., 1998: Lichens in spruce forest stands of different successional stages in central Norway with emphasis on diversity and old growth species. Nova Hedwigia 66: 283–324.
Holm, L. G., Plucknett, D. L., Pancho, J. V., Herberger, J. P., 1977: The world's worst weeds. East West Center Book, Univ. Press of Hawaii, Honolulu. 609 p.
Holmsgaard, E., 1968: Ertragskundliche Untersuchungen in Fichtenbeständen erster und zweiter Generation im dänischen Jungmoränengebiet. Tagungsber. Deut. Akad. Landwirtschaftwiss. Berlin 84: 25–35.
Holopainen, T., Heinonen-Tanski, H., 1993: Effects of different nitrogen sources on the growth of Scots pine seedlings and the ultrastructure and development of their mycorrhiza. Can. J. For. Res. 23: 362–372.
Hölscher, D., 2004: Leaf traits and photosynthetic parameters of saplings and adult trees of co-existing species in a temperate broad-leaved forest. Basic Appl. Ecol. 5: 163–172.

Hölscher, D., Koch, O., Leuschner, Ch., 2005: Sap flux of five co-occurring tree species in a temperate broad-leaved forest during seasonal soil drought. Trees 19: 628–637.

Hölscher, D., Schade, E., Leuschner, Ch., 2001: Effects of coppicing in temperate deciduous forests on ecosystem nutrient pools and soil fertility. Basic Appl. Ecol. 2: 155–164.

Holstener-Jorgensen, H., 1968: Bodenkundliche Untersuchungen in Fichtenbeständen erster und zweiter Generation im dänischen Jungmoränengebiet. Tagungsber. Deut. Akad. Landwirtschaftwiss. Berlin 84: 37–45.

Holstener-Jorgensen, H., 1970: Fertilizing experiments in six Norway spruce plantations in Jutland. Det Forstl. Forsogsv. Danmark 32: 297–311.

Holstener-Jörgensen, H., 1971: A nitrogen-dose experiment on single tree plots of 68–75-year-old beech in the Rude Skov. Det Forstl. Forsogsv. Danmark 32: 369–378.

Holtmeier, F.-K., 1967: Die Waldgrenze im Oberengadin in ihrer physiognomischen und ökologischen Differenzierung. Diss. Univ. Bonn. 163 p.

Holtmeier, F.-K., 1968: Entgegnung zu: „Über Schneeschliff in den Alpen" von Hans Turner. Wetter u. Leben 20: 201–205.

Holtmeier, F.-K., 1971: Der Einfluß der oreographischen Situation auf die Windverhältnisse im Spiegel der Vegetation. Erdkunde 25: 178–195.

Holtmeier, F.-K., 1987: Beobachtungen und Untersuchungen über den Ausaperungsverlauf und einige Folgewirkungen in „ribbon-forests" an der oberen Waldgrenze in der Front Range, Colorado. Phytocoenologia 15: 373–396.

Holtmeier, F.-K., 1989: Ökologie und Geographie der oberen Waldgrenze. Ber. Reinh.-Tüxen-Ges. 1: 15–45.

Holtmeier, F.-K., 1993: Der Einfluß der generativen und vegetativen Verjüngung auf das Verbreitungsmuster der Bäume und die ökologische Dynamik im Waldgrenzbereich. Beobachtungen und Untersuchungen in Hochgebirgen Nordamerikas und den Alpen. Geodynamik (Bensheim) 14: 153–182.

Holtmeier, F.-K., 2003: Mountain Timberlines. Ecology, Patchiness, and Dynamics. Kluwer, Dordrecht. 369 p.

Hölzel, N., 1996 a: Erico-Pinetea (H 6). Alpisch-Dinarische Karbonat-Kiefernwälder. Synopsis Pflanzenges. Deutschl. 1: 11–49.

Hölzel, N., 1996 b: Zur floristischen Struktur, Ökologie und Dynamik alpischer Karbonat-Trockenkiefernwälder der Klasse Erico-Pinetea. Ber. d. Reinh-Tüxen-Ges. (Hannover) 8: 79–98.

Hölzel, N., Otte, A., 2001: The impact of flooding regime on the soil seed bank of flood-meadows. J. Veget. Sci. 12: 209–218.

Hölzel, N., Otte, A., 2003: Restoration of a species-rich flood meadow by topsoil removal and diaspore transfer with plant material. Appl. Veg. Sci. 6: 131–140.

Hölzel, N., Otte, A., 2004: Inter-annual variation in the soil seed bank of flood-meadows over two years with different flooding patterns. Plant Ecol. 174: 279–291.

Hölzer, R., 1982: Wasserhaushaltsuntersuchungen der Streu- und obersten Bodenschicht eines Fichtenbestandes unter Verwendung von Modellrechnungen. Beiträge zur Hydrologie (Krichzarten), Sonderheft 4: 117–144.

Holzmann, H.-P., Haselwandter, K., 1988: Contribution of nitrogen fixation to nitrogen nutrition in an alpine sedge community (Caricetum curvulae). Oecologia 76: 298–302.

Holzner, W., 1970: Die Ackerunkrautvegetation des nördlichen Burgenlandes. Wiss. Arb. Burgenland 44: 196–243.

Holzner, W., 1973: Die Ackerunkrautvegetation Niederösterreichs. Mitt. Bot. Arb.gem. Oberösterr. Landesmus. (Linz) 5: 1–156.

Honnay, O., Degroote, B., Hermy, M., 1998: Ancient-forest plant species in western Belgium: a species list and possible ecological mechanisms. Belg. J. Bot. 130: 139–154.

Hooftman, D. A., Diemer, M., 2003: Effects of small habitat size and isolation on the population structure of common wetland species. Plant Biol. 4: 720–728.

Hope-Simpson, J. F., Jefferies, R. L., 1966: Observations relating to vigour and debility in marram grass (Ammophila arenaria (L.) Link). J. Ecol. 54: 271–275.

Höpfner, B., 1966: Ökophysiologische Untersuchungen in einem extrem sauren Calamagrostidetum epigeios. Diss. Univ. Gießen. 243 p.

Hopkinson, C. S., Gosselink, J. G., Parrondo, R. T., 1978: Aboveground production of seven marsh plant species in Louisiana. Ecol. 59: 760–769.

Hopp, U., Kappen, L., 1981: Einige Aspekte zur immissionsbedingten Verbreitung von Flechten im Stadtgebiet von Würzburg. Ber. Bayer. Bot. Ges. 52: 15–24.

Hoppe, A., 2002: Die Bewässerungswiesen Nordwestdeutschlands – Geschichte, Wandel und heutige Situation. Abh. Westf. Mus. Naturk. Münster 64: 1–103.

Hoppe, E., Pankow, H., 1968: Ein Beitrag zur Kenntnis der Vegetation der Boddengewässer südlich der Halbinsel Zingst und der Insel Bock (südliche Ostsee). Natur u. Natursch. Mecklenb. VI: 139–151.

Hoppe, I. M., 1972: Untersuchungen über den Stickstoff- und Phosphorgehalt in Strandwällen verschiendenen Alters bei Heiligenhafen/Ostsee. Unveröff. Dipl.arb. Univ. Göttingen. 30 p.

Horak, E., 1963: Pilzökologische Untersuchungen in der subalpinen Stufe (Piceetum subalpinum und Rhodoreto-Vaccinietum) der Rätischen Alpen (Dischmatal, Graubünden). Mitt. Schweiz. Anst. Forstl. Versuchwes. 39, 1. 112 p.

Horak, J., 1971: Westliche Tatra-Geobiozönosen der oberen Wald- und Krummholzgrenze. Acta Sc. Nat. Acad. Sc. Bohemosl. Brno N. S. 5: 47 p.

Horikawa, Y., Suzuki, H., Yokogawa, H., Matsumura, T., 1959: Moorland vegetation in the Yawata Highland, in the northwestern part of Hiroshima Prefecture, SW Japan. Sci. Res. Sandankyo Gorge and Yawata Highland (Hiroshima, Japan) 1959: 121–152.

Hörmann, B., 1994: Auswirkung von erhöhter Stickstoff- und Wasserverfügbarkeit auf Wachstum und Bestandesstruktur von Vaccinium myrtillus L. Unveröff. Diplomarb., Univ. Bayreuth (BITÖK). 91 p.

Horn, H.-H. von, 1974: Die Oker- oder Steinfeldkrankheit. Diss. Univ. Göttingen. 144 p.

Hornbeck, J. W., Martin, C. W., Eagar, C., 1997: Summary of water yield experiments at Hubbard Brook Experimental Forest, New Hampshire. Can. J. For. Res. 27: 2043–2052.

Horst, K., 1964: Klima und Bodenfaktoren in Zwergstrauch- und Waldgesellschaften des Naturschutzparks Lüneburger Heide. Naturschutz u. Landschaftspfl. Niedersachsen H. 2: 1–60.

Horsthuis, M. A. P., Corporaal, A., Schaminée, J. H. J., Westhoff, V., 1994: Die Schachblume (Fritillaria meleagris L.) in Nordwest-Europa, insbesondere in den Niederlanden: Ökologie, Verbreitung, pflanzensoziologische Lage. Phytocoenologia 24: 627–647.

Horvat, I., Glavac, V., Ellenberg, H., 1974: Vegetation Südosteuropas. Fischer, Stuttgart. 752 p.

Hotze, C., van Elsen, T., 2006: Ackerwildkräuter konventionell und biologisch bewirtschafteter Äcker im östlichen Meißnervorland – Entwicklung in den letzten 30 Jahren. J. Plant Diseases and Protection, Spec. Issue XX: 547–555.

Hough, R. A., Wetzel, R. G., 1977: Photosynthetic pathways of some aquatic plants. Aquat. Bot. 3: 297–313.

House, J. I., Prentice, I. C., Le Quere, C., 2002: Maximum impacts of future reforestation or deforestation on atmospheric CO_2. Global Change Biol. 8: 1047–1052.

Hroudová-Pucelíková, Z., 1972: A comparative study of the ecology of Festuca valesiaca Gaudin and Festuca rupicola Heuff. Folia Geobot. Phytotax. 7: 53–79.

HSK (Hochwasser-Studienkommission für den Rhein), 1978: Schlussbericht (Teil 1 Text, Teile 2/3 Anhang) o. O. (zitiert nach Dister 1985).

Hübel, H., Dahlke, S., 1999: Die Nordrügenschen Boddengewässer – Entwicklung in Vergangenheit, Gegenwart und Zukunft. Bodden 7: 137–156.

Hübel, H., Wolff, C., Meyer-Reil, L.-A., 1998: Salinity, inorganic nutrients, and primry production in a shallow coastal inlet in the southern Baltic Sea (Nordrügensche Bodden). Results from long-term observations (1960–1989). Intern. Rev. Hydrobiol. 83: 479–499.

Hübl, E., Niklfeld, H., 1973: Über die regionale Differenzierung von Flora und Vegetation in den österreichischen Alpen. Acta Bot. Acad. Sci. Hung. 19: 147–164.

Hübschmann, A. von, 1967: Über die Moosgesellschaften und das Vorkommen der Moose in den übrigen Pflanzengesellschaften des Moseltales. Schriftenr. Vegetationskunde (Bonn-Bad Godesberg) 2: 63–121.

Huck, G., Fischer, A., 1988: Die Vegetation der Obstwiesen in der Wetterau. Beitr. Naturk. Wetterau 8: 15–25.

Huckriede, R., 1982: Paläoklimatologische Aussagen neuer wechselzeitlicher Pflanzenfunde in Hessen und Tirol. Physische Geographie 5: 37–38.

Hueck, K., 1934: Erläuterung zur vegetationskundlichen Karte des Memeldeltas (südlicher Teil). Beitr. Naturdenkmalpflege 16: 161–224.

Hughes, A. P., 1959: Effects of the environment on leaf development in Impatiens parviflora D. C. J. Linn. Soc. (Bot.) 56: 161–165.

Hughes, A. P., 1966: The importance of light compared with other factors affecting growth. In: Bainbridge, R., Evans, G. C., Rackham, O. (eds.): Light as an Ecological Factor. Blackwell, Oxford. pp. 121–146.

Hughes, J. W., Cass, W. C., 1997: Pattern and process of floodplain forest, Vermont, USA: predicted responses of vegetation to perturbation. J. Appl. Ecol. 34: 594–612.

Hughes, P. D. M., Barber, K. E., 2004: Contrasting pathways to ombrotrophy in three raised bogs from Ireland and Cumbria, England. The Holocene 14: 65–77.

Hughes, R. G., Lloyd, D., Ball, L., Emson, D., 2000: The effects of the polychaete Nereis diversitcolor on the distribution and transplanting success of Zostera noltii. Helgol. Mar. Res. 54: 129–136.

Hügin, G., 1962: Wesen und Wandlung der Landschaft am Oberrhein. Beitr. Landspflege 1, Festschr. Prof. Wiepking: 186–250.

Hügin, G., 1981: Die Auenwälder des südlichen Oberrheintals – ihre Veränderung und Gefährdung durch den Rheinausbau. Landschaft u. Stadt 13: 78–91.

Hügin, G., 1984: Die Auenwälder des südlichen Oberrheintales und ihre Veränderung durch den Rheinausbau. Colloqu. Phytosociol. IX. Cramer, Vaduz. pp. 678–706.

Hügin, G., 1995: Höhengrenzen von Ruderal- und Segetalpflanzen in den Alpen. Flora 190: 169–188.

Hügin, G., Henrichfreise, A., 1992: Naturschutzbewertung der badischen Oberrheinaue. Vegetation und Wasserhaushalt des rheinnahen Waldes. Schriftenr. f. Vegetationskde (Bad Godesberg) 24: 48 p.

Huiskes, A. H. L., 1979: Biological flora of the British Isles. Ammophila arenaria (L.) Link (Psamma arenaria L.) Roem. et Schult.; Calamagrostis arenaria (L.) Roth. J. Ecol. 67: 363–382.

Huiskes, A. H. L., Stienstra, A. W., Koutstaal, B. P. et al., 1985: Germination ecology of Salicornia dolichostachya and Salicornia brachystachya. Acta Bot. Neerl. 34: 369–380.

Hülber, K., Ertl, S., Gottfried, M., Reiter, K., Grabherr, G., 2005: Gourmets or gourmands? - Diet selection by large ungulates in high-alpine plant communities and possible impacts on plant propagation. Basic Appl. Ecol. 6: 1–10.

Hülber, K., Gottfried, M., Pauli, H., Reiter, K., Winkler, M., Grabherr, G., 2006: Phenological responses of snowbed species to snow removal dates in the Central Alps: implications for climate warming. Arct. Antarct. Alp. Res. 38: 99–103.

Hulme, P. E., 1993: Post-dispersal seed predation by small mammals. Symp. Zool. Soc. London 65: 268–287.

Hülsenberg, C., 1966: Bodenökologische Untersuchungen in einem Arrhenatheretum elatioris. Diss. Univ. Gießen, 163 p.

Huml, O., Leps, J., Prach, K., Rejmanek, M., 1979: Zur Kenntnis der Quellfluren, alpinen Hochstaudenfluren und Gebüsche des Fagaras-Gebirges in den Südkarpaten. Preslia 51: 35–45.

Hundt, R., 1954: Grünlandgesellschaften an der unteren Mulde und mittleren Elbe. Wiss. Z. Univ. Halle, Math.-Nat. 3: 883–928.

Hundt, R., 1957: Pflanzensoziologie im Dienste der Grünlandwirtschaft. Die Deut. Landwirtsch. 1957, Nr. 6, 7 u. 11.

Hundt, R., 1958: Beiträge zur Wiesenvegetation Mitteleuropas. I. Die Auewiesen an der Elbe, Saale und Mulde. Nova Acta Leopoldina N. F. 20, 135: 206 p.

Hundt, R., 1963: Die Entwicklung der Grünlandwirtschaft und der Naturschutz. Wiss. Z. Univ. Halle, Math-Nat. 13: 37–58.

Hundt, R., 1964: Die Bergwiesen des Harzes, Thüringer Waldes und Erzgebirges. Pflanzensoziol. (Jena) 14: 264 p.

Hundt, R., 1966: Ökologisch-geobotanische Untersuchungen an Pflanzen der mitteleuropäischen Wiesenvegetation. Botan. Studien 16: 176 p.

Hundt, R., 1970: Untersuchungen zum Wasserfaktor im Arrhenatheretum elatioris. Arch. Naturschutz u. Landschaftsforsch. 10: 241–267.

Hundt, R., 1972: Die Trollius europaeus-Polygonum bistorta-Ges. am Ossen auf der Insel Rügen. Natur u. Naturschutz Mecklenburg 10: 25–33.

Hundt, R., 1972: Ökologisch-geobotanische Untersuchungen in Biozönosen dargestellt am Wasserfaktor. Biol. Rdschau 10: 170–187.

Hundt, R., 1980: Die Bergwiesen des herzynischen niederösterreichischen Waldviertels in vergleichender Betrachtung mit der Wiesenvegetation der herzynischen Mittelgebirge der DDR (Harz, Thüringer Wald, Erzgebirge). Phytocoenologia 7: 364–391.

Hundt, R., 1985: Phytosociological and ecological aspects of the dunes on the Isle of Rügen, Baltic Sea. Vegetatio 61: 97–103.

Hundt, R., 1996: Zur Veränderung der Wiesenvegetation Mitteldeutschlands unter dem Einfluss einer starken Bewirtschaftungsintensität. Ber. Reinh.-Tüxen-Ges. 8: 127–143.

Hundt, R., 2001: Ökologisch-geobotanische Untersuchungen an den mitteldeutschen Wiesengesellschaften unter besonderer Berücksichtigung ihres Wasserhaushaltes und ihrer Veränderung durch die Intensivbewirtschaftung im Rahmen der Großflächenproduktion. Mitt. Biosphärenreservat Rhön 3, Monografie: 1–366.

Hundt, R., 2007: Die Silauwiesen des Biosphärenreservates Mittelelbe. BfN-Skripten (Bonn-Bad Godesberg) 214. 178 p.

Hundt, R., Hübl, E., 1985: Das Trisetetum flavescentis am Semmering und Wechsel in den Ostalpen unter besonderer Berücksichtigung landeskultureller Aspekte. Tuexenia 5: 303–315.

Huneck, S., 1973: Nature of lichen substances. In: Ahmadjian, V., Hale, M. E., (eds.): The Lichens. London. pp. 495–522.

Huneck, S., 2006: Die Flechten der Kupferschieferhalden um Eisleben, Mansfeld und Sangerhausen. Mitt. Flor. Kart. Sachs.-Anhalt, Sonderh. 4: 1–62.

Hunter, M. L., 1990: Wildlife, Forests and Forestry. Principles of Managing Forests for Biological Diversity. Prentice-Hall, Englewood Cliffs, NJ, USA.

Huntke, T., 2008: Vegetationsökologische Untersuchungen zur Entwicklung des Naturschutzgebietes Lengener Meer (Landkreis Leer) - eine Fallstudie zur Effizienz des Naturschutzes von Hochmooren. Diss. Univ. Oldenburg. 314 p.

Huntley, B., Birks, H. J. B., 1983: An atlas of past and present pollen maps for Europe: 0–13,000 years ago. Cambridge Univ. Press, Cambridge.

Hüppe, J., 1987: Die Ackerunkrautgesellschaften in der Westfälischen Bucht. Abh. Westfäl. Mus. Naturk. (Münster i. W.) 49: 1–119.

Hüppe, J., 1993: Entwicklung der Tieflands-Heidegesellschaften Mitteleuropas in geobotanisch-vegetationsgeschichtlicher Sicht. Ber. Reinhold-Tüxen-Ges. 5: 49–76.

Hüppe, J., Hofmeister, H., 1990: Syntaxonomische Fassung und Übersicht über die Ackerunkrautgesellschaften der Bundesrepublik Deutschland. Ber. Reinh. Tüxen-Ges. 2: 61–81.

Hüppe, J., Pott, R., Störmer, D., 1989: Landschaftsökologisch-vegetationskundliche Studien im Kiefernwuchsgebiet der nördlichen Senne. Abh. Landesmus. Naturk. Münster/W. 51: 1–77.

Hurle, K., Maier, J., Amann, A., Weishaar, T., Mozer, B., Pulcher-Häussling, M., 1988: Auswirkungen unterlassener Pflanzenschutz- und Düngungsmaßnahmen auf die Unkrautflora. Erste Ergebnisse aus einem mehrjährigen Versuchsprogramm. Z. Pfl.krankh. Pfl. schutz, Sonderh. 11: 175–187.

Hürlimann, H., 1951: Zur Lebensgeschichte des Schilfs an den Ufern der Schweizer Seen. Beitr. Geobot. Landesaufn. Schweiz 30: 232 p.

Hurst, A., 1988: Wirkung von Bodenabkühlung auf Wasserbilanz und Wachstum von Buchen (Fagus silvatica L.). Mitt. Eidgen. Anst. Forstl. Versuchswes. (Birmensdorf) 64: 475–634.

Husak, S., Sladecek, V., Sladeckova, A., 1989: Freshwater macrophytes as indicators of organic pollution. Acta Hydrochim. Hydrobiol. 17: 693–697.

Huse, S., 1965: Strukturformer hos urskogsbestand i Övre Pasvik. Medd. fra Norges Landbrukshogskole 44, 31. Vollebekk. 81 p.

Husemann, C., Wesche, J., 1964: Der Wasserhaushalt und die Wasserbilanz eines lehmigen Sandbodens nach Untersuchungen in wägbaren Lysimetergefäßen (Berlin-Dahlem 1960 bis 1963). Z. Kulturtechn. Flurber. 5: 364–389.

Husicka, A., Vogel, A., 1999: Zur Refugialfunktion von Weideparzellenrändern für Pflanzenarten und Vegetationstypen des Grünlandes – Vergleichende Vegetations- und Standortsuntersuchungen. Tuexenia 19: 405–424.

Hussendörfer, E., 2000: Weißtannenwälder auf der Alpensüdseite. AFZ/Der Wald 2000: 246–249.

Huston, M., 1979: A general hypothesis of species diversity. Am. Nat. 113: 81–101.

Hutchings, M. J., 1987: The population biology of the early spider orchid, Ophrys sphegodes Mill. I. A demographic study from 1975 to 1984. J. Ecol. 75: 711–727. II. Temporal patterns in behaviour. J. Ecol. 77: 729–742.

Hutchings, M. J., Russell, P. J., 1989: The seed regeneration dynamics of an emergent salt marsh. J. Ecol. 77: 615–637.

Hutchinson, G. E., Löffler, H., 1956 : The thermal classification of lakes. Proc. Nat. Acad. Sci. Wash. 42: 84–86.

Hüttermann, A., Arduini, I., Godbold, D. L., 2004: Metal pollution and forest decline. In: Prasad, M. N. V. (ed.): Heavy Metal Stress in Plants. 2nd ed. Springer, Berlin. pp. 295–312.

Hüttl, R. F., 1985: „Neuartige" Waldschäden und Nährelementversorgung von Fichtenbeständen (Picea abies Karst.) in Südwestdeutschland. Freiburger Bodenkdl. Abh. 16. 195 p.

Hüttl, R. F., 1987: Neuartige Waldschäden, Ernährungsstörungen und Düngung. Allg. Forstz. 42: 289–299.

Hüttl, R. F., 1998: Neuartige Waldschäden. Berlin-Brandenburgische Akad. Wiss., Ber. u. Abh. (Berlin) Bd. 5: 131–215.

Hüttl, R. F., Schaaf, W. (eds.), 1997: Magnesium Deficiency in Forest Ecosystems. Kluwer, Dordrecht. 362 p.

Hwang, Y.-H., Morris, J. T., 1992: Fixation of inorganic carbon from different sources and its translocation in Spartina alterniflora Loisel. Aquat. Bot. 43: 137–147.

Hylgaard, T., Liddle, M. J., 1981: The effect of human trampling on a sand dune ecosystem dominated by Empetrum nigrum. J. Appl. Ecol. 18: 559–570.

Hyvönen, R., Agren, G. I., Linder, S. et al., 2007: The likely impact of elevated [CO_2], nitrogen deposition, increased temperature and management on carbon sequestration in temperate and boreal forest ecosystems: a literature review. New Phytol. 173: 463–480.

Ibrom, A., 1987: Die Stickstoffmineralisation in unterschiedlich gedüngten Böden von Buchen- und Fichtenbeständen. Unveröff. Dipl.arb. Univ. Göttingen.

Ibrom, A., Oltchev, A., Constantin, J., Marques, M., Gravenhorst, G., 1995: Die Stickstoffimmission und -deposition in Wäldern. In: Umweltbundesamt (ed.): Wirkungskomplex Stickstoff und Wald. UBA-Texte 28/95. Umweltbundesamt, Berlin. pp. 20–29.

Idestam-Almquist, J., 1998: Temporal and spatial variation of submersed aquatic plants in the Baltic Sea. PhD thesis, Stockholm University. 216 pp.

Illies, J., 1961: Versuch einer allgemeinen biozönotischen Gliederung der Fließgewässer. Int. Rev. Ges. Hydrobiol. 46: 205–213.

Illig, H. (1990): Feldflora-Reservate als neue Form von Naturschutzgebieten. Abh. Ber. Naturk. Mus. Görlitz 64: 99–101.

Ingerpuu, N., Vellak, K., Liira, J., Pärtel, M., 2003: Relationships between species richness patterns in deciduous forests at the north Estonian limestone escarpment. J. Veg. Sci. 14: 773–780.

Ingestad, T., 1979: Nitrogen stress in birch seedlings. II. N, P, Ca and Mg nutrition. Physiol. Plant. 52: 454–466.

Inghe, O., Tamm, C. O., 1985: Survival and flowering of perennial herbs. IV. The behaviour of Hepatica nobilis and Sanicula europaea on permanent plots during 1943–1981. Oikos 45: 400–420.

Ingram, H. A. P., 1983: Hydrology. In: Gore, A. J. P., (ed.): Mires: Swamp, Bog, Fen and Moor. Ecosystems of The World Vol. 4 A. Elsevier, Amsterdam. pp. 67–158.

Innes, J. L., 1994: The occurrence of flowering and fruiting on individual trees over 3 years and their effects on subsequent crown condition. Trees 8: 139–150.

Innes, J. L., 1995: Influence of air pollution on the foliar nutrition of conifers in Great Britain. Eviron. Pollut. 88: 183–192.

IPCC 2002: Climate change 2001. Vol. 3. Cambridge Univ. Press, Cambridge.

IPCC 2007: Climate change 2007: the physical basis. Summary for policymakers. Contributions of working group I to the fourth assessment report of the Intergovernmental Panel of Climate Change. https://www.ipcc.ch/SPM-2feb07.pdf.

Isermann, K., 1990: Die Stickstoff- und Phosphoreinträge in die Oberflächengewässer der Bundesrepublik Deutschland durch verschiedene Wirtschaftsbereiche unter besonderer Berücksichtigung der Stickstoff- und Phosphorbilanz der Landwirtschaft und der Humanernährung. Schr.r. Akad. Tiergesundheit (Bonn) 1: 358–413.

Isermann, M., 1996: Vegetationszonierung auf dem Darß und auf dem Gellen an der Ostseeküste Mecklenburg-Vorpommerns. Abh. Naturw. Ver. Bremen 43: 551–556.

Isermann, M., 1997: Vegetations- und standortskundliche Untersuchungen in Küstendünen Vorpommerns. Diss., Univ. Greifswald. 323 p. .

Isermann, M., 2005: Soil pH and species diversity in coastal dunes. Plant Ecol. 178: 111–120.

Isermann, M., Cordes, H., 1992: Changes in dune vegetation on Spiekeroog (East Frisian Islands) over a 30 year period. In: Carter, R. W. G., Curtis, T. G. F., Sheehy-Skeffington, M. J. (eds.): Coastal Dunes: Geomorphology, Ecology and Management for Conservation. Balkema, Rotterdam. pp. 201–210.

Isermann, M., Diekmann, M., Heemann, S., 2007: Effects of the expansion by Hippophae rhamnoides on plant species richness in coastal dunes. Appl. Veg. Sci. 10: 33–42.

Isotalo, A., 1951: Studies on the ecology and physiology of cellulose-decomposing bacteria in raised bogs. Acta Agric. Fenn. 74.

Isselstein, J., Stippich, G., Wahmhoff, W., 1991: Umweltwirkungen von Extensivierungsmaßnahmen im Ackerbau – Eine Übersicht. Ber. Landw. 69: 379–413.

Issler, E., 1937: Les associations végétales des Vosges méridionales et de la plaine rhénane avoisante. Les tourbières. Bull. Soc. Hist. Nat. Colmar 43: 5–53.

Issler, E., 1942: Vegetationskunde der Vogesen. Pflanzensoziologie (Jena) 5. 192 p.

Ivanov, K. E., 1975: Vodoobmen v bolotnych landsaftach. (Wasseraustausch in Moorlandschaften). Gidrometeoizdat, Leningrad. 280 p.

Ivanov, K. E., 1981: Water Movement in Mirelands. Academic Press, London. 277 p.

Iversen, J., 1958: Pollenanalytischer Nachweis des Reliktcharakters eines jütischen Lindenmischwaldes. Veröff. Geobot. Inst. ETH, Stiftg. Rübel, Zürich 33: 137–144.

Ives, J. D., Barry, R. G. (eds.), 1974: Arctic and Alpine Environments. Methuen, London. 999 p.

Jaag, O., 1945: Untersuchungen über die Vegetation und Biologie der Algen des nackten Gesteins in den Alpen, im Jura und im schweizerischen Mittelland. Beitr. Kryptogamenflora d. Schweiz 9, 3: 560 p.

Jachmann, H., Croes, T., 1991: Effects of grazing by elephants on Combretum-Terminalia woodland. Environ. Conserv. 18: 168–171.

Jachowiak, B., 1990: Antropogeniczne przemiany flory roslin naczyniowych Poznania. Wyd. Nauk. Uniw. A. Mickiewicza w Poznaniu, Ser. Biol. 42. 232 p.

Jachowiak, B., 1998: The city- as a center for crystallisation of the spacio-floristic system. Phytocoenosis (N. S.) 10, Suppl. Cartogr. Geobot. 9: 55–67.

Jackson, G. E., Irvine, J., Grace, J., 1999: Xylem acoustic emissions and water relations of Calluna vulgaris L. at two climatological regions of Britain. Plant Ecology 140: 3–14.

Jackson, M. B., Armstrong, W., 1999: Formation of aerenchyma and the process of plant ventilation in relation to soil flooding and submergence. Plant Biol. 1: 274–287.

Jackson, M. B., Ricard, B., 2003: Physiology, biochemistry and molecular biology of plant root systems subjected to flooding of the soil. In: de Kroon, H., Visser, E. J. W. (eds.): Root Ecology. Ecol. Stud. 168. Springer, Berlin. pp. 193–214.

Jacob, M., Leuschner, Ch., Thomas, F. M., 2009: Productivity of temperate broad-leaved forest stands differing in tree species diversity. Ann. For. Sci. (in press).

Jacobsen, P., 1992: Flechten in Schleswig-Holstein: Bestand, Gefährdung und Bedeutung als Bioindikatoren. Mitt. Arb.gem. Geobot. Schlesw.-Holst. 42: 234 p.

Jacomet, S., Brombacher, C., Dick, M., 1991: Palaeoethnobotanical work on Swiss neolithic and bronze age lake dwellings over the past ten years. In: Renfrew, J. M. (ed.): New light on early farming. Recent developments in palaeoethnobotany. Edinburgh Univ. Press, pp. 257–274.

Jactel, H., Brockerhoff, E., Duelli, P., 2005: A test of the biodiversity-stability theory: meta-analysis of tree species diversity effects on insect pest infestations, and re-examination of responsible factors. In: Scherer-Lorenzen, M., Körner, Ch., Schulze, E.-D. (eds.): Forest Diversity and Function. Ecol. Stud. 176. Springer, Berlin. pp. 235–262.

Jäger, E., 1968: Die pflanzengeographische Ozeanitätsgliederung der Holarktis und die Ozeanitätsbindung der Pflanzenareale. Feddes Repert. 79: 157–335.

Jäger, E., 1970: Charakteristische Typen mediterran-mitteleuropäischer Pflanzenareale. Feddes Repert. 81: 67–92.

Jäger, H., 1994: Einführung in die Umweltgeschichte. Wiss. Buchges., Darmstadt. 245 p.

Jäger, K.-D., 1967: Eine pliozäne Vegetationsgemeinschaft und ihre Fortentwicklung bis zur Gegenwart. Abh. Zentr. Geol. Inst. Berlin 10: 99–112.

Jagnow, G., Söchtig, H., 1981: Stickstoffverluste aus dem Boden in die Atmosphäre und das Grundwasser – Möglichkeiten ihrer Begrenzung. Ber. Landw. N. F., Sonderheft 197: 223–233.

Jahn, G., 1977: Die Fichtenwaldgesellschaften in Europa. In: Schmidt-Vogt, H. (ed.): Die Fichte. Bd. 1: Taxonomie, Verbreitung, Morphologie, Ökologie, Waldgesellschaften. Parey. pp. 468–560 u. 616–629.

Jahn, G., 1979: Werden und Vergehen von Buchenwald-Gesellschaften. In: Wilmanns, O., Tüxen, R. (Red.): Werden und Vergehen von Pflanzengesellschaften. Ber. Int. Symp. IVV Rinteln 1978: 339–362.

Jahn, G., 1984: Eichenmischwälder in Nordwestdeutschland – naturnah oder anthropogen? Phytocoenologia 12: 363–372.

Jahn, G., 1985: Zum Nadelbaumanteil an der potentiell natürlichen Vegetation der Lüneburger Heide. Tuexenia 5: 377–389.

Jahn, H., Nespiak, A., Tüxen, R., 1967: Pilzsoziologische Untersuchungen in Buchenwäldern (Carici-Fagetum, Melico-Fagetum und Luzulo-Fagetum) des Wesergebirges. Mitt. Florist.-Soziol. Arb.gem. N. F. 11/12: 159–197.

Jahn, S., 1952: Die Wald- und Forstgesellschaften des Hils-Berglandes (Forstamtsbezirk Wenzen). Angew. Pflanzensoziol. (Stolzenau/Weser) 5: 1–77.

Jahns, W., 1962: Zur Kenntnis der Pflanzengesellschaften des Großen und Weißen Moores bei Kirchwalsede (Krs. Rotenburg/Hann.). Mitt. Florist.-Soziol. Arb.gem., N. F. 9: 88–94.

Jahns, W., 1969: Torfmoos-Gesellschaften der Esterweger Dose. Schriftenr. Vegetationskunde (Bonn-Bad Godesberg) 4: 49–74.

Jakobs, V., Krumbiegel, A., 1997: Vegetationsentwicklung auf einjährigen Brachen in der Dübener Heide. Hercynia N. F. 30: 227–239.

Jakubowska-Gabara, J., 1996: Decline of Potentillo albae-Quercetum Libb. 1933 phytocoenoses in Poland. Vegetatio 124: 45–59.

Jakucs, P. (ed.), 1985: Results of „Sikfökut Project“. 1. Structure, primary production and mineral cycling. Akademiai Kiado, Budapest. 546 p.

Jakucs, P., 1961: Die phytozönologischen Verhältnisse der Flaumeichen-Buschwälder Südostmitteleuropas. Monographie der Flaumeichen-Buschwälder. I. Akad. Kiado, Budapest. 314 p.

Jakucs, P., 1969: Die Sproßkolonien und ihre Bedeutung in der dynamischen Vegetationsentwicklung (Polykormonsukzession). Acta Bot. Croat. (Zagreb) 28: 161–170.

Jakucs, P., 1970: Bemerkungen zur Saum-Mantel-Frage. Vegetatio 21: 29–47.

Jakucs, P., 1972: Dynamische Verbindung der Wälder und Rasen. Akademiai Kiado, Budapest. 228 p.

James, J. C., Grace, J., Hoad, S. P., 1994: Growth and photosynthesis of Pinus sylvestris at its altitudinal limit in Scotland. J. Ecol. 82: 297–306.

James, P. L., Larkum, A. W. D., 1996: Photosynthetic inorganic carbon acquisition of Posidonia australis. Aquat. Bot. 55: 149–157.

James, S. R., 1989: Hominid use of fire in the Lower and Middle Pleistocene. A review of evidence. Current Anthropology 30: 1–26.

Janauer, G. A., 1981: Die Zonierung submerser Wasserpflanzen und ihre Beziehung zur Gewässerbelastung am Beispiel der Fische (Niederösterreich). Verh. Zool.-Bot. Ges. in Österreich (Wien) 120: 73–98.

Janauer, G. A., 2005: Wasserpflanzen und Habitate an der Donau: Streiflichter aus dem internationalen Donau-Studienprojekt. In: Link, F.-G., Kohler, A. (eds.): Donau, der europäische Fluss. Auenentwicklung und Wasserpflanzen als Bioindiaktoren. Beitr. Akad. Natur- u. Umweltschutz Baden-Württemb. 40 (Stuttgart): 110–125.

Jandl, R., 1996: Magnesiumversorgung der österreichischen Wälder. Centralbl. ges. Forstwes. 113: 71–82.

Jandt, U., 1999: Kalkmagerrasen am Südharzrand und im Kyffhäuser. Diss. Bot. 322: 1–246.

Janiesch, P., 1973: Ökophysiologische Untersuchungen an Umbelliferen nitrophiler Säume. Oecol. Plant. 8: 335–352.

Janiesch, P., 1973 a: Beitrag zur Physiologie der Nitrophyten: Nitratspeicherung und Nitratassimilation bei Anthriscus sylvestris. Flora 162: 479–491.

Janiesch, P., 1978: Ökophysiologische Untersuchungen von Erlenbruchwäldern. I. Die edaphischen Faktoren. Oecol. Plant. 13: 43–57.

Janiesch, P., 1979: Eisen als Standortsfaktor in Erlenbruchwäldern. Verh. Ges. Ökol. 7: 403–406.

Janiesch, P., 1981: Ökophysiologische Untersuchungen an Carex-Arten aus Erlenbruchwäldern. Habil.schr. Fachber. Biologie Univ. Münster. 123 p.

Janiesch, P., 1991: Ecophysiological adaptations of higher plants in natural communities to waterlogging. In: Rozema, J., Verkleij, J. A. C. (eds.): Ecological Responses to Environmental Stresses. Kluwer Acad. Publ., Den Haag. pp. 50–60.

Janiesch, P., 1997: Die nährstofföklogische Situation unterschiedlich stark entwässerter Erlenbrücher im Emsland. Abh. Westfäl. Mus. Naturk. (Münster) 59: 65–74.

Janiesch, P., Müller, E., 1991: Die Stickstoff-Netto-Mineralisation in naturnahen und degenerierten Erlenbruchwäldern als Kenngröße zur Beurteilung des ökologischen Zustandes. Verh. Ges. Ökol. 20: 353–359.

Jankowska-Blaszczuk, M., Kwiatkowska, A. J., Panufnik, D., Tanner, E., 1998: The size and diversity of the soil seed banks and the light requirements of the species in sunny and shady natural communities of the Białowieża Primeval Forest. Plant Ecol. 136: 105–118.

Jankuhn, H., 1969: Vor- und Frühgeschichte vom Neolithikum bis zur Völkerwanderungszeit. Ulmer Verlag, Stuttgart. 300 p.

Jannsen et al. (1998)

Jansen, A. E., 1984: Vegetation and macrofungi of acid oak-woods in the North-East of the Netherlands. Agric. Res. Rep. (Pudoc, Wageningen) 923. 162 p.

Jansen, A. E., Dighton, J., 1990: Effects of air pollutants on ectomycorrhizas. A review. Air Pollut. Res. Rep. 30, EEC. Brüssel.

Janssen, B. H., 1996: Nitrogen mineralization in relation to C:N ratio and decomposability of organic materials. Plant and Soil 181: 39–45.

Janssen, C., 1986: Ökologische Untersuchungen an Binnensalzstellen in Südostniedersachsen. Phytocoenol. 14: 109–142.

Janssen, C., 1992: Flora und Vegetation von Halbtrockenrasen (Festuco-Brometea) im nördlichen Harzvorland Niedersachsens unter besonderer Berücksichtigung ihrer Isolierung in der Agrarlandschaft. Braunschw. Geobot. Arb. (Braunschweig) 2: 1–216.

Janssens, I. A., Lankreijer, H., Matteucci, G. et al., 2001: Productivity and disturbance overshadow temperature in determining soil and ecosystem respiration across European forests. Global Change Biol. 7: 269–278.

Jarvis, P. G., 1964: Interference by Deschampsia flexuosa (L.) Trin. Oikos 15: 56–78.

Jeckel, G., 1981: Die Vegetation des Naturschutzgebietes „Breites Moor“ (Kreis Celle, Nordwest-Deutschland). Tuexenia 1: 185–209.

Jeckel, G., 1983, 1984: Syntaxonomische Gliederung, Verbreitung und Lebensbedingungen nordwestdeutscher Sandtrockenrasen (Sedo-Scleranthetea). Phytocoenologia 12: 9–153.

Jeckel, G., 1986: Grundwasser-Ganglinien unter verschiedenen Pflanzengesellschaften in nordwestdeutschen Heidemooren. Tuexenia 6: 195–204.

Jeddeloh, H. zu, 1980: Über die Wirkungen von Windschutzanlagen auf die Landwirtschaft. Höhere Forstbehörde Rheinland, Bonn. 106 p. (zitiert nach Weber 2003).

Jefferies, R. L., Rudmik, T., Dillon, E. M., 1979: Responses of halophytes to high salinities and low water potentials. Plant Physiol. 64: 889–994.

Jeffrey, D. W., Pigott, C. D., 1973: The response of grasslands on sugar-limestone in Teesdale to application of phosphorus and nitrogen. J. Ecol. 61: 85–92.

Jehl, H., 1995: Die Waldentwicklung auf Windwurfflächen im Nationalpark Bayerischer Wald. Reihe Nationalpark Bayer. Wald: 25 Jahre auf dem Weg zum Naturwald. Passau. pp. 112–145.

Jehlik, V., 1981: Beitrag zur synanthropen (besonders Adventiv-)Flora des Hamburger Hafens. Tuexenia 1: 81–97.

Jehlik, V., 1984: Vergleich der Adventivflora und der synanthropen Vegetation der Flusshäfen am Moldau-Elbe- und Donau-Wasserweg in der Tschechoslowakei. Acta Bot. Slov., Acad. Sci. Slov., Ser. A 1: 89–95.

Jelem, H., 1974: Die Auwälder der Donau in Österreich. Mitt. forstl. Bundesversuchsanst. Wien 109. 287 p.

Jelem, H., 1975: Marchauen in Niederösterreich. Mitt. forstl. Bundesversuchsanst. Wien 113. 93 p.

Jenik, J., 1955: Die Sukzessionen der Pflanzen auf den Flußalluvionen des Flusses Bela in der Hohen Tatra. Acta Univ. Carol. Pragae 4. 58 p.

Jenik, J., 1958: Geobotanische Untersuchungen einer Lawinenbahn im Tale Blaugrund im Riesengebirge. Acta Univ. Carol. Pragae, Biol. 5: 47–91.

Jenik, J., 1961: Alpinska vegetace Krkonos, Kralickeho Snezniku a Hrubeho Jeseniku. Nakl. Ceskoslov. Akad. Ved., Prag.

Jenik, J., Soukupova, L., 1992: Microtopography of subalpine mires in the Krknose Mountains, the Sudets. Preslia, Praha 64: 313–326.

Jenik, J., Stursa, J., 2003: Vegetation of the Giant Mountains, Central Europe. In: Nagy, L., Grabherr, G., Körner, C., Thompson, D. B. A. (eds.): Alpine Biodiversity in Europe. Ecol. Stud. 167. Springer, Berlin. p. 47–52.

Jennersten, O., Nilsson, S. G., 1993: Insect flower visitation frequency and seed production in relation to patch size of Viscaria vulgaris (Caryophyllaceae). Oikos 68: 283–292.

Jenny-Lips, H., 1930: Vegetationsbedingungen und Pflanzengesellschaften auf Felsschutt. Beih. Bot. Cbl. 46: 119–296.

Jensch, D., 2004: Der Einfluss von Störungen auf Waldbodenvegetation. Experimente in drei hessischen Buchenwäldern. Diss. Bot. 386. 388 p.

Jensen, A., 1985: On the ecophysiology of Halimione portulacoides. Vegetatio 61: 231–240.

Jensen, A., 1989: Exchange of nitrogen and phosphorus in the Danish wadden sea area. Wadden Sea Newsletter 2: 11–13.

Jensen, A., Henriksen, K., Rasmussen, M. B., 1985: The distribution and interconversion of ammonium and nitrate in the Skallingen salt marsh (Denmark) and their exchange with the adjacent coastal water. Vegetatio 62: 357–366.

Jensen, A., Jefferies, R. L., 1984: Fecunditiy and mortality in populations of Salicornia europaea agg. at Skallingen, Denmark. Holarct. Ecol. 7: 399–412.

Jensen, K., 1997: Vegetationsökologische Untersuchungen auf nährstoffreichen Feuchtgrünland-Brachen – Sukzessionsverlauf und dynamisches Verhalten von Einzelarten. Feddes Repert. 108: 603–625.

Jensen, K., 1998: Species composition of soil seed bank and seed rain of abandoned wet meadows and their relation to above-ground vegetation. Flora 193: 345–355.

Jensen, K., Schrautzer, J., 1999: Consequences of abandonment for a regional fen flora and mechanisms of successional change. Appl. Veg. Sci. 2: 79–88.

Jensen, U., 1961: Die Vegetation des Sonnenberger Moores im Oberharz und ihre ökologischen Bedingungen. Naturschutz u. Landschaftspfl. in Niedersachsen (Hannover) 1. 85 p.

Jensen, U., Ewertz, K., Kroner, M., 1979: Mikrovegetation der Oberharzer Moore. Phytocoenol. 6: 134–151.

Jenssen, M., Hofmann, G., 1996: Der natürliche Entwicklungszyklus des baltischen Perlgras-Buchenwaldes (Melico-Fagetum). Beitr. Forstwirtsch. u. Landschaftsökol. 30: 114–124.

Jentsch, A., 2001: The significance of disturbance for vegetation dynamics. A case study in dry acidic grasslands. PhD thesis, University of Bielefeld. 199 p.

Jentsch, A., Beyschlag, W., 2003: Vegetation ecology of dry acidic grasslands in the lowland area of central europe. Flora 198: 3–25.

Jentsch, A., Beyschlag, W., Nezadal, W., Steinlein, T., Welß, W., 2002: Bodenstörung – treibende Kraft für die Vegetationsdynamik in Sandlebensräumen. Naturschutz u. Landschaftsplanung 34: 37–44.

Jentsch, A., Friedrich, S., Beyschlag, W., Nezadal, W., 2002: Significance of ant and rabbit disturbances for seedling establishment in dry acidic grasslands dominated by Corynephorus canescens. Phytocoenologia 32: 553–580.

Jentschke, G., Drexhage, M., Fritz, H.-W. et al., 2001: Does soil acidity reduce subsoil rooting in Norway spruce (Picea abies)? Plant and Soil 237: 91–108.

Jeschke, L., 1962: Vegetationskundliche Beobachtungen im Listland (Insel Sylt). Beitr. Naturkundemus. Stralsund 1: 67–84.

Jeschke, L., 1963: Die Wasser- und Sumpfvegetation im Naturschutzgebiet „Ostufer der Müritz“. Limnologica 1: 475–545.

Jeschke, L., 1964: Die Vegetation der Stubnitz. Natur u. Naturschutz in Mecklenburg (Stralsund-Greifswald) 2: 1–134 .

Jeschke, L., 1968: Vegetation der Insel Ruden (Naturschutzgebiet Peenemünder Haken und Struck). Natur u. Nat.sch. Mecklenb. 6: 111–138.

Jeschke, L., 1987: Vegetationsdynamik des Salzgraslandes im Bereich der Ostseeküste der DDR unter dem Einfluss des Menschen. Hercynia N. F. 24: 321–328.

Jeschke, L., 1998: Ursachen des Artenrückgangs von Waldpflanzen und Möglichkeiten zur Erhaltung der Artenvielfalt der Wälder und Waldrandbereiche. Schr.-R. f. Vegetationskunde (Bonn-Bad Godesberg) 29: 125–137.

Jeschke, M., Kiehl, K., 2006: Auswirkung von Renaturierungs- und Pflegemaßnahmen auf die Artenzusammensetzung und Artendiversität von Gefäßpflanzen und Kryptogamen in neu angelegten Kalkmagerrasen. Tuexenia 26: 223–242.

Jessen, O., 1937: Heckenlandschaften im nordwestlichen Europa. Mitt. Geogr. Ges. Hamburg 45: 7–59.

Jochheim, H., 1986: Einfluss des Stammablaufwassers auf den Pflanzenbewuchs und den chemischen Bodenzustand im Oberboden von Altbuchenbeständen. Verh. Ges. Ökol. 14: 299–308.

Jochimsen, M., 1963: Vegetationsentwicklung im hochalpinen Neuland. Ber. Naturw.-Med. Ver. Innsbruck 53: 109–123.

Jochimsen, M., 1970: Die Vegetationsentwicklung auf Moränenböden in Abhängigkeit von einigen Umweltfaktoren. Veröff. Univ. Innsbruck 46: 5–22.

Joenje, W., 1978: Plant colonization and succession on embanked sandflats. PhD thesis, University of Groningen. 160 p.

Johansson, L.-G., Linder, S., 1980: Photosynthesis of Sphagnum in different microhabitats on a subarctic mire. Ecol. Bull. 49: 1661–1676.

Johansson, M. E., Nilsson, C., Nilsson, E., 1996 : Do rivers function as corridors of plant dispersal? J. Veg. Sci. 7: 599–608.

Johnson, D. W., Curtis, P. S., 2001: Effects of forest management on soil C and N storage: meta analysis. For. Ecol. Manage. 140: 227–238.

Johnson, L. C., Damman, A. W. H., 1991: Species-controlled Sphagnum decay on a south Swedish raised bog. Oikos 61: 234–242.

Johnson, L. C., Damman, A. W. H., 1993: Decay and its regulation in Sphagnum peatlands. Adv. Bryol. 5: 249–296.

Johnson, M. P., 1967: Temperature dependent leaf morphogenesis in Ranunculus flabellaris. Nature 214: 1354–1355.

Jonasson, S., Callaghan, T. V., 1992: Root mechanical properties related to disturbed and stressed habitats in the Arctic. New Phytol. 122: 179–186.

Jonasson, S., Widerberg, B., 1988: The resource balance of Milium effusum with emphasis on environmental resource supply. Oecologia 76: 11–19.

Jones, D. L., Prabowo, A. M., Kochian, L. V., 1996: Kinetics of malate transport and decomposition in acid soils and isolated bacterial populations: The effects of microorganisms on root exudation of malate under Al stress. Plant and Soil 182: 239–247.

Jones, H. E., 1971 a, b: Comparative studies of plant growth and distribution in relation to waterlogging. I. The survival of Erica cinerea L. and Erica tetralix L. and its apparent relationship to iron and manganese uptake in waterlogged soil. III. The response of Erica cinerea L. to waterlogging in peatsoils of differing iron content. J. Ecol. 58: 487–496 u. 59: 583–591.

Jones, M. B., Leafe, E. L., Stiles, W., 1980: Water stress in field-grown perennial ryegrass. I. Its effect on growth, canopy photosynthesis and transpiration. Ann. Appl. Biol. 96: 87–101.

Jones, P. D., Moberg, A., 2003: Hemispheric and large-scale surface air temperature variations: An extensive revision and an update to 2001. J. Clim. 16: 206–223.

Jones, R. H., Sharitz, R. R., Dixon, P. M., Segal, D. S., Schneider, R. L., 1994: Woody plant regeneration in four floodplain forests. Ecol. Mongr. 64: 345–367.

Jonsson, B. G., Esseen, P. A., 1998: Plant colonisation in small forest-floor patches: importance of plant group and disturbance traits. Ecography 21: 518–526.

Joosten, J. H. J., 1992: Bog regeneration in the Netherlands: a review. In: Bragg, O. M., Hulme, P. D., Ingram, H. A. P., Robertson, R. A., (eds.): Peatland Ecosystems and Man: An Impact Assessment. Univ. of Dundee, Dundee. pp. 367–373.

Joosten, J. H. J., 1993: Denken wie ein Hochmoor: Hydrologische Selbstregulation von Hochmooren und deren Bedeutung für Wiedervernässung und Restauration Telma 23: 95–115.

Joosten, J. H. J., Clarke, D., 2002: Wise use of mires and peatlands – background and principles including a framework for decision-making. Intern. Mire Conserv. Group and Intern. Peat Soc., Finland. http://www.mirewiseuse.com

Jordan, L. F., 1985: Nutrient Cycling in Tropical Forest Ecosystems. Wiley, Chichester.

Jorga, W., Weise, G., 1977: Biomasseentwicklung submerser Makrophyten in langsam fließenden Gewässern in Beziehung zum Sauerstoffhaushalt. Int. Rev. ges. Hydrobiol. 62: 209–234.

Joshi, J., Schmid, B., Caldeira, M. C. et al., 2001: Local adaptation enhances performance of common plant species. Ecology Letters 4: 536–544.

Jump, A. S., Hunt, J. M., Penuelas, J., 2006: Rapid climate change-related growth decline at the southern range edge of Fagus sylvatica. Glob. Change Biol. 12: 2163–2174.

Jung, T., Blaschke, M., 2006: Die Phytophthora-Wurzelhalsfäule der Erlen in Bayern: Krankheitsverbreitung, Ausbreitungswege und mögliche Gegenmaßnahmen. In: Bayer. Landesamt f. Wald und Forstwirtschaft: Beiträge zur Schwarzpappel. LWF-Wissen, Nr. 52. Freising. pp. 35–41.

Jungkunst, H. F., Freibauer, A., Neufeldt, H., Bareth, G., 2006: Nitrous oxide emissions from agricultural land use in Germany – a synthesis of available annual field data. J. Plant Nutr. Soil Sci. 169: 341–351.

Jupp, B. P., Spence, D. H. N., 1977: Limitations of macrophytes in a eutrophic lake, Loch Leven. I. Effects of phytoplankton. J. Ecol. 65: 175–186.

Juraszek, H., 1928: Pflanzensoziologische Studien über die Dünen bei Warschau. Bull. Acad. Polon. Sci. et Lettr., Cl. Sci. Mat. Nat., Sér. B 1927: 565–610.

Jürging, P., 1975: Epiphytische Flechten als Bioindikatoren der Luftverunreinigung. Bibliotheca Lichenologica (Stuttgart) 4: 164 p.

Jürging, P., 2006: Bedeutung der Schwarzerle in der Wasserwirtschaft. In: Bayer. Landesamt f. Wald und Forstwirtschaft: Beiträge zur Schwarzpappel. LWF-Wissen, Nr. 52. Freising. pp. 46–50.

Jurko, A., 1958: Bodenökologische Verhältnisse und Waldgesellschaften der Donautiefebene. Slov. Akad. Vied. 264 p.

Jurko, A., 1963: Die Veränderung der ursprünglichen Waldphytozönose durch die Introduktion der Robinie. Ceskosl. Ochrane Priody (Bratislava) 1: 56–75.

Jurko, A., 1964: Feldheckengesellschaften und Uferweidengebüsche des Westkarpatengebietes. Biol. Prace (Bratislava) 10, H. 6: 100 p.

Jurko, A., 1974: Prodromus der Cynosurion-Gesellschaften in den Westkarpaten. Folia Geobot. Phytotax. (Praha) 9: 1–44.

Kabata-Pendias, A., Pendias, H., 1992: Trace elements in soils and plants. CRC Press, Boca Raton. 365 p.

Kadlus, Z., 1967: Gipfelphänomen im Gebirge Orlicke hory (Adlergebirge). Opera Corcontica 4: 55–77.

Kahmen, A., Perner, J., Audorff, V., Weisser, W., Buchmann, N., 2005: Effects of plant diversity, community composition and environmental parameters on productivity in montane European grasslands. Oecologia 142: 606–615.

Kahmen, S., Poschlod, P., 2000: Population size, plant performance, and genetic variation in the rare plant Arnica montana L. in the Rhön, Germany. Basic Appl. Ecol. 1: 43–51.

Kaiser, T., Stubbe, A., 2004: Mittelfristige Vegetationsentwicklung auf Pflegeflächen in Sandheiden des Naturschutzgebiets “Lüneburger Heide”. NNA-Berichte (Schneverdingen) 17: 137–144.

Kaiser, W. M., Dittrich, A. P. M., Heber, U., 1993: Sulfate concentrations in Norway spruce needles in relation to atmospheric SO_2: a comparison of trees from various forests in Germany with trees fumigated with SO_2 in growth chambers. Tree Physiol. 12: 1–13.

Kalb, K., 1970: Flechtengesellschaften der vorderen Ötztaler Alpen. Diss. Bot. 9: 118 p.

Kalckstein, B., 1974: Gaswechsel, Produktivität und Herbizidempfindlichkeit bei verschiedenen tropischen, subtropischen und europäischen Gramineen. Diss. Univ. Wien. 119 p.

Kalela, A., 1937: Zur Synthese der experimentellen Untersuchungen über Klimarassen der Holzarten. Comm. Inst. Forest. Fenn. 26: 445 p.

Kämmer, F., 1974: Klima und Vegetation auf Tenerife, besonders im Hinblick auf den Nebelniederschlag. Scripta Geobot. 7: 1–78.

Kammer, P., Hegg, O., 1990: Auswirkungen von Kunstschnee auf subalpine Rasenvegetation. Verh. Ges. Ökol. 19/II: 758–767.

Kandler, O., 1994: Vierzehn Jahre Waldschadensdiskussion. Naturwiss. Rdschau 47: 419–430.

Kandler, O., Poelt, J., 1984: Wiederbesiedlung der Innenstadt von München durch Flechten. Naturw. Rundschau (Stuttgart) 7: 90–95.

Kaplan, K., 1998: Zur Bedeutung der Samenbanken für den Schutz der Pflanzenarten nährstoffarmer Stillgewässer. Mitt. AG Geobot. Schlesw.-Holst. u. Hamb. 57: 67–78.

Käppeli, T., Schulin, R., 1988: Lysimeteruntersuchungen zur Wasserbilanz von Pappel, Weisserle, Fichte und Gras auf einem sandigen Boden über Schotter. Schweiz. Z. Forstwes. 139: 129–143.

Kappen, L., 1964: Untersuchungen über den Jahreslauf der Frost-, Hitze- und Austrocknungsresistenz von Sporophyten einheimischer Polypodiaceen (Filicinae). Flora 155: 123–166.

Karlsson, P. E., Pleijel, H., Karlsson, G. P., Medin, E. L., Skärby, L., 2000: Simulations of stomatal conductance and ozone uptake to Norway spruce saplings in open-top chambers. Environ. Pollut. 109: 443–451.

Karner, P., Mucina, L., 1993: Mulgedio-Aconitetea. In: Grabherr, G., Mucina, L. (eds.): Die Pflanzengesellschaften Österreichs. Teil II. G. Fischer, Stuttgart. pp. 468–505.

Karpati, I., Karpati, A., 1980: Die coenologischen Bedingungen und die Standortverhältnisse der Auenwälder im Donau-Gebiet in Ungarn. Intern. Verein. Vegetationskde, Auenwald-Symposium Straßburg, 1980. Mskr., 28 p.

Karpati, I., Karpati, V., 1971: Methodological problems of the research on the production of the primary phytobiomass of lake Balaton. Hydrobiologia 12: 155–158.

Karpati, V., Karpati, I., 1961: Winter dormancy of Hungarian trees and shrubs. I. Trees and shrubs of natural groves. Acta Biol. Acad. Sci. Hung. 11: 359–385.

Karpov, V. G., 1975: Competition for nutrients in plant communities. XII. Int. Bot. Congr. (Leningrad) Abstr. 1, 151.

Karrenberg, S., Blaser, S., Kollmann, J., Speck, T., Edwards, P. J., 2003 a: Root anchorage of saplings and cuttings of woody pioneer species in a riparian environment. Funct. Ecol. 17: 170–177.

Karrenberg, S., Edwards, P. J., Kollmann, J., 2002: The life history of Salicaceae living in the active zone of floodplains. Freshwater Biol. 47: 733–748.

Karrenberg, S., Kollmann, J., Edwards, P. J., Gurnell, A. M., Petts, G. E., 2003 b: Patterns in woody vegetation along the active zone of a near-natural Alpine river. Basic Appl. Ecol. 4: 157–166.

Karrer, M., Mies, B., Lösch, R., 1997: Boden- und vegetationskundliche Untersuchungen auf Acker- und Grünlandbrachen in Solingen (Bergisches Land): Nährstoffdynamik und Vegetationsmosaik. Decheniana 150: 191–218.

Kasperidus, H. D., Klimo, E., Müller, G. K., Richter, W., Sickert, A., 2001: The urban floodplain forest ecosystem of Leipzig. In: Klimo, E., Hager, H. (eds.): The Floodplain Forests in Europe. European Forest Institute Research Report 10. Brill, Leiden. p. 127–146.

Kasprowicz, M., 1996: Zroznicowanie i przeksztalcenia roslinnosci pieter reglowych masywu Babiej Gory (Karpaty Zachodnie). Sorus, Poznan. 215 p.

Kassam, A. H., Elston, J. F., 1974: Seasonal changes in the status of water and tissue characteristics of leaves of Vicia faba L. Ann. Bot. 38: 419–429.

Kästner, M., 1941: Über einige Waldsumpfgesellschaften, ihre Herauslösung aus den Waldgesellschaften und ihre Neuordnung. Beih. Botan. Cbl. 61 B: 137–207.

Katzensteiner, K., Glatzel, G., 1997: Causes of magnesium deficiency in forest ecosystems. In Hüttl, R. F., Schaaf, W. (eds.): Magnesium Deficiency in Forest Ecosystems. Kluwer, Dordrecht. pp. 227–251.

Käubler, R., 1961: Über Hochäcker zwischen Erzgebirge, Thüringer Wald und Ostsee. Ber. Deut. Landeskunde (Trier) 28: 70–73.

Kaule, G., 1974: Die Übergangs- und Hochmoore Süddeutschlands und der Vogesen. Diss. Bot. 27. 345 p.

Kaule, G., Pfadenhauer, J., 1973: Vegetation und Ökologie eines Hochmoorrandbereichs im Naturschutzgebiet Eggstätt-Hemhofer Seenplatte. Ber. Bayer. Bot. Ges. 44: 201–210.

Kaupenjohann, M., 1997: Tree nutrition. In: Hüttl, R. F., Schaaf, W. (eds.): Magnesium Deficiency in Forest Ecosystems. Kluwer, Dordrecht. pp. 275–296.

Kaupenjohann, M., Döhler, H., Bauer, M., 1989: Effects of N-immissions on nutrient status and vitality of Pinus sylvestris near a hen-house. Plant and Soil 113: 179–182.

Kaupenjohann, M., Zech, W., 1989: Mehrjährige Erfahrung mit der Düngung geschädigter Fichtenbestände in NO-Bayern. IMA-Querschnittsseminar „Düngung geschädigter Waldbestände“. KfK/PEF-Berichte 55: 205–219.

Kaupenjohann, M., Zech, W., Hantschel, R., Horn, R., Schneider, B. U., 1989: Mineral nutrition of forest trees: a regional survey. In: Schulze, E.-D., Lange, O. L., Oren, R. (eds.): Forest Decline and Air Pollution. A Study of Spruce (Picea abies) on Acid Soils. Ecol. Stud. 77: Springer, Berlin. pp. 277–296.

Kausch-Blecken von Schmeling, W., 1992: Der Speierling. Goltze, Göttingen. 224 p.

Kausch-Blecken von Schmeling, W., 1994: Die Elsbeere Sorbus torminalis Crantz. Goltze, Göttingen. 263 p.

Kautner, A., 1933: Beiträge zur Kenntnis des Wurzelwachstums der Gräser. Ber. Schweiz. Botan. Ges. 42: 37–108.

Kautsky, L., 1987: Life-cycles of three populations of Potamogeton pectinatus L. at different degrees of wave exposure in the Askö area, northern Baltic Proper. Aquat. Bot. 27: 177–186.

Kavanova, M., Lattanzi, F. A., Grimoldi, A. A., Schnyder, H., 2006: Phosphorus deficiency decreases cell division and elongation in grass leaves. Plant Physiol. 141: 766–775.

Kazmierczak, E., van der Maarel, E., Noest, V., 1995: Plant communities in kettle-holes in central Poland: chance occurrence of species? J. Veg. Sci. 6: 863–874.

Kazmierczakowa, R., 1971: Ecology and production of Potentillo albae-Quercetum and Tilio-Carpinetum ground flora in two forest reserves on the Matopolska upland. Zakl. Ochrony Przyr. Polsk. Akad. Nauk 5. 104 p.

Keddy, P. A., 2000: Wetland Ecology. Principles and Conservation. Cambridge, University Press, Cambridge. 614 p.

Keel, A., 1995: Vegetationskundlich-ökologische Untersuchungen und Bewirtschaftungsexperimente in Halbtrokkenwiesen (Mesobromion) auf dem Schaffhauser Randen. Veröff. Geobot. Inst. ETH, Stiftg. Rübel, Zürich 124: 1–181.

Keeley, J. E., 1990: Photosynthetic pathways in freshwater aquatic plants. Trends Ecol. Evol. 5: 330–333.

Kehl, A., Reuter, A., Aas, G., 2008: Einfluss der Phänologie der Samenausbreitung und des Wasserstandes auf die Etablierung von Keimlingen verschiedener Salix-Arten an renaturierten Auenstandorten. Tuexenia 28: 85–101.

Keizer, P. J., van Tooren, B. F., During, H. J., 1985: Effects of bryophytes on seedling emergence and establishment of short-lived forbs in chalk grassland. J. Ecol. 73: 493–504.

Keller, T., 1970: Über die Assimilation einer jungen Arve im Winterhalbjahr. Bündnerwald (Chur) 23: 353–363.

Keller, W., 1975: Querco-Carpinetum calcareum Stamm 1938 redivivum? Schweiz. Z. Forstwes. 126: 729–750.

Keller, W., 1994: Dictamnus albus L. im Carpinion der Nordschweiz. Bot. Helvet. (Basel) 104: 69–78.

Keller, W., Imhof, P., 1987: Zum Einfluss der Durchforstung auf die Waldschäden. Schweiz. Z. Forstwes. 138: 39–54.

Keltjens, W. G., Tan, K., 1993: Interactions between aluminium, magnesium and calcium with different monocotyledonous and dicotyledonous plant species. Plant and Soil 155/156: 485–488.

Kenk, G., Fischer, H., 1988: Evidence from nitrogen fertilization in the forests of Germany. Environ. Pollut. 54: 199–218.

Kenk, G., Spiecker, H., Diener, G., 1991: Referenzdaten zum Waldwachstum. Forschungsber. Kernforschungszentrum KfK-PEF 82. Kernforschungszentrum Karlsruhe, Karlsruhe.

Kenkel, N. C., Peltzer, D. A., Baluta, D., Pirie, D., 2000: Increasing plant diversity does not influence productivity: empirical evidence and potential mechanisms. Community Ecology 1: 165–170.

Kerfoot, O., 1968: Mist precipitation and vegetation. Forestry Abstr. 29: 8–20.

Kerley, S. J., Read, D. J., 1995: The biology of mycorhiza in the Ericaceae. XVIII. Chitin degradation by Hymenoscyphus ericae and transfer of chitin-nitrogen to the host plant. New Phytol. 131: 369–375.

Kern, K. G., 1970: Ertragskundlich-ökologische Untersuchungen an Pappeln im Überschwemmungsbereich des Rheins. Allg. Forst- u. Jagdz. 141: 83–86.

Kerner von Marilaun, A., 1863: Das Pflanzenleben der Donauländer. Innsbruck. 350 p.

Kerner von Marilaun, A., 1877: Pflanzenleben. Bd. 1: Gestalt und Leben der Pflanze. Leipzig. 744 p.

Kershaw, K. A., 1963: Pattern in vegetation and its causality. Ecology 44: 377–388.

Kershaw, K. A., 1985: Physiological Ecology of Lichens. Cambridge Univ. Press, Cambridge.

Kéry, M., Matthies, D., Spillmann, H.-H., 2000: Reduced fecundity and offspring performance in small populations of the declining grassland plants Primula veris and Gentiana lutea. J. Ecol. 88: 17–30.

Kesel, R., Gödeke, T., 1996: Wolffia arrhiza, Azolla filiculoides, Lemna turionifera und andere wärmeliebende Pflanzen in Bremen – Boten eines Klimawandels? Abh. Naturw. Ver. Bremen 43: 339–362.

Keyser, P., Kirk, T. K., Zeikus, J. G., 1978: Lignolytic enzyme system of Phanerochaete chrysosporium: synthesised in the absence of lignin in response to nitrogen starvation. J. Bacteriol. 135: 790–797.

Khan, A. H., Marshall, C., 1981: Salt tolerance within populations of chewing fescue (Festuca rubra L.). Commun. Soil Sci. Plant Anal. 12: 1271–1281.

Khanna, P. K., Ulrich, B., 1991: Ecochemistry of temperate deciduous forests. In Röhrig, E., Ulrich, B. (eds.): Ecosystems of the World. Vol. 7: Temperate Deciduous Forests. Elsevier, Amsterdam. pp. 121–163.

Kiehl, K., 1997: Vegetationsmuster in Vorlandsalzwiesen in Abhängigkeit von Beweidung und abiotischen Standortfaktoren. Mitt. AG Geobotanik Schlesw.-Holst. u. Hamburg 52: 1–142.

Kiehl, K., Esselink, P., Bakker, J. P., 1997: Nutrient limitation and plant species composition in temperate salt marshes. Oecologia 111: 325–330.

Kiehl, K., Jeschke, M., 2005: Erfassung und Bewertung der Phytodiversität ursprünglicher und neu angelegter Kalkmagerrasen der nördlichen Münchner Schotterebene. Tuexenia 25: 445–461.

Kielland, K., 1999: Short-circuiting the nitrogen cycle: Ecophysiological strategies of nitrogen uptake in plants from marginal environments. In Ae, N., Arihara, J., Okada, K., Srinivasan, A. (eds.): Plant Nutrient Acquisition: New Perspectives. Springer Verlag, Tokyo. pp. 376–398.

Kielland-Lund, J., 1981: Die Waldgesellschaften SO-Norwegens. Phytocoenologia 9: 53–250.

Kielland-Lund, J., 1994: Syntaxonomy of Norwegian forest vegetation 1993. Phytocoenologia 24: 299–310.

Kienast, D., 1978: Die spontane Vegetation der Stadt Kassel in Abhängigkeit von bau- und stadtstrukturellen Quartiertypen. Urbs et Regio, Kasseler Schr. z. Geogr. u. Planung (GH Kassel) 10: 411 p.

Kiendl, J., 1953: Zum Wasserhaushalt des Phragmitetum communis und des Glycerietum aquaticae. Ber. Deutsch. Bot. Ges. 66: 245.

Kiener, J., 1984: Veränderungen der Auenvegetation durch die Anhebung des Grundwasserspiegels im Bereich der Staustufe Ingolstadt. Ber. ANL (Laufen/S.) 8: 104–129.

Kienzle, U., 1979: Sukzessionen in brachliegenden Magerwiesen des Jura und des Napfgebietes. Diss. Univ. Basel. 104 p.

Kienzle, U., 1984: Origano-Brachypodietum und Colchico-Brachypodietum, zwei Brachwiesen-Gesellschaften im Schweizer Jura. Phytocoenologia 12: 455–478.

Kiese, O., 1972: Bestandesmeteorologische Untersuchungen zur Bestimmung des Wärmehaushaltes eines Buchenwaldes. Ber. Inst. Meteorol. Klimat. Univ. Hannover 6.

Kiesslich, M., Dengler, J., Berg, C., 2003: Die Gesellschaften der Bidentetea tripartitae Tx. et al. ex von Rochow 1951 in Mecklenburg-Vorpommern mit Anmerkungen zur Synsystematik und Nomenklatur der Klasse. Feddes Repert. 114: 91–139.

Kiffe, K., 1989: Der Einfluss der Kaninchenbeweidung auf die Vegetation am Beispiel des Straußgras-Dünenrasens der Ostfriesischen Inseln. Tuexenia 9: 281–291.

Kilbertus, G., 1970: La production primaire et la décomposition des mousses (Eubrya) comparés à celles d'autres végétaux. Bull. Acad. et Soc. Lorraines Sci. 9: 136–145.

King, G. M., Wiegert, R. G., Chalmers, A. G., 1982: Relation of soil water movement and sulfide concentration to Spartina alterniflora production in a Georgia salt marsh. Science 218: 62–63.

Kinnaird, J. W., 1974: Effect of site conditions on the regeneration of birch (Betula pendula Roth and Betula pubescens Ehrh.). J. Ecol. 62: 467–472.

Kinraide, T. B., 1991: Identity of the rhizotoxic aluminium species. Plant and Soil 134: 167–178.

Kinraide, T. B., Parker, D. R., 1987: Cation amelioration of aluminium phytotoxicity in wheat. Plant Physiol. 83: 546–551.

Kinzel, H., 1982: Pflanzenökologie und Mineralstoffwechsel. Ulmer, Stuttgart. 534 p.

Kinzel, H., Weber, M., 1982: Serpentin-Pflanzen. In: Kinzel, H.: Pflanzenökologie und Mineralstoffwechsel. Ulmer, Stuttgart. pp. 381–410.

Kiphuth, S., Weinauge, H., 2005: Karte der Heutigen Potenziellen Natürlichen Vegetation Mecklenburg-Vorpommerns. Schr.r. Landesamt f. Umwelt Natursch. Meckl.-Vorpomm. 2005/1. 159 p.

Kira, T., Shidei, 1967: Primary production and turnover of organic matter in different forest ecosystems of the Western Pacific. Jap. J. Ecol. 17: 70–87.

Kirchgäßner, A., 2001: Phänoklimatologie von Buchenwäldern im Südwesten der Schwäbischen Alb. Ber. Meteorol. Inst. Univ. Freiburg Nr. 7. 295 p.

Kirmer, A., Jünger, G., Tischew, S., 2002: Initiierung von Sandtrockenrasen auf Böschungen im Braunkohlentagebau Goitsche. Naturschutz u. Landschaftsplanung 34: 52–59.

Kirschbaum, U., 1972: Kartierung des natürlichen Flechtenvorkommens. Regionale Planungsgemeinschaft Untermain, Frankfurt a. M. 4. Arbeitsber.: 76–80.

Kirschbaum, U., Marx, A., Schiek, J. E., 1996: Beurteilung der lufthygienischen Situation Gießens und Wetzlars mittels epiphytischer Flechten. J. Appl. Bot. 70: 78–96.

Kisteneich, S., 1993: Die auenbegleitenden Schwarzerlen- und Stieleichen-Hainbuchenwälder des Bergischen Landes. Diss. Bot. 209. 293 p.

Klädtke, J., 1995: Untersuchungen zum Wachstum der Wälder in Europa. In: Umweltbundesamt (ed.): Wirkungskomplex Stickstoff und Wald. UBA-Texte 28/95: 120–130.

Kläge, H.-C., 1999: Segetalarten und –gesellschaften der nordwestlichen Niederlausitz und die Naturschutzstrategie zu ihrer Erhaltung, Diss. Bot. 304. 142 p.

Klapp, E., 1950: Dauerweiden West- und Süddeutschlands. Z. Acker- u. Pflanzenbau 91: 265–305.

Klapp, E., 1951: Borstgrasheiden der Mittelgebirge. Entstehung, Standort, Wert und Verbesserung. Zschr. Acker- u. Pflanzenbau 93: 400–444.

Klapp, E., 1962: Über das Verhalten der Wiesenpflanzen bei verschiedener Düngung unter besonderer Berücksichtigung der Stickstoffwirkungen von Düngung und Standort. Landwirtsch. Jb. Bay. 39: 515–527.

Klapp, E., 1965: Grünlandvegetation und Standort. Parey, Hamburg. 384 p.

Klapp, E., 1971: Wiesen und Weiden. 4. Aufl. Verlag Paul Parey, Berlin-Hamburg. 519 p.

Klapp, E., Stählin, A., 1936: Standorte, Pflanzengesellschaften und Leistung des Grünlandes. Ulmer Verlag, Stuttgart. 112 p.

Klatt, F., 1958: Wasserwirtschaft u. Wassertechnik 8: 558.

Klauck, E. J., 1991: Das Arunco-Petasitetum albae Br.-Bl. et Sutter 1977. Tuexenia 11: 253–268.

Klauck, E. J., 1992: Hieracium murorum L. in helio-thermophil-azidoklinen Säumen und Staudenfluren. Tuexenia 12: 147–173.

Klebelsberg, R., 1948: Handbuch der Gletscherkunde und Glazialgeologie. Bd. I. Wien. 403 p.

Klebelsberg, R., 1949: Handbuch der Gletscherkunde und Glazialgeologie. Bd. II. Wien. 625 p.

Klebelsberg, R., 1961: Von den Höhengrenzen der Nadelbäume in den Ostalpen, mit besonderer Berücksichtigung Südtirols. Jb. Ver. Schutz Alpenpfl. u. -tiere 26: 103–110.

Klebs, G., 1914: Über das Treiben der einheimischen Bäume speziell der Buche. Abh. Heidelberger Akad. Wiss., Math.-nat. Kl., 3. Abh.. 116 p.

Kleinke, J., Succow, M., Voigtländer, U., 1974: Der Wasserstufenzeigerwert von Grünlandpflanzen im nördlichen Teil der DDR. Arch. Naturschutz u. Landschaftsforsch. 14: 139–146.

Klement, O., 1953: Die Vegetation der Nordseeinsel Wangerooge. Veröff. Inst. Meeresforsch. Bremerhaven 2: 279–379.

Klement, O., 1955: Prodromus der mitteleuropäischen Flechtengesellschaften. Feddes Repert., Beih. 135: 5–194.

Klement, O., 1966: Vom Flechtensterben im nördlichen Deutschland. Ber. Naturhist. Ges. Hannover 108: 31–39.

Klement, O., 1971: Über Flechten der Eilenriede. Beih. Ber. Naturhist. Ges. Hannover 7: 139–142.

Klesczewski, M., 2000: Die Glatthaferwiesen im Bergmassiv des Mount Aigoual (Cevennen, Südfrankreich). Tuexenia 20: 189–212.

Klika, J., 1933: Studien über die xerotherme Vegetation Mitteleuropas. II. Xerotherme Gesellschaften in Böhmen. Beih. Botan. Cbl. 50B: 707–773.

Klika, J., 1935: Die Pflanzengesellschaften des entblößten Teichbodens in Mitteleuropa. Botan. Cbl. 53 B: 286–310.

Klika, J., 1939: Die Gesellschaften des Festucion vallesiacae-Verbandes in Mitteleuropa. Studia Botanica Cechica Vol. II (3): 117–157.

Kliment, J., 1994: Die Polygono-Trisetion-Gesellschaften in der Slowakei. Preslia 66: 133–149.

Klimesova, J., 1993: Alpine plant communities with Nardus stricta in the Hruby Jesenik Mts. (The Sudeten Mts., Czech Republic). II. Relations between Nardus stricta communities and snow cover. Preslia 65: 63–75.

Klimetzek, D., 1992: Schädlingsbelastung der Waldbäume in Mitteleuropa und Nordamerika. Forstw. Cbl. 111: 61–69.

Klimo, E., 2001: The floodplain forest ecosystems in Southern Moravia, Czech Republic. In: Klimo, E., Hager, H. (eds.): The Floodplain Forests in Europe. European Forest Institute Research Report 10. Brill, Leiden. p. 25–36.

Klimo, E., Hager, H., 2001: The Floodplain Forests in Europe. Current Situation and Perspectives. European Forest Institute Research Report 10. Brill, Leiden. 267 pp.

Klimo, E., Prax, A., 1985: Soil conditions. In: Penka, M., Vyskot, M., Klimo, E., Vasicek, F. (eds.): Floodplain Forest Ecosystem. Academia, Prag. pp. 61–78.

Klingensmith, K. M., van Cleve, K., 1993: Denitrification and nitrogen-fixation in floodplain successional soils along the Tanana River, Interior Alaska. Can. J. For. Res. 23: 956–963.

Klinkhamer, P. G. L., de Jong, T. J., de Heiden, J. L. H., 1996: An eight-year study of population dynamics and life-history variation of the „biennial“ Carlina vulgaris. Oikos 75: 259–268.

Klix, W., Krausch, H.-D., 1958: Das natürliche Vorkommen der Rotbuche in der Niederlausitz. Wiss. Zschr. Pädagog. Hochsch. Potsdam, Math.-Naturw. Reihe 4: 5–27.

Klose, H., 1963: Zur Limnologie von Lemna-Gewässern. Wiss. Z. Univ. Leipzig 12, Math.-Nat. R. 1: 233–259.

Klosowski, S., 1985: Habitat requirements and bioindicator value of the main communities of aquatic vegetation in north-east Poland. Pol. Arch. Hydrobiol. 32: 7–29.

Klosowski, S., 1990: Litoralvegetation stehender Gewässer – Ökologie, Dynamik und Bioindikationswert. Pol. Bot. Stud. 1: 149–184.

Klosowski, S., 1994: Untersuchungen über Ökologie und Indikatorwert der Wasserpflanzengesellschaften in naturnahen Stillgewässern Polens. Tuexenia 14: 197–334.

Klosowski, S., Tomaszewicz, H., 1989: Habitat conditions of the phytocoenoses of Myriophylletum alterniflori Lemée 1937 em. Siss. 1943, Myriophylletum verticillati Soó 1927 and Myriophylletum spicati Soó 1927 in Poland. Aquat. Bot. 35: 337–356.

Kloss, K., 1969: Salzvegetation an der Boddenküste Westmecklenburgs (Wismar-Bucht). Natur u. Natursch. Mecklenb. VII: 77–114.

Klotz, S., 1982: Die Kombination der Ruderalgesellschaften eines Neubaugebietes, dargestellt am Beispiel von Halle-Neustadt. Leipziger Symp. Urbane Ökologie 1981. Biol. Ges. DDR (ed.), Tagungsber.: 37–45.

Klotz, S., 1984: Die Veränderung des ökologischen Zeigerwertspektrums der spontanen Flora eines Stadtkreises in den letzten 130 Jahren, dargestellt am Beispiel der Städte Halle und Halle-Neustadt. Leipziger Symp. Urbane Ökosysteme 1983. Biol. Ges. DDR (ed.), Tagungsber. 2: 43–45.

Klotz, S., Gutte, P., Klausnitzer, B., 1984: Vorschlag einer Gliederung urbaner Ökosysteme. Arch. Naturschutz Landsch.forsch. 24: 153–156.

Klötzli, F., 1965: Qualität und Quantität der Rehäsung in Wald- und Grünland-Gesellschaften des nördlichen Schweizer Mittellandes. Veröff. Geobot. Inst. ETH, Stiftg. Rübel, Zürich 38: 1–186.

Klötzli, F., 1968: Über die soziologische und ökologische Abgrenzung schweizerischer Carpinion- von den Fagion-Wäldern. Feddes Repert. 78: 15–37.

Klötzli, F., 1969: Zur Ökologie schweizerischer Bruchwälder unter besonderer Berücksichtigung des Waldreservates Moos bei Birmensdorf. Ber. Geobot. Inst. ETH, Stift. Rübel, Zürich, 20: 57–123.

Klötzli, F., 1969 b: Die Grundwasserbeziehungen der Streu- und Moorwiesen im nördlichen Schweizer Mittelland. Beitr. Geobot. Landesaufn. Schweiz 52: 1–296.

Klötzli, F., 1971: Biogenous influence on aquatic macrophytes, especially Phragmites communis. Hidrobiologia (Bucuresti) 12: 107–111.

Klötzli, F., 1975: Ökologische Besonderheiten Pinus-reicher Waldgesellschaften. Schweiz. Z. Forstwes. 126: 672–710.

Klötzli, F., 1979: Ursachen für Verschwinden und Umwandlung von Molinion-Gesellschaften in der Schweiz. In: Wilmanns, O., Tüxen, R. (eds.): Werden und Vergehen von Pflanzengesellschaften. Int. Symp. IVV (Rinteln 1978). Cramer, Vaduz. pp. 451–467.

Klötzli, F., Züst, S., 1973: a) Nitrogen regime in reed beds. b) Conservation of reed-beds in Switzerland. Polsk. Arch. Hydrobiol. 20: 131–136 u. 229–235.

Klug-Pümpel, B., 1982: Effects of microrelief on species distribution and phytomass variations in a Caricetum curvulae stand. Vegetatio 48: 249–254.

Klug-Pümpel, B., 1989: Phytomasse und Nettoproduktion naturnaher und anthropogen beeinflusster alpiner Pflanzengesellschaften in den Hohen Tauern. In: Cernusca, A., (ed.): Struktur und Funktion von Graslandökosystemen im Nationalpark Hohe Tauern. Veröff. Österr. MaB-Hochgebirgsprogr. Hohe Tauern, Bd. 13. Wagner, Innsbruck. pp. 331–356.

Klumpp, A., Klumpp, G., Guderian, R., 1988: Wuchsleistung und äußere Schädigungsmerkmale bei Buche nach Einwirkung von Ozon, Schwefeldioxid und Stickstoffdioxid. Allg. Forstz. 43: 731–734.

Kmoch, H. G., 1952: Über den Umfang und einige Gesetzmäßigkeiten der Wurzelmassenbildung unter Grasnarben. Z. Acker- u. Pflanzenbau 95: 363–380.

Knapp, H. D., 1979/1980: Geobotanische Studien an Waldgrenzstandorten des herzynischen Florengebietes. Teil 1 u. 2. Flora 168: 276–319 u. 468–510, Teil 3: Flora 169: 177–215.

Knapp, H. D., 1990: Die Seelendorfer Heide bei Brandenburg – eine landschaftsgeschichtlich-geobotanische Studie, Teil 1. Gleditschia 18: 37–63.

Knapp, H. D., 2007: Buchenwälder als spezifisches Naturerbe Europas. BfN-Skripten (Bonn-Bad Godesberg) 222: 13–39.

Knapp, R., 1942: Zur Systematik der Wälder, Zwergstrauchheiden und Trockenrasen des eurosibirischen Vegetationskreises. Arb. Zentralst. Veget.kartierung d. Reiches, Beil. z. 12. Rundbr. (als Manuskr. gedruckt).

Knapp, R., 1953: Über die natürliche Verbreitung von Arnica montana L. und ihre Entwicklungsmöglichkeit auf verschiedenen Böden. Ber. dt. Bot. Ges. 66: 168–179.

Knapp, R., 1958: Untersuchungen über den Einfluss verschiedener Baumarten auf die unter ihnen wachsenden Pflanzen. Ber. Deut. Bot. Ges. 66: 167–178.

Knapp, R., 1960: Die Bedeutung der Dauer der Schneebedeckung für die Vegetation in subalpinen Lagen. Ber. Bayer. Bot. Ges. 33: 89–93.

Knapp, R., 1960: Licht und Arten-Zusammensetzung in Wald- und Strauchgesellschaften in hohen Lagen und im Bereich der Baumgrenze. Wetter u. Leben 12: 203–210.

Knapp, R., 1969: Änderungen in der Vegetation Hessischer Gebirge in den letzten Jahrzehnten. Mitt. Flor.-Soziol. Arb.gem., N. F. 14: 274–286.

Knapp, R., 1971: Die Pflanzenwelt der Rhön. Geobot. Mitt. (Giessen) 62: 1–127.

Knapp, R., Stoffers, 1962: Über die Vegetation von Gewässern und Ufern im mittleren Hessen und Untersuchungen über den Einfluß von Pflanzen auf Sauerstoffgehalt, Wasserstoffionen-Konzentration und die Lebensmöglichkeit anderer Gewächse. Ber. Oberhess. Ges. Natur- u. Heilkunde Gießen, Naturw. Abt. 32: 90–141.

Knauer, N., 1988: Die Knicklandschaft als ökologisches Gerüst der Kulturlandschaft. Unser Wald 40: 163–165.

Knorr, A., 1987: Ernährungszustand, Standortsansprüche und Wuchsleistung der Esche (Fraxinus excelsior L.) in Bayern. Schr.reihe Forstw. Fak. Univ. München u. Bayer. Forstl. Versuchs- u. Forsch.anst. 82. 240 p.

Knüppel, J., 2004: Untersuchung von Stammzuwachs und Feinwurzel-Wachstum in der Hartholzaue am Oberrhein. Unveröff. Dipl.arb., Biol. Fak., Univ. Göttingen. 86 p.

Koblet, H., 1972: Über die Entwicklung und die Stoffproduktion von Wiesenpflanzen in Abhängigkeit von der Artenkombination und von Umweltfaktoren. Angew. Bot. 46: 59–74.

Koch, A. S., Matzner, E., 1993: Heterogeneity of soil and soil solution chemistry under Norway spruce (Picea abies Karst.) and European beech (Fagus sylvatica L.) as influenced by distance from the stem basis. Plant and Soil 151: 227–237.

Koch, F., 1955: Die Auswirkungen der anormalen Trockenheit des Sommers 1952 auf die Ackerunkrautgemeinschaften deutscher Dauerdüngungsversuche. Z. Pflanzenbau u. Pfl.schutz 1955: 32–40.

Koch, G., Grabherr, G., 1998: Wie natürlich ist der Wald in Österreich? Klassifikation nach Hemerobiestufen. Ber. d. Reinh.-Tüxen-Ges. 10: 43–59.

Koch, H. G., 1958: Der Höhenzuwachs der Waldbäume in verschiedenen Höhenlagen Thüringens in Abhängigkeit von Niederschlag und Temperatur. Arch. Forstwes. 7: 27–49.

Koch, W., 1926: Die Vegetationseinheiten der Linthebene, unter Berücksichtigung der Verhältnisse in der Nordostschweiz. Jb. Naturw. Ges. St. Gallen 61: 144 p.

Koch, W., 1969: Einfluß von Umweltfaktoren auf die Samenphase annueller Unkräuter insbesondere unter dem Gesichtspunkt der Unkrautbekämpfung. Arb. d. Univ. Hohenheim, Bd. 50. Stuttgart.

Koch, W., 1970: Temperaturansprüche von Unkräutern bei der Keimung. Saatgutwirtschaft (Hohenheim) 22: 85–86.

Koch, W., 1980: Die Segetalflora in Abhängigkeit von Bewirtschaftungsmaßnahmen. Daten u. Dokumente zum Umweltschutz 30 (Stuttgart): 43–60.

Köcher, P., Gebauer, T., Horna, V., Leuschner, Ch., 2008: Leaf water status and stem xylem flux in relation to soil drought in five temperate broad-leaved tree species with contrasting water use strategies. Ann. For. Sci. 66: DOI:10/1051/forest/200 8076.

Kochian, L., 1995: Cellular mechanisms of aluminium toxicity and resistance in plants. Ann. Rev. Plant Physiol. Plant Mol. Biol. 46: 237–260.

Köck, U.-V., 1984: Intensivierungsbedingte Veränderungen der Segetalvegetation des mittleren Erzgebirges. Arch. Naturschutz u. Landsch.forsch. 24: 105–133.

Koenies, H., 1985: Über die Eigenart der Mikrostandorte im Fussbereich der Altbuchen unter besonderer Berücksichtigung der Schwermetallgehalte in der organischen Auflage und im Oberboden. Ber. Forsch.zentr. Waldökosysteme/Waldsterben Univ. Göttingen 9. 288 p.

Koerner, W., Dupouey, J. L., Dambrine, E., Benoit, M., 1997: Influence of past land use on the vegetation and soils of present day forest in the Vosges mountains, France. J. Ecol. 85: 351–358.

Koerselman, W., Beltman, B., 1988: Evapotranspiration from fens in relation to Penman's potential free water evaporation and pan evaporation. Aquat. Bot. 31: 307–320.

Koerselman, W., Meuleman, A. F. M., 1996: The vegetation N:P ratio: a new tool to detect the nature of nutrient limitation. J. Appl. Ecol. 33: 1441–1450.

Koerselman, W., van Kerkhoven, M. B., Verhoeven, J. T. A., 1993: Release of inorganic N, P and K in peat soils; effects of temperature, water chemistry and water level. Biogeochemistry 20: 63–81.

Koerselman, W., Verhoeven, J. T. A., 1992: Nutrient dynamics in mires of various trophic status: nutrient inputs and outputs and the internal nutrient cycle. In: Verhoeven, J. T. A., (ed.): Fens and Bogs in The Netherlands: Vegetation, History, Nutrient Dynamics and Conservation. Kluwer, Dordrecht. pp. 397–432.

Koerselman, W., Verhoeven, J. T. A., 1995: Restoration of eutrophicated fen ecosystems; external and internal nutrient sources and restoration strategies. NNA-Berichte 2/95: 85–94.

Kohl, A., 1986: Die spontane Vegetation in verschiedenen Quartierstypen der Stadt Freiburg i. Br. Ber. Naturforsch. Ges. Freiburg i. Br. 6: 135–191.

Kohler, A., 1968: Zum ökologischen und soziologischen Verhalten der Robinie (Robinia pseudacacia) in Deutschland. In: Tüxen, R. (ed.): Pflanzensoziologie und Landschaftsökologie. Den Haag. pp. 402–411.

Kohler, A., 1976: Makrophytische Wasserpflanzen als Bioindikatoren für Belastungen von Fließwasser-Ökosystemen. Verh. Ges. Ökol. Wien 1975: 255–276.

Kohler, A., Sukopp, H., 1964: Über die soziologische Struktur einiger Robinienbestände im Stadtgebiet von Berlin. Sitz.ber. Ges. Naturforsch. Freunde Berlin N. F. 4: 74–88.

Kohler, A., Tremp, H., 1996: Möglichkeiten zur Beurteilung des Säuregrades und der Versauerungsgefährdung von Fließgewässern mit Hilfe von submersen Makrophyten. Verh. Ges. Ökol. 25: 195–203.

Kohler, A., Wonnenberger, R., Zeltner, G., 1973: Die Bedeutung chemischer und pflanzlicher „Verschmutzungsindikatoren" im Fließgewässersystem Moosach (Münchner Ebene). Arch. Hydrobiol. 72: 533–549.

Kohler, A., Zeller, M., Zeltner, G.-H., 1987: Veränderungen von Flora und Vegetation im Fließgewässersystem der Moosach (Münchner Ebene) 1970–1985. Ber. Bayer. Bot. Ges. 58: 115–137.

Köhler, B., 2001: Mechanisms and extent of vegetation changes in differently managed limestone grasslands. PhD thesis, ETH Zürich. 89 p.

Köhler, B., Gigon, A., Edwards, P. J., Krüsi, B., Langenauer, R., Lüscher, A., Ryser, P., 2005: Changes in the species composition and conservation value of limestone grasslands in Northern Switzerland after 22 years of contrasting managements. Perspectives Plant Ecol. Evol. Syst. 7: 51–67.

Köhler, B., Ryser, P., Güsewell, S., Gigon, A., 2001: Nutrient availability and limitation in traditionally mown and in abandoned limestone grasslands: a bioassay experiment. Plant and Soil 230: 323–332.

Kohn, J., 1993: Zum Diasporenreservoir unterschiedlich beeinträchtigter nordwestdeutscher Flachgewässer. Metelener Schriftenreihe f. Naturschutz 4: 75–92.

Køie, M., 1938: The soil vegetation of the Danish conifer plantations and its ecology. Kong. Danske Vidensk. Selsk. Skr., Naturw. Math. Afd., 9. R. 7, 2. 85 p.

Kojic, M., 1964: Über den Transpirationskoeffizienten bei Frühjahrsgeophyten. Flora 154: 212–214.

Kolbek, J., 1975: Die Festucetalia valesiacae-Gesellschaften im Ostteil des Gebirges Ceské stredohorí (Böhmisches Mittelgebirge). 1. Die Pflanzengesellschaften. Folia Geobot. Phytotax. 10: 1–57.

Kolbek, J., 1978: Die Festucetalia valesiacae-Gesellschaften im Ostteil des Gebirges Ceské stredohorí (Böhmisches Mittelgebirge). 2. Synökologie, Sukzession und syntaxonomische Ergänzungen. Folia Geobot. Phytotax. 13: 235–303.

Kölling, C., Hoffmann, M., Gulder, H.-J., 1996: Bodenchemische Vertikalgradienten als charakteristische Zustandsgrößen von Waldökosystemen. Z. Pflanzenern. Bodenkde 159: 69–77.

Kollmann, J., 1994: Ausbreitungsökologie endozoochorer Gehölzarten. Veröff. Projekt Angew. Ökologie 9. Landesanst. Umweltschutz Baden-Württemb., Karlsruhe. 212 p.

Kollmann, J., 2000: Dispersal of fleshy-fruited species: a matter of spatial scale? Perspect. Plant Ecol. Evol. System. 3: 29–51.

Kollmann, J., Nobis, M., Bogenrieder, A., Böhm, R., 1995: Feinanalytische Untersuchungen zum Vegetationsmosaik zweier alpiner Buckelweiden. Carolinea (Karlsruhe) 53: 113–125.

Kollmann, J., Pirl, M., 1995: Spatial pattern of seed rain of fleshy-fruited plants in a scrubland-grassland transition. Acta Oecol. 16: 313–329.

Kollmann, J., Poschlod, P., 1997: Population processes at the grassland-scrub interface. Phytocoenologia 27: 235–256.

Kollmann, J., Schill, H.-P., 1996: Spatial pattern of dispersal, seed predation and germination during colonization of abandoned grassland by Quercus petraea and Corylus avellana. Vegetatio 125: 193–205.

Kollmann, J., Schneider, B., 1999: Landscape structure and diversity of fleshy-fruited species at forest edges. Plant Ecol. 144: 37–48.

Kollmann, J., Staub, F., 1995: Entwicklung von Magerrasen im Kaiserstuhl nach Entbuschung. Z. Ökol. u. Naturschutz 4: 87–103.

Kompa, T., 2004: Die Initialphase der Vegetationsentwicklung nach Windwurf in Buchen-Wäldern auf Zechstein- und Buntsandstein-Standorten des südwestlichen Harzvorlandes. Diss. Univ. Göttingen, 190 p.

Kompa, T., Schmidt, W., 2006: Zur Verjüngungssituation in südniedersächsischen Buchen-Windwurfgebieten nach einem lokalen Orkan von 1997. Forstarchiv 77: 3–19.

Konczak, P., 1968: Die Wasser- und Sumpfpflanzengesellschaften der Havelseen bei Potsdam. Limnologica (Berlin) 6: 147–201.

König, E., Baumann, B., 1990: The influence of roe deer browse on the natural regeneration in mixed-conifer stands. Allg. Forst- u. Jagdz. 161: 170–176.

Konold, W., 1994: Der Wandel der Donau und ihrer Aue in Baden-Württemberg – Rückblick und Ausblick. Beitr. Akad. Naturschutz Baden-Württ. 17: 99–122.

Konold, W., 1997: Wässerwiesen, Wölbäcker, Hackäcker: Geschichte und Vegetation alter Kulturlandschaftselemente in Südwestdeutschland. Verh. Ges. f. Ökol. 27: 53–61.

Konold, W., Amler, K., Wiegmann, B., 1991: Der Einfluß sich ändernder Bewirtschaftung auf das Pflanzenartenmuster in einem landwirtschaftlich benachteiligten Gebiet. Natur u. Landschaft 66: 93–97.

Konold, W., Hackel, A., 1990: Beitrag zur Geschichte der Streuwiesen und Streuwiesenkultur im Alpenvorland. Z. Agrargesch. u. Agrarsoziol. 38: 176–191.

Konold, W., Zeltner, G.-H., 1981: Untersuchungen zur Vegetation abgedeckter Mülldeponien. Beih. Veröff. Natursch. Landsch.pfl. Baden-Württemb. 24: 1–83.

Konrad, J., Ruthsatz, B., 1993: Wiesenrandstreifen an Drainagegräben – Standorte und Bedeutung für den Artenschutz in Feuchtwiesen. Mitt. Pollichia 80: 5–20.

Kooijman, A. M., Bakker, C., 1994: The acidification capacity of wetland bryophytes as influenced by simulated clean and polluted rain. Aquat. Bot. 48: 133–144.

Kooijman, A. M., Bakker, C., 1995: Species replacement in the bryophyte layer in mires: the role of water type, nutrient supply and interspecific interactions. J. Ecol. 83: 1–8.

Kooijman, A. M., Dopheide, J. C. R., Sevink, J., Takken, I., Verstraten, J. M., 1998: Nutrient limitation and their implications on the effects of atmospheric deposition in coastal dunes; lime-poor and lime-rich sites in the Netherlands. J. Ecol. 86: 511–526.

Koop, H., 1981: Vegetatiestructuur en dynamick van twee naturlicke bossen: het Neuenburger en Hasbrucher Urwald. Pudoc, Wageningen. Centrum Landbouwkund. Onderz. 904: 112 p.

Koopmann, A., Mertens, D., 2004: Offenlandmanagement im Naturschutzgebiet “Lüneburger Heide” - Erfahrungen aus Sicht des Vereins Naturschutzpark. NNA-Berichte (Schneverdingen) 17: 44–61.

Kop, L. G., 1961: Wälder und Waldentwicklung in alten Flussbetten in den Niederlanden. Wentia 5: 86–111.

Kopecky, K., 1966: Ökologische Hauptunterschiede zwischen Röhrichtgesellschaften fliessender und stehender Binnengewässer Mitteleuropas. Folia Geobot. Phytotax. Bohemoslovaca 1: 93–192.

Kopecky, K., 1967: Die flußbegleitende Neophytengesellschaft Impatienti-Solidaginetum in Mittelmähren. Preslia (Prag) 39: 151–166.

Kopecky, K., 1967: Mitteleuropäische Flußröhrichtgesellschaften des Phalaridion arundinaceae-Verbandes. Limnologica 5: 39–79.

Kopecky, K., 1969: Zmeny druhového slozeni nekterych fytocenos v inundaci dolniho toku Orlice po zaplavach v roce 1965. Preslia 41: 284–296.

Kopecky, K., 1980–1984: Die Ruderalpflanzengesellschaften im südwestlichen Teil von Praha (1) – (6). Preslia 52: 241–267, 53: 121–145, 54: 123–139 u. 167–189, 55: 289–298, 56: 55–72.

Kopecky, K., 1986: Der Rückgang vom Malvetum neglectae und die Sukzession auf seinen Standorten. Preslia 58: 63–74.

Kopecky, K., Hejny, S., 1978: Die Anwendung einer “deduktiven Methode syntaxonomischer Klassifikation” bei der Bearbeitung der straßenbegleitenden Pflanzengesellschaften Nordböhmens. Vegetatio 36: 43–51.

Koperski, M., 1998: Zur Situation epiphytischer Moose in Eichen-Buchenaltbeständen des niedersächsischen Tieflandes. Forst u. Holz 53: 137–139.

Kopp, D., 1986: Vegetationsveränderungen auf Waldstandorten des Tieflandes durch Immission basischer Flugaschen und Zementstäube. Arch. Natursch. Landschaftsforsch. 26: 105–115.

Koppe, F., 1969: Moosvegetation und Moosflora der Insel Borkum. Natur u. Heimat 29: 41–84.

Köppen, W., 1931: Grundriß der Klimakunde. 2. verbesserte Auflage der Klimate der Erde. De Gruyter, Berlin. 388 p.

Koppisch, D., 1994: Nährstoffhaushalt und Populationsdynamik von Calamagrostis villosa (Chaix.) J. F. Gmel., einer Rhizompflanze des Unterwuchses von Fichtenwäldern. Bayreuther Forum Ökologie Bd. 12. 187 p.

Köppler, D., 1995: Vegetationskomplexe von Steppenheide-Physiotopen im Juragebirge. Diss. Bot. 249: 228 p.

Körber-Grohne, U., 1967: Geobotanische Untersuchungen auf Feddersen Wierde. Steiner Verlag, Wiesbaden. 357 p.

Körber-Grohne, U., 1990: Gramineen und Grünlandvegetation vom Neolithikum bis zum Mittelalter in Mitteleuropa. Bibl. Bot. (Stuttgart) 139. 105 p.

Körber-Grohne, U., 1992: Studies on salt marsh vegetation and their relevance to the reconstruction of prehistoric plant communities. Review Palaeobot. Palynol. (Amsterdam) 73: 167–180.

Körber-Grohne, U., 1993: „Urwiesen“ im Berg- und Hügelland aus archäobotanischer Sicht. Diss. Bot. 196: 453–468.

Körber-Grohne, U., 1994: Wirtschaftsgrünland in römischer und vorrömischer Eisenzeit. Archaeo-Physika 13: 453–468.

Kornas, J., 1967: Montane hay-meadow Gladiolo-Agrostietum in the Polish Western Carpathians. Contrib. Botan. (Cluj) 1967: 167–176.

Kornas, J., 1968: Der Linden-Eichen-Hainbuchenwald (Tilio-Carpinetum) in den polnischen Karpaten. Feddes Repert. 77: 143–153.

Kornas, J., Dubiel, E., 1991: Land use and vegetation changes in the hay meadows of the Ojców National Park during the last thirty years. Veröff. Geobot. Inst. ETH 106: 208–231.

Kornas, J., Medwecka-Kornas, A., 1967: The vegetation of the territory of Cracow. Fol. Geogr. Ser. Geogr.-Physica 1: 149–163.

Kornas, J., Pancer, E., Brzyki, B., 1960: Studies on seabottom vegetation in the bay of Gdansk off Rewal. Fragm. Flor. Geobot. 6: 1–92.

Korneck, D., 1962/63: Die Pfeifengraswiesen und ihre wichtigsten Kontaktgesellschaften in der nördlichen Oberrheinebene und im Schweinfurter Trockengebiet. II: Die Molinieten feuchter Standorte. Beitr. Naturk. Forsch. Südwestdeutschl. 21: 83–86 u. 22: 19–44.

Korneck, D., 1969: Das Sclerochloo-Polygonetum avicularis, eine seltene Trittgesellschaft in Trockengebieten Mitteleuropas. Mitt. Flor.Soziol. Arb.gem., N. F. 14: 193–210.

Korneck, D., 1974: Xerothermvegetation in Rheinland-Pfalz und Nachbargebieten. Schriftenr. f. Vegetationskde (Bonn-Bad Godesberg) 7: 1–196 .

Korneck, D., 1978: Klasse: Sedo-Scleranthetea Br.-Bl. 55 em. Th. Müller 61. In: Oberdorfer, E. (ed.): Süddeutsche Pflanzengesellschaften. Teil II. 2. Aufl. G. Fischer, Jena. pp. 13–85.

Korneck, D., 1993: Sand- und Trockenrasen, Heide- und Borstgrasgesellschaften, alpine Magerrasen, Saum-Gesellschaften, Schlag- und Hochstauden-Fluren. In: Oberdorfer, E. (ed.): Süddeutsche Pflanzengesellschaften, Teil II. 3. Aufl. G. Fischer, Jena.

Korneck, D., Pretscher, P., 1984: Pflanzengesellschaften des Naturschutzgebietes "Mainzer Sand" und Probleme ihrer Erhaltung. Natur u. Landschaft 59: 307–315.

Korneck, D., Schnittler, M., Klingenstein, F., Ludwig, G., Takla, M., Bohn, U., May, R., 1998: Warum verarmt unsere Flora? Auswertung der Roten Liste der Farn- und Blütenpflanzen Deutschlands. In: Klingenstein, F., Ludwig, G. (eds.): Ursachen des Artenrückgangs von Wildpflanzen und Möglichkeiten zur Erhaltung der Artenvielfalt. Schriftenr. f. Vegetationskunde (Bonn-Bad Godesberg) 29: 299–444.

Korneck, D., Sukopp, H., 1988: Rote Liste der in der Bundesrepublik Deutschland ausgestorbenen, verschollenen und gefährdeten Farn- und Blütenpflanzen und ihre Auswertung für den Arten- und Biotopschutz. Schr.r. Vegetationskde (Bad Godesberg) 19: 210 p.

Körner, Ch., 1977: Evapotranspiration und Transpiration verschiedener Pflanzenbestände im alpinen Grasheidegürtel der Hohen Tauern. In: Cernusca, A. (ed.): Alpine Grasheide Hohe Tauern. Veröff. Österr. MaB-Hochgebirgsprogr. Hohe Tauern, Bd. 1. Wagner, Innsbruck. pp. 47–68.

Körner, Ch., 1982: CO_2 exchange in the alpine sedge Carex curvula as influenced by canopy structure, light and temperature. Oecologia 53: 98–104.

Körner, Ch., 1984: Auswirkungen von Mineraldünger auf alpine Zwergsträucher. Verh. Ges. Ökol. 12: 123–136.

Körner, Ch., 1989: The nutritional status of plants from high altitudes. Oecologia 81: 379–391.

Körner, Ch., 2002: Mountain biodiversity, its causes and function: an overview. In: Körner, Ch., Spehn, E. M. (eds.): Mountain Biodiversity. A Global Assessment. Parthenon, New York. pp. 3–20.

Körner, Ch., 2003: Alpine Plant Life. 2nd ed. Springer, Berlin. 337 p.

Körner, Ch., 2007: Climatic treelines: conventions, global patterns, causes. Erdkunde 61: 316–324.

Körner, Ch., Asshoff, R., Bignucolo, O., Hättenschwiler, S., Keel, S. G., Pelaez-Riedl, S., Pepin S., Siegwolf, R. T. W., Zotz, G., 2005: Exposing a mature Swiss forest to elevated atmospheric CO_2 increased the flux of carbon through the trees and soils but did not increase net forest growth or carbon storage. Science 309: 1360–1362.

Körner, Ch., Diemer, M., 1987: In situ photosynthetic responses to light, temperature and carbon dioxide in herbaceous plants from low and high altitude. Funct. Ecol. 1: 179–194.

Körner, Ch., Hoch, G., 2006: A test of treeline theory on a montane permafrost island. Arct. Antarct. Alp. Res. 38: 113–119.

Körner, Ch., Neumayer, M., Pelaez Menendez-Riedl, S., Smeets-Scheel, A., 1989 a: Functional morphology of mountain plants. Flora 182: 353–383.

Körner, Ch., Paulsen, J., 2004: A worldwide study of high altitude treeline temperatures. J. Biogeogr. 31: 713–732.

Körner, Ch., Pelaez Menendez-Riedl, S., 1989: The significance of developmental aspects in plant growth analysis. In: Lambers, H., Cambridge, M. L., Konings, H., Pons, T. L. (eds.): Causes and Consequences of Variation in Growth Rate and Productivity of Higher Plants. SPB Acad. Publishers, Den Haag. pp. 141–157.

Körner, Ch., Renhardt, U., 1987: Dry matter partitioning and root length/leaf area ratios in herbaceous perennial plants with diverse altitudinal distribution. Oecologia 74: 411–418.

Körner, Ch., Wieser, G., Cernusca, A., 1989 b: Der Wasserhaushalt waldfreier Gebiete in den österreichischen Alpen zwischen 600 und 2600 m Höhe. In: Cernusca, A. (eds.): Struktur und Funktion von Graslandökosystemen im Nationalpark Hohe Tauern. Veröff. Österr. MaB-Hochgebirgsprogr. Hohe Tauern, Bd. 13. Wagner, Innsbruck. pp. 119–153.

Körner, Ch., Wieser, G., Guggenberger, H., 1980: Der Wasserhaushalt eines alpinen Rasens in den Zentralalpen. In: Franz, H. (ed.) Untersuchungen an alpinen Böden in den Hohen Tauern 1974–1978, Stoffdynamik und Wasserhaushalt. Veröff. d. Österr. MaB-Hochgebirgsprogramms Hohe Tauern, Bd. 3. Wagner, Innsbruck. pp. 243–264.

Körner, Ch., Woodward, F. I., 1987: The dynamics of leaf extension in plants with diverse altitudinal ranges. II. Field studies in Poa species between 600 and 3200 m altitude. Oecologia 72: 279–283.

Körner, S., Nicklisch, A., 2002: Allelopathic growth inhibition of selected phytoplankton species by submerged macrophytes. J. Phycol. 38: 862–871.

Kornprobst, M., 1994: Lebensraum Streuobst.-Landschaftspflegekonzept Bayern. Band II. 5. Hrsg.: Bayer. Staatsminist. f. Landesentw. u. Umweltfragen. München. 221 p.

Korpel, S., Saniga, M., 1994: Die Eibe aus waldbaulicher und ertragskundlicher Sicht. Schweiz. Z. Forstwes. 145: 927–941.

Korpel', S., 1995: Die Urwälder der Westkarparten. F. Fischer, Stuttgart. 310 p.

Korsch, H., Westhus, W., 2004: Auswertung der Floristischen Kartierung und der Roten-Listen Thüringens für den Naturschutz. Haussknechtia 10: 3–67.

Körschens, M., Mahn, E.-G., 1995: Strategien zur Regeneration belasteter Agrarökosysteme des mitteldeutschen Schwarzerdegebietes. Teubner, Stuttgart. 568 p.

Korsmo, E., 1930: Unkräuter im Ackerbau der Neuzeit. Springer, Berlin. 580 p.

Korte, C. J., Harris, W., 1987: Effects of grazing and cutting. In: Snaydon, R. W. (ed.): Managed Grasslands. Analytical Studies. Ecosystems of The World 17 B. Elsevier, Amsterdam. pp. 71–79.

Koska, I., Timmermann, T., 2004: 12. Klasse: Parvo-Caricetea den Held & Westhoff in Westhoff & den Held 1969 nom. cons. propos. - Riede und Röhrichte mäßig nährstoffarmer Niedermoore und Ufer. In: Berg, C., Dengler, J., Abdank, A., Isermann, M., (eds.), 2004: Die Pflanzengesellschaften Mecklenburg-Vorpommerns und ihre Gefährdung – Textband. Landesamt f. Umwelt, Naturschutz u. Geologie Meckl.b.-Vorp. Weissdorn-Verlag, Jena. pp. 163–195.

Kossak, S., 1976: The complex character of the food preferences of Cervidae and phytocoenosis structure. Acta Theriol. 21: 359–373.

Köstler, J. N., Brückner, E., Bibelriether, H., 1968: Die Wurzeln der Waldbäume. Parey, Hamburg. 284 p.

Köstler, J. N., Mayer, H., 1970: Waldgrenzen im Berchtesgadener Land. Jb. Ver. Schutze Alpenpfl. u. -tiere 35: 1–35.

Köstner, B., Lange, O. L., 1986: Epiphytische Flechten in bayerischen Waldschadensgebieten des nördlichen Alpenraumes. Ber. Akad. Naturschutz Landschaftspfl. (Laufen) 10: 185–210.

Köstner, B., Tenhunen, J. D., Alsheimer, M., Wedler, M., Scharfenberg, H.-J., Zimmermann, R., Falge, E., Joss, U., 2001: Controls on evaportranspiration in a spruce forest catchment of the Fichtelgebirge. In: Tenhunen, J. D., Lenz, R., Hantschel, R. (eds.): Ecosystem Approaches to Landscape Management in Central Europe. Ecol. Stud. 147. Springer, Berlin. pp. 377–415.

Kotanska, M., 1970: Morphology and biomass of the underground organs of plants in grassland communities of the Ojców National Park. Zakl. Ochrony. Przyr. Polsk. Akad. Nauk 4: 167 p.

Kothe-Heinrich, G., 1989: Jahreszeitliche Populationsdynamik in Mercurialis perennis-Beständen. Verh. Ges. Ökol. 17: 159–166.

Kothe-Heinrich, G., 1991: 5 Jahre Feldflora-Reservat Hielöcher im östlichen Meißnervorland. Verh. Ges. f. Ökol. 19/3: 69–75.

Kotowski, W., van Andel, J., van Diggelen, R., Hogendorf, J., 2001: Responses of fen plant species to groundwater level and light intensity. Plant Ecol. 155: 147–156.

Kötter, F., 1961: Die Pflanzengesellschaften im Tidegebiet der Unterelbe. Arch. Hydrobiol. Suppl. 26: 106–185.

Kottke, I., Weber, R., Ritter, T., Oberwinkler, F., 1993: Vitality of mycorrhizas and health status of trees in diverse forest stands in West Germany. In: Hüttl, R. F., Mueller-Dombois, D. (eds.): Forest Decline in the Atlantic and Pacific Region. Springer, Berlin. pp. 189–201.

Kovacs, M., 1964: Ökologische Untersuchungen von Sumpf- und Mähwiesen in der Umgebung von Galgamácsa. Acta Agron. Acad. Sci. Hung. 13: 61–91.

Kovacs, M., 1968: Die Acerion pseudoplatani-Wälder (Mercuriali-Tilietum und Phyllitidi-Aceretum) des Matra-Gebirges. Acta Bot. Acad. Scient. Hungaricae (Budapest), Tomus 14: 331–350.

Kovacs, M., 1968: Die Vegetation im Überschwemmungsgebiet des Ipoly (Eipel)-Flusses. II. Die ökologischen Verhältnisse der Pflanzengesellschaften. Acta Agron. Acad. Sci. Hung. 14: 77–112.

Kowalksi, M., 1991: Climate, a changing component of forest site. Folia Forestalia Polonica, Ser. A Forestry 33: 25–34.

Kowarik, I., 1987: Kritische Anmerkungen zum theoretischen Konzept der potentiellen natürlichen Vegetation mit Anregungen zu einer zeitgemäßen Modifikation. Tuexenia 7: 53–67.

Kowarik, I., 1988: Zum menschlichen Einfluss auf Flora und Vegetation. Landschaftsentwicklung u. Umweltforsch. TU Berlin 56. 280 p.

Kowarik, I., 2003: Biologische Invasionen: Neophyten und Neozoen in Mitteleuropa. Ulmer Verlag, Stuttgart.

Kowarik, I., Sukopp, H., 1984: Auswirkungen von Luftverunreinigungen auf die spontane Vegetation (Farn- u. Blütenpflanzen). Angew. Bot. 58: 157–170.

Kowarik, I., von der Lippe, M., 2007: Pathways in plant invasions. In: Nentwig, W. (ed.): Biological Invasions. Ecol. Stud. 193. Springer, Berlin. pp. 29–47.

Kozak, I., Holubets, M., 2000: Biomass in beech and spruce forests in the Ukrainian Carpathians. Folia Forestalia Polonica, Ser. A – Forestry 42: 5–14.

Kozlowska, A.-B., Wierzchowska, U., 1985: Zur Ökologie und Systematik der Sand-Trockenrasen und Trockenwiesen NO-Polens. Tuexenia 5: 145–150.

Kozlowski, T. T. (ed.), 1984: Flooding and Plant Growth. Acad. Press, Orlando. 356 p.

Kozlowski, T. T., Pallardy, S. G., 1997: Physiology of Woody Plants. 2 nd. ed. Academic Press, San Diego. 411 p.

Krach, K. E., 1959: Untersuchungen über die Ausscheidung unverdauter Klee-, Gras- und Unkrautsamen durch Vögel und die Beeinflussung ihrer Keimwerte durch die Magen- und Darmpassage. Z. Acker- u. Pflanzenbau 107: 405–434.

Krahulec, F., 1983: Zur Nomenklatur der höheren Einheiten der mitteleuropäischen Pflanzengesellschaften der Ordnung Nardetalia s. l.: Berichtigungen und Typisierungen. Folia Geobot. Phytotax. 18: 207–210.

Krahulec, F., 1985: The chorological patterns of European Nardus-rich communities. Vegetatio 59: 119–123.

Krahulec, F., 1990: Nardo-Agrostion communities in the Krkonose and West Carpathian Mts. Folia Geobot. Phytotax. 3: 337–347.

Krahulec, F., Leps, J., 1993: The migration of vascular plants to a new water reservoir. Geographic relationships. Preslia 65: 147–162.

Krahulec, F., Skálová, H., Herben, T., Hadincová, V., Wildová, R., Pecháckova, S., 2001: Vegetation changes following sheep grazing in abandoned mountain meadows. Appl. Veget. Sci. 4: 97–102.

Krajina, V., 1933: Die Pflanzengesellschaften des Mlynica-Tales in den Vysoké-Tatry. Beih. Bot. Cbl. 50: 774–957.

Kral, F., 1967: Untersuchungen zur Physiologie und Ökologie des Wasserhaushalts von Lärchenrassen. Ber. Deut. Bot. Ges. 80: 145–154.

Kral, F., 1973: Zur Waldgrenzdynamik im Dachsteingebiet. Jb. Ver. Schutze Alpenpfl. u. -tiere 38: 71–79.

Kral, F., 1979: Spät- und postglaziale Waldgeschichte der Alpen aufgrund der bisherigen Pollenanalysen. Österr. Agrarverlag, Wien. 175 p.

Kramer, H., 1982: Kurzfristige Zuwachsreaktionen bei Buche in Abhängigkeit von Witterung und verschiedenen Baummerkmalen. Allg. Forst- u. Jadgz. 153: 57–67.

Kramer, H., Kätsch, Ch., 1994: Individuelles Wachstum von Waldbäumen in Abhängigkeit von natürlichen und anthropogenen Einflüssen. Schr. Forstl. Fak. Univ. Göttingen u. Nieders. Forstl. Versuchsanst. 117. 152 p.

Kramer, P. J., Boyer, J. S., 1995: Water Relations of Plants and Soils. Academic Press, San Diego. 495 p.

Kranzcoch, J., 1997: Struktur und Dynamik in dichten Beständen von Paris quadrifolia (Trilliaceae). Diss. Bot. 288. 121 p.

Krasny, M. E., Zasada, J. C., Vogt, K. A., 1988: Adventitious rooting of four Salicaceae species in response to a flooding event. Can. J. Bot. 66: 2597–2598.

Kratochwil, A., 1984: Pflanzengesellschaften und Blütenbesucher-Gemeinschaften: Biozönologische Untersuchungen in einem nicht mehr bewirtschafteten Halbtrockenrasen (Mesobrometum) im Kaiserstuhl (Südwestdeutschland). Phytocoenologia 11: 455–669.

Kratochwil, A., 1991: Blüten-/Blütenbesucher-Konnexe: Aspekte der Co-Evolution, der Co-Phänologie und der Biogeographie aus dem Blickwinkel unterschiedlicher Komplexitätsstufen. Annali di Botanica 49: 43–108.

Kratochwil, A., Schwabe, A., 1993: Wuchsformen der Arve (Pinus cembra L.) in Abhängigkeit von der ornithochoren Ausbreitung – im Vergleich mit Weidbuchen (Fagus sylvatica L.). Diss. Bot. 196: 107–134.

Kratochwil, A., Schwabe, A., 1994: Coincidences between different landscape ecological zones and growth forms of Cembrian pine (Pinus cembra L.) in subalpine habitats of the Central Alps. Landscape Ecol. 9: 175–190.

Kratochwil, A., Schwabe, A., 2001: Ökologie der Lebensgemeinschaften. Biozönologie. Ulmer, Stuttgart. 755 p.

Kraus, G., 1911: Boden und Klima auf kleinstem Raum. G. Fischer, Jena. 184 p.

Krausch, H. D., 1960: Die Pflanzenwelt des Spreewaldes. Ziemsen, Wittenberg. 124 p.

Krausch, H.-D., 1961: Die kontinentalen Steppenrasen (Festucetalia vallesiacae) in Brandenburg. Feddes Repert. Beih 139: 167–227.

Krausch, H. D., 1965 a: Vegetationskundliche Beobachtungen im Donaudelta. Limnologica 3: 271–313.

Krausch, H. D., 1965 b: Zur Gliederung des Scirpo-Phragmitetum medio-europaeum W.Koch 1926. Limnologica 3: 17–22.

Krausch, H.-D., 1968: Die Sandtrockenrasen (Sedo-Scleranthetea) in Brandenburg. Mitt. Florist.-soziol. Arb.gem. N. F. 13: 71–100.

Krausch, H. D., 1969: Über die Bezeichnung "Heide" und ihre Verwendung in der Vegetationskunde. Mitt. Flor.-soz. Arb.gem. N. F. (Stolzenau/W.) 14: 435–457.

Krause, A., 1982: Flußufer-Vegetationszonierung und gewässerkundliche Statistik. Natur u. Landschaft 57: 341–344.

Krause, A., Schröder, L., 1979: Vegetationskarte der Bundesrepublik Deutschland: Potentielle natürliche Vegetation, Blatt CC 3118 Hamburg-West 1 : 200 000. Schr.R. f. Vegetationskunde (Bonn-Bad Godesberg) 14.

Krause, C., 1992: Ganzbaumanalyse von Eiche, Buche, Kiefer und Fichte mit dendroökologischen Methoden – unter besonderer Berücksichtigung von Klima-Wachstums-Beziehungen und Weiserjahren. Diss. Univ. Hamburg. 163 p.

Krause, H. G., Frenzel, B., 1997: Die Entwicklung der Vegetation eines zentralalpinen Gletschervorfeldes seit dem Jahr 1957. Jb. Ver. Schutz Bergwelt 1997: 189–226.

Krause, S., Möseler, B. M., 1995: Pflanzensoziologische Gliederung der Hainsimsen-Buchenwälder (Luzulo-Fagetum Meusel 1937) in der nordrhein-westfälischen Eifel. Tuexenia 15: 53–72.

Krause, W., 1940: Untersuchungen über die Ausbreitungsfähigkeit der niedrigen Segge (Carex humilis Leyss.) in Mitteldeutschland. Planta 31: 91–168.

Krause, W., 1950: Über Keimung und Jugendwachstum im Hinblick auf die Entwicklung der Pflanzendecke. Planta 38: 132–156.

Krause, W., 1956: Über die Herkunft der Unkräuter. Natur u. Volk 86: 109–119.

Krause, W., 1957: Pflanzengesellschaften als Anzeiger der Standortsbedingungen. Umschau (Frankfurt) 78–81.

Krause, W., 1958: Andere Bodenspezialisten. In: Ruhland Handbuch der Pflanzenphysiologie, Vol. 4. Springer, Berlin. pp. 755–806.

Krause, W., 1958: Ruderalpflanzen. Handbuch d. Pflanzenphysiol. 4: 737–754.

Krause, W., 1969: Zur Characeenvegetation der Oberrheinebene. Arch. Hydrobiol., Suppl. 35: 202–253.

Krause, W., 1981: Über das Verhältnis von Beständigkeit und Veränderung in der Wasservegetation der Oberrheinaue. Ber. Int. Symposien Int Verein. Vegetationkde, Cramer, Vaduz. pp. 133–154.

Krause, W., 1997: Charales (Charophyceae). In: Süßwasserflora von Mitteleuropa. Begründet von A. Pascher. Herausg. von Ettl, H., Gärtner, G., Heynig, H., Mollenhauer, D. Bd. 18. Fischer, Jena. 202 p.

Krauß, H.-H., 1992: Beitrag zu Ernährung und Wachstum der Buche im nordostdeutschen Tiefland. Beitr. Forstwirtsch. Landschaftsökol. 26: 17–23.

Kremser, W., 1990: Niedersächsische Forstgeschichte. Heimatbund Rotenburg/Wümme, Rotenburg/W. 965 p.

Kremser, W., 1990: Niedersächsische Forstgeschichte. Rotenburger Schriften (Rotenburg/Wümme) 32: 965 p.

Kreutzer, K., 1972: Über den Einfluß der Streunutzung auf den Stickstoffhaushalt von Kiefernbeständen. Forstw. Cbl. 91: 263–270.

Kreutzer, K., 1989: Änderungen im Stickstoffhaushalt der Wälder und die dadurch verursachten Auswirkungen auf die Qualität des Sickerwassers. DVWK-Mitteil. 17: 121–132.

Kreutzer, K., 1992: Forest response to a changing environment – central and northern European aspects. In: Teller, A., Mathy, P., Jeffers, J. N. R. (eds.): Responses of Forest Ecosystems to Environmental Changes. Elsevier. pp. 279–298.

Kreutzer, K., Beier, C., Bredemeier, M. et al., 1998: Atmospheric deposition and soil acidification in five coniferous forest ecosystems: a comparison of the control plots of the EXMAN sites. For. Ecol. Manage. 101: 125–142.

Kreuz, A., 1988: Holzkohle-Funde der ältestbandkeramischen Siedlung Friedberg-Bruchenbrücken: Anzeiger für Brennholz-Auswahl und lebende Hecken? In: Küster, H. (ed.): Der prähistorische Mensch und seine Umwelt (Festschr. U. Körber-Grohne). Forsch. ber. z. Ur- u. Frühgesch. Baden-Württemb. 31: 139–153.

Kreuzwieser, J., Fürniss, S., Rennenberg, H., 2002: Impact of waterlogging on the N-metabolism of flood tolerant and non-tolerant tree species. Plant Cell Environ. 25: 1039–1049.

Kriebitzsch, W.-U., 1978: Stickstoffnachlieferung in sauren Waldböden Nordwestdeutschlands. Scripta Geobot. (Göttingen) 14. 66. p.

Kriebitzsch, W.-U., 1988: Jahresgang der Blatt-Wasserpotentiale von Pflanzen in der Krautschicht eines Kalkbuchenwaldes. Flora 181: 363–370.

Kriebitzsch, W.-U., 1989: Jahresgänge des Chlorophyllgehaltes in den Blättern von Krautschichtpflanzen eines Kalkbuchenwaldes. Acta Oecol. 10: 423–432.

Kriebitzsch, W.-U., 1992: Der CO_2- und H_2O-Gasaustausch von Pflanzen in der Krautschicht eines Kalkbuchenwaldes in Abhängigkeit von Standortsfaktoren. I., II. u. III. Flora 186: 67–85 u. 87–103 u. Flora 187: 135–158.

Kriebitzsch, W.-U., Bühmann, H., 1989: Stickstoff-Mineralisation im Boden eines Eichen-Buchen-Waldes und eines Kiefernforstes in der nordwestdeutschen Tiefebene. Forstw. Cbl. 108: 255–270.

Kriebitzsch, W.-U., von Oheimb, G., Ellenberg, H. jr., Engenschall, B., Heuveldop, J., 2000: Entwicklung der Gehölzvegetation auf gezäunten und ungezäunten Vergleichsflächen in Laubwäldern auf Jungmoränenböden in Ostholstein. Allg. Forst- u. Jagdz. 171: 1–10.

Krieger, H., 1937: Die flechtenreichen Pflanzengesellschaften der Mark Brandenburg. Beih. Botan. Cbl. 57, B: 1–76.

Krieglsteiner, G. J., 1991: Die Großpilze der Bundesrepublik Deutschland, Bd. 1 und 2. Ulmer. 1016 p.

Krift, T. A. J. van der, Berendse, F., 2002: Root life spans of four grass species from habitats differing in nutrient availability. Funct. Ecol. 16: 198–203.

Krippelova, T., 1967: Vegetation des Zitny Ostrov (Schüttinsel). Biol. Prace 13: 108 p.

Krippelova, T. (ed.), 1974: Synanthropic flora and vegetation. Acta Inst. Bot. Acad Sci. Slov. Ser. A 1: 1–306.

Krisch, H., 1968: Die Grünland- und Salzpflanzengesellschaften der Werraaue bei Bad Salzungen. Teil II: Die salzbeeinflussten Pflanzengesellschaften. Hercynia 5: 49–95.

Krisch, H., 1974: Zur Kenntnis der Pflanzengesellschaften der mecklenburgischen Boddenküste. Feddes Repert. 85: 115–158.

Krisch, H., 1978: Die Abhängigkeit der Phragmites -Röhrichte am Greifswalder Bodden von edaphischen Faktoren und von der Exponiertheit des Standorts. Arch. Natursch. u. Landschaftsforsch. 18: 121–140.

Krisch, H., 1989. Die Brackwasser-Röhrichte des Greifswalder Boddens. Meer u. Museum 5: 14–25 u. 45.

Krisch, H., 1990: Ökologisch-soziologische Artengruppen und Pflanzengesellschaften im Geolitoral der Boddenküste (Ostsee). Phytocoenologia 19: 1–28.

Kristensen, K. J., 1974: Actual evapotranspiration in relation to leaf area. Nordic Hydrol. 5: 173–182.

Krolikowska, J., 1975: Water budget of helophytes. XII. Intern. Botan. Congr. (Leningrad) Abstr. 1: 154.

Krolupper, N., Schwabe, A., 1998: Ökologische Untersuchungen im Darmstadt-Dieburger Sandgebiet (Südhessen): Allgemeines und Ergebnisse zum Diasporen-Reservoir und -Niederschlag. Botanik u. Naturschutz in Hessen 10: 9–39.

Kronfuss, H., Havranek, W. M., 1999: Effects of elevation and wind on the growth of Pinus cembra L. in a subalpine afforestation. Phyton 39: 99–106.

Kronisch, R., 1975: Zur Stickstoff-Versorgung von Ruderalpflanzen-Gesellschaften in Göttingen. Schriftl. Hausarbeit f. d. Lehramt an Gymnasien, Göttingen (unveröff.). 75 p.

Kronzucker, H. J., Siddiqi, M. Y., Glass, A. D. M., 1997: Conifer root discrimination against soil nitrate and the ecology of forest succession. Nature 385: 59–61.

Kropac, Z., 1966: Estimation of weed seeds in arable soil. Pedobiologia 6: 105–128.

Kropac, Z., 1981: Übersicht über die Unkrautgesellschaften der CSSR. Zpr. Cs. Bot. Spolecn. (Prag) 16: 115–128.

Kruijne, A.A, 1965: Nardus stricta L. as a grassland species in the Netherlands. Netherl. J. Agric. Sci. 13: 171–177.

Kruinje, A. A., de Vries, D. M., 1960: Vegetatieve herkenning van onze graslandplanten. Wageningen. 109 p.

Kruk-Dowgiallo, L. 1991: Long-term changes in the structure of underwater meadows in the Puck Lagoon. Acta Ichthyolog. Piscator. 21, Suppl.: 77–84.

Kruk-Dowgiallo, L., Szaniawska, A., 2008: Gulf of Gdansk and Puck Bay. In: Schiewer, U. (ed.), 2008: Ecology of Baltic Coastal Waters. Ecol. Stud. 197. Springer, Berlin. pp. 139–165.

Krumbiegel, A., Klotz, S., 1996: Bedeutung von Standort und Artenpotential der angrenzenden Vegetation für die Entwicklung von Dauerbrachen. Arch. Nat. Lands. 34: 157–168.

Krumbiegel, A., Klotz, S., Otte, V., 1995: Die Vegetation junger Ackerbrachen in Mitteldeutschland. Tuexenia 15: 387–414.

Krumbiegel, A., Meyer, F., Schröder, U., Sundermeier, A., Wahl, D., 2002: Dynamik und Naturschutzwert annueller Uferfluren der Buhnenfelder im brandenburgischen Elbtal. Naturschutz u. Landschaftspfl. Brandenburg 11: 235–242.

Krüsi, B., 1992: Entwertung von Halbtrokkenrasen durch die Fiederzwenke (Brachypodium pinnatum) – permanent oder vorübergehend? Forsch. ber. Landschaft WSL (Birmensdorf) 11: 1–3.

Krzymowski, R., 1939: Geschichte der deutschen Landwirtschaft. Stuttgart. 309 p.

Kubicek, F., Jurko, A., 1975: Dynamics and phenology of the total biomass of the herbaceous layer in two forest communities. Biologia (Bratislava) 30: 505–522.

Kubiena, W. L., 1948: Entwicklungslehre des Bodens. Wien. 215 p.

Kubiena, W. L., 1953: Bestimmungsbuch und Systematik der Böden Europas. Stuttgart. 392 p.

Kubin, P., Melzer, A, 1997: Chronological relationship between eutrophication and reed decline in three lakes of Southern Germany. Folia Geobot. Phytotax. 32: 15–23.

Kudoke, J., Kaussmann, B., 1973: Ergebnisse zweijähriger Untersuchungen zum Bodenfeuchtegang in einigen Ackerunkrautgemeinschaften des Rostocker Raumes. Wiss. Z. Univ. Rostock, Math.-Nat. R. 22: 749–758.

Kuhbier, H., 1987 a: Die Salzwiesen an der Niedersächsischen Nordseeküste. Wilhelmshavener Tage 1: 19–26.

Kuhbier, H., 1987 b: Entwicklung des Grünlandes auf Mellum. In: Gerdes, Krumbein, Reineck (eds.): Mellum. Portrait einer Insel. Senckenberg-Buch Nr. 63 (Frankfurt/M.): 234–261.

Kühn, I., 2000: Ökologisch-numerische Untersuchungen an Wäldern in der Westfälischen Bucht. Diss. Univ. Bochum. 192 p.

Kühn, I., Brandl, R., Klotz, S., 2004: The flora of German cities is naturally species rich. Evolut. Ecol. Res. 6: 749–764.

Kühn, I., Klotz, S., 2003: The alien flora of Germany – basics from a new German database. In: Child, L. E., Brock, J. H., Brundu, G., Prach, K., Pysek, P., Wade, P. M., Williamson, M. (eds.): Plant Invasions: Ecological Threats and Management Solutions. Backhuys, Leiden. pp. 89–100.

Kuhn, K., 1937: Die Pflanzengesellschaften der Schwäbischen Alb. Öhringen. 340 p.

Kuhn, M., 1989: Föhnstudien. Wiss. Buchgesellschaft, Darmstadt. 504 p.

Kuhn, N., 1967: Natürliche Waldgesellschaften und Waldstandorte der Umgebung von Zürich. Veröff. Geobot. Inst. ETH, Stiftg. Rübel, Zürich 40: 84 p.

Kuhn, N., 1973: Frequenzen von Trockenperioden und ihre ökologische Bedeutung. Vierteljahresschr. Naturf. Ges. Zürich 118: 257–298.

Kuhn, N., 1993: Ursachen floristischer und ökologischer Vorgänge in Waldbeständen. Schweiz. Z. Forstwes. (Zürich) 144: 347–367.

Kuhn, N., Amiet, R., Hufschmied, N., 1987: Veränderungen in der Waldvegetation der Schweiz infolge Nährstoffanreicherungen aus der Atmosphäre. Allg. Forst- u. Jagdz. 158: 77–84.

Kuhn, U., 1984: Bedeutung des Pflanzenwasserhaushaltes für Koexistenz und Artenreichtum von Trespen-Halbtrokkenrasen (Mesobromion). Veröff. Geobot. Inst. ETH, Stiftg. Rübel, Zürich 83: 1–118.

Kühne, Ch., 2004: Verjüngung der Stieleiche (Quercus robur L.) in oberrheinischen Auenwäldern. Diss. Univ. Göttingen. 186 p.

Kuhry, P., Nicholson, B. J., Gignac, L. D., Vitt, D. H., Bayley, S. E., 1993: Development of Sphagnum dominated peatlands in boreal continental Canada. Can. J. Bot. 71: 10–22.

Kuhry, P., Turunen, J., 2006: The postglacial development of boreal and subarctic peatlands. In: Wieder, R. K., Vitt, D. H. (eds.): Boreal Peatland Ecosystems. Ecol. Stud. 188. Springer, Berlin. pp. 25–46.

Kuiters, A. T., 1990: Role of phenolic substances from decomposing forest litter in plant-soil interactions. Acta Bot. Neerl. 39: 329–348.

Kujala, V., 1926: Untersuchungen über den Einfluß von Waldbränden auf die Waldvegetation in Nord-Finnland. Comm. Inst. Quaest. Forest. Finland 10: 41 p.

Kulczynski, S., 1949: Peat bogs of Polesie. Mem. Acad. Sci. Cracovie, Ser. B 1949: 356 p.

Kullman, J., 2007: Modern climate change and shifting ecological states of the subalpine/alpine landscape in the Swedish Scandes. Geo-Öko (Göttingen) 28: 187–221.

Kullman, L., 2002: Rapid recent range-margin rise of tree and shrub species in the Swedish Scandes. J. Ecol. 90: 68–77.

Kulp, H,-G., 1993: Vegetationskundliche und experimentell-ökologische Untersuchungen der Lammkraut-Gesellschaft (Teesdalio-Arnoseridetum Minimae, Tx. 1937) in Nordwestdeutschland. Diss. Bot. 198: 183 p.

Kulp, H.-G., Cordes, H., 1986: Veränderungen der soziologischen Bindung in Ackerwildkraut-Gesellschaften auf Sandböden. Tuexenia 6: 25–36.

Kumler, M. L., 1997: Critical environmental factors in dry coastal ecosystems. In: Van der Maarel, E. (ed.): Dry Coastal Ecosystems. General Aspects. Ecosystems of the World 2 C. Elsevier, Amsterdam. pp. 387–409.

Kümmerlin, R. E., 1998: Taxonomical response of the phytoplankton community of Upper Lake Constance (Bodensee-Obersee) to eutrophication and re-oligotrophication. Arch. Hydrobiol. Spec. Issue Advanc. Limnol. 53: 109–117.

Kump, A., 1971: Die Ackerunkrautgesellschaften in den Hauptgetreidebaugebieten Oberösterreichs. Diss. Univ. Wien.

Kundler, P., 1956: Beurteilung forstlich genutzter Sandböden im nordostdeutschen Tiefland. Arch. Forstwes. 5: 585–672.

Kunick, W., 1985: Gehölzvegetation im Siedlungsbereich. Landschaft u. Stadt 17: 120–133.

Kunick, W., 1988: Zusammensetzung und Entwicklung städtischer Baumbestände. Allg. Forst. Zschr. 13: 333–336.

Künstle, E., Mitscherlich, G., 1975: Photosynthese, Transpiration und Atmung in einem Mischbestand im Schwarzwald. 1. Teil: Photosynthese, 2. Teil: Transpiration. Allg. Forst- u. Jagdz. 146: 45 63 u. 88–100.

Kunze, M., 1972: Emittentenbezogene Flechtenkartierung aufgrund von Frequenzuntersuchungen. Oecologia 9: 123–133.

Kunze, M., 1974: Mathematischer Zusammenhang zwischen der Frequenz epiphytischer Flechten und der Fluor-Immissionsrate am Beispiel der Aluminiumhütte Rheinfelden. Beih. Veröff. Landesstelle Naturschutz u. Landschaftspfl. Baden-Württemberg 5: 5–13.

Künzli, W., 1967: Über die Wirkung von Hof- und Handelsdüngern auf Pflanzenbestand, Ertrag und Futterqualität der Fromentalwiese. Schweiz. Landw. Forsch. 6: 34–130.

Kuoch, R., 1954: Wälder der Schweizer Alpen im Verbreitungsgebiet der Weißtanne. Mitt. Schweiz. Anst. Forstl. Versuchswes. 30: 133–260.

Kuoch, R., 1965: Der Samenanfall 1962/63 an der oberen Fichtenwaldgrenze im Sertigtal. Mitt. Schweiz. Anst. Forstl. Versuchswes. 41: 63–85.

Kuoch, R., Amiet, R., 1970: Die Verjüngung im Bereich der oberen Waldgrenze der Alpen mit Berücksichtigung von Vegetation und Ablegerbildung. Phytocoenologia 46: 159–328.

Kuoch, R., Schweingruber, F. H., 1975: Baumarten an der alpinen Waldgrenze in der Schweiz. Schweiz. Z. Forstwes. (Zürich) 126: 13–40.

Kupfer-Wesely, E., Türk, R., 1986: Epiphytische Flechtenvereine auf Birn- und Apfelbäumen im Traunviertel/Oberösterreich. Sauteria 1: 135–143.

Kupfer-Wesely, E., Türk, R., 1987: Epiphytische Flechtengesellschaften im Traunviertel (Oberösterreich). Stapfia 15: 138 p.

Küppers, M., 1984: Kohlenstoffhaushalt, Wasserhaushalt, Wachstum und Wuchsform von Holzgewächsen im Konkurrenzgefüge eines Heckenstandortes. In: Schulze, E.-D., Reif, A., Küppers, M. (eds.): Die pflanzenökologische Bedeutung und Bewertung von Hecken. Ber. Akad. f. Naturschutz u. Landschaftspfl. (Laufen/Salzach), Beih. 3 (1).

Küppers, M., 1985: Carbon relations and competition between woody species in a Central European hedgerow. IV. Growth form and partitioning. Oecologia 66: 343–352.

Küppers, M., 1989: Hecken und Flurgehölze – Paradeobjekte für produktions- und populationsbiologische Untersuchungen an Holzgewächsen. Verh. Ges. f. Ökol. 18: 689–700.

Küppers, M., 1991: Die Bedeutung des Wechselspiels von Photosynthese, Blattpopulation und pflanzlicher Architektur für Wachstum und Konkurrenzkraft. In: Schmid, B., Stöcklin, J. (eds.): Populationsbiologie der Pflanzen. Birkhäuser, Basel. pp. 165–182.

Küppers, M., Zech, W., Schulze, E.-D., Beck, E., 1985: CO_2-Assimilation, Transpiration und Wachstum von Pinus sylvestris L. bei unterschiedlicher Magnesiumversorgung. Forstw. Cbl. 104: 23–36.

Küppers. M., Schneider, H., 1993: Leaf gas exchange of beech (Fagus sylvatica L.) seedlings in lightflecks – effects of fleck length and leaf temperature in leaves grown in deep and partial shade. Trees 7: 160–168.

Kuramoto, R. T., Brest, D. E., 1979: Physiological response to salinity by four salt marsh plants. Bot. Gaz. 140: 295–298.

Kurth, A., Weidmann, A., Thommen F., 1960: Beitrag zur Kenntnis der Waldverhältnisse im schweizerischen Nationalpark. Mitt. Schweiz. Anst. Forstl. Versuchswes. 36: 221–378.

Küßner, R., 2003: Mortality pattens of Quercus, Tilia, and Fraxinus germinants in a floodplain forest on the river Elbe, Germany. For. Ecol. Manage. 173: 37–48.

Küßner, R., Wagner, S., 2002: Zur natürlichen Verjüngung von Wäldern der Hartholzaue. In: Roloff, A., Bonn, S., Küßner, R. (eds.): Hartholz-Auenwälder an der mittleren Elbe – Beiträge zur Ökologie, Bewirtschaftung und Renaturierung. Schriftenreihe, Landesforstverwaltung Sachsen-Anhalt. Gernrode. pp. 78–92.

Küster, E., 1993: The microbiology of peat. In: Heathwaite, A. L., Göttlich, K., (eds.): Mires. Process, Exploitation and Conservation. Wiley & Sons, Chichester. pp. 311–324.

Küster, H., 1985: Herkunft und Ausbreitungsgeschichte einiger Secalietea-Arten. Tuexenia 5: 89–98.

Küster, H., 1992: 7000 Jahre Ackerwirtschaft in Bayern. Botanische Untersuchungen zu historischen Problemen. Naturwiss. Rundschau 45: 385–391.

Küster, H., 1992: Die Geschichte des Grünlandes aus pollenanalytischer und archäobotanischer Sicht. Laufener Seminarber. 2/92: 9–13.
Küster, H., 1993: Die Entwicklung der montanen und subalpinen Heiden Mitteleuropas in vegetationsgeschichtlicher Sicht. Ber. Reinhold-Tüxen-Ges. 5: 77–90.
Küster, H., 1995: Geschichte der Landschaft in Mitteleuropa – Von der Eiszeit bis zur Gegenwart. C. H. Beck, München. 424 p.
Küster, H., 1996: Auswirkungen von Klimaschwankungen und menschlicher Landschaftsnutzung auf die Arealverschiebung von Pflanzen und die Ausbildung mitteleuropäischer Wälder. Forstw. Cbl. 115: 301–320.
Küster, H., 1997: The role of farming in the postglacial expansion of beech and hornbeam in the oak woodlands of central Europe. The Holocene 7: 239–242.
Küster, H., Pötsch, J., 1998: Ökosystemwandel in Flusslandschaften Norddeutschlands. Ber. Reinh.-Tüxen-Ges. 10: 61–71.
Kutsch, W. L., Eschenbach, C., Dilly, O., Middelhoff, U., Steinborn, W., Vanselow, R., Weisheit, K., Wötzel, J., Kappen, L., 2001: The carbon cycle of contrasting landscape elements of the Bornhöved Lake District. In: Tenhunen, J. D., Lenz, R., Hantschel, R. (eds.): Ecosystem Approaches to Landscape Management in Central Europe. Ecol. Stud. 147. Springer, Berlin. pp. 75–96.
Kutschera, L., 1960: Wurzelatlas mitteleuropäischer Ackerunkräuter und Kulturpflanzen. DLG-Verlag, Frankfurt a. M.
Kutschera, L., 1966: Ackergesellschaften Kärntens als Grundlage standortsgemäßer Acker- und Grünlandwirtschaft. Verlag BVA Gumpenstein, Irdning (Österr.): 194 p.
Kutschera, L., Lichtenegger, E., 1992: Wurzelatlas mitteleuropäischer Grünlandpflanzen. Band 2 (1). Stuttgart, Jena. 851 p.
Kuttler, W., 1998: Stadtklima. In: Sukopp, H., Wittig, R. (eds.): Stadtökologie. G. Fischer, Stuttgart. pp. 113–150.
Kutzelnigg, H., 1984: Veränderungen der Ackerwildkrautflora im Gebiet um Moers/Niederrhein seit 1950 und ihre Ursachen. Tuexenia N. S. 4: 81–102.
Kvet, J., 1971: Growth analysis approach to the production ecology of reedswamp communities. Hidrobiologia 12: 15–40.
Kvet, J., Svoboda, J., Fiala, K., 1969: Canopy development in stands of Typha latifolia L. and Phragmites communis Trin. In South Moravia. Hidrobiologia 12: 15–40.
Kwiatkowska, A. J., Spalik, K., Michalak, E., Palinska, A., Panufnik, D., 1997: Influence of the size and density of Carpinus betulus on the spatial distribution and rate of deletion of forest-floor species in thermophilous oak forest. Plant Ecol. 129: 1–10.
Kylin, A., Quatrano, R. S., 1975: Metabolic and biochemical aspects of salt tolerance. In: Poljakoff-Mayber, A., Gale, J. (eds.): Plants in Saline Environments. Springer, Berlin: 147–167.
Laan, P., Berrevoets, M. J., Lythe, S., Armstrong, W., Blom, C. W. P. M., 1989: Root morphology and aerenchyma formation as indicators of the flood-tolerance of Rumex species. J. Ecol. 77: 693–703.
Laan, P., Smolders, A., Blom, C. W. P. M., 1991: The relative importance of anaerobiosis and high iron levels in the flood tolerance of Rumex species. Plant and Soil 136: 153–161.
Laan, P., Tosserams, M., Blom, C. W. P. M., Veen, B. W., 1990: Internal oxygen transport in Rumex species and its significance for respiration under hypoxic conditions. Plant and Soil 122: 39–46.
Labrone, L., Lascombes, G., 1971: Minéralization de l'azote organique dans les sols alpins du Pic du Midi de Bigorre. Oecol. Plant. 6: 247–270.
Labus, B., Schuster, H., Nobel, W., Kohler, A., 1977: Wirkung von toxischen Abwasserkomponenten auf submerse Makrophyten. Angew. Bot. 51: 17–36.
Lache, D. W., 1976: Wasser- und Stickstoff-Versorgung sowie Mikroklima von Heide- und Binnendünen-Gesellschaften NW-Deutschlands. Scripta Geobot. (Göttingen) 11: 1–96.
Lacoste, A., 1964: Premières observations sur les associations subalpines des Alpes maritimes: études phytosociologiques des pelouses sèches basophiles. Bull. Soc. Botan. France 111: 61–69.
Ladd, J. N., Parsons, J. W., Amato, M., 1977: Studies of nitrogen immobilization and mineralization in calcareous soils. 2. Mineralization of immobilized nitrogen from soil fractions of different particle size and density. Soil Biol. Biochem. 9: 319–326.
Ladefoged, K., 1939: Untersuchungen über die Periodizität im Ausbruch und Längenwachstum der Wurzeln bei einigen unserer gewöhnlichsten Waldbäume. Det. Forstl. Forsögsv. i. Danmark 16: 1–25.
Ladefoged, K., 1963: Transpiration of trees in closed stands. Physiol. Plant. 16: 378–414.
LaHaye, P. A., Epstein, E., 1971: Calcium and salt tolerance by bean plants. Physiol. Plant. 25: 213–218.
Lahm, G., 1885: Zusammenstellung der in Westfalen beobachteten Flechten unter Berücksichtigung der Rheinprovinz. Münster/W.
Laivins, M., 1991: Klassifikation der Linden-Hainbuchengesellschaften (Tilio-Carpinetum Traczyk 1962) in Litauen und Lettland. Veröff. Geobot. Inst. ETH, Stiftg. Rübel, Zürich 106: 35–52.
Lakowitz, K., 1929: Die Algenflora der gesamten Ostsee. Danzig.
Lalanne, A., Bardat, J., Lalanne-Amara, F., Gautrot, T., Ponge, J.-F., 2008: Opposite responses of vascular and moss communities to changes in humus form, as expressed by the Humus Index. J. Veg. Sci. 19. doi: 103170/2007-8-18431.
Lambers, H., Chapin III, F. S., Pons, T. L., 1998: Plant Physiological Ecology. Springer, New York. 540 p.
Lameire, S., Hermy, M., Honnay, O., 2000: Two decades of change in the ground vegetation of a mixed deciduous forest in an agricultural landscape. J. Veg. Sci. 11: 695–704.
Lamers, L. P. M., Van Roozendaal, S. M. E., Roelofs, J. G. M., 1998: Acidification of freshwater wetlands: combined effects of non-airborne sulfur pollution and desiccation. Water, Air and Soil Pollut. 105: 95–106.
Lamersdorf, N., 1985: Der Einfluss von Düngungsmaßnahmen auf den Schwermetall-Output in einem Buchen- und einem Fichten-Ökosystem des Sollings. Allg. Forstz. 43: 1155–1158.
Lamersdorf, N., Borken, W., 2004: Clean rain promotes fine root growth and soil respiration in a Norway spruce forest. Global Change Biol. 10: 1351–1362.
Lammerts, E. J., Grootjans, A. P., Stuyfzand, P. J., Sival, F. P., 1995: Endangered dune slack plants: gastronomers in need of mineral water. In: Salman, A. H. P. M., Berends, H., Bonazountas, M. (eds.): Coastal Management and Habitat Conservation. EUCC, Leiden. pp. 355–369.
Lammerts, E. J., Pegtel, D. M., Grootjans, A. P., van der Veen, A., 1999: Nutrient limitation and vegetation changes in a coastal dune slack. J. Veg. Sci. 10: 111–122.

Lampe, R., 1996: Bodden und Haffe: Veränderungen durch Überdüngung. In: Lozan, J. L., Lampe, R., Matthäus, W., Rachor, E., Rumohr, H., von Westernhagen, H. (eds.): Warnsignale aus der Ostsee. Parey, Berlin: 249–258.

Lampert, W., Sommer, U., 1999: Limnoökologie. 2. Aufl. Thieme, Stuttgart. 489 p.

Lamprecht, H., 1983: Die einheimischen und wichtigsten fremdländischen Baumarten. 4. Aufl. Selbstverl. Inst. f. Waldbau, Univ. Göttingen.

Landesanstalt f. Natur, Umwelt u. Verbraucherschutz Nordrh.-Westf. (Hrsg), 2007: Niederwälder in Nordrhein-Westfalen. Beiträge zur Ökologie, Geschichte und Erhaltung. LANUV-Fachbericht 1. Galunder-Verlag, Nümbrecht-Elsenroth.

Landgraf, L., Notni, P., 2003: Das Moosfenn bei Potsdam – Langzeitstudie zu Genese und Wasserhaushalt eines brandenburgischen Kesselmoores. Telma 33: 59–83.

Landmann, G., Hunter, I. R., Hendershot, W., 1997: Temporal and spatial development of magnesium deficiency in forest stands in Europe, North America and New Zealand. In: Hüttl, R. F., Schaaf, W. (eds.): Magnesium Deficiency in Forest Ecosystems. Kluwer, Dordrecht. pp. 23–66.

Landolt, E., 1970: Mitteleuropäische Wiesenpflanzen als hybridogene Abkömmlinge von mittel- und südeuropäischen Gebirgssippen und submediterranen Sippen. Feddes Repert. 81: 61–66.

Landolt, E., 1971: Ökologische Differenzierungsmuster bei Artengruppen im Gebiet der Schweizerflora. Boissiera 19: 129–148.

Landolt, E., 1977: Beziehungen zwischen Vegetation und Umwelt in den Alpen. In: Wolkinger, F. (ed.): Natur und Mensch im Alpenraum. Ludwig-Boltzmann-Institut, Graz. pp. 27–44.

Landolt, E., 1983: Probleme der Höhenstufen in den Alpen. Bot. Helv. 93: 255–268.

Landolt, E., 1984: Verbreitungsmuster in der Familie der Lemnaceae und ihre ökologische Deutung. Verh. Ges. Ökol. 12: 241–253.

Landolt, E., 2001: Flora der Stadt Zürich. Birkhäuser, Basel.

Landolt, E., 2006: Dynamik einer Stadtflora am Beispiel von Zürich. Geobot. Kolloqu. (Frankfurt/M.) 20: 3–12.

Lang, G., 1967: Die Ufervegetation des westlichen Bodensees. Arch Hydrobiol. Suppl. 32: 437–574.

Lang, G., 1967: Über die Geschichte von Pflanzengesellschaften aufgrund quartärbotanischer Untersuchungen. In: Tüxen, R. (ed.): Pflanzensoziologie und Palynologie. Ber. Üb. D. Intern. Sympos. In Stolzenau/Weser 1962: 24–37.

Lang, G., 1968: Vegetationsänderungen am Bodenseeufer in den letzten hundert Jahren. Schr. Ver. Gesch. Bodensees u. seiner Umgebung 86: 295–319.

Lang, G., 1975: Palynologische, großrestanalytische und paläolimnologische Untersuchungen im Schwarzwald. Beitr. Naturk. Forsch. Südwestdeutschl. (Karlsruhe) 34: 201–208.

Lang, G., 1981: Die submersen Makrophyten des Bodensees – 1978 im Vergleich mit 1967. Int. Gewässerschutzkomm. Bodensee, Ber. 26: 64 p.

Lang, G., 1994: Quartäre Vegetationsgeschichte Europas. F. Fischer, Jena. 462 p.

Lange, O. L., 2000: Photosynthetic performance of a gelatinous lichen under temperate habitat conditions: long-term monitoring of CO_2 exchange of Collema cristatum. In: Schroeter, B., Schlensog, M., Green, T. G. A. (eds.): New Aspects in Cryptogamic Research. Contribution in Honour of Ludger Kappen. Bibliotheca Lichenologica (Stuttgart): pp. 307–332.

Lange, O. L., 2002: Photosynthetic productivity of the epilithic lichen Lecanora muralis: Long-term field monitoring of CO_2 gas exchange and its physiological interpretation. I. Dependence of photosynthesis on water content, light, temperature, and CO_2 concentration from laboratory measurements. Flora 197: 23–249.

Lange, O. L., 2003: Photosynthetic productivity of the epilithic lichen Lecanora muralis: Long-term field monitoring of CO_2 gas exchange and its physiological interpretation. III. Diel, seasonal, and annual carbon budgets. Flora 198: 277–292.

Lange, O. L., Büdel, B., Meyer, A., Kilian, E., 1993: Further evidence that activation of net photosynthesis by dry cyanobacterial lichens requires liquid water. Lichenologist 25: 175–189.

Lange, O. L., Heber, U., Schulze, E.-D., Ziegler, H., 1989: Atmospheric pollutants and plant metabolism. In: Schulze, E.-D., Lange, O. L., Oren, R. (eds.): Forest Decline and Air Pollution. A Study of Spruce (Picea abies) on Acid Soils. Ecol. Stud. 77: Springer, Berlin. pp. 238–273.

Lange, O. L., Kanzow, H., 1965: Wachstumshemmung an höheren Pflanzen durch abgetötete Blätter und Zwiebeln von Allium ursinum. Flora, Abt. B, 156: 94–101.

Lange, O. L., Kilian, E., 1985: Reaktivierung der Photosynthese trockener Flechten durch Wasserdampfaufnahme aus dem Luftraum: Artspezifisch unterschiedliches Verhalten. Flora 176: 7–23.

Lange, O. L., Kilian, E., Ziegler, H., 1986: Water vapor uptake and photosynthesis of lichens: performance differences in species with green and blue-green algae as phycobionts. Oecologia 71: 104–110.

Lange, O. L., Schulze, E.-D., 1966: Untersuchungen über die Dickenentwicklung der kutikularen Zellwandschichten bei der Fichtennadel. Forstwiss. Centralbl. 85: 27–38.

Lange, O. L., Ziegler, H., 1963: Der Schwermetallgehalt von Flechten aus dem Acarosporetum sinopicae auf Erzschlackenhalden des Harzes. I. Eisen und Kupfer. Mitt. Flor.-Soz. Arb.gem. N. F. 10: 156–183.

Langensiepen, I., Otte, A., 1994: Hofnahe Obstbaum-bestandene Wiesen und Weiden im Landkreis Bad Tölz – Wolfratshausen. Standortkundliche und nutzungsbedingte Differenzierungen ihrer Vegetation. Tuexenia 14: 169–196.

Langer, A., 1992: Flora und Vegetation städtischer Straßen am Beispiel Berlins. Verh. Ges. f. Ökol. 21: 215–225.

Langer, A., 1994: Flora und Vegetation städtischer Straßen am Beispiel Berlins. Landschaftsentwicklung u. Umweltforsch. TU Berlin, Sonderh. 10. 199 p.

Langlois, E., Bonis, A., Bouzillé, J. B., 2001: The response of Puccinellia maritima to burial: A key to understanding its role in slat-marsh dynamics? J. Veg. Sci. 12: 289–297:

Langshausen, J., Kolb, E., Ewald, J., Rehfuess, K. E., 2001: Über die Eignung von Flyschstandorten der Bayerischen Voralpen für die Buche (Fagus sylvatica L.). Forstw. Cbl. 120: 363–374.

Larcher, W., 1953: Frostschäden und Frostschutz bei Pflanzen. Pyramide (Innsbruck) 1953, 10: 4 p.

Larcher, W., 1957: Frostschäden an der Waldgrenze und in der alpinen Zwergstrauchheide auf dem Patscherkofel bei Innsbruck. Veröff. Ferdinandeum Innsbruck 37: 49–81.

Larcher, W., 1963: Zur spätwinterlichen Erschwerung der Wasserbilanz von

Holzpflanzen an der Waldgrenze. Ber. Naturw. Mediz. Ver. Innsbruck 53: 125–137.

Larcher, W., 1972: Der Wasserhaushalt immergrüner Pflanzen im Winter. Ber. Deut. Bot. Ges. 85: 315–327.

Larcher, W., 1977a: Ergebnisse des IPB-Projekts „Zwergstrauchheide Patscherkofel". Sitz.ber. Österr. Akad. Wiss., Mathem.-naturw. Kl., Abt. I, Bd. 186: 301–371.

Larcher, W., 1977b: Produktivität und Überlebensstrategien von Pflanzen und Pflanzenbeständen im Hochgebirge. Sitz.ber. Österr. Akad. Wiss., Mathem.-naturw. Kl., Abt. I, Bd. 186:373–386.

Larcher, W., 1983a: Ökophysiologische Konstitutionseigenschaften von Gebirgspflanzen. Ber. Deutsch. Bot. Ges. 96: 73–85.

Larcher, W., 1983b: Zur spätwinterlichen Erschwerung der Wasserbilanz von Holzpflanzen an der Waldgrenze. Ber. Naturwiss.-med. Ver. Innsbruck 53: 125–137.

Larcher, W., 1985: Kälte und Frost. In: Sorauer, P. (ed.): Handbuch der Pflanzenkrankheiten. Bd. I. 7. Aufl. Parey, Berlin. pp. 107–326.

Larcher, W., 1985: Winter stress in high mountains. Ber. Eidgenöss. Anst. Forstl. Versuchswes. 270: 11–20.

Larcher, W., 2001: Ökophysiologie der Pflanzen. 6. Aufl. Ulmer Verlag, Stuttgart: 408 p.

Larcher, W., Bauer, H., 1981: Ecological significance of resistance to low temperature. Encyclopedia of Plant Physiology, vol. 12A. Springer, Berlin. pp. 403–437.

Larcher, W., Holzner, M., Pichler, J., 1989: TemperaturresistenzinneralpinerTrokkenrasen. Flora 183: 115–131.

Larcher, W., Mair, B., 1969: Die Temperaturresistenz als ökophysiologisches Konstitutionsmerkmal. I: Quercus ilex und andere Eichenarten des Mittelmeergebietes. Oecol. Plant. 4: 347–376.

Larcher, W., Schmidt, L., Tschager, A., 1973: Starke Fettspeicherung und hoher Kaloriengehalt bei Loiseleuria procumbens (L.) Desv. Oecol. Plant. 8: 377–383.

Larcher, W., Wagner, J., 1976: Temperaturgrenzen der CO_2-Aufnahme und Temperaturresistenz der Blätter von Gebirgspflanzen im vegetationsaktiven Zustand. Oecol. Plant. 11: 361–374.

Larigauderie, A., Körner, Ch., 1995: Acclimation of leaf dark respiration to temperature in alpine and lowland plant species. Ann. Bot. 76: 245–252.

Larsson, C. M., 1994: Response of the nitrate uptake system to external nitrate availability: a whole plant perspective. In: Roy, J., Garnier, E., (eds.): A Whole Plant Perspective on Carbon-Nitrogen Interactions. SPB Academic Publishing, The Hague. pp. 31–45.

Laska, G., 1998: Carex digitata in the process of degeneration and regeneration of forest communities. In: Falinska, K. (ed.): Plant Populaton Biology and Vegetation Processes. W. Szafer Institute of Botany. Krakow. pp. 133–138.

Lauer, E., 1953: Über die Keimtemperaturen von Ackerunkräutern und deren Einfluß auf die Zusammensetzung von Unkrautgesellschaften. Flora 140: 551–595.

Lausi, D., Pignatti, S., 1973: Die Phänologie der europäischen Buchenwälder auf pflanzensoziologischer Grundlage. Phytocoenologia 1: 1–63.

Lautenschlager-Fleury, D., 1955: Über die Ultraviolettdurchlässigkeit von Blattepidermen. Ber. Schweiz. Bot. Ges. 65: 343–386.

Lautenschlager-Fleury, D., Lautenschlager, E., 1994: Die Weiden von Mittel- und Nordeuropa. Birkhäuser, Basel.

Lavola, A., Julkunen-Tiitto, R., 1994: The effect of elevated carbon dioxide and fertilization on primary and secondary metabolites in birch, Betula pendula (Roth). Oecologia 99: 315–321.

Lawesson, J. E., 2003: pH optima for Danish forest species compared with Ellenberg reaction values. Folia Geobot. 38: 403–418.

Lawesson, J. E., de Blust, G., Grashof, C., Firbank, L., Honnay, O., Hermy, M., Hobitz, P., Jensen, L. M., 1998: Species diversity and area-relationships in Danish beech forests. For. Ecol. Manage. 106: 235–245.

Lawesson, J. E., Wind, P., 2002: Oak dune forests in Denmark and their ecology. For. Ecol. Manage. 164: 1–14.

Laws, R. W., 1970: Elephants as agents of habitat and landscape change in East Africa. Oikos 21: 1–15.

Lazarek, S., 1985: Epiphytic algal production in the acidified Lake Gardsjön, SW-Sweden. Ecol. Bull. 37: 213–218.

Le Dantec, V., Dufrene, E., Saugier, B., 2000: Interannual and spatial variation in maximum leaf area index of temperate deciduous stands. For. Ecol. Manage. 134: 71–81.

Leake, J. R., Read, D. J., 1991: Experiments with ericoid mycorrhiza. Methods in Microbiol. 23: 435–459.

Leake, J. R., Shaw, G., Read, D. J., 1989: The role of ericoid mycorrhizas in the ecology of ericaceous plants. Agric., Ecosyst. Eviron. 29: 237–250.

Lee, J. A., Baxter, R., Emes, M. J., 1990: Responses of Sphagnum species to atmospheric nitrogen and sulphur deposition. Bot. J. Linnean Soc. 104: 255–265.

Lee, J. A., Ignaciuk, R., 1985: The physiological ecology of strandline plants. Vegetatio 62: 319–326.

Lee, J. A., Parsons, A. N., Baxter, R., 1993: Sphagnum species and polluted environments, past and future. Adv. Bryol. 5: 297–314.

Leendertse, P. C., Roozen, A. J. M., Rozema, J., 1997: Long-term changes (1953–1990) in the salt marsh vegetation at the Boschplaat on Terschelling in relation to sedimentation and flooding. Plant Ecol. 132: 49–58.

Legg, C. J., Maltby, E., Proctor, M. C. F., 1992: The ecology of severe moorland fire on the North York Moors: seed distribution and seedling establishment of Calluna vulgaris. J. Ecol. 80: 737–752.

Leibundgut, H., 1953: Beobachtungen über den Streuabbau einiger Baumarten im Lehrwald der ETH. Schweiz. Z. Forstwes. 104: 1–14.

Leibundgut, H., 1959: Über Zweck und Methodik der Struktur- und Zuwachsanalyse von Urwäldern. Schweiz. Z. Forstwes. 110: 111–124.

Leibundgut, H., 1964; Einfluß von Borstgras und Heidelbeere auf die Ansamung von Föhre und Lärche. Schweiz. Z. Forstwes. 115: 331–336.

Leibundgut, H., 1982: Europäische Urwälder der Bergstufe. Haupt Verlag, Bern.

Leibundgut, H., 1991: Unsere Waldbäume. Eigenschaften und Leben. 2. Aufl. Haupt Verlag, Bern.

Leibundgut, H., 1993: Europäische Urwälder. Haupt Verlag, Bern. 260 p.

Leimu, R., Mutikainen, P., Koricheva, J., Fischer, M., 2006: How general are positive relationships between plant population size, fitness and genetic variation? J. Ecol. 94: 942–952.

Leiningen, W., 1907: Die Waldvegetation prealpiner bayerischer Moore, insbesondere der südlichen Chiemseemoore. Naturw. Z. Land- u. Forstwirtsch. 5: 1–79.

Leippert, S., 1978: Ökologische Untersuchungen zu den Ursachen des Schilfrückganges am Dümmer See. Manuskr. Inst. Vegetationskde TU Hannover. 113 p.

Lemée, G., 1939: Recherches écologiques sur la végétation du Perche. Rev. Gén. Bot. 51: 428–448.

Lemée, M. G., 1966: Sur l'intéret écologique des réserves biologiques de la Foret de Fontainebleau. Bull. Soc. Bot. France 113 : 305–323.

Lemée, M. G., 1985: Role des arbres intolérants à l'ombrages dans la dynamique d'une hetraie naturelle (Foret de Fontainebleau). Acta Oecol., Oecol. Plant. 6: 3–20.

Lemée, M. G., Faille, A., Pontailler, J. Y., Roger, J. M., 1992: Hurricanes and regeneration in a natural beech forest. In: Teller, A., Mathy, P., Jeffers, J. N. R. (eds.): Responses of Forest Ecosystems to Environmental Changes. Elsevier, London. pp. 987–988.

Lendzion, J., Leuschner, Ch., 2009: Temperate forest herbs are adapted to high air humidity – evidence from climate chamber and humidity manipulation experiments in the field. Can. J. For. Res.

Lenssen, J. P. M., de Kroon, H., 2005: Abiotic constraints at the upper boundaries of two Rumex species on a freshwater flooding gradient. J. Ecol. 93: 138–147.

Lenssen, J. P. M., Menting, F. B. J., van der Putten, W. H., Blom, C. W. P. M., 1999: Effects of sediment type and water level on biomass production of wetland plant species. Aquat. Bot. 64: 151–165.

Lenssen, J. P. M., ten Dolle, G. E., Blom, C. W. P. M., 1998: The effect of flooding on the recruitment of reed marsh and tall forb plant species. Plant Ecol. 139: 13–23.

Lenz, O., 1967: Action de la neige et du gel sur les arbres de montagne, en particulier sur leur forme et l'anatomie de la tige. Mitt. Schweiz. Anst. Forstl. Versuchswes. 43: 293–316.

Léon, R., 1968: Balance d'eau et d'azote dans les prairies à litière des alentours de Zurich. Veröff. Geobot. Inst. ETH, Stiftg. Rübel, Zürich, 41: 2–68.

Leopold, L. B., 1962: Rivers. Am. Sci. 50: 511–537.

Leps, J., 1987: Vegetation dynamics in early old-field succession: a quantitative approach. Vegetatio 72: 95–102.

Lessmann, J. M., Brix, H., Bauer, V., Clevering, O. A., Comin, F. A., 2001: Effect of climatic gradients on the photosynthetic responses of four Phragmites australis populations. Aquat. Bot. 69: 109–126.

Leuschner, Ch., 1986: Niederschlags-Interzeption aus ökologischer Sicht: Mikrometeorologische und physiologische Untersuchungen in krautigen Pflanzenbeständen. Ber. Forsch.zentr. Waldökosyst./Waldsterben (Göttingen) A 23. 220 p.

Leuschner, Ch., 1989: Zur Rolle von Wasserverfügbarkeit und Stickstoffangebot als limitierende Standortsfaktoren in verschiedenen basiphytische Trokkenrasen-Gesellschaften des Oberelsaß, Frankreich. Phytocoenologia 18: 1–54.

Leuschner, Ch., 1993: Patterns of soil water depletion under coexisting oak and beech trees in a mixed stand. Phytocoenologia 23: 19–33.

Leuschner, Ch., 1994: Walddynamik auf Sandböden in der Lüneburger Heide (NW-Deutschland). Phytocoenologia 22: 289–324.

Leuschner, Ch., 1994: Walddynamik in der Lüneburger Heide: Ursachen, Mechanismen und die Rolle der Ressourcen. Habil.schrift Univ. Göttingen. 368 p.

Leuschner, Ch., 1998: Mechanismen der Konkurrenzüberlegenheit der Rotbuche. Ber. d. Reinh.-Tüxen-Ges. (Hannover) 10: 5–18.

Leuschner, Ch., 1999a: Zur Abhängigkeit der Baum- und Krautschicht mitteleuropäischer Waldgesellschaften von der Nährstoffversorgung des Bodens. Ber. Reinh. Tüxen-Ges. (Hannover) 11: 109–131.

Leuschner, Ch., 1999b: Einige kritische Anmerkungen zur Konstruktion der potentiellen natürlichen Vegetation. Ber. Norddeut. Naturschutzakad. NNA (Schneverdingen) 2/99: 88–93.

Leuschner, Ch., 2000: Are high elevations in tropical mountains arid environments for plants? Ecology 81: 1425–1436.

Leuschner, Ch., 2001: Changes in forest ecosystem function with succession in the Lüneburger Heide. In: Tenhunen, J. et al. (eds.): Ecosystem Approaches to Landscape Management in Central Europe. Ecol. Studies 147: 517–568.

Leuschner, Ch., 2002a: Air humidity as an ecological factor for woodland herbs: leaf water status, nutrient uptake, leaf anatomy, and productivity of eight species grown at low or high vpd levels. Flora 197: 262–274.

Leuschner, Ch., 2002b: Forest succession and water resources: soil hydrology and ecosystem water turnover in early, mid and late stages of a 300-yr-long chronosequence on sandy soil. In: Dohrenbusch, A., Bartsch, N. (eds.): Forest Development, Succession, Environmental Stress and Forest Management. Springer, Berlin. pp. 1–68.

Leuschner, Ch., 2009: Die Trockenheitsempfindlichkeit der Rotbuche vor dem Hintergrund des prognostizierten Klimawandels. Jahrb. Akad. Wiss. Göttingen 2008: 281–296.

Leuschner, Ch., Backes, K., Hertel, D., Schipka, F., Schmitt, U., Terborg, O., Runge, M., 2001: Drought responses at leaf, stem and fine root levels of com petitive Fagus sylvatica L. and Quercus petraea (Matt.) Liebl. trees in dry and wet years. For. Ecol. Manage. 149: 33–46.

Leuschner, Ch., Gerlach, A., 2000: Akkumulation von organischer Substanz und Nährstoffen im Boden während langfristiger terrestrischer Primär- und Sekundärsukzessionen in Mitteleuropa. Geobot. Kolloquien 15: 47–58.

Leuschner, Ch., Hertel, D., 2003: Fine root biomass of temperate forests in relation to soil acidity, climate, age and species. Progr. Bot. 64: 405–438.

Leuschner, Ch., Hertel, D., Coners, H., Büttner, V. 2001: Root competition between beech and oak: a hypothesis. Oecologia 126: 276–284.

Leuschner, Ch., Immenroth, J., 1993: Landschafts-Veränderungen in der Lüneburger Heide 1770–1985. Dokumentation und Bilanzierung auf der Grundlage historischer Karten. Arch. Natursch. u. Landsch. 33: 35–139.

Leuschner, Ch., Landwehr, S., Mehlig, U., 1998: Limitation of carbon assimilation of intertidal Zostera noltii and Z. marina by desiccation at low tide. Aquat. Bot. 62: 171–176.

Leuschner, Ch., Lendzion, J., 2009: Air humidity, soil moisture and soil chemistry as determinants of the herb layer composition in European beech forest. J. Veg. Sci. 20: 288–298.

Leuschner, Ch., Meier, I. C., Hertel, D., 2006b: On the niche breadth of Fagus sylvatica: soil nutrient status in 50 Central European beech stands on a broad range of bedrock types. Ann. For. Sci. 63: 355–368.

Leuschner, Ch., Rees, U., 1993: CO_2 gas exchange of two intertidal seagrass species, Zostera marina L. and Zostera noltii Hornem., during emersion. Aquat. Bot. 45: 53–62.

Leuschner, Ch., Rode, M. W., 1999: The role of plant resources in forest succession: changes in radiation, water and nutrient fluxes, and plant productivity over a 300-yr-long chronosequence in NW Germany. Perspect. Plant Ecol., Evol., Syst. 2: 103–147.

Leuschner, Ch., Rode, M. W., Heinken, T., 1993: Gibt es eine Nährstoffmangel-Grenze der Buche im Nordwestdeutschen Flachland? Flora 188: 239–249.

Leuschner, Ch., Schade, E., Hölscher, D., Koenies, H., 2007: Auswirkungen der Niederwaldwirtschaft im Siegerland (Nordrhein-Westfalen) auf die Nährstoffvorräte in Boden und Biomasse. In: Landesanstalt f. Natur, Umwelt u. Verbraucherschutz Nordrh.-Westf. (Hrsg): Niederwälder in Nordrhein-Westfalen. Beiträge zur Ökologie, Geschichte und Erhaltung. LANUV-Fachbericht 1. Galunder-Verlag, Nümbrecht-Elsenroth. pp. 17–32.

Leuschner, Ch., Voss, S., Foetzki, A., Clases, Y., 2006a: Variation in leaf area index and stand leaf mass of European beech (Fagus sylvatica L.) across gradients of soil acidity and precipitation. Plant Ecol. 186: 247–258.

Leuschner, Ch., Voss, S., Foetzki A., Meier, I. C., 2009: In welcher Beziehung stehen geschätzter Blattverlust und tatsächliche Blattflächenreduktion bei der Buche? Forstarchiv 80: 229–235.

Leutert, A., 1983: Einfluss der Feldmaus, Microtus arvalis (Pall.), auf die floristische Zusammensetzung von Wiesen-Oekosystemen. Veröff. Geobot. Inst. ETH, Stiftg. Rübel, Zürich 79: 1–126.

Leuthold, Ch., 1980: Die ökologische und pflanzensoziologische Stellung der Eibe (Taxus baccata) in der Schweiz. Veröff. Geobot. Inst. ETH, Stiftung Rübel, Zürich 79: 1–217.

Leuthold, Ch., 1998: Die pflanzensoziologische und ökologische Stellung der Eibe (Taxus baccata L.) in der Schweiz – ein Beitrag zur Wesenscharakterisierung des „Ur-Baumes" Europas. Schweiz. Z. Forstwes. 149: 349–371.

Leuzinger, S., Zotz, G., Asshoff, R., Körner, Ch., 2005: Responses of deciduous forest trees to severe drought in Central Europe. Tree Physiol. 25: 641–650.

Lewis, J., 1973: Longevity of crop and weed seeds: survival after 20 years in soil. Weed Res. 13: 179–189.

Leya, T., 2003: Feldstudien und genetische Untersuchungen zur Kryophilie der Schneealgen Nordwestspitzbergens. Diss. Humbold-Univ. Berlin.

Leyer, I., 2002: Auengrünland der Mittelelbe-Niederung. Diss. Bot. 363. 171 p.

Libbert, W., 1931/32: Die Pflanzengesellschaften im Überschwemmungsgebiet der unteren Warthe in ihrer Abhängigkeit vom Wasserstand. Jb. Naturwiss. Ver. Neumark (Landsberg/Warthe) 3: 25–40.

Libbert, W., 1940: Die Pflanzengesellschaften der Halbinsel Darß. Feddes Repert. Beih. 114: 1–95.

Lichtenthaler, H. K., Buschmann, C., Döll, M., Fietz, H. J., Bach, T., Kozel, U., Meier, D., Rahmsdorf, U., 1981: Photosynthetic activity, chloroplast ultrastructure, and leaf characteristics of high-light and low-light plants and of sun and shade leaves. Photosynth. Res. 2: 115–141.

Liebscher, H.-J., 1975: 20 Jahre Wasserhaushaltsuntersuchungen im Oberharz. Bes. Mitt. z. Deut. Gewässerkundl. Jb. (Bundesanst. f. Gewässerkde, Koblenz) 39. 286 p.

Lienenbecker, H., Raabe, U., 1993: Die Dorfflora Westfalens. Ilex-Bücher, Bielefeld. 306 p.

Lieth, H., 1954: Die Porenvolumina der Grünlandböden und ihre Beziehungen zur Bewirtschaftung und zum Pflanzenbestand. Z. Acker- u. Pflanzenbau 98: 453–460.

Likens, G. E., Driscoll, C. T., Buso, D. C., 1996: Long-term effects of acid rain: response and recovery of a forest ecosystem. Science 272: 244–246.

Lillieroth, S., 1950: Über Folgen kulturbedingter Wassersenkungen für Makrophyten- und Planktongemeinschaften in seichten Seen des südschwedischen Oligotrophiegebietes. Acta Limnol. 3: 288 p.

Limmer, C., 1996: N_2-Fixierung in Waldböden. Bayreuther Forum Ökologie, Bd. 35. 80 p.

Limpens, J., Berendse, F., Klees, H., 2004: How P affects the impact of N deposition on Sphagnum and vascular plants in bogs. Ecosystems 7: 793–804.

Limpens, J., Heijmans, M. M. P. D., Berendse, F., 2006: The nitrogen cycle in boreal peatlands. In: Wieder, R. K., Vitt, D. H. (eds.): Boreal Peatland Ecosystems. Ecol. Stud. 188. Springer, Berlin. pp. 195–230.

Linden, M. J. H. A. van der, 1986: Phosphorus economy of reed vegetation in the Zuidelijk Flevoland polder (The Netherlands): seasonal distribution of phosphorus among shoots and rhizomes and availability of soil phosphorus. Oecol. Plant. 7: 397–405.

Lindholm, T., Vasander, H., 1990: Production of eight species of Sphagnum at Suurisuo Mire, southern Finland. Ann. Bot. Fenn. 27: 145–157.

Lindner, A., 1978: Soziologisch-ökologische Untersuchungen an der submersen Vegetation in der Boddenkette südlich des Darß und des Zingst (südliche Ostsee). Limnologica 11: 229–305.

Lindquist, B., 1931: Den skandinaviska bokskogens biologi. Svenska Skogsvardsför. Tidskr. 3: 117–532.

Lindsay, R. A., Riggall, J., Burd, F. H., 1985: The use of small-scale surface patterns in the classification of British peatlands. Aquilo Ser. Bot. 21: 69–79.

Link, O., 1954: Der Weinberg als Lebensraum. Schr. Deut. Naturv. (Öhringen) N. F. 17: 72 p.

Linke, O., 1939: Die Biota des Jadebusens. Helgoländ. wiss. Meeresunters. 1: 201–348.

Linusson, A.-C., Berlin, G. A. I., Olsson, E. G. A., 1998: Reduced community diversity in semi-natural meadows in southern Sweden 1965–1990. Plant Ecol. 136: 77–94.

Lippert, W., 1966: Die Pflanzengesellschaften des Naturschutzgebietes Berchtesgaden. Ber. Bayer. Bot. Ges. 39: 67–122 u. Anhang 1–70.

Lippert, W., Müller, N., Rossel, S., Schauer, T., Vetter, G., 1995: Der Tagliamento – Flussmorphologie und Auenvegetation der grössten Wildflusslandschaft in den Alpen. Jb. Ver. Schutze d. Bergwelt 60: 11–70.

Lisbach, I., Peppler-Lisbach, C., 1996: Magere Glatthaferwiesen im südöstlichen Pfälzerwald und im Unteren Werraland. - Ein Beitrag zur Untergliederung des Arrhenatheretum elatioris Braun 1915. Tuexenia 16: 311–336.

Liski, J., Perruchoud, D., Karjalainen, T., 2002: Increasing carbon stocks in the forest soils of western Europe. For. Ecol. Manage. 169: 159–175.

Liss, B., Blaschke, H., Schütt, P., 1984: Vergleichende Feinwurzeluntersuchungen an gesunden und erkrankten Altfichten auf zwei Standorten in Bayern – ein Beitrag zur Waldsterbensforschung. Eur. J. For. Path. 14: 90–102.

Lissner, J., Schierup, H.-H., 1997: Effects of salinity on the growth of common reed Phragmites australis (Cav.) Trin. ex Steudel. Aquat. Bot. 55: 247–260.

Litt, T., 1990: Pollenanalytische Untersuchungen zur Vegetations- und Klimaentwicklung während des Jungpleistozäns in den Becken von Gröbern und Grabschütz. Altenbg. Naturwiss. Forsch. 5: 92–105.

Little, L. R., Maun, M. A., 1996: The ‚Ammophila problem' revisited: a role for mycorrhizal fungi. J. Ecol. 84: 1–7.

Liu, J. C., 1988: Ernährungskundliche Auswertung von diagnostischen Düngungsversuchen in Fichtenbeständen (Picea abies Karst.) Südwestdeutschlands. Freiburger Bodenkdl. Abh. 21. 191 p.

Liu, J. C., Trüby, P., 1989: Bodenanalytische Diagnose von K- und Mg-Mangel in Fichtenbeständen (Picea abies

Karst.). Z. Pflanzenern. Bodenkde 152: 307–311.
Lodge, M. D., Cronin, G., van Donk, E., Froelich, A. J., 1998: Impact of herbivory on plant standing crop: comparisons among biomes, between vascular and nonvascular plants, and among freshwater herbivore taxa. In: Jeppesen, E., Søndergaard, M., Søndergaard, M., Christoffersen, K. (eds.): The structuring role of submerged macrophytes in lakes. Ecol. Stud. 131. Springer, New York. pp. 149–174.
Löf, M., 2000: Establishment and growth in seedlings of Fagus sylvatica and Quercus robur: influence of interference from herbaceous vegetation. Can. J. For. Res. 30: 855–864.
Löffler, H., 1979: Neusiedlersee: The Limnology of a Shallow Lake in Central Europe. Junk, Den Haag. 543 p.
Lohammar, G., 1938: Wasserchemie und höhere Vegetation schwedischer Seen. Symb. Bot. Upsal. 3 (1): 252 p.
Lohmeyer, W., 1950: Das Polygoneto brittingeri-Chenopodietum rubri und das Xanthieto riparii-Chenopodietum rubri, zwei flußbegleitende Bidention-Gesellschaften. Mitt. Florist.-Soziol. Arb.gem. N. F. 2: 12–19.
Lohmeyer, W., 1951: Die Pflanzengesellschaften der Eilenriede bei Hannover. Angew. Pflanzensoziol. (Stolzenau/Weser) 3. 72 p.
Lohmeyer, W., 1953: Beitrag zur Kenntnis der Pflanzengesellschaften in der Umgebung von Höxter a. d. Weser. Angew. Pflanzensoziol. (Stolzenau/W.) 5: 59–76.
Lohmeyer, W., 1957: Der Hainmieren-Schwarzerlenwald (Stellario-Alnetum glutinosae (Kästner 1938)). Angew. Pflanzensoziol. (Stolzenau/W.) 6/7: 247–257.
Lohmeyer, W., 1960: Zur Kenntnis der Erlenwälder in den nordwestlichen Randgebieten der Eifel. Mitt. Flor.-Soziol. Arb.gem. (Stolzenau/W.) N. F. 8: 209–221.
Lohmeyer, W., 1970: Über das Polygono-Chenopodietum in Westdeutschland unter besonderer Berücksichtigung seiner Vorkommen am Rhein und im Mündungsgebiet der Ahr. Schr.R. f. Vegetationskunde (Bonn-Bad Godesberg) 5: 7–28.
Lohmeyer, W., 1970: Über einige Vorkommen naturnaher Restbestände des Stellario-Carpinetum und des Stellario-Alnetum glutinosae im westlichen Randgebiet des Bergischen Landes. Schriftenr. Vegetationskunde (Bonn-Bad Godesberg) 5: 67–74.
Lohmeyer, W., Krause, A., 1974: Über den Gehölzbewuchs an kleinen Fließgewässern Nordwestdeutschlands und seine Bedeutung für den Uferschutz. Natur u. Landschaft 49: 323–330.
Lohmeyer, W., Sukopp, H., 1992: Agriophyten in der Vegetation Mitteleuropas. Schriftenr. Vegetationsk. 25: 1–185.
Long, S. P., Incoll, L. D., Woolhouse, H. W., 1975: C 4 photosynthesis in plants from cool temperate regions with particular reference to Spartina townsendii. Nature 257: 622–624.
Long, S. P., Woolhouse, H. W., 1979: Primary production in Spartina marshes. In: Jefferies, R. L., Davy, A. J. (eds.): Ecological Processes in Coastal Environments. Blackwell, Oxford: 333–352.
Longstreth, D. J., Strain, B. R., 1977: Effects of salinity and illumination on photosynthesis and water balance of Spartina alterniflora Loisel. Oecologia 31: 191–198.
Lösch, R., 2001: Wasserhaushalt der Pflanzen. Quelle & Meyer, Wiebelsheim. 595 p.
Lösch, R., Franz, N., 1974: Tagesverlauf von Wasserpotential und Wasserbilanz bei Pflanzen verschiedener Standorte des fränkischen Wellenkalkes. Flora 163: 466–479.
Lösch, R., Pause, R., Mies, B., 1997: Poikilohydrie und räumlich-zeitliche Existenznische von Flechten und Moosen. In: Kappen, L. (ed.): New species and novel aspects in ecology and physiology of lichens. In honour of O.L.Lange. Bibl. Lichenol. 67: 145–162.
Lötschert, W., 1952: Vegetation und pH-Faktor auf kleinstem Raum in Kiefern- und Buchenwäldern auf Kalksand, Löss und Granit. Biol .Zbl. 71: 327–348.
Lötschert, W., 1962: Beiträge zur Ökologie der subatlantischen Zwergstrauchheide NW-Deutschlands. I. Vegetation und Bodenfaktoren. Beitr. Biol. Pflanzen 37: 331–380.
Lötschert, W., 1963: Keimzahlgehalt, CO_2-Gehalt der Bodenluft und CO_2-Abgabe des Bodens in verschiedenen Ausbildungen des baltischen Perlgras-Buchenwaldes. Mitt. Florist.-Soziol. Arb. gem. N. F. 10: 188–200.
Lötschert, W., 1964: Vegetation, Trophiegrad und pflanzengeographische Stellung des Salemer Moores. Beitr. Biol. Pflanzen 40: 65–111.
Lötschert, W., 1968: Krähenbeerheiden und Dünenbildung durch die Krähenbeere (Empetrum nigrum L.). Natur u. Museum 98: 425–429.
Lötschert, W., Georg, A., 1980: Zur Ökologie des Jurineo-Koelerietum des Mainzer Sandes. Phytocoenologia 7: 252–270.
Lötschert, W., Horst, K., 1962: Zur Frage jahreszeitlicher pH-Schwankungen. II. Untersuchungen an Heide- und Waldstandorten. Flora 152: 689–701.
Lötschert, W., Köhm, H.-J., 1973: pH-Wert und S-Gehalt der Baumborke in Immissionsgebieten. Oecol. Plant. 8: 199–209.
Lötschert, W., Wandtner, R., Hiller, H., 1975: Schwermetallanreicherung bei Bodenmoosen in Immissionsgebieten. Ber. Deut. Bot. Ges. 88: 419–431.
Loub, W., Url, W., Kiermayer, O. et al., 1954: Die Algenzonierung in Mooren des österreichischen Alpengebietes. Sitz. ber. Österr. Akad. Wiss., Math.-Nat. Kl., Abt. 1, 163: 447–494.
Lucassen, E.C. H. E. T., Bobbink, R., Smolders, A. J. P., van der Veen, P. J. M., Lamers, L. P. M., Roelofs, J. G. M., 2002: Interactive effects of low pH and high ammonium levels responsible for the decline of Cirsium dissectum (L.) Hill. Plant Ecology 165: 45–52.
Lücke, K., Schmidt, W., 1997: Vegetation und Standortsverhältnisse in Buchen-Fichten-Mischbeständen des Sollings. Forstarchiv 68: 135–143.
Ludemann, T., 2007: Das Abbild der natürlichen Vegetation in der historischen Holznutzung – Synthese anthrakologischer Studien im Mittelgebirgsraum Zentraleuropas. Ber. d. Reinh.-Tüxen-Ges. 19: 7–22.
Lüders, R., 1964: Stark entwickelte Podsole unter Eichen-Birkenwald bei Voltlage im westlichen Niedersachsen und die Frage nach ihrem Alter. Z. Pflanzenern. u. Bodenkde 107: 214–222.
Ludewig, E., 1996: Veränderungen und Beeinflussung der Ufervegetation der Saar durch den Menschen. Braunschw. Geobot. Arb. 4: 199–224.
Lüdi, W., 1921: Die Pflanzengesellschaften des Lauterbrunnentales und ihre Sukzession. Beitr. Geobot. Landesaufn. Schweiz 9. 350 p.
Lüdi, W., 1933: Keimungsversuche mit Samen von Alpenpflanzen. Mitt. Naturforsch. Ges. Bern 1932: 46–50.
Lüdi, W., 1936: Experimentelle Untersuchungen an alpiner Vegetation. Ber. Schweiz. Bot. Ges. 46: 632–681.
Lüdi, W., 1938: Mikroklimatische Untersuchungen an einem Vegetationsprofil in den Alpen von Davos. III. Ber. Geobot. Inst. ETH, Stiftg. Rübel, Zürich, 1938: 29–49.

Lüdi, W., 1945: Besiedlung und Vegetationsentwicklung auf den jungen Seitenmoränen des großen Aletschgletschers. Ber. Geobot. Forsch.inst. Rübel, Zürich 1944: 35–112.

Lüdi, W., 1948: Die Pflanzengesellschaften der Schynigeplatte bei Interlaken und ihre Beziehungen zur Umwelt. Veröff. Geobot. Inst. Rübel, Zürich 23: 400 p.

Lüdi, W., 1955: Beitrag zur Kenntnis der Vegetationsverhältnisse im Schweizer Alpenvorland während der Bronzezeit. In: Guyan, W. et al. (eds.): Das Pfahlbauproblem. Monogr. Ur.- u. Frühgesch. Schweiz 11: 91–109.

Lüdi, W., 1958a: Beobachtungen über die Besiedlung von Gletschervorfeldern in den Schweizeralpen. Flora 146: 386–407.

Lüdi, W., 1958b: Bericht über den 11. Kurs in Alpenbotanik. Ber. Geobot. Forsch. inst. Rübel, Zürich 1957: 15–32.

Lüdi, W., Zoller, H., 1949: Einige Beobachtungen über die Dürreschäden des Sommers 1947 in der Nordschweiz. Ber. Geobot. Forsch. Inst. Rübel, Zürich, 1948: 69–85.

Lumiala, O. V., 1945: Über Standortsfaktoren bei den Wasser- und Moorpflanzen sowie deren Untersuchung. Ann. Acad. Sci. Fenn. Ser. AIV Biol. 6: 47 p.

Lundegardh, H., 1954: Klima und Boden in ihrer Wirkung auf das Pflanzenleben. 4 Aufl. G. Fischer, Jena. 598 p.

Lüönd, A., 1983: Das Wachstum von Wasserlinsen (Lemnaceae) in Abhängigkeit des Nährstoffangebotes, insbesondere Phosphor und Stickstoff. Veröff. Geobot. Inst. ETH Zürich 80: 116 p.

Lüth, M., 1990: Moosgesellschaften und Gesellschaftskomplexe auf Blockhalden im Südschwarzwald in der Umgebung Freiburgs. Beih. Veröff. Natursch. Landsch.pfl. Bad.-Württemb. 58: 1–88.

Luther, H., 1950: Beobachtungen über die fruktifikative Vermehrung von Phragmites communis Trin. Acta Bot. Fenn. 46: 3–18.

Luther, H., 1951: Verbreitung und Ökologie der höheren Wasserpflanzen im Brackwasser der Ekenäs-Gegend in Südfinnland. I. u. II. Acta Bot. Fenn. 49: 1–332 u. 50: 1–370.

Lütke Twenhöven, F., 1992: Untersuchungen zur Wirkung stickstoffhaltiger Niederschläge auf die Vegetation von Hochmooren. Mitt. AG Geobot. Schlesw.-Holst. u. Hamburg 44: 1–171.

Lütt, S., 1992: Produktionsbiologische Untersuchungen zur Sukzession der Torfstichvegetation in Schleswig-Holstein. Mitt. AG Geobot. Schlesw.-Holst. u. Hamburg 43: 1–250.

Lüttge, U., 1964: Mikroautoradiographische Untersuchungen über die Funktion der Hydropoten von Nymphaea. Protoplasma 59: 157–162.

Lüttschwager, D., Rust, S., Wulf, M., Forkert, J., Hüttl, R. F., 1999: Tree canopy and herb layer transpiration in three Scots pine stands with different stand structures. Ann. For. Sci. 56: 265–274.

Lutz, J. L., 1956: Spirkenmoore in Bayern. Ber. Bayer. Botan. Ges. 31: 58–69.

Lützke, R., 1961: Das Temperaturklima von Waldbeständen und -lichtungen im Vergleich zur offenen Feldflur. Arch. Forstwes. 10: 17–83.

Lützke, R., 1966: Vergleichende Energieumsatzmessungen im Walde und auf einer Wiese. Arch. Forstwes. 15: 995–1015.

Lützke, R., Simon, K.-H., 1972: Hydrologische Untersuchungen zur Bilanzierung des Wasserhaushalts von Kiefernbeständen im norddeutschen Flachland. Arch. f. Naturschutz u. Landschaftsforsch. 12: 13–36.

Lux, H., 1964: Die biologischen Grundlagen der Strandhaferpflanzung und Silbergrasansaat im Dünenbau. Angew. Pflanzensoziol. (Stolzenau/Weser) 20: 6–53.

Lux, H., Stein, G., 1977: Die forstlichen Immissionsschadgebiete im Lee des Ballungsraumes Halle und Leipzig. Hercynia N. F. 14: 413–421.

Luyssaert, S., Imglima, I., Jung, M. et al., 2007: CO_2 balance of boreal, temperate, and tropical forests derived from a global database. Global Change Biol. 13: 2509–2537.

Lyons, J. M., Raison, J. K., Steponkus, P. L., 1979: The plant membrane in resonse to low temperature: an overview. In: Lyons, J. M., Graham, D., Raison, J. K., (eds.): Low Temperature Stress in Crop Plants. The Role of Membrane. Academic Press, New York. pp. 1–24.

Lyr, H., 1993: Vergleichende Untersuchungen zu physiologischen Reaktionen auf Wurzelanaerobiose bei Fagus sylvatica, Quercus robur und Tilia cordata. Beitr. Forstwirtsch. Landschaftsökol. 27: 18–23.

Lyr, H., 1996: Effect of the root temperature on growth parameters of various European tree species. Ann. For. Sci. 53: 317–323.

Lyr, H., Fiedler, H. J., Tranquillini, W. (eds.), 1992: Physiologie und Ökologie der Gehölze. Fischer, Jena. 620 p.

Ma, J. F., Ryan, P. R., Delhaize, E., 2001: Aluminium tolerance in plants and the complexing role of organic acids. Trends Plant Sci. 6: 273–278.

Maas, D., 1992: Streß - Störung – Konkurrenz: Bedeutung in kalk-oligotrophen Kopfbinsenriedern des Alpenvorlandes. Verh. Ges. Ökol. 21: 413–420.

Maas, F. M., 1959: Bronnen, bronbeken en bronbossen van Nederland, in het bijzonder die van de Veluwezoom. Meded. Landbouwhogesch. Wageningen 59: 1–166.

Maas, P. W. T., Oremus, P. A. J., Otten, H., 1983: Nematodes (Longidorus sp. and Tylenchorrhynchus microphasmis Loof) in growth and nodulation of Sea Buckthorn (Hippophae rhamnoides). Plant and Soil 73: 141–147.

Mabberly, D. J., 1990: The Plant Book. A portable dictionary of the higher plants. Cambridge Univ. Press, Cambridge. 706 p.

Maberly, S. C., Spence, D. H. N., 1983: Photosynthetic inorganic carbon use by freshwater plants. J. Ecol. 71: 705–724.

Macher, M., Steubing, L., 1986: Flechten als Bioindikatoren zur immissionsökologischen Waldzustandserfassung im Nationalpark Bayerischer Wald. Verh. Ges. Ökol. 14: 335–342.

Madhok, O. P., Walker, R. B., 1969: Magnesium nutrition of two species of sunflower. Plant Physiol. 44: 1016–1022.

Madsen, T. V., Baattrup-Pedersen, A., 1995: Regulation of growth and photosynthetic performance in Elodea canadensis in response to inorganic nitrogen. Funct. Ecol. 9: 239–247.

Madsen, T. V., Sand-Jensen, K., 1994: The interactive effects of light and inorganic carbon on aquatic plant growth. Plant Cell Environ. 17: 955–962.

Mager, F., 1961: Der Wald in Altpreußen als Wirtschaftsraum Ostmitteleuropas in Vergangenheit und Gegenwart. Bd.I: 391 p., Bd.II:328 p. Verlag Böhlau, Köln.

Magic, D., 1968: Waldgesellschaften der Eichen-Hainbuchen- und Buchenwälder mit Festuca drymeja Mert. et Koch im Slowakischen Erzgebirge. Biol. Prace (Bratislava) 14: 71–107.

Magill, A. H., Aber, J. D., 1998: Long term effects of experimental nitrogen additions on foliar litter decay and humus formation in forest ecosystems. Plant and Soil 203: 301–311.

Magnani, F., Mencuccini, M., Borghetti, M. et al., 2007: The human footprint in the carbon cycle of temperate and boreal forests. Nature 447: 848–850.

Magri, D., Vendramin, G. G., Comps, B. et al., 2006 : A new scenario for the quaternary history of European beech populations: paleobotanical evidence and genetic consequences. New Phytol. 171: 199–221.

Mahdi, A., Law, R., Willis, A. J., 1989: Large niche overlaps among coexisting plant species in a limestone grassland community. J. Ecol. 77: 386–400.

Maherali, H., Pockman, W. T., Jackson, R. B., 2004: Adaptive variation in the vulnerability of woody plants to xylem cavitation. Ecology 85: 2184–2199.

Mahmoud, A., 1973: A laboratory approach to ecological studies of the grasses Arrhenatherum elatius (L.) Beauv. ex J. and C. Presl., Agrostis tenuis Sibth. and Festuca ovina L. PhD thesis, University of Sheffield.

Mahn, D., 1993: Untersuchungen zur Vegetation von biologisch und konventionell bewirtschaftetem Grünland. Verh. Ges. Ökol. 22: 127–134.

Mahn, E.-G., 1957: Über die Vegetations- und Standortsverhältnisse einiger Pophyrkuppen bei Halle. Wiss. Z. Univ. Halle, Math.-Nat. VI/1: 177–208.

Mahn, E. G., 1965: Vegetationsaufbau und Standortsverhältnisse der kontinental beeinflussten Xerothermrasengesellschaften Mitteldeutschlands. Abh. Sächs. Akad. Wiss Leipzig, Math. Nat. Kl. 49, 1: 138 p.

Mahn, E. G., 1966: Beobachtungen über die Vegetations- und Bodenentwicklung eines durch Brand gestörten Silikattrockenrasenstandortes. Arch. Naturschutz u. Landschaftsforsch. 6: 61–90.

Mahn, E.-G., 1984: The influence of different nitrogen levels on the productivity and structural changes of weed populations in agro-ecosystems. 7th Int. Symp. Weed Biology, Ecology and Systematics, Paris: 421–429.

Mahn, E.-G., 1992: Ackerunkräuter – ihre Bedeutung im Agro-Ökosystem aus ökologischer Sicht. Z. Pfl.krankh. Pfl. schutz, Sonderheft 13: 21–30.

Mahn, E.-G., Schubert, R., 1962: Vegetationskundliche Untersuchungen in der mitteldeutschen Ackerlandschaft. VI. Die Pflanzengesellschaften nördlich von Walzleben (Magdeburger Börde). Wiss. Z. Univ. Halle, Math.-Nat. R. 11: 765–816.

Mähr, E., Grabherr, G., 1983: Wurzelwachstum und -produktion in einem Krummseggenrasen (Caricetum curvulae) der Hochalpen. In: Böhm, W., Kutschera, L., Lichtenegger, E., (eds.): Wurzelökologie und ihre Nutzanwendung. Bundesanst. Alpenländ. Landwirtsch., Gumpenstein-Irdning (Österreich), pp. 405–416.

Mai, H., Fiedler, H. J., 1983: Nitrifikation in sauren Waldböden unter Fichte. Arch. Acker- u. Pflanzenbau u. Bodenkde 27: 499–507.

Maier, R., 1971: Einfluss von Photoperiode und Einstrahlungsstärke auf die Temperaturresistenz einiger Samenpflanzen. Österr. Botan. Z. 119: 306–322.

Maier, R., 1973: Produktions- und Pigmentanalysen an Utricularia vulgaris L. In: Ellenberg, H. (ed.): Ökosystemforschung. Springer, Berlin. pp. 87–102.

Maier, U., 1988: Botanische Untersuchungen zu Umwelt- und Wirtschaftsgeschichte der jungsteinzeitlichen Siedlung Ödenahlen im nördlichen Federseemoor. Jh. Ges. Naturkunde Württemb. 143: 149–184.

Mair, N., 1967: Zuwachs- und Ertragsleistung subalpiner Wälder. Mitt. Forstl. Bundesversuchsanst. Wien 75: 383–426.

Majdi, H., 2001: Changes in fine root production and longevity in relation to water and nutrient availability in a Norway spruce stand in northern Sweden. Tree Physiol. 21: 1057–1061.

Mäkirinta, U., 1978: Ein neues ökomorphologisches Lebensformensystem der aquatischen Makrophyten. Phytocoenologia 4: 446–470.

Mäkirinta, U., 1989: Classification of South Swedish Isoetid vegetation with the help of numerical methods. Vegetatio 81: 145–157.

Makkink, G. F., 1962: Vijf Jaren Lysimeteronderzoek. Verslag 68,1. Wageningen.

Makkonen-Spiecker, K., 1984: Auswirkungen des Aluminiums auf junge Fichten (Picea abies Karst.) verschiedener Provenienzen. Forstw. Cbl. 104: 341–353.

Malato-Beliz, J., Tüxen, J., Tüxen, R., 1960: Zur Systematik der Unkrautgesellschaften der west- und mitteleuropäischen Wintergetreide-Felder. Mitt. Florist.-Soziol. Arb.gem. N. F. 8: 145–147.

Malek, J., 1961: Zur Frage des ursprünglichen Fichtenareals in den böhmischen Ländern. Sborn. Ceskosl. Akad. Zemed. Ved, Lesn. 34: 35–54.

Malek, J., 1979: Zur Frage des Weideeinflusses in der Urzeit auf die Waldzusammensetzung im Böhmerwaldvorgebirge. Preslia (Praha) 51: 255–270.

Mallik, A. U., FitzPatrick, E. A., 1996: Thin section studies of Calluna heathland soils subject to prescribed burning. Soil Use and Mangement 12: 143–149.

Mallik, A. U., Gimingham, C. H., 1983: Regeneration of heathland plants following burning. Vegetatio 53: 45–58.

Malloch, A. J. C., 1997: Influence of salt spray on dry coastal vegetation. In: Van der Maarel, E. (ed.): Dry Coastal Ecosystems. General Aspects. Ecosystems of the World 2 C. Elsevier, Amsterdam. pp. 411–420.

Malmer, N., 1961: Ecologic studies on the water chemistry of lakes in South Sweden. Bot. Not. 114: 121–144.

Malmer, N., 1962: Studies on mire vegetation in the archean area of southwestern Gotaland (South Sweden). I. Vegetation and habitat conditions on the Akhult mire. II. Distribution and seasonal variation in elementary constituents on some mire sites. Opera Botan. Soc. Botan. Lund 7, 1: 322 p., 7, 2: 67 p.

Malmer, N., 1965: The south-western dwarf shrub heaths. Acta Phytogeogr. Suecica 50: 123–130.

Malmer, N., 1974: On the effects on water, soil and vegetation of an increasing atmospheric supply of sulphur. National Swedish Environm. Protection Board (Stockholm). 98 p.

Malmer, N., 1988: Pattern in the growth and the accumulation of inorganic constituents in the Sphagnum-cover on ombrotrophic bogs in Scandinavia. Oikos 53: 105–120.

Malmer, N., 1993: Mineral nutrients in vegetation and surface layers of Sphagnum-dominated peat-forming systems. Adv. Bryol. 5: 223–248.

Malmer, N., Holm, E., 1984: Variation in the C/N quotient of peat in relation to decomposition rate and age determination with 210 Pb. Oikos 45: 171–182.

Malmer, N., Horton, D. G., Vitt, D. H., 1992: Element concentrations in mosses and surface waters of western Canadian mires relative to precipitation chemistry and hydrology. Ecography 15: 114–128.

Malmer, N., Svensson, B. M., Wallén, B., 1994: Interactions between Sphagnum mosses and field layer vascular plants in the development of peat-forming systems. Fol. Geobot. Phytotax. 29: 483–496.

Malmer, N., Wallén, B., 2004: Input rates, decay losses and accumulation rates of carbon in bogs during the last millenium: internal processes and environmental changes. Holocene 14: 111–117.

Mang, F. W. C., 1984: Der Tide-Auenwald „NSG Heuckenlock“ an der Elbe bei Hamburg, Gemarkung Elbinsel Hamburg-Moorwerder (2526), Stromkilometer 610,5 bis 613,5. In: Gehu, J. M. (ed.): La végétation des forets alluviales. Coll. Phytosociol. 9. Cramer, Vaduz. pp. 641–676.

Manil, G., 1963: Niveaux d'écosystèmes et hierarchie de facteurs écologiques. Un exemple d'analyse dans le hêtraies ardennaises de Belgique. Bull. Cl. Sci. Acad. Roy. Belg. 49: 603–623.

Mansson, K. F., Falkengren-Grerup, U., 2003: The effect of nitrogen deposition on nitrification, carbon and nitrogen mineralisation and litter C:N ratios in oak (Quercus robur L.) forests. For. Ecol. Manage. 179: 45–467.

Manthey, M., 2003: Vegetationsökologie der Äcker und Ackerbrachen Mecklenburg-Vorpommerns. Diss. Bot. 373. 196 p.

Manz, E., 1990 a: Pflanzengesellschaften der Borstgrasrasen in Rheinland-Pfalz. Tuexenia 10: 279–294.

Manz, E., 1990 b: Bestandsveränderungen rheinland-pfälzischer Borstgrasrasen. Natur u. Landschaft 65: 527–533.

Manz, E., 1993: Vegetation und standörtliche Differenzierung der Niederwälder im Nahe- und Moselraum. Pollichia-Buch (Bad Dürkheim) 28. 413 p.

Manz, E., 1997: Vegetation ehemals militärisch genutzter Übungsplätze und Flugplätze und deren Bedeutung für den Naturschutz. Tuexenia 17: 173–192.

Marcet, E., 1971: Versuche zur Dürreresistenz inneralpiner „Trockentannen“ (Abies alba Mill.). Schweiz. Z. Forstwes. 122: 117–145.

Marchand, P. J., Roach, D. A., 1980: Reproductive strategies of pioneering alpine species: seed production, dispersal and germination. Arctic Alp. Res. 12: 137–146.

Marek, S., 1965: Biologia i stratygrafia torfowisk olszynowych w Polsce. Zesz. Probl. Postepow Nauk Roln. 57: 5–158.

Margl, H., 1971: Die Ökologie der Donauauen und ihre naturnahen Waldgesellschaften. In: Naturgeschichte Wiens. Bd. 2. Verlag Jugend u. Volk, Wien-München. pp. 1–42.

Markgraf, F., 1931: Aus den Südosteuropäischen Urwäldern. I. Die Wälder Albaniens. Zeitschr. Forst- u. Jagdw. 63: 1–32.

Markgraf, F., 1932: Der deutsche Buchenwald. In: Rübl, E. (ed.): Die Buchenwälder Europas. Veröff. Geobot. Inst. ETH, Stiftung Rübel, Zürich 8: 1–48.

Markgraf, V., 1972: Die Ausbreitungsgeschichte der Fichte (Picea abies H. Karst.) in der Schweiz. Ber. Deut. Bot. Ges. 85: 165–172.

Markgraf-Dannenberg, I., 1979: Festuca-Probleme in ökologisch-soziologischem Zusammenhang. Bundesversuchsanst. Alpenländ. Landwirtsch. Gumpenstein (Österr.) 1979: 373–386.

Marks, T. C., Truscott, A. J., 1985: Variation in seed production and germination of Spartina anglica within a zoned saltmarsh. J. Ecol. 73: 695–705.

Marquardt, B., Rathjen, J., Boch, S., Kaiser, T., Dengler, J., 2004: Naturschutz im Industriegebiet? – Flora, Vegetation und Naturschutzpotential des Lüneburger Hafens. Drosera 2004: 43–92.

Marrs, R. H., 1986: The role of catastrophic death of Calluna in heathland dynamics. Vegetatio 66: 109–115.

Marrs, R. H., Bannister, P., 1978 a: The adaptation of Calluna vulgaris (L.) Hull to contrasting soil types. New Phytol. 81: 753–761.

Marrs, R. H., Bannister, P., 1978 b: Response of several members of the Ericaceae to soils of contrasting pH and base status. J. Ecol. 66: 829–834.

Marschall, F., 1947: Die Goldhaferwiese (Trisetetum flavescentis) der Schweiz. Beitr. Geobot. Landesaufn. Schweiz 26: 168 p.

Marschall, F., 1958: Die Milchkrautweiden, ein Beitrag zur botanischen Klassifikation der Alpweiden. Landwirt. Jb. Schweiz 72: 81–97.

Marschner H., Häussling, M., George, E., 1991: Ammonium and nitrate uptake rates and rhizosphere pH in non-mycorrhizal roots of Norway spruce (Picea abies (L.) Karst.). Trees 5: 14–21.

Marschner, H., 1993: Zinc uptake from soils. In: Robson, A. D. (ed.): Zinc in Soils and Plants. Kluwer, Dordrecht. pp. 59–77.

Marschner, H., 1995: Mineral Nutrition of Higher Plants. 2nd ed. Academic Press, London. 889 p.

Marschner, H., Römheld, V., 1994: Strategies of plants for acquisition of iron. Plant and Soil 165: 261–274.

Marshall, C., 1987: Physiological aspects of pasture growth. In: Snaydon, R. W. (ed.): Managed Grasslands. Ecosystems of The World 17 B. Elsevier, Amsterdam. pp. 29–46.

Marshall, J. K., 1965: Corynephorus canescens (L.) P. Beum. as a model for the Ammophila problem. J. Ecol. 53: 447–463.

Marstaller, R., 1993: Systematische Übersicht der Moosgesellschaften Zentraleuropas. Herzogia 9: 513–541.

Marti, K., 1994: Zum Standort von Magnocaricion-Gesellschaften in der Schweiz (Caricetum elatae, C. paniculatae, C. ripariae, C. vesicariae). Veröff. Geobot. Inst. ETH Zürich 120: 97 p.

Marti, R., 1994: Einfluss der Wurzelkonkurrenz auf die Koexistenz von seltenen mit häufigen Pflanzenarten in Trespen-Halbtrockenrasen. Veröff. Geobot. Inst. ETH, Stiftg. Rübel, Zürich 123: 1–147.

Martin, M. H., 1968: Conditions affecting the distribution of Mercurialis perennis L. in certain Cambridgeshire woodlands. J. Ecol. 56: 777–793.

Martin, N. J., Holding, A. J., 1978: Nutrient availability and other factors limiting microbial activity in the blanket peat. In: Heal, O. W., Perkins, D. F., (eds.): Production ecology of British moors and montane grasslands. Ecol. Stud. 27: 113–135.

Martin, W. E., 1959: The vegetation of Island Beach State Park, New Jersey. Ecol. Monogr. 29: 1–46.

Martínez, M. L., Maun, M. A., 1999: Responses of dune mosses to experimental burial by sand under natural and greenhouse conditions. Plant Ecol. 145: 209–219.

Maruyama, K., 1971: Effect of altitude on dry matter production of primeval japanese beech forest communities in Naeba mountains. Mem. Fac. Agric., Niigata Univ. 9: 87–171.

Mason, C. F., Bryant, R. J., 1975: Production, nutrient content and decomposition of Phragmites communis Trin. and Typha latifolia L. J. Ecol. 63: 71–95.

Mast, R., 1999: Vegetationsökologische Untersuchung der Feuchtwald-Gesellschaften im niedersächsischen Bergland. Diss. Univ. Göttingen. 284 p.

Masuch, G., 1993: Biologie der Flechten. Quelle & Meyer, Heidelberg. 411 p.

Mathews, C. P., Westlake, D. F., 1969: Estimation of production by populations of higher plants subject to high mortality. Oikos 20: 156–160.

Mathews, M., 1997: Pollenanalytische und pflanzensoziologische Untersuchungen in der Flußauenlandschaft der mittleren Elbe. Diss. Univ. Hannover, 214 p.

Mathey, A., 1900: Paturage en foret. Besancon. 172 p.

Matlack, G. R., 1994: Vegetation dynamics of the forest edge – trends in space and successional time. J. Ecol. 82: 113–123.

zender Gebiete. Haussknechtia (Jena) Beih. 3/1 u. 3/2.

Meisel, J., 1979: Veränderungen der Segetalvegetation in der Stolzenauer Wesermarsch seit 1945. Phytocoenologia 6: 118–130.

Meisel, K., 1960: Die Auswirkungen der Grundwasserabsenkung auf die Pflanzengesellschaften im Gebiete um Moers (Niederrhein). Arb. Bundesanst. Vegetationskartierung (Stolzenau/Weser) 1960: 105 p.

Meisel, K., 1966: Ergebnisse von Daueruntersuchungen in nordwestdeutschen Ackerunkrautgesellschaften. In: Tüxen, R. (ed.): Anthropogene Vegetation. W. Junk, Den Haag: 86–96.

Meisel, K., 1966b: Zur Systematik und Verbreitung der Festuco-Cynosureten. In: Tüxen, R. (ed.): Anthropogene Vegetation. Dr. W. Junk, Den Haag. pp. 202–211.

Meisel, K., 1967: Über die Artenverbindungen des Aphanion arvensis J. et R. Tx. 1960 im west- und nordwestdeutschen Flachland. Schriftenr. Vegetationskde (Bad Godesberg) 2: 123–133.

Meisel, K., 1969: Verbreitung und Gliederung der Winterfrucht-Unkrautbestände auf Sandböden des nordwestdeutschen Flachlandes. Schriftenr. Vegetationskde (Bad Godesberg) 4: 7–22.

Meisel, K., 1969b: Zur Gliederung und Ökologie der Wiesen im nordwestdeutschen Flachland. Schriftenr. Vegetationsk. (Bad Godesberg) 4: 23–48.

Meisel, K., 1970: Über die Artenverbindungen der Weiden im nordwestdeutschen Flachland. Schriftenr. Vegetationsk. 5: 45–56.

Meisel, K., 1977: Die Grünlandvegetation nordwestdeutscher Flusstäler und die Eignung der von ihr besiedelten Standorte für einige wesentliche Nutzungsansprüche. Schriftenr. Vegetationsk. 11: 1–121.

Meisel, K., Hübschmann, A. von, 1975: Zum Rückgang von Naß- und Feuchtbiotopen im Emstal. Natur und Landschaft 50: 33–38.

Meisel, K., Hübschmann, A. von, 1976: Veränderungen der Acker- und Grünlandvegetation im nordwestdeutschen Flachland in jüngerer Zeit. Schriftenr. Vegetationkde (Bad Godesberg) 10: 109–124.

Meisel, K., Wattendorf, J., 1962: Über eine von der Wirtschaftsart unabhängige Wasserstufenkarte. Mitt. Florist.-Soziol. Arb.gem. N. F. 9: 230–238.

Meisel-Jahn, S., 1955: Die Kiefernforstgesellschaften des norddeutschen Flachlandes. Angew. Pflanzensoziol. (Stolzenau/Weser) 11. 128 p.

Meisel-Jahn, S., 1955: Die pflanzensoziologische Stellung der Hauberge des Siegerlandes. Mitt. Florist.-Soziol. Arb. gem. N. F. 5: 145–150.

Meiwes, K. J., Beese, F., 1988: Ergebnisse der Untersuchung des Stoffhaushaltes eines Buchenwaldökosystems auf Kalkgestein. Ber. Forschungszentr. Waldökosysteme (Göttingen) B 9: 1–142.

Meiwes, K. J., Meesenburg, H., Bartens, H., Rademacher, P., Khanna, P. K., 2002: Akkumulation von Auflagehumus im Solling. Mögliche Ursachen und Bedeutung für den Nährstoffkreislauf. Forst u. Holz 57: 428–433.

Meiwes, K. J., Meesenburg, H., Rademacher, P., 1996: Bodendauerbeobachtungsflächen. In: Boess, J., Malessa, V., (eds.): Wald und Boden. Nieders. Landesamt f. Bodenforschung (Hannover). Arbeitshefte Boden 1: 35–42.

Meiwes, K. J., Meesenburg, H., Rademacher, P., 1999: Wirkung von Stickstoff auf Waldökosysteme. Mitt. Norddeut. Naturschutzakad. (NNA, Schneverdingen) 1/99: 118–121.

Mejstrik, V., 1976: The ecology of mycorrhizas in plants from peat bog areas of the Trebon basin in relation to ground water table. Publ. Inst. Landscape Ecol, Czechosl. Acad. Sci., Pruhonice, 1: 99–177.

Melillo, J. M., 1981: Nitrogen cycling in deciduous forests. In: Clark, F. E., Rosswall, T. (eds.): Terrestrial Nitrogen Cycles. Ecol. Bull. (Stockholm) 33: 427–442.

Mellert, K.-H., Kölling, C., Rehfuess, K. E., 1996: Stoffauswaschung aus Fichtenwaldökosystemen Bayerns nach Sturmwurf. Forstwiss. Cbl. 115: 363–377.

Mellert, K. H., Prietzel, J., Straussberger, R., Rehfuess, K. E., 2004: Long-term nutritional trends of conifer stands in Europe: results from the RECOGNITION project. Eur. J. For. Res. 123: 305–319.

Melzer, A., 1988: Die Gewässerbeurteilung bayerischer Seen mit Hilfe makrophytischer Wasserpflanzen. Hohenheimer Arbeiten: Gefährdung und Schutz von Gewässern: 105–116.

Melzer, A., 1994: Möglichkeiten einer Bioindikation durch submerse Makrophyten – Beispiele aus Bayern. Gewässerökologie Norddeutschlands 1: 92–102.

Melzer, A., Held, K., Harlacher, R., 1985: Die Makrophytenvegetation des Großen Arbersees – neueste Ergebnisse. Ber. Bayer. Bot. Ges. 56: 217–222.

Menck, B.-H., Behrendt, S., 1974: Die Veränderung der Unkrautflora in Getreide und die Konsequenzen für die richtige Wahl der Herbizide, dargestellt an Versuchsergebnissen aus der Bundesrepublik Deutschland und aus der Tschechoslowakei (CSSR). BASF, Mitt. Für den Landbau H. 5.

Menge, J. A., Grand, L. F., 1978: Effect of fertilization on production of epigeous basidiocarps by mycorrhizal fungi in loblolly pine plantations. Can. J. Bot. 56: 2357–2362.

Menges, E. S., 1991: The application of minimum viable population theory to plants. In: Falk, D. A., Holsinger, K. E. (eds.): Genetics and Conservation of Rare Plants. Oxford University Press, Oxford. pp. 47–61.

Menke, B., 1963: Beiträge zur Geschichte der Erica-Heiden Nordwestdeutschlands. Flora 153: 521–548.

Menke, B., 1980: Vegetationskundlich-ökologisches Modell eines Interglazial-Zyklus in Nordwestdeutschland. Phytocoenologia 7: 100–120.

Menzel, A., 2003: Plant phenological anomalies in Germany and their relation to air temperature and NAO. Climatic Change 57: 243–263.

Menzel, A., Fabian, P., 1999: Growing season extended in Europe. Nature 397: 659.

Merxmüller, H., 1952–1954: Untersuchungen zur Sippengliederung und Arealbildung in den Alpen. I, II, III. Jb. Ver. Schutze Alpenpfl. Tiere 17: 96–133, 18: 135–158, 19: 97–139.

Merxmüller, H., Poelt, J., 1954: Beiträge zur Florengeschichte der Alpen. Ber. Bayer. Bot. Ges. 30: 91–101.

Merxmüller, H., Zollitsch, B., 1967: Über die Sonderstellung der Vegetation auf Kalkschieferschutt. Aquilo, Ser. Bot. 6: 228–240.

Messner, U., von Oertzen. J. A., 1991: Long-term changes in the vertical distribution of macrophytobenthic communities in the Greifswalder Bodden. Acta Ichthyolog. Piscator. 21, Suppl.: 135–143.

Meusel, H., 1935: Die Waldtypen des Grabfeldes und ihre Stellung innerhalb der Wälder zwischen Main und Werra. Beih. Botan. Cbl. 53: 175–251.

Meusel, H., 1939: Die Vegetationsverhältnisse der Gipsberge am Kyffhäuser und im südlichen Harzvorland. Ein Beitrag zur Steppenheidefrage. Hercynia 2: 1–372 .

Meusel, H., 1940: Die Grasheiden Mitteleuropas. Versuch einer vergleichend-pflanzengeographischen Gliederung. Botan. Arch. 41: 375–519.

Meusel, H., 1942: Der Buchenwald als Vegetationstyp. Botan. Arch. 41: 305–321.

Meusel, H., 1951: Über Pflanzengemeinschaften: Probleme der Vegetationskunde, behandelt an einigen Pflanzenvereinen der Heimat. Urania 14: 95–106.

Meusel, H., 1952: Die Eichen-Mischwälder des mitteldeutschen Trockengebietes. Wiss. Z. Univ. Halle, Math.-Nat. 1: 49–72.

Meusel, H., 1952: Vegetationskundliche Studien über mitteleuropäische Waldgesellschaften 3. Über einige Waldgesellschaften der Insel Rügen. Ber. Deut. Bot. Ges. 64: 223–241.

Meusel, H., 1955: Die Laubwaldgesellschaften des Harzgebietes. Wiss. Z. Univ. Halle, Math.-Nat. 4: 901–908.

Meusel, H., Jäger, E., Rauschert, S., Weinert, E., 1965, 1978 u. 1992: Vergleichende Chorologie der zentraleuropäischen Flora. Bd. 1 bis 3. G. Fischer, Jena.

Meyer, F. H., 1957: Über Wasser- und Stickstoffhaushalt der Röhrichte und Wiesen im Elballuvium bei Hamburg. Mitt. Staatsinst. Allg. Botan. Hamburg 11: 137–203.

Meyer, F. H., 1959: Untersuchungen über die Aktivität der Mikroorganismen in Mull, Moder und Rohhumus. Arch. Mikrobiol. 33: 149–169.

Meyer, F. H., 1962: Die Buchen- und Fichtenmykorrhiza in verschiedenen Bodentypen, ihre Beeinflussung durch Mineraldünger sowie für die Mykorrizabildung wichtige Faktoren. Mitt. Bundesforsch.anst. Forst- u. Holzwirtsch. (Reinbek) Nr. 54: 1–73.

Meyer, F. H., 1984: Mycologische Beobachtungen zum Baumsterben. Allg. Forstz. 39: 212–218.

Meyer, F. H., 1988: Ectomycorrhiza and decline of trees. In: Jansen, A. E., Dighton, J., Bresser, A. H. M. (eds.): Ectomycorrhiza and Acid Rain. Proceed. Workshop Ectomycorrhiza, Dec. 1987. Bilthoven. pp. 7–31.

Meyer, F. H., 1991 a: Mykorrhiza der Bäume. Schweiz. Beitr. z. Dendrologie 41A: 163–170.

Meyer, F. H., 1991 b: Symbiosen: Mykorrhiza, a) Ektomykorrhiza. Progress in Botany 51: 375–390.

Meyer, P., Unkrig, W., Griese, F., 2000: Dynamik der Buche (Fagus sylvatica L.) in nordwestdeutschen Naturwäldern. Forst u. Holz 55: 470–477.

Meyer, P., Wevell von Krüger, A., Steffens, R., Unkrig, W., 2006: Naturwälder in Niedersachsen. Schutz und Forschung. Nordwestdeut. Forstl. Versuchsanst. (Göttingen). pp. 62–67.

Mezera, A., 1956/1958: Mitteleuropäische Tieflandauen und die Bewirtschaftung von Auenwäldern. Prag. Teil 1, 1956: 301 p; Teil 2, 1958: 364 p.

Michael, G., 1966: Untersuchungen zur winterlichen Dürreresistenz einiger immergrüner Gehölze im Hinblick auf eine Frosttrocknisgefahr. Flora B 156: 350–372.

Michaelis, P., 1934: Ökologische Studien an der alpinen Baumgrenze. V. Osmotischer Wert und Wassergehalt während des Winters in den verschiedenen Höhenlagen. Jb. Wiss. Bot. 80: 337–362.

Michalik, S., 1992: Tendencies of anthropogenic changes and a programme for active protection of vegetation in the Ojców National Park (S. Poland). Veröff. Geobot. Inst. ETH 107: 60–81.

Miehlich, G., 2000: Eigenschaften, Genese und Funktionen von Böden in Auen Mitteleuropas. In: Friese, K., Witter, B., Miehlich, G., Rode, M. (eds.): Stoffhaushalt von Auenökosystemen. Springer, Berlin. pp. 3–18.

Mierwald, U., 1988: Die Vegetation der Kleingewässer landwirtschaftlich genutzter Flächen. Eine pflanzensoziologische Studie aus Schleswig-Holstein. Mitt. AG Geobot. Schlesw.-Holst. u. Hamb. 39: 286 p.

Mietz, O. 1996: Die Entwicklung eines Klassifizierungssystems für die glazial entstandenen Seen Deutschlands zur Quantifizierung der Trophie im Istzustand. Beitr. Angew. Gewässerökol. Norddeutschl. 2: 62–82.

Mikyska, R., 1963: Die Wälder der ostböhmischen Tiefebene. Rozpr. Ceskoslov. Akad. Ved, Rada Mat. Prirodn. Ved. 73, Heft 15. 91 p.

Milberg, P., 1992: Seed bank in a 35-year-old experiment with different treatments of a semi-natural grassland. Acta Oecologica 13: 743–752.

Milbradt, J., 1987: Beiträge zur Kenntnis nordbayerischer Heckengesellschaften. Ber. Naturwiss. Ges. Bayreuth, Beih. 2: 1–305.

Miles, J., 1974: Experimental establishment of new species from seed in Callunetum in North-east Scotland. J. Ecol. 62: 527–551.

Miles, J., 1981: Effect of Birch on Moorlands. Institute of Terrestrial Ecology, Cambridge. 18 p.

Miles, J., 1985: The pedogenetic effects of different species and vegetation types and the implications for succession. J. Soil Sci. 36: 571–584.

Miller, E. K., Huntington, T. G., Johnson, A. H., Friedland, A. J., 1992: Aluminum in soil solutions from a subalpine spruce-fir forest at Whiteface Mountain, New York. J. Environ. Qual. 21: 345–352.

Miller, G. R., 1979: Quantity and quality of the annual production of shoots and flowers by Calluna vulgaris in North-east Scotland. J. Ecol. 67: 109–129.

Miller, G. R., Miles, J., 1970: Regeneration of heather (Calluna vulgaris (L.) Hull) at different ages and seasons in north-east Scotland. J. Appl. Ecol. 7: 51–60.

Miranda, A. C., Jarvis, P. G., Grace, J., 1984: Transpiration and evaporation from heather moorland. Bound. Layer Meteorol. 28: 227–243.

Mirek, Z., Trzonska-Tacik, D., 1981: Spreading of Puccinellia distans (L.) Parl. along the roads in southern Poland. Ekol. Pol. 92: 345–352.

Miroslavov, E. A., Kravkina, I. M., 1991: Comparative analysis of chloroplasts and mitochondria in leaf chlorenchyma from mountain plants grown at different altitudes. Ann. Bot. 68: 195–200.

Misra, A., Tyler, G., 1999: Influence of soil moisture on soil solution chemistry and concentrations of minerals in the calcicoles Phleum phleoides and Veronica spicata grown on a limestone soil. Ann. Bot. 84: 401–410.

Misra, A., Tyler, G., 2000: Effect of wet and dry cycles in calcareous soil on mineral nutrient uptake of two grasses, Agrostis stolonifera L. and Festuca ovina L. Plant and Soil 224: 297–303.

Mitch, W. J., Gosselink, J. G., 1993: Wetlands. 2 nd. ed. Van Nostrand Reinhold, New York. 722 p.

Mitchell, F. G., 2005: How open were European primeval forests? Hypothesis testing using palaeoecological data. J. Ecol. 93: 168–177.

Mitscherlich, G., 1940: Das Forstamt Dietzhausen. Z. f. Forst- u. Jagdwes. 72: 149–188.

Mitscherlich, G., 1950: Die Bedeutung der Wuchsgebiete für das Bestandeswachstum von Buche, Eiche, Erle und Birke. Forstw. Cbl. 69: 148–211.

Mitscherlich, G., 1955: Untersuchungen über das Wachstum der Kiefer in Baden. 2. Teil: Die Streunutzungs- und

Düngeversuche. Allg. Forst- u. Jagdz. 126: 193–204.

Mitscherlich, G., 1971: Wald, Wachstum und Umwelt. 2. Band. Waldklima und Wasserhaushalt. Sauerländer's Verlag, Frankfurt/M. 365 p.

Mitscherlich, G., 1975: Wald, Wachstum und Umwelt. 3. Band. Boden, Luft und Produktion. Sauerländer's Verlag, Frankfurt/M. 352 p.

Mitscherlich, G., Künstle, E., 1970: Untersuchungen über die Bodentemperatur in einigen Nadel- und Laubholzbeständen in der Nähe von Freiburg i. Br. Allg. Forst- u. Jagdz. 141: 129–134.

Mitscherlich, G., Künstle, E., 1975: Photosynthese, Transpiration und Atmung in einem Mischbestand im Schwarzwald. II. Transpiration. Allg. Forst- u. Jagdz. 146: 88–100.

Mitschley, J., Willems, J. H., 1995: Vertical canopy structure of Dutch chalk grasslands in relation to their management. Vegetatio 117: 17–27.

Mittnacht, A., 1980: Segetalflora der Gemarkung Mehrstetten 1975–1978 im Vergleich zu 1948/49. Diss. Univ. Hohenheim.

Miyawaki, A., Ohba, T., 1965: Studien über Strand-Salzwiesengesellschaften auf Ost-Hokkaido (Japan). Sci. Rep. Yokohama Nation. Univ., Sect. II, 12: 25 p.

Modrzynski, J., 2007: Ecology. In: Tjoelker, M. G., Boratynski, A., Bugala, W. (eds.): Biology and Ecology of Norway Spruce. Springer, Dordrecht. pp. 195–220.

Mokma, D. L., Buurman, P., 1982: Podzols and podzolization in temperate regions. Int. Soil. Ref. Inform. Centre, Wageningen.

Mokross, R., 1973: Einfluss tiefer Termperaturen auf den CO_2-Gaswechsel der Fichte (Picea abies L.) im Winter. Unveröff. Dipl.arb. Univ. Göttingen.

Möller, C. M., Müller, D., Nielsen, J., 1954: Ein Diagramm der Stoffproduktion im Buchenwald. Ber. Schweiz. Bot. Ges. 64: 487–494.

Möller, H., 1970: Soziologisch-ökologische Untersuchungen in Erlenwäldern Holsteins. Mitt. Arb.gem. Floristik Schlesw.-Holst. u. Hamburg 19: 109 p.

Möller, H., 1975: Soziologisch-ökologische Untersuchungen der Sandküstenvegetation an der Schleswig-Holsteinischen Ostsee. Mitt. AG Geobot. Schl.-Holst. Hamb. 26: 1–166.

Möller, H., 1977: Soziologische Charakteristik einer tidebeeinflussten Weichholzaue am Elbufer bei Hamburg (NSG Heuckenlock). Mitt. Florist.-Soziol. Arb.gem. N. F. 19–20: 357–364.

Möller, H., Daniels, F. J. A., 2000: Untersuchungen zur epiphytischen Flechtenflora ausgewählter Stadtbiotope der Stadt Münster, Westfalen. Natur und Heimat 60: 65–78.

Möller-Lindenhop, Y., 1991: Strukturmerkmale des Wurzelholzes von Birke (Betula pendula Roth.), Erle (Alnus glutinosa (L.) Gaertner), Esche (Fraxinus excelsior L.) und Ulme (Ulmus glabra Huds.) - Veränderungen zum Stammholz sowie die Bedeutung für Funktion und Identifizierung von Wurzeln. Diss. Univ. Hamburg. 242 p.

Mondino, G. P., 1963: Boschi planiziari a Pinus sylvestris ed Alnus incana nelle alluvioni del torrente Bardonecchia (Piemonte). Allionia (Torino) 9: 43–64.

Monk, C. D., 1983: Relationship of life forms and diversity in old-field succession. Bull. Torrey Bot. Club 110: 449–453.

Monk, L. S., Fagerstedt, K. V., Crawford, R. M. M., 1987: Superoxide dismutase as anaerobic polypeptide. A key factor in recovery from oxygen deprivation in Iris pseudacorus? Plant Physiol. 85: 1016–1020.

Montag, A., 1975: Der Einfluß von Zementstaub-Immissionen auf die Vegetation verschiedener Wald- und Moorgesellschaften im Misburger Raum. In: Dierschke, H. (ed.): Vegetation und Substrat. Ber. Intern. Symp. IVV. Cramer, Vaduz. pp. 67–72.

Montfort, C., 1953: Hochsommerliche Veränderungen des Chlorophyllspiegels bei Laubbäumen von gegensätzlichem photochemischen Reaktionstypus. Planta 42: 461–464.

Montfort, G., Brandrup, W., 1927: Physiologische und pflanzengeographische Seesalzwirkungen. II. Ökologische Studien über die Keimung und erste Entwicklung bei Halophyten. Jb. Wiss. Bot. 66: 902–946. III. Die Salzwachstumsreaktion der Wurzeln. Ebenda 67: 105–173.

Moog, P. R., 1989: Phenotypic flexibility and plasticity of Carex arenaria L. in relation to root oxygen deficiency. Verh. Ges. Ökol. 18: 683–688.

Moog, P. R., Janiesch, P., 1990: Root growth and morphology of Carex species as influenced by oxygen deficiency. Funct. Ecol. 4: 201–208.

Moor, M., 1936: Zur Soziologie der Isoëtalia. Beitr. Geobot. Landesaufn. Schweiz 20. 148 p.

Moor, M., 1952: Die Fagion-Gesellschaften des Schweizer Jura. Beitr. Geobot. Landesaufn. Schweiz 31: 1–201.

Moor, M., 1958: Pflanzengesellschaften schweizerischer Flußauen. Mitt. Schweiz. Anst. Forstl. Versuchswes. 34: 221–360.

Moor, M., 1970: Adenostylo-Fagetum, Höhenvikariant des Linden-Buchenwaldes. Bauhinia (Basel) 4: 161–185.

Moor, M., 1972: Versuch einer soziologisch-systematischen Gliederung des Carici-Fagetum. Vegetatio 24: 31–69.

Moor, M., 1975 a: Die soziologisch-systematische Gliederung des Hirschzungen-Ahornwaldes. Beitr. Naturk. Forsch. Südwestd. 34: 215–223.

Moor, M., 1975 b: Der Ulmen-Ahornwald (Ulmo-Aceretum Issler 1926). Ber. Schweiz. Bot. Ges. 85: 187–203.

Moor, M., 1975 c: Ahornwälder im Jura und in den Alpen. Phytocoenologia 2: 244–260.

Moore, P. D., Bellamy, D. J., 1974: Peatlands. Elek Sci., London. 221 p.

Moore, T. R., 1989: Plant production, decomposition and carbon efflux in a subarctic patterned fen. Arct. Alp. Res. 18: 189–193.

Moosmayer, H.-U., Kublin, E., 2000: Beziehungen zwischen Zuwachs der Fichte und Standort, Witterung, Kronenzustand auf Standortseinheiten der Ostalb. Mitt. Ver. Standortskde u. Forstpfl.zücht. 40: 63–71.

Moosmayer, H.-U., Schöpfer, W., 1972: Beziehungen zwischen Standortsfaktoren und Wuchsleistungen der Fichte. Allg. Forst- u. Jagdztg. 143: 203–215.

Moravec, J., 1965: Wiesen im mittleren Teil des Böhmerwaldes (Sumava). Vegetace CSSR A 1. Prag. pp. 180–385.

Moravec, J., 1966: Zur Syntaxonomie der Carex davalliana-Gesellschaften. Folia Geobot. Phytotaxon. Bohemoslov. 1: 3–25.

Moravec, J., 1967: Zu den azidophilen Trokkenrasengesellschaften Südwestböhmens und Bemerkungen zur Syntaxonomie der Klasse Sedo-Scleranthetea. Folia Geobot. Phytotax. 2: 137–178.

Moravec, J., 1979: Sukzession und Bodenentwicklung auf trockenen Silikathängen. In: Tüxen, R. (ed.): Vegetationsentwicklung (Syndynamik). Ber. Int. Symp. Int. Ver. Veget.kde Rinteln. Cramer, Vaduz. pp. 163–189.

Moravec, J., 1985: Chorological and ecological phenomena in the differentiation and distribution of the Fagion associations in Bohemia and Moravia (Czechoslovakia). Vegetatio 59: 39–45.

Moravec, J., 1995: Red list of plant communities of the Czech Republic and their endangerment. (in Tschechisch). 2. Aufl. Institute of Botany, Pruhonice. 206 p.

Moravec, J., Husova, M., Neuhäusl, R., Neuhäuslova-Novotna, Z., 1982: Die Assoziationen mesophiler und hygrophiler Laubwälder in der Tschechischen Sozialistischen Republik. Prag. 292 p.

Morecroft, M. D., Marrs, R. H., Woodward, F. I., 1992: Altitudinal and seasonal trends in soil nitrogen mineralization rate in the Scottish Highlands. J. Ecol. 80: 49–56.

Morecroft, M. D., Sellers, E. K., Lee, J. A., 1994: An experimental investigation into the effects of atmospheric nitrogen deposition on two semi-natural grasslands. J. Ecol. 82: 475–483.

Morecroft, M. D., Woodward, F. I., 1996: Experiments on the causes of altitudinal differences in the leaf nutrient contents, leaf size and ^{13}C of Alchemilla alpina. New Phytol. 134: 471–479.

Morgan, D. C., Smith, H., 1981: Non-photosynthetic responses to light quality. In: Lange, O. L., Nobel, P. S., Osmond, C. B., Ziegler, H. (eds.): Encyclopedia of Plant Physiology, New Series, Physiological Ecology I. Springer, Berlin. pp. 109–134.

Morton, A. J., 1977: Mineral nutrient pathway in a Molinietum in autumn and winter. J. Ecol. 65: 993–999.

Mosandl, R., 1984: Löcherhiebe im Bergmischwald: Eine waldbauökologischer Beitrag zur Femelschlagverjüngung in den Chiemgauer Alpen. Forstl. Forsch. ber. München 61.

Mosandl, R., Kleinert, A., 1998: Development of oaks (Quercus petraea (Matt.) Liebl.) emerged from bird-dispersed seeds under old-growth pine (Pinus silvestris L.) stands. For. Ecol. Manage. 106: 35–44.

Möseler, B. M., 1989: Die Kalkmagerrasen der Eifel. Decheniana Beih. (Bonn) 29: 1–79.

Moser, D., Dullinger, S., Englisch, T., Niklfeld, H., Plutzar, C., Sauberer, N., Zechmeister, H. G., Grabherr, G., 2005: Environmental determinants of vascular plant species richness in the Austrian Alps. J. Biogeogr. 32: 1117–1127.

Moser, G., Röderstein, M., Soethe, N., Hertel, D., Leuschner, Ch., 2008: Altitudinal changes in stand structure and biomass allocation of tropical mountain forests in relation to microclimate and soil chemistry. In: Beck, E., Bendix, J., Kottke, I., Makeschin, F., Mosandl, R. (eds.): Gradients in a Tropical Mountain Ecosystem of Ecuador. Ecol. Studies 198. Springer, Berlin. pp. 229–242.

Moser, W., 1970: Ökophysiologische Untersuchungen an Nivalpflanzen. Mitt. Ostalp.-din. Ges. f. Vegetkde 11: 121–134.

Moser, W., Brzoska, W., Zachhuber, K., Larcher, W., 1977: Ergebnisse des IPB-Projektes „Hoher Nebelkogel 3184 m“. Sitz.ber. Österr. Akad. Wiss., Mathem.-naturw. Kl., Abt. I, Bd. 186: 387–419.

Mosimann, T., 1984: Das Stabilitätspotential alpiner Geoökosysteme gegenüber Bodenstörungen und Skipistenbau. Verh. Ges. Ökol. 12: 167–176.

Mosimann, T., 1985: Landschaftsökologischer Einfluss von Anlagen für den Massenskisport. III. Ökologische Entwicklung von Pistenflächen. Materialien zur Physiogeogr. (Basel) 9: 40 p.

Moss, R., Miller, G. R., 1976: Production, dieback and grazing of heather (Calluna vulgaris) in relation to numbers of red grouse (Lagopus l. scoticus) and mountain hares (Lepus timidus) in north-east Scotland. J. Appl. Ecol. 13: 369–377.

Mraz, K., 1958: Beitrag zur Kenntnis der Stellung des Potentillo-Quercetum. Arch. Forstwes. 7: 703–728.

Mraz, K., Sika, A., 1965: Böden und Vegetation der Auewaldstandorte. Feddes Repert. Beih. 142: 703–728.

Mrotzek, R., Pfirrmann, H., Barge, U., 2000: Einfluss von Wegebaumaterial und Licht auf die Vegetation an Waldwegen und im angrenzenden Bestand – dargestellt an Wegen im Niedersächsischen Forstamt Bramwald. Forstarchiv 71: 234–244.

Mucina, L., 1993: Asplenieta trichomanis. In: Grabherr, G., Mucina, L. (eds.): Die Pflanzengesellschaften Österreichs. Teil II. G. Fischer, Stuttgart. pp. 241–275.

Mucina, L., 1993: Galio-Urticetea. In: Mucina, L., Grabherr, G., Ellmauer, T. (eds.): Die Pflanzengesellschaften Österreichs 1: Fischer, Jena. pp. 203–227.

Mucina, L., Grabherr, G., Ellmauer, T., (eds.), 1993: Die Pflanzengesellschaften Österreichs. 3 Bde. Fischer, Jena.

Mucina, L., Kolbek, J., 1993: Festuco-Brometea. In: Mucina, L., Grabherr, G., Ellmauer, T., (eds.): Die Pflanzengesellschaften Österreichs. Teil 1. G. Fischer, Jena. pp. 420–492.

Mucina, L., Kolbek, J., 1993: Koelerio-Corynephoretea. In: Mucina, L., Grabherr, G., Ellmauer, T. (eds.): Die Pflanzengesellschaften Österreichs. Teil I. Anthropogene Vegetation. G. Fischer, Jena. pp. 493–521.

Mück, D. M., 1998: Untersuchungen zur Bedeutung von Stickstoffinput und interspezifischer Konkurrenz für die Heidevergrasung. Diss. Univ. Giessen. 153 p.

Mückenhausen, E., 1970: Fortschritte in der Systematik der Böden der Bundesrepublik Deutschland. Mitt. Deut. Bodenkdl. Ges. 10: 246–279.

Mueller, R. C., Scudder, C. M., Porter, M. E., Trotter III, R. T., Gehring, C. A., Whitham, T. G., 2005: Differential tree mortality in response to severe drought: evidence for long-term vegetation shifts. J. Ecol. 93: 1085–1093.

Mueller-Dombois, D., Ellenberg, H., 1974: Aims and Methods of Vegetation Ecology. Wiley, New York. 547 p.

Muhle, H., 1977: Ein Epiphytenkataster niedersächsischer Naturwaldreservate. Mitt. Florst.-Soziol. Arb.gem. N. F. 19/20: 47–62.

Muhle, O., Bonnemann, I., Rieckmann, P., 1979: Biomassen und Bioelementvorräte in Heide-Ökosystemen. Verh. Ges. f. Ökol. 7: 287–294.

Muhle, O., Röhrig, E., 1979: Untersuchungen über die Wirkungen von Brand, Mahd und Beweidung auf die Entwicklung von Heide-Gesellschaften. Schriftenr. Forstl. Fak. Univ. Göttingen 61: 72 p.

Mulholland, P. J., Newbold, J. D., Elwood, J. W., Ferren, L. A., 1985: Phosphorus spiralling in a woodland stream: seasonal variations. Ecology 66: 1012–1023.

Müller, A. von, 1956: Über die Bodenwasser-Bewegung unter einigen Grünland-Gesellschaften des mittleren Wesertales und seiner Randgebiete. Angew. Pflanzensoziol. (Stolzenau/Weser) 12: 85 p.

Müller, G., 1989: Wallhecken – Entstehung, Pflege, Neuanlage – am Beispiel der Gemeinde Ganderkesee. BSH-Verlag, Wardenburg. 256 p.

Müller, H., 1953: Zur spät- und nacheiszeitlichen Vegetationsgeschichte des mitteldeutschen Trockengebietes. Nova Acta Leopoldina (Halle/S.) N. F. 16: 1–67.

Müller, J., 1981: Experimentell-ökologische Untersuchungen zum Flechtenvorkommen auf Bäumen an naturnahen Standorten. Hochschulsammlung Naturwiss. Biol. 14: 1–322.

Müller, J., 1996: Beziehungen zwischen Vegetationsstrukturen und Wasserhaushalt in Kiefern- und Buchenökosystemen. Mitt. Bundesforsch.anst.

Forst- u. Holzwirtsch. (Hamburg) 185: 112–128.

Müller, J., 1996: Experimentelle Sukzessionsforschung zum Schutz seltener Zwergbinsengesellschaften in Norddeutschland. Abh. Naturw. Ver. Bremen 43: 289–308.

Müller, J., 2001: Ermittlung von Kennwerten des Wasserhaushaltes in Kiefern- und Buchenbeständen des nordostdeutschen Tieflands. Beitr. Forstwirtsch. u. Landsch.ökol. 35: 14–18.

Müller, J., Rosenthal, G., 1998: Brachesukzession – Prozesse und Mechanismen. Ber. Inst. Landschafts-Pflanzenökologie, Univ. Hohenheim, Beih. 5: 103–132.

Müller, J., Schaltegger, S., 2004: Sozioökonomische Analyse des Heidemanagements in Nordwestdeutschland – Wirtschaftlichkeit, Kosten-Wirksamkeitsverhältnisse und Akzeptanz. NNA Ber. (Schneverdingen) 17: 183–197.

Müller, J., Vagts, I., Kinder, M., Bronnenhuber, R., 1993: Vegetation dynamics and plant strategies in lichen dominated heathlands. Scirpta Geobot. 21: 39–51.

Müller, K. M., 1929: Aufbau, Wuchs und Verjüngung der südosteuropäischen Urwälder. Hannover. 323 p.

Müller, K., 1965: Zur Vegetation und Flora der Moore des nordwestdeutschen Flachlandes. Schr. Naturw. Ver. Schlesw.-Holst. 36: 30–77.

Müller, K., 1973: Ökologische und vegetationsgeschichtliche Untersuchungen an Niedermoorpflanzen-Standorten des ombrotrophen Moores unter besonderer Berücksichtigung seiner Kolke und Seen in NW-Deutschland. Beitr. Biol. Pflanzen 49: 147–235.

Müller, M., 2001: Ursachen und ökologische Bedeutung von Waldbränden in Mitteleuropa. AFZ/Der Wald 2001: 548–549.

Müller, N., 1989: Zur Syntaxonomie der Parkrasen Deutschlands. Tuexenia 9: 293–301.

Müller, N., 1990: Das Lechtal – Zerfall einer übernatürlichen Pflanzenbrücke – dargestellt am Lebensraumverlust der Lechheiden. Ber. Naturwiss. Ver. Schwaben 94: 26–39.

Müller, N., 1991: Auenvegetation des Lech bei Augsburg und ihre Veränderungen infolge von Flußbaumaßnahmen. Augsburger Ökol. Schr. 2: 79–108.

Müller, N., 1995: River dynamics and floodplain vegetation and their alterations due to human impact. Arch. Hydrobiol., Suppl. 101: 477–512.

Müller, N., Bauche, M., 1998: Bilanzierung der Stoffflüsse eines Einzugsgebietes in einem Mittelgebirgshochmoor. Telma 28: 205–236.

Müller, N., Bürger, A., 1990: Flussbettmorphologie und Auenvegetation des Lech im Bereich der Forchacher Wildflusslandschaft (Oberes Lechtal, Tirol). Jb. Ver. Schutz Bergwelt (München) 55: 43–74.

Müller, N., Müller, V., 1998: Veränderungen der Vegetation alpiner Flussauen in den letzten 100 Jahren – Exkursion Naturschutzgebiet Stadtwald Augsburg. In: Müller, N. (ed.): Zur Vegetation der Nordalpen und des Alpenvorlandes. Exk. führer 48. Jahrestag. Florist.-Soziol. Arb.gem. Augsburg. pp. 95–124.

Müller, N., Scharm, S., 1998: Vegetation alpiner Flussauen – Exkursion Forchacher Wildflusslandschaft bei Reutte/Tirol. In: Müller, N. (ed.): Zur Vegetation der Nordalpen und des Alpenvorlandes. Exk. führer 48. Jahrestag. Florist.-Soziol. Arb.gem. Augsburg. pp. 73–94.

Müller, N., Schmidt, K. R., (Red., Stadt Augsburg ed.), 1991: Der Lech – Wandel einer Wildflußlandschaft. Augsburger Ökol. Schr. 2: 174 p.

Müller, T., 1961: Einige für Südwestdeutschland neue Pflanzengesellschaften. Beitr. Naturk. Forsch. Südwestdeutschl., Karlsruhe, 20: 15–21.

Müller, T., 1962: Die Saumgesellschaften der Klasse Trifolio-Geranietea sanguinei. Mitt. Florist.-Soziol. Arb.gem. N. F. 9: 95–140.

Müller, T., 1966: Vegetationskundliche Beobachtungen im Naturschutzgebiet Hohentwiel.Veröff. Landesstelle Natursch. u. Landschaftspfl. Bad.-Württemb. 34: 14–62.

Müller, T., 1975: Natürliche Fichtengesellschaften der Schwäbischen Alb. Beitr. Naturk. Forsch. Südw.-Deutschl. 34: 233–249.

Müller, T., 1978: Klasse: Trifolio-Geranietea sanguinei. In: Oberdorfer, E.: Süddeutsche Pflanzengesellschaften. 2. Aufl. Fischer, Jena. pp. 249–298.

Müller, T., 1980: Der Scheidenkronwicken-Föhrenwald (Coronillo-Pinetum) und der Geißklee-Föhrenwald (Cytiso-Pinetum) auf der Schwäbischen Alb. Phytocoenologia 7: 392–412.

Müller, T., 1983: Klasse: Artemisietea vulgaris Lohm., Prsg. et Tx. in Tx. 50. In: Oberdorfer, E. (ed.): Süddeutsche Pflanzengesellschaften, Teil III. 2. Aufl.. G. Fischer, Jena. pp. 135–299.

Müller, T., 1983: Wacholderheiden und Halbtrockenrasen – Hinweise aus der Sicht des Pflanzensoziologen. Fachtagungen Naturschutzverwaltung Baden-Württemb., Tagungsber. (Stuttgart) 5: 95–108.

Müller, T., 1985: Das Ribeso sylvestris-Fraxinetum Lemée 1937 corr. Pass. 1958 in Südwestdeutschland. Tuexenia 5: 395–412.

Müller, T., 1995: Die synsystematische Stellung des Aceri-Fagetum. Carolinea 53 (Karlsruhe) 53: 175–184.

Müller, T., Görs, S., 1958: Zur Kenntnis einiger Auenwaldgesellschaften im württembergischen Oberland. Beitr. Naturk. Forsch. Südwestdeutschl. 17: 8–165.

Müller, T., Görs, S., 1960: Pflanzengesellschaften stehender Gewässer in Baden-Württemberg. Beitr. Naturk. Forsch. Südwestdeutschl. 19: 60–100.

Müller, T., Görs, S., 1969: Halbruderale Trocken- und Halbtrockenrasen. Vegetatio 18: 203–215.

Müller, W. F., 1986: Floristisch-vegetationskundliche Untersuchungen an Pflanzengesellschaften des Caricion davallianae Klika 1934 in der nördlichen Kalkeifel. Tuexenia 6: 127–143.

Müller-Schneider, P., 1977: Verbreitungsbiologie (Diasporologie) der Blütenpflanzen. Veröff. Geobot. Inst. ETH, Stiftg. Rübel (Zürich) 61: 1–226.

Müller-Schneider, P., 1986: Verbreitungsbiologie der Blütenpflanzen Graubündens. Veröff. Geobot. Inst. ETH Zürich 85: 263 p.

Müller-Stoll, W. R., Gruhl, K., 1959: Das Moosfenn bei Potsdam, Vegetationsgeographie eines märkischen Naturschutzgebietes. Wiss. Z. Pädagog. Hochsch. Potsdam, Math.-Nat. 4: 151–180.

Müller-Stoll, W. R., 1935: Ökologische Untersuchungen an Xerothermpflanzen des Kraichgaus. Zschr. f. Botanik 29: 161–253.

Müller-Stoll, W. R., Freitag, H., 1957: Beiträge zur bestandesklimatischen Analyse von Wiesengesellschaften. Angew. Meteorol. 3: 16–30.

Müller-Stoll, W. R., Krausch, H.-D., 1968: Der acidophile Kiefern-Traubeneichenwald und seine Kontaktgesellschaften in Mittel-Brandenburg. Mitt. Florist.-Soziol. Arb.gem. N. F. 13: 101–121.

Müller-Stoll, W. R., Freitag, H., Krausch, H.-D., 1992: Die Grünlandgesellschaften des Spreewaldes. 1–4. Gleditschia (Berlin) 20: 235–326.

Müller-Stoll, W. R., Scharf, P., Fischer, W., 1987: Die Erlen- und Birken-Brüche in

Nordwest-Brandenburg und ihre Bodenverhältnisse. Gleditschia (Berlin) 2: 265–286.

Müller-Stoll, W. R., Süss, H., 1966: Der Gehölzbestand der Auenwälder nach subfossilen Holzresten aus holozänen Sedimenten mitteldeutscher Flußauen. Die Kulturpflanze (Berlin) 14: 201–233.

Müller-Stoll, W. R., Toman, M., 1984: Das Asplenietum serpentini und seine Kontaktgesellschaften auf dem Serpentinit-Komplex in Slavkovsky les (Kaiserwald) bei Mariénské Lazne (Marienbad) in Westböhmen (CSSR). Feddes Repert. 94: 97–119.

Mullet, J. E., Whitsitt, M. S., 1996: Plant cellular responses to water deficit. Plant Growth Regul. 20: 119–124.

Münch, D., Feger, K. H., Zöttl, H. W., 1990: Nadelvergilbung, Elementverteilung und Wachstum von Fichten eines Hochlagenstandortes im Südschwarzwald. Allg. Forst- u. Jagdz. 161: 210–217.

Mund, M., 2004: Carbon pools of European beech forests (Fagus sylvatica) under different silvicultural management. Diss. Univ. Göttingen.

Mund, M., Schulze, E.-D., 2002: Growth and carbon stocks of a spruce forest chronosequence in central Europe. For .Ecol. Manage. 171: 275–296.

Mund, M., Schulze, E.-D., 2005: Silviculture and its interactions with biodiversity and the carbon balance of forest soils. In: Scherer-Lorenzen, M., Körner, Ch., Schulze, E.-D. (eds.): Forest Diversity and Function. Ecol. Stud. 176. Springer, Berlin. pp. 185–208.

Mund, M., Schulze, E.-D., 2006: Impacts of forest management on the carbon budget of European beech (Fagus sylvatica) forests. Allg. Forst- u. Jagdz. 177: 47–63.

Mundel, G., 1982: Untersuchungen über die Evapotranspiration von Grasland auf Grundwasserstandorten. 2. Mitteilung: Beziehungen zwischen Bodenfaktoren und Evapotranspiration. Arch. Acker- Pflanzenbau u. Bodenkde 26: 515–521.

Munns, R., Weir, J., 1981: Contribution of sugars to osmotic adjustment in elongating and expanded zones of wheat leaves during moderate water deficits at two light levels. Aust. J. Plant Physiol. 8: 93–105.

Murray, K. J., Tenhunen, J. D., Nowak, R. S., 1993: Photoinhibition as a control on photosynthesis and production of Sphagnum mosses. Oecologia 96: 200–207.

Murty, D., Kirschbaum, M. U. F., McMurtrie, R. E., McGilvray, H., 2002: Does conversion of forest to agricultural land change soil carbon and nitrogen? A review of the literature. Gobal Change Biol. 8: 105–123.

Muys, B., Lust, N., Granval, P., 1992: Effects of grassland afforestation with different tree species on earthworm communities, litter decomposition and nutrient status. Soil Biol. Biochem. 24: 1459–1466.

Myczkowski, S., 1973: Ecology of spruce (Picea abies Karst.) near the timber line in the forest association Piceetum tataricum in the Polish Tatra National Park. In: Intern. Symp. Biol. Woody Plants, Bratislava: pp. 511–526.

Myers, K., Poole, W. E., 1963: A study of the biology of the wild rabbit, Oryctolagus cuninculus (L.), in confined populations. IV. The effects of rabbit grazing on sown pastures. J. Ecol. 51: 435–451.

Myerscough, P. J., Whitehead, F. H., 1966: Comparative biology of Tussilago farfara, Chemaenerion angustifolium und Epilobium adenocaulon. I. General biology and germination. New Phytologist 65: 192–210.

Mysliwa-Kurdziel, M. N. V., Prasad, M. N. V., Strzalka, K., 2004: Photosynthesis in heavy metal stressed plants. In: Prasad, M. N. V. (ed.): Heavy Metal Stress in Plants. 2nd ed. Springer, Berlin. pp. 146–181.

Nadelhoffer, K. J., 2000: The potential effects of nitrogen deposition on fineroot production in forest ecosystems. New Phytol. 147: 131–139.

Nägeli, W., 1943: Untersuchungen über die Windverhältnisse im Bereich von Windschutzstreifen. Mitt. Schweiz. Anst. Forstl. Versuchswes. 23: 222–276.

Nägeli, W., 1969: Waldgrenze und Kampfzone in den Alpen. Hespa-Mitteilungen 19 (1).

Nagy, L., Grabherr, G., Körner, Ch., Thompson, D. B. A. (eds.), 2003: Alpine Biodiversity in Europe. Ecol. Stud. 167. Springer, Berlin.

Nash, T. H., Nash, E. H., 1974: Sensitivity of mosses to sulfur dioxide. Oecologia 17: 257–263.

Näsholm, T. A., Ekblad, A., Nordin, R., Geisler, M., Högberg, M., Högberg, P., 1998: Boreal forest plants take up organic nitrogen. Nature 392: 914–916.

Nassauer, K.-G., 1992: WSE `92 in Hessen: Zustand des Waldes weiter verschlechtert. Forst u. Holz 47: 710–712.

Nauenburg, J. D., 1986: Untersuchungen zur Variabilität, Ökologie und Systematic der Viola tricolor-Gruppe in Mitteleuropa. Diss. Univ. Göttingen. 126 p.

Naumann, E., 1927: Ziel und Hauptprobleme der regionalen Limnologie. Bot. Not. (Lund) 1927: 81–103.

Nebe, W., 1968: Über Beziehungen zwischen Klima und Wachstum der Fichte (Picea abies) in ihrem europäischen Verbreitungsgebiet. Arch. Forstwes. 17: 1219–1238.

Neirynck, J., Mirtcheva, S., Sioen G., Lust, N., 2000: Impact of Tilia platyphyllos Scop., Fraxinus excelsior L., Acer pseudoplatanus L., Quercus robur L. and Fagus sylvatica L. on earthworm biomass and physico-chemical properties of a loamy topsoil. For. Ecol. Manage. 133: 275–286.

Neite, H., Wittig, R., 1985: Korrelation chemischer Bodenfaktoren mit der floristischen Zusammensetzung der Krautschicht im Stammfussbereich von Buchen. Acta Oecol. 6: 375–385.

Neitzke, A., 1989: Die Eschen-Ahornwälder des Süderberglandes. Tuexenia 9: 371–389.

Neitzke, M., 1991: Vegetationsdynamik in Grünlandbracheökosystemen. Arb. Ber. Lehrstuhl Landschaftsökol. Münster, 13: Textteil 140 p. 253 p. Abb. Anhang.

Neitzke, M., 2001: Analysis of vegetation and nutrient supply in calcareous grassland border zones to determine critical loads for nitrogen. Flora 196: 292–303.

Neitzke, M., Runge, M., 1985: Keimlings- und Jungpflanzenentwicklung der Buche (Fagus sylvatica L.) in Abhängigkeit vom Al/Ca-Verhältnis des Bodenextraktes. Flora 177: 237–249.

Neitzke, M., Runge, M., 1987: Entwicklung und Mineralstoffgehalt junger Buchen in Abhängigkeit von den Aluminium- und Kalziumgehalten der Nährlösung. Teil 1: Entwicklung. Bot. Jb. Syst. 108: 403–415.

Nentwig, W., 1992: Die nützlingsfördernde Wirkung von Unkräutern in angesäten Unkrautstreifen. Z. Pfl.krankh. Pfl. schutz, Sonderh. 13: 33–40.

Nentwig, W., 2005: Humanökologie. 2. Aufl. Springer, Berlin. 473 p.

Nessing, G., Zerbe, S., 2002: Wild und Waldvegetation – Ergebnisse des Monitorings im Biosphärenreservat Schorfheide-Chorin (Brandenburg) nach 6 Jahren. Allg. Forst- u. Jagdz. 173: 177–185.

Neuffer, B., Bartelheim, S., 1989: Gen-ecology of Capsella bursa-pastoris from an altitudinal transect in the Alps. Oecologia 81: 521–527.

Neuhaus, D., Kühl, H., Kohl, J.-G., Dörfel, P., Börner, T., 1993: Investigation on the genetic diversity of Phragmites stands using genomic fingerprinting. Aquat. Bot. 45: 357–364.

Neuhaus, R., 1990: Stadien und Alter der Primärsukzession von Feuchtheiden in Küstendünen. Drosera '90 (1/2): 29–34.

Neuhäusl, R., 1975: Hochmoore am Teich Velké Dárko. Vegetace CSSR A 9, Prag. 267 p.

Neuhäusl, R., Neuhäuslova-Novotna, Z., 1969: Die Laubwaldgesellschaften des östlichen Teiles der Elbeebene, Tschechoslowakei. Folia Geobot. Phytotax. (Praha) 4: 261–301.

Neuhäusl, R., Neuhäuslová-Novotná, Z., 1985: Verstaudung von aufgelassenen Rasen am Beispiel von Arrhenatherion-Gesellschaften. Tuexenia 5: 249–258.

Neuhäuslova, Z., 1996: Beitrag zur Dynamik der Kahlschlaggesellschaften. Preslia (Praha) 68: 41–57.

Neuhäuslova, Z., Kolbek, J., 1993: Variability of the association Stellario-Alnetum in the Czech Republic. Fragm. Florist. Geobot. (Krakow) 2: 631–648.

Neuhäuslova-Novotna, Z., 1972: Beitrag zur Kenntnis des Stellario-Alnetum glutinosae (Mikyska 1944) Lohmeyer 1957 in der Tschechischen Sozialistischen Republik (CSR). Folia Geobot. Phytotax. 7: 269–284.

Neuhäuslova-Novotna, Z., 1977: Beitrag zur Kenntnis des Carici remotae-Fraxinetum in der Tschechischen Sozialistischen Republik (CSR). Folia Geobot. Phytotax. 12: 225–243.

Neuhäuslova-Novotna, Z., 1979: Beitrag zur Kenntnis des Pruno-Fraxinetum in der Tschechischen Sozialistischen Republik (CSR). Folia Geobot. Phytotax. 14: 145–166.

Neuhäuslova-Novotna, Z., Neuhäusl, R., 1971: Beitrag zur Kenntnis der Carpinion-Gesellschaften im subkontinentalen Teil Europas. Preslia (Praha) 43: 154–167.

Neuhuber, F., 1971: Ein Beitrag zum Chemismus des Neusiedler Sees. Verh. Int. Ver. f. theoret. u. angew. Limnol. 5: 75–102.

Neumann, A., 1981: Die mitteleuropäischen Salix-Arten. Mitt. Forstl. Bundesvers.anst. Wien 134: 152 p.

Neuner, G., 2007: Frost resistance at the upper timberline. In: Wieser, G., Tausz, M., (eds.): Trees at Their Upper Limit. Treelife Limitation at the Alpine Timberline. Springer, Dordrecht. pp. 171–180.

Neuner, G., Ambach, D., Aichner, K., 1999 a: Impact of snow cover on photoinhibtion and winter desiccation in evergreen Rhododendron ferrugineum leaves during subalpine winter. Tree Physiol. 19: 725–732.

Neuner, G., Braun, V., Buchner, O., Taschler, D., 1999 b: Leaf rosette closure in the alpine rock species Saxifraga paniculata Mill.: significance for survival of drought and heat under high irradiation. Plant Cell Environ. 22: 1539–1548.

Neuschulz, F., Purps, J., 1998: Möglichkeiten und Grenzen der Auenregeneration und Auenwaldentwicklung am Beispiel von Naturschutzprojekten an der Unteren Mittelelbe (Brandenburg). Zwischenergebnisse eines Verbundforschungsvorhabens. In: Geller, W. et al. (eds.): Gewässerschutz im Einzugsgebiet der Elbe. 1. Magdeburger Gewässerschutzseminar. Teubner, Stuttgart. pp. 293–296.

Neuwinger, I., 1967: Zum Nährstoffhaushalt in Vegetationseinheiten der subalpinen Entwaldungszone. Mitt. Forstl. Versuchswes. Österr. (Wien) 75: 269–303.

Neuwinger, I., 1970: Böden der subalpinen und alpinen Stufe in den Tiroler Alpen. Mitt. ostalpin-dinarische Ges. Vegetationskde (Innsbruck) 11: 135–150.

Newbold, J. D., Elwood, J. W., O'Neil, R. V., Van Winkle, W., 1981: Measuring nutrient spiralling in streams. Can. J. Fish. Aquat. Sci. 38: 860–863.

Newiger, D., 1990: Untersuchungen zu Biomasse, Zuwachs und Nährstoffumsatz eines Heidebestandes. Unveröff. Diplomarb. Univ. Göttingen. 92 p.

Nezadal, W., 1972: Getreideunkrautgesellschaften des Fränkischen Stufenlandes in der Umgebung Erlangens. Denkschr. Regensburg. Botan. Ges. 30: 21–71.

Nezadal, W., 1975: Ackerunkrautgesellschaften Nordostbayerns. Hoppea, Denkschr. Regensburg. Botan. Ges. 34: 17–149.

Nezadal, W., Bauer, M., 1996: Der Einfluß von Neophyten auf die uferbegleitende Vegetation an Fließgewässern in Mittelfranken. Braunschw. Geobot. Arb. 4: 243–258.

Nicolai, V., 1986: The bark of trees: thermal properties, microclimate and fauna. Oecologia 69: 148–160.

Nieboer, E., Richardson, D. H. S., 1980: The replacement of the nondescript term 'heavy metals' by a biologically and chemically significant classification of metal ions. Environ. Pollut. B 1: 3–26.

Nieder, R., 1996: Die Rolle der N-Transformationen und –Translokationen in der Bilanz des Stickstoff-Haushalts von mitteleuropäischen Ackerböden. Habilitationsschr. TU Braunschweig. 189 p.

Niederfriniger Schlag, R., Erschbamer, B., 2000: Germination and establishment of seedlings on a glacier foreland in the Central Alps, Austria. Arct. Antarct. Alp. Res. 32: 270–277.

Nielsen, K. E., Ladekarl, U. L., Nörnberg, P., 1999: Dynamic soil processes on heathland due to changes in vegetation to oak and Sitka spruce. For. Ecol. Managem. 114: 107–116.

Nielsen, S. L., Sand-Jensen, K., 1997: Growth rates and morphological adaptations of aquatic and terrestrial forms of amphibious Littorella uniflora (L.) Aschers. Plant Ecol. 129: 135–140.

Niemann, E., 1965: Submontane und montane flussbegleitende Glanzgras-Röhrichte in Thüringen und ihre Beziehungen zu den hydrologischen Verhältnissen. Limnologica 3: 399–438.

Niemeyer, T., Fottner, S., Mohamed, A., Sieber, M., Härdtle, W., 2004: Einfluss kontrollierten Brennens auf die Nährstoffdynamik von Sand- und Moorheiden. NNA-Berichte (Schneverdingen) 17: 65–79.

Niemeyer, T., Niemeyer, M., Fottner, S., Härdtle, W., Mohamed, A., 2007: Impact of sod-cutting and choppering on nutrient budgets of dry heathlands. Biol. Conserv. 134: 344–353.

Niemeyer, T., Niemeyer, M., Mohamed, A., Fottner, S., Härdtle, W., 2005: Impact of prescribed burning on the nutrient balance of heathlands with particular reference to nitrogen and phosphorus. Appl. Veg. Sci. 8: 183–192.

Nierhaus-Wunderwald, D., 1995: Die Bedeutung der Waldameisen für die Verbreitung von Samen und Früchten im Wald. Schweiz. Z. Forstwes. 146: 449–456.

Nieschalk, A., Nieschalk, C., 1983: Hochheiden im Waldecker Upland und angrenzenden Sauerland. Philippia (Kassel) 5: 127–150.

Nietsch, H., 1939: Wald und Siedlung im vorgeschichtlichen Mitteleuropa. Mannus-Bücherei 64. 254 p.

Nihlgard, B., 1970: Precipitation, its chem-ical composition and effect on soil water in a beech and spruce forest in South Sweden. Oikos 21: 208–217.

Nihlgard, B., 1970 a: Vegetation types of planted spruce forest in Scania,

Southern Sweden. Botan. Not. (Lund) 123: 310–337.
Nihlgard, B., 1985: The ammonium hypothesis – an additional explanation to the forest dieback in Europe. Ambio 14: 2–8.
Nihlgard, B., Lindgren, L., 1977: Plant biomass, primary production and bioelements of three mature beech forests in South Sweden. Oikos 28: 95–104.
Nihlgard, B., Nilsson, S. I., Popovic, B., 1988: Effects of lime on soil chemistry. In: Andersson, F., Persson, T. (eds.): Liming as a Measure to Improve Soil and Tree Condition in Areas Affected by Air Pollution. Swed. Environ. Prot. Board, Report 3518: 27–39.
Niklas, K. J., 1992: Plant Biomechanics: an Engineering Approach to Plant Form and Function. Chicago University Press, Chicago. 607 p.
Niklfeld, H., 1964: Zur xerothermen Vegetation im Osten Niederösterreichs. Verh. Zool.-Bot. Ges. Wien 103/104: 152–181.
Nilsson, M.-C., Gallet, C., Wallstedt, A., 1998: Temporal variability of phenolics and batatasin-III in Empetrum hermaphroditum leaves over an eight-year period: interpretations of ecological function. Oikos 81: 6–16.
Nilsson, S.-G., Baranowski, R., 1997: Habitat predictability and the occurrence of wood beetles in old-growth beech forests. Ecography 20: 491–498.
Nipkow, M., 1995: Ein synoptischer Verfahrensansatz zur naturschutzfachlichen Gebietsbewertung. Avifaunistische Untersuchungen in den Wäldern der Trockenaue am südlichen Oberrhein. Schr.R. Inst. Landespflege Univ. Freiburg/Br. 20. 155 p.Anhang.
Nobel, W., Arndt, U., 1984: Wildpflanzen unter Immissionsbelastung: Wirkungen von SO_2-Begasungen auf Gräser. Verh. Ges. Ökol. 12: 557–606.
Noble, J. C., Bell, A. D., Harper, J. L., 1979: The population biology of plants with clonal growth: I. The morphology and structural demography of Carex arenaria. J. Ecol. 67: 983–1008.
Noeske, O., Läuchli, A., Lange, O. L., Vieweg, G. H., Ziegler, H., 1970: Konzentration und Lokalisierung von Schwermetallen in Flechten der Erzschlackenhalden des Harzes. Ber. Deut. Bot. Ges. N. F. 4: 67–79.
Noest, V., van der Maarel, E., van der Meulen, F., van der Laan, D., 1989: Optimum-transformation of species cover-abundance values. Vegetatio 83: 167–178.
Noirfalise, A., 1952: La frenaie à Carex. Verh. Kön. Belg. Inst. Naturw. 122.
Noirfalise, A., 1956: La hetraie ardennaise. Bull. Inst. Agron. Stat. Rech. Gembloux 24: 208–240.
Noirfalise, A., Sougnez, N., 1956: Les chenaies de l'Ardenne verviétoise. Pédologie (Gand) 6 : 119–143.
Noirfalise, A., Sougnez, N., 1961: Les forets riveraine de Belgique. Bull. Jard. Bot. de L'Etat, Bruxelles 30: 199–288.
Nola, P., 1994: A dendroecological study of larch at timberline in the Central Italian Alps. Dendrochronologia 12: 77–91.
Nordén, B., Appelqvist, T., 2001: Conceptual problems of ecological continuity and its biodindicators. Biodiversity and Conservation 10: 779–791.
Nordén, U., 1992: Soil acidification and element fluxes as related to tree species in deciduous forests of south Sweden. PhD thesis, Univ. of Lund.
Nordhagen, R., 1940: Studien über die maritime Vegetation Norwegens. I. Bergens Mus. Aarb. 7, Naturw. R 2. 123 p.
Nordin, A., Högberg, P., Näsholm, T., 2001: Soil nitrogen form availability and plant nitrogen uptake along a boreal forest productivity gradient. Oecologia 129: 125–132.
Nover, L., Scharf, K. D., 1997: Heat stress proteins and transcription factors. Cell Mol. Life Sci. 53: 80–103.
Nowack, K.-H., 1990: Phosphorversorgung biologisch bewirtschafteter Äcker und Möglichkeiten der Bioindikation. Diss. Univ. Göttingen. 138 p.
Nowak, B. (ed.), 1990: Beiträge zur Kenntnis hessischer Pflanzengesellschaften. Bot. Ver. Naturschutz Hessen (Frankfurt/M.) 6: 5–71.
Nowak, B., Schulz, B., 2002: Wiesen. Nutzung, Vegetation, Biologie und Naturschutz am Beispiel der Wiesen des Südschwarzwaldes und Hochrheingebietes. Verlag Regionalkultur, Heidelberg. 368 p.
Oades, J. M., 1995: An overview of processes affecting the cycling of organic carbon in soils. In: Zepp, R. G., Sonntag, C. (eds.): The Role of Nonliving Organic Matter in the Earth's Carbon Cycle. Wiley, Chichester. pp. 293–304.
Ober, E. S., Sharp, R. E., 1994: Proline accumulation in maize (Zea mays L.) primary roots at low water potentials. 1. Requirement for increased levels of abscisic acid. Plant Physiol. 105: 981–987.
Oberdorfer, E., 1952: Die Wiesen des Oberrheingebietes. Beitr. Naturk. Forsch. Südw.-Deut. 9: 29–98.
Oberdorfer, E., 1956: Die Vergesellschaftung der Eissegge (Carex frigida All.) in alpinen Rieselfluren des Schwarzwaldes, der Alpen und der Pyrenäen. Veröff. Landesstelle Naturschutz u. Landschaftspfl. Baden-Württemb. 24: 452–465.
Oberdorfer, E., 1957: Süddeutsche Pflanzengesellschaften. Pflanzensoziologie (Jena) 10. 564 p.
Oberdorfer, E., 1959: Borstgras- und Krummseggenrasen in den Alpen. Beitr. Naturk. Forsch. Südw.-Deutschl. 18: 117–143.
Oberdorfer, E., 1959: Borstgras- und Krummseggenrasen in den Alpen. Beitr. Naturk. Forsch. Südw.-Deut. 18: 117–143.
Oberdorfer, E., 1960: Pflanzensoziologische Studien in Chile. Weinheim.
Oberdorfer, E., 1964: Der insubrische Vegetationskomplex, seine Struktur und Abgenzung gegen die submediterrane Vegetation in Oberitalien und in der Südschweiz. Beitr. Naturk. Forsch. Südw.-Deutschl. 23: 141–187.
Oberdorfer, E., 1971: Zur Syntaxonomie der Trittpflanzen-Gesellschaften. Beitr. Naturk. Forsch. Südwestdeutschl. 30: 95–111.
Oberdorfer, E., 1977: Klasse Asplenietea rupestria Br.-Bl. 34 in Meier et Mr.-Bl. 34. In: Oberdorfer E. (ed.): Süddeutsche Pflanzengesellschaften. Teil I. 2. Aufl. Fischer, Jena.
Oberdorfer, E. (ed.), 1983: Süddeutsche Pflanzengesellschaften. Teil II. 2. Aufl. Fischer, Stuttgart. 455 S
Oberdorfer, E., 1983: Süddeutsche Pflanzengesellschaften. 2. Aufl. Teil III. Fischer, Stuttgart. 455 p.
Oberdorfer, E., 1994: Pflanzensoziologische Exkursionsflora. 7. Aufl. Ulmer, Stuttgart. 1050 p.
Oberdorfer, E., Korneck, D., 1978: Festuco-Brometea. In: Oberdorfer, E. (ed.): Süddeutsche Pflanzengesellschaften, Teil II. G. Fischer, Stuttgart. pp. 86–180.
Oberdorfer, E., Müller, T., 1992: Prunetalia spinosae. In: Oberdorfer, E. (ed.): Süddeutsche Pflanzengesellschaften. 2. Aufl., Teil IV. Fischer, Jena. pp. 82–106.
Oberdorfer, E., Görs, S., Korneck, D., Lohmeyer, W., Müller, T., Philippi, G., Seibert, P., 1967: Systematische Übersicht der westdeutschen Phanerogamen- und Gefäßkryptogamen-Gesellschaften. Schriftenr. Vegetationskde (Bad Godesberg) 2: 7–240.
Oechel, W. C., Sveinbjörnsson, B., 1978: Primary production processes in Arc-

tic bryophytes at Barrow, Alaska. In: Tieszen, L. L. (ed.): Vegetation and Production Ecology of an Alaskan Tundra. New York. pp. 269–298.

Oelkers, K. H., 1970: Die Böden des Leinetales, ihre Eigenschaften, Verbreitung, Entstehung und Gliederung, ein Beispiel für die Talböden im Mittelgebirge und dessen Vorland. Beih. Geol. Jahrb., Bodenkundl. Beitr. 99: 71–152.

Oesau, A., 1990: Auswirkungen intensiver Bewirtschaftungsmaßnahmen auf die Zusammensetzung der Getreidewildkrautflora im Rheinhessischen Tafel- und Hügelland. Fauna Flora Rheinl.-Pfalz (Landau) 6: 299–334.

Oesau, A., 1991: Die Adonisröschen-Gesellschaft (Caucalido-Adonidetum flammeae Tx. 50) in Rheinland-Pfalz im Wandel veränderter Landbewirtschaftung. Fauna Flora Rheinl.-Pfalz (Landau) 6: 725–768.

Oesau, A., 1992: Erhebungen zur Verunkrautungsgefährdung bewirtschafteter Äcker durch stillgelegte Nachbarflächen. Z. PflKrankh. Pflschutz, Sonderh. XIII: 61–68.

Oberdorfer, E., (ed.) 1993: Süddeutsche Pflanzengesellschaften. Teil II. Sand- und Trockenrasen, Heide- und Borstgras-Gesellschaften, alpine Magerrasen, Saum-Gesellschaften, Schlag- und Hochstauden-Fluren. 3. Aufl. Fischer, Jena. 355 p.

Oberdorfer, E. (ed.), 1993: Süddeutsche Pflanzengesellschaften. Teil III: Wirtschaftswiesen und Unkrautgesellschaften. 3. Aufl. Fischer, Jena. 455 p.

Oesau, A., 1998: Möglichkeiten zur Erhaltung der Artenvielfalt im Ackerbau – Erfahrungen aus der Praxis. Schr.R. f. Vegetationskunde 29: 69–79.

Oettli, M., 1904: Beiträge zur Ökologie der Felsflora. Jb. St.Gall. Naturwiss. Ges. 1903: 1–171.

Ogasahara, K., 1964: Snow survey of Mt. Tateyama and Mt. Tsurugi of the Japanese North Alps. An essay on the relation of the topographic distribution of snowfall with vegetation. Synthetic Sci. Res. Org. Toyama Univ., Japan 1964: 1–32.

Ögren, E., Sundin, U., 1996: Photosynthetic responses to variable light: a comparison of species from contrasting habitats. Oecologia 106: 18–27.

Öhlund, J., Näsholm, T., 2001: Growth of conifer seedlings on organic and inorganic nitrogen sources. Tree Physiol. 21: 1319–1326.

Öhlund, J., Näsholm, T., 2004: Regulation of organic and inorganic nitrogen uptake in Scots pine (Pinus sylvestris) seedlings. Tree Physiol. 24: 1397–1402.

Okland, R. H., Okland, T., Rydgren, K., 2001: A Scandinavian perspective on ecological gradients in north-west European mires: reply to Wheeler and Proctor. J. Ecol. 89: 481–486.

Okland, T., 1988: An ecological approach to the investigation of a beech forest in Vestfold, SE Norway. Nord. J. Bot. 8: 375–407.

Olde Venterink, H., 2000: Nitrogen, phosphorus and potassium flows controlling plant productivity and species richness. PhD thesis, University of Utrecht. 151 p.

Olde Venterink, H., Davidsson, T. E., Kiehl, K., Leonardson, L., 2002: Impact of drying and re-wetting on N, P and K dynamics in a wetland soil. Plant and Soil 243: 119–130.

Oleksyn, J., Reich, P. B., Rachwal, L., Tjoelker, M. G., Karolewski, P., 2000: Variation in aboveground net primary production of diverse European Pinus sylvestris populations. Trees 14: 415–421.

Olff, H., 1992. On the mechanisms of vegetation succession. PhD thesis, University of Groningen. 212 p.

Olff, H., Bakker, J. P., 1991: Long-term dynamics of standing crop and species composition after the cessation of fertilizer application to mown grassland. J. Appl. Ecol. 28: 1040–1052.

Olff, H., de Leeuw, J., Bakker, J. P., Platerink, R. J., van Wijnen, H. J., de Munck, W., 1997: Vegetation succession and herbivory in a salt marsh: changes induced by sea level rise and silt deposition along an elevational gradient. J. Ecol. 85: 799–814.

Olff, H., Hoorens, B., de Goede, R. G. M., van der Putten, W. H., Gleichman, J. M., 2000: Small-scale shifting mosaics of two dominant grassland species: the possible role of soil-borne pathogens. Oecologia 125: 45–54.

Olff, H., Huisman, J., van Tooren, B. F., 1993: Species dynamics and nutrient accumulation during early primary succession in coastal sand dunes. J. Ecol. 81: 693–706.

Olff, H., Pegtel, D. M., van Groenendael, J. M., Bakker, J. P., 1994: Germination strategies during grassland succession. J. Ecol. 82: 69–77.

Olson, J. S., 1958: Rates of succession and soil changes on southern Lake Michigan sand dunes. Bot. Gaz. 119: 125–170.

Olsson, K., 1995: Changes in epiphytic lichen and moss flora in some beech forests in southern Sweden during 15 years. Ecol. Bull. 44: 238–247.

Olsson, M. O., Falkengren-Grerup, U., 2000: Potential nitrification as an indicator of preferential uptake of ammonium or nitrate by plants in an oak woodland understorey. Ann. Bot. 85: 299–305.

Olsson, M. O., Falkengren-Grerup, U., 2003: Partitioning of nitrate uptake between trees and understory in oak forests. For. Ecol. Manage. 179: 311–320.

Ondok, J. P., 1970: The horizontal structure of reed stands (Phragmites communis) and its relation to productivity. Preslia 42: 256–261.

Ong, C. K., Marshall, C., 1979: The growth and survival of severly-shaded tillers of Lolium perenne L. Ann. Bot. 43: 147–155.

Onianwa, P. C., 2001: Monitoring atmospheric metal pollution: a review of the use of mosses as indicators. Environ. Monitor. Assess. 71: 13–50.

Onillon, B., Durand, J.-L., Gastal, F., Tournebize, R., 1995: Drought effects on growth and carbon partitioning in a tall fescue sward grown at different nitrogen rates. Eur. J. Agron. 4: 91–100.

Onno, M., 1969: Laubstreunutzungs-Versuche in Waldgesellschaften des Wienerwaldes. In: R. Tüxen (ed.): Experimentelle Pflanzensoziologie. W. Junk, Den Haag. pp. 206–212.

Oomes, M. J. M., 1992: Yield and species density of grasslands during restoration management. J. Veget. Sci. 3: 271–274.

Oomes, M. J. M., Mooi, H., 1985: The effect of management on succession and production of formerly agricultural grassland after stopping fertilization. In: Schreiber, K.-F. (ed.): Sukzession auf Grünlandbrachen. Münstersche Geographische Arbeiten (Münster) 20: 59–67.

Oosterbaan, A., Nabuurs, G. J., 1991: Relationships between oak decline and groundwater class in The Netherlands. Plant and Soil 136: 87–93.

Oremus, P. A. J., 1982: Growth and nodulation of Hippophae rhamnoides L. in the sanddunes of the Netherlands. PhD thesis, Utrecht. 116 p.

Oren, R., Zimmermann, R., 1989: CO_2 assimilation and the carbon balance of healthy and declining spruce stands. In: Schulze, E.-D. (ed.): Forest Decline and Air Pollution. Ecol. Stud. 77. Springer, Berlin. pp. 352–369.

Ortloff, W., Schlaepfer, R., 1996: Stickstoff und Waldschäden: eine Litera-

turübersicht. Allg. Forst- u. Jagdz. 167: 184–201.
Osbornova, J., Kovarova, M., Leps, J., Prach, K., 1990: Succession in abandoned fields. Studies in Central Bohemia, Czechoslovakia. Kluwer, Dordrecht. 168 p.
Osonubi & Davies (1978): Solute accumulation in leaves and roots of woody plants subjected to water stress. Oecologia 32: 323–332.
Ostendorp, W., 1989: 'Die-back' of reeds in Europe – a critical review of literature. Aquat. Bot. 35: 5–26.
Ostendorp, W., 1990: Die Ursachen des Röhrichtrückgangs am Bodensee-Untersee. Carolinea 48: 85–102.
Ostendorp, W., 1991: Zur Geschichte der Uferröhrichte des Bodensee-Untersees. Schr. Ver. Gesch. Bodensees u. seiner Umgebung 109: 215–233.
Ostendorp, W., 1993: Schilf als Lebensraum. Beih. Veröff. Natursch. Landsch. pfl. Baden-Württemb. 68: 173–280.
Osvald, H., 1925: Die Hochmoortypen Europas. Veröff. Geobot. Inst. ETH, Stiftg. Rübel, Zürich 3: 707–723.
Ott, E., Lüscher, F., Frehner, M., Brang, P., 1991: Verjüngungsökologische Besonderheiten im Gebirgsfichtenwald im Vergleich zur Bergwaldstufe. Schweiz. Z. Forstwes. 142: 879–904.
Otte, A., 1984: Änderungen in Ackerwildkraut-Gesellschaften als Folge sich wandelnder Feldbaumethoden in den letzten 3 Jahrzehnten. Diss. Bot. 78. 165 p.
Otte, A., 1990: Die Entwicklung von Ackerwildkraut-Gesellschaften auf Böden mit guter Ertragsfähigkeit nach dem Aussetzen von Unkrautregulierungsmaßnahmen. Phytocoenologia 19: 43–92.
Otte, A., 1991: Veränderungen im Keimungs- und Auflaufverhalten bei Chenopodium ficifolium im Vergleich von 1950 und 1985–88. In: Mahn, E.-G., Tietze, F. (eds.): Agro-Ökosysteme und Habitatinseln in der Agrarlandschaft. Univ. Halle-Wittenberg, Wiss. Beitr. 1991/6 (P 46): 38–48.
Otte, A., 1996: Zur Phänologie der Pioniervegetation an Flußufern. Braunschw. Geobot. Arb. 4: 323–345.
Otte, A., Ludwig, T., 1989: Das Chaerophylletum aromatici Neuha. et Hejny 1969 – eine ruderale Hochstaudengesellschaft am Goldenen Steig im südlichen Bayerischen Wald. Tuexenia 9: 107–120.
Otte, A., Ludwig, T., 1990: Planungsindikator dörfliche Ruderalvegetation – ein Beitrag zur Fachplanung Grünordnung/Dorfökologie. Materialien zur Ländlichen Neuordnung (Bayer. Staatsmin. f. ELF, München) 18–19: 105 u. 173 p.
Ouborg, N. J., van Treuren, R., 1995: Variation in fitness-related characters among small and large populations of Salvia pratensis. J. Ecol. 83: 369–380.
Overbeck, F., 1961: Die Zeitstellung des "Grenzhorizontes" norddeutscher Hochmoore und ihre Bedeutung für die Vorgeschichte. Ber. V. Intern. Kongr. Vor- u. Frühgesch., Hamburg 1958, Berlin. pp. 631–635.
Overbeck, F., 1975: Botanisch-geologische Moorkunde: Wachholtz Verlag, Neumünster. 719 p.
Overbeck, F., Happach, H., 1957: Über das Wachstum und den Wasserhaushalt einiger Hochmoorsphagnen. Flora 144: 335–402.
Overdiek, D., 1989: Direkte Wirkungen der atmosphärischen CO_2-Anreicherung auf die einheimische Vegetation – Pflanzengemeinschaften des Grünlandes und der Wälder. Verh. Ges. Ökol. 19: 271.
Övergaard, R., Gemmel, P., Karlsson, M., 2007: Effects of weather conditions on mast year frequency in beech (Fagus sylvatica L.) in Sweden. Forestry 80: 555–565.
Ovington, J. D., 1954: Studies on the development of woodland conditions under different trees. II. The forest floor. J. Ecol. 42: 71–80.
Ovington, J. D., 1957: Dry matter production of Pinus sylvestris L. Ann. Bot. N. S. 21: 287–314.
Ovington, J. D., 1963: Flower and seed production. Oikos 14: 148–153.
Owens, K. E., Reed, D. D., Londo, A. J., Macleand, A. L., Mroz, G. D., 1999: A landscape level comparison of pre-European settlement and current soil carbon content of a forested landscape in upper Michigan. For. Ecol. Manage. 113: 179–189.
Owen-Smith, N., 1987: Pleistocene extinctions: the pivotal role of megaherbivores. Paleobiology 13: 351–362.
Ozenda, P., 1988: Die Vegetation der Alpen im europäischen Gebirgsraum. G. Fischer, Stuttgart. 353 p.
Ozenda, P., 1993: Etage alpin et toundra de montagne: parente ou convergence? Fragm. Florist. Geobot. Suppl. (Krakow) 2: 457–471.
Ozinga, W. A., van Andel, J., McDonnell-Alexander, M. P., 1997: Nutritional soil heterogeneity and mycorrhiza as determinants of plant species diversity. Acta Bot. Neerl. 46: 237–254.
Paahlsson, L., 1966: Vegetation and microclimate along a belt transect from the esker Knivsas. Botan. Not. 119: 401–418.
Paar, U., 1994: Untersuchungen zum Einfluss von Ammonium und Nitrat auf wurzelphysiologische Reaktionsmuster der Buche. Ber. Forschungszentr. Waldökosysteme (Göttingen) A 115. 124 p.
Paar, U., Eichhorn, J., 1992: Stickstoff als belastender Faktor von Waldökosystemen. Hess. Forstl. Versuchsanst. Hann. Münden 1992: 26–30.
Pachernegg, G., 1973: Struktur und Dynamik der alpinen Vegetation auf dem Hochschwab (NO-Kalkalpen). Diss. Bot. 22: 1–124.
Packham, J. R., 1978: Biological flora of the British Isles. Oxalis acetosella L. J. Ecol. 66: 669–693.
Packham, J. R., 1983: Biological flora of the British Isles. Lamium galeobdolon (L.) Ehrend. & Polatschek. J. Ecol. 71: 975–997.
Packham, J. R., Harding, D. J. L., Hilton, G. M., Stuttard, R. A., 1992: Functional Ecology of Woodlands and Forests. Chapman & Hall, London. 407 p.
Page, R. R., da Vinha, S. G., Agnew, A. D. Q., 1985: The reaction of some sand-dune plant species to experimentally imposed environmental change: a reductionist approach to stability. Vegetatio 61: 105–114.
Painter, T.J, 1991: Lindow Man, Tollund Man and other peat-bog bodies: The preservative and antimicrobial action of sphagnan, a reactive glycuronoglycan with tanning and sequestering properties. Carbohydrate Polymers 15: 123–142.
Päivänen, J., Vasander, H., 1994: Carbon balance in mire ecosystems. World Res. Rev. 6: 102–111.
Pakeman, R. J., Lee, J. A., 1991: The ecology of the strandline annuals Cakile maritima and Salsola kali. I. Environmental factors affecting plant performance. J. Ecol. 79: 143–153.
Palczynski, A., 1984: Natural differentiation of plant communities in relation to hydrological conditions of the Biebrza Valley. Pol. Ecol. Stud. 10: 347–385.
Pallas, J., 2000: Zur Synsystematik und Verbreitung der europäischen bodensauren Eichenmischwälder (Quercetalia roboris Tüxen 1931). Abh. Westfäl. Mus. Naturkde (Münster/W.) 62, 3: 3–125.
Pallmann, H., Haffter, P., 1933: Pflanzensoziologische und bodenkundliche Untersuchungen im Oberengadin mit

besonderer Berücksichtigung der Zwergstrauchgesellschaften der Ordnung Rhodoreto-Vaccinietalia. Ber. Schweiz. Botan. Ges. 42: 357–466.

Palmer, M. W., Arévalo, J. R., del Carmen Cobo, M., Earls, P. G., 2003: Species richness and soil reaction in a Northeastern Oklahoma landscape. Folia Geobot. 38: 381–389.

Pantou, G., Griel, J., 1983: Les associations végétales à Cladium mariscus dominant dans la vallée du Rhone entre Lyon et Genève. Coll. Phytosoc. (Cramer, Vaduz) 10 : 333–349.

Panzram, H., 1977: Das Klima in Großstädten und Ballungsgebieten. Naturw. Rdschau 30: 165–169.

Pape, J. C., 1970: Plaggen soils in the Netherlands. Geoderma 4: 229–255.

Pardey, A. (ed.), 1999: Naturschutz-Rahmen-Konzeption Galmeifluren NRW. LÖBF-Schriftenreihe 16. Recklinghausen. 272 S-

Parsons, A. J., Robson, M. J., 1981: Seasonal changes in the physiology of S 24 perennial ryegrass (Lolium perenne L.). 2. Potential leaf and canopy photosynthesis during the transition from vegetative to reproductive growth. Ann. Bot. 47: 249–258.

Pärtel, M., 2002: Local plant diversity patterns and evolutionary history at the regional scale. Ecology 83: 2361–2366.

Partzsch, M., 2000: Die Porphyrkuppenlandschaft des unteren Saaletals – Strukturwandel ihrer Vegetation in den letzten vier Jahrzehnten. Tuexenia 20: 153–187.

Partzsch, M., Scherf, W., Hensen, I., 2003: Die Porphyrkuppenlandschaft des unteren Saaletals – Vegetationsdynamische Untersuchungen auf kleinflächigen Kuppen unterschiedlicher Entstehungszeit. Tuexenia 23: 227–255.

Passarge H., 1953 b: Schädlingsbefall und Standort. Arch. Forstwes. 2: 245–254.

Passarge, G., Passarge, H., 1973: Zur soziologischen Gliederung von Sandstrand-Gesellschaften der Ostseeküste. Feddes Repert. 84: 231–258.

Passarge, H., 1953: Waldgesellschaften des mitteldeutschen Trockengebietes. Arch. Forstwes. 2: 1–58, 182–208, 340–383 u. 532–551.

Passarge, H., 1956 a: Vegetationskundliche Untersuchungen in Wäldern und Gehölzen der Elbaue. Arch. Forstwes. 5: 339–358.

Passarge, H., 1956 b: Die Wälder des Oberspreewaldes. Arch. Forstwes. 5: 46–95.

Passarge, H., 1957: Waldgesellschaften des nördlichen Havellandes. Wiss. Abh. d. Dtsch. Akad. d. Landwirtschaftswiss. (Berlin) 26: 1–139.

Passarge, H., 1959: Vegetationskundliche Untersuchungen in den Wäldern der Jungmoränenlandschaft um Dargun/Ostmecklenburg. Arch. Forstwes. 8: 1–74.

Passarge, H., 1960: Zur soziologischen Gliederung binnenländischer Corynephorus-Rasen im nordostdeutschen Flachland. Verh. bot. Ver. Prov. Brandenburg 98–100: 113–124.

Passarge, H., 1962: Über Pflanzengesellschaften im nordwestlichen Mecklenburg. Arch. Nat. Mecklenburg 8: 91–113.

Passarge, H., 1963: Zur soziologischen Gliederung von Kiefernwäldern im nordöstlichen Mitteleuropa. Arch. Forstwes. 12: 1159–1176.

Passarge, H., 1963 b: Beobachtungen über Pflanzengesellschaften landwirtschaftlicher Nutzflächen im nördlichen Polen. Feddes Repert. 140: 27–69.

Passarge, H., 1964: Pflanzengesellschaften des nordostdeutschen Flachlandes I. Pflanzensoziologie Bd. 13. G. Fischer, Jena. 324 p.

Passarge, H., 1964 b: Beobachtungen zur soziologischen Gliederung masurischer Hainbuchenwälder. Arch. Forstwes. 13: 667–689.

Passarge, H., 1965: Beobachtungen über die soziologische Gliederung baltischer Buchenwälder in S-Schweden. Arch. Forstwes. 14: 1133–1148.

Passarge, H., 1968: Formationsgruppe Fruticosa (Rübel 30) Doing 57, Gebüschgesellschaften. In: Passarge, H., Hofmann, G. (eds.): Pflanzengesellschaften des nordostdeutschen Flachlandes. 2. Pflanzensoziologie 16: 219–256.

Passarge, H., 1969: Zur soziologischen Gliederung mitteleuropäischer Frischwiesen. Feddes Repert. 80: 357–372.

Passarge, H., 1969: Zur soziologischen Gliederung mitteleuropäischer Weißklee-Weiden. Feddes Repert. 80: 413–435.

Passarge, H., 1970: Zur Kenntnis der Vegetationsfolge nach Kahlschlag, eine Voraussetzung für die rationelle Unkrautbekämpfung. Archiv Forstwes. 19: 269–276.

Passarge, H., 1971: Zur soziologischen Gliederung mitteleuropäischer Fichtenwälder. Feddes Repert. 81: 577–604.

Passarge, H., 1979: Über azidophile Waldsaumgesellschaften. Feddes Repert. 90: 465–479.

Passarge, H., 1979: Über mitteleuropäisch-montane Trittpflanzengesellschaften. Vegetatio 9: 77–84.

Passarge, H., 1985: Phanerophyten-Vegetation der märkischen Oderaue. Phytocoenologia 13: 505–603.

Passarge, H., 1987: Wildobst-Gehölzgesellschaften. Tuexenia 7: 381–410.

Passarge, H., 1989: Agropyretea-Gesellschaften im nördlichen Binnenland. Tuexenia 9: 121–150.

Passarge, H., 1992: Mitteleuropäische Potamogetonetea I. Phytocoenologia 20: 489–527.

Passarge, H., 1994: Azidophile Waldsaumgesellschaften (Melampyro-Holcetea mollis) im europäischen Raum. Tuexenia 14: 83–111.

Passarge, H., 1994: Mitteleuropäische Potamogetonetea II. Phytocoenologia 24: 337–367.

Passarge, H., 1996: Mitteleuropäische Potamogetonetea III. Phytocoenologia 26: 129–177.

Passarge, H., Hofmann, G., 1968: Zur soziologischen Gliederung nord-mitteleuropäischer Hainbuchenwälder. Feddes Repert. 78: 1–13.

Passarge, H., Jurko, A., 1975: Über Ackerunkrautgesellschaften im nordslowakischen Bergland. Folia Geobot. Phytotax. 10: 225–264.

Passioura, J. B., 1982: Water in the soil-plant-atmosphere continuum. In: Lange, O. L., Nobel, P. S., Osmond, B., Ziegler, H. (eds.): Physiological Ecology. II. Encyclopedia of Plant Physiology, N. S. 12 A. Springer, Berlin. pp. 5–33.

Patz, G., Kätzel, R., 1999: Auwaldbegründung und Auwaldentwicklung. Auenreport – Beiträge aus dem Biosphärenreservat Flusslandschaft Elbe, Sonderband 1. Rühstedt (Brandenburg). pp. 69–77.

Patzelt, G., 1985: The period of glacier advances in the Alps, 1965 to 1980. Z. Gletscherkd. Glazialgeol. 21: 403–407.

Paul, F., Kääb, A., Maisch, M., Kellenberger, T., Haeberli ,W., 2004: Rapid disintegration of Alpine glaciers observed with satellite data. Geophys. Res. Lett. 31, L 21402.

Paul, H., Lutz, J., 1941: Zur soziologischen Charakterisierung von Zwischenmooren. Ber. Bayer. Botan. Ges. 25: 1–28.

Paul, K. H., 1944 u. 1953: Morphologie und Vegetation der Kurischen Nehrung. I. Gestaltung der Bodenformen in ihrer Abhängigkeit von der Pflanzendecke. II. Entwicklung der Pflanzendecke von der Besiedlung des Flugsandes bis zum Wald. Nova Acta Leopoldina N. F. 13: 215–378 u. 16: 261–378.

Paul, Ph., Richard, Y., 1968: Études expérimentales sur le déterminisme de la composition floristique des pelouses xérophiles. Oecol. Plant. 3: 29–48.

Pauli, H., Gottfried, M., Dirnböck, T., Grabherr, G., 2003: Assessing the long-term dynamics of endemic plants at summit habitats. In: Nagy, L., Grabherr, G., Körner, Ch., Thompson, D. B. A. (eds.): Alpine Biodiversity in Europe. Ecol. Stud. 167. Springer, Berlin. pp. 195–207.

Pauli, H., Gottfried, M., Grabherr, G., 1999: Vascular plant distribution patterns at the low-temperature limits of plant life – the alpine-nival ecotone of Mount Schrankogel (Tyrol, Austria). Phytocoenologia 29: 297–325.

Pauli, H., Gottfried, M., Grabherr, G., 2001: High summits of the Alps in a changing climate. In: Walther, G.-R. et al. (eds.): "Fingerprints" of Climate Change. Kluwer, New York. pp. 139–149.

Pauli, H., Gottfried, M., Grabherr, G., 2003: High summits of the Alps in a changing climate. In: Walther, G.R et al. (eds.): "Fingerprints" of Climate Change. Kluwer Academic/Plenum Publishers, New York. p. 139–149.

Pauli, H., Gottfried, M., Reiter, K., Klettner, Ch., Grabherr, G., 2007: Signals of range expansions and contractions of vascular plants in the high Alps: observations (1994–2004) at the GLORIA master station site Schrankogel, Tyrol, Austria. Global Change Biol. 13: 147–156.

Paulissen, M. P. C. P., van der Ven, P. J. M., Dees, A. J., Bobbink, R., 2004: Differential effects of nitrate and ammonium on three fen bryophyte species in relation to pollutant nitrogen input. New Phytol. 164: 451–458.

Paulsen, J., Körner, Ch., 2001: GIS analysis of tree-line elevation in the Swiss Alps suggests no exposure effect. J. Veg. Sci. 12: 817–824.

Paulsen, J., Weber, U. M., Körner, Ch., 2000: Tree growth near treeline: abrupt or gradual reduction with altitude? Arctic, Antarctic Alp. Res. 32: 14–20.

Paulus, W., Bresinsky, A., 1989: Soil fungi and other microorganisms. In: Schulze, E.-D. (ed.): Forest Decline and Air Pollution. Ecol. Stud. 77. Springer, Berlin. pp. 110–120.

Paus, S. M., 1997: Die Erdflechtenvegetation Nordwestdeutschlands und einiger Randgebiete. Bibliotheca Lichenologica Bd. 66: 1–207

Pausas, J. G., Austin, M. P., 2001: Patterns of plant species richness in relation to different environments: an appraisal. J. Veg. Sci. 12: 153–166.

Pautasso, M., Holdenrieder, O., Stenlid, J., 2005: Susceptibility to fungal pathogens of forests differing in tree diversity. In: Scherer-Lorenzen, M., Körner, Ch., Schulze, E.-D. (eds.): Forest Diversity and Function. Ecol. Stud. 176. Springer, Berlin. pp. 263–290.

Pautou, G., Décamps, H., 1985: Ecological interactions between the alluvial forests and hydrology of the Upper Rhone. Arch. Hydrobiol. 104: 13–37.

Pautou, G., Girel J., 1994: Interventions humaines et changements de la végétation alluviales dans la vallée de l'Isère (de Montmélian au Port de St-Gervais). Revue Géogr. Alpine (Grenoble) 82: 127–146.

Pautou, G., Girel J., 2001: The floodplain forests of the Upper Rhone River Valley. In: Klimo, E., Hager, H. (eds.): The Floodplain Forests in Europe. European Forest Institute Research Report 10. Brill, Leiden. p. 147–168.

Pavlik, B. M., 1983: Nutrient and productivity relations of the dune grasses Ammophila arenaria and Elymus mollis. II. Growth and patterns of dry matter and nitrogen allocation as influenced by nitrogen supply. Oecologia 57: 233–238.

Pavlik, B. M., 1985: Water relations of the dune grasses Ammophila arenaria and Elymus mollis on the coast of Oregon, U. S. A. Oikos 45: 197–205.

Pawlowksi, B., 1931: Altitudes maxima des plusieurs plantes vasculaires dans les monts Tatra. Spraw. Kom. Fizjogr. Polsk. Akad. Umiej. 65: 153–158.

Pawlowski, B., 1935: Über die Klimaxassoziation in der alpinen Stufe der Tatra. Bull. Acad. Polon. Sci. Lettr., Cl. Sci. Math-nat., Sér. B 1935: 115–146.

Pawlowski, B., 1959: Szata roslinna gor polskich. In: Szafer et al.: Szata roslinna polskii II: 189–253. Warszawa.

Pawlowski, B., 1969: Der Endemismus in der Flora der Alpen, der Karpaten und der balkanischen Gebirge im Verhältnis zu den Pflanzengesellschaften. Mitt. Ostalpin-dinar. Pflanzensoziol. Arb.gem. (Camerino) 9: 167–178.

Pawlowksi, B., 1970: Remarques sur l'endemisme dans la flore des Alpes et des Carpathes. Vegetatio 21: 181–243.

Peace, W. J. H., Grubb, P. J., 1982: Interaction of light and mineral nutrient supply in the growth of Impatiens parviflora. New Phytol. 90: 127–150.

Pearcy, R. W., Krall, J. P., Sassenrath-Cole, G. F., 1996: Photosynthesis in fluctuating light environments. In: Baker, N. R. (ed.): Photosynthesis and The Environment. Advances in Photosynthesis, vol. 5. Kluwer, Dordrecht. pp. 331–346.

Pearcy, R. W., Pfitsch, W. A., 1991: Influence of sunflecks on the ^{13}C of Adenocaulon bicolor plants occurring in contrasting forest understorey microsites. Oecologia 86: 457–462.

Pechácková, S., Krahulec, F., 1995: Efficient nitrogen economy: key to the success of Polygonum bistorta in an abandoned mountain meadow. Folia Geobot. Phytotax. (Praha) 30: 211–222.

Peck, A., Mayer, H., 1996: Einfluss von Bestandesparametern auf die Verdunstung von Wäldern. Forstw. Cbl. 115: 1–9.

Pedersen, A., 1983: The vegetation of the Wadden Sea islands in Denmark and Schleswig-Holstein. In: Dijkema, K. S., Wolff, W. J. (eds.): Flora and Vegetation of the Wadden Sea Islands and Coastal Areas. Report 9 of the Wadden Sea Working Group. Leiden. pp. 137–165.

Pedersen, H., Dunkin, K., Firestone, M., 1999: The relative importance of autotrophic and heterotrophic nitrification in a conifer forest soil as measured by ^{15}N tracer and pool dilution techniques. Biogeochemistry 44: 130–150.

Pedersen, O., Sand-Jensen, K., 1992: Adaptations of submerged Lobelia dortmanna to aerial life form: morphology, carbon sources and oxygen dynamics. Oikos 65: 89–96.

Peglar, S. M., Birks, H. J. B., 1993: The mid-Holocene Ulmus fall at Diss Mere, Southeast England – disease or human impact? Veget. Hist. Archaeobot. 2: 61–68.

Pegtel, D. M., 1983: Ecological aspects of a nutrient-deficient grassland. Verh. Ges. Ökol. 10: 217–228.

Pellinen, P., 1986: Biomasseuntersuchungen in einem Kalkbuchenwald. Diss. Univ. Göttingen. 145 p.

Pellissier, F., 1993: Allelopathic inhibition of spruce germination. Acta Oecol. 14: 211–218.

Pelton, D. K., Levine, S. N., Braner, M., 1998: Measurements of phosphorus uptake by macrophytes and epiphytes from the LaPlatte River (VT) using ^{32}P in stream mesocosms. Freshw. Biol. 39: 285–299.

Pemadasa, M. A., Lovell, P. H., 1974: The mineral nutrition of some dune annuals. J. Ecol. 62: 647–657.

Penka, M., 1985: Some physiological processes in the ecosystem of a floodplain forest. In: Penka, M., Vyskot, M., Klimo, E., Vasicek, F. (eds.): Floodplain Forest Ecosystem. Academia, Prag. pp. 295–324.

Pennings, S. C., Callaway, R. M., 1992: Salt marsh zonation: the relative importance of competition and physical factors. Ecology 73: 681–690.

Peppler, C., 1992: Die Borstgrasrasen (Nardetalia) Westdeutschlands. Diss. Bot. 193: 1–404.

Peppler-Lisbach, C., Petersen, J., 2001: Synopsis der Pflanzengesellschaften Deutschlands. Heft 8: Calluno-Ulicetea (G 3). Teil 1: Nardetalia strictae. Borstgrasrasen. Göttingen. 116 p.

Persson, T., Rudebeck, A., Jussy, J. H. et al., 2000: Soil nitrogen turnover – mineralisation, nitrification and denitrification in European forest soils. In: Schulze, E.-D. (ed.): Carbon and Nitrogen Cycling in European Forest Ecosystems. Ecol. Stud. 142. Springer, Berlin. pp. 297–331.

Persson, T., Wirén, A., 1995: Nitrogen mineralization and potential nitrification at different depths in acid forest soils. Plant and Soil 168–169: 55–65.

Perumal, J. V., Maun, M. A., 1999: The role of mycorrhizal fungi in growth enhancement of dune plants following burial in sand. Funct. Ecol. 13: 560–566.

Peter, M., Ayer, F., Egli, S., Honneger, R., 2001: Above- and belowground community structure of ectomycorrhizal fungi in three Norway spruce (Picea abies) stands in Switzerland. Can. J. Bot. 79: 1134–1151.

Peterken, G. F., Game, M., 1984: Historical factors affecting the number and distribution of vascular plant species in the woodlands of central Lincolnshire. J. Ecol. 72: 155–182.

Peterken, G. F., Mountford, E. P., 1996: Effects of drought on beech in Lady Park Wood, an unmanaged mixed deciduous woodland. Forestry 69: 125–136.

Peters, M., 1996: Vergleichende Vegetationskartierung der Insel Borkum und beispielhafte Erfassung der Veränderung von Landschaft und Vegetation einer Nordseeinsel. Diss. Bot. 257: 1–227.

Peters, R., 1992: Ecology of beech forests in the northern hemisphere. PhD thesis, Wageningen.

Petersen, J., 1999: Littorelletea- und Isoëto-Nanojuncetea-Gesellschaften der niederländischen, deutschen und dänischen Inseln des Wattenmeeres. Mitt. Bad. Landesver. Naturkunde u. Naturschutz N. F. 17: 355–368.

Petersen, J., 2000: Die Dünentalvegetation der Wattenmeer-Inseln der südlichen Nordsee. Eine pflanzensoziologische und ökologische Vergleichsuntersuchung unter Berücksichtigung von Nutzung und Naturschutz. Diss., Univ. Hannover. 336 p.

Petersen, J., Pott, R., 1995: Das Botrychio lunariae-Polygaletum vulgaris Prsg. 1950, eine neue Assoziation für die Nordseeinsel Langeoog. Natur u. Heimat (Münster) 55: 33–39.

Petersen, J., Pott, R., Dauck, H.-P., Hahn, D., 2003: Vegetation und Grundwasser. In: Petersen, J., Pott, R., Janiesch, P., Wolff, J. (eds.): Umweltverträgliche Grundwasserbewirtschaftung in hydrogeologisch und ökologisch sensiblen Bereichen der Nordseeküste. Husum Druck- u. Verlagsges., Husum. pp. 33–126.

Petersen, J., Pott, R., Richter, O., 2001: Dünentäler – Ein gefährdeter Lebensraum im Interessenkonflikt zwischen Naturschutz und Grundwasserbewirtschaftung. Zbl. Geol. Paläont. Teil I, 1/2: 93–110.

Petersen, P. M., Philipp, M., 2001: Implantation of forest plants in a wood on former arable land: a ten year experiment. Flora 196: 286–291.

Peterson, L. A., Stang, E. J., Dana, M. N., 1988: Blueberry response to NH_4-N and NO_3-N. J. Amer. Soc. Horticul. Sci. 113: 9–12.

Petit, R. J., Brewer, S., Bordacs, S. et al., 2002 : Identification of refugia and post-glacial colonisation routes of European white oaks based on chloroplast DNA and fossil pollen evidence. For. Ecol. Manage. 156: 49–74.

Petzold, K., 1959: Wirkung des Mähdruschverfahrens auf die Verunkrautung. Z. Acker- u. Pflanzenbau 109: 49–78.

Pfadenhauer, J-, Kiehl, K., 2003: Renaturierung von Kalkmagerrasen. Angew. Landschaftsökologie (Bonn-Bad Godesberg) 55: 1–292.

Pfadenhauer, J., 1969: Edellaubholzreiche Wälder im Jungmoränengebiet des bayerischen Alpenvorlandes und in den bayerischen Alpen. Diss Bot. 3. 212 p.

Pfadenhauer, J., 1989: Renaturierung von Torfabbauflächen in Hochmooren des Alpenvorlandes. Telma, Beih. 2: 313–332.

Pfadenhauer, J., Kapfer, A., Maas, D., 1987: Renaturierung von Futterwiesen auf Niedermoortorf durch Aushagerung. Natur u. Landsch. 62: 430–434.

Pfadenhauser, J., 1973: Versuch einer vergleichend-ökologischen Analyse der Buchen-Tannen-Wälder des Schweizer Jura (Weißenstein und Chasseral). Veröff. Geobot. Inst. ETH, Stiftg. Rübel, Zürich 50: 60 p.

Pfeiffer, H., 1942: Vom Lichtgenuß des Krautwuchses unter Feld- und Wallhecken. Aus der Heimat 55: 106–110.

Pfirrmann, H., Brünn, S., Schmidt, W., 1999: Vergleichende Untersuchungen zu Vegetation und Standortsbedingungen in Calamagrostis epigejosreichen Kiefernwäldern des norddeutschen Tieflandes. Forstarchiv 70: 103–112.

Pflume, S., 1999: Laubwaldgesellschaften im Harz. Gliederung, Ökologie, Verbreitung. Diss. Univ .Göttingen. 238 p.

Pfrogner, J., 1973: Grünlandgesellschaften und Grundwasser der Innaue südlich von Rosenheim. Diss. Bot. 23: 1–179.

Philippart, C. J. M., 1995: Effect of periphyton grazing by Hydrobia ulvae on the growth of Zostera noltii on a tidal flat in the Dutch Wadden Sea. Mar. Biol. 122: 431–437.

Philippi, G., 1960: Zur Gliederung der Pfeifengraswisen im südlichen und mittleren Oberrheingebiet. Beitr. Naturk. Forsch. Südwestdeutschl. 19: 138–187.

Philippi, G., 1963: Zur Gliederung der Flachmoorgesellschaften des Südschwarzwaldes und der Hochvogesen. Beitr. naturk. Forsch. Südw.-Deutschl. 22: 113–135.

Philippi, G., 1963: Zur Kenntnis der Moosgesellschaften saurer Erdraine des Weserberglandes, des Harzes und der Rhön. Mitt. Florist.-Soziol. Arb.gem. N. F. 10: 92–108.

Philippi, G., 1965: Moosgesellschaften des morschen Holzes und des Rohhumus im Schwarzwald, in der Rhön, im Weserbergland und im Harz. Nova Hedwigia 9: 185–232.

Philippi, G., 1966 : Sporenkeimung und Protonemawachstum von Moosen verschiedener Standorte in Abhängigkeit vom pH-Wert. Flora, Abt. B 156: 319–349.

Philippi, G., 1968: Zur Kenntnis der Zwergbinsengesellschaften des Oberrheingebietes. Veröff. Landesstelle Naturschutz u. Landschaftspfl. Bad.-Württemb. 36: 65–130.

Philippi, G., 1969: Laichkraut- und Wasserlinsengesellschaften des Oberrheingebietes zwischen Straßburg und Mannheim. Veröff. Landesstelle

Naturschutz u. Landschaftspfl. Baden-Württemb. 37: 102–172.

Philippi, G., 1970: Die Kiefernwälder der Schwetzinger Hardt (nordbadische Oberrheinebene). Veröff. Landesstelle Naturschutz u. Landschaftspfl. Baden-Württemb. 38: 46–92.

Philippi, G., 1971: Sandfluren, Steppenrasen und Saumgesellschaften der Schwetzinger Hardt (nordbadische Rheinebene). Veröff. Landesstelle f. Naturschutz u. Landsch.pfl. Baden-Württemb. 39: 67–130.

Philippi, G., 1973: Sandfluren und Brachen kalkarmer Flugsande des mittleren Oberrheingebietes. Veröff. Landesstelle f. Naturschutz u. Landschaftspfl. Baden-Württemb. 41: 24–62.

Philippi, G., 1973: Zur Kenntnis einiger Röhrichtgesellschaften des Oberrheingebietes. Beitr. Naturkundl. Forsch. Südwestdeutschl. 32: 53–95.

Philippi, G., 1975: Quellflurgesellschaften der Allgäuer Alpen. Beitr. Naturk. Forsch. Südwestdeutschl. 34: 259–287.

Philippi, G., 1978: Veränderungen der Wasser- und Uferflora im badischen Oberrheingebiet. Beih. Veröff. Natursch. Landsch.pfl. Bad.-Württemb. 11: 99–134.

Philippi, G., 1981: Bedeutung der Altholzbestände aus botanischer Sicht. Beih. Veröff. Natursch. Landschaftspfl. Baden-Württemb. 20: 19–22.

Philippi, G., 1981: Sandfluren in der nordbadischen Rheinebene und ihre Abhängigkeit vom Menschen. In: Schwabe-Braun, A. (Red.): Vegetation als anthropo-ökologischer Gegenstand. Ber. Int. Symp. Int. Ver. Veget.kde, Rinteln 1971/72. Cramer, Vaduz. pp. 155–166.

Philippi, G., 1982: Änderungen der Flora und Vegetation am Oberrhein. Veröff. Pfälz. Ges. Förderung Wiss. (Speyer) 70: 87–100.

Philippi, G., 1995: Unkrautgesellschaften der Rapsäcker im Taubergebiet. Nürtinger Hochschulschriften 13: 129–138.

Phillips, G. L., Eminson, D., Moss, B., 1978: A mechanism to account for macrophyte decline in progressively eutrophicated freshwaters. Aquat. Bot. 4: 103–126.

Pietsch, W., 1963: Vegetationskundliche Studien über die Zwergbinsen- und Strandlingsgesellschaften in der Nieder- und Oberlausitz. Abh. u. Ber. Naturkundemus. Görlitz 38, Nr. 2. 80 p.

Pietsch, W., 1965: Die Erstbesiedlungsvegetation eines Tagebau-Sees. Synökologische Untersuchungen im Lausitzer Braunkohlen-Revier. Limnologica 3: 177–222.

Pietsch, W., 1973: Beitrag zur Gliederung der europäischen Zwergbinsengesellschaften (Isoëto-Nanojuncetea Br.-Bl. et Tx. 1943). Vegetatio 28: 401–438.

Pietsch, W., 1974: Ökologische Untersuchung und Bewertung von Fließgewässern mit Hilfe höherer Wasserpflanzen – ein Beitrag zur Belastung aquatische Ökosysteme. Mitt. Sekt. Geobot. u. Phytotax. Biol. Ges. DDR 1974: 13–29.

Pietsch, W., 1977: Beitrag zur Soziologie und Ökologie der europäischen Littorelletea- und Utricularietea-Gesellschaften. Feddes Repert. 88: 141–245.

Pietsch, W., 1999: Zum Keimverhalten ausgewählter Arten mitteleuropäischer Zwergbinsengesellschaften. Mitt. Bad. Landesver. Naturkunde u. Naturschutz N. F. 17: 261–274.

Pietschmann, M., Wirth, V., 1989: Kritik der pflanzensoziologischen Klassifikationen am Beispiel calciphytisch-saxicoler Flechten- und Moosgemeinschaften im Bereich des Frankendolomits. Bibliotheca Lichenologica (Stuttgart) 33: 126 p.

Pignatti, E., Pignatti, S., 1975: Syntaxonomy of the Sesleria varia-grasslands of the calcareous Alps. Vegetatio 30: 1–14.

Pignatti, S., Caniz, S., Squartini, R., Squartini, V., 1989: Chorological and ecological information as a basis for the syntaxonomy of beech forest in Italy. Ber. Reinh. Tüxen-Ges. 1: 73–82.

Pignatti. S., 1970: Die Fichtenwälder Norditaliens. Mitt. Ostalpin-Dinar. Arb.gem. (Wien) 6. 1970.

Pignatti-Wikus, E., 1959: Pflanzensoziologische Studien im Dachsteingebiet. Boll. Soc. Adriat. Sci. Nat. Trieste 50: 89–168.

Pigott, C. D., 1969: Influence of mineral nutrition on the zonation of flowering plants in coastal saltmarshes. In: Rorison, I. H., (ed.): Ecological Aspects of the Mineral Nutrition of Plants. Blackwell, Oxford: 25–35.

Pigott, C. D., 1975: Natural regeneration of Tilia cordata in relation to forest-structure in the forest of Białowieża. Philos. Trans. Roy. Soc. London B 270: 151–179.

Pikula, J., 1963: Die Disseminationsweisen in den Pflanzengesellschaften der Belaer Tatra. Sbornik Prac. Tatransk. Narodn. Parku 6: 27–42.

Pilát, A., 1969: Underground dry weight in the grassland communities of Arrhenatheretum elatioris alopecuretosum Vicherek 1960. Folia Geobot. Phytotax. 4: 225–234.

Pilotek, D., 1988: Auswirkungen des Ackerrandstreifenprogrammes auf die Artenstruktur in Aperetalia-Gesellschaften. Tuexenia 8: 195–209.

Pilotek, D., 1990: Veränderungen der Ackerwildkrautvegetation (Klasse Stellarietea mediae) in Nordbayern. Diss. Univ. Erlangen. 173 p.

Pineau, M., 1968: Observations phénologiques et morphologiques sur le comportement de quelques essences forestieres soumises à l'action d'engrais N, P et K. Diss. ETH Zürich. 136 p.

Piotrowska, H., 1988: The dynamics of the dune vegetation on the Polish Baltic coast. Vegetatio 77: 169–175.

Piotrowska, H., Celinski, F., 1965: Psammophilous vegetation of the Wolin Island and that of south-eastern Uznam (in polnisch). Badania fizjograficzne nad Polska, Zachodnia Poznan, Ser. B. 16: 123–170.

Piovesan, G., Adams, J. M., 2001: Masting behaviour in beech: linking reproduction and climatic variation. Can. J. Bot. 79: 1039–1047.

Pip, E., 1989: Water temperature and freshwater macrophyte distribution. Aquat. Bot. 34: 367–373.

Pirk, W., Tüxen, R., 1957: Höhere Pilze in nordwestdeutschen Calluna-Heiden (Calluneto-Genistetum typicum). Mitt. Florist.-Soziol. Arb.gem. N. F. (Stolzenau/Weser) 6/7: 127–129.

Piroznikow, E., 1994: Demography of Anemone nemorosa L. in dry-site deciduous forest (Tilio-Carpinetum) in the Białowieża Forest. Ekologia Polska 42: 155–172.

Piroznikow, E., 1998: Structure of vegetation cover and demographical processes in population. In: Falinska, K. (ed.): Plant Population Biology and Vegetation Processes. W. Szafer Institute of Botany. Polish Acad. of Sciences. Krakow. pp. 302–315.

Pisek, A., 1963: An den Grenzen des Pflanzenlebens im Hochgebirge. Jb. Ver. Schutze Alpenpflanzen u. -tiere 28: 112–129.

Pisek, A., Berger, E., 1938: Kutikuläre Transpiration und Trockenresistenz isolierter Blätter und Sprosse. Planta 28: 125–155.

Pisek, A., Cartellieri, E., 1941: Der Wasserverbrauch einiger Pflanzenvereine. Jb. wiss. Bot. 90: 256–291.

Pisek, A., Larcher, W., Unterholzner, R., 1967: Kardinale Temperaturbereiche der Photosynthese und Grenztemperaturen des Lebens der Blätter verschiedener Spermatophyten. I. Temperaturminimum der Nettoassimilation, Gefrier- und Frostschadensbereiche der Blätter. Flora B 157: 239–264.

Pisek, A., Larcher, W., Moser, W., Pack, I., 1969: Kardinale Temperaturbereiche der Photosynthese und Grenztemperaturen des Lebens der Blätter verschiedener Spermatophyten. III. Temperaturabhängigkeit und optimaler Temperaturbereich der Netto-Photosynthese. Flora B 158: 608–630.

Pisek, A., Larcher, W., Vegis, A., Napp-Zinn, K., 1973: The normal temperature range. In: Precht, H. et al. (eds.): Temperature and life. Springer, Berlin. pp. 102–194.

Pisek, A., Sohm, H., Cartellieri, E., 1935: Untersuchungen über osmotischen Wert und Wassergehalt von Pflanzen und Pflanzengesellschaften der alpinen Stufe. Beih. Bot. Cbl. (Prag) 52: 634–675.

Pisek, A., Winkler, E., 1958: Assimilationsvermögen und Respiration der Fichte (Picea excelsa Link.) in verschiedener Höhenlage und der Zirbe (Pinus cembra L.) an der alpinen Waldgrenze. Planta 51: 518–543.

Pisut, P., Uhercikova, E., 2000: A contribution to the knowledge of floodplain forest succession in Bratislava. Ekologia 19: 157–180.

Pitschmann, H., Reisigl, H., Schiechtl, H., 1959: Bilderflora der Südalpen. Vom Gardasee zum Comersee. Stuttgart. 278 p.

Plakolm, G., 1989: Unkrauterhebungen in konventionell und biologisch bewirtschafteten Getreideäckern Oberösterreichs. Diss. Univ. f. Bodenkultur, Wien.

Planty-Tabacchi, A. M., Tabacchi, E., Naiman, R. J., DeFerrari, C., Décamps, H., 1996: Invasibility of species-rich communities in riparian zones. Cons. Biol. 10: 598–607.

Platzer, W., Spindler, K., 1992: Der Mann im Eis. Bd. 1. Veröff. Univ. Innsbruck 187: 464 p.

Pluess, A. R., Stöcklin, J., 2005: The importance of population origin and environment on clonal and sexual reproduction in the alpine plant Geum reptans. Funct. Ecol. 19: 228–237.

Podlaski, R., 2008: Forest dynamics in Central European near-natural mixed-species forests: does the mosaic-cycle approach provide an appropriate model? J. Veg. Sci. 19: doi: 10/3170/2008-8-18350.

Poelt, J., 1963: Flechtenflora und Eiszeit in Europa. Phyton 10: 206–215.

Poelt, J., 1992: Das Problem Stadtklima und Flechten von München aus gesehen. Rundgespräche Kommiss. Ökologie (München) 4: 33–38.

Pointailler, J.-Y., Faille, A., Lemée, G., 1997 : Storms drive successional dynamics in natural forests : a case study in Fontainebleau forest (France). Forest Ecol. Manage. 98: 1–15.

Pokorny, P., Klimesova, J., Klimes, L., 2000: Late holocene history and vegetation dynamics of a floodplain alder carr: a case study from eastern Bohemia, Czech Republic. Folia Geobot. 35: 43–58.

Poldini, L., 1969: Le pinete di pino austriaco nelle Alpi Carniche. Boll. Soc. Adriat. Sci., Trieste 57: 3–65.

Poli, E., Tüxen, J., 1960: Über Bidentetalia-Gesellschaften Europas. Mitt. Florist.-Soziol. Arb.gem. N. F. 8: 136–144.

Pollmann, W., 2001: Zur synsystematischen und synökologischen Stellung der anspruchsvollen Buchenwälder an ihrer Verbreitungsgrenze in Nordwest-Deutschland. Tuexenia 21: 3–38.

Polomski, J., Kuhn, N., 1998: Wurzelsysteme. Haupt Verlag, Bern. 290 p.

Polster, H., 1950: Die physiologischen Grundlagen der Stofferzeugung im Walde. Bayer. Landw. Verlag, München.

Pons, T. L., 1989: Dormancy and germination of Calluna vulgaris (L.) Hull and Erica tetralix L. seeds. Acta Oecologica 10: 35–43.

Poorter, H., 1994: Costruction costs and payback time of biomass: a whole plant perspective. In: Roy, J., Garnier, E. (eds.): A Whole Plant Perspective on Carbon-Nitrogen Interactions. CAB Academic Publishing, Den Haag. pp. 111–127.

Pop, E., 1964: Über die Herkunft der ombrogenen Moore und ihrer Flora. Ber. Geobot. Inst. ETH, Stift. Rübel, Zürich 35: 113–118.

Popiela, A., 1999: Communities and species of Isoëto-Nanojuncetea in Poland – syntaxonomic classification, distribution and current state of research. Mitt. Bad. Landesver. Naturkunde u. Naturschutz N. F. 17: 369–380.

Poschlod, P., 1990. Vegetationsentwicklung in abgetorften Hochmooren des bayerischen Alpenvorlandes unter besonderer Berücksichtigung standortkundlicher und populationsbiologischer Faktoren. Diss. Bot. 152: 331 p.

Poschlod, P., Binder, G., 1991: Bedeutung der Diasporenbank in Böden für den botanischen Arten- und Biotopschutz -Literaturauswertung und Forschungsdefizite. Ber. Ökol. Forsch. (Jülich) 4: 180–192.

Poschlod, P., Böhringer, J., Fennel, S., Prume, C., Tiekötter, A., 1999: Aspekte der Biologie und Ökologie von Arten der Zwergbinsenfluren. Mitt. Bad. Landesver. Naturkunde u. Naturschutz N. F. 17: 219–260.

Poschlod, P., Bonn, S., 1998: Changing dispersal processes in the central European landscape since the last ice age: an explanation for the actual decrease of plant species richness in different habitats? Acta Bot. Neerl. 47: 27–44.

Poschlod, P., Deffner, A., Beier, B., Grunicke, U., 1991: Untersuchungen zur Diasporenbank von Samenpflanzen auf beweideten, gemähten, brachgefallenen und aufgeforsteten Kalkmagerrasenstandorten. Verh. Ges. f. Ökol. 20: 893–904.

Poschlod, P., Jackel, A.-K., 1993: Untersuchungen zur Dynamik von generativen Diasporenbanken von Samenpflanzen in Kalkmagerrasen. I. Jahreszeitliche Dynamik des Diasporenregens und der Diasporenbank auf zwei Kalkmagerrasen der Schwäbischen Alb. Flora 188: 49–71.

Poschlod, P., Jordan, S., 1992: Wiederbesiedlung eines aufgeforsteten Kalkmagerrasenstandortes nach Rodung. Z. Ökol. Naturschutz 1: 119–139.

Poschlod, P., Kiefer, S., Tränkle, U., Fischer, S., Bonn, S., 1998: Plant species richness in calcareous grasslands as affected by dispersability in space and time. Appl. Veg. Sci. 1: 75–90.

Poschlod, P., Schumacher, W., 1998: Rückgang von Pflanzen und Pflanzengesellschaften des Grünlandes – Gährdungsursachen und Handlungsbedarf. Schriftenr. Vegetationsk. 29: 83–99.

Pötsch, J., 1991: Unkraut oder Wildpflanze? Urania-Verlag, Leipzig. 136 p.

Pötsch, J., Busch, K.-D., 1985: Großräumige vegetationskundliche Untersuchungen zur Erfassung von Veränderungen der Ackerunkrautvegetation. Arch. Naturschutz u. Landsch.forsch. 25: 237–246.

Pott, R., 1979: Die Wasser- und Sumpfvegetation eutropher Gewässer in der Westfälischen Bucht – pflanzensoziologische und hydrochemische Untersuchungen. Abh. Landesmus. Naturkunde Münster/Westfal. 42. 156 p.

Pott, R., 1980: Die Wasser- und Sumpfvegetation eutropher Gewässer in der westfälischen Bucht – Pflanzensoziologische und hydrochemische Unter-

suchungen. Abh. Landesmus. Naturkde (Münster) 42, 2: 156 p.
Pott, R., 1982: Littorelletea-Gesellschaften in der Westfälischen Bucht. Tuexenia 2: 31–45.
Pott, R., 1983: Die Vegetationsabfolgen unterschiedlicher Gewässertypen Nordwestdeutschlands und ihre Abhängigkeit vom Nährstoffgehalt des Wassers. Phytocoenologia 11: 407–430.
Pott, R., 1983b: Geschichte der Hude- und Schneitelwirtschaft in Nordwestdeutschland und ihre Auswirkungen auf die Vegetation. Oldenburger Jb. 83: 357–376.
Pott, R., 1985: Vegetationsgeschichtliche und pflanzensoziologische Untersuchungen zur Niederwaldwirtschaft in Westfalen. Abh. Westfäl. Mus. f. Naturkde (Münster/W.) 47, H. 4: 3–75 .
Pott, R., 1989: Historische und aktuelle Formen der Bewirtschaftung von Hecken in Nordwestdeutschland. Forstwiss. Centralbl. 108: 111–121.
Pott, R., 1989a: Die Formierung der Buchenwaldgesellschaften im Umfeld der Mittelgebirge Nordwestdeutschlands unter dem Einfluss des Menschen. Ber. Geobot. Inst. Univ. Hannover 1: 30–44.
Pott, R., 1989b: Entwicklung von Hecken in der Kulturlandschaft Nordwestdeutschlands. Verh. Ges. Ökol. 17: 663–670.
Pott, R., 1990: Grundzüge der Typologie, Genese und Ökologie von Fließgewässern Nordwestdeutschlands. Natur u. Landschaftskunde (Hamm) 26: 25–32 u. 64–87.
Pott, R., 1990a: Die Haubergswirtschaft im Siegerland. Vegetationsgeschichte, extensive Holz- und Landnutzungen in Niederwaldgebieten des Südwestfälischen Berglandes. Wilh. Münker-Stiftung (Siegen) 28: 6–41.
Pott, R., 1992a: Geschichte der Wälder des westfälischen Berglandes unter dem Einfluß des Menschen. Forstarchiv 63: 171–182.
Pott, R., 1992b: Entwicklung von Pflanzengesellschaften durch Ackerbau und Grünlandnutzung. Gartenbauwissenschaften (Stuttgart) 57: 157–166.
Pott, R., 1992c: Neuzeitliche Entwicklung des Buchenareals und der mitteleuropäischen Buchenwaldgesellschaften. Anforderungen an den Buchenwald-Naturschutz aus vegetationskundlicher Sicht. Naturschutzzentrum NRW (Recklinghausen), Seminarber. 12: 6–18.
Pott, R., 1992: Die Pflanzengesellschaften Deutschlands. 1. Aufl. Ulmer, Stuttgart. 427 p.
Pott, R., 1995: Die Pflanzengesellschaften Deutschlands. 2. Aufl. Ulmer, Stuttgart. 622 p.
Pott, R., 1996: Die Entwicklungsgeschichte und Verbreitung xerothermer Vegetationseinheiten in Mitteleuropa unter dem Einfluss des Menschen. Tuexenia 16: 337–369.
Pott, R., 1999: Diversity of pasture-woodlands of North-western Germany. In: Kratochwil, A. (ed.): Biodiversity in Ecosystems. Kluwer, Dordrecht. pp. 107–132.
Pott, R., Burrichter, E., 1983: Der Bentheimer Wald. Geschichte, Physiognomie und Vegetation eines ehemaligen Hude- und Schneitelwaldes. Forstwiss. Cbl. 102: 350–361.
Pott, R., Fromke, A., Peters, M., Petersen, J., Rieck, K., 1999: Aktuelle geobotanische Forschung auf den Nordseeinseln. Ber. d. Reinh.-Tüxen-Ges. 11: 39–108.
Pott, R., Hüppe, J., 1991: Die Hudelandschaften Nordwestdeutschlands. Abh. Westfäl. Mus. Naturk. (Münster/W.) 53: 1–313.
Pott, R., Hüppe, J., 2001: Flussauen- und Vegetationsentwicklung an der mittleren Ems. Abh. Westfäl. Mus. f. Naturkunde (Münster) 63, H. 2: 1–119.
Pott, R., Remy, D., 2000: Gewässer des Binnenlandes. Ulmer, Stuttgart. 255 p.
Pott, R., Wittig, R., 1985: Die Lemnetea-Gesellschaften niederrheinischer Gewässer und deren Veränderungen in den letzten Jahren. Tuexenia 5: 21–30.
Power, S. A., 1994: Temporal trends in twig growth of Fagus sylvatica L. and their relationships with environmental factors. Forestry 67: 13–30.
Power, S. A., Ashmore, M. R., 1996: Nutrient relations and root mycorrhizal status of healthy and declining beech (Fagus sylvatica L.) in southern Britain. Water, Air, and Soil Pollut. 86: 317–333.
Prach, K., 1982: Selected bioclimatological characteristics of differently aged successional stages of abandoned fields. Folia Geobot. Phytotax. 17: 349–357.
Prach, K., 1992: Vegetation, microtopography and water table in the Luznice River floodplain, South Bohemia, Czechoslovakia. Preslia 64: 357–367.
Prach, K., 1993: Vegetational changes in a wet meadow complex, South Bohemia, Czech Republic. Folia Geobot. Phytotax. (Praha) 28: 1–13.
Prach, K., Leps, J., Rejmanek, M., 2007: Old field succession in Central-Eastern Europe: local and regional patterns. In: Cramer, V. A., Hobbs, R. J. (eds.): Old Fields: Dynamics and Restoration of Abandoned Farmland. Island Press, Washington.
Prach, K., Pysek, P., 1994: Clonal plants – what is their role in succession? Folia Geobot. Phytotax. (Praha) 29: 307–320.
Prasse, R., 1999: Experimentelle Untersuchungen an Gefässpflanzenpopulationen auf verschiedenen Geländeoberflächen in einem Sandwüstengebiet. Universitätsverlag Rasch, Osnabrück.
Pregitzer, K. S., Burton, A. J., Zak., D. R., Talhelm, A. F., 2007: Simulated chronic nitrogen deposition increases carbon storage in Northern temperate forests. Global Change Biol. 14: 142–153.
Preis, K., 1939: Die Festuca vallesiaca-Erysimum crepidifolium-Assoziation auf Basalt, Glimmerschiefer und Granitgrus. Beih. Bot. Cbl. 59B: 478–530.
Preising, E. et al. 1997: Die Pflanzengesellschaften Niedersachsens – Bestandsentwicklung, Gefährdung und Schutzprobleme. Rasen-, Fels- und Geröllgesellschaften. Natursch. Landschaftspfl. Nieders. 20: 1–146.
Preising, E., 1943: Die Waldgesellschaften des Warthe- und Weichsellandes. Arb. Zentralstelle f. Veget.kart. d. Reiches (Manuskr. Druck) 1943. 142 p.
Preising, E., 1949: Nardo-Callunetea. Zur Systematik der Zwergstrauch-Heiden und Magertriften Europas mit Ausnahme des Mediterran-Gebietes, der Arktis und der Hochgebirge. Mitt. Florist.-Soz. Arb.gem. N. F. (Stolzenau/Weser) 1: 12–25.
Preising, E., Vahle, H.-C., Brandes, D., Hofmeister, H., Tüxen J., Weber, H. E., 1990: Die Pflanzengesellschaften Niedersachsens. Wasser- und Sumpfpflanzengesellschaften des Süßwassers. Naturschutz u. Landschaftspfl. (Hannover) 20: 47–161.
Preising, E., Vahle, H.-C., Brandes, D., Hofmeister, H., Tüxen, J., Weber, H. E., 1990: Die Pflanzengesellschaften Niedersachsens – Bestandsentwicklung, Gefährdung und Schutzprobleme. Salzpflanzengesellschaften der Meeresküste und des Binenlandes. Natursch. u. Landschaftspfl. Nieders. (Hannover) 20: 1–44.
Preising, E., Vahle, H.-C., Brandes, D., Hofmeister, H., Tüxen, J., Weber, H. E., 1995: Die Pflanzengesellschaften Niedersachsens – Bestandsentwicklung, Gefährdung und Schutzprobleme. Einjährige ruderale Pionier-, Tritt- und Ackerwildkrautgesellschaften. Natur-

sch. Landschaftspfl. Nieders. (Hannover) 20: 1–92.

Preising, E., Weber, H. E., Vahle, H.-C., 2003: Die Pflanzengesellschaften Niedersachsens – Bestandsentwicklung, Gefährdung und Schutzprobleme. Wälder und Gebüsche. Naturschutz u. Landschaftspflege Niedersachsen 20, 2: 1–139.

Preisinger, H., 1991: Strukturanalyse und Zeigerwert der Auen- und Ufervegetation im Hamburger Hafen und Hafenrandgebiet. Diss. Bot. 174. 296 p.

Preston, E. M., 1979: The ecological implications of chronic sulfur dioxide exposure for native grasslands. 72nd annual meeting of the Air Pollution Control Association, Cincinnati, Ohio, June 1979.

Pretzsch, H., 1996: Growth trends of forests in southern Germany. In: Spiecker, H., Mielikäinen, K., Köhl, M., Skovsgaard, J. (eds.): Growth Trends in European Forests. Springer, Berlin. pp. 107–132.

Pretzsch, H., 2005: Diversity and productivity in forests: evidence from long-term experimental plots. In: Scherer-Lorenzen, M., Körner, Ch., Schulze, E.-D. (eds.): Forest Diversity and Function. Ecol. Stud. 176. Springer, Berlin. pp. 41–64.

Preuss, J., 1911/12: Die Vegetationsverhältnisse der deutschen Ostseeküste. Schr. Naturforsch. Ges. Danzig 13: 45–258.

Prietzel, J., Kolb, E., Rehfuess, K. E., 1997: Langzeituntersuchung ehemals streugenutzter Kiefernökosysteme in der Oberpfalz: Veränderungen von bodenchemischen Eigenschaften und der Nährelementversorgung der Bestände. Forstwiss. Cbl. 116: 269–290.

Probst, E., 1991: Deutschland in der Steinzeit. Jäger, Fischer und Bauern zwischen Nordseeküsten und Alpenraum. Bertelsmann. 620 p.

Proctor, J., 1971: The plant ecology of serpentine. III. The influence of a high calcium/magnesium ratio and high nickel and chromium levels in some British and Swedish serpentine soils. J. Ecol. 59: 827–842.

Proctor, J., Nagy, L., 1992: Ultramafic rocks and their vegetation: an overview. In: Baker, A. J. M., Proctor, J., Reeves, R. D. (eds.): TheVegetation of Ultramafic (Serpentine) Soils. Intercept, Andover, Hampshire. pp. 469–494.

Proctor, J., Woodell, S. R. J., 1975: The ecology of serpentine soils. Adv. Ecol. Res. 9: 255–366.

Prusa, E., 1985: Die böhmischen und mährischen Urwälder – ihre Struktur und Ökologie. Vegetace CSSR (Praha) A 15. 578 p.

Puhe, J., Ulrich, B., 2001: Global Climate Change and Human Impacts on Forest Ecosystems. Ecol. Stud. 143. Springer, Berlin. 592 p.

Puhlmann, H., 2003: Die Modellierung des langfristigen stochastischen Bodenwasserregimes zur Ermittlung hydrologischer Standortbedingungen für Auenwälder entlang der Mittelelbe. Dresdner Schr. Z. Hydrologie, H. 1 (Dresden). 145 p.

Pulcher-Häussling, M., 1989: Einfluß der N-Düngung auf die Konkurrenz zwischen Unkräutern und Getreide und den Abbau von Unkrautsamen im Boden. Diss. Univ. Hohenheim. 120 p.

Punz, W., Mucina, L., 1997: Vegetation on anthropogenic metalliferous soils in the Eastern Alps. Folia Geobot. Phytotax. 32: 283–295.

Punzel, M., 1993: Verkrautung von Fließgewässern, Einflussfaktoren, Wechselwirkungen, Kontrollmaßnahmen. Landesanst. f. Umweltschutz Bad.-Württemb., Handbuch Wasser 2, Bd. 8: 62 p.

Purvis, O. W., 1996: Interactions of lichens with metals. Sci. Progr. 79: 283–309.

Purvis, O. W., Elix, J. A., Broomhead, J. A., Jones, G. C., 1987: The occurrence of copper-norstictic acid in lichens from cupriferous substrata. Lichenologist 19: 193–203.

Purvis, O. W., Elix, J. A., Gaul, K. L., 1990: The occurrence of copper-psoromic acid in lichens from cupriferous substrata. Lichenologist 22: 345–354.

Purvis, O. W., Halls, C., 1996: A review of lichens in metal-enriched environments. Lichenologist 28: 571–601.

Pusch, J., 2007: Die naturnahen Binnensalzstellen Thüringens – ein aktueller Gesamtüberblick 2005. In: Thüringer Ministerium f. Landw., Naturschutz u. Umwelt (ed.): Binnensalzstellen Mitteleuropas. Erfurt. pp. 37–40.

Putwain, P. D., Gillham, D. A., 1990: The significance of the dormant seed bank in the restoration of heathlands. Biol. Conserv. 52: 1–16.

Putzer, J., 1967: Pflanzengesellschaften im Raum von Brixen unter besonderer Berücksichtigung der Trockenvegetation. Diss. Univ. Innsbruck.

Pyritz, E., 1972: Binnendünen und Flugsandebenen im Niedersächsischen Tiefland. Gött. Geogr. Abh. 61: 1–153.

Pysek, A., 1974: Kurzgefasste Übersicht der Ruderalvegetation von Plzen und seiner nahen Umgebung. Fol. Mus. Rer. Natur. Bohem. Occid. (Plzen) Bot 4: 3–41.

Pysek, A., 1977: Sukzession der Ruderalpflanzengesellschaften von Groß-Plzen. Preslia 49: 161–179.

Pysek, A., 1991: Vergleich der dörflichen und städtischen Ruderalflora, dargestellt am Beispiel Westböhmens. Tuexenia 11: 121–134.

Pysek, P., 1992: Die Siedlungsvegetation des Böhmischen Karsts. 2. Ökologische Charakteristik. Folia Geobot. Phytotax. 27: 113–135.

Pysek, P., 1993: What do we know about Calamagrostis villosa? – A review about the species behaviour in secondary habitats. Preslia (Praha) 65: 1–10.

Pysek, P., Richardson, D. M., 2007: Traits associated with invasiveness in alien plants: Where do we stand? In: Nentwig, W. (ed.): Biological Invasions. Ecol. Stud. 193. Springer, Berlin. pp. 97–125.

Pysek, P., Sadlo, J., Mandak, B., 2002: Catalogue of alien plants of the Czech Republic. Preslia 74: 97–186.

Qinger, B., Bräu, M., Kornprobst, M., 1994: Lebensraumtyp Kalkmagerrasen –. 2. Teilband. Landschaftspflegekonzept Bayern, Band II. 1. Bayer. Staatsmin. Landesentw. Umweltfragen u. ANL. München. 317 p.

Quantin, A., 1935: L'évolution de la végétation à l'etage de la Chenaie dans le Jura Méridional. Bosc Frère & Riou, Lyon. 382 p.

Quantin, A., 1960: In: Viennot-Bourgin, G.: Rapports du sol et de la végétation. Paris. pp. 110–113.

Quist, M. E., 1995: Reversibility of damages to forest floor plants by episodes of elevated hydrogen- and aluminium-ion concentrations in the soil solution. Plant and Soil 176: 297–305.

Raab, T. K., Lipson, D. A., Monson, R. K., 1996: Non-mycorrhizal uptake of amino acids by roots of the alpine sedge Kobresia myosuroides: implications for the alpine nitrogen cycle. Oecologia 108: 488–494.

Raabe, E.-W., 1950: Über die Vegetationsverhältnisse der Insel Fehmarn. Mitt. Arb.gem. Floristik Schlesw.-Holst. 1. 106 p.

Raabe, E.-W., 1954: Sukzessionsstudien am Sandkatener Moor. Arch. Hydrobiol. 49: 349–375.

Raabe. E. W., 1960: Über die Regeneration überschwemmter Grünländereien in der Treene-Niederung. Schr. Naturwiss. Ver. Schl.-Holst. 31: 25–55.

Raabe, E.-W., 1964: Die Heidetypen Schleswig-Holsteins. Die Heimat (Neumünster) 71: 169–175.
Raabe, E.-W., 1965: Salzwiesen in der Treene-Niederung bei Sollbrück. Jb. Schleswigsche Geest 13: 1–10.
Raabe, E.-W., 1981: Über das Vorland der östlichen Nordsee-Küste. Mitt. AG Gebotanik Schl.-Holst. u. Hamb. 31: 1–118.
Raabe, U., 1999: Zur Flora und Vegetation der Salzstellen Westfalens und angrenzender Gebiete. In: Brandes, D., (ed.): Vegetation salzbeeinflusster Habitate im Binnenland. Tagungsber. Braunschw. Kolloqu., Nov. 1998. Braunschweig. pp. 161–169.
Raabe, U., Brandes, D., 1988: Flora und Vegetation der Dörfer im nördlichen Burgenland. Phytocoenologia 16: 225–258.
Rabeler, W., 1962: Die Tiergesellschaften von Laubwäldern (Querco-Fagetea) im oberen und mittleren Wesergebiet. Mitt. Florist.-Soziol. Arb.gem. N. F. 9: 200–229.
Rackham, O., 1975: Temperatures of plant communities as measured by pyrometric and other methods. In: Bainbridge, R., Evans, G. C., Rackham, O. (eds.): Light as an Ecological Factor. Blackwell, Oxford. pp. 423–449.
Rackham, O., 1980: Ancient Woodland: Its History, Vegetation and Uses in England. Edward Arnolds, London.
Rademacher, B., 1939: Über den Lichteinfall bei Wintergetreide und Winterölfrüchten und seine Bedeutung für die Verunkrautung. Pflanzenbau 15: 241–265.
Rademacher, B., 1948: Gedanken über Begriff und Wesen des „Unkrauts". Z. Pflanzenkrankh. (Pflanzenpathol.) u. Pflanzenschutz 55: 1–10.
Rademacher, B., 1950: Über die Lichtverhältnisse in Kulturpflanzenbeständen, insbesondere in Hinblick auf den Unkrautwuchs. Z. f. Acker- u. Pflanzenbau 92: 129–165.
Rademacher, B., 1962: Grasartige Unkräuter und ihre Bekämpfung. Arb. Deut. Landw. Ges. 86: 5–21.
Rademacher, B., 1964: Auswirkungen des Kahlfrost-Winters 1961–62 auf Bestand und Bekämpfung der überjährigen Unkräuter in Winterungen. Z. Pfl.krankh. Pfl.schutz 2: 35–40.
Rademacher, P., Meesenburg, H., Müller-Using, B., 2001: Nährstoffkreisläufe in einem Eichenwald-Ökosystem des nordwestdeutschen Pleistozäns. Forstarchiv 72: 43–54.
Radics, L., 1990: Untersuchungen zum Langzeiteinfluß der Düngung auf die Unkrautflora bei unterschiedlichen NPK-Versorgungstufen im Boden. Z. PflKrankh. Pflschutz, Sonderh. XII: 101–105.
Radlmair, S., Plachter, H., Pfadenhauer, J., 1999: Geschichte der landwirtschaftlichen Moornutzung im süddeutschen Alpenvorland. Natur u. Landsch. 74: 91–98.
Raehse, S., 2001: Veränderungen der hessischen Grünlandvegetation seit Beginn der 50er Jahre am Beispiel ausgewählter Tal- und Bergregionen Nord- und Mittelhessens. Kassel University Press, Kassel. 222 p.
Raffl, C., Schönswetter, P., Erschbamer, B., 2006: 'Sax-sess' — genetics of primary succession in a pioneer species on two parallel glacier forelands. Mol. Ecol. 15: 2433–2440.
Raison, R. J., 1979: Modification of the soil environment by vegetation fires, with particular reference to nitrogen transformations - a review. Plant and Soil 51: 73–108.
Raison, R. J., Connell, M. J., Khanna, P. K., 1987: Methodology for studying fluxes of soil mineral-N in situ. Soil Biol. Biochem. 19: 521–530.
Rajashekar, C. B., 2006: Molecular responses and mechanisms of plant adaptation to cold and freezing stress. In: Huang, B. (ed.): Plant-Environment Interactions. 3 rd. ed. CRC Press, Boca Raton. p. 47–68.
Ralska-Jasiewiczowa, M., 1983: Isopollen maps for Poland: 0–11 000 B.P.New Phytol. 94: 133–175.
Rama Devi, S., Prasad, M. N. V., 2004: Membrane lipid alterations in heavy metal exposed plants. In: Prasad, M. N. V. (ed.): Heavy Metal Stress in Plants. 2nd ed. Springer, Berlin. pp. 127–145.
Ranwell, D. S., 1972: Ecology of Salt Marshes and Sand Dunes. Chapman and Hall, London. 258 p.
Rapp, Ch., 1991: Untersuchungen zum Einfluss von Kalkung und Ammoniumsulfat-Düngung auf Feinwurzeln und Ektomykorrhizen eines Buchenaltbestandes im Solling. Ber. Forschungszentr. Waldökosysteme (Göttingen) A 72.
Rapp, Ch., Jentschke, G., 1994: Acid deposition and ectomycorrhizal symbiosis: field investigations and causal relationships. In: Godbold, D. L., Hüttermann, A. (eds.): Effects of Acid Rain on Forest Processes. Wiley-Liss, New York. pp. 183–230.
Rapp, J., Schönwiese, C.-D., 1996: Atlas der Niederschlags- und Temperaturtrends in Deutschland 1891–1990. Frankfurter Geowiss. Arb., Ser. B – Meteorol. u. Geophys., Band 5. 2. Aufl. 253 p.
Raskin, R., Glück, E., Pflug, W., 1992: Floren- und Faunenentwicklung auf herbizidfrei gehaltenen Agrarflächen. Auswirkungen des Ackerrandstreifenprogramms. Natur u. Landschaft 67: 7–14.
Raspe, S., 1997: Fine-root development. In: Hüttl, R. F., Schaaf, W. (eds.): Magnesium Deficiency in Forest Ecosystems. Kluwer, Dordrecht. pp. 309–332.
Raspe, S., 1998: Nutzen und Risiken von Restabilisierungmaßnahmen. In: Raspe, S., Feger, K. H., Zöttl, H. W. (eds.): Ökosystemforschung im Schwarzwald. Ecomed, Landsberg. pp. 478–490.
Raspe, S., Feger, K. H., Zöttl, H. W. (eds.), 1998: Ökosystemforschung im Schwarzwald. Ecomed, Landsberg. 533 p.
Ratcliffe, R. G., 1995: Metabolic aspects of the anoxic response in plant tissue. In: Smirnoff, N. (ed.): Environment and Plant Metabolism: Flexibility and Acclimation. Bios Scient. Publ., Oxford. pp. 111–127.
Rattay-Prade, R., 1988: Die Vegetation auf Straßenbegleitstreifen in verschiedenen Naturräumen Südbadens – ihre Bewertung für den Naturschutz und ihre Bedeutung für ein Biotopverbundsystem. Diss. Bot. 114: 1–228.
Rauchhaus, U., Grüttner, A., Mahn, E.-G., 1999: Feinanalyse der Dynamik der Pioniervegetation auf wechselnassen Standorten im Bereich des ehemaligen Salzigen Sees (Mitteldeutschen Trokkengebiet). In: Brandes, D., (ed.): Vegetation salzbeeinflusster Habitate im Binnenland. Tagungsber. Braunschw. Kolloqu., Nov. 1998. Braunschweig. pp. 29–52.
Rauh, W., 1939: Über polsterförmigen Wuchs. Nova Acta Leopoldina N. F. 7, 49: 267–508.
Raulund-Rasmussen, K., Vejre, H., 1995: Effect of tree species and soil properties on nutrient immobilization in the forest floor. Plant and Soil 168–169: 345–352.
Rauschert, S., 1990: Übersicht über die Pflanzengesellschaften des südlichen Teils der DDR. XV. Die xerothermen Gebüschgesellschaften (Berberidion Br.-Bl. 52 und Prunion fruticosae Tx. 52). Hercynia 27: 195–258.
Raven, J. A., 2003: Inorganic carbon concentrating mechanisms in relation to

the biology of algae. Photosynthesis Res. 77: 155–171.

Ray, S., Klenell, M., Choo, K.-S., Pedersen, M., Snoeijs, P., 2003: Carbon acquisition mechanisms in Chara tomentosa. Aquat. Bot. 76: 141–154.

Räz, B., Schüepp, H., Siegfried, W., 1987: Hundert Jahre Plasmopara-Bekämpfung und Kupfereintrag in die Rebberge. Schweiz. Z. f. Obst- u. Weinbau 123: 272–277.

Read, D. J., Stribley, D. P., 1973: Effect of mycorrhizal infection on nitrogen and phosphorus nutrition of ericaceous plants. Nature 244: 81–82.

Reader, R. J., Bricker, B. D., 1992: Response of 5 deciduous forest herbs to partial canopy removal and patch size. Am. Midland Nat. 127: 149–157.

Rebele, F., 1986: Die Ruderalvegetation von Berlin (West) und deren Immissionsbelastung. Landschaftsentwicklung u. Umweltforsch. TU Berlin 43. 223 p.

Rebetez, M., 1999: Twentieth century trends in droughts in southern Switzerland. Geophys. Res. Lett. 26: 755–758.

Rebetez, M., 2006: Mehr Trockenheit bei wärmeren Temperaturen? Trends von Temperatur- und Niederschlagsverhältnissen in der Schweiz. Forum für Wissen (WSL, Birmensdorf) 2006: 17–21.

Rechinger, K. H., 1992: Salix taxonomy in Europe – problems, interpretations, observations. Proceed. Roy. Soc. Edinburgh B 98: 1–12.

Reddy, K. R., Patrick, W.H.J, Lindau, C. W., 1989: Nitrification-denitrification at the plant root-sediment interface in wetlands. Limnol. Oceanogr. 34: 1004–1013.

Reemtsma, J. B., 1986: Der Magnesium-Gehalt von Nadeln niedersächsischer Fichtenbestände und seine Beurteilung. Allg. Forst- u. Jagdz. 157: 196–200.

Rees, U., 1999: Lichtflecken und ihre Bedeutung für die CO 2-Aufnahme junger Buchen (Fagus sylvatica L.) im Unterwuchs eines Buchenwaldes. Diss. Univ. Göttingen. 155 p.

Reeves, R. D., Brooks, R. R., 1983: European species of Thlaspi L. (Cruciferae) as indicators of nickel and zinc. J. Geochem. Explor. 18: 275–283.

Rehder, H., 1960: Saugkraftmessungen an Stachys silvatica im frischen und welken Zustand. Ber. Deut. Bot. Ges. 73: 73–82.

Rehder, H., 1962: Der Girstel – ein natürlicher Fichtenwaldkomplex am Albis bei Zürich. Ber. Geobot. Inst. ETH, Stiftg. Rübel, Zürich 33: 17–64.

Rehder, H., 1965: Die Klimatypen der Alpenkarte im Klimadiagramm-Weltatlas (Walter und Lieth) und ihre Beziehungen zur Vegetation. Flora, Abt. B 156: 78–93.

Rehder, H., 1970: Nutrient turnover studies in alpine ecosystems. I. Phytomass and nutrient relations in four mat communities of the Northern Calcareous Alps. Oecologia 22: 411–423.

Rehder, H., 1976: Nutrient turnover studies in alpine ecosystems. II. Phytomass and nutrient relations in the Caricetum firmae. Oecologia 23: 49–62.

Rehder, H., Schäfer, A., 1978: Nutrient turnover studies in alpine ecosystems. IV. Communities of the Central Alps and comparative studies. Oecologia 34: 309–327.

Rehder, H., Still, F., 1991: Vergleichende Untersuchung der Gesamtpflanzenartenkombination von verschiedenen immissionsbelasteten Waldbeständen der Bayerischen Kalkalpen. GSF-Ber. (München) 26/91: 77–85.

Rehfuess, K. E., 1986: Acidic deposition – extent and impact on forest soils, nutrition, growth and desease phenomena in central Europe: a review. Water, Air, and Soil Pollut. 48: 1–20.

Rehfuess, K. E., 1989: Zu: Bodenkundliche Forschung im Zusammenhang mit neuartigen Waldschäden. Entgegnung auf eine Stellungnahme von B. Ulrich in AFZ 43/1988, pp. 11. Allg. Forst-Z. 15: 390–396.

Rehfuess, K. E., 1990: Waldböden. Entwicklung, Eigenschaften und Nutzung. 2. Aufl. Parey, Hamburg. 294 p.

Rehfuess, K.-E., 1991. Review of forest decline research activities and results in the Federal Republic of Germany. J. Environ. Sci. Health 26: 415–445.

Rehfuess, K. E., 1995: Was kann Düngung bei den „neuartigen" Waldschäden leisten? Allg. Forstz. 50: 1090–1093.

Rehfuess, K. E., 1999: Indikatoren der Fruchtbarkeit von Waldböden – zeitliche Veränderungen und menschlicher Einfluss. Forstwiss. Cbl. 118: 88–96.

Rehfuess, K. E., 2000: Anthropogene Veränderungen von Waldböden – Folgerungen für die Bewirtschaftung. Forst u. Holz 55: 3–8.

Reichardt, Ch., 1981: Mikroklima, Lichtverteilung und Stickstoff-Mineralisation unter Buche, Eiche und Fichte auf vergleichbarem Standort im Solling. Unveröff. Dipl.arb., Syst.-Geobot. Inst. Univ. Göttingen. 63 p.

Reichelt, G., 1966: Anthropogene Veränderungen der Pflanzendecke und ihre Folgen an Beispielen aus Mitteleuropa. Der Mathem.-naturwiss. Unterricht (Frankfurt/M.) 19: 61–71.

Reichhoff, L., 1974: Untersuchungen über den Aufbau und die Dynamik des Orchideen-Halbtrockenrasens im Naturschutzgebiet "Leutratal" bei Jena/Thüringen. Mitt. Sekt. Geobot. Phytotax. Ges. DDR 1974: 115–125.

Reichhoff, L., 1980 a: Mikroklimatische und ökophysiologische Untersuchungen im Naturschutzgebiet "Leutratal" bei Jena/Thüringen. Teil 1. Arch. Naturschutz u. Landschaftsforsch. 19: 247–270.

Reichhoff, L., 1980 b: Mikroklimatische und ökophysiologische Untersuchungen im Naturschutzgebiet "Leutratal" bei Jena/Thüringen. Teil 2. Arch. Naturschutz u. Landschaftsforsch. 20: 1–21.

Reichhoff, L., 1985: Vegetationsdynamik und Sukzession in Xerothermrasen. Arch. Naturschutz u. Landschaftsforsch. 25: 115–124.

Reichhoff, L., Böhnert, W., 1978: Zur Pflegeproblematik von Festuco-Brometea-, Sedo-Scleranthetea- und Corynephoretea-Gesellschaften in Naturschutzgebieten im Süden der DDR. Arch. Naturschutz Landschaftsforsch. 18: 81–102.

Reichle, D., 1981: Dynamic Properties of Forest Ecosystems. Cambridge Univ. Press, Cambridge. 683 p.

Reidl, K., 1989: Floristische und vegetationskundliche Untersuchungen als Grundlage für den Arten- und Biotopschutz in der Stadt – dargestellt am Beispiel Essen. Diss. FB 9 Univ. GHS Essen.

Reif, A., 1983: Nordbayerische Heckengesellschaften. Hoppea 41: 3–205.

Reif, A., 1985: Flora und Vegetation der Hecken des Hinteren und Südlichen Bayerischen Waldes. Hoppea 44: 179–276.

Reif, A., Baumgartl, T., Breitenbach, I., 1989: Die Pflanzengesellschaften des Grünlandes zwischen Mauth und Finsterau (Hinterer Bayerischer Wald) und die Geschichte ihrer Entstehung. Hoppea (Regensburg) 47: 149–256.

Reimann, C., 2003: Vergleichende Untersuchungen zum Salzhaushalt der Chenopodiaceae, unter besonderer Berücksichtigung der Kalium-Natrium-Verhältnisse. Diss. Bot. 372.

Reimann, C., Breckle, S.-W., 1993: Sodium relations in Chenopodiaceae: a comparative approach. Plant, Cell Environ. 16: 323–328.

Rein, H., Otte, A., 2001: Strukturelle Untersuchungen in unterschiedlich genutzten Kalkmagerrasen im Südthüringer Zechsteingebiet – Grundlagen für naturschutzfachliche Effizienzkontrollen. Natur u. Landschaft 76: 157–167.

Reinhold, F., 1956: Das natürliche Waldbild der Baar und der angrenzenden Landschaften. Schr. Ver. Gesch. u. Naturgesch. Baar usw., Donaueschingen 24: 224–268.

Reininghaus, D., Schmidt, M., 1982: Zur Regeneration überalterter Zwergstrauchheiden am Beispiel der Termenei, Landkreis Kassel. Dipl. Arb. Inst. Geobotanik Univ. Hannover. 148 p.

Reinke, J., 1903: Die Entwicklung der Dünen an der Westküste von Schleswig. Sitzber. Kön. Preuß. Akad. Wiss. Berlin 1903, 1. Hälfte.

Reise, K., 2003: Grüner Wechsel im Wattenmeer: Weniger Seegraswiesen und das Aufkommen der Grünalgenmatten. In: Lozan J. L., Rachor, E., Reise, K., Sündermann, J., von Westernhagen, H. (eds.): Warnsignale aus Nordsee & Wattenmeer. Wissenschaftliche Auswertungen, Hamburg: 196–200.

Reise, K., 2005: Seagrass. In: Essink, K. et al. (eds.): Wadden Sea Quality Status Report 2004. Wadden Sea Ecosystem No. 19. Common Wadden Sea Secretariate. Wilhelmshaven. pp. 201–207.

Reise, K., Köster, R., Müller, A., Armonies, W., Asmus, H., Asmus, R., Hickel, W., Riethmüller, R. 1998: Austauschprozesse im Sylt-Römö Wattenmeer: Zusammenschau und Ausblick. In: Gätje, C., Reise, K. (Eds) Ökosystem Wattenmeer. Springer, Berlin: 529–558.

Reisigl, H., Keller, R., 1994: Alpenpflanzen im Lebensraum. 2. Aufl. G. Fischer, Stuttgart. 149 p.

Reisigl, H., Pitschmann, H., 1958: Obere Grenzen von Flora und Vegetation in der Nivalstufe der zentralen Ötztaler Alpen (Tirol). Vegetatio 8: 93–129.

Remacle, J., 1975: Microbial N-transformation in forest soils. Comité Nation. Belge P. B. I., Sect. PT-PF, Projet Mirwart, Contribut. 28: 1–12.

Remias, D., Lütz-Meindl, U., Lütz, C., 2005: Photosynthesis, pigments and ultrastructure of the alpine snow alga Chlamydomonas nivalis. Eur. J. Phycol. 40: 259–268.

Remmert, H., 1985: Was geschieht im Klimax-Stadium? Naturwissenschaften 72: 505–512.

Remy, D., 1993a: Pflanzensoziologische und standortkundliche Untersuchungen an Fließgewässern Nordwestdeutschlands. Abh. Westfäl. Mus. Naturkunde (Münster) 55,3. 118 p.

Remy, D., 1993 b: Anthropogener Einfluß auf die Vegetation kleiner Fließgewässer unter besonderer Berücksichtigung des Lichtes als Standortfaktor. Ber. Naturhist. Ges. Hannover 135: 49–71.

Remy, D., 1996: Phänologische und standortkundliche Beobachtungen an Uferböschungen der mittleren Saale. Braunschw. Geobot. Arb. 4: 117–132.

Renger, M., Strebel, O., 1980: Beregnungsbedarf landwirtschaftlicher Kulturen in Abhängigkeit vom Boden. Wasser und Boden 32: 572–575.

Renhorn, K.-E., Esseen, P.-A., Palmqvist, K., Sundberg, B., 1997: Growth and vitality of epiphytic lichens. I. Responses to microclimate along a forest edge-interior gradient. Oecologia 109: 1–9.

Rennenberg, H., Kreutzer, K., Papen, H., Weber, P., 1998: Consequences of high loads of nitrogen for spruce (Picea abies) and beech (Fagus sylvatica) forests. New Phytol. 139: 71–86.

Rennie, P. J., 1957: Effects of the afforestation of catchment areas upon water yield. Nature 180: 663–664.

Rennwald, E. (Bearb.), 2000: Verzeichnis und Rote Liste der Pflanzengesellschaften Deutschlands. Schriftenr. Vegetationsk. 35: 1–800.

Reusch, T. B. H., Borström, C., Stam, W. T., Olsen, J. L., 1999: An ancient eelgrass clone in the Baltic. Mar. Ecol. Progr. ser. 183: 301–304.

Reuß, H.-U., 1981. Untersuchung des Einflusses produktionstechnischer und ökologischer Faktoren auf die quantitative und qualitative Veränderung der standörtlichen Unkrautflora auf Ackerland. Diss. TU München.

Rewald, B., Leuschner, Ch., 2009: Belowground competition in a broad-leaved temperate mixed forest: pattern analysis and experiments in a four-species stand. Eur.J-For.Res. DOI: 10.1007/s 10342–009–0276–4.

Ricard, B., Aschi-Smiti, S., Gharbi, I., Brouquisse , R., 2006: Cellular and molecular mechanisms of plant tolerance to waterlogging. In: Huang, B. (ed.): Plant-Environment Interactions. 3rd ed. CRC Press, Boca Raton. p. 177–208.

Richard, F., 1983 : Bodenphysik und Ingenieur in der Praxis. Schweiz. Z. Forstwes. 134: 949–972.

Richard, J. L., 1961: Les forêts acidophiles du Jura. Etude phytosociologique et écologique. Beitr. Geobot. Landesaufn. Schweiz 38: 1–164.

Richard, J. L., 1968: Quelques groupements végétaux à la limite supérieure de la foret dans les hautes chaines du Jura. Vegetatio 16: 205–219.

Richard, J. L., 1972: La végétation des cretes rocheuses du Jura. Ber. Schweiz. Bot. Ges. 82: 68–112.

Richard, J. L., 1973: Dynamique de la végétation au bord du grand glacier d'Aletsch (Alpes suisse). Ber. Schweiz. Bot. Ges. 83: 159–174.

Richard, J. L., 1987: Dynamique de la végétation sur les marges glaciaires récentes de la réserve d'Aletsch (Alpes valaisannes, Suisse). 15 ans d'observations dans les placettes-témoins (1971–1986). Bot. Helv. 97 : 265–275.

Richard, J. L., Geissler, P. 1979: A la découverte de la végétation des bords de cours d'eau de l'étage alpin du Valais (Suisse). Phytocoenologia 6: 183–201.

Richard, L., 1969: Une interprétation écophysiologiques de la répartition de l'aune vert (Alnus viridis Chaix). Docum. Carte Végét. Alpes 7 (Saint Martin d'Héres, Grenobles).

Richard, L., 1989: Écologie des mégaphorbiaies subalpines à aune vert de la Vanoise et des régions environnantes. Trav. Sci. Parc Nation. Vanoise 17: 127–158.

Richards, J. H., 1993: Physiology of plants recovering from defoliation. In: Baker, M. J. (ed.): Grasslands of Our World. SIR Publishing, Wellington, New Zealand. pp. 46–54.

Richardson, C. J., 1985: Mechanisms controlling phosphorus retention capacity in freshwater wetlands. Science 228: 1424–1427.

Richetti, A., Hegg, O., 1991: Die Vegetation des Urbachtales (Innertkirchen, Kanton Bern). Mitt. Naturforsch. Ges. Bern, N. F. 48: 105–140 u. Anhang.

Riek, W., 1998 a: Verfahren zur Bestimmung des effektiv nutzbaren Bodenwassers von Kiefernstandorten im pleistozänen Tiefland. Beitr. Forstwirtsch. u. Landsch.ökol. 32: 28–33.

Riek, W., 1998 b: Kationenaustausch- und Säurepufferkapazität von Waldböden aus pleistozänen Sanden im Nordostdeutschen Tiefland. Forstarchiv 69: 87–92.

Riek, W., Stähr, F., 2004: Eigenschaften typischer Waldböden im Nordostdeutschen Tiefland unter besonderer Berücksichtigung des Landes Brandenburg. Eberswalder Forstl. Schriftenr. (Potsdam), Bd. XIX. 180 p.

Riek, W., Wolff, B., 1998a: Verbreitung von Nährstoffmangel bei Waldbäumen in Deutschland. AFZ/Der Wald 1998: 507–510.

Riek, W., Wolff, B., 1998b: Magnesiumversorgung von Fichtenbeständen im Ursachenkomplex „neuartige Waldschäden". Forst u. Holz 53: 471–476.

Riemer, B., 1984: Ökologische Untersuchungen in Felsrasen-Gesellschaften. Unveröff. Staatex.arb., Univ. Göttingen. 119 p.

Ries, Ch., 1992: Überblick über die Ackerunkrautvegetation Österreichs und ihre Entwicklung in neuerer Zeit. Diss. Bot. 187: 188 p.

Rigling, A., Dobbertin, M., Bürgi, M., Feldmeier-Christe, E., Gimmi, U., Ginzler, C., Graf, U., Mayer, P., Zweifel, R., Wohlgemuth, T., 2006: Baumartenwechsel in den Walliser Waldföhrenwäldern. Forum für Wissen (WSL, Birmensdorf) 2006: 23–33.

Rikkinen, J., 1995: What's behind the pretty colours? A study of the photobiology of lichens. Bryobrothera 4: 1–239.

Rikli, M., 1909: Die Arve in der Schweiz. Neue Denkschr. Schweiz. Naturf. Ges. 44. 455 p.

Ringler, A., 1981: Die Alpenmoore Bayerns. Ber. ANL (Laufen/Salzach) 5: 4–98.

Ritschel-Kandel, G., 1988: Die Bedeutung der extensiven Ackernutzung für den Arten- und Biotopschutz in Unterfranken. Schr.r. Bayer. Landesamt f. Umweltschutz (München) 84: 207–218.

Ritter, G., Tölle, H., 1978: Stickstoffdüngung in Kiefernbeständen und ihre Wirkung auf Mykorrhizabildung und Fruktifikation der Symbiosepilze. Beitr. Forstwirtsch. 12: 162–166.

Rivas-Martinez, S., 1964: Esquema de la vegetación potenciál y su correspondencia con los suelos en la Espana peninsular. An. Inst. Botan. A.J.Cavanillas (Madrid) 22: 343–405.

Roberts, H. A., Dawkins, P. A., 1967: Effect of cultivation on the numbers of viable weed seeds in soil. Weed Res. 7: 290–301.

Roberts, H. A., Feast, P. M., 1973a: Changes in the numbers of viable weed seeds in soil under different regimes. Weed Res. 13: 298–303.

Roberts, H. A., Feast, P. M., 1973b: Emergence and longevity of seeds of annual weeds in cultivated and undisturbed soil. J. Appl. Ecol. 10: 133–143.

Robertson, G. A., Wainwright, S. J., 1987: Photosynthetic responses to salinity in two clones of Agrostis stolonifera. Plant Cell Environ. 10: 45–52.

Robertson, G. P., 1982: Nitrification in forested ecosystems. Philos. Trans. Roy. Soc. London B 296: 445–457.

Robertson, R. A., Davies, G. E., 1965: Quantities of plant nutrients in heather ecosystems. J. Appl. Ecol. 2: 211–219.

Robinson, R. K., 1971: Importance of soil toxicity in relation to the stability of plant communities. In: Duffey, E. A. G., Watt, A. S. (eds.): Scientific Management of Plant and Animal Communities for Conservation. Brit. Ecol. Soc. Symp. No. 11. Oxford. pp. 105–113.

Rochefort, L., Lode, E., 2006: Restoration of degraded boreal peatlands. In: Wieder, R. K., Vitt, D. H. (eds.): Boreal Peatland Ecosystems. Ecol. Stud. 188. Springer, Berlin. pp. 381–423.

Rochefort, L., Vitt, D. H., Bayley, S. E., 1990: Growth, production, and decomposition dynamics of Sphagnum under natural and experimentally acidified conditions. Ecology 71: 1986–2000.

Rocnik, K., 1981: Schwankungen des Sommerklimas in Mitteleuropa im Zeitraum 1881 bis 1980. Naturw. Rdschau 34: 210–212.

Rocnik, K., 1985: Die denkwürdigsten Winter unseres Jahrhunderts. Naturw. Rdschau 38: 234–237.

Rode, M. W., 1988: Die Aluminium-Toleranz von Arten basischer bis mäßig saurer Böden in Abhängigkeit von der Stickstoff-Form und vom Phosphat-Angebot. Ber. Forschungszentr. Waldökosysteme/Waldsterben (Göttingen) A 35. 161 p.

Rodenkirchen, H., 1991: Der Wandel der Bodenvegetation in den Kiefernforsten des staatlichen Forstamtes Waldsassen infolge anthropogen bedingter Bodenveränderungen. Bayreuther Bodenkundl. Ber. 17: 261–273.

Rodenkirchen, H., 1992: Effects of acidic precipitation, fertilization and liming on the ground vegetation in coniferous forests of southern Germany. Water, Air, Soil Pollut. 61: 279–294.

Röder, H., Fischer, A., Klöck, W., 1996: Waldentwicklung auf Quasi-Dauerflächen im Luzulo-Fagetum der Buntsandsteinrhön (Forstamt Mittelsinn) zwischen 1950 und 1990. Forstw. Cbl. 115: 321–335.

Röder, U., Breckle, S.-W., 1989: Der Einfluß von Blei und Cadmium auf das Wachstum und den Kationengehalt von Buchenkeimlingen. Verh. Ges. Ökol. 17: 557–562.

Rodewald-Rudescu, L., 1974: Das Schilfrohr. Phragmites communis Trinius. Die Binnengewässer, Band XXVII. Schweizerbart'sche Verlagbuchhandlung. Stuttgart. 302 p.

Rodi, D., 1963: Die Streuwiesen- und Verlandungsgesellschaften des Welzheimer Waldes. Veröff. Landesst. f. Natursch. u. Landschaftspfl. Baden-Württemb. 31: 31–67.

Rodi, D., 1968: Die Pflanzendecke. In: Erläuterungen zur Bodenkarte von Bayern 1:25000, Blatt Nr. 7433 Schrobenhausen 1968: 36–56.

Rodin, L. E., Bazilevich, N. I., 1967: Production and Mineral Cycling in Terrestrial Vegetation. Oliver and Boyd, Edinburgh. 288 pp.

Roelofs, J. G. M., 1983: Impact of acidification and eutrophication on macrophyte communities in soft waters in the Netherlands. I. Field observations. Aquat. Bot. 17: 139–155.

Roelofs, J. G. M., Boxman, A. W., van Dijk, H. F. G., 1989: Effects of airborne ammonium on natural vegetation and forests. NNA-Berichte 2. Norddeut. Naturschutzakad. Schneverdingen.

Roelofs, J. G. M., Lucassen, E.C. H. E. T., Brouwer, E., 2005: Restoration of shallow softwater lakes based upon carbon limitation. Book of abstracts, Symp. 'Shallow Lakes', Dalfsen, the Netherlands. pp. 54–55.

Roem, W. J., Berendse, F., 2000: Soil acidity and nutrient supply ratio as possible factors determining changes in plant species diversity in grassland and heathland communities. Biol. Conserv. 92: 151–161.

Rogers, K. H., Breen, C. M., 1980: Growth and reproduction of Potamogeton crispus in a South African lake. J. Ecol. 68: 561–571.

Rohde, S., 2005: Flussaufweitungen lohnen sich! Ergebnisse einer Erfolgskontrolle aus ökologischer Sicht. Wasser Energie Luft 3/4 (Baden): 105–111.

Röhe, P., 1985: Untersuchngen über das Wachstum der Buche in Baden-Württemberg. Schr.R. Landesforstverwalt. Baden-Württemb. 61. 143 p.

Röhle, H., 1997: Änderung von Bonität und Ertragsniveau in südbayerischen Fichtenbeständen. Allg. Forst- u. Jagdz. 168: 110–114.

Rohmeder, E., 1941: Die Zirbelkiefer (Pinus cembra) als Hochgebirgsbaum. Jb. zum Schutze d. Alpenpflanzen u. -tiere 13: 27–39.

Rohmeder, E., 1964: Die Bedeutung der Samenherkunft für die Forstwirtschaft im Hochgebirge. In: Schmidt-Vogt, H. (ed.): Forstsamengewinnung und

Pflanzenanzucht für das Hochgebirge. BLV, München. pp. 17–35.

Röhrig, E., 1991 a: Seasonality. In Röhrig, E., Ulrich, B. (eds.): Ecosystems of the World. Vol. 7: Temperate Deciduous Forests. Elsevier, Amsterdam. pp. 25–33.

Röhrig, E., 1991 b: Biomass and productivity. In Röhrig, E., Ulrich, B. (eds.): Ecosystems of the World. Vol. 7: Temperate Deciduous Forests. Elsevier, Amsterdam. pp. 165–174.

Röhrig, E., 1996: II. Die epidemische Krankheit der Ulmen. Forstarchiv 67: 190–198.

Röhrig, E., Bartsch, N., Lüpke, B. von, 2006: Waldbau auf ökologischer Grundlage. Ulmer, Stuttgart.

Rohweder, M., 1952: Landwirtschaftliche Windwirtschaft und landwirtschaftliche Klimagestaltung in Schleswig-Holstein. Umschaudienst Forschungsausschuss Landschaftspfl. Landschaftsgest. Akad. Raumforsch. Landesplanung 5/6: 197–205.

Roll, H., 1938: Die Pflanzengesellschaften ostholsteinischer Fliessgewässer. Arch. Hydrobiol. 34: 159–305.

Roll, H., 1939: Zur regionalen Verbreitung des Phalaridetum arundinaceae Libbert. Feddes Repert., Beih. 111: 85–104.

Rolland, C., Michalet, R., Desplanque, C., Petetin, A., Aimé, S., 1999: Ecological requirements of Abies alba in the French Alps derived from dendroecological analysis. J. Veg. Sci. 10: 297–306.

Roloff, A., 1987/1988: Morphologie der Kronenentwicklung von Fagus sylvatica L. (Rotbuche) unter besonderer Berücksichtigung neuartiger Veränderungen. Teil I u. II. Flora 179: 355–378 u. 180: 297–338.

Romell, L. G., 1967: Die Reutbetriebe und ihr Geheimnis. Studium Generale 20: 362–369.

Römheld, V., Marschner, H., 1990: Genotypical differences among graminaceous species in release of phytosiderophores and uptake of iron phytosiderophores. Plant and Soil 123: 147–153.

Roozen, A. J. M., Westhoff, V., 1985: A study on long-term salt-marsh succession using permanent plots. Vegetatio 61: 23–32.

Roo-Zielinska, E., 1993: The current state and changes in the meadow flora in the Nida valley, southern Poland. Fragm. Flor. Geobot. 38: 581–592.

Rösberg, I., Ovstedal, D. O., Seljelid, R., Schreiner, O., Goksoyr, J., 1981: Estimation of carbon flow in a Calluna heath system. Oikos 37: 295–305.

Roscher, C., Temperton, V. M., Scherer-Lorenzen, M., Schmitz, M., Schumacher, J., Schmid, B., Buchmann, N., Weisser, W. W., Schulze, E.-D., 2005: Overyielding in experimental grassland communitites – irrespective of species pool or spatial scale. Ecology Letters 8: 419–429.

Rose, F., 1988: Phytogeographical and ecological aspects of Lobarion communities in Europe. Bot. J. Linnean Soc. 96: 69–79.

Rose, F., 1992: Temperate forest management: its effects on bryophyte and lichen floras and habitats. In: Bates, J. W., Farmer, A. M. (eds.): Bryophytes and Lichens in a Changing Environment. Clarendon Press, Oxford. pp. 211–233.

Rose, F., 1999: Indicators of ancient woodland. The use of vascular plants in evaluating ancient woods for nature conservation. British Wildlife 1999: 241–251.

Rosenthal, G., 1992: Erhaltung und Regeneration von Feuchtwiesen. Diss. Bot. 182. 259 p.

Rosenthal, G., 2001: Zielkonzeptionen und Erfolgsbewertung von Renaturierungsversuchen in nordwestdeutschen Niedermooren anhand vegetationskundlicher und ökologischer Kriterien. Habilitationsschrift Univ. Hohenheim. 230 p.

Rosenthal, G., Müller, J., 1988: Wandel der Grünlandvegetation im mittleren Ostetal. Ein Vergleich 1952–1987. Tuexenia 8: 79–99.

Roser, W., 1962: Vegetations- und Standortsuntersuchungen im Weinbaugebiet der Muschelkalktäler. Veröff. Natursch. Bad.-Württemb. 30: 31–151.

Rösler, S., 2003: Natur- und Sozialverträglichkeit des Integrierten Obstbaus. Arb.ber. Fachber. Architektur, Stadtplan., Landschaftsplan. Univ. Kassel 151: 1–429.

Ross, S. M., 1986: Vegetation change on highway verges in south-east Scotland. J. Biogeogr. 13: 109–117.

Rosset, M. O., 1990: Beziehungen zwischen Vegetation, Bodenwasser, Mikroklima und Energiehaushalt von Feuchtwiesen unter besonderer Berücksichtigung der Evapotranspiration. Diss. Bot. 159: 1–244.

Rosskamp, T., 1999: Die Vegetation der Feld- und Wallhecken in Niedersachsen. Galunder-Verlag, Wiehl. 180 p.

Rost-Siebert, K., 1985: Untersuchungen zur H- und Al-Ionen-Toxizität an Keimlingen von Fichte (Picea abies Karst.) und Buche (Fagus sylvatica L.) in Lösungskulturen. Ber. Forsch.zentr. Waldökosysteme (Göttingen) Bd. A 12.

Rost-Siebert, K., 1988: Ergebnisse vegetationskundlicher und bodenchemischer Vergleichsuntersuchungen zur Feststellung immissionsbedingter Veränderungen während der letzten Jahrzehnte. Ber. Forschungszentr. Waldökosysteme (Göttingen) B 8. 158 p.

Rost-Siebert, K., Jahn, G., 1988: Veränderungen der Waldbodenvegetation während der letzten Jahrzehnte – Eignung zur Bioindikation von Immissionswirkungen? Forst u. Holz 43: 75–81.

Roth, R., 1996: The effect of deer on naturally regenerating forest. Z.schr. f. Jagdwiss. 42: 143–156.

Rothe, A., 1997: Einfluss des Baumartenanteils auf Durchwurzelung, Wasserhaushalt, Stoffhaushalt und Zuwachsleistung eines Fichten-Buchen-Mischbestandes am Standort Höglwald. Schr.reihe Forstw. Fak. Univ. München u. Bayer. Forstl. Versuchs- u. Forsch. anst. 163. 174 p.

Rothe, A., Binkley, D., 2001: Nutritional interactions in mixed species forests: a synthesis. Can. J. For. Res. 31: 1855–1870.

Rothe, M., Vogel, M., Roloff, A., 2002: Characterisation of the water relations of spruce (Picea abies (L.) Karst.) during prolonged artificial drought stress. Allg. Forst- u. Jagdz. 173: 29–36.

Röthlisberger, F., 1986: 10 000 Jahre Gletschergeschichte der Erde. Verlag Sauerländer, Aarau. 416 p.

Rottenburg, W., Koeppner, T., 1972: Die Wirkung der Faktoren Licht und Wasser auf den Spaltöffnungszustand bei Koniferen. Ber. Deut. Bot. Ges. 85: 353–362.

Rousseau, L. Z., 1960: De l'influence du type d'humus sur le développement des plantules de sapin dans les Vosges. Ann. École. Nation. Eaux et Forets et Stat. Rech. et Expér. Nancy 17: 15–118.

Roux, C., 1978: Complément à l'étude écologique et phytosociologique des peuplements lichéniques saxicoles-calcicoles du SE de la France. Bull. Mus. Hist. Nat. Marseille 38: 65–186.

Roweck, H., 1988: Ökologische Untersuchungen an Teichrosen. Arch. Hydrobiol. 81: 103–358.

Roweck, H., Reinöhl, H., 1986: Zur Verbreitung und systematischen Abgrenzung der Teichrosen Nuphar pumila und N. x intermedia in Baden-Württemberg. Veröff. Naturforsch. Bad-Württemb. 61: 81–153.

Rowell, D. P., Jones, R. G., 2006: Causes and uncertainty of future summer drying over Europe. Climate Dynamics 27: 281–299.

Rozema, J., 1991: Growth, water and ion relationships of halophytic monocotyledonae and dicotyledonae: a unified concept. Aquat. Bot. 39: 17–33.

Rozema, J., Bijl, F., Dueck, T., Wesselman, H., 1982: Salt-spray stimulated growth in strand-line species. Physiol. Plant. 56: 204–210.

Rozema, J., Bijwaard, P., Prast, G., Broekman, R., 1985: Ecophysiological adaptations of coastal halophytes from foredunes and salt marshes. Vegetatio 62: 499–521.

Rozema, J., Dueck, T., Wesselman, H., Bijl, F., 1983: Nitrogen dependent growth stimulation by salt in strand-line species. Acta Oecol. Plant. 4: 41–52.

Rozema, J., Laan, P., Broekman, R., Ernst, W. H. O., Appelo, C. A. J., 1985: On the lime transition and decalcification in the coastal dunes of the province of North Holland and the island of Schiermonnikoog (Netherlands). Acta Bot. Neerl. 34: 393–412.

Rozema, J., Rozema-Dijst, E., Freijsen, A. H. J., Huber, J. J. L., 1978: Population differentiation within Festuca rubra L. with regard to soil salinity and soil water. Oecologia 34: 329–341.

Rozijn, N. A. M. G., van Andel, J., 1985: Analysis of the germination syndrome of dune annuals. Flora 177: 175–185.

Rübel, E., 1911: Pflanzengeographische Monographie des Berninagebietes. Bot. Jb. (Leipzig) 47: 1–646.

Rübel, E., 1922: Curvuletum. Mitt. Geobot. Inst. Rübel, Zürich 1922: 1–15.

Rubner, H., 1959: Der Baumartenwandel in den Forsten der Münchner Schotterebene während der geschichtlichen Zeit. Mitt. Geogr. Ges. München 44: 9–35.

Rubner, K., 1926: Die forstlichen Verhältnisse Rumäniens in pflanzengeographischer Betrachtung. Forstw. Cbl. 48: 145–258.

Rudawska, M. L., 2007: Mycorrhiza. In: Tjoelker, M. G., Boratynski, A., Bugala, W. (eds.): Biology and Ecology of Norway Spruce. Springer, Dordrecht. pp. 157–194.

Rudolph, H., Hohlfeld, J., Jacubowski, S. et al., 1993: Nitrogen metabolism of Sphagnum. Adv. Bryol. 5: 79–106.

Rudolph, H., Voigt, J. U., 1986: Effects of NH_4-N and NO_3-N on growth and metabolism of Sphagnum magellanicum. Physiol. Plant. 66: 329–343.

Rüegg, J. J., 1976: Der Einfluss konstanter und wechselnder Temperaturen auf die Ertragsbildung und ausgewählte Inhaltsstoffe bei Wiesenschwingel (Festuca pratensis Huds.). Diss. ETH Zürich. 132 p.

Ruetz, W. F., 1973: The seasonal pattern of CO_2 exchange of Festuca rubra L. in a montane meadow community in North-ern Germany. Oecologia 13: 247–269.

Rühl, A., 1959: Über das soziologische Verhalten der schlanken Segge (Carex strigosa Huds.). Decheniana 111: 27–31.

Rühl, A., 1960: Über die Waldvegetation der Kalkgebiete nordwestdeutscher Mittelgebirge. Decheniana 111, Beih. 8: 1–50.

Rühl, A., 1964: Vegetationskundliche Untersuchungen über die Bachauenwälder des Nordwestdeutschen Berglandes. Decheniana 116: 29–44.

Rühling, A., Tyler, G., 1991: Effects of simulated nitrogen deposition to the forest floor on the macrofungal flora of a beech forest. Ambio 20: 261–263.

Rumpf, U., Griese, D., Brandes, D., 2004: Zur Invasibilität von Äckern durch Neophyten. http://www.biblio.tu-bs.de/geobot/invasibilitaet.pdf

Runge, F., 1950: Vergleichende pflanzensoziologische und bodenkundliche Untersuchungen von bodensauren Laubwäldern im Sauerland. Abh. Landesmus. Naturk. Münster/Westf. 13 (1): 1–48.

Runge, F., 1957: Die Flora des NSG "Heiliges Meer" bei Hopsten und ihre Änderungen in den letzten 60 Jahren. Natur u. Heimat 17: 75–96.

Runge, F., 1963: Die Artmächtigkeitsschwankungen in einem nordwestdeutschen Enzian-Zwenkenrasen. Vegetatio 11: 237–240.

Runge, F., 1968: Die Artmächtigkeitsschwankungen in einem nordwestdeutschen Enzian-Zwenkenrasen. II. Vegetatio 15: 124–128.

Runge, F., 1969: Die Verlandungsvegetation in den Gewässern des Naturschutzgebietes „Heiliges Meer“. Naturkunde in Westf. 5: 89–95.

Runge, F., 1969: Vegetationsschwankungen in einem Melico-Fagetum. Vegetatio 17: 151–156.

Runge, F., 1970: Die pflanzliche Besiedlung eines Straßenbanketts. Natur u. Heimat 30: 54–56.

Runge, F., 1981: Änderungen in der Krautschicht in einem Eichen-Hainbuchenwald im Laufe von 21 Jahren. Natur u. Heimat (Münster/W.) 41: 89–93.

Runge, F., 1981: Die Pflanzengesellschaften der Ems. Decheniana (Bonn) 134: 71–86.

Runge, F., 1998: 40jährige Dauerquadrat-Untersuchungen in einer trockenen Zwergstrauchheide (Genisto-Callunetum). Decheniana (Bonn) 151: 7–9.

Runge, M., 1965: Untersuchungen über die Mineralstickstoff-Nachlieferung an nordwestdeutschen Waldstandorten. Flora 155: 353–386.

Runge, M., 1973: Energieumsätze in den Biozönosen terrestrischer Ökosysteme. Scripta Geobot. (Göttingen) 4. 78 p.

Runge, M., 1974: Die Stickstoff-Mineralisation im Boden eines Sauerhumus-Buchenwaldes. I u. II. Oecol. Plant. 9: 201–218 u. 219–230.

Runge, M., 1983: Physiology and ecology of nitrogen nutrition. In: Lange, O. L., Nobel, P. S., Osmond, C. B., Ziegler, H. (eds.): Encyclopedia of Plant Physiology, New Series, Physiological Ecology III. Springer, Berlin. pp. 163–200.

Runge, M., 1983: Zum Einfluss des Aluminiums auf die floristische Zusammensetzung von Waldgesellschaften des Münsterlandes. Verh. Ges. f. Ökol. 11: 339–350.

Runge, M., Rode, M., 1991: Effects of soil acidity on plant associations. In: Ulrich, B., Sumner, M. E. (eds.): Soil Acidity. Springer, Berlin. pp. 401–411.

Runkle, J. R., 1982: Patterns of disturbance in some old-growth mesic forests of eastern North America. Ecology 63: 1533–1546.

Russow, R., Faust, H., Dittrich, P., Schmidt, G., Mehlert, S., Sich, I., 1995: Untersuchungen zur N-Transformation und zum N-Transfer in ausgewählten Agrarökosystemen mittels der Stabilisotopen-Technik. In: Körschens, M., Mahn, E.-G. (eds.): Strategien zur Regeneration belasteter Agrarökosysteme des mitteldeutschen Schwarzerdegebietes. Teubner, Stuttgart. pp. 131–166.

Rust, S., Roloff, A., 2004: Acclimation of crown structure to drought in Quercus robur L. - intra- and inter-annual variation of abscission and traits of shed twigs. Basic Appl. Ecol. 5: 283–291.

Rustad, L. E., Fernandez, I. J., 1998: Soil warming: consequences for foliar litter decay in a spruce-fir forest in Maine, USA. Soil Sci. Soc. Am. J. 62: 1072–1080.

Ruthsatz, B., 1970: Die Grünlandgesellschaften um Göttingen. Scripta Geobot. (Göttingen) 2: 31 p.

Ruthsatz, B., 1983: Kleinstrukturen im Raum Ingolstadt. Schutz- und Zeigerwert. Teil I. Hochstaudenfluren an Entwässerungsgräben. Tuexenia 3: 365–388.

Rutter, A. J., 1968: Water consumption by forest. In: Kozlowski, T. T. (ed.): Water Deficits and Plant Growth, vol. II. Academic Press, New York. pp. 23–84.

Ruttner, F., 1962: Grundriss der Limnologie. 3. Aufl. De Gruyter, Berlin. 332 p.

Ruville-Jackelen, F. von, 1996: Untersuchungen zum Bodenwasserhaushalt und zum Bioelementtransport an ausgewählten Standorten des Feuchtgrünlandes im Münsterland. Arb.ber. Landschaftsökol. Münster H. 17. 117 p.

Ryan, M. G., Binkley, D., Fownes, J. H., 1997: Age-related decline in forest productivity: pattern and process. Adv. Ecol. Res. 27: 213–262.

Rychnovská, M. (ed.): Structure and Functioning of Seminatural Meadows. Elsevier, Amsterdam. 386 p.

Rychnovská, M., Kvet, J., Gloser, J., Jakrlova, J., 1972: Plant water relations in three zones of grassland. Acad. Praha 5: 1–39.

Rychnovská, M., Úlehlová, B., 1975: Autökologische Studie der tschechoslowakischen Stipa-Arten. Vegetace CSSR A 8. Academia, Prague. 170 p.

Rydin, H., 1985: Effect of water level on desiccation of Sphagnum in relation to surrounding Sphagna. Oikos 45: 374–379.

Rydin, H., 1993: Mechanisms of interactions among Sphagnum species along water-level gradients. Adv. Bryol. 5: 153–186.

Rydin, H., Clymo, R. S., 1989: Transport of carbon and phosphorus compounds about Sphagnum. Proc. R. Soc. London B. 237: 63–84.

Rydin, H., Gunnarsson, U., Sundberg, S., 2006: The role of Sphagnum in peatland development and persistence. In: Wieder, R. K., Vitt, D. H. (eds.): Boreal Peatland Ecosystems. Ecol. Stud. 188. Springer, Berlin. pp. 47–65.

Rydin, H., McDonald, A. J. S., 1985: Tolerance of Sphagnum to water level. J. Bryol. 13: 571–578.

Ryser, P., 1990: Influence of gaps and neighbouring plants on seedling establishment in limestone grasslands. Veröff. Geobot. Inst. ETH, Stiftg. Rübel, Zürich 104: 1–71.

Ryser, P., Gigon, A., 1985: Influence of seed bank and small mammals on the floristic composition of limestone grassland in northern Switzerland. Ber. Geobot. Inst. ETH, Stiftg. Rübel, Zürich 52: 41–52.

Ryser, P., Langenauer, R., Gigon, A., 1995: Species richness and vegetation structure in a limestone grassland after 15 years management with six biomass removal regimes. Folia Geobot. Phytotax. 30: 157–167.

Saarinen, T., 1996: Biomass and production of two vascular plants in a boreal mesotrophic fen. Can. J. Bot. 74: 934–938.

Sach, W., 1997: Vegetation und Nährstoffdynamik unterschiedlich genutzten Grünlandes in Schleswig-Holstein. Diss. Univ. Kiel. 219 p.

Sach, W., Schrautzer, J., 1994: Phytomasse- und Nährstoffdynamik sowie floristische Veränderungen von Knickfuchsschwanz-Flutrasen (Ranunculo-Alopecuretum geniculati Tx. 37) unter extensiver Nutzung. Flora 189: 37–50.

Sah, S. P., 1990: Vergleich des Stoffhaushaltes zweier Buchenwaldökosysteme auf Kalkgestein und auf Buntsandstein. Ber. Forsch.zentr. Waldökosysteme (Göttingen) A 59. 140 p.

Sakai, A., Larcher, W., 1987: Frost Survival of Plants. Responses and Adaptations to Freezing Stress. Ecol. Stud. 62. Springer, Berlin.

Sale, P. J. M., Orr, P. T., 1987: Growth responses of Typha orientalis Presl to controlled temperatures and photoperiods. Aquat. Bot. 29: 227–243.

Salinger, S., Strehlow, H., 1987: Ergebnisse von Untersuchungen zur Konkurrenz zwischen verschiedenen Gräsern. I. Flora 179: 271–280.

Salisbury, E., 1952: Downs and Dunes: Their Plant Life and its Environment. Bell. London.

Salzmann, R., 1939: Die Anthropochoren der schweizerischen Kleegraswirtschaft; die Abhängigkeit ihrer Verbreitung von der Wasserstoffionen-Konzentration und der Dispersität des Bodens mit Beiträgen zu ihrer Keimungsbiologie. Diss. ETH Zürich: 82 p.

Samek, V., Javúrek, M., 1964: Zerfallphasen und Naturverjüngung in den Buchen-Mischwäldern. Lesnicky Casopis 10: 173–194.

Sand-Jensen, K., 1990: Epiphyte shading: its role in resulting depth distribution of submerged aquatic macrophytes. Folia Geobot. Phytotax. 25: 315–320.

Sand-Jensen, K., Madsen, T. V., 1991: Minimum light requirements of submerged freshwater macrophytes in laboratory growth experiments. J. Ecol. 79: 749–764.

Sand-Jensen, K.,1987: Environmental control of bicarbonate use among freshwater and marine macrophytes. In: Crawford, R. M. M. (ed.): Plant Life in Aquatic and Amphibious Habitats. Spec. Publ. No. 5, Brit. Ecol. Soc.. Blackwell, Oxford. p. 99–112.

Sandoz, H., 1987: Recherches taxonomiques, biogéographiques et phytoécologiques sur les principaux conifères subalpins des Alpes: mélèze d'Europe, pin cembro, pin à crochets et pin mugho. Thèse Univ. d'Aix-Marseille III. 650 p.

Sandstede, H., 1950: Veränderungen in der Flora unserer engeren Heimat. Oldenburger Jahrbuch 50: 304–311.

Sänger, H., Vogel, D., 1998: Untersuchungen zur Flora und Vegetation in bergbaubedingt salzbelasteten Feuchtgebieten. Hercynia N. F. (Halle) 31: 201–227.

Saniga, M., Schütz, J.-P., 2002: Relation of dead wood course within the development cycle of selected virgin forests in Slovakia. J. For. Sci. 48: 513–528.

Sarosiek, J., 1964: Ökologische Analyse einiger auf Serpentinböden wachsenden Pflanzen in Unterschlesien (in polnisch). Monogr. Bot. 18: 1–105.

Sasse, F., 1979 a,b: Untersuchungen an Serpentinstandorten in Frankreich, Italien, Österreich und der Bundesrepublik Deutschland. I. Bodenanalysen. II. Pflanzenanalysen. Flora 168: 379–395 u. 578–594.

Sauberer, F., Dirmhirn, I., 1958: Das Strahlungsklima. In: Steinhauser, F., Eckel, O., Lauscher, F. (eds.): Klimatographie von Österreich. Springer, Wien. pp. 13–102.

Sauberer, F., Härtel, O., 1959: Pflanze und Strahlung. Leipzig. 268 p.

Sautter, R., 1994: Untersuchungen zur Diasporen- und Samenökologie in bedrohten Pflanzengesellschaften sandiger Böden. Diss. Bot. 226. 155 p.

Sayer, U., 2000: Die Ökologie der Flaumeiche (Quercus pubescens Willd.) und ihrer Hybriden auf Kalkstandorten an ihrer nördlichen Arealgrenze. Diss. Bot. 340. 198 p.

Scamoni, A., (ed.), 1964: Vegetationskarte der Deutschen Demokratischen Republik (1:500 000) mit Erläuterungen. Akademie Verlag, Berlin. 106 p.

Scamoni, A., 1954: Die Waldvegetation des Unterspreewaldes. Arch. Forstwes. 3: 122–161, 230–260.

Scamoni, A., 1960: Waldgesellschaften und Waldstandorte, dargestellt am Gebiet des Diluviums der Deutschen Demokratischen Republik. Berlin. 326 p.

Scamoni, A., 1967: Der Waldmeister-Buchenwald (Asperulo-Fagetum). Botan. Jb. 86: 494–521.

Scamoni, A., 1967 a: Vegetation – Standort. Methodenvergleich in der Oberförsterei Chorin bei Eberswalde. Arch. Naturschutz u. Landschaftsforsch. 6: 167–206.

Scarascia-Mugnozza, G., Bauer, G. A., Persson, H., Matteucci, G., Masci, A., 2000 : Tree biomass, growth and nutrient pools. In: Schulze, E.-D. (ed.): Carbon and Nitrogen Cycling in European Forest Ecosystems. Ecol. Stud. 142. Springer, Berlin. pp. 49–62.

Schaap, M. G., 1996: The role of soil organic matter in the hydrology of forests on dry sandy soils. PhD thesis, University of Amsterdam. 145 p.

Schaefer, M., Schauermann, J., 1990: The soil fauna of beech forests: comparison between a mull and a moder soil. Pedobiologia 34: 299–314.

Schäfer, K., 1972: Temperaturkurven der Nettoassimilation und Dunkelatmung einiger Sorten von Lolium perenne L. Landwirtsch. Forsch. 25: 191–202.

Schaffers, A. P., 2000: Ecology of roadside plant communities. PhD thesis, University of Wageningen. 303 p.

Schaffers, A. P., 2000: In situ annual nitrogen mineralization predicted by simple soil properties and short-period field incubation. Plant and Soil 221: 205–219.

Schaffers, A. P., Sykora, K. V., 2002: Synecology of species-rich plant communities on roadside verges in the Netherlands. Phytocoenologia 32: 29–83.

Schaminée, J., Weeda, E., Westhoff, V. (eds.), 1998: De Vegetatie van Nederland 4. Plantengemeenschappen van de kust en binnenlandse pioniermilieus. Opulus Press, Uppsala. 346 p.

Schaminée, J. H. J., Stortelder, A. H. F., Weeda, E. J. (eds.), 1996: De Vegetatie von Nederland – Deel 3: Plantengemeenschappen van graslanden, zomen en droge heiden. Opulus Press, Uppsala. 356 p.

Schaminée, J. H. J., Weeda, E. J., Westhoff, V., (ed.), 1995: De Vegetatie van Nederland – Deel 2: Plantengemeenschappen van wateren, moerassen en natte heiden. Opulus Press, Uppsala.

Schaminée, J. H. J., Westhoff, V., Arts, G. H. P., 1992: Die Strandlingsgesellschaften (Littorelletea Br.-Bl. et Tx. 43) der Niederlande, in europäischem Rahmen gefasst. Phytocoenologia 20: 529–558.

Schanz, A., Polte, P., Asmus, H., 2002: Cascading effects of hydrodynamics on an epiphyte-grazer system in intertidal seagrass beds of the Wadden Sea. Mar. Biol. 141: 287–297.

Schär, C., Vidale, P. L., Lüthi, D., Frei, C., Häberli, C., Liniger, M. A., Appenzeller, C., 2004: The role of increasing temperature variability in European summer heatwaves. Nature 427: 332–336.

Schär, E., Schweingruber, F. H., 1987: Nacheiszeitliche Stammfunde aus Grächen im Wallis. Schweiz. Z. Forstwes. 138: 497–515.

Scharfetter, R., 1938: Das Pflanzenleben der Ostalpen. Wien. 419 p.

Scheel, H., 1962: Moor- und Grünlandgesellschaften im oberen Briesetal nördlich von Berlin. Wiss. Z. Pädag. Hochsch. Potsdam 7: 201–230.

Scheffer, F., Schachtschabel, P., 1982: Lehrbuch der Bodenkunde. 11.Aufl. Enke, Stuttgart. 442 p.

Scheffer, F., 2002: Lehrbuch der Bodenkunde: Scheffer/Schachtschabel. 15. Aufl. Spektrum Verlag, Heidelberg. 593 p.

Scheffer, F., Ulrich, B., 1960: Lehrbuch der Agrikulturchemie und Bodenkunde. III. Teil. Humus und Humusdüngung. Bd. I. Morphologie, Biologie, Chemie und Dynamik des Humus. 2. Aufl.

Scheffer, M., Hosper, S. H., Meijer, M. L., Moss, B., Jeppesen, E. 1993: Alternative equilibria in shallow lakes. Trends Ecol. Evol. 8: 275–279.

Scheifele, M., 1997: Als die Wälder auf Reisen gingen – Über die Flößerei in Südwestdeutschland. Forstw. Cbl. 116: 53–59.

Schenk, J., Stickan, W., Runge, M., 1989: Belaubungsverlauf und Blattmerkmale von Buchen unter dem Einfluss von Kalkung und Stickstoffdüngung. Ber. Forsch.zentr. Waldökosysteme (Göttingen) A 49: 91–101.

Schenk, W., 1996: Waldnutzung, Waldzustand und regionale Entwicklung in vorindustrieller Zeit im mittleren Deutschland. Erdkundl. Wissen 117. F. Steiner Verlag, Stuttgart. 325 p.

Scherer-Lorenzen, M., Körner, Ch., Schulze, E.-D., 2005: The functional significance of forest diversity: a synthesis. In: Scherer-Lorenzen, M., Körner, Ch., Schulze, E.-D. (eds.): Forest Diversity and Function. Ecol. Stud. 176. Springer, Berlin. pp. 377–390.

Scherer-Lorenzen, M., Olde Venterink, H., Buschmann, H., 2007: Nitrogen enrichment and plant invasions: the importance of nitrogen-fixing plants and anthropogenic eutrophication. In: Nentwig, W. (ed.): Biological Invasions. Ecol. Stud. 193. Springer, Berlin. pp. 163–180.

Scherfose, V., 1987: Pflanzensoziologische und ökologische Untersuchungen in Salzrasen der Nordseeinsel Spiekeroog. II. Bodenchemische Untersuchungen, Stickstoff-Netto-Mineralisation und Salzbelastung. Tuexenia 8: 173–198.

Schiechtl, H. M., 1958: Grundlagen der Grünverbauung. Wien. 273 p.

Schiechtl, H. M., 1967: Die Physiognomie der potentiellen natürlichen Waldgrenze und Folgerungen für die Praxis der Aufforstung in der subalpinen Stufe. Mitt. Forstl. Bundesversuchsanst. Wien 75: 5–55.

Schiechtl, H. M., 1992: Weiden in der Praxis – Die Weiden Mitteleuropas, ihre Verwendung und ihre Bestimmung. Patzer, Berlin.

Schiefer, J., 1981: Bracheversuche in Baden-Württemberg. Vegetations- und Standorts-Entwicklung auf 16 verschiedenen Versuchsflächen mit unterschiedlicher Behandlung (Beweidung, Mulchen, kontrolliertes Brennen, ungestörte Sukzession). Beih. Veröff. Naturschutz Landschaftspfl. Baden-Württemb. 22: 325 p.

Schiefer, J., 1984: Möglichkeiten der Aushagerung von nährstoffreichen Grünlandflächen. Veröff. Naturschutz Landschaftspflege Baden-Württemb. 57/58: 33–62.

Schiemer, F., 1979: Submerged macrophytes in the open lake. Distribution pattern, production and long term changes. In: Löffler, H. (ed.): Neusiedlersee: The Limnology of a Shallow Lake in Central Europe. Junk, Den Haag. p. 235–250.

Schiewer, U. (ed.), 2008 a: Ecology of Baltic Coastal Waters. Ecol. Stud. 197. Springer, Berlin. 428 p.

Schiewer, U., 2008 b: Darß-Zingst Boddens, Northern Rügener Boddens and Schlei. In: Schiewer, U. (ed.), 2008: Ecology of Baltic Coastal Waters. Ecol. Stud. 197. Springer, Berlin. pp. 35–86.

Schiewer, U., 2008 c: Greifswalder Bodden, Wismar-Bucht and Salzhaff. In: Schiewer, U. (ed.), 2008: Ecology of Baltic Coastal Waters. Ecol. Stud. 197. Springer, Berlin. pp. 87–114.

Schiller, L., 2000: Das Vegetationsmosaik von biologisch und konventionell bewirtschafteten Acker- und Grünlandflächen in verschiedenen Naturräumen Süddeutschlands. Diss. Bot. 337: 183 p.

Schimel, D. S., Braswell, B. H., Holland, E. A., McKeown, R., Ojima, D. S., Painter, T. H., Parton, W. J., Townsend, A. R., 1994: Climatic, edaphic, and biotic controls over storage and turnover of carbon in soils. Global Biogeochem. Cycles 8: 279–293.

Schimel, J. P., Bennett, J., 2004: Nitrogen mineralization: Challenges of a changing paradigm. Ecology 85: 591–602.

Schinner, F., 1982: CO_2-Freisetzung, Enzymaktivitäten und Bakteriendichte von Böden unter Spaliersträuchern und Polsterpflanzen in der alpinen Stufe. Acta Oecol. 3: 49–58.

Schipka, F., 2003: Blattwasserzustand und Wasserumsatz von vier Buchenwäldern entlang eines Niederschlagsgradienten in Mitteldeutschland. Diss. Univ. Göttingen.

Schipka, F., Heimann, J., Leuschner, Ch., 2005: Regional variation in canopy transpiration of Central European beech forests. Oecologia 143: 260–270.

Schippers, P., Snoeijing, I., Kropff, M. J., 1999: Competition under high and low nutrient levels among three grassland species occupying different positions in a successional sequence. New Phytol. 143: 547–559.

Schläfli, A., 1979: Die Vegetation der Quellfluren und Quellsümpfe der Nordostschweiz. Mitt. d. Thurgauischen Naturforsch. Ges. 43: 165–198.

Schlag, M. G., 1994: Das europäische ‚Eichensterben' und seine Ursachen – von einem phytopathologischen Standpunkt aus gesehen. Cbl. Ges. Forstwes. 111: 243–266.

Schläpfer, B., Ryser, P., 1996: Leaf and root turnover of three ecologically contrasting grass species in relation to their performance along a productivity gradient. Oikos 75: 398–406.

Schlechte, G., 1982: Struktur und Funktion der Großpilzflora unter besonderer Berücksichtigung ihrer Mykorrhizabildung. Materialien aus dem SFB 195, Nr. 27, Teilprojekt B 7. Göttingen: 209–219.

Schlenker, G., 1940: Erläuterungen zum pflanzensoziologischen Kartenblatt Bietigheim. Tübingen.

Schlenker, G., 1968: Kulturversuche mit Waldbodenpflanzen bei abgestufter Azidität und variierter Stickstoff-Form. Oecol. Plant. 3: 7–27.

Schlenker, G., Schill, G., 1979: Das Feldflora-Reservat auf dem Beutenlay bei Münsingen. Mitt. Ver. Forstl. Standortskde u. Forstpfl.zücht. 27: 55–59.

Schlesinger, W. H., 1997: Biogeochemistry. Academic Press, San Diego.

Schlüter, H., 1959: Waldgesellschaften und Wuchsbezirksgliederung im Grenzbereich der Eichen-Buchen- zur Buchenstufe am Nordwestabfall des Thüringer Waldes. Arch. Forstwes. 8: 427–493.

Schlüter, H., 1963: Vegetationskundliche Untersuchungen in den Wäldern der Jenaer Umgebung. Drudea 3: 41–48.

Schlüter, H., 1964: Zur Waldentwicklung im Thüringer Gebirge, hergeleitet aus Pollendiagrammen, Archivquellen und Vegetationsuntersuchungen. Arch. Forstwes. 13: 283–305.

Schlüter, H., 1965: Vegetationskundliche Untersuchungen an Fichtenforsten im Mittleren Thüringer Wald. Die Kulturpflanze (Berlin) 13: 55–99.

Schlüter, H., 1966: Licht- und Temperaturmessungen an den Vegetationszonen einer Lichtung („Lochhieb") im Fichtenforst. Flora, Abt. B 156: 133–154.

Schlüter, H., 1966: Untersuchungen über die Auswirkung von Bestandskalkungen auf die Bodenvegetation in Fichtenforsten. Die Kulturpflanze (Berlin) 14: 47–60.

Schlüter, H., 1967: Buntlaubhölzer in collinen Waldgesellschaften Mittelthüringens. Die Kulturpflanze (Berlin) 15: 115–138.

Schlüter, H., 1969: Hochmoorgesellschaften im Thüringer Wald. Mitt. Florist.-Soziol. Arb.gem. N. F. 14: 346–364.

Schlüter, H., 1970: Vegetationskundlich-synökologische Untersuchungen zum Wasserhaushalt eines hochmontanen Quellgebietes. Wiss. Veröff. Geogr. Inst. Deut. Akad. Wiss., N. F. 27/28: 23–144.

Schlüter, H., 1981: Zur Bedeutung synanthroper Vegetationstypen für die Landschaftsforschung. Wiss. Abh. Geogr. Ges. DDR 15: 83–100.

Schlüter, H., 1990: Tanne und Fichte im Thüringer Wald seit dem Mittelalter. Gleditschia (Berlin) 18: 107–113.

Schlüter, H., 1993: Zur Einbürgerung des Perückenstrauches (Cotinus coggygria Scop.) an einem xerothermen Muschelkalkhang bei Jena in Thüringen. Phytocoenologia 23: 637–650.

Schmaltz, J., Lange, A., 1999: Untersuchungen in der Zerfalls- und Verjüngungsphase eines Buchennaturwaldes auf der Insel Vilm. Forstarchiv 70: 66–73.

Schmeidl, H., 1964: Bodentemperaturen in Hochmoorböden. Bayer. Landw. Jb. 41: 115–122.

Schmeidl, H., Schuch, M., Wanke, R., 1970: Wasserhaushalt und Klima einer kultivierten und unberührten Hochmoorfläche am Alpenrand. Kurator. f. Kulturbauwesen 19: 174 p.

Schmeisky, H., 1974: Vegetationskundliche und ökologische Untersuchungen in Strandrasen des Graswarders vor Heiligenhafen/Ostsee. Diss. Univ. Göttingen. 103 p.

Schmid, E., 1936: Die Reliktföhrenwälder der Alpen. Beitr. Geobot. Landesaufn. Schweiz 21. 190 p.

Schmid, E., 1961: Erläuterungen zur Vegetationskarte der Schweiz. Beitr. Geobot. Landesaufn. Schweiz 39: 52 p.

Schmid, H., Zeidler, H., 1953: Beobachtungen und Gedanken zum Rückgang der Tanne. Forstw. Cbl. 72: 101–110.

Schmid, I., Leuschner, Ch., 1998: Warum fehlt den Gipsbuchenwäldern des Kyffhäusers (Thüringen) eine Krautschicht? Forstw. Cbl. 117: 277–288.

Schmid-Haas, P., 1990: Kronenverlichtung und Waldwachstum. Schweiz. Z. Forstwes. 141:189–209.

Schmid-Haas, P., 1991: Ursächliche Zusammenhänge zwischen Nadelverlust, Zuwachs, Sturmgefährdung und Fäule. Schweiz. Z. Forstwes. 142: 505–512.

Schmid-Haas, P., 1993: Kronenverlichtung und Sterberaten bei Fichten, Tannen und Buchen. Forstw. Cbl. 112: 325–333.

Schmid-Haas, P., 1994: Kronenverlichtung der Fichte als Indiz für mangelhafte Gesundheit und Stabilität – Fäule in den Stützwurzeln als eine der Ursachen. Schweiz. Z. Forstwes. 145: 371–387.

Schmidt, A., 1971: Wachstum und Ertrag der Kiefer auf wirtschaftlich wichtigen Standorteinheiten der Oberpfalz. Forsch.ber. Forstl. Forsch.anst. München, Band 1.

Schmidt, B., 1997: Vergleichende Untersuchungen zum Mikroklima von Schlenkengewässern und Pflanzenbeständen in Mooren des Alpenvorlandes mit Hinweisen zu Libellen (Odonata). Telma 27: 35–59.

Schmidt, C., 1993: Die Wassermoosvegetation im Bergland Westfalens. Abh. Westfäl. Mus. Naturkde (Münster) 55, 4: 51 p. Anhang.

Schmidt, I., Leuschner, Ch., Mölder, A., Schmidt, W., 2009: Structure and composition of the seed bank in monospecific and tree species-rich temperate broad-leaved forests. For. Ecol. Manage. 257: 695–702.

Schmidt, K. W., 1957: Studie über das Verhalten von 14 kalkmeidenden Pflanzen der Bauernwälder auf dem Kalkwaldboden eines Berghanges. Botan. Jb. 77: 158–192.

Schmidt, L., 1974: Stoffproduktion und Engergiehaushalt von alpinen Zwergstrauchgesellschaften. Diss. Univ. Innsbruck. 153 p.

Schmidt, M., 1985: Die trockenen und warmen Sommer 1976, 1982 und 1983 in Deutschland, Stressfaktoren für den Wald. VDI-Ber. (Düsseldorf) 560: 527–544.

Schmidt, M., 2000: Die Blaugras-Rasen des nördlichen deutschen Mittelgebirgsraumes und ihre Kontaktgesellschaften. Diss. Bot. 328: 1–294.

Schmidt, M., Ewald, J., Fischer, A., v. Oheimb, G., Kriebitzsch, W.-U., Ellenberg, H., Schmidt, W., 2003: Liste der Waldgefäßpflanzen Deutschlands. Mitt. Bundesforschungsanst. f. Forst- u. Holzwirtsch. (Hamburg) 212: 1–36.

Schmidt, M., Sommer, K., Kriebitzsch, W.-U., Ellenberg, H., von Oheimb, G., 2004: Dispersal of vascular plants by game in Northern Germany. Part I: Roe deer (Capreolus capreolus) and wild boar (Sus scrofa). Eur. J. For. Res. 123: 167–176.

Schmidt, P. A., Hempel, W., Denner, M., Döring, N., Gnüchtel, A., Walter, B., Wendel, D., 2002: Potentielle Natürliche Vegetation Sachsens mit Karte 1:200 000. Mater. zu Natursch. u. Landschaftspfl. 2002. Sächs. Landesamt f. Umwelt u. Geol.. 230 p.

Schmidt, W., 1970: Untersuchungen über die Phosphorversorgung niedersächsischer Buchenwaldgesellschaften. Scripta Geobot. (Göttingen) 1. 120 p.

Schmidt, W., 1981: Ungestörte und gelenkte Sukzession auf Brachäckern. Scripta Geobot. 15: 199 p.

Schmidt, W., 1988: An experimental study of old-field succession in relation to different environmental factors. Vegetatio 77: 103–114.

Schmidt, W., 1988: Langjährige Veränderungen der Krautschicht eines Kalkbuchenwaldes (Dauerflächenuntersuchungen). Tuexenia 8: 327–338.

Schmidt, W., 1989: Plant dispersal by motor cars. Vegetatio 80: 147–152.

Schmidt, W., 1992: Der Einfluss von Kalkungsmaßnahmen auf die Waldbodenvegetation. Z. Ökol. u. Natursch. (Jena) 1: 79–88.

Schmidt, W., 1993: Sukzession und Sukzessionslenkung auf Brachäckern – Neue Ergebnisse aus einem Dauerflächenversuch. Scripta Geobot. 20: 65–104.

Schmidt, W., 2002: Aktuelle Schutz- und Nutzungssituation der Hartholz-Auenwälder im Bereich der mittleren Elbe. In: Roloff, A., Bonn, S., Küßner, R. (eds.): Hartholz-Auenwälder an der mittleren Elbe – Beiträge zur Ökologie, Bewirtschaftung und Renaturierung. Schriftenreihe „Wald in Sachsen-Anhalt“, Landesforstverwaltung Sachsen-Anhalt. Gernrode. pp. 13–24.

Schmidt, W., 2002: Einfluss der Bodenschutzkalkungen auf die Waldvegetation. Forstarchiv 73: 43–54.

Schmidt, W., 2005: Herb layer species as indicators of biodiversity of managed and unmanaged beech forests. For. Snow Landscape Res. 79: 111–125.

Schmidt, W., 2006: Zeitliche Veränderung der Fruktifikation bei der Rotbuche (Fagus sylvatica L.) in einem Kalkbuchenwald (1981–2004). Allg. Forst- u. Jagdz. 177: 9–19.

Schmidt, W., Waldhardt, R., Mrotzek, R., 1995: Extensivierungsmaßnahmen im Ackerbau: Auswirkungen auf Flora, Vegetation und Samenbank – Ergebnisse aus dem Göttinger INTEX-Projekt. Tuexenia 15: 415–435.

Schmidt-Vogt, H. (ed.), 1964: Forstsamengewinnung und Pflanzenanzucht im Hochgebirge. BLV Verlag, München.

Schmidt-Vogt, H., 1977–1989: Die Fichte. Ein Handbuch in zwei Bänden. Parey, Hamburg. Bd. 1, 1977: 647 p., Bd. 2/1, 1986: 563 S, Bd. 2/2, 1989: 607 p.

Schmiedeknecht, A., 1995: Untersuchungen zur Auswirkung von Flächenstillegungen auf die Vegetationsentwicklung von Acker- und Grünlandbrachen im Mitteldeutschen Trockengebiet. Diss. Bot. 245. 175 p.

Schmieden, U., 1997: Forstpflanzenphysiologie. In: Umweltbundesamt (ed.): Auswertung der Waldschadensforschungsergebnisse (1982–1992) zur Aufklärung komplexer Ursache-Wirkungsbeziehungen mit Hilfe systemanalytischer Methoden. UBA-Berichte 6/97. E. Schmidt Verlag, Berlin. pp. 15–146.

Schmithüsen, J., 1934: Der Niederwald des linksrheinischen Schiefergebirges. Beitr. Landeskunde Rheinland 4. 106 p.

Schmithüsen, J., 1948: Wirkungen des trockenen Sommers 1947 als Forschungsaufgabe. Ber. Deut. Landeskunde 5: 37–52.

Schmithüsen, J., 1950: Die Dürreempfindlichkeit der mitteleuropäischen Wirtschaftslandschaft in Vergangenheit und Gegenwart. Deut. Geographentag München 1948, 27: 129–145.

Schmitt, L., Brauer, A., 1979: 75 Jahre Darmstädter Wiesendüngungsversuche. J. D. Sauerländer's Verlag, Frankfurt/M.

Schmitt, R., 1936: Die waldbauliche und bodenkundliche Bedeutung der Bodenflora des Buchenwaldes im Hoch-Spessart. Würzburg. 74 p.

Schmitz, H., 1962: Zur Geschichte der Waldhochmoore Südost-Holsteins. Veröff. Geobot. Inst. ETH, Stiftg. Rübel, Zürich 37: 207–222.

Schmitz, U., 2002: Untersuchungen zum Vorkommen und zur Ökologie neophytischer Amaranthaceae und Chenopodiaceae in der Ufervegetation des Niederrheins. Diss. Bot. 364. 140 p.

Schmitzberger, I., Wrbka, T., Steurer, B., Aschenbrenner, G., Peterseil, J., Zechmeister, H. G., 2005: How farming styles influence biodiversity maintenance in Austrian agricultural landscapes. Agric. Ecosyst. Environ. 108: 274–290.

Schmucker, T., 1942: Die Baumarten der nördlich-gemäßigten Zone und ihre Verbreitung. Berlin. 250 p.

Schmucker, T., Drude, G., 1934: Verbreitungsgesetze bei Pflanzen, besonders Allium ursinum. Beih. Botan. Cbl. 52A: 240–565.

Schmull, M., Thomas, F. M., 2000: Morphological and physiological reactions of young deciduous trees (Quercus robur L., Q. petraea (Matt.) Liebl., Fagus sylvatica L.) to waterlogging. Plant and Soil 225: 227–242.

Schneider, B. U., Meyer, J., Schulze, E.-D., Zech, W., 1989: Root and mycorrhizal development in healthy and declining Norway spruce stands. In: Schulze, E.-D., Lange, O. L., Oren, R. (eds.): Forest Decline and Air Pollution. A Study of Spruce (Picea abies) on Acid Soils. Ecol. Stud. 77: Springer, Berlin. pp. 370–391.

Schneider, C., Sukopp, U., Sukopp, H., 1994: Biologisch-ökologische Grundlagen des Schutzes gefährdeter Segetalpflanzen. Schr.r. f. Vegetationkde 26: 1–356.

Schneider, Ch., Poschlod, P., 1999: Die Waldvegetation ausgewählter Flächen der Schwäbischen Alb in Abhängigkeit von der Nutzungsgeschichte. Z. Ökol. Naturschutz 8: 135–146.

Schneider, R., 1985: Kartierung der epiphytischen Flechtenvegetation im Raum Bremen – Lüneburger Heide. Veröff. Übersee-Mus. Bremen R. A. 7: 129 p.

Schneider, S., Melzer, A., 2005: Paradigmenwechsel: Von der Trophieindikation zur Bioindikation des Gewässerzustandes gemäß der EU-Wasserrahmenrichtlinie. In: Link, F.-G., Kohler, A. (eds.): Donau, der europäische Fluss.

Auenentwicklung und Wasserpflanzen als Bioindiaktoren. Beitr. Akad. Natur- u. Umweltschutz Baden-Württemb. 40 (Stuttgart): 82–97.

Schneider, U., 1991: Messungen von Denitrifikations- und Nitratauswaschungsverlusten in einem landwirtschaftlich genutzten Einzugsgebiet. Diss. Univ. Bonn.

Schnelle, F., 1953: Beiträge zur Phänologie Deutschlands. III. 6 Mittelwertkarten (1936–1944). Vorfrühling bis Herbst. Ber. Deut. Wetterdienst (Bad Kissingen) 1.

Schnetter, M.-L., 1965: Frostresistenzuntersuchungen an Bellis perennis, Plantago media und Helleborus niger im Jahreslauf. Biol. Zbl. 84: 469–487.

Schnitzler, A., 1995: Successional status of trees in gallery forest along the river Rhine. J. Veg. Sci. 6: 479–486.

Schnitzler, A., Carbiener, R., Sanchez-Perez, J. M., 1991: Variation in vernal species composition in alluvial forests of the Rhine valley, eastern France. J. Veg. Sci. 2: 485–490.

Schnitzler, A., Muller, S., 1998: Towards an ecological basis for the conservation of subalpine heath-grassland on the upper ridges of the Vosges. J. Veg. Sci. 9: 317–326.

Schober, R., 1951: Zum Einfluss der letzten Dürrejahre auf den Dickenzuwachs. Forstw. Cbl. 70: 204–228.

Schöll, L. van, Keltjens, W. G., Hoffland, E., van Breemen, N., 2004: Aluminium concentration versus the base cation to aluminium ratio as predictors for aluminium toxicity in Pinus sylvestris and Picea abies seedlings. For. Ecol. Manage. 195: 301–309.

Scholle, D., Schrautzer, J., 1993: Zur Grundwasserdynamik unterschiedlicher Niedermoor-Gesellschaften Schleswig-Holsteins. Z. Ökol. u. Natuschutz 2: 87–98.

Schöller, H., 1991: Flechtenverbreitung und Klima: Vegetationsökologische Untersuchungen zur Rolle der Flechten in naturnahen Traubeneichenwäldern des Taunus. Bibliotheca Lichenologica (Stuttgart) 42: 240 p.

Scholz, H., 1956: Die Ruderalvegetation Berlins. Willdenowia 2: 379–397.

Scholz, H., 1960: Die Veränderungen in der Ruderalflora Berlins. Willdenowia 2: 379–397.

Scholz, H., 1975: Grassland evolution in Europe. Taxon 24: 81–90.

Scholz, H., 1995: Das Archäophytenproblem in neuer Sicht. In: Kowarik, I., Starfinger, U., Trepl, L. (eds.): Dynamik und Konstanz. Bundesamt f. Naturschutz, Bonn. pp. 431–439.

Schönbeck, H., 1974: Nachweis schwermetallhaltiger Immissionen durch ausgewählte pflanzliche Indikatoren. VDI-Ber. 203: 75–87.

Schönenberger, W., 1978: Ökologie der natürlichen Verjüngung von Fichte und Bergföhre in Lawinenzügen der nördlichen Voralpen. Mitt. Schweiz. Anst. Forstl. Versuchswes. 54: 217–320.

Schönenberger, W., Frey, W., 1988: Die wichtigsten Schäden in der Versuchsaufforstung Stillberg. Schweiz. Z.schr. Forstwes. 139: 805–811.

Schönert, T., 1994: Die Bruchwälder des westlichen Rheinischen Schiefergebirges. Diss. Bot. 228: 143 p.

Schönfelder, P., 1967: Das Galeopsietum angustifoliae Büker 1942 – eine Kalkschuttpioniergesellschaft Nordbayerns. Mitt. Florist.-Soziol. Arb.gem. N. F. 11/12: 5–10.

Schönfelder, P., 1968: Adalpin – dealpin, ein historisch-chorologisches Begriffspaar. Mitt. Florist.-Soziol. Arb. gem. N. F. 13: 5–9.

Schönfelder, P., 1970: Die Blaugras-Horstseggenhalde und ihre arealgeographische Gliederung in den Ostalpen. Jb. Ver. Schutze Alpenpflanzen u. -tiere 35: 10 p.

Schönfelder, P., 1971: Südwestliche Einstrahlungen in der Flora und Vegetation Nordbayerns. Ber. Bayer. Bot. Ges. 42: 17–100.

Schönfelder, P., 1978: Vegetationsverhältnisse auf Gips im südwestlichen Harzvorland. Schr.R. Natursch. Nieders. 8: 110 p.

Schönhar, S., 1952: Untersuchung über die Korrelation zwischen der floristischen Zusammensetzung der Bodenvegetation und der Bodenacidität sowie anderen chemischen Bodenfaktoren. Mitt. Ver. Forstl. Standortskart. 2: 1–23.

Schönswetter, P., Popp, M., Brochmann, C., 2006: Rare arctic-alpine plants of the European Alps have different immigration histories: the snowbed species Minuartia biflora and Ranunculus pygmaeus. Mol. Ecol. 15: 709–720.

Schönswetter, P., Stehlik, I., Holderegger, R., Tribsch, A., 2005: Molecular evidence for glacial refugia of mountain plants in the European Alps. Mol. Ecol. 14: 3547–3555.

Schönwiese, C.-D., Bader, S., Böhm, R. et al., 2003. Klimastatement 2003 der Deutschen Meteorologischen Gesellschaft (DMG), der Österreichischen Gesellschaft für Meteorologie (ÖGM) und der Schweizerischen Gesellschaft für Meteorologie (SGM). http://www.dmg-ev.de/gesellschaft/aktivitaeten/pdf/klimastatement_2003.

Schoop-Brockmann, I., Egger, B., 1980: Ökologische Differenzierung bei Silene vulgaris s. l. auf saurem Silikat, Karbonat und Serpentin in der alpinen Stufe bei Davos. Veröff. Geobot. Inst. ETH, Stiftg. Rübel, Zürich 47: 50–74.

Schöttelndreier, M., Norddahl, M. M., Ström, L., Falkengren-Grerup, U., 2001: Organic acid exudation by wild herbs in response to elevated Al concentrations. Ann. Bot. 87: 769–775.

Schouwenaars, J., 1994: Wasserhaushalt der Hochmoore. NNA-Ber. 2/94: 33–38.

Schraml, C., Rennenberg, H., 2000: Sensitivität von Ökotypen der Buche (Fagus sylvatica L.) gegenüber Trockenstress. Forstw. Cbl. 119: 51–61.

Schramm, W., 1996: Veränderungen von Makroalgen- und Seegrasbeständen. In: Lozan, J. L., Lampe, R., Matthäus, W., Rachor, E., Rumohr, H., von Westernhagen, H. (eds.): Warnsignale aus der Ostsee. Parey, Berlin: 150–156.

Schratz, E., 1934–36: Beiträge zur Biologie der Halophyten I-III. Jb. Wiss. Bot. 80: 113–189.

Schrautzer, J., Härdtle, W., Hemprich, G. ,Wiebe, C., 1991: Zur Synökologie und Synsystematik gestörter Erlenwälder im Gebiet der Bornhöveder Seenkette (Schleswig-Holstein). Tuexenia 11: 293–307.

Schrautzer, J., Jensen, K., 1999: Quantitative und qualitative Auswirkungen von Sukzessionsprozessen auf die Flora der Niedermoorstandorte Schleswig-Holsteins. Z. Ökol. Natursch. 7: 219–240.

Schrautzer, J., Trepel, M., 1997: Wechselwirkungen zwischen bodenphysikalischen Parametern, Grundwasserdynamik und der Vegetationszusammensetzung in unterschiedlich stark genutzten Niedermoor-Ökosystemen. Feddes Repert. 108: 119–137.

Schrautzer, J., Wiebe, C., 1993: Geobotanische Charakterisierung und Entwicklung des Grünlandes in Schleswig-Holstein. Phytocoenologia 22: 105–144.

Schreiber, K.-F., 1962: Über die standortbedingte und geographische Variabilität der Glatthaferwiesen in Südwestdeutschland. Ber. Geobot. Inst. ETH, Stiftg. Rübel, Zürich 33: 65–128.

Schreiber, K.-F., 1969: Landschaftsökologische und standortskundliche Untersuchungen im nördlichen Waadtland als Grundlage für die Orts- und Regionalplanung. Arb. Univ. Hohenheim (Stuttgart) 45: 166 p. Anh.

Schreiber, K.-F., 1993: Standortsabhängige Entwicklung von Sträuchern und Bäumen im Sukzessionsverlauf von brachgefallenem Grünland in Süddeutschland. Phytocoenologia 23: 539–560.

Schreiber, K.-F., 1994: Auenrevitalisierung in Mitteleuropa aus landschaftsökologischer Sicht. In: Bernhardt, K.-G. (ed.): Revitalisierung einer Flusslandschaft. Initiativen zum Umweltschutz (Deutsche Bundesstiftung Umwelt, Osnabrück) 1: 6–39.

Schreiber, K.-F., 1995: Renaturierung von Grünland – Erfahrungen aus langjährigen Untersuchungen und Managementmaßnahmen. Ber. Reinh.-Tüxen-Ges. 7: 111–139.

Schreiber, K.-F., 1997: 20 Jahre Erfahrung mit dem Kontrollierten Brennen auf den Brachflächen in Baden-Württemberg. Mitt. Nordd. Natursch. Akad. 10: 59–71.

Schreiber, K.-F., 2000: Überlegungen zum Einfluß der Großwildfauna auf die Landschaft im Holozän. Rundgespräche d. Komm. f. Ökol. d. Bayer. Akad. d. Wiss., Bd. 18. Verlag Dr. F. Pfeil, München. pp. 77–90.

Schreiber, K.-F., 2001: 25 Jahre Landschaftspflegemaßnahmen in den Bracheversuchsflächen in Baden-Württemberg. Natuschutzzentrum Hessen (Wetzlar), Berichte 2: 5–42.

Schreitling, K.-T., 1959: Beiträge zur Erklärung der Salzvegetation in den nordfriesischen Kögen. Mitt. Arb.gem. Floristik Schlesw.-Holst. u. Hamburg 8. 98 p.

Schröder, E., 1989: Die Vegetationskomplexe der Sandtrockenrasen in der Westfälischen Bucht. Abh. Westf. Mus. Naturk. 51: 1–94.

Schröder, H., Lüning, M., 2000: Die Standortverhältnisse in den Salzmarschen der Hamburger Hallig. In: Stock, M., Kiehl, K. (eds.): Die Salzwiesen der Hamburger Hallig. Schriftenr. d. Nationalparks Schl.-Holst. Wattenmeer 11: 13–23.

Schröder, H. K., Kiehl, K., Stock, M., 2002: Directional and non-directional vegetation changes in a temperate salt marsh in relation to biotic and abiotic factors. Appl. Veg. Sci. 5: 33–44.

Schroeder, F.-G., 1973: Westerhof, ein natürliches Fichtenvorkommen westlich des Harzes. Mitt. Deut. Dendrol. Ges. 66: 9–38.

Schroeder, F.-G., 1998: Lehrbuch der Pflanzengeographie. Quelle & Meyer, Wiesbaden.

Schroeder, J. L., Kwak, J. M., Allen, G. J., 2001: Guard cell abscisic acid signalling and engineering drought hardiness in plants. Nature 410: 327–330.

Schroeter, B., Lösch, R., Kappen, L., 1987: Die Bedeutung des Rollblattes für den Wasserhaushalt von Empetrum nigrum L.. Verh. Ges. f. Ökol. 16: 13–217.

Schröter, C., 1926: Das Pflanzenleben der Alpen. 2. Aufl. Verlag A. Raustein, Zürich. 1288 p.

Schrott, R., 1974: Verlandungsgesellschaften der Weiher um Eschenbach und Tirschenreuth und Vergleich der Verlandungszonen. Hoppea, Denkschr. Regensburg. Botan. Ges. 33: 247–310.

Schuba, V. 1990: Die Entwicklung der Inseldünen unter ökologischem Aspekt. Dargestellt am Beispiel der Ostdünen der ostfriesischen Insel Spiekeroog. Diss., Univ. Düsseldorf.

Schuber, M., Kluge, M., 1979: Crassulaceen-Säurestoffwechsel (CAM) bei mitteleuropäischen Sukkulenten. Ökologische Untersuchungen an Sempervivum-Arten. Flora 168: 205–216.

Schuber, M., Kluge, M., 1981: In situ studies on Crassulacean Acid Metabolism in Sedum acre L. and Sedum mite Gil. Oecologia 50: 82–87.

Schubert, P., O'Neill, R., Köhler, W., Waldhardt, R., Otte, A., 2002: Reproductive traits and genetic diversity of Arabidopsis thaliana populations originating from different agricultural regimes. Z. Pflanzenkrankheiten u. Pflanzenschutz, Sonderh. XVIII: 57–66.

Schubert, R., 1954: Die Schwermetallpflanzengesellschaften des östlichen Harzvorlandes. Wiss. Z. Univ. Halle, Math.-Nat. 3: 52–70.

Schubert, R., 1960: Die zwergstrauchreichen azidiphilen Pflanzengesellschaften Mitteldeutschlands. Pflanzensoziologie Bd. 11: 1–235.

Schubert, R., 1991: Bioindikation in terrestrischen Ökosystemen. 2. Aufl. 338 p.

Schubert, R., 1993: Vegetationsdynamik von Küstenheiden auf Hiddensee nach Brand und Abplaggen. Fragm. Florist. Geobot., Suppl. 2(2): 557–575.

Schubert, R., Hilbig, W., Klotz, S., 2001: Bestimmungsbuch der Pflanzengesellschaften Deutschlands. Spektrum Verlag, Heidelberg. 472 p.

Schubert, R., Köhler, H., 1964: Vegetationskundliche Untersuchungen in der mitteldeutschen Ackerlandschaft. Die Pflanzengesellschaften im Einzugsgebiet der Luhne im Bereich des oberen Unstruttales. Wiss. Z. Univ Halle 13, Sonderb. Botan.: 3–51.

Schubert, R., Mahn, E.-G., 1968: Übersicht über die Ackerunkrautgesellschaften Mitteldeutschlands. Feddes Repert. 80: 133–304.

Schubert, W., 1961: Die Sesleria variareichen Pflanzengesellschaften in Mitteldeutschland. Feddes Repert. Beih. 140: 71–199.

Schubiger-Bossard, C. M., 1988: Die Vegetation des Rhonegletschervorfeldes, ihre Sukzession und naturräumliche Gliederung. Beitr. Geobot. Landesaufn. Schweiz 64: 228 p.

Schuboth, J., Mahn, E.-G., 1994: Wie veränderlich ist die Diversität von Ackerunkrautzönosen – Ergebnisse 10-jähriger Untersuchungen auf einem Schwarzerdestandort. Z. Pfl.krankh. Pfl.schutz, Sonderheft 14: 25–36.

Schuhwerk, F., 1988: Naturnahe Vegetation im Hotzenwald (Südöstlicher Schwarzwald). Diss. Univ. Freiburg/Br. 526 p.

Schuhwerk, F., 1990: Relikte und Endemiten in Pflanzengesellschaften Bayerns, eine vorläufige Übersicht. Ber. Bayer. Bot. Ges. 61: 303–323.

Schulte, M., 1993: Saisonale und interannuelle Variabilität des CO_2-Gaswechsels von Buchen (Fagus sylvatica L.) - Bestimmung von C-Bilanzen mit Hilfe eines empirischen Modells. Diss. Univ. Göttingen. 164 p.

Schulte, W., 1989: Zur Flora und Vegetation der Städte Rovinj und Krk (Jugoslawien). Tuexenia 9: 199–223.

Schultz, R., 1982: Boden, Biomasse und Netto-Primärproduktion eines Anemone nemorosa-Bestandes in einem Kalk-Buchenwald. Kurzmitt. Sonderforsch. ber. 135 (Göttingen) 1: 17–22.

Schultz, R., 1987: Vergleichende Betrachtung des Schwermetallhaushalts verschiedener Ökosysteme Norddeutschlands. Ber.Forschungszentr. Waldökosysteme/Waldsterben (Göttingen) A 32. 217 p.

Schulze, E.-D., 1970: Der CO_2-Gaswechsel der Buche (Fagus sylvatica L.) in Abhängigkeit von Klimafaktoren im Freiland. Flora 159: 177–232.

Schulze, E.-D., 1972: Die Wirkung von Licht und Temperatur auf den CO_2-Gaswechsel verschiedener Lebensformen aus der Krautschicht eines montanen Buchenwaldes. Oecologia 9: 235–258.

Schulze, E.-D., Beck, E., Müller-Hohenstein, K., 2002: Pflanzenökologie. Spektrum Verlag, Heidelberg. 846 p.

Schulze, E.-D., Fuchs, M. I., Fuchs, M., 1977a: Spacial distribution of photosynthetic capacity and performance in a mountain spruce forest of northern Germany. I. Biomass distribution and daily CO_2-uptake in different crown layers. Oecologia 29: 43–61.

Schulze, E.-D., Fuchs, M. I., Fuchs, M., 1977b: Spacial distribution of photosynthetic capacity and performance in a mountain spruce forest of northern Germany. III. The significance of the evergreen habit. Oecologia 30: 239–248.

Schulze, E.-D., Hantschel, R., Werk, K. S., Horn, R., 1989: Water relations of two Norway spruce stands at different stages of decline. In: Schulze, E.-D., Lange, O. L., Oren, R. (eds.): Forest Decline and Air Pollution. A Study of Spruce (Picea abies) on Acid Soils. Ecol. Stud. 77: Springer, Berlin. pp. 341–351.

Schulze, E.-D., Högberg, P., van Oene, H., Persson, T., Harrison, A. F., Read, D., Kjöller, A., Matteucci, G., 2000: Interactions between the carbon and nitrogen cycles and the role of biodiversity: a synopsis of a study along a North-south transect through Europe. In: Schulze, E.-D. (ed.): Carbon and Nitrogen Cycling in European Forest Ecosystems. Ecol. Stud. 142. Springer, Berlin. pp. 468–491.

Schulze, E.-D., Lange, O. L., Oren, R. (eds.): 1989: Forest Decline and Air Pollution. A Study of Spruce (Picea abies) on Acid Soils. Ecol. Stud. 77: Springer, Berlin. 475 p.

Schulze, E.-D., Oren, R., Lange, O. L., 1989: Nutrient relations of trees in healthy and declining Norway spruce stands. In: Schulze, E.-D., Lange, O. L., Oren, R. (eds.): Forest Decline and Air Pollution. A Study of Spruce (Picea abies) on Acid Soils. Ecol. Stud. 77: Springer, Berlin. pp. 392–417.

Schulze, E.-D., Oren, R., Lange, O. L., 1989: Processes leading to forest decline: a synthesis. In: Schulze, E.-D., Lange, O. L., Oren, R. (eds.): Forest Decline and Air Pollution. A Study of Spruce (Picea abies) on Acid Soils. Ecol. Stud. 77: Springer, Berlin. pp. 459–468.

Schulze, I.-M., Eichhorn, J., 2000: Veränderungen im Stickstoffhaushalt von Buchenwäldern auf Basalt: Die Ausbreitung der Großen Brennessel (Urtica dioica L.) und ihr Einfluss auf die natürliche Verjüngung der Buche. Forst u. Holz 55: 435–441.

Schumacher, A., 2000: Die Ökologie der Moose in mitteleuropäischen Buchenwäldern unter dem Einfluß der Forstwirtschaft. Diss. Bot. 331: 1–176.

Schumacher, J., 2002: Unersuchungen über den Gesundheitszustand der Schwarz-Erle (Alnus glutinosa (L.) Gaertn.) im Nationalpark Vorpommersche Boddenlandschaft – Erhebung und Ursachenanalyse biotischer Schadfaktoren. Diss, TU Dresden.

Schumacher, W., 1980: Schutz und Erhaltung gefährdeter Ackerwildkräuter durch Integration von landwirtschaftlicher Nutzung und Naturschutz. Natur u. Landschaft 55: 447–453.

Schumacher, W., 1994: Zur Effizienz der Schutzmaßnahmen für Ackerbiozönosen mit Empfehlungen zur Vereinheitlichung der bisherigen Schutzprogramme. Schr.R. Stiftg. zum Schutz gefährdeter Pfl. 5: 201–217.

Schumacher, W., 2007: Bilanz – 20 Jahre Vertragsnaturschutz. Vom Pilotprojekt zum Kulturlandschaftsprogramm NRW. Naturschutz-Mitteilungen (Recklinghausen) 1/2007: 21–28.

Schumann, J., 2006: Der Permanente Welkepunkt – Ein Vergleich zwischen Buche, Eiche, Esche und Waldziest. Unveröff. Dipl.arb., Univ. Göttingen. 100 p.

Schupp, D., Dahl, H. J., 1992: Wallhecken in Niedersachsen. Informationsdienst Natursch. Niedersachsen 5/92: 110–176.

Schuster, B., Diekmann, M., 2003: Changes in species density along the soil pH gradient – evidence from German plant communities. Folia Geobotanica 38: 367–379.

Schütt, Weisgerber, Schuck, Lang, Stimm, Roloff (eds.), 2006: Enzyklopädie der Laubbäume. Ecomed, Landsberg/Lech. 642 p.

Schütte, K., 1939: Sinkendes Land an der Nordsee? Ferd. Rau, Öhringen. 144 p.

Schütz, M., Wildi, O., Krüsi, B. O., Märki, K., Nievergelt, B., 2000: From tall-herb communities to pine forests: distribution patterns of 121 plant species during a 585-year regeneration process. In: Schütz, M., Krüsi, B. O., Edwards, P. J. (eds.): Succession Research in the Swiss National Park. Nationalpark-forsch. Schweiz 89: 237–255.

Schütz, W., 1992: Struktur, Verbreitung und Ökologie der Fließwasserflora Oberschwabens und der Schwäbischen Alb. Diss. Bot. 192: 1–195.

Schütz, W., 1996: Veränderungen der makrophytischen Vegetation der badischen Oberrheinaue nach dem Bau des Rheinseitenkanals. Deutsche Ges. f. Landwirtsch., Tagungsber. 1995: 699–703.

Schütz, W., 2000: Ecology of seed dormancy and germination in sedges (Carex). Perspect. Plant Ecol. Evol. Syst. 3: 67–89.

Schütz, W., Veit, U., Pall, K., Sipos, V. K., Falusi, E., Kohler, A., 2005: Die Makrophyten-Vegetation der Donau und ihrer Altarme in Baden-Württemberg. In: Link, F.-G., Kohler, A. (eds.): Donau, der europäische Fluss. Auenentwicklung und Wasserpflanzen als Bioindiaktoren. Beitr. Akad. Natur- u. Umweltschutz Baden-Württemb. 40 (Stuttgart): 126–152.

Schwaar, J., 1973: Hochmoorgrünland, seine pflanzensoziologische und ökologische Zuordnung. Z. Kulturtechnik u. Flurbereinigung 14: 197–203.

Schwaar, J., 1988: Nacheiszeitliche Waldentwicklung in der Lüneburger Heide. Jb. Naturw. Ver. Fstm. Lüneburg 38: 25–46.

Schwaar, J., 1989: Syndynamik von Schilfröhrichten, Großseggensümpfen, Erlenbruchwäldern und anderen Feuchtgesellschaften. Phytocoenol. 17: 507–568.

Schwaar, J., 1991: Vegetationsstrukturen auf Hochmoor- Vernässungsflächen. Mitt. NNA (Schneverdingen) 2,1: 31–38.

Schwaar, J., 1993: Nacheiszeitliche Waldentwicklung in der Lüneburger Heide. Jb. Naturwiss. Ver. Fstm. Lüneburg 38: 25–46.

Schwabe, A., 1975: Dauerquadrat-Untersuchungen in den Salzwiesen der Nordseeinsel Trischen. Mitt. Florist.-Soziol. Arb.gem N. F. 18: 111–128.

Schwabe, A., 1985a: Zur Soziologie Alnus incana-reicher Waldgesellschaften im Schwarzwald unter besonderer Berücksichtigung der Phänologie. Tuexenia 5: 413–446.

Schwabe, A., 1985b: Monographie Alnus incana-reicher Waldgesellschaften in Europa. Variabilität und Ähnlichkeit einer azonal verbreiteten Gesellschaftsgruppe. Phytocoenologia 13: 197–302.

Schwabe, A., 1987: Fluss- und bachbegleitende Pflanzengesellschaften und Vegetationskomplexe im Schwarzwald. Diss. Bot. 102: 1–368.

Schwabe, A., 1989: Vegetation complexes of flowing-water habitats and their importance for the differentiation of landscape units. Landscape Ecology 2: 237–253.

Schwabe, A., 1990: Syndynamische Prozesse in Borstgrasrasen: Reaktionsmuster von Brachen nach erneuter Rinderbeweidung und Lebensrhythmus von Arnica montana L. Carolinea (Karlsruhe) 48: 45–68.

Schwabe, A., 1990b: Veränderungen in montanen Borstgrasrasen durch Düngung und Brachlegung: Antennaria dioica und Vaccinium vitis-idaea als Indikatoren. Tuexenia 10: 295–310.

Schwabe, A., 1991: Perspectives of vegetation complex research and biblio-graphic review of vegetation complexes in vegetation science and landscape ecology. Excerpta Bot. B 28: 223–243.

Schwabe, A., 1991: Zur Wiederbesiedlung von Auenwald-Vegetationskomplexen nach Hochwasser-Ereignissen: Bedeutung der Diasporen-Verdriftung, der generativen und vegetativen Etablierung. Phytocoenologia 20: 65–94.

Schwabe, A., 1997: Sigmachorology as a subject of phytosociological research: a review. Phytocoenologia 27: 463–507.

Schwabe, A., Kratochwil, A., 1984: Vegetationskundliche und blütenökologische Untersuchungen in Salzrasen der Nordseeinsel Borkum. Tuexenia 4: 125–152.

Schwabe, A., Kratochwil, A., 1994/95: Vegetation und Diasporenbank bei biologischer und konventioneller Grünland-Bewirtschaftung: Bedeutung für den Arten- und Biotopschutz. Z. Ökol. u. Naturschutz 3: 243–260.

Schwabe, A., Kratochwil, A., 2004: Festucetalia valesiacae communities and xerothermic vegetation complexes in the Central Alps related to environmental factors. Phytocoenologia 34: 329–446.

Schwabe, A., Mann, P., 1990: Eine Methode zur Beschreibung und Typisierung von Vogelhabitaten, gezeigt am Beispiel der Zippammer (Emberiza cia). Ökol. d. Vögel 12: 127–157.

Schwabe-Braun, A., 1979: Werden und Vergehen von Borstgrasrasen im Schwarzwald. In: Wilmanns, O., Tüxen, R. (eds.): Werden und Vergehen von Pflanzengesellschaften. Ber. Int. Symp. Int. Verein. Vegetationskde. Cramer, Vaduz. pp. 387–405.

Schwabe-Braun, A., 1980a: Eine pflanzensoziologische Modelluntersuchung als Grundlage für Naturschutz und Planung. Weidfeld-Vegetation im Schwarzwald. Urbs et Regio 18/1980: 1–212

Schwabe-Braun, A., 1980b: Wirtschaftsbedingte Vegetationstypen auf Extensivweiden im Schwarzwald. Ber. Naturf. Ges. Freiburg i. Br. 70: 57–95.

Schwartz, R., Gröngröft, A., Miehlich, G., 2000: Charakterisierung und Wasserhaushalt typischer Böden im Überschwemmungsbereich der unteren Mittelelbe. In: Friese, K., Witter, B., Miehlich, G., Rode, M. (eds.): Stoffhaushalt von Auenökosystemen. Springer, Berlin. pp. 65–78.

Schwartze, P., 1992: Nordwestdeutsche Feuchtgrünlandgesellschaften unter kontrollierten Nutzungsbedingungen. Diss. Bot. 183: 1–204.

Schweingruber, F., 1972: Die subalpinen Zwergstrauchgesellschaften im Einzugsgebiet der Aare (schweizerische nordwestliche Randalpen). Mitt. Schweiz. Anst. Forstl. Versuchswes. 48: 200–504.

Schweingruber, F., 1974: Föhrenwälder im Berner Oberland und am Vierwaldstättersee. Ber. Schweiz. Botan. Ges. 83: 175–204.

Schweingruber, F., Poschlod, P., 2005: Growth rings in herbs and shrubs: life span, age determination and stem anatomy. Forest, Snow and Landscape Res. 79 (3).

Schweizer, B., Arndt, U., 1990: CO_2/H_2O gas exchange parameters of one- and two-year-old needles of spruce and fir. Environ. Pollut. 68: 275–292.

Schwenke, H., 1969: Meeresbotanische Untersuchungen in der westlichen Ostsee als Beitrag zu einer marinen Vegetationskunde. Intern. Rev. Ges. Hydrobiol. 54: 35–94.

Schwenke, H., 1974: Die Benthosvegetation. In: Magaard, L., Rheinheimer, G. (eds.): Meereskunde der Ostsee. Springer, Berlin. pp. 131–146.

Schwenke, H., 1996: Phytobenthos. In: Rheinheimer, G. (ed.): Meereskunde der Ostsee. 2. Aufl. Springer Verlag, Berlin.

Schwickerath, M., 1933: Die Vegetation des Landkreises Aachen und ihre Stellung im nördlichen Westdeutschland. Aachener Beitr. Heimatkde 13: 1–135.

Schwickerath, M., 1944: Das Hohe Venn und seine Randgebiete. Pflanzensoziologie (Jena) 6: 278 p.

Schwickerath, M., 1951: Letzte Hartauenwälder der Erfttrockenmulde. Natursch. u. Landsch.pfl. Nordrhein-Westf. 1951: 1–32.

Schwickerath, M., 1958: Die wärmeliebenden Eichenwälder des Rheinstromgebietes und ihre Beziehungen zu den verwandten Wäldern Österreichs. Schr. Ver. Verbreitung Naturw. Kenntnisse Wien 98: 86–112.

Schwintzer, C. R., Lancelle, S. A., 1983: Effect of water-table depth on shoot growth, root growth, and nodulation of Myrica gale seedlings. J. Ecol. 71: 489–501.

Schwoerbel, J., 1999: Einführung in die Limnologie. 8. Aufl. Fischer, Stuttgart. 465 p.

Schwoerbel, J., Tillmanns, G. C., 1972: Ammonium-Adaptation bei submersen Phanerogamen in situ. Arch. Hydrobiol. Suppl. 42: 412–423.

Scott, N. E., Davison, A. W., 1985: The distribution and ecology of coastal species on roadsides. Vegetatio 62: 433–440.

Sculthorpe, C. D., 1967: The Biology of Aquatic Vascular Plants. Arnold, London. 610 p.

Seaward, M. R. D. (ed.), 1977: Lichen Ecology. Academic Press, London. 550 p.

Seaward, M. R. D., 1993: Lichens and sulphur dioxide air pollution: field studies. Environ. Res. 1: 73–91.

Sebald, O., 1956: Über Wachstum und Mineralstoffgehalt von Waldpflanzen in Wasser- und Sandkulturen bei abgestufter Azidität. Mitt. Württemb. Forstl. Vers. Anst. 13: 3–83.

Sebald, O., 1975: Zur Kenntnis der Quellfluren und Waldsümpfe des Schwäbisch-Fränkischen Waldes. Beitr. Naturk. Forsch. Südwestdeutschl. 34: 295–327.

Sebald, O., 1980: Über einige interessante Ausbildungen der Vegetation auf moosreichen Felsschutthalden im oberen Donautal (Schwäbische Alb). Veröff. Naturschutz Landschaftspfl. Baden-Württemb. 51/52: 451–477.

Sebald, O., Seybold, S., Philippi, G., 1990–1992: Die Farn- und Blütenpflanzen Baden-Württembergs. Teil 1–4: 613, 442, 483 u. 362 p. Ulmer, Stuttgart.

Sedláková, I., Chytrý, M., 1999: Regeneration patterns in a Central European dry heathland: effects of burning, sod-cutting and cutting. Plant Ecology 143: 77–87.

Seehaus, A., 1992: Die Ausbreitung von Elodea nuttallii (Planch.) St. John in der Leineaue südlich von Hannover im Zeitraum von 1973 bis 1991. Florist. Rundbriefe (Bochum) 26: 72–78.

Seibert, P., 1954: Die Wald- und Forstgesellschaften im Graf Görtzischen Forstbezirk Schlitz. Angew. Pflanzensoziol. (Stolzenau/Weser) 9. 63 p.

Seibert, P., 1958: Die Pflanzengesellschaften im Naturschutzgebiet "Pupplinger Au". Landschaftspflege u. Vegetationskunde (München) 1: 79 p.

Seibert, P., 1966: Der Einfluß der Niederwaldwirtschaft auf die Vegetation. In:

Tüxen, R. (ed.): Anthropogene Vegetation. W. Junk, Den Haag. pp. 336–346.

Seibert, P., 1969: Über das Aceri-Fraxinetum als vikariierende Gesellschaft des Galio-Carpinetum am Rande der bayerischen Alpen. Vegetatio 17: 165–175.

Seibert, P., 1974: Die Belastung der Pflanzendecke durch den Erholungsverkehr. Forstwiss. Cbl. 93: 35–43.

Seibert, P., 1975: Veränderung der Auenvegetation nach Anhebung des Grundwasserspiegels in den Donauauen bei Offingen. Beitr. Naturk. Forsch. Südw.-Deut. 34: 329–343.

Seibert, P., 1992: 1. Verband: Alno-Ulmion Br.-Bl. et Tx. 43. In: Oberdorfer, E. (ed.): Süddeutsche Pflanzengesellschaften, Teil IV: Wälder und Gebüsche. 2. Aufl. Fischer, Jena. S.xxxxxx

Seibert, P., Petermann, R., 1978: Die Pflanzengesellschaften des Nationalparks Bayerischer Wald. Nationalpark Bayer. Wald (Grafenau) 4. 142 p.

Seidling, W., 1991: Verteilungsmuster der Pflanzen am Waldboden und deren Ursachen. In: Schmid, B., Stöcklin, J. (eds.): Populationsbiologie der Pflanzen. Birkhäuser, Basel. pp. 237–253.

Seidling, W., 1994: Vegetationsdynamik bodensaurer Kiefern-Traubeneichenwälder und entsprechender Forstgesellschaften nach Kalkdüngungsmaßnahmen. Tuexenia 15: 53–61.

Sendtko, A., 1999: Die Entwicklung Stipareicher Trockenrasen auf Weinbergsbrachen in Ost-Mitteleuropa- Pflanzensoziologische, nutzungsgeschichtliche und populationsbiologische Aspekte. Ber. Reinh.-Tüxen-Ges. 11: 179–200.

Senn, J., Häsler, H., 2005: Wildverbiss: Auswirkungen und Beurteilung. Forum für Wissen (WSL Birmensdorf) 2005: 17–25.

Sercelj, A., 1970: Das Refugialproblem und die spätglaziale Vegetationsentwicklung im Vorfeld des Südostalpenraumes. Mitt. Ostalp.-Dinar. Pflanzensoziol. Arb.gem. 10: 76–78.

Setzer, B., Mohr, H., 1998: Ammoniumstress bei Jungpflanzen von Tanne und Fichte. Allg. Forst- u. Jagdz. 169: 26–29.

Seybold, S., 1977: Changes in the floristic composition of arable land and the ruderal flora in recent times. Stuttg. Beitr. Naturk., Ser. 5: 17–28.

Sharifi, M. R., 1983: The effects of water and nitrogen supply on the competition between three perennial meadow grasses. Acta Oecologica 4: 71–82.

Sharkey, T. D., Seeman, J. R., Pearcy, R. W., 1986: Contribution of metabolites of photosynthesis to postillumination CO_2 assimilation in response to lightflecks. Plant Physiol. 82: 1063–1068.

Sharp, R. E., Kuhn, S. W., Hsiao, T. C., 1988: Growth of the maize primary root at low water potentials: I. Spatial distribution of expansive growth. Plant Physiol. 87: 50–57.

Shaw, B. P., Sahu, S. K., Mishra, R. K., 2004: Heavy metal induced oxidative damage in terrestrial plants. In: Prasad, M. N. V. (ed.): Heavy Metal Stress in Plants. 2nd ed. Springer, Berlin. pp. 84–126.

Shaw, M. W., 1974: The reproductive characteristics of oak. In: Morris, M. G., Perring, F. H. (eds.): The British Oak: Its History and Natural History. The Botan. Soc. of the British Isles. Conf. Rep. 14. Classey. Farringdon, Berks.

Sheehy, J. E., Cooper, J. P., 1973: Light interception, photosynthetic activity, and crop growth rate in canopies of six temperate forage grasses. J. Appl. Ecol. 10: 239–250.

Shi, L., Guttenberger, M., Kottke, I., Hampp, R., 2002: The effect of drought on mycorrhizas of beech (Fagus sylvatica L.): changes in community structure, and the content of carbohydrates and nitrogen storage bodies of the fungi. Mycorrhiza 12: 303–311.

Siebel, H. N., Blom, C. W. P. M., 1998: Effects of irregular flooding on the establishment of tree species. Acta Bot. Neerl. 47: 231–240.

Siebel, H. N., Bouwma, I. M., 1998: The occurrence of herbs and woody juveniles in a hardwood floodplain forest in relation to flooding and light. J. Veg. Sci. 9: 623–630.

Siebel, H. N., van Wijk, M., Blom, C. W. P. M., 1998: Can tree seedlings survive increased flood levels of rivers? Acta Bot. Neerl. 47: 219–230.

Sieber, M., Fottner, S., Niemeyer, T., Härdtle, W., 2004: Einfluss maschineller Pflegeverfahren auf die Nährstoffdynamik von Sandheiden. NNA-Berichte (Schneverdingen) 17: 92–107.

Siefermann-Harms, D., Boxler-Baldoma, C., Diabaté, S. et al., 1996: Funktions- und Strukturänderungen im Photosyntheseapparat vergilbender Nadeln – keine Ergrünung nach Mg-Düngung. Forschungszentrum Karlsruhe. PEF-Berichte 142: 135–149.

Siefermann-Harms, D., Payer, H. D., Schramel, P., Lütz, C., 2005: The effect of ozone on the yellowing process of magnesium-deficient clonal Norway spruce grown under defined conditions. J. Plant Physiol. 162: 195–206.

Siegel, D. I., Glaser, P., 2006: The hydrology of peatlands. In: Wieder, R. K., Vitt, D. H. (eds.): Boreal Peatland Ecosystems. Ecol. Stud. 188. Springer, Berlin. pp. 289–311.

Sieghardt, H., 1973: Strahlungsnutzung von Phragmites communis. In: Ellenberg, H. (ed.): Ökosystemforschung. Springer, Berlin. pp. 79–86.

Siegrist, R., 1913: Die Auenwälder der Aare mit besonderer Berücksichtigung ihres genetischen Zusammenhanges mit anderen flußbegleitenden Pflanzengesellschaften. Jb. Aargauische Naturf. Ges. 1913: 182 p.

Sienkiewicz, J., Kloss, M., Grzyb, M., 2001: The floodplain forest ecosystems in Poland. In: Klimo, E., Hager, H. (eds.): The Floodplain Forests in Europe. European Forest Institute Research Report 10. Brill, Leiden. p. 249–267.

Sillett, S. C., McCune, B., Peck, J. E., Rambo, T. R., Ruchty, A., 2000: Dispersal limitations of epiphytic lichens result in species dependent on old-growth forests. Ecol. Appl. 10: 789–799.

Silvertown, J.W, 1980: Leaf canopy induced seed dormancy in a grassland flora. New Phytol. 85: 109–118.

Silvertown, J. W., Dodd, M. E., Gowing, D. J. G., Mountford, J. O., 1999: Hydrologically defined niches reveal a basis for species richness in plant communities. Nature 4000: 61–63.

Simmering, D., Waldhardt, R., Otte, A., 2001: Syndynamik und Ökologie von Besenginsterbeständen des Lahn-Dill-Berglands unter Berücksichtigung ihrer Genese aus verschiedenen Rasengesellschaften. Tuexenia 21: 51–89.

Simon, U., Daniel, P., 1977: Einfluss der Schnitthöhe auf Ertrag, Fruktosangehalt in den Stoppeln und Wurzelmenge von Futterpflanzen. Das wirtschaftseigene Futter 23: 217–229.

Simonovic, V., 1973: Study of the root biomass in the herb layer of an oakhornbeam forest. Biologia (Bratislava) 28: 11–22.

Simons, J., Nat, E., 1996: Past and present distribution of stoneworts (Characeae) in The Netherlands. Hydrobiologia 340: 127–135.

Sindelar, J., 1992: Genetics and improvement of European larch (Larix decidua Mill.). Ann. Forest. (Zagreb) 18: 1–36.

Sirjola, E., 1969: Aquatic vegetation of the river Teuronjoki, south Finland, and its relation to water velocity. Ann. Bot. Fenn. 6: 68–75.

Sissingh, G., 1970: Dänische Buchenwälder. Vegetatio 21: 245–254.

Sival, F. P., Strijkstra-Kalk, M., 1999: Atmospheric deposition of acidifying and eutrophicating substances in dune slacks. Water, Air Soil Pollut. 116: 461–477.

Sjörs, H., 1950: On the relation between vegetation and electrolytes in North Swedish mire waters. Oikos 2: 241–258.

Sjörs, H., 1954: Meadows in Grangärde Finnmark, SW Dalarna, Sweden. Acta Phytogeogr. Suecica 34. 135 p.

Sjörs, H., 1980: An arrangement of changes along gradients, with examples from successions in boreal peatland. Vegetatio 43: 1–4.

Sjörs, H., 1983: Mires of Sweden. In: Gore, A. J. P., (ed.): Mires: Swamp, Bog, Fen and Moor. Ecosystems of The World Vol 4 B. Elsevier, Amsterdam. pp. 69–74.

Skelly, J. M., Innes, J. L., Savage, J. E., Snyder, K. R., Vanderheyden, D., Zhang, J., Sanz, M. J., 1999: Observation and conservation of foliar ozone symptoms of native plant species of Switzerland and southern Spain. Water, Air, Soil Pollut. 116: 227–234.

Skov, F., 1997: Stand and neighbourhood parameters as determinants of plant species richness in a managed forest. J. Veg. Sci. 8: 573–578.

Skye, E., 1968: Lichens and air pollution. A study of cryptogamic epiphytes and environment in the Stockholm region. Acta Phytogeogr. Suecica 52: 1–123.

Slavik, B., Lhotska, M., 1967: Chorologie und Verbreitungsbiologie von Echinocystis lobata (Michx) Torr. et Gray mit besonderer Berücksichtigung ihres Vorkommens in der Tschechoslowakei. Folia Geobot. Phytotax. 2: 255–282.

Slavíková, J. et al., 1983: Ecological and vegetational differentiation of a solitary conic hill. Vegetace CSSR, A 13. Academia, Prague. 221 p.

Slavikova, J., 1958: Einfluss der Buche (Fagus silvatica) als Edifikator auf die Entwicklung der Krautschicht in Buchenphytozönosen. Preslia (Prag) 30: 19–42.

Slavikova, J., 1965: Die maximale Wurzelsaugkraft als ökologischer Faktor. Preslia (Prag) 37: 419–428.

Sliva, J., Marzelli, M., Pfadenhauer, J., 2000: Renaturierung von landwirtschaftlich genutzten Niedermooren und abgetorften Hochmooren. Bayer. Landesamt f. Umweltsch., Schr.R., H. 148. 160 p.

Smarda, J. et al. 1963: Sekundäre Pflanzengesellschaften im Schutzgebiet der Hohen Tatra. Biblioth. Samml. Studien Tatra-Nationalpark 4: 219 p.

Smetánková, M., 1959: Dry matter production and growth in length of overground parts of Carex humilis Leyss. Biol. Plant. (Praha) 1: 235–247.

Smettan, H. W., 1981: Die Pflanzengesellschaften des Kaisergebirges/Tirol. Ver. zum Schutze d. Bergwelt (München).

Smid, P., 1975: Evaporation from reedswamp. J. Ecol. 66: 299–309.

Smirnoff, N., Stewart, G. R., 1985: Stress metabolites and their role in coastal plants. Vegetatio 62: 273–278.

Smith, C. J. 1980: Ecology of the English Chalk. Academic Press, London. 573 p.

Smith, S. E., Read, D. J., 1997: Mycorrhizal Symbiosis. Academic Press, San Diego.

Smith, W. H., (ed.), 1990: Air Pollution and Forests. Interactions between air contaminants and forest ecosystems. 2nd ed. Springer, Berlin. 618 p.

Smith, W. K., Geller, G. N., 1979: Plant transpiration at high elevations: theory, field measurements, and comparisons with desert plants. Oecologia 41: 109–122.

Smits, A. J. M., de Lyon, M. J. H., van der Velde, G., Steentjes, P. L. M., Roelofs, J. G. M., 1988: Distribution of three nymphaeid macrophytes (Nymphaea alba L., Nuphar lutea (L.) Sm. and Nymphoides peltata (Gmel.) O. Kuntze) in relation to alkalinity and uptake of inorganic carbon. Aquat. Bot. 32: 45–62.

Smits, A. J. M., Laan, P., Thier, R. H., van der Velde, G., 1990: Root aerenchym, oxygen leakage patterns and alcoholic fermentation ability of the roots of some nymphaeid and isoetid macrophytes in relation to the sediment type of their habitat. Aquat. Bot. 38: 3–17.

Smits, A. J. M., van Ruremonde, R., van der Velde, G., 1989: Seed dispersal of three Nymphaeid macrophytes. Aquat. Bot. 35: 167–180.

Smolen, F., Matejka, F., 1982: Vertical stratification of air-temperature in the production space of oak-hornbeam forest. Ekologia (CSSR) 1: 25–36.

Snaydon, R. W., 1962 a: Micro-distribution of Trifolium repens L. and its relation to soil factors. J. Ecol. 50: 133–143.

Snaydon, R. W., 1962 b: The growth and competitive ability of contrasting natural populations of Trifolium repens L. on calcareous and acid soils. J. Ecol. 50: 439–447.

Snaydon, R. W., 1984: Plant demography in an agricultural context. In: Dirzo, R., Sarukhan, J. (eds.): Perspectives on Plant Population Ecology. Sinauer, Sunderland (Maryland). pp. 389–407.

Snaydon, R. W., Bradshaw, A. D., 1962: Differences between natural populations of Trifolium repens L. in response to mineral nutrients. J. Exp. Bot. 13: 422–434.

Snowdon, R. E. D., Wheeler, B. D., 1993: Iron toxicity to ten land species. J. Ecol. 81: 422–434.

Sochting, U., Johnson, I., 1974: Changes in the distribution of epiphytic lichens in the Copenhagen area from 1936 to 1972. Botan. Tidskr. 69: 60–63.

Soerkarjo, R., 1992: General morphology. In: Kuiper, P. C. J., de Bos, M., (eds.): Plantago: A multidisciplinary study. Ecol. Stud. 89. Springer Verlag, Berlin. pp. 6–12.

Sokolowski, A. W., 1966: Phytosociological characteristics of coniferous woods of Dicrano-Pinion alliance of Białowieża forest. Prace Inst. Badaw. Lesn. (Warszawa) 303: 2–44.

Sokolowski, A. W., 1970: Phytosociological characteristics of Cladonia-pine woods in Poland and their position in systematics. Prace Inst. Badaw. Lesn. (Warszawa) 368: 3–13.

Sokolowski, A. W., 1991: Changes in species composition of a mixed Scot pine-Norway spruce forest at the Augustow Forest during the period 1964–1987. Folia forestalia Polonica, Ser. A., Forestry 33: 5–24.

Solhaug, K. A., Gauslaa, Y., 1996: Parietin, a photoprotective secondary product of the lichen Xanthoria parietina. Oecologia 108: 412–418.

Solhaug, K. A., Gauslaa, Y., Nybakken, L., Bilger, W., 2003: UV-induction of sunscreening pigments in lichens. New Phytol. 158: 91–100.

Solinska-Gornicka, B., 1987: Alder (Alnus glutinosa) carr in Poland. Tuexenia 7: 329–346.

Soltau, J. 1993: Die Vegetation an Fließgewässern unter besonderer Berücksichtigung der Wuchs- und Lebensformen. Diss. Bot. 210. 176 p.

Sommer, U., Gliwicz, Z. M., Lampert, W., Duncan, A., 1986: The PEG-model of seasonal succession of planctonic events in fresh waters. Arch. Hydrobiol. 106: 455–471.

Sommer, W.-H., 1970: Das "cladonietosum-Problem" in Silikatrockenrasen. Herzogia 2: 116–122.

Sommer, W.-H., 1971: Wald- und Ersatzgesellschaften im östlichen Niedersachsen. Diss. Bot. 12: 101 p.

Sommerhalder, R., 1992: Natürliche Wälder der Waldföhre (Pinus sylvestris) in der Schweiz – eine pflanzensoziologische Analyse mit Hilfe eines vegetationskundlichen Informationsystems. Mitt. Eidgen. Forsch. Anst. f. Wald, Schnee u. Landsch. (Birmensdorf) 67: 1–172.

Søndergaard, M., Schierup, H.-H., 1982: Release of extracellular organic carbon during a diatom bloom in Lake Mossø: molecular weight fractionation. Freshw. Biol. 12: 313–320.

Sonesson, L. K., 1994: Regeneration ecology of oak, Quercus robur L. - influence of cotyledons and soil type on growth and nutrient uptake in seedlings. PhD thesis, Univ. of Lund. 96 p.

Soo, R., 1930: Vergleichende Vegetationsstudien – Zentralalpen-Karpaten-Ungarn – nebst kritischen Bemerkungen zur Flora der Westkarpaten. Veröff. Geobot. Inst. Rübel, Zürich 6: 237–322.

Soo, R., 1957: Systematische Übersicht der pannonischen Pflanzengesellschaften I. Acta Bot. Acad. Sci. Hung. 3.

Sory, J. P., 1980: Végétation et rejeunissement naturel dans la pessière subalpine de Vels (GR). Mitt. Eidgenöss. Anst. Forstl. Versuchswes. (Birmensdorf) 56: 1–94.

Sougnez, N., 1965: Réactions floristiques d'une lande humide aux fumures minérales. Oecol. Plant. 1: 219–234.

Sougnez, N., 1990: La hetraie à luzule et la chenaie-charmaie de substitution dans la district mosan belge. Phytocoenologia 7: 413–435.

Söyrinki, N., 1938: Studien über die generative und vegetative Vermehrung der Samenpflanzen in der alpinen Vegetation Petsamo-Lapplands. Ann. Bot. Soc. Vanamo (Helsinki) 11: 1–311.

Söyrinki, N., 1954: Vermehrungsökologische Studien in der Pflanzenwelt der Bayerischen Alpen. I. Ann. Bot. Soc. Vanamo (Helsinki) 27,1 : 232 p.

Spangenberg, A., Kölling, C., 2001: Sind Bayerns Wälder stickstoffgesättigt? AFZ/Der Wald 56: 1074–1076.

Spanikova, A., 1971: Phytozönologische Studie der Wiesen des südwestlichen Teils des Talkessels Kosická Kotlina. Biol. Práce (Bratislava) 17, 2: 103 p.

Späth, V., 1988: Zur Hochwassertoleranz von Auenwaldbäumen. Natur u. Landschaft 63: 312–315.

Späth, V., 2002: Hochwassertoleranz von Waldbäumen in der Rheinaue. Allg. Forstz. (AFZ-Der Wald) 15: 807–810.

Spatz, G., 1970: Pflanzengesellschaften, Leistungen und Leistungspotentil von Allgäuer Alpweiden in Abhängigkeit von Standort und Bewirtschaftung. Diss. Univ. München, Weihenstephan.

Spatz, G., 1975: Die Almen in ihrer Bedeutung als bewirtschaftete Ökosysteme. Das Wirtschaftseigene Futter (DLG-Verlag) 21: 264–273.

Spatz, G., 1994: Freiflächenpflege. Ulmer Verlag, Stuttgart. 296 p.

Spatz, G., Voigtländer, G., 1969: Einfluss verschiedener Standortfaktoren auf den Ertrag von Schnittwiesen im Bayerischen Grüngürtel. Das Wirtschaftseigene Futter 15: 143–164.

Spatz, G., Weis, G. B., Dona-Dolar, M., 1978: Der Einfluss von Bewirtschaftungsveränderungen auf die Vegetation von Almen im Gasteiner Tal. In: Cernusca, A. (ed.): Ökologische Analysen von Almflächen im Gasteiner Tal. Universitätsverlag Wagner, Innsbruck. pp. 163–188.

Speidel, B., 1962: Untersuchungen über den Einfluss der Basensättigung des Bodens und der Artenkombination auf den Ertrag von Dauerwiesen. Z. Acker- u. Pflanzenbau 114: 295–310.

Speidel, B., 1972: Das Wirtschaftsgrünland der Rhön. Vegetation, Ökologie und landwirtschaftlicher Wert (mit einer Vegetationskarte). Ber. Naturwiss. Ges. Bayreuth 14: 201–240.

Speidel, B., van Senden, L., 1954: Die Vegetation periodisch überschwemmter Wiesen in floristischer und landwirtschaftlicher Sicht. Aichinger Festschrift. Angew. Pflanzensoziol. (Wien) II: 1187–1206.

Speidel, B., Weiss, A., 1972: Zur ober- und unterirdischen Stoffproduktion einer Goldhaferwiese bei verschiedener Düngung. Angew. Bot. 46: 75–93.

Speidel, B., Weiss, A., 1974: Untersuchungen zur Wurzelaktivität unter einer Goldhaferwiese. Angew. Bot. 48: 137–154.

Speier, M., 1994: Vegetationskundliche und paläoökologische Untersuchungen zur Rekonstruktion prähistorischer und historischer Landnutzungen im südlichen Rothaargebirge. Abh. Westfäl. Mus. Naturkunde (Münster/W.) 56, H. 3/4: 1–174

Speier, M., 1996: Paläoökologische Aspekte der Entstehung von Grünland in Mitteleuropa. Ber. d. Reinh.-Tüxen-Ges. 8: 199–220.

Spence, D. H. N., 1982: The zonation of plants in freshwater lakes. Adv. Ecol. Res. 12: 37–125.

Spence, D. H. N., Chrystal, J., 1970: Photosynthesis and zonation of freshwater macrophytes. I. Depth distribution and shade tolerance. New Phytol. 69: 205–215.

Spencer, W., Bowes, G., 1990: Ecophysiology of the world's most troublesome aquatic weeds. In: Pieterse, A. H., Murphy, K. J., (eds.): Aquatic Weeds. Oxford Univ. Press, Oxford. P. 39–73.

Sperber, G., 2002: Buchenwälder – deutsches Herzstück im europäischen Schutzgebietssystem NATURA 2000. Jb. Ver. Schutz d. Bergwelt 67: 167–194.

Spiecker, H., 1998: Overview of recent growth trends in Europe. Water, Air, Soil Pollut. 116: 33–46.

Spiecker, H., Mielikäinen, K., Köhl, M., Skovsgaard, J. P. (eds.), 1996: Growth Trends in European Forests. European Forest Research Institute Report No. 5. Springer, Berlin.

Splechtna, B. E., Gratzer, G., Black, B. A., 2005: Disturbance history of a European old-growth mixed-species forest – A spatial dendro-ecological analysis. J. Veget. Sci. 16: 511–522.

Spollen, W. G., Sharp, R. E., Saab, I. N., Wu, Y., 1993: Regulation of cell expansion in roots and shoots at low water potentials. In: Smith, J. A. C., Griffiths, H. (eds.): Water Deficits: Plant Responses from Cell to Community. Bios Scientific, Oxford. pp. 37–52.

Sprent, J. I., Scott, R., Perry, K. M., 1978: The nitrogen economy of Myrica gale in the field. J. Ecol. 66: 657–668.

Ssymank, A., 1991: Die funktionale Bedeutung des Vegetationsmosaiks eines Waldgebietes der Schwarwaldvorbergzone für blütenbesuchende Insekten – untersucht am Beispiel der Schwebfliegen (Diptera, Syrphidae). Phytocoenologia 19: 307–390.

Ssymank, A., Hauke, U., 1998: Landscape ecology of calcareous fens (Caricion davallianae) and the Cladietum marisci in the lowlands of NE-Germany and their relevance for nature conservation in the European Union Habitats Directive. Phytocoenol. 28: 105–142.

Staaf, H., Jonsson, M., Olsen, L.-G., 1987: Buried germinative seeds in mature beech forests with different herbaceous vegetation and soil types. Holarct. Ecol. 10: 268–277.

Stachurski, A., Zimka, J. R., 1975: Leaf fall and the rate of litter decay in some forest habitats. Ekol. Pol. 23: 103–108.

Stadler, J., Gebauer, G., Schulze, E.-D., 1993: The influence of ammonium and nitrate uptake and assimilation in 2-year-old ash and oak trees – a tracer-study with ^{15}N. Isotopenpraxis Environ. Health Stud. 29: 85–92.

Stüssi, B., 1970: Naturbedingte Entwicklung subalpiner Weiderasen auf Alp La Schera im Schweizer Nationalpark während der Reservatsperiode 1939–1965. Ergebn. Wiss. Unters. Schweiz. Nationalpark (Chur) 61: 385 p.

Succow, M., 1967: Pflanzengesellschaften der Zieseniederung (Ostmecklenburg). Natur u. Naturschutz Mecklenb. 5: 79–108.

Succow, M., 1988: Landschaftsökologische Moorkunde. G. Fischer, Jena. 340 p.

Succow, M., 1998: Wachsende (naturnahe) Moore. In: Wegener, U. (ed.): Naturschutz in der Kulturlandschaft. G. Fischer, Jena. pp. 126–156.

Succow, M., Jeschke, L., 1990: Moore in der Landschaft. Urania-Verlag, Leipzig. 268 p.

Succow, M., Joosten, H., 2001. Landschaftsökologische Moorkunde. 2. Aufl. Schweizerbart, Stuttgart. 622 p.

Suck, R., 1991: Beiträge zur Syntaxonomie und Chorologie des Kalk-Buchenwaldes im außeralpinen Deutschland. Diss. Bot. 175: 1–211.

Sukopp, H., 1969: Der Einfluß des Menschen auf die Vegetation. Vegetatio 17: 360–371.

Sukopp, H., 1972: Wandel von Flora und Vegetation in Mitteleuropa unter dem Einfluß des Menschen. Ber. Landwirtsch. 50: 112–139.

Sukopp, H., 1998: On the study of anthropgenic plant migrations in Central Europe. In: Starfinger, U., Edwards, K., Kowarik, I., Williamson, M. (eds.): Plant Invasions: Ecological Mechanisms and Human Responses. Backhuys, Leiden. pp. 43–56.

Sukopp, H., Blume, H.-P:, Chinnow, D., Kunick, W., Runge, M., Zacharias, F., 1974: Ökologische Charakteristik von Großstädten, besonders anthropogene Veränderungen von Klima, Boden und Vegetation. Z. TU Berlin 6: 469–488.

Sukopp, H., Kunick, W., Runge, M., Zacharias, F., 1973: Ökologische Charakteristik von Großstädten. Dargestellt am Beispiel Berlins. Verh. Ges. Ökol., Saarbrücken 1973: 383–403.

Sukopp, H., Markstein, B., 1989: Changes of the reed beds along the Berlin Havel, 1962–1987. Aquat. Bot. 35: 27–39.

Sukopp, H., Scholz, H., 1997: Herkunft der Unkräuter. Osnabrücker Naturwiss. MItt. 23: 327–333.

Sulej, J., Slesak, E., Leonowicz-Babiak, K., Buczek, J., 1970: Mögliche Erklärung des Zwergwuchses von Serpentinpflanzen (in polnisch). Acta Soc. Bot. Pol. 39: 405–419.

Sulyma, R., Coxson, D. S., 2001: Microsite displacement of terrestrial lichens by feather moss mats in later seral pine-lichen woodlands of north-central British Columbia. Bryologist 104: 505–516.

Süß, K., Storm, C., Zehm, A., Schwabe, A., 2004: Succession in inland sand ecosystems: which factors determine the occurrence of the tall grass species Calamagrostis epigejos (L.) Roth and Stipa capillata? Plant Biol. 6: 465–476.

Sutter, R., 1962: Das Caricion austroalpinae. Ein neuer insubrisch-südalpiner Seslerietalia-Verband. Mitt. Ostalpin-dinar. Pflanzensoziol. Arb.gem. 2: 18–22.

Sutter, R., 1969: Ein Beitrag zur Kenntnis der soziologischen Bindung südostalpiner Reliktendemismen. Acta Bot. Croat. 28: 349–366.

Sutton, R. F., 1969: Form and development of conifer root systems. Commonw. Agric. Bur. Oxf. Tech. Comm. 7: 39–42.

Svendsen, A., 1992: The role of trampling on ecophysiological conditions in grazed salt marshes. Wadden Sea Newsletters 1: 17–21.

Svenning, J.-C., 2002: A review of natural vegetation openness in north-western Europe. Biol. Conserv. 104: 133–148.

Svenning, J.-C., Skov, F., 2002: Mesoscale distribution of understorey plants in a temperate forest (Kalo, Denmark): the importance of environment and dispersal. Plant Ecol. 160: 169–185.

Svensson, G., 1988: Fossil plant communities and regeneration patterns on a raised bog in South Sweden. J. Ecol. 76: 41–59.

Svensson, R., Wigren, M., 1982: Nagra ogräsarters tillbakagang belyst genom konkurrens-, gödslings- och herbicidförsök. Svensk Bot. Tidskr. 76: 241–258.

Svolba, J., Kleinschmit, J., 2000: Herkunftsunterschiede beim Eichensterben. Forst u. Holz 55: 15–17.

Swank, W. T., Helvey, J. D., 1970: Reduction of streamflow increases following regrowth of clearcut hardwood forest. UNESCO – IAHS Publ. (Int. Ass. Hydrol. Sci.) 96: 346–360.

Swift, M. J., Anderson, J. M., 1994: Biodiversity and ecosystem function in agricultural ecosystems. In: Schulze, E.-D., Mooney, H. A. (eds.): Biodiversity and Ecosystem Function. Ecol. Studies 99: 15–42.

Sydes, C., Grime, J. P., 1981 a und b: Effects of tree leaf litter on herbaceous vegetation in deciduous woodland. I. Field investigations. II. An experimental investigation. J. Ecol. 69: 237–248 u. 249–262.

Sykes, M. T., van der Maarel, E., Peet, R. K., Willems, J. H., 1994: High species mobility in species-rich plant communities: an intercontinental comparison. Folia Geobot. Phytotax. 29: 439–448.

Sykes, M. T., Wilson, J. B., 1988: An experimental investigation into the response of some New Zealand sand dune species to salt spray. Ann. Bot. 62: 159–166.

Sykora, K. V., 1982: Syntaxonomy and synecology of the Lolio-Potentillion Tüxen 1947 in The Netherlands. Acta Bot. Neerl. 31: 65–95.

Sykora, K. V., Nijs, L. J., Pelsma, T. A., 1993: Plantengemeenschappen von Nederlandse wegbermen. Naturhist. Bibl. van de KNNV (Utrecht) 59: 280 p.

Symes, N. C., Day, J., 2003: A practical guide to the restoration and management of lowland heathland. The Roy. Soc. Protect. Birds, Sandy. 307 p.

Symoens, J. J. (ed.): Vegetation of Inland Waters. Handbook of Vegetation Science 15/1. 385 p.

Symonides, E., 1985: Floristic richness, diversity, dominance and species evenness in old-field successional ecosystems. Ekol. Pol. 33: 61–80.

Symonides, E., 1986: Seed bank in old-field successional ecosystems. Ekol. Pol. 34: 3–29.

Szafer, W, Zarzycki, K. (eds.), 1972: Szata roslinna Polski (Vegetation Polens; polnisch). 2 Bde. Warszawa, Panstwowe Wydawnictwo Naukowe. 615 u. 347 p. 3. Aufl. 1977.

Szafer, W. et al. 1962: Tatrzanski Park Narodowy. Polska Akad. Nauk, Wydawn. Popularn. 21, Krakow 1962: 675 p.

Szafer, W., (Edit.) 1966: The Vegetation of Poland. Pergamon Press, Oxford. 738 p.

Szafer, W., 1924: Zur soziologischen Auffassung der Schneetälchenassoziationen. Veröff. Geobot. Inst. Rübel, Zürich 1: 300–310.

Szczepanski, A. J., 1990: Forested wetlands of Poland. In: Lugo, A. E., Brinson, M., Brown, S. (eds.): Forested Wetlands. Ecosystems of the World, vol. 15. Elsevier, Amsterdam. p. 437–446.

Szwagrzyk, J., Szewczyk, J., Bodziarczyk, J., 2001: Dynamics of seedling banks in beech forest: results of a 10-year study on germination, growth and survival. For. Ecol. Manage. 141: 237–250.

Szwagrzyk, J., W., Gazda, A., 2007: Aboveground standing biomass and tree species diversity in natural stands of Central Europe. J. Veg. Sci. 18: 563–570.

Szwed. W., Ssykora, K. V., 1996: The vegetation of road verges in the coastal dunes of the Netherlands. Folia geobot. Phytotax. 31: 433–451.

Tabaku, V., 1999: Struktur von Buchen-Urwäldern in Albanien im Vergleich mit deutschen Buchen-Naturwaldreservaten und -Wirtschaftswäldern. Diss. Univ. Göttingen.

Tackenberg, O., Stöcklin, J., 2008: Wind dispersal of alpine plant species: a comparison with lowland species. J. Veg. Sci. 19:109–118

Tamm, C. O. Holmen, H., 1967: Some remarks on soil organic matter turn-over in Swedish podzol profiles. Medd. Norske Skogsforsogswes. 85: 69–88.

Tamm, C. O., 1953: Growth, yield and nutrition in carpets of a forest moss (Hylocomium splendens). Medd. Stat. skogsf. Inst. 43, 1. 140 p.

Tamm, C. O., 1972: Survival and flowering of perennial herbs. III. The behaviour of Primula veris on permanent plots. Oikos 23: 159–166.

Tamm, C. O., 1975: The behaviour of young spruce and pine forest kept at different nitrogen regimes. XII. Intern. Botan. Congr. (Leningrad) Abstr. 1: 170.

Tamm, J. C., 1982: Das jahresperiodisch trockenliegende Eulitoral der Edertalsperre als Lebens- und Ersatzlebensraum. Eine Ökosystemstudie mit terrestrischem Schwerpunkt. Arch. Hydrobiol./Suppl. 64: 341–398.

Tanghe, M., 1970: La végétation forestière de la vallee de la Semois Ardennaise. 2me et 3me partie. Bull. Inst. Roy. Sci. Nat. Belgique 46/16: 60 p. 46/30: 76 p.

Tannheiser, D., 1986: Synsoziologische Untersuchungen an der Küstenvegetation. Abh. Westf. Mus. Naturk. (Münster/W.) 48: 229–242.

Tansley, A. G., 1939: The British Islands and Their Vegetation. Cambridge Univ. Press. 930 p.

Tappeiner, U., Cernusca, A., 1996: Microclimate and fluxes of water vapour, sensible heat and carbon dioxide in structurally differing subalpine plant communities in the Central Caucasus. Plant Cell Environ. 19: 403–417.

Taschler, D., Neuner, G., 2004: Summer frost resistance and freezing patterns measured in situ in leaves of major alpine plant growth forms in relation to their upper distribution boundary. Plant Cell Environ. 27: 737–746.

Tasser, E., Newesely, Ch., Höller, P., Cernusca, A., Tappeiner, U., 1999: Potential risks through land-use changes. In: Cernusca, A., Tappeiner, U., Bayfield, N. (eds.): Land-Use Changes in European Mountain Ecosystems. Blackwell Wissenschaftsverlag, Berlin. p. 218–224.

Tasser, E., Tappeiner, U., 2002: Impact of land use changes on mountain vegetation. Appl. Veg. Sci. 5: 173–184.

Täuber, T., 1999: Vegetationsökoloigsche und populationsbiologische Untersuchungen an niedersächsischen Zwergbinsengesellschafaten – Mit einem Beitrag zur Gliederung der Isoëto-Nanojuncetea Deutschlands. Mitt. Bad. Landesver. Naturkunde u. Naturschutz N. F. 17: 337–354.

Täuber, T., 2000: Phänologische Daten als Hilfsmittel zur syntaxonomischen Differenzierung von Pionierbeständen – dargestellt am Beispiel von Zwergbinsen-Gesellschaften. Tuexenia 20: 365–374.

Täuber, T., Petersen, J., 2000: Isoeto-Nanojuncetea. Synopsis der Pflanzengesellschaften Deutschlands, H. 7. 87 p.

Taylor, A. F. S., Martin, F., Read, D. J., 2000: Fungal diversity in ectomycorrhizal communities of Norway spruce (Picea abies (L.) Karst.) and beech (Fagus sylvatica L.) along north-south transects in Europe. In: Schulze, E.-D. (ed.): Carbon and Nitrogen Cycling in European Forest Ecosystems. Ecol. Stud. 142. Springer, Berlin. pp. 343–365.

Taylor, G. J., 1988: The physiology of aluminum phytotoxicity. In: Sigel, H., Sigel, A. (eds.): Metal Ions in Biological Systems. Marcel Dekker, New York. pp. 123–163.

Teissier du Cros, E. (ed.), 1981: Le Hetre. INRA, Paris. 613 p.

Ten Cate, C. L., 1972: Wan god mast gift… Bilder aus der Geschichte der Schweinezucht im Walde. Centre for Agricultural Publishing and Documentation, Wageningen. 300 p.

Tendero, F., Tomaselli, M., 1997: The vegetation of screes – a synopsis of higher syntaxa in Europe. Folia Geobot. Phytotax. 32: 173–192.

Tenhunen, J. D., Catarino, F. M., Lange, O. L., Oechel, W. C. (eds.), 1987: Plant Response to Stress – Functional Analysis in Mediterranean Ecosystems. NATO ASI Ser. G 15. Springer, Berlin.

Tenhunen, J. D., Matzner, E., Heindl, B., Chiba, Y., Manderscheid, B., 2001: Assessing environmental influences on ecological function of a spruce forest catchment in the Fichtelgebirge. In: Tenhunen, J. D., Lenz, R., Hantschel, R., (eds.): Ecosystem Approaches to Landscape management in Central Europe. Ecol. Stud. 147. Springer, Berlin. pp. 357–375.

Terashima, I., Masuzawa, T., Ohba, H., Yokoi, Y., 1995: Is photosynthesis suppressed at higher elevations due to low CO_2 pressure? Ecology 76: 2663–2668.

Terborg, O., 1998: Die Kohlenstoffassimilation von Rotbuchen und Traubeneichen in einem Mischbestand der Lüneburger Heide und deren Bedeutung für die interspezifische Konkurrenz. Diss. Univ. Göttingen.

Termorshuizen, A. J., 1993: The influence of nitrogen fertiliser on ectomycorrhizas and their fungal carpophores in young stands of Pinus sylvestris. For. Ecol. Mange. 57: 179–189.

Tessenow, U., Baynes, Y., 1978: Redoxchemische Einflüsse von Isoëtes lacustris L. im Litoralsediment des Feldsees (Hochschwarzwald). Arch. Hydrobiol. 82: 20–48.

Teufel, J., Gauger, T., Braun, B., 1994: Einfluss von Immissionen und Depositionen von Luftverunreinigungen auf Borstgrasrasen in der Bundesrepublik Deutschland. FE-Vorhaben Nr. 108 02 101, Umweltbundesamt Berlin.

Thellung, A., 1925: Kulturpflanzen-Eigenschaften bei Unkräutern. Veröff. Geobot. Inst. Rübel, Zürich 3: 745–762.

Theurillat, J.-P., 1992 a: Etude et cartographie du paysage végétal (Symphytocoenologie) dans la région d'Aletsch (Valais, Suisse). Beitr. Geobot. Landesaufn. Schweiz 68 : 1–384. Vol. I u. II.

Theurillat, J.-P., 1992 b: Abgrenzungen von Vegetationskomplexen bei komplizierten Reliefverhältnissen, gezeigt an Beispielen aus dem Aletschgebiet (Wallis, Schweiz). Ber. Reinh.-Tüxen-Ges. 4: 147–166.

Theurillat, J.-P., 1992 c: Les prairies à Trisetium flavescens (L.) P. Beauv. (Triseto-Polygonion) dans la région d'Aletsch (Valais) et en Suisse. Candollea (Genf) 47: 319–336.

Theurillat, J.-P., Aeschimann, D., Küpfer, P., Spichiger, R. 1995: The higher vegetation units of the Alps. Colloqu. Phytosociol. 23: 189–239.

Thiele, A., 1974: Luftverunreinigungen und Stadtklima im Großraum München, insbesondere in ihrer Auswirkung auf epixyle Testflechten. Bonner Geogr. Abh. 49: 175 p.

Thienemann, A, 1922: Hydrobiologische Untersuchungen an Quellen. Arch. Hydrobiol. 14, 1.

Thienemann, A., 1925: Die Binnengewässer Mitteleuropas. Die Binnengewässer 1: 225 p.

Thimonier, A., Dupoucy, J. L., Böst, F., Becker, M., 1994: Simultaneous eutrophication and acidification of a forest ecosystem in North-East France. New Phytol. 126: 533–539.

Thomas, A. S., 1963: Further changes in vegetation since the advent of myxomatosis. J. Ecol. 51: 151–183.

Thomas, F. M., Ahlers, U., 1999: Effects of excess nitrogen on frost hardiness and freezing injury of above-ground tissue in young oaks (Quercus petraea and Q. robur). New Phytol. 144: 73–83.

Thomas, F. M., Blank, R., 1996: The effect of excess nitrogen and of insect defoliation on the frost hardiness of bark tissue of adult oaks. Ann. Sci. For. 53: 395–406.

Thomas, F. M., Blank, R., Hartmann, G., 1994: Drought, winterfrost and insect defoliation as predisposing factors of the present oak decline in Northern Germany.

Thomas, F. M., Blank, R., Hartmann, G., 1996: Der Einfluss von Stammexposition, Stickstoff-Status und Blattfraß auf die Frosthärte des Bastes von Alteichen. Verh. Ges. Ökol. 26: 153–160.

Thomas, F. M., Blank, R., Hartmann, G., 2002: Abiotic and biotic factors and their interactions as causes of oak decline in Central Europe. For. Pathol. 32: 277–307.

Thomas, F. M., Büttner, G., 1998: Zusammenhänge zwischen Ernährungsstatus und Belaubungsgrad in Alteichenbeständen Nordwestdeutschlands. Forstw. Cbl. 117: 115–128.

Thomas, F. M., Kiehne, U., 1995: The nitrogen status of oak stands in northern Germany and its role in oak decline. In: Nilsson, L. O., Hüttl, R. F., Johansson, U. T. (eds.): Nutrient Uptake and Cycling in Forest Ecosystems. Kluwer, Dordrecht. pp. 671–676.

Thomas, F. M., Schafellner, C., 1999: Effects of excess nitrogen and drought on the foliar concentrations of allelochemicals in young oaks (Quercus robur L. and Q. petraea (Matt.) Liebl.). J. Appl. Bot. 73: 222–227.

Thomas, K. D., Prescott, C. E., 2000: Nitrogen availability in forest floors of three tree species on the same site: the role of litter quality. Can. J. For. Res. 30: 1698–1706.

Thomas, P., 1990: Grünlandgesellschaften und Grünlandbrachen in der nordbadischen Rheinaue. Diss. Bot. 162: 1–257.

Thomaser, J., 1967: Die Vegetation des Peitlerkofels in Südtirol. Veröff. Mus. Ferdinandeum (Innsbruck) 47: 67–119.

Thompson, K., 1986: Small-scale heterogeneity in the seed bank of an acidic grassland. J. Ecol. 74: 733–738.

Thompson, K., Bakker, J., Bekker, R., 1997: The Soil Seed Banks of North West Europe. Methodology, Density and Longevity. Cambridge Univ. Press, Cambridge. 276 p.

Thompson, K., Grime, J. P., 1979: Seasonal variation in the seedbanks of herbaceous species in ten contrasting habitats. J. Ecol. 67: 893–921.

Thomsen, I. M., Hansen, K., 2007: What have we learned from 20 years of forest health monitoring in Denmark? Schr. Forstl. Fak. Univ Göttingen u. Nordwestdeut. Forstl. Versuchsanst. 142: 42–45.

Thomsen, R. P., Svenning, J.-C., Balslev, H., 2005: Overstorey control of understorey species composition in a near-natural temperate broadleaved forest in Denmark. Plant Ecol. 181: 113–126.

Thormann, M. N., 2006: The role of fungi in boreal peatlands. In: Wieder, R. K., Vitt, D. H. (eds.): Boreal Peatland Ecosystems. Ecol. Stud. 188. Springer, Berlin. pp. 101–123.

Thorn, K., 1958: Die dealpinen Felsheiden der Frankenalb. Sitzungsber. Physik.-Med.Soz. Erlangen 78: 128–199.

Thran, P., 1952: Ertragssteigerungen durch den Windschutz der Wallhecken (Knicks) in Schleswig-Holstein. Ber. Dt. Wetterdienst US-Zone, Nr. 32: 57–59.

Tibell, L., 1992: Crustose lichens as indicators of forest continuity in boreal coniferous forests. Nordic J. Bot. 12: 427–450.

Tidmarsh, C. E. M., 1939: The ecology of Carex arenaria L. PhD thesis, University of Cambridge.

Tiegs, E., 1934: Rauchschäden. In: Appel, O. (ed.): Handbuch der Pflanzenkrankheiten, Bd. I, 2, 6. Aufl. Berlin. 243 p.

Tikka, P. M., Koski, P. S., Kivelä, R. A., Kuitunen, M. T., 2000: Can grassland plant communities be preserved on road and railway verges? Appl. Veget. Sci. 3: 25–32.

Till, O., 1956: Über die Frosthärte von Pflanzen sommergrüner Laubwälder. Flora 143: 499–542.

Tillich, H.-J., 1969: Die Ackerunkrautgesellschaften in der Umgebung von Potsdam. Wiss. Z. Pädag. Hochsch. Potsdam 13: 273–320.

Tilman, D., 1988: Plant Strategies and the Dynamics and Structure of Plant Communities. Princeton Univ. Press, Princeton.

Tilman, D., Wedin, D., Knops, J., 1996: Productivity and sustainability influenced by biodiversity in grassland ecosystems. Nature 379: 718–720.

Timm, R., 1930: Die Frostschäden des Winters 1928/29 in Nordwestdeutschland. Mitt. Florist.-Soziol. Arb.gem. Niedersachsen 2: 116–145.

Timmerbeil, H., Ruthsatz, B., 1989: Untersuchungen zur Schwermetallbelastung im Stadtgebiet von Trier anhand von Bäumen als Bioindikatoren. Mitt. Pollichia (Bad Dürkheim) 76: 5–44.

Timmermann, T., 2003: Hydrologische Dynamik von Kesselmooren und ihre Bedeutung für die Gehölzentwicklung. Telma 33: 85–107.

Tinhout, A., Werger, M. J. A., 1988: Fine roots in a Calluna heathland. Acta Bot. Neerl. 37: 225–230.

Tischew, S., 1994: Zur Rolle des Diasporenfalls und der Diasporenbank für den Verlauf von Sekundärsukzessionen am Beispiel von Acker- und Grünlandbrachen des Mitteldeutschen Trockengebietes. Diss. Univ. Halle. 173 p.

Tischler, W., 1951: Die Hecke als Lebensraum für Pflanzen und Tiere unter besonderer Berücksichtigung ihrer Schädlinge. Erdkunde 5: 125–132.

Tischler, W., 1980: Biologie der Kulturlandschaft. Fischer, Stuttgart. 253 p.

Tissier, J., Lambs, L., Peltier, J. P., Marigo, G., 2004: Relationships between hydraulic traits and habitat preference for six Acer species occurring in the French Alps. Ann. For. Sci. 61: 81–86.

Tittizer, T., Krebs, F., (eds.), 1996: Ökosystemforschung: Der Rhein und seine Auen. Springer, Berlin. 468 p.

Tjoelker, M. G., Boratynski, A., Bugala, W., (eds.), 2007: Biology and Ecology of Norway Spruce. Springer, Dordrecht. 469 p.

Tobler, F., Mattick, F., 1938: Die Flechtenbestände der Heiden und der Reitdächer Nordwestdeutschlands. Bibl. Botanica 117: 1–72.

Toetz, P., 2000: Einfluß verschiedener Stillegungsformen auf die Vegetationsentwicklung von Ackerbrachen im Tertiärhügelland. Diss. Techn. Univ. München. 169 p.

Tölle, H., 1969: Untersuchungen über Ernährung und Wachstum mittelalter

Kiefernbestände auf grundwassernahen und -fernen Standorten im Nordostdeutschen Tiefland. Diss. Deut. Akad. Landwirtschaftswiss. Berlin (Eberswalde).

Tolonen, K., 1966: Stratigraphic and rhizopod analysis on an old raised bog, Varrassuo, in Hollola, South Finland. Ann. Bot. Fenn. 3: 147–166.

Toman, M., 1992: Die Stellung der Steppenvegetation Böhmens in der Steppenvegetation Mitteleuropas. Feddes Repert. 103: 127–141.

Tomava, L., Braun, S., Flückiger, W., 2005: The effect of nitrogen fertilization on fungistatic phenolic compounds in roots of beech (Fagus sylvatica) and Norway spruce (Picea abies). For. Pathol. 35: 262–276.

Traczyk, T., 1967: Studies on herb layer production estimate and size of plant fall. Ekol. Pol. (Warszawa), Ser. A 15: 838–867.

Traczyk, T., 1968: Studies on the primary production in meadow communities. Ekol. Polska, Ser. A 16: 59–100.

Tranquillini, W., 1957: Standortsklima, Wasserbilanz und CO_2-Gaswechsel junger Zirben (Pinus cembra L.) an der alpinen Waldgrenze. Planta 49: 612–661.

Tranquillini, W., 1959: Die Stoffproduktion der Zirbe (Pinus cembra) an der Waldgrenze während eines Jahres. II. Zuwachs und CO_2-Bilanz. Planta 54: 130–151.

Tranquillini, W., 1960: Das Lichtklima wichtiger Pflanzengesellschaften. Handb. Pflanzenphys. 5, 2: 304–338.

Tranquillini, W., 1979: Physiological Ecology of the Alpine Timberline. Ecol. Stud. 31. Springer, Berlin.

Tranquillini, W., 1982: Frost drought and its ecological significance. In: Lange, O. L., Noble, P. S., Osmond, C. B., Ziegler, H. (eds.): Encyclopedia of Plant Physiology, vol. 12 B. Springer, Berlin. pp. 379–400.

Tranquillini, W., Havranek, W. M., 1985: Influence of temperature on photosynthesis in spruce provenances from different altitudes. In: Turner, H., Tranquillini, W. (eds.): Establishment and Tending of Subalpine Forest: Research and Management. Ber. Eidgenöss. Anst. Forstl. Versuchswes. 270: 41–51.

Tranquillini, W., Lechner, F., Oberharzbacher, P., Unterholzner, L., Holzer, K., 1980: Über das Höhenwachstum von Fichtenklonen in verschiedener Seehöhe. Mitt. Forstl. Bundesversuchsanst. Wien 129: 7–25.

Tranquillini, W., Machl-Ebner, I., 1971: Über den Einfluss von Wärme auf das Photosynthesevermögen der Zirbe (Pinus cembra L.) und der Alpenrose (Rhododendron ferrugineum L.) im Winter. Rep. Kevo Subarctic Res. Stat. 8: 158–166.

Trapp, S., 1995: Wasserpflanzen Bremer Seen und ihr Verhältnis zur Gewässergüte. Abh. Naturw. Ver. Bremen 43: 165–177.

Trautmann, W., 1954: Über den Einfluß von Bodenreaktion, Kali und Phosphorsäure auf die Verteilung der Ackerunkräuter im Göttinger Gebiet. Z. Pflanzenernähr. 66: 247–261.

Trautmann, W., 1966: Erläuterungen zur Karte der potentiellen natürlichen Vegetation der Bundesrepublik Deutschland, Blatt 85 Minden. Schriftenr. Vegetationskunde (Hiltrup i. W.) 1. 138 p.

Trautmann, W., Krause, A., Wolff-Straub, R., 1970: Veränderungen der Bodenvegetation in Kiefernforsten als Folge industrieller Luftverunreinigungen im Raum Mannheim-Ludwigshafen. Schriftenr. Vegetationskunde (Bonn) 5: 193–207.

Trautmann, W., Lohmeyer, W., 1960: Gehölzgesellschaften in der Fluß-Aue der mittleren Ems. Mitt. Florist.-Soziol. Arb.gem. N. F. 8: 227–247.

Tregubow, S. S., 1941: Les forets vierges montagnardes des Alpes Dinariques. Communic. SIGMA (Montpellier) 78 : 116 p.

Treiber, R., 1997: Vegetationsdynamik unter dem Einfluss des Wildschweins (Sus scrofa L.) am Beispiel bodensaurer Trockenrasen der elsässischen Harth. Z. Ökol. Naturschutz 6: 83–95.

Trémolières, M., Carbiener, R., Ortscheid, A., Klein, J.-P., 1994: Changes in aquatic vegetation in Rhine floodplain streams in Alsace in relation to disturbance. J. Veg. Sci. 5: 169–178.

Trepl, L., 1982: Zur anthropogenen Beeinträchtigung stadtnaher Wälder am Beispiel der Eilenriede bei Hannover. Tuexenia 2: 195–208.

Trepp, W., 1947: Der Lindenmischwald (Tilieto-Asperuletum taurinae). Beitr. Geobot. Landesaufn. Schweiz 27. 128 p.

Trepp, W., 1950: Ein Beitrag zur Bonitierungsmethode von Alpweiden. Schweiz. Landwirtsch. Monatsh. 28: 366–371.

Trockner, V., Kopeszki, H., 1994: Auswirkungen der künstlichen Beschneiung auf Bodenverdichtung, Bodentemperatur, Ernteertrag und Collembolenfauna der Pistenböden. Verh. Ges. Ökol. 23: 283–288.

Troels-Smith, J., 1955: Pollenanalytische Untersuchungen zu einigen schweizerischen Pfahlbauproblemen. Monogr. Ur- und Frühgesch. Schweiz 11: 283–288.

Tromp, P. H. M., 1968: Aanleg, regeneratie en onderhoud van heidevelden en -tuinen. Tijdschr. Kon. Nederl. Heidemaatschappij 1968: 5–23.

Tschager, A., Hilscher, H., Franz, S., Kull, U., Larcher, W., 1982: Jahreszeitliche Dynamik der Fettspeicherung von Loiseleuria procumbens und anderen Ericaceen der alpinen Zwergstrauchheide. Acta Oecol. 3: 119–134.

Tscharntke, T., Klein, A. M., Kruess, A., Steffan-Dewenter, I., Thies, C., 2005: Landscape perspectives on agricultural intensification and biodiversity – ecosystem service management. Ecology Letters 8: 857–874.

Tschermak, L., 1935 a: Die natürliche Verbreitung der Lärche in den Ostalpen. Mitt. Forstl. Versuchswes. Österr. 43. 361 p.

Tschermak, L., 1935 b: Die wichtigsten natürlichen Waldformen der Ostalpen und des heutigen Österreich. Forstl. Wochenschr. Silva 23: 293–298 u. 401–407.

Tschermak, L., 1950: Waldbau auf pflanzengeographisch-ökologischer Grundlage. Wien.

Tschurr, F. R., 1992: Experimentelle Untersuchungen über das Regenerationsverhalten bei alpinen Pflanzen. Veröff. Geobot. Inst. ETH, Stftg. Rübel, Zürich 108: 1–121.

Tsuda, M., 1961: Studies on the halophytic character of the strand duen plants and of the halophytes in Japan. Japan. J. Bot. 17: 332–370.

Tumidajowicz, D., 1973: The dynamics of biomass and primary production of herb layer plants in the deciduous Tilio-Carpinetum association of the Niepolomice forest. Bull. Acad. Pol. Sci. Ser. Biol. 21: 101–107.

Türk, R., Wirth, V., 1975: The pH dependence of SO_2 damage to lichens. Oecologia 19: 285–291.

Türk, W., 1990: Saumgesellschaften im Schweinfurter Trockengebiet (Nordbayern, Unterfranken). Tuexenia 10: 311–333.

Türk, W., Meierott, L., 1992: Wärmeliebende Saumgesellschaften (Trifolio-Geranietea sanguinei Th.Müller 1961) der Muschelkalk- und Keuperlandschaften Nordbayerns. Tuexenia 12: 95–146.

Turner, C., 1975: Der Einfluß großer Mammalier auf die interglaziale Vegetation. Quartärpaläontologie 1: 13–19.

Turner, H., 1958: Über das Licht- und Strahlungsklima einer Hanglage der Ötztaler Alpen bei Obergurgl und seine Auswirkung auf das Mikroklima und auf die Vegetation. Arch. Meteorol. Geophys. Bioklimatol., Ser. B 8: 273–325.

Turner, H., 1958b: Maximaltemperaturen oberflächennaher Bodenschichten an der alpinen Waldgrenze. Wetter u. Leben 10: 1–12.

Turner, H., 1968: Über den "Schneeschliff" in den Alpen. Wetter u. Leben 20: 192–200.

Turner, H., 1970: Grundzüge der Hochgebirgsklimatologie. In: Die Welt der Alpen. Umschau Verlag, Frankfurt/M. pp. 170–182.

Turner, H., 1993: Grundzüge der Hochgebirgsklimatologie. In: Die Welt der Alpen. Pinguin, Innsbruck. 184 p.

Turner, H., Streule, A., 1983: Wurzelwachstum und Sprossentwicklung junger Koniferen im Klimastress der alpinen Waldgrenze, mit Berücksichtigung von Mikroklima, Photosynthese und Stoffproduktion. In: Intern. Symp. Gumpenstein „Wurzelökologie und ihre Nutzanwendung". Bundesanst. Gumpenstein. pp. 617–635.

Turner, N. C., Begg, J. E., 1978: Response of pasture plants to water deficits. In: Wilson, J. R. (ed.): Plant Relations in Pastures. CSIRO, Melbourne, Vic. pp. 50–66.

Turner, N. C., Jones, M. M., 1980: Turgor maintenance by osmotic adjustment: A review and evaluation. In: Turner, N. C., Kramer, P. G. (eds.): Adaptation of Plants to Water and High Temperature Stress. Wiley, New York. pp. 87–193.

Turunen, J., Tolonen, K., 1996: Rate of carbon accumulation in boreal peatlands and climate change. In: Lappalainen, E., (ed.): Global Peat Resources. Intern. Peat Soc., Jyskä, Finland. pp. 21–28.

Tüxen, J., 1958: Stufen, Standorte und Entwicklung von Hackfrucht- und Garten-Unkrautgesellschaften und deren Bedeutung für Ur- und Siedlungsgeschichte. Angew. Pflanzensoziol. (Stolzenau/Weser) 16: 164 p.

Tüxen, J., 1983: Die Schutzwürdigkeit der niedersächsischen Kleinstmoore im Hinblick auf ihre Vegetation. Tuexenia 3: 423–435.

Tüxen, R., 1928: Über die Vegetation der nordwestdeutschen Binnendünen. Jber. Geogr. Ges. Hannover 1928: 71–93.

Tüxen, R., 1930: Über einige nordwestdeutsche Waldassoziationen von regionaler Verbreitung. Jber. Geogr. Ges. Hannover 1929: 3–64.

Tüxen, R., 1933: Klimaxprobleme des nw-europäischen Festlandes. Nederl. Kruidk. Arch. 43: 293–309.

Tüxen, R., 1937: Die Pflanzengesellschaften Nordwestdeutschlands. Mitt. Florist.-Soziol. Arb.gem. Niedersachsen 3: 1–170.

Tüxen, R., 1950: Grundriß einer Systematik der nitrophilen Unkrautgesellschaften in der Eurosibirischen Region Europas. Mitt. Florist.-Soziol. Arb.gem., N. F. 2: 94–175.

Tüxen, R., 1950: Wanderwege der Flora in Stromtälern. Mitt. Florist.-Soziol. Arb. gem. N. F. 2: 52–53.

Tüxen, R., 1950c: Neue Methoden der Wald- und Forstkartierung. Mitt. Florist-Soziol. Arb.gem. N. F. 2: 217–219.

Tüxen, R., 1954: Pflanzengesellschaften und Grundwasserganglinien. Angew. Pflanzensoziol. (Stolzenau/Weser) 8: 64–98.

Tüxen, R., 1954: Über die räumliche, durch Relief und Gestein bedingte Ordnung der natürlichen Waldgesellschaften am nördlichen Rande des Harzes. Vegetatio 5/6: 454–478.

Tüxen, R., 1955: Das System der nordwestdeutschen Pflanzengesellschaften. Mitt. Florist.-Soziol. Arb. gem. N. F. 5: 155–176.

Tüxen, R., 1956: Die heutige potentielle natürliche Vegetation als Gegenstand der Vegetationskartierung. Angew. Pflanzensoziol. (Stolzenau/Weser) 13: 5–42.

Tüxen, R., 1956c: Vegetationskarte der Ostfriesischen Inseln: Baltrum. Bundesanst. f. Vegetationskartierung, Stolzenau/Weser.

Tüxen, R., 1957: Die Schrift des Bodens. Angew. Pflanzensoziol. (Stolzenau/W.) 14. 41 p.

Tüxen, R., 1962: Gedanken zur Zerstörung der mitteleuropäischen Ackerbiozoenosen. Mitt. Flor.-Soziol. Arb.gem. N. F. 9: 69–91.

Tüxen, R., 1967b: Die Lüneburger Heide. Rotenburger Schriften (Rotenburg/Wümme) 26: 3–52.

Tüxen, R., 1970: Zur Syntaxonomie des europäischen Wirtschafts-Grünlandes (Wiesen, Weiden, Tritt- und Flutrasen). Ber. Naturhist. Ges. Hannover 114: 77–85.

Tüxen, R., 1973: Vorschlag zur Aufnahme von Gesellschaftskomplexen in potentiell natürlichen Vegetationseinheiten. Acta Bot. Acad. Sci. Hungar. 19: 379–384.

Tüxen, R., 1975: Dauer-Pioniergesellschaften als Grenzfall der Initialgesellschaften. In: Schmidt, W. (Red.): Sukzessionsforschung. Cramer, Vaduz. pp. 13–30.

Tüxen, R., 1978: Assoziationskomplexe (Sigmeten) und ihre praktische Anwendung. Ber. Int. Symp. Int. Ver. Veget.kde 1977. Cramer, Vaduz. 535 p.

Tüxen, R., 1979: Bidentetea tripartitae Tx., Lohm. et Prsg. 50. Die Pflanzengesellschaften Nordwestdeutschlands. 2. Aufl., Lief. 2. Cramer, Vaduz. 212 p.

Tüxen, R., 1979: Die Pflanzengesellschaften Nordwestdeutschlands. 2. Aufl., Lief. 2. Cramer, Lehre. 212 p.

Tüxen, R., 1979: Soziologische Veränderungen in zwei Dauerquadraten in einer Weser-Wiese bei Stolzenau (Krs. Nienburg) von 1945–1978. In: Tüxen, R., Sommer, W.-H. (eds.): Gesellschaftsentwicklung (Syndynamik). Ber. Int. Symp. IVV Rinteln 1967: pp. 339–359.

Tüxen, R., 1986: Unser Buchenwald im Jahreslauf. Veröff. Naturschutz u. Landschaftspfl. Bad.-Württemb. (Karlsruhe), Beih. 47: 1–128.

Tüxen, R., Böckelmann, W., 1957: Scharhörn. Die Vegetation einer jungen ostfriesischen Vogelinsel. Mitt. Florist.-Soziol. Arb.gem. N. F. 6/7: 183–204.

Tüxen, R., Diemont, H., 1937: Klimaxgruppe und Klimaxschwarm. Jb. Naturhist. Ges. Hannover 88/89: 73–87.

Tüxen, R., Oberdorfer, E., 1958: Eurosibirische Phanerogamen-Gesellschaften Spaniens, mit Ausblicken auf die alpine und die Mediterranregion dieses Landes. Veröff. Geobot. Inst. Rübel, Zürich 32. 328 p.

Tüxen, R., Ohba, T., 1975: Zur Kenntnis von Bach- und Quell-Erlenwäldern (Stellario nemori-Alnetum glutinosae und Ribo sylvestris-Alnetum glutinosae). Beitr. Naturk. Forsch. Südw.-Deut. 34: 387–401.

Tüxen, R., Preising, E., 1951: Erfahrungsgrundlagen für die pflanzensoziologische Kartierung des westdeutschen Grünlandes. Angew. Pflanzensoziol. (Stolzenau/Weser) 4: 28 p.

Tüxen, R., Schwabe, A., 1981: Lemnetea minoris. Cramer, Vaduz. 141 p.

Tüxen, R., Wada, K., Sasse, H., 1981: Querco-Fagetea. Bibl. Phytosoc. Syntax 35: 1–1118.

Tüxen, R., Westhoff, V., 1963: Saginetea maritimae, eine Gesellschaftsgruppe im wechselhalinen Grenzbereich der europäischen Meeresküsten. Mitt. Florist.-Soziol. Arb.gem. N. F. 10: 116–129.

Tüxen, R., Wilmanns, O., Schwabe-Braun, A., 1981: Querceto-Fagetea. Bibliogr. Phytosociol. Syntax. (Vaduz) 35. 1118 p.

Tyler, C., 1979: Classification of Schoenus communities in south and southeastern Sweden. Vegetatio 41: 69–84.

Tyler, G., 1971: Distribution and turnover of organic matter and minerals in a shore meadow ecosystem. Oikos 22: 265–291.

Tyler, G., 1976: Soil factors controlling metal ion absorption in the wood anemone Anemone nemorosa. Oikos 27: 71–80.

Tyler, G., 1984: The impact of heavy metal pollution of forests: a case study of Gusum, Sweden. Ambio 13: 18–24.

Tyler, G., 1989 a: Edaphical distribution and sporophore dynamics of macrofungi in hornbeam (Carpinus betulus L.) stands of south Sweden. Nova Hedwigia 49: 239–253.

Tyler, G., 1989 b: Interacting effects of soil acidity and canopy cover on the species composition of field-layer vegetation in oak/hornbeam forests. Forest Ecol. Managem. 28: 101–114.

Tyler, G., 1989 c: Edaphical distribution patterns of macrofungal species in deciduous forest of south Sweden. Acta Oecol. 10: 309–326.

Tyler, G., 1991: Ecology of the genus Mycena in beech (Fagus sylvatica), oak (Quercus robur) and hornbeam (Carpinus betulus) forest of S Sweden. Nord. J. Bot. 11: 111–121.

Tyler, G., 1992: Inability to solubilize phosphate in limestone soils – key factors controlling calcifuge behaviour of plants. Plant and Soil 45: 65–70.

Tyler, G., 1994: A new approach to understand the calcifuge habit of plants. Ann. Bot. 73: 327–330.

Tyler, G., 1996: Mineral nutrient limitations of calcifuge plants in phosphate sufficient limestone soils. Ann. Bot. 77: 649–656.

Tyler, G., Falkengren-Greup, U., 1998: Soil chemistry and plant performance – ecological considerations. Progress in Botany 59: 634–658.

Tyler, G., Gullstrand, Ch., Holmquist, K.-A., Kjellstrand, A.-M., 1973: Primary production and distribution of organic matter and metal elements in two heath ecosystems. J. Ecol. 61: 251–268.

Tyler, G., Olsson, P. A., 1993: The calcifuge behaviour of Viscaria vulgaris. J. Veg. Sci. 4: 29–36.

Tyler, G., Ström, L., 1995: Differing organic acid exudation pattern explains calcifuge and acidifuge behaviour of plants. Ann. Bot. 75: 75–78.

Tyler, T., Brunet, J., Tyler, G., 2002: Sensitivity of the woodland herb Anemone hepatica to changing environmental conditions. J. Veg. Sci. 13: 207–216.

Tyree, M. T., Cochard, H., 1996: Summer and winter embolism in oak: impact on water relations. Ann. Sci. For. 53: 173–180.

Ubrizsy, G., 1956: Die ruderalen Unkrautgesellschaften Ungarns. II. Studien über Ökologie und Sukzession. Acta Agron. (Budapest) 5: 393–418.

Ugolini, F. C., 1966: Soils. In: Mirsky, A. (ed.): Soil development and ecological succession in a deglaciated area of Muir Inlet, Southwest Alaska. Ohio State Univ. Polar Stud. Rep. No. 20. Columbus, Ohio. p. 29–58.

Úlehlová, B., 1993: Fertility of grassland soils. In Rychnovská, M. (ed.): Structure and Functioning of Seminatural Meadows. Elsevier, Amsterdam. pp. 307–322.

Ullmann, I., Heindl, B., Fleckenstein, M., Mengling, I., 1988: Die straßenbegleitende Vegetation des mainfränkischen Wärmegebietes. Ber. ANL (Laufen/Salzach) 12: 141–187.

Ullmann, I., Heindl, B., Schug, B., 1990: Naturräumliche Gliederung der Vegetation auf Straßenbegleitflächen im westlichen Unterfranken. Tuexenia 10: 197–222.

Ullmann, I., Wörz, A., Zeidler, H., 1983: Waldsümpfe und Waldmoore im Mittelmaingebiet. Ber. Bayer. Bot. Ges. 54: 169–186.

Ulmer, W., 1937: Über den Jahresgang der Frosthärte einiger immergrüner Arten der alpinen Stufe, sowie der Zirbe und Fichte. Jb. Wiss. Botan. 84: 553–592.

Ulrich, B., 1981: Ökologische Gruppierung von Böden nach ihrem chemischen Bodenzustand. Z. Pflanzenern. Bdkde 144: 289–305.

Ulrich, B., 1981: Theoretische Betrachtungen des Ionenkreislaufs in Waldökosystemen. Z. Pflanzenern. Bodenkde 144: 289–305.

Ulrich, B., 1987: Stability, elasticity, and resilience of terrestrial ecosystems with respect to matter balance. In: Schulze, E.-D., Zwölfer, H. (eds.): Potentials and Limitations of Ecosystem Analysis. Ecol. Stud. 61. Springer, Berlin. pp. 50–67.

Ulrich, B., 1989: Effects of acid precipitation on forest ecosystem in Europe. In: Adriano, D. C., Johnson, A. H. (eds.): Acidic Precipitation. Vol. 2. Biological and Ecological Effects. Springer, Berlin. pp. 189–272.

Ulrich, B., 1993: 25 Jahre Ökosystem- und Waldschadensforschung im Solling. Stand und Ausblick. Forstarchiv 64: 147–152.

Ulrich, B., 1994: Nutrient and acid/base budget of Central European forest ecosystems. In: Godbold, D. L., Hüttermann, A. (eds.): Effects of Acid Rain on Forest Processes. Wiley-Liss, New York. pp. 1–50.

Ulrich, B., Keuffel, W., 1970: Auswirkungen einer Bestandeskalkung zu Fichte auf den Nährstoffhaushalt des Bodens. Forstarchiv 41: 30–35.

Ulrich, B., Mayer, R., Khanna, P. K., 1979: Die Deposition von Luftverunreinigungen und ihre Auswirkungen in Waldökosystemen im Solling. Schr. Forstl. Fak. Univ. Göttingen u. Nieders. Forstl. Versuchsanst. 58. 291 p.

Ulrich, B., Meyer, H., 1987: Chemischer Bodenzustand der Waldböden Deutschlands zwischen 1920 und 1960. Ursachen und Tendenzen seiner Veränderung. Ber. Forsch.zentr. Waldökosysteme Univ. Göttingen B 6.

Ulrich, B., Meyer, H., Jänich, K., Büttner, G., 1989: Basenverluste in den Böden von Hainsimsen-Buchenwäldern in Südniedersachsen zwischen 1954 und 1986. Forst u. Holz 44: 251–253.

Ulrich, B., Puhe, J., 1994: Auswirkungen der zukünftigen Klimaveränderungen auf mitteleuropäische Waldökosysteme und deren Rückkopplungen auf den Treibhauseffekt. In: Enquetekommission Schutz der Erdatmosphäre des Deut. Bundestages (ed.): Studienprogramm, Bd. 2. Economica, Bonn. pp. 1–208.

Ulrich, K. E., Burton, T. M., 1985: The effects of nitrate, phosphate and potassium fertilization on growth and nutrient uptake of Phragmites australis (Cav.) Trin ex. Steudel. Aquat. Bot. 21: 53–62.

Umweltaltlas Wattenmeer, Bd. 1: Nordfriesisches und Dithmarscher Wattenmeer. Ulmer Verlag, Stuttgart. 1990. 271 p.

Umweltbundesamt (ed.), 1984: Gewässerversauerung in der Bundesrepublik Deutschland. E. Schmidt Verlag, Berlin. 462 p.

Umweltbundesamt (ed.), 2003, 2005: Daten zur Umwelt. Umweltbundesamt

(Dessau). E. Schmidt Verlag, Berlin. Verschiedene Auflagen.

Umweltbundesamt 1996: Manual on methodologies and criteria for mapping critical levels/loads and aereas where they are exceeded. UBA-Texte 71/96. Berlin.

Urban, K., 1999: Plastizität bei Pflanzenarten der Heideweiher. Mitt. Bad. Landesver. Naturkunde u. Naturschutz N. F. 17: 309–322,

Urban, K. F., 2005: Oscillating vegetation dynamics in a wet heathland. J. Veg. Sci. 16: 111–120.

Urban, N. R., Eisenreich, S. J., 1988: Nitrogen cycling in a forested Minnesota bog. Can. J. Bot. 66: 435–449.

Urbanska, C. M., Schütz, M., 1986: Reproduction by seed in alpine plants and revegetation research above timberline. Bot. Helv. 96: 43–61.

Vaarama, A., 1941: Die Winterschäden im Botanischen Garten der Universität Helsinki im Frostwinter 1939–40. Ann. Botan. Soc. Vanamo 16, 4. 48 p.

Vacek, S., Bastl, M., Leps, J., 1999: Vegetation changes in forests of the Krkonose Mts. over a period of air pollution stress (1980–1995). Plant Ecol. 143: 1–11.

Vadstrup, M., Madsen, T. V., 1995: Growth limitation of submerged aquatic macrophytes by inorganic carbon. Freshw. Biol. 34: 411–419.

Vagts, I., Kinder, M., Müller, J., 1994: The effects of agrochemicals on the growth of Cladonia furcata. Lichenologist 26: 73–82.

Vahle, H.-C., 1990: Grundlagen zum Schutz der Vegetation oligotropher Stillgewässer in Nordwestdeutschland. Naturschutz u. Landsch.pfl. Niedersachs. 22: 1–157.

Valachovic, M., 1990: Galeopsietum angustifoliae – Ekologicka a geograficka diferenciacia, syntaxonomicka revizia. Biologia (Bratislava) 45: 61–70.

Valentini, R., Matteucci, G., Dolman, A. J. et al., 2000: Respiration as the main determinant of European forest carbon balance. Nature 404 : 861–865.

Valentini, R., Matteucci, G., Dolman, A. J., Schulze, E.-D., Jarvis, P. G., 2003: The carbon sink strength of forests in Europe: a synthesis of results. In: Valentini, R. (ed.): Fluxes of Carbon, Water and Energy of European Forests. Ecol. Stud. 163. Springer, Berlin. pp. 225–232.

Valiela, I., Teal, J. M., 1974: Nutrient limitation in salt marsh vegetation. In: Reimold, R. J., Queen, W. H. (eds.): Ecology of Halophytes. Academic Press, New York: 547–563.

Valiela, I., Teal, J. M., 1979: Inputs, outputs and interconversions of nitrogen in salt marsh vegetation. In: Jefferies, R. L., Davy, A. J. (eds.): Ecological Processes in Coastal Environments. Blackwell, Oxford: 399–419.

Van Andel, J., Jager, J. C., 1981: Analysis of growth and nutrition of six plant species of woodland clearings. J. Ecol. 69: 871–882.

Van Arendonk, J. J. C. M., Niemann, G. J., Boon, J. J., Lambers, H., 1997: Effects of N-supply on anatomy and chemical composition of leaves of four grass species, belonging to the genus Poa, as determined by image-processing analysis and pyrolysis-mass spectrometry. Plant Cell Environ. 20: 881–897.

Van Beckhoven, K., 1995: Rewetting of coastal dune slacks: effects on plant growth and soil processes. PhD thesis, Freie Universität Amsterdam. 135 p.

Van Breemen, N., de Visser, P. H. B., Grinsven, J. J. M., 1986: Nutrient and proton budgets in four soil-vegetation systems underlain by Pleistocene alluvial deposits. J. Geol. Soc. London 143: 659–666.

Van Breemen, N., Finzi, A. C., 1998: Plant-soil interactions: ecological aspects and evolutionary implications. Biogeochemistry 42: 1–19.

Van Breemen, N., van Dijk, H. G. F., 1988: Ecosystem effects of atmospheric deposition of nitrogen in The Netherlands. Environ. Pollut. 54: 249–274.

Van Dam, D., 1990: Atmospheric deposition and nutrient cycling in chalk grassland. PhD thesis, University of Utrecht.

Van den Berg, L. J. L., Dorland, E., Vergeer, P., Hart, M. A. C., Bobbink, R., Roelofs, J. G. M., 2005: Decline of acid-sensitive plant species in heathland can be attributed to ammonium toxicity in combination with low pH. New Phytol. 166: 551–564.

Van den Berg, M. S., Coops, H., Simons, J., Pilon, J., 2002: A comparative study of the use of inorganic carbon resources by Chara aspera and Potamogeton pectinatus. Aquat. Bot. 72: 219–233.

Vanden Berghen, C., 1951: Landes tourbeuses et tourbières à spaignes de Belgique (Ericeto-Sphagnetalia Schwickerath 1940). Bull. Soc. Roy. Botan. Belg. 84: 157–226.

Vanden Berghen, C., 1952: Contribution à l'étude des bas-marais de Belgique (Caricetalia fuscae W. Koch 1926). Bull. Jard. Botan. de l'État, Bruxelles 22: 1–64.

Vanden Berghen, C., 1953: Contribution à l'étude des groupements végétaux notés dans la vallée de l'Ourthe en amont de Laroche-en-Ardenne. Bull. Soc. Roy. Botan. Belg. 85: 195–277.

Van den Burg, J., 1990: Stickstoff- und Säuredeposition und die Nährstoffversorgung niederländischer Wälder auf pleistozänen Sandböden. Forst u. Holz 45: 597–605.

Van den Hoek, C., Admiraal, W., Colijn, F., de Jonge, V. N., 1983: The role of algae and seagrasses in the ecosystem of the Wadden Sea: A review. In: Wolff, W. J. (ed.): Flora and Vegetation of the Wadden Sea. Vol. 1, Report 3 of the Wadden Sea Working Group. Balkema, Rotterdam. pp. 9–118.

Van der Eerden, L. J., Dueck, T. A., Berdowski. J. M., Gerven, H., Dobben H. F., 1991: Influence of NH_3 and $(NH_4)_2SO_4$ on heathland vegetation. Acta Bot. Neerl. 4: 281–296.

Van der Heijden 2002:

Van der Heijden, M. G. A., Klironomos, J. N., Ursic, M., Montoglis, P., Streitwolf-Engel, R., Boller, T., Wiemken, A., Sanders, R., 1998: Mycorrhizal fungal diversity determines plant biodiversity, ecosystem variability and productivity. Nature 396: 69–72.

Van der Laan, D., 1979: Spatial and temporal variation in the vegetation of dune slacks in relation to the ground water regime. Vegetatio 39: 43–51.

Van der Linden, M. J. H. A., 1986: Phosphorus economy of reed vegetation in the Zuidelijk Flevoland polder (The Netherlands): seasonal distribution of phosphorus among shoots and rhizomes and availability of soil phosphorus. Acta Oecol. 7: 397–405.

Van der Maael, E., Leertouwer, J., 1967: Variation in vegetation and species diversity along a local environmental gradient. Acta Bot. Neerl. 16: 211–221.

Van der Maarel, E., 1981: Fluctuations in a coastal dune grassland due to fluctuations in rainfall: Experimental evidence. Vegetatio 47: 259–265.

Van der Maarel, E., Boot, R., van Dorp, D., Rijntjes, J., 1985: Vegetation succession on the dunes near Oostvoorne, the Netherlands; a comparison of the vegetation in 1959 and 1980. Vegetatio 58: 137–187.

Van der Maarel, E., Sykes, M. T., 1993: Small-scale plant species turnover in a limestone grassland: the carousel model and some comments on the niche concept. J. Veg. Sci. 4: 179–188.

Van der Pijl, L., 1969: Principles of Dispersal in Higher Plants. Springer, Berlin. 154 p.

Van der Putten, W. H., 1993: Soil organisms in coastal foredunes involved in degeneration of Ammophila arenaria. In: Miles, J., Walton, D. W. H. (eds.): Primary Succession on Land. Blackwell, London. pp. 273–281.

Van der Putten, W. H., 1997: Die-back of Phragmites australis in European wetlands: an overview of the European Research Programme on Reed Dieback and Progression (1993–1994). Aquat. Bot. 59: 263–275.

Van der Putten, W. H., van Dijk, C., Peters, B. A. M., 1993: Plant-specific soilborne diseases contribute to succession in foredune vegetation. Nature 362: 53–56.

Van der Valk, E. J., 1981: Pollenanalytical contributions towards late holocene history of the subalpine plant communities of the Kastelberg (Vosges, France). In: Wilmanns, O., Tüxen, R. (eds.): Werden und Vergehen von Pflanzengesellschaften. Ber. Int. Symp. Vereinig. Vegetationskde. Cramer, Vaduz. pp. 269–284.

Van der Welle, M. E. W., Smolders, A. J. P., op den Camp, H. J. M., Roelofs, J. G. M., Lamers, L. P. M., 2007: Biogeochemical interactions between iron and sulphate in freshwater wetlands and their implications for interspecific competition between aquatic macrophytes. Freshw. Biol. 52: 434–447.

Van Dieren, J. W., 1934: Organogene Dünenbildung. Den Haag. 304 p.

Van Diggelen, J., Rozema, J., Broekman, R., 1987: Growth and mineral relations of salt-marsh species on nutrient solution containing various sodium sulphide concentrations. In: Huiskes, A. H. L., Blom, C. W. P. M., Rozema, J. (eds.): Vegetation between Land and Sea. Dr. W. Junk, Dordrecht: 260–268.

Van Diggelen, R., Molenaar, W. J., Kooijman, A. M., 1996: Vegetation succession in a floating mire in relation to management and hydrology. J. Veg. Sci. 7: 809–820.

Van Dijk, H. W. J., de Groot, W. T., 1987: Eutrophication of a coastal dune area by artificial infiltration. Water Res. 21: 11–18.

Van Dobben, H. F., 1991: Recent changes in the epiphytic lichen flora in The Netherlands. Acta Bot. Neerl. 40: 390.

Van Dobben, H. F., Wamelink, W., 1992: Effects of atmospheric chemistry and bark chemistry on epiphytic lichen vegetation in The Netherlands. DLO Inst. for Forestry and Nature Res., Wageningen. 34 p.

Van Dorp, D., Boot, R., van der Maarel, E., 1985: Vegetation succession on the dunes near Oostvoorne, The Netherlands, since 1934, interpreted from air photographs and vegetation maps. Vegetatio 58: 123–136.

Van Eimern, J., Ehrhardt, O., 1985: Zur räumlichen und zeitlichen Variabilität von Strahlung und Temperatur an der Boden- und Kronenoberfläche eines Buchenwaldes. Forstarchiv 56: 181–186.

Van Eimern, J., Franken, E., Harris, H., 1954: Ergebnisse von Windschutzuntersuchungen in Hamburg-Garstedt. Landwirtschaftsverlag, Münster-Hiltrup.

Van Elsen, T., 1994: Die Fluktuation von Ackerwildkraut-Gesellschaften und ihre Beeinflussung durch Fruchtfolge und Bodenbearbeitungs-Zeitpunkt. Ökologie und Umweltsicherung (Witzenhausen) 9/94: 1–414

Van Elsen, T., 1996: Wirkungen des ökologischen Landbaus auf die Segetalflora – ein Übersichtsbeitrag. In: Diepenbrock, W., Hülsbergen, K.-J. (eds.): Langzeitliche Effekte des ökologischen Landbaus auf Fauna, Flora und Boden. Beitr. d. wiss. Tagung am 25. 04. 1996 in Halle/Saale: pp. 143–152.

Van Elsen, T., 1997: Ackerwildkrautansaaten zwischen Ablehnung und Befürwortung. Ber. Landesamt f. Umweltschutz Sachsen-Anhalt, Sonderh. 3 (Halle/S.): 10–20.

Van Elsen, T., 1999: Auswirkungen von Sanierungsmaßnahmen auf die salzbeeinflusste Vegetation an Rückstandshalden der Kali-Industrie. In: Brandes, D., (ed.): Vegetation salzbeeinflusster Habitate im Binnenland. Tagungsber. Braunschw. Kolloqu., Nov. 1998. Braunschweig. pp. 245–257.

Van Elsen, T., Günther, H., 1992: Auswirkungen der Flächenstillegung auf die Ackerwildkraut-Vegetation von Grenzertrags-Feldern. Z. PflKrankh. Pflschutz, Sonderh. XIII: 49–60.

Van Elsen, T., Scheller, U., 1995: Zur Bedeutung einer stark gegliederten Feldflur für Ackerwildkraut-Gesellschaften. Beispiele aus Thüringen und Nordhessen. Natur u. Landschaft 70: 62–72.

Van Herk, C. M., 1999: Mapping of ammonia pollution with epiphytic lichens in the Netherlands. Lichenologist 31: 9–20.

Van Herk, C. M., 2001: Bark pH and susceptibility to toxic air pollutants as independent causes of changes in epiphytic lichen composition in space and time. Lichenologist 33: 419–441.

Van Herk, C. M., Aptroot, A., 1998: Recovery of epiphytic lichens in the Netherlands. British Lichen Soc. Bull. 82: 22–26.

Van Herk, C. M., Aptroot, A., van Dobben, H. F., 2002: Long-term monitoring in the Netherlands suggests that lichens respond to global warming. Lichenologist 34: 141–154.

Van Lent, F., Verschuure, J. M., 1994: Intraspecific variability of Zostera marina L. (eelgrass) in the estuaries and lagoons of the sourthwestern Netherlands. 1. Population dynamics. Aquat. Bot. 48: 31–58.

Van Oene, H., Berendse, F., Persson, T. et al., 2000: Model analysis of carbon and nitrogen cycling in Picea and Fagus forests. In: Schulze, E.-D. (ed.): Carbon and Nitrogen Cycling in European Forest Ecosystems. Ecol. Stud. 142. Springer, Berlin. pp. 419–467.

Van Praag, H. J., Sougnez-Remy, S., 1986: Mesure de l'index foliaire dans une hetraie et une pessière des Hautes-Fagnes. Soc. Roy. Bot. Belg. 119: 107–113.

Van Praag, H. J., Weissen, F., Sougnez-Remy, S., Carletti, G., 1985: Aluminum effects on spruce and beech seedlings. II. Statistical analysis of sand culture experiments. Plant and Soil 83: 339–356.

Van Ranst, E., De Coninck, F., Roskams, P., Vindevogel, N., 2002: Acid-neutralizing capacity of forest floor and mineral topsoil in Flemish forests (North Belgium). For. Ecol. Manage. 166: 45–53.

Van Schreven, D. A., 1967: The effect of intermittent drying and wetting of a calcareous soil on carbon and nitrogen mineralization. Plant and Soil 26: 14–32.

Van Splunder, I., Coops, H., Voesenek, L. A. C. J., Blom, C. W. P. M., 1995: Establishment of alluvial forest species in floodplains: the role of dispersal timing, germination characteristics and water level fluctuations. Acta Bot. Neerl. 44: 269–278.

Van Tooren, B. F., 1990: Effects of a bryophyte layer on the emergence of seedlings of chalk grassland species. Acta Oecologica 11: 155–163.

Van Vierssen, W., 1982: The ecology of communities dominated by Zannichellia-taxa in Western Europe. 1. Characteristics and autecology of the Zannichellia taxa. Aquat. Bot. 12: 103–155.

Van Vierssen, W., Prins, T. C., 1985: On the relationship between the growth of algae and aquatic macrophytes in brackish water. Aquat. Bot. 21: 165–179.

Van Vuuren, M., 1992: Effects of plant species on nutrient cycling in heathlands. PhD thesis, University of Utrecht. 157 p.

Van Wijck, C., de Groot, C.-J., Grillas, P., 1992: The effect of anaerobic sediment on the growth of Potamogeton pectinatus L.: the role of organic matter, sulphide and ferrous iron. Aquat. Bot. 44: 31–49.

Van Wijk, R. J., 1988: Ecological studies on Potamogeton pectinatus. I. General characteristics, biomass production and life cycles under field conditions. Aquat. Bot. 35: 319–335.

Van Wijk, R. J., 1989: Ecological studies on Potamogeton pectinatus. III. Reproductive strategies and germination ecology. Aquat. Bot. 33: 271–299.

Van Wijnen, H. J., Bakker, J. P., 1999: Nitrogen and phosphorus limitation in a coastal barrier salt marsh: the implications for vegetation succession. J. Ecol. 87: 265–272.

Van Wirdum, G., 1991: Vegetation and hydrology of floating rich-fens. PhD thesis, Univ. of Amsterdam. 310 p.

Van Wirdum-Daan, C., van Wirdum, G., 1977: Vegetatie. In: Werkgroep Oude Maas (Editor) De Oude Maas als Groene Rivier. Openb. Lich. Rijnmond, Rotterdam. pp. 79–105.

Vannote, R. L., Minshall, G. W., Cummins, K. W., Sedell, J. R., Cushing, C. E., 1980: The river continuum concept. Can. J. Fish. Aquat. Sci. 37: 130–137.

Väre, H., Lampinen, R., Humphries, C., Williams, P., 2003: Taxonomic diversity of vascular plants in the European alpine areas. In: Nagy, L., Grabherr, G., Körner, Ch., Thompson, D. B. A. (eds.): Alpine Biodiversity in Europe. Ecol. Stud. 167. Springer, Berlin. pp. 133–149.

Vasander, H., 1982: Plant biomass and production in virgin, drained and fertilized sites in a raised bog in southern Finland. Ann. Bot. Fenn. 19: 103–125.

Vasander, H., Kettunen, A., 2006: Carbon in boreal peatlands. In: Wieder, R. K., Vitt, D. H. (eds.): Boreal Peatland Ecosystems. Ecol. Stud. 188. Springer, Berlin. pp. 165–194.

Vasicek, F., 1985. Structure and biomass of the herb layer. In: Penka, M., Vyskot, M., Klimo, E., Vasicek, F. (eds.): Floodplain Forest Ecosystem. Academia, Prag. pp. 171–238.

Veen, B. W., van Noordwijk, M., de Willigen, P., Boone, F. R., Kooistra, M. J., 1992: Root-soil contact of maize as measured by a thin-section technique. III. Effects on shoot growth, nitrate and water uptake efficiency. Plant and Soil 139: 131–138.

Veerhoff, M., Brümmer, G. W., 1992: Silikatverwitterung und -zerstörung in Waldböden als Folge von Versauerungsprozessen und deren ökologische Konsequenzen. Natur- u. Landschaftskunde (Möhnesee-K.) 28: 25–32.

Veit, H., 1993: Holocene solifluction in the Austrian and southern Tyrolean Alps: dating and climatic implications. In: Frenzel, B. (ed.): Solifluction and Climatic Variation in the Holocene, vol. 11. Fischer, Stuttgart. pp. 25–32.

Veit, H., Stingl, H., Emmerich, K. H., John, B., 1995: Zeitliche und räumliche Variabilität solifluidaler Prozesse und ihre Ursachen. Österr. Z. Geomorphol. N. F., Suppl. 99: 107–122.

Vejre, H., Hoppe, C., 1998: Distribution of Ca, K, Mg and P in acid forest soils in plantations of Picea abies – Evidence for the base pump effect. Scand. J. For. Res. 13: 265–273.

Vera, F. W. M., 2000: Grazing Ecology and Forest History. CAB International, Wallingford, UK.

Vera, F. W. M., Bakker, E. S., Olff, H., 2006: Large herbivores: missing partners of western European light-demanding tree and shrub species? In: Danell, K., Duncan, R., Bergström, R., Pastor, J., (eds.): Large Herbivore Ecology, Ecosystem Dynamics and Conservation. Cambridge Univ. Press, Cambridge. pp. 203–231.

Verbücheln, G., 1987: Die Mähwiesen und Flutrasen der Westfälischen Bucht und des Nordsauerlandes. Abh. Westfäl. Mus. Naturk. 49: 1–88.

Verbücheln, G., 1990: Flora und Vegetation des Altrheingebietes bei Düsseldorf – Urdenbach. Decheniana (Bonn) 143: 1–62.

Verbücheln, G., Krechel, R., Wittig, R., 1990: Die erlenreichen Waldgesellschaften der Schwalm-Nette-Platten und ihrer Randgebiete. Mit einer Übersicht der niederrheinischen Erlenwälder. Tuexenia 10: 419–432.

Verburg, R. W., During, H. J., 1998: Vegetative propagation and sexual reproduction in the woodland understorey pseudo-annual Circaea lutetiana L. Plant Ecol. 134: 211–224.

Verheyen, T., Hirschmann, L., Schreiber, K.-F., 1987: Die epiphytische Flechtenvegetation als Bioindikator für die Luftqualität im Stadtgebiet von Münster. Arb.ber. Lehrstuhl Landschaftsökol. Münster 7.

Verhoeven, J. T. A., 1979: The ecology of Ruppia-dominated communities in Western Europe. I. Distribution of Ruppia representatives in relation to their autecology. Aquat. Bot. 6: 197–268.

Verhoeven, J. T. A., 1980: The ecology of Ruppia-dominated communities in Western Europe. II. Synecological classification. Structure and dynamics of the macroflora and macrofauna communities. Aquat. Bot. 8: 1–85.

Verhoeven, J. T. A., Kooijman, A. M., Van Wirdum, G., 1988: Mineralization of N and P along a trophic gradient in a freshwater mire. Biogeochemistry 6: 31–43.

Verhoeven, J. T. A., Liefveld, W. M., 1997: The ecological significance of organochemical compounds of Sphagnum. Acta Bot. Neerl. 46: 117–130.

Verhoeven, J. T. A., Maltby, E., Schmitz, M. B., 1990: Nitrogen and phosphorus mineralization in fens and bogs. J. Ecol. 78: 713–726.

Vermeer, J. G., 1986: The effect of nutrient addition and lowering of the water table on shoot biomass and species composition of a wet grassland community (Cirsio-Molinietum Siss. et de Vries, 1942). Acta Oecologica 7: 145–155.

Verschwele, A., Niemann, P., 1992: Über die Weizensorte Unkraut unterdrücken. Pflanzenschutz-Praxis 3: 37.

Vesterdal, L., 1999: Influence of soil type on mass loss and nutrient release from decomposing foliage litter of beech and Norway spruce. Can. J. For. Res. 29: 95–105.

Vesterdal, L., Raulund-Rasmussen, K., 1998: Forest floor chemistry under seven tree species along a soil fertility gradient. Can. J. For. Res. 28: 1636–1647.

Vesterdal, L., Schmidt, I. K., Callesen, I., Nilsson, L. O., Gundersen, P., 2008: Carbon and nitrogen in forest floor and mineral soil under six common European tree species. For. Ecol. Manage. 255: 35–48.

Vicherek, J., 1964: Phytocoenologische Charakteristik der subhalophytischen Wiesenpflanzengesellschaften des pannonischen Gebietes der CSSR. Publ. Fac. Sci. Univ. Brno 463: 233–248.

Vierhapper, F., 1921/22: Die Kalkschieferflora in den Ostalpen. I. u. II. Österr. Bot. Z. 70: 261–293, 72: 30–45.

Vigano, W., 1997: Grünlandgesellschaften im Rothaargebirge im Beziehungsgefüge geoökologischer Prozeßgrößen. Diss. Bot. 275. 186 p.

Vila, M., Inchausti, P., Vayreda, J., Barrantes, O., Gracia, C., Ibanez, J. J., Mata, T., 2005 : Confounding factors in the observed productivity-diversity relationship in forests. In: Scherer-Lorenzen, M., Körner, Ch., Schulze, E.-D. (eds.): Forest Diversity and Function. Ecol. Stud. 176. Springer, Berlin. pp. 65–86.

Vilmos, M., 1965: Einige ökologische Beziehungen der Periodizität des Samenertrages bei Eiche und Buche. Erdészeti Kutatások (Budapest) 1965: 99–121.

Vins, B., 1964: Einfluß von waldbaulichen Eingriffen auf die Tannenverjüngung. Prace Vyzk. Ustavu Lesn. CSSR 28: 223–279.

Vitt, D. H., Bayley, S. E., Jin, T.-L., 1995: Seasonal variation in water chemistry over a bog-rich fen gradient in continental western Canada. Can. J. Fish. Aquat. Sci. 52: 587–606.

Vitt, D. H., Chee, W.-L., 1990: The relationship of vegetation to surface water chemistry and peat chemistry in fens of Alberta, Canada. Vegetatio 89: 87–106.

Vitt, D. H., Crum, H., Snider, J. A., 1975: The vertical zonation of Sphagnum species in hummock-hollow complexes in northern Michigan. The Michigan Botanist 14: 190–200.

Voderberg, K., 1955: Die Vegetation der neugeschaffenen Insel Bock. Feddes Repert. Beih. 135: 232–260.

Voderberg, K., Fröde, E., 1958: Die Vegetationsentwicklung auf der Insel Bock. Feddes Repert. Beih. 138: 214–229.

Voderberg, K., Fröde, E., 1967: Abschließende Betrachtung der Vegetationsentwicklung auf der Insel Bock in den Jahren 1946–1966. Feddes Repert. 74: 171–176.

Voesenek, L.A.C.J, van Oorschot, F. J. M. M., Smits, A. J. M., Blom, C. W. P. M., 1993: The role of flooding resistance in the establishment of Rumex seedlings in river flood plains. Funct. Ecol. 7: 105–114.

Vöge, M., 1989: Tauchbeobachtungen an Isoëtiden in einigen sauberen Seen Südnorwegens. Tuexenia 9: 29–37.

Vogel, A., 1981: Klimabedingungen und Stickstoff-Versorgung von Wiesengesellschaften verschiedener Höhenstufen des Westharzes. Diss. Bot. 60: 186 p.

Vogel, A., 1999: Das Überleben von Corrigiola litoralis, Illecebrum verticillatum und Herniaria glabra (Illecebraceae) auf Industriebrachen und an Talsperrenufern in Nordrhein-Westfalen. Mitt. Bad. Landesver. Naturkunde u. Naturschutz N. F. 17: 323–336.

Vogel, H. H., 1978: Aufnahme und Speicherung von Stickstoff bei Stickstoffzeigern und Stickstoffmangelzeigern im Grünland. Diss. Univ. Göttingen. 98 p.

Vogler, P., 1904: Die Eibe (Taxus baccata L.) in der Schweiz. Jb. St. Gall. Naturw. Ges. 1–56.

Voigtländer, G., Jacob, H., 1987: Grünlandwirtschaft und Futterbau. Ulmer Verlag, Stuttgart.

Volk, H., 1999: Die Rheinauewälder bei Karlsruhe vor und nach der Rheinkorrektion. Mitt. Ver. Forstl. Standortskunde u. Forstpfl.zücht. 40: 35–61.

Volk, H., 2002: Zur Natürlichkeit der Esche (Fraxinus excelsior L.) in Flussauen Mitteleuropas. Forstwiss. Cbl. 121: 128–137.

Volk, M., Muhle, H., 1994: Ökologische und soziologische Untersuchungen an den Moosen der alpinen Quellfluren des Montafon (Vorarlberg, Österreich). Limprichtia (Duisburg) 5: 1–89.

Volk, O. H., 1931: Beiträge zur Ökologie der Sandvegetation der oberrheinischen Tiefebene. Z. Botan. 24: 81–185.

Volk, O. H., 1937: Über einige Trockenrasengesellschaften des Würzburger Wellenkalkgebietes. Beih. Bot. Centralbl. LVII, Abt. B: 577–598.

Vollenweider, R. A., 1968: Scientific fundamentals of the eutrophication of lakes and flowing waters, with particular reference to nitrogen and phosphorus as factors in eutrophication. Rep. OECD, DAS/CSI/68.27. Paris. 192 p.

Vollrath, H., 1963: Die Morphologie der Itzaue. Ausdruck hydro- und sedimentologischen Geschehens. Mitt. Fränk. Geogr. Ges. 10: 297–309.

Vollrath, H., 1970: Unterschiede im Pflanzenbestand innerhalb der Koppeln von Umtriebsweiden. Bayer. Landw. Jb. 47: 160–173.

Von Borstel, U.-O., 1974: Untersuchungen zur Vegetationsentwicklung auf ökologisch verschiedenen Grünland- und Ackerbrachen hessischer Mittelgebirge (Westerwald, Rhön, Vogelsberg). Diss. Univ. Gießen. 159 p.

Von Gadow, A., 1975: Ökologische Untersuchungen an Ahorn-Eschenwäldern. Diss. Univ. Göttingen. 76 p.

Von Gaisberg, M., 1996: Naturnahe Waldgesellschaften am Hohen Bogen im nördlichen Bayerischen Wald. Hoppea, Denkschr. Regensb. Bot. Ges. 57: 145–215.

Von Glahn, H., 1987: Zur Bestimmung der in Norddeutschland vorkommenden Quecken, Unterarten und Bastarde der Gattung Agropyrum s. l. nach vegetativen Merkmalen unter besonderer Berücksichtigung der Küstenregion. Drosera 1987: 1–27.

Von Glahn, H., Tüxen, J., 1963: Salzpflanzen-Gesellschaften und ihre Böden im Lüneburger Kalkbruch vor dem Bardowicker Tore. Naturw. Ver. Fürstentum Lüneburg 28: 1–32.

Von Lampe, M., 1996: Wuchsform, Wuchsrhythmus und Verbreitung der Arten der Zwergbinsengesellschaften. Diss. Bot. 266. 357 p.

Von Lochow, A., 1987: Strukturanalysen in den Buchenwäldern und Buchen-Mischwäldern der niedersächsischen Naturwaldreservate. Diss. Univ. Göttingen. 240 p.

Von Lüpke, B., 1998: Silvicultural methods of oak regeneration with special respect to shade tolerant mixed species. For. Ecol. Manage. 106: 19–26.

von Müller, A., 1956: Über die Bodenwasser-Bewegung unter einigen Grünland-Gesellschaften des mittleren Wesertales und seiner Randgebiete. Angew. Pflanzensoziol. (Stolzenau/Weser) 12: 85 p.

Von Oheimb, G., 2002: Einfluss forstlicher Nutzung auf die Artenvielfalt und Artenzusammensetzung der Gefäßpflanzen in norddeutschen Laubwäldern. Diss. Univ. Hamburg. 261 p.

Von Oheimb, G., Friedel, A., Westphal, Ch., Härdtle, W., 2003: Untersuchungen zur Struktur und Dynamik der Serrahner Buchenwälder. Natur u. Naturschutz Mecklenb.-Vorpomm. (Greifswald) 38: 52–64.

Von Oheimb, G., Friedel, A., Tempel, H., Westphal, Ch., Härdtle, W., 2004: Untersuchungen zur Struktur und zur Moos- und Flechtenflora in unbewirtschafteten und bewirtschafteten Buchenwäldern des Nordostdeutschen Tieflandes. Beitr. Forstwirtsch. u. Landsch.ökol. 38: 81–86.

Von Oheimb, G., Schmidt, M., Kriebitzsch, W.-U., Ellenberg, H., 2005: Dispersal of vascular plants by game in Northern Germany. Part II: Red deer (Cervus elaphus). Eur. J. For. Res. 124: 55–65.

Von Oheimb, G., Westphal, Ch., Tempel, H., Härdtle, W., 2005: Structural pattern of a near-natural beech forest (Fagus sylvatica) (Serrahn, North-east Germany). For. Ecol. Manage. 212: 253–263.

Von Oheimb, G., Westphal, Ch., Härdtle, W., 2007: Diversity and spatio-temporal dynamics of dead wood in a temperate near-natural beech forest (Fagus sylvatica). Eur. J. For. Res. 126: 359–370.

Von Oheimb, G., Friedel, A., Bertsch, A., Härdtle, W., 2007: The effects of windthrow on plant species richness in a Central European beech forest. Plant Ecology 191: 47–65.

Von Rochow, M., 1951: Die Pflanzengesellschaften des Kaiserstuhls. Pflanzensoziologie 8. G. Fischer, Jena. 140 p.

von Rochow, M., 1956: Wurzeluntersuchungen an subalpinen Grasnarben. Ber. Geobot. Inst. Rübel 1955 (Zürich): 50–64.

Von Sengbusch, P., 2004: Untersuchungen zur Ökologie von Pinus rotundata LINK (Moor-Kiefer) im Südschwarzwald. Diss. Bot. 388. 148 p.

Von Tubeuf, C., 1912: Hochwasserschäden in den Auwaldungen des Rheins nach der Überschwemmung im Sommer 1910. Naturw. Z. Forst- u. Landwirtsch. 10: 1–21.

Von Weihe, K., 1979: Morphologische und ökologische Grundlagen der Vorlandsicherung durch Puccinellia maritima. Helgol. Wiss. Meeresunters. 32: 239–254.

Von Weihe, K., 1980: Konkurrenzvorgänge bei der Aussüßung von Soden des Puccinellion maritimae. J.ber. Inst. Angew. Bot. Hamburg 95/96: 232–250.

Von Weihe, K., Dreyling, G., 1970: Kulturverfahren zu Bestimmung der Salz- und Überflutungsverträglichkeit von Puccinellia spp. (Gramineae). Helgol. Wiss. Meeresunters. 20: 157–171.

Von Weihe, K., Reese, G., 1968: Deschampsia wibeliana (Sonder) Parlatore. Beiträge zur Monographie einer Art des Tidegebietes. Botan Jb. 88: 1–48.

Von Zezschwitz, E., 1980: Analytische Kennwerte typischer Humusformen westfälischer Bergwälder. Z.schr. Pflanzenern. Bodenkde 143: 692–700.

Von Zezschwitz, E., 1982: Akute Bodenversauerung in den Kammlagen des Rothaargebirges. Forst- u. Holzwirt 37: 275–276.

Von Zezschwitz, E., 1985: Qualitätsänderungen des Waldhumus. Forstwiss. Cbl. 104: 205–220.

Von Zezschwitz, E., 1995: Schwermetallgehalte des Waldhumus im rheinisch-westfälischen Bergland. Ber. Forsch. zentr. Waldökosysteme (Göttingen) B 43.

Von Zezschwitz, E., 1998: Wirkungen von Kompensationskalkungen auf Stoffumsätze im Boden. Forstarchiv 69: 135–144.

Vorren, K.-D., Mörkved, B., Bortenschlager, S., 1993: Human impact of the Holocene forest line in the central Alps. Veget. Hist. Archaeobot. 2: 145–156.

Voser, P., Kobe, U., 1994: Naturschutzgebiet Glatt-Hochfelden. Die ersten 15 Jahre eines neu angelegten Auenreservates. Neujahrsblatt Naturforsch. Ges. Zürich 10: 57 p.

Vretare, V., Weisner, S. E. B., Strand, J. A., Granéli, W., 2001: Phenotypic plasticity in Phragmites australis as a functional response to water depth. Aquat. Bot. 69: 127–145.

Vrska, T., Adam, D., Hort, L., Odehnalova, P., Horal, D., Kral, K., 2006: Developmental dynamics of virgin forest reserves in the Czech Republic. Volume II. Floodplain forests – Cahnov-Soutok, Ranspurk, Jirina. Akademia, Prag. 214 p.

Vukelic, J., 1991: Synökologische Charakterisierung und syntaxonomische Einordnung von Carpinion-Gesellschaften Kroatiens. Phytocoenologia 19: 519–546.

Vukelic, J., Raus, D., 2001: The lowland forests of Croatia. In: Klimo, E., Hager, H. (eds.): The Floodplain Forests in Europe. European Forest Institute Research Report 10. Brill, Leiden. p. 101–125.

Vyskot, M., 1985: The tree layer. In: Penka, M., Vyskot, M., Klimo, E., Vasicek, F. (eds.): Floodplain Forest Ecosystem. Academia, Prag. pp. 81–120.

Wachter, H., 1964: Über die Beziehungen zwischen Witterung und Buchenmastjahren. Forstarch. 35: 146–149.

Waesch, G., 2003: Montane Graslandvegetation des Thüringer Waldes: Aktueller Zustand, historische Analyse und Entwicklungsmöglichkeiten. Diss. Univ. Göttingen. 219 p.

Wagenhoff, A., Wagenhoff, E., 1975: Verlauf und Auswirkungen des Buchenrindensterbens im Forstamt Bovenden in den Jahren von 1959 bis 1965. Aus dem Walde 24: 111–168.

Wagenitz, G., 1979: Compositae. In: Hegi, G.: Illustrierte Flora von Mitteleuropa, Vol. VI (3). 2. Aufl. Parey, Berlin.

Wagenitz, G., Meyer, G., 1981: Die Unkrautflora der Kalkäcker bei Göttingen und im Meißnervorland und ihre Veränderungen. Tuexenia N. S. 4: 25–37.

Wagner, A., 2000: Minerotrophe Bergkiefernmoore im süddeutschen Alpenvorland. Die Carex lasiocarpa-Pinus rotundata-Gesellschaft. Disst., TU München. 175 p.

Wagner, A., Wagner, I., 2007: Moorwälder: Kennarten und syntaxonomische Stellung. Ber. d. Reinh.-Tüxen-Ges. 19: 163–173.

Wagner, F., Luick, R., 2005: Extensive Weideverfahren und normativer Naturschutz im Grünland. Naturschutz u. Landschaftsplanung 37: 69–79.

Wagner, G., 1976: Simulation der Seeneutrophierung am Beispiel des Bodensee-Obersees. Teil. II: Simulation des Phosphorhaushaltes des Bodensees. Arch. Hydrobiol. 78: 1–41.

Wagner, H., 1950: Das Molinietum coeruleae (Pfeifengraswiese) im Wiener Becken. Vegetatio 2: 128–165.

Wagner, H., 1971: Österreich-Atlas – Natürliche Vegetation. Österr. Akademie d. Wiss., 5. Lieferung.

Wagner, H., 1966: Ost- und Westalpen, ein pflanzengeographischer Vergleich. Angew. Pflanzensoziol. (Wien) 18/19: 265–278.

Wagner, J., Erschbamer, B., 1997: Phenology and seed development of the alpine sedges Carex curvula and Carex firma in response to contrasting topoclimates. Arctic Alp. Res. 29: 291–299.

Wagner, J., Mitterhofer, E., 1998: Phenology, seed development, and reproductive success of an alpine population of Gentianella germanica in climatically varying years. Bot. Acta 111: 159–166.

Wagner, P., 1972: Untersuchungen über Biomasse und Stickstoffhaushalt eines Halbtrockenrasens. Dipl.-Arb. Math.-Nat. Fak. Univ. Göttingen (unveröff.). 54 p.

Wagner, R. H., 1965: The annual seed rain of adventive herbs in a radiation damaged forest. Ecology 46: 517–520.

Wagner, W., 1968: Die Straßenbepflanzung im Erzgebirgsraum. Arch. Forstwes. 17: 1117–1123.

Wahlenberg, G., 1813: De vegetacione et climate in Helvetia septentrionali. Zürich.

Wahrenburg, P., van de Weyer, K., Wiegleb, G., 1991: Die Makrophytenvegetation im Einzugsgebiet der Rur. II. Zur Zonierung von Makrophyten im Fließgewässersystem der Rur. Decheniana 144: 4–21.

Walas, J., 1938: Wanderungen der Gebirgspflanzen längs der Tatra-Flüsse. Bull. Acad. Polon. Cl. Sci. Math.-Nat. Sér. B 1938: 58–80.

Walbrun, B., 1988: Die Vegetation der Insel Helgoland mit ihren pflanzensoziologischen Einheiten. Seevögel, Z.schr. Verein Jordsand (Hamburg) Bd. 9, Sonderband: 61–71.

Wäldchen, J., Pusch, J., Luthardt, V. (2005): Zur Diasporen-Keimfähigkeit von Segetalpflanzen. Beitr. Forstwirtsch. u. Landsch.ökol. 39: 145–156.

Waldhardt, R., 1994: Flächenstillegungen und Extensivierungsmaßnahmen im Ackerbau – Flora, Vegetation und Stickstoff-Haushalt. Diss. Univ. Göttingen. 246 p.

Waldhardt, R., Schmidt, W., 1990: Extensiv bewirtschaftete Ackerrandstreifen im Landkreis Göttingen. Göttinger Naturkundl. Schr. 2: 49–58.

Waldhardt, R., Schmidt, W., 1993: Vegetationsentwicklung junger selbstbegrünter Ackerbrachen und Beziehungen zum Stickstoff-Haushalt. Verh. Ges. f. Ökol. 22: 175–182.

Waldis, R., 1987: Unkrautvegetation im Wallis. Pflanzensoziologische und chorologische Untersuchungen. Beitr. Geobot. Landesaufn. Schweiz 69: 348 p.

Waldrop, M. P., Zak, D. R., Sinsabaugh, R. L., Gallo, M., Lauber, C., 2004: Nitrogen deposition modifies soil carbon storage through changes in microbial enzymatic activity. Ecol. Appl. 14: 1172–1177.

Walentowski, H., 1998: Die Weißtannen-Waldgesellschaften Bayerns. Diss. Bot. 291. 473 p.

Walentowski, H., Ewald, J., Fischer, A., Kölling, Ch., Türk, W., 2004: Handbuch der natürlichen Waldgesellschaften Bayerns. Verlag Geobotanica, Freising. 441 p.

Walentowski, H., Karrer, G., 2006: Die Schwarzpappel in den Pflanzengesellschaften der Auen. In: Bayer. Landesamt f. Wald und Forstwirtschaft: Beiträge zur Schwarzpappel. LWF-Wissen, Nr. 52. Freising. pp. 13–18.

Walentowski, H., Müller, B., Obermeier, E., 1993: Some remarks to the Leucobryo-Pinetum sylvestris Matuszk. 1962 on its southwestern area border in Bavaria. Thaiszia (Univ. Kosice, Slovakia) 3: 195

Walentowski, H., Raab, B., Zahlheimer, A., 1990: Vorläufige Rote Liste der in Bayern nachgewiesenen oder zu erwartenden Pflanzengesellschaften. I. Naturnahe Wälder und Gebüsche. Ber. Bayer. Bot. Ges., Beih. 61. 62 p.

Walker, D., Walker, M., 1961: Stratigraphic evidence of regeneration in some Irish bogs. J. Ecol. 49: 169–185.

Walker, L. R., Chapin III, F. S., 1987: Interactions amongst processes controlling successional change. Oikos 50: 131–135.

Wallander, H., Nylund, J. E., 1991: Effects of excess nitrogen on carbohydrate concentration and mycorrhizal development of Pinus sylvestris L. seedlings. New Phytol. 119: 405–411.

Wallén, B., 1980: Changes in structure and function of Ammophila during primary succession. Oikos 34: 227–238.

Wallén, B., 1980: Structure and dynamics of Calluna vulgaris on sand dunes in South Sweden. Oikos 35: 20–30.

Wallén, B., Falkengren-Grerup, U., Malmer, N., 1988: Biomass, productivity and relative rate of photosynthesis of Sphagnum at different water levels on a South Swedish peat bog. Holarct. Ecol. 11: 70–76.

Wallenda, T., Kottke, I., 1998: Nitrogen deposition and ectomycorrhizas. New Phytol. 139: 169–187.

Wallenda, T., Stober, C., Högbom L., Schinkel, H., George, E., Högberg, P., Read, D. J., 2000: Nitrogen uptake processes in roots and mycorrhizas. In: Schulze, E.-D. (ed.): Carbon and Nitrogen Cycling in European Forest Ecosystems. Ecol. Stud. 142. Springer, Berlin. pp. 122–143.

Wallnöfer, S., Mucina, L., Grass, V., 1993: Querco-Fagetea. In: Mucina, L., Grabherr, G., Wallnöfer, S. (eds.): Die Pflanzengesellschaften Österreichs. Teil III. Wälder und Gebüsche. G. Fischer, Jena. pp. 85–236.

Walossek, Ch., 1999: The acidophilous taxa of the Festuca varia group in the Alps: new studies on taxonomy and phytosociology. Folia Geobotanica 34: 47–75.

Walter, H., 1963: Über die Stickstoffansprüche (die Nitrophilie) der Ruderalpflanzen. Mitt. Florist.-Soziol. Arb. gem. N. F. 10: 56–69.

Walter, H., 1968: Die Vegetation der Erde in öko-physiologischer Betrachtung. Bd. II: Die gemäßigten und arktischen Zonen. G. Fischer Verlag, Stuttgart.

Walter, H., 1974: Die Vegetation Osteuropas, Nord- und Zentralasiens. G. Fischer, Stuttgart. 452 p.

Walter, H., 1975: Über ökologische Beziehungen zwischen Steppenpflanzen und alpinen Elementen. Flora 164: 339–346.

Walter, H., 1979: Vegetationszonen und Klima. Ulmer Verlag, Stuttgart. 342 p.

Walter, H., Breckle, S.-W., 1983: Ökologie der Erde. Band 1. Ökologische Grundlagen in globaler Sicht. G. Fischer, Stuttgart. 238 p.

Walter, H., Breckle, S.-W., 1986: Ökologie der Erde, Bd. 3: Spezielle Ökologie der Gemäßigten und Arktischen Zonen Euro-Nordasiens. Fischer, Stuttgart. 587 p.

Walter, H., Lieth, H., 1960 usw. Klimadiagramm-Weltatlas. 1. Lieferung, 11 Karten. VEB G. Fischer, Jena und folg. Lieferungen.

Walter, H., Straka, H., 1970: Arealkunde. Floristisch-historische Geobotanik. 2. Aufl. Ulmer, Stuttgart. 478 p.

Walter, H., Walter, E., 1953: Einige allgemeine Ergebnisse unserer Reise nach Südwestafrika 1952/53: Das Gesetz der relativen Standortskonstanz; das Wesen der Pflanzengemeinschaften. Ber. Deut. Bot. Ges. 66: 228–236.

Walther, G.-R., 2000: Climatic forcing on the dispersal of exotic species. Phytocoenologia 30: 409–430.

Walther, G.-R., Post, E., Convey, P., Menzel, A., Parmesan, C., Beebee, T. J. C., Fromentin, J.-M., Hoegh-Guldberg, O., Bairlein, F., 2002: Ecological response to recent climate change. Nature 416: 389–395.

Walther, K., 1977: Die Vegetation des Elbtales. Die Flussniederung von Elbe und Seege bei Gartow (Kr. Lüchow-Dannenberg). Abh. Verh. Naturwiss. Ver. Hamburg, N. F. 20 (Suppl.): 1–123.

Wandtner, R., 1981: Indikatoreigenschaften der Vegetation von Hochmooren der Bundesrepublik Deutschland für Schwermetallimmissionen. Diss. Univ. Frankfurt/M.

Ward, L. K., 1990: Management of grassland-scrub mosaics. In: Hillier, S. H., Walton, D. W. H., Wells, D. A. (eds.): Calcareous Grasslands – Ecology and Management. Bluntisham, Huntingdon. p. 134–139.

Wardle et al. 1998: Biol. Rev. 73: 305- (Phenole u. Empetrum)

Warfvinge, P., Falkengren-Grerup, U., Sverdrup, H., 1993: Modeling long-term base supply to acidified forest stands. Environ. Poll. 80: 1–13.

Warming, E., 1907: Dansk plantevaekst. 2. Klitterne. Kopenhagen. 376 p.

Warncke-Grüttner, R., 1990: Ökologische Untersuchungen zum Nährstoff- und Wasserhaushalt in Niedermooren des westlichen Bodenseegebietes. Diss. Bot. 148: 1–214.

Warnke, E., 1980: Spring areas: ecology, vegetation, and comments on similarity coefficients applied to plant communities. Holarct. Ecol. 3: 233–333.

Warr, J. S., Kent, M., Thompson, K., 1994: Seed bank composition and variability in five woodlands in southwest England. J. Biogeogr. 21: 151–168.

Wassén, G., 1965: Lost and living lakes in the upper Ume Valley. In: The Plant Cover of Sweden. Acta Phytogeogr. Suecica 50: 233–239.

Wassen, M. J., Joosten, J. H. J., 1996: In search of a hydrological explanation for vegetation changes along a fen gradient in the Biebrza Upper Basin (Poland). Vegetatio 124: 191–209.

Wassen, M. J., Olde Venterink, H. G. M., de Swart, E. O. A. M., 1995: Nutrient concentrations in mire vegetation as a measure of nutrient limitation in mire ecosystems. J. Veg. Sci. 6: 5–16.

Watson, A., Miller, G. R., Green, F. H. W., 1966: Winter browning of heather (Calluna vulgaris) and other moorland plants. Trans. Bot. Soc. Edinb. 40: 195–203.

Watt, A. S., 1919: On the causes of failure of regeneration in British oakwoods. J. Ecol. 7: 173–203.

Watt, A. S., 1923: On the ecology of British beechwoods with special reference to their regeneration. J. Ecol. 11: 1–48.

Watt, A. S., 1947: Pattern and process in the plant community. J. Ecol. 35: 1–22.

Watt, A. S., Fraser, G. K., 1933: Tree roots and the field layer. J. Ecol. 21: 404–414.

Wattendorf, J., 1964: Über Hartholz-Auenwälder im nordwestlichen Münsterland (Kreis Steinfurt/Westfalen). Abh. Landesmus. Naturk. Münster/Westfal. 26: 2–33.

Waughman, G. J., 1980: Chemical aspects of the ecology of some South German peatlands. J. Ecol. 68: 1025–1046.

Waughman, G. J., Bellamy, D. J., 1980: Nitrogen fixation and the nitrogen balance in peatland ecosystems. Ecology 61: 1185–1198.

Webb, N. R., 1990: Changes on the heathlands in Dorset, England, between 1978 and 1987. Biol. Conserv. 51: 272–286.

Webb, N. R., 1997: Effects of fires on heathland communities: experiences from Southern England. NNA-Berichte (Schneverdingen) 10: 134–141.

Weber, C. A., 1907: Aufbau und Vegetation der Moore Norddeutschlands. Ber. freien Ver. systemat. Bot. Pflanzengeogr. 1906: 19–34.

Weber, D. F., Gainey, P. L., 1962: Relative sensitivity of nitrifying organisms to hydrogen ions in soil and in solutions. Soil Sci. 94: 138–145.

Weber, H. E., 1967: Über die Vegetation der Knicks in Schleswig-Holstein. Mitt. Arb.gem. Florist. Schlesw.-Holst. 15: 1–196 .

Weber, H. E., 1998: Franguletea. Faulbaum-Gebüsche. Synopsis der Pflanzengesellschaften Deutschlands (H 1). Selbstverlag Florist.-Soziol. Arb.gem., Göttingen. 86 p.

Weber, H. E., 1999: Rhamno-Prunetea. Schlehen- und Traubenholunder-Gebüsche. Synopsis der Pflanzengesellschaften Deutschlands (H 1). Selbstverlag Florist.-Soziol. Arb.gem., Göttingen. 108 p.

Weber, H. E., 2003: Gebüsche, Hecken, Krautsäume. Ulmer, Stuttgart. 229 p.

Weber, H. E., Moravec, J., Theurillat, J. P., 2001: Internationaler Code der Pflanzensoziologischen Nomenklatur (ICPN). Synopsis Pflanzenges. Deutschlands, Beiheft 1: 1–61. Göttingen.

Weber, J., Pfadenhauer, J., 1987: Phänologische Beobachtungen auf Streuwiesen unter Berücksichtigung des Nutzungseinflusses (Rothenrainer Moorgebiet bei Bad Tölz). Ber. Bayer. Bot. Ges. 58: 153–172.

Weber, M., Brändle, R., 1996: Some aspects of the extreme anoxia tolerance of the Sweet Flag, Acorus calamus L. Folia Geobot. Phytotax. 31: 37–46.

Weber-Blaschke, G., Claus, M., Rehfuess, K. E., 2002: Growth and nutrition of ash (Fraxinus excelsior L.) and sycamore (Acer pseudoplatanus L.) on soils of different base saturation in pot experiments. For. Ecol. Manage. 167: 43–56.

Weber-Oldecop, D. W., 1969: Wasserpflanzengesellschaften im östlichen Niedersachsen. Diss. T. H. Hannover. 171 p.

Weber-Oldecop, D. W., 1977: Fließwassertypologie auf vegetationskundlicher Grundlage. Mitt. Flor.-soziol. Arb.gem. (Todenmann) N. F. 19/20: 135–138.

Webster, R., Rigling, A., Walthert, L., 1996: An analysis of crown condition of Picea, Fagus and Abies in relation to environment in Switzerland. Forestry 69: 347–355.

Weckesser, M., 2003: Die Bodenvegetation von Buchen-Fichten-Mischbeständen im Solling – Struktur, Diversität und Stoffhaushalt. Diss. Univ. Göttingen. 157 p.

Weckesser, M., Schmidt, W., 2004: Gehen dem Luzulo-Fagetum die Trennarten verloren? Veränderungen der Bodenvegetation in bodensauren Buchenwäldern und Fichtenbeständen des Solling in mehr als drei Jahrzehnten. Tuexenia 24: 191–206.

Wedeck, H., 1972: Unkrautgesellschaften der Hackfruchtkulturen in Osthessen. Philippia (Kassel) 1,4: 194–212.

Wegener, U. (ed.), 1998: Naturschutz in der Kulturlandschaft. Fischer, Jena. 456 p.

Wehsarg, O., 1912: Das Unkraut im Ackerboden. Ergebnisse der Untersuchung von Ackerboden aus verschiedenen Teilen Deutschlands auf Unkrautsamen. Arb. der DLG, H. 226.

Wehsarg, O., 1918: Die Verbreitung und Bekämpfung der Ackerunkräuter in Deutschland.. Band I.: Biologische Studien und allgemeine Bekämpfung. Arb. der DLG, Heft 294.

Wehsarg, O., 1931: Ackerunkräuter. Schriften d. Deut. Landw. Ges., Berlin.

Weigelt, A., 2001: Plant competition on inland dunes: influence of water availability, nitrogen supply and the role of belowground processes. PhD thesis, Univ. of Bielefeld. 147 p.

Weigelt, A., Bol, R., Bardgett, R. D., 2005: Preferential uptake of soil nitrogen forms by grassland plant species. Oecologia 142: 627–635.

Weiger, H., Margraf, Ch., 2006: Junge Schwarzpappeln als Indikator für ökologischen Hochwasserschutz? In: Bayer. Landesamt f. Wald und Forstwirtschaft: Beiträge zur Schwarzpappel. LWF-Wissen, Nr. 52. Freising. pp. 19–22.

Weinert, E., 1973: Herkunft und Areal einiger mitteleuropäischer Segetalpflanzen. Arch. Naturschutz u. Landschaftforsch. 13: 123–139.

Weis, G. B., Spatz, G., 1982: Der Einfluss von Beweidung und Düngung auf die Vielfalt der Alpenpflanzen. Jb. Ver. Schutz d. Bergwelt 47: 143–155.

Weise, G., 1960 a: Experimentelle Untersuchungen zur Kenntnis des Verhaltens von Molinia coerulea Moench in Reinkultur und in Vergesellschaftung. Biol. Zbl. 79: 285–311.

Weise, G., 1960 b: Experimentelle Beiträge zur Frage der Ökotypenbildung von Molinia coerulea Moench. Biol. Zbl. 79: 427–454.

Weisgerber, H., 1999: Populus nigra. In: Schütt, P., Schuck, H. J., Lang, U. M., Roloff, A. (eds.): Enzyklopädie der Holzgewächse. Ecomed, Landsberg. pp. 1–18.

Weisner, S. E. B., 1993: Long-term competitive displacement of Typha latifolia by Typha angustifolia in a eutrophic lake. Oecologia 94: 451–456.

Weisner, S. E. B., Granéli, W., Ekstam, B., 1993: Influence of submergence on growth of seedlings of Scirpus lacustris and Phragmites australis. Freshw. Biol. 29: 371–375.

Weißbecker, M., 1993: Fließgewässermakrophyten, bachbegleitende Pflanzengesellschaften und Vegetationskomplexe im Odenwald – eine Fließgewässertypologie. Schriftenr. Hess. Landesanst. f. Umwelt (Wiesbaden) 150: 1–156.

Weissenböck, G., 1969: Einfluss des Bodensalzgehaltes auf Morphologie und Ionenspeicherung von Halophyten. Flora Abt. B 158: 369–389.

Weisser, P., 1970: Die Vegetationsverhältnisse des Neusiedlersees. Wiss. Arb. Burgenland 45: 83 p.

Weller, F., 1992: Geschichte, Funktionen und künftige Entwicklungsmöglichkeiten des Streuobstbaues in Baden-Württemberg. Beih. Veröff. Natursch. Landsch.pfl. Bad.-Württ. (Karlsruhe) 66: 51–82.

Weller, F., 1994: Obstwiesen. Herkunft, Bedeutung, Möglichkeiten der Erhaltung von Streuobstwiesen. Der Bürger im Staat 44: 43–49.

Wells, G. J., 1979: Annual weed competition in wheat crops – the effect of weed density and applied nitrogen. Weed Res. 19: 185–191.

Welss, W., 1985: Waldgesellschaften im nördlichen Steigerwald. Diss. Bot. 83. 174 p.

Welss, W., Kerskes, A., 1990: Trifolio-Geranietea-Gesellschaften im nördlichen Steigerwald. Tuexenia 10: 335–348.

Wendelberger, G., 1950: Zur Soziologie der kontinentalen Halophytenvegetation Mitteleuropas unter besonderer Berücksichtigung der Salzpflanzengesellschaften am Neusiedler See. Österr. Akad. Wissensch., Math.-Nat. Kl., Denkschr. 108, 5: 180 p.

Wendelberger, G., 1953: Über einige hochalpine Pioniergesellschaften aus der Glockner- und Muntanitzgruppe in den Hohen Tauern. Verh. Zool.-Botan. Ges. Wien 93: 100–109.

Wendelberger, G., 1954: Steppen, Trokkenrasen und Wälder des pannonischen Raumes. Angew. Pflanzensoziol. (Wien), Festschrift Aichinger 1: 573–634.

Wendelberger, G., 1954: Steppen, Trokkenrasen und Wälder des pannonischen Raumes. Angew. Pflanzensoziol. (Wien) Festschr. Aichinger 1: 573–634.

Wendelberger, G., 1959: Die Vegetation des Neusiedler See-Gebietes. Sitz.ber. Österr. Akad. Wiss., Math.-Naturw. Kl., Abt. I, 168: 305–314.

Wendelberger, G., 1963: Der Relikt-Schwarzföhrenwald des Alpenostrandes. Vegetatio 11: 265–287.

Wendelberger, G., 1964: Sand- und Alkalisteppen im Marchfeld. Jb. Landeskunde Niederösterreich 36: 942–964.

Wendelberger, G., 1971: Die Pflanzengesellschaften des Rax-Plateaus. Mitt. Naturwiss. Ver. Steiermark (Graz) 100: 197–239.

Wendelberger, G., 1973: Überschwemmte Hartholzauen? Ein Beitrag zur Ökologie der mitteleuropäischen Auenwälder. Vegetatio 28: 253–281.

Wendelberger-Zelinka, E., 1952: Die Vegetation der Donauauen bei Wallsee. Schr. Oberösterr. Landesbaudirektion 11: 196 p.

Wendt, P., Schmidt, W., 2000: Auswirkungen von Kalkungsmaßnahmen auf die Vegetation von Kiefernwäldern in der Lüneburger Heide (NW-Deutschland). Forst u. Holz 55: 9–14.

Wenger, E. L., Zinke, A., Gutzweiler, K.-A., 1990: Present situation of the European floodplain forests. For. Ecol. Manage. 33/34: 5–12.

Weppler, T., Stöcklin, J., 2005: Variation of sexual and clonal reproduction in the alpine Geum reptans in contrasting altitudes and successional stages. Basic Appl. Ecol. 6: 305–316.

Werner, W., 1983: Untersuchungen zum Stickstoffhaushalt einiger Pflanzenbestände. Scripta Geobotanica (Göttingen) 16: 95 p.

Werner, W., Gödde, M., Grimbach, N., 1989: Vegetation der Mauerfugen am Niederrhein und ihre Standortsverhältnisse. Tuexenia 9: 37–73.

Wesche, K., Krause, B., Culmsee, H., Leuschner, Ch., 2009: Veränderungen in der Flächenausdehnung und Artenzusammensetzung des Feuchtgrünlandes in Norddeutschland seit den 1950er Jahren. Ber. d. Reinh.-Tüxen-Ges. 21 (im Druck).

Wesolowski, M., 1979: Type composition and number of weed seeds in the soils of the South-East Poland. Annales Univ. Marie Curie, Sekt. E 34: 23–36 u. 37–47.

Wesolowski, T., Rowinski, P., 2006: Tree defoliation by winter moth Operophtera brumata L. during an outbreak affected by structure of forest landscape. For. Ecol. Manage. 221: 299–305.

West, H. M., 1996: Influence of arbuscular mycorrhizal infection on competition between Holcus lanatus and Dactylis glomerata. J. Ecol. 84: 429–438.

Westermann, K., Scharff, G., 1987/88: Auen-Renaturierung und Hochwasserrückhaltung am südlichen Oberrhein. Naturschutzforum, Bd. 1/2: 95–158.

Westhoff, V., 1947: The vegetation of dunes and salt-marshes on the Dutch islands of Terschelling, Vlieland and Texel. PhD thesis, Utrecht.

Westhoff, V., 1952: Gezelschappen met houtige gewassen in de duinen en langs de binnenduinrand. Jb. Nederl. Dendrol. Ver.: 9–49.

Westhoff, V., 1969: "Halbnatürliche" Landschaften. In: Buchwald, K., Engelhardt, W. (eds.): Handbuch für Landschaftspflege und Naturschutz, Bd. 3, Kap. 10.3. 2.

Westhoff, V., 1975: La végétation des dunes pauvres en calcaires des isles frisonnes neerlandaises. La végétation des dunes maritimes. Colloques Phytosociologiques 1. Vaduz. pp. 71–78.

Westhoff, V., 1991: Die Küstenvegetation der westfriesischen Inseln. Ber. d. Reinh.-Tüxen-Ges. 3: 269–290.

Westhoff, V., den Held, A. J., 1969: Plantengemeenschappen in Nederland. Zutphen.

Westhoff, V., den Held, A. J., 1975: Plantengemeenschappen in Nederland. 2. Aufl. Zutphen. 324 p.

Westhoff, V., van Oosten, M. F., 1991: De Plantengroei van de Waddeneilanden. Sticht. Koningl. Nederl. Naturhist. Ver. (Den Haag) 53: 1–416.

Westhus, W., Fritzlar, F., Pusch, J. et al., 1997: Binnsalzstellen in Thüringen – Situation, Gefährdung und Schutz. Naturschutz report (Jena) 12: 3–193.

Westlake, D. G., 1966: The biomass and productivity of Glyceria maxima I. Seasonal changes in biomass. J. Ecol. 54: 745–753.

Westlake, D. G., 1975: Macrophytes. In: Whitton, B. A. (ed.): River Ecology. Studies in Ecology, vol. 2. Blackwell, Oxford. p. 106–128.

Westoby, M., Falster, D. S., Moles, A. T., Vesk, P. A., Wright, I. J., 2002: Plant ecological strategies: some leading dimensions of variation between species. Ann. Rev. Ecol. Syst. 33: 125–159.

Wetschar, R., 1968: Soil organic nitrogen mineralization as affected by low soil water potentials. Plant and Soil 29: 9–17.

Wetter, E., 1918: Ökologie der Felsflora kalkarmer Gesteine. Diss. ETH Zürich. 176 p.

Wetzel, R. G., 2001: Limnology. Lake and River Ecosystems. 3rd ed. Academic Press. San Diego. 1006 p.

Wey, H., 1988: Die Vegetation von Quellgebieten im Raum Trier und ihre Beeinflussung durch land- und forstwirtschaftliche Bodennutzung der Einzugsgebiete. Diss. Bot. 125: 1–170.

Wheeler, B. D., Al-Farraj, M. M., Cook, R. E. D., 1985: Iron toxicity to plants

in base-rich wetlands: comparative effects on the distribution and growth of Epilobium hirsutum L. and Juncus subnodulosus Schrank. New Phytol. 100: 653–669.
Wheeler, B. D., Proctor, M. C. F., 2000: Ecological gradients, subdivisions and terminology of north-west European mires. J. Ecol. 88: 187–203.
Whitehead, D., Jarvis, P. G., 1981: Coniferous forests and plantations. In: Kozlowski, T. T. (ed.): Water Deficits and Plant Growth, Vol. VI. Academic Press, New York. pp. 50–153.
Whittaker, E., Gimingham, C. H., 1962: The effects of fire on regeneration of Calluna vulgaris (L.) Hull from seed. J. Ecol. 50: 815–822.
Whittaker, R. J., 1989: The vegetation of Storbreen gletschervorfeld, Jotunheimen, Norway. III. Vegetation-environment relationships. J. Biogeogr. 16: 413–433.
Wichmann, I., Schmidt, W., 2000: Der Nährstoffhaushalt von Waldbrandflächen in der Lüneburger Heide. Forst u. Holz 55: 648–654.
Wiedemann, E., 1942: Die schlechtesten ostdeutschen Kiefernbestände. RNSt-Verlag, Berlin. 120 p.
Wiedemann, E., 1948: Die Kiefer. Hannover. 337 p.
Wiedenroth, E.-M., Mörchen, G., 1964: Wurzeluntersuchungen im Aphano-Matricarietum Tx. 37 im Parthegebiet (Bezirk Leipzig). Wiss. Z. Humboldt-Univ. Berlin, Math.-Nat. R. 13: 645–651.
Wieder, R. K., 2006: Primary production in boreal peatlands. In: Wieder, R. K., Vitt, D. H. (eds.): Boreal Peatland Ecosystems. Ecol. Stud. 188. Springer, Berlin. pp. 145–164.
Wiegers, J., 1985: Succession in fen woodlands in the Dutch Haf District, with special reference to Betula pubescens Ehrh. Diss. Bot. 86. 152 pp.
Wiegers, J., 1990: Forested wetlands in Western Europe. In: Lugo, A. E., Brinson, M., Brown, S. (eds.): Forested Wetlands. Ecosystems of the World, vol. 15. Elsevier, Amsterdam. p. 407–436.
Wiegleb, G., 1978: Untersuchungen über den Zusammenhang zwischen hydrochemischen Umweltfaktoren und Makrophytenvegetation in stehenden Gewässern. Arch. Hydrobiol. 83: 443–484.
Wiegleb, G., 1979: Vorläufige Übersicht über die Pflanzengesellschaften der niedersächsischen Fließgewässer. Natursch. u. Landschaftspfl. Nieders. 11: 85–116.
Wiegleb, G., 1981 a: Struktur, Verbreitung und Bewertung von Makrophytengesellschaften niedersächsischer Fliessgewässer. Limnologica 13: 427–448.
Wiegleb, G., 1981 b: Probleme der syntaxonomischen Gliederung der Potametea. In: Dierschke, H. (Red.): Syntaxonomie. Cramer, Vaduz. pp. 207–249.
Wiegleb, G., 1983: A phytosociological study of the macrophytic vegetation of running waters in western Lower Saxony (Federal Republic of Germany). Aquat. Bot. 17: 251–274.
Wiegleb, G., 1984: A study of habitat conditions of the macrophytic vegetation in selected river systems in western Lower Saxony (Federal Republic of Germany). Aquat. Bot. 18: 313–352.
Wiegleb, G., 1988: Analysis of flora and vegetation in rivers – concepts and application. In: Symoens, J. J. (ed.): Vegetation of Inland Waters. Handbook of Vegetation Science 15: 311–340.
Wiegleb, G., 1991: Die Lebens- und Wuchsformen der makropohytischen Wasserpflanzen und deren Beziehungen zur Ökologie, Verbreitung und Vergesellschaftung der Arten. Tuexenia 11: 135–137.
Wiegleb, G., Brux, H., 1991: Comparison of life history characters of broad-leaved species of the genus Potamogeton L. I. General charaterization of morphology and reproductive strategies. Aquat. Bot. 39: 131–146.
Wiegleb, G., Brux, H., Herr, W., 1991: Human impact on the ecological performance of Potamogeton species in northwestern Germany. Vegetatio 97: 161–172.
Wiegleb, G., Herr, W., Todeskino, D., 1989: Ten years of vegetation dynamics in two rivulets in Lower Saxony (FRG). Vegetatio 82: 163–178.
Wiegleb, G., Lehmann, A., Hausfeld, R., 1991: Die Erlenwälder im nordwestlichen Niedersachsen. Methodik der Aufnahme, floristisches Inventar und Gliederung nach strukturellen und floristischen Kriterien. Tuexenia 11: 309–343.
Wiehe, P.O:, 1935: A quantitative study of the influence of the tide upon populations of Salicornia europaea. J. Ecol. 23: 323–333.
Wielgolaski, P. E. (ed.), 1975: Fennoscandian Tundra Ecosystems. Springer, Berlin.
Wiemann, P., Domke, W., 1967: Pflanzengesellschaften der Ostfriesischen Insel Spiekeroog. 1. Teil Dünen. Mitt. Staatsinst. Allg. Botan. Hamburg 12: 191–353.
Wierzchowska, U., 1981: Ecological amplitude and the regional variation of soil conditions in oak-hornbeam forests, Tilio-Carpinetum Tracz. 1962, in Poland. Ekol. Pol. 29: 469–498.
Wieser, G., 2004: Environmental control of carbon dioxide gas exchange in needles of a mature Pinus cembra tree at the alpine timberline during the growing season. Phyton 44: 145–153.
Wieser, G., 2007: Limitation by an insufficient carbon assimilation and allocation. In: Wieser, G., Tausz, M., (eds.): Trees at Their Upper Limit. Springer, Dordrecht. pp. 79–129.
Wieser, G., Gigele, T., Pausch, H., 2005: The carbon budget of an adult Pinus cembra tree at the alpine timberline in the Central Austrian Alps. Eur. J. For. Res. 124: 1–8.
Wieser, G., Stöhr, D., 2005: Net ecosystem carbon dioxide exchange dynamics in a Pinus cembra forest at the upper timberline in the central Austrian Alps. Phyton 45: 233–242.
Wiesner, J., 1907: Der Lichtgenuß der Pflanzen. Verl. Wilh. Engelmann, Leipzig. 322 p.
Wijk, S., 1986: Performance of Salix herbacea in an alpine snow-bed gradient. J. Ecol. 74: 675–684.
Wilczek, E., Beauverd, G., Dutoit, D., 1928: Le compartment écologique de Bromus erectus. Vierteljahresschr. Naturforsch. Ges. Zürich 73: 468–508.
Wild, U., Pfadenhauer, J., 1997: Stickstoffhaushalt auf Niedermoor-Renaturierungsflächen im Donaumoos. Verh. Ges. f. Ökol. 27: 235–242.
Wilde, S. A., 1958: Forest Soils: Their Properties and Relation to Silviculture. Ronald Press, New York.
Wildi, B., Lütz, C., 1996. Antioxidant composition of selected high alpine plant species from different altitudes. Plant Cell Environ. 19: 138–146.
Wildner-Eccher, M. T., 1988: Keimungsverhalten von Gebirgspflanzen und Temperaturresistenz der Samen und Keimpflanzen. Diss. Univ. Innsbruck.
Wilhalm, T., 1996: Clonal growth and fragmentation in the alpine tussock-forming grass Poa alpina. PhD thesis, ETH Zürich. 126 p.
Wilke, B., Bogenrieder, A., Wilmanns, O., 1993: Differenzierte Streuverteilung im Walde, ihre Ursachen und Folgen. Phytocoenologia 23: 129–155.
Willems, J. H., Peet, R. K., Bik, L., 1993: Changes in chalk-grassland structure and species richness resulting from selective nutrient additions. J. Veg. Sci. 4: 203–212.

Willerding, U., 1968: Beiträge zur Geschichte der Eibe (Taxus baccata L.). Plesse-Archiv (Göttingen) 3: 96–155.

Willerding, U., 1973: Frühmittelalterliche Pflanzenreste aus Braunschweig. Nachr. Niedersächs. Urgesch. 42: 358–359.

Willerding, U., 1977: Das Dorf der Eisenzeit und des frühen Mittelalters. Abh. Akad. Wiss. Göttingen, Phil.-Hist. Kl. 3, Folge 101: 357–405.

Willerding, U., 1978: Bronzezeitliche Pflugspuren. Naturw. Rundschau 31: 29–30.

Willerding, U., 1979: Paläo-ethnobotanische Untersuchungen über die Entwicklung von Pflanzengesellschaften. Ber. Intern. Symposien Int. Vereinig. Vegetationsk. (Rinteln 1978): 61–109.

Willerding, U., 1980: Zum Ackerbau der Bandkeramiker. Materialh. Ur- u. Frühgesch. Nieders. 16: 421–456.

Willerding, U., 1983: Zum ältesten Ackerbau in Niedersachsen. In: Staatliches Museum für Naturkunde und Vorgeschichte Oldenburg (ed.): Frühe Bauernkulturen in Niedersachsen. Archäol. Mitt. Nordwestdeutschl. (Oldenburg), Beih. 1: 179–219.

Willerding, U., 1986: Aussagen von Pollenanalyse und Makrorestanalyse zu Fragen der frühen Landnutzung. In: Behre, K.-E. (ed.): Anthropogenic indicators in pollen diagrams. A. A. Balkema, Rotterdam. pp. 135–151.

Willerding, U., 1986: Zur Geschichte der Unkräuter Mitteleuropas. Wachholtz Verlag, Neumünster. 382 p.

Willerding, U., 1986b: Aussagen von Pollenanalyse und Makrorestanalyse zu Fragen der frühen Landnutzung. In: Behre, K.-E. (ed.): Anthropogenic Indicators in Pollen Diagrams. A. A. Balkema, Rotterdam. pp. 135–151.

Willerding, U., 1988: Zur Entwicklung der Ackerunkrautgesellschaften im Zeitraum vom Neolithikum bis in die Neuzeit. In: Der prähistorische Mensch und seine Umwelt. Festschrift für Udelgard Körber-Grohne zum 65. Geburtstag. Forsch. Ber. Vor- u. Frühgesch. Baden-Württemb. (Stuttgart) 31: 31–41.

Williams, J. T., 1968: The nitrogen relations and other ecological investigations on wet fertilized meadows. Veröff. Geobot. Inst. ETH, Stiftung Rübel, Zürich, 41: 69–193.

Williamson, G. B., 1990: Allelopathy, Kochs postulates, and the neck riddle. In: Grace, J. B., Tilman, D. (eds.): Perspectives on Plant Competition. Academic Press, London. pp. 143–164.

Willis, A. J., 1963: Braunton Burrows: the effects on the vegetation of the addition of mineral nutrients to the dune soils. J. Ecol. 51: 353–374.

Willis, A. J., 1965: The influence of mineral nutrients on the growth of Ammophila arenaria. J. Ecol. 53: 235–245.

Willis, A. J., Jeffries, R. L., 1963: Investigation on the water relations of sand dune plants under natural conditions. In: Rutter, A. J., Whitehead, F. H. (eds.): The Water Relations of Plants. Blackwell, Oxford. pp. 168–189.

Willner, W., 2002: Syntaxonomische Revision der südmitteleuropäischen Buchenwälder. Phytocoenologia 32: 337–454.

Willner, W., Grabherr, G., 2007: Die Wälder und Gebüsche Österreichs. 1 Textband. Elsevier, Heidelberg. 322 p.

Wilmanns, O., 1958: Zur standörtlichen Parallelisierung von Epiphyten- und Waldgesellschaften. Beitr. Naturk. Forsch. Südwestdeutschl. 17: 11–19.

Wilmanns, O., 1966: Anthropogener Wandel der Kryptogamen-Vegetation in Südwestdeutschland. Ber. Geobot. Inst. ETH, Stiftg. Rübel, Zürich 37: 74–87.

Wilmanns, O., 1971: Verwandte Züge in der Pflanzen- und Tierwelt von Alpen und Südschwarzwald. Jb. Ver. zum Schutze Alpenpflanzen u. -tiere 36: 36–50.

Wilmanns, O., 1975: Junge Änderungen der Kaiserstühler Halbtrockenrasen. Daten u. Dokumente zum Umweltschutz (Univ. Hohenheim) H. 14: 15–22.

Wilmanns, O., 1983: Lianen in mitteleuropäischen Pflanzengesellschaften und ihre Einnischung. Tuexenia 3: 343–358.

Wilmanns, O., 1988: Können Trockenrasen derzeit trotz Immissionen überleben? - Eine kritische Analyse des Xerobrometum im Kaiserstuhl. Carolinea 46: 5–16.

Wilmanns, O., 1989: Die Buchen und ihre Lebensräume. Ber. Reinh.-Tüxen-Ges. 1: 49–72.

Wilmanns, O., 1989: Zur Entwicklung von Trespenrasen im letzten halben Jahrhundert: Einblick – Ausblick – Rückblick, das Beispiel des Kaiserstuhls. Düsseldorfer Geobot. Kolloquien 6: 3–17.

Wilmanns, O., 1997: Zur Geschichte der mitteleuropäischen Trockenrasen seit dem Spätglazial – Methoden, Tatsachen, Hypothesen. Phytocoenologia 27: 213–233.

Wilmanns, O., 1998: Ökologische Pflanzensoziologie. 6. Aufl. Quelle & Meyer, Heidelberg. 405 p.

Wilmanns, O., Bogenrieder, A., 1987: Zur Nachweisbarkeit und Interpretation von Vegetationsveränderungen. Verh. Ges. Ökol. 16: 35–44.

Wilmanns, O., Bogenrieder, A., 1992: Das Geranio-Allietum in der oberelsässischen Rebflur. Bauhinia 10: 99–114.

Wilmanns, O., Rupp, S., 1966: Welche Faktoren bestimmen die Verbreitung alpiner Felsspaltenpflanzen auf der Schwäbischen Alb? Veröff. Landesstelle Naturschutz u. Landschaftspfl. Baden-Württemb. 34: 62–86.

Wilmanns, O., Sendtko, A., 1995: Sukzessionslinien in Kalkmagerrasen unter besonderer Berücksichtigung der Schwäbischen Alb. In: Beinlich, B., Plachter, H. (eds.): Schutz und Entwicklung der Kalkmagerrasen der Schwäbischen Alb. Beih. Veröff. Naturschutz Landschaftspflege Baden-Württemb. 83: 257–282.

Wilmers, F., Ellenberg, H., 1986: Allgemeinklima und Bestandesklima. In: Ellenberg, H., Mayer, R., Schauermann, J. (eds.): Ökosystemforschung. Ergebnisse des Sollingprojekts 1966–1986. Ulmer, Stuttgart. pp. 61–75.

Wilson, E. J., Wells, T. C. E., Sparks, T. H., 1995: Are calcareous grasslands in the UK under threat from nitrogen deposition? – an experimental determination of a critical load. J. Ecol. 83: 823–832.

Wilson, M. F., 1983: Plant Reproductive Ecology. Wiley, New York.

Wilson, S. D., Keddy, P. A., 1985: Plant zonation on a shoreline gradient: physiological response curves of component species. J. Ecol. 73: 851–860.

Wind, M. G. P., 1954: Incidence de la fertilisation azotée sur la consommation en eau des herbages. Conf. Eur. des Herbages, OECE, Paris. pp. 211–214.

Winkler, O., 1933: Forstgeschichtlich bedingte Wandlungen in den Gebirgswäldern des St. Galler Oberlandes. Schweiz. Z. Forstwes. 84: 109–120.

Winkler, O., 1943: Waldbrände, ihre Ursachen, Verhütung und Bekämpfung. In: „Mein Einsatz – Deine Sicherheit", Zürich. 5 p.

Winteler, R., 1927: Studien über Soziologie und Verbreitung der Wälder, Sträucher und Zwergsträucher des Sernftales. Vierteljahresschr. Naturf. Ges. Zürich 72: 1–185.

Winter, S., 2005: Ermittlung von Struktur-Indikatoren zur Abschätzung des Einflusses forstlicher Bewirtschaftung auf die Biozönosen von Tiefland-Buchenwäldern. Diss. TU Dresden. 322 p.

Winter, U., Kuhbier, K., Kirst, G. O., 1987: Characeen-Gesellschaften im oligohalinen Kuhgrabensee und benachbarten Gewässern. Abh. Naturwiss. Ver. Bremen 40: 381–394.

Winterhoff, W, 1963: Vegetationskundliche Untersuchungen im Göttinger Wald. Nachr. Akad. Wiss. Göttingen. II. Math.-Phys. Kl. 1962: 21–79.

Winterhoff, W. (ed.), 1992: Fungi in vegetation science, 1–5. Handbook of Vegetation Science. Kluwer, Amsterdam.

Winterhoff, W., 1965: Die Vegetation der Muschelkalkfelshänge im hessischen Werrabergland. Veröff. Württemb. Landesstelle Natursch. u. Landschaftspflege 33: 146–197.

Winterhoff, W., 1977: Über Verbreitungslücken einiger Arten im Göttinger Wald. Mitt. Florist.-Soziol. Arb.gem. N. F. 19/20: 365–375.

Winterhoff, W., 1978: Gefährdung und Schutz von Pilzen. Beih. Veröff. Natursch. Landschaftspfl. Baden-Württemb. 11: 161–167.

Winterhoff, W., 1984: Analyse der Pilze in Pflanzengesellschaften, insbesondere der Makromyzeten. In: Knapp, R. (ed.): Sampling Methods and Taxon Analysis in Vegetation Science. W. Junk, den Haag. pp. 227–370.

Winterhoff, W., 1991: Zur Pilzflora zweier Robinien-Gehölze bei Battenberg/Pfalz. Boletus 15: 103–110.

Winterhoff, W., 1993: Die Großpilzflora von Erlenbruchwäldern und deren Kontaktgesellschaften in der nordbadischen Oberrheinebene. Veröff. Natursch. Bad.-Württ., Beih. 74: 9–100.

Wirth, J., 1993: Rhamno-Prunetea. In: Mucina, L., Grabherr, G., Wallnhöfer, S. (eds.): Die Pflanzengesellschaften Österreichs. 3. Wälder und Gebüsche. Fischer, Jena. pp. 60–84.

Wirth, V., 1968: Soziologie, Standortsökologie und Areal des Lobarion pulmonariae im Südschwarzwald. Bot. Jb. 88: 317–365.

Wirth, V., 1972: Die Silikatflechten-Gemeinschaften im außeralpinen Zentraleuropa. Diss. Bot. 17. 306 p.

Wirth, V., 1978: Die Kartierung von Flechten in Baden-Württemberg und ihr Beitrag zum Schutz von Arten und Biotopen. Beih. Veröff. Natursch. Landschaftspfl. Baden-Württemb. 11: 135–154.

Wirth, V., 1980: Flechtenflora. Ökologische Kennzeichnung und Bestimmung der Flechten Süddeutschlands und angrenzender Gebiete. Ulmer, Stuttgart. 552 p.

Wirth, V., 1987: Die Flechten Baden-Württembergs. Verbreitungsatlas. Ulmer, Stuttgart. 528 p.

Wirth, V., 1988: Phytosociological approaches to air pollution monitoring with lichens. Bibliotheca Lichenologica 30: 91–107.

Wirth, V., 1993: Trendwende bei der Ausbreitung der anthropogen geförderten Flechte Lecanora coniazaeoides? Phytocoenologia 23: 625–636.

Wirth, V., 1995: Die Flechten Baden-Württembergs. 2. Aufl. Teil 1 u. 2. Ulmer, Stuttgart. 1006 p.

Wirth, V., 2008: Rote Liste und Artenverzeichnis der Flechten Baden-Württembergs. Landesanst. f. Umwelt, Messungen und Naturschutz Baden-Württemberg. Karlsruhe. 64 S.

Wirth, V., Fuchs, M., 1980: Zur Veränderung der Flechtenflora in Bayern. Forderungen und Möglichkeiten des Artenschutzes. Schriftenr. Naturschutz Landschaftspfl. 12: 29–43.

Wirth, V., Schöller, H., Scholz, P. et al., 1996: Rote Liste der Flechten (Lichenes) der Bundesrepublik Deutschland. Schriftenr. f. Vegetationskde (Bonn-Bad Godesberg) 28: 307–368.

Wirth., V., 1985: Zur Ausbreitung, Herkunft und Ökologie anthropogen geförderter Rinden- und Holzflechten. Tuexenia 5: 523–535.

Wirth, V., 1994: Checkliste der Flechten und flechtenbewohnenden Pilze Deutschlands – eine Arbeitshilfe. Stuttgarter Beiträge zur Naturkunde, Ser. A (Biol.) 517: 1–63.

Wisskirchen, R., 1995: Verbreitung und Ökologie von Flußuferpioniergesellschaften im mittleren und westlichen Europa. Diss. Bot. 236. 375 p.

Wisskirchen, R., Haeupler, H., 1998: Standardliste der Farn- und Blütenpflanzen Deutschlands. Ulmer Verlag, Stuttgart: 765 p.

Withington, J. M., Reich, P. B., Oleksyn, J., Eissenstat, D. M., 2006: Comparisons of structure and life span in roots and leaves among temperate trees. Ecol. Monogr. 76: 381–398.

Witschel, M., 1987: Die Verbreitung und Vergesellschaftung der Federgräser (Stipa L.) in Baden-Württemberg. Jh. Ges. Naturk. Württ. (Stuttgart) 142: 158–196.

Wittich, W., 1938: Wasserfaktor und Kiefernwirtschaft auf diluvialen Sandböden. Die Bedeutung der Bodendecke. Zschr. f. Forst- u. Jagdwes. 70: 337–389.

Wittich, W., 1952: Der heutige Stand unseres Wissens vom Humus und neue Wege zur Lösung des Rohhumusproblems im Walde. Schr. R. Forstl. Fak. Univ. Göttingen 4. 106 p.

Wittich, W., 1963: Bedeutung einer leistungsfähigen Regenwurmfauna unter Nadelwald für Streuzersetzung, Humusbildung und allgemeine Bodendynamik. Schr.r. Forstl. Fak. Univ. Göttingen 30: 3–60.

Wittig, B., Waldmann, T., Diekmann, M., 2007: Veränderungen der Grünlandvegetation im Holtumer Moor über vier Jahrzehnte. Hercynia N. F. (Halle/S.) 40: 285–300.

Wittig, R., 1973: Die ruderale Vegetation der Münsterschen Innenstadt. Natur u. Heimat 33: 100–110.

Wittig, R., 1976: Die Gebüsch- und Saumgesellschaften der Wallhecken in der Westfälischen Bucht. Abh. Westfäl. Landesmus. Naturkde Münster 38: 1–78.

Wittig, R., 1991: Ökologie der Großstadtflora. G. Fischer, Stuttgart. 261 p.

Wittig, R., 1992: Patterns and dynamics. The example of the European beech (Fagus sylvatica L.) forests. In: Teller, A., Mathy, P., Jeffers, J. N. R. (eds.): Responses of Forest Ecosystems to Environmental Changes. Elsevier, London. pp. 103–114.

Wittig, R., 1994: Die Stadtvegetation von Frankfurt. Geobot. Kolloq. 10: 77–87.

Wittig, R., 1999: Verbreitung und Standorte von Anemone nemorosa und Polygonatum multiflorum in Buchenwäldern des Ruhrgebietes. Tuexenia 19: 173–177.

Wittig, R., 2001: Gedanken zur Synsystematik der mitteleuropäischen Trittpflanzengesellschaften. Tuexenia 21: 217–226.

Wittig, R., 2002: Siedlungsvegetation. Ulmer, Stuttgart. 252 p.

Wittig, R., 2005: Veränderungen der Dorfvegetation in Mitteleuropa. Ber. Reinh.-Tüxen-Ges. 17: 21–39.

Wittig, R., Ballach, H.-J., Brandt, C. J., 1985: Increase of number of acid indicators in the herb layer of the millet grass-beech forest of the Westphalian Bight. Angew. Bot. 59: 219–232.

Wittig, R., Diesing, D., 1989: Beziehungen zwischen Stadtstruktur und Stadtvegetation in Düsseldorf. Braun-Blanquetia 3: 99–105.

Wittig, R., Esser, B., 1991: Vergesellschaftung und Standortansprüche von Utricularia-Arten in Westfalen. Acta Biol. Benrodis 3: 139–154.

Wittig, R., Gödde, M., Neite, H., Papajewski, R., Schall, O., 1985: Die Buchenwälder auf den Rekultivierungsflächen im Rheinischen Braunkohlenrevier: Artenkombination, pflanzensoziologische Stellung und Folgerungen für zukünftige Rekultivierungen. Angew. Bot. 59: 95–112.

Wittig, R., Ou, X., (1993): Analyse der Artenzusammensetzung des Hordeetum murini in sieben europäischen Großstädten entlang eines West-Ost-Transektes: Ein Beitrag zur Charakterisierung der Stadtflora. Phytocoenologia 23: 319–342.

Wittig, R., Schöller, H., 1991: Wälder trockenwarmer Standorte in Nordrhein-Westfalen. Geobot. Kolloqu. (Frankfurt/M.) 7: 45–58.

Wittig, R., Werner, W., 1986: Beiträge zur Belastungssituation des Flattergras-Buchenwaldes der Westfälischen Bucht – eine Zwischenbilanz. Düsseldorfer Geobot. Kolloq. 3: 33–70.

Wittmann, H., Türk, R., 1988: Immissionsbedingte Flechtenzonen im Bundesland Salzburg (Österreich) und ihre Beziehungen zum Problemkreis „Waldsterben". Ber. Akad. Naturschutz Landschaftpfl. (Laufen) 12: 247–258.

Wium-Andersen, S., 1974: Quantitative changes in the higher vegetation in Lake Bastrup as caused by eutrophication. Bot. Tidskr. 69: 64–68.

Wium-Andersen, S., Borum, J., 1984: Biomass variation and autotrophic production of an epiphyte-macrophyte community in a coastal Danish area: I. Eelgrass (Zostera marina L.) biomass and net production. Ophelia 23: 33–46.

Wohlenberg, E., 1933: Über die tatsächliche Leistung von Salicornia herbacea L. im Haushalt der Watten. Wiss. Meeresunters. Abt. Helgol. 19: 1–20.

Wöhler, I., Eberl, C., 1997: Gehalte und Vorräte von Humus und dessen Verteilungsmuster in Waldökosystemen. Beitr. Forstwirtsch. u. Landsch.ökol. 31: 139–141.

Wohlfahrt, G., Bahn, M., Haubner, E., Horak, I., Michaeler, W., Rottmar, K., Tappeiner, U., Cernusca, A., 1999: Inter-specific variation of the biochemical limitation to photosynthesis and related leaf traits of 30 species from mountain grassland ecosystems under different land use. Plant Cell Environ. 22: 1281–1296.

Wohlgemuth, T., 2002: Environmental determinants of vascular plant species richness in the Swiss alpine zone. In: Körner, Ch., Spehn, E. M. (eds.): Mountain Biodiversity – A global Assessment. Parthenon Publ., Boca Raton. p. 103–116.

Wohlgemuth, T., Bugmann, H., Lischke, H., Tinner, W., 2006: Wie rasch ändert sich die Waldvegetation als Folge von raschen Klimaveränderungen? Forum für Wissen (WSL, Birmensdorf) 2006: 7–16.

Wohlgemuth, T., Gigon, A., 2003: Calcicole plant diversity in Switzerland may reflect a variety of habitat templets. Folia Geobot. 38: 443–452.

Wohlrab, B., 1966: Grundwasser und Pflanzenertrag. Handb. Pflanzenern. u. Düngung. II. S. 691. Springer, Wien.

Wojterski, T., 1964 a: Pine forests on sand dunes at the Polish Baltic coast. Poznan Soc. Friends of Sci., Dep. Math. Nat. Sci., Sect. Biol. 28, No. 2. 217 p.

Wojterski, T., 1964 b: Schemata of the zonal vegetation system on the southern coast of Baltic Sea. Badan. Fizjograf. Polska Zachodnia 14: 87–105.

Wojterski, T., 1978: Sigmaassoziationen an der polnischen Ostseeküste. In: Tüxen, R. (ed.): Assoziationskomplexe. Ber. Int. Symp. IVV Rinteln 1977. Vaduz. pp. 43–48.

Wojterski, T., Wojterska, H., Wojterska, M., 1994: Geobotanical division of Pomorze Gdanske based on the map of potential natural vegetation and of potential landscape phytocomplexes and vegetation landscapes. Badania Fitzjegraf. 43 B: 9–49.

Wolek, J., 1974: A preliminary investigation on interactions (competition, allelopathy) between some species of Lemna, Spirodela and Wolffia. Ber. Geobot. Inst. ETH, Stiftg. Rübel, Zürich 42: 140–162.

Wolf, G., (Red.) 1985: Primäre Sukzession auf kiesig-sandigen Rohböden im Rheinischen Braunkohlenrevier. Schriftenr. f. Veget.kde (Bonn-Bad Godesberg) 16: 1–203.

Wolf, G., 1979: Veränderungen der Vegetation und Abbau der organischen Substanz in aufgegebenen Wiesen des Westerwaldes. Schriftenr. Vegetationsk. 13: 1–118.

Wolf, G., 1980: Zur Gehölzansiedlung und -ausbreitung auf Bracheflächen. Natur u. Landschaft 55: 375–380.

Wolf, G., 1988: Dauerflächen-Beobachtungen in Naturwaldzellen der Niederrheinischen Bucht – Veränderungen in der Feldschicht. Natur u. Landschaft 63: 167–172.

Wolf, J., Hemm, K., 1994: Beobachtungen zu Flora und Vegetation von Streuobstbeständen im hessischen Nordspessart und seinen angrenzenden Naturräumen. Natur Museum 124: 290–308.

Wolf, R. J. A. M., Vrielink, J. G., de Waal, R. W., 2001: History, management and classification of floodplain forests in the Netherlands. In: Klimo, E., Hager, H. (eds.): The Floodplain Forests in Europe. European Forest Institute Research Report 10. Brill, Leiden. p. 203–219.

Wolff, B., Riek, W., 1997: Deutscher Waldbodenbericht 1996 – Ergebnisse der bundesweiten Bodenzustandserhebung im Wald von 1987–1993 (BZE), Band 1. Bundesministerium f. Ernähr., Landwirtsch. u. Forsten, Bonn.

Wolff, B., Riek, W., 1998: Chemischer Bodenzustand in Deutschland. AFZ/Der Wald 1998: 503–506.

Wolff, W. J., van Eerden, M. J., Lammens, E., 1980: Primary production and import of particulate organic matter on a salt marsh in the Netherlands. Netherl. J. Sea Res. 13: 242–255.

Wolfram, C., Hörcher, U., Kraus, U., Lorenzen, D., Neuhaus, R., Dierßen, K., 1998: Die Vegetation des Beltringharder Kooges 1987–1998 (Nordfriesland). Mitt. AG Geobot. Schlesw.-Holst. u. Hamb. 58: 220 p.

Wolfsegger, M., Posch, A., 1980: Der Wasserhaushalt von Böden am Südhang des Hochtores (Hohe Tauern). In: Franz, H. (ed.): Untersuchungen an alpinen Böden in den Hohen Tauern 1974–1978. Stoffdynamik und Wasserhaushalt. . Veröff. Österr. MaB-Hochgebirgsprogr. Hohe Tauern, Bd. 3. Wagner, Innsbruck. pp. 23–242.

Wolkinger, F., Plank, S., 1981: Dry Grasslands of Europe. Council of Europe, Strasbourg.

Wolters, V., Ekschmitt, K., Scholle, G., 1995: Wirkungen von Kalkungen auf Bodenorganismen und biologische Umsetzungsprozesse. Allg. Forstz. 50: 936–941.

Wolters, V., Pflug, A., Taylor, A. R., Schroeter, D., 2000: Diversity and role of the decomposer food web. In: Schulze, E.-D. (ed.): Carbon and Nitrogen Cycling in European Forest Ecosystems. Ecol. Stud. 142. Springer, Berlin. pp. 366–381.

Wolters, V., Schaefer, M., 1994: Effects of acid deposition on soil organisms and decomposition processes. In: Godbold, D. L., Hüttermann, A. (eds.): Effects of Acid Rain on Forest Processes. Wiley-Liss, New York. pp. 83–128.

Woodell, S. R. J., 1985: Salinity and seed germination patterns in coastal plants. Vegetatio 61: 223–229.

Woodin, S. J., Press, M. C., Lee, J. A., 1985: Nitrate reductase activity in Sphagnum fuscum in relation to wet deposition of nitrate from the atmosphere. New Phytol. 99: 381–388.

Woodward, F. I., 1981: Shoot extension and water relations of Circaea lutetiana in sunflecks. In: Grace, J., Ford, E. D., Jarvis, P. G. (eds.): Plants and Their Atmospheric Environment. Blackwell, Oxford. pp. 83–92.

Woodward, F. I., Friend, A. D., 1988: Controlled environment studies on the temperature responses of leaf extension in species of Poa with diverse altitudinal ranges. J. Exp. Bot. 39: 411–420.

Woodwell, G. M., Bodkin, D. B., 1970: Metabolism of terrestrial ecosystems by gas exchange techniques: the Brookhaven approach. In: Reichle, D. E. (ed.): Analysis of Temperate Forest Ecosystems. Springer, Berlin. pp. 73–85.

Worbes, M., 1989: Abrupte Zuwachsreduktionen an Fichten aus dem Harz. Forst u. Holz 44: 254–259.

Wörz, A., 1989: Zur geographischen Gliederung hochmontaner und subalpiner Hochstaudenfluren und Goldhaferwiesen. Tuexenia 9: 317–340.

Wötzel, J., 1997: Anpassungen der Schwarzerle (Alnus glutinosa) an ein Wachstum unter anaeroben Bodenbedingungen. Diss. Univ. Kiel. 126 p.

Wraber, M., 1952: Sur l'importance, pour la sylviculture et l'économie forestière, des surfaces réservées à l'étude de la forêt vierge. Ponatis Biol.Vestn. 1: 38–66.

Wraber, M., 1963: Die Waldgesellschaften der Fichte und der Waldhainsimse in den slowenischen Ostalpen (Luzulo silvaticae-Piceetum Wraber 1953). Acad. Sci. Art. Sloven., Diss. 7: 75–176.

Wright, T. W., 1956: Profile development of the sand dunes of Culbin forest, Morayshire. II. Chemical properties. J. Soil Sci. 7: 33–42.

Wu, K., 2000: Fine root production and turnover and its contribution to nutrient cycling in two beech (Fagus sylvatica L.) forest ecosystems. Ber. Forsch. zentr. Waldökosysteme (Göttingen) A 170. 130 p.

Wulf, M., 1997: Plant species as indicators of ancient woodland in northwestern Germany. J. Veg. Sci. 8: 635–642.

Wulf, M., 2003 a: Preference of plant species for woodlands with differing habitat continuities. Flora 198: 444–460.

Wulf, M., 2003 b: Forest policy in the EU and its influence on the plant diversity of woodlands. J. Environ. Manage. 67: 15–25.

Wulf, M., 2004: Auswirkungen des Landschaftswandels auf die Verbreitungsmuster von Waldpflanzen. Diss. Bot. 392. 306 p.

Wunder, J., Möseler, B. M., 1996: Kaltluftströme auf Basaltblockhalden und ihre Auswirkung auf Mikroklima und Vegetation. Flora 191: 335–344.

Wurbs, A., Glemnitz, M., 1997: Nährstoffgehalte alter Ackerbrachen auf Sandböden und ihre Bedeutung für die Vegetationsentwicklung. Z. Ökol. u. Naturschutz 6: 233–245.

Xiong, S., Nilsson, C., 1997: Dynamics of leaf litter accumulation and its effects on riparian vegetation: A review. Bot. Rev. 63: 240–264.

Xiong, S., Nilsson, C., 1999: The effects of plant litter on vegetation: a meta-analysis. J. Ecol. 87: 984–994.

Xylander, W., 1987: Veränderungen der Unkrautflora der Getreidebestände des Orlatales im Zeitraum 1967–1985/86. Hercynia N. F. 24: 389–394.

Yerli, M., 1970: Écologie comparée des prairies marécageuses dans les préalpes de la Suisse occidentale. Veröff. Geobot. Inst. ETH, Stiftg. Rübel, Zürich, 44: 1–119.

Yilmartimo, A., Paakkonen, E., Holopainen, T., Rita, H., 1994: Unbalanced nutrient status and epicuticular wax of Scots pine needles. Can. J. For. Res. 24: 522–532.

Yon, D., Tendron, G., 1981: Alluvial forests in Europe. Conseil de l'Europe. 65 p.

Young, D. R., Smith, W. K., 1983: Effect of cloud cover on photosynthesis and transpiration in the subalpine understorey species Arnica latifolia. Ecology 64: 681–687.

Young, J. E., 1975: Effects of spectral composition of light sources on the growth of a higher plant. In: Evans, G. C., Bainbridge, R., Rackham, O. (eds.): Light as an Ecological Factor, vol. II. Blackwell, Oxford. Pp. 135160.

Yuan, T., Maun, M. A., Hopkins, W. G., 1993: Effects of sand accretion on photosynthesis, leaf-water potential and morphology of two dune grasses. Funct. Ecol. 7: 676–682.

Z'Graggen, S., 1992: Dendrohistometrisch-klimatologische Untersuchung an Buchen (Fagus syvlatica L.). Diss. Univ. Basel. 167 p.

Zachariae, G., 1967: Die Streuzersetzung im Köhlgartengebiet. In: Graff, O., Satchell, J. E. (eds.): Progress in Soil Biology. Vieweg u. Sohn, Braunschweig. pp. 490–506.

Zak, D. R., Groffman, P. M., Pregitzer, K. S., Christensen, S., Tiedje, J. M., 1990: The vernal dam: plant-microbe competition for nitrogen in northern hardwood forests. Ecology 71: 651–656.

Zawada, J., 2003: The increment appearance in the revitalisation of silver fir (Abies alba Mill.) in the Polish forests and its silvicultural consequences. Mitt. Forschungsanst. Waldökol. u. Forstwirtsch. Rheinland-Pfalz Nr. 50/03: 144–151.

Zech, W., 1983: Kann Magnesium immissionsgeschädigte Tannen retten? Allg. Forstz. 38: 237.

Zech, W., Popp, E., 1983: Magnesiummangel, einer der Gründe für das Fichten- und Tannensterben in NO-Bayern. Forstw. Cbl. 102: 50–55.

Zechmeister, H., 1993: Montio-Cardaminetea. In: Grabherr, G., Mucina, L. (eds.): Die Pflanzengesellschaften Österreichs. Teil II. G. Fischer, Stuttgart. pp. 213–240.

Zechmeister, H., Mucina, L., 1994: Vegetation of European springs: High-rank syntaxa of the Montio-Cardaminetea. J. Veg. Sci. 5: 385–402.

Zechmeister, H. G., Schmitzberger, I., Steurer, B., Peterseil, J., Wrbka, T., 2003: The influence of land-use practices and economics on plant species richness in meadows. Biol. Conserv. 114: 165–177.

Zeevalking, H. J., Fresco, L. F. M., 1977: Rabbit grazing and species diversity in a dune area. Vegetatio 35: 193–196.

Zehm, A., 2004: Praxisbezogene Erfahrungen zum Management von Sand-Ökosystemen durch Beweidung und ergänzende Maßnahmen. NNA-Berichte (Schneverdingen) 17: 221–232.

Zeller, V., Bahn, M., Aichner, M., Tappeiner, U., 2000: Impact of land-use change on nitrogen mineralization in subalpine grasslands in the Southern Alps. Biol. Fertil. Soils 31: 441–448.

Zelniker, J. L., 1968: Dürreresistenz von Baumarten unter Steppenbedingungen. In: Deut. Akad. Landwirtsch. wiss. Berlin, Tagungsbericht 100: 131–140.

Zerbe, S., 1992: Fichtenforste als Ersatzgesellschaften von Hainsimsen-Buchenwäldern. Vegetationsveränderungen eines Forstökosystems. Ber. Forschungszentr. Waldökosyst. (Göttingen) A 100. 173 p.

Zerbe, S., 2002: Restoration of natural broad-leaved woodland in Central Europe on sites with coniferous forest plantations. For. Ecol. Manage. 167: 27–42.

Zerbe, S., Meiwes, K. J., 2000: Zum Einfluss von Weichlaubhölzern auf Vegetation und Auflagehumus von Fichtenforsten – Untersuchungen in einem zwei Jahrzehnte alten Birken-Ebereschen-Vorwald im Hoch-Solling. Forstw. Cbl. 119: 1–19.

Zickermann, F., 1996: Vegetationsgeschichtliche, moorstratigraphische und pflanzensoziologische Untersuchungen zur Entwicklung seltener Moorökosysteme in Nordwestdeutschland. Abh. Westfäl. Mus. Naturk. 58: 1–109.

Ziegenhagen, B., Bialozyt, R., Kuhlenkamp, V., Schulze, I., Ulrich, A., Wulf, M., 2003: Spatial patterns of maternal lineages and clones of Galium odoratum in a large ancient woodland: inferences about seedling recruitment. J. Ecol. 91: 578–586.

Ziegenhagen, B., Kausch, W., 1993: Zur Reaktion junger Eichen auf Licht und Schatten. Forst u. Holz 48: 198–201.

Zijlstra. J. D., Berendse, F., 2003: Uptake of organic nitrogen in Dutch heathland ecosystems. http://library.wur.nl/file/wurpubs/LUWBUBRD 00340614 A 502 001.pdf

Zimmek, G.-E., 1975: Die Mineralstickstoff-Versorgung einiger Salzrasen-Gesellschaften des Graswarders vor Heiligenhafen/Ostsee. Diss. Univ. Göttinge. 66 p.

Zimmermann, A., 1981, 1982: Erica-reiche Silikat-Föhrenwälder in den östlichen Zentralalpen. II. Oberkärnten. Carinthia II, 171/91: 175–188. III. Überregionaler Vergleich. Phyton 22: 289–316.

Zimmermann, R., 1979: Der Einfluss des kontrollierten Brennens auf Esparsetten-Halbtrockenrasen und Folgegesellschaften im Kaiserstuhl. Phytocoenologia 5: 447–524.

Zingg, T., 1954: Die Bestimmung der klimatischen Schneegrenze auf klimatologischer Grundlage. Angew. Pflanzensoziol. (Wien), Festschr. Aichinger 2: 848–854.

Ziobrowski, S., 1933: Über den Einfluß des harten Winters 1928/29 auf die Holzgewächse im Rabaflußtale. Acta Soc. Botan. Polon. 10: 49–111.

Zlatník, A., 1928: Études écologiques et sociologiques sur la Sesleria coerulea et le Seslerion calcariae en Tchécoslovaquie. Trav. Soc. Roy. Sci. Bohème, Cl. Sci., N. S., 8: 1–116.

Zlatnik, A., 1935: Entwicklung und Zusammensetzung der Naturwälder in Podkarpatská Rus und ihre Beziehung zum Standort. Tec. Trav. Inst. Rech. Agron. Républ. Tchéchosl. 127: 205 p.

Zlatnik, A., 1958: Waldtypengruppen der Slowakei. Schr. Wiss. Labor. Biogeozönol. u. Typol. d. Waldes, Forstw. Fak. Landw. Hochsch. Brno 4. 195 p.

Zlatnik, A., 1961: Großgliederung der slowakischen Wälder in waldtypologischer und pflanzensoziologischer Auffassung. Veröff. Geobot. Inst. ETH, Stiftg. Rübel, Zürich 36: 52–90.

Zobel, M., 1988: Autogenic succession in boreal mires – a review. Fol. Geobot. Phytotax. 23: 417–445.

Zobel, M., Moora M., 1995: Interspecific competition and arbuscular mycorrhiza: importance for the coexistence of two calcareous grassland species. Folia Geobot. Phytotax. 30: 223–230.

Zobel, M., Ostus, M., Liira, J., Moora, M., Möls, T., 2000: Is small-scale species richness limited by seed availability or microsite availability? Ecology 81: 3274–3282.

Zobrist, J., Stumm, W., 1979: Wie sauber ist das Schweizer Regenwasser? NZZ 144: 29–30.

Zobrist, L., 1935: Pflanzensoziologische und bodenkundliche Untersuchung des Schoenetum nigricantis. Beitr. Geobot. Landesaufn. Schweiz 18: 144 p.

Zoldan, J.-W., 1981: Zur Ökologie, insbesondere zur Stickstoffversorgung von Ackerunkrautgemeinschaften in Südniedersachsen und Nordhessen. Diss. Univ. Göttingen, 99 p.

Zoller, H., 1951: Das Pflanzenkleid der Mergelsteilhänge im Weißensteingebiet. Ber. Geobot. Forsch.inst. Rübel, Zürich 1950: 67–95.

Zoller, H., 1954: Die Typen der Bromus erectus-Wiesen des Schweizer Jura. Beitr. Geobot. Landesaufn. Schweiz 33: 309 p.

Zoller, H., 1960: Pollenanalytische Untersuchungen zur Vegetationsgeschichte der Schweiz. Denkschr. Schweiz. Naturforsch. Ges. 83, Abh. 2: 45–157.

Zoller, H., 1961: Die kulturbedingte Entwicklung der insubrischen Kastanienregion seit den Anfängen des Ackerbaues im Neolithikum. Ber. Geobot. Inst. ETH, Stiftg. Rübel, Zürich 32: 263–279.

Zoller, H., 1962: Pollenanalytische Untersuchungen zur Vegetationsentwicklung tiefgelegener Weißtannenwälder im Schweizerischen Mittelland. Veröff. Geobot. Inst. ETH, Stiftg. Rübel, Zürich 37: 346–358.

Zoller, H., 1967: Palynologische Untersuchungen zum Kastanienproblem am Alpen-Südfuß. In: Tüxen, R. (ed.): Pflanzensoziologie und Palynologie. Ber. Int. Symp. IVV (Stolzenau): 48–53.

Zoller, H., 1968: Die Vegetation vom ausgehenden Miozän bis ins Holozän. Die Ältere und Mittlere Steinzeit. In: Drack, W. et al. (eds.): Archäologie der Schweiz. Schweiz. Gesell. Ur- u. Frühgeschichte, Basel. I: Die Ältere und Mittlere Steinzeit: 27–42.

Zoller, H., Bischof, N., 1980: Stufen der Kulturintensität und ihr Einfluss auf Artenzahl und Artengefüge der Vegetation. Phytocoenologia 7: 35–51.

Zoller, H., Erny-Rodmann, C., 1994: Epochen der Landschaftsentwicklung im Unterengadin. In: Lotter, A. F., Ammann, B., (eds.): Festschrift Gerhard Lang. Diss. Bot. 234: 565–581.

Zoller, H., Haas, J. N., 1995: War Mitteleuropa ursprünglich eine halboffene Weidelandschaft oder von geschlossenen Wäldern bedeckt? Schweiz. Z. Forstwes. 146: 321–354.

Zoller, H., Hegg, O., Béguin, C., 1977: Zur Synsoziologie des submediterranen Trockenwaldes in der Schweiz. Symp. Int. Ver. Veget.kde, 1977 (Rinteln): pp. 117–150.

Zoller, H., Kleiber, H., 1971: Vegetationsgeschichtliche Untersuchungen in der montanen und subalpinen Stufe der Tessintäler. Verhandl. Naturf. Ges. Basel 81: 90–154.

Zoller, H., Stäger, R., 1949: Beitrag zur Altersbestimmung von Pflanzen aus der Walliser Felsensteppe. Ber. Geobot. Forsch. Inst. Rübel, Zürich, 1948: 61–68.

Zollitsch, B., 1966: Soziologische und ökologische Untersuchungen auf Kalkschiefern in hochalpinen Gebieten. II. Die Ökologie der alpinen Kalkschieferschuttgesellschaften. Diss. Uni. München. 59 p.

Zollitsch, B., 1969: Neue Forschungen im Umkreis der Glocknergruppe. Wiss. Alpenverheinshefte (München) H. 21: 267–292.

Zolyomi, B. et al., 1967: Einreihung von 1400 Arten der ungarischen Flora in ökologische Gruppen nach TWR-Zahlen. Fragmenta Botan. Mus. Hist.-Nat. Hung. 4: 101–142.

Zolyomi, B., 1953: Die Entwicklungsgeschichte der Vegetation Ungarns seit dem letzten Interglazial. Acta Biol. Acad. Sci. Hung. 4: 367–413.

Zonneveld, I. S., 1960: De Brabantse Biesbosch. A study of soil and vegetation of a freshwater tidal delta. Meded. Stichting Bodenkartiering, Bodenk. Stud. 4: 210 p. (mit 2 Bänden als Anlage).

Zonneveld, I. S., 1965: Studies van landshap, bodem en vegetatie in het westelijke deel van de Kalmhoutse Heide. Boor en Spade 14: 216–238.

Zonneveld, I. S., 1966: Zusammenhänge Forstgesellschaft – Boden – Hydrologie und Baumwuchs in einigen niederländischen Pinus-Forsten auf Flugsand und auf Podsolen. In: Tüxen, R. (ed.): Anthropogene Vegetation. W. Junk, Den Haag. pp. 312–335.

Zopfi, H.-J., 1991: Aestival and autumnal vicariads in Gentianella – a myth? Plant Syst. Evol. 174: 139–158.

Zopfi, H.-J., 1993: Ecotypic variation in Rhinanthus alectorolophus (Scopoli) Pollich (Scrophulariaceae) in relation to grassland management. Flora 188: 15–39.

Zöttl, H., 1951 a: Die Vegetationsentwicklung auf Felsschutt in der alpinen und subalpinen Stufe des Wettersteingebirges. Jb. Ver. Schutze Alpenpflanzen u. -tiere 16: 10–74.

Zöttl, H., 1951 b: Experimentelle Untersuchungen über die Ausbreitungsfähigkeit alpiner Pflanzen. Phyton 3: 121–125.

Zöttl, H., 1952: Beitrag zur Ökologie alpiner Kalkschuttstandorte. Phyton 4: 160–175.

Zöttl, H., 1952 b: Zur Verbreitung des Schneeheide-Kiefernwaldes im bayerischen Alpenvorland. Ber. Bayer. Bot. Ges. 29: 92–95.

Zöttl, H., 1953: Untersuchungen über das Mikroklima subalpiner Pflanzengesellschaften. Ber. Geobot. Forsch. Inst. Rübel, Zürich 1952: 79–103.

Zöttl, H., 1964: Wirksamkeit der Forstdüngung in Süddeutschland. 8th Intern. Congr. Soil Sci. Bukarest, Romania. Forest soils 2: 1009–1017.

Zöttl, H., 1966: Kalkböden der Alpen. Jb. Ver. Schutze Alpenpflanzen u. -tiere 31: 5 p.

Zöttl, H. W., 1983: Zur Frage der toxischen Wirkung von Aluminium auf Pflanzen. Allg. Forstz. 38: 206–208.

Zöttl, H. W., 1998: Ursachen der montanen Nadelvergilbung in Fichtenbeständen. In: Raspe, S., Feger, K. H., Zöttl, H. W. (ed.): Ökosystemforschung im Schwarzwald. Ecomed, Landsberg. pp. 471–477.

Zöttl, H. W., Hüttl, R. F., 1986: Nutrient supply and forest decline in southwest Gemany. Water, Air, and Soil Pollut. 31: 257–265.

Zöttl, H. W., Mies, E., 1983: Die Fichtenerkrankung in den Hochlagen des Südschwarzwaldes. Allg. Forst- u. Jagdz. 154: 110–114.

Zuber, E., 1968: Pflanzensoziologische und ökologische Untersuchungen an Strukturrasen (besonders Girlandenrasen) im Schweizerischen Nationalpark. Ergebn. wiss. Unters. Schweiz. Nationalparks 60: 79–157.

Züge, J., 1986: Wachstumsdynamik eines Buchenwaldes auf Kalkgestein – mit besonderer Berücksichtigung der interspezifischen Konkurrenzverhältnisse. Diss. Univ. Göttingen. 213 p.

Zukrigl, K., 1973: Montane und subalpine Waldgesellschaften unter mitteleuropäischem, pannonischem und illyrischem Einfluß. Mitt. Forstl. Bundesversuchsans. Wien 101. 386 p.

Zukrigl, K., Eckhart, G., Nather, J., 1963: Standortskundliche und waldbauliche Untersuchungen in Urwaldresten der niederösterreichischen Kalkalpen. Mitt. Forstl. Bundesversuchanst. Mariabrunn 62. 244 p.

Zukrigl, K., Egger, G., Rauchecker, M., 1993: Untersuchungen über Vegetationsveränderungen durch Stickstoffeintrag in österreichische Waldökosysteme. Phytocoenologia 23: 95–114.

Zukrigl,K., Eckhardt,G., Nather,J., 1963: Standortskundliche und waldbauliche Untersuchungen in Urwaldresten der niederösterreichischen Kalkalpen. Mitt. Forstl. Bundesversuchsanst. Mariabrunn 62: 1–244.

Zumbühl, G., 1985: Pflanzensoziologisch-ökologische Untersuchungen von gemähten Magerrasen bei Davos. Veröff. Geobot. Inst. ETH, Stiftg. Rübel, Zürich 81: 1–101.

Zumbühl, G., Holzhauser, H., 1988: Alpengletscher in der kleinen Eiszeit. Die Alpen (Bern), Sonderh. 64, 3: 129–322.

Zwölfer, H., Stechmann, D.-H., 1989: Struktur und Funktion von Hecken in tierökologischer Sicht. Verh. Ges. f. Ökol. 17: 613–656.

29 Register

Lateinische Artnamen wurden in *kursiv*, sächliche Stichworter und Gesellschaften (Assoziationen) in Normalschrift, höhere Syntaxa (Vegetationsverbände, Ordnungen und Klassen) in KAPITÄLCHEN gesetzt. In den meisten Fällen werden nur die lateinischen Artnamen genannt (also bei der Rotbuche *Fagus sylvatica*), nur bei wenigen Arten auch die deutschen Namen. Bei den Artnamen wird auf Textstellen und Abbildungen verwiesen, nicht jedoch auf die Vegetationstabellen. Die Nomenklatur der Pflanzennamen befindet sich nicht in allen Fällen auf dem neuesten Stand; auf einige wichtige Synonyme wird hingewiesen. Einige Syntaxa erscheinen nicht in ihrem vollständigen Namen, sondern in vereinfachten Kurzformen (z. B. CNIDION anstelle von CNIDION DUBII). Dezimalzahlen am Ende der Zahlenreihen bei den höheren Syntaxa verweisen auf deren Stellung in der pflanzensoziologischen Gliederung in Kapitel 26.

30 Bildnachweise

Abb. 3.24, 3.25, 3.48: nach Nentwig, W.: Humanökologie. 2. Aufl. 2005. Berlin Heidelberg. Springer. © 2005 Springer-Verlag

Abb. 4.3: nach Succow/Joosten, Landschaftökologische Moorkunde (2001). Mit freundlicher Genehmigung von Schweizerbart'sche Verlagsbuchhandlung, Stuttgart, www.schweizerbart.de

Abb. 4.31, 4.37: nach Lyr, H., Fiedler, H.J., Tranquillini, W. (eds.): Physiologie und Ökologie der Gehölze. 1992. Jena. Gustav Fischer. © 1992 Springer-Verlag

Abb. 4.59: nach Larcher, Ökophysiologie der Pflanzen © 2001 Eugen Ulmer KG, Stuttgart

Abb. 4.80: nach Pretzsch, H.; in Scherer-Lorenzen, M., Körner, Ch., Schulze, E.-D. (eds.): Forest Diversity and Function. 2005. Heidelberg. Spektrum Akademischer Verlag. © 2005 Springer-Verlag

Abb. 4.105: nach Schulze, E.-D., Beck, E., Müller-Hohenstein, L.,: Pflanzenökologie. 2002. Heidelberg. Spektrum Akademischer Verlag. © 2002 Springer-Verlag

Abb. 4.116, 4.117, 4.118, 4.119, 4.120: nach Heber, U.,Elling, W., Polle, A., Beese, F.: Schädigung von Waldökosystemen. 2007. Heidelberg. Spektrum Akademischer Verlag. © 2007 Springer-Verlag

Abb. 6.2: nach Succow/Joosten, Landschaftökologische Moorkunde (2001). Mit freundlicher Genehmigung von Schweizerbart'sche Verlagsbuchhandlung Stuttgart, www.schweizerbart.de

Abb. 9.5: nach Schwoerbel, J.; Brendelberger, H. Einführung in die Limnologie. 2005. Heidelberg. Spektrum Akademischer Verlag. © 2005 Springer-Verlag

Abb. 9.6, 9.24, 9.26: nach Wetzel, *Limnology: Lake and River Ecosystems* (2001). Mit freundlicher Genehmigung von Elsevier GmbH, München

Abb. 9.27: nach Schwoerbel, J.; Brendelberger, H. Einführung in die Limnologie. 2005. Heidelberg. Spektrum Akademischer Verlag. © 2005 Springer-Verlag

Abb. 9.28: nach Wetzel, *Limnology: Lake and River Ecosystems* (2001). Mit freundlicher Genehmigung von Elsevier GmbH, München

Abb. 10.13, 10.16, 10.21: nach Succow/Joosten, Landschaftökologische Moorkunde (2001). Mit freundlicher Genehmigung von Schweizerbart'sche Verlagsbuchhandlung, Stuttgart, www.schweizerbart.de

Abb. 13.1: nach Körner/Spehn, Mountain Biodiversity: A Global Assessment (2001). Mit freundlicher Genehmigung von Parthenon Publishing Group Ltd

Abb. 13.5, 13.16, 13.22, 13.56, 13.57, 13.58, 13.59, 13.61, 13.62, 13.63, 13.64, 13.65, 13.76, 13.77: nach Körner, Ch.: Alpine Plant Life. 2nd edition. 2003. Berlin Heidelberg. Springer. © 2003 Springer-Verlag

Abb. 19.5: nach Larcher, Ökophysiologie der Pflanzen © 2001 Eugen Ulmer KG, Stuttgart

Abb. 19.49: nach Larcher, Ökophysiologie der Pflanzen © 2001 Eugen Ulmer KG, Stuttgart

Abb. 23.18: nach Nentwig, W.: Humanökologie. 2. Aufl. 2005. Berlin Heidelberg. Springer. © 2005 Springer-Verlag

Karte 6: aus Härdtle/Ewald/Hölzel, Wälder des Tieflandes und der Mittelgebirge, 2008. Eugen Ulmer KG, Stuttgart. Grundlage: Bonn, U., Neuhäusl, R. et al. (2000): Karte der natürlichen Vegetation Europas, M. 1:2,5 Mio. (verkleinerter und generalisierter Ausschnitt). Bearbeiter: U. Bohn, H. Weber (GIS). © Bundesamt für Naturschutz, Bonn 2002